2025

고시넷 고패스

산업안전기사 필기

10년 + α 기출문제집

한국산업인력공단 국가기술자격

gosinet
(주)고시넷

최근 13년간 출제경향 분석

CBT 시험 시행 前 최근 13년간 신규유형 문제의 출제비율은 총 4,680문제 중 614문제로 13.1%(회당 15.7문항)이며, 나머지 총 4,066문제(86.9%)는 중복문제 혹은 유사문제로 출제되었습니다. 즉, 산업안전기사는 체계적인 기출분석을 통해서 합격이 가능한 시험입니다.

- 21년간의 기출DB를 기반으로 13년 동안 중복문제의 출제문항 수는 4,680문항 중 2,816문항으로 60.17%에 달합니다.

과목	1과목	2과목	3과목	4과목	5과목	6과목	합계
중복문제	486(62.3%)	374(47.9%)	434(55.6%)	488(62.6%)	533(68.3%)	501(64.2%)	2,816(60.2%)
유사문제	212(27.2%)	279(35.8%)	65(34.0%)	168(21.5%)	156(20.0%)	170(21.8%)	1,250(26.7%)
신규문제	82(10.5%)	127(16.3%)	81(10.4%)	124(15.9%)	91(11.7%)	109(14.0%)	614(13.1%)
합계	780(100%)	780(100%)	780(100%)	780(100%)	780(100%)	780(100%)	4,680(100%)

- 21년간의 기출DB를 기반으로 최근 5년분 기출문제를 학습할 경우 중복문제를 만날 가능성은 120문항 중 평균 33문항(27.5%), 10년분 기출문제를 학습할 경우에는 57.2문항(47.5%)이었습니다.

과목	1과목	2과목	3과목	4과목	5과목	6과목	합계
5년분 학습	5.9	3.7	4.9	5.2	6.7	6.6	33
10년분 학습	10.0	6.9	9.1	9.4	11.2	10.7	57.2

이로써 10년분 기출문제에 대한 암기학습만 할 경우 합격점수에 해당하는 72점(평균 60점)에는 15문항이 부족하다는 것을 알 수 있습니다. 암기학습뿐 아니라 관련 배경에 대한 최소한의 학습도 필요합니다.

과목별 분석

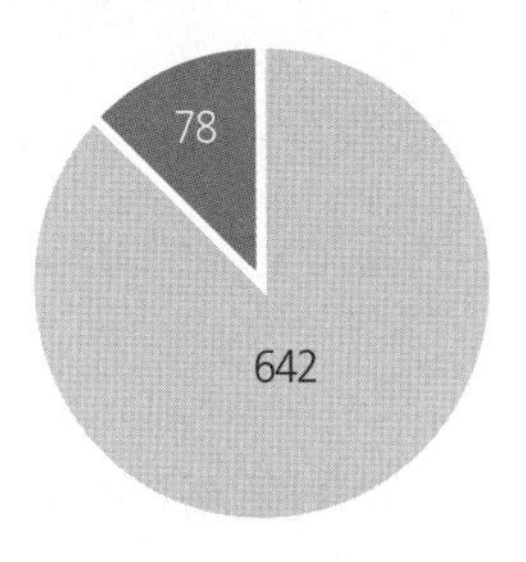

1과목 • 산업재해 예방 및 안전보건교육

13년간 기출문제의 분석 결과 중복유형 문제는 총 698문항이며, 이를 유형별로 정리하면 92개의 유형입니다. 즉, 92개의 유형을 학습할 경우 698문항(89.5%)을 해결할 수 있습니다.

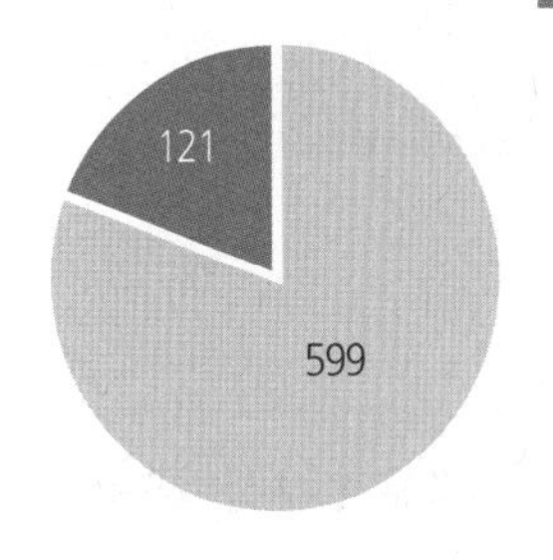

2과목 • 인간공학 및 위험성 평가 · 관리

13년간 기출문제의 분석 결과 중복유형 문제는 총 653문항이며, 이를 유형별로 정리하면 109개의 유형입니다. 즉, 109개의 유형을 학습할 경우 653문항(83.7%)을 해결할 수 있습니다.

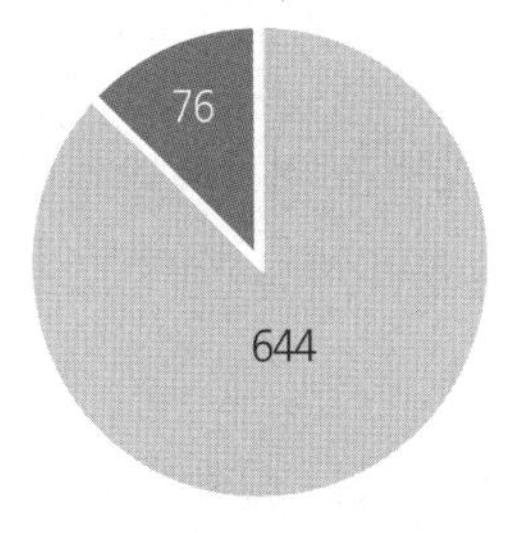

3과목 • 기계 · 기구 및 설비 안전관리

13년간 기출문제의 분석 결과 중복유형 문제는 총 699문항이며, 이를 유형별로 정리하면 93개의 유형입니다. 즉, 93개의 유형을 학습할 경우 699문항(89.6%)을 해결할 수 있습니다.

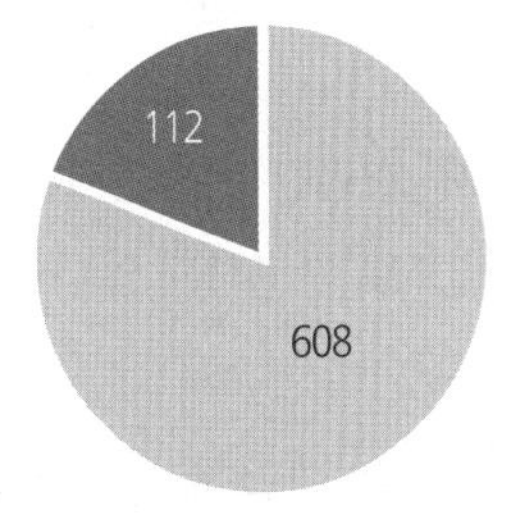

4과목 • 전기설비 안전관리

13년간 기출문제의 분석 결과 중복유형 문제는 총 656문항이며, 이를 유형별로 정리하면 101개의 유형입니다. 즉, 101개의 유형을 학습할 경우 656문항(84.1%)을 해결할 수 있습니다.

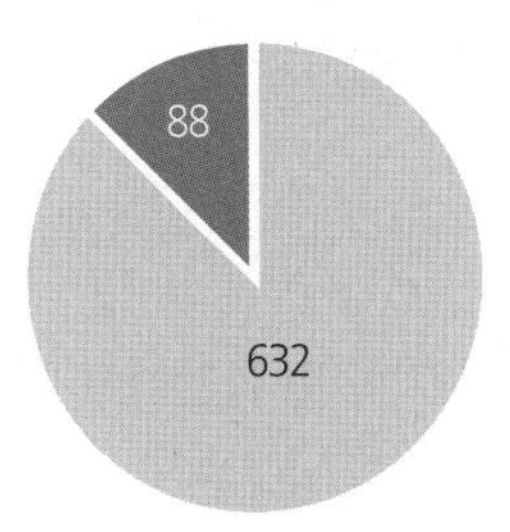

5과목 • 화학설비 안전관리

13년간 기출문제의 분석 결과 중복유형 문제는 총 689문항이며, 이를 유형별로 정리하면 105개의 유형입니다. 즉, 105개의 유형을 학습할 경우 689문항(88.3%)을 해결할 수 있습니다.

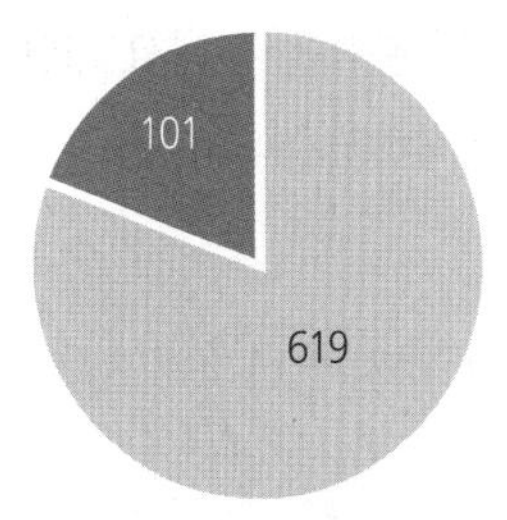

6과목 • 건설공사 안전관리

13년간 기출문제의 분석 결과 중복유형 문제는 총 671문항이며, 이를 유형별로 정리하면 86개의 유형입니다. 즉, 86개의 유형을 학습할 경우 671문항(86.0%)을 해결할 수 있습니다.

어떻게 학습할 것인가?

앞서 13년간의 기출문제 분석내용을 확인하였습니다. 이렇게 분석된 데이터를 통하여 가장 효율적인 학습방법을 연구 검토한 결과를 제시합니다.

분석자료에서 보듯이 기출문제 암기만으로는 합격이 힘듭니다. 10년분 기출문제를 모두 암기하더라도 중복문제는 57문항 정도로, 합격점수인 72점에는 15점 이상이 모자랍니다.

- 기출문제와 함께 21년간 기출문제를 정리한 기본적인 이론을 유형별로 정리한 유형별 핵심이론을 제시합니다. 이론서를 별도로 참고하지 않더라도 기출문제와 관련 해설, 유형별 핵심이론으로 충분히 학습효과를 거둘 수 있을 것입니다.
- 필기 합격 후 치르는 필답형 실기시험은 외워서 주관식으로 적어야 하는 시험입니다. 필기와는 달리 내용을 완벽하게 암기하지 못하면 답을 적을 수가 없습니다. 그런 데 반해 준비기간은 CBT 시행으로 그나마 늘어난 2달 남짓으로 짧아 당회차 합격이 힘듭니다. 그러므로 실기에도 나오는 내용을 필기시험 준비 시 좀더 집중적으로 보게 된다면 필기는 물론 당회차 실기시험 대비에도 큰 도움이 됩니다. 이에 유형별 핵심이론과 함께 해당 내용이 실기 필답형이나 작업형에 출제되었는지를 연혁과 함께 표시했습니다.
- 회차별 출제문제 분석을 통해서 해당 회차의 문제 난이도, 출제유형, 실기와 관련 내역, 합격률 등을 종합적으로 분석하여 제시하였습니다.

최소한 2번은 정독하시기 바라며, 틀린 문제는 오답노트를 통해서 다시 한 번 확인하시기를 추천드립니다.

여러분의 자격증 취득을 기원합니다.

산업안전기사 상세정보

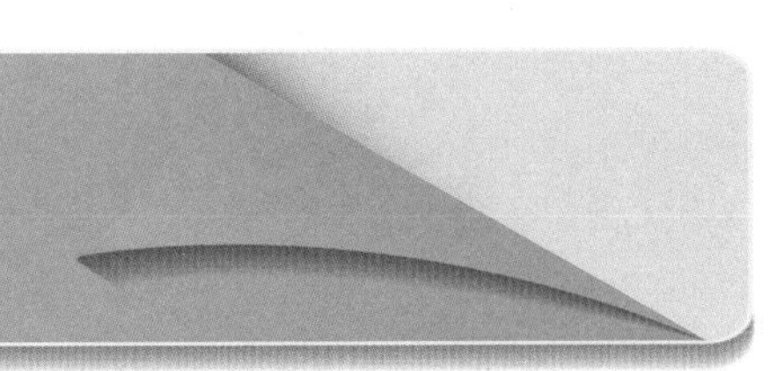

자격종목

자격명		관련부처	시행기관
산업안전기사	Engineer Industrial Safety	고용노동부	한국산업인력공단

검정현황

■ 필기시험

	2014	2015	2016	2017	2018	2019	2020	2021	2022	2023	2024	합계
응시인원	15,885	20,981	23,322	25,088	27,018	33,297	33,732	41,704	54,500	80,253	86,032	441,812
합격인원	5,502	7,508	9,780	11,155	11,667	15,076	19,655	20,263	26,113	41,128	36,853	204,700
합격률	34.6%	35.8%	41.9%	44.5%	43.2%	45.3%	58.3%	48.6%	47.9%	49.8%	42.8%	46.3%

■ 실기시험

	2014	2015	2016	2017	2018	2019	2020	2021	2022	2023	2024	합계
응시인원	7,793	9,692	12,135	16,019	15,755	20,704	26,012	29,571	32,480	52,761	18,337	241,259
합격인원	3,993	5,377	6,882	7,886	7,600	9,765	14,824	15,310	15,296	28,628	10,369	125,930
합격률	51.2%	55.5%	56.7%	49.2%	48.2%	47.2%	57.0%	51.8%	47.1%	54.3%	56.5%	52.2%

※ 실기시험의 경우 2024년은 1회차 결과만 포함(현재, 2 · 3회차 합격자 발표 前)

■ 취득방법

구분	필기	실기
시험과목	① 산업재해 예방 및 안전보건교육 ② 인간공학 및 위험성 평가 · 관리 ③ 기계 · 기구 및 설비 안전관리 ④ 전기설비 안전관리 ⑤ 화학설비 안전관리 ⑥ 건설공사 안전관리	산업안전실무
검정방법	객관식 4지 택일형, 과목당 20문항	복합형[필답형+작업형]
합격기준	과목당 100점 만점에 40점 이상, 전 과목 평균 60점 이상	필답형+작업형 100점 만점에 60점 이상
■ 필기시험 합격자는 당해 필기시험 발표일로부터 2년간 필기시험이 면제된다.		

시험 접수부터 자격증 취득까지

필기시험

• 큐넷 회원가입후 응시자격 확인 가능

• 원서접수: http://www.q-net.or.kr
• 각 시험의 필기시험 원서접수 일정 확인

• 준비물: 수험표, 신분증, 볼펜, (공학용 계산기)
• 필기시험 일정 및 응시 장소 확인

• CBT 방식은 시험당일 합격확인
• 공식적인 합격발표: http://www.q-net.or.kr

실기시험

• 원서접수: http://www.q-net.or.kr
• 각 시험의 실기시험 원서접수 일정 확인

• 각 실기시험(필답/작업)의 준비물 확인
• 실기시험 일정 및 응시 장소 확인

• 합격발표: http://www.q-net.or.kr
• 각 시험의 합격발표 일정 확인

• 인터넷 발급: http://www.q-net.or.kr
• 방문 발급: 신분증 지참 후 발급장소(지부/지사) 방문

이 책의 구성

구분	1과목	2과목	3과목	4과목	5과목	6과목	합계
New유형	4	2	1	3	1	5	16
New문제	10	9	10	7	2	9	47
또나온문제	4	6	4	6	9	4	33
자꾸나온문제	6	5	6	7	9	7	40
합계	20	20	20	20	20	20	120

- New유형은 New문제 중 기존 기출문제와 완전히 다른 유형의 문제를 말합니다.
- New문제는 기존에 출제되지 않은 문제로 이번에 처음 출제되는 문제입니다.
- 또나온문제는 기존에 출제된 적이 1번 있는 문제를 말합니다.
- 자꾸나온문제는 기존에 출제된 적이 2번 이상 있는 문제를 말합니다. 그만큼 중요한 문제입니다.

몇 년분의 기출문제를 공부해야 합격할 수 있을까요?

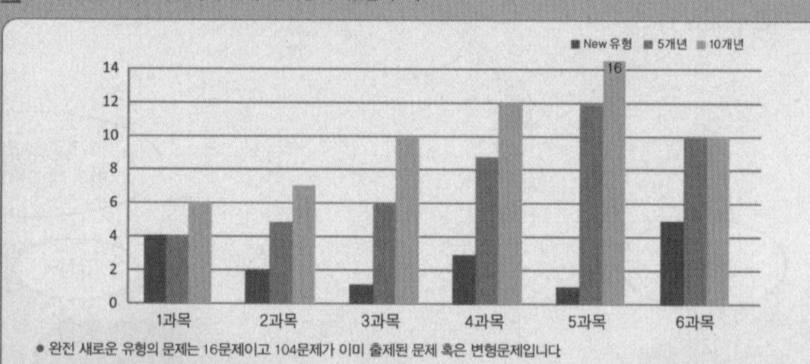

- 완전 새로운 유형의 문제는 16문제이고 104문제가 이미 출제된 문제 혹은 변형문제입니다
- 5년분(2016~2020) 기출에서 동일문제가 46문항이 출제되었고, 10년분(2011~2020) 기출에서 동일문제가 61문항이 출제되었습니다.

실기에 나왔어요!! 외우세요!!!

실기시험은 필답형과 작업형으로 구분되어 있으며 모두 주관식으로 직접 내용을 적어야 합니다. 필기 공부하면서 실기 출제된 내역들은 좀 더 신경써서 암기하실 필요가 있어요. 필기 합격자 발표 난 후 실기시험까지는 5주밖에 여유가 없답니다. 어차피 공부할 것 필기 때 확실하게 해준다면 실기도 단방에 합격할 수 있습니다.

- 총 32개의 해설이 실기 필답형 시험과 연동되어 있습니다.
- 총 0 개의 해설이 실기 작업형 시험과 연동되어 있습니다.

분석의견

수험생들이 가장 자신있어하는 과목중의 하나인 1과목에서 신규문제가 4문제 출제되어 시험지를 받아본 후 다소 당황하셨을 것으로 판단됩니다. 6과목도 신규문제가 5문제나 출제되었지만 최근 5년분의 기출에서 10문제나 출제됨에 따라 1과목과는 느껴지는 난이도에서 차이가 컸습니다. 그외 과목은 평이한 난이도를 보였습니다. 이에 합격률은 46.5%로 평균수준이었습니다. 합격에 필요한 점수를 획득하기 위해서는 최근 10년분 문제 2회독 이상 + 유형별 핵심이론의 정독이 필요할 것으로 판단됩니다.

구분	1과목	2과목	3과목	4과목
New유형	4	2	1	3
New문제	10	9	10	7
또나온문제	4	6	4	6
자꾸나온문제	6	5	6	7
합계	20	20	20	20

한 번도 출제된 적이 없는 새로운 유형의 문제(New유형)와 처음으로 출제된 문제(New문제), 중복해서 2번 출제된 문제와 3번 이상 출제된 문제로 구분하여 정리하였습니다.

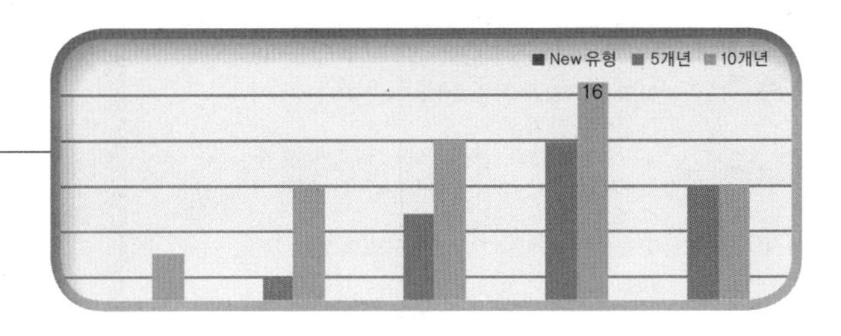

각 과목별로 5년 혹은 10년간의 기출문제와 동일한 문제가 몇 문항씩 출제되었는지를 보여줍니다.

실기에 나왔어요!! 외우세요!!!

실기시험은 필답형과 작업형으로 구분되어 있으며 모두 주관식으로 직접 내용을 적어야 합니다
하실 필요가 있어요. 필기 합격자 발표 난 후 실기시험까지는 5주밖에 여유가 없답니다. 어차피
수 있습니다.

- 총 32개의 해설이 실기 필답형 시험과 연동되어 있습니다.
- 총 0 개의 해설이 실기 작업형 시험과 연동되어 있습니다.

각 문항 아래에 위치한 유형별 핵심이론에 최근 10년 동안 실기 필답형 및 작업형 시험에 출제된 내용이 몇 개나 있는지를 보여줍니다. 필기시험을 위한 공부지만 실기에도 나왔다면 더욱 확실하게 학습할 필요가 있을 겁니다. 동일 회차 한 번에 최종합격까지 가시려는 분은 필기 학습 시 꼭! 유념하시기 바랍니다.

분석의견

수험생들이 가장 자신있어하는 과목중의 하나인 1과목에서 신규문제가 4문제 출제되어 시험가
신규문제가 5문제나 출제되었지만 최근 5년분의 기출에서 10문제나 출제됨에 따라 1과목과는
난이도를 보였습니다. 이에 합격률은 46.5%로 평균수준이었습니다. 합격에 필요한 점수를
핵심이론의 정독이 필요할 것으로 판단됩니다.

해당 회차 난이도 등을 분석하여 효율적인 학습을 위한 의견을 제시하였습니다.

– 회차별 기출문제 시작부분에서 해당 회차 합격률과 10년 합격률 추이를 보여줍니다.

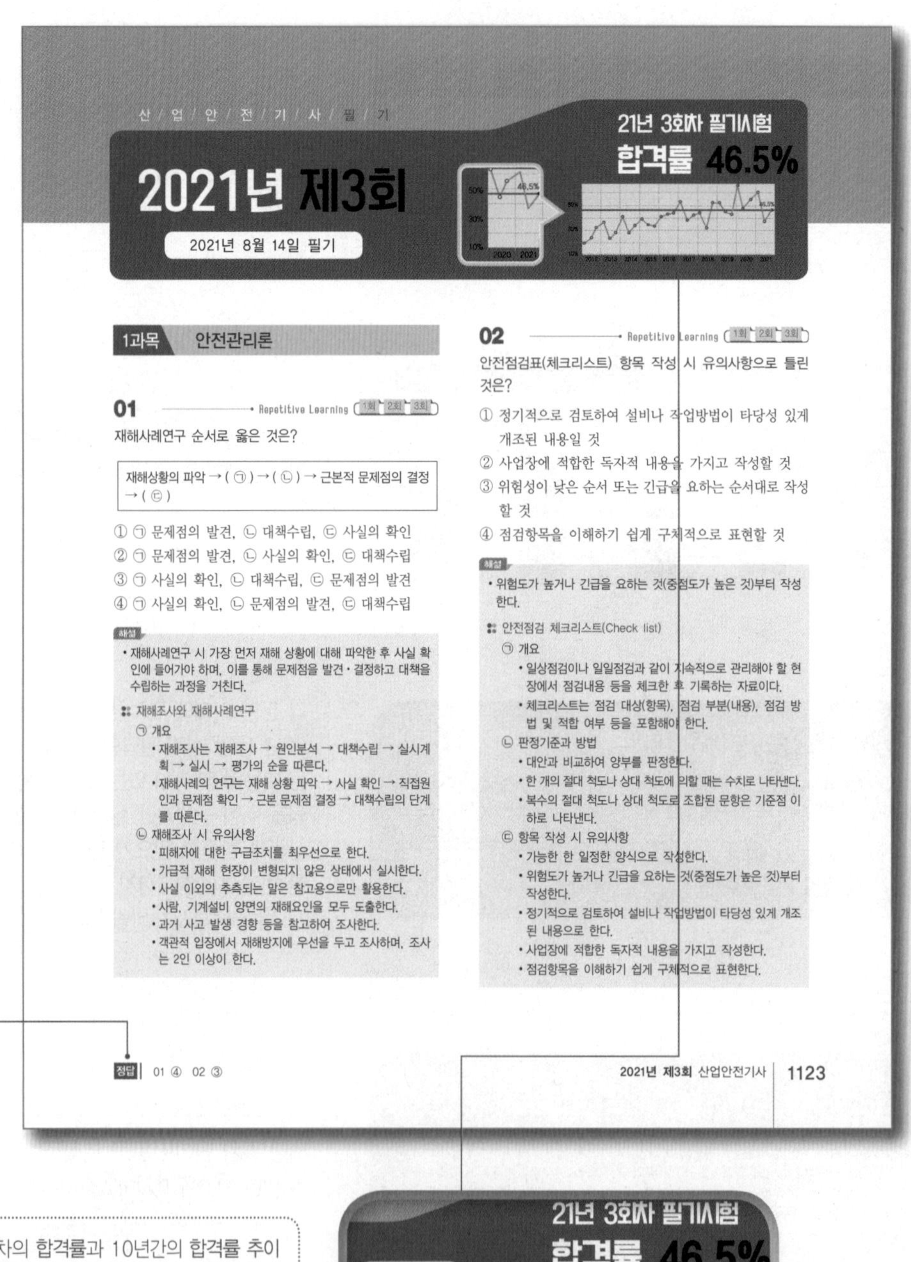

산 / 업 / 안 / 전 / 기 / 사 / 필 / 기

2021년 제3회

2021년 8월 14일 필기

21년 3회차 필기시험
합격률 46.5%

1과목 안전관리론

01 Repetitive Learning (1회 2회 3회)

재해사례연구 순서로 옳은 것은?

재해상황의 파악 → (㉠) → (㉡) → 근본적 문제점의 결정 → (㉢)

① ㉠ 문제점의 발견, ㉡ 대책수립, ㉢ 사실의 확인
② ㉠ 문제점의 발견, ㉡ 사실의 확인, ㉢ 대책수립
③ ㉠ 사실의 확인, ㉡ 대책수립, ㉢ 문제점의 발견
④ ㉠ 사실의 확인, ㉡ 문제점의 발견, ㉢ 대책수립

해설
- 재해사례연구 시 가장 먼저 재해 상황에 대해 파악한 후 사실 확인에 들어가야 하며, 이를 통해 문제점을 발견·결정하고 대책을 수립하는 과정을 거친다.

재해조사와 재해사례연구
- ㉠ 개요
  - 재해조사는 재해조사 → 원인분석 → 대책수립 → 실시계획 → 실시 → 평가의 순을 따른다.
  - 재해사례의 연구는 재해 상황 파악 → 사실 확인 → 직접원인과 문제점 확인 → 근본 문제점 결정 → 대책수립의 단계를 따른다.
- ㉡ 재해조사 시 유의사항
  - 피해자에 대한 구급조치를 최우선으로 한다.
  - 가급적 재해 현장이 변형되지 않은 상태에서 실시한다.
  - 사실 이외의 추측되는 말은 참고용으로만 활용한다.
  - 사람, 기계설비 양면의 재해요인을 모두 도출한다.
  - 과거 사고 발생 경향 등을 참고하여 조사한다.
  - 객관적 입장에서 재해방지에 우선을 두고 조사하며, 조사는 2인 이상이 한다.

02 Repetitive Learning (1회 2회 3회)

안전점검표(체크리스트) 항목 작성 시 유의사항으로 틀린 것은?

① 정기적으로 검토하여 설비나 작업방법이 타당성 있게 개조된 내용일 것
② 사업장에 적합한 독자적 내용을 가지고 작성할 것
③ 위험성이 낮은 순서 또는 긴급을 요하는 순서대로 작성할 것
④ 점검항목을 이해하기 쉽게 구체적으로 표현할 것

해설
- 위험도가 높거나 긴급을 요하는 것(중점도가 높은 것)부터 작성한다.

안전점검 체크리스트(Check list)
- ㉠ 개요
  - 일상점검이나 일일점검과 같이 지속적으로 관리해야 할 현장에서 점검내용 등을 체크한 후 기록하는 자료이다.
  - 체크리스트는 점검 대상(항목), 점검 부분(내용), 점검 방법 및 적합 여부 등을 포함해야 한다.
- ㉡ 판정기준과 방법
  - 대안과 비교하여 양부를 판정한다.
  - 한 개의 절대 척도나 상대 척도에 의할 때는 수치로 나타낸다.
  - 복수의 절대 척도나 상대 척도로 조합된 문항은 기준점 이하로 나타낸다.
- ㉢ 항목 작성 시 유의사항
  - 가능한 한 일정한 양식으로 작성한다.
  - 위험도가 높거나 긴급을 요하는 것(중점도가 높은 것)부터 작성한다.
  - 정기적으로 검토하여 설비나 작업방법이 타당성 있게 개조된 내용으로 한다.
  - 사업장에 적합한 독자적 내용을 가지고 작성한다.
  - 점검항목을 이해하기 쉽게 구체적으로 표현한다.

정답 | 01 ④ 02 ③

2021년 제3회 산업안전기사 | 1123

빠르게 답을 확인할 수 있도록 각 페이지 하단에 해당 페이지 문제의 정답을 보여줍니다.

해당 회차의 합격률과 10년간의 합격률 추이를 보여줍니다. 이를 통해 해당 회차의 문제 난이도와 학습 시 자신의 합격 가능성 등을 예측할 수 있습니다.

– 문제마다 출제연혁(실기 필답형 및 작업형 출제연혁 포함), 오답 및 부가해설, 유형별 핵심이론을 제공합니다.

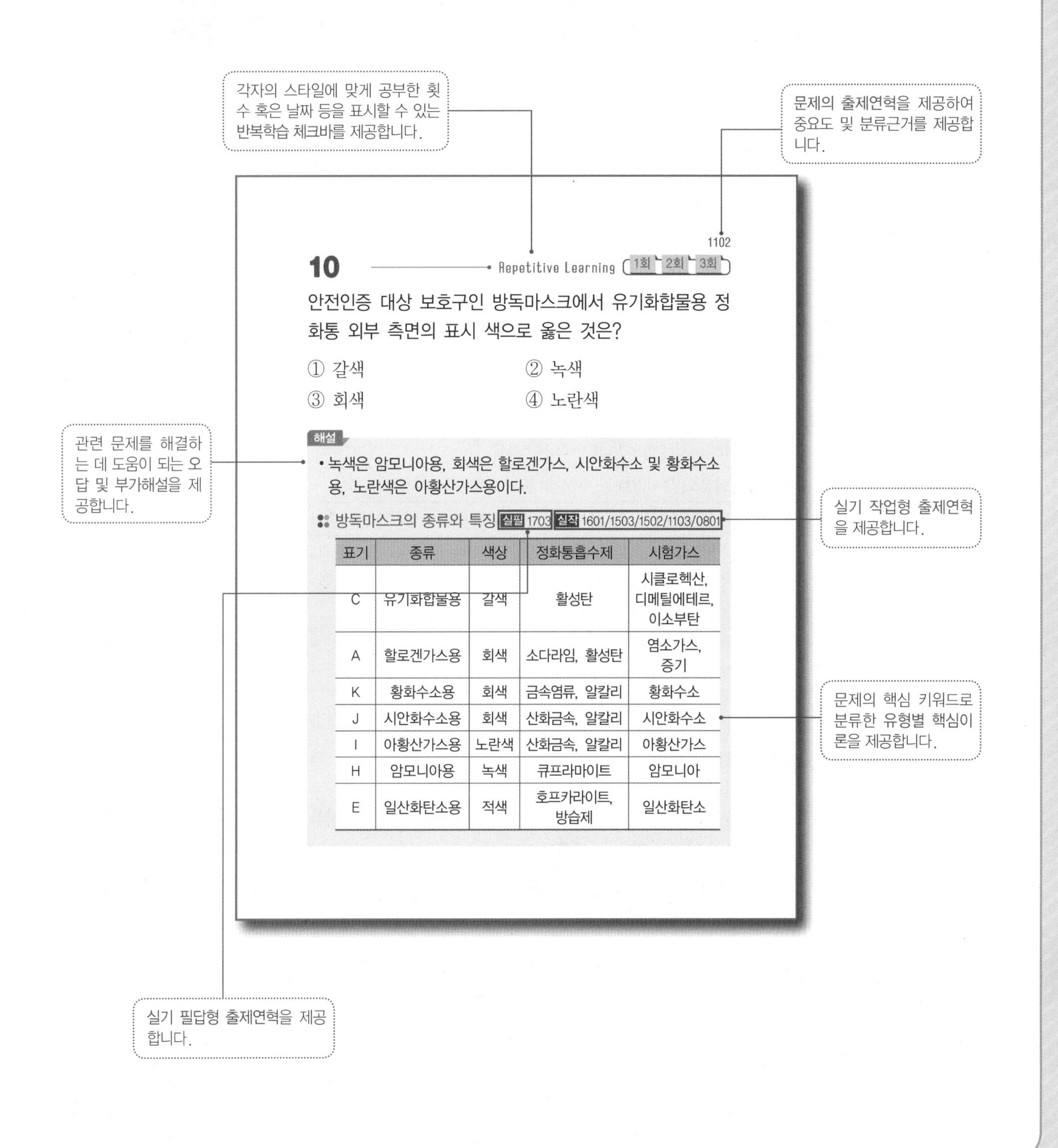

시험장 스케치

시험 전날

1. 시험장에 가지고 갈 준비물은 하루 전날 미리 챙겨두세요.

의외로 시험장에 꼭 챙겨야 할 물품을 안 가져와서 허둥대는 분이 꽤 있습니다. 그러다 보면 마음이 급해지고, 하지 않아야 할 실수도 하는 경우가 많으니 미리 챙겨서 편안한 마음으로 좋은 결과를 만들었으면 좋겠습니다.

준비물	비고
수험표	없을 경우 여러 가지로 불편합니다. 꼭 챙기세요.
신분증	법정 신분증이 없으면 시험을 볼 수 없습니다. 반드시 챙기셔야 합니다.
볼펜	인적사항 기재 및 계산문제 계산을 위해 검은색 볼펜 하나는 챙겨가는 게 좋습니다.
공학용 계산기	산업안전기사 시험에 지수나 로그 등의 결과를 요구하는 문제가 거의 회차별로 1문제 이상 있습니다. 간단한 문제라면 시험지 모퉁이에 계산해도 되겠지만 아무래도 정확한 결과를 간단하게 구할 수 있는 계산기만 할까요? 귀찮더라도 챙겨가는 것이 좋습니다.
기타	핵심요약집, 오답노트 등 단시간에 집중적으로 볼 수 있도록 정리한 참고서, 시침과 분침이 있는 손목시계(시험장에 시계가 대부분 있기는 하죠) 등도 챙겨가시면 좋습니다.

2. 시험시간과 장소를 다시 한 번 확인하세요.

원서 접수 시에 본인이 시험장을 선택했을 것입니다. 일반적으로 자택에서 가까운 곳을 선택했겠지만 당일 다른 일정이 있는 분들은 해당 일정을 수행하기 편리한 장소를 시험장으로 선택하는 경우도 있습니다. 이런 경우 시험장의 위치를 정확히 알지 못할 수가 있습니다. 해당 시험장으로 가는 교통편을 미리 확인해서 당일 아침 헤매지 않도록 하여야 합니다.

시험 당일

1. 시험장에 가능한 일찍 도착하도록 하세요.

집에서 공부할 때에는 이런 저런 주변 여건 등으로 집중적인 학습이 어려웠더라도 시험장에 도착해서부터는 엄청 집중해서 학습이 가능합니다. 짧은 시간이지만 시험 전 잠시 봤던 내용이 시험에 나오면 정말 기분 좋게 정답을 체크할 수 있습니다. 그러니 시험 당일 조금 귀찮더라도 1~2시간 일찍 시험장에 도착해 비어있는 교실에서 미리 준비해 온 정리집(오답노트)으로 마무리 공부를 해 보세요. 집에서 3~4시간 동안 해도 긴가민가하던 암기내용이 시험장에서는 1~2시간 만에 머리에 쏙쏙 들어올 것입니다.

2. 매사에 허둥대는 당신, 수험자 유의사항을 천천히 읽으며 마음을 가다듬도록 하세요.

입실시간이 되어 시험장에 입실하면 감독관 2분이 시험장에 들어오면서 시험준비가 시작됩니다.

인원체크, 좌석 배정, 신분확인, 연습장(계산문제 계산용) 배부, 휴대폰 수거, 계산기 초기화 등 시험과 관련하여 사전에 처리할 일들을 진행하십니다. 긴장되는 시간이기도 하고 혹은 쓸데없는 시간이라고 생각할 수도 있습니다. 하지만 감독관 입장에서는 정해진 루틴에 따라 처리해야하는 업무이고 수험생 입장에서는 어쩔 수 없이 기다려야하는 시간입니다. 감독관의 안내에 따라 화장실에 다녀오지 않으신 분들은 다녀오신 뒤에 차분히 그동안 공부한 내용들을 기억속에서 떠올려 보시기 바랍니다.

수험자 정보 확인이 끝나면 수험자 유의사항을 확인할 수 있습니다. 꼼꼼이 읽어보시기 바랍니다. 읽어보시면서 긴장된 마음을 차분하게 정리하시기 바랍니다.

3. 시험시간에 쫓기지 마세요.

산업안전기사 필기시험은 총 120문항으로 3시간동안 시험을 보게 됩니다. 그러나 CBT 시험이다보니 시험장에 산업안전기사 외 다른 기사 시험을 치르는 분들과 함께 시험을 치르게 됩니다. 그리고 CBT의 경우는 퇴실이 자유롭습니다. 즉, 10분도 되지 않아 시험을 포기하고 일어서서 나가는 분들도 있습니다. 주변 환경에 연연하지 마시고 자신의 페이스대로 시험시간을 최대한 활용하셔서 문제를 풀어나가시기 바랍니다. '혹시라도 나만 남게 되는 것은 아닌가?', '감독관이 눈치 주는 것 아닌가?' 하는 생각들로 인해 시험이 끝나지도 않았는데 서두르다 마킹을 잘못하거나 정답을 알고도 못 쓰는 경우가 허다합니다. 일찍 나가는 분들 중 일부는 열심히 공부해서 충분히 좋은 점수를 내는 분들도 있지만 아무리 봐도 몰라서 그냥 포기하는 분들도 꽤 됩니다. 그런 분들보다는 끝까지 남아서 문제를 풀어가는 당신의 합격 가능성이 더 높습니다. 일찍 나가는 데 연연하지 마시고 당신의 페이스대로 진행하십시오. 시간이 남는다면 문제의 마지막 구절(~옳은 것은? 혹은 잘못된 것은? 등)이라도 다시 한 번 체크하면서 점검하시기 바랍니다. 이렇게 해서 실수로 잘못 이해한 문제를 한 두 문제 걸러낼 수 있다면 불합격이라는 세 글자에서 '불'이라는 글자를 떨구어 내는 소중한 시간이 될 수도 있습니다.

4. 처음 체크한 답안이 정답인 경우가 많습니다.

전공자를 제외하고 산업안전기사 시험을 준비하는 수험생들의 대부분은 최소 5년 이상의 기출문제를 2~3번은 정독하거나 학습한 수험생입니다. 그렇지만 모든 문제를 다 기억하기는 힘듭니다. 시험문제를 읽다 보면 "아, 이 문제 본 적 있어." "답은 2번" 그래서 2번으로 체크하는 경우가 있습니다. 그런데 시간을 두고 꼼꼼히 읽다 보면 다른 문제들과 헷갈리기 시작해서 2번이 아닌 것 같은 생각이 듭니다. 정확하게 암기하지 않아 자신감이 떨어지는 경우이죠. 이런 경우 위아래의 답들과 비교해 보다가 답을 바꾸는 경우가 종종 있습니다. 그런데 사실은 처음에 체크했던 답이 정답인 경우가 더 많습니다. 체크한 답을 바꾸실 때는 정말 심사숙고하셔야 할 필요가 있음을 다시 한 번 강조합니다.

5. 찍기라고 해서 아무 번호나 찍어서는 안 됩니다.

우리는 초등학교 시절부터 산업안전기사 시험을 보고 있는 지금에 이르기까지 수많은 시험을 경험해 온 전문가들입니다. 그렇게 시험을 치르면서 찍기에 통달하신 분도 계시겠지만 정답 찍기는 만만한 경험은 절대 아닙니다. 충분히 고득점을 내는 분들이 아니라면 한두 문제가 합격의 당락을 결정하는 중요한 역할을 하는 만큼 찍기에도 전략이 필요합니다.

일단 아는 문제들은 확실하게 푸셔서 정확한 답안을 만드는 것이 우선입니다. 충분히 시간을 두고 아는 문제들을 모두 해결하셨다면 이제 찍기 타임에 들어갑니다. 남은 문제들은 크게 두 가지 유형으로 구분될 수 있습니다. 첫 번째 유형은 어느 정도 내용을 파악하고 있어서 전혀 말도 되지 않는 보기들을 골라낼 수 있는 문제들입니다. 그런 문제들의 경우는 일단 오답이 확실한 보기들을 골라낸 후 남은 정답 후보들 중에서 자신만의 일정한 기준으로 답을 선택합니다. 그 기준이 너무 흔들릴 경우 답만 피해갈 수 있으므로 어느 정도의 객관적인 기준에 맞도록 적용이 되어야 합니다.

두 번째 유형은, 정말 아무리 봐도 본 적도 없고 답을 알 수 없는 문제들입니다. 문제를 봐도 보기를 봐도 정말 모르겠다면 과감한 선택이 필요합니다. 10여년 이상 무수한 시험들을 거쳐 온 우리 수험생들은 자기 나름의 방법이 있을 것입니다. 그 방법에 따라 일관되게 답을 선택하시기 바라며, 선택하셨다면 흔들리지 마시고 마킹 후 답안지를 제출하시기 바랍니다.

2022년 3회차부터는 기사 필기시험도 모두 CBT 시험으로 변경되어 PC가 설치된 시험장에서 시험을 치르고, 시험종료 후 답안을 제출하면 본인의 점수 확인이 즉시 가능합니다.

답안을 제출하게 되면 과목별 점수와 평균점수, 그리고 필기시험 합격여부가 나옵니다.

만약 합격점수 이상일 경우 합격(예정)이라고 표시됩니다. 이후 필기시험 합격(예정)자에 한해 응시자격을 증빙할 서류를 제출하여야 최종합격자로 분류되어 실기시험에 응시할 자격이 부여됩니다.

합격하셨다면 바로 서류 제출하시고 실기시험을 준비하세요.

이 책의 차례

2012년 기출문제

2013년 기출문제

2014년 기출문제

2015년 기출문제

2016년 기출문제

2017년 기출문제

2018년 기출문제

2019년 기출문제

2020년 기출문제

2021년 기출문제

2022년 기출문제

2025

고시넷

고패스

산업안전기사 필기

10년 + α 기출문제집

한국산업인력공단 국가기술자격

gosinet
(주)고시넷

출제문제 분석 2012년 1회

구분	1과목	2과목	3과목	4과목	5과목	6과목	합계
New 유형	2	4	1	2	1	3	13
New 문제	8	12	5	9	8	5	47
또나온문제	8	4	8	6	5	8	39
자꾸나온문제	4	4	7	5	7	7	34
합계	20	20	20	20	20	20	120

- New유형은 New문제 중 기존 기출문제와 완전히 다른 유형의 문제를 말합니다.
- New문제는 기존에 출제되지 않은 문제로 이번에 처음 출제되는 문제입니다.
- 또나온문제는 기존에 출제된 적이 1번 있는 문제를 말합니다.
- 자꾸나온문제는 기존에 출제된 적이 2번 이상 있는 문제를 말합니다. 그만큼 중요한 문제입니다.

몇 년분의 기출문제를 공부해야 합격할 수 있을까요?

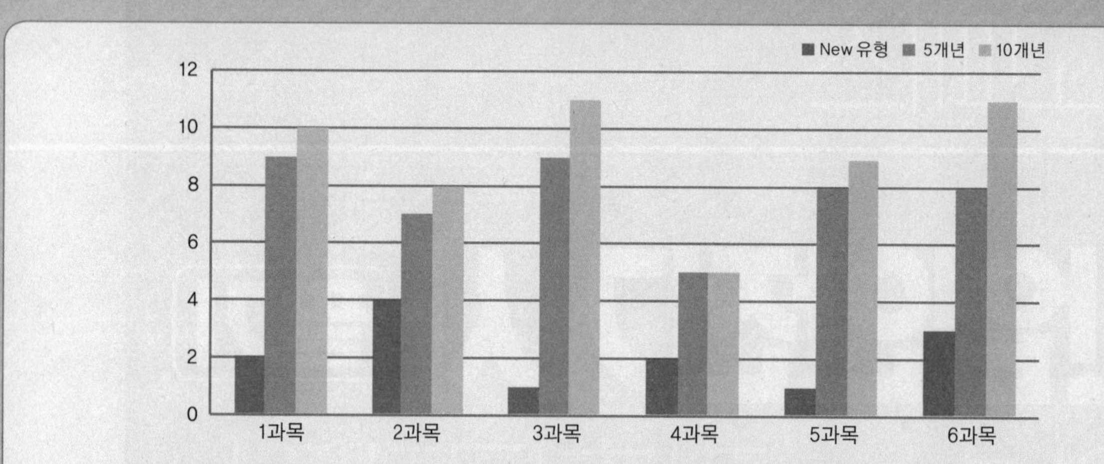

- 완전 새로운 유형의 문제는 13문제이고 107문제가 이미 출제된 문제 혹은 변형문제입니다.
- 5년분(2016~2020) 기출에서 동일문제가 46문항이 출제되었고, 10년분(2011~2020)기출에서 동일문제가 54문항이 출제되었습니다.

실기에 나왔어요!! 외우세요!!!

실기시험은 필답형과 작업형으로 구분되어 있으며 모두 직접 주관식으로 내용을 적어야 합니다. 필기공부하면서 실기 출제된 내역들은 좀 더 신경써서 암기하실 필요가 있어요. 필기 합격자 발표 난 후 실기시험까지는 5주밖에 여유가 없답니다. 어차피 공부할 것 필기 때 확실하게 해준다면 실기도 단방에 합격할 수 있습니다.

- 총 29개의 해설이 실기 필답형 시험과 연동되어 있습니다.
- 총 8개의 해설이 실기 작업형 시험과 연동되어 있습니다.

분석의견

최근 10년분의 기출문제와 답을 반복암기해서는 합격점수인 72점에서 18점이 부족합니다. 과목별 기출비중, 10년분 기출출제비율 모두가 평균과 비슷할 정도의 난이도 분포를 보여주고 있습니다. 5년분 기출의 경우 평균(31.9문항)보다 많은 46문항이나 출제되어 평균적인 난이도보다는 좀 더 수월함을 느끼는 회차입니다. 다만 4과목의 기출비중이 과락점수 이하로 낮은 만큼 4과목에 대한 배경학습이 필요합니다. 합격에 필요한 점수를 획득하기 위해서는 최근 5년분 문제와 핵심이론의 3회독 혹은 최근 10년분 문제와 핵심이론의 2회독 이상의 학습이 필요합니다.

2012년 제1회

2012년 3월 4일 필기

12년 1회차 필기시험
합격률 19.1%

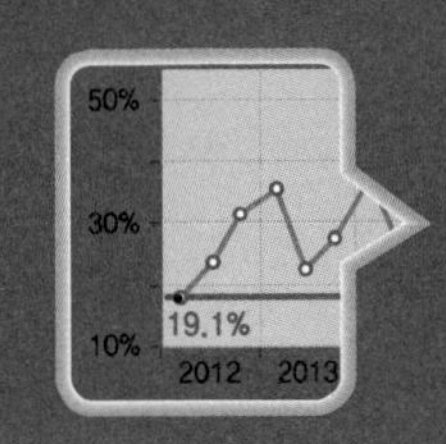

1과목 산업재해 예방 및 안전보건교육

01 Repetitive Learning (1회 2회 3회)

다음 중 무재해 운동의 이념에 있어 모든 잠재위험요인을 사전에 발견·파악·해결함으로써 근원적으로 산업재해를 없앤다는 원칙에 해당하는 것은?

① 참가의 원칙　② 인간존중의 원칙
③ 무의 원칙　④ 선취의 원칙

해설

- 모든 잠재위험요인을 ~ 근원(뿌리) ~ 제거하는 것은 무의 원칙이다.

:: 무재해 운동 3원칙

무(無, Zero)의 원칙	모든 잠재위험요인을 사전에 발견·파악·해결함으로써 근원적으로 산업재해를 없앤다.
안전제일(선취)의 원칙	직장의 위험요인을 행동하기 전에 발견·파악·해결하여 재해를 예방한다.
참가의 원칙	작업에 따르는 잠재적인 위험요인을 발견·해결하기 위하여 전원이 협력하여 문제해결 운동을 실천한다.

1402

02 Repetitive Learning

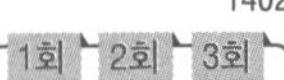

다음 중 산업재해의 원인으로 간접적 원인에 해당되지 않는 것은?

① 기술적 원인　② 물적 원인
③ 관리적 원인　④ 교육적 원인

해설

- 인적 원인과 물적 원인은 산업재해의 직접적 원인에 해당한다.

:: 산업재해의 간접적(기본적) 원인

㉠ 개요

- 재해의 직접적인 원인을 유발시키는 원인을 말한다.
- 기술적 원인, 교육적 원인, 신체적 원인, 정신적 원인, 관리적 원인 등이 있다.

㉡ 간접적 원인의 종류

기술적 원인	생산방법의 부적당, 구조물·기계장치 및 설비의 불량, 구조재료의 부적합, 점검·정비·보존의 불량 등
교육적 원인	안전지식의 부족, 안전수칙의 오해, 경험훈련의 미숙, 안전교육의 부족 등
신체적 원인	피로, 시력 및 청각기능 이상, 근육운동의 부적합, 육체적 한계 등
정신적 원인	안전의식의 부족, 주의력 부족, 판단력 부족 혹은 잘못된 판단, 방심 등
관리적 원인	안전관리조직의 결함, 안전수칙의 미제정, 작업준비의 불충분, 작업지시의 부적절, 인원배치의 부적당, 정리정돈의 미실시 등

03 Repetitive Learning (1회 2회 3회)

다음 중 산업안전보건법상 안전검사대상 유해·위험 기계에 해당하는 것은?

① 이동식크레인
② 이동식 국소배기장치
③ 밀폐형 롤러기
④ 산업용 원심기

해설

- 산업용 원심기는 프레스, 전단기, 리프트, 압력용기, 곤돌라, 컨베이어 등과 함께 안전검사대상 유해·위험기계에 해당된다.

정답 | 01 ③　02 ②　03 ④

안전검사대상 유해·위험기계의 종류

- 프레스
- 전단기
- 크레인(정격 하중이 2톤 미만인 것은 제외)
- 리프트
- 압력용기
- 곤돌라
- 국소배기장치(이동식은 제외)
- 원심기(산업용만 해당)
- 롤러기(밀폐형 구조는 제외)
- 사출성형기(형 체결력 294킬로뉴턴 미만은 제외)
- 고소작업대
  (화물자동차 또는 특수자동차에 탑재한 고소작업대로 한정)
- 컨베이어
- 산업용 로봇
- 혼합기
- 파쇄기 또는 분쇄기

04

Repetitive Learning (1회 2회 3회)

다음 중 근로자가 물체의 낙하 또는 비래 및 추락에 의한 위험을 방지 또는 경감하고, 머리부위 감전에 의한 위험을 방지하고자 할 때 사용하여야 하는 안전모의 종류로 가장 적합한 것은?

① A형 ② AB형
③ ABE형 ④ AE형

해설

- 감전위험이 있을 경우 E가 포함된 안전모, 추락위험이 있으면 ABE형, 그렇지 않으면 AE형이다.

안전인증대상 안전모 실작 1302

종류(기호)	사용구분	비고
AB	물체의 낙하 또는 비래 및 추락에 의한 위험을 방지 또는 경감시키기 위한 것	
AE	물체의 낙하 또는 비래에 의한 위험을 방지 또는 경감하고, 머리 부위 감전에 의한 위험을 방지하기 위한 것	• 내전압성(7,000V 이하의 전압에 견딜 것) • 내수성(질량 증가율 1% 미만일 것)
ABE	물체의 낙하 또는 비래 및 추락에 의한 위험을 방지 또는 경감하고, 머리 부위 감전에 의한 위험을 방지하기 위한 것	

05

Repetitive Learning (1회 2회 3회)

다음 중 리더십 이론에서 성공적인 리더는 어떤 특성을 가지고 있는가를 연구하는 이론은?

① 특성이론 ② 행동이론
③ 상황적합성이론 ④ 수명주기이론

해설

- 특성이론이란 성공적인 리더가 가지는 특성을 연구하는 이론이다.

특성이론

- 성공적인 리더는 그렇지 않은 리더와는 확연히 다른 신체적, 성격적, 능력적 차이를 가진다는 이론이다.
- 리더의 기능수행과 리더로서의 지위 획득 및 유지가 리더 개인의 성격이나 자질에 의존한다는 리더십 이론이다.

1603

06

Repetitive Learning (1회 2회 3회)

산업안전보건법상 고용노동부장관은 자율안전확인대상 기계·기구 등의 안전에 관한 성능이 자율안전기준에 맞지 아니하게 된 경우 관련 사항을 신고한 자에게 몇 개월 이내의 기간을 정하여 자율안전확인표시의 사용을 금지하거나 자율안전기준에 맞게 개선하도록 명할 수 있는가?

① 1 ② 3
③ 6 ④ 12

해설

- 고용노동부장관은 성능이 자율안전기준에 맞지 아니한 경우 6개월 이내의 기간을 정하여 자율안전확인표시의 사용을 금지하거나 자율안전기준에 맞게 개선하도록 명할 수 있다.

자율안전확인표시의 사용금지

- 고용노동부장관은 자율안전확인대상 기계·기구 등의 안전에 관한 성능이 자율안전기준에 맞지 아니하게 된 경우에는 신고한 자에게 6개월 이내의 기간을 정하여 자율안전확인표시의 사용을 금지하거나 자율안전기준에 맞게 개선하도록 명할 수 있다.

07

Repetitive Learning (1회 2회 3회)

다음 중 알더퍼(Alderfer)의 ERG 이론에서 제시한 인간의 3가지 욕구에 해당하는 것은?

① Growth 욕구 ② Rationalization 욕구
③ Economy 욕구 ④ Environment 욕구

04 ③ 05 ① 06 ③ 07 ① 정답

해설

- 알더퍼의 ERG 이론은 인간의 3가지 욕구를 존재(Existence), 관계(Relation), 성장(Growth)욕구로 보았다.

알더퍼의 ERG 이론 실필 1602

㉠ 개요

- 매슬로우의 이론이 지닌 이론적인 한계를 극복하고자 실제 조직에 대한 현장조사를 통해 요인분석한 이론이다.
- 인간의 욕구를 존재욕구(Existence needs), 관계욕구(Relation needs), 성장욕구(Growth needs)로 구분한다.

㉡ 알더퍼의 욕구 분류

구분	알더퍼 ERG	매슬로우 욕구 5단계
E	존재욕구	생리적 욕구, 안전욕구
R	관계욕구	사회적 욕구, 존경의 욕구
G	성장욕구	자아실현의 욕구

0302 / 0601

08

Repetitive Learning 

안전보건관리의 조직형태 중 경영자의 지휘와 명령이 위에서 아래로 하나의 계통이 되어 신속히 전달되며 100명 이하의 소규모 기업에 적합한 유형은?

① Staff 조직
② Line 조직
③ Line-staff 조직
④ Round 조직

해설

- 100명 이하의 소규모 기업에 적합한 유형은 Line형, 100~1,000명의 중규모 기업에 적합한 유형은 Staff형, 1,000명 이상의 대규모 기업에 적합한 유형은 Line-staff형이다.

직계(Line)형 조직

㉠ 개요

- 경영자의 지휘와 명령이 위에서 아래로 하나의 계통이 되어 신속히 전달되며 100명 이하의 소규모 기업에 적합한 유형이다.
- 안전관리의 계획부터 실시·평가까지 모든 것이 생산 라인을 통하여 이뤄진다.

㉡ 특징

- 안전에 관한 지시나 조치가 신속하고 철저하다.
- 참모형 조직보다 경제적인 조직이다.
- 안전보건에 관한 전문 지식이나 기술의 결여가 단점이다.

09

Repetitive Learning 1회 2회 3회

다음 중 산업안전보건법상 사업 내 안전·보건교육에 있어 탱크 내 또는 환기가 극히 불량한 좁은 밀폐된 장소에서 용접작업을 하는 근로자에게 실시하여야 하는 특별안전·보건교육의 내용에 해당하지 않는 것은?(단, 기타 안전·보건관리에 필요한 사항은 제외한다)

① 환기설비에 관한 사항
② 작업환경 점검에 관한 사항
③ 질식 시 응급조치에 관한 사항
④ 안전기 및 보호구 취급에 관한 사항

해설

- 안전기 및 보호구 취급에 관한 사항은 아세틸렌용접장치 또는 가스집합 용접장치를 사용하는 금속의 용접·용단 또는 가열작업 시의 특별안전·보건교육 대상 작업별 교육내용에 해당한다.

밀폐된 장소에서 하는 용접작업 또는 습한 장소에서 하는 전기용접작업을 하는 근로자를 대상으로 하는 특별 안전·보건교육 내용 실필 1203

- 작업순서, 안전작업방법 및 수칙에 관한 사항
- 환기설비에 관한 사항
- 전격방지 및 보호구 착용에 관한 사항
- 질식 시 응급조치에 관한 사항
- 작업환경 점검에 관한 사항
- 그 밖에 안전·보건관리에 필요한 사항

10

Repetitive Learning 1회 2회 3회

다음 중 안전교육계획 수립 시 포함하여야 할 사항과 가장 거리가 먼 것은?

① 교재의 준비
② 교육기간 및 시간
③ 교육의 종류 및 교육대상
④ 교육담당자 및 강사

해설

- 안전교육계획에 포함되어야 하는 것은 ②, ③, ④ 외에도 교육의 목표, 교육의 과목 및 내용, 교육장소 및 방법, 소요예산계획 등이 있다.

:: 안전교육계획 수립

㉠ 순서

- 교육 요구사항 파악 → 교육내용의 결정 → 실행을 위한 순서, 방법, 자료의 검토 → 실행교육계획서의 작성 순이다.

㉡ 계획 수립 시 포함되어야 할 사항

- 교육의 목표
- 교육의 종류 및 대상
- 교육의 과목 및 내용
- 교육장소 및 방법
- 교육기간 및 시간
- 교육담당자 및 강사
- 소요예산계획

1802 / 1902

11 — Repetitive Learning (1회 2회 3회)

재해통계에 있어 강도율이 2.0인 경우에 대한 설명으로 옳은 것은?

① 한 건의 재해로 인해 전체 작업비용의 2.0%에 해당하는 손실이 발생하였다.
② 근로자 1,000명당 2.0건의 재해가 발생하였다.
③ 근로시간 1,000시간당 2.0건의 재해가 발생하였다.
④ 근로시간 1,000시간당 2.0일의 근로손실이 발생하였다.

해설

- 강도율은 근로시간 1,000시간당의 근로손실일수를 의미하므로 2.0은 근로손실일수가 1,000시간당 2일이라는 의미이다.

:: 강도율(SR : Severity Rate of injury) 실필 2401/2101/2004/1902/1901/1702/1701/1403/1303/1203/1201/1102/1003/1001/0903/0902/0802

- 재해로 인한 근로손실의 강도를 나타낸 값으로 연간 총근로시간에서 1,000시간당 근로손실일수를 의미한다.
- 강도율 $= \frac{\text{근로손실일수}}{\text{연간 총근로시간}} \times 1{,}000$으로 구한다.
- 근로자의 근속연수 등이 주어지지 않을 때 평생 근로손실일수는 한 개인이 평생 동안 근로한 시간을 100,000시간으로 볼 때의 근로손실일수이므로 강도율에 100을 곱하여 구한다.

1803 / 2101

12 — Repetitive Learning (1회 2회 3회)

집단에서의 인간관계 메커니즘(Mechanism)과 가장 거리가 먼 것은?

① 모방, 암시
② 분열, 강박
③ 동일화, 일체화
④ 커뮤니케이션, 공감

해설

- 집단에서의 인간관계 메커니즘의 종류에는 모방, 암시, 커뮤니케이션, 동일화, 일체화, 공감, 역할학습 등이 있다.

:: 집단에서의 인간관계 메커니즘(Mechanism)

- 집단에 있어서 인간관계는 집단 내 인간과 인간 사이의 협동관계에 해당한다.
- 인간관계가 복잡하고 어려운 이유는 다른 사람과의 상호작용을 통해 형성되기 때문이다.
- 인간관계 매커니즘의 종류에는 모방, 암시, 커뮤니케이션, 동일화, 일체화, 공감, 역할학습 등이 있다.

1802

13 — Repetitive Learning (1회 2회 3회)

교육심리학의 기본이론 중 학습지도의 원리가 아닌 것은?

① 직관의 원리
② 개별화의 원리
③ 계속성의 원리
④ 사회화의 원리

해설

- 계속성의 원리는 파블로프(Pavlov)의 조건반사설의 학습이론 원리 중 하나이다.

:: 학습지도의 원리

원리	내용
직관의 원리	실재하는 사물을 제시하거나 경험시켜 효과를 일으키는 원리
자기활동의 원리	스스로 학습동기를 갖고 학습하게 해야 한다는 원리
개별화의 원리	학습자가 지니고 있는 각자의 요구와 능력 등에 알맞은 학습활동의 기회를 마련해 주어야 한다는 원리
사회화의 원리	공동학습을 통해 사회화를 지향해야 한다는 원리

0401

14 Repetitive Learning 

안전교육방법 중 동기유발 요인에 영향을 미치는 요소와 가장 거리가 먼 것은?

① 책임　② 참여
③ 성과　④ 회피

해설

- 회피는 타인과의 접촉을 피하거나 당면한 문제를 거부하는 것으로 동기유발의 요인이 될 수 없다.

구체적인 동기유발 요인의 종류

㉠ 내적 동기유발 요인
- 개인의 마음속에 내재되어 있는 욕망, 욕구, 사명감 등을 말한다.
- 책임(Responsibility), 기회(Opportunity), 참여(Participation), 독자성(Independence), 적응도(Conformity) 등이 있다.

㉡ 외적 동기유발 요인
- 사회적 욕구나 금전적, 물질적 보상을 말한다.
- 경제(Economic)적 보상, 권한(Power), 인정(Recognition), 성과(Accomplishment), 경쟁(Competition) 등이 있다.

1502

15 Repetitive Learning 

다음 중 위험예지훈련에 있어 Touch and call에 관한 설명으로 가장 적절한 것은?

① 현장에서 팀 전원이 각자의 왼손을 맞잡아 원을 만들어 팀 행동목표를 지적 확인하는 것을 말한다.
② 현장에서 그때 그 장소의 상황에서 즉응하여 실시하는 위험예지활동으로 즉시즉응법이라고도 한다.
③ 작업자가 위험작업에 임하여 무재해를 지향하겠다는 뜻을 큰소리로 호칭하면서 안전의식수준을 제고하는 기법이다.
④ 한 사람 한 사람의 위험에 대한 감수성 향상을 도모하기 위한 삼각 및 원포인트 위험예지훈련을 통합한 활용기법이다.

해설

- ②는 TBM 위험예지훈련, ③은 지적 확인, ④는 1인 위험예지훈련에 대한 설명이다.

Touch and call
- 작업현장에서 팀 전원이 각자의 왼손을 맞잡고 원을 만들어 팀 행동목표를 지적 확인하는 것을 말한다.
- 팀의 일체감과 연대감을 조성하면서 팀 행동목표를 확인하고, 안전작업을 실천하도록 결의하는 것을 말한다.

1901

16 Repetitive Learning 1회 2회 3회

산업안전보건법상 안전·보건표지의 종류 중 관계자 외 출입금지표지에 해당하는 것은?

① 안전모착용
② 석면취급 및 해체·제거
③ 폭발성물질경고
④ 방사성물질경고

해설

- 관계자 외 출입금지 표지의 대상은 허가대상 유해물질 취급 작업장, 석면취급 및 해체 제거 작업장, 금지유해물질 취급장소이다.

관계자 외 출입금지표지 대상 실필 1603/1103
- 허가대상 유해물질 취급 작업장
- 석면취급 및 해체·제거 작업장
- 금지유해물질 취급장소

1602

17 Repetitive Learning 

인간의 동작특성 중 판단과정의 착오요인이 아닌 것은?

① 합리화　② 정서불안정
③ 작업조건불량　④ 정보부족

해설

- 정서불안정은 인지과정의 착오에 해당한다.

착오의 원인별 분류

구분	내용
인지과정의 착오	• 생리적·심리적 능력의 부족 • 감각차단현상 • 정서불안정
판단과정의 착오	• 능력부족 • 정보부족 • 자기합리화
조작과정의 착오	• 기술부족 • 잘못된 정보

정답 | 14 ④　15 ①　16 ②　17 ②

18

Repetitive Learning (1회 2회 3회)

A 사업장에서 사망이 2건 발생하였다면 이 사업장에서 경상 재해는 몇 건이 발생하겠는가?(단, 하인리히의 재해구성 비율을 따른다)

① 30건 ② 58건
③ 60건 ④ 600건

해설

- 사망사고는 중상해에 해당하므로 중상해가 2건이라면 2 : 58 : 600에 해당한다. 경상재해는 58건, 무상해사고가 600건이다.

∷ 하인리히의 재해구성 비율

- 중상 : 경상 : 무상해사고가 각각 1 : 29 : 300인 재해구성 비율을 말한다.
- 총 사고 발생건수 330건을 대상으로 분석했을 때 중상 1, 경상 29, 무상해사고 300건이 발생했음을 의미한다.

1402 / 1803

19

Repetitive Learning (1회 2회 3회)

안전교육 중 프로그램 학습법의 장점이 아닌 것은?

① 학습자의 학습과정을 쉽게 알 수 있다.
② 여러 가지 수업 매체를 동시에 다양하게 활용할 수 있다.
③ 지능, 학습속도 등 개인차를 충분히 고려할 수 있다.
④ 매 반응마다 피드백이 주어지기 때문에 학습자가 흥미를 가질 수 있다.

해설

- 프로그램 학습법은 이미 만들어져 있는 프로그램을 이용하는 방법으로 매체 역시 주어진 매체 내에서 활용이 가능하다.

∷ 프로그램 학습법(Programmed self instruction method)

㉠ 개요
- 학생이 자기 학습속도에 따른 학습이 허용되어 있는 상태에서 학습자가 프로그램 자료를 가지고 단독으로 학습하도록 하는 교육방법을 말한다.

㉡ 특징
- 학습자의 학습과정을 쉽게 알 수 있다.
- 수업의 모든 단계에서 적용이 가능하며, 지능, 학습속도 등 개인차를 충분히 고려할 수 있다.
- 수강자들이 학습이 가능한 시간대의 폭이 넓으며, 매 반응마다 피드백이 주어져 학습자의 흥미를 유발한다.
- 단점으로는 한번 개발된 프로그램 자료는 개조하기 어려우며 내용이 고정화되어 있고, 개발비용이 많이 들며 집단 사고의 기회가 없다.

0602 / 1702

20

Repetitive Learning (1회 2회 3회)

시몬즈(Simonds)의 재해손실비용 산정방식에 있어 비보험코스트에 포함되지 않는 것은?

① 영구 전노동불능 상해
② 영구 부분노동불능 상해
③ 일시 전노동불능 상해
④ 일시 부분노동불능 상해

해설

- 사망과 영구 전노동불능 상해의 경우는 비보험코스트에 포함시키지 않고 별도 산정한다.

∷ 시몬즈(Simonds)의 재해코스트 실필 1301

㉠ 개요
- 총 재해비용을 보험비용과 비보험비용으로 구분한다.
- 총 재해코스트 = 보험비용 + 비보험비용 = [보험코스트 + (A × 휴업상해건수) + (B × 통원상해건수) + (C × 응급조치건수) + (D × 무상해사고건수)], 이때 A, B, C, D는 재해의 비보험코스트 평균치이다.
- 사망과 영구 전노동불능 상해의 경우는 비보험코스트에 포함시키지 않고 별도 산정한다.

㉡ 비보험코스트 내역
- 소송관계 비용
- 신규 작업자에 대한 교육훈련비
- 부상자의 직장복귀 후 생산감소로 인한 임금비용
- 재해로 인한 작업중지 임금손실
- 재해로 인한 시간 외 근무 가산임금손실 등

2과목 인간공학 및 위험성 평가 · 관리

21

Repetitive Learning (1회 2회 3회)

인간의 반응시간을 조사하는 실험에서 0.1, 0.2, 0.3, 0.4의 점등확률을 갖는 4개의 전등이 있다. 이 자극 전등이 전달하는 정보량은 약 얼마인가?

① 2.42 bit
② 2.16 bit
③ 1.85 bit
④ 1.53 bit

18 ② 19 ② 20 ① 21 ③ 정답

해설

- 4개의 대안과 확률이 주어졌으므로 개별적인 정보량과 확률을 곱해 그 합을 구하면 된다.
- 개별적인 정보량은 확률이 0.1인 경우 $\log_2\frac{1}{0.1}=3.32$이고, 확률이 0.2인 경우 $\log_2\frac{1}{0.2}=2.32$이고, 확률이 0.3인 경우 $\log_2\frac{1}{0.3}=1.74$이고, 확률이 0.4인 경우 $\log_2\frac{1}{0.4}=1.32$이다.
- 각각의 확률과 정보량을 곱한 값의 합은
  $0.1\times3.32+0.2\times2.32+0.3\times1.74+0.4\times1.32=1.846$이 된다.

∷ 정보량 실필 0903

- 대안이 n개인 경우의 정보량은 $\log_2 n$으로 구한다.
- 특정 안이 발생할 확률이 $p(x)$라면 정보량은 $\log_2\frac{1}{p(x)}$이다.
- 여러 안이 발생할 경우
  총 정보량은 [개별 확률×개별 정보량의 합]과 같다.

22 — Repetitive Learning (1회 2회 3회)

각 부품의 신뢰도가 R인 다음과 같은 시스템의 전체 신뢰도는?

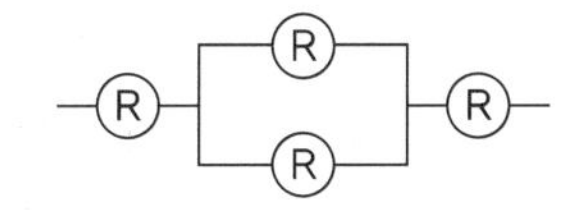

① R^4
② $2R-R^2$
③ $2R^2-R^3$
④ $2R^3-R^4$

해설

- 먼저 병렬로 연결된 시스템의 신뢰도를 구하면
  $1-(1-R)\times(1-R)=1-(1-2R+R^2)=2R-R^2$이 된다.
- 구해진 결과와 나머지 2개의 R이 직렬로 연결된 신뢰도는
  $R\times(2R-R^2)\times R=R^2(2R-R^2)=2R^3-R^4$이다.

∷ 시스템의 신뢰도 실필 0901

㉠ AND(직렬)연결 시
- 시스템의 신뢰도(R_s)는 부품 a, 부품 b 신뢰도를 각각 R_a, R_b라 할 때 $R_s=R_a\times R_b$로 구할 수 있다.

㉡ OR(병렬)연결 시
- 시스템의 신뢰도(R_s)는 부품 a, 부품 b 신뢰도를 각각 R_a, R_b라 할 때 $R_s=1-(1-R_a)\times(1-R_b)$로 구할 수 있다.

23 — Repetitive Learning (1회 2회 3회)

다음 중 고장형태와 영향분석(FMEA)에 관한 설명으로 틀린 것은?

① 각 요소가 영향의 해석이 가능하기 때문에 동시에 2가지 이상의 요소가 고장 나는 경우에 적합하다.
② 해석영역이 물체에 한정되기 때문에 인적 원인 해석이 곤란하다.
③ 양식이 간단하여 특별한 훈련 없이 해석이 가능하다.
④ 시스템 해석의 기법은 정성적, 귀납적 분석법 등에 사용한다.

해설

- FMEA는 동시에 2가지 이상의 요소가 고장 나는 경우 해석이 힘들다.

∷ 고장형태와 영향분석(FMEA)

㉠ 개요
- 시스템 안전분석에 이용되는 전형적인 정성적, 귀납적 분석 방법으로서, 서식이 간단하고 비교적 적은 노력으로 특별한 훈련 없이 분석이 가능하다는 장점을 가지고 있는 기법이다.
- 제품설계와 개발단계에서 고장 발생을 최소로 하고자 하는 경우에 유효한 분석기법이다.

㉡ 장점
- 양식이 간단하여 특별한 훈련 없이 비전문가도 해석이 가능하다.
- 전체 요소의 고장을 유형별로 분석할 수 있다.

㉢ 단점
- 해석영역이 물체에 한정되기 때문에 인적 원인(Human error) 해석이 곤란하다.
- 동시에 2가지 이상의 요소가 고장 나는 경우 해석이 힘들다.

24 — Repetitive Learning (1회 2회 3회)

다음 중 서서 하는 작업에서 정밀한 작업, 경작업, 중작업 등을 위한 작업대의 높이에 기준이 되는 신체부위는?

① 어깨
② 팔꿈치
③ 손목
④ 허리

정답 | 22 ④ 23 ① 24 ②

해설

- 서서 하는 작업대의 높이는 높낮이 조절이 가능하여야 하며, 작업대의 높이는 팔꿈치를 기준으로 한다.

서서 하는 작업대 높이

- 서서 하는 작업대의 높이는 높낮이 조절이 가능하여야 하며, 작업대의 높이는 팔꿈치를 기준으로 한다.
- 정밀작업의 경우 팔꿈치 높이보다 약간(5~20cm) 높게 한다.
- 경작업의 경우 팔꿈치 높이보다 5~10cm 낮게 한다.
- 중작업의 경우 팔꿈치 높이보다 15~20cm 낮게 한다.
- 정밀한 작업이나 장기간 수행하여야 하는 작업은 좌식 작업대가 바람직하다.

1803

25

Repetitive Learning 

인간의 귀의 구조에 대한 설명으로 틀린 것은?

① 외이는 귓바퀴와 외이도로 구성된다.
② 고막은 중이와 내이의 경계부위에 위치해 있으며 음파를 진동으로 바꾼다.
③ 중이에는 인두와 교통하여 고실 내압을 조절하는 유스타키오관이 존재한다.
④ 내이는 신체의 평형감각수용기인 반규관과 청각을 담당하는 전정기관 및 와우로 구성되어 있다.

해설

- 고막은 외이와 중이의 경계부위에 위치해 있다.

귀의 구조

- 외이(Outer ear)는 음파를 모으는 역할을 하는 곳으로 귓바퀴와 외이도로 구성된다.
- 중이(Middle ear)는 고막에 가해지는 미세한 압력의 변화를 증폭하는 곳으로 인두와 교통하여 고실 내압을 조절하는 유스타키오관이 존재한다.
- 내이(Inner ear)는 달팽이관(Cochlea), 청각을 담당하는 전정기관(Vestibule), 신체의 평형감각수용기인 반규관(Semicircular canal)으로 구성된다.
- 고막은 외이와 중이의 경계부위에 위치해 있으며 음파를 진동으로 바꾼다.

26

Repetitive Learning 1회 2회 3회

국내 규정상 최대음압수준이 몇 dB(A)를 초과하는 충격소음에 노출되어서는 아니 되는가?

① 110 ② 120
③ 130 ④ 140

해설

- 1일 몇 회라는 제시가 없으므로 가장 높은 140dB을 초과하는 소음에 노출되어서는 안 된다.

소음 노출기준 실필 1602

㉠ 소음의 허용기준(강렬한 소음작업의 기준)

1일 노출시간(hr)	허용 음압수준(dBA)
8	90
4	95
2	100
1	105
1/2	110
1/4	115

㉡ 충격소음의 허용기준

충격소음강도(dBA)	허용 노출횟수(회)
140	100
130	1,000
120	10,000

1702 / 1903

27

다음 설명에 해당하는 설비보전방식의 유형은?

> 설비보전 정보와 신기술을 기초로 신뢰성, 조작성, 보전성, 안전성, 경제성 등이 우수한 설비의 선정, 조달 또는 설계를 통하여 궁극적으로 설비의 설계, 제작단계에서 보전활동이 불필요한 체제를 목표로 한 설비보전방법을 말한다.

① 개량보전 ② 사후보전
③ 일상보전 ④ 보전예방

해설

- 개량보전이란 설비의 신뢰성, 보전성, 경제성, 조작성, 안전성의 향상을 목적으로 설비의 재질 등을 개량하는 보전방법을 뜻한다.
- 사후보전이란 예방보전이 아니라 설비의 고장이나 성능저하가 발생한 뒤 이를 수리하는 보전방법을 뜻한다.
- 일상보전이란 설비의 열화를 방지하고 그 진행을 지연시켜 수명을 연장하기 위한 설비의 점검, 청소, 주유 및 교체 등의 활동을 뜻한다.

보전예방(Maintenance prevention)

- 설계단계에서부터 보전이 불필요한 설비를 설계하는 것을 말한다.
- 궁극적으로는 설비의 설계, 제작단계에서 보전활동이 불필요한 체계를 목표로 하는 보전방식을 말한다.

25 ② 26 ④ 27 ④ 정답

28 ─ Repetitive Learning 1회 2회 3회

다음 중 인체측정과 작업공간의 설계에 관한 설명으로 옳은 것은?

① 구조적 인체치수는 움직이는 몸의 자세로부터 측정한 것이다.
② 선반의 높이, 조작에 필요한 힘 등을 정할 때에는 인체 측정치의 최대집단치를 적용한다.
③ 수평 작업대에서의 정상작업영역은 상완을 자연스럽게 늘어뜨린 상태에서 전완을 뻗어 파악할 수 있는 영역을 말한다.
④ 수평 작업대에서의 최대작업영역은 다리를 고정시킨 후 최대한으로 파악할 수 있는 영역을 말한다.

해설

- 구조적 인체치수란 표준자세에서 움직이지 않는 상태로 측정한 것이다.
- 선반의 높이, 조작에 필요한 힘은 최소집단치(5% 하위 백분위수)를 설계기준으로 한다.
- 수평 작업대에서의 최대작업영역은 전완과 상완을 곧게 펴서 파악할 수 있는 구역을 말한다.

정상작업영역

- 효과적인 작업을 위해서 작업자가 가급적 팔꿈치를 몸에 붙이고 자연스럽게 움직일 수 있는 거리를 말한다.
- 상완을 자연스럽게 늘어뜨린 상태에서 전완을 뻗어 파악할 수 있는 영역을 말한다.
- 인간이 앉아서 작업대 위에서 손을 움직여 하는 평면작업 중에, 팔을 굽히고도 편하게 작업하면서 좌우의 손을 움직일 때 생기는 작은 원호형의 영역을 말한다.

29 ─ Repetitive Learning 1회 2회 3회

체계 설계 과정의 주요 단계가 다음과 같을 때 인간·하드웨어·소프트웨어의 기능 할당, 인간성능 요건 명세, 직무분석, 작업설계 등의 활동을 하는 단계는?

• 목표 및 성능 명세 결정	• 체계의 정의
• 기본 설계	• 계면 설계
• 촉진물 설계	• 시험 및 평가

① 체계의 정의　② 기본 설계
③ 계면 설계　④ 촉진물 설계

해설

- 체계의 정의단계는 2단계로 목표달성을 위한 필요한 기능의 결정단계이다.
- 계면 설계단계는 4단계로 작업공간, 화면설계, 표시 및 조종장치 등의 설계단계이다.
- 촉진물 설계단계는 5단계로 성능보조자료, 훈련도구 등 보조물 계획 단계이다.

인간-기계 시스템의 설계 과정

단계	내용	설명
1단계	시스템의 목표와 성능 명세 결정	목적 및 존재 이유에 대한 개괄적 표현
2단계	시스템의 정의	목표 달성을 위한 필요한 기능의 결정
3단계	기본 설계	기능의 할당, 인간성능 요건명세, 직무분석, 작업설계
4단계	인터페이스 설계	작업공간, 화면설계, 표시 및 조종 장치
5단계	보조물 설계 혹은 편의수단 설계	성능보조자료, 훈련도구 등 보조물 계획
6단계	평가	

0903 / 1403

30 ─ Repetitive Learning 

다음 중 결함수분석법에서 Path set에 관한 설명으로 옳은 것은?

① 시스템의 약점을 표현한 것이다.
② Top 사상을 발생시키는 조합이다.
③ 시스템이 고장 나지 않도록 하는 사상의 조합이다.
④ 일반적으로 Fussell algorithm을 이용한다.

해설

- 시스템의 약점을 표현하고, Top 사상을 발생시키는 조합은 컷 셋(Cut set)이고, Fussell algorithm을 이용하여 구하는 것은 최소 컷 셋(Minimal cut sets)이다.

패스 셋(Path set)

- 일정 조합 안에 포함되어 있는 기본사상들이 모두 발생하지 않으면 틀림없이 정상사상(Top event)이 발생되지 않는 조합으로 정상사상(Top event)이 발생하지 않게 하는 기본사상들의 집합을 말한다.
- 시스템이 고장 나지 않도록 하는 사상, 시스템의 기능을 살리는 데 필요한 최소 요인의 집합이다.
- 기본사상이 일어나지 않았을 때에 처음으로 정상사상이 일어나지 않는 기본사상의 집합이다.
- 성공수(Success tree)의 정상사상을 발생시키는 기본사상들의 최소 집합을 시스템 신뢰도 측면에서 Path set이라 한다.

정답 | 28 ③　29 ②　30 ③

2001

31 Repetitive Learning (1회 2회 3회)

다음 중 휴먼에러(Human error)의 심리적 요인으로 옳은 것은?

① 일이 너무 복잡한 경우
② 일의 생산성이 너무 강조될 경우
③ 동일 형상의 것이 나란히 있을 경우
④ 서두르거나 절박한 상황에 놓여있을 경우

해설

• ①, ②, ③은 휴먼에러의 물리적 요인에 해당한다.

휴먼에러 발생 요인

㉠ 물리적 요인
- 일이 너무 복잡한 경우
- 일의 생산성이 너무 강조될 경우
- 동일 형상의 것이 나란히 있을 경우

㉡ 심리적 요인
- 서두르거나 절박한 상황에 놓여있을 경우
- 일에 대한 지식이 부족하거나 의욕이 결여되어 있을 경우

32 Repetitive Learning (1회 2회 3회)

다음 중 정량적 자료를 정성적 판독의 근거로 사용하는 경우로 볼 수 없는 것은?

① 미리 정해 놓은 몇 개의 한계범위에 기초하여 변수의 상태나 조건을 판정할 때
② 목표로 하는 어떤 범위의 값을 유지할 때
③ 변화 경향이나 변화율을 조사하고자 할 때
④ 세부 형태를 확대하여 동일한 시각을 유지해 주어야 할 때

해설

• 세부 형태를 확대하는 것은 정량적인 자료가 아니라 정성적 자료를 대상으로 한다.

정량적 자료를 정성적 판독의 근거로 사용하는 경우

- 정량적 데이터 값을 이용하여 흐름이나 변화추세, 비율 등을 알고자 할 때
- 미리 정해 놓은 몇 개의 한계범위에 기초하여 변수의 상태나 조건을 판정할 때
- 목표로 하는 어떤 범위의 값을 유지할 때
- 변화 경향이나 변화율을 조사하고자 할 때

1502 / 1901

33 Repetitive Learning (1회 2회 3회)

그림과 같이 FT도에서 활용하는 논리 게이트의 명칭으로 옳은 것은?

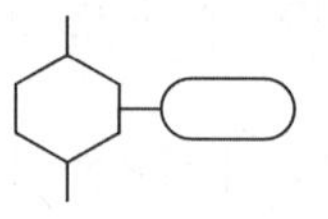

① 억제 게이트　　② 제어 게이트
③ 배타적 OR 게이트　　④ 우선적 AND 게이트

해설

• 제어 게이트는 따로 존재하지 않는다.

배타적 OR 게이트	우선적 AND 게이트
동시발생 안한다	

억제 게이트(Inhibit gate)

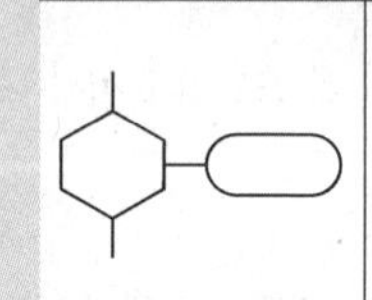	• 한 개의 입력사상에 의해 출력사상이 발생하며, 출력사상이 발생되기 전에 입력사상이 특정조건을 만족하여야 한다. • 조건부 사건이 발생하는 상황하에서 입력현상이 발생할 때 출력현상이 발생한다.

34 Repetitive Learning (1회 2회 3회)

다음 중 결함위험분석(FHA, Fault Hazard Analysis)의 적용 단계로 가장 적절한 것은?

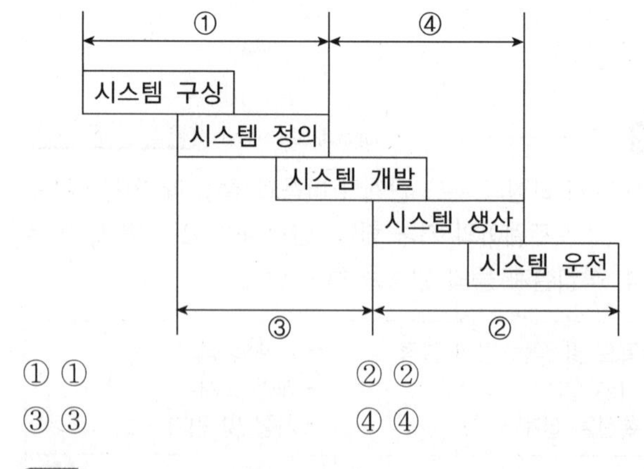

① ①　　② ②
③ ③　　④ ④

해설

• 결함위험분석(FHA)은 시스템 정의에서부터 시스템 개발단계를 지나 시스템 생산단계 진입 전까지 적용된다.

31 ④　32 ④　33 ①　34 ③ | 정답

:: 결함위험분석(FHA)

- 복잡한 전체 시스템을 여러 개의 서브 시스템으로 나누어 제작하는 경우 서브 시스템이 다른 서브 시스템이나 전체 시스템에 미치는 영향을 분석하는 방법이다.
- 수리적 해석방법으로 정성적 방식을 사용한다.
- 시스템 정의에서부터 시스템 개발단계를 지나 시스템 생산단계 진입 전까지 적용된다.

35 Repetitive Learning (1회 2회 3회)

화학설비의 안전성 평가단계 중 "관계 자료의 작성 준비"에 있어 관계 자료의 조사항목과 가장 관계가 먼 것은?

① 입지에 관한 도표 ② 온도, 압력
③ 공정기기목록 ④ 화학설비 배치도

해설

- 화학설비 안전성 평가의 첫 번째 단계는 관계 자료의 작성 준비단계로 공장입지 및 각종 설비의 배치 등에 대한 자료를 준비하며, 온도와 압력은 세 번째 단계인 정량적 평가의 항목에 해당한다.

:: 관계 자료 조사항목

- 입지에 관한 도표
- 공정기기목록
- 화학설비 배치도
- 공정계통도
- 기계실, 전기실, 건조물의 평면도, 단면도, 입면도
- 제조공정의 개요 및 화학반응 등

1502

36 Repetitive Learning (1회 2회 3회)

다음 중 인간공학을 나타내는 용어로 적절하지 않은 것은?

① Ergonomics ② Human factors
③ Human engineering ④ Customize engineering

해설

- 인간공학은 "Ergon(작업) + nomos(법칙) + ics(학문)"이 조합된 단어로 Human factors, Human engineering이라고도 한다.

:: 인간공학(Ergonomics)

㉠ 개요
- "Ergon(작업) + nomos(법칙) + ics(학문)"이 조합된 단어로 Human factors, Human engineering이라고도 한다.
- 인간의 특성과 한계 능력을 공학적으로 분석, 평가하여 이를 복잡한 체계의 설계에 응용함으로써 효율을 최대로 활용할 수 있도록 하는 학문분야이다.
- 인간이 사용하는 물건, 설비, 환경의 설계에 인간의 생리적, 심리적인 면에서의 특성이나 한계점을 고려함으로써 인간-기계 시스템의 안전성과 편리성, 효율성을 높이는 학문분야이다.

㉡ 적용분야
- 제품설계
- 재해 · 질병 예방
- 장비 · 공구 · 설비의 배치
- 작업장 내 조사 및 연구

0901 / 1502

37 Repetitive Learning (1회 2회 3회)

다음 중 실효온도(Effective Temperature)에 대한 설명으로 틀린 것은?

① 체온계로 입안의 온도를 측정하여 기준으로 한다.
② 실제로 감각되는 온도로서 실감온도라고 한다.
③ 온도, 습도 및 공기 유동이 인체에 미치는 열효과를 나타낸 것이다.
④ 상대습도 100%일 때의 건구온도에서 느끼는 것과 동일한 온감이다.

해설

- 체온계로 입안의 온도를 측정한 것은 구강체온 측정법이다.

:: 실효온도(ET : Effective Temperature) 실필 1201

- 공조되고 있는 실내 환경을 평가하는 척도로 감각온도, 유효온도라고도 한다.
- 상대습도 100%, 풍속 0m/sec일 때에 느껴지는 온도감각을 말한다.
- 온도, 습도, 기류 등이 인체에 미치는 열효과를 하나의 수치로 통합한 경험적 감각지수이다.
- 실효온도의 종류에는 Oxford 지수, Botsball 지수, 습구 글로브 온도 등이 있다.

1803

38 Repetitive Learning (1회 2회 3회)

일반적으로 기계가 인간보다 우월한 기능에 해당되는 것은?(단, 인공지능은 제외한다)

① 귀납적으로 추리한다.
② 원칙을 적용하여 다양한 문제를 해결한다.
③ 다양한 경험을 토대로 하여 의사결정을 한다.
④ 명시된 절차에 따라 신속하고, 정량적인 정보처리를 한다.

해설

- 명시된 절차에 따라 신속하고, 정량적인 정보처리를 하는 것은 기계가 인간보다 뛰어난 점이다.

정답 | 35 ② 36 ④ 37 ① 38 ④

:: 인간이 기계를 능가하는 조건
- 관찰을 통해서 일반화하여 귀납적 추리를 한다.
- 완전히 새로운 해결책을 도출할 수 있다.
- 원칙을 적용하여 다양한 문제를 해결할 수 있다.
- 상황에 따라 변하는 복잡한 자극형태를 식별할 수 있다.
- 다양한 경험을 토대로 하여 의사결정을 한다.
- 주위의 예기치 못한 사건들을 감지하고 처리하는 임기응변 능력이 있다.

1501

39 Repetitive Learning (1회 2회 3회)

발생확률이 각각 0.05, 0.08인 두 결함사상이 AND 조합으로 연결된 시스템을 FTA로 분석하였을 때 이 시스템의 신뢰도는 약 얼마인가?

① 0.004 ② 0.126
③ 0.874 ④ 0.996

해설
- 주어진 값은 부품의 고장 발생확률이고 구하는 것은 신뢰도이다.
- AND연결이므로 P(T) = 0.05×0.08 = 0.004이다.
- 재해가 발생할 확률이 0.004이므로 재해가 발생하지 않을 확률 즉, 신뢰도는 1−0.004 = 0.996이다.

:: 시스템의 신뢰도 실필 0901
문제 22번의 유형별 핵심이론 :: 참조

40 Repetitive Learning (1회 2회 3회)

다음 중 시스템 안전관리의 주요 업무와 가장 거리가 먼 것은?

① 시스템 안전에 필요한 사항의 식별
② 안전활동의 계획, 조직 및 관리
③ 시스템 안전활동 결과의 평가
④ 생산 시스템의 비용과 효과분석

해설
- 시스템 안전관리의 주목적은 시스템 안전을 위한 제반 조치들이다. 생산 시스템의 비용과 효과분석은 효율성 차원의 개념으로 시스템 안전과 거리가 멀다.

:: 시스템 안전(System safety)
㉠ 개요
- 위험을 파악, 분석, 통제하는 접근방법이다.
- 수명주기 전반에 걸쳐 안전을 보장하는 것을 목표로 한다.
- 처음에는 국방과 우주항공 분야에서 필요성이 제기되었다.

㉡ 시스템 안전관리의 내용
- 시스템 안전목표를 적시에 유효하게 실현하기 위해 프로그램의 해석, 검토 및 평가를 실시하여야 한다.
- 안전활동의 계획, 안전조직과 관리를 철저히 하여야 한다.
- 시스템 안전에 필요한 사항에 대한 동일성을 식별하여야 한다.
- 다른 시스템 프로그램 영역과의 조정을 통해 중복을 배제하여야 한다.
- 시스템 안전활동 결과를 평가하여야 한다.

3과목 기계·기구 및 설비 안전관리

0401

41 Repetitive Learning (1회 2회 3회)

다음 중 위험기계의 구동에너지를 작업자가 차단할 수 있는 장치에 해당하는 것은?

① 급정지장치 ② 감속장치
③ 위험방지장치 ④ 방호설비

해설
- 사업주는 동력으로 작동되는 기계에 스위치·클러치(Clutch) 및 벨트이동장치 등 동력차단장치를 설치하여야 한다. 동력차단장치의 가장 대표적인 종류는 급정지장치이다.

:: 기계의 동력차단장치
- 사업주는 동력으로 작동되는 기계에 스위치·클러치(Clutch) 및 벨트이동장치 등 동력차단장치를 설치하여야 한다.
- 사업주는 동력차단장치를 설치할 때에 절단·인발(引拔)·압축·꼬임·타발(打拔) 또는 굽힘 등의 가공을 하는 기계에 설치하되, 근로자가 작업위치를 이동하지 아니하고 조작할 수 있는 위치에 설치하여야 한다.
- 동력차단장치는 조작이 쉽고 접촉 또는 진동 등에 의하여 갑자기 기계가 움직일 우려가 없는 것이어야 한다.
- 사업주는 사용 중인 기계·기구 등의 클러치·브레이크, 그 밖에 제어를 위하여 필요한 부위의 기능을 항상 유효한 상태로 유지하여야 한다.

39 ④ 40 ④ 41 ① 정답

42

Repetitive Learning (1회 2회 3회)

방호장치를 설치할 때 중요한 것은 기계의 위험점으로부터 방호장치까지의 거리이다. 위험한 기계의 동작을 제동시키는 데 필요한 총 소요시간을 t(초)라고 할 때 안전거리(S)의 산출식으로 옳은 것은?

① S=1.0t[mm]

② S=1.6t[mm]

③ S=2.8t[mm]

④ S=3.2t[mm]

해설

- 양수조작식 방호장치 안전거리는 인간 손의 기준속도(1.6[m/s])를 고려하여 1.6×반응시간으로 구할 수 있다.

양수조작식 방호장치 안전거리 실필 2401/1701/1103/0903

- 인간 손의 기준속도(1.6[m/s])를 고려하여 양수조작식 방호장치의 안전거리는 1.6×반응시간으로 구할 수 있다.
- 클러치 프레스에 부착된 양수조작식 방호장치의 반응시간(T_m)은 버튼에서 손이 떨어지고 슬라이드가 정지할 때까지의 시간으로 해당 시간이 주어지지 않을 때는

$$T_m = \left(\frac{1}{\text{클러치}} + \frac{1}{2}\right) \times \frac{60,000}{\text{분당 행정수}}$$ [ms]로 구할 수 있다.

- 시간이 주어질 때는 $D=1.6(T_L + T_s)$로 구한다.

  D : 안전거리(mm)

  T_L : 버튼에서 손이 떨어질 때부터 급정지기구가 작동할 때까지 시간(ms)

  T_s : 급정지기구 작동 시부터 슬라이드가 정지할 때까지 시간(ms)

43

Repetitive Learning (1회 2회 3회)

다음 중 산업안전보건법상 보일러에 설치되어 있는 압력방출장치의 검사주기로 옳은 것은?

① 분기별 1회 이상

② 6개월에 1회 이상

③ 매년 1회 이상

④ 2년마다 1회 이상

해설

- 압력방출장치의 정상작동 여부는 매년 1회 이상 토출압력을 시행하여야 한다. 단, 공정안전보고서 이행수준 평가결과가 우수한 사업장에 대해서는 4년에 1회 검사를 시행한다.

보일러 등

- 보일러의 안전한 가동을 위하여 압력방출장치를 1개 또는 2개 이상 설치하고 최고사용압력(설계압력 또는 최고허용압력) 이하에서 작동되도록 하여야 한다. 다만, 압력방출장치가 2개 이상 설치된 경우에는 최고사용압력 이하에서 1개가 작동되고, 다른 압력방출장치는 최고사용압력 1.05배 이하에서 작동되도록 부착하여야 한다. 실필 1101
- 압력방출장치는 매년 1회 이상 압력방출장치가 적정하게 작동하는지를 검사한 후 납으로 봉인하여 사용하여야 한다. 다만, 공정안전보고서 제출 대상으로서 고용노동부장관이 실시하는 공정안전보고서 이행상태 평가결과가 우수한 사업장은 압력방출장치에 대하여 4년마다 1회 이상 설정압력에서 압력방출장치가 적정하게 작동하는지를 검사할 수 있다.
- 보일러의 과열을 방지하기 위하여 최고사용압력과 상용압력 사이에서 보일러의 버너 연소를 차단할 수 있도록 압력제한스위치를 부착하여 사용하여야 한다.
- 압력용기 등을 식별할 수 있도록 하기 위하여 그 압력용기 등의 최고사용압력, 제조연월일, 제조회사명 등이 지워지지 않도록 각인(刻印) 표시된 것을 사용하여야 한다. 실필 1201

1501 / 1803

44

Repetitive Learning (1회 2회 3회)

다음 중 기계설비에서 재료 내부의 균열 결함을 확인할 수 있는 가장 적절한 검사방법은?

① 육안검사

② 초음파탐상검사

③ 피로검사

④ 액체침투탐상검사

해설

- 육안검사는 재료의 표면 등을 사람의 눈으로 검사하는 방법이다.
- 피로검사는 재료의 강도를 측정하는 파괴검사 방법이다.
- 액체침투탐상검사는 대상의 표면에 형광색(적색) 침투액을 도포한 후 백색 분말의 현상액을 발라 자외선 등을 비추어 검사하는 방식이다.

초음파탐상검사(Ultrasonic flaw detecting test)

- 검사대상에 초음파를 보내 초음파의 음향적 성질(반사)을 이용하여 검사대상 내부의 결함을 검사하는 방식이다.
- 미세균열, 용입부족, 융합불량의 검출에 가장 적합한 비파괴 검사법이다.
- 설비의 내부에 균열 결함을 확인할 수 있는 가장 적절한 검사 방법이다.
- 반사식, 투과식, 공진식 방법이 있으며 그중 반사식이 가장 많이 사용된다.

정답 | 42 ② 43 ③ 44 ②

1703

45

Repetitive Learning 1회 2회 3회

연삭숫돌의 지름이 20cm이고, 원주속도가 250m/min일 때 연삭숫돌의 회전수는 약 몇 rpm인가?

① 398
② 433
③ 489
④ 552

해설

- 원주속도가 250, 지름이 20cm(=200mm)이므로 회전수 구하는 식에 대입하면 $\frac{250 \times 1,000}{3.14 \times 200} \fallingdotseq 398.1$[rpm]이 된다.

회전체의 원주 속도

- 회전체의 원주 속도는 $\frac{\pi \times 외경 \times 회전수}{1,000}$[m/min]으로 구한다. 이때 외경의 단위는 [mm]이고, 회전수의 단위는 [rpm]이다.
- 회전수 = $\frac{원주\ 속도 \times 1,000}{\pi \times 외경}$으로 구할 수 있다.

1503

46

다음 중 프레스 또는 전단기 방호장치의 종류와 분류기호가 올바르게 연결된 것은?

① 가드식 : C
② 손쳐내기식 : B
③ 광전자식 : D-1
④ 양수조작식 : A-1

해설

- 손쳐내기식은 D, 광전자식은 A, 양수조작식은 B이다.

방호장치의 종류와 분류기호 실필 2401

종류	분류기호	비고
광전자식	A-1	일반적인 형태로 투광부, 수광부, 컨트롤 부분으로 구성
	A-2	급정지기능 없는 프레스의 클러치 개조로 급정지가 가능해진 방호장치
양수조작식	B-1	유·공압 밸브식
	B-2	전기버튼식
가드식	C	
손쳐내기식	D	확동식 클러치형 프레스에서만 사용
수인식	E	

0402 / 0801

47

Repetitive Learning 1회 2회 3회

기계설비가 이상이 있을 때 기계를 급정지시키거나 방호장치가 작동되도록 하는 것과 전기회로를 개선하여 오동작을 방지하거나 별도의 완전한 회로에 의해 정상 기능을 찾을 수 있도록 하는 것은?

① 구조부분 안전화
② 기능적 안전화
③ 보전작업 안전화
④ 외관상 안전화

해설

- 기계의 기능을 안전하게 유지하는 것은 기능적 안전화의 개념이다.

기능적 안전화 실필 1403/0503

㉠ 개요
- 기계설비의 이상 시에 기계를 급정지시키거나 안전장치가 작동되도록 하는 소극적인 대책과 전기회로를 개선하여 오동작을 방지하거나 별도의 안전한 회로에 의해 정상기능을 찾을 수 있도록 하는 안전화를 말한다.

㉡ 특징
- 기능적 안전화를 위해서는 안전설계와 밀접한 관련을 가지므로 설계단계에서부터 안전대책을 수립하여야 한다.
- 전압 강하 시 기계의 자동정지와 같은 Fail safe 기능이 대표적인 1차적인 기능적 안전화 대책이다.
- 2차적인 적극적인 기능적 안전화 대책은 회로 개선을 통한 오동작 방비 대책이다.

1601 / 2201

48

Repetitive Learning 1회 2회 3회

산업안전보건법령상 크레인에 전용 탑승설비를 설치하고 근로자를 달아 올린 상태에서 작업에 종사시킬 경우 근로자의 추락위험을 방지하기 위하여 실시해야 할 조치사항으로 적합하지 않은 것은?

① 승차석 외의 탑승 제한
② 안전대나 구명줄의 설치
③ 탑승설비의 하강 시 동력하강방법을 사용
④ 탑승설비가 뒤집히거나 떨어지지 않도록 필요한 조치

해설

- 전용 탑승설비를 설치한 경우는 승차석 외에 탑승을 하고 작업하기 위한 용도이다.

전용 탑승설비 설치작업 시 주의사항

- 탑승설비가 뒤집히거나 떨어지지 않도록 필요한 조치를 할 것
- 안전대나 구명줄을 설치하고, 안전난간을 설치할 수 있는 구조인 경우에는 안전난간을 설치할 것
- 탑승설비를 하강시킬 때에는 동력하강방법으로 할 것

45 ① 46 ① 47 ② 48 ① 정답

49 Repetitive Learning 1회 2회 3회

다음 그림과 같은 연삭기 덮개의 용도로 가장 적절한 것은?

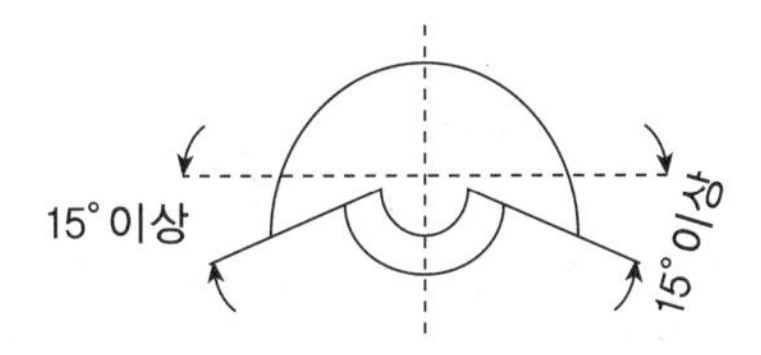

① 원통 연삭기, 센터리스 연삭기
② 휴대용 연삭기, 스윙 연삭기
③ 공구 연삭기, 만능 연삭기
④ 평면 연삭기, 절단 연삭기

해설

- 연삭기 덮개의 노출각도가 180°에서 양쪽에 15° 이상씩을 제한 나머지에 해당하는 150° 이내인 연삭기는 평면 연삭기와 절단 연삭기이다.

:: 연삭기 덮개의 성능기준 실필 1503/1301 실작 2402/2303/2202

- 직경 5cm 이상의 연삭숫돌은 반드시 덮개를 설치하고 작업해야 한다.
- 각종 연삭기 덮개의 최대노출각도

종류	덮개의 최대노출각도
연삭숫돌의 상부를 사용하는 것을 목적으로 하는 탁상용 연삭기	60° 이내
일반연삭작업 등에 사용하는 것을 목적으로 하는 탁상용 연삭기	125° 이내
평면 연삭기, 절단 연삭기	150° 이내
원통 연삭기, 공구 연삭기, 휴대용 연삭기, 스윙연삭기, 스라브 연삭기	180° 이내

1901

50 Repetitive Learning 1회 2회 3회

재료의 강도시험 중 항복점을 알 수 있는 시험의 종류는?

① 압축시험 ② 충격시험
③ 인장시험 ④ 피로시험

해설

- 인장시험을 통해 재료의 항복점·내력·인장강도·연신율·탄성한도 등을 측정할 수 있다.

:: 인장시험(Tension test)

- 시험기를 이용해 시험대상 재료에 힘을 늘려가면서 잡아당겨 끊어질 때까지의 변화와 하중을 측정하는 시험이다.
- 재료의 항복점(Yielding point)·내력(耐力)·인장강도·연신율(Elongation strength)·탄성한도(Elastic limit) 등 기계적인 여러 성질을 측정할 수 있다.

51 Repetitive Learning 1회 2회 3회

SPM(Stroke Per Minute)이 100인 프레스에서 클러치 맞물림 개소수가 4인 경우 양수조작식 방호장치의 설치거리는 얼마인가?

① 160mm ② 240mm
③ 300mm ④ 720mm

해설

- 시간이 주어지지 않았으므로 주어진 값을 대입하여 방호장치의 안전거리를 구하면 반응시간은 $\left(\frac{1}{4}+\frac{1}{2}\right)\times\frac{60,000}{100}=\frac{3}{4}\times600$ $=450$[ms]이다.
- 안전거리는 $1.6\times450=720$[mm]가 된다.

:: 양수조작식 방호장치 안전거리 실필 2401/1701/1103/0903

문제 42번의 유형별 핵심이론 :: 참조

0802 / 1501 / 1503 / 2102

52 Repetitive Learning 1회 2회 3회

상용운전압력 이상으로 압력이 상승할 경우, 보일러의 과열을 방지하기 위하여 최고사용압력과 상용압력 사이에서 보일러의 버너 연소를 차단하여 열원을 제거하여 정상압력으로 유도하는 보일러의 방호장치는?

① 압력방출장치 ② 고저수위조절장치
③ 언로드밸브 ④ 압력제한스위치

해설

- 압력방출장치(Safety valve)는 밸브 입구 쪽의 압력이 설정압력에 도달하면 자동적으로 빠르게 작동하여 유체가 분출되고 일정압력 이하가 되면 정상상태로 복원되는 방호장치로 안전밸브라고도 한다.
- 고저수위조절장치는 보일러의 방호장치 중 하나로 보일러 쉘 내의 관수의 수위가 최고한계 또는 최저한계에 도달했을 때 자동적으로 경보를 울리는 동시에 관수의 공급을 차단시켜 주는 장치이다.
- 언로드밸브는 보일러 내부의 압력을 일정범위 내에서 유지시키는 밸브이다.

:: 압력제한스위치

㉠ 개요

- 상용운전압력 이상으로 압력이 상승할 경우, 보일러의 과열을 방지하기 위하여 최고사용압력과 상용압력 사이에서 보일러의 버너 연소를 차단해 열원을 제거하고 정상압력으로 유도하는 보일러의 방호장치이다.

㉡ 설치

- 압력제한스위치는 보일러의 압력계가 설치된 배관상에 설치해야 한다.

0302 / 0702

53 Repetitive Learning 1회 2회 3회

다음 중 산업안전보건법상 컨베이어에 설치하는 방호장치가 아닌 것은?

① 비상정지장치
② 역주행방지장치
③ 잠금장치
④ 건널다리

해설

- 컨베이어의 방호장치에는 이탈 및 역주행방지장치, 비상정지장치, 덮개 또는 울, 건널다리, 스토퍼 등이 있다.

컨베이어의 방호장치

- 컨베이어, 이송용 롤러 등을 사용하는 경우에는 정전·전압강하 등에 따른 화물 또는 운반구의 이탈 및 역주행을 방지하는 장치를 갖추어야 한다.
- 컨베이어 등에 해당 근로자의 신체의 일부가 말려드는 등 근로자가 위험해질 우려가 있는 경우 및 비상시에는 즉시 컨베이어 등의 운전을 정지시킬 수 있는 장치를 설치하여야 한다.
- 컨베이어 등으로부터 화물이 떨어져 근로자가 위험해질 우려가 있는 경우에는 해당 컨베이어 등에 덮개 또는 울을 설치하는 등 낙하방지를 위한 조치를 하여야 한다.
- 운전 중인 컨베이어 등의 위로 근로자를 넘어가도록 하는 경우에는 위험을 방지하기 위하여 건널다리를 설치하는 등 필요한 조치를 하여야 한다.
- 동일선상에 구간별 설치된 컨베이어에 중량물을 운반하는 경우에는 중량물 충돌에 대비한 스토퍼를 설치하거나 작업자 출입을 금지하여야 한다.

0901

54 Repetitive Learning 1회 2회 3회

[보기]와 같은 안전수칙을 적용해야 하는 수공구는?

[보기]
• 칩이 튀는 작업에는 보호안경을 착용하여야 한다. • 처음에는 가볍게 때리고, 점차적으로 힘을 가한다. • 절단된 가공물의 끝이 튕길 수 있는 위험의 발생을 방지하여야 한다.

① 정
② 줄
③ 쇠톱
④ 스패너

해설

- 정 작업 시에는 칩이 튈 수 있으므로 보안경을 착용하여야 한다.

정(Chisel) 작업의 일반적인 안전수칙

- 정 작업 시에는 보안경을 착용하여야 한다.
- 담금질한 강은 정 작업이나 해머작업을 피해야 한다.
- 절단작업 시 절단된 끝이 튀는 것을 조심하여야 한다.
- 정 작업 시 작업을 시작할 때는 가급적 정을 약하게 타격하고 점차 힘을 늘려간다.
- 정 작업을 시작할 때와 끝날 무렵에 정을 세게 타격해서는 안 된다.
- 정 작업에서 모서리 부분은 크기를 3R 정도로 한다.

1503 / 1803

55 Repetitive Learning 1회 2회 3회

다음 중 기계설비에서 반대로 회전하는 두 개의 회전체가 맞닿는 사이에 발생하는 위험점을 무엇이라 하는가?

① 물림점(Nip point)
② 협착점(Squeeze point)
③ 접선 물림점(Tangential point)
④ 회전 말림점(Trapping point)

해설

- 협착점은 왕복운동을 하는 기계의 운동부와 움직임 없는 고정부 사이에서 형성되는 위험점이다.
- 접선 물림점은 회전하는 부분의 접선방향으로 물려들어가는 위험점이다.
- 회전 말림점은 회전하는 드릴기계의 운동부 자체에 작업복 등이 말려들 위험이 존재하는 점이다.

물림점(Nip point) 실필 1503 실작 1703/1601/1303

- 롤러기의 두 롤러 사이와 같이 반대로 회전하는 두 개의 회전체가 맞닿는 사이에 발생하는 위험점을 말한다.
- 2개의 회전체가 서로 반대방향으로 회전해야 물림점이 발생한다.
- 방호장치로 덮개 또는 울을 사용한다.

물림점	
물림위치	기어 물림점

53 ③ 54 ① 55 ① 정답

1801

56

Repetitive Learning 1회 2회 3회

다음 중 셰이퍼에서 근로자의 보호를 위한 방호장치가 아닌 것은?

① 울타리 ② 칩받이
③ 칸막이 ④ 급속귀환장치

해설

- 셰이퍼의 방호장치에는 울타리, 칩받이, 칸막이, 가드 등이 있다.

셰이퍼(Shaper)

㉠ 개요
- 테이블에 고정된 공작물에 직선으로 왕복 운동하는 공구대에 공구를 고정하여 평면을 절삭하거나 수직, 측면이나 홈 절삭, 곡면 절삭 등을 하는 공작기계이다.
- 셰이퍼의 크기는 램의 행정으로 표시한다.
- 방호장치에는 울타리, 칩받이, 칸막이, 가드 등이 있다.

㉡ 작업 시 안전대책
- 작업 시 공작물은 견고하게 고정되어야하며, 바이트는 가능한 범위 내에서 짧게 고정하고, 날 끝은 샹크의 뒷면과 일직선상에 있게 한다.
- 작업 중에는 바이트의 운동방향에 서지 않도록 한다.
- 시동하기 전에 척 핸들(Chuck-handle)이라 불리는 행정조정용 핸들을 빼 놓는다.
- 가공 중 다듬질면을 손으로 만지지 않는다.
- 가공물을 측정하고자 할 때는 기계를 정지시킨 후에 실시한다.

57

Repetitive Learning 1회 2회 3회

다음 중 아세틸렌용접장치에 사용되는 전용의 아세틸렌 발생기실의 구조에 관한 설명으로 틀린 것은?

① 지붕 및 천장에는 얇은 철판이나 가벼운 불연성 재료를 사용할 것
② 바닥면적의 1/16 이상의 단면적을 가진 배기통을 옥상으로 돌출시키고 그 개구부를 창 또는 출입구로부터 1.5m 이상 떨어지도록 할 것
③ 벽과 발생기 사이에는 발생기의 조정 또는 카바이드 공급 등의 작업을 방해하지 아니하도록 간격을 확보할 것
④ 출입구의 문은 불연성 재료로 하고 두께 1.0mm 이상의 철판이나 그 밖에 그 이상의 강도를 가진 구조로 할 것

해설

- 출입구의 문은 불연성 재료로 하고 두께 1.5mm 이상의 철판이나 그 밖에 그 이상의 강도를 가진 구조로 해야 한다.

발생기실의 구조

- 벽은 불연성 재료로 하고 철근 콘크리트 또는 그 밖에 이와 동등하거나 그 이상의 강도를 가진 구조로 할 것
- 지붕과 천장에는 얇은 철판이나 가벼운 불연성 재료를 사용할 것
- 바닥 면적의 16분의 1 이상의 단면적을 가진 배기통을 옥상으로 돌출시키고 그 개구부가 창이나 출입구로부터 1.5m 이상 떨어지도록 할 것
- 출입구의 문은 불연성 재료로 하고 두께 1.5mm 이상의 철판이나 그 밖에 그 이상의 강도를 가진 구조로 할 것
- 벽과 발생기 사이에는 발생기의 조정 또는 카바이드 공급 등의 작업을 방해하지 않도록 간격을 확보할 것

0301 / 0603 / 1402

58

Repetitive Learning 1회 2회 3회

다음 중 수평거리 20m, 높이가 5m인 경우 지게차의 안정도는 얼마인가?

① 10% ② 20%
③ 25% ④ 40%

해설

- 지게차의 높이와 수평거리가 주어졌으므로 대입하면 지게차의 안정도는 $\frac{5}{20}=0.25$가 된다.

지게차의 안정도

㉠ 개요
- 지게차의 하역 시, 운반 시 전도에 대한 안전성을 표시하는 값이다.
- 좌우 안정도와 전후 안정도가 있다.
- 작업 또는 주행 시 안정도 이하로 유지해야 한다.
- 지게차의 안정도 $=\frac{\text{높이}}{\text{수평거리}}$로 구한다.

㉡ 지게차의 작업상태별 안정도 실작 1601
- 기준 부하상태에서 하역작업 시의 전후 안정도는 4%이다(5톤 이상일 경우 3.5%).
- 기준 부하상태에서 하역작업 시의 좌우 안정도는 6%이다.
- 기준 부하상태에서 주행 시의 전후 안정도는 18%이다.
- 기준 무부하상태에서 주행 시의 좌우 안정도는 (15 + 1.1V)%이다(이때, V는 주행속도를 의미한다).

0803 / 1302

59

Repetitive Learning 1회 2회 3회

가정용 LPG탱크와 같이 둥근 원통형의 압력용기에 내부압력 P가 작용하고 있다. 이때 압력용기 재료에 발생하는 원주응력(Hoop stress)은 길이방향응력(Longitudinal stress)의 얼마가 되는가?

① 1/2　　② 2배
③ 4배　　④ 5배

해설

- 내압 P를 받는 압력용기에 있어 길이방향응력(Longitudinal stress)은 원주방향응력의 1/2이다. 즉, $2\delta_1 = \delta$가 되므로 원주방향응력은 길이방향응력의 2배가 된다.

원통형 압력용기의 응력

- 길이방향응력 $\delta_1 = \frac{R \times p}{2 \times t}$로 구한다.
- 원주방향응력 $\delta = \frac{R \times p}{t}$로 구한다.

이때, t : 두께, R : 반지름, p : 내압이다.

1702

60

Repetitive Learning 

다음 중 와전류비파괴검사법의 특징과 가장 거리가 먼 것은?

① 관, 환봉 등의 제품에 대해 자동화 및 고속화된 검사가 가능하다.
② 검사대상 이외의 재료적 인자(투자율, 열처리, 온도 등)에 대한 영향이 적다.
③ 가는 선, 얇은 판의 경우도 검사가 가능하다.
④ 표면 아래 깊은 위치에 있는 결함은 검출이 곤란하다.

해설

- 와전류검사는 재료적 인자 및 전기적, 기계적 요인 등에 의한 영향이 크다.

와전류비파괴검사법

㉠ 개요
- 비파괴검사방법 중 하나로 금속 등의 도체에 교류를 통한 코일을 접근시켰을 때, 결함이 존재하면 코일에 유기되는 전압이나 전류가 변하는 것을 이용한 검사방법이다.
- 발전설비나 석유화학단지 내 열교환기 튜브, 항공산업에서의 각종 결함 검사에 사용되는 방법이다.

㉡ 특징
- 자동화 및 고속화가 가능하다.
- 잡음에 의해 검사의 방해를 받기 쉽다.
- 관, 환봉, 가는 선, 얇은 판의 경우도 검사가 가능하다.
- 재료의 표면층에 존재하는 결함을 검출하는 방법으로 표면 아래 깊은 위치에 있는 결함은 검출이 곤란하다.

4과목 전기설비 안전관리

0803 / 2001

61

Repetitive Learning 1회 2회 3회

활선작업 시 필요한 보호구 중 가장 거리가 먼 것은?

① 고무장갑　　② 안전화
③ 대전방지용 구두　　④ 안전모

해설

- 활선작업 또는 활선근접작업에서 감전을 방지하기 위하여 작업자가 신체에 착용하는 절연 보호구에는 절연안전모, 절연 고무장갑, 절연화, 절연장화, 절연복 등이 있다.

절연 보호구

- 절연용 보호구는 활선작업 또는 활선근접작업에서 감전을 방지하기 위하여 작업자가 신체에 착용하는 절연안전모, 절연 고무장갑, 절연화, 절연장화, 절연복 등을 말한다.
- 절연안전모는 머리 보호, 절연 고무장갑은 손의 감전방지, 절연화와 절연장화는 다리 감전방지 및 상반신 감전 시 전격 완화, 절연복은 상반신 감전방지의 효과를 갖는다.

62

Repetitive Learning 

최고표면온도에 의한 폭발성 가스의 분류와 방폭전기기기의 온도등급 기호와의 관계를 올바르게 나타낸 것은?

① 200℃ 초과 300℃ 이하 : T2
② 300℃ 초과 450℃ 이하 : T3
③ 450℃ 초과 600℃ 이하 : T4
④ 600℃ 초과 : T5

해설

- 최고표면온도의 허용치가 100℃ 이하인 것은 T5, 135℃ 이하인 것은 T4, 200℃ 이하인 것은 T3, 300℃ 이하인 것은 T2, 450℃ 이하인 것은 T1이다.

방폭전기기기의 온도등급

등급표시	발화도	최고표면온도의 허용치/발화온도
–	G1	450℃ 초과
T1	G2	300 ~ 450℃
T2	G3	200 ~ 300℃
T3	G4	135 ~ 200℃
T4	G5	100 ~ 135℃
T5	G6	85 ~ 100℃
T6		85℃ 이하

59 ② 60 ② 61 ③ 62 ① 정답

63

Repetitive Learning 1회 2회 3회

전기화재의 원인이 아닌 것은?

① 단락 및 과부하
② 절연불량
③ 기구의 구조불량
④ 누전

해설

• 기구의 구조불량은 전기화재의 직접적인 원인이 아니다.

:: 전기화재 발생

㉠ 전기화재 발생원인

• 전기화재 발생원인의 3요소는 발화원, 착화물, 출화의 경과로 구성된다.

발화원	화재의 발생원인으로 단열압축, 광선 및 방사선, 낙뢰, 스파크, 정전기, 충격이나 마찰, 기계적 운동에너지 등
착화물	발화원에 의해 최초로 착화된 가연물
출화의 경과	발생요인으로 단락, 누전, 과전류, 스파크 등

㉡ 출화의 경과에 따른 전기화재 비중

• 전기화재의 경로별 원인, 즉, 출화의 경과에 따른 분류에는 합선(단락), 과전류, 스파크, 누전, 정전기, 접촉부 과열, 절연열화에 의한 발열, 절연불량 등이 있다.
• 출화의 경과에 따른 발화현상의 분류에서 가장 빈도가 높은 것은 스파크 화재-단락(합선)에 의한 화재이다.

스파크	누전	접촉부과열	절연열화에 의한 발열	과전류
24%	15%	12%	11%	8%

0401 / 0902 / 1703 / 2103

64

Repetitive Learning 

정격사용률 30[%], 정격2차전류 300[A]인 교류 아크 용접기를 200A로 사용하는 경우의 허용사용률은?

① 67.5[%]
② 91.6[%]
③ 110.3[%]
④ 130.5[%]

해설

• 주어진 값을 대입하면

허용사용률 = $\left(\frac{300}{200}\right)^2 \times 0.3 \times 100 = 67.5[\%]$이다.

:: 아크용접기의 허용사용률

• 사용률이란 용접기 사용시간 대비 아크가 발생되는 시간 비율이다.
• 실제 용접작업에서는 정격 2차전류보다 낮은 전류로 용접하는 경우가 많은데 이 경우 정격사용률 이상으로 작업할 수 있다.
• 허용사용률 = $\left(\frac{\text{정격2차전류}}{\text{실제용접전류}}\right)^2 \times$ 정격사용률 $\times 100[\%]$로 구한다.

65

Repetitive Learning 1회 2회 3회

누전화재경보기에 사용하는 변류기에 대한 설명으로 잘못된 것은?

① 옥외 전로에는 옥외형을 설치
② 점검이 용이한 옥외 인입선의 부하측에 설치
③ 건물의 구조상 부득이하여 인입구에 근접한 옥내에 설치
④ 수신부에 있는 스위치 1차측에 설치

해설

• 누전경보기 변류기는 특정 소방대상물의 형태, 인입선의 시설방법 등에 따라 옥외 인입선의 제1지점의 부하측 또는 제2종 접지선측의 점검이 쉬운 위치에 설치해야 한다. 단, 인입선의 형태 또는 소방대상물의 구조상 부득이한 경우에는 인입구에 근접한 옥내에 설치할 수 있다.

:: 누전경보기

㉠ 개요

• 누전경보기는 내화구조가 아닌 건축물로서 벽, 바닥 또는 천장의 전부나 일부를 불연재료 또는 준불연재료가 아닌 재료에 철망을 넣어 만든 건물의 전기설비로부터 누설전류를 탐지하여 경보를 발하는 장치이다.
• 누설전류를 검출하는 영상변류기(ZCT), 누설전류를 증폭하는 수신기, 경보를 발생하는 경보장치, 전원을 차단하는 차단기 등으로 구성된다.
• 누전경보기의 시험방법에는 전류특성시험, 전압특성시험, 주파수특성시험, 온도특성시험, 온도상승시험, 노화시험, 전로개폐시험, 과전류시험, 개폐시험, 단락전류시험, 과누전시험, 진동시험, 방수시험, 충격시험, 절연저항 및 절연내력시험 등이 있다.

㉡ 변류기

• 변류기는 경계전로의 누설전류를 자동적으로 검출하여 이를 누전경보기의 수신부에 송신하는 것을 말한다.
• 변류기는 특정 소방대상물의 형태, 인입선의 시설방법 등에 따라 옥외 인입선의 제1지점의 부하측 또는 제2종 접지선측의 점검이 쉬운 위치에 설치해야 한다. 단, 인입선의 형태 또는 소방대상물의 구조상 부득이한 경우에는 인입구에 근접한 옥내에 설치할 수 있다.

정답 | 63 ③ 64 ① 65 ④

1602

66 Repetitive Learning (1회 2회 3회)

전기기기의 케이스를 전폐구조로 하며 접합면에는 일정치 이상의 깊이를 갖는 패킹을 사용하여 분진이 용기 내로 침입하지 못하도록 한 방폭구조는?

① 보통방진 방폭구조 ② 분진특수 방폭구조
③ 특수방진 방폭구조 ④ 밀폐방진 방폭구조

해설

- 접합면에 일정치 이상의 깊이가 있는 패킹을 사용하여 분진이 용기 내부로 침입하지 않도록 한 구조는 특수방진 방폭구조에 대한 설명이다.

보통방진 방폭구조와 특수방진 방폭구조

보통방진 방폭구조	전폐구조로서 틈새 깊이를 일정치 이상으로 하거나 접합면에 패킹을 사용하여 분진이 용기 내부로 침입하기 어렵게 한 구조를 말한다.
특수방진 방폭구조	전기기기의 케이스를 전폐구조로 하며 접합면에는 일정치 이상의 깊이를 갖는 패킹을 사용하여 분진이 용기 내로 침입하지 못하도록 한 방폭구조를 말한다.

0801 / 2001

67 Repetitive Learning (1회 2회 3회)

감전사고 방지대책으로 옳지 않은 것은?

① 설비의 필요한 부분에 보호접지 실시
② 노출된 충전부에 통전망 설치
③ 안전전압 이하의 전기기기 사용
④ 전기기기 및 설비의 정비

해설

- 노출된 충전부에는 통전망이 아니라 절연방호구를 사용하여야 한다.

감전사고 방지대책

㉠ 설비 측면
- 계통에 비접지식 전로의 채용
- 전로의 보호절연 및 충전부의 격리
- 전기설비에 대한 보호접지(중성선 및 변압기 1, 2차 접지)
- 전기설비에 대한 누전차단기 설치
- 고장전로(사고회로)의 신속한 차단
- 안전전압 혹은 안전전압 이하의 전기기기 사용

㉡ 안전장비 측면
- 충전부가 노출된 부분은 절연방호구 사용
- 전기작업 시 안전보호구의 착용 및 안전장비의 사용

㉢ 관리적인 측면
- 전기설비의 점검을 철저히 할 것
- 안전지식의 습득과 안전거리의 유지 등

68 Repetitive Learning (1회 2회 3회)

하나의 피뢰침 인하도선에 2개 이상의 접지극을 병렬접속할 때 그 간격은 몇 [m] 이상이어야 하는가?

① 1 ② 2
③ 3 ④ 4

해설

- 1조의 인하도선에 2개 이상의 접지극을 병렬로 접속할 경우 그 간격은 2m 이상으로 하고, 지하 50cm 이상의 깊이에서 30mm^2 이상의 나동선으로 접속하여야 한다.

접지극의 시공

- 각 인하도선당 1개 이상의 접지극을 지하 3m 이상 또는 상수면 밑에 매설하여야 한다.
- 피뢰침의 접지저항은 10Ω 이하가 되도록 시공하여야 한다.
- 1조의 인하도선에 2개 이상의 접지극을 병렬로 접속할 경우 그 간격은 2m 이상으로 하고, 지하 50cm 이상의 깊이에서 30 mm^2 이상의 나동선으로 접속하여야 한다.
- 전등 , 전력용 등 기타 접지극 또는 접지선은 피뢰침용의 접지극 및 접지선과 2m 이상 격리하여 시설하여야 한다.

0602

69 Repetitive Learning (1회 2회 3회)

인체의 전격 시의 통전시간이 4초일 때 심실세동전류를 Dalziel이 주장한 식으로 계산한 것으로 다음 중 알맞은 것은?

① 53[mA]
② 82.5[mA]
③ 102.5[mA]
④ 143[mA]

해설

- 통전시간이 1초라면 I는 $\frac{165}{\sqrt{4}}$=82.5[mA]가 된다.

심실세동 한계전류와 전기에너지 실필 2303/2101/1403/1401/1202

- 심장의 맥동에 영향을 주어 혈액 순환을 곤란하게 하고, 끝내는 심장 기능을 잃게 하는 치사적 전류를 심실세동전류라 한다.
- 감전자 1천명 중 5명 이상이 심실세동을 일으킬 수 있는 감전시간과 위험전류와의 관계에서 심실세동 한계전류 I는 $\frac{165}{\sqrt{T}}$[mA]이고, T는 통전시간이다.
- 인체의 접촉저항을 500Ω으로 할 때 심실세동을 일으키는 전류에서의 전기에너지는 $W=I^2Rt=\left(\frac{165\times10^{-3}}{\sqrt{T}}\right)^2\times R\times T=(165\times10^{-3})^2\times500=13.612$[J]가 된다.

66 ③ 67 ② 68 ② 69 ② | 정답

70 Repetitive Learning 1회 2회 3회

방전의 종류 중 도체가 도전되었을 때 접지된 도체와의 사이에서 발생하는 강한 발광과 파괴음을 수반하는 방전을 무엇이라 하는가?

① 연면방전
② 자외선방전
③ 불꽃방전
④ 스트리머방전

해설

- 정전기 방전현상의 종류에는 코로나방전, 스트리머방전, 불꽃방전, 연면방전 등이 있다.
- 연면방전은 절연체의 표면을 따라 수지상(나뭇가지 형태)의 발광을 수반하는 것이다.
- 스트리머방전은 전압 경도(傾度)가 공기의 파괴 전압을 초과했을 때 나타나는 초기 저전류 방전을 말한다.

불꽃방전

㉠ 개요
- 도체가 도전되었을 때 접지된 도체와의 사이에서 발생하는 강한 발광과 파괴음을 수반하는 방전현상이다.

㉡ 특징
- 불꽃방전량은 대기 중에서 평형판의 전극을 사용했을 경우 전극간격 1[cm]에 대해서 30[kV] 정도이며, 침대침 전극은 평형판에 비해 낮아진다.
- 불꽃방전 발생 시 공기 중에 오존(O_3)이 생성된다.

0403 / 0603

71 Repetitive Learning

가스폭발 위험이 있는 0종 장소에 전기기계·기구를 사용할 때 요구되는 방폭구조는?

① 내압방폭구조
② 압력방폭구조
③ 유입방폭구조
④ 본질안전방폭구조

해설

- 내압, 압력, 유입방폭구조는 모두 1종 장소에서 사용하는 방폭구조이다.

본질안전방폭구조(Ex ia, ib)

㉠ 개요
- 정상 시 및 사고 시(단선, 단락, 지락 등)에 발생하는 전기불꽃, 아크 또는 고온에 의하여 폭발성 가스 또는 증기에 점화되지 않는 것이 점화시험, 기타에 의하여 확인된 구조를 말한다.
- 점화능력의 본질적 억제에 중점을 둔 방폭구조이다.

㉡ 특징
- 지속적인 위험분위기가 조성되어 있는 0종 장소의 전기기계·기구에 주로 사용된다(EX ia).
- 온도, 압력, 액면유량 등의 검출용 측정기는 대표적인 본질안전방폭구조의 예이다.
- 설치비용이 저렴하며, 설치장소의 제약을 받지 않아 복잡한 공간을 넓게 사용할 수 있다.
- 본질안전방폭구조의 적용은 에너지가 1.3W, 30V 및 250[mA] 이하의 개소에 가능하다.

1703

72 Repetitive Learning

다음은 전기안전에 관한 일반적인 사항을 기술한 것이다. 옳게 설명한 것은?

① 220[V] 동력용 전동기의 외함에 특별 제3종 접지공사를 하였다.
② 배선에 사용할 전선의 굵기를 허용전류, 기계적 강도, 전압강하 등을 고려하여 결정하였다.
③ 누전을 방지하기 위해 피뢰침 설비를 설치하였다.
④ 전선 접속 시 전선의 세기가 30[%] 이상 감소되었다.

해설

- 특별 제3종 접지공사는 400V 이상의 저압용의 철대 및 외함에 적용한다.
- 누전재해를 방지하기 위해서는 누전차단기를 설치해야 한다.
- 전선 접속 시 전선의 세기는 20[%] 이상 감소시키지 않아야 한다.

전선의 규격

- 전선의 규격은 전선의 재료, 가공방법, 구조, 성능, 시험방법 등의 표준을 정하여 전선이 구비해야 할 조건을 규정한 것이다.
- 우리나라에서는 KS(Korean Standard)를 표준으로 한다.
- 배선에 사용할 전선의 굵기는 허용전류, 기계적 강도, 전압강하 등을 고려하여 결정하여야 한다.

정답 | 70 ③ 71 ④ 72 ②

0401 / 0701

73

Repetitive Learning 1회 2회 3회

전기누전으로 인한 화재조사 시에 착안해야 할 입증 흔적과 관계없는 것은?

① 접지점 ② 누전점
③ 혼촉점 ④ 발화점

해설

- 누전으로 인한 화재조사 시에는 누전점, 출화점(발화점) 및 접지점으로 구성된 3요소가 입증되어야 한다.

누전화재

㉠ 개요

- 누전화재란 전류가 통로로 설계된 부분으로부터 새서 건물 및 부대설비 또는 공작물의 일부 중 특정한 부분으로 장시간 흐르게 되면 누전경로를 따라 특정부분이 탄화촉진 및 발열되어 발생하는 화재를 말한다.
- 누전화재는 누전점, 출화점(발화점) 및 접지점으로 구성된 3요소가 입증되어야 한다.

㉡ 누전화재 요인 3요소

누전점	전기가 누설되는 지점
발화점	줄(Joule)열에 의해 화재가 발생한 지점
접지점	접지선을 연결하는 지점

㉢ 화재 예방대책

- 배선불량 시 재시공할 것
- 정기적으로 절연저항을 측정할 것
- 정기적으로 배선시공 상태를 확인할 것

1802

74

Repetitive Learning 1회 2회 3회

인입개폐기를 개방하지 않고 전등용 변압기 1차측 COS만 개방 후 전등용 변압기 접속용 볼트작업 중 동력용 COS에 접촉, 사망한 사고에 대한 원인으로 가장 거리가 먼 것은?

① 안전장구 미사용
② 동력용 변압기 COS 미개방
③ 전등용 변압기 2차측 COS 미개방
④ 인입구 개폐기 미개방한 상태에서 작업

해설

- 전등용 변압기 1차측 COS가 개방되면 2차측 COS의 개방 여부는 중요하지 않다.
- 배전반 감전사고 방지를 위해서는 활선경보기 및 절연 안전도구(안전모, 절연장갑, 절연장화) 등을 착용한 상태로 작업하고 접근한계거리 이내로 접근을 금지해야 하며, 활성상태에서 점검을 할 경우에는 반드시 전력공급회사에 연락하여 전단의 컷아웃스위치를 개방한 상태에서 정전작업 절차에 따라 수행해야 한다.

Cut-Out Switch(C.O.S)

- 주상변압기의 고장이 배전선로에 파급되는 것을 방지하고 변압기의 과부하 소손을 예방하기 위해 사용된다.
- 각 P.Tr 용량에 맞는 Fuse link를 삽입하여 사용한다.
- 정상 시에는 주상변압기의 작업을 위한 1차측 개폐기로서 사용되며, 농어촌에서는 단상 배전선로의 선로용 개폐기와 보호용 차단기로 활용되고 있다.

2103

75

Repetitive Learning 1회 2회 3회

정전기 재해를 예방하기 위해 설치하는 제전기의 제전효율은 설치 시에 얼마 이상이 되어야 하는가?

① 50[%] 이상
② 70[%] 이상
③ 90[%] 이상
④ 100[%]

해설

- 정전기 재해를 예방하기 위해 설치하는 제전기의 제전효율은 설치 시 90[%] 이상이 되어야 한다.

제전기

㉠ 개요

- 정전기 재해를 예방하기 위해 설치하는 제전기의 제전효율은 설치 시 90[%] 이상이 되어야 한다.
- 정전기의 발생원으로부터 5~20cm 정도 떨어진 장소에 설치하는 것이 적절하다.
- 종류에는 전압인가식, 자기방전식, 방사선식(이온식)이 있다.

㉡ 제전기의 종류

- 전압인가식은 방전침에 7,000[V]를 걸어 코로나방전을 일으켜 발생한 이온으로 대전체의 전하를 중화하는 방식으로 가장 제전능력이 뛰어나다.
- 자기방전식은 아세테이트 필름의 권취공정, 셀로판제조, 섬유공장 등에 유효한 방식으로 코로나방전을 일으켜 공기를 이온화하는 것을 이용하는 방식으로 2[kV] 내외의 대전이 남는 결점이 있다.
- 방사선식(이온식)은 방사선의 전리작용으로 공기를 이온화시키는 방식으로 제전효율이 낮고 이동물체에 부적합하나 안전해 폭발 위험지역에 사용하기 적당하다.

구분	전압인가식	자기방전식	방사선식
제전능력	크다	보통	작다
구조	복잡	간단	간단
취급	복잡	간단	간단
적용범위	넓다	넓다	좁다

73 ③ 74 ③ 75 ③ 정답

0301 / 0801

76 Repetitive Learning (1회 2회 3회)

다음 중 전격의 위험을 가장 잘 설명하고 있는 것은?

① 통전전류가 크고, 주파수가 높고, 장시간 흐를수록 위험하다.

② 통전전압이 높고, 주파수가 높고, 인체 저항이 낮을수록 위험하다.

③ 통전전류가 크고, 장시간 흐르고, 인체의 주요한 부분에 흐를수록 위험하다.

④ 통전전압이 높고, 인체저항이 높고, 인체의 주요한 부분에 흐를수록 위험하다.

해설

- 감전위험에 영향을 주는 1차적인 요소에 해당하는 통전전원의 종류와 질에 있어서 직류보다 교류가 더 위험하고, 교류에 있어서는 높은 주파수보다 낮은 주파수가 더 위험하다.

감전위험에 영향을 주는 요인과 위험도

- 감전위험에 영향을 주는 1차적인 요소에는 통전전류의 크기, 통전경로, 통전시간, 통전전원의 종류와 질이 있다.
- 감전위험에 영향을 주는 2차적인 요소에는 인체의 조건, 주변환경 등이 있다.
- 위험도는 통전전류의 크기 > 통전경로 > 통전시간 > 전원의 종류(교류 > 직류) > 주파수 및 파형 순이다.

77 Repetitive Learning (1회 2회 3회)

점전하가 절연유 속에 있는 경우 전계의 세기는 어떻게 변하겠는가?(단, ϵ_0는 진공의 유전율이며, ϵ_s는 비유전율이다)

① 변화가 없다.

② $\frac{1}{\epsilon_s}$로 작아진다.

③ ϵ_s배로 커진다.

④ $\epsilon_0\epsilon_s$배로 커진다.

해설

- 전하가 자유공간이 아니라 절연유 속에 있는 경우 전계의 세기는 비유전율에 반비례하여 작아진다.

전계의 세기

㉠ 개요

- 정전기력이 작용하는 공간에서 전하 1개가 받는 힘을 말한다.
- 전계의 세기(E) = 정전기력(F)/전하량(Q) [V/m]으로 구한다.
- 전계의 세기(E) = 전하량(Q)/$4\pi\epsilon r^2$으로도 구할 수 있으며 이때 ε은 자유공간에서의 유전율을 의미한다.

㉡ 절연유 속의 전계

- 전하가 자유공간이 아니라 절연유 속에 있는 경우에는 ϵ대신에 $\epsilon_o\epsilon_s$를 대입하여 전계의 세기는 $E=\frac{Q_1Q_2}{4\pi\epsilon_0\epsilon_s r^2}$가 된다. 이때 ϵ_o는 진공의 유전율, ϵ_s는 비유전율이다.

기준 변경 대치/2102

78 Repetitive Learning (1회 2회 3회)

저압전로의 절연성능에 관한 설명으로 적합하지 않는 것은?

① 전로의 사용전압이 SELV 및 PELV일 때 절연저항은 0.5MΩ 이상이어야 한다.

② 전로의 사용전압이 FELV일 때 절연저항은 1MΩ 이상이어야 한다.

③ 전로의 사용전압이 FELV일 때 DC 시험 전압은 500V이다

④ 전로의 사용전압이 600V일 때 절연저항은 1.5MΩ 이상이어야 한다.

해설

- 전로의 사용전압이 500V를 초과할 때 절연저항은 1.0MΩ 이상이어야 한다.

옥내 사용전압에 따른 절연저항값

전로의 사용전압	DC 시험전압	절연저항치
SELV 및 PELV	250[V]	0.5[MΩ]
FELV, 500[V] 이하	500[V]	1.0[MΩ]
500[V] 초과	1,000[V]	1.0[MΩ]

- 특별저압(2차 전압이 AC 50V, DC 120V 이하)으로 SELV(비접지회로 구성) 및 PELV(접지회로 구성)은 1차와 2차가 전기적으로 절연된 회로, FELV는 1차와 2차가 전기적으로 절연되지 않은 회로이다.

정답 | 76 ③ 77 ② 78 ④

79

Repetitive Learning (1회 2회 3회)

보폭전압에서 지표상에 근접 격리된 두 점 간의 거리는?

① 0.5[m] ② 1.0[m]
③ 1.5[m] ④ 2.0[m]

해설

- 인체에 걸리는 전위차는 지표면상에 사람이 두 발로 접근할 수 있는 근접 격리된 두 점 간(1m)의 전위차의 최대치로 표시한다.

:: 보폭전압(Step voltage)

- 전로에 지락사고가 발생했을 경우 접지를 통해 지락전류가 흐르게 되어 접지극 주위의 지표면이 전위분포를 가지는데, 이곳에 인체가 위치할 경우 양발 사이에 생기는 전위차를 말한다.
- 인체에 걸리는 전위차는 지표면상에 사람이 두 발로 접근할 수 있는 근접 격리된 두 점 간(1m)의 전위차의 최대치로 표시한다.

80

Repetitive Learning (1회 2회 3회)

30[kV]에서 불꽃방전이 일어났다면 어떤 상태이었겠는가?

① 전극간격이 1[cm] 떨어진 침대침 전극
② 전극간격이 1[cm] 떨어진 평형판 전극
③ 전극간격이 1[mm] 떨어진 평형판 전극
④ 전극간격이 1[mm] 떨어진 침대침 전극

해설

- 불꽃방전량은 대기 중에서 평형판의 전극을 사용했을 경우 전극 간격 1[cm]에 대해서 30[kV] 정도이며, 침대침 전극은 평형판에 비해 낮아진다.

:: 불꽃방전

문제 70번의 유형별 핵심이론 :: 참조

5과목 화학설비 안전관리

1403

81

Repetitive Learning (1회 2회 3회)

메탄, 에탄, 프로판의 폭발하한계가 각각 5[vol%], 3[vol%], 2.5[vol%]일 때 다음 중 폭발하한계가 가장 낮은 것은?(단, Le Chatelier의 법칙을 이용한다)

① 메탄 20[vol%], 에탄 30[vol%], 프로판 50[vol%]의 혼합가스
② 메탄 30[vol%], 에탄 30[vol%], 프로판 40[vol%]의 혼합가스
③ 메탄 40[vol%], 에탄 30[vol%], 프로판 30[vol%]의 혼합가스
④ 메탄 50[vol%], 에탄 30[vol%], 프로판 20[vol%]의 혼합가스

해설

- ①의 경우 몰분율은 20, 30, 50이므로 혼합가스의 폭발한계 분모에 해당하는 값은 $\frac{20}{5}+\frac{30}{3}+\frac{50}{2.5}=4+10+20=34$이다.
- ②의 경우 몰분율은 30, 30, 40이므로 혼합가스의 폭발한계 분모에 해당하는 값은 $\frac{30}{5}+\frac{30}{3}+\frac{40}{2.5}=6+10+16=32$이다.
- ③의 경우 몰분율은 40, 30, 30이므로 혼합가스의 폭발한계 분모에 해당하는 값은 $\frac{40}{5}+\frac{30}{3}+\frac{30}{2.5}=8+10+12=30$이다.
- ④의 경우 몰분율은 50, 30, 20이므로 혼합가스의 폭발한계 분모에 해당하는 값은 $\frac{50}{5}+\frac{30}{3}+\frac{20}{2.5}=10+10+8=28$이다.
- 분모의 값이 클수록 폭발하한계는 작아진다.

:: 혼합가스의 폭발한계와 폭발범위 실필 1603

㉠ 폭발한계

- 혼합가스의 폭발한계는 혼합가스를 구성하는 각 가스의 폭발한계당 mol분율 합의 역수로 구한다.
- 혼합가스의 폭발한계는 $\dfrac{1}{\sum_{i=1}^{n}\frac{\text{mol분율}}{\text{폭발한계}}}$로 구한다.
- [vol%]를 구할 때는 $\dfrac{100}{\sum_{i=1}^{n}\frac{\text{mol분율}}{\text{폭발한계}}}$[vol%] 식을 이용한다.

㉡ 폭발범위

- 폭발상한계와 폭발하한계를 각각 구해서 범위를 구한다.

79 ② 80 ② 81 ① 정답

2202

82

Repetitive Learning 

다음 중 위험물질에 대한 저장방법으로 적절하지 않은 것은?

① 탄화칼슘은 물속에 저장한다.
② 벤젠은 산화성 물질과 격리시킨다.
③ 금속나트륨은 석유 속에 저장한다.
④ 질산은 통풍이 잘 되는 곳에 보관하고 물기와의 접촉을 금지한다.

해설

- 탄화칼슘은 물반응성 물질로 물과 접촉 시 아세틸렌가스를 발생시키므로 밀폐용기에 저장하고 불연성 가스로 봉입한 후 보관해야 한다.

위험물의 대표적인 저장방법

탄화칼슘	불연성 가스로 봉입하여 밀폐용기에 저장
벤젠	산화성 물질과 격리 보관
금속나트륨, 칼륨	벤젠이나 석유 속에 밀봉하여 저장
질산	갈색병에 넣어 냉암소에 보관
니트로글리세린	갈색 유리병에 넣어 햇빛을 차단하여 보관
황린	자연발화하기 쉬우므로 pH9 물속에 보관
적린	냉암소에 격리 보관

1802

83

Repetitive Learning

다음 중 분말소화약제로 가장 적절한 것은?

① 사염화탄소 ② 브롬화메탄
③ 수산화암모늄 ④ 제1인산암모늄

해설

- 우리나라에 가장 많이 보급된 소화약제는 인산암모늄($NH_4H_2PO_4$)이다.

분말소화약제

㉠ 개요
- 분말을 도포하여 연소에 필요한 공기의 공급을 차단시키거나 냉각시키는 질식, 냉각작용을 이용한 소화약제이다.
- 우리나라에 가장 많이 보급된 소화기로 주성분은 A, B, C급 소화에 유효한 제3종 분말소화약제인 인산암모늄($NH_4H_2PO_4$)이다.
- 적응 화재에 따라 크게 BC분말과 ABC분말로 나누어진다.
- 주된 소화방법은 화재를 덮어 질식소화시키는 방법이며, 방사원으로 질소가스를 이용한다.
- 탄산마그네슘과 인산칼슘을 추가하여 분말의 유동성을 향상시킨다.

㉡ 종류
- 소화약제는 제1종 ~ 제4종까지 있다.

종별	주성분	적응화재
1종	탄산수소나트륨($NaHCO_3$)	B, C급 화재
2종	탄산수소칼륨($KHCO_3$)	B, C급 화재
3종	제1인산암모늄($NH_4H_2PO_4$)	A, B, C급 화재
4종	탄산수소칼륨과 요소와의 반응물($KC_2N_2H_3O_3$)	B, C급 화재

84

Repetitive Learning 

다음 중 인화점에 대한 설명으로 틀린 것은?

① 가연성 액체의 발화와 관계가 있다.
② 반드시 점화원의 존재와 관련된다.
③ 연소가 지속적으로 확산될 수 있는 최저온도이다.
④ 연료의 조성, 점도, 비중에 따라 달라진다.

해설

- 연소가 지속적으로 확산될 수 있는 최저온도 즉, 점화원을 제거한 후에도 지속적인 연소를 일으킬 수 있는 최저온도는 연소점이다.

연소이론

㉠ 개요
- 연소란 화학반응의 한 종류로, 가연물이 산소 중에서 산화반응을 하여 열과 빛을 발산하는 현상을 말한다.
- 연소를 위해서는 가연물, 산소공급원, 점화원 3조건이 마련되어야 한다.
- 연소범위가 넓을수록 연소위험이 크다.
- 착화온도가 낮을수록 연소위험이 크다.
- 가연성 액체를 발화점 이상으로 공기 중에서 가열하면 별도의 점화원이 없어도 발화할 수 있다.

㉡ 인화점 실필 0803
- 인화성 액체 위험물의 위험성지표를 기준으로 액체 표면에서 발생한 증기농도가 공기 중에서 연소하한농도가 될 수 있는 가장 낮은 액체온도를 말한다.
- 인화점이 낮을수록 일반적으로 연소위험이 크다.
- 인화점이 상온보다 낮은 가연성 액체는 상온에서 인화의 위험이 있다.
- 용기 온도가 상승하여 내부의 혼합가스가 폭발상한계를 초과한 경우에는 누설되는 혼합가스는 인화되어 연소하나 연소파가 용기 내로 들어가 가스폭발을 일으키지 않는다.

정답 | 82 ① 83 ④ 84 ③

2102

85

Repetitive Learning 1회 2회 3회

산업안전보건법에 따라 위험물 건조설비 중 건조실을 설치하는 건축물의 구조를 독립된 단층건물로 하여야 하는 건조설비가 아닌 것은?

① 위험물 또는 위험물이 발생하는 물질을 가열·건조하는 경우 내용적이 $1[m^3]$ 이상인 건조설비
② 위험물이 아닌 물질을 가열·건조하는 경우 액체연료의 최대사용량이 5[kg/h] 이상인 건조설비
③ 위험물이 아닌 물질을 가열·건조하는 경우 기체연료의 최대사용량이 $1[m^3/h]$ 이상인 건조설비
④ 위험물이 아닌 물질을 가열·건조하는 경우 전기사용 정격용량이 10[kW] 이상인 건조설비

해설

- 위험물이 아닌 물질을 가열·건조하는 경우 고체 또는 액체연료의 최대사용량이 시간당 10kg 이상인 경우에는 건조실 구조를 독립된 단층건물로 해야 한다.

위험물 건조설비를 설치하는 건축물의 구조

- 독립된 단층건물이나 건축물의 최상층에 설치하여야 하고, 건축물은 내화구조이어야 한다.
- 위험물 또는 위험물이 발생하는 물질을 가열·건조하는 경우 내용적이 $1m^3$ 이상인 건조설비이어야 한다.
- 위험물이 아닌 물질을 가열·건조하는 경우
  - 고체 또는 액체연료의 최대사용량이 시간당 10kg 이상
  - 기체연료의 최대사용량이 시간당 $1m^3$ 이상
  - 전기사용 정격용량이 10kW 이상

0402 / 0702 / 0902 / 1603

86

Repetitive Learning 

대기압에서 물의 엔탈피가 1[kcal/kg]이었던 것이 가압하여 1.45[kcal/kg]을 나타내었다면 Flash율은 얼마인가?(단, 물의 기화열은 540[cal/g]이라고 가정한다)

① 0.00083
② 0.0015
③ 0.0083
④ 0.015

해설

- 주어진 값을 대입하면 $\frac{1.45-1}{540}=0.45/540=0.000833$이 된다.

Flash율

- 유출된 액체량 대비 Flash 기화한 액체의 양을 말한다.
- $\frac{\triangle \text{엔탈피}}{\text{기화열}}$[kcal/kg]로 구한다.
- △ 엔탈피는 [방출된 액체의 엔탈피-방출된 액체 비등점의 엔탈피]로 구한다.
- 기화열은 온도 변화 없이 1g의 액체를 증기로 변화시키는 데 필요한 열량 즉, 증발잠열을 의미한다.

0703 / 1002 / 1403 / 1702 / 2001

87

Repetitive Learning 1회 2회 3회

분진폭발의 발생 순서로 옳은 것은?

① 비산 → 분산 → 퇴적분진 → 발화원 → 2차폭발 → 전면폭발
② 비산 → 퇴적분진 → 분산 → 발화원 → 2차폭발 → 전면폭발
③ 퇴적분진 → 발화원 → 분산 → 비산 → 전면폭발 → 2차폭발
④ 퇴적분진 → 비산 → 분산 → 발화원 → 전면폭발 → 2차폭발

해설

- 분진폭발은 퇴적분진 → 비산 → 분산 → 발화원 → 전면폭발 → 2차폭발 순으로 진행된다.

분진폭발

㉠ 개요
- 폭발을 기상폭발과 응상폭발로 분류할 때 기상폭발에 해당한다.
- 퇴적분진의 비산을 통해서 공기 중에 분산된 후 발화원의 점화에 의해 폭발한다.

㉡ 위험과 폭발의 진행단계
- 분진폭발의 위험은 금속분(알루미늄분, 스텔라이트 등), 유황, 적린, 곡물(소맥분) 등에 주로 존재한다.
- 분진폭발은 퇴적분진 → 비산 → 분산 → 발화원 → 전면폭발 → 2차폭발 순으로 진행된다.

85 ② 86 ① 87 ④ 정답

0403 / 0802 / 1503 / 1901

88

Repetitive Learning 1회 2회 3회

물이 관 속을 흐를 때 유동하는 물속의 어느 부분의 정압이 그때의 물의 증기압보다 낮을 경우 물이 증발하여 부분적으로 증기가 발생되어 배관의 부식을 초래하는 경우가 있다. 이러한 현상을 무엇이라 하는가?

① 서어징(Surging)
② 공동현상(Cavitation)
③ 비말동반(Entrainment)
④ 수격작용(Water hammering)

해설

- 서어징(Surging)은 압축기와 송풍기의 관로에 심한 공기의 맥동과 진동을 발생하면서 불안정한 운전이 되는 현상을 말한다.
- 비말동반(Entrainment)이란 용액의 비등 시 생성되는 증기 중에 작은 액체 방울이 섞여 증기와 더불어 증발관 밖으로 함께 배출되는 현상이다.
- 수격작용(Water hammering)이란 관로에서 물의 운동상태가 변화하여 발생하는 물의 급격한 압력변화 현상이다.

공동현상(Cavitation)

㉠ 개요
- 물이 관 속을 빠르게 흐를 때, 유동하는 물속의 어느 부분의 정압이 그때의 물의 증기압보다 낮을 경우 물이 증발하여 부분적으로 증기가 발생되어 배관의 부식을 초래하는 현상을 말한다.

㉡ 방지대책
- 흡입비 속도(펌프의 회전속도)를 작게 한다.
- 펌프의 설치위치를 낮게 한다.
- 펌프의 흡입관의 두(Head) 손실을 줄인다.
- 펌프의 설치높이를 낮추어 흡입양정을 짧게 한다.

0702 / 0801 / 1401 / 1703

89

Repetitive Learning 1회 2회 3회

산업안전보건법령상 안전밸브 등의 전단·후단에는 차단밸브를 설치하여서는 아니 되지만 다음 중 자물쇠형 또는 이에 준하는 형식의 차단밸브를 설치할 수 있는 경우로 틀린 것은?

① 인접한 화학설비 및 그 부속설비에 안전밸브 등이 각각 설치되어 있고, 해당 화학설비 및 그 부속설비의 연결배관에 차단밸브가 없는 경우
② 안전밸브 등의 배출용량의 4분의 1 이상에 해당하는 용량의 자동압력조절밸브와 안전밸브 등이 직렬로 연결된 경우
③ 화학설비 및 그 부속설비에 안전밸브 등이 복수방식으로 설치되어 있는 경우
④ 열팽창에 의하여 상승된 압력을 낮추기 위한 목적으로 안전밸브가 설치된 경우

해설

- 안전밸브 등의 배출용량의 2분의 1 이상에 해당하는 용량의 자동압력조절밸브와 안전밸브 등이 병렬로 연결된 경우에 차단밸브를 설치할 수 있다.

차단밸브의 설치 금지

㉠ 개요
- 사업주는 안전밸브 등의 전단·후단에 차단밸브를 설치해서는 아니 된다.

㉡ 자물쇠형 또는 이에 준하는 형식의 차단밸브를 설치할 수 있는 경우
- 인접한 화학설비 및 그 부속설비에 안전밸브 등이 각각 설치되어 있고, 해당 화학설비 및 그 부속설비의 연결배관에 차단밸브가 없는 경우
- 안전밸브 등의 배출용량의 2분의 1 이상에 해당하는 용량의 자동압력조절밸브(구동용 동력원의 공급을 차단하는 경우 열리는 구조인 것으로 한정한다)와 안전밸브 등이 병렬로 연결된 경우
- 화학설비 및 그 부속설비에 안전밸브 등이 복수방식으로 설치되어 있는 경우
- 예비용 설비를 설치하고 각각의 설비에 안전밸브 등이 설치되어 있는 경우
- 열팽창에 의하여 상승된 압력을 낮추기 위한 목적으로 안전밸브가 설치된 경우
- 하나의 플레어스택(Flare stack)에 둘 이상 단위공정의 플레어헤더(Flare header)를 연결하여 사용하는 경우로서 각각 단위공정의 플레어헤더에 설치된 차단밸브의 열림·닫힘상태를 중앙제어실에서 알 수 있도록 조치한 경우

0903 / 1202 / 1301 / 1403 / 1603

90

Repetitive Learning 1회 2회 3회

자동화재탐지설비 중 열감지식 감지기가 아닌 것은?

① 차동식 감지기
② 정온식 감지기
③ 보상식 감지기
④ 광전식 감지기

정답 | 88 ② 89 ② 90 ④

해설

- 광전식은 연기감지식 감지기이다.

화재감지기

㉠ 개요

- 화재 시 발생되는 열이나 연기를 통해 화재를 감지하는 장치이다.
- 감지대상에 따라 열감지기, 연기감지기, 복합형감지기, 불꽃감지기로 구분된다.

㉡ 대표적인 감지기의 종류

열감지식	차동식	• 공기의 팽창을 감지 • 공기관식, 열전대식, 열반도체식
	정온식	열의 축적을 감지
	보상식	공기팽창과 열축적을 동시에 감지
연기감지식	광전식	광전소자의 입사광량 변화를 감지
	이온화식	이온전류의 변화를 감지
	감광식	광전식의 한 종류

91

Repetitive Learning (1회 2회 3회)

다음 중 연소하고 있는 가연물이 들어 있는 용기를 기계적으로 밀폐하여 공기의 공급을 차단하거나 타고 있는 액체나 고체의 표면을 거품 또는 불연성 액체로 피복하여 연소에 필요한 공기의 공급을 차단시키는 방법의 소화방법은?

① 냉각소화
② 질식소화
③ 제거소화
④ 억제소화

해설

- 연소에 필요한 공기의 공급 차단을 이용한 소화방법은 질식소화법이다.

질식소화법

- 연소하고 있는 가연물이 들어있는 용기를 기계적으로 밀폐하여 공기의 공급을 차단하거나, 타고 있는 액체나 고체의 표면을 거품 또는 불활성 액체로 피복하여 연소에 필요한 공기의 공급을 차단시키는 소화법이다.
- 가연성 가스와 지연성 가스가 섞여있는 혼합기체의 농도를 조절하여 혼합기체의 농도를 연소범위 밖으로 벗어나게 하여 연소를 중지시키는 방법이다.
- CO_2 소화기, 에어 폼(공기포), 포말 또는 분말 소화기 등이 대표적인 질식소화방법을 이용한다.

0302 / 0303 / 0901

92

Repetitive Learning (1회 2회 3회)

다음 중 압력차에 의하여 유량을 측정하는 가변류 유량계가 아닌 것은?

① 오리피스 m(Orifice meter)
② 벤튜리 m(Venturi meter)
③ 로타 m(Rota meter)
④ 피토 튜브(Pitot tube)

해설

- 로타 m(Rota meter)는 유리관 면적식 유량계이다.

차압식 유량계

- 관 내에 조임기구를 설치하고 유량의 크기에 따라, 그 전후에 발생한 차압을 측정해 유량을 구하는 방식이다.
- 오리피스 m(Orifice meter), 벤튜리 m(Venturi meter), 피토 튜브(Pitot tube) 등이 있다.

93

Repetitive Learning (1회 2회 3회)

다음 중 산업안전보건법상 공정안전보고서의 제출대상이 아닌 것은?

① 원유 정제 처리업
② 석유정제물 재처리업
③ 화약 및 불꽃제품 제조업
④ 복합비료의 단순혼합 제조업

해설

- 복합비료 제조업은 공정안전보고서 제출대상에 해당하지만 단순혼합 또는 배합에 의한 경우는 제외된다.

PSM 제출대상

㉠ 개요

- 유해·위험설비를 보유하고 있는 사업장은 모든 유해·위험설비에 대해서 PSM을 작성하여야 하고, 관련 사업장 이외의 업종에서는 규정량 이상 유해·위험물질을 제조·취급·사용·저장하고 있는 사업장에서만 PSM을 작성하면 된다.

㉡ 유해·위험설비를 보유하고 있는 사업장

- 원유 정제 처리업
- 기타 석유정제물 재처리업
- 석유화학계 기초화학물 제조업 또는 합성수지 및 기타 플라스틱물질 제조업
- 질소, 인산 및 칼리질 비료 제조업(인산 및 칼리질 비료 제조업에 해당하는 경우는 제외)
- 복합비료 제조업(단순혼합 또는 배합에 의한 경우는 제외)
- 농약 제조업(원제 제조에만 해당)
- 화약 및 불꽃제품 제조업

91 ② 92 ③ 93 ④ | 정답

ⓒ 규정량 이상 유해·위험물질을 제조·취급·사용·저장하고 있는 사업장

• $R = \sum_{i=1}^{n} \frac{취급량_i}{규정량_i}$ 로 구한 R의 값이 1 이상일 경우 유해·위험설비로 보고 공정안전보고서 제출대상에 포함시킨다.

94

Repetitive Learning 1회 2회 3회

다음 중 혼합위험성인 혼합에 따른 발화위험성 물질로 구분되는 것은?

① 에탄올과 가성소다의 혼합
② 발연질산과 아닐린의 혼합
③ 아세트산과 포름산의 혼합
④ 황산암모늄과 물의 혼합

해설

• 가성소다는 에탄올에, 황산암모늄은 물에 용해되며, 아세트산과 포름산은 모두 산화성 물질로 둘을 혼합해도 반응이 없다.
• 발연질산은 제6류(산화성 액체)로 가연물에 해당하는 제4류(아닐린)와 반응하면 발화한다.

:: 위험물의 혼합사용

• 소방법에서는 유별을 달리하는 위험물은 동일 장소에서 저장, 취급해서는 안 된다고 규정하고 있다.

구분	1류	2류	3류	4류	5류	6류
1류		×	×	×	×	○
2류	×		×	○	○	×
3류	×	×		○	×	×
4류	×	○	○		○	×
5류	×	○	×	○		×
6류	○	×	×	×	×	

• 제1류(산화성 고체)와 제6류(산화성 액체), 제2류(환원성 고체)와 제4류(가연성 액체) 및 제5류(자기반응성 물질), 제3류(자연발화 및 금수성 물질)와 제4류(가연성 액체)의 혼합은 비교적 위험도가 낮아 혼재사용이 가능하다.
• 산화성 물질과 가연물을 혼합하면 산화·환원반응이 더욱 잘 일어나는 혼합위험성 물질이 된다.
• 가연성 물질과 조연성 물질을 혼합할 때 폭발위험이 증가한다.

0301 / 0501 / 0703 / 2202

95

Repetitive Learning 1회 2회 3회

고압가스 용기 파열사고의 주요 원인 중 하나는 용기의 내압력(耐壓力) 부족이다. 다음 중 내압력 부족의 원인으로 틀린 것은?

① 용기 내벽의 부식
② 강재의 피로
③ 과잉 충전
④ 용접 불량

해설

• 과잉 충전은 용기 내 압력의 이상상승의 원인에 해당한다.

:: 가스용기 파열사고의 주요 원인

• 주요 원인에는 용기의 내압력 부족, 용기 내 발화, 용기 내압의 이상상승 등이 있다.

용기의 내압력 부족	용기 내벽의 부식, 강재의 피로, 용접 불량 등으로 인해 발생한다.
용기 내 발화	용기 내 폭발성 혼합가스의 발화로 인해 발생한다.
용기 내압의 이상상승	과잉 충전으로 인해 발생한다.

96

Repetitive Learning 1회 2회 3회

다음 중 부탄의 연소 시 산소농도를 일정한 값 이하로 낮추어 연소를 방지할 수 있는데 이때 첨가하는 물질로 가장 적절하지 않은 것은?

① 질소
② 이산화탄소
③ 헬륨
④ 수증기

해설

• 헬륨, 이산화탄소, 질소는 불연성 가스로 연소를 방지한다.

:: 연소억제제(Inhibitor)

• 연소반응을 저해, 억제하는 성질이 있는 물질을 연소억제제라 한다.
• 메탄-공기 중의 물질에 첨가하는 연소억제제는 사염화탄소(CCl_4), 브롬화메틸(CH_3Br) 등이 대표적이다.
• 헬륨, 이산화탄소, 질소는 불연성 가스로 산소농도를 일정 이하로 낮추어 연소위험을 억제할 수 있다.

정답 | 94 ② 95 ③ 96 ④

97

Repetitive Learning 1회 2회 3회

다음 중 폭발성 물질로 분류될 수 있는 가장 적절한 물질은?

① N_2H_4

② CH_3COCH_3

③ $n-C_3H_7OH$

④ $C_2H_5OC_2H_5$

해설

- 무수하이드라진(N_2H_4)은 공기 중에서 보라색 불꽃을 내면서 타는 폭발성 물질이다.
- 아세톤(CH_3COCH_3), n-프로판올($n-C_3H_7OH$), 에테르($C_2H_5OC_2H_5$)는 인화성 액체에 포함된다.

∷ 산업안전보건법상 폭발성 물질

- 질산에스테르류
  (니트로글리콜, 니트로글리세린, 니트로셀룰로오스 등)
- 니트로화합물(트리니트로벤젠, 트리니트로톨루엔, 피크린산 등)
- 유기과산화물(과초산, 메틸에틸케톤 과산화물, 과산화벤조일 등)
- 그 외에도 니트로소화합물, 아조화합물, 디아조화합물, 하이드라진 유도체 등이 있다.

0702 / 2001

98

Repetitive Learning 

다음 중 독성이 가장 강한 가스는?

① NH_3　　② $COCl_2$

③ Cl_2　　④ H_2S

해설

- $COCl_2$는 포스겐이라고 불리는 맹독성 가스로 불소와 함께 가장 강한(TWA 0.1) 독성 물질이다.

∷ TWA(Time Weighted Average) 실필 1301

- 시간가중 평균노출기준이라고 한다.
- 1일 8시간 작업을 기준으로 유해요인의 측정치에 발생시간을 곱하여 8로 나눈 값이다.
- 독성이 강할수록 TWA값은 작아진다.

유독물질	포스겐/불소	염소	니트로벤젠 염화수소	사염화탄소	나프탈렌	일산화탄소	아세톤	이산화탄소
TWA (ppm)	0.1	0.5	1	5	10	30	500	5,000
독성	← 강하다						약하다 →	

1703

99

Repetitive Learning 

다음 중 완전조성농도가 가장 낮은 것은?

① 메탄(CH_4)

② 프로판(C_3H_8)

③ 부탄(C_4H_{10})

④ 아세틸렌(C_2H_2)

해설

- 메탄(CH_4)의 산소농도$\left(1+\frac{4}{4}\right)$는 2이다.
- 프로판(C_3H_8)의 산소농도$\left(3+\frac{8}{4}\right)$는 5이다.
- 부탄(C_4H_{10})의 산소농도$\left(4+\frac{10}{4}\right)$는 6.5이다.
- 아세틸렌(C_2H_2)의 산소농도$\left(2+\frac{2}{4}\right)$는 2.5이다.
- 산소농도는 완전연소 조성농도에서 분모의 값이므로 산소농도가 클수록 완전연소 조성농도가 낮다. 부탄이 가장 낮은 물질이다.

∷ 완전연소 조성농도(Cst, 화학양론농도)와 최소산소농도(MOC) 실필 1803/1002

㉠ 완전연소 조성농도(Cst, 화학양론농도)

- 가연성 가스의 조성은 완전연소 조성농도에서 폭발의 위험성이 가장 높아진다.
- 완전연소 조성농도 = $\frac{100}{1+\text{공기몰수}\times\left(a+\frac{b-c-2d}{4}\right)}$이다.

  공기의 몰수는 주로 4.773을 사용하므로

  완전연소 조성농도 = $\frac{100}{1+4.773\left(a+\frac{b-c-2d}{4}\right)}$[vol%]

  로 구한다. 단, a : 탄소, b : 수소, c : 할로겐의 원자수, d : 산소의 원자수이다.
- Jones식에 따라 폭발한계를 추산하면
  폭발하한계 = Cst × 0.55, 폭발상한계 = Cst × 3.50이다.

㉡ 최소산소농도(MOC)

- 연소 시 필요한 산소(O_2)농도 즉,
  산소양론계수 = $a+\frac{b-c-2d}{4}$로 구한다.
- 최소산소농도(MOC) = 산소양론계수 × 연소하한값이다.

97 ① 98 ② 99 ③ 정답

1603

100

Repetitive Learning 1회 2회 3회

금속의 용접·용단 또는 가열에 사용되는 가스 등의 용기를 취급할 때의 준수사항으로 옳지 않은 것은?

① 밸브의 개폐는 서서히 할 것
② 용기의 온도를 섭씨 40도 이하로 유지할 것
③ 운반할 때에는 환기를 위하여 캡을 씌우지 않을 것
④ 용기의 부식·마모 또는 변형상태를 점검한 후 사용할 것

해설

- 운반하는 경우에는 캡을 씌우고 단단하게 묶도록 한다.

가스 등의 용기 관리

㉠ 개요
- 가스용기는 통풍이나 환기가 불충분한 장소, 화기를 사용하는 장소 및 그 부근, 위험물 또는 인화성 액체를 취급하는 장소 및 그 부근에 사용하거나 보관해서는 안 된다.

㉡ 준수사항
- 용기의 온도를 40[℃] 이하로 유지하도록 한다.
- 전도의 위험이 없도록 한다.
- 충격을 가하지 않도록 한다.
- 운반하는 경우에는 캡을 씌우고 단단하게 묶도록 한다.
- 밸브의 개폐는 서서히 하도록 한다.
- 사용 전 또는 사용 중인 용기와 그 밖의 용기를 명확히 구별하여 보관하도록 한다.
- 용기의 부식·마모 또는 변형상태를 점검한 후 사용하도록 한다.
- 용해아세틸렌의 용기는 세워서 보관하도록 한다.

6과목 건설공사 안전관리

101

Repetitive Learning 1회 2회 3회

콘크리트 타설작업을 하는 경우에 준수해야 할 사항으로 옳지 않은 것은?

① 당일의 작업을 시작하기 전에 해당 작업에 관한 거푸집 동바리 등의 변형·변위 및 지반의 침하 유무 등을 점검하고 이상이 있으면 보수할 것
② 작업 중에는 거푸집 동바리 등의 변형·변위 및 침하 유무 등을 감시할 수 있는 감시자를 배치하여 이상이 있으면 작업을 중지하고 근로자를 대피시킬 것
③ 설계도서상의 콘크리트 양생기간을 준수하여 거푸집 동바리 등을 해체할 것
④ 거푸집 붕괴의 위험이 발생할 우려가 있는 때에는 보강조치 없이 즉시 해체할 것

해설

- 콘크리트 타설작업 시 거푸집 붕괴의 위험이 발생할 우려가 있으면 충분한 보강조치를 하여야 한다.

콘크리트의 타설작업 실필 1802/1502

- 당일의 작업을 시작하기 전에 해당 작업에 관한 거푸집 동바리 등의 변형·변위 및 지반의 침하 유무 등을 점검하고 이상이 있으면 보수할 것
- 작업 중에는 거푸집 동바리 등의 변형·변위 및 침하 유무 등을 감시할 수 있는 감시자를 배치하여 이상이 있으면 작업을 중지하고 근로자를 대피시킬 것
- 콘크리트 타설작업 시 거푸집 붕괴의 위험이 발생할 우려가 있으면 충분한 보강조치를 할 것
- 설계도서상의 콘크리트 양생기간을 준수하여 거푸집 동바리 등을 해체할 것
- 콘크리트를 타설하는 경우에는 편심이 발생하지 않도록 골고루 분산하여 타설할 것

2001

102

Repetitive Learning 1회 2회 3회

강관비계의 수직방향 벽이음 조립 간격(m)으로 옳은 것은? (단, 틀비계이며 높이는 10m이다)

① 2m　② 4m
③ 6m　④ 9m

정답 | 100 ③　101 ④　102 ③

해설

- 강관틀비계의 조립 시 벽이음 간격은 수직방향으로 6m, 수평방향으로 8m 이내로 한다.

:: 강관비계 조립 시의 준수사항

- 강관비계의 조립(벽이음) 간격

강관비계의 종류	조립 간격(단위 : m)	
	수직방향	수평방향
단관비계	5	5
틀비계(높이 5m 미만 제외)	6	8

- 강관·통나무 등의 재료를 사용하여 견고한 것으로 할 것
- 인장재(引張材)와 압축재로 구성된 경우에는 인장재와 압축재의 간격을 1m 이내로 할 것

1502 / 2101

103 Repetitive Learning (1회 2회 3회)

안전계수가 4이고 2,000kg/cm^{2}의 인장강도를 갖는 강선의 최대허용응력은?

① 500kg/cm^2
② 1,000kg/cm^2
③ 1,500kg/cm^2
④ 2,000kg/cm^2

해설

- 최대허용응력 = $\frac{\text{인장강도}}{\text{안전계수}}$이므로 $\frac{2,000}{4} = 500$[kg/cm^2]이다.

:: 안전율/안전계수(Safety factor)

- 소재의 파괴강도와 허용되는 응력의 비를 표시한 것이다.
- 안전율은 $\frac{\text{기준강도}}{\text{허용응력}}$ 또는 $\frac{\text{항복강도}}{\text{설계하중}}$, $\frac{\text{파괴하중}}{\text{최대사용하중}}$, $\frac{\text{최대응력}}{\text{허용응력}}$ 등으로 구한다.
- 응력은 단위면적당 부재에 작용하는 힘을 말하며, 허용응력은 단위면적당 재료가 파괴되지 않고 영구적인 변형이 남지 않는 비례한도 범위 내의 응력을 말한다.
- 기준강도는 재료에 손상을 입힌다고 인정되는 강도를 말한다.
- 강도(기준강도)를 통해 재료의 안전율, 구조 등이 결정된다.
- 연성재료에서는 항복점을 기준강도, 인장강도, 기초강도라고도 한다.

2001

104 Repetitive Learning (1회 2회 3회)

다음 중 철골공사 시의 안전작업방법 및 준수사항으로 옳지 않은 것은?

① 10분간의 평균풍속이 초당 10m 이상인 경우는 작업을 중지한다.
② 철골 부재 반입 시 시공순서가 빠른 부재는 상단부에 위치하도록 한다.
③ 구명줄 설치 시 마닐라 로프 직경 10mm를 기준하여 설치하고 작업방법을 충분히 검토하여야 한다.
④ 철골보의 두 곳을 매어 인양시킬 때 와이어로프의 내각은 60° 이하이어야 한다.

해설

- 철골공사 중 구명줄을 설치할 경우에는 한 가닥의 구명줄을 여러 명이 동시에 사용하지 않도록 하여야 하며, 구명줄은 마닐라 로프 직경 16 mm 이상을 기준하여 설치하고, 작업방법을 충분히 검토하여야 한다.

:: 철골공사 시의 안전작업방법

- 10분간의 평균풍속이 초당 10m 이상인 경우는 작업을 중지한다.
- 철골 부재 반입 시 시공순서가 빠른 부재는 상단부에 위치하도록 한다.
- 고소작업에 따른 추락방지를 위하여 내·외부 개구부에는 추락방지용 방망을 설치하고, 작업자는 안전대를 사용하여야 하며, 안전대 사용을 위하여 미리 철골에 안전대 부착설비를 설치해 두어야 한다.
- 구명줄 설치 시 마닐라 로프 직경 16mm를 기준하여 설치하고 작업방법을 충분히 검토하여야 한다.
- 철골보의 두 곳을 매어 인양시킬 때 와이어로프의 내각은 60° 이하이어야 한다.

0303 / 0601 / 0802 / 1302 / 1401 / 1602 / 1603 / 1901

105 Repetitive Learning (1회 2회 3회)

추락방호망 설치 시 그물코의 크기가 10cm인 매듭 있는 방망의 신품에 대한 인장강도 기준으로 옳은 것은?

① 100kgf 이상
② 200kgf 이상
③ 300kgf 이상
④ 400kgf 이상

103 ① 104 ③ 105 ② 정답

해설

- 매듭방망의 인장강도는 신품의 경우 그물코의 크기가 5cm이면 110kg, 10cm이면 200kg 이상이다.

∷ 신품 방망 인장강도

그물코 한변 길이	무매듭방망	매듭방망
10cm	240kg 이상(150kg)	200kg 이상(135kg)
5cm		110kg 이상(60kg)

단, ( )은 폐기기준이다.

0803

106 —— Repetitive Learning 

차량계 하역운반기계의 안전조치사항 중 옳지 않은 것은?

① 최대제한속도가 시속 10km를 초과하는 차량계 건설기계를 사용하여 작업을 하는 경우 미리 작업장소의 지형 및 지반상태 등에 적합한 제한속도를 정하고, 운전자로 하여금 준수하도록 할 것

② 차량계 건설기계의 운전자가 운전위치를 이탈하는 경우 해당 운전자로 하여금 포크 및 버킷 등의 하역장치를 가장 높은 위치에 둘 것

③ 차량계 하역운반기계 등에 화물을 적재하는 경우 하중이 한쪽으로 치우치지 않도록 적재할 것

④ 차량계 건설기계를 사용하여 작업을 하는 경우 승차석이 아닌 위치에 근로자를 탑승시키지 말 것

해설

- 차량계 하역운반기계의 운전자가 운전위치 이탈 시 포크, 버킷, 디퍼 등의 장치는 가장 낮은 위치 또는 지면에 내려 두어야 한다.

∷ 운전위치 이탈 시의 조치 실필 1602

- 포크, 버킷, 디퍼 등의 장치를 가장 낮은 위치 또는 지면에 내려 둘 것
- 원동기를 정지시키고 브레이크를 확실히 거는 등 갑작스러운 주행이나 이탈을 방지하기 위한 조치를 할 것
- 운전석을 이탈하는 경우에는 시동키를 운전대에서 분리시킬 것. 다만, 운전석에 잠금장치를 하는 등 운전자가 아닌 사람이 운전하지 못하도록 조치한 경우에는 그러하지 아니하다.

0503 / 0803 / 1403

107 —— Repetitive Learning 1회 2회 3회

터널공사 시 인화성 가스가 일정 농도 이상으로 상승하는 것을 조기에 파악하기 위하여 설치하는 자동경보장치의 작업 시작 전 점검해야 할 사항이 아닌 것은?

① 계기의 이상 유무

② 발열 여부

③ 검지부의 이상 유무

④ 경보장치의 작동상태

해설

- 터널작업 시 자동경보장치 작업 시작 전 점검사항에는 계기의 이상 유무, 검지부의 이상 유무, 경보장치의 작동상태 등이 있다.

∷ 터널작업 시 자동경보장치 작업 시작 전 점검사항

- 계기의 이상 유무
- 검지부의 이상 유무
- 경보장치의 작동상태

1303

108 

다음은 말비계 조립 시 준수사항이다. ( )에 알맞은 수치는?

> - 지주부재와 수평면의 기울기를 (ⓐ)° 이하로 하고 지주부재와 지주부재 사이를 고정시키는 보조부재를 설치할 것
> - 말비계의 높이가 2m를 초과하는 경우에는 작업발판의 폭을 (ⓑ)cm 이상으로 할 것

① ⓐ 75, ⓑ 30 ② ⓐ 75, ⓑ 40

③ ⓐ 85, ⓑ 30 ④ ⓐ 85, ⓑ 40

해설

- 말비계 조립 시 지주부재와 수평면의 기울기를 75° 이하로 하고, 말비계의 높이가 2m를 초과하는 경우에는 작업발판의 폭을 40cm 이상으로 한다.

∷ 말비계 조립 시 준수사항 실필 2203/1701 실작 2402/2303

- 지주부재(支柱部材)의 하단에는 미끄럼 방지장치를 하고, 근로자가 양측 끝부분에 올라서서 작업하지 않도록 할 것
- 지주부재와 수평면의 기울기를 75° 이하로 하고, 지주부재와 지주부재 사이를 고정시키는 보조부재를 설치할 것
- 말비계의 높이가 2m를 초과하는 경우에는 작업발판의 폭을 40cm 이상으로 할 것

정답 | 106 ② 107 ② 108 ②

1401 / 1802 / 2101

109 Repetitive Learning (1회 2회 3회)

터널 지보공을 조립하거나 변경하는 경우에 조치하여야 하는 사항으로 옳지 않은 것은?

① 목재의 터널 지보공은 그 터널 지보공의 각 부재에 작용하는 긴압 정도를 체크하여 그 정도가 최대한 차이나도록 할 것
② 강(鋼)아치 지보공의 조립은 연결볼트 및 띠장 등을 사용하여 주재 상호 간을 튼튼하게 연결할 것
③ 기둥에는 침하를 방지하기 위하여 받침목을 사용하는 등의 조치를 할 것
④ 주재(主材)를 구성하는 1세트의 부재는 동일 평면 내에 배치할 것

해설

- 목재의 터널 지보공은 그 터널 지보공의 각 부재의 긴압 정도가 균등하게 되도록 하여야 한다.

터널 지보공의 조립 또는 변경 시의 조치사항 실필 2302

- 주재(主材)를 구성하는 1세트의 부재는 동일 평면 내에 배치할 것
- 목재의 터널 지보공은 그 터널 지보공의 각 부재의 긴압 정도가 균등하게 되도록 할 것
- 기둥에는 침하를 방지하기 위하여 받침목을 사용하는 등의 조치를 할 것
- 강아치 지보공 및 목재지주식 지보공 외의 터널 지보공에 대해서는 터널 등의 출입구 부분에 받침대를 설치할 것

구분	준수사항
강(鋼)아치 지보공의 조립 시 준수사항	• 조립간격은 조립도에 따를 것 • 주재가 아치작용을 충분히 할 수 있도록 쐐기를 박는 등 필요한 조치를 할 것 • 연결볼트 및 띠장 등을 사용하여 주재 상호 간을 튼튼하게 연결할 것 • 터널 등의 출입구 부분에는 받침대를 설치할 것 • 낙하물이 근로자에게 위험을 미칠 우려가 있는 경우에는 널판 등을 설치할 것
목재지주식 지보공의 조립 시 준수사항	• 주기둥은 변위를 방지하기 위하여 쐐기 등을 사용하여 지반에 고정시킬 것 • 양끝에는 받침대를 설치할 것 • 터널 등의 목재지주식 지보공에 세로방향의 하중이 걸림으로써 넘어지거나 비틀어질 우려가 있는 경우에는 양끝 외의 부분에도 받침대를 설치할 것 • 부재의 접속부는 꺾쇠 등으로 고정시킬 것

1502 / 1801 / 2202

110 Repetitive Learning (1회 2회 3회)

터널공사에서 발파작업 시 안전대책으로 틀린 것은?

① 발파 전 도화선 연결상태, 저항치 조사 등의 목적으로 도통시험 실시 및 발파기의 작동상태를 사전에 점검
② 동력선은 발원점으로부터 최소 15m 이상 후방으로 옮길 것
③ 지질, 암의 절리 등에 따라 화약량 검토 및 시방기준과 대비하여 안전조치 실시
④ 발파용 점화회선은 타 동력선 및 조명회선과 한곳으로 통합하여 관리

해설

- 발파용 점화회선은 타 동력선 및 조명회선으로부터 분리되어야 한다.

발파작업 시 안전대책

- 지질, 암의 절리 등에 따라 화약량 검토 및 시방기준과 대비하여 안전조치를 실시한다.
- 화약류를 장진하기 전에 모든 동력선 및 활선은 장진기기로부터 분리시키고 조명회선을 포함한 모든 동력선은 발원점으로부터 최소한 15m 이상 후방으로 옮겨 놓도록 하여야 한다.
- 발파 시 안전한 거리 및 위치에서의 대피가 어려울 때에는 전면과 상부를 견고하게 방호한 임시대피장소를 설치하여야 한다.
- 발파용 점화회선은 타 동력선 및 조명회선으로부터 분리되어야 한다.

0402

111 Repetitive Learning (1회 2회 3회)

토질시험 중 연약한 점토지반의 점착력을 판별하기 위하여 실시하는 현장시험은?

① 베인테스트(Vane test)
② 표준관입시험(SPT)
③ 하중재하시험
④ 삼축압축시험

해설

- 10m 이내의 연약한 점토지반의 점착력 조사에는 베인테스트가 주로 사용된다.

베인테스트(Vane test)

- 로드 선단에 +자형 날개(Vane)를 부착한 후 이를 지중에 박아 회전시키면서 점토지반의 점착력을 판별하는 시험이다.
- 10m 이내의 연약한 점토지반의 점착력 조사에 주로 사용된다.
- 전단강도 $= \frac{\text{회전력}}{\text{베인상수}}$으로 구한다.

109 ① 110 ④ 111 ① | 정답

0801 / 1403 / 1803

112

Repetitive Learning 1회 2회 3회

항타기 또는 항발기의 권상장치 드럼축과 권상장치로부터 첫 번째 도르래의 축 간의 거리는 권상장치 드럼 폭의 몇 배 이상으로 하여야 하는가?

① 5배 ② 8배
③ 10배 ④ 15배

해설

- 항타기 또는 항발기의 권상장치의 드럼축과 권상장치로부터 첫 번째 도르래의 축 간의 거리는 권상장치 드럼 폭의 15배 이상으로 하여야 한다.

도르래의 부착 등 실작 1703/1503

- 사업주는 항타기나 항발기에 도르래나 도르래 뭉치를 부착하는 경우에는 부착부가 받는 하중에 의하여 파괴될 우려가 없는 브라켓·샤클 및 와이어로프 등으로 견고하게 부착하여야 한다.
- 사업주는 항타기 또는 항발기의 권상장치의 드럼축과 권상장치로부터 첫 번째 도르래의 축 간의 거리를 권상장치 드럼 폭의 15배 이상으로 하여야 한다.
- 도르래는 권상장치의 드럼 중심을 지나야 하며 축과 수직면상에 있어야 한다.

113

Repetitive Learning 1회 2회 3회

화물을 차량계 하역운반기계 등에 단위화물의 무게가 100킬로그램 이상인 화물을 싣는 작업 또는 내리는 작업을 하는 경우에 해당 작업의 지휘자가 준수하여야 하는 사항에 해당하지 않는 것은?

① 작업순서 및 그 순서마다의 작업방법을 정하고 작업을 지휘할 것
② 기구와 공구를 점검하고 불량품을 제거할 것
③ 가설대 등을 사용하는 경우에는 충분한 폭 및 강도와 적당한 경사를 확보할 것
④ 로프 풀기 작업 또는 덮개 벗기기 작업은 적재함의 화물이 떨어질 위험이 없음을 확인한 후에 하도록 할 것

해설

- 무게가 100kg 이상인 화물을 싣거나 내리는 작업의 지휘자 업무에는 ①, ②, ④ 외에 관계 근로자가 아닌 자의 출입을 금지시키는 일이 있다.

무게가 100kg 이상인 화물을 싣거나 내리는 작업의 지휘자 업무

- 작업순서 및 그 순서마다의 작업방법을 정하고 작업을 지휘할 것
- 기구와 공구를 점검하고 불량품을 제거할 것
- 해당 작업을 하는 장소에 관계 근로자가 아닌 사람이 출입하는 것을 금지할 것
- 로프 풀기 작업 또는 덮개 벗기기 작업은 적재함의 화물이 떨어질 위험이 없음을 확인한 후에 하도록 할 것

1403 / 1502 / 1902

114

Repetitive Learning 1회 2회 3회

다음은 달비계 또는 높이 5m 이상의 비계를 조립·해체하거나 변경하는 작업을 하는 경우의 준수사항이다. 빈칸에 알맞은 숫자는?

> 비계재료의 연결·해체작업을 하는 경우에는 폭 ( )cm 이상의 발판을 설치하고 근로자로 하여금 안전대를 사용하도록 하는 등 추락을 방지하기 위한 조치를 할 것

① 15 ② 20
③ 25 ④ 30

해설

- 비계재료의 연결·해체작업을 하는 경우에는 폭 20cm 이상의 발판을 설치하고 근로자로 하여금 안전대를 사용하도록 하는 등 추락을 방지하기 위한 조치를 하여야 한다.

달비계 또는 높이 5m 이상의 비계 등의 조립·해체 및 변경

- 근로자가 관리감독자의 지휘에 따라 작업하도록 할 것
- 조립·해체 또는 변경의 시기·범위 및 절차를 그 작업에 종사하는 근로자에게 주지시킬 것
- 조립·해체 또는 변경 작업구역에는 해당 작업에 종사하는 근로자가 아닌 사람의 출입을 금지하고 그 내용을 보기 쉬운 장소에 게시할 것
- 비, 눈, 그 밖의 기상상태의 불안정으로 날씨가 몹시 나쁜 경우에는 그 작업을 중지시킬 것
- 비계재료의 연결·해체작업을 하는 경우에는 폭 20cm 이상의 발판을 설치하고 근로자로 하여금 안전대를 사용하도록 하는 등 추락을 방지하기 위한 조치를 할 것
- 재료·기구 또는 공구 등을 올리거나 내리는 경우에는 근로자가 달줄 또는 달포대 등을 사용하게 할 것
- 강관비계 또는 통나무비계를 조립하는 경우에는 쌍줄로 할 것. 다만, 별도의 작업발판을 설치할 수 있는 시설을 갖춘 경우에는 외줄로 할 수 있다.

정답 | 112 ④ 113 ③ 114 ②

1601

115 Repetitive Learning (1회 2회 3회)

크레인을 사용하여 작업을 하는 때 작업 시작 전 점검사항이 아닌 것은?

① 권과방지장치·브레이크·클러치 및 운전장치의 기능
② 방호장치의 이상 유무
③ 와이어로프가 통하고 있는 곳의 상태
④ 주행로의 상측 및 트롤리가 횡행하는 레일의 상태

해설

- 방호장치 기능의 이상 유무는 프레스 등을 사용하여 작업하는 경우 작업 시작 전 점검사항이다.

크레인 작업 시작 전 점검사항 실필 1501 실작 2401/2203/2103

크레인	• 권과방지장치·브레이크·클러치 및 운전장치의 기능 • 주행로의 상측 및 트롤리(Trolley)가 횡행하는 레일의 상태 • 와이어로프가 통하고 있는 곳의 상태
이동식 크레인	• 권과방지장치나 그 밖의 경보장치의 기능 • 브레이크·클러치 및 조종장치의 기능 • 와이어로프가 통하고 있는 곳 및 작업장소의 지반상태

116 Repetitive Learning (1회 2회 3회)

발파구간 인접 구조물에 대한 피해 및 손상을 예방하기 위한 건물기초에서의 허용 진동치로 옳은 것은?(단, 아파트일 경우임)

① 0.2 cm/sec
② 0.3 cm/sec
③ 0.4 cm/sec
④ 0.5 cm/sec

해설

- 주택 및 아파트의 경우 발파 허용 진동치 규제기준은 0.5cm/sec이다.

발파 허용 진동치 규제기준

구분	진동속도 규제기준	
	건물	허용 진동치
건물기초에서의 허용진동치	문화재	0.2[cm/sec]
	주택/아파트	0.5[cm/sec]
	상가(금이 없는 상태)	1.0[cm/sec]
	철근 콘크리트 빌딩 및 상가	1.0~4.0[cm/sec]

0802

117 Repetitive Learning (1회 2회 3회)

다음의 토사붕괴 원인 중 외부의 힘이 작용하여 토사 붕괴가 발생되는 외적 요인이 아닌 것은?

① 사면, 법면의 경사 및 기울기의 증가
② 공사에 의한 진동 및 반복하중의 증가
③ 지표수 및 지하수의 침투에 의한 토사중량의 증가
④ 함수비 증가로 인한 점착력 증가

해설

- 점착력의 감소는 토사붕괴의 내적 요인이 되나 점착력이 증가하는 것은 붕괴의 원인이 될 수 없다.

토사(석)붕괴 원인

내적 요인	• 토석의 강도 저하 • 절토사면의 토질, 암질 및 절리 상태 • 성토사면의 다짐 불량 • 점착력의 감소
외적 요인	• 작업진동 및 반복하중의 증가 • 사면, 법면의 경사 및 기울기의 증가 • 절토 및 성토 높이와 지하수위의 증가 • 지표수·지하수의 침투에 의한 토사중량의 증가 • 지진, 차량, 구조물의 중량과 토사 및 암석의 혼합층 두께의 증가

1003 / 1903

118 Repetitive Learning (1회 2회 3회)

안전난간의 구조 및 설치요건에 대한 기준으로 옳지 않은 것은?

① 상부 난간대는 바닥면·발판 또는 경사로의 표면으로부터 90cm 이상 지점에 설치할 것
② 발끝막이판은 바닥면 등으로부터 10cm 이상의 높이를 유지할 것
③ 난간대는 지름 1.5cm 이상의 금속제 파이프나 그 이상의 강도를 가진 재료일 것
④ 안전난간은 구조적으로 가장 취약한 지점에서 가장 취약한 방향으로 작용하는 100kg 이상의 하중에 견딜 수 있는 튼튼한 구조일 것

115 ② 116 ④ 117 ④ 118 ③ 정답

해설

- 안전난간의 난간대는 지름 2.7cm 이상의 금속제 파이프나 그 이상의 강도가 있는 재료로 한다.

안전난간의 구조 및 설치요건 실필 2103/1703/1301 실작 2402/2303

- 상부 난간대, 중간 난간대, 발끝막이판 및 난간기둥으로 구성할 것. 다만, 중간 난간대, 발끝막이판 및 난간기둥은 이와 비슷한 구조와 성능을 가진 것으로 대체할 수 있다.
- 상부 난간대는 바닥면·발판 또는 경사로의 표면("바닥면 등")으로부터 90cm 이상 지점에 설치하고, 상부 난간대를 120cm 이하에 설치하는 경우에는 중간 난간대는 상부 난간대와 바닥면 등의 중간에 설치하여야 하며, 120cm 이상 지점에 설치하는 경우에는 중간 난간대를 2단 이상으로 균등하게 설치하고 난간의 상하 간격은 60cm 이하가 되도록 할 것. 다만, 난간기둥 간의 간격이 25cm 이하인 경우에는 중간 난간대를 설치하지 않을 수 있다.
- 발끝막이판은 바닥면 등으로부터 10cm 이상의 높이를 유지할 것. 다만, 물체가 떨어지거나 날아올 위험이 없거나 그 위험을 방지할 수 있는 망을 설치하는 등 필요한 예방 조치를 한 장소는 제외한다.
- 난간기둥은 상부 난간대와 중간 난간대를 견고하게 떠받칠 수 있도록 적정한 간격을 유지할 것
- 상부 난간대와 중간 난간대는 난간 길이 전체에 걸쳐 바닥면 등과 평행을 유지할 것
- 난간대는 지름 2.7cm 이상의 금속제 파이프나 그 이상의 강도가 있는 재료일 것
- 안전난간은 구조적으로 가장 취약한 지점에서 가장 취약한 방향으로 작용하는 100kg 이상의 하중에 견딜 수 있는 튼튼한 구조일 것

0302

119

굴착작업 시 굴착 깊이가 최소 몇 m 이상인 경우 사다리, 계단 등 승강설비를 설치하여야 하는가?

① 1.5m ② 2.5m
③ 3.5m ④ 4.5m

해설

- 굴착 깊이가 1.5m 이상인 경우 사다리, 계단 등 승강설비를 설치하여야 한다.

굴착공사 안전작업 지침

- 굴착 깊이가 1.5m 이상인 경우 사다리, 계단 등 승강설비를 설치하여야 한다.
- 굴착 폭은 작업 및 대피가 용이하도록 충분한 넓이를 확보하여야 하며 굴착 깊이가 2m 이상일 경우에는 1m 이상 폭으로 한다.
- 작업 전에 산소농도를 측정하고 산소량은 18% 이상이어야 하며, 발파 후 반드시 환기설비를 작동시켜 가스배출을 한 후 작업을 하여야 한다.
- 시트파일의 설치 시 수직도는 1/100 이내 이어야 한다.
- 토압이 커서 링이 변형될 우려가 있는 경우 스트러트 등으로 보강하여야 한다.
- 굴착 및 링의 설치와 동시에 철사다리를 설치·연장하여야 하며 철사다리는 굴착 바닥면과 접근 높이가 30cm 이내가 되게 하고 버켓의 경로, 전선, 닥트 등이 배치되지 않는 곳에 설치하여야 한다.

1301

120

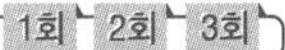

높이 또는 깊이 2m 이상의 추락할 위험이 있는 장소에서 작업을 할 때의 필수 착용 보호구는?

① 보안경
② 방진마스크
③ 방열복
④ 안전대

해설

- 근로자가 추락하거나 넘어질 위험이 있는 장소에는 작업발판, 추락방호망을 설치하고, 설치가 곤란하면 근로자에게 안전대를 착용케 한다.

산업안전보건기준에 따른 추락위험의 방지대책

- 근로자가 추락하거나 넘어질 위험이 있는 장소 또는 기계·설비·선박블록 등에서 작업을 할 때에 근로자가 위험해질 우려가 있는 경우 비계(飛階)를 조립하는 등의 방법으로 작업발판을 설치하여야 한다.
- 작업발판을 설치하기 곤란한 경우 추락방호망을 설치하여야 한다.
- 추락방호망을 설치하기 곤란한 경우에는 근로자에게 안전대를 착용하도록 하는 등 추락위험을 방지하기 위하여 필요한 조치를 하여야 한다.
- 근로자의 추락위험을 방지하기 위하여 안전대나 구명줄을 설치하여야하고, 안전난간을 설치할 수 있는 구조인 경우에는 안전난간을 설치하여야 한다.
- 추락방호망이란 고소작업 중 작업자의 추락 및 물체의 낙하를 방지하기 위하여 수평으로 설치하는 보호망을 말한다.

정답 | 119 ① 120 ④

출제문제 분석 2012년 2회

구분	1과목	2과목	3과목	4과목	5과목	6과목	합계
New 유형	2	4	3	1	4	3	17
New 문제	9	15	7	7	6	6	50
또나온문제	9	3	9	5	9	5	40
자꾸나온문제	2	2	4	8	5	9	30
합계	20	20	20	20	20	20	120

- New유형은 New문제 중 기존 기출문제와 완전히 다른 유형의 문제를 말합니다.
- New문제는 기존에 출제되지 않은 문제로 이번에 처음 출제되는 문제입니다.
- 또나온문제는 기존에 출제된 적이 1번 있는 문제를 말합니다.
- 자꾸나온문제는 기존에 출제된 적이 2번 이상 있는 문제를 말합니다. 그만큼 중요한 문제입니다.

몇 년분의 기출문제를 공부해야 합격할 수 있을까요?

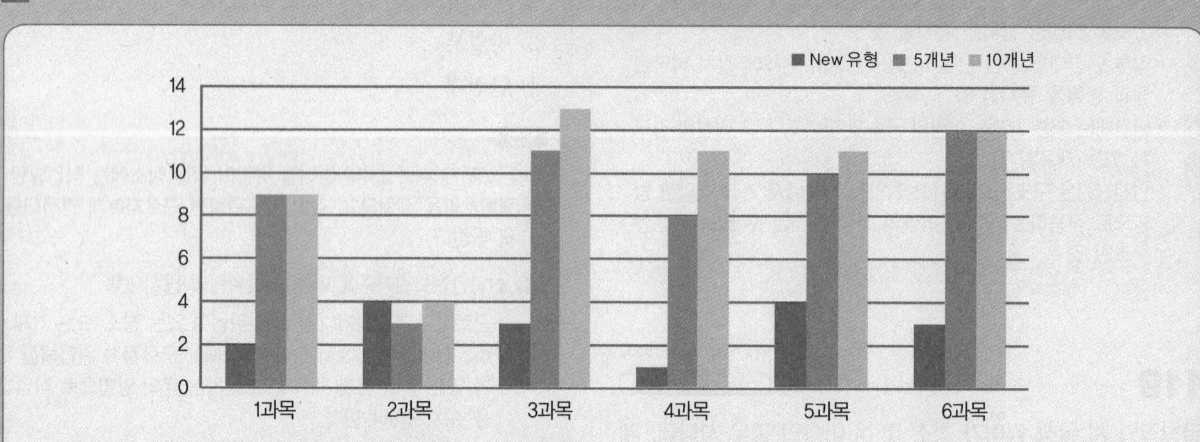

- 완전 새로운 유형의 문제는 17문제이고 103문제가 이미 출제된 문제 혹은 변형문제입니다.
- 5년분(2016~2020) 기출에서 동일문제가 53문항이 출제되었고, 10년분(2011~2020) 기출에서 동일문제가 60문항이 출제되었습니다.

실기에 나왔어요!! 외우세요!!!

실기시험은 필답형과 작업형으로 구분되어 있으며 모두 직접 주관식으로 내용을 적어야 합니다. 필기공부하면서 실기 출제된 내역들은 좀 더 신경써서 암기하실 필요가 있어요. 필기 합격자 발표 난 후 실기시험까지는 5주밖에 여유가 없답니다. 어차피 공부할 것 필기 때 확실하게 해준다면 실기도 단방에 합격할 수 있습니다.

- 총 34개의 해설이 실기 필답형 시험과 연동되어 있습니다.
- 총 4개의 해설이 실기 작업형 시험과 연동되어 있습니다.

분석의견

최근 10년분의 기출문제와 답을 반복암기해서는 합격점수인 72점에서 12점이 부족합니다. 새로운 유형 및 문제가 평균보다 더 많이 출제되었으나 최근 5년분 및 10년분 기출출제비율은 평균보다 높아 수험생의 입장에서는 쉽다고 느낄 수 있는 난이도입니다. 2과목의 기출비중이 과락점수 이하(5년분 3문항, 10년분 4문항)로 2과목에 대한 배경학습이 필요합니다. 합격에 필요한 점수를 획득하기 위해서는 최근 5년분 문제와 핵심이론의 3회독 혹은 최근 10년분 문제와 핵심이론의 2회독 이상의 학습이 필요합니다.

2012년 제2회

2012년 5월 20일 필기

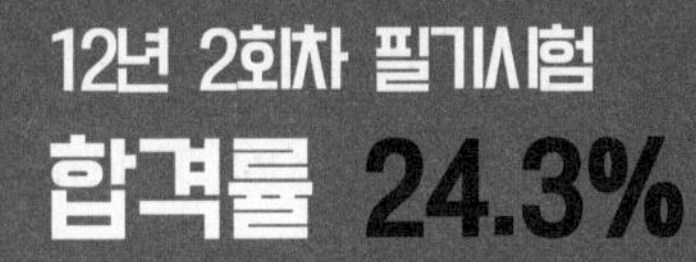

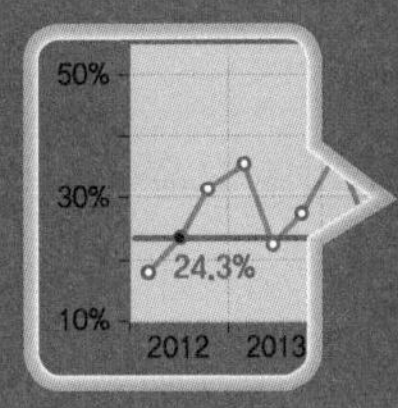

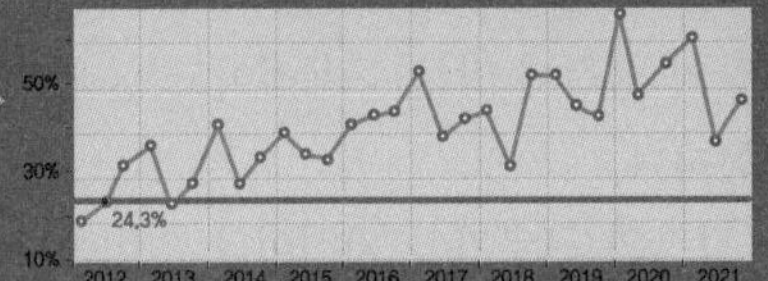

1과목 산업재해 예방 및 안전보건교육

0702

01 Repetitive Learning (1회 2회 3회)

다음 중 무재해 운동을 추진하기 위한 조직의 3기둥으로 볼 수 없는 것은?

① 최고경영층의 엄격한 안전방침 및 자세
② 직장 자주활동의 활성화
③ 전 종업원의 안전요원화
④ 라인화의 철저

해설

- 무재해 운동 추진을 위한 3요소에는 경영자의 자세, 안전활동의 라인화, 자주활동의 활성화가 있다.

무재해 운동의 추진을 위한 3요소

이념	최고경영자의 안전경영자세
실천	안전활동의 라인(Line)화
기법	직장 자주안전활동의 활성화

02 Repetitive Learning (1회 2회 3회)

다음 중 한번 학습한 결과가 다른 학습이나 반응에 영향을 주는 것으로 특히 학습효과를 설명할 때 많이 쓰이는 용어는?

① 학습의 연습 ② 학습곡선
③ 학습의 전이 ④ 망각곡선

해설

- 앞의 학습이 뒤의 학습에 미치는 영향을 학습전이라 한다.

학습전이(Transfer)

㉠ 개요

- 앞에 실시한 학습의 효과가 뒤에 실시하는 새로운 학습에 직접 또는 간접으로 영향을 주는 것을 전이(Transfer)라 한다.
- 학습전이란 교육훈련의 목표가 달성되어 업무성과 및 조직목표에 부합하는 결과를 가져오기 위하여 학습자가 교육훈련을 통해 획득한 지식, 기술, 태도를 업무상황에 활용해야 하는 과정을 말한다.

㉡ 조건

- 학습전이의 조건에는 학습자료의 유사성과 학습자의 지능, 선행학습의 정도, 시간적 간격, 학습자의 태도 등이 있다.

1801

03 Repetitive Learning (1회 2회 3회)

자율검사프로그램을 인정받기 위해 보유하여야 할 검사장비의 이력카드 작성, 교정주기와 방법 설정 및 관리 등의 관리주체는 누구인가?

① 사업주
② 제조자
③ 안전관리대행기관
④ 안전보건관리책임자

해설

- 검사장비의 이력카드 작성, 교정주기와 방법 설정 및 관리 등의 관리주체는 사업주이다.

안전검사

- 사업주는 자율검사프로그램을 인정받기 위해 보유하여야 할 검사장비의 이력카드 작성, 교정주기와 방법 설정, 수시 및 정기적인 점검, 검사장비의 조작·사용방법을 숙지하여야 한다.
- 자율검사프로그램을 인정받기 위해 보유하여야 할 검사장비의 이력카드 작성, 교정주기와 방법 설정 및 관리 등의 관리주체는 사업주이다.

정답 | 01 ③ 02 ③ 03 ①

0802

04

Repetitive Learning (1회 2회 3회)

다음 중 OJT(On the Job Training)의 특징에 대한 설명으로 옳은 것은?

① 직장의 실정에 맞는 구체적이고 실제적인 지도 교육이 가능하다.
② 타 직장의 근로자와 지식이나 경험을 교류할 수 있다.
③ 외부의 전문가를 위촉하여 전문교육을 실시할 수 있다.
④ 다수의 근로자에게 조직적 훈련이 가능하다.

해설

- ②, ③, ④는 모두 Off J.T의 장점에 해당한다.

O.J.T(On the Job Training) 교육

㉠ 개요
- 주로 사업장 내에서 관리감독자가 강사가 되어 실시하는 개별교육을 말한다.
- 일상 업무를 통해 지식과 기능, 문제해결능력을 향상시키는 데 주목적을 갖는다.
- (1단계) 작업의 필요성(Needs)을 느끼게 하고, (2단계) 목표를 설정하며, (3단계) 교육을 실시하고, (4단계) 평가하는 과정을 거친다.

㉡ 장점
- 개개인에 대한 효율적인 지도훈련이 가능하다.
- 직장의 실정에 맞는 실제적 훈련이 가능하다.
- 즉시 업무에 연결될 수 있고, 효과가 즉각적으로 나타나며, 훈련의 좋고 나쁨에 따라 개선이 용이하다.
- 교육을 담당하는 관리감독자(상사)와 부하 간의 의사소통과 신뢰감이 깊어진다.

㉢ 단점
- 전문적인 강사가 아니어서 교육이 원만하지 않을 수 있다.
- 다수의 대상을 한 번에 통일적인 내용 및 수준으로 교육시킬 수 없다.
- 업무와 교육이 병행되는 관계로 훈련에만 전념할 수 없다.

05

Repetitive Learning (1회 2회 3회)

산업안전보건법상 안전보건총괄책임자의 직무에 해당되는 것은?

① 업무수행 내용의 기록・유지
② 근로자를 보호하기 위한 의료행위
③ 작업성 질환 발생의 원인조사 및 대책수립
④ 안전인증대상 기계・기구 등과 자율안전확인대상 기계・기구 등의 사용 여부 확인

해설

- 업무수행 내용의 기록・유지는 안전관리자의 업무이다.
- 근로자를 보호하기 위한 의료행위는 보건관리자의 업무이다.
- 작업성 질환 발생의 원인조사 및 대책수립은 산업보건의의 업무이다.

안전보건총괄책임자의 직무 실필 1901/1202

- 산업재해가 발생할 급박한 위험이 있을 때 또는 중대재해가 발생하였을 경우 작업의 중지 및 재개
- 도급 시 산업재해 예방조치
- 산업안전보건관리비의 관계수급인 간의 사용에 관한 협의・조정 및 그 집행의 감독
- 안전인증대상기계등과 자율안전확인대상기계등의 사용 여부 확인
- 위험성 평가의 실시에 관한 사항

2101

06

Repetitive Learning (1회 2회 3회)

다음 중 하인리히의 재해구성 비율 "1 : 29 : 300"에서 "29"에 해당되는 사고발생 비율로 옳은 것은?

① 8.8%
② 9.8%
③ 10.8%
④ 11.8%

해설

- 하인리히 재해구성 비율은 총 사고 발생건수 330건을 대상으로 분석한 비율이므로 29의 비율은 29/330=0.0878=8.8%이다.

하인리히의 재해구성 비율

- 중상 : 경상 : 무상해사고가 각각 1 : 29 : 300인 재해구성 비율을 말한다.
- 총 사고 발생건수 330건을 대상으로 분석했을 때 중상 1, 경상 29, 무상해사고 300건이 발생했음을 의미한다.

07

Repetitive Learning (1회 2회 3회)

리더십 이론 중 관리 그리드 이론에 있어 대표적인 유형의 설명이 잘못 연결된 것은?

① (1.1) : 무관심형
② (3.3) : 타협형
③ (9.1) : 과업형
④ (1.9) : 인기형

해설

- 타협형은 (5.5)형으로 중도형이라고도 한다.

04 ① 05 ④ 06 ① 07 ② 정답

관리 그리드(Managerial grid) 이론

- Blake & Muton에 의해 정리된 리더십 이론이다.
- 리더의 2가지 관심(인간, 생산에 대한 관심)을 축으로 리더십을 분류하였다.
- 이상(Team)형 리더십이 가장 높은 성과를 보여준다고 주장하였다.
- ( ) 안의 앞은 업무에 대한 관심을, 뒤는 인간관계에 대한 관심을 표현하고 온점()으로 구분한다.

높음(9) ⇑ 인간에 관심 ⇓			
높음(9)	인기형(1.9) (Country club) • 인간에 관심大 • 생산에 무관심		이상형(9.9) (Team) • 인간에 관심大 • 생산에 관심大
⇑ 인간에 관심		중도형(5.5) (Middle of road)	
⇓	무관심형(1.1) (Impoverished) • 인간에 무관심 • 생산에 무관심		과업형(9.1) (Task) • 인간에 무관심 • 생산에 관심大
(1)	⇐ 생산에 관심 ⇒		높음(9)

1902 / 2101 / 2103

08

Repetitive Learning 

다음 중 상황성 누발자의 재해 유발원인과 가장 거리가 먼 것은?

① 작업이 어렵기 때문에
② 기계설비의 결함이 있기 때문에
③ 심신에 근심이 있기 때문에
④ 도덕성이 결여되어 있기 때문에

해설

- 도덕성의 결여와 재해는 큰 관련이 없다.

상황성 누발자

㉠ 개요
- 상황성 누발자란 작업이 어렵거나 설비의 결함, 심신의 근심 때문에 재해를 여러 번 겪은 사람을 말한다.

㉡ 재해 유발원인
- 작업이 어렵기 때문
- 기계설비에 결함이 있기 때문
- 심신에 근심이 있기 때문
- 환경상 주의력의 집중이 곤란하기 때문

09

Repetitive Learning 1회 2회 3회

다음 중 강의법에 대한 설명으로 틀린 것은?

① 많은 내용을 체계적으로 전달할 수 있다.
② 다수를 대상으로 동시에 교육할 수 있다.
③ 전체적인 전망을 제시하는 데 유리하다.
④ 수강자 개개인의 학습 진도를 조절할 수 있다.

해설

- 강의식은 다수의 교육생을 일정에 맞게 교육하는 방법으로 개개인의 학습진도를 조절하기 어렵다.

강의식(Lecture method)

㉠ 개요
- 안전교육방법 중 수업의 도입이나 초기단계에 적용하며, 단시간에 많은 내용을 교육하는 경우에 가장 적절한 방법이다.
- 짧은 교육기간에 많은 인원의 대상에게 비교적 많은 내용을 전달하기 위한 교육방법이다.
- 도입, 제시, 적용, 확인단계 중 제시단계에서 가장 많은 시간이 소요된다.

㉡ 장점
- 적은 시간에 많은 내용을 많은 대상에게 교육시킬 수 있어 다른 방법에 비해 경제적이다.
- 전체적인 교육내용을 제시하거나, 새로운 과업 및 작업단위의 도입단계에 유효하다.
- 교육시간에 대한 조정(계획과 통제)이 용이하다.
- 난해한 문제에 대하여 평이하게 설명이 가능하다.

㉢ 단점
- 상대적으로 피드백이 부족하다. 즉, 피교육생의 참여가 제약된다.
- 교육 대상 집단 내 수준차로 인해 교육의 효과가 감소할 가능성이 있다.
- 참가자의 동기유발이 어렵고 수동적으로 참가하기 쉽다.
- 일방적 교육으로 학습결과의 개별화나 사회화가 어렵다.

1503

10

Repetitive Learning 1회 2회 3회

무재해 운동의 추진기법에 있어 위험예지훈련 제4단계(4라운드) 중 제2단계에 해당하는 것은?

① 본질추구 ② 현상파악
③ 목표설정 ④ 대책수립

해설

- 위험예지훈련 기초 4Round 중 2단계는 위험의 포인트를 결정하여 전원이 지적 확인을 하는 본질을 추구하는 단계이다.

정답 | 08 ④ 09 ④ 10 ①

:: 위험예지훈련 기초 4Round 기법 실필 1503/1902

1Round	현상파악 (사실의 파악단계)	전원이 토의를 통하여 위험요인을 발견하는 단계
2Round	본질추구 (원인탐색단계)	위험의 포인트를 결정하여 전원이 지적 확인을 하는 단계
3Round	대책수립 (대책수립단계)	발견된 위험요인을 극복하기 위한 방법을 제시하는 단계
4Round	목표설정 (행동계획 결정단계)	나온 대책들을 공감하고 팀의 행동목표를 설정하고 지적 확인하는 단계

1601

11 — Repetitive Learning 1회 2회 3회

스태프형 안전조직에 있어서 스태프의 주된 역할이 아닌 것은?

① 실시계획의 추진
② 안전관리 계획안의 작성
③ 정보수집과 주지, 활용
④ 기업의 제도적 기본방침 시달

해설

- 스태프는 안전과 관련된 업무를 담당한다.

:: 참모(Staff)형 조직

㉠ 개요
- 100~1,000명의 근로자가 근무하는 중규모 사업장에 주로 적용한다.
- 안전업무를 관장하는 전문부분인 스태프(Staff)가 안전관리 계획안을 작성하고, 실시계획을 추진하며, 이를 위한 정보의 수집과 주지, 활용하는 역할을 수행하는 조직이다.

㉡ 특징
- 안전지식 및 기술의 축적이 용이하다.
- 경영자에 대한 조언과 자문역할을 한다.
- 안전정보의 수집이 용이하고 빠르다.
- 안전에 관한 명령과 지시와 관련하여 권한 다툼이 일어나기 쉽고, 통제가 복잡하다.

12 — Repetitive Learning 1회 2회 3회

단조로운 업무가 장시간 지속될 때 작업자의 감각기능 및 판단능력이 둔화 또는 마비되는 현상을 무엇이라 하는가?

① 의식의 과잉　　② 망각현상
③ 감각차단현상　　④ 피로현상

해설

- 의식의 과잉이란 돌발사태나 긴급상황이 발생했을 때 순간적으로 긴장되고 의식의 일점집중현상과 관련되는 상황을 말한다.
- 망각현상이란 시간이 지남에 따라 인간의 기억에서 사라지는 현상을 말한다.
- 피로현상은 육체적·정신적 피로에 의해 집중력 저하, 기억력 감퇴, 수면장애, 근골격계 통증 등이 유발되는 상황을 말한다.

:: 감각차단현상

- 단조로운 업무가 장시간 지속될 때 주로 발생한다.
- 작업자의 감각기능 및 판단능력이 둔화 또는 마비되는 현상이다.
- 멍해지는 현상으로 인지과정의 착오를 가져오기 쉽다.

1801

13 — Repetitive Learning

상해정도별 분류에서 의사의 진단으로 일정 기간 정규 노동에 종사할 수 없는 상해에 해당하는 것은?

① 영구 일부노동불능 상해
② 일시 전노동불능 상해
③ 영구 전노동불능 상해
④ 응급조치 상해

해설

- 의사의 진단으로 일정한 기간 노동에 종사할 수 없는 경우는 일시적인 노동불능에 해당한다.

:: 국제노동기구(ILO)의 상해정도별 분류 실필 2203/1602

- 사망 : 안전사고로 사망하거나 혹은 부상의 결과로 사망한 것으로 노동손실일수는 7,500일이다.
- 영구 전노동불능 상해(신체장해등급 1~3급)는 부상의 결과로 인해 노동기능을 완전히 상실한 부상을 말한다. 노동손실일수는 7,500일이다.
- 영구 일부노동불능 상해(신체장해등급 4~14급)는 부상의 결과로 인해 신체 부분 일부가 노동기능을 상실한 부상을 말한다. 노동손실일수는 신체장해등급에 따른 손실일수를 적용한다.

구분	사망	신체장해등급											
		1~3	4	5	6	7	8	9	10	11	12	13	14
근로손실일수	7,500	7,500	5,500	4,000	3,000	2,200	1,500	1,000	600	400	200	100	50

- 일시 전노동불능 상해는 의사의 진단으로 일정기간 정규 노동에 종사할 수 없는 상해로 신체장애가 남지 않는 일반적인 휴업재해를 말한다.
- 일시 일부노동불능 상해는 의사의 진단으로 일정기간 정규 노동에 종사할 수 없으나 휴무상태가 아닌 일시 가벼운 노동에 종사 가능한 상해를 말한다.
- 응급조치 상해는 응급조치 또는 자가 치료(1일 미만) 후 정상작업에 임할 수 있는 상해를 말한다.

11 ④　12 ③　13 ② | 정답

14

산업안전보건법상 사업 내 산업안전·보건 관련 교육과정별 교육시간이 잘못 연결된 것은?

① 일용근로자의 채용 시의 교육 : 2시간 이상
② 일용근로자의 작업내용 변경 시의 교육 : 1시간 이상
③ 사무직 종사 근로자의 정기교육 : 매분기 3시간 이상
④ 관리감독자의 지위에 있는 사람의 정기교육 : 연간 16시간 이상

해설

- 일용근로자의 채용 시의 교육은 1시간 이상이다.

안전·보건 교육시간 기준 실필 1601/1301/1201/1101/1003/0901

교육과정	교육대상		교육시간
정기교육	사무직 종사 근로자		매반기 6시간 이상
	사무직 외의 근로자	판매업무에 직접 종사하는 근로자	매반기 6시간 이상
		판매업무에 직접 종사하는 근로자 외의 근로자	매반기 12시간 이상
	관리감독자		연간 16시간 이상
채용 시의 교육	일용근로자 및 근로계약기간이 1주일 이하인 기간제근로자		1시간 이상
	근로계약기간이 1주일 초과 1개월 이하인 기간제근로자		4시간 이상
	그 밖의 근로자		8시간 이상
작업내용 변경 시의 교육	일용근로자 및 근로계약기간이 1주일 이하인 기간제근로자		1시간 이상
	그 밖의 근로자		2시간 이상
특별교육	일용 및 근로계약기간이 1주일 이하인 기간제근로자	타워크레인 신호업무 제외	2시간 이상
		타워크레인 신호업무	8시간 이상
	일용 및 근로계약기간이 1주일 이하인 기간제근로자 제외 근로자		• 16시간 이상(작업전 4시간, 나머지는 3개월 이내 분할 가능) • 단기간 또는 간헐적 작업인 경우에는 2시간 이상
건설업 기초안전·보건 교육	건설 일용근로자		4시간 이상

0802 / 1701 / 1903

15

인간의 적응기제(適應機制) 중 방어기제로 볼 수 없는 것은?

① 승화　　② 고립
③ 합리화　　④ 보상

해설

- 고립(Isolation)은 대표적인 도피기제의 한 종류이다.

방어기제(Defence mechanism)

- 자기의 욕구불만이나 긴장 등의 약점을 위장하여 자기의 불리한 입장을 보호 또는 방어하려는 기제를 말한다.
- 방어기제에는 합리화(Rationalization), 동일시(Identification), 보상(Compenstion), 투사(Projection), 승화(Sublimation) 등이 있다.

1802

16

산업안전보건법령상 안전·보건표지의 종류 중 다음 안전·보건표지의 명칭은?

① 화물적재금지　　② 차량통행금지
③ 물체이동금지　　④ 화물출입금지

해설

- 그림의 표지는 정리·정돈상태의 물체나 움직여서는 안 되는 물체를 보존하기 위해 필요한 장소에 부착하는 물체이동금지 표지이다.

금지표지 실필 2401/2202/1802/1402

- 정지, 소화설비, 유해행위 금지를 표시할 때 사용된다.
- 흰색(N9.5) 바탕에 빨간색(7.5R 4/14) 기본모형을 사용한다.
- 금연, 출입금지, 보행금지, 차량통행금지, 물체이동금지, 화기금지, 사용금지, 탑승금지 등이 있다.

금연	출입금지	보행금지	차량통행금지
물체이동금지	화기금지	사용금지	탑승금지

1503

17

다음 중 태도교육을 통한 안전태도 형성요령과 가장 거리가 먼 것은?

① 이해한다.　　② 칭찬한다.
③ 모범을 보인다.　　④ 금전적 보상을 한다.

정답 | 14 ① 15 ② 16 ③ 17 ④

해설

- 청취 → 이해 → 모범 → 평가와 권장단계를 거친다.

안전태도교육(안전교육의 제3단계)

㉠ 개요
- 생활지도, 작업동작지도 등을 통한 안전의 습관화를 위한 교육이다.
- 안전한 작업방법을 알고는 있으나 시행하지 않는 사람에게 직장규율, 안전규율 등을 몸에 익히게 하는 교육이다.
- 안전작업에 대한 몸가짐에 관하여 교육하며 면접이 태도교육에 가장 적합한 교육방법이다.
- 보호구 취급과 관리자세의 확립, 안전에 대한 가치관을 형성하는 교육이다.

㉡ 태도교육 4단계
- 청취한다(Hearing).
- 이해 및 납득시킨다(Understand).
- 모범을 보인다(Example).
- 평가하고 권장한다(Evaluation).

0802 / 1501 / 2001

18

Repetitive Learning (1회 2회 3회)

재해 코스트 산정에 있어 시몬즈(R.H. Simonds) 방식에 의한 재해코스트 산정법을 올바르게 나타낸 것은?

① 직접비 + 간접비
② 간접비 + 비보험코스트
③ 보험코스트 + 비보험코스트
④ 보험코스트 + 사업부보상금 지급액

해설

- 시몬즈는 총 재해비용을 보험비용과 비보험비용으로 구분하였다.

시몬즈(Simonds)의 재해코스트 실필 1301

㉠ 개요
- 총 재해비용을 보험비용과 비보험비용으로 구분한다.
- 총 재해코스트 = 보험비용 + 비보험비용 = [보험코스트 + (A × 휴업상해건수) + (B × 통원상해건수) + (C × 응급조치건수) + (D × 무상해사고건수)], 이때 A, B, C, D는 재해의 비보험코스트 평균치이다.
- 사망과 영구 전노동불능 상해의 경우는 비보험코스트에 포함시키지 않고 별도 산정한다.

㉡ 비보험코스트 내역
- 소송관계 비용
- 신규 작업자에 대한 교육훈련비
- 부상자의 직장복귀 후 생산감소로 인한 임금비용
- 재해로 인한 작업중지 임금손실
- 재해로 인한 시간 외 근무 가산임금손실 등

19

Repetitive Learning (1회 2회 3회)

1일 8시간씩 연간 300일을 근무하는 사업장의 연천인율이 7이었다면 도수율은 약 얼마인가?

① 2.41
② 2.92
③ 3.42
④ 4.53

해설

- 1인당 연평균 2,400시간을 근로하는 경우이므로 연천인율 = 도수율 × 2.4가 성립된다. 도수율 = 연천인율/2.4 = 7/2.4 = 2.916이다.

도수율(FR : Frequency Rate of injury)

실필 1902/1701/1601/1303/1203/1201/1102/1003/0903/0902

- 빈도율이라고도 하며, 100만 시간당 재해발생건수를 나타낸다.
- 도수율 = $\frac{\text{연간 재해건수}}{\text{연간 총근로시간}} \times 10^6$으로 구한다.

연천인율 실필 1801/1403/1201/0903/0901

- 1년간 평균근로자 1,000명당 재해자의 수를 나타낸다.
- 연천인율 = $\frac{\text{연간 재해자수}}{\text{연평균 근로자수}} \times 1{,}000$으로 구한다.
- 근로자 1명이 연평균 2,400시간을 일한다는 것을 가정할 때 연천인율은 도수율×2.4로도 구할 수 있다.

20

Repetitive Learning (1회 2회 3회)

다음 중 방독마스크의 종류와 시험가스가 잘못 연결된 것은?

① 할로겐용 : 수소가스(H_2)
② 암모니아용 : 암모니아가스(NH_3)
③ 유기화합물용 : 시클로헥산(C_6H_{12})
④ 시안화수소용 : 시안화수소가스(HCN)

해설

- 할로겐가스용 방독마스크의 시험가스는 염소가스 및 증기를 사용한다.

18 ③ 19 ② 20 ① 정답

:: 방독마스크의 종류와 특징 실필 1703 실작 1601/1503/1502/1103/0801

표기	종류	색상	정화통흡수제	시험가스
C	유기화합물용	갈색	활성탄	시클로헥산, 디메틸에테르, 이소부탄
A	할로겐가스용	회색	소다라임, 활성탄	염소가스, 증기
K	황화수소용	회색	금속염류, 알칼리	황화수소
J	시안화수소용	회색	산화금속, 알칼리	시안화수소
I	아황산가스용	노란색	산화금속, 알칼리	아황산가스
H	암모니아용	녹색	큐프라마이트	암모니아
E	일산화탄소용	적색	호프카라이트, 방습제	일산화탄소

2과목 인간공학 및 위험성 평가 · 관리

21 Repetitive Learning (1회 2회 3회)

다음 중 개선의 ECRS의 원칙에 해당하지 않는 것은?

① 제거(Eliminate) ② 결합(Combine)
③ 재조정(Rearrange) ④ 안전(Safety)

해설

- 안전이 아니라 단순화가 되어야 한다.

:: 작업방법 개선의 ECRS

E	제거(Eliminate)	불필요한 작업요소 제거
C	결합(Combine)	작업요소의 결합
R	재배치(Rearrange)	작업순서의 재배치
S	단순화(Simplify)	작업요소의 단순화

1503

22 Repetitive Learning (1회 2회 3회)

다음 중 시스템 신뢰도에 관한 설명으로 옳지 않은 것은?

① 시스템의 성공적 퍼포먼스를 확률로 나타낸 것이다.
② 각 부품이 동일한 신뢰도를 가질 경우 직렬구조의 신뢰도는 병렬구조에 비해 신뢰도가 낮다.
③ 시스템의 병렬구조는 시스템의 어느 한 부품이 고장 나면 시스템이 고장 나는 구조이다.
④ n중 k구조는 n개의 부품으로 구성된 시스템에서 k개 이상의 부품이 작동하면 시스템이 정상적으로 가동되는 구조이다.

해설

- 시스템의 어느 한 부품이 고장이 나면 시스템이 고장이 나는 구조는 직렬구조이다.

:: 시스템 신뢰도

- 시스템의 성공적 퍼포먼스를 확률로 나타낸 것이다.
- 각 부품이 동일한 신뢰도를 가질 경우 직렬구조의 신뢰도는 병렬구조에 비해 신뢰도가 낮다.
- 시스템의 직렬구조는 시스템의 어느 한 부품이 고장이 나면 시스템이 고장이 나는 구조이다
- 시스템의 병렬구조는 시스템의 어느 한 부품이라도 작동하면 시스템이 작동하는 구조이다
- n중 k구조는 n개의 부품으로 구성된 시스템에서 k개 이상의 부품이 작동하면 시스템이 정상적으로 가동되는 구조이다.

23 Repetitive Learning (1회 2회 3회)

다음 중 기계 또는 설비에 이상이나 오동작이 발생하여도 안전사고를 발생시키지 않도록 2중 또는 3중으로 통제를 가하도록 한 체계에 속하지 않는 것은?

① 다경로 하중구조
② 하중경감구조
③ 교대구조
④ 격리구조

해설

- 페일 세이프는 오류가 발생하였더라도 피해를 최소화하는 설계로 다경로 하중구조, 하중경감구조, 교대구조, 이중구조 등이 있다.

:: 페일 세이프 설계(Fail-safe design)

㉠ 개요

- 오류가 발생하였더라도 피해를 최소화하는 설계를 말한다.
- 과전압이 걸리면 전기를 차단하는 차단기, 퓨즈 등을 설치하여 오류가 재해로 이어지지 않도록 사고를 예방하는 설계 원칙을 말한다.
- 시스템 안전설계 단계 중 위험상태의 최소화 단계에 해당한다.

정답 | 21 ④ 22 ③ 23 ④

Ⓛ 원리

다경로 하중구조 (Redundant structure)	많은 수의 부재로 구성하여 하나의 부재가 파괴되더라도 하중을 분담하는 구조
하중경감구조 (Load dropping structure)	주 부재에 보강재를 추가로 설치하여 주 부재에 균열이 발생하더라도 보강재가 이를 방지하도록 하는 구조
교대구조 (Backup structure)	예비구조를 미리 준비해뒀다가 하중을 담당하는 부재가 파괴되면 예비구조가 이를 대신하여 하중을 담당하는 구조
이중구조 (Double structure)	1개의 큰 부재 대신에 여러 개의 작은 부재를 결합하여 강도를 담당하도록 설계한 구조

24

Repetitive Learning (1회 2회 3회)

다음 FT도에서 정상사상(Top event)이 발생하는 최소 컷셋의 P(T)는 약 얼마인가?(단, 원 안의 수치는 각 사상의 발생확률이다)

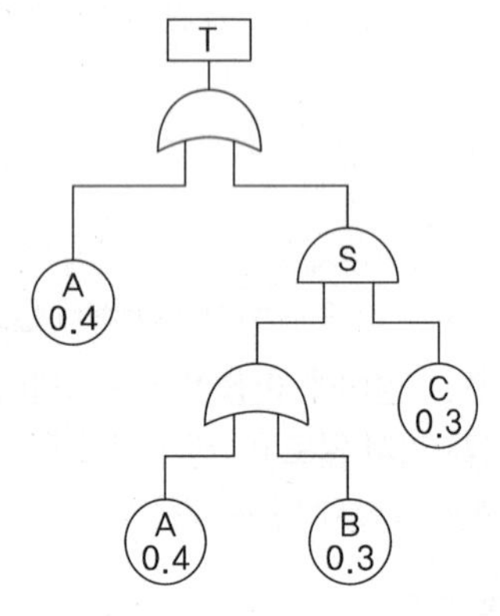

① 0.311 ② 0.454

③ 0.204 ④ 0.928

해설

- S=(A+B)C이므로 T=A + (A+B)C이다.
  T=A + AC + BC =A(1+C) + BC에서 1+C는 1이므로 최소 컷셋은 A+BC가 된다.
- BC는 B와 C의 논리곱이고, P(BC)=0.09이므로 T=1-(1-0.4)(1-0.09)가 된다. T=1-(0.6×0.91)=1-0.546=0.454가 된다.

:: 최소 컷 셋(Minimal cut sets) 실필 2303/1701/0802

- 컷 셋 중에 타 컷 셋을 포함하고 있는 것을 배제하고 남은 컷 셋들을 의미한다.
- 사고에 대한 시스템의 약점을 표현한다.
- 정상사상(Top 사상)을 일으키는 최소한의 집합이다.
- 일반적으로 Fussell algorithm을 이용한다.
- 시스템에서 최소 컷 셋의 개수가 늘어나면 위험수준이 높아진다.

25

Repetitive Learning (1회 2회 3회)

동작경제의 원칙 중 작업장 배치에 관한 원칙에 해당하는 것은?

① 공구의 기능을 결합하여 사용하도록 한다.

② 두 팔의 동작은 동시에 서로 반대방향으로 대칭적으로 움직이도록 한다.

③ 가능하다면 쉽고도 자연스러운 리듬이 작업동작에 생기도록 작업을 배치한다.

④ 공구나 재료는 작업동작이 원활하게 수행되도록 그 위치를 정해준다.

해설

- 공구, 재료 및 제어장치를 작업동작이 원활하게 수행될 수 있는 위치에 두어야 하는 것은 작업장 배치에 관한 원칙이다.

:: 동작경제의 원칙

㉠ 개요

- 작업자가 경제적인 동작을 통해 피로도를 감소시키면서도 능률을 향상시키게 하기 위한 원칙이다.
- 신체 사용의 원칙, 작업장 배치의 원칙, 공구 및 설비 디자인의 원칙으로 분류된다.
- 동작을 가급적 조합하여 하나의 동작으로 한다.
- 동작의 수는 줄이고, 동작의 속도는 적당히 한다.

Ⓛ 원칙의 분류

신체 사용의 원칙	• 두 손의 동작은 동시에 시작해서 동시에 끝나야 한다. • 휴식시간을 제외하고는 양손을 같이 쉬게 해서는 안 된다. • 손의 동작은 유연하고 연속적인 동작이어야 한다. • 동작이 급작스럽게 크게 바뀌는 직선 동작은 피해야 한다. • 두 팔의 동작은 동시에 서로 반대방향으로 대칭적으로 움직이도록 한다.
작업장 배치의 원칙	• 공구나 재료는 작업동작이 원활하게 수행하도록 그 위치를 정해준다. • 공구, 재료 및 제어장치는 사용하기 가까운 곳에 배치해야 한다.
공구 및 설비 디자인의 원칙	• 치구나 족답장치를 이용하여 양손이 다른 일을 할 수 있도록 한다. • 공구의 기능을 결합하여 사용하도록 한다.

24 ② 25 ④ | 정답

0403 / 0801

26 — Repetitive Learning 1회 2회 3회

다음 FTA에서 사용하는 논리기호 중 주어진 시스템의 기본사상(Basic event)을 나타내는 것은?

① 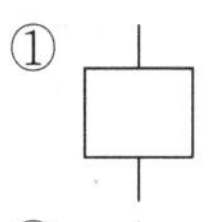

② 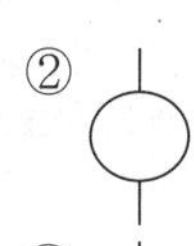

③ 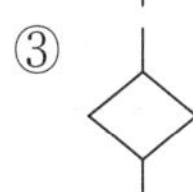

④

해설

- ①은 결함사상, ③은 생략사상, ④는 통상사상이다.

기본사상(Basic event)

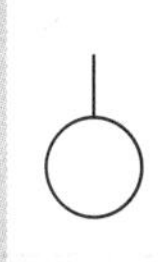	• FT에서는 더 이상 원인을 전개할 수 없는 재해를 일으키는 개별적이고 기본적인 원인들로 기계적 고장, 작업자의 실수 등을 말한다. • 더 이상의 세부적인 분류가 필요 없는 사상을 표시한다.

1401

27 — Repetitive Learning 1회 2회 3회

다음 중 위험조정을 위해 필요한 방법(위험조정기술)과 가장 거리가 먼 것은?

① 위험회피(Avoidance)

② 위험감축(Reduction)

③ 보류(Retention)

④ 위험확인(Confirmation)

해설

- 위험조정 방법에는 크게 회피, 보류, 전가, 감축이 있다.

리스크 통제를 위한 4가지 방법

위험회피(Avoidance)	가장 일반적인 위험조정 기술
위험보류(Retention)	위험에 따른 장래의 손실을 스스로 부담하는 방법으로 충당금이 가장 대표적인 위험보류 방법
위험전가(Transfer)	잠재적인 손실을 보험회사 등에 전가하는 것으로 보험이 가장 대표적인 위험전가 방법
위험감축(Reduction)	손실발생 횟수 및 규모를 축소하는 방법

28 — Repetitive Learning 1회 2회 3회

다음 중 NIOSH lifting guideline에서 권장무게한계(RWL) 산출에 사용되는 평가요소가 아닌 것은?

① 수평거리 ② 수직거리

③ 휴식시간 ④ 비대칭각도

해설

- 휴식시간은 NIOSH의 권장 평균 에너지소비량과 관련된 지수로 권장무게한계와는 관련이 멀다.

NIOSH 들기지수(LI)

- NIOSH의 중량물 취급지수를 말한다.
- 물체의 무게(kg) / RWL(kg)으로 구한다. 이때 RWL은 추천 중량한계로 들기 편한 정도의 값이다.
- RWL = 23kg × HM × VM × DM × AM × FM × CM으로 구한다. (HM은 수평계수, VM은 수직계수, DM은 거리계수, AM은 비대칭성계수, FM은 빈도계수, CM은 결합계수를 의미한다)

0303 / 1601 / 1902 / 2201

29 — Repetitive Learning 1회 2회 3회

어떤 결함수를 분석하여 Minimal cut set을 구한 결과 다음과 같았다. 각 기본사상의 발생확률을 qi, i=1, 2, 3이라 할 때 정상사상의 발생확률함수로 옳은 것은?

$$K_1 = \{1,2\},\ K_2 = \{1,3\},\ K_3 = \{2,3\}$$

① $q_1q_2 + q_1q_2 - q_2q_3$

② $q_1q_2 + q_1q_3 - q_2q_3$

③ $q_1q_2 + q_1q_3 + q_2q_3 - q_1q_2q_3$

④ $q_1q_2 + q_1q_3 + q_2q_3 - 2q_1q_2q_3$

해설

- 최소 컷 셋을 FT로 표시하면 다음과 같다.

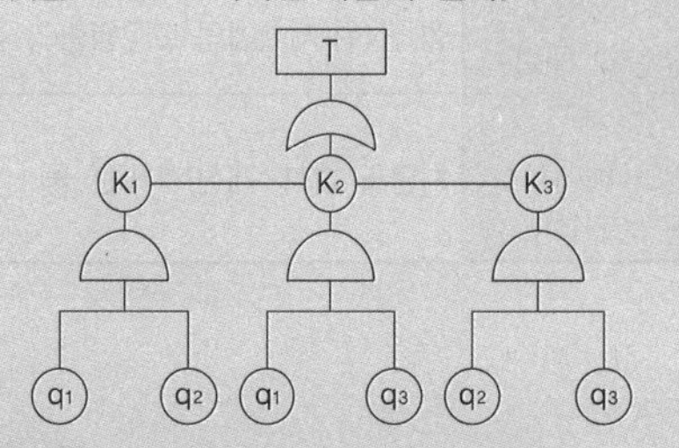

- $K_1 = q_1 \cdot q_2$, $K_2 = q_1 \cdot q_3$, $K_3 = q_2 \cdot q_3$이다.
- T는 이들을 OR로 연결하였으므로 발생확률은 $T = 1-(1-P(K_1))(1-P(K_2))(1-P(K_3))$이 된다.
- $T = 1-(1-q_1q_2)(1-q_1q_3)(1-q_2q_3)$으로 표시된다.

정답 | 26 ② 27 ④ 28 ③ 29 ④

- $(1-q_1q_2)(1-q_1q_3) = 1-q_1q_3-q_1q_2+q_1q_2q_3$이고,
$(1-q_1q_3-q_1q_2+q_1q_2q_3)(1-q_2q_3)$
$=1-q_2q_3-q_1q_3+q_1q_2q_3-q_1q_2+q_1q_2q_3+q_1q_2q_3-q_1q_2q_3$
$=1-q_2q_3-q_1q_3-q_1q_2+2(q_1q_2q_3)$이 되므로 이를 대입하면
$T=1-1+q_2q_3+q_1q_3+q_1q_2-2(q_1q_2q_3)$가 된다.
이는 $T=q_2q_3+q_1q_3+q_1q_2-2(q_1q_2q_3)$로 정리된다.

FT도에서 정상(고장)사상 발생확률 실필 1203/0901

㉠ AND(직렬)연결 시
- 사상 A의 발생확률을 P_A, 사상 B, 사상 C 발생확률을 P_B, P_C라 할 때 $P_A = P_B \times P_C$로 구할 수 있다.

㉡ OR(병렬)연결 시
- 사상 A의 발생확률을 P_A, 사상 B, 사상 C 발생확률을 P_B, P_C라 할 때 $P_A = 1-(1-P_B)\times(1-P_C)$로 구할 수 있다.

30

Repetitive Learning 1회 2회 3회

다음 중 시스템이나 기기의 개발 설계단계에서 FMEA의 표준적인 실시절차에 해당되지 않는 것은?

① 비용 효과 절충 분석
② 시스템 구성의 기본적 파악
③ 상위 체계에의 고장 영향 분석
④ 신뢰도 블록 다이어그램 작성

해설

- FMEA는 시스템에 영향을 미칠 우려가 있는 모든 요소의 고장을 형태별로 해석하여 그 영향을 검토하는 분석방법으로 비용 효과 절충 분석은 절차에 포함되지 않는다.

FMEA 표준적 실시절차

단계	내용
1단계 대상 시스템의 분석	기본방침의 결정, 기능 블록과 신뢰성 블록의 작성, 기기 시스템의 구성 및 기능의 전반적 파악 등
2단계 고장의 유형과 그 영향의 해석	고장 등급의 평가, 고장형태의 예측과 설정, 상위 체계에의 고장영향의 검토 등
3단계 치명도 해석과 개선책의 검토	치명도 해석, 개선책 마련 등

31

Repetitive Learning 1회 2회 3회

다음 중 신체동작의 유형에 관한 설명으로 틀린 것은?

① 내선(Medial rotation) : 몸의 중심선으로의 회전
② 외전(Abduction) : 몸의 중심선으로의 이동
③ 굴곡(Flexion) : 신체 부위 간의 각도의 감소
④ 신전(Extension) : 신체 부위 간의 각도의 증가

해설

- 중심선으로부터 밖으로(외) 이동(전)하는 신체동작은 외전이고, 외부에서부터 중심선으로 이동하는 신체동작은 내전이다. 중심선으로부터 밖으로 회전(선)하는 신체동작은 외선이고, 외부에서부터 중심선으로 회전하는 신체동작은 내선이다.

인체의 동작 유형

유형	설명
내전(Adduction)	신체의 외부에서 중심선으로 이동하는 신체의 움직임
외전(Abduction)	신체 중심선으로부터 밖으로 이동하는 신체의 움직임
굴곡(Flexion)	신체부위 간의 각도가 감소하는 관절동작
신전(Extension)	신체부위 간의 각도가 증가하는 관절동작
내선 (Medial rotation)	신체의 바깥쪽에서 중심선 쪽으로 회전하는 신체의 움직임
외선 (Lateral rotation)	신체의 중심선으로부터 밖으로 회전하는 신체의 움직임

32

Repetitive Learning 1회 2회 3회

다음 중 수공구 설계의 기본원리로 가장 적절하지 않은 것은?

① 손잡이의 단면이 원형을 이루어야 한다.
② 정밀작업을 요하는 손잡이의 직경은 2.5~4cm로 한다.
③ 일반적으로 손잡이의 길이는 95%tile 남성의 손 폭을 기준으로 한다.
④ 동력공구의 손잡이는 두 손가락 이상으로 작동하도록 한다.

해설

- 정밀작업을 요하는 손잡이의 직경은 5~6cm로 한다.

수공구의 일반적인 설계원칙
- 손목은 곧게 유지되도록 설계한다.
- 반복적인 손가락 동작을 피하도록 설계한다.
- 손잡이는 접촉면적을 가능하면 크게 한다.
- 조직에 가해지는 압력을 피하도록 설계한다.
- 공구의 무게를 줄이고 사용 시 무게 균형이 유지되도록 한다.
- 정밀작업용 수공구의 손잡이는 직경 5~12mm가 적당하다.
- 일반적으로 손잡이의 길이는 95%tile 남성의 손 폭을 기준으로 한다.
- 힘을 요하는 수공구의 손잡이는 직경 50~60mm가 적당하다.
- 동력공구의 손잡이는 두 손가락 이상으로 작동하도록 한다.

30 ① 31 ② 32 ② 정답

33

Repetitive Learning (1회 2회 3회)

다음 중 신체의 열교환 과정을 나타내는 공식으로 올바른 것은?(단, △S 는 신체열함량변화, M 은 대사열발생량, W 는 수행한 일, R 은 복사열교환량, C 는 대류열교환량, E 는 증발열발산량을 의미한다)

① △S=(M−W)±R±C−E
② △S=(M+W)±R±C+E
③ △S=(M−W)±R±C±E
④ △S=(M−W)−R−C±E

해설

- 인체의 열교환에서 열을 생산하는 것은 대사, 전도, 대류, 복사이며, 열을 소모하는 것은 증발, 전도, 대류, 복사이다. 전도의 경우는 다른 물체와 접촉을 해야 하므로 대류와 복사가 열생산과 열손실에 모두 관여하여 ±기호를 사용한다.

인체의 열교환

㉠ 경로

복사	한겨울에 햇볕을 쬐면 기온은 차지만 따스함을 느끼는 것
대류	같은 온도에서도 바람이 부느냐 불지 않느냐에 따라 열손실이 달라지는 것
전도	달구어진 옥상 바닥을 손바닥으로 짚을 때 손바닥에 열이 전해지는 것
증발	피부 표면을 통해 인체의 열이 증발하는 것

㉡ 열교환 과정

- S = (M − W) ± R ± C − E
  단, S는 열 축적, M은 대사, W는 일, R은 복사, C는 대류, E는 증발을 의미한다.
- 열교환에 영향을 미치는 요소에는 기온(Temperature), 습기(Humidity), 기류(Air movement) 등이 있다.

34

Repetitive Learning (1회 2회 3회)

다음 중 설비의 고장과 같이 특정 시간 또는 구간에 어떤 사건의 발생확률이 적은 경우 그 사건의 발생횟수를 측정하는 데 가장 적합한 확률분포는?

① 와이블 분포(Weibull distribution)
② 푸아송 분포(Poisson distribution)
③ 지수 분포(Exponential distribution)
④ 이항 분포(Binomial distribution)

해설

- 와이블 분포는 산업현장에서 부품의 수명을 추정하는 데 사용되는 연속확률분포의 한 종류이다.
- 지수 분포는 설비의 시간당 고장률이 일정할 때 이 설비의 고장간격을 측정하는 데 적합하다.
- 이항 분포는 연속된 n번의 독립적 시행에서 각 시행이 확률 p를 가질 때의 이산확률분포로 n이 1일 때의 이항분포를 베르누이분포라고도 한다.

Poisson 분포

- 단위시간 안에 어떤 사건이 몇 번 발생할 것인지를 표현하는 이산확률분포를 말한다.
- 설비의 고장과 같이 특정 시간 또는 구간에 어떤 사건의 발생확률이 적은 경우 그 사건의 발생횟수를 측정하는 데 적합하다.
- 어떤 사건이 발생하는 사건(Arrival time)이 서로 독립적으로 분포하는 지수분포에서 확률변수의 발생과정을 Poisson 과정이라 한다.

35

Repetitive Learning (1회 2회 3회)

불안전한 행동을 유발하는 요인 중 인간의 생리적 요인이 아닌 것은?

① 근력
② 반응시간
③ 감지능력
④ 주의력

해설

- 주의력은 생리적 요인이 아니라 심리적 요인에 해당한다.

불안전한 행동을 유발하는 생리적 요인과 현상

- 불안전한 행동을 유발하는 생리적 요인에는 근력, 반응시간, 감지능력 등이 있다.
- 심박수, 근전도, 뇌전위, 산소소비량, 동공반응, 체액의 화학적 변화 등을 통해 확인할 수 있다.
- 불안전한 행동을 유발하는 생리적 현상에는 육체적 능력의 초과, 신경 계통의 이상, 근육 운동의 부적합, 시력 및 청각의 이상, 극도의 피로 등이 있다.

36

Repetitive Learning (1회 2회 3회)

건습구온도계에서 건구온도가 24℃이고, 습구온도가 20℃일 때 Oxford 지수는 얼마인가?

① 20.6℃
② 21.0℃
③ 23.0℃
④ 23.4℃

정답 | 33 ① 34 ② 35 ④ 36 ①

해설

- 0.85 × 20 + 0.15 × 24 = 17 + 3.6 = 20.6이다.

Oxford 지수

- 습구온도와 건구온도의 가중 평균치로 습건지수라고도 한다.
- Oxford 지수는 0.85 × 습구온도 + 0.15 × 건구온도로 구한다.

1403 / 2001

37 Repetitive Learning (1회 2회 3회)

산업안전보건법령에 따라 유해·위험방지계획서를 제출할 때에는 사업장별로 관련 서류를 첨부하여 해당 작업시작 며칠 전까지 해당 기관에 제출하여야 하는가?

① 7일
② 15일
③ 30일
④ 60일

해설

- 유해·위험방지계획서는 제조업의 경우는 해당 작업 시작 15일 전, 건설업의 경우는 공사의 착공 전날까지 제출한다.

유해·위험방지계획서의 제출 실필 2302/1303/0903

- 제출대상 사업장의 규모는 전기 계약용량이 300kW 이상인 사업장이다.
- 건설물·기계·기구 및 설비 등 일체를 설치·이전하거나 그 주요 구조부분을 변경할 때에는 고용노동부장관(한국산업안전보건공단)에게 유해·위험방지계획서를 2부 제출하여야 한다.
- 제조업의 경우는 해당 작업 시작 15일 전에 제출한다.
- 건설업의 경우는 공사의 착공 전날까지 제출한다.

38 Repetitive Learning (1회 2회 3회)

금속세정 작업장에서 실시하는 안전성 평가단계를 다음과 같이 5가지로 구분할 때 다음 중 4단계에 해당하는 것은?

• 재평가	• 안전대책
• 정량적 평가	• 정성적 평가
• 관계 자료의 작성 준비	

① 안전대책
② 정성적 평가
③ 정량적 평가
④ 재평가

해설

- 정성적 평가는 2단계, 정량적 평가는 3단계, 재평가는 5단계에 해당한다.

안전성 평가 6단계 실필 1703/1303

단계	내용
1단계	관계 자료의 작성 준비
2단계	• 정성적 평가 • 설계(공장의 입지조건, 공장 내 배치)와 운전관계에 대한 평가
3단계	• 정량적 평가 • 취급물질, 용량, 온도, 압력 및 조작을 통한 위험도 평가
4단계	• 안전대책 수립 • 설비대책과 관리적 대책
5단계	재해정보에 의한 재평가
6단계	FTA에 의한 재평가

1602

39 Repetitive Learning (1회 2회 3회)

특정한 목적을 위해 시각적 암호, 부호 및 기호를 의도적으로 사용할 때에 반드시 고려하여야 할 사항과 가장 거리가 먼 것은?

① 검출성
② 판별성
③ 양립성
④ 심각성

해설

- 암호화 시 고려할 사항에는 검출성, 표준화, 변별성, 양립성, 부호의 의미, 다차원의 암호 사용 가능성 등이 있다.

암호화(Coding)

㉠ 개요

- 원래의 신호 정보를 새로운 형태로 변화시켜 표시하는 것을 말한다.
- 형상, 크기, 색채 등을 이용하여 작업자가 기계 및 기구를 쉽게 식별할 수 있도록 암호화한다.

㉡ 암호화 지침

항목	내용
검출성	감지가 쉬워야 한다.
표준화	표준화되어야 한다.
변별성	다른 암호 표시와 구별될 수 있어야 한다.
양립성	인간의 기대와 모순되지 않아야 한다.
부호의 의미	사용자가 그 뜻을 분명히 알 수 있어야 한다.
다차원의 암호 사용 가능	두 가지 이상의 암호 차원을 조합해서 사용하면 정보전달이 촉진된다.

37 ② 38 ① 39 ④ 정답

40

Repetitive Learning (1회 2회 3회)

경보사이렌으로부터 10m 떨어진 음압수준이 140dB이면 100m 떨어진 곳에서 음의 강도는 얼마인가?

① 100dB ② 110dB
③ 120dB ④ 140dB

해설

- $dB_1 = 140$, $P_1 = 10$, $P_2 = 100$를 $dB_2 = dB_1 - 20\log\left(\frac{P_2}{P_1}\right)$에 대입하면 $dB_2 = 140 - 20\log\left(\frac{100}{10}\right)$이다. 140−20=120이다.

음압(Sound pressure)수준 실필 1802
- 음압은 물리적으로 측정한 음의 크기를 말한다.
- 소음원으로부터 P_1만큼 떨어진 위치에서 음압수준이 dB_1일 경우 P_2만큼 떨어진 위치에서의 음압수준은 $dB_2 = dB_1 - 20\log\left(\frac{P_2}{P_1}\right)$로 구한다.
- 소음원으로부터의 거리와 음압수준은 역비례한다.

3과목 기계 · 기구 및 설비 안전관리

0603 / 1401 / 1903 / 2001

41

Repetitive Learning (1회 2회 3회)

다음 중 산업안전보건법령상 승강기의 종류에 해당하지 않는 것은?

① 리프트
② 에스컬레이터
③ 화물용 엘리베이터
④ 승객화물용 엘리베이터

해설

- 리프트는 양중기에는 포함되나 승강기의 종류는 아니다.

승강기

㉠ 개요
- 승강기란 건축물이나 고정된 시설물에 설치되어 일정한 경로에 따라 사람이나 화물을 승강장으로 옮기는 데에 사용되는 설비를 말한다.
- 승강기의 종류에는 승객용, 승객화물용, 화물용, 소형화물용 엘리베이터와 에스컬레이터 등이 있다.

㉡ 승강기의 종류와 특성

구분	특성
승객용 엘리베이터	사람의 운송에 적합하게 제조 · 설치된 엘리베이터이다.
승객화물용 엘리베이터	사람의 운송과 화물 운반을 겸용하는데 적합하게 제조 · 설치된 엘리베이터이다.
화물용 엘리베이터	화물 운반에 적합하게 제조 · 설치된 엘리베이터로 조작자 또는 화물취급자 1명은 탑승가능한 것이다.
소형화물용 엘리베이터	음식물이나 서적 등 소형 화물의 운반에 적합하게 제조 · 설치된 엘리베이터이다.
에스컬레이터	일정한 경사로 또는 수평로를 따라 위 · 아래 또는 옆으로 움직이는 디딤판을 통해 사람이나 화물을 승강장으로 운송시키는 설비이다.

0802 / 1903

42

Repetitive Learning (1회 2회 3회)

연삭기에서 숫돌의 바깥지름이 180mm일 경우 평형플랜지 지름은 몇 mm 이상이어야 하는가?

① 30
② 50
③ 60
④ 90

해설

- 평형플랜지의 지름은 숫돌 직경의 1/3 이상이어야 하므로 숫돌의 바깥지름이 180mm일 경우 평형플랜지는 60mm 이상이어야 한다.

산업안전보건법상의 연삭숫돌 사용 시 안전조치 실필 1303/0802
- 사업주는 회전 중인 연삭숫돌(지름이 5cm 이상인 것)이 근로자에게 위험을 미칠 우려가 있는 경우에 그 부위에 덮개를 설치하여야 한다.
- 사업주는 연삭숫돌을 사용하는 작업의 경우 작업을 시작하기 전에는 1분 이상, 연삭숫돌을 교체한 후에는 3분 이상 시험운전을 하고 해당 기계에 이상이 있는지를 확인하여야 한다.
- 시험운전에 사용하는 연삭숫돌은 작업 시작 전에 결함이 있는지를 확인한 후 사용하여야 한다.
- 사업주는 연삭숫돌의 최고사용회전속도를 초과하여 사용하도록 해서는 아니 된다.
- 사업주는 측면을 사용하는 것을 목적으로 하지 않는 연삭숫돌을 사용하는 경우 측면을 사용하도록 해서는 아니 된다.
- 숫돌 고정장치인 평형플랜지의 직경은 설치하는 숫돌 직경의 1/3 이상, 여윳값은 1.5mm 이상이어야 한다.
- 연삭작업 시 안전을 위해 작업자는 연삭기의 측면에 위치한다.
- 연삭숫돌을 결합할 때는 열로 인한 팽창을 고려하여 축과 0.1 ~0.15mm 정도의 틈새를 둔다.

정답 | 40 ③ 41 ① 42 ③

1502 / 1802

43 Repetitive Learning (1회 2회 3회)

다음 중 산업안전보건법령상 아세틸렌 가스용접장치에 관한 기준으로 틀린 것은?

① 전용의 발생기실은 건물의 최상층에 위치하여야 하며, 화기를 사용하는 설비로부터 1m를 초과하는 장소에 설치하여야 한다.

② 전용의 발생기실을 옥외에 설치한 경우에는 그 개구부를 다른 건축물로부터 1.5m 이상 떨어지도록 하여야 한다.

③ 아세틸렌용접장치를 사용하여 금속의 용접·용단 또는 가열작업을 하는 경우에는 게이지 압력이 127kPa을 초과하는 압력의 아세틸렌을 발생시켜 사용해서는 아니 된다.

④ 전용의 발생기실을 설치하는 경우 벽은 불연성 재료로 하고 철근 콘크리트 또는 그 밖에 이와 동등하거나 그 이상의 강도를 가진 구조로 하여야 한다.

해설

- 발생기실은 건물의 최상층에 위치하여야 하며, 화기를 사용하는 설비로부터 3m를 초과하는 장소에 설치하여야 한다.

아세틸렌용접장치

- 아세틸렌용접장치를 사용하여 금속의 용접·용단 또는 가열작업을 하는 경우에는 게이지 압력이 127kPa을 초과하는 압력의 아세틸렌을 발생시켜 사용해서는 아니 된다.
- 아세틸렌용접장치의 아세틸렌 발생기를 설치하는 경우에는 전용의 발생기실에 설치하여야 한다.
- 발생기실은 건물의 최상층에 위치하여야 하며, 화기를 사용하는 설비로부터 3m를 초과하는 장소에 설치하여야 한다.
- 발생기실을 옥외에 설치한 경우에는 그 개구부가 다른 건축물로부터 1.5m 이상 떨어지도록 하여야 한다.

44 Repetitive Learning (1회 2회 3회)

다음 중 밀링작업의 안전조치에 대한 사항으로 적절하지 않은 것은?

① 절삭 중의 칩 제거는 칩 브레이커로 한다.

② 가공품을 측정할 때에는 기계를 정지시킨다.

③ 일감을 풀어내거나 고정할 때에는 기계를 정지시킨다.

④ 상하, 좌우의 이송 장치의 핸들은 사용 후 풀어놓는다.

해설

- 칩의 제거는 절삭작업이 끝난 후 브러시나 청소용 솔을 사용하여 한다.

밀링머신(Milling machine) 안전수칙

㉠ 작업자 보호구 착용
- 작업 중 면장갑은 끼지 않는다.
- 작업자의 옷소매 등이 커터에 말릴 수 있으므로 주의하고, 묶을 때 끈을 사용하지 않는다.
- 칩의 비산이 많으므로 보안경을 착용한다.

㉡ 커터 관련 안전수칙
- 커터는 될 수 있는 한 컬럼에 가깝게 설치한다.
- 커터를 끼울 때는 아버를 깨끗이 닦는다.
- 커터의 교환 시는 테이블 위에 목재를 받쳐 놓는다.
- 밀링커터는 걸레 등으로 감싸 쥐고 다루도록 한다.
- 절삭 공구에 절삭유를 주유 시에는 커터 위부터 공급한다.

㉢ 기타 안전수칙
- 테이블 위에 공구 등을 올려놓지 않는다.
- 강력절삭 시에는 일감을 바이스에 깊게 물린다.
- 일감의 측정은 기계를 정지한 후에 한다.
- 주축속도의 변속은 반드시 주축의 정지 후에 변환한다.
- 상하, 좌우 이송 손잡이는 사용 후 반드시 빼 둔다.
- 급속이송은 백래시 제거장치가 동작하지 않고 있음을 확인한 다음 행한다.
- 칩의 제거는 절삭작업이 끝난 후 브러시나 청소용 솔을 사용하여 한다.

45 Repetitive Learning (1회 2회 3회)

다음 중 산업용 로봇작업을 수행할 때의 안전조치사항과 가장 거리가 먼 것은?

① 자동운전 중에는 울타리의 출입구에 안전플러그를 사용한 인터록이 작동하여야 한다.

② 액추에이터의 잔압 제거 시에는 사전에 안전블록 등으로 강하방지를 한 후 잔압을 제거한다.

③ 로봇의 교시작업을 수행할 때에는 매니퓰레이터의 속도를 빠르게 한다.

④ 작업개시 전에 외부전선의 피복손상, 비상정지장치를 반드시 검사한다.

해설

- 로봇의 교시작업을 수행할 때에는 매니퓰레이터의 속도에 관한 지침을 정하고 그 지침대로 작업을 해야 한다.

43 ① 44 ① 45 ③ 정답

산업용 로봇에 의한 작업 시 안전조치 실필 1901/1201

- 로봇의 조작방법 및 순서, 작업 중의 매니퓰레이터의 속도 등에 관한 지침에 따라 작업을 하여야 한다.
- 작업에 종사하고 있는 근로자 또는 그 근로자를 감시하는 사람은 이상을 발견하면 즉시 로봇의 운전을 정지시키기 위한 조치를 해야 한다.
- 작업을 하고 있는 동안 로봇의 기동스위치 등에 작업 중이라는 표시를 하는 등 작업에 종사하고 있는 근로자가 아닌 사람이 그 스위치 등을 조작할 수 없도록 필요한 조치를 해야 한다.
- 근로자가 로봇에 부딪칠 위험이 있을 때에는 안전매트 및 1.8m 이상의 울타리를 설치하여야 한다.

46

Repetitive Learning 

다음 중 안전계수를 나타내는 식으로 옳은 것은?

① 허용응력/기초강도
② 최대설계응력/극한강도
③ 안전하중/파단하중
④ 파괴하중/최대사용하중

해설

- 안전율/안전계수는 $\frac{\text{기준강도}}{\text{허용응력}}$ 또는 $\frac{\text{항복강도}}{\text{설계하중}}$, $\frac{\text{파괴하중}}{\text{최대사용하중}}$, $\frac{\text{최대응력}}{\text{허용응력}}$ 등으로 구한다.

안전율/안전계수(Safety factor)

- 소재의 파괴강도와 허용되는 응력의 비를 표시한 것이다.
- 안전율은 $\frac{\text{기준강도}}{\text{허용응력}}$ 또는 $\frac{\text{항복강도}}{\text{설계하중}}$, $\frac{\text{파괴하중}}{\text{최대사용하중}}$, $\frac{\text{최대응력}}{\text{허용응력}}$ 등으로 구한다.
- 응력은 단위면적당 부재에 작용하는 힘을 말하며, 허용응력은 단위면적당 재료가 파괴되지 않고 영구적인 변형이 남지 않는 비례한도 범위 내의 응력을 말한다.
- 기준강도는 재료에 손상을 입힌다고 인정되는 강도를 말한다.
- 강도(기준강도)를 통해 재료의 안전율, 구조 등이 결정된다.
- 연성재료에서는 항복점을 기준강도, 인장강도, 기초강도라고도 한다.

47

Repetitive Learning 1회 2회 3회

[그림]과 같은 프레스의 Punch와 금형의 Die에서 손가락이 Punch와 Die 사이에 들어가지 않도록 할 때 D의 거리로 가장 적절한 것은?

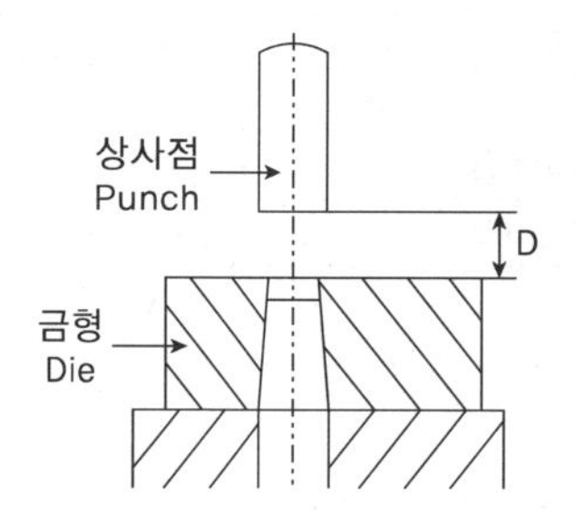

① 8mm 이하　　② 10mm 이상
③ 15mm 이하　　④ 15mm 초과

해설

- 금형의 사이에 작업자의 신체의 일부가 들어가지 않도록 D 부분의 간격이 8mm 이하가 되도록 설치한다.

금형의 안전화와 울

- 금형의 사이에 작업자의 신체의 일부가 들어가지 않도록 상사점과 금형 Die 간의 간격이 8mm 이하가 되도록 설치한다.
- 상사점 위치에 있어서 펀치와 다이, 이동 스트리퍼와 다이, 펀치와 스트리퍼 사이 및 고정 스트리퍼와 다이 등의 간격이 8mm 이하이면 울은 불필요하다.
- 상사점 위치에 있어서 고정 스트리퍼와 다이의 간격이 8mm 이하이더라도 펀치와 고정 스트리퍼 사이가 8mm 이상이면 울을 설치하여야 한다.

1502 / 2001

48

Repetitive Learning 1회 2회 3회

다음 중 설비의 진단방법에 있어 비파괴시험이나 검사에 해당하지 않는 것은?

① 피로시험　　② 음향탐상검사
③ 방사선투과시험　　④ 초음파탐상검사

해설

- 피로시험은 재료의 강도를 측정하는 파괴검사 방법이다.

비파괴검사

㉠ 개요
- 제품 내부의 결함, 용접부의 내부 결함 등을 제품의 파괴 없이 외부에서 검사하는 방법을 말한다.
- 종류에는 누수시험, 누설시험, 음향탐상, 초음파탐상, 자분탐상, 와류탐상, 침투탐상, 방사선투과시험 등이 있다.

정답 | 46 ④　47 ①　48 ①

㉡ 대표적인 비파괴검사

음향탐상검사	손 또는 망치로 타격 진동시켜 발생하는 음을 검사
방사선투과시험	X선의 강도나 노출시간을 조절하여 검사
초음파탐상검사	초음파의 반사(타진)의 원리를 이용하여 검사
자분탐상시험	결함부위의 자극에 자분이 부착되는 것을 이용
와류탐상시험	결함부위 전류흐름의 난조를 이용하여 검사
침투탐상시험	비자성 금속재료의 표면균열검사에 사용

㉢ 특징

- 생산 제품에 손상이 없이 직접 시험이 가능하다.
- 현장시험이 가능하다.
- 시험방법에 따라 설비비가 많이 든다.

49 Repetitive Learning (1회 2회 3회)

다음 중 진동 방지용 재료로 사용되는 공기스프링의 특징으로 틀린 것은?

① 공기량에 따라 스프링 상수의 조절이 가능하다.
② 측면에 대한 강성이 강하다.
③ 공기의 압축성에 의해 감쇠 특성이 크므로 미소 진동의 흡수도 가능하다.
④ 공기탱크 및 압축기 등의 설치로 구조가 복잡하고, 제작비가 비싸다.

해설

- 공기스프링은 측면에 대한 강성이 없다.

:: 공기스프링(Air spring)

㉠ 개요

- 고무로 된 용기 안에 압축공기를 넣어 공기의 탄성을 이용한 스프링이다.
- 보일의 법칙을 활용한 장치이다.

㉡ 특징

- 공기량에 따라 스프링 상수의 조절이 가능하다.
- 측면에 대한 강성은 없다.
- 공기의 압축성에 의해 감쇠 특성이 크므로 미소 진동의 흡수도 가능하다.
- 공기탱크 및 압축기 등의 설치로 구조가 복잡하고, 제작비가 비싸다.

1502

50 Repetitive Learning (1회 2회 3회)

프레스작업 중 부주의로 프레스의 페달을 밟는 것에 대비하여 페달에 설치하는 것을 무엇이라 하는가?

① 클램프 ② 로크너트
③ 커버 ④ 스프링 와셔

해설

- 프레스 또는 전단기(剪斷機)를 사용하여 작업하는 근로자의 신체 일부가 위험한계에 들어가지 않도록 해당 부위에 덮개를 설치하는 등 필요한 방호조치를 하여야 한다.

:: U자형 커버

- 프레스 페달의 부주의 작동으로 인한 사고를 예방하기 위해 페달 위에 설치하는 커버를 말한다.
- 프레스 또는 전단기(剪斷機)를 사용하여 작업하는 근로자의 신체 일부가 위험한계에 들어가지 않도록 해당 부위에 덮개를 설치하는 등 필요한 방호조치를 하여야 한다.

2201

51 Repetitive Learning (1회 2회 3회)

산업안전보건법에 따라 사업주는 근로자가 안전하게 통행할 수 있도록 통로에 얼마 이상의 채광 또는 조명시설을 하여야 하는가?

① 50럭스 ② 75럭스
③ 90럭스 ④ 100럭스

해설

- 산업안전보건법에 의해 통로의 조명은 75럭스 이상이 되어야 한다.

:: 통로의 조명

- 사업주는 근로자가 안전하게 통행할 수 있도록 통로에 75럭스 이상의 채광 또는 조명시설을 하여야 한다.

0302 / 1901

52 Repetitive Learning (1회 2회 3회)

다음 중 소성가공을 열간가공과 냉간가공으로 분류하는 가공온도의 기준은?

① 융해점 온도
② 공석점 온도
③ 공정점 온도
④ 재결정 온도

49 ② 50 ③ 51 ② 52 ④ | 정답

해설

- 가공온도가 재결정 온도에 비해 높으면 열간가공, 낮으면 냉간가공으로 분류한다.

소성가공(Plastic working)

- 소성가공이란 재료가 갖는 소성(Plastic)을 이용하여 재료의 형태를 다양하게 만드는 방법을 말한다.
- 가공온도가 재결정 온도에 비해 높으면 열간가공, 낮으면 냉간가공으로 분류한다.
- 소성가공의 종류에는 단조, 압연, 압출, 신선, 하이드로포밍, 전조가공 등이 있다.

1502

53 Repetitive Learning

광전자식 방호장치의 광선에 신체의 일부가 감지된 후로부터 급정지기구가 작동개시까지의 시간이 40ms이고, 광축의 설치거리가 96mm일 때 급정지기구가 작동개시한 때로부터 프레스기의 슬라이드가 정지될 때까지의 시간은 얼마인가?

① 15ms　② 20ms
③ 25ms　④ 30ms

해설

- 안전거리와 응답시간(신체의 일부가 감지된 후부터 급정지기구가 작동개시까지의 시간)이 40[ms]로 주어졌다. 브레이크의 정지시간을 구해야 하므로 식을 역으로 이용한다.
- 안전거리 96[mm]=1.6×(40[ms] + 브레이크 정지시간)가 되어야 하므로 브레이크 정지시간은 20[ms]이다.

광전자식 방호장치의 안전거리 실필 1601/0902

- 안전거리 D[mm]= 1.6×(응답시간[ms] + 브레이크 정지시간[ms])으로 구한다. 이때, 1.6[m/s]는 인간 손의 기준속도이다.
- 위험 한계까지의 거리가 짧은 200mm 이하의 프레스에는 연속 차광 폭이 작은 30mm 이하의 방호장치를 선택한다.

1901

54

기능의 안전화 방안 중 근원적 안전대책에 해당하는 것은?

① 기계의 이상을 확인하고 급정지시켰다.
② 원활한 작동을 위해 급유를 하였다.
③ 회로를 개선하여 오동작을 방지하도록 하였다.
④ 기계의 볼트 및 너트가 이완되지 않도록 다시 조립하였다.

해설

- 기계의 이상을 확인하고 급정지시키는 것은 기능적 안전화의 1차(소극적) 대책이고, 회로 개선을 통한 오동작 방지는 기능적 안전화의 2차(적극적) 대책에 해당한다.

기능적 안전화 실필 1403/0503

㉠ 개요

- 기계설비 이상 시에 기계를 급정지시키거나 안전장치가 작동되도록 하는 소극적인 대책과 전기회로를 개선하여 오동작을 방지하거나 별도의 안전한 회로에 의해 정상기능을 찾을 수 있도록 하는 적극적인 대책으로 이루어진 안전화를 말한다.

㉡ 특징

- 안전설계와 밀접한 관련을 갖는 기능적 안전화를 위해서는 설계단계에서부터 안전대책을 수립하여야 한다.
- 전압강하 시 기계의 자동정지와 같은 Fail safe 기능이 대표적인 기능적 안전화의 1차(소극적) 대책이다.
- 전기회로 개선을 통한 오동작 방지대책은 기능적 안전화의 2차(적극적) 대책이다.

1503

55 Repetitive Learning 1회 2회 3회

다음 중 포터블 벨트 컨베이어(Potable belt conveyor) 운전 시 준수사항으로 적절하지 않은 것은?

① 공회전하여 기계의 운전상태를 파악한다.
② 정해진 조작스위치를 사용하여야 한다.
③ 운전시작 전 주변 근로자에게 경고하여야 한다.
④ 화물 적치 후 몇 번씩 시동, 정지를 반복 테스트한다.

해설

- 화물 적치 후에 시동, 정지를 반복해서는 안 된다.

포터블 벨트 컨베이어(Potable belt conveyor) 운전 시 준수사항

㉠ 구조 및 방호장치

- 차륜을 고정하여야 한다.
- 차륜 간의 거리는 전도위험이 최소가 되도록 하여야 한다.
- 기복장치에는 붐이 불시에 기복하는 것을 방지하기 위한 장치 및 크랭크의 반동을 방지하기 위한 장치를 설치하여야 한다.
- 포터블 벨트 컨베이어의 충전부에는 절연덮개를 설치하여야 한다.
- 포터블 벨트 컨베이어를 이동하는 경우는 먼저 컨베이어를 최저의 위치로 내리고 전동식의 경우 전원을 차단한 후에 이동한다.

㉡ 작업 시작 전 점검 및 준수사항

- 공회전하여 기계의 운전상태를 파악한다.
- 운전시작 전 주변 근로자에게 경고하여야 한다.

㉢ 작업 중 준수사항

- 정해진 조작스위치를 사용하여야 한다.
- 화물 적치 후에 시동, 정지를 반복해서는 안 된다.
- 기복장치는 포터블 벨트 컨베이어의 옆면에서만 조작하도록 한다.

정답 | 53 ② 54 ③ 55 ④

56 Repetitive Learning (1회 2회 3회)

다음 중 산업안전보건법상 지게차의 헤드가드에 관한 설명으로 틀린 것은?

① 강도의 지게차의 최대하중의 1.5배 값의 등분포정하중(等分布靜河重)에 견딜 수 있을 것
② 상부틀의 각 개구의 폭 또는 길이가 16cm 미만일 것
③ 운전자가 앉아서 조작하는 방식의 지게차의 경우에는 운전자의 좌석 윗면에서 헤드가드의 상부틀 아랫면까지의 높이가 1m 이상일 것
④ 운전자가 서서 조작하는 방식의 지게차의 경우에는 운전석의 바닥면에서 헤드가드의 상부틀 하면까지의 높이가 2m 이상일 것

해설

- 4톤 이하의 지게차에서 헤드가드의 강도는 지게차 최대하중의 2배값(4톤을 초과할 경우 4톤)의 등분포정하중에 견딜 수 있어야 한다.

지게차의 헤드가드 실필 2103/2102/1802/1601/1302/0801

- 헤드가드는 지게차를 이용한 작업 중에 위쪽으로부터 떨어지는 물건에 의한 위험을 방지하기 위하여 운전자의 머리 위쪽에 설치하는 덮개를 말한다.
- 상부 틀의 각 개구의 폭 또는 길이가 16cm 미만일 것
- 4톤 이하의 지게차에서 헤드가드의 강도는 지게차 최대하중의 2배값(4톤을 초과할 경우 4톤)의 등분포정하중에 견딜 수 있을 것
- 운전자가 앉아서 조작하거나 서서 조작하는 지게차의 헤드가드는 한국산업표준에서 정하는 높이 기준 이상일 것(앉는 방식 : 0.903m, 서는 방식 : 1.88m)

1701 / 2001

57

롤러기의 앞면 롤의 지름이 300mm, 분당회전수가 30회일 경우 허용되는 급정지장치의 급정지거리는 약 몇 mm 이내이어야 하는가?

① 37.7	② 31.4
③ 377	④ 314

해설

- 원주속도가 주어지지 않았으므로 원주속도를 먼저 구해야 한다.
- 원주는 $2\pi r$이므로 300×3.14=942mm이고, 원주속도는 (3.14×외경×회전수)/1,000이므로 3.14×300×30/1,000=28.26이다. 원주속도가 30(m/min)보다 작으므로 급정지장치의 급정지거리는 앞면 롤러 원주의 1/3 이내가 되어야 한다.
- 급정지장치의 급정지거리는 942/3=314[mm] 이내이다.

롤러기 급정지장치의 개구부 간격과 급정지거리 실필 1703/1202/1102

- 가드 설치 시 개구부 간격(단위 : mm)

개구부와 위험점 간격 : 160mm 이상	30
개구부와 위험점 간격 : 160mm 미만	6+(0.15×개구부 ~위험점 최단거리)
위험점이 전동체일 경우	6+(0.1×개구부 ~위험점 최단거리)

- 급정지거리

원주속도 : 30m/min 이상	앞면 롤러 원주의 1/2.5
원주속도 : 30m/min 미만	앞면 롤러 원주의 1/3 이내

1303

58 Repetitive Learning (1회 2회 3회)

용해아세틸렌의 가스집합 용접장치의 배관 및 부속기구에는 구리나 구리 함유량이 얼마 이상인 합금을 사용해서는 안 되는가?

① 50%	② 65%
③ 70%	④ 85%

해설

- 용해아세틸렌의 가스집합 용접장치의 배관 및 부속기구는 구리나 구리 함유량이 70% 이상인 합금을 사용해서는 아니 된다.

구리 등의 사용제한

- 용해아세틸렌의 가스집합 용접장치의 배관 및 부속기구는 구리나 구리 함유량이 70% 이상인 합금을 사용해서는 아니 된다.
- 구리 사용제한 이유는 아세틸렌이 구리와 접촉 시 아세틸라이드라는 폭발성 물질이 생성되기 때문이다.

1301

59 Repetitive Learning (1회 2회 3회)

산업안전보건법령에 따라 보일러의 안전한 가동을 위하여 보일러 규격에 맞는 압력방출장치가 2개 이상 설치된 경우에는 최고사용압력 이하에서 1개가 작동되고, 다른 압력방출장치는 얼마 이하에서 작동되도록 부착하여야 하는가?

① 최저사용압력 1.03배
② 최저사용압력 1.05배
③ 최고사용압력 1.03배
④ 최고사용압력 1.05배

56 ① 57 ④ 58 ③ 59 ④ 정답

해설

- 압력방출장치가 2개 이상 설치된 경우에는 최고사용압력 이하에서 1개가 작동되고, 다른 압력방출장치는 최고사용압력 1.05배 이하에서 작동되도록 부착하여야 한다.

압력방출장치 실필 1101/0803

㉠ 개요

- 사업주는 보일러의 안전한 가동을 위하여 보일러 규격에 맞는 압력방출장치를 1개 또는 2개 이상 설치하고 최고사용압력 이하에서 작동되도록 하여야 한다.
- 압력방출장치의 종류에는 중추식, 스프링식, 지렛대식 안전밸브가 있다.
- 스프링식 압력밸브를 사용하는 압력방출장치를 가장 많이 사용한다.

㉡ 설치

- 압력방출장치는 가능한 보일러 동체에 직접 설치한다.
- 압력방출장치가 2개 이상 설치된 경우에는 최고사용압력 이하에서 1개가 작동되고, 다른 압력방출장치는 최고사용압력 1.05배 이하에서 작동되도록 부착하여야 한다.

1501 / 2001

60 Repetitive Learning 

회전축, 커플링에 사용하는 덮개는 다음 중 어떠한 위험점을 방호하기 위한 것인가?

① 협착점　② 접선 물림점
③ 절단점　④ 회전 말림점

해설

- 협착점은 프레스 금형의 조립부위 등에서 주로 발생한다.
- 접선 물림점은 벨트와 풀리, 체인과 체인기어 등에서 주로 발생한다.
- 절단점은 밀링커터, 둥근톱의 톱날, 목공용 띠톱부분 등에서 발생한다.

회전 말림점 실필 1503 실작 1503/1501

㉠ 개요

- 회전하는 드릴기계의 운동부 자체에 작업복 등이 말려들 위험이 존재하는 점을 말한다.
- 방호장치로 덮개를 사용한다.
- 회전축, 나사나 드릴, 커플링 등에서 발생한다.

㉡ 대표적인 회전 말림점

회전 말림점		
회전축	커플링	드릴

4과목 전기설비 안전관리

1802

61 Repetitive Learning 1회 2회 3회

정전작업 시 정전시킨 전로에 잔류전하를 방전할 필요가 있다. 전원차단 이후에도 잔류전하가 남아 있을 가능성이 가장 낮은 것은?

① 방전코일　② 전력케이블
③ 전력용 콘덴서　④ 용량이 큰 부하기기

해설

- 방전코일은 잔류전하를 방전시키는 코일로 잔류전하가 남아 있을 가능성이 가장 낮다.

잔류전하의 방전

㉠ 근거

- 개로된 전로에서 유도전압 또는 전기에너지가 축적되어 근로자에게 전기위험을 끼칠 수 있는 전기기기 등은 접촉하기 전에 잔류전하를 완전히 방전시켜야 한다.

㉡ 개요

- 정전시킨 전로에 전력케이블, 콘덴서, 용량이 큰 부하기기 등이 접속되어 있는 경우에는 전원차단 후에도 여전히 전하가 잔류된다.
- 잔류전하에 의한 감전을 방지하기 위해서 방전코일이나 방전기구 등에 의해서 안전하게 잔류전하를 제거하는 것이 필요하다.
- 방전대상에는 전력케이블, 용량이 큰 부하기기, 역률개선용 전력콘덴서 등이 있다.

0802

62 Repetitive Learning 1회 2회 3회

다음 중 활선 근접작업 시의 안전조치로 적절하지 않은 것은?

① 저압 활선작업 시 노출 충전부분의 방호가 어려운 경우에는 작업자에게 절연용 보호구를 착용토록 한다.
② 고압 활선작업 시는 작업자에게 절연용 보호구를 착용시킨다.
③ 고압선로의 근접작업 시 머리 위로 30[cm], 몸 옆과 발밑으로 50[cm] 이상 접근한계거리를 반드시 유지하여야 한다.
④ 특고압전로에 근접하여 작업 시 감전위험이 없도록 대지와 절연조치가 된 활선작업용 장치를 사용하여야 한다.

정답 | 60 ④ 61 ① 62 ③

해설

- 작업에 종사하는 근로자의 신체 등이 충전전로에 접촉하거나 당해 충전전로에 대하여 머리 위로의 거리가 30cm 이내이거나 신체 또는 발 아래로의 거리가 60cm 이내로 접근함으로 인하여 감전의 우려가 있는 때에는 당해 충전전로에 절연용 방호구를 설치하여야 한다.

고압활선 근접작업

- 고압 충전전로에 근접함으로써 접촉의 우려가 있는 작업을 말한다.
- 접근한계거리 : 머리 위 30cm, 신체/발 아래 60cm 유지
- 절연용 방호구 및 절연용 보호구를 착용한다.

63

Repetitive Learning (1회 2회 3회)

폭발성 가스의 발화온도가 450[℃]를 초과하는 가스의 발화도 등급은?

① G1　② G2
③ G3　④ G4

해설

- 발화온도가 450[℃]를 초과하는 가스의 발화도 등급은 가장 높은 등급으로 G1이고, 노동부고시로는 T1에 해당한다.

폭발성 가스의 발화도(Ignition temperature)

- KSC0906에 의한 분류로, 가스증기 및 분진의 발화온도를 기준으로 발화의 위험성을 분류한 것이다.

발화도	발화온도	가스
G1	450[℃] 초과	아세톤, 암모니아, 일산화탄소, 에탄, 메탄, 벤젠, 수소
G2	300 ~ 450[℃]	에탄올, 부탄, 에틸렌, 아세틸렌
G3	200 ~ 300[℃]	가솔린, 헥산
G4	135 ~ 200[℃]	아세트
G5	100 ~ 135[℃]	이황화탄소
G6	85 ~ 100[℃]	

1602 / 1803

64

Repetitive Learning
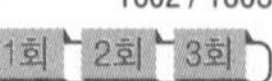

200A의 전류가 흐르는 단상 전로의 한 선에서 누전되는 최소 전류(mA)의 기준은?

① 100　② 200
③ 10　④ 20

해설

- 전류가 200[A]이므로 누설전류는 $200 \times \frac{1}{2,000} = 0.1$[A] 이내여야 한다. 0.1[A]는 100[mA]이다.

누설전류와 누전화재

㉠ 누설전류

- 누설전류는 전류가 정상적으로 흐르지 않고 다른 곳으로 새어버리는 것을 말하며, 누전전류라고도 한다.
- 전선의 노후로 인하여 절연이 나빠져 발생(절연열화)하는데 이를 방지하기 위해 누전차단기를 설치한다.
- 누설전류로 인해 감전 및 화재 등이 발생하고, 전력의 손실이 증가하고, 전자기기의 고장이 발생한다.
- 저압의 전선로 중 절연부분의 전선과 대지 간 및 전선의 심선 상호 간의 절연저항은, 사용전압에 대한 누설전류가 최대공급전류의 2,000분의 1을 넘지 아니하도록 유지하여야 한다.

㉡ 누전화재

- 누전으로 인하여 화재가 발생되기 전에 인체 감전, 전등 밝기의 변화, 빈번한 퓨즈의 용단, 전기사용 기계장치의 오동작 증가 등이 발생한다.
- 누전사고가 발생될 수 있는 취약 개소에는 비닐전선을 고정하는 지지용 스테이플, 정원 연못 조명등의 전원공급용 지하매설 전선류, 분기회로 접속점이 나선으로 발열이 쉽도록 유지되는 곳 등이 있다.

0503

65

Repetitive Learning (1회 2회 3회)

정전작업 안전을 확보하기 위하여 접지용구의 설치 및 철거에 대한 설명 중 잘못된 것은?

① 접지용구 설치 전에 개폐기의 개방 확인 및 검전기 등으로 충전 여부를 확인한다.
② 접지설치 요령은 먼저 접지측 금구에 접지선을 접속하고 금구를 기기나 전선에 확실히 부착한다.
③ 접지용구 취급은 작업책임자의 책임하에 행하여야 한다.
④ 접지용구의 철거는 설치순서와 동일하게 한다.

해설

- 단락접지는 먼저 접지측을 접속한 다음 전선측을 접속하는 순서로 하며, 이를 제거할 때에는 설치순서와 반대로 단락접지장치를 분리시킨다.

단락접지 시 주의사항

- 접지저항은 가능한 한 작아야 하며, 단락접지기구는 단락 시 용단되지 않도록 충분한 전류용량을 가진 것을 사용한다.
- 대지에 접지봉을 매설할 때에는 수분이 많은 장소를 선택하여 접지저항이 충분히 작도록 한다.
- 저압선과 고압선이 병가되어 있는 때에는 저압접지선을 이용하여 접지하는 방법을 고려할 수 있다.
- 단락접지를 한 지점은 누구나 용이하게 알 수 있도록 접지표지를 부착하도록 한다.

63 ① 64 ① 65 ④ | 정답

- 단락접지를 할 경우에는 접지선이 접속된 철물(고리)을 고압 선 한 상에 접속하고 각 상 간을 단락시킨다.
- 단락접지는 먼저 접지측을 접속한 다음 전선측을 접속하는 순서로 하며, 이를 제거할 때에는 설치순서와 반대로 단락접지 장치를 분리시킨다.

66 ─── Repetitive Learning (1회 2회 3회)

저압 충전부에 인체가 접촉할 때 전격으로 인한 재해사고 중 1차적인 인자로 볼 수 없는 것은?

① 통전전류　　② 통전경로
③ 인가전압　　④ 통전시간

해설

- 감전위험에 영향을 주는 1차적인 요소에는 통전전류의 크기, 통전경로, 통전시간, 통전전원의 종류와 질이 있다.

∷ 감전위험에 영향을 주는 요인과 위험도

- 감전위험에 영향을 주는 1차적인 요소에는 통전전류의 크기, 통전경로, 통전시간, 통전전원의 종류와 질이 있다.
- 감전위험에 영향을 주는 2차적인 요소에는 인체의 조건, 주변 환경 등이 있다.
- 위험도는 통전전류의 크기 > 통전경로 > 통전시간 > 전원의 종류(교류 > 직류) > 주파수 및 파형 순이다.

0403 / 0603 / 1502

67 ─── Repetitive Learning

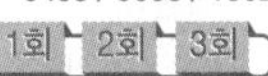

전선로 등에서 아크 화상사고 시 전선이나 개폐기 터미널 등의 금속 분자가 고열로 용융되어 피부 속으로 녹아 들어가는 현상은?

① 피부의 광성변화　　② 전문
③ 표피박탈　　④ 전류반점

해설

- 피부의 광성변화란 감전사고 시 전선로의 선간단락 또는 지락사고로 인해 전선이나 단자 등의 금속 분자가 가열·용융되어 작업자의 피부 속으로 녹아 들어가 국지적으로 화상을 입는 현상을 말한다.

∷ 피부의 광성변화

- 전선로 등에서 아크 화상사고 시 전선이나 개폐기 터미널 등의 금속 분자가 고열로 용융되어 피부 속으로 녹아 들어가는 현상을 말한다.
- 감전사고 시 전선로의 선간단락 또는 지락사고로 인해 전선이나 단자 등의 금속 분자가 가열·용융되어 작업자의 피부 속으로 녹아 들어가 국지적으로 화상을 입는 현상을 말한다.

68 ─── Repetitive Learning (1회 2회 3회)

정전기의 소멸과 완화시간의 설명 중 옳지 않는 것은?

① 정전기가 축적되었다가 소멸되는데 처음 값의 63.8[%]로 감소되는 시간을 완화시간이라 한다.
② 완화시간은 대전체 저항×정전용량=고유저항×유전율로 정해진다.
③ 고유저항 또는 유전율이 큰 물질일수록 대전상태가 오래 지속된다.
④ 일반적으로 완화시간은 영전위 소요시간의 1/4~1/5 정도이다.

해설

- 정전기의 완화시간이란 정전기가 축적되었다가 소멸되는 과정에서 처음 값의 36.8[%]의 비율로 감소되는 데 걸리는 시간을 말한다.

∷ 정전기 완화시간

- 정전기의 완화시간이란 정전기가 축적되었다가 소멸되는 과정에서 처음 값의 36.8[%]의 비율로 감소되는 데 걸리는 시간으로 시정수(Time constant)라고도 한다.
- 정전기의 완화시간은 대전체 저항×정전용량=고유저항×유전율로 정해진다.
- 고유저항 또는 유전율이 큰 물질일수록 대전상태가 오래 지속된다.
- 일반적으로 완화시간은 영전위 소요시간의 1/4~1/5 정도이다.

1903

69 ─── Repetitive Learning

정전기의 유동대전에 가장 크게 영향을 미치는 요인은?

① 액체의 밀도　　② 액체의 유동속도
③ 액체의 접촉면적　　④ 액체의 분출온도

해설

- 유동대전에 가장 큰 영향을 미치는 요인은 유체의 속도이기 때문에 위험물의 배관유속을 엄격히 제한하고 있다.

∷ 유동대전

㉠ 개요
- 액체류를 파이프 등으로 수송할 때 액체가 파이프 등의 고체류와 접촉하면서 서로 대전되는 현상이다.
- 파이프 속에 저항이 높은 액체가 흐를 때 발생한다.

㉡ 특징
- 액체의 흐름이 정전기 발생에 영향을 준다.
- 유동대전에 가장 큰 영향을 미치는 요인은 유체의 속도이기 때문에 위험물의 배관유속을 엄격히 제한하고 있다.

정답 | 66 ③ 67 ① 68 ① 69 ②

2201

70 Repetitive Learning (1회 2회 3회)

어떤 부도체에서 정전용량이 10[pF]이고, 전압이 5,000[V]일 때 전하량은?

① 2×10^{-14}[C] ② 2×10^{-8}[C]
③ 5×10^{-8}[C] ④ 5×10^{-2}[C]

해설

- 정전용량(10pF)과 전압(5kV)이 주어진 상태에서 전하량을 구하는 문제이다.
- $Q=CV$ 이므로 대입하면 $10\times10^{-12}\times5\times10^{3}=5\times10^{-8}$[C]이다.

전하량과 정전에너지

㉠ 전하량
- 평행한 축전기의 두 극판 사이의 거리가 일정할 때 양 극단에 걸린 전압 V가 클수록 더 많은 전하량 Q가 대전되게 된다.
- 전기용량(C)은 단위전압(V)당 물체가 저장하거나 물체에서 분리하는 전하의 양(Q)으로 $C=\frac{Q}{V}$로 구한다.

㉡ 정전에너지
- 물체에 정전기가 대전하면 축적되는 에너지 혹은 콘덴서에 전압을 가할 경우 축적되는 에너지를 말한다.
- $W=\frac{1}{2}CV^2=\frac{1}{2}QV=\frac{Q^2}{2C}$[J]로 구할 수 있다.
  이때 C는 정전용량[F], V는 전압[V], Q는 전하[C]이다.

1503

71 Repetitive Learning (1회 2회 3회)

내측원통의 반경이 r이고 외측원통의 반경이 R인 원통간극 (r/R-1(=0.368))에서 인가전압이 V인 경우 최대전계 $E_r=\frac{V}{r\ln(R/r)}$이다. 인가전압을 간극 간 공기의 절연파괴전압 전까지 낮은 전압에서 서서히 증가할 때의 설명으로 틀린 것은?

① 최대전계가 감소한다.
② 안정된 코로나 방전이 존재할 수 있다.
③ 외측원통의 반경이 증대되는 효과가 있다.
④ 내측원통 표면부터 코로나 방전 발생이 시작된다.

해설

- 절연내력시험을 하는 중에 최대전계가 감소하고, 임계점에 이르게 되면 내측원통 표면부터 코로나 방전이 발생된다. 아울러 안정된 코로나 방전이 존재할 수 있다.

절연파괴전압
- 절연체에 전압을 가한 후 점차 증가시키면 일정한 크기의 전압에서 갑자기 절연체에 불꽃방전이 일어나고 그 부분이 절연성을 잃고 큰 전류가 흐르게 되는 현상이 발생할 때의 전압을 말한다.
- 절연내력시험을 하는 중에 최대전계가 감소하고, 임계점에 이르게 되면 내측원통 표면부터 코로나 방전이 발생된다. 아울러 안정된 코로나 방전이 존재할 수 있다.

1002 / 1902

72 Repetitive Learning (1회 2회 3회)

폭발성 가스가 있는 위험장소에서 사용할 수 있는 전기설비의 방폭구조로서 내부에서 폭발하더라도 틈의 냉각효과로 인하여 외부의 폭발성 가스에 착화될 우려가 없는 방폭구조는?

① 내압방폭구조 ② 유입방폭구조
③ 안전증방폭구조 ④ 본질안전방폭구조

해설

- 유입방폭구조는 전기불꽃, 아크 또는 고온이 발생하는 부분을 기름 속에 넣고, 기름면 위에 존재하는 폭발성 가스 또는 증기에 인화되지 않도록 한 구조를 말한다.
- 안전증방폭구조는 정상적인 운전 중에 불꽃, 아크, 또는 과열이 생겨서는 안 될 부분에 대하여 이를 방지하거나 또는 온도상승을 제한하기 위하여 전기안전도를 증가시킨 방폭구조이다.
- 본질안전방폭구조는 폭발분위기에 노출되어 있는 기계·기구 내의 전기에너지, 권선 상호접속에 의한 전기불꽃 또는 열 영향을 점화에너지 이하의 수준까지 제한하는 것을 기반으로 하는 방폭구조를 말한다.

내압방폭구조(EX d)

㉠ 개요
- 전폐형의 구조를 하고 있다.
- 방폭전기설비의 용기 내부에서 폭발성 가스 또는 증기가 폭발하였을 때 용기가 그 압력에 견디고 접합면이나 개구부를 통해서 외부의 폭발성 가스나 증기에 인화되지 않도록 한 방폭구조를 말한다.
- 외부의 폭발성 가스가 내부로 침입해서 폭발하였을 때 고열가스나 화염을 간극(Safe gap)을 통하여 서서히 방출시킴으로써 폭발화염이 외부로 전파되지 않으면서 냉각되는 방폭구조를 말한다.

㉡ 필요충분조건
- 폭발화염이 외부로 유출되지 않을 것
- 내부에서 폭발한 경우 그 압력에 견딜 것
- 외함의 표면온도가 외부의 폭발성 가스를 점화하지 않을 것

70 ③ 71 ③ 72 ① 정답

0403 / 0601 / 1003

73

Repetitive Learning 1회 2회 3회

교류 아크용접기의 자동전격방지장치는 무부하 시의 2차측 전압을 저전압으로 1.5초 안에 낮추어 작업자의 감전 위험을 방지하는 자동 전기적 방호장치이다. 피용접재에 접속되는 접지공사와 자동전격방지장치의 주요 구성품은?

① 1종 접지공사와 변류기, 절연변압기, 제어장치, 전압계
② 2종 접지공사와 절연변압기, 제어장치, 변류기, 전류계
③ 3종 접지공사와 보조변압기, 주회로변압기, 전압계
④ 3종 접지공사와 보조변압기, 주회로변압기, 제어장치

해설

- 교류 아크용접기는 보조변압기와 주회로를 제어하는 제어장치로 구성되며, 용접기 외함 및 피용접재에 접속되는 접지공사는 3종 접지공사를 실시한다.

자동전격방지장치 실필 1002

㉠ 개요
- 용접작업을 정지하는 순간(1초 이내) 자동적으로 접촉하여도 감전재해가 발생하지 않는 정도로 용접봉 홀더의 출력측 2차 전압을 저하(25V)시키는 장치이다.
- 용접작업을 정지하는 순간에 작동하여 다음 아크 발생 시까지 기능한다.
- 주회로를 제어하는 장치와 보조변압기로 구성된다.

㉡ 설치
- 용접기 외함 및 피용접물은 제3종 접지공사를 실시한다.
- 자동전격방지장치 설치 장소는 선박의 이중 선체 내부, 밸러스트(Ballast) 탱크, 보일러 내부 등 도전체에 둘러싸인 장소, 추락할 위험이 있는 높이 2m 이상의 장소로 철골 등 도전성이 높은 물체에 근로자가 접촉할 우려가 있는 장소, 물·땀 등으로 인하여 도전성이 높은 습윤 상태에서 근로자가 작업하는 장소 등이다.

0302 / 0402 / 0703 / 0802 / 1403

74

Repetitive Learning 1회 2회 3회

인체의 저항을 500Ω이라 하면, 심실세동을 일으키는 정현파 교류에 있어서의 에너지적인 위험한계는 어느 정도인가?

① 6.5 ~ 17.0 [J]
② 15.0 ~ 25.5 [J]
③ 20.5 ~ 30.5 [J]
④ 31.5 ~ 38.5 [J]

해설

- 통전시간이 1초, 인체의 전기저항 값이 500Ω이라고 할 때 심실세동을 일으키는 전류에서의 전기에너지는 13.612[J]이다.

심실세동 한계전류와 전기에너지 실필 2303/2101/1403/1401/1202

- 심장의 맥동에 영향을 주어 혈액 순환이 곤란하게 되고 끝내는 심장 기능을 잃게 되는 치사적 전류를 심실세동전류라 한다.
- 감전자 1천명 중 5명 이상 심실세동을 일으키는 감전시간과 위험전류와의 관계에서 심실세동 한계전류 I는 $\frac{165}{\sqrt{T}}$[mA]이고, T는 통전시간이다.
- 인체의 접촉저항을 500Ω으로 할 때 심실세동을 일으키는 전류에서의 전기에너지는 $W = I^2Rt = \left(\frac{165 \times 10^{-3}}{\sqrt{T}}\right)^2 \times R \times T$ $= (165 \times 10^{-3})^2 \times 500 = 13.612$[J]가 된다.

2102

75

Repetitive Learning 1회 2회 3회

정전기 방지대책 중 틀린 것은?

① 대전서열이 가급적 먼 것으로 구성한다.
② 카본 블랙을 도포하여 도전성을 부여한다.
③ 유속을 저감시킨다.
④ 도전성 재료를 도포하여 대전을 감소시킨다.

해설

- 대전서열이 멀어질수록 정전기 발생량이 많아진다.

정전기 발생에 영향을 주는 요인

㉠ 개요
- 정전기 발생에 영향을 주는 요인에는 물체의 표면상태, 물질의 분리속도와 특성, 대전이력, 접촉면적 및 압력 등이 있다.

㉡ 정전기 발생 요인

요인	내용
물질의 표면상태	물질 표면의 거칠기나 오염도가 높을수록 정전기 발생량이 많아진다.
물질의 분리속도	물질의 분리속도가 빠를수록 정전기 발생량이 많아진다.
물질의 접촉면적 및 압력	접촉면적이 넓을수록, 접촉압력이 클수록 정전기 발생량이 많아진다.
물질의 특성	대전서열이 멀어질수록 정전기 발생량이 많아진다.
물질의 대전이력	정전기 발생량은 처음 대전될 때가 가장 많고 발생횟수가 반복할수록 감소한다.

정답 | 73 ④ 74 ① 75 ①

0303 / 1501

76 ── Repetitive Learning (1회 2회 3회)

가공 송전선로에서 낙뢰의 직격을 받았을 때 발생하는 낙뢰전압이나 개폐서지 등과 같은 이상 고전압을 일반적으로 충격파라 부르는데 이러한 충격파는 어떻게 표시하는가?

① 파두시간×파미부분에서 파고치의 63[%]로 감소할 때까지의 시간
② 파두시간×파미부분에서 파고치의 50[%]로 감소할 때까지의 시간
③ 파두시간×파미부분에서 파고치의 37[%]로 감소할 때까지의 시간
④ 파두시간×파미부분에서 파고치의 10[%]로 감소할 때까지의 시간

해설

• 뇌충격전압파형의 표시방법은 파두시간×파미부분에서 파고치의 50[%]로 감소할 때까지의 시간이다.

뇌충격전압파형

㉠ 개요
- 충격파의 표시방법은 파두시간×파미부분에서 파고치의 50[%]로 감소할 때까지의 시간이다.
- 파두장은 전압이 정점(파고점)까지 걸리는 시간을 말한다.
- 파미장은 파고점에서 파고점의 1/2전압까지 내려오는 데 걸리는 시간을 말한다.
- 충격전압시험 시의 표준충격파형을 1.2×50[㎲]로 나타내는데 이는 파두시간이 1.2[㎲], 파미시간이 50[㎲]가 소요된다는 의미이다.

㉡ 과도전류에 대한 감지한계와 파두장과의 관계
- 과도전류에 대한 감지한계는 파두장이 길면 감지전류는 감소한다.

파두장[㎲]	전류파고치[mA]
7×100	40 이하
5×65	60 이하
2×30	90 이하

77 ── Repetitive Learning (1회 2회 3회)

제전기의 종류가 아닌 것은?

① 전압인가식 제전기 ② 정전식 제전기
③ 이온식 제전기 ④ 자기방전식 제전기

해설

• 제전기의 종류에는 전압인가식, 자기방전식, 방사선식(이온식)이 있다.

제전기

㉠ 개요
- 정전기 재해를 예방하기 위해 설치하는 제전기의 제전효율은 설치 시 90[%] 이상이 되어야 한다.
- 정전기의 발생원으로부터 5~20cm 정도 떨어진 장소에 설치하는 것이 적절하다.
- 종류에는 전압인가식, 자기방전식, 방사선식(이온식)이 있다.

㉡ 제전기의 종류
- 전압인가식은 방전침에 7,000[V]를 걸어 코로나방전을 일으켜 발생한 이온으로 대전체의 전하를 중화하는 방식으로 가장 제전능력이 뛰어나다.
- 자기방전식은 아세테이트 필름의 권취공정, 셀로판제조, 섬유공장 등에 유효한 방식으로 코로나방전을 일으켜 공기를 이온화하는 것을 이용하는 방식으로 2[kV] 내외의 대전이 남는 결점이 있다.
- 방사선식(이온식)은 방사선의 전리작용으로 공기를 이온화시키는 방식으로 제전효율이 낮고 이동물체에 부적합하나 안전해 폭발 위험지역에 사용하기 적당하다.

구분	전압인가식	자기방전식	방사선식
제전능력	크다	보통	작다
구조	복잡	간단	간단
취급	복잡	간단	간단
적용범위	넓다	넓다	좁다

0401 / 0503 / 0703 / 1001

78 ── Repetitive Learning 

반도체 취급 시에 정전기로 인한 재해 방지대책으로 거리가 먼 것은?

① 송풍형 제전기 설치
② 부도체의 접지 실시
③ 작업자의 대전방지 작업복 착용
④ 작업대에 정전기 매트 사용

해설

• 정전기 재해방지를 위해 도체에 접지를 실시해야 하며, 부도체에는 제전기를 설치하거나 도전성을 향상시켜야 한다.

정전기 재해방지대책 실필 1901/1702/1201/1103
- 부도체에 제전기를 설치·운영하거나 도전성을 향상시켜야 한다.
- 정전기 재해방지를 위해서 반도체 취급 공정작업자가 착용하는 손목 띠의 저항은 1[mΩ]으로 한다.
- 도체의 경우 접지를 하며 이때 접지값은 $10^6\Omega$ 이하이면 충분하고, 안전을 고려하여 $10^3\Omega$ 이하로 유지한다.
- 생산공정에 별다른 문제가 없다면, 습도를 70% 정도 유지하여 전하가 제거되기 쉽게 한다.

76 ② 77 ② 78 ② 정답

- 유동대전이 심하고 폭발 위험성이 높은 것(가솔린, 이황화탄소, 벤젠 등)은 배관 내 유속을 1m/s 이하로 해야 한다.
- 포장 과정에서 용기를 도전성 재료에 접지한다.
- 인쇄 과정에서 도포량을 적게 하고 접지한다.
- 대전 방지제를 사용하고, 대전 물체에 정전기 축적을 최소화하여야 한다.
- 배관 내 액체의 유속을 제한한다.
- 공기를 이온화한다.
- 작업장 바닥에 도전성(정전기 방지용) 매트를 사용한다.
- 작업자는 제전복, 정전화(대전 방지용 안전화)를 착용한다.

0402 / 1602

79

Repetitive Learning 

정전작업을 하기 위한 작업 전 조치사항이 아닌 것은?

① 단락접지 상태를 수시로 확인
② 전로의 충전 여부를 검전지로 확인
③ 전력용 커패시터, 전력케이블 등 잔류전하 방전
④ 개로개폐기의 잠금장치 및 통전금지 표지판 설치

해설

- 단락접지 상태의 수시확인은 정전작업 중의 조치사항이다.

정전전로에서의 전기작업 전 조치사항

- 사업주는 근로자가 노출된 충전부 또는 그 부근에서 작업함으로써 감전될 우려가 있는 경우에는 작업에 들어가기 전에 해당 전로를 차단할 것
- 전기기기 등에 공급되는 모든 전원을 관련 도면, 배선도 등으로 확인할 것
- 전원을 차단한 후 각 단로기 등을 개방하고 확인할 것
- 차단장치나 단로기 등에 잠금장치 및 꼬리표를 부착할 것
- 개로된 전로에서 유도전압 또는 전기에너지가 축적되어 근로자에게 전기위험을 끼칠 수 있는 전기기기 등은 접촉하기 전에 잔류전하를 완전히 방전시킬 것
- 검전기를 이용하여 작업 대상 기기가 충전되었는지를 확인할 것
- 전기기기 등이 다른 노출 충전부와의 접촉, 유도 또는 예비동력원의 역송전 등으로 전압이 발생할 우려가 있는 경우에는 충분한 용량을 가진 단락 접지기구를 이용하여 접지할 것

80

Repetitive Learning 1회 2회 3회

최소감지전류를 설명한 것이다. 옳은 것은?(단, 건강한 성인 남녀인 경우이며, 교류 60[Hz] 정현파이다)

① 남녀 모두 직류 5.2[mA]이며, 교류(평균치) 1.1[mA]이다.
② 남자의 경우 직류 5.2[mA]이며, 교류(실효치) 1.1[mA]이다.
③ 남녀 모두 직류 3.5[mA]이며, 교류(실효치) 1.1[mA]이다.
④ 여자의 경우 직류 3.5[mA]이며, 교류(평균치) 0.7[mA]이다.

해설

- 최소감지전류는 성인 남자의 경우 직류에서 5.2[mA]이며, 60[Hz] 교류(실효치)에서는 약 1[mA] 이다. 여자는 남자보다 더 민감하며, 교류의 경우 약 0.67[mA] 정도이다.

최소감지전류

㉠ 개요
- 인체가 통전되었을 때 이를 인간이 감지할 수 있는 최소의 전류를 말한다.
- 전원의 종류, 전극의 형태 등에 따라 다르다.
- 성인 남자의 경우 직류에서 5.2[mA]이며, 60[Hz] 교류(실효치)에서는 약 1[mA]이다.
- 여자는 남자보다 더 민감하며, 교류의 경우 약 0.67[mA] 정도이다.

㉡ 전류의 형태 및 주파수에 따른 최소감지전류
- 직류는 교류에 비해 자극이 적어 최소감지전류가 교류에 비해 5배에 달한다.
- 주파수가 높을수록 자극이 적으므로 최소감지전류는 증가한다.

5과목 화학설비 안전관리

0903 / 1201 / 1301 / 1403 / 1603

81

자동화재탐지설비 중 열감지식 감지기가 아닌 것은?

① 차동식 감지기
② 정온식 감지기
③ 보상식 감지기
④ 광전식 감지기

해설

- 광전식은 연기감지식 감지기이다.

:: 화재감지기

㉠ 개요

- 화재 시 발생되는 열이나 연기를 통해 화재를 감지하는 장치이다.
- 감지대상에 따라 열감지기, 연기감지기, 복합형감지기, 불꽃감지기로 구분된다.

㉡ 대표적인 감지기의 종류

열감지식	차동식	• 공기의 팽창을 감지 • 공기관식, 열전대식, 열반도체
	정온식	열의 축적을 감지
	보상식	공기팽창과 열축적을 동시에 감지
연기감지식	광전식	광전소자의 입사광량 변화를 감지
	이온화식	이온전류의 변화를 감지
	감광식	광전식의 한 종류

0902

82 Repetitive Learning (1회 2회 3회)

다음 중 외부에서 화염, 전기불꽃 등의 착화원을 주지 않고 물질을 공기 중 또는 산소 중에서 가열할 경우에 착화 또는 폭발을 일으키는 최저온도는 무엇인가?

① 인화온도 ② 연소점
③ 비등점 ④ 발화온도

해설

- 인화온도는 인화점으로 점화원의 직접접촉에 의해 불이 붙는 최저온도를 말한다.
- 연소점이란 점화원을 제거한 후에도 지속적인 연소를 일으킬 수 있는 최저온도로서 일반적으로 그 물질의 인화점보다 약 10℃ 정도 높은 온도를 말한다.
- 비등점은 액체 물질의 증기압이 외부 압력과 같아져 끓기 시작하는 온도를 말한다.

:: 발화온도 실필 0803

- 점화원의 접촉 없이 가연물을 가열할 때 스스로 불이 붙는 최저온도로서 발화점, 착화점, 착화온도라고도 한다.
- 가연성 혼합물이 주위로부터 충분한 에너지를 받아 스스로 점화할 수 있는 최저온도를 말한다.
- 외부에서 화염, 전기불꽃 등의 착화원을 주지 않고 물질을 공기 중 또는 산소 중에서 가열할 경우에 착화 또는 폭발을 일으키는 최저온도이다.

83 Repetitive Learning (1회 2회 3회)

다음 중 긴급차단장치의 차단방식과 관계가 가장 적은 것은?

① 공기압식 ② 유압식
③ 전기식 ④ 보온식

해설

- 긴급차단장치의 차단방식에는 공기압식, 유압식, 전기식 등이 있다.

:: 긴급차단장치

- 대형의 반응기, 탑, 탱크 등에 있어서 이상상태가 발생할 때 밸브를 정지시켜 원료공급을 차단하기 위한 안전장치이다.
- 차단방식에는 공기압식, 유압식, 전기식 등이 있다.

84 Repetitive Learning (1회 2회 3회)

압축기의 종류를 구조에 의해 용적형과 회전형으로 분류할 때 다음 중 회전형으로만 올바르게 나열한 것은?

① 원심식 압축기, 축류식 압축기
② 축류식 압축기, 왕복식 압축기
③ 원심식 압축기, 왕복식 압축기
④ 왕복식 압축기, 단계식 압축기

해설

- 회전형 압축기에는 원심식, 축류식 압축기가 있다.

:: 압축기(Compressors)

㉠ 개요

- 기체를 압축시켜 압력을 높이는 기계장치이다.

㉡ 구조에 따른 분류

- 용적형 압축기에는 회전식, 왕복식, 다이어프램식 압축기가 있다.
- 회전형 압축기에는 원심식, 축류식 압축기가 있다.

1601

85 Repetitive Learning (1회 2회 3회)

비교적 저압 또는 상압에서 가연성의 증기를 발생하는 유류를 저장하는 탱크에서 외부에 그 증기를 방출하기도 하고, 탱크 내에 외기를 흡입하기도 하는 부분에 설치하며, 가는 눈금의 금망이 여러 개 겹쳐진 구조로 된 안전장치는?

① Check valve ② Flame arrester
③ Vent stack ④ Rupture disk

82 ④ 83 ④ 84 ① 85 ② 정답

해설

- Check valve는 유체가 한 방향으로만 흐르게 하는 밸브이다.
- Vent stack은 정상운전 또는 비상운전 시 방출된 가스 또는 증기를 소각하지 않고 대기 중으로 안전하게 방출시키기 위하여 설치한 설비를 말한다.
- Rupture disk는 파열판으로 과압이 발생했을 때 그 압력을 배출하기 위한 장치로 재사용이 불가능한 장치이다.

플레임어레스터(Flame arrester)

- 인화방지망이라고도 하며 화염의 역화를 방지하기 위한 안전장치로 역화방지장치라고도 한다.
- 유류저장탱크에서 화염의 차단을 목적으로 화재나 기폭의 전파를 저지하는 안전장치이다.
- 비교적 저압 또는 상압에서 가연성의 증기를 발생하는 유류를 저장하는 탱크에서 외부에 그 증기를 방출하기도 하고, 탱크 내에 외기를 흡입하기도 하는 부분에 설치하는 안전장치이다.

0901 / 1501

86

Repetitive Learning 

소화설비와 주된 소화적용방법의 연결이 옳은 것은?

① 포 소화설비 – 질식소화
② 스프링클러 설비 – 억제소화
③ 이산화탄소 소화설비 – 제거소화
④ 할로겐화합물 소화설비 – 냉각소화

해설

- 스프링클러 설비는 냉각소화를 위한 소화설비이다.
- 이산화탄소 소화설비는 질식소화를 위한 소화설비이다.
- 할로겐화합물 소화설비는 억제소화를 위한 소화설비이다.

소화방법의 종류 실필 0902

구분	내용
냉각 소화법	• 액체의 증발잠열을 이용하여 연소 시 발생하는 열에너지를 흡수하는 매체를 화염 속에 투입하여 소화시키는 것으로 물을 이용하는 방법이다. • 튀김 기름이 인화되었을 때 싱싱한 야채를 넣어 소화시키는 원리이다. • 스프링클러 소화설비, 강화액 등이 대표적인 종류이다.
질식 소화법	• 연소하고 있는 가연물이 들어있는 용기를 기계적으로 밀폐하여 공기의 공급을 차단하거나 타고 있는 액체나 고체의 표면을 거품 또는 불활성 액체로 피복하여 연소에 필요한 공기의 공급을 차단시키는 소화법이다. • 가연성 가스와 지연성 가스가 섞여있는 혼합기체의 농도를 조절하여 혼합기체의 농도를 연소범위 밖으로 벗어나게 하여 연소를 중지시키는 방법이다. • CO_2 소화기, 포말 또는 분말 소화기에서 사용되는 소화방법이다.
억제 (부촉매) 소화법	• 연소가 지속되기 위해서는 활성기(Free-radical)에 의한 연쇄반응이 필수적인데 이 연쇄반응을 차단하여 소화하는 방법을 말한다. • 할로겐화합물 소화설비가 대표적인 종류이다.
제거 소화법	가연물의 공급을 제한하여 소화시키는 방법을 말한다.
희석 소화법	수용성인 인화성 액체 화재 시 물을 방사하여 가연물의 농도를 낮추어 소화하는 방법을 말한다.

2202

87

Repetitive Learning 

폭발한계와 완전연소 조성관계인 Jones식을 이용한 부탄(C_4H_{10})의 폭발하한계는 약 얼마인가?(단, 공기 중 산소의 농도는 21[%]로 가정한다)

① 1.4[%v/v]
② 1.7[%v/v]
③ 2.0[%v/v]
④ 2.3[%v/v]

해설

- 부탄(C_4H_{10})은 탄소(a)가 4, 수소(b)가 10이므로 완전연소 조성농도 = $\frac{100}{1+4.773\times6.5}=3.122$[%]가 된다.
- 폭발하한계는 Cst × 0.55 = 3.122 × 0.55 = 1.72[vol%]이다.

완전연소 조성농도(Cst, 화학양론농도)와 최소산소농도(MOC) 실필 1803/1002

㉠ 완전연소 조성농도(Cst, 화학양론농도)

- 가연성 가스의 조성은 완전연소 조성농도에서 폭발의 위험성이 가장 높아진다.
- 완전연소 조성농도 = $\frac{100}{1+\text{공기몰수}\times\left(a+\frac{b-c-2d}{4}\right)}$이다.

  공기의 몰수는 주로 4.773을 사용하므로

  완전연소 조성농도 = $\frac{100}{1+4.773\left(a+\frac{b-c-2d}{4}\right)}$[vol%]

  로 구한다. 단, a : 탄소, b : 수소, c : 할로겐의 원자수, d : 산소의 원자수이다.
- Jones식에 따라 폭발한계를 추산하면

  폭발하한계 = Cst × 0.55, 폭발상한계 = Cst × 3.50이다.

㉡ 최소산소농도(MOC)

- 연소 시 필요한 산소(O_2)농도 즉,

  산소양론계수 = $a+\frac{b-c-2d}{4}$로 구한다.
- 최소산소농도(MOC) = 산소양론계수 × 연소하한값이다.

0602

88 — Repetitive Learning (1회 2회 3회)

다음 중 가연성 기체의 폭발한계와 폭굉한계를 가장 올바르게 설명한 것은?

① 폭발한계와 폭굉한계는 농도범위가 같다.
② 폭굉한계는 폭발한계의 최상한치에 존재한다.
③ 폭발한계는 폭굉한계보다 농도범위가 넓다.
④ 두 한계의 하한계는 같으나, 상한계는 폭굉한계가 더 높다.

해설

- 폭발한계의 범위가 폭굉한계의 범위에 비해서 넓다.

폭발한계와 폭굉한계의 관계

- 폭발한계의 범위가 폭굉한계의 범위에 비해서 넓다.
- 일반적으로 폭발한계의 하한계는 폭굉한계보다 낮고, 상한계는 폭굉한계보다 높다.
- 폭발한계 및 폭굉한계는 공기 중보다 산소 중에서 현저하게 넓고, 물질의 점화에너지도 저하하여 폭발의 위험성이 증대한다.

1603

89 — Repetitive Learning (1회 2회 3회)

다음 중 허용노출기준(TWA)이 가장 낮은 물질은?

① 불소
② 암모니아
③ 황화수소
④ 니트로벤젠

해설

- 허용노출기준이 낮은 것은 독성이 강하다는 의미이고, 불소는 포스겐과 함께 가장 강한(TWA 0.1) 독성물질이다.

TWA(Time Weighted Average) 실필 1301

- 시간가중 평균노출기준이라고 한다.
- 1일 8시간 작업을 기준으로 유해요인의 측정치에 발생시간을 곱하여 8로 나눈 값이다.
- 독성이 강할수록 TWA값은 작아진다.

유독물질	포스겐/불소	염소	니트로벤젠 염화수소	사염화탄소	나프탈렌	일산화탄소	아세톤	이산화탄소
TWA (ppm)	0.1	0.5	1	5	10	30	500	5,000
독성	← 강하다							약하다 →

1702 / 2102

90 — Repetitive Learning (1회 2회 3회)

5[%] NaOH 수용액과 10[%] NaOH 수용액을 반응기에 혼합하여 6[%] 100[kg]의 NaOH 수용액을 만들려면 각각 몇 [kg]의 NaOH 수용액이 필요한가?

① 5[%] NaOH 수용액 : 33.3, 10[%] NaOH 수용액 : 66.7
② 5[%] NaOH 수용액 : 50, 10[%] NaOH 수용액 : 50
③ 5[%] NaOH 수용액 : 66.7, 10[%] NaOH 수용액 : 33.3
④ 5[%] NaOH 수용액 : 80, 10[%] NaOH 수용액 : 20

해설

- 5[%] 수용액 a[kg]과 10[%] 수용액 b[kg]을 합하여 6[%] 100[kg]의 수용액을 만들어야 하는 경우이다.
- $0.05\times a + 0.1\times b = 0.06\times 100$이며, 이때 $a+b=100$이 된다. 미지수를 하나로 정리하면 $0.05a + 0.1(100-a) = 0.06\times 100$이다.
- $0.05a - 0.1a = -4$가 되므로 $0.05a = 4$이다.
- 따라서 $a=80$, $b=100-80=20$이 된다.

수용액의 농도

- 용액의 묽고 진한 정도를 나타내는 농도는 용액 속에 용질이 얼마나 녹아 있는지를 나타내는 값이다.
- %[%] 농도는 용액 100g에 녹아있는 용질의 g수를 백분율로 나타낸 값으로 $\frac{\text{용질의 질량}[g]}{\text{용액의 질량}[g]}\times 100$

$= \frac{\text{용질의 질량}[g]}{\text{용매의 질량}[g]+\text{용액의 질량}[g]}\times 100$으로 구한다.

91 — Repetitive Learning (1회 2회 3회)

다음 중 산업안전보건법상 건조설비의 구조에 관한 설명으로 틀린 것은?

① 건조설비의 바깥 면은 불연성 재료로 만들 것
② 건조설비의 내부는 청소하기 쉬운 구조로 할 것
③ 건조설비는 내부의 온도가 국부적으로 상승하지 아니하는 구조로 설치할 것
④ 위험물 건조설비의 열원으로서 직화를 사용할 것

해설

- 위험물 건조설비의 열원으로서 직화를 사용하지 않아야 한다.

88 ③ 89 ① 90 ④ 91 ④ 정답

폭발 또는 화재가 발생할 우려가 있는 건조설비의 구조

- 건조설비의 바깥 면은 불연성 재료로 만들 것
- 건조설비의 내면과 내부의 선반이나 틀은 불연성 재료로 만들 것
- 위험물 건조설비의 측벽이나 바닥은 견고한 구조로 할 것
- 위험물 건조설비는 그 상부를 가벼운 재료로 만들고 주위상황을 고려하여 폭발구를 설치할 것
- 위험물 건조설비는 건조하는 경우에 발생하는 가스·증기 또는 분진을 안전한 장소로 배출시킬 수 있는 구조로 할 것
- 액체연료 또는 인화성 가스를 열원의 연료로 사용하는 건조설비는 점화하는 경우에는 폭발이나 화재를 예방하기 위하여 연소실이나 그 밖에 점화하는 부분을 환기시킬 수 있는 구조로 할 것
- 건조설비의 내부는 청소하기 쉬운 구조로 할 것
- 건조설비의 감시창·출입구 및 배기구 등과 같은 개구부는 발화 시에 불이 다른 곳으로 번지지 아니하는 위치에 설치하고 필요한 경우에는 즉시 밀폐할 수 있는 구조로 할 것
- 건조설비는 내부의 온도가 국부적으로 상승하지 아니하는 구조로 설치할 것
- 위험물 건조설비의 열원으로서 직화를 사용하지 아니할 것
- 위험물 건조설비가 아닌 건조설비의 열원으로서 직화를 사용하는 경우에는 불꽃 등에 의한 화재를 예방하기 위하여 덮개를 설치하거나 격벽을 설치할 것

1702

92 — Repetitive Learning

다음 중 아세틸렌을 용해가스로 만들 때 사용되는 용제로 가장 적합한 것은?

① 아세톤 ② 메탄
③ 부탄 ④ 프로판

해설

- 폭발 위험 때문에 보관을 위해 아세틸렌을 용해시킬 때 사용하는 용제는 아세톤이다.

아세틸렌(C_2H_2)

㉠ 개요
- 폭발하한값 2.5vol%, 폭발상한값 81.0vol%로 폭발범위가 아주 넓은(78.5) 가연성 가스이다.
- 구리, 은 등의 물질과 반응하여 폭발성 아세틸리드를 생성한다.
- 1.5기압 또는 110℃ 이상에서 탄소와 수소로 분리되면서 분해폭발을 일으킨다.

㉡ 취급상의 주의사항
- 아세톤에 용해시켜 다공성 물질과 함께 보관한다.
- 용단 또는 가열작업 시 1.3[kgf/cm^2] 이상의 압력을 초과하여서는 안 된다.

1002 / 1303 / 2201

93 — Repetitive Learning 1회 2회 3회

에틸알코올(C_2H_5OH)이 완전연소 시 생성되는 CO_2와 H_2O의 몰수로 옳은 것은?

① CO_2 : 1, H_2O : 4 ② CO_2 : 2, H_2O : 3
③ CO_2 : 3, H_2O : 2 ④ CO_2 : 4, H_2O : 1

해설

- 에틸알코올이 연소 시 필요한 산소농도$\left(a+\frac{b-c-2d}{4}\right)$는 탄소(a)가 2, 수소(b)가 6, 산소(d)가 1이므로 $2+\frac{6-2}{4}=3$이다.
- 에틸알코올(C_2H_5OH)과 산소($3O_2$)의 결합이고 이로 인해 생성되는 이산화탄소와 물의 양을 구할 수 있다.
- $C_2H_5OH+3O_2=\square CO_2+\square H_2O$에서 탄소는 애초에 2개가 공급되었으므로 2, 수소는 총 6개이고, 물을 만들기 위해서 2개씩 공급되어야 하므로 물은 3이 된다.

완전연소 조성농도(Cst, 화학양론농도)와 최소산소농도(MOC)
실필 1002

문제 87번의 유형별 핵심이론 참조

0302

94 — Repetitive Learning 1회 2회 3회

다음 중 혼합 또는 접촉 시 발화 또는 폭발의 위험이 가장 적은 것은?

① 니트로셀룰로오스와 알코올
② 나트륨과 알코올
③ 염소산칼륨과 유황
④ 황화린과 무기과산화물

해설

- 니트로셀룰로오스는 건조상태에서 자연발열을 일으켜 분해 폭발 위험이 높아 물, 에틸알코올 또는 이소프로필알코올 25%에 적셔 습면의 상태로 보관한다.

니트로셀룰로오스(Nitrocellulose)

㉠ 개요
- 셀룰로오스를 질산 에스테르화하여 얻게 되는 백색 섬유상 물질로 질화면이라고도 한다.
- 건조상태에서는 자연발열을 일으켜 분해 폭발위험이 높아 물, 에틸알코올 또는 이소프로필알코올 25%에 적셔 습면의 상태로 보관한다.

㉡ 취급 시 준수사항
- 저장 중 충격과 마찰 등을 방지하여야 한다.
- 자연발화 방지를 위하여 안전용제를 사용한다.
- 화재 시 질식소화는 적응성이 없으므로 냉각소화를 한다.

정답 | 92 ① 93 ② 94 ①

1502

95 Repetitive Learning (1회 2회 3회)

다음 중 자기반응성 물질에 의한 화재에 대하여 사용할 수 없는 소화기의 종류는?

① 포 소화기
② 무상강화액 소화기
③ 이산화탄소 소화기
④ 봉상수(棒狀水) 소화기

해설

- 자기반응성 물질에 의한 화재에는 냉각소화 원리를 활용하는 봉상수 소화기, 무상수 소화기, 봉상강화액 소화기, 무상강화액 소화기, 포 소화기를 사용한다.

제5류(자기반응성 물질)

㉠ 개요
- 고체 또는 액체로서·폭발의 위험성 또는 가열분해의 격렬함을 갖는 물질이다.
- 유기과산화물, 질산에스테르류, 히드록실아민, 니트로화합물, 니트로소화합물, 아조화합물, 디아조화합물, 히드라진 유도체 등이 이에 해당한다.

㉡ 화재 대책
- 자기반응성 물질이란 산소(공기)의 공급이 없어도 강렬하게 발열·분해되기 쉬운 열적으로 불안정한 물질을 말한다.
- 자기연소성 물질이기 때문에 CO_2, 분말, 하론, 포 등에 의한 질식소화는 효과가 없으며, 다량의 물로 냉각소화하는 것이 적당하다.
- 제5류에 해당하는 자기반응성 물질에 의한 화재에는 봉상수 소화기, 무상수 소화기, 봉상강화액 소화기, 무상강화액 소화기, 포 소화기를 사용한다.

0802 / 1501

96 Repetitive Learning (1회 2회 3회)

분진폭발의 특징에 관한 설명으로 옳은 것은?

① 가스폭발보다 발생에너지가 작다.
② 폭발압력과 연소속도는 가스폭발보다 크다.
③ 화염의 파급속도보다 압력의 파급속도가 크다.
④ 불완전연소로 인한 가스중독의 위험성이 적다.

해설

- 분진폭발은 가스폭발보다 연소시간이 길고 발생에너지가 크다.
- 가스폭발에 비해 연소속도나 폭발압력은 작다.
- 가스에 비하여 불완전연소를 일으키기 쉬우므로 연소 후 가스에 의한 중독 위험이 존재한다.

분진의 발화폭발

㉠ 조건
- 분진이 발화폭발하기 위한 조건은 가연성, 미분상태, 공기 중에서의 교반과 유동 및 점화원의 존재이다.

㉡ 특징
- 화염의 파급속도보다 압력의 파급속도가 더 크다.
- 폭발한계 내에서 분진의 휘발성분이 많을수록 폭발하기 쉽다.
- 가스폭발에 비해 연소속도나 폭발압력은 작으나 연소시간이 길고 발생에너지가 크기 때문에 파괴력과 연소정도가 크다.
- 가스에 비하여 불완전연소를 일으키기 쉬우므로 연소 후 가스에 의한 중독 위험이 존재한다.
- 폭발 시 입자가 비산하므로 이것에 부딪치는 가연물은 국부적으로 심한 탄화를 일으킨다.

0802 / 1502

97 Repetitive Learning (1회 2회 3회)

다음 중 산업안전보건법상 공정안전보고서에 포함되어야 할 사항으로 가장 거리가 먼 것은?

① 평균안전율　② 공전안전자료
③ 비상조치계획　④ 공정위험성 평가서

해설

- 공정안전보고서의 내용에는 ②, ③, ④ 외에 안전운전계획과 그 밖에 공정상의 안전과 관련하여 고용노동부장관이 필요하다고 인정하여 고시하는 사항이 포함된다.

공정안전보고서의 내용 실필 1703/1602/1403/1001

- 공정안전자료
- 공정위험성 평가서
- 안전운전계획
- 비상조치계획
- 그 밖에 공정상의 안전과 관련하여 고용노동부장관이 필요하다고 인정하여 고시하는 사항

1801

98 Repetitive Learning (1회 2회 3회)

안전설계의 기초에 있어 기상폭발대책을 예방대책, 긴급대책, 방호대책으로 나눌 때 다음 중 방호대책과 가장 관계가 깊은 것은?

① 경보　② 발화의 저지
③ 방폭벽과 안전거리　④ 가연조건의 성립저지

95 ③ 96 ③ 97 ① 98 ③ 정답

해설

- ①과 ②는 긴급대책, ④는 예방대책에 해당한다.

기상폭발대책

- 기상폭발대책은 크게 예방대책, 긴급대책, 방호대책으로 구분할 수 있다.

구분	내용
예방대책	• 기상폭발이 일어나지 않도록 폭발이 발생하는 원인을 제거하는 대책이다. • 가연조건의 성립저지, 발화원의 제거 등이 이에 해당한다.
긴급대책	• 기상폭발이 발생할 조짐을 보일 때 강구하는 대책이다. • 경보를 발하고, 폭발저지 방법을 강구하거나 피난하는 방법 등이 이에 해당한다.
방호대책	• 기상폭발이 발생했을 때 피해를 최소화하는 대책이다. • 방폭벽과 안전거리의 확보 등이 이에 해당한다.

99 Repetitive Learning (1회 2회 3회)

다음 중 물과의 접촉을 금지하여야 하는 물질이 아닌 것은?

① 칼륨(K)
② 리튬(Li)
③ 황린(P_4)
④ 칼슘(Ca)

해설

- 황린은 자연발화하기 쉬운 물질로 pH9의 물속에 보관한다.

황린(P_4)

㉠ 개요
- 물반응성 물질 및 인화성 고체에 포함된다.
- 물에 녹지 않으므로 물속에 보관한다.

㉡ 관리 및 보관 준수사항
- 직사광선을 피하고 환기시킨다.
- 산화제, 폭발물과의 저장을 금한다.
- 포스핀 생성을 방지하기 위해 저장용액의 액성을 약알칼리성으로 한다.
- 자연발화하기 쉬운 물질이므로 반드시 pH9의 물속에 보관한다.

100 Repetitive Learning (1회 2회 3회)

산업안전보건법에 따라 인화성 가스가 발생할 우려가 있는 지하작업장에서 작업하는 경우 조치사항으로 적절하지 않은 것은?

① 매일 작업을 시작하기 전 해당 가스의 농도를 측정한다.
② 가스의 누출이 의심되는 경우 해당 가스의 농도를 측정한다.
③ 장시간 작업을 계속하는 경우 6시간마다 해당 가스의 농도를 측정한다.
④ 가스의 농도가 인화하한계값의 25[%] 이상으로 밝혀진 경우에는 즉시 근로자를 안전한 장소에 대피시킨다.

해설

- 장시간 작업을 계속하는 경우 4시간마다 가스의 농도를 측정해야 한다.

가스농도의 측정 시기

- 매일 작업을 시작하기 전
- 가스의 누출이 의심되는 경우
- 가스가 발생하거나 정체할 위험이 있는 장소가 있는 경우
- 장시간 작업을 계속하는 경우(이 경우 4시간마다 가스농도를 측정하여야 한다)

정답 | 99 ③ 100 ③

1002 / 1503

101

Repetitive Learning 1회 2회 3회

지름이 15cm이고 높이가 30cm인 원기둥 콘크리트 공시체에 대해 압축강도시험을 한 결과 460kN에 파괴되었다. 이때 콘크리트 압축강도는?

① 16.2 MPa ② 21.5 MPa
③ 26 MPa ④ 31.2 MPa

해설

- $[Pa]=[N/m^2]$이다.
- 원기둥 형태의 단면적은 $\pi \times (반지름)^2$이므로 단면적은 $= 3.14159 \times 0.075^2 = 0.0176625[m^2]$이다.
- 압축강도는 $\frac{460 \times 10^3}{0.0176625} = 26.04 \times 10^6$ $[N/m^2]$가 된다.

압축강도

- 재료에 계속해서 하중을 가하였을 때, 재료의 파단이 이루어진 시점의 하중을 단면적으로 나눈 값이다.
- 압축강도 $= \frac{하중}{단면적} [N/m^2]$으로 구한다.
- 재료의 강도를 표현하는 기준이다.

1001 / 1103 / 1401 / 1501 / 1802

102

Repetitive Learning 1회 2회 3회

강풍이 불어올 때 타워크레인의 운전작업을 중지하여야 하는 순간풍속의 기준으로 옳은 것은?

① 순간풍속이 초당 10m 초과
② 순간풍속이 초당 15m 초과
③ 순간풍속이 초당 25m 초과
④ 순간풍속이 초당 30m 초과

해설

- 순간풍속이 초당 10m 초과 시에는 타워크레인의 설치·수리·점검 또는 해체작업을 중지해야 하고 15m 초과 시에는 타워크레인의 운전을 중지해야 한다.

타워크레인 강풍 조치사항 실필 1702/1102

- 순간풍속이 초당 10m 초과 시 : 타워크레인의 설치·수리·점검 또는 해체작업을 중지해야 한다.
- 순간풍속이 초당 15m 초과 시 : 타워크레인의 운전을 중지해야 한다.

1203 / 1603

103

Repetitive Learning 1회 2회 3회

강관을 사용하여 비계를 구성하는 경우 준수하여야 하는 사항으로 옳지 않은 것은?

① 비계기둥의 간격은 띠장 방향에서는 1.85m 이하로 할 것
② 비계기둥 간의 적재하중은 300kg을 초과하지 않도록 할 것
③ 비계기둥의 제일 윗부분으로부터 31m 되는 지점 밑 부분의 비계기둥은 2개의 강관으로 묶어세울 것
④ 띠장 간격은 2m 이하로 설치할 것

해설

- 강관비계의 비계기둥 간 적재하중은 400kg을 초과하지 않도록 한다.

강관비계의 구조

- 비계기둥의 간격은 띠장 방향에서는 1.85m 이하, 장선(長線) 방향에서는 1.5m 이하로 할 것
- 띠장 간격은 2m 이하로 설치할 것
- 비계기둥의 제일 윗부분으로부터 31m 되는 지점 밑 부분의 비계기둥은 2개의 강관으로 묶어세울 것
- 비계기둥 간의 적재하중은 400kg을 초과하지 않도록 할 것

0803 / 1803 / 1903

104

Repetitive Learning 1회 2회 3회

추락재해에 대한 예방차원에서 고소작업의 감소를 위한 근본적인 대책으로 옳은 것은?

① 방망 설치
② 지붕트러스의 일체화 또는 지상에서 조립
③ 안전대 사용
④ 비계 등에 의한 작업대 설치

해설

- 철골기둥과 빔을 일체 구조화하거나 지상에서 조립하는 것은 고소작업의 감소를 통해 추락재해를 사전에 예방하기 위한 근본적인 대책이다.

추락재해 예방대책

- 안전모 등 개인보호구 착용 철저
- 안전난간 및 작업발판 설치
- 안전대 부착설비 설치
- 고소작업의 감소를 위해 철골구조물의 일체화 및 지상 조립
- 추락방호망의 설치

101 ③ 102 ② 103 ② 104 ② 정답

1502

105

다음 중 토사붕괴의 내적 원인인 것은?

① 절토 및 성토 높이 증가
② 사면법면의 기울기 증가
③ 토석의 강도 저하
④ 공사에 의한 진동 및 반복하중 증가

해설

- ①, ②, ④는 모두 토사붕괴의 외적 원인에 해당한다.

토사(석)붕괴 원인

구분	내용
내적 요인	• 토석의 강도 저하 • 절토사면의 토질, 암질 및 절리 상태 • 성토사면의 다짐 불량 • 점착력의 감소
외적 요인	• 작업진동 및 반복하중의 증가 • 사면, 법면의 경사 및 기울기의 증가 • 절토 및 성토 높이와 지하수위의 증가 • 지표수·지하수의 침투에 의한 토사중량의 증가 • 지진, 차량, 구조물의 중량과 토사 및 암석의 혼합층 두께의 증가

106

토질시험 중 사질토시험에서 얻을 수 있는 값이 아닌 것은?

① 체적압축계수 ② 내부마찰각
③ 액상화 평가 ④ 탄성계수

해설

- 체적압축계수는 압밀하중의 증가에 대한 시료 체적의 감소비율을 나타내는 지수로 사질토는 즉시침하만 일어나고 압밀침하가 발생하지 않으므로 사질토시험으로 얻을 수 있는 결과가 아니다.

흙의 종류별 토질시험 결과

구분	내용
사질토시험 결과 얻을 수 있는 값	전단강도, 내부마찰각, 탄성계수, 액상화 평가, 간극비, 상대밀도 등
점성토시험 결과 얻을 수 있는 값	체적압축계수, 일축압축강도, 점착력, 기초지반의 허용지지력, 연·경 정도, 파괴에 대한 지지력 등

0901

107

철골공사 시 사전안전성 확보를 위해 공작도에 반영하여야 할 사항이 아닌 것은?

① 주변 고압전주 ② 외부 비계받이
③ 기둥승강용 트랩 ④ 방망 설치용 부재

해설

- 철골공사 시 사전안전성 확보를 위해 공작도에 반영하여야 할 사항에 주변의 고압전주는 포함되지 않는다.

철골공사 시 사전안전성 확보를 위해 공작도에 반영하여야 할 사항

- 외부비계 및 화물승강설비용 브라켓
- 기둥 승강용 트랩
- 사다리 걸이용 부재
- 구명줄 설치용 고리
- 세우기에 필요한 와이어로프 걸이용 고리
- 안전난간 설치용 부재
- 기둥 및 보 중앙의 안전대 설치용 고리
- 달대비계 및 작업발판 설치용 부재
- 방망 설치용 부재
- 비계 연결용 부재
- 방호선반 설치용 부재
- 양중기 설치용 보강재

1601 / 1903

108

굴착기계의 운행 시 안전대책으로 옳지 않은 것은?

① 버킷에 사람의 탑승을 허용해서는 안 된다.
② 운전반경 내에 사람이 있을 때 회전은 10rpm 이하의 느린 속도로 하여야 한다.
③ 장비의 주차 시 경사지나 굴착작업장으로부터 충분히 이격시켜 주차한다.
④ 전선이나 구조물 등에 인접하여 붐을 선회해야 될 작업에는 사전에 회전반경, 높이제한 등 방호조치를 강구한다.

해설

- 굴착기계의 작업반경 내에 사람이 있을 때 회전 및 작업진행을 금지하도록 한다.

굴착기계 운행 시 안전대책

- 버킷에 사람의 탑승을 허용해서는 안 된다.
- 굴착기계의 작업장소에 근로자가 아닌 사람의 출입을 금지해야 하며, 만약 작업반경 내에 사람이 있을 때 회전 및 작업진행을 금지하도록 한다.
- 장비의 주차 시 경사지나 굴착작업장으로부터 충분히 이격시켜 주차한다.
- 전선이나 구조물 등에 인접하여 붐을 선회해야 될 작업에는 사전에 회전반경, 높이제한 등 방호조치를 강구한다.

정답 | 105 ③ 106 ① 107 ① 108 ②

1001 / 1401 / 1601

109

Repetitive Learning 1회 2회 3회

건물 외부에 낙하물방지망을 설치할 경우 수평면과의 가장 적절한 각도는?

① 5° 이상, 10° 이하
② 10° 이상, 15° 이하
③ 15° 이상, 20° 이하
④ 20° 이상, 30° 이하

해설

- 낙하물방지망과 수평면의 각도는 20° 이상, 30° 이하를 유지한다.

낙하물방지망과 방호선반의 설치기준 실필 1702

- 높이 10m 이내마다 설치한다.
- 내민 길이는 벽면으로부터 2m 이상으로 한다.
- 수평면과의 각도는 20° 이상, 30° 이하를 유지한다.

1801

110

Repetitive Learning 1회 2회 3회

항만 하역작업 시 근로자 승강용 현문 사다리 및 안전망을 설치하여야 하는 선박은 최소 몇 톤 이상일 경우인가?

① 500톤 ② 300톤
③ 200톤 ④ 100톤

해설

- 사업주는 300톤급 이상의 선박에서 하역작업을 하는 경우에 근로자들이 안전하게 오르내릴 수 있는 현문(舷門) 사다리를 설치하여야 하며, 이 사다리 밑에 안전망을 설치하여야 한다.

선박승강설비의 설치

- 사업주는 300톤급 이상의 선박에서 하역작업을 하는 경우에 근로자들이 안전하게 오르내릴 수 있는 현문(舷門) 사다리를 설치하여야 하며, 이 사다리 밑에 안전망을 설치하여야 한다.
- 현문 사다리는 견고한 재료로 제작된 것으로 너비는 55cm 이상이어야 하고, 양측에 82cm 이상의 높이로 울타리를 설치하여야 하며, 바닥은 미끄러지지 않도록 적합한 재질로 처리되어야 한다.
- 현문 사다리는 근로자의 통행에만 사용하여야 하며, 화물용 발판 또는 화물용 보판으로 사용하도록 해서는 아니 된다.

0903 / 1902

111

Repetitive Learning 1회 2회 3회

다음 중 그물코의 크기가 5cm인 매듭방망의 폐기기준 인장강도는?

① 200kg
② 100kg
③ 60kg
④ 30kg

해설

- 매듭방망의 폐기기준은 그물코의 크기가 5cm이면 60kg, 10cm이면 135kg이다.

신품 방망 인장강도

그물코 한변 길이	무매듭방망	매듭방망
10cm	240kg 이상(150kg)	200kg 이상(135kg)
5cm		110kg 이상(60kg)

단, ( )은 폐기기준이다.

112

Repetitive Learning 1회 2회 3회

크레인을 사용하여 작업을 하는 경우 준수하여야 하는 사항으로 옳지 않은 것은?

① 인양할 하물을 바닥에서 끌어당기거나 밀어내는 작업을 할 것
② 고정된 물체를 직접분리·제거하는 작업을 하지 아니할 것
③ 미리 근로자의 출입을 통제하여 인양 중인 화물이 작업자의 머리 위로 통과하지 않도록 할 것
④ 인양할 화물이 보이지 아니하는 경우에는 어떠한 동작도 하지 아니할 것

해설

- 크레인작업 시 인양할 하물(荷物)을 바닥에서 끌어당기거나 밀어내는 작업을 하지 않아야 한다.

크레인작업 시의 조치사항 실작 1703/1502

- 인양할 하물(荷物)을 바닥에서 끌어당기거나 밀어내는 작업을 하지 아니할 것
- 유류드럼이나 가스통 등 운반 도중에 떨어져 폭발하거나 누출될 가능성이 있는 위험물 용기는 보관함(또는 보관고)에 담아 안전하게 매달아 운반할 것
- 고정된 물체를 직접 분리·제거하는 작업을 하지 아니할 것
- 미리 근로자의 출입을 통제하여 인양 중인 화물이 작업자의 머리 위로 통과하지 않도록 할 것
- 인양할 화물이 보이지 아니하는 경우에는 어떠한 동작도 하지 아니할 것(신호하는 사람에 의하여 작업을 하는 경우는 제외)

109 ④ 110 ② 111 ③ 112 ① 정답

1801

113

Repetitive Learning 1회 2회 3회

흙막이 지보공을 조립하는 경우 미리 조립도를 작성하여야 하는데 이 조립도에 명시되어야 할 사항과 가장 거리가 먼 것은?

① 부재의 배치
② 부재의 치수
③ 부재의 긴압 정도
④ 설치방법과 순서

해설

- 조립도는 흙막이판·말뚝·버팀대 및 띠장 등 부재의 배치·치수·재질 및 설치방법과 순서가 명시되어야 한다.

흙막이 지보공의 조립도

- 흙막이 지보공을 조립하는 경우 미리 조립도를 작성하여 그 조립도에 따라 조립하도록 하여야 한다.
- 조립도는 흙막이판·말뚝·버팀대 및 띠장 등 부재의 배치·치수·재질 및 설치방법과 순서가 명시되어야 한다.

0401 / 1303 / 1703

114

이동식 비계를 조립하여 작업하는 경우에 작업발판의 최대 적재하중으로 옳은 것은?

① 350kg　　② 300kg
③ 250kg　　④ 200kg

해설

- 이동식 비계의 작업발판 최대적재하중은 250kg을 초과하지 않도록 한다.

이동식 비계 조립 및 사용 시 준수사항

- 이동식 비계의 바퀴에는 뜻밖의 갑작스러운 이동 또는 전도를 방지하기 위하여 브레이크·쐐기 등으로 바퀴를 고정시킨 다음 비계의 일부를 견고한 시설물에 고정하거나 아웃트리거(Outrigger)를 설치하는 등 필요한 조치를 할 것
- 승강용 사다리는 견고하게 설치할 것
- 비계의 최상부에서 작업을 하는 경우에는 안전난간을 설치할 것
- 작업발판은 항상 수평을 유지하고 작업발판 위에서 안전난간을 딛고 작업을 하거나 받침대 또는 사다리를 사용하여 작업하지 않도록 할 것
- 작업발판의 최대적재하중은 250kg을 초과하지 않도록 할 것

2201

115

Repetitive Learning 1회 2회 3회

비계의 높이가 2m 이상인 작업장소에 작업발판을 설치할 경우 준수하여야 할 기준으로 옳지 않은 것은?

① 발판의 폭은 30cm 이상으로 할 것
② 발판재료 간의 틈은 3cm 이하로 할 것
③ 추락의 위험이 있는 장소에는 안전난간을 설치할 것
④ 발판재료는 뒤집히거나 떨어지지 아니하도록 2 이상의 지지물에 연결하거나 고정시킬 것

해설

- 작업발판의 폭은 40cm 이상으로 하고, 발판재료 간의 틈은 3cm 이하로 한다.

작업발판의 구조 실필 0801 실작 1601

- 발판재료는 작업할 때의 하중을 견딜 수 있도록 견고한 것으로 할 것
- 작업발판의 폭은 40cm 이상으로 하고, 발판재료 간의 틈은 3cm 이하로 할 것
- 선박 및 보트 건조작업의 경우 선박블록 또는 엔진실 등의 좁은 작업공간에 작업발판을 설치하기 위하여 필요하면 작업발판의 폭을 30cm 이상으로 할 수 있고, 걸침비계의 경우 강관기둥 때문에 발판재료 간의 틈을 3cm 이하로 유지하기 곤란하면 5cm 이하로 할 수 있다. 이 경우 그 틈 사이로 물체 등이 떨어질 우려가 있는 곳에는 출입금지 등의 조치를 하여야 한다.
- 추락의 위험이 있는 장소에는 안전난간을 설치할 것
- 작업발판의 지지물은 하중에 의하여 파괴될 우려가 없는 것을 사용할 것
- 작업발판 재료는 뒤집히거나 떨어지지 않도록 둘 이상의 지지물에 연결하거나 고정시킬 것
- 작업발판을 작업에 따라 이동시킬 경우에는 위험 방지에 필요한 조치를 할 것

1603 / 2102

116

Repetitive Learning 1회 2회 3회

차량계 건설기계를 사용하는 작업 시 작업계획서 내용에 포함되는 사항이 아닌 것은?

① 사용하는 차량계 건설기계의 종류 및 성능
② 차량계 건설기계의 운행경로
③ 차량계 건설기계에 의한 작업방법
④ 차량계 건설기계의 유도자 배치 관련 사항

정답 | 113 ③　114 ③　115 ①　116 ④

해설

- 차량계 건설기계를 사용하여 작업하고자 할 때 작업계획서에는 사용하는 차량계 건설기계의 종류 및 성능, 차량계 건설기계의 운행경로, 차량계 건설기계에 의한 작업방법 등이 포함되어야 한다.

:: 차량계 건설기계를 사용하여 작업 시 작업계획서

- 사용하는 차량계 건설기계의 종류 및 성능
- 차량계 건설기계의 운행경로
- 차량계 건설기계에 의한 작업방법

117 — Repetitive Learning (1회 2회 3회)

건설용 시공기계에 관한 기술 중 옳지 않은 것은?

① 타워크레인(Tower crane)은 고층건물의 건설용으로 많이 쓰인다.
② 백호우(Back hoe)는 기계가 위치한 지면보다 높은 곳의 땅을 파는 데 적합하다.
③ 가이데릭(Guy derrick)은 철골세우기 공사에 사용된다.
④ 진동 롤러(Vibrating roller)는 아스팔트콘크리트 등의 다지기에 효과적으로 사용된다.

해설

- 백호우(Back hoe)는 버킷(Bucket)의 굴삭방향이 조종사 쪽으로 끌어당기는 방향인 것으로, 장비 자체보다 낮은 곳을 굴착하는 데 적합한 장비이다.

:: 파워셔블(Power shovel)

- 셔블(Shovel)은 버킷의 굴삭방향이 백호우와 반대인 것으로 기계가 위치한 지면보다 높은 곳을 파는 작업에 가장 적합한 굴착기계이다.
- 지면을 굴삭하고 선회하여 굴삭한 토석을 트럭에 싣는 기계이다.

0902

118 — Repetitive Learning (1회 2회 3회)

다음 중 터널공사의 전기발파작업에 대한 설명 중 옳지 않은 것은?

① 점화는 충분한 허용량을 갖는 발파기를 사용한다.
② 발파 후 즉시 발파모선을 발파기로부터 분리하고 그 단부를 절연시킨다.
③ 전선의 도통시험은 화약장전 장소로부터 최소 30m 이상 떨어진 장소에서 행한다.
④ 발파모선은 고무 등으로 절연된 전선 20m 이상의 것을 사용한다.

해설

- 발파모선은 고무 등으로 절연된 전선으로 최소 30m 이상의 것을 사용하여 화약장전장소로부터의 이격거리를 확보하여야 한다.

:: 전기발파 시 준수사항

- 미지전류의 유무에 대하여 확인하고 미지전류가 0.01A 이상일 때에는 전기발파를 하지 않아야 한다.
- 전기발파기는 충분한 기동이 있는지의 여부를 사전에 점검하여야 한다.
- 도통시험기는 소정의 저항치가 나타나는지를 사전에 점검하여야 한다.
- 약포에 뇌관을 장치할 때에는 반드시 전기뇌관의 저항을 측정하여 소정의 저항치에 대하여 오차가 $\pm 0.1\Omega$ 이내에 있는가를 확인하여야 한다.
- 발파모선의 배선에 있어서는 점화장소를 발파현장에서 충분히 떨어져 있는 장소로 하고 물기나 철관, 궤도 등이 없는 장소를 택하여야 한다.
- 점화장소는 발파현장이 잘 보이는 곳이어야 하며 충분히 떨어져 있는 안전한 장소로 택하여야 한다.
- 전선은 점화하기 전에 화약류를 장전한 장소로부터 30m 이상 떨어진 안전한 장소에서 도통시험 및 저항시험을 하여야 한다.
- 점화는 충분한 허용량을 갖는 발파기를 사용하고 규정된 스위치를 반드시 사용하여야 한다.
- 점화는 선임된 발파책임자가 행하고 발파기의 핸들을 점화할 때 이외는 시건장치를 하거나 모선을 분리하여야 하며 발파책임자의 엄중한 관리하에 두어야 한다.
- 발파 후 즉시 발파모선을 발파기로부터 분리하고 그 단부를 절연시킨 후 재점화가 되지 않도록 하여야 한다.
- 발파 후 30분 이상 경과한 후가 아니면 발파장소에 접근하지 않아야 한다.

0303 / 0601 / 0702 / 0902 / 1903

119 — Repetitive Learning (1회 2회 3회)

선창의 내부에서 화물취급작업을 하는 근로자가 안전하게 통행할 수 있는 설비를 설치하여야 하는 기준은 갑판의 윗면에서 선창 밑바닥까지의 깊이가 최소 얼마를 초과할 때인가?

① 1.3m ② 1.5m
③ 1.8m ④ 2.0m

해설

- 근로자가 안전하게 통행할 수 있는 설비는 선창(船倉) 밑바닥까지의 깊이가 1.5m를 초과하는 선창에 설치한다.

:: 통행설비의 설치

- 사업주는 갑판의 윗면에서 선창(船倉) 밑바닥까지의 깊이가 1.5m를 초과하는 선창의 내부에서 화물취급작업을 하는 경우에 그 작업에 종사하는 근로자가 안전하게 통행할 수 있는 설비를 설치하여야 한다.

117 ② 118 ④ 119 ② 정답

120

Repetitive Learning (1회 2회 3회)

작업장으로 통하는 장소 또는 작업장 내에 근로자가 사용할 통로설치에 대한 준수사항 중 다음 (　　) 안에 알맞은 숫자는?

> • 통로의 주요 부분에는 통로표시를 하고, 근로자가 안전하게 통행할 수 있도록 하여야 한다.
> • 통로면으로부터 높이 (　　)m 이내에는 장애물이 없도록 하여야 한다.

① 2　　② 3
③ 4　　④ 5

해설

• 사업주는 통로면으로부터 높이 2m 이내에는 장애물이 없도록 하여야 한다.

작업장 통로

- 사업주는 작업장으로 통하는 장소 또는 작업장 내에 근로자가 사용할 안전한 통로를 설치하고 항상 사용할 수 있는 상태로 유지하여야 한다.
- 사업주는 통로의 주요 부분에 통로표시를 하고, 근로자가 안전하게 통행할 수 있도록 하여야 한다.
- 사업주는 통로면으로부터 높이 2m 이내에는 장애물이 없도록 하여야 한다.

정답 | 120 ①

구분	1과목	2과목	3과목	4과목	5과목	6과목	합계
New 유형	3	4	3	2	3	4	19
New 문제	8	13	8	7	8	7	51
또나온문제	8	3	8	6	5	6	36
자꾸나온문제	4	4	4	7	7	7	33
합계	20	20	20	20	20	20	120

- New유형은 New문제 중 기존 기출문제와 완전히 다른 유형의 문제를 말합니다.
- New문제는 기존에 출제되지 않은 문제로 이번에 처음 출제되는 문제입니다.
- 또나온문제는 기존에 출제된 적이 1번 있는 문제를 말합니다.
- 자꾸나온문제는 기존에 출제된 적이 2번 이상 있는 문제를 말합니다. 그만큼 중요한 문제입니다.

몇 년분의 기출문제를 공부해야 합격할 수 있을까요?

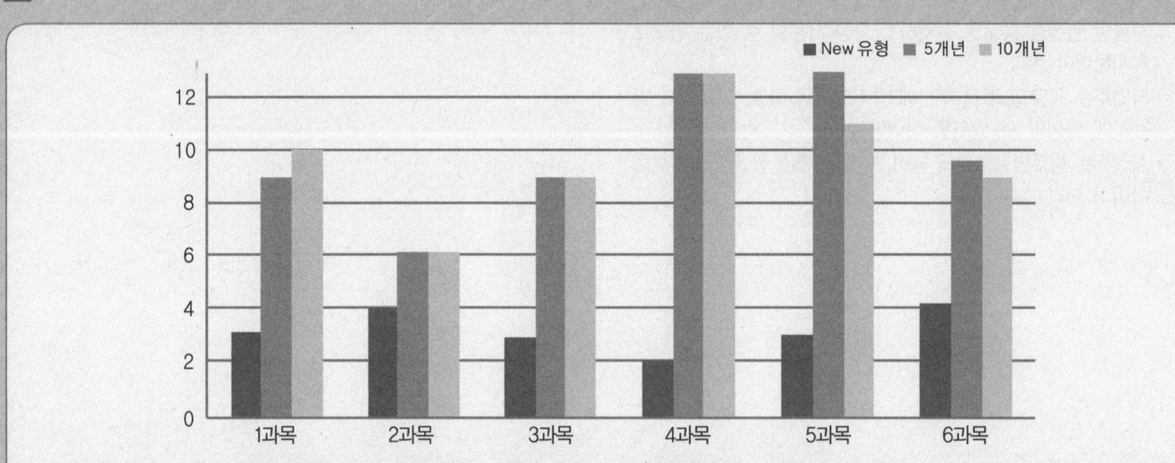

- 완전 새로운 유형의 문제는 19문제이고 101문제가 이미 출제된 문제 혹은 변형문제입니다.
- 5년분(2016~2020) 기출에서 동일문제가 56문항이 출제되었고, 10년분(2011~2020) 기출에서 동일문제가 58문항이 출제되었습니다.

실기에 나왔어요!! 외우세요!!!

실기시험은 필답형과 작업형으로 구분되어 있으며 모두 직접 주관식으로 내용을 적어야 합니다. 필기공부하면서 실기 출제된 내역들은 좀 더 신경써서 암기하실 필요가 있어요. 필기 합격자 발표 난 후 실기시험까지는 5주밖에 여유가 없답니다. 어차피 공부할 것 필기 때 확실하게 해준다면 실기도 단방에 합격할 수 있습니다.

- 총 35개의 해설이 실기 필답형 시험과 연동되어 있습니다.
- 총 4개의 해설이 실기 작업형 시험과 연동되어 있습니다.

분석의견

최근 10년분의 기출문제와 답을 반복암기해서는 합격점수인 72점에서 14점이 부족합니다. 새로운 유형 및 문제가 평균보다 더 많이 출제되었습니다. 그러면서도 최근 5년분 및 10년분 기출출제비율은 평균보다 높아 최근의 문제들로 주로 구성된 형태의 기출입니다. 2과목의 기출비중이 과락점수 이하(5년분 6문항, 10년분 6문항)로 2과목에 대한 배경학습이 필요합니다. 합격에 필요한 점수를 획득하기 위해서는 최근 5년분 문제와 핵심이론의 3회독 혹은 최근 10년분 문제와 핵심이론의 2회독 이상의 학습이 필요합니다.

2012년 제3회

2012년 8월 26일 필기

12년 3회차 필기시험
합격률 31.2%

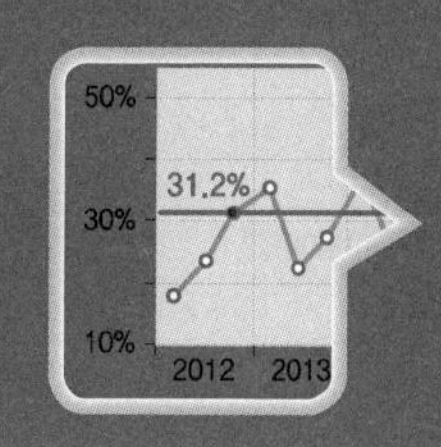

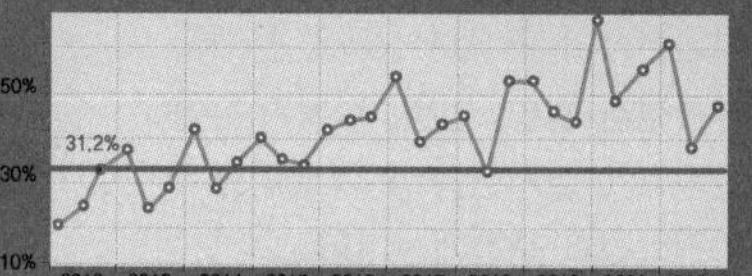

1과목 산업재해 예방 및 안전보건교육

01

Repetitive Learning (1회 2회 3회)

안전인증대상 보호구 중 안전모의 시험성능기준 항목이 아닌 것은?

① 내수성　② 턱끈풀림
③ 가연성　④ 충격흡수성

해설

• 안전모의 성능기준 항목은 내관통성, 충격흡수성, 내전압성, 내수성, 난연성, 턱끈풀림으로 구성된다.

안전모의 시험성능기준 실필 2401/1901/1701/0701 실작 1302

항목	시험성능기준
내관통성	AE, ABE종 안전모는 관통거리가 9.5mm 이하이고, AB종 안전모는 관통거리가 11.1mm 이하이어야 한다.
충격흡수성	최고전달충격력이 4,450N을 초과해서는 안 되며, 모체와 착장체의 기능이 상실되지 않아야 한다.
내전압성	AE, ABE종 안전모는 교류 20kV에서 1분간 절연파괴 없이 견뎌야 하고, 이때 누설되는 충전전류는 10mA 이하이어야 한다.
내수성	AE, ABE종 안전모는 질량증가율이 1% 미만이어야 한다.
난연성	모체가 불꽃을 내며 5초 이상 연소되지 않아야 한다.
턱끈풀림	150N 이상 250N 이하에서 턱끈이 풀려야 한다.

1401 / 1701 / 2101 / 2202

02

Repetitive Learning (1회 2회 3회)

다음 중 참가자에 일정한 역할을 주어 실제적으로 연기를 시켜봄으로써 자기의 역할을 보다 확실히 인식할 수 있도록 체험학습을 시키는 교육방법은?

① Role playing　② Brain storming
③ Action playing　④ Fish bowl playing

해설

• Brain storming은 타인의 비판 없이 자유로운 토론을 통하여 다량의 독창적인 아이디어와 대안적 해결안을 찾기 위한 집단적 사고기법이다.
• Action playing과 Fish bowl playing은 교육이나 학습방법과는 거리가 멀다.

토의법의 종류

포럼 (Forum)	새로운 자료나 교재를 제시하고 피교육자로 하여금 문제점을 제기하게 하거나 그것에 관한 피교육자의 의견을 여러 가지 방법으로 발표하게 하고, 청중과 토론자 간에 활발한 의견 개진과 충돌로 바람직한 합의를 도출해내는 교육 실시방법
패널 디스커션 (Panel discussion)	참가자 앞에서 소수의 전문가들이 과제에 관한 견해를 발표하고 토론한 뒤 참가자 전원이 사회자의 진행에 따라 토의하는 방법
심포지엄 (Symposium)	몇 사람의 전문가에 의하여 과제에 관한 견해를 발표한 뒤에 참가자로 하여금 의견이나 질문을 하게 하여 토의하는 방법
롤 플레잉 (Role playing)	집단 심리요법의 하나로서 자기 해방과 타인 체험을 목적으로 하는 체험활동을 통해 대인관계에 있어서의 태도변용이나 통찰력, 자기이해를 목표로 개발된 교육방법
버즈세션 (Buzz session)	6-6 회의라고도 하며, 6명씩 소집단으로 구분하고, 집단별로 각각의 사회자를 선발하여 6분간씩 자유토의를 행하여 의견을 종합하는 방법

1501

03

다음 중 안전점검 보고서에 수록될 주요내용으로 적절하지 않는 것은?

① 작업현장의 현 배치상태와 문제점
② 안전교육 실시현황 및 추진방향
③ 안전관리 스태프의 인적 사항
④ 안전방침과 중점개선계획

정답 | 01 ③　02 ①　03 ③

해설

- 안전관리 스태프의 인적 사항은 안전점검 보고서의 주요내용에 해당하지 않는다.

안전점검 보고서 수록내용

- 작업현장의 현 배치상태와 문제점
- 안전점검 방법, 범위, 적용기준 등
- 안전교육 실시현황 및 추진방향
- 안전방침과 중점개선계획
- 재해다발요인과 유형분석 및 비교 데이터 제시
- 보호구, 방호장치 작업환경 실태와 개선 제시

1701 / 2201

04 Repetitive Learning (1회 2회 3회)

산업현장에서 재해발생 시 조치순서로 옳은 것은?

① 긴급처리 → 재해조사 → 원인분석 → 대책수립 → 실시계획 → 실시 → 평가
② 긴급처리 → 원인분석 → 재해조사 → 대책수립 → 실시 → 평가
③ 긴급처리 → 재해조사 → 원인분석 → 실시계획 → 실시 → 대책수립 → 평가
④ 긴급처리 → 실시계획 → 재해조사 → 대책수립 → 평가 → 실시

해설

- 재해발생 시 모든 사항에 우선하여 재해자에 대한 응급조치를 취해야 한다.

재해발생 시 조치사항 실필 1602/1002

- 재해발생 시 모든 사항에 우선하여 재해자에 대한 응급조치를 취해야 한다.
- 긴급조치 → 재해조사 → 원인분석 → 대책수립의 순을 따른다.
- 긴급조치 과정은 재해발생 기계의 정지 → 재해자의 구조 및 응급조치 → 상급 부서의 보고 → 2차 재해의 방지 → 현장 보존 순으로 진행한다.

1501

05 Repetitive Learning (1회 2회 3회)

다음 중 산업안전보건법령에 따라 사업주가 안전・보건조치 의무를 이행하지 아니하여 발생한 중대재해가 연간 2건이 발생하였을 경우 조치하여야 하는 사항에 해당하는 것은?

① 보건관리자 선임
② 안전보건개선계획의 수립
③ 안전관리자의 증원
④ 물질안전보건자료의 작성

해설

- 고용노동부장관은 산업재해예방을 위하여 종합적인 개선조치를 할 필요가 있다고 인정할 때에는 고용노동부령으로 정하는 바에 따라 사업주에게 그 사업장, 시설, 그 밖의 사항에 관한 안전보건개선계획의 수립・시행을 명할 수 있다.

안전보건개선계획을 수립・제출하도록 명할 수 있는 사업장

- 사업주가 안전・보건조치의무를 이행하지 아니하여 중대재해가 발생한 사업장
- 산업재해율이 같은 업종 평균 산업재해율의 2배 이상인 사업장
- 직업병에 걸린 사람이 연간 2명 이상(상시 근로자 1천명 이상 사업장의 경우 3명 이상) 발생한 사업장
- 작업환경 불량, 화재・폭발 또는 누출사고 등으로 사회적 물의를 일으킨 사업장

1603

06 Repetitive Learning (1회 2회 3회)

산업안전보건법상 안전보건개선계획의 수립・시행명령을 받은 사업주는 고용노동부장관이 정하는 바에 따라 안전보건개선계획서를 작성하여 그 명령을 받은 날부터 며칠 이내에 관할 지방고용노동관서의 장에게 제출해야 하는가?

① 15일
② 30일
③ 45일
④ 60일

해설

- 고용노동부장관은 산업재해예방을 위하여 종합적인 개선조치를 할 필요가 있다고 인정할 때에는 고용노동부령으로 정하는 바에 따라 사업주에게 그 사업장, 시설, 그 밖의 사항에 관한 안전보건개선계획의 수립・시행을 명할 수 있다. 사업주는 명령을 받은 날부터 60일 이내에 관할 지방고용노동관서의 장에게 제출하여야 한다.

안전보건개선계획 수립 실필 2401

- 안전보건개선계획의 수립・시행 명령을 받은 사업주는 고용노동부장관이 정하는 바에 따라 안전보건개선계획서를 작성하여 그 명령을 받은 날부터 60일 이내에 관할 지방고용노동관서의 장에게 제출하여야 한다.
- 안전보건개선계획서에는 시설, 안전・보건관리체제, 안전・보건교육, 산업재해예방 및 작업환경의 개선을 위하여 필요한 사항이 포함되어야 한다.

04 ① 05 ② 06 ④ 정답

0603

07 Repetitive Learning 1회 2회 3회

불안전한 행동을 예방하기 위하여 수정해야 할 조건 중 시간의 소요가 짧은 것부터 장시간 소요되는 순서대로 올바르게 연결된 것은?

① 집단행동 - 개인행위 - 지식 - 태도
② 지식 - 태도 - 개인행위 - 집단행위
③ 태도 - 지식 - 집단행위 - 개인행위
④ 개인행위 - 태도 - 지식 - 집단행위

해설

- 불안전한 행동을 예방하기 위하여 수정해야 할 조건 중 가장 쉽고 소요되는 시간이 적은 것은 지식이며, 가장 어렵고 소요되는 시간이 많은 것은 집단행위이다.

행위 변화의 난이도

- 불안전한 행동을 예방하기 위해 수정할 조건 중, 그 변화에 있어 가장 쉽고 소요시간이 적은 것부터 가장 어렵고 소요시간이 많은 것 순으로 배열하면 지식 → 태도 → 개인행위 → 집단행위 순서이다.

08 Repetitive Learning 1회 2회 3회

다음 중 무재해 운동 기본이념(3원칙)에 해당하지 않는 것은?

① 무의 원칙
② 선취의 원칙
③ 참가의 원칙
④ 최고경영자의 경영 원칙

해설

- 무재해 운동의 3원칙에는 무의 원칙, 안전제일(선취)의 원칙, 참가의 원칙이 있다.

무재해 운동 3원칙

구분	내용
무(無, Zero)의 원칙	모든 잠재적인 위험요인을 사전에 발견·파악·해결함으로써 근원적으로 산업재해를 없앤다.
안전제일(선취)의 원칙	직장의 위험요인을 행동하기 전에 발견·파악·해결하여 재해를 예방한다.
참가의 원칙	작업에 따르는 잠재적인 위험요인을 발견·해결하기 위하여 전원이 협력하여 문제해결 운동을 실천한다.

0901 / 1803

09 Repetitive Learning 1회 2회 3회

브레인스토밍(Brain-storming) 기법의 4원칙에 관한 설명으로 옳은 것은?

① 주제와 관련이 없는 내용은 발표할 수 없다.
② 동료의 의견에 대하여 좋고 나쁨을 평가한다.
③ 발표 순서를 정하고, 동일한 발표기회를 부여한다.
④ 타인의 의견에 대하여는 수정하여 발표할 수 있다.

해설

- 브레인스토밍은 주제와 관련이 없는 내용은 발표할 수 있다.
- 브레인스토밍은 동료의 의견에 대하여 좋고 나쁨을 평가하지 않는다.
- 브레인스토밍은 발표순서 없이 구성원 누구든 의견을 제시할 수 있다.

브레인스토밍(Brain-storming) 기법 실필 1503/0903

㉠ 개요
- 6~12명의 구성원으로 타인의 비판 없이 자유로운 토론을 통하여 다량의 독창적인 아이디어를 이끌어내고, 대안적 해결안을 찾기 위한 집단적 사고기법이다.

㉡ 4원칙
- 가능한 많은 아이디어와 의견을 제시하도록 한다.
- 주제를 벗어난 아이디어도 허용한다.
- 타인의 의견을 수정하여 발언하는 것을 허용한다.
- 절대 타인의 의견을 비판 및 비평하지 않는다.

1601

10 Repetitive Learning 1회 2회 3회

인간관계 관리기법에 있어 구성원 상호 간의 선호도를 기초로 집단 내부의 동태적 상호관계를 분석하는 방법으로 가장 적절한 것은?

① 소시오매트리(Sociometry)
② 그리드 훈련(Grid training)
③ 집단역학(Group dynamic)
④ 감수성 훈련(Sensitivity training)

해설

- 그리드 훈련(Grid training)은 경영자가 리더십 교육훈련 프로그램을 시행하는 개발프로그램이다.
- 집단역학(Group dynamic)은 집단 구성원 간에 존재하는 상호작용과 영향력을 말한다.
- 감수성 훈련(Sensitivity training)은 감정의 상처에서 벗어나 현재 나의 감정을 조절하는 심성훈련과정이다.

정답 | 07 ② 08 ④ 09 ④ 10 ①

:: 소시오매트리(Sociometry)

- 집단 구성원 간의 물리적, 심리적 거리를 측정하는 방법이다.
- 구성원 상호 간의 선호도를 기초로 집단 내부의 동태적 선호 관계를 분석하는 방법으로 많이 사용한다.

11 — Repetitive Learning (1회 2회 3회)

다음 중 학습의 전개단계에서 주제를 논리적으로 체계화함에 있어 적용하는 방법으로 적절하지 않은 것은?

① 적게 사용하는 것에서 많이 사용하는 것으로
② 미리 알려져 있는 것에서 미지의 것으로
③ 전체적인 것에서 부분적인 것으로
④ 간단한 것에서 복잡한 것으로

해설

- 많이 사용하는 것부터 체계화하는 것이 효율적이다.

:: 학습 중 주제를 논리적으로 체계화하는 방법

- 간단한 것에서 복잡한 것으로
- 미리 알려져 있는 것에서 미지의 것으로
- 많이 사용하는 것에서 적게 사용하는 것으로
- 과거에서 현재, 미래의 순으로

12 — Repetitive Learning (1회 2회 3회)

다음 중 피로 검사방법에 있어 심리적인 방법의 검사 항목에 해당하는 것은?

① 호흡순환 기능 ② 연속반응시간
③ 대뇌피질활동 ④ 혈색소농도

해설

- 대뇌피질활동은 생리학적 측정방법이고, 혈색소농도는 생화학적인 측정방법이다.

:: 피로의 측정법

㉠ 측정방법

구분	내용
생리학적 방법	근전도(EMG), 뇌전도(EEG), 반사역치(PSR), 심전도(ECG), 인지역치(청력검사), 융합점멸 주파수(Flicker) 등
생화학적 방법	혈액검사, 혈색소농도, 혈액수분, 응혈시간, 부신피질 등
심리학적 방법	피부저항(GSR), 정신작업, 동작분석, 변별역치, 행동기록, 연속반응시간, 전신자각 증상 등

㉡ 인지방법

구분	내용
자각적 방법	자각피로도, 자각증상수 등
타각적 방법	표정, 태도, 동작궤도, 자세 등

1703

13 — Repetitive Learning (1회 2회 3회)

A 사업장의 강도율이 2.5이고, 연간 재해발생건수가 12건, 연간 총근로시간이 120만 시간일 때 이 사업장의 종합재해지수는 약 얼마인가?

① 1.6
② 5.0
③ 27.6
④ 230

해설

- 도수율은 $\frac{12}{1,200,000} \times 1,000,000 = 10$이다.
- 종합재해지수는 $\sqrt{2.5 \times 10} = \sqrt{25} = 5$이다.

:: 도수율(FR : Frequency Rate of injury)

실필 1902/1701/1601/1303/1203/1201/1102/1003/0903/0902

- 빈도율이라고도 하며, 100만 시간당 재해발생건수를 나타낸다.
- 도수율 $= \frac{\text{연간 재해건수}}{\text{연간 총근로시간}} \times 10^6$로 구한다.

:: 종합재해지수 실필 2301/2003/1701/1303/1201/1102/0903/0902

- 기업 간 재해지수의 종합적인 비교 및 안전성적의 비교를 위해 사용하는 수단이다.
- 재해의 빈도와 상해의 강약도를 혼합하여 집계하는 지표이다.
- 강도율과 도수율(빈도율)의 기하평균이므로 종합재해지수는 $\sqrt{\text{빈도율} \times \text{강도율}}$로 구한다.
- 상해발생률과 상해강도율이 주어질 경우 종합재해지수 $= \sqrt{\frac{\text{빈도율} \times \text{강도율}}{1,000}}$ 로 구한다.

14 — Repetitive Learning (1회 2회 3회)

다음 중 상황성 누발자의 재해유발 원인에 해당하는 것은?

① 주의력 산만
② 저지능
③ 설비의 결함
④ 도덕성 결여

11 ① 12 ② 13 ② 14 ③ | 정답

해설

- 설비의 결함은 재해를 유발하는 원인에 해당한다.

:: 상황성 누발자

㉠ 개요
- 상황성 누발자란 작업이 어렵거나 설비의 결함, 심신의 근심 때문에 재해를 여러 번 겪은 사람을 말한다.

㉡ 재해유발 원인
- 작업이 어렵기 때문
- 기계설비에 결함이 있기 때문
- 심신에 근심이 있기 때문
- 환경상 주의력의 집중이 곤란하기 때문

0401 / 0903

15 ——— Repetitive Learning (1회 2회 3회)

다음 중 "Near accident"에 관한 내용으로 가장 적절한 것은?

① 사고가 일어난 인접지역
② 사망사고가 발생한 중대재해
③ 사고가 일어난 지점에 계속 사고가 발생하는 지역
④ 사고가 일어나더라도 손실을 전혀 수반하지 않는 재해

해설

- Near accident는 아찔사고라고도 하며, 손실이 수반되지 않은 재해를 말한다.

:: Near accident
- 아찔사고라고도 한다.
- 사고가 일어나더라도 손실을 전혀 수반하지 않는 재해를 말한다.
- Near accident가 자주 반복되다보면 사고가 발생할 확률이 높아진다.

1503 / 1801 / 2202

16 

기업 내 정형교육 중 TWI(Train Within Industry)의 교육내용과 가장 거리가 먼 것은?

① Job Method Training
② Job Relation Training
③ Job Instruction Training
④ Job Standardization Training

해설

- TWI의 교육내용에는 작업지도(Job Instruction), 작업개선(Job Methods), 인간관계(Job Relations), 안전작업방법(Job Safety) 등이 있다.

:: TWI(Training Within Industry for supervisor)

㉠ 개요
- 일선 관리감독자를 대상으로 인간관계를 개선하고 생산성을 향상시키기 위하여 고안된 훈련방법을 말한다.
- 교육내용에는 작업지도기법(JI : Job Instruction), 작업개선기법(JM : Job Methods), 인간관계기법(JR : Job Relations), 안전작업방법(JS : Job Safety) 등이 있다.

㉡ 주요 교육내용
- JRT(Job Relation Training)는 인간관계 관리기법으로 부하통솔기법과 관련된다.
- JIT(Job Instruction Training)는 작업지도기법으로 직장 내 부하 직원에 대하여 가르치는 기술과 관련된다.

1001

17 ——— Repetitive Learning (1회 2회 3회)

다음 중 산업안전보건법상 사업 내 안전·보건교육에 있어 근로자 정기안전·보건교육의 내용이 아닌 것은?(단, 산업안전보건법 및 일반관리에 관한 사항은 제외한다)

① 표준안전작업방법 및 지도 요령에 관한 사항
② 산업보건 및 직업병 예방에 관한 사항
③ 유해·위험 작업환경 관리에 관한 사항
④ 건강증진 및 질병 예방에 관한 사항

해설

- 표준안전작업방법 및 지도 요령에 관한 사항은 관리감독자 정기안전·보건 교육내용에 해당한다.

:: 근로자 정기안전·보건교육 교육내용 실필 2203/1903
- 산업안전 및 사고 예방에 관한 사항
- 산업보건 및 직업병 예방에 관한 사항
- 건강증진 및 질병 예방에 관한 사항
- 유해·위험 작업환경 관리에 관한 사항
- 산업안전보건법령 및 일반관리에 관한 사항
- 직무스트레스 예방 및 관리에 관한 사항
- 산업재해보상보험 제도에 관한 사항

18 Repetitive Learning (1회 2회 3회)

다음 중 재해코스트 산출에 있어 직접비에 해당하지 않은 것은?

① 장례비
② 요양비
③ 장해보상비
④ 설비의 수리비 및 손실비

해설

- 재해로 인해 손상된 설비의 수리비 및 손실비용은 직접비(산업재해보상비)에 포함되지 않는다.

하인리히의 재해손실비용 평가

- 직접비 : 간접비의 비율은 1 : 4로 계산해 산업재해로 인한 총 손실비용은 직접비(산업재해보상비)의 5배로 한다.
- 직접손실비용에는 치료비, 휴업급여, 장해급여, 유족급여, 요양급여, 간병급여, 직업재활급여, 장례비 등이 있다.
- 간접손실비용에는 부상자를 비롯한 직원의 시간손실, 이익의 감소, 생산손실비, 기계, 공구 재료 등의 재산손실 등이 있다.

19 Repetitive Learning (1회 2회 3회)

다음 중 안전교육의 기본방향으로 가장 적합하지 않은 것은?

① 안전작업을 위한 교육
② 사고사례 중심의 안전교육
③ 생산활동 개선을 위한 교육
④ 안전의식 향상을 위한 교육

해설

- 안전교육은 안전작업과 안전의식 향상을 위한, 사고사례 중심의 교육을 지향한다.

안전교육의 기본방향

- 안전교육은 인간측면에서 사고예방 수단의 하나이며 안전한 인간형성을 위한다.
- 안전교육은 사고사례 중심의 안전교육, 안전작업을 위한 교육, 안전의식 향상을 위한 교육을 지향한다.

20 Repetitive Learning (1회 2회 3회)

산업안전보건법상 안전·보건표지의 종류 중 바탕은 파란색, 관련 그림은 흰색을 사용하는 표지는?

① 사용금지 ② 세안장치
③ 몸균형상실경고 ④ 안전복착용

해설

- 파란색(2.5PB 4/10) 바탕에 흰색(N9.5)의 기본모형을 사용하는 것은 지시표지이다.

지시표지 실필 1502

- 특정 행위의 지시 및 사실의 고지에 사용된다.
- 파란색(2.5PB 4/10) 바탕에 흰색(N9.5)의 기본모형을 사용한다.
- 종류에는 보안경착용, 안전복착용, 보안면착용, 안전화착용, 귀마개착용, 안전모착용, 안전장갑착용, 방독마스크착용, 방진마스크착용 등이 있다.

보안경착용	안전복착용	보안면착용	안전화착용	귀마개착용
안전모 착용	안전장갑 착용	방독마스크 착용	방진마스크 착용	

2과목 인간공학 및 위험성 평가·관리

1802 / 2101

21 Repetitive Learning (1회 2회 3회)

시스템의 수명 및 신뢰성에 관한 설명으로 틀린 것은?

① 병렬설계 및 디레이팅 기술로 시스템의 신뢰성을 증가시킬 수 있다.
② 직렬 시스템에서는 부품들 중 최소수명을 갖는 부품에 의해 시스템 수명이 정해진다.
③ 수리가 가능한 시스템의 평균수명(MTBF)은 평균고장률(λ)과 정비례 관계가 성립한다.
④ 수리가 불가능한 구성요소로 병렬구조를 갖는 설비는 중복도가 늘어날수록 시스템 수명이 길어진다.

18 ④ 19 ③ 20 ④ 21 ③ 정답

해설

- MTBF는 무고장시간의 평균값으로 고장률과 반비례 관계에 있다.

시스템의 수명 및 신뢰성

- 병렬설계 및 디레이팅 기술로 시스템의 신뢰성을 증가시킬 수 있다.
- 직렬 시스템에서는 부품들 중 최소수명을 갖는 부품에 의해 시스템 수명이 정해진다.
- 병렬 시스템에서는 부품들 중 최대수명을 갖는 부품에 의해 시스템 수명이 정해진다.
- 수리가 가능한 시스템의 평균수명(MTBF)은 평균고장률(λ)과 역비례 관계가 성립한다.
- 수리가 불가능한 구성요소로 병렬구조를 갖는 설비는 중복도가 늘어날수록 시스템 수명이 길어진다.

22 Repetitive Learning (1회 2회 3회)

다음 중 근력에 영향을 주는 요인으로 가장 관계가 적은 것은?

① 식성
② 동기
③ 성별
④ 훈련

해설

- 근력은 동기, 성별, 연령, 훈련 등에 의해 영향을 받는다.

근력(Muscular strength)

㉠ 개요
- 근육의 수축에 의해 생기는 힘을 말한다.
- 근력은 동기, 성별, 연령, 훈련 등에 의해 영향을 받는다.

㉡ 영향 요인
- 근력은 30세까지는 증가하나 그 이후부터 감소한다.
- 근력은 훈련 등을 통해서 30~50%까지 증가가 가능하다.
- 남성은 여성에 비해 약 1.5배 정도 근력이 강하다.

23 Repetitive Learning (1회 2회 3회)

중복사상이 있는 FT(Fault Tree)에서 모든 컷 셋(Cut set)을 구한 경우에 최소 컷 셋(Minimal cut set)으로 옳은 것은?

① 모든 컷 셋이 바로 최소 컷 셋이다.
② 모든 컷 셋에서 중복되는 컷 셋만이 최소 컷 셋이다.
③ 최소 컷 셋은 시스템의 고장을 방지하는 기본 고장들의 집합이다.
④ 중복되는 사상의 컷 셋 중 다른 컷 셋에 포함되는 셋을 제거한 컷 셋과 중복되지 않는 사상의 컷 셋을 합한 것이 최소 컷 셋이다.

해설

- 컷 셋 중에 타 컷 셋을 포함하고 있는 중복되는 것을 배제하고 남은 컷 셋이 최소 컷 셋이다.
- 최소 컷 셋은 정상사상(Top 사상)을 일으키는 최소한의 집합이다.

최소 컷 셋(Minimal cut sets) 실필 2303/1701/0802

- 컷 셋 중에 타 컷 셋을 포함하고 있는 것을 배제하고 남은 컷 셋들을 의미한다.
- 사고에 대한 시스템의 약점을 표현한다.
- 정상사상(Top 사상)을 일으키는 최소한의 집합이다.
- 일반적으로 Fussell algorithm을 이용한다.
- 시스템에서 최소 컷 셋의 개수가 늘어나면 위험수준이 높아진다.

24 Repetitive Learning (1회 2회 3회)

다음 설명에서 해당하는 용어를 올바르게 나타낸 것은?

㉠ 요구된 기능을 실행하고자 하여도 필요한 물건, 정보, 에너지 등의 공급이 없기 때문에 작업자가 움직이려고 해도 움직일 수 없으므로 발생하는 과오
㉡ 작업자 자신으로부터 발생한 과오

① (ㄱ) : Secondary error (ㄴ) : Command error
② (ㄱ) : Command error (ㄴ) : Primary error
③ (ㄱ) : Primary error (ㄴ) : Secondary error
④ (ㄱ) : Command error (ㄴ) : Secondary error

해설

- 1차 오류(Primary error)는 작업자 자신으로부터 발생된 과오이며, 2차 오류(Secondary error)는 작업의 조건이나 작업의 형태 중에서 다른 문제가 생겨 필요한 사항을 실행할 수 없는 오류이다. 지시오류(Command error)는 필요한 물건, 정보, 에너지 등의 공급이 없어 작업실행이 불가능해 발생한 오류이다.

인간에러(Human error) 원인의 레벨 분류

구분	내용
1차 오류 (Primary error)	담당 작업자가 조작을 잘못하여 발생하는 오류로 안전교육을 통하여 제거할 수 있다.
2차 오류 (Secondary error)	작업의 조건이나 작업의 형태 중에서 다른 문제가 생겨 그 때문에 필요한 사항을 실행할 수 없는 오류로 작업환경의 개선을 통해 제거할 수 있다.
지시오류 (Command error)	필요한 물건, 정보, 에너지 등의 공급이 없는 것처럼 작업자가 움직이려 해도 움직일 수 없어서 발생하는 오류이다.

정답 | 22 ① 23 ④ 24 ②

25 Repetitive Learning (1회 2회 3회)

시스템 안전 프로그램에 대하여 안전점검 기준에 따른 평가를 내리는 시점은 시스템의 수명주기 중 어느 단계인가?

① 구상단계
② 설계단계
③ 생산단계
④ 운전단계

해설

- 시스템의 수명주기는 구상 → 정의 → 개발 → 생산 → 운전 → 폐기단계를 거친다.
- 안전점검 기준에 따른 평가는 폐기의 전 단계인 운전단계에서 가능하다.

⁂ 시스템 수명주기 6단계

단계	내용
1단계 구상(Concept)	예비위험분석(PHA)이 적용되는 단계
2단계 정의(Definition)	시스템 안전성 위험분석(SSHA) 및 생산물의 적합성을 검토하고 예비설계와 생산기술을 확인하는 단계
3단계 개발(Development)	FMEA, HAZOP 등이 실시되는 단계로 설계의 수용가능성을 위해 완벽한 검토가 이루어지는 단계
4단계 생산(Production)	안전관리자에 의해 안전교육 등 전체 교육이 실시되는 단계
5단계 운전(Deployment)	사고조사 참여, 기술변경의 개발, 고객에 의한 최종 성능검사, 시스템 안전 프로그램에 대하여 안전점검 기준에 따라 평가하는 단계
6단계 폐기	

26 Repetitive Learning (1회 2회 3회)

자동생산 시스템에서 3가지 고장 유형에 따라 각기 다른 색의 신호등에 불이 들어오고 운전원은 색에 따라 다른 조종장치를 조작하도록 하려고 한다. 이때 운전원이 신호를 보고 어떤 장치를 조작해야 할지를 결정하기까지 걸리는 시간을 예측하기 위해서 사용할 수 있는 이론은?

① 웨버(Weber) 법칙
② 피츠(Fitts) 법칙
③ 힉-하이만(Hick-hyman) 법칙
④ 학습효과(Learning effect) 법칙

해설

- 웨버(Weber) 법칙은 인간이 감지할 수 있는 외부의 물리적 자극 변화의 최소범위가 기준이 되는 자극의 크기에 비례하는 현상을 설명한 이론이다.
- Fitts의 법칙은 인간의 손이나 발을 이동시켜 조작장치를 조작하는 데 걸리는 시간을 표적까지의 거리와 표적 크기의 함수로 나타낸 것이다.
- 학습효과의 법칙은 손다이크의 학습에 있어서의 3대 법칙 중 하나로 반응의 결과가 만족스러우면 자극-반응 간의 결합이 잘 일어나고, 그렇지 않으면 두 결합은 약화된다는 것이다.

⁂ Hick-hyman 법칙

- 운전원이 신호를 보고 어떤 장치를 조작해야 할지를 결정하기까지 걸리는 시간을 예측할 수 있다.
- 예상치 못한 자극에 대한 일반적인 반응시간은 대안이 2배 증가할 때마다 약 0.15초(150ms) 정도가 증가한다.
- 선택반응시간은 자극 정보량의 선형함수로 $RT = a + b \cdot T(S:R)$로 구한다.
  이때 전달된 정보 $T(S:R) = H(S) + H(R) - H(S,R)$이고 $H(S)$는 자극정보, $H(R)$은 반응정보, $H(S,R)$은 자극과 반응의 결합정보이다.

0303 / 0403 / 1901

27 Repetitive Learning (1회 2회 3회)

다음 중 인간-기계 체제(Man-machine system)의 연구 목적으로 가장 적절한 것은?

① 정보저장의 극대화
② 운전 시 피로의 극소화
③ 시스템의 신뢰성 극대화
④ 안전을 극대화시키고 생산능률을 향상

해설

- 인간-기계 체계의 주목적은 안전의 최대화와 능률의 극대화에 있다.

⁂ 인간-기계 체계

㉠ 개요

- 인간-기계 체계의 주목적은 안전의 최대화와 능률의 극대화에 있다.
- 인간-기계 체계의 기본기능에는 감지기능, 정보처리 및 의사결정기능, 행동기능, 정보보관기능(4대 기능), 출력기능 등이 있다.

25 ④ 26 ③ 27 ④ | 정답

㉡ 인간-기계 시스템의 5대 기능 실필 1502/1403

감지기능	인체의 눈이나 기계의 표시장치 같은 감지기능
정보처리 및 의사결정 기능	회상, 인식, 정리 등을 통한 정보처리 및 의사결정기능
행동기능	정보처리의 결과로 발생하는 조작행위(음성 등)
정보보관 기능	정보의 저장 및 보관기능으로 위 3가지 기능 모두와 상호작용
출력기능	시스템에서 의사결정된 사항을 실행에 옮기는 과정

1603

28

Repetitive Learning (1회 2회 3회)

촉감의 일반적인 척도의 하나인 2점 문턱값(Two-point threshold)이 감소하는 순서대로 나열된 것은?

① 손가락 → 손바닥 → 손가락 끝
② 손바닥 → 손가락 → 손가락 끝
③ 손가락 끝 → 손가락 → 손바닥
④ 손가락 끝 → 손바닥 → 손가락

해설

- 문턱값이 가장 작은 손가락 끝이 가장 예민하다.

2점 문턱값(Two-point threshold)

- 2점 역치라고도 한다.
- 피부의 예민성을 측정하기 위한 지표로 피부에서 특정 2개의 점이 2개의 점으로 느껴질 수 있는 최소간격을 의미한다.
- 문턱값이 가장 작은 것이 가장 예민하다.
- 문턱값은 손바닥 → 손가락 → 손가락 끝 순으로 감소한다.

29

Repetitive Learning (1회 2회 3회)

다음 중 중추신경계 피로(정신 피로)의 척도로 사용할 수 있는 시각적 점멸융합주파수(VFF)를 측정할 때 영향을 주는 변수에 관한 설명으로 틀린 것은?

① 휘도만 같다면 색상은 영향을 주지 않는다.
② 표적과 주변의 휘도가 같을 때 최대가 된다.
③ 조명 강도의 대수치에 선형적으로 반비례한다.
④ 사람들 간에는 큰 차이가 있으나 개인의 경우 일관성이 있다.

해설

- 점멸융합주파수는 조명 강도의 대수치에 선형적으로 비례한다.

점멸융합주파수(Flicker fusion frequency)

㉠ 개요
- 시각적 혹은 청각적으로 주어지는 계속적인 자극을 연속적으로 느끼게 되는 주파수를 말한다.
- 중추신경계의 정신적 피로도의 척도를 나타내는 대표적인 측정값이다.
- 정신적으로 피로하면 주파수의 값이 감소한다.

㉡ 시각적 점멸융합주파수(VFF)
- 빛의 검출성에 영향을 주는 인자 중의 하나로 점멸속도가 약 30Hz 이상이면 불이 계속 켜진 것처럼 보인다.
- 암조응 시에는 주파수가 감소한다.
- 휘도만 같다면 색상은 주파수에 영향을 주지 않는다.
- 표적과 주변의 휘도가 같을 때 최대가 된다.
- 주파수는 조명 강도의 대수치에 선형적으로 비례한다.
- 사람들 간에는 큰 차이가 있으나 개인의 경우 일관성이 있다.

30

Repetitive Learning (1회 2회 3회)

다음 중 표시장치에 나타나는 값들이 계속적으로 변하는 경우에는 부적합하며 인접한 눈금에 대한 지침의 위치를 파악할 필요가 없는 경우의 표시장치 형태로 가장 적합한 것은?

① 정목동침형 ② 정침동목형
③ 동목동침형 ④ 계수형

해설

- 일반적으로 동침형은 정목동침형, 동목형은 정침동목형을 말한다.
- 정목동침형은 측정값의 변화방향이나 변화속도를 나타내는 데 유리한 표시장치이다.
- 정침동목형은 지침이 고정되어 있고 눈금이 움직이는 형태로 체중계나 나침반 등에서 이용된다.

계수형 표시장치

㉠ 개요
- 관측하고자 하는 측정값을 가장 정확하게 읽을 수 있는 표시장치이다.
- 전력계, 수도계량기나 택시요금 계기와 같이 숫자로 표시되는 정량적인 동적 표시장치이다.

㉡ 특징
- 나타나는 값들이 계속적으로 변화하는 경우에는 부적합하며, 인접한 눈금에 대한 지침의 위치를 파악할 필요가 없는 경우에 적합하다.
- 판독오차가 적다.

정답 | 28 ② 29 ③ 30 ④

31 Repetitive Learning (1회 2회 3회)

다음 [표]는 불꽃놀이용 화학물질취급설비에 대한 정량적 평가이다. 해당 항목에 대한 위험등급이 올바르게 연결된 것은?

항목	A (10점)	B (5점)	C (2점)	D (0점)
취급물질	○	○	○	
조작		○		○
화학설비의 용량	○		○	
온도	○	○		
압력		○	○	○

① 취급물질-Ⅰ등급, 화학설비의 용량-Ⅰ등급
② 온도-Ⅰ등급, 화학설비의 용량-Ⅱ등급
③ 취급물질-Ⅰ등급, 조작-Ⅳ등급
④ 온도-Ⅱ등급, 압력-Ⅲ등급

해설

- 각각의 위험점수의 합계를 구해 등급표에 적용한다.
- 취급물질은 10+5+2=17점으로 Ⅰ등급
- 화학설비의 용량은 10+2=12점으로 Ⅱ등급
- 온도는 10+5=15점으로 Ⅱ등급
- 조작은 5+0=5점으로 Ⅲ등급
- 압력은 5+2+0=7점으로 Ⅲ등급이다.

정량적 평가

㉠ 개요
- 손실 및 위험의 크기를 숫자값으로 표현하는 방식이다.
- 연간 예상손실액(ALE)을 계산하기 위해 모든 값들을 정량화시켜 표현한다.

㉡ 위험등급
- A급은 10점, B급은 5점, C급은 2점, D급은 0점을 부여하여 합산 점수를 구해 위험등급을 부여한다.
- 위험등급 Ⅰ등급 : 합산점수 16점 ~ 17점
- 위험등급 Ⅱ등급 : 합산점수 11점 ~ 15점
- 위험등급 Ⅲ등급 : 합산점수 10점 이하

32 Repetitive Learning (1회 2회 3회)

프레스기의 안전장치 수명은 지수분포를 따르며, 평균 수명은 100시간이다. 새로 구입한 안전장치가 향후 50시간 동안 고장 없이 작동할 확률(A)과 이미 100시간을 사용한 안전장치가 향후 50시간 이상 견딜 확률(B)은 각각 얼마인가?

① A : 0.606, B : 0.606 ② A : 0.990, B : 0.606
③ A : 0.990, B : 0.951 ④ A : 0.951, B : 0.606

해설

- 평균수명이 100시간이라는 것은 고장률이 1/100=0.01이라는 의미이다.
- 지수분포를 따르는 시스템이므로, 새로 구입한 장치를 50시간 동안 고장 없이 작동할 확률은 $e^{-0.01\times 50}=0.606531$이다.
- 이미 100시간을 사용한 안전장치가 향후 50시간 동안 고장 없이 작동할 확률도 $e^{-0.01\times 50}=0.606531$이다.

지수분포를 따르는 부품의 신뢰도

실필 1503/1502/1501/1402/1302/1101/1003/1002/0803/0801

- 고장률 λ인 시스템의 t시간 후의 신뢰도 $R(t)=e^{-\lambda t}$ 이다.
- 고장까지의 평균시간이 $t_0\left(=\frac{1}{\lambda_0}\right)$일 때

  이 부품을 t시간 동안 사용할 경우의 신뢰도 $R(t)=e^{-\frac{t}{t_0}}$이다.

33 Repetitive Learning (1회 2회 3회)

남성 작업자가 티셔츠(0.09 clo), 속옷(0.05 clo), 가벼운 바지(0.26 clo), 양말(0.04 clo), 신발(0.04 clo)을 착용하고 있을 때 총 보온율(clo) 값은 얼마인가?

① 0.260 ② 0.480
③ 1.184 ④ 1.280

해설

- 총 보온율은 0.09+0.05+0.26+0.04+0.04=0.480이 된다.

총 보온율[clo]

- 클로[clo] 단위는 보통 남자가 입는 옷의 보온율을 의미하며, 온도 21℃, 상대습도 50%의 환기되는 실내에서 앉아서 쉬는 사람이 편하게 느끼는 보온율을 의미한다.
- 작업자가 입고 있는 옷을 포함한 모든 보온요소의 보온율의 합으로 구한다.

34 Repetitive Learning (1회 2회 3회)

다음 중 소음에 의한 청력손실이 가장 크게 나타나는 주파수대는?

① 2,000Hz
② 4,000Hz
③ 10,000Hz
④ 20,000Hz

31 ④ 32 ① 33 ② 34 ② 정답

해설

- 2,400~4,800Hz 범위의 소음이 청력에 가장 나쁜 영향을 미친다.

소음성 난청
- 작업자가 소음 작업환경에 장기간 노출될 경우 나타나는 직업병이다.
- 2,400~4,800Hz 범위의 소음이 청력에 가장 나쁜 영향을 미친다.
- 역치변화가 큰 4,000Hz 주파수에서 소음에 의한 청력손실이 가장 크게 나타나 검사음으로 사용한다.

2201

35

다음 중 불(Bool) 대수의 관계식으로 틀린 것은?

① $A + AB = A$
② $A(A+B) = A+B$
③ $A + \overline{A}B = A+B$
④ $A + \overline{A} = 1$

해설

- $A(A+B) = A$이다.

불(Bool) 대수의 정리
- $A \cdot A = A$
- $A + A = A$
- $A \cdot 0 = 0$
- $A + 1 = 1$
- $A \cdot \overline{A} = 0$
- $A + \overline{A} = 1$
- $\overline{A \cdot B} = \overline{A} + \overline{B}$
- $\overline{A + B} = \overline{A} \cdot \overline{B}$
- $A + \overline{A} \cdot B = A + B$
- $A(A+B) = A + AB = A$

0903

36

다음 중 동작경제의 원칙으로 틀린 것은?

① 가능한 한 관성을 이용하여 작업을 한다.
② 공구의 기능을 결합하여 사용하도록 한다.
③ 휴식시간을 제외하고는 양손이 같이 쉬도록 한다.
④ 작업자가 작업 중에 자세를 변경할 수 있도록 한다.

해설

- 휴식시간을 제외하고는 양손을 같이 쉬게 해서는 안 된다.

동작경제의 원칙

㉠ 개요
- 작업자가 경제적인 동작을 통해 피로도를 감소시키면서도 능률을 향상시키게 하기 위한 원칙이다.
- 신체 사용의 원칙, 작업장 배치의 원칙, 공구 및 설비 디자인의 원칙으로 분류된다.
- 동작을 가급적 조합하여 하나의 동작으로 한다.
- 동작의 수는 줄이고, 동작의 속도는 적당히 한다.

㉡ 원칙의 분류

구분	내용
신체 사용의 원칙	• 두 손의 동작은 동시에 시작해서 동시에 끝나야 한다. • 휴식시간을 제외하고는 양손을 같이 쉬게 해서는 안 된다. • 손의 동작은 유연하고 연속적인 동작이어야 한다. • 동작이 급작스럽게 크게 바뀌는 직선 동작은 피해야 한다. • 두 팔의 동작은 동시에 서로 반대방향으로 대칭적으로 움직이도록 한다.
작업장 배치의 원칙	• 공구나 재료는 작업동작이 원활하게 수행하도록 그 위치를 정해준다. • 공구, 재료 및 제어장치는 사용하기 가까운 곳에 배치해야 한다.
공구 및 설비 디자인의 원칙	• 치구나 족답장치를 이용하여 양손이 다른 일을 할 수 있도록 한다. • 공구의 기능을 결합하여 사용하도록 한다.

1602 / 1902

37

산업안전보건법에 따라 유해·위험방지계획서의 제출대상 사업은 해당 사업으로서 전기 계약용량이 얼마 이상인 사업을 말하는가?

① 150kW
② 200kW
③ 300kW
④ 500kW

해설

- 유해·위험방지계획서 제출대상 사업장의 규모는 전기 계약용량이 300kW 이상인 사업장이다.

유해·위험방지계획서의 제출 실필 2302/1303/0903
- 제출대상 사업장의 규모는 전기 계약용량이 300kW 이상인 사업장이다.
- 건설물·기계·기구 및 설비 등 일체를 설치·이전하거나 그 주요 구조부분을 변경할 때에는 고용노동부장관(한국산업안전보건공단)에게 유해·위험방지계획서를 2부 제출하여야 한다.
- 제조업의 경우는 해당 작업 시작 15일 전에 제출한다.
- 건설업의 경우는 공사의 착공 전날까지 제출한다.

정답 | 35 ② 36 ③ 37 ③

0801 / 1003 / 1602 / 1701

38

Repetitive Learning (1회 2회 3회)

[그림]과 같이 FTA로 분석된 시스템에서 현재 모든 기본사상에 대한 부품이 고장난 상태이다. 부품 X_1부터 부품 X_5까지 순서대로 복구한다면 어느 부품을 수리 완료하는 순간부터 시스템은 정상가동이 되겠는가?

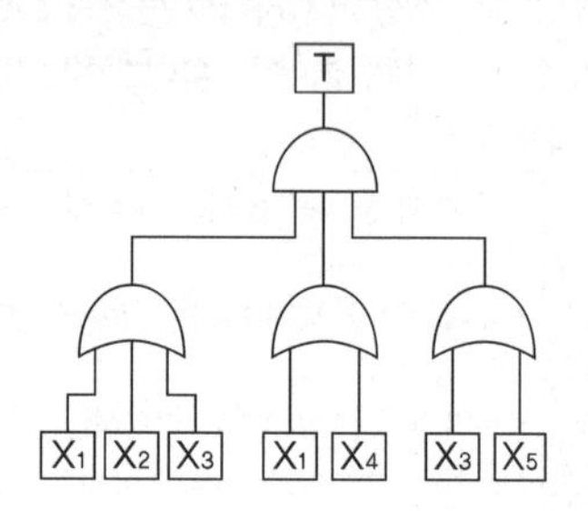

① 부품 X_2
② 부품 X_3
③ 부품 X_4
④ 부품 X_5

해설

- T가 정상가동하려면 AND 게이트이므로 입력 3개가 모두 정상가동해야 한다. 즉, 개별적인 OR 게이트에서의 출력이 정상적으로 발생해야 T는 정상가동한다. X_1과 X_2가 복구될 경우 첫 번째 OR 게이트와 두 번째 OR 게이트의 신호는 정상화가 되나 마지막 OR 게이트가 동작하지 않아 T가 정상가동되지 않는다.
- X_3이 정상화되면 마지막 OR 역시 정상동작하게 되므로 T가 정상가동된다.

FT도에서 정상(고장)사상 발생확률 실필 1203/0901

㉠ AND(직렬)연결 시
- 사상 A의 발생확률을 P_A, 사상 B, 사상 C 발생확률을 P_B, P_C라 할 때 $P_A = P_B \times P_C$로 구할 수 있다.

㉡ OR(병렬)연결 시
- 사상 A의 발생확률을 P_A, 사상 B, 사상 C 발생확률을 P_B, P_C라 할 때 $P_A = 1-(1-P_B)\times(1-P_C)$로 구할 수 있다.

0601 / 1502

39

Repetitive Learning (1회 2회 3회)

다음 중 복잡한 시스템을 설계, 가공하기 전의 구상단계에서 시스템의 근본적인 위험성을 평가하는 가장 기초적인 위험도 분석기법은?

① 예비위험분석(PHA)
② 결함수분석법(FTA)
③ 운용안전성 분석(OSA)
④ 고장의 형과 영향분석(FMEA)

해설

- 결함수분석법(FTA)은 연역적 방법으로 재해의 원인을 규명하며, 재해의 정량적 예측이 가능한 분석방법이다.
- 운용안전성 분석(OSA)은 시스템의 제조, 설치 및 시험단계에서 이루어지는 시스템 안전 분석기법으로 안전요건을 결정하기 위해 실시한다.
- 고장형태와 영향분석(FMEA)은 제품설계와 개발단계에서 고장발생을 최소로 하고자 하는 경우에 유효한 분석기법이다.

예비위험분석(PHA)

㉠ 개요
- 모든 시스템 안전 프로그램에서의 최초단계 해석으로 시스템의 위험요소가 어떤 위험 상태에 있는가를 정성적으로 평가하는 분석방법이다.
- 시스템을 설계함에 있어 개념형성단계에서 최초로 시도하는 위험도 분석방법이다.
- 복잡한 시스템을 설계, 가동하기 전의 구상단계에서 시스템의 근본적인 위험성을 평가하는 가장 기초적인 위험도 분석기법이다.
- 위험의 정도를 분류하는 4가지 범주는 파국(Catastrophic), 중대(Critical), 위기-한계(Marginal), 무시가능(Negligible)으로 구분된다.

㉡ 예비위험분석(PHA)의 4가지 범주(MIL-STD-882E)
실필 2103/1802/1302/1103

범주	내용
파국 (Catastrophic)	작업자의 부상 및 서브 시스템의 고장 등으로 시스템 성능이 저하되어 시스템에 심각한 손실을 초래한 상태
중대 (Critical)	작업자의 부상 및 시스템의 중대한 손해를 초래하거나 작업자의 생존 및 시스템의 유지를 위하여 즉시 수정 조치를 필요로 하는 상태
위기-한계 (Marginal)	작업자의 부상 및 시스템의 중대한 손해를 초래하지 않고 대처 또는 제어할 수 있는 상태
무시가능 (Negligible)	시스템의 성능이나 기능, 인원 손실이 전혀 없는 상태

38 ② 39 ① | 정답

40

Repetitive Learning 1회 2회 3회

다음 중 인식과 자극의 정보처리과정에서 3단계에 속하지 않는 것은?

① 인지단계 ② 반응단계
③ 행동단계 ④ 인식단계

해설

- 인식과 자극의 정보처리 3단계는 인지심리학의 정보처리과정으로 인지단계, 인식단계, 행동단계로 구분된다.

인지심리학의 정보처리과정

- 정보처리는 인지단계 → 인식단계 → 행동단계로 진행된다.
- 인지단계는 자극의 분석 과정이다.
- 인식단계는 뇌에서 내부적으로 일어나는 모든 과정을 말한다.
- 행동단계는 자극에 대한 적절한 반응을 표현하는 과정이다.

3과목 기계 · 기구 및 설비 안전관리

1403 / 1603

41

Repetitive Learning 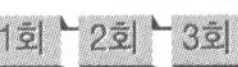

프레스기의 금형을 부착·해체 또는 조정하는 작업을 할 때, 슬라이드가 갑자기 작동함으로써 발생하는 근로자의 위험을 방지하기 위해 사용해야 하는 것은?

① 방호울 ② 안전블록
③ 시건장치 ④ 날 접촉예방장치

해설

- 기계의 원동기·회전축·기어·풀리·플라이휠·벨트 및 체인 등 근로자가 위험에 처할 우려가 있는 부위에 덮개·울·슬리브 및 건널다리 등을 설치하여야 한다.
- 공작기계·수송기계·건설기계 등의 운전을 정지한 후 다른 사람이 해당 기계의 운전을 방지하기 위해 기동장치에 잠금장치(시건장치)를 한다.
- 띠톱기계, 대패기계 및 모떼기기계에는 날 접촉예방장치를 설치하여야 한다.

금형 조정작업의 위험방지

- 사업주는 프레스 등의 금형을 부착·해체 또는 조정하는 작업을 할 때에 해당 작업에 종사하는 근로자의 신체가 위험한계 내에 있는 경우 슬라이드가 갑자기 작동함으로써 근로자에게 발생할 우려가 있는 위험을 방지하기 위하여 안전블록을 사용하는 등 필요한 조치를 하여야 한다.

1601

42

Repetitive Learning 1회 2회 3회

금형의 안전화에 관한 설명으로 틀린 것은?

① 금형을 설치하는 프레스의 T홈 안길이는 설치 볼트 직경의 2배 이상으로 한다.
② 맞춤 핀을 사용할 때에는 헐거움 끼워맞춤으로 하고, 이를 하형에 사용할 때에는 낙하방지의 대책을 세워둔다.
③ 금형의 사이에 신체 일부가 들어가지 않도록 이동 스트리퍼와 다이의 간격은 8mm 이하로 한다.
④ 대형 금형에서 생크가 헐거워짐이 예상될 경우 생크만으로 상형을 슬라이드에 설치하는 것을 피하고 볼트 등을 사용하여 조인다.

해설

- 금형의 안전화를 위해 맞춤 핀을 사용할 때에는 억지 끼워맞춤으로 해야 한다.

금형의 안전화

- 금형을 설치하는 프레스의 T홈 안길이는 설치 볼트 직경의 2배 이상으로 한다.
- 맞춤 핀을 사용할 때에는 억지 끼워맞춤으로 하고, 상형에 사용할 때에는 낙하방지의 대책을 세워둔다.
- 금형의 사이에 신체 일부가 들어가지 않도록 이동 스트리퍼와 다이의 간격은 8mm 이하로 한다.
- 대형 금형에서 생크가 헐거워짐이 예상될 경우 생크만으로 상형을 슬라이드에 설치하는 것을 피하고 볼트 등을 사용하여 조인다.

1901 / 2201

43

컨베이어(Conveyor) 역전방지장치의 형식을 기계식과 전기식으로 구분할 때 기계식에 해당하지 않는 것은?

① 라쳇식
② 밴드식
③ 슬러스트식
④ 롤러식

해설

- 슬러스트 브레이크를 이용하는 슬러스트식은 전기식 역전방지장치이다.

정답 | 40 ② 41 ② 42 ② 43 ③

컨베이어 역전방지장치

㉠ 개요

- 컨베이어, 이송용 롤러 등을 사용하는 경우에는 정전·전압강하 등에 따른 화물 또는 운반구의 이탈 및 역주행을 방지하는 장치를 갖추어야 한다.

㉡ 분류

- 기계식 역전방지장치 : 라쳇식, 롤러식, 전자식, 밴드식 등이 있다.
- 전기식 역전방지장치 : 전기브레이크, 슬러스트 브레이크 등이 있다.

1601

44 Repetitive Learning (1회 2회 3회)

원심기의 안전에 관한 설명으로 적절하지 않은 것은?

① 원심기에는 덮개를 설치하여야 한다.

② 원심기의 최고사용회전수를 초과하여 사용하여서는 아니 된다.

③ 원심기에 과압으로 인한 폭발을 방지하기 위하여 압력방출장치를 설치하여야 한다.

④ 원심기로부터 내용물을 꺼내거나 원심기의 정비, 청소, 검사, 수리작업을 하는 때에는 운전을 정지시켜야 한다.

해설

- 압력방출장치는 보일러의 방호장치이며, 원심기의 방호장치는 덮개이다.

원심기의 안전대책

- 사업주는 원심기 또는 분쇄기 등으로부터 내용물을 꺼내거나 원심기 또는 분쇄기 등의 정비·청소·검사·수리 또는 그 밖에 이와 유사한 작업을 하는 경우에 그 기계의 운전을 정지하여야 한다.
- 사업주는 원심기의 최고사용회전수를 초과하여 사용해서는 아니 된다.
- 사업주는 원심기에는 덮개를 설치하여야 한다.

0701 / 0903

45 Repetitive Learning (1회 2회 3회)

원통의 내면을 선반으로 절삭 시 안전상 주의할 점으로 옳은 것은?

① 공작물이 회전 중에 치수를 측정한다.

② 절삭유가 튀므로 면장갑을 착용한다.

③ 절삭 바이트는 공구대에서 길게 나오도록 설치한다.

④ 보안경을 착용하고 작업한다.

해설

- 바이트 교환, 일감의 치수 측정, 주유 및 청소 시에는 기계를 정지시켜야 한다.
- 회전기계 취급 시 면장갑의 착용은 금지한다.
- 절삭 바이트는 짧게 나오도록 설치하여야 한다.

선반작업 시 안전수칙

㉠ 작업자 보호장구

- 작업 중 장갑 착용을 금한다.
- 절삭 칩의 제거는 반드시 브러시를 사용하도록 한다.
- 칩(Chip)이 비산할 때는 보안경을 쓰고 방호판을 설치하여 사용한다.

㉡ 작업 시작 전 점검 및 준수사항

- 칩이 짧게 끊어지도록 칩 브레이커를 설치한다.
- 일감의 길이가 긴(가공물 길이가 지름의 12~20배 이상) 공작물은 방진구를 설치하여 진동을 방지한다.
- 베드 위에 공구를 올려놓지 않아야 한다.
- 공작물의 설치가 끝나면, 척에서 렌치류는 곧바로 제거한다.
- 시동 전에 척 핸들을 빼두어야 한다.

㉢ 작업 중 준수사항

- 기계 운전 중에는 백기어(Back gear)의 사용을 금한다.
- 회전 중에 가공품을 직접 만지지 않는다.
- 센터작업 시 심압 센터에 자주 절삭유를 준다.
- 선반작업 시 주축의 변속은 기계 정지 후에 해야 한다.
- 바이트 교환, 일감의 치수 측정, 주유 및 청소 시에는 기계를 정지시켜야 한다.

46 Repetitive Learning (1회 2회 3회)

산업안전보건법령상 롤러기에 사용하는 급정지장치 중 작업자의 무릎으로 조작하는 것의 위치로 옳은 것은?

① 밑면에서 0.4m 이상 0.6m 이내

② 밑면에서 0.8m 이상 1.1m 이내

③ 밑면에서 1.2m 이상 1.4m 이내

④ 밑면에서 1.8m 이내

해설

- 무릎 조작식 급정지장치는 밑면에서 0.6[m] 이내에 위치한다.

롤러기 급정지장치의 종류 실필 2101/0802 실작 2303/2101/1902

종류	위치
손 조작식	밑면에서 1.8[m] 이내
복부 조작식	밑면에서 0.8~1.1[m]
무릎 조작식	밑면에서 0.6[m] 이내

44 ③ 45 ④ 46 ① 정답

47

Repetitive Learning 1회 2회 3회

기계설비 안전화를 외형의 안전화, 기능의 안전화, 구조의 안전화로 구분할 때 다음 중 구조의 안전화에 해당하는 것은?

① 가공 중에 발생한 예리한 모서리, 버(Burr) 등을 연삭기로 라운딩
② 기계의 오동작을 방지하도록 자동제어장치 구성
③ 이상발생 시 기계를 급정지시킬 수 있도록 동력차단장치를 부착하는 조치
④ 열처리를 통하여 기계의 강도와 인성을 향상

해설

- ①은 외관의 안전화, ②와 ③은 기능적 안전화에 대한 설명이다.

구조의 안전화

㉠ 개요
- 급정지장치 등의 방호장치나 오동작 방지 등 소극적인 대책이 아니라, 기계설계 시 적절한 재료, 충분한 강도로 신뢰성 있게 제작하는 것을 말한다.

㉡ 특징
- 기계재료의 선정 시 재료 자체에 결함이 없는지 철저히 확인한다.
- 사용 중 재료의 강도가 열화될 것을 감안하여 설계 시 안전율을 고려한다.
- 가공경화와 같은 가공결함이 생길 우려가 있는 경우는 열처리 등으로 결함을 방지한다.

1701

48

Repetitive Learning 1회 2회 3회

다음 중 비파괴시험의 종류에 해당하지 않는 것은?

① 와류탐상시험
② 초음파탐상시험
③ 인장시험
④ 방사선투과시험

해설

- 인장시험은 재료의 인장강도, 항복점, 내력 등을 확인하기 위해 사용하는 파괴검사 방법이다.

비파괴검사

㉠ 개요
- 제품 내부의 결함, 용접부의 내부 결함 등을 제품의 파괴없이 외부에서 검사하는 방법을 말한다.
- 종류에는 누수시험, 누설시험, 음향탐상, 초음파탐상, 자분탐상, 와류탐상, 침투탐상, 방사선투과시험 등이 있다.

㉡ 대표적인 비파괴검사

음향탐상검사	손 또는 망치로 타격 진동시켜 발생하는 음을 검사
방사선투과시험	X선의 강도나 노출시간을 조절하여 검사
초음파탐상검사	초음파의 반사(타진)의 원리를 이용하여 검사
자분탐상시험	결함부위의 자극에 자분이 부착되는 것을 이용
와류탐상시험	결함부위 전류흐름의 난조를 이용하여 검사
침투탐상시험	비자성 금속재료의 표면균열검사에 사용

㉢ 특징
- 생산 제품에 손상이 없이 직접 시험이 가능하다.
- 현장시험이 가능하다.
- 시험방법에 따라 설비비가 많이 든다.

0701

49

Repetitive Learning 

다음 중 컨베이어의 종류가 아닌 것은?

① 체인 컨베이어 ② 롤러 컨베이어
③ 스크류 컨베이어 ④ 그리드 컨베이어

해설

- 컨베이어의 종류에는 벨트/체인 컨베이어, 스크류 컨베이어, 버킷 컨베이어, 롤러 컨베이어, 트롤리 컨베이어, 유체 컨베이어 등이 있다.

컨베이어(Conveyor)의 종류

- 컨베이어의 종류에는 벨트/체인 컨베이어, 스크류 컨베이어, 버킷 컨베이어, 롤러 컨베이어, 트롤리 컨베이어, 유체 컨베이어 등이 있다.
- 벨트(Belt)/체인(Chain) 컨베이어란 벨트 또는 체인을 이용하여 물체를 연속으로 운반하는 장치이다.
- 스크류(Screw) 컨베이어란 나사의 회전을 이용해 물체를 운반하는 컨베이어를 말한다.
- 버킷(Bucket) 컨베이어란 쇠사슬이나 벨트에 달린 버킷을 이용하여 물체를 낮은 곳에서 높은 곳으로 운반하는 컨베이어를 말한다.
- 롤러(Roller) 컨베이어란 자유롭게 회전이 가능한 여러 개의 롤러를 이용하여 물체를 운반하는 장치를 말한다.
- 트롤리(Trolley) 컨베이어란 공장 내의 천장에 설치된 레일 위를 이동하는 트롤리에 물건을 매달아서 운반하는 컨베이어를 말한다.
- 유체(Fluid) 컨베이어는 관 또는 홈통 모양의 컨베이어 속에 물을 흐르게 한 뒤, 그 물의 흐름에 의해 분체 등을 운반하는 장치이다.

정답 | 47 ④ 48 ③ 49 ④

50 ─── Repetitive Learning (1회 2회 3회)

프레스 방호장치의 성능기준에 대한 설명 중 잘못된 것은?

① 양수조작식 방호장치에서 누름버튼의 상호 간 내측거리는 300mm 이상으로 한다.
② 수인식 방호장치는 120SPM 이하의 프레스에 적합하다.
③ 양수조작식 방호장치는 1행정 1정지기구를 갖춘 프레스 장치에 적합하다.
④ 수인식 방호장치에서 수인 끈의 재료는 합성섬유로 직경이 2mm 이상이어야 한다.

해설

- 수인식 방호장치 수인 끈의 재료는 합성섬유로 직경이 4mm 이상이어야 한다.

:: 수인식 방호장치 실필 1301

㉠ 개요
- 슬라이드와 작업자의 손을 끈으로 연결하여, 슬라이드 하강 시 방호장치가 작업자의 손을 당기게 함으로써 위험영역에서 빼낼 수 있도록 한 장치를 말한다.
- 완전회전식 클러치 프레스 및 급정지기구가 없는 확동식 프레스에 적합하다.

㉡ 구조 및 일반사항
- 수인 끈의 재료는 합성섬유로 직경이 4mm 이상이어야 한다.
- 손의 안전을 위해 슬라이드 행정길이가 40~50mm 이상, 슬라이드 행정수가 100~120SPM 이하의 프레스에 주로 사용한다.

1702

51 ─── Repetitive Learning

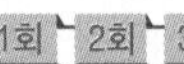

다음 중 안전율을 구하는 산식으로 옳은 것은?

① $\frac{허용응력}{기초강도}$
② $\frac{허용응력}{인장강도}$
③ $\frac{인장강도}{허용응력}$
④ $\frac{안전하중}{파단하중}$

해설

- 안전율은 $\frac{기준강도}{허용응력}$ 또는 $\frac{항복강도}{설계하중}$, $\frac{파괴하중}{최대사용하중}$, $\frac{최대응력}{허용응력}$ 등으로 구한다.

:: 안전율/안전계수(Safety factor)
- 소재의 파괴강도와 허용되는 응력의 비를 표시한 것이다.
- 안전율은 $\frac{기준강도}{허용응력}$ 또는 $\frac{항복강도}{설계하중}$, $\frac{파괴하중}{최대사용하중}$, $\frac{최대응력}{허용응력}$ 등으로 구한다.
- 응력은 단위면적당 부재에 작용하는 힘을 말하며, 허용응력은 단위면적당 재료가 파괴되지 않고 영구적인 변형이 남지 않는 비례한도 범위 내의 응력을 말한다.
- 기준강도는 재료에 손상을 입힌다고 인정되는 강도를 말한다.
- 강도(기준강도)를 통해 재료의 안전율, 구조 등이 결정된다.
- 연성재료에서는 항복점을 기준강도, 인장강도, 기초강도라고도 한다.

1603 / 2101

52

크레인 로프에 질량 2,000kg의 물건을 $10m/s^2$의 가속도로 감아올릴 때, 로프에 걸리는 총 하중은 약 몇 kN인가?

① 39.6
② 29.6
③ 19.6
④ 9.6

해설

- 로프에 2,000kg의 중량을 걸어 올리고 있으므로 정하중이 2,000kg이고, 주어진 값을 대입하면 동하중은 $\frac{2,000}{9.8}\times 10 = 2040.81$[kgf]가 된다.
- 총 하중은 $2,000 + 2,040.81 = 4,040.81$[kgf]이다. 구하고자 하는 단위는 KN이고, 1kgf = 9.8N이므로 $\frac{4,040.81\times 9.8}{1,000} = 39.599$[kN]이 된다.

:: 화물을 일정한 가속도로 감아올릴 때 총 하중
- 화물을 일정한 가속도로 감아올릴 때 총 하중은 화물의 중량에 해당하는 정하중과 감아올림으로 인해 발생하는 동하중(중력가속도를 거스르는 하중)의 합으로 구한다.
- 총 하중[kgf] = 정하중 + 동하중으로 구한다.
- 동하중 = $\frac{정하중}{중력가속도}$ × 인양가속도로 구할 수 있다.

50 ④ 51 ③ 52 ① 정답

53

Repetitive Learning 1회 2회 3회

지게차의 중량이 8kN, 화물중량이 2kN, 앞바퀴에서 화물의 무게중심까지의 최단거리가 0.5m이면 지게차가 안정되기 위한 앞바퀴에서 지게차의 무게중심까지의 거리는 최소 몇 m 이상이어야 하는가?

① 0.450m　② 0.325m
③ 0.225m　④ 0.125m

해설

- 지게차의 중량, 화물의 중량, 앞바퀴에서 화물의 무게중심까지의 거리가 주어졌으므로 2000 × 0.5 ≦ 8000 × 최단거리를 만족해야 한다.
- 최단거리는 $\frac{1,000}{8,000}=0.125$m를 초과해야 한다.

:: 지게차의 안정 실필 1103

- 지게차가 안정을 유지하기 위해서는 "화물중량[kgf] × 앞바퀴에서 화물의 무게중심까지의 최단거리[cm]" ≦ "지게차 중량[kgf] × 앞바퀴에서 지게차의 무게중심까지의 최단거리[cm]"여야 한다.

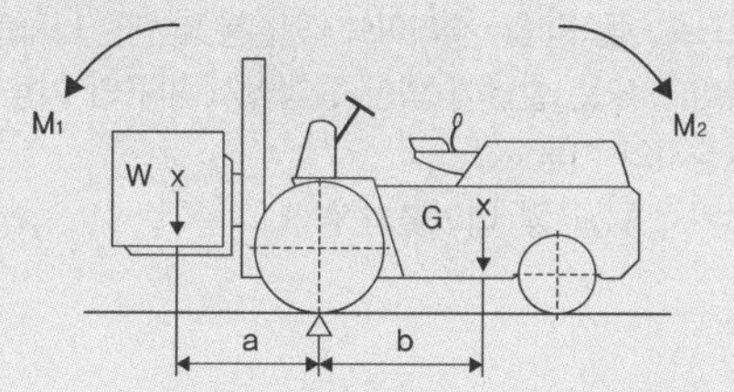

M_1 : 화물의 모멘트
M_2 : 차의 모멘트

- 모든 값이 고정된 상태에서 화물의 중량만이 가변적이므로 화물을 최대하중 이하로 적재해야 지게차가 안정될 수 있다.

54

Repetitive Learning 1회 2회 3회

발음원이 이동할 때 그 진행방향 쪽에서는 원래 발음원의 음보다 고음으로, 진행방향 반대쪽에서는 저음으로 되는 현상을 무엇이라고 하는가?

① 도플러(Doppler) 효과
② 마스킹(Masking) 효과
③ 호이겐스(Huygens) 효과
④ 임피던스(Impedance) 효과

해설

- 마스킹(Masking) 효과는 어떤 소리에 의해 다른 소리가 파묻혀 버리는 현상을 말한다.
- 호이겐스(Huygens) 효과는 빛의 파동성과 관련된 것으로 빛이 어떻게 전파되는지를 설명한다.
- 임피던스(Impedance)란 파동이 매질을 통과할 때 진동수에 따라 변화하는 저항의 성질을 말한다.

:: 도플러(Doppler) 효과

- 발음원이 이동할 때 그 진행방향 쪽에서는 원래 발음원의 음보다 고음(주파수가 높게)으로, 진행방향 반대쪽에서는 저음(주파수가 낮게)으로 되는 현상을 말한다.
- 움직이는 차에서 나는 사이렌 소리가 자신과 가까워지면 소리가 더 높아지고, 멀어지면 소리가 더 낮아지는 현상이 대표적인 도플러 효과이다.

0302 / 0501 / 0701 / 0803

55

보일러 발생증기의 이상현상이 아닌 것은?

① 역화(Back fire)
② 프라이밍(Priming)
③ 포밍(Foaming)
④ 캐리오버(Carry over)

해설

- 역화(Back fire)란 버너에서 화염이 역행하는 현상으로 발생증기의 이상현상과는 거리가 멀다.

:: 보일러 발생증기 이상현상의 종류 실필 1501/1302

캐리오버 (Carry over)	보일러 수중에 용해고형분이나 수분이 발생, 증기 중에 다량 함유되어 증기의 순도를 저하시킴으로써 응축수가 생겨 워터해머의 원인이 되고 증기과열기나 터빈 등의 고장의 원인이 되는 현상
프라이밍 (Priming)	보일러 부하의 급속한 변화로 수위가 급상승하면서 수면의 높이를 판단하기 어려운 현상으로 증기와 함께 보일러 수가 외부로 빠져나가는 현상
포밍 (Foaming)	보일러 수 속에 유지(油脂)류, 용해 고형물, 부유물 등의 농도가 높아지면 드럼 수면에 안정한 거품이 발생하고, 또한 거품이 증가하여 드럼의 기실(氣室) 전체로 확대되어 수위를 판단하지 못하는 현상

정답 | 53 ④ 54 ① 55 ①

56

Repetitive Learning (1회 2회 3회)

산업용 로봇의 작동범위 내에서 교시 등의 작업을 하는 경우, 작업 시작 전 점검사항에 해당하지 않는 것은?

① 외부 전선의 피복 또는 외장의 손상 유무
② 매니퓰레이터 작동의 이상 유무
③ 제동장치 및 비상정지장치의 기능
④ 압력방출장치의 기능

해설

- 산업용 로봇의 작업 시작 전 점검사항에는 외부 전선의 피복 또는 외장의 손상 유무, 매니퓰레이터(Manipulator) 작동의 이상 유무, 제동장치 및 비상정지장치의 기능 등이 있다.

∷ 산업용 로봇의 작업 시작 전 점검사항 실필 2203

- 외부 전선의 피복 또는 외장의 손상 유무
- 매니퓰레이터(Manipulator) 작동의 이상 유무
- 제동장치 및 비상정지장치의 기능

57

Repetitive Learning (1회 2회 3회)

옥내에 통로를 설치할 때 통로면으로부터 높이 얼마 이내에 장애물이 없어야 하는가?

① 1.5m
② 2.0m
③ 2.5m
④ 3.0m

해설

- 사업주는 통로면으로부터 높이 2m 이내에는 장애물이 없도록 하여야 한다.

∷ 통로의 설치

- 사업주는 작업장으로 통하는 장소 또는 작업장 내에 근로자가 사용할 안전한 통로를 설치하고 항상 사용할 수 있는 상태로 유지하여야 한다.
- 사업주는 통로의 주요 부분에 통로표시를 하고, 근로자가 안전하게 통행할 수 있도록 하여야 한다.
- 사업주는 통로면으로부터 높이 2m 이내에는 장애물이 없도록 하여야 한다.

1801 / 2201

58

Repetitive Learning (1회 2회 3회)

산업안전보건법령상 프레스 작업 시작 전 점검해야 할 사항에 해당하는 것은?

① 언로드밸브의 기능
② 하역장치 및 유압장치 기능
③ 권과방지장치 및 그 밖의 경보장치의 기능
④ 1행정 1정지기구 · 급정지장치 및 비상정지장치의 기능

해설

- 언로드밸브의 기능 체크는 공기압축기를 가동할 때, 하역장치 및 유압장치의 기능은 지게차를 이용해 작업할 때, 권과방지장치 및 그 밖의 경보장치의 기능은 이동식크레인을 사용하여 작업할 때 점검할 사항이다.

∷ 프레스 등을 사용하여 작업할 때 작업 시작 전 점검사항 실작 2402/2301/2102/2002

- 클러치 및 브레이크의 기능
- 프레스의 금형 및 고정볼트 상태
- 1행정 1정지기구 · 급정지장치 및 비상정지 장치의 기능
- 크랭크축 · 플라이휠 · 슬라이드 · 연결봉 및 연결 나사의 풀림여부
- 슬라이드 또는 칼날에 의한 위험방지 기구의 기능
- 방호장치의 기능
- 전단기의 칼날 및 테이블의 상태

0301 / 0503 / 0901 / 1902

59

Repetitive Learning (1회 2회 3회)

일반적으로 장갑을 착용하고 작업해야 하는 것은?

① 드릴작업　② 선반작업
③ 전기용접작업　④ 밀링작업

해설

- 드릴, 연삭, 해머, 정밀기계작업 시에는 장갑을 착용하지 않아야 한다.

∷ 용접작업 보호구

- 보호안경, 차광렌즈 : 스파크, 스패터나 불티 등으로부터 눈을 보호하기 위해 착용한다.
- 용접보안면 : 아크 및 가스용접, 절단작업 시 발생하는 유해광선으로부터 눈을 보호하고, 용접 시 발생하는 열에 의한 얼굴 및 목 부분의 열상이나 가열된 용재 등의 파편에 의한 화상을 방지하기 위해 사용한다.
- 보호장갑 및 앞치마, 발덮개 : 뜨거운 열과 비산하는 스패터로부터 작업자를 보호하기 위하여 착용한다.

56 ④ 57 ② 58 ④ 59 ③ 정답

60

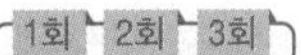

Repetitive Learning (1회 2회 3회)

롤러기의 물림점(Nip point)의 가드 개구부의 간격이 15mm일 때 가드와 위험점 간의 거리는 몇 mm인가?(단, 위험점이 전동체는 아니다)

① 15　② 30
③ 60　④ 90

해설

- 개구부와 위험점 간의 간격이 160mm 이상이어야 개구부 간격이 30mm가 되므로, 개구부 간격이 15mm로 주어졌다는 것은 개구부와 위험점 간의 간격이 160mm 미만이라는 의미이다. 그러므로 이용해야 하는 공식은, 개구부 간격 = 6 + (0.15 × 개구부에서 위험점까지 최단거리)[mm]이다.
- 가드와 위험점 간의 거리를 구하기 위해 식을 역으로 이용하면 $15 = 6 + 0.15x$이므로 $x = \frac{9}{0.15} = 60$[mm]이다.

∷ 롤러기 급정지장치의 개구부 간격과 급정지거리 실필 1703/1202/1102

- 가드 설치 시 개구부 간격(단위 : mm)

구분	간격
개구부와 위험점 간격 : 160mm 이상	30
개구부와 위험점 간격 : 160mm 미만	6+(0.15×개구부 ~위험점 최단거리)
위험점이 전동체일 경우	6+(0.1×개구부 ~위험점 최단거리)

- 급정지거리

원주속도	급정지거리
원주속도 : 30m/min 이상	앞면 롤러 원주의 1/2.5
원주속도 : 30m/min 미만	앞면 롤러 원주의 1/3 이내

4과목 전기설비 안전관리

1801

61

Repetitive Learning (1회 2회 3회)

교류 아크용접기의 자동전격장치는 전격의 위험을 방지하기 위하여 아크 발생이 중단된 후 약 1초 이내에 출력측 무부하전압을 자동적으로 몇 [V] 이하로 저하시켜야 하는가?

① 85　② 70
③ 50　④ 25

해설

- 자동전격방지장치는 아크 발생이 중단되면 출력측 무부하전압을 1초 이내에 25[V] 이하로 저하시키는 장치이다.

∷ 자동전격방지장치 실필 1002

㉠ 개요
- 용접작업을 정지하는 순간(1초 이내) 자동적으로 접촉하여도 감전재해가 발생하지 않는 정도로 용접봉 홀더의 출력측 2차 전압을 저하(25V)시키는 장치이다.
- 용접작업을 정지하는 순간에 작동하여 다음 아크 발생 시까지 기능한다.
- 주회로를 제어하는 장치와 보조변압기로 구성된다.

㉡ 설치
- 용접기 외함 및 피용접물은 제3종 접지공사를 실시한다.
- 자동전격방지장치 설치 장소는 선박의 이중 선체 내부, 밸러스트(Ballast) 탱크, 보일러 내부 등 도전체에 둘러싸인 장소, 추락할 위험이 있는 높이 2m 이상의 장소로 철골 등 도전성이 높은 물체에 근로자가 접촉할 우려가 있는 장소, 물·땀 등으로 인하여 도전성이 높은 습윤 상태에서 근로자가 작업하는 장소 등이다.

62

Repetitive Learning (1회 2회 3회)

일반적인 전기화재의 원인과 직접 관계되지 않는 것은?

① 과전류
② 애자의 오손
③ 정전기 스파크(Spark)
④ 합선(단락)

해설

- 애자(Insulator)는 절연내력을 가진 경질자기로 만들어져 전선로 등에서 전기 절연과 외부의 영향(온도, 햇빛 등)에 대응하기 위해 설치하는 절연체이다. 애자의 오손이 직접적인 화재로 연결되지는 않는다.

∷ 전기화재 발생

㉠ 전기화재 발생원인
- 전기화재 발생원인의 3요소는 발화원, 착화물, 출화의 경과로 구성된다.

구분	내용
발화원	화재의 발생원인으로 단열압축, 광선 및 방사선, 낙뢰, 스파크, 정전기, 충격이나 마찰, 기계적 운동에너지 등
착화물	발화원에 의해 최초로 착화된 가연물
출화의 경과	발생요인으로 단락, 누전, 과전류, 스파크 등

정답 | 60 ③ 61 ④ 62 ②

㉡ 출화의 경과에 따른 전기화재 비중

- 전기화재의 경로별 원인, 즉, 출화의 경과에 따른 분류에는 합선(단락), 과전류, 스파크, 누전, 정전기, 접촉부 과열, 절연열화에 의한 발열, 절연불량 등이 있다.
- 출화의 경과에 따른 발화현상의 분류에서 가장 빈도가 높은 것은 스파크 화재 – 단락(합선)에 의한 화재이다.

스파크	누전	접촉부과열	절연열화에 의한 발열	과전류
24%	15%	12%	11%	8%

1901

63

Repetitive Learning 1회 2회 3회

대전물체의 표면전위를 검출전극에 의한 용량분할하여 측정할 수 있다. 대전물체와 검출전극 간의 정전용량을 C_1, 검출전극과 대지 간의 정전용량을 C_2, 검출전극의 전위를 V_e 라 할 때 대전물체의 표면전위 V_s를 나타내는 것은?

① $V_s = \dfrac{C_1 + C_2}{C_2} V_e$ ② $V_s = \dfrac{C_1 + C_2}{C_1} V_e$

③ $V_s = \dfrac{C_1}{C_1 + C_2} V_e$ ④ $V_s = \dfrac{C_2}{C_1 + C_2} V_e$

해설

- 직렬로 연결된 C_1과 C_2에서 송전선 전압이 E일 때 정전용량 C_1에 걸리는 전압은 $\dfrac{C_2}{C_1+C_2}\times E$가 되고, C_2에 걸리는 전압은 $\dfrac{C_1}{C_1+C_2}\times E$가 된다.
- 여기서 대전물체의 표면전위(V_s)가 E와 같고, C_2에 걸리는 전압이 검출전극의 전위(V_e)이므로 대입하면 $V_e = \dfrac{C_1}{C_1+C_2}\times V_s$ 이다.
- 구하고자 하는 값 $V_s = \dfrac{C_1+C_2}{C_1}\times V_e$가 된다.

콘덴서의 연결방법과 정전용량

㉠ 콘덴서의 직렬연결

- 2개의 콘덴서가 직렬로 연결된 경우 저항의 병렬연결과 같은 계산법을 적용한다.
- 각 콘덴서에 축적되는 전하량은 동일하다.
- 합성 정전용량 $= \dfrac{1}{\dfrac{1}{C_1}+\dfrac{1}{C_2}} = \dfrac{C_1\times C_2}{C_1+C_2}$ 이다.
- 콘덴서에 축적되는 전하량은 각각 $Q_1 = \dfrac{C_1C_2}{C_1+C_2}V$, $Q_2 = \dfrac{C_1C_2}{C_1+C_2}V$가 된다.

㉡ 콘덴서의 병렬연결

- 2개의 콘덴서가 병렬로 연결된 경우 저항의 직렬연결과 같은 계산법을 적용한다.
- 각 콘덴서에 걸리는 전압은 동일하다.
- 합성 정전용량 $= C_1 + C_2$ 이다.
- 콘덴서에 축적되는 전하량은 각각 $Q_1 = C_1V$, $Q_2 = C_2V$ 가 된다.

0901 / 1603

64

Repetitive Learning 1회 2회 3회

전기기기 방폭의 기본개념과 이를 이용한 방폭구조로 볼 수 없는 것은?

① 점화원의 격리 : 내압(耐壓)방폭구조
② 폭발성 위험분위기 해소 : 유입방폭구조
③ 전기기기 안전도의 증강 : 안전증방폭구조
④ 점화능력의 본질적 억제 : 본질안전방폭구조

해설

- 위험분위기의 전기기기 접촉방지는 충전방폭구조의 개념이다. 유입방폭구조는 점화원의 격리를 통해 안전과 함께 성능의 효율성을 고려한 구조이다.

유입방폭구조(EX o) 실필 0901

- 전기기기의 불꽃, 아크 또는 고온이 발생하는 부분을 광물성 기름 속에 넣고, 기름면 위에 존재하는 폭발성 가스 또는 증기에 인화될 우려가 없도록 한 구조를 말한다.
- 1종 장소의 방폭구조에 해당한다.

65

Repetitive Learning 1회 2회 3회

정전기로 인한 화재폭발을 방지하기 위한 조치가 필요한 설비가 아닌 것은?

① 인화성 물질을 함유하는 도료 및 접착제 등을 도포하는 설비
② 위험물을 탱크로리에 주입하는 설비
③ 탱크로리·탱크차 및 드럼 등 위험물 저장설비
④ 위험기계·기구 및 그 수중설비

63 ② 64 ② 65 ④ 정답

해설

- 위험기계·기구 및 그 수중설비는 정전기로 인한 화재폭발 방지가 필요한 설비에 해당하지 않는다.

정전기로 인한 화재폭발 방지가 필요한 설비

- 위험물을 탱크로리·탱크차 및 드럼 등에 주입하는 설비
- 탱크로리·탱크차 및 드럼 등 위험물저장설비
- 인화성 액체를 함유하는 도료 및 접착제 등을 제조·저장·취급 또는 도포(塗布)하는 설비
- 위험물 건조설비 또는 그 부속설비
- 인화성 고체를 저장하거나 취급하는 설비
- 드라이클리닝설비, 염색가공설비 또는 모피류 등을 씻는 설비 등 인화성 유기용제를 사용하는 설비
- 유압, 압축공기 또는 고전위정전기 등을 이용하여 인화성 액체나 인화성 고체를 분무하거나 이송하는 설비
- 고압가스를 이송하거나 저장·취급하는 설비
- 화약류 제조설비
- 발파공에 장전된 화약류를 점화시키는 경우에 사용하는 발파기

1901

66

Repetitive Learning (1회 2회 3회)

440[V]의 회로에 ELB(누전차단기)를 설치할 때 어느 규격의 ELB를 설치하는 것이 안전한가?(단, 인체저항은 500[Ω]이다)

① 30[mA] 0.1[초]
② 30[mA] 0.03[초]
③ 30[mA] 0.3[초]
④ 30[mA] 1[초]

해설

- 가장 빠른 시간 내에 반응하는 ELB가 가장 안전하다.

누전차단기(RCD : Residual Current Device)

실필 2401/1502/1402/0903

㉠ 개요

- 이동형 또는 휴대형의 전기기계·기구의 금속제 외함, 금속제 외피 등에서 누전, 절연파괴 등으로 인하여 지락전류가 발생하면 주어진 시간 이내에 전기기기의 전로를 차단하는 장치를 말한다.
- 누전검출부, 영상변류기, 차단기구 등으로 구성된 장치이다.
- 정격부하전류가 30[A]인 이동형 전기기계·기구에 접속되어 있는 경우 일반적으로 정격감도전류는 30[mA] 이하인 것을 사용한다.
- 정격부하전류가 50[A] 미만의 전기기계·기구에 접속되는 누전차단기의 경우 정격감도전류가 30[mA] 이하이고 작동시간은 0.03초 이내이어야 한다.
- 누전에 의한 감전위험을 방지하기 위하여 분기회로마다 누전차단기를 설치한다.

㉡ 종류와 동작시간

- 인체감전보호용은 정격감도전류(30[mA])에서 0.03[초] 이내이다.
- 인체가 물에 젖어 있거나 물을 사용하는 장소(욕실 등)에는 정격감도전류15[mA])에서 0.03초 이내의 누전차단기를 사용한다.
- 고속형은 정격감도전류(30[mA])에서 동작시간이 0.1[초] 이내이다.
- 시연형은 정격감도전류(30[mA])에서 동작시간이 0.1[초]를 초과하고 0.2[초]이내이다.
- 반한시형은 정격감도전류 100%에서 0.2~1[초] 이내, 정격감도전류 140%에서 0.1~0.5[초] 이내, 정격감도전류 440%에서 0.05[초] 이내이다.

0902 / 1801

67

Repetitive Learning (1회 2회 3회)

다음 중 정전기에 대한 설명으로 가장 알맞은 것은?

① 전하의 공간적 이동이 크고, 그것에 의한 자계의 효과가 전계의 효과에 비해 매우 큰 전기
② 전하의 공간적 이동이 적고, 그것에 의한 자계의 효과가 전계에 비해 무시할 정도의 적은 전기
③ 전하의 공간적 이동이 적고, 그것에 의한 전계의 효과와 자계의 효과가 서로 비슷한 전기
④ 전하의 공간적 이동이 크고, 그것에 의한 자계의 효과와 전계의 효과를 서로 비교할 수 없는 전기

해설

- 전하의 공간적 이동이 적고, 그것에 의한 자계의 효과가 전계에 비해 무시할 정도의 적은 전기를 말한다.

정전기

㉠ 개요

- 전하(電荷)가 정지상태에 있어 흐르지 않고 머물러 있는 전기를 말한다.
- 전하의 공간적 이동이 적고, 그것에 의한 자계의 효과가 전계에 비해 무시할 정도의 적은 전기를 말한다.
- 같은 부호의 전하 사이에는 반발력이 작용하나 정전유도에 의한 힘에는 흡인력이 작용한다.

㉡ 대전(Electrification)

- 발생한 정전기와 완화한 정전기의 차가 마찰을 받은 물체에 축적되는 현상을 대전이라 한다.
- 대전의 원인에는 접촉대전, 마찰대전, 박리대전, 유동대전, 분출대전, 충돌대전, 파괴대전 등이 있다.
- 겨울철에 나일론 소재 셔츠 등을 벗을 때 경험하는 부착현상이나 스파크 발생은 박리대전현상이다.

68

Repetitive Learning (1회 2회 3회)

대전서열을 올바르게 나열한 것은?(단, (+) ~ (−) 순임)

① 폴리에틸렌 − 셀룰로이드 − 염화비닐 − 테프론
② 셀룰로이드 − 폴리에틸렌 − 염화비닐 − 테프론
③ 염화비닐 − 폴리에틸렌 − 셀룰로이드 − 테프론
④ 테프론 − 셀룰로이드 − 염화비닐 − 폴리에틸렌

해설

• 제시된 보기 중 가장 (+)에 가까운 것이 폴리에틸렌이고 가장 (−)에 가까운 것이 테프론이다.

대전서열

• 대전서열이란 전하량의 평형이 깨어진 물체가 띠는 전기적 성질 혹은 전자를 가지려는 힘의 차이 순으로 배열한 것을 말한다.
• 대전서열의 간격이 멀수록 정전기 발생량이 증가하므로 정전기 방지를 위해서는 대전서열이 가까운 것으로 구성하여야 한다.

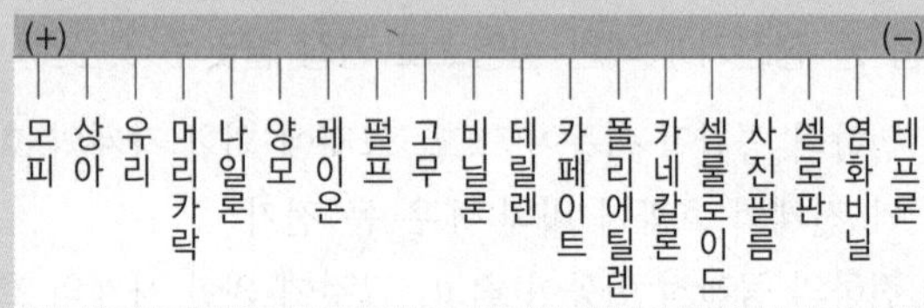

0403 / 0803 / 0903 / 1101 / 1302 / 1801 / 2001

69

Repetitive Learning (1회 2회 3회)

인체의 전기저항을 500Ω이라 한다면 심실세동을 일으키는 위험에너지는 몇 [J]인가?(단, 달지엘(DALZIEL)주장, 통전시간은 1초, 체중은 60kg 정도이다)

① 13.2　　② 13.4
③ 13.6　　④ 14.6

해설

• 통전시간이 1초, 인체의 전기저항값이 500Ω이라고 할 때 심실세동을 일으키는 전류에서의 전기에너지는 13.612[J]이다.

심실세동 한계전류와 전기에너지 실필 2303/2101/1403/1401/1202

• 심장의 맥동에 영향을 주어 혈액 순환을 곤란하게 하고, 끝내는 심장 기능을 잃게 하는 치사적 전류를 심실세동전류라 한다.
• 감전자 1천명 중 5명 이상이 심실세동을 일으킬 수 있는 감전시간과 위험전류와의 관계에서 심실세동 한계전류 I는 $\frac{165}{\sqrt{T}}$[mA]이고, T는 통전시간이다.
• 인체의 접촉저항을 500Ω으로 할 때 심실세동을 일으키는 전류에서의 전기에너지는 $W = I^2Rt = \left(\frac{165\times10^{-3}}{\sqrt{T}}\right)^2 \times R \times T = (165\times10^{-3})^2 \times 500 = 13.612$[J]가 된다.

1501 / 2101

70

Repetitive Learning (1회 2회 3회)

개폐기로 인한 발화는 개폐 시의 스파크에 의한 가연물의 착화화재가 많이 발생한다. 이를 방지하기 위한 대책으로 틀린 것은?

① 가연 성증기, 분진 등이 있는 곳은 방폭형을 사용한다.
② 개폐기를 불연성 상자 안에 수납한다.
③ 비포장 퓨즈를 사용한다.
④ 접속부분의 나사풀림이 없도록 한다.

해설

• 스파크 화재를 방지하기 위해서는 과전류 차단용 퓨즈는 포장 퓨즈를 사용해야 한다.

스파크 화재의 방지책

• 과전류 차단용 퓨즈는 포장 퓨즈를 사용할 것
• 개폐기를 불연성 외함 내에 내장시키거나 통형 퓨즈를 사용할 것
• 접지부분의 산화, 변형, 퓨즈의 나사풀림 등으로 인한 접촉저항이 증가되는 것을 방지할 것
• 가연성 증기, 분진 등 위험한 물질이 있는 곳에는 방폭형 개폐기를 사용할 것
• 목재 벽이나 천장으로부터 고압은 1m 이상, 특별고압은 2m 이상 이격할 것
• 유입 개폐기는 절연유의 열화 정도와 유량에 주의하고, 주위에는 내화벽을 설치할 것
• 단락보호장치의 고장 발생 시에는 스파크로 인한 폭발위험이 있으므로 수동복구를 원칙으로 할 것

71

Repetitive Learning (1회 2회 3회)

접지저항값을 저하시키는 방법 중 거리가 먼 것은?

① 접지봉에 도전성이 좋은 금속을 도금한다.
② 접지봉을 병렬로 연결한다.
③ 도전성 물질을 접지극 주변의 토양에 주입한다.
④ 접지봉을 땅속 깊이 매설한다.

해설

• 접지봉에 도금을 할 경우 접지저항값이 더 크게 나오므로 피해야 한다.

접지저항 저감대책

㉠ 물리적인 저감대책
• 접지극의 병렬접속 및 연결 개수 및 면적을 확대한다(병렬법).
• 접지봉 매설 깊이를 깊게 한다(심타법).
• 매설지선 및 평판 접지극 공법을 사용한다.
• 접지극 매설 깊이를 증가시킨다.
• Mesh 공법으로 시공한다.

68 ① 69 ③ 70 ③ 71 ① | 정답

ⓛ 화학적인 저감대책
- 접지극 주변의 토양을 개량한다.
- 접지저항 저감제(약품법)를 사용해 매설 토지의 대지저항률을 낮춘다.

72

Repetitive Learning (1회 2회 3회)

절연물은 여러 가지 원인으로 전기저항이 저하되어 절연불량을 일으켜 위험한 상태가 되는데, 이 절연불량의 주요 원인과 거리가 먼 것은?

① 진동, 충격 등에 의한 기계적 요인
② 산화 등에 의한 화학적 요인
③ 온도상승에 의한 열적 요인
④ 오염물질 등에 의한 환경적 요인

해설

- 절연불량의 주요 원인에는 기계적 요인, 화학적 요인, 열적 요인, 전기적 요인, 생물학적 요인 등이 있다.

절연불량의 주요 원인
- 진동, 충격 등에 의한 기계적 요인
- 산화, 약품 등에 의한 화학적 요인
- 온도상승 등에 의한 열적 요인
- 서지, 높은 이상전압 등에 의한 전기적 요인
- 생물학적 요인

1901

73

Repetitive Learning (1회 2회 3회)

역률개선용 콘덴서에 접속되어있는 전로에서 정전작업을 실시할 경우 다른 정전작업과는 달리 특별히 주의 깊게 취해야 할 조치사항은 다음 중 어떤 것인가?

① 개폐기 통전금지
② 활선 근접 작업에 대한 방호
③ 전력콘덴서의 잔류전하 방전
④ 안전표지의 부착

해설

- 전로에 전력케이블을 사용하는 회로나 역률개선용 전력콘덴서 등이 접속된 경우 전원차단 후에도 잔류전하에 의한 감전위험이 높으므로 잔류전하 방전조치가 반드시 필요하다.

잔류전하의 방전

㉠ 근거
- 개로된 전로에서 유도전압 또는 전기에너지가 축적되어 근로자에게 전기위험을 끼칠 수 있는 전기기기 등은 접촉하기 전에 잔류전하를 완전히 방전시켜야 한다.

ⓛ 개요
- 정전시킨 전로에 전력케이블, 콘덴서, 용량이 큰 부하기기 등이 접속되어 있는 경우에는 전원차단 후에도 여전히 전하가 잔류된다.
- 잔류전하에 의한 감전을 방지하기 위해서 방전코일이나 방전기구 등에 의해서 안전하게 잔류전하를 제거하는 것이 필요하다.
- 방전대상에는 전력케이블, 용량이 큰 부하기기, 역률개선용 전력콘덴서 등이 있다.

74

Repetitive Learning (1회 2회 3회)

가연성 가스가 저장된 탱크의 릴리프밸브가 가끔 작동하여 가연성 가스나 증기가 방출되는 부근의 위험장소 분류는?

① 0종　　② 1종
③ 2종　　④ 준위험장소

해설

- 저장된 탱크의 릴리프밸브가 가끔 작동하여 가연성 가스나 증기가 방출되는 지역은 1종에 해당한다.

1종 장소
- 통상상태에서의 간헐적 위험분위기가 조성되는 지역을 말한다.
- 가스, 증기 또는 미스트의 가연성 물질의 공기혼합물로 구성되는 폭발분위기가 정상작동 중에 생성될 수 있는 장소이다.
- 0종 장소의 근접주변, 송급통구의 근접주변, 운전상 열게 되는 연결부의 근접주변, 배기관의 유출구 근접주변 등 맨홀, 벤트, 피트 등의 주변 장소가 이에 해당한다.

1701

75

Repetitive Learning (1회 2회 3회)

피뢰기의 설치장소가 아닌 것은?(단, 직접 접속하는 전선이 짧은 경우 및 피보호기기가 보호범위 내에 위치하는 경우가 아니다)

① 저압을 공급받는 수용장소의 인입구
② 지중전선로와 가공전선로가 접속되는 곳
③ 가공전선로에 접속하는 배전용 변압기의 고압측
④ 발전소 또는 변전소의 가공전선 인입구 및 인출구

정답 | 72 ④ 73 ③ 74 ② 75 ①

해설

- 피뢰기는 고압 및 특고압 가공전선로로부터 공급을 받는 수용장소의 인입구에 설치하여야 한다.

:: 고압 및 특고압의 전로 중 피뢰기의 설치 대상

- 발전소·변전소 또는 이에 준하는 장소의 가공전선 인입구 및 인출구
- 가공전선로에 접속하는 배전용 변압기의 고압측 및 특고압측
- 고압 및 특고압 가공전선로로부터 공급을 받는 수용장소의 인입구
- 가공전선로와 지중전선로가 접속되는 곳

1003/1903

76

Repetitive Learning 1회 2회 3회

금속관의 방폭형 부속품에 관한 설명 중 틀린 것은?

① 아연도금을 한 위에 투명한 도료를 칠하거나 녹스는 것을 방지한 강 또는 가단주철일 것
② 안쪽 면 및 끝부분은 전선의 피복을 손상하지 않도록 매끈한 것일 것
③ 전선관의 접속부분의 나사는 5턱 이상 완전히 나사 결합이 될 수 있는 길이일 것
④ 접합면 중 나사의 접합은 유입방폭구조의 폭발압력 시험에 적합할 것

해설

- 접합면 중 나사의 접합은 내압방폭구조의 나사 접합에 적합해야 한다.

:: 금속관의 방폭형 부속품

- 재료는 아연도금을 한 위에 투명한 도료를 칠하거나 녹스는 것을 방지한 강 또는 가단주철일 것
- 안쪽 면 및 끝부분은 전선의 피복을 손상하지 않도록 매끈한 것일 것
- 전선관의 접속부분의 나사는 5턱 이상 완전히 나사 결합이 될 수 있는 길이일 것
- 접합면은 내압방폭구조(d)의 일반 요구사항에 적합한 것일 것
- 접합면 중 나사의 접합은 내압방폭구조의 나사 접합에 적합할 것
- 완성품은 내압방폭구조(d)의 폭발압력(기준압력)측정 및 압력시험에 적합한 것일 것

0602 / 1601 / 2202

77

Repetitive Learning 1회 2회 3회

교류 아크용접기의 사용에서 무부하전압이 80[V], 아크전압 25[V], 아크전류 300[A]일 경우 효율은 약 몇 [%]인가? (단, 내부손실은 4[kW]이다)

① 65.2　　② 70.5
③ 75.3　　④ 80.6

해설

- 아크전압과 아크전류가 주어졌으므로 아크용접기의 출력을 구할 수 있다. 아크용접기의 출력 = 전압×전류 = 25 × 300 = 7,500[W]이다.
- 출력과 내부손실이 주어졌으므로

효율 = $\frac{7,500}{7,500+4,000} = 65.21$[%]가 된다.

:: 기기의 효율

- 기기의 효율은 입력대비 출력의 비율로 표시한다.
- 기기의 효율은 기기의 내부손실에 반비례한다.
- 입력은 출력 + 내부손실과 같다.
- 효율 = $\frac{\text{출력}}{\text{입력}} \times 100 = \frac{\text{출력}}{\text{출력} + \text{내부손실}} \times 100$[%]이다.

0402 / 0802 / 0903 / 1302 / 1701 / 1702

78

Repetitive Learning 1회 2회 3회

전기시설의 직접접촉에 의한 감전방지 방법으로 적절하지 않은 것은?

① 충전부는 내구성이 있는 절연물로 완전히 덮어 감쌀 것
② 충전부가 노출되지 않도록 폐쇄형 외함이 있는 구조로 할 것
③ 충전부에 충분한 절연효과가 있는 방호망 또는 절연덮개를 설치할 것
④ 충전부는 관계자 외 출입이 용이한 전개된 장소에 설치하고 위험표시 등의 방법으로 방호를 강화할 것

해설

- 발전소·변전소 및 개폐소 등 구획되어 있는 장소로서 관계 근로자가 아닌 사람의 출입이 금지되는 장소에 충전부를 설치하고, 위험표시 등의 방법으로 방호를 강화해야 한다.

:: 전기기계·기구 등의 충전부에의 직접접촉 방호대책 실필 1801

- 충전부가 노출되지 않도록 폐쇄형 외함(外函)이 있는 구조로 할 것
- 충전부에 충분한 절연효과가 있는 방호망이나 절연덮개를 설치할 것
- 충전부는 내구성이 있는 절연물로 완전히 덮어 감쌀 것
- 발전소·변전소 및 개폐소 등 구획되어 있는 장소로서 관계 근로자가 아닌 사람의 출입이 금지되는 장소에 충전부를 설치하고, 위험표시 등의 방법으로 방호를 강화할 것
- 전주 위 및 철탑 위 등 격리되어 있는 장소로서 관계 근로자가 아닌 사람이 접근할 우려가 없는 장소에 충전부를 설치할 것

76 ④ 77 ① 78 ④ 정답

79

Repetitive Learning (1회 2회 3회)

다음 중 누전차단기를 설치하지 않아도 되는 장소는?

① 기계·기구를 건조한 곳에 시설하는 경우
② 파이프라인 등의 발열장치의 시설에 공급하는 전로의 경우
③ 대지전압 150[V] 이하인 기계·기구를 물기가 있는 장소에 시설하는 경우
④ 콘크리트에 직접 매설하여 시설하는 케이블의 임시배선 전원의 경우

해설

- 기계·기구를 건조한 장소에 시설하는 경우에는 누전차단기를 설치하지 않아도 된다.

누전차단기를 설치하지 않는 경우

- 기계·기구를 발전소, 변전소 또는 개폐소나 이에 준하는 곳에 시설하는 경우로서 전기 취급자 이외의 자가 임의로 출입할 수 없는 경우
- 기계·기구를 건조한 장소에 시설하는 경우
- 기계·기구를 건조한 장소에 시설하고 습한 장소에서 조작하는 경우로 제어용 전압이 교류 30[V], 직류 40[V] 이하인 경우
- 대지전압 150[V] 이하의 기계·기구를 물기가 없는 장소에 시설하는 경우
- 전기용품안전관리법의 적용을 받는 2중절연구조의 기계·기구(정원등, 전동공구 등)를 시설하는 경우
- 그 전로의 전원측에 절연변압기를 시설하고 또한 그 절연변압기의 부하측 전로를 접지하지 않은 경우
- 기계·기구가 고무, 합성수지 기타 절연물로 피복된 것일 경우
- 기계·기구가 유도전동기의 2차측 전로에 접속되는 것일 경우
- 기계·기구 내에 전기용품안전관리법의 적용을 받는 누전차단기를 설치하고 또한 전원연결선에 손상을 받을 우려가 없도록 시설하는 경우

0501 / 0801 / 1803

80

Repetitive Learning (1회 2회 3회)

가수전류(Let-go current)에 대한 설명으로 옳은 것은?

① 마이크 사용 중 전격으로 사망에 이른 전류
② 전격을 일으킨 전류가 교류인지 직류인지 구별할 수 없는 전류
③ 충전부로부터 인체가 자력으로 이탈할 수 있는 전류
④ 몸이 물에 젖어 전압이 낮은데도 전격을 일으킨 전류

해설

- 가수전류는 이탈전류라고도 하며, 손발을 움직여 충전부로부터 스스로 이탈할 수 있는 최대한도의 전류를 말한다.

통전전류에 의한 영향

㉠ 최소감지전류
- 인간이 통전을 감지하는 최소전류로 60Hz의 교류에서는 1[mA] 정도이다.

㉡ 고통한계전류
- 인간이 통전으로부터 발생하는 고통을 참을 수 있는 한계 전류를 말한다.
- 보통 60Hz의 교류에서는 7~8[mA] 정도이다.

㉢ 이탈전류(가수전류)
- 가수전류라고도 하며, 손발을 움직여 충전부로부터 스스로 이탈할 수 있는 최대한도의 전류를 말한다.
- 60Hz의 교류에서는 이탈전류가 최대 10~15[mA]이다.

㉣ 교착전류(불수전류)
- 교착전류란 통전전류로 인하여 통전경로상의 근육경련이 심해지면서 신경이 마비되어 운동이 자유롭지 않게 되는 한계전류로 불수전류라고도 한다.

㉤ 심실세동전류
- 심장맥동에 영향을 주어 신경의 기능을 상실시키는 전류로, 방치하면 수분 이내에 사망에 이르게 되는 전류이다.

5과목 화학설비 안전관리

81

Repetitive Learning (1회 2회 3회)

다음 중 반응폭주에 의한 위급상태의 발생을 방지하기 위하여 특수 반응 설비에 설치하여야 하는 장치로 적당하지 않은 것은?

① 원·재료의 공급차단장치
② 보유 내용물의 방출장치
③ 불활성 가스의 제거장치
④ 반응정지제 등의 공급장치

해설

- 반응폭주를 방지하기 위해 불활성 가스를 주입해야 하므로 불활성 가스의 공급장치가 필요하다.

반응폭주에 의한 위급상태 방지장치

- 원·재료의 공급차단장치
- 보유 내용물의 방출장치
- 불활성 가스의 공급장치
- 반응정지제 등의 공급장치

정답 | 79 ① 80 ③ 81 ③

1702

82

Repetitive Learning 1회 2회 3회

다음 중 산업안전보건법에 따라 안지름 150[mm] 이상의 압력용기, 정변위 압축기 등에 대해서 과압에 따른 폭발을 방지하기 위하여 설치하여야 하는 방호장치는?

① 역화방지기
② 안전밸브
③ 감지기
④ 체크밸브

해설

- 과압에 따른 폭발을 방지하기 위해 설치하는 방호장치에는 안전밸브와 파열판 등이 있다.

∷ 과압에 따른 폭발방지를 위한 안전밸브 또는 파열판 설치대상 실필 1002

- 압력용기(안지름이 150mm 이하인 압력용기는 제외)
- 정변위 압축기
- 정변위 펌프(토출 축에 차단밸브가 설치된 것)
- 배관(2개 이상의 밸브에 의하여 차단되어 대기온도에서 액체의 열팽창에 의하여 파열될 우려가 있는 것)
- 그 밖의 화학설비 및 그 부속설비로서 해당 설비의 최고사용압력을 초과할 우려가 있는 것

0802 / 1903

83

Repetitive Learning 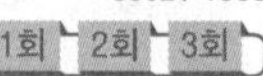

고체의 연소형태 중 증발연소에 속하는 것은?

① 나프탈렌
② 목재
③ TNT
④ 목탄

해설

- 주로 연료로 사용되는 휘발유, 등유, 경유와 같은 액체와 양초, 나프탈렌, 왁스, 아세톤 등 제4류 위험물이 주로 증발연소의 형태를 보인다.

∷ 증발연소(Evaporative combustion)

- 액체와 고체의 연소방식에 속한다.
- 열분해를 일으키지 않고 증발한 증기가 공기와 혼합해서 연소되는 방식이다.
- 주로 연료로 사용되는 휘발유, 등유, 경유와 같은 액체와 양초, 나프탈렌, 왁스, 아세톤 등 제4류 위험물이 주로 증발연소의 형태를 보인다.

1802 / 2103

84

Repetitive Learning 1회 2회 3회

다음 중 가연성 물질과 산화성 고체가 혼합하고 있을 때 연소에 미치는 현상으로 옳은 것은?

① 착화온도(발화점)가 높아진다.
② 최소점화에너지가 감소하며, 폭발의 위험성이 증가한다.
③ 가스나 가연성 증기의 경우 공기혼합보다 연소범위가 축소된다.
④ 공기 중에서보다 산화작용이 약하게 발생하여 화염온도가 감소하며 연소속도가 늦어진다.

해설

- 가연성 물질과 산화성 고체가 혼합될 경우 산화성 물질이 가연성 물질의 산소공급원 역할을 하여 최소점화에너지가 감소하고, 폭발의 위험성이 증가하므로 주의해야 한다.

∷ 위험물의 혼합사용

- 소방법에서는 유별을 달리하는 위험물은 동일 장소에서 저장, 취급해서는 안 된다고 규정하고 있다.

구분	1류	2류	3류	4류	5류	6류
1류		×	×	×	×	○
2류	×		×	○	○	×
3류	×	×		○	×	×
4류	×	○	○		○	×
5류	×	○	×	○		×
6류	○	×	×	×	×	

- 제1류(산화성 고체)와 제6류(산화성 액체), 제2류(환원성 고체)와 제4류(가연성 액체) 및 제5류(자기반응성 물질), 제3류(자연발화 및 금수성 물질)와 제4류(가연성 액체)의 혼합은 비교적 위험도가 낮아 혼재사용이 가능하다.
- 산화성 물질과 가연물을 혼합하면 산화·환원반응이 더욱 잘 일어나는 혼합위험성 물질이 된다.
- 가연성 물질과 조연성 물질을 혼합할 때 폭발위험이 증가한다.

0301 / 0403 / 0603 / 1001 / 1502

85

Repetitive Learning 1회 2회 3회

다량의 황산이 가연물과 혼합되어 화재가 발생하였을 경우의 소화방법으로 적절하지 않은 방법은?

① 건조분말로 질식소화를 한다.
② 회(灰)로 덮어 질식소화를 한다.
③ 마른 모래로 덮어 질식소화를 한다.
④ 물을 뿌려 냉각소화 및 질식소화를 한다.

82 ② 83 ① 84 ② 85 ④ 정답

해설

- 황산(H_2SO_4)으로 인한 화재는 물(H_2O)과 접촉할 경우 발열반응을 일으켜 화재가 더욱 확산되므로 물을 직접 뿌리는 방식의 소화를 금한다.

황산(H_2SO_4)

㉠ 개요
- 무색의 비휘발성 액체로 강산성 화합물이다.
- 강한 산성을 띠며 물과 혼합하면 다량의 열을 발생한다.
- 눈과 피부에 심한 손상을 일으키고, 흡입하면 치명적인 발암물질이다.

㉡ 황산으로 인한 화재 시 대응
- 황산은 물과 접촉할 경우 발열반응을 일으켜 화재가 더욱 확산되고 부식성 및 독성가스를 방출하므로 물을 직접 뿌리는 방식의 소화를 금한다.
- 건조분말, 마른 모래나 회로 덮어 질식소화를 한다.

1501

86 Repetitive Learning (1회 2회 3회)

다음 중 펌프의 공동현상(Cavitation)을 방지하기 위한 방법으로 가장 적절한 것은?

① 펌프의 설치위치를 높게 한다.
② 펌프의 회전속도를 빠르게 한다.
③ 펌프의 유효 흡입양정을 작게 한다.
④ 흡입측에서 펌프의 토출량을 줄인다.

해설

- 공동현상을 방지하기 위해서는 펌프의 설치위치를 낮추어 흡입양정을 짧게 하고, 회전속도를 느리게 하고, 흡입관의 헤드 손실을 줄인다.

공동현상(Cavitation)

㉠ 개요
- 물이 관 속을 빠르게 흐를 때, 유동하는 물속의 어느 부분의 정압이 그때의 물의 증기압보다 낮을 경우 물이 증발하여 부분적으로 증기가 발생되어 배관의 부식을 초래하는 현상을 말한다.

㉡ 방지대책
- 흡입비 속도(펌프의 회전속도)를 작게 한다.
- 펌프의 설치위치를 낮게 한다.
- 펌프의 흡입관의 두(Head) 손실을 줄인다.
- 펌프의 설치높이를 낮추어 흡입양정을 짧게 한다.

2001

87 Repetitive Learning (1회 2회 3회)

다음 중 국소배기시설에서 후드(Hood)에 의한 제작 및 설치 요령으로 적절하지 않은 것은?

① 유해물질이 발생하는 곳마다 설치한다.
② 후드의 개구부 면적은 가능한 한 크게 한다.
③ 후드를 가능한 한 발생원에 접근시킨다.
④ 후드(Hood) 형식은 가능하면 포위식 또는 부스식 후드를 설치한다.

해설

- 후드의 개구부 면적은 가능한 작게 해야 한다.

인체에 해로운 분진, 흄(Fume), 미스트(Mist), 증기 또는 가스 상태의 물질을 배출하는 후드의 설치조건 실필 1303

- 유해물질이 발생하는 곳마다 설치할 것
- 유해인자의 발생형태와 비중, 작업방법 등을 고려하여 해당 분진 등의 발산원(發散源)을 제어할 수 있는 구조로 설치할 것
- 후드(Hood) 형식은 가능하면 포위식 또는 부스식 후드를 설치할 것
- 외부식 또는 리시버식 후드는 해당 분진 등의 발산원에 가장 가까운 위치에 설치할 것

88 Repetitive Learning (1회 2회 3회)

화재의 방지대책을 예방(豫防), 국한(局限), 소화(消火), 피난(避難)의 4가지 대책으로 분류할 때 다음 중 예방 대책에 해당되는 것은?

① 발화원 제거
② 일정한 공지의 확보
③ 가연물의 집적 방지
④ 건물 및 설비의 불연성화(不燃性化)

해설

- ②, ③, ④는 국한대책에 해당한다.

정답 86 ③ 87 ② 88 ①

∷ 화재의 방지대책의 구분

• 화재 방지대책은 예방(豫防), 국한(局限), 소화(消火), 피난(避難)의 4가지 대책으로 분류할 수 있다.

예방대책	화재를 미리 예방하기 위한 대책으로 발화원을 제거하거나 발화조건의 성립을 저지하는 대책
국한대책	화재가 발생했을 경우 화재의 전파를 막고 일정지역 안에서 화재를 진압하게 하기 위한 대책으로 일정한 공지의 확보, 가연물의 집적 방지, 건물 및 설비의 불연성화, 방화벽의 설치 등
소화대책	화재가 발생했을 경우 이를 진압하는 대책으로 초기 소화와 본격적인 소화대책 등
피난대책	화재로부터 인명을 구조하거나 재산손실을 막기 위한 제반 대책으로 비상통로 및 비상구 및 경보시스템 등

1601

89 Repetitive Learning (1회 2회 3회)

다음 중 분진의 폭발위험성을 증대시키는 조건에 해당하는 것은?

① 분진의 발열량이 작을수록
② 분위기 중 산소농도가 작을수록
③ 분진 내의 수분농도가 작을수록
④ 표면적이 입자체적에 비교하여 작을수록

해설

• 발열량(연소열)이 클수록 폭발위험은 커진다.
• 분위기 중 산소농도가 클수록 폭발위험은 커진다.
• 입자의 표면적이 클수록 폭발위험은 커진다.

∷ 분진의 폭발위험성

㉠ 개요

• 분진폭발의 위험은 금속분(알루미늄분, 마그네슘, 스텔라이트 등), 유황, 적린, 곡물(소맥분) 등에 주로 존재한다.
• 분진의 폭발성에 영향을 주는 요인에는 분진의 화학적 성질과 조성, 분진입도와 입도분포, 분진입자의 형상과 표면의 상태, 수분, 분진의 부유성, 폭발범위, 발화도, 산소농도, 가연성 기체의 농도 등이 있다.
• 분진의 폭발요인 중 화학적 인자에는 연소열, 분진의 화학적 성질과 조성 등이 있다.

㉡ 폭발위험 증대 조건

• 발열량(연소열)이 클수록 • 입자의 표면적이 클수록 • 분위기 중 산소농도가 클수록 • 입자의 형상이 복잡할수록 • 분진의 초기 온도가 높을수록	• 분진의 입경이 작을수록 • 분진 내 수분농도가 작을수록
폭발의 위험은 더욱 커진다.	

1602 / 1803

90 Repetitive Learning (1회 2회 3회)

다음 중 산업안전보건법령상 공정안전보고서의 안전운전계획에 포함되지 않는 항목은?

① 안전작업허가
② 안전운전지침서
③ 가동 전 점검지침
④ 비상조치계획에 따른 교육계획

해설

• 비상조치계획에 따른 교육계획은 비상조치계획의 세부내용으로 안전운전계획과는 구분된다.

∷ 공정안전보고서의 안전운전계획의 내용

• 안전운전지침서
• 설비점검·검사 및 보수계획, 유지계획 및 지침서
• 안전작업허가
• 도급업체 안전관리계획
• 근로자 등 교육계획
• 가동 전 점검지침
• 변경요소 관리계획
• 자체 감사계획
• 공정사고 조사계획

2103

91 Repetitive Learning (1회 2회 3회)

에틸렌(C_2H_4)이 완전연소하는 경우 다음의 Jones식을 이용하여 계산할 경우 연소하한계는 약 몇 [vol%]인가?

Jones식 : LFL = 0.55 × Cst

① 0.55
② 3.6
③ 6.3
④ 8.5

해설

• 에틸렌(C_2H_4)에서 탄소(a)는 2, 수소(b)는 4이므로 완전연소조성농도는 $\frac{100}{1+4.773\times3}=6.53$이다.
• 연소하한계는 Jones식에 의해 6.53×0.55 = 3.59이다.

89 ③ 90 ④ 91 ② 정답

:: 완전연소 조성농도(Cst, 화학양론농도)와 최소산소농도(MOC)
실필 1803/1002

㉠ 완전연소 조성농도(Cst, 화학양론농도)
- 가연성 가스의 조성은 완전연소 조성농도에서 폭발의 위험성이 가장 높아진다.
- 완전연소 조성농도 = $\frac{100}{1+\text{공기몰수}\times\left(a+\frac{b-c-2d}{4}\right)}$이다.

  공기의 몰수는 주로 4.773을 사용하므로

  완전연소 조성농도 = $\frac{100}{1+4.773\left(a+\frac{b-c-2d}{4}\right)}$[vol%]

  로 구한다. 단, a : 탄소, b : 수소, c : 할로겐의 원자수, d : 산소의 원자수이다.
- Jones식에 따라 폭발한계를 추산하면
  폭발하한계 = Cst × 0.55, 폭발상한계 = Cst × 3.50이다.

㉡ 최소산소농도(MOC)
- 연소 시 필요한 산소(O_2)농도 즉,

  산소양론계수 = $a+\frac{b-c-2d}{4}$로 구한다.
- 최소산소농도(MOC) = 산소양론계수 × 연소하한값이다.

92 Repetitive Learning (1회 2회 3회)

다음 중 소화약제에 의한 소화기의 종류와 방출에 필요한 가압방법의 분류가 잘못 연결된 것은?

① 이산화탄소 소화기 : 축압식
② 물 소화기 : 펌프에 의한 가압식
③ 산·알칼리 소화기 : 화학반응에 의한 가압식
④ 할로겐화합물 소화기 : 화학반응에 의한 가압식

해설

- 할로겐화합물 소화기는 가압원과 소화약제가 혼합되어 저장되는 방식의 축압식 소화기이다.

:: 소화기의 가압방법
- 가압식과 축압식으로 구분된다.

구분	내용
가압식	• 가압원과 소화약제가 혼합되지 않도록 보관되며, 한 번 방출되면 방출이 완전히 다 될 때까지 계속 방출되는 단점을 갖는다. • 산·알칼리 소화기, 강화액 소화기, 포말 소화기 등이 있다.
축압식	• 가압원과 소화약제가 혼합되어 저장되는 방식으로 손잡이를 누를 때만 소화약제가 방출된다. • 이산화탄소 소화기, 할로겐화합물 소화기 등이 있다.

93 Repetitive Learning (1회 2회 3회)

다음 중 물질안전보건자료(MSDS)의 작성·비치대상에서 제외되는 물질이 아닌 것은?(단, 해당하는 관계 법령의 명칭은 생략한다)

① 화장품
② 사료
③ 플라스틱 원료
④ 식품 및 식품첨가물

해설

- 물질안전보건자료의 작성·비치 등 제외 제제에는 방사성 물질, 의약품·의약외품, 화장품, 마약 및 향정신성 의약품, 농약, 사료, 비료, 식품 및 식품첨가물, 화약류, 폐기물, 의료기기 등이 있다.

:: 물질안전보건자료의 작성·비치 등 제외 제제 실필 1702/1501/1201
- 원자력안전법에 따른 방사성 물질
- 약사법에 따른 의약품·의약외품
- 화장품법에 따른 화장품
- 마약류 관리에 관한 법률에 따른 마약 및 향정신성 의약품
- 농약관리법에 따른 농약
- 사료관리법에 따른 사료
- 비료관리법에 따른 비료
- 식품위생법에 따른 식품 및 식품첨가물
- 총포·도검·화약류 등의 안전관리에 관한 법률에 따른 화약류
- 폐기물관리법에 따른 폐기물
- 의료기기법에 따른 의료기기

1701 / 1902

94 Repetitive Learning (1회 2회 3회)

건조설비를 사용하여 작업을 하는 경우에 폭발이나 화재를 예방하기 위하여 준수하여야 하는 사항으로 틀린 것은?

① 위험물 건조설비를 사용하는 경우에는 미리 내부를 청소하거나 환기할 것
② 위험물 건조설비를 사용하여 가열·건조하는 건조물은 쉽게 이탈되도록 할 것
③ 고온으로 가열·건조한 인화성 액체는 발화의 위험이 없는 온도로 냉각한 후에 격납시킬 것
④ 바깥 면이 현저히 고온이 되는 건조설비에 가까운 장소에는 인화성 액체를 두지 않도록 할 것

정답 | 92 ④ 93 ③ 94 ②

해설

- 위험물 건조설비를 사용하여 가열·건조하는 건조물은 쉽게 이탈되지 않도록 해야 한다.

건조설비의 사용 시 주의사항

- 위험물 건조설비를 사용하는 경우에는 미리 내부를 청소하거나 환기할 것
- 위험물 건조설비를 사용하는 경우에는 건조로 인하여 발생하는 가스·증기 또는 분진에 의하여 폭발·화재의 위험이 있는 물질을 안전한 장소로 배출시킬 것
- 위험물 건조설비를 사용하여 가열·건조하는 건조물은 쉽게 이탈되지 않도록 할 것
- 고온으로 가열·건조한 인화성 액체는 발화의 위험이 없는 온도로 냉각한 후에 격납시킬 것
- 바깥 면이 현저히 고온이 되는 건조설비의 가까운 장소에는 인화성 액체를 두지 않도록 할 것

0303 / 1901

95 — Repetitive Learning (1회 2회 3회)

고압(高壓)의 공기 중에서 장시간 작업하는 경우에 발생하는 잠함병(潛函病) 또는 잠수병(潛水病)은 다음 중 어떤 물질에 의하여 중독현상이 일어나는가?

① 질소 ② 황화수소
③ 일산화탄소 ④ 이산화탄소

해설

- 잠수병·잠함병은 체내에 축적된 질소를 배출하지 못하여 중독현상을 일으킨다.

잠수병(潛水病)

- 고압의 물이나 공기 속에서 체내에 축적된 질소가 완전 배출되지 않고 혈관이나 몸속에 기포를 만들어 생기는 병을 말한다.
- 잠함병이라고도 한다.

0503 / 0903

96 — Repetitive Learning (1회 2회 3회)

25[℃] 액화프로판가스 용기에 10[kg]의 LPG가 들어있다. 용기가 파열되어 대기압으로 되었다고 한다. 파열되는 순간 증발되는 프로판의 질량은 약 얼마인가?(단, LPG의 비열은 2.4[kJ/kg·℃]이고 표준비점은 -42.2[℃] 증발잠열은 384.2[kJ/kg]이라고 한다)

① 0.42[kg] ② 0.52[kg]
③ 4.20[kg] ④ 7.62[kg]

해설

- 별도의 에너지 소모가 없는 경우에서 용기의 파열로 인해 상태의 변화 없이 온도가 급속도로 변화할 때 발생하는 열량이 프로판가스의 온도변화 없이 대기압으로 증발하는 열량으로 대체되는 완전조건하에서의 과정으로 풀어야 한다.
- 기존 25[℃] 10[kg]의 액화프로판가스가 표준비점인 -42.2[℃]로 온도가 변할 때 발생하는 열량(현열) = 구하고자 하는 프로판의 질량 m을 증발시키는 데 필요한 열량(잠열)이 되므로 식으로 표현하면 $m_0 \times c \times \triangle t = m \times r$이 된다.
  이때 m_0는 10[kg], c는 비열이므로 2.4[kJ/kg·℃], $\triangle t$는 온도변화량이므로 25-(-42.2)=67.2[℃], m은 구하고자 하는 증발된 프로판 질량이고, r은 증발잠열이다.
- 따라서 $m = \frac{10 \times 2.4 \times 67.2}{384.2} = 4.20$[kg]이 된다.

물질의 상태변화

- 잠열(Latent heat)은 물질의 상태변화에 사용되는 열을 말한다.
- 잠열 $Q = m \times r$로 구한다.
  이때 m은 질량[kg], r은 잠열[kcal/kg]이다.
- 현열(Sensible)은 상태변화와 상관없이 온도변화에 사용되는 열을 말한다.
- 현열 $Q = m \times c \times \triangle t$로 구한다.
  이때 c는 비열[kcal/kg·℃]이고, $\triangle t$는 온도차[℃]이다.

97 — Repetitive Learning (1회 2회 3회)

산업안전보건법상 부식성 물질 중 부식성 산류에 해당하는 물질과 기준농도가 올바르게 연결된 것은?

① 염산 : 15[%] 이상
② 황산 : 10[%] 이상
③ 질산 : 10[%] 이상
④ 아세트산 : 60[%] 이상

해설

- 부식성 산류는 농도가 20% 이상인 염산·황산·질산과 농도가 60% 이상인 인산·아세트산·불산 등을 말한다.

부식성 물질

㉠ 부식성 산류
- 농도가 20% 이상인 염산·황산·질산, 그 밖에 이와 동등 이상의 부식성을 가지는 물질
- 농도가 60% 이상인 인산·아세트산·불산, 그 밖에 이와 동등 이상의 부식성을 가지는 물질

㉡ 부식성 염기류
- 농도가 40% 이상인 수산화나트륨·수산화칼륨, 그 밖에 이와 동등 이상의 부식성을 가지는 염기류

95 ① 96 ③ 97 ④ 정답

0501 / 1903

98 Repetitive Learning (1회 2회 3회)

공기 중에서 이황화탄소(CS_2)의 폭발한계는 하한값이 1.25[vol%], 상한값이 44[vol%]이다. 이를 20[℃] 대기압 하에서 [mg/L]의 단위로 환산하면 하한값과 상한값은 각각 약 얼마인가?(단, 이황화탄소의 분자량은 76.1이다)

① 하한값 : 61, 상한값 : 640
② 하한값 : 39.6, 상한값 : 1395.2
③ 하한값 : 146, 상한값 : 860
④ 하한값 : 55.4, 상한값 : 1641.8

해설

- 표준상태(0℃, 1기압)에서 기체의 부피는 22.4[L]이다. 온도가 20[℃]로 올라가면, 절대온도 273[℃]에서 22.4[L]인 부피는 절대온도 293[℃]에서 $\frac{293}{273} \times 22.4 = 24$[L]가 된다.
- 단위를 [mg/L]로 환산하여 하한값을 계산하면, 하한값의 농도는 0.0125이다. 분자량이 76.1이므로 단위부피당 질량은 $\frac{0.0125 \times 76.1}{24} = 39.635 \times 10^{-3} = 39.635$[mg/L]이다.
- 마찬가지로 상한값을 계산하면 상한값의 농도는 0.44이다. 분자량이 76.1이므로 단위부피당 질량은 $\frac{0.44 \times 76.1}{24} = 1,395.2 \times 10^{-3} = 1395.2$[mg/L]가 된다.

∷ 샤를의 법칙

- 압력이 일정할 때 기체의 부피는 온도의 증가에 비례한다.
- $\frac{T_2}{T_1} = \left(\frac{V_2}{V_1}\right)$ 또는 $V_1T_2 = V_2T_1$으로 표시된다.
- 표준상태(0℃, 1기압)에서 기체의 부피는 22.4[L]이다.
- 기체의 단위부피당 질량(g/m³)은 $\frac{\text{농도} \times \text{분자량}}{V_1}$으로 구한다.

2001

99 Repetitive Learning (1회 2회 3회)

다음 중 분해폭발의 위험성이 있는 아세틸렌의 용제로 가장 적절한 것은?

① 에테르
② 에틸알코올
③ 아세톤
④ 아세트알데히드

해설

- 폭발위험 때문에 보관을 위해 아세틸렌을 용해시킬 때 사용하는 용제는 아세톤이다.

∷ 아세틸렌(C_2H_2)

㉠ 개요
- 폭발하한값 2.5vol%, 폭발상한값 81.0vol%로 폭발범위가 아주 넓은(78.5) 가연성 가스이다.
- 구리, 은 등의 물질과 반응하여 폭발성 아세틸리드를 생성한다.
- 1.5기압 또는 110℃ 이상에서 탄소와 수소로 분리되면서 분해폭발을 일으킨다.

㉡ 취급상의 주의사항
- 아세톤에 용해시켜 다공성 물질과 함께 보관한다.
- 용단 또는 가열작업 시 1.3[kgf/cm²] 이상의 압력을 초과하여서는 안 된다.

1002

100 Repetitive Learning (1회 2회 3회)

압축기의 운전 중 흡입배기밸브의 불량으로 인한 주요 현상으로 볼 수 없는 것은?

① 가스온도가 상승한다.
② 가스압력에 변화가 초래된다.
③ 밸브 작동음에 이상을 초래한다.
④ 피스톤 링의 마모와 파손이 발생한다.

해설

- 피스톤 링의 마모와 파손은 토출압력의 증가와 이로 인한 온도의 증가에 의해서 발생한다.

∷ 압축기 흡입배기밸브의 불량으로 인한 현상

- 가스온도가 상승한다.
- 가스압력에 변화가 초래된다.
- 밸브 작동음에 이상을 초래한다.

정답 98 ② 99 ③ 100 ④

101

Repetitive Learning 1회 2회 3회

비계의 부재 중 기둥과 기둥을 연결시키는 부재가 아닌 것은?

① 띠장 ② 장선
③ 가새 ④ 작업발판

해설

- 작업발판은 높은 곳이나 발이 빠질 위험이 있는 장소에서 근로자가 안전하게 작업·이동할 수 있는 공간을 확보하기 위해 설치하는 발판을 말한다.

비계의 부재

㉠ 개요

- 비계에서 벽 고정을 하고 수평재나 가새재와 같은 부재로 연결하는 이유는 수직 및 수평하중에 의한 비계 본체의 변위가 발생하지 않도록 하여 붕괴와 좌굴을 예방하는 데 있다.
- 부재의 종류에는 수직재, 수평재, 가새재, 띠장, 장선 등이 있다.

㉡ 부재의 종류와 특징

종류	특징
수직재	비계의 상부하중을 하부로 전달하며, 비계를 조립할 때 수직으로 세우는 부재를 말한다.
수평재	수직재의 좌굴을 방지하기 위하여 수평으로 연결하는 부재를 말한다.
가새재	비계에 작용하는 비틀림하중이나 수평하중에 견딜 수 있도록 수평재 간, 수직재 간을 연결하고 고정시키는 부재를 말한다.
띠장	비계의 기둥에 수평으로 설치하는 부재를 말한다.
장선	쌍줄비계에서 띠장 사이에 수평으로 걸쳐 작업발판을 지지하는 가로재를 말한다.

1703 / 1802 / 2103

102

Repetitive Learning 1회 2회 3회

유해위험방지계획서 제출대상 공사로 볼 수 없는 것은?

① 지상높이가 31m 이상인 건축물의 건설공사
② 터널 건설공사
③ 깊이 10m 이상인 굴착공사
④ 교량의 전체 길이가 40m 이상인 교량공사

해설

- 유해·위험방지계획서 제출대상 공사의 규모 기준에서 교량 건설 등의 공사의 경우 최대지간길이가 50m 이상이어야 한다.

유해·위험방지계획서 제출대상 공사 실필 1701

- 지상높이가 31m 이상인 건축물 또는 인공구조물, 연면적 3만m^2 이상인 건축물 또는 연면적 5천m^2 이상의 문화 및 집회시설(전시장 및 동물원·식물원은 제외), 판매시설, 운수시설(고속철도의 역사 및 집배송시설은 제외), 종교시설, 의료시설 중 종합병원, 숙박시설 중 관광숙박시설, 지하도상가 또는 냉동·냉장창고시설의 건설·개조 또는 해체공사
- 연면적 5천m^2 이상인 냉동·냉장창고시설의 설비공사 및 단열공사
- 최대지간길이가 50m 이상인 교량 건설 등의 공사
- 터널 건설 등의 공사
- 다목적 댐, 발전용 댐 및 저수용량 2천만톤 이상의 용수 전용 댐, 지방상수도 전용 댐 건설 등의 공사
- 깊이 10m 이상인 굴착공사

103

Repetitive Learning 1회 2회 3회

건설현장에서 작업환경을 측정해야 할 작업에 해당되지 않는 것은?

① 산소 결핍작업
② 탱크 내 도장작업
③ 건물 외부 도장작업
④ 터널 내 천공작업

해설

- 건물 외부에서의 도장작업은 산소가 부족하거나 유해인자에 노출되는 근로자가 있는 작업장의 작업이 아니므로 작업환경측정 대상 작업장에 포함되지 않는다.

작업환경측정 대상 작업장

- 선박의 내부, 차량의 내부, 탱크의 내부(반응기 등 화학설비 포함), 터널이나 갱의 내부, 맨홀의 내부, 피트의 내부, 통풍이 충분하지 않은 수로의 내부, 덕트의 내부, 수관(水管)의 내부, 그 밖에 통풍이 충분하지 않은 장소에서 유해인자에 노출되는 근로자가 있는 작업장을 말한다.

101 ④ 102 ④ 103 ③ 정답

1501 / 1901 / 2202

104 Repetitive Learning 1회 2회 3회

철골건립준비를 할 때 준수하여야 할 사항과 가장 거리가 먼 것은?

① 지상 작업장에서 건립준비 및 기계·기구를 배치할 경우에는 낙하물의 위험이 없는 평탄한 장소를 선정하여 정비하고 경사지에서 작업대나 임시발판 등을 설치하는 등 안전조치를 한 후 작업하여야 한다.
② 건립작업에 다소 지장이 있다 하더라도 수목은 제거하여서는 안 된다.
③ 사용 전에 기계·기구에 대한 정비 및 보수를 철저히 실시하여야 한다.
④ 기계에 부착된 앵커 등 고정장치와 기초구조 등을 확인하여야 한다.

해설

- 건립작업에 지장이 되는 수목은 제거하거나 이설하여야 한다.

철골세우기 준비작업 시 준수사항

- 지상 작업장에서 건립준비 및 기계·기구를 배치할 경우에는 낙하물의 위험이 없는 평탄한 장소를 선정하여 정비하고, 경사지에서는 작업대나 임시발판 등을 설치하는 등 안전하게 한 후 작업하여야 한다.
- 건립작업에 지장이 되는 수목은 제거하거나 이설하여야 한다.
- 인근에 건축물 또는 고압선 등이 있는 경우에는 이에 대한 방호조치 및 안전조치를 하여야 한다.
- 사용 전에 기계·기구에 대한 정비 및 보수를 철저히 실시하여야 한다.
- 기계가 계획대로 배치되어 있는지, 윈치는 작업구역을 확인할 수 있는 곳에 위치하는지, 기계에 부착된 앵커 등 고정장치와 기초구조 등을 확인하여야 한다.

0302 / 0403 / 0501

105 Repetitive Learning 1회 2회 3회

일반적으로 사면의 붕괴위험이 가장 큰 것은?

① 사면의 수위가 서서히 상승할 때
② 사면의 수위가 급격히 하강할 때
③ 사면이 완전 건조상태에 있을 때
④ 사면이 완전 포화상태에 있을 때

해설

- 사면의 수위가 급격히 하강할 때 각종 붕괴재해가 발생한다.

사면붕괴

- 빗물이 경사면 내부로 침투하여 경사면이 쉽게 움직일 수 있게 되고, 전단강도의 크기가 작아져 경사면이 무너지는 것을 말한다.
- 사면의 수위가 급격히 하강할 때 흙의 지지력이 약화되어 각종 붕괴재해가 발생한다.
- 사면붕괴의 형태는 사면선단파괴, 사면 내 파괴, 사면의 바닥면(저부)파괴 등으로 나타난다.

사면 내 파괴	하부지반이 비교적 단단한 경우, 사면경사가 53°보다 급할 경우 주로 발생
사면선단파괴	토질의 점착력이 일정 정도 있는 경우 주로 발생
사면저부파괴	토질이 연약하고 사면 기울기가 비교적 원만한 점성토에서 주로 발생

1501

106 Repetitive Learning 1회 2회 3회

소일 네일링(Soil nailing) 공법의 적용에 한계를 가지는 지반조건에 해당되지 않는 것은?

① 지하수와 관련된 문제가 있는 지반
② 점성이 있는 모래와 자갈질지반
③ 일반시설물 및 지하구조물, 지중매설물이 집중되어 있는 지반
④ 잠재적으로 동결 가능성이 있는 지층

해설

- 소일 네일링(Soil nailing) 공법은 모래지반에서 사용할 수 없다.

소일 네일링(Soil nailing) 공법

㉠ 개요
- 보강재(철근)를 촘촘한 간격으로 지반에 삽입하여 지반 자체의 전체적인 전단강도를 증대시키는 흙과 Nail의 일체화 및 지반안정 공법이다.
- 굴착면의 안정, 가설 흙막이 구조물 및 사면보강 등에 많이 사용된다.

㉡ 특징
- 작업공간 확보가 용이하고 근접시공이 가능하다.
- 토압발생을 근본적, 능동적으로 제거하여 토압작용을 거의 하지 않는다.
- 흙과 보강재의 상대변위가 일어날 수 있고 보강재가 부식할 염려가 있으며, 모래지반에는 이 공법을 사용할 수 없다.

정답 | 104 ② 105 ② 106 ②

0702

107 Repetitive Learning 1회 2회 3회

표준관입시험에서 30cm 관입에 필요한 타격횟수(N)가 50 이상일 때 모래의 상대밀도는 어떤 상태인가?

① 몹시 느슨하다. ② 느슨하다.
③ 보통이다. ④ 대단히 조밀하다.

해설

- 타격횟수가 50 이상일 때의 상대밀도는 매우 조밀한 상태이다.

:: 표준관입시험(SPT)

㉠ 개요
- 지반조사의 대표적인 현장시험방법이다.
- 보링 구멍 내에 무게 63.5kg의 해머를 높이 76cm에서 낙하시켜 샘플러를 30cm 관입시키는 데 필요한 타격횟수를 측정하는 시험이다.

㉡ 특징 및 N값
- 필요 타격횟수(N값)로 모래지반의 내부 마찰각을 구할 수 있다.
- 사질지반에 적용하며, 점토지반에서는 편차가 커서 신뢰성이 떨어진다.
- N값과 상대밀도

N값	0~4	4~10	10~30	30~50	50 이상
상대밀도	매우느슨	느슨	보통	조밀	매우조밀

108 Repetitive Learning 1회 2회 3회

가설통로를 설치하는 경우 경사는 최대 몇 도 이하로 하여야 하는가?

① 20 ② 25
③ 30 ④ 35

해설

- 가설통로 설치 시 경사는 30° 이하로 하여야 한다.

:: 가설통로 설치 시 준수기준 실필 2301/1801/1703/1603

- 높이 8m 이상인 비계다리에서는 7m 이내마다 계단참을 설치할 것
- 수직갱에 가설된 통로의 길이가 15m 이상인 경우에는 10m 이내마다 계단참을 설치할 것
- 경사가 15°를 초과하는 경우에는 미끄러지지 아니하는 구조로 할 것
- 추락할 위험이 있는 장소에는 안전난간을 설치할 것
- 경사로의 폭은 최소 90cm 이상으로 할 것
- 발판 폭 40cm 이상, 틈 3cm 이하로 할 것
- 경사는 30° 이하로 할 것

109 Repetitive Learning 1회 2회 3회

안전대를 보관하는 장소의 환경조건으로 옳지 않은 것은?

① 통풍이 잘 되며, 습기가 없는 곳
② 화기 등이 근처에 없는 곳
③ 부식성 물질이 없는 곳
④ 직사광선이 닿아 건조가 빠른 곳

해설

- 안전대는 직사광선이 닿지 않는 곳에 보관해야 한다.

:: 안전대의 보관 장소
- 직사광선이 닿지 않는 곳
- 통풍이 잘 되며 습기가 없는 곳
- 부식성 물질이 없는 곳
- 화기 등이 근처에 없는 곳

1001 / 1803

110 Repetitive Learning 1회 2회 3회

잠함 또는 우물통의 내부에서 굴착작업을 할 때의 준수사항으로 옳지 않은 것은?

① 굴착 깊이가 10m를 초과하는 때에는 해당 작업장소와 외부와의 연락을 위한 통신설비 등을 설치한다.
② 산소 결핍의 우려가 있는 때에는 산소의 농도를 측정하는 자를 지명하여 측정하도록 한다.
③ 근로자가 안전하게 승강하기 위한 설비를 설치한다,
④ 측정 결과 산소의 결핍이 인정될 때에는 송기를 위한 설비를 설치하여 필요한 양의 공기를 송급하여야 한다.

해설

- 통신설비의 설치는 굴착 깊이가 20m를 초과하는 경우의 준수사항이다.

:: 잠함 또는 우물통의 내부에서 굴착작업 시 준수사항 실필 1701
- 산소 결핍 우려가 있는 경우에는 산소의 농도를 측정하는 사람을 지명하여 측정하도록 하고, 측정 결과 산소 결핍이 인정되거나 굴착 깊이가 20m를 초과하는 경우에는 송기(送氣)를 위한 설비를 설치하여 필요한 양의 공기를 공급해야 한다.
- 근로자가 안전하게 오르내리기 위한 설비를 설치해야 한다.
- 굴착 깊이가 20m를 초과하는 경우에는 해당 작업장소와 외부와의 연락을 위한 통신설비 등을 설치해야 한다.

107 ④ 108 ③ 109 ④ 110 ① 정답

1501

111 Repetitive Learning 1회 2회 3회

다음 중 양중기에 해당되지 않는 것은?

① 어스드릴
② 크레인
③ 리프트
④ 곤돌라

해설

- 어스드릴은 지반굴착기기로 양중기에 포함되지 않는다.

양중기의 종류 실필 1601
- 크레인(Crane){호이스트(Hoist) 포함}
- 이동식크레인
- 리프트(이삿짐운반용의 경우 적재하중 0.1톤 이상)
- 곤돌라
- 승강기

112

다음 중 수중굴착 공사에 가장 적합한 건설기계는?

① 파워셔블
② 스크레이퍼
③ 불도저
④ 크램쉘

해설

- 파워셔블(Power shovel)은 기계가 위치한 지면보다 높은 곳을 파는 작업에 가장 적합한 굴착기계이다.
- 스크레이퍼(Scraper)는 굴착, 싣기, 운반, 흙깔기 등의 작업을 하나의 기계로서 연속적으로 행할 수 있으며 비행장과 같이 대규모 정지작업에 적합한 차량계 건설기계이다.
- 불도저(Bulldozer)는 무한궤도가 달려 있는 트랙터 앞머리에 블레이드(Blade)를 부착하여 흙의 굴착 압토 및 운반 등의 작업하는 토목기계이다.

크램쉘(Clam shell)
- 수중굴착 및 구조물의 기초바닥 등과 같은 협소하고 상당히 깊은 범위의 굴착과 호퍼작업에 사용하는 굴착기계이다.
- 잠함 안이나 수면 아래의 자갈, 모래를 굴착하고 준설선에 많이 사용된다.

0602 / 1701 / 1901

113 Repetitive Learning 1회 2회 3회

달비계를 설치할 때 작업발판의 폭은 최소 얼마 이상으로 하여야 하는가?

① 30cm ② 40cm
③ 50cm ④ 60cm

해설

- 작업발판의 폭은 40cm 이상으로 하고, 발판재료 간의 틈은 3cm 이하로 한다.

작업발판의 구조 실필 0801 실작 1601
- 발판재료는 작업할 때의 하중을 견딜 수 있도록 견고한 것으로 할 것
- 작업발판의 폭은 40cm 이상으로 하고, 발판재료 간의 틈은 3cm 이하로 할 것
- 선박 및 보트 건조작업의 경우 선박블록 또는 엔진실 등의 좁은 작업공간에 작업발판을 설치하기 위하여 필요하면 작업발판의 폭을 30cm 이상으로 할 수 있고, 걸침비계의 경우 강관기둥 때문에 발판재료 간의 틈을 3cm 이하로 유지하기 곤란하면 5cm 이하로 할 수 있다. 이 경우 그 틈 사이로 물체 등이 떨어질 우려가 있는 곳에는 출입금지 등의 조치를 하여야 한다.
- 추락의 위험이 있는 장소에는 안전난간을 설치할 것
- 작업발판의 지지물은 하중에 의하여 파괴될 우려가 없는 것을 사용할 것
- 작업발판 재료는 뒤집히거나 떨어지지 않도록 둘 이상의 지지물에 연결하거나 고정시킬 것
- 작업발판을 작업에 따라 이동시킬 경우에는 위험방지에 필요한 조치를 할 것

114 Repetitive Learning 1회 2회 3회

다음 중 셔블 로더의 운영방법으로 옳은 것은?

① 점검 시 버킷은 가장 상위의 위치에 올려놓는다.
② 시동 시에는 사이드 브레이크를 풀고서 시동을 건다.
③ 경사면을 오를 때에는 전진으로 주행하고 내려올 때는 후진으로 주행한다.
④ 운전자가 운전석에서 나올 때는 버킷을 올려놓은 상태로 이탈한다.

해설

- 점검이나 주차 시에는 버킷을 가장 낮은 위치 또는 지면에 내려둬야 한다.
- 사이드 브레이크는 시동을 건 후에 푼다.

정답 | 111 ① 112 ④ 113 ② 114 ③

차량계 건설기계의 안전한 운행

- 작업계획서를 작성하고 계획에 따라 작업을 실시하여야 한다.
- 작업장소의 지형 및 지반상태 등에 적합한 제한속도를 정하고 운전자로 하여금 이를 준수하도록 하여야 한다.
- 전도 등을 방지하기 위해 유도하는 자를 배치하고 부동침하방지, 갓길의 붕괴방지 및 도로 폭을 유지한다.
- 운전자가 운전위치 이탈 시에는 버킷, 디퍼 등 작업장치를 지면에 내려두고, 원동기를 정지시키고 브레이크를 거는 등 이탈을 방지하기 위한 조치를 한다. 실필 1602
- 작업 중 승차석 외의 위치에 근로자를 탑승시켜서는 안 된다.
- 경사면을 오를 때에는 전진으로 주행하고 내려올 때는 후진으로 주행한다.

0603

115 — Repetitive Learning (1회 2회 3회)

히빙(Heaving)현상 방지대책으로 옳지 않은 것은?

① 흙막이벽체의 근입 깊이를 깊게 한다.
② 흙막이벽체 배면의 지반을 개량하여 흙의 전단강도를 높인다.
③ 부풀어 솟아오르는 바닥면의 토사를 제거한다.
④ 소단을 두면서 굴착한다.

해설

- 히빙은 흙막이벽체 내·외의 토사의 중량 차에 의해 발생하는 것으로 솟아오르는 토사를 제거하는 것으로 히빙을 방지할 수 없으며 임시방편에 불과할 뿐이다.

히빙(Heaving)

㉠ 개요
- 흙막이벽체 내·외의 토사의 중량 차에 의해 점토지반의 토공사에서 흙막이 밖에 있는 흙이 안으로 밀려 들어와 내측 흙이 부풀어 오르는 현상을 말한다.
- 연약한 점토지반에서 굴착면의 융기 혹은 흙막이벽의 근입장 깊이가 부족할 경우 발생한다.
- 히빙으로 인해 배면의 토사 붕괴, 지보공의 파괴, 굴착저면이 솟아오르는 등의 현상이 발생한다.

㉡ 히빙(Heaving) 예방대책
- 어스앵커를 설치하거나 소단을 두면서 굴착한다.
- 굴착주변을 웰포인트(Well point) 공법과 병행한다.
- 흙막이벽의 근입심도를 확보한다.
- 지반개량으로 흙의 전단강도를 높인다.
- 굴착주변의 상재하중을 제거하여 토압을 최대한 낮춘다.
- 토류벽의 배면토압을 경감시킨다.
- 굴착저면에 토사 등 인공중력을 가중시킨다.

0903

116 — Repetitive Learning (1회 2회 3회)

연암지반을 인력으로 굴착할 때, 연직높이가 2m일 때, 수평길이는 최소 얼마 이상이 필요한가?

① 2.0m 이상 ② 1.5m 이상
③ 1.0m 이상 ④ 0.5m 이상

해설

- 연암의 굴착면 구배는 1 : 1.0이 되어야 하므로 높이가 2m일 경우 수평 길이도 2m 이상이어야 한다.

굴착면 기울기 기준

지반의 종류	기울기
모래	1 : 1.8
연암 및 풍화암	1 : 1.0
경암	1 : 0.5
그 밖의 흙	1 : 1.2

117 — Repetitive Learning (1회 2회 3회)

지름 0.3~1.5m 정도의 우물을 굴착하여 이 속에 우물측 관을 삽입하여 속으로 유입하는 지하수를 펌프로 양수하여 지하수위를 낮추는 방법은 무엇인가?

① Well point 공법 ② Deep well 공법
③ Under pinning 공법 ④ Vertical drain 공법

해설

- 웰포인트(Well point) 공법은 모래질 지반에 웰포인트라 불리우는 양수관을 여러 개 박아 지하수위를 일시적으로 저하시키는 공법이다.
- Under pinning 공법은 기존 건축물의 기초를 보강하거나 새로운 기초를 설치하여 기존 건물을 보호하는 건축물 보강공법이다.
- Vertical drain 공법은 연약한 점성토 지반에 투수성이 좋은 수직의 드레인을 박아 지반의 간극수를 탈수시켜 압밀을 촉진하는 공법이다.

깊은 우물(Deep well) 공법

- 투수성 지반에서 지하수위를 낮추기 위해 시행하는 공법이다.
- 지름 0.3~1.5m 정도의 깊은 우물을 굴착하여 유입되는 지하수를 펌프로 양수하여 지하수위를 낮추는 공법이다.
- 양수한 지하수의 양이 많아 이를 처리하기 위해 양수한 물을 지하수로 되돌리는 우물(Recharge well)을 설치하여 지하수를 되돌리는 리차지 공법(Recharge method)을 사용하기도 한다.

115 ③ 116 ① 117 ② 정답

1603 / 1901

118

Repetitive Learning 1회 2회 3회

중량물을 운반할 때의 바른 자세로 옳은 것은?

① 허리를 구부리고 양손으로 들어 올린다.
② 중량은 보통 체중의 60%가 적당하다.
③ 물건은 최대한 몸에서 멀리 떼어서 들어 올린다.
④ 길이가 긴 물건은 앞쪽을 높게 하여 운반한다.

해설

- 단독으로 긴 물건을 어깨에 메고 운반할 때에는 화물 앞부분 끝을 어깨에 메고 뒤쪽 끝을 끌면서 운반한다.

운반 작업 시 주의사항

- 운반시의 시선은 진행방향을 향하고 뒷걸음 운반을 하여서는 안 된다.
- 무거운 물건을 운반할 때 무게중심이 높은 화물은 인력으로 운반하지 않는다.
- 어깨 높이보다 높은 위치에서 화물을 들고 운반하여서는 안 된다.
- 1인당 무게는 25kg 정도가 적당하며, 무리한 운반을 피한다.
- 단독으로 긴 물건을 어깨에 메고 운반할 때에는 화물 앞부분 끝을 어깨에 메고 뒤쪽 끝을 끌면서 운반한다.
- 내려놓을 때는 천천히 내려놓도록 한다.
- 물건을 들어 올릴 때는 팔과 무릎을 이용하며 척추는 곧게 한다.
- 무거운 물건은 공동작업으로 실시하고, 공동작업을 할 때는 신호에 따라 작업한다.

1602

119

Repetitive Learning 1회 2회 3회

지표면에서 소정의 위치까지 파내려 간 후 구조물을 축조하고 되메운 후 지표면을 원상태로 복구시키는 공법은?

① NATM 공법
② 개착식터널 공법
③ TBM 공법
④ 침매 공법

해설

- NATM 공법은 터널을 굴진하면서 기존 암반에 콘크리트를 뿜어 붙이고 암벽 군데군데에 구멍을 뚫고 조임쇠를 박아서 파 들어가는 공법이다.
- TBM 공법은 터널을 발파공법이 아닌 전단면 터널굴착기를 사용하여 암을 압쇄 또는 절삭에 의해 굴착하는 기계식굴착 공법이다.
- 침매 공법은 육상에서 제작한 구조물을 해상으로 운반하여 이를 바다 밑에 가라앉혀 연결하는 방식의 터널 공법이다.

개착식 공법

- 지표면에서 소정의 위치까지 파 내려간 후 구조물을 축조하고 되메운 후 지표면을 원상태로 복구시키는 공법으로 지하철 공사 등에서 많이 사용한다.
- 공사 중 지상에 철제 복공판을 설치하여 도로의 기능을 일부 유지할 수 있으며, 비용이 저렴한 장점이 있어 일반적으로 이용되는 방식이다.

1202 / 1603

120

Repetitive Learning 

강관을 사용하여 비계를 구성하는 경우 준수하여야 하는 사항으로 옳지 않은 것은?

① 비계기둥의 간격은 띠장 방향에서는 1.85m 이하로 할 것
② 비계기둥 간의 적재하중은 300kg을 초과하지 않도록 할 것
③ 비계기둥의 제일 윗부분으로부터 31m 되는 지점 밑 부분의 비계기둥은 2개의 강관으로 묶어세울 것
④ 띠장 간격은 2m 이하로 설치할 것

해설

- 강관비계의 비계기둥 간 적재하중은 400kg을 초과하지 않도록 한다.

강관비계의 구조

- 비계기둥의 간격은 띠장 방향에서는 1.85m 이하, 장선(長線) 방향에서는 1.5m 이하로 할 것
- 띠장 간격은 2m 이하로 설치할 것
- 비계기둥의 제일 윗부분으로부터 31m 되는 지점 밑 부분의 비계기둥은 2개의 강관으로 묶어세울 것
- 비계기둥 간의 적재하중은 400kg을 초과하지 않도록 할 것

정답 | 118 ④ 119 ② 120 ②

출제문제 분석 2013년 1회

구분	1과목	2과목	3과목	4과목	5과목	6과목	합계
New 유형	6	3	0	1	4	1	15
New 문제	12	10	9	5	5	4	45
또나온문제	7	7	6	9	9	11	49
자꾸나온문제	1	3	5	6	6	5	26
합계	20	20	20	20	20	20	120

- New유형은 New문제 중 기존 기출문제와 완전히 다른 유형의 문제를 말합니다.
- New문제는 기존에 출제되지 않은 문제로 이번에 처음 출제되는 문제입니다.
- 또나온문제는 기존에 출제된 적이 1번 있는 문제를 말합니다.
- 자꾸나온문제는 기존에 출제된 적이 2번 이상 있는 문제를 말합니다. 그만큼 중요한 문제입니다.

몇 년분의 기출문제를 공부해야 합격할 수 있을까요?

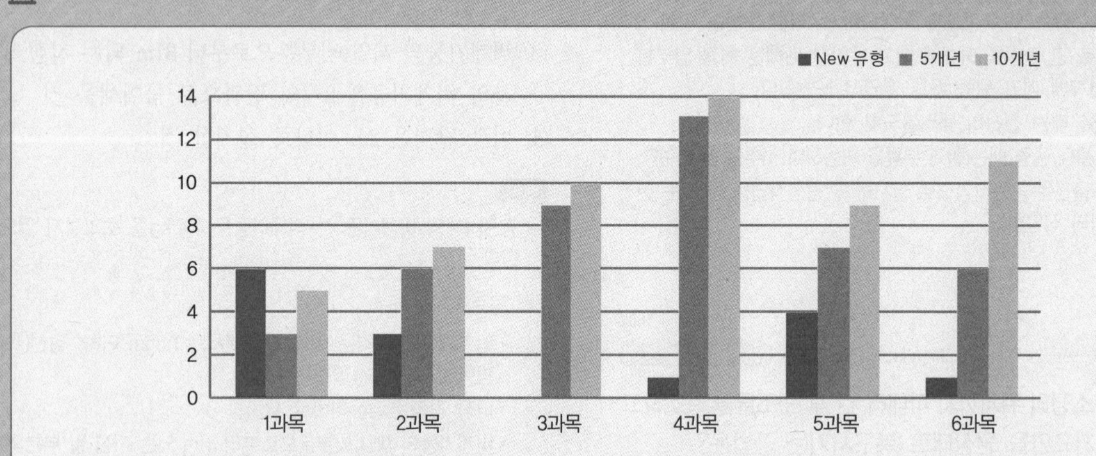

- 완전 새로운 유형의 문제는 15문제이고 105문제가 이미 출제된 문제 혹은 변형문제입니다.
- 5년분(2016~2020) 기출에서 동일문제가 44문항이 출제되었고, 10년분(2011~2020) 기출에서 동일문제가 56문항이 출제되었습니다.

실기에 나왔어요!! 외우세요!!!

실기시험은 필답형과 작업형으로 구분되어 있으며 모두 직접 주관식으로 내용을 적어야 합니다. 필기공부하면서 실기 출제된 내역들은 좀 더 신경써서 암기하실 필요가 있어요. 필기 합격자 발표 난 후 실기시험까지는 5주밖에 여유가 없답니다. 어차피 공부할 것 필기 때 확실하게 해준다면 실기도 단방에 합격할 수 있습니다.

- 총 36개의 해설이 실기 필답형 시험과 연동되어 있습니다.
- 총 4개의 해설이 실기 작업형 시험과 연동되어 있습니다.

분석의견

최근 10년분의 기출문제와 답을 반복암기해서는 합격점수인 72점에서 16점이 부족합니다. 새로운 유형 및 문제, 과목별 기출비중, 10년분 기출출제비율 모두가 평균과 비슷하거나 약간 쉬운 난이도 분포를 보여주고 있습니다. 1과목과 2과목에 새로운 유형의 문제가 많이 배치되면서 기출비중이 줄어들어 1, 2과목의 난이도가 상승한 반면 나머지 과목의 기출비중이 높아져 크게 무리는 없는 회차입니다. 합격에 필요한 점수를 획득하기 위해서는 최근 5년분 문제와 핵심이론의 3회독 혹은 최근 10년분 문제와 핵심이론의 2회독 이상의 학습이 필요합니다.

2013년 제1회

2013년 3월 10일 필기

13년 1회차 필기시험
합격률 36.6%

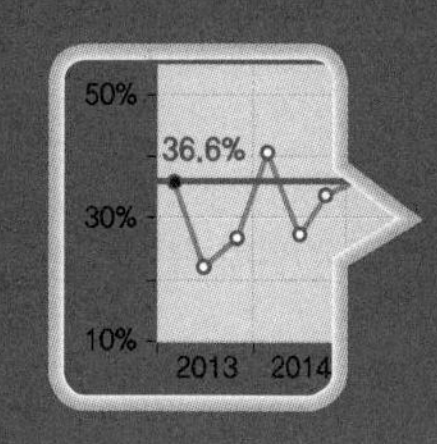

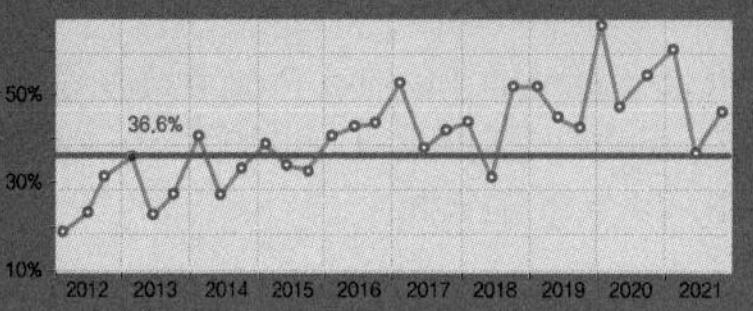

1과목 산업재해 예방 및 안전보건교육

1602

01 Repetitive Learning 1회 2회 3회

매슬로우의 욕구단계 이론에서 편견 없이 받아들이는 성향, 타인과의 거리를 유지하며 사생활을 즐기거나 창의적 성격으로 봉사, 특별히 좋아하는 사람과 긴밀한 관계를 유지하려는 인간의 욕구에 해당하는 것은?

① 생리적 욕구
② 사회적 욕구
③ 자아실현의 욕구
④ 안전에 대한 욕구

해설

- 현실적인 성향으로 자신과 타인, 그리고 세계를 편견 없이 받아들이는 성향이 강한 사람의 특성에 해당하는 것은 인간 최고의 욕구인 5단계 욕구이다.

매슬로우(Maslow)의 욕구 5단계 이론 실필 1602

단계	내용
1단계 생리적 욕구	기본적인 인간의 욕구(먹고, 자고, 숨쉬는 것)
2단계 안전에 대한 욕구	각종 위험으로부터 자기보존에 관한 안전욕구
3단계 사회적 욕구	친구와 가족 간의 관계로 대표되는 것으로 애정과 소속에 대한 욕구
4단계 존경의 욕구	자신있고 강하고 무엇인가 진취적이며 유능하고 쓸모있는 사람으로 인식되기를 바라는 욕구
5단계 자아실현의 욕구	편견 없이 받아들이는 성향, 타인과의 거리를 유지하며 사생활을 즐기거나 창의적 성격으로 봉사, 특별히 좋아하는 사람과 긴밀한 관계를 유지하려는 인간의 욕구

2102

02 Repetitive Learning 1회 2회 3회

다음 중 산업안전보건법상 사업 내 안전보건・교육에 있어 관리감독자의 정기안전・보건교육 내용에 해당하지 않는 것은?(단, 산업안전보건법 및 일반관리에 관한 사항은 제외한다)

① 정리정돈 및 청소에 관한 사항
② 산업보건 및 직업병 예방에 관한 사항
③ 유해・위험 작업환경 관리에 관한 사항
④ 표준 안전작업방법 및 지도 요령에 관한 사항

해설

- 정리정돈 및 청소에 관한 사항은 채용 시의 교육 및 작업내용 변경 시의 근로자 교육 내용에 해당한다.

관리감독자 정기안전・보건교육 내용 실필 1801/1603/1001/0902

- 작업공정의 유해・위험과 재해 예방대책에 관한 사항
- 표준 안전작업방법 및 지도 요령에 관한 사항
- 관리감독자의 역할과 임무에 관한 사항
- 산업보건 및 직업병 예방에 관한 사항
- 유해・위험 작업환경 관리에 관한 사항
- 산업안전보건법 및 일반관리에 관한 사항
- 직무스트레스 예방 및 관리에 관한 사항
- 산재보상보험제도에 관한 사항
- 안전보건교육 능력 배양에 관한 사항

03 Repetitive Learning 1회 2회 3회

다음 중 준비, 교시, 연합, 총괄, 응용시키는 사고과정의 기술교육 진행방법에 해당하는 것은?

① 듀이의 사고과정
② 태도교육 단계이론
③ 하버드 학파의 교수법
④ MTP(Management Training Program)

정답 | 01 ③ 02 ① 03 ③

해설

- 존 듀이(Jone Dewey)의 사고과정은 원리의 제시, 관련된 개념의 분석, 가설의 설정, 자료의 평가, 결론 순으로 진행된다.
- 태도교육은 청취(Hearing), 이해, 납득(Understand), 모범(Example), 평가(Evaluaion)의 과정을 거친다.
- MTP(Management Training Program)는 중간관리자를 대상으로 하는 관리자 훈련으로 10~15명을 묶어 2시간씩 총 20회에 걸쳐 40시간 동안 교육한다.

하버드 학파(Havard school)의 학습지도법

- 준비, 교시, 연합, 총괄, 응용시키는 사고과정의 기술교육 진행방법이다.
- 5단계로 진행된다.

1단계	준비(Preparation)
2단계	교시(Presentation)
3단계	연합(Association)
4단계	총괄(Generalization)
5단계	응용(Application)

0902 / 2001

04

다음 중 관리감독자를 대상으로 교육하는 TWI의 교육내용이 아닌 것은?

① 문제해결훈련
② 작업지도훈련
③ 인간관계훈련
④ 작업방법훈련

해설

- TWI의 교육내용에는 작업지도, 작업개선, 인간관계, 작업방법 등이 있다.

TWI(Training Within Industry for supervisor)

㉠ 개요

- 일선 관리감독자를 대상으로 인간관계를 개선하고 생산성을 향상시키기 위하여 고안된 훈련방법을 말한다.
- 교육내용에는 작업지도기법(JI : Job Instruction), 작업개선기법(JM : Job Methods), 인간관계기법(JR : Job Relations), 안전작업방법(JS : Job Safety) 등이 있다.

㉡ 주요 교육내용

- JRT(Job Relation Training)는 인간관계 관리기법으로 부하통솔기법과 관련된다.
- JIT(Job Instruction Training)는 작업지도기법으로 직장 내 부하 직원에 대하여 가르치는 기술과 관련된다.

05

Repetitive Learning (1회 2회 3회)

다음 중 일반적으로 피로의 회복대책에 가장 효과적인 방법은?

① 휴식과 수면을 취한다.
② 충분한 영양(음식)을 섭취한다.
③ 땀을 낼 수 있는 근력운동을 한다.
④ 모임 참여, 동료와의 대화 등을 통하여 기분을 전환한다.

해설

- 가장 효과적인 피로의 회복대책은 적정한 휴식과 수면을 취하는 것이다.

작업에 수반된 피로의 회복대책

- 충분한 영양을 섭취한다.
- 목욕이나 가벼운 체조를 한다.
- 휴식과 수면을 취한다.
- 비타민B, 비타민C 등의 적정한 영양제를 보급한다.
- 음악감상과 오락 등 취미생활을 한다.

0303

06

Repetitive Learning (1회 2회 3회)

다음 중 버드(F. E. Bird Jr)의 사고발생 도미노 이론에서 직접원인은 무엇이라고 하는가?

① 통제　　② 징후
③ 손실　　④ 위험

해설

- 버드는 재해의 직접원인을 징후라 하고 불안전한 행동 및 상태에서 비롯된다고 주장하였다.

버드(Bird)의 신연쇄성 이론

㉠ 개요

- 신도미노 이론이라고도 한다.
- 재해발생의 근원적 원인은 관리의 부족에 있다고 정의한다.
- 재해발생의 기본원인은 개인적 요인 및 작업상의 요인에 있다고 주장한다.
- 재해의 직접원인을 징후라 하고 불안전한 행동 및 상태에서 비롯된다고 한다.

㉡ 단계 실필 1202

1단계	관리의 부족
2단계	개인적 요인, 작업상의 요인
3단계	불안전한 행동 및 상태
4단계	사고
5단계	재해

04 ①　05 ①　06 ② 정답

0701

07

Repetitive Learning 1회 2회 3회

다음 중 하인리히의 재해손실비용 산정에 있어서 1 : 4의 비율은 각각 무엇을 의미하는가?

① 치료비의 보상비의 비율
② 급료와 손해보상의 비율
③ 직접손실비와 간접손실비의 비율
④ 보험지급비와 비보험손실비의 비용

해설

- 하인리히는 직접비와 간접비의 비율을 1 : 4로 계산하였다.

하인리히의 재해손실비용 평가

- 직접비 : 간접비의 비율은 1 : 4로 계산해 산업재해로 인한 총 손실비용은 직접비(산업재해보상비)의 5배로 한다.
- 직접손실비용에는 치료비, 휴업급여, 장해급여, 유족급여, 요양급여, 간병급여, 직업재활급여, 장례비 등이 있다.
- 간접손실비용에는 부상자를 비롯한 직원의 시간손실, 이익의 감소, 생산손실비, 기계, 공구 재료 등의 재산손실 등이 있다.

08

Repetitive Learning 1회 2회 3회

상시근로자수가 100명인 사업장에서 1일 8시간씩 연간 280일 근무하였을 때, 1명의 사망사고와 4건의 재해로 인하여 180일의 휴업일수가 발생하였다. 이 사업장의 종합재해지수는 약 얼마인가?

① 22.32　　② 27.59
③ 34.14　　④ 56.42

해설

- 총근로시간은 $100 \times 8 \times 280 = 224,000$시간이다.
- 도수율 = $\frac{5}{224,000} \times 1,000,000 = 22.32$이다.
- 휴업(요양)일수를 근로손실일수로 변환하기 위해서는 휴업(요양)일수에 $\left(\frac{\text{연간 근로일수}}{365}\right)$를 곱하여 구한다.
- 휴업일수가 180일이므로 근로손실일수는 $180 \times \frac{280}{365} = 138.08$일이다.
- 1명의 사망사고는 근로손실일수가 7,500일이므로 총근로손실일수는 7,500 + 138.08 = 7,638.08일이다.
- 강도율 = $\frac{7,638.08}{224,000} \times 1,000 = 34.1$이다.
- 종합재해지수 = $\sqrt{22.32 \times 34.1} = \sqrt{761.11} = 27.59$이다.

도수율(FR : Frequency Rate of injury)
실필 1902/1701/1601/1303/1203/1201/1102/1003/0903/0902

- 빈도율이라고도 하며, 100만 시간당 재해발생건수를 나타낸다.
- 도수율 = $\frac{\text{연간 재해건수}}{\text{연간 총근로시간}} \times 10^6$로 구한다.

강도율(SR : Severity Rate of injury) 실필 2401/2101/2004/1902/1901/1702/1701/1403/1303/1203/1201/1102/1003/1001/0903/0902/0802

- 재해로 인한 근로손실의 강도를 나타낸 값으로 연간 총근로시간에서 1,000시간당 근로손실일수를 의미한다.
- 강도율 = $\frac{\text{근로손실일수}}{\text{연간 총근로시간}} \times 1,000$으로 구한다.
- 근로자의 근속연수 등이 주어지지 않을 때 평생 근로손실일수는 한 개인이 평생 동안 근로한 시간을 100,000시간으로 볼 때의 근로손실일수이므로 강도율에 100을 곱하여 구한다.

종합재해지수 실필 2301/2003/1701/1303/1201/1102/0903/0902

- 기업 간 재해지수의 종합적인 비교 및 안전성적의 비교를 위해 사용하는 수단이다.
- 재해의 빈도와 상해의 강약도를 혼합하여 집계하는 지표이다.
- 강도율과 도수율(빈도율)의 기하평균이므로 종합재해지수는 $\sqrt{\text{빈도율} \times \text{강도율}}$로 구한다.
- 상해발생률과 상해강도율이 주어질 경우 종합재해지수 = $\sqrt{\frac{\text{빈도율} \times \text{강도율}}{1,000}}$로 구한다.

0302 / 0701 / 1103 / 2102

09

Repetitive Learning 1회 2회 3회

다음 중 학생이 자기 학습속도에 따른 학습이 허용되어 있는 상태에서 학습자가 프로그램 자료를 가지고 단독으로 학습하도록 하는 교육방법은?

① 토의법
② 모의법
③ 실연법
④ 프로그램 학습법

해설

- 토의법은 교수자와 학습자 간 혹은 학습자간의 의사소통과 상호작용을 통해 정보와 의견을 교환하고 결론을 이끌어내는 교수학습법이다.
- 모의법은 실제의 장면이나 상태와 극히 유사한 상태를 인위적으로 만들어 그 속에서 학습하도록 하는 교육방법을 말한다.
- 실연법은 학습자가 이미 설명을 듣거나 시범을 보고 알게 된 지식이나 기능을 강사의 감독 아래 직접적으로 연습하여 적용할 수 있도록 하는 교육방법이다.

정답 | 07 ③　08 ②　09 ④

:: 프로그램 학습법(Programmed self instruction method)

㉠ 개요

- 학생이 자기 학습속도에 따른 학습이 허용되어 있는 상태에서 학습자가 프로그램 자료를 가지고 단독으로 학습하도록 하는 교육방법을 말한다.

㉡ 특징

- 학습자의 학습과정을 쉽게 알 수 있다.
- 수업의 모든 단계에서 적용이 가능하며, 지능, 학습속도 등 개인차를 충분히 고려할 수 있다.
- 수강자들이 학습이 가능한 시간대의 폭이 넓으며, 매 반응마다 피드백이 주어져 학습자의 흥미를 유발한다.
- 단점으로는 한번 개발된 프로그램 자료는 개조하기 어려우며 내용이 고정화 되어 있고, 개발비용이 많이 들며 집단사고의 기회가 없다.

10 — Repetitive Learning (1회 2회 3회)

다음 중 산업안전보건법령상 안전보건·표지의 종류에 있어 금지표지에 해당하지 않는 것은?

① 금연
② 사용금지
③ 물체이동금지
④ 유해물질접촉금지

해설

- 금지표지의 종류에는 금연, 출입금지, 보행금지, 차량통행금지, 물체이동금지, 화기금지, 사용금지, 탑승금지 등이 있다.

:: 금지표지 실필 2401/2202/1802/1402

- 정지, 소화설비, 유해행위 금지를 표시할 때 사용된다.
- 흰색(N9.5) 바탕에 빨간색(7.5R 4/14) 기본모형을 사용한다.
- 금연, 출입금지, 보행금지, 차량통행금지, 물체이동금지, 화기금지, 사용금지, 탑승금지 등이 있다.

금연	출입금지	보행금지	차량통행금지
물체이동금지	화기금지	사용금지	탑승금지

11 — Repetitive Learning (1회 2회 3회)

다음 중 안전관리조직의 목적과 가장 거리가 먼 것은?

① 조직적인 사고예방 활동
② 위험제거기술의 수준 향상
③ 재해손실의 산정 및 작업통제
④ 조직간 종적·횡적 신속한 정보처리와 유대강화

해설

- 안전관리조직은 재해손실의 산정 및 작업통제보다는 재해사고 시의 사고 조사, 피해억제, 긴급조치 등의 역할에 집중해야 한다.

:: 안전관리조직

㉠ 기능

- 경영적 차원에서의 안전조치 기능 : 최고경영자의 의지
- 안전상의 제안조치를 강구할 수 있는 기능 : 방호장치, 보호구의 설치 및 착용 등
- 재해사고 시 조사와 피해억제 및 긴급조치 기능

㉡ 목적

- 조직적인 사고예방 활동
- 위험제거기술의 수준 향상
- 조직 간 종적·횡적 신속한 정보처리와 유대강화
- 각종 위험의 방지 및 제거활동
- 재해사고 시 사고조사, 피해억제, 긴급조치 활동

12 — Repetitive Learning (1회 2회 3회)

다음 중 안전교육의 원칙과 가장 거리가 먼 것은?

① 피교육자 입장에서 교육한다.
② 동기부여를 위주로 한 교육을 실시한다.
③ 오감을 통한 기능적인 이해를 돕도록 한다.
④ 어려운 것부터 쉬운 것을 중심으로 실시하여 이해를 돕는다.

해설

- 안전보건교육은 쉬운 것에서 어려운 것 순으로 진행한다.

:: 안전보건교육의 교육지도 원칙

- 피교육자 입장에서의 교육이 되게 한다.
- 동기부여를 위주로 한 교육이 되게 한다.
- 오감을 통한 기능적인 이해를 돕도록 한다.
- 5관을 활용한 교육이 되게 한다.
- 한 번에 한 가지씩 교육을 실시한다.
- 많이 사용하는 것에서 적게 사용하는 순서로 실시한다.
- 과거부터 현재, 미래의 순서로 실시한다.
- 쉬운 것에서 어려운 것 순으로 진행한다.

10 ④ 11 ③ 12 ④ 정답

13

Repetitive Learning (1회 2회 3회)

다음 중 인사관리의 목적을 가장 올바르게 나타낸 것은?

① 사람과 일과의 관계 ② 사람과 기계와의 관계
③ 기계와 적성과의 관계 ④ 사람과 시간과의 관계

해설

- 인사관리란 기업 및 조직의 일하는 사람들이 각자의 능력을 최대로 발휘할 수 있도록 관리하는 업무를 말한다.

인사관리

㉠ 개요
- 인사관리란 기업 및 조직의 일하는 사람들이 각자의 능력을 최대로 발휘할 수 있도록 관리하는 업무를 말한다. 즉, 사람과 일과의 관계를 연결하는 업무이다.

㉡ 중요기능
- 조직과 리더십
- 적성검사 및 시험
- 배치
- 작업분석과 업무평가

14

Repetitive Learning (1회 2회 3회)

다음 중 안전점검을 실시할 때 유의사항으로 옳지 않는 것은?

① 안전점검은 안전수준의 향상을 위한 본래의 취지에 어긋나지 않아야 한다.
② 점검자의 능력을 판단하고 그 능력에 상응하는 내용의 점검을 시키도록 한다.
③ 안전점검이 끝나고 강평을 할 때는 결함만을 지적하여 시정 조치토록 한다.
④ 과거에 재해가 발생한 곳은 그 요인이 없어졌는가를 확인한다.

해설

- 안전점검 후 강평을 할 때는 결함뿐 아니라 잘된 점도 부각하여 안전사항의 주지와 동기부여를 할 필요가 있다.

안전점검을 실시할 때 유의사항
- 안전점검은 안전수준의 향상을 위한 본래의 취지에 어긋나지 않아야 한다.
- 점검자의 능력을 판단하고 그 능력에 상응하는 내용의 점검을 하도록 한다.
- 안전점검이 끝나고 강평을 실시하여 안전사항을 주지하도록 한다.
- 과거에 재해가 발생한 곳은 그 요인이 없어졌는가를 확인한다.

15

Repetitive Learning (1회 2회 3회)

다음 중 무재해 운동에 관한 설명으로 틀린 것은?

① 제3자의 행위에 의한 업무상 재해는 무재해로 본다.
② "요양"이란 부상 등의 치료를 말하며 입원은 포함되나 재가, 통원은 제외한다.
③ "무재해"란 무재해 운동 시행 사업장에서 근로자가 업무에 기인하여 사망 또는 4일 이상의 요양을 요하는 부상 또는 질병에 이환되지 않는 것을 말한다.
④ 업무수행 중의 사고 중 천재지변 또는 돌발적인 사고로 인한 구조행위 또는 긴급피난 중 발생한 사고는 무재해로 본다.

해설

- 무재해에서 요양이란 부상 등의 치료를 말하며 재가, 통원 및 입원의 경우를 모두 포함한다.

무재해 운동

㉠ 정의
- 무재해라 함은 무재해 운동 시행 사업장에서 근로자가 업무에 기인하여 사망 또는 4일 이상의 요양을 요하는 부상 또는 질병에 이환되지 않는 것을 말한다.
- 요양이란 부상 등의 치료를 말하며 재가, 통원 및 입원의 경우를 모두 포함한다.

㉡ 무재해로 보는 경우 실필 1403/1401/1102
- 작업시간 중 천재지변 또는 돌발적인 사고로 인한 구조행위 또는 긴급피난 중 발생한 사고
- 작업시간 외에 천재지변 또는 돌발적인 사고우려가 많은 장소에서 사회통념상 인정되는 업무수행 중 발생한 사고
- 출·퇴근 도중에 발생한 재해
- 운동경기 등 각종 행사 중 발생한 사고
- 제3자의 행위에 의한 업무상 재해
- 업무상재해인정기준 중 뇌혈관질환 또는 심장질환에 의한 재해
- 업무시간 외에 발생한 재해(단, 사업주가 제공한 사업장 내의 시설물에서 발생한 재해 또는 작업개시 전의 작업준비 및 작업종료 후의 정리정돈 과정에서 발생한 재해는 제외)

16

Repetitive Learning (1회 2회 3회)

다음 중 구체적인 동기유발 요인에 속하지 않는 것은?

① 기회 ② 자세
③ 인정 ④ 참여

정답 | 13 ① 14 ③ 15 ② 16 ②

해설

구체적인 동기유발 요인의 종류

㉠ 내적 동기유발 요인
- 개인의 마음속에 내재되어 있는 욕망, 욕구, 사명감 등을 말한다.
- 책임(Responsibility), 기회(Opportunity), 참여(Participation), 독자성(Independence), 적응도(Conformity) 등이 있다.

㉡ 외적 동기유발 요인
- 사회적 욕구나 금전적, 물질적 보상을 말한다.
- 경제(Economic)적 보상, 권한(Power), 인정(Recognition), 성과(Accomplishment), 경쟁(Competition) 등이 있다.

2101

17

Repetitive Learning (1회 2회 3회)

다음 중 보호구에 관한 설명으로 옳은 것은?

① 차광용 보안경의 사용구분에 따른 종류에는 자외선용, 적외선용, 복합용, 용접용이 있다.
② 귀마개는 처음에는 저음만을 차단하는 제품부터 사용하며, 일정 기간이 지난 후 고음까지를 모두 차단할 수 있는 제품을 사용한다.
③ 유해물질이 발생하는 산소결핍 지역에서는 필히 방독마스크를 착용하여야 한다.
④ 선반작업과 같이 손에 재해가 많이 발생하는 작업장에서는 장갑 착용을 의무화한다.

해설

- 귀마개는 소음의 정도에 따라 고음만을 차단(EP-2)하거나 저음부터 고음까지 모두 차단(EP-1)하는 것이 있다.
- 산소결핍지역에서는 송기마스크를 착용하여야 한다.
- 선반작업에서 장갑을 착용할 경우 말려들 가능성이 크므로 장갑을 착용해서는 안 된다.

사용구분에 따른 차광보안경의 종류 실필 2301/1201/1003

종류	사용구분
자외선용	자외선이 발생하는 장소
적외선용	적외선이 발생하는 장소
복합용	자외선 및 적외선이 발생하는 장소
용접용	산소용접작업 등과 같이 자외선, 적외선 및 강렬한 가시광선이 발생하는 장소

1603

18

Repetitive Learning (1회 2회 3회)

산업재해의 발생형태 중 사람이 평면상으로 넘어졌을 때의 사고유형을 무엇이라 하는가?

① 비래 ② 전도
③ 붕괴 ④ 추락

해설

- 평면상에서 넘어지거나 미끄러지는 것은 전도에 해당한다.

발생형태에 따른 대표적인 산업재해

전도(넘어짐)	근로자가 작업 중 미끄러지거나 넘어져서 발생하는 재해
추락(떨어짐)	근로자가 작업 중 높은 곳에서 떨어져서 발생하는 재해
협착(감김·끼임)	근로자가 작업 중 작동 중인 기계에 말림, 끼임, 물림 등에 의해 상해를 입는 재해
낙하·비래(맞음)	물건이 떨어지거나 날아 사람에게 부딪혀 발생하는 재해
붕괴·도괴(무너짐)	적재물이나 건축물이 무너져서 발생하는 재해

1002

19

Repetitive Learning (1회 2회 3회)

위험예지훈련을 실시할 때 현상 파악이나 대책수립 단계에서 시행하는 BS(Brain-Storming)원칙에 어긋나는 것은?

① 자유롭게 본인의 아이디어를 제시한다.
② 타인의 아이디어에 대하여 평가하지 않는다.
③ 사소한 아이디어라도 가능한 한 많이 제시하도록 한다.
④ 타인의 아이디어를 활용하여 변형한 의견은 제시하지 않도록 한다.

해설

- 브레인스토밍에서는 타인의 아이디어를 활용하거나 변형한 의견도 상관없이 가능한 많은 의견을 제시하도록 한다.

브레인스토밍(Brain-storming) 기법 실필 1503/0903

㉠ 개요
- 6~12명의 구성원으로 타인의 비판 없이 자유로운 토론을 통하여 다량의 독창적인 아이디어를 이끌어내고, 대안적 해결안을 찾기 위한 집단적 사고기법이다.

㉡ 4원칙
- 가능한 많은 아이디어와 의견을 제시하도록 한다.
- 주제를 벗어난 아이디어도 허용한다.
- 타인의 의견을 수정하여 발언하는 것을 허용한다.
- 절대 타인의 의견을 비판 및 비평하지 않는다.

17 ① 18 ② 19 ④ 정답

1702

20 Repetitive Learning 1회 2회 3회

산업안전보건법상 안전보건관리책임자 등에 대한 교육시간 기준으로 틀린 것은?

① 보건관리자, 보건관리전문기관의 종사자 보수교육 : 24시간 이상
② 안전관리자, 안전관리전문기관의 종사자 신규교육 : 34시간 이상
③ 안전보건관리책임자의 보수교육 : 6시간 이상
④ 재해예방전문지도기관의 종사자 신규교육 : 24시간 이상

해설

- 재해예방전문지도기관 종사자의 신규교육은 34시간 이상이고, 보수교육은 24시간 이상이다.

안전보건관리책임자 등에 대한 교육

교육대상	교육시간	
	신규교육	보수교육
안전보건관리책임자	6시간 이상	6시간 이상
안전관리자, 안전관리전문기관의 종사자	34시간 이상	24시간 이상
보건관리자, 보건관리전문기관의 종사자	34시간 이상	24시간 이상
재해예방전문지도기관의 종사자	34시간 이상	24시간 이상
석면조사기관의 종사자	34시간 이상	24시간 이상
안전보건관리담당자	–	8시간 이상
안전검사기관, 자율안전검사기관의 종사자	34시간 이상	24시간 이상

2과목 인간공학 및 위험성 평가 · 관리

21 Repetitive Learning 1회 2회 3회

다음 중 흐름공정도(Flow process chart)에서 기호와 의미가 잘못 연결된 것은?

① ◇ : 검사
② ▽ : 저장
③ ⇨ : 운반
④ ○ : 가공

해설

- 흐름공정도에서 검사기호는 □이다.

흐름공정도

㉠ 개요
- 공정분석을 목적으로 주로 단일품목에 사용되며 기호의 기입 없이 해당 기호에 색칠만 해주면 된다.
- 공정기호별로 데이터 집계가 편리하며, 품목당 하나의 행에 기록해야 하는 제약점을 갖는다.

㉡ 기호

기호	설명	기호	설명
□	검사	▽	저장
⇨	운반	○	가공

22 Repetitive Learning 1회 2회 3회

다음 중 강한 음영 때문에 근로자의 눈 피로도가 큰 조명방법은?

① 간접조명 ② 반간접조명
③ 직접조명 ④ 전반조명

해설

- 조명방법에 따라 직접조명, 간접조명, 반간접조명으로 구분되는데 그중 직접조명은 직접 작업면에 투사하는 조명이고, 간접조명은 천장이나 벽에 빛을 투사하여 이의 반사된 광속을 조명에 이용하는 방식이다.

직접조명
- 조명의 효율이 좋고 경제적인 조명방법이다.
- 쉽고 균등한 조도분포를 얻기 힘들며 눈부심이 일어나기 쉽고, 강한 음영 때문에 근로자의 눈 피로도가 큰 조명방법이다.

0402 / 0601 / 1503 / 2202

23 Repetitive Learning 1회 2회 3회

다음 중 일반적으로 인간의 눈이 완전암조응에 걸리는 데 소요되는 시간을 가장 잘 나타낸 것은?

① 3~5분
② 10~15분
③ 30~40분
④ 60~90분

정답 | 20 ④ 21 ① 22 ③ 23 ③

해설

- 완전암조응이란 밝은 장소에 있다가 극장 등과 같은 어두운 곳으로 들어갈 때 눈이 적응하는 것을 말하는데 암조응은 명조응에 비해 시간이 오래 걸린다.

적응

- 적응(순응)은 밝은 곳에 있다가 어두운 곳에 들어설 경우 아무것도 보이지 않다가 차츰 어둠에 적응하여 보이기 시작하는 특성을 말한다.
- 암조응에 걸리는 시간은 30~40분, 명조응에 걸리는 시간은 1~3분 정도이다.

24

Repetitive Learning (1회 2회 3회)

시스템 안전 프로그램에 있어 시스템의 수명 주기를 일반적으로 5단계로 구분할 수 있는데 다음 중 시스템 수명주기의 단계에 해당하지 않는 것은?

① 구상단계
② 생산단계
③ 운전단계
④ 분석단계

해설

- 시스템의 수명주기는 구상 → 정의 → 개발 → 생산 → 운전 → 폐기단계를 거친다.

시스템 수명주기 6단계

단계	내용
1단계 구상(Concept)	예비위험분석(PHA)이 적용되는 단계
2단계 정의(Definition)	시스템 안전성 위험분석(SSHA) 및 생산물의 적합성을 검토하고 예비설계와 생산기술을 확인하는 단계
3단계 개발(Development)	FMEA, HAZOP 등이 실시되는 단계로 설계의 수용가능성을 위해 완벽한 검토가 이뤄지는 단계
4단계 생산(Production)	안전관리자에 의해 안전교육 등 전체 교육이 실시되는 단계
5단계 운전(Deployment)	사고조사 참여, 기술변경의 개발, 고객에 의한 최종 성능검사, 시스템 안전 프로그램에 대하여 안전점검 기준에 따라 평가하는 단계
6단계 폐기	

0702

25

Repetitive Learning (1회 2회 3회)

다음 중 청각적 표시장치보다 시각적 표시장치를 이용하는 경우가 더 유리한 경우는?

① 메시지가 간단한 경우
② 메시지가 추후에 재참조되는 경우
③ 직무상 수신자가 자주 움직이는 경우
④ 정보전달이 즉각적인 행동을 요구할 때

해설

- 정보가 후에 재참조되는 경우는 기록으로 남겨져 있는 경우가 좋으므로 시각적 표시장치가 효과적이다.

시각적 표시장치와 청각적 표시장치의 비교

구분	내용
시각적 표시 장치	• 수신 장소의 소음이 심한 경우 • 정보가 공간적인 위치를 다룬 경우 • 정보의 내용이 복잡하고 긴 경우 • 직무상 수신자가 한 곳에 머무르는 경우 • 메시지를 추후 참고할 필요가 있는 경우 • 정보의 내용이 즉각적인 행동을 요구하지 않는 경우
청각적 표시 장치	• 수신 장소가 너무 밝거나 암순응이 요구될 때 • 정보의 내용이 시간적인 사건을 다루는 경우 • 정보의 내용이 간단한 경우 • 직무상 수신자가 자주 움직이는 경우 • 정보의 내용이 후에 재참조되지 않는 경우 • 메시지가 즉각적인 행동을 요구하는 경우

1901

26

Repetitive Learning (1회 2회 3회)

다음 중 인체계측자료의 응용원칙에 있어 조절범위에서 수용하는 통상의 범위는 몇 %tile 정도인가?

① 5 ~ 95%tile
② 20 ~ 80%tile
③ 30 ~ 70%tile
④ 40 ~ 60%tile

해설

- 조절범위에서 수용하는 통상의 범위는 5 ~ 95%tile이다.

인체계측에서의 %tile

㉠ 개요
- %tile = 평균값 ± (표준편차 × %tile 계수)로 구한다.
- 조절범위에서 수용하는 통상의 범위는 5 ~ 95%tile이다.

㉡ %tile 구하는 방법
- 5%tile = 평균 − 1.645 × 표준편차로 구한다.
- 95%tile = 평균 + 1.645 × 표준편차로 구한다.

24 ④ 25 ② 26 ① 정답

1503

27

Repetitive Learning 1회 2회 3회

설비관리 책임자 A는 동종업종의 TPM 추진사례를 벤치마킹하여 설비관리 효율화를 꾀하고자 한다. 설비관리 효율화 중 작업자 본인이 직접 운전하는 설비의 마모율 저하를 위하여 설비의 윤활관리를 일상에서 직접 행하는 활동과 가장 관계가 깊은 TPM 추진단계는?

① 개별개선활동단계
② 자주보전활동단계
③ 계획보전활동단계
④ 개량보전활동단계

해설

- 자신이 사용하는 설비의 마모율 저하를 위해 일상적으로 유지관리하는 것은 자주보전활동단계에 대한 설명이다.

설비관리 효율화를 위한 TPM(Total Productivity Management)

- TPM은 사람과 설비의 체질개선을 통한 기업의 체질개선을 목적으로 한다.
- TPM의 8대 주요활동

활동명	개념
자주보전	자기 설비에 대한 일상점검, 부품교환, 수리 등을 스스로 행하는 것
개별개선	설비, 장치, 공정을 포함하는 플랜트 전체의 효율화를 위한 제반 개선활동
계획보전	설비의 이상을 조기에 발견하고 치료하는 최적 보전주기에 의한 정기보전
MP・초기 유동관리	보전예방과 신기술 적용을 통해 보전비나 열화손실을 최소로 하는 활동
품질보전	완벽한 품질을 위해 불량을 방지하는 설비구축
환경・안전	산업재해예방 및 무고장을 위한 제반 활동
사무・간접	생산비의 절감을 위한 경영합리화 대책
교육훈련	교육훈련을 통한 기능향상과 기술혁신

28

Repetitive Learning 1회 2회 3회

어떠한 신호가 전달하려는 내용과 연관성이 있어야 하는 것으로 정의되며, 예로써 위험신호는 빨간색, 주의신호는 노란색, 안전신호는 파란색으로 표시하는 것은 다음 중 어떠한 양립성(Compatibility)에 해당하는가?

① 공간 양립성 ② 개념 양립성
③ 동작 양립성 ④ 형식 양립성

해설

- 공간 양립성은 표시장치와 조종장치의 위치와 관련된다.
- 운동 양립성은 조종장치의 조작방향과 기계의 운동방향과 관련된다.
- 형식 양립성은 청각적 자극 제시와 이에 대한 음성응답 과업과 관련된다.

양립성(Compatibility) 실필 1901/1402/1202

㉠ 개요
- 인간의 기대하는 바와 자극 또는 반응들이 일치하는 관계를 말하는데 양립성이 적을수록 정보처리에서 재코드화 과정은 많아진다.
- 양립성의 효과가 크면 클수록, 코딩의 시간이나 반응의 시간은 짧아진다.
- 양립성의 종류에는 운동 양립성, 공간 양립성, 개념 양립성, 양식 양립성 등이 있다.

㉡ 양립성의 종류와 개념

종류	개념
공간 (Spatial) 양립성	• 표시장치와 이에 대응하는 조종장치의 위치가 인간의 기대에 모순되지 않는 것 • 왼쪽 표시장치와 관련된 조종장치는 왼쪽에, 오른쪽 표시장치와 관련된 조종장치는 오른쪽에 위치하는 것
운동 (Movement) 양립성	조종장치의 조작방향에 따라서 기계장치나 자동차 등이 움직이는 것
개념 (Conceptual) 양립성	• 인간이 가지는 개념과 일치하게 하는 것 • 적색 수도꼭지는 온수, 청색 수도꼭지는 냉수를 의미하는 것이나 위험신호는 빨간색, 주의신호는 노란색, 안전신호는 파란색으로 표시하는 것
양식 (Modality) 양립성	문화적 관습에 의해 생기는 양립성 혹은 직무에 관련된 자극과 이에 대한 응답 등으로 청각적 자극 제시와 이에 대한 음성응답 과업에서 갖는 양립성

0502

29

Repetitive Learning 1회 2회 3회

다음 [그림]과 같은 시스템의 신뢰도는 얼마인가?(단, 숫자는 해당 부품의 신뢰도이다)

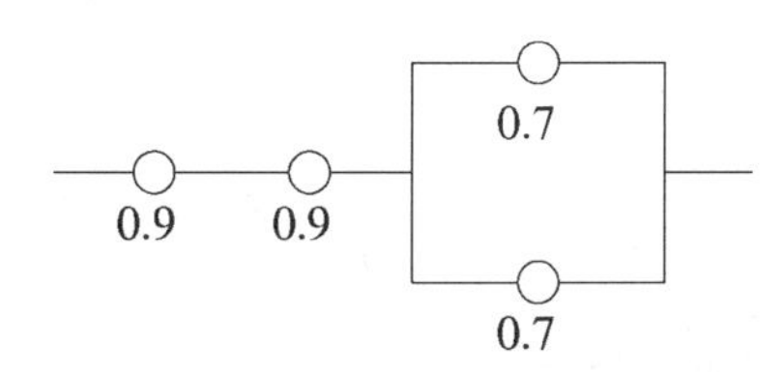

① 0.5670
② 0.6422
③ 0.7371
④ 0.8582

정답 | 27 ② 28 ② 29 ③

해설

- 병렬로 연결된 시스템의 신뢰도는 1-(1-0.7)(1-0.7) = 1-0.09 = 0.910|다.
- 구해진 결과와 나머지 부품이 직렬로 연결된 신뢰도는 0.9×0.9×0.91 = 0.7371이다.

∷ 시스템의 신뢰도 실필 0901

㉠ AND(직렬)연결 시

- 시스템의 신뢰도(R_s)는 부품 a, 부품 b 신뢰도를 각각 R_a, R_b라 할 때 $R_s = R_a \times R_b$로 구할 수 있다.

㉡ OR(병렬)연결 시

- 시스템의 신뢰도(R_s)는 부품 a, 부품 b 신뢰도를 각각 R_a, R_b라 할 때 $R_s = 1-(1-R_a)\times(1-R_b)$로 구할 수 있다.

0501 / 1001 / 1602

30 Repetitive Learning 1회 2회 3회

FTA에서 특정 조합의 기본사상들이 동시에 결함을 발생하였을 때 정상사상을 일으키는 기본사상의 집합을 무엇이라 하는가?

① Cut set ② Error set
③ Path set ④ Success set

해설

- 패스 셋(Path set)은 정상사상(Top event)이 발생하지 않게 하는 기본사상들의 집합을 말한다.

∷ 컷 셋(Cut set) 실필 1601/1303/1001

- 시스템의 약점을 표현한 것이다.
- 특정 조합의 기본사상들이 동시에 결함을 발생하였을 때 정상사상을 일으키는 기본사상의 집합을 말한다.

31 Repetitive Learning 1회 2회 3회

다음 중 소음의 1일 노출시간과 소음강도의 기준이 잘못 연결된 것은?

① 8hr – 90dB(A) ② 2hr – 100dB(A)
③ 1/2hr – 110dB(A) ④ 1/4hr – 120dB(A)

해설

- 110dB일 때 1/2hr이므로 115dB일 때 1/4hr, 120dB일 때는 1/8hr이 된다.

∷ 소음허용기준 실필 1602

- 90dB일 때 8시간을 기준으로 한다.
- 소음이 5dB 커질 때마다 허용기준 시간은 절반으로 줄어든다.

85dB	90dB	95dB	100dB	105dB	110dB
16시간	8시간	4시간	2시간	1시간	0.5시간

1103 / 1602 / 1902 / 1903

32 Repetitive Learning 1회 2회 3회

FT도에 사용하는 기호에서 3개의 입력현상 중 임의의 시간에 2개가 발생하면 출력이 생기는 기호의 명칭은?

① 억제 게이트
② 조합 AND 게이트
③ 배타적 OR 게이트
④ 우선적 AND 게이트

해설

- 억제 게이트(Inhibit gate)는 한 개의 입력사상에 의해 출력사상이 발생하며, 출력사상이 발생되기 전에 입력사상이 특정조건을 만족하여야 한다.
- 배타적 OR 게이트(Exclusive OR gate)는 OR 게이트의 특별한 경우로 2개 또는 그 이상의 입력이 동시에 존재하는 경우에는 출력이 생기지 않는 게이트이다.
- 우선적 AND 게이트는 AND 게이트의 특별한 경우로 여러 개의 입력사상이 정해진 순서에 따라 순차적으로 발생해야만 결과가 출력된다.

∷ 조합 AND 게이트

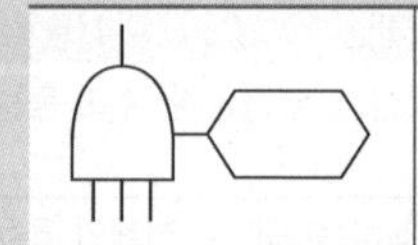	3개의 입력사상 중 임의의 시간에 2개의 입력사상이 발생할 경우 출력이 생긴다.

-  기호 안에 출력이 2개임이 명시된다.

2102

33 Repetitive Learning 1회 2회 3회

중량물 들기작업을 수행하는데, 5분간의 산소소비량을 측정한 결과, 90L의 배기량 중에 산소가 16%, 이산화탄소가 4%로 분석되었다. 해당 작업에 대한 분당 산소소비량은 얼마인가?(단, 공기 중 질소는 79vol%, 산소는 21vol%이다)

① 0.948 ② 1.948
③ 4.74 ④ 5.74

해설

- 먼저 분당 배기량을 구하면 $\frac{90}{5} = 18$L이다.
- 분당 흡기량 = $\frac{18\times(100-16-4)}{79} = \frac{1440}{79} = 18.228$[L/분]이고,
- 분당 산소소비량 = 18.228 × 21% − 18 × 16% = 3.828 − 2.88 = 0.948 [L/분]이 된다.

30 ① 31 ④ 32 ② 33 ① 정답

:: 산소소비량의 계산

- 흡기량과 배기량이 주어질 경우 공기 중 산소가 21%, 배기가스의 산소가 16%라면 산소소비량 = 분당 흡기량 × 21% − 분당 배기량 × 16%이다.
- 흡기량이 주어지지 않을 경우 분당 흡기량은 질소의 양으로 구한다. 흡기량 = $\frac{\text{배기량} \times (100 - CO_2\% - O_2\%)}{79}$가 된다.
- 에너지 값은 분당 산소소비량 × 5kcal로 구한다.

2201

34 Repetitive Learning

다음 중 근골격계 부담작업에 속하지 않는 것은?

① 하루에 10회 이상 25kg 이상의 물체를 드는 작업
② 하루에 총 2시간 이상 목, 어깨, 팔꿈치, 손목 또는 손을 사용하여 같은 동작을 반복하는 작업
③ 하루에 총 2시간 이상 쪼그리고 앉거나 무릎을 굽힌 자세에서 이루어지는 작업
④ 하루에 총 2시간 이상 시간당 5회 이상 손 또는 무릎을 사용하여 반복적으로 충격을 가하는 작업

해설

- 하루에 총 2시간 이상, 시간당 5회 이상이 아니라 10회 이상 손 또는 무릎을 사용하여 반복적으로 충격을 가하는 작업이 근골격계 부담작업에 해당한다.

:: 근골격계 부담작업

- 하루에 4시간 이상 집중적으로 자료입력 등을 위해 키보드 또는 마우스를 조작하는 작업
- 하루에 총 2시간 이상 목, 어깨, 팔꿈치, 손목 또는 손을 사용하여 같은 동작을 반복하는 작업
- 하루에 총 2시간 이상 머리 위에 손이 있거나, 팔꿈치가 어깨 위에 있거나, 팔꿈치를 몸통으로부터 들거나, 팔꿈치를 몸통 뒤쪽에 위치하도록 하는 상태에서 이루어지는 작업
- 지지되지 않은 상태이거나 임의로 자세를 바꿀 수 없는 조건에서, 하루에 총 2시간 이상 목이나 허리를 구부리거나 트는 상태에서 이루어지는 작업
- 하루에 총 2시간 이상 쪼그리고 앉거나 무릎을 굽힌 자세에서 이루어지는 작업
- 하루에 총 2시간 이상 지지되지 않은 상태에서 1kg 이상의 물건을 한손의 손가락으로 집어 옮기거나, 2kg 이상에 상응하는 힘을 가하여 한손의 손가락으로 물건을 쥐는 작업
- 하루에 총 2시간 이상 지지되지 않은 상태에서 4.5kg 이상의 물건을 한 손으로 들거나 동일한 힘으로 쥐는 작업
- 하루에 10회 이상 25kg 이상의 물체를 드는 작업
- 하루에 25회 이상 10kg 이상의 물체를 무릎 아래에서 들거나, 어깨 위에서 들거나, 팔을 뻗은 상태에서 드는 작업
- 하루에 총 2시간 이상, 분당 2회 이상 4.5kg 이상의 물체를 드는 작업
- 하루에 총 2시간 이상 시간당 10회 이상 손 또는 무릎을 사용하여 반복적으로 충격을 가하는 작업

35 Repetitive Learning 1회 2회 3회

다음 중 항공기나 우주선 비행 등에서 허위감각으로부터 생긴 방향감각의 혼란과 착각 등의 오판을 해결하는 방법으로 가장 적절하지 않은 것은?

① 주위의 다른 물체에 주의를 한다.
② 정상비행 훈련을 반복하여 오판을 줄인다.
③ 여러 가지의 착각의 성질과 발생상황을 이해한다.
④ 정확한 방향감각 암시신호를 의존하는 것을 익힌다.

해설

- 방향감각의 혼란과 착각 등의 오판은 감각기관에서 감지한 위치와 대상물체의 운동에 관한 암시신호 사이의 불일치로 발생하는 것으로 훈련을 반복한다고 해결될 사안이 아니다.

:: 항공기나 우주선 비행 등에서 허위감각으로부터 생긴 방향감각의 혼란과 착각 등의 오판을 해결하는 방법

- 주위의 다른 물체에 주의를 한다.
- 여러 가지의 착각의 성질과 발생상황을 이해한다.
- 정확한 방향 감각 암시신호를 의존하는 것을 익힌다.

2001

36 Repetitive Learning

다음 중 컷 셋과 패스 셋에 관한 설명으로 옳은 것은?

① 동일한 시스템에서 패스 셋의 개수와 컷 셋의 개수는 같다.
② 패스 셋은 동시에 발생했을 때 정상사상을 유발하는 사상들의 집합이다.
③ 일반적으로 시스템에서 최소 컷 셋의 개수가 늘어나면 위험수준이 높아진다.
④ 일반적으로 시스템에서 최소 컷 셋 내의 사상 개수가 적어지면 위험수준이 낮아진다.

정답 | 34 ④ 35 ② 36 ③

해설

- 동일한 시스템이라도 패스 셋과 컷 셋의 개수는 다를 수 있다.
- 결함이 발생했을 때 정상사상을 일으키는 기본사상의 집합은 컷 셋에 대한 설명이다.

최소 컷 셋(Minimal cut sets) 실필 2303/1701/0802

- 컷 셋 중에 타 컷 셋을 포함하고 있는 것을 배제하고 남은 컷 셋들을 의미한다.
- 사고에 대한 시스템의 약점을 표현한다.
- 정상사상(Top 사상)을 일으키는 최소한의 집합이다.
- 일반적으로 Fussell algorithm을 이용한다.
- 시스템에서 최소 컷 셋의 개수가 늘어나면 위험수준이 높아진다.

0302

37 Repetitive Learning (1회 2회 3회)

다음 중 FMEA(Failure Mode and Effect Analysis)가 가장 유효한 경우는?

① 일정 고장률을 달성하고자 하는 경우
② 고장 발생을 최소로 하고자 하는 경우
③ 마멸 고장만 발생하도록 하고 싶은 경우
④ 시험 시간을 단축하고자 하는 경우

해설

- FMEA는 고장 발생을 최소로 하고자 하는 경우에 유효한 분석기법이다.

고장형태와 영향분석(FMEA)

㉠ 개요

- 시스템 안전분석에 이용되는 전형적인 정성적, 귀납적 분석방법으로서, 서식이 간단하고 비교적 적은 노력으로 특별한 훈련 없이 분석이 가능하다는 장점을 가지고 있는 기법이다.
- 제품설계와 개발단계에서 고장 발생을 최소로 하고자 하는 경우에 유효한 분석기법이다.

㉡ 장점

- 양식이 간단하여 특별한 훈련 없이 비전문가도 해석이 가능하다.
- 전체 요소의 고장을 유형별로 분석할 수 있다.

㉢ 단점

- 해석영역이 물체에 한정되기 때문에 인적 원인(Human error) 해석이 곤란하다.
- 동시에 2가지 이상의 요소가 고장 나는 경우 해석이 힘들다.

1701

38 Repetitive Learning (1회 2회 3회)

자동화 시스템에서 인간의 기능으로 적절하지 않은 것은?

① 설비보전 ② 작업계획 수립
③ 조종장치로 기계를 통제 ④ 모니터로 작업 상황 감시

해설

- 자동 체계는 인간이 작업계획의 수립, 감시, 프로그래밍, 정비 및 유지 역할을 수행하고 체계(System)가 감지, 정보보관, 정보처리 및 의식결정, 행동을 포함한 모든 임무를 수행하는 체계로, 전선, 도관, 지레 등으로 이루어진 제어회로에 의해서 부품들이 연결된 기계 체계이다.

인간-기계 통합체계의 유형

- 인간-기계 통합체계의 유형은 자동화 체계, 기계화 체계, 수동 체계로 구분된다.

자동화 체계	인간은 작업계획의 수립, 모니터를 통한 작업 상황 감시, 프로그래밍, 설비보전의 역할을 수행하고 체계(System)가 감지, 정보보관, 정보처리 및 의식결정, 행동을 포함한 모든 임무를 수행하는 체계
기계화 체계	반자동 체계로 운전자의 조종에 의해 기계를 통제하는 융통성이 없는 시스템 형태
수동 체계	• 인간의 힘을 동력원으로 활용하여 수공구를 사용하는 시스템 형태 • 다양성이 있고 융통성이 우수한 특징을 갖는 체계

1002

39 Repetitive Learning (1회 2회 3회)

다음 중 안전성 평가의 기본원칙 6단계에 해당되지 않는 것은?

① 정성적 평가 ② 관계 자료의 정비검토
③ 안전대책 ④ 작업 조건의 평가

해설

- 정성적 평가는 2단계, 관계 자료의 정비검토는 1단계, 안전대책은 4단계에 해당한다.

안전성 평가 6단계 실필 1703/1303

1단계	관계 자료의 작성 준비
2단계	• 정성적 평가 • 설계(공장의 입지조건, 공장 내 배치)와 운전관계에 대한 평가
3단계	• 정량적 평가 • 취급물질, 용량, 온도, 압력 및 조작을 통한 위험도 평가
4단계	• 안전대책 수립 • 설비대책과 관리적 대책
5단계	재해정보에 의한 재평가
6단계	FTA에 의한 재평가

37 ② 38 ③ 39 ④ 정답

40 Repetitive Learning (1회 2회 3회)

다음 중 제조업의 유해·위험방지계획서 제출대상 사업장에서 제출하여야 하는 유해·위험방지계획서의 첨부서류와 가장 거리가 먼 것은?

① 공사개요서
② 건축물 각 층의 평면도
③ 기계·설비의 배치도면
④ 원재료 및 제품의 취급, 제조 등의 작업방법의 개요

해설

• 제조업 유해·위험방지계획서 제출 시 첨부서류에는 ②, ③, ④ 외에 건축물 기계·설비의 개요를 나타내는 서류 및 그 밖에 고용노동부장관이 정하는 도면 및 서류 등이 있다.

제조업 유해·위험방지계획서 제출 시 첨부서류 실필 2402/1303

• 건축물 각 층의 평면도
• 기계·설비의 개요를 나타내는 서류
• 기계·설비의 배치도면
• 원재료 및 제품의 취급, 제조 등의 작업방법의 개요
• 그 밖에 고용노동부장관이 정하는 도면 및 서류

3과목 기계·기구 및 설비 안전관리

41 Repetitive Learning (1회 2회 3회)

다음 중 셰이퍼의 작업 시 안전수칙으로 틀린 것은?

① 바이트를 짧게 고정한다.
② 공작물을 견고하게 고정한다.
③ 가드, 울타리, 칩받이 등을 설치한다.
④ 운전자가 바이트의 운동방향에 선다.

해설

• 작업 중에는 위험하므로 바이트의 운동방향에 서지 않도록 한다.

셰이퍼(Shaper)

㉠ 개요
• 테이블에 고정된 공작물에 직선으로 왕복 운동하는 공구대에 공구를 고정하여 평면을 절삭하거나 수직, 측면이나 홈 절삭, 곡면 절삭 등을 하는 공작기계이다.
• 셰이퍼의 크기는 램의 행정으로 표시한다.
• 방호장치에는 울타리, 칩받이, 칸막이, 가드 등이 있다.

㉡ 작업 시 안전대책
• 작업 시 공작물은 견고하게 고정되어야 하며, 바이트는 가능한 범위 내에서 짧게 고정하고, 날 끝은 샹크의 뒷면과 일직선상에 있게 한다.
• 작업 중에는 바이트의 운동방향에 서지 않도록 한다.
• 시동하기 전에 척 핸들(Chuck-handle)이라 불리는 행정조정용 핸들을 빼 놓는다.
• 가공 중 다듬질 면을 손으로 만지지 않는다.
• 가공물을 측정하고자 할 때는 기계를 정지시킨 후에 실시한다.

2202

42 Repetitive Learning (1회 2회 3회)

천장 크레인에 중량 3kN의 화물을 2줄로 매달았을 때 매달기용 와이어(Sling wire)에 걸리는 장력은 얼마인가?(단. 슬링와이어 2줄 사이의 각도는 55°이다)

① 1.3kN
② 1.7kN
③ 2.0kN
④ 2.3kN

해설

• 화물의 무게가 3kN이고, 상부의 각(θ)이 55°이므로

이를 식에 대입하면 $\dfrac{\frac{3}{2}}{\cos\left(\frac{55}{2}\right)} = \dfrac{1.5}{0.887} = 1.69109$ [kN]이다.

중량물을 달아 올릴 때 걸리는 하중 실필 1603

• 훅에서 화물로 수직선을 내려 만든 2개의 직각삼각형 각각에 화물의 무게/2의 하중이 걸린다.
• 각각의 와이어로프의 $\cos\left(\frac{\theta}{2}\right)$에 해당하는 값에 화물무게/2에 해당하는 하중이 걸리므로 이를 식으로 표현하면

와이어로프에 걸리는 장력$=\dfrac{\frac{\text{화물무게}}{2}}{\cos\left(\frac{\theta}{2}\right)}$로 구한다.

• θ가 0°보다는 크고 180°보다 작은 경우, θ의 각이 클수록 분모에 해당하는 $\cos\left(\frac{\theta}{2}\right)$의 값은 작아지므로 전체적인 장력은 커지게 된다.

정답 | 40 ① 41 ④ 42 ②

1202

43 Repetitive Learning (1회 2회 3회)

산업안전보건법령에 따라 보일러의 안전한 가동을 위하여 보일러 규격에 맞는 압력방출장치가 2개 이상 설치된 경우에는 최고사용압력 이하에서 1개가 작동되고, 다른 압력방출장치는 얼마 이하에서 작동되도록 부착하여야 하는가?

① 최저사용압력 1.03배 ② 최저사용압력 1.05배
③ 최고사용압력 1.03배 ④ 최고사용압력 1.05배

해설

- 압력방출장치가 2개 이상 설치된 경우에는 최고사용압력 이하에서 1개가 작동되고, 다른 압력방출장치는 최고사용압력 1.05배 이하에서 작동되도록 부착하여야 한다.

압력방출장치 실필 1101/0803

㉠ 개요
- 사업주는 보일러의 안전한 가동을 위하여 보일러 규격에 맞는 압력방출장치를 1개 또는 2개 이상 설치하고 최고사용압력 이하에서 작동되도록 하여야 한다.
- 압력방출장치의 종류에는 중추식, 스프링식, 지렛대식 안전밸브가 있다.
- 스프링식 압력밸브를 사용하는 압력방출장치를 가장 많이 사용한다.

㉡ 설치
- 압력방출장치는 가능한 보일러 동체에 직접 설치한다.
- 압력방출장치가 2개 이상 설치된 경우에는 최고사용압력 이하에서 1개가 작동되고, 다른 압력방출장치는 최고사용압력 1.05배 이하에서 작동되도록 부착하여야 한다.

0503 / 1603

44 Repetitive Learning (1회 2회 3회)

밀링머신 작업의 안전수칙으로 적절하지 않은 것은?

① 강력절삭을 할 때는 일감을 바이스로부터 길게 물린다.
② 일감을 측정할 때에는 반드시 정지시킨 다음에 한다.
③ 상하 이송장치의 핸들은 사용 후 반드시 빼 두어야 한다.
④ 커터는 될 수 있는 한 컬럼에 가깝게 설치한다.

해설

- 강력절삭 시에는 일감을 바이스에 깊게 물린다.

밀링머신(Milling machine) 안전수칙

㉠ 작업자 보호구 착용
- 작업 중 면장갑은 끼지 않는다.
- 작업자의 옷소매 등이 커터에 말릴 수 있으므로 주의하고, 묶을 때 끈을 사용하지 않는다.
- 칩의 비산이 많으므로 보안경을 착용한다.

㉡ 커터 관련 안전수칙
- 커터는 될 수 있는 한 컬럼에 가깝게 설치한다.
- 커터를 끼울 때는 아버를 깨끗이 닦는다.
- 커터의 교환 시는 테이블 위에 목재를 받쳐 놓는다.
- 밀링커터는 걸레 등으로 감싸 쥐고 다루도록 한다.
- 절삭 공구에 절삭유를 주유 시에는 커터 위부터 공급한다.

㉢ 기타 안전수칙
- 테이블 위에 공구 등을 올려놓지 않는다.
- 강력절삭 시에는 일감을 바이스에 깊게 물린다.
- 일감의 측정은 기계를 정지한 후에 한다.
- 주축속도의 변속은 반드시 주축의 정지 후에 한다.
- 상하, 좌우 이송 손잡이는 사용 후 반드시 빼 둔다.
- 급속이송은 백래시 제거장치가 동작하지 않고 있음을 확인한 다음 행한다.
- 칩의 제거는 절삭작업이 끝난 후 브러시나 청소용 솔을 사용하여 한다.

1701

45 Repetitive Learning (1회 2회 3회)

다음 중 드릴작업의 안전사항이 아닌 것은?

① 옷소매가 길거나 찢어진 옷은 입지 않는다.
② 작고, 길이가 긴 물건은 플라이어로 잡고 뚫는다.
③ 회전하는 드릴에 걸레 등을 가까이 하지 않는다.
④ 스핀들에서 드릴을 뽑아낼 때에는 드릴 아래에 손을 내밀지 않는다.

해설

- 플라이어는 작업자의 악력을 배가하기 위한 작업용 공구로 작은 물체를 집기 위해 사용하는 장치이다. 작업 중 공작물의 유동을 방지하기 위해서는 바이스나 지그 등을 사용해야 한다.

드릴작업 시 작업안전수칙

㉠ 작업자 안전수칙
- 장갑의 착용을 금한다.
- 작업자는 보호안경을 쓰거나 안전덮개(Shield)를 설치한다.
- 작업모를 착용하고 옷소매가 긴 작업복은 입지 않는다.

㉡ 작업 시작 전 점검사항
- 작업시작 전 척 렌치(Chuck wrench)를 반드시 뺀다.
- 바이스, 지그 등을 사용하여 작업 중 공작물의 유동을 방지한다.
- 다축 드릴링에 대해 플라스틱제의 평판을 드릴 커버로 사용한다.
- 마이크로스위치를 이용하여 드릴링 핸들을 내리게 하여 자동급유장치를 구성한다.

43 ④ 44 ① 45 ② 정답

ⓒ 작업 중 안전지침
- 작은 구멍을 뚫고 큰 구멍을 뚫도록 한다.
- 얇은 철판이나 동판에 구멍을 뚫을 때는 각목을 밑에 깔고 기구로 고정한다.
- 구멍을 뚫을 때 관통된 것을 확인하기 위해 손으로 만져서는 안 된다.
- 칩은 와이어 브러시로 작업이 끝난 후에 제거한다.
- 구멍 끝 작업에서는 절삭압력을 주어서는 안 된다.

1102 / 1401 / 1702

46

산업안전보건법에 따라 로봇을 운전하는 경우 근로자가 로봇에 부딪칠 위험이 있을 때에는 높이 얼마 이상의 울타리를 설치하여야 하는가?

① 90cm ② 120cm
③ 150cm ④ 180cm

해설

- 로봇 운전 중 위험을 방지하기 위해 높이 1.8m 이상의 울타리 혹은 안전매트 또는 감응형 방호장치를 설치하여야 한다.

운전 중 위험방지
- 사업주는 로봇의 운전으로 인하여 근로자에게 발생할 수 있는 부상 등의 위험을 방지하기 위하여 높이 1.8m 이상의 울타리를 설치하여야 한다.
- 컨베이어 시스템의 설치 등으로 울타리를 설치할 수 없는 일부 구간에 대해서는 안전매트 또는 광전자식 방호장치 등 감응형(感應形) 방호장치를 설치하여야 한다.

0403 / 0602 / 1701

47

Repetitive Learning 1회 2회 3회

원동기, 풀리, 기어 등 근로자에게 위험을 미칠 우려가 있는 부위에 설치하는 위험방지장치가 아닌 것은?

① 덮개 ② 슬리브
③ 건널다리 ④ 램

해설

- 사업주는 기계의 원동기·회전축·기어·풀리·플라이휠·벨트 및 체인 등 근로자가 위험에 처할 우려가 있는 부위에 덮개·울·슬리브 및 건널다리 등을 설치하여야 한다.

원동기·회전축 등의 위험방지 실필 1801/1002
- 사업주는 기계의 원동기·회전축·기어·풀리·플라이휠·벨트 및 체인 등 근로자가 위험에 처할 우려가 있는 부위에 덮개·울·슬리브 및 건널다리 등을 설치하여야 한다.
- 사업주는 회전축·기어·풀리 및 플라이휠 등에 부속되는 키·핀 등의 기계요소는 묻힘형으로 하거나 해당 부위에 덮개를 설치하여야 한다.
- 사업주는 벨트의 이음 부분에 돌출된 고정구를 사용해서는 아니 된다.
- 사업주는 건널다리에는 안전난간 및 미끄러지지 아니하는 구조의 발판을 설치하여야 한다.
- 사업주는 연삭기(硏削機) 또는 평삭기(平削機)의 테이블, 형삭기(形削機) 램 등의 행정 끝이 근로자에게 위험을 미칠 우려가 있는 경우에 해당 부위에 덮개 또는 울 등을 설치하여야 한다.
- 사업주는 선반 등으로부터 돌출하여 회전하고 있는 가공물이 근로자에게 위험을 미칠 우려가 있는 경우에 덮개 또는 울 등을 설치하여야 한다.
- 사업주는 원심기에는 덮개를 설치하여야 한다.
- 사업주는 분쇄기·파쇄기·마쇄기·미분기·혼합기 및 혼화기 등을 가동하거나 원료가 흩날리거나 하여 근로자가 위험해질 우려가 있는 경우 해당 부위에 덮개를 설치하는 등 필요한 조치를 하여야 한다.
- 사업주는 근로자가 분쇄기 등의 개구부로부터 가동 부분에 접촉함으로써 위해(危害)를 입을 우려가 있는 경우 덮개 또는 울 등을 설치하여야 한다.
- 사업주는 종이·천·비닐 및 와이어로프 등의 감김통 등에 의하여 근로자가 위험해질 우려가 있는 부위에 덮개 또는 울 등을 설치하여야 한다.
- 사업주는 압력용기 및 공기압축기 등에 부속하는 원동기·축이음·벨트·풀리의 회전 부위 등 근로자가 위험에 처할 우려가 있는 부위에 덮개 또는 울 등을 설치하여야 한다.

1801

48

Repetitive Learning 1회 2회 3회

다음 중 선반에서 절삭가공 시 발생하는 칩이 짧게 끊어지도록 공구에 설치되어 있는 방호장치의 일종인 칩 제거 기구를 무엇이라 하는가?

① 칩 브레이커
② 칩 받침
③ 칩 실드
④ 칩 커터

정답 46 ④ 47 ④ 48 ①

해설

- 칩 브레이커는 선반의 바이트에 설치되어 절삭작업 시 연속적으로 발생되는 칩을 끊어주는 방호장치이다.

칩 브레이커(Chip breaker)

㉠ 개요
- 선반의 바이트에 설치되어 절삭작업 시 연속적으로 발생되는 칩을 끊어주는 장치이다.
- 종류에는 연삭형, 클램프형, 자동조정식 등이 있다.

㉡ 특징
- 가공 표면의 흠집발생을 방지한다.
- 공구 날 끝의 치평을 방지한다.
- 칩의 비산으로 인한 위험요인을 방지한다.
- 절삭유제의 유동성을 향상시킨다.

1503

49 Repetitive Learning 

다음 중 음향방출시험에 대한 설명으로 틀린 것은?

① 가동 중 검사가 가능하다.
② 온도, 분위기 같은 외적 요인에 영향을 받는다.
③ 결함이 어떤 중대한 손상을 초래하기 전에 검출할 수 있다.
④ 재료의 종류나 물성 등의 특성과는 관계없이 검사가 가능하다.

해설

- 음향방출시험은 재료의 종류나 물성 등의 특성과 온도, 분위기 같은 외적 요인에 영향을 받는 단점을 갖는다.

음향방출(탐사)시험

㉠ 개요
- 손 또는 망치로 타격 진동시켜 발생하는 낮은 응력파(Stress wave)를 검사하는 비파괴검사방법이다.

㉡ 특징
- 검사방법이 간단해서 가동 중 검사가 가능하며, 결함이 어떤 중대한 손상을 초래하기 전에 검출될 수 있다는 장점을 갖는다.
- 재료의 종류나 물성 등의 특성과 온도, 분위기 같은 외적 요인에 영향을 받는 단점을 갖는다.

50 Repetitive Learning 1회 2회 3회

다음 중 산업안전보건법령상 양중기에 해당하지 않는 것은?

① 곤돌라
② 이동식크레인
③ 항타기·항발기
④ 적재하중 0.5톤의 이삿짐운반용 리프트

해설

- 항타기·항발기는 말뚝을 땅에 박거나 뽑는 기계로 동력을 사용하여 사람이나 화물을 운반하는 양중기에 포함되지 않는다.

양중기의 종류 실필 1601
- 크레인(Crane){호이스트(Hoist) 포함}
- 이동식크레인
- 리프트(이삿짐운반용의 경우 적재하중 0.1톤 이상)
- 곤돌라
- 승강기

2202

51 Repetitive Learning 1회 2회 3회

산업안전보건법령에 따라 아세틸렌용접장치의 아세틸렌 발생기실을 설치하는 경우 준수하여야 하는 사항으로 옳은 것은?

① 벽은 가연성 재료로 하고 철근콘크리트 또는 그밖에 이와 동등하거나 그 이상의 강도를 가진 구조로 할 것
② 바닥면적의 1/16 이상의 단면적을 가진 배기통을 옥상으로 돌출시키고 그 개구부를 창이나 출입구로부터 1.5m 이상 떨어지도록 할 것
③ 출입구의 문은 불연성 재료로 하고 두께 1.0mm 이하의 철판이나 그 밖에 그 이상의 강도를 가진 구조로 할 것
④ 발생기실을 옥외에 설치한 경우에는 그 개구부를 다른 건축물로부터 1.0m 이내 떨어지도록 하여야 한다.

해설

- 발생기실을 옥외에 설치한 경우에는 그 개구부가 다른 건축물로부터 1.5m 이상 떨어지도록 하여야 한다.

발생기실의 설치장소 등
- 사업주는 아세틸렌용접장치의 아세틸렌 발생기를 설치하는 경우에는 전용의 발생기실에 설치하여야 한다.
- 발생기실은 건물의 최상층에 위치하여야 하며, 화기를 사용하는 설비로부터 3m를 초과하는 장소에 설치하여야 한다.
- 발생기실을 옥외에 설치한 경우에는 그 개구부가 다른 건축물로부터 1.5m 이상 떨어지도록 하여야 한다.

49 ④ 50 ③ 51 ② 정답

52

Repetitive Learning 1회 2회 3회

다음 중 프레스기에 설치하는 방호장치에 관한 사항으로 틀린 것은?

① 수인식 방호장치의 수인끈 재료는 합성섬유로 직경이 4mm 이상이어야 한다.

② 양수조작식 방호장치는 1행정마다 누름버튼에서 양손을 떼지 않으면 다음 작업의 동작을 할 수 없는 구조이어야 한다.

③ 광전자식 방호장치는 정상동작 램프는 적색, 위험 표시램프는 녹색으로 하며, 쉽게 근로자가 볼 수 있는 곳에 설치해야 한다.

④ 손쳐내기식 방호장치는 슬라이드 하행정거리의 3/4 위치에서 손을 완전히 밀어내야 한다.

해설

- 광전자식 방호장치에서 정상동작 표시램프는 녹색, 위험 표시램프는 적색으로 하며, 근로자가 쉽게 볼 수 있는 곳에 설치해야 한다.

∷ 광전자식 방호장치 실필 1603/1401/1301/1003

㉠ 개요

- 슬라이드 하강 중에 작업자의 손이나 신체 일부가 광센서에 감지되면 자동적으로 슬라이드를 정지시키는 접근반응형 방호장치를 말한다.
- 프레스 또는 전단기에서 일반적으로 많이 활용하고 있는 형태로서 투광부, 수광부, 컨트롤 부분으로 구성된 것으로서 신체의 일부가 광선을 차단하면 기계를 급정지시키는 방호장치로 A-1 분류에 해당한다.
- 투광부와 수광부로 이뤄진 광센서를 이용하여 작업자의 신체 일부가 위험점에 접근하는지를 검출한다.
- 광전자식 방호장치에서 정상동작 표시램프는 녹색, 위험 표시램프는 적색으로 하며, 근로자가 쉽게 볼 수 있는 곳에 설치해야 한다.
- 주로 마찰 프레스(Friction press)의 방호장치로 사용된다.
- 방호장치는 릴레이, 리미트스위치 등의 전기부품의 고장, 전원전압의 변동 및 정전에 의해 슬라이드가 불시에 동작하지 않아야 하며, 사용전원전압의 ±20%의 변동에 대하여 정상으로 작동되어야 한다.

㉡ 특징

- 연속 운전작업에 사용할 수 있다.
- 기계적 고장에 의한 2차 낙하에는 효과가 없다.
- 시계를 차단하지 않기 때문에 작업에 지장을 주지 않는다.

0603

53

Repetitive Learning 1회 2회 3회

강자성체의 결함을 찾을 때 사용하는 비파괴시험으로 표면 또는 표층(표면에서 수 mm 이내)에 결함이 있을 경우 누설자속을 이용하여 육안으로 결함을 검출하는 시험법은?

① 와류탐상시험(ET)

② 자분탐상시험(MT)

③ 초음파탐상시험(UT)

④ 방사선투과시험(RT)

해설

- 와류탐상시험은 도체에 전류를 흘려 코일에 유기되는 전압이나 전류가 변하는 것을 이용한 검사방법이다.
- 초음파탐상시험은 초음파의 반사를 이용하여 검사대상 내부의 결함을 검사하는 방식이다.
- 방사선투사시험은 X선의 강도나 노출시간을 조절하여 검사한다.

∷ 자분탐상검사(Magnetic particle inspection)

- 비파괴검사방법 중 하나로 자성체 표면 균열을 검출할 때 사용된다.
- 강자성체의 결함을 찾을 때 사용하는 비파괴시험으로 표면 또는 표층(표면에서 수 mm 이내)에 결함이 있을 경우 누설자속을 이용하여 육안으로 결함을 검출하는 시험방법이다.
- 자분탐상검사는 투자율에 따라 자성체의 자기적인 이력(履歷)이나 자기장의 세기가 변화하는 성질을 이용한다.
- 자화방법에 따라 코일법, 극간법, 축통전법, 프로드법, 직각통전법, 전류관통법 등이 있다.

54

Repetitive Learning 1회 2회 3회

다음 중 롤러기의 급정지장치 설치방법으로 틀린 것은?

① 손 조작식 급정지장치의 조작부는 밑면에서 1.8m 이내로 설치한다.

② 복부 조작식 급정지장치의 조작부는 밑면에서 0.8m 이상, 1.1m 이내로 설치한다.

③ 무릎 조작식 급정지장치의 조작부는 밑면에서 0.8m 이내에 설치한다.

④ 급정지장치의 위치는 급정지장치의 조작부 중심점을 기준으로 한다.

정답 | 52 ③ 53 ② 54 ③

해설

- 무릎 조작식 급정지장치는 밑면에서 0.6[m] 이내에 위치한다.

⁑ 롤러기 급정지장치의 종류 실필 2101/0802 실작 2303/2101/1902

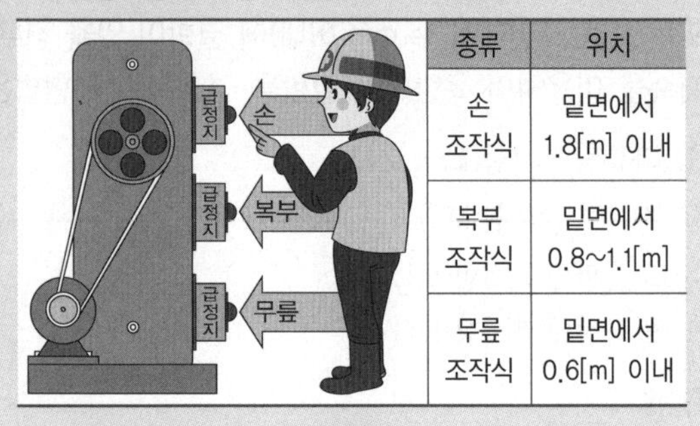

종류	위치
손 조작식	밑면에서 1.8[m] 이내
복부 조작식	밑면에서 0.8~1.1[m]
무릎 조작식	밑면에서 0.6[m] 이내

0402 / 0903 / 1801 / 2103

55

Repetitive Learning 1회 2회 3회

화물중량이 200kgf, 지게차 중량이 400kgf, 앞바퀴에서 화물의 무게중심까지의 최단거리가 1m이면 지게차가 안정되기 위한 앞바퀴에서 지게차의 무게중심까지의 최단거리는 최소 몇 m를 초과해야 하는가?

① 0.2m　　② 0.5m
③ 1.0m　　④ 3.0m

해설

- 지게차 중량, 화물의 중량, 앞바퀴에서 화물의 무게중심까지의 거리가 주어졌으므로 200×1 ≦ 400×최단거리를 만족해야 한다.
- 최단거리는 0.5m를 초과해야 한다.

⁑ 지게차의 안정 실필 1103

- 지게차가 안정을 유지하기 위해서는 "화물중량[kgf]×앞바퀴에서 화물의 무게중심까지의 최단거리[cm]" ≦ "지게차 중량[kgf]×앞바퀴에서 지게차의 무게중심까지의 최단거리[cm]"여야 한다.

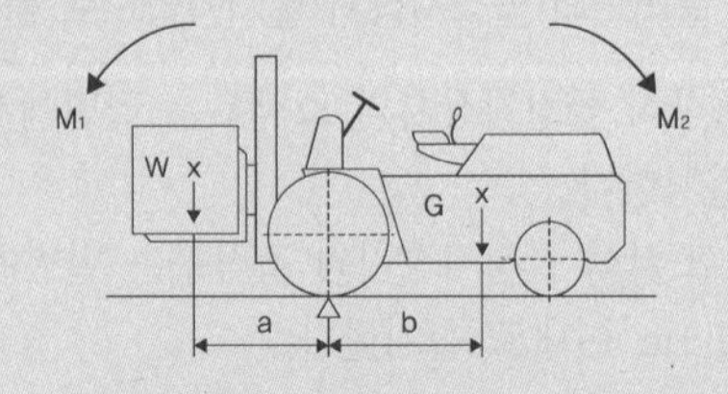

M₁ : 화물의 모멘트
M₂ : 차의 모멘트

- 모든 값이 고정된 상태에서 화물의 중량만이 가변적이므로 화물을 최대하중 이하로 적재해야 지게차가 안정될 수 있다.

56

Repetitive Learning 1회 2회 3회

다음 중 가공기계에 주로 쓰이는 풀 프루프(Fool proof)의 형태가 아닌 것은?

① 금형의 가드
② 사출기의 인터록장치
③ 카메라의 이중 촬영방지기구
④ 압력용기의 파열판

해설

- 압력용기의 파열판은 내압이 이상 상승할 경우 미리 정해진 압력에서 파열되어 본체의 파괴를 막을 수 있도록 제조된 원형의 얇은 금속판으로 풀 프루프와는 거리가 먼 방호장치이다.

⁑ 풀 프루프(Fool proof) 실필 1401/1101/0901/0802

㉠ 개요
- 풀 프루프(Fool proof)는 기계조작에 익숙하지 않은 사람이나 기계의 위험성 등을 이해하지 못한 사람이라도 기계 조작 시 조작 실수를 하지 않도록 하는 기능으로 작업자가 기계설비를 잘못 취급하더라도 사고가 일어나지 않도록 하는 기능을 말한다.
- 계기나 표시를 보기 쉽게 하거나 이른바 인체공학적 설계도 넓은 의미의 풀 프루프에 해당된다.
- 각종 기구의 인터록장치, 크레인의 권과방지장치, 카메라의 이중 촬영방지장치, 기계의 회전부분에 울이나 커버 장치, 승강기 중량제한 시 운행정지 장치, 선풍기 가드에 손이 들어갈 경우 회전정지장치 등이 이에 해당한다.

㉡ 조건
- 인간이 에러를 일으키기 어려운 구조나 기능을 가지도록 한다.
- 조작순서가 잘못되어도 올바르게 작동하도록 한다.

1702 / 1803 / 2202

57

Repetitive Learning 1회 2회 3회

프레스기를 사용하여 작업을 할 때 작업 시작 전 점검사항으로 틀린 것은?

① 클러치 및 브레이크의 기능
② 압력방출장치의 기능
③ 크랭크축・플라이휠・슬라이드・연결봉 및 연결나사의 풀림 유무
④ 금형 및 고정볼트의 상태

55 ② 56 ④ 57 ② 정답

해설

- 압력방출장치의 기능은 공기압축기를 가동할 때 작업 시작 전 점검사항이다.

∷ 프레스 등을 사용하여 작업할 때 작업 시작 전 점검사항
실작 2402/2301/2102/2002

- 클러치 및 브레이크의 기능
- 프레스의 금형 및 고정볼트 상태
- 1행정 1정지기구・급정지장치 및 비상정지 장치의 기능
- 크랭크축・플라이휠・슬라이드・연결봉 및 연결 나사의 풀림여부
- 슬라이드 또는 칼날에 의한 위험방지 기구의 기능
- 방호장치의 기능
- 전단기의 칼날 및 테이블의 상태

58

Repetitive Learning 

다음 중 기계설비의 수명곡선에서 나타나는 고장형태가 아닌 것은?

① 조립고장　② 초기고장
③ 우발고장　④ 마모고장

해설

- 수명곡선상의 고장의 종류에는 초기고장, 우발고장, 마모고장이 있다.

∷ 수명곡선과 고장형태

- 시스템 수명곡선의 형태는 초기고장은 감소형, 우발고장은 일정형, 마모고장은 증가형을 보인다.
- 디버깅 기간은 초기고장에서 나타난다.

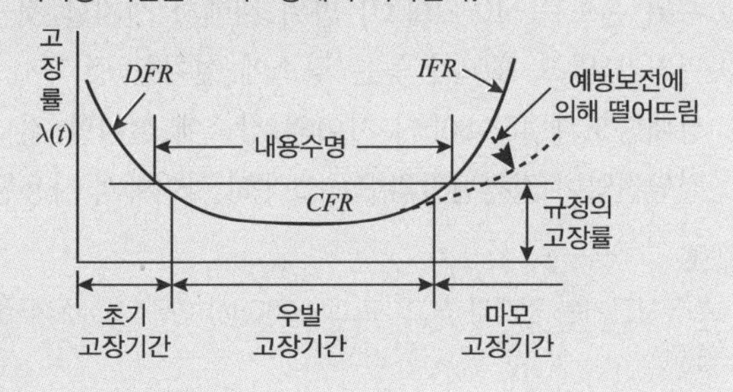

1701

59

Repetitive Learning 

단면적이 1,800mm^{2}인 알루미늄 봉의 파괴강도는 70MPa이다. 안전율을 2로 하였을 때 봉에 가해질 수 있는 최대하중은 얼마인가?

① 6.3kN　② 126kN
③ 63kN　④ 12.6kN

해설

- 파괴강도의 단위가 MPa로 주어졌고, 이는 MN/m^{2}이므로 단면적 1,800mm^{2}을 m^{2}이고 통일시키면 1,800×10^{-6}[m^2]이 된다.
- 안전율 = $\frac{파괴강도}{인장응력}$이고 면적과 안전율, 파괴강도가 주어져 있으므로 인장응력을 구하는 식을 대입하면

$$안전율 = \frac{파괴강도}{\frac{하중}{면적}} = \frac{파괴강도 \times 면적}{하중}이다.$$

- 따라서 구하고자 하는 최대하중 = $\frac{파괴강도 \times 면적}{인장응력}$이고

대입하면 $\frac{70 \times 10^6 \times 1800 \times 10^{-6}}{2} = \frac{126,000}{2} = 63,000$[N]이다.

∷ 안전율/안전계수(Safety factor)

- 소재의 파괴강도와 허용되는 응력의 비를 표시한 것이다.
- 안전율은 $\frac{기준강도}{허용응력}$ 또는 $\frac{항복강도}{설계하중}$, $\frac{파괴하중}{최대사용하중}$, $\frac{최대응력}{허용응력}$ 등으로 구한다.
- 응력은 단위면적당 부재에 작용하는 힘을 말하며, 허용응력은 단위면적당 재료가 파괴되지 않고 영구적인 변형이 남지 않는 비례한도 범위 내의 응력을 말한다.
- 기준강도는 재료에 손상을 입힌다고 인정되는 강도를 말한다.
- 강도(기준강도)를 통해 재료의 안전율, 구조 등이 결정된다.
- 연성재료에서는 항복점을 기준강도, 인장강도, 기초강도라고도 한다.

60

Repetitive Learning 1회 2회 3회

다음 중 금형의 설치 및 조정 시 안전수칙으로 가장 적절하지 않은 것은?

① 금형을 부착하기 전에 상사점을 확인하고 설치한다.
② 금형의 체결 시에는 적합한 공구를 사용한다.
③ 금형의 체결 시에는 안전블록을 설치하고 실시한다.
④ 금형의 설치 및 조정은 전원을 끄고 실시한다.

해설

- 금형을 부착하기 전에 하사점을 확인해야 한다.

∷ 금형 조정작업의 위험방지

㉠ 개요

- 사업주는 프레스 등의 금형을 부착・해체 또는 조정하는 작업을 할 때에 해당 작업에 종사하는 근로자의 신체가 위험한계 내에 있는 경우 슬라이드가 갑자기 작동함으로써 근로자에게 발생할 우려가 있는 위험을 방지하기 위하여 안전블록을 사용하는 등 필요한 조치를 하여야 한다.

㉡ 금형의 조정작업 시 안전수칙
- 금형을 부착하기 전에 하사점을 확인한다.
- 금형의 체결은 올바른 치공구를 사용하여 균등하게 한다.
- 금형의 체결 시에는 안전블록을 설치하고 실시한다.
- 금형의 설치 및 조정은 전원을 끄고 실시한다.
- 금형은 하형부터 잡고 무거운 금형의 받침은 인력으로 하지 않는다.

4과목 전기설비 안전관리

0701 / 1601

61 Repetitive Learning (1회 2회 3회)

3상 3선식 전선로의 보수를 위하여 정전작업을 할 때 취하여야 할 기본적인 조치는?

① 1선을 접지한다. ② 2선을 단락접지한다.
③ 3선을 단락접지한다. ④ 접지를 하지 않는다.

해설
- 3상 3선식 전선로의 보수를 위한 정전작업을 할 때는 3선 모두를 단락접지하여야 한다.

정전작업 안전조치 – 통전금지 조치
- 정전작업 중 오송전으로 인한 감전위험을 방지하기 위하여 작업 중에는 해당 개폐기, 차단기 등에 잠금장치를 한다.
- 전원 개폐기 설치장소에는 통전금지에 관한 표지판을 부착하거나 감시인을 배치한다.

0901 /1801 / 1902 / 2103

62 Repetitive Learning (1회 2회 3회)

전류가 흐르는 상태에서 단로기를 끊었을 때 여러 가지 파괴작용을 일으킨다. 다음 그림에서 유입차단기의 차단순서와 투입순서가 안전수칙에 적합한 것은?

인입 ① DS ② VCB ③ DS 부하

① 차단 ① → ② → ③, 투입 ① → ② → ③
② 차단 ② → ③ → ①, 투입 ② → ① → ③
③ 차단 ③ → ② → ①, 투입 ③ → ② → ①
④ 차단 ② → ③ → ①, 투입 ③ → ① → ②

해설
- 전원을 차단할 때는 차단기(VCB) 개방 후 단로기(DS)를 개방하며, 전원을 투입할 때는 단로기(DS)를 투입한 후 차단기(VCB)를 투입한다. 단로기는 부하측을 항상 먼저 투입하거나 개방한다.

단로기와 차단기

㉠ 단로기(DS : Disconnecting Switch)
- 기기의 보수점검 시 또는 회로전환 변경 시 무부하상태의 선로를 개폐하는 역할을 수행한다.
- 부하전류의 개폐와는 관련 없다.

㉡ 차단기(CB : Circuit Breaker)
- 전로 개폐 및 사고전류 차단을 목적으로 한다.
- 고장전류와 같은 대전류를 차단하는 데 이용된다.

㉢ 단로기와 차단기의 개폐 조작순서
- 전원 차단 : 차단기(VCB) 개방 – 단로기(DS) 개방
- 전원 투입 : 단로기(DS) 투입 – 차단기(VCB) 투입

63 Repetitive Learning (1회 2회 3회)

누전차단기의 설치장소로 적합하지 않은 것은?

① 주위 온도는 -10~40[℃] 범위 내에서 설치할 것
② 먼지가 많고 표고가 높은 장소에 설치할 것
③ 상대습도가 45~80[%] 사이의 장소에 설치할 것
④ 전원전압이 정격전압의 85~110[%] 사이에서 사용할 것

해설
- 누전차단기는 먼지가 적고, 표고 2,000[m] 이하의 장소에 설치한다.

누전차단기 설치장소
- 주위 온도 –10~40[℃]의 범위 내에서 설치할 것
- 상대습도 45~80[%] 사이의 장소에 설치할 것
- 전원전압은 정격전압의 85~110[%] 사이에서 사용할 것
- 먼지가 적고, 표고 2,000m 이하의 장소에 설치할 것
- 이상한 진동 및 충격을 받지 않는 상태로 설치할 것
- 배전반 또는 분전반 내에 설치할 것
- 정격전류용량은 해당 전로의 부하전류 값 이상이어야 할 것
- 정상의 사용상태에서 불필요하게 동작하지 않도록 할 것

61 ③ 62 ④ 63 ② 정답

1303

64

Repetitive Learning 1회 2회 3회

다음 분진의 종류 중 폭연성 분진에 해당하는 것은?

① 합성수지
② 전분
③ 비전도성 카본블랙(Carbon black)
④ 알루미늄

해설

- 합성수지와 전분, 비전도성 카본블랙은 비전도성 분진에 해당한다.

분진

㉠ 분진의 분류

- 분진은 비전도성 분진, 전도성 분진, 폭연성 분진으로 구분된다.
- 비전도성 분진은 가연성 부유물 중에서도 전기적 저항값이 1,000[Ωm]보다 큰 값을 지닌 분진으로 밀, 옥수수, 염료, 페놀수지, 설탕, 코코아, 쌀겨, 리그닌, 유황, 소맥, 고무, 염료, 폴리에틸렌 등이 이에 해당한다.
- 전도성 분진은 전기적 저항값이 1,000[Ωm]보다 작은 분진으로 전기설비에 절연열화, 단락 등의 악영향을 주는데 아연, 티탄, 코크스, 카본블랙, 철, 석탄, 동 등이 이에 해당한다.
- 폭연성 분진은 산소가 적거나 이산화탄소 중에서도 착화하고 격렬한 폭발을 일으키는 금속성 분진으로 마그네슘, 알루미늄, 알루미늄 브론즈 등이 이에 해당한다.

㉡ 대표적인 분진의 종류와 특징

- 대표적인 분진의 종류와 발화점, 최소발화에너지

분진의 종류	분진	발화점 [℃]	최소발화에너지 [mJ]
비전도성	유황	190	15
	폴리에틸렌	410	10
	소맥분	470	160
	에폭시	540	15
	테레프탈산	680	20
전도성	철	316	100
	석탄	610	40
폭연성	마그네슘	520	80
	알루미늄	645	20

65

Repetitive Learning 1회 2회 3회

고압선로의 활선 근접작업 시 작업자가 전선로로부터 어느 정도의 거리를 유지하였을 경우 안전하다고 보고 별도의 방호조치나 보호조치를 생략할 수 있는가?

① 머리 위 거리가 30[cm] 이상
② 발 아래 거리가 40[cm] 이상
③ 몸 옆 수평거리가 50[cm] 이상
④ 심장으로부터 거리가 50[cm] 이상

해설

- 작업에 종사하는 근로자의 신체 등이 충전전로에 접촉하거나 당해 충전전로에 대하여 머리 위로의 거리가 30cm 이내이거나 신체 또는 발 아래로의 거리가 60cm 이내로 접근함으로 인하여 감전의 우려가 있는 때에는 당해 충전전로에 절연용 방호구를 설치하여야 한다.

고압활선 근접작업

- 고압 충전전로에 근접함으로써 접촉의 우려가 있는 작업을 말한다.
- 접근한계거리 : 머리 위 30cm, 신체/발 아래 60cm 유지
- 절연용 방호구 및 절연용 보호구를 착용한다.

0602 / 0703 / 1602

66

다음 설명과 가장 관계가 깊은 것은?

> - 파이프 속에 저항이 높은 액체가 흐를 때 발생한다.
> - 액체의 흐름이 정전기 발생에 영향을 준다.

① 충돌대전 ② 박리대전
③ 유동대전 ④ 분출대전

해설

- 액체의 흐름이 정전기 발생에 영향을 주는 것은 유동대전이며, 유동대전에 가장 큰 영향을 미치는 요인은 유체의 속도이다.

정전기 발생현상 실필 0801

㉠ 개요

- 정전기 발생현상을 원인에 따라 분류하면 마찰대전, 박리대전, 유동대전, 충돌대전, 분출대전, 진동대전(교반대전), 파괴대전 등으로 구분한다.

㉡ 분류별 특징

마찰대전	두 물체가 서로 접촉 시 위치의 이동으로 전하의 분리 및 재배열이 일어나는 대전현상
박리대전	상호 밀착되어 있는 물질이 떨어질 때 전하분리에 의해 발생하는 대전현상
유동대전	• 저항이 높은 액체류가 파이프 등으로 수송될 때 접촉을 통해 서로 대전되는 현상 • 액체의 흐름이 정전기 발생에 영향을 준다.
충돌대전	스프레이 도장작업 등과 같은 입자와 입자끼리, 혹은 입자와 고체끼리의 충돌로 발생하는 대전현상
분출대전	스프레이 도장작업을 할 경우와 같이 액체나 기체 등이 작은 구멍을 통해 분출될 때 발생하는 대전현상

정답 | 64 ④ 65 ① 66 ③

0302 / 1002 / 1601

67

Repetitive Learning (1회 2회 3회)

220V 전압에 접촉된 사람의 인체저항이 약 1,000Ω일 때 인체전류와 그 결과값의 위험성 여부로 알맞은 것은?

① 22[mA], 안전
② 220[mA], 안전
③ 22[mA], 위험
④ 220[mA], 위험

해설

- 옴의 법칙에 의해
  인체에 흐르는 전류 = $\frac{220}{1,000}$ = 0.22[A] = 220[mA]이다.
- 정격감도전류는 30[mA]인데 이를 초과했으므로 위험하다.

옴(Ohm)의 법칙

- 전기 회로에 흐르는 전류는 그 회로에 가하여진 전압에 정비례하고, 저항에 반비례한다는 법칙이다.
- $I[A] = \frac{V[V]}{R[\Omega]}$, $V = IR$, $R = \frac{V}{I}$ 로 계산한다.

0701 / 0703 / 1501

68

다음 중 계통접지의 목적으로 가장 옳은 것은?

① 누전되고 있는 기기에 접촉되었을 때의 감전방지를 위해
② 고압전로와 저압전로가 혼촉되었을 때의 감전이나 화재 방지를 위해
③ 병원에 있어서 의료기기 계통의 누전을 10[μA] 정도도 허용하지 않기 위해
④ 의사의 몸에 축적된 정전기에 의해 환자가 쇼크사하지 않도록 하기 위해

해설

- 누전되고 있는 기기에 접촉되었을 때의 감전방지를 위한 것은 기기접지이다.
- 병원에 있어서 의료기기 사용 시 안전을 위하여 수행하는 접지방법은 등전위접지이다.

접지의 종류와 특징

종류	특징
계통접지	고압전로와 저압전로가 혼촉되었을 때의 감전이나 화재 방지를 위하여 수행하는 접지방법이다.
기기접지	전동기, 세탁기 등의 전기사용 기계·기구의 비충전 금속부분을 접지하는 것으로, 누전되고 있는 기기에 접촉 시의 감전을 방지하는 접지방법이다.
피뢰접지	낙뢰로부터 전기기기 및 피뢰기 등의 기능 손상을 방지하기 위하여 수행하는 접지방법이다.
등전위접지	병원에 있어서 의료기기 사용 시 안전을 위하여 수행하는 접지방법이다.
지락검출용 접지	누전차단기의 동작을 확실하게 하기 위하여 수행하는 접지방법이다.

1503 / 1901 / 2001 / 2201

69

내압방폭구조의 필요충분조건에 대한 사항으로 틀린 것은?

① 폭발화염이 외부로 유출되지 않을 것
② 습기침투에 대한 보호를 충분히 할 것
③ 내부에서 폭발한 경우 그 압력에 견딜 것
④ 외함의 표면온도가 외부의 폭발성 가스를 점화하지 않을 것

해설

- 내압방폭구조는 습기침투와는 관련성이 없는 전폐형의 구조를 하고 있다.

내압방폭구조(EX d)

㉠ 개요
- 전폐형의 구조를 하고 있다.
- 방폭전기설비의 용기 내부에서 폭발성 가스 또는 증기가 폭발하였을 때 용기가 그 압력에 견디고 접합면이나 개구부를 통해서 외부의 폭발성 가스나 증기에 인화되지 않도록 한 방폭구조를 말한다.
- 외부의 폭발성 가스가 내부로 침입해서 폭발하였을 때 고열가스나 화염을 간극(Safe gap)을 통하여 서서히 방출시킴으로써 폭발화염이 외부로 전파되지 않으면서 냉각되는 방폭구조를 말한다.

㉡ 필요충분조건
- 폭발화염이 외부로 유출되지 않을 것
- 내부에서 폭발한 경우 그 압력에 견딜 것
- 외함의 표면온도가 외부의 폭발성 가스를 점화하지 않을 것

67 ④ 68 ② 69 ② 정답

70

Repetitive Learning (1회 2회 3회)

지락(누전)차단기를 설치하지 않아도 되는 기준으로 틀린 것은?

① 기계·기구를 발전소, 변전소에 준하는 곳에 시설하는 경우로서 취급자 이외의 자가 임의로 출입할 수 없는 경우
② 대지전압 150[V] 이하의 기계·기구를 물기가 없는 장소에 시설하는 경우
③ 기계·기구를 건조한 장소에 시설하고 습한 장소에서 조작하는 경우로 제어용 전압이 교류 60[V], 직류 75[V] 이하인 경우
④ 기계·기구가 유도전동기의 2차측 전로에 접속된 저항기일 경우

해설

- 기계·기구를 건조한 장소에 시설하고 습한 장소에서 조작하는 경우로 제어용 전압이 교류 30[V], 직류 40[V] 이하인 경우에는 누전차단기를 설치하지 않아도 되나 제어용 전압이 교류 60[V], 직류 75[V] 이하인 경우에는 누전차단기를 설치하여야 한다.

누전차단기를 설치하지 않는 경우

- 기계·기구를 발전소, 변전소 또는 개폐소나 이에 준하는 곳에 시설하는 경우로서 전기 취급자 이외의 자가 임의로 출입할 수 없는 경우
- 기계·기구를 건조한 장소에 시설하는 경우
- 기계·기구를 건조한 장소에 시설하고 습한 장소에서 조작하는 경우로 제어용 전압이 교류 30[V], 직류 40[V] 이하인 경우
- 대지전압 150[V] 이하의 기계·기구를 물기가 없는 장소에 시설하는 경우
- 전기용품안전관리법의 적용을 받는 2중절연구조의 기계·기구(정원등, 전동공구 등)를 시설하는 경우
- 그 전로의 전원측에 절연변압기를 시설하고 또한 그 절연변압기의 부하측 전로를 접지하지 않은 경우
- 기계·기구가 고무, 합성수지 기타 절연물로 피복된 것일 경우
- 기계·기구가 유도전동기의 2차측 전로에 접속되는 것일 경우
- 기계·기구 내에 전기용품안전관리법의 적용을 받는 누전차단기를 설치하고 또한 전원연결선에 손상을 받을 우려가 없도록 시설하는 경우

1703

71

Repetitive Learning (1회 2회 3회)

감전되어 사망하는 주된 메커니즘과 거리가 먼 것은?

① 심장부에 전류가 흘러 심실세동이 발생하여 혈액순환기능이 상실되어 일어난 것
② 흉골에 전류가 흘러 혈압이 약해져 뇌에 산소공급기능이 정지되어 일어난 것
③ 뇌의 호흡중추 신경에 전류가 흘러 호흡기능이 정지되어 일어난 것
④ 흉부에 전류가 흘러 흉부수축에 의한 질식으로 일어난 것

해설

- 1차적으로 심장부 통전으로 심실세동에 의한 호흡기능 및 혈액순환기능의 정지, 뇌통전에 따른 호흡기능의 정지 및 호흡중추신경의 손상, 흉부통전에 의한 호흡기능의 정지 등이 발생할 수 있다.

전격재해(Electric shock)

- 감전사고(전류가 인체를 통과하여 흐를 때)로 인한 재해를 말한다.
- 1차적으로 심장부 통전으로 심실세동에 의한 호흡기능 및 혈액순환기능의 정지, 뇌통전에 따른 호흡기능의 정지 및 호흡중추신경의 손상, 흉부통전에 의한 호흡기능의 정지 등이 발생할 수 있다.
- 2차적인 재해는 더욱 큰 위험요소로 추락, 전도, 전류통전 및 아크로 인한 화상, 시력손상 등이 있다.

72

Repetitive Learning (1회 2회 3회)

정전작업 시 작업 중의 조치사항으로 옳지 않은 것은?

① 작업지휘자에 의한 지휘
② 개폐기 투입
③ 단락접지 수시확인
④ 근접활선에 대한 방호상태 관리

해설

- 개폐기의 투입은 정전작업이 끝난 후의 조치사항이다.

정전전로에서의 전기작업 전 조치사항

- 사업주는 근로자가 노출된 충전부 또는 그 부근에서 작업함으로써 감전될 우려가 있는 경우에는 작업에 들어가기 전에 해당 전로를 차단할 것
- 전기기기 등에 공급되는 모든 전원을 관련 도면, 배선도 등으로 확인할 것
- 전원을 차단한 후 각 단로기 등을 개방하고 확인할 것
- 차단장치나 단로기 등에 잠금장치 및 꼬리표를 부착할 것
- 개로된 전로에서 유도전압 또는 전기에너지가 축적되어 근로자에게 전기위험을 끼칠 수 있는 전기기기 등은 접촉하기 전에 잔류전하를 완전히 방전시킬 것
- 검전기를 이용하여 작업 대상 기기가 충전되었는지를 확인할 것
- 전기기기 등이 다른 노출 충전부와의 접촉, 유도 또는 예비동력원의 역송전 등으로 전압이 발생할 우려가 있는 경우에는 충분한 용량을 가진 단락접지기구를 이용하여 접지할 것

정답 | 70 ③ 71 ② 72 ②

1602 / 2102

73

Repetitive Learning 1회 2회 3회

$Q=2\times10^{-7}$[C]으로 대전하고 있는 반경 25[cm] 도체구의 전위는 약 몇 [kV]인가?

① 7.2　　② 12.5
③ 14.4　　④ 25

해설

- 반지름이 25[cm]이므로 [m]로 바꾸면 0.25[m]가 된다.
- 주어진 값을 대입하면 도체구의 전위

$E=9\times10^{9}\times\dfrac{2\times10^{-7}}{0.25}=7,200$[V]가 된다.

쿨롱의 법칙

- 두 전하 사이에 작용하는 전기력은 전하의 크기에 비례하고, 두 전하 사이 거리의 제곱에 반비례한다.
- $F=k_e\dfrac{Q_1\cdot Q_2}{r^2}=\dfrac{1}{4\pi\epsilon_0}\times\dfrac{Q_1\cdot Q_2}{r^2}$ [N]이다. 이때 k_e는 쿨롱 상수, ϵ_0은 진공 유전율로 약 $8.854\times10^{-12}[C^2/N\cdot m^2]$이다.
- 쿨롱상수 $k_e=\dfrac{1}{4\pi\epsilon_0}$로 약 $9\times10^9[N\cdot m^2\cdot C^{-2}]$이다.
- 도체구의 전위 $E=\dfrac{Q}{4\pi\epsilon_0\times r}=\dfrac{1}{4\pi\epsilon_0}\times\dfrac{Q}{r}=9\times10^9\times\dfrac{Q}{r}$ 이다.

1802

74

Repetitive Learning 1회 2회 3회

전기화재의 경로별 원인으로 거리가 먼 것은?

① 단락　　② 누전
③ 저전압　　④ 접촉부의 과열

해설

- 전기화재의 경로별 원인, 즉, 출화의 경과에 따른 분류에는 합선(단락), 과전류, 스파크, 누전, 정전기, 접촉부 과열, 절연열화에 의한 발열, 절연불량 등이 있다.

전기화재 발생

㉠ 전기화재 발생원인

- 전기화재 발생원인의 3요소는 발화원, 착화물, 출화의 경과로 구성된다.

발화원	화재의 발생원인으로 단열압축, 광선 및 방사선, 낙뢰, 스파크, 정전기, 충격이나 마찰, 기계적 운동에너지 등
착화물	발화원에 의해 최초로 착화된 가연물
출화의 경과	발생요인으로 단락, 누전, 과전류, 스파크 등

㉡ 출화의 경과에 따른 전기화재 비중

- 전기화재의 경로별 원인, 즉, 출화의 경과에 따른 분류에는 합선(단락), 과전류, 스파크, 누전, 정전기, 접촉부 과열, 절연열화에 의한 발열, 절연불량 등이 있다.
- 출화의 경과에 따른 발화현상의 분류에서 가장 빈도가 높은 것은 스파크 화재 – 단락(합선)에 의한 화재이다.

스파크	누전	접촉부과열	절연열화에 의한 발열	과전류
24%	15%	12%	11%	8%

75

Repetitive Learning 1회 2회 3회

정전기 제거만을 목적으로 하는 접지에 있어서의 적당한 접지저항값은 몇 [Ω] 이하로 하면 좋은가?

① 10^6[Ω] 이하　　② 10^{12}[Ω] 이하
③ 10^{15}[Ω] 이하　　④ 10^{18}[Ω] 이하

해설

- 정전기적 접지는 대지에 대한 접지저항을 10^6[Ω] 이하로 한다.

정전기 방지를 위한 접지저항

- 정전기 대전이란 물체와 물체 사이에 접촉 또는 분리, 마찰, 충격, 유동 및 분사 등으로 인하여 전하가 축적된 상태를 말한다.
- 정전기적 접지는 대지에 대한 접지저항이 10^6[Ω] 이하인 것을 말한다.

1502

76

Repetitive Learning 1회 2회 3회

아세톤을 취급하는 작업장에서 작업자의 정전기 방전으로 인한 화재폭발 재해를 방지하기 위하여 인체대전 전위는 약 몇 [V] 이하로 유지하여야 하는가?(단, 인체의 정전용량 100[pF]이고, 아세톤의 최소착화에너지는 1.15[mJ]로 하며 기타의 조건은 무시한다)

① 1,150　　② 2,150
③ 3,800　　④ 4,800

해설

- 최소착화에너지(W)와 정전용량(C)이 주어져 있는 상태에서 전압(전위)을 묻는 문제이므로 식을 역으로 이용하면 $V=\sqrt{\dfrac{2W}{C}}$ 이다.
- 1.15[mJ]은 1.15×10^{-3}[J]이고, 100[pF]은 100×10^{-12}[F]이다.
- $V=\sqrt{\dfrac{2\times1.15\times10^{-3}}{100\times10^{-12}}}=\sqrt{2\times1.15\times10^{7}}=4,795.83$[J]가 된다.

73 ① 74 ③ 75 ① 76 ④ 정답

최소발화에너지(MIE : Minimum Ignition Energy)

㉠ 개요

- 공기 중에 가연성 가스나 증기 또는 폭발성분이 존재할 때 이를 발화시키는 데 필요한 최저의 에너지를 말한다.
- 발화에너지의 양은 $W=\frac{1}{2}CV^2$[J]로 구한다.
- 단위는 밀리줄[mJ] / 줄[J]을 사용한다.

㉡ 특징

- 압력, 온도, 산소농도, 연소속도에 반비례한다.
- 유체의 유속이 높아지면 최소발화에너지는 커진다.
- 불활성 기체의 첨가는 발화에너지를 크게 하고, 혼합기체의 전압이 낮아도 발화에너지는 커진다.
- 일반적으로 화학양론농도보다도 조금 높은 농도일 때에 최솟값이 된다.

0301 / 0802 / 0902 / 2103

77

Repetitive Learning (1회 2회 3회)

일반적으로 고압 또는 특고압용 개폐기·차단기·피뢰기 기타 이와 유사한 기구로서 동작 시에 아크가 생기는 것은 목재의 벽 또는 천장 기타의 가연성 물체로부터 각각 몇 [m] 이상 떼어놓아야 하는가?

① 고압용 1.0[m] 이상, 특고압용 2.0[m] 이상
② 고압용 1.5[m] 이상, 특고압용 2.0[m] 이상
③ 고압용 1.5[m] 이상, 특고압용 2.5[m] 이상
④ 고압용 2.0[m] 이상, 특고압용 2.5[m] 이상

해설

- 개폐기·차단기·피뢰기 기타 이와 유사한 기구로서 동작 시에 아크가 생기는 것은 목재의 벽 또는 천장 기타의 가연성 물체로부터 고압용은 1m 이상, 특별고압용의 것은 2m 이상 떼어놓아야 한다.

아크를 발생하는 기구의 시설

- 고압용 또는 특별고압용의 개폐기·차단기·피뢰기 기타 이와 유사한 기구로서 동작 시에 아크가 생기는 것은 목재의 벽 또는 천장 기타의 가연성 물체로부터 고압용의 것은 1m 이상, 특별고압용의 것은 2m 이상(사용전압이 35,000V 이하의 특별고압용의 기구 등으로서 동작 시에 생기는 아크의 방향과 길이를 화재가 발생할 우려가 없도록 제한하는 경우에는 1m 이상) 떼어놓아야 한다.

0301 / 0703 / 1702

78

Repetitive Learning (1회 2회 3회)

300[A]의 전류가 흐르는 저압 가공전선로의 1(한) 선에서 허용 가능한 누설전류는 몇 [mA]인가?

① 600
② 450
③ 300
④ 150

해설

- 전류가 300[A]이므로 누설전류는 $300\times\frac{1}{2,000}=0.15$[A] 즉, 150[mA] 이내여야 한다.

누설전류와 누전화재

㉠ 누설전류

- 누설전류는 전류가 정상적으로 흐르지 않고 다른 곳으로 새어버리는 것을 말하며, 누전전류라고도 한다.
- 전선의 노후로 인하여 절연이 나빠져 발생(절연열화)하는데 이를 방지하기 위해 누전차단기를 설치한다.
- 누설전류로 인해 감전 및 화재 등이 발생하고, 전력의 손실이 증가하고, 전자기기의 고장이 발생한다.
- 저압의 전선로 중 절연부분의 전선과 대지 간 및 전선의 심선 상호 간의 절연저항은, 사용전압에 대한 누설전류가 최대공급전류의 2,000분의 1을 넘지 아니하도록 유지하여야 한다.

㉡ 누전화재

- 누전으로 인하여 화재가 발생되기 전에 인체 감전, 전등 밝기의 변화, 빈번한 퓨즈의 용단, 전기사용 기계장치의 오동작 증가 등이 발생한다.
- 누전사고가 발생될 수 있는 취약 개소에는 비닐전선을 고정하는 지지용 스테이플, 정원 연못 조명등의 전원공급용 지하매설 전선류, 분기회로 접속점이 나선으로 발열이 쉽도록 유지되는 곳 등이 있다.

0303 / 1902

79

Repetitive Learning (1회 2회 3회)

인체 피부의 전기저항에 영향을 주는 주요 인자와 거리가 먼 것은?

① 접지경로
② 접촉면적
③ 접촉부위
④ 인가전압

해설

- 피부 전기저항에 영향을 주는 요소에는 접촉부 습기상태, 접촉시간, 인가전압의 크기와 주파수, 접촉면적 등이 있다.

정답 | 77 ① 78 ④ 79 ①

∷ 인체의 저항

㉠ 피부의 전기저항

- 피부의 전기저항은 연령, 성별, 인체의 각 부분별, 수분 함유량에 따라 큰 차이를 보이며 일반적으로 약 2,500[Ω] 정도를 기준으로 한다.
- 피부 전기저항에 영향을 주는 요소에는 접촉부 습기상태, 접촉시간, 인가전압의 크기와 주파수, 접촉면적 등이 있다.
- 피부에 땀이 나 있을 경우 기존 저항의 1/20~1/12로 저항이 저하된다.
- 피부가 물에 젖어 있을 경우 기존 저항의 1/25로 저항이 저하된다.

㉡ 내부저항

- 인체의 두 수족 간 내부저항 값은 500[Ω]을 기준으로 한다.

1703

80 Repetitive Learning 1회 2회 3회

아크용접작업 시의 감전사고 방지대책으로 옳지 않은 것은?

① 절연장갑의 사용
② 절연용접봉 홀더의 사용
③ 적정한 케이블의 사용
④ 절연용접봉의 사용

해설

- 절연용접봉을 사용하더라도 자동전격방지장치의 설치가 필요하다.

∷ 자동전격방지장치 실필 1002

㉠ 개요

- 용접작업을 정지하는 순간(1초 이내) 자동적으로 접촉하여도 감전재해가 발생하지 않는 정도로 용접봉 홀더의 출력측 2차 전압을 저하(25V)시키는 장치이다.
- 용접작업을 정지하는 순간에 작동하여 다음 아크 발생 시까지 기능한다.
- 주회로를 제어하는 장치와 보조변압기로 구성된다.

㉡ 설치

- 용접기 외함 및 피용접물은 제3종 접지공사를 실시한다.
- 자동전격방지장치 설치 장소는 선박의 이중 선체 내부, 밸러스트(Ballast) 탱크, 보일러 내부 등 도전체에 둘러싸인 장소, 추락할 위험이 있는 높이 2m 이상의 장소로 철골 등 도전성이 높은 물체에 근로자가 접촉할 우려가 있는 장소, 물·땀 등으로 인하여 도전성이 높은 습윤 상태에서 근로자가 작업하는 장소 등이다.

5과목 화학설비 안전관리

0702 / 1002

81 Repetitive Learning 1회 2회 3회

다음 중 물 소화약제의 단점을 보완하기 위하여 물에 탄산칼륨(K_2CO_3) 등을 녹인 수용액으로 부동성이 높은 알칼리성 소화약제는?

① 포 소화약제
② 분말소화약제
③ 강화액 소화약제
④ 산알칼리 소화약제

해설

- 물의 소화력을 극대화시킨 액체계 소화약제는 강화액 소화약제이다.

∷ 강화액 소화약제

- 탄산칼륨(K_2CO_3) 등의 수용액을 주성분으로 하며 강한 알칼리성(PH 12 이상)으로 물의 침투능력을 배가시켜 소화력을 극대화시킨 소화약제이다.
- 강화액 소화약제는 부동성이 높아 -30℃에서도 동결되지 않으므로 한랭지에서도 보온이 필요 없다.
- 탈수·탄화작용으로 목재·종이 등을 불연화하고 재연방지의 효과도 있어서 A급 화재 소화능력도 좋다.

82 Repetitive Learning 1회 2회 3회

다음 중 폭발하한계[vol%] 값의 크기가 작은 것부터 큰 순서대로 올바르게 나열한 것은?

① $H_2 < CS_2 < C_2H_2 < CH_4$
② $CH_4 < H_2 < C_2H_2 < CS_2$
③ $H_2 < CS_2 < CH_4 < C_2H_2$
④ $CS_2 < C_2H_2 < H_2 < CH_4$

해설

- 보기에 주어진 가스의 폭발하한계가 작은 값부터 큰 값 순으로 나열하면 이황화탄소(CS_2) < 아세틸렌(C_2H_2) < 수소(H_2) < 메탄(CH_4) 순이다.

∷ 주요 가스의 폭발상한계, 하한계, 폭발범위, 위험도 실필 1603

가스	폭발 하한계	폭발 상한계	폭발 범위	위험도
아세틸렌 (C_2H_2)	2.5	81	78.5	$\frac{81-2.5}{2.5}=31.4$
수소 (H_2)	4.0	75	71	$\frac{75-4.0}{4.0}=17.75$
일산화탄소 (CO)	12.5	74	61.5	$\frac{74-12.5}{12.5}=4.92$

80 ④ 81 ③ 82 ④ 정답

암모니아 (NH_3)	15	28	13	$\frac{28-15}{15}=0.87$
메탄(CH_4)	5.0	15	10	$\frac{15-5}{5}=2$
이황화탄소 (CS_2)	1.3	41.0	39.7	$\frac{41-1.3}{1.3}=30.54$
프로판 (C_3H_8),	2.1	9.5	7.4	$\frac{9.5-2.1}{2.1}=3.52$
부탄 (C_4H_{10})	1.8	8.4	6.6	$\frac{8.4-1.8}{1.8}=3.67$

ⓛ 인화점 실필 0803

- 인화성 액체 위험물의 위험성지표를 기준으로 액체 표면에서 발생한 증기농도가 공기 중에서 연소하한농도가 될 수 있는 가장 낮은 액체온도를 말한다.
- 인화점이 낮을수록 일반적으로 연소위험이 크다.
- 인화점이 상온보다 낮은 가연성 액체는 상온에서 인화의 위험이 있다.
- 용기 온도가 상승하여 내부의 혼합가스가 폭발상한계를 초과한 경우에는 누설되는 혼합가스는 인화되어 연소하나 연소파가 용기 내로 들어가 가스폭발을 일으키지 않는다.

0503

83

Repetitive Learning (1회 2회 3회)

다음 중 인화 및 인화점에 관한 설명으로 가장 적절하지 않은 것은?

① 가연성 액체의 액면 가까이에서 인화하는 데 충분한 농도의 증기를 발산하는 최저온도이다.

② 액체를 가열할 때 액면 부근의 증기농도가 폭발하한에 도달하였을 때의 온도이다.

③ 밀폐용기에 인화성 액체가 저장되어 있는 경우에 용기의 온도가 낮아 액체의 인화점 이하가 되어도 용기 내부의 혼합가스는 인화의 위험이 있다.

④ 용기 온도가 상승하여 내부의 혼합가스가 폭발상한계를 초과한 경우에는 누설되는 혼합가스는 인화되어 연소하나 연소파가 용기 내로 들어가 가스폭발을 일으키지 않는다.

해설

- 용기 온도가 상승하여 내부의 혼합가스가 폭발상한계를 초과한 경우에는 누설되는 혼합가스는 인화되어 연소하나 연소파가 용기 내로 들어가 가스폭발을 일으키지 않는다.

:: 연소이론

㉠ 개요

- 연소란 화학반응의 한 종류로, 가연물이 산소 중에서 산화반응을 하여 열과 빛을 발산하는 현상을 말한다.
- 연소를 위해서는 가연물, 산소공급원, 점화원 3조건이 마련되어야 한다.
- 연소범위가 넓을수록 연소위험이 크다.
- 착화온도가 낮을수록 연소위험이 크다.
- 가연성 액체를 발화점 이상으로 공기 중에서 가열하면 별도의 점화원이 없어도 발화할 수 있다.

84

Repetitive Learning (1회 2회 3회)

다음 중 C급 화재에 가장 효과적인 것은?

① 건조사

② 이산화탄소 소화기

③ 포 소화기

④ 봉상수 소화기

해설

- 이산화탄소 소화기는 비전도성으로 전기화재(C급)에 효과적이다.

:: 이산화탄소(CO_2) 소화기

㉠ 개요

- 질식 소화기로 산소농도 15% 이하가 되도록 살포하는 유류, 가스(B급)화재에 적당한 소화기이다.
- 비전도성으로 전기화재(C급)에도 좋다.
- 주로 통신실, 컴퓨터실, 전기실 등에서 이용된다.

ⓛ 특징

- 무색, 무취하여 화재 진화 후 깨끗하다.
- 액화하여 용기에 보관할 수 있다.
- 피연소물에 피해가 적고 가스자체의 압력으로 동력이 불필요하다.
- 단점은 사람이 질식할 우려가 있고 사용 중 동상의 위험이 있으며 소음이 크다.

정답 | 83 ③ 84 ②

85 Repetitive Learning 1회 2회 3회

산업안전보건법령상에 따라 대상 설비에 설치된 안전밸브 또는 파열판에 대해서는 일정 검사주기마다 적정하게 작동하는지를 검사하여야 하는데 다음 중 설치구분에 따른 검사주기가 올바르게 연결된 것은?

① 화학공정 유체와 안전밸브의 디스크 또는 시트가 직접 접촉될 수 있도록 설치된 경우 : 매년 1회 이상
② 화학공정 유체와 안전밸브의 디스크 또는 시트가 직접 접촉될 수 있도록 설치된 경우 : 2년마다 1회 이상
③ 안전밸브 전단에 파열판이 설치된 경우 : 3년마다 1회 이상
④ 안전밸브 전단에 파열판이 설치된 경우 : 5년마다 1회 이상

해설

- 안전밸브 및 파열판은 화학공정 유체와 안전밸브의 디스크 또는 시트가 직접 접촉될 수 있도록 설치된 경우 매년 1회 이상, 안전밸브 전단에 파열판이 설치된 경우에는 2년마다 1회 이상 검사하도록 한다.

안전밸브 또는 파열판의 검사주기

구분	검사주기
화학공정 유체와 안전밸브의 디스크 또는 시트가 직접 접촉될 수 있도록 설치한 경우	매년 1회 이상
안전밸브 전단에 파열판이 설치된 경우	2년마다 1회 이상
공정안전보고서 제출대상으로서 고용노동부 장관이 실시하는 공전안전보고서 이행상태 평가결과가 우수한 사업장의 안전밸브의 경우	4년마다 1회 이상

86 Repetitive Learning 1회 2회 3회

다음 중 산업안전보건법령상 위험물질의 종류에 있어 인화성 가스에 해당하지 않는 것은?

① 수소
② 부탄
③ 에틸렌
④ 암모니아

해설

- 수소, 아세틸렌, 에틸렌, 메탄, 에탄, 프로판, 부탄 등이 인화성 가스이다.

인화성 가스

- 인화성 가스란 인화한계농도의 최저한도가 13[%] 이하 또는 최고한도와 최저한도의 차가 12[%] 이상인 것으로서 표준압력(101.3kpa)하의 20[℃]에서 가스상태인 물질을 말한다.
- 종류에는 수소, 아세틸렌, 에틸렌, 메탄, 에탄, 프로판, 부탄 등이 있다.

0501

87 Repetitive Learning 1회 2회 3회

다음의 반응 또는 조작 중에서 발열을 동반하지 않는 것은?

① 질소와 산소의 반응
② 탄화칼슘과 물과의 반응
③ 물에 의한 진한 황산의 희석
④ 생석회와 물과의 반응

해설

- 질소(N_2)와 산소(O_2)의 반응은 열을 흡수하는 흡열반응의 예이다.

발열반응

- 반응 또는 조작에서 반응물질이 반응의 진행과 동시에 에너지의 감소와 함께 열을 발생시키는 반응을 말한다.
- 많은 양의 열이 일시에 방출될 경우 폭발현상이 발생하기도 한다.
- 발열반응은 화학반응 중 금속의 산화, 연료의 연소, 중화반응, 상태변화에 해당하는 기체의 액화, 액체의 응고 등에서도 나타난다.

88 Repetitive Learning 1회 2회 3회

다음 중 건조설비의 가열방법으로 방사전열, 대전전열방식 등이 있고, 병류형, 직교류형 등의 강제대류방식을 사용하는 것이 많으며 직물, 종이 등의 건조물 건조에 주로 사용하는 건조기는?

① 터널형 건조기
② 회전 건조기
③ Sheet 건조기
④ 분무 건조기

85 ① 86 ④ 87 ① 88 ③ | 정답

해설

- 터널형 건조기는 회분식 건조방식으로 정형상 재료나 비교적 긴 건조시간을 갖는 건조물을 전열, 증기, 기체연료 등으로 건조하는 기계이다.
- 회전 건조기는 회전하는 원통의 단부에 건조물을 투입하여 내부에서 열풍과 접촉하여 건조하는 방식이다.
- 분무 건조기는 액상 건조물에 열풍을 분무하여 급속하게 건조하는 방식이다.

Sheet 건조기

- 건조실 내를 이동하는 건조물을 방사전열, 열풍에 의한 대전 전열방식으로 가열·건조하는 건조기이다.
- 병류형, 직교류형 등의 강제대류방식을 주로 사용한다.
- 직물, 종이 등의 건조물 건조에 주로 사용하는 건조기이다.

0903 / 1201 / 1202 / 1403 / 1603

89 Repetitive Learning (1회 2회 3회)

자동화재탐지설비 중 열감지식 감지기가 아닌 것은?

① 차동식 감지기
② 정온식 감지기
③ 보상식 감지기
④ 광전식 감지기

해설

- 광전식은 연기감지식 감지기이다.

화재감지기

㉠ 개요

- 화재 시 발생되는 열이나 연기를 통해 화재를 감지하는 장치이다.
- 감지대상에 따라 열감지기, 연기감지기, 복합형감지기, 불꽃감지기로 구분된다.

㉡ 대표적인 감지기의 종류

열감지식	차동식	• 공기의 팽창을 감지 • 공기관식, 열전대식, 열반도체식
	정온식	열의 축적을 감지
	보상식	공기팽창과 열축적을 동시에 감지
연기감지식	광전식	광전소자의 입사광량 변화를 감지
	이온화식	이온전류의 변화를 감지
	감광식	광전식의 한 종류

1601

90 Repetitive Learning (1회 2회 3회)

다음 중 관로의 방향을 변경하는 데 가장 적합한 것은?

① 소켓 ② 엘보
③ 유니온 ④ 플러그

해설

- 소켓과 유니온은 2개의 관을 연결할 때, 플러그는 유로를 차단할 때 사용한다.

관(Pipe) 부속품

유로 차단	플러그(Plug), 밸브(Valve), 캡(Cap)
누출방지 및 접합면 밀착	개스킷(Gasket)
관로의 방향 변경	엘보(Elbow)
관의 지름 변경	리듀셔(Reducer), 부싱(Bushing)
2개의 관을 연결	소켓(Socket), 니플(Nipple), 유니온(Union), 플랜지(Flange)

1502

91 Repetitive Learning (1회 2회 3회)

다음 중 화염방지기의 구조 및 설치 방법에 관한 설명으로 옳지 않은 것은?

① 화염방지기는 보호대상 화학설비와 연결된 통기관의 중앙에 설치하여야 한다.
② 화염방지 성능이 있는 통기밸브인 경우를 제외하고 화염방지기를 설치하여야 한다.
③ 본체는 금속제로 내식성이 있어야 하며, 폭발 및 화재로 인한 압력과 온도에 견딜 수 있어야 한다.
④ 소염소자는 내식, 내열성이 있는 재질이어야 하고, 이물질 등의 제거를 위한 정비작업이 용이하여야 한다.

해설

- 외부로부터의 화염을 방지하기 위하여 화염방지기를 그 설비 상단에 설치하여야 한다.

화염방지기의 설치

- 사업주는 인화성 액체 및 인화성 가스를 저장·취급하는 화학설비에서 증기나 가스를 대기로 방출하는 경우에는 외부로부터의 화염을 방지하기 위하여 화염방지기를 그 설비 상단에 설치하여야 한다.
- 화염방지 성능이 있는 통기밸브인 경우를 제외하고 화염방지기를 설치하여야 한다.
- 본체는 금속제로 내식성이 있어야 하며, 폭발 및 화재로 인한 압력과 온도에 견딜 수 있어야 한다.
- 소염소자는 내식, 내열성이 있는 재질이어야 하고, 이물질 등의 제거를 위한 정비작업이 용이하여야 한다.

정답 | 89 ④ 90 ② 91 ①

1002

92

Repetitive Learning 1회 2회 3회

다음 중 작업자가 밀폐공간에 들어가기 전 조치해야 할 사항과 가장 거리가 먼 것은?

① 해당 작업장의 내부가 어두운 경우 비방폭용 전등을 이용한다.
② 해당 작업장을 적정한 공기상태로 유지되도록 환기하여야 한다.
③ 해당 장소에 근로자를 입장시킬 때와 퇴장시킬 때에 각각 인원을 점검하여야 한다.
④ 해당 작업장과 외부의 감시인 사이에 상시 연락을 취할 수 있는 설비를 설치하여야 한다.

해설

- 폭발의 위험에 대비하여 내부가 어두운 경우 방폭용 전등을 이용해야 한다.

⁘ 밀폐공간에 들어가기 전 조치사항
- 감시인을 배치한다.
- 잠재위험요인에 대해 파악한다.
- 내부가 어두운 경우 방폭용 전등을 이용해야 한다.
- 밀폐공간을 충분히 환기시킨다.
- 출입 시에 인원을 점검하도록 한다.
- 작업장과 외부의 감시인 간에 상시 연락할 수 있는 설비를 설치한다.

1003 / 1701 / 2101

93

Repetitive Learning 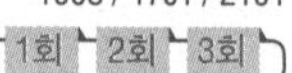

다음 중 최소발화에너지(E[J])를 구하는 식으로 옳은 것은? (단, I는 전류[A], R은 저항[Ω], V는 전압[V], C는 콘덴서용량[F], T는 시간[초]이라 한다)

① $E = I^2RT$
② $E = 0.24I^2RT$
③ $E = \frac{1}{2}CV^2$
④ $E = \frac{1}{2}\sqrt{CV}$

해설

- 발화에너지의 양은 $W = \frac{1}{2}CV^2$[J]로 구한다.

⁘ 최소발화에너지(MIE : Minimum Ignition Energy)
문제 76번의 유형별 핵심이론 ⁘ 참조

0302 / 2202

94

Repetitive Learning 1회 2회 3회

질화면(Nitrocellulose)은 저장·취급 중에는 에틸알코올 또는 이소프로필알코올로 습면의 상태로 되어 있다. 그 이유를 바르게 설명한 것은?

① 질화면은 건조 상태에서는 자연발열을 일으켜 분해 폭발의 위험이 존재하기 때문이다.
② 질화면은 알코올과 반응하여 안정한 물질을 만들기 때문이다.
③ 질화면은 건조상태에서 공기 중의 산소와 환원반응을 하기 때문이다.
④ 질화면은 건조상태에서 용이하게 중합물을 형성하기 때문이다.

해설

- 니트로셀룰로오스는 건조상태에서 자연발열을 일으켜 분해 폭발 위험이 높아 물, 에틸 알코올 또는 이소프로필 알코올 25%에 적셔 습면의 상태로 보관한다.

⁘ 니트로셀룰로오스(Nitrocellulose)

㉠ 개요
- 셀룰로오스를 질산 에스테르화하여 얻게 되는 백색 섬유상 물질로 질화면이라고도 한다.
- 건조상태에서는 자연발열을 일으켜 분해 폭발위험이 높아 물, 에틸 알코올 또는 이소프로필알코올 25%에 적셔 습면의 상태로 보관한다.

㉡ 취급 시 준수사항
- 저장 중 충격과 마찰 등을 방지하여야 한다.
- 자연발화 방지를 위하여 안전용제를 사용한다.
- 화재 시 질식소화는 적응성이 없으므로 냉각소화를 한다.

0803 / 1901

95

Repetitive Learning 1회 2회 3회

다음 중 물과 반응하여 수소가스를 발생시키지 않는 물질은?

① Mg ② Zn
③ Cu ④ Li

해설

- 구리(Cu)는 상온에서 고체상태로 존재하며 녹는점이 낮아 물과 접촉해도 반응하지 않는다.

92 ① 93 ③ 94 ① 95 ③ 정답

∷ 물과의 반응

- 구리(Cu), 철(Fe), 금(Au), 은(Ag), 탄소(C) 등은 상온에서 고체상태로 존재하며 녹는점이 낮아 물과 접촉해도 반응하지 않는다.
- 칼륨(K), 나트륨(Na), 마그네슘(Mg), 아연(Zn), 리튬(Li) 등은 물과 격렬히 반응해 수소를 발생시킨다.
- 탄화칼슘(CaC_2)은 물(H_2O)과 반응하여 아세틸렌(C_2H_2)을 발생시키므로 불연성 가스로 봉입하여 밀폐용기에 저장해야 한다.

0903 / 1603

96 Repetitive Learning (1회 2회 3회)

다음 중 설비의 주요 구조부분을 변경함으로써 공정안전보고서를 제출하여야 하는 경우가 아닌 것은?

① 플레어스택을 설치 또는 변경하는 경우
② 가스누출감지경보기를 교체 또는 추가로 설치하는 경우
③ 변경된 생산설비 및 부대설비의 해당 전기정격용량이 300[kW] 이상 증가한 경우
④ 생산량의 증가, 원료 또는 제품의 변경을 위하여 반응기(관련설비 포함)를 교체 또는 추가로 설치하는 경우

해설

- 고용노동부장관이 정하는 주요 구조부분의 변경으로 공정안전보고서를 제출하는 경우에는 가스누출감지경보기에 대한 내역은 포함되어 있지 않다.

∷ 고용노동부장관이 정하는 주요 구조부분의 변경으로 공정안전보고서를 제출하는 경우

- 반응기를 교체(같은 용량과 형태로 교체는 제외)하거나 추가로 설치하는 경우 또는 이미 설치된 반응기를 변형하여 용량을 늘리는 경우
- 생산설비 및 부대설비(유해·위험물질의 누출·화재·폭발과 무관한 자동화창고·조명설비 등은 제외)가 교체 또는 추가되어 늘어나게 되는 전기정격용량의 총 합이 300kW 이상인 경우
- 플레어스택을 설치 또는 변경하는 경우

0302 / 0601

97 Repetitive Learning (1회 2회 3회)

다음 중 유해물 취급상의 안전을 위한 조치사항으로 가장 적절하지 않은 것은?

① 작업적응자의 배치
② 유해물 발생원의 봉쇄
③ 유해물의 위치, 작업공정의 변경
④ 작업공정의 밀폐와 작업장의 격리

해설

- 유해물로 인한 피해는 작업에 적응하거나 경험이 있는 자라고 해서 덜 받는 것이 아니기 때문에 작업적응자를 배치하는 것은 해결책이나 대책이 될 수 없다.

∷ 유해물 취급상의 안전을 위한 조치사항

- 유해물 발생원의 봉쇄
- 유해물의 위치, 작업공정의 변경
- 작업공정의 밀폐와 작업장의 격리
- 유해물질에 대한 사전조사와 환경조건의 개선

0402 / 2001

98 Repetitive Learning (1회 2회 3회)

프로판(C_3H_8)의 연소에 필요한 최소산소농도의 값은?(단, 프로판의 폭발하한은 Jones식에 의해 추산한다)

① 8.1[%v/v] ② 11.1[%v/v]
③ 15.1[%v/v] ④ 20.1[%v/v]

해설

- 폭발하한계를 Jones식(Cst×0.55)에 의해 추산하여야 하므로 $Cst = \frac{100}{1+4.773\times5} = \frac{100}{24.865} = 4.02$이고, 폭발하한계는 $4.02\times0.55=2.22$[vol%]가 된다.
- 프로판은 탄소(a)가 3, 수소(b)가 8이므로 산소양론계수는 $3+\frac{8}{4}=5$이다. 최소산소농도$=5\times2.22=11.06$[vol%]이 된다.

∷ 완전연소 조성농도(Cst, 화학양론농도)와 최소산소농도(MOC) 실필 1803/1002

㉠ 완전연소 조성농도(Cst, 화학양론농도)

- 가연성 가스의 조성은 완전연소 조성농도에서 폭발의 위험성이 가장 높아진다.
- 완전연소 조성농도 = $\frac{100}{1+\text{공기몰수}\times\left(a+\frac{b-c-2d}{4}\right)}$이다.

  공기의 몰수는 주로 4.773을 사용하므로

  완전연소 조성농도 = $\frac{100}{1+4.773\left(a+\frac{b-c-2d}{4}\right)}$[vol%]

  로 구한다. 단, a : 탄소, b : 수소, c : 할로겐의 원자수, d : 산소의 원자수이다.
- Jones식에 따라 폭발한계를 추산하면 폭발하한계 = Cst × 0.55, 폭발상한계 = Cst × 3.50이다.

㉡ 최소산소농도(MOC)

- 연소 시 필요한 산소(O_2)농도 즉, 산소양론계수 = $a+\frac{b-c-2d}{4}$로 구한다.
- 최소산소농도(MOC) = 산소양론계수 × 연소하한값이다.

정답 | 96 ② 97 ① 98 ②

0303

99 Repetitive Learning (1회 2회 3회)

포화탄화수소계의 가스에서는 폭발하한계의 농도 X([vol%])와 그의 연소열 Q[kcal/mol]의 곱은 일정하게 된다는 Burgess-Wheeler의 법칙이 있다. 연소열이 635.4[kcal/mol]인 포화탄화수소 가스의 하한계는 약 얼마인가?

① 1.73[%] ② 1.95[%]
③ 2.68[%] ④ 3.20[%]

해설

- 연소열이 주어질 경우 폭발하한계의 농도와 연소열의 곱이 1,100[vol%·kcal/mol]로 일정하므로 폭발하한계를 구할 수 있다.
- 폭발하한계 = $\frac{1,100}{635.4}$ = 1.73[vol%]이다.

Burgess-Wheeler의 법칙

- 서로 유사한 탄화수소계의 가스에서 폭발하한계의 농도([vol%])와 연소열(kcal/mol)의 곱의 값은 대체로 일정한 값(1,100vol%·kcal/mol)을 갖는다고 제시하였다.
- 폭발범위는 온도상승에 의해 넓어지는데 비교적 폭발한계의 온도 의존도는 규칙적임을 증명하였다.

1802

100 Repetitive Learning (1회 2회 3회)

다음 중 분진폭발이 발생하기 쉬운 조건으로 적절하지 않은 것은?

① 발열량이 클 때
② 입자의 표면적이 작을 때
③ 입자의 형상이 복잡할 때
④ 분진의 초기 온도가 높을 때

해설

- 입자의 표면적이 크고 복잡할수록 폭발위험은 커진다.

분진의 폭발위험성

㉠ 개요
- 분진폭발의 위험은 금속분(알루미늄분, 마그네슘, 스텔라이트 등), 유황, 적린, 곡물(소맥분) 등에 주로 존재한다.
- 분진의 폭발성에 영향을 주는 요인에는 분진의 화학적 성질과 조성, 분진입도와 입도분포, 분진입자의 형상과 표면의 상태, 수분, 분진의 부유성, 폭발범위, 발화도, 산소농도, 가연성 기체의 농도 등이 있다.
- 분진의 폭발요인 중 화학적 인자에는 연소열, 분진의 화학적 성질과 조성 등이 있다.

㉡ 폭발위험 증대 조건

• 발열량(연소열)이 클수록 • 입자의 표면적이 클수록 • 분위기 중 산소농도가 클수록 • 입자의 형상이 복잡할수록 • 분진의 초기 온도가 높을수록	• 분진의 입경이 작을수록 • 분진 내의 수분농도가 작을수록
폭발의 위험은 더욱 커진다.	

6과목 건설공사 안전관리

1103

101 Repetitive Learning (1회 2회 3회)

추락방호망 설치 시 작업면으로부터 망의 설치지점까지의 수직거리 기준은?

① 5m를 초과하지 아니할 것
② 10m를 초과하지 아니할 것
③ 15m를 초과하지 아니할 것
④ 17m를 초과하지 아니할 것

해설

- 추락방호망의 설치위치는 가능하면 작업면으로부터 가까운 지점에 설치하여야 하며, 작업면으로부터 망의 설치지점까지의 수직거리는 10m를 초과해서는 안 된다.

추락방호망의 설치기준 실필 2203

- 추락방호망의 설치위치는 가능하면 작업면으로부터 가까운 지점에 설치하여야 하며, 작업면으로부터 망의 설치지점까지의 수직거리는 10m를 초과하지 아니할 것
- 추락방호망은 수평으로 설치하고, 망의 처짐은 짧은 변 길이의 12% 이상이 되도록 할 것
- 건축물 등의 바깥쪽으로 설치하는 경우 망의 내민 길이는 벽면으로부터 3m 이상 되도록 할 것

1602

102 Repetitive Learning (1회 2회 3회)

시스템 동바리를 조립하는 경우 수직재와 받침철물 연결부의 겹침길이 기준으로 옳은 것은?

① 받침철물 전체 길이의 1/2 이상
② 받침철물 전체 길이의 1/3 이상
③ 받침철물 전체 길이의 1/4 이상
④ 받침철물 전체 길이의 1/5 이상

99 ① 100 ② 101 ② 102 ② 정답

해설

- 시스템 비계의 수직재와 받침철물의 연결부의 겹침길이는 받침철물 전체 길이의 3분의 1 이상이 되도록 한다.

∷ 시스템 비계의 구조

- 수직재・수평재・가새재를 견고하게 연결하는 구조가 되도록 할 것
- 비계 밑단의 수직재와 받침철물은 밀착되도록 설치하고, 수직재와 받침철물의 연결부의 겹침길이는 받침철물 전체 길이의 3분의 1 이상이 되도록 할 것
- 수평재는 수직재와 직각으로 설치하여야 하며, 체결 후 흔들림이 없도록 견고하게 설치할 것
- 수직재와 수직재의 연결철물은 이탈되지 않도록 견고한 구조로 할 것
- 벽 연결재의 설치간격은 제조사가 정한 기준에 따라 설치할 것

0501

103 ─ Repetitive Learning (1회 2회 3회)

굴착, 싣기, 운반, 흙깔기 등의 작업을 하나의 기계로서 연속적으로 행할 수 있으며 비행장과 같이 대규모 정지작업에 적합하고 피견인식, 자주식으로 구분할 수 있는 차량계 건설기계는?

① 크램쉘(Clam shell)　② 로더(Loader)
③ 불도저(Bulldozer)　④ 스크레이퍼(Scraper)

해설

- 크램쉘은 수중굴착 및 구조물의 기초바닥 등과 같은 협소하고 상당히 깊은 범위의 굴착과 호퍼작업에 사용하는 굴착기계이다.
- 로더는 평탄바닥에 적재된 토사를 덤프에 적재하거나 평탄작업 등의 정지작업에 사용되는 기계이다.
- 불도저는 무한궤도가 달려 있는 트랙터 앞머리에 블레이드를 부착하여 흙의 굴착 압토 및 운반 등의 작업하는 토목기계이다.

∷ 스크레이퍼(Scraper)

- 굴착, 싣기, 운반, 흙깔기 등의 작업을 하나의 기계로서 연속적으로 행할 수 있으며 비행장과 같이 대규모 정지작업에 적합하고 피견인식, 자주식으로 구분할 수 있는 차량계 건설기계이다.
- 흙을 깎으면서 동시에 기계 내에 담아 운반하고 깔기작업까지 겸하는 기계이다.

0802 / 1401 / 1802 / 1901 / 1903

104 ─ Repetitive Learning (1회 2회 3회)

부두・안벽 등 하역작업을 하는 장소에서 부두 또는 안벽의 선을 따라 통로를 설치하는 경우에는 그 폭을 최소 얼마 이상으로 하여야 하는가?

① 80cm　② 90cm
③ 100cm　④ 120cm

해설

- 부두 또는 안벽의 선을 따라 통로를 설치하는 경우에는 폭을 90cm 이상으로 하여야 한다.

∷ 하역작업장의 조치기준 실필 2202/1803/1501

- 작업장 및 통로의 위험한 부분에는 안전하게 작업할 수 있는 조명을 유지할 것
- 부두 또는 안벽의 선을 따라 통로를 설치하는 경우에는 폭을 90cm 이상으로 할 것
- 육상에서의 통로 및 작업장소로서 다리 또는 선거(船渠)의 갑문(閘門)을 넘는 보도(步道) 등의 위험한 부분에는 안전난간 또는 울타리 등을 설치할 것

105 ─ Repetitive Learning (1회 2회 3회)

안전의 정도를 표시하는 것으로서 재료의 파괴응력도와 허용응력도의 비율을 의미하는 것은?

① 설계하중　② 안전율
③ 인장강도　④ 세장비

해설

- 안전율은 소재의 파괴강도와 허용되는 응력의 비를 표시한 것이다.

∷ 안전율/안전계수(Safety factor)

문제 59번의 유형별 핵심이론∷ 참조

0702

106 ─ Repetitive Learning (1회 2회 3회)

비계의 높이가 2m 이상인 작업장소에는 작업발판을 설치해야 하는데 이 작업발판의 설치기준으로 옳지 않은 것은? (단, 달비계・달대비계 및 말비계를 제외한다)

① 작업발판의 폭은 40cm 이상으로 설치한다.
② 작업발판 재료는 뒤집히거나 떨어지지 않도록 둘 이상의 지지물에 연결하거나 고정한다.
③ 추락의 위험성이 있는 장소에는 안전난간을 설치한다.
④ 발판재료 간의 틈은 5cm 이하로 한다.

정답 | 103 ④　104 ②　105 ②　106 ④

해설

- 작업발판의 폭은 40cm 이상으로 하고, 발판재료 간의 틈은 3cm 이하로 한다.

∷ 작업발판의 구조 실필 0801 실작 1601

- 발판재료는 작업할 때의 하중을 견딜 수 있도록 견고한 것으로 할 것
- 작업발판의 폭은 40cm 이상으로 하고, 발판재료 간의 틈은 3cm 이하로 할 것
- 선박 및 보트 건조작업의 경우 선박블록 또는 엔진실 등의 좁은 작업공간에 작업발판을 설치하기 위하여 필요하면 작업발판의 폭을 30cm 이상으로 할 수 있고, 걸침비계의 경우 강관기둥 때문에 발판재료 간의 틈을 3cm 이하로 유지하기 곤란하면 5cm 이하로 할 수 있다. 이 경우 그 틈 사이로 물체 등이 떨어질 우려가 있는 곳에는 출입금지 등의 조치를 하여야 한다.
- 추락의 위험이 있는 장소에는 안전난간을 설치할 것
- 작업발판의 지지물은 하중에 의하여 파괴될 우려가 없는 것을 사용할 것
- 작업발판 재료는 뒤집히거나 떨어지지 않도록 둘 이상의 지지물에 연결하거나 고정시킬 것
- 작업발판을 작업에 따라 이동시킬 경우에는 위험 방지에 필요한 조치를 할 것

0901 / 1802

107 ——— Repetitive Learning 1회 2회 3회

가설통로의 설치 기준으로 옳지 않은 것은?

① 추락할 위험이 있는 장소에는 안전난간을 설치할 것

② 경사가 10°를 초과하는 경우에는 미끄러지지 아니하는 구조로 할 것

③ 경사는 30° 이하로 할 것

④ 건설공사에 사용하는 높이 8m 이상인 비계다리에는 7m 이내마다 계단참을 설치할 것

해설

- 가설통로 설치 시 경사가 15°를 초과하는 경우에는 미끄러지지 아니하는 구조로 하여야 한다.

∷ 가설통로 설치 시 준수기준 실필 2301/1801/1703/1603

- 높이 8m 이상인 비계다리에서는 7m 이내마다 계단참을 설치할 것
- 수직갱에 가설된 통로의 길이가 15m 이상인 경우에는 10m 이내마다 계단참을 설치할 것
- 경사가 15°를 초과하는 경우에는 미끄러지지 아니하는 구조로 할 것
- 추락할 위험이 있는 장소에는 안전난간을 설치할 것
- 경사로의 폭은 최소 90cm 이상으로 할 것
- 발판 폭 40cm 이상, 틈 3cm 이하로 할 것
- 경사는 30° 이하로 할 것

0403 / 1101

108 ——— Repetitive Learning 1회 2회 3회

다음 중 토석붕괴의 원인이 아닌 것은?

① 절토 및 성토의 높이 증가

② 사면 법면의 경사 및 기울기의 증가

③ 토석의 강도 상승

④ 지표수·지하수의 침투에 의한 토사중량의 증가

해설

- 토석의 강도 저하는 토사붕괴의 내적 원인에 해당하나, 토석의 강도 상승은 붕괴의 원인이 될 수 없다.

∷ 토사(석)붕괴 원인

구분	내용
내적 요인	• 토석의 강도 저하 • 절토사면의 토질, 암질 및 절리 상태 • 성토사면의 다짐 불량 • 점착력의 감소
외적 요인	• 작업진동 및 반복하중의 증가 • 사면, 법면의 경사 및 기울기의 증가 • 절토 및 성토 높이와 지하수위의 증가 • 지표수·지하수의 침투에 의한 토사중량의 증가 • 지진, 차량, 구조물의 중량과 토사 및 암석의 혼합층 두께의 증가

0902

109 ——— Repetitive Learning

점토지반의 토공사에서 흙막이 밖에 있는 흙이 안으로 밀려 들어와 내측 흙이 부풀어 오르는 현상은?

① 보일링(Boiling) ② 히빙(Heaving)

③ 파이핑(Piping) ④ 액상화

해설

- 보일링은 사질지반에서 흙막이벽 배면부의 지하수가 굴삭 바닥면으로 모래와 함께 솟아오르는 지반융기 현상이다.
- 파이핑은 흙막이벽의 하자 또는 부실공사 등의 요인으로 생긴 틈으로 침투수와 토입자가 배출되는 현상이다.
- 액상화는 보일링의 원인으로 사질지반에서 강한 충격을 받으면 흙의 입자가 수축되면서 모래가 액체처럼 이동하게 되는 현상을 말한다.

∷ 히빙(Heaving)

㉠ 개요

- 흙막이벽체 내·외의 토사의 중량 차에 의해 점토지반의 토공사에서 흙막이 밖에 있는 흙이 안으로 밀려 들어와 내측 흙이 부풀어 오르는 현상을 말한다.
- 연약한 점토지반에서 굴착면의 융기 혹은 흙막이벽의 근입장 깊이가 부족할 경우 발생한다.
- 히빙으로 인해 배면의 토사 붕괴, 지보공의 파괴, 굴착저면이 솟아오르는 등의 현상이 발생한다.

107 ② 108 ③ 109 ② 정답

ⓛ 히빙(Heaving) 예방대책
- 어스앵커를 설치하거나 소단을 두면서 굴착한다.
- 굴착주변을 웰포인트(Well point) 공법과 병행한다.
- 흙막이벽의 근입심도를 확보한다.
- 지반개량으로 흙의 전단강도를 높인다.
- 굴착주변의 상재하중을 제거하여 토압을 최대한 낮춘다.
- 토류벽의 배면토압을 경감시킨다.
- 굴착저면에 토사 등 인공중력을 가중시킨다.

2101

110

공사 진척에 따른 안전관리비 사용기준은 얼마 이상인가? (단, 공정률이 70% 이상～90% 미만일 경우)

① 50%　② 60%
③ 70%　④ 90%

해설

- 공사 진척에 따른 안전관리비 사용기준에서 공정률 70~90%일 때의 산업안전보건관리비 사용기준은 70% 이상이다.

∷ 공사 진척에 따른 안전관리비 사용기준

공정률	50% 이상 70% 미만	70% 이상 90% 미만	90% 이상
사용기준	50% 이상	70% 이상	90% 이상

1703

111

Repetitive Learning (1회 2회 3회)

차량계 하역운반기계에 화물을 적재하는 때의 준수사항으로 옳지 않은 것은?

① 하중이 한쪽으로 치우치지 않도록 적재할 것
② 구내운반차 또는 화물자동차의 경우 화물의 붕괴 또는 낙하에 의한 위험을 방지하기 위하여 화물에 로프를 거는 등 필요한 조치를 할 것
③ 운전자의 시야를 가리지 않도록 화물을 적재할 것
④ 차륜의 이상 유무를 점검할 것

해설

- 화물적재 시의 준수사항에는 ①, ②, ③ 외에 최대적재량을 초과하지 않도록 한다.

∷ 화물적재 시의 준수사항
- 하중이 한쪽으로 치우치지 않도록 적재할 것
- 구내운반차 또는 화물자동차의 경우 화물의 붕괴 또는 낙하에 의한 위험을 방지하기 위하여 화물에 로프를 거는 등 필요한 조치를 할 것
- 운전자의 시야를 가리지 않도록 화물을 적재할 것
- 화물을 적재하는 경우에는 최대적재량을 초과하지 않도록 할 것

1201

112

높이 또는 깊이 2m 이상의 추락할 위험이 있는 장소에서 작업을 할 때의 필수 착용 보호구는?

① 보안경　② 방진마스크
③ 방열복　④ 안전대

해설

- 근로자가 추락하거나 넘어질 위험이 있는 장소에는 작업발판, 추락방호망을 설치하고, 설치가 곤란하면 근로자에게 안전대를 착용케 한다.

∷ 산업안전보건기준에 따른 추락위험의 방지대책
- 근로자가 추락하거나 넘어질 위험이 있는 장소 또는 기계·설비·선박블록 등에서 작업을 할 때에 근로자가 위험해질 우려가 있는 경우 비계(飛階)를 조립하는 등의 방법으로 작업발판을 설치하여야 한다.
- 작업발판을 설치하기 곤란한 경우 추락방호망을 설치하여야 한다.
- 추락방호망을 설치하기 곤란한 경우에는 근로자에게 안전대를 착용하도록 하는 등 추락위험을 방지하기 위하여 필요한 조치를 하여야 한다.
- 근로자의 추락위험을 방지하기 위하여 안전대나 구명줄을 설치하여야하고, 안전난간을 설치할 수 있는 구조인 경우에는 안전난간을 설치하여야 한다.
- 추락방호망이란 고소작업 중 작업자의 추락 및 물체의 낙하를 방지하기 위하여 수평으로 설치하는 보호망을 말한다.

1403

113

잠함 또는 우물통의 내부에서 근로자가 굴착작업을 하는 경우에 바닥으로부터 천장 또는 보까지의 높이는 최소 얼마 이상으로 하여야 하는가?

① 1.2m　② 1.5m
③ 1.8m　④ 2.1m

정답 | 110 ③　111 ④　112 ④　113 ③

해설

- 잠함 또는 우물통의 내부에서 근로자가 굴착작업 시 급격한 침하에 의한 위험방지를 위해 바닥으로부터 천장 또는 보까지의 높이는 1.8m 이상으로 한다.

:: 잠함 또는 우물통의 내부에서 근로자가 굴착작업 시 급격한 침하에 의한 위험방지를 위한 준수사항 실필 2302/1901/1503/1302
- 침하관계도에 따라 굴착방법 및 재하량(載荷量) 등을 정할 것
- 바닥으로부터 천장 또는 보까지의 높이는 1.8m 이상으로 할 것

1003

114

위험방지계획서의 첨부서류에서 안전보건관리계획에 해당되지 않는 항목은?

① 산업안전보건관리비 사용계획
② 안전보건교육계획
③ 재해발생 위험 시 연락 및 대피방법
④ 근로자 건강진단 실시계획

해설

- 유해·위험방지계획서 제출 시 첨부서류 중 안전보건관리계획과 관련한 별첨서류에는 ①, ②, ③ 외에 안전관리조직표, 개인보호구 지급계획 등이 포함되어야 한다.

:: 유해·위험방지계획서 제출 시 안전보건관리계획 관련 서류
- 산업안전보건관리비 사용계획
- 안전관리조직표 및 안전보건교육계획
- 개인보호구 지급계획
- 재해발생 위험 시 연락 및 대피방법

0601 / 0903

115

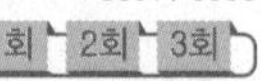

철골작업에서는 강풍과 같은 악천후 시 작업을 중지하도록 하여야 하는데, 건립작업을 중지하여야 하는 풍속기준은?

① 7m/s 이상
② 10m/s 이상
③ 14m/s 이상
④ 17m/s 이상

해설

- 철골작업을 중지해야 하는 악천후 기준에는 풍속 초당 10m, 강우량 시간당 1mm, 강설량 시간당 1cm 이상인 경우이다.

:: 철골작업 중지 악천후 기준 실필 2401/1803/1801/1201/0802
- 풍속이 초당 10m 이상인 경우
- 강우량이 시간당 1mm 이상인 경우
- 강설량이 시간당 1cm 이상인 경우

116

Repetitive Learning (1회 2회 3회)

거푸집 동바리 등을 조립하는 경우에 준수하여야 할 안전조치기준으로 옳지 않은 것은?

① 동바리로 사용하는 강관은 높이 2m 이내마다 수평연결재를 2개 방향으로 만들고 수평연결재의 변위를 방지할 것
② 동바리로 사용하는 파이프 서포트는 3개 이상 이어서 사용하지 않도록 할 것
③ 동바리로 사용하는 파이프 서포트를 이어서 사용하는 경우에는 5개 이상의 볼트 또는 전용철물을 사용하여 이을 것
④ 받침목의 사용, 콘크리트 타설, 말뚝박기 등 동바리의 침하를 방지하기 위한 조치를 할 것

해설

- 동바리로 사용하는 파이프 서포트를 이어서 사용하는 경우에는 4개 이상의 볼트 또는 전용철물을 사용하여 이어야 한다.

:: 거푸집 동바리 등의 안전조치

㉠ 공통사항
- 받침목의 사용, 콘크리트 타설, 말뚝박기 등 동바리의 침하를 방지하기 위한 조치를 할 것
- 동바리의 상하 고정 및 미끄러짐 방지 조치를 할 것
- 상부·하부의 동바리가 동일 수직선상에 위치하도록 하여 깔판·받침목에 고정시킬 것
- 개구부 상부에 동바리를 설치하는 경우에는 상부하중을 견딜 수 있는 견고한 받침대를 설치할 것
- U헤드 등의 단판이 없는 동바리의 상단에 멍에 등을 올릴 경우에는 해당 상단에 U헤드 등의 단판을 설치하고, 멍에 등이 전도되거나 이탈되지 않도록 고정시킬 것
- 동바리의 이음은 같은 품질의 재료를 사용할 것
- 강재의 접속부 및 교차부는 볼트·클램프 등 전용철물을 사용하여 단단히 연결할 것
- 거푸집의 형상에 따른 부득이한 경우를 제외하고는 깔판이나 받침목은 2단 이상 끼우지 않도록 할 것
- 깔판이나 받침목을 이어서 사용하는 경우에는 그 깔판·받침목을 단단히 연결할 것

㉡ 동바리로 사용하는 파이프 서포트
- 파이프 서포트를 3개 이상 이어서 사용하지 않도록 할 것
- 파이프 서포트를 이어서 사용하는 경우에는 4개 이상의 볼트 또는 전용철물을 사용하여 이을 것
- 높이가 3.5m를 초과하는 경우 2m 이내마다 수평연결재를 2개 방향으로 설치할 것

114 ④ 115 ② 116 ③ 정답

0901 / 1503 / 2102

117

Repetitive Learning 1회 2회 3회

굴착공사에 있어서 비탈면붕괴를 방지하기 위하여 행하는 대책이 아닌 것은?

① 지표수의 침투를 막기 위해 표면배수공을 한다.
② 지하수위를 내리기 위해 수평배수공을 설치한다.
③ 비탈면 하단을 성토한다.
④ 비탈면 상부에 토사를 적재한다.

해설

- 비탈면 천단부(상부) 주변에는 굴착된 흙이나 재료 등을 적재해서는 안 된다.

굴착공사 시 비탈면 붕괴 방지대책

- 지표수의 침투를 막기 위해 표면배수공을 한다.
- 지하수위를 내리기 위해 수평배수공을 설치한다.
- 비탈면 하단을 성토한다.
- 비탈면 천단부(상부) 주변에는 굴착된 흙이나 재료 등을 적재해서는 안 된다.

0702

118

해체용 장비로서 작은 부재의 파쇄에 유리하고 소음, 진동 및 분진이 발생되므로 작업원은 보호구를 착용하여야 하고 특히 작업원의 작업시간을 제한하여야 하는 장비는?

① 천공기 ② 쇄석기
③ 철재해머 ④ 핸드 브레이커

해설

- 천공기는 지반을 유지한 상태로 튜브를 압입하여 관내를 굴착하는 기계를 말한다.
- 쇄석기는 바위나 큰 돌을 작게 부수어 자갈(쇄석)로 만드는 기계이다.
- 철제해머는 쇠뭉치를 크레인 등에 부착하여 구조물에 충격을 주어 파쇄하는 것을 말한다.

핸드 브레이커(Hand breaker)

㉠ 개요
- 해체용 장비로서 압축공기, 유압의 급속한 충격력으로 콘크리트 등을 해체할 때 사용한다.
- 작은 부재의 파쇄에 유리하고 소음, 진동 및 분진이 발생되므로 작업원은 보호구를 착용하여야 한다.
- 분진·소음으로 인해 작업원의 작업시간을 제한하여야 하는 장비이다.

㉡ 사용방법
- 브레이커 끝의 부러짐을 방지하기 위하여 작업자세를 하향 수직 방향으로 유지하도록 하여야 한다.
- 핸드 브레이커는 중량이 25~40kgf으로 무겁기 때문에 지반을 잘 정리하고 작업하여야 한다.

119

Repetitive Learning 1회 2회 3회

이동식 비계를 조립하여 사용할 때 밑변 최소 폭의 길이가 2m라면 이 비계의 사용 가능한 최대 높이는?

① 4m ② 8m
③ 10m ④ 14m

해설

- 비계의 최대 높이는 밑변 최소 폭의 4배 이하로 해야 한다.
- 밑변 최소 폭이 2m라면 비계의 최대 높이는 8m가 된다.

이동식 비계 조립 및 사용 시 준수사항

- 이동식 비계의 바퀴에는 뜻밖의 갑작스러운 이동 또는 전도를 방지하기 위하여 브레이크·쐐기 등으로 바퀴를 고정시킨 다음 비계의 일부를 견고한 시설물에 고정하거나 아웃트리거(Outrigger)를 설치하는 등 필요한 조치를 할 것
- 승강용 사다리는 견고하게 설치할 것
- 비계의 최상부에서 작업을 하는 경우에는 안전난간을 설치할 것
- 작업발판은 항상 수평을 유지하고 작업발판 위에서 안전난간을 딛고 작업을 하거나 받침대 또는 사다리를 사용하여 작업하지 않도록 할 것
- 작업발판의 최대적재하중은 250kg을 초과하지 않도록 할 것

1503

120

Repetitive Learning 1회 2회 3회

흙막이 지보공을 설치하였을 때 정기점검 사항에 해당되지 않는 것은?

① 검지부의 이상 유무
② 버팀대의 긴압의 정도
③ 침하의 정도
④ 부재의 손상, 변형, 부식, 변위 및 탈락의 유무와 상태

해설

- 흙막이 지보공을 설치하였을 때에 정기적 점검사항에는 ②, ③, ④ 외에 부재의 접속부·부착부 및 교차부의 상태가 있다.

흙막이 지보공을 설치하였을 때에 정기적으로 점검하고 이상을 발견하면 즉시 보수하여야 할 사항 실작 2402/2301/2201/2003

- 부재의 손상·변형·부식·변위 및 탈락의 유무와 상태
- 버팀대의 긴압(緊壓)의 정도
- 부재의 접속부·부착부 및 교차부의 상태
- 침하의 정도

정답 | 117 ④ 118 ④ 119 ② 120 ①

구분	1과목	2과목	3과목	4과목	5과목	6과목	합계
New 유형	3	4	0	2	3	2	14
New 문제	11	8	3	3	7	7	39
또나온문제	5	7	11	10	8	8	49
자꾸나온문제	4	5	6	7	5	5	32
합계	20	20	20	20	20	20	120

- New유형은 New문제 중 기존 기출문제와 완전히 다른 유형의 문제를 말합니다.
- New문제는 기존에 출제되지 않은 문제로 이번에 처음 출제되는 문제입니다.
- 또나온문제는 기존에 출제된 적이 1번 있는 문제를 말합니다.
- 자꾸나온문제는 기존에 출제된 적이 2번 이상 있는 문제를 말합니다. 그만큼 중요한 문제입니다.

몇 년분의 기출문제를 공부해야 합격할 수 있을까요?

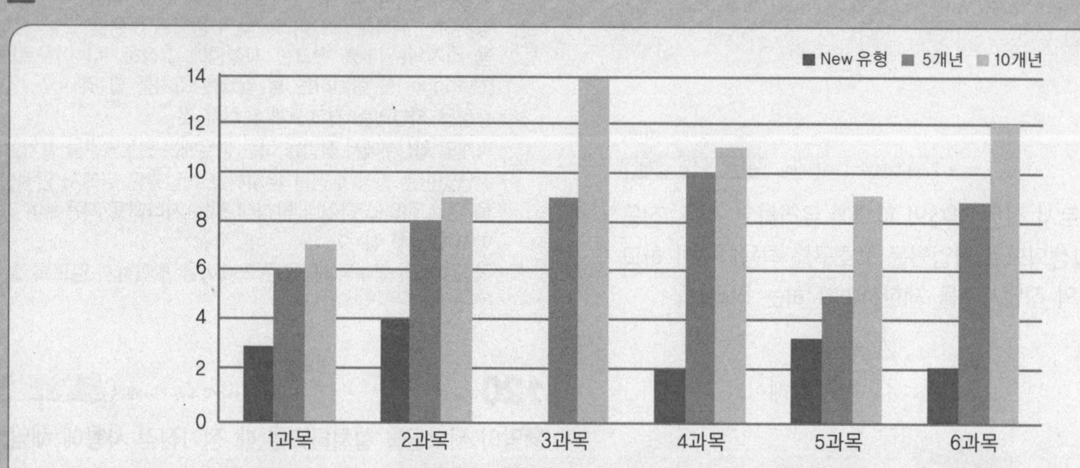

- 완전 새로운 유형의 문제는 14문제이고 106문제가 이미 출제된 문제 혹은 변형문제입니다.
- 5년분(2016~2020) 기출에서 동일문제가 47문항이 출제되었고, 10년분(2011~2020) 기출에서 동일문제가 61문항이 출제되었습니다.

실기에 나왔어요!! 외우세요!!!

실기시험은 필답형과 작업형으로 구분되어 있으며 모두 직접 주관식으로 내용을 적어야 합니다. 필기공부하면서 실기 출제된 내역들은 좀 더 신경써서 암기하실 필요가 있어요. 필기 합격자 발표 난 후 실기시험까지는 5주밖에 여유가 없답니다. 어차피 공부할 것 필기 때 확실하게 해준다면 실기도 단방에 합격할 수 있습니다.

- 총 41개의 해설이 실기 필답형 시험과 연동되어 있습니다.
- 총 4개의 해설이 실기 작업형 시험과 연동되어 있습니다.

분석의견

최근 10년분의 기출문제와 답을 반복암기해서는 합격점수인 72점에서 11점이 부족합니다. 새로운 유형 및 문제, 과목별 기출비중, 10년분 기출출제비율 모두가 평균과 비슷한 분포를 보여주고 있습니다. 10년치 평균수준의 난이도를 보이고 있는 회차로 합격에 필요한 점수를 획득하기 위해서는 최근 5년분 문제와 핵심이론의 3회독 혹은 최근 10년분 문제와 핵심이론의 2회독 이상의 학습이 필요합니다.

13년 2회차 필기시험
합격률 22.6%

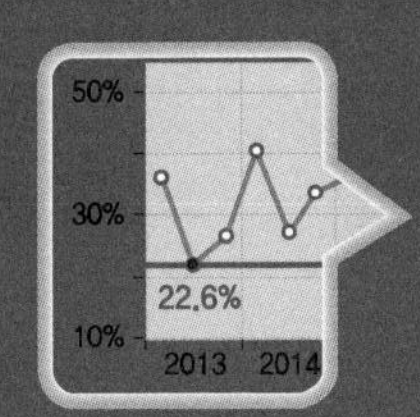

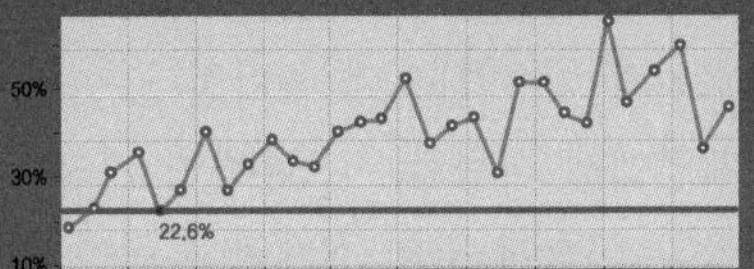

2013년 제2회

2013년 6월 2일 필기

1과목 산업재해 예방 및 안전보건교육

01

Repetitive Learning (1회 2회 3회)

1일 근무시간이 9시간이고, 지난 한 해 동안의 근무일이 300일인 A 사업장의 재해건수는 24건, 의사진단에 의한 총휴업일수는 3,650일이었다. 해당 사업장의 도수율과 강도율은 얼마인가?(단, 사업장의 평균근로자수는 450명이다)

① 도수율 : 0.02, 강도율 : 2.55
② 도수율 : 0.19, 강도율 : 0.25
③ 도수율 : 19.75, 강도율 : 2.47
④ 도수율 : 20.43, 강도율 : 2.55

해설

- 총근로시간은 $450 \times 9 \times 300 = 1,215,000$시간이다.
- 도수율 = $\frac{24}{1,215,000} \times 1,000,000 = 19.75$이다.
- 총휴업일수가 3,650일 때 근로손실일수는 $3,650 \times \frac{300}{365} = 3,000$일이다.
- 강도율은 $\frac{3,000}{1,215,000} \times 1,000 = 2.47$이 된다.

도수율(FR : Frequency Rate of injury)
실필 1902/1701/1601/1303/1203/1201/1102/1003/0903/0902

- 빈도율이라고도 하며, 100만 시간당 재해발생건수를 나타낸다.
- 도수율 = $\frac{\text{연간 재해건수}}{\text{연간 총근로시간}} \times 10^6$로 구한다.

강도율(SR : Severity Rate of injury) 실필 2401/2101/2004/1902/1901/1702/1701/1403/1303/1203/1201/1102/1003/1001/0903/0902/0802

- 재해로 인한 근로손실의 강도를 나타낸 값으로 연간 총근로시간에서 1,000시간당 근로손실일수를 의미한다.
- 강도율 = $\frac{\text{근로손실일수}}{\text{연간 총근로시간}} \times 1,000$으로 구한다.
- 근로자의 근속연수 등이 주어지지 않을 때 평생 근로손실일수는 한 개인이 평생 동안 근로한 시간을 100,000시간으로 볼 때의 근로손실일수이므로 강도율에 100을 곱하여 구한다.
- 근로자의 근속연수 등이 주어지지 않을 때 평생 근로손실일수는 한 개인이 평생 동안 근로한 시간을 100,000시간으로 볼 때의 근로손실일수이므로 강도율에 100을 곱하여 구한다.

02

Repetitive Learning (1회 2회 3회)

산업안전보건법령상 안전인증 절연장갑에 안전인증 표시 외에 추가로 표시하여야 하는 내용 중 등급별 색상의 연결이 옳은 것은?

① 00등급 : 갈색
② 0등급 : 흰색
③ 1등급 : 노란색
④ 2등급 : 빨간색

해설

- 0등급은 빨간색, 1등급은 흰색, 2등급은 노란색을 사용한다.

절연장갑 실필 1503/0903/0801

- 등급에 따른 색상과 두께, 최대사용전압

등급	장갑의 색상	고무의 두께	최대사용전압	
			교류(실횻값)	직류
00등급	갈색	0.50mm 이하	500V	750V
0등급	빨간색	1.00mm 이하	1,000V	1,500V
1등급	흰색	1.50mm 이하	7,500V	11,250V
2등급	노란색	2.30mm 이하	17,000V	25,500V
3등급	녹색	2.90mm 이하	26,500V	39,750V
4등급	등색	3.60mm 이하	36,000V	54,000V

- 인장강도는 1,400N/cm^2 이상, 신장률은 100분의 600 이상의 평균값을 가져야 한다.

정답 | 01 ③ 02 ①

1802

03 ─── Repetitive Learning (1회 2회 3회)

Off J.T(Off the Job Training)의 특징으로 옳은 것은?

① 훈련에만 전념할 수 있다.
② 상호신뢰 및 이해도가 높아진다.
③ 개개인에게 적절한 지도훈련이 가능하다.
④ 직장의 실정에 맞게 실제적 훈련이 가능하다.

해설

- 상호신뢰 및 이해도를 향상시키고 개개인에게 적절한 지도훈련을 할 수 있으며, 직장의 실정에 맞는 실제적 훈련이 가능한 것은 O.J.T의 장점에 해당한다.

Off J.T(Off the Job Training) 교육

㉠ 개요
- 전문가를 위촉하고 다수의 교육생을 특정 장소에 소집하여 일괄적, 조직적, 집중적으로 교육하는 방법을 말한다.
- 새로운 시스템에 대해서 체계적으로 교육하기에 적합하다.

㉡ 장점
- 교육생 간 혹은 타 직장의 근로자와 지식이나 경험을 교류할 수 있다.
- 업무와 훈련이 별개인 만큼 훈련에만 전념할 수 있다.

㉢ 단점
- 개인의 안전지도 방법에는 부적당하다.
- 교육으로 인해 업무가 중단되는 손실이 발생한다.

1102

04 ─── Repetitive Learning (1회 2회 3회)

다음 중 산업안전보건법상 사업 내 안전·보건교육에 있어 관리감독자 정기안전·보건교육의 내용이 아닌 것은?(단, 산업안전보건법 및 일반관리에 관한 사항은 제외한다)

① 정리정돈 및 청소에 관한 사항
② 유해·위험 작업환경 관리에 관한 사항
③ 표준 안전작업방법 및 지도 요령에 관한 사항
④ 작업공정의 유해·위험과 재해 예방대책에 관한 사항

해설

- 정리정돈 및 청소에 관한 사항은 채용 시의 교육 및 작업내용 변경 시의 근로자 교육 내용에 해당한다.

관리감독자 정기안전·보건교육 내용 실필 1801/1603/1001/0902

- 작업공정의 유해·위험과 재해 예방대책에 관한 사항
- 표준 안전작업방법 및 지도 요령에 관한 사항
- 관리감독자의 역할과 임무에 관한 사항
- 산업보건 및 직업병 예방에 관한 사항
- 유해·위험 작업환경 관리에 관한 사항
- 산업안전보건법 및 일반관리에 관한 사항
- 직무스트레스 예방 및 관리에 관한 사항
- 산재보상보험제도에 관한 사항
- 안전보건교육 능력 배양에 관한 사항

2001

05 ─── Repetitive Learning 

다음 중 Y·G 성격검사에서 "안전, 적응, 적극형"에 해당하는 형의 종류는?

① A형
② B형
③ C형
④ D형

해설

- A형은 조화 및 적응적 성격에 해당한다.
- B형은 활동적 및 외향적 성격에 해당한다.
- C형은 온순, 소극적, 내향적 성격에 해당한다.

Y·G(矢田部·Guilford) 성격검사

㉠ 개요
- 평정법, 질문지법이라고 불리는 "예, 아니오"로 대답할 수 있는 질문으로 성격을 진단하는 검사방법이다.
- 억압성이나 변덕의 정도, 협동성, 공격성 등의 특징을 점수로 환산하여 숫자들의 패턴으로 성격을 판단한다.

㉡ 검사 후 성격 패턴

형	성격
A형(평균형)	조화적, 적응적 성격
B형(우편형)	활동적, 외향적 성격(정서불안정, 부적응)
C형(좌편형)	온순, 소극적, 내향적 성격(안전 소극형, 안정)
D형(우하형)	안전, 적응, 적극형 성격
E형(좌하형)	불안정, 부적응, 수동형 성격

03 ① 04 ① 05 ④ 정답

0702 / 2102

06

다음의 교육내용과 관련 있는 교육은?

- 작업동작 및 표준작업방법의 습관화
- 공구·보호구 등의 관리 및 취급태도의 확립
- 작업 전후의 점검, 검사요령의 정확화 및 습관화

① 지식교육　② 기능교육
③ 태도교육　④ 문제해결교육

해설

- 안전의 습관화를 위한 교육은 태도교육이다.

안전태도교육(안전교육의 제3단계)

㉠ 개요
- 생활지도, 작업동작지도 등을 통한 안전의 습관화를 위한 교육이다.
- 안전한 작업방법을 알고는 있으나 시행하지 않는 사람에게 직장규율, 안전규율 등을 몸에 익히게 하는 교육이다.
- 안전작업에 대한 몸가짐에 관하여 교육하며 면접이 태도교육에 가장 적합한 교육방법이다.
- 보호구 취급과 관리자세의 확립, 안전에 대한 가치관을 형성하는 교육이다.

㉡ 태도교육 4단계
- 청취한다(Hearing).
- 이해 및 납득시킨다(Understand).
- 모범을 보인다(Example).
- 평가하고 권장한다(Evaluation).

0903 / 1003 / 1501

07

토의식 교육방법 중 새로운 교재를 제시하고 거기에서의 문제점을 피교육자로 하여금 제기하게 하거나, 의견을 여러 가지 방법으로 발표하게 하고, 다시 깊이 파고 들어가 토의하는 방법은?

① 포럼(Forum)
② 심포지엄(Symposium)
③ 패널 디스커션(Panel discussion)
④ 버즈세션(Buzz session)

해설

- 심포지엄은 몇 사람의 전문가에 의하여 과제에 관한 견해를 발표한 뒤에 참가자로 하여금 의견이나 질문을 하게 하여 토의하는 방법이다.
- 패널 디스커션은 소수의 전문가들이 과제에 관한 견해를 발표하고 토론한 뒤 참가자 전원이 사회자의 진행에 따라 토의하는 방법이다.
- 버즈세션은 6명씩 소집단으로 구분하고, 집단별로 6분씩 자유토의를 행하여 의견을 종합하는 방식으로 6-6 회의라고도 한다.

토의법의 종류

구분	내용
포럼 (Forum)	새로운 자료나 교재를 제시하고 피교육자로 하여금 문제점을 제기하게 하거나 그것에 관한 피교육자의 의견을 여러 가지 방법으로 발표하게 하고, 청중과 토론자 간에 활발한 의견 개진과 충돌로 바람직한 합의를 도출해내는 교육 실시방법
패널 디스커션 (Panel discussion)	참가자 앞에서 소수의 전문가들이 과제에 관한 견해를 발표하고 토론한 뒤 참가자 전원이 사회자의 진행에 따라 토의하는 방법
심포지엄 (Symposium)	몇 사람의 전문가에 의하여 과제에 관한 견해를 발표한 뒤에 참가자로 하여금 의견이나 질문을 하게 하여 토의하는 방법
롤 플레잉 (Role playing)	집단 심리요법의 하나로서 자기 해방과 타인 체험을 목적으로 하는 체험활동을 통해 대인관계에 있어서의 태도변용이나 통찰력, 자기이해를 목표로 개발된 교육방법
버즈세션 (Buzz session)	6-6 회의라고도 하며, 6명씩 소집단으로 구분하고, 집단별로 각각의 사회자를 선발하여 6분간씩 자유토의를 행하여 의견을 종합하는 방법

08
Repetitive Learning 1회 2회 3회

다음 중 불안전한 행동에 속하지 않는 것은?

① 보호구 미착용
② 부적절한 도구 사용
③ 방호장치 미설치
④ 안전장치 기능 제거

해설

- 방호장치의 미설치는 불안전한 상태에 해당하는 물적 원인이다.

불안전한 행동

㉠ 개요
- 재해의 발생과 관련된 인간의 행동을 말한다.

㉡ 원인
- 작업에 관계되는 위험과 그 방호방법에 대한 지식의 부족
- 경험부족(미숙련)으로 인한 불안전한 행동
- 의욕의 결여 및 감독자의 무관심으로 인한 불안전한 행동
- 피로로 인한 불안전한 행동
- 작업에의 부적응으로 인한 불안전한 행동
- 심적 갈등과 주의력 약화로 인한 불안전한 행동

정답 | 06 ③ 07 ① 08 ③

2102

09 Repetitive Learning 1회 2회 3회

다음 중 안전보건관리규정에 반드시 포함되어야 할 사항으로 볼 수 없는 것은?

① 작업장 보건관리
② 재해코스트 분석방법
③ 사고조사 및 대책수립
④ 안전·보건관리조직과 그 직무

해설

- 재해코스트 분석방법은 안전보건관리규정에 포함될 사항이 아니다.

안전보건관리규정

㉠ 개요
- 사업주는 사업장의 안전·보건을 유지하기 위하여 안전보건관리규정을 작성하여 각 사업장에 게시하거나 갖춰 두고, 이를 근로자에게 알려야 한다.

㉡ 내용 실필 2402/2401/2302/2203/2202/2001/1702/1002
- 안전·보건관리조직과 그 직무에 관한 사항
- 안전·보건교육에 관한 사항
- 작업장 안전관리에 관한 사항
- 작업장 보건관리에 관한 사항
- 사고조사 및 대책수립에 관한 사항
- 그 밖에 안전·보건에 관한 사항

2201

10 Repetitive Learning 1회 2회 3회

산업안전보건법령상 잠함(潛函) 또는 잠수작업 등 높은 기압에서 하는 작업에 종사하는 근로자의 근로제한시간으로 옳은 것은?

① 1일 6시간, 1주 34시간 초과금지
② 1일 6시간, 1주 36시간 초과금지
③ 1일 8시간, 1주 40시간 초과금지
④ 1일 8시간, 1주 44시간 초과금지

해설

- 잠함(潛函) 또는 잠수작업 등 높은 기압에서 하는 작업은 유해하거나 위험한 작업에 포함되며 이 작업에 종사하는 근로자는 1일 6시간, 1주 34시간을 초과하여 근로하게 하여서는 아니 된다.

근로시간 연장의 제한
- 사업주는 유해하거나 위험한 작업으로서 대통령령으로 정하는 작업에 종사하는 근로자에게는 1일 6시간, 1주 34시간을 초과하여 근로하게 하여서는 아니 된다.

0801 / 1701 / 2202

11 Repetitive Learning 1회 2회 3회

산업재해의 분석 및 평가를 위하여 재해발생건수 등의 추이에 한계선을 설정하여 목표관리를 수행하는 재해통계 분석기법은?

① 폴리건(Polygon)
② 관리도(Control chart)
③ 파레토도(Pareto diagram)
④ 특성요인도(Cause & Effect diagram)

해설

- 폴리건이란 3D 모델링을 할 때 굴곡진 표면을 표현하는 삼각형 또는 다각형을 말하는데, 통계와 관련하여서는 통계대상 지역을 의미하기도 한다.
- 파레토도는 작업환경 불량이나 고장, 재해 등의 내용을 분류하고 그 건수와 금액을 크기 순으로 나열하여 작성한 그래프이다.
- 특성요인도는 재해의 원인과 결과를 연계하여 상호관계를 파악하기 위하여 어골상으로 도표화하는 분석방법이다.

관리도(Control chart)
- 산업재해의 분석 및 평가를 위하여 재해발생건수 등의 추이에 한계선을 설정하여 목표관리를 수행하는 재해통계 분석기법을 말한다.
- 우연원인과 이상원인이라는 두 개의 변인에 의해 공정의 품질을 관리하는 도구이다.

1603 / 2102

12 Repetitive Learning 1회 2회 3회

헤드십의 특성이 아닌 것은?

① 지휘형태는 권위주의적이다.
② 권한행사는 임명된 헤드이다.
③ 구성원과의 사회적 간격은 넓다.
④ 상관과 부하와의 관계는 개인적인 영향이다.

해설

- 헤드십은 임명된 지도자가 행하는 권한행사로 상사와 부하의 관계는 지배적이고 간격이 넓다.

헤드십(Head-ship)

㉠ 개요
- 리더와 같이 선출된 지도자가 아니라 조직에 의해 임명된 지도자가 행하는 권한행사를 말한다.

㉡ 특징
- 권한의 근거는 공식적인 법과 규정에 의한다.
- 상사와 부하의 관계는 지배적이고 사회적 간격이 넓다.
- 지휘의 형태는 권위적이다.
- 책임은 부하에 있지 않고 상사에게 있다.

09 ② 10 ① 11 ② 12 ④ 정답

2101

13 Repetitive Learning (1회 2회 3회)

다음 중 산업안전보건법령상 안전인증대상 기계·기구 및 설비, 방호장치에 해당하지 않는 것은?

① 롤러기
② 압력용기
③ 동력식 수동대패용 칼날 접촉 방지장치
④ 방폭구조(防爆構造) 전기기계·기구 및 부품

해설

- 동력식 수동대패용 칼날 접촉 방지장치는 자율안전확인대상 기계·기구에 속한다.

안전인증대상 기계·기구 및 설비, 방호장치 실필 1603/1403/1003/1001

- 프레스, 전단기, 절곡기, 크레인, 리프트, 압력용기, 롤러기, 사출성형기, 고소작업대, 곤돌라, 기계톱, 프레스 및 전단기 방호장치, 양중기용 과부하 방지장치, 보일러 압력방출용 안전밸브, 압력용기 압력방출용 안전밸브, 압력용기 압력방출용 파열판, 절연용 방호구 및 활선작업용 기구, 방폭구조 전기기계·기구 및 부품, 추락·낙하 및 붕괴 등의 위험방호에 필요한 가설기자재, 추락 및 감전위험방지용 안전모, 안전화, 안전장갑, 방진마스크, 방독마스크, 송기마스크, 전동식 호흡보호구, 보호복, 안전대, 차광 및 비산물 위험방지용 보안경, 용접용 보안면, 귀마개 또는 귀덮개

14 Repetitive Learning (1회 2회 3회)

학습지도의 원리에 있어 다음 설명에 해당하는 것은?

> 학습자가 지니고 있는 각자의 요구와 능력 등에 알맞은 학습활동의 기회를 마련해 주어야 한다는 원리

① 직관의 원리
② 자기활동의 원리
③ 개별화의 원리
④ 사회화의 원리

해설

- 직관의 원리는 실재하는 사물을 제시하여 효과를 높이는 원리이며, 자기활동의 원리는 스스로 학습하게 하는 원리, 사회화의 원리는 공동학습에 대한 원리이다.

학습지도의 원리

원리	설명
직관의 원리	실재하는 사물을 제시하거나 경험시켜 효과를 일으키는 원리
자기활동의 원리	스스로 학습동기를 갖고 학습하게 해야 한다는 원리
개별화의 원리	학습자가 지니고 있는 각자의 요구와 능력 등에 알맞은 학습활동의 기회를 마련해 주어야 한다는 원리
사회화의 원리	공동학습을 통해 사회화를 지향해야 한다는 원리

1703

15 Repetitive Learning (1회 2회 3회)

다음 중 브레인스토밍(Brain-storming) 기법의 4원칙에 관한 설명으로 틀린 것은?

① 한 사람이 많은 의견을 제시할 수 있다.
② 타인의 의견을 수정하여 발언할 수 있다.
③ 타인의 의견에 대하여 비판, 비평하지 않는다.
④ 의견을 발언할 때에는 주어진 요건에 맞추어 발언한다.

해설

- 브레인스토밍은 정해진 형식이나 규정이 없이 발표하고자 하는 내용을 누구든지 발표할 수 있어야 한다.

브레인스토밍(Brain-storming) 기법 실필 1503/0903

㉠ 개요
- 6~12명의 구성원으로 타인의 비판 없이 자유로운 토론을 통하여 다량의 독창적인 아이디어를 이끌어내고, 대안적 해결안을 찾기 위한 집단적 사고기법이다.

㉡ 4원칙
- 가능한 많은 아이디어와 의견을 제시하도록 한다.
- 주제를 벗어난 아이디어도 허용한다.
- 타인의 의견을 수정하여 발언하는 것을 허용한다.
- 절대 타인의 의견을 비판 및 비평하지 않는다.

0303 / 0702

16 Repetitive Learning (1회 2회 3회)

다음 중 부주의의 발생 원인별 대책방법이 올바르게 짝지어진 것은?

① 소질적 문제 - 안전교육
② 경험, 미경험 - 적성배치
③ 의식의 우회 - 작업환경 개선
④ 작업순서의 부적합 - 인간공학적 접근

정답 | 13 ③ 14 ③ 15 ④ 16 ④

해설

- 작업순서의 부자연성은 부주의 발생의 외적 요인으로 인간공학적 접근으로 해결 가능하다.

∷ 부주의 발생의 내적 요인과 대책
- 의식의 우회 – 카운슬링
- 소질적 문제 – 적성에 따른 배치
- 경험 · 미경험 – 교육 및 훈련

17
Repetitive Learning (1회 2회 3회)

다음 중 산업안전보건법령상 [그림]에 해당하는 안전 · 보건표지의 명칭으로 옳은 것은?

① 물체이동경고
② 양중기운행경고
③ 낙하위험경고
④ 매달린물체경고

해설

- 양중기운행경고표지는 별도로 존재하지 않는다.

물체이동금지	낙하물경고

∷ 경고표지 실필 2401/2202/2102/1802/1702/1502/1303/1101/1002/1001
- 유해 · 위험경고, 주의표지 또는 기계방호물을 표시할 때 사용된다.
- 경고표지는 화학물질 취급장소에서의 유해 및 위험경고와 화학물질 취급장소에서의 유해 · 위험경고 이외의 위험경고, 주의표지 또는 기계방호물로 구분된다.
- 화학물질 취급장소에서의 유해 및 위험경고표지는 무색 바탕에 빨간색(7.5R 4/14) 혹은 검은색(N0.5) 기본모형으로 표시하며, 인화성물질경고, 부식성물질경고, 급성독성물질경고, 산화성물질경고, 폭발성물질경고 등이 있다.

인화성 물질경고	부식성 물질경고	급성독성 물질경고	산화성 물질경고	폭발성 물질경고

- 화학물질 취급장소에서의 유해 · 위험경고 이외의 위험경고, 주의표지 또는 기계방호물의 경고표지는 노란색(5Y 8.5/12) 바탕에 검은색(N0.5) 기본모형으로 표시하며, 방사성물질경고, 고압전기경고, 매달린물체경고, 낙하물경고, 고온/저온경고, 위험장소경고, 몸균형상실경고, 레이저광선경고 등이 있다.

방사성물질경고	고압전기경고	매달린물체경고	낙하물경고
고온/저온경고	위험장소경고	몸균형상실경고	레이저광선경고

18
Repetitive Learning (1회 2회 3회)

다음과 같은 경우 산업재해기록 · 분류기준에 따라 분류한 재해의 발생형태로 옳은 것은?

> 재해자가 전도로 인하여 기계의 동력전달부위 등에 협착되어 신체의 일부가 절단되었다.

① 전도
② 협착
③ 충돌
④ 절단

해설

- 근로자가 전도(넘어짐)되어 동력전달부위에 협착(끼임)되어 절단되는 사고를 당했으므로 사고유형은 협착에 해당하고, 기인물은 전도(넘어짐)되어 일어난 사고이므로 바닥 등으로 유추되며, 가해물은 기계이다.

∷ 사고의 분석 실작 1703/1701/1601/1503

기인물	• 재해를 유발하거나 영향을 끼친 에너지원을 가진 기계 · 장치, 구조물, 물질, 사람 또는 환경 • 주로 불안전한 상태와 관련
가해물	사람에게 직접적으로 상해를 입힌 기계 · 장치, 구조물, 물체, 물질, 사람 또는 환경
사고유형	재해의 발생형태별 분류기준에 의한 유형

17 ④ 18 ② 정답

1101 / 1601 / 2102

19

Repetitive Learning 1회 2회 3회

다음 중 무재해 운동 추진의 3요소에 관한 설명과 가장 거리가 먼 것은?

① 모든 재해는 잠재요인을 사전에 발견 · 파악 · 해결함으로써 근원적으로 산업재해를 없애야 한다.
② 안전보건은 최고경영자의 무재해 및 무질병에 대한 확고한 경영자세로 시작된다.
③ 안전보건을 추진하는 데에는 관리감독자들의 생산 활동 속에 안전보건을 실천하는 것이 중요하다.
④ 안전보건은 각자 자신의 문제이며, 동시에 동료의 문제로서 직장의 팀 멤버와 협동 노력하여 자주적으로 추진하는 것이 필요하다.

해설

- 무재해 운동 추진을 위한 3요소에는 경영자의 자세, 안전활동의 라인화, 자주활동의 활성화가 있다.

무재해 운동의 추진을 위한 3요소

이념	최고경영자의 안전경영자세
실천	안전활동의 라인(Line)화
기법	직장 자주안전활동의 활성화

2001

20

다음 중 작업을 하고 있을 때 긴급 이상상태 또는 돌발사태가 되면 순간적으로 긴장하게 되어 판단능력의 둔화 또는 정지상태가 되는 것을 무엇이라고 하는가?

① 의식의 우회
② 의식의 과잉
③ 의식의 단절
④ 의식의 수준저하

해설

- 의식의 우회는 작업이 아닌 다른 곳에 정신을 빼앗기는 부주의의 현상이다.
- 의식의 단절은 질병의 경우에 주로 나타난다.
- 의식의 수준저하는 심신의 피로나 단조로운 반복작업 시 일어나는 현상이다.

부주의의 발생현상

의식수준의 저하	혼미한 정신상태에서 심신의 피로나 단조로운 반복작업 시 일어나는 현상
의식의 우회	걱정거리, 고민거리, 욕구불만 등에 의해 작업이 아닌 다른 곳에 정신을 빼앗기는 부주의 현상으로 상담에 의해 해결할 수 있다.
의식의 과잉	긴급 이상상태 또는 돌발사태가 되면 순간적으로 긴장하게 되어 판단능력의 둔화 또는 정지상태가 되는 것으로 주의의 일점집중현상과 관련이 깊다.
의식의 단절	질병의 경우에 주로 나타난다.

2과목 인간공학 및 위험성 평가 · 관리

1101

21

Repetitive Learning 1회 2회 3회

한 화학공장에는 24개의 공정제어회로가 있으며, 4,000시간의 공정 가동 중 이 회로에는 14번의 고장이 발생하였고, 고장이 발생하였을 때마다 회로는 즉시 교체 되었다. 이 회로의 평균고장시간(MTTF)은 약 얼마인가?

① 6,857시간
② 7,571시간
③ 8,240시간
④ 9,800시간

해설

- $\text{MTTF} = \frac{24 \times 4,000}{14} = \frac{96,000}{14} = 6,857.14$시간이다.

MTTF(Mean Time To Failure)

- 설비보전에서 평균작동시간, 고장까지의 평균시간을 의미한다.
- 제품 고장 시 수명이 다해 교체해야 하는 제품을 대상으로 하므로 평균수명이라고 할 수 있다.
- $\text{MTTF} = \frac{\text{부품수} \times \text{가동시간}}{\text{불량품수(고장수)}}$으로 구한다.

22

Repetitive Learning 1회 2회 3회

다음 중 제한된 실내 공간에서의 소음문제에 대한 대책으로 가장 적절하지 않는 것은?

① 진동부분의 표면을 줄인다.
② 소음에 적응된 인원으로 배치한다.
③ 소음의 전달 경로를 차단한다.
④ 벽, 천장, 바닥에 흡음재를 부착한다.

해설

- 소음에 적응된 인원을 배치하는 것은 소음 대책으로 볼 수 없다.

:: 제한된 실내 공간에서의 소음 대책
- 진동부분의 표면을 줄인다.
- 소음의 전달 경로를 차단한다.
- 벽, 천정, 바닥에 흡음재를 부착한다.
- 소음 발생원을 제거하거나 밀폐한다.
- 저소음 기계로 대체한다.
- 시설기자재를 적절히 배치시킨다.

0701

23

Repetitive Learning 1회 2회 3회

평균고장 시간이 4×10^8 시간인 요소 4개가 직렬체계를 이루었을 때 이 체계의 수명은 몇 시간인가?

① 1×10^8
② 4×10^8
③ 8×10^8
④ 16×10^8

해설

- 직렬로 연결되었으므로 대입하면 $\frac{4\times10^8}{4}=1\times10^8$이 된다.

:: 지수분포를 따르는 n개의 요소를 가진 부품의 기대수명
- 평균수명이 t인 부품 n개를 직렬로 구성하였을 때 기대수명은 $\frac{t}{n}$이다.
- 평균수명이 t인 부품 n개를 병렬로 구성하였을 때 기대수명은 $\left(1+\frac{1}{2}+\cdots+\frac{1}{n}\right)\times t$이다.

1101 / 1603

24

Repetitive Learning 1회 2회 3회

산업안전보건법령에 따라 기계·기구 및 설비의 설치·이전 등으로 인해 유해·위험방지계획서를 제출하여야 하는 대상에 해당하지 않는 것은?

① 건조설비
② 공기압축기
③ 화학설비
④ 가스집합용접장치

해설

- 유해·위험방지계획서의 제출대상에는 ①, ③, ④ 외에 금속이나 그 밖의 광물의 용해로, 허가대상·관리대상 유해물질 및 분진작업 관련 설비 등이 있다.

:: 유해·위험방지계획서의 제출대상
- 금속이나 그 밖의 광물의 용해로
- 화학설비
- 건조설비
- 가스집합용접장치
- 허가대상·관리대상 유해물질 및 분진작업 관련 설비

0501 / 0603

25

Repetitive Learning 1회 2회 3회

다음 중 Layout의 원칙으로 가장 올바른 것은?

① 운반작업을 수작업화 한다.
② 중간 중간에 중복 부분을 만든다.
③ 인간이나 기계의 흐름을 라인화한다.
④ 사람이나 물건의 이동거리를 단축하기 위해 기계배치를 분산화한다.

해설

- 운반작업은 최대한 자동화를 지향한다.
- 작업의 흐름에 따라 배치하고 중간에 중복을 최대한 배제한다.
- 기계배치를 집중화한다.

:: 작업장 배치의 원칙

㉠ 개요 실필 1801
- 사용빈도, 중요도, 기능별, 사용순서의 원칙에 의해 배치한다.
- 작업의 흐름에 따라 기계를 배치한다.
- 배치의 3단계는 지역배치 → 건물배치 → 기계배치 순으로 이루어진다.
- 공장 내외에는 안전한 통로를 두어야 하며, 통로는 선을 그어 작업장과 명확히 구별하도록 한다.
- 비상시에 쉽게 대피할 수 있는 통로를 마련하고 사고 진압을 위한 활동통로가 반드시 마련되어야 한다.

㉡ 원칙 실필 1001/0902
- 중요성의 원칙, 사용빈도의 원칙 : 우선적인 원칙
- 기능별 배치의 원칙, 사용순서의 원칙 : 부품의 일반적인 위치 내에서의 구체적인 배치기준

22 ② 23 ① 24 ② 25 ③ 정답

26 Repetitive Learning 1회 2회 3회

다음 중 시스템 안전(System safety)에 대한 설명으로 가장 적절하지 않은 것은?

① 주로 시행착오에 의해 위험을 파악한다.
② 위험을 파악, 분석, 통제하는 접근방법이다.
③ 수명주기 전반에 걸쳐 안전을 보장하는 것을 목표로 한다.
④ 처음에는 국방과 우주항공 분야에서 필요성이 제기되었다.

해설

• 시스템 안전은 한 번의 고장만으로도 인적, 물적으로 엄청난 손실을 끼칠 수 있으므로 위험을 사전에 예방하고 관리하기 위한 대책을 강구해야 한다.

시스템 안전(System safety)

㉠ 개요
• 위험을 파악, 분석, 통제하는 접근방법이다.
• 수명주기 전반에 걸쳐 안전을 보장하는 것을 목표로 한다.
• 처음에는 국방과 우주항공 분야에서 필요성이 제기되었다.

㉡ 시스템 안전관리의 내용
• 시스템 안전목표를 적시에 유효하게 실현하기 위해 프로그램의 해석, 검토 및 평가를 실시하여야 한다.
• 안전활동의 계획, 안전조직과 관리를 철저히 하여야 한다.
• 시스템 안전에 필요한 사항에 대한 동일성을 식별하여야 한다.
• 다른 시스템 프로그램 영역과의 조정을 통해 중복을 배제하여야 한다.
• 시스템 안전활동 결과를 평가하여야 한다.

0801 / 1003 / 1703 / 2001

27 Repetitive Learning 1회 2회 3회

다음 중 인간공학 연구조사에 사용하는 기준의 구비조건과 가장 거리가 먼 것은?

① 적절성 ② 무오염성
③ 부호성 ④ 기준척도의 신뢰성

해설

• 인간공학 기준척도의 일반적 요건에는 적절성, 무오염성, 신뢰성, 민감도 등이 있다.

인간공학의 기준척도

적절성	측정변수가 평가하고자 하는 바를 잘 반영해야 함
무오염성	측정변수가 다른 외적 변수에 영향을 받지 않아야 함
신뢰성	비슷한 조건에서 일정 결과를 반복적으로 얻을 수 있어야 함
민감도	피실험자 사이에서 볼 수 있는 예상 차이점에 비례하는 단위로 측정해야 한다. 즉 기대되는 정밀도로 측정이 가능해야 한다는 것이다.

28 Repetitive Learning 1회 2회 3회

FT에 사용되는 기호 중 더 이상의 세부적인 분류가 필요 없는 사상을 의미하는 기호는?

①

②
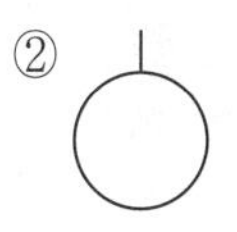
③
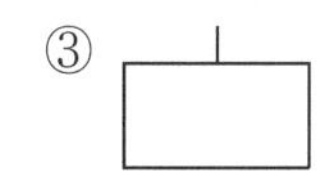
④
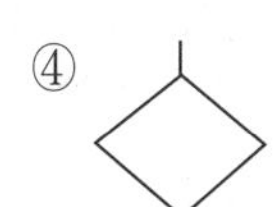

해설

• ①은 전이기호로 다른 부분에 있는 게이트와의 연결관계를 표시한다.
• ③은 결함사상으로 두 가지 상태 중 하나가 고장 또는 결함으로 나타나는 비정상적인 사건을 나타낸다.
• ④는 생략사상으로 불충분한 자료로 결론을 내릴 수 없어 더 이상 전개할 수 없는 사상을 말한다.

기본사상(Basic event)

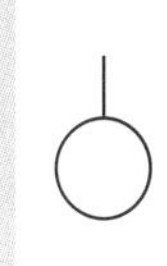	• FT에서는 더 이상 원인을 전개할 수 없는 재해를 일으키는 개별적이고 기본적인 원인들로 기계적 고장, 작업자의 실수 등을 말한다. • 더 이상의 세부적인 분류가 필요 없는 사상을 표시한다.

29 Repetitive Learning 1회 2회 3회

다음 중 시스템 내에 존재하는 위험을 파악하기 위한 목적으로 시스템 설계 초기단계에 수행되는 위험분석 기법은?

① SHA
② FMEA
③ PHA
④ MORT

해설

• 시스템위험성분석(SHA)는 시스템 정의단계나 시스템 개발의 초기 설계단계에서 제품 전체와 관련된 위험성에 대한 상세 분석기법이다.
• 고장형태와 영향분석(FMEA)는 제품설계와 개발단계에서 고장발생을 최소로 하고자 하는 경우에 유효한 분석기법이다.
• 경영소홀 및 위험수분석(MORT)는 FTA와 동일한 논리기호를 사용하여 관리, 설계, 생산, 보전 등 기업경영 차원에서 제품의 안전과 관련된 광범위한 요인들을 검토하는 분석방법이다.

정답 | 26 ① 27 ③ 28 ② 29 ③

:: 예비위험분석(PHA)

㉠ 개요

- 모든 시스템 안전 프로그램에서의 최초단계 해석으로 시스템의 위험요소가 어떤 위험 상태에 있는가를 정성적으로 평가하는 분석 방법이다.
- 시스템을 설계함에 있어 개념형성 단계에서 최초로 시도하는 위험도 분석방법이다.
- 복잡한 시스템을 설계, 가동하기 전의 구상단계에서 시스템의 근본적인 위험성을 평가하는 가장 기초적인 위험도 분석기법이다.
- 위험의 정도를 분류하는 4가지 범주는 파국(Catastrophic), 중대(Critical), 위기-한계(Marginal), 무시가능(Negligible)으로 구분된다.

㉡ 예비위험분석(PHA)의 4가지 범주(MIL-STD-882E)

실필 2103/1802/1302/1103

범주	설명
파국 (Catastrophic)	작업자의 부상 및 서브 시스템의 고장 등으로 시스템 성능이 저하되어 시스템에 심각한 손실을 초래한 상태
중대 (Critical)	작업자의 부상 및 시스템의 중대한 손해를 초래하거나 작업자의 생존 및 시스템의 유지를 위하여 즉시 수정 조치를 필요로 하는 상태
위기-한계 (Marginal)	작업자의 부상 및 시스템의 중대한 손해를 초래하지 않고 대처 또는 제어할 수 있는 상태
무시가능 (Negligible)	시스템의 성능이나 기능, 인원 손실이 전혀 없는 상태

30 —— Repetitive Learning (1회 2회 3회)

다음 중 인체의 피부감각에 있어 민감한 순서대로 나열된 것은?

① 압각 - 온각 - 냉각 - 통각
② 냉각 - 통각 - 온각 - 압각
③ 온각 - 냉각 - 통각 - 압각
④ 통각 - 압각 - 냉각 - 온각

해설

- 피부감각 중 민감도의 순서는 통각 > 압각 > 촉각 > 냉각 > 온각 순으로 민감하다.

:: 민감도

- 각각의 피부 부분이 보유하는 감각점의 개수가 다르므로, 통증, 압력 등을 느끼는 피부의 민감도는 각 피부의 부분마다 다르다.
- 피부감각 중 민감도의 순서는 통각 > 압각 > 촉각 > 냉각 > 온각 순이다.

1901

31 —— Repetitive Learning (1회 2회 3회)

Swain에 의해 분류된 휴먼에러 중 독립행동에 관한 분류에 해당하지 않는 것은?

① Omission error ② Commission error
③ Extraneous error ④ Command error

해설

- Command error는 휴먼에러 중 원인에 의한 분류의 항목이다.

:: 행위적 관점에서의 휴먼에러 분류(Swain)

실필 1801/1702/1601/1401/1201/0901/0803/0802

분류	설명
실행오류 (Commission error)	작업 수행 중 작업을 정확하게 수행하지 못해 발생한 에러
생략오류 (Omission error)	필요한 작업 또는 절차를 수행하지 않는 데 기인한 에러
불필요한 수행오류 (Extraneous error)	불필요한 작업 또는 절차를 수행함으로써 발생한 에러
순서오류 (Sequential error)	필요한 작업 또는 절차의 순서 착오로 인한 에러
시간오류 (Timing error)	필요한 작업 또는 절차의 수행을 지연한 데 기인한 에러

1801

32 —— Repetitive Learning (1회 2회 3회)

다음 중 정량적 표시장치에 관한 설명으로 옳은 것은?

① 연속적으로 변화하는 양을 나타내는 데에는 일반적으로 아날로그보다 디지털 표시장치가 유리하다.
② 정확한 값을 읽어야 하는 경우 일반적으로 디지털보다 아날로그 표시장치가 유리하다.
③ 동침(Moving pointer)형 아날로그 표시장치는 바늘의 진행 방향과 증감 속도에 대한 인식적인 암시 신호를 얻는 것이 불가능한 단점이 있다.
④ 동목(Moving scale)형 아날로그 표시장치는 표시장치의 면적을 최소화할 수 있는 장점이 있다.

해설

- 연속적으로 변화하는 양은 아날로그 표시장치가 유리하다.
- 정확한 값을 읽어야 한다면 디지털 표시장치가 유리하다.
- 동침형은 측정값의 변화방향이나 변화속도를 나타내는 데 유리한 표시장치이다.

30 ④ 31 ④ 32 ④ | 정답

정침동목형(Moving scale) 표시장치

㉠ 개요
- 지침이 고정되어 있고 눈금이 움직이는 형태의 정량적 표시장치이다.
- 체중계나 나침반 등에서 이용된다.

㉡ 특징
- 표시장치의 면적을 최소화할 수 있다.
- 계기판 후면을 이용하므로 생산설비에는 적합하지 않다.

1802

33 Repetitive Learning (1회 2회 3회)

현재 시험 문제와 같이 4지택일형 문제의 정보량은 얼마인가?

① 2bit ② 4bit
③ 2byte ④ 4byte

해설

- 대안이 4개인 경우이므로 $\log_2 4 = \log_2 2^2 = 2\log_2 2 = 2$가 된다.

정보량 실필 0903
- 대안이 n개인 경우의 정보량은 $\log_2 n$으로 구한다.
- 특정 안이 발생할 확률이 $p(x)$라면 정보량은 $\log_2 \frac{1}{p(x)}$이다.
- 여러 안이 발생할 경우 총 정보량은 [개별 확률×개별 정보량의 합]과 같다.

34 Repetitive Learning (1회 2회 3회)

다음 중 사람이 음원의 방향을 결정하는 주된 암시신호(Cue)로 가장 적합하게 조합된 것은?

① 소리의 강도차와 진동수차
② 소리의 진동수차와 위상차
③ 음원의 거리차와 시간차
④ 소리의 강도차와 위상차

해설

- 소리가 발생했을 때 음원의 방향은 양쪽 귀에 도달하는 소리에 대한 강도와 위상의 차이를 통해 구별할 수 있다.

음원의 방향과 위치 추정
- 소리가 발생했을 때 음원의 방향은 양쪽 귀에 도달하는 소리에 대한 강도와 위상의 차이를 통해 구별할 수 있다.
- 음원의 위치 추정은 양쪽 귀에 전달되는 음향신호의 주파수와 도달시간의 차이에 의해 가능하다.

0303 / 0602 / 0902 / 0903 / 1503

35 Repetitive Learning (1회 2회 3회)

다음 중 FTA에 의한 재해사례 연구 순서에서 가장 먼저 실시하여야 하는 사항은?

① FT(Fault Tree)도의 작성
② 개선 계획의 작성
③ 톱(Top)사상의 선정
④ 사상의 재해 원인의 규명

해설

- 결함수분석에서 가장 먼저 실시하는 것은 정상(Top)사상의 선정이다.

결함수분석(FTA)에 의한 재해사례의 연구 순서 실필 1102/1003

단계	내용
1단계	정상(Top)사상의 선정
2단계	사상마다 재해원인 및 요인 규명
3단계	FT(Fault Tree)도 작성
4단계	개선계획의 작성
5단계	개선안 실시계획

0703 / 1602

36 Repetitive Learning (1회 2회 3회)

화학설비에 대한 안전성 평가방법 중 공장의 입지조건이나 공장 내 배치에 관한 사항은 어느 단계에서 하는가?

① 제1단계 : 관계 자료의 작성 준비
② 제2단계 : 정성적 평가
③ 제3단계 : 정량적 평가
④ 제4단계 : 안전대책

해설

- 공장의 입지조건이나 배치는 2단계 정성적 평가에서 설계관계에 대한 평가에 해당한다.

안전성 평가 6단계 실필 1703/1303

단계	내용
1단계	관계 자료의 작성 준비
2단계	• 정성적 평가 • 설계(공장의 입지조건, 공장 내 배치)와 운전관계에 대한 평가
3단계	• 정량적 평가 • 취급물질, 용량, 온도, 압력 및 조작을 통한 위험도 평가
4단계	• 안전대책 수립 • 설비대책과 관리적 대책
5단계	재해정보에 의한 재평가
6단계	FTA에 의한 재평가

정답 | 33 ① 34 ④ 35 ③ 36 ②

37 ── Repetitive Learning (1회 2회 3회)

다음 중 가속도에 관한 설명으로 틀린 것은?

① 가속도란 물체의 운동 변화율이다.

② 1G는 자유낙하하는 물체의 가속도인 $9.8m/s^2$에 해당한다.

③ 선형가속도는 운동속도가 일정한 물체의 방향 변화율이다.

④ 운동방향이 전후방인 선형가속의 영향은 수직방향보다 덜하다.

해설

- 선형가속도는 진공 속에서 자유낙하하는 물체가 일정한 가속도를 받으며, 일정한 비율로 속도가 증가하는 것을 말한다.

가속도

- 가속도는 단위시간 동안 속도의 변화량을 말한다.
- 가속도 = $\frac{나중속도 - 처음속도}{시간}$로 구한다.
- 중력가속도는 지구 표면 부근에서 모든 물체가 중력 때문에 지구의 중심을 향하여 낙하하는 것으로 그 속도는 매초 9.8m/sec씩 증가하며 이를 1G로 정의한다.
- 선형가속도는 진공 속에서 자유낙하하는 물체가 일정한 가속도를 받으며, 일정한 비율로 속도가 증가하는 것을 말한다.
- 운동방향이 전후방인 선형가속의 영향은 수직방향보다 덜하다.

38 ── Repetitive Learning (1회 2회 3회)

다음 FT도에서 최소 컷 셋(Minimal cut set)으로만 올바르게 나열한 것은?

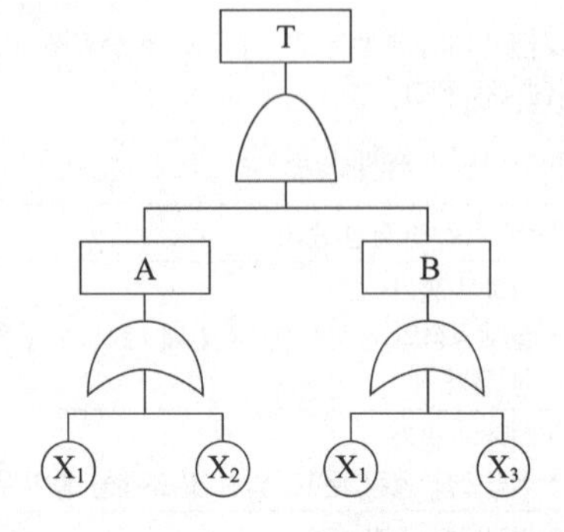

① $[X_1]$, $[X_2]$ ② $[X_1, X_2]$, $[X_1, X_3]$

③ $[X_1]$, $[X_2, X_3]$ ④ $[X_1, X_2, X_3]$

해설

- A는 X_1과 X_2의 OR 게이트이므로 (X_1+X_2), B는 X_1과 X_3의 OR게이트이므로 (X_1+X_3)이다.
- T는 A와 B의 AND 연산이므로 $(X_1+X_2)(X_1+X_3)$로 표시된다.
- $(X_1+X_2)(X_1+X_3) = X_1X_1+X_1X_3+X_1X_2+X_2X_3$
  $= X_1(1+X_2+X_3)+(X_2X_3)$
  $= X_1+(X_2X_3)$
- 최소 컷 셋은 $\{X_1\}$, $\{X_2, X_3\}$이다.

최소 컷 셋(Minimal cut sets) 실필 2303/1701/0802

- 컷 셋 중에 타 컷 셋을 포함하고 있는 것을 배제하고 남은 컷 셋들을 의미한다.
- 사고에 대한 시스템의 약점을 표현한다.
- 정상사상(Top 사상)을 일으키는 최소한의 집합이다.
- 일반적으로 Fussell algorithm을 이용한다.
- 시스템에서 최소 컷 셋의 개수가 늘어나면 위험수준이 높아진다.

1603

39 ── Repetitive Learning (1회 2회 3회)

의자 설계의 일반적인 원리로 가장 적절하지 않은 것은?

① 등근육의 정적부하를 줄인다.

② 디스크가 받는 압력을 줄인다.

③ 요부전만(腰部前灣)을 유지한다.

④ 일정한 자세를 계속 유지하도록 한다.

해설

- 의자를 설계할 때는 자세의 고정을 최대한 줄여야 한다.

인간공학적 의자 설계

㉠ 개요
- 조절식 설계원칙을 적용하도록 한다.
- 자세와 동작에 따라 고려해야 할 인체측정 치수가 달라진다.
- 요부전만(腰部前灣)을 유지한다.
- 추간판(디스크)의 압력과 등근육의 정적부하를 줄인다.
- 자세 고정을 줄인다.
- 여러 사람이 사용하는 의자의 경우 좌면 높이는 오금보다 약간 낮게(5% 오금높이) 유지한다.

㉡ 고려할 사항
- 체중 분포
- 상반신의 안정
- 좌판의 높이(조절식을 기준으로 한다)
- 좌판의 깊이와 폭
  (폭은 최대치, 깊이는 최소치를 기준으로 한다)

37 ③ 38 ③ 39 ④ 정답

0801

40 Repetitive Learning (1회 2회 3회)

다음 중 조종-반응비율(C/R비)에 관한 설명으로 틀린 것은?

① C/R비가 클수록 민감한 제어장치이다.
② "X"가 조종장치의 변위량, "Y"가 표시장치의 변위량일 때 X/Y로 표현된다.
③ Knob C/R비는 손잡이 1회전 시 움직이는 표시장치 이동거리의 역수로 나타낸다.
④ 최적의 C/R비는 제어장치의 종류나 표시장치의 크기, 허용오차 등에 의해 달라진다.

해설

- 통제표시비가 작을수록 민감한 장치로 미세한 조종이 어렵지만 수행시간은 짧다.

통제표시비 : C/D(C/R)비

㉠ 개요

- 통제장치의 변위량과 표시장치의 변위량과의 관계를 나타낸 비율로 C/D비, 조종과 반응의 비라고 하여 C/R비라고도 한다.
- 최적의 C/D비는 1.08 ~ 2.20 정도이다.
- C/D비 $= \frac{\text{통제기기의 변위량}}{\text{표시계기의 변위량}}$으로 구한다.
- 회전 조종구의 C/D비

$$= \frac{2 \times \pi(3.14) \times r(\text{반지름}) \times \left(\frac{\text{각도}}{360}\right)}{\text{표시계기의 변위량}}$$ 로 구한다.

㉡ 특징

- 설계 시 고려사항에는 계기의 크기, 공차, 방향성, 조작시간, 목시거리 등이 있다.
- 통제표시비가 작다는 것은 민감한 장치로 미세한 조종이 어렵지만 수행시간은 짧다는 것이다.
- 통제표시비가 크다는 것은 미세한 조종은 쉽지만 수행시간이 상대적으로 길다는 것이다.
- 통제기기 시스템에서 발생하는 조작시간의 지연에는 직접적으로 통제표시비가 가장 크게 작용하고 있다.
- 목시거리가 길면 길수록 조절의 정확도는 떨어진다.

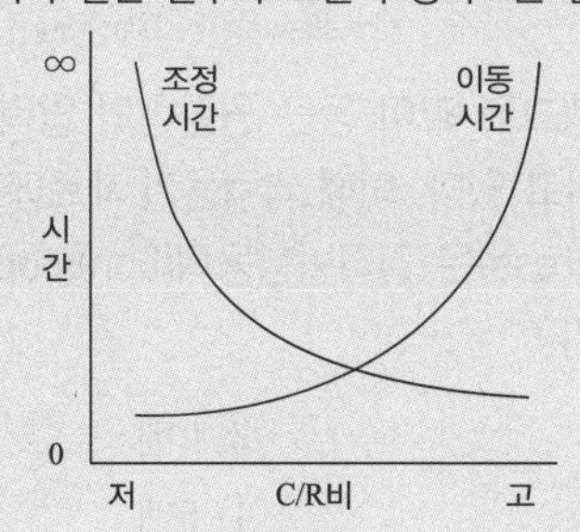

3과목 기계·기구 및 설비 안전관리

1001

41 Repetitive Learning (1회 2회 3회)

다음 중 선반에서 작용하는 칩 브레이커(Chip breaker) 종류에 속하지 않는 것은?

① 연삭형 ② 클램프형
③ 쐐기형 ④ 자동조정식

해설

- 칩 브레이커의 종류에는 연삭형, 클램프형, 자동조정식 등이 있다.

칩 브레이커(Chip breaker)

㉠ 개요

- 선반의 바이트에 설치되어 절삭작업 시 연속적으로 발생되는 칩을 끊어주는 장치이다.
- 종류에는 연삭형, 클램프형, 자동조정식 등이 있다.

㉡ 특징

- 가공 표면의 흠집발생을 방지한다.
- 공구 날 끝의 치평을 방지한다.
- 칩의 비산으로 인한 위험요인을 방지한다.
- 절삭유제의 유동성을 향상시킨다.

1903

42 Repetitive Learning (1회 2회 3회)

다음 중 위치제한형 방호장치에 해당되는 프레스 방호장치는?

① 수인식 방호장치 ② 광전자식 방호장치
③ 양수조작식 방호장치 ④ 손쳐내기식 방호장치

해설

- 양수조작식 방호장치는 가장 대표적인 기동스위치를 활용한 위치제한형 방호장치다.

양수조작식 방호장치 실필 1301/0903

㉠ 개요

- 가장 대표적인 기동스위치를 활용한 위치제한형 방호장치다.
- 두 개의 스위치 버튼을 손으로 동시에 눌러야 기계가 작동하는 구조로 작동 중 어느 하나의 누름버튼에서 손을 떼면 그 즉시 슬라이드 동작이 정지하는 장치이다.

㉡ 구조 및 일반사항

- 120[SPM] 이상의 소형 확동식 클러치 프레스에 가장 적합한 방호장치이다.
- 슬라이드 작동 중 정지가 가능하고 1행정 1정지기구를 갖는 방호장치로 급정지기구가 있어야만 유효한 기능을 수행할 수 있다.
- 누름버튼 상호 간 최소내측거리는 300mm 이상이어야 한다.

정답 | 40 ① 41 ③ 42 ③

1603 / 2001

43

Repetitive Learning 1회 2회 3회

기계설비의 작업능률과 안전을 위한 배치(Layout)의 3단계를 올바른 순서대로 나열한 것은?

① 지역배치 → 건물배치 → 기계배치
② 건물배치 → 지역배치 → 기계배치
③ 기계배치 → 건물배치 → 지역배치
④ 지역배치 → 기계배치 → 건물배치

해설

- 배치의 3단계는 지역배치 → 건물배치 → 기계배치 순으로 이루어진다.

:: 작업장 배치의 원칙

문제 25번의 유형별 핵심이론:: 참조

0603 / 0802

44

Repetitive Learning 1회 2회 3회

다음 중 셰이퍼(Shaper)의 안전장치로 볼 수 없는 것은?

① 울타리
② 칩받이
③ 칸막이
④ 잠금장치

해설

- 셰이퍼의 방호장치에는 울타리, 칩받이, 칸막이, 가드 등이 있다.

:: 셰이퍼(Shaper)

㉠ 개요

- 테이블에 고정된 공작물에 직선으로 왕복 운동하는 공구대에 공구를 고정하여 평면을 절삭하거나 수직, 측면이나 홈 절삭, 곡면 절삭 등을 하는 공작기계이다.
- 셰이퍼의 크기는 램의 행정으로 표시한다.
- 방호장치에는 울타리, 칩받이, 칸막이, 가드 등이 있다.

㉡ 작업 시 안전대책

- 작업 시 공작물은 견고하게 고정되어야 하며, 바이트는 가능한 범위 내에서 짧게 고정하고, 날 끝은 샹크의 뒷면과 일직선상에 있게 한다.
- 작업 중에는 바이트의 운동방향에 서지 않도록 한다.
- 시동하기 전에 척 핸들(Chuck-handle)이라 불리는 행정 조정용 핸들을 빼 놓는다.
- 가공 중 다듬질 면을 손으로 만지지 않는다.
- 가공물을 측정하고자 할 때는 기계를 정지시킨 후에 실시한다.

1901

45

Repetitive Learning 1회 2회 3회

다음 중 산업안전보건법령상 연삭숫돌을 사용하는 작업의 안전수칙으로 틀린 것은?

① 연삭숫돌을 사용하는 경우 작업시작 전과 연삭숫돌을 교체한 후에는 1분 이상 시운전을 통해 이상 유무를 확인한다.
② 회전 중인 연삭숫돌이 근로자에게 위험을 미칠 우려가 있는 경우에 그 부위에 덮개를 설치하여야 한다.
③ 연삭숫돌의 최고사용회전속도를 초과하여 사용하여서는 안 된다.
④ 측면을 사용하는 목적으로 하는 연삭숫돌 이외는 측면을 사용해서는 안 된다.

해설

- 시운전은 작업시작 전에 1분, 연삭숫돌 교체 후 3분간 실시한다.

:: 산업안전보건법상의 연삭숫돌 사용 시 안전조치 실필 1303/0802

- 사업주는 회전 중인 연삭숫돌(지름이 5cm 이상인 것)이 근로자에게 위험을 미칠 우려가 있는 경우에 그 부위에 덮개를 설치하여야 한다.
- 사업주는 연삭숫돌을 사용하는 작업의 경우 작업을 시작하기 전에는 1분 이상, 연삭숫돌을 교체한 후에는 3분 이상 시험운전을 하고 해당 기계에 이상이 있는지를 확인하여야 한다.
- 시험운전에 사용하는 연삭숫돌은 작업 시작 전에 결함이 있는지를 확인한 후 사용하여야 한다.
- 사업주는 연삭숫돌의 최고사용회전속도를 초과하여 사용하도록 해서는 아니 된다.
- 사업주는 측면을 사용하는 것을 목적으로 하지 않는 연삭숫돌을 사용하는 경우 측면을 사용하도록 해서는 아니 된다.
- 숫돌 고정장치인 평형플랜지의 직경은 설치하는 숫돌 직경의 1/3 이상, 여유값은 1.5mm 이상이어야 한다.
- 연삭작업 시 안전을 위해 작업자는 연삭기의 측면에 위치한다.
- 연삭숫돌을 결합할 때는 열로 인한 팽창을 고려하여 축과 0.1~0.15mm 정도의 틈새를 둔다.

0803 / 1201

46

Repetitive Learning 

가정용 LPG탱크와 같이 둥근 원통형의 압력용기에 내부압력 P가 작용하고 있다. 이때 압력용기 재료에 발생하는 원주응력(Hoop stress)은 길이방향응력(Longitudinal stress)의 얼마가 되는가?

① 1/2
② 2배
③ 4배
④ 5배

43 ① 44 ④ 45 ① 46 ② 정답

해설

- 내압 P를 받는 압력용기에 있어 길이방향응력(longitudinal stress)이 원주방향응력의 1/2이다. 즉, $2\delta_1 = \delta$가 되므로 원주방향응력은 길이방향응력의 2배가 된다.

원통형 압력용기의 응력

- 길이방향응력 $\delta_1 = \frac{R \times p}{2 \times t}$로 구한다.
- 원주방향응력 $\delta = \frac{R \times p}{t}$로 구한다.

이때, t : 두께, R : 반지름, p : 내압이다.

1703

47 Repetitive Learning 1회 2회 3회

다음 중 프레스기에 금형 설치 및 조정작업 시 준수하여야 할 안전수칙으로 틀린 것은?

① 금형을 부착하기 전에 하사점을 확인한다.
② 금형의 체결은 올바른 치공구를 사용하고 균등하게 체결한다.
③ 슬라이드의 불시하강을 방지하기 위하여 안전블록을 제거한다.
④ 금형은 하형부터 잡고 무거운 금형의 받침은 인력으로 하지 않는다.

해설

- 사업주는 슬라이드의 갑작스러운 가동-불시하강을 방지하기 위해 안전블록을 사용하는 등 필요한 조치를 하여야 한다.

금형 조정작업의 위험방지

㉠ 개요
- 사업주는 프레스 등의 금형을 부착·해체 또는 조정하는 작업을 할 때에 해당 작업에 종사하는 근로자의 신체가 위험한계 내에 있는 경우 슬라이드가 갑자기 작동함으로써 근로자에게 발생할 우려가 있는 위험을 방지하기 위하여 안전블록을 사용하는 등 필요한 조치를 하여야 한다.

㉡ 금형의 조정작업 시 안전수칙
- 금형을 부착하기 전에 하사점을 확인한다.
- 금형의 체결은 올바른 치공구를 사용하여 균등하게 한다.
- 금형의 체결 시에는 안전블록을 설치하고 실시한다.
- 금형의 설치 및 조정은 전원을 끄고 실시한다.
- 금형은 하형부터 잡고 무거운 금형의 받침은 인력으로 하지 않는다.

0401 / 0703 / 0801 / 0902 / 1101

48 Repetitive Learning 1회 2회 3회

산업안전보건법령상 회전시험을 하는 경우 미리 회전축의 재질 및 형상 등에 상응하는 종류의 비파괴검사를 해서 결함 유무를 확인하여야 하는 고속회전체의 대상으로 옳은 것은?

① 회전축의 중량이 1톤을 초과하고, 원주속도가 100m/s 이내인 것
② 회전축의 중량이 1톤을 초과하고, 원주속도가 120m/s 이상인 것
③ 회전축의 중량이 0.5톤을 초과하고, 원주속도가 100m/s 이내인 것
④ 회전축의 중량이 0.5톤을 초과하고, 원주속도가 120m/s 이상인 것

해설

- 회전축의 중량이 1톤을 초과하고 원주속도가 120m/s 이상인 고속회전체를 대상으로 비파괴검사를 실시한다.

비파괴검사의 실시 실필 1801

- 고속회전체(회전축의 중량이 1톤을 초과하고 원주속도가 120 m/s 이상인 것으로 한정한다)의 회전시험을 하는 경우 미리 회전축의 재질 및 형상 등에 상응하는 종류의 비파괴검사를 해서 결함 유무(有無)를 확인하여야 한다.

1001

49 Repetitive Learning 1회 2회 3회

다음과 같은 조건에서 원통용기를 제작했을 때 안전성(안전도)이 높은 것부터 순서대로 나열된 것은?

	내압	인장강도
1	50kgf/cm^2	40kgf/cm^2
2	60kgf/cm^2	50kgf/cm^2
3	70kgf/cm^2	55kgf/cm^2

① 1 - 2 - 3
② 2 - 3 - 1
③ 3 - 1 - 2
④ 2 - 1 - 3

해설

- 1의 안전도 $= \frac{40}{50} = 0.8$이고, 2의 안전도 $= \frac{50}{60} = 0.833$이며, 3의 안전도는 $\frac{55}{70} = 0.785$이다.

용기의 안전도

- 용기의 안전도 $= \frac{\text{인장강도}}{\text{내압}}$로 구할 수 있다.
- 안전도는 내압 대비 인장강도에 비례한다.

정답 | 47 ③ 48 ② 49 ④

1901

50 Repetitive Learning (1회 2회 3회)

롤러기 급정지장치 조작부에 사용하는 로프의 성능의 기준으로 적합한 것은?(단, 로프의 재질은 관련 규정에 적합한 것으로 본다)

① 지름 1mm 이상의 와이어로프
② 지름 2mm 이상의 합성섬유로프
③ 지름 3mm 이상의 합성섬유로프
④ 지름 4mm 이상의 와이어로프

해설

- 조작부에 로프를 사용할 경우는 직경 4mm 이상의 와이어로프 또는 직경 6mm 이상, 절단하중 2.94kN 이상의 합성섬유로프를 사용하여야 한다.

롤러기 급정지장치 조작부 일반사항

- 조작부는 긴급 시에 근로자가 조작부를 쉽게 알아볼 수 있게 하기 위해 안전에 관한 색상으로 표시하여야 한다.
- 조작부는 그 조작에 지장이나 변형이 생기지 않고 강성이 유지되도록 설치하여야 한다.
- 조작부에 로프를 사용할 경우는 KS D 3514(와이어로프)에 정한 규격에 적합한 직경 4mm 이상의 와이어로프 또는 직경 6mm 이상, 절단하중 2.94kN 이상의 합성섬유의 로프를 사용하여야 한다.
- 조작부의 설치위치는 수평안전거리가 반드시 확보되어야 한다.
- 조작스위치 및 기동스위치는 분진 및 그 밖의 불순물이 침투하지 못하도록 밀폐형으로 제조되어야 한다.

51 Repetitive Learning (1회 2회 3회)

인장강도가 35kg/mm^{2}인 강판의 안전율이 4라면 허용응력은 몇 kg/mm^{2}인가?

① 7.64
② 8.75
③ 9.87
④ 10.23

해설

- 안전율 $= \frac{\text{인장강도}}{\text{허용응력}}$이므로 허용응력 $= \frac{\text{인장강도}}{\text{안전율}}$이다.
- 주어진 값을 대입하면 $\frac{35}{4} = 8.75$[kg/mm^2]이 된다.

안전율/안전계수(Safety factor)

- 소재의 파괴강도와 허용되는 응력의 비를 표시한 것이다.
- 안전율은 $\frac{\text{기준강도}}{\text{허용응력}}$ 또는 $\frac{\text{항복강도}}{\text{설계하중}}$, $\frac{\text{파괴하중}}{\text{최대사용하중}}$, $\frac{\text{최대응력}}{\text{허용응력}}$ 등으로 구한다.
- 응력은 단위면적당 부재에 작용하는 힘을 말하며, 허용응력은 단위면적당 재료가 파괴되지 않고 영구적인 변형이 남지 않는 비례한도 범위 내의 응력을 말한다.
- 기준강도는 재료에 손상을 입힌다고 인정되는 강도를 말한다.
- 강도(기준강도)를 통해 재료의 안전율, 구조 등이 결정된다.
- 연성재료에서는 항복점을 기준강도, 인장강도, 기초강도라고도 한다.

52 Repetitive Learning (1회 2회 3회)

다음 중 산업안전보건법령에 따른 원동기·회전축 등의 위험방지에 관한 사항으로 틀린 것은?

① 사업주는 기계의 원동기·회전축·기어·풀리·플라이휠·벨트 및 체인 등 근로자가 위험에 처할 우려가 있는 부위에 덮개·울·슬리브 및 건널다리 등을 설치하여야 한다.
② 사업주는 선반 등으로부터 돌출하여 회전하고 있는 가공물이 근로자에게 위험을 미칠 우려가 있는 경우에 덮개 또는 울 등을 설치하여야 한다.
③ 사업주는 종이·천·비닐 및 와이어로프 등의 감김통 등에 의하여 근로자가 위험해질 우려가 있는 부위에 마개 또는 비상구 등을 설치하여야 한다.
④ 사업주는 근로자가 분쇄기 등의 개구로부터 가동 부분에 접촉함으로써 위해(危害)를 입을 우려가 있는 경우 덮개 또는 울 등을 설치하여야 한다.

해설

- 사업주는 종이·천·비닐 및 와이어로프 등의 감김통 등에 의하여 근로자가 위험해질 우려가 있는 부위에 덮개 또는 울 등을 설치하여야 한다.

50 ④ 51 ② 52 ③ | 정답

:: 원동기·회전축 등의 위험방지 실필 1801/1002

- 사업주는 기계의 원동기·회전축·기어·풀리·플라이휠·벨트 및 체인 등 근로자가 위험에 처할 우려가 있는 부위에 덮개·울·슬리브 및 건널다리 등을 설치하여야 한다.
- 사업주는 회전축·기어·풀리 및 플라이휠 등에 부속되는 키·핀 등의 기계요소는 묻힘형으로 하거나 해당 부위에 덮개를 설치하여야 한다.
- 사업주는 벨트의 이음 부분에 돌출된 고정구를 사용해서는 아니 된다.
- 사업주는 건널다리에는 안전난간 및 미끄러지지 아니하는 구조의 발판을 설치하여야 한다.
- 사업주는 연삭기(研削機) 또는 평삭기(平削機)의 테이블, 형삭기(形削機) 램 등의 행정 끝이 근로자에게 위험을 미칠 우려가 있는 경우에 해당 부위에 덮개 또는 울 등을 설치하여야 한다.
- 사업주는 선반 등으로부터 돌출하여 회전하고 있는 가공물이 근로자에게 위험을 미칠 우려가 있는 경우에 덮개 또는 울 등을 설치하여야 한다.
- 사업주는 원심기에는 덮개를 설치하여야 한다.
- 사업주는 분쇄기·파쇄기·마쇄기·미분기·혼합기 및 혼화기 등을 가동하거나 원료가 흩날리거나 하여 근로자가 위험해질 우려가 있는 경우 해당 부위에 덮개를 설치하는 등 필요한 조치를 하여야 한다.
- 사업주는 근로자가 분쇄기 등의 개구부로부터 가동 부분에 접촉함으로써 위해(危害)를 입을 우려가 있는 경우 덮개 또는 울 등을 설치하여야 한다.
- 사업주는 종이·천·비닐 및 와이어로프 등의 감김통 등에 의하여 근로자가 위험해질 우려가 있는 부위에 덮개 또는 울 등을 설치하여야 한다.
- 사업주는 압력용기 및 공기압축기 등에 부속하는 원동기·축이음·벨트·풀리의 회전 부위 등 근로자가 위험에 처할 우려가 있는 부위에 덮개 또는 울 등을 설치하여야 한다.

0701 / 0902

53

Repetitive Learning 

산소-아세틸렌 용접작업에 있어 고무호스에 역화 현상이 발생하였다면 다음 중 가장 먼저 취하여야 할 조치사항은?

① 산소 밸브를 잠근다.
② 토치를 물에 넣는다.
③ 아세틸렌 밸브를 잠근다.
④ 산소 밸브 및 아세틸렌 밸브를 동시에 잠근다.

해설

- 역화가 일어났을 때는 먼저 가스의 공급을 중지시켜야 하므로 산소 밸브를 먼저 닫고 아세틸렌 밸브를 닫는다.

:: 역화(Back fire)

㉠ 개요

- 가스용접 시 산소아세틸렌 불꽃이 순간적으로 "빵빵" 하는 터지는 소리를 토치의 팁 끝에서 내면서, 꺼지는가 하면 또 커지고 또는 완전히 꺼지는 현상을 말한다.

㉡ 발생원인과 대책

- 토치가 과열되거나 토치의 성능이 좋지 않을 때, 팁에 이물질이 부착되거나 과열되었을 때, 팁과 모재의 접촉 거리가 불량할 때, 압력조정기 고장으로 작동이 불량할 때 주로 발생한다.
- 역화가 일어났을 때는 먼저 가스의 공급을 중지시켜야 하므로 산소 밸브를 먼저 닫고 아세틸렌 밸브를 닫는다.

0901

54

Repetitive Learning 1회 2회 3회

다음 중 산업안전보건법령상 아세틸렌용접장치를 사용하여 금속의 용접·용단 또는 가열작업을 하는 경우 게이지 압력은 얼마를 초과하는 압력의 아세틸렌을 발생시켜 사용하여서는 아니 되는가?

① 98kPa
② 127kPa
③ 147kPa
④ 196kPa

해설

- 금속의 용접·용단 또는 가열작업을 하는 경우에는 게이지 압력이 127kPa(1.3kg/cm^2)을 초과하는 압력의 아세틸렌을 발생시켜서는 아니 된다.

:: 아세틸렌용접장치

- 아세틸렌용접장치를 사용하여 금속의 용접·용단 또는 가열작업을 하는 경우에는 게이지 압력이 127kPa을 초과하는 압력의 아세틸렌을 발생시켜 사용해서는 아니 된다.
- 아세틸렌용접장치의 아세틸렌 발생기를 설치하는 경우에는 전용의 발생기실에 설치하여야 한다.
- 발생기실은 건물의 최상층에 위치하여야 하며, 화기를 사용하는 설비로부터 3m를 초과하는 장소에 설치하여야 한다.
- 발생기실을 옥외에 설치한 경우에는 그 개구부가 다른 건축물로부터 1.5m 이상 떨어지도록 하여야 한다.

정답 | 53 ① 54 ②

55

Repetitive Learning (1회 2회 3회)

프레스기의 SPM(Stroke Per Minute)이 200이고, 클러치의 맞물림 개소수가 6인 경우 양수기동식 방호장치의 설치거리는 얼마인가?

① 120mm　　② 200mm
③ 320mm　　④ 400mm

해설

- 시간이 주어지지 않았으므로 주어진 값을 대입하여 방호장치의 안전거리를 구하면 반응시간은 $\left(\frac{1}{6}+\frac{1}{2}\right)\times\frac{60,000}{200}=\frac{4}{6}\times 300=200$[ms]이다.
- 안전거리는 $1.6\times 200=320$[mm]가 된다.

양수조작식 방호장치 안전거리 실필 2401/1701/1103/0903

- 인간 손의 기준속도(1.6[m/s])를 고려하여 양수조작식 방호장치의 안전거리는 1.6 × 반응시간으로 구할 수 있다.
- 클러치 프레스에 부착된 양수조작식 방호장치의 반응시간(T_m)은 버튼에서 손이 떨어지고 슬라이드가 정지할 때까지의 시간으로 해당 시간이 주어지지 않을 때는 $T_m=\left(\frac{1}{\text{클러치}}+\frac{1}{2}\right)\times\frac{60,000}{\text{분당 행정수}}$[ms]로 구할 수 있다.
- 시간이 주어질 때는 $D=1.6(T_L+T_s)$로 구한다.
  - D : 안전거리(mm)
  - T_L : 버튼에서 손이 떨어질 때부터 급정지기구가 작동할 때까지 시간(ms)
  - T_s : 급정지기구 작동 시부터 슬라이드가 정지할 때까지 시간(ms)

1901

56

Repetitive Learning (1회 2회 3회)

와이어로프의 꼬임은 일반적으로 특수로프를 제외하고는 보통 꼬임(Ordinary lay)과 랭 꼬임(Lang's lay)으로 분류할 수 있다. 다음 중 보통 꼬임에 관한 설명으로 틀린 것은?

① 킹크가 잘 생기지 않는다.
② 내마모성, 유연성, 저항성이 우수하다.
③ 로프의 변형이나 하중을 걸었을 때 저항성이 크다.
④ 스트랜드의 꼬임 방향과 로프의 꼬임 방향이 반대이다.

해설

- 보통 꼬임은 접촉면적이 작아 마모에 의한 손상이 크다는 단점을 갖는다.

와이어로프의 꼬임 종류 실필 1502/1102

㉠ 개요
- 스트랜드의 꼬임 모양에 따라 S꼬임과 Z꼬임이 있다.
- 스트랜드의 꼬임 방향에 따라 랭 꼬임과 보통 꼬임으로 구분한다.

㉡ 랭 꼬임
- 랭 꼬임은 로프와 스트랜드의 꼬임 방향이 같은 방향인 꼬임을 말한다.
- 접촉면적이 커 마모에 의한 손상이 적고 내구성이 우수하나 풀리기 쉽다.

㉢ 보통 꼬임
- 보통 꼬임은 로프와 스트랜드의 꼬임 방향이 서로 반대방향인 꼬임을 말한다.
- 접촉면적이 작아 마모에 의한 손상은 크지만 변형이나 하중에 대한 저항성이 크고, 잘 풀리지 않아 킹크의 발생이 적다.

1603 / 1901 / 2201

57

Repetitive Learning 

산업안전보건법상 보일러에 설치하는 압력방출장치에 대하여 검사 후 봉인에 사용되는 재료로 가장 적합한 것은?

① 납　　② 주석
③ 구리　　④ 알루미늄

해설

- 압력방출장치는 매년 1회 이상 적정하게 작동하는지를 검사한 후 납으로 봉인하여 사용하여야 한다.

압력방출장치 실필 1101/0803

㉠ 개요
- 사업주는 보일러의 안전한 가동을 위하여 보일러 규격에 맞는 압력방출장치를 1개 또는 2개 이상 설치하고 최고사용압력 이하에서 작동되도록 하여야 한다.
- 압력방출장치의 종류에는 중추식, 스프링식, 지렛대식 안전밸브가 있다.
- 스프링식 압력밸브를 사용하는 압력방출장치를 가장 많이 사용한다.
- 압력방출장치는 매년 1회 이상 산업통상자원부장관의 지정을 받은 국가교정업무 전담기관에서 교정을 받은 압력계를 이용하여 설정압력에서 압력방출장치가 적정하게 작동하는지를 검사한 후 납으로 봉인하여 사용하여야 한다.

㉡ 설치
- 압력방출장치는 가능한 보일러 동체에 직접 설치한다.
- 압력방출장치가 2개 이상 설치된 경우에는 최고사용압력 이하에서 1개가 작동되고, 다른 압력방출장치는 최고사용압력 1.05배 이하에서 작동되도록 부착하여야 한다.

55 ③　56 ②　57 ① | 정답

0302 / 0603 / 0903 / 1603

58
Repetitive Learning 1회 2회 3회

연삭숫돌의 파괴 원인이 아닌 것은?

① 외부의 충격을 받았을 때
② 플랜지가 현저히 작을 때
③ 회전력이 결합력보다 클 때
④ 내 · 외면의 플랜지 지름이 동일할 때

해설

- 내 · 외면의 플랜지 지름이 동일하면 연삭숫돌은 정상적으로 회전하게 된다. 플랜지의 지름이 균일하지 않으면 연삭숫돌이 파괴될 수 있다.

연삭숫돌의 파괴 원인 실필 2303/2101

- 숫돌의 회전중심이 잡히지 않았을 때
- 베어링의 마모에 의한 진동이 생길 때
- 숫돌에 큰 충격이 가해질 때
- 플랜지의 직경이 현저히 작거나 지름이 균일하지 않을 때
- 숫돌의 회전속도가 너무 빠를 때
- 숫돌 자체에 균열이 있을 때
- 숫돌작업 시 숫돌의 측면을 사용할 때

1903

59
Repetitive Learning 

진동에 의한 설비진단법 중 정상, 비정상, 악화의 정도를 판단하기 위한 방법이 아닌 것은?

① 상호판단
② 비교판단
③ 절대판단
④ 평균판단

해설

- 진동 유무와 정도에 따른 설비진단법에는 상호판정법, 비교(상대)판정법, 절대판정법이 있다.

진동에 의한 설비진단법

구분	내용
상호판정법	여러 대의 설비의 측정값을 상호 비교를 통해 판단하는 방법
비교판정법	정기적인 측정결과를 비교하여 정상인지 여부를 판단하는 방법으로 상대판단이라고도 한다.
절대판정법	판정기준과 측정결과를 비교하여 정상인지 여부를 판단하는 방법

1003 / 2201

60
Repetitive Learning 1회 2회 3회

롤러의 급정지를 위한 방호장치를 설치하고자 한다. 앞면 롤러 직경이 36cm이고, 분당 회전속도가 50rpm이라면 급정지거리는 약 얼마 이내이어야 하는가?(단, 무부하동작에 해당한다)

① 45cm　　② 50cm
③ 55cm　　④ 60cm

해설

- 원주속도가 주어지지 않았으므로 원주속도를 먼저 구해야 한다.
- 원주는 $2\pi r$이므로 360 × 3.14 = 1,130.4mm이고, 원주 속도는 (3.14 × 외경 × 회전수)/1,000이므로 3.14 × 360 × 50/1,000 = 56.52이다. 원주속도가 30(m/min)보다 크므로 급정지장치의 급정지거리는 앞면 롤러 원주의 1/2.5 이내가 되어야 한다.
- 급정지장치의 급정지거리는 1130.4/2.5 = 452.16[mm] 이내이다.

롤러기 급정지장치의 개구부 간격과 급정지거리
실필 1703/1202/1102

- 가드 설치 시 개구부 간격(단위 : mm)

구분	간격
개구부와 위험점 간격 : 160mm 이상	30
개구부와 위험점 간격 : 160mm 미만	6+(0.15×개구부~위험점 최단거리)
위험점이 전동체일 경우	6+(0.1×개구부~위험점 최단거리)

- 급정지거리

구분	급정지거리
원주속도 : 30m/min 이상	앞면 롤러 원주의 1/2.5
원주속도 : 30m/min 미만	앞면 롤러 원주의 1/3 이내

4과목 전기설비 안전관리

1701

61
Repetitive Learning 1회 2회 3회

감전 재해자가 발생하였을 때 취하여야 할 최우선 조치는?(단, 감전자가 질식상태라 가정함)

① 부상 부위를 치료한다.
② 심폐소생술을 실시한다.
③ 의사의 왕진을 요청한다.
④ 우선 병원으로 이동시킨다.

해설

- 인공호흡을 호흡정지 후 얼마나 빨리 실시하느냐에 따라 소생률의 차이가 크다. 1분 이내일 경우 95%, 3분 이내일 경우 75%, 4분 이내일 경우 50%의 소생률을 보인다.

인공호흡

㉠ 소생률

- 감전에 의해 호흡이 정지한 후에 인공호흡을 즉시 실시할 경우 소생할 수 있는 확률을 말한다.

1분 이내	95[%]
3분 이내	75[%]
4분 이내	50[%]
6분 이내	25[%]

㉡ 심장마사지

- 인공호흡은 매분 12~15회, 30분 이상 실시한다.
- 심장마사지 15회, 인공호흡 2회를 교대로 실시하는데 2인이 동시에 실시할 경우 심장마사지와 인공호흡을 약 5 : 1의 비율로 실시한다.

1903

62 Repetitive Learning (1회 2회 3회)

이동하여 사용하는 전기기계・기구의 금속제 외함 등의 접지시스템에서 저압 전기설비용 접지도체의 종류와 단면적의 기준으로 옳은 것은?

① 3종 클로로프렌 캡타이어케이블, 10[mm^2] 이상
② 다심 캡타이어케이블, 2.5[mm^2] 이상
③ 3종 클로로프렌 캡타이어케이블, 4[mm^2] 이상
④ 다심 코드, 0.75[mm^2] 이상

해설

- 이동하여 사용하는 전기기계・기구의 금속제 외함 접지시스템에서 저압 전기설비용 접지도체는 다심코드 또는 다심 캡타이어케이블의 1개 도체의 단면적이 0.75mm^2 이상인 것을 사용한다.

이동하여 사용하는 전기기계・기구의 금속제 외함 등의 접지시스템의 접지도체

전기설비	접지도체의 종류	접지도체의 단면적
특고압·고압 전기설비용 및 중성점 접지용	클로로프렌캡타이어케이블(3종 및 4종) 또는 클로로설포네이트폴리에틸렌 캡타이어케이블(3종 및 4종)의 1개 도체 또는 다심 캡타이어케이블의 차폐 또는 기타의 금속체	10mm^2
저압 전기설비용	다심 코드 또는 다심 캡타이어 케이블의 일심	0.75mm^2
	다심 코드 및 다심 캡타이어 케이블의 일심 이외의 유연성이 있는 연동연선	1.5mm^2

0403 / 0803 / 0903 / 1101 / 1203 / 1801 / 2001

63 Repetitive Learning (1회 2회 3회)

인체의 전기저항을 500Ω이라 한다면 심실세동을 일으키는 위험에너지는 몇 [J]인가?(단, 달지엘(DALZIEL) 주장, 통전시간은 1초, 체중은 60kg 정도이다)

① 13.2
② 13.4
③ 13.6
④ 14.6

해설

- 통전시간이 1초, 인체의 전기저항값이 500Ω이라고 할 때 심실세동을 일으키는 전류에서의 전기에너지는 13.612[J]이다.

심실세동 한계전류와 전기에너지 실필 2303/2101/1403/1401/1202

- 심장의 맥동에 영향을 주어 혈액 순환을 곤란하게 하고, 끝내는 심장 기능을 잃게 하는 치사적 전류를 심실세동전류라 한다.
- 감전자 1천명 중 5명 이상이 심실세동을 일으킬 수 있는 감전시간과 위험전류와의 관계에서 심실세동 한계전류 I는 $\frac{165}{\sqrt{T}}$[mA]이고, T는 통전시간이다.
- 인체의 접촉저항을 500Ω으로 할 때 심실세동을 일으키는 전류에서의 전기에너지는 $W = I^2Rt = \left(\frac{165 \times 10^{-3}}{\sqrt{T}}\right)^2 \times R \times T = (165 \times 10^{-3})^2 \times 500 = 13.612$[J]가 된다.

0601 / 1903

64 Repetitive Learning (1회 2회 3회)

6,600/100[V], 15[kVA]의 변압기에서 공급하는 저압 전선로의 허용 누설전류의 최댓값[A]은?

① 0.025
② 0.045
③ 0.075
④ 0.085

해설

- 전력이 15kW이고, 전압이 100V이므로 전류는 $\frac{15,000}{100} = 150$[A]가 흐른다.
- 누설전류는 전류의 2,000분의 1을 넘지 않아야 하므로 $150 \times \frac{1}{2,000} = 0.075$[A] 이내여야 한다.

62 ④ 63 ③ 64 ③ 정답

누설전류와 누전화재

㉠ 누설전류
- 누설전류는 전류가 정상적으로 흐르지 않고 다른 곳으로 새어버리는 것을 말하며, 누전전류라고도 한다.
- 전선의 노후로 인하여 절연이 나빠져 발생(절연열화)하는데 이를 방지하기 위해 누전차단기를 설치한다.
- 누설전류로 인해 감전 및 화재 등이 발생하고, 전력의 손실이 증가하고, 전자기기의 고장이 발생한다.
- 저압의 전선로 중 절연부분의 전선과 대지 간 및 전선의 심선 상호 간의 절연저항은 사용전압에 대한 누설전류가 최대공급전류의 2,000분의 1을 넘지 아니하도록 유지하여야 한다.

㉡ 누전화재
- 누전으로 인하여 화재가 발생되기 전에 인체 감전, 전등 밝기의 변화, 빈번한 퓨즈의 용단, 전기사용 기계장치의 오동작 증가 등이 발생한다.
- 누전사고가 발생될 수 있는 취약 개소에는 비닐전선을 고정하는 지지용 스테이플, 정원 연못 조명등의 전원공급용 지하매설 전선류, 분기회로 접속점이 나선으로 발열이 쉽도록 유지되는 곳 등이 있다.

0303

65

Repetitive Learning 1회 2회 3회

저압 및 고압선을 직접 매설식으로 매설할 때 중량물의 압력을 받지 않는 장소에서의 매설깊이는?

① 100[cm] 이상
② 90[cm] 이상
③ 70[cm] 이상
④ 60[cm] 이상

해설
- 지중전선로를 직접 매설식에 의하여 시설하는 경우에는 매설 깊이를 차량 기타 중량물의 압력을 받을 우려가 있는 장소에는 1.2m 이상, 기타 장소에는 60cm 이상으로 하여야 한다.

지중전선로의 시설
- 지중전선로는 전선에 케이블을 사용하고 또한 관로식·암거식(暗渠式) 또는 직접 매설식에 의하여 시설하여야 한다.
- 관로식 또는 암거식에 의하여 지중전선로를 시설하는 경우에는 견고하고 차량 기타 중량물의 압력에 견디는 것을 사용하여야 한다.
- 직접 매설식에 의하여 지중전선로를 시설하는 경우에는 매설 깊이를 차량 기타 중량물의 압력을 받을 우려가 있는 장소에는 1.2m 이상, 기타 장소에는 60cm 이상으로 하고 또한 지중 전선을 견고한 트라프 기타 방호물에 넣어 시설하여야 한다.

1703

66

Repetitive Learning 1회 2회 3회

방폭구조와 기호의 연결이 옳지 않은 것은?

① 압력방폭구조 : p
② 내압방폭구조 : d
③ 안전증방폭구조 : s
④ 본질안전방폭구조 : ia 또는 ib

해설
- 전기설비의 방폭구조에는 본질안전(ia, ib), 내압(d), 압력(p), 충전(q), 유입(o), 안전증(e), 몰드(m), 비점화(n) 방폭구조 등이 있다.

장소별 방폭구조 실필 2302/0803

0종 장소	지속적 위험분위기	• 본질안전방폭구조(EX ia)
1종 장소	통상상태에서의 간헐적 위험분위기	• 내압방폭구조(EX d) • 압력방폭구조(EX p) • 충전방폭구조(EX q) • 유입방폭구조(EX o) • 안전증방폭구조(EX e) • 본질안전방폭구조(EX ib) • 몰드방폭구조(EX m)
2종 장소	이상상태에서의 위험분위기	• 비점화방폭구조(EX n)

1801 / 2201

67

Repetitive Learning 
1회 2회 3회

저압전로의 절연성능시험에서 전로의 사용전압이 380V인 경우 전로의 전선 상호 간 및 전로와 대지 사이의 절연저항은 최소 몇 MΩ 이상이어야 하는가?

① 0.5 MΩ ② 1.0 MΩ
③ 2.0 MΩ ④ 0.1 MΩ

해설
- 옥내 사용전압이 380V인 경우 절연저항은 1.0[MΩ] 이상이어야 한다.

옥내 사용전압에 따른 절연저항값

전로의 사용전압	DC 시험전압	절연저항치
SELV 및 PELV	250[V]	0.5[MΩ]
FELV, 500[V] 이하	500[V]	1.0[MΩ]
500[V] 초과	1,000[V]	1.0[MΩ]

- 특별저압(2차 전압이 AC 50V, DC 120V 이하)으로 SELV(비접지회로 구성) 및 PELV(접지회로 구성)은 1차와 2차가 전기적으로 절연된 회로, FELV는 1차와 2차가 전기적으로 절연되지 않은 회로이다.

정답 | 65 ④ 66 ③ 67 ②

0902

68

Repetitive Learning 1회 2회 3회

폭발위험장소의 전기설비에 공급하는 전압으로서 안전초저압(Safety extra-low voltage)의 범위는?

① 교류 50[V], 직류 120[V]를 각각 넘지 않는다.
② 교류 30[V], 직류 42[V]를 각각 넘지 않는다.
③ 교류 30[V], 직류 110[V]를 각각 넘지 않는다.
④ 교류 50[V], 직류 80[V]를 각각 넘지 않는다.

해설

• 초저전압의 범위는 교류전압 50[V], 직류전압 120[V] 이하이다.

∷ 안전초저압(Safety extra-low voltage)

• 정상상태에서 또는 다른 회로에 있어서 지락고장을 포함한 단일고장상태에서 인가되는 전압이 초저전압을 초과하지 않는 전기시스템을 말한다.
• 초저전압(ELV : Extra Low Voltage)은 교류전압 50[V], 직류전압 120[V] 이하의 전압을 말한다.

2102

69

정전기 재해의 방지를 위하여 배관 내 액체의 유속의 제한이 필요하다. 배관의 내경과 유속제한 값으로 적절하지 않은 것은?

① 관 내경(mm) : 25, 제한유속(m/s) : 6.5
② 관 내경(mm) : 50, 제한유속(m/s) : 3.5
③ 관 내경(mm) : 100, 제한유속(m/s) : 2.5
④ 관 내경(mm) : 200, 제한유속(m/s) : 1.8

해설

• 관 내경이 25mm일 때의 제한유속은 4.9m/s 이하이다.

∷ 불활성화할 수 없는 탱크, 탱커, 탱크로리, 탱크차, 드럼통 등에 위험물을 주입하는 배관의 유속 제한

위험물의 종류	배관 내 유속
물이나 기체를 혼합하는 비수용성 위험물	1m/s 이하
에텔, 이황화탄소 등과 같이 유동대전이 심하고 폭발 위험성이 높은 위험물	1m/s 이하
저항률이 $10^{10}\Omega \cdot cm$ 미만인 도전성 위험물	7m/s 이하

• 저항률이 $10^{10}\Omega \cdot cm$ 이상인 위험물의 배관유속은 다음과 같다. 단, 주입구가 액면 밑에 충분히 침하할 때까지의 유속은 1m/s 이하로 한다.

관 내경		유속	관 내경		유속
인치	mm	(m/s)	인치	mm	(m/s)
0.5	10	8	8	200	1.8
1	25	4.9	16	400	1.3
2	50	3.5	24	600	1.0
4	100	2.5			

0502

70

Repetitive Learning 1회 2회 3회

다음 물질 중 정전기에 의한 분진폭발을 일으키는 최소발화(착화)에너지가 가장 작은 것은?

① 마그네슘 ② 폴리에틸렌
③ 알루미늄 ④ 소맥분

해설

• 보기에 제시된 분진의 착화에너지는 폴리에틸렌이 10[mJ]로 가장 작고, 알루미늄이 20[mJ], 마그네슘이 80[mJ], 소맥분이 160[mJ]로 가장 크다.

∷ 분진

㉠ 분진의 분류

• 분진은 비전도성 분진, 전도성 분진, 폭연성 분진으로 구분된다.
• 비전도성 분진은 가연성 부유물 중에서도 전기적 저항값이 1,000[Ωm]보다 큰 값을 지닌 분진으로 밀, 옥수수, 염료, 페놀수지, 설탕, 코코아, 쌀겨, 리그닌, 유황, 소맥, 고무, 염료, 폴리에틸렌 등이 이에 해당한다.
• 전도성 분진은 전기적 저항값이 1,000[Ωm]보다 작은 분진으로 전기설비에 절연열화, 단락 등의 악영향을 주는데 아연, 티탄, 코크스, 카본블랙, 철, 석탄, 동 등이 이에 해당한다.
• 폭연성 분진은 산소가 적거나 이산화탄소 중에서도 착화하고 격렬한 폭발을 일으키는 금속성 분진으로 마그네슘, 알루미늄, 알루미늄 브론즈 등이 이에 해당한다.

㉡ 대표적인 분진의 종류와 특징

• 대표적인 분진의 종류와 발화점, 최소발화에너지

분진의 종류	분진	발화점[℃]	최소발화에너지 [mJ]
비전도성	유황	190	15
	폴리에틸렌	410	10
	소맥분	470	160
	에폭시	540	15
	테레프탈산	680	20
전도성	철	316	100
	석탄	610	40
폭연성	마그네슘	520	80
	알루미늄	645	20

68 ① 69 ① 70 ② 정답

0603 / 1703

71

Repetitive Learning 1회 2회 3회

단로기를 사용하는 주된 목적은?

① 변성기의 개폐
② 이상전압의 차단
③ 과부하 차단
④ 무부하선로의 개폐

해설

- 단로기(DS)는 기기의 보수점검 시 또는 회로전환 변경 시 무부하 상태의 선로를 개폐하는 역할을 수행한다.

단로기와 차단기

㉠ 단로기(DS : Disconnecting Switch)
- 기기의 보수점검 시 또는 회로전환 변경 시 무부하상태의 선로를 개폐하는 역할을 수행한다.
- 부하전류의 개폐와는 관련 없다.

㉡ 차단기(CB : Circuit Breaker)
- 전로 개폐 및 사고전류 차단을 목적으로 한다.
- 고장전류와 같은 대전류를 차단하는데 이용된다.

㉢ 단로기와 차단기의 개폐 조작순서
- 전원 차단 : 차단기(VCB) 개방 – 단로기(DS) 개방
- 전원 투입 : 단로기(DS) 투입 – 차단기(VCB) 투입

1001 / 1702

72

그림과 같은 설비에 누전되었을 때 인체가 접촉하여도 안전하도록 ELB를 설치하려고 한다. 누전차단기 동작전류 및 시간으로 가장 적당한 것은?

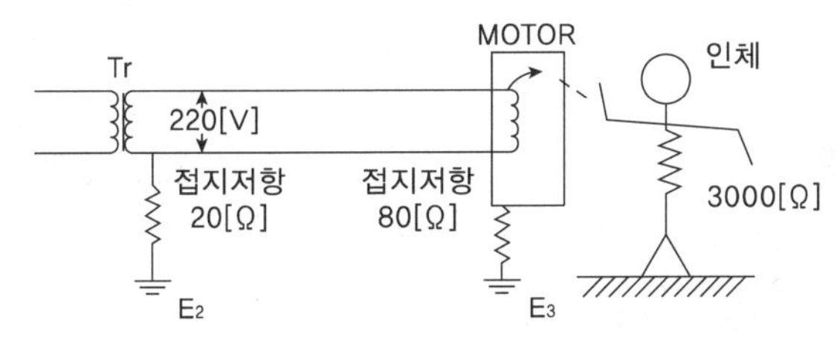

① 30[mA], 0.1[초]
② 60[mA], 0.1[초]
③ 90[mA], 0.1[초]
④ 120[mA], 0.1[초]

해설

- 고속형은 정격감도전류(30[mA])에서 동작시간이 0.1[초] 이내이다.

누전차단기(RCD : Residual Current Device)

실필 2401/1502/1402/0903

㉠ 개요
- 이동형 또는 휴대형의 전기기계·기구의 금속제 외함, 금속제 외피 등에서 누전, 절연파괴 등으로 인하여 지락전류가 발생하면 주어진 시간 이내에 전기기기의 전로를 차단하는 장치를 말한다.
- 누전검출부, 영상변류기, 차단기구 등으로 구성된 장치이다.
- 정격부하전류가 30[A]인 이동형 전기기계·기구에 접속되어 있는 경우 일반적으로 정격감도전류는 30[mA] 이하인 것을 사용한다.
- 정격부하전류가 50[A] 미만의 전기기계·기구에 접속되는 누전차단기의 경우 정격감도전류가 30[mA] 이하이고 작동시간은 0.03초 이내이어야 한다.
- 누전에 의한 감전위험을 방지하기 위하여 분기회로마다 누전차단기를 설치한다.

㉡ 종류와 동작시간
- 인체감전보호용은 정격감도전류(30[mA])에서 0.03[초] 이내이다.
- 인체가 물에 젖어 있거나 물을 사용하는 장소(욕실 등)에는 정격감도전류(15[mA])에서 0.03초 이내의 누전차단기를 사용한다.
- 고속형은 정격감도전류(30[mA])에서 동작시간이 0.1[초] 이내이다.
- 시연형은 정격감도전류(30[mA])에서 동작시간이 0.1[초]를 초과하고 0.2[초] 이내이다.
- 반한시형은 정격감도전류 100%에서 0.2~1[초] 이내, 정격감도전류 140%에서 0.1~0.5[초] 이내, 정격감도전류 440%에서 0.05[초] 이내이다.

0303 / 0503

73

Repetitive Learning 1회 2회 3회

정전기에 관련한 설명으로 잘못된 것은?

① 정전유도에 의한 힘은 반발력이다.
② 발생한 정전기와 완화한 정전기의 차가 마찰을 받은 물체에 축적되는 현상을 대전이라 한다.
③ 같은 부호의 전하는 반발력이 작용한다.
④ 겨울철에 나일론 소재 셔츠 등을 벗을 때 경험하는 부착현상이나 스파크 발생은 박리대전현상이다.

해설

- 정전유도란 정전계에 의해 대전물체의 가까운 쪽의 도체 표면에 대전물체와 반대 극성의 전하가 대전되는 현상을 말한다. 정전기도 반대 부호의 전하끼리는 흡인력이 작용한다.

정답 | 71 ④ 72 ① 73 ①

정전기

㉠ 개요

- 전하(電荷)가 정지 상태에 있어 흐르지 않고 머물러 있는 전기를 말한다.
- 전하의 공간적 이동이 적고, 그것에 의한 자계의 효과가 전계에 비해 무시할 정도의 적은 전기를 말한다.
- 같은 부호의 전하 사이에는 반발력이 작용하나 정전유도에 의한 힘에는 흡인력이 작용한다.

㉡ 대전(Electrification)

- 발생한 정전기와 완화한 정전기의 차가 마찰을 받은 물체에 축적되는 현상을 대전이라 한다.
- 대전의 원인에는 접촉대전, 마찰대전, 박리대전, 유동대전, 분출대전, 충돌대전, 파괴대전 등이 있다.
- 겨울철에 나일론 소재 셔츠 등을 벗을 때 경험하는 부착 현상이나 스파크 발생은 박리대전현상이다.

74

Repetitive Learning (1회 2회 3회)

기기나 계통을 개별적 또는 공통으로 접지하기 위하여 필요한접지시스템을 구성하는 접지도체를 선정하는 기준에 대한 설명으로 올바른 것은?

① 접지도체의 최소 단면적은 구리는 $6mm^2$ 이상, 철제는 $20mm^2$ 이상이어야 한다.

② 접지도체에 피뢰시스템이 접속되는 경우 접지도체의 단면적은 구리 $16mm^2$ 또는 철 $100mm^2$ 이상으로 하여야 한다.

③ 특고압·고압 전기설비용 접지도체는 단면적 $16mm^2$ 이상의 연동선 또는 동등 이상의 단면적 및 강도를 가져야 한다.

④ 일반적인 중성점 접지용 접지도체는 공칭단면적 16 mm^2 이상의 연동선 또는 동등 이상의 단면적 및 세기를 가져야 한다.

해설

- 접지도체의 최소 단면적은 구리는 $6mm^2$ 이상, 철제는 $50mm^2$ 이상이어야 한다.
- 접지도체에 피뢰시스템이 접속되는 경우 접지도체의 단면적은 구리 $16mm^2$ 또는 철 $50mm^2$ 이상으로 하여야 한다.
- 특고압·고압 전기설비용 접지도체는 단면적 $6mm^2$ 이상의 연동선 또는 동등 이상의 단면적 및 강도를 가져야 한다.

접지도체의 선정〈2021 기준 변경 반영〉

- 접지도체의 최소 단면적은 구리는 $6mm^2$ 이상, 철제는 50 mm^2 이상이어야 한다.
- 접지도체에 피뢰시스템이 접속되는 경우 접지도체의 단면적은 구리 $16mm^2$ 또는 철 $50mm^2$ 이상으로 하여야 한다.
- 특고압·고압 전기설비용 접지도체는 단면적 $6mm^2$ 이상의 연동선 또는 동등 이상의 단면적 및 강도를 가져야 한다.
- 중성점 접지용 접지도체는 공칭단면적 $16mm^2$ 이상의 연동선 또는 동등 이상의 단면적 및 세기를 가져야 한다. 다만, 7kV 이하의 전로, 사용전압이 25kV 이하인 중성선 다중접지식의 전로차단장치를 갖춘 특고압 가공전선로에는 공칭단면적 6 mm^2 이상의 연동선 또는 동등 이상의 단면적 및 강도를 가져야 한다.

75

Repetitive Learning (1회 2회 3회)

활선작업 중 다른 공사를 하는 것에 대한 안전조치는?

① 동일주 및 인접주에서의 다른 작업은 금한다.

② 인접주에서는 다른 작업이 가능하다.

③ 동일 배전선에서는 관계가 없다.

④ 동일주에서는 다른 작업이 가능하다.

해설

- 활선작업을 수행하고 있는 동안 다른 작업을 동일 장주 또는 가까운 전주에서 시행하지 못한다.

활선작업 안전 준수사항

- 작업원은 작업책임자의 명령에 복종하여야 하며 작업책임자로부터 지시받은 작업 이외의 어떠한 작업도 시행해서는 안 된다.
- 활선작업을 수행하고 있는 동안 다른 작업을 동일 장주 또는 가까운 전주에서 시행하지 못한다.
- 작업원은 작업 전에 직접 해당 설비와 인접 설비의 상태를 면밀히 점검하고 불량한 시설을 발견 시 작업책임자에게 보고 후 지시에 따라 교체 또는 보강한 후 작업을 시행하여야 한다.
- 작업원은 활선작업이 진행되는 동안 도체나 작업기구 바로 밑에 위치하지 말아야 한다.
- 작업원은 모든 접지선, 지선, 금구류 및 접지된 기구에 접촉되지 않도록 주의한다.

1001

76

Repetitive Learning (1회 2회 3회)

전기기기 방폭의 기본개념이 아닌 것은?

① 점화원의 방폭적 격리

② 전기기기의 안전도 증강

③ 점화능력의 본질적 억제

④ 전기설비 주위 공기의 절연능력 향상

74 ④ 75 ① 76 ④ | 정답

해설

- 전기설비를 방폭구조로 설치하는 이유는 사업장에서 발생하는 화재, 폭발의 점화원으로서 전기설비가 원인이 되지 않도록 하기 위해서이지 주변 공기의 절연능력과는 관련이 없다.

전기설비 방폭

- 근본적인 원인은 점화원의 방폭적 격리에 있다.
- 전기설비의 안전도 증강에 기여한다.
- 점화능력의 본질적 억제에 기여한다.

0302 / 0503

77

Repetitive Learning 

정전기 발생에 영향을 주는 요인과 관계가 가장 적은 것은?

① 물체의 표면상태　　② 접촉면적 및 압력
③ 분리속도　　④ 물의 음이온

해설

- 정전기 발생에 영향을 주는 요인에는 물체의 표면상태, 물질의 분리속도와 특성, 대전이력, 접촉면적 및 압력 등이 있다.

정전기 발생에 영향을 주는 요인

㉠ 개요

- 정전기 발생에 영향을 주는 요인에는 물체의 표면상태, 물질의 분리속도와 특성, 대전이력, 접촉면적 및 압력 등이 있다.

㉡ 정전기 발생 요인

물질의 표면상태	물질 표면의 거칠기나 오염도가 높을수록 정전기 발생량이 많아진다.
물질의 분리속도	물질의 분리속도가 빠를수록 정전기 발생량이 많아진다.
물질의 접촉면적 및 압력	접촉면적이 넓을수록, 접촉압력이 클수록 정전기 발생량이 많아진다.
물질의 특성	대전서열이 멀어질수록 정전기 발생량이 많아진다.
물질의 대전이력	정전기 발생량은 처음 대전될 때가 가장 많고 발생횟수가 반복될수록 감소한다.

0402 / 0802 / 0903 / 1203 / 1701 / 1702

78

Repetitive Learning 1회 2회 3회

전기시설의 직접접촉에 의한 감전방지 방법으로 적절하지 않은 것은?

① 충전부는 내구성이 있는 절연물로 완전히 덮어 감쌀 것
② 충전부가 노출되지 않도록 폐쇄형 외함이 있는 구조로 할 것
③ 충전부에 충분한 절연효과가 있는 방호망 또는 절연덮개를 설치할 것
④ 충전부는 관계자 외 출입이 용이한 전개된 장소에 설치하고 위험표시 등의 방법으로 방호를 강화할 것

해설

- 발전소·변전소 및 개폐소 등 구획되어 있는 장소로서 관계 근로자가 아닌 사람의 출입이 금지되는 장소에 충전부를 설치하고, 위험표시 등의 방법으로 방호를 강화해야 한다.

전기 기계·기구 등의 충전부에의 직접 접촉 방호대책 실필 1801

- 충전부가 노출되지 않도록 폐쇄형 외함(外函)이 있는 구조로 할 것
- 충전부에 충분한 절연효과가 있는 방호망이나 절연덮개를 설치할 것
- 충전부는 내구성이 있는 절연물로 완전히 덮어 감쌀 것
- 발전소·변전소 및 개폐소 등 구획되어 있는 장소로서 관계 근로자가 아닌 사람의 출입이 금지되는 장소에 충전부를 설치하고, 위험표시 등의 방법으로 방호를 강화할 것
- 전주 위 및 철탑 위 등 격리되어 있는 장소로서 관계 근로자가 아닌 사람이 접근할 우려가 없는 장소에 충전부를 설치할 것

1803

79

Repetitive Learning 

정전기 방전에 의한 폭발로 추정되는 사고를 조사함에 있어서 필요한 조치로서 가장 거리가 먼 것은?

① 가연성 분위기 규명
② 사고현장의 방전 흔적 조사
③ 방전에 따른 점화 가능성 평가
④ 전하발생 부위 및 축적 기구 규명

해설

- 정전기 방전으로 인한 폭발사고 현장에 방전 흔적이 남아 있을 가능성은 거의 없으므로 이를 조사할 필요는 없으며, 방전으로 인한 폭발 가능성에 해당하는 현장의 가연성 분위기나 방전으로 인한 점화 가능성에 초점을 두고 조사할 필요가 있다.

정전기 방전에 의한 폭발사고 조사 항목

- 사고의 개요 및 특성 규명
- 가연성 분위기 규명
- 전하발생 부위 및 축적 기구 규명
- 방전에 따른 점화 가능성 평가
- 사고 재발 방지를 위한 대책 강구

0502

80

Repetitive Learning 1회 2회 3회

다음 중 비전도성 가연성 분진은?

① 아연　　② 염료
③ 코크스　　④ 카본블랙

정답 | 77 ④ 78 ④ 79 ② 80 ②

해설

- 아연, 코크스, 카본블랙은 전기적 저항값이 1,000[Ωm]보다 작은 전도성 분진이다.

:: 분진

문제 70번의 유형별 핵심이론:: 참조

5과목 화학설비 안전관리

1901

81 Repetitive Learning (1회 2회 3회)

다음 중 가연성 가스이며 독성 가스에 해당하는 것은?

① 수소 ② 프로판
③ 산소 ④ 일산화탄소

해설

- 보기의 가스들은 모두 가연성 가스이나 동시에 독성 가스인 것은 일산화탄소가 유일하다.

:: 일산화탄소(CO)

㉠ 개요
- 무색·무취의 가연성 가스이며 독성 가스(TWA 30)에 해당한다.
- 허용농도는 50[ppm]이다.

㉡ 특징
- 염소와는 촉매 존재하에 반응하여 포스겐이 된다.
- 인체 내의 헤모글로빈과 결합하여 산소운반 기능을 저하시킨다.

0702

82 Repetitive Learning (1회 2회 3회)

다음 중 대기압상의 공기·아세틸렌 혼합가스의 최소발화에너지(MIE)에 관한 설명으로 옳은 것은?

① 압력이 클수록 MIE는 증가한다.
② 불활성 물질의 증가는 MIE를 감소시킨다.
③ 대기압상의 공기·아세틸렌 혼합가스의 경우는 약 9%에서 최댓값을 나타낸다.
④ 일반적으로 화학양론농도보다도 조금 높은 농도일 때에 최솟값이 된다.

해설

- 압력과 MIE는 반비례하므로 압력이 클수록 MIE는 감소한다.
- 불활성 물질의 증가는 MIE를 증가시킨다.

:: 최소발화에너지(MIE : Minimum Ignition Energy)

㉠ 개요
- 공기 중에 가연성 가스나 증기 또는 폭발성분이 존재할 때 이를 발화시키는 데 필요한 최저의 에너지를 말한다.
- 발화에너지의 양은 $W = \frac{1}{2}CV^2$[J]로 구한다.
- 단위는 밀리줄[mJ] / 줄[J]을 사용한다.

㉡ 특징
- 압력, 온도, 산소농도, 연소속도에 반비례한다.
- 유체의 유속이 높아지면 최소발화에너지는 커진다.
- 불활성 기체의 첨가는 발화에너지를 크게 하고, 혼합기체의 전압이 낮아도 발화에너지는 커진다.
- 일반적으로 화학양론농도보다도 조금 높은 농도일 때에 최솟값이 된다.

0803

83 Repetitive Learning (1회 2회 3회)

다음 중 소염거리(Quenching distance) 또는 소염직경(Quenching diameter)을 이용한 것과 가장 거리가 먼 것은?

① 화염방지기 ② 역화방지기
③ 방폭전기기기 ④ 안전밸브

해설

- 소염거리 혹은 소염직경을 이용한 안전장치는 화염방지기, 역화방지기, 방폭전기기기 등이 있다.

:: 소염거리(Quenching distance)/소염직경(Quenching diameter)
- 배압의 영향이 없는 상태에서 화염이 가는 관속이나 평행판 사이를 자기 전파할 수 있게 되는 최대 평행판 사이의 틈새/최대 관의 직경을 말한다.
- 소염거리 혹은 소염직경을 이용한 안전장치는 화염방지기, 역화방지기, 방폭전기기기 등이 있다.

84 Repetitive Learning (1회 2회 3회)

산업안전보건법에서 분류한 위험물질의 종류와 이에 해당되는 것을 올바르게 짝지어진 것은?

① 부식성 물질 - 황화린·적린
② 산화성 액체 및 산화성 고체 - 중크롬산
③ 폭발성 물질 및 유기과산화물 - 마그네슘 분말
④ 물반응성 물질 및 인화성 고체 - 하이드라진 유도체

해설

- 황화린·적린은 물반응성 물질 및 인화성 고체에 해당한다.
- 마그네슘 분말은 가연성 고체에 해당한다.
- 하이드라진 유도체는 폭발성 물질 및 유기과산화물에 해당한다.

81 ④ 82 ④ 83 ④ 84 ② 정답

위험물질의 분류와 그 종류 실필 1403/1101/1001/0803/0802

구분	종류
산화성 액체 및 산화성 고체	차아염소산, 아염소산, 염소산, 과염소산, 브롬산, 요오드산, 과산화수소 및 무기 과산화물, 질산 및 질산칼륨, 질산나트륨, 질산암모늄, 그 밖의 질산염류, 과망간산, 중크롬산 및 그 염류
가연성 고체	황화린, 적린, 유황, 철분, 금속분, 마그네슘, 인화성 고체
물반응성 물질 및 인화성 고체	리튬, 칼륨·나트륨, 황, 황린, 황화린·적린, 셀룰로이드류, 알킬알루미늄·알킬리튬, 마그네슘 분말, 금속 분말, 알칼리금속, 유기금속화합물, 금속의 수소화물, 금속의 인화물, 칼슘 탄화물, 알루미늄 탄화물
인화성 액체	에틸에테르, 가솔린, 아세트알데히드, 산화프로필렌, 노말헥산, 아세톤, 메틸에틸케톤, 메틸알코올, 에틸알코올, 이황화탄소, 크실렌, 아세트산아밀, 등유, 경유, 테레핀유, 이소아밀알코올, 아세트산, 하이드라진
인화성 가스	수소, 아세틸렌, 에틸렌, 메탄, 에탄, 프로판, 부탄
폭발성 물질 및 유기과산화물	질산에스테르류, 니트로 화합물, 니트로소 화합물, 아조 화합물, 디아조 화합물, 하이드라진 유도체, 유기과산화물
부식성 물질	농도 20% 이상인 염산·황산·질산, 농도 60% 이상인 인산·아세트산·불산, 농도 40% 이상인 수산화나트륨·수산화칼륨

0901

85 Repetitive Learning (1회 2회 3회)

다음 중 증기운 폭발에 대한 설명으로 옳은 것은?

① 폭발효율은 BLEVE보다 크다.
② 증기운의 크기가 증가하면 점화 확률이 높아진다.
③ 증기운 폭발의 방지대책으로 가장 좋은 방법은 점화방지용 안전장치의 설치이다.
④ 증기와 공기의 난류 혼합, 방출점으로부터 먼 지점에서 증기운의 점화는 폭발의 충격을 감소시킨다.

해설

- UVCE의 폭발효율은 BLEVE보다 작다.
- 증기운 폭발의 방지대책으로 가장 좋은 방법은 자동차단밸브를 설치하는 것이다.
- 증기와 공기의 난류 혼합, 방출점으로부터 먼 지점에서의 증기운의 점화는 폭발 충격을 증가시킨다.

자유공간 증기운 폭발(UVCE)

㉠ 개요 실필 1602/0802 실작 1701
- UVCE는 Unconfined Vapor Cloud Explosion의 약자로 자유공간 증기운 폭발을 의미한다.
- 대기 중에 대량의 가연성 가스가 유출되거나 대량의 가연성 액체가 유출되어, 그것으로부터 발생하는 증기가 공기와 혼합해서 가연성 혼합기체를 형성하고, 점화원에 의하여 발생하는 폭발을 말한다.
- 증기운 폭발은 일종의 가스폭발이다.

㉡ 특징
- 폭발효율은 BLEVE보다 작다.
- 증기운의 크기가 증가하면 점화 확률이 높아진다.
- 증기운 폭발의 방지대책으로 가장 좋은 방법은 자동차단밸브를 설치하는 것이다.
- 증기와 공기의 난류 혼합, 방출점으로부터 먼 지점에서의 증기운의 점화는 폭발 충격을 증가시킨다.
- LNG가 누출될 때도 증기운 폭발을 할 수 있다.

1802

86 Repetitive Learning (1회 2회 3회)

다음 중 벤젠(C_6H_6)의 공기 중 폭발하한계값(vol%)에 가장 가까운 것은?

① 1.0 ② 1.5
③ 2.0 ④ 2.5

해설

- 벤젠의 완전연소 조성농도는 탄소(a)가 6, 수소(b)가 6이므로 $Cst = \frac{100}{1+4.773 \times 7.5} = 2.72$이다.
- Jones식에 의해 폭발하한계 = 2.72 × 0.55 = 1.50이다.

완전연소 조성농도(Cst, 화학양론농도)와 최소산소농도(MOC) 실필 1803/1002

㉠ 완전연소 조성농도(Cst, 화학양론농도)
- 가연성 가스의 조성은 완전연소 조성농도에서 폭발의 위험성이 가장 높아진다.
- 완전연소 조성농도 = $\frac{100}{1+\text{공기몰수} \times \left(a+\frac{b-c-2d}{4}\right)}$이다.

  공기의 몰수는 주로 4.773을 사용하므로

  완전연소 조성농도 = $\frac{100}{1+4.773\left(a+\frac{b-c-2d}{4}\right)}$[vol%]

  로 구한다. 단, a : 탄소, b : 수소, c : 할로겐의 원자수, d : 산소의 원자수이다.
- Jones식에 따라 폭발한계를 추산하면
  폭발하한계 = Cst × 0.55, 폭발상한계 = Cst × 3.50이다.

㉡ 최소산소농도(MOC)

- 연소 시 필요한 산소(O_2)농도 즉,

  산소양론계수 $= a + \frac{b-c-2d}{4}$ 로 구한다.

- 최소산소농도(MOC) = 산소양론계수 × 연소하한값이다.

0701

87

Repetitive Learning (1회 2회 3회)

폭발(연소)범위가 2.2[vol%] ~ 9.5[vol%]인 프로판(C_3H_8)의 최소산소농도(MOC)값은 몇 [vol%]인가?(단, 계산은 화학양론식을 이용하여 추정한다)

① 8 ② 11

③ 14 ④ 16

해설

- 연소범위에서 연소하한계는 2.2[vol%]로 주어져 있다.
- 프로판은 탄소(a)가 3, 수소(b)가 8이므로

  산소양론계수는 $3 + \frac{8}{4} = 5$이다.

- 최소산소농도 = 5 × 2.2 = 11[vol%]가 된다.

:: 완전연소 조성농도(Cst, 화학양론농도)와 최소산소농도(MOC)

실필 1002

문제 86번의 유형별 핵심이론 :: 참조

88

Repetitive Learning (1회 2회 3회)

다음 중 불활성 가스 첨가에 의한 폭발 방지대책의 설명으로 가장 적절하지 않은 것은?

① 가연성 혼합가스에 불활성 가스를 첨가하면 가연성 가스의 농도가 폭발하한계 이하로 되어 폭발이 일어나지 않는다.

② 가연성 혼합가스에 불활성 가스를 첨가하면 산소농도가 폭발한계 산소농도 이하로 되어 폭발을 예방할 수 있다.

③ 폭발한계 산소농도는 폭발성을 유지하기 위한 최소의 산소농도로서 일반적으로 3성분 중의 산소농도로 나타낸다.

④ 불활성 가스 첨가의 효과는 물질에 따라 차이가 발생하는데 이는 비열의 차이 때문이다.

해설

- 가연성 혼합가스에 불활성 가스를 주입하면 폭발범위가 좁아지고, 가연성 가스의 농도가 폭발하한계 이하로 되어 폭발 가능성이 줄어드는 것이지 폭발이 발생하지 않는 것은 아니다.

:: 불활성 가스

㉠ 개요

- 주기율표상의 18족에 해당하는 가스상의 물질로 다른 원소와 반응하지 않는 물질이다.
- He, Ne, Ar, Kr, Xe, Rn 등이 있다.
- 불활성 가스 중 용접 및 절단에 많이 사용하는 아르곤(Ar) 가스는 공기보다 무거워 폐공간에서 사용 중 누출로 인한 질식사고를 일으키는 위험한 가스이다.

㉡ 폭발방지대책

- 가연성 혼합가스에 불활성가스를 첨가하면 산소농도가 폭발한계산소농도 이하로 되어 폭발을 예방할 수 있다.
- 폭발한계산소농도는 폭발성을 유지하기 위한 최소의 산소농도로서 일반적으로 3성분 중의 산소농도로 나타낸다.
- 불활성가스 첨가의 효과는 물질에 따라 차이가 발생하는데 이는 비열의 차이 때문이다.

0902 / 1803

89

Repetitive Learning (1회 2회 3회)

8% NaOH 수용액과 5% NaOH 수용액을 반응기에 혼합하여 6% 100kg의 NaOH 수용액을 만들려면 각각 약 몇 kg의 NaOH 수용액이 필요한가?

① 5% NaOH 수용액 : 33.3kg, 8% NaOH 수용액 : 66.7kg

② 5% NaOH 수용액 : 56.8kg, 8% NaOH 수용액 : 43.2kg

③ 5% NaOH 수용액 : 66.7kg, 8% NaOH 수용액 : 33.3kg

④ 5% NaOH 수용액 : 43.2kg, 8% NaOH 수용액 : 56.8kg

해설

- 5[%] 수용액 a[kg]과 8[%] 수용액 b[kg]을 합하여 6[%] 100[kg]의 수용액을 만들어야 하는 경우이다.
- 0.05 × a + 0.08 × b = 0.06 × 100이며, 이때 a + b = 100이 된다. 미지수를 하나로 정리하면 0.05a + 0.08(100 − a) = 0.06 × 100이다.
- −0.03a = −2이 되므로 0.03a = 2이다.
- 따라서 a = 66.67, b = 100 − 66.67 = 33.33이 된다.

:: 수용액의 농도

- 용액의 묽고 진한 정도를 나타내는 농도는 용액 속에 용질이 얼마나 녹아 있는지를 나타내는 값이다.
- %[%] 농도는 용액 100g에 녹아있는 용질의 g수를 백분율로 나타낸 값으로 $\frac{\text{용질의 질량}[g]}{\text{용액의 질량}[g]} \times 100$

  $= \frac{\text{용질의 질량}[g]}{\text{용매의 질량}[g] + \text{용질의 질량}[g]} \times 100$으로 구한다.

87 ② 88 ① 89 ③ 정답

0301 / 0703 / 1001

90 Repetitive Learning (1회 2회 3회)

일반적인 자동제어 시스템의 작동순서가 바른 것은?

㉠ 검출	㉡ 조절계
㉢ 밸브	㉣ 공정상황

① ㉠-㉡-㉢-㉣ ② ㉣-㉠-㉡-㉢
③ ㉡-㉣-㉠-㉢ ④ ㉡-㉢-㉣-㉠

해설

- 일반적인 자동제어 시스템의 작동순서는 공정설비 → 검출부 → 조절계 → 조작부 → 공정설비 순이다.

폐회로 방식 제어계

㉠ 개요
- 제어량이 설정값에 도달하도록 계속적인 비교를 통해 조작량을 변화시키는 폐회로를 말한다.
- 귀환(피드백) 경로를 가지고 있다.

㉡ 특징
- 폐회로 제어계의 장점은 생산품질이 좋아지고, 균일한 제품을 얻을 수 있으며, 인건비를 절감할 수 있다는 것이다.
- 일반적인 자동제어 시스템의 작동순서는 공정설비 → 검출부 → 조절계 → 조작부 → 공정설비 순이다.

0702 / 1701 / 2101

91 Repetitive Learning (1회 2회 3회)

다음 중 누설 발화형 폭발재해의 예방 대책으로 가장 거리가 먼 것은?

① 발화원 관리 ② 밸브의 오동작 방지
③ 가연성 가스의 연소 ④ 누설물질의 검지 정보

해설

- 가연성 가스의 연소는 자연스러운 반응으로 폭발재해의 예방대책이 될 수 없다.

누설 발화형 폭발

㉠ 개요
- 단순 착화형 재해의 한 종류로 용기에서 위험물질이 밖으로 누설된 후 이것이 착화하여 폭발이나 재해를 일으키는 형태를 말한다.

㉡ 예방 대책
- 발화원 관리
- 밸브의 오동작 방지
- 위험물질의 누설 방지
- 누설물질의 검지 정보

1702

92 Repetitive Learning (1회 2회 3회)

다음 중 압축기 운전 시 토출압력이 갑자기 증가하는 이유로 가장 적절한 것은?

① 윤활유의 과다
② 피스톤 링의 가스 누설
③ 토출관 내에 저항 발생
④ 저장조 내 가스압의 감소

해설

- 압축기 운전 시 토출관 내 저항이 발생하면 토출압력이 증가한다. 토출압력을 낮추기 위해서는 토출관 내 저항 발생을 낮추어야 한다.

압축기 토출압력의 결정

- 공기의 압력은 압축공기 사용기기의 필요압력에 따라 결정한다.
- 높은 압력으로의 압축은 전동기의 더 큰 소요동력을 필요로 하므로 가능한 낮추어 사용하는 것이 좋다.
- 압축기 압력을 1kg/cm^2 정도 낮추면 6~8%의 동력감소 효과가 기대된다.
- 토출관 내 저항이 발생할 경우 토출압력이 증가되므로 주의하도록 한다.

93 Repetitive Learning (1회 2회 3회)

다음 중 가스연소의 지배적인 특성으로 가장 적합한 것은?

① 증발연소
② 표면연소
③ 액면연소
④ 확산연소

해설

- 증발연소와 액면연소는 액체의 연소방식에 해당한다.
- 표면연소는 고체의 연소방식에 해당한다.

연소의 종류 실필 0902/0901

기체	확산연소, 폭발연소, 혼합연소, 그을음연소 등이 있다.
액체	증발연소, 분해연소, 분무연소, 그을음연소 등이 있다.
고체	분해연소, 표면연소, 자기연소, 증발연소 등이 있다.

정답 | 90 ② 91 ③ 92 ③ 93 ④

94 Repetitive Learning (1회 2회 3회)

다음 중 공정안전보고서 심사기준에 있어 공정배관계장도(P&ID)에 반드시 표시되어야 할 사항이 아닌 것은?

① 물질 및 열수지
② 안전밸브의 크기 및 설정압력
③ 동력기계와 장치의 주요 명세
④ 장치의 계측제어 시스템과의 상호관계

해설

- 공정배관계장도(P&ID)에 포함되어야 할 내용에는 ②, ③, ④ 외에 연동 시스템 및 자동 조업정지 등 운전방법에 대한 기술, 그 밖에 필요한 기술정보 등이 있다.

공정배관계장도(P&ID) 포함 내용

- 모든 동력기계와 장치 및 설비의 기능과 주요 명세
- 장치의 계측제어 시스템과의 상호관계
- 안전밸브의 크기 및 설정압력, 안전밸브 전·후단 차단밸브 설치금지 사항
- 연동 시스템 및 자동 조업정지 등 운전방법에 대한 기술
- 그 밖에 필요한 기술정보

0501 / 0703

95 Repetitive Learning (1회 2회 3회)

건조설비의 구조는 구조부분, 가열장치, 부속설비로 구성되는데 다음 중 "구조부분"에 속하는 것은?

① 보온판
② 열원장치
③ 소화장치
④ 전기설비

해설

- 열원장치는 가열장치에 해당한다.
- 소화장치와 전기설비는 부속설비에 해당한다.

건조설비의 구조

- 구조부분, 가열장치, 부속설비로 구성된다.
- 구조부분은 본체를 구성하는 부분으로 몸체(철골부, 보온판, Shell)와 내부구조, 구동장치로 구성된다.
- 가열장치는 열원장치, 송풍기로 구성되어 열을 발생시키거나 이동시키는 역할을 한다.
- 부속설비는 본체에 부속되어 있는 설비로 환기장치, 온도조절장치, 안전장치, 소화장치, 집진장치, 전기설비 등이 이에 해당한다.

0701 / 1001

96 Repetitive Learning (1회 2회 3회)

다음 중 불활성화(퍼지)에 관한 설명으로 틀린 것은?

① 압력퍼지가 진공퍼지에 비해 퍼지시간이 길다.
② 사이펀퍼지 가스의 부피는 용기의 부피와 같다.
③ 진공퍼지는 압력퍼지보다 인너트 가스 소모가 적다.
④ 스위프퍼지는 용기나 장치에 압력을 가하거나 진공으로 할 수 없을 때 사용된다.

해설

- 압력퍼지는 퍼지시간이 가장 짧은 퍼지방법이다.

퍼지(Purge)

㉠ 개요

- 인화성 혼합가스의 폭발을 방지하기 위해 불활성 가스를 용기에 주입하여 산소의 농도를 MOC 이하로 낮추는 방법으로, 불활성화(Inerting)라고도 한다.
- 퍼지방법에는 진공, 압력, 사이펀, 스위프퍼지가 있다.

㉡ 퍼지방법과 특징 실작 1503

퍼지방법	특징
진공퍼지	큰 용기에 사용할 수 없으며, 불활성 가스의 소모가 적다.
압력퍼지	퍼지시간이 가장 짧은 퍼지방법이다.
사이펀퍼지	큰 용기에 주로 사용한다.
스위프퍼지	용기 등에 압력을 가하거나 진공으로 할 수 없을 때 사용하는 방법이다. 용기의 한 개구부로 불활성 가스를 주입하고 다른 개구부로부터 대기 또는 스크러버로 혼합가스를 용기에서 배출시키는 방법이다.

97 Repetitive Learning (1회 2회 3회)

산업안전보건법령상 화학설비로서 가솔린이 남아 있는 화학설비에 등유나 경유를 주입하는 경우 그 액 표면의 높이가 주입관의 선단의 높이를 넘을 때까지 주입속도는 얼마 이하로 하여야 하는가?

① 1[m/s]
② 4[m/s]
③ 8[m/s]
④ 10[m/s]

94 ① 95 ① 96 ① 97 ① 정답

해설

• 가솔린이 남아 있는 설비에 등유 등을 주입하는 경우, 그 액 표면의 높이가 주입관의 선단의 높이를 넘을 때까지 주입속도를 초당 1m 이하로 해야 한다.

가솔린이 남아 있는 설비에 등유 등의 주입

- 화학설비로서 가솔린이 남아 있는 화학설비, 탱크로리, 드럼 등에 등유나 경유를 주입하는 작업을 하는 경우에는 미리 그 내부를 깨끗하게 씻어내고, 가솔린의 증기를 불활성 가스로 바꾸는 등 안전한 상태로 되어 있는지를 확인한 후에 그 작업을 수행할 것
- 등유나 경유를 주입하기 전에 탱크·드럼 등과 주입설비 사이에 접속선이나 접지선을 연결하여 전위차를 줄이도록 할 것
- 등유나 경유를 주입하는 경우에는 그 액 표면의 높이가 주입관의 선단의 높이를 넘을 때까지 주입속도를 초당 1m 이하로 할 것

2001

98 ─ Repetitive Learning 

1회 2회 3회

다음 중 메타인산(HPO_3)에 의한 방진효과를 가진 분말소화약제의 종류는?

① 제1종 분말소화약제
② 제2종 분말소화약제
③ 제3종 분말소화약제
④ 제4종 분말소화약제

해설

• 메타인산(HPO_3)에 의한 방진효과를 가진 분말 소화기는 제3종으로 A, B, C급 화재에 적합하다.

분말 소화설비

㉠ 개요

- 기구가 간단하고 유지관리가 용이하다.
- 온도 변화에 대한 약제의 변질이나 성능의 저하가 없다.
- 다른 소화설비보다 소화능력이 우수하며 소화시간이 짧다.
- 안전하고, 저렴하고, 경제적이며, 어떤 화재에도 최대의 소화능력을 갖는다.
- 분말은 흡습력이 강하고, 금속의 부식을 일으키는 단점을 갖는다.

㉡ 분말소화기의 구분

종별	주성분	적응화재
1종	탄산수소나트륨($NaHCO_3$)	B, C급 화재
2종	탄산수소칼륨($KHCO_3$)	B, C급 화재
3종	제1인산암모늄($NH_4H_2PO_4$)	A, B, C급 화재
4종	탄산수소칼륨과 요소와의 반응물($KC_2N_2H_3O_3$)	B, C급 화재

1003

99 ─ Repetitive Learning 1회 2회 3회

다음 중 전기설비에 의한 화재에 사용할 수 없는 소화기의 종류는?

① 포 소화기　② 이산화탄소 소화기
③ 할로겐화합물 소화기　④ 무상수(霧狀水) 소화기

해설

• 포 소화설비는 유류저장탱크, 비행기 격납고, 주차장 또는 차고 등에 주로 사용되며, 전기설비에 의한 화재에 사용할 수 없다.

포 소화설비

㉠ 개요

- 가연성 액체 등 물에 의한 소화로는 효과가 적거나 화재 확대의 가능성이 있는 화재에 사용하는 설비이다.
- 물과 포 소화약제가 일정한 비율로 섞인 포수용액의 기포가 연소물의 표면을 덮어 공기를 차단시키는 질식효과와 포에 함유된 수분의 냉각효과로 화재를 진압하는 설비이다.
- 수원, 가압송수장치, 포방출구, 포원액저장탱크, 혼합장치, 배관 및 화재감지장치 등으로 구성된다.

㉡ 구성 및 특징

- 거품수용액을 만드는 장치에는 관로혼합장치, 차압혼합장치, 펌프혼합장치, 압입혼합장치 등이 있다.
- 전기설비에 의한 화재에 사용할 수 없다.
- 유류저장탱크, 비행기 격납고, 주차장 또는 차고 등에 주로 사용된다.

100 ─ Repetitive Learning 1회 2회 3회

다음 중 탱크 내 작업 시 복장에 관한 설명으로 틀린 것은?

① 불필요하게 피부를 노출시키지 말 것
② 작업복의 바지 속에는 밑을 집어넣지 말 것
③ 작업모를 쓰고 긴팔의 상의를 반듯하게 착용할 것
④ 수분의 흡수를 방지하기 위하여 유지가 부착된 작업복을 착용할 것

해설

• 탱크 내 작업 시 수분의 흡수를 방지하기 위하여 불침투성 보호복을 착용하여야 한다.

탱크 내 작업 복장

- 정전기방지용 작업복을 착용할 것
- 수분의 흡수를 방지하기 위하여 불침투성 보호복을 착용할 것
- 작업원은 불필요하게 피부를 노출시키지 말 것
- 작업모를 쓰고 긴팔의 상의를 반듯하게 착용할 것
- 작업복의 바지 속에는 밑을 집어넣지 말 것

정답 | 98 ③　99 ①　100 ④

0303 / 0601 / 0802 / 1201 / 1401 / 1602 / 1603 / 1901

101

추락방호망 설치 시 그물코의 크기가 10cm인 매듭있는 방망의 신품에 대한 인장강도 기준으로 옳은 것은?

① 100kgf 이상 ② 200kgf 이상
③ 300kgf 이상 ④ 400kgf 이상

해설

- 매듭방망의 인장강도는 신품의 경우 그물코의 크기가 5cm이면 110kg, 10cm이면 200kg 이상이다.

:: 신품 방망 인장강도

그물코 한변 길이	무매듭방망	매듭방망
10cm	240kg 이상(150kg)	200kg 이상(135kg)
5cm		110kg 이상(60kg)

단, ( )은 폐기기준이다.

1101

102

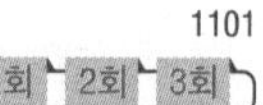

백호우(Back hoe)의 운행방법에 대한 설명으로 옳지 않은 것은?

① 경사로나 연약지반에서는 무한궤도식보다는 타이어식이 안전하다.
② 작업계획서를 작성하고 계획에 따라 작업을 실시하여야 한다.
③ 작업장소의 지형 및 지반상태 등에 적합한 제한속도를 정하고 운전자로 하여금 이를 준수하도록 하여야 한다.
④ 작업 중 승차석 외의 위치에 근로자를 탑승시켜서는 안 된다.

해설

- 경사로나 연약지반에서 사용하기 위해 개발된 것은 크롤러(무한궤도)식 장비이다.

:: 차량계 건설기계의 안전한 운행

- 작업계획서를 작성하고 계획에 따라 작업을 실시하여야 한다.
- 작업장소의 지형 및 지반상태 등에 적합한 제한속도를 정하고 운전자로 하여금 이를 준수하도록 하여야 한다.
- 전도 등을 방지하기 위해 유도하는 자를 배치하고 부동침하방지, 갓길의 붕괴방지 및 도로 폭을 유지한다.
- 운전자의 운전위치 이탈 시에는 버킷, 디퍼 등 작업장치를 지면에 내려두고, 원동기를 정지시키고 브레이크를 거는 등 이탈을 방지하기 위한 조치를 한다. 실필 1602
- 작업 중 승차석 외의 위치에 근로자를 탑승시켜서는 안 된다.
- 경사면을 오를 때에는 전진으로 주행하고 내려올 때는 후진으로 주행한다.

1101

103

Repetitive Learning 1회 2회 3회

중량물 운반 시 크레인에 매달아 올릴 수 있는 최대 하중으로부터 달아 올리기 기구의 중량에 상당하는 하중을 제외한 하중은?

① 정격하중 ② 적재하중
③ 임계하중 ④ 작업하중

해설

- 적재하중은 주로 건축물의 각 실별·바닥별 용도에 따라 그 속에 수용되는 사람과 적재되는 물품 등의 중량으로 인한 수직하중을 말한다.
- 임계하중은 주로 건축물에서 기둥이 좌굴되는 순간까지 견딜 수 있는 최대축하중을 말한다.
- 작업하중은 주로 콘크리트 타설에서 사용하는 개념으로 작업원, 장비하중, 기타 콘크리트 타설에 필요한 자재 및 공구 등의 시공하중, 충격하중을 모두 합한 하중을 말한다.

:: 하중

- 정격하중이란 크레인의 권상하중에서 훅, 그래브 또는 버킷 등 달기기구의 하중을 뺀 하중을 말한다. 즉, 중량물 운반 시 크레인에 매달아 올릴 수 있는 최대 하중으로부터 달아 올리기 기구의 중량에 상당하는 하중을 제외한 하중을 말한다.
- 권상하중이란 크레인이 지브의 길이 및 경사각에 따라 들어 올릴 수 있는 최대의 하중을 말한다.

1001 / 1603 / 1703 / 1901

104

일반건설공사(갑)로서 대상액이 5억원 이상 50억원 미만인 경우에 산업안전보건관리비의 비율(가) 및 기초액(나)으로 옳은 것은?

① (가) 1.86%, (나) 5,349,000원
② (가) 1.99%, (나) 5,499,000원
③ (가) 2.35%, (나) 5,400,000원
④ (가) 1.57%, (나) 4,411,000원

101 ② 102 ① 103 ① 104 ① 정답

해설

- 공사종류가 일반건설공사(갑)이고 대상액이 5억원 이상 50억원 미만일 경우 비율은 1.86%이고, 기초액은 5,349,000원이다.

안전관리비 계상기준 실필 1402

- 공사종류 및 규모별 안전관리비 계상기준표

	5억원 미만	5억원 이상 50억원 미만		50억원 이상
		비율(X)	기초액(C)	
일반건설공사(갑)	2.93%	1.86%	5,349,000원	1.97%
일반건설공사(을)	3.09%	1.99%	5,499,000원	2.10%
중 건 설 공 사	3.43%	2.35%	5,400,000원	2.44%
철도・궤도신설공사	2.45%	1.57%	4,411,000원	1.66%
특수 및 기타건설공사	1.85%	1.20%	3,250,000원	1.27%

- 대상액이 5억원 미만 또는 50억원 이상일 경우에는 대상액에 표에서 정한 비율을 곱한 금액
- 대상액이 5억원 이상 50억원 미만일 때에는 대상액에 별표에서 정한 비율을 곱한 금액에 기초액을 합한 금액
- 대상액이 구분되어 있지 않은 공사는 도급계약 또는 자체사업 계획상의 총 공사금액의 70%를 대상액으로 하여 안전관리비를 계상하여야 한다.
- 발주자가 재료를 제공하거나 물품이 완제품의 형태로 제작 또는 납품되어 설치되는 경우에 해당 재료비 또는 완제품의 가액을 대상액에 포함시킬 경우의 안전관리비는, 해당 재료비 또는 완제품의 가액을 포함시키지 않은 대상액을 기준으로 계상한 안전관리비의 1.2배를 초과할 수 없다.

1603

105

Repetitive Learning 1회 2회 3회

산업안전보건법상 차량계 하역운반기계 등에 단위화물의 무게가 100kg 이상인 화물을 싣는 작업 또는 내리는 작업을 하는 경우에 해당 작업 지휘자가 준수하여야 할 사항과 가장 거리가 먼 것은?

① 작업순서 및 그 순서마다의 작업방법을 정하고 작업을 지휘할 것
② 기구와 공구를 점검하고 불량품을 제거할 것
③ 대피방법을 미리 교육할 것
④ 로프 풀기 작업 또는 덮개 벗기기 작업은 적재함의 화물이 떨어질 위험이 없음을 확인한 후에 하도록 할 것

해설

- 무게가 100kg 이상인 화물을 싣거나 내리는 작업의 지휘자 업무에는 ①, ②, ④ 외에 관계 근로자가 아닌 자의 출입을 금지시키는 일이 있다.

무게가 100kg 이상인 화물을 싣거나 내리는 작업의 지휘자 업무

- 작업순서 및 그 순서마다의 작업방법을 정하고 작업을 지휘할 것
- 기구와 공구를 점검하고 불량품을 제거할 것
- 해당 작업을 하는 장소에 관계 근로자가 아닌 사람이 출입하는 것을 금지할 것
- 로프 풀기 작업 또는 덮개 벗기기 작업은 적재함의 화물이 떨어질 위험이 없음을 확인한 후에 하도록 할 것

106

Repetitive Learning 1회 2회 3회

투하설비 설치와 관련된 아래 표의 (   )에 적합한 것은?

> 사업주는 높이가 (   )m 이상인 장소로부터 물체를 투하하는 때에는 적당한 투하설비를 설치하거나 감시인을 배치하는 등 위험방지를 위하여 필요한 조치를 하여야 한다.

① 1　　② 2
③ 3　　④ 4

해설

- 높이가 3m 이상인 장소로부터 물체를 투하하는 경우 적당한 투하설비를 설치한다.

투하설비

- 높이가 3m 이상인 장소로부터 물체를 투하하는 경우 적당한 투하설비를 설치하거나 감시인을 배치하는 등 위험을 방지하기 위하여 필요한 조치를 하여야 한다.

0801

107

Repetitive Learning 1회 2회 3회

토석붕괴의 원인 중 외적 원인에 해당되지 않는 것은?

① 토석의 강도 저하
② 작업진동 및 반복하중의 증가
③ 사면, 법면의 경사 및 기울기의 증가
④ 절토 및 성토 높이의 증가

해설

- 토석의 강도 저하는 토사붕괴의 내적 원인에 해당한다.

정답 | 105 ③ 106 ③ 107 ①

:: 토사(석)붕괴 원인

내적 요인	• 토석의 강도 저하 • 절토사면의 토질, 암질 및 절리 상태 • 성토사면의 다짐 불량 • 점착력의 감소
외적 요인	• 작업진동 및 반복하중의 증가 • 사면, 법면의 경사 및 기울기의 증가 • 절토 및 성토 높이와 지하수위의 증가 • 지표수·지하수의 침투에 의한 토사중량의 증가 • 지진, 차량, 구조물의 중량과 토사 및 암석의 혼합층 두께의 증가

108 Repetitive Learning (1회 2회 3회)

지반조건에 따른 지반개량 공법 중 점성토개량 공법과 가장 거리가 먼 것은?

① 바이브로 플로테이션 공법
② 치환 공법
③ 압밀 공법
④ 생석회말뚝 공법

해설

• 바이브로 플로테이션 공법은 진동과 제트의 병용으로 모래 말뚝을 만드는 사질지반의 개량으로 진동다짐 공법이라고도 한다.

:: 연약지반개량 공법

㉠ 점토지반 개량

• 함수비가 매우 큰 연약점토지반을 대상으로 한다.

압밀 (재하) 공법	• 쥐어짜서 강도를 저하시키는 요소를 배제하는 공법 • 여성토(Preloading), Surcharge, 사면선단재하, 압성토 공법
고결 공법	• 시멘트나 약액의 주입 또는 동결, 점질토의 가열처리를 통해 강도를 증가시키는 공법 • 생석회말뚝(Chemico pile), 동결, 소결 공법
탈수 공법	• 탈수를 통한 압밀을 촉진시켜 강도를 증가시키는 방법 • 페이퍼드레인(Paper drain), 샌드드레인(Sand drain), 팩드레인(Pack drain)
치환 공법	• 연약토를 양질의 조립토로 치환해 지지력을 증대시키는 공법 • 폭파치환, 굴착치환, 활동치환

㉡ 사질지반 개량

• 느슨하고 물에 포화된 모래지반을 대상으로 하며 액상현상을 방지한다.
• 다짐말뚝 공법, 바이브로 플로테이션 공법, 폭파다짐 공법, 전기충격 공법, 약액주입 공법 등이 있다.

109 Repetitive Learning (1회 2회 3회)

비계의 높이가 2m 이상인 작업장소에 설치하는 작업발판의 설치기준으로 옳지 않은 것은?

① 작업발판의 폭은 40cm 이상으로 한다.
② 작업발판 재료는 뒤집히거나 떨어지지 않도록 하나 이상의 지지물에 연결하거나 고정시킨다.
③ 발판재료 간의 틈은 3cm 이하로 한다.
④ 작업발판의 지지물은 하중에 의하여 파괴될 우려가 없는 것을 사용한다.

해설

• 작업발판 재료는 뒤집히거나 떨어지지 않도록 둘 이상의 지지물에 연결하거나 고정시켜야 한다.

:: 작업발판의 구조 실필 0801 실작 1601

• 발판재료는 작업할 때의 하중을 견딜 수 있도록 견고한 것으로 할 것
• 작업발판의 폭은 40cm 이상으로 하고, 발판재료 간의 틈은 3cm 이하로 할 것
• 선박 및 보트 건조작업의 경우 선박블록 또는 엔진실 등의 좁은 작업공간에 작업발판을 설치하기 위하여 필요하면 작업발판의 폭을 30cm 이상으로 할 수 있고, 걸침비계의 경우 강관기둥 때문에 발판재료 간의 틈을 3cm 이하로 유지하기 곤란하면 5cm 이하로 할 수 있다. 이 경우 그 틈 사이로 물체 등이 떨어질 우려가 있는 곳에는 출입금지 등의 조치를 하여야 한다.
• 추락의 위험이 있는 장소에는 안전난간을 설치할 것
• 작업발판의 지지물은 하중에 의하여 파괴될 우려가 없는 것을 사용할 것
• 작업발판 재료는 뒤집히거나 떨어지지 않도록 둘 이상의 지지물에 연결하거나 고정시킬 것
• 작업발판을 작업에 따라 이동시킬 경우에는 위험방지에 필요한 조치를 할 것

0403 / 1001

110 Repetitive Learning (1회 2회 3회)

물체가 떨어지거나 날아올 위험이 있을 때의 재해 예방대책과 거리가 먼 것은?

① 낙하물방지망 설치
② 출입금지구역 설정
③ 안전대 착용
④ 안전모 착용

해설

• 안전대는 근로자 추락 방지대책이지 낙하물 방지대책은 아니다.

108 ① 109 ② 110 ③ 정답

:: 낙하물에 의한 위험 방지대책 실필 1702

- 작업으로 인하여 물체가 떨어지거나 날아올 위험이 있는 경우 낙하물방지망, 수직보호망 또는 방호선반의 설치, 출입금지구역의 설정, 보호구의 착용 등 위험을 방지하기 위하여 필요한 조치를 하여야 한다.
- 낙하물방지망 또는 방호선반을 설치하는 경우 높이 10m 이내마다 설치하고, 내민 길이는 벽면으로부터 2m 이상으로 해야 하며, 수평면과의 각도는 20° 이상 30° 이하를 유지한다.

1902

111 —— Repetitive Learning (1회 2회 3회)

터널 지보공을 설치한 때 수시점검하여 이상을 발견 시 즉시 보강하거나 보수해야 할 사항이 아닌 것은?

① 부재의 손상·변형·부식·변위·탈락의 유무 및 상태
② 부재의 긴압의 정도
③ 부재의 접속부 및 교차부의 상태
④ 계측기 설치 상태

해설

- 지보공 설치 시 붕괴 등의 방지를 위한 수시점검사항에는 ①, ②, ③ 외에 기둥침하의 유무 및 상태 등이 있다.

:: 지보공 설치 시 붕괴 등의 방지를 위한 수시점검사항

- 부재의 손상·변형·부식·변위 탈락의 유무 및 상태
- 부재의 긴압 정도
- 부재의 접속부 및 교차부의 상태
- 기둥침하의 유무 및 상태

1802

112 —— Repetitive Learning (1회 2회 3회)

콘크리트 타설작업 시 안전에 대한 유의사항으로 옳지 않은 것은?

① 콘크리트를 치는 도중에는 지보공·거푸집 등의 이상 유무를 확인한다.
② 높은 곳으로부터 콘크리트를 타설할 때는 호퍼로 받아 거푸집 내에 꽂아 넣는 슈트를 통해서 부어 넣어야 한다.
③ 진동기를 가능한 한 많이 사용할수록 거푸집에 작용하는 측압상 안전하다.
④ 콘크리트를 한곳에만 치우쳐서 타설하지 않도록 주의한다.

해설

- 진동기 사용 시 지나친 진동은 거푸집 붕괴의 원인이 될 수 있으므로 적절히 사용해야 한다.

:: 콘크리트의 타설작업 실필 1802/1502

- 당일의 작업을 시작하기 전에 해당 작업에 관한 거푸집 동바리 등의 변형·변위 및 지반의 침하 유무 등을 점검하고 이상이 있으면 보수할 것
- 작업 중에는 거푸집 동바리 등의 변형·변위 및 침하 유무 등을 감시할 수 있는 감시자를 배치하여 이상이 있으면 작업을 중지하고 근로자를 대피시킬 것
- 콘크리트 타설작업 시 거푸집 붕괴의 위험이 발생할 우려가 있으면 충분한 보강조치를 할 것
- 설계도서상의 콘크리트 양생기간을 준수하여 거푸집 동바리 등을 해체할 것
- 콘크리트를 타설하는 경우에는 편심이 발생하지 않도록 골고루 분산하여 타설할 것

2101

113 —— Repetitive Learning (1회 2회 3회)

거푸집 동바리 등을 조립하는 경우에 준수하여야 하는 기준으로 옳지 않은 것은?

① 동바리로 사용하는 파이프 서포트를 이어서 사용하는 경우에는 3개 이상의 볼트 또는 전용철물을 사용하여 이을 것
② 강재의 접속부 및 교차부는 볼트·클램프 등 전용철물을 사용하여 단단히 연결할 것
③ 받침목의 사용, 콘크리트 타설, 말뚝박기 등 동바리의 침하를 방지하기 위한 조치를 할 것
④ 동바리로 사용하는 파이프 서포트를 3개 이상 이어서 사용하지 말 것

해설

- 동바리로 사용하는 파이프 서포트를 이어서 사용하는 경우 4개 이상의 볼트 또는 전용철물을 사용하여 이어야 한다.

:: 거푸집 동바리 등의 안전조치

㉠ 공통사항

- 받침목의 사용, 콘크리트 타설, 말뚝박기 등 동바리의 침하를 방지하기 위한 조치를 할 것
- 동바리의 상하 고정 및 미끄러짐 방지 조치를 할 것
- 상부·하부의 동바리가 동일 수직선상에 위치하도록 하여 깔판·받침목에 고정시킬 것
- 개구부 상부에 동바리를 설치하는 경우에는 상부하중을 견딜 수 있는 견고한 받침대를 설치할 것
- U헤드 등의 단판이 없는 동바리의 상단에 멍에 등을 올릴 경우에는 해당 상단에 U헤드 등의 단판을 설치하고, 멍에 등이 전도되거나 이탈되지 않도록 고정시킬 것
- 동바리의 이음은 같은 품질의 재료를 사용할 것
- 강재의 접속부 및 교차부는 볼트·클램프 등 전용철물을 사용하여 단단히 연결할 것

정답 | 111 ④ 112 ③ 113 ①

- 거푸집의 형상에 따른 부득이한 경우를 제외하고는 깔판이나 받침목은 2단 이상 끼우지 않도록 할 것
- 깔판이나 받침목을 이어서 사용하는 경우에는 그 깔판·받침목을 단단히 연결할 것

㉡ 동바리로 사용하는 파이프 서포트
- 파이프 서포트를 3개 이상 이어서 사용하지 않도록 할 것
- 파이프 서포트를 이어서 사용하는 경우에는 4개 이상의 볼트 또는 전용철물을 사용하여 이을 것
- 높이가 3.5m를 초과하는 경우 2m 이내마다 수평연결재를 2개 방향으로 설치할 것

1101 / 1603

114 ——— Repetitive Learning (1회 2회 3회)

다음 중 건물 해체용 기구와 거리가 먼 것은?

① 압쇄기　② 스크레이퍼
③ 잭　④ 철해머

해설

- 스크레이퍼는 굴착, 싣기, 운반, 흙깔기 등의 작업을 하나의 기계로 할 수 있도록 만든 차량계 건설기계로 해체작업과 거리가 멀다.

∷ 해체작업용 기계 및 기구

구분	내용
브레이커(Breaker)	• 압축공기, 유압부의 급속한 충격력으로 구조물을 파쇄할 때 사용하는 기구로 통상 셔블계 건설기계에 설치하여 사용하는 기계이다. • 핸드 브레이커는 사람이 직접 손으로 잡고 사용하는 브레이커로, 진동으로 인해 인체에 영향을 주므로 작업시간을 제한한다.
철제해머	쇠뭉치를 크레인 등에 부착하여 구조물에 충격을 주어 파쇄하는 장비이다.
화약류	가벼운 타격이나 가열로 짧은 시간에 화학변화를 일으킴으로써 급격히 많은 열과 가스를 발생케 하여 순간적으로 큰 파괴력을 얻을 수 있는 고체 또는 액체의 폭발성 물질로서 화약, 폭약류의 화공품 등이 있다.
팽창제	광물의 수화반응에 의한 팽창압을 이용하여 구조체 등을 파괴할 때 사용하는 물질이다.
절단톱	회전날 끝에 다이아몬드 입자를 혼합, 경화하여 제조한 것으로 기둥, 보, 바닥, 벽체를 적당한 크기로 절단하는 기구이다.
재키	구조물의 국소부에 압력을 가해 해체할 때 사용하는 것으로 구조물의 부재 사이에 설치하는 기구이다.
쐐기타입기	직경 30~40mm 정도의 구멍 속에 쐐기를 박아 넣고 구멍을 확대하여 구조체를 해체할 때 사용하는 기구이다.
고열분사기	구조체를 고온으로 용융시키면서 해체할 때 사용하는 기구이다.
절단줄톱	와이어에 다이아몬드 절삭날을 부착하여 고속 회전시켜 구조체를 절단, 해체할 때 사용하는 기구이다.

1602

115 ——— Repetitive Learning (1회 2회 3회)

단관비계를 조립하는 경우 벽이음 및 버팀을 설치할 때의 수평방향 조립 간격 기준으로 옳은 것은?

① 3m　② 5m
③ 6m　④ 8m

해설

- 단관비계의 조립 시 벽이음 간격은 수직방향으로 5m, 수평방향으로 5m 이내로 한다.

∷ 강관비계 조립 시의 준수사항

- 강관비계의 조립(벽이음) 간격

강관비계의 종류	조립 간격(단위 : m)	
	수직방향	수평방향
단관비계	5	5
틀비계(높이 5m 미만 제외)	6	8

- 강관·통나무 등의 재료를 사용하여 견고한 것으로 할 것
- 인장재(引張材)와 압축재로 구성된 경우에는 인장재와 압축재의 간격을 1m 이내로 할 것

116 ——— Repetitive Learning (1회 2회 3회)

흙막이 붕괴 원인 중 보일링(Boiling) 현상이 발생하는 원인에 관한 설명으로 옳지 않은 것은?

① 지반을 굴착 시, 굴착부와 지하수위 차가 있을 때 주로 발생한다.
② 연약 사질토지반의 경우 주로 발생한다.
③ 굴착저면에서 액상화 현상에 기인하여 발생한다.
④ 연약 점토질지반에서 배면토의 중량이 굴착부 바닥의 지지력 이상이 되었을 때 주로 발생한다.

해설

- 보일링(Boiling)은 사질지반에서 나타나는 지반융기 현상이다.

∷ 보일링(Boiling)

㉠ 개요
- 사질지반에서 흙막이벽 배면부의 지하수가 굴삭 바닥면으로 모래와 함께 솟아오르는 지반 융기현상이다.
- 지하수위가 높은 연약 사질토지반을 굴착할 때 주로 발생한다.
- 굴착부와 배면의 지하수위의 차이로 인해 주로 발생한다.
- 흙막이벽의 근입장 깊이가 부족할 경우 발생한다.
- 굴착저면에서 액상화 현상에 기인하여 발생한다.
- 시트파일(Sheet pile) 등의 저면에 분사 현상이 발생한다.
- 보일링으로 인해 흙막이벽의 지지력이 상실된다.

114 ② 115 ② 116 ④ 정답

ⓛ 대책 실필 1901/1401/1302/1003
- 굴착배면의 지하수위를 낮춘다.
- 토류벽의 근입 깊이를 깊게 한다.
- 토류벽 선단에 코어 및 필터층을 설치한다.
- 투수거리를 길게 하기 위한 지수벽을 설치한다.

1701

117 Repetitive Learning

다음은 강관을 사용하여 비계를 구성하는 경우에 대한 내용이다. 다음 ( ) 안에 들어갈 내용으로 옳은 것은?

비계기둥의 간격은 띠장 방향에서는 ( ), 장선 방향에서는 1.5m 이하로 할 것

① 1.2m 이하
② 1.2m 이상
③ 1.85m 이하
④ 1.85m 이상

해설
- 강관비계의 비계기둥 간격은 띠장 방향에서는 1.85m 이하, 장선(長線)방향에서는 1.5m 이하로 한다.

강관비계의 구조
- 비계기둥의 간격은 띠장 방향에서는 1.85m 이하, 장선(長線) 방향에서는 1.5m 이하로 할 것
- 띠장 간격은 2m 이하로 설치할 것
- 비계기둥의 제일 윗부분으로부터 31m 되는 지점 밑 부분의 비계기둥은 2개의 강관으로 묶어세울 것
- 비계기둥 간의 적재하중은 400kg을 초과하지 않도록 할 것

1003 / 1101 / 1703 / 1802 / 2201

118 Repetitive Learning 1회 2회 3회

취급·운반의 원칙으로 옳지 않은 것은?

① 곡선 운반을 할 것
② 운반작업을 집중하여 시킬 것
③ 생산을 최고로 하는 운반을 생각할 것
④ 연속 운반을 할 것

해설
- 이동 운반 시 목적지까지 직선으로 운반하는 것을 원칙으로 한다.

운반의 원칙과 조건

㉠ 운반의 5원칙
- 이동되는 운반은 직선으로 할 것
- 연속으로 운반을 행할 것
- 효율(생산성)을 최고로 높일 것
- 자재 운반을 집중화할 것
- 가능한 수작업을 없앨 것

ⓛ 운반의 3조건
- 운반거리는 극소화할 것
- 손이 가지 않는 작업 방법으로 할 것
- 운반은 기계화작업으로 할 것

119 Repetitive Learning 1회 2회 3회

터널 굴착공사에서 뿜어붙이기 콘크리트의 효과를 설명한 것으로 옳지 않은 것은?

① 암반의 크랙(Crack)을 보강한다.
② 굴착면의 요철을 늘리고 응력집중을 최대한 증대시킨다.
③ Rock Bolt의 힘을 지반에 분산시켜 전달한다.
④ 굴착면을 덮음으로써 지반의 침식을 방지한다.

해설
- 뿜어붙이기 콘크리트는 굴착면의 요철을 줄이고 응력집중을 완화시킨다.

뿜어붙이기 콘크리트(Shot crete)

㉠ 개요
- 터널이나 대형 공동구조물의 비탈면, 벽면 또는 터널의 보강공사에 주로 사용하는 기법으로 비탈면에 거푸집을 설치하지 않고, 시멘트 모르타르나 콘크리트를 압축공기압으로 비탈면에 직접 뿜어붙이는 기법을 말한다.

ⓛ 특징
- 굴착면을 덮음으로써 지반의 침식을 방지한다.
- 굴착면의 요철을 줄이고 응력집중을 완화시킨다.
- Rock bolt의 힘을 지반에 분산시켜 전달한다.
- 암반의 크랙(Crack)을 보강한다.

정답 | 117 ③ 118 ① 119 ②

2102

120 Repetitive Learning (1회 2회 3회)

다음은 시스템 비계구성에 관한 내용이다. ( ) 안에 들어갈 말로 옳은 것은?

비계 밑단의 수직재와 받침철물은 밀착되도록 설치하고, 수직재와 받침철물의 연결부의 겹침 길이는 받침철물 ( ) 이상이 되도록 할 것

① 전체 길이의 4분의 1
② 전체 길이의 3분의 1
③ 전체 길이의 3분의 2
④ 전체 길이의 2분의 1

해설

- 시스템 비계의 수직재와 받침철물의 연결부의 겹침길이는 받침철물 전체 길이의 3분의 1 이상이 되도록 한다.

시스템 비계의 구조

- 수직재・수평재・가새재를 견고하게 연결하는 구조가 되도록 할 것
- 비계 밑단의 수직재와 받침철물은 밀착되도록 설치하고, 수직재와 받침철물의 연결부의 겹침길이는 받침철물 전체 길이의 3분의 1 이상이 되도록 할 것
- 수평재는 수직재와 직각으로 설치하여야 하며, 체결 후 흔들림이 없도록 견고하게 설치할 것
- 수직재와 수직재의 연결철물은 이탈되지 않도록 견고한 구조로 할 것
- 벽 연결재의 설치간격은 제조사가 정한 기준에 따라 설치할 것

120 ② 정답

MEMO

구분	1과목	2과목	3과목	4과목	5과목	6과목	합계
New 유형	2	2	2	1	4	1	12
New 문제	7	13	10	5	7	9	51
또나온문제	10	5	6	9	6	8	44
자꾸나온문제	3	2	4	6	7	3	25
합계	20	20	20	20	20	20	120

- New유형은 New문제 중 기존 기출문제와 완전히 다른 유형의 문제를 말합니다.
- New문제는 기존에 출제되지 않은 문제로 이번에 처음 출제되는 문제입니다.
- 또나온문제는 기존에 출제된 적이 1번 있는 문제를 말합니다.
- 자꾸나온문제는 기존에 출제된 적이 2번 이상 있는 문제를 말합니다. 그만큼 중요한 문제입니다.

몇 년분의 기출문제를 공부해야 합격할 수 있을까요?

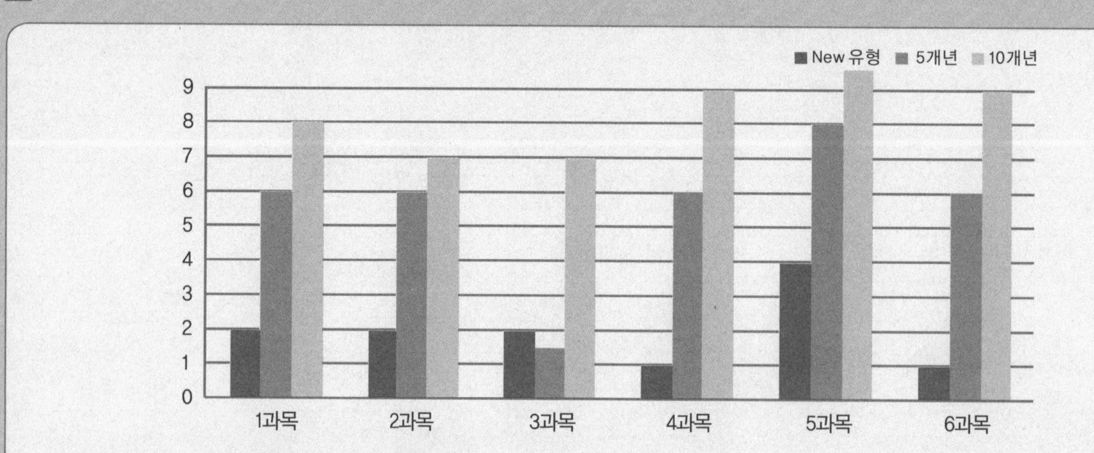

- 완전 새로운 유형의 문제는 12문제이고 108문제가 이미 출제된 문제 혹은 변형문제입니다.
- 5년분(2016~2020) 기출에서 동일문제가 35문항이 출제되었고, 10년분(2011~2020) 기출에서 동일문제가 50문항이 출제되었습니다.

실기에 나왔어요!! 외우세요!!!

실기시험은 필답형과 작업형으로 구분되어 있으며 모두 직접 주관식으로 내용을 적어야 합니다. 필기공부하면서 실기 출제된 내역들은 좀 더 신경써서 암기하실 필요가 있어요. 필기 합격자 발표 난 후 실기시험까지는 5주밖에 여유가 없답니다. 어차피 공부할 것 필기 때 확실하게 해준다면 실기도 단방에 합격할 수 있습니다.

- 총 29개의 해설이 실기 필답형 시험과 연동되어 있습니다.
- 총 4개의 해설이 실기 작업형 시험과 연동되어 있습니다.

분석의견

최근 10년분의 기출문제와 답을 반복암기해서는 합격점수인 72점에서 22점이 부족합니다. 새로운 유형(12문항)은 평균(17.1문항)보다 적게 출제되었으나 새로운 문제(51문항)는 평균(49.5문항)보다 많이 출제되었습니다. 기출출제비율 역시 평균보다 낮아 약간 어려운 난이도를 유지하고 있습니다. 과목별 편차도 크지 않아 전반적으로 폭넓게 학습하여야 하는 회차로 보입니다. 합격에 필요한 점수를 획득하기 위해서는 최근 5년분 문제와 핵심이론의 3회독 혹은 최근 10년분 문제와 핵심이론의 2회독 이상의 학습이 필요합니다.

2013년 제3회

13년 3회차 필기시험
합격률 28.3%

2013년 8월 18일 필기

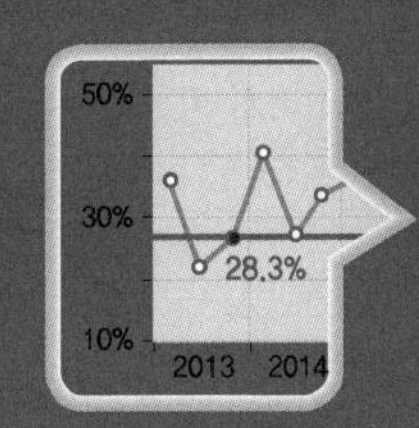

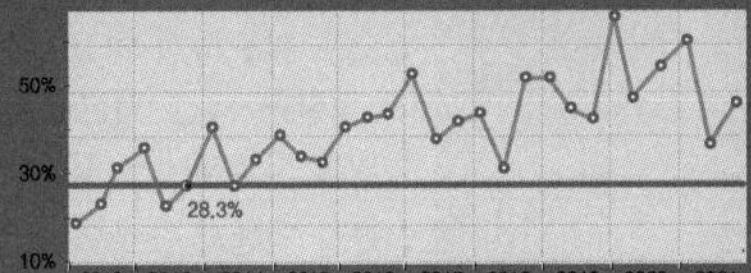

1과목 산업재해 예방 및 안전보건교육

1103

01 Repetitive Learning (1회 2회 3회)

다음 중 무재해 운동 추진에 있어 무재해로 보는 경우가 아닌 것은?

① 출·퇴근 도중에 발생한 재해
② 제3자의 행위에 의한 업무상 재해
③ 운동경기 등 각종 행사 중 발생한 재해
④ 사업주가 제공한 사업장 내의 시설물에서 작업개시 전의 작업준비 및 작업종료 후의 정리정돈 과정에서 발생한 재해

해설

- 업무시간 외에 발생한 재해는 무재해에 해당하나 사업주가 제공한 사업장 내의 시설물에서 발생한 재해 또는 작업개시 전의 작업준비 및 작업종료 후의 정리정돈 과정에서 발생한 재해는 무재해에서 제외된다.

:: 무재해 운동

㉠ 정의
- 무재해라 함은 무재해 운동 시행 사업장에서 근로자가 업무에 기인하여 사망 또는 4일 이상의 요양을 요하는 부상 또는 질병에 이환되지 않는 것을 말한다.
- 요양이란 부상 등의 치료를 말하며 재가, 통원 및 입원의 경우를 모두 포함한다.

㉡ 무재해로 보는 경우 실필 1403/1401/1102
- 작업시간 중 천재지변 또는 돌발적인 사고로 인한 구조행위 또는 긴급피난 중 발생한 사고
- 작업시간 외에 천재지변 또는 돌발적인 사고우려가 많은 장소에서 사회통념상 인정되는 업무수행 중 발생한 사고
- 출·퇴근 도중에 발생한 재해
- 운동경기 등 각종 행사 중 발생한 사고
- 제3자의 행위에 의한 업무상 재해
- 업무상재해인정기준 중 뇌혈관질환 또는 심장질환에 의한 재해
- 업무시간 외에 발생한 재해(단, 사업주가 제공한 사업장 내의 시설물에서 발생한 재해 또는 작업개시 전의 작업준비 및 작업종료 후의 정리정돈 과정에서 발생한 재해는 제외)

0502 / 0703 / 0801 / 0901 / 1001 / 1102 / 1502 / 1503 / 1801 / 2001 / 2201

02 Repetitive Learning (1회 2회 3회)

다음 중 몇 사람의 전문가에 의하여 과제에 관한 견해를 발표한 뒤에 참가자로 하여금 의견이나 질문을 하게 하여 토의하는 방법은?

① 포럼(Forum)
② 심포지엄(Symposium)
③ 케이스 스터디(Case study)
④ 패널 디스커션(Panel discussion)

해설

- 포럼은 새로운 자료나 교재가 제시되어야 한다.
- 케이스 스터디는 몇몇 사례를 중심으로 논리적으로 분석하는 것을 통해 의미 있는 연구 결과를 이끌어내는 학습법을 말한다.
- 패널 디스커션은 소수의 전문가들이 과제에 관한 견해를 발표하고 토론한 뒤 참가자 전원이 사회자의 진행에 따라 토의하는 방법이다.

정답 | 01 ④ 02 ②

토의법의 종류

포럼 (Forum)	새로운 자료나 교재를 제시하고 피교육자로 하여금 문제점을 제기하게 하거나 그것에 관한 피교육자의 의견을 여러 가지 방법으로 발표하게 하고, 청중과 토론자 간에 활발한 의견 개진과 충돌로 바람직한 합의를 도출해내는 교육 실시방법
패널 디스커션 (Panel discussion)	참가자 앞에서 소수의 전문가들이 과제에 관한 견해를 발표하고 토론한 뒤 참가자 전원이 사회자의 진행에 따라 토의하는 방법
심포지엄 (Symposium)	몇 사람의 전문가에 의하여 과제에 관한 견해를 발표한 뒤에 참가자로 하여금 의견이나 질문을 하게 하여 토의하는 방법
롤 플레잉 (Role playing)	집단 심리요법의 하나로서 자기 해방과 타인 체험을 목적으로 하는 체험활동을 통해 대인관계에 있어서의 태도변용이나 통찰력, 자기이해를 목표로 개발된 교육방법
버즈세션 (Buzz session)	6-6 회의라고도 하며, 6명씩 소집단으로 구분하고, 집단별로 각각의 사회자를 선발하여 6분간씩 자유토의를 행하여 의견을 종합하는 방법

0301

03

다음 중 맥그리거(McGregor)의 인간해석에 있어 X이론적 관리 처방으로 가장 적합한 것은?

① 직무의 확장
② 분권화와 권한의 위임
③ 민주적 리더십의 확립
④ 경제적 보상체계의 강화

해설

- 직무의 확장, 분권화와 권한의 위임, 민주적 리더십의 확립은 모두 Y이론의 관리 처방에 해당한다.

맥그리거(McGregor)의 X · Y이론

㉠ 개요

- 인간과 직무의 관계에 대한 기본적인 가정을 X이론과 Y이론이라는 가설로 나눈 것이다.
- X이론은 인간의 본성이 일을 싫어하고, 무관심하며, 책임을 회피하므로 당근과 채찍을 동원하여 강제할 필요가 있다는 이론이다.
- Y이론은 인간의 본성이 일을 좋아하고, 책임감이 강하며, 선하므로 그들을 자율적, 민주적으로 대해야 창조적인 성과를 얻을 수 있다는 이론이다.

㉡ X이론과 Y이론의 관리 처방 비교

X이론(후진국형, 성악설)	Y이론(선진국형, 성선설)
• 경제적 보상체제의 강화 • 권위주의적 리더십의 확립 • 면밀한 감독과 엄격한 통제 • 상부 책임제도의 강화	• 분권화와 권한의 위임 • 목표에 의한 관리 • 직무확장 • 인간관계 관리방식 • 책임감과 창조력

0703

04

Repetitive Learning 1회 2회 3회

일상점검 중 작업 전에 수행되는 내용과 가장 거리가 먼 것은?

① 주변의 정리 · 정돈
② 생산품질의 이상 유무
③ 주변의 청소 상태
④ 설비의 방호장치 점검

해설

- 생산품질의 이상 유무는 작업 후에 수행하는 일상점검사항이다.

수시(일상)점검

- 작업시작 전의 점검항목에는 동력전달부의 볼트 · 너트의 풀림상태, 외관 및 용접 및 접속부위의 부식 및 변형상태, 작업장의 정리 · 정돈 · 청소상태, 설비의 방호상태, 주유상태 등이 있다.
- 운전 중 점검항목에는 베어링의 회전음 및 온도상승 여부, 설비의 이상 음과 진동상태, 클러치의 동작상태, 윤활제의 상태 등이 있다.

1701

05

Repetitive Learning 1회 2회 3회

산업안전보건법령상 근로자 안전 · 보건교육 중 채용 시의 교육 및 작업내용 변경 시의 교육 내용에 포함되지 않는 것은?

① 물질안전보건자료에 관한 사항
② 작업 개시 전 점검에 관한 사항
③ 유해 · 위험 작업환경 관리에 관한 사항
④ 기계 · 기구의 위험성과 작업의 순서 및 동선에 관한 사항

해설

- 유해 · 위험 작업환경 관리에 관한 사항은 관리감독자의 정기안전 · 보건교육 내용에 해당한다.

03 ④ 04 ② 05 ③ 정답

:: 채용 시의 교육 및 작업내용 변경 시의 교육 내용 실필 1502

- 기계·기구의 위험성과 작업의 순서 및 동선에 관한 사항
- 작업 개시 전 점검에 관한 사항
- 정리정돈 및 청소에 관한 사항
- 사고 발생 시 긴급조치에 관한 사항
- 산업보건 및 직업병 예방에 관한 사항
- 물질안전보건자료에 관한 사항
- 산업안전보건법 및 일반관리에 관한 사항

06 ——— Repetitive Learning (1회 2회 3회)

다음 중 재해손실비용에 있어 직접손실비용에 해당되지 않는 것은?

① 채용급여
② 간병급여
③ 장해급여
④ 유족급여

해설

- 재해로 인해 추가 직원의 채용 시 소요되는 비용은 간접손실비용이다.

:: 하인리히의 재해손실비용 평가

- 직접비 : 간접비의 비율은 1 : 4로 계산해 산업재해로 인한 총 손실비용은 직접비(산업재해보상비)의 5배로 한다.
- 직접손실비용에는 치료비, 휴업급여, 장해급여, 유족급여, 요양급여, 간병급여, 직업재활급여, 장례비 등이 있다.
- 간접손실비용에는 부상자를 비롯한 직원의 시간손실, 이익의 감소, 생산손실비, 기계, 공구 재료 등의 재산손실 등이 있다.

1702

07 ——— Repetitive Learning 

다음 중 직무적성검사의 특징과 가장 거리가 먼 것은?

① 타당성(Validity)
② 객관성(Objectivity)
③ 표준화(Standardization)
④ 재현성(Reproducibility)

해설

- 직무검사의 특징에는 타당성, 객관성, 표준화, 신뢰성, 규준 등이 있다.

:: 직무적성검사의 특징

구분	내용
타당성 (Validity)	특정한 시기에 모든 근로자들을 검사하고, 그 검사점수와 근로자의 직무평정척도를 상호 연관시키는 예언적 타당성을 갖추어야 한다.
객관성 (Objectivity)	인사권자의 주관적인 감정요소가 배제된 객관성을 갖추어야 한다.
표준화 (Standardization)	검사의 관리를 위한 조건, 절차의 일관성과 통일성에 대한 심리검사의 표준화가 마련되어야 한다.
신뢰성 (Reliability)	한 집단에 대한 검사응답의 일관성을 말하는 신뢰성을 갖추어야 한다.
규준 (Norm)	심리검사의 결과를 해석하기 위해서는 개인의 성적을 다른 사람들의 성적과 비교할 수 있는 참조 또는 비교의 기준이 있어야 한다.

1002

08 ——— Repetitive Learning (1회 2회 3회)

다음 중 산업안전보건법령상 안전관리자의 업무가 아닌 것은?(단, 그 밖에 안전에 관한 사항으로서 고용노동부장관이 정하는 사항은 제외한다)

① 사업장 순회점검·지도 및 조치의 건의
② 해당 사업장 안전교육계획의 수립 및 안전교육 실시에 관한 보좌 및 조언·지도
③ 산업재해 발생의 원인 조사·분석 및 재발 방지를 위한 기술적 보좌 및 조언·지도
④ 해당 작업의 작업장 정리·정돈 및 통로 확보에 대한 확인·감독

해설

- 해당 작업의 작업장 정리·정돈 및 통로 확보에 대한 확인·감독은 관리감독자의 업무내용이다.

:: 안전관리자의 직무

- 산업안전보건위원회 또는 안전·보건에 관한 노사협의체에서 심의·의결한 업무와 사업장의 안전보건관리규정 및 취업규칙에서 정한 업무
- 안전인증대상 기계·기구 등과 자율안전확인대상 기계·기구 등 구입 시 적격품의 선정에 관한 보좌 및 조언·지도
- 위험성 평가에 관한 보좌 및 조언·지도
- 사업장 안전교육계획의 수립 및 안전교육 실시에 관한 보좌 및 조언·지도

정답 | 06 ① 07 ④ 08 ④

- 사업장 순회점검 · 지도 및 조치의 건의
- 산업재해발생의 원인 조사 · 분석 및 재발 방지를 위한 기술적 보좌 및 조언 · 지도
- 산업재해에 관한 통계의 유지 · 관리 · 분석을 위한 보좌 및 조언 · 지도
- 안전에 관한 사항의 이행에 관한 보좌 및 조언 · 지도
- 업무수행 내용의 기록 · 유지
- 안전에 관한 사항으로서 고용노동부장관이 정하는 사항

0902

09 Repetitive Learning (1회 2회 3회)

공기 중 산소농도가 부족하고, 공기 중에 미립자상 물질이 부유하는 장소에서 사용하기에 가장 적절한 보호구는?

① 면마스크 ② 방독마스크
③ 송기마스크 ④ 방진마스크

해설

- 면마스크는 보호구로 취급하지 않는다.
- 방독마스크는 여과식 호흡용 보호구의 일종으로서 폐의 힘에 의해서 흡입하는 공기 중의 유독가스 등을 제거하는 마스크이다.
- 방진마스크는 공기 중에 부유하는 분진을 들이마시지 않도록 하기 위해 사용하는 마스크이다.

송기마스크 실작 1703/1601

- 탱크 내부에서의 세정업무 및 도장업무와 같이 산소결핍이 우려되는 장소에서 반드시 사용하여야 하는 보호구를 말한다.
- 가스, 증기, 공기 중에 부유하는 미립자상 물질 또는 산소결핍 공기를 흡입함으로써 발생할 수 있는 근로자 건강장해의 예방을 위해 사용하는 마스크이다.
- 밀폐공간에서 유해물과 분진이 있는 상태하의 작업 시 가장 적합한 보호구이다.

1701

10 Repetitive Learning (1회 2회 3회)

산업안전보건법령상 안전 · 보건표지의 색채와 사용사례의 연결이 틀린 것은?

① 노란색 - 정지신호, 소화설비 및 그 장소, 유해행위의 금지
② 파란색 - 특정 행위의 지시 및 사실의 고지
③ 빨간색 - 화학물질 취급장소에서의 유해 · 위험경고
④ 녹색 - 비상구 및 피난소, 사람 또는 차량의 통행표지

해설

- 정지신호, 소화설비 및 그 장소, 유해행위의 금지는 금지표지에 해당하며 이는 빨간색으로 표시한다.

산업안전보건표지 실필 1602/1003

- 금지표지, 경고표지, 지시표지, 안내표지, 관계자 외 출입금지로 구분된다.
- 안전표지는 기본모형(모양), 색깔(바탕 및 기본모형), 내용(의미)으로 구성된다.
- 안전 · 보건표지의 색채, 색도기준 및 용도

바탕	기본모형 색채	색도	용도	사용례
흰색	빨간색	7.5R 4/14	금지	정지, 소화설비, 유해행위 금지
무색			경고	화학물질 취급장소에서의 유해 및 위험경고
노란색	검은색	5Y 8.5/12	경고	화학물질 취급장소에서의 유해 · 위험경고 이외의 위험경고, 주의표지 또는 기계방호물
파란색	흰색	2.5PB 4/10	지시	특정 행위의 지시 및 사실의 고지
흰색	녹색	2.5G 4/10	안내	비상구 및 피난소, 사람 또는 차량의 통행표지

- 흰색(N9.5)은 파랑 또는 녹색의 보조색이다.
- 검정색(N0.5)은 문자 및 빨간색, 노란색의 보조색이다.

11 Repetitive Learning (1회 2회 3회)

다음 중 버드(Bird)의 재해발생에 관한 이론에서 1단계에 해당하는 재해발생의 시작이 되는 것은?

① 기본원인 ② 관리의 부족
③ 불안전한 행동과 상태 ④ 사회적 환경과 유전적 요소

해설

- 버드는 재해발생의 이론에서 1단계를 관리의 부족에서 재해는 시작된다고 하였으며 이는 근원적 원인에 해당한다.

버드(Bird)의 신연쇄성 이론

㉠ 개요
- 신도미노 이론이라고도 한다.
- 재해발생의 근원적 원인은 관리의 부족에 있다고 정의한다.
- 재해발생의 기본원인은 개인적 요인 및 작업상의 요인에 있다고 주장한다.
- 재해의 직접원인을 징후라 하고 불안전한 행동 및 상태에서 비롯된다고 한다.

㉡ 단계 실필 1202

단계	내용
1단계	관리의 부족
2단계	개인적 요인, 작업상의 요인
3단계	불안전한 행동 및 상태
4단계	사고
5단계	재해

09 ③ 10 ① 11 ② 정답

2102

12 Repetitive Learning (1회 2회 3회)

도수율이 24.5이고, 강도율이 1.15인 사업장이 있다. 이 사업장에서 한 근로자가 입사하여 퇴직할 때까지 며칠간의 근로손실일수가 발생하겠는가?

① 2.45일 ② 115일
③ 215일 ④ 245일

해설

- 근로자의 근속연수 등이 주어지지 않으므로 평생 근로손실일수는 강도율×100과 같다. 1.15×100=115일이 된다.

강도율(SR : Severity Rate of injury) 실필 2401/2101/2004/1902/1901/1702/1701/1403/1303/1203/1201/1102/1003/1001/0903/0902/0802

- 재해로 인한 근로손실의 강도를 나타낸 값으로 연간 총근로시간에서 1,000시간당 근로손실일수를 의미한다.
- 강도율 $= \frac{\text{근로손실일수}}{\text{연간 총근로시간}} \times 1{,}000$으로 구한다.
- 근로자의 근속연수 등이 주어지지 않을 때 평생 근로손실일수는 한 개인이 평생 동안 근로한 시간을 100,000시간으로 볼 때의 근로손실일수이므로 강도율에 100을 곱하여 구한다.

1901

13 Repetitive Learning (1회 2회 3회)

제일선의 감독자를 교육대상으로 하고, 작업을 지도하는 방법, 작업개선방법 등의 주요내용을 다루는 기업 내 교육방법은?

① TWI ② MTP
③ ATT ④ CCS

해설

- MTP는 TWI보다 상위의 관리자 양성을 위한 정형훈련으로 관리자의 업무관리능력 및 동기부여능력을 육성하고자 실시한다.
- ATT는 대상 계층이 한정되지 않은 정형교육으로 하루 8시간씩 2주간 실시하는 토의식 교육이다.
- CCS는 ATP라고도 하며, 최고경영자를 위한 교육으로 실시된 것으로 매주 4일, 하루 4시간씩 8주간 진행하는 교육이다.

TWI(Training Within Industry for supervisor)

㉠ 개요
- 일선 관리감독자를 대상으로 인간관계를 개선하고 생산성을 향상시키기 위하여 고안된 훈련방법을 말한다.
- 교육내용에는 작업지도기법(JI : Job Instruction), 작업개선기법(JM : Job Methods), 인간관계기법(JR : Job Relations), 안전작업방법(JS : Job Safety) 등이 있다.

㉡ 주요 교육내용
- JRT(Job Relation Training)는 인간관계 관리기법으로 부하통솔기법과 관련된다.
- JIT(Job Instruction Training)는 작업지도기법으로 직장 내 부하 직원에 대하여 가르치는 기술과 관련된다.

0801 / 1503

14 Repetitive Learning (1회 2회 3회)

모랄 서베이(Morale survey)의 주요방법 중 태도조사법에 해당하지 않는 것은?

① 질문지법 ② 면접법
③ 통계법 ④ 집단토의법

해설

- 모랄 서베이의 주요방법에는 관찰법과 태도조사법(면접, 질문지, 집단토의) 등이 있다.

모랄 서베이(Morale survey)

㉠ 개요
- 근로자의 근로의욕·태도 등에 대해 측정하는 것으로, 근로자의 근로의욕을 높여 기업발전에 기여하는 것을 목적으로 한다.
- 사기조사 또는 태도조사라고도 한다.
- 관찰법과 태도조사법이 주로 사용된다.

㉡ 주요방법
- 관찰법은 근로자의 근무태도 및 근무성과를 기록하는 방법을 말한다.
- 태도조사법은 면접 또는 질문지법, 집단토의, 문답법 등에 의해 근로자의 태도와 불만사항을 조사하는 방법을 말한다.

0302 / 2201

15 Repetitive Learning (1회 2회 3회)

다음 중 사회행동의 기본 형태에 해당되지 않는 것은?

① 모방 ② 대립
③ 도피 ④ 협력

해설

- 모방은 개인행동으로 사회행동의 형태로 보기 힘들다.

사회행동의 기본 형태

- 대립 : 경쟁 및 공격
- 도피 : 정신병, 고립 및 자살 등
- 협력 : 조력과 분업
- 융합 : 통합, 타협, 강제 등

정답 | 12 ② 13 ① 14 ③ 15 ①

16 —— Repetitive Learning (1회 2회 3회)

다음 중 강의안 구성 4단계 가운데 "제시(전개)"에 해당되는 설명으로 옳은 것은?

① 관심과 흥미를 가지고 심신의 여유를 주는 단계
② 과제를 주어 문제해결을 시키거나 습득시키는 단계
③ 교육내용을 정확하게 이해하였는가를 테스트하는 단계
④ 상대의 능력에 따라 교육하고 내용을 확실하게 이해시키고 납득시키는 설명단계

해설

- ①은 도입단계, ②는 적용단계, ③은 확인단계에 대한 설명이다.

:: 안전교육의 4단계

- 도입(준비) – 제시(설명) – 적용(응용) – 확인(총괄, 평가)단계를 거친다.

1단계	도입	구체적인 목표를 제시, 동기유발을 통해 관심과 흥미를 가지게 하고 심신의 여유를 준다.
2단계	제시(실연)	새로운 지식이나 기능을 설명하고 이해, 납득시킨다.
3단계	적용(실습)	피교육자가 공감을 느끼게 하고, 과제를 통해 문제해결하게 하거나 기능을 습득시킨다.
4단계	확인(평가)	피교육자가 교육내용을 충분히 이해했는지를 확인하고 평가한다.

17 —— Repetitive Learning (1회 2회 3회)

다음 중 학습전이의 조건과 가장 거리가 먼 것은?

① 학습자의 태도 요인
② 학습자의 지능 요인
③ 학습자료의 유사성의 요인
④ 선행학습과 후행학습의 공간적 요인

해설

- 학습전이의 조건에는 학습자료의 유사성과 학습자의 지능, 선행학습의 정도, 시간적 간격, 학습자의 태도 등이 있다.

:: 학습전이(Transfer)

㉠ 개요

- 앞에 실시한 학습의 효과는 뒤에 실시하는 새로운 학습에 직접 또는 간접으로 영향을 주는 것을 전이(Transfer)라 한다.
- 학습전이란 교육훈련의 목표가 달성되어 업무성과 및 조직목표에 부합하는 결과를 가져오기 위하여 학습자가 교육훈련을 통해 획득한 지식, 기술, 태도를 업무상황에 활용해야 하는 과정을 말한다.

㉡ 조건

- 학습전이의 조건에는 학습자료의 유사성과 학습자의 지능, 선행학습의 정도, 시간적 간격, 학습자의 태도 등이 있다.

18 —— Repetitive Learning (1회 2회 3회)

다음 설명에 해당하는 위험예지훈련법은?

- 현장에서 그때 그 장소의 상황에 즉응하여 실시한다.
- 10명 이하의 소수가 적합하며, 시간은 10분 정도가 바람직하다.
- 사전에 주제를 정하고 자료 등을 준비한다.
- 결론은 가급적 서두르지 않는다.

① 삼각 위험예지훈련
② 시나리오 역할연기훈련
③ Tool Box Meeting
④ 원포인트 위험예지훈련

해설

- 삼각 위험예지훈련이란 적은 인원수가 모여 기호와 메모를 이용해 팀의 합의를 만들어내는 TBM의 한 형태이다.
- 시나리오 역할연기훈련이란 작업 전 5분간 미팅의 시나리오를 작성하여 멤버가 시나리오에 의하여 역할연기(Role-playing)를 함으로써 체험학습하는 기법을 말한다.
- 원포인트 위험예지훈련이란 위험예지훈련 4라운드 중 2, 3, 4라운드를 원포인트로 요약하여 실시하는 훈련이다.

:: TBM(Tool Box Meeting) 위험예지훈련

㉠ 개요

- 현장에서 그때 그 장소의 상황에서 즉응하여 실시하는 위험예지활동으로 즉시즉응법이라고도 한다.
- TBM(Tool Box Meeting)으로 실시하는 위험예지활동이다.

㉡ 방법

- 10명 이하의 소수가 적합하며, 시간은 10분 정도 작업을 시작하기 전에 갖는다.
- 사전에 주제를 정하고 자료 등을 준비한다.
- 결론은 가급적 서두르지 않는다.

0702 / 0903

19 —— Repetitive Learning (1회 2회 3회)

다음 중 재해원인의 4M에 대한 내용이 틀린 것은?

① Media : 작업정보, 작업환경
② Machine : 기계설비의 고장, 결함
③ Management : 작업방법, 인간관계
④ Man : 동료나 상사, 본인 이외의 사람

16 ④ 17 ④ 18 ③ 19 ③ 정답

해설

- 작업방법은 Media에 해당한다.

재해발생 기본원인 : 4M 실필 1403

㉠ 개요

- 재해의 연쇄관계를 분석하는 기본 검토요인으로 인간과오(Human-error)와 관련된다.
- Man, Machine, Media, Management를 말한다.

㉡ 4M의 내용

구분	내용
Man	• 인간적 요인을 말한다. • 심리적(망각, 무의식, 착오 등), 생리적(피로, 질병, 수면부족 등) 원인 등이 있다.
Machine	• 기계적 요인을 말한다. • 기계, 설비의 설계상의 결함, 점검이나 정비의 결함, 위험방호의 불량 등이 있다.
Media	• 인간과 기계를 연결하는 매개체로 작업적 요인을 말한다. • 작업의 정보, 작업방법, 환경 등이 있다.
Management	• 관리적 요인을 말한다. • 안전관리조직, 관리규정, 안전교육의 미흡 등이 있다.

20

Repetitive Learning 

다음 중 안전보건관리규정에 포함되어야 할 주요내용과 가장 거리가 먼 것은?

① 안전·보건교육에 관한 사항
② 작업장 생산관리에 관한 사항
③ 사고조사 및 대책 수립에 관한 사항
④ 안전·보건관리조직과 그 직무에 관한 사항

해설

- 안전보건관리규정은 사업장의 안전보건과 관련된 내용으로 작성된다.

안전보건관리규정

㉠ 개요

- 사업주는 사업장의 안전·보건을 유지하기 위하여 안전보건관리규정을 작성하여 각 사업장에 게시하거나 갖춰 두고, 이를 근로자에게 알려야 한다.

㉡ 내용 실필 2402/2401/2302/2203/2202/2001/1702/1002

- 안전·보건관리조직과 그 직무에 관한 사항
- 안전·보건교육에 관한 사항
- 작업장 안전관리에 관한 사항
- 작업장 보건관리에 관한 사항
- 사고 조사 및 대책 수립에 관한 사항
- 그 밖에 안전·보건에 관한 사항

2과목 인간공학 및 위험성 평가·관리

21

Repetitive Learning 1회 2회 3회

FTA에 사용되는 논리 게이트 중 여러 개의 입력사항이 정해진 순서에 따라 순차적으로 발생해야만 결과가 출력되는 것은?

① 억제 게이트
② 배타적 OR 게이트
③ 조합 AND 게이트
④ 우선적 AND 게이트

해설

- 억제 게이트(Inhibit gate)는 한 개의 입력사상에 의해 출력사상이 발생하며, 출력사상이 발생되기 전에 입력사상이 특정조건을 만족하여야 한다.
- 배타적 OR 게이트(Exclusive OR gate)는 OR 게이트의 특별한 경우로 2개 또는 그 이상의 입력이 동시에 존재하는 경우에는 출력이 생기지 않는 게이트이다.
- 조합 AND 게이트는 3개의 입력현상 중 임의의 시간에 2개의 입력사상이 발생할 경우 출력이 생긴다.

우선적 AND 게이트

기호	설명
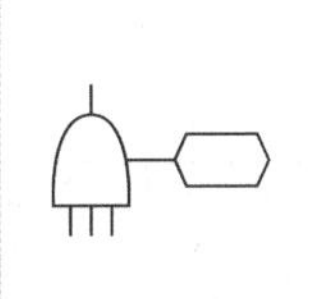	• AND 게이트의 특별한 경우로 여러 개의 입력사상이 정해진 순서에 따라 순차적으로 발생해야만 결과가 출력된다. • 입력현상 중에서 어떤 현상이 다른 현상보다 먼저 일어난 때에 출력현상이 생기는 수정 게이트이다.

- ⬭ 기호 안에 출력의 순서를 지정한다.

1102 / 1701

22

Repetitive Learning 

산업안전보건법령상 유해·위험방지계획서 제출대상 사업은 기계 및 기구를 제외한 금속가공제품 제조업으로서 전기계약용량이 얼마 이상인 사업을 말하는가?

① 50kW
② 100kW
③ 200kW
④ 300kW

해설

- 유해·위험방지계획서 제출대상 사업장의 규모는 전기 계약용량이 300kW 이상인 사업장이다.

정답 | 20 ② 21 ④ 22 ④

∷ 유해·위험방지계획서의 제출 실필 2302/1303/0903

- 제출대상 사업장의 규모는 전기 계약용량이 300kW 이상인 사업장이다.
- 건설물·기계·기구 및 설비 등 일체를 설치·이전하거나 그 주요 구조부분을 변경할 때에는 고용노동부장관(한국산업안전보건공단)에게 유해·위험방지계획서를 2부 제출하여야 한다.
- 제조업의 경우는 해당 작업 시작 15일 전에 제출한다.
- 건설업의 경우는 공사의 착공 전날까지 제출한다.

1703

23 Repetitive Learning (1회 2회 3회)

다음 중 작업공간 설계에 있어 "접근제한 요건"에 대한 설명으로 가장 적절한 것은?

① 조절식 의자와 같이 누구나 사용할 수 있도록 설계한다.
② 비상벨의 위치를 작업자의 신체조건에 맞추어 설계한다.
③ 트럭운전이나 수리작업을 위한 공간을 확보하여 설계한다.
④ 박물관의 미술 전시와 같이 장애물 뒤의 타켓과의 거리를 확보하여 설계한다.

해설

- 접근제한 요건이란 특정한 구역 등에 접근하지 못하도록 하거나 접근에 있어 일정한 거리를 확보하기 위한 것으로 타켓과의 거리를 확보하는 것과 관련된다.

∷ 작업공간 설계 요건

여유공간(clearance) 요건	작업장 설계의 주요한 변수로 장비들 사이와 주변 공간, 통로의 높이와 너비, 신체를 움직일 수 있는 공간과 관련된 것
접근제한 요건	특정한 구역 등에 접근하지 못하도록 하거나 접근에 있어 일정한 거리를 확보하기 위한 것
유지보수공(Maintenance people)을 위한 특별 요건	유지보수공들을 위한 특별한 요구사항을 분석하고 그에 따라 작업장을 설계한 것

24 Repetitive Learning (1회 2회 3회)

단순반응시간(Simple reaction time)이란 하나의 특정한 자극만이 발생할 수 있을 때 반응에 걸리는 시간으로서 흔히 실험에서와 같이 자극을 예상하고 있을 때이다. 자극을 예상하지 못할 경우 일반적으로 반응시간은 얼마 정도 증가되는가?

① 0.1초 ② 0.5초
③ 1.5초 ④ 2.0초

해설

- 예상치 못한 자극에 대한 일반적인 반응시간은 대안이 2배 증가할 때마다 약 0.15초(150ms)정도가 증가한다.

∷ Hick-hyman 법칙

- 운전원이 신호를 보고 어떤 장치를 조작해야 할지를 결정하기까지 걸리는 시간을 예측할 수 있다.
- 예상치 못한 자극에 대한 일반적인 반응시간은 대안이 2배 증가할 때마다 약 0.15초(150ms) 정도가 증가한다.
- 선택반응시간은 자극 정보량의 선형함수로 $RT = a + b \cdot T(S:R)$로 구한다.
  이때 전달된 정보 $T(S:R) = H(S) + H(R) - H(S,R)$이고 $H(S)$는 자극정보, $H(R)$은 반응정보, $H(S,R)$은 자극과 반응의 결합정보이다.

0303 / 0801 / 1401 / 2102

25 Repetitive Learning (1회 2회 3회)

어떤 설비의 시간당 고장률이 일정하다고 하면 이 설비의 고장간격은 다음 중 어떠한 확률분포를 따르는가?

① t분포 ② 와이블분포
③ 지수분포 ④ 아이링(Eyring)분포

해설

- t분포는 정규분포의 평균을 측정할 때 사용하는 분포이다.
- 와이블분포는 산업현장에서 부품의 수명을 추정하는 데 사용되는 연속확률분포의 한 종류이다.
- 아이링(Eyring)분포는 가속수명시험에서 수명과 스트레스의 관계를 구할 때 사용하는 모형을 말한다.

∷ 지수 분포

- 사건이 서로 독립적일 때, 일정 시간 동안 발생하는 사건의 횟수가 푸아송분포를 따를 때 사용하는 연속확률분포의 한 종류이다.
- 어떤 설비의 시간당 고장률이 일정할 때 이 설비의 고장간격을 측정하는 데 적합하다.

26 Repetitive Learning (1회 2회 3회)

위험관리의 안전성 평가에서 발생빈도보다 손실에 중점을 두며, 기업 간 의존도, 한 가지 사고가 여러 가지 손실을 수반하는가 하는 안전에 미치는 영향의 강도를 평가하는 단계는?

① 위험의 처리단계
② 위험의 분석 및 평가단계
③ 위험의 파악단계
④ 위험의 발견, 확인, 측정방법단계

23 ④ 24 ① 25 ③ 26 ② 정답

해설

- 위험의 분석 및 평가단계는 위해요인을 식별하고 위험을 산정하기 위하여 가용 정보를 체계적으로 활용하며, 위험기준과 추정된 위험을 비교하는 과정으로 발생빈도보다 손실에 중점을 두는 단계이다.

위험의 분석 및 평가단계

㉠ 개요

- 위험관리의 안전성 평가에서 발생빈도보다 손실에 중점을 두는 단계이다.
- 기업 간의 의존도가 어느 정도인지, 한 가지 사고가 여러 가지 손실을 수반하는지에 대한 확인 등 안전에 미치는 영향의 강도를 평가하는 단계이다.
- 위해요인을 식별하고 위험을 산정하기 위하여 가용 정보를 체계적으로 활용하며, 위험이 허용 가능한지를 판단하기 위해 설정한 위험기준과 추정된 위험을 비교하는 과정이다.

㉡ 유의사항

- 발생의 빈도보다는 손실의 규모에 중점을 둔다.
- 한 가지의 사고가 여러 가지 손실을 수반하는지 확인한다.
- 기업 간의 의존도는 어느 정도인지 점검한다.

27 Repetitive Learning (1회 2회 3회)

[그림]과 같은 FT도에서 F1=0.015, F2=0.02, F3=0.05이면, 정상사상 T가 발생할 확률은 약 얼마인가?

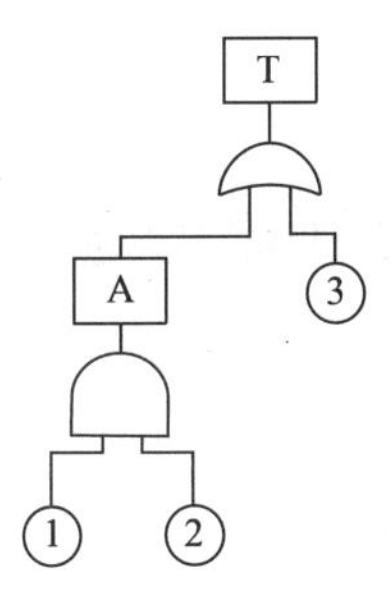

① 0.0002 ② 0.0283
③ 0.0503 ④ 0.950

해설

- A는 ①과 ②의 AND 연결이므로 0.015×0.02=0.0003이다.
- T는 A와 ③의 OR 연결이므로 1−(1−0.0003)(1−0.05) =1−(0.9997×0.95)=1−0.949715=0.050285가 된다.

FT도에서 정상(고장)사상 발생확률 실필 1203/0901

㉠ AND(직렬)연결 시

- 사상 A의 발생확률을 P_A, 사상 B, 사상 C 발생확률을 P_B, P_C라 할 때 $P_A = P_B \times P_C$로 구할 수 있다.

㉡ OR(병렬)연결 시

- 사상 A의 발생확률을 P_A, 사상 B, 사상 C 발생확률을 P_B, P_C라 할 때 $P_A = 1-(1-P_B)\times(1-P_C)$로 구할 수 있다.

28 Repetitive Learning (1회 2회 3회)

다음 중 직무의 내용이 시간에 따라 전개되지 않고 명확한 시작과 끝을 가지고 미리 잘 정의되어 있는 경우 인간 신뢰도의 기본단위를 나타내는 것은?

① bt
② HEP
③ $\lambda(t)$
④ $\alpha(t)$

해설

- 시작과 끝을 가지는 직무에 근무할 때 인간 신뢰도의 기본단위는 HEP이다.

인간실수확률(HEP : Human Error Probability)

- 시작과 끝을 가지는 직무에 근무할 때 인간 신뢰도의 기본단위이다.
- 과오가 발생할 수 있는 가능 수대비 실제 발생한 과오의 수의 비율로 표시한다.
- $\frac{\text{실제 발생 과오의 수}}{\text{발생 가능 과오의 수}}$로 구한다.

1701

29 Repetitive Learning (1회 2회 3회)

시스템 분석 및 설계에 있어서 인간공학의 가치와 가장 거리가 먼 것은?

① 훈련비용의 절감
② 인력 이용률의 향상
③ 생산 및 보전의 경제성 감소
④ 사고 및 오용으로부터의 손실 감소

해설

- 시스템 분석 및 설계에서 인간공학을 적용할 경우 생산 및 보전에 있어서 경제성은 증대된다.

시스템 분석 및 설계에 있어서 인간공학의 가치

- 훈련비용의 절감
- 인력 이용률의 향상
- 사고 및 오용으로부터의 손실 감소
- 성능의 향상
- 사용자의 수용도 향상

정답 | 27 ③ 28 ② 29 ③

30 Repetitive Learning 1회 2회 3회

다음 중 톱다운(Top-down) 접근방법으로 일반적 원리로부터 논리의 절차를 밟아서 각각의 사실이나 명제를 이끌어내는 연역적 평가기법은?

① FTA ② ETA
③ FMEA ④ HAZOP

해설

- ETA와 FMEA, HAZOP은 모두 귀납적 평가기법이다.

결함수분석법(FTA)

㉠ 개요
- 연역적 방법으로 원인을 규명하며, 재해의 정량적 예측이 가능한 분석방법이다.
- 하향식(Top-down) 방법을 사용한다.
- 특정 사상에 대해 짧은 시간에 해석이 가능하다.
- 복잡하고 대형화된 시스템을 논리기호를 사용하여 해석한다.
- 간단한 FT도의 작성으로 정성적 해석이 가능하여 비전문가도 잠재위험을 효율적으로 분석할 수 있다.
- 정성적 평가 후 정량적 평가를 실시하며, 정량적으로 재해발생 확률을 구한다.
- FTA를 수행함에 있어 기본사상들의 발생이 서로 독립인가 아닌가의 여부를 파악하기 위해서는 공분산을 이용한다.

㉡ 기대효과
- 사고원인 규명의 간편화
- 노력 시간의 절감
- 사고원인 분석의 정량화
- 시스템의 결함진단

1703

31 Repetitive Learning

다음 중 설비보전을 평가하기 위한 식으로 틀린 것은?

① 성능가동률 = 속도가동률 × 정미가동률
② 시간가동률 = (부하시간 − 정지시간)/부하시간
③ 설비종합효율 = 시간가동률×성능가동률×양품률
④ 정미가동률 = (생산량×기준 주기시간)/가동시간

해설

- 정미가동률은 실질가동시간/가동시간×100 = (생산량×실제 주기시간)/가동시간×100으로 구한다.

보전효과의 평가지표

㉠ 설비종합효율
- 설비종합효율은 설비의 활용이 어느 정도 효율적으로 이뤄지는지를 평가하는 척도이다.
- 시간가동률 × 성능가동률 × 양품률로 구한다.
- 시간가동률은 정지손실의 크기를 나타내며 (부하시간−정지시간)/부하시간으로 구한다.
- 성능가동률은 성능손실의 크기를 나타내며 속도가동률 × 정미가동률로 구한다.
- 양품률은 불량손실의 크기를 말한다.

㉡ 기타 평가요소
- 제품단위당 보전비 = 총보전비/제품수량
- 설비고장도수율 = 설비고장건수/설비가동시간
- 계획공사율 = 계획공사공수(工數)/전공수(全工數))
- 운전 1시간당 보건비 = 총보건비/설비운전시간
- 정미(실질)가동률 = 실질가동시간/가동시간×100 = (생산량×실제 주기시간)/가동시간×100

32 Repetitive Learning 1회 2회 3회

다음 중 어떤 의미를 전달하기 위한 시각적 부호 가운데 성격이 다른 것은?

① 교통표지판의 삼각형
② 위험표지판의 해골과 뼈
③ 도로표지판의 걷는 사람
④ 안전표지판의 소화기

해설

- ②, ③, ④는 묘사적 부호이고, ①은 임의적 부호이다.

시각적 부호

구분	내용
임의적 부호	시각적 부호 중 교통표지판, 안전보건표지 등과 같이 부호가 이미 고안되어 있어 사용자가 이를 배워야 하는 부호
묘사적 부호	시각적 부호 중 위험표지판의 해골과 뼈같이 사물이나 행동수정의 의미를 단순하고 정확하게 전달하는 부호
추상적 부호	전달하고자 하는 내용을 도식적으로 압축한 부호

30 ① 31 ④ 32 ① 정답

33 ――――――● Repetitive Learning (1회 2회 3회)

어떤 전자회로에는 4개의 트랜지스터와 20개의 저항이 직렬로 연결되어 있다. 이러한 부품들이 정상운용 상태에서 다음과 같은 고장률을 가질 때 이 회로의 신뢰도는 얼마인가?

• 트랜지스터 : 0.00001/시간 • 저항 : 0.000001/시간

① $e^{-0.0006t}$ ② $e^{-0.00004t}$
③ $e^{-0.00006t}$ ④ $e^{-0.000001t}$

해설

- 주어진 값을 대입한 트랜지스터의 신뢰도 $= e^{-(4\times 0.00001)t} = e^{-0.00004t}$ 이고
- 주어진 값을 대입한 저항의 신뢰도 $= e^{-(20\times 0.000001)t} = e^{-0.00002t}$ 이다.
- 직렬연결이므로 두 값을 곱하면 $= e^{-(0.00002+0.00004)t} = e^{-0.00006t}$ 이다.

:: 지수분포를 따르는 부품의 신뢰도

실필 1503/1502/1501/1402/1302/1101/1003/1002/0803/0801

- 고장률 λ인 시스템의 t시간 후의 신뢰도 $R(t)=e^{-\lambda t}$ 이다.
- 고장까지의 평균시간이 $t_0\left(=\frac{1}{\lambda_0}\right)$일 때 이 부품을 t시간 동안 사용할 경우의 신뢰도 $R(t)=e^{-\frac{t}{t_0}}$ 이다.

34 ――――――● Repetitive Learning (1회 2회 3회)

A 작업장에서 1시간 동안에 480Btu의 일을 하는 근로자의 대사량은 900Btu이고, 증발 열손실이 2250Btu, 복사 및 대류로부터 열이득이 각각 1900Btu 및 80Btu라 할 때 열 축적은 얼마인가?

① 100 ② 150
③ 200 ④ 250

해설

- 주어진 값을 대입하면 열 축적 S=(900−480)+1900+80−2250=150이다.

:: 인체의 열교환

㉠ 경로

복사	한겨울에 햇볕을 쬐면 기온은 차지만 따스함을 느끼는 것
대류	같은 온도에서도 바람이 부느냐 불지 않느냐에 따라 열손실이 달라지는 것
전도	달구어진 옥상 바닥을 손바닥으로 짚을 때 손바닥에 열이 전해지는 것
증발	피부 표면을 통해 인체의 열이 증발하는 것

㉡ 열교환 과정

- S = (M − W) ± R ± C − E
  단, S는 열 축적, M은 대사, W는 일, R은 복사, C는 대류, E는 증발을 의미한다.
- 열교환에 영향을 미치는 요소에는 기온(Temperature), 습기(Humidity), 기류(Air movement) 등이 있다.

35 ――――――● Repetitive Learning (1회 2회 3회)

다음 중 인간-기계 시스템의 설계 시 시스템의 기능을 정의하는 단계는?

① 제1단계 : 시스템의 목표와 성능 명세서 결정
② 제2단계 : 시스템의 정의
③ 제3단계 : 기본 설계
④ 제4단계 : 인터페이스 설계

해설

- 목표달성을 위한 필요한 시스템의 기능을 결정하는 단계는 2단계 시스템의 정의단계이다.

:: 인간-기계 시스템의 설계 과정

1단계	시스템의 목표와 성능 명세 결정	목적 및 존재 이유에 대한 개괄적 표현
2단계	시스템의 정의	목표 달성을 위한 필요한 기능의 결정
3단계	기본 설계	기능의 할당, 인간성능 요건 명세, 직무분석, 작업설계
4단계	인터페이스 설계	작업공간, 화면설계, 표시 및 조종장치
5단계	보조물 설계 혹은 편의수단 설계	성능보조자료, 훈련도구 등 보조물 계획
6단계	평가	

36 ――――――● Repetitive Learning (1회 2회 3회)

다음 중 점멸융합주파수에 대한 설명으로 옳은 것은?

① 암조응 시에는 주파수가 증가한다.
② 정신적으로 피로하면 주파수 값이 내려간다.
③ 휘도가 동일한 색은 주파수 값에 영향을 준다.
④ 주파수는 조명 강도의 대수치에 선형 반비례한다.

해설

- 암조응 시에는 주파수가 감소한다.
- 휘도만 같다면 색상은 주파수에 영향을 주지 않는다.
- 점멸융합주파수는 조명 강도의 대수치에 선형적으로 비례한다.

정답 | 33 ③ 34 ② 35 ② 36 ②

:: 점멸융합주파수(Flicker fusion frequency)

㉠ 개요

- 시각적 혹은 청각적으로 주어지는 계속적인 자극을 연속적으로 느끼게 되는 주파수를 말한다.
- 중추신경계의 정신적 피로도의 척도를 나타내는 대표적인 측정값이다.
- 정신적으로 피로하면 주파수의 값이 감소한다.

㉡ 시각적 점멸융합주파수(VFF)

- 빛의 검출성에 영향을 주는 인자 중의 하나로 점멸속도가 약 30Hz 이상이면 불이 계속 켜진 것처럼 보인다.
- 암조응 시에는 주파수가 감소한다.
- 휘도만 같다면 색상은 주파수에 영향을 주지 않는다.
- 표적과 주변의 휘도가 같을 때 최대가 된다.
- 주파수는 조명 강도의 대수치에 선형적으로 비례한다.
- 사람들 간에는 큰 차이가 있으나 개인의 경우 일관성이 있다.

1602

37 Repetitive Learning (1회 2회 3회)

다음 중 정보의 촉각적 암호화 방법으로만 구성된 것은?

① 점자, 진동, 온도
② 초인종, 점멸등, 점자
③ 신호등, 경보음, 점등
④ 연기, 온도, 모스(Morse)부호

해설

- 초인종, 경보음, 모스(Morse)부호는 청각적 암호화 방법이고, 점멸등, 신호등, 점등, 연기 등은 시각적 암호화 방법이다.

:: 촉각적 암호화

- 표면촉각을 이용한 암호화 방법 – 점자, 진동, 온도 등
- 형상을 이용한 암호화 방법 – 모양
- 크기를 이용한 암호화 방법 – 크기

38 Repetitive Learning (1회 2회 3회)

다음 중 공기의 온열조건의 4요소에 포함되지 않는 것은?

① 대류
② 전도
③ 반사
④ 복사

해설

- 공기의 온열조건은 대류, 전도, 복사, 증발로 이루어진다.

:: 온열조건

- 온열인자들에 의해 이루어진 조합적인 상태로 온열상태, 온열지수라고도 한다.
- 작업환경의 온열요소에는 기온, 기습, 기류, 열복사 등이 있다.
- 공기의 온열조건은 대류, 전도, 복사, 증발로 이루어진다.

1802

39 Repetitive Learning (1회 2회 3회)

안전교육을 받지 못한 신입직원이 작업 중 전극을 반대로 끼우려고 시도했으나, 플러그의 모양이 반대로는 끼울 수 없도록 설계되어 있어서 사고를 예방할 수 있었다. 작업자가 범한 오류와 이와 같은 사고 예방을 위해 적용된 안전설계 원칙으로 가장 적합한 것은?

① 누락(omission) 오류, fail safe 설계원칙
② 누락(omission) 오류, fool proof 설계원칙
③ 작위(commission) 오류, fail safe 설계원칙
④ 작위(commission) 오류, fool proof 설계원칙

해설

- 작업을 정확하게 수행하지 못한 오류에 해당하므로 실행오류(Commission error)이고, 작업자가 실수를 하여도 기계가 정상적으로 작동하게 설계하는 것은 Fool proof이다.

:: 행위적 관점에서의 휴먼에러 분류(Swain)

실필 1801/1702/1601/1401/1201/0901/0803/0802

구분	내용
실행오류 (Commission error)	작업 수행 중 작업을 정확하게 수행하지 못해 발생한 에러
생략오류 (Omission error)	필요한 작업 또는 절차를 수행하지 않는데 기인한 에러
불필요한 수행오류 (Extraneous error)	불필요한 작업 또는 절차를 수행함으로써 발생한 에러
순서오류 (Sequential error)	필요한 작업 또는 절차의 순서 착오로 인한 에러
시간오류 (Timing error)	필요한 작업 또는 절차의 수행을 지연한데 기인한 에러

:: 안전설계(Fail safe design) 방법

구분	내용
Fool proof	작업자가 기계를 잘못 취급하는 행동이나 실수를 하여도 기계설비의 안전기능이 적용되어 재해를 방지할 수 있는 기능의 설계방식
Fail safe	기계나 부품에 파손·고장이나 기능 불량이 발생하여도 항상 안전하게 작동할 수 있는 구조와 기능
Temper proof	안전장치를 제거하는 경우 설비가 작동되지 않도록 하는 안전설계방식

37 ① 38 ③ 39 ④ 정답

40 Repetitive Learning 1회 2회 3회

작업자가 계기판의 수치를 읽고 판단하여 밸브를 잠그는 작업을 수행한다고 할 때, 다음 중 이 작업자의 실수 확률을 예측하는 데 가장 적합한 기법은?

① THERP ② FMEA
③ OSHA ④ MORT

해설

- 고장형태와 영향분석(FMEA)는 제품 설계와 개발단계에서 고장 발생을 최소로 하고자 하는 경우에 유효한 분석기법이다.
- 운용 및 지원 위험분석(O&SHA)방법은 생산, 보전, 시험, 운반, 저장, 비상탈출 등에 사용되는 인원, 설비에 관하여 위험을 동정(同定)하고 제어하며, 그들의 안전요건을 결정하기 위하여 실시하는 분석기법이다.
- MORT(Management Oversight and Risk Tree)는 관리, 설계, 생산, 보전 등의 넓은 범위의 안전성을 검토하기 위한 기법이다.

THERP(Technique for Human Error Rate Prediction)

- 인간오류율예측기법이라고도 하는 대표적인 인간실수확률에 대한 추정기법이다.
- 사고원인 가운데 인간의 과오에 기인된 원인 분석, 확률을 계산함으로써 제품의 결함을 감소시키고, 인간공학적 대책을 수립하는 데 사용되는 분석기법이다.
- 인간의 과오를 정량적으로 평가하기 위한 기법으로서 인간의 과오율 추정법 등 5개의 스텝으로 되어 있다.

3과목 기계 · 기구 및 설비 안전관리

0303 / 0903 / 1102

41 Repetitive Learning 1회 2회 3회

확동 클러치의 봉합개소의 수는 4개, 300SPM(Stroke Per Minute)의 완전 회전식 클러치 기구가 있는 프레스의 양수기동식 방호장치의 안전거리는 약 몇 mm 이상이어야 하나?

① 360 ② 315
③ 240 ④ 225

해설

- 시간이 주어지지 않았으므로 주어진 값을 대입하여 방호장치의 안전거리를 구하면 반응시간은 $\left(\frac{1}{4}+\frac{1}{2}\right)\times\frac{60,000}{300}=\frac{3}{4}\times 200=150$ [ms]이다.
- 안전거리는 $1.6\times150=240$[mm]가 된다.

양수조작식 방호장치 안전거리 실필 2401/1701/1103/0903

- 인간 손의 기준속도(1.6[m/s])를 고려하여 양수조작식 방호장치의 안전거리는 1.6×반응시간으로 구할 수 있다.
- 클러치 프레스에 부착된 양수조작식 방호장치의 반응시간(T_m)은 버튼에서 손이 떨어지고 슬라이드가 정지할 때까지의 시간으로 해당 시간이 주어지지 않을 때는
  $T_m=\left(\frac{1}{\text{클러치}}+\frac{1}{2}\right)\times\frac{60,000}{\text{분당 행정수}}$[ms]로 구할 수 있다.
- 시간이 주어질 때는 $D=1.6(T_L+T_s)$로 구한다.
  D : 안전거리(mm)
  T_L : 버튼에서 손이 떨어질 때부터 급정지기구가 작동할 때까지 시간(ms)
  T_s : 급정지기구 작동 시부터 슬라이드가 정지할 때까지 시간(ms)

0901

42 Repetitive Learning 1회 2회 3회

동력 프레스기 중 Hand in die 방식의 프레스기에서 사용하는 방호대책에 해당하는 것은?

① 자동 프레스의 도입
② 전용 프레스의 도입
③ 가드식 방호장치
④ 안전 울을 부착한 프레스

해설

- 가드식 방호장치는 인터록(연동) 장치를 사용하여 문을 닫지 않으면 동작되지 않는 구조이거나 가드가 열린 상태에서 슬라이드를 동작시킬 수 없고 또한 슬라이드 작동 중에는 게이트 가드를 열 수 없도록 만든 방호장치이다.

No hand in die 방식

- 프레스에서 손을 금형 사이에 집어넣을 수 없도록 하는 본질적 안전화를 위한 방식을 말한다.
- 안전 금형, 안전 울(방호 울)을 사용하거나 전용 프레스를 도입하여 금형 안에 손이 들어가지 못하게 한다.
- 자동 송급 및 배출장치를 가진 자동 프레스는 손을 집어넣을 필요가 없는 방식이다.
- 자동 송급 및 배출장치에는 롤 피더(Roll feeder), 푸셔 피더(Pusher feeder), 다이얼 피더(Dial feeder), 트랜스퍼 피더(Transfer feeder), 에젝터(Ejecter) 등이 있다.

정답 40 ① 41 ③ 42 ③

0601 / 0801

43

Repetitive Learning 1회 2회 3회

산업안전보건기준에 관한 규칙에 따라 연삭기(研削機) 또는 평삭기(平削機)의 테이블, 형삭기(形削) 램 등의 행정 끝이 근로자에게 위험을 미칠 우려가 있는 경우 위험방지를 위해 해당 부위에 설치하여야 하는 것은?

① 안전망 ② 급정지장치
③ 방호판 ④ 덮개 또는 울

해설

- 연삭기의 방호장치는 덮개, 울, 칩비산방지 투명판 등이 있으며, 산업안전보건법에서는 연삭기 또는 평삭기의 테이블, 형삭기 램 등의 행정 끝이 근로자에게 위험을 미칠 우려가 있는 경우에 해당 부위에 덮개 또는 울 등을 설치하도록 하고 있다.

연삭기의 방호대책

- 사업주는 연삭숫돌을 사용하는 작업의 경우 작업을 시작하기 전에는 1분 이상, 연삭숫돌을 교체한 후에는 3분 이상 시험운전을 하고 해당 기계에 이상이 있는지를 확인하여야 한다.
- 사업주는 회전 중인 연삭숫돌(지름이 5cm 이상인 것)이 근로자에게 위험을 미칠 우려가 있는 경우에 그 부위에 덮개를 설치하여야 한다.
- 탁상용 연삭기의 덮개에는 워크레스트 및 조정편을 구비하여야 하며, 워크레스트는 연삭숫돌과 간격을 3mm 이하로 조정할 수 있는 구조이어야 한다.
- 자율안전확인 연삭기 덮개에는 자율안전확인의 표시 외에 숫돌사용 원주속도와 숫돌 회전방향을 추가로 표시하여야 한다.
- 연삭기 덮개의 재료는 인장강도의 값(274.5MPa)에 신장도(14%)의 20배를 더한 값이 754.5 이상이어야 한다.
- 연삭숫돌의 회전속도 검사는 숫돌을 안전사용속도의 1.5배 속도로 3~5분 회전시켜 검사한다.
- 연삭기 또는 평삭기의 테이블, 형삭기 램 등의 행정 끝이 근로자에게 위험을 미칠 우려가 있는 경우에 해당 부위에 덮개 또는 울 등을 설치하여야 한다.

0401 / 2202

44

Repetitive Learning 1회 2회 3회

조작자의 신체부위가 위험한계 밖에 위치하도록 기계의 조작장치를 위험구역에서 일정거리 이상 떨어지게 하는 방호장치를 무엇이라 하는가?

① 덮개형 방호장치
② 차단형 방호장치
③ 위치제한형 방호장치
④ 접근반응형 방호장치

해설

- 조작자의 신체부위가 위험한계 밖에 위치하도록 하는 방호장치는 위치제한형 방호장치이다.

방호장치의 종류

㉠ 작업점에 대한 방호장치

형태	설명
격리형	작업자가 위험점에 접근하지 못하도록 차단벽이나 망(울타리), 덮개 등을 설치하는 방호장치
위치제한형	• 대표적인 종류는 양수조작식 • 위험기계에 조작자의 신체부위가 의도적으로 위험점 밖에 있도록 하는 방호장치
접근거부형	• 대표적인 종류는 손쳐내기식(방호판) • 위험기계 및 위험기구 방호조치 기준상 작업자의 신체부위가 위험한계 내로 접근하였을 때 기계적인 작용에 의하여 근접을 저지하는 방호장치
접근반응형	• 대표적인 종류는 광전자식 방호장치 • 작업자가 위험점에 접근할 경우 센서에 의해 기계의 작동이 정지되는 방호장치

㉡ 위험원에 대한 방호장치

형태	설명
감지형	이상온도, 이상기압, 과부하 등 기계의 부하가 안전 한계치를 초과하는 경우에 이를 감지하고 자동으로 안전상태가 되도록 조정하거나 기계의 작동을 중지시키는 방호장치
포집형	• 대표적인 종류는 연삭숫돌의 포집장치 • 위험장소가 아닌 위험원에 대한 방호장치

45

Repetitive Learning

1회 2회 3회

산업안전보건법령에 따라 타워크레인을 와이어로프로 지지하는 경우, 와이어로프의 설치각도는 수평면에서 몇 도 이내로 해야 하는가?

① 30°
② 45°
③ 60°
④ 75°

해설

- 타워크레인을 와이어로프로 지지하는 경우 설치각도는 수평면에서 60도 이내로 하되, 지지점은 4개소 이상, 같은 각도로 설치해야 한다.

43 ④ 44 ③ 45 ③ 정답

:: 타워크레인의 지지

- 사업주는 타워크레인을 자립고(自立高) 이상의 높이로 설치하는 경우 건축물 등의 벽체에 지지하도록 하여야 한다.
- 타워크레인을 와이어로프로 지지하는 경우 고정하기 위한 전용 지지프레임을 사용하고, 설치각도는 수평면에서 60도 이내로 하되, 지지점은 4개소 이상, 같은 각도로 설치해야 하며, 와이어로프와 그 고정부위는 충분한 강도와 장력을 갖도록 설치하고, 와이어로프를 클립・샤클(Shackle) 등의 고정기구를 사용하여 견고하게 고정시켜 풀리지 아니하도록 하며, 사용 중에는 충분한 강도와 장력을 유지하도록 하며, 와이어로프가 가공전선(架空電線)에 근접하지 않도록 하여야 한다.

0902 / 1603 / 2201

46 Repetitive Learning (1회 2회 3회)

플레이너의 작업 시의 안전대책이 아닌 것은?

① 베드 위에 다른 물건을 올려놓지 않는다.
② 바이트는 되도록 짧게 나오도록 설치한다.
③ 프레임 내의 피트(Pit)에는 뚜껑을 설치한다.
④ 칩 브레이커를 사용하여 칩이 길게 되도록 한다.

해설

- 칩 브레이커는 절삭 작업 시 칩을 잘게 끊어주는 장치이다.

:: 플레이너(Planer)작업 시의 안전대책

- 플레이너의 프레임 중앙부에 있는 피트(Pit)에는 뚜껑을 설치한다.
- 베드 위에 다른 물건을 올려놓지 않는다.
- 바이트는 되도록 짧게 나오도록 설치한다.
- 테이블의 이동범위를 나타내는 안전방호울을 세우도록 한다.
- 에이프런을 돌리기 위하여 해머로 치지 않는다.
- 절삭행정 중 일감에 손을 대지 말아야 한다.

47 Repetitive Learning (1회 2회 3회)

다음 중 프레스작업에서 금형 안에 손을 넣을 필요가 없도록 한 장치가 아닌 것은?

① 롤 피더
② 스트리퍼
③ 다이얼 피더
④ 에젝터

해설

- 스트리퍼는 펀치작업 후 제품을 자동으로 제거하는 장치이다.

:: No hand in die 방식

문제 42번의 유형별 핵심이론 :: 참조

48 Repetitive Learning (1회 2회 3회)

지게차의 높이가 6m이고, 안정도가 30%일 때 지게차의 수평거리는 얼마인가?

① 10m
② 20m
③ 30m
④ 40m

해설

- 지게차의 높이와 안정도가 주어졌고, 수평거리를 구하는 문제이므로 지게차의 안정도를 구하는 식을 이용해 구할 수 있다.
- 지게차의 수평거리 $= \frac{높이}{안정도}$이므로 $\frac{6}{0.3} = 20[m]$이다.

:: 지게차의 안정도

㉠ 개요

- 지게차의 하역 시, 운반 시 전도에 대한 안전성을 표시하는 값이다.
- 좌우 안정도와 전후 안정도가 있다.
- 작업 또는 주행 시 안정도 이하로 유지해야 한다.
- 지게차의 안정도 $= \frac{높이}{수평거리}$로 구한다.

㉡ 지게차의 작업상태별 안정도 실작 1601

- 기준 부하상태에서 하역작업 시의 전후 안정도는 4%이다(5톤 이상일 경우 3.5%).
- 기준 부하상태에서 하역작업 시의 좌우 안정도는 6%이다.
- 기준 부하상태에서 주행 시의 전후 안정도는 18%이다.
- 기준 무부하상태에서 주행 시의 좌우 안정도는 (15+1.1V)%이다(이때, V는 주행속도를 의미한다).

49 Repetitive Learning (1회 2회 3회)

다음 중 기계설계 시 사용되는 안전계수를 나타내는 식으로 틀린 것은?

① 허용응력/기초강도
② 극한강도/최대설계응력
③ 파단하중/안전하중
④ 파괴하중/최대사용하중

해설

- 안전율/안전계수는 $\frac{기준강도}{허용응력}$ 또는 $\frac{항복강도}{설계하중}$, $\frac{파괴하중}{최대사용하중}$, $\frac{최대응력}{허용응력}$ 등으로 구한다.

정답 | 46 ④ 47 ② 48 ② 49 ①

∷ 안전율/안전계수(Safety factor)

- 소재의 파괴강도와 허용되는 응력의 비를 표시한 것이다.
- 안전율은 $\frac{\text{기준강도}}{\text{허용응력}}$ 또는 $\frac{\text{항복강도}}{\text{설계하중}}$, $\frac{\text{파괴하중}}{\text{최대사용하중}}$, $\frac{\text{최대응력}}{\text{허용응력}}$ 등으로 구한다.
- 응력은 단위면적당 부재에 작용하는 힘을 말하며, 허용응력은 단위면적당 재료가 파괴되지 않고 영구적인 변형이 남지 않는 비례한도 범위 내의 응력을 말한다.
- 기준강도는 재료에 손상을 입힌다고 인정되는 강도를 말한다.
- 강도(기준강도)를 통해 재료의 안전율, 구조 등이 결정된다.
- 연성재료에서는 항복점을 기준강도, 인장강도, 기초강도라고도 한다.

50 ——— Repetitive Learning (1회 2회 3회)

검사물 표면의 균열이나 피트 등의 결함을 비교적 간단하고 신속하게 검출할 수 있고, 특히 비자성 금속재료의 검사에 자주 이용되는 비파괴검사법은?

① 침투탐상검사
② 초음파탐상검사
③ 자기탐상검사
④ 방사선투과검사

해설

- 초음파탐상검사는 초음파의 반사(타진)의 원리를 이용하여 검사한다.
- 자기탐상검사는 결함부위의 자극에 자분이 부착되는 것을 이용한다.
- 방사선투사검사는 X선의 강도나 노출시간을 조절하여 검사한다.

∷ 침투탐상검사

- 비파괴검사방법 중 하나로 주로 비자성 금속재료의 검사에 이용된다.
- 검사물 표면의 균열이나 피트 등의 결함을 비교적 간단하고 신속하게 검출할 수 있다.
- 검사는 전처리 → 침투처리 → 세척처리 → 현상처리 → 관찰 → 후처리 순으로 진행한다.

51 ——— Repetitive Learning (1회 2회 3회)

다음 중 드릴작업 시 작업안전수칙으로 적절하지 않은 것은?

① 재료의 회전정지 지그를 갖춘다.
② 드릴링 잭에 렌치를 끼우고 작업한다.
③ 옷소매가 긴 작업복은 착용하지 않는다.
④ 스위치 등을 이용한 자동급유장치를 구성한다.

해설

- 작업시작 전 척 렌치(Chuck wrench)를 반드시 뺀다.

∷ 드릴작업 시 작업안전수칙

㉠ 작업자 안전수칙
- 장갑의 착용을 금한다.
- 작업자는 보호안경을 쓰거나 안전덮개(Shield)를 설치한다.
- 작업모를 착용하고 옷소매가 긴 작업복은 입지 않는다.

㉡ 작업 시작 전 점검사항
- 작업시작 전 척 렌치(Chuck wrench)를 반드시 뺀다.
- 다축 드릴링에 대해 플라스틱제의 평판을 드릴 커버로 사용한다.
- 마이크로스위치를 이용하여 드릴링 핸들을 내리게 하여 자동급유장치를 구성한다.

㉢ 작업 중 안전지침
- 바이스, 지그 등을 사용하여 작업 중 공작물의 유동을 방지한다.
- 작은 구멍을 뚫고 큰 구멍을 뚫도록 한다.
- 얇은 철판이나 동판에 구멍을 뚫을 때는 각목을 밑에 깔고 기구로 고정한다.
- 구멍을 뚫을 때 관통된 것을 확인하기 위해 손으로 만져서는 안 된다.
- 칩은 와이어 브러시로 작업이 끝난 후에 제거한다.
- 구멍 끝 작업에서는 절삭압력을 주어서는 안 된다.

0301 / 0303 / 0402 / 0801 / 0902 / 1103

52 ——— Repetitive Learning (1회 2회 3회)

왕복운동을 하는 동작운동과 움직임이 없는 고정부분 사이에 형성되는 위험점을 무엇이라 하는가?

① 끼임점(Shear point)
② 절단점(Cutting point)
③ 물림점(Nip point)
④ 협착점(Squeeze point)

50 ① 51 ② 52 ④ 정답

해설

- 끼임점은 고정부분과 회전하는 동작부분이 만드는 위험점이다.
- 절단점은 회전하는 운동부 자체의 위험에서 초래되는 위험점이다.
- 물림점은 반대로 회전하는 두 개의 회전체가 맞닿는 사이에 발생하는 위험점이다.

협착점(Squeeze-point) 실필 1503

㉠ 개요

- 왕복운동을 하는 기계의 운동부와 움직임 없는 고정부 사이에서 형성되는 위험점을 말한다.
- 프레스 금형 조립부위, 프레스 브레이크 금형 조립부위 등에서 발생한다.

㉡ 대표적인 협착점

협착점	
프레스 금형 조립부위	프레스 브레이크 금형 조립부위

53

Repetitive Learning 1회 2회 3회

다음 중 밀링작업에 대한 안전조치 사항으로 옳지 않은 것은?

① 급속이송은 한 방향으로만 한다.
② 커터는 될 수 있는 한 컬럼에 가깝게 설치한다.
③ 백래시(Back lash) 제거장치는 급속이송 시 작동한다.
④ 이송장치의 핸들은 사용 후 반드시 빼 두어야 한다.

해설

- 급속이송은 백래시 제거장치가 동작하지 않고 있음을 확인한 다음 행한다.

밀링머신(Milling machine) 안전수칙

㉠ 작업자 보호구 착용

- 작업 중 면장갑은 끼지 않는다.
- 작업자의 옷소매 등이 커터에 말릴 수 있으므로 주의하고, 묶을 때 끈을 사용하지 않는다.
- 칩의 비산이 많으므로 보안경을 착용한다.

㉡ 커터 관련 안전수칙

- 커터는 될 수 있는 한 컬럼에 가깝게 설치한다.
- 커터를 끼울 때는 아버를 깨끗이 닦는다.
- 커터의 교환 시는 테이블 위에 목재를 받쳐 놓는다.
- 밀링커터는 걸레 등으로 감싸 쥐고 다루도록 한다.
- 절삭 공구에 절삭유를 주유 시에는 커터 위부터 공급한다.

㉢ 기타 안전수칙

- 테이블 위에 공구 등을 올려놓지 않는다.
- 강력절삭 시에는 일감을 바이스에 깊게 물린다.
- 일감의 측정은 기계를 정지한 후에 한다.
- 주축속도의 변속은 반드시 주축의 정지 후에 한다.
- 상하, 좌우 이송 손잡이는 사용 후 반드시 빼 둔다.
- 급속이송은 백래시 제거장치가 동작하지 않고 있음을 확인한 다음 행한다.
- 칩의 제거는 절삭작업이 끝난 후 브러시나 청소용 솔을 사용하여 한다.

54

Repetitive Learning 1회 2회 3회

다음 중 소음방지 대책으로 가장 적절하지 않은 것은?

① 소음의 통제
② 소음의 적응
③ 흡음재 사용
④ 보호구 착용

해설

- 소음에의 적응은 소음방지 대책이 아니다.

소음발생 시 음원 대책

- 소음원의 통제
- 소음설비의 격리
- 설비의 적절한 재배치
- 저소음 설비의 사용

55

Repetitive Learning 1회 2회 3회

크레인작업 시 와이어로프에 4ton의 중량을 걸어 $2m/s^2$의 가속도로 감아올릴 때, 로프에 걸리는 총 하중은 얼마인가?

① 약 4,063kgf
② 약 4,193kgf
③ 약 4,243kgf
④ 약 4,816kgf

해설

- 로프에 4톤의 중량을 걸어 올리고 있으므로 정하중이 4,000kg이고, 주어진 값을 대입하면 동하중은 $\frac{4,000}{9.8} \times 2 = 816.32$[kgf]가 된다.
- 총 하중은 $4,000 + 816.32 = 4,816.32$[kgf]이다.

정답 53 ③ 54 ② 55 ④

화물을 일정한 가속도로 감아올릴 때 총 하중

- 화물을 일정한 가속도로 감아올릴 때 총 하중은 화물의 중량에 해당하는 정하중과 감아올림으로 인해 발생하는 동하중(중력가속도를 거스르는 하중)의 합으로 구한다.
- 총 하중[kgf] = 정하중 + 동하중으로 구한다.
- 동하중 = $\frac{\text{정하중}}{\text{중력가속도}}$ × 인양가속도로 구할 수 있다.

1903

56 Repetitive Learning (1회 2회 3회)

산업안전보건법령에 따라 사다리식 통로를 설치하는 경우 준수하여야 하는 사항으로 틀린 것은?

① 사다리식 통로의 기울기는 60° 이하로 할 것
② 발판과 벽과의 사이는 15cm 이상의 간격을 유지할 것
③ 사다리의 상단은 걸쳐놓은 지점으로부터 60cm 이상 올라가도록 할 것
④ 사다리식 통로의 길이가 10m 이상인 경우에는 5m 이내마다 계단참을 설치할 것

해설

- 사다리식 통로의 기울기는 75° 이하로 하여야 한다.

사다리식 통로의 구조 실필 2202/1101/0901

- 견고한 구조로 할 것
- 심한 손상·부식 등이 없는 재료를 사용할 것
- 발판의 간격은 일정하게 할 것
- 발판과 벽과의 사이는 15cm 이상의 간격을 유지할 것
- 폭은 30m 이상으로 할 것
- 사다리가 넘어지거나 미끄러지는 것을 방지하기 위한 조치를 할 것
- 사다리의 상단은 걸쳐놓은 지점으로부터 60cm 이상 올라가도록 할 것
- 사다리식 통로의 길이가 10m 이상인 경우에는 5m 이내마다 계단참을 설치할 것
- 사다리식 통로의 기울기는 75° 이하로 할 것. 다만, 고정식 사다리식 통로의 기울기는 90° 이하로 하고, 그 높이가 7m 이상인 경우에는 바닥으로부터 높이가 2.5m 되는 지점부터 등받이울을 설치할 것
- 접이식 사다리 기둥은 사용 시 접혀지거나 펼쳐지지 않도록 철물 등을 사용하여 견고하게 조치할 것

57 Repetitive Learning (1회 2회 3회)

산업안전보건법령상 공기압축기를 가동할 때 작업 시작 전 점검사항에 해당하지 않는 것은?

① 윤활유의 상태
② 회전부의 덮개 또는 울
③ 과부하방지장치의 작동 유무
④ 공기저장 압력용기의 외관 상태

해설

- 과부하방지장치의 작동 유무는 고소작업대를 사용하여 작업을 할 때의 작업 전 점검사항이다.

공기압축기의 작업 시작 전 점검사항 실필 1902/1602

- 공기저장 압력용기의 외관 상태
- 드레인밸브(Drain valve)의 조작 및 배수
- 압력방출장치의 기능
- 언로드밸브(Unloading valve)의 기능
- 윤활유의 상태
- 회전부의 덮개 또는 울
- 그 밖의 연결 부위의 이상 유무

1101

58 Repetitive Learning (1회 2회 3회)

공기압축기에서 공기탱크 내의 압력이 최고사용압력에 도달하면 압송을 정지하고, 소정의 압력까지 강하하면 다시 압송작업을 하는 밸브는?

① 감압밸브
② 언로드밸브
③ 릴리프밸브
④ 시퀀스밸브

해설

- 감압밸브는 증기의 압력을 감소시키는 밸브이다.
- 릴리프밸브는 압력용기나 보일러 등에서 압력이 소정 압력 이상이 되었을 때 가스를 탱크 외부로 분출하는 밸브이다.
- 시퀀스밸브는 다이어프램의 수압판으로 조작된 공기압을 받아 밸브를 개폐하는 구조로 냉·온수 공급을 제어하는 조작을 한다.

언로드밸브(Unloading valve)

- 공기압축기에서 무부하 운전상태로 만드는 밸브이다.
- 공기탱크 내의 압력이 최고사용압력에 도달하면 압송을 정지하고, 소정의 압력까지 강하하면 다시 압송작업을 하는 밸브이다.

56 ① 57 ③ 58 ② 정답

1901 / 2202

59

Repetitive Learning 1회 2회 3회

다음 중 산업용 로봇에 의한 작업 시 안전조치사항으로 적절하지 않은 것은?

① 근로자가 로봇에 부딪칠 위험이 있을 때에는 안전매트 및 1.8m 이상의 울타리를 설치하여야 한다.

② 작업을 하고 있는 동안 로봇의 기동스위치 등은 작업에 종사하고 있는 근로자가 아닌 사람이 그 스위치 등을 조작할 수 없도록 필요한 조치를 한다.

③ 로봇의 조작방법 및 순서, 작업 중의 매니퓰레이터의 속도 등에 관한 지침에 따라 작업을 하여야 한다.

④ 작업에 종사하는 근로자가 이상을 발견하면, 관리 감독자에게 우선 보고하고, 지시에 따라 로봇의 운전을 정지시킨다.

해설

- 작업에 종사하고 있는 근로자 또는 그 근로자를 감시하는 사람은 이상을 발견하면 즉시 로봇의 운전을 정지시키기 위한 조치를 해야 한다.

산업용 로봇에 의한 작업 시 안전조치 실필 1901/1201

- 로봇의 조작방법 및 순서, 작업 중의 매니퓰레이터의 속도 등에 관한 지침에 따라 작업을 하여야 한다.
- 작업에 종사하고 있는 근로자 또는 그 근로자를 감시하는 사람은 이상을 발견하면 즉시 로봇의 운전을 정지시키기 위한 조치를 해야 한다.
- 작업을 하고 있는 동안 로봇의 기동스위치 등에 작업 중이라는 표시를 하는 등 작업에 종사하고 있는 근로자가 아닌 사람이 그 스위치 등을 조작할 수 없도록 필요한 조치를 해야 한다.
- 근로자가 로봇에 부딪칠 위험이 있을 때에는 안전매트 및 1.8m 이상의 울타리를 설치하여야 한다.

1202

60

Repetitive Learning 

용해아세틸렌의 가스집합용접장치의 배관 및 부속기구에는 구리나 구리 함유량이 얼마 이상인 합금을 사용해서는 안 되는가?

① 50%　　② 65%

③ 70%　　④ 85%

해설

- 용해아세틸렌의 가스집합 용접장치의 배관 및 부속기구는 구리나 구리 함유량이 70% 이상인 합금을 사용해서는 아니 된다.

구리 등의 사용제한

- 용해아세틸렌의 가스집합 용접장치의 배관 및 부속기구는 구리나 구리 함유량이 70% 이상인 합금을 사용해서는 아니 된다.
- 구리 사용제한 이유는 아세틸렌이 구리와 접촉 시 아세틸라이드라는 폭발성 물질이 생성되기 때문이다.

4과목 전기설비 안전관리

2202

61

Repetitive Learning 

정전기 재해방지에 관한 설명 중 잘못된 것은?

① 이황화탄소의 수송 과정에서 배관 내의 유속을 2.5m/s 이상으로 한다.

② 포장 과정에서 용기를 도전성 재료에 접지한다.

③ 인쇄 과정에서 도포량을 적게 하고 접지한다.

④ 작업장의 습도를 높여 전하가 제거되기 쉽게 한다.

해설

- 유동대전이 심하고 폭발 위험성이 높은 것(가솔린, 이황화탄소, 벤젠 등)은 배관 내 유속을 1m/s 이하로 해야 한다.

정전기 재해방지대책 실필 1901/1702/1201/1103

- 부도체에 제전기를 설치·운영하거나 도전성을 향상시켜야 한다.
- 정전기 재해방지를 위해서 반도체 취급 공정작업자가 착용하는 손목 띠의 저항은 1[mΩ]으로 한다.
- 도체의 경우 접지를 하며 이때 접지값은 $10^6\Omega$ 이하이면 충분하고, 안전을 고려하여 $10^3\Omega$ 이하로 유지한다.
- 생산공정에 별다른 문제가 없다면, 습도를 70% 정도 유지하여 전하가 제거되기 쉽게 한다.
- 유동대전이 심하고 폭발 위험성이 높은 것(가솔린, 이황화탄소, 벤젠 등)은 배관 내 유속을 1m/s 이하로 해야 한다.
- 포장 과정에서 용기를 도전성 재료에 접지한다.
- 인쇄 과정에서 도포량을 적게 하고 접지한다.
- 대전 방지제를 사용하고, 대전 물체에 정전기 축적을 최소화하여야 한다.
- 배관 내 액체의 유속을 제한한다.
- 공기를 이온화한다.
- 작업장 바닥에 도전성(정전기 방지용) 매트를 사용한다.
- 작업자는 제전복, 정전화(대전 방지용 안전화)를 착용한다.

정답 | 59 ④　60 ③　61 ①

0902 / 2001

62

Repetitive Learning (1회 2회 3회)

다음 중 폭발위험장소에 전기설비를 설치할 때 전기적인 방호조치로 적절하지 않은 것은?

① 다상 전기기기는 결상운전으로 인한 과열방지조치를 한다.
② 배선은 단락·지락사고 시의 영향과 과부하로부터 보호한다.
③ 자동차단이 점화의 위험보다 클 때는 경보장치를 사용한다.
④ 단락보호장치는 고장상태에서 자동복구되도록 한다.

해설

- 단락보호장치는 고장이 발생했을 때 자동복구할 경우 스파크로 인한 폭발 가능성이 있기 때문에 수동복구를 원칙으로 한다.

폭발위험장소에 전기설비 시 주의사항

- 다상 전기기기는 결상운전으로 인한 과열방지조치를 한다.
- 배선은 단락·지락사고 시의 영향과 과부하로부터 보호한다.
- 자동차단이 점화의 위험보다 클 때는 경보장치를 사용한다.
- 단락보호장치의 고장 시 수동복구를 원칙으로 한다.

0603

63

Repetitive Learning (1회 2회 3회)

두 가지 용제를 사용하고 있는 어느 도장 공장에서 폭발사고가 발생하여 세 명의 부상자를 발생시켰다. 부상자와 동일 조건의 복장으로 정전용량이 120pF인 사람이 5m 도보 후에 표면전위를 측정했더니 3,000V가 측정되었다. 사용한 혼합용제 가스의 최소착화에너지 상한치는 얼마인가?

① 0.54 [mJ] ② 0.54 [J]
③ 1.08 [mJ] ④ 1.08 [J]

해설

- 정전용량(C)과 전압이 주어졌으므로 최소착화에너지를 구할 수 있다.
- 120[pF]은 120×10^{-12}[F]에 해당한다.
- $\frac{1}{2} \times 120 \times 10^{-12} \times (3,000)^2 = 540 \times 10^{-6} = 0.540 \times 10^{-3}$[J] =0.54[mJ]이다.

최소발화에너지(MIE : Minimum Ignition Energy)

㉠ 개요
- 공기 중에 가연성 가스나 증기 또는 폭발성분이 존재할 때 이를 발화시키는 데 필요한 최저의 에너지를 말한다.
- 발화에너지의 양은 $W = \frac{1}{2}CV^2$[J]로 구한다.
- 단위는 밀리줄[mJ] / 줄[J]을 사용한다.

㉡ 특징
- 압력, 온도, 산소농도, 연소속도에 반비례한다.
- 유체의 유속이 높아지면 최소발화에너지는 커진다.
- 불활성 기체의 첨가는 발화에너지를 크게 하고, 혼합기체의 전압이 낮아도 발화에너지는 커진다.
- 일반적으로 화학양론농도보다도 조금 높은 농도일 때에 최솟값이 된다.

0801 / 0803/1903

64

Repetitive Learning (1회 2회 3회)

동작 시 아크를 발생하는 고압용 개폐기·차단기·피뢰기 등은 목재의 벽 또는 천장 기타의 가연성 물체로부터 몇 m 이상 떼어놓아야 하는가?

① 0.3m ② 0.5m
③ 1.0m ④ 1.5m

해설

- 개폐기·차단기·피뢰기 기타 이와 유사한 기구로서 동작 시에 아크가 생기는 것은 목재의 벽 또는 천장 기타의 가연성 물체로부터 고압용은 1m 이상, 특별고압용의 것은 2m 이상 떼어놓아야 한다.

아크를 발생하는 기구의 시설

- 고압용 또는 특별고압용의 개폐기·차단기·피뢰기 기타 이와 유사한 기구로서 동작 시에 아크가 생기는 것은 목재의 벽 또는 천장 기타의 가연성 물체로부터 고압용의 것은 1m 이상, 특별고압용의 것은 2m 이상(사용전압이 35,000V 이하의 특별고압용의 기구 등으로서 동작 시에 생기는 아크의 방향과 길이를 화재가 발생할 우려가 없도록 제한하는 경우에는 1m 이상) 떼어놓아야 한다.

0703

65

Repetitive Learning (1회 2회 3회)

인체가 감전되었을 때 그 위험성을 결정짓는 주요 인자와 거리가 먼 것은?

① 통전시간
② 통전전류의 크기
③ 감전전류가 흐르는 인체부위
④ 교류전원의 종류

해설

- 보기의 요소들은 모두 감전 위험요인에 해당하나 그 우선순위가 가장 낮은 것을 찾아야 하는 문제이다. 위험도는 통전전류의 크기 > 통전경로 > 통전시간 > 전원의 종류(교류 > 직류) > 주파수 및 파형 순으로 위험하다.

정답: 62 ④ 63 ① 64 ③ 65 ④

:: 감전위험에 영향을 주는 요인과 위험도

- 감전위험에 영향을 주는 1차적인 요소에는 통전전류의 크기, 통전경로, 통전시간, 통전전원의 종류와 질이 있다.
- 감전위험에 영향을 주는 2차적인 요소에는 인체의 조건, 주변 환경 등이 있다.
- 위험도는 통전전류의 크기 > 통전경로 > 통전시간 > 전원의 종류(교류>직류) > 주파수 및 파형 순이다.

66 Repetitive Learning (1회 2회 3회)

누전사고가 발생될 수 있는 취약 개소가 아닌 것은?

① 비닐전선을 고정하는 지지용 스테이플
② 정원 연못 조명등에 전원공급용 지하매설 전선류
③ 콘센트, 스위치 박스 등의 재료를 PVC 등의 부도체 사용
④ 분기회로 접속점은 나선으로 발열이 쉽도록 유지

해설

- 전원 보호 재료를 PVC 등의 부도체를 사용하는 일반 환경에서는 누전발생 가능성이 거의 없다.

:: 누설전류와 누전화재

㉠ 누설전류
- 누설전류는 전류가 정상적으로 흐르지 않고 다른 곳으로 새어버리는 것을 말하며, 누전전류라고도 한다.
- 전선의 노후로 인하여 절연이 나빠져 발생(절연열화)하는데 이를 방지하기 위해 누전차단기를 설치한다.
- 누설전류로 인해 감전 및 화재 등이 발생하고, 전력의 손실이 증가하고, 전자기기의 고장이 발생한다.
- 저압의 전선로 중 절연부분의 전선과 대지 간 및 전선의 심선 상호 간의 절연저항은, 사용전압에 대한 누설전류가 최대공급전류의 2,000분의 1을 넘지 아니하도록 유지하여야 한다.

㉡ 누전화재
- 누전으로 인하여 화재가 발생되기 전에 인체 감전, 전등 밝기의 변화, 빈번한 퓨즈의 용단, 전기사용 기계장치의 오동작 증가 등이 발생한다.
- 누전사고가 발생될 수 있는 취약 개소에는 비닐전선을 고정하는 지지용 스테이플, 정원 연못 조명등의 전원공급용 지하매설 전선류, 분기회로 접속점이 나선으로 발열이 쉽도록 유지되는 곳 등이 있다.

1902

67 Repetitive Learning (1회 2회 3회)

누전된 전동기에 인체가 접촉하여 500[mA]의 누전전류가 흘렀고 정격감도전류 500[mA]인 누전차단기가 동작하였다. 이때 인체전류를 약 10[mA]로 제한하기 위해서는 전동기 외함에 설치할 접지저항의 크기는 몇 [Ω] 정도로 하면 되는가?(단, 인체저항은 500[Ω]이며, 다른 저항은 무시한다)

① 5 ② 10
③ 50 ④ 100

해설

- 누전된 전동기에 인체가 접촉할 때 접지저항과 인체는 서로 병렬 연결되며, 회로에 흐르는 전류는 연결된 저항에 반비례하게 나눠서 흐르게 된다.
- 500[mA]의 전류 중 인체전류를 10[mA]로 제한하기 위해서는 접지저항 쪽으로는 최소 490[mA] 이상이 흘러야 한다.
- 전동기 접지저항의 최댓값을 x라 하면 전동기에 흐르는 전류는 $500\times\frac{500}{500+x}\geq 490$을 만족해야 한다.
- $490x \leq 5,000$으로 x는 10.204[Ω]보다 작거나 같아야 하므로 10[Ω]이 적당하다.

:: 옴(Ohm)의 법칙

- 전기회로에 흐르는 전류는 그 회로에 가하여진 전압에 정비례하고, 저항에 반비례한다는 법칙이다.
- $\mathrm{I[A]}=\frac{\mathrm{V[V]}}{\mathrm{R[\Omega]}}$, $\mathrm{V=IR}$, $\mathrm{R}=\frac{\mathrm{V}}{\mathrm{I}}$로 계산한다.

68 Repetitive Learning (1회 2회 3회)

2장의 전극판에 전극판 간격의 1/2 되는 유전체 판을 끼워 넣으면 공간의 전계 세기는 어떻게 변하는가?(단, ϵ_s는 비유전율이다)

① 약 1/2로 된다. ② 약 $1/\epsilon_s$로 된다.
③ 약 ϵ_s배로 된다. ④ 약 2배로 된다.

해설

- 2장의 전극판에 전극판 간격의 1/2이 되는 유전체 판을 끼워 넣을 경우 공간의 전계 세기는 비유전율(ϵ_s)에 비례하여 커진다.

:: 전계의 세기

㉠ 개요
- 정전기력이 작용하는 공간에서 전하 1개가 받는 힘을 말한다.
- 전계의 세기(E) = 정전기력(F)/전하량(Q)[V/m]으로 구한다.
- 전계의 세기(E) = 전하량(Q)/$4\pi\varepsilon r^2$으로도 구할 수 있으며 이때 ε은 자유공간에서의 유전율을 의미한다.

정답 | 66 ③ 67 ② 68 ③

㉡ 절연유 속의 전계

- 전하가 자유공간이 아니라 절연유 속에 있는 경우에는 ϵ대신에 $\epsilon_o\epsilon_s$를 대입하여(ϵ_0는 진공의 유전율, ϵ_s는 비유전율) 전계의 세기는 $E = \frac{Q_1Q_2}{4\pi\epsilon_0\epsilon_s r^2}$가 된다.

0402 / 0503 / 0602 / 1001 / 1101 / 1702 / 1703

69

Repetitive Learning 1회 2회 3회

고압 및 특고압의 전로에 시설하는 피뢰기의 접지저항은 몇 [Ω] 이하로 하여야 하는가?

① 10[Ω] 이하
② 100[Ω] 이하
③ 10^6[Ω] 이하
④ 1[kΩ] 이하

해설

- 피뢰침의 접지저항은 10Ω 이하가 되도록 시공하여야 한다.

∷ 고압 및 특고압의 전로에서 피뢰기의 시설과 접지

㉠ 피뢰기를 시설해야 하는 곳
- 발전소·변전소 또는 이에 준하는 장소의 가공전선 인입구 및 인출구
- 특고압 가공전선로에 접속하는 배전용 변압기의 고압측 및 특고압측
- 고압 및 특고압 가공전선로로부터 공급을 받는 수용장소의 인입구
- 가공전선로와 지중전선로가 접속되는 곳

㉡ 접지
- 고압 및 특고압의 전로에 시설하는 피뢰기 접지저항 값은 10Ω 이하로 하여야 한다.

0502 / 0702

70

Repetitive Learning 1회 2회 3회

정전기에 의한 생산 장해가 아닌 것은?

① 가루(분진)에 의한 눈금의 막힘
② 제사공장에서의 실의 절단 엉킴
③ 인쇄공정의 종이파손, 인쇄선명도 불량, 겹침, 오손
④ 방전 전류에 의한 반도체 소자의 입력임피던스 상승

해설

- 반도체는 입력임피던스가 높기 때문에 정전기 방전으로 인한 피해로부터 내부 회로를 보호하는 것에 취약하다. 정전기가 반도체 산업에 큰 영향을 미치는 것이지, 정전기로 인해 입력임피던스가 상승하는 것은 아니다.

∷ 정전기에 의한 생산 장해

- 정지상태에서 흐르지 않는 정전기가 주변의 대전체와의 접촉 등으로 대전되어 생기는 흡인력과 반발력에 의해 생산과정에서 각종 장해가 발생할 수 있다.
- 주로 제분공정의 막힘, 제사공정의 실의 엉킴, 인쇄공정에서의 종이 파손 및 인쇄불량, 전자산업에서의 전자부품의 파열, 변화, 열화 등이 이에 해당한다.

1101

71

Repetitive Learning 1회 2회 3회

감전자에 대한 중요한 관찰사항 중 거리가 먼 것은?

① 출혈이 있는지 살펴본다.
② 골절된 곳이 있는지 살펴본다.
③ 인체를 통과한 전류의 크기가 50[mA]를 넘었는지 알아본다.
④ 입술과 피부의 색깔, 체온상태, 전기출입부의 상태 등을 알아본다.

해설

- 인체를 통과한 전류의 크기는 감전재해 통계 등을 위해 확인해야 하는 사항이기는 하지만 감전자에 대한 관찰사항으로는 거리가 멀다.

∷ 감전자에 대한 관찰

- 의식, 맥박, 호흡의 상태를 확인한다.
- 출혈 및 골절 여부를 확인한다.
- 입술과 피부의 색깔, 체온상태, 전기출입부의 상태 등을 확인한다.

0703 / 2001

72

Repetitive Learning 1회 2회 3회

충격전압시험 시의 표준충격파형을 1.2×50[μs]로 나타내는 경우 1.2와 50이 뜻하는 것은?

① 파두장 – 파미장
② 최초섬락시간 – 최종섬락시간
③ 라이징타임 – 스테이블타임
④ 라이징타임 – 충격전압인가시간

해설

- 충격전압시험 시의 표준충격파형을 1.2×50[μs]로 나타내는데, 이는 파두장이 1.2[μs], 파미장이 50[μs] 소요된다는 의미이다.

69 ① 70 ④ 71 ③ 72 ① 정답

:: 뇌충격전압파형

㉠ 개요

- 충격파의 표시방법은 파두시간×파미부분에서 파고치의 50[%]로 감소할 때까지의 시간이다.
- 파두장은 전압이 정점(파고점)까지 걸리는 시간을 말한다.
- 파미장은 파고점에서 파고점의 1/2전압까지 내려오는 데 걸리는 시간을 말한다.
- 충격전압시험 시의 표준충격파형을 1.2×50[μs]로 나타내는데 이는 파두시간이 1.2[μs], 파미시간이 50[μs]가 소요된다는 의미이다.

㉡ 과도전류에 대한 감지한계와 파두장과의 관계

- 과도전류에 대한 감지한계는 파두장이 길면 감지전류는 감소한다.

파두장[μs]	전류파고치[mA]
7×100	40 이하
5×65	60 이하
2×30	90 이하

㉡ 대표적인 분진의 종류와 특징

- 대표적인 분진의 종류와 발화점, 최소발화에너지

분진의 종류	분진	발화점 [℃]	최소발화에너지 [mJ]
비전도성	유황	190	15
	폴리에틸렌	410	10
	소맥분	470	160
	에폭시	540	15
	테레프탈산	680	20
전도성	철	316	100
	석탄	610	40
폭연성	마그네슘	520	80
	알루미늄	645	20

1301

73 Repetitive Learning (1회 2회 3회)

다음 분진의 종류 중 폭연성 분진에 해당하는 것은?

① 합성수지
② 전분
③ 비전도성 카본블랙(Carbon black)
④ 알루미늄

해설

- 합성수지와 전분, 비전도성 카본블랙은 비전도성 분진에 해당한다.

:: 분진

㉠ 분진의 분류

- 분진은 비전도성 분진, 전도성 분진, 폭연성 분진으로 구분된다.
- 비전도성 분진은 가연성 부유물 중에서도 전기적 저항값이 1,000[Ωm]보다 큰 값을 지닌 분진으로 밀, 옥수수, 염료, 페놀수지, 설탕, 코코아, 쌀겨, 리그닌, 유황, 소맥, 고무, 염료, 폴리에틸렌 등이 이에 해당한다.
- 전도성 분진은 전기적 저항값이 1,000[Ωm]보다 작은 분진으로 전기설비에 절연열화, 단락 등의 악영향을 주는데 아연, 티탄, 코크스, 카본블랙, 철, 석탄, 동 등이 이에 해당한다.
- 폭연성 분진은 산소가 적거나 이산화탄소 중에서도 착화하고 격렬한 폭발을 일으키는 금속성 분진으로 마그네슘, 알루미늄, 알루미늄 브론즈 등이 이에 해당한다.

0301 / 0503 / 1803

74 Repetitive Learning (1회 2회 3회)

다음 (   ) 안에 들어갈 내용으로 옳은 것은?

> A. 감전 시 인체에 흐르는 전류는 인가전압에 (㉠)하고 인체저항에 (㉡)한다.
> B. 인체는 전류의 열작용이 (㉢)×(㉣)이 어느 정도 이상이 되면 발생한다.

① ㉠ 비례 ㉡ 반비례 ㉢ 전류의 세기 ㉣ 시간
② ㉠ 반비례 ㉡ 비례 ㉢ 전류의 세기 ㉣ 시간
③ ㉠ 비례 ㉡ 반비례 ㉢ 전압 ㉣ 시간
④ ㉠ 반비례 ㉡ 비례 ㉢ 전압 ㉣ 시간

해설

- 인체에 흐르는 전류는 전압에 비례하고 저항에는 반비례하며, 열작용은 흐르는 전류와 통전시간에 의해 결정된다.

:: 감전 시 인체의 전류

- 옴의 법칙에서 알 수 있듯이 인체에 흐르는 전류는 전압에는 비례하고, 저항에는 반비례한다.
- 전류의 열작용은 통전된 전기량과 관련된 것으로 전류(I)×통전시간(t)이 어느 정도 이상일 경우 발생한다.

정답 | 73 ④ 74 ①

75

Repetitive Learning 1회 2회 3회

작업자가 교류전압 7,000[V] 이하의 전로에 활선 근접작업 시 감전사고 방지를 위한 절연용 보호구는?

① 고무절연관
② 절연시트
③ 절연커버
④ 절연안전모

해설

- 고무절연관은 전로나 변압기 등 충전부분에 사용하는 방호구이다.
- 절연시트는 레귤레이터 IC등의 절연을 위해 방열판과 함께 사용하는 방호구이다.
- 절연커버는 고압송전선의 연결부위를 덮어 기밀을 유지토록 하는 방호구이다.

절연안전모

㉠ 개요
- 물체의 낙하·비래, 추락 등에 의한 위험을 방지하고, 작업자 머리 부분을 감전에 의한 위험으로부터 보호하기 위하여 전압 7,000V 이하에서 사용하는 보호구이다.
- 충전부에 근접하여 머리에 전기적 충격을 받을 우려가 있는 장소, 활선과 근접한 주상, 철구상, 사다리, 나무 벌채 등 고소작업의 경우, 건설현장 등 낙하물이 있는 장소, 기타 머리에 상해가 우려될 때 절연안전모를 착용하여야 한다.

㉡ 사용방법
- 절연모를 착용할 때에는 턱걸이 끈을 안전하게 죄어야 한다.
- 머리 윗부분과 안전모의 간격은 1[cm] 이상이 되도록 한다.
- 내장포(충격흡수라이너) 및 턱끈이 파손되면 즉시 대체하여야 하고 대용품을 사용하여서는 안 된다.
- 한 번이라도 큰 충격을 받았을 경우에는 재사용하여서는 안 된다.

0501 / 1901

76

다음 중 불꽃(Spark)방전의 발생 시 공기 중에 생성되는 물질은?

① O_2　② O_3
③ H_2　④ C

해설

- 불꽃방전 발생 시 공기 중에 오존(O_3)이 생성된다.

불꽃방전

㉠ 개요
- 도체가 도전되었을 때 접지된 도체와의 사이에서 발생하는 강한 발광과 파괴음을 수반하는 방전현상이다.

㉡ 특징
- 불꽃방전량은 대기 중에서 평형판의 전극을 사용했을 경우 전극간격 1[cm]에 대해서 30[kV] 정도이며, 침대침 전극은 평형판에 비해 낮아진다.
- 불꽃방전 발생 시 공기 중에 오존(O_3)이 생성된다.

0501 / 0503 / 0901 / 1403

77

Repetitive Learning 1회 2회 3회

고압활선 근접작업과 관련하여 다음 (㉮), (㉯)에 들어갈 내용으로 알맞은 것은?

> 해당 충전전로에 대하여 머리 위로의 거리가 (㉮)[cm] 이내이거나, 신체 또는 발 아래로의 거리가 (㉯)[cm] 이내로 접근함으로 인하여 감전의 우려가 있는 때에는 당해 충전전로에 절연용 방호구를 설치하여야 한다.

① ㉮ 30, ㉯ 60　② ㉮ 45, ㉯ 45
③ ㉮ 30, ㉯ 30　④ ㉮ 60, ㉯ 60

해설

- 작업에 종사하는 근로자의 신체 등이 충전전로에 접촉하거나 당해 충전전로에 대하여 머리 위로의 거리가 30cm 이내이거나 신체 또는 발 아래로의 거리가 60cm 이내로 접근함으로 인하여 감전의 우려가 있는 때에는 당해 충전전로에 절연용 방호구를 설치하여야 한다.

고압활선 근접작업
- 고압 충전전로에 근접함으로써 접촉의 우려가 있는 작업을 말한다.
- 접근한계거리 : 머리 위 30cm, 신체/발 아래 60cm 유지
- 절연용 방호구 및 절연용 보호구를 착용한다.

1703 / 2102

78

Repetitive Learning 1회 2회 3회

어느 변전소에서 고장전류가 유입되었을 때 도전성 구조물과 그 부근 지표상의 점과의 사이(약 1m)의 허용접촉전압은?(단, 심실세동전류 : $I_k = \left(\frac{0.165}{\sqrt{T}}\right)[A]$, 인체의 저항 : 1,000[Ω], 지표의 : 저항률 150[Ω·m], 통전시간 : 1[초]로 한다)

① 202[V]
② 186[V]
③ 228[V]
④ 164[V]

75 ④ 76 ② 77 ① 78 ① | 정답

해설

- 주어진 값이 심실세동전류 $\frac{0.165}{\sqrt{T}}$ 이고, 통전시간은 1초, 인체의 저항 1,000[Ω], 지표면의 저항률 150[Ω·m]이므로 대입하면 $E = 0.165 \times (1{,}000 + \frac{3}{2} \times 150) = 0.165 \times 1225 = 202.125$[V]이다.

∷ 허용접촉전압

- 접지한 도전성 구조물과 접촉 시 사람이 서 있는 곳의 전위와 그 근방 지표상의 지점 간의 전위차를 말한다.
- E = 심실세동전류 × (인체의 저항 + $\frac{1}{2}$ × 한쪽 발과 대지의 접촉저항)[V]으로 구한다.
- 한쪽 발과 대지의 접촉저항 = 3 × 지표면의 저항률[Ω·m]이다.

79

인체가 땀 등에 의해 현저히 젖어 있는 상태에서의 허용접촉전압은 얼마인가?

① 2.5[V] 이하　② 25[V] 이하
③ 42[V] 이하　④ 사람에 따라 다름

해설

- 인체가 현저하게 젖어있는 상태 또는 금속성의 전기기계장치나 구조물에 인체의 일부가 상시 접속되어 있는 상태는 제2종에 해당하며, 이때의 허용접촉전압은 25[V] 이하이다.

∷ 접촉상태별 허용접촉전압

종별	접촉상태	허용 접촉전압
1종	인체의 대부분이 수중에 있는 상태	2.5[V] 이하
2종	• 인체가 현저하게 젖어있는 상태 • 금속성의 전기기계장치나 구조물에 인체의 일부가 상시 접속되어 있는 상태	25[V] 이하
3종	통상의 인체상태에 있어서 접촉전압이 가해지더라도 위험성이 낮은 상태	50[V] 이하
4종	접촉전압이 가해질 우려가 없는 경우	제한없음

0301

80

Repetitive Learning 

전기설비 내부에서 발생한 폭발이 설비주변에 존재하는 가연성 물질에 파급되지 않도록 한 구조는?

① 압력방폭구조　② 내압방폭구조
③ 안전증방폭구조　④ 유입방폭구조

해설

- 압력방폭구조는 용기 내부에 보호가스를 압입하여 내부압력을 유지함으로써 폭발성 가스 또는 증기가 내부로 유입하지 않도록 한 방폭구조이다.
- 안전증방폭구조는 정상적인 운전 중에 불꽃, 아크, 또는 과열이 생겨서는 안 될 부분에 대하여 이를 방지하거나 또는 온도상승을 제한하기 위하여 전기안전도를 증가시킨 방폭구조이다.
- 유입방폭구조는 전기불꽃, 아크 또는 고온이 발생하는 부분을 기름 속에 넣고, 기름면 위에 존재하는 폭발성 가스 또는 증기에 인화되지 않도록 한 구조를 말한다.

∷ 내압방폭구조(EX d)

㉠ 개요
- 전폐형의 구조를 하고 있다.
- 방폭전기설비의 용기 내부에서 폭발성 가스 또는 증기가 폭발하였을 때 용기가 그 압력에 견디고 접합면이나 개구부를 통해서 외부의 폭발성 가스나 증기에 인화되지 않도록 한 방폭구조를 말한다.
- 외부의 폭발성 가스가 내부로 침입해서 폭발하였을 때 고열가스나 화염을 간극(Safe gap)을 통하여 서서히 방출시킴으로써 폭발화염이 외부로 전파되지 않으면서 냉각되는 방폭구조를 말한다.

㉡ 필요충분조건
- 폭발화염이 외부로 유출되지 않을 것
- 내부에서 폭발한 경우 그 압력에 견딜 것
- 외함의 표면온도가 외부의 폭발성 가스를 점화하지 않을 것

5과목 화학설비 안전관리

0602

81

Repetitive Learning 1회 2회 3회

다음 중 반응기의 구조방식에 의한 분류에 해당하는 것은?

① 유동층형 반응기　② 연속식 반응기
③ 반회분식 반응기　④ 회분식 균일상반응기

해설

- 연속식, 회분식, 반회분식은 모두 조작방식에 의한 분류에 해당한다.

∷ 반응기

㉠ 개요
- 반응기란 2종 이상의 물질이 촉매나 유사 매개물질에 의해 일정한 온도, 압력에서 반응하여 조성, 구조 등이 다른 물질을 생성하는 장치를 말한다.
- 반응기의 설계 시 고려할 사항은 부식성, 상(phase)의 형태, 온도 범위, 운전압력 외에도 온도조절, 생산비율, 열전달 등이 있다.

정답 | 79 ② 80 ② 81 ①

㉡ 분류

조작방식	• 회분식 – 한 번 원료를 넣으면, 목적을 달성할 때까지 반응을 계속하는 반응기 방식이다. • 반회분식 – 처음에 원료를 넣고 반응이 진행됨에 따라 다른 원료를 첨가하는 반응기 방식이다. • 연속식 – 반응기의 한쪽에서는 원료를 계속적으로 유입하는 동시에 다른 쪽에서는 반응생성 물질을 유출시키는 반응기 방식으로 유통식이라고도 한다.
구조형식	• 관형 – 가늘고 길며 곧은 관 형태의 반응기 • 탑형 – 직립 원통상의 반응기로 위쪽에서 아래쪽으로 유체를 보내는 반응기 • 교반조형 – 교반기를 부착한 조형의 반응기 • 유동층형 – 유동층 형성부를 갖는 반응기

0701 / 1603

82

Repetitive Learning 1회 2회 3회

다음 중 파열판과 스프링식 안전밸브를 직렬로 설치해야 할 경우가 아닌 것은?

① 부식물질로부터 스프링식 안전밸브를 보호할 때
② 독성이 매우 강한 물질을 취급 시 완벽하게 격리할 때
③ 스프링식 안전밸브에 막힘을 유발시킬 수 있는 슬러리를 방출시킬 때
④ 릴리프 장치가 작동 후 방출라인이 개방되어야 할 때

해설

• 파열판은 정밀한 장치이나 주기적으로 교체가 필요한 장치이다. 교체 시 설비 내부에 영향을 주지 않게 하기 위해 안전밸브를 직렬로 같이 설치한다.

파열판 및 안전밸브의 직렬설치 실필 2303

• 급성독성물질이 지속적으로 외부에 유출될 수 있는 화학설비 및 그 부속설비에 파열판과 안전밸브를 직렬로 설치하고 그 사이에는 압력지시계 또는 자동경보장치를 설치하여야 한다.
• 부식물질로부터 스프링식 안전밸브를 보호할 때 파열판 및 안전밸브를 직렬로 설치하여야 한다.
• 스프링식 안전밸브에 막힘을 유발시킬 수 있는 슬러리를 방출시킬 때 파열판 및 안전밸브를 직렬로 설치하여야 한다.

0402 / 1602

83

Repetitive Learning 1회 2회 3회

다음 중 펌프의 사용 시 공동현상(Cavitation)을 방지하고자 할 때의 조치사항으로 틀린 것은?

① 펌프의 회전수를 높인다.
② 흡입비 속도를 작게 한다.
③ 펌프의 흡입관의 두(Head) 손실을 줄인다.
④ 펌프의 설치높이를 낮추어 흡입양정을 짧게 한다.

해설

• 공동현상을 방지하려면 흡입비 속도 즉, 펌프의 회전속도를 낮춰야 한다.

공동현상(Cavitation)

㉠ 개요
• 물이 관 속을 빠르게 흐를 때, 유동하는 물속의 어느 부분의 정압이 그 때의 물의 증기압보다 낮을 경우 물이 증발하여 부분적으로 증기가 발생되어 배관의 부식을 초래하는 현상을 말한다.

㉡ 방지대책
• 흡입비 속도(펌프의 회전속도)를 작게 한다.
• 펌프의 설치 위치를 낮게 한다.
• 펌프의 흡입관의 두(Head) 손실을 줄인다.
• 펌프의 설치높이를 낮추어 흡입양정을 짧게 한다.

84

Repetitive Learning 1회 2회 3회

다음 중 제거소화에 해당하지 않는 것은?

① 튀김 기름이 인화되었을 때 싱싱한 야채를 넣는다.
② 가연성 기체의 분출화재 시 주밸브를 닫아서 연료 공급을 차단한다.
③ 금속화재의 경우 불활성 물질로 가연물을 덮어 미연소 부분과 분리한다.
④ 연료탱크를 냉각하여 가연성 가스의 발생 속도를 작게 하여 연소를 억제한다.

해설

• ①은 냉각소화법의 가장 대표적인 예에 해당한다.

제거소화법

• 가연물의 공급을 제한하여 소화시키는 방법을 말한다.
• 가연성 기체의 분출화재 시 주공급밸브를 닫아서 연료공급을 차단하여 소화하는 방법, 금속화재의 경우 불활성 물질로 가연물을 덮어 미연소 부분과 분리하는 방법, 연료탱크를 냉각하여 가연성 가스의 발생 속도를 작게하여 연소를 억제하는 방법 등이 있다.

82 ④ 83 ① 84 ① 정답

1002 / 1202 / 2201

85 Repetitive Learning (1회 2회 3회)

에틸알코올(C_2H_5OH)이 완전연소 시 생성되는 CO_2와 H_2O의 몰수로 옳은 것은?

① CO_2 : 1, H_2O : 4
② CO_2 : 2, H_2O : 3
③ CO_2 : 3, H_2O : 2
④ CO_2 : 4, H_2O : 1

해설

- 에틸알코올이 연소 시 필요한 산소농도$\left(a+\frac{b-c-2d}{4}\right)$는 탄소(a)가 2, 수소(b)가 6, 산소(d)가 1이므로 $2+\frac{6-2}{4}=3$이다.
- 에틸알코올(C_2H_5OH)과 산소($3O_2$)의 결합이고 이로 인해 생성되는 이산화탄소와 물의 양을 구할 수 있다.
- $C_2H_5OH+3O_2=\square CO_2+\square H_2O$에서 탄소는 애초에 2개가 공급되었으므로 2, 수소는 총 6개이고, 물을 만들기 위해서 2개씩 공급되어야 하므로 물은 3이 된다.

완전연소 조성농도(Cst, 화학양론농도)와 최소산소농도(MOC) 실필 1803/1002

㉠ 완전연소 조성농도(Cst, 화학양론농도)
- 가연성 가스의 조성은 완전연소 조성농도에서 폭발의 위험성이 가장 높아진다.
- 완전연소 조성농도 = $\frac{100}{1+공기몰수\times\left(a+\frac{b-c-2d}{4}\right)}$이다.

  공기의 몰수는 주로 4.773을 사용하므로

  완전연소 조성농도 = $\frac{100}{1+4.773\left(a+\frac{b-c-2d}{4}\right)}$[vol%]

  로 구한다. 단, a : 탄소, b : 수소, c : 할로겐의 원자수, d : 산소의 원자수이다.
- Jones식에 따라 폭발한계를 추산하면
  폭발하한계 = Cst × 0.55, 폭발상한계 = Cst × 3.50이다.

㉡ 최소산소농도(MOC)
- 연소 시 필요한 산소(O_2)농도 즉,
  산소양론계수 = $a+\frac{b-c-2d}{4}$로 구한다.
- 최소산소농도(MOC) = 산소양론계수 × 연소하한값이다.

0802 / 0903 / 1003 / 1601 / 1603 / 2102 / 2201

86 Repetitive Learning (1회 2회 3회)

위험물을 저장·취급하는 화학설비 및 그 부속설비를 설치할 때 '단위공정시설 및 설비로부터 다른 단위공정시설 및 설비의 사이'의 안전거리는 설비의 바깥 면으로부터 몇 [m] 이상이 되어야 하는가?

① 5 ② 10
③ 15 ④ 20

해설

- 단위공정시설 및 설비로부터 다른 단위공정시설 및 설비의 사이의 안전거리는 설비의 바깥 면으로부터 10m 이상이다.

화학설비 및 부속설비 설치 시 안전거리 실필 2201

구분	안전거리
단위공정시설 및 설비로부터 다른 단위공정시설 및 설비의 사이	설비의 바깥 면으로부터 10m 이상
플레어스택으로부터 단위공정시설 및 설비, 위험물질 저장탱크 또는 위험물질 하역설비의 사이	플레어스택으로부터 반경 20m 이상
위험물질 저장탱크로부터 단위공정 시설 및 설비, 보일러 또는 가열로의 사이	저장탱크의 바깥 면으로부터 20m 이상
사무실·연구실·실험실·정비실 또는 식당으로부터 단위공정시설 및 설비, 위험물질 저장탱크, 위험물질 하역설비, 보일러 또는 가열로의 사이	사무실 등의 바깥 면으로부터 20m 이상

1601

87 Repetitive Learning (1회 2회 3회)

산업안전보건법령상 물질안전보건자료 작성 시 포함되어 있는 주요 작성항목이 아닌 것은?(단, 기타 참고사항 및 작성자가 필요에 의해 추가하는 세부항목은 고려하지 않는다)

① 법적규제 현황
② 폐기 시 주의사항
③ 주요 구입 및 폐기처
④ 화학제품과 회사에 관한 정보

해설

- 물질안전보건자료(MSDS)의 작성항목에는 폐기 시 주의사항은 있으나 폐기처나 구입처에 대한 내용은 없다.

정답 | 85 ② 86 ② 87 ③

물질안전보건자료(MSDS)의 작성항목 실필 1602/1101

- 화학제품과 회사에 관한 정보
- 유해성 · 위험성
- 구성성분의 명칭 및 함유량
- 응급조치요령
- 폭발 · 화재 시 대처방법
- 누출사고 시 대처방법
- 취급 및 저장방법
- 노출방지 및 개인보호구
- 물리화학적 특성
- 안정성 및 반응성
- 독성에 관한 정보
- 환경에 미치는 영향
- 폐기 시 주의사항
- 운송에 필요한 정보
- 법적규제 현황

1101 / 1603

88 Repetitive Learning 

다음 중 자연발화를 방지하기 위한 일반적인 방법으로 적절하지 않은 것은?

① 주위의 온도를 낮춘다.
② 공기의 출입을 방지하고 밀폐시킨다.
③ 습도가 높은 곳에는 저장하지 않는다.
④ 황린의 경우 산소와의 접촉을 피한다.

해설

- 공기의 출입을 방지하고 밀폐할 경우 열의 축적이 쉬워져 자연발화가 발생하기 쉽다.

자연발화의 방지대책

- 주위의 온도와 습도를 낮춘다.
- 열이 축적되지 않도록 통풍을 잘 시킨다.
- 공기가 접촉되지 않도록 불활성 액체 중에 저장한다.
- 황린의 경우 산소와의 접촉을 피한다.

89 Repetitive Learning (1회 2회 3회)

다음 중 크롬에 관한 설명으로 옳은 것은?

① 미나마타병으로 알려져 있다.
② 3가와 6가의 화합물이 사용되고 있다.
③ 급성 중독으로 수포 피부염이 발생된다.
④ 6가보다 3가 화합물이 특히 인체에 유해하다.

해설

- 미나마타병은 수은 중독으로 인해 발생한다.
- 크롬을 장기간 흡입할 경우 비중격 천공증을 발생시킨다.
- 6가(Cr^{6+})는 독성이 강한 발암물질이다.

크롬(Cr)

- 은백색의 광택이 나는 금속으로 녹이 슬지 않고 약품에 잘 견뎌 도금이나 합금재료로 많이 사용된다.
- 3가(Cr^{3+})는 땅콩 등에서 얻을 수 있고 당뇨병 등에 좋다.
- 6가(Cr^{6+})는 독성이 강한 발암물질이다.
- 장기간 흡입할 경우 중독되고 염증이나 궤양이 발생하며 코에 구멍이 나는 비중격 천공을 발생시키는 중금속이다.

1803

90 Repetitive Learning (1회 2회 3회)

다음 중 고체의 연소방식에 관한 설명으로 옳은 것은?

① 분해연소란 고체가 표면의 고온을 유지하며 타는 것을 말한다.
② 표면연소란 고체가 가열되어 열분해가 일어나고 가연성 가스가 공기 중의 산소와 타는 것을 말한다.
③ 자기연소란 공기 중 산소를 필요로 하지 않고 자신이 분해되며 타는 것을 말한다.
④ 분무연소란 고체가 가열되어 가연성 가스를 발생시키며 타는 것을 말한다.

해설

- 분해연소란 고체가 가열되어 열분해가 일어나고 가연성 가스가 공기 중의 산소와 타는 것을 말한다.
- 표면연소란 고체가 표면의 고온을 유지하며 타는 것을 말한다.
- 분무연소란 액체연료를 미세한 유적(油滴)으로 미립화하여, 공기와 혼합시켜 연소시키는 것을 말한다.

자기연소

- 고체의 연소방식이다.
- 공기 중 산소를 필요로 하지 않고 자신이 분해되며 타는 것을 말한다.
- 니트로셀룰로오스, TNT, 셀룰로이드, 니트로글리세린과 같이 연소에 필요한 산소를 포함하고 있는 물질이 연소하는 것을 말한다.

88 ② 89 ② 90 ③ 정답

1703 / 2103

91

Repetitive Learning 1회 2회 3회

폭발을 기상폭발과 응상폭발로 분류할 때 다음 중 기상폭발에 해당되지 않는 것은?

① 분진폭발
② 혼합가스폭발
③ 분무폭발
④ 수증기폭발

해설

- 수증기폭발은 대표적인 응상폭발에 해당한다.

폭발(Explosion)

㉠ 개요
- 물리적 또는 화학적 에너지가 열과 압력파인 기계적 에너지로 빠르게 변화하는 현상을 말한다.
- 폭발물 원인물질의 물리적 상태에 따라 기상폭발과 응상폭발로 구분된다.

㉡ 기상폭발(Gas explosion)
- 폭발이 일어나기 전의 물질상태가 기체일 경우의 폭발을 말한다.
- 종류에는 분진폭발, 분무폭발, 분해폭발, (혼합)가스폭발 등이 있다.
- 압력상승에 의한 기상폭발의 경우 가연성 혼합기의 형성 상황, 압력상승 시의 취약부 파괴, 개구부가 있는 공간 내의 화염전파와 압력상승에 주의해야 한다.

㉢ 응상폭발
- 폭발이 일어나기 전의 물질상태가 고체 및 액상일 경우의 폭발을 말한다.
- 응상폭발의 종류에는 수증기폭발, 전선폭발, 고상 간의 전이에 의한 폭발 등이 있다.
- 응상폭발을 하는 위험성 물질에는 TNT, 연화약, 다이너마이트 등이 있다.

0502 / 1903

92

Repetitive Learning 

뜨거운 금속에 물이 닿으면 튀는 현상과 같이 핵비등(Nucleate boiling) 상태에서 막비등(Film boiling)으로 이행하는 온도를 무엇이라 하는가?

① Burn-out point
② Leidenfrost point
③ Entrainment point
④ Sub-cooling boiling point

해설

- 액체가 끓는점보다 더 뜨거운 부분과 접촉할 때 증기로 이루어진 단열층이 만들어지는 현상과 지점을 Leidenfrost point라고 한다.

Leidenfrost point

- 액체가 그 액체의 끓는점보다 더 뜨거운 부분과 접촉할 경우 액체가 빠르게 끓으면서 증기로 이루어진 단열층이 만들어지는 현상과 지점을 말한다.
- 뜨거운 금속에 물이 닿으면 튀는 현상과 같이 핵비등(Nucleate boiling) 상태에서 막비등(Film boiling)으로 이행하는 온도를 Leidenfrost point(LF점)이라고 한다.

93

Repetitive Learning 1회 2회 3회

6[vol%] 헥산, 4[vol%] 메탄, 2[vol%] 에틸렌으로 구성된 혼합가스의 연소하한값(LFL)은 약 얼마인가?(단, 각 물질의 공기 중 연소하한값은 헥산은 1.1[vol%], 메탄은 5.0[vol%], 에틸렌은 2.7[vol%]이다)

① 0.69　② 1.21
③ 1.45　④ 1.71

해설

- 개별가스의 mol분율을 먼저 구한다.
- 가연성 물질의 부피의 합인 6+4+2=12를 100으로 했을 때 가스의 mol분율은 헥산(C_6H_{14})은 50(6/12), 메탄(CH_4)은 33.33(4/12), 에틸렌(C_2H_4)은 16.67(2/12)가 된다.
- 혼합가스의 폭발하한계 LEL

$$= \frac{100}{\frac{50}{1.1}+\frac{33.33}{5.0}+\frac{16.67}{2.7}} = \frac{100}{45.45+6.67+6.17} = 1.72\text{vol[\%]}$$이다.

혼합가스의 폭발한계와 폭발범위 실필 1603

㉠ 폭발한계
- 혼합가스의 폭발한계는 혼합가스를 구성하는 각 가스의 폭발한계당 mol분율 합의 역수로 구한다.
- 혼합가스의 폭발한계는 $\frac{1}{\sum_{i=1}^{n}\frac{\text{mol분율}}{\text{폭발한계}}}$로 구한다.
- [vol%]를 구할 때는 $\frac{100}{\sum_{i=1}^{n}\frac{\text{mol분율}}{\text{폭발한계}}}$[vol%] 식을 이용한다.

㉡ 폭발범위
- 폭발상한계와 폭발하한계를 각각 구해서 범위를 구한다.

정답 | 91 ④　92 ②　93 ④

0801

94 Repetitive Learning (1회 2회 3회)

다음 중 산화성 물질의 저장·취급에 있어서 고려해야 할 사항과 가장 거리가 먼 것은?

① 습한 곳에 밀폐하여 저장할 것
② 내용물이 누출되지 않도록 할 것
③ 분해를 촉진하는 약품류와 접촉을 피할 것
④ 가열·충격·마찰 등 분해를 일으키는 조건을 주지 말 것

해설

- 산화성 물질은 공기 중에 포함되어 있는 수분을 흡수하여 스스로 녹는 성질인 조해성을 가지므로 습기를 피해서 보관해야 한다.

산화성 물질의 저장·취급 시 고려사항

- 습기를 피해서 보관하도록 할 것
- 내용물이 누출되지 않도록 할 것
- 분해를 촉진하는 약품류와 접촉을 피할 것
- 가열·충격·마찰 등 분해를 일으키는 조건을 주지 말 것

95 Repetitive Learning (1회 2회 3회)

다음 중 위험물의 일반적인 특성이 아닌 것은?

① 반응 시 발생하는 열량이 크다.
② 물 또는 산소의 반응이 용이하다.
③ 수소와 같은 가연성 가스가 발생한다.
④ 화학적 구조 및 결합이 안정되어 있다.

해설

- 위험물은 화학적 구조 및 결합력이 불안정해 자연계에 흔히 존재하는 물 또는 산소와 쉽게 반응한다.

위험물의 일반적인 특성

- 반응속도가 급격히 진행된다.
- 화학적 구조 및 결합력이 불안정하다.
- 그 자체가 위험하다든가 또는 환경 조건에 따라 쉽게 위험성을 나타내는 물질을 말한다.
- 반응 시 발생되는 열량이 크다.
- 자연계에 흔히 존재하는 물 또는 산소와의 반응이 용이하다.
- 수소와 같은 가연성 가스를 발생시킨다.

0601 / 2202

96 Repetitive Learning (1회 2회 3회)

다음 중 폭발방호(Explosion protection) 대책과 가장 거리가 먼 것은?

① 불활성화(Inerting)
② 억제(Suppression)
③ 방산(Venting)
④ 봉쇄(Containment)

해설

- 폭발방호 대책에는 억제, 방산, 봉쇄 외에도 불꽃방지, 차단, 안전거리 확보 등이 있다.

이너팅(Inerting)

- 입거작업, 화물 작업, 탱크 클리닝 작업을 하기 전에 탱크 내부의 폭발성 기체들을 불활성 기체(Inert gas)로 치환하는 작업을 말한다.
- 불활성 가스(Inert gas)는 주기율표 18족에 해당하는 가스상의 물질로 다른 원소와 반응을 하지 않는 물질이다.

97 Repetitive Learning (1회 2회 3회)

산업안전보건법에 의한 위험물질의 종류와 해당 물질이 올바르게 짝지어진 것은?

① 인화성 가스 – 암모니아
② 폭발성 물질 및 유기과산화물 – 칼륨·나트륨
③ 산화성 액체 및 산화성 고체 – 질산 및 그 염류
④ 물반응성 물질 및 인화성 고체 – 질산에스테르류

해설

- 암모니아는 산업안전보건법 시행령 별표10에 포함되는 인화성 가스에 해당하나 당시 답안으로 인정되지 않았다.
- 칼륨·나트륨은 물반응성 물질 및 인화성 고체에 해당한다.
- 질산에스테르류는 폭발성 물질 및 유기과산화물에 해당한다.

위험물질의 분류와 그 종류 실필 1403/1101/1001/0803/0802

구분	종류
산화성 액체 및 산화성 고체	차아염소산, 아염소산, 염소산, 과염소산, 브롬산, 요오드산, 과산화수소 및 무기 과산화물, 질산 및 질산칼륨, 질산나트륨, 질산암모늄, 그 밖의 질산염류, 과망간산, 중크롬산 및 그 염류
가연성 고체	황화린, 적린, 유황, 철분, 금속분, 마그네슘, 인화성 고체
물반응성 물질 및 인화성 고체	리튬, 칼륨·나트륨, 황, 황린, 황화린·적린, 셀룰로이드류, 알킬알루미늄·알킬리튬, 마그네슘 분말, 금속 분말, 알칼리금속, 유기금속화합물, 금속의 수소화물, 금속의 인화물, 칼슘 탄화물, 알루미늄 탄화물

94 ① 95 ④ 96 ① 97 ③ 정답

인화성 액체	에틸에테르, 가솔린, 아세트알데히드, 산화프로필렌, 노말헥산, 아세톤, 메틸에틸케톤, 메틸알코올, 에틸알코올, 이황화탄소, 크실렌, 아세트산아밀, 등유, 경유, 테레핀유, 이소아밀알코올, 아세트산, 하이드라진
인화성 가스	수소, 아세틸렌, 에틸렌, 메탄, 에탄, 프로판, 부탄
폭발성 물질 및 유기과산화물	질산에스테르류, 니트로 화합물, 니트로소 화합물, 아조 화합물, 디아조 화합물, 하이드라진 유도체, 유기과산화물
부식성 물질	농도 20% 이상인 염산·황산·질산, 농도 60% 이상인 인산·아세트산·불산, 농도 40% 이상인 수산화나트륨·수산화칼륨

98 Repetitive Learning 1회 2회 3회

다음 중 가스나 증기가 용기 내에서 폭발할 때 최대폭발압력(P_m)에 영향을 주는 요인에 관한 설명으로 틀린 것은?

① P_m은 화학양론비에 최대가 된다.
② P_m은 용기의 형태 및 부피에 큰 영향을 받지 않는다.
③ P_m은 다른 조건이 일정할 때 초기 온도가 높을수록 증가한다.
④ P_m은 다른 조건이 일정할 때 초기 압력이 상승할수록 증가한다.

해설

- 최대폭발압력은 다른 조건이 일정할 때 초기 온도가 높을수록 감소한다.

최대폭발압력(P_m)

㉠ 개요
- 가연성 가스가 밀폐된 용기 안에서 폭발할 때 최대폭발압력에 영향을 주는 인자에는 가스의 농도, 초기 온도, 초기 압력 등이 있다.
- 최대폭발압력은 용기의 형태 및 부피, 가스의 유속과는 큰 관련이 없다.

㉡ 최대폭발압력에 영향을 주는 인자
- 최대폭발압력은 화학양론비에 최대가 된다.
- 최대폭발압력은 다른 조건이 일정할 때 초기 온도가 높을수록 감소한다.
- 최대폭발압력은 다른 조건이 일정할 때 초기 압력이 상승할수록 증가한다.

0502 / 1002

99 Repetitive Learning 1회 2회 3회

대기압하의 직경이 2[m]인 물탱크에 탱크 바닥에서부터 2[m] 높이까지의 물이 들어있다. 이 탱크의 바닥에서 0.5[m] 위 지점에 직경이 1[cm]인 작은 구멍이 나서 물이 새어 나오고 있다. 구멍의 위치까지 물이 모두 새어나오는 데 필요한 시간은 약 얼마인가?(단, 탱크의 대기압은 0이며, 배출계수는 0.61로 한다)

① 2.0 시간
② 5.6 시간
③ 11.6 시간
④ 16.1 시간

해설

- 단위를 [m]로 통일하고, 물이 새어나오는 구멍의 부피는 πr^2이므로 $3.14 \times 0.005^2 = 0.0000785$이다.
- 배출계수가 0.61로 주어졌으므로 주어진 값들을 대입하면 $t = \frac{1}{0.61 \times 0.0000785} \times \sqrt{\frac{2}{0.5}} = \frac{2}{0.61 \times 0.0000785}$이다.
- 41,766초가 나오므로 시간으로 환산하면 11.60시간이 된다.

물탱크에 구멍이 생겨 물이 새어나오는 데 걸리는 시간
- 유체가 규칙적으로 흐르는 경우, 유체의 속도와 압력, 높이의 관계를 도식화한 베르누이의 정리를 이용한다.
- 물탱크에서 구멍으로 물이 나오는 데 걸리는 시간은 $t = \frac{1}{C \times A}\sqrt{\frac{h_1}{h_2}}$[초]로 구한다.
이때, C : 배출계수, A : 물이 새어나오는 구멍의 면적, h_1 : 탱크에 차 있는 물의 높이, h_2 : 구멍이 뚫린 위치

100 Repetitive Learning 1회 2회 3회

다음 중 분말소화약제의 종별 주성분이 올바르게 나열된 것은?

① 1종 : 제1인산암모늄
② 2종 : 제1탄산수소칼륨
③ 3종 : 탄산수소칼륨과 요소와의 반응물
④ 4종 : 탄산수소나트륨

해설

- 1종은 탄산수소나트륨, 3종은 제1인산암모늄, 4종은 탄산수소칼륨과 요소와의 반응물을 주성분으로 한다.

정답 | 98 ③ 99 ③ 100 ②

:: 분말 소화설비

㉠ 개요

- 기구가 간단하고 유지관리가 용이하다.
- 온도 변화에 대한 약제의 변질이나 성능의 저하가 없다.
- 다른 소화설비보다 소화능력이 우수하며 소화시간이 짧다.
- 안전하고, 저렴하고, 경제적이며, 어떤 화재에도 최대의 소화능력을 갖는다.
- 분말은 흡습력이 강하고, 금속의 부식을 일으키는 단점을 갖는다.

㉡ 분말 소화기의 구분

종별	주성분	적응화재
1종	탄산수소나트륨($NaHCO_3$)	B, C급 화재
2종	탄산수소칼륨($KHCO_3$)	B, C급 화재
3종	제1인산암모늄($NH_4H_2PO_4$)	A, B, C급 화재
4종	탄산수소칼륨과 요소와의 반응물($KC_2N_2H_3O_3$)	B, C급 화재

6과목 건설공사 안전관리

1803

101 Repetitive Learning 1회 2회 3회

겨울철 공사 중인 건축물의 벽체 콘크리트 타설 시 거푸집이 터져서 콘크리트가 쏟아지는 사고가 발생하였다. 이 사고의 발생원인으로 추정 가능한 사안 중 가장 타당한 것은?

① 콘크리트의 타설 속도가 빨랐다.
② 진동기를 사용하지 않았다.
③ 철근 사용량이 많았다.
④ 콘크리트의 슬럼프가 작았다.

해설

- 겨울철에는 날씨가 추워 콘크리트의 경화시간이 여름철에 비해 오래 걸리고, 온도가 낮기 때문에 측압이 커져 안전사고의 위험이 더욱 커진다. 문제의 사고는 경화되지 않은 콘크리트로 인해 발생한 사고로, 콘크리트의 타설 속도를 천천히 할 경우 예방할 수 있다.

:: 콘크리트 타설작업 실필 1802/1502

- 당일의 작업을 시작하기 전에 해당 작업에 관한 거푸집 동바리 등의 변형·변위 및 지반의 침하 유무 등을 점검하고 이상이 있으면 보수할 것
- 작업 중에는 거푸집 동바리 등의 변형·변위 및 침하 유무 등을 감시할 수 있는 감시자를 배치하여 이상이 있으면 작업을 중지하고 근로자를 대피시킬 것
- 콘크리트 타설작업 시 거푸집 붕괴의 위험이 발생할 우려가 있으면 충분한 보강조치를 할 것
- 설계도서상의 콘크리트 양생기간을 준수하여 거푸집 동바리 등을 해체할 것
- 콘크리트를 타설하는 경우에는 편심이 발생하지 않도록 골고루 분산하여 타설할 것

102 Repetitive Learning 1회 2회 3회

다음 중 양중기에 해당되지 않는 것은?

① 크레인
② 건설용 리프트
③ 곤돌라
④ 적재하중이 0.05톤 이상인 이삿짐운반용 리프트

해설

- 이삿짐운반용 리프트의 경우 0.1톤 이상에 한해 양중기에 포함된다.

:: 양중기의 종류 실필 1601

- 크레인(Crane){호이스트(Hoist) 포함}
- 이동식크레인
- 리프트(이삿짐운반용의 경우 적재하중 0.1톤 이상)
- 곤돌라
- 승강기

1703 / 2102

103 Repetitive Learning 1회 2회 3회

터널 지보공을 조립하는 경우에는 미리 그 구조를 검토한 후 조립도를 작성하고, 그 조립도에 따라 조립하도록 하여야 하는데 이 조립도에 명시해야 할 사항과 가장 거리가 먼 것은?

① 이음방법　　② 단면규격
③ 재료의 재질　　④ 재료의 구입처

101 ① 102 ④ 103 ④ 정답

해설

- 터널 지보공의 경우 조립도에 이음방법 및 설치간격, 단면의 규격, 재료의 재질 등을 명시하여야 한다.

조립도 명시사항

- 터널 지보공의 경우 이음방법 및 설치간격, 단면의 규격, 재료의 재질 등을 명시하여야 한다.
- 거푸집 동바리의 경우 동바리·멍에 등 부재의 재질, 단면규격, 설치간격 및 이음방법 등을 명시하여야 한다.

104 Repetitive Learning (1회 2회 3회)

다음은 통나무 비계를 조립하는 경우의 준수사항에 대한 내용이다. ( ) 안에 알맞은 내용을 고르면?

> 통나무 비계는 지상높이 (ⓐ) 이하 또는 (ⓑ) 이하인 건축물·공작물 등의 건조·해체 및 조립 등의 작업에만 사용할 수 있다.

① ⓐ 4층, ⓑ 12m
② ⓐ 4층, ⓑ 15m
③ ⓐ 6층, ⓑ 12m
④ ⓐ 6층, ⓑ 15m

해설

- 통나무 비계는 지상높이 4층 이하 또는 12m 이하인 건축물·공작물 등의 건조·해체 및 조립 등의 작업에만 사용할 수 있다.

통나무 비계

- 비계기둥의 간격은 2.5m 이하로 하고 지상으로부터 첫 번째 띠장은 3m 이하의 위치에 설치할 것
- 비계기둥이 미끄러지거나 침하하는 것을 방지하기 위하여 비계기둥의 하단부를 묻고, 밑둥잡이를 설치하거나 깔판을 사용하는 등의 조치를 할 것
- 비계기둥의 이음이 겹침 이음인 경우에는 이음 부분에서 1m 이상을 서로 겹쳐서 두 군데 이상을 묶고, 비계기둥의 이음이 맞댄이음인 경우에는 비계기둥을 쌍기둥틀로 하거나 1.8m 이상의 덧댐목을 사용하여 네 군데 이상을 묶을 것
- 비계기둥·띠장·장선 등의 접속부 및 교차부는 철선이나 그 밖의 튼튼한 재료로 견고하게 묶을 것
- 교차 가새로 보강할 것
- 외줄비계·쌍줄비계 또는 돌출비계에 대해서는 벽이음 및 버팀을 설치할 것
- 통나무 비계는 지상높이 4층 이하 또는 12m 이하인 건축물·공작물 등의 건조·해체 및 조립 등의 작업에만 사용할 수 있다.

0701

105 Repetitive Learning (1회 2회 3회)

차량계 하역운반기계를 사용하여 작업을 할 때 기계의 전도, 전락에 의해 근로자가 위해를 입을 우려가 있을 때 사업주가 조치하여야 할 사항 중 옳지 않은 것은?

① 근로자의 출입금지 조치
② 하역운반기계를 유도하는 자 배치
③ 지반의 부동침하방지 조치
④ 갓길의 붕괴를 방지하기 위한 조치

해설

- 차량계 하역 작업 시 기계가 넘어지거나 굴러 떨어짐으로써 근로자에게 위험을 미칠 우려가 있는 경우에는 그 기계를 유도하는 사람을 배치하고 지반의 부동침하 방지 및 갓길 붕괴를 방지하기 위한 조치를 하여야 한다.

차량계 하역 작업 시 고려사항

- 사업주는 차량계 하역운반기계, 차량계 건설기계(최대제한속도가 시속 10km 이하인 것은 제외한다)를 사용하여 작업을 하는 경우 미리 작업장소의 지형 및 지반 상태 등에 적합한 제한속도를 정하고, 운전자로 하여금 준수하도록 하여야 한다.
- 기계가 넘어지거나 굴러 떨어짐(전도·전락)으로써 근로자에게 위험을 미칠 우려가 있는 경우에는 그 기계를 유도하는 사람(유도자)을 배치하고 지반의 부동침하 방지 및 갓길 붕괴를 방지하기 위한 조치를 하여야 한다.
- 차량계 하역운반기계 등의 수리 또는 부속장치의 장착 및 해체작업을 하는 경우 혹은 차량계 하역운반기계 등에 단위화물의 무게가 100kg 이상인 화물을 싣는 작업 또는 내리는 작업을 하는 경우에 해당 작업의 지휘자를 선임하여 준수사항을 준수하게 하여야 한다.
- 사업주는 지게차의 허용하중을 초과하여 사용해서는 아니 되며, 안전한 운행을 위한 유지·관리 및 그 밖의 사항에 대하여 해당 지게차를 제조한 자가 제공하는 제품설명서에서 정한 기준을 준수하여야 한다.

2102

106 Repetitive Learning (1회 2회 3회)

흙막이 가시설 공사 중 발생할 수 있는 보일링(Boiling) 현상에 관한 설명으로 옳지 않은 것은?

① 이 현상이 발생하면 흙막이벽의 지지력이 상실된다.
② 지하수위가 높은 지반을 굴착할 때 주로 발한다.
③ 흙막이벽의 근입장 깊이가 부족할 경우 발생한다.
④ 연약한 점토지반에서 굴착면의 융기로 발생한다.

정답 | 104 ① 105 ① 106 ④

해설

• 보일링(Boiling)은 사질지반에서 나타나는 지반 융기현상이다.

:: 보일링(Boiling)

㉠ 개요
- 사질지반에서 흙막이벽 배면부의 지하수가 굴삭 바닥면으로 모래와 함께 솟아오르는 지반 융기현상이다.
- 지하수위가 높은 연약 사질토 지반을 굴착할 때 주로 발생한다.
- 굴착부와 배면의 지하수위의 차이로 인해 주로 발생한다.
- 흙막이벽의 근입장 깊이가 부족할 경우 발생한다.
- 굴착저면에서 액상화 현상에 기인하여 발생한다.
- 시트파일(Sheet pile) 등의 저면에 분사현상이 발생한다.
- 보일링으로 인해 흙막이벽의 지지력이 상실된다.

㉡ 대책 실필 1901/1401/1302/1003
- 굴착배면의 지하수위를 낮춘다.
- 토류벽의 근입 깊이를 깊게 한다.
- 토류벽 선단에 코어 및 필터층을 설치한다.
- 투수거리를 길게 하기 위한 지수벽을 설치한다.

107 — Repetitive Learning (1회 2회 3회)

연약지반의 침하로 인한 문제를 예방하기 위한 점토질지반의 개량 공법에 해당되지 않는 것은?

① 생석회말뚝 공법 ② 페이퍼드레인 공법
③ 진동다짐 공법 ④ 샌드드레인 공법

해설

• 바이브로 플로테이션 공법은 진동과 제트의 병용으로 모래 말뚝을 만드는 사질지반의 개량으로 진동다짐 공법이라고도 한다.

:: 연약지반개량 공법

㉠ 점토지반 개량
- 함수비가 매우 큰 연약점토지반을 대상으로 한다.

구분	내용
압밀(재하)공법	• 쥐어짜서 강도를 저하시키는 요소를 배제하는 공법 • 여성토(Preloading), Surcharge, 사면선단재하, 압성토 공법
고결공법	• 시멘트나 약액의 주입 또는 동결, 점질토의 가열처리를 통해 강도를 증가시키는 공법 • 생석회말뚝(Chemico pile), 동결, 소결 공법
탈수공법	• 탈수를 통한 압밀을 촉진시켜 강도를 증가시키는 방법 • 페이퍼드레인(Paper drain), 샌드드레인(Sand drain), 팩드레인(Pack drain)
치환공법	• 연약토를 양질의 조립토로 치환해 지지력을 증대시키는 공법 • 폭파치환, 굴착치환, 활동치환

㉡ 사질지반 개량
- 느슨하고 물에 포화된 모래지반을 대상으로 하며 액상현상을 방지한다.
- 다짐말뚝 공법, 바이브로 플로테이션 공법, 폭파다짐 공법, 전기충격 공법, 약액주입 공법 등이 있다.

1102 / 2202

108 — Repetitive Learning (1회 2회 3회)

건설작업용 타워크레인의 안전장치가 아닌 것은?

① 권과방지장치
② 과부하방지장치
③ 브레이크장치
④ 호이스트스위치

해설

• 호이스트는 훅이나 그 밖의 달기구 등을 사용하여 화물을 권상 및 횡행 또는 권상동작만을 하여 양중하는 장치를 말한다.

:: 방호장치의 조정

구분	내용
대상	• 크레인 • 이동식크레인 • 리프트 • 곤돌라 • 승강기
방호장치	과부하방지장치, 권과방지장치(捲過防止裝置), 비상정지장치 및 제동장치, 그 밖의 방호장치{승강기의 파이널리미트스위치(Final limit switch), 속도조절기, 출입문 인터 록(Inter lock) 등}

109 — Repetitive Learning (1회 2회 3회)

가설통로를 설치할 때 준수하여야 할 기준으로 옳지 않은 것은?

① 추락할 위험이 있는 장소에는 안전난간을 설치한다.
② 경사가 12°를 초과하는 경우에는 미끄러지지 않는 구조로 한다.
③ 수직갱에 가설된 통로의 길이가 15m 이상인 경우에는 10m 이내마다 계단참을 설치한다.
④ 건설공사에 사용하는 높이 8m 이상의 비계다리에는 7m 이내마다 계단참을 설치한다.

107 ③ 108 ④ 109 ② | 정답

해설

- 가설통로 설치 시 경사가 15°를 초과하는 경우에는 미끄러지지 아니하는 구조로 하여야 한다.

가설통로 설치 시 준수 기준 실필 2301/1801/1703/1603

- 높이 8m 이상인 비계다리에서는 7m 이내마다 계단참을 설치할 것
- 수직갱에 가설된 통로의 길이가 15m 이상인 경우에는 10m 이내마다 계단참을 설치할 것
- 경사가 15°를 초과하는 경우에는 미끄러지지 아니하는 구조로 할 것
- 추락할 위험이 있는 장소에는 안전난간을 설치할 것
- 경사로의 폭은 최소 90cm 이상으로 할 것
- 발판 폭 40cm 이상, 틈 3cm 이하로 할 것
- 경사는 30° 이하로 할 것

1201

110 ——— Repetitive Learning

다음은 말비계 조립 시 준수사항이다. ( )에 알맞은 수치는?

- 지주부재와 수평면의 기울기를 (ⓐ)° 이하로 하고 지주부재와 지주부재 사이를 고정시키는 보조부재를 설치할 것
- 말비계의 높이가 2m를 초과하는 경우에는 작업발판의 폭을 (ⓑ)cm 이상으로 할 것

① ⓐ 75, ⓑ 30
② ⓐ 75, ⓑ 40
③ ⓐ 85, ⓑ 30
④ ⓐ 85, ⓑ 40

해설

- 말비계 조립 시 지주부재와 수평면의 기울기를 75° 이하로 하고, 말비계의 높이가 2m를 초과하는 경우에는 작업발판의 폭을 40cm 이상으로 한다.

말비계 조립 시 준수사항 실필 2203/1701 실작 2402/2303

- 지주부재(支柱部材)의 하단에는 미끄럼 방지장치를 하고, 근로자가 양측 끝부분에 올라서서 작업하지 않도록 할 것
- 지주부재와 수평면의 기울기를 75° 이하로 하고, 지주부재와 지주부재 사이를 고정시키는 보조부재를 설치할 것
- 말비계의 높이가 2m를 초과하는 경우에는 작업발판의 폭을 40cm 이상으로 할 것

0401 / 1202 / 1703

111 ——— Repetitive Learning 1회 2회 3회

이동식 비계를 조립하여 작업하는 경우에 작업발판의 최대 적재하중으로 옳은 것은?

① 350kg ② 300kg
③ 250kg ④ 200kg

해설

- 이동식 비계의 작업발판 최대적재하중은 250kg을 초과하지 않도록 한다.

이동식 비계 조립 및 사용 시 준수사항

- 이동식 비계의 바퀴에는 뜻밖의 갑작스러운 이동 또는 전도를 방지하기 위하여 브레이크·쐐기 등으로 바퀴를 고정시킨 다음 비계의 일부를 견고한 시설물에 고정하거나 아웃트리거(Outrigger)를 설치하는 등 필요한 조치를 할 것
- 승강용 사다리는 견고하게 설치할 것
- 비계의 최상부에서 작업을 하는 경우에는 안전난간을 설치할 것
- 작업발판은 항상 수평을 유지하고 작업발판 위에서 안전난간을 딛고 작업을 하거나 받침대 또는 사다리를 사용하여 작업하지 않도록 할 것
- 작업발판의 최대적재하중은 250kg을 초과하지 않도록 할 것

0602 / 0801 / 0802 / 1502

112 ——— Repetitive Learning 1회 2회 3회

철륜 표면에 다수의 돌기를 붙여 접지면적을 작게 하여 접지압을 증가시킨 롤러로서 고함수비 점성토 지반의 다짐작업에 적합한 롤러는?

① 탠덤 롤러 ② 로드 롤러
③ 타이어 롤러 ④ 탬핑 롤러

해설

- 탠덤 롤러(Tandem roller)는 전륜, 후륜 각 1개의 철륜을 가진 롤러로 점성토나 자갈, 쇄석의 다짐, 아스팔트 포장의 마무리에 적합한 롤러이다.
- 로드 롤러(Road roller)는 쇠 바퀴를 이용해 다지기하는 기계이다.
- 타이어 롤러(Tire roller)는 고무 타이어를 이용해서 다지기하는 기계이다.

탬핑 롤러(Tamping roller)

- 롤러의 표면에 돌기를 만들어 부착한 것으로 돌기가 전압층에 매입되어 풍화암을 파쇄하고 흙속의 간극수압을 제거하는 롤러이다.
- 드럼에 붙은 돌기를 이용하여 흙의 깊은 위치를 다지는 데 사용하며 고함수비 점성토 지반의 다짐작업에 이용된다.
- 다짐용 전압 롤러로 점착력이 큰 진흙다짐에 주로 사용된다.

정답 | 110 ② 111 ③ 112 ④

1101

113 Repetitive Learning (1회 2회 3회)

차량계 건설기계를 사용하여 작업 시 기계의 전도, 전락 등에 의한 근로자의 위험을 방지하기 위하여 유의하여야 할 사항이 아닌 것은?

① 노견의 붕괴방지 ② 작업반경 유지
③ 지반의 침하방지 ④ 노폭의 유지

해설

- 차량계 건설기계가 넘어지거나 굴러떨어져서 근로자가 위험해질 우려가 있는 경우 유도자를 배치하고, 지반의 부동침하방지, 갓길의 붕괴방지 및 도로 폭의 유지 등의 조치를 취한다.

:: 차량계 건설기계의 전도 방지조치

- 사업주는 차량계 건설기계를 사용하여 작업할 때에 그 기계가 넘어지거나 굴러떨어짐으로써 근로자가 위험해질 우려가 있는 경우에는 유도하는 사람을 배치하고 지반의 부동침하방지, 갓길의 붕괴방지 및 도로 폭의 유지 등 필요한 조치를 하여야 한다.

0902

114 Repetitive Learning (1회 2회 3회)

물이 결빙되는 위치로 지속적으로 유입되는 조건에서 온도가 하강함에 따라 토중수가 얼어 생성된 결빙크기가 계속 커져 지표면이 부풀어 오르는 현상은?

① 압밀침하(Consolidation settlement)
② 연화(Frost boil)
③ 지반경화(Hardening)
④ 동상(Frost heave)

해설

- 압밀침하란 포화된 점토층이 하중을 받음으로써 오랜 시간에 걸쳐 간극수가 빠져나감과 동시에 침하가 발생하는 현상을 말한다.
- 연화란 동결된 지반이 기온 상승으로 녹기 시작할 때, 녹은 물이 적절하게 배수되지 않아 녹은 흙의 함수비가 얼기 전보다 훨씬 증가함으로써 지반이 연약해지고 강도가 떨어지는 현상을 말한다.
- 지반경화란 연약지반에 연약지반보강 공법 등을 적용하여 지반을 개량하고 경화시키는 작업을 말한다.

:: 동상(Frost heave)

㉠ 개요

- 온도가 하강하거나 물이 결빙되는 위치로 유입됨에 따라 토중수가 얼어 부피가 약 9% 정도 증대하게 됨으로써 지표면이 부풀어 오르는 현상을 말한다.
- 흙의 동상현상에 영향을 미치는 인자에는 동결지속시간, 모관 상승고의 크기, 흙의 투수성 등이 있다.

㉡ 흙의 동상 방지대책

- 동결되지 않는 흙으로 치환하거나 흙속에 단열재를 매입한다.
- 지하수위를 낮춘다.
- 지표의 흙을 화학약품 처리하여 동결온도를 낮춘다.
- 모관수의 상승을 차단하기 위하여 지하수위 상층에 조립토층을 설치한다.

1702 / 2001

115 Repetitive Learning (1회 2회 3회)

공정률이 65[%]인 건설현장의 경우 공사 진척에 따른 산업안전보건관리비의 최소 사용기준으로 옳은 것은?

① 40[%] 이상
② 50[%] 이상
③ 60[%] 이상
④ 70[%] 이상

해설

- 공사 진척에 따른 안전관리비 사용기준에서 공정률 65%는 50~70% 범위 내에 포함되므로 산업안전보건관리비 사용기준은 50% 이상이다.

:: 공사 진척에 따른 안전관리비 사용기준

공정률	50% 이상 70% 미만	70% 이상 90% 미만	90% 이상
사용기준	50% 이상	70% 이상	90% 이상

116 Repetitive Learning (1회 2회 3회)

토공사에서 성토재료의 일반조건으로 옳지 않은 것은?

① 다져진 흙의 전단강도가 크고 압축이 작을 것
② 함수율이 높은 토사일 것
③ 시공정비의 주행성이 확보될 수 있을 것
④ 필요한 다짐정도를 쉽게 얻을 수 있을 것

해설

- 성토재료의 일반조건에 함수율은 포함되지 않으며, 함수율은 성토재의 성질, 요구된 다지는 표준, 기계의 다지는 능력에 따라 종합적으로 검토한다.

113 ② 114 ④ 115 ② 116 ② 정답

성토(Banking)

㉠ 개요
- 흙을 쌓아 해당 지역의 땅을 돋우는 작업을 말한다.

㉡ 재료의 일반 조건
- 성토재료는 유해물 기타 유해한 잡물을 포함하지 않으며 시방규정에 맞는 토사류를 사용한다.
- 공학적으로 안정되고 지지력이 커야 한다.
- 다져진 흙의 전단강도가 크고 압축이 작아야 한다.
- 시공정비의 주행성이 확보될 수 있어야 한다.
- 필요한 다짐정도를 쉽게 얻을 수 있어야 한다.
- 입도분포가 양호해야 한다.

117 — Repetitive Learning (1회 2회 3회)

다음은 굴착공사표준 안전작업 지침에 따른 트렌치 굴착 시 준수사항이다. ( ) 안에 들어갈 내용으로 옳은 것은?

> 굴착 폭은 작업 및 대피가 용이하도록 충분한 넓이를 확보하여야 하며, 굴착 깊이가 2m 이상일 경우에는 ( ) 이상의 폭으로 한다.

① 1m
② 1.5m
③ 2.0m
④ 2.5m

해설
- 굴착 폭은 작업 및 대피가 용이하도록 충분한 넓이를 확보하여야 하며 굴착 깊이가 2m 이상일 경우에는 1m 이상의 폭으로 한다.

굴착공사 안전작업 지침
- 굴착 깊이가 1.5m 이상인 경우 사다리, 계단 등 승강설비를 설치하여야 한다.
- 굴착 폭은 작업 및 대피가 용이하도록 충분한 넓이를 확보하여야 하며 굴착 깊이가 2m 이상일 경우에는 1m 이상 폭으로 한다.
- 작업 전에 산소농도를 측정하고 산소량은 18% 이상이어야 하며, 발파 후 반드시 환기설비를 작동시켜 가스배출을 한 후 작업을 하여야 한다.
- 시트파일의 설치 시 수직도는 1/100 이내이어야 한다.
- 토압이 커서 링이 변형될 우려가 있는 경우 스트러트 등으로 보강하여야 한다.
- 굴착 및 링의 설치와 동시에 철사다리를 설치·연장하여야 하며 철사다리는 굴착 바닥면과 접근 높이가 30cm 이내가 되게 하고 버켓의 경로, 전선, 닥트 등이 배치되지 않는 곳에 설치하여야 한다.

0502 / 1901 / 2102

118 — Repetitive Learning (1회 2회 3회)

건설업 중 교량 건설공사의 경우 유해위험방지계획서를 제출하여야 하는 기준으로 옳은 것은?

① 최대지간길이가 40m 이상인 교량 건설 시
② 최대지간길이가 50m 이상인 교량 건설 시
③ 최대지간길이가 60m 이상인 교량 건설 시
④ 최대지간길이가 70m 이상인 교량 건설 시

해설
- 유해·위험방지계획서 제출대상 공사의 규모기준에서 교량 건설 등의 공사의 경우 최대지간길이가 50m 이상이어야 한다.

유해·위험방지계획서 제출대상 공사 실필 1701
- 지상높이가 31m 이상인 건축물 또는 인공구조물, 연면적 3만m^2 이상인 건축물 또는 연면적 5천m^2 이상의 문화 및 집회시설(전시장 및 동물원·식물원은 제외), 판매시설, 운수시설(고속철도의 역사 및 집배송시설은 제외), 종교시설, 의료시설 중 종합병원, 숙박시설 중 관광숙박시설, 지하도상가 또는 냉동·냉장창고시설의 건설·개조 또는 해체공사
- 연면적 5천m^2 이상인 냉동·냉장창고시설의 설비공사 및 단열공사
- 최대지간길이가 50m 이상인 교량 건설 등의 공사
- 터널 건설 등의 공사
- 다목적 댐, 발전용 댐 및 저수용량 2천만톤 이상의 용수 전용 댐, 지방상수도 전용 댐 건설 등의 공사
- 깊이 10m 이상인 굴착공사

119 — Repetitive Learning (1회 2회 3회)

흙막이 지보공을 설치하였을 경우 정기적으로 점검해야 하는 사항과 가장 거리가 먼 것은?

① 부재의 접속부·부착부 및 교차부의 상태
② 버팀대의 긴압(緊壓)의 정도
③ 지표수의 흐름 상태
④ 부재의 손상·변형·부식·변위 및 탈락의 유무와 상태

해설
- 흙막이 지보공을 설치하였을 때에 정기점검 및 이상 발견 시 즉시 보수하여야 할 사항에는 ①, ②, ④ 외에 침하의 정도가 있다.

흙막이 지보공을 설치하였을 때에 정기적으로 점검하고 이상을 발견하면 즉시 보수하여야 할 사항 실작 2402/2301/2201/2003
- 부재의 손상·변형·부식·변위 및 탈락의 유무와 상태
- 버팀대의 긴압(緊壓)의 정도
- 부재의 접속부·부착부 및 교차부의 상태
- 침하의 정도

정답 | 117 ① 118 ② 119 ③

120 Repetitive Learning (1회 2회 3회)

항만하역작업에서의 선박승강설비 설치기준으로 옳지 않은 것은?

① 200톤급 이상의 선박에서 하역작업을 하는 때에는 근로자들이 안전하게 승강할 수 있는 현문 사다리를 설치하여야 한다.

② 현문 사다리는 견고한 재료로 제작된 것으로 너비는 55cm 이상이어야 한다.

③ 현문 사다리의 양측에는 82cm 이상의 높이로 울타리를 설치하여야 한다.

④ 현문 사다리는 근로자의 통행에만 사용하여야 하며 화물용 발판 또는 화물용 보판으로 사용하도록 하여서는 아니 된다.

해설

- 사업주는 300톤급 이상의 선박에서 하역작업을 하는 경우에 근로자들이 안전하게 오르내릴 수 있는 현문(舷門) 사다리를 설치하여야 하며, 이 사다리 밑에 안전망을 설치하여야 한다.

선박승강설비의 설치

- 사업주는 300톤급 이상의 선박에서 하역작업을 하는 경우에 근로자들이 안전하게 오르내릴 수 있는 현문(舷門) 사다리를 설치하여야 하며, 이 사다리 밑에 안전망을 설치하여야 한다.
- 현문 사다리는 견고한 재료로 제작된 것으로 너비는 55cm 이상이어야 하고, 양측에 82cm 이상의 높이로 울타리를 설치하여야 하며, 바닥은 미끄러지지 않도록 적합한 재질로 처리되어야 한다.
- 현문 사다리는 근로자의 통행에만 사용하여야 하며, 화물용 발판 또는 화물용 보판으로 사용하도록 해서는 아니 된다.

120 ① 정답

MEMO

구분	1과목	2과목	3과목	4과목	5과목	6과목	합계
New 유형	3	4	2	5	6	1	21
New 문제	7	12	6	11	11	5	52
또나온문제	7	6	6	7	6	6	38
자꾸나온문제	6	2	8	2	3	9	30
합계	20	20	20	20	20	20	120

- New유형은 New문제 중 기존 기출문제와 완전히 다른 유형의 문제를 말합니다.
- New문제는 기존에 출제되지 않은 문제로 이번에 처음 출제되는 문제입니다.
- 또나온문제는 기존에 출제된 적이 1번 있는 문제를 말합니다.
- 자꾸나온문제는 기존에 출제된 적이 2번 이상 있는 문제를 말합니다. 그만큼 중요한 문제입니다.

몇 년분의 기출문제를 공부해야 합격할 수 있을까요?

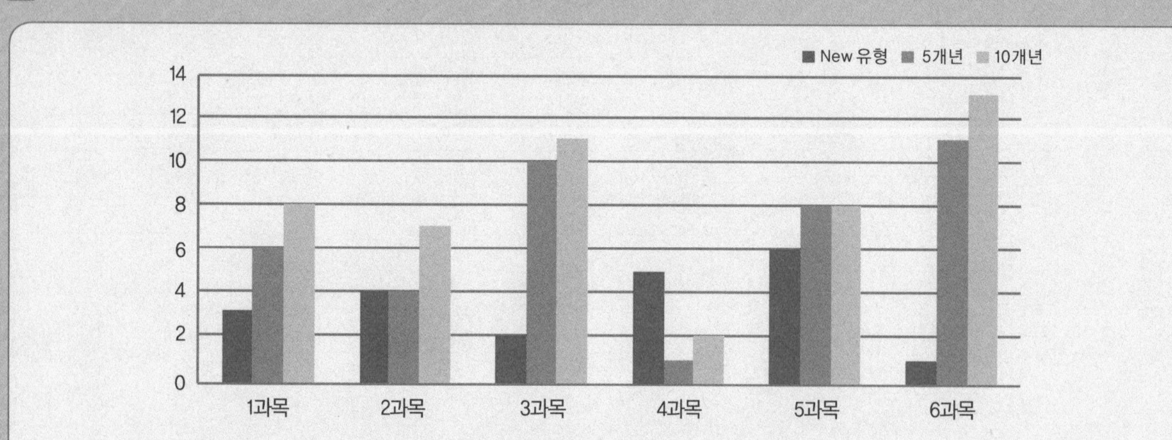

- 완전 새로운 유형의 문제는 21문제이고 99문제가 이미 출제된 문제 혹은 변형문제입니다.
- 5년분(2016~2020) 기출에서 동일문제가 40문항이 출제되었고, 10년분(2011~2020) 기출에서 동일문제가 49문항이 출제되었습니다.

실기에 나왔어요!! 외우세요!!!

실기시험은 필답형과 작업형으로 구분되어 있으며 모두 직접 주관식으로 내용을 적어야 합니다. 필기공부하면서 실기 출제된 내역들은 좀 더 신경써서 암기하실 필요가 있어요. 필기 합격자 발표 난 후 실기시험까지는 5주밖에 여유가 없답니다. 어차피 공부할 것 필기 때 확실하게 해준다면 실기도 단방에 합격할 수 있습니다.

- 총 30개의 해설이 실기 필답형 시험과 연동되어 있습니다.
- 총 2개의 해설이 실기 작업형 시험과 연동되어 있습니다.

분석의견

최근 10년분의 기출문제와 답을 반복암기해서는 합격점수인 72점에서 23점이 부족합니다. 새로운 유형(21문항)과 문제(52문항)는 평균(17.1/49.5문항)보다 많이 출제되었으며, 최근 5년분 및 10년분 기출출제비율 역시 평균보다 낮아 다소 어려운 난이도를 유지하고 있습니다. 특히 4과목은 10년분을 학습해도 동일한 문제가 2문제밖에 나오지를 않아 확실한 배경학습이 없을 경우 과락을 면하기 어려울 것으로 판단됩니다. 합격에 필요한 점수를 획득하기 위해서는 최근 5년분 문제와 핵심이론의 3회독 혹은 최근 10년분 문제와 핵심이론의 2회독 이상의 학습이 필요합니다.

2014년 제1회

2014년 3월 2일 필기

14년 1회차 필기시험
합격률 40.2%

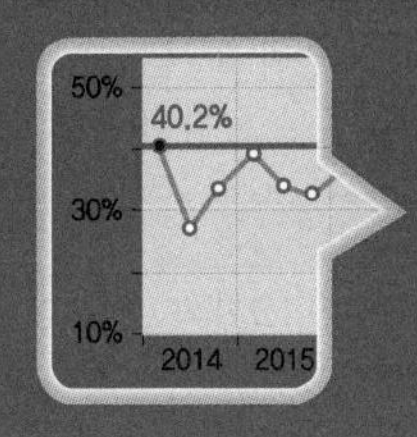

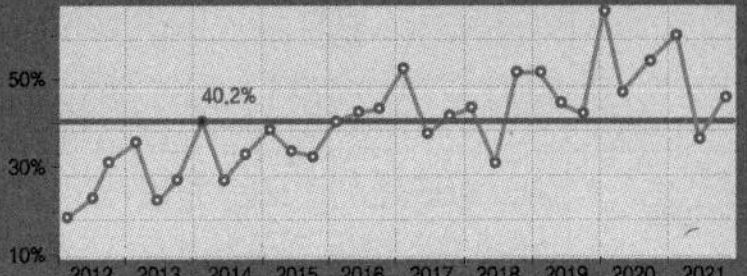

1과목 산업재해 예방 및 안전보건교육

1901

01

Repetitive Learning 1회 2회 3회

각자의 위험에 대한 감수성 향상을 도모하기 위하여 삼각 및 원포인트 위험예지훈련을 실시하는 것은?

① 1인 위험예지훈련　② 자문자답 위험예지훈련
③ TBM 위험예지훈련　④ 시나리오 역할연기훈련

해설

- 자문자답 위험예지훈련이란 각자가 자문자답카드 항목을 소리내어 자문자답하면서 위험요인을 발견하는 1인 위험예지훈련의 한 종류이다.
- TBM 위험예지훈련은 현장에서 그때 그 장소의 상황에서 즉응하여 실시하는 위험예지활동으로 즉시즉응법이라고도 한다.
- 시나리오 역할연기훈련이란 작업 전 5분간 미팅의 시나리오를 작성하여 멤버가 시나리오에 의하여 역할연기(Role-playing)를 함으로써 체험 학습하는 기법을 말한다.

1인 위험예지훈련

- 각자의 위험에 대한 감수성 향상을 도모하기 위하여 실시하는 삼각 및 원포인트 위험예지훈련을 말한다.
- 한 사람 한 사람의 위험에 대한 감수성 향상을 도모하기 위한 삼각 및 원포인트 위험예지훈련을 통합한 활용기법이다.

1203 / 1701 / 2101 / 2202

02

다음 중 참가자에 일정한 역할을 주어 실제적으로 연기를 시켜봄으로써 자기의 역할을 보다 확실히 인식할 수 있도록 체험학습을 시키는 교육방법은?

① Role playing　② Brain storming
③ Action playing　④ Fish bowl playing

해설

- Brain storming은 타인의 비판 없이 자유로운 토론을 통하여 다량의 독창적인 아이디어와 대안적 해결안을 찾기 위한 집단적 사고기법이다.
- Action playing과 Fish bowl playing은 교육이나 학습방법과는 거리가 멀다.

토의법의 종류

구분	내용
포럼 (Forum)	새로운 자료나 교재를 제시하고 피교육자로 하여금 문제점을 제기하게 하거나 그것에 관한 피교육자의 의견을 여러 가지 방법으로 발표하게 하고, 청중과 토론자 간에 활발한 의견 개진과 충돌로 바람직한 합의를 도출해내는 교육 실시방법
패널 디스커션 (Panel discussion)	참가자 앞에서 소수의 전문가들이 과제에 관한 견해를 발표하고 토론한 뒤 참가자 전원이 사회자의 진행에 따라 토의하는 방법
심포지엄 (Symposium)	몇 사람의 전문가에 의하여 과제에 관한 견해를 발표한 뒤에 참가자로 하여금 의견이나 질문을 하게 하여 토의하는 방법
롤 플레잉 (Role playing)	집단 심리요법의 하나로서 자기 해방과 타인 체험을 목적으로 하는 체험활동을 통해 대인관계에 있어서의 태도변용이나 통찰력, 자기이해를 목표로 개발된 교육방법
버즈세션 (Buzz session)	6-6 회의라고도 하며, 6명씩 소집단으로 구분하고, 집단별로 각각의 사회자를 선발하여 6분간씩 자유토의를 행하여 의견을 종합하는 방법

03

Repetitive Learning 1회 2회 3회

다음 중 안전모의 성능시험에 있어서 AE, ABE종에만 한하여 실시하는 시험은?

① 내관통성시험, 충격흡수성시험
② 난연성시험, 내수성시험
③ 내관통성시험, 내전압성시험
④ 내전압성시험, 내수성시험

정답 | 01 ① 02 ① 03 ④

해설

- AE, ABE종에 한해서 실시되는 시험은 내전압성과 내수성시험이다. 전압성시험에서는 교류 20kV에서 1분간 절연파괴 없이 견뎌야 하며, 내수성시험에서는 질량증가율이 1% 미만이어야 한다.

안전모의 시험성능기준 실필 2401/1901/1701/0701 실작 1302

항목	시험성능기준
내관통성	AE, ABE종 안전모는 관통거리가 9.5mm 이하이고, AB종 안전모는 관통거리가 11.1mm 이하이어야 한다.
충격흡수성	최고전달충격력이 4,450N을 초과해서는 안 되며, 모체와 착장체의 기능이 상실되지 않아야 한다.
내전압성	AE, ABE종 안전모는 교류 20kV에서 1분간 절연파괴 없이 견뎌야 하고, 이때 누설되는 충전전류는 10mA 이하이어야 한다.
내수성	AE, ABE종 안전모는 질량증가율이 1% 미만이어야 한다.
난연성	모체가 불꽃을 내며 5초 이상 연소되지 않아야 한다.
턱끈풀림	150N 이상 250N 이하에서 턱끈이 풀려야 한다.

1103

04 Repetitive Learning 1회 2회 3회

다음 중 산업안전보건법령상 안전·보건표지에 있어 금지표지의 종류가 아닌 것은?

① 금연　② 접촉금지
③ 보행금지　④ 차량통행금지

해설

- 금지표지의 종류에는 금연, 출입금지, 보행금지, 차량통행금지, 물체이동금지, 화기금지, 사용금지, 탑승금지 등이 있다.

금지표지 실필 2401/2202/1802/1402

- 정지, 소화설비, 유해행위 금지를 표시할 때 사용된다.
- 흰색(N9.5) 바탕에 빨간색(7.5R 4/14) 기본모형을 사용한다.
- 금연, 출입금지, 보행금지, 차량통행금지, 물체이동금지, 화기금지, 사용금지, 탑승금지 등이 있다.

금연	출입금지	보행금지	차량통행금지
물체이동금지	화기금지	사용금지	탑승금지

0903 / 1802 / 2103

05 Repetitive Learning 1회 2회 3회

산업안전보건법령상 근로자에 대한 일반건강진단의 실시 시기 기준으로 옳은 것은?

① 사무직에 종사하는 근로자 : 1년에 1회 이상
② 사무직에 종사하는 근로자 : 2년에 1회 이상
③ 사무직 외의 업무에 종사하는 근로자 : 6월에 1회 이상
④ 사무직 외의 업무에 종사하는 근로자 : 2년에 1회 이상

해설

- 사무직은 2년에 1회 이상, 그 외는 1년에 1회 이상 실시해야 한다.

건강진단의 실시 기준

대상	일반건강진단 기준
사무직에 종사하는 근로자	2년에 1회 이상
사무직 외의 근로자	1년에 1회 이상

0901

06 Repetitive Learning 1회 2회 3회

사고요인이 되는 정신적 요소 중 개성적 결함요인에 해당하지 않는 것은?

① 방심 및 공상　② 도전적인 마음
③ 과도한 집착력　④ 다혈질 및 인내심 부족

해설

- 방심 및 공상은 개성적 결함이 아니라 부주의의 요인이다.

사고요인 중 개성적 결함요인

- 도전적인 마음
- 지나친 자존심과 자만심
- 다혈질 및 인내심 부족
- 과도한 집착력

0502 / 2101

07 Repetitive Learning 1회 2회 3회

재해의 빈도와 상해의 강약도를 혼합하여 집계하는 지표를 무엇이라 하는가?

① 강도율　② 안전활동률
③ Safe-T-score　④ 종합재해지수

해설

- 재해의 빈도는 도수율, 상해의 강약도는 강도율이다. 이 둘을 혼합하여 집계하는 지표로는 강도율과 도수율의 기하평균에 해당하는 종합재해지수가 있다.

04 ② 05 ② 06 ① 07 ④ 정답

종합재해지수 실필 2301/2003/1701/1303/1201/1102/0903/0902

- 기업 간 재해지수의 종합적인 비교 및 안전성적의 비교를 위해 사용하는 수단이다.
- 재해의 빈도와 상해의 강약도를 혼합하여 집계하는 지표이다.
- 강도율과 도수율(빈도율)의 기하평균이므로 종합재해지수는 $\sqrt{빈도율 \times 강도율}$로 구한다.
- 상해발생률과 상해강도율이 주어질 경우

  종합재해지수 = $\sqrt{\frac{빈도율 \times 강도율}{1,000}}$ 로 구한다.

0502

08

Repetitive Learning (1회 2회 3회)

다음 중 재해사례연구의 순서를 올바르게 나열한 것은?

① 직접 원인과 문제점의 확인 → 근본적 문제의 결정 → 대책수립 → 사실의 확인

② 근본적 문제의 결정 → 직접 원인과 문제점의 확인 → 대책수립 → 사실의 확인

③ 사실의 확인 → 직접 원인과 문제점의 확인 → 근본적 문제점의 결정 → 대책수립

④ 사실의 확인 → 근본적 문제점의 결정 → 직접 원인과 문제점의 확인 → 대책수립

해설

- 재해사례연구 시 가장 먼저 재해 상황에 대해 파악한 후 사실 확인에 들어가야 한다.

재해조사와 재해사례연구

㉠ 개요
- 재해조사는 재해조사 → 원인분석 → 대책수립 → 실시계획 → 실시 → 평가의 순을 따른다.
- 재해사례의 연구는 재해 상황 파악 → 사실 확인 → 직접 원인과 문제점 확인 → 근본 문제점 결정 → 대책수립의 단계를 따른다.

㉡ 재해조사 시 유의사항
- 피해자에 대한 구급조치를 최우선으로 한다.
- 가급적 재해현장이 변형되지 않은 상태에서 실시한다.
- 사실 이외의 추측되는 말은 참고용으로만 활용한다.
- 사람, 기계설비 양면의 재해요인을 모두 도출한다.
- 과거 사고발생 경향 등을 참고하여 조사한다.
- 객관적 입장에서 재해방지에 우선을 두고 조사하며, 조사는 2인 이상이 한다.

09

Repetitive Learning (1회 2회 3회)

다음 중 하인리히가 제시한 1 : 29 : 300의 재해구성 비율에 관한 설명으로 틀린 것은?

① 총 사고 발생건수는 300건이다.

② 중상 또는 사망은 1회 발생된다.

③ 고장이 포함되는 무상해사고는 300건 발생된다.

④ 인적, 물적 손실이 수반되는 경상이 29건 발생된다.

해설

- 하인리히 재해구성 비율은 총 사고 발생건수 330건을 대상으로 분석한 비율이다.

하인리히의 재해구성 비율
- 중상 : 경상 : 무상해사고가 각각 1 : 29 : 300인 재해구성 비율을 말한다.
- 총 사고 발생건수 330건을 대상으로 분석했을 때 중상 1, 경상 29, 무상해사고 300건이 발생했음을 의미한다.

0803

10

Repetitive Learning (1회 2회 3회)

안전·보건교육의 단계별 교육과정 중 근로자가 지켜야 할 규정의 숙지를 위한 교육에 해당하는 것은?

① 지식교육

② 태도교육

③ 문제해결교육

④ 기능교육

해설

- 근로자가 지켜야 할 규정의 숙지를 위한 교육은 1단계 지식교육이다.

안전지식교육(안전교육의 제1단계)
- 근로자가 지켜야 할 규정의 숙지를 위한 교육이다.
- 제시방식으로 진행하는 것이 가장 적합하다.
- 재해발생의 원인을 이해시킴으로써 안전의식 향상에 목적을 둔다.
- 안전의 5요소에 잠재된 위험을 이해시킨다.
- 작업에 필요한 안전 관련 법규·규정·기준과 수칙을 습득시킨다.

정답 | 08 ③ 09 ① 10 ①

11

Repetitive Learning 1회 2회 3회

다음 중 교육형태의 분류에 있어 가장 적절하지 않은 것은?

① 교육의도에 따라 형식적 교육, 비형식적 교육
② 교육성격에 따라 일반교육, 교양교육, 특수교육
③ 교육방법에 따라 가정교육, 학교교육, 사회교육
④ 교육내용에 따라 실업교육, 직업교육, 고등교육

해설

- 교육방법에 따른 교육은 시청각교육, 방송통신교육, 실습교육 등으로 분류된다. 가정교육, 학교교육, 사회교육은 교육장소에 따른 분류에 해당한다.

교육형태의 분류

분류기준	종류
교육의도	형식적 교육, 비형식적 교육
교육성격	일반교육, 교양교육, 특수교육
교육방법	시청각교육, 방송통신교육, 실습교육
교육장소	가정교육, 학교교육, 사회교육
교육내용	실업교육, 직업교육, 고등교육, 초등교육, 중등교육
교육대상	유아교육, 아동교육, 성인교육

12

안전교육 방법 중 OJT(On the Job Training) 특징과 거리가 먼 것은?

① 상호 신뢰 및 이해도가 높아진다.
② 개개인의 적절한 지도훈련이 가능하다.
③ 사업장의 실정에 맞게 실제적 훈련이 가능하다.
④ 관련 분야의 외부 전문가를 강사로 초빙하는 것이 가능하다.

해설

- 관련 분야의 외부 전문가를 강사로 초빙하여 교육하는 것은 Off J.T의 장점에 해당한다.

O.J.T(On the Job Training) 교육

㉠ 개요
- 주로 사업장 내에서 관리감독자가 강사가 되어 실시하는 개별교육을 말한다.
- 일상 업무를 통해 지식과 기능, 문제해결능력을 향상시키는 데 주목적을 갖는다.
- (1단계) 작업의 필요성(Needs)을 느끼게 하고, (2단계) 목표를 설정하며, (3단계) 교육을 실시하고, (4단계) 평가하는 과정을 거친다.

㉡ 장점
- 개개인에 대한 효율적인 지도훈련이 가능하다.
- 직장의 실정에 맞는 실제적 훈련이 가능하다.
- 즉시 업무에 연결될 수 있고, 효과가 즉각적으로 나타나며, 훈련의 좋고 나쁨에 따라 개선이 용이하다.
- 교육을 담당하는 관리감독자(상사)와 부하 간의 의사소통과 신뢰감이 깊어진다.

㉢ 단점
- 전문적인 강사가 아니어서 교육이 원만하지 않을 수 있다.
- 다수의 대상을 한 번에 통일적인 내용 및 수준으로 교육시킬 수 없다.
- 업무와 교육이 병행되는 관계로 훈련에만 전념할 수 없다.

0702 / 1703 / 2101

13

다음 중 일반적으로 시간의 변화에 따라 야간에 상승하는 생체리듬은?

① 맥박 수 ② 염분량
③ 혈압 ④ 체중

해설

- 야간에 상승하는 것은 염분량, 혈액의 수분 등이다.

생체리듬(Biorhythm)

㉠ 개요
- 사람의 체온, 혈압, 맥박 수, 혈액, 수분, 염분량 등이 시간에 따라 또는 주야에 따라 일정한 형식으로 변화하는 것을 말한다.
- 생체리듬의 종류에는 육체적 리듬, 지성적 리듬, 감성적 리듬이 있다.

㉡ 특징
- 생체리듬에서 중요한 점은 낮에는 신체활동이 유리하며, 밤에는 휴식이 더욱 효율적이라는 것이다.
- 체온・혈압・맥박 수는 주간에는 상승, 야간에는 저하된다.
- 혈액의 수분과 염분량은 주간에는 감소, 야간에는 증가한다.
- 체중은 주간작업보다 야간작업일 때 더 많이 감소하고, 피로의 자각증상은 주간보다 야간에 더 많이 증가한다.
- 몸이 흥분한 상태일 때는 교감신경이 우세하고 수면을 취하거나 휴식을 할 때는 부교감신경이 우세하다.

㉢ 분류
- 육체적 리듬(P)의 주기는 23일이며, 식욕, 활동력, 지구력과 관련된다.
- 감성적 리듬(S)의 주기는 28일이며, 주의력, 예감과 관련된다.
- 지성적 리듬(I)의 주기는 33일이며, 지성적 사고능력(상상력, 판단력, 추리능력)과 관련된다.
- 안정기(+)와 불안정기(-)의 교차점을 위험일이라 한다.

11 ③ 12 ④ 13 ② 정답

1102 / 1903

14

Repetitive Learning 1회 2회 3회

다음 중 산소결핍이 예상되는 맨홀 내에서 작업을 실시할 때 사고방지대책으로 적절하지 않은 것은?

① 작업시작 전 및 작업 중 충분한 환기 실시
② 작업장소의 입장 및 퇴장 시 인원 점검
③ 방독마스크의 보급과 착용 철저
④ 작업장과 외부와의 상시 연락을 위한 설비 설치

해설

- 지하실이나 맨홀 등 산소결핍이 예상되는 곳에서 작업을 실시할 때는 적정 공기상태가 유지되도록 환기를 하거나 근로자에게 호흡용보호구(공기호흡기 또는 송기마스크)를 지급하여 착용하도록 하여야 한다.

산소결핍이 예상되는 맨홀 · 탱크 내에서 작업 시 사고방지대책

- 작업개시 전, 작업재개 전, 교대작업 시작 전 유해공기 농도 측정
- 작업 전 유해공기의 농도가 기준농도를 넘어가지 않도록 충분한 환기를 실시하고, 작업장소에서 메탄가스, 황화수소 등의 가스가 발생할 가능성이 있을 시는 계속 환기 실시
- 호흡용보호구(공기호흡기, 송기마스크)의 착용
- 밀폐공간작업 상황을 상시 감시할 수 있는 감시인을 지정하여 밀폐공간 외부에 배치하여야 하고, 작업 시 감시인과 상시 연락할 수 있는 장비 및 설비를 갖춰야 함
- 밀폐공간작업장소에 관계자 외 출입금지, 산소결핍에 의한 위험장소 등의 출입금지표지판 설치

2101

15

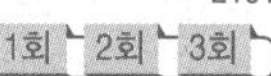

Repetitive Learning 1회 2회 3회

재해로 인한 직접비용으로 8,000만원이 산재보상비로 지급되었다면 하인리히 방식에 따를 때 총 손실비용은 얼마인가?

① 16,000만원 ② 24,000만원
③ 32,000만원 ④ 40,000만원

해설

- 직접비용이 8,000만원이면 간접비용은 직접비용의 4배인 32,000만원이고, 총 재해비용은 5배인 40,000만원이 된다.

하인리히의 재해손실비용 평가

- 직접비 : 간접비의 비율은 1 : 4로 계산해 산업재해로 인한 총 손실비용은 직접비(산업재해보상비)의 5배로 한다.
- 직접손실비용에는 치료비, 휴업급여, 장해급여, 유족급여, 요양급여, 간병급여, 직업재활급여, 장례비 등이 있다.
- 간접손실비용에는 부상자를 비롯한 직원의 시간손실, 이익의 감소, 생산손실비, 기계, 공구 재료 등의 재산손실 등이 있다.

16

Repetitive Learning 1회 2회 3회

다음 중 산업안전보건법령상 안전관리자의 업무에 해당되지 않은 것은?(단, 그 밖에 안전에 관한 사항으로서 고용노동부장관이 정하는 사항은 제외한다)

① 업무수행 내용의 기록 · 유지
② 근로자의 건강관리, 보건교육 및 건강증진 지도
③ 안전 분야에 한정된 산업재해에 관한 통계의 유지 · 관리를 위한 지도 · 조언
④ 법 또는 법에 따른 명령으로 정한 안전에 관한 사항의 이행에 관한 보좌 및 조언 · 지도

해설

- 근로자의 건강관리, 보건교육 및 건강증진 지도는 보건관리자의 업무내용이다.

안전관리자의 직무

- 산업안전보건위원회 또는 안전 · 보건에 관한 노사협의체에서 심의 · 의결한 업무와 사업장의 안전보건관리규정 및 취업규칙에서 정한 업무
- 안전인증대상 기계 · 기구 등과 자율안전확인대상 기계 · 기구 등 구입 시 적격품의 선정에 관한 보좌 및 조언 · 지도
- 위험성 평가에 관한 보좌 및 조언 · 지도
- 사업장 안전교육계획의 수립 및 안전교육 실시에 관한 보좌 및 조언 · 지도
- 사업장 순회점검 · 지도 및 조치의 건의
- 산업재해 발생의 원인 조사 · 분석 및 재발 방지를 위한 기술적 보좌 및 조언 · 지도
- 산업재해에 관한 통계의 유지 · 관리 · 분석을 위한 보좌 및 조언 · 지도
- 안전에 관한 사항의 이행에 관한 보좌 및 조언 · 지도
- 업무수행 내용의 기록 · 유지
- 안전에 관한 사항으로서 고용노동부장관이 정하는 사항

0302 / 0502 / 0803 / 1001

17

Repetitive Learning 1회 2회 3회

경험한 내용이나 학습된 행동을 다시 생각하여 작업에 적용하지 아니하고 방치함으로써 경험의 내용이나 인상이 약해지거나 소멸되는 현상을 무엇이라 하는가?

① 착각 ② 훼손
③ 망각 ④ 단절

해설

- 기억의 중간과정에서 재생과 재인이 되지 않으면 기억은 망각된다.

정답 | 14 ③ 15 ④ 16 ② 17 ③

:: 망각

㉠ 개요

- 망각은 경험한 내용이나 학습된 행동을 다시 생각하여 작업에 적용하지 아니하고 방치함으로써 경험의 내용이나 인상이 약해지거나 소멸되는 현상을 말한다.

㉡ 망각률

- 망각률의 경우 학습 직후에 가장 높다. 만약 100개를 학습한다고 가정하면 학습 직후 절반이 넘는 학습내용을 망각하고, 그 후 천천히 망각하게 된다.

18 Repetitive Learning (1회 2회 3회)

다음 중 안전점검 종류에 있어 점검주기에 의한 구분에 해당하는 것은?

① 육안점검
② 수시점검
③ 형식점검
④ 기능점검

해설

- 점검주기에 의한 안전점검의 종류에는 정기, 수시(일상), 임시(특별)점검이 있다.

:: 안전점검 및 안전진단

㉠ 목적

- 기기 및 설비의 결함이나 불안전한 상태의 제거를 통해 사전에 안전성을 확보하기 위함이다.
- 기기 및 설비의 안전상태 유지 및 본래의 성능을 유지하기 위함이다.
- 재해방지를 위하여 그 재해요인의 대책과 실시를 계획적으로 하기 위함이다.
- 인적 측면에서 근로자의 안전한 행동을 유지하기 위함이다.
- 합리적인 생산관리를 위함이다.

㉡ 종류

구분	내용
정기점검	1개월 또는 1년 등의 일정한 기간을 정해서 실시하는 안전점검
수시(일상)점검	작업장에서 매일 작업자가 작업 전, 중, 후에 시설과 작업동작 등에 대하여 실시하는 안전점검
임시점검	정기점검 실시 후 다음 점검 기일 전에 실시하는 점검
특별점검	기계·기구 또는 설비의 신설, 변경 또는 고장 수리 등 부정기적인 점검으로 기술적 책임자가 시행하는 점검

0502

19 Repetitive Learning (1회 2회 3회)

다음 중 매슬로우(Maslow)의 욕구 5단계 이론에 해당되지 않는 것은?

① 생리적 욕구
② 안전 욕구
③ 감성적 욕구
④ 존경의 욕구

해설

- 매슬로우의 욕구 5단계를 순서대로 나열하면, 생리적 욕구, 안전에 대한 욕구, 사회적 욕구, 존경의 욕구, 자아실현의 욕구이다.

:: 매슬로우(Maslow)의 욕구 5단계 이론 실필 1602

단계	내용
1단계 생리적 욕구	기본적인 인간의 욕구(먹고, 자고, 숨쉬는 것)
2단계 안전에 대한 욕구	각종 위험으로부터 자기보존에 관한 안전욕구
3단계 사회적 욕구	친구와 가족 간의 관계로 대표되는 것으로 애정과 소속에 대한 욕구
4단계 존경의 욕구	자신있고 강하고 무엇인가 진취적이며 유능한 쓸모있는 사람으로 인식되기를 바라는 욕구
5단계 자아실현의 욕구	편견 없이 받아들이는 성향, 타인과의 거리를 유지하며 사생활을 즐기거나 창의적 성격으로 봉사, 특별히 좋아하는 사람과 긴밀한 관계를 유지하려는 인간의 욕구

1101 / 1803

20 Repetitive Learning (1회 2회 3회)

산업안전보건법령에 따른 근로자 안전·보건교육 중 근로자 정기안전·보건교육의 교육내용에 해당하지 않는 것은?(단, 산업안전보건법 및 일반관리에 관한 사항은 제외한다)

① 건강증진 및 질병 예방에 관한 사항
② 산업보건 및 직업병 예방에 관한 사항
③ 유해·위험 작업환경 관리에 관한 사항
④ 작업공정의 유해·위험과 재해 예방대책에 관한 사항

해설

- 작업공정의 유해·위험과 재해 예방대책에 관한 사항은 관리감독자 정기안전·보건교육 내용에 해당한다.

:: 근로자 정기안전·보건교육 교육내용 실필 2203/1903

- 산업안전 및 사고 예방에 관한 사항
- 산업보건 및 직업병 예방에 관한 사항
- 건강증진 및 질병 예방에 관한 사항
- 유해·위험 작업환경 관리에 관한 사항
- 산업안전보건법령 및 일반관리에 관한 사항
- 직무스트레스 예방 및 관리에 관한 사항
- 산업재해보상보험 제도에 관한 사항

18 ② 19 ③ 20 ④ 정답

2과목 인간공학 및 위험성 평가 · 관리

21 Repetitive Learning (1회 2회 3회)

다음 중 화학설비의 안전성 평가에서 정량적 평가의 항목에 해당되지 않는 것은?

① 조작 ② 취급물질
③ 훈련 ④ 설비용량

해설

- 훈련은 수치값으로 표현하기 어려운 항목이므로 정성적 평가항목에 해당한다.

∷ 정성적 평가와 정량적 평가항목

정성적 평가	설계관계항목	입지조건, 공장 내 배치, 건조물, 소방설비 등
	운전관계항목	원재료, 중간제품, 공정 및 공정기기, 수송, 저장 등
정량적 평가	• 수치값으로 표현 가능한 항목들을 대상으로 한다. • 온도, 취급물질, 화학설비용량, 압력, 조작 등을 위험도에 맞게 평가한다.	

1803

22 Repetitive Learning (1회 2회 3회)

인간공학적 의자 설계의 원리로 가장 적합하지 않은 것은?

① 자세고정을 줄인다.
② 요부측만을 촉진한다.
③ 디스크 압력을 줄인다.
④ 등근육의 정적부하를 줄인다.

해설

- 요부측만은 척추불균형을 말한다. 인체공학적 의자는 요부전만을 유지해야 한다.

∷ 인간공학적 의자 설계

㉠ 개요
- 조절식 설계원칙을 적용하도록 한다.
- 자세와 동작에 따라 고려해야 할 인체측정 치수가 달라진다.
- 요부전만(腰部前灣)을 유지한다.
- 추간판(디스크)의 압력과 등근육의 정적부하를 줄인다.
- 자세 고정을 줄인다.
- 여러 사람이 사용하는 의자의 경우 좌면 높이는 오금보다 약간 낮게(5% 오금높이) 유지한다.

㉡ 고려할 사항
- 체중 분포
- 상반신의 안정
- 좌판의 높이(조절식을 기준으로 한다)
- 좌판의 깊이와 폭
(폭은 최대치, 깊이는 최소치를 기준으로 한다)

1803

23 Repetitive Learning (1회 2회 3회)

3개 공정의 소음수준 측정 결과 1공정은 100dB에서 1시간, 2공정은 95dB에서 1시간, 3공정은 90dB에서 1시간이 소요될 때 총 소음량(TND)과 소음설계의 적합성을 맞게 나열한 것은?(단, 90dB에 8시간 노출될 때를 허용기준으로 하며, 5dB 증가할 때 허용시간은 1/2로 감소되는 법칙을 적용한다)

① TND=0.785, 적합 ② TND=0.875, 적합
③ TND=0.985, 적합 ④ TND=1.085, 부적합

해설

- 1공정 – 100dB, 1시간 : 1/2
- 2공정 – 95dB, 1시간 : 1/4
- 3공정 – 90dB, 1시간 : 1/8이므로
- 총 소음량=1/2+1/4+1/8=7/8=0.875이고, 이 값은 1보다 작으므로 소음설계에 적합하다.

∷ 소음허용기준 실필 1602
- 90dB일 때 8시간을 기준으로 한다.
- 소음이 5dB 커질 때마다 허용기준 시간은 절반으로 줄어든다.

85dB	90dB	95dB	100dB	105dB	110dB
16시간	8시간	4시간	2시간	1시간	0.5시간

24 Repetitive Learning (1회 2회 3회)

다음 중 열중독증(Heat illness)의 강도를 올바르게 나열한 것은?

ⓐ 열소모(Heat exhaustion)
ⓑ 열발진(Heat rash)
ⓒ 열경련(Heat cramp)
ⓓ 열사병(Heat stroke)

① ⓒ < ⓑ < ⓐ < ⓓ
② ⓒ < ⓑ < ⓓ < ⓐ
③ ⓑ < ⓒ < ⓐ < ⓓ
④ ⓑ < ⓓ < ⓐ < ⓒ

정답 | 21 ③ 22 ② 23 ② 24 ③

해설

- 열중독증의 종류를 강도별로 나열하면 열발진, 열경련, 열소모, 열사병 순이다.

열중독증(Heat illness)

㉠ 강도
- 열발진 < 열경련 < 열소모 < 열사병 순으로 강도가 세다.

㉡ 종류
- 열발진 : 땀띠
- 열경련 : 고열환경에서 작업 후에 격렬한 근육수축이 일어나고, 탈수증이 발생
- 열소모 : 계속적인 발한으로 인한 수분과 염분 부족이 발생하며 두통, 현기증, 무기력증 등의 증상 발생
- 열사병 : 열소모가 지속되어 쇼크 발생

25 Repetitive Learning (1회 2회 3회)

인간-기계 시스템 설계의 주요 단계 중 기본 설계단계에서 인간의 성능 특성(Human performance requirements)과 거리가 먼 것은?

① 속도
② 정확성
③ 보조물 설계
④ 사용자 만족

해설

- 인간의 성능 특성에 해당하는 속도, 정확성, 사용자 만족은 설계단계 중 3단계 기본 설계에 관련된 내용인 데 반해 보조물 설계는 5단계에 해당하는 내용이다.

인간-기계 시스템의 설계 과정

단계	내용	설명
1단계	시스템의 목표와 성능 명세 결정	목적 및 존재 이유에 대한 개괄적 표현
2단계	시스템의 정의	목표 달성을 위한 필요한 기능의 결정
3단계	기본 설계	기능의 할당, 인간성능 요건명세, 직무분석, 작업설계
4단계	인터페이스 설계	작업공간, 화면설계, 표시 및 조종 장치
5단계	보조물 설계 혹은 편의수단 설계	성능보조자료, 훈련도구 등 보조물 계획
6단계	평가	

0803 / 1002

26 Repetitive Learning (1회 2회 3회)

다음 중 FTA에서 사용되는 Minimal cut set에 관한 설명으로 틀린 것은?

① 사고에 대한 시스템의 약점을 표현한다.
② 정상사상(Top event)을 일으키는 최소한의 집합이다.
③ 시스템에 고장이 발생하지 않도록 하는 모든 사상의 집합이다.
④ 일반적으로 Fussell algorithm을 이용한다.

해설

- 최소 컷 셋은 시스템에 고장이 발생되게 하는 사상들 중 중복을 배제하고 남은 최소한의 집합이다.

최소 컷 셋(Minimal cut sets) 실필 2303/1701/0802
- 컷 셋 중에 타 컷 셋을 포함하고 있는 것을 배제하고 남은 컷 셋들을 의미한다.
- 사고에 대한 시스템의 약점을 표현한다.
- 정상사상(Top 사상)을 일으키는 최소한의 집합이다.
- 일반적으로 Fussell algorithm을 이용한다.
- 시스템에서 최소 컷 셋의 개수가 늘어나면 위험수준이 높아진다.

27 Repetitive Learning (1회 2회 3회)

다음 중 반응시간이 가장 느린 감각은?

① 청각 ② 시각
③ 미각 ④ 통각

해설

- 인간의 자극반응 시간은 통각 → 미각 → 시각 → 촉각 → 청각 순으로 빨라진다.

자극반응 시간(Reaction time)
- 어떤 외부로부터의 자극이 지각 기관을 통해 입력되고, 판단을 한 후 뇌의 명령이 신체부위에 전달될 때까지의 시간을 말한다.
- 통각 → 미각 → 시각 → 촉각 → 청각 순으로 빨라진다.
- 가장 빠른 자극반응 감각은 청각으로 0.17초 정도 된다.
- 가장 느린 자극반응 감각은 통각으로 0.70초 정도 된다.

25 ③ 26 ③ 27 ④ 정답

28

Repetitive Learning 1회 2회 3회

FT도에서 ①~⑤ 사상의 발생확률이 모두 0.06일 경우 T사상의 발생확률은 약 얼마인가?

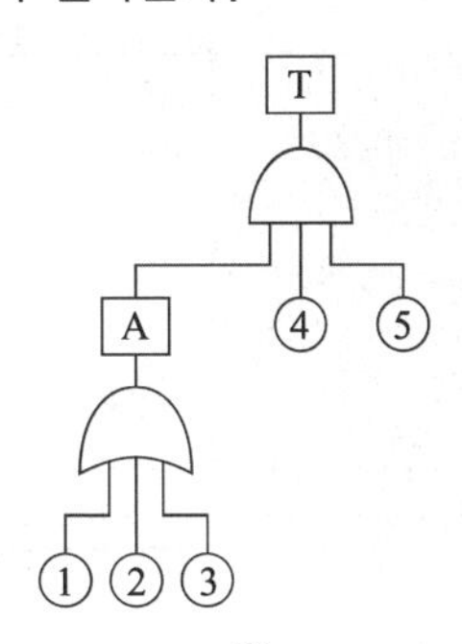

① 0.00036　　② 0.00061
③ 0.142625　　④ 0.2262

해설

- A는 ①, ②, ③의 OR 연결이므로 발생확률은 1−(1−0.06)(1−0.06)(1−0.06) = 1−(0.94 · 0.94 · 0.94) = 1−0.83 = 0.17이다.
- T는 A, ④, ⑤의 AND 연결이므로 발생확률은 0.17×0.06×0.06 = 0.000612가 된다.

FT도에서 정상(고장)사상 발생확률 실필 1203/0901

㉠ AND(직렬)연결 시
- 사상 A의 발생확률을 P_A, 사상 B, 사상 C 발생확률을 P_B, P_C라 할 때 $P_A = P_B \times P_C$로 구할 수 있다.

㉡ OR(병렬)연결 시
- 사상 A의 발생확률(P_A)은 사상 B, 사상 C 발생확률을 P_B, P_C라 할 때 $P_A = 1-(1-P_B)\times(1-P_C)$로 구할 수 있다.

0901

29

Repetitive Learning 1회 2회 3회

다음 중 연구 기준의 요건에 대한 설명으로 옳은 것은?

① 적절성 : 반복 실험 시 재현성이 있어야 한다.
② 신뢰성 : 측정하고자 하는 변수 이외의 다른 변수의 영향을 받아서는 안 된다.
③ 무오염성 : 의도된 목적에 부합하여야 한다.
④ 민감도 : 피실험자 사이에서 볼 수 있는 예상 차이점에 비례하는 단위로 측정해야 한다.

해설

- 반복 실험 시 재현성이 있어야 하는 것은 신뢰성에 대한 개념이다.
- 측정하고자 하는 변수 이외의 다른 변수의 영향을 받아서는 안 되는 것은 무오염성에 대한 개념이다.
- 의도된 목적에 부합하는 것은 적절성에 대한 개념이다.

인간공학 연구 기준척도

구분	내용
적절성	측정변수가 평가하고자 하는 바를 잘 반영해야 한다.
무오염성	기준 척도는 측정하고자 하는 변수 외의 다른 변수들의 영향을 받아서는 안 된다.
신뢰성	비슷한 조건에서 일정한 결과를 반복적으로 얻을 수 있어야 한다.
민감도	피실험자 사이에서 볼 수 있는 예상 차이점에 비례하는 단위로 측정해야 한다. 즉 기대되는 정밀도로 측정이 가능해야 한다는 것이다.

30

Repetitive Learning 1회 2회 3회

한 대의 기계를 120시간 동안 연속 사용한 경우 9회의 고장이 발생하였고, 이때의 총고장수리시간이 18시간이었다. 이 기계의 MTBF(Mean Time Between Failure)는 약 몇 시간인가?

① 10.22　　② 11.33
③ 14.27　　④ 18.54

해설

- 120시간 중 고장이 나서 수리하는 데 걸린 18시간을 뺀 102시간이 실제로 기계가 운영된 시간이다.
- 102시간 중 9번의 고장이 발생했으므로 평균고장간격 MTBF는 102/9 = 11.33이다.

MTBF(Mean Time Between Failure) 실필 1501

- 설비보전에서 평균고장간격, 무고장시간의 평균으로 사용한다.
- 고장이 발생하여도 다시 수리를 해서 쓸 수 있는 제품을 대상으로 고장과 고장 사이의 시간 간격을 말한다.
- $\frac{\text{가동시간}}{\text{고장건수}}$으로 구하며, MTBF = MTTF + MTTR로 구하기도 한다.

31

Repetitive Learning 1회 2회 3회

다음 중 아날로그 표시장치를 선택하는 일반적인 요구사항으로 틀린 것은?

① 일반적으로 동침형보다 동목형을 선호한다.
② 일반적으로 동침과 동목은 혼용하여 사용하지 않는다.
③ 움직이는 요소에 대한 수동 조절을 설계할 때는 바늘(Pointer)을 조정하는 것이 눈금을 조정하는 것보다 좋다.
④ 중요한 미세한 움직임이나 변화에 대한 정보를 표시할 때는 동침형을 사용한다.

정답 | 28 ② 29 ④ 30 ② 31 ①

해설

- 아날로그 표시장치에서 동목형보다 미세한 조정이나 움직임이 가능한 동침형을 더 선호한다.

정량적(동적) 표시장치

㉠ 개요

- 필요에 따라 계수형과 아날로그형을 혼합해서 사용할 수 있다.
- 정량적 표시항목에는 용량, 온도, 압력 등이 있다.
- 정량적 표시장치의 눈금 수열로 가장 인식하기 쉬운 것은 1, 2, 3 … 이다.

㉡ 종류

정목 동침형	아날로그	눈금이 고정되고 지침이 움직이는 방식이다. 미세한 조정이나 움직임이 가능하다.
정침 동목형		지침이 고정되고 눈금이 움직이는 방식이다. 표시장치의 면적을 최소화할 수 있다.
계수형	디지털	양을 전자적인 숫자값으로 표시하는 방식이다. 정확성이 높다.

32

Repetitive Learning (1회 2회 3회)

인간공학의 연구를 위한 수집자료 중 동공확장 등과 같은 것은 어느 유형으로 분류되는 자료라 할 수 있는가?

① 생리지표 ② 주관적 자료

③ 강도척도 ④ 성능자료

해설

- 인간공학의 연구를 위한 자료에는 인체공학, 생체역학, 인지공학, HCI(Human Computer Interface), 감성공학, UX(User Experience) 관련 자료가 있으며 그중 동공확장은 생체역학과 관련된 자료라 볼 수 있다.

생리지표(Physiological index)

- 자료의 종류에는 동공반응, 심박수, 뇌전위, 호흡속도 등이 있다.
- 중추신경계 활동에 관여하며 그 활동상황을 측정할 수 있다.
- 직무수행 중에도 계속해서 자료의 수집이 용이하다.

1802

33

Repetitive Learning (1회 2회 3회)

음성통신에 있어 소음환경과 관련하여 성격이 다른 지수는?

① AI(Articulation Index) : 명료도 지수

② MAA(Minimum Audible Angle) : 최소 가청 각도

③ PSIL(Preferred-octave Speech Interference Level) : 음성간섭수준

④ PNC(Preferred Noise Criteria Curves) : 선호 소음 판단 기준곡선

해설

- 최소가청운동각도(MAMA : Minimum Audible Movement Angle)는 청각신호의 위치를 식별 시 사용하는 척도이다.

소음환경과 관련된 지수

AI (Articulation Index)	신호 대 잡음비를 기반으로 명료도지수이다.
PNC (Preferred Noise Criteria Curves)	실내소음 평가지수이다.
PSIL (Preferred-octave Speech Interference Level)	우선회화 방해레벨의 개념으로 소음에 대한 상호대화를 방해하는 기준이다.

0303 / 0801 / 1303

34

Repetitive Learning (1회 2회 3회)

어떤 설비의 시간당 고장률이 일정하다고 하면 이 설비의 고장간격은 다음 중 어떠한 확률분포를 따르는가?

① t분포

② 와이블분포

③ 지수분포

④ 아이링(Eyring)분포

해설

- t분포는 정규분포의 평균을 측정할 때 사용하는 분포이다.
- 와이블분포는 산업현장에서 부품의 수명을 추정하는 데 사용되는 연속확률분포의 한 종류이다.
- 아이링(Eyring)분포는 가속수명시험에서 수명과 스트레스의 관계를 구할 때 사용하는 모형을 말한다.

지수분포

- 사건이 서로 독립적일 때, 일정 시간 동안 발생하는 사건의 횟수가 푸아송분포를 따를 때 사용하는 연속확률분포의 한 종류이다.
- 어떤 설비의 시간당 고장률이 일정할 때 이 설비의 고장간격을 측정하는 데 적합하다.

35

Repetitive Learning (1회 2회 3회)

인간 신뢰도 분석기법 중 조작자 행동 나무(Operator Action Tree) 접근방법이 환경적 사건에 대한 인간의 반응을 위해 인정하는 활동 3가지가 아닌 것은?

① 감지 ② 추정

③ 진단 ④ 반응

32 ① 33 ② 34 ③ 35 ② 정답

해설

- 조작자 행동 나무에서 인간반응을 위해 인정하는 활동에는 감지, 진단, 반응 3가지가 있다.

조작자 행동 나무(Operator Action Tree) 접근 방법

㉠ 개요
- 위급사건기법, 직무위험도 분석 등과 같은 인간 실수 확률에 대한 추정기법 중 하나이다.
- 재해사고 예방을 위해 발생할 수 있는 여러 가지 상황들을 의사결정나무(Decision Tree)의 원리를 이용해 나뭇가지 형태로 표현하는 귀납적인 안전성 분석기법이다.
- 인간반응을 위해 인정하는 활동에는 감지, 진단, 반응 3가지가 있다.

㉡ OAT의 인정 활동
- 감지는 사고가 발생했다고 인지하는 단계에서의 에러를 말한다.
- 진단은 사건의 본질을 진단하고, 대응조치를 확인하는 데 있어서의 에러를 말한다.
- 반응은 시기적절하게 필요한 대응조치를 실행하는 데 있어서의 에러를 말한다.

36 — Repetitive Learning (1회 2회 3회)

다음 중 FT의 작성방법에 관한 설명으로 틀린 것은?

① 정성·정량적으로 해석·평가하기 전에는 FT를 간소화해야 한다.
② 정상(Top)사상과 기본사상과의 관계는 논리 게이트를 이용해 도해한다.
③ FT를 작성하려면, 먼저 분석대상 시스템을 완전히 이해하여야 한다.
④ FT 작성을 쉽게 하기 위해서는 정상(Top)사상을 최대한 광범위하게 정의한다.

해설

- FT 작성의 첫 번째 단계는 정상(Top)사상의 선정이다. 이의 선정이 정확해야 분석결과에 신뢰성이 부여된다. 정상사상을 광범위하게 정의할 경우 원하는 분석을 하기 힘들다.

결함수분석(FTA)에 의한 재해사례의 연구 순서

단계	내용
1단계	정상(Top)사상의 선정
2단계	사상마다 재해원인 및 요인 규명
3단계	FT(Fault Tree)도 작성
4단계	개선계획의 작성
5단계	개선안 실시계획

37 — Repetitive Learning (1회 2회 3회)

다음 중 인간의 과오(Human error)를 정량적으로 평가하고 분석하는 데 사용하는 기법으로 가장 적절한 것은?

① THERP ② FMEA
③ CA ④ FMECA

해설

- 고장형태와 영향분석(FMEA)은 제품 설계와 개발단계에서 고장 발생을 최소로 하고자 하는 경우에 유효한 분석기법이다.
- 위험도분석(CA : Criticality Analysis)은 위험분석기법 중 높은 고장 등급을 갖고 고장모드가 기기 전체의 고장에 어느 정도 영향을 주는가를 정량적으로 평가하는 해석 기법이다.
- FMECA(Failure Mode, Effect & Criticality Analysis)는 미국자동차공학기술자협회 FMEA와 형식은 같지만 고장발생확률과 치명도 계산을 포함하여 정성적, 정량적 분석을 위해 개발한 분석기법이다.

THERP(Technique for Human Error Rate Prediction)
- 인간오류율예측기법이라고도 하는 대표적인 인간실수확률에 대한 추정기법이다.
- 사고원인 가운데 인간의 과오에 기인된 원인 분석, 확률을 계산함으로써 제품의 결함을 감소시키고, 인간공학적 대책을 수립하는 데 사용되는 분석기법이다.
- 인간의 과오를 정량적으로 평가하기 위한 기법으로서 인간의 과오율 추정법 등 5개의 스텝으로 되어 있다.

1202

38 — Repetitive Learning (1회 2회 3회)

다음 중 위험조정을 위해 필요한 방법(위험조정기술)과 가장 거리가 먼 것은?

① 위험회피(Avoidance) ② 위험감축(Reduction)
③ 보류(Retention) ④ 위험확인(Confirmation)

해설

- 위험조정 방법에는 크게 회피, 보류, 전가, 감축이 있다.

리스크 통제를 위한 4가지 방법

방법	내용
위험회피(Avoidance)	가장 일반적인 위험조정 기술
위험보류(Retention)	위험에 따른 장래의 손실을 스스로 부담하는 방법으로 충당금이 가장 대표적인 위험보류 방법
위험전가(Transfer)	잠재적인 손실을 보험회사 등에 전가하는 것으로 보험이 가장 대표적인 위험전가 방법
위험감축(Reduction)	손실발생 횟수 및 규모를 축소하는 방법

정답 | 36 ④ 37 ① 38 ④

1703

39

Repetitive Learning (1회 2회 3회)

다음 중 산업안전보건법령상 유해·위험방지계획서의 심사 결과에 따른 구분·판정의 종류에 해당하지 않는 것은?

① 보류 ② 부적정
③ 적정 ④ 조건부 적정

해설

- 유해·위험방지계획서의 심사결과는 적정, 조건부 적정, 부적정으로 구분된다.

:: 유해·위험방지계획서의 심사결과의 구분

구분	내용
적정	근로자의 안전과 보건을 위하여 필요한 조치가 구체적으로 확보되었다고 인정되는 경우
조건부 적정	근로자의 안전과 보건을 확보하기 위하여 일부 개선이 필요하다고 인정되는 경우
부적정	기계·설비 또는 건설물이 심사기준에 위반되어 공사착공 시 중대한 위험발생의 우려가 있거나 계획에 근본적 결함이 있다고 인정되는 경우

40

Repetitive Learning (1회 2회 3회)

다음 중 은행창구나 슈퍼마켓의 계산대에 적용하기에 가장 적합한 인체 측정자료의 응용원칙은?

① 평균치 설계
② 최대집단치 설계
③ 극단치 설계
④ 최소집단치 설계

해설

- 은행창구 및 슈퍼마켓 계산대는 가장 범용적인 기준을 적용한 설계원칙을 사용한다.

:: 인체측정자료의 응용 및 설계 종류 실필 2303/1902/1802/0902

구분	내용
조절식 설계	• 최초에 고려하는 원칙으로 어떤 자료의 인체이든 그에 맞게 조절 가능식으로 설계하는 것 • 자동차 좌석, 의자의 높이 조절 등에 사용된다.
극단치 설계	• 모든 인체를 대상으로 수용 가능할 수 있도록 제일 작은, 혹은 제일 큰 사람을 기준으로 설계하는 원칙 • 5백분위수 등이 대표적이다.
평균치 설계	• 다른 기준의 적용이 어려울 경우 최종적으로 적용하는 기준으로 평균적인 자료를 활용해 범용성을 갖는 설계원칙 • 은행창구, 슈퍼마켓 계산대 등에 사용된다.

3과목 기계·기구 및 설비 안전관리

0402 / 0602 / 1002 / 1702

41

Repetitive Learning (1회 2회 3회)

재료에 대한 시험 중 비파괴시험이 아닌 것은?

① 방사선투과시험 ② 자분탐상시험
③ 초음파탐상시험 ④ 피로시험

해설

- 피로시험은 재료의 강도를 측정하는 파괴검사 방법이다.

:: 비파괴검사

㉠ 개요

- 제품 내부의 결함, 용접부의 내부 결함 등을 제품의 파괴 없이 외부에서 검사하는 방법을 말한다.
- 종류에는 누수시험, 누설시험, 음향탐상, 초음파탐상, 자분탐상, 와류탐상, 침투탐상, 방사선투과시험 등이 있다.

㉡ 대표적인 비파괴검사

검사	내용
음향탐상검사	손 또는 망치로 타격 진동시켜 발생하는 음을 검사
방사선투과시험	X선의 강도나 노출시간을 조절하여 검사
초음파탐상검사	초음파의 반사(타진)의 원리를 이용하여 검사
자분탐상시험	결함부위의 자극에 자분이 부착되는 것을 이용
와류탐상시험	결함부위 전류흐름의 난조를 이용하여 검사
침투탐상시험	비자성 금속재료의 표면균열검사에 사용

㉢ 특징

- 생산 제품에 손상이 없이 직접 시험이 가능하다.
- 현장시험이 가능하다.
- 시험방법에 따라 설비비가 많이 든다.

0603 / 1202 / 1903 / 2001

42

Repetitive Learning (1회 2회 3회)

다음 중 산업안전보건법령상 승강기의 종류에 해당하지 않는 것은?

① 리프트 ② 에스컬레이터
③ 화물용 엘리베이터 ④ 승객화물용 엘리베이터

해설

- 리프트는 양중기에는 포함되나 승강기의 종류는 아니다.

:: 승강기

㉠ 개요

- 승강기란 건축물이나 고정된 시설물에 설치되어 일정한 경로에 따라 사람이나 화물을 승강장으로 옮기는 데에 사용되는 설비를 말한다.

39 ① 40 ① 41 ④ 42 ① 정답

• 승강기의 종류에는 승객용, 승객화물용, 화물용, 소형화물용 엘리베이터와 에스컬레이터 등이 있다

ⓛ 승강기의 종류와 특성

승객용 엘리베이터	사람의 운송에 적합하게 제조·설치된 엘리베이터이다.
승객화물용 엘리베이터	사람의 운송과 화물 운반을 겸용하는데 적합하게 제조·설치된 엘리베이터이다.
화물용 엘리베이터	화물 운반에 적합하게 제조·설치된 엘리베이터로 조작자 또는 화물취급자 1명은 탑승 가능한 것이다.
소형화물용 엘리베이터	음식물이나 서적 등 소형 화물의 운반에 적합하게 제조·설치된 엘리베이터이다.
에스컬레이터	일정한 경사로 또는 수평로를 따라 위·아래 또는 옆으로 움직이는 디딤판을 통해 사람이나 화물을 승강장으로 운송시키는 설비이다.

43

Repetitive Learning (1회 2회 3회)

다음 중 정(Chisel) 작업 시 안전수칙으로 적합하지 않은 것은?

① 반드시 보안경을 사용한다.
② 담금질한 재료는 정으로 작업하지 않는다.
③ 정 작업에서 모서리 부분은 크기를 3R 정도로 한다.
④ 철강재를 정으로 절단작업을 할 때 끝날 무렵에는 세게 때려 작업을 마무리한다.

해설

• 정 작업을 시작할 때와 끝날 무렵에 정을 세게 타격해서는 안 된다.

∷ 정(Chisel) 작업의 일반적인 안전수칙

• 정 작업 시에는 보안경을 착용하여야 한다.
• 담금질한 강은 정 작업이나 해머작업을 피해야 한다.
• 절단작업 시 절단된 끝이 튀는 것을 조심하여야 한다.
• 정 작업 시 작업을 시작할 때는 가급적 정을 약하게 타격하고 점차 힘을 늘려간다.
• 정 작업을 시작할 때와 끝날 무렵에 정을 세게 타격해서는 안 된다.
• 정 작업에서 모서리 부분은 크기를 3R 정도로 한다.

44

Repetitive Learning (1회 2회 3회)

다음 중 산업안전보건법령상 안전인증대상 방호장치에 해당하지 않는 것은?

① 롤러기 급정지장치
② 압력용기 압력방출용 파열판
③ 압력용기 압력방출용 안전밸브
④ 방폭구조(防爆構造) 전기기계·기구 및 부품

해설

• 롤러기 급정지장치는 자율안전확인대상 기계·기구의 방호장치이다.

∷ 자율안전확인대상 기계·설비와 방호장치 실필 0901

기계·설비.	연삭기 또는 연마기(휴대형은 제외), 산업용 로봇, 혼합기, 파쇄기 또는 분쇄기, 식품가공용 기계(파쇄·절단·혼합·제면기만 해당), 컨베이어, 자동차정비용 리프트, 공작기계(선반, 드릴기, 평삭·형삭기, 밀링만 해당), 고정형 목재가공용 기계(둥근톱, 대패, 루타기, 띠톱, 모떼기 기계만 해당), 인쇄기
방호장치	아세틸렌 용접장치용 또는 가스집합 용접장치용 안전기, 교류 아크용접기용 자동전격방지기, 롤러기 급정지장치, 연삭기 덮개, 목재 가공용 둥근톱 반발 예방장치와 날 접촉 예방장치, 동력식 수동대패용 칼날 접촉 방지장치, 추락·낙하 및 붕괴 등의 위험 방지 및 보호에 필요한 가설기자재로서 고용노동부장관이 정하여 고시하는 것

0903 / 1801

45

Repetitive Learning (1회 2회 3회)

다음 중 휴대용 동력 드릴작업 시 안전사항에 관한 설명으로 틀린 것은?

① 드릴 손잡이를 견고하게 잡고 작업하여 드릴 손잡이 부위가 회전하지 않고 확실하게 제어 가능하도록 한다.
② 절삭하기 위하여 구멍에 드릴 날을 넣거나 뺄 때 반발에 의하여 손잡이 부분이 튀거나 회전하여 위험을 초래하지 않도록 팔을 드릴과 직선으로 유지한다.
③ 드릴이나 리머를 고정시키거나 제거하고자 할 때 금속성 망치 등을 사용하여 확실히 고정 또는 제거한다.
④ 드릴을 구멍에 맞추거나 스핀들의 속도를 낮추기 위해서 드릴 날을 손으로 잡아서는 안 된다.

해설

• 드릴이나 리머를 고정시키거나 제거하고자 할 때 금속망치로 두드리면 변형 및 파손될 우려가 있으므로 고무망치를 사용하거나 나무블록 등을 사이에 두고 두드린다.

정답 | 43 ④ 44 ① 45 ③

:: 휴대용 동력 드릴 사용 시 주의사항

- 드릴 손잡이를 견고하게 잡고 작업하여 드릴 손잡이 부위가 회전하지 않고 확실하게 제어 가능하도록 한다.
- 드릴작업 시 과도한 진동을 일으키면 즉시 작업을 중단한다.
- 절삭하기 위하여 구멍에 드릴 날을 넣거나 뺄 때 반발에 의하여 손잡이 부분이 튀거나 회전하여 위험을 초래하지 않도록 팔을 드릴과 직선으로 유지한다.
- 드릴이나 리머를 고정하거나 제거할 때는 고무망치를 사용하거나 나무블록 등을 사이에 두고 두드린다.
- 절삭하기 위하여 구멍에 드릴 날을 넣거나 뺄 때는 팔을 드릴과 직선이 되도록 한다.
- 작업 중에는 드릴을 구멍에 맞추거나 하기 위해서 드릴 날을 손으로 잡아서는 안 된다.

1102 / 1301 / 1702

46 —— Repetitive Learning (1회 2회 3회)

산업안전보건법에 따라 로봇을 운전하는 경우 근로자가 로봇에 부딪칠 위험이 있을 때에는 높이 얼마 이상의 울타리를 설치하여야 하는가?

① 90cm

② 120cm

③ 150cm

④ 180cm

해설

- 로봇 운전 중 위험을 방지하기 위해 높이 1.8m 이상의 울타리 혹은 안전매트 또는 감응형 방호장치를 설치하여야 한다.

:: 운전 중 위험방지

- 사업주는 로봇의 운전으로 인하여 근로자에게 발생할 수 있는 부상 등의 위험을 방지하기 위하여 높이 1.8m 이상의 울타리를 설치하여야 한다.
- 컨베이어 시스템의 설치 등으로 울타리를 설치할 수 없는 일부 구간에 대해서는 안전매트 또는 광전자식 방호장치 등 감응형(感應形) 방호장치를 설치하여야 한다.

0603

47 —— Repetitive Learning 

다음 중 지게차의 안정도에 관한 설명으로 틀린 것은?

① 지게차의 등판능력을 표시한다.

② 좌우 안정도와 전후 안정도가 있다.

③ 주행과 하역작업의 안정도가 다르다.

④ 작업 또는 주행 시 안정도 이하로 유지해야 한다.

해설

- 지게차의 안정도는 지게차의 하역 시, 운반 시 전도에 대한 안전성을 표시하는 값이다.

:: 지게차의 안정도

㉠ 개요
- 지게차의 하역 시, 운반 시 전도에 대한 안전성을 표시하는 값이다.
- 좌우 안정도와 전후 안정도가 있다.
- 작업 또는 주행 시 안정도 이하로 유지해야 한다.
- 지게차의 안정도 $=\frac{\text{높이}}{\text{수평거리}}$로 구한다.

㉡ 지게차의 작업상태별 안정도 실작 1601
- 기준 부하상태에서 하역작업 시의 전후 안정도는 4%이다(5톤 이상일 경우 3.5%).
- 기준 부하상태에서 하역작업 시의 좌우 안정도는 6%이다.
- 기준 부하상태에서 주행 시의 전후 안정도는 18%이다.
- 기준 무부하상태에서 주행 시의 좌우 안정도는 (15+1.1V)%이다(이때, V는 주행속도를 의미한다).

0703

48 —— Repetitive Learning (1회 2회 3회)

산업안전보건법에 따라 선반 등으로부터 돌출하여 회전하고 있는 가공물을 작업할 때 설치하여야 할 방호조치로 가장 적합한 것은?

① 안전난간 ② 울 또는 덮개

③ 방진장치 ④ 건널다리

해설

- 선반 등으로부터 돌출하여 회전하고 있는 가공물이 근로자에게 위험을 미칠 우려가 있는 경우에 덮개 또는 울 등을 설치하여야 한다.

:: 선반작업 시 사용하는 방호장치

㉠ 개요
- 선반작업 시 사용하는 방호장치의 종류에는 칩 브레이커, 척 커버, 실드, 급정지 브레이크, 덮개, 울, 고정 브리지 등이 있다.

㉡ 방호장치의 종류와 특징

종류	특징
칩 브레이커 (Chip breaker)	선반작업 시 발생하는 칩을 잘게 끊어주는 장치
척 커버 (Chuck cover)	척에 물린 가공물의 돌출부 등에 작업복이 말려들어가는 것을 방지해주는 장치
실드 (Shield)	칩이나 절삭유의 비산을 방지하기 위해 선반의 전후좌우 및 위쪽에 설치하는 플라스틱 덮개로 칩 비산방지장치라고도 함
급정지 브레이크	작업 중 발생하는 돌발상황에서 선반 작동을 중지시키는 장치
덮개 또는 울, 고정 브리지	돌출하여 회전하고 있는 가공물이 근로자에게 위험을 미칠 우려가 있는 경우에 설치

46 ④ 47 ① 48 ② | 정답

1102 / 1803 / 2201

49

Repetitive Learning 1회 2회 3회

다음 중 금형 설치·해체작업의 일반적인 안전사항으로 틀린 것은?

① 금형을 설치하는 프레스의 T홈 안길이는 설치 볼트 직경 이하로 한다.
② 금형의 설치 용구는 프레스의 구조에 적합한 형태로 한다.
③ 고정볼트는 고정 후 가능하면 나사산을 3~4개 정도 짧게 남겨 슬라이드 면과의 사이에 협착이 발생하지 않도록 해야 한다.
④ 금형 고정용 브래킷(물림판)을 고정시킬 때 고정용 브래킷은 수평이 되게 하고, 고정볼트는 수직이 되게 고정하여야 한다.

해설

- 금형을 설치하는 프레스의 T홈 안길이는 설치 볼트 직경의 2배 이상으로 해야 한다.

금형의 설치·해체작업 시 일반적인 안전사항

- 금형의 설치 용구는 프레스의 구조에 적합한 형태로 한다.
- 금형을 설치하는 프레스의 T홈 안길이는 설치 볼트 직경의 2배 이상으로 한다.
- 고정볼트는 고정 후 가능하면 나사산을 3~4개 정도 짧게 남겨 슬라이드 면과의 사이에 협착이 발생하지 않도록 해야 한다.
- 금형 고정용 브래킷(물림판)을 고정시킬 때 고정용 브래킷은 수평이 되게 하고 고정볼트는 수직이 되게 고정하여야 한다.
- 부적합한 프레스에 금형을 설치하는 것을 방지하기 위하여 금형에 부품번호, 상형중량, 총중량, 다이하이트, 제품소재(재질) 등을 기록하여야 한다.

1001 / 2103

50

Repetitive Learning 1회 2회 3회

프레스의 안전대책 중 손을 금형 사이에 집어넣을 수 없도록 하는 본질적 안전화를 위한 방식(No-hand in die)에 해당하는 것은?

① 수인식
② 광전자식
③ 방호울식
④ 손쳐내기식

해설

- 수인식, 광전자식, 손쳐내기식은 본질적 안전화 방식이 아니라 접근거부형, 접근반응형 방호장치이다.

No hand in die 방식

- 프레스에서 손을 금형 사이에 집어넣을 수 없도록 하는 본질적 안전화를 위한 방식을 말한다.
- 안전금형, 안전 울(방호 울)을 사용하거나 전용프레스를 도입하여 금형 안에 손이 들어가지 못하게 한다.
- 자동 송급 및 배출장치를 가진 자동프레스는 손을 집어넣을 필요가 없는 방식이다.
- 자동 송급 및 배출장치에는 롤 피더(Roll feeder), 푸셔 피더(Pusher feeder), 다이얼 피더(Dial feeder), 트랜스퍼 피더(Transfer feeder), 에젝터(Ejecter) 등이 있다.

0303 / 1803 / 2202

51

Repetitive Learning 1회 2회 3회

인장강도가 250N/mm^{2}인 강판의 안전율이 4라면 이 강판의 허용응력(N/mm^2)은 얼마인가?

① 42.5
② 62.5
③ 82.5
④ 102.5

해설

- 안전율 $=\dfrac{\text{인장강도}}{\text{허용응력}}$이므로 허용응력 $=\dfrac{\text{인장강도}}{\text{안전율}}$이다.
- 주어진 값을 대입하면 $\dfrac{250}{4}=62.5$[N/mm^2]이 된다.

안전율/안전계수(Safety factor)

- 소재의 파괴강도와 허용되는 응력의 비를 표시한 것이다.
- 안전율은 $\dfrac{\text{기준강도}}{\text{허용응력}}$ 또는 $\dfrac{\text{항복강도}}{\text{설계하중}}$, $\dfrac{\text{파괴하중}}{\text{최대사용하중}}$, $\dfrac{\text{최대응력}}{\text{허용응력}}$ 등으로 구한다.
- 응력은 단위면적당 부재에 작용하는 힘을 말하며, 허용응력은 단위면적당 재료가 파괴되지 않고 영구적인 변형이 남지 않는 비례한도 범위 내의 응력을 말한다.
- 기준강도는 재료에 손상을 입힌다고 인정되는 강도를 말한다.
- 강도(기준강도)를 통해 재료의 안전율, 구조 등이 결정된다.
- 연성재료에서는 항복점을 기준강도, 인장강도, 기초강도라고도 한다.

정답 | 49 ① 50 ③ 51 ②

1701 / 2201

52 Repetitive Learning 1회 2회 3회

다음 중 금속 등의 도체에 교류를 통한 코일을 접근시켰을 때, 결함이 존재하면 코일에 유기되는 전압이나 전류가 변하는 것을 이용한 검사방법은?

① 자분탐상검사
② 초음파탐상검사
③ 와류탐상검사
④ 침투형광탐상검사

해설

- 자분탐상검사는 결함부위의 자극에 자분이 부착되는 것을 이용한다.
- 초음파탐상검사는 초음파의 반사(타진)의 원리를 이용하여 검사한다.
- 침투탐상검사는 비자성 금속재료의 표면균열검사에 사용한다.

와전류비파괴검사법

㉠ 개요
- 비파괴검사방법 중 하나로 금속 등의 도체에 교류를 통한 코일을 접근시켰을 때, 결함이 존재하면 코일에 유기되는 전압이나 전류가 변하는 것을 이용한 검사방법이다.
- 발전설비나 석유화학단지 내 열교환기 튜브, 항공산업에서의 각종 결함검사에 사용되는 방법이다.

㉡ 특징
- 자동화 및 고속화가 가능하다.
- 잡음에 의해 검사의 방해를 받기 쉽다.
- 관, 환봉, 가는 선, 얇은 판의 경우도 검사가 가능하다.
- 재료의 표면층에 존재하는 결함을 검출하는 방법으로 표면 아래 깊은 위치에 있는 결함은 검출이 곤란하다.

53 Repetitive Learning 1회 2회 3회

가스집합 용접장치에는 가스의 역류 및 역화를 방지할 수 있는 안전기를 설치하여야 하는데 다음 중 저압용 수봉식 안전기가 갖추어야 할 요건으로 옳은 것은?

① 수봉배기관을 갖추어야 한다.
② 도입관은 수봉식으로 하고, 유효수주는 20mm 미만이어야 한다.
③ 수봉배기관은 안전기의 압력이 2.5kg/cm^{2}에 도달하기 전에 배기시킬 수 있는 능력을 갖추어야 한다.
④ 파열판은 안전기 내의 압력이 50kg/cm^{2}에 도달하기 전에 파열되어야 한다.

해설

- 수봉식 안전기의 유효수주는 25mm 이상이어야 한다.
- 수봉배기관은 안전기의 압력이 0.07kg/cm^{2}에 도달하기 전에 배기시킬 수 있는 능력을 갖추어야 한다.
- 파열판의 설정 파열압력은 최고운전압력의 1.1~2.0배의 압력으로 한다.

수봉식 안전기

㉠ 개요
- 연소가스의 도입부를 수봉식으로 하여 토치로부터의 역화, 산소의 역류 및 연료가스의 이상 압력상승을 방지하는 장치이다.
- 안전기의 도입부는 수봉배기관을 갖추어야 한다.
- 본체, 아세틸렌 도입관, 수봉배기관, 검수창, 아세틸렌 출구 파이프 등으로 구성된다.

㉡ 일반조건
- 수봉배기관을 갖추어야 한다.
- 유효수주는 25mm 이상이어야 한다.
- 수봉배기관은 안전기의 압력이 0.07kg/cm^{2}에 도달하기 전에 배기시킬 수 있는 능력을 갖추어야 한다.

㉢ 관리방법
- 1일 1회 이상 점검하고 항상 지정된 수위를 유지한다.
- 수봉부의 물이 얼었을 때는 더운물로 용해한다.
- 지면에 대하여 수직으로 설치해야 한다.

0801

54 Repetitive Learning 1회 2회 3회

다음 중 리프트의 안전장치로 활용하는 것은?

① 그리드(Grid)
② 아이들러(Idler)
③ 스크레이퍼(Scraper)
④ 리미트스위치(Limit switch)

해설

- 그리드(Grid)는 국부적으로 큰 지압력을 받는 콘크리트의 지압판(地壓板) 배후에 생기는 인장력을 보강하기 위하여 격자상으로 짜맞춘 철근을 말한다.
- 아이들러(Idler)는 크레인 등에서 로프의 방향을 바꾸는 데 사용하는 도르래를 말한다.
- 스크레이퍼(Scraper)는 굴착기와 운반기를 결합한 흙 공사용 기계를 말한다

리미트스위치(Limit switch)

- 일정 한계에 도달하게 되면 접점이 전환되는 스위치로 권과방지장치의 구성요소이다.
- 리미트스위치(Limit switch)를 활용한 안전장치에는 권과방지장치, 게이트가드(Gate guard), 이동식 덮개 등이 있다.

52 ③ 53 ① 54 ④ 정답

55

Repetitive Learning (1회 2회 3회)

기계의 방호장치 중 과도하게 한계를 벗어나 계속적으로 감아올리는 일이 없도록 제한하는 장치는?

① 일렉트로닉 아이
② 권과방지장치
③ 과부하방지장치
④ 해지장치

해설

- 일렉트로닉 아이는 전자 눈을 말하는 것으로 시력이 없는 환자의 망막에 인공적인 시력을 만들어주는 장치이다.
- 과부하방지장치는 양중기에 있어서 정격하중 이상의 하중이 부하되었을 경우 자동적으로 동작을 정지시켜주는 방호장치를 말한다.
- 해지장치 혹은 훅해지장치는 훅걸이용 와이어로프 등이 훅으로부터 벗겨지는 것을 방지하기 위한 장치이다.

권과방지장치 실필 1101

- 크레인이나 승강기의 와이어로프가 일정 이상 부하를 권상시키면 더 이상 권상되지 않게 하여 부하가 장치에 충돌하지 않도록 하는 장치이다.
- 권과방지장치의 간격은 25cm 이상 유지하도록 조정한다.
- 직동식 권과방지장치의 간격은 0.05m 이상이다.

56

Repetitive Learning (1회 2회 3회)

완전 회전식 클러치 기구가 있는 프레스의 양수기동식 방호장치에서 누름버튼을 누를 때부터 사용하는 프레스의 슬라이드가 하사점에 도달할 때까지의 소요최대시간이 0.15초이면 안전거리는 몇 mm 이상이어야 하는가?

① 150
② 220
③ 240
④ 300

해설

- 시간이 0.15초로 주어졌다. [ms]로 바꾸기 위해서 1,000을 곱하면 150[ms]이다.
- 안전거리는 1.6×150=240[mm]가 된다.

해설

양수조작식 방호장치 안전거리 실필 2401/1701/1103/0903

- 인간 손의 기준속도(1.6[m/s])를 고려하여 양수조작식 방호장치의 안전거리는 1.6×반응시간으로 구할 수 있다.
- 클러치 프레스에 부착된 양수조작식 방호장치의 반응시간(T_m)은 버튼에서 손이 떨어지고 슬라이드가 정지할 때까지의 시간으로 해당 시간이 주어지지 않을 때는

  $T_m = \left(\frac{1}{\text{클러치}} + \frac{1}{2}\right) \times \frac{60{,}000}{\text{분당 행정수}}$[ms]로 구할 수 있다.
- 시간이 주어질 때는 $D = 1.6(T_L + T_s)$로 구한다.

  D : 안전거리(mm)

  T_L : 버튼에서 손이 떨어질 때부터 급정지기구가 작동할 때까지 시간(ms)

  T_s : 급정지기구 작동 시부터 슬라이드가 정지할 때까지 시간(ms)

0703 / 1902

57

Repetitive Learning 

회전수가 300rpm, 연삭숫돌의 지름이 200mm일 때 숫돌의 원주속도는 몇 m/min인가?

① 60.0
② 94.2
③ 150.0
④ 188.5

해설

- 회전수가 300, 지름이 200mm일 때 원주 속도는 (3.14×200×300)/1,000≒188.5[m/min]이다.

회전체의 원주속도

- 회전체의 원주속도 ≒ $\frac{\pi \times \text{외경} \times \text{회전수}}{1{,}000}$[m/min]으로 구한다.

  이때 외경의 단위는 [mm]이고, 회전수의 단위는 [rpm]이다.
- 회전수 = $\frac{\text{원주속도} \times 1{,}000}{\pi \times \text{외경}}$으로 구할 수 있다.

58

Repetitive Learning (1회 2회 3회)

다음 중 자동화설비를 사용하고자 할 때 기능의 안전화를 위하여 검토할 사항과 가장 거리가 먼 것은?

① 부품 변형에 의한 오동작
② 사용압력 변동 시의 오동작
③ 전압강하 및 정전에 따른 오동작
④ 단락 또는 스위치 고장 시의 오동작

정답 | 55 ② 56 ③ 57 ④ 58 ①

해설

- 부품 변형에 의한 오동작은 구조적 안전화의 검토사항으로, 이 문제가 재료의 문제일 경우 설계 시 안전율을 재검토해야 하고, 가공 결함일 경우 열처리 등의 대책을 강구하게 해야 한다.

기능적 안전화 실필 1403/0503

㉠ 개요

- 기계설비의 이상 시에 기계를 급정지시키거나 안전장치가 작동되도록 하는 소극적인 대책과 전기회로를 개선하여 오동작을 방지하거나 별도의 안전한 회로에 의해 정상기능을 찾을 수 있도록 하는 안전화를 말한다.

㉡ 특징

- 기능적 안전화를 위해서는 안전설계와 밀접한 관련을 가지므로 설계단계에서부터 안전대책을 수립하여야 한다.
- 전압 강하 시 기계의 자동정지와 같은 Fail safe 기능이 대표적인 1차적인 기능적 안전화 대책이다.
- 2차적인 적극적인 기능적 안전화 대책은 회로 개선을 통한 오동작 방비 대책이다.

0702 / 0703 / 1002 / 1702 / 2201

59

Repetitive Learning 

다음 중 보일러의 방호장치와 가장 거리가 먼 것은?

① 언로드밸브

② 압력방출장치

③ 압력제한스위치

④ 고저수위 조절장치

해설

- 언로드밸브는 보일러 내부의 압력을 일정 범위 내에서 유지시키는 밸브로 방호장치와는 거리가 멀다.

보일러의 안전장치 실필 1902/1901

- 보일러의 안전장치에는 전기적 인터록장치, 압력방출장치, 압력제한스위치, 고저수위 조절장치, 화염검출기 등이 있다.

장치	설명
압력제한스위치	보일러의 과열을 방지하기 위하여 보일러의 버너 연소를 차단하는 장치
압력방출장치	보일러의 최고사용압력 이하에서 작동하여 보일러 압력을 방출하는 장치
고저수위 조절장치	보일러의 방호장치 중 하나로 보일러 쉘 내의 관수의 수위가 최고한계 또는 최저한계에 도달했을 때 자동적으로 경보를 울리는 동시에 관수의 공급을 차단시켜 주는 장치

1803 / 2103

60

Repetitive Learning 1회 2회 3회

다음 설명 중 (   ) 안에 알맞은 내용은?

> 롤러기의 급정지장치는 롤러를 무부하로 회전시킨 상태에서 앞면 롤러의 표면속도가 30m/min 미만일 때에는 급정지거리가 앞면 롤러 원주의 (   ) 이내에서 롤러를 정지시킬 수 있는 성능을 보유하여야 한다.

① $\frac{1}{2}$

② $\frac{1}{4}$

③ $\frac{1}{3}$

④ $\frac{1}{2.5}$

해설

- 급정지거리는 원주속도가 30(m/min) 이상일 경우 앞면 롤러 원주의 1/2.5로 하고, 원주속도가 30(m/min) 미만일 경우 앞면 롤러 원주의 1/3 이내로 한다.

롤러기 급정지장치의 개구부 간격과 급정지거리 실필 1703/1202/1102

- 가드 설치 시 개구부 간격(단위 : mm)

구분	간격
개구부와 위험점 간격 : 160mm 이상	30
개구부와 위험점 간격 : 160mm 미만	6+(0.15×개구부~위험점 최단거리)
위험점이 전동체일 경우	6+(0.1×개구부~위험점 최단거리)

- 급정지거리

원주속도	급정지거리
원주속도 : 30m/min 이상	앞면 롤러 원주의 1/2.5
원주속도 : 30m/min 미만	앞면 롤러 원주의 1/3 이내

59 ① 60 ③ 정답

0802

61

Repetitive Learning 1회 2회 3회

누전경보기는 사용전압이 600V 이하인 경계전로의 누설전류를 검출하여 당해 소방대상물의 관계자에게 경보를 발하는 설비를 말한다. 다음 중 누전경보기의 구성으로 옳은 것은?

① 감지기 - 발신기 ② 변류기 - 수신부
③ 중계기 - 감지기 ④ 차단기 - 증폭기

해설

- 누전경보기는 누설전류를 검출하는 영상변류기, 누설전류를 증폭하는 수신기, 경보를 발생하는 경보장치, 전원을 차단하는 차단기 등으로 구성된다.

누전경보기

㉠ 개요

- 누전경보기는 내화구조가 아닌 건축물로서 벽, 바닥 또는 천장의 전부나 일부를 불연재료 또는 준불연재료가 아닌 재료에 철망을 넣어 만든 건물의 전기설비로부터 누설전류를 탐지하여 경보를 발하는 장치이다.
- 누설전류를 검출하는 영상변류기(ZCT), 누설전류를 증폭하는 수신기, 경보를 발생하는 경보장치, 전원을 차단하는 차단기 등으로 구성된다.
- 누전경보기의 시험방법에는 전류특성시험, 전압특성시험, 주파수특성시험, 온도특성시험, 온도상승시험, 노화시험, 전로개폐시험, 과전류시험, 개폐시험, 단락전류시험, 과누전시험, 진동시험, 방수시험, 충격시험, 절연저항 및 절연내력시험 등이 있다.

㉡ 변류기

- 변류기는 경계전로의 누설전류를 자동적으로 검출하여 이를 누전경보기의 수신부에 송신하는 것을 말한다.
- 변류기는 특정 소방대상물의 형태, 인입선의 시설방법 등에 따라 옥외 인입선의 제1지점의 부하측 또는 제2종 접지선측의 점검이 쉬운 위치에 설치해야 한다. 단, 인입선의 형태 또는 소방대상물의 구조상 부득이한 경우에는 인입구에 근접한 옥내에 설치할 수 있다.

0402 / 0601

62

방폭전기기기의 등급에서 위험장소의 등급분류에 해당되지 않는 것은?

① 3종 장소 ② 2종 장소
③ 1종 장소 ④ 0종 장소

해설

- 인화성 또는 가연성의 가스나 증기에 의한 방폭지역은 위험 분위기의 발생 가능성에 따라 0종, 1종, 2종 장소로 구분한다.

장소별 방폭구조 실필 2302/0803

0종 장소	지속적 위험분위기	• 본질안전방폭구조(EX ia)
1종 장소	통상상태에서의 간헐적 위험분위기	• 내압방폭구조(EX d) • 압력방폭구조(EX p) • 충전방폭구조(EX q) • 유입방폭구조(EX o) • 안전증방폭구조(EX e) • 본질안전방폭구조(EX ib) • 몰드방폭구조(EX m)
2종 장소	이상상태에서의 위험분위기	• 비점화방폭구조(EX n)

2001

63

Repetitive Learning 1회 2회 

인체의 표면적이 0.5[m^2]이고 정전용량은 0.02[pF/cm^2]이다. 3,300[V]의 전압이 인가되어 있는 전선에 접근하여 작업을 할 때 인체에 축적되는 정전기에너지[J]는?

① 5.445×10^{-2}

② 5.445×10^{-4}

③ 2.723×10^{-2}

④ 2.723×10^{-4}

해설

- 정전에너지 $W = \frac{1}{2}CV^2$를 이용해서 구할 수 있다.
- 인체의 표면적과 단위면적당 정전용량의 단위가 서로 다르므로 이를 통일해야 한다. 구하는 정전에너지의 단위가 [J]이므로 면적은 [m^2]으로 통일한다.
- 단위 정전용량 0.02[pF/cm^2]를 [m^2]로 변환하면 100이 아니라 100^2을 곱해줘야 하므로 $0.02 \times 10^{-12}/cm^2 = 0.02 \times 10^{-12} \times 10^4/m^2 = 200[pF/m^2]$이다.
- 인체의 표면적은 0.5[m^2]이므로 정전용량 $C = 0.5 \times 200[pF/m^2] = 100[pF/m^2]$이다.
- 정전에너지는 $\frac{1}{2} \times 100 \times 10^{-12} \times (3,300)^2 = 5.445 \times 10^{-4}$[J]이다.

정답 | 61 ② 62 ① 63 ②

:: 전하량과 정전에너지

㉠ 전하량

- 평행한 축전기의 두 극판 사이의 거리가 일정할 때 양 극단에 걸린 전압 V가 클수록 더 많은 전하량 Q가 대전되게 된다.
- 전기 용량(C)은 단위 전압(V)당 물체가 저장하거나 물체에서 분리하는 전하의 양(Q)으로 $C=\frac{Q}{V}$로 구한다.

㉡ 정전에너지

- 물체에 정전기가 대전하면 축적되는 에너지 혹은 콘덴서에 전압을 가할 경우 축적되는 에너지를 말한다.
- $W=\frac{1}{2}CV^2=\frac{1}{2}QV=\frac{Q^2}{2C}$[J]로 구할 수 있다.
  이때 C는 정전용량[F], V는 전압[V], Q는 전하[C]이다.

64

Repetitive Learning (1회 2회 3회)

방폭전기설비 계획수립 시의 기본방침에 해당되지 않는 것은?

① 가연성 가스 및 가연성 액체의 위험특성 확인
② 시설장소의 제조건 검토
③ 전기설비의 선정 및 결정
④ 위험장소 종별 및 범위의 결정

해설

- 전기설비의 선정 및 결정은 방폭전기설비 계획수립이 완료된 후 설치 전 단계에서 결정한다.

:: 방폭전기설비 계획수립 시의 기본방침

- 가연성 가스 및 가연성 액체의 위험특성 확인
- 시설장소의 제조건 검토
- 위험장소 종별 및 범위의 결정

65

Repetitive Learning (1회 2회 3회)

전격 사고에 관한 사항과 관계가 없는 것은?

① 감전사고의 피해 정도는 접촉시간에 따라 위험성이 결정된다.
② 전압이 동일한 경우 교류가 직류보다 더 위험하다.
③ 교류에 감전된 경우 근육에 경련과 수축이 일어나서 접촉시간이 길어지게 된다.
④ 주파수가 높을수록 최소감지전류는 감소한다.

해설

- 주파수가 높을수록 자극이 적으므로 최소감지전류는 증가한다.

:: 최소감지전류

㉠ 개요

- 인체가 통전되었을 때 이를 인간이 감지할 수 있는 최소의 전류를 말한다.
- 전원의 종류, 전극의 형태 등에 따라 다르다.
- 성인 남자의 경우 직류에서 5.2[mA]이며, 60[Hz] 교류(실효치)에서는 약 1[mA]이다.
- 여자는 남자보다 더 민감하며, 교류의 경우 약 0.67[mA] 정도이다.

㉡ 전류의 형태 및 주파수에 따른 최소감지전류

- 직류는 교류에 비해 자극이 적어 최소감지전류가 교류에 비해 5배에 달한다.
- 주파수가 높을수록 자극이 적으므로 최소감지전류는 증가한다.

0301

66

Repetitive Learning (1회 2회 3회)

제전기의 설명 중 잘못된 것은?

① 전압인가식은 교류 7,000[V]를 걸어 방전을 일으켜 발생한 이온으로 대전체의 전하를 중화시킨다.
② 방사선식은 특히 이동물체에 적합하고, α 및 β 선원이 사용되며, 방사선 장해, 취급에 주의를 요하지 않아도 된다.
③ 이온식은 방사선의 전리작용으로 공기를 이온화시키는 방식, 제전효율은 낮으나 폭발 위험지역에 적당하다.
④ 자기방전식은 필름의 권취, 셀로판 제조, 섬유공장 등에 유효하나, 2[kV] 내외의 대전이 남는 결점이 있다.

해설

- 방사선식(이온식)은 방사선의 전리작용으로 공기를 이온화시키는 방식으로, 제전효율이 낮고 이동물체에 부적합하나 안전해 폭발 위험지역에 사용하기 적당하다.

:: 제전기

㉠ 개요

- 정전기 재해를 예방하기 위해 설치하는 제전기의 제전효율은 설치 시 90[%] 이상이 되어야 한다.
- 정전기의 발생원으로부터 5~20cm 정도 떨어진 장소에 설치하는 것이 적절하다.
- 종류에는 전압인가식, 자기방전식, 방사선식(이온식)이 있다.

64 ③ 65 ④ 66 ② | 정답

㉡ 제전기의 종류

- 전압인가식은 방전침에 7,000[V]를 걸어 코로나방전을 일으켜 발생한 이온으로 대전체의 전하를 중화하는 방식으로 가장 제전능력이 뛰어나다.
- 자기방전식은 아세테이트 필름의 권취공정, 셀로판 제조, 섬유공장 등에 유효한 방식으로, 코로나방전을 일으켜 공기를 이온화하는 것을 이용하는 방식으로 2[kV] 내외의 대전이 남는 결점이 있다.
- 방사선식(이온식)은 방사선의 전리작용으로 공기를 이온화시키는 방식으로, 제전효율이 낮고 이동물체에 부적합하나 안전해 폭발 위험지역에 사용하기 적당하다.

구분	전압인가식	자기방전식	방사선식
제전능력	크다	보통	작다
구조	복잡	간단	간단
취급	복잡	간단	간단
적용범위	넓다	넓다	좁다

2101

67

Repetitive Learning 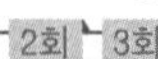

전기설비에 접지를 하는 목적에 대하여 틀린 것은?

① 누설전류에 의한 감전방지
② 낙뢰에 의한 피해방지
③ 지락사고 시 대지전위 상승유도 및 절연강도 증가
④ 지락사고 시 보호계전기 신속동작

해설

- 접지는 송배전선로의 지락사고 시 대지전위의 상승을 억제하고 절연강도를 경감시킨다.

∷ 접지

㉠ 개요

- 전기 회로 또는 전기기기를 대지 또는 비교적 큰 넓이를 가져 대지를 대신할 수 있는 도체에 전기적으로 접속하는 것을 말한다.

㉡ 목적

- 낙뢰에 의한 피해를 방지한다.
- 정전기의 흡수로 정전기로 인한 장애를 방지한다.
- 송배전선, 고전압 모선 등에서 지락사고의 발생 시 보호계전기를 신속하게 작동시킨다.
- 설비의 절연물이 손상되었을 때 흐르는 누설전류에 의한 감전을 방지한다.
- 송배전선로의 지락사고 시 대지전위의 상승을 억제하고 절연강도를 경감시킨다.

68

Repetitive Learning 1회 2회 3회

다음 보기의 누전차단기에서 정격감도전류에서 동작시간이 짧은 두 종류를 알맞게 고른 것은?

- 고속형 누전차단기
- 시연형 누전차단기
- 반한시형 누전차단기
- 감전방지용 누전차단기

① 고속형 누전차단기, 시연형 누전차단기
② 반한시형 누전차단기, 감전방지용 누전차단기
③ 반한시형 누전차단기, 시연형 누전차단기
④ 고속형 누전차단기, 감전방지용 누전차단기

해설

- 인체의 감전방지용 누전차단기는 정격감도전류에서 0.03초 이내이고, 고속형은 0.1초 이내, 시연형은 0.1초 초과 0.2초 이내이고, 반한시형은 0.2~1초 이내이다.

∷ 누전차단기(RCD : Residual Current Device)

실필 2401/1502/1402/0903

㉠ 개요

- 이동형 또는 휴대형의 전기기계·기구의 금속제 외함, 금속제 외피 등에서 누전, 절연파괴 등으로 인하여 지락전류가 발생하면 주어진 시간 이내에 전기기기의 전로를 차단하는 장치를 말한다.
- 누전검출부, 영상변류기, 차단기구 등으로 구성된 장치이다.
- 정격부하전류가 30[A]인 이동형 전기기계·기구에 접속되어 있는 경우 일반적으로 정격감도전류는 30[mA] 이하인 것을 사용한다.
- 정격부하전류가 50[A] 미만의 전기기계·기구에 접속되는 누전차단기의 경우 정격감도전류가 30[mA] 이하이고 작동시간은 0.03초 이내이어야 한다.
- 누전에 의한 감전위험을 방지하기 위하여 분기회로마다 누전차단기를 설치한다.

㉡ 종류와 동작시간

- 인체감전보호용은 정격감도전류(30[mA])에서 0.03[초] 이내이다.
- 인체가 물에 젖어 있거나 물을 사용하는 장소(욕실 등)에는 정격감도전류(15[mA])에서 0.03초 이내의 누전차단기를 사용한다.
- 고속형은 정격감도전류(30[mA])에서 동작시간이 0.1[초] 이내이다.
- 시연형은 정격감도전류(30[mA])에서 동작시간이 0.1[초]를 초과하고 0.2[초] 이내이다.
- 반한시형은 정격감도전류 100%에서 0.2~1[초] 이내, 정격감도전류 140%에서 0.1~0.5[초] 이내, 정격감도전류 440%에서 0.05[초] 이내이다.

정답 | 67 ③ 68 ④

69 ─ Repetitive Learning (1회 2회 3회)

복사선 중 전기성 안염을 일으키는 광선은?

① 자외선
② 적외선
③ 가시광선
④ 근적외선

해설

- 전기성 안염은 눈이 덮인 산이나 강렬한 태양이 비치는 해변 등 자외선이 많은 곳에서 주로 발생되는 질환이다.

전기성 안염

- 전기성 안염이란 안부에 아크의 자외선 방사 혹은 가스용접 등 자외선의 영향을 받아 발생하는 각막 화상을 말한다.
- 눈이 덮인 산이나 강렬한 태양이 비치는 해변 등 자외선이 많은 곳에서 주로 발생되는 질환이다.

2101

70 ─ Repetitive Learning (1회 2회 3회)

감전 등의 재해를 예방하기 위하여 고압기계·기구 주위에 관계자 외 출입을 금하도록 울타리를 설치할 때, 울타리의 높이와 울타리로부터 충전부분까지의 거리의 합이 최소 몇 m 이상은 되어야 하는가?

① 5m 이상　② 6m 이상
③ 7m 이상　④ 9m 이상

해설

- 울타리로부터 충전부분까지의 거리의 합계는 사용전압에 따라 다르나 최소거리는 5[m] 이상이어야 한다.

울타리 이격거리(Boundary clearance)

- 외부울타리와 충전부 또는 위험한 전압이 가해질 수 있는 충전부 부품들 사이의 허용 최소이격거리를 말한다.
- 전기기기는 자물쇠 등 기타 승인된 방법에 의해 통제되는 구획된 장소에 설치하고, 유자격자만이 출입하도록 한다.
- 구획된 장소의 울타리 높이는 2.1m 이상 또는 1.8m의 울타리 위에 3단 이상의 철조망을 30cm 이상의 높이로 얹는다.
- 충전부에서 울타리까지 최소거리

전압[V]	최소이격거리[m]
600 초과 ~13,800 이하	3.0
13,800 초과 ~230,000 이하	4.6
230,000 초과	5.5

- 사용전압에 따른 울타리의 높이

사용전압의 구분	울타리의 높이와 울타리로부터 충전부분까지의 거리의 합계 또는 지표상의 높이
35,000V 이하	5m
35,000V 초과 160,000V 이하	6m
160,000V 초과	6m에 160,000V를 넘는 10,000V 또는 그 단수마다 12cm를 더한 값

2001

71 ─ Repetitive Learning (1회 2회 3회)

기기나 계통을 개별적 또는 공통으로 접지하기 위하여 필요한접지시스템을 구성하는 접지도체를 선정하는 기준에 대한 설명으로 틀린 것은?

① 접지도체의 최소 단면적은 구리는 $6mm^2$ 이상, 철제는 $50mm^2$ 이상이어야 한다.
② 접지도체에 피뢰시스템이 접속되는 경우 접지도체의 단면적은 구리 $16mm^2$ 또는 철 $100mm^2$ 이상으로 하여야 한다.
③ 특고압·고압 전기설비용 접지도체는 단면적 $6mm^2$ 이상의 연동선 또는 동등 이상의 단면적 및 강도를 가져야 한다.
④ 일반적인 중성점 접지용 접지도체는 공칭단면적 $16mm^2$ 이상의 연동선 또는 동등 이상의 단면적 및 세기를 가져야 한다.

해설

- 접지도체에 피뢰시스템이 접속되는 경우 접지도체의 단면적은 구리 $16mm^2$ 또는 철 $50mm^2$ 이상으로 하여야 한다.

접지도체의 선정〈2021 기준 변경 반영〉

- 접지도체의 최소 단면적은 구리는 $6mm^2$ 이상, 철제는 $50mm^2$ 이상이어야 한다.
- 접지도체에 피뢰시스템이 접속되는 경우 접지도체의 단면적은 구리 $16mm^2$ 또는 철 $50mm^2$ 이상으로 하여야 한다.
- 특고압·고압 전기설비용 접지도체는 단면적 $6mm^2$ 이상의 연동선 또는 동등 이상의 단면적 및 강도를 가져야 한다.
- 중성점 접지용 접지도체는 공칭단면적 $16mm^2$ 이상의 연동선 또는 동등 이상의 단면적 및 세기를 가져야 한다. 다만, 7kV 이하의 전로, 사용전압이 25kV 이하인 중성선 다중접지식의 전로차단장치를 갖춘 특고압 가공전선로에는 공칭단면적 $6mm^2$ 이상의 연동선 또는 동등 이상의 단면적 및 강도를 가져야 한다.

69 ① 70 ① 71 ② | 정답

0602 / 0703 / 1101

72

Repetitive Learning 1회 2회 3회

피뢰침의 제한전압이 800[kV], 충격절연강도가 1,260[kV]라 할 때, 보호여유도는 몇 [%]인가?

① 33.3 ② 47.3
③ 57.5 ④ 63.5

해설

- 제한전압이 800[kV], 충격절연강도가 1,260[kV]이므로 대입하면 $\frac{1,260-800}{800}\times 100 = 57.5$[%]이다.

:: 피뢰기의 보호여유도

- 보호여유도란 보호기와 피보호기의 절연강도의 폭을 말한다.
- 부하차단 등에 의한 발전기의 전압상승을 고려한 값이다.
- 보호여유도 = $\frac{\text{충격절연강도} - \text{제한전압}}{\text{제한전압}}\times 100[\%]$로 구한다.

73

Repetitive Learning 1회 2회 3회

정전기 방전현상에 해당되지 않는 것은?

① 연면방전 ② 코로나방전
③ 낙뢰방전 ④ 스팀방전

해설

- 정전기 방전현상의 종류에는 코로나방전, 스트리머방전, 불꽃방전, 연면방전 등이 있다.

:: 정전기 방전

㉠ 개요

- 정전기의 전기적 작용에 의해 일어나는 전리작용을 말한다.
- 방전으로 인해 대전체에 축적되어 있던 정전에너지가 방전에너지로 방출되어 빛, 열, 소리, 전자파 등으로 변환되어 소멸된다.
- 정전기 방전현상의 종류에는 코로나방전, 스트리머방전, 불꽃방전, 연면방전 등이 있다.

㉡ 정전기 방전현상의 종류와 특징

- 코로나방전 – 전극 간의 전계가 불평등하면 불꽃방전 발생전에 전계가 큰 부분에 발광현상과 함께 나타나는 방전을 말한다.
- 스트리머방전 – 전압 경도(傾度)가 공기의 파괴 전압을 초과했을 때 나타나는 초기 저전류 방전을 말한다.
- 불꽃방전 – 기체 내에 큰 전압이 걸릴 때 기체의 절연상태가 깨지면서 큰 소리와 함께 불꽃을 내는 방전을 말한다.
- 연면방전 – 공기 중에 놓여진 절연체의 표면을 따라 수지상(나뭇가지 형태)의 발광을 수반하는 방전이다.

0701

74

Repetitive Learning 1회 2회 3회

심실세동을 일으키는 위험한계에너지는 약 몇 J인가?(단 심실세동전류 $I=\frac{165}{\sqrt{T}}\mathrm{mA}$, 통전시간 T=1초, 인체의 전기저항 R=800Ω이다)

① 12 ② 22
③ 32 ④ 42

해설

- 인체의 접촉저항이 800Ω일 때 심실세동을 일으키는 전류에서의 전기에너지는

$$W = I^2Rt = \left(\frac{165\times 10^{-3}}{\sqrt{T}}\right)^2 \times R\times T = (165\times 10^{-3})^2\times 800$$

$= 21.78$[J]이 된다.

:: 심실세동 한계전류와 전기에너지 실필 2303/2101/1403/1401/1202

- 심장의 맥동에 영향을 주어 혈액 순환을 곤란하게 하고, 끝내는 심장 기능을 잃게 하는 치사적 전류를 심실세동전류라 한다.
- 감전자 1천명 중 5명 이상이 심실세동을 일으킬 수 있는 감전시간과 위험전류와의 관계에서 심실세동 한계전류 I는 $\frac{165}{\sqrt{T}}$[mA]이고, T는 통전시간이다.
- 인체의 접촉저항을 500Ω으로 할 때 심실세동을 일으키는 전류에서의 전기에너지는 $W = I^2Rt = \left(\frac{165\times 10^{-3}}{\sqrt{T}}\right)^2 \times R\times T = (165\times 10^{-3})^2\times 500 = 13.612$[J]가 된다.

0702 / 2101

75

Repetitive Learning 1회 2회 3회

다른 두 물체가 접촉할 때 접촉 전위차가 발생하는 원인으로 옳은 것은?

① 두 물체의 온도의 차
② 두 물체의 습도의 차
③ 두 물체의 밀도의 차
④ 두 물체의 일함수의 차

해설

- 두 물체가 접촉할 때 두 물체의 접촉 전위차는 두 물체의 일함수의 차이로 인해 발생한다.

:: 일함수(Work function)

- 원자 내에 있는 전자를 밖으로 끌어내는 자유전자로 만드는데 필요한 일 또는 에너지를 말한다.
- 두 물체가 접촉할 때 두 물체의 접촉 전위차는 두 물체의 일함수의 차이로 구한다.

정답 | 72 ③ 73 ④ 74 ② 75 ④

76

Repetitive Learning (1회 2회 3회)

전동기계·기구에 설치하는 작업자의 감전방지용 누전차단기의 ㉮ 정격감도전류([mA]) 및 ㉯ 동작시간[초]의 최댓값은?

① ㉮ 10 ㉯ 0.03
② ㉮ 20 ㉯ 0.01
③ ㉮ 30 ㉯ 0.03
④ ㉮ 50 ㉯ 0.1

해설

• 인체 감전보호용은 정격감도전류(30[mA])에서 0.03[초] 이내이다.

:: 누전차단기(RCD : Residual Current Device)

실필 2401/1502/0903

문제 68번의 유형별 핵심이론:: 참조

77

Repetitive Learning (1회 2회 3회)

전동공구 내부회로에 대한 누전측정을 하고자 한다. 220[V]용 전동공구를 그림과 같이 절연저항 측정을 하였을 때 지시치가 최소 몇 [MΩ] 이상이 되어야 하는가?

① 0.5MΩ 이상 ② 1.0MΩ 이상
③ 2.0MΩ 이상 ④ 0.1MΩ 이상

해설

• 정격전압이 220V인 경우 절연저항은 1.0[MΩ] 이상이어야 한다.

:: 옥내 사용전압에 따른 절연저항값

전로의 사용전압	DC 시험전압	절연저항치
SELV 및 PELV	250[V]	0.5[MΩ]
FELV, 500[V] 이하	500[V]	1.0[MΩ]
500[V] 초과	1,000[V]	1.0[MΩ]

• 특별저압(2차 전압이 AC 50V, DC 120V 이하)으로 SELV(비접지회로 구성) 및 PELV(접지회로 구성)은 1차와 2차가 전기적으로 절연된 회로, FELV는 1차와 2차가 전기적으로 절연되지 않은 회로이다.

0302

78

Repetitive Learning (1회 2회 3회)

통전 중의 전력기기나 배선의 부근에서 일어나는 화재를 소화할 때 주수(注水)하는 방법으로 옳지 않은 것은?

① 화염이 일어나지 못하도록 물기둥인 상태로 주수
② 낙하를 시작해서 퍼지는 상태로 주수
③ 방출과 동시에 퍼지는 상태로 주수
④ 계면활성제를 섞은 물이 방출과 동시에 퍼지는 상태로 주수

해설

• 통전 중에 있는 기기나 배선 부근에서 화재를 물로 소화할 경우 감전이나 폭발의 위험이 있으므로 주의해야 한다.

:: 통전 중의 기기나 배선 부근 화재 소화 시 주수(注水) 방법

• 물이 직접 전력기기나 배선에 닿지 않도록 퍼지는 상태로 주수한다.
• 낙하를 시작해서 퍼지는 상태로 주수한다.
• 방출과 동시에 퍼지는 상태로 주수한다.
• 계면활성제를 섞은 물이 방출과 동시에 퍼지는 상태로 주수한다.

1903

79

Repetitive Learning (1회 2회 3회)

방폭전기설비의 용기 내부에 보호가스를 압입하여 내부 압력을 유지함으로써 폭발성 가스 또는 증기가 내부로 유입하지 않도록 된 방폭구조는?

① 내압방폭구조
② 압력방폭구조
③ 안전증방폭구조
④ 유입방폭구조

해설

• 내압방폭구조는 방폭전기설비의 용기 내부에서 폭발성 가스 또는 증기가 폭발하였을 때 용기가 그 압력에 견디고 접합면이나 개구부를 통해서 외부의 폭발성 가스나 증기에 인화되지 않도록 한 방폭구조를 말한다.
• 안전증방폭구조는 정상적인 운전 중에 불꽃, 아크, 또는 과열이 생겨서는 안 될 부분에 대하여 이를 방지하거나 또는 온도상승을 제한하기 위하여 전기안전도를 증가시킨 방폭구조이다.
• 유입방폭구조는 전기불꽃, 아크 또는 고온이 발생하는 부분을 기름 속에 넣고, 기름면 위에 존재하는 폭발성 가스 또는 증기에 인화되지 않도록 한 구조를 말한다.

76 ③ 77 ② 78 ① 79 ② 정답

:: 압력방폭구조(Ex p)

- 용기 내부에 보호가스를 압입하여 내부압력을 유지함으로써 폭발성 가스 또는 증기가 내부로 유입하지 않도록 한 방폭구조이다.
- 1종 및 2종(비점화)에서 주로 사용되는 방폭구조이다.
- 내부에 봉입하는 압력가스에 공기, 질소, 이산화탄소 등이 있다.
- 용기 내로 위험물질이 침입하지 못하도록 점화원을 격리하는 것으로 정상운전에 필요한 운전실과 같이 큰 용기와 기기에 사용된다.
- 압력방폭구조의 종류에는 통풍식, 봉입식, 밀봉식이 있다.

0902

80

Repetitive Learning 

내압(耐壓)방폭구조의 화염일주한계를 작게 하는 이유로 가장 알맞은 것은?

① 최소점화에너지를 높게 하기 위하여
② 최소점화에너지를 낮게 하기 위하여
③ 최소점화에너지 이하로 열을 식히기 위하여
④ 최소점화에너지 이상으로 열을 높이기 위하여

해설

- 내압방폭구조에서 최대안전틈새의 범위를 적게 하는 이유는, 고열가스나 화염을 간극(Safe gap)을 통하여 서서히 방출시킴으로써 폭발화염이 외부로 전파되지 않도록 하기 위함이다.

:: 내압방폭구조(EX d)

㉠ 개요
- 전폐형의 구조를 하고 있다.
- 방폭전기설비의 용기 내부에서 폭발성 가스 또는 증기가 폭발하였을 때 용기가 그 압력에 견디고 접합면이나 개구부를 통해서 외부의 폭발성 가스나 증기에 인화되지 않도록 한 방폭구조를 말한다.
- 외부의 폭발성 가스가 내부로 침입해서 폭발하였을 때 고열가스나 화염을 간극(Safe gap)을 통하여 서서히 방출시킴으로써 폭발화염이 외부로 전파되지 않으면서 냉각되는 방폭구조를 말한다.

㉡ 필요충분조건
- 폭발화염이 외부로 유출되지 않을 것
- 내부에서 폭발한 경우 그 압력에 견딜 것
- 외함의 표면온도가 외부의 폭발성 가스를 점화하지 않을 것

5과목 화학설비 안전관리

2101

81

Repetitive Learning 1회 2회 3회

다음 중 질식소화에 해당하는 것은?

① 가연성 기체의 분출화재 시 주밸브를 닫는다.
② 가연성 기체의 연쇄반응을 차단하여 소화한다.
③ 연료탱크를 냉각하여 가연성 가스의 발생속도를 작게 한다.
④ 연소하고 있는 가연물이 존재하는 장소를 기계적으로 폐쇄하여 공기의 공급을 차단한다.

해설

- ①은 제거소화법에 대한 설명이다.
- ②는 억제소화법에 대한 설명이다.
- ③은 희석소화법에 대한 설명이다.

:: 질식소화법

- 연소하고 있는 가연물이 들어있는 용기를 기계적으로 밀폐하여 공기의 공급을 차단하거나 타고 있는 액체나 고체의 표면을 거품 또는 불활성 액체로 피복하여 연소에 필요한 공기의 공급을 차단시키는 소화법이다.
- 가연성 가스와 지연성 가스가 섞여있는 혼합기체의 농도를 조절하여 혼합기체의 농도를 연소범위 밖으로 벗어나게 하여 연소를 중지시키는 방법이다.
- CO_2 소화기, 에어 폼(공기포), 포말 또는 분말 소화기 등이 대표적인 질식소화방법을 이용한다.

82

Repetitive Learning 1회 2회 3회

산업안전보건법령상 위험물 또는 위험물이 발생하는 물질을 가열·건조하는 경우 내용적이 얼마인 건조설비는 건조실을 설치하는 건축물의 구조를 독립된 단층건물로 하여야 하는가?

① 0.3[m^3] 이하
② 0.3[m^3]~0.5[m^3]
③ 0.5[m^3]~0.75[m^3]
④ 1[m^3] 이상

해설

- 위험물 또는 위험물이 발생하는 물질을 가열·건조하는 경우 내용적이 $1m^3$ 이상인 건조설비일 때에는 건조실 구조를 독립된 단층건물로 해야 한다.

정답 | 80 ③ 81 ④ 82 ④

:: 위험물 건조설비를 설치하는 건축물의 구조

- 독립된 단층건물이나 건축물의 최상층에 설치하여야 하고, 건축물은 내화구조이어야 한다.
- 위험물 또는 위험물이 발생하는 물질을 가열·건조하는 경우 내용적이 $1m^3$ 이상인 건조설비이어야 한다.
- 위험물이 아닌 물질을 가열·건조하는 경우
  - 고체 또는 액체연료의 최대사용량이 시간당 10kg 이상
  - 기체연료의 최대사용량이 시간당 $1m^3$ 이상
  - 전기사용 정격용량이 10kW 이상

0401 / 1701

83

Repetitive Learning (1회 2회 3회)

액화 프로판 310[kg]을 내용적 50[L] 용기에 충전할 때 필요한 소요 용기의 수는 몇 개인가?(단, 액화 프로판가스 정수는 2.35이다)

① 15	② 17
③ 19	④ 21

해설

- 1개의 가스용기에 수용 가능한 가스의 질량을 구해야 310kg의 가스를 보관하기 위해 필요한 용기의 수를 구할 수 있다.
- 1개의 가스용기에는 $\frac{50}{2.35}=21.28$[kg]을 저장할 수 있다.
- 전체 가스의 질량이 310kg이므로 필요한 용기 수는 $\frac{310}{21.28}=14.56$[개]이다.

:: 액화 석유가스의 질량 계산

- 액화 석유가스의 질량을 G, 용기의 내용적을 V, 가스정수를 C라 할 때 $G=\frac{V}{C}$[kg]으로 구할 수 있다.
- 가스정수는 프로판의 경우 2.35, 부탄은 2.05이다.

84

Repetitive Learning (1회 2회 3회)

다음 중 온도가 증가함에 따라 열전도도가 감소하는 물질은?

① 에탄	② 프로판
③ 공기	④ 메틸알코올

해설

- 부동제는 온도가 증가함에 따라 열전도도가 감소하는 특성을 이용하는 것으로 메틸알코올, 에틸알코올, 글리세린 등이 많이 이용된다.

:: 부동제

- 온도가 증가함에 따라 열전도도가 감소하는 특성을 이용하여 냉각수에 혼입하는 물질을 말한다.
- 가격이 저렴한 메틸알코올, 에틸알코올, 글리세린 등을 많이 이용한다.

0302 / 1901

85

Repetitive Learning (1회 2회 3회)

다음 중 가연성 가스가 밀폐된 용기 안에서 폭발할 때 최대폭발압력에 영향을 주는 인자로 볼 수 없는 것은?

① 가연성 가스의 농도
② 가연성 가스의 초기 온도
③ 가연성 가스의 유속
④ 가연성 가스의 초기 압력

해설

- 최대폭발압력은 용기의 형태 및 부피, 가스의 유속과는 큰 관련이 없다.

:: 최대폭발압력(P_m)

㉠ 개요
- 가연성 가스가 밀폐된 용기 안에서 폭발할 때 최대폭발압력에 영향을 주는 인자에는 가스의 농도, 초기 온도, 초기 압력 등이 있다.
- 최대폭발압력은 용기의 형태 및 부피, 가스의 유속과는 큰 관련이 없다.

㉡ 최대폭발압력에 영향을 주는 인자
- 최대폭발압력은 화학양론비에 최대가 된다.
- 최대폭발압력은 다른 조건이 일정할 때 초기 온도가 높을수록 감소한다.
- 최대폭발압력은 다른 조건이 일정할 때 초기 압력이 상승할수록 증가한다.

1503

86

Repetitive Learning (1회 2회 3회)

다음 중 제시한 두 종류 가스가 혼합될 때 폭발위험이 가장 높은 것은?

① 염소, CO_2	② 염소, 아세틸렌
③ 질소, CO_2	④ 질소, 암모니아

해설

- 암모니아와 염소는 가연성, 이산화탄소(CO_2)와 질소는 불연성, 아세틸렌은 조연성 물질이다.
- 폭발위험은 가연성 가스(암모니아, 염소)와 조연성 가스(아세틸렌)가 결합할 때 발생한다.

83 ① 84 ④ 85 ③ 86 ② | 정답

위험물의 혼합사용

- 소방법에서는 유별을 달리하는 위험물은 동일 장소에서 저장, 취급해서는 안 된다고 규정하고 있다.

구분	1류	2류	3류	4류	5류	6류
1류		×	×	×	×	○
2류	×		×	○	○	×
3류	×	×		○	×	×
4류	×	○	○		○	×
5류	×	○	×	○		×
6류	○	×	×	×	×	

- 제1류(산화성 고체)와 제6류(산화성 액체), 제2류(환원성 고체)와 제4류(가연성 액체) 및 제5류(자기반응성 물질), 제3류(자연발화 및 금수성 물질)와 제4류(가연성 액체)의 혼합은 비교적 위험도가 낮아 혼재사용이 가능하다.
- 산화성 물질과 가연물을 혼합하면 산화·환원반응이 더욱 잘 일어나는 혼합위험성 물질이 된다.
- 가연성 물질과 조연성 물질을 혼합할 때 폭발위험이 증가한다.

0903

87

Repetitive Learning 

다음 중 분진폭발에 관한 설명으로 틀린 것은?

① 폭발한계 내에서 분진의 휘발성분이 많을수록 폭발하기 쉽다.
② 분진이 발화폭발하기 위한 조건은 가연성, 미분상태, 공기 중에서의 교반과 유동 및 점화원의 존재이다.
③ 가스폭발과 비교하여 연소의 속도나 폭발의 압력이 크고, 연소시간이 짧으며, 발생에너지가 크다.
④ 폭발한계는 입자의 크기, 입도분포, 산소농도, 함유 수분, 가연성 가스의 혼입 등에 의해 같은 물질의 분진에서도 달라진다.

해설

- 분진폭발은 가스폭발보다 연소속도나 폭발압력은 작으나 연소시간이 길고 발생에너지가 크다.

분진의 발화폭발

㉠ 조건

- 분진이 발화폭발하기 위한 조건은 가연성, 미분상태, 공기 중에서의 교반과 유동 및 점화원의 존재이다.

㉡ 특징

- 화염의 파급속도보다 압력의 파급속도가 더 크다.
- 폭발한계 내에서 분진의 휘발성분이 많을수록 폭발하기 쉽다.
- 가스폭발에 비해 연소속도나 폭발압력은 작으나 연소시간이 길고 발생에너지가 크기 때문에 파괴력과 연소정도가 크다.
- 가스에 비하여 불완전연소를 일으키기 쉬우므로 연소 후 가스에 의한 중독 위험이 존재한다.
- 폭발 시 입자가 비산하므로 이것에 부딪치는 가연물은 국부적으로 심한 탄화를 일으킨다.

1701

88

Repetitive Learning 1회 2회 3회

화재감지에 있어서 열감지 방식 중 차동식에 해당하지 않는 것은?

① 공기관식　　② 열전대식
③ 바이메탈식　　④ 열반도체식

해설

- 바이메탈식은 정온식 열감지기이다.

화재감지기

㉠ 개요

- 화재 시 발생되는 열이나 연기를 통해 화재를 감지하는 장치이다.
- 감지대상에 따라 열감지기, 연기감지기, 복합형감지기, 불꽃감지기로 구분된다.

㉡ 대표적인 감지기의 종류

열감지식	차동식	• 공기의 팽창을 감지 • 공기관식, 열전대식, 열반도체식
	정온식	열의 축적을 감지
	보상식	공기팽창과 열축적을 동시에 감지
연기감지식	광전식	광전소자의 입사광량 변화를 감지
	이온화식	이온전류의 변화를 감지
	감광식	광전식의 한 종류

1903

89

Repetitive Learning 1회 2회 3회

다음 중 금수성 물질에 대하여 적응성이 있는 소화기는?

① 무상강화액 소화기
② 이산화탄소 소화기
③ 할로겐화합물 소화기
④ 탄산수소염류분말 소화기

정답 | 87 ③ 88 ③ 89 ④

해설

- 칼륨, 철분 및 마그네슘 금속분 등 금수성 물질에 대한 적응성이 있는 소화기는 분말 소화기 중 탄산수소염류 소화기이다.

금수성 물질의 소화

- 금속나트륨을 비롯한 금속분말은 물과 반응하면 급속히 연소되므로 주수소화를 금해야 한다.
- 금수성 물질로 인한 화재는 주로 팽창질석이나 건조사를 화재면에 덮는 질식방법으로 소화해야 한다.
- 금수성 물질에 대한 적응성이 있는 소화기는 분말 소화기 중 탄산수소염류 소화기이다.

1903

90 Repetitive Learning (1회 2회 3회)

다음 중 기체의 자연발화온도 측정법에 해당하는 것은?

① 중량법 ② 접촉법
③ 예열법 ④ 발열법

해설

- 예열법은 기체나 액체의 자연발화온도 측정법에 해당한다.

발화점 측정방법

고체 시료의 발화점 측정방법	승온시험관법, Group법
액체 시료의 발화점 측정방법	도가니법, 예열법, ASTM법
기체 시료의 발화점 측정방법	충격파법, 예열법

2001

91 Repetitive Learning (1회 2회 3회)

메탄 1[vol%], 헥산 2[vol%], 에틸렌 2[vol%], 공기 95[vol%]로 된 혼합가스의 폭발하한계값[vol%]은 약 얼마인가?(단, 메탄, 헥산, 에틸렌의 폭발하한계값은 각각 5.0, 1.1, 2.7[vol%]이다)

① 2.4 ② 1.8
③ 12.8 ④ 21.7

해설

- 개별가스의 mol분율을 먼저 구한다.
- 가연성 물질의 부피의 합인 0.01+0.02+0.02=0.05를 100으로 했을 때 가스의 mol분율은 메탄은 20(0.01/0.05), 헥산은 40(0.02/0.05), 에틸렌은 40(0.02/0.05)이 된다.
- 혼합가스의 폭발하한계 LEL

$$= \frac{100}{\frac{20}{5.0}+\frac{40}{1.1}+\frac{40}{2.7}} = \frac{100}{4+36+15} = \frac{100}{55} = 1.82\text{[vol\%]}$$이다.

혼합가스의 폭발한계와 폭발범위 실필 1603

㉠ 폭발한계

- 혼합가스의 폭발한계는 혼합가스를 구성하는 각 가스의 폭발한계당 mol분율 합의 역수로 구한다.
- 혼합가스의 폭발한계는 $\frac{1}{\sum_{i-1}^{n}\frac{\text{mol분율}}{\text{폭발한계}}}$로 구한다.
- [vol%]를 구할 때는 $\frac{100}{\sum_{i-1}^{n}\frac{\text{mol분율}}{\text{폭발한계}}}$[vol%] 식을 이용한다.

㉡ 폭발범위

- 폭발상한계와 폭발하한계를 각각 구해서 범위를 구한다.

0703 / 0901 / 1703 / 2101

92 Repetitive Learning (1회 2회 3회)

다음 중 관의 지름을 변경하고자 할 때 필요한 관 부속품은?

① Reducer ② Elbow
③ Plug ④ Valve

해설

- 엘보(Elbow)는 관로의 방향을 변경할 때, 플러그(Plug), 밸브(Valve)는 유로를 차단할 때 사용하는 부속품이다.

관(Pipe) 부속품

유로 차단	플러그(Plug), 밸브(Valve), 캡(Cap)
누출방지 및 접합면 밀착	개스킷(Gasket)
관로의 방향 변경	엘보(Elbow)
관의 지름 변경	리듀셔(Reducer), 부싱(Bushing)
2개의 관을 연결	소켓(Socket), 니플(Nipple), 유니온(Union), 플랜지(Flange)

93 Repetitive Learning (1회 2회 3회)

산업안전보건법령상 물질안전보건자료를 작성할 때에 혼합물로 된 제품들이 각각의 제품을 대표하여 하나의 물질안전보건자료를 작성할 수 있는 충족 요건 중 각 구성성분의 함량 변화는 얼마 이하이어야 하는가?

① 5[%] ② 10[%]
③ 15[%] ④ 30[%]

해설

- 혼합물을 하나의 물질안전보건자료로 작성할 수 있는 경우는 각 구성성분의 함량 변화가 10% 이하인 경우, 혼합물로 된 제품의 구성성분이 같을 경우, 비슷한 유해성을 가진 경우 등이다.

90 ③ 91 ② 92 ① 93 ② 정답

:: 혼합물을 하나의 물질안전보건자료로 작성하는 경우

- 혼합물로 된 제품의 구성성분이 같을 것
- 각 구성성분의 함량 변화가 10% 이하일 것
- 비슷한 유해성을 가질 것

94 Repetitive Learning (1회 2회 3회)

다음 중 연소 및 폭발에 관한 용어의 설명으로 틀린 것은?

① 폭굉 : 폭발충격파가 미반응 매질 속으로 음속보다 큰 속도로 이동하는 폭발
② 연소점 : 액체 위에 증기가 일단 점화된 후 연소를 계속할 수 있는 최고온도
③ 발화온도 : 가연성 혼합물이 주위로부터 충분한 에너지를 받아 스스로 점화할 수 있는 최저온도
④ 인화점 : 액체의 경우 액체 표면에서 발생한 증기 농도가 공기 중에서 연소 하한농도가 될 수 있는 가장 낮은 액체온도

해설

- 연소점은 점화원을 제거하여도 연소가 지속적으로 확산될 수 있는 최저온도이다.
- 인화점, 연소점, 발화점의 온도 순서는 인화점 < 연소점 < 발화점 순으로 크다.

:: 연소와 폭발 관련 용어 실필 0803

- 발화점(Auto-ignition point)/발화온도(Auto-ignition temperature)는 착화원 없이 가연성 물질을 대기 중에서 가열함으로써 스스로 연소 혹은 폭발을 일으키는 최저온도를 말한다.
- 인화점(Flash point)/인화온도(Flash temperature)는 인화성 액체가 증발하여 공기 중에서 연소하한농도 이상의 혼합기체를 생성할 수 있는 가장 낮은 온도를 말한다.
- 폭발한계 또는 폭발범위는 폭발이 일어나는 데 필요한 가연성 가스의 특정한 농도범위를 말한다.
- 폭발(Explosion)은 용기의 파열 또는 급격한 화학반응 등에 의해 가스가 급격히 팽창함으로써 압력이나 충격파가 생성되어 급격히 이동하는 현상을 말한다.
- 폭굉(Detonation)은 폭발충격파의 전파속도가 음속보다 빠른 속도로 이동하는 폭발을 말한다.
- 개방계 증기운 폭발(UVCE : Unconfined Vapor Cloud Explosion)은 개방된 상태에서 일어나는 폭발을 말하며, 이 폭발은 증기의 양이 대단히 많고 분포된 증기의 면적이 크기 때문에 굉장히 파괴적이다.
- 비등액체 팽창증기 폭발(BLEVE : Boiling Liquid Expanding Vapor Explosion)은 비점 이상의 온도에서 고압의 액체상태로 들어 있는 용기에서 액체가 대량 누출되어 급격히 증기로 팽창되면서 일어나는 폭발을 말한다.

95 Repetitive Learning (1회 2회 3회)

폭발 발생의 필요조건이 충족되지 않은 경우에는 폭발을 방지할 수 있는데, 다음 중 저온 액화가스와 물 등의 고온 액에 의한 증기폭발 발생의 필요조건으로 옳지 않은 것은?

① 폭발의 발생에는 액과 액이 접촉할 필요가 있다.
② 고온 액의 계면온도가 응고점 이하가 되어 응고되어도 폭발의 가능성은 높아진다.
③ 증기폭발의 발생은 확률적 요소가 있고, 그것은 저온 액화가스의 종류와 조성에 의해 정해진다.
④ 액과 액의 접촉 후 폭발 발생까지 수~수백[ms]의 지연이 존재하지만 폭발의 시간 스케일은 5[ms] 이하이다.

해설

- 고온 액의 계면온도가 응고점 이하가 되어 응고되면 폭발의 가능성은 현저히 떨어진다.

:: 저온 액화가스와 고온 액에 의한 증기폭발 발생의 필요조건

- 폭발의 발생에는 액과 액이 접촉할 필요가 있다.
- 증기폭발의 발생은 확률적 요소가 있고, 그것은 저온 액화가스의 종류와 조성에 의해 정해진다.
- 액과 액의 접촉 후 폭발 발생까지 수~수백[ms]의 지연이 존재하지만 폭발의 시간 스케일은 5[ms] 이하이다.

96 Repetitive Learning (1회 2회 3회)

탱크 내 작업 시 복장에 관한 설명으로 옳지 않은 것은?

① 정전기 방지용 작업복을 착용할 것
② 작업원은 불필요하게 피부를 노출시키지 말 것
③ 작업모를 쓰고 긴팔의 상의를 반듯하게 착용할 것
④ 수분의 흡수를 방지하기 위하여 유지가 부착된 작업복을 착용할 것

해설

- 탱크 내 작업 시 수분의 흡수를 방지하기 위하여 불침투성 보호복을 착용하여야 한다.

:: 탱크 내 작업 복장

- 정전기 방지용 작업복을 착용할 것
- 수분의 흡수를 방지하기 위하여 불침투성 보호복을 착용할 것
- 작업원은 불필요하게 피부를 노출시키지 말 것
- 작업모를 쓰고 긴팔의 상의를 반듯하게 착용할 것
- 작업복의 바지 속에는 밑을 집어넣지 말 것

정답 | 94 ② 95 ② 96 ④

97 — Repetitive Learning (1회 2회 3회)

다음 중 플레어스택에 부착하여 가연성 가스와 공기의 접촉을 방지하기 위하여 밀도가 작은 가스를 채워주는 안전장치는?

① Molecular seal ② Flame arrester
③ Seal drum ④ Purge

해설

- Flame arrester는 유류저장탱크에서 화염의 차단을 목적으로 화재나 기폭의 전파를 저지하는 안전장치이다.
- Seal drum이란 플래어스택의 화염이 플래어 시스템으로 전파되는 것을 방지하고, 플래어헤더에 플래어스택 공기가 빨려 들어가는 것을 방지하기 위하여 양압을 형성시키는 설비이다.
- Purge란 가스 등의 농도를 안전한 수준으로 낮추기 위하여 변전실 등의 내부와 덕트 등에 충분한 양의 보호기체를 흘려 내보내는 것을 말한다.

:: Molecular seal

- Flare stack에 부착하여 가연성 가스와 공기의 접촉을 방지하기 위하여 밀도가 작은 가스를 채워주는 안전장치이다.
- 불꽃이 역류하는 Flash back 현상을 막기 위하여 설치한 Gas seal을 말한다.
- Flare tip 전단에 설치되는데 분자량 28 이하의 Gas를 연속적으로 Purge해 줌으로써 대기압보다 약간 높은 압력을 형성하는 존을 만들어 준다.

0702 / 0801 / 1201 / 1703

98 — Repetitive Learning (1회 2회 3회)

산업안전보건법령상 안전밸브 등의 전단·후단에는 차단밸브를 설치하여서는 아니 되지만 다음 중 자물쇠형 또는 이에 준하는 형식의 차단밸브를 설치할 수 있는 경우로 틀린 것은?

① 인접한 화학설비 및 그 부속설비에 안전밸브 등이 각각 설치되어 있고, 해당 화학설비 및 그 부속설비의 연결배관에 차단밸브가 없는 경우
② 안전밸브 등의 배출용량의 4분의 1 이상에 해당하는 용량의 자동압력조절밸브와 안전밸브 등이 직렬로 연결된 경우
③ 화학설비 및 그 부속설비에 안전밸브 등이 복수방식으로 설치되어 있는 경우
④ 열팽창에 의하여 상승된 압력을 낮추기 위한 목적으로 안전밸브가 설치된 경우

해설

- 안전밸브 등의 배출용량의 2분의 1 이상에 해당하는 용량의 자동압력조절밸브와 안전밸브 등이 병렬로 연결된 경우에 차단밸브를 설치할 수 있다.

:: 차단밸브의 설치 금지

㉠ 개요

- 사업주는 안전밸브 등의 전단·후단에 차단밸브를 설치해서는 아니 된다.

㉡ 자물쇠형 또는 이에 준하는 형식의 차단밸브를 설치할 수 있는 경우

- 인접한 화학설비 및 그 부속설비에 안전밸브 등이 각각 설치되어 있고, 해당 화학설비 및 그 부속설비의 연결배관에 차단밸브가 없는 경우
- 안전밸브 등의 배출용량의 2분의 1 이상에 해당하는 용량의 자동압력조절밸브(구동용 동력원의 공급을 차단하는 경우 열리는 구조인 것으로 한정한다)와 안전밸브 등이 병렬로 연결된 경우
- 화학설비 및 그 부속설비에 안전밸브 등이 복수방식으로 설치되어 있는 경우
- 예비용 설비를 설치하고 각각의 설비에 안전밸브 등이 설치되어 있는 경우
- 열팽창에 의하여 상승된 압력을 낮추기 위한 목적으로 안전밸브가 설치된 경우
- 하나의 플레어스택(Flare stack)에 둘 이상 단위공정의 플레어헤더(Flare header)를 연결하여 사용하는 경우로서 각각 단위공정의 플레어헤더에 설치된 차단밸브의 열림·닫힘상태를 중앙제어실에서 알 수 있도록 조치한 경우

1902

99 — Repetitive Learning (1회 2회 3회)

다음 중 공정안전보고서에 포함하여야 할 공정안전자료의 세부내용이 아닌 것은?

① 유해·위험설비의 목록 및 사양
② 방폭지역 구분도 및 전기단선도
③ 유해·위험물질에 대한 물질안전보건자료
④ 설비점검·검사 및 보수계획, 유지계획 및 지침서

해설

- 설비점검·검사 및 보수계획, 유지계획 및 지침서는 안전운전계획의 세부내용으로 공정안전자료와는 구분된다.

:: 공정안전보고서의 공정안전자료의 세부내용

- 취급·저장하고 있거나 취급·저장하려는 유해·위험물질의 종류 및 수량
- 유해·위험물질에 대한 물질안전보건자료
- 유해·위험설비의 목록 및 사양
- 유해·위험설비의 운전방법을 알 수 있는 공정도면
- 각종 건물·설비의 배치도
- 폭발위험장소 구분도 및 전기단선도
- 위험설비의 안전설계·제작 및 설치 관련 지침서

97 ① 98 ② 99 ④ 정답

100 — Repetitive Learning (1회 2회 3회)

다음 중 화학물질 및 물리적 인자의 노출기준에 있어 유해물질대상에 대한 노출기준의 표시단위가 잘못 연결된 것은?

① 분진 : [ppm]
② 증기 : [ppm]
③ 가스 : [mg/m^3]
④ 고온 : [습구흑구온도지수]

해설

- 분진의 표시단위는 mg/m^3이다.

∷ 유해물질대상에 대한 노출기준의 표시단위
- 증기, 가스 : [ppm]
- 분진, 가스 : [mg/m^3]
- 고온 : [습구흑구온도지수]

6과목 건설공사 안전관리

1703

101 — Repetitive Learning (1회 2회 3회)

철골구조의 앵커볼트 매립과 관련된 사항 중 옳지 않은 것은?

① 기둥중심은 기준선 및 인접기둥의 중심에서 3mm 이상 벗어나지 않을 것
② 앵커볼트는 매립 후에 수정하지 않도록 설치할 것
③ 베이스 플레이트의 하단은 기준 높이 및 인접기둥의 높이에서 3mm 이상 벗어나지 않을 것
④ 앵커볼트는 기둥중심에서 2mm 이상 벗어나지 않을 것

해설

- 철골구조의 앵커볼트 매립 시 기둥중심은 기준선 및 인접기둥의 중심에서 5mm 이상 벗어나지 않아야 한다.

∷ 철골구조의 앵커볼트 매립 시 준수사항
- 매립 후 수정하지 않도록 설치하여야 한다.
- 기둥중심은 기준선 및 인접기둥의 중심에서 5mm 이상 벗어나지 않을 것
- 인접기둥 간 중심거리의 오차는 3mm 이하일 것
- 앵커볼트는 기둥중심에서 2mm 이상 벗어나지 않을 것
- 베이스 플레이트의 하단은 기준 높이 및 인접기둥의 높이에서 3mm 이상 벗어나지 않을 것
- 앵커볼트는 견고하게 고정시키고 이동, 변형이 발생하지 않도록 주의하면서 콘크리트를 타설하여야 한다.

1001 / 1102 / 1801

102 — Repetitive Learning (1회 2회 3회)

터널붕괴를 방지하기 위한 지보공에 대한 점검사항과 가장 거리가 먼 것은?

① 부재의 긴압 정도
② 부재의 손상·변형·부식·변위 탈락의 유무 및 상태
③ 기둥침하의 유무 및 상태
④ 경보장치의 작동 상태

해설

- 지보공 설치 시 붕괴 등의 방지를 위한 수시점검사항에는 ①, ②, ③ 외에 부재의 접속부 및 교차부의 상태 등이 있다.

∷ 지보공 설치 시 붕괴 등의 방지를 위한 수시점검사항
- 부재의 손상·변형·부식·변위 탈락의 유무 및 상태
- 부재의 긴압 정도
- 부재의 접속부 및 교차부의 상태
- 기둥침하의 유무 및 상태

103 — Repetitive Learning (1회 2회 3회)

다음은 항만하역작업 시 통행설비의 설치에 관한 내용이다. ( ) 안에 알맞은 숫자는?

> 사업주는 갑판의 윗면에서 선창 밑바닥까지의 깊이가 ( )를 초과하는 선창의 내부에서 화물취급 작업을 하는 경우에 그 작업에 종사하는 근로자가 안전하게 통행할 수 있는 설비를 설치하여야 한다.

① 1.0m
② 1.2m
③ 1.3m
④ 1.5m

해설

- 근로자가 안전하게 통행할 수 있는 설비는 선창(船倉) 밑바닥까지의 깊이가 1.5m를 초과하는 선창에 설치한다.

∷ 통행설비의 설치
- 사업주는 갑판의 윗면에서 선창(船倉) 밑바닥까지의 깊이가 1.5m를 초과하는 선창의 내부에서 화물취급작업을 하는 경우에 그 작업에 종사하는 근로자가 안전하게 통행할 수 있는 설비를 설치하여야 한다.

정답 | 100 ① 101 ① 102 ④ 103 ④

1103

104 Repetitive Learning (1회 2회 3회)

연약지반의 이상현상 중 하나인 히빙(Heaving)현상에 대한 안전대책이 아닌 것은?

① 흙막이벽의 관입 깊이를 깊게 한다.
② 굴착저면에 토사 등으로 하중을 가한다.
③ 흙막이 배면의 표토를 제거하여 토압을 경감시킨다.
④ 주변 수위를 높인다.

해설

- 히빙을 방지하기 위해서는 지하수의 유입을 막고, 주변 수위를 낮춰야 한다.

히빙(Heaving)

㉠ 개요
- 흙막이벽체 내·외의 토사의 중량 차에 의해 점토지반의 토공사에서 흙막이 밖에 있는 흙이 안으로 밀려 들어와 내측 흙이 부풀어 오르는 현상을 말한다.
- 연약한 점토지반에서 굴착면의 융기 혹은 흙막이벽의 근입장 깊이가 부족할 경우 발생한다.
- 히빙으로 인해 배면의 토사 붕괴, 지보공의 파괴, 굴착저면이 솟아오르는 등의 현상이 발생한다.

㉡ 히빙(Heaving) 예방대책
- 어스앵커를 설치하거나 소단을 두면서 굴착한다.
- 굴착주변을 웰포인트(Well point) 공법과 병행한다.
- 흙막이벽의 근입심도를 확보한다.
- 지반개량으로 흙의 전단강도를 높인다.
- 굴착주변의 상재하중을 제거하여 토압을 최대한 낮춘다.
- 토류벽의 배면토압을 경감시킨다.
- 굴착저면에 토사 등 인공중력을 가중시킨다.

1002

105 Repetitive Learning (1회 2회 3회)

콘크리트 타설작업과 관련하여 준수하여야 할 사항으로 가장 거리가 먼 것은?

① 당일의 작업을 시작하기 전에 해당 작업에 관한 거푸집 동바리 등의 변형·변위 및 지반의 침하 유무 등을 점검하고 이상이 있는 경우 보수할 것
② 콘크리트를 타설하는 경우에는 편심이 발생하지 않도록 골고루 분산하여 타설할 것
③ 진동기의 사용은 많이 할수록 균일한 콘크리트를 얻을 수 있으므로 가급적 많이 사용할 것
④ 설계도서상의 콘크리트 양생기간을 준수하여 거푸집 동바리 등을 해체할 것

해설

- 진동기 사용 시 지나친 진동은 거푸집 붕괴의 원인이 될 수 있으므로 적절히 사용해야 한다.

콘크리트의 타설작업 실필 1802/1502

- 당일의 작업을 시작하기 전에 해당 작업에 관한 거푸집 동바리 등의 변형·변위 및 지반의 침하 유무 등을 점검하고 이상이 있으면 보수할 것
- 작업 중에는 거푸집 동바리 등의 변형·변위 및 침하 유무 등을 감시할 수 있는 감시자를 배치하여 이상이 있으면 작업을 중지하고 근로자를 대피시킬 것
- 콘크리트 타설작업 시 거푸집 붕괴의 위험이 발생할 우려가 있으면 충분한 보강조치를 할 것
- 설계도서상의 콘크리트 양생기간을 준수하여 거푸집 동바리 등을 해체할 것
- 콘크리트를 타설하는 경우에는 편심이 발생하지 않도록 골고루 분산하여 타설할 것

0802 / 1301 / 1802 / 1901 / 1903 / 2102

106 Repetitive Learning (1회 2회 3회)

부두·안벽 등 하역작업을 하는 장소에서 부두 또는 안벽의 선을 따라 통로를 설치하는 경우에는 그 폭을 최소 얼마 이상으로 하여야 하는가?

① 80cm
② 90cm
③ 100cm
④ 120cm

해설

- 부두 또는 안벽의 선을 따라 통로를 설치하는 경우에는 폭을 90cm 이상으로 하여야 한다.

하역작업장의 조치기준 실필 2202/1803/1501

- 작업장 및 통로의 위험한 부분에는 안전하게 작업할 수 있는 조명을 유지할 것
- 부두 또는 안벽의 선을 따라 통로를 설치하는 경우에는 폭을 90cm 이상으로 할 것
- 육상에서의 통로 및 작업장소로서 다리 또는 선거(船渠)의 갑문(閘門)을 넘는 보도(步道) 등의 위험한 부분에는 안전난간 또는 울타리 등을 설치할 것

104 ④ 105 ③ 106 ② 정답

1201 / 1802

107

Repetitive Learning 1회 2회 3회

터널 지보공을 조립하거나 변경하는 경우에 조치하여야 하는 사항으로 옳지 않은 것은?

① 목재의 터널 지보공은 그 터널 지보공의 각 부재에 작용하는 긴압 정도를 체크하여 그 정도가 최대한 차이나도록 한다.
② 강(鋼)아치 지보공의 조립은 연결볼트 및 띠장 등을 사용하여 주재 상호 간을 튼튼하게 연결할 것
③ 기둥에는 침하를 방지하기 위하여 받침목을 사용하는 등의 조치를 할 것
④ 주재(主材)를 구성하는 1세트의 부재는 동일 평면 내에 배치할 것

해설

- 목재의 터널 지보공은 그 터널 지보공의 각 부재의 긴압 정도가 균등하게 되도록 하여야 한다.

터널 지보공의 조립 또는 변경 시의 조치사항 실필 2302

- 주재(主材)를 구성하는 1세트의 부재는 동일 평면 내에 배치할 것
- 목재의 터널 지보공은 그 터널 지보공의 각 부재의 긴압 정도가 균등하게 되도록 할 것
- 기둥에는 침하를 방지하기 위하여 받침목을 사용하는 등의 조치를 할 것
- 강아치 지보공 및 목재지주식 지보공 외의 터널 지보공에 대해서는 터널 등의 출입구 부분에 받침대를 설치할 것

구분	내용
강(鋼)아치 지보공의 조립 시 준수사항	• 조립간격은 조립도에 따를 것 • 주재가 아치작용을 충분히 할 수 있도록 쐐기를 박는 등 필요한 조치를 할 것 • 연결볼트 및 띠장 등을 사용하여 주재 상호 간을 튼튼하게 연결할 것 • 터널 등의 출입구 부분에는 받침대를 설치할 것 • 낙하물이 근로자에게 위험을 미칠 우려가 있는 경우에는 널판 등을 설치할 것
목재지주식 지보공의 조립 시 준수사항	• 주기둥은 변위를 방지하기 위하여 쐐기 등을 사용하여 지반에 고정시킬 것 • 양끝에는 받침대를 설치할 것 • 터널 등의 목재 지주식지보공에 세로방향의 하중이 걸림으로써 넘어지거나 비틀어질 우려가 있는 경우에는 양끝 외의 부분에도 받침대를 설치할 것 • 부재의 접속부는 꺾쇠 등으로 고정시킬 것

108

Repetitive Learning 1회 2회 3회

52m 높이로 강관비계를 세우려면 지상에서 몇 m까지 2개의 강관으로 묶어세워야 하는가?

① 11m
② 16m
③ 21m
④ 26m

해설

- 비계기둥의 제일 윗부분으로부터 31m 되는 지점 밑 부분의 비계기둥은 2개의 강관으로 묶어세우므로 지상에서는 52-31 = 21m 지점까지 묶어세워야 한다.

강관비계의 구조

- 비계기둥의 간격은 띠장 방향에서는 1.85m 이하, 장선(長線) 방향에서는 1.5m 이하로 할 것
- 띠장 간격은 1.5m 이하로 설치할 것
- 비계기둥의 제일 윗부분으로부터 31m 되는 지점 밑 부분의 비계기둥은 2개의 강관으로 묶어세울 것
- 비계기둥 간의 적재하중은 400kg을 초과하지 않도록 할 것

0303 / 0601 / 0802 / 1201 / 1302 / 1602 / 1603 / 1901

109

Repetitive Learning 1회 2회 3회

추락방호망 설치 시 그물코의 크기가 10cm인 매듭있는 방망의 신품에 대한 인장강도 기준으로 옳은 것은?

① 100kgf 이상
② 200kgf 이상
③ 300kgf 이상
④ 400kgf 이상

해설

- 매듭방망의 인장강도는 신품의 경우 그물코의 크기가 5cm이면 110kg, 10cm이면 200kg 이상이다.

신품 방망 인장강도

그물코 한변 길이	무매듭방망	매듭방망
10cm	240kg 이상(150kg)	200kg 이상(135kg)
5cm		110kg 이상(60kg)

단, ( )은 폐기기준이다.

정답 107 ① 108 ③ 109 ②

1703

110

Repetitive Learning (1회 2회 3회)

콘크리트 타설을 위한 거푸집 동바리의 구조검토 시 가장 선행되어야 할 작업은?

① 각 부재에 생기는 응력에 대하여 안전한 단면을 산정한다.
② 하중·외력에 의하여 각 부재에 생기는 응력을 구한다.
③ 가설물에 작용하는 하중 및 외력의 종류, 크기를 산정한다.
④ 사용할 거푸집 동바리의 설치간격을 결정한다.

해설

- 콘크리트 타설을 위한 거푸집 동바리의 구조검토 첫 번째 단계에서 가설물에 작용하는 하중 및 외력의 종류, 크기를 산정한다.
- 보기를 순서대로 나열하면 ③-②-①-④의 순서를 거친다.

콘크리트 타설을 위한 거푸집 동바리의 구조검토 4단계

단계	내용
1단계	가설물에 작용하는 하중 및 외력의 종류, 크기를 산정한다.
2단계	하중·외력에 의하여 각 부재에 생기는 응력을 구한다.
3단계	각 부재에 생기는 응력에 대하여 안전한 단면을 산정한다.
4단계	사용할 거푸집 동바리의 설치간격을 결정한다.

111

Repetitive Learning (1회 2회 3회)

크램쉘(Clam shell)의 용도로 옳지 않은 것은?

① 잠함 안의 굴착에 사용된다.
② 수면 아래의 자갈, 모래를 굴착하고 준설선에 많이 사용된다.
③ 건축구조물의 기초 등 정해진 범위의 깊은 굴착에 적합하다.
④ 단단한 지반의 작업도 가능하며 작업속도가 빠르고 특히 암반굴착에 적합하다.

해설

- 단단한 지반의 작업도 가능하며 작업속도가 빠르고 특히 암반굴착에 적합한 건설기계는 백호우(Back hoe)이다.

크램쉘(Clam shell)

- 수중굴착 및 구조물의 기초바닥 등과 같은 협소하고 상당히 깊은 범위의 굴착과 호퍼작업에 사용하는 굴착기계이다.
- 잠함 안이나 수면 아래의 자갈, 모래를 굴착하고 준설선에 많이 사용된다.

112

Repetitive Learning (1회 2회 3회)

표준관입시험에 대한 내용으로 옳지 않은 것은?

① N치(N-value)는 지반을 30cm 굴진하는데 필요한 타격횟수를 의미한다.
② 50/3의 표기에서 50은 굴진수치, 3은 타격횟수를 의미한다.
③ 63.5kg 무게의 추를 76cm 높이에서 자유 낙하하여 타격하는 시험이다.
④ 사질지반에 적용하며, 점토지반에서는 편차가 커서 신뢰성이 떨어진다.

해설

- 50/3의 표기에서 50은 타격횟수를, 3은 굴진수치를 나타낸다.

표준관입시험(SPT)

㉠ 개요
- 지반조사의 대표적인 현장시험방법이다.
- 보링 구멍 내에 무게 63.5kg의 해머를 높이 76cm에서 낙하시켜 샘플러를 30cm 관입시키는 데 필요한 타격횟수를 측정하는 시험이다.

㉡ 특징 및 N값
- 필요 타격횟수(N값)로 모래지반의 내부 마찰각을 구할 수 있다.
- 사질지반에 적용하며, 점토지반에서는 편차가 커서 신뢰성이 떨어진다.
- N값과 상대밀도

N값	0~4	4~10	10~30	30~50	50 이상
상대밀도	매우느슨	느슨	보통	조밀	매우조밀

113

Repetitive Learning (1회 2회 3회)

지반조사 보고서 내용에 해당되지 않는 항목은?

① 지반공학적 조건
② 표준관입시험치, 콘관입저항치 결과분석
③ 시공 예정인 흙막이 공법
④ 건설할 구조물 등에 대한 지반특성

해설

- 지반조사는 예비조사단계로 대상부지가 선정되기 전에 예정부지 주변의 조건들을 조사하는 단계이다. 시공예정인 흙막이 공법은 본 조사에서 수행할 내용이다.

110 ③ 111 ④ 112 ② 113 ③ | 정답

:: 지반조사 보고서의 내용

- 지반공학적 조건
- 표준관입시험치, 콘관입저항치 결과분석
- 건설할 구조물 등에 대한 지반특성
- 현장시험 및 실내시험의 날짜와 결과
- 측량 및 시험 장비와 자료
- 지반조사자와 도급자의 이름과 소속
- 현장 육안조사 내역 및 결과 집계표 등

1602 / 1902

114 —— Repetitive Learning (1회 2회 3회)

흙막이 가시설 공사 시 사용되는 각 계측기 설치 목적으로 옳지 않은 것은?

① 지표침하계 – 지표면 침하량 측정
② 수위계 – 지반 내 지하수위의 변화 측정
③ 하중계 – 상부 적재하중 변화 측정
④ 지중경사계 – 지중의 수평 변위량 측정

해설

- 하중계(Load cell)는 지보공 버팀대에 작용하는 축력을 측정하는 계측기이다.

:: 굴착공사용 계측기기 실필 0902

㉠ 개요

- 개착식 굴착공사에서 설치하는 계측기기에는 기울기(Tilt meter), 지하수위계, 간극수압계, 경사계, 응력계, 변형률계, 하중계 등이 있다.
- 지반붕괴 방지를 위한 계측장치에는 지하수위계, 경사계, 변형률계, 응력계, 하중계 등이 있다.

㉡ 종류

계측기	내용
지표침하계 (Surface settlement system)	지표면의 침하량을 측정하는 기구
지하수위계 (Water level meter)	지반 내 지하수위의 변화를 계측하는 기구
하중계 (Load cell)	버팀보 어스앵커(Earth anchor) 등의 실제 축하중 변화를 측정하는 계측기
지중경사계 (Inclinometer)	지중의 수평 변위량을 통해 주변 지반의 변형을 측정하는 기계
건물경사계 (Tiltmeter)	인접한 구조물에 설치하여 구조물의 경사 및 변형상태를 측정하는 기구
수직지향각도계 (Inclino meter, 경사계)	주변 지반, 지층, 기계, 시설 등의 경사도와 변형을 측정하는 기구
변형률계 (Strain gauge)	흙막이 가시설의 버팀대(Strut)의 변형을 측정하는 계측기

115 —— Repetitive Learning (1회 2회 3회)

산업안전보건기준에 관한 규칙에 따른 철골공사작업 시 작업을 중지해야 할 경우는?

① 강우량 1.5mm/hr
② 풍속 8m/sec
③ 강설량 5mm/hr
④ 지진 진도 1.0

해설

- 철골작업을 중지해야 하는 악천후 기준에는 풍속 초당 10m, 강우량 시간당 1mm, 강설량 시간당 1cm 이상인 경우이다.

:: 철골작업 중지 악천후 기준 실필 2401/1803/1801/1201/0802

- 풍속이 초당 10m 이상인 경우
- 강우량이 시간당 1mm 이상인 경우
- 강설량이 시간당 1cm 이상인 경우

0403 / 0502 / 0602 / 0902 / 1001 / 1403 / 1703 / 2201

116 —— Repetitive Learning (1회 2회 3회)

옥외에 설치되어 있는 주행 크레인에 이탈을 방지하기 위한 조치를 취해야 하는 것은 순간풍속이 매 초당 몇 m를 초과할 경우인가?

① 30m
② 35m
③ 40m
④ 45m

해설

- 순간풍속이 초당 30m를 초과하는 바람이 불어올 우려가 있는 경우 옥외에 설치되어 있는 주행 크레인에 대하여 이탈방지장치를 작동시키는 등 이탈방지를 위한 조치를 하여야 한다.

:: 폭풍에 대비한 이탈방지조치 실필 1203

- 사업주는 순간풍속이 초당 30m를 초과하는 바람이 불어올 우려가 있는 경우 옥외에 설치되어 있는 주행 크레인에 대하여 이탈방지장치를 작동시키는 등 이탈방지를 위한 조치를 하여야 한다.

정답 | 114 ③ 115 ① 116 ①

0503

117

Repetitive Learning 1회 2회 3회

철골조립작업에서 안전한 작업발판과 안전난간을 설치하기가 곤란한 경우 작업원에 대한 안전대책으로 가장 알맞은 것은?

① 안전대 및 구명로프 사용
② 안전모 및 안전화 사용
③ 출입금지 조치
④ 작업중지 조치

해설

- 근로자가 추락하거나 넘어질 위험이 있는 장소에는 작업발판, 추락방호망을 설치하고, 설치가 곤란하면 근로자에게 안전대를 착용케 한다.

산업안전보건기준에 따른 추락위험의 방지대책

- 근로자가 추락하거나 넘어질 위험이 있는 장소 또는 기계·설비·선박블록 등에서 작업을 할 때에 근로자가 위험해질 우려가 있는 경우 비계(飛階)를 조립하는 등의 방법으로 작업발판을 설치하여야 한다.
- 작업발판을 설치하기 곤란한 경우 추락방호망을 설치하여야 한다.
- 추락방호망을 설치하기 곤란한 경우에는 근로자에게 안전대를 착용하도록 하는 등 추락위험을 방지하기 위하여 필요한 조치를 하여야 한다.
- 근로자의 추락위험을 방지하기 위하여 안전대나 구명줄을 설치하여야 하고, 안전난간을 설치할 수 있는 구조인 경우에는 안전난간을 설치하여야 한다.
- 추락방호망이란 고소작업 중 작업자의 추락 및 물체의 낙하를 방지하기 위하여 수평으로 설치하는 보호망을 말한다.

0301 / 0501

118

Repetitive Learning 

철근콘크리트 구조물의 해체를 위한 장비가 아닌 것은?

① 램머(Rammer)
② 압쇄기
③ 철제해머
④ 핸드 브레이커(Hand breaker)

해설

- 램머(Rammer)는 지반을 다질 때 사용하는 다짐기계로 해체작업과 관련이 멀다.

해체작업용 기계 및 기구

구분	내용
브레이커(Breaker)	• 압축공기, 유압부의 급속한 충격력으로 구조물을 파쇄할 때 사용하는 기구로 통상 셔블계 건설기계에 설치하여 사용하는 기계 • 핸드 브레이커는 사람이 직접 손으로 잡고 사용하는 브레이커로, 진동으로 인해 인체에 영향을 주므로 작업시간을 제한한다.
철제해머	쇠뭉치를 크레인 등에 부착하여 구조물에 충격을 주어 파쇄하는 것
화약류	가벼운 타격이나 가열로 짧은 시간에 화학변화를 일으킴으로써 급격히 많은 열과 가스를 발생케 하여 순간적으로 큰 파괴력을 얻을 수 있는 고체 또는 액체의 폭발성 물질로서 화약, 폭약류의 화공품
팽창제	광물의 수화반응에 의한 팽창압을 이용하여 구조체 등을 파괴할 때 사용하는 물질
절단톱	회전날 끝에 다이아몬드 입자를 혼합, 경화하여 제조한 것으로 기둥, 보, 바닥, 벽체를 적당한 크기로 절단하는 기구
재키	구조물의 국소부에 압력을 가해 해체할 때 사용하는 것으로 구조물의 부재 사이에 설치하는 기구
쐐기 타입기	직경 30~40mm 정도의 구멍 속에 쐐기를 박아 넣어 구멍을 확대하여 구조체를 해체할 때 사용하는 기구
고열 분사기	구조체를 고온으로 용융시키면서 해체할 때 사용하는 기구
절단줄톱	와이어에 다이아몬드 절삭 날을 부착하여 고속 회전시켜 구조체를 절단, 해체할 때 사용하는 기구

1001 / 1202 / 1601

119

Repetitive Learning 1회 2회 3회

건물 외부에 낙하물방지망을 설치할 경우 수평면과의 가장 적절한 각도는?

① 5° 이상, 10° 이하
② 10° 이상, 15° 이하
③ 15° 이상, 20° 이하
④ 20° 이상, 30° 이하

해설

- 낙하물방지망과 수평면의 각도는 20° 이상, 30° 이하를 유지한다.

낙하물방지망과 방호선반의 설치기준 실필 1702

- 높이 10m 이내마다 설치한다.
- 내민 길이는 벽면으로부터 2m 이상으로 한다.
- 수평면과의 각도는 20° 이상, 30° 이하를 유지한다.

117 ① 118 ① 119 ④ 정답

1001 / 1103 / 1202 / 1501 / 1802

120 ———— Repetitive Learning 1회 2회 3회

강풍이 불어올 때 타워크레인의 운전작업을 중지하여야 하는 순간풍속의 기준으로 옳은 것은?

① 순간풍속이 초당 10m 초과
② 순간풍속이 초당 15m 초과
③ 순간풍속이 초당 25m 초과
④ 순간풍속이 초당 30m 초과

해설

- 순간풍속이 초당 10m 초과 시에는 타워크레인의 설치·수리·점검 또는 해체작업을 중지해야 하고 15m 초과 시에는 타워크레인의 운전을 중지해야 한다.

타워크레인 강풍 조치사항 실필 1702/1102

- 순간풍속이 초당 10m 초과 시 : 타워크레인의 설치·수리·점검 또는 해체작업을 중지해야 한다.
- 순간풍속이 초당 15m 초과 시 : 타워크레인의 운전을 중지해야 한다.

정답 | 120 ②

출제문제 분석 2014년 2회

구분	1과목	2과목	3과목	4과목	5과목	6과목	합계
New 유형	0	7	4	2	3	4	20
New 문제	6	13	7	9	10	6	51
또나온문제	5	7	5	9	7	9	42
자꾸나온문제	9	0	8	2	3	5	27
합계	20	20	20	20	20	20	120

- New유형은 New문제 중 기존 기출문제와 완전히 다른 유형의 문제를 말합니다.
- New문제는 기존에 출제되지 않은 문제로 이번에 처음 출제되는 문제입니다.
- 또나온문제는 기존에 출제된 적이 1번 있는 문제를 말합니다.
- 자꾸나온문제는 기존에 출제된 적이 2번 이상 있는 문제를 말합니다. 그만큼 중요한 문제입니다.

몇 년분의 기출문제를 공부해야 합격할 수 있을까요?

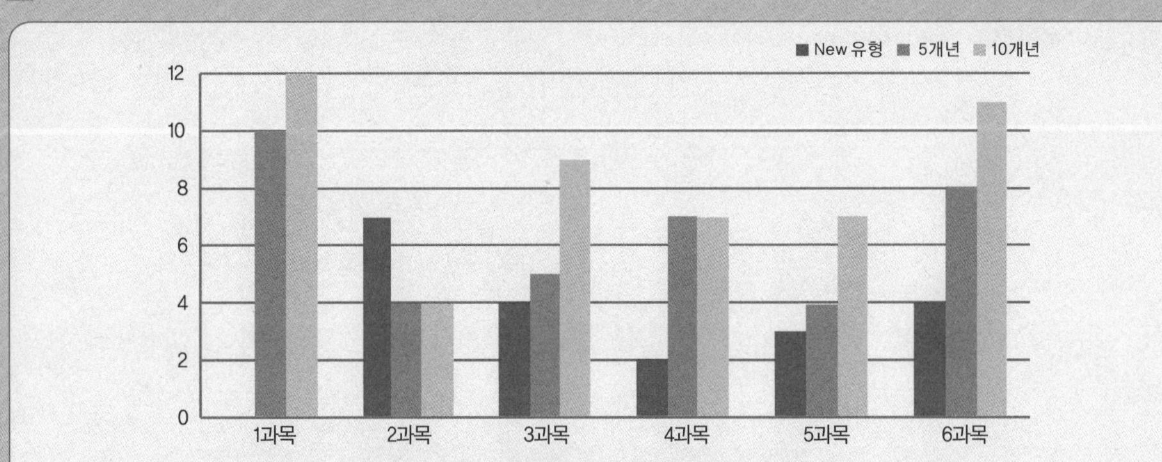

- 완전 새로운 유형의 문제는 20문제이고 100문제가 이미 출제된 문제 혹은 변형문제입니다.
- 5년분(2016~2020) 기출에서 동일문제가 38문항이 출제되었고, 10년분(2011~2020) 기출에서 동일문제가 50문항이 출제되었습니다.

실기에 나왔어요!! 외우세요!!!

실기시험은 필답형과 작업형으로 구분되어 있으며 모두 직접 주관식으로 내용을 적어야 합니다. 필기공부하면서 실기 출제된 내역들은 좀 더 신경써서 암기하실 필요가 있어요. 필기 합격자 발표 난 후 실기시험까지는 5주밖에 여유가 없답니다. 어차피 공부할 것 필기 때 확실하게 해준다면 실기도 단방에 합격할 수 있습니다.

- 총 27개의 해설이 실기 필답형 시험과 연동되어 있습니다.
- 총 3개의 해설이 실기 작업형 시험과 연동되어 있습니다.

분석의견

최근 10년분의 기출문제와 답을 반복암기해서는 합격점수인 72점에서 22점이 부족합니다. 새로운 유형(20문항)과 문제(51문항)는 평균(17.1/49.5문항)보다 많이 출제되었으며, 최근 5년분 및 10년분 기출출제비율 역시 평균보다 낮아 다소 어려운 난이도를 유지하고 있습니다. 특히 2과목은 10년분을 학습해도 동일한 문제가 4문제밖에 나오지를 않아 확실한 배경학습이 없을 경우 과락을 면하기 어려울 것으로 판단됩니다. 합격에 필요한 점수를 획득하기 위해서는 최근 5년분 문제와 핵심이론의 3회독 혹은 최근 10년분 문제와 핵심이론의 2회독 이상의 학습이 필요합니다.

2014년 제2회

2014년 5월 25일 필기

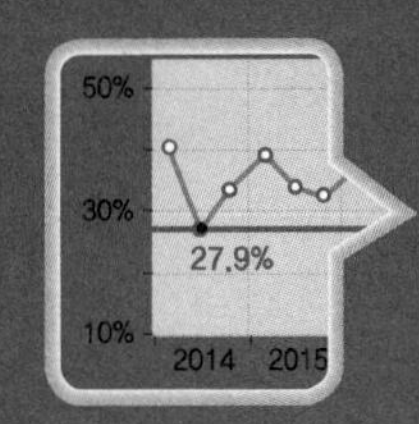

14년 2회차 필기시험
합격률 27.9%

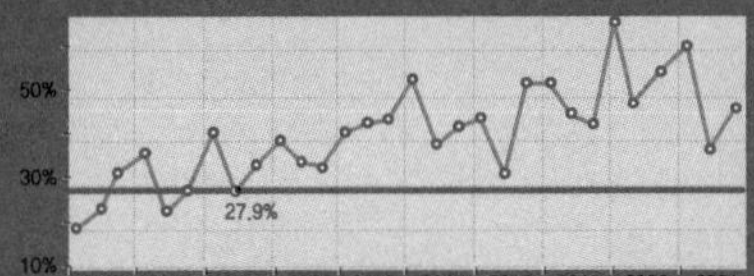

1과목 산업재해 예방 및 안전보건교육

0903 / 1803

01

Repetitive Learning 

관리 그리드 이론에서 인간관계 유지에는 낮은 관심을 보이지만 과업에 대해서는 높은 관심을 가지는 리더십의 유형은?

① 1.1형　② 1.9형
③ 9.1형　④ 9.9형

해설

- 앞의 숫자는 업무에 대한 관심을, 뒤의 숫자는 인간관계에 대한 관심을 표현하고 온점()으로 구분한다.

관리 그리드(Managerial grid) 이론

- Blake & Muton에 의해 정리된 리더십 이론이다.
- 리더의 2가지 관심(인간, 생산에 대한 관심)을 축으로 리더십을 분류하였다.
- 이상(Team)형 리더십이 가장 높은 성과를 보여준다고 주장하였다.
- ( ) 안의 앞은 업무에 대한 관심을, 뒤는 인간관계에 대한 관심을 표현하고 온점()으로 구분한다.

인간에 관심			
높음(9)	인기형(1.9) (Country club) • 인간에 관심大 • 생산에 무관심		이상형(9.9) (Team) • 인간에 관심大 • 생산에 관심大
⇑ 인간에 관심 ⇓		중도형(5.5) (Middle of road)	
	무관심형(1.1) (Impoverished) • 인간에 무관심 • 생산에 무관심		과업형(9.1) (Task) • 인간에 무관심 • 생산에 관심大
(1)	⇐ 생산에 관심 ⇒		높음(9)

02

Repetitive Learning 1회 2회 3회

안전교육의 형태 중 OJT(On the Job Training) 교육과 관련이 가장 먼 것은?

① 다수의 근로자에게 조직적 훈련이 가능하다.
② 직장의 실정에 맞게 실제적인 훈련이 가능하다.
③ 훈련에 필요한 업무의 지속성이 유지된다.
④ 직장의 직속상사에 의한 교육이 가능하다.

해설

- 다수의 근로자에게 조직적 훈련이 가능한 것은 Off J.T의 장점에 해당한다.

O.J.T(On the Job Training) 교육

㉠ 개요
- 주로 사업장 내에서 관리감독자가 강사가 되어 실시하는 개별교육을 말한다.
- 일상 업무를 통해 지식과 기능, 문제해결능력을 향상시키는 데 주목적을 갖는다.
- (1단계) 작업의 필요성(Needs)을 느끼게 하고, (2단계) 목표를 설정하며, (3단계) 교육을 실시하고, (4단계) 평가하는 과정을 거친다.

㉡ 장점
- 개개인에 대한 효율적인 지도훈련이 가능하다.
- 직장의 실정에 맞는 실제적 훈련이 가능하다.
- 즉시 업무에 연결될 수 있고, 효과가 즉각적으로 나타나며, 훈련의 좋고 나쁨에 따라 개선이 용이하다.
- 교육을 담당하는 관리감독자(상사)와 부하 간의 의사소통과 신뢰감이 깊어진다.

㉢ 단점
- 전문적인 강사가 아니어서 교육이 원만하지 않을 수 있다.
- 다수의 대상을 한 번에 통일적인 내용 및 수준으로 교육시킬 수 없다.
- 업무와 교육이 병행되는 관계로 훈련에만 전념할 수 없다.

정답 | 01 ③ 02 ①

0701 / 1103 / 1702

03

Repetitive Learning 1회 2회 3회

레빈(Lewin)은 인간의 행동 특성을 "$B = f(P \cdot E)$"으로 표현하였다. 변수 "E"가 의미하는 것으로 옳은 것은?

① 연령
② 성격
③ 작업환경
④ 지능

해설

- E는 Environment 즉, 심리적 환경(인간관계, 작업환경)을 의미한다.

레빈(Lewin, K)의 법칙

- 행동 $B=f(P \cdot E)$로 이루어진다. 즉, 인간의 행동(B)은 개인(P)과 환경(E)의 상호 함수관계에 있다고 할 수 있다.
- B는 인간의 행동(Behavior)을 말한다.
- f는 동기부여를 포함한 함수(Function)이다.
- P는 Person 즉, 개체(소질)로 연령, 지능, 경험 등을 의미한다.
- E는 Environment 즉, 심리적 환경(인간관계, 작업환경 – 조명, 소음, 온도 등)을 의미한다.

1103 / 2101

04

Repetitive Learning 1회 2회 3회

다음 중 브레인스토밍(Brain-storming) 기법에 관한 설명으로 옳은 것은?

① 지정된 표현방식을 벗어나 자유롭게 의견을 제시한다.
② 주제와 내용이 다르거나 잘못된 의견은 지적하여 조정한다.
③ 참여자에게는 동일한 횟수의 의견제시 기회가 부여된다.
④ 타인의 의견을 수정하거나 동의하여 다시 제시하지 않는다.

해설

- 브레인스토밍은 동료의 의견에 대하여 좋고 나쁨을 평가하지 않는다.
- 브레인스토밍은 발표 순서 없이 구성원 누구든 의견을 제시할 수 있다.
- 브레인스토밍은 타인의 의견을 수정하여 발언하는 것을 허용한다.

브레인스토밍(Brain-storming) 기법 실필 1503/0903

㉠ 개요
- 6~12명의 구성원으로 타인의 비판 없이 자유로운 토론을 통하여 다량의 독창적인 아이디어를 이끌어내고, 대안적 해결안을 찾기 위한 집단적 사고기법이다.

㉡ 4원칙
- 가능한 많은 아이디어와 의견을 제시하도록 한다.
- 주제를 벗어난 아이디어도 허용한다.
- 타인의 의견을 수정하여 발언하는 것을 허용한다.
- 절대 타인의 의견을 비판 및 비평하지 않는다.

0902 / 1502 / 1902 / 2001

05

Repetitive Learning 1회 2회 3회

산업안전보건법상 산업안전보건위원회의 사용자위원에 해당되지 않는 것은?(단, 각 사업장은 해당하는 사람을 선임하여 하는 대상 사업장으로 한다)

① 안전관리자
② 해당 사업장의 부서의 장
③ 산업보건의
④ 명예산업안전감독관

해설

- 명예산업안전감독관은 근로자위원에 포함된다.

산업안전보건위원회 실필 2303/2302/1903/1301/1102/1003/0901/0803

- 근로자위원은 근로자대표, 명예감독관, 근로자대표가 지명하는 9명 이내의 해당 사업장의 근로자로 구성한다.
- 사용자위원은 대표자, 안전관리자, 보건관리자, 산업보건의, 대표자가 지명하는 9명 이내의 해당 사업장 부서의 장으로 구성하나 상시근로자 50명 이상 100명 이하일 경우 대표자가 지명하는 9명 이내의 해당 사업장 부서의 장은 제외한다.
- 산업안전보건위원회의 위원장은 위원 중에서 호선(互選)한다. 이 경우 근로자위원과 사용자위원 중 각 1명을 공동위원장으로 선출할 수 있다.
- 산업안전보건위원회의 회의는 정기회의와 임시회의로 구분하되, 정기회의는 분기마다 위원장이 소집하며, 임시회의는 위원장이 필요하다고 인정할 때에 소집한다.

06

Repetitive Learning 1회 2회 3회

다음 중 산업안전보건법상 안전검사 대상 유해·위험 기계의 종류가 아닌 것은?

① 곤돌라 ② 압력용기
③ 리프트 ④ 아크용접기

03 ③ 04 ① 05 ④ 06 ④ 정답

해설

- 아크용접기는 안전검사대상 유해·위험기계의 종류에 속하지 않는다.

안전검사대상 유해·위험기계의 종류

- 프레스
- 전단기
- 크레인(정격 하중이 2톤 미만인 것은 제외)
- 리프트
- 압력용기
- 곤돌라
- 국소배기장치(이동식은 제외)
- 원심기(산업용만 해당)
- 롤러기(밀폐형 구조는 제외)
- 사출성형기(형 체결력 294킬로뉴턴 미만은 제외)
- 고소작업대
  (화물자동차 또는 특수자동차에 탑재한 고소작업대로 한정)
- 컨베이어
- 산업용 로봇
- 혼합기
- 파쇄기 또는 분쇄기

1902

07 Repetitive Learning 1회 2회 3회

다음 중 안전인증대상 안전모의 성능기준 항목이 아닌 것은?

① 내열성 ② 턱끈풀림
③ 내관통성 ④ 충격흡수성

해설

- 안전모의 성능기준 항목은 내관통성, 충격흡수성, 내전압성, 내수성, 난연성, 턱끈풀림으로 구성된다.

안전모의 시험성능기준 실필 2401/1901/1701/0701 실작 1302

항목	시험성능기준
내관통성	AE, ABE종 안전모는 관통거리가 9.5mm 이하이고, AB종 안전모는 관통거리가 11.1mm 이하이어야 한다.
충격흡수성	최고전달충격력이 4,450N을 초과해서는 안 되며, 모체와 착장체의 기능이 상실되지 않아야 한다.
내전압성	AE, ABE종 안전모는 교류 20kV에서 1분간 절연파괴 없이 견뎌야 하고, 이때 누설되는 충전전류는 10mA 이하이어야 한다.
내수성	AE, ABE종 안전모는 질량증가율이 1% 미만이어야 한다.
난연성	모체가 불꽃을 내며 5초 이상 연소되지 않아야 한다.
턱끈풀림	150N 이상 250N 이하에서 턱끈이 풀려야 한다.

0401 / 0702 / 0801 / 1001 / 1801 / 1901

08 Repetitive Learning 1회 2회 3회

적응기제(適應機制, Adjustment mechanism)의 종류 중 도피적 기제(행동)에 속하지 않는 것은?

① 고립 ② 퇴행
③ 억압 ④ 합리화

해설

- 합리화는 가장 대표적인 방어기제의 한 종류이다.

도피기제(Escape mechanism)

- 도피기제는 긴장이나 불안감을 해소하기 위하여 비합리적인 행동으로 당면한 상황을 벗어나려는 기제를 말한다.
- 도피적 기제에는 억압(Repression), 공격(Aggression), 고립(Isolation), 퇴행(Regression), 백일몽(Day-dream) 등이 있다.

0802 / 1903

09 Repetitive Learning 1회 2회 3회

다음 중 안전보건교육의 단계별 종류에 해당하지 않는 것은?

① 지식교육
② 기초교육
③ 태도교육
④ 기능교육

해설

- 안전보건교육은 지식교육 – 기능교육 – 태도교육 순으로 진행된다.

안전보건교육의 단계별 순서

- 지식교육 – 기능교육 – 태도교육 순으로 진행된다.

단계	내용
1단계 지식교육	화학, 전기, 방사능의 설비를 갖춘 기업에서 특히 필요성이 큰 교육으로 근로자가 지켜야 할 규정의 숙지를 위한 인지적인 교육으로 일방적·획일적으로 행해지는 경우가 많다.
2단계 기능교육	같은 것을 반복하여 개인의 시행착오에 의해서만 점차 그 사람에게 형성되는 교육으로 일방적·획일적으로 행해지는 경우가 많다. 아울러 안전행동의 기초이므로 경영관리·감독자측 모두가 일체가 되어 추진되어야 한다.
3단계 태도교육	올바른 행동의 습관화 및 가치관을 형성하도록 하는 심리적인 교육으로 교육의 기회나 수단이 다양하고 광범위하다.

정답 | 07 ① 08 ④ 09 ②

0301 / 0801

10 Repetitive Learning (1회 2회 3회)

도수율이 24.5이고, 강도율이 2.15의 사업장이 있다. 이 사업장에서 한 근로자가 입사하여 퇴직할 때까지 며칠간의 근로손실일수가 발생하겠는가?

① 2.45일 ② 215일
③ 245일 ④ 2150일

해설

- 근로자의 근속연수 등이 주어지지 않았으므로 평생 근로손실일수는 강도율×100과 같다. 2.15×100 = 215일이 된다.

:: 강도율(SR : Severity Rate of injury) 실필 2401/2101/2004/1902/1901/1702/1701/1403/1303/1203/1201/1102/1003/1001/0903/0902/0802

- 재해로 인한 근로손실의 강도를 나타낸 값으로 연간 총근로시간에서 1,000시간당 근로손실일수를 의미한다.
- 강도율 = $\frac{\text{근로손실일수}}{\text{연간 총근로시간}} \times 1{,}000$으로 구한다.
- 근로자의 근속연수 등이 주어지지 않을 때 평생 근로손실일수는 한 개인이 평생 동안 근로한 시간을 100,000시간으로 볼 때의 근로손실일수이므로 강도율에 100을 곱하여 구한다.

0703

11 Repetitive Learning (1회 2회 3회)

경보기가 울려도 기차가 오기까지 아직 시간이 있다고 판단하여 건널목을 건너다가 사고를 당했다. 다음 중 이 재해자의 행동성향으로 옳은 것은?

① 착오・착각 ② 무의식행동
③ 억측판단 ④ 지름길반응

해설

- 작업공정 중에 규정된 대로 수행하지 않고 "괜찮다"라고 생각하여 자기 주관대로 추측을 하여 행동하는 것을 억측판단이라고 한다.

:: 억측판단

㉠ 정의
- 작업공정 중에 규정된 대로 수행하지 않고 "괜찮다"라고 생각하여 자기 주관대로 추측을 하여 행동하는 것을 말한다.

㉡ 억측판단의 배경
- 정보가 불확실할 때
- 희망적인 관측이 있을 때
- 과거에 경험한 선입관이 있을 때
- 귀찮음과 초조함이 교차하는 조건일 때

1702

12 Repetitive Learning (1회 2회 3회)

아담스(Edward Adams)의 사고연쇄반응 이론 중 관리자가 의사결정을 잘못하거나 감독자가 관리적 잘못을 하였을 때의 단계에 해당되는 것은?

① 사고
② 작전적 에러
③ 관리구조
④ 전술적 에러

해설

- 아담스의 재해발생 이론은 작전적 에러와 전술적 에러가 특징적인데 감독자의 관리적 오류는 작전적 에러이고, 감독자의 실수나 태만은 전술적 에러에 해당한다.

:: 아담스(Edward Adams)의 재해발생 이론 실필 1202/1101

- 재해의 직접원인은 불행불상에서 발생하거나 방치한 전술적 에러에서 비롯된다는 이론이다.
- 사고발생 메커니즘으로 불안전한 행동과 불안전한 상태가 복합되어 발생한다고 정의하였다.
- 관리구조 → 작전적 에러 → 전술적 에러 → 사고 → 상해・손해 순으로 발생한다.
- 작전적 에러란 CEO의 의지부족 및 관리자 의사결정의 오류, 감독자의 관리적 오류에서 비롯된다.
- 전술적 에러란 관리감독자의 실수나 태만, 불행불상의 방치를 의미하며, 불안전행동 및 불안전상태를 의미한다.

1201

13 Repetitive Learning (1회 2회 3회)

다음 중 산업재해의 원인으로 간접적 원인에 해당되지 않는 것은?

① 기술적 원인
② 물적 원인
③ 관리적 원인
④ 교육적 원인

해설

- 인적 원인과 물적 원인은 산업재해의 직접적 원인에 해당한다.

:: 산업재해의 간접적(기본적) 원인

㉠ 개요
- 재해의 직접적인 원인을 유발시키는 원인을 말한다.
- 기술적 원인, 교육적 원인, 신체적 원인, 정신적 원인, 관리적 원인 등이 있다.

10 ② 11 ③ 12 ② 13 ② 정답

㉡ 간접적 원인의 종류

기술적 원인	생산방법의 부적당, 구조물・기계장치 및 설비의 불량, 구조재료의 부적합, 점검・정비・보존의 불량 등
교육적 원인	안전지식의 부족, 안전수칙의 오해, 경험훈련의 미숙, 안전교육의 부족 등
신체적 원인	피로, 시력 및 청각기능 이상, 근육운동의 부적합, 육체적 한계 등
정신적 원인	안전의식의 부족, 주의력 부족, 판단력 부족 혹은 잘못된 판단, 방심 등
관리적 원인	안전관리조직의 결함, 안전수칙의 미제정, 작업준비의 불충분, 작업지시의 부적절, 인원배치의 부적당, 정리정돈의 미실시 등

1002 / 1801 / 2102

14 Repetitive Learning (1회 2회 3회)

산업안전보건법령상 안전・보건표지에 있어 경고표지의 종류 중 기본모형이 다른 것은?

① 매달린물체경고
② 폭발성물질경고
③ 고압전기경고
④ 방사성물질경고

해설

- 폭발성물질경고는 화학물질 취급장소에서의 유해 및 위험경고표지이고, 나머지는 화학물질 취급장소에서의 유해・위험경고 이외의 위험경고, 주의표지 또는 기계방호물의 경고표지이다.

∷ 경고표지 실필 2401/2202/2102/1802/1702/1502/1303/1101/1002/1001

- 유해・위험경고, 주의표지 또는 기계방호물을 표시할 때 사용된다.
- 경고표지는 화학물질 취급장소에서의 유해 및 위험경고와 화학물질 취급장소에서의 유해・위험경고 이외의 위험경고, 주의표지 또는 기계방호물로 구분된다.
- 화학물질 취급장소에서의 유해 및 위험경고표지는 무색 바탕에 빨간색(7.5R 4/14) 혹은 검은색(N0.5) 기본모형으로 표시하며, 인화성물질경고, 부식성물질경고, 급성독성물질경고, 산화성물질경고, 폭발성물질경고 등이 있다.

인화성 물질경고	부식성 물질경고	급성독성 물질경고	산화성 물질경고	폭발성 물질경고

- 화학물질 취급장소에서의 유해・위험경고 이외의 위험경고, 주의표지 또는 기계방호물의 경고표지는 노란색(5Y 8.5/12) 바탕에 검은색(N0.5) 기본모형으로 표시하며, 방사성물질경고, 고압전기경고, 매달린물체경고, 낙하물경고, 고온/저온경고, 위험장소경고, 몸균형상실경고, 레이저광선경고 등이 있다.

방사성물질 경고	고압전기 경고	매달린물체 경고	낙하물경고
고온/저온 경고	위험장소 경고	몸균형상실 경고	레이저광선 경고

15 Repetitive Learning (1회 2회 3회)

다음 중 정기점검에 관한 설명으로 가장 적합한 것은?

① 안전강조 기간, 방화점검 기간에 실시하는 점검
② 사고 발생 이후 곧바로 외부 전문가에 의하여 실시하는 점검
③ 작업자에 의해 매일 작업 전, 중, 후에 해당 작업설비에 대하여 수시로 실시하는 점검
④ 기계, 기구, 시설 등에 대하여 주, 월, 또는 분기 등 지정된 날짜에 실시하는 점검

해설

- 정기점검은 일정한 주기마다 매번 실시하는 점검을 말한다.

∷ 안전점검 및 안전진단

㉠ 목적

- 기기 및 설비의 결함이나 불안전한 상태의 제거를 통해 사전에 안전성을 확보하기 위함이다.
- 기기 및 설비의 안전상태 유지 및 본래의 성능을 유지하기 위함이다.
- 재해 방지를 위하여 그 재해 요인의 대책과 실시를 계획적으로 하기 위함이다.
- 인적 측면에서 근로자의 안전한 행동을 유지하기 위함이다.
- 합리적인 생산관리를 위함이다.

ⓛ 종류

정기점검	1개월 또는 1년 등의 일정한 기간을 정해서 실시하는 안전점검
수시(일상)점검	작업장에서 매일 작업자가 작업 전, 중, 후에 시설과 작업동작 등에 대하여 실시하는 안전점검
임시점검	정기점검 실시 후 다음 점검 기일 전에 실시하는 점검
특별점검	기계·기구 또는 설비의 신설, 변경 또는 고장 수리 등 부정기적인 점검으로 기술적 책임자가 시행하는 점검

2101

16

Repetitive Learning (1회 2회 3회)

산업안전보건법령상 사업 내 안전·보건교육의 교육시간에 관한 설명으로 옳은 것은?

① 사무직에 종사하는 근로자의 정기교육은 매반기 6시간 이상이다.

② 관리감독자의 지위에 있는 사람의 정기교육은 연간 8시간 이상이다.

③ 일용근로자의 작업내용 변경 시의 교육은 2시간 이상이다.

④ 일용근로자 및 근로계약기간이 1주일 이하인 기간제근로자의 채용 시의 교육은 4시간 이상이다.

해설

- 관리감독자의 지위에 있는 사람의 정기교육은 연간 16시간 이상이다.
- 일용근로자의 작업내용 변경 시의 교육은 1시간 이상이다.
- 일용근로자 및 근로계약기간이 1주일 이하인 기간제근로자의 채용 시의 교육은 1시간 이상이다.

안전·보건 교육시간 기준 실필 1601/1301/1201/1101/1003/0901

교육과정	교육대상		교육시간
정기교육	사무직 종사 근로자		매반기 6시간 이상
	사무직 외의 근로자	판매업무에 직접 종사하는 근로자	매반기 6시간 이상
		판매업무에 직접 종사하는 근로자 외의 근로자	매반기 12시간 이상
	관리감독자		연간 16시간 이상
채용 시의 교육	일용근로자 및 근로계약기간이 1주일 이하인 기간제근로자		1시간 이상
	근로계약기간이 1주일 초과 1개월 이하인 기간제근로자		4시간 이상
	그 밖의 근로자		8시간 이상
작업내용 변경 시의 교육	일용근로자 및 근로계약기간이 1주일 이하인 기간제근로자		1시간 이상
	그 밖의 근로자		2시간 이상
특별교육	일용 및 근로계약기간이 1주일 이하인 기간제근로자	타워크레인 신호업무 제외	2시간 이상
		타워크레인 신호업무	8시간 이상
	일용 및 근로계약기간이 1주일 이하인 기간제근로자 제외 근로자		• 16시간 이상(작업전 4시간, 나머지는 3개월 이내 분할 가능) • 단기간 또는 간헐적 작업인 경우에는 2시간 이상
건설업 기초안전·보건 교육	건설 일용근로자		4시간 이상

1201 / 1803

17

Repetitive Learning (1회 2회 3회)

안전교육 중 프로그램 학습법의 장점이 아닌 것은?

① 학습자의 학습과정을 쉽게 알 수 있다.

② 여러 가지 수업 매체를 동시에 다양하게 활용할 수 있다.

③ 지능, 학습속도 등 개인차를 충분히 고려할 수 있다.

④ 매 반응마다 피드백이 주어지기 때문에 학습자가 흥미를 가질 수 있다.

해설

- 프로그램 학습법은 이미 만들어져 있는 프로그램을 이용하는 방법으로 매체 역시 주어진 매체 내에서 활용이 가능하다.

프로그램 학습법(Programmed self instruction method)

㉠ 개요

- 학생이 자기 학습속도에 따른 학습이 허용되어 있는 상태에서 학습자가 프로그램 자료를 가지고 단독으로 학습하도록 하는 교육방법을 말한다.

ⓛ 특징

- 학습자의 학습과정을 쉽게 알 수 있다.
- 수업의 모든 단계에서 적용이 가능하며, 지능, 학습속도 등 개인차를 충분히 고려할 수 있다.
- 수강자들이 학습이 가능한 시간대의 폭이 넓으며, 매 반응마다 피드백이 주어져 학습자의 흥미를 유발한다.
- 단점으로는 한 번 개발된 프로그램 자료는 개조하기 어려우며 내용이 고정화 되어 있고, 개발비용이 많이 들며 집단사고의 기회가 없다.

0403 / 1801

18

Repetitive Learning 1회 2회 3회

동기부여이론 중 데이비스(K. Davis)의 이론은 동기유발을 식으로 표현하였다. 옳은 것은?

① 지식(Knowledge) × 기능(Skill)
② 능력(Ability) × 태도(Attitude)
③ 상황(Situation) × 태도(Attitude)
④ 능력(Ability) × 동기유발(Motivation)

해설

- 지식(Knowledge) × 기능(Skill)은 능력이 된다.
- 능력(Ability) × 동기유발(Motivation)은 인간의 성과가 된다.

:: 데이비스(K. Davis)의 동기부여 이론 실필 1302

- 인간의 성과(Human performance) = 능력(Ability) × 동기유발(Motivation)
- 능력(Ability) = 지식(Knowledge) × 기능(Skill)
- 동기유발(Motivation) = 상황(Situation) × 태도(Attitude)
- 경영의 성과 = 인간의 성과 × 물질의 성과

19

Repetitive Learning 1회 2회 3회

다음 중 산업재해 통계에 있어서 고려해야 할 사항으로 틀린 것은?

① 산업재해 통계는 안전활동을 추진하기 위한 정밀자료이며 중요한 안전활동 수단이다.
② 산업재해 통계를 기반으로 안전조건이나 상태를 추측해서는 안 된다.
③ 산업재해 통계 그 자체보다는 재해 통계에 나타난 경향과 성질의 활동을 중요시해야 한다.
④ 이용 및 활용가치가 없는 산업재해 통계는 그 작성에 따른 시간과 경비의 낭비임을 인지하여야 한다.

해설

- 산업재해 통계는 안전활동을 추진하기 위한 기초자료이다. 아울러 통계 자체가 안전활동 수단이 되어서는 안 된다.

:: 산업재해 통계

㉠ 개요
- 산업재해 통계의 목적은 기업에서 발생한 산업재해에 대하여 효과적인 대책을 강구하기 위함이다.
- 재해의 구성요소, 경향, 분포상태를 알아 대책을 세우기 위함이다.
- 근로자의 행동결함을 발견하여 안전 재교육 훈련자료로 활용한다.
- 설비상의 결함요인을 개선 및 시정시키는 데 활용한다.

㉡ 활용 시 주의사항
- 산업재해 통계는 구체적으로 표시되어야 한다.
- 산업재해 통계를 기반으로 안전조건이나 상태를 추측해서는 안 된다.
- 산업재해 통계 그 자체보다는 재해 통계에 나타난 경향과 성질의 활동을 중요시해야 한다.
- 동종업종과의 비교를 통해 집중할 점을 확인할 수 있다.
- 안전업무의 정도와 안전사고 감소 목표의 수준을 확인할 수 있다.

20

Repetitive Learning 1회 2회 3회

다음 중 무재해 운동의 기본이념 3원칙에 해당되지 않는 것은?

① 모든 재해에는 손실이 발생하므로 사업주는 근로자의 안전을 보장하여야 한다는 것을 전제로 한다.
② 위험을 발견, 제거하기 위하여 전원이 참가, 협력하여 각자의 위치에서 의욕적으로 문제해결을 실천하는 것을 뜻한다.
③ 직장 내의 모든 잠재위험요인을 적극적으로 사전에 발견, 파악, 해결함으로써 뿌리에서부터 산업재해를 제거하는 것을 말한다.
④ 무재해, 무질병의 직장을 실현하기 위하여 직장의 위험요인을 행동하기 전에 예지하여 발견, 파악, 해결함으로써 재해발생을 예방하거나 방지하는 것을 말한다.

해설

- ②는 참가의 원칙, ③은 무의 원칙, ④는 안전제일(선취)의 원칙에 대한 설명이다.

:: 무재해 운동 3원칙

무(無, Zero)의 원칙	모든 잠재적인 위험요인을 사전에 발견·파악·해결함으로써 근원적으로 산업재해를 없앤다.
안전제일(선취)의 원칙	직장의 위험요인을 행동하기 전에 발견·파악·해결하여 재해를 예방한다.
참가의 원칙	작업에 따르는 잠재적인 위험요인을 발견·해결하기 위하여 전원이 협력하여 문제해결 운동을 실천한다.

2과목 인간공학 및 위험성 평가 · 관리

1901

21 Repetitive Learning (1회 2회 3회)

다음 중 동작의 효율을 높이기 위한 동작경제의 원칙으로 볼 수 없는 것은?

① 신체사용에 관한 원칙
② 작업장의 배치에 관한 원칙
③ 복수 작업자의 활용에 관한 원칙
④ 공구 및 설비 디자인에 관한 원칙

해설

- 동작경제의 원칙은 신체 사용의 원칙, 작업장 배치의 원칙, 공구 및 설비 디자인의 원칙으로 분류된다.

동작경제의 원칙

㉠ 개요
- 작업자가 경제적인 동작을 통해 피로도를 감소시키면서도 능률을 향상시키게 하기 위한 원칙이다.
- 신체사용의 원칙, 작업장 배치의 원칙, 공구 및 설비 디자인의 원칙으로 분류된다.
- 동작을 가급적 조합하여 하나의 동작으로 할 것.
- 동작의 수는 줄이고, 동작의 속도는 적당히 할 것.

㉡ 신체사용의 원칙
- 두 손의 동작은 동시에 시작해서 동시에 끝나야 한다.
- 휴식시간을 제외하고는 양손을 같이 쉬게 해서는 안 된다.
- 손의 동작은 유연하고 연속적인 동작이어야 한다.
- 동작이 급작스럽게 크게 바뀌는 직선 동작은 피해야 한다.
- 두 팔의 동작은 동시에 서로 반대방향으로 대칭적으로 움직이도록 한다.

㉢ 작업장 배치의 원칙
- 공구나 재료는 작업동작이 원활하게 수행하도록 그 위치를 정해준다.
- 공구, 재료 및 제어장치는 사용하기 가까운 곳에 배치해야 한다.

㉣ 공구 및 설비 디자인의 원칙
- 치구나 족답장치를 이용하여 양손이 다른 일을 할 수 있도록 한다.
- 공구의 기능을 결합하여 사용하도록 한다.

22 Repetitive Learning (1회 2회 3회)

다음 중 간헐적인 페달을 조작할 때 다리에 걸리는 부하를 평가하기에 가장 적당한 측정 변수는?

① 근전도　② 산소소비량
③ 심장박동수　④ 에너지소비량

해설

- 특정 근육에 걸리는 부하를 측정하는 척도는 근전도가 대표적이다.

EMG(Electromyography) : 근전도 검사
- 특정 근육에 걸리는 부하를 근육에 발생한 전기적 활성으로 인한 전류값으로 측정하는 방법을 말한다.
- 인간의 생리적 부담 척도 중 육체작업 즉, 국소적 근육 활동의 척도로 가장 적합한 변수이다.
- 간헐적으로 페달을 조작할 때 다리에 걸리는 부하를 평가하기에 적당한 측정 변수이다.

23 Repetitive Learning (1회 2회 3회)

조사연구자가 특정한 연구를 수행하기 위해서는 어떤 상황에서 실시할 것인가를 선택하여야 한다. 즉, 실험실 환경에서도 가능하고, 실제 현장 연구도 가능한데 다음 중 현장 연구를 수행했을 경우 장점으로 가장 적절한 것은?

① 비용 절감
② 정확한 자료수집 가능
③ 일반화가 가능
④ 실험조건의 조절 용이

해설

- 비용 절감, 정확한 자료수집, 실험조건 조절의 용이성은 모두 실험실 환경 연구의 장점이다.

현장연구

㉠ 개요
- 현장에서 이루어지는 연구로 독립변인을 조작하지 않고, 대상에 대한 관찰, 면접, 설문조사 등으로 이루어지는 연구방법이다.

㉡ 특징
- 연구가 매우 현실적이고 결과의 일반화가 가능하며, 실제 상황의 복잡한 행동으로 인한 광범위한 자료의 획득이 가능하다는 장점을 갖는다.
- 상황 변화에 대한 통제가 어려워 연구결과의 내적 타당성이 낮다는 단점을 갖는다.

21 ③ 22 ① 23 ③ | 정답

24

Repetitive Learning 1회 2회 3회

FT 작성에 사용되는 사상 중 시스템의 정상적인 가동상태에서 일어날 것이 기대되는 사상은?

① 통상사상　　② 기본사상
③ 생략사상　　④ 결함사상

해설

- 기본사상(Basic event)은 FT에서는 더 이상 원인을 전개할 수 없는 재해를 일으키는 개별적이고 기본적인 원인들로 기계적 고장, 작업자의 실수 등을 말한다.
- 생략사상(Undeveloped event)은 불충분한 자료로 결론을 내릴 수 없어 더 이상 전개할 수 없는 사상을 말한다.
- 결함사항은 두 가지 상태 중 하나가 고장 또는 결함으로 나타나는 비정상적인 사건을 나타낸다.

:: 통상사상(External event)

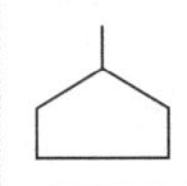	• 일반적으로 발생이 예상되는, 시스템의 정상적인 가동상태에서 일어날 것이 기대되는 사상을 말한다.

25

Repetitive Learning 1회 2회 3회

다음 중 시스템 안전 프로그램의 개발단계에서 이루어져야 할 사항의 내용과 가장 거리가 먼 것은?

① 교육훈련을 시작한다.
② 위험분석으로 주로 FMEA가 적용된다.
③ 설계의 수용가능성을 위해 보다 완벽한 검토를 한다.
④ 이 단계의 모형분석과 검사결과는 OHA의 입력자료로 사용된다.

해설

- 교육훈련은 시스템 수명주기 제4단계인 생산단계에서 실시된다.

:: 시스템 수명주기 6단계

단계	내용
1단계 구상(Concept)	예비위험분석(PHA)이 적용되는 단계
2단계 정의(Definition)	시스템 안전성 위험분석(SSHA) 및 생산물의 적합성을 검토하고 예비설계와 생산기술을 확인하는 단계
3단계 개발(Development)	FMEA, HAZOP 등이 실시되는 단계로 설계의 수용가능성을 위해 완벽한 검토가 이뤄지는 단계
4단계 생산(Production)	안전관리자에 의해 안전교육 등 전체 교육이 실시되는 단계
5단계 운전(Deployment)	사고조사 참여, 기술변경의 개발, 고객에 의한 최종 성능검사, 시스템 안전 프로그램에 대하여 안전점검 기준에 따라 평가하는 단계
6단계 폐기	

2102

26

Repetitive Learning 1회 2회 3회

다음 중 정보를 전송하기 위해 청각적 표시장치보다 시각적 표시장치를 사용하는 것이 더 효과적인 경우는?

① 정보의 내용이 간단한 경우
② 정보가 후에 재참조되는 경우
③ 정보가 즉각적인 행동을 요구하는 경우
④ 정보의 내용이 시간적인 사건을 다루는 경우

해설

- 정보가 후에 재참조되는 경우는 기록으로 남겨져 있는 경우가 좋으므로 시각적 표시장치가 효과적이다.

:: 시각적 표시장치와 청각적 표시장치의 비교

구분	내용
시각적 표시 장치	• 수신 장소의 소음이 심한 경우 • 정보가 공간적인 위치를 다룬 경우 • 정보의 내용이 복잡하고 긴 경우 • 직무상 수신자가 한 곳에 머무르는 경우 • 메시지를 추후 참고할 필요가 있는 경우 • 정보의 내용이 즉각적인 행동을 요구하지 않는 경우
청각적 표시 장치	• 수신 장소가 너무 밝거나 암순응이 요구될 때 • 정보의 내용이 시간적인 사건을 다루는 경우 • 정보의 내용이 간단한 경우 • 직무상 수신자가 자주 움직이는 경우 • 정보의 내용이 후에 재참조되지 않는 경우 • 메시지가 즉각적인 행동을 요구하는 경우

1803

27

Repetitive Learning 1회 2회 3회

소음 발생에 있어 음원에 대한 대책으로 볼 수 없는 것은?

① 설비의 격리
② 적절한 재배치
③ 저소음 설비 사용
④ 귀마개 및 귀덮개 사용

정답 | 24 ① 25 ① 26 ② 27 ④

해설

- 귀마개 및 귀덮개는 음원에 대한 대책이 아니다. 일시적, 개인적인 소음에 대한 소극적 대책이다.

소음발생 시 음원 대책

- 소음원의 통제
- 소음설비의 격리
- 설비의 적절한 재배치
- 저소음 설비의 사용

28

Repetitive Learning (1회 2회 3회)

다음 중 일반적으로 대부분의 임무에서 시각적 암호의 효능에 대한 결과에서 가장 성능이 우수한 암호는?

① 구성 암호 ② 영자와 형상 암호
③ 숫자 및 색 암호 ④ 영자 및 구성 암호

해설

- 숫자암호와 색 암호는 다양한 시각적 암호 중에서 가장 식별이 편리한 우수한 암호이다.

시각적 암호

- 단일 차원의 시각적 암호는 구성암호, 영문자암호, 숫자암호, 색암호, 기하학적 형상암호 등으로 구성된다.
- 시각적 암호로서의 성능이 우수한 것부터 순서대로 나열하면 숫자암호 – 색 암호 – 영문자암호 – 기하학적 형상암호 – 구성 암호 순이다.

2202

29

Repetitive Learning (1회 2회 3회)

다음 중 불(Bool) 대수의 정리를 나타낸 관계식으로 틀린 것은?

① $A \cdot 0 = 0$ ② $A + 1 = 1$
③ $A \cdot \overline{A} = 1$ ④ $A(A+B) = A$

해설

- $A \cdot \overline{A} = 0$이다.

불(Bool) 대수의 정리

- $A \cdot A = A$
- $A + A = A$
- $A \cdot 0 = 0$
- $A + 1 = 1$
- $A \cdot \overline{A} = 0$
- $A + \overline{A} = 1$
- $\overline{A \cdot B} = \overline{A} + \overline{B}$
- $\overline{A + B} = \overline{A} \cdot \overline{B}$
- $A + \overline{A} \cdot B = A + B$
- $A(A+B) = A + AB = A$

30

Repetitive Learning (1회 2회 3회)

다음 중 인간오류에 관한 설계기법에 있어 전적으로 오류를 범하지 않게는 할 수 없으므로 오류를 범하기 어렵도록 사물을 설계하는 방법은?

① 배타설계(Exclusive design)
② 예상설계(Prevent design)
③ 최소설계(Minimum design)
④ 감소설계(Reduction design)

해설

- 인간오류의 배제를 위한 설계방법에는 배타설계, 예상설계, 안전설계 등이 있다.
- 배타설계란 휴먼에러의 가능성을 근원적으로 배제하여 오류를 범할 수 없도록 하는 설계방식이다.

인간오류 배제를 위한 설계방법

배타설계 (Exclusive design)	휴먼에러의 가능성을 근원적으로 배제하여 오류를 범할 수 없도록 하는 설계방식이다.
예상설계 (Prevent design)	Fool proof 설계와 같이 전적으로 오류를 범하지 않게는 할 수 없으므로 오류를 범하기 어렵도록 사물을 설계하는 방법으로 예방설계라고도 한다.
안전설계 (Safe design)	Fail-safe design과 같이 기계나 부품에 파손·고장이나 기능 불량이 발생하여도 항상 안전하게 작동할 수 있도록 하는 설계방식이다.

0802

31

Repetitive Learning (1회 2회 3회)

다음 중 어느 부품 1,000개를 100,000시간 동안 가동 중에 5개의 불량품이 발생하였을 때의 평균작동시간(MTTF)은 얼마인가?

① 1×10^6시간 ② 2×10^7시간
③ 1×10^8시간 ④ 2×10^9시간

해설

- MTTF = $\frac{1,000 \times 100,000}{5} = 20,000,000 = 2 \times 10^7$ 시간이다.

MTTF(Mean Time To Failure)

- 설비보전에서 평균작동시간, 고장까지의 평균시간을 의미한다.
- 제품 고장 시 수명이 다해 교체해야 하는 제품을 대상으로 하므로 평균수명이라고 할 수 있다.
- MTTF = $\frac{\text{부품수} \times \text{가동시간}}{\text{불량품수(고장수)}}$으로 구한다.

28 ③ 29 ③ 30 ② 31 ② 정답

1802

32

Repetitive Learning 1회 2회 3회

산업안전보건법령에 따라 제조업 등 유해·위험방지계획서를 작성하고자 할 때 관련 규정에 따라 1명 이상 포함시켜야 하는 사람의 자격으로 적합하지 않은 것은?

① 한국산업안전보건공단이 실시하는 관련 교육을 8시간 이수한 사람
② 기계, 재료, 화학, 전기, 전자, 안전관리 또는 환경분야 기술사 자격을 취득한 사람
③ 관련분야 기사 자격을 취득한 사람으로서 해당 분야에서 3년 이상 근무한 경력이 있는 사람
④ 기계안전, 전기안전, 화공안전분야의 산업안전지도사 또는 산업보건지도사 자격을 취득한 사람

해설

- 한국산업안전보건공단이 실시하는 관련 교육은 8시간이 아니라 20시간 이상 이수한 사람이 되어야 한다.

유해·위험방지계획서의 제출 시 포함대상 자격사항

- 사업주는 계획서를 작성할 때에 다음의 자격을 갖춘 사람 또는 공단이 실시하는 관련 교육을 20시간 이상 이수한 사람 중 1명 이상을 포함시켜야 한다.
  - 기계, 재료, 화학, 전기·전자, 안전관리 또는 환경분야 기술사 자격을 취득한 사람
  - 기계안전·전기안전·화공안전분야의 산업안전지도사 또는 산업보건지도사 자격을 취득한 사람
  - 관련 분야 기사 자격을 취득한 사람으로서 해당 분야에서 3년 이상 근무한 경력이 있는 사람
  - 관련 분야 산업기사 자격을 취득한 사람으로서 해당 분야에서 5년 이상 근무한 경력이 있는 사람
  - 산업대학(이공계 학과)을 졸업한 후 해당 분야에서 5년 이상 근무한 경력이 있는 사람 또는 전문대학(이공계 학과)을 졸업한 후 해당 분야에서 7년 이상 근무한 경력이 있는 사람
  - 전문계 고등학교 또는 이와 같은 수준 이상의 학교를 졸업하고 해당 분야에서 9년 이상 근무한 경력이 있는 사람

33

Repetitive Learning 1회 2회 3회

다음 중 Weber의 법칙에 관한 설명으로 틀린 것은?

① Weber비는 분별의 질을 나타낸다.
② Weber비가 작을수록 분별력은 낮아진다.
③ 변화감지역(JND)이 작을수록 그 자극차원의 변화를 쉽게 검출할 수 있다.
④ 변화감지역(JND)은 사람이 50%를 검출할 수 있는 자극차원의 최소변화이다.

해설

- Weber비는 기존 자극의 변화를 감지할 수 있는 최소량으로 Weber비가 작을수록 분별력이 좋다는 것을 의미한다.

웨버(Weber) 법칙

- 인간이 감지할 수 있는 외부의 물리적 자극 변화의 최소범위는 기준이 되는 자극의 크기에 비례하는 현상을 설명한 이론을 말한다.
- Weber비는 기존 자극의 변화를 감지할 수 있는 최소량으로 분별의 질을 나타낸다.
- 웨버(Weber)의 비 $= \frac{\Delta I}{I}$ 로 구한다.

  (이때, ΔI는 변화감지역을, I는 표준자극을 의미한다)
- Weber비가 작을수록 분별력이 좋다.
- 변화감지역(JND)은 사람이 50%를 검출할 수 있는 자극차원의 최소변화로 값이 작을수록 그 자극차원의 변화를 쉽게 검출할 수 있다.

0701

34

Repetitive Learning 1회 2회 3회

[보기]는 화학설비의 안전성 평가 단계를 간략히 나열한 것이다. 다음 중 평가 단계 순서를 올바르게 나타낸 것은?

> ⓐ 관계 자료의 작성 준비
> ⓑ 정량적 평가
> ⓒ 정성적 평가
> ⓓ 안전대책

① ⓐ → ⓒ → ⓑ → ⓓ
② ⓐ → ⓑ → ⓓ → ⓒ
③ ⓐ → ⓒ → ⓓ → ⓑ
④ ⓐ → ⓑ → ⓒ → ⓓ

해설

- 화학설비 안전성 평가의 첫 번째 단계는 관계 자료의 작성 준비 단계이며, 그 후 정성적 평가를 정량적 평가보다 먼저 실시한다.

안전성 평가 6단계 실필 1703/1303

단계	내용
1단계	관계 자료의 작성 준비
2단계	• 정성적 평가 • 설계(공장의 입지조건, 공장 내 배치)와 운전관계에 대한 평가
3단계	• 정량적 평가 • 취급물질, 용량, 온도, 압력 및 조작을 통한 위험도 평가
4단계	• 안전대책수립 • 설비대책과 관리적 대책
5단계	재해정보에 의한 재평가
6단계	FTA에 의한 재평가

정답 | 32 ① 33 ② 34 ①

1702

35

Repetitive Learning (1회 2회 3회)

다음 중 결함수분석법(FTA)에서의 미니멀 컷 셋과 미니멀 패스 셋에 관한 설명으로 옳은 것은?

① 미니멀 컷 셋은 정상사상(Top event)을 일으키기 위한 최소한의 컷 셋이다.
② 미니멀 컷 셋은 시스템의 신뢰성을 표시하는 것이다.
③ 미니멀 패스 셋은 시스템의 위험성을 표시하는 것이다.
④ 미니멀 패스 셋은 시스템의 고장을 발생시키는 최소의 패스 셋이다.

해설

- 시스템의 신뢰성을 표시하는 것은 미니멀 패스 셋이다.
- 시스템의 위험성, 시스템의 고장을 발생시키는 최소의 컷 셋은 미니멀 컷 셋에 대한 설명이다.

최소 컷 셋(Minimal cut sets) 실필 2303/1701/0802

- 컷 셋 중에 타 컷 셋을 포함하고 있는 것을 배제하고 남은 컷 셋들을 의미한다.
- 사고에 대한 시스템의 약점을 표현한다.
- 정상사상(Top 사상)을 일으키는 최소한의 집합이다.
- 일반적으로 Fussell algorithm을 이용한다.
- 시스템에서 최소 컷 셋의 개수가 늘어나면 위험수준이 높아진다.

36

Repetitive Learning (1회 2회 3회)

다음 중 시성능 기준함수(VL_B)의 일반적인 수준 설정으로 틀린 것은?

① 현실상황에 적합한 조명수준이다.
② 표적 탐지 활동은 50%에서 99%이다.
③ 표적(Target)은 정적인 과녁에서 동적인 과녁으로 한다.
④ 언제, 시계 내의 어디에 과녁이 나타날지 아는 경우이다.

해설

- 시성능 기준함수는 언제, 시계 내의 어디에 과녁이 나타날지 모르는 경우에 사용한다.

시성능 기준함수(VL_B)

- 현실상황에 적합한 조명수준이다.
- 표적 탐지 활동은 50%에서 99%이다.
- 표적(Target)은 정적인 과녁에서 동적인 과녁으로 한다.
- 언제, 시계 내의 어디에 과녁이 나타날지 모르는 경우에 사용한다.

37

Repetitive Learning (1회 2회 3회)

다음 중 인간-기계 시스템을 3가지로 분류한 설명으로 틀린 것은?

① 자동 시스템에서는 인간요소를 고려하여야 한다.
② 자동 시스템에서 인간은 감시, 정비유지, 프로그램 등의 작업을 담당한다.
③ 수동 시스템에서 기계는 동력원을 제공하고 인간의 통제 하에서 제품을 생산한다.
④ 기계 시스템에서는 동력기계화 체계와 고도로 통합된 부품으로 구성된다.

해설

- 수동 시스템은 인간의 힘을 동력원으로 활용하여 수공구를 사용하는 시스템 형태로 다양성이 있고 융통성이 우수한 특징을 갖는다.

인간-기계 통합체계의 유형

- 인간-기계 통합체계의 유형은 자동화 체계, 기계화 체계, 수동 체계로 구분된다.

구분	내용
자동화 체계	인간은 작업계획의 수립, 모니터를 통한 작업 상황 감시, 프로그래밍, 설비보전의 역할을 수행하고 체계(System)가 감지, 정보보관, 정보처리 및 의식결정, 행동을 포함한 모든 임무를 수행하는 체계
기계화 체계	반자동 체계로 운전자의 조종에 의해 기계를 통제하는 융통성이 없는 시스템 형태
수동 체계	• 인간의 힘을 동력원으로 활용하여 수공구를 사용하는 시스템 형태 • 다양성이 있고 융통성이 우수한 특징을 갖는다.

0501

38

Repetitive Learning (1회 2회 3회)

다음 중 각 기본사상의 발생확률이 증감하는 경우 정상사상의 발생확률에 어느 정도 영향을 미치는가를 반영하는 지표로서 수리적으로는 편미분계수와 같은 의미를 갖는 FTA의 중요도 지수는?

① 구조 중요도
② 확률 중요도
③ 치명 중요도
④ 비구조 중요도

정답 35 ① 36 ④ 37 ③ 38 ②

해설

• 수리적으로 편미분계수와 같은 의미를 갖는 FTA의 중요도 지수는 확률 중요도이다.

:: FTA의 중요도 지수

㉠ 개요

• 중요도란 어떤 기본사상의 발생이 정상사상의 발생에 얼마만큼의 영향을 미치는지를 정량적으로 나타낸 것이다.
• 재해예방책 선정에서 우선순위를 제시한다.
• FTA 중요도 지수에는 확률 중요도, 구조 중요도, 치명 중요도 등이 있다.

㉡ 중요도 지수의 종류와 특징

확률 중요도	기본사상의 발생확률이 증감하는 경우 정상사상의 발생확률에 어느 정도 영향을 미치는가를 반영하는 지표로 편미분계수와 같은 의미를 갖는다.
구조 중요도	시스템의 구조에 따라 발생하는 시스템 고장의 영향을 평가하는 지표이다.
치명 중요도	시스템 고장확률에 미치는 부품고장확률의 기여도를 반영하는 지표이다.

39

중이소골(Ossicle)이 고막의 진동을 내이의 난원창(Oval window)에 전달하는 과정에서 음파의 압력은 어느 정도 증폭되는가?

① 2배
② 12배
③ 22배
④ 220배

해설

• 이소골은 소리를 내이로 전달하는 과정에서 음파의 압력을 22배 정도 증폭해서 전달한다.

:: 소리의 전달

• 중이에 위치한 이소골(Ossicle)이 고막의 진동을 내이의 난원창(Oval window)에 전달한다.
• 이소골은 소리를 내이로 전달하는 과정에서 음파의 압력을 22배 정도 증폭해서 전달한다.
• 난원창은 이소골의 등골과 연결되어 소리의 자극을 전달하는 역할을 담당한다.

40

Repetitive Learning (1회 2회 3회)

다음 설명 중 ㉠과 ㉡에 해당하는 내용이 올바르게 연결된 것은?

> 예비위험분석(PHA)의 식별된 4가지 사고 카테고리 중 작업자의 부상 및 시스템의 중대한 손해를 초래하거나 작업자의 생존 및 시스템의 유지를 위하여 즉시 수정 조치를 필요로 하는 상태를 (㉠), 작업자의 부상 및 시스템의 중대한 손해를 초래하지 않고 대처 또는 제어할 수 있는 상태를 (㉡)(이)라고 한다.

① ㉠-파국적　㉡-중대
② ㉠-중대　㉡-파국적
③ ㉠-한계적　㉡-중대
④ ㉠-중대　㉡-한계적

해설

• PHA에서 위험의 정도를 분류하는 4가지 범주는 파국(Catastrophic), 중대(Critical), 위기-한계(Marginal), 무시가능(Negligible)으로 구분된다.

:: 예비위험분석(PHA)

㉠ 개요

• 모든 시스템 안전 프로그램에서의 최초단계 해석으로 시스템의 위험요소가 어떤 위험 상태에 있는가를 정성적으로 평가하는 분석 방법이다.
• 시스템을 설계함에 있어 개념형성단계에서 최초로 시도하는 위험도 분석방법이다.
• 복잡한 시스템을 설계, 가동하기 전의 구상단계에서 시스템의 근본적인 위험성을 평가하는 가장 기초적인 위험도 분석기법이다.
• 위험의 정도를 분류하는 4가지 범주는 파국(Catastrophic), 중대(Critical), 위기-한계(Marginal), 무시가능(Negligible)으로 구분된다.

㉡ 예비위험분석(PHA)의 4가지 범주(MIL-STD-882E)

실필 2103/1802/1302/1103

파국 (Catastrophic)	작업자의 부상 및 서브 시스템의 고장 등으로 시스템 성능이 저하되어 시스템에 심각한 손실을 초래한 상태
중대 (Critical)	작업자의 부상 및 시스템의 중대한 손해를 초래하거나 작업자의 생존 및 시스템의 유지를 위하여 즉시 수정 조치를 필요로 하는 상태
위기-한계 (Marginal)	작업자의 부상 및 시스템의 중대한 손해를 초래하지 않고 대처 또는 제어할 수 있는 상태
무시가능 (Negligible)	시스템의 성능이나 기능, 인원 손실이 전혀 없는 상태

정답 | 39 ③　40 ④

0603

41

Repetitive Learning 1회 2회 3회

리프트의 제작기준 등을 규정함에 있어 정격속도의 정의로 옳은 것은?

① 화물을 싣고 하강할 때의 속도
② 화물을 싣고 상승할 때의 최고속도
③ 화물을 싣고 상승할 때의 평균속도
④ 화물을 싣고 상승할 때와 하강할 때의 평균속도

해설

- 정격속도(Rated speed)란 운반구에 적재하중을 싣고 상승할 때의 최고속도를 말한다.

정격속도와 적재하중

- 정격속도(Rated speed)란 운반구에 적재하중을 싣고 상승할 때의 최고속도를 말한다.
- 적재하중(Movable load)이란 리프트의 구조나 재료에 따라 운반구에 화물을 적재하고 상승할 수 있는 적재정량의 하중을 말한다.
- 시험하중(Test load)이란 제작된 리프트의 안전성 시험 시 적용되는 하중으로 적재정량의 1.1배의 하중을 말한다.

0702 / 1001

42

Repetitive Learning 1회 2회 3회

기계의 각 작동 부분 상호 간을 전기적, 기구적, 유공압 장치 등으로 연결해서 기계의 각 작동 부분이 정상으로 작동하기 위한 조건이 만족되지 않을 경우 자동적으로 그 기계를 작동할 수 없도록 하는 것을 무엇이라 하는가?

① 인터록기구 ② 과부하방지장치
③ 트립기구 ④ 오버런기구

해설

- 과부하방지장치는 양중기에 있어서 정격하중 이상의 하중이 부하되었을 경우 자동적으로 동작을 정지시켜주는 방호장치를 말한다.
- 트립기구는 원자로에 이상현상이 발생하였을 때 원자로 안전회로 중의 하나가 작동하여 긴급히 제어봉을 로 내에 삽입함으로써 핵분열 연쇄반응을 정지시키는 장치를 말한다.
- 오버런(Over run)은 철도, 비행기 등에서는 정차위치를 초과하는 것을 말하고, 자동차에서는 엔진이 허용 rpm을 초과하는 것을 말한다.

인터록(Interlock)기구

㉠ 개요

- 기계의 각 작동 부분 상호 간을 전기적, 기구적, 유공압 장치 등으로 연결해서 기계의 각 작동 부분이 정상으로 작동하기 위한 조건이 만족되지 않을 경우 자동적으로 그 기계를 작동할 수 없도록 하는 것을 말한다.

㉡ 종류

- 사출기의 도어잠금장치, 자동화라인의 출입시스템, 리프트의 출입문 안전장치, 게이트 가드(Gate guard)식 방호장치 등이 이에 해당한다.

0403

43

Repetitive Learning 1회 2회 3회

일반적으로 기계설비의 점검시기를 운전 상태와 정지 상태로 구분할 때 다음 중 운전 중의 점검사항이 아닌 것은?

① 클러치의 동작상태
② 베어링의 온도상승 여부
③ 설비의 이상 음과 진동상태
④ 동력전달부의 볼트 · 너트의 풀림상태

해설

- 동력전달부의 볼트 · 너트의 풀림상태는 기계설비가 정지된 상태에서의 점검사항에 해당한다.

기계설비의 점검

구분	점검항목
정지상태 점검항목	• 작업장의 정리 정돈 · 청소상태 • 설비의 방호상태, 주유상태 • 외관 및 용접 접속부위의 부식 및 변형상태 • 동력전달부의 볼트 · 너트의 풀림상태 등
운전상태 점검항목	• 베어링의 회전음 및 온도 상승 여부 • 설비의 이상음과 진동상태 • 클러치의 동작상태, 윤활제의 상태 등

0403 / 0701 / 1903

44

다음 중 드릴작업의 안전수칙으로 가장 적합한 것은?

① 손을 보호하기 위하여 장갑을 착용한다.
② 작은 일감은 양손으로 견고히 잡고 작업한다.
③ 정확한 작업을 위하여 구멍에 손을 넣어 확인한다.
④ 작업시작 전 척 렌치(Chuck wrench)를 반드시 뺀다.

41 ② 42 ① 43 ④ 44 ④ 정답

해설

- 회전설비를 사용할 때는 장갑의 착용을 금해야 한다.
- 작업 중 공작물의 유동을 방지하기 위해서는 바이스나 지그 등을 사용해야 한다.
- 구멍을 뚫을 때 관통된 것을 확인하기 위해 손으로 만져서는 안 된다.

드릴작업 시 작업안전수칙

㉠ 작업자 안전수칙
- 장갑의 착용을 금한다.
- 작업자는 보호안경을 쓰거나 안전덮개(Shield)를 설치한다.
- 작업모를 착용하고 옷소매가 긴 작업복은 입지 않는다.

㉡ 작업 시작 전 점검사항
- 작업시작 전 척 렌치(Chuck wrench)를 반드시 뺀다.
- 다축 드릴링에 대해 플라스틱제의 평판을 드릴 커버로 사용한다.
- 마이크로스위치를 이용하여 드릴링 핸들을 내리게 하여 자동급유장치를 구성한다.

㉢ 작업 중 안전지침
- 바이스, 지그 등을 사용하여 작업 중 공작물의 유동을 방지한다.
- 작은 구멍을 뚫고 큰 구멍을 뚫도록 한다.
- 얇은 철판이나 동판에 구멍을 뚫을 때는 각목을 밑에 깔고 기구로 고정한다.
- 구멍을 뚫을 때 관통된 것을 확인하기 위해 손으로 만져서는 안 된다.
- 칩은 와이어 브러시로 작업이 끝난 후에 제거한다.
- 구멍 끝 작업에서는 절삭압력을 주어서는 안 된다.

1102 / 1802

45

질량 100kg의 화물이 와이어로프에 매달려 $2m/s^2$의 가속도로 권상되고 있다. 이때 와이어로프에 작용하는 장력의 크기는 몇 N인가?(단, 여기서 중력가속도는 $10m/s^2$로 한다)

① 200N　　② 300N
③ 1,200N　　④ 2,000N

해설

- 로프에 100kg의 화물을 걸어 올리고 있으므로 정하중이 100kg이고, 동하중은 $\frac{100}{10} \times 2 = 20$[kgf]가 된다.
- 총 하중은 $100 + 20 = 120$[kgf]이다. 구하고자 하는 단위는 N이므로 $120 \times 10 = 1,200$[N]이 된다.

화물을 일정한 가속도로 감아올릴 때 총 하중
- 화물을 일정한 가속도로 감아올릴 때 총 하중은 화물의 중량에 해당하는 정하중과 감아올림으로 인해 발생하는 동하중(중력가속도를 거스르는 하중)의 합으로 구한다.
- 총하중[kgf] = 정하중 + 동하중으로 구한다.
- 동하중 = $\frac{\text{정하중}}{\text{중력가속도}}$ × 인양가속도로 구할 수 있다.

0803

46

Repetitive Learning 1회 2회 3회

다음 중 산업안전보건법령상 보일러에 설치하여야 하는 방호장치에 해당하지 않는 것은?

① 절탄장치　　② 압력제한스위치
③ 압력방출장치　　④ 고저수위 조절장치

해설

- 절탄기(Economizer)는 보일러에서 연료를 절감하고 보일러 급수를 가열하기 위해 설치된 장치이다.

보일러의 안전장치 실필 1902/1901
- 보일러의 안전장치에는 전기적 인터록장치, 압력방출장치, 압력제한스위치, 고저수위 조절장치, 화염 검출기 등이 있다.

압력제한 스위치	보일러의 과열을 방지하기 위하여 보일러의 버너 연소를 차단하는 장치
압력방출장치	보일러의 최고사용압력 이하에서 작동하여 보일러 압력을 방출하는 장치
고저수위 조절장치	보일러의 방호장치 중 하나로 보일러 쉘 내의 관수의 수위가 최고한계 또는 최저한계에 도달했을 때 자동적으로 경보를 울리는 동시에 관수의 공급을 차단시켜 주는 장치

1103

47

다음 중 정 작업 시의 작업안전수칙으로 틀린 것은?

① 정 작업 시에는 보안경을 착용하여야 한다.
② 정 작업으로 담금질된 재료를 가공해서는 안 된다.
③ 정 작업을 시작할 때와 끝날 무렵에는 세게 친다.
④ 철강재를 정으로 절단 시에는 철편이 날아 튀는 것에 주의한다.

정답 | 45 ③ 46 ① 47 ③

해설

- 정 작업을 시작할 때와 끝날 무렵에 정을 세게 타격해서는 안 된다.

∷ 정(Chisel) 작업의 일반적인 안전수칙

- 정 작업 시에는 보안경을 착용하여야 한다.
- 담금질한 강은 정 작업이나 해머작업을 피해야 한다.
- 절단 작업 시 절단된 끝이 튀는 것을 조심하여야 한다.
- 정 작업 시 작업을 시작할 때는 가급적 정을 약하게 타격하고 점차 힘을 늘려간다.
- 정 작업을 시작할 때와 끝날 무렵에 정을 세게 타격해서는 안 된다.
- 정 작업에서 모서리 부분은 크기를 3R 정도로 한다.

48

Repetitive Learning 1회 2회 3회

다음 중 산업안전보건법령상 지게차의 헤드가드가 갖추어야 하는 사항으로 맞는 것은?

① 강도는 지게차의 최대하중의 2배값(4톤을 넘는 값에 대해서는 4톤으로 한다)의 등분포정하중(等分布靜河重)에 견딜 수 있을 것
② 상부틀의 각 개구의 폭 또는 길이가 20cm 이상일 것
③ 운전자가 앉아서 조작하는 방식의 지게차의 경우에는 운전자의 좌석 윗면에서 헤드가드의 상부틀 아랫면까지의 높이가 1m 이상일 것
④ 운전자가 서서 조작하는 방식의 지게차의 경우에는 운전석의 바닥면에서 헤드가드의 상부틀 하면까지의 높이가 2m 이상일 것

해설

- 지게차 상부틀의 각 개구의 폭 또는 길이가 16cm 미만이어야 한다.
- 운전자가 앉아서 조작하거나 서서 조작하는 지게차의 헤드가드는 한국산업표준에서 정하는 높이 기준 이상일 것(앉는 방식 : 0.903m, 서는 방식 : 1.88m)

∷ 지게차의 헤드가드 실필 2103/2102/1802/1601/1302/0801

- 헤드가드는 지게차를 이용한 작업 중에 위쪽으로부터 떨어지는 물건에 의한 위험을 방지하기 위하여 운전자의 머리 위쪽에 설치하는 덮개를 말한다.
- 상부 틀의 각 개구의 폭 또는 길이가 16cm 미만일 것
- 4톤 이하의 지게차에서 헤드가드의 강도는 지게차 최대하중의 2배값(4톤을 초과할 경우 4톤)의 등분포정하중에 견딜 수 있을 것
- 운전자가 앉아서 조작하거나 서서 조작하는 지게차의 헤드가드는 한국산업표준에서 정하는 높이 기준 이상일 것(앉는 방식 : 0.903m, 서는 방식 : 1.88m)

0902 / 1603

49

Repetitive Learning 1회 2회 3회

목재가공용 둥근톱의 톱날 지름이 500mm일 경우 분할 날의 최소길이는 약 몇 mm인가?

① 462　② 362
③ 262　④ 162

해설

- 분할 날의 최소길이는 원주의 1/6 이상이어야 하므로 $500 \times \pi \times \frac{1}{6} = 261.66[\text{mm}]$이다.

∷ 목재가공용 둥근톱 분할 날 실필 1501

㉠ 개요

- 분할 날이란 톱 뒷날 가까이에 설치하여 절삭된 가공재의 홈 사이로 들어가면서 가공재의 모든 두께에 걸쳐서 쐐기작용을 하여 가공재가 톱날을 조이지 않게 하는 것을 말한다.
- 분할 날의 두께는 둥근톱 두께의 1.1배 이상이어야 하고 치진폭보다는 작아야 한다.
- $1.1\,t_1 \leqq t_2 < b$ (t_1 : 톱 두께, t_2 : 분할 날 두께, b : 치진폭)

㉡ 분할 날의 최소길이

- 둥근톱의 절반은 테이블 아래에 위치하므로 실제 사용하는 톱은 원주의 1/2이다. 목재의 가공 시에는 원주의 1/4을 사용하고, 뒷부분 1/4은 분할 날을 설치한다.
- 표준 테이블면상의 톱 뒷날의 2/3 이상을 덮도록 하여야 한다.
- 분할 날의 길이는 원주의 1/4×2/3=1/6 이상 되어야 한다.

50

Repetitive Learning 1회 2회 3회

연삭숫돌의 기공 부분이 너무 작거나, 연질의 금속을 연마할 때에 숫돌표면의 공극이 연삭칩에 막혀서 연삭이 잘 행하여지지 않는 현상을 무엇이라 하는가?

① 자생현상　② 드레싱 현상
③ 그레이징 현상　④ 눈메움 현상

해설

- 자생현상은 연삭작업 시 마모된 입자가 탈락하고 새로운 입자가 반복적으로 나타나는 현상을 말한다.
- 드레싱(Dressing) 현상은 눈메움 현상으로 떨어진 숫돌의 절삭성을 회복시키는 작업을 말한다.
- 그레이징(Glazing) 현상은 숫돌 연삭작업 중 숫돌의 입자가 탈락되지 않고 붙은 상태로 회전하면서 일감을 상하게 하는 현상을 말한다.

48 ① 49 ③ 50 ④ | 정답

:: 눈메움(Loading)

- 연삭숫돌의 기공 부분이 너무 작거나, 연질의 금속을 연마할 때에 숫돌표면의 공극이 연삭칩에 막혀서 연삭이 잘 행하여지지 않는 현상을 말한다.
- 눈메움이 발생하면 다이아몬드 드레싱을 이용해 연마석의 표면을 깎는 것으로 눈메움 증상을 해결할 수 있다.

51 Repetitive Learning (1회 2회 3회)

다음 중 밀링작업에 있어서의 안전조치 사항으로 틀린 것은?

① 절삭유의 주유는 가공 부분에서 분리된 커터의 위에서 하도록 한다.
② 급속이송은 백래시 제거장치가 동작하지 않고 있음을 확인한 다음 행한다.
③ 밀링커터의 칩 제거는 작고 날카로우므로 반드시 칩 브레이커로 한다.
④ 상하 좌우의 이송장치의 핸들은 사용 후 풀어 놓는다.

해설

- 칩의 제거는 절삭작업이 끝난 후 브러시나 청소용 솔을 사용하여 한다.

:: 밀링머신(Milling machine) 안전수칙

㉠ 작업자 보호구 착용
- 작업 중 면장갑은 끼지 않는다.
- 작업자의 옷소매 등이 커터에 말릴 수 있으므로 주의하고, 묶을 때 끈을 사용하지 않는다.
- 칩의 비산이 많으므로 보안경을 착용한다.

㉡ 커터 관련 안전수칙
- 커터는 될 수 있는 한 컬럼에 가깝게 설치한다.
- 커터를 끼울 때는 아버를 깨끗이 닦는다.
- 커터의 교환 시는 테이블 위에 목재를 받쳐 놓는다.
- 밀링커터는 걸레 등으로 감싸 쥐고 다루도록 한다.
- 절삭 공구에 절삭유를 주유 시에는 커터 위부터 공급한다.

㉢ 기타 안전수칙
- 테이블 위에 공구 등을 올려놓지 않는다.
- 강력절삭 시에는 일감을 바이스에 깊게 물린다.
- 일감의 측정은 기계를 정지한 후에 한다.
- 주축속도의 변속은 반드시 주축의 정지 후에 한다.
- 상하, 좌우 이송 손잡이는 사용 후 반드시 빼 둔다.
- 급속이송은 백래시 제거장치가 동작하지 않고 있음을 확인한 다음 행한다.
- 칩의 제거는 절삭작업이 끝난 후 브러시나 청소용 솔을 사용하여 한다.

2101

52 Repetitive Learning (1회 2회 3회)

산업안전보건법상 비파괴검사를 해서 결함 유무를 확인하여야 하는 고속회전체의 기준으로 옳은 것은?

① 회전축의 중량이 100킬로그램을 초과하고 원주속도가 초당 120m 이상인 고속회전체
② 회전축의 중량이 500킬로그램을 초과하고 원주속도가 초당 100m 이상인 고속회전체
③ 회전축의 중량이 1톤을 초과하고 원주속도가 초당 120 m 이상인 고속회전체
④ 회전축의 중량이 3톤을 초과하고 원주속도가 초당 100m 이상인 고속회전체

해설

- 회전축의 중량이 1톤을 초과하고 원주속도가 120m/s 이상인 고속회전체를 대상으로 비파괴검사를 실시한다.

:: 비파괴검사의 실시 실필 1801

- 고속회전체(회전축의 중량이 1톤을 초과하고 원주속도가 120m/s 이상인 것으로 한정한다)의 회전시험을 하는 경우 미리 회전축의 재질 및 형상 등에 상응하는 종류의 비파괴검사를 해서 결함 유무(有無)를 확인하여야 한다.

53 Repetitive Learning (1회 2회 3회)

다음은 프레스기에 사용되는 수인식 방호장치에 관한 설명이다. ( ) 안 ⓐ, ⓑ에 들어갈 내용으로 알맞은 것은?

> 수인식 방호장치는 일반적으로 행정수가 (ⓐ)이고, 행정 길이는 (ⓑ)의 프레스에 사용이 가능한데, 이러한 제한은 행정수의 경우 손이 충격적으로 끌리는 것을 방지하기 위해서이며, 행정길이는 손이 안전한 위치까지 충분히 끌리도록 하기 위해서이다.

① ⓐ : 150SPM 이하, ⓑ : 30mm 이상
② ⓐ : 120SPM 이하, ⓑ : 40mm 이상
③ ⓐ : 150SPM 이하, ⓑ : 30mm 미만
④ ⓐ : 120SPM 이상, ⓑ : 40mm 미만

해설

- 수인식 방호장치는 손의 안전을 위해 슬라이드 행정길이가 40~50mm 이상, 슬라이드 행정수가 100~120SPM 이하의 프레스에 주로 사용한다.

정답 | 51 ③ 52 ③ 53 ②

수인식 방호장치 실필 1301

㉠ 개요

- 슬라이드와 작업자의 손을 끈으로 연결하여, 슬라이드 하강 시 방호장치가 작업자의 손을 당기게 함으로써 위험영역에서 빼낼 수 있도록 한 장치를 말한다.
- 완전회전식 클러치 프레스 및 급정지기구가 없는 확동식 프레스에 적합하다.

㉡ 구조 및 일반사항

- 수인 끈의 재료는 합성섬유로 직경이 4mm 이상이어야 한다.
- 손의 안전을 위해 슬라이드 행정길이가 40~50mm 이상, 슬라이드 행정수가 100~120SPM 이하의 프레스에 주로 사용한다.

0603 / 1003

54 — Repetitive Learning (1회 2회 3회)

다음 중 아세틸렌 용접 시 역화가 일어났을 때 가장 먼저 취해야 할 행동으로 가장 적절한 것은?

① 산소 밸브를 즉시 잠그고, 아세틸렌 밸브를 잠근다.
② 아세틸렌 밸브를 즉시 잠그고, 산소 밸브를 잠근다.
③ 산소 밸브는 열고, 아세틸렌 밸브는 즉시 닫아야 한다.
④ 아세틸렌의 사용압력을 $1kgf/cm^2$ 이하로 즉시 낮춘다.

해설

- 역화가 일어났을 때는 먼저 가스의 공급을 중지시켜야 하므로 산소 밸브를 먼저 닫고 아세틸렌 밸브를 닫는다.

역화(Back fire)

㉠ 개요

- 가스용접 시 산소아세틸렌 불꽃이 순간적으로 "빵빵" 하는 터지는 소리를 토치의 팁 끝에서 내면서, 꺼지는가 하면 또 커지고 또는 완전히 꺼지는 현상을 말한다.

㉡ 발생원인과 대책

- 토치가 과열되거나 토치의 성능이 좋지 않을 때, 팁에 이물질이 부착되거나 과열되었을 때, 팁과 모재의 접촉 거리가 불량할 때, 압력조정기 고장으로 작동이 불량할 때 주로 발생한다.
- 역화가 일어났을 때는 먼저 가스의 공급을 중지시켜야 하므로 산소 밸브를 먼저 닫고 아세틸렌 밸브를 닫는다.

55 — Repetitive Learning (1회 2회 3회)

다음 중 롤러기에 사용되는 급정지장치의 급정지거리 기준으로 옳은 것은?

① 앞면 롤러의 표면속도가 30m/min 미만이면 급정지거리는 앞면 롤러 직경의 1/3 이내이어야 한다.
② 앞면 롤러의 표면속도가 30m/min 이상이면 급정지거리는 앞면 롤러 직경의 1/3 이내이어야 한다.
③ 앞면 롤러의 표면속도가 30m/min 미만이면 급정지거리는 앞면 롤러 원주의 1/3 이내이어야 한다.
④ 앞면 롤러의 표면속도가 30m/min 이상이면 급정지거리는 앞면 롤러 원주의 1/3 이내이어야 한다.

해설

- 급정지거리는 원주속도가 30(m/min) 이상일 경우 앞면 롤러 원주의 1/2.5로 하고, 원주속도가 30(m/min) 미만일 경우 앞면 롤러 원주의 1/3 이내로 한다.

롤러기 급정지장치의 개구부 간격과 급정지거리 실필 1703/1202/1102

- 가드 설치 시 개구부 간격(단위 : mm)

구분	간격
개구부와 위험점 간격 : 160mm 이상	30
개구부와 위험점 간격 : 160mm 미만	6+(0.15×개구부 ~위험점 최단거리)
위험점이 전동체일 경우	6+(0.1×개구부 ~위험점 최단거리)

- 급정지거리

원주속도	급정지거리
원주속도 : 30m/min 이상	앞면 롤러 원주의 1/2.5
원주속도 : 30m/min 미만	앞면 롤러 원주의 1/3 이내

1802

56 — Repetitive Learning (1회 2회 3회)

설비의 고장형태를 크게 초기고장, 우발고장, 마모고장으로 구분할 때 다음 중 마모고장과 가장 거리가 먼 것은?

① 부품, 부재의 마모
② 열화에 의해 생기는 고장
③ 부품, 부재의 반복피로
④ 순간적 외력에 의한 파손

54 ① 55 ③ 56 ④ 정답

해설

- 순간적 외력에 의한 파손은 우발고장에 해당한다.

∷ 마모고장

- 시스템의 수명곡선(욕조곡선)에서 증가형에 해당한다.
- 특정 부품의 마모, 열화에 의한 고장, 반복피로 등의 이유로 발생하는 고장이다.
- 예방을 위해서는 안전진단 및 적당한 수리보존(BM) 및 예방보전(PM)이 필요하다.

0703 / 0902

57

Repetitive Learning 

다음 중 프레스기계의 위험을 방지하기 위한 본질적 안전(No-hand in die 방식)이 아닌 것은?

① 안전금형의 사용
② 수인식 방호장치 사용
③ 전용프레스 사용
④ 금형에 안전 울 설치

해설

- 수인식 방호장치는 슬라이드와 작업자의 손을 끈으로 연결하여, 슬라이드 하강 시 방호장치가 작업자의 손을 당기게 함으로써 위험영역에서 빼낼 수 있도록 한 장치를 말한다.

∷ No hand in die 방식

- 프레스에서 손을 금형 사이에 집어넣을 수 없도록 하는 본질적 안전화를 위한 방식을 말한다.
- 안전금형, 안전 울(방호 울)을 사용하거나 전용프레스를 도입하여 금형 안에 손이 들어가지 못하게 한다.
- 자동 송급 및 배출장치를 가진 자동프레스는 손을 집어넣을 필요가 없는 방식이다.
- 자동 송급 및 배출장치에는 롤 피더(Roll feeder), 푸셔 피더(Pusher feeder), 다이얼 피더(Dial feeder), 트랜스퍼 피더(Transfer feeder), 에젝터(Ejecter) 등이 있다.

0301 / 0603 / 1201

58

Repetitive Learning 

다음 중 수평거리 20m, 높이가 5m인 경우 지게차의 안정도는 얼마인가?

① 10%　② 20%
③ 25%　④ 40%

해설

- 지게차의 높이와 수평거리가 주어졌으므로 대입하면 지게차의 안정도는 $\frac{5}{20}=0.25$가 된다.

∷ 지게차의 안정도

㉠ 개요

- 지게차의 하역 시, 운반 시 전도에 대한 안전성을 표시하는 값이다.
- 좌우 안정도와 전후 안정도가 있다.
- 작업 또는 주행 시 안정도 이하로 유지해야 한다.
- 지게차의 안정도 $=\frac{\text{높이}}{\text{수평거리}}$로 구한다.

㉡ 지게차의 작업상태별 안정도 실작 1601

- 기준 부하상태에서 하역작업 시의 전후 안정도는 4%이다(5톤 이상일 경우 3.5%).
- 기준 부하상태에서 하역작업 시의 좌우 안정도는 6%이다.
- 기준 부하상태에서 주행 시의 전후 안정도는 18%이다.
- 기준 무부하상태에서 주행 시의 좌우 안정도는 (15 + 1.1V)%이다(이때, V는 주행속도를 의미한다).

0303 / 0603 / 1002 / 1702

59

Repetitive Learning 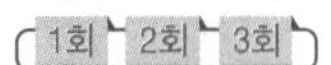

다음 중 선반의 방호장치로 적당하지 않은 것은?

① 실드(Shield)　② 슬라이딩(Sliding)
③ 척 커버(Chuck cover)　④ 칩 브레이커(Chip breaker)

해설

- 선반작업 시 사용하는 방호장치의 종류에는 칩 브레이커, 척 커버, 실드(덮개), 급정지 브레이크, 울, 고정 브리지 등이 있다.

∷ 선반작업 시 사용하는 방호장치

㉠ 개요

- 선반작업 시 사용하는 방호장치의 종류에는 칩 브레이커, 척 커버, 실드, 급정지 브레이크, 덮개, 울, 고정 브리지 등이 있다.

㉡ 방호장치의 종류와 특징

방호장치	특징
칩 브레이커 (Chip breaker)	선반작업 시 발생하는 칩을 잘게 끊어주는 장치
척 커버 (Chuck cover)	척에 물린 가공물의 돌출부 등에 작업복이 말려들어가는 것을 방지해주는 장치
실드 (Shield)	칩이나 절삭유의 비산을 방지하기 위해 선반의 전후좌우 및 위쪽에 설치하는 플라스틱 덮개로 칩 비산방지장치라고도 함
급정지 브레이크	작업 중 발생하는 돌발상황에서 선반 작동을 중지시키는 장치
덮개 또는 울, 고정 브리지	돌출하여 회전하고 있는 가공물이 근로자에게 위험을 미칠 우려가 있는 경우에 설치

정답 | 57 ② 58 ③ 59 ②

60 Repetitive Learning (1회 2회 3회)

산업용 로봇은 크게 입력정보교시에 의한 분류와 동작 형태에 의한 분류로 나눌 수 있다. 다음 중 입력정보교시에 의한 분류에 해당되는 것은?

① 관절 로봇
② 극좌표 로봇
③ 원통좌표 로봇
④ 수치제어 로봇

해설

- 입력정보교시에 의한 로봇에는 수치제어 로봇, 시퀀스 로봇, 플레이백 로봇 등이 있다.

산업용 로봇

- 산업용 로봇은 산업현장에서 사용하고 있는 로봇을 총칭하는 말이다.
- 크게 입력정보교시에 의한 분류와 동작 형태에 의한 분류로 구분된다.
- 입력정보교시에 의한 로봇에는 수치제어 로봇, 시퀀스 로봇, 플레이백 로봇, 지능 로봇 등이 있다.
- 동작 형태에 의한 로봇에는 원통좌표 로봇, 직교좌표 로봇, 극좌표 로봇, 수직·수평관절 로봇, 다관절 로봇, 데스크탑 로봇 등이 있다.

4과목 전기설비 안전관리

1802

61 Repetitive Learning (1회 2회 3회)

감전사고로 인한 호흡 정지 시 구강대 구강법에 의한 인공호흡의 매분 횟수와 시간은 어느 정도 하는 것이 가장 바람직한가?

① 매분 5~10회, 30분 이하
② 매분 12~15회, 30분 이상
③ 매분 20~30회, 30분 이하
④ 매분 30회 이상, 20~30분 정도

해설

- 인공호흡은 매분 12~15회, 30분 이상 실시한다.

인공호흡

㉠ 소생률

- 감전에 의해 호흡이 정지한 후에 인공호흡을 즉시 실시하면 소생할 수 있는 확률을 말한다.

1분 이내	95[%]
3분 이내	75[%]
4분 이내	50[%]
6분 이내	25[%]

㉡ 심장마사지

- 인공호흡은 매분 12~15회, 30분 이상 실시한다.
- 심장마사지 15회, 인공호흡 2회를 교대로 실시하는데 2인이 동시에 실시할 경우 심장마사지와 인공호흡을 약 5 : 1의 비율로 실시한다.

0603 / 1101 / 1601

62 Repetitive Learning (1회 2회 3회)

대전이 큰 엷은 층상의 부도체를 박리할 때 또는 엷은 층상의 대전된 부도체의 뒷면에 밀접한 접지체가 있을 때 표면에 연한 수지상의 발광을 수반하여 발생하는 방전은?

① 불꽃방전
② 스트리머방전
③ 코로나방전
④ 연면방전

해설

- 불꽃방전은 기체 내에 큰 전압이 걸릴 때 기체의 절연상태가 깨지면서 큰 소리와 함께 불꽃을 내는 방전을 말한다.
- 스트리머방전은 전압 경도(傾度)가 공기의 파괴 전압을 초과했을 때 나타나는 초기 저전류 방전을 말한다.
- 코로나방전은 전극 간의 전계가 불평등하면 불꽃방전 발생 전에 전계가 큰 부분에 발광현상과 함께 나타나는 방전을 말한다.

연면방전

- 공기 중에 놓여진 절연체의 표면을 따라 수지상(나뭇가지 형태)의 발광을 수반하는 방전이다.
- 대전이 큰 엷은 층상의 부도체를 박리할 때 또는 엷은 층상의 대전된 부도체의 뒷면에 밀접한 접지체가 있을 때 표면에 연한 수지상의 발광을 수반하여 발생하는 방전을 말한다.

60 ④ 61 ② 62 ④ 정답

63 Repetitive Learning 1회 2회 3회

다음은 인체 내에 흐르는 60[Hz] 전류의 크기에 따른 영향을 기술한 것이다. 틀린 것은?(단, 통전경로는 손 → 발, 성인(남)의 기준이다)

① 20~30[mA]는 고통을 느끼고 강한 근육의 수축이 일어나 호흡이 곤란하다.
② 50~100[mA]는 순간적으로 확실하게 사망한다.
③ 1~8[mA]는 쇼크를 느끼나 인체의 기능에는 영향이 없다.
④ 15~20[mA] 쇼크를 느끼고 감전부위 가까운 쪽의 근육이 마비된다.

해설

- 50~100[mA]는 순간적으로 치사의 위험이 있는 상태를 말한다.

∷ 인체 내에 흐르는 60[Hz] 전류의 크기에 따른 영향

1~8[mA]	쇼크를 느끼나 인체의 기능에는 영향이 없다.
15~20[mA]	쇼크를 느끼고 감전부위 가까운 쪽의 근육이 마비된다.
20~30[mA]	고통을 느끼고 강한 근육의 수축이 일어나 호흡이 곤란하다.
50~100[mA]	순간적으로 치사의 위험이 있는 상태이다.
100~200[mA]	순간적으로 확실하게 사망한다.

1901

64 Repetitive Learning 

감전사고가 발생했을 때 피해자를 구출하는 방법으로 옳지 않은 것은?

① 피해자가 계속하여 전기설비에 접촉되어 있다면 우선 그 설비의 전원을 신속히 차단한다.
② 순간적으로 감전 상황을 판단하고 피해자의 몸과 충전부가 접촉되어 있는지를 확인한다.
③ 충전부에 감전되어 있으면 몸이나 손을 잡고 피해자를 곧바로 이탈시켜야 한다.
④ 절연 고무장갑, 고무장화 등을 착용한 후에 구원해 준다.

해설

- 감전사고 응급조치의 최우선 조치는 전원을 내리고, 감전자에 대해서 인공호흡을 실시하는 것이다. 이때 구출자는 보호구를 착용하여 2차적인 피해를 방지해야 한다.

∷ 인공호흡

문제 61번의 유형별 핵심이론∷ 참조

65 Repetitive Learning 1회 2회 3회

그림과 같이 변압기 2차에 200[V]의 전원이 공급되고 있을 때 지락점에서 지락사고가 발생하였다면 회로에 흐르는 전류는 몇 [A]인가?(단, R_2=10[Ω], R_3=30[Ω] 이다)

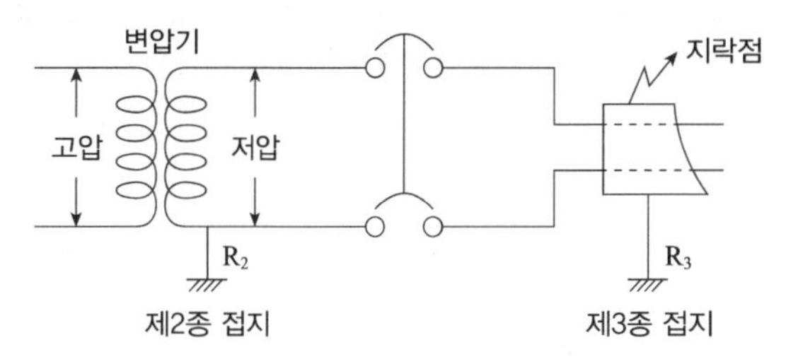

① 5[A] ② 10[A]
③ 15[A] ④ 20[A]

해설

- 접지저항이 직렬로 연결되었으므로 합성저항은 10+30=40[Ω]이다.
- 전압이 200[V]이므로 옴의 법칙에 의해 전류는 $\frac{200}{40}$=5[A]이다.

∷ 옴(Ohm)의 법칙

- 전기회로에 흐르는 전류는 그 회로에 가하여진 전압에 정비례하고, 저항에 반비례한다는 법칙이다.
- $I[A] = \frac{V[V]}{R[\Omega]}$, $V = IR$, $R = \frac{V}{I}$로 계산한다.

66 Repetitive Learning 1회 2회 3회

정전기 재해방지 대책에서 접지방법에 해당되지 않는 것은?

① 접지단자와 접지용 도체와의 접속에 이용되는 접지 기구는 견고하고 확실하게 접속시켜 주는 것이 좋다.
② 접지단자는 접지용 도체, 접지기구와 확실하게 접촉될 수 있도록 금속면이 노출되어 있거나, 금속면에 나사, 너트 등을 이용하여 연결할 수 있어야 한다.
③ 접지용 도체의 설치는 정전기가 발생하는 작업 전이나 발생할 우려가 없게 된 후 정치시간이 경과한 후에 행하여야 한다.
④ 본딩은 금속도체 상호 간에 전기적 접속이므로 접지용 도체, 접지단자에 의하여 표준 환경조건에서 저항은 1[MΩ] 미만이 되도록 경고하고 확실하게 실시하여야 한다.

정답 | 63 ② 64 ③ 65 ① 66 ④

해설

- 본딩의 전기저항은 약 1,000Ω 미만이 되도록 하여야 한다.

본딩(Bonding)

- 등전위를 이루기 위하여 도전성 부분을 전기적으로 연결하는 것을 말한다.
- 전로를 형성시키기 위하여 금속부분을 연결하는 것으로 금속도체들의 연결을 통해 전위를 같게 하는 작업이다.
- 본딩의 전기저항은 약 1,000Ω 미만이 되도록 하여야 한다.

0701

67

Repetitive Learning (1회 2회 3회)

전선로를 개로한 후에도 잔류전하에 의한 감전재해를 방지하기 위하여 방전을 요하는 것은?

① 나선의 가공 송배선 선로
② 전열회로
③ 전동기에 연결된 전선로
④ 개로한 전선로가 전력케이블로 된 것

해설

- 전로에 전력케이블을 사용하는 회로나 역률개선용 전력콘덴서 등이 접속된 경우 전원차단 후에도 잔류전하에 의한 감전위험이 높으므로 잔류전하 방전조치가 반드시 필요하다.

잔류전하의 방전

㉠ 근거
- 개로된 전로에서 유도전압 또는 전기에너지가 축적되어 근로자에게 전기위험을 끼칠 수 있는 전기기기 등은 접촉하기 전에 잔류전하를 완전히 방전시켜야 한다.

㉡ 개요
- 정전시킨 전로에 전력케이블, 콘덴서, 용량이 큰 부하기기 등이 접속되어 있는 경우에는 전원차단 후에도 여전히 전하가 잔류된다.
- 잔류전하에 의한 감전을 방지하기 위해서 방전코일이나 방전기구 등에 의해서 안전하게 잔류전하를 제거하는 것이 필요하다.
- 방전대상에는 전력케이블, 용량이 큰 부하기기, 역률개선용 전력콘덴서 등이 있다.

68

Repetitive Learning (1회 2회 3회)

인체저항에 대한 설명으로 옳지 않은 것은?

① 인체저항은 인가전압의 함수이다.
② 인가시간이 길어지면 온도상승으로 인체저항은 증가한다.
③ 인체저항은 접촉면적에 따라 변한다.
④ 1,000[V] 부근에서 피부의 절연파괴가 발생할 수 있다.

해설

- 인가시간이 길어지면 온도상승으로 인체저항은 감소한다.

인체저항의 특징

- 피부에 땀이 나 있을 경우 기존 저항의 1/20~1/12로 저항이 저하된다.
- 피부가 물에 젖어 있을 경우 기존 저항의 1/25로 저항이 저하된다.
- 인체저항은 인가전압의 함수이다.
- 인가시간이 길어지면 온도상승으로 인체저항은 감소한다.
- 인체저항은 접촉면적에 반비례한다. 접촉면적이 클수록 저항은 작아진다.
- 접촉전압과 피부저항은 반비례하는데 접촉전압이 1000[V]에 이르면 피부의 절연파괴가 발생하고 인체에는 내부저항(약 500[Ω])만 남게 된다.

1703

69

Repetitive Learning (1회 2회 3회)

전동기용 퓨즈의 사용 목적으로 알맞은 것은?

① 과전압 차단
② 지락과전류 차단
③ 누설전류 차단
④ 회로에 흐르는 과전류 차단

해설

- 퓨즈는 회로에 흐르는 과전류를 차단하기 위해 사용한다.

퓨즈

- 가장 우수하고 경제적인 과전류보호장치이다.
- 낮은 온도에서 녹아버리는 합금으로 만든 짧은 전선으로, 전기배선에 설치되어 규정된 전류보다 큰 전류가 흐르면 퓨즈가 녹아 끊어지게 만들어 회로를 보호하는 장치를 말한다.
- 과전류 차단기로 시설하는 퓨즈 중 고압전로에 사용하는 포장 퓨즈는 정격전류의 1.3배의 전류에 견디고, 또한 2배의 전류로 120분 안에 용단되는 것이어야 한다.
- 과전류차단기로 시설하는 퓨즈 중 고압전로에 사용하는 비포장 퓨즈는 정격전류의 1.25배의 전류에 견디고, 또한 2배의 전류로 2분 안에 용단되는 것이어야 한다.

67 ④ 68 ② 69 ④ 정답

70

Repetitive Learning (1회 2회 3회)

정전기 화재폭발 원인인 인체대전에 대한 예방대책으로 옳지 않은 것은?

① 대전물체를 금속판 등으로 차폐한다.
② 대전방지제를 넣은 제전복을 착용한다.
③ 대전방지 성능이 있는 안전화를 착용한다.
④ 바닥 재료는 고유저항이 큰 물질로 사용한다.

해설

- 작업장 바닥에 도전성(정전기 방지용) 매트를 사용한다.

정전기 재해방지대책 실필 1901/1702/1201/1103

- 부도체에 제전기를 설치·운영하거나 도전성을 향상시켜야 한다.
- 정전기 재해방지를 위해서 반도체 취급 공정작업자가 착용하는 손목 띠의 저항은 1[MΩ]으로 한다.
- 도체의 경우 접지를 하며 이때 접지 값은 $10^6\Omega$ 이하이면 충분하고, 안전을 고려하여 $10^3\Omega$ 이하로 유지한다.
- 생산공정에 별다른 문제가 없다면, 습도를 70([%]) 정도 유지하여 전하가 제거되기 쉽게 한다.
- 유동대전이 심하고 폭발 위험성이 높은 것(가솔린, 이황화탄소, 벤젠 등)은 배관 내 유속은 1m/s 이하로 해야 한다.
- 포장 과정에서 용기를 도전성 재료에 접지한다.
- 인쇄 과정에서 도포량을 적게 하고 접지한다.
- 대전 방지제를 사용하고, 대전 물체에 정전기 축적을 최소화하여야 한다.
- 배관 내 액체의 유속을 제한한다.
- 공기를 이온화한다.
- 작업장 바닥에 도전성(정전기 방지용) 매트를 사용한다.
- 작업자는 제전복, 정전화(대전방지용 안전화)를 착용한다.

0902

71

Repetitive Learning (1회 2회 3회)

교류 3상 전압 380[V], 부하 50[kVA]인 경우 배선에서의 누전전류의 한계는 약 몇 [mA]인가?(단, 전기설비기술기준에서의 누설전류 허용값을 적용한다)

① 10[mA]
② 38[mA]
③ 54[mA]
④ 76[mA]

해설

- 3상 3선식 변압기 용량 $S = \sqrt{3}V \cdot I_m$로 구한다.
- 교류 3상 전압이고, $P = \sqrt{3}VI$에서 $I = \frac{P}{\sqrt{3}V}$이므로 전류는 $\frac{50,000}{\sqrt{3}\times 380} = \frac{50,000}{658.18} = 76[A]$가 흐른다.
- 누설전류는 전류의 2,000분의 1을 넘지 않아야 하므로 $76\times\frac{1}{2,000} = 0.038[A]$이다. 누설전류는 38[mA] 이내여야 한다.

누설전류와 누전화재

㉠ 누설전류

- 누설전류는 전류가 정상적으로 흐르지 않고 다른 곳으로 새어버리는 것을 말하며, 누전전류라고도 한다.
- 전선의 노후로 인하여 절연이 나빠져 발생(절연열화)하는데 이를 방지하기 위해 누전차단기를 설치한다.
- 누설전류로 인해 감전 및 화재 등이 발생하고, 전력의 손실이 증가하고, 전자기기의 고장이 발생한다.
- 저압의 전선로 중 절연부분의 전선과 대지 간 및 전선의 심선 상호 간의 절연저항은 사용전압에 대한 누설전류가 최대공급전류의 2,000분의 1을 넘지 아니하도록 유지하여야 한다.

㉡ 누전화재

- 누전으로 인하여 화재가 발생되기 전에 인체 감전, 전등 밝기의 변화, 빈번한 퓨즈의 용단, 전기사용 기계장치의 오동작 증가 등이 발생한다.
- 누전사고가 발생될 수 있는 취약 개소에는 비닐전선을 고정하는 지지용 스테이플, 정원 연못 조명등의 전원공급용 지하매설 전선류, 분기회로 접속점이 나선으로 발열이 쉽도록 유지되는 곳 등이 있다.

0901 / 1503

72

Repetitive Learning (1회 2회 3회)

정전기 발생에 영향을 주는 요인으로 볼 수 없는 것은?

① 물체의 특성
② 물체의 표면상태
③ 물체의 분리력
④ 접촉시간

해설

- 정전기 발생에 영향을 주는 요인에는 물체의 표면상태, 물질의 분리속도와 특성, 대전이력, 접촉면적 및 압력 등이 있다.

정전기 발생에 영향을 주는 요인

㉠ 개요

- 정전기 발생에 영향을 주는 요인에는 물체의 표면상태, 물질의 분리속도와 특성, 대전이력, 접촉면적 및 압력 등이 있다.

㉡ 정전기 발생 요인

요인	내용
물질의 표면상태	물질 표면의 거칠기나 오염도가 높을수록 정전기 발생량이 많아진다.
물질의 분리속도	물질의 분리속도가 빠를수록 정전기 발생량이 많아진다.
물질의 접촉면적 및 압력	접촉면적이 넓을수록, 접촉압력이 클수록 정전기 발생량이 많아진다.
물질의 특성	대전서열이 멀어질수록 정전기 발생량이 많아진다.
물질의 대전이력	정전기 발생량은 처음 대전될 때가 가장 많고 발생횟수가 반복될수록 감소한다.

정답 | 70 ④ 71 ② 72 ④

1602

73

Repetitive Learning (1회 2회 3회)

대지를 접지로 이용하는 이유 중 가장 옳은 것은?

① 대지는 토양의 주성분이 규소(SiO_2)이므로 저항이 영(0)에 가깝다.

② 대지는 토양의 주성분이 산화알미늄(Al_2O_3)이므로 저항이 영(0)에 가깝다.

③ 대지는 철분을 많이 포함하고 있기 때문에 전류를 잘 흘릴 수 있다.

④ 대지는 넓어서 무수한 전류통로가 있기 때문에 저항이 영(0)에 가깝다.

해설

- 접지 시 대지를 이용하는 이유는 지구의 표면적이 상당히 넓어 많은 전하를 충전할 수 있고, 전하가 유입되더라도 전압이 상승하지 않고 안정적으로 유지되며, 저항을 0에 가깝게 유지하기 때문이다.

접지(Grounding)

㉠ 개요
- 전기 회로 또는 전기기기를 대지 또는 비교적 큰 넓이를 가져 대지를 대신할 수 있는 도체에 전기적으로 접속하는 것을 말한다.

㉡ 목적
- 낙뢰에 의한 피해를 방지한다.
- 정전기의 흡수로 정전기로 인한 장애를 방지한다.
- 송배전선, 고전압 모선 등에서 지락사고의 발생 시 보호 계전기를 신속하게 작동시킨다.
- 설비의 절연물이 손상되었을 때 흐르는 누설전류에 의한 감전을 방지한다.
- 송배전선로의 지락사고 시 대지전위의 상승을 억제하고 절연강도를 경감시킨다.

74

Repetitive Learning (1회 2회 3회)

방폭전기기기의 발화도의 온도등급과 최고 표면온도에 의한 폭발성 가스의 분류표기를 가장 올바르게 나타낸 것은?

① T1 : 450℃ 이하

② T2 : 350℃ 이하

③ T4 : 125℃ 이하

④ T6 : 100℃ 이하

해설

- 최고 표면온도의 허용치가 85℃ 이하인 것은 T6, 100℃ 이하인 것은 T5, 135℃ 이하인 것은 T4, 200℃ 이하인 것은 T3, 300℃ 이하인 것은 T2, 450℃ 이하인 것은 T1이다.

방폭전기기기의 온도등급

등급표시	발화도	최고표면온도의 허용치/발화온도
–	G1	450℃ 초과
T1	G2	300 ~ 450℃
T2	G3	200 ~ 300℃
T3	G4	135 ~ 200℃
T4	G5	100 ~ 135℃
T5	G6	85 ~ 100℃
T6		85℃ 이하

0602

75

Repetitive Learning (1회 2회 3회)

어떤 공장에서 전기설비에 관한 절연상태를 측정한 결과가 다음과 같이 나왔다. 절연상태가 불량인 것은?

① 사무실의 110[V] 전등회로의 절연저항값이 1.1[MΩ]이었다.

② 단상 유도전동기 전용 220[V] 분기개폐기의 절연저항값이 1.25[MΩ]이었다.

③ 정격이 440[V], 300[kW]인 고주파 유도 가열기 전로의 절연저항값이 0.8[MΩ]이었다.

④ 40[W], 220[V]의 형광등 회로의 절연저항값이 1.2[MΩ]이었다.

해설

- 정격전압이 440V인 경우 절연저항은 1.0[MΩ] 이상이어야 한다.

옥내 사용전압에 따른 절연저항값

전로의 사용전압	DC 시험전압	절연저항치
SELV 및 PELV	250[V]	0.5[MΩ]
FELV, 500[V] 이하	500[V]	1.0[MΩ]
500[V] 초과	1,000[V]	1.0[MΩ]

- 특별저압(2차 전압이 AC 50V, DC 120V 이하)으로 SELV(비접지회로 구성) 및 PELV(접지회로 구성)은 1차와 2차가 전기적으로 절연된 회로, FELV는 1차와 2차가 전기적으로 절연되지 않은 회로이다.

73 ④ 74 ① 75 ③ 정답

1903

76

방폭구조에 관계있는 위험 특성이 아닌 것은?

① 발화온도
② 증기밀도
③ 화염일주한계
④ 최소점화전류

해설

- 방폭구조와 관련되는 위험특성은 최대안전틈새(화염일주한계), 최소점화전류비, 발화온도 등과 관련된다.

방폭구조 위험특성

- 내압방폭구조의 최대안전틈새 범위에 따른 분류 실필 1601

최대안전틈새	0.9mm 이상	0.5mm ~ 0.9mm	0.5mm 이하
가스 또는 증기 분류 (IEC)	ⅡA	ⅡB	ⅡC
최대안전틈새	0.6mm 초과	0.4mm ~ 0.6mm	0.4mm 미만
가스 또는 증기 분류 (KEC)	1	2	3

- 본질안전방폭구조를 대상으로 하는 최소점화전류비에 의한 분류

최소점화전류비	0.8 초과	0.45 이상 0.8 이하	0.45 미만
가스 또는 증기 분류	ⅡA	ⅡB	ⅡC

- 최고 표면온도와 온도등급 분류

최고 표면온도	450[℃]	300[℃]	200[℃]	135[℃]	100[℃]	85[℃]
온도 등급	T_1	T_2	T_3	T_4	T_5	T_6

77

허용접촉전압과 종별이 서로 다른 것은?

① 제1종 : 2.5[V] 초과
② 제2종 : 25[V] 이하
③ 제3종 : 50[V] 이하
④ 제4종 : 제한없음

해설

- 1종은 인체의 대부분이 수중에 있는 상태에 해당하며, 이때의 허용접촉전압은 2.5[V] 이하이다.

접촉상태별 허용접촉전압

종별	접촉상태	허용 접촉전압
1종	인체의 대부분이 수중에 있는 상태	2.5[V] 이하
2종	• 인체가 현저하게 젖어있는 상태 • 금속성의 전기기계 장치나 구조물에 인체의 일부가 상시 접속되어 있는 상태	25[V] 이하
3종	통상의 인체상태에 있어서 접촉전압이 가해지더라도 위험성이 낮은 상태	50[V] 이하
4종	접촉전압이 가해질 우려가 없는 경우	제한없음

0701

78

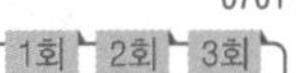

두 물체의 마찰로 3,000V의 정전기가 생겼다. 폭발성 위험의 장소에서 두 물체의 정전용량은 약 몇 [pF]이면 폭발로 이어지겠는가?(단, 착화에너지는 0.25 [mJ]이다)

① 14　② 28
③ 45　④ 56

해설

- 최소착화에너지(W)와 전압(V)이 주어져 있는 상태에서 정전용량을 묻는 문제이므로 식을 역으로 이용하면 $C = \frac{2W}{V^2}$이다.
- $C = \frac{2 \times 0.25 \times 10^{-3}}{9 \times 10^6} = 55.56 \times 10^{-12}$[F]이므로 55.56[pF]이다.

최소발화에너지(MIE : Minimum Ignition Energy)

㉠ 개요
- 공기 중에 가연성 가스나 증기 또는 폭발성분이 존재할 때 이를 발화시키는 데 필요한 최저의 에너지를 말한다.
- 발화에너지의 양은 $W = \frac{1}{2}CV^2$[J]로 구한다.
- 단위는 밀리줄[mJ] / 줄[J]을 사용한다.

㉡ 특징
- 압력, 온도, 산소농도, 연소속도에 반비례한다.
- 유체의 유속이 높아지면 최소발화에너지는 커진다.
- 불활성 기체의 첨가는 발화에너지를 크게 하고, 혼합기체의 전압이 낮아도 발화에너지는 커진다.
- 일반적으로 화학양론농도보다도 조금 높은 농도일 때에 최솟값이 된다.

정답 | 76 ② 77 ① 78 ④

79 Repetitive Learning (1회 2회 3회)

교류 아크용접기용 자동전격방지기의 시동감도는 높을수록 좋으나, 극한상황하에서 전격을 방지하기 위해서 시동감도는 몇 [Ω]을 상한치로 하는 것이 바람직한가?

① 500[Ω]　　② 1,000[Ω]

③ 1,500[Ω]　　④ 2,000[Ω]

해설

- 전격방지장치의 시동감도란 용접봉을 모재에 접촉시켜 아크를 발생시킬 때 전격방지장치가 동작할 수 있는 용접기의 2차측 최대저항으로, 최대 500[Ω] 이하로 제한된다.

:: 전격방지장치의 시동감도

- 용접봉을 모재에 접촉시켜 아크를 발생시킬 때 전격방지장치가 동작할 수 있는 용접기의 2차측 최대저항을 말한다.
- 표준시동감도란 정격전원전압(전원을 용접기의 출력측에서 취하는 경우는 무부하전압의 하한값을 포함한다)에 있어서 전격방지기를 시동시킬 수 있는 출력회로의 시동감도로서 명판에 표시된 것을 말한다.
- 시동감도가 너무 민감하면 감전의 위험이 올라가므로 최대 500[Ω] 이하로 제한된다.

80 Repetitive Learning (1회 2회 3회)

자동전격방지장치에 대한 설명으로 올바른 것은?

① 아크 발생이 중단된 후 약 1초 이내에 출력측 무부하전압을 자동적으로 10V 이하로 강화시킨다.

② 용접 시에 용접기 2차측의 부하전압을 무부하전압으로 변경시킨다.

③ 용접봉을 모재에 접촉할 때 용접기 2차측은 폐회로가 되며, 이때 흐르는 전류를 감지한다.

④ SCR 등의 개폐용 반도체 소자를 이용한 유접점방식이 많이 사용되고 있다.

해설

- 아크 발생이 중단된 후 약 1초 이내에 출력측 무부하전압을 자동적으로 25[V] 이하로 강화시킨다.
- 용접 시에 용접기 2차측의 출력전압을 무부하전압으로 변경시킨다.
- SCR 등의 개폐용 반도체 소자를 이용한 무접점방식이 많이 사용되고 있다.

:: 자동전격방지장치의 기능

- 아크 발생이 중단된 후 약 1초 이내에 출력측 무부하전압을 자동적으로 25[V] 이하로 강화시킨다.
- 용접 시에 용접기 2차측의 출력전압을 무부하전압으로 변경시킨다.
- 용접봉을 모재에 접촉할 때 용접기 2차측은 폐회로가 되며, 이때 흐르는 전류를 감지한다.
- SCR 등의 개폐용 반도체 소자를 이용한 무접점방식이 많이 사용되고 있다.

5과목 화학설비 안전관리

0502 / 0803 / 1101 / 2102

81 Repetitive Learning

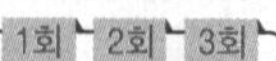

산업안전보건법에 의한 공정안전보고서에 포함되어야 하는 내용 중 공정안전자료의 세부내용에 해당하지 않는 것은?

① 안전운전지침서

② 각종 건물·설비의 배치도

③ 유해·위험설비의 목록 및 사양

④ 위험설비의 안전설계·제작 및 설치 관련 지침서

해설

- 안전운전지침서는 안전운전계획의 세부내용으로 공정안전자료와는 구분된다.

:: 공정안전보고서의 공정안전자료의 세부내용

- 취급·저장하고 있거나 취급·저장하려는 유해·위험물질의 종류 및 수량
- 유해·위험물질에 대한 물질안전보건자료
- 유해·위험설비의 목록 및 사양
- 유해·위험설비의 운전방법을 알 수 있는 공정도면
- 각종 건물·설비의 배치도
- 폭발위험장소 구분도 및 전기단선도
- 위험설비의 안전설계·제작 및 설치 관련 지침서

79 ① 80 ③ 81 ① 정답

0701 / 2202

82

Repetitive Learning 1회 2회 3회

가스를 화학적 특성에 따라 분류할 때 독성 가스가 아닌 것은?

① 황화수소(H_2S)
② 시안화수소(HCN)
③ 이산화탄소(CO_2)
④ 산화에틸렌(C_2H_4O)

해설

• 이산화탄소(CO_2)는 독성이 아주 약한(TWA 5,000) 물질로 독성 가스의 범주에 포함되지 않는다.

TWA(Time Weighted Average) 실필 1301

• 시간가중 평균노출기준이라고 한다.
• 1일 8시간 작업을 기준으로 유해요인의 측정치에 발생시간을 곱하여 8로 나눈 값이다.
• 독성이 강할수록 TWA값은 작아진다.

유독물질	포스겐/불소	염소	니트로벤젠 염화수소	사염화탄소	나프탈렌	일산화탄소	아세톤	이산화탄소
TWA (ppm)	0.1	0.5	1	5	10	30	500	5,000
독성	← 강하다							약하다 →

83

Repetitive Learning 1회 2회 3회

다음 중 연소 시 발생하는 열에너지를 흡수하는 매체를 화염 속에 투입하여 소화하는 방법은?

① 냉각소화
② 희석소화
③ 질식소화
④ 억제소화

해설

• 연소 시 발생하는 열에너지를 흡수하는 매체를 화염 속에 투입하는 소화법은 냉각소화법이다.

냉각소화법

• 액체의 증발잠열을 이용하여 연소 시 발생하는 열에너지를 흡수하는 매체를 화염 속에 투입하여 소화시키는 방법이다.
• 튀김 기름이 인화되었을 때 싱싱한 야채를 넣어 소화하는 경우에 해당되는 소화법이다.
• 스프링클러 소화설비, 강화액 등이 대표적인 종류이다.

1001

84

Repetitive Learning 1회 2회 3회

다음 중 석유화재의 거동에 관한 설명으로 틀린 것은?

① 액면상의 연소 확대에 있어서 액온이 인화점보다 높을 경우 예혼합형 전파연소를 나타낸다.
② 액면상의 연소 확대에 있어서 액온이 인화점보다 낮을 경우 예열형 전파연소를 나타낸다.
③ 저장조 용기의 직경이 1[m] 이상에서 액면 강하속도는 용기 직경에 관계없이 일정하다.
④ 저장조 용기의 직경이 1[m] 이상이면 층류화염 형태를 나타낸다.

해설

• 저장조 용기의 직경이 1m 이상일 경우 복사열의 영향을 받는 난류화염으로 직경에 관계없이 액면 강하속도는 일정한 추이를 보인다.

층류화염과 난류화염

• 층류화염은 연료와 공기를 층류로 분출하고 확산에 의해 혼합하면서 연소시키는 버너의 연소방식으로 난류 확산 연소에 비해 연소속도가 늦고, 화염은 길며, 연소음은 낮은 것이 특징이다. 흐름의 각 부분에 농도차가 있으면, 균일 농도가 되기 어렵다.
• 저장조 용기의 직경이 1m 이하의 경우 층류화염이며, 저장조 용기의 직경이 1m 이상일 경우 복사열의 영향을 받는 난류화염이다.

85

Repetitive Learning 1회 2회 3회

미국소방협회(NFPA)의 위험표시 라벨에 황색 숫자는 어떠한 위험성을 나타내는가?

① 건강위험성
② 화재위험성
③ 반응위험성
④ 기타위험성

해설

• 적색은 인화성, 청색은 건강위험성, 황색은 반응성, 백색부분은 기타 위험을 나타낸다.

NFPA 위험성 표시 라벨

• 미국 전국화재방화협회(National Fire Protection Association)에서 규정한 위험물질 등급규격이다.

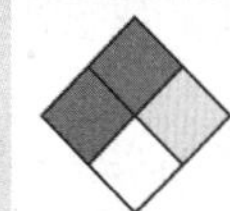

• 적색은 인화성, 청색은 건강위험성, 황색은 반응성, 백색부분은 기타 위험을 나타낸다.
• 백색부분을 제외한 부분에는 0~4까지 단계로 구분하는데 숫자 값이 클수록 위험도는 증가한다.

0903 / 2103

86

Repetitive Learning 1회 2회 3회

가스누출감지경보기의 선정기준, 구조 및 설치방법에 관한 설명으로 옳지 않은 것은?

① 암모니아를 제외한 가연성 가스 누출감지경보기는 방폭 성능을 갖는 것이어야 한다.

② 독성가스 누출감지경보기는 해당 독성가스 허용농도의 25[%] 이하에서 경보가 울리도록 설정하여야 한다.

③ 하나의 감지대상가스가 가연성이면서 독성인 경우에는 독성가스를 기준하여 가스누출감지경보기를 선정하여야 한다.

④ 건축물 내에 설치되는 경우, 감지대상가스의 비중이 공기보다 무거운 경우에는 건축물 내의 하부에 설치하여야 한다.

해설

- 가연성 가스 누출감지경보기는 경보 설정치 대비 ±25[%] 이하이나 독성가스 누출감지경보기는 경보 설정치 대비 ±30[%] 이하이다.

가스누출감지경보기의 선정기준, 구조 및 설치방법

- 암모니아를 제외한 가연성 가스 누출감지경보기는 방폭 성능을 갖는 것이어야 한다.
- 가연성 가스 누출감지경보기는 경보 설정치 대비 ±25[%] 이하이나 독성가스 누출감지경보기는 경보 설정치 대비 ±30[%] 이하이다.
- 하나의 감지대상가스가 가연성이면서 독성인 경우에는 독성가스를 기준하여 가스누출감지경보기를 선정하여야 한다.
- 건축물 내에 설치되는 경우, 감지대상가스의 비중이 공기보다 무거운 경우에는 건축물 내의 하부에 설치하여야 한다.

0503 / 1103 / 1901

87

Repetitive Learning 

다음 중 자연 발화의 방지법에 관계가 없는 것은?

① 점화원을 제거한다.

② 저장소 등의 주위 온도를 낮게 한다.

③ 습기가 많은 곳에는 저장하지 않는다.

④ 통풍이나 저장법을 고려하여 열의 축적을 방지한다.

해설

- 자연발화는 점화원 없이 발생하는 화재로 점화원 제거와는 관련이 없다.

자연발화의 방지대책

- 주위의 온도와 습도를 낮춘다.
- 열이 축적되지 않도록 통풍을 잘 시킨다.
- 공기가 접촉되지 않도록 불활성 액체 중에 저장한다.
- 황린의 경우 산소와의 접촉을 피한다.

1703 / 2103

88

Repetitive Learning 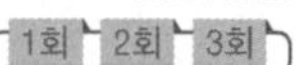

[보기]의 물질을 폭발범위가 넓은 것부터 좁은 순서로 바르게 배열한 것은?

H_2	C_3H_8	CO	CH_4

① $CO > H_2 > C_3H_8 > CH_4$

② $H_2 > CO > CH_4 > C_3H_8$

③ $C_3H_8 > CO > CH_4 > H_2$

④ $CH_4 > H_2 > CO > C_3H_8$

해설

- 보기에 주어진 가스의 폭발범위가 좁은 값부터 넓은 값 순으로 나열하면 프로판(C_3H_8) < 메탄(CH_4) < 일산화탄소(CO) < 수소(H_2) 순이다.

주요 가스의 폭발상한계, 하한계, 폭발범위, 위험도 실필 1603

가스	폭발 하한계	폭발 상한계	폭발범위	위험도
아세틸렌 (C_2H_2)	2.5	81	78.5	$\frac{81-2.5}{2.5}=31.4$
수소 (H_2)	4.0	75	71	$\frac{75-4.0}{4.0}=17.75$
일산화탄소 (CO)	12.5	74	61.5	$\frac{74-12.5}{12.5}=4.92$
암모니아 (NH_3)	15	28	13	$\frac{28-15}{15}=0.87$
메탄 (CH_4)	5.0	15	10	$\frac{15-5}{5}=2$
이황화탄소 (CS_2)	1.3	41.0	39.7	$\frac{41-1.3}{1.3}=30.54$
프로판 (C_3H_8),	2.1	9.5	7.4	$\frac{9.5-2.1}{2.1}=3.52$
부탄 (C_4H_{10})	1.8	8.4	6.6	$\frac{8.4-1.8}{1.8}=3.67$

86 ② 87 ① 88 ② 정답

89

Repetitive Learning (1회 2회 3회)

탱크 내부에서 작업 시 작업용구에 관한 설명으로 옳지 않은 것은?

① 유리라이닝을 한 탱크 내부에서는 줄사다리를 사용한다.
② 가연성 가스가 있는 경우 불꽃을 내기 어려운 금속을 사용한다.
③ 용접 절단 시에는 바람의 영향을 억제하기 위하여 환기장치의 설치를 제한한다.
④ 탱크 내부에 인화성 물질의 증기로 인한 폭발 위험이 우려되는 경우 방폭구조의 전기기계·기구를 사용한다.

해설

- 탱크와 같은 밀폐공간 내에서 작업을 할 때에는 환기장치가 설치되어야 한다.

∷ 산소결핍이 예상되는 맨홀·탱크 내에서 작업 시 사고방지대책

- 작업개시 전, 작업재개 전, 교대작업 시작 전 유해공기 농도 측정
- 작업 전 유해공기의 농도가 기준농도를 넘어가지 않도록 충분한 환기를 실시하고, 작업장소에서 메탄가스, 황화수소 등의 가스가 발생할 가능성이 있을 시는 계속 환기 실시
- 호흡용보호구(공기호흡기, 송기마스크)의 착용
- 밀폐공간작업 상황을 상시 감시할 수 있는 감시인을 지정하여 밀폐공간 외부에 배치하여야 하고, 작업 시 감시인과 상시 연락할 수 있는 장비 및 설비를 갖춰야 함
- 밀폐공간작업장소에 관계자 외 출입금지, 산소결핍에 의한 위험장소 등의 출입금지표지판 설치

90

분말 소화설비에 관한 설명으로 옳지 않은 것은?

① 기구가 간단하고 유지관리가 용이하다.
② 온도 변화에 대한 약제의 변질이나 성능의 저하가 없다.
③ 분말은 흡습력이 작으며 금속의 부식을 일으키지 않는다.
④ 다른 소화설비보다 소화능력이 우수하며 소화시간이 짧다.

해설

- 분말 소화설비의 분말은 흡습력이 강하고, 금속의 부식을 일으킨다.

∷ 분말 소화설비

㉠ 개요

- 기구가 간단하고 유지관리가 용이하다.
- 온도 변화에 대한 약제의 변질이나 성능의 저하가 없다.
- 다른 소화설비보다 소화능력이 우수하며 소화시간이 짧다.
- 안전하고, 저렴하고, 경제적이며, 어떤 화재에도 최대의 소화능력을 갖는다.
- 분말은 흡습력이 강하고, 금속의 부식을 일으키는 단점을 갖는다.

㉡ 분말 소화기의 구분

종별	주성분	적응화재
1종	탄산수소나트륨($NaHCO_3$)	B, C급 화재
2종	탄산수소칼륨($KHCO_3$)	B, C급 화재
3종	제1인산암모늄($NH_4H_2PO_4$)	A, B, C급 화재
4종	탄산수소칼륨과 요소와의 반응물($KC_2N_2H_3O_3$)	B, C급 화재

1703 / 1802

91

다음 중 인화점이 가장 낮은 물질은?

① CS_2
② C_2H_5OH
③ CH_3COCH_3
④ $CH_3COOC_2H_5$

해설

- 보기의 물질을 인화점이 낮은 것부터 높은 순으로 배열하면 이황화탄소(CS_2) < 아세톤(CH_3COCH_3) < 아세트산에틸($CH_3COOC_2H_5$) < 에탄올(C_2H_5OH) 순이다.

∷ 주요 인화성 가스의 인화점

인화성 가스	인화점[℃]	인화성 가스	인화점[℃]
이황화탄소(CS_2)	-30	아세톤(CH_3COCH_3)	-18
벤젠(C_6H_6)	-11	아세트산에틸($CH_3COOC_2H_5$)	-4
수소(H_2)	4~75	메탄올(CH_3OH)	11
에탄올(C_2H_5OH)	13	가솔린	0℃ 이하
등유	40~70	아세트산(CH_3COOH)	41.7
중유	60~150	경유	62 ~

정답 | 89 ③ 90 ③ 91 ①

92

Repetitive Learning (1회 2회 3회)

산업안전보건법에서 규정하고 있는 위험물 중 부식성 염기류로 분류되기 위하여 농도가 40[%] 이상이어야 하는 물질은?

① 염산　② 아세트산
③ 불산　④ 수산화칼륨

해설

- 부식성 염기류는 농도가 40% 이상인 수산화나트륨 · 수산화칼륨, 그 밖에 이와 동등 이상의 부식성을 가지는 염기류를 말한다.

∷ 부식성 물질

㉠ 부식성 산류
- 농도가 20% 이상인 염산 · 황산 · 질산, 그 밖에 이와 동등 이상의 부식성을 가지는 물질
- 농도가 60% 이상인 인산 · 아세트산 · 불산, 그 밖에 이와 동등 이상의 부식성을 가지는 물질

㉡ 부식성 염기류
- 농도가 40% 이상인 수산화나트륨 · 수산화칼륨, 그 밖에 이와 동등 이상의 부식성을 가지는 염기류

1001

93

Repetitive Learning (1회 2회 3회)

8[vol%] 헥산, 3[vol%] 메탄, 1[vol%] 에틸렌으로 구성된 혼합가스의 연소하한값(LFL)은 약 몇 [vol%]인가?(단, 각 물질의 공기 중 연소하한값은 헥산은 1.1[vol%], 메탄은 5.0[vol%], 에틸렌은 2.7[vol%]이다)

① 0.69　② 1.45
③ 1.95　④ 2.45

해설

- 개별가스의 mol분율을 먼저 구한다.
- 가연성 물질의 부피의 합인 8+3+1=12를 100으로 했을 때 가스의 mol분율은 헥산(C_6H_{14})은 66.67(8/12), 메탄(CH_4)은 25(3/12), 에틸렌(C_2H_4)은 8.33(1/12)이 된다.
- 혼합가스의 폭발하한계 LEL

$$=\frac{100}{\frac{66.67}{1.1}+\frac{25}{5.0}+\frac{8.33}{2.7}}=\frac{100}{60.6+5+3.08}=1.456[\text{vol\%}]$$이다.

∷ 혼합가스의 폭발한계와 폭발범위 실필 1603

㉠ 폭발한계
- 혼합가스의 폭발한계는 혼합가스를 구성하는 각 가스의 폭발한계당 mol분율 합의 역수로 구한다.
- 혼합가스의 폭발한계는 $\frac{1}{\sum_{i=1}^{n}\frac{\text{mol분율}}{\text{폭발한계}}}$로 구한다.
- [vol%]를 구할 때는 $\frac{100}{\sum_{i=1}^{n}\frac{\text{mol분율}}{\text{폭발한계}}}$[vol%] 식을 이용한다.

㉡ 폭발범위
- 폭발상한계와 폭발하한계를 각각 구해서 범위를 구한다.

94

Repetitive Learning (1회 2회 3회)

어떤 습한 고체재료 10[kg]의 건조 후 무게를 측정하였더니 6.8[kg]이었다. 이 재료의 함수율은 몇 [kg · H_2O/kg]인가?

① 0.25　② 0.36
③ 0.47　④ 0.58

해설

- 건조 전 질량이 10kg, 건조 후 질량이 6.8kg이므로 $\frac{10-6.8}{6.8}=\frac{3.2}{6.8}=0.47$이 된다.

∷ 함수율
- 어떤 재료 내에 포함된 수분의 양을 표시한다.
- 함수율은 $\frac{\text{건조 전 질량}-\text{건조 후 질량}}{\text{건조 후 질량}}$으로 구한다.

1703 / 2001

95

Repetitive Learning (1회 2회 3회)

반응성 화학물질의 위험성은 주로 실험에 의한 평가보다 문헌조사 등을 통한 계산에 의해 평가하는 방법이 사용되고 있는데, 이에 관한 설명으로 옳지 않은 것은?

① 위험성이 너무 커서 물성을 측정할 수 없는 경우 계산에 의한 평가 방법을 사용할 수도 있다.
② 연소열, 분해열, 폭발열 등의 크기에 의해 그 물질의 폭발 또는 발화의 위험예측이 가능하다.
③ 계산에 의한 평가를 하기 위해서는 폭발 또는 분해에 따른 생성물의 예측이 이루어져야 한다.
④ 계산에 의한 위험성 예측은 모든 물질에 대해 정확성이 있으므로 더 이상의 실험을 필요로 하지 않는다.

해설

- 계산에 의한 위험성 예측은 주어진 상황과 물질의 변화에 따라 달라질 수 있으므로 실험을 통해서 정확한 결과를 구해야 한다.

92 ④ 93 ② 94 ③ 95 ④ | 정답

:: 계산을 통한 반응성 화학물질의 위험성의 평가

- 위험성이 너무 커서 물성을 측정할 수 없는 경우 계산에 의한 평가방법을 사용할 수도 있다.
- 연소열, 분해열, 폭발열 등의 크기에 의해 그 물질의 폭발 또는 발화의 위험예측이 가능하다.
- 계산에 의한 평가를 하기 위해서는 폭발 또는 분해에 따른 생성물의 예측이 이루어져야 한다.
- 계산에 의한 위험성 예측은 주어진 상황과 물질의 변화에 따라 달라질 수 있으므로 실험을 통해서 정확한 결과를 구해야 한다.

96 —— Repetitive Learning (1회 2회 3회)

보기의 고압가스용 기기재료로 구리를 사용하여도 안전한 것은?

① O_2 ② C_2H_2
③ NH_3 ④ H_2S

해설

- 아세틸렌(C_2H_2)과 황화수소(H_2S)는 구리와 접촉 시 폭발하므로 함께 사용해서는 안 된다.
- 암모니아(NH_3)는 구리 및 구리화합물을 부식시키므로 함께 사용을 금한다.

:: 구리 등의 사용제한

- 용해아세틸렌의 가스집합 용접장치의 배관 및 부속기구는 구리나 구리 함유량이 70% 이상인 합금을 사용해서는 아니 된다.
- 구리 사용제한 이유는 아세틸렌이 구리와 접촉 시 아세틸라이드라는 폭발성 물질이 생성되기 때문이다.

0802

97 —— Repetitive Learning (1회 2회 3회)

산업안전보건법에서 정한 위험물질을 기준량 이상 제조, 취급, 사용 또는 저장하는 설비로서 내부의 이상상태를 조기에 파악하기 위하여 필요한 온도계·유량계·압력계 등의 계측장치를 설치하여야 하는 대상이 아닌 것은?

① 가열로 또는 가열기
② 증류·정류·증발·추출 등 분리를 하는 장치
③ 반응폭주 등 이상화학반응에 의하여 위험물질이 발생할 우려가 있는 설비
④ 300[℃] 이상의 온도 또는 게이지 압력이 $7[kg/cm^2]$ 이상의 상태에서 운전하는 설비

해설

- ①, ②, ③ 외에 발열반응이 일어나는 반응장치, 가열시켜 주는 물질의 온도가 가열되는 위험물질의 분해온도 또는 발화점보다 높은 상태에서 운전되는 설비, 온도가 섭씨 350[℃] 이상이거나 게이지 압력이 980[kPa] 이상인 상태에서 운전되는 설비 등이 계측장치의 설치가 요구되는 특수화학설비에 해당한다.

:: 계측장치를 설치해야 하는 특수화학설비

㉠ 계측장치 설치 특수화학설비의 종류
- 발열반응이 일어나는 반응장치
- 증류·정류·증발·추출 등 분리를 하는 장치
- 가열시켜 주는 물질의 온도가 가열되는 위험물질의 분해온도 또는 발화점보다 높은 상태에서 운전되는 설비
- 반응폭주 등 이상화학반응에 의하여 위험물질이 발생할 우려가 있는 설비
- 온도가 섭씨 350[℃] 이상이거나 게이지 압력이 980[kPa] 이상인 상태에서 운전되는 설비
- 가열로 또는 가열기 등이 있다.

㉡ 대표적인 위험물질별 기준량
- 인화성 가스(수소, 아세틸렌, 에틸렌, 메탄, 에탄, 프로판, 부탄 등) : $50m^3$
- 인화성 액체(에틸에테르·가솔린·아세트알데히드·산화프로필렌 등) : 200L
- 급성독성물질(시안화수소·플루오르아세트산·소디움염·디옥신 등) : 5kg
- 급성독성물질(산화제2수은·시안화나트륨·시안화칼륨·폴리비닐알코올·2-클로로아세트알데히드·염화제2수은 등) : 20kg

98 —— Repetitive Learning (1회 2회 3회)

폭굉현상은 혼합물질에만 한정되는 것이 아니고, 순수 물질에 있어서도 그 분해열이 폭굉을 일으키는 경우가 있다. 다음 중 고압하에서 폭굉을 일으키는 순수물질은?

① 오존 ② 아세톤
③ 아세틸렌 ④ 아조메탄

해설

- 폭굉은 혼합가스뿐 아니라 수소, 아세틸렌 등 반응성이 큰 연료에서도 발생한다.

:: 폭굉(Detonation)

㉠ 개요
- 어떤 물질 내에서 반응전파속도가 음속보다 빠르게 진행되고 이로 인해 발생된 충격파가 반응을 일으키는 폭발현상을 말한다.
- 초기압력의 20배 이상 압력이 상승하여 전파속도 1,000~3,500[m/s]의 충격파를 형성한다.

정답 | 96 ① 97 ④ 98 ③

ⓛ 특징
- 가스 폭발 중 가장 파괴적인 형태로 나타난다.
- 폭굉은 혼합가스뿐 아니라 수소, 아세틸렌 등 반응성이 큰 연료에서도 발생한다.
- 폭굉 유도거리(DID)란 관 속의 폭굉가스가 완만한 연소에서 격렬한 폭굉으로 발전할 때까지의 거리로 짧을수록 위험하다.

ⓒ 폭굉 유도거리 조건
- 압력이 높을수록 짧다.
- 점화원의 에너지가 강할수록 짧다.
- 정상연소속도가 큰 혼합가스일수록 짧다.
- 관 속에 방해물이 있거나 관의 지름이 작을수록 짧다.

99

Repetitive Learning (1회 2회 3회)

다음 중 스프링식 안전밸브를 대체할 수 있는 안전장치는?

① 캡(Cap)
② 파열판(Rupture disk)
③ 게이트밸브(Gate valve)
④ 벤트스택(Vent stack)

해설

- 운전 중 안전밸브에 이상물질이 누적되어 안전밸브가 작동되지 아니할 우려가 있는 경우를 대비하여 파열판을 설치한다.

파열판

ⓖ 개요
- 압력용기, 배관, 덕트 및 봄베 등의 밀폐장치가 과잉압력 또는 진공에 의해 파손될 위험이 있을 경우 이를 방지하기 위한 안전장치이다.
- 특히 화학변화에 의한 에너지 방출이나 반응폭주와 같이 짧은 시간 내의 급격한 압력변화에 적합한 안전장치이다.
- 후압이 존재하고 증기압 변화량을 제어할 목적인 경우에 적합한 안전장치이다.

ⓛ 설치해야 하는 경우 실필 1703/1003
- 반응폭주 등 급격한 압력상승의 우려가 있는 경우
- 진공에 의해 파손될 우려가 있는 경우
- 방출량이 많고 순간적으로 많은 방출이 필요한 경우
- 내부 물질이 액체와 분말의 혼합 상태인 경우
- 급성독성물질의 누출로 인하여 주위의 작업환경을 오염시킬 우려가 있는 경우
- 운전 중 안전밸브에 이상 물질이 누적되어 안전밸브가 작동되지 아니할 우려가 있는 경우

1103

100

Repetitive Learning (1회 2회 3회)

공기 중 암모니아가 20[ppm](노출기준 25[ppm]), 톨루엔이 20[ppm](노출기준 50[ppm])이 완전 혼합되어 존재하고 있다. 혼합물질의 노출기준을 보정하는데 활용하는 노출지수는 약 얼마인가?(단, 두 물질 간에 유해성이 인체의 서로 다른 부위에 작용한다는 증거는 없다)

① 1.0 ② 1.2
③ 1.5 ④ 1.6

해설

- 주어진 값을 식에 대입하면
노출지수는 $\frac{20}{25}+\frac{20}{50}=\frac{40+20}{50}=1.2$이다.
이는 1보다 크므로 위험물질 규정량 범위를 초과한 상태이다.

혼합물질의 허용농도와 노출지수
- 유해·위험물질별로 가장 큰 값$\left(\frac{C}{T}\right)$을 각각 구하여 합산한 값(R) 대비 개별 물질의 농도 합으로 구한다(C는 화학물질 각각의 측정치, T는 화학물질 각각의 노출기준이다).
- 허용농도 $=\frac{\sum_{i=1}^{n} C_n}{\sum_{i=1}^{n}\frac{C_n}{T_n}}$로 구한다. 이때 $\sum_{i=1}^{n}\frac{C_n}{T_n}$를 노출지수라 하고 노출지수는 1을 초과하지 아니하는 것으로 한다.

6과목 건설공사 안전관리

0802 / 1101 / 1502

101

Repetitive Learning (1회 2회 3회)

철골작업을 중지하여야 하는 기준으로 옳은 것은?

① 1시간당 강설량이 1cm 이상인 경우
② 풍속이 초당 15m 이상인 경우
③ 진도 3 이상의 지진이 발생한 경우
④ 1시간당 강우량이 1cm 이상인 경우

해설

- 철골작업을 중지해야 하는 악천후 기준에는 풍속 초당 10m, 강우량 시간당 1mm, 강설량 시간당 1cm 이상인 경우이다.

철골작업 중지 악천후 기준 실필 2401/1803/1801/1201/0802
- 풍속이 초당 10m 이상인 경우
- 강우량이 시간당 1mm 이상인 경우
- 강설량이 시간당 1cm 이상인 경우

99 ② 100 ② 101 ① 정답

102 — Repetitive Learning (1회 2회 3회)

말뚝을 절단할 때 내부응력에 가장 큰 영향을 받는 말뚝은?

① 나무말뚝
② PC말뚝
③ 강말뚝
④ RC말뚝

해설

- PC말뚝은 구멍을 뚫은 후 PC강선을 넣고 인장하는 방법으로 말뚝을 절단할 경우 내부에 들어있는 PC강선도 절단되어 내부응력이 상실된다.

PC말뚝(Prestressed Concrete pile)

- PC강선을 미리 인장하여 그 주위에 콘크리트를 쳐서 굳은 후 PC강선의 인장장치를 풀어서 콘크리트 말뚝에 Prestress를 넣는 방법과 콘크리트에 구멍을 뚫어 놓고 콘크리트가 굳은 후 구멍 속에 PC강선을 넣고 인장하여 그 끝을 콘크리트 단부에 정착하여 Prestress를 넣는 방법으로 구분한다.
- 말뚝을 절단할 경우 내부에 들어있는 PC강선이 절단되면 내부응력을 상실하게 되므로 주의해야 한다.

0401 / 0903 / 1802

103 — Repetitive Learning (1회 2회 3회)

압쇄기를 사용하여 건물 해체 시 그 순서로 가장 타당한 것은?

[보기]
A : 보, B : 기둥, C : 슬래브, D : 벽체

① A → B → C → D
② A → C → B → D
③ C → A → D → B
④ D → C → B → A

해설

- 압쇄기를 사용한 건물 해체 시 슬래브 – 보 – 벽체 – 기둥 순으로 한다.

압쇄기를 사용한 건물 해체

- 유압식 파워셔블에 부착하여 콘크리트 등에 강력한 압축력을 가해 파쇄하는 방법이다.
- 사전에 압쇄기가 설치되는 지반 또는 구조물 슬래브에 대한 안전성을 확인하고 위험이 예상되는 경우 침하로 인한 중기의 전도방지 또는 붕괴 위험요인을 사전에 제거토록 조치하여야 한다.
- 상층에서 하층으로 작업해야 한다.
- 건물 해체 시에는 슬래브 – 보 – 벽체 – 기둥 순으로 한다.

0801

104 — Repetitive Learning (1회 2회 3회)

콘크리트의 측압에 관한 설명으로 옳은 것은?

① 거푸집 수밀성이 크면 측압은 작다.
② 철근의 양이 적으면 측압은 작다.
③ 부어넣기 속도가 빠르면 측압은 작아진다.
④ 외기의 온도가 낮을수록 측압은 크다.

해설

- 거푸집 수밀성이 크면 측압은 크다.
- 철근량이 적을수록 측압은 커진다.
- 콘크리트의 부어넣기 속도가 빠를수록 측압이 크다.

콘크리트 측압

- 콘크리트의 타설 속도가 빠를수록 측압이 크다.
- 콘크리트 비중이 클수록 측압이 크다.
- 진동기를 사용하면 다짐이 충분해지므로 측압은 커진다.
- 슬럼프(Slump)가 크고, 배합이 좋을수록 크다.
- 거푸집의 수평단면이 클수록 측압은 크다.
- 거푸집의 강성이 클수록 측압은 크다.
- 벽 두께가 두꺼울수록 측압은 커진다.
- 습도가 높을수록, 온도가 낮을수록 측압은 커진다.
- 철근량이 적을수록 측압은 커진다.
- 부배합이 빈배합보다 측압이 크다.
- 조강시멘트 등을 활용하면 측압은 작아진다.

0403 / 0602 / 0901 / 1102 / 1902 / 2001

105 — Repetitive Learning (1회 2회 3회)

가설계단 및 계단참을 설치하는 때에는 매 m^2당 몇 kg 이상의 하중에 견딜 수 있는 강도를 가진 구조로 설치하여야 하는가?

① 200kg ② 300kg
③ 400kg ④ 500kg

해설

- 사업주는 계단 및 계단참을 설치하는 경우 매 m^2당 500kg 이상의 하중에 견딜 수 있는 강도를 가진 구조로 설치하여야 한다.

계단의 강도 실필 1603/1302

- 사업주는 계단 및 계단참을 설치하는 경우 매 m^2당 500kg 이상의 하중에 견딜 수 있는 강도를 가진 구조로 설치하여야 하며, 안전율은 4 이상으로 하여야 한다.
- 사업주는 계단 및 승강구 바닥을 구멍이 있는 재료로 만드는 경우 렌치나 그 밖의 공구 등이 낙하할 위험이 없는 구조로 하여야 한다.

정답 | 102 ② 103 ③ 104 ④ 105 ④

1703

106

Repetitive Learning (1회 2회 3회)

지반조사의 간격 및 깊이에 대한 내용으로 옳지 않은 것은?

① 조사 간격은 지층상태, 구조물 규모에 따라 정한다.
② 지층이 복잡한 경우에는 기 조사한 간격 사이에 보완조사를 실시한다.
③ 절토, 개착, 터널구간은 기반암의 심도 5~6m까지 확인한다.
④ 조사 깊이는 액상화문제가 있는 경우에는 모래층 하단에 있는 단단한 지지층까지 조사한다.

해설

- 절토, 개착, 터널구간은 기반암의 심도 2m까지 확인해야 한다.

∷ 지반조사의 간격 및 깊이

- 조사 간격은 지층상태, 구조물 규모에 따라 정한다.
- 지층이 복잡한 경우에는 기 조사한 간격 사이에 보완조사를 실시한다.
- 절토, 개착, 터널구간은 기반암의 심도 2m까지 확인한다.
- 조사 깊이는 액상화문제가 있는 경우에는 모래층 하단에 있는 단단한 지지층까지 조사한다.

0501

107

Repetitive Learning (1회 2회 3회)

비계의 높이가 2m 이상인 작업장소에 작업발판을 설치할 때 그 폭은 최소 얼마 이상이어야 하는가?

① 30cm
② 40cm
③ 50cm
④ 60cm

해설

- 작업발판의 폭은 40cm 이상으로 하고, 발판재료 간의 틈은 3cm 이하로 한다.

∷ 작업발판의 구조 실필 0801 실작 1601

- 발판재료는 작업할 때의 하중을 견딜 수 있도록 견고한 것으로 할 것
- 작업발판의 폭은 40cm 이상으로 하고, 발판재료 간의 틈은 3cm 이하로 할 것
- 선박 및 보트 건조작업의 경우 선박블록 또는 엔진실 등의 좁은 작업공간에 작업발판을 설치하기 위하여 필요하면 작업발판의 폭을 30cm 이상으로 할 수 있고, 걸침비계의 경우 강관기둥 때문에 발판재료 간의 틈을 3cm 이하로 유지하기 곤란하면 5cm 이하로 할 수 있다. 이 경우 그 틈 사이로 물체 등이 떨어질 우려가 있는 곳에는 출입금지 등의 조치를 하여야 한다.
- 추락의 위험이 있는 장소에는 안전난간을 설치할 것
- 작업발판의 지지물은 하중에 의하여 파괴될 우려가 없는 것을 사용할 것
- 작업발판 재료는 뒤집히거나 떨어지지 않도록 둘 이상의 지지물에 연결하거나 고정시킬 것
- 작업발판을 작업에 따라 이동시킬 경우에는 위험방지에 필요한 조치를 할 것

1703 / 2101 / 2202

108

Repetitive Learning (1회 2회 3회)

이동식 비계를 조립하여 작업을 하는 경우의 준수기준으로 옳지 않은 것은?

① 비계의 최상부에서 작업을 할 때에는 안전난간을 설치하여야 한다.
② 작업발판의 최대적재하중은 400kg을 초과하지 않도록 한다.
③ 승강용 사다리는 견고하게 설치하여야 한다.
④ 작업발판은 항상 수평을 유지하고 작업발판 위에서 안전난간을 딛고 작업을 하거나 받침대 또는 사다리를 사용하여 작업하지 않도록 한다.

해설

- 이동식 비계의 작업발판 최대적재하중은 250kg을 초과하지 않도록 한다.

∷ 이동식 비계 조립 및 사용 시 준수사항

- 이동식 비계의 바퀴에는 뜻밖의 갑작스러운 이동 또는 전도를 방지하기 위하여 브레이크·쐐기 등으로 바퀴를 고정시킨 다음 비계의 일부를 견고한 시설물에 고정하거나 아웃트리거(Outrigger)를 설치하는 등 필요한 조치를 할 것
- 승강용 사다리는 견고하게 설치할 것
- 비계의 최상부에서 작업을 하는 경우에는 안전난간을 설치할 것
- 작업발판은 항상 수평을 유지하고 작업발판 위에서 안전난간을 딛고 작업을 하거나 받침대 또는 사다리를 사용하여 작업하지 않도록 할 것
- 작업발판의 최대적재하중은 250kg을 초과하지 않도록 할 것

106 ③ 107 ② 108 ② | 정답

2102 / 2103

109 Repetitive Learning (1회 2회 3회)

작업발판 일체형 거푸집에 해당되지 않는 것은?

① 갱 폼(Gang form)
② 슬립 폼(Slip form)
③ 유로 폼(Euro form)
④ 클라이밍 폼(Climbing form)

해설

- 작업발판 일체형 거푸집의 종류에는 갱 폼(Gang form), 슬립 폼(Slip form), 클라이밍 폼(Climbing form), 터널라이닝 폼(Tunnel lining form) 등이 있다.

:: 작업발판 일체형 거푸집 실필 1301

- 작업발판 일체형 거푸집은 거푸집의 설치·해체, 철근 조립, 콘크리트 타설, 콘크리트면처리 작업 등을 위하여 작업발판과 일체로 제작하여 사용하는 거푸집을 말한다.
- 종류에는 갱 폼(Gang form), 슬립 폼(Slip form), 클라이밍 폼(Climbing form), 터널라이닝 폼(Tunnel lining form), 그 밖에 거푸집과 작업발판이 일체로 제작된 거푸집 등이 있다.

110 Repetitive Learning (1회 2회 3회)

흙막이벽을 설치하여 기초 굴착작업 중 굴착부 바닥이 솟아 올랐다. 이에 대한 대책으로 옳지 않은 것은?

① 굴착주변의 상재하중을 증가시킨다.
② 흙막이벽의 근입 깊이를 깊게 한다.
③ 토류벽의 배면토압을 경감시킨다.
④ 지하수 유입을 막는다.

해설

- 굴착부 바닥이 솟아오르는 현상은 히빙 현상이다. 이를 위한 대책으로 굴착주변의 상재하중을 제거하여 토압을 최대한 낮춰야지 상재하중을 증가시켜서는 안 된다.

:: 히빙(Heaving)

㉠ 개요

- 흙막이벽체 내·외의 토사의 중량 차에 의해 점토지반의 토공사에서 흙막이 밖에 있는 흙이 안으로 밀려 들어와 내측 흙이 부풀어 오르는 현상을 말한다.
- 연약한 점토지반에서 굴착면의 융기 혹은 흙막이벽의 근입장 깊이가 부족할 경우 발생한다.
- 히빙으로 인해 배면의 토사 붕괴, 지보공의 파괴, 굴착저면이 솟아오르는 등의 현상이 발생한다.

㉡ 히빙(Heaving) 예방대책

- 어스앵커를 설치하거나 소단을 두면서 굴착한다.
- 굴착주변을 웰포인트(Well point) 공법과 병행한다.
- 흙막이벽의 근입심도를 확보한다.
- 지반개량으로 흙의 전단강도를 높인다.
- 굴착주변의 상재하중을 제거하여 토압을 최대한 낮춘다.
- 토류벽의 배면토압을 경감시킨다.
- 굴착저면에 토사 등 인공중력을 가중시킨다.

111 Repetitive Learning (1회 2회 3회)

토석붕괴의 위험이 있는 사면에서 작업할 경우의 행동으로 옳지 않은 것은?

① 동시작업의 금지
② 대피공간의 확보
③ 2차 재해의 방지
④ 급격한 경사면 계획

해설

- 사면의 경사도가 급할 경우 사고 및 붕괴재해 발생 가능성이 증가하므로 굴착작업 시 토질의 특성을 고려하여 굴착면의 안전한 기울기를 준수하여야 한다.

:: 사면작업 시의 안전행동 요령

- 동시작업 및 단독작업 금지
- 굴착지반의 토질, 지층상태, 매설물, 함수 유무 등 사전조사
- 대피공간의 확보
- 2차 재해의 방지
- 굴착작업 시 토질의 특성을 고려하여 굴착면의 안전한 기울기 준수
- 작업시작 전·후 안전점검

1102

112 Repetitive Learning (1회 2회 3회)

작업장 출입구 설치 시 준수해야 할 사항으로 옳지 않은 것은?

① 주된 목적이 하역운반계용인 출입구에는 보행자용 출입구를 따로 설치하지 않을 것
② 출입구의 위치·수 및 크기가 작업장의 용도와 특성에 맞도록 할 것
③ 출입구에 문을 설치하는 경우에는 근로자가 쉽게 열고 닫을 수 있도록 할 것
④ 계단이 출입구와 바로 연결된 경우에는 작업자의 안전한 통행을 위하여 그 사이에 1.2m 이상 거리를 두거나 안내표지 또는 비상벨 등을 설치할 것

정답 | 109 ③ 110 ① 111 ④ 112 ①

해설

- 주된 목적이 하역운반기계용인 출입구에는 인접하여 보행자용 출입구를 따로 설치해야 한다.

작업장의 출입구

- 출입구의 위치, 수 및 크기가 작업장의 용도와 특성에 맞도록 할 것
- 출입구에 문을 설치하는 경우에는 근로자가 쉽게 열고 닫을 수 있도록 할 것
- 주된 목적이 하역운반기계용인 출입구에는 인접하여 보행자용 출입구를 따로 설치할 것
- 하역운반기계의 통로와 인접하여 있는 출입구에서 접촉에 의하여 근로자에게 위험을 미칠 우려가 있는 경우에는 비상등·비상벨 등 경보장치를 할 것
- 계단이 출입구와 바로 연결된 경우에는 작업자의 안전한 통행을 위하여 그 사이에 1.2m 이상 거리를 두거나 안내표지 또는 비상벨 등을 설치할 것

1701 / 2101

113 Repetitive Learning (1회 2회 3회)

흙의 투수계수에 영향을 주는 인자에 관한 설명으로 옳지 않은 것은?

① 공극비 : 공극비가 클수록 투수계수는 작다.
② 포화도 : 포화도가 클수록 투수계수는 크다.
③ 유체의 점성계수 : 점성계수가 클수록 투수계수는 작다.
④ 유체의 밀도 : 유체의 밀도가 클수록 투수계수는 크다.

해설

- 투수계수는 흙 입자 크기의 제곱, 공극비의 세제곱에 비례한다.

흙의 투수계수

㉠ 개요
- 흙속에 스며드는 물의 통과 용이성을 보여주는 수치값이다.
- 투수계수는 현장시험을 통하여 구할 수 있다.
- 투수계수가 크면 투수량이 많다.
- 투수계수 $k = D_s^2 \times \frac{\gamma_w}{\mu} \times \frac{e^3}{1+e} \times C$로 구한다.
  (D_s: 흙 입자의 크기, γ_w: 물의 단위중량, μ : 물의 점성계수, e : 공극비, C : 흙 입자의 형상)

㉡ 특징
- 투수계수는 흙 입자 크기의 제곱, 공극비의 세제곱에 비례한다.
- 공극비의 크기가 클수록, 포화도가 클수록 투수계수는 증가한다.
- 유체의 밀도 및 농도, 물의 온도가 높을수록 투수계수는 크다.
- 유체의 점성계수는 투수계수와 반비례하여 점성계수가 클수록 투수계수는 작아진다.

1001

114 Repetitive Learning (1회 2회 3회)

철근 인력운반에 대한 설명으로 옳지 않은 것은?

① 운반할 때에는 중앙부를 묶어 운반한다.
② 긴 철근은 두 사람이 한 조가 되어 어깨메기로 운반하는 것이 좋다.
③ 운반 시 1인당 무게는 25kg 정도가 적당하다.
④ 긴 철근을 한 사람이 운반할 때는 한쪽을 어깨에 메고 한쪽 끝을 땅에 끌면서 운반한다.

해설

- 철근을 운반할 때는 양쪽 끝을 묶어서 운반한다.

철근 인력운반 작업수칙

- 1인당 무게는 25kg 정도가 적당하며, 무리한 운반을 삼가도록 한다.
- 2인 이상이 1조가 되어 어깨메기로 운반한다.
- 긴 철근을 부득이 한 사람이 운반할 때는 앞부분을 한쪽 어깨에 메고 뒤쪽 끝을 끌면서 운반한다.
- 운반할 때는 양쪽 끝을 묶어서 운반한다.
- 내려놓을 때는 천천히 내려놓도록 한다.
- 공동작업을 할 때는 신호에 따라 작업한다.

1102 / 1803

115 Repetitive Learning (1회 2회 3회)

철골작업에서의 승강로 설치기준 중 ( ) 안에 알맞은 것은?

> 사업주는 근로자가 수직방향으로 이동하는 철골부재에는 답단 간격이 ( ) 이내인 고정된 승강로를 설치하여야 한다.

① 20cm ② 30cm
③ 40cm ④ 50cm

해설

- 사업주는 근로자가 수직방향으로 이동하는 철골부재(鐵骨部材)에는 답단(踏段) 간격이 30cm 이내인 고정된 승강로를 설치하여야 한다.

승강로의 설치

- 사업주는 근로자가 수직방향으로 이동하는 철골부재(鐵骨部材)에는 답단(踏段) 간격이 30cm 이내인 고정된 승강로를 설치하여야 하며, 수평방향 철골과 수직방향 철골이 연결되는 부분에는 연결작업을 위하여 작업발판 등을 설치하여야 한다.

113 ① 114 ① 115 ② 정답

1901

116

Repetitive Learning (1회 2회 3회)

산업안전보건기준에 관한 규칙에 따른 거푸집 동바리를 조립하는 경우의 준수사항으로 옳지 않은 것은?

① 개구부 상부에 동바리를 설치하는 경우에는 상부하중을 견딜 수 있는 견고한 받침대를 설치할 것
② 동바리의 이음은 맞댄이음이나 장부이음으로 하고 같은 품질의 재료를 사용할 것
③ 강재와 강재의 접속부 및 교차부는 철선을 사용하여 단단히 연결할 것
④ 거푸집이 곡면인 경우에는 버팀대의 부착 등 그 거푸집의 부상(浮上)을 방지하기 위한 조치를 할 것

해설

- 강재의 접속부 및 교차부는 볼트·클램프 등 전용철물을 사용하여 단단히 연결하여야 한다.

거푸집 동바리 등의 안전조치

㉠ 공통사항
- 받침목의 사용, 콘크리트 타설, 말뚝박기 등 동바리의 침하를 방지하기 위한 조치를 할 것
- 동바리의 상하 고정 및 미끄러짐 방지 조치를 할 것
- 상부·하부의 동바리가 동일 수직선상에 위치하도록 하여 깔판·받침목에 고정시킬 것
- 개구부 상부에 동바리를 설치하는 경우에는 상부하중을 견딜 수 있는 견고한 받침대를 설치할 것
- U헤드 등의 단판이 없는 동바리의 상단에 멍에 등을 올릴 경우에는 해당 상단에 U헤드 등의 단판을 설치하고, 멍에 등이 전도되거나 이탈되지 않도록 고정시킬 것
- 동바리의 이음은 같은 품질의 재료를 사용할 것
- 강재의 접속부 및 교차부는 볼트·클램프 등 전용철물을 사용하여 단단히 연결할 것
- 거푸집의 형상에 따른 부득이한 경우를 제외하고는 깔판이나 받침목은 2단 이상 끼우지 않도록 할 것
- 깔판이나 받침목을 이어서 사용하는 경우에는 그 깔판·받침목을 단단히 연결할 것

㉡ 동바리로 사용하는 파이프 서포트
- 파이프 서포트를 3개 이상 이어서 사용하지 않도록 할 것
- 파이프 서포트를 이어서 사용하는 경우에는 4개 이상의 볼트 또는 전용철물을 사용하여 이을 것
- 높이가 3.5m를 초과하는 경우 2m 이내마다 수평연결재를 2개 방향으로 설치할 것

㉢ 동바리로 사용하는 강관틀의 경우
- 강관틀과 강관틀 사이에 교차가새를 설치할 것
- 최상단 및 5단 이내마다 동바리의 측면과 틀면의 방향 및 교차가새의 방향에서 5개 이내마다 수평연결재를 설치하고 수평연결재의 변위를 방지할 것
- 최상단 및 5단 이내마다 동바리의 틀면의 방향에서 양단 및 5개틀 이내마다 교차가새의 방향으로 띠장틀을 설치할 것

117

Repetitive Learning (1회 2회 3회)

달비계 설치 시 와이어로프를 사용할 때 사용 가능한 와이어로프의 조건은?

① 지름의 감소가 공칭지름의 8%인 것
② 이음매가 없는 것
③ 심하게 변형되거나 부식된 것
④ 와이어로프의 한 꼬임에서 끊어진 소선의 수가 10%인 것

해설

- 이음매가 없는 것은 달비계 와이어로프로 사용이 가능하다. 이음매가 있는 것은 달비계 와이어로프 사용금지 대상에 포함된다.

달기구 및 크레인 등의 양중기, 항타기, 항발기에서 사용하는 와이어로프의 사용금지 규정
- 이음매가 있는 것
- 와이어로프의 한 꼬임[(스트랜드(Strand)]에서 끊어진 소선(素線)의 수가 10% 이상인 것
- 지름의 감소가 공칭지름의 7%를 초과하는 것
- 꼬인 것
- 심하게 변형되거나 부식된 것
- 열과 전기충격에 의해 손상된 것

0302 / 0903

118

Repetitive Learning (1회 2회 3회)

장비 자체보다 높은 장소의 땅을 굴착하는 데 적합한 장비는?

① 파워셔블(Power shovel)
② 불도저(Bulldozer)
③ 드래그라인(Dragline)
④ 크램쉘(Clam shell)

해설

- 불도저(Bulldozer)는 무한궤도가 달려 있는 트랙터 앞머리에 블레이드(Blade)를 부착하여 흙의 굴착 압토 및 운반 등의 작업을 하는 토목기계이다.
- 드래그라인(Drag line)은 상당히 넓고 얕은 범위의 점토질지반 굴착에 적합하며, 수중의 모래 채취에 많이 이용되는 굴착기계이다.
- 크램쉘(Clam shell)은 수중굴착 및 구조물의 기초바닥 등과 같은 협소하고 상당히 깊은 범위의 굴착과 호퍼작업에 사용하는 굴착기계이다.

파워셔블(Power shovel)
- 셔블(Shovel)은 버킷의 굴삭방향이 백호우와 반대인 것으로 기계가 위치한 지면보다 높은 곳을 파는 작업에 가장 적합한 굴착기계이다.
- 지면을 굴삭하고 선회하여 굴삭한 토석을 트럭에 싣는 기계이다.

정답 | 116 ③ 117 ② 118 ①

1003

119

Repetitive Learning (1회 2회 3회)

앵글 도저보다 큰 각으로 움직일 수 있어 흙을 깎아 옆으로 밀어내면서 전진하므로 제설, 제토작업 및 다량의 흙을 전방으로 밀어 가는 데 적합한 불도저는?

① 스트레이트 도저
② 틸트 도저
③ 레이크 도저
④ 힌지 도저

해설

- 스트레이트 도저(Straight dozer)는 배토판이 90°로 장착되어 있어 상하로 10° 경사시켜 절도 및 송토작업에 사용되는 불도저이다.
- 틸트 도저(Tilt dozer)는 블레이드를 레버로 조정 가능하고 상하 20~25°까지 기울일 수 있는 불도저로 나무뿌리 제거, V형 배수로 작업 등에 이용된다.
- 레이크 도저(Rake dozer)는 배토판 대신 레이크를 부착하여 발근용이나 지상 청소작업에 사용되는 불도저이다.

힌지 도저(Hinge dozer)

- 불도저 중 앵글 도저보다 큰 각으로 움직일 수 있어 흙을 깎아 옆으로 밀어내면서 전진하므로 제설, 제토작업 및 다량의 흙을 전방으로 밀어 가는 데 적합한 불도저이다.
- 제설 및 토사운반용으로 다량의 흙을 전방으로 밀어내는 데 적합하다.

120

Repetitive Learning (1회 2회 3회)

흙의 특성으로 옳지 않은 것은?

① 흙은 선형재료이며 응력-변형률 관계가 일정하게 정의된다.
② 흙의 성질은 본질적으로 비균질, 비등방성이다.
③ 흙의 거동은 연약지반에 하중이 작용하면 시간의 변화에 따라 압밀침하가 발생한다.
④ 점토 대상이 되는 흙은 지표면 밑에 있기 때문에 지반의 구성과 공학적 성질은 시추를 통해서 자세히 판명된다.

해설

- 똑같은 흙이라도 흙의 압밀 정도에 따라 전단응력과 전단변형이 서로 다른 결과를 가져온다.

흙의 특성

- 흙의 성질은 본질적으로 비균질, 비등방성이다.
- 흙의 거동은 연약지반에 하중이 작용하면 시간의 변화에 따라 압밀침하가 발생한다.
- 점토 대상이 되는 흙은 지표면 밑에 있기 때문에 지반의 구성과 공학적 성질은 시추를 통해서 자세히 판명된다.
- 똑같은 흙이라도 흙의 압밀 정도에 따라 전단응력과 전단변형이 서로 다른 결과를 가져온다.

119 ④ 120 ① 정답

MEMO

출제문제 분석 2014년 3회

구분	1과목	2과목	3과목	4과목	5과목	6과목	합계
New 유형	4	3	2	3	2	3	17
New 문제	15	12	10	7	6	5	55
또나온문제	4	7	7	7	6	6	37
자꾸나온문제	9	1	3	6	8	9	28
합계	20	20	20	20	20	20	120

- New유형은 New문제 중 기존 기출문제와 완전히 다른 유형의 문제를 말합니다.
- New문제는 기존에 출제되지 않은 문제로 이번에 처음 출제되는 문제입니다.
- 또나온문제는 기존에 출제된 적이 1번 있는 문제를 말합니다.
- 자꾸나온문제는 기존에 출제된 적이 2번 이상 있는 문제를 말합니다. 그만큼 중요한 문제입니다.

몇 년분의 기출문제를 공부해야 합격할 수 있을까요?

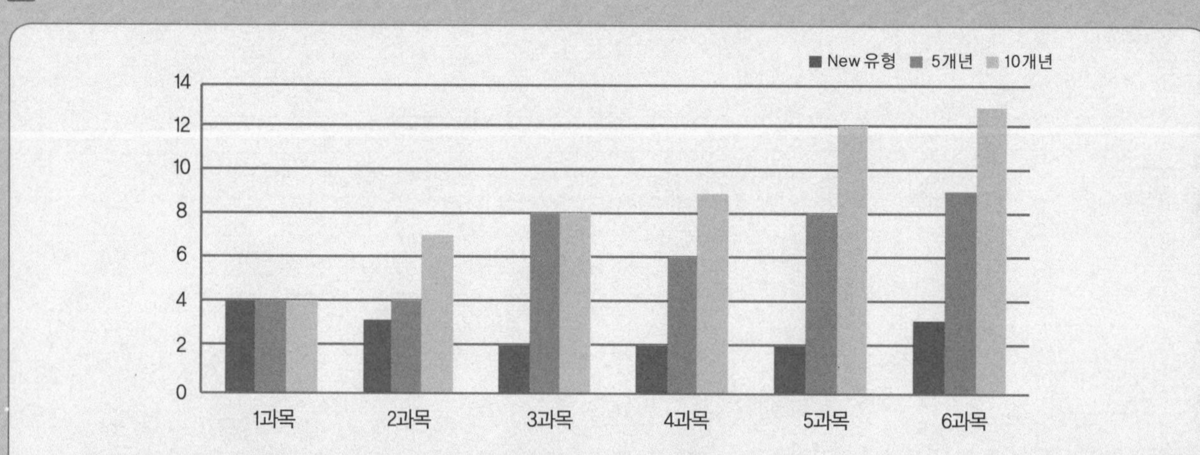

- 완전 새로운 유형의 문제는 17문제이고 103문제가 이미 출제된 문제 혹은 변형문제입니다.
- 5년분(2016～2020) 기출에서 동일문제가 39문항이 출제되었고, 10년분(2011～2020) 기출에서 동일문제가 53문항이 출제되었습니다.

실기에 나왔어요!! 외우세요!!!

실기시험은 필답형과 작업형으로 구분되어 있으며 모두 직접 주관식으로 내용을 적어야 합니다. 필기공부하면서 실기 출제된 내역들은 좀 더 신경써서 암기하실 필요가 있어요. 필기 합격자 발표 난 후 실기시험까지는 5주밖에 여유가 없답니다. 어차피 공부할 것 필기 때 확실하게 해준다면 실기도 단방에 합격할 수 있습니다.

- 총 33개의 해설이 실기 필답형 시험과 연동되어 있습니다.
- 총 3개의 해설이 실기 작업형 시험과 연동되어 있습니다.

분석의견

최근 10년분의 기출문제와 답을 반복암기해서는 합격점수인 72점에서 19점이 부족합니다. 최근 5년분 및 10년분 기출출제비율이 평균보다 낮아 다소 어려운 난이도를 유지하고 있습니다. 특히 1과목은 10년분을 학습해도 동일한 문제가 4문제밖에 나오지 않아 확실한 배경학습이 없을 경우 과락을 면하기 어려울 것으로 판단됩니다. 합격에 필요한 점수를 획득하기 위해서는 최근 5년분 문제와 핵심이론의 3회독 혹은 최근 10년분 문제와 핵심이론의 2회독 이상의 학습이 필요합니다.

2014년 제3회

2014년 8월 17일 필기

14년 3회차 필기시험
합격률 34.4%

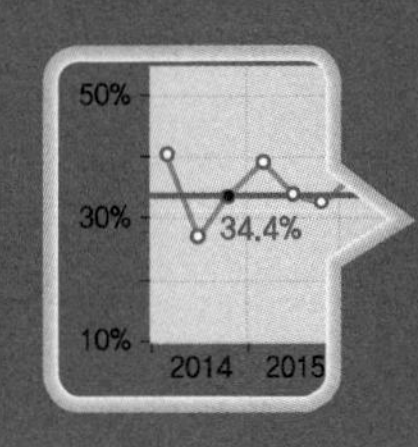

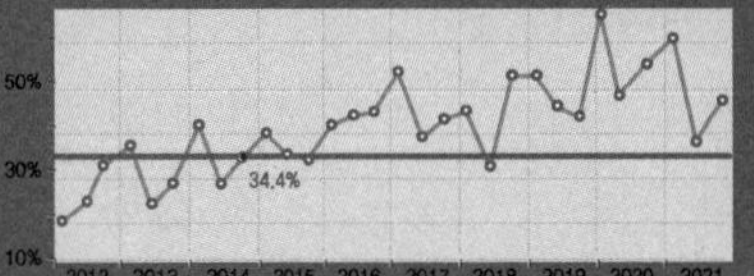

1과목 산업재해 예방 및 안전보건교육

1002 / 1703

01 Repetitive Learning (1회 2회 3회)

다음 중 산업안전보건법령상 사업 내 안전·보건교육에 있어 관리감독자 정기안전·보건교육의 교육내용에 해당되지 않은 것은?(단, 산업안전보건법 및 일반관리에 관한 사항은 제외한다)

① 작업개시 전 점검에 관한 사항
② 산업보건 및 직업병 예방에 관한 사항
③ 유해·위험 작업환경 관리에 관한 사항
④ 작업공정의 유해·위험과 재해 예방대책에 관한 사항

해설

- 작업개시 전 점검에 관한 사항에 대한 것은 채용 시의 교육 및 작업내용 변경 시의 교육 내용에 해당한다.

관리감독자 정기안전·보건교육 내용 실필 1801/1603/1001/0902

- 작업공정의 유해·위험과 재해 예방대책에 관한 사항
- 표준 안전작업방법 및 지도 요령에 관한 사항
- 산업보건 및 직업병 예방에 관한 사항
- 유해·위험 작업환경 관리에 관한 사항
- 직무스트레스 예방 및 관리에 관한 사항
- 산재보상보험제도에 관한 사항
- 안전보건교육 능력 배양에 관한 사항

02 Repetitive Learning (1회 2회 3회)

다음 중 데이비스(K. Davis)의 동기부여이론에서 인간의 성과(Human performance)를 가장 적합하게 나타낸 것은?

① 지식(Knowledge) × 기능(Skill)
② 기능(Skill) × 상황(Situation)
③ 상황(Situation) × 태도(Attitude)
④ 능력(Ability) × 동기유발(Motivation)

해설

- 지식(Knowledge) × 기능(Skill)은 능력이 된다.
- 상황(Situation) × 태도(Attitude)는 동기유발이 된다.

데이비스(K. Davis)의 동기부여이론 실필 1302

- 인간의 성과(Human performance) = 능력(Ability) × 동기유발(Motivation)
- 능력(Ability) = 지식(Knowledge) × 기능(Skill)
- 동기유발(Motivation) = 상황(Situation) × 태도(Attitude)
- 경영의 성과 = 인간의 성과 × 물질의 성과

03 Repetitive Learning (1회 2회 3회)

다음 중 브레인스토밍(Brain-storming) 기법에 관한 설명으로 옳은 것은?

① 타인의 의견에 대하여 장, 단점을 표현할 수 있다.
② 발언은 순서대로 하거나, 균등한 기회를 부여한다.
③ 주제와 관련이 없는 사항이라도 발언을 할 수 있다.
④ 이미 제시된 의견과 유사한 사항은 피하여 발언한다.

해설

- 브레인스토밍은 타인의 의견에 대하여 장단점을 표현하지 않는다.
- 브레인스토밍은 정해진 순서, 형식이나 규정 없이 발표할 수 있다.
- 브레인스토밍은 이미 제시된 의견을 수정하여 발표하거나 유사한 내용을 발표할 수 있다.

브레인스토밍(Brain-storming) 기법 실필 1503/0903

㉠ 개요
- 6~12명의 구성원으로 타인의 비판 없이 자유로운 토론을 통하여 다량의 독창적인 아이디어를 이끌어내고, 대안적 해결안을 찾기 위한 집단적 사고기법이다.

㉡ 4원칙
- 가능한 많은 아이디어와 의견을 제시하도록 한다.
- 주제를 벗어난 아이디어도 허용한다.
- 타인의 의견을 수정하여 발언하는 것을 허용한다.
- 절대 타인의 의견을 비판 및 비평하지 않는다.

정답 | 01 ① 02 ④ 03 ③

04

Repetitive Learning 1회 2회 3회

안전관리를 "안전은 ( )을(를) 제어하는 기술"이라 정의할 때 다음 중 ( )에 들어갈 용어로 예방 관리적 차원과 가장 가까운 용어는?

① 위험 ② 사고
③ 재해 ④ 상해

해설

- 예방 관리적 차원에서의 안전은 사고가 발생할 위험을 제어하는 기술로 봐야 한다.

∷ 안전 관련 용어의 정의

위험	잠재적인 손실이나 손상을 가져올 수 있는 상태나 조건
안전관리	기업의 생산성 향상과 재해로부터의 손실을 최소화하는 기법
안전	상해, 손실, 감손, 위해 등의 위험으로부터 자유로운 것
재해	안전사고의 결과로 일어난 인명과 재산의 손실

0502

05

Repetitive Learning 1회 2회 3회

다음 중 산업재해 통계의 활용 용도로 가장 적절하지 않은 것은?

① 제도의 개선 및 시정
② 재해의 경향파악
③ 관리자 수준 향상
④ 동종업종과의 비교

해설

- 재해 통계를 통해 근로자의 행동결함을 발견하고, 안전 재교육을 통해 근로자의 안전의식 수준을 높이는 용도로 활용되나 관리자 수준 향상과는 거리가 멀다.

∷ 산업재해 통계

㉠ 개요
- 산업재해 통계의 목적은 기업에서 발생한 산업재해에 대하여 효과적인 대책을 강구하기 위함이다.
- 재해의 구성요소, 경향, 분포상태를 알아 대책을 세우기 위함이다.
- 근로자의 행동결함을 발견하여 안전 재교육 훈련자료로 활용한다.
- 설비상의 결함요인을 개선 및 시정시키는 데 활용한다.

㉡ 활용 시 주의사항
- 산업재해 통계는 구체적으로 표시되어야 한다.
- 산업재해 통계를 기반으로 안전조건이나 상태를 추측해서는 안 된다.
- 산업재해 통계 그 자체보다는 재해 통계에 나타난 경향과 성질의 활동을 중요시해야 한다.
- 동종업종과의 비교를 통해 집중할 점을 확인할 수 있다.
- 안전업무의 정도와 안전사고 감소 목표의 수준을 확인할 수 있다.

1901

06

Repetitive Learning 1회 2회 3회

다음 중 산업안전보건법령상 의무안전인증대상 기계·기구 및 설비에 해당하지 않는 것은?

① 연삭기 ② 압력용기
③ 롤러기 ④ 고소(高所)작업대

해설

- 연삭기는 자율안전확인대상 기계·기구에 속한다.

∷ 의무안전인증대상 기계·기구 실필 1603/1403/1003/1001

- 프레스, 전단기, 절곡기, 크레인, 리프트, 압력용기, 롤러기, 사출성형기, 고소작업대, 곤돌라, 기계톱, 프레스 및 전단기 방호장치, 양중기용 과부하 방지장치, 보일러 압력방출용 안전밸브, 압력용기 압력방출용 안전밸브, 압력용기 압력방출용 파열판, 절연용 방호구 및 활선작업용 기구, 방폭구조 전기기계·기구 및 부품, 추락·낙하 및 붕괴 등의 위험방호에 필요한 가설기자재, 추락 및 감전위험방지용 안전모, 안전화, 안전장갑, 방진마스크, 방독마스크, 송기마스크, 전동식 호흡보호구, 보호복, 안전대, 차광 및 비산물 위험방지용 보안경, 용접용 보안면, 귀마개 또는 귀덮개

07

Repetitive Learning 1회 2회 3회

다음 중 인간의 행동 특성에 관한 레빈(Lewin)의 법칙 $B = f(P \cdot E)$에서 P에 해당되는 것은?

① 행동 ② 소질
③ 환경 ④ 함수

해설

- 행동은 B, 환경은 E, 함수는 f이다.

∷ 레빈(Lewin, K)의 법칙

- 행동 $B = f(P \cdot E)$로 이루어진다. 즉, 인간의 행동(B)은 개인(P)과 환경(E)의 상호 함수관계에 있다고 할 수 있다.
- B는 인간의 행동(Behavior)을 말한다.
- f는 동기부여를 포함한 함수(Function)이다.
- P는 Person 즉, 개체(소질)로 연령, 지능, 경험 등을 의미한다.
- E는 Environment 즉, 심리적 환경(인간관계, 작업환경 – 조명, 소음, 온도 등)을 의미한다.

04 ① 05 ③ 06 ① 07 ② 정답

08 Repetitive Learning 1회 2회 3회

[표]는 A작업장을 하루 10회 순회하면서 적발된 불안전한 행동건수이다. A작업장의 1일 불안전한 행동률은 약 얼마인가?

순회횟수	1회	2회	3회	4회	5회	6회	7회	8회	9회	10회
근로자수	100	100	100	100	100	100	100	100	100	100
불안전한 행동 적발건수	0	1	2	0	0	1	2	0	0	1

① 0.07%　② 0.7%
③ 7%　④ 70%

해설

- 100명이 근무하는 사업장에서 하루 10차례 순회했을 때 적발된 건수는 총 7회이다. 식에 대입하면 $\frac{7}{10\times100}\times100=0.7[\%]$이다.

불안전한 행동률

- 전체 근로자가 순회한 횟수 대비 불안전한 행동의 적발건수를 비율로 표시한 것이다.
- 불안전한 행동률은 $\frac{p}{n\times x}\times100[\%]$로 구할 수 있다.
  (n은 근로자의 수, x는 순회횟수, p는 불안전한 행동 적발건수)

09

다음 중 산업재해가 발생하였을 때 [보기]의 각 단계를 긴급처치의 순서대로 가장 적절하게 나열한 것은?

ⓐ 재해자 구출	ⓑ 관계자 통보
ⓒ 2차 재해 방지	ⓓ 관련 기계의 정지
ⓔ 재해자의 응급처치	ⓕ 현장 보존

① ⓐ → ⓓ → ⓑ → ⓔ → ⓒ → ⓕ
② ⓑ → ⓐ → ⓓ → ⓔ → ⓒ → ⓕ
③ ⓓ → ⓐ → ⓔ → ⓑ → ⓒ → ⓕ
④ ⓔ → ⓐ → ⓓ → ⓒ → ⓑ → ⓕ

해설

- 일단 재해와 관련된 기계부터 정지시킨 후 재해자의 구호에 들어가야 한다. 그렇지 않으면 구조를 위한 인원도 재해에 휘말릴 수 있다.

재해발생 시 조치사항 실필 1602/1002

- 재해발생 시 모든 사항에 우선하여 재해자에 대한 응급조치를 취해야 한다.
- 긴급조치 → 재해조사 → 원인분석 → 대책수립의 순을 따른다.
- 긴급조치 과정은 재해 발생 기계의 정지 → 재해자의 구조 및 응급조치 → 상급 부서의 보고 → 2차 재해의 방지 → 현장 보존 순으로 진행한다.

10 Repetitive Learning 1회 2회 3회

다음 중 리더의 행동스타일 리더십을 연결시킨 것으로 잘못 연결된 것은?

① 부하 중심적 리더십 – 치밀한 감독
② 직무 중심적 리더십 – 생산과업 중시
③ 부하 중심적 리더십 – 부하와의 관계 중시
④ 직무 중심적 리더십 – 공식권한과 권력에 의존

해설

- 부하 중심적 리더십은 민주형 리더십으로 조직원의 자발적인 참여와 자율성을 강조한다. 치밀한 감독은 직무 중심적 리더십에 해당한다.

리더십(Leadership)

㉠ 개요
- 어떤 특정한 목표달성을 위해 조직에서 행사되는 영향력을 말한다.
- 리더십의 특성조건에는 혁신적 능력, 표현능력, 대인적 숙련 등을 들 수 있다.
- 특성이론이란 성공적인 리더가 가지는 특성을 연구하는 이론이다.
- 의사결정 방법에 따라 크게 권위형, 민주형, 자유방임형으로 구분된다.

㉡ 의사결정 방법에 따른 리더십의 구분

권위형	• 업무를 중심에 놓는다(직무 중심적). • 리더가 독단적으로 의사를 결정하고 관리한다. • 하향지시 위주로 조직이 운영된다.
민주형	• 인간관계를 중심에 놓는다(부하 중심적). • 조직원의 적극적인 참여와 자율성을 강조한다. • 조직원의 창의성을 개발할 수 있다.
자유방임형	• 리더십의 의미를 찾기 힘들다. • 방치, 무질서 등의 특징을 가진다.

11 Repetitive Learning 1회 2회 3회

안전교육의 내용에 있어 다음 설명과 가장 관계가 깊은 것은?

- 교육대상자가 그것을 스스로 행함으로 얻어진다.
- 개인의 반복적 시행착오에 의해서만 얻어진다.

① 안전지식의 교육　② 안전기능의 교육
③ 문제해결의 교육　④ 안전태도의 교육

해설

- 긴 시간 동안 개인의 반복적 시행착오에 의해서 형성되는 것은 2단계 기능교육이다.

정답 | 08 ② 09 ③ 10 ① 11 ②

:: 안전기능교육(안전교육의 제2단계)

- 작업능력 및 기술능력을 부여하는 교육으로 작업동작을 표준화시킨다.
- 교육대상자가 그것을 스스로 행함으로 얻어지는 것으로 시범식 교육이 가장 바람직한 교육방식이다.
- 긴 시간 동안 개인의 반복적 시행착오에 의해서 형성된다.
- 방호장치 관리 기능을 습득하게 한다.

12

Repetitive Learning (1회 2회 3회)

기업 내 정형교육 중 TWI(Training Within Industry)의 교육내용에 있어 직장 내 부하 직원에 대하여 가르치는 기술과 관련이 가장 깊은 기법은?

① JIT(Job Instruction Training)
② JMT(Job Method Training)
③ JRT(Job Relation Training)
④ JST(Job Safety Training)

해설

- JMT는 작업개선기법으로 작업개선방법과 관련된다.
- JRT는 인간관계 관리기법으로 부하통솔기법과 관련된다.
- JST는 안전작업방법으로 안전한 작업을 위한 훈련과 관련된다.

:: TWI(Training Within Industry for supervisor)

㉠ 개요
- 일선 관리감독자를 대상으로 인간관계를 개선하고 생산성을 향상시키기 위하여 고안된 훈련방법을 말한다.
- 교육내용에는 작업지도기법(JI : Job Instruction), 작업개선기법(JM : Job Methods), 인간관계기법(JR : Job Relations), 안전작업방법(JS : Job Safety) 등이 있다.

㉡ 주요 교육내용
- JRT(Job Relation Training)는 인간관계 관리기법으로 부하통솔기법과 관련된다.
- JIT(Job Instruction Training)는 작업지도기법으로 직장 내 부하 직원에 대하여 가르치는 기술과 관련된다.

13

Repetitive Learning (1회 2회 3회)

다음 중 방독마스크의 성능기준에 있어 사용 장소에 따른 등급의 설명으로 틀린 것은?

① 고농도는 가스 또는 증기의 농도가 100분의 2 이하의 대기 중에서 사용하는 것을 말한다.
② 중농도는 가스 또는 증기의 농도가 100분의 1 이하의 대기 중에서 사용하는 것을 말한다.
③ 저농도는 가스 또는 증기의 농도가 100분의 0.5 이하의 대기 중에서 사용하는 것으로서 긴급용이 아닌 것을 말한다.
④ 고농도와 중농도에서 사용하는 방독마스크는 전면형(격리식, 직결식)을 사용해야 한다.

해설

- 저농도는 가스 또는 증기의 농도가 100분의 0.1 이하의 대기 중에서 사용하는 것으로서 긴급용이 아닌 것을 말한다.

:: 방독마스크의 등급 실필 1801/0803

등급	사용 장소
고농도	가스 또는 증기의 농도가 100분의 2(암모니아에 있어서는 100분의 3) 이하의 대기 중에서 사용하는 것
중농도	가스 또는 증기의 농도가 100분의 1(암모니아에 있어서는 100분의 1.5) 이하의 대기 중에서 사용하는 것
저농도 및 최저농도	가스 또는 증기의 농도가 100분의 0.1 이하의 대기 중에서 사용하는 것으로서 긴급용이 아닌 것
방독마스크는 산소농도가 18% 이상인 장소에서 사용하여야 하고, 고농도와 중농도에서 사용하는 방독마스크는 전면형(격리식, 직결식)을 사용해야 한다.	

1902

14

Repetitive Learning (1회 2회 3회)

기술교육의 형태 중 존 듀이(J. Dewey)의 사고과정 5단계에 해당하지 않은 것은?

① 추론한다.
② 시사를 받는다.
③ 가설을 설정한다.
④ 가슴으로 생각한다.

해설

- 지식화(Intellectualization)단계를 다른 말로 머리로 생각하는 단계라 한다.

:: 존 듀이(Jone Dewey)의 5단계 사고과정

- 시사(Suggestion) → 지식화(Intellectualization) → 가설(Hypothesis)을 설정 → 추론(Reasoning) → 행동에 의하여 가설검토 순으로 진행된다.
- 이 과정을 정리하여 교육지도의 5단계는 원리의 제시 → 관련된 개념의 분석 → 가설의 설정 → 자료의 평가 → 결론 순으로 진행된다.

12 ① 13 ③ 14 ④ 정답

1703

15

Repetitive Learning 1회 2회 3회

다음 중 산업안전보건법령상 안전·보건표지의 종류에 있어 안내표지에 해당하지 않는 것은?

① 들것
② 비상용기구
③ 출입구
④ 세안장치

해설

- 비상구는 안내표지에 해당하지만 출입구는 별도의 표지가 없다.

:: 안전·보건표지

㉠ 개요

- 안전·보건표지는 사용목적에 따라 금지, 경고, 지시, 안내표지 및 출입금지표지로 구분된다.
- 안전·보건표지는 근로자의 안전의식을 고취하기 위해 부착한다.

㉡ 구분별 대표적인 종류

구분	종류
금지표지	출입금지, 보행금지, 차량통행금지, 사용금지, 금연·화기금지, 물체이동금지 등
경고표지	인화성물질경고, 산화성물질경고, 폭발물경고, 독극물경고, 부식성물질경고, 방사성물질경고, 고압전기경고, 매달린물체경고, 낙하물경고, 고온경고, 저온경고, 몸균형상실경고, 위험장소경고 등
지시표지	보안경착용, 방독마스크착용, 방진마스크착용, 보안면 착용, 안전모착용, 안전복착용 등
안내표지	녹십자표지, 응급구호표지, 들것, 세안장치, 비상구, 좌측비상구, 우측비상구 등
출입금지표지	허가대상유해물질취급, 석면취급및해체·제거, 금지유해물질취급 등

16

Repetitive Learning 1회 2회 3회

다음 중 인간의 착각현상에서 움직이지 않는 것이 움직이는 것처럼 느껴지는 현상을 무엇이라 하는가?

① 유도운동　② 잔상운동
③ 자동운동　④ 유선운동

해설

- 자동운동은 암실 내의 정지된 소광점을 응시하고 있으면 그 광점이 움직이는 것처럼 보이는 현상으로 어두울 때 생기는 착각현상이다.

:: 유도운동

- 인간의 착각현상 중에서 실제로 움직이지 않는 것이 어느 기준의 이동에 의하여 움직이는 것처럼 느껴지는 현상을 말한다.
- 버스나 전동차의 움직임으로 인하여 움직이지 않는 자신이 움직이는 것 같은 느낌을 받는 현상을 말한다.
- 구름 사이의 달 관찰 시 구름이 움직일 때 구름은 정지되어 있고, 달이 움직이는 것처럼 느껴지는 현상을 말한다.

17

Repetitive Learning 1회 2회 3회

다음 중 재해예방의 4원칙에 관한 설명으로 적절하지 않은 것은?

① 재해의 발생에는 반드시 그 원인이 있다.
② 사고의 발생과 손실의 발생에는 우연적 관계가 있다.
③ 재해는 원칙적으로 원인만 제거되면 예방이 가능하다.
④ 재해예방을 위한 대책은 존재하지 않으므로 최소화에 중점을 두어야 한다.

해설

- 대책선정의 원칙에 따르면 모든 사고는 대책선정이 가능하다.

:: 하인리히의 재해예방 4원칙 실필 1402/1001/0803

원칙	내용
대책선정의 원칙	사고의 원인을 발견하면 반드시 대책을 세워야 하며, 모든 사고는 대책선정이 가능하다는 원칙
손실우연의 원칙	사고로 인한 손실은 우연적이라는 원칙
예방가능의 원칙	모든 사고는 예방이 가능하다는 원칙
원인연계의 원칙 (원인계기의 원칙)	사고는 반드시 원인이 있으며 이는 필연적인 인과관계로 작용한다는 원칙

18

Repetitive Learning 1회 2회 3회

다음 중 Line-staff형 안전조직에 관한 설명으로 가장 옳은 것은?

① 생산부문의 책임이 막중하다.
② 명령계통과 조언·권고적 참여가 혼동되기 쉽다.
③ 안전지시나 조치가 철저하고, 실시가 빠르다.
④ 생산부문에는 안전에 대한 책임과 권한이 없다.

정답 | 15 ③ 16 ① 17 ④ 18 ②

해설

- Line형과 달리 Line-staff형은 안전계획, 평가 및 조사는 스태프에서, 생산기술의 안전대책은 라인에서 실시하는 것으로 권한과 책임이 나눠진다.
- 안전지시나 조치가 철저하고, 실시가 빠른 것은 Line형이다.
- Line-staff형에서 생산기술의 안전대책은 라인에서 책임지고 실시한다.

직계-참모(Line-staff)형 조직

㉠ 개요

- 가장 이상적인 조직형태로 1,000명 이상의 대규모 사업장에서 주로 사용된다.
- 라인의 관리 · 감독자에게도 안전에 관한 책임과 권한이 부여된다.
- 안전계획, 평가 및 조사는 스태프에서, 생산기술의 안전대책은 라인에서 실시한다.

㉡ 장점

- 안전 전문가에 의해 입안된 것을 경영자의 지침으로 명령 실시하므로 정확하고 신속하다.
- 조직원 전원을 자율적으로 안전활동에 참여시킬 수 있다.
- 라인의 관리, 감독자에게도 안전에 관한 책임과 권한이 부여된다.
- 안전활동과 생산업무가 유리될 우려가 없기 때문에 균형을 유지할 수 있어 이상적인 조직형태이다.

㉢ 단점

- 명령계통과 조언 · 권고적 참여가 혼동되기 쉽다.
- 스태프의 월권행위가 발생하는 경우가 있다.
- 라인이 스태프에 의존하거나 스태프를 활용하지 않는 경우가 있다.

19

Repetitive Learning (1회 2회 3회)

다음 중 안전교육 지도안의 4단계에 해당되지 않는 것은?

① 도입
② 적용
③ 제시
④ 보상

해설

- 안전교육 지도안은 도입, 제시, 적용, 확인 순으로 구성한다.

안전교육의 4단계

- 도입(준비) – 제시(설명) – 적용(응용) – 확인(총괄, 평가)단계를 거친다.

1단계	도입	구체적인 목표를 제시, 동기유발을 통해 관심과 흥미를 가지게 하고 심신의 여유를 준다.
2단계	제시(실연)	새로운 지식이나 기능을 설명하고 이해, 납득시킨다.
3단계	적용(실습)	피교육자가 공감을 느끼게 하고, 과제를 통해 문제해결하게 하거나 기능을 습득시킨다.
4단계	확인(평가)	피교육자가 교육내용을 충분히 이해했는지를 확인하고 평가한다.

20

Repetitive Learning (1회 2회 3회)

다음 중 안전점검 방법에서 육안점검과 가장 관련이 깊은 것은?

① 테스트 해머 점검
② 부식 · 마모 점검
③ 가스검지기 점검
④ 온도계 점검

해설

- 안전점검 방법에서 육안점검은 주로 기계장치 등의 부식이나 마모의 점검에 사용하는 방법이다.

육안점검(Visual check)

- 설비 등의 이상유무를 사람의 눈이나 귀 등으로 직접 관찰하는 방법을 말한다.
- 대부분의 일상점검은 육안점검을 사용한다.
- 기기나 설비의 부식 · 마모의 점검, 각종 연결장치의 연결상태 점검, 재료 표면의 결함점검 등에 이용된다.

19 ④ 20 ② 정답

2과목 인간공학 및 위험성 평가 · 관리

21 Repetitive Learning (1회 2회 3회)

다음 중 인간공학의 목표와 가장 거리가 먼 것은?

① 에러 감소
② 생산성 증대
③ 안전성 향상
④ 신체 건강 증진

해설

- 인간공학은 인간이 사용하는 물건, 설비, 환경의 설계에 인간의 생리적, 심리적인 면에서의 특성이나 한계점을 고려함으로써 인간-기계 시스템의 안전성과 편리성, 효율성을 높이는 학문분야이다.

인간공학(Ergonomics)

㉠ 개요
- "Ergon(작업) + nomos(법칙) + ics(학문)"이 조합된 단어로 Human factors, Human engineering이라고도 한다.
- 인간의 특성과 한계 능력을 공학적으로 분석, 평가하여 이를 복잡한 체계의 설계에 응용함으로써 효율을 최대로 활용할 수 있도록 하는 학문분야이다.
- 인간이 사용하는 물건, 설비, 환경의 설계에 인간의 생리적, 심리적인 면에서의 특성이나 한계점을 고려함으로써 인간-기계 시스템의 안전성과 편리성, 효율성을 높이는 학문분야이다.

㉡ 적용분야
- 제품설계
- 재해 · 질병 예방
- 장비 · 공구 · 설비의 배치
- 작업장 내 조사 및 연구

22 Repetitive Learning (1회 2회 3회)

다음 중 설비보전의 조직형태에서 집중보전(Central maintenance)의 장점이 아닌 것은?

① 보전요원은 각 현장에 배치되어 있어 재빠르게 작업할 수 있다.
② 전 공장에 대한 판단으로 중점보전이 수행될 수 있다.
③ 분업/전문화가 진행되어 전문적으로서 고도의 기술을 갖게 된다.
④ 직종 간의 연락이 좋고, 공사 관리가 쉽다.

해설

- 보전요원이 각 현장에 배치되어 있어 재빠르게 작업하는 것은 부분보전에 대한 설명이고, 집중보전은 보전요원을 한 곳에 집중시켜 관리하는 방식이다.

집중보전(Central maintenance)

㉠ 개요
- 현장의 모든 보전요원을 집중시켜 모든 보전을 한 부서에서 중점 관리하는 보전방식을 말한다.

㉡ 특징
- 분업/전문화가 진행되어 전문적으로서 고도의 기술을 갖게 된다.
- 직종 간의 연락이 좋고, 공사 관리가 쉽다.
- 작업의뢰에서 완료까지 시간이 오래 걸린다.

23 Repetitive Learning (1회 2회 3회)

다음 중 작동 중인 전자레인지의 문을 열면 작동이 자동으로 멈추는 기능과 가장 관련이 깊은 오류방지 기능은?

① Lock-in
② Lock-out
③ Inter-lock
④ Shift-lock

해설

- 인터록은 설비의 안전설계 기술 중 하나로 엘리베이터의 문이 닫히지 않으면 운행하지 않도록 하거나 전자레인지의 문이 열리면 작동이 멈추는 등의 기능을 말한다.

인터록(Inter-lock) 시스템

- 기계통제시스템으로 인간과 기계의 중간에 두는 시스템을 말한다.
- 작동 중인 전자레인지의 문을 열면 작동이 자동으로 멈추는 기능, 엘리베이터의 문이 닫히지 않으면 엘리베이터가 상승이나 하강을 하지 못하게 하는 기능 등과 관련된다.

24 Repetitive Learning (1회 2회 3회)

란돌트(Landolt) 고리에 있어 1.5mm의 틈을 5m의 거리에서 겨우 구분할 수 있는 사람의 최소분간시력은 약 얼마인가?

① 0.1
② 0.3
③ 0.7
④ 1.0

정답 | 21 ④ 22 ① 23 ③ 24 ④

해설

- 우리가 일반적으로 이야기하는 시력을 최소가분시력이라고 하며, 이는 5m 거리에서 1.5mm의 틈을 구분할 수 있는 능력인 1.0 시력을 기준으로 한다.

시력의 종류

최소가분시력 (Minimum separable acuity)	• 가장 보편적으로 사용되는 시력의 척도 • 란돌트 고리에 있어 5m 거리에서 1.5mm의 틈을 구분할 수 있는 능력을 1.0의 시력이라고 한다.
배열시력 (Vernier acuity)	한 선과 다른 선의 측방향 변위, 즉 미세한 치우침을 분간하는 능력
동적시력 (Dynamic visual acuity)	움직이는 물체를 식별하는 능력으로 빠르게 움직이는 물체를 정확하게 추적하는 능력
입체시력 (Stereoscopic acuity)	거리가 있는 한 물체에 대한 약간 다른 상이 두 눈의 망막에 맺힐 때 이것을 구별하는 능력
최소지각시력 (Minimum perceptible acuity)	배경으로부터 한 점을 분간하는 능력

1901

25 Repetitive Learning (1회 2회 3회)

인간-기계 시스템의 설계를 6단계로 구분할 때 다음 중 첫 번째 단계에서 시행하는 것은?

① 기본 설계
② 시스템의 정의
③ 인터페이스 설계
④ 시스템의 목표와 성능 명세 결정

해설

- 기본 설계는 3단계, 시스템의 정의는 2단계, 인터페이스 설계는 4단계이다.

인간-기계 시스템의 설계 과정

1단계	시스템의 목표와 성능 명세 결정	목적 및 존재 이유에 대한 개괄적 표현
2단계	시스템의 정의	목표 달성을 위한 필요한 기능의 결정
3단계	기본 설계	기능의 할당, 인간성능 요건명세, 직무분석, 작업설계
4단계	인터페이스 설계	작업공간, 화면설계, 표시 및 조종 장치
5단계	보조물 설계 혹은 편의수단 설계	성능보조자료, 훈련도구 등 보조물 계획
6단계	평가	

26 Repetitive Learning (1회 2회 3회)

다음 중 변화감지역(JND : Just Noticeable Difference)이 가장 작은 음은?

① 낮은 주파수와 작은 강도를 가진 음
② 낮은 주파수와 큰 강도를 가진 음
③ 높은 주파수와 작은 강도를 가진 음
④ 높은 주파수와 큰 강도를 가진 음

해설

- 낮은 주파수와 큰 강도일 때 변화감지역이 작아지고 자극의 변화를 더욱 쉽게 검출할 수 있다.

변화감지역(Just Noticeable Difference)

㉠ 개요
- 변화감지역(JND)은 사람이 50%보다 더 높은 확률로 검출할 수 있는 자극차원의 최소변화값을 말한다.

㉡ 특징
- 값이 작을수록 그 자극차원의 변화를 쉽게 검출할 수 있다.
- 낮은 주파수와 큰 강도일 때 변화감지역이 작아지고 자극의 변화를 더욱 쉽게 검출할 수 있다.
- 변화감지역은 동기, 적응, 연습, 피로 등의 요소에 의해서도 좌우된다.

27 Repetitive Learning (1회 2회 3회)

시스템의 수명주기 중 PHA기법이 최초로 사용되는 단계는?

① 구상단계 ② 정의단계
③ 개발단계 ④ 생산단계

해설

- 예비위험분석(PHA)은 개념형성단계에서 최초로 시도하는 위험도 분석방법으로 시스템의 위험요소가 어떤 위험 상태에 있는가를 정성적으로 평가하는 분석방법이다.

예비위험분석(PHA)

㉠ 개요
- 모든 시스템 안전 프로그램에서의 최초단계 해석으로 시스템의 위험요소가 어떤 위험 상태에 있는가를 정성적으로 평가하는 분석방법이다.
- 시스템을 설계함에 있어 개념형성단계에서 최초로 시도하는 위험도 분석방법이다.
- 복잡한 시스템을 설계, 가동하기 전의 구상단계에서 시스템의 근본적인 위험성을 평가하는 가장 기초적인 위험도 분석기법이다.
- 위험의 정도를 분류하는 4가지 범주는 파국(Catastrophic), 중대(Critical), 위기-한계(Marginal), 무시가능(Negligible)으로 구분된다.

25 ④ 26 ② 27 ① 정답

ⓛ 예비위험분석(PHA)의 4가지 범주(MIL-STD-882E)
실필 2103/1802/1302/1103

파국 (Catastrophic)	작업자의 부상 및 서브 시스템의 고장 등으로 시스템 성능이 저하되어 시스템에 심각한 손실을 초래한 상태
중대 (Critical)	작업자의 부상 및 시스템의 중대한 손해를 초래하거나 작업자의 생존 및 시스템의 유지를 위하여 즉시 수정 조치를 필요로 하는 상태
위기-한계 (Marginal)	작업자의 부상 및 시스템의 중대한 손해를 초래하지 않고 대처 또는 제어할 수 있는 상태
무시가능 (Negligible)	시스템의 성능이나 기능, 인원 손실이 전혀 없는 상태

1103 / 2202

28 Repetitive Learning (1회 2회 3회)

[그림]과 같은 FT도에 대한 미니멀 컷 셋(Minimal cut sets)으로 옳은 것은?(단, Fussell의 알고리즘을 따른다)

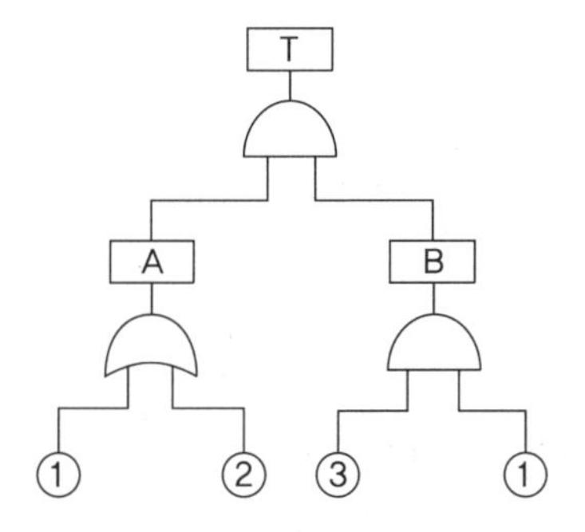

① {1, 2}
② {1, 3}
③ {2, 3}
④ {1, 2, 3}

해설

- A는 ①과 ②의 OR 게이트이므로 (①+②), B는 ①과 ③의 AND 게이트이므로 (①③)이다.
- T는 A와 B의 AND 연산이므로 (①+②)(①③)로 표시된다.
- FT도를 간략화시키면 (①+②)①③ = ①③+①②③ = ①③(1+②) = ①③이 된다.

최소 컷 셋(Minimal cut sets) 실필 2303/1701/0802

- 컷 셋 중에 타 컷 셋을 포함하고 있는 것을 배제하고 남은 컷 셋들을 의미한다.
- 사고에 대한 시스템의 약점을 표현한다.
- 정상사상(Top 사상)을 일으키는 최소한의 집합이다.
- 일반적으로 Fussell algorithm을 이용한다.
- 시스템에서 최소 컷 셋의 개수가 늘어나면 위험수준이 높아진다.

2101

29 Repetitive Learning (1회 2회 3회)

다음 중 인간이 감지할 수 있는 외부의 물리적 자극 변화의 최소범위는 기준이 되는 자극의 크기에 비례하는 현상을 설명한 이론은?

① 웨버(Weber) 법칙
② 피츠(Fitts) 법칙
③ 신호검출이론(SDT)
④ 힉-하이만(Hick-hyman) 법칙

해설

- 피츠(Fitts)의 법칙은 인간의 손이나 발을 이동시켜 조작장치를 조작하는 데 걸리는 시간을 표적까지의 거리와 표적 크기의 함수로 나타낸 것이다.
- 신호검출이론(SDT)은 신호의 탐지가 신호에 대한 관찰자의 민감도와 관찰자의 반응기준에 달려 있다는 이론이다.
- 힉-하이만(Hick-hyman) 법칙은 신호를 보고 어떤 장치를 조작해야 할지를 결정하기까지 걸리는 시간을 예측하는 이론이다.

웨버(Weber) 법칙

- 인간이 감지할 수 있는 외부의 물리적 자극 변화의 최소범위는 기준이 되는 자극의 크기에 비례하는 현상을 설명한 이론을 말한다.
- Weber비는 기존 자극의 변화를 감지할 수 있는 최소량으로 분별의 질을 나타낸다.
- 웨버(Weber)의 비 $= \frac{\Delta I}{I}$로 구한다.
  (이때, ΔI는 변화감지역을, I는 표준자극을 의미한다)
- Weber비가 작을수록 분별력이 좋다.
- 변화감지역(JND)은 사람이 50%보다 더 높은 확률로 검출할 수 있는 자극차원의 최소변화값으로 값이 작을수록 그 자극차원의 변화를 쉽게 검출할 수 있다.

1801

30 Repetitive Learning (1회 2회 3회)

A사의 안전관리자는 자사 화학 설비의 안전성 평가를 위해 제2단계인 정성적 평가를 진행하기 위하여 평가 항목 대상을 분류하였다. 다음 주요 평가 항목 중에서 성격이 다른 것은?

① 건조물
② 공장 내 배치
③ 입지조건
④ 원재료, 중간제품

해설

- 공장의 입지조건이나 배치 및 건조물은 2단계 정성적 평가에서 설계관계에 대한 평가요소인 데 반해 원재료와 중간제품은 운전관계에 대한 평가요소에 해당한다.

정답 | 28 ② 29 ① 30 ④

:: 정성적 평가와 정량적 평가항목

정성적 평가	설계관계항목	입지조건, 공장 내 배치, 건조물, 소방설비 등
	운전관계항목	원재료, 중간제품, 공정 및 공정기기, 수송, 저장 등
정량적 평가	• 수치값으로 표현 가능한 항목들을 대상으로 한다. • 온도, 취급물질, 화학설비용량, 압력, 조작 등을 위험도에 맞게 평가한다.	

31

Repetitive Learning (1회 2회 3회)

위험및운전성검토(HAZOP)에서의 전제조건으로 틀린 것은?

① 두 개 이상의 기기고장이나 사고는 일어나지 않는다.
② 조작자는 위험상황이 일어났을 때 그것을 인식할 수 있다.
③ 안전장치는 필요할 때 정상 동작하지 않는 것으로 간주한다.
④ 장치 자체는 설계 및 제작사양에 맞게 제작된 것으로 간주한다.

해설

• HAZOP은 이상 발생 시 안전장치는 정상적으로 동작하는 것으로 간주한다.

:: 위험과 운전분석(HAZOP)기법

㉠ 개요
- 화학공정 공장(석유화학사업장)에서 가동문제를 파악하는 데 널리 사용되는 평가기법으로 개발단계에서 주로 수행한다.
- 위험요소를 예측하고 새로운 공정에 대한 가동문제를 예측하는 데 사용하는 평가기법이다.
- 설비 전체보다 단위별 또는 부문별로 나누어 검토하고 위험요소가 예상되는 부문에 상세하게 실시한다.
- 공정변수(Process parameter)와 가이드 단어(Guide word)를 사용하여 비정상상태(Deviation)가 일어날 수 있는 원인을 찾고 결과를 예측함과 동시에 대책을 세워나가는 방법이다.
- 작업표에는 가이드 단어(Guide words), 편차, 원인과 결과, 요구되는 조치 등의 양식을 필요로 한다.

㉡ 전제조건
- 이상 발생 시 안전장치는 정상적으로 동작하는 것으로 간주한다.
- 두 개 이상의 기기고장이나 사고는 일어나지 않는 것으로 간주한다.
- 장치 자체는 설계 및 제작 사양에 맞게 제작된 것으로 간주한다.
- 조작자는 위험상황이 일어났을 때 그것을 인식할 수 있고, 충분한 시간이 있는 경우 필요한 조치사항을 취하는 것으로 간주한다.

㉢ 성패 결정요인
- 검토에 사용된 도면이나 자료들의 정확성
- 팀의 기술능력과 통찰력
- 발견된 위험의 심각성을 평가할 때 그 팀의 균형감각을 유지할 수 있는 능력

32

Repetitive Learning (1회 2회 3회)

날개가 2개인 비행기의 양 날개에 엔진이 각각 2개씩 있다. 이 비행기는 양 날개에서 각각 최소한 1개의 엔진은 작동을 해야 추락하지 않고 비행할 수 있다. 각 엔진의 신뢰도가 각각 0.9이며, 각 엔진은 독립적으로 작동한다고 할 때 이 비행기가 정상적으로 비행할 신뢰도는 약 얼마인가?

① 0.89
② 0.91
③ 0.94
④ 0.98

해설

• 날개당 엔진은 둘 중 하나만 작동하면 되므로 OR결합이고, 신뢰도는 1-(1-0.9)(1-0.9)=1-0.01=0.99이다.
• 비행기에서 양 날개는 함께 작동해야 하므로 AND결합이며, 신뢰도는 0.99×0.99=0.9801이 된다.

:: 시스템의 신뢰도 실필 0901

㉠ AND(직렬)연결 시
- 시스템의 신뢰도(R_s)는 부품 a, 부품 b 신뢰도를 각각 R_a, R_b라 할 때 $R_s = R_a \times R_b$로 구할 수 있다.

㉡ OR(병렬)연결 시
- 시스템의 신뢰도(R_s)는 부품 a, 부품 b 신뢰도를 각각 R_a, R_b라 할 때 $R_s = 1-(1-R_a)\times(1-R_b)$로 구할 수 있다.

33

Repetitive Learning (1회 2회 3회)

A자동차에서 근무하는 K씨는 지게차로 철강판을 하역하는 업무를 한다. 지게차 운전으로 K씨에게 노출된 직업성 질환의 위험 요인과 동일한 위험요인에 노출된 작업자는?

① 연마기 운전자
② 착암기 운전자
③ 대형운송차량 운전자
④ 목재용 치퍼(Chippers) 운전자

31 ③ 32 ④ 33 ③ 정답

해설

- 지게차 및 대형운송차량의 운전자는 전신진동에 노출된 작업자이다.

:: 진동에 의한 건강장해 예방

- 진동이란 어떤 물체가 외부의 힘에 의해 평형상태에서 전후, 좌우 또는 상하로 흔들리는 것을 말한다.
- 전신진동과 국소진동으로 구분되는 진동은 산업현장에서 인체에 미치는 영향이 크고 직업병을 유발할 수 있다.
- 전신진동에 노출된 작업자는 지게차, 대형운송차량의 운전자 등이다.
- 국소진동에 노출된 작업자는 연마기, 착암기, 목재용 치퍼 등의 업무에 종사하는 작업자이다.(Raynaud씨 현상과 관련)

34

Repetitive Learning 1회 2회 3회

다음 중 인간공학에 있어 인체측정의 원칙으로 가장 올바른 것은?

① 안전관리를 위한 자료
② 인간공학적 설계를 위한 자료
③ 생산성 향상을 위한 자료
④ 사고예방을 위한 자료

해설

- 인체측정은 인간공학적 설계를 위한 자료가 되어야 한다.

:: 인간-기계 체제

㉠ 목적
- 안전의 극대화와 생산능률의 향상

㉡ 인간공학적 설계의 일반적인 원칙
- 인간의 특성을 고려한다.
- 시스템을 인간의 예상과 양립시킨다.
- 표시장치나 제어장치의 중요성, 사용빈도, 사용순서, 기능에 따라 배치하도록 한다.
- 동작경제의 원칙이 만족되도록 고려하여야 한다.
- 대상이 되는 시스템이 위치할 환경조건이 인간에 대한 한계치를 만족하는가의 여부를 조사한다.
- 인간과 기계가 모두 복수인 경우 전체를 포함하는 배치로부터 발생하는 종합적인 효과가 기계보다 우선적으로 고려되어야 한다.
- 인간이 수행해야 할 조작이 연속적인가 불연속적인가를 알아보기 위해 특성조사를 실시한다.

1202 / 2001

35

Repetitive Learning 1회 2회 3회

산업안전보건법령에 따라 유해·위험방지계획서를 제출할 때에는 사업장별로 관련 서류를 첨부하여 해당 작업시작 며칠 전까지 해당 기관에 제출하여야 하는가?

① 7일 ② 15일
③ 30일 ④ 60일

해설

- 유해·위험방지계획서는 제조업의 경우는 해당 작업 시작 15일 전, 건설업의 경우는 공사의 착공 전날까지 제출한다.

:: 유해·위험방지계획서의 제출 실필 2302/1303/0903

- 제출대상 사업장의 규모는 전기 계약용량이 300kW 이상인 사업장이다.
- 건설물·기계·기구 및 설비 등 일체를 설치·이전하거나 그 주요 구조부분을 변경할 때에는 고용노동부장관(한국산업안전보건공단)에게 유해·위험방지계획서를 2부 제출하여야 한다.
- 제조업의 경우는 해당 작업 시작 15일 전에 제출한다.
- 건설업의 경우는 공사의 착공 전날까지 제출한다.

0602

36

Repetitive Learning 1회 2회 3회

다음 중 몸의 중심선으로부터 밖으로 이동하는 신체 부위의 동작을 무엇이라 하는가?

① 외전 ② 외선
③ 내전 ④ 내선

해설

- 중심선으로부터 밖으로(외) 이동(전)하는 신체동작은 외전이고, 외부에서부터 중심선으로 이동하는 신체동작은 내전이다. 중심선으로부터 밖으로 회전(선)하는 신체동작은 외선이고, 외부에서부터 중심선으로 회전하는 신체동작은 내선이다.

:: 인체의 동작 유형

구분	내용
내전(Adduction)	신체의 외부에서 중심선으로 이동하는 신체의 움직임
외전(Abduction)	신체 중심선으로부터 밖으로 이동하는 신체의 움직임
굴곡(Flexion)	신체부위 간의 각도가 감소하는 관절동작
신전(Extension)	신체부위 간의 각도가 증가하는 관절동작
내선 (Medial rotation)	신체의 바깥쪽에서 중심선 쪽으로 회전하는 신체의 움직임
외선 (Lateral rotation)	신체의 중심선으로부터 밖으로 회전하는 신체의 움직임

정답 | 34 ② 35 ② 36 ①

1702 / 2102

37

Repetitive Learning (1회 2회 3회)

FTA에서 사용하는 다음 사상기호에 대한 설명으로 옳은 것은?

① 시스템 분석에서 좀 더 발전시켜야 하는 사상
② 시스템의 정상적인 가동상태에서 일어날 것이 기대되는 사상
③ 불충분한 자료로 결론을 내릴 수 없어 더 이상 전개할 수 없는 사상
④ 주어진 시스템의 기본사상으로 고장원인이 분석되었기 때문에 더 이상 분석할 필요가 없는 사상

해설

- ②는 정상사상, ④는 기본사상에 대한 설명이다.

생략사상(Undeveloped event)

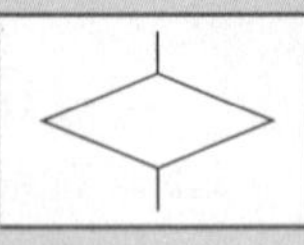	• 불충분한 자료로 결론을 내릴 수 없어 더 이상 전개할 수 없는 사상을 말한다.

0903 / 1201

38

Repetitive Learning (1회 2회 3회)

다음 중 결함수분석법에서 Path set에 관한 설명으로 옳은 것은?

① 시스템의 약점을 표현한 것이다.
② Top 사상을 발생시키는 조합이다.
③ 시스템이 고장 나지 않도록 하는 사상의 조합이다.
④ 일반적으로 Fussell algorithm을 이용한다.

해설

- 시스템의 약점을 표현하고, Top 사상을 발생시키는 조합은 컷 셋(Cut set)이고, Fussell algorithm을 이용하여 구하는 것은 최소 컷 셋(Minimal cut sets)이다.

패스 셋(Path set)

- 일정 조합 안에 포함되어 있는 기본사상들이 모두 발생하지 않으면 틀림없이 정상사상(Top event)이 발생되지 않는 조합으로 정상사상(Top event)이 발생하지 않게 하는 기본사상들의 집합을 말한다.
- 시스템이 고장 나지 않도록 하는 사상, 시스템의 기능을 살리는 데 필요한 최소 요인의 집합이다.
- 기본사상이 일어나지 않았을 때에 처음으로 정상사상이 일어나지 않는 기본사상의 집합이다.
- 성공수(Success tree)의 정상사상을 발생시키는 기본사상들의 최소 집합을 시스템 신뢰도 측면에서 Path set이라 한다.

1901

39

Repetitive Learning (1회 2회 3회)

다음 중 적정온도에서 추운 환경으로 바뀔 때의 현상으로 틀린 것은?

① 직장의 온도가 내려간다.
② 피부의 온도가 내려간다.
③ 몸이 떨리고 소름이 돋는다.
④ 피부를 경유하는 혈액 순환량이 감소한다.

해설

- 적정온도에서 추운 환경으로 변화하면 직장의 온도가 올라간다.

적정온도에서 추운 환경으로 변화

- 직장의 온도가 올라간다.
- 피부의 온도가 내려간다.
- 몸이 떨리고 소름이 돋는다.
- 피부를 경유하는 혈액 순환량이 감소하고 많은 양의 혈액은 주로 몸의 중심부를 순환한다.

40

Repetitive Learning (1회 2회 3회)

다음 중 의자 설계의 일반원리로 옳지 않은 것은?

① 추간판의 압력을 줄인다.
② 등근육의 정적부하를 줄인다.
③ 쉽게 조절할 수 있도록 한다.
④ 고정된 자세로 장시간 유지되도록 한다.

해설

- 의자를 설계할 때는 자세의 고정을 최대한 줄여야 한다.

37 ③ 38 ③ 39 ① 40 ④ 정답

인간공학적 의자 설계

㉠ 개요

- 조절식 설계원칙을 적용하도록 한다.
- 자세와 동작에 따라 고려해야 할 인체측정 치수가 달라진다.
- 요부전만(腰部前灣)을 유지한다.
- 추간판(디스크)의 압력과 등근육의 정적부하를 줄인다.
- 자세 고정을 줄인다.
- 여러 사람이 사용하는 의자의 경우 좌면 높이는 오금보다 약간 낮게(5% 오금높이) 유지한다.

㉡ 고려할 사항

- 체중 분포
- 상반신의 안정
- 좌판의 높이(조절식을 기준으로 한다)
- 좌판의 깊이와 폭(폭은 최대치, 깊이는 최소치를 기준으로 한다)

3과목 기계 · 기구 및 설비 안전관리

41 Repetitive Learning (1회 2회 3회)

다음 중 산업안전보건법령에 따라 산업용 로봇의 사용 및 수리 등에 관한 사항으로 틀린 것은?

① 작업을 하고 있는 동안 로봇의 가동스위치 등에 "작업 중"이라는 표시를 하여야 한다.

② 해당 작업에 종사하고 있는 근로자의 안전한 작업을 위하여 작업종사자 외의 사람이 가동스위치를 조작할 수 있도록 하여야 한다.

③ 로봇을 운전하는 경우에 근로자가 로봇에 부딪칠 위험이 있을 때에는 안전매트 및 높이 1.8m 이상의 울타리를 설치하는 등 필요한 조치를 하여야 한다.

④ 로봇의 작동범위에서 해당 로봇의 수리 · 검사 · 조정 · 청소 · 급유 또는 결과에 대한 확인작업을 하는 경우에는 해당 로봇의 운전을 정지함과 동시에 그 작업을 하고 있는 동안 로봇의 가동스위치를 열쇠로 잠근 후 열쇠를 별도 관리하여야 한다.

해설

- 작업을 하고 있는 동안 로봇의 기동스위치 등에 작업 중이라는 표시를 하는 등 작업에 종사하고 있는 근로자가 아닌 사람이 그 스위치 등을 조작할 수 없도록 필요한 조치를 해야 한다.

산업용 로봇에 의한 작업 시 안전조치 실필 1901/1201

- 로봇의 조작방법 및 순서, 작업 중의 매니퓰레이터의 속도 등에 관한 지침에 따라 작업을 하여야 한다.
- 작업에 종사하고 있는 근로자 또는 그 근로자를 감시하는 사람은 이상을 발견하면 즉시 로봇의 운전을 정지시키기 위한 조치를 해야 한다.
- 작업을 하고 있는 동안 로봇의 기동스위치 등에 작업 중이라는 표시를 하는 등 작업에 종사하고 있는 근로자가 아닌 사람이 그 스위치 등을 조작할 수 없도록 필요한 조치를 해야 한다.
- 근로자가 로봇에 부딪칠 위험이 있을 때에는 안전매트 및 1.8m 이상의 울타리를 설치하여야 한다.

1203 / 1603

42 Repetitive Learning (1회 2회 3회)

프레스기의 금형을 부착 · 해체 또는 조정하는 작업을 할 때, 슬라이드가 갑자기 작동함으로써 발생하는 근로자의 위험을 방지하기 위해 사용해야 하는 것은?

① 방호울

② 안전블록

③ 시건장치

④ 날 접촉예방장치

해설

- 기계의 원동기 · 회전축 · 기어 · 풀리 · 플라이휠 · 벨트 및 체인 등 근로자가 위험에 처할 우려가 있는 부위에 덮개 · 울 · 슬리브 및 건널다리 등을 설치하여야 한다.
- 공작기계 · 수송기계 · 건설기계 등의 운전을 정지한 후 다른 사람이 해당 기계의 운전을 방지하기 위해 기동장치에 잠금장치(시건장치)를 한다.
- 띠톱기계, 대패기계 및 모떼기기계에는 날 접촉예방장치를 설치하여야 한다.

금형 조정작업의 위험방지

- 사업주는 프레스 등의 금형을 부착 · 해체 또는 조정하는 작업을 할 때에 해당 작업에 종사하는 근로자의 신체가 위험한계 내에 있는 경우 슬라이드가 갑자기 작동함으로써 근로자에게 발생할 우려가 있는 위험을 방지하기 위하여 안전블록을 사용하는 등 필요한 조치를 하여야 한다.

정답 | 41 ② 42 ②

43 Repetitive Learning 1회 2회 3회

회전축이나 베어링 등이 마모 등으로 변형되거나 회전의 불균형에 의하여 발생하는 진동을 무엇이라고 하는가?

① 단속진동 ② 정상진동
③ 충격진동 ④ 우연진동

해설

- 설비를 사용하는 중에 발생하는 진동의 발생 시점에 따른 분류에는 정상진동과 충격진동이 있다.
- 충격진동은 일정한 시간 간격 없이 발생하는 진동으로 낙하해머 단조기, 말뚝해머, 지진 등이 기초를 통해 지면에 미치는 진동으로 비정상진동이라고도 한다.

정상진동과 충격진동

- 정상진동(Steady-state vibration)은 회전축이나 베어링 등이 마모 등으로 변형되거나 회전의 불균형에 의하여 발생하는 진동을 말한다. 가장 일반적인 진동에 해당한다.
- 충격진동(Impulsive vibration source)은 낙하해머 단조기, 말뚝해머, 지진 등이 기초를 통해 지면에 미치는 진동을 말한다.

1903 / 2201

44 Repetitive Learning 1회 2회 3회

산업안전보건법령에 따라 레버풀러(Lever puller) 또는 체인블록(Chain block)을 사용하는 경우 훅의 입구(Hook mouth) 간격이 제조사가 제공하는 제품사양서 기준으로 얼마 이상 벌어진 것을 폐기하여야 하는가?

① 3% ② 5%
③ 7% ④ 10%

해설

- 레버풀러 또는 체인블록을 사용하는 경우 훅의 입구(Hook mouth) 간격이 제조자가 제공하는 제품사양서 기준으로 10% 이상 벌어진 것은 폐기하여야 한다.

레버풀러(Lever puller) 또는 체인블록(Chain block)을 사용 시 주의사항

- 정격하중을 초과하여 사용하지 말 것
- 레버풀러 작업 중 훅이 빠져 튕길 우려가 있을 경우에는 훅을 대상물에 직접 걸지 말고 피벗클램프(Pivot clamp)나 러그(Lug)를 연결하여 사용할 것
- 레버풀러의 레버에 파이프 등을 끼워서 사용하지 말 것
- 체인블록의 상부 훅(Top hook)은 인양하중에 충분히 견디는 강도를 갖고, 정확히 지탱될 수 있는 곳에 걸어서 사용할 것
- 훅의 입구(Hook mouth) 간격이 제조자가 제공하는 제품사양서 기준으로 10% 이상 벌어진 것은 폐기할 것
- 체인블록은 체인의 꼬임과 헝클어지지 않도록 할 것
- 체인과 훅은 변형, 파손, 부식, 마모(磨耗)되거나 균열된 것을 사용하지 않도록 조치할 것

45 Repetitive Learning 1회 2회 3회

다음 중 재료이송 방법의 자동화에 있어 송급배출장치가 아닌 것은?

① 다이얼 피더
② 슈트
③ 에어분사장치
④ 푸셔 피더

해설

- 자동 송급 및 배출장치에는 롤 피더(Roll feeder), 푸셔 피더(Pusher feeder), 다이얼 피더(Dial feeder), 트랜스퍼 피더(Transfer feeder), 에젝터(Ejecter) 등이 있다.

No hand in die 방식

- 프레스에서 손을 금형 사이에 집어넣을 수 없도록 하는 본질적 안전화를 위한 방식을 말한다.
- 안전 금형, 안전 울(방호 울)을 사용하거나 전용 프레스를 도입하여 금형 안에 손이 들어가지 못하게 한다.
- 자동 송급 및 배출장치를 가진 자동 프레스는 손을 집어넣을 필요가 없는 방식이다.
- 자동 송급 및 배출장치에는 롤 피더(Roll feeder), 푸셔 피더(Pusher feeder), 다이얼 피더(Dial feeder), 트랜스퍼 피더(Transfer feeder), 에젝터(Ejecter) 등이 있다.

1802

46 Repetitive Learning 1회 2회 3회

다음 중 아세틸렌용접장치에서 역화의 원인으로 가장 거리가 먼 것은?

① 아세틸렌의 공급 과다
② 토치 성능의 부실
③ 압력조정기의 고장
④ 토치 팁에 이물질이 묻은 경우

해설

- 역화는 토치가 과열되거나 토치의 성능이 좋지 않을 때, 팁에 이물질이 부착되거나 과열되었을 때, 팁과 모재의 접촉 거리가 불량할 때, 압력조정기 고장으로 작동이 불량할 때 주로 발생한다.

43 ② 44 ④ 45 ③ 46 ① 정답

역화(Back fire)

㉠ 개요

- 가스용접 시 산소아세틸렌 불꽃이 순간적으로 "빵빵" 하는 터지는 소리를 토치의 팁 끝에서 내면서, 꺼지는가 하면 또 커지고 또는 완전히 꺼지는 현상을 말한다.

㉡ 발생원인과 대책

- 토치가 과열되거나 토치의 성능이 좋지 않을 때, 팁에 이물질이 부착되거나 과열되었을 때, 팁과 모재의 접촉 거리가 불량할 때, 압력조정기 고장으로 작동이 불량할 때 주로 발생한다.
- 역화가 일어났을 때는 먼저 가스의 공급을 중지시켜야 하므로 산소 밸브를 먼저 닫고 아세틸렌 밸브를 닫는다.

47

Repetitive Learning (1회 2회 3회)

다음 중 셰이퍼와 플레이너(Planer)의 방호장치가 아닌 것은?

① 울타리
② 칩받이
③ 칸막이
④ 칩 브레이커

해설

- 셰이퍼와 플레이너의 방호장치에는 울타리, 칩받이, 칸막이, 가드 등이 있다.
- 칩 브레이커는 절삭작업 시 칩을 잘게 끊어주는 장치이다.

셰이퍼(Shaper)

㉠ 개요

- 테이블에 고정된 공작물에 직선으로 왕복 운동하는 공구대에 공구를 고정하여 평면을 절삭하거나 수직, 측면이나 홈 절삭, 곡면 절삭 등을 하는 공작기계이다.
- 셰이퍼의 크기는 램의 행정으로 표시한다.
- 방호장치에는 울타리, 칩받이, 칸막이, 가드 등이 있다.

㉡ 작업 시 안전대책

- 작업 시 공작물은 견고하게 고정되어야 하며, 바이트는 가능한 범위 내에서 짧게 고정하고, 날 끝은 샹크의 뒷면과 일직선상에 있게 한다.
- 작업 중에는 바이트의 운동방향에 서지 않도록 한다.
- 시동하기 전에 척 핸들(Chuck-handle)이라 불리는 행정조정용 핸들을 빼 놓는다.
- 가공 중 다듬질면을 손으로 만지지 않는다.
- 가공물을 측정하고자 할 때는 기계를 정지시킨 후에 실시한다.

48

Repetitive Learning (1회 2회 3회)

다음 중 방사선투과검사에 가장 적합한 활용 분야는?

① 변형률 측정
② 완제품의 표면결함검사
③ 재료 및 기기의 계측검사
④ 재료 및 용접부의 내부결함검사

해설

- 방사선투과검사는 주로 재료 및 용접부의 내부결함검사에 사용되는데 미세한 균열이나 라미네이션(Lamination) 등은 검출이 힘들다.

방사선투과검사

- 비파괴검사방법 중 하나로 검사대상에 방사선(X선, γ선)을 투과시켜 결함을 검출하는 방법이다.
- 주로 재료 및 용접부의 내부결함검사에 사용되는데 미세한 균열이나 라미네이션(Lamination) 등은 검출이 힘들다.
- 검사 후 확인해야 할 항목은 투과도계의 식별도, 시험부의 사진농도 범위, 계조계의 값, 흠이나 얼룩 등이다.
- 투과사진의 명암에 영향을 미치는 인자에는 방사선의 선질, 산란선량의 다소, 선원의 치수, 필름의 종류, 현상액의 강도 등이 있다.

49

Repetitive Learning (1회 2회 3회)

선반으로 작업을 하고자 지름 30mm의 일감을 고정하고, 500rpm으로 회전시켰을 때 일감 표면의 원주속도는 약 몇 m/s인가?

① 0.628　　② 0.785
③ 23.56　　④ 47.12

해설

- 주어진 값을 대입하면 (3.14×30×500)/1,000=47.12[m/min]이다.
- 구하고자 하는 단위가 m/s이므로 초당으로 바꾸려면 60을 추가로 나누어 주어야 하므로 $\frac{47.12}{60}=0.7853$이 된다.

회전체의 원주 속도

- 회전체의 원주 속도는 $\frac{\pi \times 외경 \times 회전수}{1,000}$[m/min]으로 구한다. 이때 외경의 단위는 [mm]이고, 회전수의 단위는 [rpm]이다.
- 회전수 $=\frac{원주\ 속도 \times 1,000}{\pi \times 외경}$으로 구할 수 있다.

50

Repetitive Learning 1회 2회 3회

다음 중 밀링작업 시 하향절삭의 장점에 해당되지 않는 것은?

① 일감의 고정이 간편하다.
② 일감의 가공면이 깨끗하다.
③ 이송기구의 백래시(Backlash)가 자연히 제거된다.
④ 밀링커터의 날이 마찰작용을 하지 않으므로 수명이 길다.

해설

- 하향절삭은 커터의 회전방향과 같은 방향으로 가공재를 이송하므로 백래시 제거장치가 없으면 칩이 날을 방해해 작업이 곤란하다.

상향절삭과 하향절삭

상향절삭	• 커터의 회전방향과 반대방향으로 가공재를 이송한다. • 칩이 날을 방해하지 않고, 절삭열에 의한 치수정밀도의 변화가 적다. • 밀링커터의 날이 가공재를 들어 올리는 방향으로 작용한다.
하향절삭	• 커터의 회전방향과 같은 방향으로 가공재를 이송한다. • 백래시 제거장치가 없으면 곤란하다. • 날의 마모가 적고, 가공 면이 깨끗하다. • 칩이 가공한 면 위에 쌓이므로 가공물의 열팽창으로 치수 정밀도에 영향을 준다.

0801 / 1003 / 1802

51

연삭숫돌의 상부를 사용하는 것을 목적으로 하는 탁상용 연삭기에서 안전덮개의 노출 부위 각도는 몇 ° 이내이어야 하는가?

① 90° 이내
② 75° 이내
③ 60° 이내
④ 105° 이내

해설

- 연삭숫돌의 상부를 사용하는 것을 목적으로 하는 탁상용 연삭기 덮개의 최대노출각도는 60° 이내이다.

연삭기 덮개의 성능기준 실필 1503/1301 실작 2402/2303/2202

- 직경 5cm 이상의 연삭숫돌은 반드시 덮개를 설치하고 작업해야 한다.
- 각종 연삭기 덮개의 최대노출각도

종류	덮개의 최대노출각도
연삭숫돌의 상부를 사용하는 것을 목적으로 하는 탁상용 연삭기	60° 이내
일반연삭작업 등에 사용하는 것을 목적으로 하는 탁상용 연삭기	125° 이내
평면 연삭기, 절단 연삭기	150° 이내
원통 연삭기, 공구 연삭기, 휴대용 연삭기, 스윙연삭기, 스라브 연삭기	180° 이내

52

Repetitive Learning 1회 2회 3회

허용응력이 $100kgf/mm^2$이고, 단면적이 $2mm^2$인 강판의 극한하중이 400kgf이라면 안전율은 얼마인가?

① 2
② 4
③ 5
④ 50

해설

- 허용응력은 단위면적당 적용된 힘이고, 극한하중 400kgf, 단면적 $2mm^2$이므로 이를 단위면적당 주어지는 힘으로 변환하면 $200kgf/mm^2$가 된다.
- 안전율 $= \frac{200}{100} = 2$가 된다.

안전율/안전계수(Safety factor)

- 소재의 파괴강도와 허용되는 응력의 비를 표시한 것이다.
- 안전율은 $\frac{기준강도}{허용응력}$ 또는 $\frac{항복강도}{설계하중}$, $\frac{파괴하중}{최대사용하중}$, $\frac{최대응력}{허용응력}$ 등으로 구한다.
- 응력은 단위면적당 부재에 작용하는 힘을 말하며, 허용응력은 단위면적당 재료가 파괴되지 않고 영구적인 변형이 남지 않는 비례한도 범위 내의 응력을 말한다.
- 기준강도는 재료에 손상을 입힌다고 인정되는 강도를 말한다.
- 강도(기준강도)를 통해 재료의 안전율, 구조 등이 결정된다.
- 연성재료에서는 항복점을 기준강도, 인장강도, 기초강도라고도 한다.

1803

53

다음 중 산업안전보건법령상 보일러 및 압력용기에 관한 사항으로 틀린 것은?

① 공정안전보고서 제출 대상으로서 이행상태 평가결과가 우수한 사업장의 경우 보일러의 압력방출장치에 대하여 8년에 1회 이상으로 설정압력에서 압력방출장치가 적정하게 작동하는지를 검사할 수 있다.
② 보일러의 안전한 가동을 위하여 보일러 규격에 맞는 압력방출장치를 1개 이상 설치하고 최고사용압력 이하에서 작동되도록 하여야 한다.
③ 보일러의 과열을 방지하기 위하여 최고사용압력과 상용압력 사이에서 보일러의 버너 연소를 차단할 수 있도록 압력제한스위치를 부착하여 사용하여야 한다.
④ 압력용기에서는 이를 식별할 수 있도록 하기 위하여 그 압력용기의 최고사용압력, 제조연월일, 제조회사명이 지워지지 않도록 각인(刻印) 표시된 것을 사용하여야 한다.

50 ③ 51 ③ 52 ① 53 ① 정답

해설

- 압력방출장치의 정상작동 여부는 매년 1회 이상 토출압력을 시행하여야 한다. 단, 공정안전보고서 이행수준 평가결과가 우수한 사업장에 대해서는 4년에 1회 검사를 시행한다.

보일러 등

- 보일러의 안전한 가동을 위하여 압력방출장치를 1개 또는 2개 이상 설치하고 최고사용압력(설계압력 또는 최고허용압력) 이하에서 작동되도록 하여야 한다. 다만, 압력방출장치가 2개 이상 설치된 경우에는 최고사용압력 이하에서 1개가 작동되고, 다른 압력방출장치는 최고사용압력 1.05배 이하에서 작동되도록 부착하여야 한다. 실필 1101
- 압력방출장치는 매년 1회 이상 압력방출장치가 적정하게 작동하는지를 검사한 후 납으로 봉인하여 사용하여야 한다. 다만, 공정안전보고서 제출 대상으로서 고용노동부장관이 실시하는 공정안전보고서 이행상태 평가결과가 우수한 사업장은 압력방출장치에 대하여 4년마다 1회 이상 설정압력에서 압력방출장치가 적정하게 작동하는지를 검사할 수 있다.
- 보일러의 과열을 방지하기 위하여 최고사용압력과 상용압력 사이에서 보일러의 버너 연소를 차단할 수 있도록 압력제한스위치를 부착하여 사용하여야 한다.
- 압력용기 등을 식별할 수 있도록 하기 위하여 그 압력용기 등의 최고사용압력, 제조연월일, 제조회사명 등이 지워지지 않도록 각인(刻印) 표시된 것을 사용하여야 한다. 실필 1201

54

Repetitive Learning 

다음 중 양중기에서 사용하는 해지장치에 관한 설명으로 가장 적합한 것은?

① 2중으로 설치되는 권과방지장치를 말한다.
② 화물의 인양 시 발생하는 충격을 완화하는 장치이다.
③ 과부하 발생 시 자동적으로 전류를 차단하는 방지장치이다.
④ 와이어로프가 훅크에서 이탈하는 것을 방지하는 장치이다.

해설

- 훅 해지장치는 훅걸이용 와이어로프 등이 훅으로부터 벗겨지는 것을 방지하기 위한 장치이다.

훅 해지장치

- 훅 해지장치는 훅걸이용 와이어로프 등이 훅으로부터 벗겨지는 것을 방지하기 위한 장치이다.
- 사업주는 훅걸이용 와이어로프 등이 훅으로부터 벗겨지는 것을 방지하기 위한 장치를 구비한 크레인을 사용하여야 하며, 그 크레인을 사용하여 짐을 운반하는 경우에는 해지장치를 사용하여야 한다.

55

Repetitive Learning 1회 2회 3회

다음 중 프레스의 방호장치에 관한 설명으로 틀린 것은?

① 양수조작식 방호장치는 1행정 1정지기구에 사용할 수 있어야 한다.
② 손쳐내기식 방호장치는 슬라이드 하행정거리의 3/4 위치에서 손을 완전히 밀어내야 한다.
③ 광전자식 방호장치의 정상동작 표시램프는 붉은색, 위험 표시램프는 녹색으로 하며, 쉽게 근로자가 볼 수 있는 곳에 설치해야 한다.
④ 게이트가드 방호장치는 가드가 열린 상태에서 슬라이드를 동작시킬 수 없고 또한 슬라이드 작동 중에는 게이트가드를 열 수 없어야 한다.

해설

- 광전자식 방호장치에서 정상동작 표시램프는 녹색, 위험 표시램프는 적색으로 하며, 근로자가 쉽게 볼 수 있는 곳에 설치해야 한다.

광전자식 방호장치 실필 1603/1401/1301/1003

㉠ 개요
- 슬라이드 하강 중에 작업자의 손이나 신체 일부가 광센서에 감지되면 자동적으로 슬라이드를 정지시키는 접근반응형 방호장치를 말한다.
- 프레스 또는 전단기에서 일반적으로 많이 활용하고 있는 형태로서 투광부, 수광부, 컨트롤 부분으로 구성된 것으로서 신체의 일부가 광선을 차단하면 기계를 급정지시키는 방호장치로 A-1 분류에 해당한다.
- 투광부와 수광부로 이뤄진 광센서를 이용하여 작업자의 신체 일부가 위험점에 접근하는지를 검출한다.
- 광전자식 방호장치에서 정상동작 표시램프는 녹색, 위험 표시램프는 적색으로 하며, 근로자가 쉽게 볼 수 있는 곳에 설치해야 한다.
- 주로 마찰 프레스(Friction press)의 방호장치로 사용된다.
- 방호장치는 릴레이, 리미트스위치 등의 전기부품의 고장, 전원전압의 변동 및 정전에 의해 슬라이드가 불시에 동작하지 않아야 하며, 사용전원전압의 ±20%의 변동에 대하여 정상으로 작동되어야 한다.

㉡ 특징
- 연속 운전작업에 사용할 수 있다.
- 기계적 고장에 의한 2차 낙하에는 효과가 없다.
- 시계를 차단하지 않기 때문에 작업에 지장을 주지 않는다.

정답 | 54 ④ 55 ③

0403 / 2103

56

Repetitive Learning (1회 2회 3회)

산업안전보건법령상 지게차의 최대하중의 2배값이 6톤일 경우 헤드가드의 강도는 몇 톤의 등분포정하중에 견딜 수 있어야 하는가?

① 4 ② 6
③ 8 ④ 12

해설

- 4톤 이하의 지게차에서 헤드가드의 강도는 지게차 최대하중의 2배값(4톤을 초과할 경우 4톤)의 등분포정하중에 견딜 수 있어야 한다.

지게차의 헤드가드 실필 2103/2102/1802/1601/1302/0801

- 헤드가드는 지게차를 이용한 작업 중에 위쪽으로부터 떨어지는 물건에 의한 위험을 방지하기 위하여 운전자의 머리 위쪽에 설치하는 덮개를 말한다.
- 4톤 이하의 지게차에서 헤드가드의 강도는 지게차 최대하중의 2배값(4톤을 초과할 경우 4톤)의 등분포정하중에 견딜 수 있을 것
- 운전자가 앉아서 조작하는 방식의 지게차의 경우에는 운전자의 좌석 윗면에서 헤드가드의 상부틀 하면까지의 높이가 1m 이상일 것
- 운전자가 서서 조작하는 방식의 지게차의 경우에는 운전석의 바닥면에서 헤드가드의 상부틀 하면까지의 높이가 2m 이상일 것
- 상부틀의 각 개구의 폭 또는 길이가 16cm 미만일 것

0801

57

Repetitive Learning (1회 2회 3회)

다음 중 목재가공기계의 반발예방장치와 같이 위험장소에 설치하여 위험원이 비산하거나 튀는 것을 방지하는 등 작업자로부터 위험원을 차단하는 방호장치는?

① 포집형 방호장치 ② 감지형 방호장치
③ 위치제한형 방호장치 ④ 접근반응형 방호장치

해설

- 포집형 방호장치는 작업자로부터 위험원을 차단하는 방호장치에 해당한다.

방호장치의 분류

- 위험원에 대한 방호장치 : 포집형 방호장치가 대표적이며, 그 종류로는 목재가공기계의 반발예방장치, 연삭숫돌의 포집장치, 덮개 등이 있다.
- 위험장소에 대한 방호장치 : 위험장소 혹은 위험작업점에 대한 방호장치이며, 감지형, 격리형, 접근거부형, 접근반응형, 위치제한형 등이 이에 해당한다.

0903 / 1702 / 2103

58

Repetitive Learning (1회 2회 3회)

다음 중 프레스기에 사용되는 방호장치에 있어 원칙적으로 급정지기구가 부착되어야만 사용할 수 있는 방식은?

① 양수조작식
② 손쳐내기식
③ 가드식
④ 수인식

해설

- 양수조작식 방호장치는 1행정 1정지기구를 가지며, 급정지기구가 있어야만 유효한 기능을 수행할 수 있다.

양수조작식 방호장치 실필 1301/0903

㉠ 개요
- 가장 대표적인 기동스위치를 활용한 위치제한형 방호장치다.
- 두 개의 스위치 버튼을 손으로 동시에 눌러야 기계가 작동하는 구조로 작동 중 어느 하나의 누름버튼에서 손을 떼면 그 즉시 슬라이드 동작이 정지하는 장치이다.

㉡ 구조 및 일반사항
- 120[SPM] 이상의 소형 확동식 클러치 프레스에 가장 적합한 방호장치이다.
- 슬라이드 작동 중 정지가 가능하고 1행정 1정지기구를 갖는 방호장치로 급정지기구가 있어야만 유효한 기능을 수행할 수 있다.
- 누름버튼 상호 간 최소내측거리는 300mm 이상이어야 한다.

59

Repetitive Learning (1회 2회 3회)

다음 중 롤러기의 두 롤러 사이에서 형성되는 위험점은?

① 협착점
② 물림점
③ 접선 물림점
④ 회전 말림점

해설

- 협착점은 왕복운동을 하는 기계의 운동부와 움직임 없는 고정부 사이에서 형성되는 위험점이다.
- 접선 물림점은 회전하는 부분의 접선방향으로 물려들어가는 위험점이다.
- 회전 말림점은 회전하는 드릴기계의 운동부 자체에 작업복 등이 말려들 위험이 존재하는 점이다.

56 ① 57 ① 58 ① 59 ② 정답

물림점(Nip point) 실필 1503 실작 1703/1601/1303

- 롤러기의 두 롤러 사이와 같이 반대로 회전하는 두 개의 회전체가 맞닿는 사이에 발생하는 위험점을 말한다.
- 2개의 회전체가 서로 반대방향으로 회전해야 물림점이 발생한다.
- 방호장치로 덮개 또는 울을 사용한다.

물림점	
물림 위치	기어 물림점

1902

60 — Repetitive Learning (1회 2회 3회)

다음 중 와이어로프의 꼬임에 관한 설명으로 틀린 것은?

① 보통꼬임에는 S꼬임이나 Z꼬임이 있다.
② 보통꼬임은 스트랜드의 꼬임 방향과 로프의 꼬임 방향이 반대로 된 것을 말한다.
③ 랭꼬임은 로프의 끝이 자유로이 회전하는 경우나 킹크가 생기기 쉬운 곳에 적당하다.
④ 랭꼬임은 보통꼬임에 비하여 마모에 대한 저항성이 우수하다.

해설

- 킹크는 와이어로프가 꼬여진 상태로 인장될 때 생기는 영구적 손상을 말하는데 랭꼬임은 풀리기 쉬워 킹크의 발생이 쉬운 곳에 적당하지 않다.

와이어로프의 꼬임 종류 실필 1502/1102

㉠ 개요
- 스트랜드의 꼬임 모양에 따라 S꼬임과 Z꼬임이 있다.
- 스트랜드의 꼬임 방향에 따라 랭꼬임과 보통꼬임으로 구분한다.

㉡ 랭꼬임
- 랭꼬임은 로프와 스트랜드의 꼬임 방향이 같은 방향인 꼬임을 말한다.
- 접촉면적이 커 마모에 의한 손상이 적고 내구성이 우수하나 풀리기 쉽다.

㉢ 보통꼬임
- 보통꼬임은 로프와 스트랜드의 꼬임 방향이 서로 반대방향인 꼬임을 말한다.
- 접촉면적이 작아 마모에 의한 손상은 크지만 변형이나 하중에 대한 저항성이 크고, 잘 풀리지 않아 킹크의 발생이 적다.

4과목 전기설비 안전관리

2202

61 — Repetitive Learning (1회 2회 3회)

대지에서 용접작업을 하고 있는 작업자가 용접봉에 접촉한 경우 통전전류는?

- 용접기의 출력측 무부하전압 : 90[V]
- 접촉저항(손, 용접봉 등 포함) : 10[kΩ]
- 인체의 내부저항 : 1[kΩ]
- 발과 대지의 접촉저항 : 20[kΩ]

① 약 0.19[mA]　② 약 0.29[mA]
③ 약 1.96[mA]　④ 약 2.90[mA]

해설

- 전압이 주어져 있고 여러 개의 저항이 연결된 개념이므로 합성저항을 먼저 구해야 한다. 용접작업 시 접촉저항, 인체의 내부저항, 발과 대지의 접촉저항은 모두 직렬로 연결되므로 합성저항은 10+1+20=31[kΩ]이다.
- 전압이 90[V]이므로 통전전류는 $\frac{90}{31 \times 10^3} = 0.0029$[A]이다.
- 구하고자 하는 단위가 mA이므로 1000을 곱한 2.9[mA]이다.

옴(Ohm)의 법칙
- 전기회로에 흐르는 전류는 그 회로에 가하여진 전압에 정비례하고, 저항에 반비례한다는 법칙이다.
- $I[A] = \frac{V[V]}{R[\Omega]}$, $V = IR$, $R = \frac{V}{I}$로 계산한다.

62 — Repetitive Learning (1회 2회 3회)

임시배선의 안전대책으로 틀린 것은?

① 모든 배선은 반드시 분전반 또는 배전반에서 인출해야 한다.
② 중량물의 압력 또는 기계적 충격을 받을 우려가 있는 곳에 설치할 때는 사전에 적절한 방호조치를 한다.
③ 케이블 트레이나 전선관의 케이블에 임시배선용 케이블을 연결할 경우는 접속함을 사용하여 접속해야 한다.
④ 지상 등에서 금속관으로 방호할 때는 그 금속관을 접지하지 않아도 된다.

해설

- 지상 등에서 금속관으로 방호할 때는 그 금속관을 접지하여야 한다.

정답 | 60 ③ 61 ④ 62 ④

:: 임시배선의 안전대책

- 모든 배선은 반드시 분전반 또는 배전반에서 인출해야 한다.
- 중량물의 압력 또는 기계적 충격을 받을 우려가 있는 곳에 설치할 때는 사전에 적절한 방호조치를 한다.
- 케이블 트레이나 전선관의 케이블에 임시배선용 케이블을 연결할 경우는 접속함을 사용하여 접속해야 한다.
- 충전부가 노출되지 않도록 내부 보호판을 설치하고, 콘센트에 100V, 220V 등의 전압을 표시하도록 한다.
- 지상 등에서 금속관으로 방호할 때는 그 금속관을 접지하여야 한다.

0303 / 0603 / 0702 / 0903 / 1102 / 1103

63

Repetitive Learning (1회 2회 3회)

피뢰기가 갖추어야 할 이상적인 성능 중 잘못된 것은?

① 제한전압이 낮아야 한다.
② 반복동작이 가능하여야 한다.
③ 충격방전 개시전압이 높아야 한다.
④ 뇌전류의 방전능력이 크고 속류의 차단이 확실하여야 한다.

해설

- 좋은 피뢰기는 충격방전 개시전압이 낮아야 한다.

:: 피뢰기

㉠ 구성요소
- 특성요소 : 뇌전류 방전 시 피뢰기 자신의 전위 상승을 억제하여 절연파괴를 방지한다.
- 직렬 갭 : 뇌전류를 대지로 방전시키고 속류를 차단한다.

㉡ 이상적인 피뢰기의 특성
- 제한전압이 낮아야 한다.
- 반복동작이 가능하여야 한다.
- 충격방전 개시전압이 낮아야 한다.
- 뇌전류의 방전능력이 크고 속류의 차단이 확실하여야 한다.

64

Repetitive Learning (1회 2회 3회)

전기화재 발화원으로 관계가 먼 것은?

① 단열압축
② 광선 및 방사선
③ 낙뢰(벼락)
④ 기계적 정지에너지

해설

- 기계적 운동에너지는 발화원이 될 수 있어도 정지에너지는 발화원과는 거리가 멀다.

:: 전기화재 발생

㉠ 전기화재 발생원인
- 전기화재 발생원인의 3요소는 발화원, 착화물, 출화의 경과로 구성된다.

구분	내용
발화원	화재의 발생원인으로 단열압축, 광선 및 방사선, 낙뢰, 스파크, 정전기, 충격이나 마찰, 기계적 운동에너지 등
착화물	발화원에 의해 최초로 착화된 가연물
출화의 경과	발생요인으로 단락, 누전, 과전류, 스파크 등

㉡ 출화의 경과에 따른 전기화재 비중
- 전기화재의 경로별 원인, 즉, 출화의 경과에 따른 분류에는 합선(단락), 과전류, 스파크, 누전, 정전기, 접촉부 과열, 절연열화에 의한 발열, 절연불량 등이 있다.
- 출화의 경과에 따른 발화현상의 분류에서 가장 빈도가 높은 것은 스파크 화재 – 단락(합선)에 의한 화재이다.

스파크	누전	접촉부과열	절연열화에 의한 발열	과전류
24%	15%	12%	11%	8%

65

Repetitive Learning (1회 2회 3회)

스파크 화재의 방지책이 아닌 것은?

① 통형퓨즈를 사용할 것
② 개폐기를 불연성의 외함 내에 내장시킬 것
③ 가연성 증기, 분진 등 위험한 물질이 있는 곳에는 방폭형 개폐기를 사용할 것
④ 전기배선이 접속되는 단자의 접촉저항을 증가시킬 것

해설

- 스파크 화재를 방지하기 위해서는 접지부분의 산화, 변형, 퓨즈의 나사풀림 등으로 인한 접촉 저항이 증가되는 것을 방지해야 한다.

:: 스파크 화재의 방지책
- 과전류 차단용 퓨즈는 포장 퓨즈를 사용할 것
- 개폐기를 불연성 외함 내에 내장시키거나 통형 퓨즈를 사용할 것
- 접지부분의 산화, 변형, 퓨즈의 나사풀림 등으로 인한 접촉저항이 증가되는 것을 방지할 것
- 가연성 증기, 분진 등 위험한 물질이 있는 곳에는 방폭형 개폐기를 사용할 것
- 목재 벽이나 천장으로부터 고압은 1m 이상, 특별고압은 2m 이상 이격할 것
- 유입 개폐기는 절연유의 열화 정도와 유량에 주의하고, 주위에는 내화벽을 설치할 것
- 단락보호장치의 고장 발생 시에는 스파크로 인한 폭발위험이 있으므로 수동복구를 원칙으로 할 것

63 ③ 64 ④ 65 ④ | 정답

1802 / 2103

66

Repetitive Learning 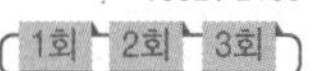

고장전류와 같은 대전류를 차단할 수 있는 것은?

① 차단기(CB)
② 유입 개폐기(OS)
③ 단로기(DS)
④ 선로 개폐기(LS)

해설

- 고장전류와 같은 대전류의 차단은 차단기(CB)가 담당한다.

단로기와 차단기

㉠ 단로기(DS : Disconnecting Switch)
- 기기의 보수점검 시 또는 회로전환 변경 시 무부하상태의 선로를 개폐하는 역할을 수행한다.
- 부하전류의 개폐와는 관련 없다.

㉡ 차단기(CB : Circuit Breaker)
- 전로 개폐 및 사고전류 차단을 목적으로 한다.
- 고장전류와 같은 대전류를 차단하는 데 이용된다.

㉢ 단로기와 차단기의 개폐 조작순서
- 전원 차단 : 차단기(VCB) 개방 – 단로기(DS) 개방
- 전원 투입 : 단로기(DS) 투입 – 차단기(VCB) 투입

0301 / 0401 / 0702 / 0902 / 1902

67

감전방지용 누전차단기의 정격감도전류 및 작동시간을 옳게 나타낸 것은?

① 15[mA] 이하, 0.1[초] 이내
② 30[mA] 이하, 0.03[초] 이내
③ 50[mA] 이하, 0.5[초] 이내
④ 100[mA] 이하, 0.05[초] 이내

해설

- 인체 감전보호용은 정격감도전류(30[mA])에서 0.03[초] 이내이다.

누전차단기(RCD : Residual Current Device)

실필 2401/1502/1402/0903

㉠ 개요
- 이동형 또는 휴대형의 전기기계·기구의 금속제 외함, 금속제 외피 등에서 누전, 절연파괴 등으로 인하여 지락전류가 발생하면 주어진 시간 이내에 전기기기의 전로를 차단하는 장치를 말한다.
- 누전검출부, 영상변류기, 차단기구 등으로 구성된 장치이다.
- 정격부하전류가 30[A]인 이동형 전기기계·기구에 접속되어 있는 경우 일반적으로 정격감도전류는 30[mA] 이하인 것을 사용한다.
- 정격부하전류가 50[A] 미만의 전기기계·기구에 접속되는 누전차단기의 경우 정격감도전류가 30[mA] 이하이고 작동시간은 0.03초 이내이어야 한다.
- 누전에 의한 감전위험을 방지하기 위하여 분기회로마다 누전차단기를 설치한다.

㉡ 종류와 동작시간
- 인체감전보호용은 정격감도전류(30[mA])에서 0.03[초] 이내이다.
- 인체가 물에 젖어 있거나 물을 사용하는 장소(욕실 등)에는 정격감도전류(15[mA])에서 0.03초 이내의 누전차단기를 사용한다.
- 고속형은 정격감도전류(30[mA])에서 동작시간이 0.1[초] 이내이다.
- 시연형은 정격감도전류(30[mA])에서 동작시간이 0.1[초]를 초과하고 0.2[초] 이내이다.
- 반한시형은 정격감도전류 100%에서 0.2~1[초] 이내, 정격감도전류 140%에서 0.1~0.5[초] 이내, 정격감도전류 440%에서 0.05[초] 이내이다.

68

Repetitive Learning 1회 2회 3회

활선작업 및 활선 근접작업 시 반드시 작업지휘자를 정하여야 한다. 작업지휘자의 임무 중 가장 중요한 것은?

① 설계의 계획에 의한 시공을 관리·감독하기 위해서
② 활선에 접근 시 즉시 경고를 하기 위해서
③ 필요한 전기 기자재를 보급하기 위해서
④ 작업을 신속히 처리하기 위해서

해설

- 작업지휘자를 배치하는 가장 큰 이유는 근로자의 안전을 위해서로 관계 근로자가 아닌 자가 활선에 접근할 경우 즉시 경고하여 안전을 도모하는 것이 가장 중요한 목적이다.

작업책임자(지휘자)의 책무

- 작업시작 전에 미리 정전범위, 정전 및 송전시간, 개폐기의 차단장소, 선로의 단락 접지를 하는 장소와 상태, 작업순서, 근로자의 배치, 작업종료 후의 조치 내용 등을 설명한다.
- 선로의 정전상태, 차단된 개폐기의 잠금, 통전금지에 관한 사항의 표시 등 개폐기의 관리상태, 검전, 단락접지기구의 설치상황, 감시인 배치상태 등을 확인한 후에 작업에 들어가도록 한다.
- 작업을 종료한 때에는 작업현장의 상황과 근로자 전원의 안전한 상태를 확인한 후 단락접지기구를 철거하고 송전준비를 한다.

정답 | 66 ① 67 ② 68 ②

0403 / 0702 / 0903

69

Repetitive Learning 1회 2회 3회

부도체의 대전은 도체의 대전과는 달리 복잡해서 폭발, 화재의 발생한계를 추정하는 데 충분한 유의가 필요하다. 다음 중 유의가 필요한 경우가 아닌 것은?

① 대전 상태가 매우 불균일한 경우
② 대전량 또는 대전의 극성이 매우 변화하는 경우
③ 부도체 중에 국부적으로 도전율이 높은 곳이 있고, 이것이 대전한 경우
④ 대전되어 있는 부도체의 뒷면 또는 근방에 비접지 도체가 있는 경우

해설

- 대전되어 있는 부도체의 뒷면 또는 근방에 접지체가 있는 경우는 표면에 연한 수지상의 발광을 수반하는 연면방전이 일어날 수 있으므로 주의를 해야 하나 비접지 도체가 있는 경우는 주의의 필요성과 거리가 멀다.

부도체의 대전에서 유의해야 하는 경우

- 대전 상태가 매우 불균일한 경우
- 대전량 또는 대전의 극성이 매우 변화하는 경우
- 부도체 중에 국부적으로 도전율이 높은 곳이 있고, 이것이 대전한 경우
- 대전되어 있는 부도체의 뒷면 또는 근방에 접지체가 있는 경우

0501 / 0503 / 0901 / 1303

70

Repetitive Learning 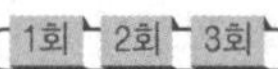

고압활선 근접작업과 관련하여 다음 (㉮), (㉯)에 들어갈 내용으로 알맞은 것은?

> 해당 충전전로에 대하여 머리 위로의 거리가 (㉮)[cm] 이내이거나, 신체 또는 발 아래로의 거리가 (㉯)[cm] 이내로 접근함으로 인하여 감전의 우려가 있는 때에는 당해 충전전로에 절연용 방호구를 설치하여야 한다.

① ㉮ 30, ㉯ 60　　② ㉮ 45, ㉯ 45
③ ㉮ 30, ㉯ 30　　④ ㉮ 60, ㉯ 60

해설

- 작업에 종사하는 근로자의 신체 등이 충전전로에 접촉하거나 당해 충전전로에 대하여 머리 위로의 거리가 30cm 이내거나 신체 또는 발 아래로의 거리가 60cm 이내로 접근함으로 인하여 감전의 우려가 있는 때에는 당해 충전전로에 절연용 방호구를 설치하여야 한다.

고압활선 근접작업

- 고압 충전전로에 근접함으로써 접촉의 우려가 있는 작업을 말한다.
- 접근한계거리 : 머리 위 30cm, 신체/발 아래 60cm 유지
- 절연용 방호구 및 절연용 보호구를 착용한다.

1601

71

Repetitive Learning 1회 2회 3회

다음은 어떤 방폭구조에 대한 설명인가?

> 전기기구의 권선, 에어-캡, 접점부, 단자부 등과 같이 정상적인 운전 중에 불꽃, 아크 또는 과열이 생겨서는 안 될 부분에 대하여 이를 방지하거나 또는 온도상승을 제한하기 위하여 전기안전도를 증가시켜 제작한 구조이다.

① 안전증방폭구조
② 내압방폭구조
③ 몰드방폭구조
④ 본질안전방폭구조

해설

- 내압방폭구조는 방폭전기설비의 용기 내부에서 폭발성 가스 또는 증기가 폭발하였을 때 용기가 그 압력에 견디고 접합면이나 개구부를 통해서 외부의 폭발성 가스나 증기에 인화되지 않도록 한 방폭구조를 말한다.
- 몰드방폭구조는 폭발성 가스 또는 증기에 점화시킬 수 있는 전기불꽃이나 고온 발생부분을 콤파운드로 밀폐시킨 구조를 말한다.
- 본질안전방폭구조는 정상 시 및 사고 시(단선, 단락, 지락 등)에 발생하는 전기불꽃, 아크 또는 고온에 의하여 폭발성 가스 또는 증기에 점화되지 않는 것이 점화시험, 기타에 의하여 확인된 구조를 말한다.

안전증방폭구조(Ex e)

- 전기기구의 권선, 에어-캡, 접점부, 단자부 등과 같이 정상적인 운전 중에 불꽃, 아크, 또는 과열이 생겨서는 안 될 부분에 대하여 이를 방지하거나 또는 온도상승을 제한하기 위하여 전기안전도를 증가시킨 방폭구조이다.
- 불꽃이나 아크 등이 발생하지 않는 기기의 경우 기기의 표면온도를 낮게 유지하여 고온으로 인한 착화의 우려를 없애고 또 기계적, 전기적으로 안정성을 높게 한 방폭구조를 말한다.
- 전기기기의 방폭화에 있어서 점화원의 격리와는 관련 없이 개발되었다.

69 ④ 70 ① 71 ① 정답

0501

72 Repetitive Learning (1회 2회 3회)

인체의 전기적 저항이 5,000[Ω]이고, 전류가 3[mA]가 흘렀다. 인체의 정전용량이 0.1[μF]라면 인체에 대전된 정전하는 몇 [μC]인가?

① 0.5
② 1.0
③ 1.5
④ 2.0

해설

- 주어진 값이 저항과 전류이므로 옴의 법칙에 의해 Q=CV=CIR이 된다.
- 식에 대입하면 정전하 Q는 $0.1\times10^{-6}\times3\times10^{-3}\times5\times10^{3}$ $=1.5\times10^{-6}$[C]이므로 1.5[μC]이 된다.

전하량과 정전에너지

㉠ 전하량
- 평행한 축전기의 두 극판 사이의 거리가 일정할 때 양 극단에 걸린 전압 V가 클수록 더 많은 전하량 Q가 대전되게 된다.
- 전기 용량(C)은 단위 전압(V)당 물체가 저장하거나 물체에서 분리하는 전하의 양(Q)으로 $C=\frac{Q}{V}$로 구한다.

㉡ 정전에너지
- 물체에 정전기가 대전하면 축적되는 에너지 혹은 콘덴서에 전압을 가할 경우 축적되는 에너지를 말한다.
- $W=\frac{1}{2}CV^2=\frac{1}{2}QV=\frac{Q^2}{2C}$[J]로 구할 수 있다. 이때 C는 정전용량[F], V는 전압[V], Q는 전하[C]이다.

1601

73 Repetitive Learning (1회 2회 3회)

정전기 발생에 영향을 주는 요인이 아닌 것은?

① 물체의 분리속도
② 물체의 특성
③ 물체의 표면상태
④ 외부 공기의 풍속

해설

- 정전기 발생에 영향을 주는 요인에는 물체의 표면상태, 물질의 분리속도와 특성, 대전이력, 접촉면적 및 압력 등이 있다.

정전기 발생에 영향을 주는 요인

㉠ 개요
- 정전기 발생에 영향을 주는 요인에는 물체의 표면상태, 물질의 분리속도와 특성, 대전이력, 접촉면적 및 압력 등이 있다.

㉡ 정전기 발생 요인

요인	내용
물질의 표면상태	물질 표면의 거칠기나 오염도가 높을수록 정전기 발생량이 많아진다.
물질의 분리속도	물질의 분리속도가 빠를수록 정전기 발생량이 많아진다.
물질의 접촉면적 및 압력	접촉면적이 넓을수록, 접촉압력이 클수록 정전기 발생량이 많아진다.
물질의 특성	대전서열이 멀어질수록 정전기 발생량이 많아진다.
물질의 대전이력	정전기 발생량은 처음 대전될 때가 가장 많고 발생횟수가 반복될수록 감소한다.

0302 / 0402 / 0703 / 0802 / 1202

74 Repetitive Learning (1회 2회 3회)

인체의 저항을 500Ω이라 하면, 심실세동을 일으키는 정현파 교류에 있어서의 에너지적인 위험한계는 어느 정도인가?

① 6.5~17.0[J]
② 15.0~25.5[J]
③ 20.5~30.5[J]
④ 31.5~38.5[J]

해설

- 통전시간이 1초, 인체의 전기저항값이 500Ω이라고 할 때 심실세동을 일으키는 전류에서의 전기에너지는 13.612[J]이다.

심실세동 한계전류와 전기에너지 실필 2303/2101/1403/1401/1202
- 심장의 맥동에 영향을 주어 혈액 순환을 곤란하게 하고, 끝내는 심장 기능을 잃게 하는 치사적 전류를 심실세동전류라 한다.
- 감전자 1천명 중 5명 이상이 심실세동을 일으킬 수 있는 감전시간과 위험전류와의 관계에서 심실세동 한계전류 I는 $\frac{165}{\sqrt{T}}$[mA]이고, T는 통전시간이다.
- 인체의 접촉저항을 500Ω으로 할 때 심실세동을 일으키는 전류에서의 전기에너지는 $W=I^2Rt=\left(\frac{165\times10^{-3}}{\sqrt{T}}\right)^2\times R\times T=(165\times10^{-3})^2\times500=13.612$[J]가 된다.

정답 | 72 ③ 73 ④ 74 ①

0801

75 Repetitive Learning (1회 2회 3회)

전기기계 · 기구의 조작 시 등의 안전조치에 관하여 사업주가 행하여야 하는 사항으로 틀린 것은?

① 감전 또는 오조작에 의한 위험을 방지하기 위하여 당해 전기기계 · 기구의 조작부분은 150lx 이상의 조도가 유지되도록 하여야 한다.
② 전기기계 · 기구의 조작부분에 대한 점검 또는 보수를 하는 때에는 전기기계 · 기구로부터 폭 50[cm] 이상의 작업공간을 확보하여야 한다.
③ 전기적 불꽃 또는 아크에 의한 화상의 우려가 높은 600V 이상 전압의 충전전로작업에는 방염처리된 작업복 또는 난연성능을 가진 작업복을 착용하여야 한다.
④ 전기기계 · 기구의 조작부분에 대한 점검 또는 보수를 하기 위한 작업공간의 확보가 곤란한 때에는 절연용 보호구를 착용하여야 한다.

해설

- 전기기계 · 기구의 조작부분을 점검하거나 보수하는 경우에는 근로자가 안전하게 작업할 수 있도록 전기기계 · 기구로부터 폭 70cm 이상의 작업공간을 확보하여야 한다.

∷ 전기기계 · 기구의 조작 시 등의 안전조치
- 전기기계 · 기구의 조작부분을 점검하거나 보수하는 경우에는 근로자가 안전하게 작업할 수 있도록 전기기계 · 기구로부터 폭 70cm 이상의 작업공간을 확보하여야 한다. 다만, 작업공간을 확보하는 것이 곤란하여 근로자에게 절연용 보호구를 착용하도록 한 경우에는 그러하지 아니하다.
- 전기적 불꽃 또는 아크에 의한 화상의 우려가 있는 고압 이상의 충전전로 작업에 근로자를 종사시키는 경우에는 방염처리된 작업복 또는 난연성능을 가진 작업복을 착용시켜야 한다.

1801

76 Repetitive Learning (1회 2회 3회)

다음 그림은 심장맥동주기를 나타낸 것이다. T파는 어떤 경우인가?

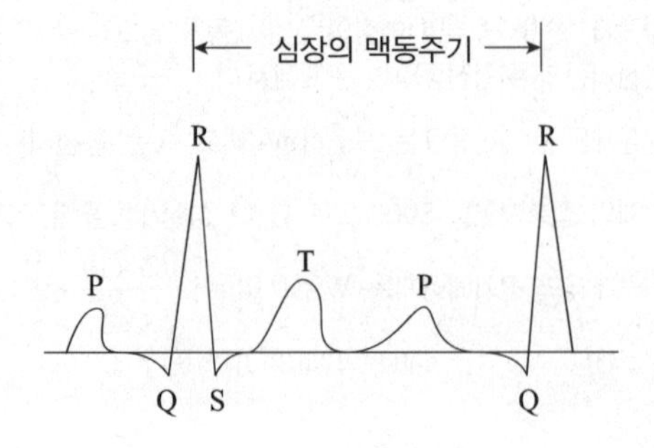

① 심방의 수축에 따른 파형
② 심실의 수축에 따른 파형
③ 심실의 휴식 시 발생하는 파형
④ 심방의 휴식 시 발생하는 파형

해설

- T파는 심실 수축이 종료되고 심실의 휴식상태를 말한다.

∷ 심장의 맥동주기와 심실세동
㉠ 맥동주기
- 맥동주기는 심장이 한 번의 심박에서 다음 심박까지 한 일을 말한다.
- 의학적인 심장의 맥동주기는 P-Q-R-S-T파형으로 나타낸다.

㉡ 맥동주기 해석

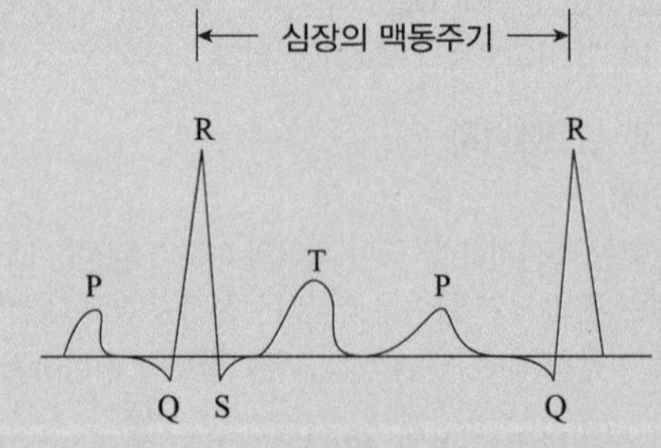

- 심방 수축에 따른 파형을 P파, 심실 수축에 따른 파형을 Q-R-S파, 심실 수축 종료 시 나타나는 파형으로 심실의 휴식을 의미하는 파형을 T파라 한다.
- 심장의 심실 수축이 종료되는 T파 부분에서 전격(쇼크)이 가해지면 심실세동이 일어날 확률이 가장 크고 위험하다.

0402 / 0503 / 0802 / 0903 / 1902

77 Repetitive Learning (1회 2회 3회)

내압방폭구조에서 안전간극(Safe gap)을 적게 하는 이유로 가장 알맞은 것은?

① 최소점화에너지를 높게 하기 위해
② 폭발화염이 외부로 전파되지 않도록 하기 위해
③ 폭발압력에 견디고 파손되지 않도록 하기 위해
④ 쥐가 침입해서 전선 등을 갉아먹지 않도록 하기 위해

해설

- 내압방폭구조에서 최대안전틈새의 범위를 적게 하는 이유는, 고열가스나 화염을 간극(Safe gap)을 통하여 서서히 방출시킴으로써 폭발화염이 외부로 전파되지 않도록 하기 위함이다.

75 ② 76 ③ 77 ② | 정답

:: 내압방폭구조(EX d)

㉠ 개요

- 전폐형의 구조를 하고 있다.
- 방폭전기설비의 용기 내부에서 폭발성 가스 또는 증기가 폭발하였을 때 용기가 그 압력에 견디고 접합면이나 개구부를 통해서 외부의 폭발성 가스나 증기에 인화되지 않도록 한 방폭구조를 말한다.
- 외부의 폭발성 가스가 내부로 침입해서 폭발하였을 때 고열가스나 화염을 간극(Safe gap)을 통하여 서서히 방출시킴으로써 폭발화염이 외부로 전파되지 않으면서 냉각되는 방폭구조를 말한다.

㉡ 필요충분조건

- 폭발화염이 외부로 유출되지 않을 것
- 내부에서 폭발한 경우 그 압력에 견딜 것
- 외함의 표면온도가 외부의 폭발성 가스를 점화하지 않을 것

78 Repetitive Learning (1회 2회 3회)

감전사고의 긴급조치에 관한 설명으로 가장 부적절한 것은?

① 구출자는 감전자 발견 즉시 보호용구 착용 여부에 관계없이 직접 충전부로부터 이탈시킨다.
② 감전에 의해 넘어진 사람에 대하여 의식의 상태, 호흡의 상태, 맥박의 상태 등을 관찰한다.
③ 감전에 의하여 높은 곳에서 추락한 경우에는 출혈의 상태, 골절의 이상 유무 등을 확인, 관찰한다.
④ 인공호흡과 심장마사지를 2인이 동시에 실시할 경우에는 약 1 : 5의 비율로 각각 실시해야 한다.

해설

- 감전사고 응급조치의 최우선 조치는 전원을 내리고, 감전자에 대해서 인공호흡을 실시하는 것이다. 이때 구출자는 보호구를 착용하여 2차적인 피해를 방지해야 한다.

:: 인공호흡

㉠ 소생률

- 감전에 의해 호흡이 정지한 후에 인공호흡을 즉시 실시할 경우 소생할 수 있는 확률을 말한다.

1분 이내	95[%]
3분 이내	75[%]
4분 이내	50[%]
6분 이내	25[%]

㉡ 심장마사지

- 인공호흡은 매분 12~15회, 30분 이상 실시한다.
- 심장마사지 15회, 인공호흡 2회를 교대로 실시하는데, 2인이 동시에 실시할 경우 심장마사지와 인공호흡을 약 5 : 1의 비율로 실시한다.

79 Repetitive Learning (1회 2회 3회)

의료용 전기전자(Medical electronics)기기의 접지방식은?

① 금속체보호접지　② 등전위접지
③ 계통접지　④ 기능용접지

해설

- 병원에 있어서 의료기기 사용 시 안전을 위하여 수행하는 접지방법은 등전위접지이다.

:: 접지의 종류와 특징

종류	특징
계통접지	고압전로와 저압전로가 혼촉되었을 때의 감전이나 화재 방지를 위하여 수행하는 접지방법이다.
기기접지	전동기, 세탁기 등의 전기사용 기계·기구의 비충전 금속부분을 접지하는 것으로, 누전되고 있는 기기에 접촉 시의 감전을 방지하는 접지방법이다.
피뢰접지	낙뢰로부터 전기기기 및 피뢰기 등의 기능 손상을 방지하기 위하여 수행하는 접지방법이다.
등전위접지	병원에 있어서 의료기기 사용 시 안전을 위하여 수행하는 접지방법이다.
지락검출용 접지	누전차단기의 동작을 확실하게 하기 위하여 수행하는 접지방법이다.

0301

80 Repetitive Learning (1회 2회 3회)

가스증기 위험 장소의 금속관(후강)배선에 의하여 시설하는 경우 관 상호 및 관과 박스 기타의 부속품, 풀박스 또는 전기기계·기구와는 몇 턱 이상 나사조임으로 접속하는 방법에 의하여 견고하게 접속하여야 하는가?

① 2턱　② 3턱
③ 4턱　④ 5턱

해설

- 관 상호 간 및 관과 박스 기타의 부속품·풀박스 또는 전기기계·기구와는 5턱 이상 나사조임으로 접속하는 방법 기타 이와 동등 이상의 효력이 있는 방법에 의하여 견고하게 접속하고 또한 내부에 먼지가 침입하지 아니하도록 접속해야 한다.

먼지가 많은 장소(가스증기 위험장소)의 저압시설 금속관공사

- 금속관은 박강 전선관(薄鋼電線管) 또는 이와 동등 이상의 강도를 가지는 것일 것
- 박스 기타의 부속품 및 풀박스는 쉽게 마모·부식 기타의 손상을 일으킬 우려가 없는 패킹을 사용하여 먼지가 내부에 침입하지 아니하도록 시설할 것
- 관 상호 간 및 관과 박스 기타의 부속품·풀박스 또는 전기기계·기구와는 5턱 이상 나사조임으로 접속하는 방법 기타 이와 동등 이상의 효력이 있는 방법에 의하여 견고하게 접속하고 또한 내부에 먼지가 침입하지 아니하도록 접속할 것
- 전동기에 접속하는 부분에서 가요성을 필요로 하는 부분의 배선에는 방폭형의 부속품 중 분진방폭형 플렉시블 피팅을 사용할 것

5과목 화학설비 안전관리

0703

81 Repetitive Learning (1회 2회 3회)

폭발하한계에 관한 설명으로 옳지 않은 것은?

① 폭발하한계에서 화염의 온도는 최저치로 된다.
② 폭발하한계에 있어서 산소는 연소하는 데 과잉으로 존재한다.
③ 화염이 하향전파인 경우 일반적으로 온도가 상승함에 따라서 폭발하한계는 높아진다.
④ 폭발하한계는 혼합가스의 단위체적당의 발열량이 일정한 한계치에 도달하는 데 필요한 가연성 가스의 농도이다.

해설

- 온도의 증가에 따라서 일반적으로 폭발하한계는 낮아진다.

폭발하한계

㉠ 개요
- 폭발하한계란 가스 등이 공기 중에서 점화원에 의해 착화되어 화염이 전파되는 가스 등의 최소농도를 말한다.
- 혼합가스의 단위체적당의 발열량이 일정한 한계치에 도달하는 데 필요한 가연성 가스의 농도이다.

㉡ 특징
- 산소 중에서의 폭발하한계는 공기 중에서와 같다.
- 폭발하한계에서 화염의 온도는 최저치로 된다.
- 폭발하한계에 있어서 산소는 연소하는 데 과잉으로 존재한다.
- 온도의 증가에 따라서 일반적으로 폭발하한계는 낮아진다.

1002 / 1702 / 2201

82 Repetitive Learning (1회 2회 3회)

다음 설명이 의미하는 것은?

> 온도, 압력 등 제어상태가 규정의 조건을 벗어나는 것에 의해 반응속도가 지수함수적으로 증대되고, 반응용기 내의 온도, 압력이 급격히 이상 상승되어 규정조건을 벗어나고, 반응이 과격화되는 현상

① 비등 ② 과열·과압
③ 폭발 ④ 반응폭주

해설

- 비등은 액체가 기체로 상변화하는 과정으로 끓음이라고도 한다.

반응폭주와 반응폭발

㉠ 반응폭주
- 반응속도가 지수함수적으로 증대되어 반응용기 내부의 온도 및 압력이 비정상적으로 상승하는 등 반응이 과격하게 진행되는 현상을 말한다.
- 온도, 압력 등 제어상태가 규정의 조건을 벗어나는 것에 의해 반응속도가 지수함수적으로 증대되고, 반응용기 내의 온도, 압력이 급격히 이상 상승되어 규정조건을 벗어나고, 반응이 과격화되는 현상이다.
- 반응폭주에 의한 위급상태의 발생을 방지하기 위해서는 불활성 가스의 공급장치가 필요하다.

㉡ 반응폭발
- 두 개 이상의 물질이 물리적·화학적으로 외부적인 힘에 의해 혼합상태로 만들어질 때 폭발하는 현상을 말한다.
- 반응폭발에 영향을 미치는 요인에는 교반상태, 냉각시스템, 반응온도와 압력 등이 있다.

81 ③ 82 ④ 정답

1201

83

Repetitive Learning 1회 2회 3회

메탄, 에탄, 프로판의 폭발하한계가 각각 5[vol%], 3[vol%], 2.5[vol%]일 때 다음 중 폭발하한계가 가장 낮은 것은?(단, Le Chatelier의 법칙을 이용한다)

① 메탄 20[vol%], 에탄 30[vol%], 프로판 50[vol%]의 혼합가스
② 메탄 30[vol%], 에탄 30[vol%], 프로판 40[vol%]의 혼합가스
③ 메탄 40[vol%], 에탄 30[vol%], 프로판 30[vol%]의 혼합가스
④ 메탄 50[vol%], 에탄 30[vol%], 프로판 20[vol%]의 혼합가스

해설

- ①의 경우 몰분율은 20, 30, 50이므로 혼합가스의 폭발한계 분모에 해당하는 값은 $\frac{20}{5}+\frac{30}{3}+\frac{50}{2.5}=4+10+20=34$이다.
- ②의 경우 몰분율은 30, 30, 40이므로 혼합가스의 폭발한계 분모에 해당하는 값은 $\frac{30}{5}+\frac{30}{3}+\frac{40}{2.5}=6+10+16=32$이다.
- ③의 경우 몰분율은 40, 30, 30이므로 혼합가스의 폭발한계 분모에 해당하는 값은 $\frac{40}{5}+\frac{30}{3}+\frac{30}{2.5}=8+10+12=30$이다.
- ④의 경우 몰분율은 50, 30, 20이므로 혼합가스의 폭발한계 분모에 해당하는 값은 $\frac{50}{5}+\frac{30}{3}+\frac{20}{2.5}=10+10+8=28$이다.
- 분모의 값이 클수록 폭발하한계는 작아진다.

혼합가스의 폭발한계와 폭발범위 실필 1603

㉠ 폭발한계
- 혼합가스의 폭발한계는 혼합가스를 구성하는 각 가스의 폭발한계당 mol분율 합의 역수로 구한다.
- 혼합가스의 폭발한계는 $\frac{1}{\sum_{i=1}^{n}\frac{\text{mol분율}}{\text{폭발한계}}}$로 구한다.
- [vol%]를 구할 때는 $\frac{100}{\sum_{i=1}^{n}\frac{\text{mol분율}}{\text{폭발한계}}}$[vol%] 식을 이용한다.

㉡ 폭발범위
- 폭발상한계와 폭발하한계를 각각 구해서 범위를 구한다.

1103 / 1801 / 2102

84

Repetitive Learning 1회 2회 3회

특수 화학설비를 설치할 때 내부의 이상상태를 조기에 파악하기 위하여 필요한 계측장치로 가장 거리가 먼 것은?

① 압력계 ② 유량계
③ 온도계 ④ 습도계

해설

- 위험물을 기준량 이상으로 제조하거나 취급하는 화학설비에 설치하는 계측장치는 온도계·유량계·압력계 등이다.

계측장치 등의 설치 실작 1503

- 사업주는 위험물을 기준량 이상으로 제조하거나 취급하는 화학설비를 설치하는 경우에는 내부의 이상 상태를 조기에 파악하기 위하여 필요한 온도계·유량계·압력계 등의 계측장치를 설치하여야 한다.
- 계측장치의 설치가 요구되는 특수화학설비에는 발열반응이 일어나는 반응장치, 증류·정류·증발·추출 등 분리를 하는 장치, 가열시켜 주는 물질의 온도가 가열되는 위험물질의 분해온도 또는 발화점보다 높은 상태에서 운전되는 설비, 반응폭주 등 이상 화학반응에 의하여 위험물질이 발생할 우려가 있는 설비, 온도가 섭씨 350도 이상이거나 게이지 압력이 980킬로파스칼 이상인 상태에서 운전되는 설비, 가열로 또는 가열기 등이 있다.

0303 / 0501 / 0601 / 0802 / 1001 / 1702

85

Repetitive Learning 1회 2회 3회

프로판(C_3H_8) 가스가 공기 중 연소할 때의 화학양론농도는 약 얼마인가?(단, 공기 중의 산소농도는 21[vol%]이다)

① 2.5[vol%] ② 4.0[vol%]
③ 5.6[vol%] ④ 9.5[vol%]

해설

- 프로판 가스(C_3H_8)는 탄소(a)가 3, 수소(b)가 8이므로 Cst $=\frac{100}{1+4.773\times\left(3+\frac{8}{4}\right)}=4.02$[vol%]이다.

완전연소 조성농도(Cst, 화학양론농도)와 최소산소농도(MOC) 실필 1803/1002

㉠ 완전연소 조성농도(Cst, 화학양론농도)
- 가연성 가스의 조성은 완전연소 조성농도에서 폭발의 위험성이 가장 높아진다.
- 완전연소 조성농도 $=\frac{100}{1+\text{공기몰수}\times\left(a+\frac{b-c-2d}{4}\right)}$이다.

공기의 몰수는 주로 4.773을 사용하므로 완전연소 조성농도 $=\frac{100}{1+4.773\left(a+\frac{b-c-2d}{4}\right)}$[vol%]이다.

정답 | 83 ① 84 ④ 85 ②

단, a : 탄소, b : 수소, c : 할로겐의 원자수, d : 산소의 원자수이다.

- Jones식에 따라 폭발한계를 추산하면
  폭발하한계 = Cst × 0.55, 폭발상한계 = Cst × 3.50이다.

㉡ 최소산소농도(MOC)

- 연소 시 필요한 산소(O_2)농도 즉,
  산소양론계수 = $a+\frac{b-c-2d}{4}$ 로 구한다.
- 최소산소농도(MOC) = 산소양론계수 × 연소하한값이다.

0703 / 1002 / 1201 / 1702 / 2001

86 ── Repetitive Learning (1회 2회 3회)

분진폭발의 발생 순서로 옳은 것은?

① 비산 → 분산 → 퇴적분진 → 발화원 → 2차폭발 → 전면폭발
② 비산 → 퇴적분진 → 분산 → 발화원 → 2차폭발 → 전면폭발
③ 퇴적분진 → 발화원 → 분산 → 비산 → 전면폭발 → 2차폭발
④ 퇴적분진 → 비산 → 분산 → 발화원 → 전면폭발 → 2차폭발

해설

- 분진폭발은 퇴적분진 → 비산 → 분산 → 발화원 → 전면폭발 → 2차폭발 순으로 진행된다.

∷ 분진폭발

㉠ 개요

- 폭발을 기상폭발과 응상폭발로 분류할 때 기상폭발에 해당한다.
- 퇴적분진의 비산을 통해서 공기 중에 분산된 후 발화원의 점화에 의해 폭발한다.

㉡ 위험과 폭발의 진행단계

- 분진폭발의 위험은 금속분(알루미늄분, 스텔라이트 등), 유황, 적린, 곡물(소맥분) 등에 주로 존재한다.
- 분진폭발은 퇴적분진 → 비산 → 분산 → 발화원 → 전면폭발 → 2차폭발 순으로 진행된다.

87 ── Repetitive Learning (1회 2회 3회)

연소 및 폭발에 관한 설명으로 옳지 않은 것은?

① 가연성 가스가 산소 중에서는 폭발범위가 넓어진다.
② 화학양론농도 부근에서는 연소나 폭발이 가장 일어나기 쉽고 또한 격렬한 정도도 크다.
③ 혼합농도가 한계농도에 근접함에 따라 연소 및 폭발이 일어나기 쉽고 격렬한 정도도 크다.
④ 일반적으로 탄화수소계의 경우 압력의 증가에 따라 폭발상한계는 현저하게 증가하지만, 폭발하한계는 큰 변화가 없다.

해설

- 혼합농도가 한계농도(하한계, 상한계)에 가까울수록 공기의 부족으로 인해 폭발가능성은 줄어든다.

∷ 연소 및 폭발

- 가연성 가스는 산소 중에서 폭발범위가 넓어진다.
- 화학양론농도 부근에서는 연소나 폭발이 가장 일어나기 쉽고 또한 격렬한 정도도 크다.
- 혼합농도가 한계농도(하한계, 상한계)에 가까울수록 공기의 부족으로 인해 폭발 가능성은 줄어든다.
- 일반적으로 탄화수소계의 경우 압력의 증가에 따라 폭발상한계는 현저하게 증가하지만, 폭발하한계는 큰 변화가 없다.

88 ── Repetitive Learning (1회 2회 3회)

아세틸렌에 관한 설명으로 옳지 않은 것은?

① 철과 반응하여 폭발성 아세틸리드를 생성한다.
② 폭굉의 경우 발생압력이 초기압력의 20~50배에 이른다.
③ 분해반응은 발열량이 크며 화염온도가 3,100[℃]에 이른다.
④ 용단 또는 가열작업 시 1.3[kgf/cm^2] 이상의 압력을 초과하여서는 안 된다.

해설

- 아세틸렌은 철이 아니라 구리, 은 등과 반응하여 폭발성 아세틸리드를 생성한다.

∷ 아세틸렌(C_2H_2)

㉠ 개요

- 폭발하한값 2.5vol%, 폭발상한값 81.0vol%로 폭발범위가 아주 넓은(78.5) 가연성 가스이다.
- 구리, 은 등의 물질과 반응하여 폭발성 아세틸리드를 생성한다.
- 1.5기압 또는 110℃ 이상에서 탄소와 수소로 분리되면서 분해폭발을 일으킨다.

㉡ 취급상의 주의사항

- 아세톤에 용해시켜 다공성 물질과 함께 보관한다.
- 용단 또는 가열작업 시 1.3[kgf/cm^2] 이상의 압력을 초과하여서는 안 된다.

86 ④ 87 ③ 88 ① 정답

89

Repetitive Learning 1회 2회 3회

다음 중 메탄-공기 중의 물질에 가장 적은 첨가량으로 연소를 억제할 수 있는 것은?

① 헬륨
② 이산화탄소
③ 질소
④ 브롬화메틸

해설

- 헬륨, 이산화탄소, 질소는 불연성 가스로 산소농도를 일정 이하로 낮추어 연소위험을 억제할 수는 있으나 연소억제제인 브롬화메틸에는 비할 바가 아니다.

연소억제제(Inhibitor)

- 연소반응을 저해, 억제하는 성질이 있는 물질을 연소억제제라 한다.
- 메탄-공기 중의 물질에 첨가하는 연소억제제는 사염화탄소(CCl_4), 브롬화메틸(CH_3Br) 등이 대표적이다.
- 헬륨, 이산화탄소, 질소는 불연성 가스로 산소농도를 일정 이하로 낮추어 연소위험을 억제할 수 있다.

1002

90

Repetitive Learning 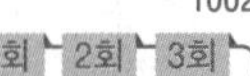

산업안전보건법상 부식성 물질 중 부식성 염기류는 농도가 몇 [%] 이상인 수산화나트륨·수산화칼륨 기타 이와 동등 이상의 부식성을 가지는 염기류를 말하는가?

① 20　　② 40
③ 50　　④ 60

해설

- 부식성 염기류는 농도가 40% 이상인 수산화나트륨·수산화칼륨, 그 밖에 이와 동등 이상의 부식성을 가지는 염기류를 말한다.

부식성 물질

㉠ 부식성 산류
- 농도가 20% 이상인 염산·황산·질산, 그 밖에 이와 동등 이상의 부식성을 가지는 물질
- 농도가 60% 이상인 인산·아세트산·불산, 그 밖에 이와 동등 이상의 부식성을 가지는 물질

㉡ 부식성 염기류
- 농도가 40% 이상인 수산화나트륨·수산화칼륨, 그 밖에 이와 동등 이상의 부식성을 가지는 염기류

0603 / 1802

91

Repetitive Learning 1회 2회 3회

공업용 용기의 몸체 도색으로 가스명과 도색명의 연결이 옳은 것은?

① 산소 - 청색
② 질소 - 백색
③ 수소 - 주황색
④ 아세틸렌 - 회색

해설

- 산소는 녹색, 질소는 회색, 아세틸렌은 황색 용기에 들어있다.

가스용기(도관)의 색 실필 1503/1201

가스	용기(도관)의 색	가스	용기(도관)의 색
산소	녹색(흑색)	아르곤, 질소 액화석유가스	회색
아세틸렌	황색(적색)		
수소	주황색	액화염소	갈색
이산화질소 액화탄산가스	청색	액화암모니아	백색

1102 / 2001

92

Repetitive Learning 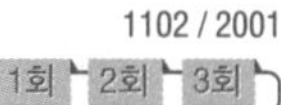

산업안전보건법에 따라 유해·위험설비의 설치·이전 또는 주요 구조부분의 변경 공사 시 공정안전보고서의 제출 시기는 착공일 며칠 전까지 관련기관에 제출하여야 하는가?

① 15일
② 30일
③ 60일
④ 90일

해설

- 사업주는 설비의 설치·이전 또는 공사의 착공일 30일 전까지 공정안전보고서를 제출하여야 한다.

공정안전보고서의 제출 시기

- 사업주는 유해·위험설비의 설치·이전 또는 주요 구조부분의 변경공사의 착공일 30일 전까지 공정안전보고서를 2부 작성하여 공단에 제출하여야 한다.

정답 | 89 ④　90 ②　91 ③　92 ②

0903 / 1201 / 1202 / 1301 / 1603

93 Repetitive Learning (1회 2회 3회)

자동화재탐지설비 중 열감지식 감지기가 아닌 것은?

① 차동식 감지기
② 정온식 감지기
③ 보상식 감지기
④ 광전식 감지기

해설

- 광전식은 연기감지식 감지기이다.

∷ 화재감지기

㉠ 개요

- 화재 시 발생되는 열이나 연기를 통해 화재를 감지하는 장치이다.
- 감지대상에 따라 열감지기, 연기감지기, 복합형감지기, 불꽃감지기로 구분된다.

㉡ 대표적인 감지기의 종류

열감지식	차동식	• 공기의 팽창을 감지 • 공기관식, 열전대식, 열반도체식
	정온식	열의 축적을 감지
	보상식	공기팽창과 열축적을 동시에 감지
연기감지식	광전식	광전소자의 입사광량 변화를 감지
	이온화식	이온전류의 변화를 감지
	감광식	광전식의 한 종류

0603

94 Repetitive Learning (1회 2회 3회)

유독 위험성과 해당 물질과의 연결이 옳지 않은 것은?

① 중독성 – 포스겐
② 발암성 – 골타르, 피치
③ 질식성 – 일산화탄소, 황화수소
④ 자극성 – 암모니아, 아황산가스, 불화수소

해설

- 포스겐($COCl_2$)은 맹독성 가스로 질식성 물질이다.

∷ 유독 위험성과 해당 물질

- 중독성 – 메틸알콜, 벤젠, DMF, 이황화탄소
- 발암성 – 골타르, 피치
- 질식성 – 일산화탄소, 황화수소, 포스겐
- 자극성 – 암모니아, 아황산가스, 불화수소

95 Repetitive Learning (1회 2회 3회)

단열반응기에서 100[°F], 1[atm]의 수소가스를 압축하는 반응기를 설계할 때 안전하게 조업할 수 있는 최대압력은 약 몇 [atm]인가?(단, 수소의 자동발화온도는 1,075[°F]이고, 수소는 이상기체로 가정하고, 비열비(r)는 1.4이다)

① 14.62 ② 24.23
③ 34.10 ④ 44.62

해설

- 화씨온도가 주어졌으므로 이를 섭씨온도로 바꾸어야 한다.
- 화씨온도의 섭씨온도 변환식은 ℃=(°F−32)/1.8이다.
- 100[°F]는 $\frac{100-32}{1.8}=37.78$[℃]이고,

  1,075[°F]는 $\frac{1,075-32}{1.8}=579.44$[℃]이다.
- 절대온도로 바꾸면 각각 310.93[K], 852.59[K]이다.
- $\frac{P_2}{P_1}=\left(\frac{T_2}{T_1}\right)^{\frac{r}{r-1}}$에 대입하면 $P_2=\left(\frac{852.59}{310.93}\right)^{\frac{1.4}{0.4}}$

  ≒ 34.33[atm]이다.

∷ 단열압축

- 가연성 기체를 급속히 압축하면 열손실이 적기 때문에 단열압축으로 보고, 단열압축일 때는 열의 출입이 없으므로 온도 및 압력이 상승한다.
- 열역학적 관계는 $\frac{T_2}{T_1}=\left(\frac{P_2}{P_1}\right)^{\frac{r-1}{r}}$ 또는 $\frac{P_2}{P_1}=\left(\frac{T_2}{T_1}\right)^{\frac{r}{r-1}}$이다.

  이때, T_1, T_2는 절대온도, P_1, P_2는 압력, r는 비열비이다.

96 Repetitive Learning (1회 2회 3회)

다음 중 포 소화설비 적용대상이 아닌 것은?

① 유류저장탱크
② 비행기 격납고
③ 주차장 또는 차고
④ 유압차단기 등의 전기기기 설치장소

해설

- 포 소화설비는 유류저장탱크, 비행기 격납고, 주차장 또는 차고 등에 주로 사용되며, 전기설비에 의한 화재에 사용할 수 없다.

93 ④ 94 ① 95 ③ 96 ④ 정답

포 소화설비

㉠ 개요
- 가연성 액체 등 물에 의한 소화로는 효과가 적거나 화재 확대의 가능성이 있는 화재에 사용하는 설비이다.
- 물과 포 소화약제가 일정한 비율로 섞인 포 수용액의 기포가 연소물의 표면을 덮어 공기를 차단시키는 질식효과와 포에 함유된 수분의 냉각효과로 화재를 진압하는 설비이다.
- 수원, 가압송수장치, 포방출구, 포원액저장탱크, 혼합장치, 배관 및 화재감지장치 등으로 구성된다.

㉡ 구성 및 특징
- 거품수용액을 만드는 장치에는 관로혼합장치, 차압혼합장치, 펌프혼합장치, 압입혼합장치 등이 있다.
- 전기설비에 의한 화재에 사용할 수 없다.
- 유류저장탱크, 비행기 격납고, 주차장 또는 차고 등에 주로 사용된다.

1701 / 1902 / 2103

97 Repetitive Learning (1회 2회 3회)

다음 가스 중 가장 독성이 큰 것은?

① CO　　② $COCl_2$
③ NH_3　　④ H_2

해설
- $COCl_2$는 포스겐이라고 불리는 맹독성 가스로 불소와 함께 가장 강한(TWA 0.1) 독성물질이다.

TWA(Time Weighted Average) 실필 1301
- 시간가중 평균노출기준이라고 한다.
- 1일 8시간 작업을 기준으로 유해요인의 측정치에 발생시간을 곱하여 8로 나눈 값이다.
- 독성이 강할수록 TWA값은 작아진다.

유독물질	포스겐/불소	염소	니트로벤젠 염화수소	사염화탄소	나프탈렌	일산화탄소	아세톤	이산화탄소
TWA (ppm)	0.1	0.5	1	5	10	30	500	5,000
독성	← 강하다							약하다 →

98 Repetitive Learning (1회 2회 3회)

아세틸렌용접장치에 설치하여야 하는 안전기의 설치요령이 옳지 않은 것은?

① 안전기를 취관마다 설치한다.
② 주관에만 안전기 하나를 설치한다.
③ 발생기와 분리된 용접장치에는 가스저장소와의 사이에 안전기를 설치한다.
④ 주관 및 취관에 가장 가까운 분기관마다 안전기를 부착할 경우 용접장치의 취관마다 안전기를 설치하지 않아도 된다.

해설
- 주관에 설치하고, 취관의 근접위치에 추가로 설치해야 한다.

안전기의 설치 실필 1702
- 아세틸렌용접장치의 취관마다 안전기를 설치하여야 한다.
- 가스용기가 발생기와 분리되어 있는 아세틸렌용접장치에 대하여 발생기와 가스용기 사이에 안전기를 설치하여야 한다.
- 아세틸렌 용접 시 역화를 방지하기 위하여 설치한다.
- 가스집합 용접장치에서는 주관 및 분기관에 안전기를 설치하며, 이 경우 하나의 취관에 2개 이상의 안전기를 설치하여야 한다.
- 가스집합장치에 대해서는 화기를 사용하는 설비로부터 5m 이상 떨어진 장소에 설치하여야 한다.

1002 / 1801

99 Repetitive Learning (1회 2회 3회)

다음 중 최소발화에너지가 가장 작은 가연성 가스는?

① 수소　　② 메탄
③ 에탄　　④ 프로판

해설
- 보기의 가스들을 최소발화에너지가 작은 것부터 큰 순으로 배열하면 수소 < 프로판 < 메탄 < 에탄 순이다.

주요 인화성 가스의 최소발화에너지

인화성 가스	최소발화에너지[mJ]
이황화탄소(CS_2)	0.009
수소(H_2), 아세틸렌(C_2H_2)	0.019
에틸렌(C_2H_4)	0.096
벤젠(C_6H_6)	0.20
프로판(C_3H_8)	0.26
프로필렌(C_3H_6), 메탄(CH_4)	0.28
에탄(C_2H_6)	0.67

정답 | 97 ② 98 ② 99 ①

1102

100 Repetitive Learning (1회 2회 3회)

다음 중 종이, 목재, 섬유류 등에 의하여 발생한 화재의 화재급수로 옳은 것은?

① A급
② B급
③ C급
④ D급

해설

- 종이, 목재, 섬유류 등 일반적인 가연성 물질의 화재는 A급으로 분류한다.
- B급은 유류화재, C급은 전기화재, D급은 금속화재이다.

화재의 분류 실필 2202/1601/0903

분류	원인	소화 방법 및 소화기	특징	표시 색상
A급	종이, 나무 등 일반 가연성 물질	냉각소화/ 물 및 산, 알칼리 소화기	재가 남는다.	백색
B급	석유, 페인트 등 유류화재	질식소화/ 모래나 소화기	재가 남지 않는다.	황색
C급	전기 스파크 등 전기화재	질식소화, 냉각소화/ 이산화탄소 소화기	물로 소화할 경우 감전의 위험이 있다.	청색
D급	금속나트륨, 금속칼륨 등 금속화재	질식소화/ 마른 모래	물로 소화할 경우 폭발의 위험이 있다.	무색

6과목 건설공사 안전관리

101 Repetitive Learning (1회 2회 3회)

와이어로프를 달비계에 사용할 때의 사용금지 기준으로 틀린 것은?

① 이음매가 있는 것
② 꼬인 것
③ 지름의 감소가 공칭지름의 5%를 초과하는 것
④ 와이어로프의 한 꼬임에서 끊어진 소선의 수가 10% 이상인 것

해설

- 달기구 및 크레인 등의 양중기, 항타기, 항발기에서 사용하는 와이어로프의 사용금지 규정에 지름의 감소는 공칭지름의 5%가 아니라 7%를 초과하는 것으로 하고 있다.

달기구 및 크레인 등의 양중기, 항타기, 항발기에서 사용하는 와이어로프의 사용금지 규정

- 이음매가 있는 것
- 와이어로프의 한 꼬임{(스트랜드(strand)}에서 끊어진 소선(素線)의 수가 10% 이상인 것
- 지름의 감소가 공칭지름의 7%를 초과하는 것
- 꼬인 것
- 심하게 변형되거나 부식된 것
- 열과 전기충격에 의해 손상된 것

0303

102 Repetitive Learning (1회 2회 3회)

물로 포화된 점토에 다지기를 하면 물이 배출되지 않는 한 흙이 압축되며 압축하중으로 지반이 침하하는데, 이로 인하여 간극수압이 높아져 물이 배출되면서 흙의 간극이 감소하는 현상을 무엇이라고 하는가?

① 압축
② 압밀
③ 조립도
④ 함수비

해설

- 함수비는 흙 입자에 포함된 물의 무게비를 말한다.

압밀(Consolidation)

- 압밀이란 압축하중으로 간극수압이 높아져 물이 배출되면서 흙의 간극이 감소하는 현상을 말한다.
- 압밀시험의 목적은 지반의 침하 속도와 침하량을 추정해서 설계 시공의 자료를 얻는 데 있다.
- 점토의 경우 투수계수가 작아 압밀이 장시간에 걸쳐 일어나고 물이 배수될수록 응력이 커져 침하량이 커진다.

100 ① 101 ③ 102 ② | 정답

0601 / 2003

103 ——— Repetitive Learning 1회 2회 3회

동력을 사용하는 항타기 또는 항발기의 무너짐을 방지하기 위한 준수사항으로 틀린 것은?

① 연약한 지반에 설치하는 경우에는 아웃트리거·받침 등 지지구조물의 침하를 방지하기 위하여 깔판·받침목 등을 사용해야 한다.

② 아웃트리거·받침 등 지지구조물이 미끄러질 우려가 있는 경우에는 말뚝 또는 쐐기 등을 사용하여 해당 지지구조물을 고정시켜야 한다.

③ 상단 부분은 버팀대·버팀줄로 고정하여 안정시키고, 그 하단 부분은 견고한 버팀·말뚝 또는 철골 등으로 고정시켜야 한다.

④ 시설 또는 가설물 등에 설치하는 경우에는 그 부력을 확인하고 부력이 부족하면 그 부력을 보강할 것

해설

- 시설 또는 가설물 등에 설치하는 경우에는 부력이 아니라 그 내력을 확인하고 내력이 부족하면 그 내력을 보강해야 한다.

:: 무너짐의 방지

- 연약한 지반에 설치하는 경우에는 아웃트리거·받침 등 지지구조물의 침하를 방지하기 위하여 깔판·받침목 등을 사용할 것
- 시설 또는 가설물 등에 설치하는 경우에는 그 내력을 확인하고 내력이 부족하면 그 내력을 보강할 것
- 아웃트리거·받침 등 지지구조물이 미끄러질 우려가 있는 경우에는 말뚝 또는 쐐기 등을 사용하여 해당 지지구조물을 고정시킬 것
- 궤도 또는 차로 이동하는 항타기 또는 항발기에 대해서는 불시에 이동하는 것을 방지하기 위하여 레일 클램프(Rail clamp) 및 쐐기 등으로 고정시킬 것
- 상단 부분은 버팀대·버팀줄로 고정하여 안정시키고, 그 하단 부분은 견고한 버팀·말뚝 또는 철골 등으로 고정시킬 것

104 ——— Repetitive Learning 1회 2회 3회

철골 조립작업에서 작업발판과 안전난간을 설치하기가 곤란한 경우 안전대책으로 가장 타당한 것은?

① 안전벨트 착용

② 달줄, 달포대의 사용

③ 투하설비 설치

④ 사다리 사용

해설

- 근로자가 추락하거나 넘어질 위험이 있는 장소에는 작업발판, 추락방호망을 설치하고, 설치가 곤란하면 근로자에게 안전대를 착용케 한다.

:: 산업안전보건기준에 따른 추락위험의 방지대책

- 근로자가 추락하거나 넘어질 위험이 있는 장소 또는 기계·설비·선박블록 등에서 작업을 할 때에 근로자가 위험해질 우려가 있는 경우 비계(飛階)를 조립하는 등의 방법으로 작업발판을 설치하여야 한다.
- 작업발판을 설치하기 곤란한 경우 추락방호망을 설치하여야 한다.
- 추락방호망을 설치하기 곤란한 경우에는 근로자에게 안전대를 착용하도록 하는 등 추락위험을 방지하기 위하여 필요한 조치를 하여야 한다.
- 근로자의 추락위험을 방지하기 위하여 안전대나 구명줄을 설치하여야 하고, 안전난간을 설치할 수 있는 구조인 경우에는 안전난간을 설치하여야 한다.
- 추락방호망이란 고소작업 중 작업자의 추락 및 물체의 낙하를 방지하기 위하여 수평으로 설치하는 보호망을 말한다.

0503 / 0803 / 1201

105 

터널공사 시 인화성 가스가 일정 농도 이상으로 상승하는 것을 조기에 파악하기 위하여 설치하는 자동경보장치의 작업 시작 전 점검해야 할 사항이 아닌 것은?

① 계기의 이상 유무

② 발열 여부

③ 검지부의 이상 유무

④ 경보장치의 작동상태

해설

- 터널작업 시 자동경보장치 작업 시작 전 점검사항에는 계기의 이상 유무, 검지부의 이상 유무, 경보장치의 작동상태 등이 있다.

:: 터널작업 시 자동경보장치 작업 시작 전 점검사항

- 계기의 이상 유무
- 검지부의 이상 유무
- 경보장치의 작동상태

정답 | 103 ④ 104 ① 105 ②

0903 / 1103 / 2101

106 Repetitive Learning 1회 2회 3회

건물기초에서 발파 허용 진동치 규제기준으로 틀린 것은?

① 문화재 : 0.2cm/sec
② 주택, 아파트 : 0.5cm/sec
③ 상가 : 1.0cm/sec
④ 철골콘크리트 빌딩 : 0.1~0.5cm/sec

해설

- 철골콘크리트 빌딩의 발파 허용 진동치는 1.0~4.0cm/sec이다.

∷ 발파 허용 진동치 규제기준

구분	진동속도 규제기준	
	건물	허용 진동치
건물기초에서의 허용진동치	문화재	0.2[cm/sec]
	주택/아파트	0.5[cm/sec]
	상가(금이 없는 상태)	1.0[cm/sec]
	철근 콘크리트 빌딩 및 상가	1.0~4.0[cm/sec]

1903

107 Repetitive Learning 1회 2회 3회

권상용 와이어로프의 절단하중이 200ton일 때 와이어로프에 걸리는 최대하중의 값을 구하면?(단, 안전계수는 5임)

① 1,000ton
② 400ton
③ 100ton
④ 40ton

해설

- 와이어로프의 안전율(안전계수) = $\frac{\text{절단하중} \times \text{줄의 수}}{\text{정격하중[톤]}}$이므로 안전계수가 5라는 의미는 절단하중이 200ton일 때 정격하중은 $\frac{200}{5} = 40$[ton]이 된다는 것이다.

∷ 양중기의 달기구 안전계수 실필 2303/1902/1901/1501

구분	안전계수
근로자가 탑승하는 운반구를 지지하는 달기 와이어로프 또는 달기 체인의 경우	10 이상
화물의 하중을 직접 지지하는 달기 와이어로프 또는 달기 체인의 경우	5 이상
훅, 샤클, 클램프, 리프팅 빔의 경우	3 이상
그 밖의 경우	4 이상

108 Repetitive Learning 1회 2회 3회

다음 중 지하수위를 저하시키는 공법은?

① 동결 공법　　② 웰포인트 공법
③ 뉴매틱케이슨 공법　　④ 치환 공법

해설

- 웰포인트 공법은 모래질지반에서 양수관을 박아 지하수를 강제로 배수시켜 지하수위를 저하시키는 공법이다.

∷ 지하수위저하 공법

㉠ 개요
- 지하수위저하 공법에는 크게 배수 공법과 지수 공법으로 구분된다.
- 배수 공법에는 웰포인트 공법과 깊은우물 공법이 대표적이다.
- 지수 공법에는 지반고결 공법과 물막이벽 공법, 압기 공법 등이 있다.

㉡ 대표적인 배수 공법
- 웰포인트(Well point) 공법은 모래질지반에 웰포인트라 불리는 양수관을 여러 개 박아 지하수위를 일시적으로 저하시키는 공법이다.
- 깊은우물(Deep well) 공법은 투수성 지반에 지름 0.3~1.5m 정도의 깊은 우물을 굴착하여 유입되는 지하수를 펌프로 양수하여 지하수위를 낮추는 공법이다.

0801 / 1201 / 1803

109 Repetitive Learning 1회 2회 3회

항타기 또는 항발기의 권상장치 드럼축과 권상장치로부터 첫 번째 도르래의 축 간의 거리는 권상장치 드럼 폭의 몇 배 이상으로 하여야 하는가?

① 5배　　② 8배
③ 10배　　④ 15배

해설

- 항타기 또는 항발기의 권상장치의 드럼축과 권상장치로부터 첫 번째 도르래의 축 간의 거리는 권상장치 드럼 폭의 15배 이상으로 하여야 한다.

∷ 도르래의 부착 등 실작 1703/1503

- 사업주는 항타기나 항발기에 도르래나 도르래 뭉치를 부착하는 경우에는 부착부가 받는 하중에 의하여 파괴될 우려가 없는 브라켓·샤클 및 와이어로프 등으로 견고하게 부착하여야 한다.
- 사업주는 항타기 또는 항발기의 권상장치의 드럼축과 권상장치로부터 첫 번째 도르래의 축 간의 거리를 권상장치 드럼 폭의 15배 이상으로 하여야 한다.
- 도르래는 권상장치의 드럼 중심을 지나야 하며 축과 수직면상에 있어야 한다.

106 ④ 107 ④ 108 ② 109 ④ 정답

1201 / 1502 / 1902

110 Repetitive Learning (1회 2회 3회)

다음은 달비계 또는 높이 5m 이상의 비계를 조립·해체하거나 변경하는 작업을 하는 경우의 준수사항이다. 빈칸에 알맞은 숫자는?

비계재료의 연결·해체작업을 하는 경우에는 폭 ( )cm 이상의 발판을 설치하고 근로자로 하여금 안전대를 사용하도록 하는 등 추락을 방지하기 위한 조치를 할 것

① 15　② 20
③ 25　④ 30

해설

- 비계재료의 연결·해체작업을 하는 경우에는 폭 20cm 이상의 발판을 설치하고 근로자로 하여금 안전대를 사용하도록 하는 등 추락을 방지하기 위한 조치를 하여야 한다.

달비계 또는 높이 5m 이상의 비계 등의 조립·해체 및 변경

- 근로자가 관리감독자의 지휘에 따라 작업하도록 할 것
- 조립·해체 또는 변경의 시기·범위 및 절차를 그 작업에 종사하는 근로자에게 주지시킬 것
- 조립·해체 또는 변경 작업구역에는 해당 작업에 종사하는 근로자가 아닌 사람의 출입을 금지하고 그 내용을 보기 쉬운 장소에 게시할 것
- 비, 눈, 그 밖의 기상상태의 불안정으로 날씨가 몹시 나쁜 경우에는 그 작업을 중지시킬 것
- 비계재료의 연결·해체작업을 하는 경우에는 폭 20cm 이상의 발판을 설치하고 근로자로 하여금 안전대를 사용하도록 하는 등 추락을 방지하기 위한 조치를 할 것
- 재료·기구 또는 공구 등을 올리거나 내리는 경우에는 근로자가 달줄 또는 달포대 등을 사용하게 할 것
- 강관비계 또는 통나무비계를 조립하는 경우 쌍줄로 하여야 한다.

2001

111 Repetitive Learning (1회 2회 3회)

사업주가 유해·위험방지계획서 제출 후 건설공사 중 6개월 이내마다 안전보건공단의 확인을 받아야 할 내용이 아닌 것은?

① 유해·위험방지계획서의 내용과 실제공사 내용이 부합하는지 여부
② 유해·위험방지계획서 변경내용의 적정성
③ 자율안전관리 업체 유해·위험방지계획서 제출·심사 면제
④ 추가적인 유해·위험요인의 존재 여부

해설

- 유해·위험방지계획서 제출 후 확인받을 내용은 유해·위험방지계획서의 내용과 실제 공사내용이 부합하는지 여부, 유해·위험방지계획서 변경내용의 적정성, 추가적인 유해·위험요인의 존재 여부 등이다.

유해·위험방지계획서의 확인

- 유해·위험방지계획서를 제출한 사업주는 해당 건설물·기계·기구 및 설비의 시운전단계에서 건설공사 중 6개월 이내마다 공단의 확인을 받아야 한다.
- 확인받을 내용은 유해·위험방지계획서의 내용과 실제 공사내용이 부합하는지 여부, 유해·위험방지계획서 변경내용의 적정성, 추가적인 유해·위험요인의 존재 여부 등이다.

0703 / 1702

112 Repetitive Learning (1회 2회 3회)

가설통로의 구조에 대한 기준으로 틀린 것은?

① 경사가 15도를 초과하는 경우에는 미끄러지지 아니하는 구조로 할 것
② 경사는 20도 이하로 할 것
③ 추락의 위험이 있는 장소에는 안전난간을 설치할 것
④ 수직갱에 가설된 통로의 길이가 15m 이상인 경우에는 10m 이내마다 계단참을 설치할 것

해설

- 가설통로 설치 시 경사는 30° 이하로 하여야 한다.

가설통로 설치 시 준수기준 실필 2301/1801/1703/1603

- 높이 8m 이상인 비계다리에서는 7m 이내마다 계단참을 설치할 것
- 수직갱에 가설된 통로의 길이가 15m 이상인 경우에는 10m 이내마다 계단참을 설치할 것
- 경사가 15°를 초과하는 경우에는 미끄러지지 아니하는 구조로 할 것
- 추락할 위험이 있는 장소에는 안전난간을 설치할 것
- 경사로의 폭은 최소 90cm 이상으로 할 것
- 발판 폭 40cm 이상, 틈 3cm 이하로 할 것
- 경사는 30° 이하로 할 것

0402 / 0802 / 0903 / 1103

113 Repetitive Learning (1회 2회 3회)

콘크리트 강도에 영향을 주는 요소로 거리가 먼 것은?

① 거푸집 모양과 형상　② 양생온도와 습도
③ 타설 및 다지기　④ 콘크리트 재령 및 배합

정답 | 110 ② 111 ③ 112 ② 113 ①

해설

- 압축강도에 영향을 주는 요소에는 물-시멘트비, 배합설계, 양생과정, 공기량, 양생온도와 습도 및 재령, 타설 및 다지기 등이 있다.

콘크리트의 강도

- 콘크리트의 강도는 압축강도를 말하며, 콘크리트의 강도 중 가장 큰 값을 갖는다.
- 압축강도에 영향을 주는 요소에는 물-시멘트비, 배합설계, 양생과정, 공기량, 양생온도와 습도 및 재령, 타설 및 다지기 등이 있다.
- 콘크리트 강도는 압축강도 > 전단강도 > 휨강도 > 인장강도 순으로 작아진다.

1702

114 — Repetitive Learning (1회 2회 3회)

건설업의 산업안전보건관리비 사용항목에 해당되지 않는 것은?

① 안전시설비 ② 근로자 건강관리비

③ 운반기계 수리비 ④ 안전진단비

해설

- 운반기계 수리비는 산업안전보건관리비로 사용할 수 없다.

건설업 산업안전보건관리비 사용항목

- 안전관리자 등의 인건비 및 각종 업무수당 등
- 안전시설비 등
- 개인보호구 및 안전장구 구입비 등
- 사업장의 안전진단비
- 안전보건교육비 및 행사비 등
- 근로자의 건강관리비 등
- 기술지도비
- 본사(안전전담부서) 사용비

115 — Repetitive Learning

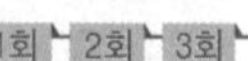

사다리식 통로에 대한 설치기준으로 틀린 것은?

① 발판의 간격을 일정하게 할 것

② 발판과 벽과의 사이는 15cm 이상의 간격을 유지할 것

③ 사다리식 통로의 길이가 10m 이상인 때에는 3m 이내마다 계단참을 설치할 것

④ 사다리의 상단은 걸쳐놓은 지점으로부터 60cm 이상 올라가도록 할 것

해설

- 사다리식 통로의 길이가 10m 이상인 경우에는 5m 이내마다 계단참을 설치하여야 한다.

해설

- 사다리식 통로의 길이가 10m 이상인 경우에는 5m 이내마다 계단참을 설치하여야 한다.

사다리식 통로의 구조 실필 2202/1101/0901

- 견고한 구조로 할 것
- 심한 손상·부식 등이 없는 재료를 사용할 것
- 발판의 간격은 일정하게 할 것
- 발판과 벽과의 사이는 15cm 이상의 간격을 유지할 것
- 폭은 30m 이상으로 할 것
- 사다리가 넘어지거나 미끄러지는 것을 방지하기 위한 조치를 할 것
- 사다리의 상단은 걸쳐놓은 지점으로부터 60cm 이상 올라가도록 할 것
- 사다리식 통로의 길이가 10m 이상인 경우에는 5m 이내마다 계단참을 설치할 것
- 사다리식 통로의 기울기는 75° 이하로 할 것. 다만, 고정식 사다리식 통로의 기울기는 90° 이하로 하고, 그 높이가 7m 이상인 경우에는 바닥으로부터 높이가 2.5m 되는 지점부터 등받이울을 설치할 것
- 접이식 사다리 기둥은 사용 시 접혀지거나 펼쳐지지 않도록 철물 등을 사용하여 견고하게 조치할 것

0903 / 1703 / 1801 / 2101

116 — Repetitive Learning (1회 2회 3회)

미리 작업장소의 지형 및 지반상태 등에 적합한 제한속도를 정하지 않아도 되는 차량계 건설기계의 속도기준은?

① 최대제한속도가 10km/h 이하

② 최대제한속도가 20km/h 이하

③ 최대제한속도가 30km/h 이하

④ 최대제한속도가 40km/h 이하

해설

- 최대제한속도가 시속 10km/h 이하인 경우를 제외하고는 차량계 건설기계를 사용하여 작업을 하는 경우 미리 작업장소의 지형 및 지반상태 등에 적합한 제한속도를 정하고, 운전자로 하여금 준수하도록 하여야 한다.

제한속도의 지정

- 사업주는 차량계 하역운반기계, 차량계 건설기계(최대제한속도가 시속 10km/h 이하인 것은 제외)를 사용하여 작업을 하는 경우 미리 작업장소의 지형 및 지반상태 등에 적합한 제한속도를 정하고, 운전자로 하여금 준수하도록 하여야 한다.
- 사업주는 궤도작업차량을 사용하는 작업, 입환기로 입환작업을 하는 경우에 작업에 적합한 제한속도를 정하고, 운전자로 하여금 준수하도록 하여야 한다.

114 ③ 115 ③ 116 ① | 정답

1801

117 Repetitive Learning 

이동식 비계를 조립하여 작업을 하는 경우의 준수사항으로 틀린 것은?

① 승강용 사다리는 견고하게 설치할 것
② 작업발판의 최대적재하중은 250kg을 초과하지 않도록 할 것
③ 비계의 최상부에서 작업을 하는 경우에는 안전난간을 설치할 것
④ 작업발판은 항상 수평을 유지하고 작업발판 위에서 안전난간을 딛고 작업을 하거나 받침대 또는 사다리를 사용하여 작업하도록 할 것

해설

- 작업발판은 항상 수평을 유지하고, 작업발판 위에서 안전난간을 딛고 작업을 하거나 받침대 또는 사다리를 사용하여 작업하지 않도록 해야 한다.

이동식 비계 조립 및 사용 시 준수사항

- 이동식 비계의 바퀴에는 뜻밖의 갑작스러운 이동 또는 전도를 방지하기 위하여 브레이크・쐐기 등으로 바퀴를 고정시킨 다음 비계의 일부를 견고한 시설물에 고정하거나 아웃트리거(Outrigger)를 설치하는 등 필요한 조치를 할 것
- 승강용 사다리는 견고하게 설치할 것
- 비계의 최상부에서 작업을 하는 경우에는 안전난간을 설치할 것
- 작업발판은 항상 수평을 유지하고 작업발판 위에서 안전난간을 딛고 작업을 하거나 받침대 또는 사다리를 사용하여 작업하지 않도록 할 것
- 작업발판의 최대적재하중은 250kg을 초과하지 않도록 할 것

0803 / 1001 / 1103 / 1702

118 Repetitive Learning 1회 2회 3회

로드(Rod)・유압잭(Jack) 등을 이용하여 거푸집을 연속적으로 이동시키면서 콘크리트를 타설할 때 사용되는 것으로 Silo 공사 등에 적합한 거푸집은?

① 메탈폼 ② 슬라이딩폼
③ 워플폼 ④ 페코빔

해설

- 메탈폼은 강제 거푸집을 사용하는 건설방법을 말한다.
- 워플폼은 무량판 구조에 사용되며 상자 모양의 장선 슬래브의 장선이 직교하는 구조로 된 기성 거푸집을 말한다.
- 페코빔은 지주 없이 수평 지지보를 걸쳐 거푸집을 지지하는 무지주 공법에 해당한다.

슬라이딩폼

- 수평 및 수직으로 반복된 구조물을 시공이음 없이 균일하게 시공하기 위해 사용되는 거푸집의 종류이다.
- 로드(Rod)・유압잭(Jack) 등을 이용하여 거푸집을 연속적으로 이동시키면서 콘크리트를 타설할 때 사용된다.
- 원자력 발전소의 원자로 격납용기(Containment vessel), Silo 공사 등에 적합한 거푸집이다.

0403 / 0502 / 0602 / 0902 / 1001 / 1401 / 1703 / 2201

119 Repetitive Learning 1회 2회 3회

옥외에 설치되어 있는 주행 크레인에 이탈을 방지하기 위한 조치를 취해야 하는 것은 순간풍속이 매 초당 몇 m를 초과할 경우인가?

① 30m ② 35m
③ 40m ④ 45m

해설

- 순간풍속이 초당 30m를 초과하는 바람이 불어올 우려가 있는 경우 옥외에 설치되어 있는 주행 크레인에 대하여 이탈방지장치를 작동시키는 등 이탈 방지를 위한 조치를 하여야 한다.

폭풍에 대비한 이탈방지조치 실필 1203

- 사업주는 순간풍속이 초당 30m를 초과하는 바람이 불어올 우려가 있는 경우 옥외에 설치되어 있는 주행 크레인에 대하여 이탈방지장치를 작동시키는 등 이탈방지를 위한 조치를 하여야 한다.

1301

120 Repetitive Learning 1회 2회 3회

잠함 또는 우물통의 내부에서 근로자가 굴착작업을 하는 경우에 바닥으로부터 천장 또는 보까지의 높이는 최소 얼마 이상으로 하여야 하는가?

① 1.2m ② 1.5m
③ 1.8m ④ 2.1m

해설

- 잠함 또는 우물통의 내부에서 근로자가 굴착작업 시 급격한 침하에 의한 위험방지를 위해 바닥으로부터 천장 또는 보까지의 높이는 1.8m 이상으로 한다.

잠함 또는 우물통의 내부에서 근로자가 굴착작업 시 급격한 침하에 의한 위험방지를 위한 준수사항 실필 2302/1901/1503/1302

- 침하관계도에 따라 굴착방법 및 재하량(載荷量) 등을 정할 것
- 바닥으로부터 천장 또는 보까지의 높이는 1.8m 이상으로 할 것

정답 | 117 ④ 118 ② 119 ① 120 ③

출제문제 분석 2015년 1회

구분	1과목	2과목	3과목	4과목	5과목	6과목	합계
New 유형	3	2	4	5	3	1	18
New 문제	4	11	9	6	3	6	39
또나온문제	11	8	7	9	10	5	50
자꾸나온문제	5	1	4	5	7	9	31
합계	20	20	20	20	20	20	120

- New유형은 New문제 중 기존 기출문제와 완전히 다른 유형의 문제를 말합니다.
- New문제는 기존에 출제되지 않은 문제로 이번에 처음 출제되는 문제입니다.
- 또나온문제는 기존에 출제된 적이 1번 있는 문제를 말합니다.
- 자꾸나온문제는 기존에 출제된 적이 2번 이상 있는 문제를 말합니다. 그만큼 중요한 문제입니다.

몇 년분의 기출문제를 공부해야 합격할 수 있을까요?

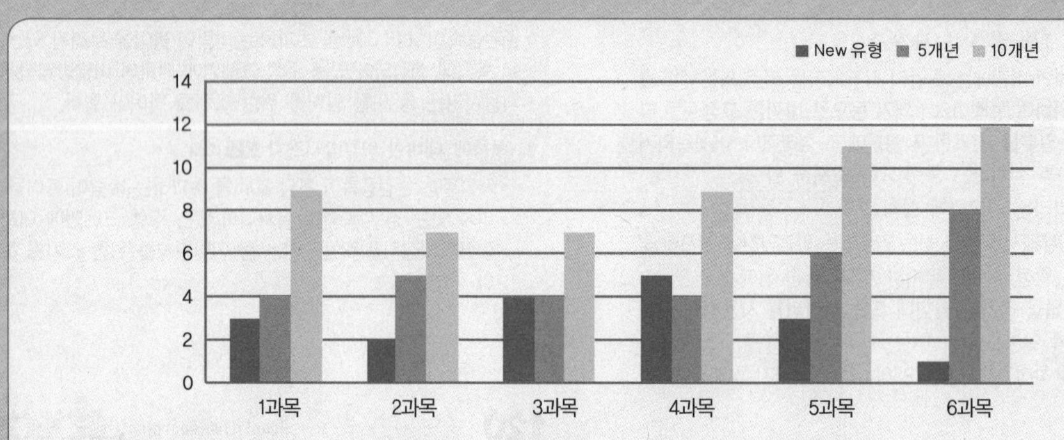

- 완전 새로운 유형의 문제는 18문제이고 102문제가 이미 출제된 문제 혹은 변형문제입니다.
- 5년분(2016~2020) 기출에서 동일문제가 31문항이 출제되었고, 10년분(2011~2020)기출에서 동일문제가 55문항이 출제되었습니다.

실기에 나왔어요!! 외우세요!!!

실기시험은 필답형과 작업형으로 구분되어 있으며 모두 직접 주관식으로 내용을 적어야 합니다. 필기공부하면서 실기 출제된 내역들은 좀 더 신경써서 암기하실 필요가 있어요. 필기 합격자 발표 난 후 실기시험까지는 5주밖에 여유가 없답니다. 어차피 공부할 것 필기 때 확실하게 해준다면 실기도 단방에 합격할 수 있습니다.

- 총 36개의 해설이 실기 필답형 시험과 연동되어 있습니다.
- 총 3개의 해설이 실기 작업형 시험과 연동되어 있습니다.

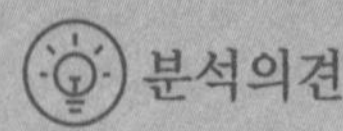

분석의견

최근 10년분의 기출문제와 답을 반복암기해서는 합격점수인 72점에서 17점이 부족합니다. 새로운 문제(39문항)는 평균(49.5문항)보다 적게 출제되었으며, 5년분 기출출제비율은 낮으나 10년분 기출출제비율은 평균보다 높아 기출 5~10년 범위에서 많이 출제된 것으로 확인되었습니다. 과목별 비중을 볼 때 2과목의 기출출제비율이 다소 낮은 편입니다. 합격에 필요한 점수를 획득하기 위해서는 최근 5년분 문제와 핵심이론의 3회독 혹은 최근 10년분 문제와 핵심이론의 2회독 이상의 학습이 필요합니다.

2015년 제1회

15년 1회차 필기시험
합격률 39.5%

2015년 3월 8일 필기

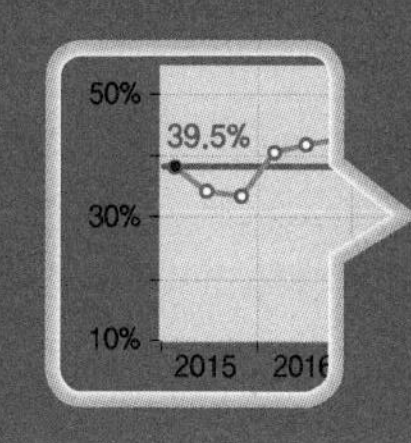

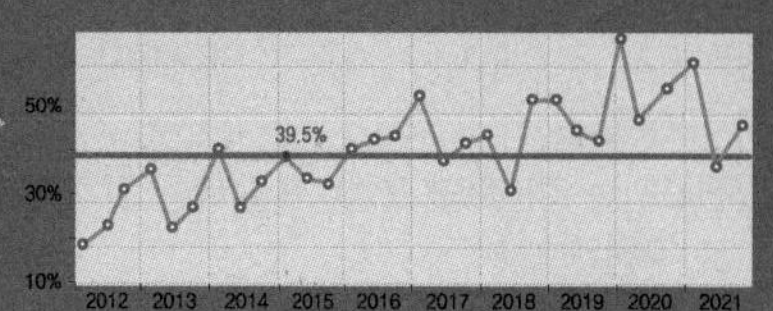

1과목 산업재해 예방 및 안전보건교육

01

Repetitive Learning (1회 2회 3회)

휴먼에러(Human error) 원인의 레벨(Level)을 분류할 때 작업조건이나 작업형태 중에서 다른 문제가 생겨서 그것 때문에 필요한 사항을 실행할 수 없는 에러를 무엇이라고 하는가?

① Command error
② Primary error
③ Secondary error
④ Third error

해설

- 작업구조상 오류의 발생을 알고도 조치가 되지 않은 것으로, 행위적 관점에서의 오류가 아니라 인간에러의 원인에 의한 분류 중 2차 오류(Secondary error)에 해당한다. 이런 오류는 작업환경의 개선을 통해 제거할 수 있다.

인간에러(Human error) 원인의 레벨 분류 실필 1801/1401

1차 오류 (Primary error)	담당 작업자가 조작을 잘못하여 발생하는 오류로 안전교육을 통하여 제거할 수 있다.
2차 오류 (Secondary error)	작업의 조건이나 작업의 형태 중에서 다른 문제가 생겨 그 때문에 필요한 사항을 실행할 수 없는 오류로 작업환경의 개선을 통해 제거할 수 있다.
지시오류 (Command error)	필요한 물건, 정보, 에너지 등의 공급이 없는 것처럼 작업자가 움직이려 해도 움직일 수 없어서 발생하는 오류이다.

0603 / 1901

02

Repetitive Learning (1회 2회 3회)

다음의 재해 사례에서 기인물에 해당하는 것은?

> 기계작업에 배치된 작업자가 반장의 지시를 받기 전에 정지된 선반을 운전시키면서 변속치차의 덮개를 벗겨내고 치차를 저속으로 운전하면서 급유하려고 할 때 오른손이 변속치차에 맞물려 손가락이 절단되었다.

① 덮개 ② 급유
③ 변속치차 ④ 선반

해설

- 사고유형은 협착, 기인물은 선반, 가해물은 변속치차에 해당하는 재해이다.

사고의 분석 실작 1703/1701/1601/1503

기인물	• 재해를 유발하거나 영향을 끼친 에너지원을 가진 기계·장치, 구조물, 물질, 사람 또는 환경 • 주로 불안전한 상태와 관련
가해물	사람에게 직접적으로 상해를 입힌 기계·장치, 구조물, 물체, 물질, 사람 또는 환경
사고유형	재해의 발생형태별 분류기준에 의한 유형

0903

03

Repetitive Learning (1회 2회 3회)

다음 중 산업안전보건법상 "화학물질 취급장소에서의 유해·위험경고"에 사용되는 안전·보건표지의 색도 기준으로 옳은 것은?

① 7.5R 4/14 ② 5Y 8.5/12
③ 2.5PB 4/10 ④ 2.5G 4/10

정답 | 01 ③ 02 ④ 03 ①

해설

- 화학물질 취급장소에서의 유해·위험경고는 무색의 바탕에 빨간색 마름모로 표시하는 경고표지에 해당한다.

산업안전보건표지 실필 1602/1003

- 금지표지, 경고표지, 지시표지, 안내표지, 관계자 외 출입금지로 구분된다.
- 안전표지는 기본모형(모양), 색깔(바탕 및 기본모형), 내용(의미)으로 구성된다.
- 안전·보건표지의 색채, 색도기준 및 용도

바탕	기본모형 색채	색도	용도	사용례
흰색	빨간색	7.5R 4/14	금지	정지, 소화설비, 유해행위 금지
무색			경고	화학물질 취급장소에서의 유해 및 위험경고
노란색	검은색	5Y 8.5/12	경고	화학물질 취급장소에서의 유해·위험경고 이외의 위험경고, 주의표지 또는 기계방호물
파란색	흰색	2.5PB 4/10	지시	특정 행위의 지시 및 사실의 고지
흰색	녹색	2.5G 4/10	안내	비상구 및 피난소, 사람 또는 차량의 통행표지

- 흰색(N9.5)은 파랑 또는 녹색의 보조색이다.
- 검정색(N0.5)은 문자 및 빨간색, 노란색의 보조색이다.

0901

04 Repetitive Learning (1회 2회 3회)

리더십의 행동이론 중 관리 그리드(Managerial grid) 이론에서 리더의 행동유형과 경향을 올바르게 연결한 것은?

① (1.1)형 – 무관심형
② (1.9)형 – 과업형
③ (9.1)형 – 인기형
④ (5.5)형 – 이상형

해설

- (1.9)형은 인기형, (9.1)형은 과업형, (5.5)형은 중도형에 해당한다.

관리 그리드(Managerial grid) 이론

- Blake & Muton에 의해 정리된 리더십 이론이다.
- 리더의 2가지 관심(인간, 생산에 대한 관심)을 축으로 리더십을 분류하였다.
- 이상(Team)형 리더십이 가장 높은 성과를 보여준다고 주장하였다.
- ( ) 안의 앞은 업무에 대한 관심을, 뒤는 인간관계에 대한 관심을 표현하고 온점()으로 구분한다.

높음(9) ⇑ 인간에 관심 ⇓			
	인기형(1.9) (Country club) • 인간에 관심大 • 생산에 무관심		이상형(9.9) (Team) • 인간에 관심大 • 생산에 관심大
		중도형(5.5) (Middle of road)	
	무관심형(1.1) (Impoverished) • 인간에 무관심 • 생산에 무관심		과업형(9.1) (Task) • 인간에 무관심 • 생산에 관심大
(1)	⇐ 생산에 관심 ⇒		높음(9)

0603

05 Repetitive Learning (1회 2회 3회)

버드(Bird)의 재해발생이론에 따를 경우 15건의 경상(물적 또는 인적 상해)사고가 발생하였다면 무상해, 무사고(위험순간)는 몇 건이 발생하겠는가?

① 300　　② 450
③ 600　　④ 900

해설

- 1 : 10 : 30 : 600에서 10에 해당하는 경상이 15일 경우 600에 해당하는 무상해무사고는 900건이 된다.

버드(Bird)의 재해발생비율

- 중상 : 경상 : 무상해사고 : 무상해무사고가 각각 1 : 10 : 30 : 600인 재해구성 비율을 말한다.
- 총 사고 발생건수 641건을 대상으로 분석했을 때 중상 1, 경상 10, 무상해사고 30, 무상해무사고 600건이 발생했음을 의미한다.
- 무상해사고는 물적 손실만 발생한 사고를 말한다.
- 무상해무사고란 Near accident 즉, 위험순간을 말한다.

0702

06 Repetitive Learning (1회 2회 3회)

동기부여와 관련하여 다음과 같은 레빈(Lewin.K)의 법칙에서 P가 의미하는 것은?

$$B = f(P \cdot E)$$

① 개체　　② 인간의 행동
③ 심리적 환경　　④ 인간관계

04 ① 05 ④ 06 ① 정답

해설

- P는 개체(소질)로 연령, 지능, 경험 등을 의미한다.

레빈(Lewin. K)의 법칙

- 행동 $B=f(P \cdot E)$로 이루어진다. 즉, 인간의 행동(B)은 개인(P)과 환경(E)의 상호 함수관계에 있다고 할 수 있다.
- B는 인간의 행동(Behavior)을 말한다.
- f는 동기부여를 포함한 함수(Function)이다.
- P는 Person 즉, 개체(소질)로 연령, 지능, 경험 등을 의미한다.
- E는 Environment 즉, 심리적 환경(인간관계, 작업환경 – 조명, 소음, 온도 등)을 의미한다.

0401 / 1901

07

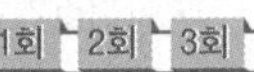

다음 중 안전관리조직의 참모식(Staff형) 장점이 아닌 것은?

① 경영자의 조언과 자문역할을 한다.
② 안전정보 수집이 용이하고 빠르다.
③ 안전에 관한 명령과 지시는 생산라인을 통해 신속하게 전달한다.
④ 안전전문가가 안전계획을 세워 문제해결 방안을 모색하고 조치한다.

해설

- 안전에 관한 명령과 지시가 생산라인을 통해 신속하게 전달되는 것은 직계형 조직의 장점이다.

참모(Staff)형 조직

㉠ 개요
- 100~1,000명의 근로자가 근무하는 중규모 사업장에 주로 적용한다.
- 안전업무를 관장하는 전문부분인 스태프(Staff)가 안전관리 계획안을 작성하고, 실시계획을 추진하며, 이를 위한 정보의 수집과 주지, 활용하는 역할을 수행하는 조직이다.

㉡ 특징
- 안전지식 및 기술의 축적이 용이하다.
- 경영자에 대한 조언과 자문역할을 한다.
- 안전정보의 수집이 용이하고 빠르다.
- 안전에 관한 명령과 지시와 관련하여 권한 다툼이 일어나기 쉽고, 통제가 복잡하다.

0603

08

다음 중 학습목적을 세분하여 구체적으로 결정한 것을 무엇이라 하는가?

① 주제 ② 학습목표
③ 학습정도 ④ 학습성과

해설

- 학습성과는 학습목적을 세분하여 구체적으로 결정한 것을 말한다.

학습목적의 구성

- 학습목적 : A을 위해 B를 C한다.
- 학습목표 : A
- 학습주제 : B
- 학습정도 : C

0903 / 1003 / 1302

09

토의식 교육방법 중 새로운 교재를 제시하고 거기에서의 문제점을 피교육자로 하여금 제기하게 하거나, 의견을 여러 가지 방법으로 발표하게 하고, 다시 깊이 파고 들어가 토의하는 방법은?

① 포럼(Forum)
② 심포지엄(Symposium)
③ 패널 디스커션(Panel discussion)
④ 버즈세션(Buzz session)

해설

- 심포지엄은 몇 사람의 전문가에 의하여 과제에 관한 견해를 발표한 뒤에 참가자로 하여금 의견이나 질문을 하게 하여 토의하는 방법이다.
- 패널 디스커션은 소수의 전문가들이 과제에 관한 견해를 발표하고 토론한 뒤 참가자 전원이 사회자의 진행에 따라 토의하는 방법이다.
- 버즈세션은 6명씩 소집단으로 구분하고, 집단별로 6분씩 자유토의를 행하여 의견을 종합하는 방식으로 6-6 회의라고도 한다.

토의법의 종류

구분	내용
포럼 (Forum)	새로운 자료나 교재를 제시하고 피교육자로 하여금 문제점을 제기하게 하거나 그것에 관한 피교육자의 의견을 여러 가지 방법으로 발표하게 하고, 청중과 토론자 간에 활발한 의견 개진과 충돌로 바람직한 합의를 도출해내는 교육 실시방법
패널 디스커션 (Panel discussion)	참가자 앞에서 소수의 전문가들이 과제에 관한 견해를 발표하고 토론한 뒤 참가자 전원이 사회자의 진행에 따라 토의하는 방법
심포지엄 (Symposium)	몇 사람의 전문가에 의하여 과제에 관한 견해를 발표한 뒤에 참가자로 하여금 의견이나 질문을 하게 하여 토의하는 방법
롤 플레잉 (Role playing)	집단 심리요법의 하나로서 자기 해방과 타인 체험을 목적으로 하는 체험활동을 통해 대인관계에 있어서의 태도변용이나 통찰력, 자기이해를 목표로 개발된 교육방법
버즈세션 (Buzz session)	6-6 회의라고도 하며, 6명씩 소집단으로 구분하고, 집단별로 각각의 사회자를 선발하여 6분간씩 자유토의를 행하여 의견을 종합하는 방법

정답 07 ③ 08 ④ 09 ①

0702 / 1902

10 Repetitive Learning (1회 2회 3회)

다음 중 교육훈련 방법에 있어 OJT(On the Job Training)의 특징이 아닌 것은?

① 다수의 근로자들에게 조직적 훈련이 가능하다.
② 개개인에게 적절한 지도훈련이 가능하다.
③ 훈련 효과에 의해 상호 신뢰이해도가 높아진다.
④ 직장의 실정에 맞게 실제적 훈련이 가능하다.

해설

- 다수의 근로자에게 조직적 훈련이 가능한 것은 Off J.T의 장점에 해당한다.

O.J.T(On the Job Training) 교육

㉠ 개요
- 주로 사업장 내에서 관리감독자가 강사가 되어 실시하는 개별교육을 말한다.
- 일상 업무를 통해 지식과 기능, 문제해결능력을 향상시키는 데 주목적을 갖는다.
- (1단계) 작업의 필요성(Needs)을 느끼게 하고, (2단계) 목표를 설정하며, (3단계) 교육을 실시하고, (4단계) 평가하는 과정을 거친다.

㉡ 장점
- 개개인에 대한 효율적인 지도훈련이 가능하다.
- 직장의 실정에 맞는 실제적 훈련이 가능하다.
- 즉시 업무에 연결될 수 있고, 효과가 즉각적으로 나타나며, 훈련의 좋고 나쁨에 따라 개선이 용이하다.
- 교육을 담당하는 관리감독자(상사)와 부하 간의 의사소통과 신뢰감이 깊어진다.

㉢ 단점
- 전문적인 강사가 아니어서 교육이 원만하지 않을 수 있다.
- 다수의 대상을 한 번에 통일적인 내용 및 수준으로 교육시킬 수 없다.
- 업무와 교육이 병행되는 관계로 훈련에만 전념할 수 없다.

11 Repetitive Learning (1회 2회 3회)

산업안전보건법령상 사업 내 안전·보건교육 중 관리감독자 정기안전·보건교육 내용으로 틀린 것은?(단, 산업안전보건법 및 일반관리에 관한 사항은 제외한다)

① 작업공정의 유해·위험과 재해 예방대책에 관한 사항
② 표준 안전작업방법 및 지도 요령에 관한 사항
③ 유해·위험 작업환경 관리에 관한 사항
④ 건강증진 및 질병예방에 관한 사항

해설

- 건강증진 및 질병예방에 관한 사항은 근로자 정기안전·보건교육 교육내용에 해당한다.

관리감독자 정기안전·보건교육 내용 실필 1801/1603/1001/0902
- 작업공정의 유해·위험과 재해 예방대책에 관한 사항
- 표준 안전작업방법 및 지도 요령에 관한 사항
- 관리감독자의 역할과 임무에 관한 사항
- 산업보건 및 직업병 예방에 관한 사항
- 유해·위험 작업환경 관리에 관한 사항
- 산업안전보건법 및 일반관리에 관한 사항
- 직무스트레스 예방 및 관리에 관한 사항
- 산재보상보험제도에 관한 사항
- 안전보건교육 능력 배양에 관한 사항

0603

12 Repetitive Learning (1회 2회 3회)

다음 중 교육 실시 원칙상 한 번에 하나씩 나누어 확실하게 이해시켜야 하는 단계는?

① 도입단계 ② 제시단계
③ 적용단계 ④ 확인단계

해설

- 피교육생에게 이해와 납득을 시키는 것은 2단계 제시단계의 목적이다.

안전교육의 4단계
- 도입(준비) - 제시(설명) - 적용(응용) - 확인(총괄, 평가)단계를 거친다.

1단계	도입	구체적인 목표를 제시, 동기유발을 통해 관심과 흥미를 가지게 하고 심신의 여유를 준다.
2단계	제시(실연)	새로운 지식이나 기능을 설명하고 이해, 납득시킨다.
3단계	적용(실습)	피교육자가 공감을 느끼게 하고, 과제를 통해 문제해결하게 하거나 기능을 습득시킨다.
4단계	확인(평가)	피교육자가 교육내용을 충분히 이해했는지를 확인하고 평가한다.

0901 / 2103

13 Repetitive Learning (1회 2회 3회)

다음 중 위험예지훈련 4라운드의 진행순서로 옳은 것은?

① 목표설정 → 현상파악 → 대책수립 → 본질추구
② 현상파악 → 본질추구 → 대책수립 → 목표설정
③ 목표설정 → 현상파악 → 본질추구 → 대책수립
④ 현상파악 → 본질추구 → 목표설정 → 대책수립

10 ① 11 ④ 12 ② 13 ② 정답

해설

- 위험예지훈련 기초 4라운드는 1R(현상파악) – 2R(본질추구) – 3R(대책수립) – 4R(목표설정)으로 이뤄진다.

∷ 위험예지훈련 기초 4Round 기법 실필 1902/1503

1Round	현상파악 (사실의 파악단계)	전원이 토의를 통하여 위험요인을 발견하는 단계
2Round	본질추구 (원인탐색단계)	위험의 포인트를 결정하여 전원이 지적 확인을 하는 단계
3Round	대책수립 (대책수립단계)	발견된 위험요인을 극복하기 위한 방법을 제시하는 단계
4Round	목표설정 (행동계획 결정단계)	나온 대책들을 공감하고 팀의 행동목표를 설정하고 지적 확인하는 단계

구분	사망	신체장해등급											
		1~3	4	5	6	7	8	9	10	11	12	13	14
근로손실일수	7,500	7,500	5,500	4,000	3,000	2,200	1,500	1,000	600	400	200	100	50

- 일시 전노동불능 상해는 의사의 진단으로 일정기간 정규 노동에 종사할 수 없는 상해로 신체장애가 남지 않는 일반적인 휴업재해를 말한다.
- 일시 일부노동불능 상해는 의사의 진단으로 일정기간 정규 노동에 종사할 수 없으나 휴무상태가 아닌 일시 가벼운 노동에 종사 가능한 상해를 말한다.
- 응급조치 상해는 응급조치 또는 자가 치료(1일 미만) 후 정상작업에 임할 수 있는 상해를 말한다.

1801

14 Repetitive Learning (1회 2회 3회)

다음 중 강도율에 관한 설명으로 틀린 것은?

① 사망 및 영구 전노동불능(신체장해등급 1~3급)은 손실일수 7,500일로 환산한다.

② 신체장해등급 제14급은 손실일수 50일로 환산한다.

③ 영구 일부노동불능은 신체장해등급에 따른 손실일수에 300/365을 곱하여 환산한다.

④ 일시 전노동불능은 휴업일수에 300/365을 곱하여 손실일수를 환산한다.

해설

- 근로손실일수는 휴업(요양)일수에 $\left(\frac{\text{연간근로일수}}{365}\right)$를 곱하여 환산하는데 신체장해등급에 따른 손실일수는 근로손실일수이므로 따로 환산할 필요가 없다.

∷ 국제노동기구(ILO)의 상해정도별 분류 실필 2203/1602

- 사망 : 안전사고로 사망하거나 혹은 부상의 결과로 사망한 것으로 노동손실일수는 7,500일이다.
- 영구 전노동불능 상해(신체장해등급 1~3급)는 부상의 결과로 인해 노동기능을 완전히 상실한 부상을 말한다. 노동손실일수는 7,500일이다.
- 영구 일부노동불능 상해(신체장해등급 4~14급)는 부상의 결과로 인해 신체 부분 일부가 노동기능을 상실한 부상을 말한다. 노동손실일수는 신체장해등급에 따른 손실일수를 적용한다.

15 Repetitive Learning (1회 2회 3회)

안전인증대상 방음용 귀마개의 일반구조에 관한 설명으로 틀린 것은?

① 귀의 구조상 내이도에 잘 맞을 것

② 귀마개를 착용할 때 귀마개의 모든 부분이 착용자에게 물리적인 손상을 유발시키지 않을 것

③ 사용 중에 쉽게 빠지지 않을 것

④ 귀마개는 사용수명 동안 피부자극, 피부질환, 알레르기 반응 혹은 그 밖에 다른 건강상의 부작용을 일으키지 않을 것

해설

- 귀마개는 귀의 구조상 내이도가 아니라 외이도에 잘 맞아야 한다.

∷ 귀마개의 일반구조

- 귀마개는 사용수명 동안 피부자극, 피부질환, 알레르기 반응 혹은 그 밖에 다른 건강상의 부작용을 일으키지 않을 것
- 귀마개 사용 중 재료에 변형이 생기지 않을 것
- 귀마개를 착용할 때 귀마개의 모든 부분이 착용자에게 물리적인 손상을 유발시키지 않을 것
- 귀마개를 착용할 때 밖으로 돌출되는 부분이 외부의 접촉에 의하여 귀를 손상시키지 않을 것
- 귀(외이도)에 잘 맞을 것
- 사용 중 심한 불쾌함이 없을 것
- 사용 중에 쉽게 빠지지 않을 것

정답 | 14 ③ 15 ①

1203

16 Repetitive Learning 1회 2회 3회

다음 중 안전점검 보고서에 수록될 주요내용으로 적절하지 않는 것은?

① 작업현장의 현 배치상태와 문제점
② 안전교육 실시현황 및 추진방향
③ 안전관리 스태프의 인적사항
④ 안전방침과 중점개선 계획

해설

- 안전관리 스태프의 인적사항은 점검안전보고서의 주요내용에 해당하지 않는다.

∷ 안전점검 보고서 수록내용
- 작업현장의 현 배치상태와 문제점
- 안전점검 방법, 범위, 적용 기준 등
- 안전교육 실시현황 및 추진방향
- 안전방침과 중점개선 계획
- 재해다발요인과 유형분석 및 비교 데이터 제시
- 보호구, 방호장치 작업환경 실태와 개선 제시

17 Repetitive Learning 1회 2회 3회

다음 중 사업장 무재해 운동 추진에 있어 무재해 시간과 무재해 일수의 산정기준에 관한 설명으로 틀린 것은?

① 무재해 시간은 실근무자와 실근로시간을 곱하여 산정한다.
② 실근로시간의 관리가 어려운 경우에 건설업 이외 업종은 1일 8시간을 근로한 것으로 본다.
③ 실근로시간의 관리가 어려운 경우에 건설업 근로자의 경우 1일 9시간을 근로한 것으로 본다.
④ 건설업 이외의 300인 미만 사업장은 실근무자와 실근로시간을 곱하여 산정한 무재해 시간 또는 무재해 일수를 택일하여 목표로 사용할 수 있다.

해설

- 실근로시간의 관리가 어려운 경우 건설현장 근로자의 경우 1일 10시간을 근로한 것으로 한다.

∷ 무재해 시간과 무재해 일수
- 무재해 시간은 실근무자와 실근로시간을 곱하여 산정한다.
- 실근로시간의 관리가 어려운 경우 건설업 이외의 업종은 1일 8시간을 근로한 것으로 한다.
- 실근로시간의 관리가 어려운 경우 건설현장 근로자의 경우 1일 10시간을 근로한 것으로 한다.
- 건설업 이외의 300인 미만 사업장은 실근무자와 실근로시간을 곱하여 산정한 무재해 시간 또는 무재해 일수를 택일하여 목표로 사용할 수 있다.

1003

18 Repetitive Learning 1회 2회 3회

다음 중 맥그리거(Douglas McGregor)의 X이론과 Y이론에 관한 관리처방으로 가장 적절한 것은?

① 목표에 의한 관리는 Y이론의 관리처방에 해당된다.
② 직무의 확장은 X이론의 관리처방에 해당된다.
③ 상부 책임제도의 강화는 Y이론의 관리처방에 해당된다.
④ 분권화 및 권한의 위임은 X이론의 관리처방에 해당된다.

해설

- 직무의 확장은 Y이론의 관리 처방에 해당한다.
- 상부책임제도의 강화는 권위주의적 리더십을 인정하는 것이므로 X이론의 관리 처방에 해당한다.
- 분권화 및 권한의 위임은 Y이론의 관리 처방에 해당한다.

∷ 맥그리거(McGregor)의 X·Y이론

㉠ 개요
- 인간과 직무의 관계에 대한 기본적인 가정을 X이론과 Y이론이라는 가설로 나눈 것이다.
- X이론은 인간의 본성이 일을 싫어하고, 무관심하며, 책임을 회피하므로 당근과 채찍을 동원하여 강제할 필요가 있다는 이론이다.
- Y이론은 인간의 본성이 일을 좋아하고, 책임감이 강하며, 선하므로 그들을 자율적, 민주적으로 대해야 창조적인 성과를 얻을 수 있다는 이론이다.

㉡ X이론과 Y이론의 관리처방 비교

X이론(후진국형, 성악설)	Y이론(선진국형, 성선설)
• 경제적 보상체제의 강화 • 권위주의적 리더십의 확립 • 면밀한 감독과 엄격한 통제 • 상부 책임제도의 강화	• 분권화와 권한의 위임 • 목표에 의한 관리 • 직무확장 • 인간관계 관리방식 • 책임감과 창조력

16 ③ 17 ③ 18 ① 정답

0802 / 1202 / 2001

19

Repetitive Learning (1회 2회 3회)

재해코스트 산정에 있어 시몬즈(R.H. Simonds) 방식에 의한 재해코스트 산정법을 올바르게 나타낸 것은?

① 직접비 + 간접비
② 간접비 + 비보험코스트
③ 보험코스트 + 비보험코스트
④ 보험코스트 + 사업부보상금 지급액

해설

- 시몬즈는 총 재해비용을 보험비용과 비보험비용으로 구분하였다.

:: 시몬즈(Simonds)의 재해코스트 실필 1301

㉠ 개요
- 총 재해비용을 보험비용과 비보험비용으로 구분한다.
- 총 재해코스트 = 보험비용 + 비보험비용 = [보험코스트 + (A × 휴업상해건수) + (B × 통원상해건수) + (C × 응급조치건수) + (D × 무상해사고건수)], 이때 A, B, C, D는 재해의 비보험코스트 평균치이다.
- 사망과 영구 전노동불능 상해의 경우는 비보험코스트에 포함시키지 않고 별도 산정한다.

㉡ 비보험코스트 내역
- 소송관계 비용
- 신규 작업자에 대한 교육훈련비
- 부상자의 직장복귀 후 생산감소로 인한 임금비용
- 재해로 인한 작업중지 임금손실
- 재해로 인한 시간 외 근무 가산임금손실 등

1203

20

Repetitive Learning (1회 2회 3회)

다음 중 산업안전보건법령에 따라 사업주가 안전·보건조치의무를 이행하지 아니하여 발생한 중대재해가 연간 2건이 발생하였을 경우 조치하여야 하는 사항에 해당하는 것은?

① 보건관리자 선임
② 안전보건개선계획의 수립
③ 안전관리자의 감원
④ 물질안전보건자료의 작성

해설

- 고용노동부장관이 산업재해예방을 위하여 종합적인 개선조치를 할 필요가 있다고 인정할 때에는, 고용노동부령으로 정하는 바에 따라 사업주에게 그 사업장, 시설, 그 밖의 사항에 관한 안전보건개선계획의 수립·시행을 명할 수 있다.

:: 안전보건개선계획을 수립·제출하도록 명할 수 있는 사업장
- 사업주가 안전·보건조치의무를 이행하지 아니하여 중대재해가 발생한 사업장
- 산업재해율이 같은 업종 평균 산업재해율의 2배 이상인 사업장
- 직업병에 걸린 사람이 연간 2명 이상(상시 근로자 1천명 이상 사업장의 경우 3명 이상) 발생한 사업장
- 작업환경 불량, 화재·폭발 또는 누출사고 등으로 사회적 물의를 일으킨 사업장

2과목 인간공학 및 위험성 평가·관리

1603

21

Repetitive Learning (1회 2회 3회)

시스템안전 프로그램에서 최초단계 해석으로 시스템 내의 위험한 요소가 어떤 위험상태에 있는가를 정성적으로 평가하는 방법은?

① FHA
② PHA
③ FTA
④ FMEA

해설

- 결함위험분석(FHA)은 시스템 정의에서부터 시스템 개발단계를 지나 시스템 생산단계 진입 전까지 적용되는 것으로, 전체 시스템을 여러 개의 서브시스템으로 나누어 특정 서브시스템이 다른 서브시스템이나 전체 시스템에 미치는 영향을 분석하는 방법이다.
- 결함수분석법(FTA)은 연역적 방법으로 재해의 원인을 규명하며, 재해의 정량적 예측이 가능한 분석방법이다.
- 고장형태와 영향분석(FMEA)은 제품 설계와 개발단계에서 고장 발생을 최소로 하고자 하는 경우에 유효한 분석기법이다.

:: 예비위험분석(PHA)

㉠ 개요
- 모든 시스템 안전 프로그램에서의 최초단계 해석으로 시스템의 위험요소가 어떤 위험 상태에 있는가를 정성적으로 평가하는 분석 방법이다.
- 시스템을 설계함에 있어 개념형성 단계에서 최초로 시도하는 위험도 분석방법이다.
- 복잡한 시스템을 설계, 가동하기 전의 구상단계에서 시스템의 근본적인 위험성을 평가하는 가장 기초적인 위험도 분석기법이다.
- 위험의 정도를 분류하는 4가지 범주는 파국(Catastrophic), 중대(Critical), 위기-한계(Marginal), 무시가능(Negligible)으로 구분된다.

㉡ 예비위험분석(PHA)의 4가지 범주(MIL-STD-882E)
실필 2103/1802/1302/1103

파국 (Catastrophic)	작업자의 부상 및 서브시스템의 고장 등으로 시스템 성능이 저하되어 시스템에 심각한 손실을 초래한 상태
중대 (Critical)	작업자의 부상 및 시스템의 중대한 손해를 초래하거나 작업자의 생존 및 시스템의 유지를 위하여 즉시 수정 조치를 필요로 하는 상태
위기-한계 (Marginal)	작업자의 부상 및 시스템의 중대한 손해를 초래하지 않고 대처 또는 제어할 수 있는 상태
무시가능 (Negligible)	시스템의 성능이나 기능, 인원 손실이 전혀 없는 상태

22

Repetitive Learning (1회 2회 3회)

다음 중 의자를 설계하는 데 있어 적용할 수 있는 일반적인 인간공학적 원칙으로 가장 적절하지 않은 것은?

① 조절을 용이하게 한다.
② 요부전만을 유지할 수 있도록 한다.
③ 등근육의 정적 부하를 높이도록 한다.
④ 추간판에 가해지는 압력을 줄일 수 있도록 한다.

해설

- 등근육의 정적 부하를 낮추도록 하여야 한다.

:: 인간공학적 의자 설계

㉠ 개요
- 조절식 설계원칙을 적용하도록 한다.
- 자세와 동작에 따라 고려해야 할 인체측정 치수가 달라진다.
- 요부전만(腰部前灣)을 유지한다.
- 추간판(디스크)의 압력과 등근육의 정적부하를 줄인다.
- 자세 고정을 줄인다.
- 여러 사람이 사용하는 의자의 경우 좌면 높이는 오금보다 약간 낮게(5% 오금높이) 유지한다.

㉡ 고려할 사항
- 체중 분포
- 상반신의 안정
- 좌판의 높이(조절식을 기준으로 한다)
- 좌판의 깊이와 폭
 (폭은 최대치, 깊이는 최소치를 기준으로 한다)

2102

23

Repetitive Learning (1회 2회 3회)

다음 중 일반적인 화학설비에 대한 안전성 평가(Safety assessment) 절차에 있어 안전대책 단계에 해당되지 않는 것은?

① 보전
② 설비대책
③ 위험도 평가
④ 관리적 대책

해설

- 위험도 평가는 3단계 정량적 평가에서 이뤄진다.

:: 안전성 평가 6단계 실필 1703/1303

1단계	관계 자료의 작성 준비
2단계	• 정성적 평가 • 설계(공장의 입지조건, 공장 내 배치)와 운전관계에 대한 평가
3단계	• 정량적 평가 • 취급물질, 용량, 온도, 압력 및 조작을 통한 위험도 평가
4단계	• 안전대책 수립 • 설비대책과 관리적 대책
5단계	재해정보에 의한 재평가
6단계	FTA에 의한 재평가

0602

24

Repetitive Learning (1회 2회 3회)

다음 중 인간에러(Human error)에 관한 설명으로 틀린 것은?

① Omission error : 필요한 작업 또는 절차를 수행하지 않는 데 기인한 에러
② Commission error : 필요한 작업 또는 절차의 수행 지연으로 인한 에러
③ Extraneous error : 불필요한 작업 또는 절차를 수행함으로써 기인한 에러
④ Sequential error : 필요한 작업 또는 절차의 순서 착오로 인한 에러

해설

- 실행오류(Commission error)는 작업수행 중 작업을 정확하게 수행하지 못해 발생한 에러이다. 작업의 수행 지연으로 인한 에러는 시간오류(Timing error)이다.

22 ③ 23 ③ 24 ② | 정답

행위적 관점에서의 휴먼에러 분류(Swain)

실필 1801/1702/1601/1401/1201/0901/0803/0802

실행오류 (Commission error)	작업 수행 중 작업을 정확하게 수행하지 못해 발생한 에러
생략오류 (Omission error)	필요한 작업 또는 절차를 수행하지 않는 데 기인한 에러
불필요한 수행오류 (Extraneous error)	불필요한 작업 또는 절차를 수행함으로써 발생한 에러
순서오류 (Sequential error)	필요한 작업 또는 절차의 순서 착오로 인한 에러
시간오류 (Timing error)	필요한 작업 또는 절차의 수행을 지연한 데 기인한 에러

0502

25 Repetitive Learning (1회 2회 3회)

다음 중 인간공학에 있어서 일반적인 인간-기계 체계(Man-machine system)의 구분으로 가장 적합한 것은?

① 인간 체계, 기계 체계, 전기 체계
② 전기 체계, 유압 체계, 내연기관 체계
③ 수동 체계, 반기계 체계, 반자동 체계
④ 자동화 체계, 기계화 체계, 수동 체계

해설

- 인간-기계 통합체계의 유형은 자동화 체계, 기계화 체계, 수동 체계로 구분된다.

인간-기계 통합체계의 유형

- 인간-기계 통합체계의 유형은 자동화 체계, 기계화 체계, 수동 체계로 구분된다.

자동화 체계	인간은 작업계획의 수립, 모니터를 통한 작업 상황 감시, 프로그래밍, 설비보전의 역할을 수행하고 체계(System)가 감지, 정보보관, 정보처리 및 의식결정, 행동을 포함한 모든 임무를 수행하는 체계
기계화 체계	반자동 체계로 운전자의 조종에 의해 기계를 통제하는 융통성이 없는 시스템 형태
수동 체계	• 인간의 힘을 동력원으로 활용하여 수공구를 사용하는 시스템 형태 • 다양성이 있고 융통성이 우수한 특징을 갖는 체계

26 Repetitive Learning (1회 2회 3회)

다음 중 인간의 제어 및 조정능력을 나타내는 법칙인 Fitts' law와 관련된 변수가 아닌 것은?

① 표적의 너비
② 표적의 색상
③ 시작점에서 표적까지의 거리
④ 작업의 난이도(Index of difficulty)

해설

- Fitts의 법칙은 운동시간, 작업의 난이도, 운동거리, 표적과의 거리 등이 변수로 사용된다.

Fitts의 법칙

- 인간의 제어 및 조정능력을 나타내는 법칙으로 인간의 손이나 발을 이동시켜 조작장치를 조작하는 데 걸리는 시간을 표적까지의 거리와 표적 크기의 함수로 나타낸다.
- 표적이 작고 이동거리가 길수록 이동시간이 증가한다.
- 자동차 가속 페달과 브레이크 페달 간의 간격, 브레이크 폭 등을 결정하는 데 사용할 수 있는 가장 적합한 인간공학 이론이다.
- $MT = a + b(D \cdot W)$ 로 표시된다. 이때 MT는 운동시간, a와 b는 상수, D는 운동거리, W는 목표물과의 거리이다.

27 Repetitive Learning (1회 2회 3회)

다음 중 정보전달에 있어서 시각적 표시장치보다 청각적 표시장치를 사용하는 것이 바람직한 경우는?

① 정보의 내용이 긴 경우
② 정보의 내용이 복잡한 경우
③ 정보의 내용이 후에 재참조되지 않는 경우
④ 정보의 내용이 즉각적인 행동을 요구하지 않는 경우

해설

- 정보가 후에 재참조되는 경우는 기록으로 남겨져 있는 경우가 좋으므로 시각적 표시장치가 효과적이나 재참조의 필요가 없을 경우는 청각적 표시장치가 효과적이다.

정답 | 25 ④ 26 ② 27 ③

:: 시각적 표시장치와 청각적 표시장치의 비교

시각적 표시 장치	• 수신 장소의 소음이 심한 경우 • 정보가 공간적인 위치를 다룬 경우 • 정보의 내용이 복잡하고 긴 경우 • 직무상 수신자가 한 곳에 머무르는 경우 • 메시지를 추후 참고할 필요가 있는 경우 • 정보의 내용이 즉각적인 행동을 요구하지 않는 경우
청각적 표시 장치	• 수신 장소가 너무 밝거나 암순응이 요구될 때 • 정보의 내용이 시간적인 사건을 다루는 경우 • 정보의 내용이 간단한 경우 • 직무상 수신자가 자주 움직이는 경우 • 정보의 내용이 후에 재참조되지 않는 경우 • 메시지가 즉각적인 행동을 요구하는 경우

1901

28 Repetitive Learning (1회 2회 3회)

산업안전보건법령에 따라 제조업 중 유해·위험방지계획서 제출대상 사업의 사업주가 유해·위험방지계획서를 제출하고자 할 때 첨부하여야 하는 서류에 해당하지 않는 것은?(단, 기타 고용노동부장관이 정하는 도면 및 서류 등은 제외한다)

① 공사개요서
② 기계·설비의 배치도면
③ 기계·설비의 개요를 나타내는 서류
④ 원재료 및 제품의 취급, 제조 등의 작업방법의 개요

해설

• 제조업 유해·위험방지계획서 제출 시 첨부서류에는 ②, ③, ④ 외에 건축물 각 층의 평면도 및 그 밖에 고용노동부장관이 정하는 도면 및 서류 등이 있다.

:: 제조업 유해·위험방지계획서 제출 시 첨부서류

실필 2402/1303/0903

• 건축물 각 층의 평면도
• 기계·설비의 개요를 나타내는 서류
• 기계·설비의 배치도면
• 원재료 및 제품의 취급, 제조 등의 작업방법의 개요
• 그 밖에 고용노동부장관이 정하는 도면 및 서류

29 Repetitive Learning (1회 2회 3회)

FT도에 사용되는 다음 기호의 명칭으로 옳은 것은?

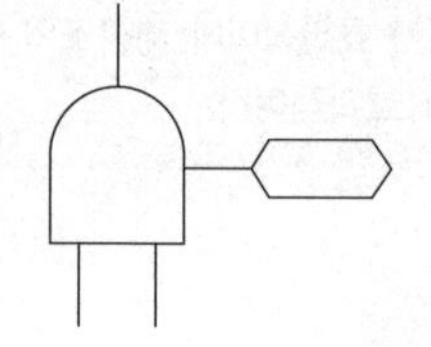

① 부정 게이트
② 수정기호
③ 위험지속기호
④ 배타적 OR 게이트

해설

부정 게이트	수정기호	배타적 OR 게이트
		동시발생 안한다

:: 위험지속기호

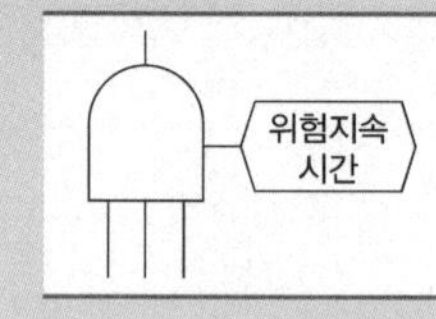	• 입력현상이 발생하고 일정 시간이 지속된 후 출력이 발생하는 것을 나타내는 게이트나 기호이다.

• ⬡ 기호 안에 지속시간을 지정한다.

1103 / 1903

30 Repetitive Learning (1회 2회 3회)

다음 중 결함수분석(FTA)에 관한 설명으로 틀린 것은?

① 연역적 방법이다.
② 버텀-업(Bottom-up) 방식이다.
③ 기능적 결함의 원인을 분석하는 데 용이하다.
④ 계량적 데이터가 축적되면 정량적 분석이 가능하다.

해설

• 결함수분석법(FTA)은 하향식(Top-down) 방법을 사용한다.

:: 결함수분석법(FTA)

㉠ 개요

• 연역적 방법으로 원인을 규명하며, 재해의 정량적 예측이 가능한 분석방법이다.
• 하향식(Top-down) 방법을 사용한다.
• 특정 사상에 대해 짧은 시간에 해석이 가능하다.
• 복잡하고 대형화된 시스템을 논리기호를 사용하여 해석한다.
• 간단한 FT도의 작성으로 정성적 해석이 가능하여 비전문가도 잠재위험을 효율적으로 분석할 수 있다.
• 정성적 평가 후 정량적 평가를 실시하며, 정량적으로 재해발생 확률을 구한다.
• FTA를 수행함에 있어 기본사상들의 발생이 서로 독립인가 아닌가의 여부를 파악하기 위해서는 공분산을 이용한다.

28 ① 29 ③ 30 ② 정답

㉡ 기대효과
- 사고원인 규명의 간편화
- 노력 시간의 절감
- 사고원인 분석의 정량화
- 시스템의 결함진단

31 Repetitive Learning (1회 2회 3회)

한 대의 기계를 100시간 동안 연속 사용한 경우 6회의 고장이 발생하였고, 이때의 총 고장수리시간이 15시간이었다. 이 기계의 MTBF(Mean Time Between Failure)는 약 얼마인가?

① 2.51 ② 14.17
③ 15.25 ④ 16.67

해설
- 전체 100시간 중 고장이 나서 수리하는 데 걸린 15시간을 빼고 기계가 운영된 시간은 총 85시간이다. MTBF =85/6에 해당하므로 14.16667이 된다. 즉, 14.17시간이다.

MTBF(Mean Time Between Failure) 실필 1501
- 설비보전에서 평균고장간격, 무고장시간의 평균으로 사용한다.
- 고장이 발생하여도 다시 수리를 해서 쓸 수 있는 제품을 대상으로 고장과 고장 사이의 시간 간격을 말한다.
- $\frac{\text{가동시간}}{\text{고장건수}}$으로 구하며, MTBF=MTTF + MTTR로 구하기도 한다.

32 Repetitive Learning (1회 2회 3회)

작업자세로 인한 부하를 분석하기 위하여 인체 주요 관절의 힘과 모멘트를 정역학적으로 분석하려고 할 때, 분석에 반드시 필요한 인체 관련 자료가 아닌 것은?

① 관절 각도 ② 관절의 종류
③ 분절(Segment) 무게 ④ 분절(Segment) 무게중심

해설
- 작업자세로 인한 부하 분석을 위한 정역학적 분석 시 필요한 인체 관련 자료에는 관절의 각도와 분절 무게, 분절 무게중심 등이 있다.

작업자세에 대한 정역학적 분석
- 정역학이란 계가 정적으로 평형일 때, 계가 주변, 혹은 그 내부에서 상호작용을 하는지 분석하는 것이다.
- 관절에 작용하는 힘, 관절의 각도, 분절의 무게, 분절의 무게중심, 마찰력 등의 자료가 필요하다.

33 Repetitive Learning (1회 2회 3회)

다음 중 일반적으로 보통 기계작업이나 편지 고르기에 가장 적합한 조명수준은?

① 30lux
② 100lux
③ 300lux
④ 500lux

해설
- 보통의 기계작업이나 편지 고르기 등은 100lux, 정밀작업의 경우는 300lux의 조명이 필요하다.

근로자가 상시 작업하는 장소의 작업면 조도 실필 2301/2101/1603

작업 구분	조도 기준
초정밀작업	750lux 이상
정밀작업	300lux 이상
보통작업	150lux 이상
그 밖의 작업	75lux 이상

1902

34 Repetitive Learning (1회 2회 3회)

다음 중 정성적 표시장치를 설명한 것으로 적절하지 않은 것은?

① 연속적으로 변하는 변수의 대략적인 값이나 변화추세 변화율 등을 알고자 할 때 사용된다.
② 정성적 표시장치의 근본 자료 자체는 정량적인 것이다.
③ 색채 부호가 부적합한 경우에는 계기판 표시 구간을 형상 부호화하여 나타낸다.
④ 전력계에서와 같이 기계적 혹은 전자적으로 숫자가 표시된다.

해설
- 전자적으로 숫자를 표시하는 표시장치는 정량적 표시장치 중 계수형을 말한다.

정성적 표시장치
- 온도, 압력, 속도와 같이 연속적으로 변화하는 값의 추세, 변화율 등을 그래프나 곡선의 형태로 표현하는 장치이다.
- 정성적 표시장치의 근본 자료 자체는 정량적인 것이다.
- 색채 부호가 부적합한 경우에는 계기판 표시 구간을 형상 부호화하여 나타낸다.
- 비행기 고도의 변화율이나 자동차 시속을 표시할 때 사용된다.
- 색이나 형상을 암호화하여 설계할 때 사용된다.

정답 | 31 ② 32 ② 33 ② 34 ④

1801 / 2202

35

Repetitive Learning (1회 2회 3회)

다음 중 HAZOP 기법에서 사용되는 가이드 워드와 그 의미가 잘못 연결된 것은?

① As well as : 성질상의 증가
② More/Less : 정량적인 증가 또는 감소
③ Part of : 성질상의 감소
④ Other than : 기타 환경적인 요인

해설

- Other than은 완전한 대체를 의미하는 가이드 워드이다.

가이드 워드(Guide words)

㉠ 개요

- 위험및운전성검토(HAZOP)에서 근로자들의 창조적 사고를 유도하여 조작방법이나 오동작을 개선하기 위해 사용하는 워드이다.
- 공정변수(Process parameter)와 함께 사용하여 비정상상태(Deviation)가 일어날 수 있는 원인을 찾고 결과를 예측함과 동시에 대책을 세우는 데 유용하다.

㉡ 종류 실필 2303/1902/1301/1202

No/Not	설계 의도의 완전한 부정
Part of	성질상의 감소
As well as	성질상의 증가
More/Less	양의 증가 혹은 감소로 양과 성질을 함께 표현
Other than	완전한 대체

36

Repetitive Learning (1회 2회 3회)

다음 중 광원의 밝기에 비례하고, 거리의 제곱에 반비례하며, 반사체의 반사율과는 상관없이 일정한 값을 갖는 것은?

① 광도
② 휘도
③ 조도
④ 휘광

해설

- 광도는 광원에서 일정한 방향으로의 밝기를 말한다.
- 휘도는 단위면적당 표면에서 반사되는 광량(光量)을 말한다.
- 휘광(Glare)은 시야 내의 특정한 빛으로 인하여 불쾌감, 고통, 눈의 피로 또는 시력의 일시적인 감퇴를 초래하는 현상을 말한다.

조도(照度) 실필 2201/1901

㉠ 개요

- 조도는 특정 지점에 도달하는 광의 밀도를 말한다.
- 반사체의 반사율과는 상관없이 일정한 값을 갖는다.
- 거리의 제곱에 반비례하고, 광도에 비례하므로 $\frac{광도}{(거리)^2}$으로 구한다.

㉡ 단위

- 단위는 럭스(Lux)를 주로 사용한다. 1Lux는 1cd의 점광원으로부터 1m 떨어진 구면에 비추는 광의 밀도이며, 촛불 1개의 조도이다.
- Candela는 단위시간당 한 발광점으로부터 투광되는 빛의 에너지양이다.

37

Repetitive Learning (1회 2회 3회)

다음 설명은 어떤 설계 응용 원칙을 적용한 사례인가?

> 제어 버튼의 설계에서 조작자의 거리를 여성의 5백분위수를 이용하여 설계하였다.

① 극단적 설계원칙
② 가변적 설계원칙
③ 평균적 설계원칙
④ 양립적 설계원칙

해설

- 가변적 설계원칙은 조절식의 다른 표현으로 인체에 맞게 조절가능한 설계를 말한다.
- 평균적 설계원칙은 가장 범용적인 특성을 갖는데 인체의 평균에 맞게끔 설계하는 것을 말한다.

인체측정자료의 응용 및 설계 종류 실필 2303/1902/1802/0902

조절식 설계	• 최초에 고려하는 원칙으로 어떤 자료의 인체이든 그에 맞게 조절가능식으로 설계하는 것 • 자동차 좌석, 의자의 높이 조절 등에 사용된다.
극단치 설계	• 모든 인체를 대상으로 수용 가능할 수 있도록 제일 작은, 혹은 제일 큰 사람을 기준으로 설계하는 원칙 • 5백분위수 등이 대표적이다.
평균치 설계	• 다른 기준의 적용이 어려울 경우 최종적으로 적용하는 기준으로 평균적인 자료를 활용해 범용성을 갖는 설계원칙 • 은행창구, 슈퍼마켓 계산대 등에 사용된다.

35 ④ 36 ③ 37 ① 정답

38

Repetitive Learning 1회 2회 3회

프레스기의 안전장치 수명은 지수분포를 따르며 평균 수명은 1,000시간이다. 새로 구입한 안전장치가 향후 500시간 동안 고장 없이 작동할 확률(ⓐ)과 이미 1,000시간을 사용한 안전장치가 향후 500시간 이상 견딜 확률(ⓑ)은 각각 얼마인가?

① ⓐ : 0.606, ⓑ : 0.606
② ⓐ : 0.707, ⓑ : 0.707
③ ⓐ : 0.808, ⓑ : 0.808
④ ⓐ : 0.909, ⓑ : 0.909

해설

- 평균수명은 고장률의 역수이므로 평균수명이 1,000시간이면 고장률은 1/1,000=0.001이다.
- 새로 구입한 장치가 500시간 동안 고장 없이 작동할 확률은 $e^{-0.001\times500}$=0.606531이다.
- 마찬가지로 이미 1,000시간을 사용한 안전장치가 향후 500시간 동안 고장 없이 작동할 확률도 $e^{-0.001\times500}$=0.606531이다.

∷ 지수분포를 따르는 부품의 신뢰도

실필 1503/1502/1501/1402/1302/1101/1003/1002/0803/0801

- 고장률 λ인 시스템의 t시간 후의 신뢰도 $R(t)=e^{-\lambda t}$이다.
- 고장까지의 평균시간이 $t_0\left(=\frac{1}{\lambda_0}\right)$일 때

  이 부품을 t시간 동안 사용할 경우의 신뢰도 $R(t)=e^{-\frac{t}{t_0}}$이다.

1201

39

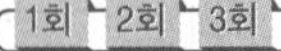

Repetitive Learning 1회 2회 3회

발생확률이 각각 0.05, 0.08인 두 결함사상이 AND 조합으로 연결된 시스템을 FTA로 분석하였을 때 이 시스템의 신뢰도는 약 얼마인가?

① 0.004　② 0.126
③ 0.874　④ 0.996

해설

- 주어진 값은 부품의 고장 발생확률이고 구하는 것은 신뢰도이다.
- AND 연결이므로 P(T)=0.05×0.08=0.004이다.
- 재해가 발생할 확률이 0.004이므로 재해가 발생하지 않을 확률 즉, 신뢰도는 1-0.004=0.996이다.

해설

∷ 시스템의 신뢰도 실필 0901

㉠ AND(직렬)연결 시

- 시스템의 신뢰도(R_s)는 부품 a, 부품 b 신뢰도를 각각 R_a, R_b라 할 때 $R_s=R_a\times R_b$로 구할 수 있다.

㉡ OR(병렬)연결 시

- 시스템의 신뢰도(R_s)는 부품 a, 부품 b 신뢰도를 각각 R_a, R_b라 할 때 $R_s=1-(1-R_a)\times(1-R_b)$로 구할 수 있다.

1101

40

Repetitive Learning 1회 2회 3회

다음 중 인간공학적 설계 대상에 해당되지 않는 것은?

① 물건(Objects)
② 기계(Machinery)
③ 환경(Environment)
④ 보전(Maintenance)

해설

- 인간공학은 인간이 사용하는 물건, 설비, 환경의 설계에 인간의 생리적, 심리적인 면에서의 특성이나 한계점을 고려함으로써 인간-기계 시스템의 안전성과 편리성, 효율성을 높이는 학문분야이다.

∷ 인간공학(Ergonomics)

㉠ 개요

- "Ergon(작업) + nomos(법칙) + ics(학문)"이 조합된 단어로 Human factors, Human engineering이라고도 한다.
- 인간의 특성과 한계 능력을 공학적으로 분석, 평가하여 이를 복잡한 체계의 설계에 응용함으로써 효율을 최대로 활용할 수 있도록 하는 학문분야이다.
- 인간이 사용하는 물건, 설비, 환경의 설계에 인간의 생리적, 심리적인 면에서의 특성이나 한계점을 고려함으로써 인간-기계 시스템의 안전성과 편리성, 효율성을 높이는 학문분야이다.

㉡ 적용분야

- 제품설계
- 재해 · 질병 예방
- 장비 · 공구 · 설비의 배치
- 작업장 내 조사 및 연구

정답 | 38 ① 39 ④ 40 ④

1201 / 1803

41 Repetitive Learning 1회 2회 3회

다음 중 기계설비에서 재료 내부의 균열 결함을 확인할 수 있는 가장 적절한 검사방법은?

① 육안검사 ② 초음파탐상검사
③ 피로검사 ④ 액체침투탐상검사

해설

- 육안검사는 재료의 표면 등을 사람의 눈으로 검사하는 방법이다.
- 피로검사는 재료의 강도를 측정하는 파괴검사 방법이다.
- 액체침투탐상검사는 대상의 표면에 형광색(적색) 침투액을 도포한 후 백색 분말의 현상액을 발라 자외선 등을 비추어 검사하는 방식이다.

:: 초음파탐상검사(Ultrasonic flaw detecting test)

- 검사대상에 초음파를 보내 초음파의 음향적 성질(반사)을 이용하여 검사대상 내부의 결함을 검사하는 방식이다.
- 미세균열, 용입부족, 융합불량의 검출에 가장 적합한 비파괴검사법이다.
- 설비의 내부에 균열 결함을 확인할 수 있는 가장 적절한 검사방법이다.
- 반사식, 투과식, 공진식 방법이 있으며 그중 반사식이 가장 많이 사용된다.

0802 / 1201 / 1503 / 2102

42 Repetitive Learning 1회 2회 3회

상용운전압력 이상으로 압력이 상승할 경우, 보일러의 과열을 방지하기 위하여 최고사용압력과 상용압력 사이에서 보일러의 버너 연소를 차단하여 열원을 제거하여 정상압력으로 유도하는 보일러의 방호장치는?

① 압력방출장치
② 고저수위조절장치
③ 언로드밸브
④ 압력제한스위치

해설

- 압력방출장치(Safety valve)는 밸브 입구 쪽의 압력이 설정압력에 도달하면 자동적으로 빠르게 작동하여 유체가 분출되고 일정압력 이하가 되면 정상상태로 복원되는 방호장치로 안전밸브라고도 한다.
- 고저수위조절장치는 보일러의 방호장치 중 하나로 보일러 쉘 내의 관수의 수위가 최고한계 또는 최저한계에 도달했을 때 자동적으로 경보를 울리는 동시에 관수의 공급을 차단시켜 주는 장치이다.
- 언로드밸브는 보일러 내부의 압력을 일정범위 내에서 유지시키는 밸브이다.

:: 압력제한스위치

㉠ 개요

- 상용운전압력 이상으로 압력이 상승할 경우, 보일러의 과열을 방지하기 위하여 최고사용압력과 상용압력 사이에서 보일러의 버너 연소를 차단해 열원을 제거하고 정상압력으로 유도하는 보일러의 방호장치이다.

㉡ 설치

- 압력제한스위치는 보일러의 압력계가 설치된 배관상에 설치해야 한다.

0602

43 Repetitive Learning 1회 2회 3회

기계설비의 안전조건 중 외관의 안전성을 향상시키는 조치에 해당하는 것은?

① 전압강하 · 정전시의 오작동을 방지하기 위하여 자동제어장치를 하였다.
② 고장 발생을 최소화하기 위해 정기점검을 실시하였다.
③ 강도의 열화를 생각하여 안전율을 최대로 고려하여 설계하였다.
④ 작업자가 접촉할 우려가 있는 기계의 회전부를 덮개로 씌우고 안전색채를 적용하였다.

해설

- ①은 기능적 안전화, ②는 보전작업의 안전화, ③은 구조의 안전화에 대한 설명이다.

:: 외형의 안전화

㉠ 개요

- 작업자가 접촉할 우려가 있는 기계의 회전부 등을 기계 내로 내장시키거나 덮개로 씌우고 안전색채를 사용하여 근로자의 접근 시 주의를 환기시키는 방식의 안전화이다.

㉡ 특징

- 외관의 안전화에는 가드(Guard)의 설치, 구획된 장소에 격리, 위험원을 상자 등으로 포장하는 것 등이 대표적이다.
- 시동용 단추(녹색), 급정지용 단추(빨간색), 대형기계(녹색+흰색), 물배관(청색), 가스배관(황색), 증기배관(암적색), 고열기계(회청색) 등으로 구별하여 표시한다.

41 ② 42 ④ 43 ④ 정답

1001

44

Repetitive Learning 1회 2회 3회

크레인에서 권과방지장치 달기구 윗면이 권상장치의 아랫면과 접촉할 우려가 있는 경우에는 몇 cm 이상 간격이 되도록 조정하여야 하는가?(단, 직동식 권과장치의 경우는 제외한다)

① 25 ② 30
③ 35 ④ 40

해설

- 권과방지장치는 일정 이상 부하를 권상시키면 더 이상 권상되지 않게 하여 부하가 크레인에 충돌하지 않도록 하는 장치이다. 이때 간격은 25cm 이상 유지하도록 조정한다.

크레인의 방호장치 실필 1902/1101

- 크레인 방호장치에는 과부하방지장치, 권과방지장치, 충돌방지장치, 비상정지장치, 해지장치, 스토퍼 등이 있다.
- 권과방지장치는 일정 이상 부하를 권상시키면 더 이상 권상되지 않게 하여 부하가 크레인에 충돌하지 않도록 하는 장치이다. 이때 간격은 25cm 이상 유지하도록 조정한다(단, 직동식 권과방지장치의 간격은 0.05m 이상이다).
- 과부하방지장치는 하중이 정격을 초과하였을 때 자동적으로 상승이 정지되는 장치이다.
- 충돌방지장치는 병렬로 설치된 크레인의 경우 크레인의 충돌을 방지하기 위해 광 또는 초음파를 이용해 크레인의 접촉을 감지하여 충돌을 방지하는 장치이다.
- 비상정지장치는 위험한계 내에 신체의 일부가 들어가거나 이상사태가 발견된 경우에 기계의 작동을 정지시키는 장치를 말한다.
- 해지장치는 크레인 작업 시 와이어로프 등이 훅으로부터 벗겨지는 것을 방지하기 위한 장치이다.
- 스토퍼는 같은 주행로에 병렬로 설치되어 있는 주행 크레인에서 크레인끼리의 충돌이나, 근로자에 접촉하는 것을 방지하는 장치이다.

45

Repetitive Learning 1회 2회 3회

지게차로 중량물 운반 시 차량의 중량은 30kN, 전차륜에서 화물 중심까지의 거리는 2m, 전차륜에서 차량 중심까지의 최단거리를 3m라고 할 때, 적재 가능한 화물의 최대중량은 얼마인가?

① 15kN ② 25kN
③ 35kN ④ 45kN

해설

- 구하고자 하는 화물의 중량과 차량의 중량이 같은 단위이므로 단위 변환은 필요가 없다.
- 화물의 중량을 뺀 나머지 값이 주어졌으므로 화물중량×2≤ 30,000×3을 만족해야 한다.
- 화물최대중량은 $\frac{90,000}{2}=45,000\text{N}$ 미만이어야 한다.

지게차의 안정 실필 1103

- 지게차가 안정을 유지하기 위해서는 "화물중량[kgf]×앞바퀴에서 화물의 무게중심까지의 최단거리[cm]" ≤ "지게차 중량[kgf]×앞바퀴에서 지게차의 무게중심까지의 최단거리[cm]"여야 한다.

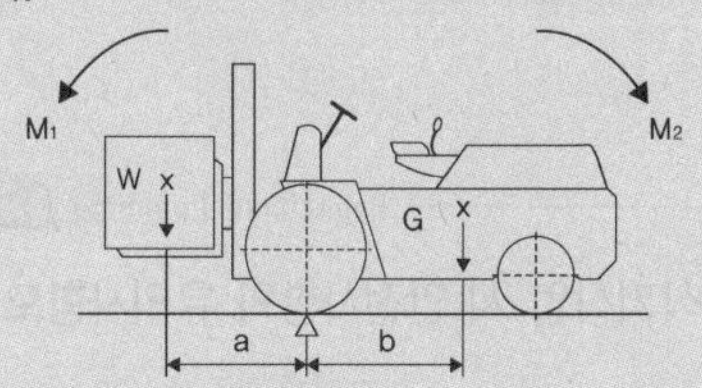

M1 : 화물의 모멘트
M2 : 차의 모멘트

- 모든 값이 고정된 상태에서 화물의 중량만이 가변적이므로 화물은 최대하중 이하로 적재해야 지게차는 안정될 수 있다.

1003 / 2202

46

Repetitive Learning 1회 2회 3회

다음 중 밀링작업 시 안전수칙으로 옳지 않은 것은?

① 테이블 위에 공구나 기타 물건들을 올려놓지 않는다.
② 제품 치수를 측정할 때는 절삭 공구의 회전을 정지한다.
③ 강력절삭을 할 때는 일감을 바이스에 얇게 물린다.
④ 상하 좌우 이송장치의 핸들은 사용 후 풀어 둔다.

해설

- 강력절삭 시에는 일감을 바이스에 깊게 물린다.

밀링머신(Milling machine) 안전수칙

㉠ 작업자 보호구 착용
- 작업 중 면장갑은 끼지 않는다.
- 작업자의 옷소매 등이 커터에 말릴 수 있으므로 주의하고, 묶을 때 끈을 사용하지 않는다.
- 칩의 비산이 많으므로 보안경을 착용한다.

㉡ 커터 관련 안전수칙
- 커터는 될 수 있는 한 컬럼에 가깝게 설치한다.
- 커터를 끼울 때는 아버를 깨끗이 닦는다.
- 커터의 교환 시는 테이블 위에 목재를 받쳐 놓는다.
- 밀링커터는 걸레 등으로 감싸 쥐고 다루도록 한다.
- 절삭 공구에 절삭유를 주유 시에는 커터 위부터 공급한다.

정답 | 44 ① 45 ④ 46 ③

ⓒ 기타 안전수칙
- 테이블 위에 공구 등을 올려놓지 않는다.
- 강력절삭 시에는 일감을 바이스에 깊게 물린다.
- 일감의 측정은 기계를 정지한 후에 한다.
- 주축속도의 변속은 반드시 주축의 정지 후에 한다.
- 상하, 좌우 이송 손잡이는 사용 후 반드시 빼 둔다.
- 급속이송은 백래시 제거장치가 동작하지 않고 있음을 확인한 다음 행한다.
- 칩의 제거는 절삭작업이 끝난 후 브러시나 청소용 솔을 사용하여 한다.

0602

47 Repetitive Learning (1회 2회 3회)

다음 중 연삭기작업 시 안전사항의 유의사항으로 옳지 않은 것은?

① 연삭숫돌을 교체할 때에는 1분 이내로 시운전하고 이상 여부를 확인한다.
② 연삭숫돌의 최고사용 원주속도를 초과해서 사용하지 않는다.
③ 탁상용 연삭기에는 작업받침대와 조정편을 설치한다.
④ 연삭숫돌의 상부를 사용하는 것을 목적으로 하는 탁상용 연삭기의 덮개 각도는 60° 이상으로 한다.

해설
- 시운전은 작업시작 전에 1분, 연삭숫돌 교체 후 3분간 실시한다.

산업안전보건법상의 연삭숫돌 사용 시 안전조치 실필 1303/0802
- 사업주는 회전 중인 연삭숫돌(지름이 5cm 이상인 것)이 근로자에게 위험을 미칠 우려가 있는 경우에 그 부위에 덮개를 설치하여야 한다.
- 사업주는 연삭숫돌을 사용하는 작업의 경우 작업을 시작하기 전에는 1분 이상, 연삭숫돌을 교체한 후에는 3분 이상 시험운전을 하고 해당 기계에 이상이 있는지를 확인하여야 한다.
- 시험운전에 사용하는 연삭숫돌은 작업 시작 전에 결함이 있는지를 확인한 후 사용하여야 한다.
- 사업주는 연삭숫돌의 최고사용회전속도를 초과하여 사용하도록 해서는 아니 된다.
- 사업주는 측면을 사용하는 것을 목적으로 하지 않는 연삭숫돌을 사용하는 경우 측면을 사용하도록 해서는 아니 된다.
- 숫돌 고정장치인 평형플랜지의 직경은 설치하는 숫돌 직경의 1/3 이상, 여윳값은 1.5mm 이상이어야 한다.
- 연삭 작업 시 안전을 위해 작업자는 연삭기의 측면에 위치한다.
- 연삭숫돌을 결합할 때는 열로 인한 팽창을 고려하여 축과 0.1~0.15mm 정도의 틈새를 둔다.

0301 / 0603

48 Repetitive Learning (1회 2회 3회)

다음 중 유체의 흐름에 있어 수격작용(Water hammering)과 가장 관계가 적은 것은?

① 과열
② 밸브의 개폐
③ 압력파
④ 관 내의 유동

해설
- 과열은 스테일이나 물의 부족으로 발생하는 것으로 수격작용과는 거리가 멀다.

수격작용
- 수격작용이란 관로에서 물의 운동상태가 변화하여 발생하는 물의 급격한 압력변화 현상을 말한다.
- 관 내의 유동, 밸브의 개폐, 압력파에 의해 발생한다.

0903

49 Repetitive Learning (1회 2회 3회)

다음 중 목재가공용 둥근톱에서 반발방지를 방호하기 위한 분할 날의 설치조건이 아닌 것은?

① 톱날과의 간격은 12mm 이내
② 톱날 후면 날의 2/3 이상 방호
③ 분할 날 두께는 둥근톱 두께의 1.1배 이상
④ 덮개 하단과 가공재 상면과의 간격은 15mm 이내로 조정

해설
- 덮개 하단과 가공재 상면과의 간격은 8mm 이내로 조정되어야 한다.

분할 날 설치조건 실필 1501
- 견고히 고정할 수 있어야 하며 분할 날과 톱날 원주면과의 거리는 12mm 이내이어야 한다.
- 표준 테이블면상의 톱 뒷날의 2/3 이상을 덮도록 하여야 한다.
- 분할 날 두께는 둥근톱 두께의 1.1배 이상이어야 하고, 치진폭보다는 작아야 한다.
- 덮개 하단과 가공재 상면과의 간격은 8mm 이내로 조정되어야 한다.

47 ① 48 ① 49 ④ 정답

50 — Repetitive Learning 1회 2회 3회

선반작업 시 사용되는 방진구는 일반적으로 공작물의 길이가 직경의 몇 배 이상일 때 사용하는가?

① 4배 이상
② 6배 이상
③ 8배 이상
④ 12배 이상

해설

- 일감의 길이가 긴(가공물 길이가 지름의 12~20배 이상) 공작물은 방진구를 설치하여 진동을 방지한다.

선반작업 시 안전수칙

㉠ 작업자 보호장구
- 작업 중 장갑 착용을 금한다.
- 절삭 칩의 제거는 반드시 브러시를 사용하도록 한다.
- 칩(Chip)이 비산할 때는 보안경을 쓰고 방호판을 설치하여 사용한다.

㉡ 작업 시작 전 점검 및 준수사항
- 칩이 짧게 끊어지도록 칩 브레이커를 설치한다.
- 일감의 길이가 긴(가공물 길이가 지름의 12~20배 이상) 공작물은 방진구를 설치하여 진동을 방지한다.
- 베드 위에 공구를 올려놓지 않아야 한다.
- 공작물의 설치가 끝나면, 척에서 렌치류는 곧바로 제거한다.
- 시동 전에 척 핸들을 빼두어야 한다.

㉢ 작업 중 준수사항
- 기계 운전 중에는 백기어(Back gear)의 사용을 금한다.
- 회전 중에 가공품을 직접 만지지 않는다.
- 센터작업 시 심압 센터에 자주 절삭유를 준다.
- 선반작업 시 주축의 변속은 기계 정지 후에 해야 한다.
- 바이트 교환, 일감의 치수 측정, 주유 및 청소 시에는 기계를 정지시켜야 한다.

51 — Repetitive Learning 1회 2회 3회

다음 중 프레스의 손쳐내기식 방호장치 설치기준으로 틀린 것은?

① 방호판의 폭이 금형 폭의 1/2 이상이어야 한다.
② 슬라이드 행정수가 150SPM 이상의 것에 사용한다.
③ 슬라이드의 행정길이가 40mm 이상의 것에 사용한다.
④ 슬라이드 하행정거리의 3/4 위치에서 손을 완전히 밀어내야 한다.

해설

- 손쳐내기식 방호장치는 슬라이드 행정수가 100spm 이하인 프레스에 사용한다.

손쳐내기식 방호장치(Push away, Sweep guard) 실필 2401/1301

㉠ 개요
- 슬라이드가 내려옴에 따라 손을 쳐내는 막대가 좌우로 왕복하면서 위험점으로부터 손을 보호하여 주는 장치로 접근거부형 방호장치의 대표적인 종류이다.

㉡ 구조 및 일반사항
- 슬라이드 행정이 40mm 이상인 프레스에 사용한다.
- 슬라이드 행정수가 100spm 이하인 프레스에 사용한다.
- 슬라이드 하행정거리의 3/4 위치에서 손을 완전히 밀어내야 한다.
- 방호판의 폭이 금형 폭의 1/2(최소폭 120mm) 이상이어야 한다.
- 슬라이드 조절 양이 많은 것에는 손쳐내기 봉의 길이 및 진폭의 조절 범위가 큰 것을 선정한다.

1103 / 1802 / 2201

52 — Repetitive Learning 1회 2회 3회

숫돌 바깥지름이 150mm일 경우 평형플랜지의 지름은 최소 몇 mm 이상이어야 하는가?

① 25mm
② 50mm
③ 75mm
④ 100mm

해설

- 평형플랜지의 지름은 숫돌 직경의 1/3 이상이어야 하므로 숫돌의 바깥지름이 150mm일 경우 평형플랜지는 50mm 이상이어야 한다.

산업안전보건법 상의 연삭숫돌 사용 시 안전조치 실필 1303/0802

문제 47번의 유형별 핵심이론 참조

53 — Repetitive Learning 1회 2회 3회

기계 진동에 의하여 물체에 힘이 가해질 때 전하를 발생하거나 전하가 가해질 때 진동 등을 발생시키는 물질의 특성을 무엇이라고 하는가?

① 압자　② 압전효과
③ 스트레인　④ 양극현상

정답 | 50 ④ 51 ② 52 ② 53 ②

해설

- 압자(Penetrator)란 경도계로 시험편의 표면을 압인하여 오목한 자국을 내는 것을 말한다.
- 스트레인(Strain)은 물체에 외력이 작용할 경우, 물체의 저항력에 의해 변형이 생기게 되는데 이때의 변형 정도를 말한다.
- 양극현상(Anode effect)은 염의 전기분해 시 전해가 진행됨에 따라 양극 전위가 급격하게 상승하는 현상을 말한다.

:: 압전효과

- 버튼 등을 누를 때 전압이 발생되고 이 전압에 의해 전기적인 신호가 발생하여 불이 켜지는 등의 효과를 말한다.
- 기계 진동에 의하여 물체에 힘이 가해질 때 전하를 발생하거나 전하가 가해질 때 진동 등을 발생시키는 물질의 특성을 말한다.
- 가스레인지, 라이터, 마이크로폰, 스피커, 초음파 탐지기, 수정시계 진동자 등에서 응용되고 있다.

54 Repetitive Learning (1회 2회 3회)

드릴작업 시 너트 또는 볼트머리와 접촉하는 면을 고르게 하기 위하여 깎는 작업을 무엇이라 하는가?

① 보링(Boring)
② 리밍(Reaming)
③ 스폿 페이싱(Spot facing)
④ 카운터 싱킹(Counter sinking)

해설

- 보링(Boring)은 이미 뚫은 구멍의 크기를 넓히는 작업이다.
- 리밍(Reaming)은 드릴로 뚫은 구멍의 내면을 다듬는 작업이다.
- 카운터 싱킹(Counter sinking)은 접시머리 나사의 머리 부분이 묻힐 수 있도록 원뿔 자리를 만드는 작업이다.

:: 스폿 페이싱(Spot facing)

- 드릴작업 시 너트 또는 볼트머리와 접촉하는 면을 고르게 하고, 너트와 볼트의 조임을 확실하게 하기 위하여 깎는 작업을 말한다.

55 Repetitive Learning (1회 2회 3회)

다음 중 산업용 로봇의 운전 시 근로자 위험을 방지하기 위한 필요조치로서 가장 적합한 것은?

① 미숙련자에 의한 로봇 조정은 6시간 이내에만 허용한다.
② 근로자가 로봇에 부딪칠 위험이 있을 때에는 안전매트 및 높이 1.8m 이상의 울타리를 설치한다.
③ 조작 중 이상 발견 시 로봇을 정지시키지 말고 신속하게 관계 기관에 통보한다.
④ 급유는 작업의 연속성과 오동작 방지를 위하여 운전 중에만 실시하여야 한다.

해설

- 로봇 운전 중 위험을 방지하기 위해 높이 1.8m 이상의 울타리 혹은 안전매트 또는 감응형 방호장치를 설치하여야 한다.

:: 운전 중 위험방지

- 사업주는 로봇의 운전으로 인하여 근로자에게 발생할 수 있는 부상 등의 위험을 방지하기 위하여 높이 1.8m 이상의 울타리를 설치하여야 한다.
- 컨베이어 시스템의 설치 등으로 울타리를 설치할 수 없는 일부 구간에 대해서는 안전매트 또는 광전자식 방호장치 등 감응형(感應形) 방호장치를 설치하여야 한다.

1902

56 Repetitive Learning (1회 2회 3회)

다음 중 아세틸렌 용접 시 역류를 방지하기 위하여 설치하여야 하는 것은?

① 안전기
② 청정기
③ 발생기
④ 유량기

해설

- 아세틸렌 용접 시 역류 및 역화를 방지하기 위하여 안전기를 설치한다.

:: 안전기 실필 2201/2003/1802/1702/1002

㉠ 개요

- 아세틸렌 용접 시 역류 및 역화를 방지하기 위하여 설치한다.
- 안전기의 종류에는 수봉식과 건식이 있다.

㉡ 설치

- 사업주는 아세틸렌용접장치의 취관마다 안전기를 설치하여야 한다. 다만, 주관 및 취관에 가장 가까운 분기관(分岐管)마다 안전기를 부착한 경우에는 그러하지 아니하다.
- 사업주는 가스용기가 발생기와 분리되어 있는 아세틸렌용접장치에 대하여 발생기와 가스용기 사이에 안전기를 설치하여야 한다.

54 ③ 55 ② 56 ① 정답

1202 / 2001

57

Repetitive Learning (1회 2회 3회)

회전축, 커플링에 사용하는 덮개는 다음 중 어떠한 위험점을 방호하기 위한 것인가?

① 협착점 ② 접선 물림점
③ 절단점 ④ 회전 말림점

해설

- 협착점은 프레스 금형의 조립부위 등에서 주로 발생한다.
- 접선 물림점은 벨트와 풀리, 체인과 체인기어 등에서 주로 발생한다.
- 절단점은 밀링커터, 둥근톱의 톱날, 목공용 띠톱부분 등에서 발생한다.

회전 말림점 실필 1503 실작 1503/1501

㉠ 개요
- 회전하는 드릴기계의 운동부 자체에 작업복 등이 말려들 위험이 존재하는 점을 말한다.
- 방호장치로 덮개를 사용한다.
- 회전축, 나사나 드릴, 커플링 등에서 발생한다.

㉡ 대표적인 회전 말림점

회전 말림점		
회전축	커플링	드릴

58

Repetitive Learning (1회 2회 3회)

다음 중 프레스 작업 시작 전 일반적인 점검사항으로서 가장 필요한 것은?

① 클러치 상태 점검 ② 상하 형틀의 간극 점검
③ 전원단전 유무확인 ④ 테이블의 상태 점검

해설

- 프레스 등을 사용하여 작업할 때 작업 시작 전 점검사항 중 가장 우선해서 확인해야 하는 사항은 클러치 및 브레이크의 기능이다.

프레스 등을 사용하여 작업할 때 작업 시작 전 점검사항 실작 2402/2301/2102/2002

- 클러치 및 브레이크의 기능
- 프레스의 금형 및 고정볼트 상태
- 1행정 1정지기구 · 급정지장치 및 비상정지 장치의 기능
- 크랭크축 · 플라이휠 · 슬라이드 · 연결봉 및 연결 나사의 풀림여부
- 슬라이드 또는 칼날에 의한 위험방지 기구의 기능
- 방호장치의 기능
- 전단기의 칼날 및 테이블의 상태

59

Repetitive Learning (1회 2회 3회)

클러치 맞물림 개소수가 4개, 양수기동식 안전장치의 안전거리가 360mm일 때 양손으로 누름단추를 조작하고 슬라이드가 하사점에 도달하기까지의 소요최대시간은 얼마인가?

① 90ms ② 125ms
③ 225ms ④ 576ms

해설

- 안전거리가 주어지고 반응시간을 구하는 문제이므로 기존 식을 역으로 이용하면 반응시간을 구할 수 있다.
- 주어진 값을 대입하면 방호장치의 안전거리
  $360 = 1.6 \times T_m$이므로 $T_m = \frac{360}{1.6} = 225$[ms]가 된다.

양수조작식 방호장치 안전거리 실필 2401/1701/1103/0903

- 인간 손의 기준속도(1.6[m/s])를 고려하여 양수조작식 방호장치의 안전거리는 1.6 × 반응시간으로 구할 수 있다.
- 클러치 프레스에 부착된 양수조작식 방호장치의 반응시간(T_m)은 버튼에서 손이 떨어지고 슬라이드가 정지할 때까지의 시간으로 해당 시간이 주어지지 않을 때는
  $T_m = \left(\frac{1}{\text{클러치}} + \frac{1}{2}\right) \times \frac{60{,}000}{\text{분당 행정수}}$[ms]로 구할 수 있다.
- 시간이 주어질 때는 $D = 1.6(T_L + T_s)$로 구한다.
  D : 안전거리(mm)
  T_L : 버튼에서 손이 떨어질 때부터 급정지기구가 작동할 때까지 시간(ms)
  T_s : 급정지기구 작동 시부터 슬라이드가 정지할 때까지 시간(ms)

1902

60

Repetitive Learning (1회 2회 3회)

구내운반차의 제동장치 준수사항에 대한 설명으로 틀린 것은?

① 조명이 없는 장소에서 작업 시 전조등과 후미등을 갖출 것
② 운전석이 차 실내에 있는 것은 좌우에 한 개씩 방향지시기를 갖출 것
③ 확성장치를 갖출 것
④ 주행을 제동하거나 정지상태를 유지하기 위하여 유효한 제동장치를 갖출 것

해설

- ①, ②, ④ 외에 경음기를 갖추어야 한다.

구내운반차의 제동장치 등

- 주행을 제동하거나 정지상태를 유지하기 위하여 유효한 제동장치를 갖출 것
- 경음기, 전조등과 후미등을 갖출 것
- 운전석이 차 실내에 있으면 좌우에 방향지시기를 갖출 것
- 후진 중에 주변의 근로자나 기계등과 충돌할 위험이 있는 경우는 후진경보기와 경광등을 설치할 것

정답 | 57 ④ 58 ① 59 ③ 60 ③

61

Repetitive Learning (1회 2회 3회)

정전기 재해방지를 위한 배관 내 액체의 유속제한에 관한 사항으로 옳은 것은?

① 저항률이 $10^{10}\Omega \cdot cm$ 미만의 도전성 위험물의 배관 유속은 7m/s 이하로 할 것
② 에텔, 이황화탄소 등과 같이 유동대전이 심하고 폭발 위험성이 높으면 4m/s 이하로 할 것
③ 물이나 기체를 혼합하는 비수용성 위험물의 배관 내 유속은 5m/s 이하로 할 것
④ 저항률이 $10^{10}\Omega \cdot cm$ 이상인 위험물의 배관 내 유속은 배관 내경 4인치일 때 10m/s 이하로 할 것

해설

- 에텔, 이황화탄소 등과 같이 유동대전이 심하고 폭발 위험성이 높은 것은 배관 내 유속은 1m/s 이하로 할 것
- 물이나 기체를 혼합하는 비수용성 위험물의 배관 내 유속은 1m/s 이하로 할 것
- 저항률이 $10^{10}\Omega \cdot cm$ 이상인 위험물의 배관 내 유속은 배관 내경이 4인치일 때 2.5m/s 이하로 할 것

불활성화할 수 없는 탱크, 탱커, 탱크로리, 탱크차, 드럼통 등에 위험물을 주입하는 배관의 유속제한

위험물의 종류	배관 내 유속
물이나 기체를 혼합하는 비수용성 위험물	1m/s 이하
에텔, 이황화탄소 등과 같이 유동대전이 심하고 폭발 위험성이 높은 위험물	1m/s 이하
저항률이 $10^{10}\Omega \cdot cm$ 미만인 도전성 위험물	7m/s 이하

- 저항률이 $10^{10}\Omega \cdot cm$ 이상인 위험물의 배관유속은 다음과 같다. 단, 주입구가 액면 밑에 충분히 침하할 때까지의 유속은 1m/s 이하로 한다.

관 내경		유속 (m/s)	관 내경		유속 (m/s)
인치	mm		인치	mm	
0.5	10	8	8	200	1.8
1	25	4.9	16	400	1.3
2	50	3.5	24	600	1.0
4	100	2.5			

0501

62

Repetitive Learning (1회 2회 3회)

전기설비의 안전을 유지하기 위해서는 체계적인 점검, 보수가 아주 중요하다. 방폭전기설비의 유지보수에 관한 사항으로 틀린 것은?

① 점검원은 해당 전기설비에 대해 필요한 지식과 기능을 가져야 한다.
② 불꽃 점화시점의 경과조치에 따른다.
③ 본질안전방폭구조의 경우에도 통전 중에는 기기의 외함을 열어서는 안 된다.
④ 위험분위기에서 작업 시에는 수공구 등의 충격에 의한 불꽃이 생기지 않도록 주의해야 한다.

해설

- 통전 중에 점검작업을 할 경우에는 방폭전기기기의 본체, 단자함, 점검함 등을 열어서는 안 되나, 본질안전방폭구조의 전기설비에 대해서는 제외한다.

방폭전기설비의 보수작업 중의 유의사항

- 통전 중에 점검작업을 할 경우에는 방폭전기기기의 본체, 단자함, 점검함 등을 열어서는 안 된다. 단, 본질안전방폭구조의 전기설비에 대해서는 제외한다.
- 방폭지역에서 보수를 행할 경우에는 공구 등에 의한 충격불꽃을 발생시키지 않도록 실시하여야 한다.
- 정비 및 수리를 행할 경우에는 방폭전기기기의 방폭 성능에 관계있는 분해·조립 작업이 동반되므로 대상으로 하는 보수부분뿐만이 아니라 다른 부분에 대해서도 방폭 성능이 상실되지 않도록 해야 한다.

63

Repetitive Learning (1회 2회 3회)

감전사고 행위별 통계에서 가장 빈도가 높은 것은?

① 전기공사나 전기설비 보수작업
② 전기기기 운전이나 점검작업
③ 이동용 전기기기 점검 및 조작작업
④ 가전기기 운전 및 보수작업

해설

- 감전사고의 행위별 통계에서 가장 많은 원인은 전기공사나 전기설비의 보수작업에 있다.

61 ① 62 ③ 63 ① 정답

:: 감전사고의 유형

- 감전사고의 행위별 통계에서 가장 많은 원인은 전기공사나 전기설비의 보수작업에 있다.
- 행위별 감전사고의 빈도는 전기공사 보수작업 > 장난이나 놀이 > 가전조작 및 보수 > 기계설비 공사 및 보수 > 전기설비 운전 및 점검 > 건설굴착공사 등의 순이다.

1802 / 2101 / 2103 / 2201

64

Repetitive Learning (1회 2회 3회)

인체의 전기저항을 0.5kΩ이라고 하면 지는 몇 J인가? (단, 심실세동전류값 $I = \frac{165}{\sqrt{T}}$ mA의 Dalziel의 식을 이용하며, 통전시간은 1초로 한다)

① 13.6　② 12.6
③ 11.6　④ 10.6

해설

- 통전시간이 1초, 인체의 전기저항 값이 500Ω이라고 할 때 심실세동을 일으키는 전류에서의 전기에너지는 13.612[J]이다.

:: 심실세동 한계전류와 전기에너지 실필 2303/2101/1403/1401/1202

- 심장의 맥동에 영향을 주어 혈액 순환을 곤란하게 하고, 끝내는 심장 기능을 잃게 하는 치사적 전류를 심실세동전류라 한다.
- 감전자 1천명 중 5명 이상이 심실세동을 일으킬 수 있는 감전시간과 위험전류와의 관계에서 심실세동 한계전류 I는 $\frac{165}{\sqrt{T}}$[mA]이고, T는 통전시간이다.
- 인체의 접촉저항을 500Ω으로 할 때 심실세동을 일으키는 전류에서의 전기에너지는 $W = I^2Rt = \left(\frac{165 \times 10^{-3}}{\sqrt{T}}\right)^2 \times R \times T = (165 \times 10^{-3})^2 \times 500 = 13.612$[J]가 된다.

0603 / 1701 / 2101

65

Repetitive Learning (1회 2회 3회)

방폭전기설비의 용기 내부에서 폭발성 가스 또는 증기가 폭발하였을 때 용기가 그 압력에 견디고 접합면이나 개구부를 통해서 외부의 폭발성 가스나 증기에 인화되지 않도록 한 방폭구조는?

① 내압방폭구조　② 압력방폭구조
③ 유입방폭구조　④ 본질안전방폭구조

해설

- 압력방폭구조는 용기 내부에 보호가스를 압입하여 내부압력을 유지함으로써 폭발성 가스 또는 증기가 내부로 유입하지 않도록 한 방폭구조이다.
- 유입방폭구조는 전기불꽃, 아크 또는 고온이 발생하는 부분을 기름 속에 넣고, 기름면 위에 존재하는 폭발성 가스 또는 증기에 인화되지 않도록 한 구조를 말한다.
- 본질안전방폭구조는 폭발분위기에 노출되어 있는 기계·기구 내의 전기에너지, 권선 상호접속에 의한 전기불꽃 또는 열 영향을 점화에너지 이하의 수준까지 제한하는 것을 기반으로 하는 방폭구조를 말한다.

:: 내압방폭구조(EX d)

㉠ 개요

- 전폐형의 구조를 하고 있다.
- 방폭전기설비의 용기 내부에서 폭발성 가스 또는 증기가 폭발하였을 때 용기가 그 압력에 견디고 접합면이나 개구부를 통해서 외부의 폭발성 가스나 증기에 인화되지 않도록 한 방폭구조를 말한다.
- 외부의 폭발성 가스가 내부로 침입해서 폭발하였을 때 고열가스나 화염을 간극(Safe gap)을 통하여 서서히 방출시킴으로써 폭발화염이 외부로 전파되지 않으면서 냉각되는 방폭구조를 말한다.

㉡ 필요충분조건

- 폭발화염이 외부로 유출되지 않을 것
- 내부에서 폭발한 경우 그 압력에 견딜 것
- 외함의 표면온도가 외부의 폭발성 가스를 점화하지 않을 것

0701 / 0703 / 1301

66

Repetitive Learning (1회 2회 3회)

다음 중 계통접지의 목적으로 가장 옳은 것은?

① 누전되고 있는 기기에 접촉되었을 때의 감전방지를 위해
② 고압전로와 저압전로가 혼촉되었을 때의 감전이나 화재 방지를 위해
③ 병원에 있어서 의료기기 계통의 누전을 10[μA] 정도도 허용하지 않기 위해
④ 의사의 몸에 축적된 정전기에 의해 환자가 쇼크사하지 않도록 하기 위해

해설

- 누전되고 있는 기기에 접촉되었을 때의 감전방지를 위한 것은 기기접지이다.
- 병원에 있어서 의료기기 사용 시 안전을 위하여 수행하는 접지방법은 등전위접지이다.

정답 | 64 ① 65 ① 66 ②

접지의 종류와 특징

종류	특징
계통접지	고압전로와 저압전로가 혼촉되었을 때의 감전이나 화재 방지를 위하여 수행하는 접지방법이다.
기기접지	전동기, 세탁기 등의 전기사용 기계·기구의 비충전 금속부분을 접지하는 것으로, 누전되고 있는 기기에 접촉 시의 감전을 방지하는 접지방법이다.
피뢰접지	낙뢰로부터 전기기기 및 피뢰기 등의 기능 손상을 방지하기 위하여 수행하는 접지방법이다.
등전위접지	병원에 있어서 의료기기 사용 시 안전을 위하여 수행하는 접지방법이다.
지락검출용 접지	누전차단기의 동작을 확실하게 하기 위하여 수행하는 접지방법이다.

0701 / 1002

67

절연열화가 진행되어 누설전류가 증가하면 여러 가지 사고를 유발하게 되는 경우로서 거리가 먼 것은?

① 감전사고
② 누전화재
③ 정전기 증가
④ 아크 지락에 의한 기기의 손상

해설

- 누설전류로 인해 감전 및 화재 등이 발생하고 전력의 손실이 증가하며 전자기기의 고장이 발생하나, 정전기의 증가와는 거리가 멀다.

누설전류와 누전화재

㉠ 누설전류
- 누설전류는 전류가 정상적으로 흐르지 않고 다른 곳으로 새어버리는 것을 말하며, 누전전류라고도 한다.
- 전선의 노후로 인하여 절연이 나빠져 발생(절연열화)하는데 이를 방지하기 위해 누전차단기를 설치한다.
- 누설전류로 인해 감전 및 화재 등이 발생하고, 전력의 손실이 증가하고, 전자기기의 고장이 발생한다.
- 저압의 전선로 중 절연부분의 전선과 대지 간 및 전선의 심선 상호 간의 절연저항은 사용전압에 대한 누설전류가 최대공급전류의 2,000분의 1을 넘지 아니하도록 유지하여야 한다.

㉡ 누전화재
- 누전으로 인하여 화재가 발생되기 전에 인체 감전, 전등 밝기의 변화, 빈번한 퓨즈의 용단, 전기사용 기계장치의 오동작 증가 등이 발생한다.
- 누전사고가 발생될 수 있는 취약 개소에는 비닐전선을 고정하는 지지용 스테이플, 정원 연못 조명등의 전원공급용 지하매설 전선류, 분기회로 접속점이 나선으로 발열이 쉽도록 유지되는 곳 등이 있다.

1803

68

정전유도를 받고 있는 접지되어 있지 않는 도전성 물체에 접촉한 경우 전격을 당하게 되는데 이때 물체에 유도된 전압 V[V]를 옳게 나타낸 것은?(단, E는 송전선의 대지전압, C_1은 송전선과 물체 사이의 정전용량, C_2는 물체와 대지 사이의 정전용량이며, 물체와 대지 사이의 저항은 무시한다)

① $V = \frac{C_1}{C_1 + C_2} \cdot E$
② $V = \frac{C_1 + C_2}{C_1} \cdot E$
③ $V = \frac{C_1}{C_1 \times C_2} \cdot E$
④ $V = \frac{C_1 \times C_2}{C_1} \cdot E$

해설

- 직렬로 연결된 C_1과 C_2에서 송전선 전압이 E일 때 정전용량 C_1에 걸리는 전압은 $\frac{C_2}{C_1+C_2} \times E$가 되고, C_2에 걸리는 전압은 $\frac{C_1}{C_1+C_2} \times E$가 되는데 물체에 유도된 전압은 C_2에 걸리는 전압이므로 $\frac{C_1}{C_1+C_2} \times E$이다.

콘덴서의 연결방법과 정전용량

㉠ 콘덴서의 직렬연결
- 2개의 콘덴서가 직렬로 연결된 경우 저항의 병렬연결과 같은 계산법을 적용한다.
- 각 콘덴서에 축적되는 전하량은 동일하다.
- 합성 정전용량 $= \frac{1}{\frac{1}{C_1} + \frac{1}{C_2}} = \frac{C_1 \times C_2}{C_1 + C_2}$ 이다.
- 콘덴서에 축적되는 전하량은 각각 $Q_1 = \frac{C_1 C_2}{C_1 + C_2} V$, $Q_2 = \frac{C_1 C_2}{C_1 + C_2} V$가 된다.

㉡ 콘덴서의 병렬연결

- 2개의 콘덴서가 병렬로 연결된 경우 저항의 직렬연결과 같은 계산법을 적용한다.
- 각 콘덴서에 걸리는 전압은 동일하다.
- 합성 정전용량 = $C_1 + C_2$ 이다.
- 콘덴서에 축적되는 전하량은 각각 $Q_1 = C_1V$, $Q_2 = C_2V$가 된다.

1203 / 2101

69 Repetitive Learning (1회 2회 3회)

개폐기로 인한 발화는 개폐시의 스파크에 의한 가연물의 착화화재가 많이 발생한다. 이를 방지하기 위한 대책으로 틀린 것은?

① 가연성 증기, 분진 등이 있는 곳은 방폭형을 사용한다.
② 개폐기를 불연성 상자 안에 수납한다.
③ 비포장 퓨즈를 사용한다.
④ 접속부분의 나사풀림이 없도록 한다.

해설

- 스파크 화재를 방지하기 위해서는 과전류 차단용 퓨즈는 포장 퓨즈를 사용해야 한다.

:: 스파크 화재의 방지책

- 과전류 차단용 퓨즈는 포장 퓨즈를 사용할 것
- 개폐기를 불연성 외함 내에 내장시키거나 통형 퓨즈를 사용할 것
- 접지부분의 산화, 변형, 퓨즈의 나사풀림 등으로 인한 접촉 저항이 증가되는 것을 방지할 것
- 가연성 증기, 분진 등 위험한 물질이 있는 곳에는 방폭형 개폐기를 사용할 것
- 목재 벽이나 천장으로부터 고압은 1m 이상, 특별고압은 2m 이상 이격할 것
- 유입 개폐기는 절연유의 열화 정도와 유량에 주의하고, 주위에는 내화벽을 설치할 것
- 단락보호장치 고장발생 시에는 스파크로 인한 폭발위험이 있으므로 수동복구를 원칙으로 할 것

70 Repetitive Learning (1회 2회 3회)

전기설비 사용 장소의 폭발위험성에 대한 위험장소 판정 시의 기준과 가장 관계가 먼 것은?

① 위험가스 현존 가능성 ② 통풍의 정도
③ 습도의 정도 ④ 위험가스의 특성

해설

- 폭발위험성에 대한 위험장소 판정 시의 기준에는 위험가스 현존 가능성과 양, 통풍의 정도, 위험가스의 종류와 특성, 작업자의 영향 등이 있다.

:: 폭발위험성에 대한 위험장소 판정 시의 기준

- 위험가스 현존 가능성과 양
- 통풍의 정도
- 위험가스의 종류와 특성
- 작업자의 영향

71 Repetitive Learning (1회 2회 3회)

환기가 충분한 장소에 대한 설명으로 옳은 것은?

① 대기 중 가스 또는 증기의 밀도가 폭발하한계의 50[%]를 초과하여 축적되는 것을 방지하기 위한 충분한 환기량이 보장되는 장소
② 수직 또는 수평의 외부공기 흐름을 방해하지 않는 구조의 건축물 또는 실내로서 지붕과 한 면의 벽만 있는 건축물
③ 밀폐 또는 부분적으로 밀폐된 장소로서 옥외의 동등한 정도의 환기가 자연환기방식 또는 고장 시 경보발생 등의 조치가 있는 자연 순환방식으로 보장되는 장소
④ 기타 적합한 방법으로 환기량을 계산하여 폭발하한계의 35[%] 농도를 초과하지 않음이 보장되는 장소

해설

- 환기가 충분한 장소란 대기 중의 가스 또는 증기의 밀도가 폭발하한계의 25%를 초과하여 축적되는 것을 방지하기 위한 충분한 환기량이 보장되는 장소를 말한다.
- 밀폐 또는 부분적으로 밀폐된 장소로서 옥외의 동등한 정도의 환기가 자연환기방식 또는 고장 시 경보발생 등의 조치가 되어있는 강제환기방식으로 보장되는 장소를 말한다.
- 기타 적합한 방법으로 환기량을 계산하여 폭발 하한계의 15% 농도를 초과하지 않음이 보장되는 장소 등을 말한다.

:: 환기가 충분한 장소

- 대기 중의 가스 또는 증기의 밀도가 폭발하한계의 25%를 초과하여 축적되는 것을 방지하기 위한 충분한 환기량이 보장되는 장소를 말한다.
- 이의 종류에는 옥외, 수직 또는 수평의 외부공기 흐름을 방해하지 않는 구조의 건축물 또는 실내로서 지붕과 한 면의 벽만 있는 건축물, 밀폐 또는 부분적으로 밀폐된 장소로서 옥외의 동등한 정도의 환기가 자연환기방식 또는 고장 시 경보발생 등의 조치가 되어있는 강제환기방식으로 보장되는 장소, 기타 적합한 방법으로 환기량을 계산하여 폭발하한계의 15% 농도를 초과하지 않음이 보장되는 장소 등을 말한다.

정답 | 69 ③ 70 ③ 71 ②

0303

72

Repetitive Learning (1회 2회 3회)

전력케이블을 사용하는 회로나 역률개선용 전력콘덴서 등이 접속되어 있는 회로의 정전작업 시에 감전의 위험을 방지하기 위한 조치로서 가장 옳은 것은?

① 개폐기의 통전금지
② 잔류전하의 방전
③ 근접활선에 대한 방호장치
④ 안전표지의 설치

해설

- 전로에 전력케이블을 사용하는 회로나 역률개선용 전력콘덴서 등이 접속된 경우 전원차단 후에도 잔류전하에 의한 감전위험이 높으므로 잔류전하 방전조치가 반드시 필요하다.

잔류전하의 방전

㉠ 근거
- 개로된 전로에서 유도전압 또는 전기에너지가 축적되어 근로자에게 전기위험을 끼칠 수 있는 전기기기 등은 접촉하기 전에 잔류전하를 완전히 방전시켜야 한다.

㉡ 개요
- 정전시킨 전로에 전력케이블, 콘덴서, 용량이 큰 부하기기 등이 접속되어 있는 경우에는 전원차단 후에도 여전히 전하가 잔류된다.
- 잔류전하에 의한 감전을 방지하기 위해서 방전코일이나 방전기구 등에 의해서 안전하게 잔류전하를 제거하는 것이 필요하다.
- 방전대상에는 전력 케이블, 용량이 큰 부하기기, 역률개선용 전력콘덴서 등이 있다.

0501

73

Repetitive Learning (1회 2회 3회)

작업장에서 교류 아크용접기로 용접작업을 하고 있다. 용접기에 사용하고 있는 용품 중 잘못 사용되고 있는 것은?

① 습윤장소와 2m 이상 고소작업 시에 자동전격방지기를 부착한 후 작업에 임하고 있다.
② 교류 아크용접기 홀더는 절연이 잘 되어 있으며, 2차측 전선은 비닐절연전선을 사용하고 있다.
③ 터미널은 케이블 커넥터로 접속한 후 충전부는 절연테이프로 테이핑 처리를 하였다.
④ 홀더는 KS 규정의 것만 사용하고 있지만 자동전격방지기는 안전보건공단 검정필을 사용한다.

해설

- 용접용 케이블의 경우 용접변압기로부터 피용접재에 이르는 전로에는 전기적으로 완전하고 또한 견고하게 접속된 철골 등을 사용해야 하므로 1종 캡타이어케이블 대신에 클로로프렌 캡타이어케이블을 주로 사용한다.

아크용접 시 주의사항
- 습윤장소와 2m 이상 고소작업 시에 자동전격방지기를 부착한다.
- 교류 아크용접기 홀더는 절연이 잘 되는 KS 규정의 것을 사용한다.
- 2차측 전선은 클로로프렌 캡타이어케이블을 사용한다.
- 터미널은 케이블 커넥터로 접속한 후 충전부는 절연테이프로 테이핑 처리한다.
- 자동전격방지기는 안전보건공단 검정필을 사용한다.

0603

74

Repetitive Learning (1회 2회 3회)

감전에 의하여 넘어진 사람에 대한 중요한 관찰사항이 아닌 것은?

① 의식의 상태
② 맥박의 상태
③ 호흡의 상태
④ 유입점과 유출점의 상태

해설

- 전류의 유입점과 유출점의 상태 확인은 누전화재를 입증하기 위해 필요한 것으로 감전자에 대한 관찰사항과는 거리가 멀다.

감전자에 대한 관찰
- 의식, 맥박, 호흡의 상태를 확인한다.
- 출혈 및 골절 여부를 확인한다.
- 입술과 피부의 색깔, 체온상태, 전기출입부의 상태 등을 확인한다.

72 ② 73 ② 74 ④ 정답

75 — Repetitive Learning 1회 2회 3회

전압이 동일한 경우 교류가 직류보다 위험한 이유를 가장 잘 설명한 것은?

① 교류의 경우 전압의 극성 변화가 있기 때문이다.
② 교류는 감전 시 화상을 입히기 때문이다.
③ 교류는 감전 시 수축을 일으킨다.
④ 직류는 교류보다 사용빈도가 낮기 때문이다.

해설

- 교류는 전압의 극성이 초당 수십 회 바뀌면서 +전압과 −전압을 반복하는 극성 변화를 가지므로 직류에 비해 인체에 2배 이상의 충격을 가한다.

교류가 직류보다 더 위험한 이유

- 직류는 전압의 극성 변화가 없고 일정(+전압)한 데 반해서 교류는 전압의 극성이 초당 수십 회 바뀌면서 +전압과 −전압을 반복하는 극성 변화를 가진다.
- 직류에 비해 교류는 인체에 2배 이상의 충격을 가한다.

0402 / 1901

76 — Repetitive Learning 

다음 그림과 같은 완전 누전되고 있는 전기기기의 외함에 사람이 접촉하였을 경우 인체에 흐르는 전류(Im)는?(단, E(V)는 전원의 대지전압, R2(Ω)는 변압기 1선 접지, R3(Ω)는 전기기기 외함 접지, Rm(Ω)은 인체저항이다)

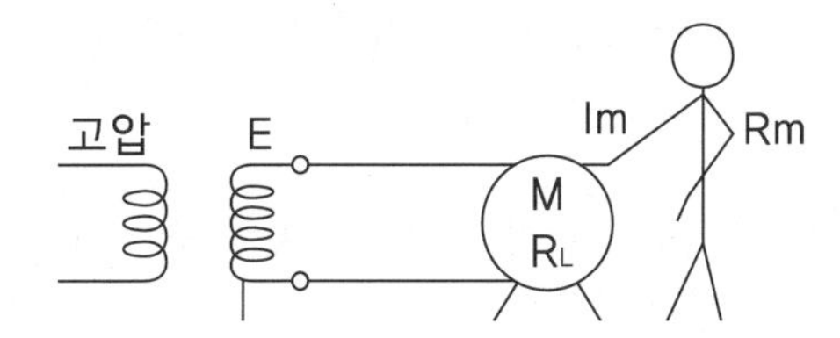

① $\dfrac{E}{R_m\left(1+\dfrac{R_2}{R_3}\right)}$ ② $\dfrac{E}{R_m\left(2+\dfrac{R_2}{R_3}\right)}$

③ $\dfrac{E}{R_m\left(1+\dfrac{R_3}{R_2}\right)}$ ④ $\dfrac{E}{R_m\left(2+\dfrac{R_3}{R_2}\right)}$

해설

- 저항 R_2와 R_3은 직렬로 연결되어 있으므로 합성저항은 R_2+R_3이고, 지락전류 $I=\dfrac{E}{R_2+R_3}$가 된다.
- 외함에 걸리는 전압은 옴의 법칙에 따라 지락전류 $I\times R_3$가 된다. 지락전류 $I=\dfrac{E}{R_2+R_3}$이므로 대입하면 $\dfrac{E}{R_2+R_3}\times R_3=\dfrac{E}{1+\dfrac{R_2}{R_3}}$이다.
- 여기서 감전전류는 옴의 법칙에 따라 외함에 걸리는 전압을 인체저항으로 나눈 값인 $\dfrac{E}{1+\dfrac{R_2}{R_3}}\times\dfrac{1}{R_m}=\dfrac{E}{R_m\left(1+\dfrac{R_2}{R_3}\right)}$가 된다.

옴(Ohm)의 법칙

- 전기회로에 흐르는 전류는 그 회로에 가하여진 전압에 정비례하고, 저항에 반비례한다는 법칙이다.
- $I[A]=\dfrac{V[V]}{R[\Omega]}$, $V=IR$, $R=\dfrac{V}{I}$로 계산한다.

0703 / 2102

77 — Repetitive Learning 1회 2회 3회

지락이 생긴 경우 접촉상태에 따라 접촉전압을 제한할 필요가 있다. 인체의 접촉상태에 따른 허용접촉전압을 나타낸 것으로 다음 중 옳지 않은 것은?

① 제1종 2.5[V] 이하
② 제2종 25[V] 이하
③ 제3종 42[V] 이하
④ 제4종 제한없음

해설

- 지락이 생긴 경우 접촉상태에 따라 접촉전압을 제한할 필요가 있는 경우는 3종에 해당하고, 3종의 허용접촉전압은 50[V] 이하이다.

접촉상태별 허용접촉전압

종별	접촉상태	허용 접촉전압
1종	인체의 대부분이 수중에 있는 상태	2.5[V] 이하
2종	• 인체가 현저하게 젖어 있는 상태 • 금속성의 전기기계 장치나 구조물에 인체의 일부가 상시 접촉되어 있는 상태	25[V] 이하
3종	통상의 인체상태에 있어서 접촉전압이 가해지더라도 위험성이 낮은 상태	50[V] 이하
4종	접촉전압이 가해질 우려가 없는 경우	제한없음

1003

78 — Repetitive Learning (1회 2회 3회)

정전기 방전에 의한 화재 및 폭발 발생에 대한 설명으로 틀린 것은?

① 정전기 방전에너지가 어떤 물질의 최소착화에너지보다 크게 되면 화재, 폭발이 일어날 수 있다.
② 부도체가 대전되었을 경우에는 정전에너지보다 대전 전위 크기에 의하여 화재, 폭발이 결정된다.
③ 대전된 물체에 인체가 접근했을 때 전격을 느낄 정도이면 화재, 폭발의 가능성이 있다.
④ 작업복에 대전된 정전에너지가 가연성 물질의 최소착화에너지보다 클 때는 화재, 폭발의 위험성이 있다.

해설

- 작업복에 대전된 정전에너지가 아니라 정전기의 대전 전위의 크기가 가연성 물질의 최소착화에너지보다 클 때 화재, 폭발의 위험성이 있다.

정전기 방전에 의한 화재 및 폭발

- 정전기 방전에너지가 어떤 물질의 최소착화에너지보다 크게 되면 화재, 폭발이 일어날 수 있다.
- 부도체가 대전되었을 경우에는 정전에너지보다 대전 전위 크기에 의하여 화재, 폭발이 결정된다.
- 대전된 물체에 인체가 접근했을 때 전격을 느낄 정도이면 화재, 폭발의 가능성이 있다.
- 작업복이나 인체에 대전된 정전기의 대전 전위의 크기가 가연성 물질의 최소착화에너지보다 클 때 화재, 폭발의 위험성이 있다.

0303 / 1202

79 — Repetitive Learning (1회 2회 3회)

가공 송전 선로에서 낙뢰의 직격을 받았을 때 발생하는 낙뢰전압이나 개폐서지 등과 같은 이상 고전압을 일반적으로 충격파라 부르는데 이러한 충격파는 어떻게 표시하는가?

① 파두시간×파미부분에서 파고치의 63[%]로 감소할 때까지의 시간
② 파두시간×파미부분에서 파고치의 50[%]로 감소할 때까지의 시간
③ 파두시간×파미부분에서 파고치의 37[%]로 감소할 때까지의 시간
④ 파두시간×파미부분에서 파고치의 10[%]로 감소할 때까지의 시간

해설

- 뇌충격전압파형의 표시방법은 파두시간×파미부분에서 파고치의 50[%]로 감소할 때까지의 시간이다.

뇌충격전압파형

㉠ 개요
- 충격파의 표시방법은 파두시간×파미부분에서 파고치의 50[%]로 감소할 때까지의 시간이다.
- 파두장은 전압이 정점(파고점)까지 걸리는 시간을 말한다.
- 파미장은 파고점에서 파고점의 1/2전압까지 내려오는 데 걸리는 시간을 말한다.
- 충격전압시험 시의 표준충격파형을 1.2×50[μs]로 나타내는데 이는 파두시간이 1.2[μs], 파미시간이 50[μs]가 소요된다는 의미이다.

㉡ 과도전류에 대한 감지한계와 파두장과의 관계
- 과도전류에 대한 감지한계는 파두장이 길면 감지전류는 감소한다.

파두장[μs]	전류파고치[mA]
7×100	40 이하
5×65	60 이하
2×30	90 이하

80 — Repetitive Learning (1회 2회 3회)

상용 주파수(60Hz)의 교류에 건강한 성인 남자가 감전되었을 경우 다른 손을 사용하지 않고 자력으로 손을 뗄 수 있는 최대전류(가수전류)는 몇 [mA]인가?

① 1~2
② 7~8
③ 10~15
④ 18~22

해설

- 60Hz의 교류에서는 이탈전류가 최대 10~15[mA]이다.

통전전류에 의한 영향

㉠ 최소감지전류
- 인간이 통전을 감지하는 최소전류로 60Hz의 교류에서는 1[mA] 정도이다.

㉡ 고통한계전류
- 인간이 통전으로부터 발생하는 고통을 참을 수 있는 한계 전류를 말한다.
- 보통 60Hz의 교류에서는 7~8[mA] 정도이다.

㉢ 이탈전류(가수전류)
- 가수전류라고도 하며, 손발을 움직여 충전부로부터 스스로 이탈할 수 있는 최대한도의 전류를 말한다.
- 60Hz의 교류에서는 이탈전류가 최대 10~15[mA]이다.

78 ④ 79 ② 80 ③ 정답

ⓔ 교착전류(불수전류)

- 교착전류란 통전전류로 인하여 통전경로상의 근육경련이 심해지면서 신경이 마비되어 운동이 자유롭지 않게 되는 한계전류로 불수전류라고도 한다.

ⓜ 심실세동전류

- 심장맥동에 영향을 주어 신경의 기능을 상실시키는 전류로, 방치하면 수 분 이내에 사망에 이르게 되는 전류이다.

5과목 화학설비 안전관리

0903 / 1901

81 Repetitive Learning 1회 2회 3회

산업안전보건기준에 관한 규칙에 지정한 '화학설비 및 그 부속설비의 종류' 중 화학설비의 부속설비에 해당하는 것은?

① 응축기 · 냉각기 · 가열기 등의 열교환기류
② 반응기 · 혼합조 등의 화학물질 반응 또는 혼합장치
③ 펌프류 · 압축기 등의 화학물질 이송 또는 압축설비
④ 온도 · 압력 · 유량 등을 지시 · 기록하는 자동제어 관련 설비

해설

- ①, ②, ③은 모두 화학설비에 해당한다.

화학설비의 부속설비 종류

- 배관 · 밸브 · 관 · 부속류 등 화학물질 이송 관련 설비
- 온도 · 압력 · 유량 등을 지시 · 기록하는 자동제어 관련 설비
- 안전밸브 · 안전판 · 긴급차단 또는 방출밸브 등 비상조치 관련 설비
- 가스누출감지 및 경보 관련 설비
- 세정기, 응축기, 벤트스택(Vent stack), 플레어스택(Flare stack) 등 폐가스 처리설비
- 사이클론, 백필터(Bag filter), 전기집진기 등 분진처리 설비
- 위의 부속설비를 운전하기 위하여 부속된 전기 관련 설비
- 정전기 제거장치, 긴급 샤워설비 등 안전 관련 설비

82 Repetitive Learning 1회 2회 3회

다음 중 가연성 고체물질을 난연화시키는 난연제로 적당하지 않은 것은?

① 인　② 브롬
③ 비소　④ 안티몬

해설

- 브롬도 난연제로 많이 사용하나 브롬은 실온에서 적갈색 액체상태로 존재한다.

난연제(Flame retardant)

- 플라스틱 등 가연성 고체물질의 연소하기 쉬운 성질을 물리화학적으로 개선하여 잘 타지 못하도록 하는 첨가제이다.
- 가연성 고체물질이 연소할 때 유독가스를 발생시키므로 화재의 진행을 늦추거나 멈추게 하기 위한 작업을 난연화라고 한다.
- 주기율표상의 15족에 해당하는 인(P), 비소(As), 안티몬(Sb), 비스무트(Bi) 등이 주로 난연제로 사용된다.

0702 / 2102

83 Repetitive Learning 1회 2회 3회

다음 중 CF_3Br 소화약제를 가장 적절하게 표현한 것은?

① 하론 1031　② 하론 1211
③ 하론 1301　④ 하론 2402

해설

- 하론 번호표기의 첫 번째 숫자는 탄소(C), 두 번째 숫자는 불소(F), 세 번째 숫자는 염소(Cl), 네 번째 숫자는 브롬(Br)을 의미한다.

하론 소화약제 실필 1302/1102

㉠ 개요

- 종류는 하론104(CCl_4), 하론1011(CH_2ClBr), 하론2402($C_2F_4Br_2$), 하론1301(CF_3Br), 하론1211(CF_2ClBr) 등이 있다.
- 화재안전기준에서 정한 소화약제는 하론1301, 하론1211, 하론2402이다.

㉡ 구성과 표기

- 구성원소로는 탄소(C), 불소(F), 염소(Cl), 브롬(Br) 등이 있다.
- 하론 번호표기의 첫 번째 숫자는 탄소(C), 두 번째 숫자는 불소(F), 세 번째 숫자는 염소(Cl), 네 번째 숫자는 브롬(Br)을 의미한다.
- 세 번째 숫자에 해당하는 염소(Cl)는 화재 진압 시 일산화탄소와 반응하여 인체에 유해한 포스겐가스를 생성하므로 유의해야 한다.
- 네 번째 숫자에 해당하는 브롬(Br)은 연소의 억제효과가 큰 반면에 오존층을 파괴하고 염증을 야기하는 등 안정성이 낮아 취급에 주의해야 한다.

정답 | 81 ④ 82 ② 83 ③

0902 / 1901

84

다음 중 가연성 물질이 연소하기 쉬운 조건으로 옳지 않은 것은?

① 연소 발열량이 클 것 ② 점화에너지가 작을 것
③ 산소와 친화력이 클 것 ④ 입자의 표면적이 작을 것

해설

- 입자의 표면적이 커야 연소가 쉬워진다.

가연물의 구비조건

- 산소와의 친화력이 클 것
- 연소 발열량이 클 것
- 표면적이 클 것
- 열전도도가 적을 것
- 활성화에너지(점화에너지)가 작을 것

1101

85

금속의 증기가 공기 중에서 응고되어 화학변화를 일으켜 고체의 미립자로 되어 공기 중에 부유하는 것을 의미하는 용어는?

① 흄(Fume) ② 분진(Dust)
③ 미스트(Mist) ④ 스모크(Smoke)

해설

- 분진(Dust)이란 기계적 작용에 의해 발생된 고체 미립자가 공기 중에 부유하고 있는 것을 말한다.
- 미스트(Mist)는 액체의 미세한 입자가 공기 중에 부유하고 있는 것을 말한다.
- 스모크(Smoke)는 유기물의 불완전연소에 의해 생긴 미립자를 말한다.

유해물질

㉠ 개요

- 유해성 물질을 입자의 크기순으로 나열하면 분진 > 미스트 > 흄 = 스모크의 순이다.

㉡ 종류

흄(Fume)	금속의 증기가 공기 중에서 응고되어 화학변화를 일으켜 고체의 미립자로 되어 공기 중에 부유하는 것
미스트(Mist)	액체가 분산되어 미립자 형태로 공기 중에 부유하고 있는 것
분진(Dust)	기계적 작용에 의해 발생된 고체 미립자가 공기 중에 부유하고 있는 것
스모크(Smoke)	유기물의 불완전연소에 의해 생긴 미립자

0903 / 1903

86

Repetitive Learning 1회 2회 3회

다음 중 이상반응 또는 폭발로 인하여 발생되는 압력의 방출장치가 아닌 것은?

① 파열판
② 폭압방산공
③ 화염방지기
④ 가용합금안전밸브

해설

- 화염방지기는 인화성 액체 및 인화성 가스를 저장·취급하는 화학설비에서 증기나 가스를 대기로 방출하는 경우에 외부로부터의 화염을 방지하기 위하여 설치하는 장치이다.

폭발압력 방출장치

- 폭발로 인해 발생된 최대압력을 실이나 용기 구조에 피해를 주지 않는 수준으로 제한하는 장치로, 방출구를 통해 연소생성물을 외부로 방출하는 장치를 말한다.
- 폭발 압력을 배출하기 위한 방출구 및 장치로는 폭발문, 안전밸브, 파열판, 폭압방산공, 가용합금안전밸브 등이 있다.

0901 / 1202

87

Repetitive Learning 

소화설비와 주된 소화적용방법의 연결이 옳은 것은?

① 포 소화설비 - 질식소화
② 스프링클러설비 - 억제소화
③ 이산화탄소 소화설비 - 제거소화
④ 할로겐화합물 소화설비 - 냉각소화

해설

- 스프링클러설비는 냉각소화를 위한 소화설비이다.
- 이산화탄소 소화설비는 질식소화를 위한 소화설비이다.
- 할로겐화합물 소화설비는 억제소화를 위한 소화설비이다.

소화방법의 종류 실필 0902

냉각 소화법	• 액체의 증발잠열을 이용하여 연소 시 발생하는 열에너지를 흡수하는 매체를 화염 속에 투입하여 소화시키는 것으로 물을 이용하는 방법이다. • 튀김 기름이 인화되었을 때 싱싱한 야채를 넣어 소화시키는 원리이다. • 스프링클러 소화설비, 강화액 등이 대표적인 종류이다.

84 ④ 85 ① 86 ③ 87 ① 정답

질식 소화법	• 연소하고 있는 가연물이 들어있는 용기를 기계적으로 밀폐하여 공기의 공급을 차단하거나 타고 있는 액체나 고체의 표면을 거품 또는 불활성 액체로 피복하여 연소에 필요한 공기의 공급을 차단시키는 소화법이다. • 가연성 가스와 지연성 가스가 섞여있는 혼합기체의 농도를 조절하여 혼합기체의 농도를 연소범위 밖으로 벗어나게 하여 연소를 중지시키는 방법이다. • CO_2 소화기, 포말 또는 분말 소화기에서 사용되는 소화방법이다.
억제 (부촉매) 소화법	• 연소가 지속되기 위해서는 활성기(Free-radical)에 의한 연쇄반응이 필수적인데 이 연쇄반응을 차단하여 소화하는 방법을 말한다. • 할로겐화합물 소화설비가 대표적인 종류이다.
제거 소화법	가연물의 공급을 제한하여 소화시키는 방법을 말한다.
희석 소화법	수용성인 인화성 액체 화재 시 물을 방사하여 가연물의 농도를 낮추어 소화하는 방법을 말한다.

88 Repetitive Learning (1회 2회 3회)

물과 카바이드가 결합하면 어떤 가스가 생성되는가?

① 염소가스
② 아황산가스
③ 수성가스
④ 아세틸렌가스

해설

• 물과 카바이드(탄화칼슘)가 결합하면 아세틸렌(C_2H_2)가스가 생성된다.

물과 카바이드(탄화칼슘, CaC_2)의 결합

• $CaC_2 + 2H_2O \rightarrow Ca(OH)_2 + C_2H_2$로 반응하며 이때 74.2[J]의 열을 발생시킨다.
• 물과 카바이드의 결합으로 아세틸렌(C_2H_2)가스가 생성된다.

0901

89 Repetitive Learning (1회 2회 3회)

연소의 형태 중 확산연소의 정의로 가장 적절한 것은?

① 고체의 표면이 고온을 유지하면서 연소하는 현상
② 가연성 가스가 공기 중의 지연성 가스와 접촉하여 접촉면에서 연소가 일어나는 현상
③ 가연성 가스와 지연성 가스가 미리 일정한 농도로 혼합된 상태에서 점화원에 의하여 연소되는 현상
④ 액체 표면에서 증발하는 가연성 증기가 공기와 혼합하여 연소범위 내에서 열원에 의하여 연소하는 현상

해설

• ①은 표면연소로 고체의 연소방식에 대한 설명이다.
• ③은 혼합연소에 대한 설명이다.
• ④는 증발연소로 액체의 연소방식에 대한 설명이다.

확산연소

• 가장 대표적인 기체의 연소방식이다.
• 가연성 가스가 공기 중의 지연성 가스와 접촉하여 접촉면에서 연소가 일어나는 방식이다.
• 아세틸렌, LPG, LNG 등의 연소 시 발생되는 형태이다.

0603

90 Repetitive Learning (1회 2회 3회)

메탄 20[%], 에탄 40[%], 프로판 40[%]로 구성된 혼합가스가 공기 중에서 연소할 때 이 혼합가스의 이론적 화학양론조성은 약 몇 [%]인가? (단, 메탄, 에탄, 프로판의 양론농도(Cst)는 각각 9.5[%], 5.6[%], 4.0[%]이다)

① 5.2[%]
② 7.7[%]
③ 9.5[%]
④ 12.1[%]

해설

• 개별가스의 mol분율은 주어진 대로 20, 40, 40이다.
• 혼합가스의 화학양론조성은
$$\frac{100}{\frac{20}{9.5}+\frac{40}{5.6}+\frac{40}{4.0}} = \frac{100}{2.1+7.14+10} = \frac{100}{19.24} = 5.2[\%]$$가 된다.

혼합가스의 이론적 화학양론조성

• 개별 가연성 가스의 몰비와 화학양론농도가 주어질 때 가연성 혼합가스의 이론적 화학양론조성은 혼합가스를 구성하는 각 가스의 양론농도당 mol분율 합의 역수로 구한다.
• 혼합가스의 이론적 화학양론 조성은 $\frac{1}{\sum_{i=1}^{n} \frac{\text{mol분율}}{\text{양론농도}}}$ 로 구한다.
• [vol%]을 구할 때는 $\frac{100}{\sum_{i=1}^{n} \frac{\text{mol분율}}{\text{양론농도}}}$ [vol%] 식을 이용한다.

정답 | 88 ④ 89 ② 90 ①

91

Repetitive Learning 1회 2회 3회

다음 중 산업안전보건법상 공정안전보고서의 제출대상이 아닌 것은?

① 원유 정제 처리업
② 농약 제조업(원제 제조)
③ 화약 및 불꽃제품 제조업
④ 복합비료의 단순혼합 제조업

해설

- 복합비료 제조업은 공정안전보고서 제출대상에 해당하지만 단순혼합 또는 배합에 의한 경우는 제외된다.

PSM 제출대상

㉠ 개요

- 유해·위험설비를 보유하고 있는 사업장은 모든 유해·위험설비에 대해서 PSM을 작성하여야 하고, 관련 사업장 이외의 업종에서는 규정량 이상 유해·위험물질을 제조·취급·사용·저장하고 있는 사업장에서만 PSM을 작성하면 된다.

㉡ 유해·위험설비를 보유하고 있는 사업장

- 원유 정제 처리업
- 기타 석유정제물 재처리업
- 석유화학계 기초화학물 제조업 또는 합성수지 및 기타 플라스틱물질 제조업
- 질소, 인산 및 칼리질 비료 제조업(인산 및 칼리질 비료 제조업에 해당하는 경우는 제외)
- 복합비료 제조업(단순혼합 또는 배합에 의한 경우는 제외)
- 농약 제조업(원제 제조에만 해당)
- 화약 및 불꽃제품 제조업

㉢ 규정량 이상 유해·위험물질을 제조·취급·사용·저장하고 있는 사업장

- $R = \sum_{i=1}^{n} \frac{취급량_i}{규정량_i}$로 구한 R의 값이 1 이상일 경우 유해·위험설비로 보고 공정안전보고서 제출대상에 포함시킨다.

0902 / 2201

92

Repetitive Learning 

다음 중 폭발범위에 관한 설명으로 틀린 것은?

① 상한값과 하한값이 존재한다.
② 온도에 비례하지만 압력과는 무관하다.
③ 가연성 가스의 종류에 따라 각각 다른 값을 갖는다.
④ 공기와 혼합된 가연성 가스의 체적 농도로 나타낸다.

해설

- 폭발한계의 범위는 온도와 압력에 비례한다.

가연성 가스의 폭발(연소)범위 실필 1603

㉠ 개요

- 가연성 가스의 종류에 따라 각각 다른 값을 가지며, 상한값과 하한값이 존재한다.
- 공기와 혼합된 가연성 가스의 체적 농도로 나타낸다.
- 불활성 가스를 주입하면 폭발범위는 좁아진다.

㉡ 특성

- 폭발한계의 범위는 온도와 압력에 비례한다.
- 온도가 증가하면 하한계는 감소하고, 상한계는 증가한다.
- 압력이 증가하면 하한계는 변동없고, 상한계는 증가한다.
- 산소 중에서는 공기 중에서보다 하한계는 일정하나 상한계가 증가하여 폭발범위가 넓어진다.

0501

93

Repetitive Learning 

화재감지기의 종류 중 연기감지기의 작동방식에 해당되는 것은?

① 차동식
② 보상식
③ 정온식
④ 이온화식

해설

- 차동식, 보상식, 정온식은 모두 열감지식 감지기이다.

화재감지기

㉠ 개요

- 화재 시 발생되는 열이나 연기를 통해 화재를 감지하는 장치이다.
- 감지대상에 따라 열감지기, 연기감지기, 복합형감지기, 불꽃감지기로 구분된다.

㉡ 대표적인 감지기의 종류

열감지식	차동식	• 공기의 팽창을 감지 • 공기관식, 열전대식, 열반도체식
	정온식	열의 축적을 감지
	보상식	공기팽창과 열축적을 동시에 감지
연기감지식	광전식	광전소자의 입사광량 변화를 감지
	이온화식	이온전류의 변화를 감지
	감광식	광전식의 한 종류

91 ④ 92 ② 93 ④ 정답

0902

94

Repetitive Learning 1회 2회 3회

산업안전보건기준에 관한 규칙에서 규정하고 있는 산화성 액체 또는 산화성 고체에 해당하지 않는 것은?

① 염소산 ② 피크린산
③ 과망간산 ④ 과산화수소

해설

- 피크린산($C_6H_3N_3O_7$)은 폭발성의 가연성 물질로 제5류(자기반응성 물질)에 해당한다.

산화성 액체 및 산화성 고체

㉠ 산화성 고체
- 1류 위험물로 화재발생 시 물에 의해 냉각소화한다.
- 종류에는 염소산 염류, 아염소산 염류, 과염소산 염류, 브롬산 염류, 요오드산 염류, 과망간산 염류, 질산염류, 질산나트륨 염류, 중크롬산 염류, 삼산화크롬 등이 있다.

㉡ 산화성 액체
- 6류 위험물로 화재발생 시 마른모래 등을 이용해 질식소화한다.
- 종류에는 질산, 과염소산, 과산화수소 등이 있다.

0802 / 1103 / 1503

95

다음 중 금속화재는 어떤 종류의 화재에 해당되는가?

① A급 ② B급
③ C급 ④ D급

해설

- A급은 가연성 화재, B급은 유류화재, C급은 전기화재이다.

화재의 분류 실필 2202/1601/0903

분류	원인	소화 방법 및 소화기	특징	표시 색상
A급	종이, 나무 등 일반 가연성 물질	냉각소화/ 물 및 산, 알칼리 소화기	재가 남는다.	백색
B급	석유, 페인트 등 유류화재	질식소화/ 모래나 소화기	재가 남지 않는다.	황색
C급	전기 스파크 등 전기화재	질식소화, 냉각소화/ 이산화탄소 소화기	물로 소화할 경우 감전의 위험이 있다.	청색
D급	금속나트륨, 금속칼륨 등 금속화재	질식소화/ 마른 모래	물로 소화할 경우 폭발의 위험이 있다.	무색

1001 / 2001

96

Repetitive Learning 1회 2회 3회

가연성 가스 및 증기의 위험도에 따른 방폭전기기기의 분류로 폭발등급을 사용하는데, 이러한 폭발등급을 결정하는 것은?

① 발화도
② 화염일주한계
③ 폭발한계
④ 최소발화에너지

해설

- 발화도란 폭발성 가스의 발화점을 기준으로 구분한 단위이며, KS기준에 의해 전기설비의 최고허용표면온도와도 관련된다.
- 폭발한계란 가연성 가스 또는 증기가 공기 또는 산소 중에서 연소를 일으킬 수 있는 한정된 범위의 농도한계를 말한다.
- 최소발화에너지란 공기 중에서 가연성 가스나 액체의 증기 또는 폭발성 분진을 발화시키는 데 필요한 최저의 에너지를 말한다.

화염일주한계
- 안전간격(Safe gap), 최대안전틈새(MESG)라고도 한다.
- 압력용기 내측의 가스점화 시 외측의 폭발성 혼합가스까지 화염이 전달되지 않는 한계의 틈을 말한다.
- 가연성 가스 및 증기의 위험도에 따른 방폭전기기기의 분류에 해당하는 폭발등급의 결정기준이 된다.

0901 / 1801

97

Repetitive Learning 

아세틸렌용접장치를 사용하여 금속의 용접·용단 또는 가열작업을 하는 경우 아세틸렌을 발생시키는 게이지 압력은 최대 몇 kPa 이하이어야 하는가?

① 17
② 88
③ 127
④ 210

해설

- 아세틸렌용접장치를 사용하여 금속의 용접·용단 또는 가열작업을 하는 경우 게이지 압력의 최대치는 127kPa이다.

아세틸렌용접장치에서 압력의 제한
- 사업주는 아세틸렌용접장치를 사용하여 금속의 용접·용단 또는 가열작업을 하는 경우에는 게이지 압력이 127kPa을 초과하는 압력의 아세틸렌을 발생시켜 사용해서는 아니 된다.

정답 | 94 ② 95 ④ 96 ② 97 ③

0802 / 1202

98 Repetitive Learning (1회 2회 3회)

분진폭발의 특징에 관한 설명으로 옳은 것은?

① 가스폭발보다 발생에너지가 작다.
② 폭발압력과 연소속도는 가스폭발보다 크다.
③ 화염의 파급속도보다 압력의 파급속도가 크다.
④ 불완전연소로 인한 가스중독의 위험성이 적다.

해설

- 분진폭발은 가스폭발보다 연소시간이 길고 발생에너지가 크다.
- 가스폭발에 비해 연소속도나 폭발압력은 작다.
- 가스에 비하여 불완전연소를 일으키기 쉬우므로 연소 후 가스에 의한 중독 위험이 존재한다.

분진의 발화폭발

㉠ 조건
- 분진이 발화폭발하기 위한 조건은 가연성, 미분상태, 공기 중에서의 교반과 유동 및 점화원의 존재이다.

㉡ 특징
- 화염의 파급속도보다 압력의 파급속도가 더 크다.
- 폭발한계 내에서 분진의 휘발성분이 많을수록 폭발하기 쉽다.
- 가스폭발에 비해 연소속도나 폭발압력은 작으나 연소시간이 길고 발생에너지가 크기 때문에 파괴력과 연소정도가 크다.
- 가스에 비하여 불완전연소를 일으키기 쉬우므로 연소 후 가스에 의한 중독 위험이 존재한다.
- 폭발 시 입자가 비산하므로 이것에 부딪치는 가연물은 국부적으로 심한 탄화를 일으킨다.

1703 / 2001

99 Repetitive Learning

압축기와 송풍기의 관로에 심한 공기의 맥동과 진동을 발생하면서 불안정한 운전이 되는 서어징(Surging) 현상의 방지법으로 옳지 않은 것은?

① 풍량을 감소시킨다.
② 배관의 경사를 완만하게 한다.
③ 교축밸브를 기계에서 멀리 설치한다.
④ 토출가스를 흡입 측에 바이패스 시키거나 방출밸브에 의해 대기로 방출시킨다.

해설

- 서어징 현상을 방지하기 위해서는 유량조절밸브(교축밸브)를 펌프 토출 측 직후에 설치해야 한다.

서어징(Surging)

㉠ 개요
- 맥동현상이라고도 하며, 압축기와 송풍기의 관로에 심한 공기의 맥동과 진동을 발생하면서 불안정한 운전이 되는 현상을 말한다.

㉡ 방지대책
- 풍량을 감소시킨다.
- 배관의 경사를 완만하게 한다.
- 토출가스를 흡입 측에 바이패스 시키거나 방출밸브에 의해 대기로 방출시킨다.
- 유량조절밸브를 펌프 토출 측 직후에 설치한다.
- 관로 상에 불필요한 잔류공기를 제거하고 관로의 단면적, 양액의 유속 등을 바꾼다.

1203

100 Repetitive Learning (1회 2회 3회)

다음 중 펌프의 공동현상(Cavitation)을 방지하기 위한 방법으로 가장 적절한 것은?

① 펌프의 설치 위치를 높게 한다.
② 펌프의 회전속도를 빠르게 한다.
③ 펌프의 유효 흡입양정을 작게 한다.
④ 흡입측에서 펌프의 토출량을 줄인다.

해설

- 공동현상을 방지하기 위해서는 펌프의 설치 위치를 낮추어 흡입양정을 짧게 하고, 회전속도를 느리게 하고, 흡입관 헤드 손실을 줄인다.

공동현상(Cavitation)

㉠ 개요
- 물이 관 속을 빠르게 흐를 때 유동하는 물속의 어느 부분의 정압이 그때의 물의 증기압보다 낮을 경우 물이 증발하여 부분적으로 증기가 발생되어 배관의 부식을 초래하는 현상을 말한다.

㉡ 방지대책
- 흡입비 속도(펌프의 회전속도)를 작게 한다.
- 펌프의 흡입관의 두(Head) 손실을 줄인다.
- 펌프의 설치높이를 낮추어 흡입양정을 짧게 한다.

98 ③ 99 ③ 100 ③ | 정답

6과목 건설공사 안전관리

1102

101 Repetitive Learning (1회 2회 3회)

안전난간대에 폭목(Toe board)을 대는 이유는?

① 작업자의 손을 보호하기 위하여
② 작업자의 작업능률을 높이기 위하여
③ 안전난간대의 강도를 높이기 위하여
④ 공구 등 물체가 작업발판에서 지상으로 낙하되지 않도록 하기 위하여

해설

- 폭목은 공구 등 물체가 작업발판에서 지상으로 낙하되지 않도록 하기 위하여 안전난간대에 설치하는 발끝막이 판을 말한다.

폭목(Toe board)

- 공구 등 물체가 작업발판에서 지상으로 낙하되지 않도록 하기 위하여 안전난간대에 설치하는 발끝막이 판을 말한다.

102 Repetitive Learning (1회 2회 3회)

차량계 건설기계 작업 시 기계의 전도, 전락 등에 의한 근로자의 위험을 방지하기 위한 유의사항과 거리가 먼 것은?

① 변속기능의 유지 ② 갓길의 붕괴 방지
③ 도로의 폭 유지 ④ 지반의 부동침하 방지

해설

- 차량계 건설기계가 넘어지거나 굴러 떨어져서 근로자가 위험해질 우려가 있는 경우 유도자를 배치하고, 지반의 부동침하 방지, 갓길의 붕괴 방지 및 도로 폭의 유지 등의 조치를 취한다.

차량계 건설기계의 전도방지 조치

- 사업주는 차량계 건설기계를 사용하여 작업할 때에 그 기계가 넘어지거나 굴러 떨어짐으로써 근로자가 위험해질 우려가 있는 경우에는 유도하는 사람을 배치하고 지반의 부동침하 방지, 갓길의 붕괴 방지 및 도로 폭의 유지 등 필요한 조치를 하여야 한다.

0401 / 1803 / 2102

103 Repetitive Learning (1회 2회 3회)

장비가 위치한 지면보다 낮은 장소를 굴착하는 데 적합한 장비는?

① 백호우 ② 파워셔블
③ 트럭크레인 ④ 진폴

해설

- 파워셔블은 기계가 서 있는 지면보다 높은 곳을 파는 작업에 가장 적합한 굴착기계이다.
- 트럭크레인은 운반작업에 편리하고 평면적인 넓은 장소에서 기동력 있게 작업할 수 있는 철골용 기계장비이다.
- 진폴은 철제나 나무를 기둥으로 세운 후 윈치나 사람의 힘을 이용해 화물을 인양하는 설비로, 소규모 또는 가이데릭으로 할 수 없는 펜트하우스 등의 돌출부에 쓰이고 중량재료를 달아 올리기에 편리한 철골 세우기용 기계설비이다.

백호우(Back hoe)

- 기계가 위치한 지면보다 낮은 장소를 굴착하는 데 적합한 장비이다.
- 지반보다 6m 정도 깊은 경질 지반의 기초파기에 적합한 굴착기계이다.
- 비교적 굳은 지반 토질의 구멍파기나 도랑파기 작업에 이용된다.

0602 / 1101

104 Repetitive Learning (1회 2회 3회)

비계에서 벽 고정을 하고 기둥과 기둥을 수평재나 가새로 연결하는 가장 큰 이유는?

① 작업자의 추락재해를 방지하기 위하여
② 좌굴을 방지하기 위해
③ 인장파괴를 방지하기 위해
④ 해체를 용이하게 하기 위해

해설

- 비계에서 벽 고정을 하고 수평재나 가새재와 같은 부재로 연결하는 이유는 수직 및 수평하중에 의한 비계 본체의 변위가 발생하지 않도록 하여 붕괴와 좌굴을 예방하는 데 있다.

비계의 부재

㉠ 개요

- 비계에서 벽 고정을 하고 수평재나 가새재와 같은 부재로 연결하는 이유는 수직 및 수평하중에 의한 비계 본체의 변위가 발생하지 않도록 하여 붕괴와 좌굴을 예방하는 데 있다.
- 부재의 종류에는 수직재, 수평재, 가새재, 띠장, 장선 등이 있다.

㉡ 부재의 종류와 특징

- 수직재는 비계의 상부하중을 하부로 전달하는 부재로 비계를 조립할 때 수직으로 세우는 부재를 말한다.
- 수평재는 수직재의 좌굴을 방지하기 위하여 수평으로 연결하는 부재를 말한다.
- 가새재는 비계에 작용하는 비틀림 하중이나 수평하중에 견딜 수 있도록 수평재와 수평재, 수직재와 수직재를 연결하여 고정하는 부재를 말한다.
- 띠장은 비계기둥에 수평으로 설치하는 부재를 말한다.
- 장선은 쌍줄비계에서 띠장 사이에 수평으로 걸쳐 작업발판을 지지하는 가로재를 말한다.

정답 101 ④ 102 ① 103 ① 104 ②

1203

105 — Repetitive Learning (1회 2회 3회)

가설통로를 설치하는 경우 경사는 최대 몇 도 이하로 하여야 하는가?

① 20　　② 25
③ 30　　④ 35

해설

- 가설통로 설치 시 경사는 30° 이하로 하여야 한다.

∷ 가설통로 설치 시 준수기준 실필 2301/1801/1703/1603

- 높이 8m 이상인 비계다리에서는 7m 이내마다 계단참을 설치할 것
- 수직갱에 가설된 통로의 길이가 15m 이상인 경우에는 10m 이내마다 계단참을 설치할 것
- 경사가 15°를 초과하는 경우에는 미끄러지지 아니하는 구조로 할 것
- 추락할 위험이 있는 장소에는 안전난간을 설치할 것
- 경사로의 폭은 최소 90cm 이상으로 할 것
- 발판 폭 40cm 이상, 틈 3cm 이하로 할 것
- 경사는 30° 이하로 할 것

106 — Repetitive Learning (1회 2회 3회)

흙막이 공법 선정 시 고려사항으로 틀린 것은?

① 흙막이 해체를 고려
② 안전하고 경제적인 공법 선택
③ 차수성이 낮은 공법 선택
④ 지반성상에 적합한 공법 선택

해설

- 지하수에 의한 지반침하를 최소화하기 위해 차수성이 높은 공법을 선택해야 한다.

∷ 흙막이(Sheathing) 공법

㉠ 개요

- 흙막이란 지반을 굴착할 때 주위의 지반이 침하나 붕괴하는 것을 방지하기 위해 설치하는 가시설물 등을 말한다.
- 토압이나 수압 등에 저항하는 벽체와 그 지보공 일체를 말한다.
- 지지방식에 의해서 자립 공법, 버팀대식 공법, 어스앵커 공법 등으로 나뉜다.
- 구조방식에 의해서 H-pile 공법, 널말뚝 공법, 지하연속벽 공법, Top down method 공법 등으로 나뉜다.

㉡ 흙막이 공법 선정 시 고려사항

- 흙막이 해체를 고려하여야 한다.
- 안전하고 경제적인 공법을 선택해야 한다.
- 지하수에 의한 지반침하를 최소화하기 위해 차수성이 높은 공법을 선택해야 한다.
- 지반성상에 적합한 공법을 선택해야 한다.

0501 / 0801

107 — Repetitive Learning (1회 2회 3회)

흙막이공의 파괴 원인 중 하나인 보일링(Boiling) 현상에 관한 설명으로 틀린 것은?

① 지하수위가 높은 지반을 굴착할 때 주로 발생한다.
② 연약 사질토지반에서 주로 발생한다.
③ 시트파일(Sheet pile) 등의 저면에 분사현상이 발생한다.
④ 연약 점토지반에서 굴착면의 융기로 발생한다.

해설

- 보일링(Boiling)은 사질지반에서 나타나는 지반융기 현상이다.

∷ 보일링(Boiling)

㉠ 개요

- 사질지반에서 흙막이벽 배면부의 지하수가 굴삭 바닥면으로 모래와 함께 솟아오르는 지반융기 현상이다.
- 지하수위가 높은 연약 사질토지반을 굴착할 때 주로 발생한다.
- 굴착부와 배면의 지하수위의 차이로 인해 주로 발생한다.
- 흙막이벽의 근입장 깊이가 부족할 경우 발생한다.
- 굴착저면에서 액상화 현상에 기인하여 발생한다.
- 시트파일(Sheet pile) 등의 저면에 분사현상이 발생한다.
- 보일링으로 인해 흙막이벽의 지지력이 상실된다.

㉡ 대책 실필 1901/1401/1302/1003

- 굴착배면의 지하수위를 낮춘다.
- 토류벽의 근입 깊이를 깊게 한다.
- 토류벽 선단에 코어 및 필터층을 설치한다.
- 투수거리를 길게 하기 위한 지수벽을 설치한다.

105 ③　106 ③　107 ④ | 정답

1203 / 1901 / 2202

108 Repetitive Learning (1회 2회 3회)

철골건립준비를 할 때 준수하여야 할 사항과 가장 거리가 먼 것은?

① 지상 작업장에서 건립준비 및 기계·기구를 배치할 경우에는 낙하물의 위험이 없는 평탄한 장소를 선정하여 정비하고 경사지에서 작업대나 임시발판 등을 설치하는 등 안전조치를 한 후 작업하여야 한다.
② 건립작업에 다소 지장이 있다 하더라도 수목은 제거하여서는 안 된다.
③ 사용 전에 기계·기구에 대한 정비 및 보수를 철저히 실시하여야 한다.
④ 기계에 부착된 앵커 등 고정장치와 기초구조 등을 확인하여야 한다.

해설

- 건립작업에 지장이 되는 수목은 제거하거나 이설하여야 한다.

철골 세우기 준비작업 시 준수사항

- 지상 작업장에서 건립준비 및 기계·기구를 배치할 경우에는 낙하물의 위험이 없는 평탄한 장소를 선정하여 정비하고 경사지에서는 작업대나 임시발판 등을 설치하는 등 안전하게 한 후 작업하여야 한다.
- 건립작업에 지장이 되는 수목은 제거하거나 이설하여야 한다.
- 인근에 건축물 또는 고압선 등이 있는 경우에는 이에 대한 방호조치 및 안전조치를 하여야 한다.
- 사용 전에 기계·기구에 대한 정비 및 보수를 철저히 실시하여야 한다.
- 기계가 계획대로 배치되어 있는가, 윈치는 작업구역을 확인할 수 있는 곳에 위치하는지, 기계에 부착된 앵커 등 고정장치와 기초구조 등을 확인하여야 한다.

1203

109 Repetitive Learning 

다음 중 양중기에 해당되지 않는 것은?

① 어스드릴 ② 크레인
③ 리프트 ④ 곤돌라

해설

- 어스드릴은 지반굴착기기로 양중기에 포함되지 않는다.

양중기의 종류 실필 1601

- 크레인{Crane)(호이스트(Hoist) 포함}
- 이동식크레인
- 리프트(이삿짐운반용의 경우 적재하중 0.1톤 이상)
- 곤돌라
- 승강기

110 Repetitive Learning (1회 2회 3회)

히빙(Heaving) 현상 방지대책으로 틀린 것은?

① 소단굴착을 실시하여 소단부 흙의 중량이 바닥을 누르게 한다.
② 흙막이벽체 배면의 지반을 개량하여 흙의 전단강도를 높인다.
③ 부풀어 솟아오르는 바닥면의 토사를 제거한다.
④ 흙막이벽체의 근입 깊이를 깊게 한다.

해설

- 히빙은 흙막이벽체 내·외의 토사의 중량 차에 의해 발생하는 것으로 솟아오르는 토사를 제거하는 것으로 히빙을 방지할 수 없으며 임시방편에 불과할 뿐이다.

히빙(Heaving)

㉠ 개요
- 흙막이벽체 내·외의 토사의 중량 차에 의해 점토지반의 토공사에서 흙막이 밖에 있는 흙이 안으로 밀려 들어와 내측 흙이 부풀어 오르는 현상을 말한다.
- 연약한 점토지반에서 굴착면의 융기 혹은 흙막이벽의 근입장 깊이가 부족할 경우 발생한다.
- 히빙으로 인해 배면의 토사 붕괴, 지보공의 파괴, 굴착저면이 솟아오르는 등의 현상이 발생한다.

㉡ 히빙(Heaving) 예방대책
- 어스앵커를 설치하거나 소단을 두면서 굴착한다.
- 굴착주변을 웰포인트(Well point) 공법과 병행한다.
- 흙막이벽의 근입심도를 확보한다.
- 지반개량으로 흙의 전단강도를 높인다.
- 굴착주변의 상재하중을 제거하여 토압을 최대한 낮춘다.
- 토류벽의 배면토압을 경감시킨다.
- 굴착저면에 토사 등 인공중력을 가중시킨다.

111 Repetitive Learning (1회 2회 3회)

건축물의 해체공사에 대한 설명으로 틀린 것은?

① 압쇄기와 대형 브레이커(Breaker)는 파워셔블 등에 설치하여 사용한다.
② 철제 해머(Hammer)는 크레인 등에 설치하여 사용한다.
③ 핸드 브레이커(Hand breaker) 사용 시 수직보다는 경사를 주어 파쇄하는 것이 좋다.
④ 전단 톱의 회전 날에는 접촉방지 커버를 설치하여야 한다.

정답 | 108 ② 109 ① 110 ③ 111 ③

해설

- 핸드 브레이커로 작업할 때는 브레이커 끝의 부러짐을 방지하기 위하여 작업자세를 하향 수직방향으로 유지하도록 하여야 한다.

핸드 브레이커(Hand breaker)

㉠ 개요
- 해체용 장비로서 압축공기, 유압의 급속한 충격력으로 콘크리트 등을 해체할 때 사용한다.
- 작은 부재의 파쇄에 유리하고 소음, 진동 및 분진이 발생되므로 작업원은 보호구를 착용하여야 한다.
- 분진·소음으로 인해 작업원의 작업시간을 제한하여야 하는 장비이다.

㉡ 사용방법
- 브레이커 끝의 부러짐을 방지하기 위하여 작업자세를 하향 수직방향으로 유지하도록 하여야 한다.
- 핸드 브레이커는 중량이 25~40kgf으로 무겁기 때문에 지반을 잘 정리하고 작업하여야 한다.

0603 / 0701 / 1803 / 1903 / 2103

112 — Repetitive Learning (1회 2회 3회)

추락방지용 방망 중 그물코의 크기가 5cm인 매듭방망 신품의 인장강도는 최소 몇 kg 이상이어야 하는가?

① 60 ② 110
③ 150 ④ 200

해설

- 매듭방망의 인장강도는 신품의 경우 그물코의 크기가 5cm이면 110kg, 10cm이면 200kg 이상이다.

신품 방망 인장강도

그물코 한변 길이	무매듭방망	매듭방망
10cm	240kg 이상(150kg)	200kg 이상(135kg)
5cm		110kg 이상(60kg)

단, ( )는 폐기기준이다.

1001 / 1103 / 1202 / 1401 / 1802

113 — Repetitive Learning (1회 2회 3회)

강풍이 불어올 때 타워크레인의 운전작업을 중지하여야 하는 순간풍속의 기준으로 옳은 것은?

① 순간풍속이 초당 10m 초과
② 순간풍속이 초당 15m 초과
③ 순간풍속이 초당 25m 초과
④ 순간풍속이 초당 30m 초과

해설

- 순간풍속이 초당 10m 초과 시에는 타워크레인의 설치·수리·점검 또는 해체작업을 중지해야 하고 15m 초과 시에는 타워크레인의 운전을 중지해야 한다.

타워크레인 강풍 조치사항 실필 1702/1102
- 순간풍속이 초당 10m 초과 시 : 타워크레인의 설치·수리·점검 또는 해체작업을 중지해야 한다.
- 순간풍속이 초당 15m 초과 시 : 타워크레인의 운전을 중지해야 한다.

0903 / 1801 / 2103

114 — Repetitive Learning (1회 2회 3회)

달비계의 최대 적재하중을 정함에 있어서 활용하는 안전계수의 기준으로 옳은 것은?(단, 곤돌라의 달비계를 제외한다)

① 달기 와이어로프 : 5 이상
② 달기 강선 : 5 이상
③ 달기 체인 : 3 이상
④ 달기 훅 : 5 이상

해설

- 달비계에서의 안전계수는 달기 와이어로프 및 달기 강선은 10 이상, 달기 체인 및 달기 훅은 5 이상, 달기 강대와 달비계의 하부 및 상부 지점은 강재인 경우 2.5 이상, 목재인 경우 5 이상으로 한다.

달비계 안전계수 실필 1501
- 달기 와이어로프 및 달기 강선의 안전계수 : 10 이상
- 달기 체인 및 달기 훅의 안전계수 : 5 이상
- 달기 강대와 달비계의 하부 및 상부 지점의 안전계수 : 강재(鋼材)의 경우 2.5 이상, 목재의 경우 5 이상

115 — Repetitive Learning (1회 2회 3회)

해체공사에 있어서 발생되는 진동공해에 대한 설명으로 틀린 것은?

① 진동수의 범위는 1~90Hz이다.
② 일반적으로 연직진동이 수평진동보다 작다.
③ 진동의 전파거리는 예외적인 것을 제외하면 진동원에서부터 100m 이내이다.
④ 지표에 있어 진동의 크기는 일반적으로 지진의 진도계급이라고 하는 미진에서 강진의 범위에 있다.

112 ② 113 ② 114 ④ 115 ② | 정답

해설

- 일반적으로 해체공사 시에 연직진동이 수평진동보다 크다.

해체공사 진동공해

㉠ 개요 및 특징
- 진동수의 범위는 1~90Hz이다.
- 일반적으로 연직진동이 수평진동보다 크다.
- 진동의 전파거리는 예외적인 것을 제외하면 진동원에서부터 100m 이내이다.
- 지표에 있어 진동의 크기는 일반적으로 지진의 진도계급이라고 하는 미진에서 강진의 범위에 있다.

㉡ 방지대책
- 무소음, 무진동 공법의 사용 및 개발
- Pre fab, 건식화 공법의 사용
- 작업시간대 변경

1803

116  Repetitive Learning (1회 2회 3회)

건설업 산업안전보건관리비 내역 중 계상비용에 해당되지 않는 것은?

① 근로자 건강관리비
② 건설재해예방 기술지도비
③ 개인보호구 및 안전장구 구입비
④ 외부비계, 작업발판 등의 가설구조물 설치 소요비

해설

- 각종 비계, 작업발판, 가설계단·통로, 사다리 등은 안전시설비로 사용이 불가능하다.

건설업 산업안전보건관리비 사용항목
- 안전관리자 등의 인건비 및 각종 업무수당 등
- 안전시설비 등
- 개인보호구 및 안전장구 구입비 등
- 사업장의 안전진단비
- 안전보건교육비 및 행사비 등
- 근로자의 건강관리비 등
- 기술지도비
- 본사(안전전담부서) 사용비

0603 / 0702 / 0902

117 Repetitive Learning (1회 2회 3회)

연약점토지반 개량에 있어서 적합하지 않은 공법은?

① 샌드드레인(Sand darin) 공법
② 생석회말뚝(Chemico pile) 공법
③ 페이퍼드레인(Paper drain) 공법
④ 바이브로 플로테이션(Vibro flotation) 공법

해설

- 바이브로 플로테이션 공법은 진동과 제트의 병용으로 모래 말뚝을 만드는 사질지반의 개량으로 진동다짐 공법이라고도 한다.

연약지반개량 공법

㉠ 점토지반 개량
- 함수비가 매우 큰 연약점토지반을 대상으로 한다.

공법	내용
압밀(재하) 공법	• 쥐어짜서 강도를 저하시키는 요소를 배제하는 공법 • 여성토(Preloading), Surcharge, 사면선단재하, 압성토 공법
고결 공법	• 시멘트나 약액의 주입 또는 동결, 점질토의 가열처리를 통해 강도를 증가시키는 공법 • 생석회말뚝(Chemico pile), 동결, 소결 공법
탈수 공법	• 탈수를 통한 압밀을 촉진시켜 강도를 증가시키는 방법 • 페이퍼드레인(Paper drain), 샌드드레인(Sand drain), 팩드레인(Pack drain)
치환 공법	• 연약토를 양질의 조립토로 치환해 지지력을 증대시키는 공법 • 폭파치환, 굴착치환, 활동치환

㉡ 사질지반 개량
- 느슨하고 물에 포화된 모래지반을 대상으로 하며 액상현상을 방지한다.
- 다짐말뚝 공법, 바이브로 플로테이션 공법, 폭파다짐 공법, 전기충격 공법, 약액주입 공법 등이 있다.

2202

118 Repetitive Learning  (1회 2회 3회)

달비계에 사용하는 와이어로프의 사용금지 기준으로 틀린 것은?

① 이음매가 있는 것
② 열과 전기충격에 의해 손상된 것
③ 지름의 감소가 공칭지름의 7%를 초과하는 것
④ 와이어로프의 한 꼬임에서 끊어진 소선의 수가 7% 이상인 것

해설

- 달기구 및 크레인 등의 양중기, 항타기, 항발기에서 사용하는 와이어로프의 사용금지 규정에 끊어진 소선의 수는 7% 이상이 아니라 10% 이상으로 하고 있다.

∷ 달기구 및 크레인 등의 양중기, 항타기, 항발기에서 사용하는 와이어로프의 사용금지 규정

- 이음매가 있는 것
- 와이어로프의 한 꼬임[(스트랜드(strand)]에서 끊어진 소선(素線)의 수가 10% 이상인 것
- 지름의 감소가 공칭지름의 7%를 초과하는 것
- 꼬인 것
- 심하게 변형되거나 부식된 것
- 열과 전기충격에 의해 손상된 것

1901

119 Repetitive Learning (1회 2회 3회)

다음 중 방망에 표시해야 할 사항이 아닌 것은?

① 제조자명
② 제조연월
③ 재봉 치수
④ 방망의 신축성

해설

- 추락방호망 방망에 표시해야 하는 사항은 ①, ②, ③ 외에 그물코, 신품인 때의 방망의 강도 등이 있다.

∷ 추락방호망 방망 표시사항

- 제조자명
- 제조연월
- 재봉 치수
- 그물코
- 신품인 때의 방망의 강도

1101 / 1703 / 2202

120 Repetitive Learning (1회 2회 3회)

토사붕괴에 따른 재해를 방지하기 위한 흙막이 지보공 설비가 아닌 것은?

① 흙막이판
② 말뚝
③ 턴버클
④ 띠장

해설

- 턴버클은 두 지점 사이를 연결하는 죔 기구로 흙막이 지보공 설비가 아니다.

∷ 흙막이 지보공의 조립도

- 흙막이 지보공을 조립하는 경우 미리 조립도를 작성하여 그 조립도에 따라 조립하도록 하여야 한다.
- 조립도는 흙막이판·말뚝·버팀대 및 띠장 등 부재의 배치·치수·재질 및 설치방법과 순서가 명시되어야 한다.

119 ④ 120 ③ 정답

MEMO

출제문제 분석 2015년 2회

구분	1과목	2과목	3과목	4과목	5과목	6과목	합계
New 유형	4	3	2	3	1	1	13
New 문제	8	10	9	8	1	6	42
또나온문제	11	5	7	5	7	6	34
자꾸나온문제	8	5	4	7	12	8	44
합계	20	20	20	20	20	20	120

- New유형은 New문제 중 기존 기출문제와 완전히 다른 유형의 문제를 말합니다.
- New문제는 기존에 출제되지 않은 문제로 이번에 처음 출제되는 문제입니다.
- 또나온문제는 기존에 출제된 적이 1번 있는 문제를 말합니다.
- 자꾸나온문제는 기존에 출제된 적이 2번 이상 있는 문제를 말합니다. 그만큼 중요한 문제입니다.

몇 년분의 기출문제를 공부해야 합격할 수 있을까요?

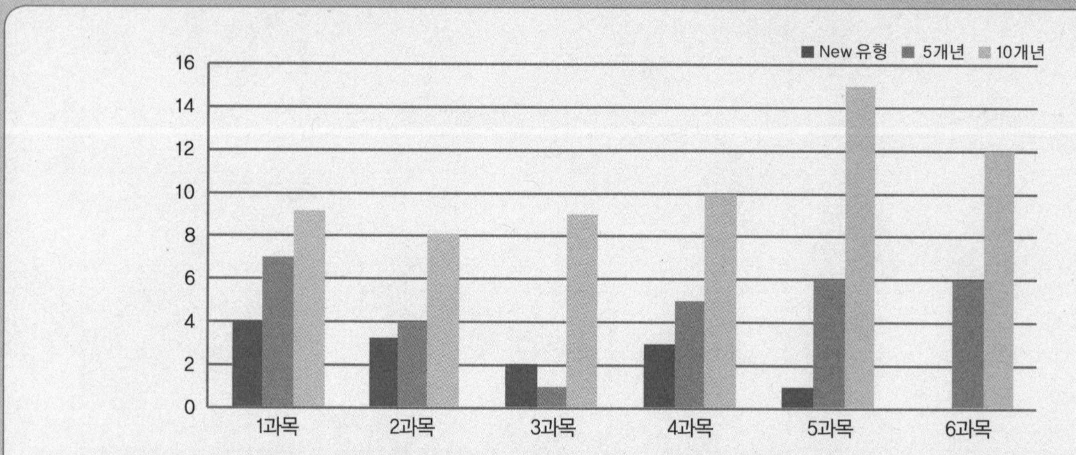

- 완전 새로운 유형의 문제는 13문제이고 107문제가 이미 출제된 문제 혹은 변형문제입니다.
- 5년분(2016~2020) 기출에서 동일문제가 29문항이 출제되었고, 10년분(2011~2020) 기출에서 동일문제가 61문항이 출제되었습니다.

실기에 나왔어요!! 외우세요!!!

실기시험은 필답형과 작업형으로 구분되어 있으며 모두 직접 주관식으로 내용을 적어야 합니다. 필기공부하면서 실기 출제된 내역들은 좀 더 신경써서 암기하실 필요가 있어요. 필기 합격자 발표 난 후 실기시험까지는 5주밖에 여유가 없답니다. 어차피 공부할 것 필기 때 확실하게 해준다면 실기도 단방에 합격할 수 있습니다.

- 총 36개의 해설이 실기 필답형 시험과 연동되어 있습니다.
- 총 3개의 해설이 실기 작업형 시험과 연동되어 있습니다.

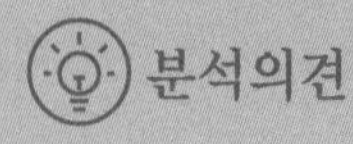

분석의견

최근 10년분의 기출문제와 답을 반복암기해서는 합격점수인 72점에서 11점이 부족합니다. 새로운 유형 및 문제, 과목별 기출비중 등은 평균과 비슷한 분포를 보여주고 있습니다. 5년분 기출은 평균(31.9문항)보다 낮은(29문항) 데 반해 10년분 기출은 평균(54.6문항)보다 높은(61문항) 분포를 보이고 있습니다. 즉, 최근 5~10년 동안의 기출에서 많은 문제가 출제되었음을 확인할 수 있습니다. 과목별로는 3과목이 5년분 기출에서는 1문제 출제되었으나, 10년분 기출에서 9문제가 출제되었음에 유의할 필요가 있습니다. 합격에 필요한 점수를 획득하기 위해서는 최근 5년분 문제와 핵심이론의 3회독 혹은 최근 10년분 문제와 핵심이론의 2회독 이상의 학습이 필요합니다.

2015년 제2회

2015년 5월 31일 필기

15년 2회차 필기시험
합격률 34.5%

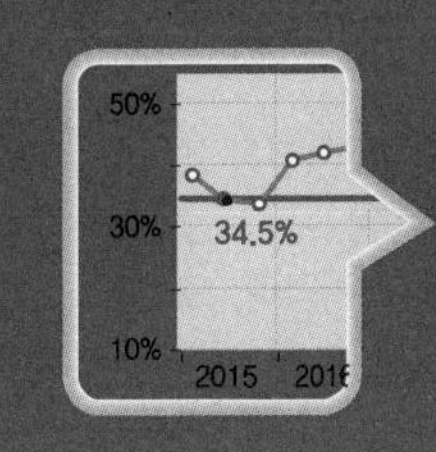

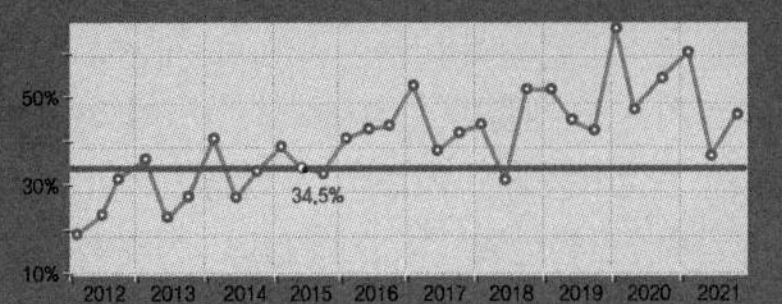

1과목 산업재해 예방 및 안전보건교육

0803 / 1801

01 Repetitive Learning (1회 2회 3회)

다음 중 교육심리학의 학습이론에 관한 설명으로 옳은 것은?

① 파블로프(Pavlov)의 조건반사설은 맹목적 시행을 반복하는 가운데 자극과 반응이 결합하여 행동하는 것이다.
② 레빈(Lewin)의 장설은 후천적으로 얻게 되는 반사작용으로 행동을 발생시킨다는 것이다.
③ 톨만(Tolman)의 기호형태설은 학습자의 머리 속에 인지적 지도 같은 인지구조를 바탕으로 학습하려는 것이다.
④ 손다이크(Thorndike)의 시행착오설은 내적, 외적의 전체구조를 새로운 시점에서 파악하여 행동하는 것이다.

해설

- 파블로프(Pavlov)의 조건반사설은 자극에 대한 반응을 통해 학습한다는 이론이다.
- 레빈(Lewin)의 장설은 목표를 향한 신념에 의해 행동한다는 판단으로 이런 주변관계에 대한 지각을 인간의 생활환경의 한 부분으로 보았다.
- 손다이크(Thorndike)의 시행착오설은 맹목적 시행을 반복하는 가운데 자극과 반응이 결합하여 행동하는 것이다.

톨만(Tolman)의 기호형태설

- 학습은 단순히 S-R 상황에서 일어나지 않고 다양한 상황 속에서 가능하며, 학습자 내부에서 일어나는 새로운 각성이나 기대를 중시한다.
- 학습자의 머리 속에 인지적 지도 같은 인지구조를 바탕으로 학습하려는 것으로 학습을 자극과 자극 사이에 형성된 결속이라고 보았다.
- 모든 행동에는 기대, 각성, 인지가 수반된다.

0703

02 Repetitive Learning (1회 2회 3회)

다음 중 헤드십(Head-ship)의 특성으로 옳지 않은 것은?

① 권한의 근거는 공식적이다.
② 지휘의 형태는 권위주의적이다.
③ 상사와 부하와의 사회적 간격은 좁다.
④ 상사와 부하와의 관계는 지배적이다.

해설

- 헤드십은 임명된 지도자가 행하는 권한행사로 인해 상사와 부하의 사회적 간격은 넓다.

헤드십(Head-ship)

㉠ 개요
- 리더와 같이 선출된 지도자가 아니라 조직에 의해 임명된 지도자가 행하는 권한행사를 말한다.

㉡ 특징
- 권한의 근거는 공식적인 법과 규정에 의한다.
- 상사와 부하의 관계는 지배적이고 사회적 간격이 넓다.
- 지휘의 형태는 권위적이다.
- 책임은 부하에 있지 않고 상사에게 있다.

03 Repetitive Learning (1회 2회 3회)

다음 중 하인리히 방식의 재해코스트 산정에 있어 직접비에 해당되지 않은 것은?

① 간병급여
② 신규채용비용
③ 직업재활급여
④ 상병(傷病)보상연금

정답 | 01 ③ 02 ③ 03 ②

해설

- 재해로 인해 추가 직원의 채용 시 소요되는 비용은 간접손실비용이다.

:: 하인리히의 재해손실비용 평가

- 직접비 : 간접비의 비율은 1 : 4로 계산해 산업재해로 인한 총 손실비용은 직접비(산업재해보상비)의 5배로 한다.
- 직접손실비용에는 치료비, 휴업급여, 장해급여, 유족급여, 요양급여, 간병급여, 직업재활급여, 장례비 등이 있다.
- 간접손실비용에는 부상자를 비롯한 직원의 시간손실, 이익의 감소, 생산손실비, 기계, 공구 재료 등의 재산손실 등이 있다.

0802 / 1001 / 1902 / 2103

04 Repetitive Learning (1회 2회 3회)

다음 중 무재해 운동의 이념에서 "선취의 원칙"을 가장 적절하게 설명한 것은?

① 사고의 잠재요인을 사후에 파악하는 것
② 근로자 전원의 일체감을 조성하여 참여하는 것
③ 위험요소를 사전에 발견, 파악하여 재해를 예방하거나 방지하는 것
④ 관리감독자 또는 경영층에서의 자발적 참여로 안전활동을 촉진하는 것

해설

- 안전제일(선취)의 원칙은 행동하기 전에 재해를 예방하거나 방지하는 것을 말한다.

:: 무재해 운동 3원칙

원칙	내용
무(無, Zero)의 원칙	모든 잠재적인 위험요인을 사전에 발견·파악·해결함으로써 근원적으로 산업재해를 없앤다.
안전제일(선취)의 원칙	직장의 위험요인을 행동하기 전에 발견·파악·해결하여 재해를 예방한다.
참가의 원칙	작업에 따르는 잠재적인 위험요인을 발견·해결하기 위하여 전원이 협력하여 문제해결 운동을 실천한다.

0602 / 1901

05 Repetitive Learning (1회 2회 3회)

다음 중 안전·보건교육계획의 수립 시 고려할 사항으로 가장 거리가 먼 것은?

① 현장의 의견을 충분히 반영한다.
② 대상자의 필요한 정보를 수집한다.
③ 안전교육시행체계와의 연관성을 고려한다.
④ 정부규정에 의한 교육에 한정하여 실시한다.

해설

- 안전교육 계획 수립에 있어서 정부규정에 의한 교육만 한정해서 실시해서는 안 된다.

:: 안전·보건교육계획의 수립 시 고려사항

- 현장의 의견을 충분히 반영한다.
- 대상자의 필요한 정보를 수집한다.
- 안전교육시행체계와의 연관성을 고려한다.
- 법 규정 혹은 정부규정을 고려한다.

0502 / 0703 / 0801 / 0901 / 1001 / 1102 / 1303 / 1503 / 1801 / 2001 / 2201

06 Repetitive Learning (1회 2회 3회)

다음 중 몇 사람의 전문가에 의하여 과제에 관한 견해를 발표한 뒤에 참가자로 하여금 의견이나 질문을 하게 하여 토의하는 방법은?

① 포럼(Forum)
② 심포지엄(Symposium)
③ 케이스 스터디(Case study)
④ 패널 디스커션(Panel discussion)

해설

- 포럼은 새로운 자료나 교재가 제시되어야 한다.
- 케이스 스터디는 몇몇 사례를 중심으로 논리적으로 분석하는 것을 통해 의미 있는 연구 결과를 이끌어내는 학습법을 말한다.
- 패널 디스커션은 소수의 전문가들이 과제에 관한 견해를 발표하고 토론한 뒤 참가자 전원이 사회자의 진행에 따라 토의하는 방법이다.

:: 토의법의 종류

종류	내용
포럼 (Forum)	새로운 자료나 교재를 제시하고 피교육자로 하여금 문제점을 제기하게 하거나 그것에 관한 피교육자의 의견을 여러 가지 방법으로 발표하게 하고, 청중과 토론자 간에 활발한 의견 개진과 충돌로 바람직한 합의를 도출해내는 교육 실시방법
패널 디스커션 (Panel discussion)	참가자 앞에서 소수의 전문가들이 과제에 관한 견해를 발표하고 토론한 뒤 참가자 전원이 사회자의 진행에 따라 토의하는 방법
심포지엄 (Symposium)	몇 사람의 전문가에 의하여 과제에 관한 견해를 발표한 뒤에 참가자로 하여금 의견이나 질문을 하게 하여 토의하는 방법
롤 플레잉 (Role playing)	집단 심리요법의 하나로서 자기 해방과 타인 체험을 목적으로 하는 체험활동을 통해 대인관계에 있어서의 태도변용이나 통찰력, 자기이해를 목표로 개발된 교육방법
버즈세션 (Buzz session)	6-6 회의라고도 하며, 6명씩 소집단으로 구분하고, 집단별로 각각의 사회자를 선발하여 6분간씩 자유토의를 행하여 의견을 종합하는 방법

04 ③ 05 ④ 06 ② | 정답

1903

07 Repetitive Learning 1회 2회 3회

다음 중 산업안전보건법령상 사업 내 안전·보건교육에 있어 관리감독자의 정기안전·보건 교육내용에 해당하는 것은?(단, 기타 산업안전보건법 및 일반관리에 관한 사항은 제외한다)

① 작업 개시 전 점검에 관한 사항
② 정리정돈 및 청소에 관한 사항
③ 작업공정의 유해·위험과 재해 예방대책에 관한 사항
④ 기계·기구의 위험성과 작업의 순서 및 동선에 관한 사항

해설

- 작업 개시 전 점검, 정리정돈 및 청소, 기계·기구의 위험성과 작업의 순서 및 동선에 관한 사항은 모두 채용 시의 교육 및 작업내용 변경 시의 교육내용에 해당한다.

관리감독자 정기안전·보건교육 내용 실필 1801/1603/1001/0902

- 작업공정의 유해·위험과 재해 예방대책에 관한 사항
- 표준 안전작업방법 및 지도 요령에 관한 사항
- 관리감독자의 역할과 임무에 관한 사항
- 산업보건 및 직업병 예방에 관한 사항
- 유해·위험 작업환경 관리에 관한 사항
- 산업안전보건법 및 일반관리에 관한 사항
- 직무스트레스 예방 및 관리에 관한 사항
- 산재보상보험제도에 관한 사항
- 안전보건교육 능력 배양에 관한 사항

1201

08 Repetitive Learning 1회 2회 3회

다음 중 위험예지훈련에 있어 Touch and call에 관한 설명으로 가장 적절한 것은?

① 현장에서 팀 전원이 각자의 왼손을 맞잡아 원을 만들어 팀 행동목표를 지적 확인하는 것을 말한다.
② 현장에서 그때 그 장소의 상황에서 즉응하여 실시하는 위험예지활동으로 즉시즉응법이라고도 한다.
③ 작업자가 위험작업에 임하여 무재해를 지향하겠다는 뜻을 큰소리로 호칭하면서 안전의식수준을 제고하는 기법이다.
④ 한 사람 한 사람의 위험에 대한 감수성 향상을 도모하기 위한 삼각 및 원포인트 위험예지훈련을 통합한 활용기법이다.

해설

- ②는 TBM 위험예지훈련, ③은 지적 확인, ④는 1인 위험예지훈련에 대한 설명이다.

Touch and call

- 작업현장에서 팀 전원이 각자의 왼손을 맞잡고 원을 만들어 팀 행동목표를 지적 확인하는 것을 말한다.
- 팀의 일체감과 연대감을 조성하면서 팀 행동목표를 확인하고, 안전작업을 실천하도록 결의하는 것을 말한다.

09 Repetitive Learning 1회 2회 3회

산업안전보건법령상 같은 장소에서 행하여지는 사업으로서 사업의 일부를 분리하여 도급을 주는 사업의 경우 산업재해를 예방하기 위한 조치로 구성·운영하는 안전·보건에 관한 협의체의 회의 주기로 옳은 것은?

① 매월 1회 이상
② 2개월 간격의 1회 이상
③ 3개월 내의 1회 이상
④ 6개월 내의 1회 이상

해설

- 도급사업 시의 협의체는 매월 1회 이상 정기적으로 회의를 개최하여야 한다.

도급사업 시의 협의체 구성 및 운영

- 협의체는 도급인인 사업주 및 그의 수급인인 사업주 전원으로 구성하여야 한다.
- 협의내용은 작업의 시작 시간, 작업 또는 작업장 간의 연락 방법, 재해발생 위험 시의 대피 방법, 작업장에서의 위험성 평가의 실시에 관한 사항, 사업주와 수급인 또는 수급인 상호 간의 연락 방법 및 작업공정의 조정 등이다.
- 협의체는 매월 1회 이상 정기적으로 회의를 개최하고 그 결과를 기록·보존하여야 한다.

10 Repetitive Learning 1회 2회 3회

다음 중 재해예방을 위한 시정책인 "3E"에 해당하지 않는 것은?

① Education
② Energy
③ Engineering
④ Enforcement

해설

- 하베이의 안전시정책은 교육(Education)적, 기술(Engineering)적, 관리(Enforcement)적 대책으로 구성된다.

정답 | 07 ③ 08 ① 09 ① 10 ②

:: 재해방지를 위한 안전대책 실필 1403
(재해예방 4원칙 중 대책선정의 원칙의 조건, 3E)

- 하베이(Harvey)가 제창한 3E에 해당한다.
- 하인리히의 사고예방 기본원리 5단계 중 시정책의 적용 단계의 필요조치에 해당한다.
- 3E는 기술(Engineering)적, 교육(Education)적, 관리(Enforcement)적 대책으로 구성된다.

기술적 대책	안전기준, 안전설계, 작업행정 및 환경설비의 개선 등
교육적 대책	안전교육 및 훈련 실시
관리적 대책	적합한 기준 설정, 규정 및 수칙의 준수, 기준 이해, 경영자 및 관리자의 솔선수범, 동기부여와 사기향상 등

1101 / 1801

11 Repetitive Learning (1회 2회 3회)

다음 중 산업안전보건법령상 안전·보건표지의 색채의 색도기준이 잘못 연결된 것은?(단, 색도기준은 KS에 따른 색의 3속성에 의한 표시방법에 따른다)

① 빨간색 - 7.5R 4/14
② 노란색 - 5Y 8.5/12
③ 파란색 - 2.5PB 4/10
④ 흰색 - N0.5

해설

- 흰색은 KS기준으로 N9.5로 표시한다. N0.5는 검은색으로 문자 및 빨간색 또는 노란색에 대한 보조색으로 사용한다.

:: 산업안전보건표지 실필 1602/1003

- 금지표지, 경고표지, 지시표지, 안내표지, 관계자 외 출입금지로 구분된다.
- 안전표지는 기본모형(모양), 색깔(바탕 및 기본모형), 내용(의미)으로 구성된다.
- 안전·보건표지의 색채, 색도기준 및 용도

바탕	기본모형 색채	색도	용도	사용례
흰색	빨간색	7.5R 4/14	금지	정지, 소화설비, 유해행위 금지
무색			경고	화학물질 취급장소에서의 유해 및 위험경고
노란색	검은색	5Y 8.5/12	경고	화학물질 취급장소에서의 유해·위험경고 이외의 위험경고, 주의표지 또는 기계방호물
파란색	흰색	2.5PB 4/10	지시	특정 행위의 지시 및 사실의 고지
흰색	녹색	2.5G 4/10	안내	비상구 및 피난소, 사람 또는 차량의 통행표지

- 흰색(N9.5)은 파랑 또는 녹색의 보조색이다.
- 검정색(N0.5)은 문자 및 빨간색, 노란색의 보조색이다.

0703

12 Repetitive Learning (1회 2회 3회)

다음 중 부주의의 발생 현상으로 혼미한 정신상태에서 심신의 피로나 단조로운 반복작업 시 일어나는 현상은?

① 의식의 과잉　② 의식의 집중
③ 의식의 우회　④ 의식수준의 저하

해설

- 부주의의 발생현상에는 의식수준의 저하, 의식의 과잉, 의식의 우회, 의식의 단절 등이 있다.
- 의식의 과잉은 긴급 이상상태 또는 돌발 사태가 되면 순간적으로 긴장하게 되어 판단능력의 둔화 또는 정지상태가 되는 것을 말한다.
- 의식의 우회는 작업이 아닌 다른 곳에 정신을 빼앗기는 부주의 현상이다.

:: 부주의

㉠ 개요

- 부주의라는 말은 불안전한 행위뿐만 아니라 불안전한 상태에도 통용된다.
- 부주의는 무의식적 행위나 의식의 주변에서 행해지는 행위로 결과를 표현한다.
- 소질적인 문제에 의해서도 부주의는 발생하며 이때는 적성에 따른 배치를 통해 해결할 수 있다.

㉡ 부주의의 발생현상

의식수준의 저하	혼미한 정신상태에서 심신의 피로나 단조로운 반복작업 시 일어나는 현상
의식의 우회	걱정거리, 고민거리, 욕구불만 등에 의해 작업이 아닌 다른 곳에 정신을 빼앗기는 부주의 현상으로 상담에 의해 해결할 수 있다.
의식의 과잉	긴급 이상상태 또는 돌발사태가 되면 순간적으로 긴장하게 되어 판단능력의 둔화 또는 정지상태가 되는 것으로 주의의 일점집중현상과 관련이 깊다.
의식의 단절	질병의 경우에 주로 나타난다.

0601 / 1002 / 2103

13 Repetitive Learning (1회 2회 3회)

다음 중 레빈(Lewin. K)에 의하여 제시된 인간의 행동에 관한 식을 올바르게 표현한 것은?(단, B는 인간의 행동, P는 개체, E는 환경, f는 함수관계를 의미한다)

① $B=f(P \cdot E)$　② $B=f(P+1)^B$
③ $P=E \cdot f(B)$　④ $E=f(B+1)^P$

해설

- 레빈의 법칙은 행동 $B=f(P \cdot E)$로 표현한다. 인간의 행동(B)은 개인(P)과 환경(E)의 상호 함수관계에 있다고 주장하였다.

11 ④　12 ④　13 ① | 정답

:: 레빈(Lewin. K)의 법칙

- 행동 $B=f(P \cdot E)$로 이루어진다. 즉, 인간의 행동(B)은 개인(P)과 환경(E)의 상호 함수관계에 있다고 할 수 있다.
- B는 인간의 행동(Behavior)을 말한다.
- f는 동기부여를 포함한 함수(Function)이다.
- P는 Person 즉, 개체(소질)로 연령, 지능, 경험 등을 의미한다.
- E는 Environment 즉, 심리적 환경(인간관계, 작업환경 - 조명, 소음, 온도 등)을 의미한다.

0502 / 0703

14 Repetitive Learning

베어링을 생산하는 사업장에 300명의 근로자가 근무하고 있다. 1년에 21건의 재해가 발생하였다면 이 사업장에서 근로자 1명이 평생 작업 시 약 몇 건의 재해를 당할 수 있겠는가?(단, 1일 8시간씩, 1년에 300일 근무하며, 평생근로시간은 10만 시간으로 가정한다)

① 1건　　② 3건
③ 5건　　④ 6건

해설

- 재해발생건수를 묻는 문제이므로 도수율을 이용해야 한다.
- 300명, 1인당 1일 8시간, 300일 기준이므로 연간 총근로시간은 $300 \times 8 \times 300 = 720,000$시간이며, 재해건수는 20건이다.
- 공식에 대입하면 도수율 $= \frac{21}{720,000} \times 10^6 = 29.16$이 된다.
- 도수율은 100만 시간당 재해발생건수이므로 평생근로시간이 100,000시간이면 도수율$\times \frac{100,000}{1,000,000}$이 되고, 한 명의 작업자가 평생 동안 근무할 경우 재해를 당할 건수는 $29.16 \times \frac{100,000}{1,000,000} = 2.916$이 된다.

:: 도수율(FR : Frequency Rate of injury)

실필 1902/1701/1601/1303/1203/1201/1102/1003/0903/0902

- 빈도율이라고도 하며, 100만 시간당 재해발생건수를 나타낸다.
- 도수율 $= \frac{\text{연간 재해건수}}{\text{연간 총근로시간}} \times 10^6$으로 구한다.

15 Repetitive Learning 1회 2회 3회

다음 중 점검시기에 따른 안전점검의 종류로 볼 수 없는 것은?

① 수시점검
② 개인점검
③ 정기점검
④ 일상점검

해설

- 점검주기에 의한 안전점검의 종류에는 정기, 수시(일상), 임시(특별)점검이 있다.

:: 안전점검 및 안전진단

㉠ 목적

- 기기 및 설비의 결함이나 불안전한 상태의 제거를 통해 사전에 안전성을 확보하기 위함이다.
- 기기 및 설비의 안전상태 유지 및 본래의 성능을 유지하기 위함이다.
- 재해방지를 위하여 그 재해요인의 대책과 실시를 계획적으로 하기 위함이다.
- 인적 측면에서 근로자의 안전한 행동을 유지하기 위함이다.
- 합리적인 생산관리를 위함이다.

㉡ 종류

구분	내용
정기점검	1개월 또는 1년 등의 일정한 기간을 정해서 실시하는 안전점검
수시(일상)점검	작업장에서 매일 작업자가 작업 전, 중, 후에 시설과 작업동작 등에 대하여 실시하는 안전점검
임시점검	정기점검 실시 후 다음 점검 기일 전에 실시하는 점검
특별점검	기계·기구 또는 설비의 신설, 변경 또는 고장 수리 등 부정기적인 점검으로 기술적 책임자가 시행하는 점검

16 Repetitive Learning 1회 2회 3회

다음 중 구체적인 동기유발 요인과 가장 거리가 먼 것은?

① 작업　　② 성과
③ 권력　　④ 독자성

해설

- 독자성은 내적 동기유발 요인이고, 성과와 권력은 외적 동기유발 요인에 해당한다.

:: 구체적인 동기유발 요인의 종류

㉠ 내적 동기유발 요인

- 개인의 마음속에 내재되어 있는 욕망, 욕구, 사명감 등을 말한다.
- 책임(Responsibility), 기회(Opportunity), 참여(Participation), 독자성(Independence), 적응도(Conformity) 등이 있다.

㉡ 외적 동기유발 요인

- 사회적 욕구나 금전적, 물질적 보상을 말한다.
- 경제(Economic)적 보상, 권한(Power), 인정(Recognition), 성과(Accomplishment), 경쟁(Competition) 등이 있다.

정답 | 14 ② 15 ② 16 ①

17

Repetitive Learning 1회 2회 3회

다음 중 산업재해조사표를 작성할 때 기입하는 상해의 종류에 해당하는 것은?

① 낙하・비래
② 유해광선 노출
③ 중독・질식
④ 이상온도 노출・접촉

해설

• ①, ②, ④는 재해의 발생형태에 해당한다.

상해의 종류별 분류

골절	뼈가 부러지는 상해
찰과상	스치거나 문질러서 피부가 벗겨진 상해
창상	창, 칼 등에 베인 상해
자상	칼날 등 날카로운 물건에 찔린 상해
좌상	타박상(삐임)이라고도 하며, 피하조직 등 근육부를 다쳐 충격을 받은 부위가 부어오르고 통증이 발생되는 상해
부종	국부의 혈액순환의 이상으로 몸이 퉁퉁 부어오르는 상해
중독	음식, 약물, 가스 등에 의해 중독되는 상해
화상	화재 또는 고온물과의 접촉으로 인한 상해

18

Repetitive Learning 1회 2회 3회

다음 중 방진마스크의 구비 조건으로 적절하지 않은 것은?

① 흡기밸브는 미약한 호흡에 대하여 확실하고 예민하게 작동하도록 할 것
② 쉽게 착용되어야 하고 착용하였을 때 안면부가 안면에 밀착되어 공기가 새지 않을 것
③ 여과재는 여과성능이 우수하고 인체에 장해를 주지 않을 것
④ 흡・배기밸브는 외부의 힘에 의하여 손상되지 않도록 흡・배기 저항이 높을 것

해설

• 방진마스크의 흡・배기 저항은 낮아야 한다.

방진마스크

㉠ 개요
- 공기 중에 부유하는 분진을 들이마시지 않도록 하기 위해 사용하는 마스크이다.
- 산소농도 18% 이상인 장소에서 사용하여야 한다.

㉡ 선정기준
- 분진포집(여과) 효율이 좋아야 한다.
- 흡・배기 저항이 낮아야 한다.
- 가볍고, 시야가 넓어야 한다.
- 안면에 밀착성이 좋아야 한다.
- 사용 용적(유효 공간)이 적어야 한다.
- 머리끈은 적당한 길이 및 탄력성을 갖고 길이를 쉽게 조절할 수 있어야 한다.
- 사방시야는 넓을수록 좋다(하방시야는 최소 60° 이상).

19

Repetitive Learning 1회 2회 3회

다음 중 인간의 적성과 안전과의 관계를 가장 올바르게 설명한 것은?

① 사고를 일으키는 것은 그 작업에 적성이 맞지 않는 사람이 그 일을 수행한 이유이므로, 반드시 적성검사를 실시하여 그 결과에 따라 작업자를 배치하여야 한다.
② 인간의 감각기별 반응시간은 시각, 청각, 통각 순으로 빠르므로 비상시 비상등을 먼저 켜야 한다.
③ 사생활에 중대한 변화가 있는 사람이 사고를 유발할 가능성이 높으므로 그러한 사람들에게는 특별한 배려가 필요하다.
④ 일반적으로 집단의 심적 태도를 교정하는 것보다 개인의 심적 태도를 교정하는 것이 더 용이하다.

해설

• 사고의 원인은 직무적성에 맞지 않은데서만 비롯된 것은 아니다.
• 감각기별 반응시간은 청각, 시각, 통각 순으로 빠르다.
• 집단의 심적 태도 교정이 개인의 심적 태도 교정보다 더 용이하다.

불안전한 행동을 일으키는 유발요인

- 안전한 방법을 알지 못해 안전한 방법을 취할 수 없는 경우
- 안전한 방법을 가르쳤으나 지도방법의 문제, 내용의 난이도, 개인적 소질, 기억에 대한 의욕 등이 없어서 기억하지 않는 경우
- 안전한 방법을 잊어버린 경우
- 근육활동의 부자유로 인해 안전한 방법을 할 수 없는 경우
- 근로조건 및 중대한 사생활의 변화, 심신상태의 저조 등의 이유로 안전한 방법을 수행하지 못하는 경우
- 정신상태의 무관심과 고의로 안전하고 올바른 행위를 하지 않는 경우

17 ③ 18 ④ 19 ③ 정답

0902 / 1402 / 1902 / 2001

20

Repetitive Learning 1회 2회 3회

산업안전보건법상 산업안전보건위원회의 사용자위원에 해당되지 않는 것은?(단, 각 사업장은 해당하는 사람을 선임하여 하는 대상 사업장으로 한다)

① 안전관리자　　② 해당 사업장 부서의 장
③ 산업보건의　　④ 명예산업안전감독관

해설

- 명예산업안전감독관은 근로자위원에 포함된다.

산업안전보건위원회 실필 2303/2302/1903/1301/1102/1003/0901/0803

- 근로자위원은 근로자대표, 명예감독관, 근로자대표가 지명하는 9명 이내의 해당 사업장의 근로자로 구성한다.
- 사용자위원은 대표자, 안전관리자, 보건관리자, 산업보건의, 대표자가 지명하는 9명 이내의 해당 사업장 부서의 장으로 구성하나 상시근로자 50명 이상 100명 이하일 경우 대표자가 지명하는 9명 이내의 해당 사업장 부서의 장은 제외한다.
- 산업안전보건위원회의 위원장은 위원 중에서 호선(互選)한다. 이 경우 근로자위원과 사용자위원 중 각 1명을 공동위원장으로 선출할 수 있다.
- 산업안전보건위원회의 회의는 정기회의와 임시회의로 구분하되, 정기회의는 분기마다 위원장이 소집하며, 임시회의는 위원장이 필요하다고 인정할 때에 소집한다.

2과목 인간공학 및 위험성 평가 · 관리

0901 / 1201

21

Repetitive Learning 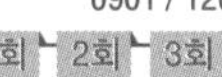

다음 중 실효온도(Effective Temperature)에 대한 설명으로 틀린 것은?

① 체온계로 입안의 온도를 측정하여 기준으로 한다.
② 실제로 감각되는 온도로서 실감온도라고 한다.
③ 온도, 습도 및 공기 유동이 인체에 미치는 열효과를 나타낸 것이다.
④ 상대습도 100%일 때의 건구온도에서 느끼는 것과 동일한 온감이다.

해설

- 체온계로 입안의 온도를 측정한 것은 구강체온 측정법이다.

실효온도(ET : Effective Temperature) 실필 1201

- 공조되고 있는 실내 환경을 평가하는 척도로 감각온도, 유효온도라고도 한다.
- 상대습도 100%, 풍속 0m/sec일 때에 느껴지는 온도감각을 말한다.
- 온도, 습도, 기류 등이 인체에 미치는 열효과를 하나의 수치로 통합한 경험적 감각지수이다.
- 실효온도의 종류에는 Oxford 지수, Botsball 지수, 습구 글로브 온도 등이 있다.

22

Repetitive Learning 1회 2회 3회

다음 중 보전효과의 평가로 설비종합효율을 계산하는 식으로 옳은 것은?

① 설비종합효율 = 속도가동률×정미가동률
② 설비종합효율 = 시간가동률×성능가동률×양품률
③ 설비종합효율 = (부하시간-정지시간)/부하시간
④ 설비종합효율 = 정미가동률×시간가동률×양품률

해설

- 설비종합효율은 설비의 활용이 어느 정도 효율적으로 이뤄지는지를 평가하는 척도로 시간가동률 × 성능가동률 × 양품률로 구한다.

보전효과의 평가지표

㉠ 설비종합효율
- 설비종합효율은 설비의 활용이 어느 정도 효율적으로 이뤄지는지를 평가하는 척도이다.
- 설비종합효율 = 시간가동률 × 성능가동률 × 양품률로 구한다.
- 시간가동률은 정지손실의 크기로 (부하시간-정지시간)/부하시간으로 구한다.
- 성능가동률은 성능손실의 크기로 속도가동률 × 정미가동률로 구한다.
- 양품률은 불량손실의 크기를 말한다.

㉡ 기타 평가요소
- 제품단위당 보전비 = 총보전비/제품수량
- 설비고장도수율 = 설비고장건수/설비가동시간
- 계획공사율 = 계획공사공수(工數)/전공수(全工數))
- 운전 1시간당 보건비 = 총보건비/설비운전시간
- 정미(실질)가동률
  = 실질가동시간/가동시간×100
  = (생산량×실제 주기시간)/가동시간×100

1901

23 — Repetitive Learning 1회 2회 3회

염산을 취급하는 A업체에서는 신설 설비에 관한 안전성 평가를 실시해야 한다. 다음 중 정성적 평가단계에 있어 설계와 관련된 주요 진단항목에 해당하는 것은?

① 공장 내의 배치
② 제조공정의 개요
③ 재평가 방법 및 계획
④ 안전·보건교육 훈련계획

해설

• 공장의 입지조건이나 배치는 2단계 정성적 평가에서 설계관계에 대한 평가에 해당한다.

안전성 평가 6단계 실필 1703/1303

단계	내용
1단계	관계 자료의 작성 준비
2단계	• 정성적 평가 • 설계(공장의 입지조건, 공장 내 배치)와 운전관계에 대한 평가
3단계	• 정량적 평가 • 취급물질, 용량, 온도, 압력 및 조작을 통한 위험도 평가
4단계	• 안전대책 수립 • 설비대책과 관리적 대책
5단계	재해정보에 의한 재평가
6단계	FTA에 의한 재평가

1201 / 1901

24 — Repetitive Learning 1회 2회 3회

그림과 같이 FT도에서 활용하는 논리게이트의 명칭으로 옳은 것은?

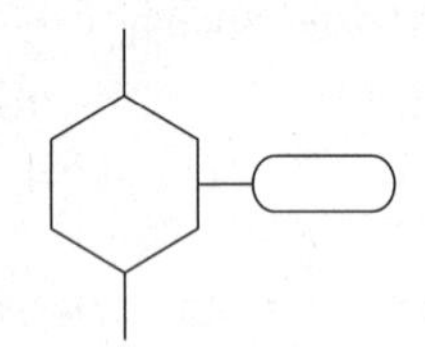

① 억제 게이트 ② 제어 게이트
③ 배타적 OR 게이트 ④ 우선적 AND 게이트

해설

• 제어 게이트는 따로 존재하지 않는다.

배타적 OR 게이트	우선적 AND 게이트
동시발생 안한다	

억제 게이트(Inhibit gate)

기호	설명
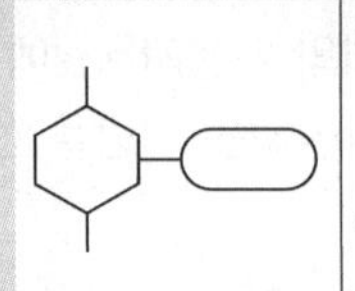	• 한 개의 입력사상에 의해 출력사상이 발생하며, 출력사상이 발생되기 전에 입력사상이 특정조건을 만족하여야 한다. • 조건부 사건이 발생하는 상황하에서 입력현상이 발생할 때 출력현상이 발생한다.

2101

25 — Repetitive Learning 1회 2회 3회

인간의 위치 동작에 있어 눈으로 보지 않고 손을 수평 면상에서 움직이는 경우 짧은 거리는 지나치고, 긴 거리는 못 미치는 경향이 있는데 이를 무엇이라고 하는가?

① 사정효과(Range effect)
② 간격효과(Distance effect)
③ 손동작효과(Hand action effect)
④ 반응효과(Reaction effect)

해설

• 간격효과(Distance effect)는 기억력을 극대화하는 방법으로 같은 내용을 장기적으로 일정한 주기를 두고 반복 학습하는 것을 말한다.

사정효과(Range effect)

• 작은 오차에는 과잉반응, 큰 오차에는 과소반응하는 인간의 경향성을 말하는 용어이다.
• 인간의 위치 동작에 있어 눈으로 보지 않고 손을 수평 면상에서 움직이는 경우 짧은 거리는 지나치고, 긴 거리는 못 미치는 경향을 말한다.

0701 / 0802

26 — Repetitive Learning 1회 2회 3회

주어진 자극에 대해 인간이 갖는 변화감지역을 표현하는 데에는 웨버(Weber)의 법칙을 이용한다. 이때 웨버(Weber)비의 관계식으로 옳은 것은?(단, 변화감지역을 ΔI, 표준자극을 I라 한다)

① 웨버(Weber)의 비 $= \dfrac{\Delta I}{I}$

② 웨버(Weber)의 비 $= \dfrac{I}{\Delta I}$

③ 웨버(Weber)의 비 $= \Delta I \times I$

④ 웨버(Weber)의 비 $= \dfrac{\Delta I - I}{I}$

23 ① 24 ① 25 ① 26 ① 정답

해설

- Weber비는 기존 자극의 변화를 감지할 수 있는 최소량으로 분별의 질을 나타낸다.

웨버(Weber) 법칙

- 인간이 감지할 수 있는 외부의 물리적 자극 변화의 최소범위는 기준이 되는 자극의 크기에 비례하는 현상을 설명한 이론을 말한다.
- Weber비는 기존 자극의 변화를 감지할 수 있는 최소량으로 분별의 질을 나타낸다.
- 웨버(Weber)의 비 $= \frac{\Delta I}{I}$ 로 구한다.

  (이때, ΔI는 변화감지역을, I는 표준자극을 의미한다)
- Weber비가 작을수록 분별력이 좋다.
- 변화감지역(JND)은 사람이 50%를 검출할 수 있는 자극차원의 최소변화로 값이 작을수록 그 자극차원의 변화를 쉽게 검출할 수 있다.

1102

27 Repetitive Learning (1회 2회 3회)

다음 중 동작경제의 원칙에 있어 "신체사용에 관한 원칙"에 해당하지 않는 것은?

① 두 손의 동작은 동시에 시작해서 동시에 끝나야 한다.
② 손의 동작은 유연하고 연속적인 동작이어야 한다.
③ 공구, 재료 및 제어장치는 사용하기 가까운 곳에 배치해야 한다.
④ 동작이 급작스럽게 크게 바뀌는 직선 동작은 피해야 한다.

해설

- 공구, 재료 및 제어장치를 사용하기 가까운 곳에 배치하는 것은 작업장 배치의 원칙에 해당한다.

동작경제의 원칙

㉠ 개요

- 작업자가 경제적인 동작을 통해 피로도를 감소시키면서도 능률을 향상시키게 하기 위한 원칙이다.
- 신체 사용의 원칙, 작업장 배치의 원칙, 공구 및 설비 디자인의 원칙으로 분류된다.
- 동작을 가급적 조합하여 하나의 동작으로 한다.
- 동작의 수는 줄이고, 동작의 속도는 적당히 한다.

㉡ 원칙의 분류

구분	내용
신체 사용의 원칙	• 두 손의 동작은 동시에 시작해서 동시에 끝나야 한다. • 휴식시간을 제외하고는 양손을 같이 쉬게 해서는 안 된다. • 손의 동작은 유연하고 연속적인 동작이어야 한다. • 동작이 급작스럽게 크게 바뀌는 직선 동작은 피해야 한다. • 두 팔의 동작은 동시에 서로 반대방향으로 대칭적으로 움직이도록 한다.
작업장 배치의 원칙	• 공구나 재료는 작업동작이 원활하게 수행하도록 그 위치를 정해준다. • 공구, 재료 및 제어장치는 사용하기 가까운 곳에 배치해야 한다.
공구 및 설비 디자인의 원칙	• 치구나 족답장치를 이용하여 양손이 다른 일을 할 수 있도록 한다. • 공구의 기능을 결합하여 사용하도록 한다.

1901

28 Repetitive Learning (1회 2회 3회)

실린더 블록에 사용하는 가스켓의 수명은 평균 10,000시간이며, 표준편차는 200시간으로 정규분포를 따른다. 사용시간이 9,600시간일 경우 이 가스켓의 신뢰도는 약 얼마인가?(단, 표준정규분포상 $Z_1=0.8413$, $Z_2=0.9772$이다)

① 84.13% ② 88.73%
③ 92.72% ④ 97.72%

해설

- 확률변수 X는 정규분포 $N(10000, 200^2)$을 따른다.
- 9,600시간은 $\frac{9,600-10,000}{200}=-2$가 나오므로 표준정규분포상 $-Z_2$보다 큰 값을 신뢰도로 한다는 의미이다. 이는 전체에서 $-Z_2$보다 작은 값을 빼면 된다.

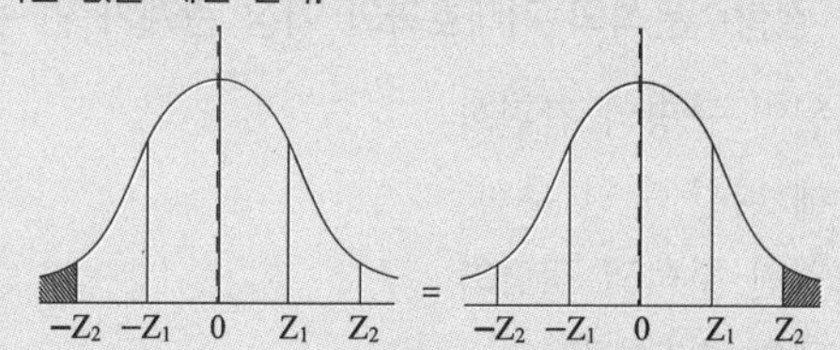

- 정규분포의 특성상 이는 Z_2보다 큰 값과 동일한 값이다. Z_2의 값이 0.9772이므로 1−0.9772=0.0228이 된다.
- 신뢰도는 위에서 구한 0.0228을 제외한 부분에 해당하므로 1−0.228=0.9772이다.

정규분포

- 확률변수 X는 정규분포 N(평균, 표준편차^2)을 따른다.
- 구하고자 하는 값이 정규분포상의 값으로 변환하려면 $Z=\frac{X-\mu}{\sigma}$를 이용한다(이때, X : 대상값, μ : 평균, σ : 표준편차이다).

정답 | 27 ③ 28 ④

1201

29 Repetitive Learning (1회 2회 3회)

다음 중 인간공학을 나타내는 용어로 적절하지 않은 것은?

① Ergonomics
② Human factors
③ Human engineering
④ Customize engineering

해설

- 인간공학은 "Ergon(작업) + nomos(법칙) + ics(학문)"이 조합된 단어로 Human factors, Human engineering이라고도 한다.

인간공학(Ergonomics)

㉠ 개요
- "Ergon(작업) + nomos(법칙) + ics(학문)"이 조합된 단어로 Human factors, Human engineering이라고도 한다.
- 인간의 특성과 한계 능력을 공학적으로 분석, 평가하여 이를 복잡한 체계의 설계에 응용함으로써 효율을 최대로 활용할 수 있도록 하는 학문분야이다.
- 인간이 사용하는 물건, 설비, 환경의 설계에 인간의 생리적, 심리적인 면에서의 특성이나 한계점을 고려함으로써 인간-기계 시스템의 안전성과 편리성, 효율성을 높이는 학문분야이다.

㉡ 적용분야
- 제품설계
- 재해 · 질병 예방
- 장비 · 공구 · 설비의 배치
- 작업장 내 조사 및 연구

1902

30 Repetitive Learning (1회 2회 3회)

다음 중 결함수분석의 기대효과와 가장 관계가 먼 것은?

① 사고원인 규명의 간편화
② 시간에 따른 원인 분석
③ 사고원인 분석의 정량화
④ 시스템의 결함 진단

해설

- 그 외에도 결함수분석으로 노력에 투여할 시간을 절감할 수 있다.

결함수분석법(FTA)

㉠ 개요
- 연역적 방법으로 원인을 규명하며, 재해의 정량적 예측이 가능한 분석방법이다.
- 하향식(Top-down) 방법을 사용한다.
- 특정 사상에 대해 짧은 시간에 해석이 가능하다.
- 복잡하고 대형화된 시스템을 논리기호를 사용하여 해석한다.
- 간단한 FT도의 작성으로 정성적 해석이 가능하여 비전문가도 잠재위험을 효율적으로 분석할 수 있다.
- 정성적 평가 후 정량적 평가를 실시하며, 정량적으로 재해 발생 확률을 구한다.
- FTA를 수행함에 있어 기본사상들의 발생이 서로 독립인가 아닌가의 여부를 파악하기 위해서는 공분산을 이용한다.

㉡ 기대효과
- 사고원인 규명의 간편화
- 노력 시간의 절감
- 사고원인 분석의 정량화
- 시스템의 결함 진단

0401 / 0703

31 Repetitive Learning (1회 2회 3회)

인체 계측 중 운전 또는 워드 작업과 같이 인체의 각 부분이 서로 조화를 이루며 움직이는 자세에서의 인체치수를 측정하는 것을 무엇이라 하는가?

① 구조적 치수
② 정적 치수
③ 외곽 치수
④ 기능적 치수

해설

- 일반적으로 몸의 측정 치수는 구조적 치수(Structural dimension)와 기능적 치수(Functional dimension)로 나눌 수 있으며, 구조적 인체치수는 움직이지 않고 고정된 자세에서 마틴(Martin)식 인체측정기로 측정하는 정적 측정에 해당한다.

인체의 측정

- 일반적으로 몸의 측정 치수는 구조적 치수(Structural dimension)와 기능적 치수(Functional dimension)로 나눌 수 있다.
- 기능적 인체치수는 공간이나 제품의 설계 시 움직이는 몸의 자세를 고려하기 위해 사용되는 인체치수로 동적 측정에 해당한다.
- 구조적 인체치수는 움직이지 않고 고정된 자세에서 마틴(Martin)식 인체측정기로 측정하는 정적 측정에 해당한다.

29 ④ 30 ② 31 ④ | 정답

2103

32

Repetitive Learning 1회 2회 3회

말소리의 질에 대한 객관적 측정 방법으로 명료도 지수를 사용하고 있다. 그림에서와 같은 경우 명료도 지수는 약 얼마인가?

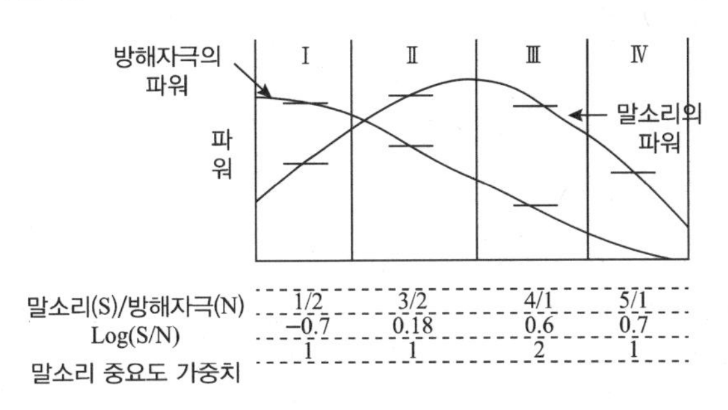

① 0.38 ② 0.68

③ 1.38 ④ 5.68

해설

- 음성과 잡음의 데시벨(dB)값에 가중치를 곱하여 더하면 (−0.7×1 + 0.18×1 + 0.6×2 + 0.7×1) =−0.7 + 0.18 + 1.2 + 0.7=1.38이다.
- 문제자체에 오류가 있음. log(1/2) = −0.7이 아니라 −0.3이어야 함. 이 경우 (−0.3×1 + 0.18×1 + 0.6×2 + 0.7×1) =−0.3 + 0.18 + 1.2 + 0.7=1.78이 됨(주의 요망)

명료도 지수(Articulation Index)와 통화 간섭 수준

㉠ 명료도 지수
- 말소리의 질에 대한 객관적 측정방법으로 통화이해도를 측정하는 지표이다.
- 각 옥타브(Octave)대의 음성과 잡음의 데시벨(dB) 값에 가중치를 곱하여 합계를 구한 것이다.

㉡ 통화 간섭 수준
- 통화 이해도에 영향을 주는 잡음의 영향을 추정하는 지수이다.

2202

33

Repetitive Learning 1회 2회 3회

휴식 중 에너지 소비량은 1.5kcal/min이고, 어떤 작업의 평균 에너지 소비량이 6kcal/min이라고 할 때 60분간 총 작업시간 내에 포함되어야 하는 휴식시간은 약 몇 분인가? (단, 기초대사를 포함한 작업에 대한 평균 에너지 소비량의 상한은 5kcal/min이다)

① 10.3 ② 11.3

③ 12.3 ④ 13.3

해설

- 작업에 대한 평균 에너지소비량을 5라고 주었기 때문에 $60\times\frac{6-5}{6-1.5}=60\times\frac{1}{4.5}=13.33$이 된다.

휴식시간 산출 실필 1703/1402

- 사람이 내는 하루 동안 에너지는 4,300kcal이고, 기초대사와 휴식에 소요되는 2,300kcal를 뺀 2,000kcal를 8시간(480분)으로 나누면 작업 평균 에너지 소비량은 분당 약 4kcal가 된다.
- 여기서 작업 평균 에너지 소비량을 넘어서는 작업을 한 경우에는 일정한 시간마다 휴식이 필요하다.
- 이에 휴식시간 R

  $=$ 작업시간 $\times\frac{E-4}{E-1.5}$로 계산한다.

  이때 E는 순 에너지 소비량[kcal/분]이고, 4는 작업평균 에너지 소비량, 1.5는 휴식 중 에너지 소비량이다.

34

Repetitive Learning 1회 2회 3회

Rasmussen은 행동을 세 가지로 분류하였는데, 그 분류에 해당하지 않는 것은?

① 숙련 기반 행동(Skill-based behavior)

② 지식 기반 행동(Knowledge-based behavior)

③ 경험 기반 행동(Experience-based behavior)

④ 규칙 기반 행동(Rule-based behavior)

해설

- Rasmussen의 휴먼에러와 관련된 인간행동은 기능/기술 기반 행동, 지식 기반 행동, 규칙 기반 행동으로 분류된다.

Rasmussen의 휴먼에러와 관련된 인간행동 분류

구분	내용
기능/기술 기반 행동 (Skill-based behavior)	실수(Slip)와 망각(Lapse)으로 구분되는 오류
지식 기반 행동 (Knowledge-based behavior)	인지 및 인식의 오류를 예방하기 위해 목표와 관련하여 작동을 계획해야 하는데 특수하고 친숙하지 않은 상황에서 발생하며, 부적절하게 분석하거나 의사결정을 잘못하여 발생하는 오류
규칙 기반 행동 (Rule-based behavior)	잘못된 규칙을 기억하거나 정확한 규칙이라도 상황에 맞지 않게 적용한 경우 발생하는 오류

정답 | 32 ③ 33 ④ 34 ③

0601 / 1203

35

Repetitive Learning (1회 2회 3회)

다음 중 복잡한 시스템을 설계, 가동하기 전의 구상단계에서 시스템의 근본적인 위험성을 평가하는 가장 기초적인 위험도 분석기법은?

① 예비위험분석(PHA)
② 결함수분석법(FTA)
③ 운용 안전성 분석(OSA)
④ 고장의 형과 영향분석(FMEA)

해설

- 결함수분석법(FTA)은 연역적 방법으로 재해의 원인을 규명하며, 재해의 정량적 예측이 가능한 분석방법이다.
- 운용 안전성 분석(OSA)은 시스템의 제조, 설치 및 시험단계에서 이루어지는 시스템 안전 분석기법으로 안전 요건을 결정하기 위해 실시한다.
- 고장형태와 영향분석(FMEA)은 제품 설계와 개발단계에서 고장 발생을 최소로 하고자 하는 경우에 유효한 분석기법이다.

예비위험분석(PHA)

㉠ 개요
- 모든 시스템 안전 프로그램에서의 최초단계 해석으로 시스템의 위험요소가 어떤 위험 상태에 있는가를 정성적으로 평가하는 분석 방법이다.
- 시스템을 설계함에 있어 개념형성 단계에서 최초로 시도하는 위험도 분석방법이다.
- 복잡한 시스템을 설계, 가동하기 전의 구상단계에서 시스템의 근본적인 위험성을 평가하는 가장 기초적인 위험도 분석기법이다.
- 위험의 정도를 분류하는 4가지 범주는 파국(Catastrophic), 중대(Critical), 위기-한계(Marginal), 무시가능(Negligible)으로 구분된다.

㉡ 예비위험분석(PHA)의 4가지 범주(MIL-STD-882E)
실필 2103/1802/1302/1103

범주	설명
파국 (Catastrophic)	작업자의 부상 및 서브 시스템의 고장 등으로 시스템 성능이 저하되어 시스템에 심각한 손실을 초래한 상태
중대 (Critical)	작업자의 부상 및 시스템의 중대한 손해를 초래하거나 작업자의 생존 및 시스템의 유지를 위하여 즉시 수정 조치를 필요로 하는 상태
위기-한계 (Marginal)	작업자의 부상 및 시스템의 중대한 손해를 초래하지 않고 대처 또는 제어할 수 있는 상태
무시가능 (Negligible)	시스템의 성능이나 기능, 인원 손실이 전혀 없는 상태

36

Repetitive Learning (1회 2회 3회)

다음 중 FTA에서 활용하는 최소 컷 셋(Minimal cut sets)에 관한 설명으로 옳은 것은?

① 해당 시스템에 대한 신뢰도를 나타낸다.
② 컷 셋 중에 타 컷 셋을 포함하고 있는 것을 배제하고 남은 컷 셋들을 의미한다.
③ 어느 고장이나 에러를 일으키지 않으면 재해가 일어나지 않는 시스템의 신뢰성이다.
④ 기본사상이 일어나지 않을 때 정상사상(Top event)이 일어나지 않는 기본사상의 집합이다.

해설

- 시스템의 신뢰도를 나타내는 것은 최소 패스 셋에 대한 설명이다.
- 포함되는 기본사상이 일어나지 않았을 때에 정상사상이 일어나지 않는 기본사상의 집합은 패스 셋에 대한 설명이다.

최소 컷 셋(Minimal cut sets) 실필 2303/1701/0802
- 컷 셋 중에 타 컷 셋을 포함하고 있는 것을 배제하고 남은 컷 셋들을 의미한다.
- 사고에 대한 시스템의 약점을 표현한다.
- 정상사상(Top 사상)을 일으키는 최소한의 집합이다.
- 일반적으로 Fussell algorithm을 이용한다.
- 시스템에서 최소 컷 셋의 개수가 늘어나면 위험수준이 높아진다.

37

Repetitive Learning (1회 2회 3회)

다음은 유해·위험방지계획서의 제출에 관한 설명이다. ( ) 안의 내용으로 옳은 것은?

> 산업안전보건법령상 제출대상 사업으로 제조업의 경우 유해·위험방지계획서를 제출하려면 관련 서류를 첨부하여 해당 작업시작 (㉠)까지, 건설업의 경우 해당 공사의 착공 (㉡)까지 관련 기관에 제출하여야 한다.

① (㉠) : 15일 전, (㉡) : 전날
② (㉠) : 15일 전, (㉡) : 7일 전
③ (㉠) : 7일 전, (㉡) : 전날
④ (㉠) : 7일 전, (㉡) : 3일 전

해설

- 유해·위험방지계획서는 제조업의 경우는 해당 작업 시작 15일 전, 건설업의 경우는 공사의 착공 전날까지 제출한다.

35 ① 36 ② 37 ① 정답

:: 유해·위험방지계획서의 제출 실필 2302/1303/0903

- 제출대상 사업장의 규모는 전기 계약용량이 300kW 이상인 사업장이다.
- 건설물·기계·기구 및 설비 등 일체를 설치·이전하거나 그 주요 구조부분을 변경할 때에는 고용노동부장관(한국산업안전보건공단)에게 유해·위험방지계획서를 2부 제출하여야 한다.
- 제조업의 경우는 해당 작업 시작 15일 전에 제출한다.
- 건설업의 경우는 공사의 착공 전날까지 제출한다.

38

Repetitive Learning 1회 2회 3회

다음 중 청각적 표시장치의 설계에 관한 설명으로 가장 거리가 먼 것은?

① 신호를 멀리 보내고자 할 때에는 낮은 주파수를 사용하는 것이 바람직하다.

② 배경 소음의 주파수와 다른 주파수의 신호를 사용하는 것이 바람직하다.

③ 신호가 장애물을 돌아가야 할 때에는 높은 주파수를 사용하는 것이 바람직하다.

④ 경보는 청취자에게 위급 상황에 대한 정보를 제공하는 것이 바람직하다.

해설

- 낮은 주파수는 잡음이 많아 음질이 떨어지지만 장애물을 통과하는 데 좋은 성질을 가진다.

:: 청각적 표시장치의 설계기준

- 신호는 최소한 0.5～1초 동안 지속한다.
- 신호는 배경소음의 주파수와 다른 주파수를 이용한다.
- 소음은 양쪽 귀에, 신호는 한쪽 귀에 들리게 한다.
- 경보효과를 높이기 위해서 개시시간이 짧은 고감도 신호를 사용하여 위급상황에 대한 정보를 제공한다.
- 귀는 중음역에 가장 민감하므로 500～3,000Hz의 진동수를 사용한다.
- 칸막이를 통과하는 신호는 500Hz 이하의 진동수를 사용한다.
- 300m 이상 멀리 보내는 신호는 1,000Hz 이하의 낮은 주파수를 사용한다.

39

Repetitive Learning 1회 2회 3회

다음 중 시스템 안전계획(SSPP, System Safety Program Plan)에 포함되어야 할 사항으로 가장 거리가 먼 것은?

① 안전조직

② 안전성의 평가

③ 안전자료의 수집과 갱신

④ 시스템의 신뢰성 분석비용

해설

- 시스템 안전 프로그램 계획(SSPP)에 포함되어야 하는 사항으로는 계획의 개요, 안전조직, 계약조건, 시스템 안전기준 및 해석, 안전성 평가, 안전자료의 수집과 갱신, 경과와 결과의 보고 등이 있다.

:: 시스템 안전 프로그램 계획(SSPP)

㉠ 개요

- 시스템 안전 필요 사항을 만족시키기 위해 예정된 안전업무를 설명해 놓은 공식적인 기록을 말한다.

㉡ 포함되어야 할 사항 실필 1501/1103

- 계획의 개요
- 안전조직
- 계약조건
- 시스템 안전기준 및 해석
- 안전성 평가
- 안전자료의 수집과 갱신
- 경과와 결과의 보고

40

Repetitive Learning 1회 2회 3회

다음 중 감각적으로 물리현상을 왜곡하는 지각현상에 해당하는 것은?

① 주의산만 ② 착각

③ 피로 ④ 무관심

해설

- 주의산만은 지속적인 행동이 어렵거나 작업에 집중하지 못하고 불필요한 자극에 반응하는 행동 형태를 말한다.
- 피로는 작업에 의해 정신이나 몸이 지친 상태를 말한다.
- 무관심은 작업에 대한 관심이나 흥미가 없는 상태를 말한다.

:: 착각

㉠ 개요

- 감각적으로 물리현상을 왜곡하는 즉, 어떤 사물이나 현상을 실제와 다르게 인지하는 지각현상을 말한다.

㉡ 허위감각으로부터 생긴 방향감각의 혼란과 착각 등의 오판을 해결하는 방법

- 주위의 다른 물체에 주의를 한다.
- 여러 가지의 착각의 성질과 발생상황을 이해한다.
- 정확한 방향 감각 암시신호를 의존하는 것을 익힌다.

정답 | 38 ③ 39 ④ 40 ②

1202 / 1802

41

Repetitive Learning (1회 2회 3회)

다음 중 산업안전보건법령상 아세틸렌 가스용접장치에 관한 기준으로 틀린 것은?

① 전용의 발생기실은 건물의 최상층에 위치하여야 하며, 화기를 사용하는 설비로부터 1m를 초과하는 장소에 설치하여야 한다.
② 전용의 발생기실을 옥외에 설치한 경우에는 그 개구부를 다른 건축물로부터 1.5m 이상 떨어지도록 하여야 한다.
③ 아세틸렌용접장치를 사용하여 금속의 용접·용단 또는 가열작업을 하는 경우에는 게이지 압력이 127kPa을 초과하는 압력의 아세틸렌을 발생시켜 사용해서는 아니 된다.
④ 전용의 발생기실을 설치하는 경우 벽은 불연성 재료로 하고 철근 콘크리트 또는 그 밖에 이와 동등하거나 그 이상의 강도를 가진 구조로 하여야 한다.

해설

- 발생기실은 건물의 최상층에 위치하여야 하며, 화기를 사용하는 설비로부터 3m를 초과하는 장소에 설치하여야 한다.

아세틸렌용접장치

- 아세틸렌용접장치를 사용하여 금속의 용접·용단 또는 가열작업을 하는 경우에는 게이지 압력이 127kPa을 초과하는 압력의 아세틸렌을 발생시켜 사용해서는 아니 된다.
- 아세틸렌용접장치의 아세틸렌 발생기를 설치하는 경우에는 전용의 발생기실에 설치하여야 한다.
- 발생기실은 건물의 최상층에 위치하여야 하며, 화기를 사용하는 설비로부터 3m를 초과하는 장소에 설치하여야 한다.
- 발생기실을 옥외에 설치한 경우에는 그 개구부가 다른 건축물로부터 1.5m 이상 떨어지도록 하여야 한다.

42

Repetitive Learning (1회 2회 3회)

다음 중 프레스를 제외한 사출성형기(射出成形機)·주형조형기(鑄型造形機) 및 형단조기 등에 관한 안전조치 사항으로 틀린 것은?

① 근로자의 신체 일부가 말려들어갈 우려가 있는 경우에는 양수조작식 방호장치를 설치하여 사용한다.
② 게이트가드식 방호장치를 설치할 경우에는 인터록(연동) 장치를 사용하여 문을 닫지 않으면 동작되지 않는 구조로 한다.
③ 연 1회 이상 자체검사를 실시하고, 이상 발견 시에는 그것에 상응하는 조치를 이행하여야 한다.
④ 기계의 히터 등의 가열부위, 감전우려가 있는 부위에는 방호덮개를 설치하여 사용한다.

해설

- 방호장치는 작업 시작 전 점검하여야 하고, 결함이 발견된 경우 반드시 정비한 후에 근로자가 사용하도록 하여야 하며, 정비가 완료될 때까지는 해당 기계 및 방호장치 등의 사용을 금지하여야 한다.

사출성형기 등의 방호장치

- 사업주는 사출성형기(射出成形機)·주형조형기(鑄型造形機) 및 형단조기(프레스 등은 제외한다) 등에 근로자의 신체 일부가 말려 들어갈 우려가 있는 경우 게이트 가드(Gate guard) 또는 양수조작식 등에 의한 방호장치, 그 밖에 필요한 방호조치를 하여야 한다.
- 게이트 가드는 닫지 아니하면 기계가 작동되지 아니하는 연동구조(連動構造)여야 한다.
- 사업주는 기계의 히터 등의 가열 부위 또는 감전 우려가 있는 부위에는 방호덮개를 설치하는 등 필요한 안전조치를 하여야 한다.

43

Repetitive Learning (1회 2회 3회)

비파괴검사방법 중 육안으로 결함을 검출하는 시험법은?

① 방사선투과시험
② 와류탐상시험
③ 초음파탐상시험
④ 자분탐상시험

해설

- 방사선투과검사는 X선의 강도나 노출시간을 조절하여 검사한다.
- 와류탐상검사는 도체에 전류를 흘려 코일에 유기되는 전압이나 전류가 변하는 것을 이용한 검사방법이다.
- 초음파탐상검사는 초음파의 반사를 이용하여 검사대상 내부의 결함을 검사하는 방식이다.

자분탐상검사(Magnetic Particle Inspection)

- 비파괴검사방법 중 하나로 자성체 표면 균열을 검출할 때 사용된다.
- 강자성체의 결함을 찾을 때 사용하는 비파괴시험으로 표면 또는 표층(표면에서 수 mm 이내)에 결함이 있을 경우 누설자속을 이용하여 육안으로 결함을 검출하는 시험방법이다.

41 ① 42 ③ 43 ④ 정답

0602 / 0901

44

Repetitive Learning (1회 2회 3회)

와이어로프의 파단하중을 P(kg), 로프가닥수를 N, 안전하중을 Q(kg)라고 할 때 다음 중 와이어로프의 안전율 S를 구하는 산식은?

① $S = NP$　　② $S = \frac{QP}{N}$

③ $S = \frac{NQ}{P}$　　④ $S = \frac{NP}{Q}$

해설

- 파단하중과 가닥수를 곱한 값을 안전하중으로 나누면 안전율이 된다.

와이어로프의 안전율 실필 2402/1901

- 안전율이란 와이어로프의 공칭강도와 그 로프에 걸리는 총하중의 비로, 로프 사용 수명을 결정하는 중요한 항목이다.
- 안전율(안전계수) = $\frac{\text{절단하중} \times \text{줄의 수}}{\text{정격하중[톤]}}$로 구한다.
- 실제 현장에서는 안전율(안전계수) = $\frac{\text{절단하중}}{\text{사용하중}}$으로 구한다.
- 절단하중이란 와이어로프 규격에 따른 파단 시 하중을 말한다.

0602 / 1101 / 2001

45

Repetitive Learning (1회 2회 3회)

무부하상태에서 지게차로 20km/h의 속도로 주행할 때 좌우 안정도는 몇 % 이내이어야 하는가?

① 37%　　② 39%

③ 41%　　④ 43%

해설

- 기준 무부하상태에서 주행시의 좌우 안정도를 구하는 문제이다.
- 주행속도가 20km/h이므로 대입하면 지게차의 좌우 안정도는 $15+1.1 \times 20 = 15+22 = 37\%$이다.

지게차의 안정도

㉠ 개요

- 지게차의 하역 시, 운반 시 전도에 대한 안전성을 표시하는 값이다.
- 좌우 안정도와 전후 안정도가 있다.
- 작업 또는 주행 시 안정도 이하로 유지해야 한다.
- 지게차의 안정도 = $\frac{\text{높이}}{\text{수평거리}}$로 구한다.

㉡ 지게차의 작업 상태별 안정도 실작 1601

- 기준 부하상태에서 하역작업 시의 전후 안정도는 4%이다(5톤 이상일 경우 3.5%).
- 기준 부하상태에서 하역작업 시의 좌우 안정도는 6%이다.
- 기준 부하상태에서 주행 시의 전후 안정도는 18%이다.
- 기준 무부하상태에서 주행 시의 좌우 안정도는 (15+1.1V)%이다(이때, V는 주행속도를 의미한다).

1102

46

Repetitive Learning (1회 2회 3회)

선반작업 시 발생하는 칩(Chip)으로 인한 재해를 예방하기 위하여 칩을 짧게 끊어지게 하는 것은?

① 방진구　　② 브레이크

③ 칩 브레이커　　④ 덮개

해설

- 방진구는 일감의 길이가 긴(가공물 길이가 지름의 12~20배 이상) 공작물을 고정시키기 위한 설비이다.
- 브레이크는 작업 중 발생하는 돌발상황에서 선반 작동을 중지시키는 장치이다.
- 덮개는 돌출하여 회전하고 있는 가공물이 근로자에게 위험을 미칠 우려가 있는 경우에 설치한다.

칩 브레이커(Chip breaker)

㉠ 개요

- 선반의 바이트에 설치되어 절삭작업 시 연속적으로 발생되는 칩을 끊어주는 장치이다.
- 종류에는 연삭형, 클램프형, 자동조정식 등이 있다.

㉡ 특징

- 가공 표면의 흠집발생을 방지한다.
- 공구 날끝의 치평을 방지한다.
- 칩의 비산으로 인한 위험요인을 방지한다.
- 절삭유제의 유동성을 향상시킨다.

47

Repetitive Learning (1회 2회 3회)

다음 중 선반의 안전장치 및 작업 시 주의사항으로 잘못된 것은?

① 선반의 바이트는 되도록 짧게 물린다.

② 방진구는 공작물의 길이가 지름의 5배 이상일 때 사용한다.

③ 선반의 베드 위에는 공구를 올려놓지 않는다.

④ 칩 브레이커는 바이트에 직접 설치한다.

정답 | 44 ④ 45 ① 46 ③ 47 ②

해설

- 일감의 길이가 긴(가공물 길이가 지름의 12~20배 이상) 공작물은 방진구를 설치하여 진동을 방지한다.

선반작업 시 안전수칙

㉠ 작업자 보호장구
- 작업 중 장갑 착용을 금한다.
- 절삭 칩의 제거는 반드시 브러시를 사용하도록 한다.
- 칩(Chip)이 비산할 때는 보안경을 쓰고 방호판을 설치하여 사용한다.

㉡ 작업 시작 전 점검 및 준수사항
- 칩이 짧게 끊어지도록 칩 브레이커를 설치한다.
- 일감의 길이가 긴(가공물 길이가 지름의 12~20배 이상) 공작물은 방진구를 설치하여 진동을 방지한다.
- 베드 위에 공구를 올려놓지 않아야 한다.
- 공작물의 설치가 끝나면, 척에서 렌치류는 곧바로 제거한다.
- 시동 전에 척 핸들을 빼두어야 한다.

㉢ 작업 중 준수사항
- 기계 운전 중에는 백기어(Back gear)의 사용을 금한다.
- 회전 중에 가공품을 직접 만지지 않는다.
- 센터작업 시 심압 센터에 자주 절삭유를 준다.
- 선반작업 시 주축의 변속은 기계 정지 후에 해야 한다.
- 바이트 교환, 일감의 치수 측정, 주유 및 청소 시에는 기계를 정지시켜야 한다.

0901

48 Repetitive Learning (1회 2회 3회)

완전회전식 클러치 기구가 있는 동력프레스에서 양수기동식 방호장치의 안전거리는 얼마 이상이어야 하는가?(단, 확동클러치의 봉합개소의 수는 8개, 분당 행정수는 250SPM을 가진다)

① 240mm
② 360mm
③ 400mm
④ 420mm

해설

- 시간이 주어지지 않았으므로 주어진 값을 대입하여 방호장치의 안전거리를 구하면 반응시간은 $\left(\frac{1}{8}+\frac{1}{2}\right)\times\frac{60,000}{250}=\frac{5}{8}\times240=150$ [ms]이다.
- 안전거리는 $1.6\times150=240$[mm]가 된다.

양수조작식 방호장치 안전거리 실필 2401/1701/1103/0903

- 인간 손의 기준속도(1.6[m/s])를 고려하여 양수조작식 방호장치의 안전거리는 1.6×반응시간으로 구할 수 있다.
- 클러치 프레스에 부착된 양수조작식 방호장치의 반응시간(T_m)은 버튼에서 손이 떨어지고 슬라이드가 정지할 때까지의 시간으로 해당 시간이 주어지지 않을 때는 $T_m=\left(\frac{1}{\text{클러치}}+\frac{1}{2}\right)\times\frac{60,000}{\text{분당 행정수}}$[ms]로 구할 수 있다.
- 시간이 주어질 때는 $D=1.6(T_L+T_s)$로 구한다.
  D : 안전거리(mm)
  T_L : 버튼에서 손이 떨어질 때부터 급정지기구가 작동할 때까지 시간(ms)
  T_s : 급정지기구 작동 시부터 슬라이드가 정지할 때까지 시간(ms)

49 Repetitive Learning (1회 2회 3회)

동력식 수동대패에서 손이 끼지 않도록 하기 위해서 덮개 하단과 가공재를 송급하는 측의 테이블면과의 틈새는 최대 몇 mm 이하로 조절해야 하는가?

① 8mm 이하 ② 10mm 이하
③ 12mm 이하 ④ 15mm 이하

해설

- 동력식 수동대패기계에서 덮개와 송급측 테이블면 간격은 8mm 이내로 한다.

동력식 수동대패기계의 방호장치 실작 1703/0901

㉠ 개요
- 접촉 절단 재해가 발생할 수 있으므로 날 접촉예방장치를 설치하여야 한다.
- 날 접촉예방장치에는 가동식과 고정식이 있다.
- 고정식은 동일한 폭의 가공재를 대량 생산하는 데 적합한 방식이다.

㉡ 일반사항
- 덮개와 송급측 테이블면 간격은 8mm 이내로 한다.
- 송급측 테이블의 절삭 깊이부분의 틈새는 작업자의 손 등이 끼지 않도록 8mm 이하로 조정되어야 한다.

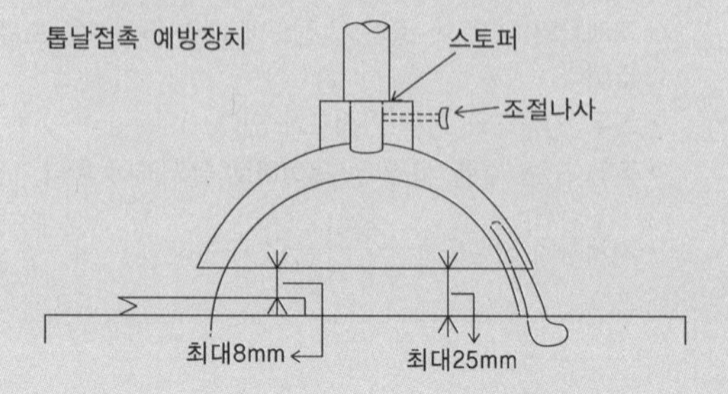

50 Repetitive Learning 1회 2회 3회

산업안전보건법령에서 정한 양중기의 종류에 해당하지 않는 것은?

① 크레인　　② 도르래
③ 곤돌라　　④ 리프트

해설

• 도르래는 힘의 방향을 바꾸거나 작은 힘으로 큰 힘을 내는 장치로 양중기에 포함되지 않는다.

:: 양중기의 종류 실필 1601

• 크레인(Crane){호이스트(Hoist) 포함}
• 이동식크레인
• 리프트(이삿짐운반용의 경우 적재하중 0.1톤 이상)
• 곤돌라
• 승강기

51 Repetitive Learning 1회 2회 3회

다음 중 연삭기의 방호대책으로 적절하지 않은 것은?

① 탁상용 연삭기의 덮개에는 워크레스트 및 조정편을 구비하여야 하며, 워크레스트는 연삭숫돌과의 간격을 3mm 이하로 조정할 수 있는 구조이어야 한다.
② 연삭기 덮개의 재료는 인장강도의 값(단위 : MPa)에 신장도(단위:%)의 20배를 더한 값이 754.5 이상이어야 한다.
③ 연삭숫돌을 교체한 후에는 3분 이상 시운전을 한다.
④ 연삭숫돌의 회전속도 시험은 제조 후 규정 속도의 0.5배로 안전시험을 한다.

해설

• 연삭숫돌의 회전속도 검사는 숫돌을 안전사용속도의 1.5배 속도로 회전시켜 검사한다.

:: 연삭기의 방호대책

• 사업주는 연삭숫돌을 사용하는 작업의 경우 작업을 시작하기 전에는 1분 이상, 연삭숫돌을 교체한 후에는 3분 이상 시험운전을 하고 해당 기계에 이상이 있는지를 확인하여야 한다.
• 사업주는 회전 중인 연삭숫돌(지름이 5cm 이상인 것)이 근로자에게 위험을 미칠 우려가 있는 경우에 그 부위에 덮개를 설치하여야 한다.
• 탁상용 연삭기의 덮개에는 워크레스트 및 조정편을 구비하여야 하며, 워크레스트는 연삭숫돌과 간격을 3mm 이하로 조정할 수 있는 구조이어야 한다.
• 자율안전확인 연삭기 덮개에는 자율안전확인의 표시 외에 숫돌사용 원주속도와 숫돌 회전방향을 추가로 표시하여야 한다.
• 연삭기 덮개의 재료는 인장강도의 값(274.5MPa)에 신장도(14%)의 20배를 더한 값이 754.5 이상이어야 한다.
• 연삭숫돌의 회전속도 검사는 숫돌을 안전사용속도의 1.5배 속도로 3 ~ 5분 회전시켜 검사한다.
• 연삭기 또는 평삭기의 테이블, 형삭기 램 등의 행정 끝이 근로자에게 위험을 미칠 우려가 있는 경우에 해당 부위에 덮개 또는 울 등을 설치하여야 한다.

52 Repetitive Learning 1회 2회 3회

페일 세이프(Fail safe)의 기계설계상 본질적 안전화에 대한 설명으로 틀린 것은?

① 구조적 Fail safe : 인간이 기계 등의 취급을 잘못해도 그것이 바로 사고나 재해와 연결되는 일이 없는 기능을 말한다.
② Fail-passive : 부품이 고장 나면 통상적으로 기계는 정지하는 방향으로 이동한다.
③ Fail-active : 부품이 고장 나면 기계는 경보를 울리는 가운데 짧은 시간 동안의 운전이 가능하다.
④ Fail-operational : 부품의 고장이 있어도 기계는 추후의 보수가 될 때까지 안전한 기능을 유지하며 이것은 병렬계통 또는 대기여분(Stand-by redundancy) 계통으로 한 것이다.

해설

• ①의 설명은 풀 프루프에 대한 설명이다.

:: 페일 세이프(Fail safe) 실필 1401/1101/0901/0802

㉠ 개요

• 조작상의 과오로 기계나 그 부품에 고장이나 기능 불량이 생겨도 항상 안전하게 작동하는 구조와 기능, 설계방법을 말한다.
• 인간 또는 기계가 동작상의 실패가 있어도 사고를 발생시키지 않도록 통제하는 설계방법을 말한다.
• 기계에 고장이 발생하더라도 일정 기간 동안 기계의 기능이 계속되어 재해로 발전되는 것을 방지하는 것을 말한다.

㉡ 기능 3단계 실필 1502

Fail passive	부품이 고장 나면 에너지를 최저화하여 기계가 정지하는 방향으로 전환되는 것
Fail active	부품이 고장 나면 경보를 울리면서 잠시 동안 운전 가능한 것
Fail operational	부품이 고장 나더라도 보수가 이뤄질 때까지 안전한 기능을 유지하는 것

정답 | 50 ② 51 ④ 52 ①

1202

53 Repetitive Learning (1회 2회 3회)

광전자식 방호장치의 광선에 신체의 일부가 감지된 후로부터 급정지기구가 작동개시까지의 시간이 40ms이고, 광축의 설치거리가 96mm일 때 급정지기구가 작동개시한 때로부터 프레스기의 슬라이드가 정지될 때까지의 시간은 얼마인가?

① 15ms ② 20ms

③ 25ms ④ 30ms

해설

- 안전거리와 응답시간(신체의 일부가 감지된 후부터 급정지기구가 작동개시까지의 시간)이 40[ms]로 주어졌다. 브레이크의 정지시간을 구해야 하므로 식을 역으로 이용한다.
- 안전거리 96[mm]=1.6×(40[ms] + 브레이크 정지시간)이 되어야 하므로 브레이크 정지시간은 20[ms]이다.

광전자식 방호장치의 안전거리 실필 1601/0902

- 안전거리 D[mm]=1.6×(응답시간[ms] + 브레이크 정지시간[ms])으로 구한다. 이때, 1.6[m/s]는 인간 손의 기준속도이다.
- 위험 한계까지의 거리가 짧은 200mm 이하의 프레스에는 연속 차광 폭이 작은 30mm 이하의 방호장치를 선택한다.

0501 / 0802 / 1003

54 Repetitive Learning (1회 2회 3회)

산업안전보건기준에 관한 규칙에 따라 기계·기구 및 설비의 위험예방을 위하여 사업주는 회전축·기어·풀리 및 플라이휠 등에 부속되는 키·핀 등의 기계요소는 어떠한 형태로 설치하여야 하는가?

① 개방형 ② 돌출형

③ 묻힘형 ④ 고정형

해설

- 사업주는 회전축·기어·풀리 및 플라이휠 등에 부속되는 키·핀 등의 기계요소는 묻힘형으로 하거나 해당 부위에 덮개를 설치하여야 한다.

원동기·회전축 등의 위험방지 실필 1801/1002

- 사업주는 기계의 원동기·회전축·기어·풀리·플라이휠·벨트 및 체인 등 근로자가 위험에 처할 우려가 있는 부위에 덮개·울·슬리브 및 건널다리 등을 설치하여야 한다.
- 사업주는 회전축·기어·풀리 및 플라이휠 등에 부속되는 키·핀 등의 기계요소는 묻힘형으로 하거나 해당 부위에 덮개를 설치하여야 한다.
- 사업주는 벨트의 이음 부분에 돌출된 고정구를 사용해서는 아니 된다.
- 사업주는 건널다리에는 안전난간 및 미끄러지지 아니하는 구조의 발판을 설치하여야 한다.
- 사업주는 연삭기(研削機) 또는 평삭기(平削機)의 테이블, 형삭기(形削機) 램 등의 행정 끝이 근로자에게 위험을 미칠 우려가 있는 경우에 해당 부위에 덮개 또는 울 등을 설치하여야 한다.
- 사업주는 선반 등으로부터 돌출하여 회전하고 있는 가공물이 근로자에게 위험을 미칠 우려가 있는 경우에 덮개 또는 울 등을 설치하여야 한다.
- 사업주는 원심기에는 덮개를 설치하여야 한다.
- 사업주는 분쇄기·파쇄기·마쇄기·미분기·혼합기 및 혼화기 등을 가동하거나 원료가 흩날리거나 하여 근로자가 위험해질 우려가 있는 경우 해당 부위에 덮개를 설치하는 등 필요한 조치를 하여야 한다.
- 사업주는 근로자가 분쇄기 등의 개구부로부터 가동 부분에 접촉함으로써 위해(危害)를 입을 우려가 있는 경우 덮개 또는 울 등을 설치하여야 한다.
- 사업주는 종이·천·비닐 및 와이어로프 등의 감김통 등에 의하여 근로자가 위험해질 우려가 있는 부위에 덮개 또는 울 등을 설치하여야 한다.
- 사업주는 압력용기 및 공기압축기 등에 부속하는 원동기·축이음·벨트·풀리의 회전 부위 등 근로자가 위험에 처할 우려가 있는 부위에 덮개 또는 울 등을 설치하여야 한다.

55 Repetitive Learning (1회 2회 3회)

다음 설명은 보일러의 장해 원인 중 어느 것에 해당되는가?

> 보일러 수중에 용해 고형분이나 수분이 발생, 증기 중에 다량 함유되어 증기의 순도를 저하시킴으로써 관내 응축수가 생겨 워터해머의 원인이 되고 증기과열기나 터빈 등의 고장의 원인이 된다.

① 프라이밍(Priming)

② 포밍(Foaming)

③ 캐리오버(Carry over)

④ 역화(Back fire)

해설

- 프라이밍(Priming)은 보일러 부하의 급속한 변화로 수위가 급상승하면서 수면의 높이를 판단하기 어려운 현상으로, 증기와 함께 보일러 수가 외부로 빠져 나가는 현상을 말한다.
- 포밍(Foaming)은 보일러 수 속에 유지(油脂)류, 용해 고형물, 부유물 등의 농도가 높아지면 드럼 수면에 안정한 거품이 발생하고, 또한 거품이 증가하여 드럼의 기실 전체에 확대되어 수위를 판단하지 못하는 현상을 말한다.
- 역화(Back fire)란 버너에서 화염이 역행하는 현상을 말한다.

53 ② 54 ③ 55 ③ | 정답

보일러 발생증기 이상현상의 종류 실필 1501/1302

캐리오버 (Carry over)	보일러 수중에 용해고형분이나 수분이 발생, 증기 중에 다량 함유되어 증기의 순도를 저하시킴으로써 응축수가 생겨 워터해머의 원인이 되고 증기과열기나 터빈 등의 고장의 원인이 되는 현상
프라이밍 (Priming)	보일러 부하의 급속한 변화로 수위가 급상승하면서 수면의 높이를 판단하기 어려운 현상으로, 증기와 함께 보일러 수가 외부로 빠져나가는 현상
포밍 (Foaming)	보일러 수 속에 유지(油脂)류, 용해 고형물, 부유물 등의 농도가 높아지면 드럼 수면에 안정한 거품이 발생하고, 또한 거품이 증가하여 드럼의 기실(氣室) 전체로 확대되어 수위를 판단하지 못하는 현상

1202 / 2001

56 Repetitive Learning (1회 2회 3회)

다음 중 설비의 진단방법에 있어 비파괴시험이나 검사에 해당하지 않는 것은?

① 피로시험
② 음향탐상검사
③ 방사선투과시험
④ 초음파탐상검사

해설

- 피로시험은 재료의 강도를 측정하는 파괴검사 방법이다.

비파괴검사

㉠ 개요
- 제품 내부의 결함, 용접부의 내부 결함 등을 제품 파괴없이 외부에서 검사하는 방법을 말한다.
- 종류에는 누수시험, 누설시험, 음향탐상, 초음파탐상, 자분탐상, 와류탐상, 침투탐상, 방사선투과시험 등이 있다.

㉡ 대표적인 비파괴검사

음향탐상검사	손 또는 망치로 타격 진동시켜 발생하는 음을 검사
방사선투과시험	X선의 강도나 노출시간을 조절하여 검사
초음파탐상검사	초음파의 반사(타진)의 원리를 이용하여 검사
자분탐상시험	결함부위의 자극에 자분이 부착되는 것을 이용
와류탐상시험	결함부위 전류흐름의 난조를 이용하여 검사
침투탐상시험	비자성 금속재료의 표면균열검사에 사용

㉢ 특징
- 생산 제품에 손상이 없이 직접 시험이 가능하다.
- 현장시험이 가능하다.
- 시험방법에 따라 설비비가 많이 든다.

1103

57 Repetitive Learning (1회 2회 3회)

산업안전보건법령에 따라 산업용 로봇의 작동범위에서 그 로봇에 관하여 교시 등의 작업을 할 때 작업 시작 전 점검사항이 아닌 것은?

① 외부 전선의 피복 또는 외장의 손상 유무
② 매니퓰레이터(Manipulator) 작동의 이상 유무
③ 제동장치 및 비상정지장치의 기능
④ 윤활유의 상태

해설

- 산업용 로봇의 작업 시작 전 점검사항에는 외부 전선의 피복 또는 외장의 손상 유무, 매니퓰레이터(Manipulator) 작동의 이상 유무, 제동장치 및 비상정지장치의 기능 등이 있다.

산업용 로봇의 작업 시작 전 점검사항 실필 2203

- 외부 전선의 피복 또는 외장의 손상 유무
- 매니퓰레이터(Manipulator) 작동의 이상 유무
- 제동장치 및 비상정지장치의 기능

1002 / 2101

58 Repetitive Learning (1회 2회 3회)

롤러기의 방호장치 설치 시 유의해야 할 사항으로 거리가 먼 것은?

① 손으로 조작하는 급정지장치의 조작부는 롤러기의 전면 및 후면에 각각 1개씩 수평으로 설치하여야 한다.
② 앞면 롤러의 표면속도가 30m/min 미만인 경우 급정지거리는 앞면 롤러 원주의 1/2.5 이하로 한다.
③ 작업자의 복부로 조작하는 급정지장치는 높이가 밑면으로부터 0.8m 이상 1.1m 이내에 설치되어야 한다.
④ 급정지장치의 조작부에 사용하는 줄은 사용 중 늘어져서는 안 되며 충분한 인장강도를 가져야 한다.

해설

- 급정지거리는 원주속도가 30(m/min) 이상일 경우 앞면 롤러 원주의 1/2.5로 하고, 원주속도가 30(m/min) 미만일 경우 앞면 롤러 원주의 1/3 이내로 한다.

정답 | 56 ① 57 ④ 58 ②

:: 롤러기 급정지장치

㉠ 종류 실필 2101/0802 실작 2303/2101/1902

종류	위치
손 조작식	밑면에서 1.8[m] 이내
복부 조작식	밑면에서 0.8~1.1[m]
무릎 조작식	밑면에서 0.6[m] 이내

㉡ 개구부 간격과 급정지거리 실필 1703/1202/1102

• 가드 설치 시 개구부 간격(단위 : mm)

개구부와 위험점 간격 : 160mm 이상	30
개구부와 위험점 간격 : 160mm 미만	6+(0.15×개구부 ~위험점 최단거리)
위험점이 전동체일 경우	6+(0.1×개구부 ~위험점 최단거리)

• 급정지거리

원주속도 : 30m/min 이상	앞면 롤러 원주의 1/2.5
원주속도 : 30m/min 미만	앞면 롤러 원주의 1/3 이내

59 Repetitive Learning (1회 2회 3회)

다음 중 가스용접토치가 과열되었을 때 가장 적절한 조치 사항은?

① 아세틸렌과 산소 가스를 분출시킨 상태로 물속에서 냉각시킨다.

② 아세틸렌 가스를 멈추고 산소 가스만을 분출시킨 상태로 물속에서 냉각시킨다.

③ 산소 가스를 멈추고 아세틸렌 가스만을 분출시킨 상태로 물속에서 냉각시킨다.

④ 아세틸렌 가스만을 분출시킨 상태로 팁 클리너를 사용하여 팁을 소제하고 공기 중에서 냉각시킨다.

해설

• 가스용접토치가 과열되었을 때는 아세틸렌 밸브를 닫고 산소 밸브만 약간 연 상태로 물속에 넣어 냉각시킨다.

:: 가스용접토치

㉠ 개요

• 가스용접토치는 아세틸렌 가스와 산소를 일정한 혼합가스로 만들어 연소할 때 불꽃을 형성하여 용접작업에 사용하는 기구이다.

• 손잡이, 혼합실, 팁으로 구성되어 있다.

㉡ 취급 주의사항

• 토치를 망치 등의 용도로 사용해서는 안 된다.

• 팁 및 토치를 작업장 바닥이나 흙 속에 방치하지 않는다.

• 팁이 과열 시 아세틸렌 밸브를 닫고 산소 밸브만 약간 연 상태로 물속에 넣어 냉각시킨다.

1202

60 Repetitive Learning (1회 2회 3회)

프레스작업 중 부주의로 프레스의 페달을 밟는 것에 대비하여 페달에 설치하는 것을 무엇이라 하는가?

① 클램프

② 로크너트

③ 커버

④ 스프링 와셔

해설

• 프레스 또는 전단기(剪斷機)를 사용하여 작업하는 근로자의 신체 일부가 위험한계에 들어가지 않도록 해당 부위에 덮개를 설치하는 등 필요한 방호조치를 하여야 한다.

:: U자형 커버

• 프레스 페달의 부주의 작동으로 인한 사고를 예방하기 위해 페달 위에 설치하는 커버를 말한다.

• 프레스 또는 전단기(剪斷機)를 사용하여 작업하는 근로자의 신체 일부가 위험한계에 들어가지 않도록 해당 부위에 덮개를 설치하는 등 필요한 방호조치를 하여야 한다.

59 ② 60 ③ 정답

4과목 전기설비 안전관리

0901 / 1902

61 Repetitive Learning (1회 2회 3회)

다음 (　) 안에 들어갈 내용으로 알맞은 것은?

> 과전류 보호장치는 반드시 접지선 외의 전로에 (　)로 연결하여 과전류 발생 시 전로를 자동으로 차단하도록 할 것

① 직렬　② 병렬
③ 임시　④ 직병렬

해설

- 과전류 차단장치는 반드시 접지선이 아닌 전로에 직렬로 연결하여 과전류 발생 시 전로를 자동으로 차단하도록 설치하여야 한다.

과전류 차단장치

㉠ 개요
- 과전류는 정격전류를 초과하는 전류로서 단락(短絡)사고전류, 지락사고전류를 포함하는 것을 말한다.
- 고압 또는 특(별)고압의 전로에 단락이 생기는 경우 설치한다.
- 과전류 차단장치로는 차단기·퓨즈 또는 보호계전기 등이 있다.

㉡ 설치방법
- 과전류 차단장치는 반드시 접지선이 아닌 전로에 직렬로 연결하여 과전류 발생 시 전로를 자동으로 차단하도록 설치할 것
- 차단기·퓨즈는 계통에서 발생하는 최대과전류에 대하여 충분하게 차단할 수 있는 성능을 가질 것
- 과전류 차단장치가 전기계통상에서 상호협조·보완되어 과전류를 효과적으로 차단하도록 할 것

2001

62 Repetitive Learning (1회 2회 3회)

접지시스템에 대한 설명으로 잘못된 것은?

① 접지시스템은 계통접지, 보호접지, 피뢰시스템 접지 등으로 구분한다.
② 접지시스템의 시설 종류에는 단독접지, 공통접지, 통합접지가 있다.
③ 접지극은 보호도체를 사용하여 주 접지단자에 연결하여야 한다.
④ 접지시스템은 접지극, 접지도체, 보호도체 및 기타 설비로 구성된다.

해설

- 접지극은 접지도체를 사용하여 주 접지단자에 연결하여야 한다.

접지시스템(Earthing System)

- 접지시스템이란 기기나 계통을 개별적 또는 공통으로 접지하기 위하여 필요한 접속 및 장치로 구성된 설비를 말한다.
- 접지시스템은 계통접지, 보호접지, 피뢰시스템 접지 등으로 구분한다.
- 접지시스템의 시설 종류에는 단독접지, 공통접지, 통합접지가 있다.
- 접지시스템은 접지극, 접지도체, 보호도체 및 기타 설비로 구성된다.
- 접지극은 접지도체를 사용하여 주 접지단자에 연결하여야 한다.

2103

63 Repetitive Learning (1회 2회 3회)

3,300/220V, 20[kVA]인 3상 변압기에서 공급받고 있는 저압전선로의 절연부분 전선과 대지 간의 절연저항 최솟값은 약 몇 Ω 인가?(단, 변압기 저압측 1단자는 접지공사를 시행함)

① 1,240　② 2,794
③ 4,840　④ 8,383

해설

- 3상 3선식 변압기 용량 $S=\sqrt{3}V \cdot I_m$로 구한다.
- 교류 3상 전압이므로 $P=\sqrt{3}VI$에서 $I=\frac{P}{\sqrt{3}V}$이므로
  전류는 $\frac{20,000}{\sqrt{3}\times 220}=\frac{20,000}{381.05}=52.49$[A]가 흐른다.
- 전류가 52.49[A] 흐를 때 누설전류는 0.0262[A] 이내여야 한다.
- 옴의 법칙에서 전압이 220[V], 전류가 0.0262[A]라면 저항의 최솟값은 8384.146[Ω]가 된다.

변압기 용량

구분	용량
단상 2선식 변압기 용량	$S=V \cdot I_m$
단상 3선식 변압기 용량	$S=\sqrt{3}V \cdot I_m$
3상 3선식 변압기 용량	$S=\sqrt{3}V \cdot I_m$

64 Repetitive Learning (1회 2회 3회)

전격현상의 위험도를 결정하는 인자에 대한 설명으로 틀린 것은?

① 통전전류의 크기가 클수록 위험하다.
② 전원의 종류가 통전시간보다 더욱 위험하다.
③ 전원의 크기가 동일한 경우 교류가 직류보다 위험하다.
④ 통전전류의 크기는 인체에 저항이 일정할 때 접속전압에 비례한다.

정답 | 61 ① 62 ③ 63 ④ 64 ②

해설

- 위험도는 통전전류의 크기 > 통전경로 > 통전시간 > 전원의 종류(교류 > 직류) > 주파수 및 파형 순이다.

감전위험에 영향을 주는 요인과 위험도

- 감전위험에 영향을 주는 1차적인 요소에는 통전전류의 크기, 통전경로, 통전시간, 통전전원의 종류와 질이 있다.
- 감전위험에 영향을 주는 2차적인 요소에는 인체의 조건, 주변 환경 등이 있다.
- 위험도는 통전전류의 크기 > 통전경로 > 통전시간 > 전원의 종류(교류 > 직류) > 주파수 및 파형 순이다.

65

Repetitive Learning (1회 2회 3회)

폭발위험장소에서 점화성 불꽃이 발생하지 않도록 전기설비를 설치하는 방법으로 틀린 것은?

① 낙뢰 방호조치를 취한다.
② 모든 설비를 등전위시킨다.
③ 정전기의 영향을 안전한계 이내로 줄인다.
④ 0종 장소는 금속부에 전식방지설비를 한다.

해설

- 0종 장소의 금속부에는 전식방지설비를 하여서는 아니 된다.

폭발위험장소에서의 점화성 불꽃 방지

- 폭발위험장소 내의 모든 설비는 등전위시켜야 한다.
- 외함 또는 용기의 지락전류를 제한하고(크기 또는 시간) 등전위 본딩 도체의 전위상승 억제조치를 취하여야 한다.
- 본안 부품 이외의 모든 노출충전부와 그 어떠한 형태의 접촉도 있어서는 아니 된다.
- 전기설비의 설계 시 각 설계단계에서 정전기 영향을 안전수준 이내로 줄이기 위한 조치를 취하여야 한다.
- 뇌 영향을 안전한계 이내로 줄이기 위한 적절한 조치를 취하여야 한다.
- 전자파 영향을 안전범위 이내로 줄이기 위한 조치를 취하여야 한다.
- 폭발위험장소 내에 설치된 전식방지 금속부는 비록 낮은 음(−)전위이지만, 위험한 전위로 간주하여야 한다(특히, 전류인가 방식의 경우). 전식방지를 위하여 특별히 설계되지 않았다면, 0종 장소의 금속부에는 전식방지설비를 하여서는 아니 된다.

66

Repetitive Learning (1회 2회 3회)

정전기를 제거하려 한 행위 중 폭발이 발생하였다면 다음 중 어떤 경우인가?

① 가습 ② 자외선 공급
③ 온도 조절 ④ 금속부분 접지

해설

- 금속부분의 접지는 접지 중 접촉 분리 등의 영향으로 스파크가 발생할 수 있으며 이는 폭발이나 화재의 원인이 될 수 있다.

정전기 재해방지대책 실필 1901/1702/1201/1103

- 부도체에 제전기를 설치·운영하거나 도전성을 향상시켜야 한다.
- 정전기 재해방지를 위해서 반도체 취급 공정작업자가 착용하는 손목 띠의 저항은 1[MΩ]으로 한다.
- 도체의 경우 접지를 하며 이때 접지 값은 $10^6\Omega$ 이하이면 충분하고, 안전을 고려하여 $10^3\Omega$ 이하로 유지한다.
- 생산공정에 별다른 문제가 없다면, 습도를 70[%] 정도 유지하여 전하가 제거되기 쉽게 한다.
- 유동대전이 심하고 폭발 위험성이 높은 것(가솔린, 이황화탄소, 벤젠 등)은 배관 내 유속을 1m/s 이하로 해야 한다.
- 포장 과정에서 용기를 도전성 재료에 접지한다.
- 인쇄 과정에서 도포량을 적게 하고 접지한다.
- 대전 방지제를 사용하고, 대전 물체에 정전기 축적을 최소화 하여야 한다.
- 배관 내 액체의 유속을 제한한다.
- 공기를 이온화한다.
- 작업장 바닥에 도전성(정전기 방지용) 매트를 사용한다.
- 작업자는 제전복, 정전화(대전방지용 안전화)를 착용한다.

1002 / 2001

67

Repetitive Learning (1회 2회 3회)

온도조절용 바이메탈과 온도 퓨즈가 회로에 조합되어 있는 다리미를 사용한 가정에서 화재가 발생했다. 다리미에 부착되어 있던 바이메탈과 온도 퓨즈를 대상으로 화재사고를 분석하려 하는데 논리기호를 사용하여 표현하고자 한다. 어느 기호가 적당하겠는가?(단, 바이메탈의 작동과 온도 퓨즈가 끊어졌을 경우를 0, 그렇지 않을 경우를 1이라 한다)

① 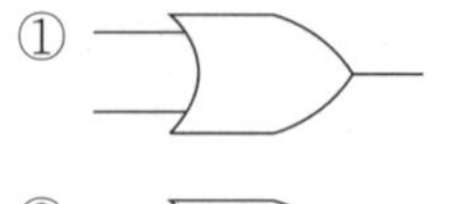
② 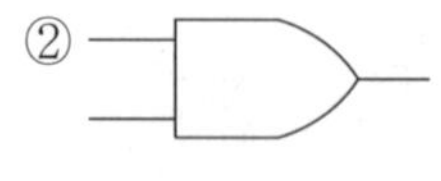
③ 
④ 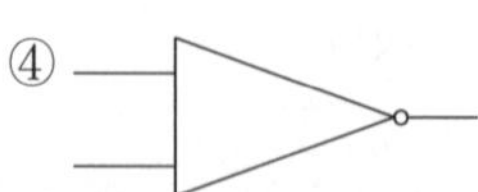

65 ④ 66 ④ 67 ② 정답

해설

- 온도조절용 바이메탈과 온도 퓨즈가 일정한 온도가 넘어가는데도 불구하고 끊어지지 않고 계속 연결될 경우 다리미의 온도는 계속 상승하여 화재가 발생하게 된다.
- 화재사고를 분석하기 위해, 바이메탈과 온도 퓨즈가 모두 "1"인 상태일 때 "1"이 출력되는 논리곱(AND) 회로를 묻고 있는 문제이다.

바이메탈과 온도 퓨즈의 작동 회로 : 논리곱(AND) 회로

- 두 개의 입력이 모두 "1"일 때 출력이 "1"이 되는 회로이다.

바이메탈	온도 퓨즈	화재발생
0	0	0
0	1	0
1	0	0
1	1	1

68

Repetitive Learning (1회 2회 3회)

스파크 화재의 방지책이 아닌 것은?

① 개폐기를 불연성 외함 내에 내장시키거나 통형 퓨즈를 사용할 것
② 접지부분의 산화, 변형, 퓨즈의 나사풀림 등으로 인한 접촉저항이 증가되는 것을 방지할 것
③ 가연성 증기, 분진 등 위험한 물질이 있는 곳에는 방폭형 개폐기를 사용할 것
④ 유입 개폐기는 절연유의 비중 정도, 배선에 주의하고 주위에는 내수벽을 설치할 것

해설

- 유입 개폐기는 절연유의 열화 정도와 유량에 주의하고, 주위에는 내수벽이 아니라 내화벽을 설치해야 한다.

스파크 화재의 방지책

- 과전류 차단용 퓨즈는 포장 퓨즈를 사용할 것
- 개폐기를 불연성 외함 내에 내장시키거나 통형 퓨즈를 사용할 것
- 접지부분의 산화, 변형, 퓨즈의 나사풀림 등으로 인한 접촉저항이 증가되는 것을 방지할 것
- 가연성 증기, 분진 등 위험한 물질이 있는 곳에는 방폭형 개폐기를 사용할 것
- 목재 벽이나 천장으로부터 고압은 1m 이상, 특별고압은 2m 이상 이격할 것
- 유입 개폐기는 절연유의 열화 정도와 유량에 주의하고, 주위에는 내화벽을 설치할 것
- 단락보호장치의 고장 발생 시에는 스파크로 인한 폭발위험이 있으므로 수동복구를 원칙으로 할 것

0402 / 0703 / 1002

69

Repetitive Learning (1회 2회 3회)

제전기의 제전효과에 영향을 미치는 요인으로 볼 수 없는 것은?

① 제전기의 이온 생성능력
② 전원의 극성 및 전선의 길이
③ 대전 물체의 대전위치 및 대전분포
④ 제전기의 설치 위치 및 설치 각도

해설

- 전원의 극성이나 전선의 길이는 제전기의 제전효과에 영향이 거의 없으며, ①, ③, ④ 외에 피대전물체의 이동속도 및 형상 등이 제전효과에 영향을 준다.

제전효과에 영향을 미치는 요인

- 제전기의 이온 생성능력
- 대전 물체의 대전위치 및 대전분포
- 제전기의 설치 위치 및 설치 각도
- 피대전물체의 이동속도 및 형상

0302 / 0602 / 1103

70

Repetitive Learning (1회 2회 3회)

감전에 의해 호흡이 정지한 후에 인공호흡을 즉시 실시하면 소생할 수 있는데, 감전에 의한 호흡 정지 후 3분 이내에 올바른 방법으로 인공호흡을 실시하였을 경우 소생률은 약 몇 [%] 정도인가?

① 25　② 50
③ 75　④ 95

해설

- 인공호흡을 호흡정지 후 얼마나 빨리 실시하느냐에 따라 소생률의 차이가 크다. 1분 이내일 경우 95%, 3분 이내일 경우 75%, 4분 이내일 경우 50%의 소생률을 보인다.

인공호흡

㉠ 소생률

- 감전에 의해 호흡이 정지한 후에 인공호흡을 즉시 실시하면 소생할 수 있는 확률을 말한다.

1분 이내	95[%]
3분 이내	75[%]
4분 이내	50[%]
6분 이내	25[%]

㉡ 심장마사지

- 인공호흡은 매분 12~15회, 30분 이상 실시한다.
- 심장마사지 15회, 인공호흡 2회를 교대로 실시하는데 2인이 동시에 실시할 경우 심장마사지와 인공호흡을 약 5 : 1의 비율로 실시한다.

71 Repetitive Learning 1회 2회 3회

절연안전모의 사용 시 주의사항으로 틀린 것은?

① 특고압작업에서도 안전도가 충분하므로 전격을 방지하는 목적으로 사용할 수 있다.

② 절연모를 착용할 때에는 턱걸이 끈을 안전하게 죄어야 한다.

③ 머리 윗부분과 안전모의 간격은 1[cm] 이상이 되도록 한다.

④ 내장포(충격흡수라이너) 및 턱끈이 파손되면 즉시 대체하여야 하고 대용품을 사용하여서는 안 된다.

해설

- 특고압은 직류 및 교류전압 모두 7,000V를 초과하는 전압으로 절연안전모의 절연한계를 초과한다.

절연안전모

㉠ 개요
- 물체의 낙하·비래, 추락 등에 의한 위험을 방지하고, 작업자 머리 부분을 감전에 의한 위험으로부터 보호하기 위하여 전압 7,000V 이하에서 사용하는 보호구이다.
- 충전부에 근접하여 머리에 전기적 충격을 받을 우려가 있는 장소, 활선과 근접한 주상, 철구상, 사다리, 나무 벌채 등 고소작업의 경우, 건설현장 등 낙하물이 있는 장소, 기타 머리에 상해가 우려될 때 절연안전모를 착용하여야 한다.

㉡ 사용방법
- 절연모를 착용할 때에는 턱걸이 끈을 안전하게 죄어야 한다.
- 머리 윗부분과 안전모의 간격은 1[cm] 이상이 되도록 한다.
- 내장포(충격흡수라이너) 및 턱끈이 파손되면 즉시 대체하여야 하고 대용품을 사용하여서는 안 된다.
- 한 번이라도 큰 충격을 받았을 경우에는 재사용하여서는 안 된다.

0701 / 1902

72 Repetitive Learning

폭발위험장소에서의 본질안전방폭구조에 대한 설명으로 틀린 것은?

① 본질안전방폭구조의 기본적 개념은 점화능력의 본질적 억제이다.

② 본질안전방폭구조의 Ex ib는 Fault에 대한 2중 안전 보장으로 0종~2종 장소에 사용할 수 있다.

③ 본질안전방폭구조의 적용은 에너지가 1.3W, 30V 및 250[mA] 이하의 개소에 가능하다.

④ 온도, 압력, 액면유량 등의 검출용 측정기는 대표적인 본질안전방폭구조의 예이다.

해설

- 본질안전방폭구조 중 Ex ib는 1종 장소, Ex ia는 0종 장소에서 사용 가능하다.

본질안전방폭구조(Ex ia, ib)

㉠ 개요
- 정상 시 및 사고 시(단선, 단락, 지락 등)에 발생하는 전기불꽃, 아크 또는 고온에 의하여 폭발성 가스 또는 증기에 점화되지 않는 것이 점화시험, 기타에 의하여 확인된 구조를 말한다.
- 점화능력의 본질적 억제에 중점을 둔 방폭구조이다.

㉡ 특징
- 지속적인 위험분위기가 조성되어 있는 0종 장소의 전기기계·기구에 주로 사용된다(EX ia).
- 온도, 압력, 액면유량 등의 검출용 측정기는 대표적인 본질안전 방폭구조의 예이다.
- 설치비용이 저렴하며, 설치장소의 제약을 받지 않아 복잡한 공간을 넓게 사용할 수 있다.
- 본질안전방폭구조의 적용은 에너지가 1.3W, 30V 및 250[mA] 이하의 개소에 가능하다.

0801

73 Repetitive Learning 1회 2회 3회

인체가 현저하게 젖어 있는 상태 또는 금속성의 전기기계장치나 구조물에 인체의 일부가 상시 접속되어 있는 상태에서의 허용접촉전압은 일반적으로 몇 [V] 이하로 하고 있는가?

① 2.5[V] 이하

② 25[V] 이하

③ 50[V] 이하

④ 75[V] 이하

해설

- 인체가 현저하게 젖어 있는 상태 또는 금속성의 전기기계장치나 구조물에 인체의 일부가 상시 접속되어 있는 상태는 제2종에 해당하며, 이때의 허용 접촉전압은 25[V] 이하이다.

접촉상태별 허용접촉전압

종별	접촉상태	허용 접촉전압
1종	인체의 대부분이 수중에 있는 상태	2.5[V] 이하
2종	• 인체가 현저하게 젖어 있는 상태 • 금속성의 전기기계 장치나 구조물에 인체의 일부가 상시 접속되어 있는 상태	25[V] 이하
3종	통상의 인체상태에 있어서 접촉전압이 가해지더라도 위험성이 낮은 상태	50[V] 이하
4종	접촉전압이 가해질 우려가 없는 경우	제한없음

71 ① 72 ② 73 ② 정답

0701 / 1902

74 Repetitive Learning (1회 2회 3회)

정전기 발생현상의 분류에 해당되지 않는 것은?

① 유체대전
② 마찰대전
③ 박리대전
④ 유동대전

해설

- 정전기 발생현상을 원인에 따라 분류하면 마찰대전, 박리대전, 유동대전, 충돌대전, 분출대전 등으로 구분한다.

정전기 발생현상 실필 0801

㉠ 개요
- 정전기 발생현상을 원인에 따라 분류하면 마찰대전, 박리대전, 유동대전, 충돌대전, 분출대전, 진동대전(교반대전), 파괴대전 등으로 구분한다.

㉡ 분류별 특징

구분	특징
마찰대전	두 물체가 서로 접촉 시 위치의 이동으로 전하의 분리 및 재배열이 일어나는 대전현상
박리대전	상호 밀착되어 있는 물질이 떨어질 때 전하분리에 의해 발생하는 대전현상
유동대전	• 저항이 높은 액체류가 파이프 등으로 수송될 때 접촉을 통해 서로 대전되는 현상 • 액체의 흐름이 정전기 발생에 영향을 준다.
충돌대전	스프레이 도장작업 등과 같은 입자와 입자끼리, 혹은 입자와 고체끼리의 충돌로 발생하는 대전현상
분출대전	스프레이 도장작업을 할 경우와 같이 액체나 기체 등이 작은 구멍을 통해 분출될 때 발생하는 대전현상

0801 / 1803

75 Repetitive Learning (1회 2회 3회)

인체의 전기저항이 5,000Ω이고, 세동전류와 통전시간과의 관계를 $I = \frac{165}{\sqrt{T}}$[mA]라 할 경우, 심실세동을 일으키는 위험 에너지는 약 몇 J인가?(단, 통전시간은 1초로 한다)

① 5　　② 30
③ 136　　④ 825

해설

- 인체의 접촉저항이 5,000Ω일 때 심실세동을 일으키는 전류에서의 전기에너지 $W = I^2Rt = \left(\frac{165 \times 10^{-3}}{\sqrt{T}}\right)^2 \times R \times T$ $= (165 \times 10^{-3})^2 \times 5,000 = 136.12$[J]이 된다.

심실세동 한계전류와 전기에너지 실필 2303/2101/1403/1401/1202

- 심장의 맥동에 영향을 주어 혈액 순환을 곤란하게 하고, 끝내는 심장 기능을 잃게 하는 치사적 전류를 심실세동전류라 한다.
- 감전자 1천명 중 5명 이상이 심실세동을 일으킬 수 있는 감전시간과 위험전류와의 관계에서
  심실세동 한계전류 I는 $\frac{165}{\sqrt{T}}$[mA]이고, T는 통전시간이다.
- 인체의 접촉저항을 500Ω으로 할 때 심실세동을 일으키는 전류에서의 전기에너지는 $W = I^2Rt = \left(\frac{165 \times 10^{-3}}{\sqrt{T}}\right)^2 \times R \times T = (165 \times 10^{-3})^2 \times 500 = 13.612$[J]가 된다.

0403 / 0603 / 1202

76 Repetitive Learning (1회 2회 3회)

전선로 등에서 아크 화상사고 시 전선이나 개폐기 터미널 등의 금속 분자가 고열로 용융되어 피부 속으로 녹아 들어가는 현상은?

① 피부의 광성변화　　② 전문
③ 표피박탈　　④ 전류반점

해설

- 피부의 광성변화란 감전사고 시 전선로의 선간단락 또는 지락사고로 인해 전선이나 단자 등의 금속 분자가 가열·용융되어 작업자의 피부 속으로 녹아 들어가 국지적으로 화상을 입는 현상을 말한다.

피부의 광성변화

- 전선로 등에서 아크 화상사고 시 전선이나 개폐기 터미널 등의 금속 분자가 고열로 용융되어 피부 속으로 녹아 들어가는 현상을 말한다.
- 감전사고 시 전선로의 선간단락 또는 지락사고로 인해 전선이나 단자 등의 금속 분자가 가열·용융되어 작업자의 피부 속으로 녹아 들어가 국지적으로 화상을 입는 현상을 말한다.

1301

77 Repetitive Learning (1회 2회 3회)

아세톤을 취급하는 작업장에서 작업자의 정전기 방전으로 인한 화재폭발 재해를 방지하기 위하여 인체대전 전위는 약 몇 [V] 이하로 유지하여야 하는가?(단, 인체의 정전용량 100[pF]이고, 아세톤의 최소착화에너지는 1.15[mJ]로 하며 기타의 조건은 무시한다)

① 1,150　　② 2,150
③ 3,800　　④ 4,800

정답 | 74 ① 75 ③ 76 ① 77 ④

해설

- 최소착화에너지(W)와 정전용량(C)이 주어져있는 상태에서 전압(전위)을 묻는 문제이므로 식을 역으로 이용하면 $V=\sqrt{\frac{2W}{C}}$ 이다.
- 1.15[mJ]은 1.15×10^{-3}[J]이고, 100[pF]은 100×10^{-12}[F]이다.
- $V=\sqrt{\frac{2\times1.15\times10^{-3}}{100\times10^{-12}}}=\sqrt{2.3\times10^{7}}=4,795.83$[J]가 된다.

최소발화에너지(MIE : Minimum Ignition Energy)

㉠ 개요
- 공기 중에 가연성 가스나 증기 또는 폭발성분이 존재할 때 이를 발화시키는 데 필요한 최저의 에너지를 말한다.
- 발화에너지의 양은 $W=\frac{1}{2}CV^2$[J]로 구한다.
- 단위는 밀리줄[mJ] / 줄[J]을 사용한다.

㉡ 특징
- 압력, 온도, 산소농도, 연소속도에 반비례한다.
- 유체의 유속이 높아지면 최소발화에너지는 커진다.
- 불활성 기체의 첨가는 발화에너지를 크게 하고, 혼합기체의 전압이 낮아도 발화에너지는 커진다.
- 일반적으로 화학양론농도보다도 조금 높은 농도일 때에 최솟값이 된다.

78

Repetitive Learning 1회 2회 3회

금속제 외함을 가지는 기계·기구에 전기를 공급하는 전로에 지락이 발생했을 때에 자동적으로 전로를 차단하는 누전차단기 등을 설치하여야 한다. 누전차단기를 설치하지 않아도 되는 경우로 틀린 것은?

① 기계·기구 고무, 합성수지 기타 절연물로 피복된 것일 경우
② 기계·기구가 유도전동기의 2차측 전로에 접속된 저항기일 경우
③ 대지전압이 150[V]를 초과하는 전동기계·기구를 시설하는 경우
④ 전기용품안전관리법의 적용을 받는 2중절연구조의 기계·기구를 시설하는 경우

해설

- 대지전압 150[V] 이하의 기계·기구를 물기가 없는 장소에 시설하는 경우에는 누전차단기를 설치하지 않아도 되나 150[V]를 초과하는 경우에는 누전차단기를 설치하여야 한다.

누전차단기를 설치하지 않는 경우

- 기계·기구를 발전소, 변전소 또는 개폐소나 이에 준하는 곳에 시설하는 경우로서 전기 취급자 이외의 자가 임의로 출입할 수 없는 경우
- 기계·기구를 건조한 장소에 시설하는 경우
- 기계·기구를 건조한 장소에 시설하고 습한 장소에서 조작하는 경우로 제어용 전압이 교류 30[V], 직류 40[V] 이하인 경우
- 대지전압 150[V] 이하의 기계·기구를 물기가 없는 장소에 시설하는 경우
- 전기용품안전관리법의 적용을 받는 2중절연구조의 기계·기구(정원등, 전동공구 등)를 시설하는 경우
- 그 전로의 전원측에 절연변압기를 시설하고 또한 그 절연변압기의 부하측 전로를 접지하지 않은 경우
- 기계·기구가 고무, 합성수지 기타 절연물로 피복된 것일 경우
- 기계·기구가 유도전동기의 2차측 전로에 접속되는 것일 경우
- 기계·기구 내에 전기용품안전관리법의 적용을 받는 누전차단기를 설치하고 또한 전원연결선에 손상을 받을 우려가 없도록 시설하는 경우

1803

79

Repetitive Learning 1회 2회 3회

심장의 맥동주기 중 어느 때에 전격이 인가되면 심실세동을 일으킬 확률이 크고 위험한가?

① 심방의 수축이 있을 때
② 심실의 수축이 있을 때
③ 심실의 수축 종료 후 심실의 휴식이 있을 때
④ 심실의 수축이 있고 심방의 휴식이 있을 때

해설

- 심장의 심실 수축이 종료되고 심실의 휴식이 있는 T파 부분에서 전격(쇼크)이 가해지면 심실세동이 일어날 확률이 가장 크고 위험하다.

심장의 맥동주기와 심실세동

㉠ 맥동주기
- 맥동주기는 심장이 한 번의 심박에서 다음 심박까지 한 일을 말한다.
- 의학적인 심장의 맥동주기는 P-Q-R-S-T 파형으로 나타낸다.

㉡ 맥동주기 해석

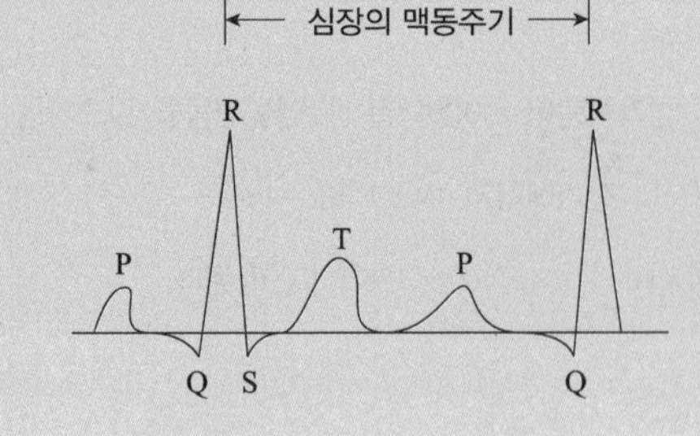

78 ③ 79 ③ 정답

- 심방 수축에 따른 파형을 P파, 심실 수축에 따른 파형을 Q-R-S파, 심실 수축 종료 시 나타나는 파형으로 심실의 휴식을 의미하는 파형을 T파라 한다.
- 심장의 심실 수축이 종료되는 T파 부분에서 전격(쇼크)이 가해지면 심실세동이 일어날 확률이 가장 크고 위험하다.

0601

80

Repetitive Learning (1회 2회 3회)

뇌해를 받을 우려가 있는 곳에는 피뢰기를 시설하여야 한다. 시설하지 않아도 되는 곳은?

① 가공전선로와 지중전선로가 접속하는 곳
② 발전소, 변전소의 가공전선 인입구 및 입출구
③ 습뢰 빈도가 적은 지역으로서 방출 보호통을 장치하는 곳
④ 특고압 가공전선로로부터 공급을 받는 수용장소의 인입구

해설

- 피뢰기는 습뢰 빈도가 적은 지역으로서 방출 보호통을 장치하는 곳이 아니라 ①, ②, ④ 외에 가공전선로에 접속하는 배전용 변압기의 고압측 및 특고압측에 설치하여야 한다.

고압 및 특고압의 전로 중 피뢰기의 설치 대상
- 발전소·변전소 또는 이에 준하는 장소의 가공전선 인입구 및 인출구
- 가공전선로에 접속하는 배전용 변압기의 고압측 및 특고압측
- 고압 및 특고압 가공전선로로부터 공급을 받는 수용장소의 인입구
- 가공전선로와 지중전선로가 접속되는 곳

5과목 화학설비 안전관리

1003 / 1903

81

Repetitive Learning (1회 2회 3회)

에틸에테르와 에틸알코올이 3 : 1로 혼합된 증기의 몰비가 각각 0.75, 0.25이고, 에틸에테르와 에틸알코올의 폭발하한 값이 각각 1.9[vol%], 4.3[vol%]일 때 혼합가스의 폭발하한 값은 약 몇 [vol%]인가?

① 2.2　　② 3.5
③ 22.0　　④ 34.7

해설

- 에틸에테르와 에틸알코올의 주어진 몰수는 각각 75, 25이다.
- 혼합가스의 폭발하한계는 LEL

$$= \frac{100}{\frac{75}{1.9}+\frac{25}{4.3}} = \frac{100}{39.5+5.8} = \frac{100}{45.3} = 2.21[\text{vol\%}]\text{이다.}$$

혼합가스의 폭발한계와 폭발범위 실필 1603

㉠ 폭발한계
- 혼합가스의 폭발한계는 혼합가스를 구성하는 각 가스의 폭발한계당 mol분율 합의 역수로 구한다.
- 혼합가스의 폭발한계는 $\dfrac{1}{\sum_{i=1}^{n}\frac{\text{mol분율}}{\text{폭발한계}}}$로 구한다.
- [vol%]를 구할 때는 $\dfrac{100}{\sum_{i=1}^{n}\frac{\text{mol분율}}{\text{폭발한계}}}$[vol%] 식을 이용한다.

㉡ 폭발범위
- 폭발상한계와 폭발하한계를 각각 구해서 범위를 구한다.

0301 / 0403 / 0603 / 1001 / 1203

82

Repetitive Learning (1회 2회 3회)

다량의 황산이 가연물과 혼합되어 화재가 발생하였을 경우의 소화방법으로 적절하지 않은 방법은?

① 건조분말로 질식소화를 한다.
② 회(灰)로 덮어 질식소화를 한다.
③ 마른 모래로 덮어 질식소화를 한다.
④ 물을 뿌려 냉각소화 및 질식소화를 한다.

해설

- 황산(H_2SO_4)으로 인한 화재는 물(H_2O)과 접촉할 경우 발열반응을 일으켜 화재가 더욱 확산되므로 물을 직접 뿌리는 방식의 소화를 금한다.

황산(H_2SO_4)

㉠ 개요
- 무색의 비휘발성 액체로 강산성 화합물이다.
- 강한 산성을 띠며 물과 혼합하면 다량의 열을 발생한다.
- 눈과 피부에 심한 손상을 일으키고, 흡입하면 치명적인 발암물질이다.

㉡ 황산으로 인한 화재 시 대응
- 황산은 물과 접촉할 경우 발열반응을 일으켜 화재가 더욱 확산되고 부식성 및 독성가스를 방출하므로 물을 직접 뿌리는 방식의 소화를 금한다.
- 건조분말, 마른 모래나 회로 덮어 질식소화를 한다.

정답 | 80 ③ 81 ① 82 ④

1103 / 1802

83 Repetitive Learning (1회 2회 3회)

폭발에 관한 용어 중 "BLEVE"가 의미하는 것은?

① 고농도의 분진폭발
② 저농도의 분해폭발
③ 개방계 증기운 폭발
④ 비등액 팽창증기 폭발

해설

- BLEVE는 Boiling Liquid Expanding Vapor Explosion의 약자로 비등액 팽창증기 폭발을 의미한다.

비등액 팽창증기 폭발(BLEVE)

㉠ 개요 실필 1602/0802
- BLEVE는 Boiling Liquid Expanding Vapor Explosion의 약자로 비등액 팽창증기 폭발을 의미한다.
- 비점이나 인화점이 낮은 액체가 들어 있는 용기 주위가 화재 등으로 인하여 가열되면, 내부의 비등현상으로 인한 압력 상승으로 용기의 벽면이 파열되고 그 내용물이 폭발적으로 증발, 팽창하면서 폭발을 일으키는 현상을 말한다.

㉡ 영향을 미치는 요인 실필 1801
- 비등액 팽창증기 폭발에 영향을 미치는 요인에는 저장용기의 재질, 온도, 압력, 저장된 물질의 종류와 형태 등이 있다.

0802 / 1202

84 Repetitive Learning (1회 2회 3회)

다음 중 산업안전보건법상 공정안전보고서에 포함되어야 할 사항으로 가장 거리가 먼 것은?

① 평균안전율
② 공전안전자료
③ 비상조치계획
④ 공정위험성 평가서

해설

- 공정안전보고서의 내용에는 ②, ③, ④ 외에 안전운전계획과 그 밖에 공정상의 안전과 관련하여 고용노동부장관이 필요하다고 인정하여 고시하는 사항이 포함된다.

공정안전보고서의 내용 실필 1703/1602/1403/1001

- 공정안전자료
- 공정위험성 평가서
- 안전운전계획
- 비상조치계획
- 그 밖에 공정상의 안전과 관련하여 고용노동부장관이 필요하다고 인정하여 고시하는 사항

1101 / 1903 / 2202

85 Repetitive Learning (1회 2회 3회)

분진폭발의 특징으로 옳은 것은?

① 연소속도가 가스폭발보다 크다.
② 안전연소로 가스중독의 위험이 작다.
③ 화염의 파급속도보다 압력의 파급속도가 크다.
④ 가스폭발보다 연소시간이 짧고 발생에너지가 작다.

해설

- 분진폭발은 가스폭발에 비해 연소속도는 느리다.
- 가스에 비하여 불완전연소를 일으키기 쉬우므로 연소 후 가스에 의한 중독 위험이 존재한다.
- 분진폭발은 가스폭발보다 연소시간이 길고 발생에너지가 크다.

분진의 발화폭발

㉠ 조건
- 분진이 발화폭발하기 위한 조건은 가연성, 미분상태, 공기 중에서의 교반과 유동 및 점화원의 존재이다.

㉡ 특징
- 화염의 파급속도보다 압력의 파급속도가 더 크다.
- 폭발한계 내에서 분진의 휘발성분이 많을수록 폭발하기 쉽다.
- 가스폭발에 비해 연소속도나 폭발압력은 작으나 연소시간이 길고 발생에너지가 크기 때문에 파괴력과 연소정도가 크다.
- 가스에 비하여 불완전연소를 일으키기 쉬우므로 연소 후 가스에 의한 중독 위험이 존재한다.
- 폭발 시 입자가 비산하므로 이것에 부딪치는 가연물은 국부적으로 심한 탄화를 일으킨다.

0401 / 0701 / 0902

86 Repetitive Learning (1회 2회 3회)

반응폭발에 영향을 미치는 요인 중 그 영향이 가장 적은 것은?

① 교반상태
② 냉각시스템
③ 반응온도
④ 반응생성물의 조성

해설

- 반응폭발에 영향을 미치는 요인에는 교반상태, 냉각시스템, 반응온도와 압력 등이 있다.

83 ④ 84 ① 85 ③ 86 ④ 정답

:: 반응폭주와 반응폭발

㉠ 반응폭주

- 반응속도가 지수함수적으로 증대되어 반응용기 내부의 온도 및 압력이 비정상적으로 상승하는 등 반응이 과격하게 진행되는 현상을 말한다.
- 온도, 압력 등 제어상태가 규정의 조건을 벗어나는 것에 의해 반응속도가 지수함수적으로 증대되고, 반응용기 내의 온도, 압력이 급격히 이상 상승되어 규정조건을 벗어나고, 반응이 과격화되는 현상이다.
- 반응폭주에 의한 위급상태의 발생을 방지하기 위해서는 불활성 가스의 공급장치가 필요하다.

㉡ 반응폭발

- 물리적·화학적인 외부의 힘으로 두 개 이상의 물질을 혼합상태로 만들 때 폭발하는 현상을 말한다.
- 반응폭발에 영향을 미치는 요인에는 교반상태, 냉각시스템, 반응온도와 압력 등이 있다.

1802

87 Repetitive Learning 

비중이 1.5이고, 직경이 74μm인 분체가 종말속도 0.2m/s로 직경 6m의 사일로(Silo)에서 질량유속 400kg/h로 흐를 때 평균농도는 약 얼마인가?

① 10.8mg/L
② 14.8mg/L
③ 19.8mg/L
④ 25.8mg/L

해설

- 직경이 6m인 사일로이므로 부피는 $\pi \times 3^2 = 9\pi = 28.26[m^3]$이다.
- 0.2m/sec의 속도로 지나는 유체의 부피는 $28.26 \times 0.2 = 5.625$ $[m^3/sec]$이다.
- 질량유속이 400[kg/h]이므로 이를 [g/sec]로 변환하면 111.11[g/sec]이다. 식에 대입하면 19.8[g/m^3]=19.8[mg/L]이 된다.

:: 사일로에서의 평균농도

- 사일로에서의 평균농도는 $\frac{\text{질량유속}}{\text{유체의 부피}}$ $= \frac{\text{질량유속}}{(\text{사일로의 부피} \times \text{종말속도})}$으로 구한다.
- 종말속도는 유체 속에 잠겨 있는 물체에 작용하는 중력과 항력, 부력이 평형을 이룰 때의 속도이다.
- 질량유속은 유체의 속도를 질량단위로 표현한 것을 말한다.

1002 / 1803

88 Repetitive Learning 1회 2회 3회

마그네슘의 저장 및 취급에 관한 설명으로 틀린 것은?

① 화기를 엄금하고, 가열, 충격, 마찰을 피한다.
② 분말이 비산하지 않도록 밀봉하여 저장한다.
③ 제6류 위험물과 같은 산화제와 혼합되지 않도록 격리, 저장한다.
④ 일단 연소하면 소화가 곤란하지만 초기 소화 또는 소규모 화재 시 물, CO_2 소화설비를 이용하여 소화한다.

해설

- 마그네슘은 분진 폭발성 물질이고 고온의 물이나 과열 수증기와 접촉하면 격렬히 반응하므로 소화 시 건조사나 분말소화약제를 사용해야 한다.

:: 마그네슘의 저장 및 취급

- 상온의 물에서는 안정하지만, 고온의 물이나 과열 수증기와 접촉하면 격렬히 반응하므로 소화 시 건조사나 분말소화약제를 사용해야 한다.
- 화기를 엄금하고, 가열, 충격, 마찰을 피한다.
- 분진폭발성이 있으므로 분말이 비산하지 않도록 완전 밀봉하여 저장한다.
- 1류 또는 6류와 같은 산화제, 할로겐 원소와 혼합하지 않도록 격리, 저장한다.

0402

89 Repetitive Learning 

다음 중 중합반응으로 발열을 일으키는 물질은?

① 인산
② 아세트산
③ 옥살산
④ 액화시안화수소

해설

- 액화시안화수소, 스티렌, 비닐아세틸렌, 아크릴산 에스테르, 메틸아크릴 에스테르 등이 중합반응과 함께 발열·발화하는 물질이다.

:: 중합반응(Polymerization)

- 분자량이 작은 분자가 연속으로 결합을 하여 분자량이 큰 분자 하나를 만드는 반응으로 고분자 화학반응이라고도 한다.
- 대부분의 중합반응은 발열반응에 해당한다.
- 액화시안화수소, 스티렌, 비닐아세틸렌, 아크릴산 에스테르, 메틸아크릴 에스테르 등이 중합반응과 함께 발열·발화하는 물질이다.

정답 | 87 ③ 88 ④ 89 ④

0803 / 1903

90 Repetitive Learning 

유류저장탱크에서 화염의 차단을 목적으로 외부에 증기를 방출하기도 하고 탱크 내에 외기를 흡입하기도 하는 부분에 설치하는 안전장치는?

① Vent stack
② Safety valve
③ Gate valve
④ Flame arrester

해설

- Vent stack은 정상운전 또는 비상운전 시 방출된 가스 또는 증기를 소각하지 않고 대기 중으로 안전하게 방출시키기 위하여 설치한 설비를 말한다.
- Safety valve는 공기 및 증기 발생장치의 과압으로부터 시스템을 보호하기 위해 사용되는 밸브로서 유체의 압력이 기준값을 초과하였을 경우 순간적으로 압력을 배출시켜 주는 밸브이다.
- Gate valve는 증기기관 등에서 사용하는 대표적인 개폐용(ON-OFF제어) 밸브를 말한다.

플레임어레스터(Flame arrester)
- 화염의 역화를 방지하기 위한 안전장치로, 인화방지망 혹은 역화방지장치라고도 한다.
- 유류저장탱크에서 화염의 차단을 목적으로 화재나 기폭의 전파를 저지하는 안전장치이다.
- 비교적 저압 또는 상압에서 가연성의 증기를 발생하는 유류를 저장하는 탱크에서 외부에 그 증기를 방출하기도 하고, 탱크 내에 외기를 흡입하기도 하는 부분에 설치하는 안전장치이다.
- 40메시 이상의 가는 눈의 철망을 여러 겹으로 해서 구성한다.

1301

91 Repetitive Learning 1회 2회 3회

다음 중 화염방지기의 구조 및 설치방법에 관한 설명으로 옳지 않은 것은?

① 화염방지기는 보호대상 화학설비와 연결된 통기관의 중앙에 설치하여야 한다.
② 화염방지 성능이 있는 통기밸브인 경우를 제외하고 화염방지기를 설치하여야 한다.
③ 본체는 금속제로 내식성이 있어야 하며, 폭발 및 화재로 인한 압력과 온도에 견딜 수 있어야 한다.
④ 소염소자는 내식, 내열성이 있는 재질이어야 하고, 이물질 등의 제거를 위한 정비작업이 용이하여야 한다.

해설

- 외부로부터의 화염을 방지하기 위하여 화염방지기를 그 설비 상단에 설치하여야 한다.

화염방지기의 설치
- 사업주는 인화성 액체 및 인화성 가스를 저장 취급하는 화학설비에서 증기나 가스를 대기로 방출하는 경우에는 외부로부터의 화염을 방지하기 위하여 화염방지기를 그 설비 상단에 설치하여야 한다.
- 화염방지 성능이 있는 통기밸브인 경우를 제외하고 화염방지기를 설치하여야 한다.
- 본체는 금속제로 내식성이 있어야 하며, 폭발 및 화재로 인한 압력과 온도에 견딜 수 있어야 한다.
- 소염소자는 내식, 내열성이 있는 재질이어야 하고, 이물질 등의 제거를 위한 정비작업이 용이하여야 한다.

0803

92 Repetitive Learning 1회 2회 3회

송풍기의 상사법칙에 관한 설명으로 옳지 않은 것은?

① 송풍량은 회전수와 비례한다.
② 정압은 회전수 제곱에 비례한다.
③ 축동력은 회전수의 세제곱에 비례한다.
④ 정압은 임펠러 직경의 네제곱에 비례한다.

해설

- 정압은 임펠러 직경의 제곱에 비례한다.

송풍기의 상사법칙
㉠ 회전수 비와의 관계
- 송풍량은 회전수 비와 비례한다.
- 정압과 풍압은 회전수 비의 제곱에 비례한다.
- 축동력이나 마력은 회전수 비의 세제곱에 비례한다.

㉡ 임펠러 직경과의 관계
- 송풍량은 임펠러 직경의 세제곱에 비례한다.
- 정압은 임펠러 직경의 제곱에 비례한다.
- 축동력은 임펠러 직경의 다섯제곱에 비례한다.

0501 / 0701 / 1102

93 Repetitive Learning 

다음 중 유해화학물질의 중독에 대한 일반적인 응급처치 방법으로 적절하지 않은 것은?

① 알코올 등의 필요한 약품을 투여한다.
② 환자를 안정시키고, 침대에 옆으로 눕힌다.
③ 호흡 정지 시 가능한 경우 인공호흡을 실시한다.
④ 신체를 따뜻하게 하고 신선한 공기를 확보한다.

90 ④ 91 ① 92 ④ 93 ① | 정답

해설

- 전문의의 처방 없이 약품을 투여하지 않도록 해야 한다.

∷ 유해화학물질의 중독에 대한 일반적인 응급처치

- 환자를 안정시키고, 침대에 옆으로 눕힌다.
- 호흡 정지 시 가능한 경우 인공호흡을 실시한다.
- 신체를 따뜻하게 하고 신선한 공기를 확보한다.

0303 / 2201

94 Repetitive Learning 1회 2회 3회

반응기를 설계할 때 고려해야 할 요인으로 가장 거리가 먼 것은?

① 부식성
② 상의 형태
③ 온도 범위
④ 중간생성물의 유무

해설

- 반응기의 설계 시 고려할 사항은 부식성, 상(Phase)의 형태, 온도 범위, 운전압력 외에도 온도조절, 생산비율, 열전달 등이 있다.

∷ 반응기

㉠ 개요

- 반응기란 2종 이상의 물질이 촉매나 유사 매개물질에 의해 일정한 온도, 압력에서 반응하여 조성, 구조 등이 다른 물질을 생성하는 장치를 말한다.
- 반응기의 설계 시 고려할 사항은 부식성, 상(Phase)의 형태, 온도 범위, 운전압력 외에도 온도조절, 생산비율, 열전달 등이 있다.

㉡ 분류

구분	내용
조작방식	• 회분식 – 한 번 원료를 넣으면, 목적을 달성할 때까지 반응을 계속하는 반응기 방식이다. • 반회분식 – 처음에 원료를 넣고 반응이 진행됨에 따라 다른 원료를 첨가하는 반응기 방식이다. • 연속식 – 반응기의 한쪽에서는 원료를 계속적으로 유입하는 동시에 다른 쪽에서는 반응생성 물질을 유출시키는 반응기 방식으로 유통식이라고도 한다.
구조형식	• 관형 – 가늘고 길며 곧은 관 형태의 반응기 • 탑형 – 직립 원통상의 반응기로 위쪽에서 아래쪽으로 유체를 보내는 반응기 • 교반조형 – 교반기를 부착한 조형의 반응기 • 유동층형 – 유동층 형성부를 갖는 반응기

0502 / 0701 / 0901

95 Repetitive Learning 1회 2회 3회

다음 [표]의 가스를 위험도가 큰 것부터 작은 순으로 나열한 것은?

	폭발하한값	폭발상한값
수소	4.0[vol%]	75.0[vol%]
산화에틸렌	3.0[vol%]	80.0[vol%]
이황화탄소	1.25[vol%]	44.0[vol%]
아세틸렌	2.5[vol%]	81.0[vol%]

① 아세틸렌 – 산화에틸렌 – 이황화탄소 – 수소
② 아세틸렌 – 산화에틸렌 – 수소 – 이황화탄소
③ 이황화탄소 – 아세틸렌 – 수소 – 산화에틸렌
④ 이황화탄소 – 아세틸렌 – 산화에틸렌 – 수소

해설

- 주어진 가스의 위험도를 구하면 다음과 같다.

	폭발하한값	폭발상한값	위험도
수소(H_2)	4.0[vol%]	75.0[vol%]	$\frac{71}{4}=17.75$
산화에틸렌(C_2H_4O)	3.0[vol%]	80.0[vol%]	$\frac{77}{3}=25.67$
이황화탄소(CS_2)	1.25[vol%]	44.0[vol%]	$\frac{42.75}{1.25}=34.2$
아세틸렌(C_2H_2)	2.5[vol%]	81.0[vol%]	$\frac{78.5}{2.5}=31.4$

∷ 가스의 위험도 실필 1603

- 폭발을 일으키는 가연성 가스의 위험성의 크기를 나타낸다.
- $H=\frac{(U-L)}{L}$

H : 위험도
U : 폭발상한계
L : 폭발하한계

0801 / 0903

96 Repetitive Learning 1회 2회 3회

산업안전보건법에서 규정한 급성독성물질은 쥐에 대한 4시간 동안의 흡입실험으로 실험동물 50[%]를 사망시킬 수 있는 농도(LC50)가 몇 [ppm] 이하인 물질을 말하는가?

① 1,500
② 2,500
③ 3,000
④ 4,000

해설

- 급성독성물질에서 쥐에 대한 4시간 동안의 흡입실험에 의하여 실험동물의 50%를 사망시킬 수 있는 물질의 농도는 가스 LC_{50}(쥐, 4시간 흡입)이 2,500ppm 이하인 화학물질 및 증기를 말한다.

급성독성물질 실필 1902/1701/1103

- 쥐에 대한 경구투입실험에 의하여 실험동물의 50%를 사망시킬 수 있는 물질의 양, 즉 LD_{50}(경구, 쥐)이 kg당 300mg-(체중) 이하인 화학물질
- 쥐 또는 토끼에 대한 경피흡수실험에 의하여 실험동물의 50%를 사망시킬 수 있는 물질의 양, 즉 LD_{50}(경피, 토끼 또는 쥐)이 kg당 1,000mg-(체중) 이하인 화학물질
- 쥐에 대한 4시간 동안의 흡입실험에 의하여 실험동물의 50%를 사망시킬 수 있는 물질의 농도, 즉 가스 LC_{50}(쥐, 4시간 흡입)이 2,500ppm 이하인 화학물질, 증기 LC_{50}(쥐, 4시간 흡입)이 10mg/L 이하인 화학물질, 분진 또는 미스트 1mg/L 이하인 화학물질

1202

97 Repetitive Learning (1회 2회 3회)

다음 중 자기반응성 물질에 의한 화재에 대하여 사용할 수 없는 소화기의 종류는?

① 포 소화기
② 무상강화액 소화기
③ 이산화탄소 소화기
④ 봉상수(棒狀水) 소화기

해설

- 자기반응성 물질에 의한 화재에는 냉각소화원리를 활용하는 봉상수 소화기, 무상수 소화기, 봉상강화액 소화기, 무상강화액 소화기, 포 소화기를 사용한다.

제5류(자기반응성 물질)

㉠ 개요
- 고체 또는 액체로서 폭발의 위험성 또는 가열분해의 격렬함을 갖는 물질이다.
- 유기과산화물, 질산에스테르류, 히드록실아민, 니트로화합물, 니트로소화합물, 아조화합물, 디아조화합물, 히드라진 유도체 등이 이에 해당한다.

㉡ 화재 대책
- 자기반응성 물질이란 산소(공기)의 공급이 없어도 강렬하게 발열·분해되기 쉬운 열적으로 불안정한 물질을 말한다.
- 자기연소성 물질이기 때문에 CO_2, 분말, 하론, 포 등에 의한 질식소화는 효과가 없으며, 다량의 물로 냉각소화하는 것이 적당하다.
- 제5류에 해당하는 자기반응성 물질에 의한 화재에는 봉상수 소화기, 무상수 소화기, 봉상강화액 소화기, 무상강화액 소화기, 포 소화기를 사용한다.

1103

98 Repetitive Learning (1회 2회 3회)

가연성 가스에 관한 설명으로 옳지 않은 것은?

① 메탄가스는 가장 간단한 탄화수소 기체이며, 온실효과가 있다.
② 프로판 가스의 연소범위는 2.1~9.5% 정도이며, 공기보다 무겁다.
③ 아세틸렌가스는 용해 가스로서 녹색으로 도색한 용기를 사용한다.
④ 수소가스는 물에 잘 녹지 않으며, 온도가 높아지면 반응성이 커진다.

해설

- 아세틸렌은 황색 용기에 들어있다.

가스용기(도관)의 색 실필 1503/1201

가스	용기(도관)의 색	가스	용기(도관)의 색
산소	녹색(흑색)	아르곤, 질소 액화석유가스	회색
아세틸렌	황색(적색)		
수소	주황색	액화염소	갈색
이산화질소 액화탄산가스	청색	액화암모니아	백색

0501 / 1101

99 Repetitive Learning (1회 2회 3회)

아세틸렌가스가 다음과 같은 반응식에 의하여 연소할 때 연소열은 약 몇 [kcal/mol]인가? (단, 다음의 열역학 표를 참조하여 계산한다)

$$C_2H_2 + \frac{5}{2}O_2 \rightarrow 2CO_2 + H_2O$$

	△H[kcal/mol]
C_2H_2	54.194
CO_2	-94.052
$H_2O(g)$	-57.798

① -300.1
② -200.1
③ 200.1
④ 300.1

97 ③ 98 ③ 99 ① 정답

해설

- 연소열은 산소와 결합할 때 발생하는 열량을 의미하므로 산소를 중심에 놓고 풀어야 한다.
- $\frac{5}{2}O_2 = -C_2H_2 + 2Co_2 + H_2O$가 된다.
- 주어진 열역학 표에서 관련 물질의 연소열을 대입하면 우변은 −54.194+2×(−94.052)+(−57.798) =−54.194−188.104−57.798=−300.1[[kcal/mol]이 된다.

:: 연소열

- 어떤 물질 1g(혹은 1몰)이 완전연소할 때 산소와 반응하여 발생하는 열량을 말한다.
- 발열반응에 해당하므로 △H의 부호는 −로 표시한다.
- 연소열은 연료의 종류에 따라 다르다.

100 ──── Repetitive Learning (1회 2회 3회)

화재감지기 중 연기감지기에 해당하지 않은 것은?

① 광전식　② 감광식
③ 이온식　④ 정온식

해설

- 정온식은 열감지식 감지기이다.

:: 화재감지기

㉠ 개요

- 화재 시 발생되는 열이나 연기를 통해 화재를 감지하는 장치이다.
- 감지대상에 따라 열감지기, 연기감지기, 복합형감지기, 불꽃감지기로 구분된다.

㉡ 대표적인 감지기의 종류

열감지식	차동식	• 공기의 팽창을 감지 • 공기관식, 열전대식, 열반도체식
	정온식	열의 축적을 감지
	보상식	공기팽창과 열축적을 동시에 감지
연기감지식	광전식	광전소자의 입사광량 변화를 감지
	이온화식	이온전류의 변화를 감지
	감광식	광전식의 한 종류

6과목 건설공사 안전관리

1201 / 1403 / 1902

101 ──── Repetitive Learning (1회 2회 3회)

다음은 달비계 또는 높이 5m 이상의 비계를 조립·해체하거나 변경하는 작업을 하는 경우의 준수사항이다. 빈칸에 알맞은 숫자는?

> 비계재료의 연결·해체작업을 하는 경우에는 폭 (　)cm 이상의 발판을 설치하고 근로자로 하여금 안전대를 사용하도록 하는 등 추락을 방지하기 위한 조치를 할 것

① 15　② 20
③ 25　④ 30

해설

- 비계재료의 연결·해체작업을 하는 경우에는 폭 20cm 이상의 발판을 설치하고 근로자로 하여금 안전대를 사용하도록 하는 등 추락을 방지하기 위한 조치를 하여야 한다.

:: 달비계 또는 높이 5m 이상의 비계 등의 조립·해체 및 변경

- 근로자가 관리감독자의 지휘에 따라 작업하도록 할 것
- 조립·해체 또는 변경의 시기·범위 및 절차를 그 작업에 종사하는 근로자에게 주지시킬 것
- 조립·해체 또는 변경 작업구역에는 해당 작업에 종사하는 근로자가 아닌 사람의 출입을 금지하고 그 내용을 보기 쉬운 장소에 게시할 것
- 비, 눈, 그 밖의 기상상태의 불안정으로 날씨가 몹시 나쁜 경우에는 그 작업을 중지시킬 것
- 비계재료의 연결·해체작업을 하는 경우에는 폭 20cm 이상의 발판을 설치하고 근로자로 하여금 안전대를 사용하도록 하는 등 추락을 방지하기 위한 조치를 할 것
- 재료·기구 또는 공구 등을 올리거나 내리는 경우에는 근로자가 달줄 또는 달포대 등을 사용하게 할 것
- 강관비계 또는 통나무비계를 조립하는 경우에는 쌍줄로 할 것. 다만, 별도의 작업발판을 설치할 수 있는 시설을 갖춘 경우에는 외줄로 할 수 있다.

1202

102 ──── Repetitive Learning (1회 2회 3회)

다음 중 토사붕괴의 내적 원인인 것은?

① 절토 및 성토 높이 증가
② 사면, 법면의 기울기 증가
③ 토석의 강도 저하
④ 공사에 의한 진동 및 반복하중 증가

정답 | 100 ④　101 ②　102 ③

해설

- ①, ②, ④는 모두 토사붕괴의 외적 원인에 해당한다.

토사(석)붕괴 원인

내적 요인	• 토석의 강도 저하 • 절토사면의 토질, 암질 및 절리 상태 • 성토사면의 다짐 불량 • 점착력의 감소
외적 요인	• 작업진동 및 반복하중의 증가 • 사면, 법면의 경사 및 기울기의 증가 • 절토 및 성토 높이와 지하수위의 증가 • 지표수·지하수의 침투에 의한 토사중량의 증가 • 지진, 차량, 구조물의 중량과 토사 및 암석의 혼합층 두께의 증가

0602 / 0801 / 0802 / 1303

103

철륜 표면에 다수의 돌기를 붙여 접지면적을 작게 하여 접지압을 증가시킨 롤러로서 고함수비 점성토 지반의 다짐작업에 적합한 롤러는?

① 탠덤 롤러

② 로드 롤러

③ 타이어 롤러

④ 탬핑 롤러

해설

- 탠덤 롤러(Tandem roller)는 전륜, 후륜 각 1개의 철륜을 가진 롤러로 점성토나 자갈, 쇄석의 다짐, 아스팔트 포장의 마무리에 적합한 롤러이다.
- 로드 롤러(Road roller)는 쇠 바퀴를 이용해 다지기 하는 기계이다.
- 타이어 롤러(Tire roller)는 고무 타이어를 이용해서 다지기 하는 기계이다.

탬핑 롤러(Tamping roller)

- 롤러의 표면에 돌기를 만들어 부착한 것으로 돌기가 전압층에 매입되어 풍화암을 파쇄하고 흙속의 간극수압을 제거하는 롤러이다.
- 드럼에 붙은 돌기를 이용하여 흙의 깊은 위치를 다지는 데 사용하며 고함수비 점성토 지반의 다짐작업에 이용된다.
- 다짐용 전압롤러로 점착력이 큰 진흙다짐에 주로 사용된다.

1801

104

Repetitive Learning 1회 2회 3회

건설업 산업안전보건관리비 중 안전시설비로 사용할 수 없는 것은?

① 안전통로

② 비계에 추가 설치하는 추락방지용 안전난간

③ 사다리 전도방지장치

④ 통로의 낙하물 방호선반

해설

- 각종 비계, 작업발판, 가설계단·통로, 사다리 등의 설치에는 안전시설비를 사용할 수 없다.

안전시설비 사용이 불가능하지만 원활한 공사수행을 위해 공사현장에 설치하는 시설물, 장치, 자재

- 외부인 출입금지, 공사장 경계표시를 위한 가설울타리
- 절토부 및 성토부 등의 토사유실 방지를 위한 설비
- 작업장 간 상호 연락, 작업상황 파악 등 통신수단으로 활용되는 통신시설·설비
- 공사 목적물의 품질 확보 또는 건설장비 자체의 운행 감시, 공사진척상황 확인, 방범 등의 목적을 가진 CCTV 등 감시용 장비
- 각종 비계, 작업발판, 가설계단·통로, 사다리 등
- 단, 비계·통로·계단에 추가 설치하는 추락방지용 안전난간, 사다리 전도방지장치, 틀비계에 별도로 설치하는 안전난간·사다리, 통로의 낙하물 방호선반 등은 사용 가능함

105

Repetitive Learning 1회 2회 3회

토공기계 중 크램쉘(Clam shell)의 용도에 대해 가장 잘 설명한 것은?

① 단단한 지반에 작업하기 쉽고 작업속도가 빠르며 특히 암반굴착에 적합하다.

② 수면 하의 자갈, 실트 혹은 모래를 굴착하고 준설선에 많이 사용한다.

③ 상당히 넓고 얕은 범위의 점토질지반 굴착에 적합하다.

④ 기계위치보다 높은 곳의 굴착, 비탈면 절취에 적합하다.

해설

- ①은 백호우(Back hoe)에 대한 설명이다.
- ③은 드래그라인(Drag line)에 대한 설명이다.
- ④는 파워셔블(Power shovel)에 대한 설명이다.

크램쉘(Clam shell)

- 수중굴착 및 구조물의 기초바닥 등과 같은 협소하고 상당히 깊은 범위의 굴착과 호퍼작업에 사용하는 굴착기계이다.
- 잠함 안이나 수면 아래의 자갈, 모래를 굴착하고 준설선에 많이 사용된다.

103 ④ 104 ① 105 ② 정답

1802 / 2101

106

Repetitive Learning 1회 2회 3회

사면보호 공법 중 구조물에 의한 보호 공법에 해당되지 않는 것은?

① 식생구멍공
② 블록공
③ 돌쌓기공
④ 현장타설 콘크리트 격자공

해설

- 구조물에 의한 보호 공법에는 비탈면 녹화, 낙석방지울타리, 격자블록붙이기, 숏크리트, 낙석방지망, 블록공, 돌쌓기 공법 등이 있다.

식생공

- 건설재해대책의 사면보호 공법 중 하나이다.
- 식물을 생육시켜 그 뿌리로 사면의 표층토를 고정하여 빗물에 의한 침식, 동상, 이완 등을 방지하고, 녹화에 의한 경관조성을 목적으로 시공한다.

107

Repetitive Learning 1회 2회 3회

추락재해 방지를 위한 방망의 그물코 규격기준으로 옳은 것은?

① 사각 또는 마름모로서 크기가 5cm 이하
② 사각 또는 마름모로서 크기가 10cm 이하
③ 사각 또는 마름모로서 크기가 15cm 이하
④ 사각 또는 마름모로서 크기가 20cm 이하

해설

- 방망의 그물코는 사각 또는 마름모 형상으로서 한 변의 길이(매듭의 중심 간 거리)는 10cm 이하이어야 한다.

방망의 구조

- 방망은 망, 테두리 로프, 달기 로프, 시험용사로 구성되어진 것이다.
- 그물코는 사각 또는 마름모 형상으로서 한 변의 길이(매듭의 중심 간 거리)는 10cm 이하이어야 한다.
- 방망의 종류는 매듭방망으로서 매듭은 원칙적으로 단매듭을 한다.

108

Repetitive Learning 1회 2회 3회

건설업 유해·위험방지계획서 제출 시 첨부서류에 해당되지 않는 것은?

① 공사개요서
② 산업안전보건관리비 사용계획서
③ 재해발생 위험 시 연락 및 대피방법
④ 특수공사계획

해설

- 특수공사계획은 유해·위험방지계획서 제출 시 첨부서류에 포함되지 않는다.

유해·위험방지계획서 제출 시 첨부서류 실필 2302/1303/0903

구분	내용
공사개요 및 안전보건 관리계획	• 공사개요서 • 공사현장의 주변 현황 및 주변과의 관계를 나타내는 도면(매설물 현황 포함) • 건설물, 사용 기계설비 등의 배치를 나타내는 도면 • 전체공정표 • 산업안전보건관리비 사용계획 • 안전관리 조직표 • 재해발생 위험 시 연락 및 대피방법

0602

109

Repetitive Learning 1회 2회 3회

인력 운반 작업에 대한 안전 준수사항으로 가장 거리가 먼 것은?

① 보조기구를 효과적으로 사용한다.
② 물건을 들어 올릴 때는 팔과 무릎을 이용하며 척추는 곧게 한다.
③ 긴 물건은 뒤쪽으로 높이고 원통인 물건은 굴려서 운반한다.
④ 무거운 물건은 공동작업으로 실시한다.

해설

- 단독으로 긴 물건을 어깨에 메고 운반할 때에는 화물 앞부분 끝을 어깨에 메고 뒤쪽 끝을 끌면서 운반한다.

운반작업 시 주의사항

- 운반 시의 시선은 진행방향을 향하고 뒷걸음 운반을 하여서는 안 된다.
- 무거운 물건을 운반할 때 무게중심이 높은 화물은 인력으로 운반하지 않는다.
- 어깨 높이보다 높은 위치에서 화물을 들고 운반하여서는 안 된다.
- 1인당 무게는 25kg 정도가 적당하며, 무리한 운반을 피한다.
- 단독으로 긴 물건을 어깨에 메고 운반할 때에는 화물 앞부분 끝을 어깨에 메고 뒤쪽 끝을 끌면서 운반한다.
- 내려놓을 때는 천천히 내려놓도록 한다.
- 물건을 들어 올릴 때는 팔과 무릎을 이용하며 척추는 곧게 한다.
- 무거운 물건은 공동작업으로 실시하고, 공동작업을 할 때는 신호에 따라 작업한다.

정답 | 106 ① 107 ② 108 ④ 109 ③

1201 / 2101

110 Repetitive Learning (1회 2회 3회)

안전계수가 4이고 2,000kg/cm^2의 인장강도를 갖는 강선의 최대허용응력은?

① 500 kg/cm^2
② 1,000 kg/cm^2
③ 1,500 kg/cm^2
④ 2,000 kg/cm^2

해설

• 최대허용응력 = $\frac{\text{인장강도}}{\text{안전계수}}$이므로 $\frac{2,000}{4}$ = 500[kg/cm^2]이다.

∷ 안전율/안전계수(Safety factor)

• 소재의 파괴강도와 허용되는 응력의 비를 표시한 것이다.
• 안전율은 $\frac{\text{기준강도}}{\text{허용응력}}$ 또는 $\frac{\text{항복강도}}{\text{설계하중}}$, $\frac{\text{파괴하중}}{\text{최대사용하중}}$, $\frac{\text{최대응력}}{\text{허용응력}}$ 등으로 구한다.
• 응력은 단위면적당 부재에 작용하는 힘을 말하며, 허용응력은 단위면적당 재료가 파괴되지 않고 영구적인 변형이 남지 않는 비례한도 범위 내의 응력을 말한다.
• 기준강도는 재료에 손상을 입힌다고 인정되는 강도를 말한다.
• 강도(기준강도)를 통해 재료의 안전율, 구조 등이 결정된다.
• 연성재료에서는 항복점을 기준강도, 인장강도, 기초강도라고도 한다.

111 Repetitive Learning (1회 2회 3회)

달비계의 와이어로프의 사용금지 기준에 해당하지 않는 것은?

① 와이어로프의 한 꼬임에서 끊어진 소선의 수가 10% 이상인 것
② 지름의 감소가 공칭지름의 7%를 초과하는 것
③ 심하게 변형되거나 부식된 것
④ 균열이 있는 것

해설

• 달기구 및 크레인 등의 양중기, 항타기, 항발기에서 사용하는 와이어로프의 사용금지 규정에는 ①, ②, ③ 외에 이음매가 있는 것, 꼬인 것, 열과 전기충격에 의해 손상된 것 등이 있다.

∷ 달기구 및 크레인 등의 양중기, 항타기, 항발기에서 사용하는 와이어로프의 사용금지 규정

• 이음매가 있는 것
• 와이어로프의 한 꼬임{(스트랜드(strand)}에서 끊어진 소선(素線)의 수가 10% 이상인 것
• 지름의 감소가 공칭지름의 7%를 초과하는 것
• 꼬인 것
• 심하게 변형되거나 부식된 것
• 열과 전기충격에 의해 손상된 것

0402 / 0501 / 0601 / 2102

112 Repetitive Learning (1회 2회 3회)

강관틀비계의 벽이음에 대한 조립 간격 기준으로 옳은 것은?(단, 높이가 5m 미만인 경우 제외)

① 수직방향 5m, 수평방향 5m 이내
② 수직방향 6m, 수평방향 6m 이내
③ 수직방향 6m, 수평방향 8m 이내
④ 수직방향 8m, 수평방양 6m 이내

해설

• 강관틀비계의 조립 시 벽이음 간격은 수직방향으로 6m, 수평방향으로 8m 이내로 한다.

∷ 강관비계 조립 시의 준수사항

• 강관비계의 조립(벽이음) 간격

강관비계의 종류	조립 간격(단위 : m)	
	수직방향	수평방향
단관비계	5	5
틀비계(높이 5m 미만 제외)	6	8

• 강관·통나무 등의 재료를 사용하여 견고한 것으로 할 것
• 인장재(引張材)와 압축재로 구성된 경우에는 인장재와 압축재의 간격을 1m 이내로 할 것

110 ① 111 ④ 112 ③ 정답

1201 / 1801 / 2202

113 Repetitive Learning (1회 2회 3회)

터널공사에서 발파작업 시 안전대책으로 틀린 것은?

① 발파 전 도화선 연결상태, 저항치 조사 등의 목적으로 도통시험 실시 및 발파기의 작동상태를 사전에 점검
② 동력선은 발원점으로부터 최소 15m 이상 후방으로 옮길 것
③ 지질, 암의 절리 등에 따라 화약량 검토 및 시방기준과 대비하여 안전조치 실시
④ 발파용 점화회선은 타 동력선 및 조명회선과 한곳으로 통합하여 관리

해설

- 발파용 점화회선은 타 동력선 및 조명회선으로부터 분리되어야 한다.

발파작업 시 안전대책

- 지질, 암의 절리 등에 따라 화약량 검토 및 시방기준과 대비하여 안전조치를 실시한다.
- 화약류를 장진하기 전에 모든 동력선 및 활선은 장진기기로부터 분리시키고 조명회선을 포함한 모든 동력선은 발원점으로부터 최소한 15m 이상 후방으로 옮겨 놓도록 하여야 한다.
- 발파 시 안전한 거리 및 위치에서의 대피가 어려울 때에는 전면과 상부를 견고하게 방호한 임시대피장소를 설치하여야 한다.
- 발파용 점화회선은 타 동력선 및 조명회선으로부터 분리되어야 한다.

114 Repetitive Learning (1회 2회 3회)

다음은 타워크레인을 와이어로프로 지지하는 경우의 준수해야 할 기준이다. 빈칸에 알맞은 내용을 순서대로 옳게 나타낸 것은?

> 와이어로프 설치각도는 수평면에서 ( )도 이내로 하되, 지지점은 ( )개소 이상으로 하고 같은 각도로 설치할 것

① 45, 4　　② 45, 5
③ 60, 4　　④ 60, 5

해설

- 타워크레인의 지지 시 와이어로프 설치각도는 수평면에서 60도 이내로 하되, 지지점은 4개소 이상으로 하고, 같은 각도로 설치하여야 한다.

타워크레인의 지지 시 주의사항

- 사업주는 타워크레인을 자립고(自立高) 이상의 높이로 설치하는 경우 건축물 등의 벽체에 지지하도록 할 것
- 와이어로프를 고정하기 위한 전용 지지프레임을 사용할 것
- 와이어로프 설치각도는 수평면에서 60° 이내로 하되, 지지점은 4개소 이상으로 하고, 같은 각도로 설치할 것
- 와이어로프와 그 고정부위는 충분한 강도와 장력을 갖도록 설치하고, 와이어로프를 클립·샤클(Shackle) 등의 고정기구를 사용하여 견고하게 고정시켜 풀리지 아니하도록 하며, 사용 중에는 충분한 강도와 장력을 유지하도록 할 것
- 와이어로프가 가공전선(架空電線)에 근접하지 않도록 할 것

0501 / 1903

115 Repetitive Learning (1회 2회 3회)

콘크리트 타설 시 거푸집 측압에 대한 설명 중 틀린 것은?

① 타설 속도가 빠를수록 측압이 커진다.
② 거푸집의 투수성이 낮을수록 측압은 커진다.
③ 타설 높이가 높을수록 측압이 커진다.
④ 콘크리트의 온도가 높을수록 측압이 커진다.

해설

- 온도가 낮을수록 콘크리트 측압은 커진다.

콘크리트 측압

- 콘크리트의 타설 속도가 빠를수록 측압이 크다.
- 콘크리트 비중이 클수록 측압이 크다.
- 진동기를 사용하면 다짐이 충분해지므로 측압은 커진다.
- 슬럼프(Slump)가 크고, 배합이 좋을수록 크다.
- 거푸집의 수평단면이 클수록 측압은 크다.
- 거푸집의 강성이 클수록 측압은 크다.
- 벽 두께가 두꺼울수록 측압은 커진다.
- 습도가 높을수록, 온도가 낮을수록 측압은 커진다.
- 철근량이 적을수록 측압은 커진다.
- 부배합이 빈배합보다 측압이 크다.
- 조강시멘트 등을 활용하면 측압은 작아진다.

정답 | 113 ④　114 ③　115 ④

0603 / 0703 / 1803

116 Repetitive Learning (1회 2회 3회)

훅걸이용 와이어로프 등이 훅으로부터 벗겨지는 것을 방지하기 위한 장치는?

① 해지장치
② 권과방지장치
③ 과부하방지장치
④ 턴버클

해설

- 권과방지장치는 과도하게 한계를 벗어나 계속적으로 감아올리는 일이 없도록 제한하는 장치이다.
- 과부하방지장치는 기계설비에 허용 이상의 하중이 가해졌을 때에 그 하중의 권상을 정지시키는 장치를 말한다.
- 턴버클은 두 지점 사이를 연결하는 죔 기구이다.

:: 훅 해지장치

- 훅 해지장치는 훅걸이용 와이어로프 등이 훅으로부터 벗겨지는 것을 방지하기 위한 장치이다.
- 사업주는 훅걸이용 와이어로프 등이 훅으로부터 벗겨지는 것을 방지하기 위한 장치를 구비한 크레인을 사용하여야 하며, 그 크레인을 사용하여 짐을 운반하는 경우에는 해지장치를 사용하여야 한다.

0802 / 1101 / 1402

117 Repetitive Learning (1회 2회 3회)

철골작업을 중지하여야 하는 기준으로 옳은 것은?

① 1시간당 강설량이 1cm 이상인 경우
② 풍속이 초당 15m 이상인 경우
③ 진도 3 이상의 지진이 발생한 경우
④ 1시간당 강우량이 1cm 이상인 경우

해설

- 철골작업을 중지해야 하는 악천후 기준에는 풍속 초당 10m, 강우량 시간당 1mm, 강설량 시간당 1cm 이상인 경우이다.

:: 철골작업 중지 악천후 기준 실필 2401/1803/1801/1201/0802

- 풍속이 초당 10m 이상인 경우
- 강우량이 시간당 1mm 이상인 경우
- 강설량이 시간당 1cm 이상인 경우

1001 / 1102

118 Repetitive Learning (1회 2회 3회)

건립 중 강풍에 의한 풍압 등 외압에 대한 내력이 설계에 고려되었는지 확인하여야 하는 철골구조물에 해당하지 않는 것은?

① 이음부가 현장용접인 건물
② 높이 15m인 건물
③ 기둥이 타이플레이트(Tie plate)형인 구조물
④ 구조물의 폭과 높이의 비가 1 : 5인 구조물

해설

- 높이가 20m 이상인 구조물에 대해서는 설계 시 외압에 대한 내력이 고려되었는지 확인할 필요가 있으나, 높이 15m인 건물에 대해서는 확인이 필요하지 않다.

:: 설계 시 외압에 대한 내력이 고려되었는지 확인 필요한 구조물

- 높이 20m 이상의 구조물
- 구조물의 폭과 높이의 비가 1 : 4 이상인 구조물
- 단면구조에 현저한 변화가 있는 구조물
- 연면적당 철골량이 50kg/m^2 이하인 구조물
- 기둥이 타이플레이트(Tie plate)형인 구조물
- 이음부가 현장용접인 구조물

1103

119 Repetitive Learning (1회 2회 3회)

가설통로를 설치하는 경우의 준수해야 할 기준으로 틀린 것은?

① 건설공사에 사용하는 높이 8m 이상인 비계다리에는 5m 이내마다 계단참을 설치할 것
② 수직갱에 가설된 통로의 길이가 15m 이상인 경우에는 10m 이내마다 계단참을 설치할 것
③ 경사가 15°를 초과하는 경우에는 미끄러지지 아니하는 구조로 할 것
④ 추락할 위험이 있는 장소에는 안전난간을 설치할 것

116 ① 117 ① 118 ② 119 ① | 정답

해설

- 높이 8m 이상인 비계다리에서는 7m 이내마다 계단참을 설치한다.

가설통로 설치 시 준수기준 실필 2301/1801/1703/1603

- 높이 8m 이상인 비계다리에서는 7m 이내마다 계단참을 설치할 것
- 수직갱에 가설된 통로의 길이가 15m 이상인 경우에는 10m 이내마다 계단참을 설치할 것
- 경사가 15°를 초과하는 경우에는 미끄러지지 아니하는 구조로 할 것
- 추락할 위험이 있는 장소에는 안전난간을 설치할 것
- 경사로의 폭은 최소 90cm 이상으로 할 것
- 발판 폭 40cm 이상, 틈 3cm 이하로 할 것
- 경사는 30° 이하로 할 것

120

Repetitive Learning (1회 2회 3회)

지반조사 중 예비조사단계에서 흙막이 구조물의 종류에 맞는 형식을 선정하기 위한 조사항목과 거리가 먼 것은?

① 흙막이벽 축조 여부 판단 및 굴착에 따른 안정이 충분히 확보될 수 있는지 여부
② 인근 지반의 지반조사자료나 시공자료의 수집
③ 기상조건 변동에 따른 영향 검토
④ 주변의 환경(하천, 지표지질, 도로, 교통 등)

해설

- 흙막이벽 축조 여부 판단 및 굴착에 따른 안정이 충분히 확보될 수 있는지 여부는 본조사에서 행하는 조사항목이다.

지반조사

㉠ 개요
- 대상 지반의 정보(토질, 지층분포, 지하수위 및 피압수, 암석 및 암반 등 구조물의 계획·설계·시공에 관련된 정보)를 획득하기 위한 방법이다.
- 지반의 특성을 규명하여 관계자에게 제공함으로써 안전하고 효율적인 공사를 할 수 있도록 한다.
- 직접적인 지반조사 방법에는 현장답사, 시험굴조사, 물리탐사, 사운딩, 시추조사, 원위치시험 등이 있다.
- 예비조사, 본조사, 보완조사, 특정조사 등의 단계로 진행한다.

㉡ 예비조사 항목
- 인근 지반의 지반조사 기존자료나 시공자료 수집
- 기상조건 변동에 따른 영향 검토
- 주변의 환경(하천, 지표지질, 도로, 교통 등)
- 인접 구조물의 크기 및 형식, 상황 조사
- 지형이나 우물의 형상 조사
- 물리탐사, 시추 및 시험굴 조사

정답 | 120 ①

출제문제 분석 2015년 3회

구분	1과목	2과목	3과목	4과목	5과목	6과목	합계
New 유형	2	4	0	3	4	7	20
New 문제	7	7	7	6	6	10	43
또나온문제	7	10	8	9	6	7	47
자꾸나온문제	6	3	5	5	8	3	30
합계	20	20	20	20	20	20	120

- New유형은 New문제 중 기존 기출문제와 완전히 다른 유형의 문제를 말합니다.
- New문제는 기존에 출제되지 않은 문제로 이번에 처음 출제되는 문제입니다.
- 또나온문제는 기존에 출제된 적이 1번 있는 문제를 말합니다.
- 자꾸나온문제는 기존에 출제된 적이 2번 이상 있는 문제를 말합니다. 그만큼 중요한 문제입니다.

몇 년분의 기출문제를 공부해야 합격할 수 있을까요?

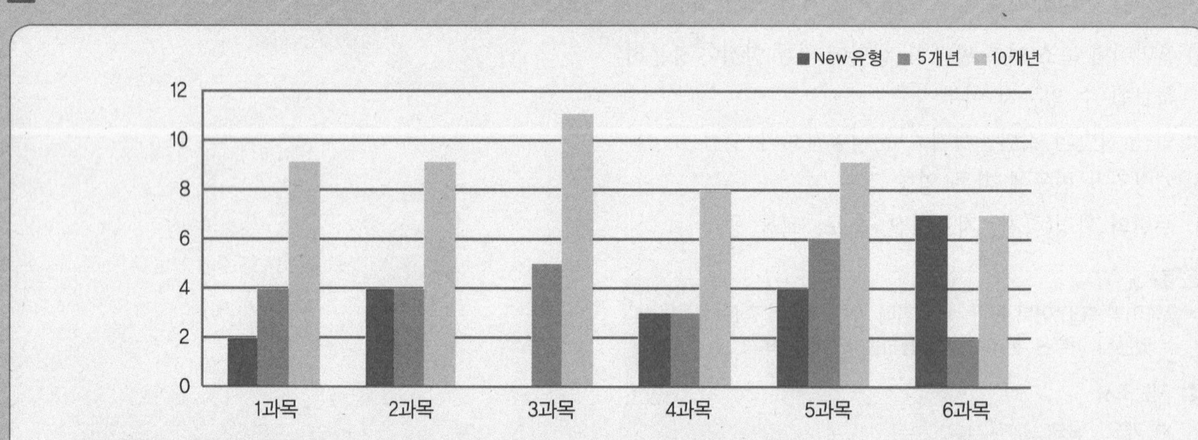

- 완전 새로운 유형의 문제는 20문제이고 100문제가 이미 출제된 문제 혹은 변형문제입니다.
- 5년분(2016~2020) 기출에서 동일문제가 24문항이 출제되었고, 10년분(2011~2020) 기출에서 동일문제가 53문항이 출제되었습니다.

실기에 나왔어요!! 외우세요!!!

실기시험은 필답형과 작업형으로 구분되어 있으며 모두 직접 주관식으로 내용을 적어야 합니다. 필기공부하면서 실기 출제된 내역들은 좀 더 신경써서 암기하실 필요가 있어요. 필기 합격자 발표 난 후 실기시험까지는 5주밖에 여유가 없답니다. 어차피 공부할 것 필기 때 확실하게 해준다면 실기도 단방에 합격할 수 있습니다.

- 총 33개의 해설이 실기 필답형 시험과 연동되어 있습니다.
- 총 5개의 해설이 실기 작업형 시험과 연동되어 있습니다.

분석의견

최근 10년분의 기출문제와 답을 반복암기해서는 합격점수인 72점에서 19점이 부족합니다. 새로운 유형 및 문제, 과목별 기출비중 등은 평균 혹은 평균보다 약간 어려운 분포를 보여주고 있습니다. 5년분 및 10년분 기출 모두 평균(31.9/54.6문항)보다 낮은 출제분포를 보이고 있습니다. 과목별로는 특이하게도 6과목에 새로운 유형의 문제가 많이 출제되면서 기출비중이 떨어져 배경학습을 필요로 합니다. 그 외에는 평균보다 약간 어려운 난이도를 보이고 있는 만큼 합격에 필요한 점수를 획득하기 위해서는 최근 5년분 문제와 핵심이론의 3회독 혹은 최근 10년분 문제와 핵심이론의 2회독 이상의 학습이 필요합니다.

2015년 제3회

2015년 8월 16일 필기

15년 3회차 필기시험
합격률 33.2%

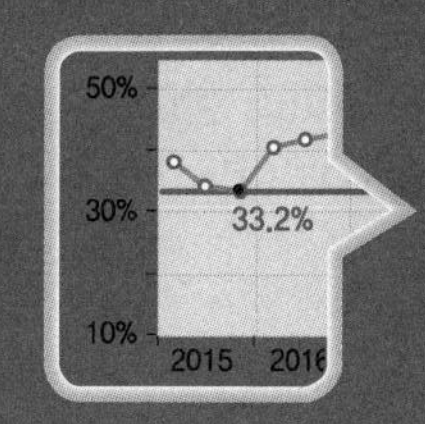

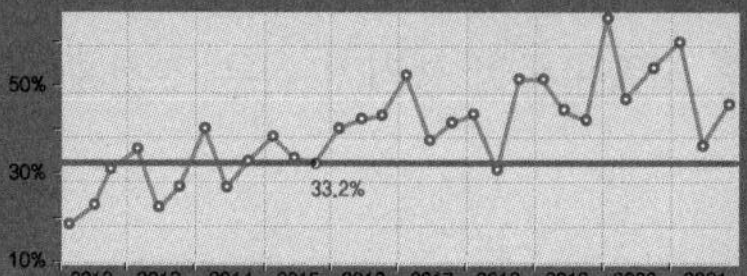

1과목 산업재해 예방 및 안전보건교육

01 Repetitive Learning (1회 2회 3회)

하인리히의 재해손실비 산정방식에서 직접비로 볼 수 없는 것은?

① 직업재활급여　② 간병급여
③ 생산손실급여　④ 장해급여

해설

- 재해로 인해 생산이 중단되어 발생한 손실은 직접비(산업재해보상비)에 포함되지 않는다.

하인리히의 재해손실비용 평가

- 직접비 : 간접비의 비율은 1 : 4로 계산해 산업재해로 인한 총 손실비용은 직접비(산업재해보상비)의 5배로 한다.
- 직접손실비용에는 치료비, 휴업급여, 장해급여, 유족급여, 요양급여, 간병급여, 직업재활급여, 장례비 등이 있다.
- 간접손실비용에는 부상자를 비롯한 직원의 시간손실, 이익의 감소, 생산손실비, 기계, 공구 재료 등의 재산손실 등이 있다.

1202

02 Repetitive Learning (1회 2회 3회)

다음 중 태도교육을 통한 안전태도 형성요령과 가장 거리가 먼 것은?

① 이해한다.　② 칭찬한다.
③ 모범을 보인다.　④ 금전적 보상을 한다.

해설

- 청취 → 이해 → 모범 → 평가와 권장단계를 거친다.

안전태도교육(안전교육의 제3단계)

㉠ 개요
- 생활지도, 작업동작지도 등을 통한 안전의 습관화를 위한 교육이다.
- 안전한 작업방법을 알고는 있으나 시행하지 않는 사람에게 직장규율, 안전규율 등을 몸에 익히게 하는 교육이다.
- 안전작업에 대한 몸가짐에 관하여 교육하며 면접이 태도교육에 가장 적합한 교육방법이다.
- 보호구 취급과 관리자세의 확립, 안전에 대한 가치관을 형성하는 교육이다.

㉡ 태도교육 4단계
- 청취한다(Hearing).
- 이해 및 납득시킨다(Understand).
- 모범을 보인다(Example).
- 평가하고 권장한다(Evaluation).

1202

03 Repetitive Learning (1회 2회 3회)

무재해 운동의 추진기법에 있어 위험예지훈련 제4단계(4라운드) 중 제2단계에 해당하는 것은?

① 본질추구
② 현상파악
③ 목표설정
④ 대책수립

해설

- 위험예지훈련 기초 4Round 중 2단계는 위험의 포인트를 결정하여 전원이 지적 확인을 하는 본질을 추구하는 단계이다.

위험예지훈련 기초 4Round 기법 실필 1902/1503

1Round	현상파악 (사실의 파악단계)	전원이 토의를 통하여 위험요인을 발견하는 단계
2Round	본질추구 (원인탐색단계)	위험의 포인트를 결정하여 전원이 지적 확인을 하는 단계
3Round	대책수립 (대책수립단계)	발견된 위험요인을 극복하기 위한 방법을 제시하는 단계
4Round	목표설정 (행동계획 결정단계)	나온 대책들을 공감하고 팀의 행동목표를 설정하고 지적 확인하는 단계

정답 | 01 ③　02 ④　03 ①

0903 / 2201

04

Repetitive Learning 1회 2회 3회

암실에서 정지된 소광점을 응시하면 광점이 움직이는 것 같이 보이는 현상을 운동의 착각현상 중 '자동운동'이라 한다. 다음 중 자동운동이 생기기 쉬운 조건에 해당되지 않는 것은?

① 광점이 작은 것
② 대상이 단순한 것
③ 광의 강도가 큰 것
④ 시야의 다른 부분이 어두운 것

해설

- 자동운동이 생기기 쉬우려면 광의 강도가 적은 것이 좋다.

자동운동

- 자동운동은 암실 내의 정지된 소광점을 응시하고 있으면 그 광점이 움직이는 것처럼 보이는 현상으로 어두울 때 생기는 착각현상이다.
- 자동운동이 생기기 쉬운 조건은 광점이 작은 것, 대상이 단순한 것, 광의 강도가 적은 것, 시야의 다른 부분이 어두운 것 등이다.

05

Repetitive Learning 1회 2회 3회

산업안전보건법령상 관리감독자의 업무내용에 해당되는 것은?(단, 기타 해당 작업의 안전·보건에 관한 사항으로서 고용노동부령으로 정하는 사항은 제외한다)

① 사업장 순회점검·지도 및 조치의 건의
② 물질안전보건자료의 게시 및 또는 비치에 관한 보좌 및 조언·지도
③ 해당 작업의 작업장 정리·정돈 및 통로확보에 대한 확인·감독
④ 근로자의 건강장해의 원인 조사와 재발 방지를 위한 의학적 조치

해설

- 사업장 순회점검·지도 및 조치의 건의는 안전관리자·보건관리자의 업무내용이다.
- 물질안전보건자료의 게시 및 또는 비치에 관한 보좌 및 조언·지도는 보건관리자의 업무내용이다.
- 근로자의 건강장해의 원인 조사와 재발 방지를 위한 의학적 조치는 산업보건의의 업무내용이다.

관리감독자의 업무내용 실필 1503

- 기계·기구 또는 설비의 안전·보건 점검 및 이상 유무의 확인
- 근로자의 작업복·보호구 및 방호장치의 점검과 그 착용·사용에 관한 교육·지도
- 산업재해에 관한 보고 및 이에 대한 응급조치
- 작업장 정리·정돈 및 통로확보에 대한 확인·감독
- 산업보건의, 안전관리전문기관에 위탁한 사업장의 경우에는 그 전문기관의 해당 사업장 담당자, 보건관리전문기관에 위탁한 사업장의 경우에는 그 전문기관의 해당 사업장 담당자, 안전보건관리담당자에 대한 지도·조언에 대한 협조
- 위험성 평가를 위한 업무에 기인하는 유해·위험요인의 파악 및 그 결과에 따른 개선조치의 시행
- 작업의 안전·보건에 관한 사항으로서 고용노동부령으로 정하는 사항

1002

06

Repetitive Learning 1회 2회 3회

안전인증 대상 보호구 중 AE, ABE종 안전모의 질량 증가율은 몇 % 미만이어야 하는가?

① 1% ② 2%
③ 3% ④ 5%

해설

- 질량 증가율은 내수성을 평가하는 기준으로 AB종, ABE종 안전모의 질량 증가율은 1% 미만이어야 한다.

안전인증대상 안전모 실작 1302

종류(기호)	사용구분	비고
AB	물체의 낙하 또는 비래 및 추락에 의한 위험을 방지 또는 경감시키기 위한 것	
AE	물체의 낙하 또는 비래에 의한 위험을 방지 또는 경감하고, 머리 부위 감전에 의한 위험을 방지하기 위한 것	• 내전압성(7,000V 이하의 전압에 견딜 것) • 내수성(질량 증가율 1% 미만일 것)
ABE	물체의 낙하 또는 비래 및 추락에 의한 위험을 방지 또는 경감하고, 머리 부위 감전에 의한 위험을 방지하기 위한 것	

04 ③ 05 ③ 06 ① | 정답

1003 / 1801

07

Repetitive Learning 1회 2회 3회

산업안전보건법령상 사업 내 안전·보건교육의 교육대상별 교육내용에 있어 관리감독자 정기안전·보건교육에 해당하는 것은?

① 작업개시 전 점검에 관한 사항
② 사고발생 시 긴급조치에 관한 사항
③ 건강증진 및 질병 예방에 관한 사항
④ 산업보건 및 직업병 예방에 관한 사항

해설

- 작업개시 전 점검과 사고발생 시 긴급조치에 관한 사항은 채용 시의 교육 및 작업내용 변경 시의 교육내용에 해당한다.
- 건강증진 및 질병 예방에 관한 사항은 근로자 정기안전·보건교육 내용에 해당한다.

관리감독자 정기안전·보건교육 내용 실필 1801/1603/1001/0902

- 작업공정의 유해·위험과 재해 예방대책에 관한 사항
- 표준 안전작업방법 및 지도 요령에 관한 사항
- 관리감독자의 역할과 임무에 관한 사항
- 산업보건 및 직업병 예방에 관한 사항
- 유해·위험 작업환경 관리에 관한 사항
- 산업안전보건법 및 일반관리에 관한 사항
- 직무스트레스 예방 및 관리에 관한 사항
- 산재보상보험제도에 관한 사항
- 안전보건교육 능력 배양에 관한 사항

08

Repetitive Learning 1회 2회 3회

하인리히의 재해발생과 관련한 도미노 이론으로 설명되는 안전관리의 핵심단계에 해당되는 요소는?

① 외부 환경
② 개인적 성향
③ 재해 및 상해
④ 불안전한 상태 및 행동

해설

- 재해는 설비나 환경의 불안전한 상태 혹은 인간의 불안전한 행동 그리고 잠재된 위험의 상태에 의해 발생된다.

하인리히의 사고연쇄반응(도미노) 이론 실필 1202/1101

단계	내용
1단계	사회적 환경 및 유전적 요소
2단계	개인적인 결함
3단계	불안전한 행동 및 불안전한 상태
4단계	사고
5단계	재해

0801 / 1303

09

Repetitive Learning 1회 2회 3회

모랄 서베이(Morale survey)의 주요방법 중 태도조사법에 해당하지 않은 것은?

① 질문지법 ② 면접법
③ 통계법 ④ 집단토의법

해설

- 모랄 서베이의 주요방법에는 관찰법과 태도조사법(면접, 질문지, 집단토의) 등이 있다.

모랄 서베이(Morale survey)

㉠ 개요
- 근로자의 근로의욕·태도 등에 대해 측정하는 것으로, 근로자의 근로의욕을 높여 기업발전에 기여하는 것을 목적으로 한다.
- 사기조사 또는 태도조사라고도 한다.
- 관찰법과 태도조사법이 주로 사용된다.

㉡ 주요방법
- 관찰법은 근로자의 근무태도 및 근무성과를 기록하는 방법을 말한다.
- 태도조사법은 면접 또는 질문지법, 집단토의, 문답법 등에 의해 근로자의 태도와 불만사항을 조사하는 방법을 말한다.

10

Repetitive Learning 1회 2회 3회

다음 중 재해를 한번 경험한 사람은 신경과민 등 심리적인 압박을 받게 되어 대처능력이 떨어져 재해가 빈번하게 발생된다는 설(說)은?

① 기회설 ② 암시설
③ 경향설 ④ 미숙설

해설

- 재해 누발 원인에 대한 이론에는 기회설, 암시설, 경향설이 있다.
- 기회설은 재해가 많은 위험한 업종에 종사함에 따라 재해발생이 많아진다는 설이다.
- 경향설은 재해에 대한 대응능력이 떨어지는 소질적 결함을 갖고 있는 사람이 재해에 더 많이 노출된다는 설이다.

재해 누발의 원인에 대한 이론

구분	내용
기회설	재해가 많은 위험한 업종에 종사함에 따라 재해발생이 많아진다는 이론
암시설	한번 재해를 경험한 경우는 재해에 대해 심리적인 압박을 받게 됨에 따라 재해에 대한 대응능력이 떨어져 재해가 많이 발생된다는 이론
경향설	재해에 대한 대응능력이 떨어지는 소질적 결함을 갖고 있는 사람이 재해에 더 많이 노출되어 있다는 이론

정답 | 07 ④ 08 ④ 09 ③ 10 ②

11 Repetitive Learning (1회 2회 3회)

산업안전보건법령상 안전보건개선계획서에 개선을 위하여 포함되어야 하는 중점개선항목에 해당되지 않는 것은?

① 시설
② 기계장치
③ 작업방법
④ 보호구 착용

해설

- 계획서에는 시설, 안전·보건관리체제, 안전·보건교육, 산업재해예방 및 작업환경의 개선을 위하여 필요한 사항이 포함되어야 한다.

∷ 안전보건개선계획 수립 실필 2401

- 안전보건개선계획의 수립·시행 명령을 받은 사업주는 고용노동부장관이 정하는 바에 따라 안전보건개선계획서를 작성하여 그 명령을 받은 날부터 60일 이내에 관할 지방고용노동관서의 장에게 제출하여야 한다.
- 안전보건개선계획서에는 시설, 안전·보건관리체제, 안전·보건교육, 산업재해예방 및 작업환경의 개선을 위하여 필요한 사항이 포함되어야 한다.

0901

12 Repetitive Learning (1회 2회 3회)

다음 중 억압당한 욕구가 사회적·문화적으로 가치 있는 목적으로 향하여 노력함으로써 욕구를 충족하는 적응기제(Adjustment mechanism)를 무엇이라 하는가?

① 보상 ② 투사
③ 승화 ④ 합리화

해설

- 보상은 자신의 결함과 무능에 의하여 생긴 열등감이나 긴장을 해소시키기 위하여 장점과 같은 것으로 그 결함을 보충하려는 행동을 말한다.
- 투사는 자기의 실패나 결함을 다른 대상에게 책임을 전가시키는 것
- 합리화는 자기의 난처한 입장이나 실패의 결정을 이유나 변명으로 일관하는 행위이다.

∷ 승화(Sublimation)

- 방어기제(Defence mechanism)의 대표적인 예이다.
- 억압당한 욕구가 사회적·문화적으로 가치 있는 목적으로 향하여 노력함으로써 욕구를 충족하는 것을 말한다.
- 자신의 동기(Motive)에 대해서 불안을 느끼는 사람은 무의식적으로 내면의 동기를 자기 자신 및 사회가 용납할 수 있는 다른 동기로 변형하는 것을 말한다.

13 Repetitive Learning (1회 2회 3회)

재해원인 분석 시 고려해야 할 4M에 해당하지 않는 것은?

① Man
② Mechanism
③ Media
④ Management

해설

- 4M은 Man, Machine, Media, Management를 말한다.

∷ 재해발생 기본원인 : 4M 실필 1403

㉠ 개요
- 재해의 연쇄관계를 분석하는 기본 검토요인으로 인간과오(Human-error)와 관련된다.
- Man, Machine, Media, Management를 말한다.

㉡ 4M의 내용

구분	내용
Man	• 인간적 요인을 말한다. • 심리적(망각, 무의식, 착오 등), 생리적(피로, 질병, 수면부족 등) 원인 등이 있다.
Machine	• 기계적 요인을 말한다. • 기계, 설비의 설계상의 결함, 점검이나 정비의 결함, 위험방호의 불량 등이 있다.
Media	• 인간과 기계를 연결하는 매개체로 작업적 요인을 말한다. • 작업의 정보, 작업방법, 환경 등이 있다.
Management	• 관리적 요인을 말한다. • 안전관리조직, 관리규정, 안전교육의 미흡 등이 있다.

1102

14 Repetitive Learning (1회 2회 3회)

산업안전보건법령에 따라 자율검사프로그램을 인정받기 위한 충족요건으로 틀린 것은?

① 관련법에 따른 검사원을 고용하고 있을 것
② 관련법에 따른 검사주기마다 검사를 할 것
③ 자율검사프로그램의 검사기준이 안전검사기준에 충족할 것
④ 검사를 할 수 있는 장비를 갖추고 이를 유지·관리할 수 있을 것

해설

- 자율검사프로그램의 검사주기는 안전검사기준의 검사주기의 1/2에 해당하는 주기마다 검사를 해야 한다.

11 ④ 12 ③ 13 ② 14 ② | 정답

:: 자율검사프로그램의 인정조건

- 검사원을 고용하고 있을 것
- 고용노동부장관이 정하여 고시하는 바에 따라 검사를 할 수 있는 장비를 갖추고 이를 유지·관리할 수 있을 것
- 검사 주기의 2분의 1에 해당하는 주기(건설현장 외에서 사용하는 크레인의 경우에는 6개월)마다 검사를 할 것
- 자율검사프로그램의 검사기준이 안전검사기준을 충족할 것

1203 / 1801 / 2202

15

Repetitive Learning 1회 2회 3회

기업 내 정형교육 중 TWI(Train Within Industry)의 교육내용과 가장 거리가 먼 것은?

① Job Method Training
② Job Relation Training
③ Job Instruction Training
④ Job Standardization Training

해설

- TWI의 교육내용에는 작업지도(Job Instruction), 작업개선(Job Methods), 인간관계(Job Relations), 안전작업방법(Job Safety) 등이 있다.

:: TWI(Training Within Industry for supervisor)

㉠ 개요
- 일선 관리감독자를 대상으로 인간관계를 개선하고 생산성을 향상시키기 위하여 고안된 훈련방법을 말한다.
- 교육내용에는 작업지도기법(JI : Job Instruction), 작업개선기법(JM : Job Methods), 인간관계기법(JR : Job Relations), 안전작업방법(JS : Job Safety) 등이 있다.

㉡ 주요 교육내용
- JRT(Job Relation Training)는 인간관계 관리기법으로 부하통솔기법과 관련된다.
- JIT(Job Instruction Training)는 작업지도기법으로 직장 내 부하 직원에 대하여 가르치는 기술과 관련된다.

16

Repetitive Learning 1회 2회 3회

산업안전보건법령상 안전·보건표지의 종류 중 기본모형(형태)이 다른 것은?

① 방사성물질경고 ② 폭발성물질경고
③ 인화성물질경고 ④ 급성독성물질경고

해설

- 방사성물질경고는 화학물질 취급장소에서의 유해·위험경고 이외의 위험경고, 주의표지 또는 기계방호물의 경고표지이고, 나머지는 화학물질 취급장소에서의 유해 및 위험경고표지이다.

:: 경고표지 실필 2401/2202/2102/1802/1702/1502/1303/1101/1002/1001

- 유해·위험경고, 주의표지 또는 기계방호물을 표시할 때 사용된다.
- 경고표지는 화학물질 취급장소에서의 유해 및 위험경고와 화학물질 취급장소에서의 유해·위험경고 이외의 위험경고, 주의표지 또는 기계방호물로 구분된다.
- 화학물질 취급장소에서의 유해 및 위험경고표지는 무색 바탕에 빨간색(7.5R 4/14) 혹은 검은색(NO.5) 기본모형으로 표시하며, 인화성물질경고, 부식성물질경고, 급성독성물질경고, 산화성물질경고, 폭발성물질경고 등이 있다.

인화성 물질경고	부식성 물질경고	급성독성 물질경고	산화성 물질경고	폭발성 물질경고

- 화학물질 취급장소에서의 유해·위험경고 이외의 위험경고, 주의표지 또는 기계방호물의 경고표지는 노란색(5Y 8.5/12) 바탕에 검은색(NO.5) 기본모형으로 표시하며, 방사성물질경고, 고압전기경고, 매달린물체경고, 낙하물경고, 고온/저온경고, 위험장소경고, 몸균형상실경고, 레이저광선경고 등이 있다.

방사성물질 경고	고압전기 경고	매달린물체 경고	낙하물경고
고온/저온 경고	위험장소 경고	몸균형상실 경고	레이저광선 경고

1003 / 1901

17

Repetitive Learning 1회 2회 3회

다음 중 재해예방의 4원칙에 관한 설명으로 틀린 것은?

① 재해의 발생에는 반드시 원인이 존재한다.
② 재해의 발생과 손실의 발생은 우연적이다.
③ 재해예방을 위한 가능한 안전대책은 반드시 존재한다.
④ 재해는 원인 제거가 불가능하므로 예방만이 최우선이다.

정답 | 15 ④ 16 ① 17 ④

해설

- 예방가능의 원칙에 따르면 모든 사고는 예방이 가능하다.

하인리히의 재해예방 4원칙 실필 1402/1001/0803

대책선정의 원칙	사고의 원인을 발견하면 반드시 대책을 세워야 하며, 모든 사고는 대책선정이 가능하다는 원칙
손실우연의 원칙	사고로 인한 손실은 우연적이라는 원칙
예방가능의 원칙	모든 사고는 예방이 가능하다는 원칙
원인연계의 원칙 (원인계기의 원칙)	사고는 반드시 원인이 있으며 이는 필연적인 인과관계로 작용한다는 원칙

0702 / 0902

18

Repetitive Learning (1회 2회 3회)

연평균 500명의 근로자가 근무하는 사업장에서 지난 한 해 동안 20명의 재해자가 발생하였다. 만약 이 사업장에서 한 근로자가 평생 동안 작업을 한다면 약 몇 건의 재해를 당할 수 있겠는가?(단, 1인당 평생 근로시간은 120,000시간으로 한다)

① 1건 ② 2건

③ 4건 ④ 6건

해설

- 재해발생건수를 묻는 문제이므로 도수율을 이용해야 한다.
- 500명, 1인당 1일 8시간, 300일 기준이므로 연간 총근로시간은 $500 \times 8 \times 300 = 1,200,000$시간이며, 재해건수는 20건이다.
- 공식에 대입하면 도수율 $= \frac{20}{1,200,000} \times 10^6 = 16.667$이 된다.
- 도수율은 100만 시간당 재해발생건수이므로 평생 근로시간이 120,000시간이면 도수율$\times \frac{120,000}{1,000,000}$이 되고, 한 명의 작업자가 평생 동안 근무할 경우 재해를 당할 건수는 $16.667 \times \frac{120,000}{1,000,000} = 2$가 된다.

도수율(FR : Frequency Rate of injury)

실필 1902/1701/1601/1303/1203/1201/1102/1003/0903/0902

- 빈도율이라고도 하며, 100만 시간당 재해발생건수를 나타낸다.
- 도수율 $= \frac{\text{연간 재해건수}}{\text{연간 총근로시간}} \times 10^6$으로 구한다.

0502 / 0703 / 0801 / 0901 / 1001 / 1102 / 1303 / 1502 / 1801 / 2001 / 2201

19

Repetitive Learning (1회 2회 3회)

다음 중 몇 사람의 전문가에 의하여 과제에 관한 견해를 발표한 뒤에 참가자로 하여금 의견이나 질문을 하게 하여 토의하는 방법은?

① 포럼(Forum)

② 심포지엄(Symposium)

③ 케이스 스터디(Case study)

④ 패널 디스커션(Panel discussion)

해설

- 포럼은 새로운 자료나 교재가 제시되어야 한다.
- 케이스 스터디는 몇몇 사례를 중심으로 논리적으로 분석하는 것을 통해 의미 있는 연구 결과를 이끌어내는 학습법을 말한다.
- 패널 디스커션은 소수의 전문가들이 과제에 관한 견해를 발표하고 토론한 뒤 참가자 전원이 사회자의 진행에 따라 토의하는 방법이다.

토의법의 종류

포럼 (Forum)	새로운 자료나 교재를 제시하고 피교육자로 하여금 문제점을 제기하게 하거나 그것에 관한 피교육자의 의견을 여러 가지 방법으로 발표하게 하고, 청중과 토론자 간에 활발한 의견 개진과 충돌로 바람직한 합의를 도출해내는 교육 실시방법
패널 디스커션 (Panel discussion)	참가자 앞에서 소수의 전문가들이 과제에 관한 견해를 발표하고 토론한 뒤 참가자 전원이 사회자의 진행에 따라 토의하는 방법
심포지엄 (Symposium)	몇 사람의 전문가에 의하여 과제에 관한 견해를 발표한 뒤에 참가자로 하여금 의견이나 질문을 하게 하여 토의하는 방법
롤 플레잉 (Role playing)	집단 심리요법의 하나로서 자기 해방과 타인 체험을 목적으로 하는 체험활동을 통해 대인관계에 있어서의 태도변용이나 통찰력, 자기이해를 목표로 개발된 교육방법
버즈세션 (Buzz session)	6-6 회의라고도 하며, 6명씩 소집단으로 구분하고, 집단별로 각각의 사회자를 선발하여 6분간씩 자유토의를 행하여 의견을 종합하는 방법

18 ② 19 ② 정답

0501

20 Repetitive Learning 1회 2회 3회

다음 중 리더십(Leadership)에 관한 설명으로 틀린 것은?

① 각자의 목표를 위해 스스로 노력하도록 사람에게 영향력을 행사하는 활동
② 어떤 특정한 목표달성을 지향하고 있는 상황하에서 행사되는 대인 간의 영향력
③ 공통된 목표달성을 지향하도록 사람에게 영향을 미치는 것
④ 주어진 상황 속에서 목표달성을 위해 개인 또는 집단에 영향을 미치는 과정

해설

- 리더십은 각자의 목표가 아니라 조직의 공통된 목표를 위해서 행사하는 영향력이다.

리더십(Leadership)

㉠ 개요
- 어떤 특정한 목표달성을 위해 조직에서 행사되는 영향력을 말한다.
- 리더십의 특성조건에는 혁신적 능력, 표현능력, 대인적 숙련 등을 들 수 있다.
- 특성이론이란 성공적인 리더가 가지는 특성을 연구하는 이론이다.
- 의사결정 방법에 따라 크게 권위형, 민주형, 자유방임형으로 구분된다.

㉡ 의사결정 방법에 따른 리더십의 구분

구분	특징
권위형	• 업무를 중심에 놓는다.(직무 중심적) • 리더가 독단적으로 의사를 결정하고 관리한다. • 하향 지시위주로 조직이 운영된다.
민주형	• 인간관계를 중심에 놓는다.(부하 중심적) • 조직원의 적극적인 참여와 자율성을 강조한다. • 조직원의 창의성을 개발할 수 있다.
자유방임형	• 리더십의 의미를 찾기 힘들다. • 방치, 무질서 등의 특징을 가진다.

2과목 인간공학 및 위험성 평가 · 관리

21 Repetitive Learning 1회 2회 3회

다음 중 기계 설비의 안전성 평가 시 정밀진단기술과 가장 관계가 먼 것은?

① 파단면 해석
② 강제열화 테스트
③ 파괴 테스트
④ 인화점 평가 기술

해설

- 인화점은 시료를 가열하여 작은 불꽃을 유면에 접근시켰을 때, 기름의 증기와 공기의 혼합 기체가 섬광을 발하며 순간적으로 연소하는 최저의 시료 온도를 말하는데 화학물질의 물리적 위험특성을 판단하기 위한 방법으로 활용된다.

정밀진단기술(Precise diagnosis techiques)
- 기계설비에 있어서 문제의 판별력이나 예측 등을 중심으로 수행하는 진단으로 여러 가지의 정밀한 데이터를 계측분석하고 문제의 종류, 부위, 원인 정도를 판별하여 고장에 이를 때까지 시간을 예측하고 그 대안을 내도록 하는 것이다.
- 파단면 해석, 강제열화 테스트, 파괴 테스트 등이 이에 해당한다.

0601

22 Repetitive Learning 

위험구역의 울타리 설계 시 인체측정자료 중 적용해야 할 인체치수로 가장 적절한 것은?

① 인체측정 최대치
② 인체측정 평균치
③ 인체측정 최소치
④ 구조적 인체 측정치

해설

- 모든 인체를 대상으로 수용가능할 수 있도록 하기 위해 극단치 설계를 하는데 위험구역의 울타리는 최대한 접근을 거부해야 하므로 가장 큰 사람도 넘어올 수 없도록 설계할 필요가 있다.

인체측정자료의 응용원칙

구분	예
최소치수를 이용한 설계	선반의 높이, 조종 장치까지의 거리, 비상벨의 위치 등
최대치수를 이용한 설계	출입문의 높이, 좌석 간의 거리, 통로의 폭, 와이어로프의 사용중량, 위험구역 울타리 등
조절식 설계	의자의 위치 및 높이, 자동차 운전석 의자의 위치와 높이 등
평균치를 이용한 설계	전동차의 손잡이 높이, 안내데스크, 은행의 접수대 높이, 공원의 벤치 높이

정답 | 20 ① 21 ④ 22 ①

2101

23 ─ Repetitive Learning 1회 2회 3회

다음 중 작업면상의 필요한 장소만 높은 조도를 취하는 조명방법은?

① 국소조명 ② 완화조명
③ 전반조명 ④ 투명조명

해설

- 완화조명은 눈의 암순응을 고려하여 휘도를 서서히 낮추면서 조명하는 것을 말한다.
- 전반조명은 특정 공간 전체를 전반적으로 조명하는 것을 말한다.
- 투명조명은 투광기에 의한 조명을 말한다.

국소조명(Local lighting)

- 작업면상의 필요한 장소만 높은 조도를 취하는 조명방법이다.
- 실내 전체를 전체적으로 조명하는 전반조명이 아니라 특정한 부위만 집중적으로 밝게 해 주는 조명을 말한다.

1202

24 ─ Repetitive Learning 1회 2회 3회

다음 중 시스템 신뢰도에 관한 설명으로 옳지 않은 것은?

① 시스템의 성공적 퍼포먼스를 확률로 나타낸 것이다.
② 각 부품이 동일한 신뢰도를 가질 경우 직렬구조의 신뢰도는 병렬구조에 비해 신뢰도가 낮다.
③ 시스템의 병렬구조는 시스템의 어느 한 부품이 고장 나면 시스템이 고장 나는 구조이다.
④ n중 k구조는 n개의 부품으로 구성된 시스템에서 k개 이상의 부품이 작동하면 시스템이 정상적으로 가동되는 구조이다.

해설

- 시스템의 어느 한 부품이 고장이 나면 시스템이 고장이 나는 구조는 직렬구조이다.

시스템 신뢰도

- 시스템의 성공적 퍼포먼스를 확률로 나타낸 것이다.
- 각 부품이 동일한 신뢰도를 가질 경우 직렬구조의 신뢰도는 병렬구조에 비해 신뢰도가 낮다.
- 시스템의 직렬구조는 시스템의 어느 한 부품이 고장이 나면 시스템이 고장이 나는 구조이다
- 시스템의 병렬구조는 시스템의 어느 한 부품이라도 작동하면 시스템이 작동하는 구조이다
- n중 k구조는 n개의 부품으로 구성된 시스템에서 k개 이상의 부품이 작동하면 시스템이 정상적으로 가동되는 구조이다.

25 ─ Repetitive Learning 1회 2회 3회

산업현장의 생산설비의 경우 안전장치가 부착되어 있으나 생산성을 위해 제거하고 사용하는 경우가 있다. 설비 설계자는 고의로 안전장치를 제거하는 데에도 대비하여야 하는데 이러한 예방설계 개념을 무엇이라 하는가?

① Fail safe ② Fool safety
③ Lock out ④ Temper proof

해설

- 풀 프루프는 작업자가 잘못 취급하거나 실수를 하여도 기계는 정상적으로 돌아가게 하는 설계방식을 말한다.
- 페일 세이프는 기계설비에 오류가 발생하더라도 안전하게 작동할 수 있도록 하는 구조와 기능을 말한다.
- 로크 아웃은 어떤 장치가 동작하는 경우 이를 방해하는 다른 장치의 동작을 억제하는 기능을 말한다.

안전설계(Fail safe design) 방법

Fool proof	작업자가 기계를 잘못 취급하는 행동이나 실수를 하여도 기계설비의 안전기능이 적용되어 재해를 방지할 수 있는 기능의 설계방식
Fail safe	기계나 부품에 파손·고장이나 기능 불량이 발생하여도 항상 안전하게 작동할 수 있는 구조와 기능
Temper proof	안전장치를 제거하는 경우 설비가 작동되지 않도록 하는 안전설계방식

0402 / 0601 / 1301 / 2202

26 ─ Repetitive Learning 1회 2회 3회

다음 중 일반적으로 인간의 눈이 완전암조응에 걸리는 데 소요되는 시간을 가장 잘 나타낸 것은?

① 3~5분
② 10~15분
③ 30~40분
④ 60~90분

해설

- 완전암조응이란 밝은 장소에 있다가 극장 등과 같은 어두운 곳으로 들어갈 때 눈이 적응하는 것을 말하는데 암조응은 명조응에 비해 시간이 오래 걸린다.

적응

- 적응(순응)은 밝은 곳에 있다가 어두운 곳에 들어설 경우 아무것도 보이지 않다가 차츰 어둠에 적응하여 보이기 시작하는 특성을 말한다.
- 암조응에 걸리는 시간은 30~40분, 명조응에 걸리는 시간은 1~3분 정도이다.

정답: 23 ① 24 ③ 25 ④ 26 ③

1803

27 Repetitive Learning (1회 2회 3회)

산업안전보건법령에 따라 제출된 유해·위험방지계획서의 심사결과에 따른 구분·판정결과에 해당하지 않는 것은?

① 적정 ② 일부 적정
③ 부적정 ④ 조건부 적정

해설

- 유해·위험방지계획서의 심사결과는 적정, 조건부 적정, 부적정으로 구분된다.

∷ 유해·위험방지계획서의 심사결과의 구분

구분	내용
적정	근로자의 안전과 보건을 위하여 필요한 조치가 구체적으로 확보되었다고 인정되는 경우
조건부 적정	근로자의 안전과 보건을 확보하기 위하여 일부 개선이 필요하다고 인정되는 경우
부적정	기계·설비 또는 건설물이 심사기준에 위반되어 공사착공 시 중대한 위험발생의 우려가 있거나 계획에 근본적 결함이 있다고 인정되는 경우

0603 / 2001

28 Repetitive Learning (1회 2회 3회)

다음 중 의자 설계 시 고려하여야 할 원리로 가장 적합하지 않은 것은?

① 자세 고정을 줄인다.
② 조정이 용이해야 한다.
③ 디스크가 받는 압력을 줄인다.
④ 요추 부위의 후만곡선을 유지한다.

해설

- 요추 부위의 후만곡선을 방지해야 한다.

∷ 인간공학적 의자 설계

㉠ 개요
- 조절식 설계원칙을 적용하도록 한다.
- 자세와 동작에 따라 고려해야 할 인체측정 치수가 달라진다.
- 요부전만(腰部前灣)을 유지한다.
- 추간판(디스크)의 압력과 등근육의 정적부하를 줄인다.
- 자세 고정을 줄인다.
- 여러 사람이 사용하는 의자의 경우 좌면 높이는 오금보다 약간 낮게(5% 오금높이) 유지한다.

㉡ 고려할 사항
- 체중 분포
- 상반신의 안정
- 좌판의 높이(조절식을 기준으로 한다)
- 좌판의 깊이와 폭
(폭은 최대치, 깊이는 최소치를 기준으로 한다)

29 Repetitive Learning (1회 2회 3회)

어떤 작업을 수행하는 작업자의 배기량을 5분간 측정하였더니 100L이었다. 가스미터를 이용하여 배기 성분을 조사한 결과 산소가 20%, 이산화탄소가 3%이었다. 이때 작업자의 분당 산소소비량(A)과 분당 에너지소비량(B)은 약 얼마인가?(단, 흡기 공기 중 산소는 21vol%, 질소는 79vol%를 차지하고 있다)

① A : 0.038L/min, B : 0.77kcal/min
② A : 0.058L/min, B : 0.57kcal/min
③ A : 0.073L/min, B : 0.36kcal/min
④ A : 0.093L/min, B : 0.46kcal/min

해설

- 분당 배기량은 $\frac{100}{5} = 20$L이다.
- 구해진 배기량과 주어진 값을 이용해 분당 흡기량을 구한다.
  분당 흡기량 $= \frac{20 \times (100-20-3)}{79} = \frac{1540}{79} = 19.4936$[L/분]
- 분당 산소소비량 $= 19.4936 \times 21\% - 20 \times 20\% = 4.093 - 4 = 0.093$[L/분]이 된다.
- 에너지 값은 $0.093 \times 5 = 0.46$[kcal/분]

∷ 산소소비량의 계산

- 흡기량과 배기량이 주어질 경우 공기 중 산소가 21%, 배기가스의 산소가 16%라면 산소소비량 = 분당 흡기량 × 21% − 분당 배기량 × 16%이다.
- 흡기량이 주어지지 않을 경우 분당 흡기량은 질소의 양으로 구한다. 흡기량 $= \frac{배기량 \times (100 - CO_2\% - O_2\%)}{79}$가 된다.
- 에너지 값은 분당 산소소비량 × 5kcal로 구한다.

0801

30 Repetitive Learning (1회 2회 3회)

다음 중 시스템 안전 프로그램 계획(SSPP)에 포함되지 않아도 되는 사항은?

① 안전조직 ② 안전기준
③ 안전종류 ④ 안전성 평가

해설

- 시스템 안전 프로그램 계획(SSPP)에 포함되어야 하는 사항으로는 계획의 개요, 안전조직, 계약조건, 시스템 안전기준 및 해석, 안전성 평가, 안전자료의 수집과 갱신, 경과와 결과의 보고 등이 있다.

정답 | 27 ② 28 ④ 29 ④ 30 ③

:: 시스템 안전 프로그램 계획(SSPP)

㉠ 개요

- 시스템 안전 필요사항을 만족시키기 위해 예정된 안전업무를 설명해 놓은 공식적인 기록을 말한다.

㉡ 포함되어야 할 사항 실필 1501/1103

- 계획의 개요
- 안전조직
- 계약조건
- 시스템안전기준 및 해석
- 안전성 평가
- 안전자료의 수집과 갱신
- 경과와 결과의 보고

1903

31 — Repetitive Learning (1회 2회 3회)

다음 설명에 해당하는 온열조건의 용어는?

> 온도와 습도 및 공기 유동이 인체에 미치는 열효과를 하나의 수치로 통합한 경험적 감각지수로 상대습도 100%일 때의 건구온도에서 느끼는 것과 동일한 온감

① Oxford 지수 ② 발한율
③ 실효온도 ④ 열압박지수

해설

- Oxford 지수는 습구온도와 건구온도의 가중평균치이다.
- 발한율이란 운동 시 온도·습도 변화에 따른 피부온도와 발한량의 변화를 표시한 값이다.
- 열압박지수(Heat stress index)는 열평형을 유지하기 위해서 증발되어야 하는 발한(發汗)량을 나타낸다.

:: 실효온도(ET : Effective Temperature) 실필 1201

- 공조되고 있는 실내 환경을 평가하는 척도로 감각온도, 유효온도라고도 한다.
- 상대습도 100%, 풍속 0m/sec일 때에 느껴지는 온도감각을 말한다.
- 온도, 습도, 기류 등이 인체에 미치는 열효과를 하나의 수치로 통합한 경험적 감각지수이다.
- 실효온도의 종류에는 Oxford 지수, Botsball 지수, 습구 글로브 온도 등이 있다.

0901 / 1902

32

시스템 위험분석 기법 중 고장형태 및 영향분석(FMEA)에서 고장 등급의 평가요소에 해당되지 않는 것은?

① 고장발생의 빈도
② 고장의 영향 크기
③ 기능적 고장 영향의 중요도
④ 영향을 미치는 시스템의 범위

해설

- FMEA에서 고장 등급의 평가요소에는 고장의 영향 크기보다는 고장방지의 가능성, 신규설계여부 등이 포함되어야 한다.

:: FMEA의 고장 평점 결정 5가지 평가요소

- 기능적 고장의 중요도
- 영향을 미치는 시스템의 범위
- 고장의 발생 빈도
- 고장방지의 가능성
- 신규설계여부

1301

33 — Repetitive Learning (1회 2회 3회)

설비관리 책임자 A는 동종 업종의 TPM 추진사례를 벤치마킹하여 설비관리 효율화를 꾀하고자 한다. 설비관리 효율화 중 작업자 본인이 직접 운전하는 설비의 마모율 저하를 위하여 설비의 윤활관리를 일상에서 직접 행하는 활동과 가장 관계가 깊은 TPM 추진단계는?

① 개별개선활동단계
② 자주보전활동단계
③ 계획보전활동단계
④ 개량보전활동단계

해설

- 자신이 사용하는 설비의 마모율 저하를 위해 일상적으로 유지관리하는 것은 자주보전활동단계에 대한 설명이다.

:: 설비관리 효율화를 위한 TPM(Total Productivity Management)

- TPM은 사람과 설비의 체질개선을 통한 기업의 체질개선을 목적으로 한다.
- TPM의 8대 주요활동

활동명	개념
자주보전	자기 설비에 대한 일상점검, 부품교환, 수리 등을 스스로 행하는 것
개별개선	설비, 장치, 공정을 포함하는 플랜트 전체의 효율화를 위한 제반 개선활동
계획보전	설비의 이상을 조기에 발견하고 치료하는 최적 보전주기에 의한 정기보전
MP·초기 유동관리	보전예방과 신기술 적용을 통해 보전비나 열화손실을 최소로 하는 활동
품질보전	완벽한 품질을 위해 불량을 방지하는 설비구축
환경·안전	산업재해예방 및 무고장을 위한 제반 활동
사무·간접	생산비의 절감을 위한 경영합리화 대책
교육훈련	교육훈련을 통한 기능향상과 기술혁신

31 ③ 32 ② 33 ② 정답

1902 / 2102

34 Repetitive Learning (1회 2회 3회)

다음 중 음량수준을 평가하는 척도와 관계없는 것은?

① phon　② Hsi
③ Pldb　④ sone

해설
- HSI는 열 압박 지수(Heat Stress Index)로 열평형을 유지하기 위해 증발해야 하는 땀의 양이며, 음량수준과는 거리가 멀다.

음량수준
- 음의 크기를 나타내는 단위에는 dB(PNdB, PLdB), phon, sone 등이 있다.
- 음량수준을 측정하는 척도에는 phon 및 sone에 의한 음량수준과 인식소음수준 등을 들 수 있다.
- 음의 세기는 진폭의 크기에 비례한다.
- 음의 높이는 주파수에 비례한다(주파수는 주기와 반비례한다).
- 인식소음수준은 소음의 측정에 이용되는 척도로 PNdB와 PLdB로 구분된다.

35 Repetitive Learning (1회 2회 3회)

FTA에 사용되는 논리 게이트 중 조건부 사건이 발생하는 상황하에서 입력현상이 발생할 때 출력현상이 발생하는 것은?

① 억제 게이트
② AND 게이트
③ 배타적 OR 게이트
④ 우선적 AND 게이트

해설
- AND 게이트는 순서와 상관없이 두 개의 입력이 모두 발생하면 출력이 생기는 기호이다.
- 배타적 OR 게이트(Exclusive OR gate)는 OR 게이트의 특별한 경우로 2개 또는 그 이상의 입력이 동시에 존재하는 경우에는 출력이 생기지 않는 게이트이다.
- 우선적 AND 게이트는 AND 게이트의 특별한 경우로 여러 개의 입력사상이 정해진 순서에 따라 순차적으로 발생해야만 결과가 출력된다.

억제 게이트(Inhibit gate)

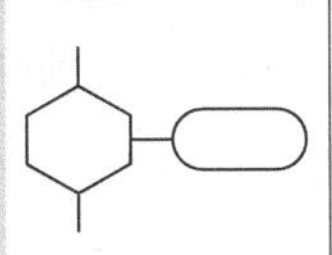	• 한 개의 입력사상에 의해 출력사상이 발생하며, 출력사상이 발생되기 전에 입력사상이 특정조건을 만족하여야 한다. • 조건부 사건이 발생하는 상황하에서 입력현상이 발생할 때 출력현상이 발생한다.

0303 / 0602 / 0902 / 0903 / 1302

36 Repetitive Learning (1회 2회 3회)

다음 중 FTA에 의한 재해사례연구 순서에서 가장 먼저 실시하여야 하는 사항은?

① FT(Fault Tree)도의 작성
② 개선계획의 작성
③ 톱(Top)사상의 선정
④ 사상의 재해원인의 규명

해설
- 결함수분석에서 가장 먼저 실시하는 것은 정상(Top)사상의 선정이다.

결함수분석(FTA)에 의한 재해사례의 연구 순서 실필 1102/1003

1단계	정상(Top)사상의 선정
2단계	사상마다 재해원인 및 요인 규명
3단계	FT(Fault Tree)도 작성
4단계	개선계획의 작성
5단계	개선안 실시계획

1902 / 2202

37 Repetitive Learning (1회 2회 3회)

다음 중 인간공학에 대한 설명으로 틀린 것은?

① 인간이 사용하는 물건, 설비, 환경의 설계에 작용된다.
② 인간의 생리적, 심리적인 면에서의 특성이나 한계점을 고려한다.
③ 인간을 작업과 기계에 맞추는 실제 철학이 바탕이 된다.
④ 인간 기계 시스템의 안전성과 편리성, 효율성을 높인다.

해설
- 인간공학은 업무 시스템을 인간에 맞추는 것이지 인간을 시스템에 맞추는 것이 아니다.

인간공학(Ergonomics)

㉠ 개요
- "Ergon(작업) + nomos(법칙) + ics(학문)"이 조합된 단어로 Human factors, Human engineering이라고도 한다.
- 인간의 특성과 한계 능력을 공학적으로 분석, 평가하여 이를 복잡한 체계의 설계에 응용함으로써 효율을 최대로 활용할 수 있도록 하는 학문분야이다.
- 인간이 사용하는 물건, 설비, 환경의 설계에 인간의 생리적, 심리적인 면에서의 특성이나 한계점을 고려함으로써 인간-기계 시스템의 안전성과 편리성, 효율성을 높이는 학문분야이다.

정답 | 34 ② 35 ① 36 ③ 37 ③

㉡ 적용분야
- 제품설계
- 재해·질병 예방
- 장비·공구·설비의 배치
- 작업장 내 조사 및 연구

38 ——— Repetitive Learning (1회 2회 3회)

다음의 FT도에서 정상사상 T의 발생확률은 얼마인가? (단, X_1, X_2, X_3의 발생확률은 모두 0.1이다)

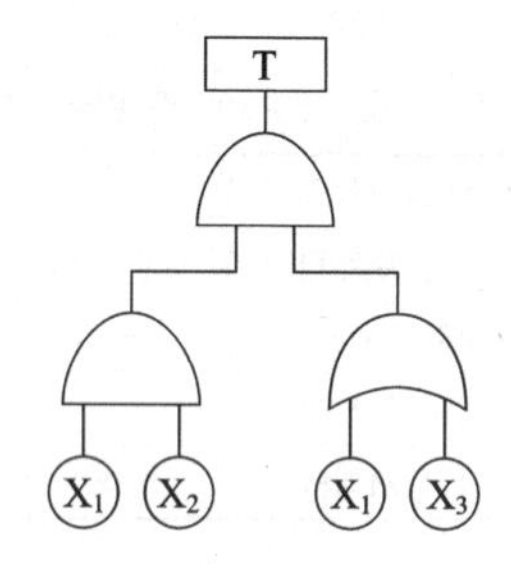

① 0.0019　② 0.01
③ 0.019　④ 0.0361

해설

- $T=X_1X_2(X_1+X_3)$이므로 $X_1X_2+X_1X_2X_3$이 된다.
간략화시키기 위해 X_1X_2을 묶어내면 $X_1X_2(1+X_3)$인데 $1+X_3=1$이므로 X_1X_2이고, 따라서 T는 $0.1\times0.1=0.01$이 된다.

∷ FT도에서 정상(고장)사상 발생확률 실필 1203/0901

㉠ AND(직렬)연결 시
- 사상 A의 발생확률을 P_A, 사상 B, 사상 C 발생확률을 P_B, P_C라 할 때 $P_A=P_B\times P_C$로 구할 수 있다.

㉡ OR(병렬)연결 시
- 사상 A의 발생확률(P_A)은 사상 B, 사상 C 발생확률을 P_B, P_C라 할 때 $P_A=1-(1-P_B)\times(1-P_C)$로 구할 수 있다.

39 ——— Repetitive Learning (1회 2회 3회)

다음 중 작업 관련 근골격계 질환 관련 유해요인조사에 대한 설명으로 옳은 것은?

① 사업장 내에서 근골격계 부담작업 근로자가 5인 미만인 경우에는 유해요인조사를 실시하지 않아도 된다.
② 유해요인조사는 근골격계 질환자가 발생할 경우에는 3년마다 정기적으로 실시해야 한다.
③ 유해요인조사는 사업장 내 근골격계 부담작업 중 50%를 샘플링으로 선정하여 조사한다.
④ 근골격계 부담작업 유해요인조사에는 유해요인기본조사와 근골격계 질환 증상조사가 포함된다.

해설

- 근골격계 부담작업에 근로자가 종사하는 경우에는 근로자 수에 상관없이 유해요인조사를 실시하여야 한다.
- 근골격계 질환자가 발생한 경우, 근골격계 부담작업에 새로운 작업·설비를 도입한 경우, 작업환경을 변경한 경우에는 즉시 수시 유해요인조사를 실시해야 한다.
- 유해요인조사는 사업장 내 모든 작업(공정)을 대상으로 조사해야 한다.

∷ 근골격계 질환과 유해요인조사

㉠ 개요 실필 0801
- 반복적인 동작, 부적절한 작업자세, 무리한 힘의 사용, 날카로운 면과의 신체접촉, 진동 및 온도 등의 요인에 의하여 발생하는 건강장해로서 목, 어깨, 허리, 팔·다리의 신경·근육 및 그 주변 신체조직 등에 나타나는 질환을 말한다.
- 단순반복작업 또는 인체에 과도한 부담을 주는 작업량·작업속도·작업강도 및 작업장 구조 등에 따라 노동부장관이 고시하는 작업과 관련된 질환을 말한다.

㉡ 유해요인조사
- 유해요인조사에는 작업장 상황조사, 작업조건 조사, 근골격계 질환 증상조사를 포함한다.
- 근골격계 질환자가 발생한 경우, 근골격계부담작업에 새로운 작업·설비를 도입한 경우, 작업환경을 변경한 경우에는 즉시 수시 유해요인조사를 실시해야 한다.
- 근골격계 부담작업에 근로자가 종사하는 경우에는 근로자 수에 상관없이 유해요인조사를 실시하여야 한다.
- 유해요인조사는 사업장 내 모든 작업(공정)을 대상으로 조사해야 한다.

0803

40 ——— Repetitive Learning (1회 2회 3회)

인간-기계 시스템에 관한 설명으로 틀린 것은?

① 수동 시스템에서 기계는 동력원을 제공하고 인간의 통제하에서 제품을 생산한다.
② 기계 시스템에서는 고도로 통합된 부품들로 구성되어 있으며, 일반적으로 변화가 거의 없는 기능들을 수행한다.
③ 자동 시스템에서 인간은 감시, 정비, 보전 등의 기능을 수행한다.
④ 자동 시스템에서 인간요소를 고려하여야 한다.

38 ②　39 ④　40 ① | 정답

해설

• 수동 시스템은 인간의 힘을 동력원으로 활용하여 수공구를 사용하는 시스템 형태로 다양성이 있고 융통성이 우수한 특징을 갖는다.

인간-기계 통합체계의 유형

• 인간-기계 통합체계의 유형은 자동화 체계, 기계화 체계, 수동 체계로 구분된다.

자동화 체계	인간은 작업계획의 수립, 모니터를 통한 작업 상황 감시, 프로그래밍, 설비보전의 역할을 수행하고 체계(System)가 감지, 정보보관, 정보처리 및 의식결정, 행동을 포함한 모든 임무를 수행하는 체계
기계화 체계	반자동 체계로 운전자의 조종에 의해 기계를 통제하는 융통성이 없는 시스템 형태
수동 체계	• 인간의 힘을 동력원으로 활용하여 수공구를 사용하는 시스템 형태 • 다양성이 있고 융통성이 우수한 특징을 갖는 체계

3과목 기계·기구 및 설비 안전관리

1901

41 Repetitive Learning

다음 중 공장 소음에 대한 방지계획에 있어 음원에 대한 대책에 해당하지 않는 것은?

① 해당 설비의 밀폐
② 설비실의 차음벽 시공
③ 작업자의 보호구 착용
④ 소음기 및 흡음장치 설치

해설

• 귀마개 및 귀덮개 등의 방음 보호구의 착용은 음원에 대한 대책이 아니다. 일시적, 개인적인 소음에 대한 소극적인 수음자 대책이다.

소음발생 시 음원 대책

• 소음원의 통제
• 소음설비의 격리
• 설비의 적절한 재배치
• 저소음 설비의 사용

0303 / 0702 / 1901

42 Repetitive Learning 1회 2회 3회

다음 중 용접 결함의 종류에 해당하지 않는 것은?

① 비드(Bead)
② 기공(Blow hole)
③ 언더컷(Under cut)
④ 용입불량(Incomplete penetration)

해설

• 비드(Bead)는 용접봉에서 녹아내려 모재에 붙은 용접물로 용접 결함에 해당하지 않는다.

아크용접 결함

㉠ 개요

• 용접 불량은 재료가 가지는 결함이 아니라 작업수행 시에 발생되는 결함이다.
• 용접 불량의 종류에는 기공, 스패터, 언더컷, 크레이터, 피트, 오버랩, 용입불량 등이 있다.

㉡ 결함의 종류

기공 (Blow hole)	용접 금속 안에 기체가 갇힌 상태로 굳어버린 것
스패터 (Spatter)	용융된 금속의 작은 입자가 튀어나와 모재에 묻어 있는 것
언더컷 (Under cut)	전류가 과대하고 용접속도가 너무 빠르며, 아크를 짧게 유지하기 어려운 경우 모재 및 용접부의 일부가 녹아서 홈 또는 오목하게 생긴 부분
크레이터 (Crater)	용접 길이의 끝부분에 오목하게 파인 부분
피트 (Pit)	용착금속 속에 남아있는 가스로 인하여 생긴 구멍
오버랩 (Over lap)	용접봉의 운행이 불량하거나 용접봉의 용융 온도가 모재보다 낮을 때 과잉 용착금속이 남아있는 부분
용입불량 (Incomplete penetration)	용접부에 있어서 모재의 표면과 모재가 녹은 부분의 최저부 사이의 거리를 용입이라고 하는데, 용접부에서 용입이 되어 있지 않거나 불충분한 것

정답 | 41 ③ 42 ①

0802 / 1201 / 1501 / 2102

43 Repetitive Learning (1회 2회 3회)

상용운전압력 이상으로 압력이 상승할 경우, 보일러의 과열을 방지하기 위하여 최고사용압력과 상용압력 사이에서 보일러의 버너 연소를 차단하여 열원을 제거하여 정상압력으로 유도하는 보일러의 방호장치는?

① 압력방출장치 ② 고저수위조절장치
③ 언로드밸브 ④ 압력제한스위치

해설

- 압력방출장치(Safety valve)는 밸브 입구 쪽의 압력이 설정압력에 도달하면 자동적으로 빠르게 작동하여 유체가 분출되고 일정 압력 이하가 되면 정상상태로 복원되는 방호장치로 안전밸브라고도 한다.
- 고저수위조절장치는 보일러의 방호장치 중 하나로 보일러 쉘 내의 관수의 수위가 최고한계 또는 최저한계에 도달했을 때 자동적으로 경보를 울리는 동시에 관수의 공급을 차단시켜 주는 장치이다.
- 언로드밸브는 보일러 내부의 압력을 일정범위 내에서 유지시키는 밸브이다.

압력제한스위치

㉠ 개요
- 상용운전압력 이상으로 압력이 상승할 경우, 보일러의 과열을 방지하기 위하여 최고사용압력과 상용압력 사이에서 보일러의 버너 연소를 차단해 열원을 제거하고 정상압력으로 유도하는 보일러의 방호장치이다.

㉡ 설치
- 압력제한스위치는 보일러의 압력계가 설치된 배관상에 설치해야 한다.

44 Repetitive Learning (1회 2회 3회)

단면 6×10cm인 목재가 4,000kg의 압축하중을 받고 있다. 안전율을 5로 하면 실제사용응력은 허용응력의 몇 %나 되는가?(단, 목재의 압축강도는 500kg/cm^{2}이다)

① 33.3 ② 66.7
③ 99.5 ④ 250

해설

- 허용응력과 실제사용응력의 비율을 구하는 문제이다.
- 안전율이 5이고, 기준강도(압축강도)가 주어져 있으므로 허용응력을 구할 수 있다. 허용응력은 $\frac{500}{5}=100$[kg/cm^2]이다.
- 응력은 단위면적당 부재에 작용하는 힘이므로 목재의 실제사용응력은 $\frac{4,000}{60}=66.67$[kg/cm^2]이다.
- 실제사용응력은 허용응력의 $\frac{66.67}{100}\times 100=66.67$[%]이다.

안전율/안전계수(Safety factor)

- 소재의 파괴강도와 허용되는 응력의 비를 표시한 것이다.
- 안전율은 $\frac{\text{기준강도}}{\text{허용응력}}$ 또는 $\frac{\text{항복강도}}{\text{설계하중}}$, $\frac{\text{파괴하중}}{\text{최대사용하중}}$, $\frac{\text{최대응력}}{\text{허용응력}}$ 등으로 구한다.
- 응력은 단위면적당 부재에 작용하는 힘을 말하며, 허용응력은 단위면적당 재료가 파괴되지 않고 영구적인 변형이 남지 않는 비례한도 범위 내의 응력을 말한다.
- 기준강도는 재료에 손상을 입힌다고 인정되는 강도를 말한다.
- 강도(기준강도)를 통해 재료의 안전율, 구조 등이 결정된다.
- 연성재료에서는 항복점을 기준강도, 인장강도, 기초강도라고도 한다.

1201 / 1803

45 Repetitive Learning (1회 2회 3회)

다음 중 기계설비에서 반대로 회전하는 두 개의 회전체가 맞닿는 사이에 발생하는 위험점을 무엇이라 하는가?

① 물림점(Nip point)
② 협착점(Squeeze point)
③ 접선 물림점(Tangential point)
④ 회전 말림점(Trapping point)

해설

- 협착점은 왕복운동을 하는 기계의 운동부와 움직임 없는 고정부 사이에서 형성되는 위험점이다.
- 접선 물림점은 회전하는 부분의 접선방향으로 물려들어가는 위험점이다.
- 회전 말림점은 회전하는 드릴기계의 운동부 자체에 작업복 등이 말려들 위험이 존재하는 점이다.

물림점(Nip point) 실필 1503 실작 1703/1601/1303

- 롤러기의 두 롤러 사이와 같이 반대로 회전하는 두 개의 회전체가 맞닿는 사이에 발생하는 위험점을 말한다.
- 2개의 회전체가 서로 반대방향으로 회전해야 물림점이 발생한다.
- 방호장치로 덮개 또는 울을 사용한다.

물림점	
물림 위치	기어 물림점

43 ④ 44 ② 45 ① 정답

0302 / 0702 / 1802

46 Repetitive Learning 1회 2회 3회

와이어로프의 표기에서 "6×19" 중 숫자 "6"이 의미하는 것은?

① 소선의 지름(mm) ② 소선의 수량(Wire수)
③ 꼬임의 수량(Strand수) ④ 로프의 인장강도(kg/cm^2)

해설

- 6×19는 스트랜드의 수가 6이며, 스트랜드는 19개의 소선으로 구성되어 있음을 의미한다.

와이어로프 표시기호

- [스트랜드의 수]×[스트랜드 구성 형태 문자표시] ([스트랜드를 구성하는 소선의 수]) + [심감의 종류]로 표시한다.
- 스트랜드 구성형태를 표시하는 문자에는 S(스트랜드형), W(워링톤형), Fi(필러형), Ws(워링톤시일형)이 있으며, Fi(숫자)로 표기되는 경우 이는 스트랜드가 필러형이며, 숫자만큼의 소선의 수가 스트랜드를 구성함을 의미한다.
- 심감의 종류에는 섬유심(FC), 와이어로프를 심으로 꼰 형태(IWRC) 등이 있다.

47 Repetitive Learning 

다음 중 선반작업에 대한 안전수칙으로 틀린 것은?

① 작업 중 장갑, 반지 등을 착용하지 않도록 한다.
② 보링작업 중에는 칩(Chip)을 제거하지 않는다.
③ 가공물이 길 때에는 심압대로 지지하고 가공한다.
④ 일감의 길이가 직경의 5배 이내의 짧은 경우에는 방진구를 사용한다.

해설

- 일감의 길이가 긴(가공물 길이가 지름의 12~20배 이상) 공작물은 방진구를 설치하여 진동을 방지한다.

선반작업 시 안전수칙

㉠ 작업자 보호장구
- 작업 중 장갑 착용을 금한다.
- 절삭 칩의 제거는 반드시 브러시를 사용하도록 한다.
- 칩(Chip)이 비산할 때는 보안경을 쓰고 방호판을 설치하여 사용한다.

㉡ 작업 시작 전 점검 및 준수사항
- 칩이 짧게 끊어지도록 칩 브레이커를 설치한다.
- 일감의 길이가 긴(가공물 길이가 지름의 12~20배 이상) 공작물은 방진구를 설치하여 진동을 방지한다.
- 베드 위에 공구를 올려놓지 않아야 한다.
- 공작물의 설치가 끝나면, 척에서 렌치류는 곧바로 제거한다.
- 시동 전에 척 핸들을 빼두어야 한다.

㉢ 작업 중 준수사항
- 기계 운전 중에는 백기어(Back gear)의 사용을 금한다.
- 회전 중에 가공품을 직접 만지지 않는다.
- 센터 작업 시 심압 센터에 자주 절삭유를 준다.
- 선반 작업 시 주축의 변속은 기계 정지 후에 해야 한다.
- 바이트 교환, 일감의 치수 측정, 주유 및 청소 시에는 기계를 정지시켜야 한다.

48 Repetitive Learning 1회 2회 3회

크레인의 와이어로프에서 보통꼬임이 랭꼬임에 비하여 우수한 점은?

① 수명이 길다.
② 킹크의 발생이 적다.
③ 내마모성이 우수하다.
④ 소선의 접촉 길이가 길다.

해설

- 킹크는 와이어로프가 꼬여진 상태로 인장될 때 생기는 영구적 손상을 말하는데 보통꼬임은 꼬임이 잘 풀리지 않아 킹크의 발생이 적다.

와이어로프의 꼬임 종류 실필 1502/1102

㉠ 개요
- 스트랜드의 꼬임 모양에 따라 S꼬임과 Z꼬임이 있다.
- 스트랜드의 꼬임 방향에 따라 랭꼬임과 보통꼬임으로 구분한다.

㉡ 랭꼬임
- 랭꼬임은 로프와 스트랜드의 꼬임 방향이 같은 방향인 꼬임을 말한다.
- 접촉면적이 커 마모에 의한 손상이 적고 내구성이 우수하나 풀리기 쉽다.

㉢ 보통꼬임
- 보통꼬임은 로프와 스트랜드의 꼬임 방향이 서로 반대방향인 꼬임을 말한다.
- 접촉면적이 작아 마모에 의한 손상은 크지만 변형이나 하중에 대한 저항성이 크고, 잘 풀리지 않아 킹크의 발생이 적다.

1201

49 Repetitive Learning 1회 2회 3회

다음 중 프레스 또는 전단기 방호장치의 종류와 분류기호가 올바르게 연결된 것은?

① 가드식 : C ② 손쳐내기식 : B
③ 광전자식 : D-1 ④ 양수조작식 : A-1

정답 | 46 ③ 47 ④ 48 ② 49 ①

해설

- 손쳐내기식은 D, 광전자식은 A, 양수조작식은 B이다.

방호장치의 종류와 분류기호 실필 2401

종류	분류기호	비고
광전자식	A-1	일반적인 형태로 투광부, 수광부, 컨트롤 부분으로 구성
	A-2	급정지기능 없는 프레스의 클러치 개조로 급정지 가능해진 방호장치
양수조작식	B-1	유·공압 밸브식
	B-2	전기버튼식
가드식	C	
손쳐내기식	D	확동식 클러치형 프레스에서만 사용
수인식	E	

1202

50 Repetitive Learning 1회 2회 3회

다음 중 포터블 벨트 컨베이어(Potable belt conveyor) 운전 시 준수사항으로 적절하지 않은 것은?

① 공회전하여 기계의 운전상태를 파악한다.
② 정해진 조작스위치를 사용하여야 한다.
③ 운전시작 전 주변 근로자에게 경고하여야 한다.
④ 화물 적치 후 몇 번씩 시동, 정지를 반복 테스트한다.

해설

- 화물 적치 후에 시동, 정지를 반복해서는 안 된다.

포터블 벨트 컨베이어(Potable belt conveyor) 운전 시 준수사항

㉠ 구조 및 방호장치
- 차륜을 고정하여야 한다.
- 차륜 간의 거리는 전도위험이 최소가 되도록 하여야 한다.
- 기복장치에는 붐이 불시에 기복하는 것을 방지하기 위한 장치 및 크랭크의 반동을 방지하기 위한 장치를 설치하여야 한다.
- 포터블 벨트 컨베이어의 충전부에는 절연덮개를 설치하여야 한다.
- 포터블 벨트 컨베이어를 이동하는 경우는 먼저 컨베이어를 최저의 위치로 내리고 전동식의 경우 전원을 차단한 후에 이동한다.

㉡ 작업 시작 전 점검 및 준수사항
- 공회전하여 기계의 운전상태를 파악한다.
- 운전시작 전 주변 근로자에게 경고하여야 한다.

㉢ 작업 중 준수사항
- 정해진 조작 스위치를 사용하여야 한다.
- 화물 적치 후에 시동, 정지를 반복해서는 안 된다.
- 기복장치는 포터블 벨트 컨베이어의 옆면에서만 조작하도록 한다.

0801 / 1003 / 1103

51 Repetitive Learning 1회 2회 3회

산업용 로봇의 작동범위 내에서 해당 로봇에 대하여 교시 등의 작업 시 예기치 못한 작동 및 오조작에 의한 위험을 방지하기 위하여 수립해야 하는 지침사항에 해당하지 않는 것은?

① 로봇의 조작방법 및 순서
② 작업 중의 매니퓰레이터의 속도
③ 로봇 구성품의 설계 및 조립방법
④ 2명 이상의 근로자에게 작업을 시킬 경우의 신호방법

해설

- 산업용 로봇의 예기치 못한 작동 및 오조작에 의한 위험을 방지하기 위한 지침사항에 로봇 구성품의 설계 및 조립방법은 포함되지 않는다.

로봇에 대하여 교시 등의 작업 시 예기치 못한 작동 및 오조작에 의한 위험방지를 위해 수립해야 하는 지침사항 실필 2402/1901/1201

- 로봇의 조작방법 및 순서
- 작업 중의 매니퓰레이터의 속도
- 2명 이상의 근로자에게 작업을 시킬 경우의 신호방법
- 이상을 발견한 경우의 조치
- 이상을 발견하여 로봇의 운전을 정지시킨 후 이를 재가동시킬 경우의 조치
- 그 밖에 로봇의 예기치 못한 작동 또는 오조작에 의한 위험을 방지하기 위하여 필요한 조치

52 Repetitive Learning 1회 2회 3회

드릴링 머신에서 축의 회전수가 1,000rpm이고, 드릴 지름이 10mm일 때 드릴의 원주속도는 약 얼마인가?

① 6.28m/min ② 31.4m/min
③ 62.8m/min ④ 314m/min

해설

- 회전수가 1,000, 지름이 10mm일 때 원주속도는 (3.14×10×1,000)/1,000≒약 31.4[m/min]이다.

회전체의 원주속도

- 회전체의 원주속도는 $\frac{\pi \times 외경 \times 회전수}{1,000}$[m/min]로 구한다.
  이때 외경의 단위는 [mm]이고, 회전수의 단위는 [rpm]이다.
- 회전수 = $\frac{원주속도 \times 1,000}{\pi \times 외경}$으로 구할 수 있다.

50 ④ 51 ③ 52 ② 정답

2202

53 Repetitive Learning 1회 2회 3회

다음 중 지게차의 작업상태별 안정도에 관한 설명으로 틀린 것은?(단, V는 최고속도(km/h)이다)

① 기준 부하상태에서 하역작업 시의 좌우 안정도는 6%이다.
② 기준 부하상태에서 하역작업 시의 전후 안정도는 20%이다.
③ 기준 무부하상태에서 주행 시의 전후 안정도는 18%이다.
④ 기준 무부하상태에서 주행 시의 좌우 안정도는 (15+1.1V)%이다.

해설

- 기준 부하상태에서 하역작업 시의 전후 안정도는 4%이다.

지게차의 안정도

㉠ 개요
- 지게차의 하역 시, 운반 시 전도에 대한 안전성을 표시하는 값이다.
- 좌우 안정도와 전후 안정도가 있다.
- 작업 또는 주행 시 안정도 이하로 유지해야 한다.
- 지게차의 안정도 = $\frac{높이}{수평거리}$로 구한다.

㉡ 지게차의 작업상태별 안정도 실작 1601
- 기준 부하상태에서 하역작업 시의 전후 안정도는 4%이다(5톤 이상일 경우 3.5%).
- 기준 부하상태에서 하역작업 시의 좌우 안정도는 6%이다.
- 기준 부하상태에서 주행 시의 전후 안정도는 18%이다.
- 기준 무부하상태에서 주행 시의 좌우 안정도는 (15+1.1V)%이다(이때, V는 주행속도를 의미한다).

0701

54 Repetitive Learning 1회 2회 3회

다음 중 프레스작업에서 제품을 꺼낼 경우 사용하는 데 가장 적합한 것은?

① 걸레
② 칩 브레이커
③ 스토퍼
④ 압축공기

해설

- 칩 브레이커는 선반 작업 시 칩을 잘게 끊어주는 장치이다.
- 스토퍼는 같은 주행로에 병렬로 설치되어 있는 주행 크레인에서 크레인끼리의 충돌이나, 근로자에 접촉하는 것을 방지하는 장치이다.

프레스 송급장치와 배출장치

㉠ 송급장치
- 프레스에 원재료 등을 공급할 때 사용되는 장치를 말한다.
- 언코일러(Uncoiler), 레벨러(Leveller), 피더(Feeder) 등이 있다.

㉡ 자동배출장치
- 프레스작업 시 제품 및 스크랩을 자동적으로 꺼내기 위한 장치이다.
- 압축공기를 이용한 공기분사장치, 이젝터(Ejector), 키커 등이 있다.

1301

55 Repetitive Learning 1회 2회 3회

다음 중 음향방출시험에 대한 설명으로 틀린 것은?

① 가동 중 검사가 가능하다.
② 온도, 분위기 같은 외적 요인에 영향을 받는다.
③ 결함이 어떤 중대한 손상을 초래하기 전에 검출할 수 있다.
④ 재료의 종류나 물성 등의 특성과는 관계없이 검사가 가능하다.

해설

- 음향방출시험은 재료의 종류나 물성 등의 특성과 온도, 분위기 같은 외적 요인에 영향을 받는 단점을 갖는다.

음향방출(탐사)시험

㉠ 개요
- 손 또는 망치로 타격 진동시켜 발생하는 낮은 응력파(Stress wave)를 검사하는 비파괴검사방법이다.

㉡ 특징
- 검사방법이 간단해서 가동 중 검사가 가능하며, 결함이 어떤 중대한 손상을 초래하기 전에 검출될 수 있다는 장점을 갖는다.
- 재료의 종류나 물성 등의 특성과 온도, 분위기 같은 외적 요인에 영향을 받는 단점을 갖는다.

정답 | 53 ② 54 ④ 55 ④

0903 / 2103

56 Repetitive Learning 1회 2회 3회

다음은 산업안전보건기준에 관한 규칙상 아세틸렌용접장치에 관한 설명이다. (　) 안에 공통으로 들어갈 내용으로 옳은 것은?

> • 사업주는 아세틸렌용접장치의 취관마다 (　)를 설치하여야 한다.
> • 사업주는 가스용기가 발생기와 분리되어 있을 아세틸렌용접장치에 대하여 발생기와 가스용기 사이에 (　)를 설치하여야 한다.

① 분기장치
② 자동발생 확인장치
③ 안전기
④ 유수 분리장치

해설

• 아세틸렌 용접 시 역류 및 역화를 방지하기 위하여 취관마다 안전기를 설치하여야 한다.

안전기 실필 2201/2003/1802/1702/1002

㉠ 개요
- 아세틸렌 용접 시 역류 및 역화를 방지하기 위하여 설치한다.
- 안전기의 종류에는 수봉식과 건식이 있다.

㉡ 설치
- 사업주는 아세틸렌용접장치의 취관마다 안전기를 설치하여야 한다. 다만, 주관 및 취관에 가장 가까운 분기관(分岐管)마다 안전기를 부착한 경우에는 그러하지 아니하다.
- 사업주는 가스용기가 발생기와 분리되어 있는 아세틸렌용접장치에 대하여 발생기와 가스용기 사이에 안전기를 설치하여야 한다.

57 Repetitive Learning 1회 2회 3회

다음 중 플레이너(Planer)작업 시 안전수칙으로 틀린 것은?

① 바이트(Bite)는 되도록 길게 나오도록 설치한다.
② 테이블 위에는 기계작동 중에 절대로 올라가지 않는다.
③ 플레이너의 프레임 중앙부에 있는 비트(Bit)에 덮개를 씌운다.
④ 테이블의 이동범위를 나타내는 안전방호울을 세워 놓아 재해를 예방한다.

해설

• 바이트는 되도록 짧게 나오도록 설치한다.

플레이너(Planer)작업 시의 안전대책
- 플레이너의 프레임 중앙부에 있는 피트(Pit)에 뚜껑을 설치한다.
- 베드 위에 다른 물건을 올려놓지 않는다.
- 바이트는 되도록 짧게 나오도록 설치한다.
- 테이블의 이동범위를 나타내는 안전방호울을 세우도록 한다.
- 에이프런을 돌리기 위하여 해머로 치지 않는다.
- 절삭행정 중 일감에 손을 대지 말아야 한다.

58 Repetitive Learning 1회 2회 3회

개구면에서 위험점까지의 거리가 50mm 위치에 풀리(Pully)가 회전하고 있다. 가드(Guard)의 개구부 간격으로 설정할 수 있는 최댓값은?

① 9.0mm　　② 12.5mm
③ 13.5mm　　④ 25mm

해설

• 개구부와 위험점 간의 간격이 160mm 미만이므로 개구부 간격 = 6+(0.15×개구부~위험점 최단거리) 식으로 구한다.
• 개구부 간격 = 6+(0.15×50) = 6+7.5 = 13.5[mm]이다.

롤러기 급정지장치의 개구부 간격과 급정지거리
실필 1703/1202/1102

• 가드 설치 시 개구부 간격(단위 : mm)

구분	간격
개구부와 위험점 간격 : 160mm 이상	30
개구부와 위험점 간격 : 160mm 미만	6+(0.15×개구부 ~위험점 최단거리)
위험점이 전동체일 경우	6+(0.1×개구부 ~위험점 최단거리)

• 급정지거리

구분	급정지거리
원주속도 : 30m/min 이상	앞면 롤러 원주의 1/2.5
원주속도 : 30m/min 미만	앞면 롤러 원주의 1/3 이내

1102

59 Repetitive Learning

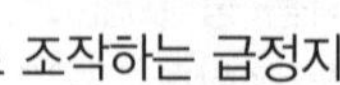

다음 중 롤러기의 방호장치에 있어 복부로 조작하는 급정지장치의 위치로 가장 적당한 것은?

① 밑면으로부터 1.8m 이내
② 밑면으로부터 2.0m 이내
③ 밑면으로부터 0.8m 이상 1.1m 이내
④ 밑면으로부터 0.4m 이상 0.6m 이내

정답 56 ③ 57 ① 58 ③ 59 ③

해설

- 복부 조작식 급정지장치는 밑면에서 0.8[m]~1.1[m]에 위치한다.

롤러기 급정지장치의 종류 실필 2101/0802 실작 2303/2101/1902

종류	위치
손 조작식	밑면에서 1.8[m] 이내
복부 조작식	밑면에서 0.8~1.1[m]
무릎 조작식	밑면에서 0.6[m] 이내

60 Repetitive Learning (1회 2회 3회)

프레스의 방호장치 중 광전자식 방호장치에 관한 설명으로 틀린 것은?

① 연속 운전작업에 사용할 수 있다.
② 핀클러치 구조의 프레스에 사용할 수 있다.
③ 기계적 고장에 의한 2차 낙하에는 효과가 없다.
④ 시계를 차단하지 않기 때문에 작업에 지장을 주지 않는다.

해설

- 광전자식 방호장치는 마찰 프레스에 주로 사용된다.
- 핀클러치에서는 신뢰성에 문제가 있어 수인식이나 손쳐내기식 방호장치를 주로 사용한다.

광전자식 방호장치 실필 1603/1401/1301/1003

㉠ 개요
- 슬라이드 하강 중에 작업자의 손이나 신체 일부가 광센서에 감지되면 자동적으로 슬라이드를 정지시키는 접근반응형 방호장치를 말한다.
- 프레스 또는 전단기에서 일반적으로 많이 활용하고 있는 형태로서 투광부, 수광부, 컨트롤 부분으로 구성된 것으로서 신체의 일부가 광선을 차단하면 기계를 급정지시키는 방호장치로 A-1 분류에 해당한다.
- 투광부와 수광부로 이뤄진 광센서를 이용하여 작업자의 신체 일부가 위험점에 접근하는지를 검출한다.
- 광전자식 방호장치에서 정상동작 표시램프는 녹색, 위험 표시램프는 적색으로 하며, 근로자가 쉽게 볼 수 있는 곳에 설치해야 한다.
- 주로 마찰 프레스(Friction press)의 방호장치로 사용된다.
- 방호장치는 릴레이, 리미트스위치 등의 전기부품의 고장, 전원전압의 변동 및 정전에 의해 슬라이드가 불시에 동작하지 않아야 하며, 사용전원전압의 ±20%의 변동에 대하여 정상으로 작동되어야 한다.

㉡ 특징
- 연속 운전작업에 사용할 수 있다.
- 기계적 고장에 의한 2차 낙하에는 효과가 없다.
- 시계를 차단하지 않기 때문에 작업에 지장을 주지 않는다.

4과목 전기설비 안전관리

기준 변경 대치/2101

61 Repetitive Learning (1회 2회 3회)

개폐기, 차단기, 유도 전압조정기의 최대 사용 전압이 7kV 이하인 전로의 경우 절연내력시험은 최대 사용 전압의 1.5배의 전압을 몇 분간 가하는가?

① 10　　② 15
③ 20　　④ 25

해설

- 절연내력시험은 시험전압의 2배의 직류전압을 충전부분과 대지 사이(다심케이블에서는 심선 상호 간 및 심선과 대지 사이)에 연속하여 10분간 가하여 절연내력을 시험한다.

기구(개폐기 · 차단기 · 전력용 커패시터 · 유도전압조정기 · 계기용변성기) 등의 절연내력시험
- 시험전압의 2배의 직류전압을 충전부분과 대지 사이(다심케이블에서는 심선 상호 간 및 심선과 대지 사이)에 연속하여 10분간 가하여 절연내력을 시험한다.

종류	시험전압
최대 사용전압이 7 kV 이하인 기구 등의 전로	최대 사용전압이 1.5배의 전압(직류의 충전 부분에 대하여는 최대 사용전압의 1.5배의 직류전압 또는 1배의 교류전압)(500 V 미만으로 되는 경우에는 500 V)
최대 사용전압이 7 kV를 초과하고 25 kV 이하인 기구 등의 전로로서 중성점 접지식 전로(중성선을 가지는 것으로서 그 중성선에 다중접지하는 것에 한한다)에 접속하는 것	최대 사용전압의 0.92배의 전압
최대 사용전압이 7 kV를 초과하고 60 kV 이하인 기구 등의 전로	최대 사용전압의 1.25배의 전압(10.5 kV 미만으로 되는 경우에는 10.5 kV)

정답 | 60 ② 61 ①

0702

62 Repetitive Learning 1회 2회 3회

교류 아크 용접기의 전격방지장치에서 시동감도에 관한 용어의 정의를 옳게 나타낸 것은?

① 용접봉을 모재에 접촉시켜 아크를 발생시킬 때 전격방지장치가 동작할 수 있는 용접기의 2차측 최대저항을 말한다.
② 안전전압(24V 이하)이 2차측 전압(85~95V)으로 얼마나 빨리 전환되는가 하는 것을 말한다.
③ 용접봉을 모재로부터 분리시킨 후 주접점이 개로되어 용접기의 2차측 전압이 무부하전압(25V 이하)으로 될 때까지의 시간을 말한다.
④ 용접봉에서 아크를 발생시키고 있을 때 누설전류가 발생하면 전격방지장치를 작동시켜야 할지 운전을 계속해야 할지를 결정해야 하는 민감도를 말한다.

해설

- 전격방지장치의 시동감도란 용접봉을 모재에 접촉시켜 아크를 발생시킬 때 전격방지장치가 동작할 수 있는 용접기의 2차측 최대저항으로, 최대 500[Ω] 이하로 제한된다.

:: 전격방지장치의 시동감도

- 용접봉을 모재에 접촉시켜 아크를 발생시킬 때 전격방지장치가 동작할 수 있는 용접기의 2차측 최대저항을 말한다.
- 표준시동감도란 정격전원전압(전원을 용접기의 출력측에서 취하는 경우는 무부하전압의 하한값을 포함한다)에 있어서 전격방지기를 시동시킬 수 있는 출력회로의 시동감도로서 명판에 표시된 것을 말한다.
- 시동감도가 너무 민감하면 감전의 위험이 올라가므로 최대 500[Ω] 이하로 제한된다.

1301 / 1901 / 2001 / 2201

63 Repetitive Learning 1회 2회 3회

내압방폭구조의 필요충분조건에 대한 사항으로 틀린 것은?

① 폭발화염이 외부로 유출되지 않을 것
② 습기침투에 대한 보호를 충분히 할 것
③ 내부에서 폭발한 경우 그 압력에 견딜 것
④ 외함의 표면온도가 외부의 폭발성 가스를 점화하지 않을 것

해설

- 내압방폭구조는 습기침투와는 관련성이 없는 전폐형의 구조를 하고 있다.

:: 내압방폭구조(EX d)

㉠ 개요
- 전폐형의 구조를 하고 있다.
- 방폭전기설비의 용기 내부에서 폭발성 가스 또는 증기가 폭발하였을 때 용기가 그 압력에 견디고 접합면이나 개구부를 통해서 외부의 폭발성 가스나 증기에 인화되지 않도록 한 방폭구조를 말한다.
- 외부의 폭발성 가스가 내부로 침입해서 폭발하였을 때 고열가스나 화염을 간극(Safe gap)을 통하여 서서히 방출시킴으로써 폭발화염이 외부로 전파되지 않으면서 냉각되는 방폭구조를 말한다.

㉡ 필요충분조건
- 폭발화염이 외부로 유출되지 않을 것
- 내부에서 폭발한 경우 그 압력에 견딜 것
- 외함의 표면온도가 외부의 폭발성 가스를 점화하지 않을 것

0901

64 Repetitive Learning 1회 2회 3회

이탈전류에 대한 설명으로 옳은 것은?

① 손발을 움직여 충전부로부터 스스로 이탈할 수 있는 전류
② 충전부에 접촉했을 때 근육이 수축을 일으켜 자연히 이탈되는 전류의 크기
③ 누전에 의해 전류가 선로로부터 이탈되는 전류로서 측정기를 통해 측정 가능한 전류
④ 충전부에 사람이 접촉했을 때 누전차단기가 작동하여 사람이 감전되지 않고 이탈할 수 있도록 정한 차단기의 작동전류

해설

- 이탈전류는 가수전류라고도 하며, 손발을 움직여 충전부로부터 스스로 이탈할 수 있는 최대한도의 전류를 말한다.

:: 통전전류에 의한 영향

㉠ 최소감지전류
- 인간이 통전을 감지하는 최소전류로 60Hz의 교류에서는 1[mA] 정도이다.

㉡ 고통한계전류
- 인간이 통전으로부터 발생하는 고통을 참을 수 있는 한계 전류를 말한다.
- 보통 60Hz의 교류에서는 7~8[mA] 정도이다.

㉢ 이탈전류(가수전류)
- 가수전류라고도 하며, 손발을 움직여 충전부로부터 스스로 이탈할 수 있는 최대한도의 전류를 말한다.
- 60Hz의 교류에서는 이탈전류가 최대 10~15[mA]이다.

62 ① 63 ② 64 ① 정답

㉣ 교착전류(불수전류)
- 교착전류란 통전전류로 인하여 통전경로상의 근육경련이 심해지면서 신경이 마비되어 운동이 자유롭지 않게 되는 한계전류로 불수전류라고도 한다.

㉤ 심실세동전류
- 심장맥동에 영향을 주어 신경의 기능을 상실시키는 전류로, 방치하면 수 분 이내에 사망에 이르게 되는 전류이다.

1903

65 Repetitive Learning (1회 2회 3회)

과전류에 의한 전선의 허용전류보다 큰 전류가 흐르는 경우 절연물이 화구가 없더라도 자연히 발화하고 심선이 용단되는 발화단계의 전선 전류밀도[A/mm^2]로 옳은 것은?

① 20~43 ② 43~60
③ 60~120 ④ 120~180

해설
- 발화단계의 전선 전류밀도는 60~70[A/mm^2]여야 한다.

∷ 과전류에 의한 전선의 용단 전류밀도

인화 단계	40~43[A/mm^2]
착화 단계	43~60[A/mm^2]
발화 단계	60~70[A/mm^2]
용단 단계	120 [A/mm^2] 이상

0402 / 0502

66 Repetitive Learning (1회 2회 3회)

다음 중 전기화재 시 소화에 적합한 소화기가 아닌 것은?

① 사염화탄소 소화기 ② 분말 소화기
③ 산알칼리 소화기 ④ CO_2 소화기

해설
- 산알칼리 소화기는 일반 가연성 물질에 의해 발생하는 A급 화재에 적합한 소화기이다.

∷ 전기화재의 대책
- 전기화재가 발생할 경우 가장 유효한 대책은 전원의 차단에 있다.
- 전기화재 발생 시 전원차단을 위해서 누전차단기나 배선차단기를 설치한다.
- 전기화재의 경우 분말 소화기, CO_2 소화기, 할론 소화기 등이 효과적이다.

1202

67 Repetitive Learning (1회 2회 3회)

내측원통의 반경이 r이고 외측원통의 반경이 R인 원통간극($r/R-1(=0.368)$)에서 인가전압이 V인 경우 최대전계 $E_r = \dfrac{V}{r\ln(R/r)}$이다. 인가전압을 간극 간 공기의 절연파괴전압 전까지 낮은 전압에서 서서히 증가할 때의 설명으로 틀린 것은?

① 최대전계가 감소한다.
② 안정된 코로나 방전이 존재할 수 있다.
③ 외측원통의 반경이 증대되는 효과가 있다.
④ 내측원통 표면부터 코로나 방전 발생이 시작된다.

해설
- 절연내력시험을 하는 중에 최대전계가 감소하고, 임계점에 이르게 되면 내측원통 표면부터 코로나 방전이 발생된다. 아울러 안정된 코로나 방전이 존재할 수 있다.

∷ 절연파괴전압
- 절연체에 전압을 가한 후 점차 증가시키면 일정한 크기의 전압에서 갑자기 절연체에 불꽃 방전이 일어나고 그 부분이 절연성을 잃고 큰 전류가 흐르게 되는 현상이 발생할 때의 전압을 말한다.
- 절연내력시험을 하는 중에 최대전계가 감소하고, 임계점에 이르게 되면 내측원통 표면부터 코로나 방전이 발생된다. 아울러 안정된 코로나 방전이 존재할 수 있다.

2001

68 Repetitive Learning (1회 2회 3회)

감전사고를 일으키는 주된 형태가 아닌 것은?

① 충전전로에 인체가 접촉되는 경우
② 이중절연구조로 된 전기기계·기구를 사용하는 경우
③ 고전압의 전선로에 인체가 근접하여 섬락이 발생된 경우
④ 충전 전기회로에 인체가 단락회로의 일부를 형성하는 경우

해설
- 이중절연구조로 된 전기기계·기구를 사용하는 것은 감전사고의 예방대책이다.

∷ 감전사고의 유형
- 감전사고의 행위별 통계에서 가장 빈도가 높은 원인은 전기공사나 전기설비의 보수작업이다.
- 행위별 감전사고의 빈도는 전기공사 보수작업 > 장난이나 놀이 > 가전조작 및 보수 > 기계설비 공사 및 보수 > 전기설비 운전 및 점검 > 건설굴착공사 등의 순이다.

정답 | 65 ③ 66 ③ 67 ③ 68 ②

0901 / 1402

69

Repetitive Learning 1회 2회 3회

정전기 발생에 영향을 주는 요인으로 볼 수 없는 것은?

① 물체의 특성　　② 물체의 표면상태
③ 물체의 분리력　　④ 접촉시간

해설

- 정전기 발생에 영향을 주는 요인에는 물체의 표면상태, 물질의 분리속도와 특성, 대전이력, 접촉면적 및 압력 등이 있다.

정전기 발생에 영향을 주는 요인

㉠ 개요
- 정전기 발생에 영향을 주는 요인에는 물체의 표면상태, 물질의 분리속도와 특성, 대전이력, 접촉면적 및 압력 등이 있다.

㉡ 정전기 발생 요인

요인	내용
물질의 표면상태	물질 표면의 거칠기나 오염도가 높을수록 정전기 발생량이 많아진다.
물질의 분리속도	물질의 분리속도가 빠를수록 정전기 발생량이 많아진다.
물질의 접촉면적 및 압력	접촉면적이 넓을수록, 접촉압력이 클수록 정전기 발생량이 많아진다.
물질의 특성	대전서열이 멀어질수록 정전기 발생량이 많아진다.
물질의 대전이력	정전기 발생량은 처음 대전될 때가 가장 많고 발생횟수가 반복될수록 감소한다.

1601 / 1901 / 1902 / 2201

70

전기에 의한 감전사고를 방지하기 위한 대책이 아닌 것은?

① 전기기기에 대한 정격 표시
② 전기설비에 대한 보호 접지
③ 전기설비에 대한 누전차단기 설치
④ 충전부가 노출된 부분은 절연 방호구 사용

해설

- 전기기기에 대한 정격을 표시하는 이유는 기기의 사용조건과 그 성능의 범위를 확인하여 안전하고 효율적인 전기기기 사용을 위해서이지 감전사고를 방지하는 것과는 거리가 멀다.

감전사고 방지대책

㉠ 설비 측면
- 계통에 비접지식 전로의 채용
- 전로의 보호절연 및 충전부의 격리
- 전기설비에 대한 보호 접지(중성선 및 변압기 1, 2차 접지)
- 전기설비에 대한 누전차단기 설치
- 고장전로(사고회로)의 신속한 차단
- 안전전압 혹은 안전전압 이하의 전기기기 사용

㉡ 안전장비 측면
- 충전부가 노출된 부분은 절연 방호구 사용
- 전기작업 시 안전보호구의 착용 및 안전장비의 사용

㉢ 관리적인 측면
- 전기설비의 점검을 철저히 할 것
- 안전지식의 습득과 안전거리의 유지 등

0401

71

Repetitive Learning 1회 2회 3회

가연성 가스를 사용하는 시설에는 방폭구조의 전기기기를 사용하여야 한다. 전기기기의 방폭구조의 선택은 가스의 무엇에 의해서 좌우되는가?

① 인화점, 폭굉한계
② 폭발한계, 폭발등급
③ 발화도, 최소발화에너지
④ 화염일주한계, 발화온도

해설

- 방폭구조의 선택은 최대안전틈새(화염일주한계), 최소점화전류비, 발화온도 등에 의해 좌우된다.

방폭구조 위험특성

- 내압방폭구조의 최대안전틈새 범위에 따른 분류 실필 1601

최대안전틈새	0.9mm 이상	0.5mm ~ 0.9mm	0.5mm 이하
가스 또는 증기 분류 (IEC)	ⅡA	ⅡB	ⅡC
최대안전틈새	0.6mm 초과	0.4mm ~ 0.6mm	0.4mm 미만
가스 또는 증기 분류 (KEC)	1	2	3

- 본질안전방폭구조를 대상으로 하는 최소점화전류비에 의한 분류

최소점화전류비	0.8 초과	0.45 이상 0.8 이하	0.45 미만
가스 또는 증기 분류	ⅡA	ⅡB	ⅡC

- 최고 표면온도와 온도등급 분류

최고 표면온도	450[℃]	300[℃]	200[℃]	135[℃]	100[℃]	85[℃]
온도 등급	T_1	T_2	T_3	T_4	T_5	T_6

69 ④ 70 ① 71 ④ 정답

72

Repetitive Learning 1회 2회 3회

정상적으로 회전 중에 전기 스파크를 발생시키는 전기 설비는?

① 개폐기류 ② 제어기류의 개폐접점
③ 전동기의 슬립링 ④ 보호계전기의 전기접점

해설

- 슬립링은 전동기의 회전자에 전류를 공급하는 접촉자로 현재적 점화원으로 정상적인 작동 중에도 화재의 점화원이 될 수 있다.

전기설비의 현재적 점화원과 잠재적 점화원

구분	내용
현재적 점화원	정상적인 작동 중에도 화재의 점화원이 될 수 있는 설비로 직류전동기의 정류자, 전동기의 고온부, 보호계전기의 전기접점, 제어기류의 개폐접점, 권선형 전동기의 슬립링 등이 있다.
잠재적 점화원	정상적인 운전 중에는 발화하지 않으나 고장, 파괴 등이 발생했을 경우에는 전기적인 스파크나 고열을 발생해 화재 발생의 점화원이 될 수 있는 것으로 변압기의 권선, 전동기의 권선, 케이블이나 배선, 마그넷 코일 등이 있다.

73

Repetitive Learning 1회 2회 3회

활선장구 중 활선시메라의 사용 목적이 아닌 것은?

① 충전 중인 전선을 장선할 때
② 충전 중인 전선의 변경작업을 할 때
③ 활선작업으로 애자 등을 교환할 때
④ 특고압 부분의 검전 및 잔류전하를 방전할 때

해설

- 활선시메라는 충전 중인 전선의 장선 및 변경작업이나 활선작업으로 애자 등을 교환할 때 사용한다.

활선작업용 기구

㉠ 개요
- 손으로 잡는 부분이 절연재료로 만들어진 절연물로서 절연 방호구를 착용하지 않고 전로의 활선작업에 사용되는 것을 말한다.
- 불량애자검출기, 배전선용 후크봉, 활선커터, 활선접근 경보기, 검전기, 절연점검미터, 활선시메라, 디스콘스위치 조작봉 등이 있다.

㉡ 대표적인 활선작업용 기구
- 활선시메라는 충전 중인 전선의 장선 및 변경작업이나 활선작업으로 애자 등을 교환할 때 사용한다.
- 배전선용 후크봉(C.O.S 조작봉)은 충전 중 고압 컷 아웃 등을 개폐할 때 아크에 의한 화상의 재해발생을 방지하기 위해 사용한다.
- 디스콘스위치 조작봉은 충전부와의 절연거리를 유지하여 감전에 의한 재해를 방지하기 위하여 사용한다.

74

Repetitive Learning 1회 2회 3회

인체에 정전기가 대전되어 있는 전하량이 어느 정도 이상이 되면 방전할 때 인체가 통증을 느끼게 되는가?

① $2 \sim 3 \times 10^{-3}$[C]
② $2 \sim 3 \times 10^{-5}$[C]
③ $2 \sim 3 \times 10^{-7}$[C]
④ $2 \sim 3 \times 10^{-9}$[C]

해설

- 인체로부터 방전 전하량이 $2 \sim 3 \times 10^{-7}$[C] 이상이 되어야 전기적 충격을 발생하는 방전이 된다.

전기적 충격과 전하량

- 인체로부터 방전 전하량이 $2S \sim 3 \times 10^{-7}$[C] 이상이 되어야 전기적 충격을 발생하는 방전이 된다.
- 인체의 정전용량이 100pF인 경우 대전 전위가 3[kV] 이상이 되면 전기적 충격이 발생하므로, 전기적 충격의 발생한계를 인체의 대전 전위로 표현하면 약 3[kV]라 할 수 있다.

전위	느낌
1kV	전혀 감지 못함
2kV	손가락 바깥쪽에 느낌이 오지만 통증은 없음
3kV	따끔한 통증을 느낌(방전 발광 표시됨)
5kV	손바닥에서 팔꿈치까지 전기적 충격이 옴
8kV	손바닥에서 팔꿈치까지 저릿하고 무거운 통증이 옴
10kV	손 전체에 통증과 전기가 흐르는 느낌을 받음
12kV	강한 전기적 충격으로 손 전체가 강타당하는 느낌

0303 / 0502

75

인체 감전사고 방지책으로 가장 좋은 방법은?

① 중성선을 접지한다.
② 단상 3선식을 채택한다.
③ 변압기의 1, 2차를 접지한다.
④ 계통을 비접지 방식으로 한다.

해설

- 계통을 비접지 방식으로 하면 지락사고가 발생하여도 접지회로가 구성되어 있지 않기 때문에 지락전류가 거의 흐르지 않아서 감전재해를 방지한다.

감전사고 방지대책

문제 70번의 유형별 핵심이론 참조

정답 | 72 ③ 73 ④ 74 ③ 75 ④

76 Repetitive Learning (1회 2회 3회)

전기로 인한 위험방지를 위하여 전기기계·기구를 적정하게 설치하고자 할 때의 고려사항이 아닌 것은?

① 전기적·기계적 방호수단의 적정성
② 습기, 분진 등 사용 장소의 주위 환경
③ 비상전원설비의 구비와 접지극의 매설 깊이
④ 전기기계·기구의 충분한 전기적 용량 및 기계적 강도

해설

- 전기기계·기구의 적정설치 시에는 기계·기구의 충분한 전기적 용량 및 기계적 강도, 방호수단의 적정성 및 습기·분진 등 사용 장소의 주위 환경 등을 고려하여야 한다.

:: 전기기계·기구의 적정설치 시 고려사항
- 전기기계·기구의 충분한 전기적 용량 및 기계적 강도
- 습기·분진 등 사용 장소의 주위 환경
- 전기적·기계적 방호수단의 적정성

0603

77 Repetitive Learning 

계통접지에 대한 설명으로 잘못된 것은?

① 고압 및 특고압전로의 보호도체 및 중성선 접속방식에 따라 접지계통은 TN, TT, IT로 구분된다.
② 계통접지를 표시하는 문자 중 제1문자는 전원계통과 대지의 관계를 표시한다.
③ 전기설비의 노출도전부와 대지의 관계를 표시하는 제2문자는 T와 N이 있다.
④ 중성선과 보호도체의 배치를 표시할 필요가 있을 때 사용하는 제3문자는 S와 C가 있다.

해설

- 저압전로의 보호도체 및 중성선의 접속 방식에 따라 접지계통은 TN, TT, IT로 구분된다.

:: 계통접지

㉠ 개요

구분	관계	기호	내용
제1문자	전력계통과 대지와의 관계	T	대지에 직접 접지
		I	비접지 또는 임피던스 접지
제2문자	노출도전성부분과 대지와의 관계	T	노출 도전부(외함)를 직접 접지
		N	전력계통의 중성점에 접속
제3문자	중성선 및 보호도체의 초지	S	중성선과 보호도체를 분리
		C	중성선과 보호도체를 겸용

㉡ 구분

- 저압전로의 보호도체 및 중성선의 접속 방식에 따라 접지계통은 TN, TT, IT로 구분된다.

종류	특징
TN계통 (직접접지)	• 전원의 한쪽은 직접 접지(계통접지)하고 노출 도전성쪽은 전원측의 접지선에 접속하는 방식이다. • 중성선과 보호도체의 연결방식에 따라 TN-S, TN-C, TN-C-S로 구분된다.
TT계통 (직접다중접지)	• 전력계통의 중성점(N)은 직접 대지 접속(계통접지)하고 노출 도전부의 외함은 별도 독립 접지하는 방식이다. • 지락사고 시 프레임의 대지전위가 상승하는 문제가 있어 별도의 과전류차단기나 누전차단기를 설치하여야 한다.
IT계통 (비접지)	• 전원공급측은 비접지 혹은 임피던스 접지방식으로 하고 노출 도전부는 독립적인 접지 전극에 접지하는 방식이다. • 대규모 전력계통에 채택되기 어렵다.

1702

78 Repetitive Learning (1회 2회 3회)

인체의 저항을 1,000[Ω]으로 볼 때 심실세동을 일으키는 전류에서의 전기에너지는 약 몇 [J]인가?(단, 심실세동전류는 $\frac{165}{\sqrt{T}}$[mA]이며, 통전시간 T는 1초, 전원은 정현파 교류이다)

① 13.6　　② 27.2
③ 136.6　　④ 272.2

해설

- 인체의 접촉저항이 1,000Ω일 때 심실세동을 일으키는 전류에서의 전기에너지는 $W = I^2Rt = \left(\frac{165\times10^{-3}}{\sqrt{T}}\right)^2 \times R \times T = (165\times10^{-3})^2 \times 1{,}000 = 27.224$[J]이 된다.

:: 심실세동 한계전류와 전기에너지 실필 2303/2101/1403/1401/1202
- 심장의 맥동에 영향을 주어 혈액 순환을 곤란하게 하고, 끝내는 심장 기능을 잃게 하는 치사적 전류를 심실세동전류라 한다.
- 감전자 1천명 중 5명 이상이 심실세동을 일으킬 수 있는 감전시간과 위험전류와의 관계에서 심실세동 한계전류 I는 $\frac{165}{\sqrt{T}}$[mA]이고, T는 통전시간이다.
- 인체의 접촉저항을 500Ω으로 할 때 심실세동을 일으키는 전류에서의 전기에너지는 $W = I^2Rt = \left(\frac{165\times10^{-3}}{\sqrt{T}}\right)^2 \times R \times T = (165\times10^{-3})^2 \times 500 = 13.612$[J]가 된다.

76 ③ 77 ① 78 ② 정답

79

Repetitive Learning (1회 2회 3회)

금속제 외함을 가지는 사용전압이 50[V]를 초과하는 저압의 기계·기구로서 사람이 쉽게 접촉할 우려가 있는 장소에 시설하는 것에 전기를 공급하는 전로에 지락이 발생하였을 때 자동적으로 전로를 차단하는 누전차단기를 설치하여야 한다. 누전차단기를 설치하지 않는 경우는?

① 기계·기구를 습한 장소에 시설하는 경우
② 기계·기구가 유도전동기의 2차측 전로에 접속된 저항기인 경우
③ 대지전압이 200[V] 이하인 기계·기구를 물기가 있는 곳에 시설하는 경우
④ 기계·기구를 건조한 장소에 시설하고 습한 장소에서 조작하는 경우로 제어전압이 교류 100[V] 미만인 경우

해설

- 기계·기구가 유도전동기의 2차측 전로에 접속되는 것일 경우에는 누전차단기를 설치하지 않아도 된다.

:: 누전차단기를 설치하지 않는 경우

- 기계·기구를 발전소, 변전소 또는 개폐소나 이에 준하는 곳에 시설하는 경우로서 전기 취급자 이외의 자가 임의로 출입할 수 없는 경우
- 기계·기구를 건조한 장소에 시설하는 경우
- 기계·기구를 건조한 장소에 시설하고 습한 장소에서 조작하는 경우로 제어용 전압이 교류 30[V], 직류 40[V] 이하인 경우
- 대지전압 150[V] 이하의 기계·기구를 물기가 없는 장소에 시설하는 경우
- 전기용품안전관리법의 적용을 받는 2중절연구조의 기계·기구(정원등, 전동공구 등)를 시설하는 경우
- 그 전로의 전원측에 절연변압기를 시설하고 또한 그 절연변압기의 부하측 전로를 접지하지 않은 경우
- 기계·기구가 고무, 합성수지 기타 절연물로 피복된 것일 경우
- 기계·기구가 유도전동기의 2차측 전로에 접속되는 것일 경우
- 기계·기구 내에 전기용품안전관리법의 적용을 받는 누전차단기를 설치하고 또한 전원연결선에 손상을 받을 우려가 없도록 시설하는 경우

1902

80

Repetitive Learning (1회 2회 3회)

정전작업 시 작업 전 조치하여야 할 실무사항으로 틀린 것은?

① 단락접지기구의 철거
② 잔류전하의 방전
③ 검전기에 의한 정전 확인
④ 개로개폐기의 잠금 또는 표시

해설

- 단락접지기구의 철거는 정전작업이 끝난 후의 조치사항이다. 작업 전에는 충분한 용량을 가진 단락 접지기구를 이용하여 접지를 해야 한다.

:: 정전전로에서의 전기작업 전 조치사항

- 사업주는 근로자가 노출된 충전부 또는 그 부근에서 작업함으로써 감전될 우려가 있는 경우에는 작업에 들어가기 전에 해당 전로를 차단할 것
- 전기기기 등에 공급되는 모든 전원을 관련 도면, 배선도 등으로 확인할 것
- 전원을 차단한 후 각 단로기 등을 개방하고 확인할 것
- 차단장치나 단로기 등에 잠금장치 및 꼬리표를 부착할 것
- 개로된 전로에서 유도전압 또는 전기에너지가 축적되어 근로자에게 전기위험을 끼칠 수 있는 전기기기 등은 접촉하기 전에 잔류전하를 완전히 방전시킬 것
- 검전기를 이용하여 작업 대상 기기가 충전되었는지를 확인할 것
- 전기기기 등이 다른 노출 충전부와의 접촉, 유도 또는 예비동력원의 역송전 등으로 전압이 발생할 우려가 있는 경우에는 충분한 용량을 가진 단락 접지기구를 이용하여 접지할 것

5과목 화학설비 안전관리

81

Repetitive Learning (1회 2회 3회)

산업안전보건기준에 관한 규칙에서 규정하고 있는 급성독성물질의 정의에 해당되지 않는 것은?

① 가스 LC_{50}(쥐, 4시간 흡입)이 2,500[ppm] 이하인 화학물질
② LD_{50}(경구, 쥐)이 kg당 300mg-(체중) 이하인 화학물질
③ LD_{50}(경피, 쥐)이 kg당 1,000mg-(체중) 이하인 화학물질
④ LD_{50}(경피, 토끼)이 kg당 2,000mg-(체중) 이하인 화학물질

해설

- 토끼에 대한 경피흡수실험에 의하여 실험동물의 50%를 사망시킬 수 있는 물질의 양이 급성독성물질이다. 즉, LD_{50}(경피, 토끼 또는 쥐)이 kg당 1,000mg-(체중) 이하인 화학물질이 되어야 한다.

급성독성물질 실필 1902/1701/1103

- 쥐에 대한 경구투입실험에 의하여 실험동물의 50%를 사망시킬 수 있는 물질의 양, 즉 LD_{50}(경구, 쥐)이 kg당 300밀리그램-(체중) 이하인 화학물질
- 쥐 또는 토끼에 대한 경피흡수실험에 의하여 실험동물의 50%를 사망시킬 수 있는 물질의 양, 즉 LD_{50}(경피, 토끼 또는 쥐)이 kg당 1,000밀리그램-(체중) 이하인 화학물질
- 쥐에 대한 4시간 동안의 흡입실험에 의하여 실험동물의 50%를 사망시킬 수 있는 물질의 농도, 즉 가스 LC_{50}(쥐, 4시간 흡입)이 2,500ppm 이하인 화학물질, 증기 LC_{50}(쥐, 4시간 흡입)이 10mg/L 이하인 화학물질, 분진 또는 미스트 1mg/L 이하인 화학물질

0802 / 1103 / 1501

82 Repetitive Learning (1회 2회 3회)

다음 중 금속화재는 어떤 종류의 화재에 해당되는가?

① A급 ② B급
③ C급 ④ D급

해설

- A급은 가연성 화재, B급은 유류화재, C급은 전기화재이다.

화재의 분류 실필 2202/1601/0903

분류	원인	소화 방법 및 소화기	특징	표시 색상
A급	종이, 나무 등 일반 가연성 물질	냉각소화/ 물 및 산, 알칼리 소화기	재가 남는다.	백색
B급	석유, 페인트 등 유류화재	질식소화/ 모래나 소화기	재가 남지 않는다.	황색
C급	전기 스파크 등 전기화재	질식소화, 냉각소화/ 이산화탄소 소화기	물로 소화할 경우 감전의 위험이 있다.	청색
D급	금속나트륨, 금속칼륨 등 금속화재	질식소화/ 마른 모래	물로 소화할 경우 폭발의 위험이 있다.	무색

1901

83 Repetitive Learning (1회 2회 3회)

위험물 또는 가스에 의한 화재를 경보하는 기구에 필요한 설비가 아닌 것은?

① 간이완강기
② 자동화재감지기
③ 축전지설비
④ 자동화재수신기

해설

- 간이완강기는 고층 건물에서 불이 났을 때 몸에 밧줄을 메고 높은 층에서 지상으로 천천히 내려올 수 있게 만든 비상용 기구로 화재 경보기구에 포함되지 않는다.

위험물 또는 가스에 의한 화재를 경보하는 기구

- 자동화재탐지설비의 기기 중 발신기·수신기·중계기·감지기 및 음향장치
- 가스누설경보기 및 누전경보기
- 축전지설비
- 비상벨설비·비상방송설비

2103

84 Repetitive Learning (1회 2회 3회)

다음 중 고체연소의 종류에 해당하지 않는 것은?

① 표면연소
② 증발연소
③ 분해연소
④ 혼합연소

해설

- 혼합연소는 가연물 종류에 따른 연소현상 분류에서 기체연소에 해당하는 것으로 가연성 기체와 산소가 미리 혼합된 상태에서의 연소를 말한다.

연소의 종류 실필 0902/0901

기체	확산연소, 폭발연소, 혼합연소, 그을음연소 등이 있다.
액체	증발연소, 분해연소, 분무연소, 그을음연소 등이 있다.
고체	분해연소, 표면연소, 자기연소, 증발연소 등이 있다.

0301 / 0601

85 Repetitive Learning (1회 2회 3회)

다음 중 반응 또는 운전압력이 3[psig] 이상인 경우 압력계를 설치하지 않아도 무관한 것은?

① 반응기 ② 탑조류
③ 밸브류 ④ 열교환기

해설

- 밸브류는 압력계 설치 대상에 해당하지 않는다.

82 ④ 83 ① 84 ④ 85 ③ 정답

:: 계측장치(온도계, 유량계, 압력계)의 설치 대상
- 발열반응이 일어나는 반응장치
- 증류 · 정류 · 증발 · 추출 등 분리를 하는 장치
- 가열시켜 주는 물질의 온도가 가열되는 위험물질의 분해온도 또는 발화점보다 높은 상태에서 운전되는 설비
- 반응폭주 등 이상 화학반응에 의하여 위험물질이 발생할 우려가 있는 설비
- 온도가 섭씨 350° 이상이거나 게이지 압력이 980kPa 이상인 상태에서 운전되는 설비
- 가열로 또는 가열기

:: 혼합물질의 허용농도와 노출지수
- 유해 · 위험물질별로 가장 큰 값$\left(\frac{C}{T}\right)$을 각각 구하여 합산한 값(R) 대비 개별 물질의 농도 합으로 구한다(C는 화학물질 각각의 측정치, T는 화학물질 각각의 노출기준이다).
- 허용농도 = $\dfrac{\sum_{i=1}^{n} C_n}{\sum_{i=1}^{n} \frac{C_n}{T_n}}$로 구한다. 이때 $\sum_{i=1}^{n} \frac{C_n}{T_n}$를 노출지수라 하고 노출지수는 1을 초과하지 아니하는 것으로 한다.

0403 / 0702

86 — Repetitive Learning (1회 2회 3회)

다음 중 광분해 반응을 일으키기 가장 쉬운 물질은?

① $AgNO_3$ ② $Ba(NO_3)_2$
③ $Ca(NO_3)_2$ ④ KNO_3

해설
- 질산은($AgNO_3$)은 광분해 반응을 일으키기 쉬우므로 갈색병에 햇빛을 차단하여 보관해야 한다.

:: 질산은($AgNO_3$)
- 무취의 흰색 결정으로 강한 부식제이다.
- 질산과 반응시켜 은을 얻는다.
- 사진의 감광물질, 사진 인화용 암실이나 거울 등에 주로 사용된다.
- 광분해 반응을 일으키기 쉬우므로 갈색병에 햇빛을 차단하여 보관해야 한다.

1003 / 1803 / 2101

87 — Repetitive Learning (1회 2회 3회)

공기 중 아세톤의 농도가 200ppm(TLV 500ppm), 메틸에틸케톤(MEK)의 농도가 100ppm(TLV 200ppm)일 때 혼합물질의 허용농도는 약 몇 ppm인가?(단, 두 물질은 서로 상가작용을 하는 것으로 가정한다)

① 150 ② 200
③ 270 ④ 333

해설
- 분자(측정치)의 합은 $200+100=300$이다.
- 분모(노출지수)는 $\frac{200}{500}+\frac{100}{200}=\frac{400+500}{1,000}=0.9$이다. 이는 1보다 작아서 위험물질 규정량 범위 내에 있다.
- 허용농도는 $\frac{300}{0.9}$이므로 333[ppm]까지는 허용된다.

88 — Repetitive Learning (1회 2회 3회)

이산화탄소 및 할로겐화합물 소화약제의 특징으로 가장 거리가 먼 것은?

① 소화속도가 빠르다.
② 소화설비의 보수관리가 용이하다.
③ 전기절연성이 우수하나 부식성이 강하다.
④ 저장에 의한 변질이 없어 장기간 저장이 용이한 편이다.

해설
- 이산화탄소 및 할로겐화합물 소화제 모두 부식성은 거의 없다.

:: 이산화탄소 및 할로겐화합물 소화약제의 공통점
- 소화속도가 빠르다.
- 소화설비의 보수관리가 용이하다.
- 저장에 의한 변질이 없어 장기간 저장이 용이한 편이다.
- 밀폐공간에서는 질식 및 중독의 위험성 때문에 사용이 제한된다.

0703

89 — Repetitive Learning (1회 2회 3회)

기상폭발 피해예측의 주요 문제점 중 압력상승에 기인하는 피해가 예측되는 경우에 검토를 요하는 사항으로 거리가 먼 것은?

① 가연성 혼합기의 형성 상황
② 압력상승 시의 취약부 파괴
③ 물질의 이동, 확산 유해물질의 발생
④ 개구부가 있는 공간 내의 화염전파와 압력상승

해설
- 압력상승에 의한 기상폭발의 경우 가연성 혼합기의 형성 상황, 압력상승 시의 취약부 파괴, 개구부가 있는 공간 내의 화염전파와 압력상승에 주의해야 한다.

정답 | 86 ① 87 ④ 88 ③ 89 ③

폭발(Explosion)

㉠ 개요
- 물리적 또는 화학적 에너지가 열과 압력파인 기계적 에너지로 빠르게 변화하는 현상을 말한다.
- 폭발물 원인물질의 물리적 상태에 따라 기상폭발과 응상폭발로 구분된다.

㉡ 기상폭발(Gas explosion)
- 폭발이 일어나기 전의 물질상태가 기체일 경우의 폭발을 말한다.
- 종류에는 분진폭발, 분무폭발, 분해폭발, (혼합)가스폭발 등이 있다.
- 압력상승에 의한 기상폭발의 경우 가연성 혼합기의 형성 상황, 압력상승 시의 취약부 파괴, 개구부가 있는 공간 내의 화염전파와 압력상승에 주의해야 한다.

㉢ 응상폭발
- 폭발이 일어나기 전의 물질상태가 고체 및 액상일 경우의 폭발을 말한다.
- 응상폭발의 종류에는 수증기폭발, 전선폭발, 고상 간의 전이에 의한 폭발 등이 있다.
- 응상폭발을 하는 위험성 물질에는 TNT, 연화약, 다이너마이트 등이 있다.

2201

90

Repetitive Learning 

분진폭발의 요인을 물리적 인자와 화학적 인자로 분류할 때 화학적 인자에 해당하는 것은?

① 연소열
② 입도분포
③ 열전도율
④ 입자의 형상

해설

- 분진의 폭발요인 중 화학적 인자에는 연소열, 분진의 화학적 성질과 조성 등이 있다.

분진의 폭발위험성

㉠ 개요
- 분진폭발의 위험은 금속분(알루미늄분, 마그네슘, 스텔라이트 등), 유황, 적린, 곡물(소맥분) 등에 주로 존재한다.
- 분진의 폭발성에 영향을 주는 요인에는 분진의 화학적 성질과 조성, 분진입도와 입도분포, 분진입자의 형상과 표면의 상태, 수분, 분진의 부유성, 폭발범위, 발화도, 산소농도, 가연성 기체의 농도 등이 있다.
- 분진의 폭발요인 중 화학적 인자에는 연소열, 분진의 화학적 성질과 조성 등이 있다.

㉡ 폭발위험 증대 조건

• 발열량(연소열)이 클수록 • 입자의 표면적이 클수록 • 분위기 중 산소농도가 클수록 • 입자의 형상이 복잡할수록 • 분진의 초기 온도가 높을수록	• 분진의 입경이 작을수록 • 분진 내의 수분농도가 작을수록
폭발의 위험은 더욱 커진다.	

0802 / 1901

91

Repetitive Learning 1회 2회 3회

헥산 1[vol%], 메탄 2[vol%], 에틸렌 2[vol%], 공기 95[vol%]로 된 혼합가스의 폭발하한계값([vol%])은 약 얼마인가?(단, 헥산, 메탄, 에틸렌의 폭발하한계값은 각각 1.1, 5.0, 2.7 [vol%]이다)

① 2.44
② 12.89
③ 21.78
④ 48.78

해설

- 개별가스의 mol분율을 먼저 구한다.
- 가연성 물질의 부피의 합인 0.01+0.02+0.02=0.05를 100으로 했을 때 가스의 mol분율은 헥산은 20(0.01/0.05), 메탄은 40 (0.02/0.05), 에틸렌은 40(0.02/0.05)이 된다.
- 혼합가스의 폭발하한계 LEL

$$=\frac{100}{\frac{20}{1.1}+\frac{40}{5.0}+\frac{40}{2.7}}=\frac{100}{18+8+15}=\frac{100}{41}=2.44[\text{vol\%}]\text{이다.}$$

혼합가스의 폭발한계와 폭발범위 실필 1603

㉠ 폭발한계
- 혼합가스의 폭발한계는 혼합가스를 구성하는 각 가스의 폭발한계당 mol분율 합의 역수로 구한다.
- 혼합가스의 폭발한계는 $\frac{1}{\sum_{i=1}^{n}\frac{\text{mol분율}}{\text{폭발한계}}}$ 로 구한다.
- [vol%]를 구할 때는 $\frac{100}{\sum_{i=1}^{n}\frac{\text{mol분율}}{\text{폭발한계}}}$ [vol%] 식을 이용한다.

㉡ 폭발범위
- 폭발상한계와 폭발하한계를 각각 구해서 범위를 구한다.

90 ① 91 ① 정답

0801 / 1001 / 2001

92

Repetitive Learning 1회 2회 3회

다음 중 관(Pipe) 부속품 중 관로의 방향을 변경하기 위하여 사용하는 부속품은?

① 니플(Nipple)
② 유니온(Union)
③ 플랜지(Flange)
④ 엘보(Elbow)

해설

- 니플(Nipple), 유니온(Union), 플랜지(Flange)는 모두 2개의 관을 서로 연결할 때 사용하는 부속품이다.

관(Pipe) 부속품

유로 차단	플러그(Plug), 밸브(Valve), 캡(Cap)
누출방지 및 접합면 밀착	개스킷(Gasket)
관로의 방향 변경	엘보(Elbow)
관의 지름 변경	리듀셔(Reducer), 부싱(Bushing)
2개의 관을 연결	소켓(Socket), 니플(Nipple), 유니온(Union), 플랜지(Flange)

93

Repetitive Learning 1회 2회 3회

다음 중 공업용 가연성 가스 및 독성 가스의 저장용기 도색에 관한 설명으로 옳은 것은?

① 아세틸렌가스는 적색으로 도색한 용기를 사용한다.
② 액화염소가스는 갈색으로 도색한 용기를 사용한다.
③ 액화석유가스는 주황색으로 도색한 용기를 사용한다.
④ 액화암모니아가스는 황색으로 도색한 용기를 사용한다.

해설

- 아세틸렌은 황색, 액화석유는 회색, 액화암모니아는 백색 용기에 들어있다.

가스용기(도관)의 색 실필 1503/1201

가스	용기(도관)의 색	가스	용기(도관)의 색
산소	녹색(흑색)	아르곤, 질소 액화석유가스	회색
아세틸렌	황색(적색)		
수소	주황색	액화염소	갈색
이산화질소 액화탄산가스	청색	액화암모니아	백색

1401

94

Repetitive Learning 1회 2회 3회

다음 중 제시한 두 종류 가스가 혼합될 때 폭발위험이 가장 높은 것은?

① 염소, CO_2
② 염소, 아세틸렌
③ 질소, CO_2
④ 질소, 암모니아

해설

- 암모니아와 염소는 가연성, 이산화탄소(CO_2)와 질소는 불연성, 아세틸렌은 조연성 물질이다.
- 폭발위험은 가연성 가스(암모니아, 염소)와 조연성 가스(아세틸렌)가 결합할 때 발생한다.

위험물의 혼합 사용

- 소방법에서는 유별을 달리하는 위험물은 동일 장소에서 저장, 취급해서는 안 된다고 규정하고 있다.

구분	1류	2류	3류	4류	5류	6류
1류		×	×	×	×	○
2류	×		×	○	○	×
3류	×	×		○	×	×
4류	×	○	○		○	×
5류	×	○	×	○		×
6류	○	×	×	×	×	

- 제1류(산화성 고체)와 제6류(산화성 액체), 제2류(환원성 고체)와 제4류(가연성 액체) 및 제5류(자기반응성 물질), 제3류(자연발화 및 금수성 물질)와 제4류(가연성 액체)의 혼합은 비교적 위험도가 낮아 혼재사용이 가능하다.
- 산화성 물질과 가연물을 혼합하면 산화·환원반응이 더욱 잘 일어나는 혼합위험성 물질이 된다.
- 가연성 물질과 조연성 물질을 혼합할 때 폭발위험이 증가한다.

0403 / 0802 / 1201 / 1901

95

Repetitive Learning 1회 2회 3회

물이 관 속을 흐를 때 유동하는 물속의 어느 부분의 정압이 그때의 물의 증기압보다 낮을 경우 물이 증발하여 부분적으로 증기가 발생되어 배관의 부식을 초래하는 경우가 있다. 이러한 현상을 무엇이라 하는가?

① 서어징(Surging)
② 공동현상(Cavitation)
③ 비말동반(Entrainment)
④ 수격작용(Water hammering)

정답 | 92 ④ 93 ② 94 ② 95 ②

해설

- 서어징(Surging)은 압축기와 송풍기의 관로에 심한 공기의 맥동과 진동을 발생하면서 불안정한 운전이 되는 현상을 말한다.
- 비말동반(Entrainment)이란 용액의 비등 시 생성되는 증기 중에 작은 액체 방울이 섞여 증기와 더불어 증발관 밖으로 함께 배출되는 현상이다.
- 수격작용(Water hammering)이란 관로에서 물의 운동 상태가 변화하여 발생하는 물의 급격한 압력변화 현상이다.

∷ 공동현상(Cavitation)

㉠ 개요

- 물이 관 속을 빠르게 흐를 때 유동하는 물속의 어느 부분의 정압이 그때의 물의 증기압보다 낮을 경우 물이 증발하여 부분적으로 증기가 발생되어 배관의 부식을 초래하는 현상을 말한다.

㉡ 방지대책

- 흡입비 속도(펌프의 회전속도)를 작게 한다.
- 펌프의 설치 위치를 낮게 한다.
- 펌프의 흡입관의 두(Head) 손실을 줄인다.
- 펌프의 설치높이를 낮추어 흡입양정을 짧게 한다.

96

Repetitive Learning (1회 2회 3회)

다음 짝지어진 물질의 혼합 시 위험성이 가장 낮은 것은?

① 폭발성 물질 - 금수성 물질
② 금수성 물질 - 고체환원성 물질
③ 가연성 물질 - 고체환원성 물질
④ 고체산화성 물질 - 고체환원성 물질

해설

- 산화성 고체와 산화성 액체, 환원성 고체와 가연성 액체 및 자기반응성 물질, 자연발화 및 금수성 물질과 가연성 액체의 혼합은 비교적 위험도가 낮아 혼재사용이 가능하다.

∷ 위험물의 혼합사용

문제 94번의 유형별 핵심이론∷ 참조

0702

97

Repetitive Learning (1회 2회 3회)

반응기 중 관형 반응기의 특징에 대한 설명으로 옳지 않은 것은?

① 전열면적이 작아 온도조절이 어렵다.
② 가는 관으로 된 긴 형태의 반응기이다.
③ 처리량이 많아 대규모 생산에 쓰이는 것이 많다.
④ 기상 또는 액상 등 반응속도가 빠른 물질에 사용된다.

해설

- 관형 반응기는 전열면적이 커 반응기 내 온도조절이 어려운 단점이 있다.

∷ 관형 반응기(Plug flow reactor)

㉠ 개요

- 원료를 연속적으로 반응기에 도입하는 동시에 반응 생성물을 연속적으로 반응기에서 배출시키면서 반응을 진행시키도록 조작하는 연속반응기에 해당한다.
- 기상 또는 액상 등 반응속도가 빠른 물질에 사용된다.

㉡ 특징

- 가는 관으로 된 긴 형태의 반응기이다.
- 처리량이 많아 대규모 생산에 쓰이는 것이 많다.
- 전열면적이 커 반응기 내 온도조절이 어려운 단점을 갖는다.

0603 / 1003 / 1902

98

Repetitive Learning (1회 2회 3회)

다음 중 자연발화의 방지법으로 적절하지 않은 것은?

① 통풍을 잘 시킬 것
② 습도가 낮은 곳을 피할 것
③ 저장실의 온도 상승을 피할 것
④ 공기가 접촉되지 않도록 불활성 액체 중에 저장할 것

해설

- 자연발화의 방지를 위해 주위의 온도와 습도를 낮추어야 한다.

∷ 자연발화의 방지대책

- 주위의 온도와 습도를 낮춘다.
- 열이 축적되지 않도록 통풍을 잘 시킨다.
- 공기가 접촉되지 않도록 불활성 액체 중에 저장한다.
- 황린의 경우 산소와의 접촉을 피한다.

1103

99

공정안전보고서에 관한 설명으로 옳지 않은 것은?

① 공정안전보고서를 작성할 때에는 산업안전보건위원회의 심의를 거쳐야 한다.
② 공정안전보고서를 작성할 때에 산업안전보건위원회가 설치되어 있지 아니한 사업장의 경우에는 근로자대표의 의견을 들어야 한다.
③ 공정안전보고서의 내용을 변경하여야 할 사유가 발생한 경우에는 14일 이내 고용노동부장관의 승인을 득한 후 보완하여야 한다.

96 ③ 97 ① 98 ② 99 ③ 정답

④ 고용노동부장관은 정하는 바에 따라 공정안전보고서의 이행상태를 정기적으로 평가하고, 그 결과에 따른 보완 상태가 불량한 사업장의 사업주에게는 공정안전보고서를 다시 제출하도록 명할 수 있다.

해설

- 공정안전보고서의 내용을 변경하여야 할 사유가 발생한 경우에는 지체 없이 이를 보완하여야 한다.

공정안전보고서의 제출 등

- 공정안전보고서를 작성할 때에는 제19조에 따른 산업안전보건위원회의 심의를 거쳐야 한다. 다만, 산업안전보건위원회가 설치되어 있지 아니한 사업장의 경우에는 근로자대표의 의견을 들어야 한다.
- 공정안전보고서의 심사 결과를 통보받으면 그 공정안전보고서를 사업장에 갖추어 두어야 한다.
- 사업장에 갖춰 둔 공정안전보고서의 내용을 변경하여야 할 사유가 발생한 경우에는 지체 없이 이를 보완하여야 한다.
- 공정안전보고서의 이행상태를 평가한 결과 제8항에 따른 보완상태가 불량한 사업장의 사업주에게는 공정안전보고서를 다시 제출하도록 명할 수 있다.

0901

100

Repetitive Learning (1회 2회 3회)

다음 중 주수소화를 하여서는 아니 되는 물질은?

① 적린
② 금속분말
③ 유황
④ 과망간산칼륨

해설

- 금속분말로 인한 화재는 물과 반응하면 급속히 연소하는 특성을 가지므로 주수소화를 금해야 한다.

금수성 물질의 소화

- 금속나트륨을 비롯한 금속분말은 물과 반응하면 급속히 연소되므로 주수소화를 금해야 한다.
- 금수성 물질로 인한 화재는 주로 팽창질석이나 건조사를 화재면에 덮는 질식방법으로 소화해야 한다.
- 금수성 물질에 대한 적응성이 있는 소화기는 분말소화기 중 탄산수소염류소화기이다.

6과목 건설공사 안전관리

1002

101

Repetitive Learning (1회 2회 3회)

히빙(Heaving)현상에 대한 안전대책이 아닌 것은?

① 굴착주변을 웰포인트(Well point) 공법과 병행한다.
② 시트파일(Sheet pile) 등의 근입심도를 검토한다.
③ 굴착저면에 토사 등 인공중력을 감소시킨다.
④ 굴착배면의 상재하중을 제거하여 토압을 최대한 낮춘다.

해설

- 히빙의 대책으로 굴착저면에 토사 등 인공중력을 가중시켜야 한다.

히빙(Heaving)

㉠ 개요

- 흙막이벽체 내·외의 토사의 중량 차에 의해 점토지반의 토공사에서 흙막이 밖에 있는 흙이 안으로 밀려 들어와 내측 흙이 부풀어 오르는 현상을 말한다.
- 연약한 점토지반에서 굴착면의 융기 혹은 흙막이벽의 근입장 깊이가 부족할 경우 발생한다.
- 히빙으로 인해 배면의 토사 붕괴, 지보공의 파괴, 굴착저면이 솟아오르는 등의 현상이 발생한다.

㉡ 히빙(Heaving) 예방대책

- 어스앵커를 설치하거나 소단을 두면서 굴착한다.
- 굴착주변을 웰포인트(Well point) 공법과 병행한다.
- 흙막이벽의 근입심도를 확보한다.
- 지반개량으로 흙의 전단강도를 높인다.
- 굴착주변의 상재하중을 제거하여 토압을 최대한 낮춘다.
- 토류벽의 배면토압을 경감시킨다.
- 굴착저면에 토사 등 인공중력을 가중시킨다.
- 지하수의 유입을 막고, 주변 수위를 낮춘다.

1002 / 1202

102

Repetitive Learning (1회 2회 3회)

지름이 15cm이고 높이가 30cm인 원기둥 콘크리트 공시체에 대해 압축강도시험을 한 결과 460kN에 파괴되었다. 이때 콘크리트 압축강도는?

① 16.2 MPa ② 21.5 MPa
③ 26 MPa ④ 31.2 MPa

해설

- [Pa] = [N/m²]이다.
- 원기둥 형태의 단면적은 $\pi \times (\text{반지름})^2$이므로 단면적은 = $3.14159 \times 0.075\text{m}^2 = 0.0176625[\text{m}^2]$이다.
- 압축강도는 $\frac{460 \times 10^3}{0.0176625} = 26.04 \times 10^6$[N/m²]가 된다.

정답 | 100 ② 101 ③ 102 ③

∷ 압축강도

- 재료에 계속해서 하중을 가하였을 때, 재료의 파단이 이루어진 시점의 하중을 단면적으로 나눈 값이다.
- 압축강도 = $\frac{하중}{단면적}$[N/m²]으로 구한다.
- 재료의 강도를 표현하는 기준이다.

0901 / 1301 / 2102

103 Repetitive Learning (1회 2회 3회)

굴착공사에 있어서 비탈면붕괴를 방지하기 위하여 행하는 대책이 아닌 것은?

① 지표수의 침투를 막기 위해 표면배수공을 한다.
② 지하수위를 내리기 위해 수평배수공을 설치한다.
③ 비탈면 하단을 성토한다.
④ 비탈면 상부에 토사를 적재한다.

해설

- 비탈면 천단부(상부) 주변에는 굴착된 흙이나 재료 등을 적재해서는 안 된다.

∷ 굴착공사 시 비탈면 붕괴 방지대책

- 지표수의 침투를 막기 위해 표면배수공을 한다.
- 지하수위를 내리기 위해 수평배수공을 설치한다.
- 비탈면 하단을 성토한다.
- 비탈면 천단부(상부) 주변에는 굴착된 흙이나 재료 등을 적재해서는 안 된다.

104 Repetitive Learning (1회 2회 3회)

사면붕괴 형태의 종류에 해당되지 않는 것은?

① 사면의 측면부파괴
② 사면선단파괴
③ 사면 내 파괴
④ 바닥면파괴

해설

- 사면붕괴의 형태는 사면선단파괴, 사면 내 파괴, 사면의 바닥면(저부)파괴 등으로 나타난다.

∷ 사면붕괴

㉠ 개요

- 빗물이 경사면 내부로 침투하여 경사면이 쉽게 움직일 수 있게 되고, 전단강도의 크기가 작아져 경사면이 무너지는 것을 말한다.
- 사면의 수위가 급격히 하강할 때 흙의 지지력이 약화되어 각종 붕괴재해가 발생한다.
- 사면붕괴의 형태는 사면선단파괴, 사면 내 파괴, 사면의 바닥면(저부)파괴 등으로 나타난다.

구분	내용
사면 내 파괴	하부지반이 비교적 단단한 경우, 사면경사가 53°보다 급할 경우 주로 발생
사면선단파괴	토질의 점착력이 일정 정도 있는 경우 주로 발생
사면저부파괴	토질이 연약하고 사면 기울기가 비교적 원만한 점성토에서 주로 발생

㉡ 사면붕괴의 관련 인자

- 사면의 기울기
- 사면의 높이
- 흙의 내부마찰각
- 흙의 접착력
- 흙의 단위중량

㉢ 사면붕괴 대책공법

- 사면보호 공법 : 표층 안정, 식생, 블록, 배수공, 뿜기 공법 등
- 사면보강 공법 : 말뚝, 앵커, 절토, 압성토, 옹벽 및 돌쌓기, 네일 공법 등

0701 / 1103 / 1702

105 Repetitive Learning (1회 2회 3회)

철골작업 시 기상조건에 따라 안전상 작업을 중지하여야 하는 경우에 해당되는 기준으로 옳은 것은?

① 강우량이 시간당 5[mm] 이상인 경우
② 강우량이 시간당 10[mm] 이상인 경우
③ 풍속이 초당 10[m] 이상인 경우
④ 강설량이 시간당 20[mm] 이상인 경우

해설

- 철골작업을 중지해야 하는 악천후 기준에는 풍속 초당 10m, 강우량 시간당 1mm, 강설량 시간당 1cm 이상인 경우이다.

∷ 철골작업 중지 악천후 기준 실필 2401/1803/1801/1201/0802

- 풍속이 초당 10m 이상인 경우
- 강우량이 시간당 1mm 이상인 경우
- 강설량이 시간당 1cm 이상인 경우

106 Repetitive Learning (1회 2회 3회)

추락방호망의 그물코 크기의 기준으로 옳은 것은?

① 5cm 이하 ② 10cm 이하
③ 20cm 이하 ④ 30cm 이하

103 ④ 104 ① 105 ③ 106 ② 정답

해설

- 방망의 그물코는 사각 또는 마름모 형상으로서 한 변의 길이(매듭의 중심 간 거리)는 10cm 이하이어야 한다.

방망의 구조

- 방망은 망, 테두리 로프, 달기 로프, 시험용사로 구성되어진 것이다.
- 그물코는 사각 또는 마름모 형상으로서 한 변의 길이(매듭의 중심 간 거리)는 10cm 이하이어야 한다.
- 방망의 종류는 매듭방망으로서 매듭은 원칙적으로 단매듭을 한다.

1903

107 Repetitive Learning (1회 2회 3회)

온도가 하강함에 따라 토중수가 얼어 부피가 약 9% 정도 증대하게 됨으로써 지표면이 부풀어 오르는 현상은?

① 동상현상
② 역화현상
③ 리칭현상
④ 액상화현상

해설

- 역화현상이란 보일러의 버너에서 화염이 역행하는 현상을 말한다.
- 리칭현상이란 해수에 퇴적된 점토의 염분이 담수에 의해 천천히 빠져나가 점토의 강도가 저하되는 현상을 말한다.
- 액상화현상은 보일링의 원인으로 사질지반이 강한 충격을 받으면 흙의 입자가 수축되면서 모래가 액체처럼 이동하게 되는 현상을 말한다.

동상(Frost heave)

㉠ 개요

- 온도가 하강하거나 물이 결빙되는 위치로 유입됨에 따라 토중수가 얼어 부피가 약 9% 정도 증대하게 됨으로써 지표면이 부풀어 오르는 현상을 말한다.
- 흙의 동상현상에 영향을 미치는 인자에는 동결 지속시간, 모관 상승고의 크기, 흙의 투수성 등이 있다.

㉡ 흙의 동상 방지대책

- 동결되지 않는 흙으로 치환하거나 흙속에 단열재를 매입한다.
- 지하수위를 낮춘다.
- 지표의 흙을 화학약품 처리하여 동결온도를 낮춘다.
- 모관수의 상승을 차단하기 위하여 지하수위 상층에 조립토층을 설치한다.

1101

108 Repetitive Learning (1회 2회 3회)

강관을 사용하여 비계를 구성할 때의 설치기준으로 옳지 않은 것은?

① 비계기둥의 간격은 띠장 방향에서는 1.85m 이하로 한다.
② 띠장 간격은 1m 이하로 설치한다.
③ 비계기둥의 제일 윗부분으로부터 31m 되는 지점 밑부분의 비계기둥은 2개의 강관으로 묶어세운다.
④ 비계기둥 간의 적재하중은 400kg을 초과하지 않도록 한다.

해설

- 강관비계의 띠장 간격은 2m 이하로 설치한다.

강관비계의 구조

- 비계기둥의 간격은 띠장 방향에서는 1.85m 이하, 장선(長線) 방향에서는 1.5m 이하로 할 것
- 띠장 간격은 2m 이하로 설치할 것
- 비계기둥의 제일 윗부분으로부터 31m 되는 지점 밑부분의 비계기둥은 2개의 강관으로 묶어세울 것
- 비계기둥 간의 적재하중은 400kg을 초과하지 않도록 할 것

0702

109 Repetitive Learning (1회 2회 3회)

작업장으로 통하는 장소 또는 작업장 내에 근로자가 사용하기 위한 안전한 통로를 설치할 때 그 설치기준으로 옳지 않은 것은?

① 통로에는 75럭스(Lux) 이상의 조명시설을 하여야 한다.
② 통로의 주요한 부분에는 통로표시를 하여야 한다.
③ 수직갱에 가설된 통로의 길이가 10m 이상일 때에는 7m 이내마다 계단참을 설치하여야 한다.
④ 경사가 15°를 초과하는 경우에는 미끄러지지 아니하는 구조로 하여야 한다.

해설

- 수직갱에 가설된 통로의 길이가 15m 이상인 경우에는 10m 이내마다 계단참을 설치하여야 한다.

정답 | 107 ① 108 ② 109 ③

가설통로의 구조 실필 1801/1703/1603

- 견고한 구조로 할 것
- 경사는 30° 이하로 할 것. 다만, 계단을 설치하거나 높이 2m 미만의 가설통로로서 튼튼한 손잡이를 설치한 경우에는 그러하지 아니하다.
- 경사가 15°를 초과하는 경우에는 미끄러지지 아니하는 구조로 할 것
- 추락할 위험이 있는 장소에는 안전난간을 설치할 것. 다만, 작업상 부득이한 경우에는 필요한 부분만 임시로 해체할 수 있다.
- 수직갱에 가설된 통로의 길이가 15m 이상인 경우에는 10m 이내마다 계단참을 설치할 것
- 건설공사에 사용하는 높이 8m 이상인 비계다리에는 7m 이내마다 계단참을 설치할 것
- 사업주는 근로자가 안전하게 통행할 수 있도록 통로에 75Lux 이상의 채광 또는 조명시설을 하여야 한다.

1301

110 Repetitive Learning (1회 2회 3회)

흙막이 지보공을 설치하였을 때 정기점검 사항에 해당되지 않는 것은?

① 검지부의 이상 유무
② 버팀대의 긴압의 정도
③ 침하의 정도
④ 부재의 손상, 변형, 부식, 변위 및 탈락의 유무와 상태

해설

- 흙막이 지보공을 설치하였을 때에 정기적인 점검사항에는 ②, ③, ④ 외에 부재의 접속부·부착부 및 교차부의 상태가 있다.

흙막이 지보공을 설치하였을 때에 정기적으로 점검하고 이상을 발견하면 즉시 보수하여야 할 사항 실작 2402/2301/2201/2003

- 부재의 손상·변형·부식·변위 및 탈락의 유무와 상태
- 버팀대의 긴압(緊壓)의 정도
- 부재의 접속부·부착부 및 교차부의 상태
- 침하의 정도

0303

111 Repetitive Learning (1회 2회 3회)

지하매설물의 인접작업 시 안전지침과 거리가 먼 것은?

① 사전조사
② 매설물의 방호조치
③ 지하매설물의 파악
④ 소규모 구조물의 방호

해설

- 지하매설물 인접작업의 안전지침은 사전조사, 매설물 파악, 줄파기 작업, 방호조치, 관계기관 협의, 순회점검 등에 대해 규정하고 있다.

지하매설물 인접작업 안전지침

- 지하 매설물 인접작업 시 굴착작업을 착수하기 전에 매설물 종류, 매설 깊이, 선형 기울기, 지지방법 등에 대하여 사전조사를 실시하여야 한다.
- 매설물의 위치를 파악한 후 줄파기 작업 등을 시작하여야 한다.
- 매설물이 노출되면 반드시 관계기관, 소유자 및 관리자에게 확인시키고 상호 협조하여 지주나 지보공 등을 이용하여 방호조치를 취하여야 한다.
- 매설물의 이설 및 위치변경, 교체 등은 관계기관(자)과 협의하여 실시되어야 한다.
- 최소 1일 1회 이상은 순회 점검하여야 하며 점검에는 와이어로프의 인장상태, 거치구조의 안전상태, 특히 접합부분을 중점적으로 확인하여야 한다.

112 Repetitive Learning (1회 2회 3회)

구조물의 해체작업 시 해체작업계획서에 포함하여야 할 사항으로 틀린 것은?

① 해체의 방법 및 해체순서 도면
② 해체물의 처분계획
③ 주변 민원처리 계획
④ 현장 안전조치 계획

해설

- 구조물의 해체작업 시 해체작업계획서의 내용에는 ①, ②, ④ 외에 사업장 내 연락방법, 해체작업용 기계·기구 등의 작업계획서, 해체작업용 화약류 등의 사용계획서 등이 있다.

구조물의 해체작업 시 해체작업계획서 내용 실필 1701/0901

- 해체의 방법 및 해체 순서도면
- 가설설비·방호설비·환기설비 및 살수·방화설비 등의 방법
- 사업장 내 연락방법
- 해체물의 처분계획
- 해체작업용 기계·기구 등의 작업계획서
- 해체작업용 화약류 등의 사용계획서
- 그 밖에 안전·보건에 관련된 사항

110 ① 111 ④ 112 ③ 정답

113 —— Repetitive Learning (1회 2회 3회)

토사붕괴의 방지 공법이 아닌 것은?

① 경사공　　② 배수공
③ 압성토공　　④ 공작물의 설치

해설

- 토사붕괴의 방지 공법에는 배토공, 배수공, 압성토공, 지반보강공 등이 있다.

토사붕괴 방지 공법(사면안정 공법)

- 토사붕괴의 방지 공법에는 배토공, 배수공, 압성토공, 지반보강공 등이 있다.

배토공	사면, 법면의 상부 토석을 제거한다.
배수공	빗물 등의 지중 유입을 방지하고 침투수를 신속히 배제하여 비탈면의 안전성을 도모한다.
압성토공	법면이 무너지지 않도록 앞부분에 흙을 성토한다.
절토공	활성 토괴 중 일부를 제거하여 활동력을 저감시킨다.
지반보강공	말뚝이나 Anchor 공법을 이용하여 구조물(공작물)을 설치, 비탈면의 안정성을 도모한다.

114 —— Repetitive Learning (1회 2회 3회)

터널작업 시 자동경보장치에 대하여 당일의 작업 시작 전 점검하여야 할 사항으로 틀린 것은?

① 검지부의 이상 유무
② 조명시설의 이상 유무
③ 경보장치의 작동상태
④ 계기의 이상 유무

해설

- 터널작업 시 자동경보장치 작업 시작 전 점검사항에는 계기의 이상 유무, 검지부의 이상 유무, 경보장치의 작동상태 등이 있다.

터널작업 시 자동경보장치 작업 시작 전 점검사항

- 계기의 이상 유무
- 검지부의 이상 유무
- 경보장치의 작동상태

0703 / 2102

115 —— Repetitive Learning (1회 2회 3회)

거푸집 동바리 등을 조립하는 경우에 준수해야 할 기준으로 옳지 않은 것은?

① 동바리의 상하 고정 및 미끄러짐 방지 조치를 하고, 하중의 지지상태를 유지할 것
② 강재의 접속부 및 교차부는 볼트·클램프 등 전용철물을 사용하여 단단히 연결할 것
③ 동바리로 사용하는 파이프 서포트는 높이가 3.5m를 초과하는 경우 2m 이내마다 수평연결재를 2개 방향으로 설치할 것
④ 동바리로 사용하는 파이프 서포트는 4본 이상 이어서 사용하지 않도록 할 것

해설

- 동바리로 사용하는 파이프 서포트를 3개 이상 이어서 사용하지 않도록 하여야 한다.

거푸집 동바리 등의 안전조치

㉠ 공통사항
- 받침목의 사용, 콘크리트 타설, 말뚝박기 등 동바리의 침하를 방지하기 위한 조치를 할 것
- 동바리의 상하 고정 및 미끄러짐 방지 조치를 할 것
- 상부·하부의 동바리가 동일 수직선상에 위치하도록 하여 깔판·받침목에 고정시킬 것
- 개구부 상부에 동바리를 설치하는 경우에는 상부하중을 견딜 수 있는 견고한 받침대를 설치할 것
- U헤드 등의 단판이 없는 동바리의 상단에 멍에 등을 올릴 경우에는 해당 상단에 U헤드 등의 단판을 설치하고, 멍에 등이 전도되거나 이탈되지 않도록 고정시킬 것
- 동바리의 이음은 같은 품질의 재료를 사용할 것
- 강재의 접속부 및 교차부는 볼트·클램프 등 전용철물을 사용하여 단단히 연결할 것
- 거푸집의 형상에 따른 부득이한 경우를 제외하고는 깔판이나 받침목은 2단 이상 끼우지 않도록 할 것
- 깔판이나 받침목을 이어서 사용하는 경우에는 그 깔판·받침목을 단단히 연결할 것

㉡ 동바리로 사용하는 파이프 서포트
- 파이프 서포트를 3개 이상 이어서 사용하지 않도록 할 것
- 파이프 서포트를 이어서 사용하는 경우에는 4개 이상의 볼트 또는 전용철물을 사용하여 이을 것
- 높이가 3.5m를 초과하는 경우 2m 이내마다 수평연결재를 2개 방향으로 설치할 것

116 —— Repetitive Learning (1회 2회 3회)

차량계 건설기계에 해당되지 않는 것은?

① 불도저
② 콘크리트 펌프카
③ 드래그셔블
④ 가이 데릭

정답 | 113 ① 114 ② 115 ④ 116 ④

해설

- 가이 데릭은 양중기로, 고정 선회식의 기중기이다.

:: 차량계 건설기계의 구분별 종류

굴착	불도저(Bulldozer), 백호우(Back hoe), 크램쉘(Clam shell)
굴착, 싣기	파워셔블(Power shovel), 백호우(Back hoe), 로더(Loader) 크램쉘(Clam shell), 드래그라인(Dragline)
굴착, 운반	불도저(Bulldozer), 스크레이퍼(Scraper), 로더(Loader) 스크레이퍼도저(Scraper dozer)
정지	불도저(Bulldozer), 모터그레이더(Motor grader)
도랑파기	트렌치(Trench), 백호우(Back hoe)
다짐	롤러(로드, 진동, 탬핑, 타이어)
콘크리트 타설	콘크리트 펌프, 콘크리트 펌프카

117

Repetitive Learning 1회 2회 3회

화물을 차량계 하역운반기계에 싣는 작업 또는 내리는 작업을 할 때 해당 작업의 지휘자에게 준수하도록 하여야 하는 사항과 거리가 먼 것은?

① 하중이 한쪽으로 치우쳐서 효율적으로 적재되도록 할 것
② 작업순서 및 그 순서마다의 작업방법을 정하고 작업을 지휘할 것
③ 기구와 공구를 점검하고 불량품을 제거할 것
④ 해당 작업을 하는 장소에 관계 근로자가 아닌 사람이 출입하는 것을 금지할 것

해설

- 화물적재 시 하중이 한쪽으로 치우치지 않도록 적재하여야 한다.

:: 화물적재 시의 준수사항

- 하중이 한쪽으로 치우치지 않도록 적재할 것
- 구내운반차 또는 화물자동차의 경우 화물의 붕괴 또는 낙하에 의한 위험을 방지하기 위하여 화물에 로프를 거는 등 필요한 조치를 할 것
- 운전자의 시야를 가리지 않도록 화물을 적재할 것
- 화물을 적재하는 경우에는 최대적재량을 초과하지 않도록 할 것

118

Repetitive Learning 1회 2회 3회

액상화 현상 방지를 위한 안전대책으로 옳지 않는 것은?

① 모래 입경이 가늘고 균일한 모래층 지반으로 치환
② 입도가 불량한 재료를 입도가 양호한 재료로 치환
③ 지하수위를 저하시키고 포화도를 낮추기 위해 Deep well을 사용
④ 밀도를 증가하여 한계간극비 이하로 상대밀도를 유지하는 방법 강구

해설

- 모래 입경이 가는 모래층 지반에서 액상화 현상이 주로 발생한다.

:: 액(상)화 현상

㉠ 개요
- 입경이 가늘고 비교적 균일하면서 느슨하게 쌓여 있는 모래 지반이 물로 포화되어 있을 때 지진이나 충격을 받으면 일시적으로 전단강도를 잃어버리는 현상이다.
- 액상화 현상의 요인에는 지진의 강도나 그 지속시간, 모래의 밀도(상대밀도나 간극비 등), 모래의 입도분포, 기반암의 지질구조, 지하수면의 깊이 등이 있다.

㉡ 대책
- 입도가 불량한 재료를 입도가 양호한 재료로 치환한다.
- 지하수위를 저하시키고 포화도를 낮추기 위해 Deep well을 사용한다.
- 밀도를 증가하여 한계간극비 이하로 상대밀도를 유지하는 방법을 강구한다.

119

Repetitive Learning 1회 2회 3회

안전관리계획의 작성내용과 거리가 먼 것은?

① 건설공사의 안전관리조직
② 산업안전보건관리비 집행방법
③ 공사장 및 주변 안전관리계획
④ 통행안전시설 설치 및 교통소통계획

해설

- 산업안전보건관리비 집행방법이 아니라 집행계획이 되어야 한다.

:: 안전관리계획의 수립기준

- 건설공사의 개요 및 안전관리조직
- 공정별 안전점검계획(계측장비 및 폐쇄회로 텔레비전 등 안전 모니터링 장비의 설치 및 운용계획이 포함되어야 한다)
- 공사장 주변의 안전관리대책(건설공사 중 발파·진동·소음이나 지하수 차단 등으로 인한 주변 지역의 피해방지대책을 포함한다)
- 통행안전시설의 설치 및 교통 소통에 관한 계획
- 안전관리비 집행계획
- 안전교육 및 비상시 긴급조치계획
- 공종별 안전관리계획(대상 시설물별 건설공법 및 시공절차를 포함한다)

117 ① 118 ① 119 ② 정답

120 —— Repetitive Learning (1회 2회 3회)

낙하물에 의한 위험방지조치의 기준으로서 옳은 것은?

① 높이가 최소 2m 이상인 곳에서 물체를 투하하는 때에는 적당한 투하설비를 갖춰야 한다.
② 낙하물방지망을 높이 12m 이내마다 설치한다.
③ 방호선반 설치 시 내민 길이는 벽면으로부터 2m 이상으로 한다.
④ 낙하물방지망의 설치각도는 수평면과 30~40°를 유지한다.

해설

- 높이가 3m 이상인 장소로부터 물체를 투하하는 경우 적당한 투하설비를 설치한다.

낙하물방지망과 방호선반의 설치기준 실필 1702

- 높이 10m 이내마다 설치한다.
- 내민 길이는 벽면으로부터 2m 이상으로 한다.
- 수평면과의 각도는 20° 이상, 30° 이하를 유지한다.

정답 | 120 ③

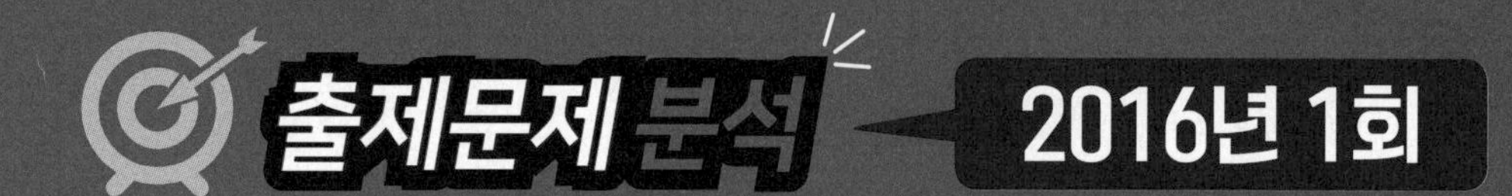

구분	1과목	2과목	3과목	4과목	5과목	6과목	합계
New 유형	2	5	3	8	1	2	21
New 문제	5	5	13	9	6	9	47
또나온문제	12	9	5	5	9	6	46
자꾸나온문제	3	6	2	6	5	5	27
합계	20	20	20	20	20	20	120

- New유형은 New문제 중 기존 기출문제와 완전히 다른 유형의 문제를 말합니다.
- New문제는 기존에 출제되지 않은 문제로 이번에 처음 출제되는 문제입니다.
- 또나온문제는 기존에 출제된 적이 1번 있는 문제를 말합니다.
- 자꾸나온문제는 기존에 출제된 적이 2번 이상 있는 문제를 말합니다. 그만큼 중요한 문제입니다.

몇 년분의 기출문제를 공부해야 합격할 수 있을까요?

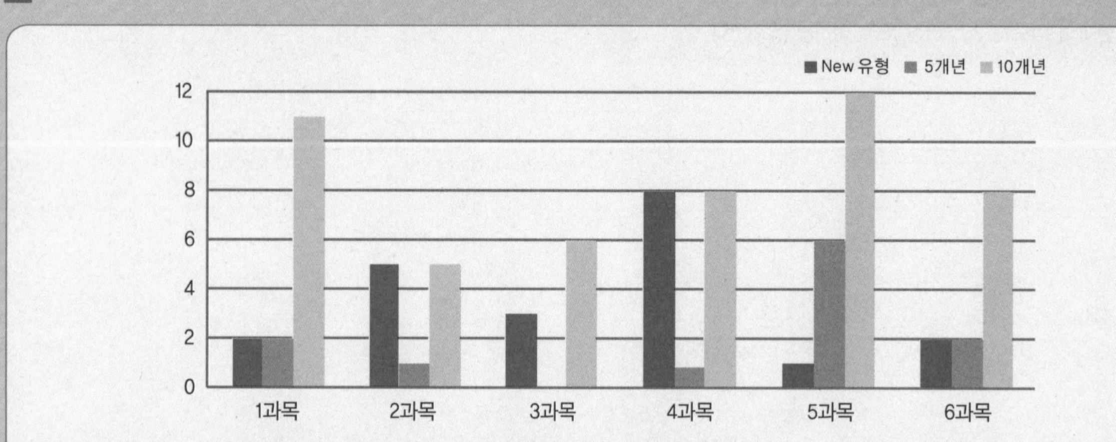

- 완전 새로운 유형의 문제는 21문제이고 99문제가 이미 출제된 문제 혹은 변형문제입니다.
- 5년분(2016~2020) 기출에서 동일문제가 12문항이 출제되었고, 10년분(2011~2020) 기출에서 동일문제가 50문항이 출제되었습니다.

실기에 나왔어요!! 외우세요!!!

실기시험은 필답형과 작업형으로 구분되어 있으며 모두 직접 주관식으로 내용을 적어야 합니다. 필기공부하면서 실기 출제된 내역들은 좀 더 신경써서 암기하실 필요가 있어요. 필기 합격자 발표 난 후 실기시험까지는 5주밖에 여유가 없답니다. 어차피 공부할 것 필기 때 확실하게 해준다면 실기도 단방에 합격할 수 있습니다.

- 총 37개의 해설이 실기 필답형 시험과 연동되어 있습니다.
- 총 2개의 해설이 실기 작업형 시험과 연동되어 있습니다.

분석의견

최근 10년분의 기출문제와 답을 반복암기해서는 합격점수인 72점에서 22점이 부족합니다. 새로운 유형(21문항)은 평균(17.1문항)에 비해 많이 출제되었으나 그 외 신규문항이나 기출비중 등은 평균과 비슷한 분포를 보여주고 있습니다. 5년분 및 10년분 기출비중이 평균보다 낮은 분포를 보이고 있습니다. 과목별로는 크게 차이는 없으나 2과목과 3과목이 5년분 기출에서는 거의 출제되지 않았고, 10년분 기출에서 각각 5, 6문항이 출제되었습니다. 그 외에는 평균적인 난이도를 보이고 있는 만큼 합격에 필요한 점수를 획득하기 위해서는 최근 5년분 문제와 핵심이론의 3회독 혹은 최근 10년분 문제와 핵심이론의 2회독 이상의 학습이 필요합니다.

2016년 제1회

2016년 3월 6일 필기

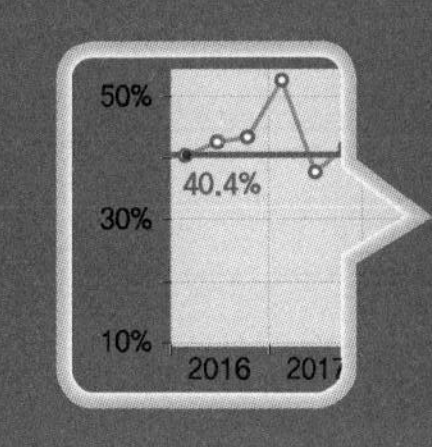

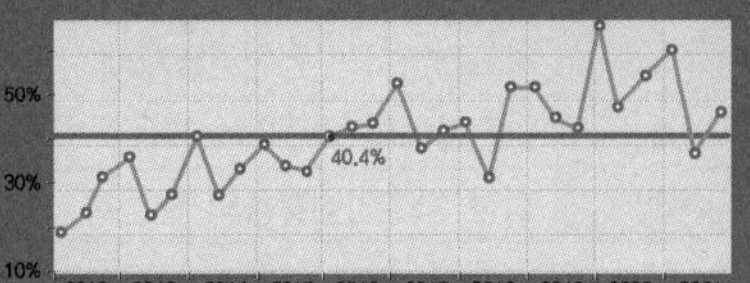

1과목 산업재해 예방 및 안전보건교육

1102

01 Repetitive Learning (1회 2회 3회)

맥그리거(McGregor)의 Y이론과 관계가 없는 것은?

① 직무확장
② 책임과 창조력
③ 인간관계 관리방식
④ 권위주의적 리더십

해설

- Y이론은 인간의 본성을 긍정적으로 보는 만큼 인간을 대함에 있어서도 민주적, 자율적으로 대하는 것이 효율적이므로 권위주의적 리더십과는 거리가 멀다.

∷ 맥그리거(McGregor)의 X · Y이론

㉠ 개요
- 인간과 직무의 관계에 대한 기본적인 가정을 X이론과 Y이론이라는 가설로 나눈 것이다.
- X이론은 인간의 본성이 일을 싫어하고, 무관심하며, 책임을 회피하므로 당근과 채찍을 동원하여 강제할 필요가 있다는 이론이다.
- Y이론은 인간의 본성이 일을 좋아하고, 책임감이 강하며, 선하므로 그들을 자율적, 민주적으로 대해야 창조적인 성과를 얻을 수 있다는 이론이다.

㉡ X이론과 Y이론의 관리처방 비교

X이론(후진국형, 성악설)	Y이론(선진국형, 성선설)
• 경제적 보상체제의 강화 • 권위주의적 리더십의 확립 • 면밀한 감독과 엄격한 통제 • 상부 책임제도의 강화	• 분권화와 권한의 위임 • 목표에 의한 관리 • 직무확장 • 인간관계 관리방식 • 책임감과 창조력

02 Repetitive Learning (1회 2회 3회)

산업안전보건법령상 사업 내 안전 · 보건교육 중 채용 시의 교육내용에 해당되지 않는 것은?(단, 기타 산업안전보건법 및 일반관리에 관한 사항은 제외한다)

① 사고 발생 시 긴급조치에 관한 사항
② 산업보건 및 직업병 예방에 관한 사항
③ 기계 · 기구의 위험성과 작업의 순서 및 동선에 관한 사항
④ 작업공정의 유해 · 위험과 재해 예방대책에 관한 사항

해설

- 작업공정의 유해 · 위험과 재해 예방대책에 관한 사항은 관리감독자의 정기안전 · 보건교육 내용에 해당한다.

∷ 채용 시의 교육 및 작업내용 변경 시의 교육내용 실필 1502
- 기계 · 기구의 위험성과 작업의 순서 및 동선에 관한 사항
- 작업 개시 전 점검에 관한 사항
- 정리정돈 및 청소에 관한 사항
- 사고 발생 시 긴급조치에 관한 사항
- 산업보건 및 직업병 예방에 관한 사항
- 물질안전보건자료에 관한 사항
- 산업안전보건법 및 일반관리에 관한 사항

1101 / 1302 / 2102

03 Repetitive Learning (1회 2회 3회)

다음 중 무재해 운동 추진의 3요소에 관한 설명과 가장 거리가 먼 것은?

① 모든 재해는 잠재요인을 사전에 발견 · 파악 · 해결함으로써 근원적으로 산업재해를 없애야 한다.
② 안전보건은 최고경영자의 무재해 및 무질병에 대한 확고한 경영자세로 시작된다.
③ 안전보건을 추진하는 데에는 관리감독자들의 생산 활동 속에 안전보건을 실천하는 것이 중요하다.
④ 안전보건은 각자 자신의 문제이며, 동시에 동료의 문제로서 직장의 팀 멤버와 협동 노력하여 자주적으로 추진하는 것이 필요하다.

정답 | 01 ④ 02 ④ 03 ①

해설

- 무재해 운동 추진을 위한 3요소에는 경영자의 자세, 안전활동의 라인화, 자주활동의 활성화가 있다.

무재해 운동의 추진을 위한 3요소

이념	최고경영자의 안전경영자세
실천	안전활동의 라인(Line)화
기법	직장 자주안전활동의 활성화

1001 / 2202

04

Repetitive Learning (1회 2회 3회)

헤드십(Head-ship)의 특성에 관한 설명으로 틀린 것은?

① 상사와 부하의 사회적 간격은 넓다.
② 지휘형태는 권위주의적이다.
③ 상사와 부하의 관계는 지배적이다.
④ 상사의 권한 근거는 비공식적이다.

해설

- 헤드십은 임명된 지도자가 행하는 권한행사로 권한의 근거는 공식적이다.

헤드십(Head-ship)

㉠ 개요
- 리더와 같이 선출된 지도자가 아니라 조직에 의해 임명된 지도자가 행하는 권한행사를 말한다.

㉡ 특징
- 권한의 근거는 공식적인 법과 규정에 의한다.
- 상사와 부하의 관계는 지배적이고 사회적 간격이 넓다.
- 지휘의 형태는 권위적이다.
- 책임은 부하에 있지 않고 상사에게 있다.

0601

05

Repetitive Learning (1회 2회 3회)

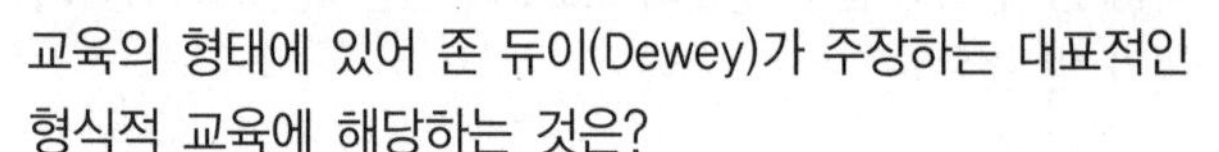

교육의 형태에 있어 존 듀이(Dewey)가 주장하는 대표적인 형식적 교육에 해당하는 것은?

① 가정안전교육
② 사회안전교육
③ 학교안전교육
④ 부모안전교육

해설

- 존 듀이(Dewey)는 형식적 교육 중 유아 및 아동의 학교교육에 대한 중요성을 강조하였다.

존 듀이(Dewey)
- 미국의 실용주의 교육자로 유아 및 아동의 학교교육에 대한 중요성을 강조하였다.
- 학교는 아동으로 하여금 다른 학생들과 더불어 협동하며 서로 신뢰하고 각자의 인격을 존중하면서 도덕적, 민주적 사회생활을 경험할 수 있는 사회생활 자체의 광장이 되어야 한다고 주장하였다.

1003

06

Repetitive Learning (1회 2회 3회)

집단의 기능에 관한 설명으로 틀린 것은?

① 집단의 규범은 변화하기 어려운 것으로 불변적이다.
② 집단 내에 머물도록 하는 내부의 힘을 응집력이라 한다.
③ 규범은 집단을 유지하고 집단의 목표를 달성하기 위해 만들어진 것이다.
④ 집단이 하나의 집단으로서의 역할을 수행하기 위해서는 집단 목표가 있어야 한다.

해설

- 집단의 규범은 구성원들의 총의에 의해 변경이 가능하다.

집단 실필 0901
- 집단이 하나의 집단으로서의 역할을 수행하기 위해서는 집단 목표가 있어야 한다.
- 집단의 규범은 집단을 유지하고 집단의 목표를 달성하기 위해 만들어진 것으로 구성원들의 총의에 의해 변경이 가능하다.
- 집단 내에 머물도록 하는 내부의 힘을 응집력이라 한다.
- 집단의 응집력을 높이기 위해서는 참여와 분배, 갈등의 해소, 문제해결과정의 투명성과 적절성 등이 보장되어야 한다.

1202

07

Repetitive Learning (1회 2회 3회)

스태프형 안전조직에 있어서 스태프의 주된 역할이 아닌 것은?

① 실시계획의 추진
② 안전관리 계획안의 작성
③ 정보수집과 주지, 활용
④ 기업의 제도적 기본방침 시달

해설

- 스태프는 안전과 관련된 업무를 담당한다.

04 ④ 05 ③ 06 ① 07 ④ 정답

:: 참모(Staff)형 조직

㉠ 개요

- 100~1,000명의 근로자가 근무하는 중규모 사업장에 주로 적용한다.
- 안전업무를 관장하는 전문부분인 스태프(Staff)가 안전관리 계획안을 작성하고, 실시계획을 추진하며, 이를 위한 정보의 수집과 주지, 활용하는 역할을 수행하는 조직이다.

㉡ 특징

- 안전지식 및 기술의 축적이 용이하다.
- 경영자에 대한 조언과 자문역할을 한다.
- 안전정보의 수집이 용이하고 빠르다.
- 안전에 관한 명령과 지시와 관련하여 권한 다툼이 일어나기 쉽고, 통제가 복잡하다.

1603

08 Repetitive Learning (1회 2회 3회)

재해통계를 작성하는 필요성에 대한 설명으로 틀린 것은?

① 설비상의 결함요인을 개선 및 시정시키는 데 활용한다.

② 재해의 구성요소를 알고 분포상태를 알아 대책을 세우기 위함이다.

③ 근로자의 행동결함을 발견하여 안전 재교육 훈련자료로 활용한다.

④ 관리책임 소재를 밝혀 관리자의 인책 자료로 삼는다.

해설

- 각종 자료와 통계는 사고 등에 대한 효과적인 대책을 세우고 사고를 미연에 방지하기 위한 것이지 질책 및 인책 자료로 활용하기 위함이 아니다.

:: 산업재해 통계

㉠ 개요

- 산업재해 통계의 목적은 기업에서 발생한 산업재해에 대하여 효과적인 대책을 강구하기 위함이다.
- 재해의 구성요소, 경향, 분포상태를 알아 대책을 세우기 위함이다.
- 근로자의 행동결함을 발견하여 안전 재교육 훈련자료로 활용한다.
- 설비상의 결함요인을 개선 및 시정시키는 데 활용한다.

㉡ 활용 시 주의사항

- 산업재해 통계는 구체적으로 표시되어야 한다.
- 산업재해 통계를 기반으로 안전조건이나 상태를 추측해서는 안 된다.
- 산업재해 통계 그 자체보다는 재해 통계에 나타난 경향과 성질의 활동을 중요시해야 한다.
- 동종업종과의 비교를 통해 집중할 점을 확인할 수 있다.
- 안전업무의 정도와 안전사고 감소 목표의 수준을 확인할 수 있다.

1203

09 Repetitive Learning (1회 2회 3회)

인간관계 관리기법에 있어 구성원 상호 간의 선호도를 기초로 집단 내부의 동태적 상호관계를 분석하는 방법으로 가장 적절한 것은?

① 소시오매트리(Sociometry)

② 그리드 훈련(Grid training)

③ 집단역학(Group dynamic)

④ 감수성 훈련(Sensitivity training)

해설

- 그리드 훈련(Grid training)은 경영자가 리더십 교육훈련 프로그램을 시행하는 개발프로그램이다.
- 집단역학(Group dynamic)은 집단 구성원 간에 존재하는 상호작용과 영향력을 말한다.
- 감수성 훈련(Sensitivity training)은 감정의 상처에서 벗어나 현재 나의 감정을 조절하는 심성훈련과정이다.

:: 소시오매트리(Sociometry)

- 집단 구성원 간의 물리적, 심리적 거리를 측정하는 방법이다.
- 구성원 상호 간의 선호도를 기초로 집단 내부의 동태적 선호관계를 분석하는 방법으로 많이 사용한다.

10 Repetitive Learning (1회 2회 3회)

산업안전보건법상 안전보건관리 책임자의 업무에 해당되지 않는 것은?(단, 기타 근로자의 유해·위험 예방조치에 관한 사항으로서 고용노동부령으로 정하는 사항은 제외한다)

① 근로자의 안전·보건교육에 관한 사항

② 사업장 순회점검·지도 및 조치에 관한 사항

③ 안전보건관리규정의 작성 및 변경에 관한 사항

④ 산업재해의 원인 조사 및 재발 방지대책 수립에 관한 사항

해설

- 사업장 순회점검·지도 및 조치의 건의는 안전관리자·보건관리자의 업무내용이다.

정답 | 08 ④ 09 ① 10 ②

:: 안전보건관리 책임자

- 안전보건관리 책임자는 안전관리자와 보건관리자를 지휘, 감독하면서 아래의 업무를 총괄한다.
- 산업재해 예방계획의 수립에 관한 사항
- 안전보건관리규정의 작성 및 변경에 관한 사항
- 근로자의 안전·보건교육에 관한 사항
- 작업환경측정 등 작업환경의 점검 및 개선에 관한 사항
- 근로자의 건강진단 등 건강관리에 관한 사항
- 산업재해의 원인 조사 및 재발 방지대책 수립에 관한 사항
- 산업재해에 관한 통계의 기록 및 유지에 관한 사항
- 안전·보건과 관련된 안전장치 및 보호구 구입 시의 적격품 여부 확인에 관한 사항
- 그 밖에 근로자의 유해·위험 예방조치에 관한 사항으로서 고용노동부령으로 정하는 사항

1001 / 1902

11 Repetitive Learning (1회 2회 3회)

산업안전보건법상 안전인증대상 기계·기구 등의 안전인증 표시에 해당하는 것은?

① 

② 

③ 

④ 

해설

- ②는 KS마크로 산업표준화법에 따른 한국표준규격에 해당한다.
- ③은 한국산업안전보건공단에서 산업재해 예방을 위한 임의인증 마크이다.
- ④는 KPS마크로 정부기관의 안전인증을 받거나 기업 스스로 안전기준에 맞춰 제작했음을 나타내는 안전마크이다.

:: 자율안전확인 표시

- 제조업자 또는 수입업자가 지정된 시험·검사기관으로부터 안전성에 대한 시험·검사를 받아 공산품의 안전기준에 적합한 것임을 스스로 확인한 후 안전인증기관에 신고한 공산품에 나타내는 표시이다.
- 안전인증대상 기계·기구 등의 안전인증 및 자율안전확인의 표시 및 표시방법은 KCs로 한다.
- 인체에 상해를 입힐 우려가 있는 재질이나 표면이 거친 재질을 사용해서는 안 된다.

0703

12 Repetitive Learning (1회 2회 3회)

바람직한 안전교육을 진행시키기 위한 4단계 가운데 피교육자로 하여금 작업습관의 확립과 토론을 통한 공감을 가지도록 하는 단계는?

① 도입
② 제시
③ 적용
④ 확인

해설

- 피교육자에게 공감을 느끼게 하고 이를 통해 기능을 습득하게 하는 단계는 3단계 적용(실습)단계이다.

:: 안전교육의 4단계

- 도입(준비) – 제시(설명) – 적용(응용) – 확인(총괄, 평가)단계를 거친다.

1단계	도입	구체적인 목표를 제시, 동기유발을 통해 관심과 흥미를 가지게 하고 심신의 여유를 준다.
2단계	제시(실연)	새로운 지식이나 기능을 설명하고 이해, 납득시킨다.
3단계	적용(실습)	피교육자가 공감을 느끼게 하고, 과제를 통해 문제해결하게 하거나 기능을 습득시킨다.
4단계	확인(평가)	피교육자가 교육내용을 충분히 이해했는지를 확인하고 평가한다.

1103

13 Repetitive Learning 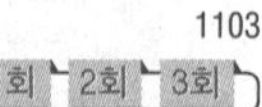

제조물책임법에 명시된 결함의 종류에 해당되지 않는 것은?

① 제조상의 결함
② 표시상의 결함
③ 사용상의 결함
④ 설계상의 결함

해설

- 결함의 종류에는 제조상의 결함, 설계상의 결함, 표시상의 결함이 있다.

:: 결함의 종류

- 결함이란 제조물 제조상·설계상 또는 표시상의 결함이 있거나 그 밖에 통상적으로 기대할 수 있는 안전성이 결여되어 있는 것을 말한다.
- 결함의 종류에는 제조상의 결함, 설계상의 결함, 표시상의 결함이 있다.

11 ① 12 ③ 13 ③ 정답

제조상의 결함	제조업자가 제조물에 대하여 제조상·가공상의 주의의무를 이행하였는지에 관계없이 제조물이 원래 의도한 설계와 다르게 제조·가공됨으로써 안전하지 못하게 된 경우
설계상의 결함	제조업자가 합리적인 대체설계(代替設計)를 채용하였더라면 피해나 위험을 줄이거나 피할 수 있었음에도 대체설계를 채용하지 아니하여 해당 제조물이 안전하지 못하게 된 경우
표시상의 결함	제조업자가 합리적인 설명·지시·경고 또는 그 밖의 표시를 하였더라면 해당 제조물에 의하여 발생할 수 있는 피해나 위험을 줄이거나 피할 수 있었음에도 이를 하지 아니한 경우

14 Repetitive Learning (1회 2회 3회)

시몬즈(Simonds) 방식의 재해손실비 산정에 있어 비보험코스트에 해당되지 않는 것은?

① 소송관계 비용
② 신규작업자에 대한 교육훈련비
③ 부상자의 직장 복귀 후 생산감소로 인한 임금비용
④ 산업재해보상보험법에 의해 보상된 금액

해설

- 산업재해보상보험법에 의해 보상된 금액은 보험비용이다.

∷ 시몬즈(Simonds)의 재해코스트 실필 1301

㉠ 개요
- 총 재해비용을 보험비용과 비보험비용으로 구분한다.
- 총 재해코스트 = 보험비용 + 비보험비용 = [보험코스트 + (A × 휴업상해건수) + (B × 통원상해건수) + (C × 응급조치건수) + (D × 무상해사고건수)], 이때 A, B, C, D는 재해의 비보험코스트 평균치이다.
- 사망과 영구 전노동불능 상해의 경우는 비보험코스트에 포함시키지 않고 별도 산정한다.

㉡ 비보험코스트 내역
- 소송관계 비용
- 신규 작업자에 대한 교육훈련비
- 부상자의 직장복귀 후 생산감소로 인한 임금비용
- 재해로 인한 작업중지 임금손실
- 재해로 인한 시간 외 근무 가산임금손실 등

1101 / 2201

15 Repetitive Learning (1회 2회 3회)

주로 관리감독자를 교육대상자로 하며 직무에 관한 지식, 작업을 가르치는 능력, 작업방법을 개선하는 기능 등을 교육내용으로 하는 기업 내 정형교육은?

① TWI(Training Within Industry)
② MTP(Management Training Program)
③ ATT(American Telephone Telegram)
④ ATP(Administration Training Program)

해설

- MTP는 TWI보다 상위의 관리자 양성을 위한 정형훈련으로 관리자의 업무관리능력 및 동기부여능력을 육성하고자 실시한다.
- ATT는 대상 계층이 한정되지 않은 정형교육으로 하루 8시간씩 2주간 실시하는 토의식 교육이다.
- ATP는 최고경영자를 위한 교육으로 실시된 것으로 매주 4일, 하루 4시간씩 8주간 진행하는 교육이다.

∷ TWI(Training Within Industry for supervisor)

㉠ 개요
- 일선 관리감독자를 대상으로 인간관계를 개선하고 생산성을 향상시키기 위하여 고안된 훈련방법을 말한다.
- 교육내용에는 작업지도기법(JI : Job Instruction), 작업개선기법(JM : Job Methods), 인간관계기법(JR : Job Relations), 안전작업방법(JS : Job Safety) 등이 있다.

㉡ 주요 교육내용
- JRT(Job Relation Training)는 인간관계 관리기법으로 부하통솔기법과 관련된다.
- JIT(Job Instruction Training)는 작업지도기법으로 직장 내 부하 직원에 대하여 가르치는 기술과 관련된다.

2001

16 Repetitive Learning (1회 2회 3회)

산업안전보건법령상 안전·보건표지의 종류 중 경고표지에 해당하지 않는 것은?

① 레이저광선경고
② 급성독성물질경고
③ 매달린물체경고
④ 차량통행경고

해설

- 차량통행을 금지하는 표지판은 있지만 차량통행을 경고하는 표지판은 없다.

∷ 경고표지 실필 2401/2202/2102/1802/1702/1502/1303/1101/1002/1001
- 유해·위험경고, 주의표지 또는 기계방호물을 표시할 때 사용된다.
- 경고표지는 화학물질 취급장소에서의 유해 및 위험경고와 화학물질 취급장소에서의 유해·위험경고 이외의 위험경고, 주의표지 또는 기계방호물로 구분된다.
- 화학물질 취급장소에서의 유해 및 위험경고표지는 무색 바탕에 빨간색(7.5R 4/14) 혹은 검은색(N0.5) 기본모형으로 표시하며, 인화성물질경고, 부식성물질경고, 급성독성물질경고, 산화성물질경고, 폭발성물질경고 등이 있다.

정답 14 ④ 15 ① 16 ④

인화성 물질경고	부식성 물질경고	급성독성 물질경고	산화성 물질경고	폭발성 물질경고

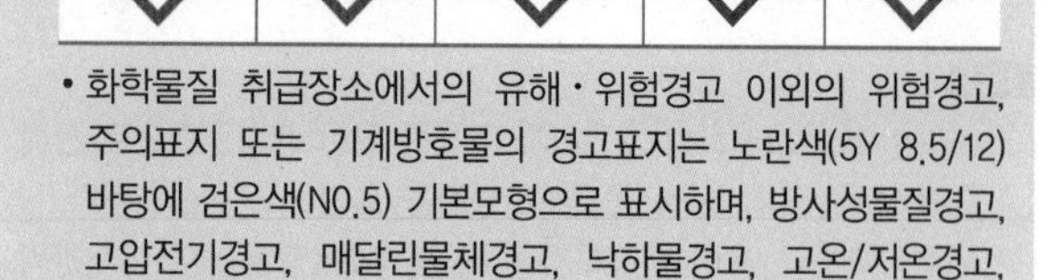

- 화학물질 취급장소에서의 유해·위험경고 이외의 위험경고, 주의표지 또는 기계방호물의 경고표지는 노란색(5Y 8.5/12) 바탕에 검은색(N0.5) 기본모형으로 표시하며, 방사성물질경고, 고압전기경고, 매달린물체경고, 낙하물경고, 고온/저온경고, 위험장소경고, 몸균형상실경고, 레이저광선경고 등이 있다.

방사성물질경고	고압전기경고	매달린물체경고	낙하물경고
고온/저온경고	위험장소경고	몸균형상실경고	레이저광선경고

17

Repetitive Learning 1회 2회 3회

500명의 근로자가 근무하는 사업장에서 연간 30건의 재해가 발생하여 35명의 재해자로 인해 250일의 근로손실이 발생한 경우 이 사업장의 재해 통계에 관한 설명으로 틀린 것은?

① 이 사업장의 도수율은 약 29.2이다.
② 이 사업장의 강도율은 약 0.21이다.
③ 이 사업장의 연천인율은 70이다.
④ 근로시간이 명시되지 않을 경우에는 연간 1인당 2,400시간을 적용한다.

해설

- 해당 사업장의 도수율은 $\frac{30}{500\times2,400}\times10^6=25$,

 강도율은 $\frac{250}{500\times2,400}\times1,000=0.21$,

 연천인율은 $\frac{35}{500}\times1,000=70$이다.

도수율(FR : Frequency Rate of injury)
실필 1902/1701/1601/1303/1203/1201/1102/1003/0903/0902

- 빈도율이라고도 하며, 100만 시간당 재해발생건수를 나타낸다.
- 도수율 = $\frac{\text{연간 재해건수}}{\text{연간 총근로시간}}\times10^6$으로 구한다.

강도율(SR : Severity Rate of injury) 실필 2401/2101/2004/1902/1901/1702/1701/1403/1303/1203/1201/1102/1003/1001/0903/0902/0802

- 재해로 인한 근로손실의 강도를 나타낸 값으로 연간 총근로시간에서 1,000시간당 근로손실일수를 의미한다.
- 강도율 = $\frac{\text{근로손실일수}}{\text{연간 총근로시간}}$로 구한다.
- 근로자의 근속연수 등이 주어지지 않을 때 평생 근로손실일수는 한 개인이 평생 동안 근로한 시간을 100,000시간으로 볼 때의 근로손실일수이므로 강도율에 100을 곱하여 구한다.

연천인율 실필 1801/1403/1201/0903/0901

- 1년간 평균근로자 1,000명당 재해자의 수를 나타낸다.
- 연천인율 = $\frac{\text{연간 재해자수}}{\text{연평균 근로자수}}\times1,000$으로 구한다.
- 근로자 1명이 연평균 2,400시간을 일한다는 것을 가정할 때 연천인율은 도수율×2.4로도 구할 수 있다.

0601 / 1101

18

Repetitive Learning 1회 2회 3회

참가자가 다수인 경우에 전원을 토의에 참가시키기 위한 방법으로 소집단을 구성하여 회의를 진행시키며 6-6 회의라고도 하는 것은?

① 포럼(Forum)
② 심포지엄(Symposium)
③ 버즈세션(Buzz session)
④ 패널 디스커션(Panel discussion)

해설

- 포럼은 새로운 자료나 교재가 제시되어야 한다.
- 심포지엄은 몇 사람의 전문가에 의하여 과제에 관한 견해를 발표한 뒤에 참가자로 하여금 의견이나 질문을 하게 하여 토의하는 방법이다.
- 패널 디스커션은 소수의 전문가들이 과제에 관한 견해를 발표하고 토론한 뒤 참가자 전원이 사회자의 진행에 따라 토의하는 방법이다.

토의법의 종류

포럼 (Forum)	새로운 자료나 교재를 제시하고 문제점을 피교육자로 하여금 제기하게 하거나 그것에 관한 피교육자의 의견을 여러 가지 방법으로 발표하게 하고, 청중과 토론자 간에 활발한 의견 개진과 충돌로 바람직한 합의를 도출해내는 교육 실시방법
패널 디스커션 (Panel discussion)	참가자 앞에서 소수의 전문가들이 과제에 관한 견해를 발표하고 토론한 뒤 참가자 전원이 참가하여 사회자의 사회에 따라 토의하는 방법

17 ① 18 ③ 정답

심포지엄 (Symposium)	몇 사람의 전문가에 의하여 과제에 관한 견해를 발표한 뒤에 참가자로 하여금 의견이나 질문을 하게 하여 토의하는 방법
롤 플레잉 (Role playing)	집단 심리요법의 하나로서 자기 해방과 타인 체험을 목적으로 하는 체험활동을 통해 대인관계에 있어서의 태도변용이나 통찰력, 자기이해를 목표로 개발된 교육방법
버즈세션 (Buzz session)	6-6 회의라고도 하며, 6명씩 소집단으로 구분하고, 집단별로 각각의 사회자를 선발하여 6분간씩 자유토의를 행하여 의견을 종합하는 방법

0801

19

Repetitive Learning 

방진마스크의 선정기준으로 적합하지 않은 것은?

① 배기저항이 낮을 것
② 흡기저항이 낮을 것
③ 사용 용적이 클 것
④ 시야가 넓을 것

해설

• 방진마스크의 사용 용적 즉, 유효 공간은 적어야 한다.

방진마스크

㉠ 개요

• 공기 중에 부유하는 분진을 들이마시지 않도록 하기 위해 사용하는 마스크이다.
• 산소농도 18% 이상인 장소에서 사용하여야 한다.

㉡ 선정기준

• 분진포집(여과) 효율이 좋아야 한다.
• 흡·배기저항이 낮아야 한다.
• 가볍고, 시야가 넓어야 한다.
• 안면에 밀착성이 좋아야 한다.
• 사용 용적(유효 공간)이 적어야 한다.
• 머리끈은 적당한 길이 및 탄력성을 갖고 길이를 쉽게 조절할 수 있어야 한다.
• 사방시야는 넓을수록 좋다(하방시야는 최소 60° 이상).

0803 / 2001

20

Repetitive Learning 

무재해운동 추진기법에 있어 위험예지훈련 4라운드에서 제3단계 진행방법에 해당하는 것은?

① 본질추구
② 현상파악
③ 목표설정
④ 대책수립

해설

• 위험예지훈련 기초 4Round 중 3단계는 발견된 위험요인을 극복하기 위한 방법을 제시하는 대책수립 단계이다.

위험예지훈련 기초 4Round 기법 실필 1902/1503

1Round	현상파악 (사실의 파악단계)	전원이 토의를 통하여 위험요인을 발견하는 단계
2Round	본질추구 (원인탐색단계)	위험의 포인트를 결정하여 전원이 지적 확인을 하는 단계
3Round	대책수립 (대책수립단계)	발견된 위험요인을 극복하기 위한 방법을 제시하는 단계
4Round	목표설정 (행동계획 결정단계)	나온 대책들을 공감하고 팀의 행동목표를 설정하고 지적 확인하는 단계

2과목 인간공학 및 위험성 평가·관리

0502

21

Repetitive Learning 

다음 중 인간 신뢰도(Human reliability)의 평가 방법으로 가장 적합하지 않은 것은?

① HCR
② THERP
③ SLIM
④ FMEA

해설

• FMEA는 시스템이나 서브시스템 위험분석을 위하여 일반적으로 사용되는 전형적인 정성적, 귀납적 분석기법으로 시스템에 영향을 미치는 모든 요소의 고장을 형태별로 분석하여 그 영향을 검토하는 분석기법이다.

인간 신뢰도(Human reliability) 평가방법

• 인간 신뢰도(Human reliability) 평가방법에는 OAT, SLIM, HCR, THERP, CES 등이 있다.

OAT (Operator Action Tree)	원자력 발전소 조작자의 인지, 진단 및 의사결정 에러에 초점을 맞춘 인간 신뢰도 평가방법
SLIM (Success Likelihood Index Method)	인적 오류에 영향을 미치는 수행 특성인자의 영향력을 고려하여 오류 확률을 평가하는 방법
HCR (Human Cognitive Reliability)	사람에 근거한 인지 신뢰도 모형으로 초기 인간 신뢰도 평가방법
THERP (Technique for Human Error Rate Prediction)	작업자의 직무를 단위동작으로 세분화하고, 각 단위동작의 오류 확률을 평가한 후, 이를 합하여 대상 직무에 대한 오류 확률을 구하는 방법

정답 19 ③ 20 ④ 21 ④

0302 / 0501 / 0602 / 0703 / 1002

22

Repetitive Learning (1회 2회 3회)

안전·보건표지에서 경고표지는 삼각형, 안내표지는 사각형, 지시표지는 원형 등으로 부호가 고안되어 있다. 이처럼 부호가 이미 고안되어 이를 사용자가 배워야 하는 부호를 무엇이라 하는가?

① 묘사적 부호 ② 추상적 부호
③ 임의적 부호 ④ 사실적 부호

해설

- 시각적 부호에는 임의적 부호와 묘사적 부호, 추상적 부호가 있다.
- 임의적 부호는 임의로 만들어져 있으므로 배워야 하는 부호이다.
- 추상적 부호는 전달할 내용을 도식적으로 표현한 부호이다.

시각적 부호

임의적 부호	시각적 부호 중 교통표지판, 안전보건표지 등과 같이 부호가 이미 고안되어 있어 사용자가 이를 배워야 하는 부호
묘사적 부호	시각적 부호 중 위험표지판의 해골과 뼈같이 사물이나 행동수정의 의미를 단순하고 정확하게 의미를 전달하는 부호
추상적 부호	전달하고자 하는 내용을 도식적으로 압축한 부호

23

Repetitive Learning (1회 2회 3회)

다음 중 산업안전보건법 시행규칙상 유해·위험방지계획서의 제출 기관으로 옳은 것은?

① 대한산업안전협회 ② 안전관리대행기관
③ 한국건설기술인협회 ④ 한국산업안전보건공단

해설

- 건설물·기계·기구 및 설비 등 일체를 설치·이전하거나 그 주요 구조부분을 변경할 때에는 고용노동부장관(한국산업안전보건공단)에게 유해·위험방지계획서를 제출하여야 한다.

유해·위험방지계획서의 제출 실필 2302/1303/0903

- 제출대상 사업장의 규모는 전기 계약용량이 300kW 이상인 사업장이다.
- 건설물·기계·기구 및 설비 등 일체를 설치·이전하거나 그 주요 구조부분을 변경할 때에는 고용노동부장관(한국산업안전보건공단)에게 유해·위험방지계획서를 2부 제출하여야 한다.
- 제조업의 경우는 해당 작업 시작 15일 전에 제출한다.
- 건설업의 경우는 공사의 착공 전날까지 제출한다.

0903

24

Repetitive Learning (1회 2회 3회)

인간-기계 시스템에서 시스템의 설계를 다음과 같이 구분할 때 제3단계인 기본 설계에 해당되지 않는 것은?

> 1단계 : 시스템의 목표와 성능 명세 결정
> 2단계 : 시스템의 정의
> 3단계 : 기본 설계
> 4단계 : 인터페이스 설계
> 5단계 : 보조물 설계
> 6단계 : 시험 및 평가

① 화면설계 ② 작업설계
③ 직무분석 ④ 기능할당

해설

- 화면설계는 4단계인 인터페이스 설계에 해당한다.

인간-기계 시스템의 설계 과정

1단계	시스템의 목표와 성능 명세 결정	목적 및 존재 이유에 대한 개괄적 표현
2단계	시스템의 정의	목표 달성을 위한 필요한 기능의 결정
3단계	기본 설계	기능의 할당, 인간성능 요건 명세, 직무분석, 작업설계
4단계	인터페이스 설계	작업공간, 화면설계, 표시 및 조종장치
5단계	보조물 설계 혹은 편의수단 설계	성능보조자료, 훈련도구 등 보조물 계획
6단계	평가	

0702 / 0801 / 2001

25

Repetitive Learning (1회 2회 3회)

다음 중 화학설비에 대한 안전성 평가에 있어 정량적 평가 항목에 해당되지 않는 것은?

① 공정 ② 취급물질
③ 압력 ④ 화학설비용량

해설

- 공정은 정성적 평가항목 중 운전관계항목에 해당한다.

정성적 평가와 정량적 평가항목

정성적 평가	설계관계항목	입지조건, 공장 내 배치, 건조물, 소방설비 등
	운전관계항목	원재료, 중간제품, 공정 및 공정기기, 수송, 저장 등
정량적 평가	• 수치값으로 표현 가능한 항목들을 대상으로 한다. • 온도, 취급물질, 화학설비용량, 압력, 조작 등을 위험도에 맞게 평가한다.	

22 ③ 23 ④ 24 ① 25 ① 정답

26

Repetitive Learning (1회 2회 3회)

자동차 엔진의 수명은 지수분포를 따르는 경우 신뢰도를 95%를 유지시키면서 8,000시간을 사용하기 위한 적합한 고장률은 약 얼마인가?

① 3.4×10^{-6}/시간

② 6.4×10^{-6}/시간

③ 8.2×10^{-6}/시간

④ 9.5×10^{-6}/시간

해설

- $0.95 = e^{-8000\lambda}$ 를 만족하는 고장률 λ를 구하는 문제이다.
- $\ln 0.95 = -8,000\lambda$ 이므로 $\lambda = \frac{\ln 0.95}{8,000} = 6.4 \times 10^{-6}$ 이다.

지수분포를 따르는 부품의 신뢰도

실필 1503/1502/1501/1402/1302/1101/1003/1002/0803/0801

- 고장률 λ인 시스템의 t시간 후의 신뢰도 $R(t) = e^{-\lambda t}$ 이다.
- 고장까지의 평균시간이 $t_0\left(=\frac{1}{\lambda_0}\right)$일 때

  이 부품을 t시간 동안 사용할 경우의 신뢰도 $R(t) = e^{-\frac{t}{t_0}}$ 이다.

27

Repetitive Learning (1회 2회 3회)

다음 중 인간공학을 기업에 적용할 때의 기대효과로 볼 수 없는 것은?

① 노사 간의 신뢰 저하

② 제품과 작업의 질 향상

③ 작업자의 건강 및 안전 향상

④ 이직률 및 작업손실시간의 감소

해설

- 기업에서 인간공학을 적용하여 근로자의 건강과 안전 향상을 위해 노력함으로써 노사 간의 신뢰는 향상된다.

인간공학 적용의 기대효과

- 제품과 작업의 질 향상
- 작업자의 건강 및 안전 향상
- 이직률 및 작업손실시간의 감소
- 노사 간의 신뢰 향상

28

Repetitive Learning (1회 2회 3회)

매직넘버라고도 하며, 인간이 절대식별 시 작업기억 중에 유지할 수 있는 항목의 최대수를 나타낸 것은?

① 3±1　　② 7±2

③ 10±1　　④ 20±2

해설

- 밀러의 매직넘버는 7±2이다.

매직넘버(Magic number)

- 인간이 한 자극 차원 내의 자극을 절대적으로 식별할 수 있는 능력을 말한다.
- 인간이 절대식별 시 작업기억 중에 유지할 수 있는 항목의 최대수는 5가지 미만이다.
- 밀러의 매직넘버는 7±2이다.

0803

29

Repetitive Learning (1회 2회 3회)

다음 중 청각적 표시장치보다 시각적 표시장치를 이용하는 경우가 더 유리한 경우는?

① 메시지가 간단한 경우

② 메시지가 추후에 재참조되지 않는 경우

③ 직무상 수신자가 자주 움직이는 경우

④ 메시지가 즉각적인 행동을 요구하지 않는 경우

해설

- 메시지가 즉각적인 행동을 요구하지 않을 경우는 시각적 표시장치로 전송하는 것이 더 효과적이다.

시각적 표시장치와 청각적 표시장치의 비교

구분	내용
시각적 표시장치	• 수신 장소의 소음이 심한 경우 • 정보가 공간적인 위치를 다룬 경우 • 정보의 내용이 복잡하고 긴 경우 • 직무상 수신자가 한 곳에 머무르는 경우 • 메시지를 추후 참고할 필요가 있는 경우 • 정보의 내용이 즉각적인 행동을 요구하지 않는 경우
청각적 표시장치	• 수신 장소가 너무 밝거나 암순응이 요구될 때 • 정보의 내용이 시간적인 사건을 다루는 경우 • 정보의 내용이 간단한 경우 • 직무상 수신자가 자주 움직이는 경우 • 정보의 내용이 후에 재참조되지 않는 경우 • 메시지가 즉각적인 행동을 요구하는 경우

정답 | 26 ② 27 ① 28 ② 29 ④

1002

30

Repetitive Learning (1회 2회 3회)

다음 중 FTA(Fault Tree Analysis)에 관한 설명으로 가장 적절한 것은?

① 복잡하고, 대형화된 시스템의 신뢰성 분석에는 적절하지 않다.

② 시스템 각 구성요소의 기능을 정상인가 또는 고장인가로 점진적으로 구분짓는다.

③ "그것이 발생하기 위해서는 무엇이 필요한가"라는 것은 연역적이다.

④ 사건들을 일련의 이분(Binary) 의사 결정분기들로 모형화한다.

해설

- 결함수분석법(FTA)은 복잡하고 대형화된 시스템을 논리기호를 사용하여 해석한다.
- 결함수분석법(FTA)은 기본사상들의 발생이 서로 독립인가 아닌가의 여부를 파악하기 위해서 공분산을 이용한다.
- 결함수분석법(FTA)은 사고의 발생과 요인들 간의 논리적인 관계를 이분(Binary)구조가 아니라 나무(Tree)구조로 구성하여 분석한다.

결함수분석법(FTA)

㉠ 개요

- 연역적 방법으로 원인을 규명하며, 재해의 정량적 예측이 가능한 분석방법이다.
- 하향식(Top-down) 방법을 사용한다.
- 특정 사상에 대해 짧은 시간에 해석이 가능하다.
- 복잡하고 대형화된 시스템을 논리기호를 사용하여 해석한다.
- 간단한 FT도의 작성으로 정성적 해석이 가능하여 비전문가도 잠재위험을 효율적으로 분석할 수 있다.
- 정성적 평가 후 정량적 평가를 실시하며, 정량적으로 재해 발생 확률을 구한다.
- FTA를 수행함에 있어 기본사상들의 발생이 서로 독립인가 아닌가의 여부를 파악하기 위해서는 공분산을 이용한다.

㉡ 기대효과

- 사고원인 규명의 간편화
- 노력 시간의 절감
- 사고원인 분석의 정량화
- 시스템의 결함진단

0703 / 2102

31

Repetitive Learning (1회 2회 3회)

다음 중 욕조곡선에서의 고장형태에서 일정한 형태의 고장률이 나타나는 구간은?

① 초기고장 구간　② 마모고장 구간
③ 피로고장 구간　④ 우발고장 구간

해설

- 수명곡선에서 감소형은 초기고장, 증가형은 마모고장, 유지형은 우발고장에 해당한다.

우발고장

- 시스템의 수명곡선(욕조곡선)에서 일정형(Constant failure rate)에 해당한다.
- 사용조건상의 고장을 말하며 고장률이 가장 낮으며 설계강도 이상의 급격한 스트레스가 축적됨으로써 발생되는 예측하지 못한 고장을 말한다.
- 우발적으로 일어나므로 시운전이나 점검작업을 통해 방지가 불가능하다.

32

Repetitive Learning (1회 2회 3회)

한 대의 기계를 10시간 가동하는 동안 4회의 고장이 발생하였고, 이때의 고장수리시간이 다음 표와 같을 때 MTTR(Mean Time To Repair)은 얼마인가?

가동시간(Hour)	수리시간(Hour)
$T_1 = 2.7$	$T_a = 0.1$
$T_2 = 1.8$	$T_b = 0.2$
$T_3 = 1.5$	$T_c = 0.3$
$T_4 = 2.3$	$T_d = 0.3$

① 0.225시간/회　② 0.325시간/회
③ 0.425시간/회　④ 0.525시간/회

해설

- 수리하는 데 걸린 시간의 합은 0.9시간이다. 고장건수가 4회이므로 0.9/4=0.225시간이다.

MTTR(Mean Time To Repair)

- 설비보전에서 평균수리시간의 의미로 사용한다.
- 고장이 발생한 후부터 정상작동시간까지 걸리는 시간의 평균시간을 말한다.
- $\frac{\text{전체고장시간}}{\text{고장건수}}$[시간/회]로 구한다.

30 ③ 31 ④ 32 ① | 정답

0402 / 0801

33 ── Repetitive Learning (1회 2회 3회)

다음 중 진동의 영향을 가장 많이 받는 인간의 성능은?

① 추적(Tracking) 능력
② 감시(Monitoring) 작업
③ 반응시간(Reaction time)
④ 형태식별(Pattern recognition)

해설

- 진동의 영향을 가장 많이 받는 인간 성능은 추적(Tracking) 작업이고, 가장 영향이 적은 작업은 형태식별작업 등이다.

진동과 인간 성능

㉠ 개요
- 안정되고 정확한 근육 조절을 요하는 작업은 진동에 의해서 저하된다.
- 반응시간, 감시, 형태 식별 등 주로 중앙 신경 처리에 관한 임무는 진동의 영향을 덜 받는다.
- 진동의 영향을 가장 많이 받는 인간 성능은 추적(Tracking) 작업이고, 가장 영향이 적은 작업은 형태식별작업 등이다.

㉡ 주파수대별 공명현상
- 전신 또는 상체의 경우 5[Hz] 이하의 주파수에 심한 영향을 받는다.
- 시력은 10~25[Hz]의 주파수에 가장 큰 영향을 받는다.
- 머리와 어깨 부위는 20~30[Hz]에 공명현상을 보인다.
- 안구는 60~90[Hz]에 공명현상을 보인다.

0603 / 0903

34 ── Repetitive Learning 

다음 중 소음에 대한 대책으로 가장 거리가 먼 것은?

① 소음원의 통제
② 소음의 격리
③ 소음의 분배
④ 적절한 배치

해설

- 소음의 분배는 일시적인 미봉책이지 소음 대책이라고 보기 힘들다.

제한된 실내 공간에서의 소음 대책

- 진동부분의 표면을 줄인다.
- 소음의 전달 경로를 차단한다.
- 벽, 천장, 바닥에 흡음재를 부착한다.
- 소음 발생원을 제거하거나 밀폐한다.
- 저소음 기계로 대체한다.
- 시설기자재를 적절히 배치시킨다.

0303 / 1202 / 1902 / 2201

35 ── Repetitive Learning (1회 2회 3회)

어떤 결함수를 분석하여 Minimal cut set을 구한 결과 다음과 같았다. 각 기본사상의 발생확률을 qi, i=1, 2, 3 이라 할 때 정상사상의 발생확률함수로 옳은 것은?

$$K_1 = \{1,2\},\quad K_2 = \{1,3\},\quad K_3 = \{2,3\}$$

① $q_1q_2 + q_1q_2 - q_2q_3$
② $q_1q_2 + q_1q_3 - q_2q_3$
③ $q_1q_2 + q_1q_3 + q_2q_3 - q_1q_2q_3$
④ $q_1q_2 + q_1q_3 + q_2q_3 - 2q_1q_2q_3$

해설

- 최소 컷 셋을 FT로 표시하면 다음과 같다.

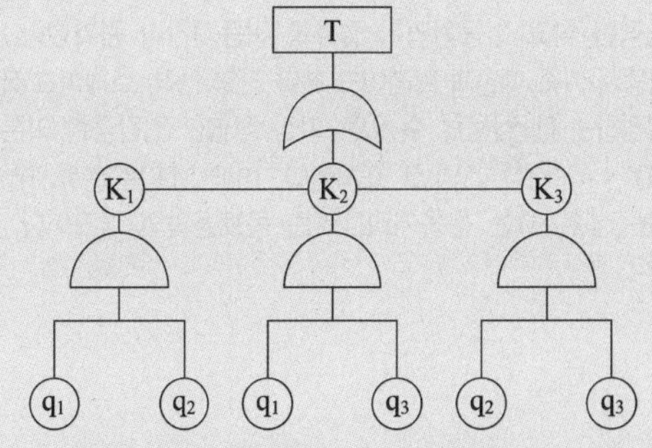

- $K_1 = q_1 \cdot q_2$, $K_2 = q_1 \cdot q_3$, $K_3 = q_2 \cdot q_3$이다.
- T는 이들을 OR로 연결하였으므로 발생확률은 $T = 1-(1-P(K_1))(1-P(K_2))(1-P(K_3))$이 된다.
- $T = 1-(1-q_1q_2)(1-q_1q_3)(1-q_2q_3)$으로 표시된다.
- $(1-q_1q_2)(1-q_1q_3) = 1-q_1q_3-q_1q_2+q_1q_2q_3$이고,
  $(1-q_1q_3-q_1q_2+q_1q_2q_3)(1-q_2q_3)$
  $= 1-q_2q_3-q_1q_3+q_1q_2q_3-q_1q_2+q_1q_2q_3+q_1q_2q_3-q_1q_2q_3$
  $= 1-q_2q_3-q_1q_3-q_1q_2+2(q_1q_2q_3)$이 되므로 이를 대입하면
  $T = 1-1+q_2q_3+q_1q_3+q_1q_2-2(q_1q_2q_3)$가 된다.
  이는 $T = q_2q_3+q_1q_3+q_1q_2-2(q_1q_2q_3)$로 정리된다.

FT도에서 정상(고장)사상 발생확률 실필 1203/0901

㉠ AND(직렬)연결 시
- 사상 A의 발생확률을 P_A, 사상 B, 사상 C 발생확률을 P_B, P_C라 할 때 $P_A = P_B \times P_C$로 구할 수 있다.

㉡ OR(병렬)연결 시
- 사상 A의 발생확률을 P_A, 사상 B, 사상 C 발생확률을 P_B, P_C라 할 때 $P_A = 1-(1-P_B)\times(1-P_C)$로 구할 수 있다.

정답 | 33 ① 34 ③ 35 ④

1101

36 Repetitive Learning (1회 2회 3회)

다음 중 Fitts의 법칙에 관한 설명으로 옳은 것은?

① 표적이 크고 이동거리가 길수록 이동시간이 증가한다.
② 표적이 작고 이동거리가 길수록 이동시간이 증가한다.
③ 표적이 크고 이동거리가 짧을수록 이동시간이 증가한다.
④ 표적이 작고 이동거리가 짧을수록 이동시간이 증가한다.

해설

- Fitts는 표적이 작고 이동거리가 길수록 이동시간이 증가한다고 주장하였다.

Fitts의 법칙

- 인간의 제어 및 조정능력을 나타내는 법칙으로 인간의 손이나 발을 이동시켜 조작장치를 조작하는 데 걸리는 시간을 표적까지의 거리와 표적 크기의 함수로 나타낸다.
- 표적이 작고 이동거리가 길수록 이동시간이 증가한다.
- 자동차 가속 페달과 브레이크 페달 간의 간격, 브레이크 폭 등을 결정하는 데 사용할 수 있는 가장 적합한 인간공학 이론이다.
- $MT = a + b(D \cdot W)$로 표시된다. 이때 MT는 운동시간, a와 b는 상수, D는 운동거리, W는 목표물과의 거리이다.

0902

37 Repetitive Learning (1회 2회 3회)

FMEA에서 고장의 발생확률 β가 다음 값의 범위일 경우 고장의 영향으로 옳은 것은?

$$[0.10 \leq \beta < 1.00]$$

① 손실의 영향이 없음
② 실제 손실이 예상됨
③ 실제 손실이 발생됨
④ 손실 발생의 가능성이 있음

해설

- FMEA에서 고장의 발생확률 β=1.00일 때 실제 손실이 발생하고, β=0일 때 영향이 없다.

FMEA 고장 발생확률별 고장의 영향

발생확률	고장의 영향
β=1.00	실제 손실
0.10 < β < 1.00	손실이 예상됨
0 < β ≤ 0.10	손실 발생 가능성이 있음
β=0	영향이 없음

0701

38 Repetitive Learning (1회 2회 3회)

인간의 생리적 부담 척도 중 국소적 근육활동의 척도로 가장 적합한 것은?

① 혈압
② 맥박수
③ 근전도
④ 점멸융합주파수

해설

- 혈압과 맥박수는 생리적 불안(스트레스)의 척도로 사용된다.
- 점멸융합주파수는 정신작업의 생리적 척도로 사용된다.

EMG(Electromyography) : 근전도 검사

- 특정 근육에 걸리는 부하를 근육에 발생한 전기적 활성으로 인한 전류값으로 측정하는 방법을 말한다.
- 인간의 생리적 부담 척도 중 육체작업 즉, 국소적 근육활동의 척도로 가장 적합한 변수이다.
- 간헐적으로 페달을 조작할 때 다리에 걸리는 부하를 평가하기에 적당한 측정변수이다.

0303

39 Repetitive Learning (1회 2회 3회)

재해예방 측면에서 시스템의 FT에서 상부측 정상사상의 가장 가까운 쪽에 OR 게이트를 인터록이나 안전장치 등을 활용하여 AND 게이트로 바꿔주면 이 시스템의 재해율에는 어떠한 현상이 나타나겠는가?

① 재해율에는 변화가 없다.
② 재해율의 급격한 증가가 발생한다.
③ 재해율의 급격한 감소가 발생한다.
④ 재해율의 점진적인 증가가 발생한다.

해설

- 안전장치에 설치된 OR 게이트를 AND 게이트로 교체할 경우 각종 안전조건을 모두 만족하여야 재해가 발생하므로 재해율이 급격히 감소한다.

FT도에서 정상(고장)사상 발생확률  1203/0901

문제 35번의 유형별 핵심이론 참조

36 ② 37 ② 38 ③ 39 ③ 정답

0503 / 1101

40 Repetitive Learning (1회 2회 3회)

다음 중 중(重)작업의 경우 작업대의 높이로 가장 적절한 것은?

① 허리 높이보다 0~10cm 정도 낮게
② 팔꿈치 높이보다 10~20cm 정도 높게
③ 팔꿈치 높이보다 15~20cm 정도 낮게
④ 어깨 높이보다 30~40cm 정도 높게

해설

- 서서 하는 작업대의 높이는 높낮이 조절이 가능하여야 하며, 작업대의 높이는 팔꿈치를 기준으로 한다.

:: 서서 하는 작업대 높이

- 서서 하는 작업대의 높이는 높낮이 조절이 가능하여야 하며, 작업대의 높이는 팔꿈치를 기준으로 한다.
- 정밀작업의 경우 팔꿈치 높이보다 약간(5~20cm) 높게 한다.
- 경작업의 경우 팔꿈치 높이보다 5~10cm 낮게 한다.
- 중작업의 경우 팔꿈치 높이보다 15~20cm 낮게 한다.
- 정밀한 작업이나 장기간 수행하여야 하는 작업은 좌식 작업대가 바람직하다.

3과목 기계 · 기구 및 설비 안전관리

41 Repetitive Learning (1회 2회 3회)

밀링작업의 안전수칙이 아닌 것은?

① 주축속도를 변속시킬 때는 반드시 주축이 정지한 후에 변환한다.
② 절삭 공구를 설치할 때에는 전원을 반드시 끄고 한다.
③ 정면밀링커터 작업 시 날 끝과 동일높이에서 확인하며 작업한다.
④ 작은 칩의 제거는 브러시나 청소용 솔을 사용하여 제거한다.

해설

- 밀링커터 작업 시 얼굴이나 눈을 기계 가까이 두어서는 안 된다.

:: 밀링머신(Milling machine) 안전수칙

㉠ 작업자 보호구 착용
- 작업 중 면장갑은 끼지 않는다.
- 작업자의 옷소매 등이 커터에 말릴 수 있으므로 주의하고, 묶을 때 끈을 사용하지 않는다.
- 칩의 비산이 많으므로 보안경을 착용한다.

㉡ 커터 관련 안전수칙
- 커터는 될 수 있는 한 컬럼에 가깝게 설치한다.
- 커터를 끼울 때는 아버를 깨끗이 닦는다.
- 커터의 교환 시는 테이블 위에 목재를 받쳐 놓는다.
- 밀링커터는 걸레 등으로 감싸 쥐고 다루도록 한다.
- 절삭 공구에 절삭유를 주유 시에는 커터 위부터 공급한다.

㉢ 기타 안전수칙
- 테이블 위에 공구 등을 올려놓지 않는다.
- 강력절삭 시에는 일감을 바이스에 깊게 물린다.
- 일감의 측정은 기계를 정지한 후에 한다.
- 주축속도의 변속은 반드시 주축의 정지 후에 한다.
- 상하, 좌우 이송 손잡이는 사용 후 반드시 빼 둔다.
- 급속이송은 백래시 제거장치가 동작하지 않고 있음을 확인한 다음 행한다.
- 칩의 제거는 절삭작업이 끝난 후 브러시나 청소용 솔을 사용하여 한다.

0502 / 0802 / 1101

42 Repetitive Learning (1회 2회 3회)

셰이퍼(Shaper) 작업에서 위험요인과 가장 거리가 먼 것은?

① 가공칩(Chip) 비산
② 램(Ram) 말단부 충돌
③ 바이트(Bite)의 이탈
④ 척-핸들(Chuck-handle) 이탈

해설

- 시동하기 전에 척 핸들(Chuck-handle)이라 불리는 행정조정용 핸들을 빼 놓는다.

:: 셰이퍼(Shaper)

㉠ 개요
- 테이블에 고정된 공작물에 직선으로 왕복 운동하는 공구대에 공구를 고정하여 평면을 절삭하거나 수직, 측면이나 홈 절삭, 곡면 절삭 등을 하는 공작기계이다.
- 셰이퍼의 크기는 램의 행정으로 표시한다.
- 방호장치에는 울타리, 칩받이, 칸막이, 가드 등이 있다.

㉡ 작업 시 안전대책
- 작업 시 공작물은 견고하게 고정되어야 하며, 바이트는 가능한 범위 내에서 짧게 고정하고, 날 끝은 샹크의 뒷면과 일직선상에 있게 한다.
- 작업 중에는 바이트의 운동방향에 서지 않도록 한다.
- 시동하기 전에 척 핸들(Chuck-handle)이라 불리는 행정조정용 핸들을 빼 놓는다.
- 가공 중 다듬질 면을 손으로 만지지 않는다.
- 가공물을 측정하고자 할 때는 기계를 정지시킨 후에 실시한다.

정답 | 40 ③ 41 ③ 42 ④

43 Repetitive Learning (1회 2회 3회)

안전계수가 6인 체인의 정격하중이 100kg일 경우 이 체인의 극한강도는 몇 kg인가?

① 0.06
② 16.67
③ 26.67
④ 600

해설

- 체인의 극한강도 = 안전계수 × 정격하중으로 구할 수 있다.
- 체인의 극한강도 = 6 × 100 = 600kg이다.

안전율/안전계수(Safety factor)

- 소재의 파괴강도와 허용되는 응력의 비를 표시한 것이다.
- 안전율은 $\frac{기준강도}{허용응력}$ 또는 $\frac{항복강도}{설계하중}$, $\frac{파괴하중}{최대사용하중}$, $\frac{최대응력}{허용응력}$ 등으로 구한다.
- 응력은 단위면적당 부재에 작용하는 힘을 말하며, 허용응력은 단위면적당 재료가 파괴되지 않고 영구적인 변형이 남지 않는 비례한도 범위 내의 응력을 말한다.
- 기준강도는 재료에 손상을 입힌다고 인정되는 강도를 말한다.
- 강도(기준강도)를 통해 재료의 안전율, 구조 등이 결정된다.
- 연성재료에서는 항복점을 기준강도, 인장강도, 기초강도라고도 한다.

44 Repetitive Learning (1회 2회 3회)

크레인의 사용 중 하중이 정격을 초과하였을 때 자동적으로 상승이 정지되는 장치는?

① 해지장치
② 비상정지장치
③ 권과방지장치
④ 과부하방지장치

해설

- 해지장치는 크레인 작업 시 와이어로프 등이 훅으로부터 벗겨지는 것을 방지하기 위한 장치이다.
- 비상정지장치는 위험한계 내에 신체의 일부가 들어가거나 이상사태가 발견된 경우에 기계의 작동을 정지시키는 장치를 말한다.
- 권과방지장치는 일정 이상 부하를 권상시키면 더 이상 권상되지 않게 하여 부하가 크레인에 충돌하지 않도록 하는 장치이다.

크레인의 방호장치 실필 1902/1101

- 크레인 방호장치에는 과부하방지장치, 권과방지장치, 충돌방지장치, 비상정지장치, 해지장치, 스토퍼 등이 있다.
- 권과방지장치는 일정 이상 부하를 권상시키면 더 이상 권상되지 않게 하여 부하가 크레인에 충돌하지 않도록 하는 장치이다. 이때 간격은 25cm 이상 유지하도록 조정한다(단, 직동식 권과방지장치의 간격은 0.05m 이상이다).
- 과부하방지장치는 하중이 정격을 초과하였을 때 자동적으로 상승이 정지되는 장치이다.
- 충돌방지장치는 병렬로 설치된 크레인의 경우 크레인의 충돌을 방지하기 위해 광 또는 초음파를 이용해 크레인의 접촉을 감지하여 충돌을 방지하는 장치이다.
- 비상정지장치는 위험한계 내에 신체의 일부가 들어가거나 이상사태가 발견된 경우에 기계의 작동을 정지시키는 장치를 말한다.
- 해지장치는 크레인 작업 시 와이어로프 등이 훅으로부터 벗겨지는 것을 방지하기 위한 장치이다.
- 스토퍼는 같은 주행로에 병렬로 설치되어 있는 주행 크레인에서 크레인끼리의 충돌이나, 근로자에 접촉하는 것을 방지하는 장치이다.

45 Repetitive Learning (1회 2회 3회)

현장에서 사용 중인 크레인의 거더 밑면에 균열이 발생되어 이를 확인하려고 하는 경우 비파괴검사방법 중 가장 편리한 검사방법은?

① 초음파탐상검사
② 방사선투과검사
③ 자분탐상검사
④ 액체침투탐상검사

해설

- 초음파탐상검사는 초음파의 반사를 이용하여 검사대상 내부의 결함을 검사하는 방식이다.
- 방사선투과검사는 X선의 강도나 노출시간을 조절하여 검사한다.
- 자분탐상검사는 결함부위의 자극에 자분이 부착되는 것을 이용한다.

액체침투탐상검사(Liquid penetration inspection)

- 비파괴검사방법 중 하나이다.
- 검사대상의 표면에 형광색 침투액을 도포한 후 백색 분말의 현상액을 발라 자외선 등을 비추어 검사하는 방식이다.
- 현재 사용 중인 크레인의 거더 밑면에 균열이 발생되어 이를 확인하려고 하는 경우 등에 이용하기 편리한 검사방법이다.

43 ④ 44 ④ 45 ④ | 정답

46

Repetitive Learning (1회 2회 3회)

광전자식 방호장치를 설치한 프레스에서 광선을 차단한 후 0.2초 후에 슬라이드가 정지하였다. 이때 방호장치의 안전거리는 최소 몇 mm 이상이어야 하는가?

① 140　　② 200
③ 260　　④ 320

해설

- 시간이 0.2초로 주어졌다. [ms]로 바꾸기 위해서 1,000을 곱하면 200[ms]이다.
- 안전거리는 1.6×200=320[mm]가 된다.

광전자식 방호장치의 안전거리 실필 1601/0902

- 안전거리 D[mm]= 1.6×(응답시간[ms] + 브레이크 정지시간[ms])으로 구한다. 이때, 1.6[m/s]는 인간 손의 기준속도이다.
- 위험 한계까지의 거리가 짧은 200mm 이하의 프레스에는 연속 차광 폭이 작은 30mm 이하의 방호장치를 선택한다.

1001

47

Repetitive Learning (1회 2회 3회)

기계설비의 안전조건 중 외형의 안전화에 해당하는 것은?

① 기계의 안전기능을 기계설비에 내장하였다.
② 페일 세이프 및 풀 프루프의 기능을 가지는 장치를 적용하였다.
③ 강도의 열화를 고려하여 안전율을 최대로 고려하여 설계하였다.
④ 작업자가 접촉할 우려가 있는 기계의 회전부에 덮개를 씌우고 안전색채를 사용하였다.

해설

- ①, ②는 기능적 안전화, ③은 구조의 안전화에 대한 설명이다.

외형의 안전화

㉠ 개요
- 작업자가 접촉할 우려가 있는 기계의 회전부 등을 기계 내로 내장시키거나 덮개로 씌우고 안전색채를 사용하여 근로자의 접근 시 주의를 환기시키는 방식의 안전화이다.

㉡ 특징
- 외관의 안전화에는 가드(Guard)의 설치, 구획된 장소에 격리, 위험원을 상자 등으로 포장하는 것 등이 대표적이다.
- 시동용 단추(녹색), 급정지용 단추(빨간색), 대형기계(녹색+흰색), 물배관(청색), 가스배관(황색), 증기배관(암적색), 고열기계(회청색) 등으로 구별하여 표시한다.

48

Repetitive Learning (1회 2회 3회)

인터록(Interlock) 장치에 해당하지 않는 것은?

① 연삭기의 워크레스트
② 사출기의 도어잠금장치
③ 자동화라인의 출입시스템
④ 리프트의 출입문 안전장치

해설

- 워크레스트(Workrest)란 탁상용 연삭기에 사용하는 것으로서 공작물을 연삭할 때 가공물의 지지점이 되도록 받쳐주는 것으로 인터록 기능과는 거리가 멀다.

인터록(Interlock) 기구

㉠ 개요
- 기계의 각 작동 부분 상호 간을 전기적, 기구적, 유공압 장치 등으로 연결해서 기계의 각 작동 부분이 정상으로 작동하기 위한 조건이 만족되지 않을 경우 자동적으로 그 기계를 작동할 수 없도록 하는 것을 말한다.

㉡ 종류
- 사출기의 도어잠금장치, 자동화라인의 출입시스템, 리프트의 출입문 안전장치, 게이트 가드(Gate guard)식 방호장치 등이 이에 해당한다.

49

Repetitive Learning (1회 2회 3회)

연삭숫돌 교환 시 연삭숫돌을 끼우기 전에 숫돌의 파손이나 균열의 생성 여부를 확인해 보기 위한 검사방법이 아닌 것은?

① 음향검사
② 회전검사
③ 균형검사
④ 진동검사

해설

- 회전검사는 연삭숫돌 사용 중 검사방법이다.

연삭숫돌 검사방법

- 연삭숫돌의 검사방법에는 음향검사, 회전검사, 균형검사 방법이 있다.

구분	내용
음향검사	숫돌을 해머로 가볍게 두드려 들리는 소리를 통해 파손이나 균열을 검사하는 방법
회전검사	숫돌을 안전사용속도의 1.5배 속도로 3~5분 회전시켜 검사하는 방법으로 사용 중 검사방법
균형검사	작업자의 안전과 가공정밀도를 위해 균형대를 이용하여 숫돌차의 중심과 주축의 중심이 일치하도록 조정

정답 | 46 ④　47 ④　48 ①　49 ②

0701

50

Repetitive Learning (1회 2회 3회)

아세틸렌 용기의 사용 시 주의사항으로 아닌 것은?

① 충격을 가하지 않는다.
② 화기나 열기를 멀리한다.
③ 아세틸렌 용기를 뉘어 놓고 사용한다.
④ 운반 시에는 반드시 캡을 씌우도록 한다.

해설

• 용해아세틸렌 용기는 세워서 사용하고 보관해야 한다.

:: 가스 등의 용기 관리

㉠ 개요

• 가스용기는 통풍이나 환기가 불충분한 장소, 화기를 사용하는 장소 및 그 부근, 위험물 또는 인화성 액체를 취급하는 장소 및 그 부근에 사용하거나 보관해서는 안 된다.

㉡ 준수사항

• 용기의 온도를 40[℃] 이하로 유지하도록 한다.
• 전도의 위험이 없도록 한다.
• 충격을 가하지 않도록 한다.
• 운반하는 경우에는 캡을 씌우고 단단하게 묶도록 한다.
• 밸브의 개폐는 서서히 하도록 한다.
• 사용 전 또는 사용 중인 용기와 그 밖의 용기를 명확히 구별하여 보관하도록 한다.
• 용기의 부식·마모 또는 변형상태를 점검한 후 사용하도록 한다.
• 용해아세틸렌의 용기는 세워서 보관하도록 한다.

51

Repetitive Learning (1회 2회 3회)

보일러 발생증기가 불안정하게 되는 현상이 아닌 것은?

① 캐리오버(Carry over)
② 프라이밍(Priming)
③ 절탄기(Economizer)
④ 포밍(Foaming)

해설

• 절탄기(Economizer)는 보일러에서 연료를 절감하고 보일러 급수를 가열하기 위해 설치된 장치이다.

:: 보일러 발생증기 이상현상의 종류 실필 1302/1501

캐리오버(Carry over)	보일러 수중에 용해고형분이나 수분이 발생, 증기 중에 다량 함유되어 증기의 순도를 저하시킴으로써 응축수가 생겨 워터해머의 원인이 되고 증기과열기나 터빈 등의 고장의 원인이 되는 현상
프라이밍(Priming)	보일러 부하의 급속한 변화로 수위가 급상승하면서 수면의 높이를 판단하기 어려운 현상으로 증기와 함께 보일러 수가 외부로 빠져 나가는 현상
포밍(Foaming)	보일러 수 속에 유지(油脂)류, 용해 고형물, 부유물 등의 농도가 높아지면 드럼 수면에 안정한 거품이 발생하고, 또한 거품이 증가하여 드럼의 기실(氣室)에 전체로 확대되어 수위를 판단하지 못하는 현상

52

Repetitive Learning (1회 2회 3회)

산업안전보건법령상 보일러의 폭발위험 방지를 위한 방호장치가 아닌 것은?

① 급정지장치
② 압력제한스위치
③ 압력방출장치
④ 고저수위조절장치

해설

• 급정지장치는 롤러기 등에서 신체의 일부가 위험한계 내에 실수 혹은 의식적으로 집어넣을 경우 자동적으로 슬라이드가 정지하는 구조의 장치를 말한다.

:: 보일러의 안전장치 실필 1902/1901

• 보일러의 안전장치에는 전기적 인터록 장치, 압력방출장치, 압력제한스위치, 고저수위조절장치, 화염 검출기 등이 있다.

압력제한스위치	보일러의 과열을 방지하기 위하여 보일러의 버너 연소를 차단하는 장치
압력방출장치	보일러의 최고사용압력 이하에서 작동하여 보일러 압력을 방출하는 장치
고저수위 조절장치	보일러의 방호장치 중 하나로 보일러 쉘 내의 관수의 수위가 최고한계 또는 최저한계에 도달했을 때 자동적으로 경보를 울리는 동시에 관수의 공급을 차단시켜 주는 장치

50 ③ 51 ③ 52 ① | 정답

53 Repetitive Learning 1회 2회 3회

지게차의 헤드가드에 관한 기준으로 틀린 것은?

① 4톤 이하의 지게차에서 헤드가드의 강도는 지게차 최대하중의 2배값의 등분포정하중에 견딜 수 있을 것
② 상부틀의 각 개구의 폭 또는 길이가 25cm 미만일 것
③ 운전자가 앉아서 조작하는 방식의 지게차의 경우에는 운전자의 좌석 윗면에서 헤드가드의 상부틀 아랫면까지의 높이가 1m 이상일 것
④ 운전자가 서서 조작하는 방식의 지게차의 경우에는 운전석의 바닥면에서 헤드가드의 상부틀 하면까지의 높이가 2m 이상일 것

해설

- 지게차 상부틀의 각 개구의 폭 또는 길이가 16cm 미만이어야 한다.

지게차의 헤드가드 실필 2103/2102/1802/1601/1302/0801

- 헤드가드는 지게차를 이용한 작업 중에 위쪽으로부터 떨어지는 물건에 의한 위험을 방지하기 위하여 운전자의 머리 위쪽에 설치하는 덮개를 말한다.
- 4톤 이하의 지게차에서 헤드가드의 강도는 지게차 최대하중의 2배값(4톤을 초과할 경우 4톤)의 등분포정하중에 견딜 수 있을 것
- 운전자가 앉아서 조작하는 방식의 지게차의 경우에는 운전자의 좌석 윗면에서 헤드가드의 상부틀 하면까지의 높이가 1m 이상일 것
- 운전자가 서서 조작하는 방식의 지게차의 경우에는 운전석의 바닥면에서 헤드가드의 상부틀 하면까지의 높이가 2m 이상일 것
- 상부틀의 각 개구의 폭 또는 길이가 16cm 미만일 것

1201 / 2201

54 Repetitive Learning 

산업안전보건법령상 크레인에 전용탑승설비를 설치하고 근로자를 달아 올린 상태에서 작업에 종사시킬 경우 근로자의 추락 위험을 방지하기 위하여 실시해야 할 조치사항으로 적합하지 않은 것은?

① 승차석 외의 탑승 제한
② 안전대나 구명줄의 설치
③ 탑승설비의 하강 시 동력하강방법을 사용
④ 탑승설비가 뒤집히거나 떨어지지 않도록 필요한 조치

해설

- 전용탑승설비를 설치한 경우는 승차석 외에도 탑승을 하고 작업하기 위한 용도이다.

전용탑승설비 설치 작업 시 주의사항

- 탑승설비가 뒤집히거나 떨어지지 않도록 필요한 조치를 할 것
- 안전대나 구명줄을 설치하고, 안전난간을 설치할 수 있는 구조인 경우에는 안전난간을 설치할 것
- 탑승설비를 하강시킬 때에는 동력하강방법으로 할 것

1203

55 Repetitive Learning 

원심기의 안전에 관한 설명으로 적절하지 않은 것은?

① 원심기에는 덮개를 설치하여야 한다.
② 원심기의 최고사용회전수를 초과하여 사용하여서는 아니 된다.
③ 원심기에 과압으로 인한 폭발을 방지하기 위하여 압력방출장치를 설치하여야 한다.
④ 원심기로부터 내용물을 꺼내거나 원심기의 정비, 청소, 검사, 수리작업을 하는 때에는 운전을 정지시켜야 한다.

해설

- 압력방출장치는 보일러의 방호장치이며, 원심기의 방호장치는 덮개이다.

원심기의 안전대책

- 사업주는 원심기(원심력을 이용하여 물질을 분리하거나 추출하는 일련의 작업을 하는 기기)에는 덮개를 설치하여야 한다.
- 사업주는 원심기 또는 분쇄기 등으로부터 내용물을 꺼내거나 원심기 또는 분쇄기 등의 정비·청소·검사·수리 또는 그 밖에 이와 유사한 작업을 하는 경우에 그 기계의 운전을 정지하여야 한다.
- 사업주는 원심기의 최고사용회전수를 초과하여 사용해서는 아니 된다.

56 Repetitive Learning 1회 2회 3회

기계의 고정부분과 회전하는 동작부분이 함께 만드는 위험점의 예로 옳은 것은?

① 굽힘기계
② 기어와 랙
③ 교반기의 날개와 하우스
④ 회전하는 보링머신의 천공공구

정답 | 53 ② 54 ① 55 ③ 56 ③

해설

- 끼임점은 연삭숫돌과 작업받침대, 교반기의 날개와 하우스, 반복 동작되는 링크기구, 회전풀리와 베드 사이 등에서 발생한다.

끼임점(Shear-point) 실필 1503/1203

㉠ 개요
- 고정부분과 회전하는 동작부분이 만드는 위험점을 말한다.
- 연삭숫돌과 작업받침대, 교반기의 날개와 하우스, 반복 동작되는 링크기구, 회전풀리와 베드 사이 등에서 발생한다.

㉡ 대표적인 끼임점

끼임점			
연삭숫돌과 작업받침대	교반기의 날개와 하우스	반복 동작되는 링크기구	회전풀리와 베드 사이

0802 / 1102

57 Repetitive Learning 1회 2회 3회

프레스의 방호장치에서 게이트 가드(Gate guard)식 방호장치의 종류를 작동방식에 따라 분류할 때 해당되지 않는 것은?

① 경사식
② 하강식
③ 도립식
④ 횡슬라이드식

해설

- 게이트 가드식 방호장치는 작동방식에 따라 하강식, 상승식, 횡슬라이드식, 도립식 등으로 분류된다.

게이트 가드(Gate guard)식 방호장치

㉠ 개요
- 게이트 가드식은 인터록(연동) 장치를 사용하여 문을 닫지 않으면 동작되지 않는 구조이거나 가드가 열린 상태에서 슬라이드를 동작시킬 수 없고 또한 슬라이드 작동 중에는 게이트 가드를 열 수 없도록 만든 방호장치이다.

㉡ 일반사항
- 작동방식에 따라 하강식, 상승식, 횡슬라이드식, 도립식 등으로 분류된다.
- 게이트 가드식은 위험점에 손이 들어가지 못하도록 하는 방식으로 금형 크기에 따라 가드를 따로 제작해야 하는 관계로 금형 교환 빈도수가 많을 경우 비효율적이다.

58 Repetitive Learning 1회 2회 3회

600rpm으로 회전하는 연삭숫돌의 지름이 20cm일 때 원주속도는 약 몇 m/min인가?

① 37.7
② 251
③ 377
④ 1,200

해설

- 회전수가 600, 지름이 20cm(=200mm)일 때 원주속도는 (3.14 × 200 × 600)/1,000 ≒ 376.8[m/min]이다.

회전체의 원주속도

- 회전체의 원주속도는 $\frac{\pi \times 외경 \times 회전수}{1,000}$[m/min]으로 구한다. 이때 외경의 단위는 [mm]이고, 회전수의 단위는 [rpm]이다.
- 회전수 = $\frac{원주속도 \times 1,000}{\pi \times 외경}$으로 구할 수 있다.

59 Repetitive Learning 1회 2회 3회

수공구 취급 시의 안전수칙으로 적절하지 않은 것은?

① 해머는 처음부터 힘을 주어 치지 않는다.
② 렌치는 올바르게 끼우고 몸 쪽으로 당기지 않는다.
③ 줄의 눈이 막힌 것은 반드시 와이어브러시로 제거한다.
④ 정으로는 담금질된 재료를 가공하여서는 안 된다.

해설

- 렌치는 항상 자기 몸 쪽으로 잡아당겨 사용해야 한다.

렌치 사용 시 안전수칙
- 꽉 조이고자 할 때는 토크렌치를 사용한다.
- 풀거나 조이고자 하는 너트의 규격에 알맞은 렌치를 선택한다.
- 렌치는 항상 자기 몸 쪽으로 잡아당겨 사용한다.
- 조절 렌치의 경우 조정 조에 잡아당기는 힘이 걸리지 않도록 한다.

57 ① 58 ③ 59 ② 정답

1203

60

Repetitive Learning (1회 2회 3회)

금형의 안전화에 관한 설명으로 틀린 것은?

① 금형을 설치하는 프레스의 T홈 안길이는 설치 볼트 직경의 2배 이상으로 한다.
② 맞춤 핀을 사용할 때에는 헐거움 끼워맞춤으로 하고, 이를 하형에 사용할 때에는 낙하방지의 대책을 세워둔다.
③ 금형의 사이에 신체 일부가 들어가지 않도록 이동 스트리퍼와 다이의 간격은 8mm 이하로 한다.
④ 대형 금형에서 생크가 헐거워짐이 예상될 경우 생크만으로 상형을 슬라이드에 설치하는 것을 피하고 볼트 등을 사용하여 조인다.

해설

- 금형의 안전화를 위해 맞춤 핀을 사용할 때에는 억지끼워맞춤으로 해야 한다.

금형의 안전화

- 금형을 설치하는 프레스의 T홈 안길이는 설치 볼트 직경의 2배 이상으로 한다.
- 맞춤 핀을 사용할 때에는 억지끼워맞춤으로 하고, 상형에 사용할 때에는 낙하방지의 대책을 세워둔다.
- 금형의 사이에 신체 일부가 들어가지 않도록 이동 스트리퍼와 다이의 간격은 8mm 이하로 한다.
- 대형 금형에서 생크가 헐거워짐이 예상될 경우 생크만으로 상형을 슬라이드에 설치하는 것을 피하고 볼트 등을 사용하여 조인다.

4과목 전기설비 안전관리

61

Repetitive Learning (1회 2회 3회)

흡수성이 강한 물질은 가습에 의한 부도체의 정전기 대전방지 효과의 성능이 좋다. 이러한 작용을 하는 기를 갖는 물질이 아닌 것은?

① OH ② C_6H_6
③ NH_2 ④ COOH

해설

- 산기(-OH, $-NH_2$, -COOH)는 흡수성이 뛰어난 특징을 갖는다.

벤젠(C_6H_6)

- 무색의 투명한 액체로 휘발유 냄새가 나는 발암물질이다.
- 휘발성이 있으며 물에 잘 섞이지 않고 불에 잘 붙는 특징을 가진다.
- 플라스틱, 합성고무, 세제, 농약 등의 원료로 사용된다.

62

Repetitive Learning (1회 2회 3회)

통전경로별 위험도를 나타낼 경우 위험도가 큰 순서대로 나열한 것은?

ⓐ 왼손 - 오른손	ⓑ 왼손 - 등
ⓒ 양손 - 양발	ⓓ 오른손 - 가슴

① ⓐ - ⓒ - ⓑ - ⓓ ② ⓐ - ⓓ - ⓒ - ⓑ
③ ⓓ - ⓒ - ⓑ - ⓐ ④ ⓓ - ⓐ - ⓒ - ⓑ

해설

- 손과 가슴이 가장 위험도가 높고, 손끼리 혹은 손과 등이 가장 위험도가 낮다. 같은 손인 경우 왼손이 위험도가 높다.

통전경로별 위험도 실필 0902/0801

통전경로	위험도	
오른손 - 등	0.3	낮다
왼손 - 오른손	0.4	↑
왼손 - 등	0.7	
앉아 있는 상태의 한 손 또는 양손	0.7	
오른손 - 양발 또는 한 발	0.8	
양손 - 양발	1.0	
왼손 - 한 발 또는 양발	1.0	
오른손 - 가슴	1.3	↓
왼손 - 가슴	1.5	높다

정답 60 ② 61 ② 62 ③

1403

63 Repetitive Learning (1회 2회 3회)

다음은 어떤 방폭구조에 대한 설명인가?

> 전기기구의 권선, 에어-캡, 접점부, 단자부 등과 같이 정상적인 운전 중에 불꽃, 아크 또는 과열이 생겨서는 안 될 부분에 대하여 이를 방지하거나 또는 온도상승을 제한하기 위하여 전기안전도를 증가시켜 제작한 구조이다.

① 안전증방폭구조 ② 내압방폭구조
③ 몰드방폭구조 ④ 본질안전방폭구조

해설

- 내압방폭구조는 방폭전기설비의 용기 내부에서 폭발성 가스 또는 증기가 폭발하였을 때 용기가 그 압력에 견디고 접합면이나 개구부를 통해서 외부의 폭발성 가스나 증기에 인화되지 않도록 한 방폭구조를 말한다.
- 몰드방폭구조는 폭발성 가스 또는 증기에 점화시킬 수 있는 전기불꽃이나 고온 발생부분을 콤파운드로 밀폐시킨 구조를 말한다.
- 본질안전방폭구조는 정상 시 및 사고 시(단선, 단락, 지락 등)에 발생하는 전기불꽃, 아크 또는 고온에 의하여 폭발성 가스 또는 증기에 점화되지 않는 것이 점화시험, 기타에 의하여 확인된 구조를 말한다.

안전증방폭구조(Ex e)

- 전기기구의 권선, 에어-캡, 접점부, 단자부 등과 같이 정상적인 운전 중에 불꽃, 아크, 또는 과열이 생겨서는 안 될 부분에 대하여 이를 방지하거나 또는 온도상승을 제한하기 위하여 전기안전도를 증가시킨 방폭구조이다.
- 불꽃이나 아크 등이 발생하지 않는 기기의 경우 기기의 표면온도를 낮게 유지하여 고온으로 인한 착화의 우려를 없애고 또 기계적, 전기적으로 안정성을 높게 한 방폭구조를 말한다.
- 전기기기의 방폭화에 있어서 점화원의 격리와는 관련 없이 개발되었다.

0401 / 0601

64 Repetitive Learning (1회 2회 3회)

전기작업에서 안전을 위한 일반사항이 아닌 것은?

① 전로의 충전 여부 시험은 검전기를 사용한다.
② 단로기의 개폐는 차단기의 차단 여부를 확인한 후에 한다.
③ 전선을 연결할 때 전원 쪽을 먼저 연결하고 다른 전선을 연결한다.
④ 첨가전화선에는 사전에 접지 후 작업을 하며 끝난 후 반드시 제거해야 한다.

해설

- 전선을 연결할 때 전원 쪽은 다른 전선을 모두 연결한 후 마지막으로 연결하여야 한다.

전기 작업에서 안전

- 전로의 충전 여부 시험은 검전기를 사용한다.
- 단로기의 개폐는 차단기의 차단 여부를 확인한 후에 한다.
- 전선을 연결할 때 전원 쪽은 다른 전선을 모두 연결한 후 최종적으로 연결하여야 한다.
- 첨가전화선에는 사전에 접지 후 작업을 하며 끝난 후 반드시 제거해야 한다.

65 Repetitive Learning (1회 2회 3회)

근로자가 노출된 충전부 또는 그 부근에서 작업함으로써 감전될 우려가 있는 경우에는 작업에 들어가기 전에 해당 전로를 차단하여야 하나 전로를 차단하지 않아도 되는 예외 기준이 있다. 그 예외 기준이 아닌 것은?

① 생명유지장치, 비상경보설비, 폭발위험장소의 환기설비, 비상조명설비 등의 장치·설비의 가동이 중지되어 사고의 위험이 증가되는 경우
② 관리감독자를 배치하여 짧은 시간 내에 작업을 완료할 수 있는 경우
③ 기기의 설계상 또는 작동상 제한으로 전로 차단이 불가능한 경우
④ 감전, 아크 등으로 인한 화상, 화재·폭발의 위험이 없는 것으로 확인된 경우

해설

- 정전전로에서의 전기작업 전 전로차단의 예외상황에는 ①, ③, ④ 3가지가 있다.

정전전로에서의 전기작업 전 전로차단 예외상황

- 생명유지장치, 비상경보설비, 폭발위험장소의 환기설비, 비상조명설비 등의 장치·설비의 가동이 중지되어 사고의 위험이 증가되는 경우
- 기기의 설계상 또는 작동상 제한으로 전로차단이 불가능한 경우
- 감전, 아크 등으로 인한 화상, 화재·폭발의 위험이 없는 것으로 확인된 경우

63 ① 64 ③ 65 ② 정답

0803

66 Repetitive Learning

가연성 증기나 먼지 등이 체류할 우려가 있는 장소의 전기회로에 설치하여야 하는 누전경보기의 수신기가 갖추어야 할 성능으로 옳은 것은?

① 음향장치를 가진 수신기
② 차단기구를 가진 수신기
③ 가스감지기를 가진 수신기
④ 분진농도 측정기를 가진 수신기

해설

- 가연성의 증기, 먼지 등이 체류할 우려가 있는 장소의 전기회로에는 해당 부분의 전기회로를 차단할 수 있는 차단기구를 가진 수신부를 설치한다.

누전경보기 수신부 설치

㉠ 설치기준
- 누전경보기의 수신부는 옥내의 점검에 편리한 장소에 설치하되, 가연성의 증기, 먼지 등이 체류할 우려가 있는 장소의 전기회로에는 해당 부분의 전기회로를 차단할 수 있는 차단기구를 가진 수신부를 설치한다.
- 전원은 분전반으로부터 전용회로로 하고, 각 극에 개폐기 및 15A 이하의 과전류차단기를 설치한다.

㉡ 설치금지장소
- 가연성의 증기·먼지·가스 등이나 부식성의 증기·가스 등이 다량으로 체류하는 장소
- 화약류를 제조하거나 저장 또는 취급하는 장소
- 습도가 높은 장소
- 온도의 변화가 급격한 장소
- 대전류회로·고주파 발생회로 등에 따른 영향을 받을 우려가 있는 장소

67 Repetitive Learning 1회 2회 3회

활선작업을 시행할 때 감전의 위험을 방지하고 안전한 작업을 하기 위한 활선장구 중 충전 중인 전선의 변경작업이나 활선작업으로 애자 등을 교환할 때 사용하는 것은?

① 점프선
② 활선커터
③ 활선시메라
④ 디스콘스위치 조작봉

해설

- 활선시메라는 충전 중인 전선의 장선 및 변경작업이나 활선작업으로 애자 등을 교환할 때 사용한다.

활선작업용 기구

㉠ 개요
- 손으로 잡는 부분이 절연재료로 만들어진 절연물로서 절연방호구를 착용하지 않고 전로의 활선작업에 사용되는 것을 말한다.
- 불량애자검출기, 배전선용 후크봉, 활선커터, 활선접근 경보기, 검전기, 절연점검미터, 활선시메라, 디스콘스위치 조작봉 등이 있다.

㉡ 대표적인 활선작업용 기구
- 활선시메라는 충전 중인 전선의 장선 및 변경작업이나 활선작업으로 애자 등을 교환할 때 사용한다.
- 배전선용 후크봉(C.O.S 조작봉)은 충전 중 고압 컷 아웃 등을 개폐할 때 아크에 의한 화상의 재해발생을 방지하기 위해 사용한다.
- 디스콘스위치 조작봉은 충전부와의 절연거리를 유지하여 감전에 의한 재해를 방지하기 위하여 사용한다.

68 Repetitive Learning 1회 2회 3회

다음 작업조건에 적합한 보호구로 옳은 것은?

물체의 낙하 충격, 물체에의 끼임, 감전 또는 정전기의 대전에 의한 위험이 있는 작업

① 안전모
② 안전화
③ 방열복
④ 보안면

해설

- 안전모는 물체가 떨어지거나 날아올 위험 또는 근로자가 추락할 위험이 있는 작업 장소에서 착용한다.
- 방열복은 고열에 의한 화상 등의 위험이 있는 작업 장소에서 착용한다.
- 보안면은 용접 시 불꽃이나 물체가 흩날릴 위험이 있는 작업 장소에서 착용한다.

정답 | 66 ② 67 ③ 68 ②

:: 보호구의 종류와 용도

안전모	물체가 떨어지거나 날아올 위험 또는 근로자가 추락할 위험이 있는 작업
안전대	높이 또는 깊이 2미터 이상의 추락할 위험이 있는 장소에서 하는 작업
안전화	물체의 낙하·충격, 물체에의 끼임, 감전 또는 정전기의 대전(帶電)에 의한 위험이 있는 작업
보안경	물체가 흩날릴 위험이 있는 작업
보안면	용접 시 불꽃이나 물체가 흩날릴 위험이 있는 작업
방열복	고열에 의한 화상 등의 위험이 있는 작업
절연용 보호구	감전의 위험이 있는 작업
방진마스크	선창 등에서 분진(粉塵)이 심하게 발생하는 하역작업
방한모·방한복방한화·방한장갑	섭씨 영하 18도 이하인 급냉동 어창에서 하는 하역작업
승차용 안전모	물건을 운반하거나 수거·배달하기 위하여 이륜자동차를 운행하는 작업

- 선창 등에서 분진(粉塵)이 심하게 발생하는 하역작업 : 방진마스크
- 섭씨 영하 18도 이하인 급냉동 어창에서 하는 하역작업 : 방한모·방한복·방한화·방한장갑
- 물건을 운반하거나 수거·배달하기 위하여 이륜자동차를 운행하는 작업 : 승차용 안전모

0302 / 2201

69 

다음 ( ) 안의 알맞은 내용을 나타낸 것은?

> 폭발성 가스의 폭발등급 측정에 사용되는 표준용기는 내용적이 (㉮)[cm^3], 반구상의 플랜지 접합면의 안길이 (㉯)[mm]의 구상용기의 틈새를 통과시켜 화염일주한계를 측정하는 장치이다.

① ㉮ 6,000 ㉯ 0.4　② ㉮ 1,800 ㉯ 0.6
③ ㉮ 4,500 ㉯ 8　④ ㉮ 8,000 ㉯ 25

해설

- 폭발등급 측정에 사용되는 표준용기는 내용적이 8,000cm^3, 최대안전틈새는 접합면의 안길이 L이 25[mm]인 용기이다.

:: 폭발등급 측정에 사용되는 표준용기
- 내용적이 8[L]로 8,000cm^3를 가진다.
- 최대실험안전틈새는 접합면의 안길이 L이 25[mm]인 용기로서 틈이 폭 W[mm]를 변환시켜서 화염일주한계를 측정하도록 하는 것이다.

1503 / 1901 / 1902 / 2201

70 ——— Repetitive Learning 1회 2회 3회

전기에 의한 감전사고를 방지하기 위한 대책이 아닌 것은?

① 전기기기에 대한 정격 표시
② 전기설비에 대한 보호접지
③ 전기설비에 대한 누전차단기 설치
④ 충전부가 노출된 부분은 절연방호구 사용

해설

- 전기기기에 대한 정격을 표시하는 이유는 기기의 사용조건과 그 성능의 범위를 확인하여 안전하고 효율적인 전기기기 사용을 위해서이지 감전사고를 방지하는 것과는 거리가 멀다.

:: 감전사고 방지대책

㉠ 설비 측면
- 계통에 비접지식 전로의 채용
- 전로의 보호절연 및 충전부의 격리
- 전기설비에 대한 보호접지(중성선 및 변압기 1, 2차 접지)
- 전기설비에 대한 누전차단기 설치
- 고장전로(사고회로)의 신속한 차단
- 안전전압 혹은 안전전압 이하의 전기기기 사용

㉡ 안전장비 측면
- 충전부가 노출된 부분은 절연방호구 사용
- 전기작업 시 안전보호구의 착용 및 안전장비의 사용

㉢ 관리적인 측면
- 전기설비의 점검을 철저히 할 것
- 안전지식의 습득과 안전거리의 유지 등

71 ——— Repetitive Learning 1회 2회 3회

전기화상 사고 시의 응급조치 사항으로 틀린 것은?

① 상처에 달라붙지 않은 의복은 모두 벗긴다.
② 상처 부위에 파우더, 향유 기름 등을 바른다.
③ 감전자를 담요 등으로 감싸되 상처 부위가 닿지 않도록 한다.
④ 화상 부위를 세균 감염으로부터 보호하기 위하여 화상용 붕대를 감는다.

해설

- 상처 부위에 파우더, 향유, 기름 등을 발라서는 안 된다.

전기화상 응급조치

- 상처에 달라붙지 않은 의복은 모두 벗기지만 화상 부위에 달라붙은 옷은 억지로 벗기지 않는다.
- 화상 부위를 세균 감염으로부터 보호하기 위하여 화상용 붕대를 감는다.
- 화상을 사지에만 입었을 경우 통증이 줄어들도록 약 10분간 화상 부위를 물에 담그거나 물을 뿌릴 수도 있다.
- 상처 부위에 파우더, 향유, 기름 등을 발라서는 안 된다.
- 의사의 처방에 의하지 않고는 일체의 약품을 사용하지 않아야 한다.
- 의식을 잃은 환자에게는 물이나 차를 조금씩 먹이되, 구토증 환자에게는 물, 차 등의 취식을 금해야 한다.
- 감전자를 담요 등으로 감싸되 상처 부위가 닿지 않도록 한다.

0302 / 1002 / 1301

72

Repetitive Learning 1회 2회 3회

220V 전압에 접촉된 사람의 인체저항이 약 1,000Ω일 때 인체전류와 그 결과값의 위험성 여부로 알맞은 것은?

① 22[mA], 안전
② 220[mA], 안전
③ 22[mA], 위험
④ 220[mA], 위험

해설

- 옴의 법칙에 의해
  인체에 흐르는 전류$=\frac{220}{1,000}=0.22[A]=220[mA]$이다.
- 정격감도전류는 30[mA]인데 이를 초과했으므로 위험하다.

옴(Ohm)의 법칙

- 전기 회로에 흐르는 전류는 그 회로에 가하여진 전압에 정비례하고, 저항에 반비례한다는 법칙이다.
- $I[A]=\frac{V[V]}{R[\Omega]}$, $V=IR$, $R=\frac{V}{I}$로 계산한다.

73

Repetitive Learning 1회 2회 3회

금속제 외함을 가지는 사용전압이 50[V]를 초과하는 저압의 기계·기구로서 사람이 쉽게 접촉할 수 있는 곳에 시설하는 것에 전기를 공급하는 전로에는 지락차단장치를 설치하여야 하나 적용하지 않아도 되는 예외 기준이 있다. 그 예외 기준으로 틀린 것은?

① 기계 기구를 건조한 장소에 시설하는 경우
② 기계 기구가 고무, 합성수지, 기타 절연물로 피복된 경우
③ 대지전압이 200[V] 이하인 기계·기구를 물기가 있는 곳에 시설하는 경우
④ 전원측에 절연 변압기(2차 전압 300[V] 이하)를 시설하고 부하측을 비접지로 시설하는 경우

해설

- 기계·기구에 설치한 제3종 접지공사의 접지저항값이 10[Ω] 이하인 경우에는 지락차단장치를 설치하여야 한다.

지락차단장치 등의 시설 예외기준

- 기계·기구를 발전소·변전소·개폐소 또는 이에 준하는 곳에 시설하는 경우
- 기계·기구를 건조한 곳에 시설하는 경우
- 대지전압이 150V 이하인 기계·기구를 물기가 있는 곳 이외의 곳에 시설하는 경우
- 2중 절연구조의 기계·기구를 시설하는 경우
- 그 전로의 전원측에 절연변압기를 시설하고 또한 그 절연변압기의 부하측의 전로에 접지하지 아니하는 경우
- 기계·기구가 고무·합성수지 기타 절연물로 피복된 경우
- 기계·기구가 유도전동기의 2차측 전로에 접속되는 것일 경우
- 기계·기구 내에 누전차단기를 설치하고 또한 기계·기구의 전원연결선이 손상을 받을 우려가 없도록 시설하는 경우

0602 / 1203 / 2202

74

Repetitive Learning 1회 2회 3회

교류 아크용접기의 사용에서 무부하전압이 80[V], 아크전압 25[V], 아크전류 300[A]일 경우 효율은 약 몇 [%]인가? (단, 내부손실은 4[kW]이다)

① 65.2
② 70.5
③ 75.3
④ 80.6

해설

- 아크전압과 아크전류가 주어졌으므로 아크용접기의 출력을 구할 수 있다. 아크용접기의 출력=전압×전류=25×300 =7,500[W]이다.
- 출력과 내부손실이 주어졌으므로
  효율$=\frac{7,500}{7,500+4,000}=65.21[\%]$가 된다.

기기의 효율

- 기기의 효율은 입력대비 출력의 비율로 표시한다.
- 기기의 효율은 기기의 내부손실에 반비례한다.
- 입력은 출력 + 내부손실과 같다.
- 효율$=\frac{출력}{입력}\times 100=\frac{출력}{출력+내부손실}\times 100[\%]$이다.

정답 | 72 ④ 73 ③ 74 ①

0603 / 1101 / 1402

75 Repetitive Learning (1회 2회 3회)

대전이 큰 엷은 층상의 부도체를 박리할 때 또는 엷은 층상의 대전된 부도체의 뒷면에 밀접한 접지체가 있을 때 표면에 연한 수지상의 발광을 수반하여 발생하는 방전은?

① 불꽃방전 ② 스트리머방전
③ 코로나방전 ④ 연면방전

해설

- 불꽃방전은 기체 내에 큰 전압이 걸릴 때 기체의 절연상태가 깨지면서 큰 소리와 함께 불꽃을 내는 방전을 말한다.
- 스트리머방전은 전압 경도(傾度)가 공기의 파괴 전압을 초과했을 때 나타나는 초기 저전류 방전을 말한다.
- 코로나방전은 전극 간의 전계가 불평등하면 불꽃방전 발생 전에 전계가 큰 부분에 발광현상과 함께 나타나는 방전을 말한다.

:: 연면방전

- 공기 중에 놓여진 절연체의 표면을 따라 수지상(나뭇가지 형태)의 발광을 수반하는 방전이다.
- 대전이 큰 엷은 층상의 부도체를 박리할 때 또는 엷은 층상의 대전된 부도체의 뒷면에 밀접한 접지체가 있을 때 표면에 연한 수지상의 발광을 수반하여 발생하는 방전을 말한다.

76 Repetitive Learning (1회 2회 3회)

정전기가 발생되어도 즉시 이를 방전하고 전하의 축적을 방지하면 위험성이 제거된다. 정전기에 관한 내용으로 틀린 것은?

① 대전하기 쉬운 금속부분에 접지한다.
② 작업장 내 습도를 높여 방전을 촉진한다.
③ 공기를 이온화하여 (+)는 (−)로 중화시킨다.
④ 절연도가 높은 플라스틱류는 전하의 방전을 촉진시킨다.

해설

- 플라스틱은 정전기 발생량이 대단히 큰 물질로 정전기 대책으로 부적당하다.

:: 정전기 재해방지대책 실필 1901/1702/1201/1103

- 부도체에 제전기를 설치·운영하거나 도전성을 향상시켜야 한다.
- 정전기 재해방지를 위해서 반도체 취급 공정작업자가 착용하는 손목 띠의 저항은 1[MΩ]으로 한다.
- 도체의 경우 접지를 하며 이때 접지값은 $10^6\Omega$ 이하이면 충분하고, 안전을 고려하여 $10^3\Omega$ 이하로 유지한다.
- 생산공정에 별다른 문제가 없다면, 습도를 70[%] 정도 유지하여 전하가 제거되기 쉽게 한다.
- 유동대전이 심하고 폭발 위험성이 높은 것(가솔린, 이황화탄소, 벤젠 등)은 배관 내 유속은 1m/s 이하로 해야 한다.
- 포장 과정에서 용기를 도전성 재료에 접지한다.
- 인쇄 과정에서 도포량을 적게 하고 접지한다.
- 대전 방지제를 사용하고, 대전 물체에 정전기 축적을 최소화하여야 한다.
- 배관 내 액체의 유속을 제한한다.
- 공기를 이온화한다.
- 작업장 바닥에 도전성(정전기 방지용) 매트를 사용한다.
- 작업자는 제전복, 정전화(대전방지용 안전화)를 착용한다.

1103

77 Repetitive Learning (1회 2회 3회)

폭연성 분진 또는 화약류의 분말에 전기설비가 발화원이 되어 폭발할 우려가 있는 곳에 시설하는 저압 옥내 전기설비의 공사방법으로 옳은 것은?

① 금속관 공사
② 합성수지관 공사
③ 가요전선관 공사
④ 캡타이어 케이블 공사

해설

- 폭연성 분진 또는 화약류의 분말에 전기설비가 발화원이 되어 폭발할 우려가 있는 곳에 시설하는 저압 옥내 전기설비는 금속관 공사 또는 케이블 공사에 의해야 한다.

:: 먼지가 많은 장소에서의 저압의 시설

- 폭연성 분진(마그네슘·알루미늄·티탄·지르코늄 등의 먼지가 쌓여있는 상태에서 불이 붙었을 때에 폭발할 우려가 있는 것) 또는 화약류의 분말에 전기설비가 발화원이 되어 폭발할 우려가 있는 곳에 시설하는 저압 옥내 전기설비는 금속관 공사 또는 케이블 공사에 의해야 한다.
- 가연성 분진(소맥분·전분·유황 기타 가연성의 먼지로 공중에 떠다니는 상태에서 착화하였을 때에 폭발할 우려가 있는 것)에 전기설비가 발화원이 되어 폭발할 우려가 있는 곳에 시설하는 저압 옥내 전기설비는 합성수지관 공사·금속관 공사 또는 케이블 공사에 의해야 한다.
- 그 외 먼지가 많은 곳에 시설하는 저압 옥내 전기설비는 애자사용 공사·합성수지관 공사·금속관 공사·가요전선관 공사·금속덕트 공사·버스덕트 공사 또는 케이블 공사에 의해 시설해야 한다.

75 ④ 76 ④ 77 ① | 정답

1403

78 ——— Repetitive Learning 1회 2회 3회

정전기 발생에 영향을 주는 요인이 아닌 것은?

① 물체의 분리속도
② 물체의 특성
③ 물체의 표면상태
④ 외부 공기의 풍속

해설

- 정전기 발생에 영향을 주는 요인에는 물체의 표면상태, 물질의 분리속도와 특성, 대전이력, 접촉면적 및 압력 등이 있다.

정전기 발생에 영향을 주는 요인

㉠ 개요
- 정전기 발생에 영향을 주는 요인에는 물체의 표면상태, 물질의 분리속도와 특성, 대전이력, 접촉면적 및 압력 등이 있다.

㉡ 정전기 발생 요인

물질의 표면상태	물질 표면의 거칠기나 오염도가 높을수록 정전기 발생량이 많아진다.
물질의 분리속도	물질의 분리속도가 빠를수록 정전기 발생량이 많아진다.
물질의 접촉면적 및 압력	접촉면적이 넓을수록, 접촉압력이 클수록 정전기 발생량이 많아진다.
물질의 특성	대전서열이 멀어질수록 정전기 발생량이 많아진다.
물질의 대전이력	정전기 발생량은 처음 대전될 때가 가장 많고 발생횟수가 반복될수록 감소한다.

79 ——— Repetitive Learning 1회 2회 3회

그림과 같은 전기기기 A점에서 완전 지락이 발생하였다. 이 전기기기의 외함에 인체가 접촉되었을 경우 인체를 통해서 흐르는 전류는 약 몇 [mA]인가?(단, 인체의 저항은 3,000[Ω]이다)

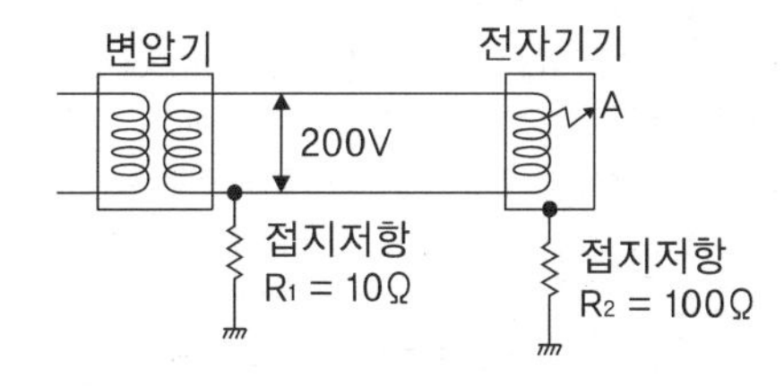

① 60.42　　② 30.21
③ 15.11　　④ 7.55

해설

- 저항 R_1와 R_2은 직렬로 연결되어 있으므로 합성저항은 총 10+100=110[Ω]이다.
- 인체저항은 저항 R_2와 병렬로 연결되게 된다.

회로의 전체저항은 $10+\dfrac{1}{\dfrac{1}{3000}+\dfrac{1}{100}}=106.77[\Omega]$이 된다.

- 전류는 옴의 법칙에서 $I=\dfrac{200}{106.77}$=1.87[A]이다.
- 병렬로 연결된 저항에서는 전류가 저항의 값에 반비례하게 나눠지므로 인체에 흐르는 전류는 $1.87\times\dfrac{100}{3100}=60.42$[mA]가 된다.

옴(Ohm)의 법칙

문제 72번의 유형별 핵심이론 참조

0701 / 1301

80 ——— Repetitive Learning 

3상 3선식 전선로의 보수를 위하여 정전작업을 할 때 취하여야 할 기본적인 조치는?

① 1선을 접지한다.
② 2선을 단락 접지한다.
③ 3선을 단락 접지한다.
④ 접지를 하지 않는다.

해설

- 3상 3선식 전선로의 보수를 위한 정전작업을 할 때는 3선 모두를 단락 접지하여야 한다.

정전작업 안전조치 – 통전금지 조치

- 정전작업 중 오송전으로 인한 감전위험을 방지하기 위하여 작업 중에는 해당 개폐기, 차단기 등에 잠금장치를 한다.
- 전원 개폐기 설치장소에는 통전금지에 관한 표지판을 부착하거나 감시인을 배치한다.

정답 | 78 ④ 79 ① 80 ③

5과목 화학설비 안전관리

0901 / 1902

81

Repetitive Learning 

20[℃], 1기압의 공기를 5기압으로 단열압축하면 공기의 온도는 약 몇 [℃]가 되겠는가?(단, 공기의 비열비는 1.4이다)

① 32 ② 191

③ 305 ④ 464

해설

- 주어진 값을 정리해 보면 기존 온도 $T_1 = 273 + 20 = 293$이다.
- 압력비 $\left(\frac{P_2}{P_1}\right) = 5$이고, 비열 $r = 1.4$이다.
- 주어진 값을 대입하면 $T_2 = 293 \times 5^{\frac{0.4}{1.4}}$ =464.06이 된다.
- 이를 다시 섭씨온도로 바꾸면 191.06[℃]가 된다.

단열압축

- 가연성 기체를 급속히 압축하면 열손실이 적기 때문에 단열압축으로 보고, 단열압축일 때는 열의 출입이 없으므로 온도 및 압력이 상승한다.
- 열역학적 관계는 $\frac{T_2}{T_1} = \left(\frac{P_2}{P_1}\right)^{\frac{r-1}{r}}$ 또는 $\frac{P_2}{P_1} = \left(\frac{T_2}{T_1}\right)^{\frac{r}{r-1}}$이다. 이때, T_1, T_2는 절대온도, P_1, P_2는 압력, r은 비열비이다.

0903 / 1903

82

Repetitive Learning 1회 2회 3회

위험물의 취급에 관한 설명으로 틀린 것은?

① 모든 폭발성 물질은 석유류에 침지시켜 보관해야 한다.

② 산화성 물질의 경우 가연물과의 접촉을 피해야 한다.

③ 가스 누설의 우려가 있는 장소에서는 점화원의 철저한 관리가 필요하다.

④ 도전성이 나쁜 액체는 정전기 발생을 방지하기 위한 조치를 취한다.

해설

- 니트로셀룰로오스는 건조상태에서 자연발열을 일으켜 분해 폭발 위험이 높아 물, 에틸 알코올 또는 이소프로필 알코올 25%에 적셔 습면의 상태로 보관한다.

니트로셀룰로오스(Nitrocellulose)

㉠ 개요

- 셀룰로오스를 질산 에스테르화하여 얻게 되는 백색 섬유상 물질로 질화면이라고도 한다.
- 건조상태에서는 자연발열을 일으켜 분해 폭발위험이 높아 물, 에틸 알코올 또는 이소프로필 알코올 25%에 적셔 습면의 상태로 보관한다.

㉡ 취급 시 준수사항

- 저장 중 충격과 마찰 등을 방지하여야 한다.
- 자연발화 방지를 위하여 안전용제를 사용한다.
- 화재 시 질식소화는 적응성이 없으므로 냉각소화를 한다.

0701

83

Repetitive Learning 1회 2회 3회

비점이나 인화점이 낮은 액체가 들어 있는 용기 주위에 화재 등으로 인하여 가열되면, 내부의 비등현상으로 인한 압력 상승으로 용기의 벽면이 파열되면서 그 내용물이 폭발적으로 증발, 팽창하면서 폭발을 일으키는 현상을 무엇이라 하는가?

① BLEVE

② UVCE

③ 개방계 폭발

④ 밀폐계 폭발

해설

- UVCE는 증기운 폭발로 가연성 가스 혹은 가연성 액체가 유출되어 발생한 증기가 공기와 혼합되어 가연성 혼합기체가 만들어지고 이것이 점화원에 의해 폭발하는 것을 말한다.
- 개방계 폭발은 가연성 가스의 유출로 유출된 가스가 공기와 혼합되어 발화원과 접촉 폭발하는 것으로 개방된 상태에서의 폭발을 말한다.
- 밀폐계 폭발은 용기나 빌딩 내에서 일어나는 폭발을 말한다.

비등액 팽창증기 폭발(BLEVE)

㉠ 개요 실필 1602/0802

- BLEVE는 Boiling Liquid Expanding Vapor Explosion의 약자로 비등액 팽창증기 폭발을 의미한다.
- 비점이나 인화점이 낮은 액체가 들어 있는 용기 주위가 화재 등으로 인하여 가열되면, 내부의 비등현상으로 인한 압력 상승으로 용기의 벽면이 파열되고 그 내용물이 폭발적으로 증발, 팽창하면서 폭발을 일으키는 현상을 말한다.

㉡ 영향을 미치는 요인 실필 1801

- 비등액 팽창증기 폭발에 영향을 미치는 요인에는 저장용기의 재질, 온도, 압력, 저장된 물질의 종류와 형태 등이 있다.

81 ② 82 ① 83 ① 정답

84

Repetitive Learning 1회 2회 3회

다음 중 산화반응에 해당하는 것을 모두 나타낸 것은?

> ㉮ 철이 공기 중에서 녹이 슬었다.
> ㉯ 솜이 공기 중에서 불에 탔다.

① ㉮ ② ㉯
③ ㉮, ㉯ ④ 없음

해설

- 금속이 녹이 슬거나, 연료가 연소되고, 물질이 불에 타는 것은 모두 산화반응에 해당한다.

산화반응

㉠ 개요
- 분자, 원자 등이 전자를 잃어버리는 현상을 산화반응이라 한다.

㉡ 대표적인 종류
- 금속이 산소를 얻는 경우 산화반응으로 녹이 스는 현상이 대표적인 예이다.
- 자동차의 연료가 연소하거나 물질이 불에 타는 현상 등이 있다.

1003

85

Repetitive Learning 

다음 중 화재예방에 있어 화재의 확대방지를 위한 방법으로 적절하지 않은 것은?

① 가연물량의 제한
② 난연화 및 불연화
③ 화재의 조기발견 및 초기 소화
④ 공간의 통합과 대형화

해설

- 공간을 통합시키거나 대형화하는 것은 화재 발생 시 화재의 확대 가능성을 더욱 높여주므로 화재의 확대방지를 위해서는 공간의 분리를 통해 구분할 필요가 있다.

화재 확대방지 대책

- 가연물량의 제한
- 난연화 및 불연화
- 화재의 조기발견 및 초기 소화
- 공간의 분리를 통한 구분화

0802 / 0903 / 1003 / 1303 / 1603 / 2102 / 2201

86

Repetitive Learning 1회 2회 3회

위험물을 저장·취급하는 화학설비 및 그 부속설비를 설치할 때 '단위공정시설 및 설비로부터 다른 단위공정시설 및 설비의 사이'의 안전거리는 설비의 바깥 면으로부터 몇 [m] 이상이 되어야 하는가?

① 5 ② 10
③ 15 ④ 20

해설

- 단위공정시설 및 설비로부터 다른 단위공정시설 및 설비의 사이의 안전거리는 설비의 바깥 면으로부터 10m 이상이다.

화학설비 및 부속설비 설치 시 안전거리 실필 2201

구분	안전거리
단위공정시설 및 설비로부터 다른 단위공정시설 및 설비의 사이	설비의 바깥 면으로부터 10m 이상
플레어스택으로부터 단위공정시설 및 설비, 위험물질 저장탱크 또는 위험물질 하역설비의 사이	플레어스택으로부터 반경 20m 이상
위험물질 저장탱크로부터 단위공정 시설 및 설비, 보일러 또는 가열로의 사이	저장탱크의 바깥 면으로부터 20m 이상
사무실·연구실·실험실·정비실 또는 식당으로부터 단위공정시설 및 설비, 위험물질 저장탱크, 위험물질 하역설비, 보일러 또는 가열로의 사이	사무실 등의 바깥 면으로부터 20m 이상

2201

87

Repetitive Learning 1회 2회 3회

물과의 반응으로 유독한 포스핀 가스를 발생하는 것은?

① HCl
② $NaCl$
③ Ca_3P_2
④ $Al(OH)_3$

해설

- 인화칼슘(Ca_3P_2)은 물이나 산과 반응하여 유독성 가스인 포스핀 가스를 발생시키는 물반응성 물질 및 인화성 고체에 해당한다.

정답 | 84 ③ 85 ④ 86 ② 87 ③

:: 물반응성 물질 및 인화성 고체

- 소방법상의 금수성 물질에 해당한다.
- 물과 접촉 시 급격하게 반응하여 발화, 폭발 등을 일으킬 수 있어 물과의 접촉을 금지하는 물질들이다.
- 물반응성 물질 및 인화성 고체의 종류에는 리튬, 칼륨·나트륨, 황, 황린, 황화린·적린, 셀룰로이드류, 알킬알루미늄·알킬리튬, 마그네슘 분말, 금속 분말, 알칼리금속, 유기금속화합물, 금속의 수소화물, 금속의 인화물, 칼슘 탄화물, 알루미늄 탄화물 등이 있다.

0403 / 0902 / 1803 / 2102

88 Repetitive Learning (1회 2회 3회)

다음 [표]를 참조하여 메탄 70vol%, 프로판 21vol%, 부탄 9vol%인 혼합가스의 폭발범위를 구하면 약 몇 vol%인가?

가스	폭발하한계(vol%)	폭발상한계(vol%)
C_4H_{10}	1.8	8.4
C_3H_8	2.1	9.5
C_2H_6	3.0	12.4
CH_4	5.0	15.0

① 3.45~9.11　② 3.45~12.58

③ 3.85~9.11　④ 3.85~12.58

해설

- C_2H_6은 에탄이므로 제외한다.
- 메탄(CH_4), 프로판(C_3H_8), 부탄(C_4H_{10})의 종류별 몰분율은 70, 21, 9이다.
- 혼합가스의 폭발하한계 LEL $=\dfrac{100}{\dfrac{70}{5}+\dfrac{21}{2.1}+\dfrac{9}{1.8}}=\dfrac{100}{14+10+5}$ $=3.45$[vol%]이다.
- 혼합가스의 폭발상한계 UEL $=\dfrac{100}{\dfrac{70}{15}+\dfrac{21}{9.5}+\dfrac{9}{8.4}}=\dfrac{100}{4.67+2.2+1.07}=12.58$[vol%]이다.
- 폭발범위는 3.45~12.58[vol%]이다.

:: 혼합가스의 폭발한계와 폭발범위 실필 1603

㉠ 폭발한계

- 혼합가스의 폭발한계는 혼합가스를 구성하는 각 가스의 폭발한계당 mol분율 합의 역수로 구한다.
- 혼합가스의 폭발한계는 $\dfrac{1}{\sum_{i=1}^{n}\dfrac{\text{mol분율}}{\text{폭발한계}}}$로 구한다.
- [vol%]를 구할 때는 $\dfrac{100}{\sum_{i=1}^{n}\dfrac{\text{mol분율}}{\text{폭발한계}}}$[vol%] 식을 이용한다.

㉡ 폭발범위

- 폭발상한계와 폭발하한계를 각각 구해서 범위를 구한다.

1301

89 Repetitive Learning

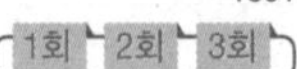

다음 중 관로의 방향을 변경하는 데 가장 적합한 것은?

① 소켓

② 엘보

③ 유니온

④ 플러그

해설

- 소켓과 유니온은 2개의 관을 연결할 때, 플러그는 유로를 차단할 때 사용한다.

:: 관(Pipe) 부속품

유로 차단	플러그(Plug), 밸브(Valve), 캡(Cap)
누출방지 및 접합면 밀착	개스킷(Gasket)
관로의 방향 변경	엘보(Elbow)
관의 지름 변경	리듀셔(Reducer), 부싱(Bushing)
2개의 관을 연결	소켓(Socket), 니플(Nipple), 유니온(Union), 플랜지(Flange)

1202

90 Repetitive Learning

비교적 저압 또는 상압에서 가연성의 증기를 발생하는 유류를 저장하는 탱크에서 외부에 그 증기를 방출하기도 하고, 탱크 내에 외기를 흡입하기도 하는 부분에 설치하며, 가는 눈금의 금망이 여러 개 겹쳐진 구조로 된 안전장치는?

① Check valve

② Flame arrester

③ Vent stack

④ Rupture disk

해설

- Check valve는 유체가 한 방향으로만 흐르게 하는 밸브이다.
- Vent stack은 정상운전 또는 비상운전 시 방출된 가스 또는 증기를 소각하지 않고 대기 중으로 안전하게 방출시키기 위하여 설치한 설비를 말한다.
- Rupture disk는 파열판으로 과압이 발생했을 때 그 압력을 배출하기 위한 장치로 재사용이 불가능한 장치이다.

88 ② 89 ② 90 ② 정답

:: 플레임어레스터(Flame arrester)

- 화염의 역화를 방지하기 위한 안전장치로, 인화방지망 혹은 역화방지장치라고도 한다.
- 유류저장탱크에서 화염의 차단을 목적으로 화재나 기폭의 전파를 저지하는 안전장치이다.
- 비교적 저압 또는 상압에서 가연성의 증기를 발생하는 유류를 저장하는 탱크에서 외부에 그 증기를 방출하기도 하고, 탱크 내에 외기를 흡입하기도 하는 부분에 설치하는 안전장치이다.
- 40메시 이상의 가는 눈의 철망을 여러 겹으로 해서 구성한다.

0801 / 2102

91 Repetitive Learning

가연성 가스 A의 연소범위를 2.2~9.5[vol%]라고 할 때 가스 A의 위험도는 약 얼마인가?

① 2.52 ② 3.32

③ 4.91 ④ 5.64

해설

- 주어진 값을 대입하면 $\frac{9.5-2.2}{2.2}=\frac{7.3}{2.2}=3.32$이다.

:: 가스의 위험도 실필 1603

- 폭발을 일으키는 가연성 가스의 위험성의 크기를 나타낸다.
- $H=\frac{(U-L)}{L}$

  H : 위험도

  U : 폭발상한계

  L : 폭발하한계

1102

92 Repetitive Learning 1회 2회 3회

다음 중 Halon 1211의 화학식으로 옳은 것은?

① CH_2FBr

② CH_2ClBr

③ CF_2HCl

④ CF_2BrCl

해설

- 하론 번호표기의 첫 번째 숫자는 탄소(C), 두 번째 숫자는 불소(F), 세 번째 숫자는 염소(Cl), 네 번째 숫자는 브롬(Br)을 의미한다.

:: 하론 소화약제 실필 1302/1102

㉠ 개요

- 종류는 하론104(CCl_4), 하론1011(CH_2ClBr), 하론2402($C_2F_4Br_2$), 하론1301(CF_3Br), 하론1211(CF_2ClBr) 등이 있다.
- 화재안전기준에서 정한 소화약제는 하론1301, 하론1211, 하론2402이다.

㉡ 구성과 표기

- 구성원소로는 탄소(C), 불소(F), 염소(Cl), 브롬(Br) 등이 있다.
- 하론 번호표기의 첫 번째 숫자는 탄소(C), 두 번째 숫자는 불소(F), 세 번째 숫자는 염소(Cl), 네 번째 숫자는 브롬(Br)을 의미한다.
- 세 번째 숫자에 해당하는 염소(Cl)는 화재 진압 시 일산화탄소와 반응하여 인체에 유해한 포스겐가스를 생성하므로 유의해야 한다.
- 네 번째 숫자에 해당하는 브롬(Br)은 연소의 억제효과가 큰 반면에 오존층을 파괴하고 염증을 야기하는 등 안정성이 낮아 취급에 주의해야 한다.

93 Repetitive Learning 1회 2회 3회

연소에 관한 설명으로 틀린 것은?

① 인화점이 상온보다 낮은 가연성 액체는 상온에서 인화의 위험이 있다.

② 가연성 액체를 발화점 이상으로 공기 중에서 가열하면 별도의 점화원이 없어도 발화할 수 있다.

③ 가연성 액체는 가열되어 완전 열분해되지 않으면 착화원이 있어도 연소하지 않는다.

④ 열전도도가 클수록 연소하기 어렵다.

해설

- 가연성 액체를 발화점 이상으로 공기 중에서 가열하면 별도의 점화원이 없어도 발화할 수 있다.

:: 연소이론

㉠ 개요

- 연소란 화학반응의 한 종류로, 가연물이 산소 중에서 산화반응을 하여 열과 빛을 발산하는 현상을 말한다.
- 연소를 위해서는 가연물, 산소공급원, 점화원 3조건이 마련되어야 한다.
- 연소범위가 넓을수록 연소위험이 크다.
- 착화온도가 낮을수록 연소위험이 크다.
- 가연성 액체를 발화점 이상으로 공기 중에서 가열하면 별도의 점화원이 없어도 발화할 수 있다.

정답 | 91 ② 92 ④ 93 ③

㉡ 인화점 실필 0803
- 인화성 액체 위험물의 위험성지표를 기준으로 액체 표면에서 발생한 증기농도가 공기 중에서 연소하한농도가 될 수 있는 가장 낮은 액체온도를 말한다.
- 인화점이 낮을수록 일반적으로 연소위험이 크다.
- 인화점이 상온보다 낮은 가연성 액체는 상온에서 인화의 위험이 있다.
- 용기 온도가 상승하여 내부의 혼합가스가 폭발상한계를 초과한 경우에는 누설되는 혼합가스는 인화되어 연소하나 연소파가 용기 내로 들어가 가스폭발을 일으키지 않는다.

94

Repetitive Learning 1회 2회 3회

탄산수소나트륨을 주요성분으로 하는 것은 제 몇 종 분말 소화기인가?

① 제1종
② 제2종
③ 제3종
④ 제4종

해설

- 탄산수소나트륨을 주요성분으로 하는 것은 제1종으로 B, C급 화재에 적합하다.

분말 소화설비

㉠ 개요
- 기구가 간단하고 유지관리가 용이하다.
- 온도 변화에 대한 약제의 변질이나 성능의 저하가 없다.
- 다른 소화설비보다 소화능력이 우수하며 소화시간이 짧다.
- 안전하고, 저렴하고, 경제적이며, 어떤 화재에도 최대의 소화능력을 갖는다.
- 분말은 흡습력이 강하고, 금속의 부식을 일으키는 단점을 갖는다.

㉡ 분말 소화기의 구분

종별	주성분	적응화재
1종	탄산수소나트륨($NaHCO_3$)	B, C급 화재
2종	탄산수소칼륨($KHCO_3$)	B, C급 화재
3종	제1인산암모늄($NH_4H_2PO_4$)	A, B, C급 화재
4종	탄산수소칼륨과 요소와의 반응물($KC_2N_2H_3O_3$)	B, C급 화재

1803 / 2201

95

Repetitive Learning 1회 2회 3회

열교환기의 열교환 능률을 향상시키기 위한 방법이 아닌 것은?

① 유체의 유속을 적절하게 조절한다.
② 유체의 흐르는 방향을 병류로 한다.
③ 열교환하는 유체의 온도차를 크게 한다.
④ 열전도율이 높은 재료를 사용한다.

해설

- 열교환기의 열교환 능률을 향상시키기 위해서 유체의 흐르는 방향을 고온유체와 저온유체의 입구가 서로 반대쪽으로 하는 것이 좋다.

열교환기의 열교환 능률향상 대책
- 유체의 유속을 적절하게 조절한다.
- 유체의 흐르는 방향을 대향류형으로 하는 것이 좋다.
- 열교환기 입구와 출구의 온도차를 크게 한다.
- 열전도율이 높은 재료를 사용한다.

96

Repetitive Learning 

다음은 산업안전보건기준에 관한 규칙에서 정한 폭발 또는 화재 등의 예방에 관한 내용이다. (　　)에 알맞은 용어는?

> 사업주는 인화성 액체의 증기, 인화성 가스 또는 인화성 고체가 존재하여 폭발이나 화재가 발생할 우려가 있는 장소에서 해당 증기·가스 또는 분진에 의한 폭발 또는 화재를 예방하기 위하여 (　　)·(　　) 및 분진 제거 등의 조치를 하여야 한다.

① 통풍, 세척　　② 통풍, 환기
③ 제습, 세척　　④ 환기, 제습

해설

- 폭발이나 화재가 발생할 우려가 있는 장소에서 증기·가스 또는 분진에 의한 폭발 또는 화재를 예방하기 위하여 통풍·환기 및 분진 제거 등의 조치를 하여야 한다.

폭발 또는 화재 등의 예방
- 사업주는 인화성 액체의 증기, 인화성 가스 또는 인화성 고체가 존재하여 폭발이나 화재가 발생할 우려가 있는 장소에서 해당 증기·가스 또는 분진에 의한 폭발 또는 화재를 예방하기 위하여 통풍·환기 및 분진 제거 등의 조치를 하여야 한다.

94 ① 95 ② 96 ② 정답

1203

97

Repetitive Learning 

다음 중 분진의 폭발위험성을 증대시키는 조건에 해당하는 것은?

① 분진의 발열량이 작을수록
② 분위기 중 산소농도가 작을수록
③ 분진 내의 수분농도가 작을수록
④ 표면적이 입자체적에 비교하여 작을수록

해설

- 발열량(연소열)이 클수록 폭발위험은 커진다.
- 분위기 중 산소농도가 클수록 폭발위험은 커진다.
- 입자의 표면적이 클수록 폭발위험은 커진다.

분진의 폭발위험성

㉠ 개요
- 분진폭발의 위험은 금속분(알루미늄분, 마그네슘, 스텔라이트 등), 유황, 적린, 곡물(소맥분) 등에 주로 존재한다.
- 분진의 폭발성에 영향을 주는 요인에는 분진의 화학적 성질과 조성, 분진입도와 입도분포, 분진입자의 형상과 표면의 상태, 수분, 분진의 부유성, 폭발범위, 발화도, 산소농도, 가연성 기체의 농도 등이 있다.
- 분진의 폭발요인 중 화학적 인자에는 연소열, 분진의 화학적 성질과 조성 등이 있다.

㉡ 폭발위험 증대 조건

• 발열량(연소열)이 클수록 • 입자의 표면적이 클수록 • 분위기 중 산소농도가 클수록 • 입자의 형상이 복잡할수록 • 분진의 초기 온도가 높을수록	• 분진의 입경이 작을수록 • 분진 내 수분농도가 작을수록
폭발의 위험은 더욱 커진다.	

1003 / 1803

98

Repetitive Learning 

위험물안전관리법령에서 정한 제3류 위험물에 해당하지 않는 것은?

① 나트륨
② 알킬알루미늄
③ 황린
④ 니트로글리세린

해설

- 니트로글리세린은 폭발성 물질 및 유기과산화물의 분류에 포함된다.

위험물안전관리법령의 제3류 위험물

㉠ 개요
- 자연발화성 및 금수성 물질이다.
- 리튬, 칼륨 · 나트륨, 황, 황린, 황화린 · 적린, 셀룰로이드류, 알킬알루미늄 · 알킬리튬, 마그네슘 분말, 금속 분말, 알칼리금속, 유기금속화합물, 금속의 수소화물, 금속의 인화물, 칼슘 탄화물, 알루미늄 탄화물 등이 있다.

㉡ 특징
- 자연발화성 물질의 경우 공기와 접촉할 경우 연소하거나 가연성 가스(H_2)를 발생하며 폭발적으로 연소한다.
- 금수성 물질은 물과 접촉하면 가연성 가스(H_2)를 발생하며 폭발적으로 연소한다.

99

Repetitive Learning 1회 2회 3회

일반적인 자동제어 시스템의 작동순서를 바르게 나열한 것은?

① 검출 → 조절계 → 공정상황 → 밸브
② 공정상황 → 검출 → 조절계 → 밸브
③ 조절계 → 공정상황 → 검출 → 밸브
④ 밸브 → 조절계 → 공정상황 → 검출

해설

- 일반적인 자동제어 시스템의 작동순서는 공정설비 → 검출부 → 조절계 → 조작부 → 공정설비 순이다.

폐회로 방식 제어계

㉠ 개요
- 제어량이 설정값에 도달하도록 계속적인 비교를 통해 조작량을 변화시키는 폐회로를 말한다.
- 귀환(피드백) 경로를 가지고 있다.

㉡ 특징
- 폐회로 제어계의 장점은 생산품질이 좋아지고, 균일한 제품을 얻을 수 있으며, 인건비를 절감할 수 있다는 것이다.
- 일반적인 자동제어 시스템의 작동순서는 공정설비 → 검출부 → 조절계 → 조작부 → 공정설비 순이다.

정답 | 97 ③ 98 ④ 99 ②

1303

100 Repetitive Learning 1회 2회 3회

산업안전보건법령상 물질안전보건자료 작성 시 포함되어 있는 주요 작성항목이 아닌 것은?(단, 기타 참고사항 및 작성자가 필요에 의해 추가하는 세부 항목은 고려하지 않는다)

① 법적규제 현황
② 폐기 시 주의사항
③ 주요 구입 및 폐기처
④ 화학제품과 회사에 관한 정보

해설

- 물질안전보건자료(MSDS)의 작성항목에는 폐기 시 주의사항은 있으나 폐기처나 구입처에 대한 내용은 없다.

물질안전보건자료(MSDS)의 작성항목 실필 1602/1101

- 화학제품과 회사에 관한 정보
- 유해성·위험성
- 구성성분의 명칭 및 함유량
- 응급조치요령
- 폭발·화재 시 대처방법
- 누출사고 시 대처방법
- 취급 및 저장방법
- 노출방지 및 개인보호구
- 물리화학적 특성
- 안정성 및 반응성
- 독성에 관한 정보
- 환경에 미치는 영향
- 폐기 시 주의사항
- 운송에 필요한 정보
- 법적규제 현황

6과목 건설공사 안전관리

0502 / 1003

101 Repetitive Learning

터널작업에 있어서 자동경보장치가 설치된 경우에 이 자동경보장치에 대하여 당일의 작업 시작 전 점검하여야 할 사항이 아닌 것은?

① 계기의 이상 유무
② 검지부의 이상 유무
③ 경보장치의 작동상태
④ 환기 또는 조명시설의 이상 유무

해설

- 터널작업 시 자동경보장치 작업 시작 전 점검사항에는 계기의 이상 유무, 검지부의 이상 유무, 경보장치의 작동상태 등이 있다.

터널작업 시 자동경보장치 작업 시작 전 점검사항

- 계기의 이상 유무
- 검지부의 이상 유무
- 경보장치의 작동상태

1101 / 2103

102 Repetitive Learning 1회 2회 3회

근로자의 추락 등의 위험을 방지하기 위한 안전난간의 설치기준으로 옳지 않은 것은?

① 상부 난간대와 중간 난간대는 난간 길이 전체에 걸쳐 바닥면 등과 평행을 유지할 것
② 발끝막이판은 바닥면 등으로부터 20cm 이하의 높이를 유지할 것
③ 난간대는 지름 2.7cm 이상의 금속제 파이프나 그 이상의 강도가 있는 재료일 것
④ 안전난간은 구조적으로 가장 취약한 지점에서 가장 취약한 방향으로 작용하는 100kg 이상의 하중에 견딜 수 있는 튼튼한 구조일 것

해설

- 안전난간의 발끝막이판은 바닥면 등으로부터 10cm 이상의 높이를 유지한다.

안전난간의 구조 및 설치요건 실필 2103/1703/1301 실작 2402/2303

- 상부 난간대, 중간 난간대, 발끝막이판 및 난간기둥으로 구성할 것. 다만, 중간 난간대, 발끝막이판 및 난간기둥은 이와 비슷한 구조와 성능을 가진 것으로 대체할 수 있다.
- 상부 난간대는 바닥면·발판 또는 경사로의 표면("바닥면 등")으로부터 90cm 이상 지점에 설치하고, 상부 난간대를 120cm 이하에 설치하는 경우에는 중간 난간대는 상부 난간대와 바닥면 등의 중간에 설치하여야 하며, 120cm 이상 지점에 설치하는 경우에는 중간 난간대를 2단 이상으로 균등하게 설치하고 난간의 상하 간격은 60cm 이하가 되도록 할 것. 다만, 난간기둥 간의 간격이 25cm 이하인 경우에는 중간 난간대를 설치하지 않을 수 있다.
- 발끝막이판은 바닥면 등으로부터 10cm 이상의 높이를 유지할 것. 다만, 물체가 떨어지거나 날아올 위험이 없거나 그 위험을 방지할 수 있는 망을 설치하는 등 필요한 예방 조치를 한 장소는 제외한다.
- 난간기둥은 상부 난간대와 중간 난간대를 견고하게 떠받칠 수 있도록 적정한 간격을 유지할 것

정답: 100 ③ 101 ④ 102 ②

- 상부 난간대와 중간 난간대는 난간 길이 전체에 걸쳐 바닥면 등과 평행을 유지할 것
- 난간대는 지름 2.7cm 이상의 금속제 파이프나 그 이상의 강도가 있는 재료일 것
- 안전난간은 구조적으로 가장 취약한 지점에서 가장 취약한 방향으로 작용하는 100kg 이상의 하중에 견딜 수 있는 튼튼한 구조일 것

0801

103 —— Repetitive Learning

외줄비계·쌍줄비계 또는 돌출비계는 벽이음 및 버팀을 설치하여야 하는데 강관비계 중 단관비계로 설치할 때의 조립 간격으로 옳은 것은?(단, 수직방향, 수평방향의 순서임)

① 4m, 4m ② 5m, 5m
③ 5.5m, 7.5m ④ 6m, 8m

해설

- 단관비계의 조립 시 벽이음 간격은 수직방향으로 5m, 수평방향으로 5m 이내로 한다.

강관비계 조립 시의 준수사항

- 강관비계의 조립(벽이음) 간격

강관비계의 종류	조립 간격(단위 : m)	
	수직방향	수평방향
단관비계	5	5
틀비계(높이 5m 미만 제외)	6	8

- 강관·통나무 등의 재료를 사용하여 견고한 것으로 할 것
- 인장재(引張材)와 압축재로 구성된 경우에는 인장재와 압축재의 간격을 1m 이내로 할 것

2001

104 —— Repetitive Learning

구축물에 안전진단 등 안전성 평가를 실시하여 근로자에게 미칠 위험성을 미리 제거하여야 하는 경우가 아닌 것은?

① 구축물 또는 이와 유사한 시설물의 인근에서 굴착·항타작업 등으로 침하·균열 등이 발생하여 붕괴의 위험이 예상될 경우
② 구조물, 건축물, 그 밖의 시설물이 그 자체의 무게·적설·풍압 또는 그 밖에 부가되는 하중 등으로 붕괴 등의 위험이 있을 경우
③ 화재 등으로 구축물 또는 이와 유사한 시설물의 내력(耐力)이 심하게 저하되었을 경우
④ 구축물의 구조체가 과도한 안전 측으로 설계가 되었을 경우

해설

- 구축물에 안전진단 등 안전성 평가를 실시하여 근로자에게 미칠 위험성을 미리 제거하여야 하는 경우는 ①, ②, ③ 외에 구축물 또는 이와 유사한 시설물에 지진, 동해(凍害), 부동침하(不同沈下) 등으로 균열·비틀림 등이 발생하였을 경우와 오랜 기간 사용하지 아니하던 구축물 또는 이와 유사한 시설물을 재사용하게 되어 안전성을 검토하여야 하는 경우 등이 있다.

구축물 또는 이와 유사한 시설물의 안전성 평가를 통해 위험성을 미리 제거해야 하는 경우

- 구축물 또는 이와 유사한 시설물의 인근에서 굴착·항타작업 등으로 침하·균열 등이 발생하여 붕괴의 위험이 예상될 경우
- 구축물 또는 이와 유사한 시설물에 지진, 동해(凍害), 부동침하(不同沈下) 등으로 균열·비틀림 등이 발생하였을 경우
- 구조물, 건축물, 그 밖의 시설물이 그 자체의 무게·적설·풍압 또는 그 밖에 부가되는 하중 등으로 붕괴 등의 위험이 있을 경우
- 화재 등으로 구축물 또는 이와 유사한 시설물의 내력(耐力)이 심하게 저하되었을 경우
- 오랜 기간 사용하지 아니하던 구축물 또는 이와 유사한 시설물을 재사용하게 되어 안전성을 검토하여야 하는 경우
- 그 밖의 잠재위험이 예상될 경우

105 —— Repetitive Learning

1회 2회 3회

사급자재비가 30억, 직접노무비가 35억, 관급자재비가 20억인 빌딩신축공사를 할 경우 계상해야 할 산업안전보건관리비는 얼마인가?(단, 공사종류는 일반건설공사(갑)임)

① 122,450,000원 ② 146,640,000원
③ 153,850,000원 ④ 153,660,000원

해설

- 공사종류가 일반건설공사(갑)이고, 공사금액이 관급 및 사급자재비 + 직접노무비이므로 30 + 35 + 20 = 85억이다.
- 공사금액이 50억원 이상이므로 계상기준은 1.97%이다.
- 안전관리비 계상 금액은 85억 × 1.97% = 167,450,000원이다.
- 발주자인 관공서에서 자재비 20억원을 제공한 경우 이를 제외한 대상액을 기준으로 계상한 안전관리비의 1.2배를 초과할 수 없으므로 제외하고 계산하면 대상액은 30+35 = 65억이고 안전관리비 계상금액은 65억 × 1.97% × 1.2 = 153,660,000원이다. 안전관리비 계상금액은 이 금액을 초과할 수 없으므로 153,660,000원이 산업안전보건관리비가 된다.

정답 | 103 ② 104 ④ 105 ④

안전관리비 계상기준 실필 1402

• 공사종류 및 규모별 안전관리비 계상기준표

	5억원 미만	5억원 이상 50억원 미만		50억원 이상
		비율(X)	기초액(C)	
일반건설공사(갑)	2.93%	1.86%	5,349,000원	1.97%
일반건설공사(을)	3.09%	1.99%	5,499,000원	2.10%
중 건 설 공 사	3.43%	2.35%	5,400,000원	2.44%
철도 · 궤도신설공사	2.45%	1.57%	4,411,000원	1.66%
특수 및 기타건설공사	1.85%	1.20%	3,250,000원	1.27%

• 대상액이 5억원 미만 또는 50억원 이상일 경우에는 대상액에 표에서 정한 비율을 곱한 금액
• 대상액이 5억원 이상 50억원 미만일 때에는 대상액에 별표에서 정한 비율을 곱한 금액에 기초액을 합한 금액
• 대상액이 구분되어 있지 않은 공사는 도급계약 또는 자체사업계획상의 총 공사금액의 70%를 대상액으로 하여 안전관리비를 계상하여야 한다.
• 발주자가 재료를 제공하거나 물품이 완제품의 형태로 제작 또는 납품되어 설치되는 경우에 해당 재료비 또는 완제품의 가액을 대상액에 포함시킬 경우의 안전관리비는, 해당 재료비 또는 완제품의 가액을 포함시키지 않은 대상액을 기준으로 계상한 안전관리비의 1.2배를 초과할 수 없다.

106 Repetitive Learning (1회 2회 3회)

가설구조물에서 많이 발생하는 중대재해의 유형으로 가장 거리가 먼 것은?

① 붕괴재해
② 낙하물에 의한 재해
③ 굴착기계와의 접촉에 의한 재해
④ 추락재해

해설

• 가설구조물에서 주로 발생되는 재해에는 압도적으로 추락재해가 많으며 그 외에도 붕괴재해 및 협착 및 낙하재해 등이 있다.

가설구조물에서 주로 발생하는 중대재해

• 추락재해 – 가설구조물에서 발생하는 중대재해의 70%에 해당한다.
• 붕괴재해 – 가설구조물에서 발생하는 중대재해의 6%에 해당한다.
• 충돌재해 – 가설구조물에서 발생하는 중대재해의 3%에 해당한다.
• 협착재해 – 가설구조물에서 발생하는 중대재해의 2%에 해당한다.
• 낙하재해 – 가설구조물에서 발생하는 중대재해의 1%에 해당한다.

107 Repetitive Learning (1회 2회 3회)

다음 토공기계 중 굴착기계와 가장 관계있는 것은?

① Clam shell
② Road roller
③ Shovel loade
④ Belt conveyor

해설

• 로드 롤러(Road roller)는 쇠 바퀴를 이용해 다지기 하는 기계를 말한다.
• 셔블 로더(Shovel loader)는 버킷 등 화물을 적재하는 장치 및 이것을 승강시키는 암(Arm)을 구비한 하역장치를 말한다.
• 벨트식 컨베이어(Belt conveyor)는 벨트를 이용하여 물체를 연속으로 운반하는 장치이다.

크램쉘(Clam shell)

• 수중굴착 및 구조물의 기초바닥 등과 같은 협소하고 상당히 깊은 범위의 굴착과 호퍼작업에 사용하는 굴착기계이다.
• 잠함 안이나 수면 아래의 자갈, 모래를 굴착하고 준설선에 많이 사용된다.

1201

108 Repetitive Learning (1회 2회 3회)

크레인을 사용하여 작업을 하는 때 작업 시작 전 점검사항이 아닌 것은?

① 권과방지장치 · 브레이크 · 클러치 및 운전장치의 기능
② 방호장치의 이상 유무
③ 와이어로프가 통하고 있는 곳의 상태
④ 주행로의 상측 및 트롤리가 횡행하는 레일의 상태

해설

• 방호장치 기능의 이상 유무는 프레스 등을 사용하여 작업하는 경우 작업 시작 전 점검사항이다.

크레인 작업 시작 전 점검사항 실필 1501 실작 2401/2203/2103

크레인	• 권과방지장치 · 브레이크 · 클러치 및 운전장치의 기능 • 주행로의 상측 및 트롤리(Trolley)가 횡행하는 레일의 상태 • 와이어로프가 통하고 있는 곳의 상태
이동식 크레인	• 권과방지장치나 그 밖의 경보장치의 기능 • 브레이크 · 클러치 및 조종장치의 기능 • 와이어로프가 통하고 있는 곳 및 작업장소의 지반상태

106 ③ 107 ① 108 ② 정답

109 ——— Repetitive Learning (1회 2회 3회)

차량계 하역운반기계를 사용하는 작업에 있어 고려되어야 할 사항과 가장 거리가 먼 것은?

① 작업지휘자의 배치
② 유도자의 배치
③ 갓길 붕괴 방지조치
④ 안전관리자의 선임

해설

- 차량계 하역 작업 시 기계가 넘어지거나 굴러 떨어짐으로써 근로자에게 위험을 미칠 우려가 있는 경우에는 그 기계를 유도하는 사람을 배치하고 지반의 부동침하 방지 및 갓길 붕괴를 방지하기 위한 조치를 하여야 한다.
- 사업주는 차량계 하역운반기계 등에 단위화물의 무게가 100kg 이상인 화물을 싣거나 내리는 경우 작업지휘자를 배치하여야 한다.

차량계 하역 작업 시 고려사항

- 사업주는 차량계 하역운반기계, 차량계 건설기계(최대제한속도가 시속 10km 이하인 것은 제외한다)를 사용하여 작업을 하는 경우 미리 작업장소의 지형 및 지반 상태 등에 적합한 제한속도를 정하고, 운전자로 하여금 준수하도록 하여야 한다.
- 기계가 넘어지거나 굴러 떨어짐(전도·전락)으로써 근로자에게 위험을 미칠 우려가 있는 경우에는 그 기계를 유도하는 사람(유도자)을 배치하고 지반의 부동침하 방지 및 갓길 붕괴를 방지하기 위한 조치를 하여야 한다.
- 차량계 하역운반기계 등의 수리 또는 부속장치의 장착 및 해체작업을 하는 경우 혹은 차량계 하역운반기계 등에 단위화물의 무게가 100kg 이상인 화물을 싣는 작업 또는 내리는 작업을 하는 경우에 해당 작업의 지휘자를 선임하여 준수사항을 준수하게 하여야 한다.
- 사업주는 지게차의 허용하중을 초과하여 사용해서는 아니 되며, 안전한 운행을 위한 유지·관리 및 그 밖의 사항에 대하여 해당 지게차를 제조한 자가 제공하는 제품설명서에서 정한 기준을 준수하여야 한다.

0401 / 0703

110 ——— Repetitive Learning (1회 2회 3회)

철골작업을 중지하여야 하는 조건에 해당되지 않는 것은?

① 풍속이 초당 10m 이상인 경우
② 지진이 진도 4 이상의 경우
③ 강우량이 시간당 1mm 이상의 경우
④ 강설량이 시간당 1cm 이상의 경우

해설

- 철골작업을 중지해야 하는 악천후 기준에는 풍속 초당 10m, 강우량 시간당 1mm, 강설량 시간당 1cm 이상인 경우이다.

철골작업 중지 악천후 기준 실필 2401/1803/1801/1201/0802

- 풍속이 초당 10m 이상인 경우
- 강우량이 시간당 1mm 이상인 경우
- 강설량이 시간당 1cm 이상인 경우

조문삭제/대체문제

111 ——— Repetitive Learning 

달비계에서 근로자의 추락 위험을 방지하기 위한 조치로 옳지 않은 것은?

① 구명줄을 설치한다.
② 근로자의 안전줄을 달비계의 구명줄에 체결한다.
③ 안전난간을 설치할 수 있으면 안전난간을 설치한다.
④ 추락방호망과 달비계의 구명줄을 연결한다.

해설

- 달비계의 구명줄은 건물에 견고하게 부착된 고정앵커 등 2개소 이상의 지지물에 결속해야 한다.

달비계에서 근로자 추락 방지 조치

- 달비계에 구명줄을 설치할 것
- 근로자에게 안전대를 착용하도록 하고 근로자가 착용한 안전줄을 달비계의 구명줄에 체결하도록 할 것
- 달비계에 안전난간을 설치할 수 있는 구조의 경우에는 달비계에 안전난간을 설치할 것

112 ——— Repetitive Learning (1회 2회 3회)

점토질 지반의 침하 및 압밀 재해를 막기 위하여 실시하는 지반개량탈수 공법으로 적당하지 않은 것은?

① 샌드드레인 공법
② 생석회 공법
③ 진동 공법
④ 페이퍼드레인 공법

정답 | 109 ④ 110 ② 111 ④ 112 ③

해설

- 바이브로 플로테이션 공법은 진동과 제트의 병용으로 모래 말뚝을 만드는 사질지반의 개량으로 진동다짐 공법이라고도 한다.

연약지반개량 공법

㉠ 점토지반 개량

- 함수비가 매우 큰 연약점토지반을 대상으로 한다.

압밀(재하)공법	• 쥐어짜서 강도를 저하시키는 요소를 배제하는 공법 • 여성토(Preloading), Surcharge, 사면선단재하, 압성토 공법
고결공법	• 시멘트나 약액의 주입 또는 동결, 점질토의 가열처리를 통해 강도를 증가시키는 공법 • 생석회말뚝(Chemico pile), 동결, 소결 공법
탈수공법	• 탈수를 통한 압밀을 촉진시켜 강도를 증가시키는 방법 • 페이퍼드레인(Paper drain), 샌드드레인(Sand drain), 팩드레인(Pack drain)
치환공법	• 연약토를 양질의 조립토로 치환해 지지력을 증대시키는 공법 • 폭파치환, 굴착치환, 활동치환

㉡ 사질지반 개량

- 느슨하고 물에 포화된 모래지반을 대상으로 하며 액상현상을 방지한다.
- 다짐말뚝 공법, 바이브로 플로테이션 공법, 폭파다짐 공법, 전기충격 공법, 약액주입 공법 등이 있다.

히빙(Heaving)

㉠ 개요

- 흙막이벽체 내·외의 토사의 중량 차에 의해 점토지반의 토공사에서 흙막이 밖에 있는 흙이 안으로 밀려 들어와 내측 흙이 부풀어 오르는 현상을 말한다.
- 연약한 점토지반에서 굴착면의 융기 혹은 흙막이벽의 근입장 깊이가 부족할 경우 발생한다.
- 히빙으로 인해 배면의 토사 붕괴, 지보공의 파괴, 굴착저면이 솟아오르는 등의 현상이 발생한다.

㉡ 히빙(Heaving) 예방대책

- 어스앵커를 설치하거나 소단을 두면서 굴착한다.
- 굴착주변을 웰포인트(Well point) 공법과 병행한다.
- 흙막이벽의 근입심도를 확보한다.
- 지반개량으로 흙의 전단강도를 높인다.
- 굴착주변의 상재하중을 제거하여 토압을 최대한 낮춘다.
- 토류벽의 배면토압을 경감시킨다.
- 굴착저면에 토사 등 인공중력을 가중시킨다.

2201

113 — Repetitive Learning (1회 2회 3회)

흙막이벽의 근입 깊이를 깊게 하고, 전면의 굴착부분을 남겨두어 흙의 중량으로 대항하게 하거나, 굴착 예정부분의 일부를 미리 굴착하여 기초콘크리트를 타설하는 등의 대책과 가장 관계 깊은 것은?

① 히빙현상이 있을 때
② 파이핑현상이 있을 때
③ 지하수위가 높을 때
④ 굴착 깊이가 깊을 때

해설

- 흙막이벽의 근입 깊이를 깊게 하고, 굴착저면에 토사를 남겨 중력을 가중시키거나, 굴착 예정부의 전단강도를 높이는 것은 히빙의 대책에 해당한다.

1001 / 1202 / 1401

114 — Repetitive Learning (1회 2회 3회)

건물 외부에 낙하물방지망을 설치할 경우 수평면과의 가장 적절한 각도는?

① 5° 이상, 10° 이하
② 10° 이상, 15° 이하
③ 15° 이상, 20° 이하
④ 20° 이상, 30° 이하

해설

- 낙하물방지망과 수평면의 각도는 20° 이상, 30° 이하를 유지한다.

낙하물방지망과 방호선반의 설치기준 실필 1702

- 높이 10m 이내마다 설치한다.
- 내민 길이는 벽면으로부터 2m 이상으로 한다.
- 수평면과의 각도는 20° 이상, 30° 이하를 유지한다.

0603

115

콘크리트 타설작업의 안전대책으로 옳지 않은 것은?

① 작업시작 전 거푸집 동바리 등의 변형, 변위 및 지반 침하 유무를 점검한다.
② 작업 중 감시자를 배치하여 거푸집 동바리 등의 변형, 변위 유무를 확인한다.
③ 슬래브 콘크리트 타설은 한쪽부터 순차적으로 타설하여 붕괴 재해를 방지해야 한다.
④ 설계도서상 콘크리트 양생기간을 준수하여 거푸집 동바리 등을 해체한다.

해설

- 최상부의 슬래브는 가능하면 이어붓기를 피하고 일시에 전체를 타설하도록 하여야 한다.

콘크리트의 타설작업 실필 1802/1502

- 당일의 작업을 시작하기 전에 해당 작업에 관한 거푸집 동바리 등의 변형·변위 및 지반의 침하 유무 등을 점검하고 이상이 있으면 보수할 것
- 작업 중에는 거푸집 동바리 등의 변형·변위 및 침하 유무 등을 감시할 수 있는 감시자를 배치하여 이상이 있으면 작업을 중지하고 근로자를 대피시킬 것
- 콘크리트 타설작업 시 거푸집 붕괴의 위험이 발생할 우려가 있으면 충분한 보강조치를 할 것
- 설계도서상의 콘크리트 양생기간을 준수하여 거푸집 동바리 등을 해체할 것
- 콘크리트를 타설하는 경우에는 편심이 발생하지 않도록 골고루 분산하여 타설할 것

1202 / 1903

116

Repetitive Learning 

굴착기계의 운행 시 안전대책으로 옳지 않은 것은?

① 버킷에 사람의 탑승을 허용해서는 안 된다.
② 운전반경 내에 사람이 있을 때 회전은 10rpm 이하의 느린 속도로 하여야 한다.
③ 장비의 주차 시 경사지나 굴착작업장으로부터 충분히 이격시켜 주차한다.
④ 전선이나 구조물 등에 인접하여 붐을 선회해야 될 작업에는 사전에 회전반경, 높이제한 등 방호조치를 강구한다.

해설

- 굴착기계의 작업반경 내에 사람이 있을 때 회전 및 작업진행을 금지하도록 한다.

굴착기계 운행 시 안전대책

- 버킷에 사람의 탑승을 허용해서는 안 된다.
- 굴착기계의 작업장소에 근로자가 아닌 사람의 출입을 금지해야 하며, 만약 작업반경 내에 사람이 있을 때 회전 및 작업진행을 금지하도록 한다.
- 장비의 주차 시 경사지나 굴착작업장으로부터 충분히 이격시켜 주차한다.
- 전선이나 구조물 등에 인접하여 붐을 선회해야 될 작업에는 사전에 회전반경, 높이제한 등 방호조치를 강구한다.

1102

117

Repetitive Learning 1회 2회 3회

다음 설명에서 제시된 산업안전보건법에서 말하는 고용노동부령으로 정하는 공사에 해당하지 않는 것은?

> 건설업 중 고용노동부령으로 정하는 공사를 착공하려는 사업주는 고용노동부령으로 정하는 자격을 갖춘 자의 의견을 들은 후 유해·위험방지계획서를 작성하여 고용노동부령으로 정하는 바에 따라 고용노동부장관에게 제출하여야 한다.

① 지상높이가 31m인 건축물의 건설·개조 또는 해체
② 최대지간길이가 50m인 교량 건설 등의 공사
③ 깊이가 8m인 굴착공사
④ 터널 건설공사

해설

- 유해·위험방지계획서 제출대상 공사의 규모에서 굴착공사의 경우 깊이 8m 이상이 아니라 10m 이상이 되어야 한다.

유해·위험방지계획서 제출대상 공사 실필 1701

- 지상높이가 31m 이상인 건축물 또는 인공구조물, 연면적 3만m^2 이상인 건축물 또는 연면적 5천m^2 이상의 문화 및 집회시설(전시장 및 동물원·식물원은 제외), 판매시설, 운수시설(고속철도의 역사 및 집배송시설은 제외), 종교시설, 의료시설 중 종합병원, 숙박시설 중 관광숙박시설, 지하도상가 또는 냉동·냉장창고시설의 건설·개조 또는 해체공사
- 연면적 5천m^2 이상인 냉동·냉장창고시설의 설비공사 및 단열공사
- 최대지간길이가 50m 이상인 교량 건설 등의 공사
- 터널 건설 등의 공사
- 다목적 댐, 발전용 댐 및 저수용량 2천만톤 이상의 용수 전용 댐, 지방상수도 전용 댐 건설 등의 공사
- 깊이 10m 이상인 굴착공사

정답 | 115 ③ 116 ② 117 ③

118 Repetitive Learning (1회 2회 3회)

유해·위험방지계획서 제출 시 첨부서류에 해당하지 않는 것은?

① 교통처리계획
② 안전관리 조직표
③ 공사개요서
④ 공사현장의 주변 현황 및 주변과의 관계를 나타내는 도면

해설

• 교통처리계획은 유해·위험방지계획서 제출 시 첨부서류에 포함되지 않는다.

유해·위험방지계획서 제출 시 첨부서류 실필 2302/1303/0903

공사개요 및 안전보건 관리계획	• 공사 개요서 • 공사현장의 주변 현황 및 주변과의 관계를 나타내는 도면(매설물 현황 포함) • 건설물, 사용 기계설비 등의 배치를 나타내는 도면 • 전체공정표 • 산업안전보건관리비 사용계획 • 안전관리 조직표 • 재해발생 위험 시 연락 및 대피방법

1003

119 Repetitive Learning (1회 2회 3회)

다음 중 건설재해대책의 사면보호 공법에 해당하지 않는 것은?

① 쉴드공 ② 식생공
③ 뿜어붙이기공 ④ 블록공

해설

• 쉴드 공법은 터널 굴착 방법으로 쉴드(강제의 원통)를 땅속에 압입하여 막장의 토사를 밀면서 전진하면서 쉴드 내부를 굴착하는 방식이다.

사면보호 공법

• 안전한 비탈면도 별도의 관리없이 방치할 경우 침식과 세굴작용으로 인해 장기적으로 붕괴의 위험성이 발생하므로 이를 방지하기 위해 시행하는 보호 공법을 말한다.
• 사면보호 공법의 종류에는 식생공, 피복공, 뿜어붙이기공, 격자틀공, 낙석방호 공법 등이 있다.

120 Repetitive Learning (1회 2회 3회)

토석붕괴 방지방법에 대한 설명으로 옳지 않은 것은?

① 말뚝(강관, H형강, 철근콘크리트)을 박아 지반을 강화시킨다.
② 활동의 가능성이 있는 토석은 제거한다.
③ 지표수가 침투되지 않도록 배수시키고 지하수위 저하를 위해 수평보링을 하여 배수시킨다.
④ 활동에 의한 붕괴를 방지하기 위해 비탈면, 법면의 상단을 다진다.

해설

• 활동에 의한 붕괴를 방지하기 위해 비탈면 상단이 아닌 하단을 다져야 한다.

토사(석)붕괴에 대한 대책

• 적절한 경사면의 기울기를 계획한다.
• 활동의 가능성이 있는 토석은 제거한다.
• 말뚝(강관, H형강, 철근콘크리트)을 박아 지반을 강화시킨다.
• 지표수가 침투되지 않도록 배수시키고 지하수위 저하를 위해 수평보링을 시킨다.
• 활동에 의한 붕괴를 방지하기 위해 비탈면 하단을 다진다.

118 ① 119 ① 120 ④ 정답

구분	1과목	2과목	3과목	4과목	5과목	6과목	합계
New 유형	2	4	3	5	1	4	19
New 문제	9	10	14	8	10	10	61
또나온문제	9	4	4	5	5	5	32
자꾸나온문제	2	6	2	7	5	5	27
합계	20	20	20	20	20	20	120

- New유형은 New문제 중 기존 기출문제와 완전히 다른 유형의 문제를 말합니다.
- New문제는 기존에 출제되지 않은 문제로 이번에 처음 출제되는 문제입니다.
- 또나온문제는 기존에 출제된 적이 1번 있는 문제를 말합니다.
- 자꾸나온문제는 기존에 출제된 적이 2번 이상 있는 문제를 말합니다. 그만큼 중요한 문제입니다.

몇 년분의 기출문제를 공부해야 합격할 수 있을까요?

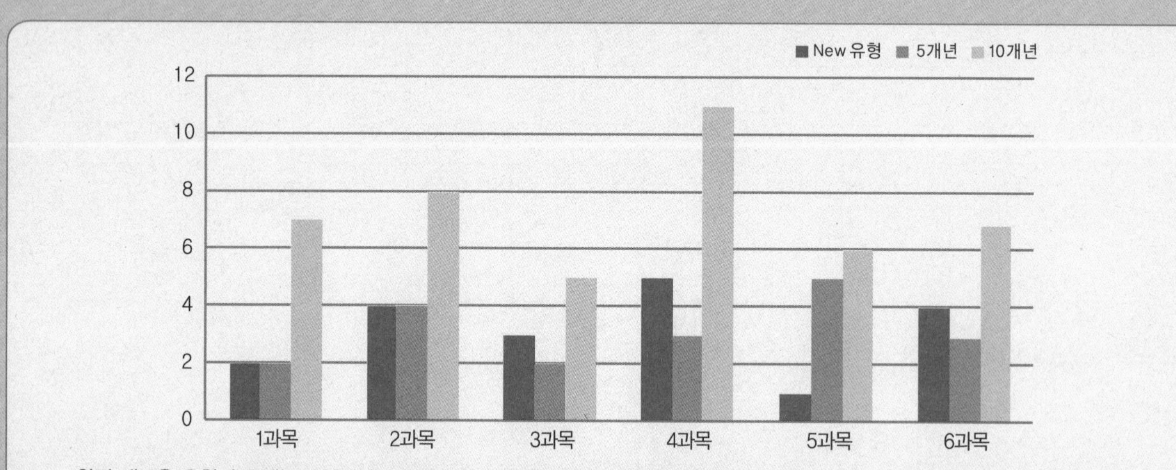

- 완전 새로운 유형의 문제는 19문제이고 101문제가 이미 출제된 문제 혹은 변형문제입니다.
- 5년분(2016~2020) 기출에서 동일문제가 10문항이 출제되었고, 10년분(2011~2020) 기출에서 동일문제가 44문항이 출제되었습니다.

실기에 나왔어요!! 외우세요!!!

실기시험은 필답형과 작업형으로 구분되어 있으며 모두 직접 주관식으로 내용을 적어야 합니다. 필기공부하면서 실기 출제된 내역들은 좀 더 신경써서 암기하실 필요가 있어요. 필기 합격자 발표 난 후 실기시험까지는 5주밖에 여유가 없답니다. 어차피 공부할 것 필기 때 확실하게 해준다면 실기도 단방에 합격할 수 있습니다.

- 총 38개의 해설이 실기 필답형 시험과 연동되어 있습니다.
- 총 1개의 해설이 실기 작업형 시험과 연동되어 있습니다.

분석의견

최근 10년분의 기출문제와 답을 반복암기해서는 합격점수인 72점에서 28점이 부족합니다. 새로운 유형 및 문제, 과목별 기출비중 등으로 볼 때 평균보다 다소 난이도가 높은 분포를 보여주고 있습니다. 5년분 및 10년분 기출 모두 평균(31.9/54.6문항)보다 훨씬 낮은 출제분포를 보이고 있습니다. 과목별로는 3과목에 새로운 유형의 문제가 많이 출제되어 기출비중이 떨어져 배경학습이 필요합니다. 그 외에는 평균보다 어려운 난이도를 보이고 있는 만큼 합격에 필요한 점수를 획득하기 위해서는 최근 5년분 문제와 핵심이론의 3회독 혹은 최근 10년분 문제와 핵심이론의 2회독 이상의 학습이 필요합니다.

2016년 제2회

2016년 5월 8일 필기

16년 2회차 필기시험
합격률 42.1%

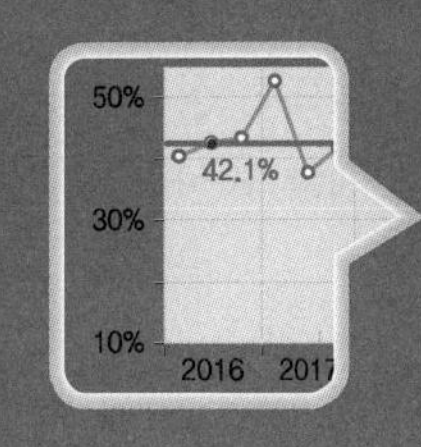

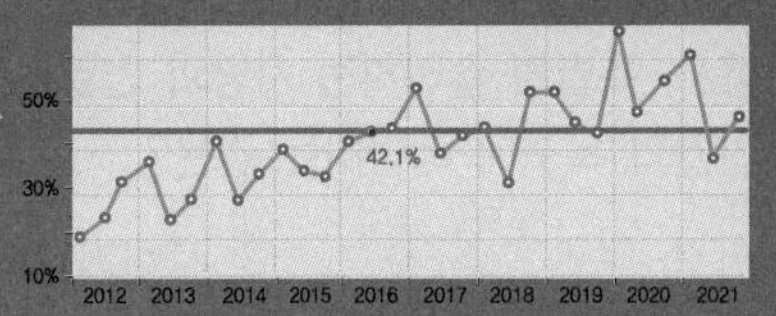

1과목 산업재해 예방 및 안전보건교육

01

Repetitive Learning (1회 2회 3회)

안전에 관한 기본방침을 명확하게 해야 할 임무는 누구에게 있는가?

① 안전관리자　② 관리감독자
③ 근로자　④ 사업주

해설

- 사업주는 안전보건관리규정 작성을 통해 작업장 안전에 있어 기본방침을 명확하게 하고 이를 근로자에게 알려야 한다.

사업주의 의무 실필 1502/1401

- 사업주는 안전보건관리규정 작성을 통해 작업장 안전에 있어 기본방침을 명확하게 하고 이를 근로자에게 알려야 한다.
- 사업주는 산업재해 예방을 위한 기준을 지키고, 근로자 작업환경을 쾌적하게 조성하고 근로조건을 개선하며, 사업장의 안전·보건에 관한 정보를 근로자에게 제공하여야 한다.
- 사업주는 각종 기계·기구를 사용함에 있어서 기준을 지키고, 그 기계·기구를 사용함으로 인하여 발생하는 산업재해를 방지하기 위한 조치를 취해야 한다.

02

Repetitive Learning (1회 2회 3회)

학습지도의 형태 중 토의법에 해당되지 않는 것은?

① 패널 디스커션(Panel discussion)
② 포럼(Forum)
③ 구안법(Project method)
④ 버즈세션(Buzz session)

해설

- 패널 디스커션은 소수의 전문가들이 과제에 관한 견해를 발표하고 토론한 뒤 참가자 전원이 사회자의 진행에 따라 토의하는 방법이다.
- 포럼은 새로운 자료나 교재가 제시되어야 한다.
- 버즈세션은 6명씩 소집단으로 구분하고, 집단별로 6분씩 자유토의를 행하여 의견을 종합하는 방식으로 6-6 회의라고도 한다.

토의법의 종류

구분	내용
포럼 (Forum)	새로운 자료나 교재를 제시하고 피교육자로 하여금 문제점을 제기하게 하거나 그것에 관한 피교육자의 의견을 여러 가지 방법으로 발표하게 하고, 청중과 토론자 간에 활발한 의견 개진과 충돌로 바람직한 합의를 도출해내는 교육 실시방법
패널 디스커션 (Panel discussion)	참가자 앞에서 소수의 전문가들이 과제에 관한 견해를 발표하고 토론한 뒤 참가자 전원이 사회자의 진행에 따라 토의하는 방법
심포지엄 (Symposium)	몇 사람의 전문가에 의하여 과제에 관한 견해를 발표한 뒤에 참가자로 하여금 의견이나 질문을 하게 하여 토의하는 방법
롤 플레잉 (Role playing)	집단 심리요법의 하나로서 자기 해방과 타인 체험을 목적으로 하는 체험활동을 통해 대인관계에 있어서의 태도변용이나 통찰력, 자기이해를 목표로 개발된 교육방법
버즈세션 (Buzz session)	6-6 회의라고도 하며, 6명씩 소집단으로 구분하고, 집단별로 각각의 사회자를 선발하여 6분간씩 자유토의를 행하여 의견을 종합하는 방법

정답 | 01 ④ 02 ③

1301

03 Repetitive Learning 1회 2회 3회

매슬로우의 욕구단계이론에서 편견 없이 받아들이는 성향, 타인과의 거리를 유지하며 사생활을 즐기거나 창의적 성격으로 봉사, 특별히 좋아하는 사람과 긴밀한 관계를 유지하려는 인간의 욕구에 해당하는 것은?

① 생리적 욕구 ② 사회적 욕구
③ 자아실현의 욕구 ④ 안전에 대한 욕구

해설

- 현실적인 성향으로 자신과 타인, 그리고 세계를 편견 없이 받아들이는 성향이 강한 사람의 특성에 해당하는 것은 인간 최고의 욕구인 5단계 욕구이다.

매슬로우(Maslow)의 욕구 5단계 이론 실필 1602

단계	내용
1단계 생리적 욕구	기본적인 인간의 욕구(먹고, 자고, 숨쉬는 것)
2단계 안전에 대한 욕구	각종 위험으로부터 자기보존에 관한 안전욕구
3단계 사회적 욕구	친구와 가족 간의 관계로 대표되는 것으로 애정과 소속에 대한 욕구
4단계 존경의 욕구	자신있고 강하고 무엇인가 진취적이며 유능한 쓸모있는 사람으로 인식되기를 바라는 욕구
5단계 자아실현의 욕구	편견 없이 받아들이는 성향, 타인과의 거리를 유지하며 사생활을 즐기거나 창의적 성격으로 봉사, 특별히 좋아하는 사람과 긴밀한 관계를 유지하려는 인간의 욕구

04 Repetitive Learning

산업안전보건법상 중대재해에 해당하지 않는 것은?

① 사망자가 2명 발생한 재해
② 6개월 요양을 요하는 부상자가 동시에 4명 발생한 재해
③ 부상자 또는 직업성 질병자가 동시에 12명 발생한 재해
④ 3개월 요양을 요하는 부상자가 1명, 2개월 요양을 요하는 부상자가 4명 발생한 재해

해설

- 3개월 이상의 요양이 필요한 부상자가 동시에 2명 이상 발생하거나 부상자 혹은 직업성 질병자가 동시에 10명 이상 발생해야 중대재해로 분류된다.

중대재해(Major accident) 실필 1902/1802

㉠ 개요
- 산업재해 중 사망 등 재해 정도가 심한 것으로서 고용노동부령으로 정하는 재해를 말한다.

㉡ 종류
- 사망자가 1명 이상 발생한 재해
- 3개월 이상의 요양이 필요한 부상자가 동시에 2명 이상 발생한 재해
- 부상자 또는 직업성 질병자가 동시에 10명 이상 발생한 재해

05 Repetitive Learning 1회 2회 3회

고무제 안전화의 구비조건이 아닌 것은?

① 유해한 흠, 균열, 기포, 이물질 등이 없어야 한다.
② 바닥, 발등, 발뒤꿈치 등의 접착부분에 물이 들어오지 않아야 한다.
③ 에나멜 도포는 벗겨져야 하며, 건조가 완전하여야 한다.
④ 완성품의 성능은 압박감, 충격 등의 성능시험에 합격하여야 한다.

해설

- 에나멜 도포는 벗겨지지 않아야 한다.

고무제 안전화

㉠ 개요
- 물체의 낙하, 충격 또는 날카로운 물체에 의한 찔림 위험으로부터 발을 보호하고 내수성 또는 내화학성을 겸한 것이다.

㉡ 일반구조
- 안전화는 방수 또는 내화학성의 재료(고무, 합성수지 등)를 사용하여 견고하게 제조되고 가벼우며 또한 착용하기에 편안하고, 활동하기 쉬워야 한다.
- 안전화는 물, 산 또는 알카리 등이 안전화 내부로 쉽게 들어가지 않도록 되어 있어야 하며, 또한 겉창, 뒷굽, 테이프 기타 부분의 접착이 양호하여 물 등이 새어 들지 않도록 해야 한다.
- 에나멜을 칠한 것은 에나멜이 벗겨지지 않아야 하고 건조가 충분하여야 하며, 몸통과 신울에 칠한 면이 대체로 평활하고, 칠한 면을 겉으로 하여 180° 각도로 구부렸을 때, 에나멜을 칠한 면에 균열이 생기지 않도록 해야 한다.
- 선심의 안쪽은 포, 고무 또는 합성수지 등으로 붙이고 특히, 선심 뒷부분의 안쪽은 보강되도록 해야 한다.

03 ③ 04 ④ 05 ③ 정답

1101 / 2202

06

Repetitive Learning 1회 2회 3회

다음 중 학습정도(Level of learning)의 4단계를 순서대로 옳게 나열한 것은?

① 이해 → 적용 → 인지 → 지각
② 인지 → 지각 → 이해 → 적용
③ 지각 → 인지 → 적용 → 이해
④ 적용 → 인지 → 지각 → 이해

해설

• 학습정도는 인지 - 지각 - 이해 - 적용 순으로 나타난다.

학습정도(Level of learning)의 4단계

- 학습정도는 주제를 학습시킬 범위와 내용의 정도를 의미한다.
- 학습정도는 인지(~을 인지) - 지각(~을 알아야) - 이해(~을 이해해야) - 적용(~을 ~에 적용할 줄 알아야) 순으로 나타난다.

1201

07

Repetitive Learning 

인간의 동작특성 중 판단과정의 착오요인이 아닌 것은?

① 합리화　　② 정서불안정
③ 작업조건불량　　④ 정보부족

해설

• 정서불안정은 인지과정의 착오에 해당한다.

착오의 원인별 분류

구분	내용
인지과정의 착오	• 생리적 · 심리적 능력의 부족 • 감각차단현상 • 정서불안정
판단과정의 착오	• 능력부족 • 정보부족 • 자기합리화
조작과정의 착오	• 기술부족 • 잘못된 정보

2101

08

Repetitive Learning 

무재해 운동의 3원칙에 해당되지 않는 것은?

① 무의 원칙　　② 참가의 원칙
③ 대책선정의 원칙　　④ 선취의 원칙

해설

• 무재해 운동의 3원칙에는 무의 원칙, 안전제일(선취)의 원칙, 참가의 원칙이 있다.

무재해 운동 3원칙

구분	내용
무(無, Zero)의 원칙	모든 잠재적인 위험요인을 사전에 발견 · 파악 · 해결함으로써 근원적으로 산업재해를 없앤다.
안전제일(선취)의 원칙	직장의 위험요인을 행동하기 전에 발견 · 파악 · 해결하여 재해를 예방한다.
참가의 원칙	작업에 따르는 잠재적인 위험요인을 발견 · 해결하기 위하여 전원이 협력하여 문제해결 운동을 실천한다.

0703 / 1002

09

Repetitive Learning 

리더십의 유형에 해당하지 않는 것은?

① 권위형
② 민주형
③ 자유방임형
④ 혼합형

해설

• 의사결정 방법에 따른 리더십은 권위형, 민주형, 자유방임형으로 구분한다.

리더십(Leadership)

㉠ 개요

- 어떤 특정한 목표달성을 위해 조직에서 행사되는 영향력을 말한다.
- 리더십의 특성조건에는 혁신적 능력, 표현능력, 대인적 숙련 등을 들 수 있다.
- 특성이론이란 성공적인 리더가 가지는 특성을 연구하는 이론이다.
- 의사결정 방법에 따라 크게 권위형, 민주형, 자유방임형으로 구분된다.

㉡ 의사결정 방법에 따른 리더십의 구분

유형	내용
권위형	• 업무를 중심에 놓는다(직무 중심적). • 리더가 독단적으로 의사를 결정하고 관리한다. • 하향지시 위주로 조직이 운영된다.
민주형	• 인간관계를 중심에 놓는다(부하 중심적). • 조직원의 적극적인 참여와 자율성을 강조한다. • 조직원의 창의성을 개발할 수 있다.
자유방임형	• 리더십의 의미를 찾기 힘들다. • 방치, 무질서 등의 특징을 가진다.

정답 | 06 ② 07 ② 08 ③ 09 ④

0803

10 Repetitive Learning (1회 2회 3회)

A사업장의 연천인율이 10.8인 경우, 이 사업장의 도수율은 약 얼마인가?

① 5.4 ② 4.5
③ 3.7 ④ 1.8

해설

- 근로시간에 대한 언급이 없을 경우 1인당 연평균 2,400시간을 근로하는 경우이므로 연천인율=도수율×2.4이고, 도수율=연천인율/2.4=10.8/2.4=4.5이다.

연천인율 실필 1801/1403/1201/0903/0901

- 1년간 평균근로자 1,000명당 재해자의 수를 나타낸다.
- 연천인율 = $\frac{\text{연간 재해자수}}{\text{연평균 근로자수}} \times 1,000$으로 구한다.
- 근로자 1명이 연평균 2,400시간을 일한다는 것을 가정할 때 연천인율은 도수율×2.4로도 구할 수 있다.

0602

11 Repetitive Learning (1회 2회 3회)

안전표지의 종류와 분류가 올바르게 연결된 것은?

① 금연 - 금지표지
② 낙하물경고 - 지시표지
③ 안전모착용 - 안내표지
④ 세안장치 - 경고표지

해설

- 낙하물경고는 경고표지, 안전모착용은 지시표지, 세안장치는 안내표지에 해당한다.

금지표지 실필 2401/2202/1802/1402

- 정지, 소화설비, 유해행위 금지를 표시할 때 사용된다.
- 흰색(N9.5) 바탕에 빨간색(7.5R 4/14) 기본모형을 사용한다.
- 금연, 출입금지, 보행금지, 차량통행금지, 물체이동금지, 화기금지, 사용금지, 탑승금지 등이 있다.

금연	출입금지	보행금지	차량통행금지
물체이동금지	화기금지	사용금지	탑승금지

0403

12 Repetitive Learning (1회 2회 3회)

시몬즈(Simonds)의 재해코스트 산출방식에서 A, B, C, D는 무엇을 뜻하는가?

> 총 재해코스트=보험코스트 + (A×휴업상해건수) + (B×통원상해건수) + (C×응급조치건수) + (D×무상해사고건수)

① 직접손실비 ② 간접손실비
③ 보험코스트 ④ 비보험코스트 평균치

해설

- 각각의 재해건수와 곱하는 A, B, C, D는 재해의 비보험코스트 평균치이다.

시몬즈(Simonds)의 재해코스트 실필 1301

㉠ 개요
- 총 재해비용을 보험비용과 비보험비용으로 구분한다.
- 총 재해코스트 = 보험비용 + 비보험비용 = [보험코스트 + (A × 휴업상해건수) + (B × 통원상해건수) + (C × 응급조치건수) + (D × 무상해사고건수)], 이때 A, B, C, D는 재해의 비보험코스트 평균치이다.
- 사망과 영구 전노동불능 상해의 경우는 비보험코스트에 포함시키지 않고 별도 산정한다.

㉡ 비보험코스트 내역
- 소송관계 비용
- 신규 작업자에 대한 교육훈련비
- 부상자의 직장복귀 후 생산감소로 인한 임금비용
- 재해로 인한 작업중지 임금손실
- 재해로 인한 시간 외 근무 가산임금손실 등

13 Repetitive Learning (1회 2회 3회)

데이비스(K.Davis)의 동기부여이론 등식으로 옳은 것은?

① 지식 × 기능 = 태도
② 지식 × 상황 = 동기유발
③ 능력 × 상황 = 인간의 성과
④ 능력 × 동기유발 = 인간의 성과

해설

- 지식×기능은 능력이 된다.
- 동기유발은 상황×태도이어야 한다.

데이비스(K. Davis)의 동기부여이론 실필 1302

- 인간의 성과(Human performance) = 능력(Ability) × 동기유발(Motivation)
- 능력(Ability) = 지식(Knowledge) × 기능(Skill)
- 동기유발(Motivation) = 상황(Situation) × 태도(Attitude)
- 경영의 성과 = 인간의 성과 × 물질의 성과

10 ② 11 ① 12 ④ 13 ④ 정답

14 Repetitive Learning (1회 2회 3회)

직계 – 참모식 조직의 특징에 대한 설명으로 옳은 것은?

① 소규모 사업장에 적합하다.
② 생산조직과는 별도의 조직과 기능을 갖고 활동한다.
③ 안전계획, 평가 및 조사는 스태프에서, 생산기술의 안전대책은 라인에서 실시한다.
④ 안전업무가 표준화되어 직장에 정착하기 쉽다.

해설

- ①의 설명은 직계형(Line)에 대한 설명이다.
- ②와 ④는 참모(Staff)형에 대한 설명이다.

∷ 직계–참모(Line–staff)형 조직

㉠ 개요
- 가장 이상적인 조직형태로 1,000명 이상의 대규모 사업장에서 주로 사용된다.
- 라인의 관리 · 감독자에게도 안전에 관한 책임과 권한이 부여된다.
- 안전계획, 평가 및 조사는 스태프에서, 생산기술의 안전대책은 라인에서 실시한다.

㉡ 장점
- 안전 전문가에 의해 입안된 것을 경영자의 지침으로 명령 실시하므로 정확하고 신속하다.
- 조직원 전원을 자율적으로 안전 활동에 참여시킬 수 있다.
- 라인의 관리, 감독자에게도 안전에 관한 책임과 권한이 부여된다.
- 안전 활동과 생산업무가 유리될 우려가 없기 때문에 균형을 유지할 수 있어 이상적인 조직형태이다.

㉢ 단점
- 명령계통과 조언 · 권고적 참여가 혼동되기 쉽다.
- 스태프의 월권행위가 발생하는 경우가 있다.
- 라인이 스태프에 의존하거나 스태프를 활용하지 않는 경우가 있다.

1003

15 Repetitive Learning (1회 2회 3회)

학습이론 중 자극과 반응의 이론이라 볼 수 없는 것은?

① Kohler의 통찰설(Insight theory)
② Thorndike의 시행착오설(Trial and Error theory)
③ Pavlov의 조건반사설(Classical conditioning theory)
④ Skinner의 조작적 조건화설(Operant conditioning theory)

해설

- Kohler의 통찰설은 인지이론(Cognitive theory)에 해당한다.

∷ 자극반응(S–R) 이론
- 학습을 자극(Stimulus)에 의한 반응(Response)으로 보는 이론이다.
- 종류에는 Pavlov의 조건반사설, Thorndike의 시행착오설, Skinner의 조작적 조건화설, Bandura의 관찰학습설, Guthrie의 접근적 조건화설 등이 있다.

1903

16 Repetitive Learning (1회 2회 3회)

안전교육 훈련에 있어 동기부여 방법에 대한 설명으로 가장 거리가 먼 것은?

① 안전 목표를 명확히 설정한다.
② 결과를 알려준다.
③ 경쟁과 협동을 유발시킨다.
④ 동기유발 수준을 정도 이상으로 높인다.

해설

- 안전동기를 부여하기 위해서는 동기유발의 최적수준을 유지토록 해야 한다.

∷ 동기부여(Motivation)

㉠ 개요
- 인간을 포함한 동물에게 목표를 지정하고 그 목표를 지향하여 생각하고 행동하도록 하는 것을 말한다.

㉡ 안전동기를 부여하는 방법
- 경쟁과 협동심을 유발시킨다.
- 안전목표를 명확히 설정한다.
- 상벌제도를 합리적으로 시행한다.
- 동기유발의 최적수준을 유지토록 한다.

0903 / 1102 / 1703 / 1903 / 2201

17 Repetitive Learning (1회 2회 3회)

위험예지훈련의 문제해결 4라운드에 속하지 않는 것은?

① 현상파악
② 본질추구
③ 대책수립
④ 원인결정

정답 | 14 ③ 15 ① 16 ④ 17 ④

해설

- 위험예지훈련 기초 4라운드는 1R(현상파악) – 2R(본질추구) – 3R(대책수립) – 4R(목표설정)으로 이뤄진다.

∷ 위험예지훈련 기초 4Round 기법 실필 1902/1503

1Round	현상파악 (사실의 파악단계)	전원이 토의를 통하여 위험요인을 발견하는 단계
2Round	본질추구 (원인탐색단계)	위험의 포인트를 결정하여 전원이 지적 확인을 하는 단계
3Round	대책수립 (대책수립단계)	발견된 위험요인을 극복하기 위한 방법을 제시하는 단계
4Round	목표설정 (행동계획 결정단계)	나온 대책들을 공감하고 팀의 행동목표를 설정하고 지적 확인하는 단계

18 Repetitive Learning (1회 2회 3회)

산업재해의 원인 중 기술적 원인에 해당하는 것은?

① 작업준비의 불충분 ② 안전장치의 기능 제거
③ 안전교육의 부족 ④ 구조재료의 부적당

해설

- 작업준비의 불충분은 관리적 원인에 해당한다.
- 안전장치의 기능 제거는 산업재해의 직접적인 원인에 해당하는 인적 원인이다.
- 안전교육의 부족은 교육적 원인에 해당한다.

∷ 산업재해의 간접적(기본적) 원인

㉠ 개요
- 재해의 직접적인 원인을 유발시키는 원인을 말한다.
- 기술적 원인, 교육적 원인, 신체적 원인, 정신적 원인, 관리적 원인 등이 있다.

㉡ 간접적 원인의 종류

기술적 원인	생산방법의 부적당, 구조물·기계장치 및 설비의 불량, 구조재료의 부적합, 점검·정비·보존의 불량 등
교육적 원인	안전지식의 부족, 안전수칙의 오해, 경험훈련의 미숙, 안전교육의 부족 등
신체적 원인	피로, 시력 및 청각기능 이상, 근육운동의 부적합, 육체적 한계 등
정신적 원인	안전의식의 부족, 주의력 부족, 판단력 부족 혹은 잘못된 판단, 방심 등
관리적 원인	안전관리조직의 결함, 안전수칙의 미제정, 작업준비의 불충분, 작업지시의 부적절, 인원배치의 부적당, 정리정돈의 미실시 등

19 Repetitive Learning (1회 2회 3회)

안전점검 체크리스트에 포함되어야 할 사항이 아닌 것은?

① 점검 대상 ② 점검 부분
③ 점검 방법 ④ 점검 목적

해설

- 체크리스트는 점검 대상(항목), 점검 부분(내용), 점검 방법 및 적합 여부 등을 포함해야 한다.

∷ 안전점검 체크리스트(Check list)

㉠ 개요
- 일상점검이나 일일점검과 같이 지속적으로 관리해야 할 현장에서 점검내용 등을 체크한 후 기록하는 자료이다.
- 체크리스트는 점검 대상(항목), 점검 부분(내용), 점검 방법 및 적합 여부 등을 포함해야 한다.

㉡ 판정기준과 방법
- 대안과 비교하여 양부를 판정한다.
- 한 개의 절대 척도나 상대 척도에 의할 때는 수치로 나타낸다.
- 복수의 절대 척도나 상대 척도로 조합된 문항은 기준점 이하로 나타낸다.

0802

20 Repetitive Learning (1회 2회 3회)

산업안전보건법상 사업 내 안전·보건교육 중 채용 시 교육 및 작업내용 변경 시의 교육내용이 아닌 것은?

① 기계·기구의 위험성과 작업의 순서 및 동선에 관한 사항
② 정리정돈 및 청소에 관한 사항
③ 물질안전보건자료에 관한 사항
④ 표준안전작업방법에 관한 사항

해설

- 표준안전작업방법에 관한 사항은 관리감독자의 정기안전·보건교육 내용에 해당한다.

∷ 채용 시의 교육 및 작업내용 변경 시의 교육 내용 실필 1502

- 기계·기구의 위험성과 작업의 순서 및 동선에 관한 사항
- 작업 개시 전 점검에 관한 사항
- 정리정돈 및 청소에 관한 사항
- 사고 발생 시 긴급조치에 관한 사항
- 산업보건 및 직업병 예방에 관한 사항
- 물질안전보건자료에 관한 사항
- 산업안전보건법 및 일반관리에 관한 사항

18 ④ 19 ④ 20 ④ 정답

0702 / 1902

21 Repetitive Learning (1회 2회 3회)

다음 그림과 같이 7개의 기기로 구성된 시스템의 신뢰도는 약 얼마인가?

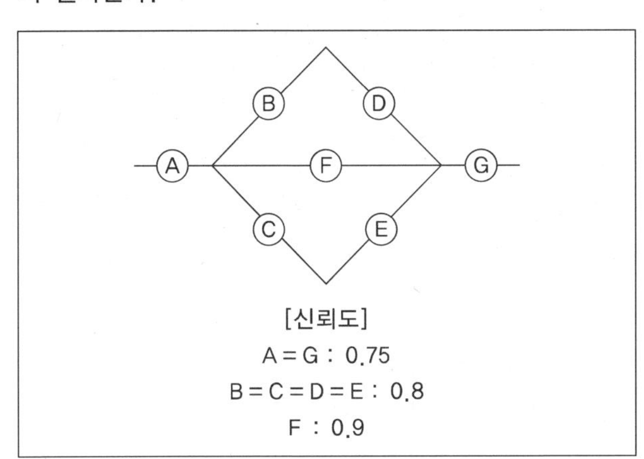

① 0.5427
② 0.6234
③ 0.5552
④ 0.9740

해설

- Ⓑ-Ⓓ는 직렬로 연결되어 있으므로 0.8×0.8=0.64이고
- Ⓒ-Ⓔ는 직렬로 연결되어 있으므로 0.8×0.8=0.64이다.
- Ⓑ-Ⓓ와 Ⓒ-Ⓔ 그리고 Ⓕ는 병렬로 연결되어 있으므로 1-(1-0.64)(1-0.64)(1-0.9)=1-(0.36×0.36×0.1)=1-0.01296 =0.98704이다.
- 이제 Ⓐ, 위의 결과, Ⓖ가 직렬 연결되어 있는 것을 계산하면 0.75×0.98704×0.75=0.5552이다.

시스템의 신뢰도 실필 0901

㉠ AND(직렬)연결 시
- 시스템의 신뢰도(R_s)는 부품 a, 부품 b 신뢰도를 각각 R_a, R_b라 할 때 $R_s = R_a \times R_b$로 구할 수 있다.

㉡ OR(병렬)연결 시
- 시스템의 신뢰도(R_s)는 부품 a, 부품 b 신뢰도를 각각 R_a, R_b라 할 때 $R_s = 1-(1-R_a)\times(1-R_b)$로 구할 수 있다.

22 Repetitive Learning (1회 2회 3회)

전신육체적 작업에 대한 개략적 휴식시간의 산출공식으로 맞는 것은?(단, R은 휴식시간(분), E는 작업의 에너지소비율(kcal/분)이다)

① $R = E \times \frac{60-4}{E-2}$
② $R = 60 \times \frac{E-4}{E-1.5}$
③ $R = 60 \times (E-4) \times (E-2)$
④ $R = E \times (60-4) \times (E-1.5)$

해설

- 휴식시간 $R=$ 작업시간 $\times \frac{E-4}{E-1.5}$ $= \frac{\text{기초대사를 포함한 작업 에너지소비량}}{E-1.5}$이다.

휴식시간 산출 실필 1703/1402

- 사람이 내는 하루 동안 에너지는 4,300kcal이고, 기초대사와 휴식에 소요되는 2,300kcal를 뺀 2,000kcal를 8시간(480분)으로 나누면 작업 평균 에너지소비량은 분당 약 4kcal가 된다.
- 여기서 작업 평균 에너지소비량을 넘어서는 작업을 한 경우에는 일정한 시간마다 휴식이 필요하다.
- 이에 휴식시간 R $=$ 작업시간 $\times \frac{E-4}{E-1.5}$로 계산한다.

이때 E는 순 에너지소비량[kcal/분]이고, 4는 작업 평균 에너지소비량, 1.5는 휴식 중 에너지소비량이다.

1103 / 1301 / 1903

23 Repetitive Learning (1회 2회 3회)

FT도에 사용하는 기호에서 3개의 입력현상 중 임의의 시간에 2개가 발생하면 출력이 생기는 기호의 명칭은?

① 억제 게이트
② 조합 AND 게이트
③ 배타적 OR 게이트
④ 우선적 AND 게이트

해설

- 억제 게이트(Inhibit gate)는 한 개의 입력사상에 의해 출력사상이 발생하며, 출력사상이 발생되기 전에 입력사상이 특정조건을 만족하여야 한다.
- 배타적 OR 게이트(Exclusive OR gate)는 OR 게이트의 특별한 경우로 2개 또는 그 이상의 입력이 동시에 존재하는 경우에는 출력이 생기지 않는 게이트이다.
- 우선적 AND 게이트는 AND 게이트의 특별한 경우로 여러 개의 입력 사상이 정해진 순서에 따라 순차적으로 발생해야만 결과가 출력된다.

정답 | 21 ③ 22 ② 23 ②

:: 조합 AND 게이트

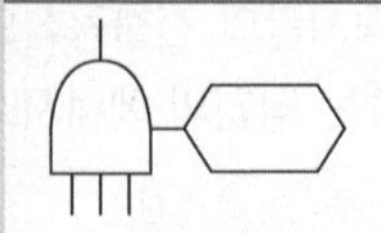	3개의 입력사상 중 임의의 시간에 2개의 입력사상이 발생할 경우 출력이 생긴다.

• ⬭ 기호 안에 출력이 2개임이 명시된다.

0601 / 2103

24

여러 사람이 사용하는 의자의 좌면 높이는 어떤 기준으로 설계하는 것이 가장 적절한가?

① 5% 오금높이
② 50% 오금높이
③ 75% 오금높이
④ 95% 오금높이

해설

• 여러 사람이 사용하는 의자의 경우 좌면의 높이는 오금보다 약간 낮게(5% 오금높이) 유지해야 한다.

:: 인간공학적 의자 설계

㉠ 개요
- 조절식 설계원칙을 적용하도록 한다.
- 자세와 동작에 따라 고려해야 할 인체측정 치수가 달라진다.
- 요부전만(腰部前灣)을 유지한다.
- 추간판(디스크)의 압력과 등근육의 정적부하를 줄인다.
- 자세 고정을 줄인다.
- 여러 사람이 사용하는 의자의 경우 좌면 높이는 오금보다 약간 낮게(5% 오금높이) 유지한다.

㉡ 고려할 사항
- 체중 분포
- 상반신의 안정
- 좌판의 높이(조절식을 기준으로 한다)
- 좌판의 깊이와 폭
(폭은 최대치, 깊이는 최소치를 기준으로 한다)

2103

25

인간공학의 궁극적인 목적과 가장 관계가 깊은 것은?

① 경제성 향상
② 인간능력의 극대화
③ 설비의 가동률 향상
④ 안전성 및 효율성 향상

해설

• 인간공학은 인간이 사용하는 물건, 설비, 환경의 설계에 인간의 생리적, 심리적인 면에서의 특성이나 한계점을 고려함으로써 인간-기계 시스템의 안전성과 편리성, 효율성을 높이는 학문분야이다.

:: 인간공학(Ergonomics)

㉠ 개요
- "Ergon(작업) + nomos(법칙) + ics(학문)"이 조합된 단어로 Human factors, Human engineering이라고도 한다.
- 인간의 특성과 한계 능력을 공학적으로 분석, 평가하여 이를 복잡한 체계의 설계에 응용함으로써 효율을 최대로 활용할 수 있도록 하는 학문분야이다.
- 인간이 사용하는 물건, 설비, 환경의 설계에 인간의 생리적, 심리적인 면에서의 특성이나 한계점을 고려함으로써 인간-기계 시스템의 안전성과 편리성, 효율성을 높이는 학문분야이다.

㉡ 적용분야
- 제품설계
- 재해 · 질병 예방
- 장비 · 공구 · 설비의 배치
- 작업장 내 조사 및 연구

0802

26

Repetitive Learning 1회 2회 3회

위험및운전성검토(HAZOP)에서 사용되는 가이드 워드 중에서 성질상의 감소를 의미하는 것은?

① Part of
② More/Less
③ No/Not
④ Other than

해설

• More/Less는 양의 증가 혹은 감소로 양과 성질을 함께 표현하며, No/Not은 설계 의도의 완전한 부정, Other than은 완전한 대체를 의미하는 가이드 워드이다.

:: 가이드 워드(Guide words)

㉠ 개요
- 위험및운전성검토(HAZOP)에서 근로자들의 창조적 사고를 유도하여 조작방법이나 오동작을 개선하기 위해 사용하는 워드이다.
- 공정변수(Process parameter)와 함께 사용하여 비정상상태(Deviation)가 일어날 수 있는 원인을 찾고 결과를 예측함과 동시에 대책을 세우는 데 유용하다.

㉡ 종류 실필 2303/1902/1301/1202

No/Not	설계 의도의 완전한 부정
Part of	성질상의 감소
As well as	성질상의 증가
More/Less	양의 증가 혹은 감소로 양과 성질을 함께 표현
Other than	완전한 대체

24 ① 25 ④ 26 ① 정답

27

Repetitive Learning 1회 2회 3회

시스템 안전 분석방법 중 예비위험분석(PHA) 단계에서 식별하는 4가지 범주에 속하지 않는 것은?

① 위기상태 ② 무시가능상태
③ 파국적상태 ④ 예비조치상태

해설

- PHA에서 위험의 정도를 분류하는 4가지 범주는 파국(Catastrophic), 중대(Critical), 위기-한계(Marginal), 무시가능(Negligible)으로 구분된다.

예비위험분석(PHA)

㉠ 개요

- 모든 시스템 안전 프로그램에서의 최초단계 해석으로 시스템의 위험요소가 어떤 위험 상태에 있는가를 정성적으로 평가하는 분석 방법이다.
- 시스템을 설계함에 있어 개념형성 단계에서 최초로 시도하는 위험도 분석방법이다.
- 복잡한 시스템을 설계, 가동하기 전의 구상단계에서 시스템의 근본적인 위험성을 평가하는 가장 기초적인 위험도 분석기법이다.
- 위험의 정도를 분류하는 4가지 범주는 파국(Catastrophic), 중대(Critical), 위기-한계(Marginal), 무시가능(Negligible)으로 구분된다.

㉡ 예비위험분석(PHA)의 4가지 범주(MIL-STD-882E)

실필 2103/1802/1302/1103

구분	내용
파국 (Catastrophic)	작업자의 부상 및 서브 시스템의 고장 등으로 시스템 성능이 저하되어 시스템에 심각한 손실을 초래한 상태
중대 (Critical)	작업자의 부상 및 시스템의 중대한 손해를 초래하거나 작업자의 생존 및 시스템의 유지를 위하여 즉시 수정 조치를 필요로 하는 상태
위기-한계 (Marginal)	작업자의 부상 및 시스템의 중대한 손해를 초래하지 않고 대처 또는 제어할 수 있는 상태
무시가능 (Negligible)	시스템의 성능이나 기능, 인원 손실이 전혀 없는 상태

28

Repetitive Learning 1회 2회 3회

첨단 경보 시스템의 고장률은 0이다. 경계의 효과로 조작자 오류율은 0.01t/hr이며, 인간의 실수율은 균질(Homogeneous)한 것으로 가정한다. 또한, 이 시스템의 스위치 조작자는 1시간마다 스위치를 작동해야 하는데 인간오류확률(HEP : Human Error Probability)이 0.001인 경우에 2시간에서 6시간 사이에 인간-기계 시스템의 신뢰도는 약 얼마인가?

① 0.938 ② 0.948
③ 0.957 ④ 0.967

해설

- 조작자 오류율이 0.01이므로 신뢰도는 1-0.01=0.99이다.
- HEP가 0.001이므로 신뢰도는 1-0.001=0.999이다.
- 직렬로 연결된 시스템으로 봐야 하므로 총 신뢰도는 0.99×0.999=0.989가 된다.
- 시간당 0.989의 신뢰도를 갖는 시스템에서 4시간 동안의 신뢰도는 $0.989^4 = 0.9567\cdots$이다.

시스템의 신뢰도 실필 0901

문제 21번의 유형별 핵심이론 참조

지수분포를 따르는 부품의 신뢰도

실필 1503/1502/1501/1402/1302/1101/1003/1002/0803/0801

- 고장률 λ인 시스템의 t시간 후의 신뢰도 $R(t) = e^{-\lambda t}$ 이다.
- 고장까지의 평균시간이 $t_0\left(=\frac{1}{\lambda_0}\right)$일 때

  이 부품을 t시간 동안 사용할 경우의 신뢰도 $R(t) = e^{-\frac{t}{t_0}}$이다.

29

Repetitive Learning 1회 2회 3회

실내에서 사용하는 습구흑구온도(WBGT : Wet Bulb Globe Temperature) 지수는?(단, NWB는 자연습구, GT는 흑구온도, DB는 건구온도이다)

① WBGT=0.6NWB + 0.4GT
② WBGT=0.7NWB + 0.3GT
③ WBGT=0.6NWB + 0.3GT + 0.1DB
④ WBGT=0.7NWB + 0.2GT + 0.1DB

해설

- 일사가 영향을 미치는 옥외에서는 건구온도인 DB를 반영하지만 옥내에서는 일사의 영향이 없으므로 자연습구와 흑구온도만으로 WBGT가 결정된다.

습구흑구온도(WBGT : Wet Bulb Globe Temperature) 지수

- 건구온도, 습구온도 및 흑구온도에 의해 산출되며, 열중증 예방을 위한 지표로 더위지수라고도 한다.
- 일사가 영향을 미치는 옥외와 일사의 영향이 없는 옥내의 계산식이 다르다.
- 옥내에서는 WBGT=0.7NWB + 0.3GT이다. 이때 NWB는 자연습구, GT는 흑구온도이다.
- 옥외에서는 WBGT=0.7NWB + 0.2GT + 0.1DB이며 이때 NWB는 자연습구, GT는 흑구온도, DB는 건구온도이다.

정답 | 27 ④ 28 ③ 29 ②

0501 / 1001 / 1301

30 Repetitive Learning 1회 2회 3회

FTA에서 특정 조합의 기본사상들이 동시에 결함을 발생하였을 때 정상사상을 일으키는 기본사상의 집합을 무엇이라 하는가?

① Cut set
② Error set
③ Path set
④ Success set

해설

• 패스 셋(Path set)은 정상사상(Top event)이 발생하지 않게 하는 기본사상들의 집합을 말한다.

∷ 컷 셋(Cut set) 실필 1601/1303/1001

• 시스템의 약점을 표현한 것이다.
• 특정 조합의 기본사상들이 동시에 결함을 발생하였을 때 정상사상을 일으키는 기본사상의 집합을 말한다.

31 Repetitive Learning 1회 2회 3회

실험실 환경에서 수행하는 인간공학 연구의 장・단점에 대한 설명으로 맞는 것은?

① 변수의 통제가 용이하다.
② 주위 환경의 간섭에 영향 받기 쉽다.
③ 실험 참가자의 안전을 확보하기가 어렵다.
④ 피실험자의 자연스러운 반응을 기대할 수 있다.

해설

• 실험실에서 수행하는 인간공학 연구는 변수나 주위 환경에 대한 통제가 쉽다.

∷ 실험실 환경의 인간공학 연구의 특징

• 변수나 주위 환경에 대한 통제가 쉽다.
• 주위 환경의 간섭에 영향을 받지 않는다.
• 실험참가자의 안전 확보가 쉽다.
• 피실험자의 자연스러운 반응을 기대하기 어렵다는 단점을 가진다.

0801 / 1003 / 1203 / 1701

32 Repetitive Learning 1회 2회 3회

[그림]과 같이 FTA로 분석된 시스템에서 현재 모든 기본사상에 대한 부품이 고장난 상태이다. 부품 X_1부터 부품 X_5까지 순서대로 복구한다면 어느 부품을 수리 완료하는 순간부터 시스템은 정상가동이 되겠는가?

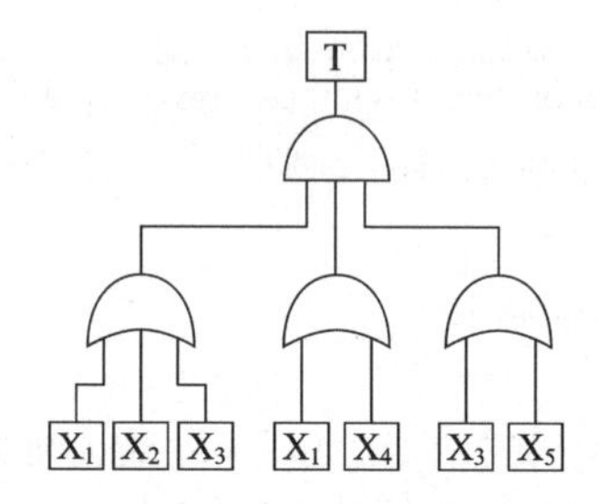

① 부품 X_2　　② 부품 X_3
③ 부품 X_4　　④ 부품 X_5

해설

• T가 정상가동하려면 AND 게이트이므로 입력 3개가 모두 정상가동해야 한다. 즉, 개별적인 OR 게이트에서의 출력이 정상적으로 발생해야 T는 정상가동한다. X_1과 X_2가 복구될 경우 첫 번째 OR 게이트와 두 번째 OR 게이트의 신호는 정상화가 되나 마지막 OR 게이트가 동작하지 않아 T가 정상가동되지 않는다.
• X_3이 정상화되면 마지막 OR 역시 정상 동작하게 되므로 T는 정상가동된다.

∷ FT도에서 정상(고장)사상 발생확률 실필 1203/0901

㉠ AND(직렬)연결 시
• 사상 A의 발생확률을 P_A, 사상 B, 사상 C 발생확률을 P_B, P_C라 할 때 $P_A = P_B \times P_C$로 구할 수 있다.

㉡ OR(병렬)연결 시
• 사상 A의 발생확률을 P_A, 사상 B, 사상 C 발생확률을 P_B, P_C라 할 때 $P_A = 1-(1-P_B)\times(1-P_C)$로 구할 수 있다.

1202

33 Repetitive Learning 1회 2회 3회

특정한 목적을 위해 시각적 암호, 부호 및 기호를 의도적으로 사용할 때에 반드시 고려하여야 할 사항과 가장 거리가 먼 것은?

① 검출성
② 판별성
③ 양립성
④ 심각성

30 ① 31 ① 32 ② 33 ④ 정답

해설

- 암호화 시 고려할 사항에는 검출성, 표준화, 변별성, 양립성, 부호의 의미, 다차원 암호 사용가능성 등이 있다.

암호화(Coding)

㉠ 개요
- 원래의 신호 정보를 새로운 형태로 변화시켜 표시하는 것을 말한다.
- 형상, 크기, 색채 등을 이용하여 작업자가 기계 및 기구를 쉽게 식별할 수 있도록 암호화한다.

㉡ 암호화 지침

검출성	감지가 쉬워야 한다.
표준화	표준화되어야 한다.
변별성	다른 암호 표시와 구별될 수 있어야 한다.
양립성	인간의 기대와 모순되지 않아야 한다.
부호의 의미	사용자가 그 뜻을 분명히 알 수 있어야 한다.
다차원의 암호 사용가능	두 가지 이상의 암호 차원을 조합해서 사용하면 정보전달이 촉진된다.

1103 / 1902

34

산업안전보건법에 따라 유해·위험방지계획서의 제출대상 사업은 해당 사업으로서 전기 계약용량이 얼마 이상인 사업을 말하는가?

① 150kW
② 200kW
③ 300kW
④ 500kW

해설

- 유해·위험방지계획서 제출대상 사업장의 규모는 전기 계약용량이 300kW 이상인 사업장이다.

유해·위험방지계획서의 제출 실필 2302/1303/0903

- 제출대상 사업장의 규모는 전기 계약용량이 300kW 이상인 사업장이다.
- 건설물·기계·기구 및 설비 등 일체를 설치·이전하거나 그 주요 구조부분을 변경할 때에는 고용노동부장관(한국산업안전보건공단)에게 유해·위험방지계획서를 2부 제출하여야 한다.
- 제조업의 경우는 해당 작업 시작 15일 전에 제출한다.
- 건설업의 경우는 공사의 착공 전날까지 제출한다.

35

Repetitive Learning 1회 2회 3회

국내 규정상 1일 노출횟수가 100일 때 최대 음압수준이 몇 dB(A)를 초과하는 충격소음에 노출되어서는 아니 되는가?

① 110
② 120
③ 130
④ 140

해설

- 충격소음 허용기준에서 하루 100회의 충격소음에 노출되는 경우 140dBA, 하루 1,000회의 충격소음에 노출되는 경우 130dBA, 하루 10,000회의 충격소음에 노출되는 경우 120dBA를 초과하는 충격소음에 노출되어서는 안 된다.

소음 노출 기준 실필 2301/1602

㉠ 소음의 허용기준(강렬한 소음작업의 기준)

1일 노출시간(hr)	허용 음압수준(dBA)
8	90
4	95
2	100
1	105
1/2	110
1/4	115

㉡ 충격소음의 허용기준

충격소음강도(dBA)	허용 노출 횟수(회)
140	100
130	1,000
120	10,000

36

Repetitive Learning 1회 2회 3회

인지 및 인식의 오류를 예방하기 위해 목표와 관련하여 작동을 계획해야 하는데 특수하고 친숙하지 않은 상황에서 발생하며, 부적절한 분석이나 의사결정을 잘못하여 발생하는 오류는?

① 기능에 기초한 행동(Skill-based behavior)
② 규칙에 기초한 행동(Rule-based behavior)
③ 사고에 기초한 행동(Accident-based behavior)
④ 지식에 기초한 행동(Knowledge-based behavior)

해설

- Rasmussen의 휴먼에러와 관련된 인간행동은 기능/기술 기반 행동, 지식 기반 행동, 규칙 기반 행동으로 분류된다.
- 기능/기술 기반 행동(Skill-based behavior)은 실수(Slip)와 망각(Lapse)으로 구분되는 오류이다.
- 규칙 기반 행동(Rule-based behavior)은 잘못된 규칙을 기억하거나 정확한 규칙이라도 상황에 맞지 않게 적용한 경우 발생하는 오류이다.

정답 | 34 ③ 35 ④ 36 ④

Rasmussen의 휴먼에러와 관련된 인간행동 분류

기능/기술 기반 행동 (Skill-based behavior)	실수(Slip)와 망각(Lapse)으로 구분되는 오류
지식 기반 행동 (Knowledge-based behavior)	인지 및 인식의 오류를 예방하기 위해 목표와 관련하여 작동을 계획해야 하는데 특수하고 친숙하지 않은 상황에서 발생하며, 부적절하게 분석하거나 의사결정을 잘못하여 발생하는 오류
규칙 기반 행동 (Rule-based behavior)	잘못된 규칙을 기억하거나 정확한 규칙이라도 상황에 맞지 않게 적용한 경우 발생하는 오류

37

Repetitive Learning 1회 2회 3회

기계설비가 설계 사양대로 성능을 발휘하기 위한 적정 윤활의 원칙이 아닌 것은?

① 적량의 규정
② 주유방법의 통일화
③ 올바른 윤활법의 채용
④ 윤활기간의 올바른 준수

해설

- 적정 윤활의 원칙에서 주유방법은 따로 규정되어 있지 않다. 기계에 적합한 윤활유를 선정하는 것이 포함되어야 한다.

적정 윤활의 원칙

- 기계에 적합한 윤활유의 선정
- 적량의 규정
- 올바른 윤활법의 채용
- 윤활기간의 올바른 준수

1303

38

Repetitive Learning 1회 2회 3회

다음 중 정보의 촉각적 암호화 방법으로만 구성된 것은?

① 점자, 진동, 온도
② 초인종, 점멸등, 점자
③ 신호등, 경보음, 점등
④ 연기, 온도, 모스(Morse)부호

해설

- 초인종, 경보음, 모스(Morse)부호는 청각적 암호화 방법이고, 점멸등, 신호등, 점등, 연기 등은 시각적 암호화 방법이다.

촉각적 암호화

- 표면촉각을 이용한 암호화 방법 – 점자, 진동, 온도 등
- 형상을 이용한 암호화 방법 – 모양
- 크기를 이용한 암호화 방법 – 크기

0703 / 1302

39

Repetitive Learning 1회 2회 3회

화학설비에 대한 안전성 평가방법 중 공장의 입지조건이나 공장 내 배치에 관한 사항은 어느 단계에서 하는가?

① 제1단계 : 관계 자료의 작성 준비
② 제2단계 : 정성적 평가
③ 제3단계 : 정량적 평가
④ 제4단계 : 안전대책

해설

- 공장의 입지조건이나 배치는 2단계 정성적 평가에서 설계관계에 대한 평가에 해당한다.

안전성 평가 6단계 실필 1703/1303

1단계	관계 자료의 작성 준비
2단계	• 정성적 평가 • 설계(공장의 입지조건, 공장 내 배치)와 운전관계에 대한 평가
3단계	• 정량적 평가 • 취급물질, 용량, 온도, 압력 및 조작을 통한 위험도 평가
4단계	• 안전대책 수립 • 설비대책과 관리적 대책
5단계	재해정보에 의한 재평가
6단계	FTA에 의한 재평가

40

Repetitive Learning 1회 2회 3회

다음 중 성격이 다른 정보의 제어유형은?

① Action
② Selection
③ Setting
④ Data entry

37 ② 38 ① 39 ② 40 ③ 정답

해설

- Setting은 설정값으로 시스템에 초기에 설정한 값을 말한다.

목표달성을 위한 수정과정

- Action, Selection, Data entry는 설정된 목표를 달성하기 위해서 편차를 제거하는 과정에서 수행하는 과정을 말한다.
- Data entry는 데이터나 자료를 설비에서 사용가능하도록 입력하거나 변환하는 제어동작을 말한다.

3과목 기계 · 기구 및 설비 안전관리

0701 / 2001 / 2202

41

크레인의 방호장치에 해당되지 않는 것은?

① 권과방지장치
② 과부하방지장치
③ 자동보수장치
④ 비상정지장치

해설

- 자동보수장치는 자동으로 수리를 진행하는 장치의 의미인 것으로 판단되나 현재 크레인과 관련하여 해당 장치는 존재하지 않는다.

크레인의 방호장치 실필 1902/1101

- 크레인 방호장치에는 과부하방지장치, 권과방지장치, 충돌방지장치, 비상정지장치, 해지장치, 스토퍼 등이 있다.
- 권과방지장치는 일정 이상 부하를 권상시키면 더 이상 권상되지 않게 하여 부하가 크레인에 충돌하지 않도록 하는 장치이다. 이때 간격은 25cm 이상 유지하도록 조정한다.(단, 직동식 권과방지장치의 간격은 0.05m 이상이다)
- 과부하방지장치는 하중이 정격을 초과하였을 때 자동적으로 상승이 정지되는 장치이다.
- 충돌방지장치는 병렬로 설치된 크레인의 경우 크레인의 충돌을 방지하기 위해 광 또는 초음파를 이용해 크레인의 접촉을 감지하여 충돌을 방지하는 장치이다.
- 비상정지장치는 위험한계 내에 신체의 일부가 들어가거나 이상사태가 발견된 경우에 기계의 작동을 정지시키는 장치를 말한다.
- 해지장치는 크레인 작업 시 와이어로프 등이 훅으로부터 벗겨지는 것을 방지하기 위한 장치이다.
- 스토퍼는 같은 주행로에 병렬로 설치되어 있는 주행 크레인에서 크레인끼리의 충돌이나, 근로자에 접촉하는 것을 방지하는 장치이다.

42

Repetitive Learning 1회 2회 3회

프레스작업에서 재해예방을 위한 재료의 자동송급 또는 자동배출장치가 아닌 것은?

① 롤 피더
② 그리퍼 피더
③ 플라이어
④ 셔블 이젝터

해설

- 플라이어는 작업자의 악력을 배가하기 위한 작업용 공구로 작은 물체를 집기 위해 사용하는 장치이다.

송급배출장치

- 1차 가공용 송급배출장치 : 롤 피더(Roll feeder)
- 2차 가공용 송급배출장치 : 푸셔 피더(Pusher feeder), 다이얼 피더(Dial feeder), 트랜스퍼 피더(Transfer feeder)
- 슬라이딩 다이(Sliding die, 하형 자신을 안내로 송급하는 형식)

2201

43

Repetitive Learning 1회 2회 3회

롤러기 급정지장치의 종류가 아닌 것은?

① 어깨 조작식
② 손 조작식
③ 복부 조작식
④ 무릎 조작식

해설

- 롤러기의 급정지장치는 장치의 설치위치에 따라 손 조작식, 복부 조작식, 무릎 조작식으로 구분된다.

롤러기 급정지장치의 종류 실필 2101/0802 실작 2303/2101/1902

종류	위치
손 조작식	밑면에서 1.8[m] 이내
복부 조작식	밑면에서 0.8~1.1[m]
무릎 조작식	밑면에서 0.6[m] 이내

44

기계 고장률의 기본 모형이 아닌 것은?

① 초기고장
② 우발고장
③ 마모고장
④ 수시고장

해설

- 수명곡선상의 고장의 종류에는 초기고장, 우발고장, 마모고장이 있다.

수명곡선과 고장형태

- 시스템 수명곡선의 형태는 초기고장은 감소형, 우발고장은 일정형, 마모고장은 증가형을 보인다.
- 디버깅 기간은 초기고장에서 나타난다.

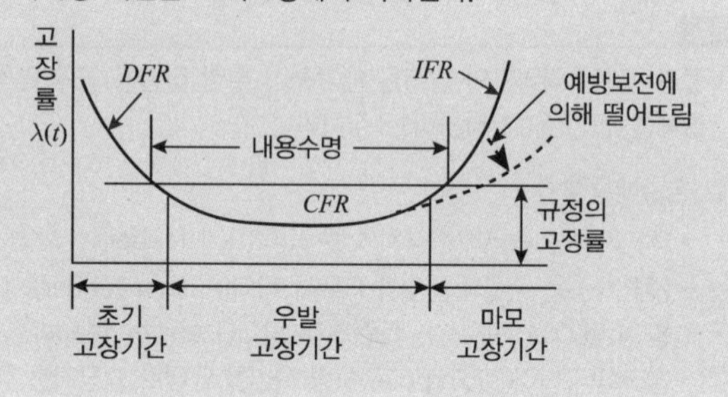

2202

45 Repetitive Learning 

와이어로프의 구성요소가 아닌 것은?

① 소선
② 클립
③ 스트랜드
④ 심강

해설

- 클립은 와이어로프를 결속하기 위해 사용하는 소재를 말한다.

와이어로프

㉠ 개요
- 와이어로프는 심강(Core), 가닥(Strand), 소선으로 구성된다.
- 가닥(Strand)은 복수의 소선 등을 꼬아 놓은 것을 말한다.
- 와이어로프는 3개 이상의 가닥으로 구성되며, 소선의 굵기가 가늘고 많을수록 좋다.
- 결속하기 위해서 소켓, 팀블, 웨지, 아이스플라이스, 클립 등을 이용한다.

㉡ 와이어로프 소켓을 이용한 고정
- 와이어로프의 단말 고정방법으로 사용하는 것 중 가장 효율이 좋은 방법이다.
- 하중이 크게 걸리는 현수교 등에서 사용된다.
- 밀폐법의 종류에는 개방형과 밀폐형, 브릿지형이 있다.

개방형	밀폐형	브릿지형

1103

46 Repetitive Learning 1회 2회 3회

이상온도, 이상기압, 과부하 등 기계의 부하가 안전 한계치를 초과하는 경우에 이를 감지하고 자동으로 안전상태가 되도록 조정하거나 기계의 작동을 중지시키는 방호장치는?

① 감지형 방호장치 ② 접근거부형 방호장치
③ 위치제한형 방호장치 ④ 접근반응형 방호장치

해설

- 이상을 감지한 후 안전상태가 되도록 조정하거나 기계의 작동을 중지시키는 방식은 감지형에 대한 설명이다.

방호장치의 종류

㉠ 작업점에 대한 방호장치

형태	설명
격리형	작업자가 위험점에 접근하지 못하도록 차단벽이나 망(울타리), 덮개 등을 설치하는 방호장치
위치제한형	• 대표적인 종류는 양수조작식 • 위험기계에 조작자의 신체부위가 의도적으로 위험점 밖에 있도록 하는 방호장치
접근거부형	• 대표적인 종류는 손쳐내기식(방호판) • 위험기계 및 위험기구 방호조치 기준상 작업자의 신체부위가 위험한계 내로 접근하였을 때 기계적인 작용에 의하여 근접을 저지하는 방호장치
접근반응형	• 대표적인 종류는 광전자식 방호장치 • 작업자가 위험점에 접근할 경우 센서에 의해 기계의 작동이 정지되는 방호장치

㉡ 위험원에 대한 방호장치

형태	설명
감지형	이상온도, 이상기압, 과부하 등 기계의 부하가 안전 한계치를 초과하는 경우에 이를 감지하고 자동으로 안전상태가 되도록 조정하거나 기계의 작동을 중지시키는 방호장치
포집형	• 대표적인 종류는 연삭숫돌의 포집장치 • 위험장소가 아닌 위험원에 대한 방호장치

2201

47 Repetitive Learning 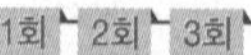

연삭용 숫돌의 3요소가 아닌 것은?

① 조직
② 입자
③ 결합제
④ 기공

45 ② 46 ① 47 ① 정답

해설

- 연삭숫돌은 입자, 결합제, 기공으로 구성된다.

연삭숫돌의 3요소

- 연삭숫돌은 입자, 결합제, 기공으로 구성된다.

입자(Abrasive)	공작물을 깎아내는 경도가 높은 광물질 결정체
결합제(Bond)	입자를 고정하는 역할을 담당
기공(Pore)	절삭칩이 빠져나가는 길로 연삭열을 억제

1103 / 1902

48 Repetitive Learning (1회 2회 3회)

산업용 로봇에 사용되는 안전매트의 종류 및 일반구조에 관한 설명으로 틀린 것은?

① 안전매트의 종류는 연결사용 가능 여부에 따라 단일 감지기와 복합 감지기가 있다.
② 단선경보장치가 부착되어 있어야 한다.
③ 감응시간을 조절하는 장치가 부착되어 있어야 한다.
④ 감응도 조절장치가 있는 경우 봉인되어 있어야 한다.

해설

- 안전매트에 감응시간을 조절하는 장치는 필요 없다.

안전매트 실필 1001

㉠ 개요
- 산업용 로봇의 방호장치이다.
- 유효감지영역 내의 임의의 위치에 일정한 정도 이상의 압력이 주어졌을 때 이를 감지하여 신호를 발생시키는 장치를 말하며 감지기, 제어부 및 출력부로 구성된다.
- 연결사용 가능 여부에 따라 단일 감지기와 복합 감지기가 있다.

㉡ 일반구조
- 단선경보장치가 부착되어 있어야 한다.
- 감응도 조절장치가 있는 경우 봉인되어 있어야 한다.

49 Repetitive Learning (1회 2회 3회)

오스테나이트 계열 스테인리스 강판의 표면 균열 발생을 검출하기 곤란한 비파괴검사방법은?

① 염료침투검사
② 자분검사
③ 와류검사
④ 형광침투검사

해설

- 오스테나이트(Austenite)는 비자성체로 자분탐상검사가 불가능하다.

자분탐상검사(Magnetic particle inspection)

- 비파괴검사방법 중 하나로 자성체 표면 균열을 검출할 때 사용된다.
- 강자성체의 결함을 찾을 때 사용하는 비파괴시험으로 표면 또는 표층(표면에서 수 mm 이내)에 결함이 있을 경우 누설자속을 이용하여 육안으로 결함을 검출하는 시험방법이다.
- 자분탐상검사는 투자율에 따라 자성체의 자기적인 이력(履歷)이나 자기장의 세기가 변화하는 성질을 이용한다.
- 자화방법에 따라 코일법, 극간법, 축통전법, 프로드법, 직각통전법, 전류관통법 등이 있다.

50 Repetitive Learning (1회 2회 3회)

일반구조용 압연강판(SS400)으로 구조물을 설계할 때 허용응력을 $10kg/mm^2$으로 정하였다. 이때 적용된 안전율은?

① 2 ② 4
③ 6 ④ 8

해설

- SS400에서 400은 압연강재의 인장강도$[N/mm^2]$를 의미한다.
- 압연강재의 인장강도가 $400[N/mm^2]$이고, 이를 kg단위로 변환하기 위해 9.8로 나누면 약 $40.8[kg/mm^2]$이 된다.
- 안전율은 $\frac{40.8}{10} = 4.08$이다.

안전율/안전계수(Safety factor)

- 소재의 파괴강도와 허용되는 응력의 비를 표시한 것이다.
- 안전율은 $\frac{기준강도}{허용응력}$ 또는 $\frac{항복강도}{설계하중}$, $\frac{파괴하중}{최대사용하중}$, $\frac{최대응력}{허용응력}$ 등으로 구한다.
- 응력은 단위면적당 부재에 작용하는 힘을 말하며, 허용응력은 단위면적당 재료가 파괴되지 않고 영구적인 변형이 남지 않는 비례한도 범위 내의 응력을 말한다.
- 기준강도는 재료에 손상을 입힌다고 인정되는 강도를 말한다.
- 강도(기준강도)를 통해 재료의 안전율, 구조 등이 결정된다.
- 연성재료에서는 항복점을 기준강도, 인장강도, 기초강도라고도 한다.

정답 | 48 ③ 49 ② 50 ②

1902

51 Repetitive Learning (1회 2회 3회)

회전 중인 연삭숫돌이 근로자에게 위험을 미칠 우려가 있을 시 덮개를 설치하여야 할 연삭숫돌의 최소 지름은?

① 지름이 5cm 이상인 것
② 지름이 10cm 이상인 것
③ 지름이 15cm 이상인 것
④ 지름이 20cm 이상인 것

해설

- 사업주는 지름이 5cm 이상의 회전 중인 연삭숫돌이 근로자에게 위험을 미칠 우려가 있는 경우에 그 부위에 덮개를 설치하여야 한다.

산업안전보건법상의 연삭숫돌 사용 시 안전조치 실필 1303/0802

- 사업주는 회전 중인 연삭숫돌(지름이 5cm 이상인 것)이 근로자에게 위험을 미칠 우려가 있는 경우에 그 부위에 덮개를 설치하여야 한다.
- 사업주는 연삭숫돌을 사용하는 작업의 경우 작업을 시작하기 전에는 1분 이상, 연삭숫돌을 교체한 후에는 3분 이상 시험운전을 하고 해당 기계에 이상이 있는지를 확인하여야 한다.
- 시험운전에 사용하는 연삭숫돌은 작업 시작 전에 결함이 있는지를 확인한 후 사용하여야 한다.
- 사업주는 연삭숫돌의 최고사용회전속도를 초과하여 사용하도록 해서는 아니 된다.
- 사업주는 측면을 사용하는 것을 목적으로 하지 않는 연삭숫돌을 사용하는 경우 측면을 사용하도록 해서는 아니 된다.
- 숫돌 고정장치인 평형플랜지의 직경은 설치하는 숫돌 직경의 1/3 이상, 여윳값은 1.5mm 이상이어야 한다.
- 연삭작업 시 안전을 위해 작업자는 연삭기의 측면에 위치한다.
- 연삭숫돌을 결합할 때는 열로 인한 팽창을 고려하여 축과 0.1~0.15mm 정도의 틈새를 둔다.

52 Repetitive Learning (1회 2회 3회)

동력프레스기의 No hand in die 방식의 안전대책으로 틀린 것은?

① 안전금형을 부착한 프레스
② 양수조작식 방호장치의 설치
③ 안전울을 부착한 프레스
④ 전용프레스의 도입

해설

- 양수조작식 방호장치는 가장 대표적인 기동스위치를 활용한 위치제한형 방호장치다.

No hand in die 방식

- 프레스에서 손을 금형 사이에 집어넣을 수 없도록 하는 본질적 안전화를 위한 방식을 말한다.
- 안전금형, 안전 울(방호 울)을 사용하거나 전용프레스를 도입하여 금형 안에 손이 들어가지 못하게 한다.
- 자동 송급 및 배출장치를 가진 자동프레스는 손을 집어넣을 필요가 없는 방식이다.
- 자동 송급 및 배출장치에는 롤 피더(Roll feeder), 푸셔 피더(Pusher feeder), 다이얼 피더(Dial feeder), 트랜스퍼 피더(Transfer feeder), 에젝터(Ejecter) 등이 있다.

53 Repetitive Learning (1회 2회 3회)

다음 중 선반작업에서 안전한 방법이 아닌 것은?

① 보안경 착용
② 칩 제거는 브러시를 사용
③ 작동 중 수시로 주유
④ 운전 중 백기어 사용금지

해설

- 바이트 교환, 일감의 치수 측정, 주유 및 청소 시에는 기계를 정지시켜야 한다.

선반작업 시 안전수칙

㉠ 작업자 보호장구
- 작업 중 장갑 착용을 금한다.
- 절삭 칩의 제거는 반드시 브러시를 사용하도록 한다.
- 칩(Chip)이 비산할 때는 보안경을 쓰고 방호판을 설치하여 사용한다.

㉡ 작업 시작 전 점검 및 준수사항
- 칩이 짧게 끊어지도록 칩 브레이커를 설치한다.
- 일감의 길이가 긴(가공물 길이가 지름의 12~20배 이상) 공작물은 방진구를 설치하여 진동을 방지한다.
- 베드 위에 공구를 올려놓지 않아야 한다.
- 공작물의 설치가 끝나면, 척에서 렌치류는 곧바로 제거한다.
- 시동 전에 척 핸들을 빼두어야 한다.

㉢ 작업 중 준수사항
- 기계 운전 중에는 백기어(Back gear)의 사용을 금한다.
- 회전 중에 가공품을 직접 만지지 않는다.
- 센터 작업 시 심압 센터에 자주 절삭유를 준다.
- 선반 작업 시 주축의 변속은 기계 정지 후에 해야 한다.
- 바이트 교환, 일감의 치수 측정, 주유 및 청소 시에는 기계를 정지시켜야 한다.

51 ① 52 ② 53 ③ 정답

54 Repetitive Learning 1회 2회 3회

아세틸렌용접장치에 관한 설명 중 틀린 것은?

① 아세틸렌 발생기로부터 5m 이내, 발생기실로부터 3m 이내에는 흡연 및 화기사용을 금지한다.
② 역화가 일어나면 산소 밸브를 즉시 잠그고 아세틸렌 밸브를 잠근다.
③ 아세틸렌 용기는 뉘어서 사용한다.
④ 건식안전기는 차단방법에 따라 소결금속식과 우회로식이 있다.

해설

- 용해아세틸렌 용기는 세워서 사용하고 보관해야 한다.

가스 등의 용기 관리

㉠ 개요
- 가스용기는 통풍이나 환기가 불충분한 장소, 화기를 사용하는 장소 및 그 부근, 위험물 또는 인화성 액체를 취급하는 장소 및 그 부근에 사용하거나 보관해서는 안 된다.

㉡ 준수사항
- 용기의 온도를 40[℃] 이하로 유지하도록 한다.
- 전도의 위험이 없도록 한다.
- 충격을 가하지 않도록 한다.
- 운반하는 경우에는 캡을 씌우고 단단하게 묶도록 한다.
- 밸브의 개폐는 서서히 하도록 한다.
- 사용 전 또는 사용 중인 용기와 그 밖의 용기를 명확히 구별하여 보관하도록 한다.
- 용기의 부식·마모 또는 변형상태를 점검한 후 사용하도록 한다.
- 용해아세틸렌의 용기는 세워서 보관하도록 한다.

55 Repetitive Learning 1회 2회 3회

물질 내 실제 입자의 진동이 규칙적일 경우 주파수의 단위는 헤르츠(Hz)를 사용하는데 다음 중 통상적으로 초음파는 몇 Hz 이상의 음파를 말하는가?

① 10,000 ② 20,000
③ 50,000 ④ 100,000

해설

- 초음파는 사람이 들을 수 있는 가청주파수(16~20[kHz]) 위의 주파수를 갖는 음파를 말한다.

초음파 소음(Ultrasonic noise)
- 사람이 들을 수 있는 가청주파수는 (16~20[kHz])이다.
- 가청주파수 위의 주파수를 갖는 소음을 말한다.
- 20,000Hz 이상에서 노출 제한은 110dB이며, 그 이상에서는 소음이 2dB 증가하면 허용기간은 반감되어야 한다.

56 Repetitive Learning 1회 2회 3회

보일러 과열의 원인이 아닌 것은?

① 수관과 본체의 청소 불량
② 관수 부족 시 보일러의 가동
③ 드럼 내의 물의 감소
④ 수격작용이 발생될 때

해설

- 수격작용이란 관로에서 물의 운동 상태가 변화하여 발생하는 물의 급격한 압력변화 현상으로 보일러 과열의 원인으로 보기 어렵다.

보일러 과열 발생 직접적 원인
- 수관의 청소 불량
- 관수 부족 시 보일러의 기동
- 수면계의 고장으로 드럼 내의 물의 감소

0602 / 0803 / 1102

57 Repetitive Learning 1회 2회 3회

프레스 양수조작식 방호장치에서 누름버튼 상호 간 최소 내측거리로 옳은 것은?

① 200mm 이상
② 250mm 이상
③ 300mm 이상
④ 400mm 이상

해설

- 양수조작식 방호장치의 누름버튼 상호 간 최소 내측거리는 300mm 이상이어야 한다.

정답 | 54 ③ 55 ② 56 ④ 57 ③

양수조작식 방호장치 실필 1301/0903

㉠ 개요

- 가장 대표적인 기동스위치를 활용한 위치제한형 방호장치다.
- 두 개의 스위치 버튼을 손으로 동시에 눌러야 기계가 작동하는 구조로 작동 중 어느 하나의 누름 버튼에서 손을 떼면 그 즉시 슬라이드 동작이 정지하는 장치이다.

㉡ 구조 및 일반사항

- 120[SPM] 이상의 소형 확동식 클러치 프레스에 가장 적합한 방호장치이다.
- 슬라이드 작동 중 정지가 가능하고 1행정 1정지기구를 갖는 방호장치로 급정지기구가 있어야만 유효한 기능을 수행할 수 있다.
- 누름버튼 상호 간 최소 내측거리는 300mm 이상이어야 한다.

2102

58 Repetitive Learning (1회 2회 3회)

다음 중 지브가 없는 크레인의 정격하중에 관한 정의로 옳은 것은?

① 짐을 싣고 상승할 수 있는 최대하중
② 크레인의 구조 및 재료에 따라 들어올릴 수 있는 최대하중
③ 권상하중에서 훅, 그랩 또는 버킷 등 달기구의 중량에 상당하는 하중을 뺀 하중
④ 짐을 싣지 않고 상승할 수 있는 최대하중

해설

- 지브가 없는 크레인에서의 정격하중은 권상하중에서 달기구의 중량에 상당하는 하중을 뺀 하중으로 구한다.

지브가 없는 크레인

- 지브(Jib)란 크레인에서 물건을 매달기 위해 설치된 암(Arm)을 말한다.
- 지브가 없는 크레인에서의 정격하중은 권상하중에서 훅, 그랩 또는 버킷 등 달기구의 중량에 상당하는 하중을 뺀 하중으로 구한다.

59 Repetitive Learning (1회 2회 3회)

안전색채와 기계장비 또는 배관의 연결이 잘못된 것은?

① 시동스위치 – 녹색
② 급정지스위치 – 황색
③ 고열기계 – 회청색
④ 증기배관 – 암적색

해설

- 급정지용 단추는 가장 주의를 요구하는 단추이므로 빨간색으로 구별하여 표시한다.

외형의 안전화

㉠ 개요

- 작업자가 접촉할 우려가 있는 기계의 회전부 등을 기계 내로 내장시키거나 덮개로 씌우고 안전색채를 사용하여 근로자의 접근 시 주의를 환기시키는 방식의 안전화이다.

㉡ 특징

- 외관의 안전화에는 가드(Guard)의 설치, 구획된 장소에 격리, 위험원을 상자 등으로 포장하는 것 등이 대표적이다.
- 시동용 단추(녹색), 급정지용 단추(빨간색), 대형기계(녹색+흰색), 물배관(청색), 가스배관(황색), 증기배관(암적색), 고열기계(회청색) 등으로 구별하여 표시한다.

0901

60 Repetitive Learning (1회 2회 3회)

지름이 D(mm)인 연삭기 숫돌의 회전수가 N(rpm)일 때 숫돌의 원주속도(m/min)를 옳게 표시한 식은?

① $\frac{\pi DN}{1,000}$
② πDN
③ $\frac{\pi DN}{60}$
④ $\frac{DN}{1,000}$

해설

- 회전체의 원주속도는 $\frac{\pi \times 외경 \times 회전수}{1,000}$[m/min]으로 구한다.

회전체의 원주속도

- 회전체의 원주속도는 $\frac{\pi \times 외경 \times 회전수}{1,000}$[m/min]으로 구한다.
  이때 외경의 단위는 [mm]이고, 회전수의 단위는 [rpm]이다.
- 회전수 = $\frac{원주속도 \times 1,000}{\pi \times 외경}$으로 구할 수 있다.

58 ③ 59 ② 60 ① 정답

0602 / 0703 / 1301

61

Repetitive Learning 1회 2회 3회

다음 설명과 가장 관계가 깊은 것은?

- 파이프 속에 저항이 높은 액체가 흐를 때 발생한다.
- 액체의 흐름이 정전기 발생에 영향을 준다.

① 충돌대전 ② 박리대전
③ 유동대전 ④ 분출대전

해설

- 액체의 흐름이 정전기 발생에 영향을 주는 것은 유동대전이며, 유동대전에 가장 큰 영향을 미치는 요인은 유체의 속도이다.

정전기 발생현상 실필 0801

㉠ 개요

- 정전기 발생현상을 원인에 따라 분류하면 마찰대전, 박리대전, 유동대전, 충돌대전, 분출대전, 진동대전(교반대전), 파괴대전 등으로 구분한다.

㉡ 분류별 특징

구분	특징
마찰대전	두 물체가 서로 접촉 시 위치의 이동으로 전하의 분리 및 재배열이 일어나는 대전현상
박리대전	상호 밀착되어 있는 물질이 떨어질 때 전하분리에 의해 발생하는 대전현상
유동대전	• 저항이 높은 액체류가 파이프 등으로 수송될 때 접촉을 통해 서로 대전되는 현상 • 액체의 흐름이 정전기 발생에 영향을 준다.
충돌대전	스프레이 도장작업 등과 같은 입자와 입자끼리, 혹은 입자와 고체끼리의 충돌로 발생하는 대전현상
분출대전	스프레이 도장작업을 할 경우와 같이 액체나 기체 등이 작은 구멍을 통해 분출될 때 발생하는 대전현상

1803

62

Repetitive Learning 1회 2회 3회

분진폭발 방지대책으로 가장 거리가 먼 것은?

① 작업장 등은 분진이 퇴적하지 않는 형상으로 한다.
② 분진 취급 장치에는 유효한 집진 장치를 설치한다.
③ 분체 프로세스 장치는 밀폐화하고 누설이 없도록 한다.
④ 분진 폭발의 우려가 있는 작업장에는 감독자를 상주시킨다.

해설

- 분진폭발은 작업자의 불안전한 행동으로 인한 재해가 아니므로 감독자의 상주와는 크게 관련이 없다.

분진폭발의 위험성 저하 및 방지대책

- 주변의 점화원을 제거한다.
- 분진이 날리지 않도록 하고, 작업장은 분진이 퇴적하지 않도록 한다.
- 분진과 그 주변의 온도를 낮춘다.
- 분진 입자의 표면적을 작게 한다.
- 분진 취급 장치에는 유효한 집진 장치를 설치한다.
- 분체 프로세스 장치는 밀폐화하고 누설이 없도록 한다.

0303

63

Repetitive Learning 1회 2회 3회

피부의 전기저항 연구에 의하면 인체의 피부 중 1~2[mm^2] 정도의 적은 부분은 전기 자극에 의해 신경이 이상적으로 흥분하여 다량의 피부지방이 분비되기 때문에 그 부분의 전기저항이 1/10 정도로 적어지는 피전점(皮電点)이 존재한다고 한다. 이러한 피전점이 존재하는 부분은?

① 머리
② 손등
③ 손바닥
④ 발바닥

해설

- 인체에서 대표적인 피전점은 손등, 턱, 볼, 정강이 등이다.

피전점

- 인체의 피부 중 1~2[mm^2] 정도의 적은 부분은 전기 자극에 의해 신경이 이상적으로 흥분하여 다량의 피부지방이 분비되기 때문에 그 부분의 전기저항이 1/10 정도로 적어지는 부분을 말한다.
- 인체에서 대표적인 피전점은 손등, 턱, 볼, 정강이 등이다.

0603 / 1002

64

Repetitive Learning 1회 2회 3회

코로나 방전이 발생할 경우 공기 중에 생성되는 것은?

① O_2
② O_3
③ N_2
④ N_3

정답 | 61 ③ 62 ④ 63 ② 64 ②

해설

- 코로나 방전의 부산물로 오존(O_3)과 질소산화물이 생성된다.

코로나 방전

㉠ 개요
- 대기 중에서 발생하는 코로나는 기체 절연체인 공기의 절연이 파괴되어 발생하는 기체 방전의 초기에 속하는 방전 현상이다.
- 대기압 공기의 절연파괴강도는 직류일 경우 30[KV/cm], 교류일 경우 21[KV/cm] 정도이다.

㉡ 특징
- 코로나 방전 효과를 이용하여 값싸게 음이온을 만들어내고, 피뢰침은 낙뢰를 방지한다.
- 코로나 방전 효과를 이용하여 송전선에서 복도체 방식으로 송전한다.
- 코로나 방전의 부산물로 오존(O_3)과 질소산화물이 생성된다.

2101

65 Repetitive Learning (1회 2회 3회)

고압 및 특고압 전로에 시설하는 피뢰기의 설치장소로 잘못된 곳은?

① 가공전선로와 지중전선로가 접속되는 곳
② 발전소, 변전소의 가공전선 인입구 및 인출구
③ 가공전선로에 접속하는 배전용 변압기의 저압측
④ 특고압 가공전선로로부터 공급받는 수용장소의 인입구

해설

- 피뢰기는 가공전선로에 접속하는 배전용 변압기의 고압측 및 특고압측에 설치하여야 한다.

고압 및 특고압의 전로 중 피뢰기의 설치 대상
- 발전소·변전소 또는 이에 준하는 장소의 가공전선 인입구 및 인출구
- 가공전선로에 접속하는 배전용 변압기의 고압측 및 특고압측
- 고압 및 특고압 가공전선로로부터 공급을 받는 수용장소의 인입구
- 가공전선로와 지중전선로가 접속되는 곳

66 Repetitive Learning (1회 2회 3회)

전기설비 방폭구조의 종류가 아닌 것은?

① 근본방폭구조 ② 압력방폭구조
③ 안전증방폭구조 ④ 본질안전방폭구조

해설

- 전기설비의 방폭구조에는 본질안전(ia, ib), 내압(d), 압력(p), 충전(q), 유입(o), 안전증(e), 몰드(m), 비점화(n)방폭구조 등이 있다.

장소별 방폭구조 실필 2302/0803

0종 장소	지속적 위험분위기	• 본질안전방폭구조(EX ia)
1종 장소	통상상태에서의 간헐적 위험분위기	• 내압방폭구조(EX d) • 압력방폭구조(EX p) • 충전방폭구조(EX q) • 유입방폭구조(EX o) • 안전증방폭구조(EX e) • 본질안전방폭구조(EX ib) • 몰드방폭구조(EX m)
2종 장소	이상상태에서의 위험분위기	• 비점화방폭구조(EX n)

1402

67 Repetitive Learning (1회 2회 3회)

대지를 접지로 이용하는 이유 중 가장 옳은 것은?

① 대지는 토양의 주성분이 규소(SiO_2)이므로 저항이 영(0)에 가깝다.
② 대지는 토양의 주성분이 산화알미늄(Al_2O_3)이므로 저항이 영(0)에 가깝다.
③ 대지는 철분을 많이 포함하고 있기 때문에 전류를 잘 흘릴 수 있다.
④ 대지는 넓어서 무수한 전류통로가 있기 때문에 저항이 영(0)에 가깝다.

해설

- 접지 시 대지를 이용하는 이유는 지구의 표면적이 대단히 넓어 많은 전하를 충전할 수 있어 전하가 유입되더라도 전압이 상승하지 않고 대단히 안정적으로 유지, 저항을 0에 가깝게 유지하기 때문이다.

접지(Grounding)

㉠ 개요
- 전기 회로 또는 전기기기를 대지 또는 비교적 큰 넓이를 가져 대지를 대신할 수 있는 도체에 전기적으로 접속하는 것을 말한다.

㉡ 목적
- 낙뢰에 의한 피해를 방지한다.
- 정전기의 흡수로 정전기로 인한 장애를 방지한다.
- 송배전선, 고전압 모선 등에서 지락사고의 발생 시 보호 계전기를 신속하게 작동시킨다.
- 설비의 절연물이 손상되었을 때 흐르는 누설전류에 의한 감전을 방지한다.
- 송배전선로의 지락사고 시 대지전위의 상승을 억제하고 절연강도를 경감시킨다.

65 ③ 66 ① 67 ④ 정답

68

Repetitive Learning (1회 2회 3회)

전기 작업 안전의 기본 대책에 해당되지 않는 것은?

① 취급자의 자세
② 전기설비의 품질 향상
③ 전기시설의 안전관리 확립
④ 유지보수를 위한 부품 재사용

해설

- 전기 작업의 안전을 위해서는 관련부품을 정품을 사용해야 하며, 부품 재사용은 금해야 한다.

전기 작업 안전의 기본 대책

- 취급자의 자세
- 전기설비의 품질 향상
- 전기시설의 안전관리 확립
- 정품의 사용과 부품 재사용 금지

0601 / 1001

69

Repetitive Learning 

폴리에스터, 나일론, 아크릴 등의 섬유에 정전기 대전방지 성능이 특히 효과가 있고, 섬유에의 균일 부착성과 열 안전성이 양호한 외부용 일시성 대전방지제로 옳은 것은?

① 양 Ion계 활성제　　② 음 Ion계 활성제
③ 비 Ion계 활성제　　④ 양성 Ion계 활성제

해설

- 양이온계 활성제는 살균작용이 강하며 섬유유연제 및 모발유연제 등으로 사용된다.
- 비이온계 활성제는 생분해성이 강해 액체세제 및 샴푸의 증포 및 기포안정제로 사용된다.
- 양성이온계 활성제는 화장품, 베이비샴푸, 주방세제 등에서 사용된다.

음이온계 활성제

㉠ 개요
- 물에 녹으면 전리해 계면 활성을 나타내는 부분이 음이온이 되는 것을 말한다.
- 부도체의 대전방지를 위해서 사용하는 제전제로 사용된다.
- 섬유의 원사에 사용되는 외부용 일시성 대전방지제로 이용된다.

㉡ 특징
- 섬유에 대한 균일 부착성, 열안정성이 양호하고, 독성이 없다.
- 폴리에스터, 나일론, 아크릴 등의 섬유에 정전기 대전방지 성능이 특히 효과가 좋다.

1202 / 1803

70

Repetitive Learning (1회 2회 3회)

200A의 전류가 흐르는 단상 전로의 한 선에서 누전되는 최소 전류(mA)의 기준은?

① 100　　② 200
③ 10　　④ 20

해설

- 전류가 200[A]이므로 누설전류는 $200 \times \frac{1}{2,000} = 0.1$[A] 이내여야 한다. 0.1[A]는 100[mA]이다.

누설전류와 누전화재

㉠ 누설전류
- 누설전류는 전류가 정상적으로 흐르지 않고 다른 곳으로 새어버리는 것을 말하며, 누전전류라고도 한다.
- 전선의 노후로 인하여 절연이 나빠져 발생(절연열화)하는데 이를 방지하기 위해 누전차단기를 설치한다.
- 누설전류로 인해 감전 및 화재 등이 발생하고, 전력의 손실이 증가하고, 전자기기의 고장이 발생한다.
- 저압의 전선로 중 절연부분의 전선과 대지 간 및 전선의 심선 상호 간의 절연저항은 사용전압에 대한 누설전류가 최대공급전류의 2,000분의 1을 넘지 아니하도록 유지하여야 한다.

㉡ 누전화재
- 누전으로 인하여 화재가 발생되기 전에 인체 감전, 전등 밝기의 변화, 빈번한 퓨즈의 용단, 전기사용 기계장치의 오동작 증가 등이 발생한다.
- 누전사고가 발생될 수 있는 취약 개소에는 비닐전선을 고정하는 지지용 스테이플, 정원 연못 조명등의 전원공급용 지하매설 전선류, 분기회로 접속점이 나선으로 발열이 쉽도록 유지되는 곳 등이 있다.

71

Repetitive Learning (1회 2회 3회)

반도체 취급 시 정전기로 인한 재해 방지대책으로 거리가 먼 것은?

① 작업자 정전화 착용
② 작업자 제전복 착용
③ 부도체 작업대 접지 실시
④ 작업장 도전성 매트 사용

해설

- 정전기 재해방지를 위해 도체에 접지를 실시해야 하며, 부도체에는 도전성을 향상시키거나 제전기를 설치하여야 한다.

정답 | 68 ④　69 ②　70 ①　71 ③

:: 정전기 재해방지대책 실필 1901/1702/1201/1103

- 부도체에 제전기를 설치·운영하거나 도전성을 향상시켜야 한다.
- 정전기 재해방지를 위해서 반도체 취급 공정작업자가 착용하는 손목 띠의 저항은 1[MΩ]으로 한다.
- 도체의 경우 접지를 하며 이때 접지값은 $10^6\Omega$ 이하이면 충분하고, 안전을 고려하여 $10^3\Omega$ 이하로 유지한다.
- 생산공정에 별다른 문제가 없다면, 습도를 70([%]) 정도 유지하여 전하가 제거되기 쉽게 한다.
- 유동대전이 심하고 폭발 위험성이 높은 것(가솔린, 이황화탄소, 벤젠 등)은 배관 내 유속을 1m/s 이하로 해야 한다.
- 포장 과정에서 용기를 도전성 재료에 접지한다.
- 인쇄 과정에서 도포량을 적게 하고 접지한다.
- 대전 방지제를 사용하고, 대전 물체에 정전기 축적을 최소화하여야 한다.
- 배관 내 액체의 유속을 제한한다.
- 공기를 이온화한다.
- 작업장 바닥에 도전성(정전기 방지용) 매트를 사용한다.
- 작업자는 제전복, 정전화(대전방지용 안전화)를 착용한다.

2103

72

Repetitive Learning (1회 2회 3회)

50kW, 60Hz 3상 유도전동기가 380V 전원에 접속된 경우 흐르는 전류는 약 몇 A인가?(단, 역률은 80[%]이다)

① 82.24

② 94.96

③ 116.30

④ 164.47

해설

- 유도전동기 출력을 구하는 식을 역으로 전개하면 전류 $= \frac{\text{전동기의 출력}}{\sqrt{3} \times \text{전압} \times \text{역률}}$ 이 된다.
- 주어진 값을 대입하면 전류 $I = \frac{50,000}{1.732 \times 380 \times 0.8} = \frac{50,000}{526.528} = 94.96$[A]가 된다.

:: 3상 유도전동기

- 대표적인 교류전동기이다.
- 3상 코일을 한 고정자 안쪽에 회전자를 둔 다음 전기를 보내주면 고정자의 전자유도작용에 의해 에너지를 전달하여 회전자는 고정자의 회전 자기장 속도로 시계 방향으로 회전시키는 장치이다.
- 3상 유도전동기의 출력[W] = $\sqrt{3}$ × 전압 × 전류 × 역률이다.

73

Repetitive Learning (1회 2회 3회)

방폭지역에 전기기기를 설치할 때 그 위치로 적당하지 않은 것은?

① 운전·조작·조정이 편리한 위치

② 수분이나 습기에 노출되지 않는 위치

③ 정비에 필요한 공간이 확보되는 위치

④ 부식성 가스 발산구 주변 검지가 용이한 위치

해설

- 부식성 가스 발산구의 주변 및 부식성 액체가 비산하는 위치에 설치하는 것을 피하여야 한다.

:: 방폭지역 전기기기 설치위치 선정 시 고려사항

- 운전·조작·조정 등이 편리한 위치에 설치하여야 한다.
- 보수가 용이한 위치에 설치하고 점검 또는 정비에 필요한 공간을 확보하여야 한다.
- 가능하면 수분이나 습기에 노출되지 않는 위치를 선정하고, 상시 습기가 많은 장소에 설치하는 것을 피하여야 한다.
- 부식성 가스 발산구의 주변 및 부식성 액체가 비산하는 위치에 설치하는 것을 피하여야 한다.
- 열유관, 증기관 등의 고온 발열체에 근접한 위치에는 가능하면 설치를 피하여야 한다.
- 기계장치 등으로부터 현저한 진동의 영향을 받을 수 있는 위치에 설치하는 것을 피하여야 한다.

1201

74

Repetitive Learning (1회 2회 3회)

전기기기의 케이스를 전폐구조로 하며 접합면에는 일정치 이상의 깊이를 갖는 패킹을 사용하여 분진이 용기 내로 침입하지 못하도록 한 방폭구조는?

① 보통방진 방폭구조　② 분진특수 방폭구조

③ 특수방진 방폭구조　④ 밀폐방진 방폭구조

해설

- 접합면에 일정치 이상의 깊이가 있는 패킹을 사용하여 분진이 용기 내부로 침입하지 않도록 한 구조는 특수방진 방폭구조에 대한 설명이다.

:: 보통방진 방폭구조와 특수방진 방폭구조

보통방진 방폭구조	전폐구조로서 틈새 깊이를 일정치 이상으로 하거나 접합면에 패킹을 사용하여 분진이 용기 내부로 침입하기 어렵게 한 구조를 말한다.
특수방진 방폭구조	전기기기의 케이스를 전폐구조로 하며 접합면에는 일정치 이상의 깊이를 갖는 패킹을 사용하여 분진이 용기 내로 침입하지 못하도록 한 방폭구조를 말한다.

72 ② 73 ④ 74 ③ | 정답

75

Repetitive Learning 1회 2회 3회

화재대비 비상용 동력 설비에 포함되지 않는 것은?

① 소화 펌프　　② 급수 펌프
③ 배연용 송풍기　　④ 스프링클러용 펌프

해설

- 급수 펌프는 화재대비 비상용 동력 설비에 해당하지 않는다.

:: 소방법에 의한 동력이 필요한 화재 대비 설비

- 소화설비(소화전, 스프링클러)
- 비상 콘센트설비
- 배연설비, 자탐설비, 비상경보설비, 유도등 및 유도표지 설비
- 무선통신 보조설비 증폭기

1301 / 2102

76

Repetitive Learning 

$Q = 2 \times 10^{-7}$[C]으로 대전하고 있는 반경 25[cm] 도체구의 전위는 약 몇 [kV]인가?

① 7.2　　② 12.5
③ 14.4　　④ 25

해설

- 반지름이 25[cm]이므로 [m]로 바꾸면 0.25[m]가 된다.
- 주어진 값을 대입하면
  도체구의 전위 $E = 9 \times 10^9 \times \frac{2 \times 10^{-7}}{0.25} = 7,200$[V]가 된다.

:: 쿨롱의 법칙

- 두 전하 사이에 작용하는 전기력은 전하의 크기에 비례하고, 두 전하 사이에 거리의 제곱에 반비례한다.
- $F = k_e \frac{Q_1 \cdot Q_2}{r^2} = \frac{1}{4\pi\epsilon_0} \times \frac{Q_1 \cdot Q_2}{r^2}$ [N]이다. 이때 k_e는 쿨롱 상수, ϵ_0은 진공 유전율로 약 $8.854 \times 10^{-12}[C^2/N \cdot m^2]$이다.
- 쿨롱상수 $k_e = \frac{1}{4\pi\epsilon_0}$로 약 $9 \times 10^9 [N \cdot m^2 \cdot C^{-2}]$이다.
- 도체구의 전위 $E = \frac{Q}{4\pi\epsilon_0 \times r} = \frac{1}{4\pi\epsilon_0} \times \frac{Q}{r} = 9 \times 10^9 \times \frac{Q}{r}$로 구한다.

0502 / 1003

77

전기설비 화재의 경과별 재해 중 가장 빈도가 높은 것은?

① 단락(합선)　　② 누전
③ 접촉부 과열　　④ 정전기

해설

- 발화현상을 그 발생원인별로 보면 스파크 화재가 가장 빈도가 높은데, 스파크 화재는 단락(합선)에 의한 화재를 말한다.

:: 전기화재 발생

㉠ 전기화재 발생원인

- 전기화재 발생원인의 3요소는 발화원, 착화물, 출화의 경과로 구성된다.

발화원	화재의 발생원인으로 단열압축, 광선 및 방사선, 낙뢰, 스파크, 정전기, 충격이나 마찰, 기계적 운동에너지 등
착화물	발화원에 의해 최초로 착화된 가연물
출화의 경과	발생요인으로 단락, 누전, 과전류, 스파크 등

㉡ 출화의 경과에 따른 전기화재 비중

- 전기화재의 경로별 원인, 즉, 출화의 경과에 따른 분류에는 합선(단락), 과전류, 스파크, 누전, 정전기, 접촉부 과열, 절연열화에 의한 발열, 절연불량 등이 있다.
- 출화의 경과에 따른 발화현상의 분류에서 가장 빈도가 높은 것은 스파크 화재 – 단락(합선)에 의한 화재이다.

스파크	누전	접촉부과열	절연열화에 의한 발열	과전류
24%	15%	12%	11%	8%

0301 / 0502 / 1001 / 1903

78

Repetitive Learning 1회 2회 3회

그림과 같은 전기설비에서 누전사고가 발생하여 인체가 전기설비의 외함에 접촉하였을 때 인체 통과 전류는 약 몇 [mA]인가?

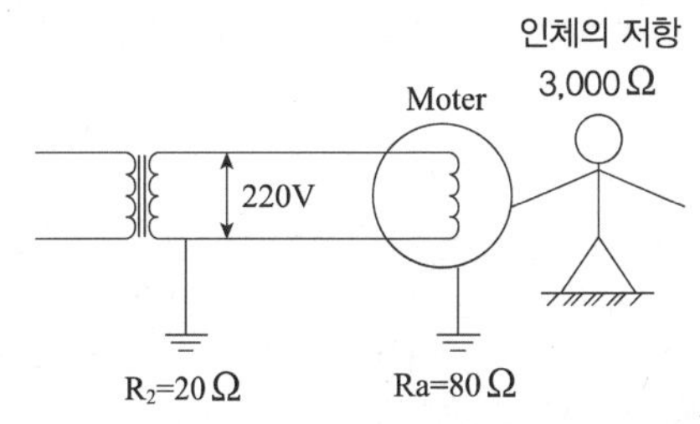

① 43.25　　② 51.24
③ 58.36　　④ 61.68

해설

- 저항 R_2와 R_a은 직렬로 연결되어 있으므로 합성저항은 총 100[Ω]이다.
- 인체가 접촉함으로써 인체저항은 저항 R_a와 병렬로 연결되게 된다.
  따라서 회로의 전체저항은 $20 + \frac{1}{\frac{1}{3,000} + \frac{1}{80}} = 97.92[\Omega]$이 된다.

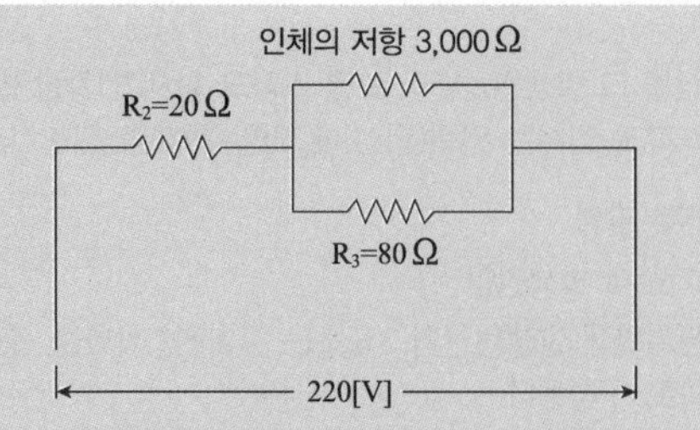

- 전류는 옴의 법칙에 의해서 $I = \frac{220}{97.92} = 2.2467$[A]이다.
- 병렬로 연결된 저항에서는 전류가 저항의 값에 반비례하게 나눠지므로 인체에 흐르는 전류는 $2.2467 \times \frac{80}{3,080} = 58.36$[mA]가 된다.

옴(Ohm)의 법칙

- 전기회로에 흐르는 전류는 그 회로에 가하여진 전압에 정비례하고, 저항에 반비례한다는 법칙이다.
- $I[A] = \frac{V[V]}{R[\Omega]}$, $V = IR$, $R = \frac{V}{I}$로 계산한다.

79 Repetitive Learning (1회 2회 3회)

전기누전 화재경보기의 시험 방법에 속하지 않는 것은?

① 방수시험 ② 전류특성시험
③ 접지저항시험 ④ 전압특성시험

해설

- 누전경보기의 시험 방법에는 전류특성시험, 전압특성시험, 주파수특성시험, 온도특성시험, 온도상승시험, 노화시험, 전로개폐시험, 과전류시험, 개폐시험, 단락전류시험, 과누전시험, 진동시험, 방수시험, 충격시험, 절연저항 및 절연내력시험 등이 있다.

누전경보기

㉠ 개요

- 누전경보기는 내화구조가 아닌 건축물로서 벽, 바닥 또는 천장의 전부나 일부를 불연재료 또는 준불연재료가 아닌 재료에 철망을 넣어 만든 건물의 전기설비로부터 누설전류를 탐지하여 경보를 발하는 장치이다.
- 변류기와 수신부로 구성된다.
- 누전경보기의 시험 방법에는 전류특성시험, 전압특성시험, 주파수특성시험, 온도특성시험, 온도상승시험, 노화시험, 전로개폐시험, 과전류시험, 개폐시험, 단락전류시험, 과누전시험, 진동시험, 방수시험, 충격시험, 절연저항 및 절연내력시험 등이 있다.

㉡ 변류기

- 변류기는 경계전로의 누설전류를 자동적으로 검출하여 이를 누전경보기의 수신부에 송신하는 것을 말한다.
- 변류기는 특정소방대상물의 형태, 인입선의 시설방법 등에 따라 옥외 인입선의 제1지점의 부하측 또는 제2종 접지선측의 점검이 쉬운 위치에 설치해야 한다. 단, 인입선의 형태 또는 소방대상물의 구조상 부득이한 경우에는 인입구에 근접한 옥내에 설치할 수 있다.

0402 / 1202

80 Repetitive Learning (1회 2회 3회)

정전작업을 하기 위한 작업 전 조치사항이 아닌 것은?

① 단락접지 상태를 수시로 확인
② 전로의 충전 여부를 검전지로 확인
③ 전력용 커패시터, 전력 케이블 등 잔류전하 방전
④ 개로개폐기의 잠금장치 및 통전금지 표지판 설치

해설

- 단락접지 상태의 수시확인은 정전작업 중의 조치사항이다.

정전전로에서의 전기작업 전 조치사항

- 사업주는 근로자가 노출된 충전부 또는 그 부근에서 작업함으로써 감전될 우려가 있는 경우에는 작업에 들어가기 전에 해당 전로를 차단하여야 한다.
- 전기기기 등에 공급되는 모든 전원을 관련 도면, 배선도 등으로 확인할 것
- 전원을 차단한 후 각 단로기 등을 개방하고 확인할 것
- 차단장치나 단로기 등에 잠금장치 및 꼬리표를 부착할 것
- 개로된 전로에서 유도전압 또는 전기에너지가 축적되어 근로자에게 전기위험을 끼칠 수 있는 전기기기 등은 접촉하기 전에 잔류전하를 완전히 방전시킬 것
- 검전기를 이용하여 작업 대상 기기가 충전되었는지를 확인할 것
- 전기기기 등이 다른 노출 충전부와의 접촉, 유도 또는 예비동력원의 역송전 등으로 전압이 발생할 우려가 있는 경우에는 충분한 용량을 가진 단락 접지기구를 이용하여 접지할 것

79 ③ 80 ① 정답

1101

81

Repetitive Learning 1회 2회 3회

다음 중 송풍기의 상사법칙으로 옳은 것은?(단, 송풍기의 크기와 공기의 비중량은 일정하다)

① 풍압은 회전수에 반비례한다.
② 풍량은 회전수의 제곱에 비례한다.
③ 소요동력은 회전수의 세제곱에 비례한다.
④ 풍압과 동력은 절대온도에 비례한다.

해설

- 풍압은 회전수의 제곱에 비례한다.
- 풍량은 회전수에 비례한다.
- 송풍기의 상사법칙은 송풍기의 회전속도나 임펠러의 크기를 변화시켰을 때 송풍기의 특성을 나타낸 것으로 절대온도와는 관련 없다.

송풍기의 상사법칙

㉠ 회전수 비와의 관계
- 송풍량은 회전수 비와 비례한다.
- 정압과 풍압은 회전수 비의 제곱에 비례한다.
- 축 동력이나 마력은 회전수 비의 세제곱에 비례한다.

㉡ 임펠러 직경과의 관계
- 송풍량은 임펠러 직경의 세제곱에 비례한다.
- 정압은 임펠러 직경의 제곱에 비례한다.
- 축동력은 임펠러 직경의 다섯제곱에 비례한다.

82

Repetitive Learning 1회 2회 3회

다음 중 가연성 가스의 연소 형태에 해당하는 것은?

① 분해연소 ② 자기연소
③ 표면연소 ④ 확산연소

해설

- 분해연소와 자기연소, 표면연소는 모두 고체의 연소방식에 해당한다.

연소의 종류 실필 0902/0901

기체	확산연소, 폭발연소, 혼합연소, 그을음연소 등이 있다.
액체	증발연소, 분해연소, 분무연소, 그을음연소 등이 있다.
고체	분해연소, 표면연소, 자기연소, 증발연소 등이 있다.

83

Repetitive Learning 1회 2회 3회

4[%] NaOH 수용액과 10[%] NaOH 수용액을 반응기에 혼합하여 6[%] 100[kg]의 NaOH 수용액을 만들려면 각각 몇 [kg]의 NaOH 수용액이 필요한가?

① 4[%] NaOH 수용액 : 50, 10[%] NaOH 수용액 : 50
② 4[%] NaOH 수용액 : 56.2, 10[%] NaOH 수용액 : 43.8
③ 4[%] NaOH 수용액 : 66.67, 10[%] NaOH 수용액 : 33.33
④ 4[%] NaOH 수용액 : 80, 10[%] NaOH 수용액 : 20

해설

- 4[%] 수용액 a[kg]과 10[%] 수용액 b[kg]을 합하여 6[%] 100[kg]의 수용액을 만들어야 하는 경우이다.
- $0.04 \times a + 0.1 \times b = 0.06 \times 100$이며, 이때 $a+b=100$이 된다. 미지수를 하나로 정리하면 $0.04a + 0.1(100-a) = 0.06 \times 100$이다.
- $0.04a - 0.1a = -4$가 되므로 $0.06a = 4$이다.
- 따라서 $a = 66.67$, $b = 100 - 66.67 = 33.33$이 된다.

수용액의 농도

- 용액의 묽고 진한 정도를 나타내는 농도는 용액 속에 용질이 얼마나 녹아 있는지를 나타내는 값이다.
- 퍼센트[%] 농도는 용액 100g에 녹아있는 용질의 g수를 백분율로 나타낸 값으로 $\frac{\text{용질의 질량[g]}}{\text{용액의 질량[g]}} \times 100$ $= \frac{\text{용질의 질량[g]}}{\text{용매의 질량[g]+용질의 질량[g]}} \times 100$으로 구한다.

1903

84

Repetitive Learning 1회 2회 3회

일산화탄소에 대한 설명으로 틀린 것은?

① 무색·무취의 기체이다.
② 염소와는 촉매 존재하에 반응하여 포스겐이 된다.
③ 인체 내의 헤모글로빈과 결합하여 산소운반기능을 저하시킨다.
④ 불연성 가스로서, 허용농도가 10[ppm]이다.

정답 | 81 ③ 82 ④ 83 ③ 84 ④

해설

- 일산화탄소는 가연성 가스이고, 허용농도는 50[ppm]이다.

:: 일산화탄소(CO)

㉠ 개요
- 무색·무취의 가연성 가스이며 독성가스(TWA 30)에 해당한다.
- 허용농도는 50[ppm]이다.

㉡ 특징
- 염소와는 촉매 존재하에 반응하여 포스겐이 된다.
- 인체 내의 헤모글로빈과 결합하여 산소운반기능을 저하시킨다.

0702

85

Repetitive Learning (1회 2회 3회)

폭발하한계를 L, 폭발상한계를 U라 할 경우 다음 중 위험도(H)를 옳게 나타낸 것은?

① $H = \frac{U-L}{L}$　② $H = \frac{|L-U|}{U}$

③ $H = \frac{L}{U-L}$　④ $H = \frac{U}{|L-U|}$

해설

- 가스의 위험도는 폭발을 일으키는 가연성 가스의 위험성으로 $\frac{(U-L)}{L}$로 구한다.

:: 가스의 위험도 실필 1603
- 폭발을 일으키는 가연성 가스의 위험성의 크기를 나타낸다.
- $H = \frac{(U-L)}{L}$

  H : 위험도
  U : 폭발상한계
  L : 폭발하한계

0901

86

Repetitive Learning (1회 2회 3회)

산업안전보건법령상 특수 화학설비 설치 시 반드시 필요한 장치가 아닌 것은?

① 원재료 공급의 긴급차단장치
② 즉시 사용할 수 있는 예비동력원
③ 화재 시 긴급대응을 위한 물분무소화장치
④ 온도계·유량계·압력계 등의 계측장치

해설

- 특수 화학설비 설치 시 필요한 장치에는 계측장치, 자동경보장치, 원재료 공급의 긴급차단, 제품 등의 방출, 불활성 가스의 주입이나 냉각용수 등의 공급장치, 예비동력원 등이 있다.

:: 특수 화학설비 설치 시 필요한 장치
- 산업안전보건법상 위험물질을 기준량 이상으로 제조 또는 취급하는 특수 화학설비를 설치하는 경우에는 내부의 이상 상태를 조기에 파악하기 위하여 필요한 온도계·유량계·압력계 등의 계측장치를 설치하여야 한다.
- 내부의 이상 상태를 조기에 파악하기 위하여 필요한 자동경보장치를 설치하여야 한다. 다만, 자동경보장치를 설치하는 것이 곤란한 경우에는 감시인을 두도록 한다.
- 이상 상태의 발생에 따른 폭발·화재 또는 위험물의 누출을 방지하기 위하여 원재료 공급의 긴급차단, 제품 등의 방출, 불활성 가스의 주입이나 냉각용수 등의 공급을 위하여 필요한 장치 등을 설치하여야 한다.
- 동력원의 이상에 의한 폭발이나 화재를 방지하기 위하여 즉시 사용할 수 있는 예비동력원을 갖추어야 한다.

87

Repetitive Learning (1회 2회 3회)

다음 중 냉각소화에 해당하는 것은?

① 튀김 기름이 인화되었을 때 싱싱한 야채를 넣어 소화한다.
② 가연성 기체의 분출 화재 시 주 밸브를 닫아서 연료 공급을 차단한다.
③ 금속화재의 경우 불활성 물질로 가연물을 덮어 미연소 부분과 분리한다.
④ 촛불을 입으로 불어서 끈다.

해설

- ②와 ③은 제거소화법에 해당한다.

:: 냉각소화법
- 액체의 증발잠열을 이용하여 연소 시 발생하는 열에너지를 흡수하는 매체를 화염 속에 투입하여 소화시키는 방법이다.
- 튀김 기름이 인화되었을 때 싱싱한 야채를 넣어 소화하는 경우에 해당되는 소화법이다.
- 스프링클러 소화설비, 강화액 등이 대표적인 종류이다.

85 ① 86 ③ 87 ① 정답

88

Repetitive Learning 1회 2회 3회

다음 중 Flashover의 방지(지연)대책으로 가장 적절한 것은?

① 출입구 개방 전 외부 공기 유입
② 실내의 가열
③ 가연성 건축자재 사용
④ 개구부 제한

해설

- Flashover의 방지대책으로 개구부나 가연물을 제한하거나 천장 및 측벽을 불연화하는 것이 필요하다.

Flashover

㉠ 개요
- 화재의 진행에 따라 발생된 가연성 가스가 천장에 모이고 이것이 연소범위 농도에 다다르면 착화하여 천장뿐 아니라 바닥면까지 확대되는 현상을 말한다.

㉡ 방지(지연)대책
- 개구부의 제한
- 천장 및 측벽의 불연화
- 가연물의 제한

1003 / 1803 / 2101

89

Repetitive Learning 1회 2회 3회

다음 중 분진이 발화 폭발하기 위한 조건으로 거리가 먼 것은?

① 불연성질
② 미분상태
③ 점화원의 존재
④ 지연성 가스 중에서의 교반과 운동

해설

- 분진이 발화 폭발하기 위한 조건은 가연성, 미분상태, 공기 중에서의 교반과 유동 및 점화원의 존재이다.

분진의 발화 폭발

㉠ 조건
- 분진이 발화 폭발하기 위한 조건은 가연성, 미분상태, 공기 중에서의 교반과 유동 및 점화원의 존재이다.

㉡ 특징
- 화염의 파급속도보다 압력의 파급속도가 더 크다.
- 폭발한계 내에서 분진의 휘발성분이 많을수록 폭발하기 쉽다.
- 가스폭발에 비해 연소속도나 폭발압력은 작으나 연소시간이 길고 발생에너지가 크기 때문에 파괴력과 연소정도가 크다.
- 가스에 비하여 불완전 연소를 일으키기 쉬우므로 연소 후 가스에 의한 중독 위험이 존재한다.
- 폭발 시 입자가 비산하므로 이것에 부딪히는 가연물은 국부적으로 심한 탄화를 일으킨다.

0401 / 0802

90

Repetitive Learning 1회 2회 3회

관 부속품 중 유로를 차단할 때 사용되는 것은?

① 유니온
② 소켓
③ 플러그
④ 엘보

해설

- 소켓과 유니온은 2개의 관을 연결할 때, 플러그는 유로를 차단할 때 사용한다.

관(Pipe) 부속품

유로 차단	플러그(Plug), 밸브(Valve), 캡(Cap)
누출방지 및 접합면 밀착	개스킷(Gasket)
관로의 방향 변경	엘보(Elbow)
관의 지름 변경	리듀셔(Reducer), 부싱(Bushing)
2개의 관을 연결	소켓(Socket), 니플(Nipple), 유니온(Union), 플랜지(Flange)

0802

91

Repetitive Learning 1회 2회 3회

공업용 가스의 용기가 주황색으로 도색되어 있을 때 용기 안에는 어떠한 가스가 들어있는가?

① 수소
② 질소
③ 암모니아
④ 아세틸렌

해설

- 질소는 회색, 암모니아는 백색, 아세틸렌은 황색 용기에 들어있다.

정답 | 88 ④ 89 ① 90 ③ 91 ①

가스용기(도관)의 색 실필 1503/1201

가스	용기(도관)의 색	가스	용기(도관)의 색
산소	녹색(흑색)	아르곤, 질소 액화석유가스	회색
아세틸렌	황색(적색)		
수소	주황색	액화염소	갈색
이산화질소 액화탄산가스	청색	액화암모니아	백색

92

Repetitive Learning 1회 2회 3회

인화성 액체 위험물을 액체상태로 저장하는 저장탱크를 설치할 때, 위험물질이 누출되어 확산되는 것을 방지하기 위하여 설치해야 하는 것은?

① 방유제 ② 유막시스템
③ 방폭제 ④ 수막시스템

해설

- 탱크 내의 내용물이 흘러나와 재해를 확대시키는 것을 방지하기 위해 철근 콘크리트, 철골철근 콘크리트 등으로 방유제를 설치한다.

방유제의 설치

- 사업주는 인화성 액체, 인화성 가스, 부식성 물질, 급성독성물질을 액체상태로 저장하는 저장탱크를 설치하는 경우에는 위험물질이 누출되어 확산되는 것을 방지하기 위하여 방유제(防油堤)를 설치하여야 한다.
- 탱크 내의 내용물이 흘러나와 재해를 확대시키는 것을 방지하기 위해 철근콘크리트, 철골 철근콘크리트 등으로 방유제를 설치한다.

1203 / 1803

93

다음 중 산업안전보건법령상 공정안전보고서의 안전운전계획에 포함되지 않는 항목은?

① 안전작업허가
② 안전운전지침서
③ 가동 전 점검지침
④ 비상조치계획에 따른 교육계획

해설

- 비상조치계획에 따른 교육계획은 비상조치계획의 세부내용으로 안전운전계획과는 구분된다.

공정안전보고서의 안전운전계획의 내용

- 안전운전지침서
- 설비점검·검사 및 보수계획, 유지계획 및 지침서
- 안전작업허가
- 도급업체 안전관리계획
- 근로자 등 교육계획
- 가동 전 점검지침
- 변경요소 관리계획
- 자체감사 계획
- 공정사고 조사 계획

94

Repetitive Learning 1회 2회 3회

위험물 안전관리법령에 의한 위험물 분류에서 제1류 위험물은 산화성 고체이다. 다음 중 산화성 고체 위험물에 해당하는 것은?

① 과염소산칼륨 ② 황린
③ 마그네슘 ④ 나트륨

해설

- 황린과 나트륨은 제3류(자연발화성 물질 및 금수성 물질), 마그네슘은 제2류(가연성 고체)에 해당한다.

산화성 액체 및 산화성 고체

㉠ 산화성 고체
- 1류 위험물로 화재발생 시 물에 의해 냉각소화한다.
- 종류에는 염소산 염류, 아염소산 염류, 과염소산 염류, 브롬산 염류, 요오드산 염류, 과망간산 염류, 질산염류, 질산나트륨 염류, 중크롬산 염류, 삼산화크롬 등이 있다.

㉡ 산화성 액체
- 6류 위험물로 화재발생 시 마른모래 등을 이용해 질식소화한다.
- 종류에는 질산, 과염소산, 과산화수소 등이 있다.

0602 / 0802 / 0902 / 1803

95

Repetitive Learning 1회 2회 3회

할론 소화약제 중 Halon 2402의 화학식으로 옳은 것은?

① $C_2F_4Br_2$ ② $C_2H_4Br_2$
③ $C_2Br_4H_2$ ④ $C_2Br_4F_2$

해설

- 하론 번호표기의 첫 번째 숫자는 탄소(C), 두 번째 숫자는 불소(F), 세 번째 숫자는 염소(Cl), 네 번째 숫자는 브롬(Br)을 의미한다.

92 ① 93 ④ 94 ① 95 ① 정답

하론 소화약제 실필 1302/1102

㉠ 개요

- 종류는 하론104(CCl_4), 하론1011(CH_2ClBr), 하론2402($C_2F_4Br_2$), 하론1301(CF_3Br), 하론1211(CF_2ClBr) 등이 있다.
- 화재안전기준에서 정한 소화약제는 하론1301, 하론1211, 하론2402이다.

㉡ 구성과 표기

- 구성원소로는 탄소(C), 불소(F), 염소(Cl), 브롬(Br) 등이 있다.
- 하론 번호표기의 첫 번째 숫자는 탄소(C), 두 번째 숫자는 불소(F), 세 번째 숫자는 염소(Cl), 네 번째 숫자는 브롬(Br)을 의미한다.
- 세 번째 숫자에 해당하는 염소(Cl)는 화재 진압 시 일산화탄소와 반응하여 인체에 유해한 포스겐가스를 생성하므로 유의해야 한다.
- 네 번째 숫자에 해당하는 브롬(Br)은 연소의 억제효과가 큰 반면에 오존층을 파괴하고 염증을 야기하는 등 안정성이 낮아 취급에 주의해야 한다.

0402 / 1303 / 1903

96 Repetitive Learning 

다음 중 펌프의 사용 시 공동현상(Cavitation)을 방지하고자 할 때의 조치사항으로 틀린 것은?

① 펌프의 회전수를 높인다.
② 흡입비 속도를 작게 한다.
③ 펌프의 흡입관의 두(Head) 손실을 줄인다.
④ 펌프의 설치높이를 낮추어 흡입양정을 짧게 한다.

해설

- 공동현상을 방지하려면 흡입비 속도 즉, 펌프의 회전속도를 낮춰야 한다.

공동현상(Cavitation)

㉠ 개요

- 물이 관 속을 빠르게 흐를 때 유동하는 물속의 어느 부분의 정압이 그때의 물의 증기압보다 낮을 경우 물이 증발하여 부분적으로 증기가 발생되어 배관의 부식을 초래하는 현상을 말한다.

㉡ 방지대책

- 흡입비 속도(펌프의 회전속도)를 작게 한다.
- 펌프의 설치 위치를 낮게 한다.
- 펌프의 흡입관의 두(Head) 손실을 줄인다.
- 펌프의 설치높이를 낮추어 흡입양정을 짧게 한다.

97 Repetitive Learning 1회 2회 3회

다음 중 산업안전보건기준에 관한 규칙에서 규정한 위험물질의 종류에서 "물반응성 물질 및 인화성 고체"에 해당하는 것은?

① 질산에스테르류　　② 니트로화합물
③ 칼륨 · 나트륨　　④ 니트로소화합물

해설

- ①, ②, ④는 모두 폭발성 물질 및 유기과산화물에 해당된다.

물반응성 물질 및 인화성 고체

- 소방법상의 금수성 물질에 해당한다.
- 물과 접촉 시 급격하게 반응하여 발화, 폭발 등을 일으킬 수 있어 물과의 접촉을 금지하는 물질들이다.
- 물반응성 물질 및 인화성 고체의 종류에는 리튬, 칼륨 · 나트륨, 황, 황린, 황화린 · 적린, 셀룰로이드류, 알킬알루미늄 · 알킬리튬, 마그네슘 분말, 금속 분말, 알칼리금속, 유기금속화합물, 금속의 수소화물, 금속의 인화물, 칼슘 탄화물, 알루미늄 탄화물 등이 있다.

98 Repetitive Learning 1회 2회 3회

다음 중 C급 화재에 해당하는 것은?

① 금속화재　　② 전기화재
③ 일반화재　　④ 유류화재

해설

- 금속화재는 D급, 일반화재는 A급, 유류화재는 B급이다.

화재의 분류 실필 2202/1601/0903

분류	원인	소화 방법 및 소화기	특징	표시 색상
A급	종이, 나무 등 일반 가연성 물질	냉각소화/ 물 및 산, 알칼리 소화기	재가 남는다.	백색
B급	석유, 페인트 등 유류화재	질식소화/ 모래나 소화기	재가 남지 않는다.	황색
C급	전기 스파크 등 전기화재	질식소화, 냉각소화/ 이산화탄소 소화기	물로 소화할 경우 감전의 위험이 있다.	청색
D급	금속나트륨, 금속칼륨 등 금속화재	질식소화/ 마른 모래	물로 소화할 경우 폭발의 위험이 있다.	무색

99 Repetitive Learning (1회 2회 3회)

다음 중 인화점이 가장 낮은 물질은?

① 등유 ② 아세톤
③ 이황화탄소 ④ 아세트산

해설

- 보기의 물질을 인화점이 낮은 것부터 높은 순으로 배열하면 이황화탄소 < 아세톤 < 아세트산 < 등유 순이다.

:: 주요 인화성 가스의 인화점

인화성 가스	인화점[℃]	인화성 가스	인화점[℃]
이황화탄소(CS_2)	-30	아세톤(CH_3COCH_3)	-18
벤젠(C_6H_6)	-11	아세트산에틸($CH_3COOC_2H_5$)	-4
수소(H_2)	4~75	메탄올(CH_3OH)	11
에탄올(C_2H_5OH)	13	가솔린	0℃ 이하
등유	40~70	아세트산(CH_3COOH)	41.7
중유	60~150	경유	62 ~

100 Repetitive Learning (1회 2회 3회)

다음 중 공기 속에서의 폭발하한계[vol%] 값의 크기가 가장 작은 것은?

① H_2 ② CH_4
③ CO ④ C_2H_2

해설

- 보기에 주어진 가스의 폭발하한계가 작은 값부터 큰 값 순으로 나열하면 아세틸렌(C_2H_2) < 수소(H_2) < 메탄(CH_4) < 일산화탄소(CO) 순이다.

:: 주요 가스의 폭발상한계, 하한계, 폭발범위, 위험도 실필 1603

가스	폭발 하한계	폭발 상한계	폭발범위	위험도
아세틸렌(C_2H_2)	2.5	81	78.5	$\frac{81-2.5}{2.5}=31.4$
수소(H_2)	4.0	75	71	$\frac{75-4.0}{4.0}=17.75$
일산화탄소(CO)	12.5	74	61.5	$\frac{74-12.5}{12.5}=4.92$
암모니아(NH_3)	15	28	13	$\frac{28-15}{15}=0.87$
메탄(CH_4)	5.0	15	10	$\frac{15-5}{5}=2$
이황화탄소(CS_2)	1.3	41.0	39.7	$\frac{41-1.3}{1.3}=30.54$
프로판(C_3H_8),	2.1	9.5	7.4	$\frac{9.5-2.1}{2.1}=3.52$
부탄(C_4H_{10})	1.8	8.4	6.6	$\frac{8.4-1.8}{1.8}=3.67$

6과목 건설공사 안전관리

0303 / 0601 / 0802 / 1201 / 1302 / 1401 / 1603 / 1901

101 Repetitive Learning (1회 2회 3회)

추락방호망 설치 시 그물코의 크기가 10cm인 매듭있는 방망의 신품에 대한 인장강도 기준으로 옳은 것은?

① 100kgf 이상 ② 200kgf 이상
③ 300kgf 이상 ④ 400kgf 이상

해설

- 매듭방망의 인장강도는 신품의 경우 그물코의 크기가 5cm이면 110kg, 10cm이면 200kg 이상이다.

:: 신품 방망 인장강도

그물코 한변 길이	무매듭방망	매듭방망
10cm	240kg 이상(150kg)	200kg 이상(135kg)
5cm		110kg 이상(60kg)

단, ( )는 폐기기준이다.

2201

102 Repetitive Learning (1회 2회 3회)

재해사고를 방지하기 위하여 크레인에 설치된 방호장치와 거리가 먼 것은?

① 공기정화장치
② 비상정지장치
③ 제동장치
④ 권과방지장치

해설

- 공기정화장치는 실내의 작업장 내의 공기를 정화하는 장치로 크레인의 방호장치와는 거리가 멀다.

99 ③ 100 ④ 101 ② 102 ① 정답

∷ 방호장치의 조정

대상	• 크레인 • 이동식크레인 • 리프트 • 곤돌라 • 승강기
방호장치	과부하방지장치, 권과방지장치(捲過防止裝置), 비상정지장치 및 제동장치, 그 밖의 방호장치{승강기의 파이널리미트스위치(Final limit switch), 속도조절기, 출입문 인터 록(Inter lock) 등}

103

Repetitive Learning 1회 2회 3회

구조물 해체작업으로 사용되는 공법이 아닌 것은?

① 압쇄 공법
② 잭 공법
③ 절단 공법
④ 진공 공법

해설

• 압쇄 공법과 잭 공법은 유압을 이용한 유압 공법이다.
• 절단 공법은 연삭기를 이용한 연삭 공법이다.

∷ 구조물 해체 공법의 구분

기계적충격 공법	• 핸드 브레이커 공법 • 대형 브레이커 공법 • 강구(Steel ball) 공법
연삭 공법	• 절단 공법 • 다이어몬드 와이어 쏘우 공법
유압 공법	• 유압식 확대기 공법 • 잭 공법 • 압쇄 공법
발파 공법	발파 공법
전기적발열 공법	• 직접 철근 가열법 • 전자유도 가열법 • 고주파 전압법
제트력 공법	• 워터젯(Water-jet) 공법 • 화염젯 공법
정적 파쇄재 공법	팽창제 이용 공법

1902

104

Repetitive Learning 1회 2회 3회

건립 중 강풍에 의한 풍압 등 외압에 대한 내력이 설계에 고려되었는지 확인하여야 하는 철골구조물의 기준으로 옳지 않은 것은?

① 높이 20m 이상의 구조물
② 구조물의 폭과 높이의 비가 1 : 4 이상인 구조물
③ 이음부가 공장 제작인 구조물
④ 연면적당 철골량이 $50kg/m^2$ 이하인 구조물

해설

• 이음부가 공장 제작인 구조물은 설계 시 외압에 대한 내력이 고려되었는지 확인할 필요가 없으며, 이음부가 현장용접인 구조물에 대해서는 확인이 필요하다.

∷ 외압에 대한 내력이 설계 시 고려되었는지 확인 필요한 구조물

• 높이 20m 이상의 구조물
• 구조물의 폭과 높이의 비가 1 : 4 이상인 구조물
• 단면구조에 현저한 변화가 있는 구조물
• 연면적당 철골량이 $50kg/m^2$ 이하인 구조물
• 기둥이 타이플레이트(Tie plate)형인 구조물
• 이음부가 현장용접인 구조물

105

Repetitive Learning 1회 2회 3회

산업안전보건관리비의 효율적인 집행을 위하여 고용노동부장관이 정할 수 있는 기준에 해당되지 않는 것은?

① 안전·보건에 관한 협의체 구성 및 운영
② 공사의 진척 정도에 따른 사용기준
③ 사업의 규모별 사용방법 및 구체적인 내용
④ 사업의 종류별 사용방법 및 구체적인 내용

해설

• 산업안전보건관리비의 효율적인 집행을 위해 고용노동부장관이 정한 기준에는 공사의 진척 정도에 따른 사용기준, 사업의 규모별·종류별 사용방법 및 구체적인 내용과 그 밖에 산업안전보건관리비 사용에 필요한 사항이 있다.

∷ 산업안전보건관리비의 효율적인 집행을 위한 기준

• 공사의 진척 정도에 따른 사용기준
• 사업의 규모별·종류별 사용방법 및 구체적인 내용
• 그 밖에 산업안전보건관리비 사용에 필요한 사항

정답 | 103 ④ 104 ③ 105 ①

0503 / 0803

106

항타기 또는 항발기에 사용되는 권상용 와이어로프의 안전계수는 최소 얼마 이상이어야 하는가?

① 3　② 4
③ 5　④ 6

해설

- 항타기 및 항발기에서 사용하는 권상용 와이어로프의 안전계수가 5 이상이 아니면 이를 사용해서는 안 된다.

∷ 권상용 와이어로프

㉠ 안전계수
- 항타기 및 항발기에서 사용하는 권상용 와이어로프의 안전계수가 5 이상이 아니면 이를 사용해서는 안 된다.

㉡ 길이 등
- 권상용 와이어로프는 추 또는 해머가 최저의 위치에 있을 때 또는 널말뚝을 빼내기 시작할 때를 기준으로 권상장치의 드럼에 적어도 2회 감기고 남을 수 있는 충분한 길이일 것
- 권상용 와이어로프는 권상장치의 드럼에 클램프 · 클립 등을 사용하여 견고하게 고정할 것
- 항타기의 권상용 와이어로프에서 추 · 해머 등과의 연결은 클램프 · 클립 등을 사용하여 견고하게 할 것

1102

107

Repetitive Learning (1회 2회 3회)

철골보 인양 시 준수해야 할 사항으로 옳지 않은 것은?

① 인양 와이어로프의 매달기 각도는 양변 60°를 기준으로 한다.
② 클램프로 부재를 해결할 때는 클램프의 정격용량 이상 매달지 않아야 한다.
③ 클램프는 부재를 수평으로 하는 한 곳의 위치에만 사용하여야 한다.
④ 인양 와이어로프는 후크의 중심에 걸어야 한다.

해설

- 철골보 인양 시 클램프는 부재를 수평으로 하여 두 곳의 위치에 사용하여야 하며, 부재 양단방향은 같은 간격이어야 한다.

∷ 철골보 인양 시 준수사항
- 인양 와이어로프의 매달기 각도는 양변 60°를 기준으로 2열로 매달고, 와이어 체결 지점은 수평부재의 1/3 지점을 기준하여야 한다.
- 클램프는 부재를 수평으로 하여 두 곳의 위치에 사용하여야 하며, 부재 양단방향은 같은 간격이어야 한다.
- 클램프의 정격용량 이상 매달지 않아야 한다.
- 인양 와이어로프는 훅의 중심에 걸어야 하며, 훅은 용접의 경우 용접장 등 용접규격을 확인하여 인양 시 취성파괴에 의한 탈락을 방지하여야 한다.

1301

108

Repetitive Learning (1회 2회 3회)

시스템 동바리를 조립하는 경우 수직재와 받침철물 연결부의 겹침길이 기준으로 옳은 것은?

① 받침철물 전체길이의 1/2 이상
② 받침철물 전체길이의 1/3 이상
③ 받침철물 전체길이의 1/4 이상
④ 받침철물 전체길이의 1/5 이상

해설

- 시스템 비계의 수직재와 받침철물의 연결부의 겹침길이는 받침철물 전체길이의 3분의 1 이상이 되도록 한다.

∷ 시스템 비계의 구조
- 수직재 · 수평재 · 가새재를 견고하게 연결하는 구조가 되도록 할 것
- 비계 밑단의 수직재와 받침철물은 밀착되도록 설치하고, 수직재와 받침철물의 연결부의 겹침길이는 받침철물 전체길이의 3분의 1 이상이 되도록 할 것
- 수평재는 수직재와 직각으로 설치하여야 하며, 체결 후 흔들림이 없도록 견고하게 설치할 것
- 수직재와 수직재의 연결철물은 이탈되지 않도록 견고한 구조로 할 것
- 벽 연결재의 설치간격은 제조사가 정한 기준에 따라 설치할 것

109

Repetitive Learning (1회 2회 3회)

토질시험 중 액체 상태의 흙이 건조되어 가면서 액성, 소성, 반고체, 고체 상태의 경계선과 관련된 시험의 명칭은?

① 아터버그 한계시험　② 압밀시험
③ 삼축압축시험　④ 투수시험

106 ③　107 ③　108 ②　109 ①　정답

해설

- 압밀이란 압축하중으로 간극수압이 높아져 물이 배출되면서 흙의 간극이 감소하는 현상을 말한다.
- 삼축압축시험이란 흙 시료를 원통 안에 넣고 측압을 가해 전단파괴가 일어날 때의 응력·변형도·공극수압·체적변화 등을 측정하여 흙의 내부마찰각과 점착력을 결정하는 시험으로 현장조건과 유사하게 하는 실내시험이다.
- 투수시험이란 투수성 지반의 설계와 지하수 문제를 확인하기 위해 실내에서 흙의 물리적 성질을 측정하는 시험이다.

아터버그 한계(Atterberg limits)

- 함수비에 따라 세립토의 존재형태는 다양하게(반고체, 소성, 액성) 변화하는데 각각의 형태가 변화하는 순간의 함수비를 수축한계(고체→반고체), 소성한계(반고체→소성), 액성한계(소성→액체)라 한다.
- 함수비에 따른 수축한계(w_s), 소성한계(w_p), 액성한계(w_L)를 통칭해서 아터버그 한계라고 한다.
- 아터버그 한계는 흙의 거동을 판단하는 데 도움을 준다.

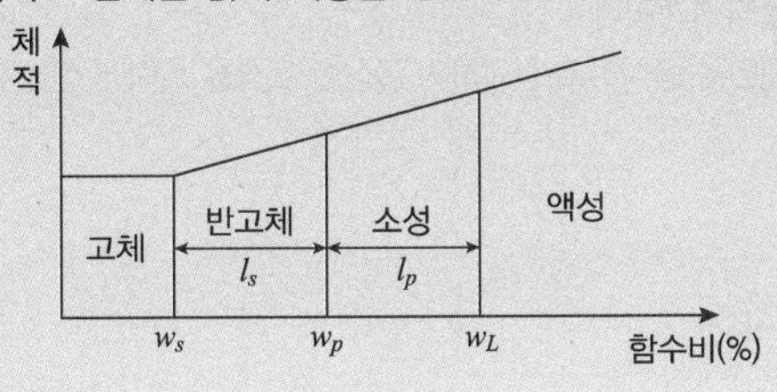

110 — Repetitive Learning (1회 2회 3회)

유해·위험방지계획서를 제출하여야 할 대상 공사의 조건으로 옳지 않은 것은?

① 터널 건설 등의 공사
② 최대지간길이가 50m 이상인 교량 건설 등 공사
③ 다목적 댐·발전용 댐 및 저수용량 2천만톤 이상의 용수 전용 댐, 지방상수도 전용 댐 건설 등의 공사
④ 깊이가 5m 이상인 굴착공사

해설

- 유해·위험방지계획서 제출대상 공사의 규모에서 굴착공사의 경우 깊이 5m 이상이 아니라 10m 이상이 되어야 한다.

유해·위험방지계획서 제출대상 공사 실필 1701

- 지상높이가 31m 이상인 건축물 또는 인공구조물, 연면적 3만m^2 이상인 건축물 또는 연면적 5천m^2 이상의 문화 및 집회시설(전시장 및 동물원·식물원은 제외), 판매시설, 운수시설(고속철도의 역사 및 집배송시설은 제외), 종교시설, 의료시설 중 종합병원, 숙박시설 중 관광숙박시설, 지하도상가 또는 냉동·냉장창고시설의 건설·개조 또는 해체 공사
- 연면적 5천m^2 이상인 냉동·냉장창고시설의 설비공사 및 단열공사
- 최대지간길이가 50m 이상인 교량 건설 등의 공사
- 터널 건설 등의 공사
- 다목적 댐, 발전용 댐 및 저수용량 2천만톤 이상의 용수 전용 댐, 지방상수도 전용 댐 건설 등의 공사
- 깊이 10m 이상인 굴착공사

111 — Repetitive Learning (1회 2회 3회)

다음 기계 중 양중기에 포함되지 않는 것은?

① 리프트
② 곤돌라
③ 크레인
④ 트롤리 컨베이어

해설

- 트롤리 컨베이어는 일정 거리 사이를 자동 및 연속해서 재료나 물건을 운반하는 컨베이어의 한 종류로 양중기에 포함되지 않는다.

양중기의 종류 실필 1601

- 크레인(Crane){호이스트(Hoist) 포함}
- 이동식크레인
- 리프트(이삿짐운반용의 경우 적재하중 0.1톤 이상)
- 곤돌라
- 승강기

2103

112 — Repetitive Learning (1회 2회 3회)

콘크리트 타설작업을 하는 경우에 준수해야 할 사항으로 옳지 않은 것은?

① 당일의 작업을 시작하기 전에 해당 작업에 관한 거푸집 동바리 등의 변형·변위 및 지반의 침하 유무 등을 점검하고 이상이 있으면 보수할 것
② 작업 중에는 거푸집 동바리 등의 변형·변위 및 침하 유무 등을 감시할 수 있는 감시자를 배치하여 이상이 있으면 작업을 빠른 시간 내 우선 완료하고 근로자를 대피시킬 것
③ 콘크리트 타설작업 시 거푸집 붕괴의 위험이 발생할 우려가 있으면 충분한 보강조치를 할 것
④ 콘크리트를 타설하는 경우에는 편심이 발생하지 않도록 골고루 분산하여 타설할 것

정답 | 110 ④ 111 ④ 112 ②

해설

- 작업 중에는 거푸집 동바리 등의 변형·변위 및 침하 유무 등을 감시할 수 있는 감시자를 배치하여 이상이 있으면 작업을 중지하고 근로자를 우선 대피시켜야 한다.

콘크리트의 타설작업 실필 1802/1502

- 당일의 작업을 시작하기 전에 해당 작업에 관한 거푸집 동바리 등의 변형·변위 및 지반의 침하 유무 등을 점검하고 이상이 있으면 보수할 것
- 작업 중에는 거푸집 동바리 등의 변형·변위 및 침하 유무 등을 감시할 수 있는 감시자를 배치하여 이상이 있으면 작업을 중지하고 근로자를 대피시킬 것
- 콘크리트 타설작업 시 거푸집 붕괴의 위험이 발생할 우려가 있으면 충분한 보강조치를 할 것
- 설계도서상의 콘크리트 양생기간을 준수하여 거푸집 동바리 등을 해체할 것
- 콘크리트를 타설하는 경우에는 편심이 발생하지 않도록 골고루 분산하여 타설할 것

0801 / 0903 / 2103

113

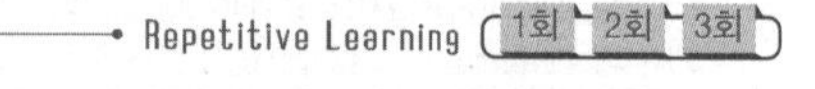

차량계 건설기계를 사용하여 작업하고자 할 때 작업계획서에 포함되어야 할 사항에 해당되지 않는 것은?

① 사용하는 차량계 건설기계의 종류 및 성능
② 차량계 건설기계의 운행경로
③ 차량계 건설기계에 의한 작업방법
④ 차량계 건설기계의 유지보수방법

해설

- 차량계 건설기계를 사용하여 작업하고자 할 때 작업계획서에는 사용하는 차량계 건설기계의 종류 및 성능, 차량계 건설기계의 운행경로, 차량계 건설기계에 의한 작업방법 등이 포함되어야 한다.

차량계 건설기계를 사용하여 작업 시 작업계획서

- 사용하는 차량계 건설기계의 종류 및 성능
- 차량계 건설기계의 운행경로
- 차량계 건설기계에 의한 작업방법

114

Repetitive Learning 1회 2회 3회

기계가 위치한 지면보다 높은 장소의 땅을 굴착하는 데 적합하며 산지에서의 토공사 및 암반으로부터의 점토질까지 굴착할 수 있는 건설장비의 명칭은?

① 파워셔블
② 불도저
③ 파일 드라이버
④ 크레인

해설

- 불도저(Bulldozer)는 무한궤도가 달려 있는 트랙터 앞머리에 블레이드(Blade)를 부착하여 흙의 굴착 압토 및 운반 등의 작업을 하는 토목기계이다.
- 파일 드라이버(Pile driver)는 미리 제작되어 있는 말뚝을 박는 기계이다.
- 크레인(Crane)은 하물을 들어 올려 상하·좌우·전후로 운반하는 양중기계이다.

파워셔블(Power shovel)

- 셔블(Shovel)은 버킷의 굴삭방향이 백호우와 반대인 것으로 기계가 위치한 지면보다 높은 곳을 파는 작업에 가장 적합한 굴착기계이다.
- 지면을 굴삭하고 선회하여 굴삭한 토석을 트럭에 싣는 기계이다.

1203

115

Repetitive Learning 

지표면에서 소정의 위치까지 파내려간 후 구조물을 축조하고 되메운 후 지표면을 원상태로 복구시키는 공법은?

① NATM 공법
② 개착식터널 공법
③ TBM 공법
④ 침매 공법

해설

- NATM 공법은 터널을 굴진하면서 기존 암반에 콘크리트를 뿜어 붙이고 암벽 군데군데에 구멍을 뚫고 조임쇠를 박아서 파 들어가는 공법이다.
- TBM 공법은 터널을 발파 공법이 아닌 전단면 터널굴착기를 사용하여 암을 압쇄 또는 절삭에 의해 굴착하는 기계식굴착 공법이다.
- 침매 공법은 육상에서 제작한 구조물을 해상으로 운반하여 이를 바다 밑에 가라앉혀 연결하는 방식의 터널 공법이다.

개착식 공법

- 지표면에서 소정의 위치까지 파 내려간 후 구조물을 축조하고 되메운 후 지표면을 원상태로 복구시키는 공법으로 지하철 공사 등에서 많이 사용한다.
- 공사 중 지상에 철제 복공판을 설치하여 도로의 기능을 일부 유지할 수 있으며, 비용이 저렴한 장점이 있어 일반적으로 이용되는 방식이다.

113 ④ 114 ① 115 ② 정답

1302

116 — Repetitive Learning (1회 2회 3회)

단관비계를 조립하는 경우 벽이음 및 버팀을 설치할 때의 수평방향 조립 간격 기준으로 옳은 것은?

① 3m　　② 5m
③ 6m　　④ 8m

해설

- 단관비계의 조립 시 벽이음 간격은 수직방향으로 5m, 수평방향으로 5m 이내로 한다.

강관비계 조립 시의 준수사항

- 강관비계의 조립(벽이음) 간격

강관비계의 종류	조립 간격(단위 : m)	
	수직방향	수평방향
단관비계	5	5
틀비계(높이 5m 미만 제외)	6	8

- 강관·통나무 등의 재료를 사용하여 견고한 것으로 할 것
- 인장재(引張材)와 압축재로 구성된 경우에는 인장재와 압축재의 간격을 1m 이내로 할 것

0501 / 0902

117 — Repetitive Learning (1회 2회 3회)

산업안전보건기준에 관한 규칙에 따른 암반 중 풍화암 굴착 시 굴착면의 기울기 기준으로 옳은 것은?

① 1 : 1.5
② 1 : 1.1
③ 1 : 1.0
④ 1 : 0.5

해설

- 풍화암은 1 : 1.0의 구배를 갖도록 한다.

굴착면 기울기 기준

지반의 종류	기울기
모래	1 : 1.8
연암 및 풍화암	1 : 1.0
경암	1 : 0.5
그 밖의 흙	1 : 1.2

1401 / 1902

118 — Repetitive Learning (1회 2회 3회)

흙막이 가시설 공사 시 사용되는 각 계측기 설치 목적으로 옳지 않은 것은?

① 지표침하계 – 지표면 침하량 측정
② 수위계 – 지반 내 지하수위의 변화 측정
③ 하중계 – 상부 적재하중 변화 측정
④ 지중경사계 – 지중의 수평 변위량 측정

해설

- 하중계(Load cell)는 지보공 버팀대에 작용하는 축력을 측정하는 계측기이다.

굴착공사용 계측기기 실필 0902

㉠ 개요

- 개착식 굴착공사에서 설치하는 계측기기에는 기울기(Tilt meter), 지하수위계, 간극수압계, 경사계, 응력계, 변형률계, 하중계 등이 있다.
- 지반붕괴 방지를 위한 계측장치에는 지하수위계, 경사계, 변형률계, 응력계, 하중계 등이 있다.

㉡ 종류

계측기	설명
지표침하계(Surface settlement system)	지표면의 침하량을 측정하는 기구
지하수위계(Water level meter)	지반 내 지하수위의 변화를 계측하는 기구
하중계(Load cell)	버팀보 어스앵커(Earth anchor) 등의 실제 축 하중 변화를 측정하는 계측기
지중경사계(Inclinometer)	지중의 수평 변위량을 통해 주변 지반의 변형을 측정하는 기계
건물경사계(Tiltmeter)	인접한 구조물에 설치하여 구조물의 경사 및 변형상태를 측정하는 기구
수직지향각도계(Inclino meter, 경사계)	주변 지반, 지층, 기계, 시설 등의 경사도와 변형을 측정하는 기구
변형률계(Strain gauge)	흙막이 가시설의 버팀대(Strut)의 변형을 측정하는 계측기

2201

119 — Repetitive Learning (1회 2회 3회)

철골작업 시 철골부재에서 근로자가 수직방향으로 이동하는 경우에 설치하여야 하는 고정된 승강로의 최소 답단 간격은 얼마 이내인가?

① 20cm　　② 25cm
③ 30cm　　④ 40cm

정답 | 116 ② 117 ③ 118 ③ 119 ③

해설

- 사업주는 근로자가 수직방향으로 이동하는 철골부재(鐵骨部材)에는 답단(踏段) 간격이 30cm 이내인 고정된 승강로를 설치하여야 한다.

승강로의 설치

- 사업주는 근로자가 수직방향으로 이동하는 철골부재(鐵骨部材)에는 답단(踏段) 간격이 30cm 이내인 고정된 승강로를 설치하여야 하며, 수평방향 철골과 수직방향 철골이 연결되는 부분에는 연결작업을 위하여 작업발판 등을 설치하여야 한다.

2001

120

Repetitive Learning 1회 2회 3회

콘크리트 타설 시 거푸집 측압에 대한 설명으로 옳지 않은 것은?

① 기온이 높을수록 측압은 크다.
② 타설 속도가 클수록 측압은 크다.
③ 슬럼프가 클수록 측압은 크다.
④ 다짐이 과할수록 측압은 크다.

해설

- 온도가 낮을수록 콘크리트 측압은 커진다.

콘크리트 측압

- 콘크리트의 타설 속도가 빠를수록 측압이 크다.
- 콘크리트 비중이 클수록 측압이 크다.
- 진동기를 사용하면 다짐이 충분해지므로 측압은 커진다.
- 슬럼프(Slump)가 크고, 배합이 좋을수록 크다.
- 거푸집의 수평단면이 클수록 측압은 크다.
- 거푸집의 강성이 클수록 측압은 크다.
- 벽 두께가 두꺼울수록 측압은 커진다.
- 습도가 높을수록 측압은 커지고, 온도가 낮을수록 측압은 커진다.
- 철근량이 적을수록 측압은 커진다.
- 부배합이 빈배합보다 측압이 크다.
- 조강시멘트 등을 활용하면 측압은 작아진다.

120 ① 정답

MEMO

2016년 3회

구분	1과목	2과목	3과목	4과목	5과목	6과목	합계
New 유형	1	5	2	4	2	2	16
New 문제	6	10	9	12	3	5	45
또나온문제	11	9	4	5	4	9	42
자꾸나온문제	3	1	7	3	13	6	33
합계	20	20	20	20	20	20	120

- New유형은 New문제 중 기존 기출문제와 완전히 다른 유형의 문제를 말합니다.
- New문제는 기존에 출제되지 않은 문제로 이번에 처음 출제되는 문제입니다.
- 또나온문제는 기존에 출제된 적이 1번 있는 문제를 말합니다.
- 자꾸나온문제는 기존에 출제된 적이 2번 이상 있는 문제를 말합니다. 그만큼 중요한 문제입니다.

몇 년분의 기출문제를 공부해야 합격할 수 있을까요?

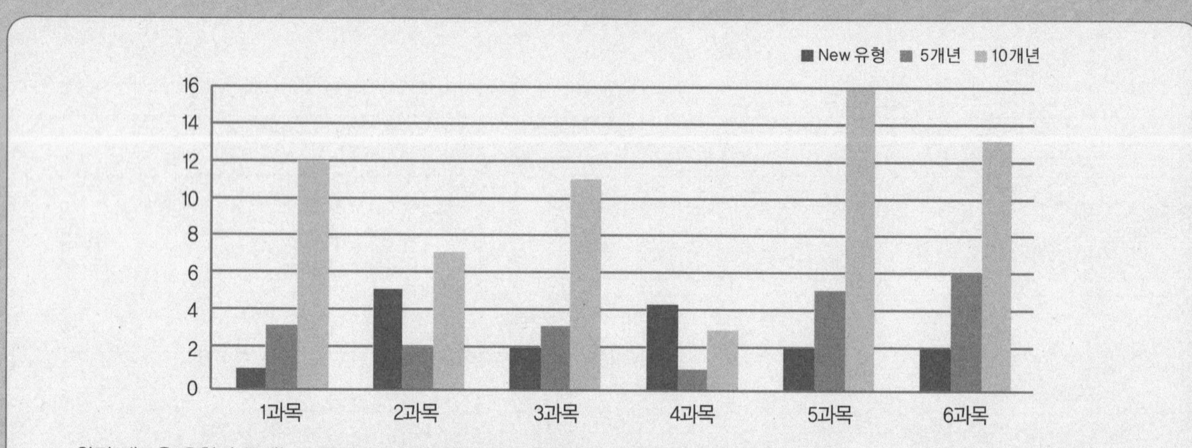

- 완전 새로운 유형의 문제는 16문제이고 104문제가 이미 출제된 문제 혹은 변형문제입니다.
- 5년분(2016~2020) 기출에서 동일문제가 20문항이 출제되었고, 10년분(2011~2020) 기출에서 동일문제가 62문항이 출제되었습니다.

실기에 나왔어요!! 외우세요!!!

실기시험은 필답형과 작업형으로 구분되어 있으며 모두 직접 주관식으로 내용을 적어야 합니다. 필기공부하면서 실기 출제된 내역들은 좀 더 신경써서 암기하실 필요가 있어요. 필기 합격자 발표 난 후 실기시험까지는 5주밖에 여유가 없답니다. 어차피 공부할 것 필기 때 확실하게 해준다면 실기도 단방에 합격할 수 있습니다.

- 총 36개의 해설이 실기 필답형 시험과 연동되어 있습니다.
- 총 2개의 해설이 실기 작업형 시험과 연동되어 있습니다.

분석의견

최근 10년분의 기출문제와 답을 반복암기해서는 합격점수인 72점에서 15점이 부족합니다. 새로운 유형 및 문제, 과목별 기출비중 등은 평균보다 다소 난이도가 높은 분포를 보여주고 있습니다. 5년분 기출은 평균(31.9문항)보다 훨씬 낮은(9문항) 데 반해 10년분 기출은 평균(54.6문항)보다 높은(57문항) 분포를 보이고 있습니다. 즉, 최근 5~10년 동안의 기출에서 많은 문제가 중복되었습니다. 과목별로는 4과목이 5년분 기출에서는 1문제도 출제되지 않았고, 10년분 기출에서 5문제가 출제되었습니다. 그 외에는 평균적인 난이도를 보이고 있는 만큼 합격에 필요한 점수를 획득하기 위해서는 최근 5년분 문제와 핵심이론의 3회독 혹은 최근 10년분 문제와 핵심이론의 2회독 이상의 학습이 필요합니다.

2016년 제3회

2016년 8월 21일 필기

16년 3회차 필기시험
합격률 43.1%

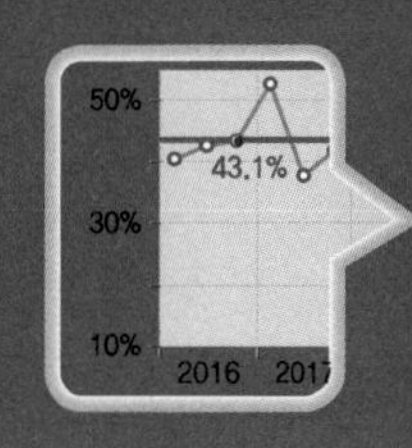

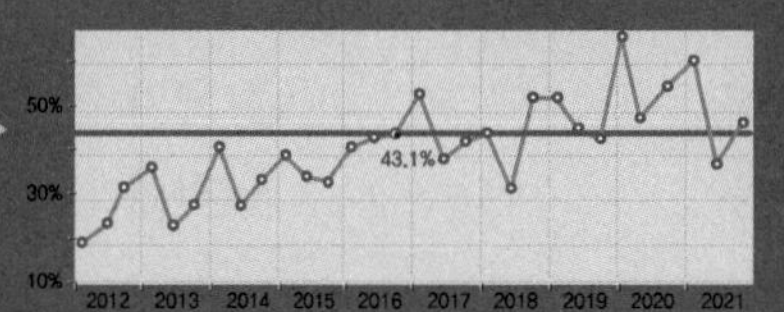

1과목 산업재해 예방 및 안전보건교육

01

Repetitive Learning (1회 2회 3회)

안전보건교육의 교육지도 원칙에 해당되지 않는 것은?

① 피교육자 중심의 교육을 실시한다.
② 동기부여를 한다.
③ 5관을 활용한다.
④ 어려운 것부터 쉬운 것으로 시작한다.

해설

- 안전보건교육의 교육지도 원칙에 있어서 교육의 난이도는 쉬운 것에서 어려운 것 순으로 진행하는 것이 효율적이다.

안전보건교육의 교육지도 원칙

- 피교육자 입장에서의 교육이 되게 한다.
- 동기부여를 위주로 한 교육이 되게 한다.
- 오감을 통한 기능적인 이해를 돕도록 한다.
- 5관을 활용한 교육이 되게 한다.
- 한 번에 한 가지씩 교육을 실시한다.
- 많이 사용하는 것에서 적게 사용하는 순서로 실시한다.
- 과거부터 현재, 미래의 순서로 실시한다.
- 쉬운 것에서 어려운 것 순으로 진행한다.

02

Repetitive Learning (1회 2회 3회)

근로손실일수 산출에 있어서 사망으로 인한 근로손실연수는 보통 몇 년을 기준으로 산정하는가?

① 30　　② 25
③ 15　　④ 10

해설

- 사망과 신체장해등급 1~3급의 근로손실일수는 7,500일이다.
- 평균 연 근무일수는 300일이므로 사망의 근로손실일수는 $\frac{7,500}{300} = 25$년을 기준으로 산정한다.

장해등급별 근로손실일수

구분	사망	신체장해등급											
		1~3	4	5	6	7	8	9	10	11	12	13	14
근로손실일수	7,500	7,500	5,500	4,000	3,000	2,200	1,500	1,000	600	400	200	100	50

0401 / 0601 / 0803

03

Repetitive Learning (1회 2회 3회)

어느 사업장에서 당해 연도에 총 660명의 재해자가 발생하였다. 하인리히의 재해구성 비율에 의하면 경상의 재해자는 몇 명으로 추정되겠는가?

① 58
② 64
③ 600
④ 631

해설

- 총 660명이므로 2 : 58 : 600의 비를 의미한다. 중상이 2, 경상이 58, 무상해사고가 600이다.

하인리히의 재해구성 비율

- 중상 : 경상 : 무상해사고가 각각 1 : 29 : 300인 재해구성 비율을 말한다.
- 총 사고 발생건수 330건을 대상으로 분석했을 때 중상 1, 경상 29, 무상해사고 300건이 발생했음을 의미한다.

정답 | 01 ④　02 ②　03 ①

0602 / 0802 / 2102

04 Repetitive Learning (1회 2회 3회)

안전교육 방법 중 강의식 교육을 1시간 하려고 할 경우 가장 시간이 많이 소비되는 단계는?

① 도입　　② 제시
③ 적용　　④ 확인

해설

- 강의식 교육에서는 도입, 제시, 적용, 확인 단계 중 제시 단계에서 가장 많은 시간이 소요된다.

강의식(Lecture method)

㉠ 개요
- 안전교육방법 중 수업의 도입이나 초기단계에 적용하며, 단시간에 많은 내용을 교육하는 경우에 가장 적절한 방법이다.
- 짧은 교육기간에 많은 인원의 대상에게 비교적 많은 내용을 전달하기 위한 교육방법이다.
- 도입, 제시, 적용, 확인 단계 중 제시 단계에서 가장 많은 시간이 소요된다.

㉡ 장점
- 적은 시간에 많은 내용을 많은 대상에게 교육시킬 수 있어 다른 방법에 비해 경제적이다.
- 전체적인 교육내용을 제시하거나, 새로운 과업 및 작업단위의 도입단계에 유효하다.
- 교육 시간에 대한 조정(계획과 통제)이 용이하다.
- 난해한 문제에 대하여 평이하게 설명이 가능하다.

㉢ 단점
- 상대적으로 피드백이 부족하다. 즉, 피교육생의 참여가 제약된다.
- 교육 대상 집단 내 수준차로 인해 교육의 효과가 감소할 가능성이 있다.
- 참가자의 동기유발이 어렵고 수동적으로 참가하기 쉽다.
- 일방적 교육으로 학습결과의 개별화나 사회화가 어렵다.

1003 / 2101

05 Repetitive Learning (1회 2회 3회)

안전교육 중 제2단계로 시행되며 같은 것을 반복하여 개인의 시행착오에 의해서만 점차 그 사람에게 형성되는 교육은?

① 안전기술의 교육　　② 안전지식의 교육
③ 안전기능의 교육　　④ 안전태도의 교육

해설

- 긴 시간 동안 개인의 반복적 시행착오에 의해서 형성되는 것은 2단계 기능교육이다.

안전기능교육(안전교육의 제2단계)
- 작업능력 및 기술능력을 부여하는 교육으로 작업동작을 표준화시킨다.
- 교육대상자가 그것을 스스로 행함으로 얻어지는 것으로 시범식 교육이 가장 바람직한 교육방식이다.
- 긴 시간 동안 개인의 반복적 시행착오에 의해서 형성된다.
- 방호장치 관리 기능을 습득하게 한다.

1203

06 Repetitive Learning (1회 2회 3회)

산업안전보건법상 안전보건개선계획의 수립·시행명령을 받은 사업주는 고용노동부장관이 정하는 바에 따라 안전보건개선계획서를 작성하여 그 명령을 받은 날부터 며칠 이내에 관할 지방고용노동관서의 장에게 제출해야 하는가?

① 15일　　② 30일
③ 45일　　④ 60일

해설

- 고용노동부장관은 산업재해 예방을 위하여 종합적인 개선조치를 할 필요가 있다고 인정할 때에는 고용노동부령으로 정하는 바에 따라 사업주에게 그 사업장, 시설, 그 밖의 사항에 관한 안전보건개선계획의 수립·시행을 명할 수 있다. 사업주는 명령을 받은 날부터 60일 이내에 관할 지방고용노동관서의 장에게 제출하여야 한다.

안전보건개선계획 수립 실필 2401
- 안전보건개선계획의 수립·시행명령을 받은 사업주는 고용노동부장관이 정하는 바에 따라 안전보건개선계획서를 작성하여 그 명령을 받은 날부터 60일 이내에 관할 지방고용노동관서의 장에게 제출하여야 한다.
- 안전보건개선계획서에는 시설, 안전·보건관리체제, 안전·보건교육, 산업재해 예방 및 작업환경의 개선을 위하여 필요한 사항이 포함되어야 한다.

1601

07 Repetitive Learning (1회 2회 3회)

재해통계를 작성하는 필요성에 대한 설명으로 틀린 것은?

① 설비상의 결함요인을 개선 및 시정시키는데 활용한다.
② 재해의 구성요소를 알고 분포상태를 알아 대책을 세우기 위함이다.
③ 근로자의 행동결함을 발견하여 안전 재교육 훈련자료로 활용한다.
④ 관리책임 소재를 밝혀 관리자의 인책 자료로 삼는다.

정답 04 ② 05 ③ 06 ④ 07 ④

해설

- 각종 자료와 통계는 사고 등에 대한 효과적인 대책을 세우고 사고를 미연에 방지하기 위한 것이지 질책 및 인책 자료로 활용하기 위함이 아니다.

산업재해 통계

㉠ 개요
- 산업재해 통계의 목적은 기업에서 발생한 산업재해에 대하여 효과적인 대책을 강구하기 위함이다.
- 재해의 구성요소, 경향, 분포상태를 알아 대책을 세우기 위함이다.
- 근로자의 행동결함을 발견하여 안전 재교육 훈련자료로 활용한다.
- 설비상의 결함요인을 개선 및 시정시키는데 활용한다.

㉡ 활용 시 주의사항
- 산업재해 통계는 구체적으로 표시되어야 한다.
- 산업재해 통계를 기반으로 안전조건이나 상태를 추측해서는 안 된다.
- 산업재해 통계 그 자체보다는 재해 통계에 나타난 경향과 성질의 활동을 중요시해야 한다.
- 동종업종과의 비교를 통해 집중할 점을 확인할 수 있다.
- 안전업무의 정도와 안전사고 감소 목표의 수준을 확인할 수 있다.

1101

08 Repetitive Learning 1회 2회 3회

위험예지훈련에 있어 브레인스토밍법의 원칙으로 적절하지 않은 것은?

① 무엇이든 좋으니 많이 발언한다.
② 지정된 사람에 한하여 발언의 기회가 부여된다.
③ 타인의 의견을 수정하거나 덧붙여서 말하여도 좋다.
④ 타인의 의견에 대하여 좋고 나쁨을 비평하지 않는다.

해설

- 브레인스토밍은 발표순서 없이 구성원 누구든 의견을 제시할 수 있다.

브레인스토밍(Brain-storming) 기법 실필 1503/0903

㉠ 개요
- 6~12명의 구성원으로 타인의 비판 없이 자유로운 토론을 통하여 다량의 독창적인 아이디어를 이끌어내고, 대안적 해결안을 찾기 위한 집단적 사고기법이다.

㉡ 4원칙
- 가능한 많은 아이디어와 의견을 제시하도록 한다.
- 주제를 벗어난 아이디어도 허용한다.
- 타인의 의견을 수정하여 발언하는 것을 허용한다.
- 절대 타인의 의견을 비판 및 비평하지 않는다.

1001

09 Repetitive Learning 1회 2회 3회

산업안전보건법상 금지표지의 종류에 해당하지 않는 것은?

① 금연
② 출입금지
③ 차량통행금지
④ 적재금지

해설

- 금지표지의 종류에는 금연, 출입금지, 보행금지, 차량통행금지, 물체이동금지, 화기금지, 사용금지, 탑승금지 등이 있다.

금지표지 실필 2401/2202/1802/1402

- 정지, 소화설비, 유해행위 금지를 표시할 때 사용된다.
- 흰색(N9.5) 바탕에 빨간색(7.5R 4/14) 기본모형을 사용한다.
- 금연, 출입금지, 보행금지, 차량통행금지, 물체이동금지, 화기금지, 사용금지, 탑승금지 등이 있다.

금연	출입금지	보행금지	차량통행금지
물체이동금지	**화기금지**	**사용금지**	**탑승금지**

1902

10 Repetitive Learning

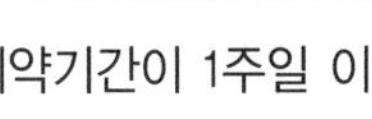

작업내용 변경 시 일용근로자 및 근로계약기간이 1주일 이하인 기간제근로자를 제외한 근로자의 사업 내 안전·보건 교육시간 기준으로 옳은 것은?

① 1시간 이상
② 2시간 이상
③ 4시간 이상
④ 6시간 이상

해설

- 작업내용 변경 시 일용근로자 및 근로계약기간이 1주일 이하인 기간제근로자는 1시간 이상, 그 밖의 근로자는 2시간 이상 교육한다.

정답 | 08 ② 09 ④ 10 ②

안전・보건 교육시간 기준 실필 1601/1301/1201/1101/1003/0901

교육과정	교육대상		교육시간
정기교육	사무직 종사 근로자		매반기 6시간 이상
	사무직 외의 근로자	판매업무에 직접 종사하는 근로자	매반기 6시간 이상
		판매업무에 직접 종사하는 근로자 외의 근로자	매반기 12시간 이상
	관리감독자		연간 16시간 이상
채용 시의 교육	일용근로자 및 근로계약기간이 1주일 이하인 기간제근로자		1시간 이상
	근로계약기간이 1주일 초과 1개월 이하인 기간제근로자		4시간 이상
	그 밖의 근로자		8시간 이상
작업내용 변경 시의 교육	일용근로자 및 근로계약기간이 1주일 이하인 기간제근로자		1시간 이상
	그 밖의 근로자		2시간 이상
특별교육	일용 및 근로계약기간이 1주일 이하인 기간제근로자	타워크레인 신호업무 제외	2시간 이상
		타워크레인 신호업무	8시간 이상
	일용 및 근로계약기간이 1주일 이하인 기간제근로자 제외 근로자		• 16시간 이상(작업전 4시간, 나머지는 3개월 이내 분할 가능) • 단기간 또는 간헐적 작업인 경우에는 2시간 이상
건설업 기초안전・보건 교육	건설 일용근로자		4시간 이상

1103

11 Repetitive Learning (1회 2회 3회)

Off J.T(Off the Job Training) 교육방법의 장점으로 옳은 것은?

① 개개인에게 적절한 지도훈련이 가능하다.
② 훈련에 필요한 업무의 계속성이 끊어지지 않는다.
③ 다수의 대상자를 일괄적, 조직적으로 교육할 수 있다.
④ 효과가 곧 업무에 나타나며, 훈련의 좋고 나쁨에 따라 개선이 용이하다.

해설

• 개개인에게 적절한 지도훈련이 가능하고 훈련과 업무가 연속적이며, 효과가 즉시 업무에 나타나고 훈련의 개선이 쉬운 것은 O.J.T의 장점에 해당한다.

Off J.T(Off the Job Training) 교육

㉠ 개요
- 전문가를 위촉하여 다수의 교육생을 특정 장소에 소집하여 일괄적, 조직적, 집중적으로 교육하는 방법을 말한다.
- 새로운 시스템에 대해서 체계적으로 교육하기에 적합하다.

㉡ 장점
- 교육생 간 혹은 타 직장의 근로자와 지식이나 경험을 교류할 수 있다.
- 업무와 훈련이 별개인 만큼 훈련에만 전념할 수 있다.

㉢ 단점
- 개인의 안전지도 방법에는 부적당하다.
- 교육으로 인해 업무가 중단되는 손실이 발생한다.

1903

12 Repetitive Learning (1회 2회 3회)

스트레스의 주요요인 중 환경이나 기타 외부에서 일어나는 자극요인이 아닌 것은?

① 자존심의 손상
② 대인관계 갈등
③ 죽음, 질병
④ 경제적 어려움

해설

• 자존심의 손상은 내부에서 발생되는 스트레스 요인이다.

스트레스의 요인

㉠ 내적 요인
- 자존심의 손상
- 도전의 좌절과 자만심의 상충
- 현실에서의 부적응
- 지나친 경쟁심과 출세욕

㉡ 외적 요인
- 직장에서의 대인관계 갈등과 대립
- 죽음, 질병
- 경제적 어려움

2001

13 Repetitive Learning (1회 2회 3회)

크레인, 리프트 및 곤돌라는 사업장에 설치가 끝난 날부터 몇 년 이내에 최초의 안전검사를 실시해야 하는가?

① 1년 ② 2년
③ 3년 ④ 4년

해설

• 크레인, 리프트 및 곤돌라는 사업장에 설치가 끝난 날부터 3년 이내에 최초 안전검사를 실시한다.

11 ③ 12 ① 13 ③ 정답

:: 안전검사의 주기 실필 2402

크레인, 리프트 및 곤돌라	• 설치가 끝난 날부터 3년 이내에 최초 안전검사를 실시 • 이후부터 2년마다(건설현장에서 사용하는 것은 최초로 설치한 날부터 6개월마다) 실시
이동식크레인, 이삿짐운반용 리프트 및 고소작업대	• 신규등록 이후 3년 이내에 최초 안전검사를 실시 • 이후부터 2년마다 실시
프레스, 전단기, 압력용기, 국소배기장치, 원심기, 롤러기, 사출성형기, 컨베이어, 산업용 로봇, 혼합기, 파쇄기 또는 분쇄기	• 설치가 끝난 날부터 3년 이내에 최초 안전검사를 실시 • 이후부터 2년마다(공정안전보고서를 제출하여 확인을 받은 압력용기는 4년마다) 실시

1201

14 Repetitive Learning (1회 2회 3회)

산업안전보건법상 고용노동부장관은 자율안전확인대상 기계・기구 등의 안전에 관한 성능이 자율안전기준에 맞지 아니하게 된 경우 관련 사항을 신고한 자에게 몇 개월 이내의 기간을 정하여 자율안전확인표시의 사용을 금지하거나 자율안전기준에 맞게 개선하도록 명할 수 있는가?

① 1　② 3
③ 6　④ 12

해설

• 고용노동부장관은 성능이 자율안전기준에 맞지 아니한 경우 6개월 이내의 기간을 정하여 자율안전확인표시의 사용을 금지하거나 자율안전기준에 맞게 개선하도록 명할 수 있다.

:: 자율안전확인표시의 사용 금지

• 고용노동부장관은 자율안전확인대상 기계・기구 등의 안전에 관한 성능이 자율안전기준에 맞지 아니하게 된 경우에는 신고한 자에게 6개월 이내의 기간을 정하여 자율안전확인표시의 사용을 금지하거나 자율안전기준에 맞게 개선하도록 명할 수 있다.

15 Repetitive Learning (1회 2회 3회)

방진마스크의 형태에 따른 분류 중 그림에서 나타내는 것은 무엇인가?

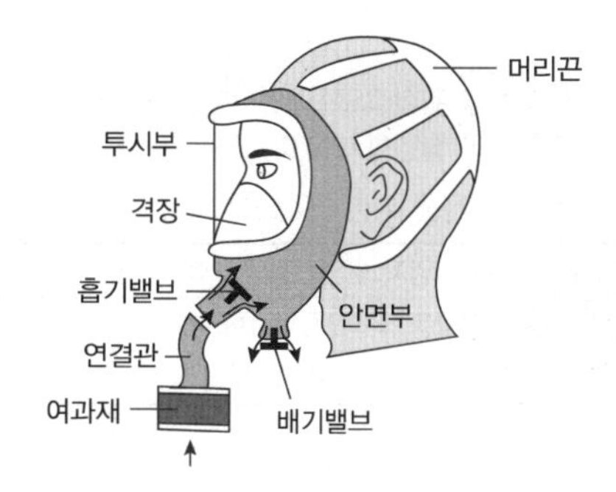

① 격리식 전면형　② 직결식 전면형
③ 격리식 반면형　④ 직결식 반면형

해설

• 격리식은 여과제가 마스크와 떨어져 있는 것이고, 전면형은 얼굴 전체를 모두 뒤집어 쓰는 형태이다. 주어진 마스크는 여과재가 연결관에 의해 연결된 형태이므로 격리식이다.

:: 방진마스크의 형태

• 산소농도 18% 이상인 장소에서 사용하여야 한다.

격리식 전면형	직결식 전면형
머리끈, 투시부, 격장, 흡기밸브, 안면부, 연결관, 여과재, 배기밸브	머리끈, 투시부, 격장, 흡기밸브, 안면부, 여과재, 배기밸브
격리식 반면형	**안면부 여과식**
머리끈, 흡기밸브, 연결관, 안면부, 여과재, 배기밸브	머리끈, 금속장식, 안면부 (여과재), 배기밸브

16 Repetitive Learning (1회 2회 3회)

무재해 운동을 추진하기 위한 조직의 3기둥으로 볼 수 없는 것은?

① 최고경영자의 경영자세
② 소집단 자주활동의 활성화
③ 전 종업원의 안전요원화
④ 라인관리자에 의한 안전보건의 추진

정답 | 14 ③ 15 ① 16 ③

해설

- 무재해 운동 추진을 위한 3요소에는 경영자의 자세, 안전활동의 라인화, 자주활동의 활성화가 있다.

무재해 운동의 추진을 위한 3요소

이념	최고경영자의 안전경영자세
실천	안전활동의 라인(Line)화
기법	직장 자주안전활동의 활성화

1301

17

Repetitive Learning 1회 2회 3회

산업재해의 발생형태 중 사람이 평면상으로 넘어졌을 때의 사고 유형은 무엇이라 하는가?

① 비래 ② 전도

③ 붕괴 ④ 추락

해설

- 평면상에서 넘어지거나 미끄러지는 것은 전도에 해당한다.

발생형태에 따른 대표적인 산업재해

전도 (넘어짐)	근로자가 작업 중 미끄러지거나 넘어져서 발생하는 재해
추락 (떨어짐)	근로자가 작업 중 높은 곳에서 떨어져서 발생하는 재해
협착 (감김·끼임)	근로자가 작업 중 작동 중인 기계에 말림, 끼임, 물림 등에 의해 상해를 입는 재해
낙하·비래 (맞음)	물건이 떨어지거나 날아 사람에게 부딪혀 발생하는 재해
붕괴·도괴 (무너짐)	적재물이나 건축물이 무너져서 발생하는 재해

18

Repetitive Learning 1회 2회 3회

매슬로우(Maslow)의 욕구 5단계 이론 중 자기보존에 관한 안전욕구는 몇 단계에 해당되는가?

① 제1단계

② 제2단계

③ 제3단계

④ 제4단계

해설

- 기본적인 생존욕구를 충족한 후 외부의 위험으로부터 자신을 보존하려는 욕구는 안전에 대한 욕구에 해당한다.

매슬로우(Maslow)의 욕구 5단계 이론 실필 1602

1단계 생리적 욕구	기본적인 인간의 욕구(먹고, 자고, 숨쉬는 것)
2단계 안전에 대한 욕구	각종 위험으로부터 자기보존에 관한 안전욕구
3단계 사회적 욕구	친구와 가족 간의 관계로 대표되는 것으로 애정과 소속에 대한 욕구
4단계 존경의 욕구	자신있고 강하고 무엇인가 진취적이며 유능한 쓸모있는 사람으로 인식되기를 바라는 욕구
5단계 자아실현의 욕구	편견 없이 받아들이는 성향, 타인과의 거리를 유지하며 사생활을 즐기거나 창의적 성격으로 봉사, 특별히 좋아하는 사람과 긴밀한 관계를 유지하려는 인간의 욕구

1302 / 2102

19

Repetitive Learning 1회 2회 3회

헤드십의 특성이 아닌 것은?

① 지휘형태는 권위주의적이다.

② 권한행사는 임명된 헤드이다.

③ 구성원과의 사회적 간격은 넓다.

④ 상관과 부하와의 관계는 개인적인 영향이다.

해설

- 헤드십은 임명된 지도자가 행하는 권한행사로 상사와 부하의 관계는 지배적이고 간격이 넓다.

헤드십(Head-ship)

㉠ 개요
- 리더와 같이 선출된 지도자가 아니라 조직에 의해 임명된 지도자가 행하는 권한행사를 말한다.

㉡ 특징
- 권한의 근거는 공식적인 법과 규정에 의한다.
- 상사와 부하의 관계는 지배적이고 사회적 간격이 넓다.
- 지휘의 형태는 권위적이다.
- 책임은 부하에 있지 않고 상사에게 있다.

0401 / 1001

20

Repetitive Learning 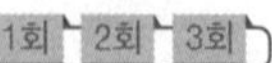

인간의 심리 중 안전수단이 생략되어 불안전 행위가 나타나는 경우와 가장 거리가 먼 것은?

① 의식과잉이 있는 경우

② 작업규율이 엄한 경우

③ 피로하거나 과로한 경우

④ 조명, 소음 등 주변 환경의 영향이 있는 경우

17 ② 18 ② 19 ④ 20 ② 정답

해설

- 작업규율이 엄한 경우는 심리적인 부담감으로 불안전 행위가 나타날 가능성이 줄어든다.

안전수단이 생략된 불안전한 행동 심리

- 의식과잉
- 피로, 과로
- 주변 환경의 영향이 큰 경우
- 작업규율이 엄한 경우는 심리적인 부담감으로 불안전 행위가 나타날 가능성이 줄어든다.

2과목 인간공학 및 위험성 평가 · 관리

0802

21

FTA에 사용되는 기호 중 "통상사상"을 나타내는 기호는?

①

②

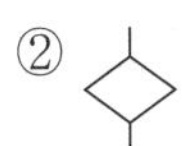

③

④

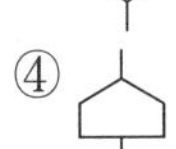

해설

- ①은 결함사상, ②는 생략사상, ③은 기본사상을 나타낸다.

통상사상(External event)

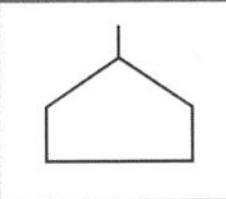	일반적으로 발생이 예상되는, 시스템의 정상적인 가동상태에서 일어날 것이 기대되는 사상을 말한다.

2102

22

두 가지 상태 중 하나가 고장 또는 결함으로 나타나는 비정상적인 사건은?

① 톱사상
② 정상적인 사상
③ 결함사상
④ 기본적인 사상

해설

- 통상사상(External event)은 일반적으로 발생이 예상되는, 시스템의 정상적인 가동상태에서 일어날 것이 기대되는 사상을 말한다.
- 기본사상(Basic event)은 FT에서는 더 이상 원인을 전개할 수 없는 재해를 일으키는 개별적이고 기본적인 원인들로 기계적 고장, 작업자의 실수 등을 말한다.

결함사상(Intermediate event)

	• 중간사상(Intermediate event)이라고도 하며, 두 가지 상태 중 하나가 고장 또는 결함으로 나타나는 비정상적인 사건을 나타낸다. • 한 개 이상의 입력사상에 의해 발생된 고장사상으로 고장에 대한 설명을 기술한다. • FT도를 작성할 때 최하단에 사용되지 않는다.

1501

23

Repetitive Learning 1회 2회 3회

시스템 안전 프로그램에서 최초단계 해석으로 시스템 내의 위험한 요소가 어떤 위험 상태에 있는가를 정성적으로 평가하는 방법은?

① FHA ② PHA
③ FTA ④ FMEA

해설

- 결함위험분석(FHA)은 시스템 정의에서부터 시스템 개발단계를 지나 시스템 생산단계 진입 전까지 적용되는 것으로 전체 시스템을 여러 개의 서브 시스템으로 나누어 특정 서브 시스템이 다른 서브 시스템이나 전체 시스템에 미치는 영향을 분석하는 방법이다.
- 결함수분석법(FTA)은 연역적 방법으로 재해의 원인을 규명하며, 재해의 정량적 예측이 가능한 분석방법이다.
- 고장형태와 영향분석(FMEA)은 제품설계와 개발단계에서 고장 발생을 최소로 하고자 하는 경우에 유효한 분석기법이다.

예비위험분석(PHA)

㉠ 개요

- 모든 시스템 안전 프로그램에서의 최초단계 해석으로 시스템의 위험요소가 어떤 위험 상태에 있는가를 정성적으로 평가하는 분석 방법이다.
- 시스템을 설계함에 있어 개념형성 단계에서 최초로 시도하는 위험도 분석방법이다.
- 복잡한 시스템을 설계, 가동하기 전의 구상단계에서 시스템의 근본적인 위험성을 평가하는 가장 기초적인 위험도 분석기법이다.
- 위험의 정도를 분류하는 4가지 범주는 파국(Catastrophic), 중대(Critical), 위기-한계(Marginal), 무시가능(Negligible)으로 구분된다.

정답 21 ④ 22 ③ 23 ②

㉡ 예비위험분석(PHA)의 4가지 범주(MIL-STD-882E)
실필 2103/1802/1302/1103

파국 (Catastrophic)	작업자의 부상 및 서브 시스템의 고장 등으로 시스템 성능이 저하되어 시스템에 심각한 손실을 초래한 상태
중대 (Critical)	작업자의 부상 및 시스템의 중대한 손해를 초래하거나 작업자의 생존 및 시스템의 유지를 위하여 즉시 수정 조치를 필요로 하는 상태
위기-한계 (Marginal)	작업자의 부상 및 시스템의 중대한 손해를 초래하지 않고 대처 또는 제어할 수 있는 상태
무시가능 (Negligible)	시스템의 성능이나 기능, 인원 손실이 전혀 없는 상태

1302

24
Repetitive Learning (1회 2회 3회)

의자 설계의 일반적인 원리로 가장 적절하지 않은 것은?

① 등근육의 정적부하를 줄인다.

② 디스크가 받는 압력을 줄인다.

③ 요부전만(腰部前灣)을 유지한다.

④ 일정한 자세를 계속 유지하도록 한다.

해설

- 의자를 설계할 때는 자세의 고정을 최대한 줄여야 한다.

∷ 인간공학적 의자 설계

㉠ 개요
- 조절식 설계원칙을 적용하도록 한다.
- 자세와 동작에 따라 고려해야 할 인체측정 치수가 달라진다.
- 요부전만(腰部前灣)을 유지한다.
- 추간판(디스크)의 압력과 등근육의 정적부하를 줄인다.
- 자세 고정을 줄인다.
- 여러 사람이 사용하는 의자의 경우 좌면 높이는 오금보다 약간 낮게(5% 오금높이) 유지한다.

㉡ 고려할 사항
- 체중 분포
- 상반신의 안정
- 좌판의 높이(조절식을 기준으로 한다)
- 좌판의 깊이와 폭
(폭은 최대치, 깊이는 최소치를 기준으로 한다)

25
Repetitive Learning (1회 2회 3회)

다음의 설명은 무엇에 해당되는 것인가?

- 인간과오(Human error)에서 의지적 제어가 되지 않는다.
- 결정을 잘못한다.

① 동작조작 미스(Miss)

② 기억판단 미스(Miss)

③ 인지확인 미스(Miss)

④ 조치과정 미스(Miss)

해설

- 동작조작 미스(Miss)는 운동중추에서 정확한 지령을 내렸으나 동작도중에 과오를 일으키는 것을 말한다.
- 인지확인 미스(Miss)는 작업정보의 입수 혹은 감각중추의 인지기능에 과오를 일으키는 것을 말한다.

∷ 대뇌 정보처리 과정에서 인간과오 분류

기억판단 미스(Miss)	인간과오(Human error)에서 의지적 제어가 되지 않아 결정을 잘못하는 과오
동작조작 미스(Miss)	동중추에서 정확한 지령을 내렸으나 동작도중에 과오를 일으키는 것
인지확인 미스(Miss)	작업정보의 입수 혹은 감각중추의 인지기능에 과오를 일으키는 것

1903

26
Repetitive Learning (1회 2회 3회)

다음 FT도에서 최소 컷 셋(Minimal cut set)으로만 올바르게 나열한 것은?

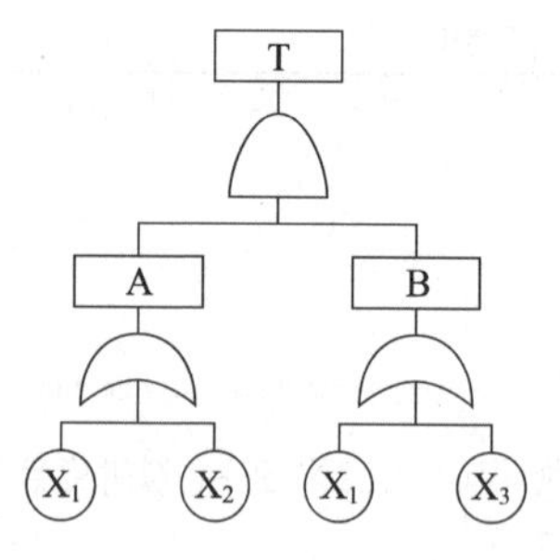

① $[X_1]$

② $[X_1]$, $[X_2]$

③ $[X_1, X_2, X_3]$

④ $[X_1, X_2]$, $[X_1, X_3]$

24 ④ 25 ② 26 ① 정답

해설

- A는 X_1과 X_2의 OR 게이트이므로 (X_1+X_2), B는 X_1과 X_3의 OR 게이트이므로 (X_1+X_3)이다.
- T는 A와 B의 AND 연산이므로 $(X_1+X_2)(X_1+X_3)$로 표시된다.
- $(X_1+X_2)(X_1+X_3) = X_1X_1+X_1X_3+X_1X_2+X_2X_3$
  $= X_1(1+X_2+X_3)+(X_2X_3)$
  $= X_1+(X_2X_3)$
- 최소 컷 셋은 $\{X_1\}$, $\{X_2,\ X_3\}$이다.

최소 컷 셋(Minimal cut sets) 실필 2303/1701/0802

- 컷 셋 중에 타 컷 셋을 포함하고 있는 것을 배제하고 남은 컷 셋들을 의미한다.
- 사고에 대한 시스템의 약점을 표현한다.
- 정상사상(Top 사상)을 일으키는 최소한의 집합이다.
- 일반적으로 Fussell algorithm을 이용한다.
- 시스템에서 최소 컷 셋의 개수가 늘어나면 위험수준이 높아진다.

0902

27

Repetitive Learning 

인간-기계 시스템의 설계원칙으로 볼 수 없는 것은?

① 배열을 고려한 설계
② 양립성에 맞게 설계
③ 인체특성에 적합한 설계
④ 기계적 성능에 적합한 설계

해설

- 인간-기계 시스템은 인간공학적 설계가 되어야 하며, 이는 기계적 효율이나 성능이 아니라 인간의 특성과 한계점을 고려하여 작업을 설계하는 것이다.

인간-기계 체제

㉠ 목적
- 안전의 극대화와 생산능률의 향상

㉡ 인간공학적 설계의 일반적인 원칙
- 인간의 특성을 고려한다.
- 시스템을 인간의 예상과 양립시킨다.
- 표시장치나 제어장치의 중요성, 사용빈도, 사용 순서, 기능에 따라 배치하도록 한다.

28

Repetitive Learning 1회 2회 3회

병렬로 이루어진 두 요소의 신뢰도가 각각 0.7일 경우, 시스템 전체의 신뢰도는?

① 0.30 ② 0.49
③ 0.70 ④ 0.91

해설

- 주어진 값을 대입하면 신뢰도는 1−(1−0.7)(1−0.7) = 1−0.09 = 0.91이다.

시스템의 신뢰도 실필 0901

㉠ AND(직렬)연결 시
- 시스템의 신뢰도(R_s)는 부품 a, 부품 b 신뢰도를 각각 R_a, R_b라 할 때 $R_s = R_a \times R_b$로 구할 수 있다.

㉡ OR(병렬)연결 시
- 시스템의 신뢰도(R_s)는 부품 a, 부품 b 신뢰도를 각각 R_a, R_b라 할 때 $R_s = 1-(1-R_a)\times(1-R_b)$로 구할 수 있다.

29

Repetitive Learning 1회 2회 3회

사업장에서 인간공학 적용 분야로 틀린 것은?

① 제품설계 ② 산업독성학
③ 재해 · 질병예방 ④ 작업장 내 조사 및 연구

해설

- 산업독성학은 작업자가 산업현장에서 흔히 접하는 다양한 화학물질에 노출될 경우 발생하는 독성을 노출경로, 생체 내 변환과정, 독성발현과정, 분배과정 그리고 배설과정 등으로 분류하여 연구하는 응용독성학 분야로 인간공학의 적용 분야와는 거리가 멀다.

인간공학(Ergonomics)

㉠ 개요
- "Ergon(작업) + nomos(법칙) + ics(학문)"이 조합된 단어로 Human factors, Human engineering이라고도 한다.
- 인간의 특성과 한계 능력을 공학적으로 분석, 평가하여 이를 복잡한 체계의 설계에 응용함으로써 효율을 최대로 활용할 수 있도록 하는 학문분야이다.
- 인간이 사용하는 물건, 설비, 환경의 설계에 인간의 생리적, 심리적인 면에서의 특성이나 한계점을 고려함으로써 인간-기계 시스템의 안전성과 편리성, 효율성을 높이는 학문분야이다.

㉡ 적용분야
- 제품설계
- 재해 · 질병 예방
- 장비 · 공구 · 설비의 배치
- 작업장 내 조사 및 연구

정답 | 27 ④ 28 ④ 29 ②

1102

30 Repetitive Learning 1회 2회 3회

신호검출이론(SDT)에서 두 정규분포 곡선이 교차하는 부분에 판별기준이 놓였을 경우 Beta 값으로 맞는 것은?

① Beta=0 ② Beta < 1
③ Beta=1 ④ Beta > 1

해설

- 신호검출이론에서 두 개의 정규분포 곡선이 교차하는 부분에 있는 기준점 β는 신호의 길이와 소음의 길이가 같으므로 1의 값을 가진다.

신호검출이론(Signal detection theory)

㉠ 개요

- 불확실한 상황에서 선택하게 하는 방법으로 신호의 탐지는 관찰자의 반응편향과 민감도에 달려있다고 주장하는 이론이다.
- 일반적으로 신호검출 시 이를 간섭하는 소음이 있고, 신호와 소음을 쉽게 식별할 수 없는 상황에 신호검출이론이 적용된다.
- 긍정(Hit), 허위(False alarm), 누락(Miss), 부정(Correct rejection)의 네 가지 결과로 나눌 수 있다.
- 신호검출이론은 품질관리, 통신이론, 의학처방 및 심리학, 법정에서의 판정, 교통통제 등에 다양하게 활용되고 있다.

㉡ 반응편향 β

- 반응편향 $\beta = \frac{\text{신호의 길이}}{\text{소음의 길이}}$로 구한다.
- 신호검출이론에서 두 개의 정규분포 곡선이 교차하는 부분에 있는 기준점 β는 신호의 길이와 소음의 길이가 같으므로 1의 값을 가진다.

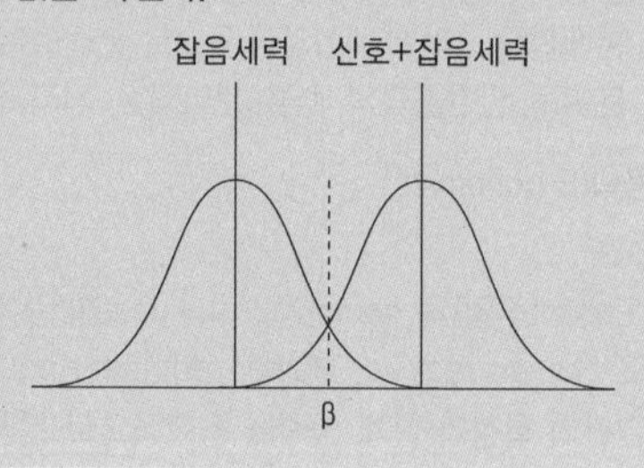

31 Repetitive Learning 1회 2회 3회

인간이 낼 수 있는 최대의 힘을 최대근력이라고 하며 일반적으로 인간은 자기의 최대근력을 잠시 동안만 낼 수 있다. 이에 근거할 때 인간이 상당히 오래 유지할 수 있는 힘은 근력의 몇 % 이하인가?

① 15% ② 20%
③ 25% ④ 30%

해설

- 상당히 오랜 시간 동안 작업의 지속이 가능하게 하려면 15% 이하의 근력으로 작업하는 것이 필요하다.

지구력(Endurance)

- 일정한 작업을 장시간 계속할 수 있는 힘을 말한다.
- 최대근력으로는 약 30초 정도, 50%의 근력으로는 1분 정도, 15% 이하의 근력으로는 상당히 오랜 시간 동안 작업의 지속이 가능하다.

0503

32 Repetitive Learning 1회 2회 3회

소리의 크고 작은 느낌은 주로 강도의 함수이지만 진동수에 의해서도 일부 영향을 받는다. 음량을 나타내는 척도인 phon의 기준 순음 주파수는?

① 1,000Hz
② 2,000Hz
③ 3,000Hz
④ 4,000Hz

해설

- phon 값은 1,000Hz에서의 순음의 음압수준(dB)에 해당한다.

phon

- phon 값은 1,000Hz에서의 순음의 음압수준(dB)에 해당한다.
- 즉, 음압수준이 120dB일 경우 1,000Hz에서의 phon값은 120이 된다.
- 상이한 음의 상대적인 크기의 비교를 할 수 없다.

1101

33 Repetitive Learning 

위험관리에서 위험의 분석 및 평가에 유의할 사항으로 적절하지 않은 것은?

① 기업 간의 의존도는 어느 정도인지 점검한다.
② 발생의 빈도보다는 손실의 규모에 중점을 둔다.
③ 작업표준의 의미를 충분히 이해하고 있는지 점검한다.
④ 한 가지의 사고가 여러 가지 손실을 수반하는지 확인한다.

해설

- 위험관리는 위험대상에 대한 사고 발생가능성을 체크하는 것이고, 작업표준은 작업의 효율성과 안전작업을 위한 기준이다.

30 ③ 31 ① 32 ① 33 ③ 정답

:: 위험의 분석 및 평가단계

㉠ 개요

- 위험관리의 안전성 평가에서 발생빈도보다 손실에 중점을 두는 단계이다.
- 기업 간의 의존도가 어느 정도인지, 한 가지 사고가 여러 가지 손실을 수반하는지에 대한 확인 등 안전에 미치는 영향의 강도를 평가하는 단계이다.
- 위해요인을 식별하고 위험을 산정하기 위하여 가용 정보를 체계적으로 활용하며, 위험이 허용 가능한지를 판단하기 위해 설정한 위험기준과 추정된 위험을 비교하는 과정이다.

㉡ 유의사항

- 발생의 빈도보다는 손실의 규모에 중점을 둔다.
- 한 가지의 사고가 여러 가지 손실을 수반하는지 확인한다.
- 기업 간의 의존도는 어느 정도인지 점검한다.

34

Repetitive Learning 1회 2회 3회

작업장의 소음문제를 처리하기 위한 적극적인 대책이 아닌 것은?

① 소음의 격리
② 소음원을 통제
③ 방음보호용구 사용
④ 차폐장치 및 흡음재 사용

해설

- 귀마개 및 귀덮개 등의 방음 보호구의 착용은 음원에 대한 대책이 아니다. 일시적인 소음에 대한 소극적 대책이다.

:: 소음발생 시 음원 대책

- 소음원의 통제
- 소음설비의 격리
- 설비의 적절한 재배치
- 저소음 설비의 사용

35

Repetitive Learning 1회 2회 3회

안전성 평가 항목에 해당하지 않은 것은?

① 작업자에 대한 평가
② 기계설비에 대한 평가
③ 작업공정에 대한 평가
④ 레이아웃에 대한 평가

해설

- 시스템 안전성 평가에 있어서 시스템은 작업자가 누구더라도 일관적인 결과를 만들어야 하므로 작업자에 대한 평가는 포함되지 않는다.

:: 시스템 안전성 평가 항목

- 기계설비에 대한 평가
- 작업공정에 대한 평가
- 레이아웃에 대한 평가

36

Repetitive Learning 1회 2회 3회

정량적 표시장치의 용어에 대한 설명 중 틀린 것은?

① 눈금단위(Scale unit) : 눈금을 읽는 최소 단위
② 눈금범위(Scale range) : 눈금의 최고치와 최저치의 차
③ 수치간격(Numbered interval) : 눈금에 나타낸 인접 수치 사이의 차
④ 눈금간격(Graduation interval) : 최대눈금선 사이의 값 차

해설

- 눈금간격은 눈금과 눈금 사이의 간격을 의미한다.

:: 정량적 표시장치의 용어

눈금단위(Scale unit)	눈금을 읽는 최소 단위
눈금범위(Scale range)	눈금의 최고치와 최저치의 차
수치간격(Numbered interval)	눈금에 나타낸 인접 수치 사이의 차
눈금간격(Graduation interval)	눈금과 눈금 사이의 간격

37

Repetitive Learning 1회 2회 3회

강의용 책걸상을 설계할 때 고려해야 할 변수와 적용할 인체측정자료 응용원칙이 적절하게 연결된 것은?

① 의자높이 – 최대 집단치 설계
② 의자깊이 – 최대 집단치 설계
③ 의자너비 – 최대 집단치 설계
④ 책상높이 – 최대 집단치 설계

정답 | 34 ③ 35 ① 36 ④ 37 ③

해설

- 좌판의 폭은 큰 사람을 기준으로, 깊이는 작은 사람을 기준으로 결정한다.

⁘ 인간공학적 의자 설계

문제 24번의 유형별 핵심이론 ⁘ 참조

1203

38

Repetitive Learning 

촉감의 일반적인 척도의 하나인 2점 문턱값(Twopoint threshold)이 감소하는 순서대로 나열된 것은?

① 손가락 → 손바닥 → 손가락 끝
② 손바닥 → 손가락 → 손가락 끝
③ 손가락 끝 → 손가락 → 손바닥
④ 손가락 끝 → 손바닥 → 손가락

해설

- 문턱값이 가장 작은 손가락 끝이 가장 예민하다.

⁘ 2점 문턱값(Two-point threshold)

- 2점 역치라고도 한다.
- 피부의 예민성을 측정하기 위한 지표로 피부에서 특정 2개의 점이 2개의 점으로 느껴질 수 있는 최소간격을 의미한다.
- 문턱값이 가장 작은 것이 가장 예민하다.
- 문턱값은 손바닥 → 손가락 → 손가락 끝 순으로 감소한다.

1101 / 1302

39

Repetitive Learning 

산업안전보건법령에 따라 기계·기구 및 설비의 설치·이전 등으로 인해 유해·위험방지계획서를 제출하여야 하는 대상에 해당하지 않는 것은?

① 건조설비　　② 공기압축기
③ 화학설비　　④ 가스집합 용접장치

해설

- 유해·위험방지계획서의 제출대상에는 ①, ③, ④ 외에 금속이나 그 밖의 광물의 용해로, 허가대상·관리대상 유해물질 및 분진작업 관련 설비 등이 있다.

⁘ 유해·위험방지계획서의 제출대상

- 금속이나 그 밖의 광물의 용해로
- 화학설비
- 건조설비
- 가스집합 용접장치
- 허가대상·관리대상 유해물질 및 분진작업 관련 설비

40

Repetitive Learning 1회 2회 3회

설계단계에서부터 보전이 불필요한 설비를 설계하는 것의 보전방식은?

① 보전예방　　② 생산보전
③ 일상보전　　④ 개량보전

해설

- 생산보전이란 설비의 설계와 제작에서부터 최종폐기단계까지 설비의 일생 동안 기업의 생산성을 향상시키기 위해 설비를 유지관리하는 것을 말한다(생산보전의 방법에 예방보전, 사후보전, 개량보전, 보전예방 등이 있다).
- 일상보전이란 설비의 열화를 방지하고 그 진행을 지연시켜 수명을 연장하기 위한 설비의 점검, 청소, 주유 및 교체 등의 활동을 뜻한다.
- 개량보전이란 설비의 신뢰성, 보전성, 경제성, 조작성, 안전성의 향상을 목적으로 설비의 재질 등을 개량하는 보전방법을 뜻한다.

⁘ 보전예방(Maintenance prevention)

- 설계단계에서부터 보전이 불필요한 설비를 설계하는 것을 말한다.
- 궁극적으로는 설비의 설계, 제작단계에서 보전활동이 불필요한 체계를 목표로 하는 보전방식을 말한다.

3과목 기계·기구 및 설비 안전관리

0801 / 1102

41

Repetitive Learning 1회 2회 3회

방호장치의 설치목적이 아닌 것은?

① 가공물 등의 낙하에 의한 위험방지
② 위험부위와 신체의 접촉방지
③ 비산으로 인한 위험방지
④ 주유나 검사의 편리성

해설

- 방호장치는 작업자의 안전을 위한 장치이지 작업의 편의를 목적으로 하지 않는다.

⁘ 방호장치의 설치목적

- 방호장치는 작업 중의 위험으로부터 작업자를 보호하는 데 목적을 둔다.
- 가공물 등의 낙하에 의한 위험 방지
- 위험부위와 신체의 접촉방지
- 비산으로 인한 위험방지
- 작업자를 보호하여 인적·물적 손실을 방지

38 ② 39 ② 40 ① 41 ④ 정답

0603 / 0803

42 Repetitive Learning 1회 2회 3회

아세틸렌 및 가스집합 용접장치의 저압용 수봉식 안전기의 유효수주는 최소 몇 mm 이상을 유지해야 하는가?

① 15 ② 20
③ 25 ④ 30

해설

- 수봉식 안전기의 유효수주는 25mm 이상이어야 한다.

수봉식 안전기

㉠ 개요
- 연소가스의 도입부를 수봉식으로 하여 토치로부터의 역화, 산소의 역류 및 연료가스의 이상 압력상승을 방지하는 장치이다.
- 안전기의 도입부는 수봉배기관을 갖추어야 한다.
- 본체, 아세틸렌 도입관, 수봉배기관, 검수창, 아세틸렌 출구 파이프 등으로 구성된다.

㉡ 일반조건
- 수봉배기관을 갖추어야 한다.
- 유효수주는 25mm 이상이어야 한다.
- 수봉배기관은 안전기의 압력이 $0.07kg/cm^2$에 도달하기 전에 배기시킬 수 있는 능력을 갖추어야 한다.

㉢ 관리방법
- 1일 1회 이상 점검하고 항상 지정된 수위를 유지한다.
- 수봉부의 물이 얼었을 때는 더운물로 용해한다.
- 지면에 대하여 수직으로 설치해야 한다.

1203 / 2101

43 Repetitive Learning 

크레인 로프에 질량 2,000kg의 물건을 $10m/s^2$의 가속도로 감아올릴 때, 로프에 걸리는 총 하중은 약 몇 kN인가?

① 39.6
② 29.6
③ 19.6
④ 9.6

해설

- 로프에 2,000kg의 중량을 걸어 올리고 있으므로 정하중이 2,000kg이고, 주어진 값을 대입하면 동하중은 $\frac{2,000}{9.8} \times 10 = 2040.81$[kgf]가 된다.
- 총 하중은 $2,000 + 2,040.81 = 4,040.81$[kgf]이다. 구하고자 하는 단위는 KN이고, 1kgf = 9.8N이므로 $\frac{4,040.81 \times 9.8}{1,000} = 39.599$[kN]이 된다.

화물을 일정한 가속도로 감아올릴 때 총 하중

- 화물을 일정한 가속도로 감아올릴 때 총 하중은 화물의 중량에 해당하는 정하중과 감아올림으로 인해 발생하는 동하중(중력가속도를 거스르는 하중)의 합으로 구한다.
- 총 하중[kgf] = 정하중 + 동하중으로 구한다.
- 동하중 = $\frac{\text{정하중}}{\text{중력가속도}} \times$ 인양가속도로 구할 수 있다.

44 Repetitive Learning 1회 2회 3회

보일러 압력방출장치의 종류에 해당되지 않는 것은?

① 스프링식 ② 중추식
③ 플런저식 ④ 지렛대식

해설

- 압력방출장치의 종류에는 중추식, 스프링식, 지렛대식 안전밸브가 있다.

압력방출장치 실필 1803/1401

㉠ 개요
- 사업주는 보일러의 안전한 가동을 위하여 보일러 규격에 맞는 압력방출장치를 1개 또는 2개 이상 설치하고 최고사용압력 이하에서 작동되도록 하여야 한다.
- 압력방출장치의 종류에는 중추식, 스프링식, 지렛대식 안전밸브가 있다.
- 스프링식 안전밸브를 사용하는 압력방출장치를 가장 많이 사용한다.
- 압력방출장치는 매년 1회 이상 산업통상자원부장관의 지정을 받은 국가교정업무 전담기관에서 교정을 받은 압력계를 이용하여 설정 압력에서 압력방출장치가 적정하게 작동하는지를 검사한 후 납으로 봉인하여 사용하여야 한다.

㉡ 설치
- 압력방출장치는 가능한 보일러 동체에 직접 설치한다.
- 압력방출장치가 2개 이상 설치된 경우에는 최고사용압력 이하에서 1개가 작동되고, 다른 압력방출장치는 최고사용압력 1.05배 이하(단, 외부화재를 대비한 경우에는 1.1배 이하)에서 작동되도록 부착하여야 한다.

1901

45 Repetitive Learning 1회 2회 3회

휴대용 연삭기 덮개의 각도는 몇 도 이내인가?

① 60°
② 90°
③ 125°
④ 180°

해설

- 원통 연삭기, 공구 연삭기, 휴대용 연삭기, 스윙 연삭기, 스라브 연삭기 덮개의 최대노출각도는 180° 이내이다.

:: 연삭기 덮개의 성능기준 실필 1503/1301 실작 2402/2303/2202

- 직경 5cm 이상의 연삭숫돌은 반드시 덮개를 설치하고 작업해야 한다.
- 각종 연삭기 덮개의 최대노출각도

종류	덮개의 최대노출각도
연삭숫돌의 상부를 사용하는 것을 목적으로 하는 탁상용 연삭기	60° 이내
일반연삭작업 등에 사용하는 것을 목적으로 하는 탁상용 연삭기	125° 이내
평면 연삭기, 절단 연삭기	150° 이내
원통 연삭기, 공구 연삭기, 휴대용 연삭기, 스윙 연삭기, 스라브 연삭기	180° 이내

46

Repetitive Learning (1회 2회 3회)

프레스의 종류에서 슬라이드 운동기구에 의한 분류에 해당하지 않는 것은?

① 액압 프레스 ② 크랭크 프레스
③ 너클 프레스 ④ 마찰 프레스

해설

- 액압 프레스는 동력의 종류에 따른 분류 중 유압식의 한 종류이다.

:: 프레스

㉠ 개요
- 재료에 힘을 가해서 소성변형시켜 굽힘·전단·단면수축 등의 가공을 하는 기계를 말한다.

㉡ 프레스의 분류
- 램(슬라이드)의 수에 의해 단동, 복동, 3동 프레스로 구분된다.
- 램(슬라이드)의 운동방향에 따라 수직형, 수평형, 경사형으로 구분된다.
- 동력의 종류에 따라 기계식, 유압식, 공압식으로 구분된다.
- 램(슬라이드) 운동기구에 따라 크랭크, 크랭크 리스, 너클, 마찰, 나사, 캠 프레스로 구분된다.

47

Repetitive Learning (1회 2회 3회)

양중기에 해당하지 않는 것은?

① 크레인 ② 리프트
③ 체인블럭 ④ 곤돌라

해설

- 체인블럭은 훅에 화물을 건 다음 도르래의 원리를 이용해 중량물을 들어 올리는 장비로 양중기에는 포함되지 않는 간이 양중장비이다.

:: 양중기의 종류 실필 1601

- 크레인(Crane){호이스트(Hoist) 포함}
- 이동식크레인
- 리프트(이삿짐운반용의 경우 적재하중 0.1톤 이상)
- 곤돌라
- 승강기

1902

48

Repetitive Learning (1회 2회 3회)

비파괴시험의 종류가 아닌 것은?

① 자분탐상시험
② 침투탐상시험
③ 와류탐상시험
④ 샤르피충격시험

해설

- 샤르피충격시험은 금속 재료의 충격시험을 하는 것으로 파괴검사방법이다.

:: 비파괴검사

㉠ 개요
- 제품 내부의 결함, 용접부의 내부 결함 등을 제품의 파괴 없이 외부에서 검사하는 방법을 말한다.
- 종류에는 누수시험, 누설시험, 음향탐상, 초음파탐상, 자분탐상, 와류탐상, 침투탐상, 방사선투과시험 등이 있다.

㉡ 대표적인 비파괴검사

음향탐상검사	손 또는 망치로 타격 진동시켜 발생하는 음을 검사
방사선투과시험	X선의 강도나 노출시간을 조절하여 검사
초음파탐상검사	초음파의 반사(타진)의 원리를 이용하여 검사
자분탐상시험	결함부위의 자극에 자분이 부착되는 것을 이용
와류탐상시험	결함부위 전류흐름의 난조를 이용하여 검사
침투탐상시험	비자성 금속재료의 표면균열검사에 사용

㉢ 특징
- 생산 제품에 손상이 없이 직접 시험이 가능하다.
- 현장시험이 가능하다.
- 시험방법에 따라 설비비가 많이 든다.

46 ① 47 ③ 48 ④ 정답

49

Repetitive Learning (1회 2회 3회)

동력 프레스의 종류에 해당하지 않는 것은?

① 크랭크 프레스
② 푸트 프레스
③ 토글 프레스
④ 액압 프레스

해설

- 동력 프레스의 종류에는 크랭크 프레스, 토글 프레스, 액압 프레스, 캠 프레스, 마찰 프레스 등이 있다.

동력 프레스

- 주로 원동기 동력을 이용하여 크랭크, 마찰차의 회전운동을 왕복운동으로 변환하여 작동하는 프레스를 말한다.
- 크랭크 프레스, 토글 프레스, 액압 프레스, 캠 프레스, 마찰 프레스 등이 있다.

0902 / 1402

50

Repetitive Learning 

목재가공용 둥근톱의 톱날 지름이 500mm일 경우 분할 날의 최소길이는 약 몇 mm인가?

① 462　　② 362
③ 262　　④ 162

해설

- 분할 날의 최소길이는 원주의 1/6 이상이어야 하므로 $500 \times \pi \times \frac{1}{6} = 261.66$[mm]이다.

목재가공용 둥근톱 분할 날 실필 1501

㉠ 개요

- 분할 날이란 톱 뒷날 가까이에 설치하여 절삭된 가공재의 홈 사이로 들어가면서 가공재의 모든 두께에 걸쳐서 쐐기작용을 하여 가공재가 톱날을 조이지 않게 하는 것을 말한다.
- 분할 날의 두께는 둥근톱 두께의 1.1배 이상이어야 하고 치진폭보다는 작아야 한다.
- $1.1 t_1 \leqq t_2 < b$(t_1 : 톱 두께, t_2 : 분할 날 두께, b : 치진폭)

㉡ 분할 날의 최소길이

- 둥근톱의 절반은 테이블 아래에 위치하므로 실제 사용하는 톱은 원주의 1/2이다. 목재의 가공 시에는 원주의 1/4을 사용하고, 뒷부분 1/4은 분할 날을 설치한다.
- 표준 테이블면상의 톱 뒷날의 2/3 이상을 덮도록 하여야 한다.
- 분할 날의 길이는 원주의 1/4×2/3=1/6 이상 되어야 한다.

0302 / 0603 / 0903 / 1302

51

Repetitive Learning (1회 2회 3회)

연삭숫돌의 파괴 원인이 아닌 것은?

① 외부의 충격을 받았을 때
② 플랜지가 현저히 작을 때
③ 회전력이 결합력보다 클 때
④ 내·외면의 플랜지 지름이 동일할 때

해설

- 내·외면의 플랜지 지름이 동일하면 연삭숫돌은 정상적으로 회전하게 된다. 플랜지의 지름이 균일하지 않으면 연삭숫돌이 파괴될 수 있다.

연삭숫돌의 파괴 원인 실필 2303/2101

- 숫돌의 회전중심이 잡히지 않았을 때
- 베어링의 마모에 의한 진동이 생길 때
- 숫돌에 큰 충격이 가해질 때
- 플랜지의 직경이 현저히 작거나 지름이 균일하지 않을 때
- 숫돌의 회전속도가 너무 빠를 때
- 숫돌 자체에 균열이 있을 때
- 숫돌작업 시 숫돌의 측면을 사용할 때

52

Repetitive Learning (1회 2회 3회)

롤러기의 급정지장치 설치기준으로 틀린 것은?

① 손 조작식 급정지장치의 조작부는 밑면에서 1.8m 이내에 설치한다.
② 복부 조작식 급정지장치의 조작부는 밑면에서 0.8m 이상, 1.1m 이내에 설치한다.
③ 무릎 조작식 급정지장치의 조작부는 밑면에서 0.8m 이내에 설치한다.
④ 설치위치는 급정지장치의 조작부 중심점을 기준으로 한다.

해설

- 무릎 조작식 급정지장치는 밑면에서 0.6[m] 이내에 위치한다.

롤러기 급정지장치의 종류 실필 2101/0802 실작 2303/2101/1902

종류	위치
손 조작식	밑면에서 1.8[m] 이내
복부 조작식	밑면에서 0.8~1.1[m]
무릎 조작식	밑면에서 0.6[m] 이내

정답 | 49 ② 50 ③ 51 ④ 52 ③

1302 / 1901 / 2201

53

Repetitive Learning 

산업안전보건법상 보일러에 설치하는 압력방출장치에 대하여 검사 후 봉인에 사용되는 재료로 가장 적합한 것은?

① 납　　② 주석
③ 구리　　④ 알루미늄

해설

• 압력방출장치는 매년 1회 이상 적정하게 작동하는지를 검사한 후 납으로 봉인하여 사용하여야 한다.

:: 압력방출장치 실필 1101/0803

㉠ 개요
- 사업주는 보일러의 안전한 가동을 위하여 보일러 규격에 맞는 압력방출장치를 1개 또는 2개 이상 설치하고 최고사용압력 이하에서 작동되도록 하여야 한다.
- 압력방출장치의 종류에는 중추식, 스프링식, 지렛대식 안전밸브가 있다.
- 스프링식 압력밸브를 사용하는 압력방출장치를 가장 많이 사용한다.

㉡ 설치
- 압력방출장치는 가능한 보일러 동체에 직접 설치한다.
- 압력방출장치가 2개 이상 설치된 경우에는 최고사용압력 이하에서 1개가 작동되고, 다른 압력방출장치는 최고사용압력 1.05배 이하에서 작동되도록 부착하여야 한다.

0503 / 1301

54

Repetitive Learning 1회 2회 3회

밀링머신 작업의 안전수칙으로 적절하지 않은 것은?

① 강력절삭을 할 때는 일감을 바이스로부터 길게 물린다.
② 일감을 측정할 때에는 반드시 정지시킨 다음에 한다.
③ 상하 이송장치의 핸들은 사용 후 반드시 빼 두어야 한다.
④ 커터는 될 수 있는 한 컬럼에 가깝게 설치한다.

해설

• 강력절삭 시에는 일감을 바이스에 깊게 물린다.

:: 밀링머신(Milling machine) 안전수칙

㉠ 작업자 보호구 착용
- 작업 중 면장갑은 끼지 않는다.
- 작업자의 옷소매 등이 커터에 말릴 수 있으므로 주의하고, 묶을 때 끈을 사용하지 않는다.
- 칩의 비산이 많으므로 보안경을 착용한다.

㉡ 커터 관련 안전수칙
- 커터는 될 수 있는 한 컬럼에 가깝게 설치한다.
- 커터를 끼울 때는 아버를 깨끗이 닦는다.
- 커터의 교환 시는 테이블 위에 목재를 받쳐 놓는다.
- 밀링커터는 걸레 등으로 감싸 쥐고 다루도록 한다.
- 절삭 공구에 절삭유를 주유 시에는 커터 위부터 공급한다.

㉢ 기타 안전수칙
- 테이블 위에 공구 등을 올려놓지 않는다.
- 강력절삭 시에는 일감을 바이스에 깊게 물린다.
- 일감의 측정은 기계를 정지한 후에 한다.
- 주축속도의 변속은 반드시 주축의 정지 후에 한다.
- 상하, 좌우 이송 손잡이는 사용 후 반드시 빼둔다.
- 급속이송은 백래시 제거장치가 동작하지 않고 있음을 확인한 다음 행한다.
- 칩의 제거는 절삭작업이 끝난 후 브러시나 청소용 솔을 사용하여 한다.

55

Repetitive Learning 1회 2회 3회

지게차의 헤드가드(Head guard)는 지게차 최대하중의 몇 배가 되는 등분포정하중에 견딜 수 있는 강도를 가져야 하는가?

① 2　　② 3
③ 4　　④ 5

해설

• 4톤 이하의 지게차에서 헤드가드의 강도는 지게차 최대하중의 2배 값(4톤을 초과할 경우 4톤)의 등분포정하중에 견딜 수 있어야 한다.

:: 지게차의 헤드가드 실필 2103/2102/1802/1601/1302/0801
- 헤드가드는 지게차를 이용한 작업 중에 위쪽으로부터 떨어지는 물건에 의한 위험을 방지하기 위하여 운전자의 머리 위쪽에 설치하는 덮개를 말한다.
- 4톤 이하의 지게차에서 헤드가드의 강도는 지게차 최대하중의 2배값(4톤을 초과할 경우 4톤)의 등분포정하중에 견딜 수 있을 것
- 운전자가 앉아서 조작하는 방식의 지게차의 경우에는 운전자의 좌석 윗면에서 헤드가드의 상부틀 하면까지의 높이가 1m 이상일 것
- 운전자가 서서 조작하는 방식의 지게차의 경우에는 운전석의 바닥면에서 헤드가드의 상부틀 하면까지의 높이가 2m 이상일 것
- 상부틀의 각 개구의 폭 또는 길이가 16cm 미만일 것

53 ① 54 ① 55 ① | 정답

1302 / 2001

56

Repetitive Learning 1회 2회 3회

기계설비의 작업능률과 안전을 위한 배치(Layout)의 3단계를 올바른 순서대로 나열한 것은?

① 지역배치 → 건물배치 → 기계배치
② 건물배치 → 지역배치 → 기계배치
③ 기계배치 → 건물배치 → 지역배치
④ 지역배치 → 기계배치 → 건물배치

해설

- 배치의 3단계는 지역배치 → 건물배치 → 기계배치 순으로 이루어진다.

작업장 배치의 원칙

㉠ 개요 실필 1801
- 사용빈도, 중요도, 기능별, 사용순서의 원칙에 의해 배치한다.
- 작업의 흐름에 따라 기계를 배치한다.
- 배치의 3단계는 지역배치 → 건물배치 → 기계배치 순으로 이루어진다.
- 공장 내외에는 안전한 통로를 두어야 하며, 통로는 선을 그어 작업장과 명확히 구별하도록 한다.
- 비상시에 쉽게 대피할 수 있는 통로를 마련하고 사고 진압을 위한 활동통로가 반드시 마련되어야 한다.

㉡ 원칙 실필 1001/0902
- 중요성의 원칙, 사용빈도의 원칙 : 우선적인 원칙
- 기능별 배치의 원칙, 사용순서의 원칙 : 부품의 일반적인 위치 내에서의 구체적인 배치기준

1203 / 1403

57

Repetitive Learning 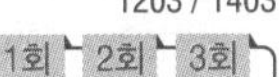

프레스기의 금형을 부착·해체 또는 조정하는 작업을 할 때, 슬라이드가 갑자기 작동함으로써 발생하는 근로자의 위험을 방지하기 위해 사용해야 하는 것은?

① 방호울　② 안전블록
③ 시건장치　④ 날 접촉예방장치

해설

- 기계의 원동기·회전축·기어·풀리·플라이휠·벨트 및 체인 등 근로자가 위험에 처할 우려가 있는 부위에 덮개·울·슬리브 및 건널다리 등을 설치하여야 한다.
- 공작기계·수송기계·건설기계 등의 운전을 정지한 후 다른 사람이 해당 기계의 운전을 방지하기 위해 기동장치에 잠금장치(시건장치)를 한다.
- 띠톱기계, 대패기계 및 모떼기기계에는 날 접촉예방장치를 설치하여야 한다.

금형 조정작업의 위험방지

- 사업주는 프레스 등의 금형을 부착·해체 또는 조정하는 작업을 할 때에 해당 작업에 종사하는 근로자의 신체가 위험한계 내에 있는 경우 슬라이드가 갑자기 작동함으로써 근로자에게 발생할 우려가 있는 위험을 방지하기 위하여 안전블록을 사용하는 등 필요한 조치를 하여야 한다.

58

Repetitive Learning 1회 2회 3회

와이어로프의 지름 감소에 대한 폐기기준으로 옳은 것은?

① 공칭지름의 1% 초과　② 공칭지름의 3% 초과
③ 공칭지름의 5% 초과　④ 공칭지름의 7% 초과

해설

- 지름의 감소가 공칭지름의 7%를 초과하는 와이어로프는 양중기, 달비계, 항타기 및 항발기의 권상용 와이어로프에 사용할 수 없다.

양중기의 와이어로프 사용 금지 기준 실필 1601/1503

- 이음매가 있는 것
- 와이어로프의 한 꼬임에서 끊어진 소선의 수가 10% 이상인 것
- 지름의 감소가 공칭지름의 7%를 초과하는 것
- 꼬인 것
- 심하게 변형되거나 부식된 것
- 열과 전기충격에 의해 손상된 것

0902 / 1303 / 2201

59

플레이너의 작업 시의 안전대책이 아닌 것은?

① 베드 위에 다른 물건을 올려놓지 않는다.
② 바이트는 되도록 짧게 나오도록 설치한다.
③ 프레임 내의 피트(Pit)에는 뚜껑을 설치한다.
④ 칩 브레이커를 사용하여 칩이 길게 되도록 한다.

해설

- 칩 브레이커는 절삭 작업 시 칩을 잘게 끊어주는 장치이다.

플레이너(Planer)작업 시의 안전대책

- 플레이너의 프레임 중앙부에 있는 피트(Pit)에 뚜껑을 설치한다.
- 베드 위에 다른 물건을 올려놓지 않는다.
- 바이트는 되도록 짧게 나오도록 설치한다.
- 테이블의 이동범위를 나타내는 안전방호울을 세우도록 한다.
- 에이프런을 돌리기 위하여 해머로 치지 않는다.
- 절삭행정 중 일감에 손을 대지 말아야 한다.

정답 | 56 ①　57 ②　58 ④　59 ④

0701

60

Repetitive Learning 1회 2회 3회

산업안전보건법상 유해·위험방지를 위한 방호조치를 하지 아니하고는 양도, 대여, 설치 또는 사용에 제공하거나, 양도·대여를 목적으로 진열해서는 아니 되는 기계·기구가 아닌 것은?

① 예초기
② 진공포장기
③ 원심기
④ 롤러기

해설

- 예초기, 원심기, 공기압축기, 금속절단기, 지게차, 포장기계 등은 유해·위험방지를 위한 방호조치를 하지 아니하고는 양도, 대여, 설치 또는 사용에 제공하거나, 양도·대여를 목적으로 진열해서는 아니 되는 기계·기구이다.

:: 유해·위험방지를 위한 방호조치를 하지 아니하고는 양도, 대여, 설치 또는 사용에 제공하거나, 양도·대여를 목적으로 진열해서는 아니 되는 기계·기구 실필 2401/2302/2201/2003/1801/1602

- 예초기, 원심기, 공기압축기, 금속절단기, 지게차, 포장기계 등은 유해·위험방지를 위한 방호조치를 하지 아니하고는 양도, 대여, 설치 또는 사용에 제공하거나, 양도·대여를 목적으로 진열해서는 아니 되는 기계·기구이다.

4과목 전기설비 안전관리

0503 / 0901 / 1002

61

Repetitive Learning 1회 2회 3회

가로등의 접지전극을 지면으로부터 75[cm] 이상 깊은 곳에 매설하는 주된 이유는?

① 전극의 부식을 방지하기 위하여
② 접촉 전압을 감소시키기 위하여
③ 접지저항을 증가시키기 위하여
④ 접지선의 단선을 방지하기 위하여

해설

- 가로등의 접지전극을 지면으로부터 75[cm] 이상 깊은 곳에 매설하는 이유는 겨울철 대지의 동결로 인해 접지저항이 매우 상승하므로 이를 방지하고 대지 표면의 접촉 전압을 감소시키기 위해서이다.

:: 가로등의 접지전극

㉠ 개요
- 접지전극이란 전기를 이용한 가로등 설비를 전기적으로 대지와 접속하기 위한 단자를 말한다.

㉡ 접지전극의 부설방법
- 보통 지하 75[cm] 이상 깊은 곳에 매설하나, 최하 동결방지층 이하로 매설한다.
- 접지전극을 지면으로부터 75[cm] 이상 깊은 곳에 매설하는 이유는 겨울철 대지의 동결로 인해 접지저항이 매우 상승하므로 이를 방지하고 대지 표면의 접촉 전압을 감소시키기 위해서이다.
- 접지극판은 수직매설하는 것이 좋다.

62

Repetitive Learning 1회 2회 3회

내압방폭 금속관 배선에 대한 설명으로 틀린 것은?

① 전선관은 박강전선관을 사용한다.
② 배관 인입부분은 씰링피팅(Sealing fitting)을 설치하고 씰링콤파운드로 밀봉한다.
③ 전선관과 전기기기와의 접속은 관용평형나사에 의해 완전나사부가 "5턱" 이상 결합되도록 한다.
④ 가요성을 요하는 접속부분에는 플렉시블 피팅(Flexible fitting)을 사용하고, 플렉시블 피팅은 비틀어서 사용해서는 안된다.

해설

- 내압방폭용 전선관은 KS C 8401에서 정하는 후강 전선관을 사용하여야 하며, 전선관용 부속품은 내압방폭성능을 가진 것을 사용하여야 한다.

:: 내압방폭용 금속관 배선

- 내압방폭용 전선관은 KS C 8401에서 정하는 후강 전선관을 사용하여야 하며, 전선관용 부속품은 내압방폭성능을 가진 것을 사용하여야 한다.
- 정상동작 시 아아크나 스파크를 발생시키는 방폭전기기기에 접속되는 모든 전선관의 입·출구에는 시일링을 하여야 하며, 시일링의 위치는 방폭전기기기의 용기로부터 가능한 가까운 위치에 설치하여야 하고 45[cm]를 초과하여서는 아니 된다.
- 배관 인입부분은 씰링피팅(Sealing fitting)을 설치하고 씰링 콤파운드로 밀봉한다.
- 시일링 컴파운드의 두께는 전선관 내경 이상으로 충전하여야 하며, 최소한 20mm 이상이 되어야 한다.
- 전선관로, 박스류, 시일링 피팅 내부 등에 수분이나 인화성 액체가 체류할 가능성이 있는 경우에는 당해 설비에 드레인 피팅(Drain fitting)을 설치하여야 한다.
- 전선관과 전기기기와의 접속은 관용평형나사에 의해 완전나사부가 "5턱" 이상 결합되도록 한다.
- 가요성을 요하는 접속부분에는 플렉시블 피팅(Flexible fitting)을 사용하고, 플렉시블 피팅은 비틀어서 사용해서는 안 된다.

60 ④ 61 ② 62 ① 정답

63

Repetitive Learning 1회 2회 3회

정전용량 $C_1[\mu F]$과 $C_2[\mu F]$가 직렬연결된 회로에 $E[V]$로 송전되다 갑자기 정전이 발생하였을 때, C_2단자의 전압을 나타낸 식은?

① $\frac{C_1}{C_1+C_2}E$　② $\frac{C_2}{C_1+C_2}E$

③ C_2E　④ $\frac{E}{\sqrt{2}}$

해설

- 직렬로 연결된 C_1과 C_2에서 송전선 전압이 E일 때 정전용량 C_1에 걸리는 전압은 $\frac{C_2}{C_1+C_2}\times E$가 되고, C_2에 걸리는 전압은 $\frac{C_1}{C_1+C_2}\times E$가 된다.

콘덴서의 연결방법과 정전용량

㉠ 콘덴서의 직렬연결
- 2개의 콘덴서가 직렬로 연결된 경우 저항의 병렬연결과 같은 계산법을 적용한다.
- 각 콘덴서에 축적되는 전하량은 동일하다.
- 합성 정전용량 $=\frac{1}{\frac{1}{C_1}+\frac{1}{C_2}}=\frac{C_1\times C_2}{C_1+C_2}$이다.
- 콘덴서에 축적되는 전하량은 각각 $Q_1=\frac{C_1C_2}{C_1+C_2}V$, $Q_2=\frac{C_1C_2}{C_1+C_2}V$가 된다.

㉡ 콘덴서의 병렬연결
- 2개의 콘덴서가 병렬로 연결된 경우 저항의 직렬연결과 같은 계산법을 적용한다.
- 각 콘덴서에 걸리는 전압은 동일하다.
- 합성 정전용량 $=C_1+C_2$이다.
- 콘덴서에 축적되는 전하량은 각각 $Q_1=C_1V$, $Q_2=C_2V$가 된다.

64

Repetitive Learning 1회 2회 3회

충전선로의 활선작업 또는 활선근접작업을 하는 작업자의 감전위험을 방지하기 위해 착용하는 보호구로서 가장 거리가 먼 것은?

① 절연장화　② 절연장갑

③ 절연안전모　④ 대전방지용 구두

해설

- 활선작업 또는 활선근접작업에서 감전을 방지하기 위하여 작업자가 신체에 착용하는 절연 보호구에는 절연안전모, 절연 고무장갑, 절연화, 절연장화, 절연복 등이 있다.

절연 보호구
- 절연용 보호구는 활선작업 또는 활선근접작업에서 감전을 방지하기 위하여 작업자가 신체에 착용하는 절연안전모, 절연 고무장갑, 절연화, 절연장화, 절연복 등을 말한다.
- 절연안전모는 머리 보호, 절연 고무장갑은 손의 감전방지, 절연화와 절연장화는 다리 감전방지 및 상반신 감전 시 전격 완화, 절연복은 상반신 감전방지의 효과를 갖는다.

65

Repetitive Learning 1회 2회 3회

인체의 피부저항은 피부에 땀이 나 있는 경우 건조 시보다 약 어느 정도 저하되는가?

① $\frac{1}{2}\sim\frac{1}{4}$

② $\frac{1}{6}\sim\frac{1}{10}$

③ $\frac{1}{12}\sim\frac{1}{20}$

④ $\frac{1}{25}\sim\frac{1}{35}$

해설

- 피부에 땀이 나 있을 경우 기존 저항의 1/20~1/12로 저항이 저하된다.

인체의 저항

㉠ 피부의 전기저항
- 피부의 전기저항은 연령, 성별, 인체의 각 부분별, 수분 함유량에 따라 큰 차이를 보이며 일반적으로 약 2,500[Ω] 정도를 기준으로 한다.
- 피부 전기저항에 영향을 주는 요소에는 접촉부 습기상태, 접촉시간, 인가전압의 크기와 주파수, 접촉면적 등이 있다.
- 피부에 땀이 나 있을 경우 기존 저항의 1/20~1/12로 저항이 저하된다.
- 피부가 물에 젖어 있을 경우 기존 저항의 1/25로 저항이 저하된다.

㉡ 내부저항
- 인체의 두 수족 간 내부저항값은 500[Ω]을 기준으로 한다.

정답 | 63 ① 64 ④ 65 ③

2101

66 Repetitive Learning (1회 2회 3회)

정전기 재해방지를 위하여 불활성화할 수 없는 탱크, 탱크롤리 등에 위험물을 주입하는 배관 내 액체의 유속제한에 대한 설명으로 틀린 것은?

① 물이나 기체를 혼합하는 비수용성 위험물의 배관 내 유속은 1m/s 이하로 할 것
② 저항률이 $10^{10}\Omega \cdot cm$ 미만의 도전성 위험물의 배관 유속은 매초 7m/s 이하로 할 것
③ 저항률이 $10^{10}\Omega \cdot cm$ 이상인 위험물의 배관유속은 관 내경이 0.05m이면 매초 3.5m 이하로 할 것
④ 이황화탄소 등과 같이 유동대전이 심하고 폭발 위험성이 높은 것은 배관 내 유속을 5m/s 이하로 할 것

해설

- 에텔, 이황화탄소 등과 같이 유동대전이 심하고 폭발 위험성이 높은 것은 배관 내 유속을 1m/s 이하로 하여야 한다.

불활성화할 수 없는 탱크, 탱커, 탱크롤리, 탱크차, 드럼통 등에 위험물을 주입하는 배관의 유속제한

위험물의 종류	배관 내 유속
물이나 기체를 혼합하는 비수용성 위험물	1m/s 이하
에텔, 이황화탄소 등과 같이 유동대전이 심하고 폭발 위험성이 높은 위험물	1m/s 이하
저항률이 $10^{10}\Omega \cdot cm$ 미만인 도전성 위험물	7m/s 이하

- 저항률이 $10^{10}\Omega \cdot cm$ 이상인 위험물의 배관유속은 다음과 같다. 단, 주입구가 액면 밑에 충분히 침하할 때까지의 유속은 1m/s 이하로 한다.

관 내경		유속 (m/s)	관 내경		유속 (m/s)
인치	mm		인치	mm	
0.5	10	8	8	200	1.8
1	25	4.9	16	400	1.3
2	50	3.5	24	600	1.0
4	100	2.5			

67 Repetitive Learning (1회 2회 3회)

정전기로 인하여 화재로 진전되는 조건 중 관계가 없는 것은?

① 방전하기에 충분한 전위차가 있을 때
② 가연성 가스 및 증기가 폭발한계 내에 있을 때
③ 대전하기 쉬운 금속부분에 접지를 한 상태일 때
④ 정전기의 스파크 에너지가 가연성 가스 및 증기의 최소 점화 에너지 이상일 때

해설

- 대전하기 쉬운 금속부분에 접지를 하는 것은 정전기 재해방지대책이다.

정전기로 인한 화재의 진전 조건
- 방전하기에 충분한 전위차가 있을 때
- 가연성 가스 및 증기가 폭발한계 내에 있을 때
- 정전기의 스파크 에너지가 가연성 가스 및 증기의 최소점화 에너지 이상일 때

0801 / 2001

68 Repetitive Learning (1회 2회 3회)

화염일주한계에 대한 설명으로 옳은 것은?

① 폭발성 가스와 공기의 혼합기에 온도를 높인 경우 화염이 발생할 때까지의 시간 한계치
② 폭발성 분위기에 있는 용기의 접합면 틈새를 통해 화염이 내부에서 외부로 전파되는 것을 저지할 수 있는 틈새의 최대 간격치
③ 폭발성 분위기 속에서 전기불꽃에 의하여 폭발을 일으킬 수 있는 화염을 발생시키기에 충분한 교류파형의 1주기치
④ 방폭설비에서 이상이 발생하여 불꽃이 생성된 경우에 그것이 점화원으로 작용하지 않도록 화염의 에너지를 억제하여 폭발하한계로 되도록 화염 크기를 조정하는 한계치

해설

- 화염일주한계란 화염이 전파되는 것을 저지할 수 있는 틈새의 최대 간격치로 최대안전틈새라고도 한다.

화염일주한계
- 화염이 전파되는 것을 저지할 수 있는 틈새의 최대 간격치로 최대안전틈새라고도 한다.
- 폭발성 분위기에 있는 용기의 접합면 틈새를 통해 화염이 내부에서 외부로 전파되는 것을 저지할 수 있는 틈새의 최대 간격치를 말한다.

2202

69 Repetitive Learning (1회 2회 3회)

접지저항 저감방법으로 틀린 것은?

① 접지극의 병렬접지를 실시한다.
② 접지극의 매설 깊이를 증가시킨다.
③ 접지극의 크기를 최대한 작게 한다.
④ 접지극 주변의 토양을 개량하여 대지저항률을 떨어뜨린다.

66 ④ 67 ③ 68 ② 69 ③ 정답

해설

- 접지극의 크기를 크게 해야 접지저항을 낮출 수 있다.

∷ 접지저항 저감대책

㉠ 물리적인 저감대책
- 접지극의 병렬접속 및 연결 개수 및 면적을 확대한다(병렬법).
- 접지봉 매설 깊이를 깊게 한다(심타법).
- 매설지선 및 평판 접지극 공법을 사용한다.
- 접지극 매설 깊이를 증가시킨다.
- Mesh 공법으로 시공한다.

㉡ 화학적인 저감대책
- 접지극 주변의 토양을 개량한다.
- 접지저항 저감제(약품법)를 사용해 매설 토지의 대지저항률을 낮춘다.

70

Dalziel에 의하여 동물실험을 통해 얻어진 전류값을 인체에 적용했을 때 심실세동을 일으키는 전기에너지(J)는?

① 9.8　　② 13.6
③ 19.6　　④ 27

해설

- 인체의 전기저항값이 500Ω이라고 할 때 심실세동을 일으키는 전류에서의 전기에너지는 13.612[J]이다.

∷ 심실세동 한계전류와 전기에너지 실필 2303/2101/1403/1401/1202
- 심장의 맥동에 영향을 주어 혈액 순환을 곤란하게 하고, 끝내는 심장 기능을 잃게 하는 치사적 전류를 심실세동전류라 한다.
- 감전자 1천명 중 5명 이상이 심실세동을 일으킬 수 있는 감전시간과 위험전류와의 관계에서 심실세동 한계전류 I는 $\frac{165}{\sqrt{T}}$[mA]이고, T는 통전시간이다.
- 인체의 접촉저항을 500Ω으로 할 때 심실세동을 일으키는 전류에서의 전기에너지는 $W = I^2Rt = \left(\frac{165 \times 10^{-3}}{\sqrt{T}}\right)^2 \times R \times T = (165 \times 10^{-3})^2 \times 500 = 13.612$[J]가 된다.

0502

71

Repetitive Learning 

접지시스템에 관한 설명으로 옳은 것은?

① 고압 및 특고압의 전로에 시설하는 피뢰기 접지저항값은 10Ω 이하로 하여야 한다.
② 중성선 전로를 시설하는 TN-C 계통은 계통 전체에 대해 별도의 중성선 또는 PE 도체를 사용한다.
③ TN계통은 전원의 한 점을 직접 접지하고 설비의 노출도전부는 전원의 접지전극과 전기적으로 독립적인 접지극에 접속시킨다.
④ IT계통은 충전부 전체를 대지로부터 절연시키거나, 한 점을 임피던스를 통해 대지에 접속시키는데 배전계통에서 추가접지를 해서는 안 된다.

해설

- 중성선 전로를 시설하는 TN-C 계통은 그 계통 전체에 대해 중성선과 보호도체의 기능을 동일도체로 겸용한 PEN 도체를 사용한다.
- TN계통은 전원측의 한 점을 직접접지하고 설비의 노출도전부를 보호도체로 접속시키는 방식이다.
- IT계통은 충전부 전체를 대지로부터 절연시키거나, 한 점을 임피던스를 통해 대지에 접속시키며, 배전계통에서 추가접지가 가능하다.

∷ 계통접지의 구분

종류	특징
TN계통 (직접접지)	• 전원의 한쪽은 직접 접지(계통접지)하고 노출 도전성쪽은 전원측의 접지선에 접속하는 방식이다. • 중성선과 보호도체의 연결방식에 따라 TN-S, TN-C, TN-C-S로 구분된다.
TT계통 (직접다중접지)	• 전력계통의 중성점(N)은 직접 대지 접속(계통접지)하고 노출 도전부의 외함은 별도 독립 접지하는 방식이다. • 지락사고 시 프레임의 대지전위가 상승하는 문제가 있어 별도의 과전류차단기나 누전차단기를 설치하여야 한다.
IT계통 (비접지)	• 전원공급측은 비접지 혹은 임피던스 접지방식으로 하고 노출 도전부는 독립적인 접지 전극에 접지하는 방식이다. • 대규모 전력계통에 채택되기 어렵다.

2103

72

Repetitive Learning 1회 2회 3회

접지 목적에 따른 분류에서 병원설비의 의료용 전기전자(M·E)기기와 모든 금속부분 또는 도전 바닥에도 접지하여 전위를 동일하게 하기 위한 접지를 무엇이라 하는가?

① 계통 접지
② 등전위 접지
③ 노이즈방지용 접지
④ 정전기 장해방지 이용 접지

해설

- 병원에 있어서 의료기기 사용 시 안전을 위하여 수행하는 접지방법은 등전위 접지이다.

정답 | 70 ② 71 ① 72 ②

:: 접지의 종류와 특징

종류	특징
계통접지	고압전로와 저압전로가 혼촉되었을 때의 감전이나 화재 방지를 위하여 수행하는 접지방법이다.
기기접지	전동기, 세탁기 등의 전기사용 기계·기구의 비충전 금속부분을 접지하는 것으로, 누전되고 있는 기기에 접촉 시의 감전을 방지하는 접지방법이다.
피뢰접지	낙뢰로부터 전기기기 및 피뢰기 등의 기능 손상을 방지하기 위하여 수행하는 접지방법이다.
등전위접지	병원에 있어서 의료기기 사용 시 안전을 위하여 수행하는 접지방법이다.
지락검출용 접지	누전차단기의 동작을 확실하게 하기 위하여 수행하는 접지방법이다.

73

Repetitive Learning (1회 2회 3회)

정전기 발생 원인에 대한 설명으로 옳은 것은?

① 분리속도가 느리면 정전기 발생이 커진다.
② 정전기 발생은 처음 접촉, 분리 시 최소가 된다.
③ 물질 표면이 오염된 표면일 경우 정전기 발생이 커진다.
④ 접촉면적이 작고 압력이 감소할수록 정전기 발생량이 크다.

해설

- 물질의 분리속도가 빠를수록 정전기 발생량이 많아진다.
- 정전기 발생량은 처음 대전될 때가 가장 많고 발생횟수가 반복될수록 감소한다.
- 접촉면적이 넓을수록, 접촉압력이 클수록 정전기 발생량이 많아진다.

:: 정전기 발생에 영향을 주는 요인

㉠ 개요

- 정전기 발생에 영향을 주는 요인에는 물체의 표면상태, 물질의 분리속도와 특성, 대전이력, 접촉면적 및 압력 등이 있다.

㉡ 정전기 발생 요인

물질의 표면상태	물질 표면의 거칠기나 오염도가 높을수록 정전기 발생량이 많아진다.
물질의 분리속도	물질의 분리속도가 빠를수록 정전기 발생량이 많아진다.
물질의 접촉면적 및 압력	접촉면적이 넓을수록, 접촉압력이 클수록 정전기 발생량이 많아진다.
물질의 특성	대전서열이 멀어질수록 정전기 발생량이 많아진다.
물질의 대전이력	정전기 발생량은 처음 대전될 때가 가장 많고 발생횟수가 반복할수록 감소한다.

74

Repetitive Learning (1회 2회 3회)

정격전류 20[A]와 25[A]인 전동기와 정격전류 10[A]인 전열기 6대에 전기를 공급하는 200[V] 단상 저압 간선에는 정격 전류 몇 [A]의 과전류 차단기를 시설하여야 하는가?

① 200 ② 150
③ 125 ④ 100

해설

- 전동기의 전류의 합은 45[A]이다.
- 전류가 10[A]인 전열기가 6대이므로 전열기 전류의 합은 60[A]이다.
- 과전류 차단기는 전동기 정격전류의 합계의 3배이므로 $3\times45=135$[A]이고 여기에 전열기 전류의 합인 60[A]를 더하면 195[A]가 된다. 최소 195[A] 이상의 과전류 차단기를 시설해야 한다.

:: 저압 옥내 간선의 시설

- 과전류 차단기가 저압 옥내 간선의 전동기 등에 접속되는 경우에는 그 전동기 등의 정격전류의 합계의 3배에, 다른 전기사용기계·기구의 정격전류의 합계를 가산한 값 이하인 정격전류의 것을 사용할 수 있다.

0901 / 1203

75

Repetitive Learning (1회 2회 3회)

전기기기 방폭의 기본개념과 이를 이용한 방폭구조로 볼 수 없는 것은?

① 점화원의 격리 : 내압(耐壓)방폭구조
② 폭발성 위험분위기 해소 : 유입방폭구조
③ 전기기기 안전도의 증강 : 안전증방폭구조
④ 점화능력의 본질적 억제 : 본질안전방폭구조

해설

- 위험분위기의 전기기기 접촉방지는 충전방폭구조의 개념이다. 유입방폭구조는 점화원의 격리를 통해 안전과 함께 성능의 효율성을 고려한 구조이다.

73 ③ 74 ① 75 ② 정답

유입방폭구조(EX o) 실필 0901

- 전기기기의 불꽃, 아크 또는 고온이 발생하는 부분을 광물성 기름 속에 넣고, 기름면 위에 존재하는 폭발성 가스 또는 증기에 인화될 우려가 없도록 한 구조를 말한다.
- 1종 장소의 방폭구조에 해당한다.

0903

76 Repetitive Learning (1회 2회 3회)

최소 착화에너지가 0.26mJ인 프로판 가스에 정전용량이 100[pF]인 대전 물체로부터 정전기 방전에 의하여 착화할 수 있는 전압은 약 몇 [V] 정도인가?

① 2,240 ② 2,260

③ 2,280 ④ 2,300

해설

- 최소착화에너지(W)와 정전용량(C)이 주어져 있고 전압(V)을 구하는 문제이므로 식을 역으로 이용하면 $V=\sqrt{\frac{2W}{C}}$ 이다.
- $V=\sqrt{\frac{2\times0.26\times10^{-3}}{100\times10^{-12}}}=\sqrt{0.52\times10^{7}}=2,280.35$[V]가 된다.

최소발화에너지(MIE : Minimum Ignition Energy)

㉠ 개요
- 공기 중에 가연성 가스나 증기 또는 폭발성분이 존재할 때 이를 발화시키는 데 필요한 최저의 에너지를 말한다.
- 발화에너지의 양은 $W=\frac{1}{2}CV^2$[J]로 구한다.
- 단위는 밀리줄[mJ] / 줄[J]을 사용한다.

㉡ 특징
- 압력, 온도, 산소농도, 연소속도에 반비례한다.
- 유체의 유속이 높아지면 최소발화에너지는 커진다.
- 불활성 기체의 첨가는 발화에너지를 크게 하고, 혼합기체의 전압이 낮아도 발화에너지는 커진다.
- 일반적으로 화학양론농도보다도 조금 높은 농도일 때에 최솟값이 된다.

77 Repetitive Learning (1회 2회 3회)

전기기계·기구의 기능 설명으로 옳은 것은?

① CB는 부하전류를 개폐(ON-OFF)시킬 수 있다.

② ACB는 접촉스파크 소호를 진공상태로 한다.

③ DS는 회로의 개폐(ON-OFF) 및 대용량 부하를 개폐시킨다.

④ LA는 피뢰침으로서 낙뢰 피해의 이상전압을 낮추어 준다.

해설

- 기중차단기(ACB)는 저압선로에서 회로의 개폐나 단락사고에 의한 단락전류 등에서 전로를 보존하기 위한 차단기이다.
- 단로기(DS)는 기기의 보수점검 시 또는 회로전환 변경 시 무부하상태의 선로를 개폐하는 역할을 수행한다.
- LA는 피뢰기로 피뢰침과 달리 전기시설물에 사용되며, 이상전압을 저감시켜 회로를 보호하는 장치이다.

단로기와 차단기

㉠ 단로기(DS : Disconnecting Switch)
- 기기의 보수점검 시 또는 회로전환 변경 시 무부하상태의 선로를 개폐하는 역할을 수행한다.
- 부하전류의 개폐와는 관련 없다.

㉡ 차단기(CB : Circuit Breaker)
- 전로 개폐 및 사고전류 차단을 목적으로 한다.
- 고장전류와 같은 대전류를 차단하는 데 이용된다.

㉢ 단로기와 차단기의 개폐조작 순서
- 전원 차단 : 차단기(VCB) 개방 – 단로기(DS) 개방
- 전원 투입 : 단로기(DS) 투입 – 차단기(VCB) 투입

0702 / 2102

78 Repetitive Learning (1회 2회 3회)

배전선로에 정전작업 중 단락접지기구를 사용하는 목적으로 적합한 것은?

① 통신선 유도 장해 방지

② 배전용 기계 기구의 보호

③ 배전선 통전 시 전위경도 저감

④ 혼촉 또는 오동작에 의한 감전방지

해설

- 단락접지기구는 작업자의 감전재해를 방지하기 위해 고압 또는 특별고압의 전로 정전작업에 꼭 필요하다.

단락접지기구

- 고장전류에 대해 적합한 용량을 가진 케이블에 부착된 대용량의 클램프로 구성된다.
- 작업자를 혼촉 또는 잘못된 송전으로 인한 감전위험으로부터 보호하기 위해 사용한다.
- 도체에 대한 단락접지를 하는 이유는 많은 주의에도 불구하고 기기가 재충전되는 경우 작업자를 보호하기 위한 것이다.

정답 | 76 ③ 77 ① 78 ④

0901 / 1103 / 1902 / 2201

79

Repetitive Learning 1회 2회 3회

교류 아크용접기의 허용사용률[%]은?(단, 정격사용률은 10[%], 2차 정격전류는 500[A], 교류 아크용접기의 사용전류는 250[A]이다)

① 30 ② 40
③ 50 ④ 60

해설

- 주어진 값을 대입하면

허용사용률 = $\left(\frac{500}{250}\right)^2 \times 0.1 \times 100 = 40[\%]$ 이다.

아크용접기의 허용사용률

- 사용률이란 용접기 사용시간 대비 아크가 발생되는 시간 비율이다.
- 실제 용접작업에서는 2차 정격전류보다 낮은 전류로 용접하는 경우가 많은데 이 경우 정격사용률 이상으로 작업할 수 있다.
- 허용사용률 = $\left(\frac{\text{2차 정격전류}}{\text{실제 용접 전류}}\right)^2 \times$ 정격사용률 $\times$ 100[%]로 구한다.

0902 / 2101

80

Repetitive Learning 1회 2회 3회

속류를 차단할 수 있는 최고의 교류전압을 피뢰기의 정격전압이라고 하는데 이 값은 통상적으로 어떤 값으로 나타내고 있는가?

① 최댓값 ② 평균값
③ 실횻값 ④ 파고값

해설

- 피뢰기에서 속류를 차단할 수 있는 최고의 교류전압을 정격전압이라고 하는데, 이는 통상적으로 실횻값으로 표현한다.

실횻값(Effective value)

- 교류의 경우 전류의 방향과 크기가 주기적으로 변동되므로 이를 특정한 값으로 표현하기 위해 교류의 크기를 교류와 동일한 일을 하는 직류의 크기로 표현한 값을 말한다.
- 임의의 주기를 갖는 교류의 실횻값 = 교류의 최댓값 $\times \frac{1}{\sqrt{2}}$ 이 된다.

5과목 화학설비 안전관리

2201

81

Repetitive Learning 1회 2회 3회

다음 중 인화성 물질이 아닌 것은?

① 에테르 ② 아세톤
③ 에틸알코올 ④ 과염소산칼륨

해설

- 과염소산칼륨은 산화성 물질이다.

인화성 액체

- 인화성 액체란 표준압력(101.3)하에서 인화점이 60℃ 이하이거나 고온·고압의 공정운전조건으로 인하여 화재·폭발위험이 있는 상태에서 취급되는 가연성 물질을 말한다.

범위	종류
인화점 23℃ 미만 초기 끓는점 35℃ 이하	에틸에테르, 아세트알데히드, 가솔린, 산화프로필렌 등
인화점 23℃ 미만 초기 끓는점 35℃ 초과	노르말헥산, 이황화탄소, 메틸에틸케톤, 아세톤, 메틸알코올, 에틸알코올 등
인화점 23℃ 이상 60℃ 이하	크실렌, 아세트산아밀, 이소아밀알코올테레빈유, 등유, 경유, 아세트산 등

1101 / 1303

82

Repetitive Learning 

다음 중 자연발화를 방지하기 위한 일반적인 방법으로 적절하지 않은 것은?

① 주위의 온도를 낮춘다.
② 공기의 출입을 방지하고 밀폐시킨다.
③ 습도가 높은 곳에는 저장하지 않는다.
④ 황린의 경우 산소와의 접촉을 피한다.

해설

- 공기의 출입을 방지하고 밀폐할 경우 열의 축적이 쉬워져 자연발화가 발생하기 쉽다.

자연발화의 방지대책

- 주위의 온도와 습도를 낮춘다.
- 열이 축적되지 않도록 통풍을 잘 시킨다.
- 공기가 접촉되지 않도록 불활성액체 중에 저장한다.
- 황린의 경우 산소와의 접촉을 피한다.

79 ② 80 ③ 81 ④ 82 ② 정답

1102 / 1902

83

Repetitive Learning (1회 2회 3회)

다음 중 산업안전보건법령상 화학설비에 해당하는 것은?

① 응축기 · 냉각기 · 가열기 · 증발기 등 열교환기류
② 사이클론 · 백필터 · 전기집진기 등 분진처리설비
③ 온도 · 압력 · 유량 등을 지시 · 기록 등을 하는 자동제어 관련설비
④ 안전밸브 · 안전판 · 긴급차단 또는 방출밸브 등 비상조치 관련설비

해설

- ②, ③, ④는 모두 화학설비의 부속설비에 해당한다.

산업안전보건법령상 화학설비의 종류

- 반응기 · 혼합조 등 화학물질 반응 또는 혼합장치
- 증류탑 · 흡수탑 · 추출탑 · 감압탑 등 화학물질 분리장치
- 저장탱크 · 계량탱크 · 호퍼 · 사일로 등 화학물질 저장설비 또는 계량설비
- 응축기 · 냉각기 · 가열기 · 증발기 등 열교환기류
- 고로 등 점화기를 직접 사용하는 열교환기류
- 캘린더(Calender) · 혼합기 · 발포기 · 인쇄기 · 압출기 등 화학제품 가공설비
- 분쇄기 · 분체분리기 · 용융기 등 분체화학물질 취급장치
- 결정조 · 유동탑 · 탈습기 · 건조기 등 분체화학물질 분리장치
- 펌프류 · 압축기 · 이젝터(Ejector) 등의 화학물질 이송 또는 압축설비

1201

84

Repetitive Learning (1회 2회 3회)

금속의 용접 · 용단 또는 가열에 사용되는 가스 등의 용기를 취급할 때의 준수사항으로 옳지 않은 것은?

① 밸브의 개폐는 서서히 할 것
② 용기의 온도를 섭씨 40도 이하로 유지할 것
③ 운반할 때에는 환기를 위하여 캡을 씌우지 않을 것
④ 용기의 부식 · 마모 또는 변형상태를 점검한 후 사용할 것

해설

- 운반하는 경우에는 캡을 씌우고 단단하게 묶도록 한다.

가스 등의 용기 관리

㉠ 개요

- 가스용기는 통풍이나 환기가 불충분한 장소, 화기를 사용하는 장소 및 그 부근, 위험물 또는 인화성 액체를 취급하는 장소 및 그 부근에 사용하거나 보관해서는 안 된다.

㉡ 준수사항

- 용기의 온도를 40[℃] 이하로 유지하도록 한다.
- 전도의 위험이 없도록 한다.
- 충격을 가하지 않도록 한다.
- 운반하는 경우에는 캡을 씌우고 단단하게 묶도록 한다.
- 밸브의 개폐는 서서히 하도록 한다.
- 사용 전 또는 사용 중인 용기와 그 밖의 용기를 명확히 구별하여 보관하도록 한다.
- 용기의 부식 · 마모 또는 변형상태를 점검한 후 사용하도록 한다.
- 용해아세틸렌의 용기는 세워서 보관하도록 한다.

0402 / 0702 / 0902 / 1201

85

Repetitive Learning (1회 2회 3회)

대기압에서 물의 엔탈피가 1[kcal/kg]이었던 것이 가압하여 1.45[kcal/kg]을 나타내었다면 Flash율은 얼마인가?(단, 물의 기화열은 540[cal/g]이라고 가정한다)

① 0.00083 ② 0.0015
③ 0.0083 ④ 0.015

해설

- 주어진 값을 대입하면 $\frac{1.45-1}{540}=0.45/540=0.0008333$이 된다.

Flash율

- 유출된 액체량 대비 Flash 기화한 액체의 양을 말한다.
- $\frac{\triangle 엔탈피}{기화열}$[kcal/kg]로 구한다.
- △ 엔탈피는 [방출된 액체의 엔탈피-방출된 액체 비등점의 엔탈피]로 구한다.
- 기화열은 온도 변화 없이 1g의 액체를 증기로 변화시키는 데 필요한 열량 즉, 증발잠열을 의미한다.

0903 / 1301

86

Repetitive Learning (1회 2회 3회)

다음 중 설비의 주요 구조부분을 변경함으로써 공정안전보고서를 제출하여야 하는 경우가 아닌 것은?

① 플레어스택을 설치 또는 변경하는 경우
② 가스누출감지경보기를 교체 또는 추가로 설치하는 경우
③ 변경된 생산설비 및 부대설비의 해당 전기정격용량이 300[kW] 이상 증가한 경우
④ 생산량의 증가, 원료 또는 제품의 변경을 위하여 반응기(관련설비 포함)를 교체 또는 추가로 설치하는 경우

정답 | 83 ① 84 ③ 85 ① 86 ②

해설

- 고용노동부장관이 정하는 주요 구조부분의 변경으로 공정안전보고서를 제출하는 경우에는 가스누출감지경보기에 대한 내역은 포함되어 있지 않다.

고용노동부장관이 정하는 주요 구조부분의 변경으로 공정안전보고서를 제출하는 경우

- 반응기를 교체(같은 용량과 형태로 교체는 제외)하거나 추가로 설치하는 경우 또는 이미 설치된 반응기를 변형하여 용량을 늘리는 경우
- 생산설비 및 부대설비(유해·위험물질의 누출·화재·폭발과 무관한 자동화창고·조명설비 등은 제외)가 교체 또는 추가되어 늘어나게 되는 전기정격용량의 총 합이 300kW 이상인 경우
- 플레어스택을 설치 또는 변경하는 경우

0301 / 1003

87 Repetitive Learning (1회 2회 3회)

다음 중 흡인 시 인체에 구내염과 혈뇨, 손 떨림 등의 증상을 일으키며 신경계를 대표적인 표적기관으로 하는 물질은?

① 백금　② 석회석
③ 수은　④ 이산화탄소

해설

- 수은이 인체에 흡수되면 중추신경 장애를 일으키는 미나마타병에 노출된다.

수은(Hg)

- 독성이 매우 큰 물질로 피부와 점막, 호흡 등을 통해 인체에 흡수될 경우 구내염, 혈뇨, 손 떨림 등의 중추신경 장애를 일으키는 미나마타병에 노출된다.
- 밀도가 높고 표면장력이 매우 큰 물질로, 상온상에서 액체 형태로 존재하는 금속이다.

0802 / 0903 / 1003 / 1303 / 1601 / 2102 / 2201

88 Repetitive Learning (1회 2회 3회)

위험물을 저장·취급하는 화학설비 및 그 부속설비를 설치할 때 '단위공정시설 및 설비로부터 다른 단위공정시설 및 설비의 사이'의 안전거리는 설비의 바깥 면으로부터 몇 [m] 이상이 되어야 하는가?

① 5　② 10
③ 15　④ 20

해설

- 단위공정시설 및 설비로부터 다른 단위공정시설 및 설비의 사이의 안전거리는 설비의 바깥 면으로부터 10m 이상이다.

화학설비 및 부속설비 설치 시 안전거리 실필 2201

구분	안전거리
단위공정시설 및 설비로부터 다른 단위공정시설 및 설비의 사이	설비의 바깥 면으로부터 10m 이상
플레어스택으로부터 단위공정시설 및 설비, 위험물질 저장탱크 또는 위험물질 하역설비의 사이	플레어스택으로부터 반경 20m 이상
위험물질 저장탱크로부터 단위공정 시설 및 설비, 보일러 또는 가열로의 사이	저장탱크의 바깥 면으로부터 20m 이상
사무실·연구실·실험실·정비실 또는 식당으로부터 단위공정시설 및 설비, 위험물질 저장탱크, 위험물질 하역설비, 보일러 또는 가열로의 사이	사무실 등의 바깥 면으로부터 20m 이상

0903 / 1201 / 1202 / 1301 / 1403

89 Repetitive Learning 

자동화재탐지설비 중 열감지식 감지기가 아닌 것은?

① 차동식 감지기　② 정온식 감지기
③ 보상식 감지기　④ 광전식 감지기

해설

- 광전식은 연기감지식 감지기이다.

화재감지기

㉠ 개요

- 화재 시 발생되는 열이나 연기를 통해 화재를 감지하는 장치이다.
- 감지대상에 따라 열감지기, 연기감지기, 복합형감지기, 불꽃감지기로 구분된다.

㉡ 대표적인 감지기의 종류

열감지식	차동식	• 공기의 팽창을 감지 • 공기관식, 열전대식, 열반도체식
	정온식	열의 축적을 감지
	보상식	공기팽창과 열축적을 동시에 감지
연기감지식	광전식	광전소자의 입사광량 변화를 감지
	이온화식	이온전류의 변화를 감지
	감광식	광전식의 한 종류

90 

고온에서 완전 열분해하였을 때 산소를 발생하는 물질은?

① 황화수소　② 과염소산칼륨
③ 메틸리튬　④ 적린

87 ③ 88 ② 89 ④ 90 ② | 정답

해설

- 황화수소(H_2S)는 황과 수소로 이뤄진 화합물로 유독성 폭발가스이다.
- 메틸리튬(CH_3Li)은 무색의 결정성 분말로 공기 중에서 즉시 연소한다.
- 적린은 조해성 물질로 자연발화성이 없으며 공기 중에서 안전한 분말이다.

과염소산칼륨($KClO_4$)

㉠ 개요

- 제1류 위험물로 산소를 많이 포함하고 있는 산화성 고체로 과열 및 마찰충격으로 산소를 배출한다.

㉡ 특징

- 400[℃] 이상으로 가열하면 산소($2O_2$)와 염화칼륨(KCl)으로 분해된다.
- 주로 산화제로서 로켓 연료, 폭약, 불꽃 등의 원료로 사용된다.

0603 / 1003 / 2001

91

Repetitive Learning 

다음 중 파열판에 관한 설명으로 틀린 것은?

① 압력 방출속도가 빠르다.
② 설정 파열압력 이하에서 파열될 수 있다.
③ 한 번 부착한 후에는 교환할 필요가 없다.
④ 높은 점성의 슬러리나 부식성 유체에 적용할 수 있다.

해설

- 파열판은 정밀한 장치이나 주기적으로 교체가 필요한 장치이다. 교체 시 설비 내부에 영향을 주지 않게 하기 위해 안전밸브를 직렬로 같이 설치한다.

파열판의 특징

- 압력 방출속도가 빠르며, 분출량이 많다.
- 설정 파열압력 이하에서 파열될 수 있다.
- 높은 점성의 슬러리나 부식성 유체에 적용할 수 있다.

1202

92

Repetitive Learning 

다음 중 허용노출기준(TWA)이 가장 낮은 물질은?

① 불소 ② 암모니아
③ 황화수소 ④ 니트로벤젠

해설

- 허용노출기준이 낮은 것은 독성이 강하다는 의미이고, 불소는 포스겐과 함께 가장 강한(TWA 0.1) 독성물질이다.

TWA(Time Weighted Average) 실필 1301

- 시간가중 평균노출기준이라고 한다.
- 1일 8시간 작업을 기준으로 유해요인의 측정치에 발생시간을 곱하여 8로 나눈 값이다.
- 독성이 강할수록 TWA값은 작아진다.

유독물질	포스겐/불소	염소	니트로벤젠염화수소	사염화탄소	나프탈렌	일산화탄소	아세톤	이산화탄소
TWA (ppm)	0.1	0.5	1	5	10	30	500	5,000
독성	← 강하다						약하다 →	

1903

93

Repetitive Learning 

Burgess-Wheeler의 법칙에 따르면 서로 유사한 탄화수소계의 가스에서 폭발하한계의 농도[vol%]와 연소열[kcal/mol]의 곱의 값은 약 얼마 정도인가?

① 1,100 ② 2,800
③ 3,200 ④ 3,800

해설

- Burgess-Wheeler는 폭발하한계의 농도와 연소열의 곱이 1,100[vol%·kcal/mol]로 일정하다고 제시하였다.

Burgess-Wheeler의 법칙

- 서로 유사한 탄화수소계의 가스에서 폭발하한계의 농도([vol%])와 연소열[kcal/mol]의 곱의 값은 대체로 일정한 값(1,100[vol%·kcal/mol])을 갖는다고 제시하였다.
- 폭발범위는 온도상승에 의해 넓어지는데 비교적 폭발한계의 온도 의존도는 규칙적임을 증명하였다.

1101

94

Repetitive Learning 1회 2회 3회

산업안전보건법에서 정한 공정안전보고서의 제출대상 업종이 아닌 사업장으로서 유해·위험물질의 1일 취급량이 염소 10,000[kg], 수소 20,000[kg]인 경우 공정안전보고서 제출대상 여부를 판단하기 위한 R값은 얼마인가?(단, 유해·위험물질의 규정수량은 표에 따른다)

유해·위험물질명	규정수량[kg]
인화성 가스	5,000
염소	20,000
수소	50,000

① 0.9 ② 1.2
③ 1.5 ④ 1.8

정답 | 91 ③ 92 ① 93 ① 94 ①

해설

- 염소 R의 값은 $\frac{10,000}{20,000}=0.5$이다.
- 수소 R의 값은 $\frac{20,000}{50,000}=0.4$이다.
- 전체 R=0.5+0.4=0.9로 1보다 작으므로 공정안전보고서 제출 대상이 아니다.

PSM 제출대상

㉠ 개요

- 유해·위험설비를 보유하고 있는 사업장은 모든 유해·위험 설비에 대해서 PSM을 작성하여야 하고, 관련 사업장 이외의 업종에서는 규정량 이상 유해·위험물질을 제조·취급·사용·저장하고 있는 사업장에서만 PSM을 작성하면 된다.

㉡ 유해·위험설비를 보유하고 있는 사업장

- 원유 정제 처리업
- 기타 석유정제물 재처리업
- 석유화학계 기초화학물 제조업 또는 합성수지 및 기타 플라스틱물질 제조업
- 질소, 인산 및 칼리질 비료 제조업(인산 및 칼리질 비료 제조업에 해당하는 경우는 제외)
- 복합비료 제조업(단순혼합 또는 배합에 의한 경우는 제외)
- 농약 제조업(원제 제조에만 해당)
- 화약 및 불꽃제품 제조업

0401 / 0603

95

Repetitive Learning 1회 2회 3회

폭발압력과 가연성 가스의 농도와의 관계에 대한 설명으로 가장 적절한 것은?

① 가연성 가스의 농도와 폭발압력은 반비례 관계이다.

② 가연성 가스의 농도가 너무 희박하거나 너무 진하여도 폭발압력은 최대로 높아진다.

③ 폭발압력은 화학양론농도보다 약간 높은 농도에서 최대 폭발압력이 된다.

④ 최대 폭발압력의 크기는 공기와의 혼합기체에서보다 산소의 농도가 큰 혼합기체에서 더 낮아진다.

해설

- 가연성 가스의 농도와 폭발압력은 비례 관계이다.
- 가연성 가스의 농도가 너무 희박하거나 진할 경우 폭발압력은 낮아진다.
- 최대폭발압력의 크기는 공기와의 혼합기체에서보다 산소의 농도가 큰 혼합기체에서 더 높아진다.

가연성 가스의 농도와 폭발압력

- 가연성 가스의 농도와 폭발압력은 비례 관계이다.
- 가연성 가스의 농도가 너무 희박하거나 진할 경우 폭발압력은 낮아진다.
- 폭발압력은 화학양론농도보다 약간 높은 농도에서 최대폭발 압력이 된다.
- 최대폭발압력의 크기는 공기와의 혼합기체에서보다 산소의 농도가 큰 혼합기체에서 더 높아진다.

1903

96

Repetitive Learning 1회 2회 3회

프로판 가스 1[m^3]를 완전연소시키는 데 필요한 이론 공기량은 몇 [m^3]인가?(단, 공기 중의 산소농도는 20[vol%]이다)

① 20 ② 25

③ 30 ④ 35

해설

- 프로판은 탄소(a)가 3, 수소(b)가 8이므로 산소양론계수는 $3+\frac{8}{4}=5$이다.
- 즉 프로판 가스를 완전연소시키는 데 산소가 5[m^3]가 필요하다는 의미이다. 공기 중에 산소는 20[vol%]이므로 필요한 공기는 5×산소의 5배=25[m^3]가 필요하다.

완전연소 조성농도(Cst, 화학양론농도)와 최소산소농도(MOC)

실필 1803/1002

㉠ 완전연소 조성농도(Cst, 화학양론농도)

- 가연성 가스의 조성은 완전연소 조성농도에서 폭발의 위험성이 가장 높아진다.
- 완전연소 조성농도 = $\frac{100}{1+\text{공기몰수}\times\left(a+\frac{b-c-2d}{4}\right)}$이다.

  공기의 몰수는 주로 4.773을 사용하므로

  완전연소 조성농도 = $\frac{100}{1+4.773\left(a+\frac{b-c-2d}{4}\right)}$[vol%]

  로 구한다. 단, a : 탄소, b : 수소, c : 할로겐의 원자수, d : 산소의 원자수이다.
- Jones식에 따라 폭발한계를 추산하면 폭발하한계 = Cst × 0.55, 폭발상한계 = Cst × 3.50이다.

㉡ 최소산소농도(MOC)

- 연소 시 필요한 산소(O_2)농도 즉, 산소양론계수 = $a+\frac{b-c-2d}{4}$로 구한다.
- 최소산소농도(MOC) = 산소양론계수 × 연소하한값이다.

95 ③ 96 ② 정답

97 Repetitive Learning (1회 2회 3회)

니트로셀롤로오스와 같이 연소에 필요한 산소를 포함하고 있는 물질이 연소하는 것을 무엇이라고 하는가?

① 분해연소 ② 확산연소
③ 그을음연소 ④ 자기연소

해설

- 분해연소란 고체가 가열되어 열분해가 일어나고 가연성 가스가 공기 중의 산소와 타는 것을 말한다.
- 확산연소는 가연성 기체와 산소가 상호 확산에 의해 혼합되어 연소되는 기체의 연소방식이다.
- 그을음연소는 열분해를 일으키기 쉬운 불안정한 물질로서 열분해로 발생한 휘발분이 점화되지 않고 다량의 발연을 수반하는 연소방식을 말한다.

자기연소

- 고체의 연소방식이다.
- 공기 중 산소를 필요로 하지 않고 자신이 분해되며 타는 것을 말한다.
- 니트로셀룰로오스, TNT, 셀룰로이드, 니트로글리세린과 같이 연소에 필요한 산소를 포함하고 있는 물질이 연소하는 것을 말한다.

98 Repetitive Learning (1회 2회 3회)

다음 중 포 소화약제 혼합장치로서 정하여진 농도로 물과 혼합하여 거품수용액을 만드는 장치가 아닌 것은?

① 관로혼합장치 ② 차압혼합장치
③ 낙하혼합장치 ④ 펌프혼합장치

해설

- 거품수용액을 만드는 장치에는 관로혼합장치, 차압혼합장치, 펌프혼합장치, 압입혼합장치 등이 있다.

포 소화설비의 구성 및 특징

- 거품수용액을 만드는 장치에는 관로혼합장치, 차압혼합장치, 펌프혼합장치, 압입혼합장치 등이 있다.
- 전기설비에 의한 화재에 사용할 수 없다.
- 유류저장탱크, 비행기 격납고, 주차장 또는 차고 등에 주로 사용된다.

0701 / 1303

99 Repetitive Learning (1회 2회 3회)

다음 중 파열판과 스프링식 안전밸브를 직렬로 설치해야 할 경우가 아닌 것은?

① 부식물질로부터 스프링식 안전밸브를 보호할 때
② 독성이 매우 강한 물질을 취급 시 완벽하게 격리할 때
③ 스프링식 안전밸브에 막힘을 유발시킬 수 있는 슬러리를 방출시킬 때
④ 릴리프 장치가 작동 후 방출라인이 개방되어야 할 때

해설

- 파열판은 정밀한 장치이나 주기적으로 교체가 필요한 장치이다. 교체 시 설비내부에 영향을 주지 않게 하기 위해 안전밸브를 직렬로 같이 설치한다.

파열판 및 안전밸브의 직렬설치 실필 2303

- 급성독성물질이 지속적으로 외부에 유출될 수 있는 화학설비 및 그 부속설비에 파열판과 안전밸브를 직렬로 설치하고 그 사이에는 압력지시계 또는 자동경보장치를 설치하여야 한다.
- 부식물질로부터 스프링식 안전밸브를 보호할 때
- 스프링식 안전밸브에 막힘을 유발시킬 수 있는 슬러리를 방출시킬 때 파열판 및 안전밸브를 직렬로 설치하여야 한다.

1001 / 1902

100 Repetitive Learning (1회 2회 3회)

폭발 원인물질의 물리적 상태에 따라 구분할 때 기상폭발(Gas explosion)에 해당되지 않는 것은?

① 분진폭발 ② 응상폭발
③ 분무폭발 ④ 가스폭발

해설

- 폭발은 폭발물 원인물질의 물리적 상태에 따라 기상폭발과 응상폭발로 구분된다.

폭발(Explosion)

㉠ 개요
- 물리적 또는 화학적 에너지가 열과 압력파인 기계적 에너지로 빠르게 변화하는 현상을 말한다.
- 폭발물 원인물질의 물리적 상태에 따라 기상폭발과 응상폭발로 구분된다.

㉡ 기상폭발(Gas explosion)
- 폭발이 일어나기 전의 물질상태가 기체일 경우의 폭발을 말한다.
- 종류에는 분진폭발, 분무폭발, 분해폭발, (혼합)가스폭발 등이 있다.

㉢ 응상폭발
- 폭발이 일어나기 전의 물질상태가 고체 및 액상일 경우의 폭발을 말한다.
- 응상폭발의 종류에는 수증기폭발, 전선폭발, 고상 간의 전이에 의한 폭발 등이 있다.
- 응상폭발을 하는 위험성 물질에는 TNT, 연화약, 다이너마이트 등이 있다.

정답 | 97 ④ 98 ③ 99 ④ 100 ②

101 Repetitive Learning (1회 2회 3회)

크롤러 크레인 사용 시 준수사항으로 옳지 않은 것은?

① 운반에는 수송차가 필요하다.
② 붐의 조립, 해체장소를 고려해야 한다.
③ 경사지 작업 시 아웃트리거를 사용한다.
④ 크롤러의 폭을 넓게 할 수 있는 형을 사용할 경우에는 최대 폭을 고려하여 계획한다.

해설

- 크롤러 크레인에서는 아웃트리거를 사용하지 않는다.

크롤러 크레인

㉠ 개요
- 캐터필터 크레인 또는 무한궤도 크레인이라고도 한다.
- 크레인 하체가 무한궤도식(Crawler type)으로 되어 있으며, 중심이 낮아 안정성이 좋다.

㉡ 특징
- 비가 오면 진흙탕이 되는 지역, 지반이 연약한 곳이나 좁은 곳에서도 작업이 가능하다.
- 운반에는 수송차가 필요하다.
- 붐의 조립, 해체장소를 고려해야 한다.
- 아웃트리거를 사용하지 않는다.
- 크롤러의 폭을 넓게 할 수 있는 형을 사용할 경우에는 최대 폭을 고려하여 계획한다.

1103

102 Repetitive Learning (1회 2회 3회)

다음은 낙하물방지망 또는 방호선반을 설치하는 경우의 준수해야 할 사항이다. ( ) 안에 알맞은 숫자는?

> 높이 (A)m 이내마다 설치하고, 내민 길이는 벽면으로부터 (B)m 이상으로 할 것

① A : 10, B : 2　　② A : 8, B : 2
③ A : 10, B : 3　　④ A : 8, B : 3

해설

- 낙하물방지방은 높이 10m 이내마다 설치하고, 내민 길이는 벽면으로부터 2m 이상으로 한다.

낙하물방지망과 방호선반의 설치기준 실필 1702
- 높이 10m 이내마다 설치한다.
- 내민 길이는 벽면으로부터 2m 이상으로 한다.
- 수평면과의 각도는 20° 이상, 30° 이하를 유지한다.

1202 / 1203

103 Repetitive Learning (1회 2회 3회)

강관을 사용하여 비계를 구성하는 경우 준수하여야 하는 사항으로 옳지 않은 것은?

① 비계기둥의 간격은 띠장 방향에서는 1.85m 이하로 할 것
② 비계기둥 간의 적재하중은 300kg을 초과하지 않도록 할 것
③ 비계기둥의 제일 윗부분으로부터 31m 되는 지점 밑부분의 비계기둥은 2개의 강관으로 묶어세울 것
④ 띠장 간격은 2m 이하로 설치할 것

해설

- 강관비계의 비계기둥 간 적재하중은 400kg을 초과하지 않도록 한다.

강관비계의 구조
- 비계기둥의 간격은 띠장 방향에서는 1.85m 이하, 장선(長線) 방향에서는 1.5m 이하로 할 것
- 띠장 간격은 2m 이하로 설치할 것
- 비계기둥의 제일 윗부분으로부터 31m 되는 지점 밑부분의 비계기둥은 2개의 강관으로 묶어세울 것
- 비계기둥 간의 적재하중은 400kg을 초과하지 않도록 할 것

104 Repetitive Learning (1회 2회 3회)

깊이 10.5m 이상의 굴착의 경우 계측기기를 설치하여 흙막이 구조의 안전을 예측하여야 한다. 이에 해당하지 않는 계측기기는?

① 수위계　　② 경사계
③ 응력계　　④ 지진가속도계

해설

- 지진가속도계는 건물 주변이나 지하에 설치하여 지진 등으로 인한 시설물 및 그 주변 자유장의 가속도를 계측하여 기록, 저장, 처리 등을 하는 기기이다.

굴착공사용 계측기기 실필 0902

㉠ 개요
- 개착식 굴착공사에서 설치하는 계측기기에는 기울기(Tilt meter), 지하수위계, 간극수압계, 경사계, 응력계, 변형률계, 하중계 등이 있다.
- 지반붕괴 방지를 위한 계측장치에는 지하수위계, 경사계, 변형률계, 응력계, 하중계 등이 있다.

101 ③ 102 ① 103 ② 104 ④ 정답

㉡ 종류

지표침하계 (Surface settlement system)	지표면의 침하량을 측정하는 기구
지하수위계 (Water level meter)	지반 내 지하수위의 변화를 계측하는 기구
하중계 (Load cell)	버팀보 어스앵커(Earth anchor) 등의 실제 축 하중 변화를 측정하는 계측기
지중경사계 (Inclinometer)	지중의 수평 변위량을 통해 주변 지반의 변형을 측정하는 기계
건물경사계 (Tiltmeter)	인접한 구조물에 설치하여 구조물의 경사 및 변형상태를 측정하는 기구
수직지향각도계 (Inclino meter, 경사계)	주변 지반, 지층, 기계, 시설 등의 경사도와 변형을 측정하는 기구
변형률계 (Strain gauge)	흙막이 가시설의 버팀대(Strut)의 변형을 측정하는 계측기

105 Repetitive Learning (1회 2회 3회)

다음 중 흙막이벽 설치공법에 속하지 않는 것은?

① 강제 널말뚝 공법
② 지하연속벽 공법
③ 어스앵커 공법
④ 트렌치 컷 공법

해설

- 트렌치 컷 공법은 지하 굴착방식 중 하나로 흙막이 없이 터파기를 진행하여 구조체를 완성하는 공법을 말한다.

흙막이(Sheathing) 공법

㉠ 개요
- 흙막이란 지반을 굴착할 때 주위의 지반이 침하나 붕괴하는 것을 방지하기 위해 설치하는 가시설물 등을 말한다.
- 토압이나 수압 등에 저항하는 벽체와 그 지보공 일체를 말한다.
- 지지방식에 의해서 자립 공법, 버팀대식 공법, 어스앵커 공법 등으로 나뉜다.
- 구조방식에 의해서 H-pile 공법, 널말뚝 공법, 지하연속벽 공법, Top down method 공법 등으로 나뉜다.

㉡ 흙막이 공법 선정 시 고려사항
- 흙막이 해체를 고려하여야 한다.
- 안전하고 경제적인 공법을 선택해야 한다.
- 지하수에 의한 지반침하를 최소화하기 위해 차수성이 높은 공법을 선택해야 한다.
- 지반성상에 적합한 공법을 선택해야 한다.

1101 / 1302

106 Repetitive Learning (1회 2회 3회)

다음 중 건물 해체용 기구와 거리가 먼 것은?

① 압쇄기 ② 스크레이퍼
③ 잭 ④ 철해머

해설

- 스크레이퍼는 굴착, 싣기, 운반, 흙깔기 등의 작업을 하나의 기계로 할 수 있도록 만든 차량계 건설기계로 해체작업과 거리가 멀다.

해체작업용 기계 및 기구

브레이커 (Breaker)	• 압축공기, 유압부의 급속한 충격력으로 구조물을 파쇄할 때 사용하는 기구로 통상 셔블계 건설기계에 설치하여 사용하는 기계 • 핸드 브레이커는 사람이 직접 손으로 잡고 사용하는 브레이커로, 진동으로 인해 인체에 영향을 주므로 작업시간을 제한한다.
철제해머	쇠뭉치를 크레인 등에 부착하여 구조물에 충격을 주어 파쇄하는 것
화약류	가벼운 타격이나 가열로 짧은 시간에 화학변화를 일으킴으로써 급격히 많은 열과 가스를 발생케 하여 순간적으로 큰 파괴력을 얻을 수 있는 고체 또는 액체의 폭발성 물질로서 화약, 폭약류의 화공품
팽창제	광물의 수화반응에 의한 팽창압을 이용하여 구조체 등을 파괴할 때 사용하는 물질
절단톱	회전날 끝에 다이아몬드 입자를 혼합, 경화하여 제조한 것으로 기둥, 보, 바닥, 벽체를 적당한 크기로 절단하는 기구
재키	구조물의 국소부에 압력을 가해 해체할 때 사용하는 것으로 구조물의 부재 사이에 설치하는 기구
쐐기 타입기	직경 30~40mm 정도의 구멍 속에 쐐기를 박아 넣어 구멍을 확대하여 구조체를 해체할 때 사용하는 기구
고열 분사기	구조체를 고온으로 용융시키면서 해체할 때 사용하는 기구
절단줄톱	와이어에 다이아몬드 절삭 날을 부착하여 고속 회전시켜 구조체를 절단, 해체할 때 사용하는 기구

1902

107 Repetitive Learning (1회 2회 3회)

다음은 가설통로를 설치하는 경우의 준수사항이다. 빈칸에 알맞은 수치를 고르면?

> 건설공사에 사용하는 높이 8m 이상인 비계다리에는 (   )m 이내마다 계단참을 설치할 것

① 7 ② 6
③ 5 ④ 4

정답 | 105 ④ 106 ② 107 ①

해설

- 높이 8m 이상인 비계다리에서는 7m 이내마다 계단참을 설치한다.

가설통로 설치 시 준수기준 실필 2301/1801/1703/1603

- 높이 8m 이상인 비계다리에서는 7m 이내마다 계단참을 설치할 것
- 수직갱에 가설된 통로의 길이가 15m 이상인 경우에는 10m 이내마다 계단참을 설치할 것
- 경사가 15°를 초과하는 경우에는 미끄러지지 아니하는 구조로 할 것
- 추락할 위험이 있는 장소에는 안전난간을 설치할 것
- 경사로의 폭은 최소 90cm 이상으로 할 것
- 발판 폭 40cm 이상, 틈 3cm 이하로 할 것
- 경사는 30° 이하로 할 것

1203 / 1901

108 Repetitive Learning (1회 2회 3회)

중량물을 운반할 때의 바른 자세로 옳은 것은?

① 허리를 구부리고 양손으로 들어 올린다.
② 중량은 보통 체중의 60%가 적당하다.
③ 물건은 최대한 몸에서 멀리 떼어서 들어 올린다.
④ 길이가 긴 물건은 앞쪽을 높게 하여 운반한다.

해설

- 단독으로 긴 물건을 어깨에 메고 운반할 때에는 화물 앞부분 끝을 어깨에 메고 뒤쪽 끝을 끌면서 운반한다.

운반작업 시 주의사항

- 운반 시의 시선은 진행방향을 향하고 뒷걸음 운반을 하여서는 안 된다.
- 무거운 물건을 운반할 때 무게중심이 높은 화물은 인력으로 운반하지 않는다.
- 어깨 높이보다 높은 위치에서 화물을 들고 운반하여서는 안 된다.
- 1인당 무게는 25kg 정도가 적당하며, 무리한 운반을 피한다.
- 단독으로 긴 물건을 어깨에 메고 운반할 때에는 화물 앞부분 끝을 어깨에 메고 뒤쪽 끝을 끌면서 운반한다.
- 내려놓을 때는 천천히 내려놓도록 한다.
- 물건을 들어 올릴 때는 팔과 무릎을 이용하며 척추는 곧게 한다.
- 무거운 물건은 공동작업으로 실시하고, 공동작업을 할 때는 신호에 따라 작업한다.

109 Repetitive Learning (1회 2회 3회)

콘크리트의 압축강도에 영향을 주는 요소로 가장 거리가 먼 것은?

① 콘크리트 양생온도
② 콘크리트 재령
③ 물-시멘트비
④ 거푸집 강도

해설

- 압축강도에 영향을 주는 요소에는 물-시멘트비, 배합설계, 양생과정, 공기량, 양생온도와 습도 및 재령, 타설 및 다지기 등이 있다.

콘크리트의 강도

- 콘크리트의 강도는 압축강도를 말하며, 콘크리트의 강도 중 가장 큰 값을 갖는다.
- 압축강도에 영향을 주는 요소에는 물-시멘트비, 배합설계, 양생과정, 공기량, 양생온도와 습도 및 재령, 타설 및 다지기 등이 있다.
- 콘크리트 강도는 압축강도 > 전단강도 > 휨강도 > 인장강도 순으로 작아진다.

1702

110 Repetitive Learning (1회 2회 3회)

양중기에 사용하는 와이어로프에서 화물의 하중을 직접 지지하는 달기 와이어로프 또는 달기 체인의 안전계수 기준은?

① 3 이상
② 4 이상
③ 5 이상
④ 10 이상

해설

- 양중기에서 화물의 하중을 직접 지지하는 달기 와이어로프 또는 달기 체인의 안전계수는 5 이상이어야 한다.

양중기의 달기구 안전계수 실필 2303/1902/1901/1501

구분	안전계수
근로자가 탑승하는 운반구를 지지하는 달기 와이어로프 또는 달기 체인의 경우	10 이상
화물의 하중을 직접 지지하는 달기 와이어로프 또는 달기 체인의 경우	5 이상
훅, 샤클, 클램프, 리프팅 빔의 경우	3 이상
그 밖의 경우	4 이상

108 ④ 109 ④ 110 ③ 정답

1101

111 Repetitive Learning 1회 2회 3회

다음은 산업안전보건기준에 관한 규칙의 콘크리트 타설작업에 관한 사항이다. 빈칸에 들어갈 적절한 용어는?

> 당일의 작업을 시작하기 전에 당해 작업에 관한 거푸집 동바리 등의 (A), 변위 및 (B) 등을 점검하고 이상을 발견한 때에는 이를 보수할 것

① A : 변형, B : 지반의 침하 유무
② A : 변형, B : 개구부 방호설비
③ A : 균열, B : 깔판
④ A : 균열, B : 지주의 침하

해설

- 콘크리트 타설작업 시 당일의 작업을 시작하기 전에 해당 작업에 관한 거푸집 동바리 등의 변형·변위 및 지반의 침하 유무 등을 점검하고 이상이 있으면 보수하여야 한다.

콘크리트의 타설작업 실필 1802/1502

- 당일의 작업을 시작하기 전에 해당 작업에 관한 거푸집 동바리 등의 변형·변위 및 지반의 침하 유무 등을 점검하고 이상이 있으면 보수할 것
- 작업 중에는 거푸집 동바리 등의 변형·변위 및 침하 유무 등을 감시할 수 있는 감시자를 배치하여 이상이 있으면 작업을 중지하고 근로자를 대피시킬 것
- 콘크리트 타설작업 시 거푸집 붕괴의 위험이 발생할 우려가 있으면 충분한 보강조치를 할 것
- 설계도서상의 콘크리트 양생기간을 준수하여 거푸집 동바리 등을 해체할 것
- 콘크리트를 타설하는 경우에는 편심이 발생하지 않도록 골고루 분산하여 타설할 것

1001 / 1302 / 1703 / 1901

112 Repetitive Learning 1회 2회 3회

일반건설공사(갑)로서 대상액이 5억원 이상 50억원 미만인 경우에 산업안전보건관리비의 비율(가) 및 기초액(나)으로 옳은 것은?

① (가) 1.86%, (나) 5,349,000원
② (가) 1.99%, (나) 5,499,000원
③ (가) 2.35%, (나) 5,400,000원
④ (가) 1.57%, (나) 4,411,000원

해설

- 공사종류가 일반건설공사(갑)이고 대상액이 5억원 이상 50억원 미만일 경우 비율은 1.86%이고, 기초액은 5,349,000원이다.

안전관리비 계상기준 실필 1402

- 공사종류 및 규모별 안전관리비 계상기준표

	5억원 미만	5억원 이상 50억원 미만		50억원 이상
		비율(X)	기초액(C)	
일반건설공사(갑)	2.93%	1.86%	5,349,000원	1.97%
일반건설공사(을)	3.09%	1.99%	5,499,000원	2.10%
중 건 설 공 사	3.43%	2.35%	5,400,000원	2.44%
철도·궤도신설공사	2.45%	1.57%	4,411,000원	1.66%
특수 및 기타건설공사	1.85%	1.20%	3,250,000원	1.27%

- 대상액이 5억원 미만 또는 50억원 이상일 경우에는 대상액에 표에서 정한 비율을 곱한 금액
- 대상액이 5억원 이상 50억원 미만일 때에는 대상액에 별표에서 정한 비율을 곱한 금액에 기초액을 합한 금액
- 대상액이 구분되어 있지 않은 공사는 도급계약 또는 자체사업계획상의 총 공사금액의 70%를 대상액으로 하여 안전관리비를 계상하여야 한다.
- 발주자가 재료를 제공하거나 물품이 완제품의 형태로 제작 또는 납품되어 설치되는 경우에 해당 재료비 또는 완제품의 가액을 대상액에 포함시킬 경우의 안전관리비는, 해당 재료비 또는 완제품의 가액을 포함시키지 않은 대상액을 기준으로 계상한 안전관리비의 1.2배를 초과할 수 없다.

113 Repetitive Learning 1회 2회 3회

표면장력이 흙 입자의 이동을 막고 조밀하게 다져지는 것을 방해하는 현상과 관계 깊은 것은?

① 흙의 압밀(Consolidation)
② 흙의 침하(Settlement)
③ 벌킹(Bulking)
④ 과다짐(Over compaction)

해설

- 압밀이란 압축하중으로 간극수압이 높아져 물이 배출되면서 흙의 간극이 감소하는 현상을 말한다.
- 침하란 하중에 의하여 기초 지반이 변형되는 것을 말한다.
- 과다짐이란 다짐을 심하게 하여 전단파괴 등 원하지 않은 현상이 발생하는 것을 말한다.

벌킹(Bulking)

- 비점성의 사질토가 건조 상태에서 물을 약간 흡수한 경우 표면장력에 의해 입자배열이 변화하여 건조 후 체적이 팽창하는 현상을 말한다.
- 표면장력이 흙 입자의 이동을 막고 조밀하게 다져지는 것을 방해하는 현상과 같이 지반침하와 기초의 부동침하의 원인이 된다.

정답 | 111 ① 112 ① 113 ③

0303 / 0601 / 0802 / 1201 / 1302 / 1401 / 1602 / 1901

114 Repetitive Learning 

추락방호망 설치 시 그물코의 크기가 10cm인 매듭있는 방망의 신품에 대한 인장강도 기준으로 옳은 것은?

① 100kgf 이상 ② 200kgf 이상
③ 300kgf 이상 ④ 400kgf 이상

해설

- 매듭방망의 인장강도는 신품의 경우 그물코의 크기가 5cm이면 110kg, 10cm이면 200kg 이상이다.

⁘ 신품 방망 인장강도

그물코 한변 길이	무매듭방망	매듭방망
10cm	240kg 이상(150kg)	200kg 이상(135kg)
5cm		110kg 이상(60kg)

단, ( )는 폐기기준이다.

1202 / 2101

115 Repetitive Learning 

차량계 건설기계를 사용하는 작업 시 작업계획서 내용에 포함되는 사항이 아닌 것은?

① 사용하는 차량계 건설기계의 종류 및 성능
② 차량계 건설기계의 운행경로
③ 차량계 건설기계에 의한 작업방법
④ 차량계 건설기계의 유도자 배치 관련 사항

해설

- 차량계 건설기계를 사용하여 작업하고자 할 때 작업계획서에는 사용하는 차량계 건설기계의 종류 및 성능, 차량계 건설기계의 운행경로, 차량계 건설기계에 의한 작업방법 등이 포함되어야 한다.

⁘ 차량계 건설기계를 사용하여 작업 시 작업계획서

- 사용하는 차량계 건설기계의 종류 및 성능
- 차량계 건설기계의 운행경로
- 차량계 건설기계에 의한 작업방법

1003 / 2102

116 Repetitive Learning 1회 2회 3회

콘크리트 타설 시 안전수칙으로 옳지 않은 것은?

① 타설 순서는 계획에 의하여 실시하여야 한다.
② 진동기는 최대한 많이 사용하여야 한다.
③ 콘크리트를 치는 도중에는 거푸집, 지보공 등의 이상 유무를 확인하여야 한다.
④ 손수레로 콘크리트를 운반할 때에는 손수레를 타설하는 위치까지 천천히 운반하여 거푸집에 충격을 주지 아니하도록 타설하여야 한다.

해설

- 진동기 사용 시 지나친 진동은 거푸집 붕괴의 원인이 될 수 있으므로 적절히 사용해야 한다.

⁘ 콘크리트의 타설작업 실필 1802/1502

문제 111번의 유형별 핵심이론⁘ 참조

0802

117 Repetitive Learning 

건설업 산업안전보건관리비로 사용할 수 없는 것은?

① 안전관리자의 인건비
② 교통통제를 위한 교통정리·신호수의 인건비
③ 기성제품에 부착된 안전장치 고장 시 교체비용
④ 근로자의 안전보건 증진을 위한 교육, 세미나 등에 소요되는 비용

해설

- 원활한 공사수행을 위하여 사업장 주변 교통정리, 민원 및 환경관리 등의 목적이 포함되어 있는 유도자 및 신호자의 인건비는 산업안전보건관리비로 사용할 수 없다.

⁘ 건설업 산업안전보건관리비 중 안전관리자 등의 인건비 및 각종 업무수당 중 안전시설비로 사용이 불가능한 항목 실필 1301/1002

구분	내용
안전·보건관리자의 인건비	•안전·보건관리자의 업무를 전담하지 않는 경우 •지방고용노동관서에 선임 신고하지 아니한 경우 •자격을 갖추지 아니한 경우
유도자 또는 신호자의 인건비	•공사 도급내역서에 유도자 또는 신호자 인건비가 반영된 경우 •타워크레인 등 양중기를 사용할 경우 자재운반을 위한 유도 또는 신호의 경우 •원활한 공사수행을 위하여 사업장 주변 교통정리, 민원 및 환경 관리 등의 목적이 포함되어 있는 경우
안전·보건보조원의 인건비	•전담 안전·보건관리자가 선임되지 아니한 현장의 경우 •보조원이 안전·보건관리업무 외의 업무를 겸임하는 경우 •경비원, 청소원, 폐자재 처리원 등 산업안전·보건과 무관하거나 사무보조원(안전보건관리자의 사무를 보조하는 경우를 포함한다)의 인건비

114 ② 115 ④ 116 ② 117 ② 정답

0901 / 1902

118 Repetitive Learning (1회 2회 3회)

크레인 또는 데릭에서 붐 각도 및 작업반경별로 작용시킬 수 있는 최대하중에서 후크(Hook), 와이어로프 등 달기구의 중량을 공제한 하중은?

① 작업하중　② 정격하중
③ 이동하중　④ 적재하중

해설

- 작업하중은 주로 콘크리트 타설에서 사용하는 개념으로 작업원, 장비하중, 기타 콘크리트 타설에 필요한 자재 및 공구 등의 시공하중, 충격하중을 모두 합한 하중을 말한다.
- 이동하중은 크레인에서 하물을 인양하는 중 하물의 이동으로 인해 작용점이 이동하는 하중을 말한다.
- 적재하중은 주로 건축물의 각 실별・바닥별 용도에 따라 그 속에 수용되는 사람과 적재되는 물품 등의 중량으로 인한 수직하중을 말한다.

∷ 하중
- 정격하중이란 크레인의 권상하중에서 훅, 그래브 또는 버킷 등 달기 기구의 하중을 뺀 하중을 말한다. 즉, 중량물 운반 시 크레인에 매달아 올릴 수 있는 최대하중으로부터 달아 올리기 기구의 중량에 상당하는 하중을 제외한 하중을 말한다.
- 권상하중이란 크레인이 지브의 길이 및 경사각에 따라 들어 올릴 수 있는 최대의 하중을 말한다.

1302

119 Repetitive Learning (1회 2회 3회)

산업안전보건법상 차량계 하역운반기계 등에 단위화물의 무게가 100kg 이상인 화물을 싣는 작업 또는 내리는 작업을 하는 경우에 해당 작업 지휘자가 준수하여야 할 사항과 가장 거리가 먼 것은?

① 작업순서 및 그 순서마다의 작업방법을 정하고 작업을 지휘할 것
② 기구와 공구를 점검하고 불량품을 제거할 것
③ 대피방법을 미리 교육할 것
④ 로프 풀기 작업 또는 덮개 벗기기 작업은 적재함의 화물이 떨어질 위험이 없음을 확인한 후에 하도록 할 것

해설

- 무게가 100kg 이상인 화물을 싣거나 내리는 작업의 지휘자 업무에는 ①, ②, ④ 외에 관계 근로자가 아닌 자의 출입을 금지시키는 일이 있다.

∷ 무게가 100kg 이상인 화물을 싣거나 내리는 작업의 지휘자 업무
- 작업순서 및 그 순서마다의 작업방법을 정하고 작업을 지휘할 것
- 기구와 공구를 점검하고 불량품을 제거할 것
- 해당 작업을 하는 장소에 관계 근로자가 아닌 사람이 출입하는 것을 금지할 것
- 로프 풀기 작업 또는 덮개 벗기기 작업은 적재함의 화물이 떨어질 위험이 없음을 확인한 후에 하도록 할 것

0602

120 Repetitive Learning (1회 2회 3회)

다음 와이어로프 중 양중기에 사용 가능한 범위 안에 있다고 볼 수 있는 것은?

① 와이어로프의 한 꼬임(스트랜드)에서 끊어진 소선의 수가 8%인 것
② 지름의 감소가 공칭지름의 8%인 것
③ 심하게 부식된 것
④ 이음매가 있는 것

해설

- 와이어로프의 한 꼬임[(스트랜드(strand)]에서 끊어진 소선(素線)의 수가 10% 이상인 것은 폐기대상이지만 끊어진 소선의 수가 8%인 것은 사용이 가능하다.

∷ 달기구 및 크레인 등의 양중기, 항타기, 항발기에서 사용하는 와이어로프의 사용금지 규정 실필 1601/1503
- 이음매가 있는 것
- 와이어로프의 한 꼬임[(스트랜드(strand)]에서 끊어진 소선(素線)의 수가 10% 이상인 것
- 지름의 감소가 공칭지름의 7%를 초과하는 것
- 꼬인 것
- 심하게 변형되거나 부식된 것
- 열과 전기충격에 의해 손상된 것

정답 | 118 ② 119 ③ 120 ①

출제문제 분석 2017년 1회

구분	1과목	2과목	3과목	4과목	5과목	6과목	합계
New 유형	1	4	3	4	3	4	19
New 문제	8	11	9	8	6	7	49
또나온문제	7	7	7	9	7	10	47
자꾸나온문제	5	2	4	3	7	3	24
합계	20	20	20	20	20	20	120

- New유형은 New문제 중 기존 기출문제와 완전히 다른 유형의 문제를 말합니다.
- New문제는 기존에 출제되지 않은 문제로 이번에 처음 출제되는 문제입니다.
- 또나온문제는 기존에 출제된 적이 1번 있는 문제를 말합니다.
- 자꾸나온문제는 기존에 출제된 적이 2번 이상 있는 문제를 말합니다. 그만큼 중요한 문제입니다.

몇 년분의 기출문제를 공부해야 합격할 수 있을까요?

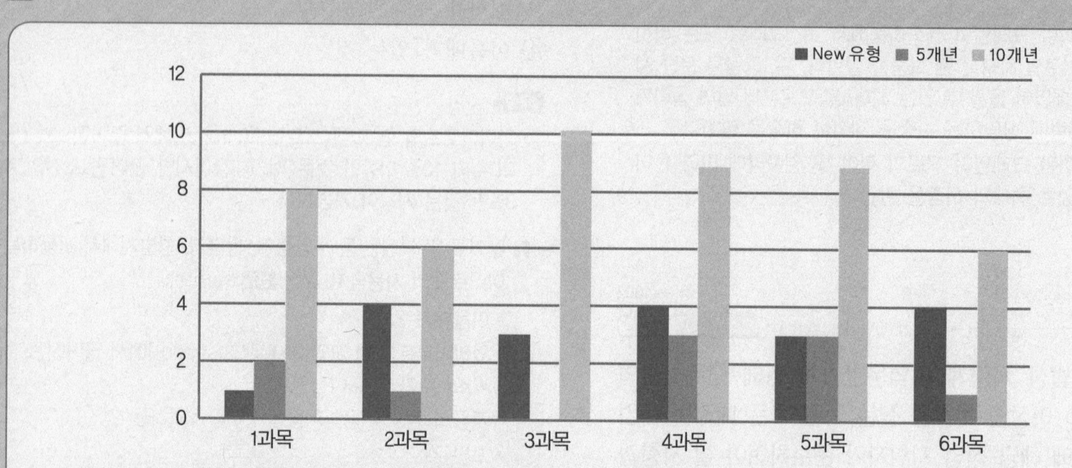

- 완전 새로운 유형의 문제는 19문제이고 101문제가 이미 출제된 문제 혹은 변형문제입니다.
- 5년분(2016~2020)기출에서 동일문제가 10문항이 출제되었고, 10년분(2011~2020) 기출에서 동일문제가 48문항이 출제되었습니다.

실기에 나왔어요!! 외우세요!!!

실기시험은 필답형과 작업형으로 구분되어 있으며 모두 직접 주관식으로 내용을 적어야 합니다. 필기공부하면서 실기 출제된 내역들은 좀 더 신경써서 암기하실 필요가 있어요. 필기 합격자 발표 난 후 실기시험까지는 5주밖에 여유가 없답니다. 어차피 공부할 것 필기 때 확실하게 해준다면 실기도 단방에 합격할 수 있습니다.

- 총 34개의 해설이 실기 필답형 시험과 연동되어 있습니다.
- 총 5개의 해설이 실기 작업형 시험과 연동되어 있습니다.

분석의견

최근 10년분의 기출문제와 답을 반복암기해서는 합격점수인 72점에서 16점이 부족합니다. 새로운 유형 및 문제, 과목별 기출비중 등은 평균과 비슷한 분포를 보여주고 있습니다. 5년분 기출은 평균(31.9문항)보다 훨씬 낮은(12문항) 데 반해 10년분 기출은 평균(54.6문항)보다 높은(56문항) 분포를 보이고 있습니다. 즉, 최근 5~10년 동안의 기출에서 많은 문제가 중복되었습니다. 과목별로는 2, 6과목이 5년분 기출에서는 1문제만, 10년분 기출에서 각각 6, 8문제가 출제되었습니다. 그 외에는 평균적인 난이도를 보이고 있는 만큼 합격에 필요한 점수를 획득하기 위해서는 최근 5년분 문제와 핵심이론의 3회독 혹은 최근 10년분 문제와 핵심이론의 2회독 이상의 학습이 필요합니다.

2017년 제1회

2017년 3월 5일 필기

17년 1회차 필기시험

합격률 52.2%

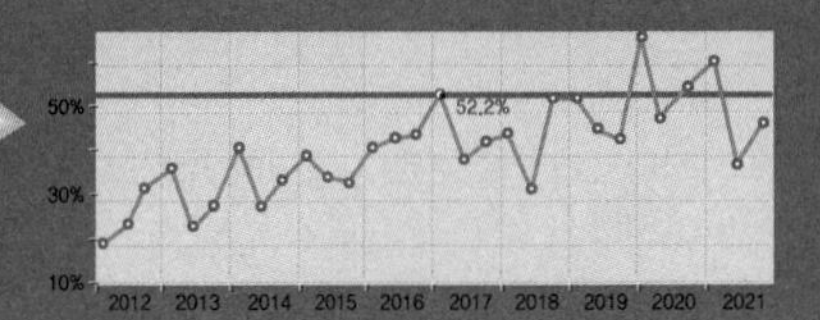

1과목 산업재해 예방 및 안전보건교육

1303

01

Repetitive Learning (1회 2회 3회)

산업안전보건법령상 근로자 안전·보건교육 중 채용 시의 교육 및 작업내용 변경 시의 교육내용에 포함되지 않는 것은?

① 물질안전보건자료에 관한 사항
② 작업개시 전 점검에 관한 사항
③ 유해·위험 작업환경 관리에 관한 사항
④ 기계·기구의 위험성과 작업의 순서 및 동선에 관한 사항

해설

- 유해·위험 작업환경 관리에 관한 사항은 관리감독자의 정기안전·보건교육 내용에 해당한다.

채용 시의 교육 및 작업내용 변경 시의 교육 내용 실필 1502

- 기계·기구의 위험성과 작업의 순서 및 동선에 관한 사항
- 작업 개시 전 점검에 관한 사항
- 정리정돈 및 청소에 관한 사항
- 사고 발생 시 긴급조치에 관한 사항
- 산업보건 및 직업병 예방에 관한 사항
- 물질안전보건자료에 관한 사항
- 산업안전보건법 및 일반관리에 관한 사항

0901 / 1802

02

Repetitive Learning (1회 2회 3회)

매슬로우(Maslow)의 욕구단계 이론 중 제2단계 욕구에 해당하는 것은?

① 자아실현의 욕구
② 안전에 대한 욕구
③ 사회적 욕구
④ 생리적 욕구

해설

- 2단계는 기본적인 생존욕구를 충족한 후 외부의 위험으로부터 자신을 보존하려는 욕구에 해당한다.

매슬로우(Maslow)의 욕구 5단계 이론 실필 1602

단계	내용
1단계 생리적 욕구	기본적인 인간의 욕구(먹고, 자고, 숨쉬는 것)
2단계 안전에 대한 욕구	각종 위험으로부터 자기보존에 관한 안전욕구
3단계 사회적 욕구	친구와 가족 간의 관계로 대표되는 것으로 애정과 소속에 대한 욕구
4단계 존경의 욕구	자신있고 강하고 무엇인가 진취적이며 유능한 쓸모있는 사람으로 인식되기를 바라는 욕구
5단계 자아실현의 욕구	편견 없이 받아들이는 성향, 타인과의 거리를 유지하며 사생활을 즐기거나 창의적 성격으로 봉사, 특별히 좋아하는 사람과 긴밀한 관계를 유지하려는 인간의 욕구

0701 / 0902

03

Repetitive Learning (1회 2회 3회)

플리커 검사(Flicker test)의 목적으로 가장 적절한 것은?

① 혈중 알코올 농도 측정
② 체내 산소량 측정
③ 작업강도 측정
④ 피로의 정도 측정

해설

- 플리커 검사는 정신피로의 정도를 측정하는 도구이다.

플리커 현상과 CFF

㉠ 플리커(Flicker) 현상

- 텔레비전 화면이나 형광등에서 흔들림과 같은 광도의 주기적 변화가 인간의 시각으로 느껴지는 현상을 말한다.
- 정신피로의 정도를 측정하는 도구이다.

정답 | 01 ③ 02 ② 03 ④

ⓛ CFF(Critical Flicker Fusion)

- 임계융합주파수 혹은 점멸융합주파수(Flicker fusion frequency)라고 하는데 깜빡이는 광원이 계속 켜진 것처럼 보일 때의 주파수를 말한다.
- 피로의 검사방법에서 인지역치를 이용한 생리적인 검사방법이다.
- 정신피로의 기준으로 사용되며 피곤할 경우 주파수의 값이 낮아진다.

04

Repetitive Learning 1회 2회 3회

라인(Line)형 안전관리조직의 특징으로 옳은 것은?

① 안전에 관한 기술의 축적이 용이하다.
② 안전에 관한 지시나 조치가 신속하다.
③ 조직원 전원을 자율적으로 안전활동에 참여시킬 수 있다.
④ 권한 다툼이나 조정 때문에 통제수속이 복잡해지며, 시간과 노력이 소모된다.

해설

- 라인형은 안전에 관한 기술의 축적이 쉽지 않다.
- 라인형은 생산라인에서 안전관리까지 수행함으로 인해 조직원 전원을 자율적으로 안전활동에 참여시키기 어렵다.
- 라인형은 모든 관리가 생산라인을 통해서 이뤄지므로 권한 다툼이나 조정이 필요 없다.

직계(Line)형 조직

㉠ 개요
- 경영자의 지휘와 명령이 위에서 아래로 하나의 계통이 되어 신속히 전달되며 100명 이하의 소규모 기업에 적합한 유형이다.
- 안전관리의 계획부터 실시 · 평가까지 모든 것이 생산라인을 통하여 이뤄진다.

ⓛ 특징
- 안전에 관한 지시나 조치가 신속하고 철저하다.
- 참모형 조직보다 경제적인 조직이다.
- 안전보건에 관한 전문 지식이나 기술의 결여가 단점이다.

1203 / 1401 / 2101 / 2202

05

Repetitive Learning 1회 2회 3회

다음 중 참가자에 일정한 역할을 주어 실제적으로 연기를 시켜봄으로써 자기의 역할을 보다 확실히 인식할 수 있도록 체험학습을 시키는 교육방법은?

① Role playing ② Brain storming
③ Action playing ④ Fish bowl playing

해설

- Brain storming은 타인의 비판 없이 자유로운 토론을 통하여 다량의 독창적인 아이디어와 대안적 해결안을 찾기 위한 집단적 사고기법이다.
- Action playing과 Fish bowl playing은 교육이나 학습방법과는 거리가 멀다.

토의법의 종류

포럼(Forum)	새로운 자료나 교재를 제시하고 문제점을 피교육자로 하여금 제기하게 하거나 그것에 관한 피교육자의 의견을 여러 가지 방법으로 발표하게 하고, 청중과 토론자 간에 활발한 의견 개진과 충돌로 바람직한 합의를 도출해내는 교육 실시방법
패널 디스커션 (Panel discussion)	참가자 앞에서 소수의 전문가들이 과제에 관한 견해를 발표하고 토론한 뒤 참가자 전원이 참가하여 사회자의 사회에 따라 토의하는 방법
심포지엄 (Symposium)	몇 사람의 전문가에 의하여 과제에 관한 견해를 발표한 뒤에 참가자로 하여금 의견이나 질문을 하게 하여 토의하는 방법
롤 플레잉 (Role playing)	집단 심리요법의 하나로서 자기 해방과 타인 체험을 목적으로 하는 체험활동을 통해 대인관계에 있어서의 태도변용이나 통찰력, 자기이해를 목표로 개발된 교육방법
버즈세션 (Buzz session)	6-6 회의라고도 하며, 6명씩 소집단으로 구분하고, 집단별로 각각의 사회자를 선발하여 6분간씩 자유토의를 행하여 의견을 종합하는 방법

0802 / 1202 / 1903

06

Repetitive Learning 1회 2회 3회

인간의 적응기제(適應機制) 중 방어기제로 볼 수 없는 것은?

① 승화 ② 고립
③ 합리화 ④ 보상

해설

- 고립(Isolation)은 대표적인 도피기제의 한 종류이다.

방어기제(Defence mechanism)

- 자기의 욕구불만이나 긴장 등의 약점을 위장하여 자기의 불리한 입장을 보호 또는 방어하려는 기제를 말한다.
- 방어기제에는 합리화(Rationalization), 동일시(Identification), 보상(Compensation), 투사(Projection), 승화(Sublimation) 등이 있다.

04 ② 05 ① 06 ② 정답

1102

07

교육훈련기법 중 Off J.T의 장점에 해당되지 않는 것은?

① 우수한 전문가를 강사로 활용할 수 있다.
② 특별 교재, 교구, 설비를 유효하게 활용할 수 있다.
③ 다수의 근로자에게 조직적 훈련이 가능하다.
④ 직장의 실정에 맞는 구체적이고, 실제적인 교육이 가능하다.

해설

- 직장의 실정에 맞는 구체적이고 실제적인 교육이 가능한 것은 O.J.T의 장점에 해당한다.

Off J.T(Off the Job Training) 교육

㉠ 개요
- 전문가를 위촉하고 다수의 교육생을 특정 장소에 소집하여 일괄적, 조직적, 집중적으로 교육하는 방법을 말한다.
- 새로운 시스템에 대해서 체계적으로 교육하기에 적합하다.

㉡ 장점
- 교육생 간 혹은 타 직장의 근로자와 지식이나 경험을 교류할 수 있다.
- 업무와 훈련이 별개인 만큼 훈련에만 전념할 수 있다.

㉢ 단점
- 개인의 안전지도 방법에는 부적당하다.
- 교육으로 인해 업무가 중단되는 손실이 발생한다.

1303

08

산업안전보건법령상 안전·보건표지의 색채와 사용사례의 연결이 틀린 것은?

① 노란색 – 정지신호, 소화설비 및 그 장소, 유해행위의 금지
② 파란색 – 특정 행위의 지시 및 사실의 고지
③ 빨간색 – 화학물질 취급장소에서의 유해·위험 경고
④ 녹색 – 비상구 및 피난소, 사람 또는 차량의 통행표지

해설

- 정지신호, 소화설비 및 그 장소, 유해행위의 금지는 금지표지에 해당하며 이는 빨간색으로 표시한다.

산업안전보건표지 실필 1602/1003
- 금지표지, 경고표지, 지시표지, 안내표지, 관계자 외 출입금지로 구분된다.
- 안전표지는 기본모형(모양), 색깔(바탕 및 기본모형), 내용(의미)으로 구성된다.
- 안전·보건표지의 색채, 색도기준 및 용도

바탕	기본모형 색채	색도	용도	사용례
흰색	빨간색	7.5R 4/14	금지	정지, 소화설비, 유해행위 금지
무색			경고	화학물질 취급장소에서의 유해 및 위험경고
노란색	검은색	5Y 8.5/12	경고	화학물질 취급장소에서의 유해·위험경고 이외의 위험경고, 주의표지 또는 기계방호물
파란색	흰색	2.5PB 4/10	지시	특정 행위의 지시 및 사실의 고지
흰색	녹색	2.5G 4/10	안내	비상구 및 피난소, 사람 또는 차량의 통행표지

- 흰색(N9.5)은 파랑 또는 녹색의 보조색이다.
- 검정색(N0.5)은 문자 및 빨간색, 노란색의 보조색이다.

0901

09

버드(Bird)의 재해발생에 관한 연쇄이론 중 직접적인 원인은 몇 단계에 해당되는가?

① 1단계 ② 2단계
③ 3단계 ④ 4단계

해설

- 1단계는 관리부족, 2단계는 개인적 요인, 3단계는 불안전한 행동 및 상태, 4단계는 사고의 발생이다. 이중 직접적인 원인은 불안전한 행동 및 상태에서 비롯된다.

버드(Bird)의 신연쇄성 이론

㉠ 개요
- 신도미노 이론이라고도 한다.
- 재해발생의 근원적 원인은 관리의 부족에 있다고 정의한다.
- 재해발생의 기본원인은 개인적 요인 및 작업상의 요인에 있다고 주장한다.
- 재해의 직접원인을 징후라 하고 불안전한 행동 및 상태에서 비롯된다고 한다.

㉡ 단계 실필 1202

단계	내용
1단계	관리의 부족
2단계	개인적 요인, 작업상의 요인
3단계	불안전한 행동 및 상태
4단계	사고
5단계	재해

10

Repetitive Learning 1회 2회 3회

근로자수 300명, 총 근로시간 수 48시간×50주이고, 연 재해 건수는 200건일 때 이 사업장의 강도율은?(단, 연 근로손실일수는 800일로 한다)

① 1.11　　② 0.90
③ 0.16　　④ 0.84

해설

- 연간 총 근로시간은 300×48×50=720,000시간이다.
- 근로손실일수는 800일로 제시되었다.
- 강도율은 $\frac{800}{720,000} \times 1,000 = 1.1111$이 된다.

강도율(SR : Severity Rate of injury) 실필 2401/2101/2004/1902/1901/1702/1701/1403/1303/1203/1201/1102/1003/1001/0903/0902/0802

- 재해로 인한 근로손실의 강도를 나타낸 값으로, 연간 총근로시간에서 1,000시간당 근로손실일수를 의미한다.
- 강도율 = $\frac{\text{근로손실일수}}{\text{연간 총근로시간}} \times 1,000$으로 구한다.
- 근로자의 근속연수 등이 주어지지 않을 때 평생 근로손실일수는 한 개인이 평생 동안 근로한 시간을 100,000시간으로 볼 때의 근로손실일수이므로 강도율에 100을 곱하여 구한다.

11

재해예방의 4원칙이 아닌 것은?

① 손실우연의 원칙
② 사실확인의 원칙
③ 원인계기의 원칙
④ 대책선정의 원칙

해설

- 예방가능의 원칙이 빠졌다.

하인리히의 재해예방 4원칙 실필 1402/1001/0803

대책선정의 원칙	사고의 원인을 발견하면 반드시 대책을 세워야 하며, 모든 사고는 대책 선정이 가능하다는 원칙
손실우연의 원칙	사고로 인한 손실은 상황에 따라 다른 우연적이라는 원칙
예방가능의 원칙	모든 사고는 예방이 가능하다는 원칙
원인연계의 원칙	• 사고는 반드시 원인이 있으며 이는 복합적으로 필연적인 인과관계로 작용한다는 원칙 • 원인계기의 원칙이라고도 한다.

12

Repetitive Learning 1회 2회 3회

안전교육의 3요소에 해당되지 않는 것은?

① 강사
② 교육방법
③ 수강자
④ 교재

해설

- 안전교육의 3요소는 강사, 수강생, 교재로 구성된다.

교육의 3대 요소

- 주체 – 강사
- 객체(대상) – 교육생
- 매개체 – 교육자료, 교재, 교육내용 등

1203 / 2201

13

산업현장에서 재해발생 시 조치 순서로 옳은 것은?

① 긴급처리 → 재해조사 → 원인분석 → 대책수립 → 실시계획 → 실시 → 평가
② 긴급처리 → 원인분석 → 재해조사 → 대책수립 → 실시 → 평가
③ 긴급처리 → 재해조사 → 원인분석 → 실시계획 → 실시 → 대책수립 → 평가
④ 긴급처리 → 실시계획 → 재해조사 → 대책수립 → 평가 → 실시

해설

- 재해발생 시 모든 사항에 우선하여 재해자에 대한 응급조치를 취해야 한다.

재해발생 시 조치사항 실필 1602/1002

- 재해발생 시 모든 사항에 우선하여 재해자에 대한 응급조치를 취해야 한다.
- 긴급조치 → 재해조사 → 원인분석 → 대책수립의 순을 따른다.
- 긴급조치 과정은 재해 발생 기계의 정지 → 재해자의 구조 및 응급조치 → 상급 부서의 보고 → 2차 재해의 방지 → 현장 보존 순으로 진행한다.

10 ① 11 ② 12 ② 13 ① | 정답

0801 / 1302 / 2202

14

Repetitive Learning 1회 2회 3회

산업재해의 분석 및 평가를 위하여 재해발생건수 등의 추이에 한계선을 설정하여 목표관리를 수행하는 재해통계 분석기법은?

① 폴리건(Polygon)

② 관리도(Control chart)

③ 파레토도(Pareto diagram)

④ 특성요인도(Cause & Effect diagram)

해설

- 폴리건이란 3D 모델링을 할 때 굴곡진 표면을 표현하는 삼각형 또는 다각형을 말하는데 통계와 관련하여서는 통계 대상 지역을 의미하기도 한다.
- 파레토도는 작업환경 불량이나 고장, 재해 등의 내용을 분류하고 그 건수와 금액을 크기순으로 나열하여 작성한 그래프이다.
- 특성요인도는 재해의 원인과 결과를 연계하여 상호관계를 파악하기 위하여 어골상으로 도표화하는 분석방법이다.

:: 관리도(Control chart)

- 산업재해의 분석 및 평가를 위하여 재해발생건수 등의 추이에 한계선을 설정하여 목표관리를 수행하는 재해통계 분석기법을 말한다.
- 우연원인과 이상원인이라는 두 개의 변인에 의해 공정의 품질을 관리하는 도구이다.

0902

15

Repetitive Learning 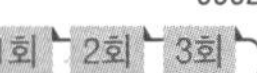

ABE종 안전모에 대하여 내수성 시험을 할 때 물에 담그기 전의 질량이 400g이고, 물에 담근 후의 질량이 410g이었다면 질량증가율과 합격 여부로 옳은 것은?

① 질량증가율 : 2.5%, 합격 여부 : 불합격

② 질량증가율 : 2.5%, 합격 여부 : 합격

③ 질량증가율 : 102.5%, 합격 여부 : 불합격

④ 질량증가율 : 102.5%, 합격 여부 : 합격

해설

- 질량증가율은 $\frac{410-400}{400}\times 100=\frac{10}{4}=2.5[\%]$으로 1%를 초과하므로 불합격이다.

:: 질량증가율

- 안전모의 시험성능기준 중 내수성을 평가하는 기준이 된다.
- AE, ABE종 안전모는 질량증가율이 1% 미만이어야 한다.
- 질량증가율은 $\frac{\text{물에 담근 후 질량} - \text{물에 담그기 전 질량}}{\text{물에 담그기 전 질량}}\times 1,000$이다.

16

Repetitive Learning 1회 2회 3회

무재해 운동에 관한 설명으로 틀린 것은?

① 제3자의 행위에 의한 업무상 재해는 무재해로 본다.

② 작업시간 중 천재지변 또는 돌발적인 사고로 인한 구조행위 또는 긴급피난 중 발생한 사고는 무재해로 본다.

③ 무재해란 무재해 운동 시행 사업장에서 근로자가 업무에 기인하여 사망 또는 2일 이상의 요양을 요하는 부상 또는 질병에 이환되지 않는 것을 말한다.

④ 작업시간 외에 천재지변 또는 돌발적인 사고우려가 많은 장소에서 사회통념상 인정되는 업무수행 중 발생한 사고는 무재해로 본다.

해설

- 무재해란 근로자가 업무에 기인하여 사망 또는 4일 이상의 요양을 요하는 부상 또는 질병에 이환되지 않는 것을 말한다.

:: 무재해 운동

㉠ 정의

- 무재해라 함은 무재해 운동 시행 사업장에서 근로자가 업무에 기인하여 사망 또는 4일 이상의 요양을 요하는 부상 또는 질병에 이환되지 않는 것을 말한다.
- 요양이란 부상 등의 치료를 말하며 재가, 통원 및 입원의 경우를 모두 포함한다.

㉡ 무재해로 보는 경우 실필 1403/1401/1102

- 작업시간 중 천재지변 또는 돌발적인 사고로 인한 구조행위 또는 긴급피난 중 발생한 사고
- 작업시간 외에 천재지변 또는 돌발적인 사고우려가 많은 장소에서 사회통념상 인정되는 업무수행 중 발생한 사고
- 출·퇴근 도중에 발생한 재해
- 운동경기 등 각종 행사 중 발생한 사고
- 제3자의 행위에 의한 업무상 재해
- 업무상재해인정기준 중 뇌혈관질환 또는 심장질환에 의한 재해
- 업무시간 외에 발생한 재해(단, 사업주가 제공한 사업장 내의 시설물에서 발생한 재해 또는 작업개시 전의 작업준비 및 작업종료 후의 정리정돈 과정에서 발생한 재해는 제외)

정답 | 14 ② 15 ① 16 ③

0803

17 Repetitive Learning (1회 2회 3회)

맥그리거(Mcgregor)의 X, Y이론에서 X이론에 대한 관리처방으로 볼 수 없는 것은?

① 직무의 확장
② 권위주의적 리더십의 확립
③ 경제적 보상체제의 강화
④ 면밀한 감독과 엄격한 통제

해설

- 직무의 확장은 인간의 능력을 인정하고 그 능력을 더욱 확대하기 위해서 북돋우는 개념이므로 Y이론의 관리처방에 해당한다.

맥그리거(McGregor)의 X · Y이론

㉠ 개요
- 인간과 직무의 관계에 대한 기본적인 가정을 X이론과 Y이론이라는 가설로 나눈 것이다.
- X이론은 인간의 본성이 일을 싫어하고, 무관심하며, 책임을 회피하므로 당근과 채찍을 동원하여 강제할 필요가 있다는 이론이다.
- Y이론은 인간의 본성이 일을 좋아하고, 책임감이 강하며, 선하므로 그들을 자율적, 민주적으로 대해야 창조적인 성과를 얻을 수 있다는 이론이다.

㉡ X이론과 Y이론의 관리 처방 비교

X이론(후진국형, 성악설)	Y이론(선진국형, 성선설)
• 경제적 보상체제의 강화 • 권위주의적 리더십의 확립 • 면밀한 감독과 엄격한 통제 • 상부 책임제도의 강화	• 분권화와 권한의 위임 • 목표에 의한 관리 • 직무확장 • 인간관계 관리방식 • 책임감과 창조력

18 Repetitive Learning (1회 2회 3회)

산업안전보건법상 안전관리자가 수행해야 할 업무가 아닌 것은?

① 사업장 순회점검 · 지도 및 조치의 건의
② 산업재해에 관한 통계의 유지 · 관리 · 분석을 위한 보좌 및 조언 · 지도
③ 작업장 내에서 사용되는 전체 환기장치 및 국소배기장치 등에 관한 설비의 점검
④ 해당 사업장 안전교육계획의 수립 및 안전교육 실시에 관한 보좌 및 조언 · 지도

해설

- 작업장 내에서 사용되는 전체 환기장치 및 국소배기장치 등에 관한 설비의 점검은 보건관리자의 업무내용이다.

안전관리자의 직무

- 산업안전보건위원회 또는 안전 · 보건에 관한 노사협의체에서 심의 · 의결한 업무와 사업장의 안전보건관리규정 및 취업규칙에서 정한 업무
- 안전인증대상 기계 · 기구 등과 자율안전확인대상 기계 · 기구 등 구입 시 적격품의 선정에 관한 보좌 및 조언 · 지도
- 위험성 평가에 관한 보좌 및 조언 · 지도
- 사업장 안전교육계획의 수립 및 안전교육 실시에 관한 보좌 및 조언 · 지도
- 사업장 순회점검 · 지도 및 조치의 건의
- 산업재해 발생의 원인 조사 · 분석 및 재발 방지를 위한 기술적 보좌 및 조언 · 지도
- 산업재해에 관한 통계의 유지 · 관리 · 분석을 위한 보좌 및 조언 · 지도
- 안전에 관한 사항의 이행에 관한 보좌 및 조언 · 지도
- 업무수행 내용의 기록 · 유지
- 안전에 관한 사항으로서 고용노동부장관이 정하는 사항

19 Repetitive Learning (1회 2회 3회)

안전교육훈련의 진행 3단계에 해당하는 것은?

① 적용 ② 제시
③ 도입 ④ 확인

해설

- 3단계는 이해된 내용을 직접 과제에 적용하여 실습하는 단계이다.

안전교육의 4단계

- 도입(준비) – 제시(설명) – 적용(응용) – 확인(총괄, 평가)단계를 거친다.

1단계	도입	구체적인 목표를 제시, 동기유발을 통해 관심과 흥미를 가지게 하고 심신의 여유를 준다.
2단계	제시(실연)	새로운 지식이나 기능을 설명하고 이해, 납득시킨다.
3단계	적용(실습)	피교육자가 공감을 느끼게 하고, 과제를 통해 문제해결하게 하거나 기능을 습득시킨다.
4단계	확인(평가)	피교육자가 교육내용을 충분히 이해했는지를 확인하고 평가한다.

17 ① 18 ③ 19 ① | 정답

2102

20

Repetitive Learning 1회 2회 3회

산업안전보건기준에 관한 규칙에 따른 프레스기의 작업 시작 전 점검사항이 아닌 것은?

① 클러치 및 브레이크의 기능
② 금형 및 고정볼트 상태
③ 방호장치의 기능
④ 언로드밸브의 기능

해설

- 언로드밸브의 기능 체크는 공기압축기를 가동할 때 작업 시작 전 점검사항이다.

프레스 등을 사용하여 작업할 때 작업 시작 전 점검사항 실작 2402/2301/2102/2002

- 클러치 및 브레이크의 기능
- 프레스의 금형 및 고정볼트 상태
- 1행정 1정지기구·급정지장치 및 비상정지 장치의 기능
- 크랭크축·플라이휠·슬라이드·연결봉 및 연결 나사의 풀림여부
- 슬라이드 또는 칼날에 의한 위험방지 기구의 기능
- 방호장치의 기능
- 전단기의 칼날 및 테이블의 상태

2과목 인간공학 및 위험성 평가·관리

21

Repetitive Learning 1회 2회 3회

조종 장치의 우발작동을 방지하는 방법 중 틀린 것은?

① 오목한 곳에 둔다.
② 조종 장치를 덮거나 방호해서는 안 된다.
③ 작동을 위해서 힘이 요구되는 조종 장치에는 저항을 제공한다.
④ 순서적 작동이 요구되는 작업일 때 순서를 지나치지 않도록 잠김 장치를 설치한다.

해설

- 필요할 경우 조종 장치를 덮거나 방호장치를 설치함으로써 우발작동을 방지할 필요가 있다.

조종 장치의 우발작동 방지법

- 오목한 곳에 둔다.
- 작동을 위해서 힘이 요구되는 조종 장치에는 저항을 제공한다.
- 순서적 작동이 요구되는 작업일 때 순서를 지나치지 않도록 잠김 장치를 설치한다.
- 조종 장치를 덮거나 방호장치를 설치함으로써 우발작동을 방지할 필요가 있다.

0702 / 2001

22

손이나 특정 신체부위에 발생하는 누적손상장애(CTDs)의 발생인자와 가장 거리가 먼 것은?

① 무리한 힘　　② 다습한 환경
③ 장시간의 진동　　④ 반복도가 높은 작업

해설

- 누적손상장애는 다습한 환경에 의해 발생되는 것이 아니라 장시간의 진동공구 사용, 과도한 힘의 사용, 부적절한 자세에서의 작업, 반복도가 높은 작업에 장시간 근무할 때 발생한다.

누적손상장애(CTDs) 실필 0801

㉠ 개요
- 반복적이고 누적되는 특정 작업을 반복하거나 이 동작과 연계되어 신체의 일부가 무리하여 발생되는 질환으로 산업현장에서는 근골격계 질환이라고 한다.

㉡ 원인과 대책
- 장시간의 진동공구 사용, 과도한 힘의 사용, 부적절한 자세에서의 작업 등 장시간의 정적인 작업을 계속할 때 발생한다.
- 작업의 순환 배치를 통해 특정 부위에 집중된 누적손상을 해소할 필요가 있다.

1003

23

Repetitive Learning 1회 2회 3회

프레스에 설치된 안전장치의 수명은 지수분포를 따르며 평균수명은 100시간이다. 새로 구입한 안전장치가 50시간 동안 고장 없이 작동할 확률(A)과 이미 100시간을 사용한 안전장치가 앞으로 100시간 이상 견딜 확률(B)은 약 얼마인가?

① A : 0.368, B : 0.368
② A : 0.607, B : 0.368
③ A : 0.368, B : 0.607
④ A : 0.607, B : 0.607

정답 | 20 ④ 21 ② 22 ② 23 ②

해설

- 평균수명이 100시간이라는 것은 고장률이 1/100=0.01이라는 의미이다.
- 새로 구입한 장치를 50시간 고장 없이 작동할 확률은 지수분포를 따르는 시스템이므로 고장률을 적용하면 $e^{-0.01\times 50}$=0.606531이다.
- 이미 100시간을 사용한 안전장치가 향후 100시간 동안 고장 없이 작동할 확률은 $e^{-0.01\times 100}$=0.367879이다.

지수분포를 따르는 부품의 신뢰도

실필 1503/1502/1501/1402/1302/1101/1003/1002/0803/0801

- 고장률이 λ인 시스템이 t시간 지난 후의 신뢰도 $R(t)=e^{-\lambda t}$ 이다.
- 고장까지의 평균시간이 $t_0\left(=\frac{1}{\lambda_0}\right)$일 때 이 부품을 t시간 동안 사용할 경우의 신뢰도 $R(t)=e^{-\frac{t}{t_0}}$이다.

24 Repetitive Learning (1회 2회 3회)

화학설비의 안전성 평가의 5단계 중 제2단계에 속하는 것은?

① 작성 준비
② 정량적 평가
③ 안전대책
④ 정성적 평가

해설

- 화학설비 안전성 평가의 첫 번째 단계는 관계 자료의 작성 준비단계이며, 그 후 정성적 평가를 정량적 평가보다 먼저 실시한다.

안전성 평가 6단계 실필 1703/1303

단계	내용
1단계	관계 자료의 작성 준비
2단계	• 정성적 평가 • 설계(공장의 입지조건, 공장 내 배치)와 운전관계에 대한 평가
3단계	• 정량적 평가 • 취급물질, 용량, 온도, 압력 및 조작을 통한 위험도 평가
4단계	• 안전대책수립 • 설비대책과 관리적 대책
5단계	재해정보에 의한 재평가
6단계	FTA에 의한 재평가

0801 / 1003 / 1203 / 1602

25 Repetitive Learning (1회 2회 3회)

[그림]과 같이 FTA로 분석된 시스템에서 현재 모든 기본사상에 대한 부품이 고장 난 상태이다. 부품 X_1부터 부품 X_5까지 순서대로 복구한다면 어느 부품을 수리 완료하는 순간부터 시스템은 정상가동이 되겠는가?

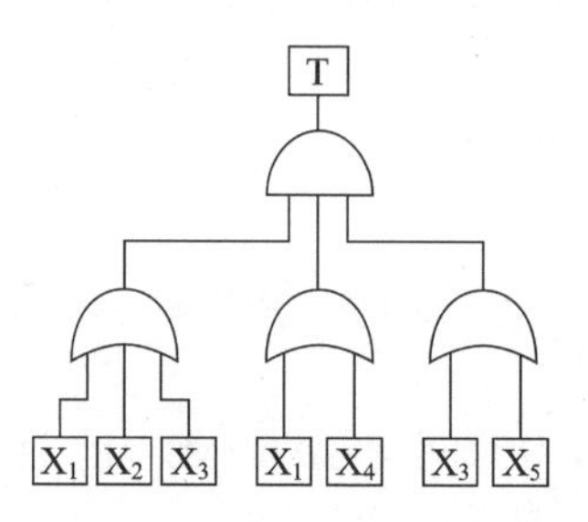

① 부품 X_2
② 부품 X_3
③ 부품 X_4
④ 부품 X_5

해설

- T가 정상가동하려면 AND 게이트이므로 입력 3개가 모두 정상가동해야 한다. 즉, 개별적인 OR 게이트에서의 출력이 정상적으로 발생해야 T는 정상가동한다. X_1과 X_2가 복구될 경우 첫 번째 OR 게이트와 두 번째 OR 게이트의 신호는 정상화가 되나 마지막 OR 게이트가 동작하지 않아 T가 정상가동되지 않는다.
- X_3이 정상화되면 마지막 OR 역시 정상동작하게 되므로 T가 정상가동된다.

FT도에서 정상(고장)사상 발생확률 실필 1203/0901

㉠ AND(직렬)연결 시
- 사상 A의 발생확률을 P_A, 사상 B, 사상 C 발생확률을 P_B, P_C라 할 때 $P_A=P_B\times P_C$로 구할 수 있다.

㉡ OR(병렬)연결 시
- 사상 A의 발생확률을 P_A, 사상 B, 사상 C 발생확률을 P_B, P_C라 할 때 $P_A=1-(1-P_B)\times(1-P_C)$로 구할 수 있다.

2103

26 Repetitive Learning (1회 2회 3회)

설비보전에서 평균수리시간의 의미로 맞는 것은?

① MTTR
② MTBF
③ MTTF
④ MTBP

해설

- MTTF(Mean Time To Failure)는 고장까지의 평균시간을 의미한다.
- MTBF(Mean Time Between Failure)는 평균무고장시간의 의미로 사용한다.

24 ④ 25 ② 26 ① | 정답

:: MTTR(Mean Time To Repair)

- 설비보전에서 평균수리시간의 의미로 사용한다.
- 고장이 발생한 후부터 정상작동시간까지 걸리는 시간의 평균 시간을 말한다.
- $\frac{\text{전체 고장시간}}{\text{고장건수}}$ [시간/회]로 구한다.

1103

27

Repetitive Learning

통화이해도를 측정하는 지표로서, 각 옥타브(Octave)대의 음성과 잡음의 데시벨(dB)값에 가중치를 곱하여 합계를 구하는 것을 무엇이라 하는가?

① 명료도 지수 ② 통화 간섭 수준
③ 이해도 점수 ④ 소음 기준 곡선

해설

- 말소리의 질에 대한 객관적 측정 방법으로 통화이해도를 측정하는 지표는 명료도 지수(Articulation index)이다.

:: 명료도 지수(Articulation Index)와 통화 간섭 수준

㉠ 명료도 지수
- 말소리의 질에 대한 객관적 측정방법으로 통화이해도를 측정하는 지표이다.
- 각 옥타브(Octave)대의 음성과 잡음의 데시벨(dB) 값에 가중치를 곱하여 합계를 구한 것이다.

㉡ 통화 간섭 수준
- 통화 이해도에 영향을 주는 잡음의 영향을 추정하는 지수이다.

28

보통 작업자의 정상적인 시선으로 가장 적합한 것은?

① 수평선을 기준으로 위쪽 5° 정도
② 수평선을 기준으로 위쪽 15° 정도
③ 수평선을 기준으로 아래쪽 5° 정도
④ 수평선을 기준으로 아래쪽 15° 정도

해설

- 작업자의 정상 시선은 수평선 기준으로 아래쪽 10~15° 정도이다.

:: 영상표시단말기 취급 근로자의 시선

- 화면상단과 눈높이가 일치할 정도로 한다.
- 작업 화면상의 시야는 수평선상으로부터 아래로 10도 이상 15도 이하에 오도록 하며 화면과 근로자의 눈과의 거리(시거리 : Eye-screen distance)는 40cm 이상을 확보한다.

29

Repetitive Learning 1회 2회 3회

FT도에 사용되는 다음 기호의 명칭으로 옳은 것은?

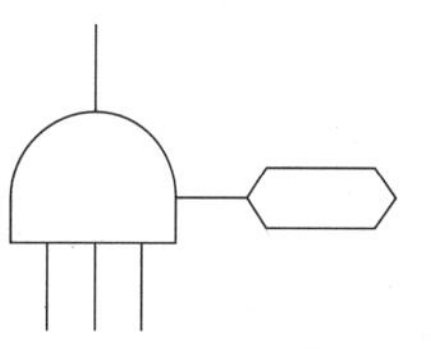

① 억제 게이트 ② 조합 AND 게이트
③ 부정 게이트 ④ 배타적 OR 게이트

해설

억제 게이트	부정 게이트	배타적 OR 게이트
		동시발생 안한다

:: 조합 AND 게이트

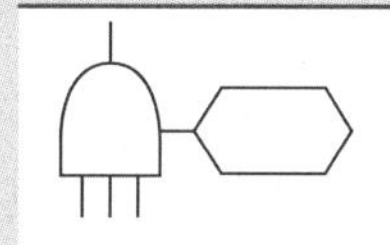	3개의 입력사상 중 임의의 시간에 2개의 입력사상이 발생할 경우 출력이 생긴다.

- ⬭ 기호 안에 출력이 2개임이 명시된다.

30

Repetitive Learning 1회 2회 3회

일반적으로 위험(Risk)은 3가지 기본요소로 표현되며 3요소(Triplets)로 정의된다. 3요소에 해당되지 않는 것은?

① 사고 시나리오(S_i) ② 사고 발생확률(P_i)
③ 시스템 불이용도(Q_i) ④ 파급효과 또는 손실(X_i)

해설

- 위험도를 정량적으로 파악하기 위해서는 위험대상의 가능한 사고 시나리오를 파악하고, 각 시나리오의 불확실성과 그로 인한 파급효과를 계산해야 한다.

:: 위험(Risk)

- 위험이란 조직 본연의 목적을 달성하는 데 영향을 줄 수 있는 각종 불확실한 사건과 사고를 말한다.
- 위험률은 사고발생빈도×사고로 인한 피해(손실, 사고의 크기 등)로 구한다.
- 위험도를 정량적으로 파악하기 위해서는 위험대상의 가능한 사고 시나리오를 파악하고, 각 시나리오의 불확실성과 그로 인한 파급효과를 계산해야 한다.
- 위험의 3가지 기본요소(Triplets)는 사고 시나리오, 사고 발생확률, 파급효과 또는 손실을 들 수 있다.

정답 | 27 ① 28 ④ 29 ② 30 ③

0303 / 2103

31

Repetitive Learning 1회 2회 3회

다음 FT도에서 최소 컷 셋을 올바르게 구한 것은?

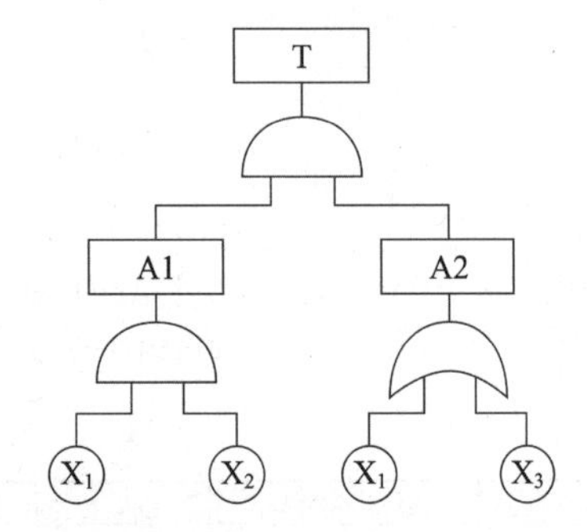

① $\{X_1, X_2\}$

② $\{X_1, X_3\}$

③ $\{X_2, X_3\}$

④ $\{X_1, X_2, X_3\}$

해설

- A1은 X_1과 X_2의 AND 게이트이므로 $(X_1 X_2)$,
  A2는 X_1과 X_3의 OR 게이트이므로 (X_1+X_3)이다.
- T는 A1과 A2의 AND 연산이므로 $(X_1 X_2)(X_1+X_3)$로 표시된다.
- $(X_1 X_2)(X_1+X_3) = X_1 X_1 X_2 + X_1 X_2 X_3$
  $= X_1 X_2 (1+X_3)$
  $= X_1 X_2$
- 최소 컷 셋은 $\{X_1, X_2\}$이다.

최소 컷 셋(Minimal cut sets) 실필 2303/1701/0802

- 컷 셋 중에 타 컷 셋을 포함하고 있는 것을 배제하고 남은 컷 셋들을 의미한다.
- 사고에 대한 시스템의 약점을 표현한다.
- 정상사상(Top 사상)을 일으키는 최소한의 집합이다.
- 일반적으로 Fussell algorithm을 이용한다.
- 시스템에서 최소 컷 셋의 개수가 늘어나면 위험수준이 높아진다.

32

Repetitive Learning 

시스템이 저장되어 이동되고 실행됨에 따라 발생하는 작동 시스템의 기능이나 과업, 활동으로부터 발생되는 위험에 초점을 맞춘 위험분석 차트는?

① 결함수분석(FTA : Fault Tree Analysis)

② 사상수분석(ETA : Event Tree Analysis)

③ 결함위험분석(FHA : Fault Hazard Analysis)

④ 운용위험분석(OHA : Operating Hazard Analysis)

해설

- 사건수분석(ETA)은 설비의 설계 단계에서부터 사용단계까지의 각 단계에서 위험을 분석하는 귀납적, 정량적 분석 방법이다.
- 결함수분석법(FTA)은 연역적 방법으로 재해의 원인을 규명하며, 재해의 정량적 예측이 가능한 분석방법이다.
- 결함위험분석(FHA)은 시스템 정의에서부터 시스템 개발단계를 지나 시스템 생산단계 진입 전까지 적용되는 것으로 전체 시스템을 여러 개의 서브시스템으로 나누어 특정 서브시스템이 다른 서브시스템이나 전체 시스템에 미치는 영향을 분석하는 방법이다.

운용위험분석(OHA : Operating Hazard Analysis)

㉠ 개요

- 시스템이 저장되어 이동되고 실행됨에 따라 발생하는 작동 시스템의 기능이나 과업, 활동으로부터 발생되는 위험에 초점을 맞춘 위험분석 방법이다.
- 시스템의 정의 및 개발 단계에서 실행한다.
- 운용 및 지원 위험분석(O&SHA)방법은 생산, 보전, 시험, 운반, 저장, 비상탈출 등에 사용되는 인원, 설비에 관하여 위험을 동정(同定)하고 제어하며, 그들의 안전요건을 결정하기 위하여 실시하는 분석기법이다.

㉡ 내용

- 위험 혹은 안전장치의 제공, 안전방호구를 제거하기 위한 설계변경이 준비되어야 한다.
- 안전의 기본적 관련사항으로 시스템의 서비스, 훈련, 취급, 저장, 수송하기 위한 특수한 절차가 준비되어야 한다.

1301

33

Repetitive Learning 1회 2회 3회

자동화 시스템에서 인간의 기능으로 적절하지 않은 것은?

① 설비보전 ② 작업계획 수립

③ 조종장치로 기계를 통제 ④ 모니터로 작업 상황 감시

해설

- 자동 체계는 인간이 작업계획의 수립, 감시, 프로그래밍, 정비 및 유지 역할을 수행하고 체계(System)가 감지, 정보보관, 정보처리 및 의식결정, 행동을 포함한 모든 임무를 수행하는 체계로 전선, 도관, 지레 등으로 이루어진 제어회로에 의해서 부품들이 연결된 기계체계이다.

인간-기계 통합체계의 유형

- 인간-기계 통합체계의 유형은 자동화 체계, 기계화 체계, 수동 체계로 구분된다.

구분	내용
자동화 체계	인간은 작업계획의 수립, 모니터를 통한 작업 상황 감시, 프로그래밍, 설비보전의 역할을 수행하고 체계(System)가 감지, 정보보관, 정보처리 및 의식결정, 행동을 포함한 모든 임무를 수행하는 체계
기계화 체계	반자동 체계로 운전자의 조종에 의해 기계를 통제하는 융통성이 없는 시스템 형태
수동 체계	• 인간의 힘을 동력원으로 활용하여 수공구를 사용하는 시스템 형태 • 다양성이 있고 융통성이 우수한 특징을 갖는 체계

31 ① 32 ④ 33 ③ 정답

34 ─ Repetitive Learning (1회 2회 3회)

의자 설계에 대한 조건 중 틀린 것은?

① 좌판의 깊이는 작업자의 등이 등받이에 닿을 수 있도록 설계한다.
② 좌판은 엉덩이가 앞으로 미끄러지지 않는 재질과 구조로 설계한다.
③ 좌판의 넓이는 작은 사람에게 적합하도록, 깊이는 큰 사람에게 적합하도록 설계한다.
④ 등받이는 충분한 넓이를 가지고 요추 부위부터 어깨 부위까지 편안하게 지지하도록 설계한다.

해설

- 좌판의 폭은 큰 사람을 기준으로, 깊이는 작은 사람을 기준으로 결정한다.

인간공학적 의자 설계

㉠ 개요
- 조절식 설계원칙을 적용하도록 한다.
- 자세와 동작에 따라 고려해야 할 인체측정 치수가 달라진다.
- 요부전만(腰部前灣)을 유지한다.
- 추간판(디스크)의 압력과 등근육의 정적부하를 줄인다.
- 자세 고정을 줄인다.
- 여러 사람이 사용하는 의자의 경우 좌면 높이는 오금보다 약간 낮게(5% 오금높이) 유지한다.

㉡ 고려할 사항
- 체중 분포
- 상반신의 안정
- 좌판의 높이(조절식을 기준으로 한다)
- 좌판의 깊이와 폭
  (폭은 최대치, 깊이는 최소치를 기준으로 한다)

1303

35

시스템 분석 및 설계에 있어서 인간공학의 가치와 가장 거리가 먼 것은?

① 훈련비용의 절감
② 인력 이용률의 향상
③ 생산 및 보전의 경제성 감소
④ 사고 및 오용으로부터의 손실 감소

해설

- 시스템 분석 및 설계에서 인간공학을 적용할 경우 생산 및 보전에 있어서 경제성은 증대된다.

시스템 분석 및 설계에 있어서 인간공학의 가치
- 훈련비용의 절감
- 인력 이용률의 향상
- 사고 및 오용으로부터의 손실 감소
- 성능의 향상
- 사용자의 수용도 향상

1102 / 1303

36 ─ Repetitive Learning

산업안전보건법령상 유해·위험방지계획서 제출대상 사업은 기계 및 기구를 제외한 금속가공제품 제조업으로서 전기계약용량이 얼마 이상인 사업을 말하는가?

① 50kW ② 100kW
③ 200kW ④ 300kW

해설

- 유해·위험방지계획서 제출대상 사업장의 규모는 전기 계약용량이 300kW 이상인 사업장이다.

유해·위험방지계획서의 제출 실필 2302/1303/0903
- 제출대상 사업장의 규모는 전기 계약용량이 300kW 이상인 사업장이다.
- 건설물·기계·기구 및 설비 등 일체를 설치·이전하거나 그 주요 구조부분을 변경할 때에는 고용노동부장관(한국산업안전보건공단)에게 유해·위험방지계획서를 2부 제출하여야 한다.
- 제조업의 경우는 해당 작업 시작 15일 전에 제출한다.
- 건설업의 경우는 공사의 착공 전날까지 제출한다.

2103

37 ─ Repetitive Learning (1회 2회 3회)

건구온도 30℃, 습구온도 35℃일 때의 옥스퍼드(Oxford) 지수는 얼마인가?

① 20.75℃ ② 24.58℃
③ 32.78℃ ④ 34.25℃

해설

- 0.85×35+0.15×30 = 29.75+4.5 = 34.25이다.

Oxford 지수
- 습구온도와 건구온도의 가중 평균치로 습건지수라고도 한다.
- Oxford 지수는 0.85×습구온도+0.15×건구온도로 구한다.

정답 | 34 ③ 35 ③ 36 ④ 37 ④

38

Repetitive Learning 1회 2회 3회

작업자가 용이하게 기계·기구를 식별하도록 암호화(Coding)를 한다. 암호화 방법이 아닌 것은?

① 강도 ② 형상
③ 크기 ④ 색채

해설

- 강도는 쉽게 확인이 가능한 요소가 아니다.

암호화(Coding)

㉠ 개요
- 원래의 신호 정보를 새로운 형태로 변화시켜 표시하는 것을 말한다.
- 형상, 크기, 색채 등을 이용하여 작업자가 기계 및 기구를 쉽게 식별할 수 있도록 암호화한다.

㉡ 암호화 지침

검출성	감지가 쉬워야 한다.
표준화	표준화되어야 한다.
변별성	다른 암호 표시와 구별될 수 있어야 한다.
양립성	인간의 기대와 모순되지 않아야 한다.
부호의 의미	사용자가 그 뜻을 분명히 알 수 있어야 한다.
다차원의 암호 사용 가능	두 가지 이상의 암호 차원을 조합해서 사용하면 정보전달이 촉진된다.

39

Repetitive Learning 1회 2회 3회

반사경 없이 모든 방향으로 빛을 발하는 점광원에서 5m 떨어진 곳의 조도가 120lux라면 2m 떨어진 곳의 조도는?

① 150lux ② 192.2lux
③ 750lux ④ 3000lux

해설

- 거리에 따른 광도가 조도에 해당하므로 빛으로부터의 거리가 다른 곳의 조도를 구하기 위해서는 먼저 광도를 구해야 한다.
- 5m 떨어진 곳의 조도가 120lux이므로 광도 $= 120 \times (5)^2 = 120 \times 25 = 3,000$[cd]이다.
- 2m 떨어진 곳의 조도는 $3,000 = x \times (2)^2 = x = \frac{3,000}{4} = 750$이다.

조도(照度) 실필 2201/1901

㉠ 조도
- 조도는 특정 지점에 도달하는 광의 밀도를 말한다.
- 반사체의 반사율과는 상관없이 일정한 값을 갖는다.
- 거리의 제곱에 반비례하고, 광도에 비례하므로 $\frac{광도}{(거리)^2}$으로 구한다.
- 형상, 크기, 색채 등을 이용하여 작업자가 기계 및 기구를 쉽게 식별할 수 있도록 암호화한다.

㉡ 단위
- 단위는 럭스(Lux)를 주로 사용한다. 1Lux는 1cd의 점광원으로부터 1m 떨어진 구면에 비추는 광의 밀도이며, 촛불 1개의 조도이다.
- Candela는 단위시간당 한 발광점으로부터 투광되는 빛의 에너지양이다.

0502

40

Repetitive Learning 1회 2회 3회

육체작업의 생리학적 부하 측정척도가 아닌 것은?

① 맥박수
② 산소소비량
③ 근전도
④ 점멸융합주파수

해설

- 점멸융합주파수(Flicker fusion frequency)는 정신피로의 척도를 나타내는 측정치이다.

불안전한 행동을 유발하는 생리적 요인과 현상
- 불안전한 행동을 유발하는 생리적 요인에는 근력, 반응시간, 감지능력 등이 있다.
- 심박수, 근전도, 뇌전위, 산소소비량, 동공반응, 체액의 화학적 변화 등을 통해 확인할 수 있다.
- 불안전한 행동을 유발하는 생리적 현상에는 육체적 능력의 초과, 신경 계통의 이상, 근육 운동의 부적합, 시력 및 청각의 이상, 극도의 피로 등이 있다.

3과목 기계·기구 및 설비 안전관리

1301

41

Repetitive Learning 1회 2회 3회

다음 중 드릴작업의 안전사항이 아닌 것은?

① 옷소매가 길거나 찢어진 옷은 입지 않는다.
② 작고, 길이가 긴 물건은 플라이어로 잡고 뚫는다.
③ 회전하는 드릴에 걸레 등을 가까이 하지 않는다.
④ 스핀들에서 드릴을 뽑아낼 때에는 드릴 아래에 손을 내밀지 않는다.

38 ① 39 ③ 40 ④ 41 ② 정답

해설

- 플라이어는 작업자의 악력을 배가하기 위한 작업용 공구로 작은 물체를 집기 위해 사용하는 장치이다. 작업 중 공작물의 유동을 방지하기 위해서는 바이스나 지그 등을 사용해야 한다.

드릴작업 시 작업안전수칙

㉠ 작업자 안전수칙
- 장갑의 착용을 금한다.
- 작업자는 보호안경을 쓰거나 안전덮개(Shield)를 설치한다.
- 작업모를 착용하고 옷소매가 긴 작업복은 입지 않는다.

㉡ 작업 시작 전 점검사항
- 작업시작 전 척 렌치(Chuck wrench)를 반드시 뺀다.
- 바이스, 지그 등을 사용하여 작업 중 공작물의 유동을 방지한다.
- 다축 드릴링에 대해 플라스틱제의 평판을 드릴 커버로 사용한다.
- 마이크로스위치를 이용하여 드릴링 핸들을 내리게 하여 자동급유장치를 구성한다.

㉢ 작업 중 안전지침
- 작은 구멍을 뚫고 큰 구멍을 뚫도록 한다.
- 얇은 철판이나 동판에 구멍을 뚫을 때는 각목을 밑에 깔고 기구로 고정한다.
- 구멍을 뚫을 때 관통된 것을 확인하기 위해 손으로 만져서는 안 된다.
- 칩은 와이어 브러시로 작업이 끝난 후에 제거한다.
- 구멍 끝 작업에서는 절삭압력을 주어서는 안 된다.

0701 / 1002 / 2201

42

슬라이드가 내려옴에 따라 손을 쳐내는 막대가 좌우로 왕복하면서 위험점으로부터 손을 보호하여 주는 프레스의 안전장치는?

① 손쳐내기식 방호장치　② 수인식 방호장치
③ 게이트 가드식 방호장치　④ 양손조작식 방호장치

해설

- 수인식 방호장치는 슬라이드와 작업자의 손을 끈으로 연결하여, 슬라이드 하강 시 방호장치가 작업자의 손을 당기게 함으로써 위험영역에서 빼낼 수 있도록 한 장치를 말한다.
- 게이트 가드식은 인터록(연동)장치를 사용하여 문을 닫지 않으면 동작되지 않는 구조이거나 가드가 열린 상태에서 슬라이드를 동작시킬 수 없고 또한 슬라이드 작동 중에는 게이트 가드를 열 수 없도록 한 방호장치이다.
- 양손조작식 방호장치는 두 개의 스위치 버튼을 손으로 동시에 눌러야 기계가 작동하는 구조로 작동 중 어느 하나의 누름 버튼에서 손을 떼면 그 즉시 슬라이드 동작이 정지하는 장치이다.

손쳐내기식 방호장치(Push away, Sweep guard) 실필 2401/1301

㉠ 개요

슬라이드가 내려옴에 따라 손을 쳐내는 막대가 좌우로 왕복하면서 위험점으로부터 손을 보호하여 주는 장치로 접근거부형 방호장치의 대표적인 종류이다.

㉡ 구조 및 일반사항
- 슬라이드 행정이 40mm 이상인 프레스에 사용한다.
- 슬라이드 행정수가 100spm 이하인 프레스에 사용한다.
- 슬라이드 하행정거리의 3/4 위치에서 손을 완전히 밀어내야 한다.
- 방호판의 폭이 금형 폭의 1/2(최소폭 120mm) 이상이어야 한다.
- 슬라이드 조절 양이 많은 것에는 손쳐내기 봉의 길이 및 진폭의 조절 범위가 큰 것을 선정한다.

43

Repetitive Learning 1회 2회 3회

양중기(승강기를 제외한다)를 사용하여 작업하는 운전자 또는 작업자가 보기 쉬운 곳에 해당 양중기에 대해 표시하여야 할 내용이 아닌 것은?

① 정격하중
② 운전속도
③ 경고표시
④ 최대 인양 높이

해설

- 양중기에 표시해야 하는 사항에는 기계의 정격하중, 운전속도, 경고표시 등이 있다.

정격하중 등의 표시
- 사업주는 양중기(승강기는 제외한다) 및 달기구를 사용하여 작업하는 운전자 또는 작업자가 보기 쉬운 곳에 해당 기계의 정격하중, 운전속도, 경고표시 등을 부착하여야 한다.
- 달기구는 정격하중만 표시한다.

44

Repetitive Learning 1회 2회 3회

연삭기의 연삭숫돌을 교체했을 경우 시운전은 최소 몇 분 이상 실시해야 하는가?

① 1분　② 3분
③ 5분　④ 7분

정답 | 42 ① 43 ④ 44 ②

해설

- 시운전은 작업시작 전에 1분, 연삭숫돌 교체 후 3분간 실시한다.

산업안전보건법상의 연삭숫돌 사용 시 안전조치 실필 1303/0802

- 사업주는 회전 중인 연삭숫돌(지름이 5cm 이상인 것)이 근로자에게 위험을 미칠 우려가 있는 경우에 그 부위에 덮개를 설치하여야 한다.
- 사업주는 연삭숫돌을 사용하는 작업의 경우 작업을 시작하기 전에는 1분 이상, 연삭숫돌을 교체한 후에는 3분 이상 시험운전을 하고 해당 기계에 이상이 있는지를 확인하여야 한다.
- 시험운전에 사용하는 연삭숫돌은 작업 시작 전에 결함이 있는지를 확인한 후 사용하여야 한다.
- 사업주는 연삭숫돌의 최고사용회전속도를 초과하여 사용하도록 해서는 아니 된다.
- 사업주는 측면을 사용하는 것을 목적으로 하지 않는 연삭숫돌을 사용하는 경우 측면을 사용하도록 해서는 아니 된다.
- 숫돌 고정장치인 평형플랜지의 직경은 설치하는 숫돌 직경의 1/3 이상, 여윳값은 1.5mm 이상이어야 한다.
- 연삭작업 시 안전을 위해 작업자는 연삭기의 측면에 위치한다.
- 연삭숫돌을 결합할 때는 열로 인한 팽창을 고려하여 축과 0.1~0.15mm 정도의 틈새를 둔다.

45

Repetitive Learning (1회 2회 3회)

크레인 로프에 2t의 중량을 걸어 $20m/s^2$ 가속도로 감아올릴 때 로프에 걸리는 총 하중은 약 몇 kN인가?

① 42.8
② 59.6
③ 74.5
④ 91.3

해설

- 로프에 2톤의 중량을 걸어 올리고 있으므로 정하중이 2,000kg이고, 주어진 값을 대입하면 동하중은 $\frac{2,000}{9.8} \times 20 = 4,081.63$[kgf]가 된다.
- 총 하중은 $2,000 + 4,081.63 = 6,081.63$[kgf]이다. 구하고자 하는 단위는 KN이고, 1kgf = 9.8N이므로 $\frac{6,081.63 \times 9.8}{1,000} = 59.599$[kN]이 된다.

화물을 일정한 가속도로 감아올릴 때 총 하중

- 화물을 일정한 가속도로 감아올릴 때 총 하중은 화물의 중량에 해당하는 정하중과 감아올림으로 인해 발생하는 동하중(중력가속도를 거스르는 하중)의 합으로 구한다.
- 총 하중[kgf] = 정하중 + 동하중으로 구한다.
- 동하중 = $\frac{\text{정하중}}{\text{중력가속도}}$ × 인양가속도로 구할 수 있다.

46

Repetitive Learning (1회 2회 3회)

산업안전보건법령에서 정하는 곤돌라의 정의에 대한 설명 중 ( ) 안에 들어갈 말로 옳은 것은?

> 곤돌라란 (㉠) 또는 (㉡), 승강장치, 그 밖의 장치 및 이들에 부속된 기계부품에 의하여 구성되고, 와이어로프 또는 달기강선에 의하여 (㉠) 또는 (㉡)가 전용 승강장치에 의하여 오르내리는 설비를 말한다.

① ㉠ 달기발판, ㉡ 수평로
② ㉠ 경사로, ㉡ 운반구
③ ㉠ 달기발판, ㉡ 운반구
④ ㉠ 경사로, ㉡ 수평로

해설

- 곤돌라란 달기발판 또는 운반구, 승강장치, 그 밖의 장치 및 이들에 부속된 기계부품에 의하여 구성된다.

곤돌라

- 곤돌라란 달기발판 또는 운반구, 승강장치, 그 밖의 장치 및 이들에 부속된 기계부품에 의하여 구성되고, 와이어로프 또는 달기강선에 의하여 달기발판 또는 운반구가 전용 승강장치에 의하여 오르내리는 설비를 말한다.

0901 / 0903

47

Repetitive Learning (1회 2회 3회)

다음 ( ) 안에 들어갈 용어로 알맞은 것은?

> 사업주는 보일러의 과열을 방지하기 위하여 최고사용압력과 상용압력 사이에서 보일러의 버너연소를 차단할 수 있도록 (   )을(를) 부착하여 사용하여야 한다.

① 고저수위조절장치
② 압력방출장치
③ 압력제한스위치
④ 파열판

해설

- 고저수위조절장치는 보일러의 방호장치 중 하나로 보일러 쉘 내의 관수의 수위가 최고한계 또는 최저한계에 도달했을 때 자동적으로 경보를 울리는 동시에 관수의 공급을 차단시켜 주는 장치이다.
- 압력방출장치(Safety valve)는 밸브 입구 쪽의 압력이 설정압력에 도달하면 자동적으로 빠르게 작동하여 유체가 분출되고 일정 압력 이하가 되면 정상상태로 복원되는 방호장치로 안전밸브라고도 한다.
- 파열판은 판 입구 쪽의 압력이 설정압력에 도달하면 파열되면서 유체가 분출되도록 설계된 금속판 또는 흑연제품의 방호장치를 말한다.

45 ② 46 ③ 47 ③ 정답

:: 압력제한스위치

㉠ 개요

상용운전압력 이상으로 압력이 상승할 경우, 보일러의 과열을 방지하기 위하여 최고사용압력과 상용압력 사이에서 보일러의 버너 연소를 차단해 열원을 제거하고 정상압력으로 유도하는 보일러의 방호장치이다.

㉡ 설치

압력제한스위치는 보일러의 압력계가 설치된 배관상에 설치해야 한다.

1401 / 2201

48

Repetitive Learning (1회 2회 3회)

다음 중 금속 등의 도체에 교류를 통한 코일을 접근시켰을 때, 결함이 존재하면 코일에 유기되는 전압이나 전류가 변하는 것을 이용한 검사방법은?

① 자분탐상검사　　② 초음파탐상검사

③ 와류탐상검사　　④ 침투형광탐상검사

해설

- 자분탐상검사는 결함부위의 자극에 자분이 부착되는 것을 이용한다.
- 초음파탐상검사는 초음파의 반사(타진)의 원리를 이용하여 검사한다.
- 침투탐상검사는 비자성 금속재료의 표면균열 검사에 사용한다.

:: 와전류비파괴검사법

㉠ 개요

- 비파괴검사방법 중 하나로 금속 등의 도체에 교류를 통한 코일을 접근시켰을 때, 결함이 존재하면 코일에 유기되는 전압이나 전류가 변하는 것을 이용한 검사방법이다.
- 발전설비나 석유화학단지 내 열교환기 튜브, 항공산업에서의 각종 결함 검사에 사용되는 방법이다.

㉡ 특징

- 자동화 및 고속화가 가능하다.
- 잡음에 의해 검사의 방해를 받기 쉽다.
- 관, 환봉, 가는 선, 얇은 판의 경우도 검사가 가능하다.
- 재료의 표면층에 존재하는 결함을 검출하는 방법으로 표면 아래 깊은 위치에 있는 결함은 검출이 곤란하다.

2103

49

산업안전보건법령에서 정하는 압력용기에서 안전인증된 파열판에 안전인증 표시 외에 추가로 나타내어야 하는 사항이 아닌 것은?

① 분출차(%)

② 호칭지름

③ 용도(요구성능)

④ 유체의 흐름방향 지시

해설

- 파열판 안전인증 표시 외 추가 표시사항에는 ②, ③, ④ 외에 설정파열압력(Mpa) 및 설정온도(℃), 분출용량(kg/h) 또는 공칭분출계수 등이 있다.

:: 파열판 안전인증 표시 외 추가 표시사항

- 호칭지름
- 용도(요구성능)
- 설정파열압력(MPa) 및 설정온도(℃)
- 분출용량(kg/h) 또는 공칭분출계수
- 파열판의 재질
- 유체의 흐름방향 지시

1202 / 2001

50

Repetitive Learning (1회 2회 3회)

롤러기의 앞면 롤의 지름이 300mm, 분당 회전수가 30회일 경우 허용되는 급정지장치의 급정지거리는 약 몇 mm 이내이어야 하는가?

① 37.7　　② 31.4

③ 377　　④ 314

해설

- 원주속도가 주어지지 않았으므로 원주속도를 먼저 구해야 한다.
- 원주는 $2\pi r$ 이므로 300 × 3.14 = 942mm이고, 원주속도는 (3.14 × 외경 × 회전수)/1,000이므로 3.14 × 300 × 30/1,000 = 28.26이다. 원주속도가 30(m/min)보다 작으므로 급정지장치의 급정지거리는 앞면 롤러 원주의 1/3 이내가 되어야 한다.
- 급정지장치의 급정지거리는 942/3 = 314[mm] 이내이다.

:: 롤러기 급정지장치의 개구부 간격과 급정지거리

실필 1703/1202/1102

- 가드 설치 시 개구부 간격(단위 : mm)

구분	개구부 간격
개구부와 위험점 간격 : 160mm 이상	30
개구부와 위험점 간격 : 160mm 미만	6+(0.15×개구부~위험점 최단거리)
위험점이 전동체일 경우	6+(0.1×개구부~위험점 최단거리)

- 급정지거리

원주속도	급정지거리
원주속도 : 30m/min 이상	앞면 롤러 원주의 1/2.5
원주속도 : 30m/min 미만	앞면 롤러 원주의 1/3 이내

정답 | 48 ③ 49 ① 50 ④

1301

51

Repetitive Learning (1회 2회 3회)

단면적이 1,800mm^{2}인 알루미늄 봉의 파괴강도는 70MPa이다. 안전율을 2로 하였을 때 봉에 가해질 수 있는 최대하중은 얼마인가?

① 6.3kN ② 126kN

③ 63kN ④ 12.6kN

해설

- 파괴강도의 단위가 MPa로 주어졌고, 이는 MN/m^{2}이므로 단면적 1,800mm^{2}에서 m^{2}로 통일시키면 1,800×10^{-6}[m^2]이 된다.
- 안전율 = $\frac{파괴강도}{인장응력}$인데 면적과 안전율, 파괴강도가 주어져있으므로 인장응력을 구하는 식을 대입하면

  안전율 = $\frac{파괴강도}{\frac{하중}{면적}} = \frac{파괴강도 \times 면적}{하중}$이다.
- 따라서 구하고자 하는 최대하중 = $\frac{파괴강도 \times 면적}{인장응력}$이므로

  대입하면 $\frac{70 \times 10^6 \times 1,800 \times 10^{-6}}{2} = \frac{126,000}{2} = 63,000$[N]이다.

∷ 안전율/안전계수(Safety factor)

- 소재의 파괴강도와 허용되는 응력의 비를 표시한 것이다.
- 안전율은 $\frac{기준강도}{허용응력}$ 또는 $\frac{항복강도}{설계하중}$, $\frac{파괴하중}{최대사용하중}$, $\frac{최대응력}{허용응력}$ 등으로 구한다.
- 응력은 단위면적당 부재에 작용하는 힘을 말하며, 허용응력은 단위면적당 재료가 파괴되지 않으며, 영구적인 변형이 남지 않는 비례한도 범위 내의 응력을 말한다.
- 기준강도는 재료에 손상을 입힌다고 인정되는 강도를 말한다.
- 강도(기준강도)를 통해 재료의 안전율, 구조 등이 결정된다.
- 연성재료에서는 항복점을 기준강도, 인장강도, 기초강도라고도 한다.

0403 / 0602 / 1301

52

Repetitive Learning (1회 2회 3회)

원동기, 풀리, 기어 등 근로자에게 위험을 미칠 우려가 있는 부위에 설치하는 위험방지 장치가 아닌 것은?

① 덮개 ② 슬리브

③ 건널다리 ④ 램

해설

- 사업주는 기계의 원동기·회전축·기어·풀리·플라이휠·벨트 및 체인 등 근로자가 위험에 처할 우려가 있는 부위에 덮개·울·슬리브 및 건널다리 등을 설치하여야 한다.

∷ 원동기·회전축 등의 위험방지 실필 1801/1002

- 사업주는 기계의 원동기·회전축·기어·풀리·플라이휠·벨트 및 체인 등 근로자가 위험에 처할 우려가 있는 부위에 덮개·울·슬리브 및 건널다리 등을 설치하여야 한다.
- 사업주는 회전축·기어·풀리 및 플라이휠 등에 부속되는 키·핀 등의 기계요소는 묻힘형으로 하거나 해당 부위에 덮개를 설치하여야 한다.
- 사업주는 벨트의 이음 부분에 돌출된 고정구를 사용해서는 아니 된다.
- 사업주는 건널다리에는 안전난간 및 미끄러지지 아니하는 구조의 발판을 설치하여야 한다.
- 사업주는 연삭기(研削機) 또는 평삭기(平削機)의 테이블, 형삭기(形削機) 램 등의 행정 끝이 근로자에게 위험을 미칠 우려가 있는 경우에 해당 부위에 덮개 또는 울 등을 설치하여야 한다.
- 사업주는 선반 등으로부터 돌출하여 회전하고 있는 가공물이 근로자에게 위험을 미칠 우려가 있는 경우에 덮개 또는 울 등을 설치하여야 한다.
- 사업주는 원심기에는 덮개를 설치하여야 한다.
- 사업주는 분쇄기·파쇄기·마쇄기·미분기·혼합기 및 혼화기 등을 가동하거나 원료가 흩날리거나 하여 근로자가 위험해질 우려가 있는 경우 해당 부위에 덮개를 설치하는 등 필요한 조치를 하여야 한다.
- 사업주는 근로자가 분쇄기 등의 개구부로부터 가동 부분에 접촉함으로써 위해(危害)를 입을 우려가 있는 경우 덮개 또는 울 등을 설치하여야 한다.
- 사업주는 종이·천·비닐 및 와이어로프 등의 감김통 등에 의하여 근로자가 위험해질 우려가 있는 부위에 덮개 또는 울 등을 설치하여야 한다.
- 사업주는 압력용기 및 공기압축기 등에 부속하는 원동기·축이음·벨트·풀리의 회전 부위 등 근로자가 위험에 처할 우려가 있는 부위에 덮개 또는 울 등을 설치하여야 한다.

1001

53

Repetitive Learning (1회 2회 3회)

아세틸렌용접장치에서 사용하는 발생기실의 구조에 대한 요구사항으로 틀린 것은?

① 벽의 재료는 불연성의 재료를 사용할 것

② 천장과 벽은 견고한 콘크리트 구조로 할 것

③ 출입구의 문은 두께 1.5mm 이상의 철판 또는 이와 동등 이상의 강도를 가진 구조로 할 것

④ 바닥 면적의 16분의 1 이상의 단면적을 가진 배기통을 옥상으로 돌출시킬 것

해설

- 지붕과 천장에는 얇은 철판이나 가벼운 불연성 재료를 사용해야 한다.

51 ③ 52 ④ 53 ② 정답

:: 발생기실의 구조

- 벽은 불연성 재료로 하고 철근 콘크리트 또는 그 밖에 이와 동등하거나 그 이상의 강도를 가진 구조로 할 것
- 지붕과 천장에는 얇은 철판이나 가벼운 불연성 재료를 사용할 것
- 바닥 면적의 16분의 1 이상의 단면적을 가진 배기통을 옥상으로 돌출시키고 그 개구부가 창이나 출입구로부터 1.5m 이상 떨어지도록 할 것
- 출입구의 문은 불연성 재료로 하고 두께 1.5mm 이상의 철판이나 그 밖에 그 이상의 강도를 가진 구조로 할 것
- 벽과 발생기 사이에는 발생기의 조정 또는 카바이드 공급 등의 작업을 방해하지 않도록 간격을 확보할 것

54 Repetitive Learning (1회 2회 3회)

롤러기의 급정지장치로 사용되는 정지봉 또는 로프의 설치에 관한 설명으로 틀린 것은?

① 복부 조작식은 밑면으로부터 1,200~1,400mm 이내의 높이로 설치한다.

② 손 조작식은 밑면으로부터 1,800mm 이내의 높이로 설치한다.

③ 손 조작식은 앞면 롤 끝단으로부터 수평거리가 50mm 이내에 설치한다.

④ 무릎 조작식은 밑면으로부터 400~600mm 이내의 높이로 설치한다.

해설

- 복부 조작식 급정지장치는 밑면에서 0.8[m] ~ 1.1[m]에 위치한다.

:: 롤러기 급정지장치의 종류 실필 2101/0802 실작 2303/2101/1902

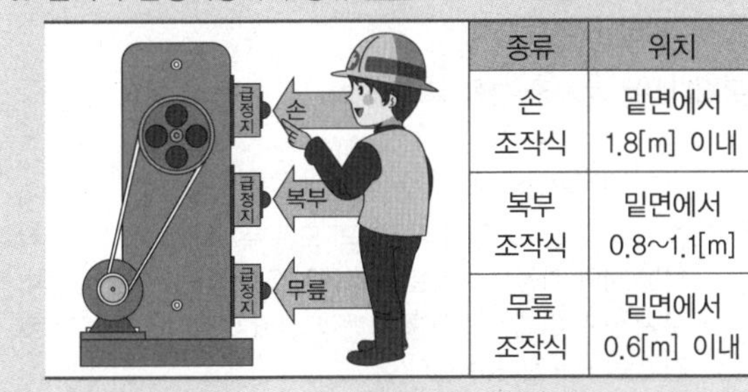

종류	위치
손 조작식	밑면에서 1.8[m] 이내
복부 조작식	밑면에서 0.8~1.1[m]
무릎 조작식	밑면에서 0.6[m] 이내

0601 / 0803 / 1101

55 Repetitive Learning (1회 2회 3회)

산업안전보건법령상 용접장치의 안전에 관한 준수사항 설명으로 옳은 것은?

① 아세틸렌용접장치의 발생기실을 옥외에 설치한 때에는 그 개구부를 다른 건축물로부터 1m 이상 떨어지도록 하여야 한다.

② 가스집합장치로부터 3m 이내의 장소에서는 화기의 사용을 금지시킨다.

③ 아세틸렌 발생기에서 10m 이내 또는 발생기실에서 4m 이내의 장소에서는 흡연행위를 금지시킨다.

④ 아세틸렌용접장치를 사용하여 용접작업을 할 경우 게이지 압력이 127kPa을 초과하는 아세틸렌을 발생시켜 사용해서는 아니 된다.

해설

- 발생기실을 옥외에 설치한 경우에는 그 개구부가 다른 건축물로부터 1.5m 이상 떨어지도록 하여야 한다.
- 가스집합장치에 대해서는 화기를 사용하는 설비로부터 5m 이상 떨어진 장소에 설치하여야 한다.
- 발생기에서 5m 이내 또는 발생기실에서 3m 이내의 장소에서는 흡연, 화기의 사용 또는 불꽃이 발생할 위험한 행위를 금지시켜야 한다.

:: 아세틸렌용접장치

- 아세틸렌용접장치를 사용하여 금속의 용접·용단 또는 가열작업을 하는 경우에는 게이지 압력이 127kPa을 초과하는 압력의 아세틸렌을 발생시켜 사용해서는 아니 된다.
- 아세틸렌용접장치의 아세틸렌 발생기를 설치하는 경우에는 전용의 발생기실에 설치하여야 한다.
- 발생기실은 건물의 최상층에 위치하여야 하며, 화기를 사용하는 설비로부터 3m를 초과하는 장소에 설치하여야 한다.
- 발생기실을 옥외에 설치한 경우에는 그 개구부가 다른 건축물로부터 1.5m 이상 떨어지도록 하여야 한다.

1403

56 Repetitive Learning (1회 2회 3회)

다음 중 프레스의 방호장치에 관한 설명으로 틀린 것은?

① 양수조작식 방호장치는 1행정 1정지기구에 사용할 수 있어야 한다.

② 손쳐내기식 방호장치는 슬라이드 하행정거리의 3/4 위치에서 손을 완전히 밀어내야 한다.

③ 광전자식 방호장치의 정상동작 표시램프는 붉은색, 위험 표시램프는 녹색으로 하며, 쉽게 근로자가 볼 수 있는 곳에 설치해야 한다.

④ 게이트 가드 방호장치는 가드가 열린 상태에서 슬라이드를 동작시킬 수 없고 또한 슬라이드 작동 중에는 게이트 가드를 열 수 없어야 한다.

정답 | 54 ① 55 ④ 56 ③

해설

- 광전자식 방호장치에서 정상동작 표시램프는 녹색, 위험 표시램프는 적색으로 하며, 근로자가 쉽게 볼 수 있는 곳에 설치해야 한다.

광전자식 방호장치 실필 1603/1401/1301/1003

㉠ 개요

- 슬라이드 하강 중에 작업자의 손이나 신체 일부가 광센서에 감지되면 자동적으로 슬라이드를 정지시키는 접근반응형 방호장치를 말한다.
- 프레스 또는 전단기에서 일반적으로 많이 활용하고 있는 형태로서 투광부, 수광부, 컨트롤 부분으로 구성된 것으로서 신체의 일부가 광선을 차단하면 기계를 급정지시키는 방호장치로 A-1 분류에 해당한다.
- 투광부와 수광부로 이뤄진 광센서를 이용하여 작업자의 신체 일부가 위험점에 접근하는지를 검출한다.
- 광전자식 방호장치에서 정상동작 표시램프는 녹색, 위험 표시램프는 적색으로 하며, 근로자가 쉽게 볼 수 있는 곳에 설치해야 한다.
- 주로 마찰 프레스(Friction press)의 방호장치로 사용된다.
- 방호장치는 릴레이, 리미트스위치 등의 전기부품의 고장, 전원전압의 변동 및 정전에 의해 슬라이드가 불시에 동작하지 않아야 하며, 사용전원전압의 ±20%의 변동에 대하여 정상으로 작동되어야 한다.

㉡ 특징

- 연속 운전작업에 사용할 수 있다.
- 기계적 고장에 의한 2차 낙하에는 효과가 없다.
- 시계를 차단하지 않기 때문에 작업에 지장을 주지 않는다.

1203

57 Repetitive Learning (1회 2회 3회)

다음 중 비파괴 시험의 종류에 해당하지 않는 것은?

① 와류탐상시험
② 초음파탐상시험
③ 인장시험
④ 방사선투과시험

해설

- 인장시험은 재료의 인장강도, 항복점, 내력 등을 확인하기 위해 사용하는 파괴검사방법이다.

비파괴검사

㉠ 개요

- 제품 내부의 결함, 용접부의 내부 결함 등을 제품의 파괴 없이 외부에서 검사하는 방법을 말한다.
- 종류에는 누수시험, 누설시험, 음향탐상, 초음파탐상, 자분탐상, 와류탐상, 침투탐상, 방사선투과시험 등이 있다.

㉡ 대표적인 비파괴검사

음향탐상검사	손 또는 망치로 타격 진동시켜 발생하는 음을 검사
방사선투과시험	X선의 강도나 노출시간을 조절하여 검사
초음파탐상검사	초음파의 반사(타진)의 원리를 이용하여 검사
자분탐상시험	결함부위의 자극에 자분이 부착되는 것을 이용
와류탐상시험	결함부위 전류흐름의 난조를 이용하여 검사
침투탐상시험	비자성 금속재료의 표면균열검사에 사용

㉢ 특징

- 생산 제품에 손상이 없이 직접 시험이 가능하다.
- 현장시험이 가능하다.
- 시험방법에 따라 설비비가 많이 든다.

58 Repetitive Learning (1회 2회 3회)

두께 2mm이고 치진폭이 2.5mm인 목재가공용 둥근톱에서 반발예방장치 분할 날의 두께(t)로 적절한 것은?

① $2.2mm \leq t < 2.5mm$
② $2.0mm \leq t < 3.5mm$
③ $1.5mm \leq t < 2.5mm$
④ $2.5mm \leq t < 3.5mm$

해설

- 분할 날의 두께는 둥근톱 두께의 1.1배 이상이어야 하고 치진폭보다는 작아야 한다.

목재가공용 둥근톱 분할 날 실필 1501

㉠ 개요

- 분할 날이란 톱 뒷날 가까이에 설치하여 절삭된 가공재의 홈 사이로 들어가면서 가공재의 모든 두께에 걸쳐서 쐐기작용을 하여 가공재가 톱날을 조이지 않게 하는 것을 말한다.
- 분할 날의 두께는 둥근톱 두께의 1.1배 이상이어야 하고 치진폭보다는 작아야 한다.
- $1.1\ t_1 \leq t_2 < b$ (t_1 : 톱 두께, t_2 : 분할 날 두께, b : 치진폭)

㉡ 분할 날의 최소길이

- 둥근톱의 절반은 테이블 아래에 위치하므로 실제 사용하는 톱은 원주의 1/2이다. 목재의 가공 시에는 원주의 1/4을 사용하고, 뒷부분 1/4은 분할 날을 설치한다.
- 표준 테이블면상의 톱 뒷날의 2/3 이상을 덮도록 하여야 한다.
- 분할 날의 길이는 원주의 1/4×2/3=1/6 이상 되어야 한다.

57 ③ 58 ① 정답

59

마찰 클러치가 부착된 프레스에 부적합한 방호장치는?(단, 방호장치는 한 가지 형식만 사용할 경우로 한정한다)

① 양수조작식 ② 광전자식
③ 가드식 ④ 수인식

해설

- 수인식 방호장치는 마찰 클러치가 부착된 프레스에 부적합하다. 마찰 클러치가 부착된 프레스에는 광전자식이 주로 사용된다.

수인식 방호장치 실필 1301

㉠ 개요
- 슬라이드와 작업자의 손을 끈으로 연결하여, 슬라이드 하강 시 방호장치가 작업자의 손을 당기게 함으로써 위험영역에서 빼낼 수 있도록 한 장치를 말한다.
- 완전회전식 클러치 프레스 및 급정지기구가 없는 확동식 프레스에 적합하다.

㉡ 구조 및 일반사항
- 수인 끈의 재료는 합성섬유로 직경이 4mm 이상이어야 한다.
- 손의 안전을 위해 슬라이드 행정길이가 40~50mm 이상, 슬라이드 행정수가 100~1,20SPM 이하의 프레스에 주로 사용한다.

60

Repetitive Learning 1회 2회 3회

아세틸렌용접장치 및 가스집합 용접장치에서 가스의 역류 및 역화를 방지하기 위한 안전기의 형식에 속하는 것은?

① 주수식 ② 침지식
③ 투입식 ④ 수봉식

해설

- 안전기의 종류에는 수봉식과 건식이 있다.

안전기 실필 2201/2003/1802/1702/1002

㉠ 개요
- 아세틸렌 용접 시 역류 및 역화를 방지하기 위하여 설치한다.
- 안전기의 종류에는 수봉식과 건식이 있다.

㉡ 설치
- 사업주는 아세틸렌용접장치의 취관마다 안전기를 설치하여야 한다. 다만, 주관 및 취관에 가장 가까운 분기관(分岐管)마다 안전기를 부착한 경우에는 그러하지 아니하다.
- 사업주는 가스용기가 발생기와 분리되어 있는 아세틸렌용접장치에 대하여 발생기와 가스용기 사이에 안전기를 설치하여야 한다.

4과목 전기설비 안전관리

1102

61

Repetitive Learning 1회 2회 3회

정전기 발생에 영향을 주는 요인이 아닌 것은?

① 분리속도 ② 물체의 질량
③ 접촉면적 및 압력 ④ 물체의 표면상태

해설

- 정전기 발생에 영향을 주는 요인에는 물체의 표면상태, 물질의 분리속도와 특성, 대전이력, 접촉면적 및 압력 등이 있다.

정전기 발생에 영향을 주는 요인

㉠ 개요
- 정전기 발생에 영향을 주는 요인에는 물체의 표면상태, 물질의 분리속도와 특성, 대전이력, 접촉면적 및 압력 등이 있다.

㉡ 정전기 발생 요인

구분	내용
물질의 표면상태	물질 표면의 거칠기나 오염도가 높을수록 정전기 발생량이 많아진다.
물질의 분리속도	물질의 분리속도가 빠를수록 정전기 발생량이 많아진다.
물질의 접촉면적 및 압력	접촉면적이 넓을수록, 접촉압력이 클수록 정전기 발생량이 많아진다.
물질의 특성	대전서열이 멀어질수록 정전기 발생량이 많아진다.
물질의 대전이력	정전기 발생량은 처음 대전될 때가 가장 많고 발생횟수가 반복될수록 감소한다.

0902

62

입욕자에게 전기적 자극을 주기 위한 전기욕기의 전원장치에 내장되어 있는 전원 변압기의 2차측 전로의 사용전압은 몇 [V] 이하로 하여야 하는가?

① 10 ② 15
③ 30 ④ 60

해설

- 전기욕기의 전원장치에 내장되어 있는 전원 변압기의 2차측 전로의 사용전압은 10[V] 이하이어야 한다.

전기욕기
- 입욕자에게 전기적 자극을 주기 위한 장치이다.
- 내장되어 있는 전원 변압기의 2차측 전로의 사용전압은 10[V] 이하이어야 한다.
- 전기욕기용 전원장치의 금속제 외함 및 전선을 넣는 금속관에는 제3종 접지공사를 해야 한다.

정답 | 59 ④ 60 ④ 61 ② 62 ①

- 욕탕 안의 전극 간의 거리는 1[m] 이상이어야 한다.
- 전기욕기용 전원장치로부터 욕조 안의 전극까지의 전선 상호 간 및 전선과 대지 사이의 절연저항값은 0.1[MΩ] 이상이어야 한다.

1203

63 Repetitive Learning (1회 2회 3회)

피뢰기의 설치장소가 아닌 것은?(단, 직접 접속하는 전선이 짧은 경우 및 피보호기기가 보호범위 내에 위치하는 경우가 아니다)

① 저압을 공급받는 수용장소의 인입구
② 지중전선로와 가공전선로가 접속되는 곳
③ 가공전선로에 접속하는 배전용 변압기의 고압측
④ 발전소 또는 변전소의 가공전선 인입구 및 인출구

해설

- 피뢰기는 고압 및 특고압 가공전선로로부터 공급을 받는 수용장소의 인입구에 설치하여야 한다.

고압 및 특고압의 전로 중 피뢰기의 설치 대상

- 발전소 · 변전소 또는 이에 준하는 장소의 가공전선 인입구 및 인출구
- 가공전선로에 접속하는 배전용 변압기의 고압측 및 특고압측
- 고압 및 특고압 가공전선로로부터 공급을 받는 수용장소의 인입구
- 가공전선로와 지중전선로가 접속되는 곳

64 Repetitive Learning (1회 2회 3회)

저압 방폭구조 배선 중 노출 도전성 부분의 보호접지선으로 알맞은 항목은?

① 전선관이 충분한 지락전류를 흐르게 할 시에도 결합부에 본딩(Bonding)을 해야 한다.
② 전선관이 최대지락전류를 안전하게 흐르게 할 시 접지선으로 이용 가능하다.
③ 접지선의 전선 또는 선심은 그 절연피복을 흰색 또는 검정색을 사용한다.
④ 접지선은 1,000V 비닐절연전선 이상 성능을 갖는 전선을 사용한다.

해설

- 모든 도전성 부분은 본딩 등에 의하여 전위가 동일해질 수 있도록 하여야 한다. 단, 전선관이 지락전류를 안전하게 흘릴 수 있는 경우에는 본딩을 생략할 수 있다. 지락전류에 의해 전압이 형성되고 전위가 동일해지는 역할을 하기 때문에 본딩이 있을 필요가 없기 때문이다.
- 접지측 전선은 옅은 청색으로 하며, 부득이한 경우 백색(또는 회색)으로 할 수 있다.
- 접지선은 1,000V가 아닌 600V 비닐절연전선 이상 성능을 갖는 전선을 사용한다.

노출 도전성 부분의 보호접지선

- 노출 도전성 부분이란 충전부가 아니나 고장 시에 충전할 우려가 있고 사람이 쉽게 닿을 수 있는 전기기계 · 기구의 도전성 부분을 말한다.
- 보호접지선이란 노출 도전성 부분에 접지를 하기 위해 사용하는 전선으로 전선관이 최대지락전류를 안전하게 흐르게 할 때 접지선으로 이용 가능하다.
- 모든 도전성 부분은 본딩 등에 의하여 전위가 동일해질 수 있도록 하여야 한다. 단, 전선관이 지락전류를 안전하게 흘릴 수 있는 경우에는 본딩을 생략할 수 있다.

0603 / 1501 / 2101

65 Repetitive Learning (1회 2회 3회)

방폭전기설비의 용기 내부에서 폭발성 가스 또는 증기가 폭발하였을 때 용기가 그 압력에 견디고 접합면이나 개구부를 통해서 외부의 폭발성 가스나 증기에 인화되지 않도록 한 방폭구조는?

① 내압방폭구조
② 압력방폭구조
③ 유입방폭구조
④ 본질안전방폭구조

해설

- 압력방폭구조는 용기 내부에 보호가스를 압입하여 내부압력을 유지함으로써 폭발성 가스 또는 증기가 내부로 유입하지 않도록 한 방폭구조이다.
- 유입방폭구조는 전기불꽃, 아크 또는 고온이 발생하는 부분을 기름 속에 넣고, 기름면 위에 존재하는 폭발성 가스 또는 증기에 인화되지 않도록 한 구조를 말한다.
- 본질안전방폭구조는 폭발분위기에 노출되어 있는 기계 · 기구 내의 전기에너지, 권선 상호접속에 의한 전기불꽃 또는 열 영향을 점화에너지 이하의 수준까지 제한하는 것을 기반으로 하는 방폭구조를 말한다.

63 ① 64 ② 65 ① 정답

:: 내압방폭구조(EX d)

㉠ 개요

- 전폐형의 구조를 하고 있다.
- 방폭전기설비의 용기 내부에서 폭발성 가스 또는 증기가 폭발하였을 때 용기가 그 압력에 견디고 접합면이나 개구부를 통해서 외부의 폭발성 가스나 증기에 인화되지 않도록 한 방폭구조를 말한다.
- 외부의 폭발성 가스가 내부로 침입해서 폭발하였을 때 고열가스나 화염을 간극(Safe gap)을 통하여 서서히 방출시킴으로써 폭발화염이 외부로 전파되지 않으면서 냉각되는 방폭구조를 말한다.

㉡ 필요충분조건

- 폭발화염이 외부로 유출되지 않을 것
- 내부에서 폭발한 경우 그 압력에 견딜 것
- 외함의 표면온도가 외부의 폭발성 가스를 점화하지 않을 것

0402 / 0802 / 0903 / 1203 / 1302 / 1702

66 Repetitive Learning (1회 2회 3회)

전기시설의 직접 접촉에 의한 감전방지 방법으로 적절하지 않은 것은?

① 충전부는 내구성이 있는 절연물로 완전히 덮어 감쌀 것
② 충전부가 노출되지 않도록 폐쇄형 외함이 있는 구조로 할 것
③ 충전부에 충분한 절연효과가 있는 방호망 또는 절연 덮개를 설치할 것
④ 충전부는 관계자 외 출입이 용이한 전개된 장소에 설치하고 위험표시 등의 방법으로 방호를 강화할 것

해설

- 발전소·변전소 및 개폐소 등 구획되어 있는 장소로서 관계 근로자가 아닌 사람의 출입이 금지되는 장소에 충전부를 설치하고, 위험표시 등의 방법으로 방호를 강화해야 한다.

:: 전기기계·기구 등의 충전부에의 직접 접촉 방호대책 실필 1801

- 충전부가 노출되지 않도록 폐쇄형 외함(外函)이 있는 구조로 할 것
- 충전부에 충분한 절연효과가 있는 방호망이나 절연덮개를 설치할 것
- 충전부는 내구성이 있는 절연물로 완전히 덮어 감쌀 것
- 발전소·변전소 및 개폐소 등 구획되어 있는 장소로서 관계 근로자가 아닌 사람의 출입이 금지되는 장소에 충전부를 설치하고, 위험표시 등의 방법으로 방호를 강화할 것
- 전주 위 및 철탑 위 등 격리되어 있는 장소로서 관계 근로자가 아닌 사람이 접근할 우려가 없는 장소에 충전부를 설치할 것

67 Repetitive Learning (1회 2회 3회)

누전화재가 발생하기 전에 나타나는 현상으로 거리가 가장 먼 것은?

① 인체 감전현상
② 전등 밝기의 변화현상
③ 빈번한 퓨즈 용단현상
④ 전기사용 기계장치의 오동작 감소

해설

- 누전으로 인해 전기사용 기계장치에서 전원불량으로 오동작이 증가하면서 누전화재 발생 가능성이 커진다.

:: 누설전류와 누전화재

㉠ 누설전류

- 누설전류는 전류가 정상적으로 흐르지 않고 다른 곳으로 새어버리는 것을 말하며, 누전전류라고도 한다.
- 전선의 노후로 인하여 절연이 나빠져 발생(절연열화)하는데 이를 방지하기 위해 누전차단기를 설치한다.
- 누설전류로 인해 감전 및 화재 등이 발생하고, 전력의 손실이 증가하고, 전자기기의 고장이 발생한다.
- 저압의 전선로 중 절연부분의 전선과 대지 간 및 전선의 심선 상호 간의 절연저항은 사용전압에 대한 누설전류가 최대공급전류의 2,000분의 1을 넘지 아니하도록 유지하여야 한다.

㉡ 누전화재

- 누전으로 인하여 화재가 발생되기 전에 인체 감전, 전등 밝기의 변화, 빈번한 퓨즈의 용단, 전기사용 기계장치의 오동작 증가 등이 발생한다.
- 누전사고가 발생될 수 있는 취약 개소에는 비닐전선을 고정하는 지지용 스테이플, 정원 연못 조명 등에 전원공급용 지하매설 전선류, 분기회로 접속점은 나선으로 발열이 쉽도록 유지되는 곳 등이다.

68 Repetitive Learning (1회 2회 3회)

인체의 최소감지전류에 대한 설명으로 알맞은 것은?

① 인체가 고통을 느끼는 전류이다.
② 성인 남자의 경우 상용주파수 60[Hz] 교류에서 약 1[mA]이다.
③ 직류를 기준으로 한 값이며, 성인 남자의 경우 약 1[mA]에서 느낄 수 있는 전류이다.
④ 직류를 기준으로 여자의 경우 성인 남자의 70[%]인 0.7[mA]에서 느낄 수 있는 전류의 크기를 말한다.

정답 | 66 ④ 67 ④ 68 ②

해설

- 최소감지전류는 성인 남자의 경우 직류에서 5.2[mA]이며, 60[Hz] 교류(실효치)에서는 약 1[mA]이다.

최소감지전류

㉠ 개요
- 인체가 통전되었을 때 이를 인간이 감지할 수 있는 최소의 전류를 말한다.
- 전원의 종류, 전극의 형태 등에 따라 다르다.
- 성인 남자의 경우 직류에서 5.2[mA]이며, 60[Hz] 교류(실효치)에서는 약 1[mA]이다.
- 여자는 남자보다 더 민감하며, 교류의 경우 약 0.67[mA] 정도이다.

㉡ 전류의 형태 및 주파수에 따른 최소감지전류
- 직류는 교류에 비해 자극이 적어 최소감지전류가 교류에 비해 5배에 달한다.
- 주파수가 높을수록 자극이 적으므로 최소감지전류는 증가한다.

69 Repetitive Learning (1회 2회 3회)

그림에서 인체의 허용접촉전압은 약 몇 [V]인가?(단, 심실세동전류는 $\frac{0.165}{\sqrt{T}}$이며, 인체 저항 R_k=1,000[Ω], 발의 저항 R_f=300[Ω]이고, 접촉시간은 1[초]로 한다)

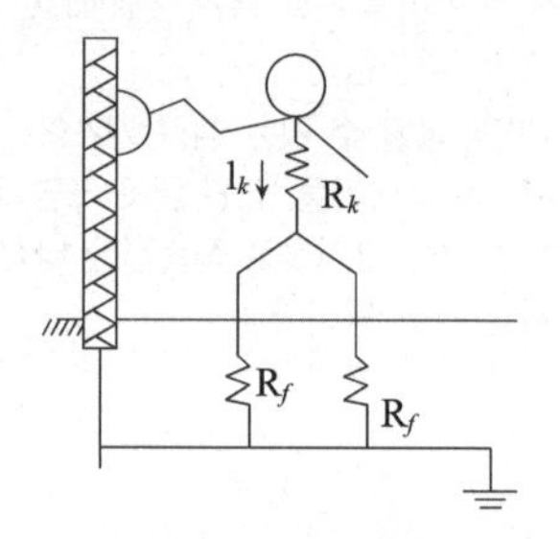

① 107 ② 132
③ 190 ④ 215

해설

- 주어진 값이 심실세동전류 $\frac{0.165}{\sqrt{T}}$이고, 통전시간은 1초, 인체의 저항 1,000[Ω], 발의 저항률 300[Ω]이므로 대입하면 $E = 0.165 \times \left(1,000 + \frac{1}{2} \times 300\right) = 0.165 \times 1,150 = 189.75$[V]이다.

허용접촉전압

- 접지한 도전성 구조물과 접촉 시 사람이 서 있는 곳의 전위와 그 근방 지표상의 지점 간의 전위차를 말한다.
- E = 심실세동전류 × (인체의 저항 + $\frac{1}{2}$ × 한쪽 발과 대지의 접촉저항)[V]으로 구한다.
- 한쪽 발과 대지의 접촉저항 = 3 × 지표면의 저항률[Ω · m]이다.

1001 / 2001

70 Repetitive Learning (1회 2회 3회)

교류 아크용접기에 전격방지기를 설치하는 요령 중 틀린 것은?

① 이완방지조치를 한다.
② 직각으로만 부착해야 한다.
③ 동작상태를 알기 쉬운 곳에 설치한다.
④ 테스트스위치는 조작이 용이한 곳에 위치시킨다.

해설

- 사용전류에 차이가 발생하는 문제로 전격방지장치는 직각으로 부착해야 한다. 단, 직각으로 부착이 어려울 때는 직각에 대해 20도를 넘지 않게 부착할 수도 있다.

교류 아크용접기에 전격방지기 설치요령

- 이완방지조치를 한다.
- 가능한 직각으로 부착하되, 직각 부착이 어려울 경우 직각에 대해 20° 범위 내에 부착해야 한다.
- 동작상태를 알기 쉬운 곳에 설치한다.
- 테스트스위치는 조작이 용이한 곳에 위치시킨다.

2001

71 Repetitive Learning (1회 2회 3회)

피뢰침의 제한전압이 800[kV], 충격절연강도가 1,000[kV]라 할 때, 보호여유도는 몇 [%]인가?

① 25 ② 33
③ 47 ④ 63

해설

- 제한전압이 800[kV], 충격절연강도가 1,000[kV]이므로 대입하면 $\frac{1,000-800}{800} \times 100 = 25$[%]이다.

피뢰기의 보호여유도

- 보호여유도란 보호기와 피보호기의 절연강도의 폭을 말한다.
- 부하차단 등에 의한 발전기의 전압상승을 고려한 값이다.
- 보호여유도 = $\frac{\text{충격절연강도} - \text{제한전압}}{\text{제한전압}} \times 100$[%]로 구한다.

69 ③ 70 ② 71 ① 정답

72 Repetitive Learning (1회 2회 3회)

물질의 접촉과 분리에 따른 정전기 발생량의 정도를 나타낸 것으로 틀린 것은?

① 표면이 오염될수록 크다.
② 분리속도가 빠를수록 크다.
③ 대전서열이 서로 멀수록 크다.
④ 접촉과 분리가 반복될수록 크다.

해설

• 정전기 발생량은 처음 대전될 때가 가장 많고 발생횟수가 반복할수록 감소한다.

정전기 발생에 영향을 주는 요인

문제 61번의 유형별 핵심이론 참조

1302

73 Repetitive Learning (1회 2회 3회)

감전 재해자가 발생하였을 때 취하여야 할 최우선 조치는? (단, 감전자가 질식상태라 가정함)

① 부상 부위를 치료한다.
② 심폐소생술을 실시한다.
③ 의사의 왕진을 요청한다.
④ 우선 병원으로 이동시킨다.

해설

• 인공호흡을 호흡정지 후 얼마나 빨리 실시하느냐에 따라 소생률의 차이가 크다. 1분 이내일 경우 95%, 3분 이내일 경우 75%, 4분 이내일 경우 50%의 소생률을 보인다.

인공호흡

㉠ 소생률

• 감전에 의해 호흡이 정지한 후에 인공호흡을 즉시 실시하면 소생할 수 있는 확률을 말한다.

1분 이내	95[%]
3분 이내	75[%]
4분 이내	50[%]
6분 이내	25[%]

㉡ 심장마사지

• 인공호흡은 매분 12~15회, 30분 이상 실시한다.
• 심장마사지 15회, 인공호흡 2회를 교대로 실시하는데 2인이 동시에 실시할 경우 심장마사지와 인공호흡을 약 5 : 1의 비율로 실시한다.

1101

74 Repetitive Learning (1회 2회 3회)

방폭지역 0종 장소로 결정해야 할 곳으로 틀린 것은?

① 인화성 또는 가연성 가스가 장기간 체류하는 곳
② 인화성 또는 가연성 물질을 취급하는 설비의 내부
③ 인화성 또는 가연성 액체가 존재하는 피트 등의 내부
④ 인화성 또는 가연성 증기의 순환통로를 설치한 내부

해설

• 인화성 또는 가연성 증기의 순환통로를 설치한 내부는 증기의 체류 가능성 여부에 따라 1종 혹은 2종 장소로 구분할 수 있다.

0종 장소

• 위험분위기가 지속적으로 또는 장기간 존재하는 장소를 말한다.
• 설비의 내부, 인화성 또는 가연성 가스, 물질, 액체, 증기가 존재하는 Tank의 내부, Pipe line 혹은 장치의 내부 등의 장소이다.

0903 / 1001 / 1703 / 1802

75 Repetitive Learning (1회 2회 3회)

인체통전으로 인한 전격(Electric shock)의 정도를 정함에 있어 그 인자로서 가장 거리가 먼 것은?

① 전압의 크기 ② 통전시간
③ 전류의 크기 ④ 통전경로

해설

• 감전위험에 영향을 주는 1차적인 요소에는 통전전류의 크기, 통전경로, 통전시간, 통전전원의 종류와 질이 있다.

감전위험에 영향을 주는 요인과 위험도

• 감전위험에 영향을 주는 1차적인 요소에는 통전전류의 크기, 통전경로, 통전시간, 통전전원의 종류와 질이 있다.
• 감전위험에 영향을 주는 2차적인 요소에는 인체의 조건, 주변 환경 등이 있다.
• 위험도는 통전전류의 크기 > 통전경로 > 통전시간 > 전원의 종류(교류 > 직류) > 주파수 및 파형 순이다.

76 Repetitive Learning (1회 2회 3회)

방전의 분류에 속하지 않는 것은?

① 연면방전 ② 불꽃방전
③ 코로나방전 ④ 스프레이방전

해설

• 정전기 방전현상의 종류에는 코로나방전, 스트리머방전, 불꽃방전, 연면방전 등이 있다.

정답 | 72 ④ 73 ② 74 ④ 75 ① 76 ④

정전기 방전

㉠ 개요

- 정전기의 전기적 작용에 의해 일어나는 전리작용을 말한다.
- 방전으로 인해 대전체에 축적되어 있던 정전에너지가 방전에너지로 방출되어 빛, 열, 소리, 전자파 등으로 변환되어 소멸된다.
- 정전기 방전현상의 종류에는 코로나방전, 스트리머방전, 불꽃방전, 연면방전 등이 있다.

㉡ 정전기 방전현상의 종류와 특징

- 코로나방전 – 전극 간의 전계가 불평등하면 불꽃방전 발생 전에 전계가 큰 부분에 발광현상과 함께 나타나는 방전을 말한다.
- 스트리머방전 – 전압 경도(傾度)가 공기의 파괴 전압을 초과했을 때 나타나는 초기 저전류 방전을 말한다.
- 불꽃방전 – 기체 내에 큰 전압이 걸릴 때 기체의 절연상태가 깨지면서 큰 소리와 함께 불꽃을 내는 방전을 말한다.
- 연면방전 – 공기 중에 놓여진 절연체의 표면을 따라 수지상(나뭇가지 형태)의 발광을 수반하는 방전이다.

1002

77 Repetitive Learning (1회 2회 3회)

정전용량 C=20[μF], 방전 시 전압 V=2[kV]일 때 정전에너지는 몇 [J]인가?

① 40 ② 80

③ 400 ④ 800

해설

- 정전용량(20μF)과 전압(2kV)이 주어진 상태에서 정전에너지를 구하는 문제이다.
- 주어진 값을 식에 대입하면 $\frac{1}{2}\times 20\times 10^{-6}\times(2\times 10^3)^2 = 10^{-5}\times 4\times 10^6 = 40$[J]이 된다.

전하량과 정전에너지

㉠ 전하량

- 평행한 축전기의 두 극판 사이의 거리가 일정할 때 양 극단에 걸린 전압 V가 클수록 더 많은 전하량 Q가 대전되게 된다.
- 전기 용량(C)은 단위 전압(V)당 물체가 저장하거나 물체에서 분리하는 전하의 양(Q)으로 $C=\frac{Q}{V}$로 구한다.

㉡ 정전에너지

- 물체에 정전기가 대전하면 축적되는 에너지 혹은 콘덴서에 전압을 가할 경우 축적되는 에너지를 말한다.
- $W=\frac{1}{2}CV^2=\frac{1}{2}QV=\frac{Q^2}{2C}$[J]로 구할 수 있다. 이때 C는 정전용량[F], V는 전압[V], Q는 전하[C]이다.

0501

78 Repetitive Learning (1회 2회 3회)

접지 저항치를 결정하는 저항이 아닌 것은?

① 접지선, 접지극의 도체저항

② 접지전극과 주회로 사이의 낮은 절연저항

③ 접지전극 주위의 토양이 나타내는 저항

④ 접지전극의 표면과 접하는 토양 사이의 접촉저항

해설

- 접지 저항치는 접지선, 접지극의 도체저항, 주변의 토양이 나타내는 저항, 접지전극의 표면과 접하는 토양 사이의 접촉저항으로 구성된다.

접지 저항치

㉠ 개요

- 전극과 대지 사이에 발생하는 접촉저항을 말한다.
- 접지저항 R[Ω] = $\rho\times f$로 구한다. ρ는 대지저항률[Ω×L]이고, f는 전극의 형상과 치수[1/L]이다.

㉡ 접지저항 구성 3요소

- 접지전극 주위의 토양성분의 저항(대지저항) : 가장 큰 영향
- 접지전극 표면과 접하는 토양 사이의 접촉저항
- 접지선 및 접지전극 자체의 도체저항 : 아주 적어 무시가능

79 Repetitive Learning (1회 2회 3회)

작업장소 중 제전복을 착용하지 않아도 되는 장소는?

① 상대 습도가 높은 장소

② 분진이 발생하기 쉬운 장소

③ LCD 등 Display 제조 작업 장소

④ 반도체 등 전기소자 취급 작업 장소

해설

- 습도가 높은 장소는 정전기 발생 가능성이 낮으므로 제전복을 착용하지 않아도 된다.

제전복

- 모발과 피부, 먼지나 미생물에 의하여 제조장소가 오염되는 것을 방지하기 위한 방진복의 기능에 정전기발생 방지기능을 부가한 작업복을 말한다.
- 작은 정전기에도 피해를 줄 수 있는 반도체, 전자, 제약 등의 현장에 필수적으로 착용한다.

77 ① 78 ② 79 ① 정답

0301

80

Repetitive Learning 1회 2회 3회

방폭지역에서 저압케이블 공사 시 사용해서는 안 되는 케이블은?

① MI 케이블
② 연피 케이블
③ 0.6/1[kV] 고무캡타이어 케이블
④ 0.6/1[kV] 폴리에틸렌 케이블

해설

- 방폭지역 저압케이블 공사에 0.6/1[kV] 고무캡타이어 케이블은 사용해서는 안 되며, 0.6/1[kV] 비닐절연 외장 케이블이나 0.6/1[kV] 콘크리트 직매용 케이블을 사용해야 한다.

방폭지역 저압케이블의 선정

- MI 케이블
- 600V 폴리에틸렌 외장 케이블(EV, EE, CV, CE)
- 600V 비닐절연 외장 케이블(VV)
- 600V 콘크리트 직매용 케이블(CB-VV, CB-EV)
- 제어용 비닐절연 비닐 외장 케이블(CVV)
- 연피 케이블
- 약전 계장용 케이블
- 보상도선
- 시내대 폴리에틸렌 절연 비닐 외장 케이블(CPEV)
- 시내대 폴리에틸렌 절연 폴리에틸렌 외장 케이블(CPEE)
- 강관 외장 케이블
- 강대 외장 케이블

5과목 화학설비 안전관리

1401

81

Repetitive Learning 1회 2회 3회

화재감지에 있어서 열감지 방식 중 차동식에 해당하지 않는 것은?

① 공기관식
② 열전대식
③ 바이메탈식
④ 열반도체식

해설

- 바이메탈식은 정온식 열감지기이다.

화재감지기

㉠ 개요
- 화재 시 발생되는 열이나 연기를 통해 화재를 감지하는 장치이다.
- 감지대상에 따라 열감지기, 연기감지기, 복합형감지기, 불꽃감지기로 구분된다.

㉡ 대표적인 감지기의 종류

열감지식	차동식	• 공기의 팽창을 감지 • 공기관식, 열전대식, 열반도체식
	정온식	열의 축적을 감지
	보상식	공기팽창과 열축적을 동시에 감지
연기감지식	광전식	광전소자의 입사광량 변화를 감지
	이온화식	이온전류의 변화를 감지
	감광식	광전식의 한 종류

1103

82

Repetitive Learning 1회 2회 3회

각 물질(A~D)의 폭발상한계와 하한계가 다음 [표]와 같을 때 다음 중 위험도가 가장 큰 물질은?

구분	A	B	C	D
폭발상한계	9.5	8.4	15.0	13
폭발하한계	2.1	1.8	5.0	2.6

① A　　② B
③ C　　④ D

해설

- 가스의 위험도를 구하면 다음과 같다.

	폭발하한값	폭발상한값	위험도
A	2.1	9.5	$\frac{7.4}{2.1}=3.52$
B	1.8	8.4	$\frac{6.6}{1.8}=3.67$
C	5.0	15.0	$\frac{10}{5}=2$
D	2.6	13	$\frac{10.4}{2.6}=4$

가스의 위험도 실필 1603

- 폭발을 일으키는 가연성 가스의 위험성의 크기를 나타낸다.
- $H=\frac{(U-L)}{L}$

H : 위험도
U : 폭발상한계
L : 폭발하한계

정답 | 80 ③ 81 ③ 82 ④

0403

83

Repetitive Learning 1회 2회 3회

NH_4NO_3의 가열, 분해로부터 생성되는 무색의 가스로 일명 웃음가스라고도 하는 것은?

① N_2O　　② NO_2
③ N_2O_4　　④ NO

해설

- 이산화질소(NO_2)는 냄새가 자극적인 적갈색 기체로 화석연료의 연소 후 결과물로 생성되어 지구 온난화의 주범으로 꼽힌다.
- 사산화이질소(N_2O_4)는 강한 독성과 부식을 일으키는 산화제로 로켓 연료와 함께 접촉점화성 추진제로 사용된다.
- 산화질소(NO)는 무색의 기체로 강력한 혈관확장물질이다.

:: 아산화질소(N_2O)

- 질소산화물의 한 종류로 NH_4NO_3의 가열, 분해로부터 생성되는 무색의 가스이다.
- 흡입할 경우 고통에 무감각해지고 웃음을 짓게 한다고 하여 웃음가스라고도 한다.
- 향기로운 냄새와 단맛을 지닌다.

0803 / 2102

84

Repetitive Learning 1회 2회 3회

다음 중 분진폭발의 특징으로 옳은 것은?

① 가스폭발보다 연소시간이 짧고, 발생에너지가 작다.
② 압력의 파급속도보다 화염의 파급속도가 빠르다.
③ 가스폭발에 비하여 불완전연소가 적게 발생한다.
④ 주위의 분진에 의해 2차, 3차의 폭발로 파급될 수 있다.

해설

- 분진폭발은 가스폭발보다 연소시간이 길고 발생에너지가 크다.
- 화염의 파급속도보다 압력의 파급속도가 더 크다.
- 가스에 비하여 불완전연소를 일으키기 쉽다.

:: 분진의 발화폭발

㉠ 조건

- 분진이 발화폭발하기 위한 조건은 가연성, 미분상태, 공기 중에서의 교반과 유동 및 점화원의 존재이다.

㉡ 특징

- 화염의 파급속도보다 압력의 파급속도가 더 크다.
- 폭발한계 내에서 분진의 휘발성분이 많을수록 폭발하기 쉽다.
- 가스폭발에 비해 연소속도나 폭발압력은 작으나 연소시간이 길고 발생에너지가 크기 때문에 파괴력과 연소정도가 크다.
- 가스에 비하여 불완전연소를 일으키기 쉬우므로 연소 후 가스에 의한 중독 위험이 존재한다.
- 폭발 시 입자가 비산하므로 이것에 부딪치는 가연물은 국부적으로 심한 탄화를 일으킨다.

2201

85

Repetitive Learning 1회 2회 3회

자연발화성을 가진 물질이 자연발열을 일으키는 원인으로 거리가 먼 것은?

① 분해열
② 증발열
③ 산화열
④ 중합열

해설

- 자연발화를 일으키는 원인에는 산화열, 분해열, 중합열, 흡착열 등이 있다.

:: 자연발화

㉠ 개요

- 물질이 고유의 성질로 인해 스스로 발열반응을 통해 발생한 열을 장기간 축적하여 발화하는 현상이다.
- 자연발화를 일으키는 원인에는 산화열, 분해열, 중합열, 흡착열 등이 있다.

㉡ 발화하기 쉬운 조건

- 분해열에 의해 자연발화가 발생할 수 있다.
- 입자의 표면적이 넓을수록 자연발화가 발생하기 쉽다.
- 고온다습한 환경에서 자연발화가 발생하기 쉽다.
- 열의 축적은 자연발화를 일으킬 수 있는 인자이다.

0702 / 1302 / 2101

86

다음 중 누설 발화형 폭발재해의 예방 대책으로 가장 거리가 먼 것은?

① 발화원 관리
② 밸브의 오동작 방지
③ 가연성 가스의 연소
④ 누설물질의 검지 경보

해설

- 가연성 가스의 연소는 자연스러운 반응으로 폭발재해의 예방 대책이 될 수 없다.

83 ① 84 ④ 85 ② 86 ③ 정답

누설 발화형 폭발

㉠ 개요

단순 착화형 재해의 한 종류로 용기에서 위험물질이 밖으로 누설된 후 이것이 착화하여 폭발이나 재해를 일으키는 형태를 말한다.

㉡ 예방 대책

- 발화원 관리
- 밸브의 오동작 방지
- 위험물질의 누설 방지
- 누설물질의 검지 정보

1003 / 1301 / 2101

87

Repetitive Learning (1회 2회 3회)

다음 중 최소발화에너지(E[J])를 구하는 식으로 옳은 것은?(단, I는 전류[A], R은 저항[Ω], V는 전압[V], C는 콘덴서용량[F], T는 시간[초]이라 한다)

① $E = I^2RT$　② $E = 0.24I^2RT$

③ $E = \frac{1}{2}CV^2$　④ $E = \frac{1}{2}\sqrt{CV}$

해설

- 발화에너지의 양은 $W = \frac{1}{2}CV^2$[J]로 구한다.

최소발화에너지(MIE : Minimum Ignition Energy)

㉠ 개요

- 공기 중에 가연성 가스나 증기 또는 폭발성분이 존재할 때 이를 발화시키는 데 필요한 최저의 에너지를 말한다.
- 발화에너지의 양은 $W = \frac{1}{2}CV^2$[J]로 구한다.
- 단위는 밀리줄[mJ] / 줄[J]을 사용한다.

㉡ 특징

- 압력, 온도, 산소농도, 연소속도에 반비례한다.
- 유체의 유속이 높아지면 최소발화에너지는 커진다.
- 불활성 기체의 첨가는 발화에너지를 크게 하고, 혼합기체의 전압이 낮아도 발화에너지는 커진다.
- 일반적으로 화학양론농도보다도 조금 높은 농도일 때에 최솟값이 된다.

88

Repetitive Learning (1회 2회 3회)

다음 중 분진폭발을 일으킬 위험이 가장 높은 물질은?

① 염소　② 마그네슘

③ 산화칼슘　④ 에틸렌

해설

- 분진폭발의 위험은 금속분(알루미늄분, 마그네슘, 스텔라이트 등), 유황, 적린, 곡물(소맥분) 등에 주로 존재한다.

분진의 폭발위험성

㉠ 개요

- 분진폭발의 위험은 금속분(알루미늄분, 마그네슘, 스텔라이트 등), 유황, 적린, 곡물(소맥분) 등에 주로 존재한다.
- 분진의 폭발성에 영향을 주는 요인에는 분진의 화학적 성질과 조성, 분진입도와 입도분포, 분진입자의 형상과 표면의 상태, 수분, 분진의 부유성, 폭발범위, 발화도, 산소농도, 가연성 기체의 농도 등이 있다.
- 분진의 폭발요인 중 화학적 인자에는 연소열, 분진의 화학적 성질과 조성 등이 있다.

㉡ 폭발위험 증대 조건

• 발열량(연소열)이 클수록 • 입자의 표면적이 클수록 • 분위기 중 산소농도가 클수록 • 입자의 형상이 복잡할수록 • 분진의 초기 온도가 높을수록	• 분진의 입경이 작을수록 • 분진 내 수분농도가 작을수록
폭발의 위험은 더욱 커진다.	

89

Repetitive Learning (1회 2회 3회)

사업주는 특수화학설비를 설치할 때 내부의 이상상태를 조기에 파악하기 위하여 필요한 계측장치를 설치하여야 한다. 다음 중 이에 해당하는 특수화학설비가 아닌 것은?

① 발열반응이 일어나는 반응장치

② 증류, 증발 등 분리를 행하는 장치

③ 가열로 또는 가열기

④ 액체의 누설을 방지하는 방유장치

해설

- ①, ②, ③ 외에 가열시켜 주는 물질의 온도가 가열되는 위험물질의 분해온도 또는 발화점보다 높은 상태에서 운전되는 설비, 반응폭주 등 이상 화학반응에 의하여 위험물질이 발생할 우려가 있는 설비, 온도가 섭씨 350[℃] 이상이거나 게이지 압력이 980[kPa] 이상인 상태에서 운전되는 설비 등이 계측장치의 설치가 요구되는 특수 화학설비에 해당한다.

정답 | 87 ③　88 ②　89 ④

계측장치를 설치해야 하는 특수 화학설비

㉠ 계측장치 설치 특수 화학설비의 종류

- 발열반응이 일어나는 반응장치
- 증류·정류·증발·추출 등 분리를 하는 장치
- 가열시켜 주는 물질의 온도가 가열되는 위험물질의 분해온도 또는 발화점보다 높은 상태에서 운전되는 설비
- 반응폭주 등 이상 화학반응에 의하여 위험물질이 발생할 우려가 있는 설비
- 온도가 섭씨 350도 이상이거나 게이지 압력이 980킬로파스칼 이상인 상태에서 운전되는 설비
- 가열로 또는 가열기 등이 있다.

㉡ 대표적인 위험물질별 기준량

- 인화성 가스(수소, 아세틸렌, 에틸렌, 메탄, 에탄, 프로판, 부탄 등) : $50m^3$
- 인화성 액체(에틸에테르·가솔린·아세트알데히드·산화프로필렌 등) : 200L
- 급성독성물질(시안화수소·플루오르아세트산·소디움염·디옥신 등) : 5kg
- 급성독성물질(산화제2수은·시안화나트륨·시안화칼륨·폴리비닐알코올·2-클로로아세트알데히드·염화제2수은 등) : 20kg

1103 / 1902

90 Repetitive Learning (1회 2회 3회)

가스 또는 분진폭발 위험장소에 설치되는 건축물의 내화구조를 설명한 것으로 틀린 것은?

① 건축물 기둥 및 보는 지상 1층까지 내화구조로 한다.
② 위험물 저장·취급용기의 지지대는 지상으로부터 지지대의 끝부분까지 내화구조로 한다.
③ 건축물 주변에 자동소화설비를 설치한 경우 건축물 화재 시 1시간 이상 그 안전성을 유지한 경우는 내화구조로 하지 않을 수 있다.
④ 배관·전선관 등의 지지대는 지상으로부터 1단까지 내화구조로 본다.

해설

- 건축물 등의 주변에 화재에 대비하여 물 분무시설 또는 폼 헤드(Foam head)설비 등의 자동소화설비를 설치하여 건축물 등이 화재 시에 2시간 이상 그 안전성을 유지할 수 있도록 한 경우에는 내화구조로 하지 않을 수 있다.

내화기준 실필 1703

건축물의 기둥 및 보	지상 1층(높이 6m)까지 내화구조로 한다.
위험물 저장·취급용기의 지지대	지상으로부터 지지대의 끝부분까지 내화구조로 한다.
배관·전선관 등의 지지대	지상으로부터 1단(높이 6m)까지 내화구조로 한다.

- 건축물 등의 주변에 화재에 대비하여 물 분무시설 또는 폼 헤드(Foam head)설비 등의 자동소화설비를 설치하여 건축물 등이 화재 시에 2시간 이상 그 안전성을 유지할 수 있도록 한 경우에는 내화구조로 하지 않을 수 있다.

0303

91 Repetitive Learning (1회 2회 3회)

고압가스의 분류 중 압축가스에 해당되는 것은?

① 질소 ② 프로판
③ 산화에틸렌 ④ 염소

해설

- 주로 산소, 수소, 질소, 메탄 등을 압축하여 압축가스로 공급한다.
- 프로판, 산화에틸렌, 염소는 압축 후 액화하여 액화가스로 공급한다.

압축가스

- 압력을 가하여 부피를 수축시킨 기체로 보통 상온에서 액화하지 않을 정도로 압축한 가스로 액화하지 않아 기체상태로 압축한 가스를 말한다.
- 주로 산소, 수소, 질소, 메탄 등을 압축하여 공급한다.

1203 / 1902

92 Repetitive Learning (1회 2회 3회)

건조설비를 사용하여 작업을 하는 경우에 폭발이나 화재를 예방하기 위하여 준수하여야 하는 사항으로 틀린 것은?

① 위험물 건조설비를 사용하는 경우에는 미리 내부를 청소하거나 환기할 것
② 위험물 건조설비를 사용하여 가열·건조하는 건조물은 쉽게 이탈되도록 할 것
③ 고온으로 가열·건조한 인화성 액체는 발화의 위험이 없는 온도로 냉각한 후에 격납시킬 것
④ 바깥 면이 현저히 고온이 되는 건조설비에 가까운 장소에는 인화성 액체를 두지 않도록 할 것

90 ③ 91 ① 92 ② 정답

해설

- 위험물 건조설비를 사용하여 가열·건조하는 건조물은 쉽게 이탈되지 않도록 해야 한다.

건조설비의 사용 시 주의사항

- 위험물 건조설비를 사용하는 경우에는 미리 내부를 청소하거나 환기할 것
- 위험물 건조설비를 사용하는 경우에는 건조로 인하여 발생하는 가스·증기 또는 분진에 의하여 폭발·화재의 위험이 있는 물질을 안전한 장소로 배출시킬 것
- 위험물 건조설비를 사용하여 가열·건조하는 건조물은 쉽게 이탈되지 않도록 할 것
- 고온으로 가열·건조한 인화성 액체는 발화의 위험이 없는 온도로 냉각한 후에 격납시킬 것
- 바깥 면이 현저히 고온이 되는 건조설비의 가까운 장소에는 인화성 액체를 두지 않도록 할 것

93

Repetitive Learning 

트리에틸알루미늄에 화재가 발생하였을 때 다음 중 가장 적합한 소화약제는?

① 팽창질석　　② 할로겐화합물
③ 이산화탄소　　④ 물

해설

- 트리에틸알루미늄은 황린, 칼륨, 나트륨과 같은 3류 위험물(자연발화성 물질 및 금수성 물질)로 물과 반응하면 폭발적으로 반응하므로 주로 팽창질석이나 건조사를 이용해 질식소화 방법으로 소화한다.

금수성 물질의 소화

- 금속나트륨을 비롯한 금속분말은 물과 반응하면 급속히 연소되므로 주수소화를 금해야 한다.
- 금수성 물질로 인한 화재는 주로 팽창질석이나 건조사를 화재면에 덮는 질식방법으로 소화해야 한다.
- 금수성 물질에 대한 적응성이 있는 소화기는 분말소화기 중 탄산수소염류소화기이다.

0401 / 1401

94

Repetitive Learning 

액화 프로판 310[kg]을 내용적 50[L] 용기에 충전할 때 필요한 소요 용기의 수는 몇 개인가?(단, 액화 프로판 가스정수는 2.350이다)

① 15　　② 17
③ 19　　④ 21

해설

- 1개의 가스용기에 수용 가능한 가스의 질량을 구해야 310kg의 가스를 보관하기 위해 필요한 용기의 수를 구할 수 있다.
- 1개의 가스용기에는 $\frac{50}{2.35}=21.28$[kg]을 저장할 수 있다.
- 전체 가스의 질량이 310kg이므로 필요한 용기 수는 $\frac{310}{21.28}=14.56$[개]이다.

액화 석유가스의 질량 계산

- 액화 석유가스의 질량을 G, 용기의 내용적을 V, 가스정수를 C라 할 때 $G=\frac{V}{C}$[kg]으로 구할 수 있다.
- 가스정수는 프로판의 경우 2.35, 부탄은 2.05이다.

0901

95

Repetitive Learning 

산업안전보건법령상 위험물질의 종류와 해당 물질의 연결이 옳은 것은?

① 폭발성 물질 : 마그네슘 분말
② 인화성 고체 : 중크롬산
③ 산화성 물질 : 니트로소화합물
④ 인화성 가스 : 에탄

해설

- 마그네슘 분말은 가연성 고체에 해당한다.
- 중크롬산은 산화성 액체 및 산화성 고체에 해당한다.
- 니트로소화합물은 폭발성 물질 및 유기과산화물에 해당한다.

위험물질의 분류와 그 종류 실필 1403/1101/1001/0803/0802

구분	종류
산화성 액체 및 산화성 고체	차아염소산, 아염소산, 염소산, 과염소산, 브롬산, 요오드산, 과산화수소 및 무기 과산화물, 질산 및 질산칼륨, 질산나트륨, 질산암모늄, 그 밖의 질산염류, 과망간산, 중크롬산 및 그 염류
가연성 고체	황화린, 적린, 유황, 철분, 금속분, 마그네슘, 인화성 고체
물반응성 물질 및 인화성 고체	리튬, 칼륨·나트륨, 황, 황린, 황화린·적린, 셀룰로이드류, 알킬알루미늄·알킬리튬, 마그네슘 분말, 금속 분말, 알칼리금속, 유기금속화합물, 금속의 수소화물, 금속의 인화물, 칼슘 탄화물, 알루미늄 탄화물
인화성 액체	에틸에테르, 가솔린, 아세트알데히드, 산화프로필렌, 노말헥산, 아세톤, 메틸에틸케톤, 메틸알코올, 에틸알코올, 이황화탄소, 크실렌, 아세트산아밀, 등유, 경유, 테레핀유, 이소아밀알코올, 아세트산, 하이드라진

인화성 가스	수소, 아세틸렌, 에틸렌, 메탄, 에탄, 프로판, 부탄
폭발성 물질 및 유기과산화물	질산에스테르류, 니트로 화합물, 니트로소 화합물, 아조 화합물, 디아조 화합물, 하이드라진 유도체, 유기과산화물
부식성 물질	농도 20% 이상인 염산·황산·질산, 농도 60% 이상인 인산·아세트산·불산, 농도 40% 이상인 수산화나트륨·수산화칼륨

1403 / 1902 / 2103

96

Repetitive Learning 1회 2회 3회

다음 가스 중 가장 독성이 큰 것은?

① CO ② $COCl_2$

③ NH_3 ④ H_2

해설

- $COCl_2$는 포스겐이라고 불리는 맹독성 가스로 불소와 함께 가장 강한(TWA 0.1) 독성물질이다.

TWA(Time Weighted Average) 실필 1301

- 시간가중 평균노출기준이라고 한다.
- 1일 8시간 작업을 기준으로 유해요인의 측정치에 발생시간을 곱하여 8로 나눈 값이다.
- 독성이 강할수록 TWA값은 작아진다.

유독물질	포스겐/불소	염소	니트로벤젠 염화수소	사염화탄소	나프탈렌	일산화탄소	아세톤	이산화탄소
TWA (ppm)	0.1	0.5	1	5	10	30	500	5,000
독성	← 강하다						약하다 →	

97

Repetitive Learning 1회 2회 3회

가연성 기체의 분출 화재 시 주 공급밸브를 닫아서 연료공급을 차단하여 소화하는 방법은?

① 제거소화 ② 냉각소화

③ 희석소화 ④ 억제소화

해설

- 가연성 기체의 분출 화재 시 주 공급밸브를 닫아서 연료공급을 차단하여 소화하는 방법은 가장 대표적인 제거소화법의 예이다.

제거소화법

- 가연물의 공급을 제한하여 소화시키는 방법을 말한다.
- 가연성 기체의 분출 화재 시 주 공급밸브를 닫아서 연료공급을 차단하여 소화하는 방법, 금속화재의 경우 불활성 물질로 가연물을 덮어 미연소 부분과 분리하는 방법, 연료 탱크를 냉각하여 가연성 가스의 발생 속도를 작게하여 연소를 억제하는 방법 등이 있다.

0902 / 1003

98

Repetitive Learning 1회 2회 3회

다음 중 산업안전보건법령상 물질안전보건자료의 작성·비치 제외 대상이 아닌 것은?

① 원자력법에 의한 방사성 물질

② 농약관리법에 의한 농약

③ 비료관리법에 의한 비료

④ 관세법에 의해 수입되는 공업용 유기용제

해설

- 물질안전보건자료의 작성·비치 등 제외 제제에 관세법과 관련하여 수입되는 물품에 대한 대상은 존재하지 않는다.
- 물질안전보건자료의 작성·비치 등 제외 제제에는 방사성 물질, 의약품·의약외품, 화장품, 마약 및 향정신성의약품, 농약, 사료, 비료, 식품 및 식품첨가물, 화약류, 폐기물, 의료기기 등이 있다.

물질안전보건자료의 작성·비치 등 제외 제제 실필 1702/1501/1201

- 원자력안전법에 따른 방사성 물질
- 약사법에 따른 의약품·의약외품
- 화장품법에 따른 화장품
- 마약류 관리에 관한 법률에 따른 마약 및 향정신성의약품
- 농약관리법에 따른 농약
- 사료관리법에 따른 사료
- 비료관리법에 따른 비료
- 식품위생법에 따른 식품 및 식품첨가물
- 총포·도검·화약류 등의 안전관리에 관한 법률에 따른 화약류
- 폐기물관리법에 따른 폐기물
- 의료기기법에 따른 의료기기

0801

99

다음 중 산업안전보건법령상 화학설비의 부속설비로만 이루어진 것은?

① 사이클론, 백필터, 전기집진기 등 분진처리설비

② 응축기, 냉각기, 가열기, 증발기 등 열교환기류

③ 고로 등 점화기를 직접 사용하는 열교환기류

④ 혼합기, 발포기, 압출기 등 화학제품 가공설비

해설

- ②, ③, ④는 모두 화학설비에 해당한다.

96 ② 97 ① 98 ④ 99 ① 정답

:: 화학설비의 부속설비

- 배관·밸브·관·부속류 등 화학물질 이송 관련 설비
- 온도·압력·유량 등을 지시·기록하는 자동제어 관련 설비
- 안전밸브·안전판·긴급차단 또는 방출밸브 등 비상조치 관련 설비
- 가스누출감지 및 경보 관련 설비
- 세정기, 응축기, 벤트스택(Vent stack), 플레어스택(Flare stack) 등 폐가스 처리설비
- 사이클론, 백필터(Bag filter), 전기집진기 등 분진처리설비
- 위의 부속설비를 운전하기 위하여 부속된 전기 관련 설비
- 정전기 제거장치, 긴급 샤워설비 등 안전 관련 설비

100 ——— Repetitive Learning (1회 2회 3회)

증류탑에서 포종탑 내에 설치되어 있는 포종의 주요 역할로 옳은 것은?

① 압력을 증가시켜주는 역할
② 탑내 액체를 이송하는 역할
③ 화학적 반응을 시켜주는 역할
④ 증기와 액체의 접촉을 용이하게 해주는 역할

해설

- 포종탑 내의 포종은 증기와 액체의 접촉을 용이하게 해주는 역할을 수행한다.

:: 포종탑(Bubble cap tower)

- 증류탑 및 흡수탑으로 증류장치에 가장 일반적으로 사용되는 계단탑이다.
- 포종탑 내의 포종은 증기와 액체의 접촉을 용이하게 해주는 역할을 수행한다.
- 비교적 소량의 액량으로 조작이 가능하나, 구조가 복잡하고 대형이어서 가격이 비싸다.

6과목 건설공사 안전관리

0402

101 ——— Repetitive Learning

작업발판 및 통로의 끝이나 개구부로서 근로자가 추락할 위험이 있는 장소에서 난간 등의 설치가 매우 곤란하거나 작업의 필요상 임시로 난간 등을 해체하여야 하는 경우에 설치하여야 하는 것은?

① 구명구 ② 수직보호망
③ 추락방호망 ④ 석면포

해설

- 작업발판 및 통로의 끝이나 개구부로서 근로자가 추락할 위험이 있는 장소에서 난간 등의 설치가 매우 곤란하거나 작업의 필요상 임시로 난간 등을 해체하여야 하는 경우에 추락방호망을 설치해야 한다.

:: 추락방호망

- 추락방호망이란 고소작업 중 작업자의 추락 및 물체의 낙하를 방지하기 위하여 수평으로 설치하는 보호망을 말한다.
- 작업발판 및 통로의 끝이나 개구부로서 근로자가 추락할 위험이 있는 장소에서 난간 등의 설치가 매우 곤란하거나 작업의 필요상 임시로 난간 등을 해체하여야 하는 경우에 설치해야 한다.

102 ——— Repetitive Learning

지반조사의 목적에 해당되지 않는 것은?

① 토질의 성질 파악
② 지층의 분포 파악
③ 지하수위 및 피압수 파악
④ 구조물의 편심에 의한 적절한 침하 유도

해설

- 지반조사는 대상 지반의 정보(토질, 지층분포, 지하수위 및 피압수, 암석 및 암반 등 구조물의 계획·설계·시공에 관련된 정보)를 획득하기 위한 방법으로 지반의 특성을 규명하여 관계자에게 제공함으로써 안전하고 효율적인 공사를 할 수 있도록 한다.

:: 지반조사

㉠ 개요

- 대상 지반의 정보(토질, 지층분포, 지하수위 및 피압수, 암석 및 암반 등 구조물의 계획·설계·시공에 관련된 정보)를 획득하기 위한 방법이다.
- 지반의 특성을 규명하여 관계자에게 제공함으로써 안전하고 효율적인 공사를 할 수 있도록 한다.
- 직접적인 지반조사 방법에는 현장답사, 시험굴조사, 물리탐사, 사운딩, 시추조사, 원위치시험 등이 있다.
- 예비조사, 본조사, 보완조사, 특정조사 등의 단계로 진행한다.

정답 | 100 ④ 101 ③ 102 ④

㉡ 예비조사 항목
- 인근 지반의 지반조사 기존자료나 시공자료 수집
- 기상조건 변동에 따른 영향 검토
- 주변의 환경(하천, 지표지질, 도로, 교통 등)
- 인접 구조물의 크기 및 형식, 상황 조사
- 지형이나 우물의 형상 조사
- 물리탐사, 시추 및 시험굴 조사

0803

103 —— Repetitive Learning (1회 2회 3회)

풍화암의 굴착면 붕괴에 따른 재해를 예방하기 위한 굴착면의 적정한 기울기 기준은?

① 1 : 1.5　　② 1 : 1.0

③ 1 : 0.5　　④ 1 : 0.3

해설

- 풍화암은 1 : 1.0의 구배를 갖도록 한다.

:: 굴착면 기울기 기준

지반의 종류	기울기
모래	1 : 1.8
연암 및 풍화암	1 : 1.0
경암	1 : 0.5
그 밖의 흙	1 : 1.2

0803 / 2101

104 —— Repetitive Learning (1회 2회 3회)

크레인 등 건설장비의 가공전선로 접근 시 안전대책으로 거리가 먼 것은?

① 안전이격거리를 유지하고 작업한다.

② 장비의 조립, 준비 시부터 가공전선로에 대한 감전 방지 수단을 강구한다.

③ 장비 사용 현장의 장애물, 위험물 등을 점검 후 작업계획을 수립한다.

④ 장비를 가공전선로 밑에 보관한다.

해설

- 가공전선로 아래는 대단히 위험하므로 장비 등을 보관해서는 안 된다.

:: 차량 및 기계장비의 가공전선로 접근 시 안전대책
- 접근제한거리를 유지하고 작동시켜야 한다.
- 작업자는 정격전압에 적합한 보호장구를 착용하여야 한다.
- 지상의 작업자는 충전전로에 근접되어 있는 차량이나 기계장치 또는 그 어떠한 부착물과도 접촉하여서는 안 된다.
- 접지된 차량이나 기계장비가 충전된 가공선로에 접근할 위험이 있는 경우, 지상에서 작업하는 작업자는 접지점 부근에 있어서는 안 된다.
- 장비의 조립, 준비 시부터 가공전선로에 대한 감전 방지 수단을 강구한다.
- 장비 사용 현장의 장애물, 위험물 등을 점검 후 작업계획을 수립한다.

0503

105 —— Repetitive Learning (1회 2회 3회)

다음 중 차량계 건설기계에 속하지 않는 것은?

① 불도저

② 스크레이퍼

③ 타워크레인

④ 항타기

해설

- 크레인은 양중기로 차량계 건설기계에 포함되지 않는다.

:: 차량계 건설기계

㉠ 개요
- 차량계 건설기계란 동력원을 사용하여 특정되지 아니한 장소로 스스로 이동할 수 있는 건설기계이다.

㉡ 차량계 건설기계의 종류
- 도저형 건설기계(불도저, 스트레이트도저, 틸트도저, 앵글도저, 버킷도저 등)
- 모터그레이더
- 로더(포크 등 부착물 종류에 따른 용도 변경 형식을 포함)
- 스크레이퍼
- 크레인형 굴착기계(크램쉘, 드래그라인 등)
- 굴삭기(브레이커, 크러셔, 드릴 등 부착물 종류에 따른 용도 변경 형식을 포함)
- 항타기 및 항발기
- 천공용 건설기계(어스드릴, 어스오거, 크롤러드릴, 점보드릴 등)
- 지반 압밀침하용 건설기계(샌드드레인머신, 페이퍼드레인머신, 팩드레인머신 등)
- 지반 다짐용 건설기계(타이어롤러, 매커덤롤러, 탠덤롤러 등)
- 준설용 건설기계(버킷준설선, 그래브준설선, 펌프준설선 등)
- 콘크리트 펌프카
- 덤프트럭
- 콘크리트 믹서 트럭
- 도로포장용 건설기계(아스팔트살포기, 콘크리트살포기, 아스팔트피니셔, 콘크리트피니셔 등)

103 ② 104 ④ 105 ③ 정답

106 Repetitive Learning (1회 2회 3회)

산업안전보건관리비 계상 및 사용기준에 따른 공사 종류별 계상기준으로 옳은 것은?(단, 철도·궤도신설공사이고, 대상액이 5억원 미만인 경우)

① 1.85% ② 2.45%
③ 3.09% ④ 3.43%

해설

- 공사종류가 철도·궤도신설공사이고, 대상액이 5억원 미만이라면 계상기준은 2.45%이다.

안전관리비 계상기준 실필 1402

- 공사종류 및 규모별 안전관리비 계상기준표

	5억원 미만	5억원 이상 50억원 미만		50억원 이상
		비율(X)	기초액(C)	
일반건설공사(갑)	2.93%	1.86%	5,349,000원	1.97%
일반건설공사(을)	3.09%	1.99%	5,499,000원	2.10%
중 건 설 공 사	3.43%	2.35%	5,400,000원	2.44%
철도·궤도신설공사	2.45%	1.57%	4,411,000원	1.66%
특수 및 기타건설공사	1.85%	1.20%	3,250,000원	1.27%

- 대상액이 5억원 미만 또는 50억원 이상일 경우에는 대상액에 표에서 정한 비율을 곱한 금액
- 대상액이 5억원 이상 50억원 미만일 때에는 대상액에 별표에서 정한 비율을 곱한 금액에 기초액을 합한 금액
- 대상액이 구분되어 있지 않은 공사는 도급계약 또는 자체사업계획상의 총 공사금액의 70%를 대상액으로 하여 안전관리비를 계상하여야 한다.
- 발주자가 재료를 제공하거나 물품이 완제품의 형태로 제작 또는 납품되어 설치되는 경우에 해당 재료비 또는 완제품의 가액을 대상액에 포함시킬 경우의 안전관리비는, 해당 재료비 또는 완제품의 가액을 포함시키지 않은 대상액을 기준으로 계상한 안전관리비의 1.2배를 초과할 수 없다.

107 Repetitive Learning (1회 2회 3회)

건설공사 시공단계에 있어서 안전관리의 문제점에 해당되는 것은?

① 발주자의 조사, 설계 발주능력 미흡
② 용역자의 조사, 설계능력 부실
③ 발주자의 감독 소홀
④ 사용자의 시설 운영관리 능력 부족

해설

- 최근 들어 건설공사 시공단계에 발주자의 감독 책임 및 역할을 강조하고 있어 발주자와 설계자의 책임 및 역할이 추가되었다.

全 생애주기형 안전관리체계

- 시공단계의 안전관리 체계에 발주자와 설계자의 책임 및 역할을 추가하였다.
- 현행 시공단계 중심의 안전관리 체계를 설계·착공·시공·준공단계를 아우르도록 개선하였다.

108 Repetitive Learning (1회 2회 3회)

유해·위험방지계획서를 제출하려고 할 때 그 첨부서류와 가장 거리가 먼 것은?

① 공사개요서
② 산업안전보건관리비 작성요령
③ 전체공정표
④ 재해발생 위험 시 연락 및 대피방법

해설

- 산업안전보건관리비 작성요령이 아니라 산업안전보건관리비 사용계획이 되어야 한다.

유해·위험방지계획서 제출 시 첨부서류 실필 2302/1303/0903

구분	내용
공사개요 및 안전보건 관리계획	• 공사개요서 • 공사현장의 주변 현황 및 주변과의 관계를 나타내는 도면(매설물 현황 포함) • 건설물, 사용 기계설비 등의 배치를 나타내는 도면 • 전체공정표 • 산업안전보건관리비 사용계획 • 안전관리 조직표 • 재해발생 위험 시 연락 및 대피방법

0901 / 2001

109 Repetitive Learning (1회 2회 3회)

흙막이 지보공을 설치하였을 때 정기적으로 점검하여 이상 발견 시 즉시 보수하여야 할 사항이 아닌 것은?

① 굴착 깊이의 정도
② 버팀대의 긴압의 정도
③ 부재의 접속부·부착부 및 교차부의 상태
④ 부재의 손상·변형·부식·변위 및 탈락의 유무와 상태

해설

- 흙막이 지보공을 설치하였을 때에 정기적으로 점검하고 이상을 발견하면 즉시 보수하여야 할 사항에는 ②, ③, ④ 외에 침하의 정도가 있다.

정답 | 106 ② 107 ③ 108 ② 109 ①

:: 흙막이 지보공을 설치하였을 때에 정기적으로 점검하고 이상을 발견하면 즉시 보수하여야 할 사항 실작 2402/2301/2201/2003

- 부재의 손상·변형·부식·변위 및 탈락의 유무와 상태
- 버팀대의 긴압(緊壓)의 정도
- 부재의 접속부·부착부 및 교차부의 상태
- 침하의 정도

2001

110 Repetitive Learning 1회 2회 3회

크레인의 운전실 또는 운전대를 통하는 통로의 끝과 건설물 등의 벽체의 간격은 최대 얼마 이하로 하여야 하는가?

① 0.2m ② 0.3m
③ 0.4m ④ 0.5m

해설

- 크레인의 운전실 또는 운전대를 통하는 통로의 끝과 건설물 등의 벽체의 간격, 크레인 거더(Girder)의 통로 끝과 크레인 거더의 간격, 크레인 거더의 통로로 통하는 통로의 끝과 건설물 등의 벽체의 간격은 모두 0.3m 이하로 하여야 한다.

:: 크레인 관련 건설물 등의 벽체와 통로의 간격 등

간격	내용
0.6m 이상	주행 크레인 또는 선회 크레인과 건설물 또는 설비와의 사이의 통로 폭
0.4m 이상	주행 크레인 또는 선회 크레인과 건설물 또는 설비와의 사이의 통로 중 건설물의 기둥에 접촉하는 부분
0.3m 이하	• 크레인의 운전실 또는 운전대를 통하는 통로의 끝과 건설물 등의 벽체의 간격 • 크레인 거더(Girder)의 통로 끝과 크레인 거더의 간격 • 크레인 거더의 통로로 통하는 통로의 끝과 건설물 등의 벽체의 간격

0602 / 1203 / 1901

111 Repetitive Learning 1회 2회 3회

달비계를 설치할 때 작업발판의 폭은 최소 얼마 이상으로 하여야 하는가?

① 30cm ② 40cm
③ 50cm ④ 60cm

해설

- 작업발판의 폭은 40cm 이상으로 하고, 발판재료 간의 틈은 3cm 이하로 한다.

:: 작업발판의 구조 실필 0801 실작 1601

- 발판재료는 작업할 때의 하중을 견딜 수 있도록 견고한 것으로 할 것
- 작업발판의 폭은 40cm 이상으로 하고, 발판재료 간의 틈은 3cm 이하로 할 것
- 선박 및 보트 건조작업의 경우 선박블록 또는 엔진실 등의 좁은 작업공간에 작업발판을 설치하기 위하여 필요하면 작업발판의 폭을 30cm 이상으로 할 수 있고, 걸침비계의 경우 강관기둥 때문에 발판재료 간의 틈을 3cm 이하로 유지하기 곤란하면 5cm 이하로 할 수 있다. 이 경우 그 틈 사이로 물체 등이 떨어질 우려가 있는 곳에는 출입금지 등의 조치를 하여야 한다.
- 추락의 위험이 있는 장소에는 안전난간을 설치할 것
- 작업발판의 지지물은 하중에 의하여 파괴될 우려가 없는 것을 사용할 것
- 작업발판 재료는 뒤집히거나 떨어지지 않도록 둘 이상의 지지물에 연결하거나 고정시킬 것
- 작업발판을 작업에 따라 이동시킬 경우에는 위험방지에 필요한 조치를 할 것

112 Repetitive Learning 1회 2회 3회

산소결핍이라 함은 공기 중 산소농도가 몇 % 미만일 때를 의미하는가?

① 20% ② 18%
③ 15% ④ 10%

해설

- 산소결핍이란 공기 중의 산소농도가 18% 미만인 상태를 말한다.

:: 산소결핍

㉠ 개요
- 산소결핍이란 공기 중의 산소농도가 18% 미만인 상태를 말한다.
- 적정공기란 산소농도의 범위가 18% 이상 23.5% 미만, 이산화탄소가스의 농도가 1.5% 미만, 황화수소의 농도가 10ppm 미만인 수준의 공기를 말한다.

㉡ 산소결핍에 의한 재해의 예방대책
- 작업시작 전 산소농도를 측정한다.
- 공기호흡기 등의 필요한 보호구를 작업 전에 점검한다.
- 산소결핍 장소에서는 공기호흡용 보호구를 착용한다.

110 ② 111 ② 112 ② 정답

113 Repetitive Learning 1회 2회 3회

크레인을 사용하여 작업을 할 때 작업시작 전에 점검하여야 하는 사항에 해당하지 않는 것은?

① 권과방지장치 · 브레이크 · 클러치 및 운전장치의 기능
② 주행로의 상측 및 트롤리가 횡행하는 레일의 상태
③ 와이어로프가 통하고 있는 곳의 상태
④ 압력방출장치의 기능

해설

• 압력방출장치의 기능은 공기압축기를 가동하는 작업을 시작하기 전에 점검할 사항이다.

크레인 작업 시작 전 점검사항 실필 1501 실작 2401/2203/2103

구분	점검사항
크레인	• 권과방지장치 · 브레이크 · 클러치 및 운전장치의 기능 • 주행로의 상측 및 트롤리(Trolley)가 횡행하는 레일의 상태 • 와이어로프가 통하고 있는 곳의 상태
이동식 크레인	• 권과방지장치나 그 밖의 경보장치의 기능 • 브레이크 · 클러치 및 조종장치의 기능 • 와이어로프가 통하고 있는 곳 및 작업장소의 지반상태

1103

114 Repetitive Learning 1회 2회 3회

흙막이 공법을 흙막이 지지방식에 의한 분류와 구조방식에 의한 분류로 나눌 때 다음 중 지지방식에 의한 분류에 해당하는 것은?

① 수평 버팀대식 흙막이 공법
② H-pile 공법
③ 지하연속벽 공법
④ Top down method 공법

해설

• 흙막이 공법은 지지방식에 의해서 자립 공법, 버팀대식 공법, 어스앵커 공법 등으로 나뉜다.
• H-pile 공법, 지하연속벽 공법, Top down method 공법은 구조방식에 의한 분류에 해당한다.

흙막이(Sheathing) 공법

㉠ 개요
• 흙막이란 지반을 굴착할 때 주위의 지반이 침하나 붕괴하는 것을 방지하기 위해 설치하는 가시설물 등을 말한다.
• 토압이나 수압 등에 저항하는 벽체와 그 지보공 일체를 말한다.
• 지지방식에 의해서 자립 공법, 버팀대식 공법, 어스앵커 공법 등으로 나뉜다.
• 구조방식에 의해서 H-pile 공법, 널말뚝 공법, 지하연속벽 공법, Top down method 공법 등으로 나뉜다.

㉡ 흙막이 공법 선정 시 고려사항
• 흙막이 해체를 고려하여야 한다.
• 안전하고 경제적인 공법을 선택해야 한다.
• 지하수에 의한 지반침하를 최소화하기 위해 차수성이 높은 공법을 선택해야 한다.
• 지반성상에 적합한 공법을 선택해야 한다.

1103

115 Repetitive Learning 

그물코의 크기가 10cm인 매듭 없는 방망사 신품의 인장강도는 최소 얼마 이상이어야 하는가?

① 240kg ② 320kg
③ 400kg ④ 500kg

해설

• 매듭 없는 방망의 인장강도는 신품의 경우 그물코의 크기가 10cm이면 240kg 이상이다.

신품 방망 인장강도

그물코 한변 길이	무매듭방망	매듭방망
10cm	240kg 이상(150kg)	200kg 이상(135kg)
5cm		110kg 이상(60kg)

단, ( )는 폐기기준이다.

0802

116 Repetitive Learning 1회 2회 3회

항타기 및 항발기에 관한 설명으로 옳지 않은 것은?

① 무너짐 방지를 위해 시설 또는 가설물 등에 설치하는 때에는 그 내력을 확인하고 내력이 부족하면 그 내력을 보강해야 한다.
② 와이어로프의 한 꼬임에서 끊어진 소선(필러선을 제외한다)의 수가 10% 이상인 것은 권상용 와이어로프로 사용을 금한다.
③ 지름 감소가 공칭지름의 7%를 초과하는 것은 권상용 와이어로프로 사용을 금한다.
④ 권상용 와이어로프의 안전계수가 4 이상이 아니면 이를 사용하여서는 아니 된다.

해설

• 사업주는 항타기 또는 항발기의 권상용 와이어로프의 안전계수가 5 이상이 아니면 이를 사용해서는 아니 된다.

권상용 와이어로프의 안전계수

• 사업주는 항타기 또는 항발기의 권상용 와이어로프의 안전계수가 5 이상이 아니면 이를 사용해서는 아니 된다.

정답 | 113 ④ 114 ① 115 ① 116 ④

0601 / 0701 / 1103 / 2001 / 2102

117 ——— Repetitive Learning (1회 2회 3회)

굴착과 싣기를 동시에 할 수 있는 토공기계가 아닌 것은?

① Power shovel
② Tractor shovel
③ Back hoe
④ Motor grader

해설

- 백호우와 셔블계 건설기계(파워셔블, 트랙터셔블 등)는 굴착과 함께 싣기가 가능한 토공기계이다.

모터그레이더(Motor grader)

- 자체 동력으로 움직이는 그레이더로 2개의 바퀴 축 사이에 회전날이 달려있어 땅을 평평하게 할 때 사용되는 기계이다.
- 정지작업, 자갈길의 유지 보수, 도로 건설 시 측구 굴착, 초기 제설 등에 적합한 기계이다.

1302

118 ——— Repetitive Learning (1회 2회 3회)

다음은 강관을 사용하여 비계를 구성하는 경우에 대한 내용이다. 다음 (　　) 안에 들어갈 내용으로 옳은 것은?

비계기둥의 간격은 띠장 방향에서는 (　　　), 장선 방향에서는 1.5m 이하로 할 것

① 1.2m 이하
② 1.2m 이상
③ 1.85m 이하
④ 1.85m 이상

해설

- 강관비계의 비계기둥 간격은 띠장 방향에서는 1.85m 이하, 장선(長線) 방향에서는 1.5m 이하로 한다.

강관비계의 구조

- 비계기둥의 간격은 띠장 방향에서는 1.85m 이하, 장선(長線) 방향에서는 1.5m 이하로 할 것
- 띠장 간격은 2m 이하로 설치할 것
- 비계기둥의 제일 윗부분으로부터 31m 되는 지점 밑부분의 비계기둥은 2개의 강관으로 묶어세울 것
- 비계기둥 간의 적재하중은 400kg을 초과하지 않도록 할 것

0601 / 0902

119 ——— Repetitive Learning (1회 2회 3회)

콘크리트 타설 시 거푸집의 측압에 영향을 미치는 인자들에 관한 설명으로 옳지 않은 것은?

① 슬럼프가 클수록 작다.
② 타설 속도가 빠를수록 크다.
③ 거푸집 속의 콘크리트 온도가 낮을수록 크다.
④ 콘크리트의 타설 높이가 높을수록 크다.

해설

- 슬럼프(Slump)가 크고, 배합이 좋을수록 콘크리트 측압은 크다.

콘크리트 측압

- 콘크리트의 타설 속도가 빠를수록 측압이 크다.
- 콘크리트 비중이 클수록 측압이 크다.
- 진동기를 사용하면 다짐이 충분해지므로 측압은 커진다.
- 슬럼프(Slump)가 크고, 배합이 좋을수록 크다.
- 거푸집의 수평단면이 클수록 측압은 크다.
- 거푸집의 강성이 클수록 측압은 크다.
- 벽 두께가 두꺼울수록 측압은 커진다.
- 습도가 높을수록, 온도가 낮을수록 측압은 커진다.
- 철근량이 적을수록 측압은 커진다.
- 부배합이 빈배합보다 측압이 크다.
- 조강시멘트 등을 활용하면 측압은 작아진다.

117 ④ 118 ③ 119 ① | 정답

1402 / 2101

120

Repetitive Learning (1회 2회 3회)

흙의 투수계수에 영향을 주는 인자에 관한 설명으로 옳지 않은 것은?

① 공극비 : 공극비가 클수록 투수계수는 작다.
② 포화도 : 포화도가 클수록 투수계수는 크다.
③ 유체의 점성계수 : 점성계수가 클수록 투수계수는 작다.
④ 유체의 밀도 : 유체의 밀도가 클수록 투수계수는 크다.

해설

- 투수계수는 흙 입자 크기의 제곱, 공극비의 세제곱에 비례한다.

흙의 투수계수

㉠ 개요
- 흙 속에 스며드는 물의 통과 용이성을 보여주는 수치값이다.
- 투수계수는 현장시험을 통하여 구할 수 있다.
- 투수계수가 크면 투수량이 많다.
- 투수계수 $k = D_s^2 \times \frac{\gamma_w}{\mu} \times \frac{e^3}{1+e} \times C$로 구한다.

  (D_s : 흙 입자의 크기, γ_w : 물의 단위중량, μ : 물의 점성계수, e : 공극비, C : 흙 입자의 형상)

㉡ 특징
- 투수계수는 흙 입자 크기의 제곱, 공극비의 세제곱에 비례한다.
- 공극비의 크기가 클수록, 포화도가 클수록 투수계수는 증가한다.
- 유체의 밀도 및 농도, 물의 온도가 높을수록 투수계수는 크다.
- 유체의 점성계수는 투수계수와 반비례하여 점성계수가 클수록 투수계수는 작아진다.

정답 | 120 ①

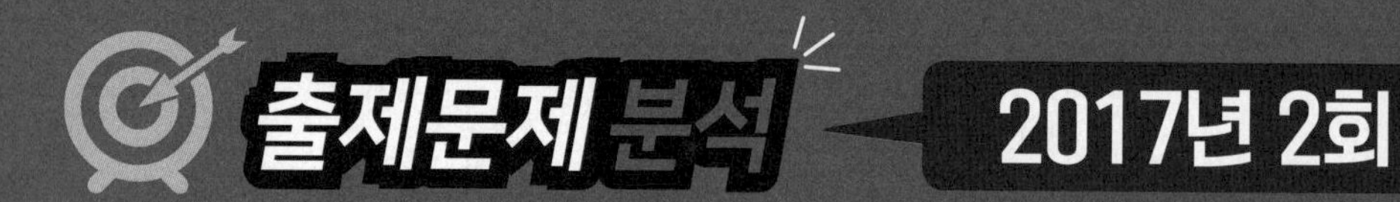

구분	1과목	2과목	3과목	4과목	5과목	6과목	합계
New 유형	0	5	0	2	3	4	14
New 문제	10	15	7	5	10	12	59
또나온문제	7	3	5	7	6	4	32
자꾸나온문제	3	2	8	8	4	4	29
합계	20	20	20	20	20	20	120

- New유형은 New문제 중 기존 기출문제와 완전히 다른 유형의 문제를 말합니다.
- New문제는 기존에 출제되지 않은 문제로 이번에 처음 출제되는 문제입니다.
- 또나온문제는 기존에 출제된 적이 1번 있는 문제를 말합니다.
- 자꾸나온문제는 기존에 출제된 적이 2번 이상 있는 문제를 말합니다. 그만큼 중요한 문제입니다.

몇 년분의 기출문제를 공부해야 합격할 수 있을까요?

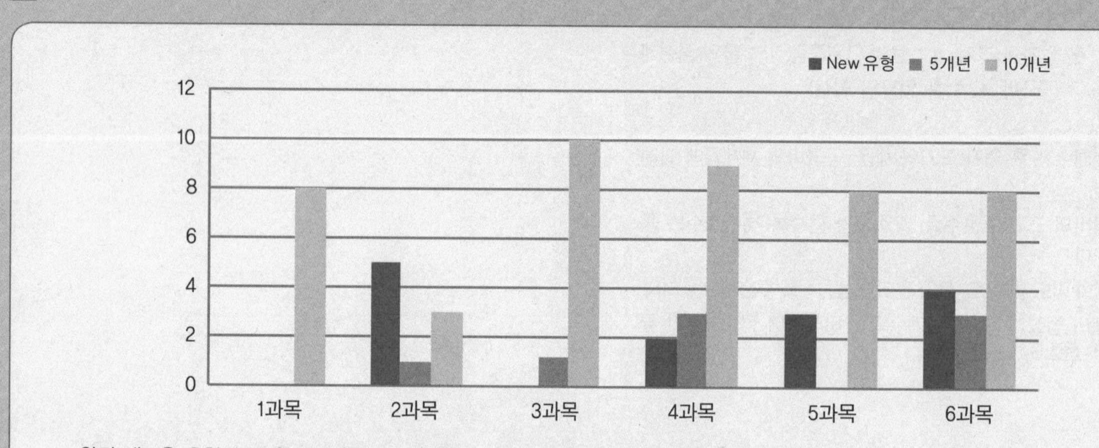

- 완전 새로운 유형의 문제는 14문제이고 106문제가 이미 출제된 문제 혹은 변형문제입니다.
- 5년분(2016～2020) 기출에서 동일문제가 8문항이 출제되었고, 10년분(2011～2020) 기출에서 동일문제가 46문항이 출제되었습니다.

실기에 나왔어요!! 외우세요!!!

실기시험은 필답형과 작업형으로 구분되어 있으며 모두 직접 주관식으로 내용을 적어야 합니다. 필기공부하면서 실기 출제된 내역들은 좀 더 신경써서 암기하실 필요가 있어요. 필기 합격자 발표 난 후 실기시험까지는 5주밖에 여유가 없답니다. 어차피 공부할 것 필기 때 확실하게 해준다면 실기도 단방에 합격할 수 있습니다.

- 총 38개의 해설이 실기 필답형 시험과 연동되어 있습니다.
- 총 3개의 해설이 실기 작업형 시험과 연동되어 있습니다.

분석의견

최근 10년분의 기출문제와 답을 반복암기해서는 합격점수인 72점에서 23점이 부족합니다. 새로운 유형은 평균(17.1문항)보다 낮은(14문항) 분포를 보인 무난한 난이도의 시험입니다. 새로운 문제가 평균(49.5문항)보다 다소 많아(61문항) 어렵지 않나 생각하실 수 있지만 새로운 유형이 적은 만큼 유사문제가 많이 출제되어 난이도가 높지는 않았던 것으로 보입니다. 역시 이 정도의 난이도라면 기출 10년분 학습 후 찍기만 잘 해도 합격가능하다고 판단되지만 이런 난이도가 계속 나온다는 보장이 없으므로 합격에 필요한 점수를 획득하기 위해서는 최근 5년분 문제와 핵심이론의 3회독 혹은 최근 10년분 문제와 핵심이론의 2회독 이상의 학습이 필요합니다.

2017년 제2회

17년 2회차 필기시험

합격률 38.6%

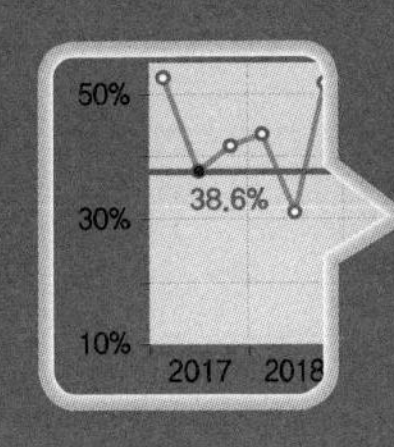

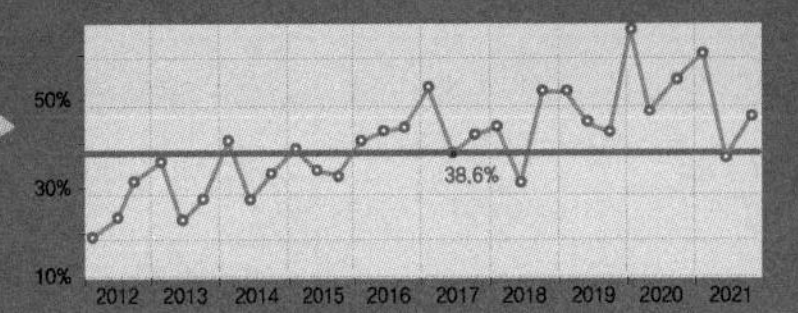

2017년 5월 7일 필기

1과목 산업재해 예방 및 안전보건교육

1002

01

Repetitive Learning (1회 2회 3회)

다음 중 주의의 특성에 관한 설명으로 적절하지 않은 것은?

① 한 지점에 주의를 집중하면 다른 곳에의 주의는 약해진다.
② 장시간 주의를 집중하려 해도 주기적으로 부주의의 리듬이 존재한다.
③ 의식이 과잉상태인 경우 최고의 주의집중이 가능해진다.
④ 여러 자극을 지각할 때 소수의 현란한 자극에 선택적 주의를 기울이는 경향이 있다.

해설

• 주의의 3가지 특성에는 선택성, 방향성, 변동성이 있다. ①은 방향성, ②는 변동성, ④는 선택성에 대한 설명이다.

주의(Attention)의 특성 실필 1002

선택성	여러 자극을 지각할 때 소수의 현란한 자극에 선택적 주의를 기울이는 경향으로 한 번에 많은 종류의 자극을 수용하기 어려움을 말한다.
방향성	한 지점에 주의를 집중하면 다른 곳의 주의가 약해지는 성질을 말한다.
변동성	장시간 주의를 집중하려 해도 주기적으로 부주의의 리듬이 존재한다는 것을 말한다.

2101

02

Repetitive Learning (1회 2회 3회)

산업안전보건법상 안전·보건표지의 종류 중 보안경착용이 표시된 안전·보건표지는?

① 안내표지　② 금지표지
③ 경고표지　④ 지시표지

해설

• 특정 행위를 지시하는 데 사용하는 표지는 지시표지이다.

지시표지 실필 1502

• 특정 행위의 지시 및 사실의 고지에 사용된다.
• 파란색(2.5PB 4/10) 바탕에 흰색(N9.5)의 기본모형을 사용한다.
• 종류에는 보안경착용, 안전복착용, 보안면착용, 안전화착용, 귀마개착용, 안전모착용, 안전장갑착용, 방독마스크착용, 방진마스크착용 등이 있다.

보안경착용	안전복착용	보안면착용	안전화착용	귀마개착용
안전모 착용	안전장갑 착용	방독마스크 착용	방진마스크 착용	

03

Repetitive Learning (1회 2회 3회)

하인리히 사고예방대책의 기본원리 5단계로 옳은 것은?

① 조직 → 사실의 발견 → 분석 → 시정방법의 선정 → 시정책의 적용
② 조직 → 분석 → 사실의 발견 → 시정방법의 선정 → 시정책의 적용
③ 사실의 발견 → 조직 → 분석 → 시정방법의 선정 → 시정책의 적용
④ 사실의 발견 → 분석 → 조직 → 시정방법의 선정 → 시정책의 적용

정답 | 01 ③ 02 ④ 03 ①

해설

- 하인리히의 사고예방 기본원리의 1단계는 안전관리조직과 규정이고, 2단계는 사고를 통해 사실을 발견하는 단계이다.

하인리히의 사고예방 기본원리 5단계 실필 1501

단계	단계별 과정	필요 조치
1단계	안전관리조직과 규정	• 책임과 권한의 부여
2단계	사실의 발견으로 현상파악	• 자료수집 • 작업분석과 위험확인 • 안전점검 · 검사 및 조사 실시
3단계	분석을 통한 원인규명	• 인적 · 물적 · 환경조건의 분석 • 교육 훈련 및 배치 사항 파악 • 사고기록 및 관계자료 대조확인
4단계	시정방법의 선정	• 기술적인 개선 • 작업배치의 조정 • 교육훈련의 개선
5단계	시정책의 적용	• 기술(Engineering)적 대책 • 교육(Education)적 대책 • 관리(Enforcement)적 대책

2001

04 Repetitive Learning 

무재해 운동의 기본이념 3원칙 중 다음에서 설명하는 것은?

> 직장 내의 모든 잠재위험요인을 적극적으로 사전에 발견, 파악, 해결함으로써 뿌리에서부터 산업재해를 제거하는 것

① 무의 원칙　② 선취의 원칙
③ 참가의 원칙　④ 확인의 원칙

해설

- 모든 잠재위험요인을 ~ 근원(뿌리) ~ 제거하는 것은 무의 원칙이다.

무재해 운동 3원칙

구분	내용
무(無, Zero)의 원칙	모든 잠재적인 위험요인을 사전에 발견 · 파악 · 해결함으로써 근원적으로 산업재해를 없앤다.
안전제일(선취)의 원칙	직장의 위험요인을 행동하기 전에 발견 · 파악 · 해결하여 재해를 예방한다.
참가의 원칙	작업에 따르는 잠재적인 위험요인을 발견 · 해결하기 위하여 전원이 협력하여 문제해결 운동을 실천한다.

2202

05 Repetitive Learning 1회 2회 3회

버드(Bird)의 재해분포에 따르면 20건의 경상(물적, 인적상해)사고가 발생했을 때 무상해, 무사고(위험순간) 고장은 몇 건이 발생하겠는가?

① 600　② 800
③ 1,200　④ 1,600

해설

- 1 : 10 : 30 : 600에서 10에 해당하는 경상이 20일 경우 600에 해당하는 무상해무사고는 1,200건이 된다.

버드(Bird)의 재해발생비율

- 중상 : 경상 : 무상해사고 : 무상해무사고가 각각 1 : 10 : 30 : 600인 재해구성비율을 말한다.
- 총 사고 발생건수 641건을 대상으로 분석했을 때 중상 1, 경상 10, 무상해사고 30, 무상해무사고 600건이 발생했음을 의미한다.
- 무상해사고는 물적 손실만 발생한 사고를 말한다.
- 무상해무사고란 Near accident 즉, 위험순간을 말한다.

06 Repetitive Learning 

산업안전보건법상 방독마스크 사용이 가능한 공기 중 최소 산소농도 기준은 몇 [%] 이상인가?

① 14[%]　② 16[%]
③ 18[%]　④ 20[%]

해설

- 방독마스크, 방진마스크 등은 공통적으로 산소농도가 18% 이상인 장소에서 사용하여야 한다.

방독마스크의 등급 실필 1801/0803

등급	사용 장소
고농도	가스 또는 증기의 농도가 100분의 2(암모니아에 있어서는 100분의 3) 이하의 대기 중에서 사용하는 것
중농도	가스 또는 증기의 농도가 100분의 1(암모니아에 있어서는 100분의 1.5) 이하의 대기 중에서 사용하는 것
저농도 및 최저농도	가스 또는 증기의 농도가 100분의 0.1 이하의 대기 중에서 사용하는 것으로서 긴급용이 아닌 것
방독마스크는 산소농도가 18% 이상인 장소에서 사용하여야 하고, 고농도와 중농도에서 사용하는 방독마스크는 전면형(격리식, 직결식)을 사용해야 한다.	

04 ① 05 ③ 06 ③ 정답

0703 / 2101

07

Repetitive Learning 1회 2회 3회

다음 중 재해조사의 목적에 해당되지 않는 것은?

① 재해발생 원인 및 결함 규명
② 재해 관련 책임자 문책
③ 재해예방 자료수집
④ 동종 및 유사재해 재발방지

해설

- 재해의 조사는 사고 등에 대한 효과적인 대책을 세우고 사고를 미연에 방지하기 위한 것이지 질책 및 인책 자료로 활용하기 위함이 아니다.

∷ 재해조사와 재해사례연구

㉠ 개요
- 재해조사는 재해조사 → 원인분석 → 대책수립 → 실시계획 → 실시 → 평가의 순을 따른다.
- 재해사례의 연구는 재해 상황 파악 → 사실 확인 → 직접원인과 문제점 확인 → 근본 문제점 결정 → 대책수립의 단계를 따른다.

㉡ 재해조사 시 유의사항
- 피해자에 대한 구급조치를 최우선으로 한다.
- 가급적 재해 현장이 변형되지 않은 상태에서 실시한다.
- 사실 이외의 추측되는 말은 참고용으로만 활용한다.
- 사람, 기계설비 양면의 재해요인을 모두 도출한다.
- 과거 사고 발생 경향 등을 참고하여 조사한다.
- 객관적 입장에서 재해방지에 우선을 두고 조사하며, 조사는 2인 이상이 한다.

08

Repetitive Learning 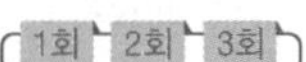

안전점검표(Check list)에 포함되어야 할 사항이 아닌 것은?

① 점검대상 ② 판정기준
③ 점검방법 ④ 조치결과

해설

- 체크리스트는 점검대상(항목), 점검부분(내용), 점검방법 및 적합 여부 등을 포함해야 한다.

∷ 안전점검 체크리스트(Check list)

㉠ 개요
- 일상점검이나 일일점검과 같이 지속적으로 관리해야 할 현장에서 점검내용 등을 체크한 후 기록하는 자료이다.
- 체크리스트는 점검대상(항목), 점검부분(내용), 점검방법 및 적합 여부 등을 포함해야 한다.

㉡ 판정기준과 방법
- 대안과 비교하여 양부를 판정한다.
- 한 개의 절대 척도나 상대 척도에 의할 때는 수치로 나타낸다.
- 복수의 절대 척도나 상대 척도로 조합된 문항은 기준점 이하로 나타낸다.

0602 / 1201

09

Repetitive Learning 1회 2회 3회

시몬즈(Simonds)의 재해 손실비용 산정방식에 있어 비보험코스트에 포함되지 않는 것은?

① 영구 전노동불능 상해 ② 영구 부분노동불능 상해
③ 일시 전노동불능 상해 ④ 일시 부분노동불능 상해

해설

- 사망과 영구 전노동불능 상해의 경우는 비보험코스트에 포함시키지 않고 별도 산정한다.

∷ 시몬즈(Simonds)의 재해코스트 실필 1301

㉠ 개요
- 총 재해비용을 보험비용과 비보험비용으로 구분한다.
- 총 재해코스트 = 보험비용 + 비보험비용 = [보험코스트 + (A × 휴업상해건수) + (B × 통원상해건수) + (C × 응급조치건수) + (D × 무상해사고건수)], 이때 A, B, C, D는 재해의 비보험코스트 평균치이다.
- 사망과 영구 전노동불능 상해의 경우는 비보험코스트에 포함시키지 않고 별도 산정한다.

㉡ 비보험코스트 내역
- 소송관계 비용
- 신규 작업자에 대한 교육훈련비
- 부상자의 직장복귀 후 생산감소로 인한 임금비용
- 재해로 인한 작업중지 임금손실
- 재해로 인한 시간 외 근무 가산임금손실 등

10

Repetitive Learning 1회 2회 3회

Off J.T 교육의 특징에 해당되는 것은?

① 많은 지식, 경험을 교류할 수 있다.
② 교육 효과가 업무에 신속히 반영된다.
③ 현장의 관리감독자가 강사가 되어 교육을 한다.
④ 다수의 대상자를 일괄적으로 교육하기 어려운 점이 있다.

해설

- 효과가 즉시 업무에 반영되고, 현장의 관리감독자가 강사가 되며, 다수 대상자에게 일괄적 교육이 어려운 것은 O.J.T의 특징에 해당한다.

∷ Off J.T(Off the Job Training) 교육

㉠ 개요
- 전문가를 위촉하고 다수의 교육생을 특정 장소에 소집하여 일괄적, 조직적, 집중적으로 교육하는 방법을 말한다.
- 새로운 시스템에 대해서 체계적으로 교육하기에 적합하다.

㉡ 장점
- 교육생 간 혹은 타 직장의 근로자와 지식이나 경험을 교류할 수 있다.
- 업무와 훈련이 별개인 만큼 훈련에만 전념할 수 있다.

정답 | 07 ② 08 ④ 09 ① 10 ①

ⓒ 단점
- 개인의 안전지도 방법에는 부적당하다.
- 교육으로 인해 업무가 중단되는 손실이 발생한다.

:: 도수율(FR : Frequency Rate of injury)
실필 1902/1701/1601/1303/1203/1201/1102/1003/0903/0902
- 빈도율이라고도 하며, 100만 시간당 재해발생건수를 나타낸다.
- 도수율 = $\frac{\text{연간 재해건수}}{\text{연간 총근로시간}} \times 10^6$으로 구한다.

11 Repetitive Learning (1회 2회 3회)

산업안전보건법상 사업 내 안전·보건교육 중 관리감독자 정기안전·보건교육의 교육 내용이 아닌 것은?

① 유해·위험 작업환경 관리에 관한 사항
② 표준 안전작업방법 및 지도 요령에 관한 사항
③ 작업공정의 유해·위험과 재해 예방대책에 관한 사항
④ 기계·기구의 위험성과 작업의 순서 및 동선에 관한 사항

해설
- 기계·기구의 위험성과 작업의 순서 및 동선에 관한 사항은 채용 시의 교육 및 작업내용 변경 시의 교육 내용에 해당한다.

:: 관리감독자 정기안전·보건교육 내용 실필 1801/1603/1001/0902
- 작업공정의 유해·위험과 재해 예방대책에 관한 사항
- 표준 안전작업방법 및 지도 요령에 관한 사항
- 관리감독자의 역할과 임무에 관한 사항
- 산업보건 및 직업병 예방에 관한 사항
- 유해·위험 작업환경 관리에 관한 사항
- 산업안전보건법 및 일반관리에 관한 사항
- 직무스트레스 예방 및 관리에 관한 사항
- 산재보상보험제도에 관한 사항
- 안전보건교육 능력 배양에 관한 사항

0903

12 Repetitive Learning (1회 2회 3회)

도수율이 12.5인 사업장에서 근로자 1명에게 평생 동안 약 몇 건의 재해가 발생하겠는가?(단, 평생근로년수는 40년, 평생근로시간은 잔업시간 4,000시간을 포함하여 80,000시간으로 가정한다)

① 1　② 2
③ 4　④ 12

해설
- 도수율은 1백만 시간당 재해발생건수인데 8만 시간당 재해발생건수를 묻고 있다.
- 재해발생건수는 $\frac{12.5 \times 80,000}{1,000,000} = \frac{1,000,000}{1,000,000} = 1$건이다.

13 Repetitive Learning (1회 2회 3회)

산업안전보건법상 안전관리자의 업무에 해당되지 않는 것은?

① 업무수행 내용의 기록·유지
② 산업재해에 관한 통계의 유지·관리·분석을 위한 보좌 및 조언·지도
③ 법 또는 법에 따른 명령으로 정한 안전에 관한 사항의 이행에 관한 보좌 및 조언·지도
④ 작업장 내에서 사용되는 전체 환기장치 및 국소배기장치 등에 관한 설비의 점검과 작업방법의 공학적 개선에 관한 보좌 및 조언·지도

해설
- 작업장 내에서 사용되는 전체 환기장치 및 국소배기장치 등에 관한 설비의 점검은 보건관리자의 업무내용이다.

:: 안전관리자의 직무
- 산업안전보건위원회 또는 안전·보건에 관한 노사협의체에서 심의·의결한 업무와 사업장의 안전보건관리규정 및 취업규칙에서 정한 업무
- 안전인증대상 기계·기구 등과 자율안전확인대상 기계·기구 등 구입 시 적격품의 선정에 관한 보좌 및 조언·지도
- 위험성 평가에 관한 보좌 및 조언·지도
- 사업장 안전교육계획의 수립 및 안전교육 실시에 관한 보좌 및 조언·지도
- 사업장 순회점검·지도 및 조치의 건의
- 산업재해 발생의 원인 조사·분석 및 재발 방지를 위한 기술적 보좌 및 조언·지도
- 산업재해에 관한 통계의 유지·관리·분석을 위한 보좌 및 조언·지도
- 안전에 관한 사항의 이행에 관한 보좌 및 조언·지도
- 업무수행 내용의 기록·유지
- 안전에 관한 사항으로서 고용노동부장관이 정하는 사항

11 ④ 12 ① 13 ④ 정답

14

Repetitive Learning 1회 2회 3회

토의법의 유형 중 다음에서 설명하는 것은?

> 새로운 자료나 교재를 제시하고, 문제점을 피교육자로 하여금 제기하도록 하거나 피교육자의 의견을 여러 가지 방법으로 발표하게 하고 청중과 토론자 간 활발한 의견개진 과정을 통하여 합의를 도출해 내는 방법이다.

① 포럼
② 심포지엄
③ 자유토의
④ 패널 디스커션

해설

- 심포지엄은 몇 사람의 전문가에 의하여 과제에 관한 견해를 발표한 뒤에 참가자로 하여금 의견이나 질문을 하게 하여 토의하는 방법이다.
- 패널 디스커션은 소수의 전문가들이 과제에 관한 견해를 발표하고 토론한 뒤 참가자 전원이 사회자의 진행에 따라 토의하는 방법이다.

토의법의 종류

구분	내용
포럼 (Forum)	새로운 자료나 교재를 제시하고 피교육자로 하여금 문제점을 제기하게 하거나 그것에 관한 피교육자의 의견을 여러 가지 방법으로 발표하게 하고, 청중과 토론자 간에 활발한 의견 개진과 충돌로 바람직한 합의를 도출해내는 교육 실시방법
패널 디스커션 (Panel discussion)	참가자 앞에서 소수의 전문가들이 과제에 관한 견해를 발표하고 토론한 뒤 참가자 전원이 사회자의 진행에 따라 토의하는 방법
심포지엄 (Symposium)	몇 사람의 전문가에 의하여 과제에 관한 견해를 발표한 뒤에 참가자로 하여금 의견이나 질문을 하게 하여 토의하는 방법
롤 플레잉 (Role playing)	집단 심리요법의 하나로서 자기 해방과 타인 체험을 목적으로 하는 체험활동을 통해 대인관계에 있어서의 태도변용이나 통찰력, 자기이해를 목표로 개발된 교육방법
버즈세션 (Buzz session)	6-6 회의라고도 하며, 6명씩 소집단으로 구분하고, 집단별로 각각의 사회자를 선발하여 6분간씩 자유토의를 행하여 의견을 종합하는 방법

0701 / 1103 / 1402

15

Repetitive Learning 1회 2회 3회

레빈(Lewin)은 인간의 행동 특성을 "$B=f(P \cdot E)$"으로 표현하였다. 변수 "E"가 의미하는 것으로 옳은 것은?

① 연령
② 성격
③ 작업환경
④ 지능

해설

- E는 Environment 즉, 심리적 환경(인간관계, 작업환경)을 의미한다.

레빈(Lewin. K)의 법칙

- 행동 $B=f(P \cdot E)$로 이루어진다. 즉, 인간의 행동(B)은 개인(P)과 환경(E)의 상호 함수관계에 있다고 할 수 있다.
- B는 인간의 행동(Behavior)을 말한다.
- f는 동기부여를 포함한 함수(Function)이다.
- P는 Person 즉, 개체(소질)로 연령, 지능, 경험 등을 의미한다.
- E는 Environment 즉, 심리적 환경(인간관계, 작업환경 – 조명, 소음, 온도 등)을 의미한다.

1402

16

Repetitive Learning 1회 2회 3회

아담스(Edward Adams)의 사고연쇄반응 이론 중 관리자가 의사결정을 잘못하거나 감독자가 관리적 잘못을 하였을 때의 단계에 해당되는 것은?

① 사고
② 작전적 에러
③ 관리구조
④ 전술적 에러

해설

- 아담스의 재해발생 이론은 작전적 에러와 전술적 에러가 특징적인데 감독자의 관리적 오류는 작전적 에러이고, 감독자의 실수나 태만은 전술적 에러에 해당한다.

아담스(Edward Adams)의 재해발생 이론 실필 1202/1101

- 재해의 직접원인은 불행불상에서 발생하거나 방치한 전술적 에러에서 비롯된다는 이론이다.
- 사고발생 메커니즘으로 불안전한 행동과 불안전한 상태가 복합되어 발생한다고 정의하였다.
- 관리구조 → 작전적 에러 → 전술적 에러 → 사고 → 상해·손해 순으로 발생한다.
- 작전적 에러란 CEO의 의지부족 및 관리자 의사결정의 오류, 감독자의 관리적 오류에서 비롯된다.
- 전술적 에러란 관리감독자의 실수나 태만, 불행불상의 방치를 의미하며, 불안전행동 및 불안전상태를 의미한다.

1303

17

Repetitive Learning 1회 2회 3회

다음 중 직무적성검사의 특징과 가장 거리가 먼 것은?

① 타당성(Validity)
② 객관성(Objectivity)
③ 표준화(Standardization)
④ 재현성(Reproducibility)

정답 | 14 ① 15 ③ 16 ② 17 ④

해설

• 직무검사의 특징에는 타당성, 객관성, 표준화, 신뢰성, 규준 등이 있다.

∷ 직무적성검사의 특징

타당성 (Validity)	특정한 시기에 모든 근로자들을 검사하고, 그 검사점수와 근로자의 직무평정척도를 상호 연관시키는 예언적 타당성을 갖추어야 한다.
객관성 (Objectivity)	인사권자의 주관적인 감정요소가 배제된 객관성을 갖추어야 한다.
표준화 (Standardization)	검사의 관리를 위한 조건, 절차의 일관성과 통일성에 대한 심리검사의 표준화가 마련되어야 한다.
신뢰성 (Reliability)	한 집단에 대한 검사응답의 일관성을 말하는 신뢰성을 갖추어야 한다.
규준 (Norm)	심리검사의 결과를 해석하기 위해서는 개인의 성적을 다른 사람들의 성적과 비교할 수 있는 참조 또는 비교의 기준이 있어야 한다.

0803 / 1102

18 Repetitive Learning (1회 2회 3회)

다음 중 교육방법의 4단계를 올바르게 나열한 것은?

① 제시 → 도입 → 적용 → 확인
② 제시 → 확인 → 도입 → 적용
③ 도입 → 확인 → 적용 → 제시
④ 도입 → 제시 → 적용 → 확인

해설

• 안전교육은 도입, 제시, 적용, 확인 순으로 진행한다.

∷ 안전교육의 4단계

• 도입(준비) – 제시(설명) – 적용(응용) – 확인(총괄, 평가)단계를 거친다.

1단계	도입	구체적인 목표를 제시, 동기유발을 통해 관심과 흥미를 가지게 하고 심신의 여유를 준다.
2단계	제시(실연)	새로운 지식이나 기능을 설명하고 이해, 납득시킨다.
3단계	적용(실습)	피교육자가 공감을 느끼게 하고, 과제를 통해 문제해결하게 하거나 기능을 습득시킨다.
4단계	확인(평가)	피교육자가 교육내용을 충분히 이해했는지를 확인하고 평가한다.

1003

19 Repetitive Learning (1회 2회 3회)

작업현장에서 그때 그 장소의 상황에 즉시 즉응하여 실시하는 위험예지활동을 무엇이라고 하는가?

① 시나리오 역할연기훈련 ② 자문자답 위험예지훈련
③ TBM 위험예지훈련 ④ 1인 위험예지훈련

해설

• 시나리오 역할연기훈련이란 작업 전 5분간 미팅의 시나리오를 작성하여 멤버가 시나리오에 의하여 역할연기(Role-playing)를 함으로써 체험 학습하는 기법을 말한다.
• 자문자답 위험예지훈련이란 각자가 자문자답카드 항목을 소리내어 자문자답하면서 위험요인을 발견하는 1인 위험예지훈련의 한 종류이다.
• 1인 위험예지훈련은 한 사람 한 사람의 위험에 대한 감수성 향상을 도모하기 위한 삼각 및 원포인트 위험예지훈련을 통합한 활용기법이다.

∷ TBM(Tool Box Meeting) 위험예지훈련

㉠ 개요
  • 현장에서 그때 그 장소의 상황에서 즉응하여 실시하는 위험예지활동으로 즉시즉응법이라고도 한다.
  • TBM(Tool Box Meeting)으로 실시하는 위험예지활동이다.

㉡ 방법
  • 10명 이하의 소수가 적합하며, 시간은 10분 정도 작업을 시작하기 전에 갖는다.
  • 사전에 주제를 정하고 자료 등을 준비한다.
  • 결론은 가급적 서두르지 않는다.

1301

20 Repetitive Learning (1회 2회 3회)

산업안전보건법상 안전보건관리책임자 등에 대한 교육시간 기준으로 틀린 것은?

① 보건관리자, 보건관리전문기관의 종사자 보수교육 : 24시간 이상
② 안전관리자, 안전관리전문기관의 종사자 신규교육 : 34시간 이상
③ 안전보건관리책임자의 보수교육 : 6시간 이상
④ 재해예방전문지도기관의 종사자 신규교육 : 24시간 이상

해설

• 재해예방전문지도기관 종사자의 신규교육은 34시간 이상이고, 보수교육은 24시간 이상이다.

18 ④ 19 ③ 20 ④ 정답

안전보건관리책임자 등에 대한 교육

교육대상	교육시간	
	신규교육	보수교육
안전보건관리책임자	6시간 이상	6시간 이상
안전관리자, 안전관리전문기관의 종사자	34시간 이상	24시간 이상
보건관리자, 보건관리전문기관의 종사자	34시간 이상	24시간 이상
재해예방전문지도기관의 종사자	34시간 이상	24시간 이상
석면조사기관의 종사자	34시간 이상	24시간 이상
안전보건관리담당자	–	8시간 이상
안전검사기관, 자율안전검사기관의 종사자	34시간 이상	24시간 이상

2과목 인간공학 및 위험성 평가 · 관리

21 Repetitive Learning (1회 2회 3회)

인간-기계시스템에 관한 내용으로 틀린 것은?

① 인간 성능의 고려는 개발의 첫 단계에서부터 시작되어야 한다.

② 기능 할당 시에 인간 기능에 대한 초기의 주의가 필요하다.

③ 평가 초점은 인간 성능의 수용 가능한 수준이 되도록 시스템을 개선하는 것이다.

④ 인간-컴퓨터 인터페이스 설계는 인간보다 기계의 효율이 우선적으로 고려되어야 한다.

해설

- 인간-기계 시스템에서 인간공학적 설계가 되어야 하며, 이는 기계적 효율이나 성능이 아니라 인간의 특성과 한계점을 고려하여 작업을 설계하는 것이다.

인간공학적 설계의 일반적인 원칙

- 인간의 특성을 고려한다.
- 시스템을 인간의 예상과 양립시킨다.
- 표시장치나 제어장치의 중요성, 사용빈도, 사용 순서, 기능에 따라 배치하도록 한다.

2001

22 Repetitive Learning 

적절한 온도의 작업환경에서 추운 환경으로 변할 때, 우리의 신체가 수행하는 조절작용이 아닌 것은?

① 발한(發汗)이 시작된다.

② 피부의 온도가 내려간다.

③ 직장온도가 약간 올라간다.

④ 혈액의 많은 양이 몸의 중심부를 순환한다.

해설

- 발한(發汗)이 시작하는 것은 추운 곳에 있다가 더운 환경으로 변했을 때 나타나는 조절작용이다.

적정온도에서 추운 환경으로 변화

- 직장의 온도가 올라간다.
- 피부의 온도가 내려간다.
- 몸이 떨리고 소름이 돋는다.
- 피부를 경유하는 혈액 순환량이 감소하고 많은 양의 혈액은 주로 몸의 중심부를 순환한다.

0302 / 0403

23 Repetitive Learning (1회 2회 3회)

자극과 반응의 실험에서 자극 A가 나타날 경우 1로 반응하고 자극 B가 나타날 경우 2로 반응하는 것으로 하고, 100회 반복하여 표와 같은 결과를 얻었다. 제대로 전달된 정보량을 계산하면?

자극 \ 반응	1	2
A	50	
B	10	40

① 1.000 ② 0.610

③ 0.971 ④ 1.361

해설

- 힉-하이만 법칙에 따라 자극 A와 B가 주어질 때의 정보량과 반응 1, 2가 나타날 때의 정보량의 합에서 자극과 반응이 결합된 정보량을 빼줄 때 제대로 전달된 정보량을 구할 수 있다.
- 먼저 자극 A와 B가 주어질 때의 정보량은 A : 50, B : 50이므로 확률은 0.5, 0.5이다. 정보량은 각각 1, 1이므로 정보량의 합은 0.5+0.5 = 1이다.
- 반응 1과 반응 2가 발생할 때의 정보량은 반응 1은 60회로 확률 0.6, 반응 2는 40회로 확률 0.4이다.

  정보량은 $0.74\left(\log_2 \frac{1}{0.6}\right)$, $1.32\left(\log_2 \frac{1}{0.4}\right)$이므로

  정보량의 합은 0.6×0.74+0.4×1.32 = 0.44+0.53 = 0.97이다.
- 자극과 반응이 결합된 정보량은 자극A – 반응1의 확률은 0.5, 자극B-반응1의 확률은 0.1, 자극B-반응2의 확률은 0.4이다.

  정보량은 각각 $1\left(\log_2 \frac{1}{0.5}\right)$, $3.32\left(\log_2 \frac{1}{0.1}\right)$, $1.32\left(\log_2 \frac{1}{0.4}\right)$이므로

  총 정보량은 0.5×1+0.1×3.32+0.4×1.32 = 1.36이다.
- 자극의 정보량 1, 반응의 정보량 0.972의 합은 1.972이고, 이를 자극과 반응이 결합된 정보량 1.36을 제해주면 1.97–1.36 = 0.61이 된다.

정답 | 21 ④ 22 ① 23 ②

Hick-hyman 법칙

- 운전원이 신호를 보고 어떤 장치를 조작해야 할지를 결정하기까지 걸리는 시간을 예측할 수 있다.
- 예상치 못한 자극에 대한 일반적인 반응시간은 대안이 2배 증가할 때마다 약 0.15초(150ms) 정도가 증가한다.
- 선택반응시간은 자극 정보량의 선형함수로 $RT = a + b \cdot T(S:R)$로 구한다.
  이때 전달된 정보 $T(S:R) = H(S) + H(R) - H(S,R)$이고 $H(S)$는 자극정보, $H(R)$은 반응정보, $H(S,R)$은 자극과 반응의 결합정보이다.

24

Repetitive Learning 1회 2회 3회

부품에 고장이 있더라도 플레이너 공작기계를 가장 안전하게 운전할 수 있는 방법은?

① Fail-soft ② Fail-active
③ Fail-passive ④ Fail-operational

해설

- Fail safe에는 Fail passive, Fail active, Fail operational 방법이 있다.
- Fail passive는 부품이 고장 나면 기계가 정지하는 방법이다.
- Fail active는 부품이 고장 나면 경보를 울리면서 잠시 동안 운전한 후 기계를 정지시키는 방법이다.

Fail safe의 구분

Fail passive	부품이 고장 나면 기계가 정지하는 방향으로 전환되는 것
Fail active	부품이 고장 나면 경보를 울리면서 잠시 동안 운전 가능한 것
Fail operational	부품이 고장 나더라도 보수가 이뤄질 때까지 안전한 기능을 유지하는 것으로 고장이 있더라도 공작기계를 가장 안전하게 운전할 수 있는 방법

1201 / 1903

25

Repetitive Learning 

다음 설명에 해당하는 설비보전방식의 유형은?

> 설비보전 정보와 신기술을 기초로 신뢰성, 조작성, 보전성, 안전성, 경제성 등이 우수한 설비의 선정, 조달 또는 설계를 통하여 궁극적으로 설비의 설계, 제작단계에서 보전활동이 불필요한 체제를 목표로 한 설비보전방법을 말한다.

① 개량보전 ② 사후보전
③ 일상보전 ④ 보전예방

해설

- 개량보전이란 설비의 신뢰성, 보전성, 경제성, 조작성, 안전성의 향상을 목적으로 설비의 재질 등을 개량하는 보전방법을 뜻한다.
- 사후보전이란 예방보전이 아니라 설비의 고장이나 성능저하가 발생한 뒤 이를 수리하는 보전방법을 뜻한다.
- 일상보전이란 설비의 열화를 방지하고 그 진행을 지연시켜 수명을 연장하기 위한 설비의 점검, 청소, 주유 및 교체 등의 활동을 뜻한다.

보전예방(Maintenance prevention)

- 설계단계에서부터 보전이 불필요한 설비를 설계하는 것을 말한다.
- 궁극적으로는 설비의 설계, 제작단계에서 보전활동이 불필요한 체계를 목표로 하는 보전방식을 말한다.

26

Repetitive Learning 1회 2회 3회

근섬유의 직경이 작아서 큰 힘을 발휘하지 못하지만 장시간 지속시키고 피로가 쉽게 발생하지 않는 골격근의 근섬유는 무엇인가?

① Type S 근섬유
② Type Ⅱ 근섬유
③ Type F 근섬유
④ Type Ⅲ 근섬유

해설

- 근섬유는 Type Ⅰ(Type S), Type Ⅱ, Type F로 구분된다.
- Type Ⅱ 근섬유는 큰 힘을 낼 수 있지만 피로가 쉽게 발생하는 근섬유이다.
- Type F 근섬유는 큰 힘과 동시에 오래도록 활동이 가능한 근섬유이다.

골격근의 근섬유

- 근섬유는 Type Ⅰ(Type S), Type Ⅱ, Type F로 구분된다.
- Type Ⅰ(Type S) 근섬유는 근섬유의 직경이 작아서 큰 힘을 발휘하지 못하지만 장시간 지속시키고 피로가 쉽게 발생하지 않는 근섬유이다.
- Type Ⅱ 근섬유는 큰 힘을 낼 수 있지만 피로가 쉽게 발생하는 근섬유이다.
- Type F 근섬유는 큰 힘과 동시에 오래도록 활동이 가능한 근섬유이다.

24 ④ 25 ④ 26 ① 정답

27 Repetitive Learning (1회 2회 3회)

그림과 같은 시스템의 전체 신뢰도는 약 얼마인가?(단, 네모 안의 수치는 각 구성요소의 신뢰도이다)

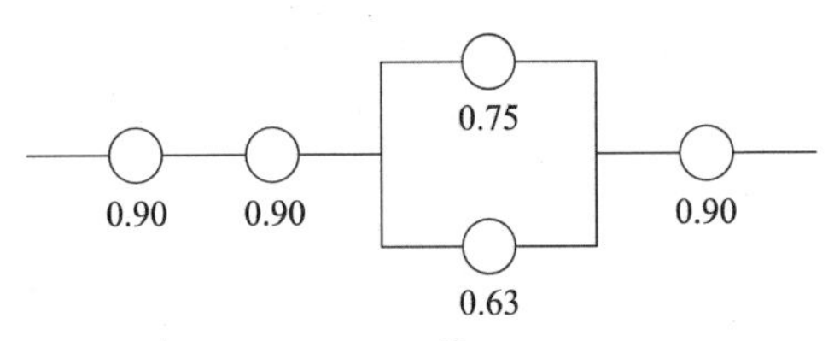

① 0.5275 ② 0.6616
③ 0.7575 ④ 0.8516

해설

- 먼저 병렬로 연결된 시스템의 신뢰도를 구하면 1−(1−0.75)×(1−0.63)=1−(0.25×0.37)=1−0.0925=0.9075이다.
- 구해진 결과와 나머지 부품과의 직렬연결은 0.90×0.90×0.9075×0.90=0.661568이다.

시스템의 신뢰도 실필 0901

㉠ AND(직렬)연결 시
- 시스템의 신뢰도(R_s)는 부품 a, 부품 b 신뢰도를 각각 R_a, R_b라 할 때 $R_s = R_a \times R_b$로 구할 수 있다.

㉡ OR(병렬)연결 시
- 시스템의 신뢰도(R_s)는 부품 a, 부품 b 신뢰도를 각각 R_a, R_b라 할 때 $R_s = 1-(1-R_a)\times(1-R_b)$로 구할 수 있다.

1403 / 2102

28 Repetitive Learning (1회 2회 3회)

FTA에서 사용하는 다음 사상기호에 대한 설명으로 옳은 것은?

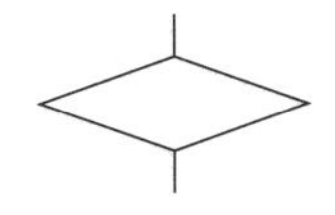

① 시스템 분석에서 좀 더 발전시켜야 하는 사상
② 시스템의 정상적인 가동상태에서 일어날 것이 기대되는 사상
③ 불충분한 자료로 결론을 내릴 수 없어 더 이상 전개할 수 없는 사상
④ 주어진 시스템의 기본사상으로 고장원인이 분석되었기 때문에 더 이상 분석할 필요가 없는 사상

해설

- ②는 정상사상, ④는 기본사상에 대한 설명이다.

생략사상(Undeveloped event)

- 불충분한 자료로 결론을 내릴 수 없어 더 이상 전개할 수 없는 사상을 말한다.
-  로 표시한다.

29 Repetitive Learning (1회 2회 3회)

시각적 부호의 유형과 내용으로 틀린 것은?

① 임의적 부호 – 주의를 나타내는 삼각형
② 명시적 부호 – 위험표지판의 해골과 뼈
③ 묘사적 부호 – 보도표지판의 걷는 사람
④ 추상적 부호 – 별자리를 나타내는 12 궁도

해설

- 시각적 부호의 유형 중 명시적 부호는 없으며 위험표지판의 해골과 뼈는 묘사적 부호의 대표적인 예이다.

시각적 부호

임의적 부호	시각적 부호 중 교통표지판, 안전보건표지 등과 같이 부호가 이미 고안되어 있어 사용자가 이를 배워야 하는 부호
묘사적 부호	시각적 부호 중 위험표지판의 해골과 뼈같이 사물이나 행동수정의 의미를 단순하고 정확하게 의미를 전달하는 부호
추상적 부호	전달하고자 하는 내용을 도식적으로 압축한 부호

1402

30 Repetitive Learning (1회 2회 3회)

다음 중 결함수분석법(FTA)에서의 미니멀 컷 셋과 미니멀 패스 셋에 관한 설명으로 옳은 것은?

① 미니멀 컷 셋은 정상사상(Top event)을 일으키기 위한 최소한의 컷 셋이다.
② 미니멀 컷 셋은 시스템의 신뢰성을 표시하는 것이다.
③ 미니멀 패스 셋은 시스템의 위험성을 표시하는 것이다.
④ 미니멀 패스 셋은 시스템의 고장을 발생시키는 최소의 패스 셋이다.

정답 | 27 ② 28 ③ 29 ② 30 ①

해설

- 시스템의 신뢰성을 표시하는 것은 미니멀 패스 셋이다.
- 시스템의 위험성, 시스템의 고장을 발생시키는 최소의 컷 셋은 미니멀 컷 셋에 대한 설명이다.

최소 컷 셋(Minimal cut sets) 실필 2303/1701/0802

- 컷 셋 중에 타 컷 셋을 포함하고 있는 것을 배제하고 남은 컷 셋들을 의미한다.
- 사고에 대한 시스템의 약점을 표현한다.
- 정상사상(Top 사상)을 일으키는 최소한의 집합이다.
- 일반적으로 Fussell algorithm을 이용한다.
- 시스템에서 최소 컷 셋의 개수가 늘어나면 위험수준이 높아진다.

31 Repetitive Learning (1회 2회 3회)

자극-반응 조합의 관계에서 인간의 기대와 모순되지 않는 성질을 무엇이라 하는가?

① 양립성
② 적응성
③ 변별성
④ 신뢰성

해설

- 암호화의 지침에는 검출성, 표준화, 변별성, 양립성, 부호의 의미, 다차원의 암호 사용 가능성 등을 들 수 있다. 그중에 인간의 기대와 모순되지 않는 것은 양립성의 개념이다.

암호화(Coding)

㉠ 개요

- 원래의 신호 정보를 새로운 형태로 변화시켜 표시하는 것을 말한다.
- 형상, 크기, 색채 등을 이용하여 작업자가 기계 및 기구를 쉽게 식별할 수 있도록 암호화한다.

㉡ 암호화 지침

검출성	감지가 쉬워야 한다.
표준화	표준화되어야 한다.
변별성	다른 암호 표시와 구별될 수 있어야 한다.
양립성	인간의 기대와 모순되지 않아야 한다.
부호의 의미	사용자가 그 뜻을 분명히 알 수 있어야 한다.
다차원의 암호 사용 가능	두 가지 이상의 암호 차원을 조합해서 사용하면 정보전달이 촉진된다.

32 Repetitive Learning (1회 2회 3회)

신호검출이론에 대한 설명으로 틀린 것은?

① 신호와 소음을 쉽게 식별할 수 없는 상황에 적용된다.
② 일반적인 상황에서 신호 검출을 간섭하는 소음이 있다.
③ 통제된 실험실에서 얻은 결과를 현장에 그대로 적용가능하다.
④ 긍정(Hit), 허위(False alarm), 누락(Miss), 부정(Correct rejection)의 네 가지 결과로 나눌 수 있다.

해설

- 통제된 실험실에서 얻은 결과는 현장에 그대로 적용 불가능하다.

신호검출이론(Signal detection theory)

㉠ 개요

- 불확실한 상황에서 선택하게 하는 방법으로 신호의 탐지는 관찰자의 반응편향과 민감도에 달려있다고 주장하는 이론이다.
- 일반적으로 신호검출 시 이를 간섭하는 소음이 있고, 신호와 소음을 쉽게 식별할 수 없는 상황에 신호검출이론이 적용된다.
- 긍정(Hit), 허위(False alarm), 누락(Miss), 부정(Correct rejection)의 네 가지 결과로 나눌 수 있다.
- 신호검출이론은 품질관리, 통신이론, 의학처방 및 심리학, 법정에서의 판정, 교통통제 등에 다양하게 활용되고 있다.

㉡ 반응편향 β

- 반응편향 $\beta = \dfrac{\text{신호의 길이}}{\text{소음의 길이}}$로 구한다.
- 신호검출이론에서 두 개의 정규분포 곡선이 교차하는 부분에 있는 기준점 β는 신호의 길이와 소음의 길이가 같으므로 1의 값을 가진다.

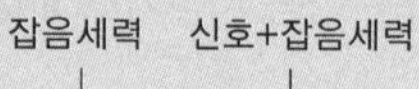

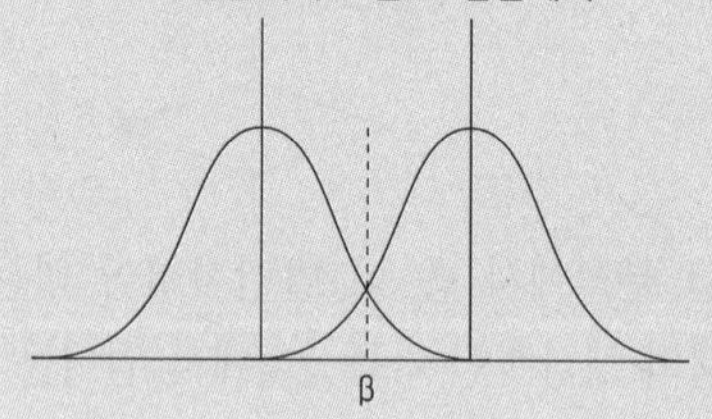

33 Repetitive Learning (1회 2회 3회)

A 제지회사의 유아용 화장지 생산 공정에서 작업자의 불안전한 행동을 유발하는 상황이 자주 발생하고 있다. 이를 해결하기 위한 개선의 ECRS에 해당하지 않는 것은?

① Combine ② Standard
③ Eliminate ④ Rearrange

31 ① 32 ③ 33 ② 정답

해설

- Standard가 아니라 Simplify가 되어야 한다.

작업방법 개선의 ECRS

E	제거(Eliminate)	불필요한 작업요소 제거
C	결합(Combine)	작업요소의 결합
R	재배치(Rearrange)	작업순서의 재배치
S	단순화(Simplify)	작업요소의 단순화

0802 / 2001

34

Repetitive Learning (1회 2회 3회)

반사율이 85[%], 글자의 밝기가 400[cd/m^2]인 VDT 화면에 350[lx]의 조명이 있다면 대비는 약 얼마인가?

① −2.8
② −4.2
③ −5.0
④ −6.0

해설

- 글자의 밝기가 400rm cd/m^{2}라는 것은 단위면적당 광도의 양으로 휘도의 개념이다.
- 반사율이 85%, 350lx의 조명이 있을 때 휘도는 $\frac{0.85\times350}{\pi\times1^2}$= 94.745cd/m^{2}이다.
- 전체 공간의 휘도=94.7+400=494.7[cd/m^2]이다.
- 휘도대비= $\frac{94.7-494.7}{94.7}=-4.223$이다.

휘도(Luminance)

- 휘도는 광원에서 1m 떨어진 곳 범위 내에서의 반사된 빛을 포함한 빛의 밝기 혹은 단위면적당 표면을 떠나는 빛의 양을 의미한다.
- 휘도의 단위는 cd/m^2 혹은 실용단위인 니트(nit)를 사용한다. 그 외에도 스틸브(sb, stilb, 10,000nit), 람베르트(L, Lambert, 3,183 nit), 푸트람베르트(fL, foot−Lambert, 3,426nit), 아포스틸브(asb, apostilb, 0.3183nit) 등이 사용되기도 한다.
- 휘도 = $\frac{반사율\times조도}{면적}$[cd/m^2]로 구한다.
- 면적이 주어지지 않을 때 휘도=반사율×소요조명으로도 구한다.
- 휘도가 각각 L_a, L_b인 두 조명의 휘도 대비는 $\frac{L_a-L_b}{L_a}\times100$으로 구한다.

35

Repetitive Learning (1회 2회 3회)

다음 설명 중 (   ) 안에 알맞은 용어가 올바르게 짝지어진 것은?

- (㉠) : FTA와 동일한 논리적 방법을 사용하여 관리, 설계, 생산, 보전 등에 대한 넓은 범위에 걸쳐 안전성을 확보하려는 시스템 안전 프로그램
- (㉡) : 사고 시나리오에서 연속된 사건들의 발생경로를 파악하고 평가하기 위한 귀납적이고 정량적인 시스템 안전 프로그램

① ㉠ : PHA, ㉡ : ETA
② ㉠ : ETA, ㉡ : MORT
③ ㉠ : MORT, ㉡ : ETA
④ ㉠ : MORT, ㉡ : PHA

해설

- PHA(Preliminary Hazard Analysis)는 초기의 단계에서 시스템 내의 위험요소가 어떠한 위험상태에 있는가를 정성적 평가하는 것이다.
- MORT(Management Oversight and Risk Tree)는 관리, 설계, 생산, 보전 등의 넓은 범위의 안전성을 검토하기 위한 기법이다.
- ETA(Event Tree Analysis)는 설비의 설계단계에서부터 사용단계까지의 각 단계에서 위험을 분석하는 귀납적, 정량적인 분석방법이다.

사건수분석(ETA : Event Tree Analysis) 실필 2202/1403/0801

- 디시전 트리(Decision Tree)를 재해사고의 분석에 이용한 경우의 분석법이다.
- 설비의 설계 단계에서부터 사용단계까지 각 단계에서 위험을 분석하는 귀납적, 정량적 분석 방법이다.
- 사고 시나리오에서 연속된 사건들의 발생경로를 파악하고 평가하기 위한 시스템안전 프로그램이다.
- 대응시점에서 성공확률과 실패확률의 합은 항상 1이 되어야 한다.

36

Repetitive Learning (1회 2회 3회)

결함수분석법에서 Path set에 관한 설명으로 맞는 것은?

① 시스템의 약점을 표현한 것이다.
② Top 사상을 발생시키는 조합이다.
③ 시스템이 고장 나지 않도록 하는 사상의 조합이다.
④ 시스템 고장을 유발시키는 필요불가결한 기본사상들의 집합이다.

정답 | 34 ② 35 ③ 36 ③

해설

- 시스템의 약점을 표현하고, Top 사상을 발생시키는 조합과 시스템 고장을 유발시키는 필요불가결한 기본사상들의 집합은 컷 셋(Cut set)에 대한 설명이다.

패스 셋(Path set)

- 일정 조합 안에 포함되어 있는 기본사상들이 모두 발생하지 않으면 틀림없이 정상사상(Top event)이 발생되지 않는 조합으로 정상사상(Top event)이 발생하지 않게 하는 기본사상들의 집합을 말한다.
- 시스템이 고장 나지 않도록 하는 사상, 시스템의 기능을 살리는 데 필요한 최소 요인의 집합이다.
- 기본사상이 일어나지 않았을 때에 처음으로 정상사상이 일어나지 않는 기본사상의 집합이다.
- 성공수(Success tree)의 정상사상을 발생시키는 기본사상들의 최소 집합을 시스템 신뢰도 측면에서 Path set이라 한다.

37

Repetitive Learning (1회 2회 3회)

고령자의 정보처리 과업을 설계할 경우 지켜야 할 지침으로 틀린 것은?

① 표시 신호를 더 크게 하거나 밝게 한다.
② 개념, 공간, 운동 양립성을 높은 수준으로 유지한다.
③ 정보처리 능력에 한계가 있으므로 시분할 요구량을 늘린다.
④ 제어표시장치를 설계할 때 불필요한 세부내용을 줄인다.

해설

- 시분할 요구량이란 단위 시간당 처리요구량을 의미하는데 고령자의 경우 시분할 요구량을 줄여야 한다.

고령자의 정보처리 과업 설계 시 지침

- 고령자의 시각기능 저하를 고려하여 표시 신호를 더 크게 하거나 밝게 한다.
- 고령자의 반응속도를 고려하여 개념, 공간, 운동 양립성을 높은 수준으로 유지한다.
- 고령자의 정보처리 능력을 고려하여 시분할 요구량을 줄인다.
- 고령자의 집중도를 고려하여 제어표시장치를 설계할 때 불필요한 세부내용을 줄인다.

38

Repetitive Learning (1회 2회 3회)

산업안전보건법상 유해·위험방지계획서를 제출한 사업주는 건설공사 중 얼마 이내마다 관련법에 따라 유해·위험방지계획서의 내용과 실제공사 내용이 부합하는지의 여부 등을 확인받아야 하는가?

① 1개월
② 3개월
③ 6개월
④ 12개월

해설

- 유해·위험방지계획서를 제출한 사업주는 해당 건설물·기계·기구 및 설비의 시운전단계에서 건설공사 중 6개월 이내마다 공단의 확인을 받아야 한다.

유해·위험방지계획서의 확인

- 유해·위험방지계획서를 제출한 사업주는 해당 건설물·기계·기구 및 설비의 시운전단계에서 건설공사 중 6개월 이내마다 공단의 확인을 받아야 한다.
- 확인받을 내용은 유해·위험방지계획서의 내용과 실제공사 내용이 부합하는지 여부, 유해·위험방지계획서 변경내용의 적정성, 추가적인 유해·위험요인의 존재 여부 등이다.

39

Repetitive Learning (1회 2회 3회)

의자 설계의 인간공학적 원리로 틀린 것은?

① 쉽게 조절할 수 있도록 한다.
② 추간판의 압력을 줄일 수 있도록 한다.
③ 등근육의 정적 부하를 줄일 수 있도록 한다.
④ 고정된 자세로 장시간 유지할 수 있도록 한다.

해설

- 의자를 설계할 때는 자세의 고정을 최대한 줄여야 한다.

인간공학적 의자 설계

㉠ 개요
- 조절식 설계원칙을 적용하도록 한다.
- 자세와 동작에 따라 고려해야 할 인체측정 치수가 달라진다.
- 요부전만(腰部前灣)을 유지한다.
- 추간판(디스크)의 압력과 등근육의 정적부하를 줄인다.
- 자세 고정을 줄인다.
- 여러 사람이 사용하는 의자의 경우 좌면 높이는 오금보다 약간 낮게(5% 오금높이) 유지한다.

㉡ 고려할 사항
- 체중 분포
- 상반신의 안정
- 좌판의 높이(조절식을 기준으로 한다)
- 좌판의 깊이와 폭
  (폭은 최대치, 깊이는 최소치를 기준으로 한다)

37 ③ 38 ③ 39 ④ 정답

40

Repetitive Learning (1회 2회 3회)

병렬 시스템에 대한 특성이 아닌 것은?

① 요소의 수가 많을수록 고장의 기회는 줄어든다.
② 요소의 중복도가 늘어날수록 시스템의 수명은 길어진다.
③ 요소의 어느 하나라도 정상이면 시스템은 정상이다.
④ 시스템의 수명은 요소 중에서 수명이 가장 짧은 것으로 정해진다.

해설

- 시스템의 수명이 요소 중 수명이 가장 짧은 것으로 정해지는 것은 직렬 시스템에 대한 설명이다.

병렬 시스템의 특성

- 요소의 수가 많을수록 고장의 기회는 줄어든다.
- 요소의 중복도가 늘어날수록 시스템의 수명은 길어진다.
- 요소의 어느 하나라도 정상이면 시스템은 정상이다.
- 시스템의 수명은 요소 중에서 수명이 가장 긴 것으로 정해진다.

3과목 기계 · 기구 및 설비 안전관리

1203

41

Repetitive Learning 

다음 중 안전율을 구하는 산식으로 옳은 것은?

① $\frac{허용응력}{기초강도}$　② $\frac{허용응력}{인장강도}$

③ $\frac{인장강도}{허용응력}$　④ $\frac{안전하중}{파단하중}$

해설

- 파괴강도의 단위가 MPa로 주어졌고, 이는 MN/m^2이므로 단면적 $1,800mm^2$를 m^2로 통일시키면 $1,800 \times 10^{-6}[m^2]$이 된다.
- 안전율 $= \frac{파괴강도}{인장응력}$이고 면적과 안전율, 파괴강도가 주어져 있으므로 인장응력을 구하는 식을 대입하면

  안전율 $= \frac{파괴강도}{\frac{하중}{면적}} = \frac{파괴강도 \times 면적}{하중}$이다.

- 따라서 구하고자 하는 최대하중 $= \frac{파괴강도 \times 면적}{인장응력}$이고

  대입하면 $\frac{70 \times 10^6 \times 1,800 \times 10^{-6}}{2} = \frac{126,000}{2} = 63,000$[N]이다.

안전율/안전계수(Safety factor)

- 소재의 파괴강도와 허용되는 응력의 비를 표시한 것이다.
- 안전율은 $\frac{기준강도}{허용응력}$ 또는 $\frac{항복강도}{설계하중}$, $\frac{파괴하중}{최대사용하중}$, $\frac{최대응력}{허용응력}$ 등으로 구한다.
- 응력은 단위면적당 부재에 작용하는 힘을 말하며, 허용응력은 단위면적당 재료가 파괴되지 않고 영구적인 변형이 남지 않는 비례한도 범위 내의 응력을 말한다.
- 기준강도는 재료에 손상을 입힌다고 인정되는 강도를 말한다.
- 강도(기준강도)를 통해 재료의 안전율, 구조 등이 결정된다.
- 연성재료에서는 항복점을 기준강도, 인장강도, 기초강도라고도 한다.

0303 / 0603 / 1002 / 1402

42

다음 중 선반의 방호장치로 적당하지 않은 것은?

① 실드(Shield)
② 슬라이딩(Sliding)
③ 척 커버(Chuck cover)
④ 칩 브레이커(Chip breaker)

해설

- 선반작업 시 사용하는 방호장치의 종류에는 칩 브레이커, 척 커버, 실드(덮개), 급정지 브레이크, 울, 고정 브리지 등이 있다.

선반작업 시 사용하는 방호장치

㉠ 개요

선반작업 시 사용하는 방호장치의 종류에는 칩 브레이커, 척 커버, 실드, 급정지 브레이크, 덮개, 울, 고정 브리지 등이 있다.

㉡ 방호장치의 종류와 특징

방호장치	특징
칩 브레이커(Chip breaker)	선반작업 시 발생하는 칩을 잘게 끊어주는 장치
척 커버(Chuck cover)	척에 물린 가공물의 돌출부 등에 작업복이 말려들어가는 것을 방지해주는 장치
실드(Shield)	칩이나 절삭유의 비산을 방지하기 위해 선반의 전후좌우 및 위쪽에 설치하는 플라스틱 덮개로 칩 비산방지장치라고도 함
급정지 브레이크	작업 중 발생하는 돌발상황에서 선반 작동을 중지시키는 장치
덮개 또는 울, 고정 브리지	돌출하여 회전하고 있는 가공물이 근로자에게 위험을 미칠 우려가 있는 경우에 설치

정답 | 40 ④ 41 ③ 42 ②

0603

43 Repetitive Learning (1회 2회 3회)

롤러 작업 시 위험점에서 가드(Guard) 개구부까지의 최단 거리를 60[mm]라고 할 때, 최대로 허용할 수 있는 가드 개구부 틈새는 약 몇 [mm]인가?(단, 위험점이 비전동체이다)

① 6
② 10
③ 15
④ 18

해설

- 개구부와 위험점 간의 간격이 160mm 미만이므로 개구부 간격 = 6+(0.15×개구부~위험점 최단거리) 식으로 구한다.
- 개구부 간격 = 6+(0.15×60) = 6+9 = 15[mm]이다.

롤러기 급정지장치의 개구부 간격과 급정지거리

실필 1703/1202/1102

- 가드 설치 시 개구부 간격(단위 : mm)

구분	간격
개구부와 위험점 간격 : 160mm 이상	30
개구부와 위험점 간격 : 160mm 미만	6+(0.15×개구부 ~위험점 최단거리)
위험점이 전동체일 경우	6+(0.1×개구부 ~위험점 최단거리)

- 급정지거리

원주속도	급정지거리
원주속도 : 30m/min 이상	앞면 롤러 원주의 1/2.5
원주속도 : 30m/min 미만	앞면 롤러 원주의 1/3 이내

0401 / 0702 / 0903

44 Repetitive Learning (1회 2회 3회)

반복응력을 받게 되는 기계구조 부분의 설계에서 허용응력을 결정하기 위한 기초강도로 가장 적합한 것은?

① 항복점(Yield point)
② 극한강도(Ultimate strength)
③ 크리프한도(Creep limit)
④ 피로한도(Fatigue limit)

해설

- 항복점은 외력을 가했을 때 변형이 생겼다가 본래의 형태로 되돌아오는 탄성의 한계를 넘어서 다시 원래의 형태로 돌아오지 않는 소성의 영역으로 들어가는 지점을 말한다.
- 극한강도는 인장강도라고도 하는데 재료가 절단되도록 끌어 당겼을 때 견뎌내는 최대하중을 재료의 단면적으로 나눈 값이다.
- 크리프 한도는 고온에서 정하중을 받게 되는 기계구조 부분의 설계 시 허용응력을 결정하기 위한 기초강도이다.

피로한도(Fatigue limit)

- 반복하중을 받는 구조물의 기초강도로 고려해야 할 사항으로 반복 시험에서 어떤 응력 값까지는 무한히 반복해도 재료가 파괴하지 않을 때의 그 한계값을 말한다.
- 반복응력을 받게 되는 기계구조 부분의 설계에서 허용응력을 결정하기 위한 기초강도이다.

45 Repetitive Learning (1회 2회 3회)

산업안전보건법령에 따른 아세틸렌용접장치 발생기실의 구조에 관한 설명으로 옳지 않은 것은?

① 벽은 불연성 재료로 할 것
② 지붕과 천장에는 얇은 철판과 같은 가벼운 불연성 재료를 사용할 것
③ 벽과 발생기 사이에는 작업에 필요한 공간을 확보할 것
④ 배기통을 옥상으로 돌출시키고 그 개구부를 출입구로부터 1.5[m] 거리 이내에 설치할 것

해설

- 바닥면적의 16분의 1 이상의 단면적을 가진 배기통을 옥상으로 돌출시키고 그 개구부를 창이나 출입구로부터 1.5m 이상 떨어지도록 해야 한다.

발생기실의 구조

- 벽은 불연성 재료로 하고 철근 콘크리트 또는 그 밖에 이와 동등하거나 그 이상의 강도를 가진 구조로 할 것
- 지붕과 천장에는 얇은 철판이나 가벼운 불연성 재료를 사용할 것
- 바닥 면적의 16분의 1 이상의 단면적을 가진 배기통을 옥상으로 돌출시키고 그 개구부가 창이나 출입구로부터 1.5m 이상 떨어지도록 할 것
- 출입구의 문은 불연성 재료로 하고 두께 1.5mm 이상의 철판이나 그 밖에 그 이상의 강도를 가진 구조로 할 것
- 벽과 발생기 사이에는 발생기의 조정 또는 카바이드 공급 등의 작업을 방해하지 않도록 간격을 확보할 것

43 ③ 44 ④ 45 ④ 정답

46

Repetitive Learning (1회 2회 3회)

프레스 방호장치에서 수인식 방호장치를 사용하기에 가장 적합한 기준은?

① 슬라이드 행정길이가 100[mm] 이상, 슬라이드 행정수가 100[spm] 이하
② 슬라이드 행정길이가 50[mm] 이상, 슬라이드 행정수가 100[spm] 이하
③ 슬라이드 행정길이가 100[mm] 이상, 슬라이드 행정수가 200[spm] 이하
④ 슬라이드 행정길이가 50[mm] 이상, 슬라이드 행정수가 200[spm] 이하

해설

- 수인식 방호장치는 손의 안전을 위해 슬라이드 행정길이가 40~50mm 이상, 슬라이드 행정수가 100~120SPM 이하의 프레스에 주로 사용한다.

수인식 방호장치 실필 1301

㉠ 개요
- 슬라이드와 작업자의 손을 끈으로 연결하여, 슬라이드 하강 시 방호장치가 작업자의 손을 당기게 함으로써 위험영역에서 빼낼 수 있도록 한 장치를 말한다.
- 완전회전식 클러치 프레스 및 급정지기구가 없는 확동식 프레스에 적합하다.

㉡ 구조 및 일반사항
- 수인 끈의 재료는 합성섬유로 직경이 4mm 이상이어야 한다.
- 손의 안전을 위해 슬라이드 행정길이가 40~50mm 이상, 슬라이드 행정수가 100~120SPM 이하의 프레스에 주로 사용한다.

0402 / 0602 / 1002 / 1401

47

Repetitive Learning (1회 2회 3회)

재료에 대한 시험 중 비파괴시험이 아닌 것은?

① 방사선투과시험 ② 자분탐상시험
③ 초음파탐상시험 ④ 피로시험

해설

- 피로시험은 재료의 강도를 측정하는 파괴검사 방법이다.

비파괴검사

㉠ 개요
- 제품 내부의 결함, 용접부의 내부 결함 등을 제품의 파괴 없이 외부에서 검사하는 방법을 말한다.
- 종류에는 누수시험, 누설시험, 음향탐상, 초음파탐상, 자분탐상, 와류탐상, 침투탐상, 방사선투과시험 등이 있다.

㉡ 대표적인 비파괴검사

검사	내용
음향탐상검사	손 또는 망치로 타격 진동시켜 발생하는 음을 검사
방사선투과시험	X선의 강도나 노출시간을 조절하여 검사
초음파탐상검사	초음파의 반사(타진)의 원리를 이용하여 검사
자분탐상시험	결함부위의 자극에 자분이 부착되는 것을 이용
와류탐상시험	결함부위 전류흐름의 난조를 이용하여 검사
침투탐상시험	비자성 금속재료의 표면균열검사에 사용

㉢ 특징
- 생산제품에 손상이 없이 직접 시험이 가능하다.
- 현장시험이 가능하다.
- 시험방법에 따라 설비비가 많이 든다.

48

Repetitive Learning (1회 2회 3회)

안전계수가 5인 체인의 최대설계하중이 1000[N]이라면 이 체인의 극한하중은 약 몇 [N]인가?

① 200
② 2,000
③ 5,000
④ 12,000

해설

- 체인의 극한강도 = 안전계수×정격하중으로 구할 수 있다.
- 체인의 극한강도 = 5×1,000 = 5,000N이다.

안전율/안전계수(Safety factor)

문제 41번의 유형별 핵심이론 참조

1201

49

Repetitive Learning 

다음 중 와전류비파괴검사법의 특징과 가장 거리가 먼 것은?

① 관, 환봉 등의 제품에 대해 자동화 및 고속화된 검사가 가능하다.
② 검사 대상 이외의 재료적 인자(투자율, 열처리, 온도 등)에 대한 영향이 적다.
③ 가는 선, 얇은 판의 경우도 검사가 가능하다.
④ 표면 아래 깊은 위치에 있는 결함은 검출이 곤란하다.

정답 | 46 ② 47 ④ 48 ③ 49 ②

해설

- 와전류검사는 재료적 인자 및 전기적, 기계적 요인 등에 의한 영향이 크다.

⁘ 와전류비파괴검사법

㉠ 개요

- 비파괴검사방법 중 하나로 금속 등의 도체에 교류를 통한 코일을 접근시켰을 때, 결함이 존재하면 코일에 유기되는 전압이나 전류가 변하는 것을 이용한 검사방법이다.
- 발전설비나 석유화학단지 내 열교환기 튜브, 항공산업에서의 각종 결함 검사에 사용되는 방법이다.

㉡ 특징

- 자동화 및 고속화가 가능하다.
- 잡음에 의해 검사의 방해를 받기 쉽다.
- 관, 환봉, 가는 선, 얇은 판의 경우도 검사가 가능하다.
- 재료의 표면층에 존재하는 결함을 검출하는 방법으로, 표면 아래 깊은 위치에 있는 결함은 검출이 곤란하다.

0903 / 1403 / 2103

50

Repetitive Learning (1회 2회 3회)

다음 중 프레스기에 사용되는 방호장치에 있어 원칙적으로 급정지기구가 부착되어야만 사용할 수 있는 방식은?

① 양수조작식

② 손쳐내기식

③ 가드식

④ 수인식

해설

- 양수조작식 방호장치는 1행정 1정지기구를 가지며, 급정지기구가 있어야만 유효한 기능을 수행할 수 있다.

⁘ 양수조작식 방호장치 실필 1301/0903

㉠ 개요

- 가장 대표적인 기동스위치를 활용한 위치제한형 방호장치다.
- 두 개의 스위치 버튼을 손으로 동시에 눌러야 기계가 작동하는 구조로 작동 중 어느 하나의 누름 버튼에서 손을 떼면 그 즉시 슬라이드 동작이 정지하는 장치이다.

㉡ 구조 및 일반사항

- 120[SPM] 이상의 소형 확동식 클러치 프레스에 가장 적합한 방호장치이다.
- 슬라이드 작동 중 정지가 가능하고 1행정 1정지기구를 갖는 방호장치로 급정지기구가 있어야만 유효한 기능을 수행할 수 있다.
- 누름버튼 상호 간 최소내측거리는 300mm 이상이어야 한다.

2102

51

Repetitive Learning (1회 2회 3회)

컨베이어, 이송용 롤러 등을 사용하는 때에 정전, 전압강하 등에 의한 위험을 방지하기 위하여 설치하는 안전장치는?

① 덮개 또는 울

② 비상정지장치

③ 과부하방지장치

④ 이탈 및 역주행방지장치

해설

- 컨베이어, 이송용 롤러 등을 사용하는 경우에는 정전·전압강하 등에 따른 화물 또는 운반구의 이탈 및 역주행을 방지하는 장치를 갖추어야 한다.

⁘ 컨베이어의 방호장치

- 컨베이어, 이송용 롤러 등을 사용하는 경우에는 정전·전압강하 등에 따른 화물 또는 운반구의 이탈 및 역주행을 방지하는 장치를 갖추어야 한다.
- 컨베이어 등에 해당 근로자의 신체의 일부가 말려드는 등 근로자가 위험해질 우려가 있는 경우 및 비상시에는 즉시 컨베이어 등의 운전을 정지시킬 수 있는 장치를 설치하여야 한다.
- 컨베이어 등으로부터 화물이 떨어져 근로자가 위험해질 우려가 있는 경우에는 해당 컨베이어 등에 덮개 또는 울을 설치하는 등 낙하방지를 위한 조치를 하여야 한다.
- 운전 중인 컨베이어 등의 위로 근로자를 넘어가도록 하는 경우에는 위험을 방지하기 위하여 건널다리를 설치하는 등 필요한 조치를 하여야 한다.
- 동일선상에 구간별 설치된 컨베이어에 중량물을 운반하는 경우에는 중량물 충돌에 대비한 스토퍼를 설치하거나 작업자 출입을 금지하여야 한다.

1301 / 1803 / 2202

52

Repetitive Learning (1회 2회 3회)

프레스기를 사용하여 작업을 할 때 작업 시작 전 점검사항으로 틀린 것은?

① 클러치 및 브레이크의 기능

② 압력방출장치의 기능

③ 크랭크축·플라이휠·슬라이드·연결봉 및 연결나사의 풀림 유무

④ 금형 및 고정 볼트의 상태

50 ① 51 ④ 52 ② 정답

해설

- 압력방출장치의 기능은 공기압축기를 가동할 때 작업 시작 전 점검사항이다.

프레스 등을 사용하여 작업할 때 작업 시작 전 점검사항

실작 2402/2301/2102/2002

- 클러치 및 브레이크의 기능
- 프레스의 금형 및 고정볼트 상태
- 1행정 1정지기구·급정지장치 및 비상정지 장치의 기능
- 크랭크축·플라이휠·슬라이드·연결봉 및 연결 나사의 풀림여부
- 슬라이드 또는 칼날에 의한 위험방지 기구의 기능
- 방호장치의 기능
- 전단기의 칼날 및 테이블의 상태

53

Repetitive Learning 

드릴링 머신에서 드릴의 지름이 20[mm]이고 원주속도가 62.8[m/min]일 때 드릴의 회전수는 약 몇 [rpm]인가?

① 500 ② 1,000
③ 2,000 ④ 3,000

해설

- 원주속도가 62.8, 지름이 20mm이므로 회전수 구하는 식에 대입하면 $\frac{62.8\times1,000}{3.14\times20}$ = 1,000[rpm]이다.

회전체의 원주속도

- 회전체의 원주속도는 $\frac{\pi \times 외경 \times 회전수}{1,000}$[m/min]으로 구한다. 이때 외경의 단위는 [mm]이고, 회전수의 단위는 [rpm]이다.
- 회전수 = $\frac{원주속도 \times 1,000}{\pi \times 외경}$으로 구할 수 있다.

0901

54

Repetitive Learning 

그림과 같이 목재가공용 둥근톱 기계에서 분할 날(t2) 두께가 4.0[mm]일 때 톱날 두께 및 톱날 진폭과의 관계로 옳은 것은?

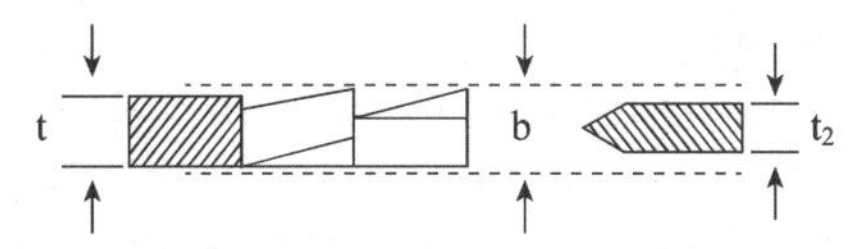

① b > 4.0[mm], t ≤ 3.6[mm]
② b > 4.0[mm], t ≤ 4.0[mm]
③ b < 4.0[mm], t ≤ 4.4[mm]
④ b > 4.0[mm], t ≥ 3.6[mm]

해설

- 분할 날의 두께는 둥근톱 두께의 1.1배 이상이어야 하고 치진폭보다는 작아야 한다.

목재가공용 둥근톱 분할 날 실필 1501

㉠ 개요

- 분할 날이란 톱 뒷날 가까이에 설치하여 절삭된 가공재의 홈 사이로 들어가면서 가공재의 모든 두께에 걸쳐서 쐐기작용을 하여 가공재가 톱날을 조이지 않게 하는 것을 말한다.
- 분할 날의 두께는 둥근톱 두께의 1.1배 이상이어야 하고 치진폭보다는 작아야 한다.
- $1.1\,t_1 \leq t_2 < b$ (t_1 : 톱 두께, t_2 : 분할 날 두께, b : 치진폭)

㉡ 분할 날의 최소길이

- 둥근톱의 절반은 테이블 아래에 위치하므로 실제 사용하는 톱은 원주의 1/2이다. 목재의 가공 시에는 원주의 1/4을 사용하고, 뒷부분 1/4은 분할 날을 설치한다.
- 표준 테이블면상의 톱 뒷날의 2/3 이상을 덮도록 하여야 한다.
- 분할 날의 길이는 원주의 1/4×2/3=1/6 이상 되어야 한다.

0702 / 0703 / 1002 / 1401 / 2201

55

Repetitive Learning 

다음 중 보일러의 방호장치와 가장 거리가 먼 것은?

① 언로드밸브
② 압력방출장치
③ 압력제한스위치
④ 고저수위조절장치

해설

- 언로드밸브는 보일러 내부의 압력을 일정 범위 내에서 유지시키는 밸브로 방호장치와는 거리가 멀다.

보일러의 안전장치 실필 1902/1901

- 보일러의 안전장치에는 전기적 인터록장치, 압력방출장치, 압력제한스위치, 고저수위조절장치, 화염검출기 등이 있다.

구분	설명
압력제한스위치	보일러의 과열을 방지하기 위하여 보일러의 버너 연소를 차단하는 장치
압력방출장치	보일러의 최고사용압력 이하에서 작동하여 보일러 압력을 방출하는 장치
고저수위 조절장치	보일러의 방호장치 중 하나로 보일러 쉘 내의 관수의 수위가 최고한계 또는 최저한계에 도달했을 때 자동적으로 경보를 울리는 동시에 관수의 공급을 차단시켜 주는 장치

정답 | 53 ② 54 ① 55 ①

56 Repetitive Learning (1회 2회 3회)

산업안전보건법령에 따른 가스집합 용접장치의 안전에 관한 설명으로 옳지 않은 것은?

① 가스집합장치에 대해서는 화기를 사용하는 설비로부터 5[m] 이상 떨어진 장소에 설치해야 한다.
② 가스집합 용접장치의 배관에서 플랜지, 밸브 등의 접합부에는 개스킷을 사용하고 접합면을 상호 밀착시킨다.
③ 주관 및 분기관에 안전기를 설치해야 하며 이 경우 하나의 취관에 2개 이상의 안전기를 설치해야 한다.
④ 용해아세틸렌을 사용하는 가스집합 용접장치의 배관 및 부속기구는 구리나 구리 함유량이 60% 이상인 합금을 사용해서는 아니 된다.

해설

- 아세틸렌은 구리와 접촉 시 폭발성 물질이 생성되기 때문에 구리 혹은 구리의 함유량이 70% 이상인 합금과 함께 사용해서는 안 된다.

구리 등의 사용제한

- 용해아세틸렌의 가스집합 용접장치의 배관 및 부속기구는 구리나 구리 함유량이 70% 이상인 합금을 사용해서는 아니 된다.
- 구리 사용제한 이유는 아세틸렌이 구리와 접촉 시 아세틸라이드라는 폭발성 물질을 생성하기 때문이다.

57 Repetitive Learning (1회 2회 3회)

숫돌 지름이 60[cm]인 경우 숫돌 고정장치인 평형플랜지 지름은 몇 [cm] 이상이어야 하는가?

① 10[cm] ② 20[cm]
③ 30[cm] ④ 60[cm]

해설

- 평형플랜지의 지름은 숫돌 직경의 1/3 이상이어야 하므로 숫돌의 지름이 60[cm]일 경우 평형플랜지의 지름은 20[cm] 이상이어야 한다.

산업안전보건법상의 연삭숫돌 사용 시 안전조치 실필 1303/0802

- 사업주는 회전중인 연삭숫돌(지름이 5cm 이상인 것)이 근로자에게 위험을 미칠 우려가 있는 경우에 그 부위에 덮개를 설치하여야 한다.
- 사업주는 연삭숫돌을 사용하는 작업의 경우 작업을 시작하기 전에는 1분 이상, 연삭숫돌을 교체한 후에는 3분 이상 시험운전을 하고 해당 기계에 이상이 있는지를 확인하여야 한다.
- 시험운전에 사용하는 연삭숫돌은 작업 시작 전에 결함이 있는지를 확인한 후 사용하여야 한다.
- 사업주는 연삭숫돌의 최고사용회전속도를 초과하여 사용하도록 해서는 아니 된다.
- 사업주는 측면을 사용하는 것을 목적으로 하지 않는 연삭숫돌을 사용하는 경우 측면을 사용하도록 해서는 아니 된다.
- 숫돌 고정장치인 평형플랜지의 직경은 설치하는 숫돌 직경의 1/3 이상, 여윳값은 1.5mm 이상이어야 한다.
- 연삭작업 시 안전을 위해 작업자는 연삭기의 측면에 위치한다.
- 연삭숫돌을 결합할 때는 열로 인한 팽창을 고려하여 축과 0.1~0.15mm 정도의 틈새를 둔다.

1102

58 Repetitive Learning (1회 2회 3회)

지게차의 안정을 유지하기 위한 안정도 기준으로 틀린 것은?

① 5톤 미만의 부하상태에서 하역작업 시의 전후 안정도는 4[%] 이내이어야 한다.
② 부하상태에서 하역작업 시의 좌우 안정도는 10[%] 이내이어야 한다.
③ 무부하상태에서 주행 시의 좌우 안정도는 (15+1.1×V)[%] 이내이어야 한다(단, V는 구내 최고 속도[km/h]).
④ 부하상태에서 주행 시 전후 안정도는 18[%] 이내이어야 한다.

해설

- 기준 부하상태에서 하역작업 시의 좌우 안정도는 6%이다.

지게차의 안정도

㉠ 개요

- 지게차의 하역 시, 운반 시 전도에 대한 안전성을 표시하는 값이다.
- 좌우 안정도와 전후 안정도가 있다.
- 작업 또는 주행 시 안정도 이하로 유지해야 한다.
- 지게차의 안정도 $= \frac{\text{높이}}{\text{수평거리}}$ 로 구한다.

㉡ 지게차의 작업상태별 안정도 실작 1601

- 기준 부하상태에서 하역작업 시의 전후 안정도는 4%이다(5톤 이상일 경우 3.5%).
- 기준 부하상태에서 하역작업 시의 좌우 안정도는 6%이다.
- 기준 부하상태에서 주행 시의 전후 안정도는 18%이다.
- 기준 무부하상태에서 주행 시의 좌우 안정도는 (15+1.1V)%이다(이때, V는 주행속도를 의미한다).

56 ④ 57 ② 58 ② 정답

1102 / 1301 / 1401

59

산업안전보건법에 따라 로봇을 운전하는 경우 근로자가 로봇에 부딪힐 위험이 있을 때에는 높이 얼마 이상의 울타리를 설치하여야 하는가?

① 90cm ② 120cm
③ 150cm ④ 180cm

해설

- 로봇 운전 중 위험을 방지하기 위해 높이 1.8m 이상의 울타리 혹은 안전매트 또는 감응형 방호장치를 설치하여야 한다.

운전 중 위험방지

- 사업주는 로봇의 운전으로 인하여 근로자에게 발생할 수 있는 부상 등의 위험을 방지하기 위하여 높이 1.8m 이상의 울타리를 설치하여야 한다.
- 컨베이어 시스템의 설치 등으로 울타리를 설치할 수 없는 일부 구간에 대해서는 안전매트 또는 광전자식 방호장치 등 감응형(感應形) 방호장치를 설치하여야 한다.

0801 / 1002 / 2001

60

Repetitive Learning (1회 2회 3회)

지름 5[cm] 이상을 갖는 회전 중인 연삭숫돌의 파괴에 대비하여 필요한 방호장치는?

① 받침대 ② 과부하방지장치
③ 덮개 ④ 프레임

해설

- 회전 중인 지름이 5cm 이상의 연삭숫돌이 근로자에게 위험을 미칠 우려가 있는 경우에 그 부위에 덮개를 설치하여야 한다.

연삭기의 방호대책

- 사업주는 연삭숫돌을 사용하는 작업의 경우 작업을 시작하기 전에는 1분 이상, 연삭숫돌을 교체한 후에는 3분 이상 시험운전을 하고 해당 기계에 이상이 있는지를 확인하여야 한다.
- 사업주는 회전 중인 연삭숫돌(지름이 5cm 이상인 것)이 근로자에게 위험을 미칠 우려가 있는 경우에 그 부위에 덮개를 설치하여야 한다.
- 탁상용 연삭기의 덮개에는 워크레스트 및 조정편을 구비하여야 하며, 워크레스트는 연삭숫돌과 간격을 3mm 이하로 조정할 수 있는 구조이어야 한다.
- 자율안전 확인 연삭기 덮개에는 자율안전 확인의 표시 외에 숫돌사용 원주속도와 숫돌회전방향을 추가로 표시하여야 한다.
- 연삭기 덮개의 재료는 인장강도의 값(274.5MPa)에 신장도(14%)의 20배를 더한 값이 754.5 이상이어야 한다.
- 연삭숫돌의 회전속도 검사는 숫돌을 안전사용속도의 1.5배 속도로 3~5분 회전시켜 검사한다.
- 연삭기 또는 평삭기의 테이블, 형삭기 램 등의 행정 끝이 근로자에게 위험을 미칠 우려가 있는 경우에 해당 부위에 덮개 또는 울 등을 설치하여야 한다.

4과목 전기설비 안전관리

0601

61

정상작동상태에서 폭발 가능성이 없으나 이상상태에서 짧은 시간 동안 폭발성 가스 또는 증기가 존재하는 지역에 사용 가능한 방폭용기를 나타내는 기호는?

① ib ② p
③ e ④ n

해설

- 정상상태에서는 폭발 가능성이 없으나 이상상태에서 위험분위기가 존재하는 지역은 2종 장소이며, 2종 장소에서 사용하는 방폭구조는 비점화방폭구조이고 기호는 n이다.

장소별 방폭구조 실필 2302/0803

0종 장소	지속적 위험분위기	• 본질안전방폭구조(EX ia)
1종 장소	통상상태에서의 간헐적 위험분위기	• 내압방폭구조(EX d) • 압력방폭구조(EX p) • 충전방폭구조(EX q) • 유입방폭구조(EX o) • 안전증방폭구조(EX e) • 본질안전방폭구조(EX ib) • 몰드방폭구조(EX m)
2종 장소	이상상태에서의 위험분위기	• 비점화방폭구조(EX n)

1001 / 1302

62

Repetitive Learning (1회 2회 3회)

그림과 같은 설비에 누전되었을 때 인체가 접촉하여도 안전하도록 ELB를 설치하려고 한다. 누전차단기 동작전류 및 시간으로 가장 적당한 것은?

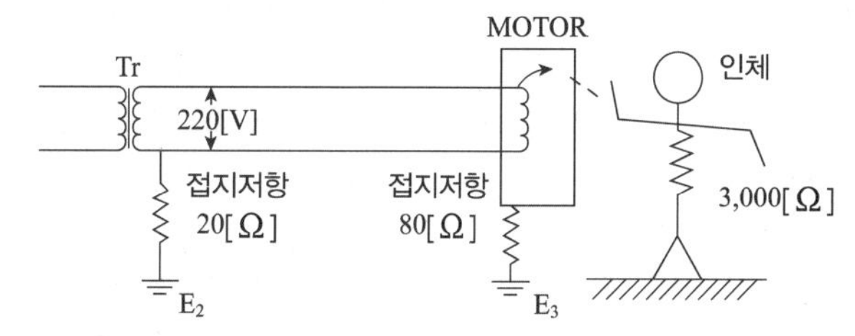

① 30[mA], 0.1[초]
② 60[mA], 0.1[초]
③ 90[mA], 0.1[초]
④ 120[mA], 0.1[초]

해설

- 고속형은 정격감도전류(30[mA])에서 동작시간이 0.1[초] 이내이다.

정답 | 59 ④ 60 ③ 61 ④ 62 ①

누전차단기(RCD : Residual Current Device)
실필 2401/1502/1402/0903

㉠ 개요

- 이동형 또는 휴대형의 전기기계·기구의 금속제 외함, 금속제 외피 등에서 누전, 절연파괴 등으로 인하여 지락전류가 발생하면 주어진 시간 이내에 전기기기의 전로를 차단하는 장치를 말한다.
- 누전검출부, 영상변류기, 차단기구 등으로 구성된 장치이다.
- 정격부하전류가 30[A]인 이동형 전기기계·기구에 접속되어 있는 경우 일반적으로 정격감도전류는 30[mA] 이하인 것을 사용한다.
- 정격부하전류가 50[A] 미만의 전기기계·기구에 접속되는 누전차단기의 경우 정격감도전류가 30[mA] 이하이고 작동시간은 0.03초 이내이어야 한다.
- 누전에 의한 감전위험을 방지하기 위하여 분기회로마다 누전차단기를 설치한다.

㉡ 종류와 동작시간

- 인체감전보호용은 정격감도전류(30[mA])에서 0.03[초] 이내이다.
- 인체가 물에 젖어 있거나 물을 사용하는 장소(욕실 등)에는 정격감도전류(15[mA])에서 0.03초 이내의 누전차단기를 사용한다.
- 고속형은 정격감도전류(30[mA])에서 동작시간이 0.1[초] 이내이다.
- 시연형은 정격감도전류(30[mA])에서 동작시간이 0.1[초]를 초과하고 0.2[초]이내이다.
- 반한시형은 정격감도전류 100%에서 0.2~1[초] 이내, 정격감도전류 140%에서 0.1~0.5[초] 이내, 정격감도전류 440%에서 0.05[초] 이내이다.

0402 / 0802 / 0903 / 1203 / 1302 / 1701

63

Repetitive Learning (1회 2회 3회)

전기시설의 직접접촉에 의한 감전방지 방법으로 적절하지 않은 것은?

① 충전부는 내구성이 있는 절연물로 완전히 덮어 감쌀 것
② 충전부가 노출되지 않도록 폐쇄형 외함이 있는 구조로 할 것
③ 충전부에 충분한 절연효과가 있는 방호망 또는 절연덮개를 설치할 것
④ 충전부는 관계자 외 출입이 용이한 전개된 장소에 설치하고 위험표시 등의 방법으로 방호를 강화할 것

해설

- 발전소·변전소 및 개폐소 등 구획되어 있는 장소로서 관계 근로자가 아닌 사람의 출입이 금지되는 장소에 충전부를 설치하고, 위험표시 등의 방법으로 방호를 강화해야 한다.

전기기계·기구 등의 충전부에의 직접접촉 방호대책 실필 1801

- 충전부가 노출되지 않도록 폐쇄형 외함(外函)이 있는 구조로 할 것
- 충전부에 충분한 절연효과가 있는 방호망이나 절연덮개를 설치할 것
- 충전부는 내구성이 있는 절연물로 완전히 덮어 감쌀 것
- 발전소·변전소 및 개폐소 등 구획되어 있는 장소로서 관계 근로자가 아닌 사람의 출입이 금지되는 장소에 충전부를 설치하고, 위험표시 등의 방법으로 방호를 강화할 것
- 전주 위 및 철탑 위 등 격리되어 있는 장소로서 관계 근로자가 아닌 사람이 접근할 우려가 없는 장소에 충전부를 설치할 것

기준 변경 대치/2101

64

Repetitive Learning (1회 2회 3회)

전로에 시설하는 기계·기구의 철대 및 금속제 외함에 접지공사를 생략할 수 없는 경우는?

① 30V 이하의 기계·기구를 건조한 곳에 시설하는 경우
② 물기 없는 장소에 설치하는 저압용 기계·기구를 위한 전로에 정격감도전류 40mA 이하, 동작시간 2초 이하의 전류동작형 누전차단기를 시설하는 경우
③ 철대 또는 외함의 주위에 적당한 절연대를 설치하는 경우
④ 「전기용품 및 생활용품 안전관리법」 의 적용을 받는 이중절연구조로 되어 있는 기계기구를 시설하는 경우

해설

- 물기 있는 장소 이외의 장소에 시설하는 저압용의 개별 기계·기구에 전기를 공급하는 전로에 인체감전보호용 누전차단기를 시설하는 경우에는 접지공사의 생략이 가능하나 설치된 누전차단기가 인체감전용이 아니므로 해당 장소에는 접지공사를 생략해서는 안 된다.

접지공사 생략 장소

- 사용전압이 직류 300V 또는 교류 대지전압이 150V 이하인 기계·기구를 건조한 곳에 시설하는 경우
- 저압용의 기계·기구를 건조한 목재의 마루 기타 이와 유사한 절연성 물건 위에서 취급하도록 시설하는 경우
- 저압용이나 고압용의 기계·기구, 특고압 전선로에 접속하는 배전용 변압기나 이에 접속하는 전선에 시설하는 기계·기구 또는 특고압 가공전선로의 전로에 시설하는 기계·기구를 사람이 쉽게 접촉할 우려가 없도록 목주 기타 이와 유사한 것의 위에 시설하는 경우

63 ④ 64 ② 정답

- 철대 또는 외함의 주위에 적당한 절연대를 설치하는 경우
- 외함이 없는 계기용 변성기가 고무·합성수지 기타의 절연물로 피복한 것일 경우
- 2중절연구조로 되어 있는 기계·기구를 시설하는 경우
- 저압용 기계·기구에 전기를 공급하는 전로의 전원측에 절연변압기를 시설하고 또한 그 절연변압기의 부하측 전로를 접지하지 않은 경우
- 물기 있는 장소 이외의 장소에 시설하는 저압용의 개별 기계·기구에 전기를 공급하는 전로에 인체감전보호용 누전차단기를 시설하는 경우
- 외함을 충전하여 사용하는 기계·기구에 사람이 접촉할 우려가 없도록 시설하거나 절연대를 시설하는 경우

0302 / 0601 / 0901 / 2202

65 Repetitive Learning (1회 2회 3회)

정전작업 시 조치사항으로 부적합한 것은?

① 작업 전 전기설비의 잔류전하를 확실히 방전한다.
② 개로된 전로의 충전 여부를 검전기구에 의하여 확인한다.
③ 개폐기에 시건장치를 하고 통전금지에 관한 표지판은 제거한다.
④ 예비 동력원의 역송전에 의한 감전의 위험을 방지하기 위해 단락접지기구를 사용하여 단락접지를 한다.

해설

- 정전작업 시 개폐기에 시건장치를 하고 통전금지에 관한 표지판을 제거하는 것이 아니라 설치해야 한다.

정전작업 시 근로자 준수사항

- 개로된 개폐기에 잠금장치를 설치하거나 통전금지 사항을 표시한다.
- 잔류전하가 있는 전로의 경우, 접지기구 등으로 잔류전하를 방전시키는 조치를 한다.
- 정전전로는 검전기로 정전을 확인한다.
- 오송전, 또는 다른 전로와의 혼촉이나 유도를 방지하기 위하여 단락접지기구로 확실하게 단락접지를 한다.
- 특별고압 송전선과 병가된 가공선로를 정전하여 작업하는 경우에는 반드시 해당 가공선로를 단락접지시키고 작업을 한다.

2011 / 2000

66 Repetitive Learning (1회 2회 3회)

교류 아크용접기의 자동전격방지장치는 아크 발생이 중단된 후 출력측 무부하 전압을 1초 이내 몇 [V] 이하로 저하시켜야 하는가?

① 25~30　② 35~50
③ 55~75　④ 80~100

해설

- 자동전격방지장치는 아크 발생이 중단되면 출력측 무부하 전압을 1초 이내에 25[V] 이하로 저하시키는 장치이다.

자동전격방지장치 실필 1002

㉠ 개요
- 용접작업을 정지하는 순간(1초 이내) 자동적으로 접촉하여도 감전재해가 발생하지 않는 정도로 용접봉 홀더의 출력측 2차 전압을 저하(25V)시키는 장치이다.
- 용접작업을 정지하는 순간에 작동하여 다음 아크 발생 시까지 기능한다.
- 주회로를 제어하는 장치와 보조변압기로 구성된다.

㉡ 설치
- 용접기 외함 및 피용접물은 제3종 접지공사를 실시한다.
- 자동전격방지장치 설치 장소는 선박의 이중 선체 내부, 밸러스트(Ballast) 탱크, 보일러 내부 등 도전체에 둘러싸인 장소, 추락할 위험이 있는 높이 2m 이상의 장소로 철골 등 도전성이 높은 물체에 근로자가 접촉할 우려가 있는 장소, 물·땀 등으로 인하여 도전성이 높은 습윤 상태에서 근로자가 작업하는 장소 등이다.

67 Repetitive Learning (1회 2회 3회)

절연전선의 과전류에 의한 연소단계 중 착화단계의 전선전류밀도[A/mm^2]로 알맞은 것은?

① 40　② 50
③ 65　④ 120

해설

- 착화단계의 전선전류밀도는 43~60[A/mm^2]여야 한다.

과전류에 의한 전선의 용단 전류밀도

인화단계	40~43[A/mm^2]
착화단계	43~60[A/mm^2]
발화단계	60~70[A/mm^2]
용단단계	120[A/mm^2] 이상

정답 65 ③ 66 ① 67 ②

2202

68 Repetitive Learning (1회 2회 3회)

정전기 발생에 영향을 주는 요인에 대한 설명으로 틀린 것은?

① 물체의 분리속도가 빠를수록 발생량은 적어진다.
② 접촉면적이 크고 접촉압력이 높을수록 발생량이 많아진다.
③ 물체 표면이 수분이나 기름으로 오염되면 산화 및 부식에 의해 발생량이 많아진다.
④ 정전기의 발생은 처음 접촉, 분리할 때가 최대로 되고 접촉, 분리가 반복됨에 따라 발생량은 감소한다.

해설

- 물질의 분리속도가 빠를수록 정전기 발생량이 많아진다.

정전기 발생에 영향을 주는 요인

㉠ 개요
- 정전기 발생에 영향을 주는 요인에는 물체의 표면상태, 물질의 분리속도와 특성, 대전이력, 접촉면적 및 압력 등이 있다.

㉡ 정전기 발생 요인

물질의 표면상태	물질 표면의 거칠기나 오염도가 높을수록 정전기 발생량이 많아진다.
물질의 분리속도	물질의 분리속도가 빠를수록 정전기 발생량이 많아진다.
물질의 접촉면적 및 압력	접촉면적이 넓을수록, 접촉압력이 클수록 정전기 발생량이 많아진다.
물질의 특성	대전서열이 멀어질수록 정전기 발생량이 많아진다.
물질의 대전이력	정전기 발생량은 처음 대전될 때가 가장 많고 발생횟수가 반복할수록 감소한다.

0301 / 0703 / 1301

69 Repetitive Learning (1회 2회 3회)

300[A]의 전류가 흐르는 저압 가공전선로의 1(한) 선에서 허용 가능한 누설전류는 몇 [mA]인가?

① 600　② 450
③ 300　④ 150

해설

- 전류가 300[A]이므로 누설전류는 $300 \times \frac{1}{2,000} = 0.15[A]$ 즉, 150[mA] 이내여야 한다.

누설전류와 누전화재

㉠ 누설전류
- 누설전류는 전류가 정상적으로 흐르지 않고 다른 곳으로 새어버리는 것을 말하며, 누전전류라고도 한다.
- 전선의 노후로 인하여 절연이 나빠져 발생(절연열화)하는데 이를 방지하기 위해 누전차단기를 설치한다.
- 누설전류로 인해 감전 및 화재 등이 발생하고, 전력의 손실이 증가하고, 전자기기의 고장이 발생한다.
- 저압의 전선로 중 절연부분의 전선과 대지 간 및 전선의 심선 상호 간의 절연저항은, 사용전압에 대한 누설전류가 최대공급전류의 2,000분의 1을 넘지 아니하도록 유지하여야 한다.

㉡ 누전화재
- 누전으로 인하여 화재가 발생되기 전에 인체 감전, 전등 밝기의 변화, 빈번한 퓨즈의 용단, 전기사용 기계장치의 오동작 증가 등이 발생한다.
- 누전사고가 발생될 수 있는 취약 개소에는 비닐전선을 고정하는 지지용 스테이플, 정원 연못조명 등의 전원공급용 지하매설 전선류, 분기회로 접속점이 나선으로 발열이 쉽도록 유지되는 곳 등이 있다.

70 Repetitive Learning (1회 2회 3회)

분진방폭 배선시설에 분진침투 방지재료로 가장 적합한 것은?

① 분진침투 케이블
② 컴파운드(Compound)
③ 자기융착성 테이프
④ 씰링피팅(Sealing fitting)

해설

- 컴파운드와 씰링피팅은 가스가 새는 것을 방지하는 자재이다.

자기융착성 테이프
- 분진의 침투를 막는 가장 대표적인 자재로 습기, 분진, 기름 등의 침투 방지 목적으로 사용하는 테이프이다.
- 논슬립기능으로 도구 사용 시 작업자의 손을 미끄러지지 않게 하기 위한 용도로도 많이 사용한다.

71 Repetitive Learning (1회 2회 3회)

방폭 전기기기의 성능을 나타내는 기호표시로 EX p ⅡA T5를 나타내었을 때 관계가 없는 표시 내용은?

① 온도등급　② 폭발성능
③ 방폭구조　④ 폭발등급

68 ① 69 ④ 70 ③ 71 ② 정답

해설

• 기호는 방폭구조명과 용도, 폭발등급 및 발화온도 등을 표시한다

방폭구조 기호등급 표시 실필 1602/1501/1203/1102/0801

EX p Ⅱ A T5

• EX : 방폭용임을 표시
• p : 방폭구조의 표시(예시된 "p"는 압력방폭구조)

p	압력방폭구조	ia, ib	본질안전방폭구조
e	안전증방폭구조	o	유입방폭구조
m	몰드방폭구조	q	충전방폭구조
n	비점화방폭구조	d	내압방폭구조

• Ⅱ : 산업용(광산용 제외)임을 의미
• A : 가스 폭발등급을 표시함
• T5 : 최고표면온도에 따른 발화온도 표시("T5"는 100[℃])

0502

72

Repetitive Learning 

금속성의 전기기계장치나 구조물에 인체의 일부가 상시 접촉되어 있는 상태의 허용접촉전압으로 옳은 것은?

① 2.5[V] 이하
② 25[V] 이하
③ 50[V] 이하
④ 제한 없음

해설

• 인체가 현저하게 젖어 있는 상태 또는 금속성의 전기기계장치나 구조물에 인체의 일부가 상시 접속되어 있는 상태는 제2종에 해당하며, 이때의 허용접촉전압은 25[V] 이하이다.

접촉상태별 허용접촉전압

종별	접촉상태	허용 접촉전압
1종	인체의 대부분이 수중에 있는 상태	2.5[V] 이하
2종	• 인체가 현저하게 젖어있는 상태 • 금속성의 전기기계장치나 구조물에 인체의 일부가 상시 접속되어 있는 상태	25[V] 이하
3종	통상의 인체상태에 있어서 접촉전압이 가해지더라도 위험성이 낮은 상태	50[V] 이하
4종	접촉전압이 가해질 우려가 없는 경우	제한없음

0502

73

Repetitive Learning 1회 2회 3회

저압 전기기기의 누전으로 인한 감전재해의 방지대책이 아닌 것은?

① 보호접지
② 안전전압의 사용
③ 비접지식 전로의 채용
④ 배선용차단기(MCCB)의 사용

해설

• 배선용차단기(MCCB)는 선로에 단락이나 과전류가 흐를 때 전기의 흐름을 차단하여 기기를 안전하게 보호하는 장치이나 누전이나 감전의 검출이 안되므로 안전상 위험이 있는 장치이다.

감전사고 방지대책

㉠ 설비 측면
- 계통에 비접지식 전로의 채용
- 전로의 보호절연 및 충전부의 격리
- 전기설비에 대한 보호 접지(중성선 및 변압기 1, 2차 접지)
- 전기설비에 대한 누전차단기 설치
- 고장전로(사고회로)의 신속한 차단
- 안전전압 혹은 안전전압 이하의 전기기기 사용

㉡ 안전장비 측면
- 충전부가 노출된 부분은 절연 방호구 사용
- 전기작업 시 안전보호구의 착용 및 안전장비의 사용

㉢ 관리적인 측면
- 전기설비의 점검을 철저히 할 것
- 안전지식의 습득과 안전거리의 유지 등

1503

74

Repetitive Learning 1회 2회 3회

인체의 저항을 1,000[Ω]으로 볼 때 심실세동을 일으키는 전류에서의 전기에너지는 약 몇 [J]인가?(단, 심실세동전류는 $\frac{165}{\sqrt{T}}$[mA]이며, 통전시간 T는 1초, 전원은 정현파 교류이다)

① 13.6 ② 27.2
③ 136.6 ④ 272.2

해설

• 인체의 접촉저항이 1,000Ω일 때 심실세동을 일으키는 전류에서의 전기에너지 $W = I^2Rt = \left(\frac{165 \times 10^{-3}}{\sqrt{T}}\right)^2 \times R \times T$ $= (165 \times 10^{-3})^2 \times 1{,}000 = 27.224$[J]이 된다.

심실세동 한계전류와 전기에너지 실필 2303/2101/1403/1401/1202

- 심장의 맥동에 영향을 주어 혈액 순환을 곤란하게 하고, 끝내는 심장 기능을 잃게 하는 치사적 전류를 심실세동전류라 한다.
- 감전자 1천명 중 5명 이상이 심실세동을 일으킬 수 있는 감전시간과 위험전류와의 관계에서
  심실세동 한계전류 I는 $\frac{165}{\sqrt{T}}$[mA]이고, T는 통전시간이다.
- 인체의 접촉저항을 500Ω으로 할 때 심실세동을 일으키는 전류에서의 전기에너지는 $W = I^2Rt = \left(\frac{165\times10^{-3}}{\sqrt{T}}\right)^2 \times R \times T = (165\times10^{-3})^2\times500 = 13.612$[J]가 된다.

75

Repetitive Learning (1회 2회 3회)

다음 중 1종 위험장소로 분류되지 않는 것은?

① Floating roof tank상의 Shell 내의 부분
② 인화성 액체의 용기 내부의 액면 상부의 공간부
③ 점검수리작업에서 가연성 가스 또는 증기를 방출하는 경우의 밸브 부근
④ 탱크로리, 드럼관 등이 인화성 액체를 충전하고 있는 경우의 개구부 부근

해설

- 인화성 액체의 용기 내부는 0종 장소에 해당한다.

1종 장소

- 통상상태에서의 간헐적 위험분위기가 조성되는 지역을 말한다.
- 가스, 증기 또는 미스트의 가연성 물질의 공기혼합물로 구성되는 폭발분위기가 정상작동 중에 생성될 수 있는 장소이다.
- 0종 장소의 근접주변, 송급통구의 근접주변, 운전상 열게 되는 연결부의 근접주변, 배기관의 유출구 근접주변 등 맨홀, 벤트, 피트 등의 주변 장소가 이에 해당한다.

0802

76

Repetitive Learning (1회 2회 3회)

전압은 저압, 고압 및 특별고압으로 구분되고 있다. 다음 중 저압에 대한 설명으로 가장 알맞은 것은?

① 직류 1,500V 미만, 교류 1,000V 미만
② 직류 1,500V 이하, 교류 1,200V 이하
③ 직류 1,500V 이하, 교류 1,000V 이하
④ 직류 1,500V 미만, 교류 1,200V 미만

해설

- 저압이란 직류는 1,500V 이하, 교류는 1,000V 이하인 것이다.

전압의 구분

구분	내용
저압	직류는 1,500V 이하, 교류는 1,000V 이하인 것
고압	직류는 1,500V를, 교류는 1,000V를 넘고, 7,000V 이하인 것
특별고압	7,000V를 넘는 것

77

Repetitive Learning (1회 2회 3회)

정전기 대전현상의 설명으로 틀린 것은?

① 충돌대전 : 분체류와 같은 입자 상호 간이나 입자와 고체와의 충돌에 의해 빠른 접촉 또는 분리가 행하여짐으로써 정전기가 발생되는 현상
② 유동대전 : 액체류가 파이프 등 내부에서 유동할 때 액체와 관 벽 사이에서 정전기가 발생되는 현상
③ 박리대전 : 고체나 분체류와 같은 물체가 파괴되었을 때 전하분리에 의해 정전기가 발생되는 현상
④ 분출대전 : 분체류, 액체류, 기체류가 단면적이 작은 분출구를 통해 공기 중으로 분출될 때 분출하는 물질과 분출구의 마찰로 인해 정전기가 발생되는 현상

해설

- 박리대전은 밀착되어 있는 물질이 떨어질 때 정전기가 발생되는 현상이다.

정전기 발생현상 실필 0801

㉠ 개요

- 정전기 발생현상을 원인에 따라 분류하면 마찰대전, 박리대전, 유동대전, 충돌대전, 분출대전, 진동대전(교반대전), 파괴대전 등으로 구분한다.

㉡ 분류별 특징

구분	특징
마찰대전	두 물체가 서로 접촉 시 위치의 이동으로 전하의 분리 및 재배열이 일어나는 대전현상
박리대전	상호 밀착되어 있는 물질이 떨어질 때 전하분리에 의해 발생하는 대전현상
유동대전	• 저항이 높은 액체류가 파이프 등으로 수송될 때 접촉을 통해 서로 대전되는 현상 • 액체의 흐름이 정전기 발생에 영향을 준다.
충돌대전	스프레이 도장작업 등과 같은 입자와 입자끼리, 혹은 입자와 고체끼리의 충돌로 발생하는 대전현상
분출대전	스프레이 도장작업을 할 경우와 같이 액체나 기체 등이 작은 구멍을 통해 분출될 때 발생하는 대전현상

75 ② 76 ③ 77 ③ 정답

0802 / 1003

78

Repetitive Learning 

상용주파수 60[Hz] 교류에서 성인 남자의 경우 고통한계전류로 가장 알맞은 것은?

① 15~20[mA]
② 10~15[mA]
③ 7~8[mA]
④ 1[mA]

해설

- 고통한계전류는 인간이 고통을 참을 수 있는 한계전류로 60[Hz]에서 7~8[mA] 정도이다.

통전전류에 의한 영향

㉠ 최소감지전류
- 인간이 통전을 감지하는 최소전류로 60Hz의 교류에서는 1[mA] 정도이다.

㉡ 고통한계전류
- 인간이 통전으로부터 발생하는 고통을 참을 수 있는 한계전류를 말한다.
- 보통 60Hz의 교류에서는 7~8[mA] 정도이다.

㉢ 이탈전류(가수전류)
- 가수전류라고도 하며, 손발을 움직여 충전부로부터 스스로 이탈할 수 있는 최대한도의 전류를 말한다.
- 60Hz의 교류에서는 이탈전류가 최대 10~15[mA]이다.

㉣ 교착전류(불수전류)
- 교착전류란 통전전류로 인하여 통전경로상의 근육경련이 심해지면서 신경이 마비되어 운동이 자유롭지 않게 되는 한계전류로 불수전류라고도 한다.

㉤ 심실세동전류
- 심장맥동에 영향을 주어 신경의 기능을 상실시키는 전류로, 방치하면 수분 이내에 사망에 이르게 되는 전류이다.

0503

79

Repetitive Learning 1회 2회 3회

대전의 완화를 나타내는 데 중요한 인자인 시정수(Time constant)는 최초의 전하가 약 몇 [%]까지 완화되는 시간을 말하는가?

① 20
② 37
③ 45
④ 50

해설

- 정전기의 완화시간이란 정전기가 축적되었다가 소멸되는 과정에서 처음 값의 36.8[%]의 비율로 감소되는 데 걸리는 시간을 말한다.

정전기 완화시간

- 정전기의 완화시간이란 정전기가 축적되었다가 소멸되는 과정에서 처음 값의 36.8[%]의 비율로 감소되는 데 걸리는 시간으로 시정수(Time constant)라고도 한다.
- 정전기의 완화시간은 대전체 저항×정전용량=고유저항×유전율로 정해진다.
- 고유저항 또는 유전율이 큰 물질일수록 대전상태가 오래 지속된다.
- 일반적으로 완화시간은 영전위 소요시간의 1/4~1/5 정도이다.

0402 / 0503 / 0602 / 1001 / 1101 / 1303 / 1703

80

Repetitive Learning 1회 2회 3회

고압 및 특고압의 전로에 시설하는 피뢰기의 접지저항은 몇 [Ω] 이하로 하여야 하는가?

① 10[Ω] 이하
② 100[Ω] 이하
③ 10^6[Ω] 이하
④ 1[kΩ] 이하

해설

- 피뢰침의 접지저항은 10Ω 이하가 되도록 시공하여야 한다.

고압 및 특고압의 전로에서 피뢰기의 시설과 접지

㉠ 피뢰기를 시설해야 하는 곳
- 발전소·변전소 또는 이에 준하는 장소의 가공전선 인입구 및 인출구
- 특고압 가공전선로에 접속하는 배전용 변압기의 고압측 및 특고압측
- 고압 및 특고압 가공전선로로부터 공급을 받는 수용장소의 인입구
- 가공전선로와 지중전선로가 접속되는 곳

㉡ 접지
- 고압 및 특고압의 전로에 시설하는 피뢰기 접지저항 값은 10Ω 이하로 하여야 한다.

정답 | 78 ③ 79 ② 80 ①

81

Repetitive Learning 1회 2회 3회

다음 중 CO_2 소화약제의 장점으로 볼 수 없는 것은?

① 기체 팽창률 및 기화 잠열이 작다.
② 액화하여 용기에 보관할 수 있다.
③ 전기에 대해 부도체이다.
④ 자체 증기압이 높기 때문에 자체 압력으로 방사가 가능하다.

해설

- CO_2 소화약제는 기화 잠열에 의해 자동 냉각되어 드라이아이스 상태가 되며 이로 인해 냉각효과를 크게 갖는다.

이산화탄소(CO_2) 소화기

㉠ 개요
- 질식 소화기로 산소농도 15% 이하가 되도록 살포하는 유류, 가스(B급)화재에 적당한 소화기이다.
- 비전도성으로 전기화재(C급)에도 좋다.
- 주로 통신실, 컴퓨터실, 전기실 등에서 이용된다.

㉡ 특징
- 무색, 무취하여 화재 진화 후 깨끗하다.
- 액화하여 용기에 보관할 수 있다.
- 피연소물에 피해가 적고 가스자체의 압력으로 동력이 불필요하다.
- 단점은 사람이 질식할 우려가 있고 사용 중 동상의 위험이 있으며 소음이 크다.

82

Repetitive Learning 1회 2회 3회

다음 중 응상폭발이 아닌 것은?

① 분해폭발
② 수증기폭발
③ 전선폭발
④ 고상 간의 전이에 의한 폭발

해설

- 분해폭발은 기상폭발의 한 종류이다.

폭발(Explosion)

㉠ 개요
- 물리적 또는 화학적 에너지가 열과 압력파인 기계적 에너지로 빠르게 변화하는 현상을 말한다.
- 폭발물 원인물질의 물리적 상태에 따라 기상폭발과 응상폭발로 구분된다.

㉡ 기상폭발(Gas explosion)
- 폭발이 일어나기 전의 물질상태가 기체일 경우의 폭발을 말한다.
- 종류에는 분진폭발, 분무폭발, 분해폭발, (혼합)가스폭발 등이 있다.
- 압력상승에 의한 기상폭발의 경우 가연성 혼합기의 형성 상황, 압력상승 시의 취약부 파괴, 개구부가 있는 공간 내의 화염전파와 압력상승에 주의해야 한다.

㉢ 응상폭발
- 폭발이 일어나기 전의 물질상태가 고체 및 액상일 경우의 폭발을 말한다.
- 응상폭발의 종류에는 수증기폭발, 전선폭발, 고상 간의 전이에 의한 폭발 등이 있다.
- 응상폭발을 하는 위험성 물질에는 TNT, 연화약, 다이너마이트 등이 있다.

83

Repetitive Learning 1회 2회 3회

고체 가연물의 일반적인 4가지 연소방식에 해당하지 않는 것은?

① 분해연소
② 표면연소
③ 확산연소
④ 증발연소

해설

- 확산연소는 기체의 연소방식에 해당한다.

연소의 종류 실필 0902/0901

구분	내용
기체	확산연소, 폭발연소, 혼합연소, 그을음연소 등이 있다.
액체	증발연소, 분해연소, 분무연소, 그을음연소 등이 있다.
고체	분해연소, 표면연소, 자기연소, 증발연소 등이 있다.

1202 / 2102

84

Repetitive Learning 1회 2회 3회

5[%] NaOH 수용액과 10[%] NaOH 수용액을 반응기에 혼합하여 6[%] 100[kg]의 NaOH 수용액을 만들려면 각각 몇 [kg]의 NaOH 수용액이 필요한가?

① 5[%] NaOH 수용액 : 33.3, 10[%] NaOH 수용액 : 66.7
② 5[%] NaOH 수용액 : 50, 10[%] NaOH 수용액 : 50
③ 5[%] NaOH 수용액 : 66.7, 10[%] NaOH 수용액 : 33.3
④ 5[%] NaOH 수용액 : 80, 10[%] NaOH 수용액 : 20

81 ① 82 ① 83 ③ 84 ④ 정답

해설

- 5[%] 수용액 a[kg]과 10[%] 수용액 b[kg]을 합하여 6[%] 100[kg]의 수용액을 만들어야 하는 경우이다.
- $0.05\times a+0.1\times b=0.06\times 100$이며, 이때 $a+b=100$이 된다. 미지수를 하나로 정리하면 $0.05a+0.1(100-a)=0.06\times 100$이다.
- $0.05a - 0.1a=-4$가 되므로 $0.05a=4$이다.
- 따라서 $a=80$, $b=100 - 80=20$이 된다.

수용액의 농도

- 용액의 묽고 진한 정도를 나타내는 농도는 용액 속에 용질이 얼마나 녹아 있는지를 나타내는 값이다.
- 퍼센트[%] 농도는 용액 100g에 녹아있는 용질의 g수를 백분율로 나타낸 값으로 $\frac{\text{용질의 질량[g]}}{\text{용액의 질량[g]}}\times 100$
  $=\frac{\text{용질의 질량[g]}}{\text{용매의 질량[g]+용질의 질량[g]}}\times 10$으로 구한다.

1302

85

Repetitive Learning 1회 2회 3회

다음 중 압축기 운전 시 토출압력이 갑자기 증가하는 이유로 가장 적절한 것은?

① 윤활유의 과다 ② 피스톤 링의 가스 누설
③ 토출관 내에 저항 발생 ④ 저장조 내 가스압의 감소

해설

- 압축기 운전 시 토출관 내 저항이 발생하면 토출압력이 증가한다. 토출압력을 낮추기 위해서는 토출관 내 저항 발생을 낮추어야 한다.

압축기 토출압력의 결정

- 공기의 압력은 압축공기 사용기기의 필요압력에 따라 결정한다.
- 높은 압력으로의 압축은 전동기의 더 큰 소요동력을 필요로 하므로 가능한 낮추어 사용하는 것이 좋다.
- 압축기 압력을 $1kg/cm^2$ 정도 낮추면 6~8%의 동력감소 효과가 기대된다.
- 토출관 내 저항이 발생할 경우 토출압력이 증가되므로 주의하도록 한다.

0703 / 1002 / 1201 / 1403 / 2001

86

Repetitive Learning 1회 2회 3회

분진폭발의 발생 순서로 옳은 것은?

① 비산 → 분산 → 퇴적분진 → 발화원 → 2차폭발 → 전면폭발
② 비산 → 퇴적분진 → 분산 → 발화원 → 2차폭발 → 전면폭발
③ 퇴적분진 → 발화원 → 분산 → 비산 → 전면폭발 → 2차폭발
④ 퇴적분진 → 비산 → 분산 → 발화원 → 전면폭발 → 2차폭발

해설

- 분진폭발은 퇴적분진 → 비산 → 분산 → 발화원 → 전면폭발 → 2차폭발 순으로 진행된다.

분진폭발

㉠ 개요
- 폭발을 기상폭발과 응상폭발로 분류할 때 기상폭발에 해당한다.
- 퇴적분진의 비산을 통해서 공기 중에 분산된 후 발화원의 점화에 의해 폭발한다.

㉡ 위험과 폭발의 진행단계
- 분진폭발의 위험은 금속분(알루미늄분, 스텔라이트 등), 유황, 적린, 곡물(소맥분) 등에 주로 존재한다.
- 분진폭발은 퇴적분진 → 비산 → 분산 → 발화원 → 전면폭발 → 2차폭발 순으로 진행된다.

87

Repetitive Learning 1회 2회 3회

다음 금속 중 산(Acid)과 접촉하여 수소를 가장 잘 방출시키는 원소는?

① 칼륨 ② 구리
③ 수은 ④ 백금

해설

- 제3류 위험물에 포함되는 칼륨, 나트륨, 리튬 등은 산과 결합할 경우 수소를 폭발적으로 발생시킨다.

위험물안전관리법령의 제3류 위험물

㉠ 개요
- 자연발화성 및 금수성 물질이다.
- 리튬, 칼륨·나트륨, 황, 황린, 황화린·적린, 셀룰로이드류, 알킬알루미늄·알킬리튬, 마그네슘 분말, 금속 분말, 알칼리금속, 유기금속화합물, 금속의 수소화물, 금속의 인화물, 칼슘 탄화물, 알루미늄 탄화물 등이 있다.

㉡ 특징
- 자연발화성 물질은 공기와 접촉할 경우 연소하거나 가연성 가스(H_2)를 발생하며 폭발적으로 연소한다.
- 금수성 물질은 물과 접촉하면 가연성 가스(H_2)를 발생하며 폭발적으로 연소한다.

정답 | 85 ③ 86 ④ 87 ①

0902 / 2201

88

Repetitive Learning 1회 2회 3회

비점이 낮은 액체 저장탱크 주위에 화재가 발생했을 때 저장탱크 내부의 비등현상으로 인한 압력상승으로 탱크가 파열되어 그 내용물이 증발, 팽창하면서 발생되는 폭발현상은?

① Back draft ② BLEVE
③ Flash over ④ UVCE

해설

- Back draft란 화재가 발생한 공간에서 연소에 필요한 산소가 부족한 상태가 지속되다 문을 열거나 창문을 부수면 갑자기 대량의 산소가 유입되면서 폭발적으로 재연소를 하는 현상을 말한다.
- Flash over란 화재가 서서히 진행되다가 어느 시점을 지나면서 실내의 모든 가연물이 동시에 폭발적으로 발화하는 현상을 말한다.
- UVCE는 증기운 폭발로 가연성 가스 혹은 가연성 액체가 유출되면서 발생한 증기가 공기와 혼합되어 가연성 혼합기체가 만들어지고 이것이 점화원에 의해 폭발하는 것을 말한다.

비등액 팽창증기 폭발(BLEVE)

㉠ 개요 실필 1602/0802
- BLEVE는 Boiling Liquid Expanding Vapor Explosion의 약자로 비등액 팽창증기 폭발을 의미한다.
- 비점이나 인화점이 낮은 액체가 들어 있는 용기 주위가 화재 등으로 인하여 가열되면, 내부의 비등현상으로 인한 압력 상승으로 용기의 벽면이 파열되고 그 내용물이 폭발적으로 증발, 팽창하면서 폭발을 일으키는 현상을 말한다.

㉡ 영향을 미치는 요인 실필 1801
- 비등액 팽창증기 폭발에 영향을 미치는 요인에는 저장용기의 재질, 온도, 압력, 저장된 물질의 종류와 형태 등이 있다.

0302 / 2201

89

Repetitive Learning 

건축물 공사에 사용되고 있으나, 불에 타는 성질이 있어서 화재 시 유독한 시안화수소 가스가 발생되는 물질은?

① 염화비닐 ② 염화에틸렌
③ 메타크릴산메틸 ④ 우레탄

해설

- 우레탄의 주원료인 이소시아네이트(−NCO)는 연소 시 CN(시안)이 함유된 유독성 가스를 발생시킨다.

우레탄(Urethane)
- 우레탄의 주원료인 이소시아네이트(−NCO)는 연소 시 CN(시안)이 함유된 유독성 가스를 발생시킨다.
- 가격이 저렴하고 작업성이 우수하고 단열효과가 높기 때문에 건축에서 단열내장재로 우레탄을 많이 사용하였다.
- 발암물질로 밝혀짐으로 인해 최근 사용이 줄어들고 있다.

90

Repetitive Learning 1회 2회 3회

가연성 가스의 폭발범위에 관한 설명으로 틀린 것은?

① 압력증가에 따라 폭발상한계와 하한계가 모두 현저히 증가한다.
② 불활성 가스를 주입하면 폭발범위는 좁아진다.
③ 온도의 상승과 함께 폭발범위는 넓어진다.
④ 산소 중에서의 폭발범위는 공기 중에서보다 넓어진다.

해설

- 압력이 증가하면 하한계는 변동없고, 상한계는 증가한다.

가연성 가스의 폭발(연소)범위 실필 1603

㉠ 개요
- 가연성 가스의 종류에 따라 각각 다른 값을 가지며, 상한값과 하한값이 존재한다.
- 공기와 혼합된 가연성 가스의 체적 농도로 나타낸다.
- 불활성 가스를 주입하면 폭발범위는 좁아진다.

㉡ 특성
- 폭발한계의 범위는 온도와 압력에 비례한다.
- 온도가 증가하면 하한계는 감소하고, 상한계는 증가한다.
- 압력이 증가하면 하한계는 변동없고, 상한계는 증가한다.
- 산소 중에서는 공기 중에서보다 하한계는 일정하나 상한계가 증가하여 폭발범위가 넓어진다.

0301 / 0501 / 0801 / 1001

91

Repetitive Learning 1회 2회 3회

다음 중 화학공장에서 주로 사용되는 불활성 가스는?

① 수소
② 수증기
③ 질소
④ 일산화탄소

해설

- 공기, 헬륨, 질소, 이산화탄소 등을 불활성 가스로 사용하는데 헬륨이 불활성화 효과는 가장 좋으나, 화학공장에서는 주로 질소를 사용한다.

불활성 가스
- 압력방폭구조에서 사용하는 방법으로 불활성 가스를 용기 내에 넣어 압력을 유지하여 폭발성 가스의 침입을 방지할 때 사용한다.
- 공기, 헬륨, 질소, 이산화탄소 등을 불활성 가스로 사용하는데 헬륨이 불활성화 효과는 가장 좋으나, 화학공장에서는 주로 질소를 사용한다.

88 ② 89 ④ 90 ① 91 ③ | 정답

1002 / 1403 / 2201

92

Repetitive Learning 1회 2회 3회

다음 설명이 의미하는 것은?

> 온도, 압력 등 제어상태가 규정의 조건을 벗어나는 것에 의해 반응속도가 지수함수적으로 증대되고, 반응용기 내의 온도, 압력이 급격히 이상 상승되어 규정조건을 벗어나고, 반응이 과격화되는 현상

① 비등
② 과열・과압
③ 폭발
④ 반응폭주

해설

- 비등은 액체가 기체로 상변화하는 과정으로 끓음이라고도 한다.

반응폭주와 반응폭발

㉠ 반응폭주
- 반응속도가 지수함수적으로 증대되어 반응용기 내부의 온도 및 압력이 비정상적으로 상승하는 등 반응이 과격하게 진행되는 현상을 말한다.
- 온도, 압력 등 제어상태가 규정의 조건을 벗어나는 것에 의해 반응속도가 지수함수적으로 증대되고, 반응용기 내의 온도, 압력이 급격히 이상 상승되어 규정조건을 벗어나고, 반응이 과격화되는 현상이다.
- 반응폭주에 의한 위급상태의 발생을 방지하기 위해서는 불활성 가스의 공급장치가 필요하다.

㉡ 반응폭발
- 두 개 이상의 물질이 물리적・화학적으로 외부적인 힘에 의해 혼합상태로 만들어질 때 폭발하는 현상을 말한다.
- 반응폭발에 영향을 미치는 요인에는 교반상태, 냉각시스템, 반응온도와 압력 등이 있다.

1203

93

다음 중 산업안전보건법에 따라 안지름 150[mm] 이상의 압력용기, 정변위 압축기 등에 대해서 과압에 따른 폭발을 방지하기 위하여 설치하여야 하는 방호장치는?

① 역화방지기
② 안전밸브
③ 감지기
④ 체크밸브

해설

- 과압에 따른 폭발을 방지하기 위해 설치하는 방호장치에는 안전밸브와 파열판 등이 있다.

과압에 따른 폭발방지를 위한 안전밸브 또는 파열판 설치대상

실필 1002

- 압력용기(안지름이 150mm 이하인 압력용기는 제외)
- 정변위 압축기
- 정변위 펌프(토출측에 차단밸브가 설치된 것)
- 배관(2개 이상의 밸브에 의하여 차단되어 대기온도에서 액체의 열팽창에 의하여 파열될 우려가 있는 것)
- 그 밖의 화학설비 및 그 부속설비로서 해당 설비의 최고사용압력을 초과할 우려가 있는 것

94

Repetitive Learning 1회 2회 3회

다음 중 밀폐공간 내 작업 시의 조치사항으로 가장 거리가 먼 것은?

① 산소결핍이 우려되거나 유해가스 등의 농도가 높아서 폭발할 우려가 있는 경우는 진행 중인 작업에 방해되지 않도록 주의하면서 환기를 강화하여야 한다.
② 해당 작업장을 적정한 공기상태로 유지되도록 환기하여야 한다.
③ 해당 장소에 근로자를 입장시킬 때와 퇴장시킬 때에 각각 인원을 점검하여야 한다.
④ 해당 작업장과 외부의 감시인 사이에 상시연락을 취할 수 있는 설비를 설치하여야 한다.

해설

- 산소결핍이 우려되거나 유해가스 등의 농도가 높아서 폭발할 우려가 있는 경우는 진행 중이던 작업을 중지하고 안전대책을 강구하여야 한다.

밀폐공간 내 작업 시 준수사항

㉠ 작업 전 확인 및 출입구 게시사항
- 작업 일시, 기간, 장소 및 내용 등 작업 정보
- 관리감독자, 근로자, 감시인 등 작업자 정보
- 산소 및 유해가스 농도의 측정결과 및 후속조치 사항
- 작업 중 불활성 가스 또는 유해가스의 누출・유입・발생 가능성 검토 및 후속조치 사항
- 작업 시 착용하여야 할 보호구의 종류
- 비상연락체계

정답 | 92 ④ 93 ② 94 ①

㉡ 환기

- 사업주는 근로자가 밀폐공간에서 작업을 하는 경우에 작업을 시작하기 전과 작업 중에 해당 작업장을 적정 공기상태가 유지되도록 환기하여야 한다.
- 폭발이나 산화 등의 위험으로 인하여 환기할 수 없거나 작업의 성질상 환기하기가 매우 곤란한 경우에는 근로자에게 공기호흡기 또는 송기마스크를 지급하여 착용하도록 하고 환기하지 않을 수 있다.

㉢ 인원의 점검

- 사업주는 근로자가 밀폐공간에서 작업을 하는 경우에 그 장소에 근로자를 입장시킬 때와 퇴장시킬 때마다 인원을 점검하여야 한다.

㉣ 관계 근로자 외 출입금지

- 사업주는 사업장 내 밀폐공간을 사전에 파악하여 밀폐공간에는 관계 근로자가 아닌 사람의 출입을 금지하고, 출입금지 표지를 밀폐공간 근처의 보기 쉬운 장소에 게시하여야 한다.

㉤ 감시인의 배치

- 사업주는 근로자가 밀폐공간에서 작업을 하는 동안 작업 상황을 감시할 수 있는 감시인을 지정하여 밀폐 공간 외부에 배치하여야 한다.
- 감시인은 밀폐공간에 종사하는 근로자에게 이상이 있을 경우에 구조요청 등 필요한 조치를 한 후 이를 즉시 관리감독자에게 알려야 한다.
- 사업주는 근로자가 밀폐공간에서 작업을 하는 동안 그 작업장과 외부의 감시인 간에 항상 연락을 취할 수 있는 설비를 설치하여야 한다.

㉥ 안전보호구의 착용

- 사업주는 밀폐공간에서 작업하는 근로자가 산소결핍이나 유해가스로 인하여 추락할 우려가 있는 경우에는 해당 근로자에게 안전대나 구명밧줄, 공기호흡기 또는 송기마스크를 지급하여 착용하도록 하여야 한다.
- 사업주는 안전대나 구명밧줄을 착용하도록 하는 경우에 이를 안전하게 착용할 수 있는 설비 등을 설치하여야 한다.

㉦ 대피용 기구의 비치

- 사업주는 근로자가 밀폐공간에서 작업을 하는 경우에 공기호흡기 또는 송기마스크, 사다리 및 섬유로프 등 비상시에 근로자를 피난시키거나 구출하기 위하여 필요한 기구를 갖추어 두어야 한다.

2201

95 Repetitive Learning (1회 2회 3회)

다음 중 인화점이 가장 낮은 것은?

① 벤젠 ② 메탄올
③ 이황화탄소 ④ 경유

해설

- 보기의 물질을 인화점이 낮은 것부터 높은 순으로 배열하면 이황화탄소 < 벤젠 < 메탄올 < 경유 순이다.

주요 인화성가스의 인화점

인화성가스	인화점[℃]	인화성가스	인화점[℃]
이황화탄소(CS_2)	−30	아세톤(CH_3COCH_3)	−18
벤젠(C_6H_6)	−11	아세트산에틸($CH_3COOC_2H_5$)	−4
수소(H_2)	4~75	메탄올(CH_3OH)	11
에탄올(C_2H_5OH)	13	가솔린	0℃ 이하
등유	40~70	아세트산(CH_3COOH)	41.7
중유	60~150	경유	62~

2102

96 Repetitive Learning (1회 2회 3회)

아세톤에 대한 설명으로 틀린 것은?

① 증기는 유독하므로 흡입하지 않도록 주의해야 한다.
② 무색이고 휘발성이 강한 액체이다.
③ 비중이 0.79이므로 물보다 가볍다.
④ 인화점이 20[℃]이므로 여름철에 더 인화 위험이 높다.

해설

- 아세톤의 인화점은 −20℃로 대단히 낮다.

아세톤(CH_3COCH_3)

㉠ 개요

- 인화성 액체(인화점 −20℃)로 독성물질에 속한다.
- 무색이고 휘발성이 강하며 장기적인 피부 접촉은 심한 염증을 일으킨다.

㉡ 특징

- 아세틸렌의 용제로 많이 사용된다.
- 증기는 유독하므로 흡입하지 않도록 주의해야 한다.
- 비중이 0.79이므로 물보다 가벼우며 물에 잘 용해된다.

0303 / 0501 / 0601 / 0802 / 1001 / 1403

97 Repetitive Learning (1회 2회 3회)

프로판(C_3H_8) 가스가 공기 중 연소할 때의 화학양론농도는 약 얼마인가?(단, 공기 중의 산소농도는 21[vol%]이다)

① 2.5[vol%] ② 4.0[vol%]
③ 5.6[vol%] ④ 9.5[vol%]

95 ③ 96 ④ 97 ② 정답

해설

- 프로판 가스(C_3H_8)는 탄소(a)가 3, 수소(b)가 8이므로 $Cst = \frac{100}{1+4.773\times\left(3+\frac{8}{4}\right)} = 4.02$[vol%]이다.

완전연소 조성농도(Cst, 화학양론농도)와 최소산소농도(MOC) 실필 1803/1002

㉠ 완전연소 조성농도(Cst, 화학양론농도)
- 가연성 가스의 조성은 완전연소 조성농도에서 폭발의 위험성이 가장 높아진다.
- 완전연소 조성농도 = $\frac{100}{1+\text{공기몰수}\times\left(a+\frac{b-c-2d}{4}\right)}$이다.

  공기의 몰수는 주로 4.773을 사용하므로

  완전연소 조성농도 = $\frac{100}{1+4.773\left(a+\frac{b-c-2d}{4}\right)}$[vol%]

  로 구한다. 단, a : 탄소, b : 수소, c : 할로겐의 원자수, d : 산소의 원자수이다.
- Jones식에 따라 폭발한계를 추산하면 폭발하한계 = Cst × 0.55, 폭발상한계 = Cst × 3.50이다.

㉡ 최소산소농도(MOC)
- 연소 시 필요한 산소(O_2)농도 즉, 산소양론계수 = $a+\frac{b-c-2d}{4}$로 구한다.
- 최소산소농도(MOC) = 산소양론계수 × 연소하한값이다.

2102

98

Repetitive Learning 

다음 중 왕복 펌프에 속하지 않는 것은?

① 피스톤 펌프
② 플런저 펌프
③ 기어 펌프
④ 격막 펌프

해설

- 기어 펌프는 회전 펌프의 한 종류이다.

펌프의 분류

- 펌프는 물을 끌어올리는 원리에 따라 왕복 펌프, 원심 펌프, 축류 펌프, 회전 펌프, 특수 펌프로 구분된다.

왕복 펌프	피스톤 펌프, 플런저 펌프, 격막 펌프, 버킷 펌프 등
원심 펌프	터빈 펌프, 보어홀 펌프 등
축류 펌프	프로펠러 펌프
회전 펌프	기어 펌프, 베인 펌프
특수 펌프	제트 펌프

99

Repetitive Learning 1회 2회 3회

위험물안전관리법령에서 정한 위험물의 유별 구분이 나머지 셋과 다른 하나는?

① 질산 ② 질산칼륨
③ 과염소산 ④ 과산화수소

해설

- 질산칼륨은 산화성 고체로 제1류 위험물인 데 반해, 질산, 과염소산, 과산화수소는 산화성 액체로 제6류 위험물이다.

산화성 액체 및 산화성 고체

㉠ 산화성 고체(제1류 위험물)
- 산화성 고체는 그 자체로는 연소하지 않더라도 일반적으로 산소를 발생시켜 다른 물질을 연소시키거나 연소를 촉진하는 고체를 말한다.
- 아염소산염류, 염소산염류, 과염소산염류, 무기과산화물, 브론산염류, 질산염류, 요오드산염류, 과망간산염류, 중크롬산 염류 등이 있다.

㉡ 산화성 액체(제6류 위험물)
- 산화성 액체는 그 자체로는 연소하지 않더라도, 일반적으로 산소를 발생시켜 다른 물질을 연소시키거나 연소를 촉진하는 액체를 말한다.
- 과염소산, 과산화수소, 질산 등이 있다.

1202

100

Repetitive Learning 

다음 중 아세틸렌을 용해가스로 만들 때 사용되는 용제로 가장 적합한 것은?

① 아세톤 ② 메탄
③ 부탄 ④ 프로판

해설

- 폭발 위험 때문에 보관을 위해 아세틸렌을 용해시킬 때 사용하는 용제는 아세톤이다.

아세틸렌(C_2H_2)

㉠ 개요
- 폭발하한값 2.5vol%, 폭발상한값 81vol%로 폭발범위가 아주 넓은(78.5) 가연성 가스이다.
- 구리, 은 등의 물질과 반응하여 폭발성 아세틸리드를 생성한다.
- 1.5기압 또는 110℃ 이상에서 탄소와 수소로 분리되면서 분해폭발을 일으킨다.

㉡ 취급상의 주의사항
- 아세톤에 용해시켜 다공성 물질과 함께 보관한다.
- 용단 또는 가열작업 시 1.3[kgf/cm^2] 이상의 압력을 초과하여서는 안 된다.

1603

101 Repetitive Learning

양중기에 사용하는 와이어로프에서 화물의 하중을 직접 지지하는 달기 와이어로프 또는 달기 체인의 안전계수 기준은?

① 3 이상 ② 4 이상
③ 5 이상 ④ 10 이상

해설

- 양중기에서 화물의 하중을 직접 지지하는 달기 와이어로프 또는 달기 체인의 안전계수는 5 이상이어야 한다.

∷ 양중기의 달기구 안전계수 실필 2303/1902/1901/1501

근로자가 탑승하는 운반구를 지지하는 달기 와이어로프 또는 달기 체인의 경우	10 이상
화물의 하중을 직접 지지하는 달기 와이어로프 또는 달기 체인의 경우	5 이상
훅, 샤클, 클램프, 리프팅 빔의 경우	3 이상
그 밖의 경우	4 이상

102 Repetitive Learning 1회 2회 3회

타워크레인을 자립고(自立高) 이상의 높이로 설치할 때 지지벽체가 없어 와이어로프로 지지하는 경우의 준수사항으로 옳지 않은 것은?

① 와이어로프를 고정하기 위한 전용 지지프레임을 사용할 것
② 와이어로프 설치각도는 수평면에서 60° 이내로 하되, 지지점은 4개소 이상으로 하고, 같은 각도로 설치할 것
③ 와이어로프와 그 고정부위는 충분한 강도와 장력을 갖도록 설치하되, 와이어로프를 클립·샤클(Shackle) 등의 기구를 사용하여 고정하지 않도록 유의할 것
④ 와이어로프가 가공전선(架空電線)에 근접하지 않도록 할 것

해설

- 와이어로프와 그 고정부위는 충분한 강도와 장력을 갖도록 설치하고, 와이어로프를 클립·샤클(Shackle) 등의 고정기구를 사용하여 견고하게 고정시켜 풀리지 아니하도록 하여야 한다.

∷ 타워크레인의 지지 시 주의사항

- 사업주는 타워크레인을 자립고(自立高) 이상의 높이로 설치하는 경우 건축물 등의 벽체에 지지하도록 할 것
- 와이어로프를 고정하기 위한 전용 지지프레임을 사용할 것
- 와이어로프 설치각도는 수평면에서 60° 이내로 하되, 지지점은 4개소 이상으로 하고, 같은 각도로 설치할 것
- 와이어로프와 그 고정부위는 충분한 강도와 장력을 갖도록 설치하고, 와이어로프를 클립·샤클(Shackle) 등의 고정기구를 사용하여 견고하게 고정시켜 풀리지 아니하도록 하며, 사용 중에는 충분한 강도와 장력을 유지하도록 할 것
- 와이어로프가 가공전선(架空電線)에 근접하지 않도록 할 것

1303 / 2001

103 Repetitive Learning

공정률이 65[%]인 건설현장의 경우 공사 진척에 따른 산업안전보건관리비의 최소 사용기준으로 옳은 것은?

① 40[%] 이상 ② 50[%] 이상
③ 60[%] 이상 ④ 70[%] 이상

해설

- 공사 진척에 따른 안전관리비 사용기준에서 공정률 65%는 50~70% 범위 내에 포함되므로 산업안전보건관리비 사용기준은 50% 이상이다.

∷ 공사 진척에 따른 안전관리비 사용기준

공정률	50% 이상 70% 미만	70% 이상 90% 미만	90% 이상
사용기준	50% 이상	70% 이상	90% 이상

2101

104 Repetitive Learning 1회 2회 3회

터널공사의 전기발파작업에 관한 설명으로 옳지 않은 것은?

① 전선은 점화하기 전에 화약류를 충진한 장소로부터 30[m] 이상 떨어진 안전한 장소에서 도통시험 및 저항시험을 하여야 한다.
② 점화는 충분한 허용량을 갖는 발파기를 사용하고 규정된 스위치를 반드시 사용하여야 한다.
③ 발파 후 발파기와 발파모선의 연결을 유지한 채 그 단부를 절연시킨다.
④ 점화는 선임된 발파책임자가 행하고 발파기의 핸들을 점화할 때 이외는 시건장치를 하거나 모선을 분리하여야 하며 발파책임자의 엄중한 관리하에 두어야 한다.

101 ③ 102 ③ 103 ② 104 ③ 정답

해설

- 발파 후 즉시 발파모선을 발파기로부터 분리하고 그 단부를 절연시킨 후 재점화가 되지 않도록 하여야 한다.

전기발파 시 준수사항

- 미지전류의 유무에 대하여 확인하고 미지전류가 0.01A 이상일 때에는 전기발파를 하지 않아야 한다.
- 전기발파기는 충분한 기동이 있는지의 여부를 사전에 점검하여야 한다.
- 도통시험기는 소정의 저항치가 나타나는지를 사전에 점검하여야 한다.
- 약포에 뇌관을 장치할 때에는 반드시 전기뇌관의 저항을 측정하여 소정의 저항치에 대하여 오차가 ±0.1Ω 이내에 있는가를 확인하여야 한다.
- 발파모선의 배선에 있어서는 점화장소를 발파현장에서 충분히 떨어져 있는 장소로 하고 물기나 철관, 궤도 등이 없는 장소를 택하여야 한다.
- 점화장소는 발파현장이 잘 보이는 곳이어야 하며 충분히 떨어져 있는 안전한 장소로 택하여야 한다.
- 전선은 점화하기 전에 화약류를 장전한 장소로부터 30m 이상 떨어진 안전한 장소에서 도통시험 및 저항시험을 하여야 한다.
- 점화는 충분한 허용량을 갖는 발파기를 사용하고 규정된 스위치를 반드시 사용하여야 한다.
- 점화는 선임된 발파책임자가 행하고 발파기의 핸들을 점화할 때 이외는 시건장치를 하거나 모선을 분리하여야 하며 발파책임자의 엄중한 관리하에 두어야 한다.
- 발파 후 즉시 발파모선을 발파기로부터 분리하고 그 단부를 절연시킨 후 재점화가 되지 않도록 하여야 한다.
- 발파 후 30분 이상 경과한 후가 아니면 발파장소에 접근하지 않아야 한다.

1403

105 — Repetitive Learning

건설업의 산업안전보건관리비 사용항목에 해당되지 않는 것은?

① 안전시설비　② 근로자 건강관리비
③ 운반기계 수리비　④ 안전진단비

해설

- 운반기계 수리비는 산업안전보건관리비로 사용할 수 없다.

건설업 산업안전보건관리비 사용항목

- 안전관리자 등의 인건비 및 각종 업무수당 등
- 안전시설비 등
- 개인보호구 및 안전장구 구입비 등
- 사업장의 안전진단비
- 안전보건교육비 및 행사비 등
- 근로자의 건강관리비 등
- 기술지도비
- 본사(안전전담부서) 사용비

1902

106 — Repetitive Learning 1회 2회 3회

차량계 하역운반기계 등에 화물을 적재하는 경우에 준수해야 할 사항으로 옳지 않은 것은?

① 하중이 한쪽으로 치우치도록 하여 공간상 효율적으로 적재할 것
② 구내운반차 또는 화물자동차의 경우 화물의 붕괴 또는 낙하에 의한 위험을 방지하기 위하여 화물에 로프를 거는 등 필요한 조치를 할 것
③ 운전자의 시야를 가리지 않도록 화물을 적재할 것
④ 화물을 적재하는 경우 최대적재량을 초과하지 않을 것

해설

- 화물적재 시 하중이 한쪽으로 치우치지 않도록 적재하여야 한다.

화물적재 시의 준수사항

- 하중이 한쪽으로 치우치지 않도록 적재할 것
- 구내운반차 또는 화물자동차의 경우 화물의 붕괴 또는 낙하에 의한 위험을 방지하기 위하여 화물에 로프를 거는 등 필요한 조치를 할 것
- 운전자의 시야를 가리지 않도록 화물을 적재할 것
- 화물을 적재하는 경우에는 최대적재량을 초과하지 않도록 할 것

107 — Repetitive Learning 1회 2회 3회

건설현장에 설치하는 사다리식 통로의 설치기준으로 옳지 않은 것은?

① 발판과 벽과의 사이는 15[cm] 이상의 간격을 유지할 것
② 발판의 간격은 일정하게 할 것
③ 사다리의 상단은 걸쳐놓은 지점으로부터 60[cm] 이상 올라가도록 할 것
④ 사다리식 통로의 길이가 10[m] 이상인 경우에는 3[m] 이내마다 계단참을 설치할 것

해설

- 사다리식 통로의 길이가 10m 이상인 경우에는 5m 이내마다 계단참을 설치하여야 한다.

사다리식 통로의 구조 실필 2202/1101/0901

- 견고한 구조로 할 것
- 심한 손상·부식 등이 없는 재료를 사용할 것
- 발판의 간격은 일정하게 할 것
- 발판과 벽과의 사이는 15cm 이상의 간격을 유지할 것
- 폭은 30m 이상으로 할 것
- 사다리가 넘어지거나 미끄러지는 것을 방지하기 위한 조치를 할 것

정답 | 105 ③ 106 ① 107 ④

- 사다리의 상단은 걸쳐놓은 지점으로부터 60cm 이상 올라가도록 할 것
- 사다리식 통로의 길이가 10m 이상인 경우에는 5m 이내마다 계단참을 설치할 것
- 사다리식 통로의 기울기는 75° 이하로 할 것. 다만, 고정식 사다리식 통로의 기울기는 90° 이하로 하고, 그 높이가 7m 이상인 경우에는 바닥으로부터 높이가 2.5m 되는 지점부터 등받이울을 설치할 것
- 접이식 사다리 기둥은 사용 시 접혀지거나 펼쳐지지 않도록 철물 등을 사용하여 견고하게 조치할 것

0903 / 1003

108 — Repetitive Learning 1회 2회 3회

말비계를 조립하여 사용할 때의 준수사항으로 옳지 않은 것은?

① 지주부재의 하단에는 미끄럼 방지장치를 한다.
② 지주부재와 수평면과의 기울기는 75° 이하로 한다.
③ 말비계의 높이가 2[m]를 초과할 경우에는 작업발판의 폭을 30[cm] 이상으로 한다.
④ 지주부재와 지주부재의 사이를 고정시키는 보조부재를 설치한다.

해설

- 말비계의 높이가 2m를 초과하는 경우에는 작업발판의 폭을 40cm 이상으로 한다.

:: 말비계 조립 시 준수사항 실필 2203/1701 실작 2402/2303

- 지주부재(支柱部材)의 하단에는 미끄럼 방지장치를 하고, 근로자가 양측 끝부분에 올라서서 작업하지 않도록 할 것
- 지주부재와 수평면의 기울기를 75도 이하로 하고, 지주부재와 지주부재 사이를 고정시키는 보조부재를 설치할 것
- 말비계의 높이가 2m를 초과하는 경우에는 작업발판의 폭을 40cm 이상으로 할 것

109 — Repetitive Learning 1회 2회 3회

유해·위험방지계획서 첨부서류에 해당되지 않는 것은?

① 안전관리를 위한 교육자료
② 안전관리 조직표
③ 건설물, 사용 기계설비 등의 배치를 나타내는 도면
④ 재해 발생 위험 시 연락 및 대피방법

해설

- 안전관리를 위한 교육자료가 아니라 안전관리 조직표 및 안전보건교육계획이 되어야 한다.

:: 유해·위험방지계획서 제출 시 첨부서류 실필 2302/1303/0903

구분	내용
공사개요 및 안전보건 관리계획	• 공사개요서 • 공사현장의 주변 현황 및 주변과의 관계를 나타내는 도면(매설물 현황 포함) • 건설물, 사용 기계설비 등의 배치를 나타내는 도면 • 전체공정표 • 산업안전보건관리비 사용계획 • 안전관리 조직표 • 재해 발생 위험 시 연락 및 대피방법

110 — Repetitive Learning 1회 2회 3회

다음 설명에 해당하는 안전대와 관련된 용어로 옳은 것은? (단, 보호구 안전인증 고시 기준)

> 신체 지지의 목적으로 전신에 착용하는 띠 모양의 것으로서 상체 등 신체 일부분만 지지하는 것은 제외한다.

① 안전그네
② 벨트
③ 죔줄
④ 버클

해설

- 안전그네란 신체 지지의 목적으로 전신에 착용하는 띠 모양의 것을 말한다.

:: 안전대 관련 용어

용어	설명
벨트	신체 지지의 목적으로 허리에 착용하는 띠 모양의 부품
안전그네	신체 지지의 목적으로 전신에 착용하는 띠 모양의 것으로서 상체 등 신체 일부분만 지지하는 것은 제외
죔줄	벨트 또는 안전그네를 구명줄 또는 구조물 등 그 밖의 걸이설비와 연결하기 위한 줄 모양의 부품
버클	벨트 또는 안전그네를 신체에 착용하기 위해 그 끝에 부착한 금속장치

111 — Repetitive Learning 1회 2회 3회

항타기 또는 항발기의 권상용 와이어로프의 사용금지기준에 해당하지 않는 것은?

① 이음매가 없는 것
② 지름의 감소가 공칭지름의 7[%]를 초과하는 것
③ 꼬인 것
④ 열과 전기충격에 의해 손상된 것

108 ③ 109 ① 110 ① 111 ① | 정답

해설

- 이음매가 없는 와이어로프는 항타기 또는 항발기의 권상용 와이어로프로 사용이 가능하다. 이음매가 있는 것은 사용금지 대상이다.

:: 달기구 및 크레인 등의 양중기, 항타기, 항발기에서 사용하는 와이어로프의 사용금지 규정

- 이음매가 있는 것
- 와이어로프의 한 꼬임[(스트랜드(Strand)]에서 끊어진 소선(素線)의 수가 10% 이상인 것
- 지름의 감소가 공칭지름의 7%를 초과하는 것
- 꼬인 것
- 심하게 변형되거나 부식된 것
- 열과 전기충격에 의해 손상된 것

112 ——— Repetitive Learning

흙막이 지보공의 안전조치로 옳지 않은 것은?

① 굴착배면에 배수로 미설치
② 지하매설물에 대한 조사 실시
③ 조립도의 작성 및 작업순서 준수
④ 흙막이 지보공에 대한 조사 및 점검 철저

해설

- 굴착배면에 배수로를 설치하지 않으면 토사의 붕괴 등이 일어날 가능성이 커진다.

:: 흙막이 지보공의 안전조치

- 굴착배면에 배수로 설치
- 지하매설물에 대한 조사 실시
- 조립도의 작성 및 작업순서 준수
- 흙막이 지보공에 대한 조사 및 점검 철저

0703 / 1403

113 ——— Repetitive Learning 1회 2회 3회

가설통로의 구조에 대한 기준으로 틀린 것은?

① 경사가 15도를 초과하는 경우에는 미끄러지지 아니하는 구조로 할 것
② 경사는 20도 이하로 할 것
③ 추락의 위험이 있는 장소에는 안전난간을 설치할 것
④ 수직갱에 가설된 통로의 길이가 15m 이상인 경우에는 10m 이내마다 계단참을 설치할 것

해설

- 가설통로 설치 시 경사는 30° 이하로 하여야 한다.

:: 가설통로 설치 시 준수기준 실필 2301/1801/1703/1603

- 높이 8m 이상인 비계다리에서는 7m 이내마다 계단참을 설치할 것
- 수직갱에 가설된 통로의 길이가 15m 이상인 경우에는 10m 이내마다 계단참을 설치할 것
- 경사가 15°를 초과하는 경우에는 미끄러지지 아니하는 구조로 할 것
- 추락할 위험이 있는 장소에는 안전난간을 설치할 것
- 경사로의 폭은 최소 90cm 이상으로 할 것
- 발판 폭 40cm 이상, 틈 3cm 이하로 할 것
- 경사는 30° 이하로 할 것

0803 / 1001 / 1103 / 1403

114 ——— Repetitive Learning 1회 2회 3회

로드(Rod) · 유압잭(Jack) 등을 이용하여 거푸집을 연속적으로 이동시키면서 콘크리트를 타설할 때 사용되는 것으로 Silo 공사 등에 적합한 거푸집은?

① 메탈폼 ② 슬라이딩폼
③ 워플폼 ④ 페코빔

해설

- 메탈폼은 강제 거푸집(Metal form)을 사용하는 건설방법을 말한다.
- 워플폼은 무량판 구조에 사용되며 상자 모양의 장선 슬래브의 장선이 직교하는 구조로 된 기성 거푸집을 말한다.
- 페코빔은 지주 없이 수평 지지보를 걸쳐 거푸집을 지지하는 무지주 공법에 해당한다.

:: 슬라이딩폼

- 수평 및 수직으로 반복된 구조물을 시공이음 없이 균일하게 시공하기 위해 사용되는 거푸집의 종류이다.
- 로드(Rod) · 유압잭(Jack) 등을 이용하여 거푸집을 연속적으로 이동시키면서 콘크리트를 타설할 때 사용된다.
- 원자력 발전소의 원자로 격납용기(Containment vessel), Silo 공사 등에 적합한 거푸집이다.

115 ——— Repetitive Learning 1회 2회 3회

설치 · 이전하는 경우 안전인증을 받아야 하는 기계 · 기구에 해당되지 않는 것은?

① 크레인 ② 리프트
③ 곤돌라 ④ 고소작업대

해설

- 설치 · 이전하는 경우 안전인증을 받아야 하는 기계 · 기구에는 크레인, 리프트, 곤돌라 등이 있다.

정답 | 112 ① 113 ② 114 ② 115 ④

:: 안전인증대상 기계·기구 등

- 설치·이전하는 경우 안전인증을 받아야 하는 기계·기구에는 크레인, 리프트, 곤돌라 등이 있다.
- 주요 구조 부분을 변경하는 경우 안전인증을 받아야 하는 기계·기구에는 프레스, 전단기 및 절곡기(折曲機), 크레인, 리프트, 압력용기, 롤러기, 사출성형기(射出成形機), 고소(高所) 작업대, 곤돌라, 기계톱 등이 있다.

116 Repetitive Learning (1회 2회 3회)

흙막이 계측기의 종류 중 주변 지반의 변형을 측정하는 기계는?

① Tilt meter　② Inclino meter
③ Strain gauge　④ Load cell

해설

- 건물경사계(Tilt meter)는 인접한 구조물에 설치하여 구조물의 경사 및 변형상태를 측정하는 기구를 말한다.
- 변형률계(Strain gauge)는 흙막이 가시설의 버팀대(Strut)의 변형을 측정하는 계측기이다.
- 하중계(Load cell)는 버팀보 어스앵커(Earth anchor) 등의 실제 축 하중 변화를 측정하는 계측기이다.

:: 굴착공사용 계측기기 실필 0902

㉠ 개요

- 개착식 굴착공사에서 설치하는 계측기기에는 기울기(Tilt meter), 지하수위계, 간극수압계, 경사계, 응력계, 변형률계, 하중계 등이 있다.
- 지반붕괴 방지를 위한 계측장치에는 지하수위계, 경사계, 변형률계, 응력계, 하중계 등이 있다.

㉡ 종류

구분	설명
지표침하계 (Surface settlement system)	지표면의 침하량을 측정하는 기구
지하수위계 (Water level meter)	지반 내 지하수위의 변화를 계측하는 기구
하중계 (Load cell)	버팀보 어스앵커(Earth anchor) 등의 실제 축 하중 변화를 측정하는 계측기
지중경사계 (Inclinometer)	지중의 수평 변위량을 통해 주변 지반의 변형을 측정하는 기계
건물경사계 (Tiltmeter)	인접한 구조물에 설치하여 구조물의 경사 및 변형상태를 측정하는 기구
수직지향각도계 (Inclino meter, 경사계)	주변 지반, 지층, 기계, 시설 등의 경사도와 변형을 측정하는 기구
변형률계 (Strain gauge)	흙막이 가시설의 버팀대(Strut)의 변형을 측정하는 계측기

2101

117 Repetitive Learning (1회 2회 3회)

거푸집 동바리 등을 조립 또는 해체하는 작업을 하는 경우의 준수사항으로 옳지 않은 것은?

① 재료, 기구 또는 공구 등을 올리거나 내리는 경우에는 근로자로 하여금 달줄·달포대 등의 사용을 금하도록 할 것
② 낙하·충격에 의한 돌발적 재해를 방지하기 위하여 버팀목을 설치하고 거푸집 동바리 등을 인양장비에 매단 후에 작업을 하도록 하는 등 필요한 조치를 할 것
③ 비, 눈, 그 밖의 기상상태의 불안정으로 날씨가 몹시 나쁜 경우에는 그 작업을 중지할 것
④ 해당 작업을 하는 구역에는 관계 근로자가 아닌 사람의 출입을 금지할 것

해설

- 재료, 기구 또는 공구 등을 올리거나 내리는 경우에는 근로자로 하여금 달줄·달포대 등을 사용하도록 하여야 한다.

:: 거푸집 동바리의 조립·해체 등 작업 시의 준수사항

- 해당 작업을 하는 구역에는 관계 근로자가 아닌 사람의 출입을 금지할 것
- 비, 눈, 그 밖의 기상상태의 불안정으로 날씨가 몹시 나쁜 경우에는 그 작업을 중지할 것
- 재료, 기구 또는 공구 등을 올리거나 내리는 경우에는 근로자로 하여금 달줄·달포대 등을 사용하도록 할 것
- 낙하·충격에 의한 돌발적 재해를 방지하기 위하여 버팀목을 설치하고 거푸집 동바리 등을 인양장비에 매단 후에 작업을 하도록 하는 등 필요한 조치를 할 것
- 양중기로 철근을 운반할 경우에는 두 군데 이상 묶어서 수평으로 운반할 것
- 작업위치의 높이가 2m 이상일 경우에는 작업발판을 설치하거나 안전대를 착용하게 하는 등 위험방지를 위하여 필요한 조치를 할 것

0701 / 1103 / 1503

118 Repetitive Learning (1회 2회 3회)

철골작업 시 기상조건에 따라 안전상 작업을 중지하여야 하는 경우에 해당되는 기준으로 옳은 것은?

① 강우량이 시간당 5[mm] 이상인 경우
② 강우량이 시간당 10[mm] 이상인 경우
③ 풍속이 초당 10[m] 이상인 경우
④ 강설량이 시간당 20[mm] 이상인 경우

116 ② 117 ① 118 ③ 정답

해설

- 철골작업을 중지해야 하는 악천후 기준에는 풍속 초당 10m, 강우량 시간당 1mm, 강설량 시간당 1cm 이상인 경우이다.

철골작업 중지 악천후 기준 실필 2401/1803/1801/1201/0802

- 풍속이 초당 10m 이상인 경우
- 강우량이 시간당 1mm 이상인 경우
- 강설량이 시간당 1cm 이상인 경우

119

Repetitive Learning 1회 2회 3회

화물 취급 작업과 관련한 위험방지를 위해 조치하여야 할 사항으로 옳지 않은 것은?

① 작업장 및 통로의 위험한 부분에는 안전하게 작업할 수 있는 조명을 유지할 것
② 차량 등에서 화물을 내리는 작업을 하는 경우에 해당 작업에 종사하는 근로자에게 쌓여있는 화물 중간에서 화물을 빼내도록 하지 말 것
③ 육상에서의 통로 및 작업장소로서 다리 또는 선거 갑문을 넘는 보도 등의 위험한 부분에는 안전난간 또는 울타리 등을 설치할 것
④ 부두 또는 안벽의 선을 따라 통로를 설치하는 경우에는 폭을 50[cm] 이상으로 할 것

해설

- 부두 또는 안벽의 선을 따라 통로를 설치하는 경우에는 폭을 90cm 이상으로 하여야 한다.

하역작업장의 조치기준 실필 2202/1803/1501

- 작업장 및 통로의 위험한 부분에는 안전하게 작업할 수 있는 조명을 유지할 것
- 부두 또는 안벽의 선을 따라 통로를 설치하는 경우에는 폭을 90cm 이상으로 할 것
- 육상에서의 통로 및 작업장소로서 다리 또는 선거(船渠)의 갑문(閘門)을 넘는 보도(步道) 등의 위험한 부분에는 안전난간 또는 울타리 등을 설치할 것

120

Repetitive Learning 1회 2회 3회

동바리로 사용하는 파이프 서포트는 최대 몇 개 이상 이어서 사용하지 않아야 하는가?

① 2개 ② 3개
③ 4개 ④ 5개

해설

- 동바리로 사용하는 파이프 서포트는 3개 이상 이어서 사용하지 않도록 하여야 한다.

거푸집 동바리 등의 안전조치

㉠ 공통사항
- 받침목의 사용, 콘크리트 타설, 말뚝박기 등 동바리의 침하를 방지하기 위한 조치를 할 것
- 동바리의 상하 고정 및 미끄러짐 방지 조치를 할 것
- 상부·하부의 동바리가 동일 수직선상에 위치하도록 하여 깔판·받침목에 고정시킬 것
- 개구부 상부에 동바리를 설치하는 경우에는 상부하중을 견딜 수 있는 견고한 받침대를 설치할 것
- U헤드 등의 단판이 없는 동바리의 상단에 멍에 등을 올릴 경우에는 해당 상단에 U헤드 등의 단판을 설치하고, 멍에 등이 전도되거나 이탈되지 않도록 고정시킬 것
- 동바리의 이음은 같은 품질의 재료를 사용할 것
- 강재의 접속부 및 교차부는 볼트·클램프 등 전용철물을 사용하여 단단히 연결할 것
- 거푸집의 형상에 따른 부득이한 경우를 제외하고는 깔판이나 받침목은 2단 이상 끼우지 않도록 할 것
- 깔판이나 받침목을 이어서 사용하는 경우에는 그 깔판·받침목을 단단히 연결할 것

㉡ 동바리로 사용하는 파이프 서포트
- 파이프 서포트를 3개 이상 이어서 사용하지 않도록 할 것
- 파이프 서포트를 이어서 사용하는 경우에는 4개 이상의 볼트 또는 전용철물을 사용하여 이을 것
- 높이가 3.5m를 초과하는 경우 2m 이내마다 수평연결재를 2개 방향으로 설치할 것

㉢ 동바리로 사용하는 강관틀의 경우
- 강관틀과 강관틀 사이에 교차가새를 설치할 것
- 최상단 및 5단 이내마다 동바리의 측면과 틀면의 방향 및 교차가새의 방향에서 5개 이내마다 수평연결재를 설치하고 수평연결재의 변위를 방지할 것
- 최상단 및 5단 이내마다 동바리의 틀면의 방향에서 양단 및 5개틀 이내마다 교차가새의 방향으로 띠장틀을 설치할 것

정답 | 119 ④ 120 ②

구분	1과목	2과목	3과목	4과목	5과목	6과목	합계
New 유형	2	1	1	2	1	1	8
New 문제	5	12	14	5	5	3	44
또나온문제	10	6	6	9	12	10	53
자꾸나온문제	5	2	0	6	3	7	23
합계	20	20	20	20	20	20	120

- New유형은 New문제 중 기존 기출문제와 완전히 다른 유형의 문제를 말합니다.
- New문제는 기존에 출제되지 않은 문제로 이번에 처음 출제되는 문제입니다.
- 또나온문제는 기존에 출제된 적이 1번 있는 문제를 말합니다.
- 자꾸나온문제는 기존에 출제된 적이 2번 이상 있는 문제를 말합니다. 그만큼 중요한 문제입니다.

몇 년분의 기출문제를 공부해야 합격할 수 있을까요?

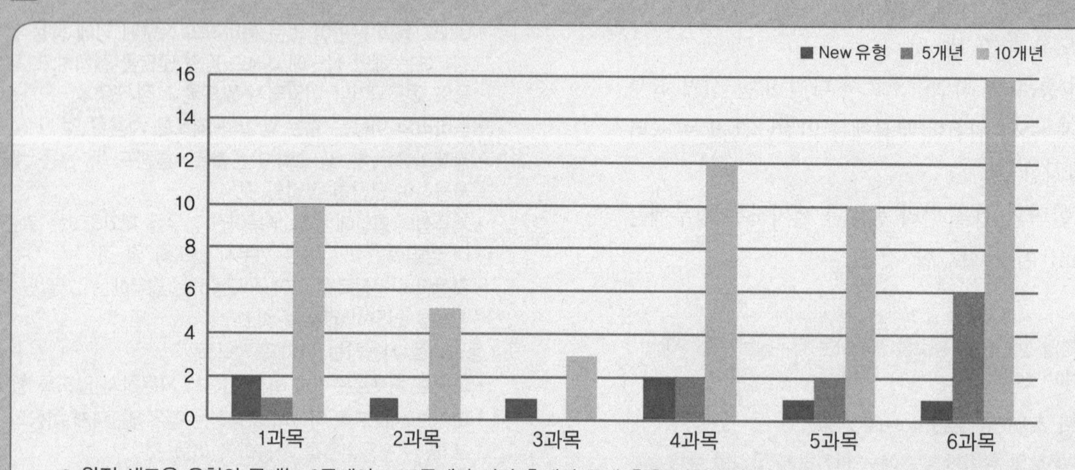

- 완전 새로운 유형의 문제는 8문제이고 112문제가 이미 출제된 문제 혹은 변형문제입니다.
- 5년분(2016~2020) 기출에서 동일문제가 11문항이 출제되었고, 10년분(2011~2020) 기출에서 동일문제가 56문항이 출제되었습니다.

실기에 나왔어요!! 외우세요!!!

실기시험은 필답형과 작업형으로 구분되어 있으며 모두 직접 주관식으로 내용을 적어야 합니다. 필기공부하면서 실기 출제된 내역들은 좀 더 신경써서 암기하실 필요가 있어요. 필기 합격자 발표 난 후 실기시험까지는 5주밖에 여유가 없답니다. 어차피 공부할 것 필기 때 확실하게 해준다면 실기도 단방에 합격할 수 있습니다.

- 총 40개의 해설이 실기 필답형 시험과 연동되어 있습니다.
- 총 4개의 해설이 실기 작업형 시험과 연동되어 있습니다.

분석의견

최근 10년분의 기출문제와 답을 반복암기해서는 합격점수인 72점에서 12점이 부족합니다. 새로운 유형 및 문제, 각 과목별 기출분포는 평균보다 난이도가 낮은 분포를 보인 시험입니다. 5년분 기출의 경우 평균(31.9문항)보다 낮은(25문항) 출제빈도를 보였으나 10년분 기출의 경우는 평균(54.6문항)보다 훨씬 높은(60문항) 출제분포를 보였습니다. 즉, 최근 5~10년 동안의 기출에서 많은 기출문제가 중복되었음을 보여줍니다. 합격에 필요한 점수를 획득하기 위해서는 최근 5년분 문제와 핵심이론의 3회독 혹은 최근 10년분 문제와 핵심이론의 2회독 이상의 학습이 필요합니다.

2017년 제3회

2017년 8월 26일 필기

17년 3회차 필기시험
합격률 41.4%

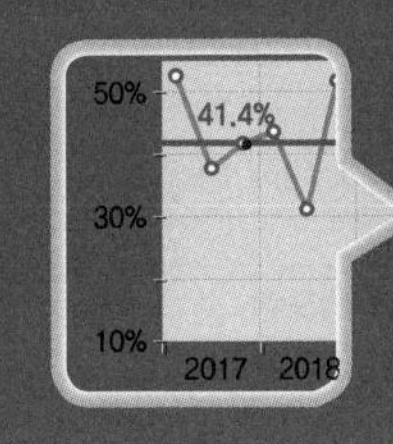

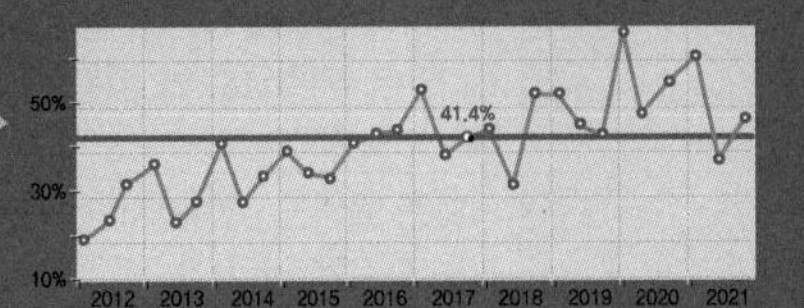

1과목 산업재해 예방 및 안전보건교육

1203

01 Repetitive Learning (1회 2회 3회)

A 사업장의 강도율이 2.5이고, 연간 재해발생건수가 12건, 연간 총근로시간이 120만 시간일 때 이 사업장의 종합재해지수는 약 얼마인가?

① 1.6
② 5.0
③ 27.6
④ 230

해설

- 도수율은 $\frac{12}{1,200,000} \times 1,000,000 = 10$이다.
- 종합재해지수는 $\sqrt{2.5 \times 10} = \sqrt{25} = 5$이다.

도수율(FR : Frequency Rate of injury) 실필 1902/1701/1601/1303/1203/1201/1102/1003/0903/0902

- 빈도율이라고도 하며, 100만 시간당 재해발생건수를 나타낸다.
- 도수율 $= \frac{\text{연간 재해건수}}{\text{연간 총근로시간}} \times 10^6$으로 구한다.

종합재해지수 실필 2301/2003/1701/1303/1201/1102/0903/0902

- 기업 간 재해지수의 종합적인 비교 및 안전성적의 비교를 위해 사용하는 수단이다.
- 재해의 빈도와 상해의 강약도를 혼합하여 집계하는 지표이다.
- 강도율과 도수율(빈도율)의 기하평균이므로 종합재해지수는 $\sqrt{\text{빈도율} \times \text{강도율}}$로 구한다.
- 상해발생률과 상해강도율이 주어질 경우 종합재해지수 $= \sqrt{\frac{\text{빈도율} \times \text{강도율}}{1,000}}$로 구한다.

1101

02 Repetitive Learning (1회 2회 3회)

재해발생 시 조치순서 중 재해조사단계에서 실시하는 내용으로 옳은 것은?

① 현장보존
② 관계자에게 통보
③ 잠재위험요인의 색출
④ 피해자의 응급조치

해설

- ①, ②, ④는 모두 긴급조치 과정에 해당한다.

재해발생 시 조치사항 실필 1602/1002

- 재해발생 시 모든 사항에 우선하여 재해자에 대한 응급조치를 취해야 한다.
- 긴급조치 → 재해조사 → 원인분석 → 대책수립의 순을 따른다.
- 긴급조치 과정은 재해발생 기계의 정지 → 재해자의 구조 및 응급조치 → 상급 부서의 보고 → 2차 재해의 방지 → 현장 보존 순으로 진행한다.

0602 / 0901

03 Repetitive Learning (1회 2회 3회)

위치, 순서, 패턴, 형상, 기억오류 등 외부적 요인에 의해 나타나는 것은?

① 메트로놈 ② 리스크테이킹
③ 부주의 ④ 착오

해설

- 메트로놈(Metronome)은 일정한 속도로 음악의 빠르기를 나타내는 기계를 말한다.
- 리스크테이킹(Risk taking)은 위험을 감수하고도 행동을 계속하는 것을 말한다.
- 부주의는 무의식적 행위나 의식의 주변에서 행해지는 행위로 결과를 표현하는 사고의 원인 중 하나이다.

정답 | 01 ② 02 ③ 03 ④

인간의 다양한 오류모형

착각(Illusion)	감각적으로 물리현상을 왜곡하는 지각오류
착오(Mistake)	상황해석을 잘못하거나 목표를 잘못 이해하고 착각하여 행하는 인간의 실수로 위치, 순서, 패턴, 형상, 기억오류 등 외부적 요인에 의해 나타나는 오류
실수(Slip)	의도는 올바른 것이었지만, 행동이 의도한 것과는 다르게 나타나는 오류
건망증(Lapse)	일련의 과정에서 일부를 빠뜨리거나 기억의 실패에 의해 발생하는 오류
위반(Violation)	정해진 규칙을 알고 있음에도 의도적으로 따르지 않거나 무시한 경우에 발생하는 오류

04

학습지도 형태 중 다음 토의법 유형에 대한 설명으로 옳은 것은?

> 6-6 회의라고도 하며, 6명씩 소집단으로 구분하고, 집단별로 각각의 사회자를 선발하여 6분간씩 자유토의를 행하여 의견을 종합하는 방법

① 버즈세션(Buzz session)
② 포럼(Forum)
③ 심포지엄(Symposium)
④ 패널 디스커션(Panel discussion)

해설

- 포럼은 새로운 자료나 교재가 제시되어야 한다.
- 심포지엄은 몇 사람의 전문가에 의하여 과제에 관한 견해를 발표한 뒤에 참가자로 하여금 의견이나 질문을 하게 하여 토의하는 방법이다.
- 패널 디스커션은 소수의 전문가들이 과제에 관한 견해를 발표하고 토론한 뒤 참가자 전원이 사회자의 진행에 따라 토의하는 방법이다.

토의법의 종류

포럼 (Forum)	새로운 자료나 교재를 제시하고 피교육자로 하여금 문제점을 제기하게 하거나 그것에 관한 피교육자의 의견을 여러 가지 방법으로 발표하게 하고, 청중과 토론자 간에 활발한 의견 개진과 충돌로 바람직한 합의를 도출해내는 교육 실시방법
패널 디스커션 (Panel discussion)	참가자 앞에서 소수의 전문가들이 과제에 관한 견해를 발표하고 토론한 뒤 참가자 전원이 사회자의 진행에 따라 토의하는 방법
심포지엄 (Symposium)	몇 사람의 전문가에 의하여 과제에 관한 견해를 발표한 뒤에 참가자로 하여금 의견이나 질문을 하게 하여 토의하는 방법
롤 플레잉 (Role playing)	집단 심리요법의 하나로서 자기 해방과 타인 체험을 목적으로 하는 체험활동을 통해 대인관계에 있어서의 태도변용이나 통찰력, 자기이해를 목표로 개발된 교육방법
버즈세션 (Buzz session)	6-6 회의라고도 하며, 6명씩 소집단으로 구분하고, 집단별로 각각의 사회자를 선발하여 6분간씩 자유토의를 행하여 의견을 종합하는 방법

1003

05

하인리히의 재해발생 이론은 다음과 같이 표현할 수 있다. 이때 α가 의미하는 것으로 가장 적절한 것은?

> 재해의 발생
> = 물적 불안전상태+인적 불안전행동+α
> = 설비적 결함+관리적 결함+α

① 노출된 위험의 상태
② 재해의 직접 원인
③ 재해의 간접 원인
④ 잠재된 위험의 상태

해설

- 재해의 발생은 물적 불안전상태(설비적 결함)와 인적 불안전행동(관리적 결함), 그리고 잠재된 위험의 상태에서 비롯된다.

하인리히의 재해발생 이론

- 재해의 발생은 물적 불안전상태(설비적 결함)와 인적 불안전행동(관리적 결함), 그리고 잠재된 위험의 상태에서 비롯된다.
- 재해의 발생
  =물적 불안전상태+인적 불안전행동+잠재된 위험 상태
  =설비적 결함+관리적 결함+잠재된 위험 상태

1302

06

Repetitive Learning 1회 2회 3회

다음 중 브레인스토밍(Brain-storming) 기법의 4원칙에 관한 설명으로 틀린 것은?

① 한 사람이 많은 의견을 제시할 수 있다.
② 타인의 의견을 수정하여 발언할 수 있다.
③ 타인의 의견에 대하여 비판, 비평하지 않는다.
④ 의견을 발언할 때에는 주어진 요건에 맞추어 발언한다.

04 ① 05 ④ 06 ④ 정답

해설

- 브레인스토밍은 정해진 형식이나 규정이 없이 발표하고자 하는 내용을 누구든지 발표할 수 있어야 한다.

브레인스토밍(Brain-storming) 기법 실필 1503/0903

㉠ 개요

- 6~12명의 구성원으로 타인의 비판 없이 자유로운 토론을 통하여 다량의 독창적인 아이디어를 이끌어내고, 대안적 해결안을 찾기 위한 집단적 사고기법이다.

㉡ 4원칙

- 가능한 많은 아이디어와 의견을 제시하도록 한다.
- 주제를 벗어난 아이디어도 허용한다.
- 타인의 의견을 수정하여 발언하는 것을 허용한다.
- 절대 타인의 의견을 비판 및 비평하지 않는다.

07

Repetitive Learning (1회 2회 3회)

재해원인 분석방법의 통계적 원인분석 중 사고의 유형, 기인물 등 분류항목을 큰 순서대로 도표화한 것은?

① 파레토도　② 특성요인도
③ 클로즈분석　④ 관리도

해설

- 파레토도는 작업환경 불량이나 고장, 재해 등의 내용을 분류하고 그 건수와 금액을 크기 순으로 나열하여 작성한 그래프이다.
- 클로즈분석은 두 가지 이상의 문제에 대한 관계분석 시에 주로 사용하는 분석방법이다.
- 관리도는 산업재해의 분석 및 평가를 위하여 재해발생건수 등의 추이에 한계선을 설정하여 목표관리를 수행하는 재해통계 분석기법이다.

통계에 의한 재해원인 분석방법

- 파레토도, 특성요인도, 클로즈분석, 관리도 등이 있다.

파레토도 (Pareto diagram)	작업현장에서 발생하는 작업환경 불량이나 고장, 재해 등의 내용을 분류하고 그 건수와 금액을 크기 순으로 나열하여 작성한 그래프
특성요인도 (Characteristics diagram)	재해의 원인과 결과를 연계하여 상호관계를 파악하기 위하여 어골상으로 도표화하는 분석방법
클로즈분석	두 가지 이상의 문제에 대한 관계분석 시에 주로 사용하는 분석방법
관리도 (Control chart)	산업재해의 분석 및 평가를 위하여 재해발생건수 등의 추이에 한계선을 설정하여 목표관리를 수행하는 재해통계 분석기법

1403

08

Repetitive Learning (1회 2회 3회)

다음 중 산업안전보건법령상 안전·보건표지의 종류에 있어 안내표지에 해당하지 않는 것은?

① 들것　② 비상용기구
③ 출입구　④ 세안장치

해설

- 비상구는 안내표지에 해당하지만 출입구는 별도의 표지가 없다.

안전·보건표지

㉠ 개요

- 안전·보건표지는 사용목적에 따라 금지, 경고, 지시, 안내표지 및 출입금지표지로 구분된다.
- 안전·보건표지는 근로자의 안전의식을 고취하기 위해 부착한다.

㉡ 구분별 대표적인 종류

금지표지	출입금지, 보행금지, 차량통행금지, 사용금지, 금연·화기금지, 물체이동금지 등
경고표지	인화성물질경고, 산화성물질경고, 폭발물경고, 독극물경고, 부식성물질경고, 방사성물질경고, 고압전기경고, 매달린물체경고, 낙하물경고, 고온경고, 저온경고, 몸균형상실경고, 위험장소경고 등
지시표지	보안경착용, 방독마스크착용, 방진마스크착용, 보안면 착용, 안전모착용, 안전복착용 등
안내표지	녹십자표지, 응급구호표지, 들것, 세안장치, 비상구, 좌측비상구, 우측비상구 등
출입금지표지	허가대상유해물질취급, 석면취급및해체·제거, 금지유해물질취급 등

1002 / 1403

09

Repetitive Learning (1회 2회 3회)

다음 중 산업안전보건법령상 사업 내 안전·보건교육에 있어 관리감독자 정기안전·보건교육의 교육내용에 해당되지 않은 것은?(단, 산업안전보건법 및 일반관리에 관한 사항은 제외한다)

① 작업 개시 전 점검에 관한 사항
② 산업보건 및 직업병 예방에 관한 사항
③ 유해·위험 작업환경 관리에 관한 사항
④ 작업공정의 유해·위험과 재해 예방대책에 관한 사항

해설

- 작업 개시 전 점검에 관한 사항에 대한 것은 채용 시의 교육 및 작업내용 변경 시의 교육 내용에 해당한다.

관리감독자 정기안전·보건교육 내용 실필 1801/1603/1001/0902

- 작업공정의 유해·위험과 재해 예방대책에 관한 사항
- 표준 안전작업방법 및 지도 요령에 관한 사항
- 관리감독자의 역할과 임무에 관한 사항
- 산업보건 및 직업병 예방에 관한 사항
- 유해·위험 작업환경 관리에 관한 사항
- 산업안전보건법 및 일반관리에 관한 사항
- 직무스트레스 예방 및 관리에 관한 사항
- 산재보상보험제도에 관한 사항
- 안전보건교육 능력 배양에 관한 사항

10

Repetitive Learning (1회 2회 3회)

안전점검 보고서 작성내용 중 주요사항에 해당되지 않는 것은?

① 작업현장의 현 배치상태와 문제점
② 재해다발요인과 유형분석 및 비교 데이터 제시
③ 안전관리 스태프의 인적 사항
④ 보호구, 방호장치 작업환경 실태와 개선 제시

해설

- 안전관리 스태프의 인적 사항은 안전점검 보고서의 주요내용에 해당하지 않는다.

안전점검 보고서 수록내용

- 작업현장의 현 배치상태와 문제점
- 안전점검 방법, 범위, 적용기준 등
- 안전교육 실시현황 및 추진방향
- 안전방침과 중점개선계획
- 재해다발요인과 유형분석 및 비교 데이터 제시
- 보호구, 방호장치 작업환경 실태와 개선 제시

0703

11

Repetitive Learning (1회 2회 3회)

다음 중 Project method의 진행방법을 올바르게 나열한 것은?

① 목표결정 → 계획수립 → 활동 → 평가
② 계획수립 → 목표결정 → 활동 → 평가
③ 활동 → 계획수립 → 목표결정 → 평가
④ 평가 → 계획수립 → 목표결정 → 활동

해설

- 구안법은 목표설정, 계획수립, 활동, 평가의 4단계를 거친다.

Project method(구안법)

- 학습자 자신의 흥미에 따라 과제를 찾아 스스로 계획을 세워 수행하고 평가하는 학습활동을 말한다.
- 구안법은 목표설정, 계획수립, 활동, 평가의 4단계를 거친다.

0902

12

Repetitive Learning (1회 2회 3회)

보호구 안전인증고시에 따른 방음용 귀마개 또는 귀덮개와 관련된 용어의 정의 중 다음 ( ) 안에 알맞은 것은?

> 음압수준이란 음압을 다음 식에 따라 데시벨(dB)로 나타낸 것을 말하며 적분평균소음계(KS C 1505) 또는 소음계(KS C 1502)에 규정하는 소음계의 ( ) 특성을 기준으로 한다.

① A　　② B
③ C　　④ D

해설

- C특성이란 주파수 보정을 하지 않은 대부분 평탄특성 측정값을 의미한다.

방음용 귀마개 또는 귀덮개

- 음압수준이란 음압을 데시벨(dB)로 나타낸 것을 말하며 적분평균소음계(KS C 1505) 또는 소음계(KS C 1502)에 규정하는 소음계의 "C" 특성을 기준으로 한다.
- 음압수준(dB) = $20\log_{10}\frac{P}{P_0}$ 로 구한다. 이때, P : 측정음압으로서 파스칼(Pa) 단위를 사용하고, P_0 : 기준음압으로서 20μPa 사용한다.

0903 / 1102 / 1602 / 1903 / 2201

13

Repetitive Learning (1회 2회 3회)

위험예지훈련의 문제해결 4라운드에 속하지 않는 것은?

① 현상파악
② 본질추구
③ 대책수립
④ 원인결정

해설

- 위험예지훈련 기초 4라운드는 1R(현상파악) – 2R(본질추구) – 3R(대책수립) – 4R(목표설정)으로 이뤄진다.

정답: 10 ③ 11 ① 12 ③ 13 ④

:: 위험예지훈련 기초 4Round 기법 실필 1902/1503

1Round	현상파악 (사실의 파악단계)	전원이 토의를 통하여 위험요인을 발견하는 단계
2Round	본질추구 (원인탐색단계)	위험의 포인트를 결정하여 전원이 지적 확인을 하는 단계
3Round	대책수립 (대책수립단계)	발견된 위험요인을 극복하기 위한 방법을 제시하는 단계
4Round	목표설정 (행동계획 결정단계)	나온 대책들을 공감하고 팀의 행동목표를 설정하고 지적 확인하는 단계

1002

14 Repetitive Learning (1회 2회 3회)

다음 [그림]과 같은 안전관리조직의 특징으로 잘못된 것은?

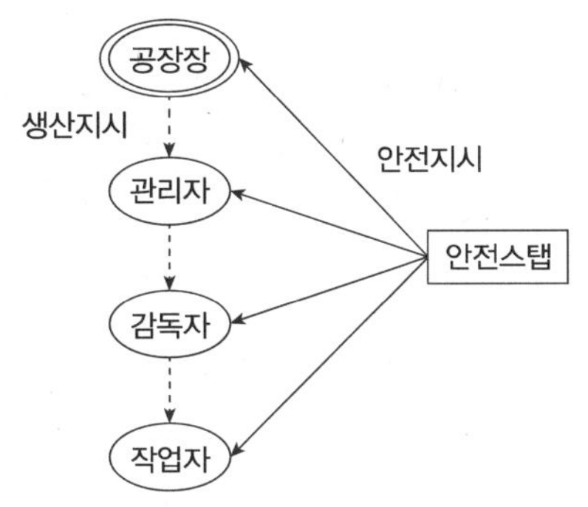

① 1,000명 이상의 대규모 사업장에 적합하다.

② 생산부분은 안전에 대한 책임과 권한이 없다.

③ 사업장의 특수성에 적합한 기술연구를 전문적으로 할 수 있다.

④ 권한 다툼이나 조정 때문에 통제수속이 복잡해지며 시간과 노력이 소모된다.

해설

- 그림의 조직은 참모(Staff)형 조직에 해당한다.

:: 참모(Staff)형 조직

㉠ 개요
- 100~1,000명의 근로자가 근무하는 중규모 사업장에 주로 적용한다.
- 안전업무를 관장하는 전문부분인 스태프(Staff)가 안전관리 계획안을 작성하고, 실시계획을 추진하며, 이를 위한 정보의 수집과 주지, 활용하는 역할을 수행하는 조직이다.

㉡ 특징
- 안전지식 및 기술의 축적이 용이하다.
- 경영자에 대한 조언과 자문역할을 한다.
- 안전정보의 수집이 용이하고 빠르다.
- 안전에 관한 명령과 지시와 관련하여 권한 다툼이 일어나기 쉽고, 통제가 복잡하다.

0301

15 Repetitive Learning (1회 2회 3회)

인간의 행동 특성과 관련한 레빈(Lewin)의 법칙 중 P가 의미하는 것은?

$$B=f(P \cdot E)$$

① 사람의 경험, 성격 등

② 인간의 행동

③ 심리에 영향을 주는 인간관계

④ 심리에 영향을 미치는 작업환경

해설

- P는 개체(소질)로 연령, 지능, 경험 등을 의미한다.

:: 레빈(Lewin.K)의 법칙

- 행동 $B=f(P \cdot E)$로 이루어진다. 즉, 인간의 행동(B)은 개인(P)과 환경(E)의 상호 함수관계에 있다고 할 수 있다.
- B는 인간의 행동(Behavior)을 말한다.
- f는 동기부여를 포함한 함수(Function)이다.
- P는 Person 즉, 개체(소질)로 연령, 지능, 경험 등을 의미한다.
- E는 Environment 즉, 심리적 환경(인간관계, 작업환경 – 조명, 소음, 온도 등)을 의미한다.

0901

16 Repetitive Learning (1회 2회 3회)

다음 중 안전교육의 단계에 있어 교육대상자가 스스로 행함으로써 습득하게 하는 교육은?

① 의지교육

② 기능교육

③ 지식교육

④ 태도교육

해설

- 긴 시간 동안 개인의 반복적 시행착오에 의해서 형성되는 것은 2단계 기능교육이다.

:: 안전기능교육(안전교육의 제2단계)

- 작업능력 및 기술능력을 부여하는 교육으로 작업동작을 표준화시킨다.
- 교육대상자가 그것을 스스로 행함으로 얻어지는 것으로 시범식 교육이 가장 바람직한 교육방식이다.
- 긴 시간 동안 개인의 반복적 시행착오에 의해서 형성된다.
- 방호장치 관리 기능을 습득하게 한다.

정답 | 14 ① 15 ① 16 ②

0602 / 1101

17 Repetitive Learning 1회 2회 3회

다음 중 부주의의 현상으로 볼 수 없는 것은?

① 의식의 단절 ② 의식수준 지속
③ 의식의 과잉 ④ 의식의 우회

해설

- 부주의의 발생현상에는 의식수준의 저하, 의식의 과잉, 의식의 우회, 의식의 단절 등이 있다.

부주의의 발생현상

의식수준의 저하	혼미한 정신상태에서 심신의 피로나 단조로운 반복작업 시 일어나는 현상
의식의 우회	걱정거리, 고민거리, 욕구불만 등에 의해 작업이 아닌 다른 곳에 정신을 빼앗기는 부주의 현상으로 상담에 의해 해결할 수 있다.
의식의 과잉	긴급 이상상태 또는 돌발사태가 되면 순간적으로 긴장하게 되어 판단능력의 둔화 또는 정지상태가 되는 것으로 주의의 일점집중현상과 관련이 깊다.
의식의 단절	질병의 경우에 주로 나타난다.

18 Repetitive Learning 1회 2회 3회

산업안전보건법상 근로시간 연장의 제한에 관한 기준에서 아래의 ( ) 안에 알맞은 것은?

> 사업주는 유해하거나 위험한 작업으로서 대통령령으로 정하는 작업에 종사하는 근로자에게는 1일 (㉠)시간, 1주 (㉡)시간을 초과하여 근로하게 하여서는 아니 된다.

① ㉠ 6, ㉡ 34
② ㉠ 7, ㉡ 36
③ ㉠ 8, ㉡ 40
④ ㉠ 8, ㉡ 44

해설

- 근로자에게 1일 6시간, 1주 34시간을 초과하여 근로하게 하여서는 아니 된다.

근로시간 연장의 제한

- 사업주는 유해하거나 위험한 작업으로서 대통령령으로 정하는 작업에 종사하는 근로자에게는 1일 6시간, 1주 34시간을 초과하여 근로하게 하여서는 아니 된다.

0702 / 1401 / 2101

19 Repetitive Learning 1회 2회 3회

일반적으로 시간의 변화에 따라 야간에 상승하는 생체리듬은?

① 맥박 수 ② 염분량
③ 혈압 ④ 체중

해설

- 야간에 상승하는 것은 염분량, 혈액의 수분 등이다.

생체리듬(Biorhythm)

㉠ 개요
- 사람의 체온, 혈압, 맥박 수, 혈액, 수분, 염분량 등이 시간에 따라 또는 주야에 따라 일정한 형식으로 변화하는 것을 말한다.
- 생체리듬의 종류에는 육체적 리듬, 지성적 리듬, 감성적 리듬이 있다.

㉡ 특징
- 생체리듬에서 중요한 점은 낮에는 신체활동이 유리하며, 밤에는 휴식이 더욱 효율적이라는 것이다.
- 체온・혈압・맥박 수는 주간에는 상승, 야간에는 저하된다.
- 혈액의 수분과 염분량은 주간에는 감소, 야간에는 증가한다.
- 체중은 주간작업보다 야간작업일 때 더 많이 감소하고, 피로의 자각증상은 주간보다 야간에 더 많이 증가한다.
- 몸이 흥분한 상태일 때는 교감신경이 우세하고 수면을 취하거나 휴식을 할 때는 부교감신경이 우세하다.

㉢ 분류
- 육체적 리듬(P)의 주기는 23일이며, 식욕, 활동력, 지구력과 관련된다.
- 감성적 리듬(S)의 주기는 28일이며, 주의력, 예감과 관련된다.
- 지성적 리듬(I)의 주기는 33일이며, 지성적 사고능력(상상력, 판단력, 추리능력)과 관련된다.
- 안정기(+)와 불안정기(−)의 교차점을 위험일이라 한다.

20 Repetitive Learning 1회 2회 3회

성인학습의 원리에 해당되지 않는 것은?

① 간접경험의 원리
② 자발학습의 원리
③ 상호학습의 원리
④ 참여교육의 원리

17 ② 18 ① 19 ② 20 ① 정답

해설

- 성인학습에 있어서 경험은 간접적인 경험보다는 생활적응의 원리에서 적용되는 직접경험이 더욱 중요시된다.

성인학습의 원리

- 자발적 학습의 원리 : 강제적인 학습이 아니라 스스로의 필요에 따라 학습하는 주체로서의 학습자이다.
- 참여교육의 원리 : 자신이 직접 설계한 목적 및 방법으로 학습한다.
- 상호학습의 원리 : 교수자와 학습자, 학습자 상호 간의 상호학습이 가능하다.
- 경험중심, 과정중심의 원리 : 성적 및 결과중심이 아니라 과정이나 학습자 자신의 만족감 및 성취감이 더 중시되는 학습이다.
- 생활적응의 원리 : 실생활에 적용되는 학습이다.

2과목 인간공학 및 위험성 평가 · 관리

1303

21

다음 중 설비보전을 평가하기 위한 식으로 틀린 것은?

① 성능가동률 = 속도가동률 × 정미가동률
② 시간가동률 = (부하시간 − 정지시간)/부하시간
③ 설비종합효율 = 시간가동률 × 성능가동률 × 양품률
④ 정미가동률 = (생산량 × 기준 주기시간)/가동시간

해설

- 정미가동률은 실질가동시간/가동시간×100 = (생산량×실제 주기시간)/가동시간×100으로 구한다.

보전효과의 평가지표

㉠ 설비종합효율

- 설비종합효율은 설비의 활용이 어느 정도 효율적으로 이뤄지는지를 평가하는 척도이다.
- 시간가동률 × 성능가동률 × 양품률로 구한다.
- 시간가동률은 정지손실의 크기를 나타내며 (부하시간−정지시간)/ 부하시간으로 구한다.
- 성능가동률은 성능손실의 크기를 나타내며 속도가동률 × 정미가동률로 구한다.
- 양품률은 불량손실의 크기를 말한다.

㉡ 기타 평가요소

- 제품단위당 보전비 = 총보전비/제품수량
- 설비고장도수율 = 설비고장건수/설비가동시간
- 계획공사율 = 계획공사공수(工數)/전공수(全工數))
- 운전 1시간당 보건비 = 총보건비/설비운전시간
- 정미(실질)가동률 = 실질가동시간/가동시간×100 = (생산량×실제 주기시간)/가동시간×100

0502 / 0702 / 0902

22

"표시장치와 이에 대응하는 조종장치 간의 위치 또는 배열이 인간의 기대와 모순되지 않아야 한다."는 인간공학적 설계원리와 가장 관계가 깊은 것은?

① 개념 양립성
② 공간 양립성
③ 운동 양립성
④ 문화 양립성

해설

- 개념 양립성은 개념, 운동 양립성은 방향, 문화 양립성은 문화적 관습 등이 인간의 기대하는 바와 일치해야 한다.

양립성(Compatibility) 실필 1901/1402/1202

㉠ 개요

- 인간의 기대하는 바와 자극 또는 반응들이 일치하는 관계를 말하는데 양립성이 적을수록 정보처리에서 재코드화 과정은 많아진다.
- 양립성의 효과가 크면 클수록, 코딩의 시간이나 반응의 시간은 짧아진다.
- 양립성의 종류에는 운동 양립성, 공간 양립성, 개념 양립성, 양식 양립성 등이 있다.

㉡ 양립성의 종류와 개념

구분	내용
공간(Spatial) 양립성	• 표시장치와 이에 대응하는 조종장치의 위치가 인간의 기대에 모순되지 않는 것 • 왼쪽 표시장치와 관련된 조종장치는 왼쪽에, 오른쪽 표시장치와 관련된 조종장치는 오른쪽에 위치하는 것
운동(Movement) 양립성	조종장치의 조작방향에 따라서 기계장치나 자동차 등이 움직이는 것
개념(Conceptual) 양립성	• 인간이 가지는 개념과 일치하게 하는 것 • 적색 수도꼭지는 온수, 청색 수도꼭지는 냉수를 의미하는 것이나 위험신호는 빨간색, 주의신호는 노란색, 안전신호는 파란색으로 표시하는 것
양식(Modality) 양립성	문화적 관습에 의해 생기는 양립성 혹은 직무에 관련된 자극과 이에 대한 응답 등으로 청각적 자극 제시와 이에 대한 음성응답 과업에서 갖는 양립성

정답 | 21 ④ 22 ②

23 Repetitive Learning (1회 2회 3회)

다음 그림은 THERP를 수행하는 예이다. 작업개시점 N_1에서부터 작업종점 N_4까지 도달할 확률은?(단, $P(B_i)$, i=1, 2, 3, 4는 해당 확률을 나타내며, 각 직무과오의 발생은 상호독립이라 가정한다)

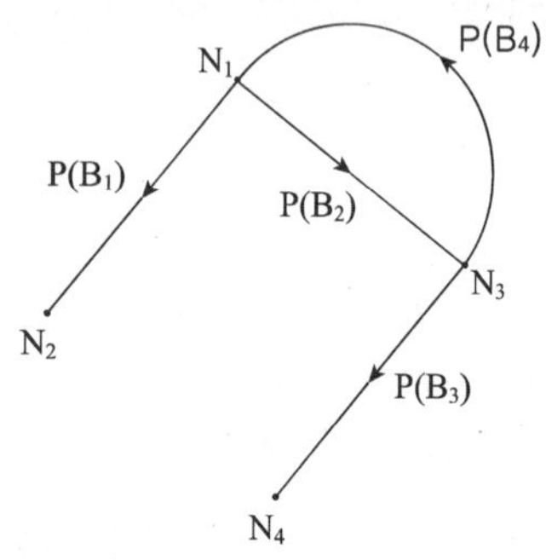

① $1-P(B_1)$
② $P(B_2)\cdot P(B_3)$
③ $\dfrac{P(B_2)\cdot P(B_3)}{1-P(B_4)}$
④ $\dfrac{P(B_2)\cdot P(B_3)}{1-P(B_2)\cdot P(B_4)}$

해설

- N_1에서 개시하여 N_4에 이르기까지를 살펴보면 B_2와 B_4가 Loop 되는 형태이다. 이 경우의 도달확률은 $\dfrac{\text{최단경로}}{1-\text{루프경로의 곱}}$로 표시된다. 즉, 도달확률은 $\dfrac{P(B_2)\cdot P(B_3)}{1-P(B_2)\cdot P(B_4)}$가 된다.

THERP(Technique for Human Error Rate Prediction)

- 인간오류율예측기법이라고도 하는 대표적인 인간실수확률에 대한 추정기법이다.
- 사고원인 가운데 인간의 과오에 기인된 원인 분석, 확률을 계산함으로써 제품의 결함을 감소시키고, 인간공학적 대책을 수립하는 데 사용되는 분석기법이다.
- 인간의 과오를 정량적으로 평가하기 위한 기법으로서 인간의 과오율 추정법 등 5개의 스텝으로 되어 있다.

24 Repetitive Learning (1회 2회 3회)

격렬한 육체적 작업의 작업부담 평가 시 활용되는 주요 생리적 척도로만 이루어진 것은?

① 부정맥, 작업량
② 맥박수, 산소소비량
③ 점멸융합주파수, 폐활량
④ 점멸융합주파수, 근전도

해설

- 점멸융합주파수는 정신피로의 척도를 나타내는 대표적인 측정값이다.

생리적 척도

- 인간-기계 시스템을 평가하는 데 사용하는 인간기준척도 중 하나이다.
- 중추신경계 활동에 관여하므로 그 활동 및 징후를 측정할 수 있다.
- 정신적 작업부하 척도 가운데 직무수행 중에 계속해서 자료를 수집할 수 있고, 부수적인 활동이 필요 없는 장점을 가진 척도이다.
- 정신작업의 생리적 척도는 EEG(수면뇌파), 심박수, 부정맥, 점멸융합주파수, J.N.D(Just-Noticeable Difference) 등을 통해 확인할 수 있다.
- 육체작업의 생리적 척도는 EMG(근전도), 맥박수, 산소소비량, 폐활량, 작업량 등을 통해 확인할 수 있다.

25 Repetitive Learning (1회 2회 3회)

산업안전보건기준에 관한 규칙상 작업장의 작업면에 따른 적정 조명수준은 초정밀작업에서 (㉠)lux 이상이고, 보통작업에서는 (㉡)lux 이상이다. ( ) 안에 들어갈 내용은?

① ㉠ : 650, ㉡ : 150
② ㉠ : 650, ㉡ : 250
③ ㉠ : 750, ㉡ : 150
④ ㉠ : 750, ㉡ : 250

해설

- 초정밀작업은 750, 정밀은 300, 보통작업은 150lux 이상이 되어야 한다.

근로자가 상시 작업하는 장소의 작업면 조도 실필 2301/2101/1603

작업 구분	조도기준
초정밀작업	750lux 이상
정밀작업	300lux 이상
보통작업	150lux 이상
그 밖의 작업	75lux 이상

23 ④ 24 ② 25 ③ 정답

26

Repetitive Learning 1회 2회 3회

다음 그림과 같은 시스템의 신뢰도는 약 얼마인가?(단, 각각의 네모 안의 수치는 각 공정의 신뢰도를 나타낸 것이다)

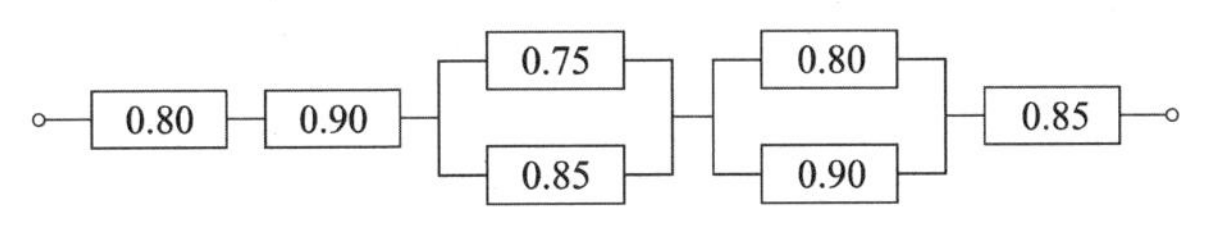

① 0.378 ② 0.478

③ 0.578 ④ 0.675

해설

- 병렬로 연결된 부품의 합성 신뢰도부터 구하면 첫 번째는 1-(1-0.75)(1-0.85)=1-0.0375=0.9625이고, 두 번째는 1-(1-0.80)(1-0.90)=1-0.02=0.980이다.
- 구해진 합성신뢰도와 나머지 부품과의 직렬로 연결된 신뢰도는 0.80×0.90×0.9625×0.98×0.85=0.577269이다.

∷ 시스템의 신뢰도 실필 0901

㉠ AND(직렬)연결 시

- 부품 a, 부품 b 신뢰도를 각각 R_a, R_b라 할 때 시스템의 신뢰도(R_s)는 $R_s = R_a \times R_b$로 구할 수 있다.

㉡ OR(병렬)연결 시

- 부품 a, 부품 b 신뢰도를 각각 R_a, R_b라 할 때 시스템의 신뢰도(R_s)는 $R_s = 1-(1-R_a)\times(1-R_b)$로 구할 수 있다.

27

Repetitive Learning 1회 2회 3회

FTA 결과 다음과 같은 패스 셋을 구하였다. X_4가 중복사상인 경우, 최소 패스 셋(Minimal path sets)으로 맞는 것은?

{X_2, X_3, X_4}
{X_1, X_3, X_4}
{X_3, X_4}

① {X_3, X_4} ② {X_1, X_3, X_4}

③ {X_2, X_3, X_4} ④ {X_2, X_3, X_4}와 {X_3, X_4}

해설

- 중복을 최대한 배제해야 하므로 구해진 패스 셋을 묶으면 {X_3, X_4}(1+X_2+X_1)이 된다. 여기서 (1+X_2+X_1)은 불 대수에 의해 1이 되므로 최소 패스 셋은 {X_3, X_4}이 된다.

∷ 최소 패스 셋(Minimal path sets) 실필 2303/1302

㉠ 개요

- FTA에서 시스템의 신뢰도를 표시하는 것이다.
- FTA에서 시스템의 기능을 살리는 데 필요한 최소한의 요인의 집합을 말한다.

㉡ FT도에서 최소 패스 셋 구하는 법

- 최소 패스 셋은 FT도의 결합 게이트들을 반대로(AND ↔ OR) 변환한 후 최소 컷 셋을 구하면 된다.

1002

28

Repetitive Learning 1회 2회 3회

다음 중 인간-기계 통합 체계의 인간 또는 기계에 의해서 수행되는 기본기능의 유형에 해당하지 않는 것은?

① 감지 ② 정보보관

③ 궤환 ④ 행동

해설

- 인간-기계 시스템의 기능에는 감지, 정보처리 및 의사결정, 정보보관, 행동, 출력기능 등이 있다.

∷ 인간-기계 시스템의 5대 기능 실필 1502/1403

감지	인체의 눈이나 기계의 표시장치 같은 감지기능
정보처리 및 의사결정	회상, 인식, 정리 등을 통한 정보처리 및 의사결정 기능
행동	정보처리의 결과로 발생하는 조작행위(음성 등)
정보보관	정보의 저장 및 보관기능으로 위 3가지 기능 모두와 상호작용
출력	시스템에서 의사결정된 사항을 실행에 옮기는 과정

29

Repetitive Learning 1회 2회 3회

시스템의 운용단계에서 이루어져야 할 주요한 시스템 안전 부문의 작업이 아닌 것은?

① 생산시스템 분석 및 효율성 검토

② 안전성 손상 없이 사용설명서의 변경과 수정을 평가

③ 운용, 안전성 수준유지를 보증하기 위한 안전성 검사

④ 운용, 보전 및 위급 시 절차를 평가하여 설계 시 고려사항과 같은 타당성 여부 식별

해설

- 생산시스템 분석 및 효율성 검토는 시스템 설계단계에서 이루어진다.

∷ 시스템 운용단계의 안전부문 작업

- 안전성 손상 없이 사용설명서의 변경과 수정을 평가
- 운용, 안전성 수준유지를 보증하기 위한 안전성 검사
- 운용, 보전 및 위급 시 절차를 평가하여 설계 시 고려사항과 같은 타당성 여부 식별

정답 | 26 ③ 27 ① 28 ③ 29 ①

0803

30 Repetitive Learning 1회 2회 3회

인체측정치의 응용원리에 해당하지 않는 것은?

① 조절식 설계
② 극단치 설계
③ 평균치 설계
④ 다차원식 설계

해설

• 인체측정자료의 응용원칙에는 조절식, 극단치, 평균치 방법이 있다.

∷ 인체측정자료의 응용 및 설계 종류 실필 2303/1902/1802/0902

조절식 설계	• 최초에 고려하는 원칙으로 어떤 자료의 인체이든 그에 맞게 조절 가능식으로 설계하는 것 • 자동차 좌석, 의자의 높이 조절 등에 사용된다.
극단치 설계	• 모든 인체를 대상으로 수용 가능할 수 있도록 제일 작은, 혹은 제일 큰 사람을 기준으로 설계하는 원칙 • 5백분위수 등이 대표적이다.
평균치 설계	• 다른 기준의 적용이 어려울 경우 최종적으로 적용하는 기준으로 평균적인 자료를 활용해 범용성을 갖는 설계원칙 • 은행창구, 슈퍼마켓 계산대 등에 사용된다.

1401

31 Repetitive Learning 

다음 중 산업안전보건법령상 유해·위험방지계획서의 심사 결과에 따른 구분·판정의 종류에 해당하지 않는 것은?

① 보류
② 부적정
③ 적정
④ 조건부 적정

해설

• 유해·위험방지계획서의 심사 결과는 적정, 조건부 적정, 부적정으로 구분된다.

∷ 유해·위험방지계획서의 심사결과의 구분

적정	근로자의 안전과 보건을 위하여 필요한 조치가 구체적으로 확보되었다고 인정되는 경우
조건부 적정	근로자의 안전과 보건을 확보하기 위하여 일부 개선이 필요하다고 인정되는 경우
부적정	기계·설비 또는 건설물이 심사기준에 위반되어 공사착공 시 중대한 위험발생의 우려가 있거나 계획에 근본적 결함이 있다고 인정되는 경우

0801 / 1003 / 1302 / 2001

32 Repetitive Learning 1회 2회 3회

다음 중 인간공학 연구조사에 사용하는 기준의 구비조건과 가장 거리가 먼 것은?

① 적절성　　② 무오염성
③ 부호성　　④ 기준척도의 신뢰성

해설

• 인간공학 기준척도의 일반적 요건에는 적절성, 무오염성, 신뢰성, 민감도 등이 있다.

∷ 인간공학 연구 기준척도

적절성	측정변수가 평가하고자 하는 바를 잘 반영해야 한다.
무오염성	기준 척도는 측정하고자 하는 변수 외의 다른 변수들의 영향을 받아서는 안 된다.
신뢰성	비슷한 조건에서 일정한 결과를 반복적으로 얻을 수 있어야 한다.
민감도	피실험자 사이에서 볼 수 있는 예상 차이점에 비례하는 단위로 측정해야 한다. 즉 기대되는 정밀도로 측정이 가능해야 한다는 것이다.

33 Repetitive Learning 1회 2회 3회

FTA에 대한 설명으로 틀린 것은?

① 정성적 분석만 가능하다.
② 하향식(Top-down) 방법이다.
③ 짧은 시간에 점검할 수 있다.
④ 비전문가라도 쉽게 할 수 있다.

해설

• 결함수분석법(FTA)은 정성적 및 정량적 분석을 모두 실시한다.

∷ 결함수분석법(FTA)

㉠ 개요

- 연역적 방법으로 원인을 규명하며, 재해의 정량적 예측이 가능한 분석방법이다.
- 하향식(Top-down) 방법을 사용한다.
- 특정 사상에 대해 짧은 시간에 해석이 가능하다.
- 복잡하고 대형화된 시스템을 논리기호를 사용하여 해석한다.
- 간단한 FT도의 작성으로 정성적 해석이 가능하여 비전문가도 잠재위험을 효율적으로 분석할 수 있다.
- 정성적 평가 후 정량적 평가를 실시하며, 정량적으로 재해 발생 확률을 구한다.
- FTA를 수행함에 있어 기본사상들의 발생이 서로 독립인가 아닌가의 여부를 파악하기 위해서는 공분산을 이용한다.

30 ④ 31 ① 32 ③ 33 ① 정답

ⓛ 기대효과
- 사고원인 규명의 간편화
- 노력 시간의 절감
- 사고원인 분석의 정량화
- 시스템의 결함진단

34

Repetitive Learning 1회 2회 3회

4m 또는 그보다 먼 물체만을 잘 볼 수 있는 원시 안경은 몇 D인가?(단, 명시거리는 25cm로 한다)

① 1.75D　　② 2.75D
③ 3.75D　　④ 4.75D

해설

- 렌즈의 도수는 $\frac{1}{0.25}-\frac{1}{4}=4-0.25=3.75$[D] 이상이어야 한다.

렌즈의 도수
- 근시, 원시, 난시 같은 굴절이상을 가진 사람이 이를 교정하기 위해 사용하는 렌즈의 굴절력을 말한다.
- 명시거리의 기준은 25cm이고, 단위는 디옵터[D]를 사용한다.
- 굴절력 = $\frac{1}{\text{초점거리[m]}}$로 구하며 이때 필요한 렌즈의 도수는 $\frac{1}{\text{명시거리[m]}}-\frac{1}{\text{목표거리[m]}}$로 구한다.

1303

35

Repetitive Learning 1회 2회 3회

작업공간 설계에 있어 "접근제한 요건"에 대한 설명으로 가장 적절한 것은?

① 조절식 의자와 같이 누구나 사용할 수 있도록 설계한다.
② 비상벨의 위치를 작업자의 신체조건에 맞추어 설계한다.
③ 트럭운전이나 수리작업을 위한 공간을 확보하여 설계한다.
④ 박물관의 미술 전시와 같이 장애물 뒤의 타켓과의 거리를 확보하여 설계한다.

해설

- 접근제한 요건이란 특정한 구역 등에 접근하지 못하도록 하거나 접근에 있어 일정한 거리를 확보하기 위한 것으로 타켓과의 거리를 확보하는 것과 관련된다.

작업공간 설계 요건

구분	내용
여유공간 (clearance) 요건	작업장 설계의 주요한 변수로 장비들 사이와 주변 공간, 통로의 높이와 너비, 신체를 움직일 수 있는 공간과 관련된 것
접근제한 요건	특정한 구역 등에 접근하지 못하도록 하거나 접근에 있어 일정한 거리를 확보하기 위한 것
유지보수공(Maintenance people)을 위한 특별 요건	유지보수공들을 위한 특별한 요구사항을 분석하고 그에 따라 작업장을 설계한 것

0601

36

Repetitive Learning 

인간의 에러 중 불필요한 작업 또는 절차를 수행함으로써 기인한 에러는?

① Omission error
② Commission error
③ Sequential error
④ Extraneous error

해설

- Omission error는 생략오류, Commission error는 실행오류, Sequential error는 순서오류이다.

행위적 관점에서의 휴먼에러 분류(Swain)

실필 1801/1702/1601/1401/1201/0901/0803/0802

구분	내용
실행오류 (Commission error)	작업 수행 중 작업을 정확하게 수행하지 못해 발생한 에러
생략오류 (Omission error)	필요한 작업 또는 절차를 수행하지 않는데 기인한 에러
불필요한 수행오류 (Extraneous error)	불필요한 작업 또는 절차를 수행함으로써 발생한 에러
순서오류 (Sequential error)	필요한 작업 또는 절차의 순서 착오로 인한 에러
시간오류 (Timing error)	필요한 작업 또는 절차의 수행을 지연한데 기인한 에러

정답 34 ③ 35 ④ 36 ④

37 Repetitive Learning (1회 2회 3회)

FTA(Fault Tree Analysis)의 기호 중 다음의 사상기호에 적합한 각각의 명칭은?

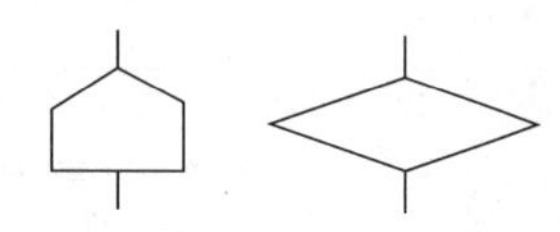

① 전이기호와 통상사상
② 통상사상과 생략사상
③ 통상사상과 전이기호
④ 생략사상과 전이기호

해설

• 전이기호는  로 표시한다.

통상사상(External event)

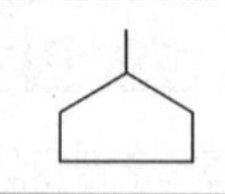	• 일반적으로 발생이 예상되는, 시스템의 정상적인 가동상태에서 일어날 것이 기대되는 사상을 말한다.

생략사상(Undeveloped event)

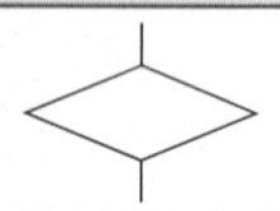	• 불충분한 자료로 결론을 내릴 수 없어 더 이상 전개할 수 없는 사상을 말한다.

2101

38 Repetitive Learning (1회 2회 3회)

화학설비에 대한 안전성 평가에서 정성적 평가항목이 아닌 것은?

① 건조물 ② 취급물질
③ 공장 내의 배치 ④ 입지조건

해설

• 취급물질은 3단계 정량적 평가항목에 해당한다.

정성적 평가와 정량적 평가항목

정성적 평가	설계관계항목	입지조건, 공장 내 배치, 건조물, 소방설비 등
	운전관계항목	원재료, 중간제품, 공정 및 공정기기, 수송, 저장 등
정량적 평가	• 수치값으로 표현 가능한 항목들을 대상으로 한다. • 온도, 취급물질, 화학설비용량, 압력, 조작 등을 위험도에 맞게 평가한다.	

39 Repetitive Learning (1회 2회 3회)

청각에 관한 설명으로 틀린 것은?

① 인간에게 음의 높고 낮은 감각을 주는 것은 음의 진폭이다.
② 1,000Hz 순음의 가청최소음압을 음의 강도 표준치로 사용한다.
③ 일반적으로 음이 한 옥타브 높아지면 진동수는 2배 높아진다.
④ 복합음은 여러 주파수대의 강도를 표현한 주파수별 분포를 사용하여 나타낸다.

해설

• 음의 높고 낮은 감각은 음의 진폭이 아니라 주파수에 해당한다.

청각

• 음의 높고 낮은 감각은 음의 주파수에 해당한다.
• 일반적으로 음이 한 옥타브 높아지면 진동수는 2배 높아진다.
• 귀는 중음역에 가장 민감하므로 500~3,000Hz의 진동수를 사용한다.
• 귀 위치에서 신호의 강도는 110dB과 은폐가청 역치의 중간정도가 적당하다.
• JND(Just Noticeable Difference)가 작을수록 차원의 변화를 쉽게 검출할 수 있다.
• 귀는 음에 대하여 즉각적으로 반응하지 못하며, 순음의 경우는 최소 0.3초 이상 지속되어야 반응이 가능하다.
• 1,000Hz 순음의 가청최소음압을 음의 강도 표준치로 사용한다.
• 복합음은 여러 주파수대의 강도를 표현한 주파수별 분포를 사용하여 나타낸다.
• 다차원암호시스템을 사용할 경우 일반적으로 차원의 수가 적고 수준의 수가 많을 때보다 차원의 수가 많고 수준의 수가 적을 때 식별이 수월하다.

40 Repetitive Learning (1회 2회 3회)

초음파 소음(Ultrasonic noise)에 대한 설명으로 잘못된 것은?

① 전형적으로 20,000Hz 이상이다.
② 가청영역 위의 주파수를 갖는 소음이다.
③ 소음이 3dB 증가하면 허용기간은 반감한다.
④ 20,000Hz 이상에서 노출 제한은 110dB이다.

해설

• 20,000Hz 이상에서 노출 제한은 110dB이며, 그 이상에서는 소음이 2dB 증가하면 허용기간은 반감되어야 한다.

초음파 소음(Ultrasonic noise)

• 사람이 들을 수 있는 가청주파수는 16[Hz]~20[kHz]이다.
• 가청주파수 위의 주파수를 갖는 소음을 말한다.
• 20,000Hz 이상에서 노출 제한은 110dB이며, 그 이상에서는 소음이 2dB 증가하면 허용기간은 반감되어야 한다.

37 ② 38 ② 39 ① 40 ③ 정답

3과목 기계·기구 및 설비 안전관리

41

Repetitive Learning (1회 2회 3회)

보일러에서 프라이밍(Priming)과 포밍(Foaming)의 발생 원인으로 가장 거리가 먼 것은?

① 역화가 발생되었을 경우
② 기계적 결함이 있을 경우
③ 보일러가 과부하로 사용될 경우
④ 보일러 수에 불순물이 많이 포함되었을 경우

해설

- 역화(Back fire)란 버너에서 화염이 역행하는 현상으로 발생증기의 이상현상과는 거리가 멀다.

보일러 발생증기 이상현상의 종류 실필 1501/1302

구분	내용
캐리오버 (Carry over)	보일러 수중에 용해고형분이나 수분이 발생, 증기 중에 다량 함유되어 증기의 순도를 저하시킴으로써 응축수가 생겨 워터해머의 원인이 되고 증기과열기나 터빈 등의 고장의 원인이 되는 현상
프라이밍 (Priming)	보일러 부하의 급속한 변화로 수위가 급상승하면서 수면의 높이를 판단하기 어려운 현상으로 증기와 함께 보일러 수가 외부로 빠져나가는 현상
포밍 (Foaming)	보일러 수 속에 유지(油脂)류, 용해 고형물, 부유물 등의 농도가 높아지면 드럼 수면에 안정한 거품이 발생하고, 또한 거품이 증가하여 드럼의 기실(氣室) 전체로 확대되어 수위를 판단하지 못하는 현상

42

Repetitive Learning (1회 2회 3회)

허용응력이 $1kN/mm^2$이고, 단면적이 $2mm^2$인 강관의 극한하중이 4,000N이라면 안전율은 얼마인가?

① 2
② 4
③ 5
④ 50

해설

- 허용응력이 $1mm^2$당 1kN인데, 단면적이 $2mm^2$이므로 허용응력 2kN일 때의 안전율 = $\frac{4,000}{2\times10^3}=2$가 된다.

안전율/안전계수(Safety factor)

- 소재의 파괴강도와 허용되는 응력의 비를 표시한 것이다.
- 안전율은 $\frac{기준강도}{허용응력}$ 또는 $\frac{항복강도}{설계하중}$, $\frac{파괴하중}{최대사용하중}$, $\frac{최대응력}{허용응력}$ 등으로 구한다.
- 응력은 단위면적당 부재에 작용하는 힘을 말하며, 허용응력은 단위면적당 재료가 파괴되지 않고 영구적인 변형이 남지 않는 비례한도 범위 내의 응력을 말한다.
- 기준강도는 재료에 손상을 입힌다고 인정되는 강도를 말한다.
- 강도(기준강도)를 통해 재료의 안전율, 구조 등이 결정된다.
- 연성재료에서는 항복점을 기준강도, 인장강도, 기초강도라고도 한다.

0803

43

Repetitive Learning (1회 2회 3회)

한국산업안전공단 프레스 방호장치의 선정, 설치 및 사용 기술지침에 따르면, 슬라이드 행정수가 100SPM 이하이거나, 행정길이가 50mm 이상의 프레스에 설치해야 하는 방호장치 방식은?

① 양수조작식
② 수인식
③ 가드식
④ 광전자식

해설

- 수인식 방호장치는 손의 안전을 위해 슬라이드 행정길이가 40~50mm 이상, 슬라이드 행정수가 100~120SPM 이하의 프레스에 주로 사용한다.

수인식 방호장치 실필 1301

㉠ 개요
- 슬라이드와 작업자의 손을 끈으로 연결하여, 슬라이드 하강 시 방호장치가 작업자의 손을 당기게 함으로써 위험영역에서 빼낼 수 있도록 한 장치를 말한다.
- 완전회전식 클러치 프레스 및 급정지기구가 없는 확동식 프레스에 적합하다.

㉡ 구조 및 일반사항
- 수인 끈의 재료는 합성섬유로 직경이 4mm 이상이어야 한다.
- 손의 안전을 위해 슬라이드 행정길이가 40~50mm 이상, 슬라이드 행정수가 100~120SPM 이하의 프레스에 주로 사용한다.

정답 | 41 ① 42 ① 43 ②

44

Repetitive Learning 1회 2회 3회

"강렬한 소음작업"이라 함은 90dB 이상의 소음이 1일 몇 시간 이상 발생되는 작업을 말하는가?

① 2시간 ② 4시간
③ 8시간 ④ 10시간

해설

- 강렬한 소음작업은 90dBA일 때 8시간, 100dBA일 때 2시간, 110dBA일 때 1/2시간(30분) 지속되는 작업을 말한다.

소음 노출 기준 실필 2301/1602

㉠ 소음의 허용기준(강렬한 소음작업의 기준)

1일 노출시간(hr)	허용 음압수준(dBA)
8	90
4	95
2	100
1	105
1/2	110
1/4	115

㉡ 충격소음의 허용기준

충격소음강도(dBA)	허용 노출횟수(회)
140	100
130	1,000
120	10,000

0703

45

보일러의 과열 원인이 아닌 것은?

① 수관과 본체의 청소 불량
② 급수처리를 하지 않은 물을 사용할 때
③ 관수 부족 시 보일러의 기동
④ 수면계의 고장으로 드럼 내의 물의 감소

해설

- 보일러의 과열은 드럼 내의 물이 부족한 경우인데 이때 물은 급수처리와 상관없다. 즉, 급수처리를 하지 않은 물을 사용하더라도 물이 부족하지 않다면 보일러 과열 원인이 되지 않는다.

보일러 과열 발생 직접적 원인

- 수관의 청소 불량
- 관수 부족 시 보일러의 기동
- 드럼 내의 물의 부족

46

Repetitive Learning 1회 2회 3회

크레인에서 일반적인 권상용 와이어로프 및 권상용 체인의 안전율 기준은?

① 10 이상
② 2.7 이상
③ 4 이상
④ 5 이상

해설

- 크레인은 근로자가 탑승하는 운반구가 아니므로 화물의 하중을 직접 지지하는 경우의 안전계수에 해당하는 5 이상이어야 한다.

양중기의 달기구 안전계수 실필 2303/1902/1901/1501

- 근로자가 탑승하는 운반구를 지지하는 달기 와이어로프 또는 달기 체인의 안전계수는 10 이상이어야 한다.
- 화물의 하중을 직접 지지하는 경우 양중기의 달기 와이어로프 또는 달기 체인의 안전계수는 5 이상이어야 한다.
- 훅, 샤클, 클램프, 리프팅 빔의 안전계수는 3 이상이어야 한다.
- 그 밖의 안전계수는 4 이상이어야 한다.

47

컨베이어에 사용되는 방호장치와 그 목적에 관한 설명이 옳지 않은 것은?

① 운전 중인 컨베이어 등의 위로 넘어가고자 할 때를 위하여 급정지장치를 설치한다.
② 근로자의 신체 일부가 말려들 위험이 있을 때 이를 즉시 정지시키기 위한 비상정지장치를 설치한다.
③ 정전, 전압강하 등에 따른 화물 이탈을 방지하기 위해 이탈 및 역주행방지장치를 설치한다.
④ 낙하물에 의한 위험방지를 위한 덮개 또는 울을 설치한다.

해설

- 운전 중인 컨베이어 등의 위로 근로자를 넘어가도록 하는 경우에는 위험을 방지하기 위하여 건널다리를 설치하는 등 필요한 조치를 하여야 한다.

44 ③ 45 ② 46 ④ 47 ① 정답

:: 컨베이어의 방호장치

- 컨베이어, 이송용 롤러 등을 사용하는 경우에는 정전·전압강하 등에 따른 화물 또는 운반구의 이탈 및 역주행을 방지하는 장치를 갖추어야 한다.
- 컨베이어 등에 해당 근로자의 신체의 일부가 말려드는 등 근로자가 위험해질 우려가 있는 경우 및 비상시에는 즉시 컨베이어 등의 운전을 정지시킬 수 있는 장치를 설치하여야 한다.
- 컨베이어 등으로부터 화물이 떨어져 근로자가 위험해질 우려가 있는 경우에는 해당 컨베이어 등에 덮개 또는 울을 설치하는 등 낙하 방지를 위한 조치를 하여야 한다.
- 운전 중인 컨베이어 등의 위로 근로자를 넘어가도록 하는 경우에는 위험을 방지하기 위하여 건널다리를 설치하는 등 필요한 조치를 하여야 한다.
- 동일선상에 구간별 설치된 컨베이어에 중량물을 운반하는 경우에는 중량물 충돌에 대비한 스토퍼를 설치하거나 작업자 출입을 금지하여야 한다.

1201

48

Repetitive Learning (1회 2회 3회)

연삭숫돌의 지름이 20cm이고, 원주속도가 250m/min일 때 연삭숫돌의 회전수는 약 몇 rpm인가?

① 398　② 433
③ 489　④ 552

해설

- 원주속도가 250, 지름이 20cm(=200mm)이므로
회전수를 구하는 식에 대입하면 $\frac{250\times1,000}{3.14\times200}=398.1$[rpm]이다.

:: 회전체의 원주속도

- 회전체의 원주속도는 $\frac{\pi\times\text{외경}\times\text{회전수}}{1,000}$[m/min]으로 구한다.
이때 외경의 단위는 [mm]이고, 회전수의 단위는 [rpm]이다.
- 회전수 = $\frac{\text{원주속도}\times1,000}{\pi\times\text{외경}}$으로 구할 수 있다.

49

Repetitive Learning (1회 2회 3회)

범용 수동 선반의 방호조치에 관한 설명으로 옳지 않은 것은?

① 척 가드의 폭은 공작물의 가공작업에 방해가 되지 않는 범위 내에서 척 전체 길이를 방호할 수 있을 것
② 척 가드의 개방 시 스핀들의 작동이 정지되도록 연동회로를 구성할 것
③ 전면 칩 가드의 폭은 새들 폭 이하로 설치할 것
④ 전면 칩 가드는 심압대가 베드 끝단부에 위치하고 있고 공작물 고정장치에서 심압대까지 가드를 연장시킬 수 없는 경우에는 부착위치를 조정할 수 있을 것

해설

- 전면 칩 가드의 폭은 새들 폭 이상이어야 한다.

:: 범용 수동 선반

㉠ 개요
- 기계의 모든 작동이 수치제어를 사용하지 않고 조작자에 의해서만 이루어지는 선반을 말한다.

㉡ 척 가드의 설치
- 고정장치 접촉 방지 및 척죠의 비산에 따른 위험 방지를 위해 척 가드를 설치한다.
- 척 가드의 폭은 공작물의 가공작업에 방해가 되지 않는 범위 내에서 척 전체 길이를 방호할 수 있어야 한다.
- 척 가드의 개방 시 스핀들의 작동이 정지되도록 연동회로를 구성해야 한다.

㉢ 칩 가드의 설치
- 냉각재 및 칩의 비산을 방지하기 위해 후면 칩 가드를 설치해야 한다.
- 전면 칩 가드의 폭은 새들 폭 이상이어야 한다.
- 전면 칩 가드는 심압대가 베드 끝단부에 위치하고 있고 공작물 고정 장치에서 심압대까지 가드를 연장시킬 수 없는 경우에는 부착위치를 조정할 수 있어야 한다.

㉣ 기타
- 스핀들 부위를 통한 기어박스에 접촉될 위험이 있는 경우에는 해당 부위에 잠금장치가 구비된 가드를 설치하고 스핀들 회전과 연동회로를 구성해야 한다.
- 수동조작을 위한 제어장치에는 매입형 스위치의 사용 등 불시접촉에 의한 기동을 방지하기 위한 조치를 해야 한다.
- 심압대에는 베드 끝단부에서의 이탈을 방지하기 위한 조치를 해야 한다.
- 조작핸들은 협착, 끼임 등의 위험이 없도록 자동 해지장치 또는 솔리드형 핸들을 사용해야 한다.

50

Repetitive Learning (1회 2회 3회)

다음 중 용접부에 발생한 미세균열, 용입부족, 융합불량의 검출에 가장 적합한 비파괴검사법은?

① 방사선투과검사
② 침투탐상검사
③ 자분탐상검사
④ 초음파탐상검사

정답 | 48 ① 49 ③ 50 ④

해설

- 방사선투과검사는 X선의 강도나 노출시간을 조절하여 검사한다.
- 자분탐상검사는 결함부위의 자극에 자분이 부착되는 것을 이용한다.
- 침투탐상검사는 비자성 금속재료의 표면균열 검사에 사용한다.

:: 초음파탐상검사(Ultrasonic flaw detecting test)

- 검사대상에 초음파를 보내 초음파의 음향적 성질(반사)을 이용하여 검사대상 내부의 결함을 검사하는 방식이다.
- 미세균열, 용입부족, 융합불량의 검출에 가장 적합한 비파괴 검사법이다.
- 설비의 내부에 균열 결함을 확인할 수 있는 가장 적절한 검사방법이다.
- 반사식, 투과식, 공진식 방법이 있으며 그중 반사식이 가장 많이 사용된다.

0803

51

Repetitive Learning 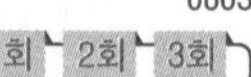

다음 보기의 설명에 해당하는 기계는?

- Chip이 가늘고 예리하여 손을 잘 다치게 한다.
- 주로 평면공작물을 절삭 가공하나, 더브테일 가공이나 나사 가공 등의 복잡한 가공도 가능하다.
- 장갑은 착용을 금하고, 보안경을 착용해야 한다.

① 선반
② 밀링
③ 플레이너
④ 연삭기

해설

- 절삭작업 시 칩이 가늘고 예리해 주의해야 하는 가공작업은 밀링이다.

:: 밀링

㉠ 개요
- 절삭날을 많이 가지고 회전하는 커터(Cutter)에 의해 가공물에 이송을 주어 각종 커터의 형상에 따라 평면, 단면, 홈 등을 가공하는 절삭방법을 말한다.
- 주로 평면공작물을 절삭 가공하나, 더브테일 가공이나 나사 가공 등의 복잡한 가공도 가능하다.

㉡ 작업 시 주의사항
- 칩이 가늘고 예리하여 손을 잘 다치게 한다.
- 장갑은 착용을 금하고, 보안경을 착용해야 한다.

52

Repetitive Learning 1회 2회 3회

취성재료의 극한강도가 128MPa이며, 허용응력이 64MPa일 경우 안전계수는?

① 1　　② 2
③ 4　　④ 1/2

해설

- 극한강도가 128MPa, 허용응력이 64MPa로 주어져 있으므로 대입하면 안전계수는 $\frac{128}{64}=2$가 된다.

:: 안전율/안전계수(Safety factor)

문제 42번의 유형별 핵심이론:: 참조

1302

53

Repetitive Learning 1회 2회 3회

다음 중 프레스기에 금형 설치 및 조정 작업 시 준수하여야 할 안전수칙으로 틀린 것은?

① 금형을 부착하기 전에 하사점을 확인한다.
② 금형의 체결은 올바른 치공구를 사용하고 균등하게 체결한다.
③ 슬라이드의 불시하강을 방지하기 위하여 안전블록을 제거한다.
④ 금형은 하형부터 잡고 무거운 금형의 받침은 인력으로 하지 않는다.

해설

- 사업주는 슬라이드의 갑작스러운 가동-불시하강을 방지하기 위해 안전블록을 사용하는 등 필요한 조치를 하여야 한다.

:: 금형조정 작업의 위험 방지

㉠ 개요
- 사업주는 프레스 등의 금형을 부착·해체 또는 조정하는 작업을 할 때에 해당 작업에 종사하는 근로자의 신체가 위험한계 내에 있는 경우 슬라이드가 갑자기 작동함으로써 근로자에게 발생할 우려가 있는 위험을 방지하기 위하여 안전블록을 사용하는 등 필요한 조치를 하여야 한다.

㉡ 금형의 조정 작업 시 안전수칙
- 금형을 부착하기 전에 하사점을 확인한다.
- 금형의 체결은 올바른 치공구를 사용하여 균등하게 한다.
- 금형의 체결 시에는 안전블록을 설치하고 실시한다.
- 금형의 설치 및 조정은 전원을 끄고 실시한다.
- 금형은 하형부터 잡고 무거운 금형의 받침은 인력으로 하지 않는다.

51 ② 52 ② 53 ③ 정답

1103

54

Repetitive Learning (1회 2회 3회)

컨베이어 작업 시작 전 점검사항에 해당하지 않는 것은?

① 브레이크 및 클러치 기능의 이상 유무
② 비상정지장치 기능의 이상 유무
③ 이탈 등의 방지장치 기능의 이상 유무
④ 원동기 및 풀리 기능의 이상 유무

해설

- ②, ③, ④ 외에 원동기·회전축·기어 및 풀리 등의 덮개 또는 울 등의 이상 유무를 점검하여야 한다.

:: 컨베이어를 사용한 작업 시작 전 점검사항 실필 1402/1001 실작 2201/2103/2101/2004

- 원동기 및 풀리(Pulley) 기능의 이상 유무
- 이탈 등의 방지장치 기능의 이상 유무
- 비상정지장치 기능의 이상 유무
- 원동기·회전축·기어 및 풀리 등의 덮개 또는 울 등의 이상 유무

55

Repetitive Learning (1회 2회 3회)

크레인의 방호장치에 대한 설명으로 틀린 것은?

① 권과방지장치를 설치하지 않은 크레인에 대해서는 권상용 와이어로프에 위험표시를 하고 경보장치를 설치하는 등 권상용 와이어로프가 지나치게 감겨서 근로자가 위험해질 상황을 방지하기 위한 조치를 하여야 한다.
② 운반물의 중량이 초과되지 않도록 과부하방지장치를 설치하여야 한다.
③ 필요한 상황에서는 크레인을 저속으로 중지시킬 수 있는 브레이크장치와 충돌 시 충격을 완화시킬 수 있는 완충장치를 설치한다.
④ 작업 중에 이상발견 또는 긴급히 정지시켜야 할 경우에는 비상정지장치를 사용할 수 있도록 설치하여야 한다.

해설

- 크레인에 설치하는 브레이크 장치는 필요 시 크레인을 정지하는 장치이지 저속으로 중지하는 장치가 아니다.

:: 크레인의 방호장치 실필 1902/1101

- 크레인 방호장치에는 과부하방지장치, 권과방지장치, 충돌방지장치, 비상정지장치, 해지장치, 스토퍼 등이 있다.
- 권과방지장치는 일정 이상 부하를 권상시키면 더 이상 권상되지 않게 하여 부하가 크레인에 충돌하지 않도록 하는 장치이다. 이때 간격은 25cm 이상 유지하도록 조정한다(단, 직동식 권과방지장치의 간격은 0.05m 이상이다).
- 과부하방지장치는 하중이 정격을 초과하였을 때 자동적으로 상승이 정지되는 장치이다.
- 충돌방지장치는 병렬로 설치된 크레인의 경우 크레인의 충돌을 방지하기 위해 광 또는 초음파를 이용해 크레인의 접촉을 감지하여 충돌을 방지하는 장치이다.
- 비상정지장치는 위험한계 내에 신체의 일부가 들어가거나 이상사태가 발견된 경우에 기계의 작동을 정지시키는 장치를 말한다.
- 해지장치는 크레인 작업 시 와이어로프 등이 훅으로부터 벗겨지는 것을 방지하기 위한 장치이다.
- 스토퍼는 같은 주행로에 병렬로 설치되어 있는 주행 크레인에서 크레인끼리의 충돌이나, 근로자에 접촉하는 것을 방지하는 장치이다.

56

Repetitive Learning (1회 2회 3회)

프레스의 작업 시작 전 점검사항이 아닌 것은?

① 권과방지장치 및 그 밖의 경보장치의 기능
② 슬라이드 또는 칼날에 의한 위험방지기구의 기능
③ 프레스기의 금형 및 고정볼트 상태
④ 전단기의 칼날 및 테이블의 상태

해설

- 권과방지장치 및 그 밖의 경보장치의 기능은 크레인을 사용하여 작업을 시작하기 전에 점검할 사항이다.

:: 프레스 등을 사용하여 작업할 때 작업 시작 전 점검사항 실작 2402/2301/2102/2002

- 클러치 및 브레이크의 기능
- 프레스의 금형 및 고정볼트 상태
- 1행정 1정지기구·급정지장치 및 비상정지 장치의 기능
- 크랭크축·플라이휠·슬라이드·연결봉 및 연결 나사의 풀림여부
- 슬라이드 또는 칼날에 의한 위험방지 기구의 기능
- 방호장치의 기능
- 전단기의 칼날 및 테이블의 상태

정답 | 54 ① 55 ③ 56 ①

57

Repetitive Learning (1회 2회 3회)

보일러에서 압력방출장치가 2개 설치된 경우 최고 사용압력이 1MPa일 때 압력방출장치의 설정 방법으로 가장 옳은 것은?

① 2개 모두 1.1MPa 이하에서 작동되도록 설정하였다.
② 하나는 1MPa 이하에서 작동되고 나머지는 1.1MPa 이하에서 작동되도록 설정하였다.
③ 하나는 1MPa 이하에서 작동되고 나머지는 1.05MPa 이하에서 작동되도록 설정하였다.
④ 2개 모두 1.05MPa 이하에서 작동되도록 설정하였다.

해설

- 압력방출장치가 2개 이상 설치된 경우에는 최고사용압력 이하에서 1개가 작동되고, 다른 압력방출장치는 최고사용압력 1.05배 이하에서 작동되도록 부착하여야 한다.

압력방출장치 실필 1101/0803

㉠ 개요
- 사업주는 보일러의 안전한 가동을 위하여 보일러 규격에 맞는 압력방출장치를 1개 또는 2개 이상 설치하고 최고사용압력 이하에서 작동되도록 하여야 한다.
- 압력방출장치의 종류에는 중추식, 스프링식, 지렛대식 안전밸브가 있다.
- 스프링식 압력밸브를 사용하는 압력방출장치를 가장 많이 사용한다.

㉡ 설치
- 압력방출장치는 가능한 보일러 동체에 직접 설치한다.
- 압력방출장치가 2개 이상 설치된 경우에는 최고사용압력 이하에서 1개가 작동되고, 다른 압력방출장치는 최고사용압력 1.05배 이하에서 작동되도록 부착하여야 한다.

58

Repetitive Learning (1회 2회 3회)

다음 중 롤러기에 설치하여야 할 방호장치는?

① 반발예방장치
② 급정지장치
③ 접촉예방장치
④ 파열판장치

해설

- 롤러기의 방호장치에는 급정지장치, 작업발판, 울이나 가이드 롤러 등이 사용된다.

롤러기 급정지장치

㉠ 종류 실필 2101/0802 실작 2303/2101/1902

종류	위치
손 조작식	밑면에서 1.8[m] 이내
복부 조작식	밑면에서 0.8~1.1[m]
무릎 조작식	밑면에서 0.6[m] 이내

㉡ 개구부 간격과 급정지거리 실필 1703/1202/1102

- 가드 설치 시 개구부 간격(단위 : mm)

구분	간격
개구부와 위험점 간격 : 160mm 이상	30
개구부와 위험점 간격 : 160mm 미만	6+(0.15×개구부~위험점 최단거리)
위험점이 전동체일 경우	6+(0.1×개구부~위험점 최단거리)

- 급정지거리

원주속도	급정지거리
원주속도 : 30m/min 이상	앞면 롤러 원주의 1/2.5
원주속도 : 30m/min 미만	앞면 롤러 원주의 1/3 이내

59

Repetitive Learning (1회 2회 3회)

연삭기의 숫돌 지름이 300mm일 경우 평형플랜지의 지름은 몇 mm 이상으로 해야 하는가?

① 50 ② 100
③ 150 ④ 200

해설

- 평형플랜지의 지름은 숫돌 직경의 1/3 이상이어야 하므로 숫돌의 바깥지름이 180mm일 경우 평형플랜지의 지름은 60mm 이상이어야 한다.

산업안전보건법상의 연삭숫돌 사용 시 안전조치 실필 1303/0802

- 사업주는 회전 중인 연삭숫돌(지름이 5cm 이상인 것)이 근로자에게 위험을 미칠 우려가 있는 경우에 그 부위에 덮개를 설치하여야 한다.
- 사업주는 연삭숫돌을 사용하는 작업의 경우 작업을 시작하기 전에는 1분 이상, 연삭숫돌을 교체한 후에는 3분 이상 시험운전을 하고 해당 기계에 이상이 있는지를 확인하여야 한다.
- 시험운전에 사용하는 연삭숫돌은 작업 시작 전에 결함이 있는지를 확인한 후 사용하여야 한다.
- 사업주는 연삭숫돌의 최고사용회전속도를 초과하여 사용하도록 해서는 아니 된다.
- 사업주는 측면을 사용하는 것을 목적으로 하지 않는 연삭숫돌을 사용하는 경우 측면을 사용하도록 해서는 아니 된다.

57 ③ 58 ② 59 ② 정답

- 숫돌 고정장치인 평형플랜지의 직경은 설치하는 숫돌 직경의 1/3 이상, 여윳값은 1.5mm 이상이어야 한다.
- 연삭 작업 시 안전을 위해 작업자는 연삭기의 측면에 위치한다.
- 연삭숫돌을 결합할 때는 열로 인한 팽창을 고려하여 축과 0.1~0.15mm 정도의 틈새를 둔다.

60 Repetitive Learning 1회 2회 3회

기계설비에 대한 본질적인 안전화 방안의 하나인 풀 프루프(Fool proof)에 관한 설명으로 거리가 먼 것은?

① 계기나 표시를 보기 쉽게 하거나 이른바 인체공학적 설계도 넓은 의미의 풀 프루프에 해당된다.
② 설비 및 기계장치 일부가 고장이 난 경우 기능의 저하는 가져오나 전체 기능은 정지하지 않는다.
③ 인간이 에러를 일으키기 어려운 구조나 기능을 가진다.
④ 조작순서가 잘못되어도 올바르게 작동한다.

해설

- 설비 및 기계장치 일부가 고장이 난 경우 기능의 저하를 가져오지만 전체 기능은 정지하지 않는 것은 Fail-safe에 대한 설명이다.

풀 프루프(Fool proof) 실필 1401/1101/0901/0802

㉠ 개요
- 풀 프루프(Fool proof)는 기계조작에 익숙하지 않은 사람이나 기계의 위험성 등을 이해하지 못한 사람이라도 기계조작 시 조작 실수를 하지 않도록 하는 기능으로 작업자가 기계 설비를 잘못 취급하더라도 사고가 일어나지 않도록 하는 기능을 말한다.
- 계기나 표시를 보기 쉽게 하거나 이른바 인체공학적 설계도 넓은 의미의 풀 프루프에 해당된다.
- 각종 기구의 인터록 장치, 크레인의 권과방지장치, 카메라의 이중 촬영방지장치, 기계의 회전부분에 울이나 커버 장치, 승강기 중량제한 시 운행정지장치, 선풍기 가드에 손이 들어갈 경우 회전정지장치 등이 이에 해당한다.

㉡ 조건
- 인간이 에러를 일으키기 어려운 구조나 기능을 가지도록 한다.
- 조작순서가 잘못되어도 올바르게 작동하도록 한다.

4과목 전기설비 안전관리

61 Repetitive Learning 1회 2회 3회

인체의 손과 발 사이에 과도전류를 인가한 경우에 파두장 700μs 에 따른 전류파고치의 최댓값은 약 몇 mA 이하인가?

① 4　② 40
③ 400　④ 800

해설

- 과도전류의 파두장이 700[μs]일 경우 전류파고치는 40[mA] 이하여야 한다.

뇌충격전압파형

㉠ 개요
- 충격파의 표시방법은 파두시간 × 파미부분에서 파고치의 50[%]로 감소할 때까지의 시간이다.
- 파두장은 전압이 정점(파고점)까지 걸리는 시간을 말한다.
- 파미장은 파고점에서 파고점의 1/2전압까지 내려오는 데 걸리는 시간을 말한다.
- 충격전압시험 시의 표준충격파형을 1.2×50[μs]로 나타내는데 이는 파두시간이 1.2[μs], 파미시간이 50[μs]가 소요된다는 의미이다.

㉡ 과도전류에 대한 감지한계와 파두장과의 관계
- 과도전류에 대한 감지한계는 파두장이 길면 감지전류는 감소한다.

파두장[μs]	전류파고치[mA]
7×100	40 이하
5×65	60 이하
2×30	90 이하

0402 / 0503 / 0602 / 1001 / 1101 / 1303 / 1702

62 Repetitive Learning 1회 2회 3회

고압 및 특고압의 전로에 시설하는 피뢰기의 접지저항은 몇 [Ω] 이하로 하여야 하는가?

① 10[Ω] 이하
② 100[Ω] 이하
③ 10^6[Ω] 이하
④ 1[kΩ] 이하

해설

- 피뢰침의 접지저항은 10Ω 이하가 되도록 시공하여야 한다.

:: 고압 및 특고압의 전로에서 피뢰기의 시설과 접지

㉠ 피뢰기를 시설해야 하는 곳
- 발전소·변전소 또는 이에 준하는 장소의 가공전선 인입구 및 인출구
- 특고압 가공전선로에 접속하는 배전용 변압기의 고압측 및 특고압측
- 고압 및 특고압 가공전선로로부터 공급을 받는 수용장소의 인입구
- 가공전선로와 지중전선로가 접속되는 곳

㉡ 접지
- 고압 및 특고압의 전로에 시설하는 피뢰기 접지저항 값은 10Ω 이하로 하여야 한다.

㉡ 종류와 동작시간
- 인체 감전보호용은 정격감도전류(30[mA])에서 0.03[초] 이내이다.
- 인체가 물에 젖어있거나 물을 사용하는 장소(욕실 등)에는 정격감도전류(15[mA])에서 0.03초 이내의 누전차단기를 사용한다.
- 고속형은 정격감도전류(30[mA])에서 동작시간이 0.1[초] 이내이다.
- 시연형은 정격감도전류(30[mA])에서 동작시간이 0.1[초]를 초과하고 0.2[초]이내이다.
- 반한시형은 정격감도전류 100%에서 0.2~1[초] 이내, 정격감도전류 140%에서 0.1~0.5[초] 이내, 정격감도전류 440%에서 0.05[초] 이내이다.

63 Repetitive Learning (1회 2회 3회)

욕실 등 물기가 많은 장소에서 인체감전보호형 누전차단기의 정격감도전류와 동작시간은?

① 정격감도전류 30mA, 동작시간 0.01초 이내
② 정격감도전류 30mA, 동작시간 0.03초 이내
③ 정격감도전류 15mA, 동작시간 0.01초 이내
④ 정격감도전류 15mA, 동작시간 0.03초 이내

해설
- 인체가 물에 젖어있거나 물을 사용하는 장소(욕실 등)에는 정격감도전류 (15[mA])에서 0.03초 이내의 누전차단기를 사용한다.

:: 누전차단기(RCD : Residual Current Device)

실필 2401/1502/1402/0903

㉠ 개요
- 이동형 또는 휴대형의 전기기계·기구의 금속제 외함, 금속제 외피 등에서 누전, 절연파괴 등으로 인하여 지락전류가 발생하면 주어진 시간 이내에 전기기기의 전로를 차단하는 장치를 말한다.
- 누전검출부, 영상변류기, 차단기구 등으로 구성된 장치이다.
- 정격부하전류가 30[A]인 이동형 전기기계·기구에 접속되어 있는 경우 일반적으로 정격감도전류는 30[mA] 이하인 것을 사용한다.
- 정격부하전류가 50[A] 미만의 전기기계·기구에 접속되는 누전차단기의 경우 정격감도전류가 30[mA] 이하이고 작동시간은 0.03초 이내이어야 한다.
- 누전에 의한 감전위험을 방지하기 위하여 분기회로마다 누전차단기를 설치한다.

0803 / 1001

64 Repetitive Learning (1회 2회 3회)

다음 중 전압을 구분한 것으로 알맞은 것은?

① 저압이란 교류 600V 이하, 직류는 교류의 $\sqrt{2}$배 이하인 전압을 말한다.
② 고압이란 교류 7,000V 이하, 직류 7,500V 이하를 말한다.
③ 특고압이란 교류, 직류 모두 7,000V를 초과하는 것을 말한다.
④ 고압이란 교류, 직류 모두 7,500V를 넘지 않는 것을 말한다.

해설
- 저압이란 직류는 1,500V 이하, 교류는 1,000V 이하인 것이다.
- 고압이란 7,000V 이하의 범위에서 직류는 1,500V를, 교류는 1,000V를 넘는 것이다.

:: 전압의 구분

저압	직류는 1,500V 이하, 교류는 1,000V 이하인 것
고압	직류는 1,500V를, 교류는 1,000V를 넘고, 7,000V 이하인 것
특별고압	7,000V를 넘는 것

0603 / 1302

65 Repetitive Learning (1회 2회 3회)

단로기를 사용하는 주된 목적은?

① 변성기의 개폐
② 이상전압의 차단
③ 과부하 차단
④ 무부하 선로의 개폐

63 ④ 64 ③ 65 ④ 정답

해설

- 단로기(DS)는 기기의 보수점검 시 또는 회로전환 변경 시 무부하 상태의 선로를 개폐하는 역할을 수행한다.

단로기와 차단기

㉠ 단로기(DS : Disconnecting Switch)
- 기기의 보수점검 시 또는 회로전환 변경 시 무부하 상태의 선로를 개폐하는 역할을 수행한다.
- 부하전류의 개폐와는 관련 없다.

㉡ 차단기(CB : Circuit Breaker)
- 전로 개폐 및 사고전류 차단을 목적으로 한다.
- 고장전류와 같은 대전류를 차단하는 데 이용된다.

㉢ 단로기와 차단기의 개폐조작 순서
- 전원 차단 : 차단기(VCB) 개방 - 단로기(DS) 개방
- 전원 투입 : 단로기(DS) 투입 - 차단기(VCB) 투입

0903 / 1001 / 1701 / 1802

66 Repetitive Learning (1회 2회 3회)

인체통전으로 인한 전격(Electric shock)의 정도를 정함에 있어 그 인자로서 가장 거리가 먼 것은?

① 전압의 크기　② 통전시간
③ 전류의 크기　④ 통전경로

해설

- 감전위험에 영향을 주는 1차적인 요소에는 통전전류의 크기, 통전경로, 통전시간, 통전전원의 종류와 질이 있다.

감전위험에 영향을 주는 요인과 위험도
- 감전위험에 영향을 주는 1차적인 요소에는 통전전류의 크기, 통전경로, 통전시간, 통전전원의 종류와 질이 있다.
- 감전위험에 영향을 주는 2차적인 요소에는 인체의 조건, 주변 환경 등이 있다.
- 위험도는 통전전류의 크기 > 통전경로 > 통전시간 > 전원의 종류(교류 > 직류) > 주파수 및 파형 순이다.

1301

67 Repetitive Learning (1회 2회 3회)

감전되어 사망하는 주된 메커니즘과 거리가 먼 것은?

① 심장부에 전류가 흘러 심실세동이 발생하여 혈액순환기능이 상실되어 일어난 것
② 흉골에 전류가 흘러 혈압이 약해져 뇌에 산소공급기능이 정지되어 일어난 것
③ 뇌의 호흡중추 신경에 전류가 흘러 호흡기능이 정지되어 일어난 것
④ 흉부에 전류가 흘러 흉부수축에 의한 질식으로 일어난 것

해설

- 1차적으로 심장부 통전으로 심실세동에 의한 호흡기능 및 혈액순환기능의 정지, 뇌통전에 따른 호흡기능의 정지 및 호흡중추신경의 손상, 흉부통전에 의한 호흡기능의 정지 등이 발생할 수 있다.

전격재해(Electric shock)
- 감전사고(전류가 인체를 통과하여 흐를 때)로 인한 재해를 말한다.
- 1차적으로 심장부 통전으로 심실세동에 의한 호흡기능 및 혈액순환기능의 정지, 뇌통전에 따른 호흡기능의 정지 및 호흡중추신경의 손상, 흉부통전에 의한 호흡기능의 정지 등이 발생할 수 있다.
- 2차적인 재해는 더욱 큰 위험요소로 추락, 전도, 전류통전 및 아크로 인한 화상, 시력손상 등이 있다.

1201

68 Repetitive Learning (1회 2회 3회)

다음은 전기안전에 관한 일반적인 사항을 기술한 것이다. 옳게 설명한 것은?

① 220[V] 동력용 전동기의 외함에 특별 제3종 접지공사를 하였다.
② 배선에 사용할 전선의 굵기를 허용전류, 기계적 강도, 전압강하 등을 고려하여 결정하였다.
③ 누전을 방지하기 위해 피뢰침 설비를 설치하였다.
④ 전선 접속 시 전선의 세기가 30[%] 이상 감소되었다.

해설

- 특별 제3종 접지공사는 400V 이상의 저압용의 철대 및 외함에 적용한다.
- 누전재해를 방지하기 위해서는 누전차단기를 설치해야 한다.
- 전선 접속 시 전선의 세기는 20[%] 이상 감소시키지 않아야 한다.

전선의 규격
- 전선의 규격은 전선의 재료, 가공방법, 구조, 성능, 시험방법 등의 표준을 정하여 전선이 구비해야 할 조건을 규정한 것이다.
- 우리나라에서는 KS(Korean Standard)를 표준으로 한다.
- 배선에 사용할 전선의 굵기는 허용전류, 기계적 강도, 전압강하 등을 고려하여 결정하여야 한다.

0401 / 0902 / 1201 / 2103

69

정격사용률 30[%], 정격2차전류 300[A]인 교류 아크용접기를 200A로 사용하는 경우의 허용사용률은?

① 67.5[%]　② 91.6[%]
③ 110.3[%]　④ 130.5[%]

정답 | 66 ①　67 ②　68 ②　69 ①

해설

- 주어진 값을 대입하면
  허용사용률 $= \left(\frac{300}{200}\right)^2 \times 0.3 \times 100 = 67.5[\%]$ 이다.

아크용접기의 허용사용률

- 사용률이란 용접기 사용시간 대비 아크가 발생되는 시간 비율이다.
- 실제 용접작업에서는 2차 정격전류보다 낮은 전류로 용접하는 경우가 많은데 이 경우 정격사용률 이상으로 작업할 수 있다.
- 허용사용률 $= \left(\frac{\text{2차 정격전류}}{\text{실제 용접 전류}}\right)^2 \times$ 정격사용률 $\times$ 100[%]로 구한다.

1303 / 2102

70

Repetitive Learning (1회 2회 3회)

어느 변전소에서 고장전류가 유입되었을 때 도전성 구조물과 그 부근 지표상의 점과의 사이(약 1m)의 허용접촉전압은?(단, 심실세동전류 : $I_k = \left(\frac{0.165}{\sqrt{T}}\right)[A]$, 인체의 저항 : 1,000[Ω], 지표의 : 저항률 150[Ω · m], 통전시간 : 1[초]로 한다)

① 202[V] ② 186[V]
③ 228[V] ④ 164[V]

해설

- 주어진 값이 심실세동전류 $\frac{0.165}{\sqrt{T}}$ 이고, 통전시간은 1초, 인체의 저항 1,000[Ω], 지표면의 저항률 150[Ω · m]이므로 대입하면
  $E = 0.165 \times (1,000 + \frac{3}{2} \times 150) = 0.165 \times 1,225 = 202.125$[V]이다.

허용접촉전압

- 접지한 도전성 구조물과 접촉 시 사람이 서 있는 곳의 전위와 그 근방 지표상의 지점 간의 전위차를 말한다.
- E= 심실세동전류 × (인체의 저항 + $\frac{1}{2}$ × 한쪽 발과 대지의 접촉저항)[V]으로 구한다.
- 한쪽 발과 대지의 접촉저항 = 3 × 지표면의 저항률[Ω · m]이다.

1301

71

Repetitive Learning (1회 2회 3회)

아크용접 작업 시의 감전사고 방지대책으로 옳지 않은 것은?

① 절연 장갑의 사용
② 절연 용접봉 홀더의 사용
③ 적정한 케이블의 사용
④ 절연 용접봉의 사용

해설

- 절연 용접봉을 사용하더라도 자동전격방지장치의 설치가 필요하다.

자동전격방지장치 실필 1002

㉠ 개요
- 용접작업을 정지하는 순간(1초 이내) 자동적으로 접촉하여도 감전재해가 발생하지 않는 정도로 용접봉 홀더의 출력측 2차 전압을 저하(25V)시키는 장치이다.
- 용접작업을 정지하는 순간에 작동하여 다음 아크 발생 시까지 기능한다.
- 주회로를 제어하는 장치와 보조변압기로 구성된다.

㉡ 설치
- 용접기 외함 및 피용접물은 제3종 접지공사를 실시한다.
- 자동전격방지장치 설치 장소는 선박의 이중 선체 내부, 밸러스트(Ballast) 탱크, 보일러 내부 등 도전체에 둘러싸인 장소, 추락할 위험이 있는 높이 2m 이상의 장소로 철골 등 도전성이 높은 물체에 근로자가 접촉할 우려가 있는 장소, 근로자가 물 · 땀 등으로 인하여 도전성이 높은 습윤 상태에서 작업하는 장소 등이다.

72

Repetitive Learning (1회 2회 3회)

인체저항에 대한 설명으로 옳지 않은 것은?

① 인체저항은 접촉면적에 따라 변한다.
② 피부저항은 물에 젖어 있는 경우 건조 시의 약 1/12로 저하된다.
③ 인체저항은 한 개의 단일 저항체로 보아 최악의 상태를 적용한다.
④ 인체에 전압이 인가되면 체내로 전류가 흐르게 되어 전격의 정도를 결정한다.

해설

- 피부가 물에 젖어 있을 경우 기존 저항의 1/25로 저항이 저하된다.

인체저항의 특징

- 피부에 땀이 나 있을 경우 기존 저항의 1/20~1/12로 저항이 저하된다.
- 피부가 물에 젖어 있을 경우 기존 저항의 1/25로 저항이 저하된다.
- 인체저항은 인가전압의 함수이다.
- 인가시간이 길어지면 온도상승으로 인체저항은 감소한다.
- 인체저항은 접촉면적에 반비례한다. 접촉면적이 클수록 저항은 작아진다.
- 접촉전압과 피부저항은 반비례하는데 접촉전압이 1,000[V]에 이르면 피부의 절연파괴가 발생하고 인체에는 내부저항(약 500[Ω])만 남게 된다.

70 ① 71 ④ 72 ② 정답

73

Repetitive Learning 1회 2회 3회

저압 방폭 전기의 배관방법에 대한 설명으로 틀린 것은?

① 전선관용 부속품은 방폭구조에 정한 것을 사용한다.
② 전선관용 부속품은 유효 접속면의 깊이를 5mm 이상 되도록 한다.
③ 배선에서 케이블의 표면온도가 대상하는 발화온도에 충분한 여유가 있도록 한다.
④ 가요성 피팅(Fitting)은 방폭 구조를 이용하되 내측 반경은 가요전선관 외경의 5배 이상으로 한다.

해설

- 전선관과 전선관용 부속품 또는 전기기기와의 접속, 전선관용 부속품 상호의 접속 또는 전기기기와의 접속은 KS B 0221에서 규정한 관용 평형나사에 의해 나사산이 5산 이상 결합되도록 하여야 한다.

저압 방폭전기설비 전선관의 접속 등

- 전선관과 전선관용 부속품 또는 전기기기와의 접속, 전선관용 부속품 상호의 접속 또는 전기기기와의 접속은 KS B 0221에서 규정한 관용 평형나사에 의해 나사산이 5산 이상 결합되도록 하여야 한다.
- 나사결합 시에는 전선관과 전선관용 부속품 또는 전기기기와의 접속부분에 로크너트를 사용하여 결합부분이 유효하게 고정되도록 하여야 한다.
- 전선관을 상호 접속시킬 시에는 유니온 커플링을 사용하여 5산 이상 유효하게 접속되도록 하여야 한다.
- 가요성을 요하는 접속부분에는 내압방폭성능을 가진 가요전선관을 사용하여 접속하여야 한다.(가요성을 필요로 하는 접속부분은 전동기의 단자함과 전선관과의 접속부분 등과 같이 후강전선관으로 접속하는 경우에 과도한 응력을 받을 우려가 있는 부분을 말한다)
- 가요전선관 공사 시에는 구부림 내측반경은 가요전선관 외경의 5배 이상으로 하여 비틀림이 없도록 하여야 한다.

0601

74

Freiberger가 제시한 인체의 전기적 등가회로는 다음 중 어느 것인가?(단위 : R[Ω], L[H], C[F])

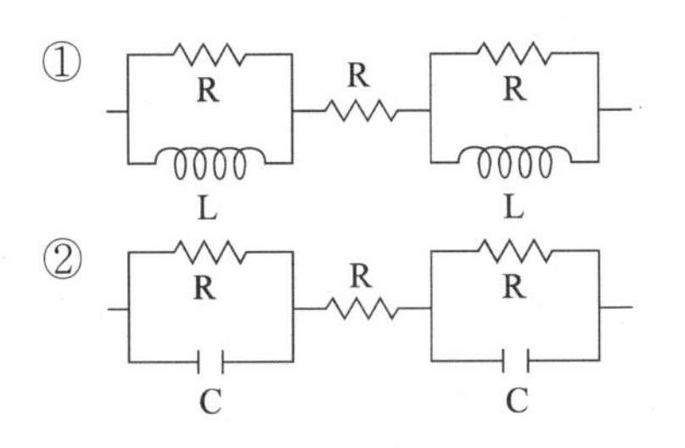

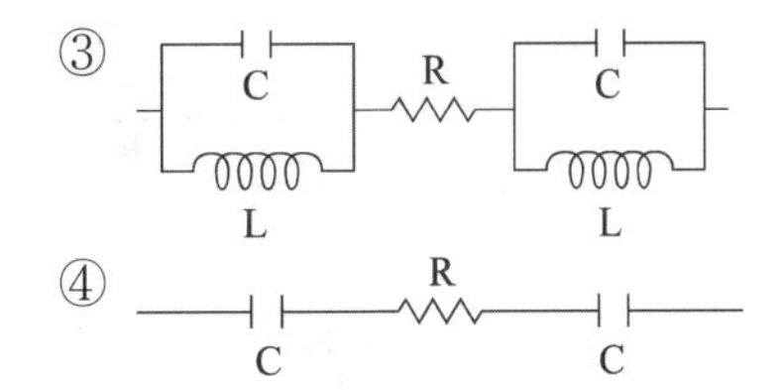

④ C R C

해설

- 인체의 전기저항은 전압이 일정할 경우 통전전류의 크기를 결정하는 중요한 요소로서 내부저항과 피부저항(저항과 정전용량으로 구성)으로 구분될 수 있다.

Freiberger가 제시한 인체의 전기적 등가회로

- 인체의 전기저항은 전압이 일정할 경우 통전전류의 크기를 결정하는 중요한 요소로서 내부저항과 피부저항으로 구분될 수 있다.

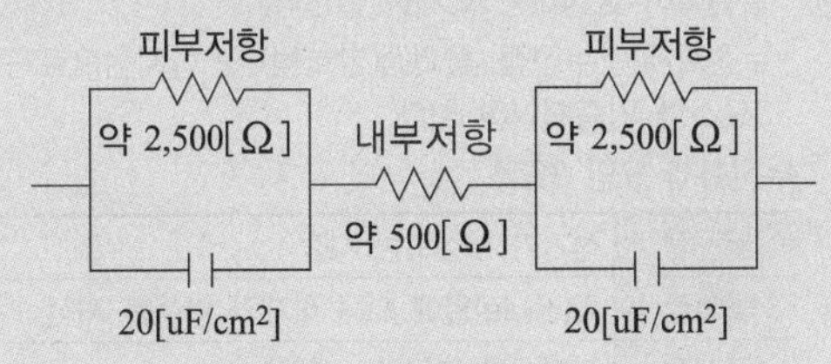

- 피부의 전기저항은 연령, 성별, 인체의 각 부분별, 수분 함유량에 따라 크게 다르며 일반적으로 약 2,500[Ω] 정도를 기준으로 한다.
- 정전용량은 20[μF/cm^{2}이고 내부저항보다는 전원의 종류에 더 영향을 받는다.
- 인체의 두 수족 간 내부저항값은 500[Ω]를 기준으로 한다.

1402

75

Repetitive Learning 

전동기용 퓨즈의 사용목적으로 알맞은 것은?

① 과전압 차단
② 지락과전류 차단
③ 누설전류 차단
④ 회로에 흐르는 과전류 차단

해설

- 퓨즈는 회로에 흐르는 과전류를 차단하기 위해 사용한다.

퓨즈

- 가장 우수하고 경제적인 과전류보호장치이다.
- 낮은 온도에서 녹아버리는 합금으로 만든 짧은 전선으로 전기배선에 설치되어 규정된 전류보다 큰 전류가 흐르면 퓨즈가 녹아 끊어지게 만들어 회로를 보호하는 장치를 말한다.
- 과전류 차단기로 시설하는 퓨즈 중 고압전로에 사용하는 포장 퓨즈는 정격전류의 1.3배의 전류에 견디고 또한 2배의 전류로 120분 안에 용단되는 것이어야 한다.
- 과전류차단기로 시설하는 퓨즈 중 고압전로에 사용하는 비포장 퓨즈는 정격전류의 1.25배의 전류에 견디고 또한 2배의 전류로 2분 안에 용단되는 것이어야 한다.

정답 | 73 ② 74 ② 75 ④

0303

76

Repetitive Learning 1회 2회 3회

전기누전 화재의 요인에 포함되지 않는 것은?

① 발화점 ② 누전점
③ 접지점 ④ 접촉점

해설

- 누전화재는 누전점, 출화점(발화점) 및 접지점으로 구성된다.

누전화재

㉠ 개요
- 누전화재란 전류가 통로로 설계된 부분으로부터 새서 건물 및 부대설비 또는 공작물의 일부 중 특정한 부분으로 장시간 흐르게 되면 누전경로를 따라 특정부분이 탄화촉진 및 발열되어 발생하는 화재를 말한다.
- 누전화재는 누전점, 출화점(발화점) 및 접지점으로 구성된 3요소가 입증되어야 한다.

㉡ 누전화재 요인 3요소

누전점	전기가 누설되는 지점
발화점	줄(Joule)열에 의해 화재가 발생한 지점
접지점	접지선을 연결하는 지점

㉢ 화재 예방대책
- 배선불량 시 재시공할 것
- 정기적으로 절연저항을 측정할 것
- 정기적으로 배선시공 상태를 확인할 것

0401 / 0602 / 0702

77

Repetitive Learning 1회 2회 3회

교류 아크용접기의 자동전격방지란 용접기의 2차전압을 25V 이하로 자동조절하여 작업자의 전격재해를 방지하는 것이다. 다음 사항 중 어떤 시점에서 그 기능이 발휘되어야 하는가?

① 전체 작업시간 동안
② 아크를 발생시킬 때만
③ 용접작업을 진행하고 있는 동안만
④ 용접작업 중단 직후부터 다음 아크 발생 시까지

해설

- 자동전격방지장치는 용접작업을 정지하는 순간에 작동하여 다음 아크 발생 시까지 기능한다.

자동전격방지장치 실필 1002

문제 71번의 유형별 핵심이론 참조

78

Repetitive Learning 1회 2회 3회

누전차단기를 설치하여야 하는 곳은?

① 기계·기구를 건조한 장소에 시설한 경우
② 대지전압이 220V에서 기계·기구를 물기가 없는 장소에 시설한 경우
③ 전기용품안전관리법의 적용을 받는 2중절연구조의 기계 기구
④ 전원측에 절연변압기(2차 전압이 300V 이하)를 시설한 경우

해설

- 대지전압 150[V] 이하의 기계·기구를 물기가 없는 장소에 시설하는 경우에는 누전차단기를 설치하지 않아도 되나 150[V]를 초과하는 경우에는 누전차단기를 설치하여야 한다.

누전차단기를 설치하지 않는 경우

- 기계·기구를 발전소, 변전소 또는 개폐소나 이에 준하는 곳에 시설하는 경우로서 전기 취급자 이외의 자가 임의로 출입할 수 없는 경우
- 기계·기구를 건조한 장소에 시설하는 경우
- 기계·기구를 건조한 장소에 시설하고 습한 장소에서 조작하는 경우로 제어용 전압이 교류 30[V], 직류 40[V] 이하인 경우
- 대지전압 150[V] 이하의 기계·기구를 물기가 없는 장소에 시설하는 경우
- 전기용품안전관리법의 적용을 받는 2중절연구조의 기계·기구(정원등, 전동공구 등)를 시설하는 경우
- 그 전로의 전원측에 절연변압기를 시설하고 또한 그 절연변압기의 부하측 전로를 접지하지 않은 경우
- 기계·기구가 고무, 합성수지 기타 절연물로 피복된 것일 경우
- 기계·기구가 유도전동기의 2차측 전로에 접속되는 것일 경우
- 기계·기구 내에 전기용품안전관리법의 적용을 받는 누전차단기를 설치하고 또한 전원연결선에 손상을 받을 우려가 없도록 시설하는 경우

1302

79

Repetitive Learning 1회 2회 3회

방폭구조와 기호의 연결이 옳지 않은 것은?

① 압력방폭구조 : p
② 내압방폭구조 : d
③ 안전증방폭구조 : s
④ 본질안전방폭구조 : ia 또는 ib

76 ④ 77 ④ 78 ② 79 ③ 정답

해설

- 전기설비의 방폭구조에는 본질안전(ia, ib), 내압(d), 압력(p), 충전(q), 유입(o), 안전증(e), 몰드(m), 비점화(n)방폭구조 등이 있다.

장소별 방폭구조 실필 2302/0803

0종 장소	지속적 위험분위기	• 본질안전방폭구조(EX ia)
1종 장소	통상상태에서의 간헐적 위험분위기	• 내압방폭구조(EX d) • 압력방폭구조(EX p) • 충전방폭구조(EX q) • 유입방폭구조(EX o) • 안전증방폭구조(EX e) • 본질안전방폭구조(EX ib) • 몰드방폭구조(EX m)
2종 장소	이상상태에서의 위험분위기	• 비점화방폭구조(EX n)

80

1003

Repetitive Learning (1회 2회 3회)

전격에 의해 심실세동이 일어날 확률이 가장 큰 심장박동 주기에 대한 설명으로 가장 옳은 것은?

① 심실의 수축에 따른 파형이다.
② 심실의 수축 종료 후 심실의 휴식 시 발생하는 파형이다.
③ 심실의 수축 시작 후 심실의 휴식 시 발생하는 파형이다.
④ 심실의 팽창에 따른 파형이다.

해설

- 심장의 심실 수축이 종료되고 심실의 휴식이 있는 T파 부분에서 전격(쇼크)이 가해지면 심실세동이 일어날 확률이 가장 크고 위험하다.

심장의 맥동주기와 심실세동

㉠ 맥동주기
- 맥동주기는 심장이 한 번의 심박에서 다음 심박까지 한 일을 말한다.
- 의학적인 심장의 맥동주기는 P-Q-R-S-T파형으로 나타낸다.

㉡ 맥동주기 해석

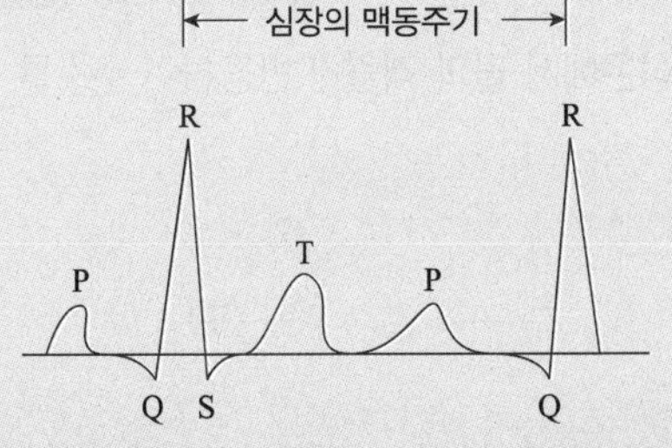

- 심방 수축에 따른 파형을 P파, 심실 수축에 따른 파형을 Q-R-S파, 심실 수축 종료 시 나타나는 파형으로 심실의 휴식을 의미하는 파형을 T파라 한다.
- 심장의 심실 수축이 종료되는 T파 부분에서 전격(쇼크)이 가해지면 심실세동이 일어날 확률이 가장 크고 위험하다.

5과목 화학설비 안전관리

81

0901

Repetitive Learning (1회 2회 3회)

다음 중 마그네슘의 저장 및 취급에 관한 설명으로 틀린 것은?

① 산화제와 접촉을 피한다.
② 상온의 물에서는 안정하지만, 고온의 물이나 과열 수증기와 접촉하면 격렬히 반응한다.
③ 분진폭발성이 있으므로 누설되지 않도록 포장한다.
④ 고온에서 유황 및 할로겐과 접촉하면 흡열반응을 한다.

해설

- 마그네슘은 산화제 및 할로겐 원소와 접촉 시 자연발화 위험이 있으므로 접촉을 피해야 한다.

마그네슘의 저장 및 취급
- 상온의 물에서는 안정하지만, 고온의 물이나 과열 수증기와 접촉하면 격렬히 반응하므로 소화 시 건조사나 분말소화약제를 사용해야 한다.
- 화기를 엄금하고, 가열, 충격, 마찰을 피한다.
- 분진폭발성이 있으므로 분말이 비상하지 않도록 완전 밀봉하여 저장한다.
- 1류 또는 6류와 같은 산화제, 할로겐 원소와 혼합하지 않도록 격리, 저장한다.

정답 | 80 ② 81 ④

0801

82 Repetitive Learning (1회 2회 3회)

다음 중 상온에서 물과 격렬히 반응하여 수소를 발생시키는 물질은?

① Ti ② K
③ Fe ④ Ag

해설

- 티타늄(Ti)은 금속산화물로 상온에서 공기 중의 산소와 반응하여 산화티타늄의 얇은 막을 형성한다.
- 철(Fe)과 은(Ag)은 상온에서 고체 상태로 존재하며 녹는점이 낮아 물과 접촉해도 반응하지 않는다.

물과의 반응

- 구리(Cu), 철(Fe), 금(Au), 은(Ag), 탄소(C) 등은 상온에서 고체 상태로 존재하며 녹는점이 낮아 물과 접촉해도 반응하지 않는다.
- 칼륨(K), 나트륨(Na), 마그네슘(Mg), 아연(Zn), 리튬(Li) 등은 물과 격렬히 반응해 수소를 발생시킨다.
- 탄화칼슘(CaC_2)은 물(H_2O)과 반응하여 아세틸렌(C_2H_2)을 발생시키므로 불연성 가스로 봉입하여 밀폐용기에 저장해야 한다.

0702 / 0801 / 1201 / 1401

83 Repetitive Learning (1회 2회 3회)

산업안전보건법령상 안전밸브 등의 전단·후단에는 차단밸브를 설치하여서는 아니 되지만 다음 중 자물쇠형 또는 이에 준하는 형식의 차단밸브를 설치할 수 있는 경우로 틀린 것은?

① 인접한 화학설비 및 그 부속설비에 안전밸브 등이 각각 설치되어 있고, 해당 화학설비 및 그 부속설비의 연결배관에 차단밸브가 없는 경우
② 안전밸브 등의 배출용량의 4분의 1 이상에 해당하는 용량의 자동압력조절밸브와 안전밸브 등이 직렬로 연결된 경우
③ 화학설비 및 그 부속설비에 안전밸브 등이 복수방식으로 설치되어 있는 경우
④ 열팽창에 의하여 상승된 압력을 낮추기 위한 목적으로 안전밸브가 설치된 경우

해설

- 안전밸브 등의 배출용량의 2분의 1 이상에 해당하는 용량의 자동압력조절밸브와 안전밸브 등이 병렬로 연결된 경우에 차단밸브를 설치할 수 있다.

차단밸브의 설치 금지

㉠ 개요
- 사업주는 안전밸브 등의 전단·후단에 차단밸브를 설치해서는 아니 된다.

㉡ 자물쇠형 또는 이에 준하는 형식의 차단밸브를 설치할 수 있는 경우
- 인접한 화학설비 및 그 부속설비에 안전밸브 등이 각각 설치되어 있고, 해당 화학설비 및 그 부속설비의 연결배관에 차단밸브가 없는 경우
- 안전밸브 등의 배출용량의 2분의 1 이상에 해당하는 용량의 자동압력조절밸브(구동용 동력원의 공급을 차단하는 경우 열리는 구조인 것으로 한정한다)와 안전밸브 등이 병렬로 연결된 경우
- 화학설비 및 그 부속설비에 안전밸브 등이 복수방식으로 설치되어 있는 경우
- 예비용 설비를 설치하고 각각의 설비에 안전밸브 등이 설치되어 있는 경우
- 열팽창에 의하여 상승된 압력을 낮추기 위한 목적으로 안전밸브가 설치된 경우
- 하나의 플레어스택(Flare stack)에 둘 이상 단위공정의 플레어헤더(Flare header)를 연결하여 사용하는 경우로서 각각 단위공정의 플레어헤더에 설치된 차단밸브의 열림·닫힘상태를 중앙제어실에서 알 수 있도록 조치한 경우

1501 / 2001

84 Repetitive Learning (1회 2회 3회)

압축기와 송풍기의 관로에 심한 공기의 맥동과 진동을 발생하면서 불안정한 운전이 되는 서어징(Surging) 현상의 방지법으로 옳지 않은 것은?

① 풍량을 감소시킨다.
② 배관의 경사를 완만하게 한다.
③ 교축밸브를 기계에서 멀리 설치한다.
④ 토출가스를 흡입 측에 바이패스시키거나 방출밸브에 의해 대기로 방출시킨다.

해설

- 서어징 현상을 방지하기 위해서는 유량조절밸브(교축밸브)를 펌프 토출 측 직후에 설치해야 한다.

82 ② 83 ② 84 ③ 정답

서어징(Surging)

㉠ 개요

- 맥동현상이라고도 하며, 압축기와 송풍기의 관로에 심한 공기의 맥동과 진동을 발생하면서 불안정한 운전이 되는 현상을 말한다.

㉡ 방지대책

- 풍량을 감소시킨다.
- 배관의 경사를 완만하게 한다.
- 토출가스를 흡입 측에 바이패스시키거나 방출밸브에 의해 대기로 방출시킨다.
- 유량조절밸브를 펌프 토출 측 직후에 설치한다.
- 관로상에 불필요한 잔류공기를 제거하고 관로의 단면적, 양액의 유속 등을 바꾼다.

1402 / 2103

85

Repetitive Learning 1회 2회 3회

[보기]의 물질을 폭발범위가 넓은 것부터 좁은 순서로 바르게 배열한 것은?

H_2 C_3H_8 CO CH_4

① $CO > H_2 > C_3H_8 > CH_4$ ② $H_2 > CO > CH_4 > C_3H_8$

③ $C_3H_8 > CO > CH_4 > H_2$ ④ $CH_4 > H_2 > CO > C_3H_8$

해설

- 보기에 주어진 가스를 폭발범위가 좁은 값부터 넓은 값 순으로 나열하면 프로판(C_3H_8) < 메탄(CH_4) < 일산화탄소(CO) < 수소(H_2) 순이다.

주요 가스의 폭발상한계, 하한계, 폭발범위, 위험도 실필 1603

가스	폭발 하한계	폭발 상한계	폭발범위	위험도
아세틸렌 (C_2H_2)	2.5	81	78.5	$\frac{81-2.5}{2.5}=31.4$
수소 (H_2)	4.0	75	71	$\frac{75-4.0}{4.0}=17.75$
일산화탄소 (CO)	12.5	74	61.5	$\frac{74-12.5}{12.5}=4.92$
암모니아 (NH_3)	15	28	13	$\frac{28-15}{15}=0.87$
메탄 (CH_4)	5.0	15	10	$\frac{15-5}{5}=2$
이황화탄소 (CS_2)	1.3	41.0	39.7	$\frac{41-1.3}{1.3}=30.54$
프로판 (C_3H_8)	2.1	9.5	7.4	$\frac{9.5-2.1}{2.1}=3.52$
부탄 (C_4H_{10})	1.8	8.4	6.6	$\frac{8.4-1.8}{1.8}=3.67$

2201

86

Repetitive Learning 1회 2회 3회

다음 중 산업안전보건법령상 위험물질의 종류와 해당 물질이 올바르게 연결된 것은?

① 부식성 산류 – 아세트산(농도 90%)

② 부식성 염기류 – 아세톤(농도 90%)

③ 인화성 가스 – 이황화탄소

④ 인화성 가스 – 수산화칼륨

해설

- 아세톤과 이황화탄소는 인화성 액체에 포함된다.
- 농도 40% 이상인 수산화칼륨은 부식성 물질(염기류)에 포함된다.

위험물질의 분류와 그 종류 실필 1403/1101/1001/0803/0802

구분	종류
산화성 액체 및 산화성 고체	차아염소산, 아염소산, 염소산, 과염소산, 브롬산, 요오드산, 과산화수소 및 무기 과산화물, 질산 및 질산칼륨, 질산나트륨, 질산암모늄, 그 밖의 질산염류, 과망간산, 중크롬산 및 그 염류
가연성 고체	황화린, 적린, 유황, 철분, 금속분, 마그네슘, 인화성 고체
물반응성 물질 및 인화성 고체	리튬, 칼륨·나트륨, 황, 황린, 황화린·적린, 셀룰로이드류, 알킬알루미늄·알킬리튬, 마그네슘 분말, 금속 분말, 알칼리금속, 유기금속화합물, 금속의 수소화물, 금속의 인화물, 칼슘 탄화물, 알루미늄 탄화물
인화성 액체	에틸에테르, 가솔린, 아세트알데히드, 산화프로필렌, 노말헥산, 아세톤, 메틸에틸케톤, 메틸알코올, 에틸알코올, 이황화탄소, 크실렌, 아세트산아밀, 등유, 경유, 테레핀유, 이소아밀알코올, 아세트산, 하이드라진
인화성 가스	수소, 아세틸렌, 에틸렌, 메탄, 에탄, 프로판, 부탄
폭발성 물질 및 유기과산화물	질산에스테르류, 니트로 화합물, 니트로소 화합물, 아조 화합물, 디아조 화합물, 하이드라진 유도체, 유기과산화물
부식성 물질	농도 20% 이상인 염산·황산·질산, 농도 60% 이상인 인산·아세트산·불산, 농도 40% 이상인 수산화나트륨·수산화칼륨

0701

87

Repetitive Learning 

다음 중 화재 시 주수에 의해 오히려 위험이 증대되는 물질은?

① 황린

② 니트로셀룰로오스

③ 적린

④ 금속나트륨

정답 | 85 ② 86 ① 87 ④

해설

- 황린, 적린, 니트로셀룰로오스로 인한 화재는 주수에 의한 냉각소화가 가능하다.

금수성 물질의 소화

- 금속나트륨을 비롯한 금속 분말은 물과 반응하면 급속히 연소되므로 주수소화를 금해야 한다.
- 금수성 물질로 인한 화재는 주로 팽창질석이나 건조사를 화재면에 덮는 질식방법으로 소화해야 한다.
- 금수성 물질에 대한 적응성이 있는 소화기는 분말 소화기 중 탄산수소염류 소화기이다.

88 Repetitive Learning (1회 2회 3회)

물과 탄화칼슘이 반응하면 어떤 가스가 생성되는가?

① 염소가스
② 아황화가스
③ 수성가스
④ 아세틸렌가스

해설

- 탄화칼슘(CaC_2)은 물(H_2O)과 반응하여 아세틸렌(C_2H_2)을 발생시키므로 불연성 가스로 봉입하여 밀폐용기에 저장해서 보관한다.

물과의 반응

문제 82번의 유형별 핵심이론 참조

1102

89 Repetitive Learning (1회 2회 3회)

다음 중 분진폭발에 관한 설명으로 틀린 것은?

① 가스폭발에 비교하여 연소시간이 짧고, 발생에너지가 작다.
② 최초의 부분적인 폭발이 분진의 비산으로 2차, 3차 폭발로 파급되어 피해가 커진다.
③ 가스에 비하여 불완전 연소를 일으키기 쉬우므로 연소 후 가스에 의한 중독 위험이 있다.
④ 폭발 시 입자가 비산하므로 이것에 부딪히는 가연물은 국부적으로 심한 탄화를 일으킨다.

해설

- 분진폭발은 가스폭발보다 연소시간이 길고 발생에너지가 크다.

분진의 발화폭발

㉠ 조건

- 분진이 발화폭발하기 위한 조건은 가연성, 미분상태, 공기 중에서의 교반과 유동 및 점화원의 존재이다.

㉡ 특징

- 화염의 파급속도보다 압력의 파급속도가 더 크다.
- 폭발한계 내에서 분진의 휘발성분이 많을수록 폭발하기 쉽다.
- 가스폭발에 비해 연소속도나 폭발압력은 작으나 연소시간이 길고 발생에너지가 크기 때문에 파괴력과 연소정도가 크다.
- 가스에 비하여 불완전연소를 일으키기 쉬우므로 연소 후 가스에 의한 중독 위험이 존재한다.
- 폭발 시 입자가 비산하므로 이것에 부딪치는 가연물은 국부적으로 심한 탄화를 일으킨다.

1402 / 1802

90 Repetitive Learning (1회 2회 3회)

다음 중 인화점이 가장 낮은 물질은?

① CS_2
② C_2H_5OH
③ CH_3COCH_3
④ $CH_3COOC_2H_5$

해설

- 보기의 물질을 인화점이 낮은 것부터 높은 순으로 배열하면 이황화탄소(CS_2) < 아세톤(CH_3COCH_3) < 아세트산에틸($CH_3COOC_2H_5$) < 에탄올(C_2H_5OH) 순이다.

주요 인화성 가스의 인화점

인화성 가스	인화점[℃]	인화성 가스	인화점[℃]
이황화탄소 (CS_2)	-30	아세톤 (CH_3COCH_3)	-18
벤젠 (C_6H_6)	-11	아세트산에틸 ($CH_3COOC_2H_5$)	-4
수소 (H_2)	4~75	메탄올(CH_3OH)	11
에탄올 (C_2H_5OH)	13	가솔린	0℃ 이하
등유	40~70	아세트산 (CH_3COOH)	41.7
중유	60~150	경유	62~

88 ④ 89 ① 90 ① 정답

91

Repetitive Learning (1회 2회 3회)

다음의 2가지 물질을 혼합 또는 접촉하였을 때 발화 또는 폭발의 위험성이 가장 낮은 것은?

① 니트로셀룰로오스와 물 ② 나트륨과 물
③ 염소산칼륨과 유황 ④ 황화린과 무기과산화물

해설

• 니트로셀룰로오스는 건조상태에서 자연발열을 일으켜 분해 폭발 위험이 높아 물, 에틸 알코올 또는 이소프로필 알코올 25%에 적셔 습면의 상태로 보관한다.

니트로셀룰로오스(Nitrocellulose)

㉠ 개요
- 셀룰로오스를 질산 에스테르화하여 얻게 되는 백색 섬유상 물질로 질화면이라고도 한다.
- 건조상태에서는 자연발열을 일으켜 분해 폭발위험이 높아 물, 에틸 알코올 또는 이소프로필 알코올 25%에 적셔 습면의 상태로 보관한다.

㉡ 취급 시 준수사항
- 저장 중 충격과 마찰 등을 방지하여야 한다.
- 자연발화 방지를 위하여 안전용제를 사용한다.
- 화재 시 질식소화는 적응성이 없으므로 냉각소화를 한다.

1303 / 2103

92

Repetitive Learning (1회 2회 3회)

폭발을 기상폭발과 응상폭발로 분류할 때 다음 중 기상폭발에 해당되지 않는 것은?

① 분진폭발 ② 혼합가스폭발
③ 분무폭발 ④ 수증기폭발

해설

• 수증기폭발은 대표적인 응상폭발에 해당한다.

폭발(Explosion)

㉠ 개요
- 물리적 또는 화학적 에너지가 열과 압력파인 기계적 에너지로 빠르게 변화하는 현상을 말한다.
- 폭발물 원인물질의 물리적 상태에 따라 기상폭발과 응상폭발로 구분된다.

㉡ 기상폭발(Gas explosion)
- 폭발이 일어나기 전의 물질상태가 기체일 경우의 폭발을 말한다.
- 종류에는 분진폭발, 분무폭발, 분해폭발, (혼합)가스폭발 등이 있다.
- 압력상승에 의한 기상폭발의 경우 가연성 혼합기의 형성 상황, 압력상승 시의 취약부 파괴, 개구부가 있는 공간 내의 화염전파와 압력상승에 주의해야 한다.

㉢ 응상폭발
- 폭발이 일어나기 전의 물질상태가 고체 및 액상일 경우의 폭발을 말한다.
- 응상폭발의 종류에는 수증기폭발, 전선폭발, 고상 간의 전이에 의한 폭발 등이 있다.
- 응상폭발을 하는 위험성 물질에는 TNT, 연화약, 다이너마이트 등이 있다.

93

Repetitive Learning (1회 2회 3회)

다음 물질 중 공기에서 폭발상한계 값이 가장 큰 것은?

① 사이클로헥산 ② 산화에틸렌
③ 수소 ④ 이황화탄소

해설

• 주어진 가스의 폭발한계와 위험도는 다음과 같다.

	폭발하한값	폭발상한값	위험도
사이클로헥산	1.3[vol%]	8.0[vol%]	$\frac{6.7}{1.3}=5.2$
산화에틸렌 (C_2H_4O)	3.0[vol%]	80.0[vol%]	$\frac{77}{3}=25.67$
수소(H_2)	4.0[vol%]	75.0[vol%]	$\frac{71}{4}=17.75$
이황화탄소(CS_2)	1.25[vol%]	44.0[vol%]	$\frac{42.75}{1.25}=34.2$

폭발하한계

㉠ 개요
- 폭발하한계란 가스 등이 공기 중에서 점화원에 의해 착화되어 화염이 전파되는 가스 등의 최소농도를 말한다.
- 혼합가스의 단위 체적당의 발열량이 일정한 한계치에 도달하는 데 필요한 가연성 가스의 농도이다.

㉡ 특징
- 산소 중에서의 폭발하한계는 공기 중에서와 같다.
- 폭발하한계에서 화염의 온도는 최저치로 된다.
- 폭발하한계에 있어서 산소는 연소하는 데 과잉으로 존재한다.
- 온도의 증가에 따라서 일반적으로 폭발하한계는 낮아진다.

0703 / 0901 / 1401 / 2101

94

Repetitive Learning (1회 2회 3회)

다음 중 관의 지름을 변경하고자 할 때 필요한 관 부속품은?

① Reducer ② Elbow
③ Plug ④ Valve

정답 | 91 ① 92 ④ 93 ② 94 ①

해설

• 엘보(Elbow)는 관로의 방향을 변경할 때, 플러그(Plug), 밸브(Valve)는 유로를 차단할 때 사용하는 부속품이다.

관(Pipe) 부속품

유로 차단	플러그(Plug), 밸브(Valve), 캡(Cap)
누출방지 및 접합면 밀착	개스킷(Gasket)
관로의 방향 변경	엘보(Elbow)
관의 지름 변경	리듀셔(Reducer), 부싱(Bushing)
2개의 관을 연결	소켓(Socket), 니플(Nipple), 유니온(Union), 플랜지(Flange)

0803

95

다음 중 자연발화에 대한 설명으로 틀린 것은?

① 분해열에 의해 자연발화가 발생할 수 있다.
② 입자의 표면적이 넓을수록 자연발화가 발생하기 쉽다.
③ 자연발화가 발생하지 않기 위해 습도를 높게 유지시킨다.
④ 열의 축적은 자연발화를 일으킬 수 있는 인자이다.

해설

• 고온다습한 환경에서 자연발화가 발생하기 쉽다.

자연발화

㉠ 개요
• 물질이 고유의 성질로 인해 스스로 발열반응을 통해 발생한 열을 장기간 축적하여 발화하는 현상이다.
• 자연발화를 일으키는 원인에는 산화열, 분해열, 중합열, 흡착열 등이 있다.

㉡ 발화하기 쉬운 조건
• 분해열에 의해 자연발화가 발생할 수 있다.
• 입자의 표면적이 넓을수록 자연발화가 발생하기 쉽다.
• 고온다습한 환경에서 자연발화가 발생하기 쉽다.
• 열의 축적은 자연발화를 일으킬 수 있는 인자이다.

1402 / 2001

96

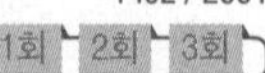

반응성 화학물질의 위험성은 주로 실험에 의한 평가보다 문헌조사 등을 통한 계산에 의해 평가하는 방법이 사용되고 있는데, 이에 관한 설명으로 옳지 않은 것은?

① 위험성이 너무 커서 물성을 측정할 수 없는 경우 계산에 의한 평가방법을 사용할 수도 있다.
② 연소열, 분해열, 폭발열 등의 크기에 의해 그 물질의 폭발 또는 발화의 위험예측이 가능하다.
③ 계산에 의한 평가를 하기 위해서는 폭발 또는 분해에 따른 생성물의 예측이 이루어져야 한다.
④ 계산에 의한 위험성 예측은 모든 물질에 대해 정확성이 있으므로 더 이상의 실험을 필요로 하지 않는다.

해설

• 계산에 의한 위험성 예측은 주어진 상황과 물질의 변화에 따라 달라질 수 있으므로 실험을 통해서 정확한 결과를 구해야 한다.

계산을 통한 반응성 화학물질의 위험성의 평가
• 위험성이 너무 커서 물성을 측정할 수 없는 경우 계산에 의한 평가방법을 사용할 수도 있다.
• 연소열, 분해열, 폭발열 등의 크기에 의해 그 물질의 폭발 또는 발화의 위험예측이 가능하다.
• 계산에 의한 평가를 하기 위해서는 폭발 또는 분해에 따른 생성물의 예측이 이루어져야 한다.
• 계산에 의한 위험성 예측은 주어진 상황과 물질의 변화에 따라 달라질 수 있으므로 실험을 통해서 정확한 결과를 구해야 한다.

1101

97

Repetitive Learning (1회 2회 3회)

메탄(CH_4) 70[vol%], 부탄(C_4H_{10}) 30[vol%] 혼합가스의 25[℃], 대기압에서의 공기 중 폭발하한계([vol%])는 약 얼마인가? (단, 각 물질의 폭발하한계는 다음 식을 이용하여 추정, 계산한다)

$$C_{st} = \frac{1}{1+4.77\times O_2}\times 100, \quad L_{25} \fallingdotseq 0.55C_{st}$$

① 1.2　　② 3.2
③ 5.7　　④ 7.7

해설

• 메탄(CH_4)과 부탄(C_4H_{10})의 주어진 몰수는 70, 30이다.
• 혼합가스의 폭발하한계를 구하기 위해서는 개별가스의 폭발하한계를 Jones식을 이용하여 먼저 구한다.
• 메탄(CH_4)은 탄소(a)가 1, 수소(b)가 4이므로
Cst = $\frac{100}{1+4.77\times 2} = \frac{100}{10.54} = 9.49$이고,
폭발하한계는 9.49×0.55=5.22[vol%]이다.
• 부탄(C_4H_{10})은 탄소(a)가 4, 수소(b)가 10이므로
Cst = $\frac{100}{1+4.77\times 6.5} = \frac{100}{32.05} = 3.12$이고,
폭발하한계는 3.12×0.55=1.72[vol%]이다.
• 혼합가스의 폭발하한계는
$\frac{100}{\frac{70}{5.22}+\frac{30}{1.72}} = \frac{100}{13.4+17.4} = \frac{100}{30.8} = 3.25$[vol%]이다.

95 ③ 96 ④ 97 ② 정답

완전연소 조성농도(Cst, 화학양론농도)와 최소산소농도(MOC) 실필 1803/1002

㉠ 완전연소 조성농도(Cst, 화학양론농도)

- 가연성 가스의 조성은 완전연소 조성농도에서 폭발의 위험성이 가장 높아진다.
- 완전연소 조성농도 = $\frac{100}{1+\text{공기몰수}\times\left(a+\frac{b-c-2d}{4}\right)}$이다.

  공기의 몰수는 주로 4.773을 사용하므로

  완전연소 조성농도 = $\frac{100}{1+4.773\left(a+\frac{b-c-2d}{4}\right)}$[vol%]

  로 구한다. 단, a : 탄소, b : 수소, c : 할로겐의 원자수, d : 산소의 원자수이다.
- Jones식에 따라 폭발한계를 추산하면

  폭발하한계 = Cst × 0.55, 폭발상한계 = Cst × 3.50이다.

㉡ 최소산소농도(MOC)

- 연소 시 필요한 산소(O_2)농도 즉,

  산소양론계수 = $a+\frac{b-c-2d}{4}$로 구한다.
- 최소산소농도(MOC) = 산소양론계수 × 연소하한값이다.

혼합가스의 폭발한계와 폭발범위 실필 1603

㉠ 폭발한계

- 혼합가스의 폭발한계는 혼합가스를 구성하는 각 가스의 폭발한계당 mol분율 합의 역수로 구한다.
- 혼합가스의 폭발한계는 $\frac{1}{\sum_{i=1}^{n}\frac{\text{mol분율}}{\text{폭발한계}}}$로 구한다.
- [vol%]를 구할 때는 $\frac{100}{\sum_{i=1}^{n}\frac{\text{mol분율}}{\text{폭발한계}}}$[vol%] 식을 이용한다.

㉡ 폭발범위

- 폭발상한계와 폭발하한계를 각각 구해서 범위를 구한다.

1201

98 Repetitive Learning (1회 2회 3회)

다음 중 완전 조성농도가 가장 낮은 것은?

① 메탄(CH_4) ② 프로판(C_3H_8)

③ 부탄(C_4H_{10}) ④ 아세틸렌(C_2H_2)

해설

- 메탄(CH_4)의 산소농도$\left(1+\frac{4}{4}\right)$는 2이다.
- 프로판(C_3H_8)의 산소농도$\left(3+\frac{8}{4}\right)$는 5이다.
- 부탄(C_4H_{10})의 산소농도$\left(4+\frac{10}{4}\right)$는 6.5이다.
- 아세틸렌(C_2H_2)의 산소농도$\left(2+\frac{2}{4}\right)$는 2.5이다.
- 산소농도는 완전연소 조성농도에서 분모의 값이므로 산소농도가 클수록 완전연소 조성농도가 낮다. 부탄이 가장 낮은 물질이다.

완전연소 조성농도(Cst, 화학양론농도)와 최소산소농도(MOC) 실필 1002

문제 97번의 유형별 핵심이론 참조

0603

99 Repetitive Learning (1회 2회 3회)

유체의 역류를 방지하기 위해 설치하는 밸브는?

① 체크밸브 ② 블로밸브

③ 대기밸브 ④ 코크밸브

해설

- 체크밸브는 유체의 역류를 방지하기 위해 설치하는 밸브이다.

릴리프밸브와 체크밸브

- 릴리프밸브(Relief valve)는 회로의 압력이 설정 압력에 도달하면 유체의 일부 또는 전량을 배출시켜 회로 내의 압력을 설정값 이하로 유지하는 압력제어 밸브로 액체계의 과도한 상승압력의 방출에 이용되고, 설정압력이 되었을 때 압력상승에 비례하여 개방정도가 커지는 밸브이다.
- 체크밸브(Check valve)는 유체의 흐름을 한쪽 방향으로만 유동시키고 유체가 정지했을 때 역류하는 것을 방지하는 밸브이다.

2102

100 Repetitive Learning (1회 2회 3회)

산업안전보건법령상 위험물질의 종류를 구분할 때 다음 물질들이 해당하는 것은?

리튬, 칼륨·나트륨, 황, 황린, 황화린·적린

① 폭발성 물질 및 유기과산화물

② 산화성 액체 및 산화성 고체

③ 물반응성 물질 및 인화성 고체

④ 급성독성물질

해설

- 보기의 물질은 모두 물반응성 물질 및 인화성 고체에 해당한다.

위험물질의 분류와 그 종류 실필 1403/1101/1001/0803/0802

문제 86번의 유형별 핵심이론 참조

6과목 건설공사 안전관리

1001 / 1302 / 1603 / 1901

101

Repetitive Learning 1회 2회 3회

일반건설공사(갑)로서 대상액이 5억원 이상 50억원 미만인 경우에 산업안전보건관리비의 비율(가) 및 기초액(나)으로 옳은 것은?

① (가) 1.86%, (나) 5,349,000원
② (가) 1.99%, (나) 5,499,000원
③ (가) 2.35%, (나) 5,400,000원
④ (가) 1.57%, (나) 4,411,000원

해설

- 공사종류가 일반건설공사(갑)이고 대상액이 5억원 이상 50억원 미만일 경우 비율은 1.86%이고, 기초액은 5,349,000원이다.

안전관리비 계상기준 실필 1402

- 공사종류 및 규모별 안전관리비 계상기준표

	5억원 미만	5억원 이상 50억원 미만		50억원 이상
		비율(X)	기초액(C)	
일반건설공사(갑)	2.93%	1.86%	5,349,000원	1.97%
일반건설공사(을)	3.09%	1.99%	5,499,000원	2.10%
중 건 설 공 사	3.43%	2.35%	5,400,000원	2.44%
철도·궤도신설공사	2.45%	1.57%	4,411,000원	1.66%
특수 및 기타건설공사	1.85%	1.20%	3,250,000원	1.27%

- 대상액이 5억원 미만 또는 50억원 이상일 경우에는 대상액에 표에서 정한 비율을 곱한 금액
- 대상액이 5억원 이상 50억원 미만일 때에는 대상액에 별표에서 정한 비율을 곱한 금액에 기초액을 합한 금액
- 대상액이 구분되어 있지 않은 공사는 도급계약 또는 자체사업계획상의 총 공사금액의 70%를 대상액으로 하여 안전관리비를 계상하여야 한다.
- 발주자가 재료를 제공하거나 물품이 완제품의 형태로 제작 또는 납품되어 설치되는 경우에 해당 재료비 또는 완제품의 가액을 대상액에 포함시킬 경우의 안전관리비는, 해당 재료비 또는 완제품의 가액을 포함시키지 않은 대상액을 기준으로 계상한 안전관리비의 1.2배를 초과할 수 없다.

1402 / 2101 / 2202

102

이동식 비계를 조립하여 작업을 하는 경우의 준수기준으로 옳지 않은 것은?

① 비계의 최상부에서 작업을 할 때에는 안전난간을 설치하여야 한다.
② 작업발판의 최대적재하중은 400kg을 초과하지 않도록 한다.
③ 승강용 사다리는 견고하게 설치하여야 한다.
④ 작업발판은 항상 수평을 유지하고 작업발판 위에서 안전난간을 딛고 작업을 하거나 받침대 또는 사다리를 사용하여 작업하지 않도록 한다.

해설

- 이동식 비계의 작업발판 최대적재하중은 250kg을 초과하지 않도록 한다.

이동식 비계 조립 및 사용 시 준수사항

- 이동식 비계의 바퀴에는 뜻밖의 갑작스러운 이동 또는 전도를 방지하기 위하여 브레이크·쐐기 등으로 바퀴를 고정시킨 다음 비계의 일부를 견고한 시설물에 고정하거나 아웃트리거(Outrigger)를 설치하는 등 필요한 조치를 할 것
- 승강용 사다리는 견고하게 설치할 것
- 비계의 최상부에서 작업을 하는 경우에는 안전난간을 설치할 것
- 작업발판은 항상 수평을 유지하고 작업발판 위에서 안전난간을 딛고 작업을 하거나 받침대 또는 사다리를 사용하여 작업하지 않도록 할 것
- 작업발판의 최대적재하중은 250kg을 초과하지 않도록 할 것

1001

103

Repetitive Learning 

항타기 또는 항발기의 권상용 와이어로프의 절단하중이 100ton일 때 와이어로프에 걸리는 최대하중을 얼마까지 할 수 있는가?

① 20ton ② 33.3ton
③ 40ton ④ 50ton

해설

- 와이어로프의 안전율(안전계수) = $\frac{\text{절단하중} \times \text{줄의수}}{\text{정격하중[톤]}}$이고 안전계수가 5 이상이어야 하므로 절단하중이 100ton일 때 최대하중은 $\frac{100}{5} = 20$ton 이하여야 한다.

권상용 와이어로프의 안전계수

- 사업주는 항타기 또는 항발기의 권상용 와이어로프의 안전계수가 5 이상이 아니면 이를 사용해서는 아니 된다.

1101

104

사업주는 높이가 3m를 초과하는 계단에는 높이 3m 이내마다 최소 얼마 이상의 길이를 가진 계단참을 설치하여야 하는가?

① 3.5m ② 2.5m
③ 1.2m ④ 1.0m

101 ① 102 ② 103 ① 104 ③ | 정답

해설

- 높이가 3m를 초과하는 계단에는 높이 3m 이내마다 진행방향으로 길이 1.2m 이상의 계단참을 설치해야 한다.

계단참의 설치

- 사업주는 높이가 3m를 초과하는 계단에는 높이 3m 이내마다 진행방향으로 길이 1.2m 이상의 계단참을 설치해야 한다.

1303 / 2102

105 — Repetitive Learning (1회 2회 3회)

터널 지보공을 조립하는 경우에는 미리 그 구조를 검토한 후 조립도를 작성하고, 그 조립도에 따라 조립하도록 하여야 하는데 이 조립도에 명시해야 할 사항과 가장 거리가 먼 것은?

① 이음방법
② 단면규격
③ 재료의 재질
④ 재료의 구입처

해설

- 터널 지보공의 경우 조립도에 이음방법 및 설치간격, 단면의 규격, 재료의 재질 등을 명시하여야 한다.

조립도 명시사항

- 터널 지보공의 경우 이음방법 및 설치간격, 단면의 규격, 재료의 재질 등을 명시하여야 한다.
- 거푸집 동바리의 경우 동바리·멍에 등 부재의 재질, 단면규격, 설치간격 및 이음방법 등을 명시하여야 한다.

0702

106 — Repetitive Learning

강관비계를 조립할 때 준수하여야 할 사항으로 잘못된 것은?

① 띠장 간격은 2m 이하로 설치하되, 첫 번째 띠장은 지상으로부터 3m 이하의 위치에 설치할 것
② 강관비계기둥의 간격은 띠장 방향에서 1.85m 이하로 할 것
③ 비계기둥의 최고부로부터 31m 되는 지점 밑부분의 비계기둥은 2개의 강관으로 묶어세울 것
④ 비계기둥 간의 적재하중은 400kg을 초과하지 아니하도록 할 것

해설

- 강관비계의 띠장 간격은 2m 이하로 설치한다.

강관비계의 구조

- 비계기둥의 간격은 띠장 방향에서는 1.85m 이하, 장선(長線) 방향에서는 1.5m 이하로 할 것
- 띠장 간격은 2m 이하로 설치할 것
- 비계기둥의 제일 윗부분으로부터 31m 되는 지점 밑부분의 비계기둥은 2개의 강관으로 묶어세울 것
- 비계기둥 간의 적재하중은 400kg을 초과하지 않도록 할 것

0903 / 1403 / 1801 / 2101

107 — Repetitive Learning

미리 작업장소의 지형 및 지반상태 등에 적합한 제한속도를 정하지 않아도 되는 차량계 건설기계의 속도기준은?

① 최대제한속도가 10km/h 이하
② 최대제한속도가 20km/h 이하
③ 최대제한속도가 30km/h 이하
④ 최대제한속도가 40km/h 이하

해설

- 최대제한속도가 10km/h 이하인 경우를 제외하고는 차량계 건설기계를 사용하여 작업을 하는 경우 미리 작업장소의 지형 및 지반상태 등에 적합한 제한속도를 정하고, 운전자로 하여금 준수하도록 하여야 한다.

제한속도의 지정

- 사업주는 차량계 하역운반기계, 차량계 건설기계(최대제한속도가 10km/h 이하인 것은 제외)를 사용하여 작업을 하는 경우 미리 작업장소의 지형 및 지반상태 등에 적합한 제한속도를 정하고, 운전자로 하여금 준수하도록 하여야 한다.
- 사업주는 궤도작업차량을 사용하는 작업, 입환기로 입환작업을 하는 경우에 작업에 적합한 제한속도를 정하고, 운전자로 하여금 준수하도록 하여야 한다.

108 — Repetitive Learning (1회 2회 3회)

산업안전보건법령에 따른 유해하거나 위험한 기계·기구에 설치하여야 할 방호장치를 연결한 것으로 옳지 않은 것은?

① 포장기계 – 헤드 가드
② 예초기 – 날 접촉예방장치
③ 원심기 – 회전체 접촉예방장치
④ 금속절단기 – 날 접촉예방장치

정답 | 105 ④ 106 ① 107 ① 108 ①

해설

- 헤드 가드는 토사 등이 떨어질 우려가 있는 위험한 장소에서 사용하는 차량계 건설기계(지게차 등)의 방호장치이다.

∷ 포장기계의 덮개

- 사업주는 종이상자·마대 등의 포장기 또는 충진기 등의 작동 부분이 근로자를 위험하게 할 우려가 있는 경우 덮개 설치 등 필요한 조치를 하여야 한다.

1402

109 Repetitive Learning (1회 2회 3회)

지반조사의 간격 및 깊이에 대한 내용으로 옳지 않은 것은?

① 조사 간격은 지층상태, 구조물 규모에 따라 정한다.

② 지층이 복잡한 경우에는 기 조사한 간격 사이에 보완 조사를 실시한다.

③ 절토, 개착, 터널구간은 기반암의 심도 5~6m까지 확인한다.

④ 조사 깊이는 액상화 문제가 있는 경우에는 모래층 하단에 있는 단단한 지지층까지 조사한다.

해설

- 절토, 개착, 터널구간은 기반암의 심도 2m까지 확인해야 한다.

∷ 지반조사의 간격 및 깊이

- 조사간격은 지층상태, 구조물 규모에 따라 정한다.
- 지층이 복잡한 경우에는 기 조사한 간격 사이에 보완 조사를 실시한다.
- 절토, 개착, 터널구간은 기반암의 심도 2m까지 확인한다.
- 조사 깊이는 액상화 문제가 있는 경우에는 모래층 하단에 있는 단단한 지지층까지 조사한다.

110 Repetitive Learning (1회 2회 3회)

보일링(Boiling) 현상에 관한 설명으로 옳지 않은 것은?

① 지하수위가 높은 모래지반을 굴착할 때 발생하는 현상이다.

② 보일링 현상에 대한 대책의 일환으로 공사기간 중 지하수위를 일정하게 유지시켜야 한다.

③ 보일링 현상이 발생하는 경우 흙막이보는 지지력이 저하된다.

④ 아랫부분의 토사가 수압을 받아 굴착한 곳으로 밀려나와 굴착부분을 다시 메우는 현상이다.

해설

- 보일링 현상을 방지하기 위해 Well point, Deep well 공법으로 지하수위를 저하시켜야 한다.

∷ 보일링(Boiling)

㉠ 개요

- 사질지반에서 흙막이벽 배면부의 지하수가 굴삭 바닥면으로 모래와 함께 솟아오르는 지반융기 현상이다.
- 지하수위가 높은 연약 사질토지반을 굴착할 때 주로 발생한다.
- 굴착부와 배면의 지하수위의 차이로 인해 주로 발생한다.
- 흙막이벽의 근입장 깊이가 부족할 경우 발생한다.
- 굴착저면에서 액상화 현상에 기인하여 발생한다.
- 시트파일(Sheet pile) 등의 저면에 분사 현상이 발생한다.
- 보일링으로 인해 흙막이벽의 지지력이 상실된다.

㉡ 대책 실필 1901/1401/1302/1003

- 굴착배면의 지하수위를 낮춘다.
- 토류벽의 근입 깊이를 깊게 한다.
- 토류벽 선단에 코어 및 필터층을 설치한다.
- 투수거리를 길게 하기 위한 지수벽을 설치한다.

1401

111 Repetitive Learning (1회 2회 3회)

철골구조의 앵커 볼트 매립과 관련된 사항 중 옳지 않은 것은?

① 기둥중심은 기준선 및 인접기둥의 중심에서 3mm 이상 벗어나지 않을 것

② 앵커 볼트는 매립 후에 수정하지 않도록 설치할 것

③ 베이스 플레이트의 하단은 기준 높이 및 인접기둥의 높이에서 3mm 이상 벗어나지 않을 것

④ 앵커 볼트는 기둥중심에서 2mm 이상 벗어나지 않을 것

해설

- 철골구조의 앵커 볼트 매립 시 기둥중심은 기준선 및 인접기둥의 중심에서 5mm 이상 벗어나지 않아야 한다.

∷ 철골구조의 앵커 볼트 매립 시 준수사항

- 매립 후 수정하지 않도록 설치할 것
- 기둥중심은 기준선 및 인접기둥의 중심에서 5mm 이상 벗어나지 않을 것
- 인접기둥 간 중심거리의 오차는 3mm 이하일 것
- 앵커 볼트는 기둥중심에서 2mm 이상 벗어나지 않을 것
- 베이스 플레이트의 하단은 기준 높이 및 인접기둥의 높이에서 3mm 이상 벗어나지 않을 것
- 앵커 볼트는 견고하게 고정시키고 이동, 변형이 발생하지 않도록 주의하면서 콘크리트를 타설할 것

109 ③ 110 ② 111 ① 정답

1101 / 1501 / 2202

112 Repetitive Learning (1회 2회 3회)

토사붕괴에 따른 재해를 방지하기 위한 흙막이 지보공 설비가 아닌 것은?

① 흙막이판　② 말뚝
③ 턴버클　④ 띠장

해설

- 턴버클은 두 지점 사이를 연결하는 죔 기구로 흙막이 지보공 설비가 아니다.

흙막이 지보공의 조립도

- 흙막이 지보공을 조립하는 경우 미리 조립도를 작성하여 그 조립도에 따라 조립하도록 하여야 한다.
- 조립도는 흙막이판·말뚝·버팀대 및 띠장 등 부재의 배치·치수·재질 및 설치방법과 순서가 명시되어야 한다.

0403 / 0502 / 0602 / 0902 / 1001 / 1401 / 1403 / 2201

113 Repetitive Learning (1회 2회 3회)

옥외에 설치되어 있는 주행크레인에 이탈을 방지하기 위한 조치를 취해야 하는 것은 순간풍속이 매 초당 몇 m를 초과할 경우인가?

① 30m　② 35m
③ 40m　④ 45m

해설

- 순간풍속이 초당 30m를 초과하는 바람이 불어올 우려가 있는 경우 옥외에 설치되어 있는 주행 크레인에 대하여 이탈방지장치를 작동시키는 등 이탈 방지를 위한 조치를 하여야 한다.

폭풍에 대비한 이탈방지조치 실필 1203

- 사업주는 순간풍속이 초당 30m를 초과하는 바람이 불어올 우려가 있는 경우 옥외에 설치되어 있는 주행 크레인에 대하여 이탈방지장치를 작동시키는 등 이탈 방지를 위한 조치를 하여야 한다.

1902

114 Repetitive Learning (1회 2회 3회)

비계(달비계, 달대비계 및 말비계는 제외)의 높이가 2m 이상인 작업장소에 설치하는 작업발판의 구조 및 설비에 관한 기준으로 옳지 않은 것은?

① 작업발판의 폭이 40cm 이상이 되도록 한다.
② 발판재료 간의 틈은 3cm 이하로 한다.
③ 작업발판을 작업에 따라 이동시킬 경우에는 위험 방지에 필요한 조치를 한다.
④ 작업발판 재료는 뒤집히거나 떨어지지 않도록 하나 이상의 지지물에 연결하거나 고정시킨다.

해설

- 작업발판 재료는 뒤집히거나 떨어지지 않도록 둘 이상의 지지물에 연결하거나 고정시켜야 한다.

작업발판의 구조 실필 0801 실작 1601

- 발판재료는 작업할 때의 하중을 견딜 수 있도록 견고한 것으로 할 것
- 작업발판의 폭은 40cm 이상으로 하고, 발판재료 간의 틈은 3cm 이하로 할 것
- 선박 및 보트 건조작업의 경우 선박블록 또는 엔진실 등의 좁은 작업공간에 작업발판을 설치하기 위하여 필요하면 작업발판의 폭을 30cm 이상으로 할 수 있고, 걸침비계의 경우 강관기둥 때문에 발판재료 간의 틈을 3cm 이하로 유지하기 곤란하면 5cm 이하로 할 수 있다. 이 경우 그 틈 사이로 물체 등이 떨어질 우려가 있는 곳에는 출입금지 등의 조치를 하여야 한다.
- 추락의 위험이 있는 장소에는 안전난간을 설치할 것
- 작업발판의 지지물은 하중에 의하여 파괴될 우려가 없는 것을 사용할 것
- 작업발판 재료는 뒤집히거나 떨어지지 않도록 둘 이상의 지지물에 연결하거나 고정시킬 것
- 작업발판을 작업에 따라 이동시킬 경우에는 위험 방지에 필요한 조치를 할 것

1301

115 Repetitive Learning (1회 2회 3회)

차량계 하역운반기계에 화물을 적재하는 때의 준수사항으로 옳지 않은 것은?

① 하중이 한쪽으로 치우치지 않도록 적재할 것
② 구내운반차 또는 화물자동차의 경우 화물의 붕괴 또는 낙하에 의한 위험을 방지하기 위하여 화물에 로프를 거는 등 필요한 조치를 할 것
③ 운전자의 시야를 가리지 않도록 화물을 적재할 것
④ 차륜의 이상 유무를 점검할 것

해설

- 화물적재 시의 준수사항에는 ①, ②, ③ 외에 최대적재량을 초과하지 않도록 한다.

화물적재 시의 준수사항

- 하중이 한쪽으로 치우치지 않도록 적재할 것
- 구내운반차 또는 화물자동차의 경우 화물의 붕괴 또는 낙하에 의한 위험을 방지하기 위하여 화물에 로프를 거는 등 필요한 조치를 할 것
- 운전자의 시야를 가리지 않도록 화물을 적재할 것
- 화물을 적재하는 경우에는 최대적재량을 초과하지 않도록 할 것

정답 | 112 ③ 113 ① 114 ④ 115 ④

0401 / 1202 / 1303

116

Repetitive Learning 1회 2회 3회

이동식 비계를 조립하여 작업하는 경우에 작업발판의 최대 적재하중으로 옳은 것은?

① 350kg
② 300kg
③ 250kg
④ 200kg

해설

• 이동식 비계의 작업발판 최대적재하중은 250kg을 초과하지 않도록 한다.

:: 이동식 비계 조립 및 사용 시 준수사항

문제 102번의 유형별 핵심이론 :: 참조

1003 / 1101 / 1302 / 1802 / 2201

117

취급·운반의 원칙으로 옳지 않은 것은?

① 곡선 운반을 할 것
② 운반 작업을 집중하여 시킬 것
③ 생산을 최고로 하는 운반을 생각할 것
④ 연속 운반을 할 것

해설

• 이동 운반 시 목적지까지 직선으로 운반하는 것을 원칙으로 한다.

:: 운반의 원칙과 조건

㉠ 운반의 5원칙
- 이동되는 운반은 직선으로 할 것
- 연속으로 운반을 행할 것
- 효율(생산성)을 최고로 높일 것
- 자재 운반을 집중화할 것
- 가능한 수작업을 없앨 것

㉡ 운반의 3조건
- 운반거리는 극소화할 것
- 손이 가지 않는 작업 방법으로 할 것
- 운반은 기계화작업으로 할 것

118

Repetitive Learning 1회 2회 3회

건설현장에서 작업 중 물체가 떨어지거나 날아올 우려가 있는 경우에 대한 안전조치에 해당하지 않는 것은?

① 수직보호망 설치
② 방호선반 설치
③ 울타리 설치
④ 낙하물방지망 설치

해설

• 작업으로 인하여 물체가 떨어지거나 날아올 위험이 있는 경우 낙하물방지망, 수직보호망 또는 방호선반의 설치, 출입금지구역의 설정, 보호구의 착용 등 위험을 방지하기 위하여 필요한 조치를 하여야 한다.

:: 낙하물에 의한 위험 방지대책 실필 1702

- 작업으로 인하여 물체가 떨어지거나 날아올 위험이 있는 경우 낙하물방지망, 수직보호망 또는 방호선반의 설치, 출입금지구역의 설정, 보호구의 착용 등 위험을 방지하기 위하여 필요한 조치를 하여야 한다.
- 낙하물방지망 또는 방호선반을 설치하는 경우 높이 10m 이내마다 설치하고, 내민 길이는 벽면으로부터 2m 이상으로 해야 하며, 수평면과의 각도는 20도 이상 30도 이하를 유지한다.

1203 / 1802 / 2103

119

Repetitive Learning 

유해·위험방지계획서 제출대상 공사로 볼 수 없는 것은?

① 지상높이가 31m 이상인 건축물의 건설공사
② 터널 건설공사
③ 깊이 10m 이상인 굴착공사
④ 교량의 전체 길이가 40m 이상인 교량공사

해설

• 유해·위험방지계획서 제출대상 공사의 규모기준에서 교량 건설 등의 공사의 경우 최대지간길이가 50m 이상이어야 한다.

:: 유해·위험방지계획서 제출대상 공사 실필 1701

- 지상높이가 31m 이상인 건축물 또는 인공구조물, 연면적 3만m^2 이상인 건축물 또는 연면적 5천m^2 이상의 문화 및 집회시설(전시장 및 동물원·식물원은 제외), 판매시설, 운수시설(고속철도의 역사 및 집배송시설은 제외), 종교시설, 의료시설 중 종합병원, 숙박시설 중 관광숙박시설, 지하도상가 또는 냉동·냉장창고시설의 건설·개조 또는 해체공사
- 연면적 5천m^2 이상인 냉동·냉장창고시설의 설비공사 및 단열공사
- 최대지간길이가 50m 이상인 교량 건설 등의 공사
- 터널 건설 등의 공사
- 다목적 댐, 발전용 댐 및 저수용량 2천만톤 이상의 용수 전용 댐, 지방상수도 전용 댐 건설 등의 공사
- 깊이 10m 이상인 굴착공사

116 ③ 117 ① 118 ③ 119 ④ 정답

1401

120

Repetitive Learning (1회 2회 3회)

콘크리트 타설을 위한 거푸집 동바리의 구조검토 시 가장 선행되어야 할 작업은?

① 각 부재에 생기는 응력에 대하여 안전한 단면을 산정한다.
② 하중·외력에 의하여 각 부재에 생기는 응력을 구한다.
③ 가설물에 작용하는 하중 및 외력의 종류, 크기를 산정한다.
④ 사용할 거푸집 동바리의 설치간격을 결정한다.

해설

- 콘크리트 타설을 위한 거푸집 동바리의 구조검토 첫 번째 단계에서 가설물에 작용하는 하중 및 외력의 종류, 크기를 산정한다.
- 보기를 순서대로 나열하면 ③-②-①-④의 순서를 거친다.

∷ 콘크리트 타설을 위한 거푸집 동바리의 구조검토 4단계

단계	내용
1단계	가설물에 작용하는 하중 및 외력의 종류, 크기를 산정한다.
2단계	하중·외력에 의하여 각 부재에 생기는 응력을 구한다.
3단계	각 부재에 생기는 응력에 대하여 안전한 단면을 산정한다.
4단계	사용할 거푸집 동바리의 설치간격을 결정한다.

정답 | 120 ③

구분	1과목	2과목	3과목	4과목	5과목	6과목	합계
New 유형	0	2	3	4	6	4	19
New 문제	5	10	9	9	7	8	48
또나온문제	6	8	5	6	9	8	42
자꾸나온문제	9	2	6	5	4	4	30
합계	20	20	20	20	20	20	120

- New유형은 New문제 중 기존 기출문제와 완전히 다른 유형의 문제를 말합니다.
- New문제는 기존에 출제되지 않은 문제로 이번에 처음 출제되는 문제입니다.
- 또나온문제는 기존에 출제된 적이 1번 있는 문제를 말합니다.
- 자꾸나온문제는 기존에 출제된 적이 2번 이상 있는 문제를 말합니다. 그만큼 중요한 문제입니다.

몇 년분의 기출문제를 공부해야 합격할 수 있을까요?

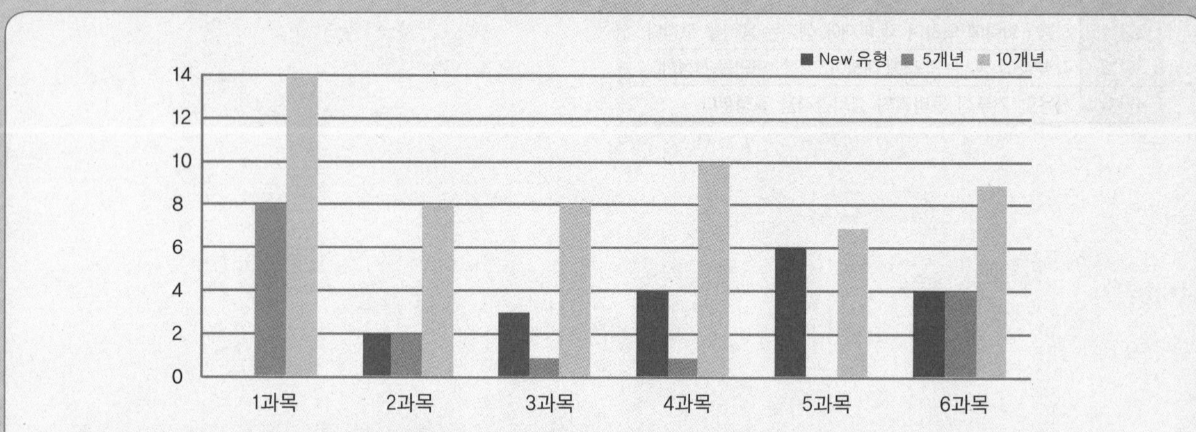

- 완전 새로운 유형의 문제는 19문제이고 101문제가 이미 출제된 문제 혹은 변형문제입니다.
- 5년분(2016~2020) 기출에서 동일문제가 16문항이 출제되었고, 10년분(2011~2020)기출에서 동일문제가 56문항이 출제되었습니다.

실기에 나왔어요!! 외우세요!!!

실기시험은 필답형과 작업형으로 구분되어 있으며 모두 직접 주관식으로 내용을 적어야 합니다. 필기공부하면서 실기 출제된 내역들은 좀 더 신경써서 암기하실 필요가 있어요. 필기 합격자 발표 난 후 실기시험까지는 5주밖에 여유가 없답니다. 어차피 공부할 것 필기 때 확실하게 해준다면 실기도 단방에 합격할 수 있습니다.

- 총 32개의 해설이 실기 필답형 시험과 연동되어 있습니다.
- 총 5개의 해설이 실기 작업형 시험과 연동되어 있습니다.

분석의견

최근 10년분의 기출문제와 답을 반복암기해서는 합격점수인 72점에서 10점이 부족합니다. 새로운 유형이 평균(17.1문항)보다 많은(20문항) 분포를 보였으나 그 외는 평균과 비슷하거나 쉬운 난이도 분포를 보인 시험입니다. 5년분 기출의 경우 평균(31.9문항)보다 낮은(24문항) 출제빈도를 보였으나 10년분 기출의 경우는 평균(54.6문항)보다 훨씬 높은(62문항) 출제분포를 보였습니다. 즉, 최근 5~10년 동안의 기출에서 많은 기출문제가 중복되었음을 보여줍니다. 합격에 필요한 점수를 획득하기 위해서는 최근 5년분 문제와 핵심이론의 3회독 혹은 최근 10년분 문제와 핵심이론의 2회독 이상의 학습이 필요합니다.

2018년 제1회

2018년 3월 4일 필기

18년 1회차 필기시험
합격률 43.9%

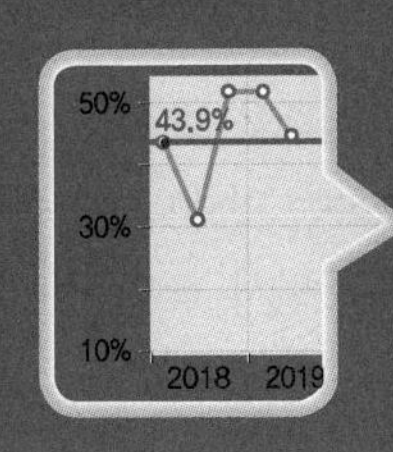

1과목 산업재해 예방 및 안전보건교육

1203 / 1503 / 2202

01

기업 내 정형교육 중 TWI(Training Within Industry)의 교육 내용과 가장 거리가 먼 것은?

① Job Method Training
② Job Relation Training
③ Job Instruction Training
④ Job Standardization Training

해설

- TWI의 교육내용에는 작업지도(Job Instruction), 작업개선(Job Methods), 인간관계(Job Relations), 안전작업방법(Job Safety) 등이 있다.

TWI(Training Within Industry for supervisor)

㉠ 개요
- 일선 관리감독자를 대상으로 인간관계를 개선하고 생산성을 향상시키기 위하여 고안된 훈련방법을 말한다.
- 교육내용에는 작업지도기법(JI : Job Instruction), 작업개선기법(JM : Job Methods), 인간관계기법(JR : Job Relations), 안전작업방법(JS : Job Safety) 등이 있다.

㉡ 주요 교육내용
- JRT(Job Relation Training)는 인간관계 관리기법으로 부하통솔기법과 관련된다.
- JIT(Job Instruction Training)는 작업지도기법으로 직장 내 부하 직원에 대하여 가르치는 기술과 관련된다.

0501 / 1001 / 1803

02

Repetitive Learning 1회 2회 3회

재해사례연구의 진행순서로 옳은 것은?

① 재해 상황 파악 → 사실의 확인 → 문제점 발견 → 근본적 문제점 결정 → 대책수립
② 사실의 확인 → 재해 상황 파악 → 문제점 발견 → 근본적 문제점 결정 → 대책수립
③ 재해 상황 파악 → 사실의 확인 → 근본적 문제점 결정 → 문제점 발견 → 대책수립
④ 사실의 확인 → 재해 상황 파악 → 근본적 문제점 결정 → 문제점 발견 → 대책수립

해설

- 재해사례연구 시 가장 먼저 재해 상황에 대해 파악한 후 사실 확인에 들어가야 한다.

재해조사와 재해사례연구

㉠ 개요
- 재해조사는 재해조사 → 원인분석 → 대책수립 → 실시계획 → 실시 → 평가의 순을 따른다.
- 재해사례의 연구는 재해 상황 파악 → 사실 확인 → 직접원인과 문제점 확인 → 근본 문제점 결정 → 대책수립의 단계를 따른다.

㉡ 재해조사 시 유의사항
- 피해자에 대한 구급조치를 최우선으로 한다.
- 가급적 재해 현장이 변형되지 않은 상태에서 실시한다.
- 사실 이외의 추측되는 말은 참고용으로만 활용한다.
- 사람, 기계설비 양면의 재해요인을 모두 도출한다.
- 과거 사고 발생 경향 등을 참고하여 조사한다.
- 객관적 입장에서 재해방지에 우선을 두고 조사하며, 조사는 2인 이상이 한다.

정답 | 01 ④ 02 ①

0803 / 1502

03 Repetitive Learning (1회 2회 3회)

다음 중 교육심리학의 학습이론에 관한 설명으로 옳은 것은?

① 파블로프(Pavlov)의 조건반사설은 맹목적 시행을 반복하는 가운데 자극과 반응이 결합하여 행동하는 것이다.
② 레빈(Lewin)의 장설은 후천적으로 얻게 되는 반사 작용으로 행동을 발생시킨다는 것이다.
③ 톨만(Tolman)의 기호형태설은 학습자의 머리 속에 인지적 지도 같은 인지구조를 바탕으로 학습하려는 것이다.
④ 손다이크(Thorndike)의 시행착오설은 내적, 외적의 전체구조를 새로운 시점에서 파악하여 행동하는 것이다.

해설

- 파블로프(Pavlov)의 조건반사설은 자극에 대한 반응을 통해 학습한다는 이론이다.
- 레빈(Lewin)의 장설은 목표를 향한 신념에 의해 행동한다는 판단으로 이런 주변관계에 대한 지각을 인간의 생활환경의 한 부분으로 봤다.
- 손다이크(Thorndike)의 시행착오설은 맹목적 시행을 반복하는 가운데 자극과 반응이 결합하여 행동하는 것이다.

톨만(Tolman)의 기호형태설

- 학습은 단순히 S-R 상황에서 일어나지 않고 다양한 상황 속에서 가능하며, 학습자 내부에서 일어나는 새로운 각성이나 기대를 중시한다.
- 학습자의 머리 속에 인지적 지도 같은 인지구조를 바탕으로 학습하려는 것으로 학습을 자극과 자극 사이에 형성된 결속이라고 봤다.
- 모든 행동에는 기대, 각성, 인지가 수반된다.

1102 / 1801

04 Repetitive Learning (1회 2회 3회)

다음 중 레빈의 법칙 “$B=f(P \cdot E)$”에서 “B”에 해당 되는 것은?

① 인간관계
② 행동
③ 환경
④ 함수

해설

- 인간관계와 환경은 E, 함수는 f이다.

레빈(Lewin.K)의 법칙

- 행동 $B=f(P \cdot E)$로 이루어진다. 즉, 인간의 행동(B)은 개인(P)과 환경(E)의 상호 함수관계에 있다고 할 수 있다.
- B는 인간의 행동(Behavior)을 말한다.
- f는 동기부여를 포함한 함수(Function)이다.
- P는 Person 즉, 개체(소질)로 연령, 지능, 경험 등을 의미한다.
- E는 Environment 즉, 심리적 환경(인간관계, 작업환경 – 조명, 소음, 온도 등)을 의미한다.

0502 / 0703 / 0801 / 0901 / 1001 / 1102 / 1303 / 1502 / 1503 / 2001 / 2201

05 Repetitive Learning (1회 2회 3회)

다음 중 몇 사람의 전문가에 의하여 과제에 관한 견해를 발표한 뒤에 참가자로 하여금 의견이나 질문을 하게 하여 토의하는 방법은?

① 포럼(Forum)
② 심포지엄(Symposium)
③ 케이스 스터디(Case study)
④ 패널 디스커션(Panel discussion)

해설

- 포럼은 새로운 자료나 교재가 제시되어야 한다.
- 케이스 스터디는 몇몇 사례를 중심으로 논리적으로 분석하는 것을 통해 의미 있는 연구 결과를 이끌어내는 학습법을 말한다.
- 패널 디스커션은 소수의 전문가들이 과제에 관한 견해를 발표하고 토론한 뒤 참가자 전원이 사회자의 진행에 따라 토의하는 방법이다.

토의법의 종류

구분	내용
포럼 (Forum)	새로운 자료나 교재를 제시하고 피교육자로 하여금 문제점을 제기하게 하거나 그것에 관한 피교육자의 의견을 여러 가지 방법으로 발표하게 하고, 청중과 토론자 간에 활발한 의견 개진과 충돌로 바람직한 합의를 도출해내는 교육 실시방법
패널 디스커션 (Panel discussion)	참가자 앞에서 소수의 전문가들이 과제에 관한 견해를 발표하고 토론한 뒤 참가자 전원이 사회자의 진행에 따라 토의하는 방법
심포지엄 (Symposium)	몇 사람의 전문가에 의하여 과제에 관한 견해를 발표한 뒤에 참가자로 하여금 의견이나 질문을 하게 하여 토의하는 방법
롤 플레잉 (Role playing)	집단 심리요법의 하나로서 자기 해방과 타인 체험을 목적으로 하는 체험활동을 통해 대인관계에 있어서의 태도변용이나 통찰력, 자기이해를 목표로 개발된 교육방법
버즈세션 (Buzz session)	6-6 회의라고도 하며, 6명씩 소집단으로 구분하고, 집단별로 각각의 사회자를 선발하여 6분간씩 자유토의를 행하여 의견을 종합하는 방법

03 ③ 04 ② 05 ② 정답

06 — Repetitive Learning 1회 2회 3회

산업안전보건법령상 지방고용노동관서의 장이 사업주에게 안전관리자·보건관리자 또는 안전보건관리담당자를 정수 이상으로 증원하게 하거나 교체하여 임명할 것을 명할 수 있는 경우의 기준 중 다음 (   ) 안에 알맞은 것은?

> • 중대재해가 연간 (㉠)건 이상 발생한 경우
> • 해당 사업장의 연간재해율이 같은 업종의 평균재해율의 (㉡)배 이상인 경우

① ㉠ 2, ㉡ 2　　② ㉠ 2, ㉡ 3
③ ㉠ 3, ㉡ 2　　④ ㉠ 3, ㉡ 3

해설

• 고용노동부장관은 산업재해 예방을 위하여 필요하다고 인정할 때에는 안전관리자·보건관리자 또는 안전보건관리담당자를 정수(定數) 이상으로 늘리거나 다시 임명할 것을 명할 수 있다.

안전관리자 등의 증원·교체임명 사유 실필 2303/2002/1703

- 해당 사업장의 연간재해율이 같은 업종의 평균재해율의 2배 이상인 경우
- 중대재해가 연간 2건 이상 발생한 경우
- 관리자가 질병이나 그 밖의 사유로 3개월 이상 직무를 수행할 수 없게 된 경우
- 화학적 인자로 인한 직업성 질병자가 연간 3명 이상 발생한 경우

07 — Repetitive Learning

하인리히(Heinrich)의 재해구성 비율에 따른 58건의 경상이 발생한 경우 무상해사고는 몇 건이 발생하겠는가?

① 58건
② 116건
③ 600건
④ 900건

해설

• 1 : 29 : 300에서 경상이 58이므로 2 : 58 : 600의 비가 된다. 중상이 2, 경상이 58, 무상해사고가 600이다.

하인리히의 재해구성 비율

- 중상 : 경상 : 무상해사고가 각각 1 : 29 : 300인 재해구성 비율을 말한다.
- 총 사고 발생건수 330건을 대상으로 분석했을 때 중상 1, 경상 29, 무상해사고 300건이 발생했음을 의미한다.

1202

08 — Repetitive Learning 1회 2회 3회

상해 정도별 분류에서 의사의 진단으로 일정기간 정규 노동에 종사할 수 없는 상해에 해당하는 것은?

① 영구 일부노동불능 상해
② 일시 전노동불능 상해
③ 영구 전노동불능 상해
④ 응급조치 상해

해설

• 의사의 진단으로 일정한 기간 노동에 종사할 수 없는 경우는 일시적인 노동불능에 해당한다.

국제노동기구(ILO)의 상해정도별 분류 실필 2203/1602

- 사망 : 안전사고로 사망하거나 혹은 부상의 결과로 사망한 것으로 노동손실일수는 7,500일이다.
- 영구 전노동불능 상해(신체장해등급 1~3급)는 부상의 결과로 인해 노동기능을 완전히 상실한 부상을 말한다. 노동손실일수는 7,500일이다.
- 영구 일부노동불능 상해(신체장해등급 4~14급)는 부상의 결과로 인해 신체 부분 일부가 노동기능을 상실한 부상을 말한다. 노동손실일수는 신체장해등급에 따른 손실일수를 적용한다.

구분	사망	신체장해등급											
		1~3	4	5	6	7	8	9	10	11	12	13	14
근로손실일수	7,500	7,500	5,500	4,000	3,000	2,200	1,500	1,000	600	400	200	100	50

- 일시 전노동불능 상해는 의사의 진단으로 일정기간 정규 노동에 종사할 수 없는 상해로 신체장애가 남지 않는 일반적인 휴업재해를 말한다.
- 일시 일부노동불능 상해는 의사의 진단으로 일정기간 정규 노동에 종사할 수 없으나 휴무상태가 아닌 일시 가벼운 노동에 종사 가능한 상해를 말한다.
- 응급조치 상해는 응급조치 또는 자가 치료(1일 미만) 후 정상 작업에 임할 수 있는 상해를 말한다.

0403 / 1402

09 — Repetitive Learning

동기부여 이론 중 데이비스(K.Davis)의 이론은 동기유발을 식으로 표현하였다. 옳은 것은?

① 지식(Knowledge)×기능(Skill)
② 능력(Ability)×태도(Attitude)
③ 상황(Situation)×태도(Attitude)
④ 능력(Ability)×동기유발(Motivation)

정답 | 06 ① 07 ③ 08 ② 09 ③

해설

- 지식(Knowledge)×기능(Skill)은 능력이 된다.
- 능력(Ability)×동기유발(Motivation)은 인간의 성과가 된다.

데이비스(K. Davis)의 동기부여 이론 실필 1302

- 인간의 성과(Human performance) = 능력(Ability) × 동기유발(Motivation)
- 능력(Ability) = 지식(Knowledge) × 기능(Skill)
- 동기유발(Motivation) = 상황(Situation) × 태도(Attitude)
- 경영의 성과 = 인간의 성과 × 물질의 성과

10

Repetitive Learning (1회 2회 3회)

안전보건관리조직의 유형 중 스태프형(Staff) 조직의 특징이 아닌 것은?

① 생산부분은 안전에 대한 책임과 권한이 없다.
② 권한 다툼이나 조정 때문에 통제수속이 복잡해지며 시간과 노력이 소모된다.
③ 생산부분에 협력하여 안전명령을 전달, 실시하므로 안전지시가 용이하지 않으며 안전과 생산을 별개로 취급하기 쉽다.
④ 명령 계통과 조언·권고적 참여가 혼동되기 쉽다.

해설

- 명령 계통과 조언·권고적 참여가 혼동되기 쉬운 것은 직계-참모형 조직의 단점이다.

참모(Staff)형 조직

㉠ 개요
- 100~1,000명의 근로자가 근무하는 중규모 사업장에 주로 적용한다.
- 안전업무를 관장하는 전문부분인 스태프(Staff)가 안전관리 계획안을 작성하고, 실시계획을 추진하며, 이를 위한 정보의 수집과 주지, 활용하는 역할을 수행하는 조직이다.

㉡ 특징
- 안전지식 및 기술의 축적이 용이하다.
- 경영자에 대한 조언과 자문역할을 한다.
- 안전정보의 수집이 용이하고 빠르다.
- 안전에 관한 명령과 지시와 관련하여 권한 다툼이 일어나기 쉽고, 통제가 복잡하다.

1202

11

Repetitive Learning (1회 2회 3회)

자율검사프로그램을 인정받기 위해 보유하여야 할 검사 장비의 이력카드 작성, 교정주기와 방법 설정 및 관리 등의 관리주체는 누구인가?

① 사업주
② 제조자
③ 안전관리대행기관
④ 안전보건관리책임자

해설

- 검사 장비의 이력카드 작성, 교정주기와 방법 설정 및 관리 등의 관리주체는 사업주이다.

안전검사

- 사업주는 자율검사프로그램을 인정받기 위해 보유하여야 할 검사 장비의 이력카드 작성, 교정주기와 방법 설정, 수시 및 정기적인 점검, 검사장비의 조작·사용방법을 숙지하여야 한다.
- 자율검사프로그램을 인정받기 위해 보유하여야 할 검사 장비의 이력카드 작성, 교정주기와 방법 설정 및 관리 등의 관리주체는 사업주이다.

12

Repetitive Learning (1회 2회 3회)

다음의 방진마스크 형태로 옳은 것은?

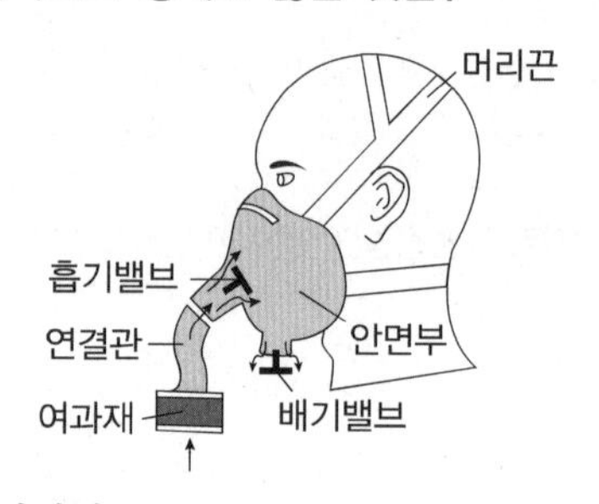

① 직결식 전면형
② 직결식 반면형
③ 격리식 전면형
④ 격리식 반면형

해설

- 격리식은 여과재가 마스크와 떨어져 있는 것이고, 전면형은 얼굴 전체를 모두 뒤집어 쓰는 형태이다. 주어진 마스크는 여과재가 마스크에 떨어져 있는 형태이므로 격리식이다.

방진마스크의 형태

- 산소농도 18% 이상인 장소에서 사용하여야 한다.

격리식 전면형	직결식 전면형
머리끈, 투시부, 격장, 흡기밸브, 연결관, 여과재, 안면부, 배기밸브	머리끈, 투시부, 격장, 흡기밸브, 안면부, 여과재, 배기밸브

10 ④ 11 ① 12 ④ 정답

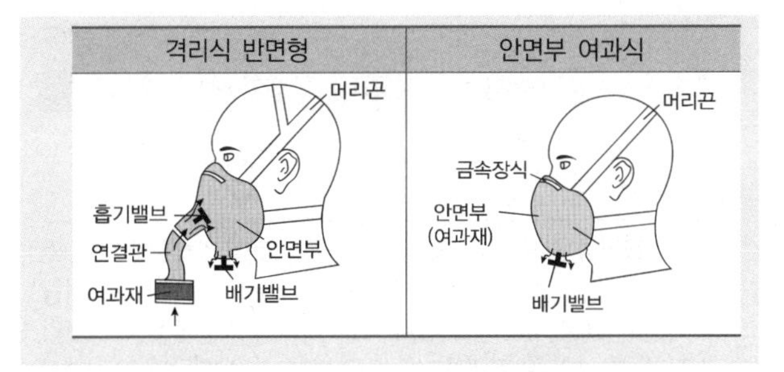

0601 / 2101

13 Repetitive Learning 1회 2회 3회

작업자 적성의 요인이 아닌 것은?

① 성격(인간성) ② 지능
③ 인간의 연령 ④ 흥미

해설

- 작업자 적성요인에는 인간성(성격), 지능, 흥미, 직업적성 등이 있다.

적성(Aptitude)

㉠ 개요
- 적성은 무엇에 대한 개인의 준비상태를 말한다.
- 적성은 좀 더 구체적이고 특수한 영역에서 작업자가 얼마나 성공적으로 업무를 수행할 수 있는지를 예측하는 것을 말한다.

㉡ 작업자 적성 요인
- 작업자에 대한 자료를 과학적으로 수집하고 분석하기 위해 실시하는 표준화 검사의 조사항목이다.
- 적성 요인에는 인간성(성격), 지능, 흥미, 직업적성 등이 있다.

1003 / 1503

14 Repetitive Learning 

산업안전보건법령상 사업 내 안전·보건 교육의 교육대상별 교육내용에 있어 관리감독자 정기안전·보건교육에 해당하는 것은?

① 작업 개시 전 점검에 관한 사항
② 사고 발생 시 긴급조치에 관한 사항
③ 건강증진 및 질병 예방에 관한 사항
④ 산업보건 및 직업병 예방에 관한 사항

해설

- 작업 개시 전 점검과 사고 발생 시 긴급조치에 관한 사항은 채용 시의 교육 및 작업내용 변경 시의 교육 내용에 해당한다.
- 건강증진 및 질병 예방에 관한 사항은 근로자 정기안전·보건교육 내용에 해당한다.

관리감독자 정기안전·보건교육 내용 실필 1801/1603/1001/0902
- 작업공정의 유해·위험과 재해 예방대책에 관한 사항
- 표준 안전작업방법 및 지도 요령에 관한 사항
- 관리감독자의 역할과 임무에 관한 사항
- 산업보건 및 직업병 예방에 관한 사항
- 유해·위험 작업환경 관리에 관한 사항
- 산업안전보건법 및 일반관리에 관한 사항
- 직무스트레스 예방 및 관리에 관한 사항
- 산재보상보험제도에 관한 사항
- 안전보건교육 능력 배양에 관한 사항

1101 / 1502

15 Repetitive Learning 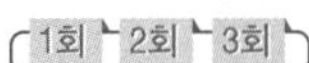

다음 중 산업안전보건법령상 안전·보건표지의 색채의 색도기준이 잘못 연결된 것은?(단, 색도기준은 KS에 따른 색의 3속성에 의한 표시방법에 따른다)

① 빨간색 - 7.5R 4/14
② 노란색 - 5Y 8.5/12
③ 파란색 - 2.5PB 4/10
④ 흰색 - N0.5

해설

- 흰색은 KS기준으로 N9.5로 표시한다. N0.5는 검은색으로 문자 및 빨간색 또는 노란색에 대한 보조색으로 사용한다.

산업안전보건표지 실필 1602/1003
- 금지표지, 경고표지, 지시표지, 안내표지, 관계자 외 출입금지로 구분된다.
- 안전표지는 기본모형(모양), 색깔(바탕 및 기본모형), 내용(의미)으로 구성된다.
- 안전·보건표지의 색채, 색도기준 및 용도

바탕	기본모형 색채	색도	용도	사용례
흰색	빨간색	7.5R 4/14	금지	정지, 소화설비, 유해행위 금지
무색			경고	화학물질 취급장소에서의 유해 및 위험경고
노란색	검은색	5Y 8.5/12	경고	화학물질 취급장소에서의 유해·위험경고 이외의 위험경고, 주의표지 또는 기계방호물
파란색	흰색	2.5PB 4/10	지시	특정 행위의 지시 및 사실의 고지
흰색	녹색	2.5G 4/10	안내	비상구 및 피난소, 사람 또는 차량의 통행표지

- 흰색(N9.5)은 파랑 또는 녹색의 보조색이다.
- 검정색(N0.5)은 문자 및 빨간색, 노란색의 보조색이다.

인화성 물질경고	부식성 물질경고	급성독성 물질경고	산화성 물질경고	폭발성 물질경고

- 화학물질 취급장소에서의 유해·위험경고 이외의 위험경고, 주의표지 또는 기계방호물의 경고표지는 노란색(5Y 8.5/12) 바탕에 검은색(N0.5) 기본모형으로 표시하며, 방사성물질경고, 고압전기경고, 매달린물체경고, 낙하물경고, 고온/저온경고, 위험장소경고, 몸균형상실경고, 레이저광선경고 등이 있다.

방사성물질경고	고압전기경고	매달린물체경고	낙하물경고
고온/저온경고	위험장소경고	몸균형상실경고	레이저광선경고

1501

16 Repetitive Learning (1회 2회 3회)

다음 중 강도율에 관한 설명으로 틀린 것은?

① 사망 및 영구 전노동불능(신체장해등급 1~3급)은 손실일수 7,500일로 환산한다.
② 신체장해등급 제14급은 손실일수 50일로 환산한다.
③ 영구 일부노동불능은 신체장해등급에 따른 손실일수에 300/365을 곱하여 환산한다.
④ 일시 전노동불능은 휴업일수에 300/365을 곱하여 손실일수를 환산한다.

해설

- 근로손실일수는 휴업(요양)일수에 $\left(\frac{\text{연간근로일수}}{365}\right)$를 곱하여 환산하는데 신체장해등급에 따른 손실일수는 근로손실일수이므로 따로 환산할 필요가 없다.

⁘ 국제노동기구(ILO)의 상해정도별 분류 실필 2203/1602
문제 8번의 유형별 핵심이론⁘ 참조

1002 / 1402 / 2102

17 Repetitive Learning (1회 2회 3회)

산업안전보건법령상 안전·보건표지에 있어 경고표지의 종류 중 기본모형이 다른 것은?

① 매달린물체경고
② 폭발성물질경고
③ 고압전기경고
④ 방사성물질경고

해설

- 폭발성물질경고는 화학물질 취급장소에서의 유해 및 위험경고표지이고, 나머지는 화학물질 취급장소에서의 유해·위험경고 이외의 위험경고, 주의표지 또는 기계방호물의 경고표지이다.

⁘ 경고표지 실필 2401/2202/2102/1802/1702/1502/1303/1101/1002/1001
- 유해·위험경고, 주의표지 또는 기계방호물을 표시할 때 사용된다.
- 경고표지는 화학물질 취급장소에서의 유해 및 위험경고와 화학물질 취급장소에서의 유해·위험경고 이외의 위험경고, 주의표지 또는 기계방호물로 구분된다.
- 화학물질 취급장소에서의 유해 및 위험경고표지는 무색 바탕에 빨간색(7.5R 4/14) 혹은 검은색(N0.5) 기본모형으로 표시하며, 인화성물질경고, 부식성물질경고, 급성독성물질경고, 산화성물질경고, 폭발성물질경고 등이 있다.

1003

18 Repetitive Learning (1회 2회 3회)

사용장소에 따른 방진마스크의 등급을 구분할 때 석면 취급장소에 가장 적합한 등급은?

① 특급
② 1급
③ 2급
④ 3급

해설

- 석면 취급장소에서는 특급 방진마스크를 착용한다.

⁘ 방진마스크의 등급 실필 2303/1901/1603
- 방진마스크의 등급은 사용장소에 따라 특급, 1급, 2급으로 구분된다.

특급	1급	2급
• 베릴륨 등과 같이 독성이 강한 물질들을 함유한 분진 등 발생장소 • 석면 취급장소	• 특급마스크 착용장소를 제외한 분진 등 발생장소 • 금속흄 등과 같이 열적으로 생기는 분진 등 발생장소 • 기계적으로 생기는 분진 등 발생장소	• 특급 및 1급 마스크 착용장소를 제외한 분진 등 발생장소
배기밸브가 없는 안면부 여과식 마스크는 특급 및 1급 장소에서 사용해서는 안 된다.		

16 ③ 17 ② 18 ① | 정답

0401 / 0702 / 0801 / 1001 / 1402 / 1901

19

Repetitive Learning 1회 2회 3회

적응기제(適應機制, Adjustment mechanism)의 종류 중 도피적 기제(행동)에 속하지 않는 것은?

① 고립 ② 퇴행
③ 억압 ④ 합리화

해설

- 합리화는 대표적인 방어기제의 한 종류이다.

도피기제(Escape mechanism)

- 도피기제는 긴장이나 불안감을 해소하기 위하여 비합리적인 행동으로 당면한 상황을 벗어나려는 기제를 말한다.
- 도피적 기제에는 억압(Repression), 공격(Aggression), 고립(Isolation), 퇴행(Regression), 백일몽(Day-dream) 등이 있다.

20

Repetitive Learning 

생체리듬(Biorhythm) 중 일반적으로 33일을 주기로 반복되며, 상상력, 사고력, 기억력 또는 의지, 판단 및 비판력 등과 깊은 관련성을 갖는 리듬은?

① 육체적 리듬
② 지성적 리듬
③ 감성적 리듬
④ 생활 리듬

해설

- 육체리듬의 주기는 23일, 감성리듬의 주기는 28일이다.

생체리듬(Biorhythm)

㉠ 개요

- 사람의 체온, 혈압, 맥박 수, 혈액, 수분, 염분량 등이 시간에 따라 또는 주야에 따라 일정한 형식으로 변화하는 것을 말한다.
- 생체리듬의 종류에는 육체적 리듬, 지성적 리듬, 감성적 리듬이 있다.

㉡ 특징

- 생체리듬에서 중요한 점은 낮에는 신체활동이 유리하며, 밤에는 휴식이 더욱 효율적이라는 것이다.
- 체온 · 혈압 · 맥박 수는 주간에는 상승, 야간에는 저하된다.
- 혈액의 수분과 염분량은 주간에는 감소, 야간에는 증가한다.
- 체중은 주간작업보다 야간작업일 때 더 많이 감소하고, 피로의 자각증상은 주간보다 야간에 더 많이 증가한다.
- 몸이 흥분한 상태일 때는 교감신경이 우세하고 수면을 취하거나 휴식을 할 때는 부교감신경이 우세하다.

㉢ 분류

- 육체적 리듬(P)의 주기는 23일이며, 식욕, 활동력, 지구력과 관련된다.
- 감성적 리듬(S)의 주기는 28일이며, 주의력, 예감과 관련된다.
- 지성적 리듬(I)의 주기는 33일이며, 지성적 사고능력(상상력, 판단력, 추리능력)과 관련된다.
- 안정기(+)와 불안정기(−)의 교차점을 위험일이라 한다.

2과목 인간공학 및 위험성 평가 · 관리

21

Repetitive Learning 1회 2회 3회

에너지 대사율(RMR)에 대한 설명으로 틀린 것은?

① $RMR = \frac{운동대사량}{기초대사량}$

② 보통 작업 시 RMR은 4~7임

③ 가벼운 작업 시 RMR은 0~2임

④ $RMR = \frac{운동시\ 산소소모량 - 안정시\ 산소소모량}{기초대사량(산소소비량)}$

해설

- 보통 작업 시 RMR은 2~4 정도이다. 4~7은 중(重)작업에 해당한다.

에너지 대사율(RMR : Relative Metabolic Rate) 실필 1901

㉠ 개요

- RMR은 특정 작업을 수행하는 데 있어 작업자의 생리적 부하를 계측하는 지표이다.
- 주로 동적 근력작업이나 정적 근력작업의 강도를 측정하여 연속작업이 가능한 시간을 예측하기 위해 사용한다.
- $RMR = \frac{운동대사량}{기초대사량}$

  $= \frac{운동시\ 산소소모량 - 안정시\ 산소소모량}{기초대사량(산소소비량)}$ 으로 구한다.
- RMR이 커지는 데 따라 작업 지속시간이 짧아진다.

㉡ 작업강도 구분

작업구분	RMR	작업 종류 등
중(重)작업	4~7	일반적인 전신노동, 힘이나 동작속도가 큰 작업
중(中)작업	2~4	손 · 상지 작업, 힘 · 동작속도가 작은 작업
경(輕)작업	0~2	손가락이나 팔로 하는 가벼운 작업

정답 19 ④ 20 ② 21 ②

22

Repetitive Learning 1회 2회 3회

FMEA의 특징에 대한 설명으로 틀린 것은?

① 서브 시스템 분석 시 FTA보다 효과적이다.
② 시스템 해석기법은 정성적·귀납적 분석법 등에 사용된다.
③ 각 요소 간 영향 해석이 어려워 2가지 이상 동시 고장은 해석이 곤란하다.
④ 양식이 비교적 간단하고 적은 노력으로 특별한 훈련 없이 해석이 가능하다.

해설

- 서브 시스템 분석의 경우 FMEA보다 FTA를 하는 것이 더 실제적인 방법이다.

고장형태와 영향분석(FMEA)

㉠ 개요
- 시스템 안전분석에 이용되는 전형적인 정성적, 귀납적 분석방법으로서, 서식이 간단하고 비교적 적은 노력으로 특별한 훈련 없이 분석이 가능하다는 장점을 가지고 있는 기법이다.
- 제품설계와 개발단계에서 고장 발생을 최소로 하고자 하는 경우에 유효한 분석기법이다.

㉡ 장점
- 양식이 간단하여 특별한 훈련 없이 비전문가도 해석이 가능하다.
- 전체 요소의 고장을 유형별로 분석할 수 있다.

㉢ 단점
- 해석영역이 물체에 한정되기 때문에 인적 원인(Human error) 해석이 곤란하다.
- 동시에 2가지 이상의 요소가 고장 나는 경우 해석이 힘들다.

1403

23

Repetitive Learning 1회 2회 3회

A사의 안전관리자는 자사 화학 설비의 안전성 평가를 위해 제2단계인 정성적 평가를 진행하기 위하여 평가 항목 대상을 분류하였다. 다음 주요 평가 항목 중에서 성격이 다른 것은?

① 건조물
② 공장 내 배치
③ 입지조건
④ 원재료, 중간제품

해설

- 공장의 입지조건이나 배치 및 건조물은 2단계 정성적 평가에서 설계관계에 대한 평가요소인 데 반해 원재료와 중간제품은 운전관계에 대한 평가요소에 해당한다.

정성적 평가와 정량적 평가항목

정성적 평가	설계관계항목	입지조건, 공장 내 배치, 건조물, 소방설비 등
	운전관계항목	원재료, 중간제품, 공정 및 공정기기, 수송, 저장 등
정량적 평가		• 수치값으로 표현 가능한 항목들을 대상으로 한다. • 온도, 취급물질, 화학설비용량, 압력, 조작 등을 위험도에 맞게 평가한다.

24

Repetitive Learning 1회 2회 3회

기계설비 고장 유형 중 기계의 초기결함을 찾아내 고장률을 안정시키는 기간은?

① 마모고장 기간
② 우발고장 기간
③ 에이징(Aging) 기간
④ 디버깅(Debugging) 기간

해설

- 마모고장이란 특정 부품의 마모, 열화에 의한 고장, 반복피로 등의 이유로 발생하는 고장을 말한다.
- 우발고장이란 사용조건상의 고장을 말하며 고장률이 가장 낮으며 설계강도 이상의 급격한 스트레스가 축적됨으로써 발생되는 예측하지 못한 고장을 말한다.
- 설비를 길들이기(번인) 위해 일부러 기계를 작동시키는 것을 에이징(Aging) 기간이라 한다.

초기고장
- 시스템의 수명곡선(욕조곡선)에서 감소형에 해당한다.
- 불량제조나 생산과정에서의 불충분한 품질관리, 설계미숙, 표준 이하의 재료 사용, 빈약한 제조기술 등으로 생기는 고장이다.
- 기계의 초기결함을 찾아내 고장률을 안정화시키는 기간을 디버깅(Debugging) 기간이라 한다.
- 예방을 위해서는 점검작업이나 시운전이 필요하다.

25

Repetitive Learning 1회 2회 3회

들기 작업 시 요통재해예방을 위하여 고려할 요소와 가장 거리가 먼 것은?

① 들기 빈도
② 작업자 신장
③ 손잡이 형상
④ 허리 비대칭 각도

22 ① 23 ④ 24 ④ 25 ② 정답

해설

- 들기 작업 시에는 작업자의 신장보다는 작업 대상물의 특성과 인양 높이가 더욱 중요하게 고려되어야 한다.

:: 들기 작업 시 요통재해예방을 위하여 고려할 요소
- 손잡이 형상
- 허리 비대칭 각도
- 들기 방법 및 빈도
- 크기, 모양 등 작업 대상물의 특성과 인양 높이

26

Repetitive Learning 1회 2회 3회

일반적으로 작업장에서 구성요소를 배치할 때, 공간의 배치 원칙에 속하지 않는 것은?

① 사용빈도의 원칙
② 중요도의 원칙
③ 공정개선의 원칙
④ 기능성의 원칙

해설

- 작업장 배치는 사용빈도, 중요도, 기능별, 사용순서의 원칙에 의해 배치한다.

:: 작업장 배치의 원칙

㉠ 개요 실필 1801
- 사용빈도, 중요도, 기능별, 사용순서의 원칙에 의해 배치한다.
- 작업의 흐름에 따라 기계를 배치한다.
- 배치의 3단계는 지역배치 → 건물배치 → 기계배치 순으로 이루어진다.
- 공장 내외에는 안전한 통로를 두어야 하며, 통로는 선을 그어 작업장과 명확히 구별하도록 한다.
- 비상시에 쉽게 대피할 수 있는 통로를 마련하고 사고 진압을 위한 활동통로가 반드시 마련되어야 한다.

㉡ 원칙 실필 1001/0902
- 중요성의 원칙, 사용빈도의 원칙 : 우선적인 원칙
- 기능별 배치의 원칙, 사용순서의 원칙 : 부품의 일반적인 위치 내에서의 구체적인 배치기준

1102

27

Repetitive Learning 1회 2회 3회

반사율이 60%인 작업 대상물에 대하여 근로자가 검사작업을 수행할 때 휘도(Luminance)가 90fL이라면 이 작업에서의 소요조명(fc)은 얼마인가?

① 75　　② 150
③ 200　　④ 300

해설

- 소요조명 = $\frac{\text{휘도}}{\text{반사율}}$ 이 되므로 $\frac{90}{0.6} = 150$ 이 된다.

:: 휘도(Luminance)
- 휘도는 광원에서 1m 떨어진 곳 범위 내에서의 반사된 빛을 포함한 빛의 밝기 혹은 단위면적당 표면을 떠나는 빛의 양을 의미한다.
- 휘도의 단위는 cd/m^2 혹은 실용단위인 니트(nit)를 사용한다. 그 외에도 스틸브(sb, stilb, 10,000nit), 람베르트(L, Lambert, 3,183 nit), 푸트람베르트(fL, foot－Lambert, 3.426nit), 아포스틸브(asb, apostilb, 0.3183nit) 등이 사용되기도 한다.
- 휘도 = $\frac{\text{반사율} \times \text{조도}}{\text{면적}}$ [cd/m^2]로 구한다.
- 면적이 주어지지 않을 때 휘도 = 반사율 × 소요조명으로도 구한다.
- 휘도가 각각 L_a, L_b 인 두 조명의 휘도 대비는 $\frac{L_a - L_b}{L_a} \times 100$ 으로 구한다.

28

Repetitive Learning 1회 2회 3회

산업안전보건법령상 유해하거나 위험한 장소에서 사용하는 기계・기구 및 설비를 설치・이전하는 경우 유해・위험방지계획서를 작성, 제출하여야 하는 대상이 아닌 것은?

① 화학설비
② 금속 용해로
③ 건조설비
④ 전기용접장치

해설

- 유해・위험방지계획서의 제출대상에는 ①, ②, ③ 외에 가스집합 용접장치, 허가대상・관리대상 유해물질 및 분진작업 관련 설비 등이 있다.

:: 유해・위험방지계획서의 제출대상
- 금속이나 그 밖의 광물의 용해로
- 화학설비
- 건조설비
- 가스집합 용접장치
- 허가대상・관리대상 유해물질 및 분진작업 관련 설비

정답 | 26 ③ 27 ② 28 ④

2101

29 Repetitive Learning (1회 2회 3회)

동작경제의 원칙에 해당하지 않는 것은?

① 공구의 기능을 각각 분리하여 사용하도록 한다.
② 두 팔의 동작은 동시에 서로 반대방향으로 대칭적으로 움직이도록 한다.
③ 공구나 재료는 작업동작이 원활하게 수행되도록 그 위치를 정해준다.
④ 가능하다면 쉽고도 자연스러운 리듬이 작업동작에 생기도록 작업을 배치한다.

해설

- 공구의 기능은 결합하여 사용하도록 하는 것이 원칙이다.

동작경제의 원칙

㉠ 개요
- 작업자가 경제적인 동작을 통해 피로도를 감소시키면서도 능률을 향상시키게 하기 위한 원칙이다.
- 신체 사용의 원칙, 작업장 배치의 원칙, 공구 및 설비 디자인의 원칙으로 분류된다.
- 동작의 수는 줄이고, 동작의 속도는 적당히 한다.

㉡ 원칙의 분류

구분	내용
신체 사용의 원칙	• 두 손의 동작은 동시에 시작해서 동시에 끝나야 한다. • 휴식시간을 제외하고는 양손을 같이 쉬게 해서는 안 된다. • 손의 동작은 유연하고 연속적인 동작이어야 한다. • 동작이 급작스럽게 크게 바뀌는 직선 동작은 피해야 한다. • 두 팔의 동작은 동시에 서로 반대방향으로 대칭적으로 움직이도록 한다.
작업장 배치의 원칙	• 공구나 재료는 작업동작이 원활하게 수행하도록 그 위치를 정해준다. • 공구, 재료 및 제어장치는 사용하기 가까운 곳에 배치해야 한다.
공구 및 설비 디자인의 원칙	• 치구나 족답장치를 이용하여 양손이 다른 일을 할 수 있도록 한다. • 공구의 기능을 결합하여 사용하도록 한다.

30 Repetitive Learning (1회 2회 3회)

휴먼에러 예방대책 중 인적 요인에 대한 대책이 아닌 것은?

① 설비 및 환경 개선
② 소집단 활동의 활성화
③ 작업에 대한 교육 및 훈련
④ 전문 인력의 적재적소 배치

해설

- 설비 및 환경의 개선은 물적 요인에 대한 대책에 해당한다.

휴먼에러 예방대책

㉠ 인적 요인
- 확실한 업무 인수인계
- 소집단 활동의 활성화
- 작업에 대한 교육 및 훈련
- 전문 인력의 적재적소 배치

㉡ 물적 요인
- 설비 및 환경 개선
- 기기 및 밸브 등의 배치, 표시, 표식의 확실한 구분

0602 / 1002

31 Repetitive Learning

다음 시스템에 대하여 톱사상(Top event)에 도달할 수 있는 최소 컷 셋(Minimal cut sets)을 구할 때 다음 중 올바른 집합은?(단, ⓐ, ⓑ, ⓒ, ⓓ는 각 부품의 고장확률을 의미하며 집합 {a,b}는 ⓐ번 부품과 ⓑ번 부품이 동시에 고장 나는 경우를 의미한다)

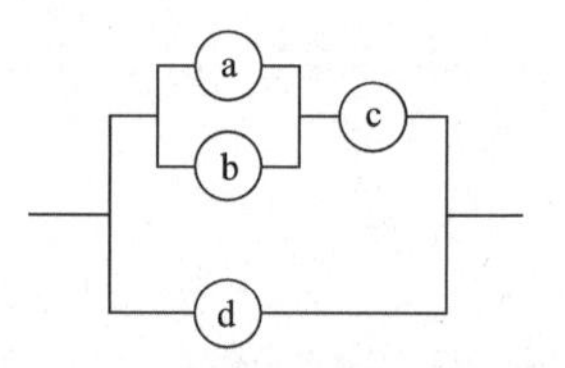

① {a,b}, {c,d}　　② {a,c}, {b,d}
③ {a,c,d}, {b,c,d}　　④ {a,b,d}, {c,d}

해설

- 정상사상(Top event)을 일으키는 최소한의 컷 셋 즉, 최소 컷 셋을 구하는 문제이다.
- 약속에 의해 집합 {a,b}는 ⓐ번 부품과 ⓑ번 부품이 동시에 고장 나는 경우를 의미한다.
- 병렬회로이므로 ⓐⓑⓒ와 ⓓ로 구분된 두 회로 모두가 불량이 되어야만 고장이 나므로 고장 나는 최소한의 컷 셋에 반드시 ⓓ는 포함되어야 한다.
- ⓐⓑⓒ로 연결된 회로에서 최소한으로 불량이 되는 조건은 ⓐⓑ가 모두 고장이거나 ⓒ가 고장인 경우이다.
- 따라서 {ⓐ, ⓑ, ⓓ}, {ⓒ, ⓓ}가 최소한의 컷 셋이 된다.

FT도에서 정상(고장)사상 발생확률 실필 1203/0901

㉠ AND(직렬)연결 시
- 사상 A의 발생확률을 P_A, 사상 B, 사상 C 발생확률을 P_B, P_C라 할 때 $P_A = P_B \times P_C$로 구할 수 있다.

㉡ OR(병렬)연결 시
- 사상 A의 발생확률을 P_A, 사상 B, 사상 C 발생확률을 P_B, P_C라 할 때 $P_A = 1-(1-P_B)\times(1-P_C)$로 구할 수 있다.

29 ① 30 ① 31 ④ | 정답

32 Repetitive Learning (1회 2회 3회)

운동관계의 양립성을 고려하여 동목(Moving scale)형 표시장치를 바람직하게 설계한 것은?

① 눈금과 손잡이가 같은 방향으로 회전하도록 설계한다.
② 눈금의 숫자는 우측으로 감소하도록 설계한다.
③ 꼭지의 시계방향 회전이 지시치를 감소시키도록 설계한다.
④ 위의 세 가지 요건을 동시에 만족시키도록 설계한다.

해설

- 양립성을 고려한다면 인간의 기대와 같아야 한다. 즉 눈금과 손잡이가 같은 방향으로 회전해야 한다.

양립성

- 자극 및 반응들 간 혹은 자극과 반응 조합의 관계가 인간의 기대와 모순되지 않는 것을 말한다.
- 양립성의 종류에는 개념 양립성, 운동 양립성, 공간 양립성, 양식 양립성 등이 있다.

1103

33 Repetitive Learning (1회 2회 3회)

신뢰성과 보전성 개선을 목적으로 한 효과적인 보전기록자료에 해당하는 것은?

① 자재관리표
② MTBF분석표
③ 주유지시서
④ 검사주기표

해설

- MTBF분석표 외에도 설비이력카드, 고장원인대책표 등이 신뢰성과 보전성 개선을 위한 보전기록자료로 활용된다.

신뢰성과 보전성 개선을 목적으로 한 보전기록자료의 종류

설비이력카드	설비 대상 물품과 설비를 실시한 일자, 이력내용, 비고 등을 기록한 카드
MTBF분석표	설비의 고장건수, 고장정지시간, 보전내역 등을 기록한 카드
고장원인대책표	설비의 고장과 원인 그리고 대처방안을 기록한 양식

0301 / 0401 / 0703 / 1002 / 1902

34 Repetitive Learning (1회 2회 3회)

다음과 같은 실내 표면에서 일반적으로 반사율의 크기를 올바르게 나열한 것은?

A : 바닥	B : 천장
C : 가구	D : 벽

① A < C < D < B
② A < D < C < B
③ D < A < B < C
④ D < B < A < C

해설

- 옥내 조명에서 최적 반사율의 크기는 바닥 < 가구 < 벽 < 천장 순으로 커진다.

실내 면 반사율

㉠ 개요

- 빛을 포함한 여러 종류의 복사파가 물체의 표면에서 어느 정도 반사되는지를 나타낸다.
- 반사율 = $\frac{광도}{조도} \times 100$으로 구한다.
- 옥내 조명에서 최적 반사율의 크기는 바닥 < 가구 < 벽 < 천장 순으로 커진다.
- 반사율이 각각 L_a, L_b인 두 물체의 대비는 $\frac{L_a - L_b}{L_a} \times 100$으로 구한다.

㉡ 실내 면의 추천 반사율

천장	80 ~ 90%
벽	40 ~ 60%
가구 및 사무용 기기	25 ~ 45%
바닥	20 ~ 40%

35 Repetitive Learning (1회 2회 3회)

다음 시스템의 신뢰도는 얼마인가?(단, 각 요소의 신뢰도는 a, b가 각 0.8, c, d가 각 0.6이다)

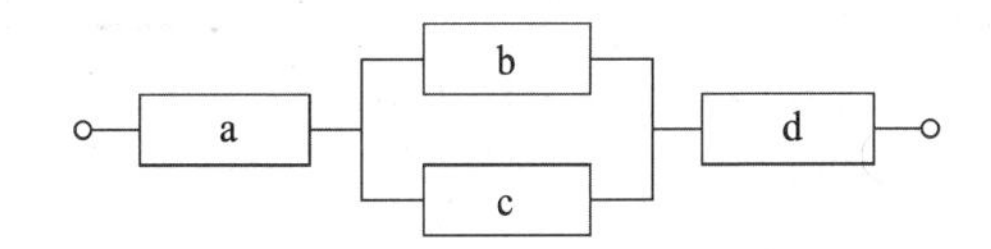

① 0.2245
② 0.3754
③ 0.4416
④ 0.5756

해설

- 먼저 병렬로 연결된 시스템의 신뢰도를 구하면 1−(1−0.8)×(1−0.6)=1−(0.2×0.4)=1−0.08=0.92가 된다.
- 구해진 결과와 나머지 부품과의 직렬연결은 0.8×0.92×0.6=0.4416이다.

시스템의 신뢰도 실필 0901

㉠ AND(직렬)연결 시

- 부품 a, 부품 b 신뢰도를 각각 R_a, R_b라 할 때 시스템의 신뢰도(R_s)는 $R_s = R_a \times R_b$로 구할 수 있다.

㉡ OR(병렬)연결 시

- 부품 a, 부품 b 신뢰도를 각각 R_a, R_b라 할 때 시스템의 신뢰도(R_s)는 $R_s = 1-(1-R_a)\times(1-R_b)$로 구할 수 있다.

1102

36 Repetitive Learning (1회 2회 3회)

FTA(Fault Tree Analysis)에 사용되는 논리기호와 명칭이 올바르게 연결된 것은?

① (◇) : 전이기호

② (▭) : 기본사상

③ (⌂) : 통상사상

④ (○) : 결함사상

해설

- ①은 생략사상, ②는 결함사상, ④는 기본사상이다.

통상사상(External event)

기호	설명
(⌂)	일반적으로 발생이 예상되는, 시스템의 정상적인 가동상태에서 일어날 것이 기대되는 사상을 말한다.

1501 / 2202

37 Repetitive Learning (1회 2회 3회)

다음 중 HAZOP 기법에서 사용되는 가이드 워드와 그 의미가 잘못 연결된 것은?

① As well as : 성질상의 증가

② More/Less : 정량적인 증가 또는 감소

③ Part of : 성질상의 감소

④ Other than : 기타 환경적인 요인

해설

- Other than은 완전한 대체를 의미하는 가이드 워드이다.

가이드 워드(Guide words)

㉠ 개요

- 위험및운전성검토(HAZOP)에서 근로자들의 창조적 사고를 유도하여 조작방법이나 오동작을 개선하기 위해 사용하는 워드이다.
- 공정변수(Process parameter)와 함께 사용하여 비정상상태(Deviation)가 일어날 수 있는 원인을 찾고 결과를 예측함과 동시에 대책을 세우는 데 유용하다.

㉡ 종류 실필 2303/1902/1301/1202

No/Not	설계 의도의 완전한 부정
Part of	성질상의 감소
As well as	성질상의 증가
More/Less	양의 증가 혹은 감소로 양과 성질을 함께 표현
Other than	완전한 대체

0702 / 2202

38 Repetitive Learning (1회 2회 3회)

다음 중 경계 및 경보신호의 설계지침으로 잘못된 것은?

① 귀는 중음역에 민감하므로 500~3,000Hz의 진동수를 사용한다.

② 300m 이상의 장거리용으로는 1,000Hz를 초과하는 진동수를 사용한다.

③ 배경소음의 진동수가 다른 진동수의 신호를 사용한다.

④ 주의를 환기시키기 위하여 변조된 신호를 사용한다.

해설

- 300m 이상 멀리 보내는 신호는 1,000Hz 이하의 낮은 주파수를 사용한다.

청각적 표시장치의 설계 기준

- 신호는 최소한 0.5 ~ 1초 동안 지속한다.
- 신호는 배경소음의 주파수와 다른 주파수를 이용한다.
- 소음은 양쪽 귀에, 신호는 한쪽 귀에 들리게 한다.
- 경보효과를 높이기 위해서 개시시간이 짧은 고감도 신호를 사용하여 위급상황에 대한 정보를 제공한다.
- 귀는 중음역에 가장 민감하므로 500 ~ 3,000Hz의 진동수를 사용한다.
- 칸막이를 통과하는 신호는 500Hz 이하의 진동수를 사용한다.
- 300m 이상 멀리 보내는 신호는 1,000Hz 이하의 낮은 주파수를 사용한다.

36 ③ 37 ④ 38 ② 정답

0502

39

동작의 합리화를 위한 물리적 조건이 아닌 것은?

① 마찰력을 감소시킨다.

② 접촉면적을 크게 한다.

③ 고유진동을 이용한다.

④ 인체표면에 가해지는 힘을 적게 한다.

해설

- 접촉면적을 크게 하면 그만큼 부하가 발생한다. 동작의 합리화를 위해서는 접촉면적을 작게 해야 한다.

∷ 동작경제의 원칙

문제 29번의 유형별 핵심이론 ∷ 참조

1302

40

다음 중 정량적 표시장치에 관한 설명으로 옳은 것은?

① 연속적으로 변화하는 양을 나타내는 데에는 일반적으로 아날로그보다 디지털 표시장치가 유리하다.

② 정확한 값을 읽어야 하는 경우 일반적으로 디지털보다 아날로그 표시장치가 유리하다.

③ 동침(Moving pointer)형 아날로그 표시장치는 바늘의 진행방향과 증감속도에 대한 인식적인 암시 신호를 얻는 것이 불가능한 단점이 있다.

④ 동목(Moving scale)형 아날로그 표시장치는 표시장치의 면적을 최소화할 수 있는 장점이 있다.

해설

- 연속적으로 변화하는 양은 아날로그 표시장치가 유리하다.
- 정확한 값을 읽어야 한다면 디지털 표시장치가 유리하다.
- 동침형은 측정값의 변화방향이나 변화속도를 나타내는 데 유리한 표시장치이다.

∷ 정침동목형(Moving scale) 표시장치

㉠ 개요
- 지침이 고정되어 있고 눈금이 움직이는 형태의 정량적 표시장치이다.
- 체중계나 나침반 등에서 이용된다.

㉡ 특징
- 표시장치의 면적을 최소화할 수 있다.
- 계기판 후면을 이용하므로 생산설비에는 적합하지 않다.

3과목 기계 · 기구 및 설비 안전관리

0901 / 2102

41

로봇의 작동범위 내에서 그 로봇에 관하여 교시 등(로봇의 동력원을 차단하고 행하는 것을 제외한다)의 작업을 행하는 때 작업 시작 전 점검사항으로 옳은 것은?

① 과부하방지장치의 이상 유무

② 압력제한스위치 등의 기능의 이상 유무

③ 외부 전선의 피복 또는 외장의 손상 유무

④ 권과방지장치의 이상 유무

해설

- 산업용 로봇의 작업 시작 전 점검사항에는 외부 전선의 피복 또는 외장의 손상 유무, 매니퓰레이터(Manipulator) 작동의 이상 유무, 제동장치 및 비상정지장치의 기능 등이 있다.

∷ 산업용 로봇의 작업 시작 전 점검사항 실필 2203
- 외부 전선의 피복 또는 외장의 손상 유무
- 매니퓰레이터(Manipulator) 작동의 이상 유무
- 제동장치 및 비상정지장치의 기능

42

Repetitive Learning (1회 2회 3회)

방사선투과검사에서 투과사진에 영향을 미치는 인자는 크게 콘트라스트(명암도)와 명료도로 나누어 검토할 수 있다. 다음 중 투과사진의 콘트라스트(명암도)에 영향을 미치는 인자에 속하지 않는 것은?

① 방사선의 선질　② 필름의 종류

③ 현상액의 강도　④ 초점-필름 간 거리

해설

- 투과사진의 명암에 영향을 미치는 인자에는 ①, ②, ③ 외에 산란선량의 다소, 선원의 치수 등이 있다.

∷ 방사선투과검사
- 비파괴검사방법 중 하나로 검사대상에 방사선(X선, γ선)을 투과시켜 결함을 검출하는 방법이다.
- 주로 재료 및 용접부의 내부결함검사에 사용되는데 미세한 균열이나 라미네이션(Lamination) 등은 검출이 힘들다.
- 검사 후 확인해야 할 항목은 투과도계의 식별도, 시험부의 사진농도 범위, 계조계의 값, 흠이나 얼룩 등이다.
- 투과사진의 명암에 영향을 미치는 인자에는 방사선의 선질, 산란선량의 다소, 선원의 치수, 필름의 종류, 현상액의 강도 등이 있다.

정답 | 39 ② 40 ④ 41 ③ 42 ④

0503 / 2202

43 Repetitive Learning (1회 2회 3회)

다음 보기와 같은 기계요소에 존재하는 위험점은?

밀링커터, 둥근 톱날

① 협착점 ② 끼임점
③ 절단점 ④ 물림점

해설

- 협착점은 프레스 금형의 조립부위 등에서 주로 발생한다.
- 끼임점은 연삭숫돌과 작업받침대, 교반기의 날개와 하우스, 반복 동작되는 링크기구, 회전풀리와 베드 사이 등에서 발생한다.
- 물림점은 기어 물림점이나 롤러회전에 의해 물리는 곳에서 발생한다.

:: 절단점(Cutting-point)

㉠ 개요
- 회전하는 운동부 자체의 위험이나 운동하는 기계부분 자체의 위험에서 초래되는 위험점을 말한다.
- 밀링 커터, 둥근톱의 톱날, 목공용 띠톱부분 등에서 발생한다.

㉡ 대표적인 절단점

절단점	
목공용 띠톱부분	밀링 커터부분

0602 / 0703

44 Repetitive Learning (1회 2회 3회)

프레스 및 전단기에서 위험한계 내에서 작업하는 작업자의 안전을 위하여 안전블록의 사용 등 필요한 조치를 취해야 한다. 다음 중 안전블록을 사용해야 하는 작업으로 가장 거리가 먼 것은?

① 금형 가공작업 ② 금형 해체작업
③ 금형 부착작업 ④ 금형 조정작업

해설

- 안전블록을 사용하는 등 필요한 조치를 하는 작업은 프레스 등의 금형을 부착, 해체, 조정하는 작업을 할 때이다.

:: 금형 조정작업의 위험방지

- 사업주는 프레스 등의 금형을 부착·해체 또는 조정하는 작업을 할 때에 해당 작업에 종사하는 근로자의 신체가 위험한계 내에 있는 경우 슬라이드가 갑자기 작동함으로써 근로자에게 발생할 우려가 있는 위험을 방지하기 위하여 안전블록을 사용하는 등 필요한 조치를 하여야 한다.

0901 / 1501

45 Repetitive Learning (1회 2회 3회)

아세틸렌용접장치를 사용하여 금속의 용접·용단 또는 가열작업을 하는 경우 아세틸렌을 발생시키는 게이지 압력은 최대 몇 kPa 이하이어야 하는가?

① 17 ② 88
③ 127 ④ 210

해설

- 아세틸렌용접장치를 사용하여 금속의 용접·용단 또는 가열작업을 하는 경우 게이지 압력의 최대치는 127킬로파스칼이다.

:: 아세틸렌용접장치

- 아세틸렌용접장치를 사용하여 금속의 용접·용단 또는 가열작업을 하는 경우에는 게이지 압력이 127kPa을 초과하는 압력의 아세틸렌을 발생시켜 사용해서는 아니 된다.
- 아세틸렌용접장치의 아세틸렌 발생기를 설치하는 경우에는 전용의 발생기실에 설치하여야 한다.
- 발생기실은 건물의 최상층에 위치하여야 하며, 화기를 사용하는 설비로부터 3m를 초과하는 장소에 설치하여야 한다.
- 발생기실을 옥외에 설치한 경우에는 그 개구부가 다른 건축물로부터 1.5m 이상 떨어지도록 하여야 한다.

1203 / 2201

46 Repetitive Learning (1회 2회 3회)

산업안전보건법령상 프레스 작업 시작 전 점검해야 할 사항에 해당하는 것은?

① 언로드밸브의 기능
② 하역장치 및 유압장치 기능
③ 권과방지장치 및 그 밖의 경보장치의 기능
④ 1행정 1정지기구·급정지장치 및 비상정지장치의 기능

해설

- 언로드밸브의 기능 체크는 공기압축기를 가동할 때, 하역장치 및 유압장치의 기능은 지게차를 이용해 작업할 때, 권과방지장치 및 그 밖의 경보장치의 기능은 이동식크레인을 사용하여 작업할 때 점검할 사항이다.

:: 프레스 등을 사용하여 작업할 때 작업 시작 전 점검사항

실작 2402/2301/2102/2002

- 클러치 및 브레이크의 기능
- 프레스의 금형 및 고정볼트 상태
- 1행정 1정지기구·급정지장치 및 비상정지 장치의 기능
- 크랭크축·플라이휠·슬라이드·연결봉 및 연결 나사의 풀림여부
- 슬라이드 또는 칼날에 의한 위험방지 기구의 기능
- 방호장치의 기능
- 전단기의 칼날 및 테이블의 상태

43 ③ 44 ① 45 ③ 46 ④ 정답

0402 / 0903 / 1301 / 2103

47

Repetitive Learning (1회 2회 3회)

화물중량이 200kgf, 지게차 중량이 400kgf, 앞바퀴에서 화물의 무게중심까지의 최단거리가 1m이면 지게차가 안정되기 위한 앞바퀴에서 지게차의 무게중심까지의 최단거리는 최소 몇 m를 초과해야 하는가?

① 0.2m ② 0.5m
③ 1.0m ④ 3.0m

해설

- 지게차 중량, 화물의 중량, 앞바퀴에서 화물의 무게중심까지의 거리가 주어졌으므로 200×1≦400×최단거리를 만족해야 한다.
- 최단거리는 0.5m를 초과해야 한다.

지게차의 안정 실필 1103

- 지게차가 안정을 유지하기 위해서는 "화물중량[kgf]×앞바퀴에서 화물의 무게중심까지의 최단거리[cm]" ≦ "지게차 중량[kgf]×앞바퀴에서 지게차의 무게중심까지의 최단거리[cm]"여야 한다.

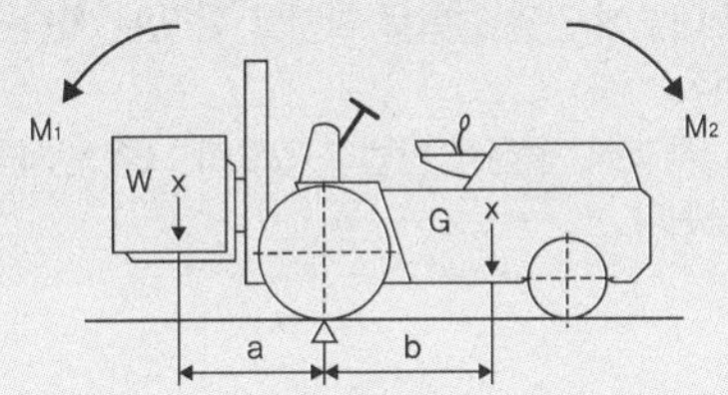

M1 : 화물의 모멘트
M2 : 차의 모멘트

- 모든 값이 고정된 상태에서 화물의 중량만이 가변적이므로 화물을 최대하중 이하로 적재해야 지게차가 안정될 수 있다.

1201

48

Repetitive Learning (1회 2회 3회)

다음 중 셰이퍼에서 근로자의 보호를 위한 방호장치가 아닌 것은?

① 울타리 ② 칩받이
③ 칸막이 ④ 급속귀환장치

해설

- 셰이퍼의 방호장치에는 울타리, 칩받이, 칸막이, 가드 등이 있다.

셰이퍼(Shaper)

㉠ 개요

- 테이블에 고정된 공작물에 직선으로 왕복 운동하는 공구대에 공구를 고정하여 평면을 절삭하거나 수직, 측면이나 홈 절삭, 곡면 절삭 등을 하는 공작기계이다.
- 셰이퍼의 크기는 램의 행정으로 표시한다.
- 방호장치에는 울타리, 칩받이, 칸막이, 가드 등이 있다.

㉡ 작업 시 안전대책

- 작업 시 공작물은 견고하게 고정되어야 하며, 바이트는 가능한 범위 내에서 짧게 고정하고, 날 끝은 샹크의 뒷면과 일직선상에 있게 한다.
- 작업 중에는 바이트의 운동방향에 서지 않도록 한다.
- 시동하기 전에 척 핸들(Chuck-handle)이라 불리는 행정 조정용 핸들을 빼 놓는다.
- 가공 중 다듬질면을 손으로 만지지 않는다.
- 가공물을 측정하고자 할 때는 기계를 정지시킨 후에 실시한다.

49

Repetitive Learning (1회 2회 3회)

지게차 및 구내운반차의 작업 시작 전 점검사항이 아닌 것은?

① 버킷, 디퍼 등의 이상 유무
② 제동장치 및 조종장치 기능의 이상 유무
③ 하역장치 및 유압장치 기능의 이상 유무
④ 전조등, 후미등, 경보장치 기능의 이상 유무

해설

- ②, ③, ④ 외에 바퀴의 이상 유무를 점검하여야 한다.

지게차를 사용하여 작업을 할 때 작업 시작 전 점검사항
실필 1703/1702 실작 2402/2302/2202/2103/2001/1902/1803

- 제동장치 및 조종장치 기능의 이상 유무
- 하역장치 및 유압장치 기능의 이상 유무
- 바퀴의 이상 유무
- 전조등·후미등·방향지시기 및 경보장치 기능의 이상 유무

1301

50

Repetitive Learning (1회 2회 3회)

다음 중 선반에서 절삭가공 시 발생하는 칩이 짧게 끊어지도록 공구에 설치되어 있는 방호장치의 일종인 칩 제거 기구를 무엇이라 하는가?

① 칩 브레이커
② 칩 받침
③ 칩 쉴드
④ 칩 커터

해설

- 칩 브레이커는 선반의 바이트에 설치되어 절삭작업 시 연속적으로 발생되는 칩을 끊어주는 방호장치이다.

정답 | 47 ② 48 ④ 49 ① 50 ①

:: 칩 브레이커(Chip breaker)

㉠ 개요

- 선반의 바이트에 설치되어 절삭작업 시 연속적으로 발생되는 칩을 끊어주는 장치이다.
- 종류에는 연삭형, 클램프형, 자동조정식 등이 있다.

㉡ 특징

- 가공 표면의 흠집발생을 방지한다.
- 공구 날 끝의 치평을 방지한다.
- 칩의 비산으로 인한 위험요인을 방지한다.
- 절삭유제의 유동성을 향상시킨다.

51

Repetitive Learning (1회 2회 3회)

아세틸렌용접장치에 사용하는 역화방지기에서 요구되는 일반적인 구조로 옳지 않은 것은?

① 재사용 시 안전에 우려가 있으므로 역화방지 후 바로 폐기하도록 해야 한다.
② 다듬질면이 매끈하고 사용상 지장이 있는 부식, 흠, 균열 등이 없어야 한다.
③ 가스의 흐름방향은 지워지지 않도록 돌출 또는 각인하여 표시하여야 한다.
④ 소염소자는 금망, 소결금속, 스틸울(Steel wool), 다공성 금속물 또는 이와 동등 이상의 소염성능을 갖는 것이어야 한다.

해설

- 역화방지기는 역화를 방지한 후 복원이 되어 계속 사용할 수 있는 구조이어야 한다.

:: 역화방지기 일반구조

- 역화방지기의 구조는 소염소자, 역화방지장치 및 방출장치 등으로 구성되어야 한다. 다만, 토치 입구에 사용하는 것은 방출장치를 생략할 수 있다.
- 역화방지기는 그 다듬질면이 매끈하고 사용상 지장이 있는 부식, 흠, 균열 등이 없어야 한다.
- 가스의 흐름방향은 지워지지 않도록 돌출 또는 각인하여 표시하여야 한다.
- 소염소자는 금망, 소결금속, 스틸울(Steel wool), 다공성 금속물 또는 이와 동등 이상의 소염성능을 갖는 것이어야 한다.
- 역화방지기는 역화를 방지한 후 복원이 되어 계속 사용할 수 있는 구조이어야 한다.

0901 / 1101

52

Repetitive Learning (1회 2회 3회)

초음파를 이용한 초음파탐상시험 방법의 종류에 해당하지 않는 것은?

① 반사식
② 투과식
③ 공진식
④ 침투식

해설

- 초음파탐상검사에는 반사식, 투과식, 공진식 방법이 있으며 그중 반사식이 가장 많이 사용된다.

:: 초음파탐상검사(Ultrasonic flaw detecting test)

- 검사대상에 초음파를 보내 초음파의 음향적 성질(반사)을 이용하여 검사대상 내부의 결함을 검사하는 방식이다.
- 미세균열, 용입부족, 융합불량의 검출에 가장 적합한 비파괴검사법이다.
- 설비의 내부에 균열 결함을 확인할 수 있는 가장 적절한 검사방법이다.
- 반사식, 투과식, 공진식 방법이 있으며 그중 반사식이 가장 많이 사용된다.

2201

53

Repetitive Learning (1회 2회 3회)

다음 목재가공용 기계에 사용되는 방호장치의 연결이 옳지 않은 것은?

① 둥근톱기계 : 톱날 접촉예방장치
② 띠톱기계 : 날 접촉예방장치
③ 모떼기기계 : 날 접촉예방장치
④ 동력식 수동대패기계 : 반발예방장치

해설

- 반발예방장치는 목재가공용 둥근톱기계의 방호장치이다.

:: 동력식 수동대패기계의 방호장치 실작 1703/0901

㉠ 개요

- 접촉 절단 재해가 발생할 수 있으므로 날 접촉예방장치를 설치하여야 한다.
- 날 접촉예방장치에는 가동식과 고정식이 있다.
- 고정식은 동일한 폭의 가공재를 대량 생산하는 데 적합한 방식이다.

㉡ 일반사항
- 덮개와 송급측 테이블면 간격은 8mm 이내로 한다.
- 송급측 테이블의 절삭 깊이부분의 틈새는 작업자의 손등이 끼지 않도록 8mm 이하로 조정되어야 한다.

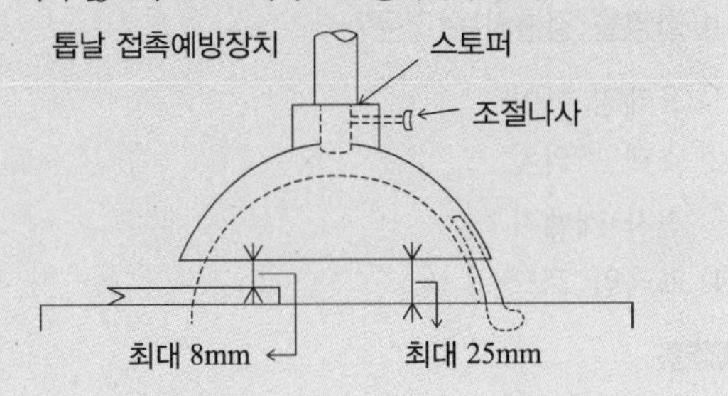

54 Repetitive Learning (1회 2회 3회)

급정지기구가 부착되어 있지 않아도 유효한 프레스의 방호장치로 옳지 않은 것은?

① 양수기동식　② 가드식
③ 손쳐내기식　④ 양수조작식

해설

- 양수조작식 방호장치는 1행정 1정지기구를 가지며, 급정지기구가 있어야만 유효한 기능을 수행할 수 있다.

양수조작식 방호장치 실필 1301/0903

㉠ 개요
- 가장 대표적인 기동스위치를 활용한 위치제한형 방호장치다.
- 두 개의 스위치 버튼을 손으로 동시에 눌러야 기계가 작동하는 구조로 작동 중 어느 하나의 누름버튼에서 손을 떼면 그 즉시 슬라이드 동작이 정지하는 장치이다.

㉡ 구조 및 일반사항
- 120[SPM] 이상의 소형 확동식 클러치 프레스에 가장 적합한 방호장치이다.
- 슬라이드 작동 중 정지가 가능하고 1행정 1정지기구를 갖는 방호장치로 급정지기구가 있어야만 유효한 기능을 수행할 수 있다.
- 누름버튼 상호 간 최소내측거리는 300mm 이상이어야 한다.

55 Repetitive Learning

인장강도가 350MPa인 강판의 안전율이 4라면 허용응력은 몇 N/mm²인가?

① 76.4　② 87.5
③ 98.7　④ 102.3

해설

- 안전율 $=\dfrac{\text{인장강도}}{\text{허용응력}}$이므로 허용응력 $=\dfrac{\text{인장강도}}{\text{안전율}}$이다.
- $1\text{Pa}=1\text{N/m}^2$이고 1MPa는 10^6Pa이므로 1N/mm^2이 된다.
- 주어진 값을 대입하면 $\dfrac{350}{4}=87.5[\text{N/mm}^2]$이 된다.

안전율/안전계수(Safety factor)
- 소재의 파괴강도와 허용되는 응력의 비를 표시한 것이다.
- 안전율은 $\dfrac{\text{기준강도}}{\text{허용응력}}$ 또는 $\dfrac{\text{항복강도}}{\text{설계하중}}$, $\dfrac{\text{파괴하중}}{\text{최대사용하중}}$, $\dfrac{\text{최대응력}}{\text{허용응력}}$ 등으로 구한다.
- 응력은 단위면적당 부재에 작용하는 힘을 말하며, 허용응력은 단위면적당 재료가 파괴되지 않고 영구적인 변형이 남지 않는 비례한도 범위 내의 응력을 말한다.
- 기준강도는 재료에 손상을 입힌다고 인정되는 강도를 말한다.
- 강도(기준강도)를 통해 재료의 안전율, 구조 등이 결정된다.
- 연성재료에서는 항복점을 기준강도, 인장강도, 기초강도라고도 한다.

56 Repetitive Learning (1회 2회 3회)

그림과 같이 50kN의 중량물을 와이어로프를 이용하여 상부에 60°의 각도가 되도록 들어 올릴 때, 로프 하나에 걸리는 하중(T)은 약 몇 kN인가?

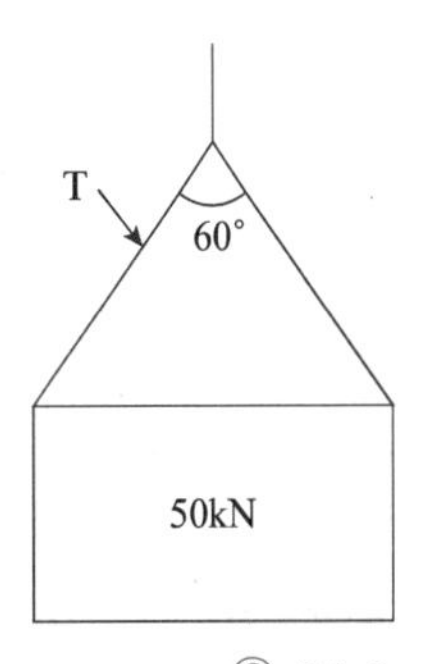

① 16.8　② 24.5
③ 28.9　④ 37.9

해설

- 화물의 무게가 50kN이고, 상부의 각(θ)이 60°이므로

이를 식에 대입하면 $\dfrac{\frac{50}{2}}{\cos\left(\frac{60}{2}\right)}=\dfrac{25}{0.866}=28.868[\text{kN}]$이다.

중량물을 달아 올릴 때 걸리는 하중 실필 1603

- 훅에서 화물로 수직선을 내려 만든 2개의 직각삼각형 각각에 화물의 무게/2의 하중이 걸린다.
- 각각의 와이어로프의 $\cos(\frac{\theta}{2})$에 해당하는 값에 화물무게/2에 해당하는 하중이 걸리므로 이를 식으로 표현하면 와이어로프에 걸리는 장력 = $\dfrac{\frac{\text{화물무게}}{2}}{\cos\left(\frac{\theta}{2}\right)}$ 로 구한다.
- θ가 0°보다는 크고 180°보다 작은 경우, θ의 각이 클수록 분모에 해당하는 $\cos\left(\frac{\theta}{2}\right)$의 값은 작아지므로 전체적인 장력은 커지게 된다.

0903 / 1401

57 — Repetitive Learning (1회 2회 3회)

다음 중 휴대용 동력 드릴작업 시 안전사항에 관한 설명으로 틀린 것은?

① 드릴 손잡이를 견고하게 잡고 작업하여 드릴 손잡이 부위가 회전하지 않고 확실하게 제어 가능하도록 한다.
② 절삭하기 위하여 구멍에 드릴 날을 넣거나 뺄 때 반발에 의하여 손잡이 부분이 튀거나 회전하여 위험을 초래하지 않도록 팔을 드릴과 직선으로 유지한다.
③ 드릴이나 리머를 고정시키거나 제거하고자 할 때 금속성 망치 등을 사용하여 확실히 고정 또는 제거한다.
④ 드릴을 구멍에 맞추거나 스핀들의 속도를 낮추기 위해서 드릴 날을 손으로 잡아서는 안 된다.

해설

- 드릴이나 리머를 고정시키거나 제거하고자 할 때 금속망치로 두드리면 변형 및 파손될 우려가 있으므로 고무망치를 사용하거나 나무블록 등을 사이에 두고 두드린다.

휴대용 동력 드릴 사용 시 주의사항

- 드릴 손잡이를 견고하게 잡고 작업하여 드릴 손잡이 부위가 회전하지 않고 확실하게 제어 가능하도록 한다.
- 드릴작업 시 과도한 진동을 일으키면 즉시 작업을 중단한다.
- 절삭하기 위하여 구멍에 드릴 날을 넣거나 뺄 때 반발에 의하여 손잡이 부분이 튀거나 회전하여 위험을 초래하지 않도록 팔을 드릴과 직선으로 유지한다.
- 드릴이나 리머를 고정하거나 제거할 때는 고무망치를 사용하거나 나무블록 등을 사이에 두고 두드린다.
- 절삭하기 위하여 구멍에 드릴 날을 넣거나 뺄 때는 팔을 드릴과 직선이 되도록 한다.
- 작업 중에는 드릴을 구멍에 맞추거나 하기 위해서 드릴 날을 손으로 잡아서는 안 된다.

58 — Repetitive Learning (1회 2회 3회)

보일러에서 폭발사고를 미연에 방지하기 위해 화염 상태를 검출할 수 있는 장치가 필요하다. 이 중 바이메탈을 이용하여 화염을 검출하는 것은?

① 프레임 아이
② 스택 스위치
③ 전자 개폐기
④ 프레임 로드

해설

- 바이메탈식 화염 검출기를 스택 스위치라고 한다.

스택 스위치(Stack switch)

㉠ 개요
- 바이메탈식 화염 검출기를 말한다.
- 바이메탈의 온도변화에 의한 변위를 이용하여 보호 계전기의 접점을 개폐하여 화염을 검출한다.

㉡ 특징
- 구조가 간단하고 가격이 싸다.
- 버너의 용량이 큰 곳에는 부적합하다.

59 — Repetitive Learning (1회 2회 3회)

밀링작업 시 안전수칙에 관한 설명으로 옳지 않은 것은?

① 칩은 기계를 정지시킨 다음에 브러시 등으로 제거한다.
② 일감 또는 부속장치 등을 설치하거나 제거할 때는 반드시 기계를 정지시키고 작업한다.
③ 커터는 될 수 있는 한 컬럼에서 멀게 설치한다.
④ 강력 절삭을 할 때는 일감을 바이스에 깊게 물린다.

해설

- 커터는 될 수 있는 한 컬럼에 가깝게 설치해야 한다.

밀링머신(Milling machine) 안전수칙

㉠ 작업자 보호구 착용
- 작업 중 면장갑은 끼지 않는다.
- 작업자의 옷소매 등이 커터에 말릴 수 있으므로 주의하고, 묶을 때 끈을 사용하지 않는다.
- 칩의 비산이 많으므로 보안경을 착용한다.

㉡ 커터 관련 안전수칙
- 커터는 될 수 있는 한 컬럼에 가깝게 설치한다.
- 커터를 끼울 때는 아버를 깨끗이 닦는다.
- 커터의 교환 시는 테이블 위에 목재를 받쳐 놓는다.
- 밀링커터는 걸레 등으로 감싸 쥐고 다루도록 한다.
- 절삭 공구에 절삭유를 주유 시에는 커터 위부터 공급한다.

57 ③ 58 ② 59 ③ | 정답

㉢ 기타 안전수칙
- 테이블 위에 공구 등을 올려놓지 않는다.
- 강력절삭 시에는 일감을 바이스에 깊게 물린다.
- 일감의 측정은 기계를 정지한 후에 한다.
- 주축속도의 변속은 반드시 주축의 정지 후에 한다.
- 상하, 좌우 이송 손잡이는 사용 후 반드시 빼 둔다.
- 급속이송은 백래시 제거장치가 동작하지 않고 있음을 확인한 다음 행한다.
- 칩의 제거는 절삭작업이 끝난 후 브러시나 청소용 솔을 사용하여 한다.

0802 / 1101

60 Repetitive Learning (1회 2회 3회)

다음 중 방호장치의 기본목적과 관계가 먼 것은?

① 작업자의 보호
② 기계기능의 향상
③ 인적·물적 손실의 방지
④ 기계위험 부위의 접촉방지

해설
- 방호장치는 작업자의 안전을 위한 장치이지 기능의 향상을 목적으로 하지 않는다.

방호장치의 설치목적
- 방호장치는 작업 중의 위험으로부터 작업자를 보호하는 데 목적을 둔다.
- 가공물 등의 낙하에 의한 위험방지
- 위험부위와 신체의 접촉방지
- 비산으로 인한 위험방지
- 작업자를 보호하여 인적·물적 손실을 방지

4과목 전기설비 안전관리

1003

61 Repetitive Learning (1회 2회 3회)

화재·폭발 위험분위기의 생성방지 방법으로 옳지 않은 것은?

① 폭발성 가스의 누설 방지
② 가연성 가스의 방출 방지
③ 폭발성 가스의 체류 방지
④ 폭발성 가스의 옥내 체류

해설
- 폭발성 가스는 밀폐된 공간에 있을 때 폭발 위험에 주의해야 하므로 옥내 체류는 방지해야 한다.

화재·폭발 위험분위기의 생성방지
- 폭발성 가스의 누설 방지
- 가연성 가스의 방출 방지
- 폭발성 가스의 체류 방지

62 Repetitive Learning (1회 2회 3회)

우리나라에서 사용하고 있는 전압(교류와 직류)을 크기에 따라 구분한 것으로 알맞은 것은?

① 저압 : 직류는 1,000V 이하
② 저압 : 교류는 1,000V 이하
③ 고압 : 직류는 800V를 초과하고, 6kV 이하
④ 고압 : 교류는 700V를 초과하고, 6kV 이하

해설
- 저압이란 직류는 1,500V 이하, 교류는 1,000V 이하인 것이다.
- 고압이란 7,000V 이하의 범위에서 직류는 1,500V를, 교류는 1,000V를 넘는 것이다.

전압의 구분

구분	내용
저압	직류는 1,500V 이하, 교류는 1,000V 이하인 것
고압	직류는 1,500V를, 교류는 1,000V를 넘고, 7,000V 이하인 것
특별고압	7,000V를 넘는 것

1101

63 Repetitive Learning (1회 2회 3회)

내압방폭구조의 주요 시험항목이 아닌 것은?

① 폭발강도
② 인화온도
③ 절연시험
④ 기계적 강도시험

해설
- ①, ②, ④ 외에 폭발압력 측정 등이 있다.

내압방폭구조의 주요 시험항목
- 기계적 강도시험
- 폭발압력(기준압력) 측정
- 폭발강도(정적 및 동적)시험
- 폭발인화시험

정답 | 60 ② 61 ④ 62 ② 63 ③

0503

64 — Repetitive Learning 1회 2회 3회

교류 아크용접기의 접점방식(Magnet식)의 전격방지장치에서 지동시간과 용접기 2차측 무부하전압(V)을 바르게 표현한 것은?

① 0.06초 이내, 25V 이하
② 1±0.3초 이내, 25V 이하
③ 2±0.3초 이내, 50V 이하
④ 1.5±0.06초 이내, 50V 이하

해설

- 자동전격방지장치는 아크 발생이 중단되면 출력측 무부하전압을 1초 이내에 25[V] 이하로 저하시키는 장치이다.

자동전격방지장치 실필 1002

㉠ 개요
- 용접작업을 정지하는 순간(1초 이내) 자동적으로 접촉하여도 감전재해가 발생하지 않는 정도로 용접봉 홀더의 출력측 2차 전압을 저하(25V)시키는 장치이다.
- 용접작업을 정지하는 순간에 작동하여 다음 아크 발생 시까지 기능한다.
- 주회로를 제어하는 장치와 보조변압기로 구성된다.

㉡ 설치
- 용접기 외함 및 피용접물은 제3종 접지공사를 실시한다.
- 자동전격방지장치 설치 장소는 선박의 이중 선체 내부, 밸러스트(Ballast) 탱크, 보일러 내부 등 도전체에 둘러싸인 장소, 추락할 위험이 있는 높이 2m 이상의 장소로 철골 등 도전성이 높은 물체에 근로자가 접촉할 우려가 있는 장소, 물·땀 등으로 인하여 도전성이 높은 습윤 상태에서 근로자가 작업하는 장소 등이다.

2102

65 — Repetitive Learning

누전차단기의 시설방법 중 옳지 않은 것은?

① 시설장소는 배전반 또는 분전반 내에 설치한다.
② 정격전류용량은 해당 전로의 부하전류값 이상이어야 한다.
③ 정격감도전류는 정상의 사용상태에서 불필요하게 동작하지 않도록 한다.
④ 인체 감전보호형은 0.05초 이내에 동작하는 고감도고속형이어야 한다.

해설

- 인체 감전보호용은 정격감도전류(30[mA])에서 0.03[초] 이내에 동작해야 한다.

누전차단기 설치장소
- 주위 온도 −10~40[℃]의 범위 내에서 설치할 것
- 상대습도 45~80[%] 사이의 장소에 설치할 것
- 전원전압은 정격전압의 85~110[%] 사이에서 사용할 것
- 먼지가 적고, 표고 1,000m 이하의 장소에 설치할 것
- 이상한 진동 및 충격을 받지 않는 상태로 설치할 것
- 배전반 또는 분전반 내에 설치할 것
- 정격전류용량은 해당 전로의 부하전류값 이상이어야 할 것
- 정상의 사용상태에서 불필요하게 동작하지 않도록 할 것

66 — Repetitive Learning 1회 2회 3회

방폭전기기기의 온도등급에서 기호 T2의 의미로 맞는 것은?

① 최고표면온도의 허용치가 135℃ 이하인 것
② 최고표면온도의 허용치가 200℃ 이하인 것
③ 최고표면온도의 허용치가 300℃ 이하인 것
④ 최고표면온도의 허용치가 450℃ 이하인 것

해설

- 최고표면온도의 허용치가 135℃ 이하인 것은 T4, 200℃ 이하인 것은 T3, 300℃ 이하인 것은 T2, 450℃ 이하인 것은 T1이다.

방폭전기기기의 온도등급

등급표시	발화도	최고표면온도의 허용치/발화온도
–	G1	450℃ 초과
T1	G2	300 ~ 450℃
T2	G3	200 ~ 300℃
T3	G4	135 ~ 200℃
T4	G5	100 ~ 135℃
T5	G6	85 ~ 100℃
T6		85℃ 이하

67 — Repetitive Learning

사업장에서 많이 사용되고 있는 이동식 전기기계·기구의 안전대책으로 가장 거리가 먼 것은?

① 충전부 전체를 절연한다.
② 절연이 불량인 경우 접지저항을 측정한다.
③ 금속제 외함이 있는 경우 접지를 한다.
④ 습기가 많은 장소는 누전차단기를 설치한다.

64 ② 65 ④ 66 ③ 67 ② 정답

해설

- 절연이 불량할 경우 감전재해의 원인이 되므로 즉각 보수하여야 한다.

이동식 전기기계·기구의 안전대책

- 노출된 충전부분이 없도록 방호를 철저히 한다.
- 누전이 발생하지 않도록 충전부 전체를 절연한다.
- 전기기계·기구에는 보호접지를 한다.
- 전기기기에 위험표시를 한다.
- 습기가 많은 장소에는 누전차단기를 설치한다.
- 고압선로 및 충전부에 근접하여 작업할 때는 보호구를 착용한다.

68

감전사고를 방지하기 위한 허용보폭전압에 대한 수식으로 맞는 것은?

E : 허용보폭전압	R_b : 인체의 저항
ρ_s : 지표상층 저항률	I_K : 심실세동전류

① $E=(R_b+3\rho_s)I_K$　② $E=(R_b+4\rho_s)I_K$

③ $E=(R_b+5\rho_s)I_K$　④ $E=(R_b+6\rho_s)I_K$

해설

- 허용보폭전압은 심실세동전류×(인체의 저항+6×지표의 저항률)[V]로 구한다.

허용보폭전압

- 접지를 실시한 구조물에 고장전류가 흐를 때 접지전극 근처에 전위가 생기는데 이때 양다리에 걸리는 전위차를 말한다.
- 변전소 내 고장전류 유입 시 지표면상 근접거리 두 점 간의 최대 전위차를 말한다.
- R_F를 발과 대지의 접촉저항이라 할 때 $E=(R_b+2R_F)I_K$이며, $R_F=3\times\rho_s$이므로 $E=(R_b+6\rho_s)I_K$로 구한다.
- E=심실세동전류×(인체의 저항+6×지표의 저항률)[V]로 구한다.

69

인체저항이 5,000Ω이고, 전류가 3mA가 흘렀다. 인체의 정전용량이 0.1μF라면 인체에 대전된 정전하는 몇 μC인가?

① 0.5　② 1.0

③ 1.5　④ 2.0

해설

- 정전용량(0.1μF)과 저항(5kΩ), 전류(3mA)가 주어진 상태에서 전하량을 구하는 문제이다.
- 전압은 옴의 법칙에서 $V=IR=3\times10^{-3}\times5\times10^{3}=15$[V]이다.
- $Q=CV$이므로 대입하면 0.1[μF]×15[V]=1.5[μC]이 된다.

전하량과 정전에너지

㉠ 전하량

- 평행한 축전기의 두 극판 사이의 거리가 일정할 때 양 극단에 걸린 전압 V가 클수록 더 많은 전하량 Q가 대전되게 된다.
- 전기용량(C)은 단위전압(V)당 물체가 저장하거나 물체에서 분리하는 전하의 양(Q)으로 $C=\frac{Q}{V}$로 구한다.

㉡ 정전에너지

- 물체에 정전기가 대전하면 축적되는 에너지 혹은 콘덴서에 전압을 가할 경우 축적되는 에너지를 말한다.
- $W=\frac{1}{2}CV^2=\frac{1}{2}QV=\frac{Q^2}{2C}$[J]로 구할 수 있다.

이때 C는 정전용량[F], V는 전압[V], Q는 전하[C]이다.

1302 / 2201

70

Repetitive Learning

저압전로의 절연성능시험에서 전로의 사용전압이 380V인 경우 전로의 전선 상호 간 및 전로와 대지 사이의 절연저항은 최소 몇 MΩ 이상이어야 하는가?

① 0.5 MΩ

② 1.0 MΩ

③ 2.0 MΩ

④ 0.1 MΩ

해설

- 옥내 사용전압이 380V인 경우 절연저항은 1.0[MΩ] 이상이어야 한다.

옥내 사용전압에 따른 절연저항값

전로의 사용전압	DC 시험전압	절연저항치
SELV 및 PELV	250[V]	0.5[MΩ]
FELV, 500[V] 이하	500[V]	1.0[MΩ]
500[V] 초과	1,000[V]	1.0[MΩ]

- 특별저압(2차 전압이 AC 50V, DC 120V 이하)으로 SELV(비접지회로 구성) 및 PELV(접지회로 구성)은 1차와 2차가 전기적으로 절연된 회로, FELV는 1차와 2차가 전기적으로 절연되지 않은 회로이다.

정답 | 68 ④　69 ③　70 ②

0402 / 0601 / 1401

71 Repetitive Learning (1회 2회 3회)

방폭전기기기의 등급에서 위험장소의 등급분류에 해당되지 않는 것은?

① 3종 장소　　② 2종 장소
③ 1종 장소　　④ 0종 장소

해설

- 인화성 또는 가연성의 가스나 증기에 의한 방폭지역은 위험분위기의 발생 가능성에 따라 0종, 1종, 2종 장소로 구분한다.

장소별 방폭구조 실필 2302/0803

0종 장소	지속적 위험분위기	• 본질안전방폭구조(EX ia)
1종 장소	통상상태에서의 간헐적 위험분위기	• 내압방폭구조(EX d) • 압력방폭구조(EX p) • 충전방폭구조(EX q) • 유입방폭구조(EX o) • 안전증방폭구조(EX e) • 본질안전방폭구조(EX ib) • 몰드방폭구조(EX m)
2종 장소	이상상태에서의 위험분위기	• 비점화방폭구조(EX n)

2103

72 Repetitive Learning 

다음은 무슨 현상을 설명한 것인가?

> 전위차가 있는 2개의 대전체가 특정거리에 접근하게 되면 등전위가 되기 위하여 전하가 절연공간을 깨고 순간적으로 빛과 열을 발생하며 이동하는 현상

① 대전　　② 충전
③ 방전　　④ 열전

해설

- 전위차를 갖는 대전체가 접근할 때 등전위가 되기 위해 전기를 소모하는 현상을 방전이라고 한다.

전기현상의 종류

방전	전위차가 있는 2개의 대전체가 특정거리에 접근하게 되면 등전위가 되기 위하여 전하가 절연공간을 깨고 순간적으로 빛과 열을 발생하며 이동하는 현상
충전	외부로부터 축전지나 콘덴서에 전류를 공급하여 전기에너지를 축적하는 현상으로 방전의 반대되는 개념
대전	충격이나 마찰에 의해 전자들이 이동하여 양전하와 음전하의 균형이 깨지면 다수의 전하가 겉으로 드러나게 되는 현상
열전	2개의 서로 다른 종류의 금속선을 접속하고 그 양단을 서로 다른 온도로 유지하면 회로에 전류가 흐르는 현상으로 제베크 효과, 펠티에 효과, 톰슨 효과를 갖는다.

1403

73 Repetitive Learning (1회 2회 3회)

다음 그림은 심장 맥동주기를 나타낸 것이다. T파는 어떤 경우인가?

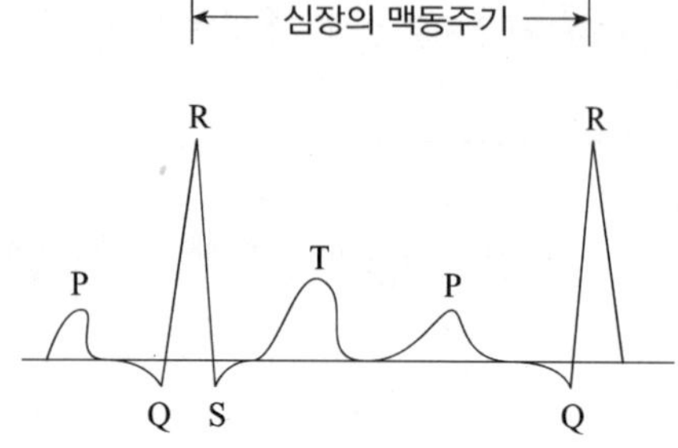

① 심방의 수축에 따른 파형
② 심실의 수축에 따른 파형
③ 심실의 휴식 시 발생하는 파형
④ 심방의 휴식 시 발생하는 파형

해설

- T파는 심실 수축이 종료되고 심실의 휴식상태를 말한다.

심장의 맥동주기와 심실세동

㉠ 맥동주기
- 맥동주기는 심장이 한 번의 심박에서 다음 심박까지 한 일을 말한다.
- 의학적인 심장의 맥동주기는 P-Q-R-S-T파형으로 나타낸다.

㉡ 맥동주기 해석

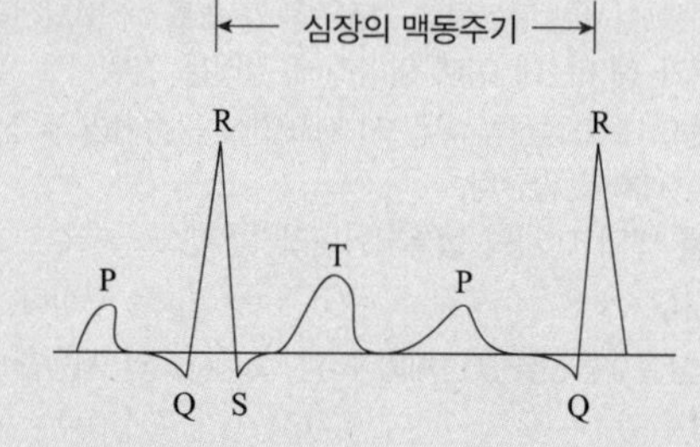

- 심방 수축에 따른 파형을 P파, 심실 수축에 따른 파형을 Q-R-S파, 심실 수축 종료 시 나타나는 파형으로 심실의 휴식을 의미하는 파형을 T파라 한다.
- 심장의 심실 수축이 종료되는 T파 부분에서 전격(쇼크)이 가해지면 심실세동이 일어날 확률이 가장 크고 위험하다.

71 ① 72 ③ 73 ③ 정답

1203

74

Repetitive Learning 1회 2회 3회

교류 아크용접기의 자동전격장치는 전격의 위험을 방지하기 위하여 아크 발생이 중단된 후 약 1초 이내에 출력측 무부하 전압을 자동적으로 몇 [V] 이하로 저하시켜야 하는가?

① 85
② 70
③ 50
④ 25

해설

- 자동전격방지장치는 아크 발생이 중단되면 출력측 무부하 전압을 1초 이내에 25[V] 이하로 저하시키는 장치이다.

자동전격방지장치 실필 1002

문제 64번의 유형별 핵심이론 참조

75

Repetitive Learning 

인체의 대부분이 수중에 있는 상태에서 허용접촉전압은 몇 V 이하인가?

① 2.5V
② 25V
③ 30V
④ 50V

해설

- 인체의 대부분이 수중에 있는 상태는 1종에 해당하며, 이때의 허용접촉전압은 2.5[V] 이하이다.

접촉상태별 허용접촉전압

종별	접촉상태	허용 접촉전압
1종	인체의 대부분이 수중에 있는 상태	2.5[V] 이하
2종	• 인체가 현저하게 젖어있는 상태 • 금속성의 전기기계 장치나 구조물에 인체의 일부가 상시 접속되어 있는 상태	25[V] 이하
3종	통상의 인체상태에 있어서 접촉전압이 가해지더라도 위험성이 낮은 상태	50[V] 이하
4종	접촉전압이 가해질 우려가 없는 경우	제한없음

76

Repetitive Learning 1회 2회 3회

우리나라의 안전전압으로 볼 수 있는 것은 약 몇 V인가?

① 30V ② 50V
③ 60V ④ 70V

해설

- 우리나라에서는 산업안전보건법에서 30V를 안전전압으로 규정하고 있다.

안전전압(安全電壓 : Safety voltage)

- 회로의 정격 전압이 일정수준 이하의 낮은 전압으로 절연파괴 등의 사고 시에도 인체에 위험을 주지 않게 되는 전압을 안전전압이라고 한다.
- 우리나라에서는 교류 30V 이하, 직류 42V 이하를 안전전압으로 규정하고 있다.

0402 / 0602 / 1001

77

Repetitive Learning 1회 2회 3회

충전전로의 사용전압이 22.9[kV]인 경우 근로자의 신체와 충전전로의 접근한계거리는 몇 [cm] 이상인가?

① 90 ② 110
③ 130 ④ 150

해설

- 충전전로의 사용전압이 22.9[kV]인 경우에는 근로자의 신체와 충전전로의 접근한계거리가 90[cm] 이상이어야 한다.

충전전로 접근한계거리 실필 2302/1703/1301

충전전로의 선간전압 (단위 : kV)	충전전로에 대한 접근한계거리(단위 : cm)
0.3 이하	접촉금지
0.3 초과 0.75 이하	30
0.75 초과 2 이하	45
2 초과 15 이하	60
15 초과 37 이하	90
37 초과 88 이하	110
88 초과 121 이하	130
121 초과 145 이하	150
145 초과 169 이하	170
169 초과 242 이하	230
242 초과 362 이하	380
362 초과 550 이하	550
550 초과 800 이하	790

정답 | 74 ④ 75 ① 76 ① 77 ①

0901 / 1301 / 1902 / 2103

78

Repetitive Learning (1회 2회 3회)

전류가 흐르는 상태에서 단로기를 끊었을 때 여러 가지 파괴작용을 일으킨다. 다음 그림에서 유입차단기의 차단순서와 투입순서가 안전수칙에 적합한 것은?

인입 ─○╲○─[○ ○]─○╲○─ 부하

① DS ② VCB ③ DS

① 차단 ① → ② → ③, 투입 ① → ② → ③
② 차단 ② → ③ → ①, 투입 ② → ① → ③
③ 차단 ③ → ② → ①, 투입 ③ → ② → ①
④ 차단 ② → ③ → ①, 투입 ③ → ① → ②

해설

- 전원을 차단할 때는 차단기(VCB) 개방 후 단로기(DS)를 개방하며, 전원을 투입할 때는 단로기(DS)를 투입한 후 차단기(VCB)를 투입한다. 단로기는 부하측을 항상 먼저 투입하거나 개방한다.

:: 단로기와 차단기

㉠ 단로기(DS : Disconnecting Switch)
- 기기의 보수점검 시 또는 회로전환 변경 시 무부하 상태의 선로를 개폐하는 역할을 수행한다.
- 부하전류의 개폐와는 관련 없다.

㉡ 차단기(CB : Circuit Breaker)
- 전로 개폐 및 사고전류 차단을 목적으로 한다.
- 고장전류와 같은 대전류를 차단하는 데 이용된다.

㉢ 단로기와 차단기의 개폐조작 순서
- 전원 차단 : 차단기(VCB) 개방 – 단로기(DS) 개방
- 전원 투입 : 단로기(DS) 투입 – 차단기(VCB) 투입

0902 / 1203

79

Repetitive Learning 

다음 중 정전기에 대한 설명으로 가장 알맞은 것은?

① 전하의 공간적 이동이 크고, 그것에 의한 자계의 효과가 전계의 효과에 비해 매우 큰 전기
② 전하의 공간적 이동이 적고, 그것에 의한 자계의 효과가 전계에 비해 무시할 정도의 적은 전기
③ 전하의 공간적 이동이 적고, 그것에 의한 전계의 효과와 자계의 효과가 서로 비슷한 전기
④ 전하의 공간적 이동이 크고, 그것에 의한 자계의 효과와 전계의 효과를 서로 비교할 수 없는 전기

해설

- 전하의 공간적 이동이 적고, 그것에 의한 자계의 효과가 전계에 비해 무시할 정도의 적은 전기를 말한다.

:: 정전기

㉠ 개요
- 전하(電荷)가 정지 상태에 있어 흐르지 않고 머물러 있는 전기를 말한다.
- 전하의 공간적 이동이 적고, 그것에 의한 자계의 효과가 전계에 비해 무시할 정도의 적은 전기를 말한다.
- 같은 부호의 전하 사이에는 반발력이 작용하나 정전유도에 의한 힘에는 흡인력이 작용한다.

㉡ 대전(Electrification)
- 발생한 정전기와 완화한 정전기의 차가 마찰을 받은 물체에 축적되는 현상을 대전이라 한다.
- 대전의 원인에는 접촉대전, 마찰대전, 박리대전, 유동대전, 분출대전, 충돌대전, 파괴대전 등이 있다.
- 겨울철에 나일론 소재 셔츠 등을 벗을 때 경험하는 부착 현상이나 스파크 발생은 박리대전현상이다.

0403 / 0803 / 0903 / 1101 / 1203 / 1302 / 2001

80

Repetitive Learning (1회 2회 3회)

인체의 전기저항을 500Ω이라 한다면 심실세동을 일으키는 위험에너지는 몇 [J]인가?(단, 달지엘(DALZIEL) 주장, 통전시간은 1초, 체중은 60kg 정도이다)

① 13.2
② 13.4
③ 13.6
④ 14.6

해설

- 통전시간이 1초, 인체의 전기저항값이 500Ω이라고 할 때 심실세동을 일으키는 전류에서의 전기에너지는 13.612[J]이다.

:: 심실세동 한계전류와 전기에너지 실필 2303/2101/1403/1401/1202

- 심장의 맥동에 영향을 주어 혈액 순환을 곤란하게 하고, 끝내는 심장 기능을 잃게 하는 치사적 전류를 심실세동전류라 한다.
- 감전자 1천명 중 5명 이상이 심실세동을 일으킬 수 있는 감전시간과 위험전류와의 관계에서
  심실세동 한계전류 I는 $\frac{165}{\sqrt{T}}$[mA]이고, T는 통전시간이다.
- 인체의 접촉저항을 500Ω으로 할 때 심실세동을 일으키는 전류에서의 전기에너지는 $W = I^2Rt = \left(\frac{165 \times 10^{-3}}{\sqrt{T}}\right)^2 \times R \times T = (165 \times 10^{-3})^2 \times 500 = 13.612$[J]가 된다.

78 ④ 79 ② 80 ③ | 정답

5과목 화학설비 안전관리

0401 / 2103

81

Repetitive Learning 

다음 화학물질 중 물에 잘 용해되는 것은?

① 아세톤 ② 벤젠
③ 톨루엔 ④ 휘발유

해설

- 벤젠(C_6H_6)은 물에 녹지 않는 무색의 가연성 물질이다.
- 톨루엔(C_7H_8)은 시너냄새가 나는 물에 녹지 않는 액체이다.
- 휘발유는 물에 녹지 않는 휘발성 투명한 액체이다.

아세톤(CH_3COCH_3)

㉠ 개요
- 인화성 액체(인화점 -20℃)로 독성물질에 속한다.
- 무색이고 휘발성이 강하며 장기적인 피부 접촉은 심한 염증을 일으킨다.

㉡ 특징
- 아세틸렌의 용제로 많이 사용된다.
- 증기는 유독하므로 흡입하지 않도록 주의해야 한다.
- 비중이 0.79이므로 물보다 가벼우며 물에 잘 용해된다.

1002 / 1403

82

Repetitive Learning 

다음 중 최소발화에너지가 가장 작은 가연성 가스는?

① 수소 ② 메탄
③ 에탄 ④ 프로판

해설

- 보기의 가스들을 최소발화에너지가 작은 것부터 큰 순으로 배열하면 수소 < 프로판 < 메탄 < 에탄 순이다.

주요 인화성 가스의 최소발화에너지

인화성 가스	최소발화에너지[mJ]
이황화탄소(CS_2)	0.009
수소(H_2), 아세틸렌(C_2H_2)	0.019
에틸렌(C_2H_4)	0.096
벤젠(C_6H_6)	0.20
프로판(C_3H_8)	0.26
프로필렌(C_3H_6), 메탄(CH_4)	0.28
에탄(C_2H_6)	0.67

1202

83

Repetitive Learning 1회 2회 3회

안전설계의 기초에 있어 기상폭발대책을 예방대책, 긴급대책, 방호대책으로 나눌 때 다음 중 방호대책과 가장 관계가 깊은 것은?

① 경보
② 발화의 저지
③ 방폭벽과 안전거리
④ 가연조건의 성립저지

해설

- ①과 ②는 긴급대책, ④는 예방대책에 해당한다.

기상폭발대책

- 기상폭발대책은 크게 예방대책, 긴급대책, 방호대책으로 구분할 수 있다.

구분	내용
예방대책	• 기상폭발이 일어나지 않도록 폭발이 발생하는 원인을 제거하는 대책이다. • 가연조건의 성립저지, 발화원의 제거 등이 이에 해당한다.
긴급대책	• 기상폭발이 발생할 조짐을 보일 때 강구하는 대책이다. • 경보를 발하고, 폭발저지 방법을 강구하거나 피난하는 방법 등이 이에 해당한다.
방호대책	• 기상폭발이 발생했을 때 피해를 최소화하는 대책이다. • 방폭벽과 안전거리의 확보 등이 이에 해당한다.

0901 / 2103

84

공정안전보고서 중 공정안전자료에 포함하여야 할 세부내용에 해당하는 것은?

① 비상조치계획에 따른 교육계획
② 안전운전지침서
③ 각종 건물·설비의 배치도
④ 도급업체 안전관리계획

해설

- 비상조치계획에 따른 교육계획은 비상조치계획의 세부내용이다.
- 안전운전지침서와 도급업체 안전관리계획은 안전운전계획의 세부내용이다.

정답 | 81 ① 82 ① 83 ③ 84 ③

공정안전보고서의 공정안전자료의 세부내용

- 취급·저장하고 있거나 취급·저장하려는 유해·위험물질의 종류 및 수량
- 유해·위험물질에 대한 물질안전보건자료
- 유해·위험설비의 목록 및 사양
- 유해·위험설비의 운전방법을 알 수 있는 공정도면
- 각종 건물·설비의 배치도
- 폭발위험장소 구분도 및 전기단선도
- 위험설비의 안전설계·제작 및 설치 관련 지침서

0703 / 0902

85

Repetitive Learning 1회 2회 3회

다음 중 물질에 대한 저장방법으로 잘못된 것은?

① 나트륨 – 유동 파라핀 속에 저장
② 니트로글리세린 – 강산화제 속에 저장
③ 적린 – 냉암소에 격리 저장
④ 칼륨 – 등유 속에 저장

해설

- 니트로글리세린은 직사광선에 노출되어서는 안 되는 물질이므로 갈색 유리병에 넣어 햇빛을 차단하여 보관해야 한다.

위험물의 대표적인 저장방법

구분	저장방법
탄화칼슘	불연성 가스로 봉입하여 밀폐용기에 저장
벤젠	산화성 물질과 격리 보관
금속나트륨, 칼륨	벤젠이나 석유 속에 밀봉하여 저장
질산	갈색병에 넣어 냉암소에 보관
니트로글리세린	갈색 유리병에 넣어 햇빛을 차단하여 보관
황린	자연발화하기 쉬우므로 pH9 물속에 보관
적린	냉암소에 격리 보관

1003

86

Repetitive Learning 1회 2회 3회

화학설비 가운데 분체화학물질 분리장치에 해당하지 않는 것은?

① 건조기　　② 분쇄기
③ 유동탑　　④ 결정조

해설

- 분쇄기는 분체화학물질 분리장치가 아니라 취급장치이다.

분체화학물질 관련 특수 화학설비

구분	설비
분체화학물질 취급장치	분쇄기·분체분리기·용융기 등
분체화학물질 분리장치	결정조·유동탑·탈습기·건조기 등

1103 / 1403 / 2102

87

Repetitive Learning 1회 2회 3회

특수 화학설비를 설치할 때 내부의 이상상태를 조기에 파악하기 위하여 필요한 계측장치로 가장 거리가 먼 것은?

① 압력계　　② 유량계
③ 온도계　　④ 습도계

해설

- 위험물을 기준량 이상으로 제조하거나 취급하는 화학설비를 설치하는 경우에 필요한 계측장치는 온도계·유량계·압력계 등이다.

계측장치 등의 설치 실작 1503

- 사업주는 위험물을 기준량 이상으로 제조하거나 취급하는 화학설비를 설치하는 경우에는 내부의 이상 상태를 조기에 파악하기 위하여 필요한 온도계·유량계·압력계 등의 계측장치를 설치하여야 한다.
- 계측장치의 설치가 요구되는 특수화학설비에는 발열반응이 일어나는 반응장치, 증류·정류·증발·추출 등 분리를 하는 장치, 가열시켜 주는 물질의 온도가 가열되는 위험물질의 분해온도 또는 발화점보다 높은 상태에서 운전되는 설비, 반응폭주 등 이상 화학반응에 의하여 위험물질이 발생할 우려가 있는 설비, 온도가 섭씨 350도 이상이거나 게이지 압력이 980킬로파스칼 이상인 상태에서 운전되는 설비, 가열로 또는 가열기 등이 있다.

88

Repetitive Learning 1회 2회 3회

위험물 또는 위험물이 발생하는 물질을 가열·건조하는 경우 내용적이 몇 m^3 이상인 건조설비인 경우 건조실을 설치하는 건축물의 구조를 독립된 단층건물로 하여야 하는가?(단, 건조실을 건축물의 최상층에 설치하거나 건축물이 내화구조인 경우는 제외한다)

① 1　　② 10
③ 100　　④ 1,000

해설

- 위험물 또는 위험물이 발생하는 물질을 가열·건조하는 경우, 내용적이 $1m^3$ 이상인 건조설비일 때에는 건조실 구조를 독립된 단층건물로 해야 한다.

위험물 건조설비를 설치하는 건축물의 구조

- 독립된 단층건물이나 건축물의 최상층에 설치하여야 하고, 건축물은 내화구조이어야 한다.
- 위험물 또는 위험물이 발생하는 물질을 가열·건조하는 경우 내용적이 $1m^3$ 이상인 건조설비이어야 한다.
- 위험물이 아닌 물질을 가열·건조하는 경우
  - 고체 또는 액체연료의 최대사용량이 시간당 10kg 이상
  - 기체연료의 최대사용량이 시간당 $1m^3$ 이상
  - 전기사용 정격용량이 10kW 이상

85 ② 86 ② 87 ④ 88 ① 정답

0902 / 2001

89

Repetitive Learning 1회 2회 3회

공기 중에서 폭발범위가 12.5~74[vol%]인 일산화탄소의 위험도는 얼마인가?

① 4.92　② 5.26
③ 6.26　④ 7.05

해설

- 주어진 값을 대입하면 $\frac{74-12.5}{12.5}=\frac{61.5}{12.5}=4.92$이다.

가스의 위험도 실필 1603

- 폭발을 일으키는 가연성 가스의 위험성의 크기를 나타낸다.
- $H=\frac{(U-L)}{L}$
  H : 위험도
  U : 폭발상한계
  L : 폭발하한계

90

Repetitive Learning 

숯, 코크스, 목탄의 대표적인 연소 형태는?

① 혼합연소　② 증발연소
③ 표면연소　④ 비혼합연소

해설

- 숯, 코크스, 목탄 등이 대표적인 표면연소 형태를 보인다.

표면연소

- 고체의 연소방식이다.
- 열분해 되지 않고 고체 표면에 공기가 닿아 연소가 일어나 고온을 유지하며 타는 연소 형태를 말한다.
- 숯, 코크스, 목탄 등이 대표적인 표면연소 형태를 보인다.

1102

91

Repetitive Learning 

다음 중 자연발화가 가장 쉽게 일어나기 위한 조건에 해당하는 것은?

① 큰 열전도율　② 고온, 다습한 환경
③ 표면적이 작은 물질　④ 공기의 이동이 많은 장소

해설

- 열전도율이 크면 열의 축적이 일어나지 않으므로 자연발화가 일어나기 어렵다.
- 표면적이 클수록 자연발화가 일어나기 쉽다.
- 공기의 이동이 많으면 열의 축적이 어려워 자연발화가 일어나기 어렵다.

자연발화

㉠ 개요
- 물질이 고유의 성질로 인해 스스로 발열반응을 통해 발생한 열을 장기간 축적하여 발화하는 현상이다.
- 자연발화를 일으키는 원인에는 산화열, 분해열, 중합열, 흡착열 등이 있다.

㉡ 발화하기 쉬운 조건
- 분해열에 의해 자연발화가 발생할 수 있다.
- 입자의 표면적이 넓을수록 자연발화가 발생하기 쉽다.
- 고온다습한 환경에서 자연발화가 발생하기 쉽다.
- 열의 축적은 자연발화를 일으킬 수 있는 인자이다.

92

Repetitive Learning 1회 2회 3회

위험물에 관한 설명으로 틀린 것은?

① 이황화탄소의 인화점은 0℃보다 낮다.
② 과염소산은 쉽게 연소되는 가연성 물질이다.
③ 황린은 물속에 저장한다.
④ 알킬알루미늄은 물과 격렬하게 반응한다.

해설

- 과염소산은 가연성 물질이 아니고 산화성 액체이다.

과염소산($HClO_4$)

- 산화성 액체(6류 위험물)의 한 종류로 폭발성을 가지는 유독물질이다.
- 물과 혼합하면 다량의 열을 발생시킨다.
- 화재 발생 시 마른 모래 등을 이용한 질식소화를 한다.

93

Repetitive Learning 1회 2회 3회

물과 반응하여 가연성 기체를 발생하는 것은?

① 피크린산　② 이황화탄소
③ 칼륨　④ 과산화칼륨

해설

- 피크린산($C_6H_3N_3O_7$)은 폭발성의 가연성 물질로 물이나 에탄올에 녹는다.
- 이황화탄소(CS_2)는 휘발성과 가연성이 강한 독성 물질로 물에 잘 녹지 않는다.
- 칼륨(K), 나트륨(Na), 마그네슘(Mg), 아연(Zn), 리튬(Li) 등은 물과 격렬히 반응해 수소를 발생시킨다.
- 과산화칼륨(K_2O_2)은 산화성 고체로 물에 녹아 산소를 발생시킨다.

칼륨(K)

- 물반응성 물질 및 인화성 고체의 한 종류이다.
- 물과 반응하여 수산화칼륨과 수소를 발생시킨다.

정답 | 89 ① 90 ③ 91 ② 92 ② 93 ③

0703

94 — Repetitive Learning 1회 2회 3회

프로판(C_3H_8)의 연소하한계가 2.2[vol%]일 때 연소를 위한 최소산소농도(MOC)는 몇 [vol%]인가?

① 5.0 ② 7.0
③ 9.9 ④ 11.0

해설

- 연소하한계 2.2[vol%]가 주어져 있다.
- 프로판은 탄소(a)가 3, 수소(b)가 8이므로 산소양론계수는 $3+\frac{8}{4}=5$이다.
- 최소산소농도 = 5×2.2 = 11[vol%]가 된다.

완전연소 조성농도(Cst, 화학양론농도)와 최소산소농도(MOC) 실필 1803/1002

㉠ 완전연소 조성농도(Cst, 화학양론농도)

- 가연성 가스의 조성은 완전연소 조성농도에서 폭발의 위험성이 가장 높아진다.
- 완전연소 조성농도 = $\frac{100}{1+\text{공기몰수}\times\left(a+\frac{b-c-2d}{4}\right)}$이다.

 공기의 몰수는 주로 4.773을 사용하므로

 완전연소 조성농도 = $\frac{100}{1+4.773\left(a+\frac{b-c-2d}{4}\right)}$[vol%]

 로 구한다. 단, a : 탄소, b : 수소, c : 할로겐의 원자수, d : 산소의 원자수이다.
- Jones식에 따라 폭발한계를 추산하면 폭발하한계 = Cst × 0.55, 폭발상한계 = Cst × 3.50이다.

㉡ 최소산소농도(MOC)

- 연소 시 필요한 산소(O_2)농도 즉, 산소양론계수 = $a+\frac{b-c-2d}{4}$로 구한다.
- 최소산소농도(MOC) = 산소양론계수 × 연소하한값이다.

95 — Repetitive Learning

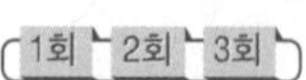

다음 중 유기과산화물로 분류되는 것은?

① 메틸에틸케톤
② 과망간산칼륨
③ 과산화마그네슘
④ 과산화벤조일

해설

- 유기과산화물에는 과초산, 벤옥실, 과산화벤조일, 과산화메틸에틸케톤 등이 있다.

유기과산화물

㉠ 개요

- –O–O기를 가진 물질이다.

㉡ 특징

- 불안정하며, 자기반응성 물질로 폭발성 물질에 해당한다.
- 점화원의 접근을 금지하고, 가열이나 마찰, 충격을 금지한다.
- 화재 발생 시 소화전, 물분무, 모래 등 냉각소화가 효과적이다.
- 과초산, 벤옥실, 과산화벤조일, 과산화메틸에틸케톤 등이 있다.

0401 / 0801

96 — Repetitive Learning 1회 2회 3회

연소이론에 대한 설명으로 틀린 것은?

① 착화온도가 낮을수록 연소위험이 크다.
② 인화점이 낮은 물질은 반드시 착화점도 낮다.
③ 인화점이 낮을수록 일반적으로 연소위험도 크다.
④ 연소범위가 넓을수록 연소위험이 크다.

해설

- 휘발유는 등유에 비해 인화점은 훨씬 낮지만 착화점은 더 높다.

연소이론

㉠ 개요

- 연소란 화학반응의 한 종류로, 가연물이 산소 중에서 산화반응을 하여 열과 빛을 발산하는 현상을 말한다.
- 연소를 위해서는 가연물, 산소공급원, 점화원 3조건이 마련되어야 한다.
- 연소범위가 넓을수록 연소위험이 크다.
- 착화온도가 낮을수록 연소위험이 크다.
- 가연성 액체를 발화점 이상으로 공기 중에서 가열하면 별도의 점화원이 없어도 발화할 수 있다.

㉡ 인화점

- 인화성 액체 위험물의 위험성지표를 기준으로 액체 표면에서 발생한 증기농도가 공기 중에서 연소하한농도가 될 수 있는 가장 낮은 액체온도를 말한다.
- 인화점이 낮을수록 일반적으로 연소위험이 크다.
- 인화점이 상온보다 낮은 가연성 액체는 상온에서 인화의 위험이 있다.

94 ④ 95 ④ 96 ② 정답

2103

97

Repetitive Learning 1회 2회 3회

디에틸에테르의 연소범위에 가장 가까운 값은?

① 2~10.4%
② 1.9~48%
③ 2.5~15%
④ 1.5~7.8%

해설

- 디에틸에테르의 연소범위는 1.9 ~ 48%이다.

디에틸에테르($C_2H_5OC_2H_5$)

㉠ 개요
- 이황화탄소와 함께 제4류 특수인화물에 속하는 인화성 액체이다.

㉡ 특성
- 과산화물을 생성하므로 갈색병에 보관해야 한다.
- 연소범위는 1.9 ~ 48%이다.
- 인화점은 −45℃이다.

1102

98

송풍기의 회전차 속도가 1,300[rpm]일 때 송풍량이 분당 300[m³]이었다. 송풍량을 분당 400[m³]로 증가시키고자 한다면 송풍기의 회전차 속도는 약 몇 [rpm]으로 하여야 하는가?

① 1,533　② 1,733
③ 1,967　④ 2,167

해설

- 송풍기의 송풍량은 회전수의 비와 비례한다. 따라서 송풍량을 300에서 400으로 증가시켰을 때 회전속도는 1,300에서 $1,300 \times \frac{400}{300} = 1,733$으로 증가한다.

송풍기의 상사법칙

㉠ 회전수 비와의 관계
- 송풍량은 회전수 비와 비례한다.
- 정압과 풍압은 회전수 비의 제곱에 비례한다.
- 축동력이나 마력은 회전수 비의 세제곱에 비례한다.

㉡ 임펠러 직경과의 관계
- 송풍량은 임펠러 직경의 세제곱에 비례한다.
- 정압은 임펠러 직경의 제곱에 비례한다.
- 축동력은 임펠러 직경의 다섯제곱에 비례한다.

99

Repetitive Learning 1회 2회 3회

다음 중 물과 반응하였을 때 흡열반응을 나타내는 것은?

① 질산암모늄
② 탄화칼슘
③ 나트륨
④ 과산화칼륨

해설

- 대표적인 흡열반응에는 염화암모늄이나 질산암모늄이 물과 반응할 때, 질소와 산소의 반응 등이 있다.

흡열반응
- 발열반응의 반대개념으로 생성물질의 에너지가 반응물질의 에너지보다 큰 경우 주위에서 열을 흡수해야 진행되는 화학반응을 말한다.
- 대표적인 흡열반응에는 염화암모늄이나 질산암모늄이 물과 반응할 때, 질소와 산소의 반응 등이 있다.

1102 / 2102

100

Repetitive Learning 1회 2회 3회

다음 중 허용노출기준(TWA)이 가장 낮은 물질은?

① 염소　② 암모니아
③ 에탄올　④ 메탄올

해설

- 허용노출기준이 낮은 것은 독성이 강하다는 의미이다.
- 제시된 보기의 TWA값은 염소가 0.5, 암모니아는 25, 에탄올 1,000, 메탄올 200으로 염소가 가장 낮은 값이며 가장 독성이 강하다.

TWA(Time Weighted Average) 실필 1301
- 시간가중 평균노출기준이라고 한다.
- 1일 8시간 작업을 기준으로 유해요인의 측정치에 발생시간을 곱하여 8로 나눈 값이다.
- 독성이 강할수록 TWA값은 작아진다.

유독물질	포스겐/불소	염소	니트로벤젠 염화수소	사염화탄소	나프탈렌	일산화탄소	아세톤	이산화탄소
TWA (ppm)	0.1	0.5	1	5	10	30	500	5,000
독성	← 강하다						약하다 →	

6과목 건설공사 안전관리

0403

101 Repetitive Learning (1회 2회 3회)

보통흙의 건지에 깊이 5m를 개굴착하고자 한다. 구배를 1 : 0.5로 할 경우 그림에서 L은?

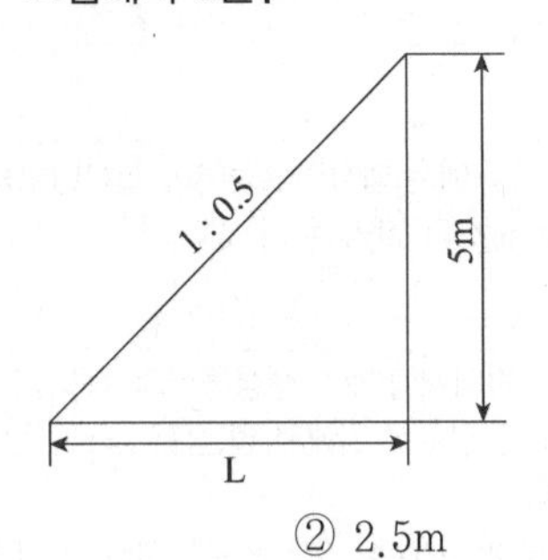

① 2m ② 2.5m
③ 5m ④ 10m

해설

- 기울기가 1 : 0.5이므로 높이가 5m이면 밑변의 길이는 2.5m가 되어야 한다.

양단면 굴착

- 굴착 깊이(x)와 폭(y), 굴착기울기(구배)가 1 : z로 주어질 때 상부 단면은 $y+2(x\times z)$로 구한다.
- $(x\times z)$에 2를 곱하는 것은 양단면 굴착이기 때문이다.

1202

102 Repetitive Learning (1회 2회 3회)

흙막이 지보공을 조립하는 경우 미리 조립도를 작성하여야 하는데 이 조립도에 명시되어야 할 사항과 가장 거리가 먼 것은?

① 부재의 배치 ② 부재의 치수
③ 부재의 긴압 정도 ④ 설치방법과 순서

해설

- 조립도는 흙막이판 · 말뚝 · 버팀대 및 띠장 등 부재의 배치 · 치수 · 재질 및 설치방법과 순서가 명시되어야 한다.

흙막이 지보공의 조립도

- 흙막이 지보공을 조립하는 경우 미리 조립도를 작성하여 그 조립도에 따라 조립하도록 하여야 한다.
- 조립도는 흙막이판 · 말뚝 · 버팀대 및 띠장 등 부재의 배치 · 치수 · 재질 및 설치방법과 순서가 명시되어야 한다.

0903 / 1403 / 1703 / 2101

103 Repetitive Learning (1회 2회 3회)

미리 작업장소의 지형 및 지반상태 등에 적합한 제한속도를 정하지 않아도 되는 차량계 건설기계의 속도 기준은?

① 최대제한속도가 10km/h 이하
② 최대제한속도가 20km/h 이하
③ 최대제한속도가 30km/h 이하
④ 최대제한속도가 40km/h 이하

해설

- 최대제한속도가 시속 10km/h 이하인 경우를 제외하고는 차량계 건설기계를 사용하여 작업을 하는 경우 미리 작업장소의 지형 및 지반 상태 등에 적합한 제한속도를 정하고, 운전자로 하여금 준수하도록 하여야 한다.

제한속도의 지정

- 사업주는 차량계 하역운반기계, 차량계 건설기계(최대제한속도가 시속 10km/h 이하인 것은 제외)를 사용하여 작업을 하는 경우 미리 작업장소의 지형 및 지반 상태 등에 적합한 제한속도를 정하고, 운전자로 하여금 준수하도록 하여야 한다.
- 사업주는 궤도작업차량을 사용하는 작업, 입환기로 입환작업을 하는 경우에 작업에 적합한 제한속도를 정하고, 운전자로 하여금 준수하도록 하여야 한다.

1201 / 1502 / 2202

104 Repetitive Learning (1회 2회 3회)

터널공사에서 발파작업 시 안전대책으로 틀린 것은?

① 발파 전 도화선 연결상태, 저항치 조사 등의 목적으로 도통시험 실시 및 발파기의 작동상태를 사전에 점검
② 동력선은 발원점으로부터 최소 15m 이상 후방으로 옮길 것
③ 지질, 암의 절리 등에 따라 화약량 검토 및 시방기준과 대비하여 안전조치 실시
④ 발파용 점화회선은 타 동력선 및 조명회선과 한곳으로 통합하여 관리

해설

- 발파용 점화회선은 타 동력선 및 조명회선으로부터 분리되어야 한다.

발파작업 시 안전대책

- 지질, 암의 절리 등에 따라 화약량 검토 및 시방기준과 대비하여 안전조치를 실시한다.
- 화약류를 장진하기 전에 모든 동력선 및 활선은 장진기기로부터 분리시키고 조명회선을 포함한 모든 동력선은 발원점으로부터 최소한 15m 이상 후방으로 옮겨 놓도록 하여야 한다.

101 ② 102 ③ 103 ① 104 ④ 정답

- 발파 시 안전한 거리 및 위치에서의 대피가 어려울 때에는 전면과 상부를 견고하게 방호한 임시대피장소를 설치하여야 한다.
- 발파용 점화회선은 타 동력선 및 조명회선으로부터 분리되어야 한다.

0903 / 1501

105 Repetitive Learning 1회 2회 3회

달비계의 최대적재하중을 정함에 있어서 활용하는 안전계수의 기준으로 옳은 것은?(단, 곤돌라의 달비계를 제외한다)

① 달기 와이어로프 : 5 이상
② 달기 강선 : 5 이상
③ 달기 체인 : 3 이상
④ 달기 훅 : 5 이상

해설

- 달비계에서의 안전계수는 달기 와이어로프 및 달기 강선은 10 이상, 달기 체인 및 달기 훅은 5 이상, 달기 강대와 달비계의 하부 및 상부 지점은 강재인 경우 2.5 이상, 목재인 경우 5 이상으로 한다.

달비계 안전계수 실필 1501

- 달기 와이어로프 및 달기 강선의 안전계수 : 10 이상
- 달기 체인 및 달기 훅의 안전계수 : 5 이상
- 달기 강대와 달비계의 하부 및 상부 지점의 안전계수 : 강재(鋼材)의 경우 2.5 이상, 목재의 경우 5 이상

106 Repetitive Learning 1회 2회 3회

다음 보기의 (   ) 안에 알맞은 내용은?

> 동바리로 사용하는 파이프 서포트의 높이가 (   )m를 초과하는 경우에는 높이 2m 이내마다 수평연결재를 2개 방향으로 만들고 수평연결재의 변위를 방지할 것

① 3   ② 3.5
③ 4   ④ 4.5

해설

- 동바리로 사용하는 파이프 서포트는 높이가 3.5m를 초과하는 경우에는 2m 이내마다 수평연결재를 2개 방향으로 설치하여야 한다.

거푸집 동바리 등의 안전조치

㉠ 공통사항

- 받침목의 사용, 콘크리트 타설, 말뚝박기 등 동바리의 침하를 방지하기 위한 조치를 할 것
- 동바리의 상하 고정 및 미끄러짐 방지 조치를 할 것
- 상부·하부의 동바리가 동일 수직선상에 위치하도록 하여 깔판·받침목에 고정시킬 것
- 개구부 상부에 동바리를 설치하는 경우에는 상부하중을 견딜 수 있는 견고한 받침대를 설치할 것
- U헤드 등의 단판이 없는 동바리의 상단에 멍에 등을 올릴 경우에는 해당 상단에 U헤드 등의 단판을 설치하고, 멍에 등이 전도되거나 이탈되지 않도록 고정시킬 것
- 동바리의 이음은 같은 품질의 재료를 사용할 것
- 강재의 접속부 및 교차부는 볼트·클램프 등 전용철물을 사용하여 단단히 연결할 것
- 거푸집의 형상에 따른 부득이한 경우를 제외하고는 깔판이나 받침목은 2단 이상 끼우지 않도록 할 것
- 깔판이나 받침목을 이어서 사용하는 경우에는 그 깔판·받침목을 단단히 연결할 것

㉡ 동바리로 사용하는 파이프 서포트

- 파이프 서포트를 3개 이상 이어서 사용하지 않도록 할 것
- 파이프 서포트를 이어서 사용하는 경우에는 4개 이상의 볼트 또는 전용철물을 사용하여 이을 것
- 높이가 3.5m를 초과하는 경우 2m 이내마다 수평연결재를 2개 방향으로 설치할 것

0903

107 Repetitive Learning 1회 2회 3회

다음 중 건립 중 강풍에 의한 풍압 등 외압에 대한 내력이 설계에 고려되었는지 확인하여야 하는 철골구조물이 아닌 것은?

① 단면이 일정한 구조물
② 기둥이 타이플레이트형인 구조물
③ 이음부가 현장용접인 구조물
④ 구조물의 폭과 높이의 비가 1 : 4 이상인 구조물

해설

- 단면구조에 현저한 변화가 있는 구조물에 대해서는 설계 시 외압에 대한 내력이 고려되었는지 확인할 필요가 있으나, 단면이 일정한 구조물에 대해서는 확인이 필요하지 않다.

설계 시 외압에 대한 내력이 고려되었는지 확인이 필요한 구조물

- 높이 20m 이상의 구조물
- 구조물의 폭과 높이의 비가 1 : 4 이상인 구조물
- 단면구조에 현저한 변화가 있는 구조물
- 연면적당 철골량이 50kg/m^2 이하인 구조물
- 기둥이 타이플레이트(Tie plate)형인 구조물
- 이음부가 현장용접인 구조물

정답 | 105 ④ 106 ② 107 ①

1502

108 Repetitive Learning 1회 2회 3회

건설업 산업안전보건관리비 중 안전시설비로 사용할 수 없는 것은?

① 안전통로
② 비계에 추가 설치하는 추락방지용 안전난간
③ 사다리 전도방지장치
④ 통로의 낙하물 방호선반

해설

- 각종 비계, 작업발판, 가설계단·통로, 사다리 등의 설치에는 안전시설비를 사용할 수 없다.

:: 안전시설비 사용이 불가능하지만 원활한 공사수행을 위해 공사현장에 설치하는 시설물, 장치, 자재
- 외부인 출입금지, 공사장 경계표시를 위한 가설울타리
- 절토부 및 성토부 등의 토사유실 방지를 위한 설비
- 작업장 간 상호 연락, 작업 상황 파악 등 통신수단으로 활용되는 통신시설·설비
- 공사 목적물의 품질 확보 또는 건설장비 자체의 운행 감시, 공사 진척상황 확인, 방법 등의 목적을 가진 CCTV 등 감시용 장비
- 각종 비계, 작업발판, 가설계단·통로, 사다리 등
- 단, 비계·통로·계단에 추가 설치하는 추락방지용 안전난간, 사다리 전도방지장치, 틀비계에 별도로 설치하는 안전난간·사다리, 통로의 낙하물 방호선반 등은 사용 가능함

109 Repetitive Learning 1회 2회 3회

터널 등의 건설작업을 하는 경우에 낙반 등에 의하여 근로자가 위험해질 우려가 있는 경우에 필요한 조치와 가장 거리가 먼 것은?

① 터널 지보공을 설치한다.
② 록볼트를 설치한다.
③ 환기, 조명시설을 설치한다.
④ 부석을 제거한다.

해설

- 낙반 등에 의한 위험의 방지 조치에는 터널 지보공의 설치, 록볼트의 설치, 부석의 제거 등이 있다.

:: 낙반 등에 의한 위험의 방지
- 터널 지보공 설치
- 록볼트의 설치
- 부석(浮石)의 제거

2101 / 2102

110 Repetitive Learning 1회 2회 3회

강관을 사용하여 비계를 구성하는 경우 준수해야 할 사항으로 옳지 않은 것은?

① 비계기둥의 간격은 띠장 방향에서는 1.85m 이하, 장선(長線) 방향에서는 1.5m 이하로 할 것
② 띠장 간격은 2m 이하로 설치할 것
③ 비계기둥의 제일 윗부분으로부터 31m 되는 지점 밑부분의 비계기둥은 3개의 강관으로 묶어세울 것
④ 비계기둥 간의 적재하중은 400kg을 초과하지 않도록 할 것

해설

- 비계기둥의 제일 윗부분으로부터 31m 되는 지점 밑부분의 비계기둥은 2개의 강관으로 묶어세운다.

:: 강관비계의 구조
- 비계기둥의 간격은 띠장 방향에서는 1.85m 이하, 장선(長線) 방향에서는 1.5m 이하로 할 것
- 띠장 간격은 2m 이하로 설치할 것
- 비계기둥의 제일 윗부분으로부터 31m 되는 지점 밑부분의 비계기둥은 2개의 강관으로 묶어세울 것
- 비계기둥 간의 적재하중은 400kg을 초과하지 않도록 할 것

1403

111 Repetitive Learning 1회 2회 3회

이동식 비계를 조립하여 작업을 하는 경우의 준수사항으로 틀린 것은?

① 승강용 사다리는 견고하게 설치할 것
② 작업발판의 최대적재하중은 250kg을 초과하지 않도록 할 것
③ 비계의 최상부에서 작업을 하는 경우에는 안전난간을 설치할 것
④ 작업발판은 항상 수평을 유지하고 작업발판 위에서 안전난간을 딛고 작업을 하거나 받침대 또는 사다리를 사용하여 작업하도록 할 것

해설

- 작업발판은 항상 수평을 유지하고 작업발판 위에서 안전난간을 딛고 작업을 하거나 받침대 또는 사다리를 사용하여 작업하지 않도록 해야 한다.

108 ① 109 ③ 110 ③ 111 ④ | 정답

:: 이동식 비계 조립 및 사용 시 준수사항

- 이동식 비계의 바퀴에는 뜻밖의 갑작스러운 이동 또는 전도를 방지하기 위하여 브레이크·쐐기 등으로 바퀴를 고정시킨 다음 비계의 일부를 견고한 시설물에 고정하거나 아웃트리거(Outrigger)를 설치하는 등 필요한 조치를 할 것
- 승강용 사다리는 견고하게 설치할 것
- 비계의 최상부에서 작업을 하는 경우에는 안전난간을 설치할 것
- 작업발판은 항상 수평을 유지하고 작업발판 위에서 안전난간을 딛고 작업을 하거나 받침대 또는 사다리를 사용하여 작업하지 않도록 할 것
- 작업발판의 최대적재하중은 250kg을 초과하지 않도록 할 것

112 —— Repetitive Learning (1회 2회 3회)

유해·위험방지를 위한 방호조치를 하지 아니하고는 양도, 대여, 설치 또는 사용에 제공하거나, 양도·대여를 목적으로 진열해서는 아니되는 기계·기구에 해당하지 않는 것은?

① 지게차　　② 공기압축기
③ 원심기　　④ 덤프트럭

해설

- 예초기, 원심기, 공기압축기, 금속절단기, 지게차, 포장기계 등은 유해·위험방지를 위한 방호조치를 하지 아니하고는 양도, 대여, 설치 또는 사용에 제공하거나, 양도·대여를 목적으로 진열해서는 아니되는 기계·기구이다.

:: 유해·위험방지를 위한 방호조치를 하지 아니하고는 양도, 대여, 설치 또는 사용에 제공하거나, 양도·대여를 목적으로 진열해서는 아니 되는 기계·기구 실필 2401/2302/2201/2003/1801/1602

- 예초기, 원심기, 공기압축기, 금속절단기, 지게차, 포장기계 등은 유해·위험방지를 위한 방호조치를 하지 아니하고는 양도, 대여, 설치 또는 사용에 제공하거나, 양도·대여를 목적으로 진열해서는 아니되는 기계·기구이다.

113 —— Repetitive Learning (1회 2회 3회)

화물운반하역 작업 중 걸이작업에 관한 설명으로 옳지 않은 것은?

① 와이어로프 등은 크레인의 후크 중심에 걸어야 한다.
② 인양 물체의 안정을 위하여 2줄걸이 이상을 사용하여야 한다.
③ 매다는 각도는 60° 이상으로 하여야 한다.
④ 근로자를 매달린 물체 위에 탑승시키지 않아야 한다.

해설

- 줄걸이 작업에서는 매다는 각도를 60° 이내로 하여야 한다.

:: 화물운반하역 걸이작업

- 와이어로프 등은 크레인의 후크 중심에 걸어야 한다.
- 인양 물체의 안정을 위하여 2줄걸이 이상을 사용하여야 한다.
- 매다는 각도를 60° 이내로 하여야 한다.
- 근로자를 매달린 물체 위에 탑승시키지 않아야 한다.

114 —— Repetitive Learning (1회 2회 3회)

거푸집 동바리 등을 조립하는 경우에 준수하여야 할 사항으로 옳지 않은 것은?

① 받침목의 사용, 콘크리트 타설, 말뚝박기 등 동바리의 침하를 방지하기 위한 조치를 할 것
② 개구부 상부에 동바리를 설치하는 경우에는 상부하중을 견딜 수 있는 견고한 받침대를 설치할 것
③ 거푸집이 곡면인 경우에는 버팀대의 부착 등 그 거푸집의 부상(浮上)을 방지하기 위한 조치를 할 것
④ 동바리의 이음은 맞댄이음이나 장부이음을 피할 것

해설

- 동바리의 이음은 맞댄이음이나 장부이음으로 하고 같은 품질의 재료를 사용하여야 한다.

:: 거푸집 동바리 등의 안전조치

문제 106번의 유형별 핵심이론 :: 참조

2202

115 —— Repetitive Learning (1회 2회 3회)

사업의 종류가 건설업이고, 공사금액이 850억원일 경우 산업안전보건법령에 따른 안전관리자를 최소 몇 명 이상 두어야 하는가?(단, 상시 근로자는 600명으로 가정)

① 1명 이상
② 2명 이상
③ 3명 이상
④ 4명 이상

해설

- 건설업의 경우 공사금액 800억원 이상 1,500억원 미만은 안전관리자가 2명 이상 필요하다.

정답 | 112 ④　113 ③　114 ④　115 ②

건설업 안전관리자의 최소 인원 실필 2303/1902/1203

규모	최소 인원
공사금액 50억원 이상(관계수급인은 100억원 이상) 120억원 미만(토목공사업의 경우는 150억원 미만)	1명
공사금액 120억원 이상 (토목공사업의 경우는 150억원 이상) 800억원 미만	
공사금액 800억원 이상 1,500억원 미만	2명
공사금액 1,500억원 이상 2,200억원 미만	3명
공사금액 2,200억원 이상 3,000억원 미만	4명
공사금액 3,000억원 이상 3,900억원 미만	5명
공사금액 3,900억원 이상 4,900억원 미만	6명
공사금액 4,900억원 이상 6,000억원 미만	7명
공사금액 6,000억원 이상 7,200억원 미만	8명
공사금액 7,200억원 이상 8,500억원 미만	9명
공사금액 8,500억원 이상 1조원 미만	10명
공사금액 1조원 이상	11명

1202

116 Repetitive Learning (1회 2회 3회)

항만하역 작업 시 근로자 승강용 현문 사다리 및 안전망을 설치하여야 하는 선박은 최소 몇 톤 이상일 경우인가?

① 500톤
② 300톤
③ 200톤
④ 100톤

해설

- 사업주는 300톤급 이상의 선박에서 하역작업을 하는 경우에 근로자들이 안전하게 오르내릴 수 있는 현문(舷門) 사다리를 설치하여야 하며, 이 사다리 밑에 안전망을 설치하여야 한다.

선박승강설비의 설치

- 사업주는 300톤급 이상의 선박에서 하역작업을 하는 경우에 근로자들이 안전하게 오르내릴 수 있는 현문(舷門) 사다리를 설치하여야 하며, 이 사다리 밑에 안전망을 설치하여야 한다.
- 현문 사다리는 견고한 재료로 제작된 것으로 너비는 55cm 이상이어야 하고, 양측에 82cm 이상의 높이로 울타리를 설치하여야 하며, 바닥은 미끄러지지 않도록 적합한 재질로 처리되어야 한다.
- 현문 사다리는 근로자의 통행에만 사용하여야 하며, 화물용 발판 또는 화물용 보판으로 사용하도록 해서는 아니 된다.

1002

117 Repetitive Learning (1회 2회 3회)

타워크레인을 와이어로프로 지지하는 경우에 준수해야 할 사항으로 옳지 않은 것은?

① 와이어로프를 고정하기 위한 전용 지지프레임을 사용할 것
② 와이어로프 설치각도는 수평면에서 60° 이상으로 할 것
③ 와이어로프의 고정부위는 충분한 강도와 장력을 갖도록 설치할 것
④ 와이어로프가 가공전선에 접근하지 아니하도록 할 것

해설

- 타워크레인의 지지 시 와이어로프 설치각도는 수평면에서 60° 이내로 하되, 지지점은 4개소 이상으로 하고, 같은 각도로 설치하여야 한다.

타워크레인의 지지 시 주의사항

- 사업주는 타워크레인을 자립고(自立高) 이상의 높이로 설치하는 경우 건축물 등의 벽체에 지지하도록 할 것
- 와이어로프를 고정하기 위한 전용 지지프레임을 사용할 것
- 와이어로프 설치각도는 수평면에서 60° 이내로 하되, 지지점은 4개소 이상으로 하고, 같은 각도로 설치할 것
- 와이어로프와 그 고정부위는 충분한 강도와 장력을 갖도록 설치하고, 와이어로프를 클립・샤클(Shackle) 등의 고정기구를 사용하여 견고하게 고정시켜 풀리지 아니하도록 하며, 사용 중에는 충분한 강도와 장력을 유지하도록 할 것
- 와이어로프가 가공전선(架空電線)에 근접하지 않도록 할 것

1001 / 1102 / 1401

118 Repetitive Learning (1회 2회 3회)

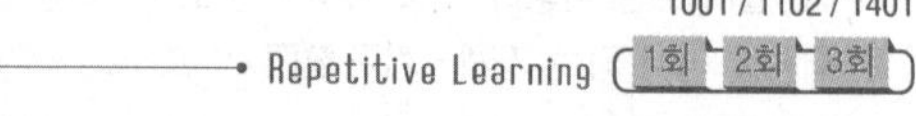

터널붕괴를 방지하기 위한 지보공에 대한 점검사항과 가장 거리가 먼 것은?

① 부재의 긴압 정도
② 부재의 손상・변형・부식・변위 탈락의 유무 및 상태
③ 기둥침하의 유무 및 상태
④ 경보장치의 작동 상태

해설

- 지보공 설치 시 붕괴 등의 방지를 위한 수시점검사항에는 ①, ②, ③ 외에 부재의 접속부 및 교차부의 상태 등이 있다.

지보공 설치 시 붕괴 등의 방지를 위한 수시점검사항

- 부재의 손상・변형・부식・변위 탈락의 유무 및 상태
- 부재의 긴압 정도
- 부재의 접속부 및 교차부의 상태
- 기둥침하의 유무 및 상태

116 ② 117 ② 118 ④ 정답

119 Repetitive Learning (1회 2회 3회)

작업 중이던 미장공이 상부에서 떨어지는 공구에 의해 상해를 입었다면 어느 부분에 대한 결함이 있었겠는가?

① 작업대 설치
② 작업방법
③ 낙하물 방지시설 설치
④ 비계설치

해설

- 작업으로 인하여 물체가 떨어지거나 날아올 위험이 있는 경우 낙하물방지망, 수직보호망 또는 방호선반의 설치, 출입금지구역의 설정, 보호구의 착용 등 위험을 방지하기 위하여 필요한 조치를 하여야 한다.

낙하물에 의한 위험방지대책 실필 1702

- 작업으로 인하여 물체가 떨어지거나 날아올 위험이 있는 경우 낙하물방지망, 수직보호망 또는 방호선반의 설치, 출입금지구역의 설정, 보호구의 착용 등 위험을 방지하기 위하여 필요한 조치를 하여야 한다.
- 낙하물방지망 또는 방호선반을 설치하는 경우 높이 10m 이내마다 설치하고, 내민 길이는 벽면으로부터 2m 이상으로 해야 하며, 수평면과의 각도는 20도 이상 30도 이하를 유지한다.

0903

120 Repetitive Learning (1회 2회 3회)

이동식크레인을 사용하여 작업을 할 때 작업 시작 전 점검사항이 아닌 것은?

① 주행로의 상측 및 트롤리(Trolley)가 횡행하는 레일의 상태
② 권과방지장치 그 밖의 경보장치의 기능
③ 브레이크·클러치 및 조종장치의 기능
④ 와이어로프가 통하고 있는 곳 및 작업장소의 지반상태

해설

- 주행로의 상측 및 트롤리(Trolley)가 횡행하는 레일의 상태는 이동식크레인이 아닌 일반 크레인의 작업 시작 전 점검사항이다.

크레인 작업 시작 전 점검사항 실필 1501 실작 2401/2203/2103

구분	점검사항
크레인	• 권과방지장치·브레이크·클러치 및 운전장치의 기능 • 주행로의 상측 및 트롤리(Trolley)가 횡행하는 레일의 상태 • 와이어로프가 통하고 있는 곳의 상태
이동식 크레인	• 권과방지장치나 그 밖의 경보장치의 기능 • 브레이크·클러치 및 조종장치의 기능 • 와이어로프가 통하고 있는 곳 및 작업장소의 지반상태

정답 | 119 ③ 120 ①

구분	1과목	2과목	3과목	4과목	5과목	6과목	합계
New 유형	3	5	2	2	3	4	19
New 문제	9	12	8	6	8	6	49
또나온문제	6	8	5	12	8	7	46
자꾸나온문제	5	0	7	2	4	7	25
합계	20	20	20	20	20	20	120

- New유형은 New문제 중 기존 기출문제와 완전히 다른 유형의 문제를 말합니다.
- New문제는 기존에 출제되지 않은 문제로 이번에 처음 출제되는 문제입니다.
- 또나온문제는 기존에 출제된 적이 1번 있는 문제를 말합니다.
- 자꾸나온문제는 기존에 출제된 적이 2번 이상 있는 문제를 말합니다. 그만큼 중요한 문제입니다.

몇 년분의 기출문제를 공부해야 합격할 수 있을까요?

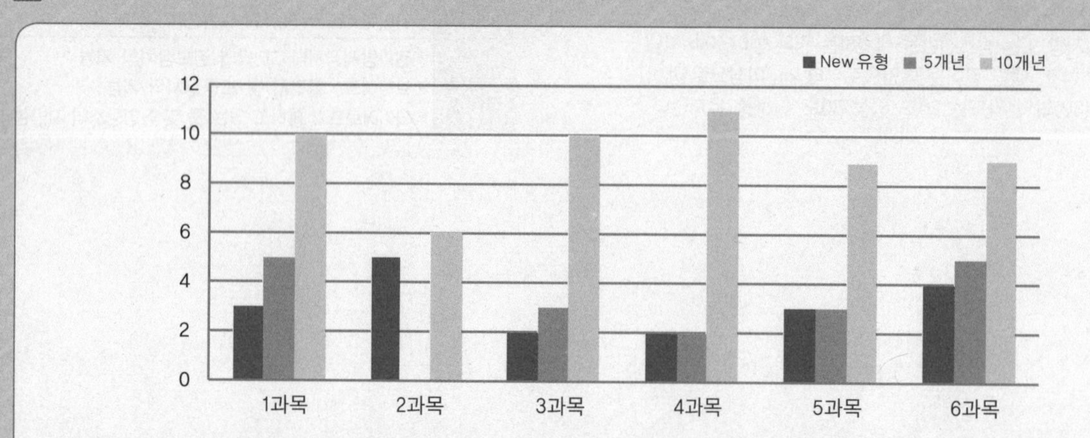

- 완전 새로운 유형의 문제는 19문제이고 101문제가 이미 출제된 문제 혹은 변형문제입니다.
- 5년분(2016～2020) 기출에서 동일문제가 18문항이 출제되었고, 10년분(2011～2020) 기출에서 동일문제가 55문항이 출제되었습니다.

실기에 나왔어요!! 외우세요!!!

실기시험은 필답형과 작업형으로 구분되어 있으며 모두 직접 주관식으로 내용을 적어야 합니다. 필기공부하면서 실기 출제된 내역들은 좀 더 신경써서 암기하실 필요가 있어요. 필기 합격자 발표 난 후 실기시험까지는 5주밖에 여유가 없답니다. 어차피 공부할 것 필기 때 확실하게 해준다면 실기도 단방에 합격할 수 있습니다.

- 총 44개의 해설이 실기 필답형 시험과 연동되어 있습니다.
- 총 7개의 해설이 실기 작업형 시험과 연동되어 있습니다.

분석의견

최근 10년분의 기출문제와 답을 반복암기해서는 합격점수인 72점에서 14점이 부족합니다. 새로운 유형이 평균(17.1문항)보다 많은(19문항) 분포를 보였으나 그 외는 평균과 비슷한 분포를 보인 시험입니다. 5년분 기출의 경우 평균(31.9문항)보다 낮은(27문항) 출제빈도를 보였으나 10년분 기출의 경우는 평균(54.6문항)보다 높은(58문항) 출제분포를 보였습니다. 합격에 필요한 점수를 획득하기 위해서는 최근 5년분 문제와 핵심이론의 3회독 혹은 최근 10년분 문제와 핵심이론의 2회독 이상의 학습이 필요합니다.

2018년 제2회

2018년 4월 28일 필기

18년 2회차 필기시험
합격률 30.1%

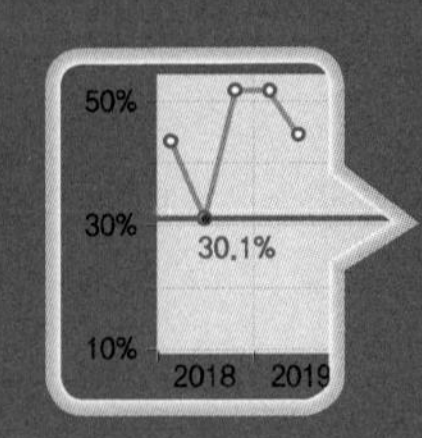

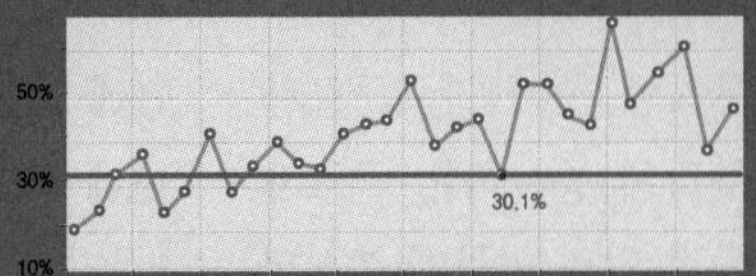

1과목 산업재해 예방 및 안전보건교육

01

Repetitive Learning (1회 2회 3회)

6~12명의 구성원으로 타인의 비판 없이 자유로운 토론을 통하여 다량의 독창적인 아이디어를 이끌어내고, 대안적 해결안을 찾기 위한 집단적 사고기법은?

① Role playing
② Brain storming
③ Action playing
④ Fish bowl playing

해설

- Role playing은 참가자에 일정한 역할을 주어 실제적으로 연기를 시켜봄으로써 자기의 역할을 보다 확실히 인식할 수 있도록 체험학습을 시키는 교육방법이다.
- Action playing과 Fish bowl playing은 교육이나 학습방법과는 거리가 멀다.

브레인스토밍(Brain-storming) 기법 실필 1503/0903

㉠ 개요
- 6~12명의 구성원으로 타인의 비판 없이 자유로운 토론을 통하여 다량의 독창적인 아이디어를 이끌어내고, 대안적 해결안을 찾기 위한 집단적 사고기법이다.

㉡ 4원칙
- 가능한 많은 아이디어와 의견을 제시하도록 한다.
- 주제를 벗어난 아이디어도 허용한다.
- 타인의 의견을 수정하여 발언하는 것을 허용한다.
- 절대 타인의 의견을 비판 및 비평하지 않는다.

02

Repetitive Learning (1회 2회 3회)

재해의 발생형태 중 다음 그림이 나타내는 것은?

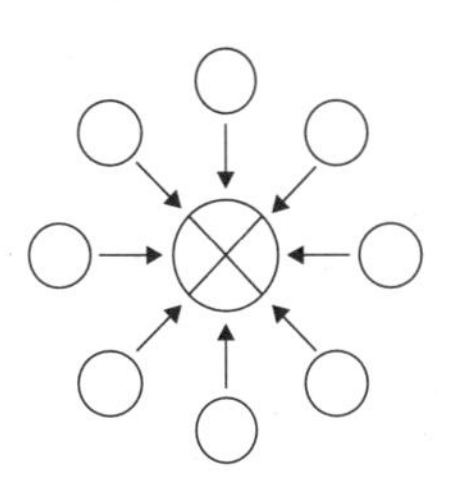

① 단순연쇄형 ② 복합연쇄형
③ 단순자극형 ④ 복합형

해설

- 그림의 형태로 볼 때 한 곳으로 집중되는 형태로 단순자극형이라고도 한다.

재해의 발생형태

- 집중형 : 단순자극형이라고도 하며, 일시적으로 재해요인이 집중하여 재해가 발생하는 형태를 말한다.

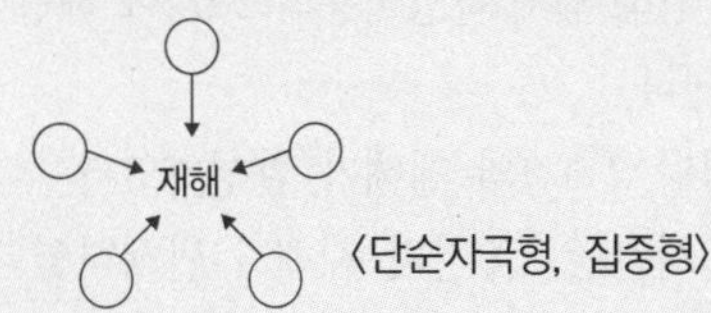

〈단순자극형, 집중형〉

- 연쇄형 : 하나의 사고요인이 또 다른 사고요인을 불러일으켜 재해가 발생하는 형태를 말한다. 단순연쇄형과 복합연쇄형으로 구분된다.

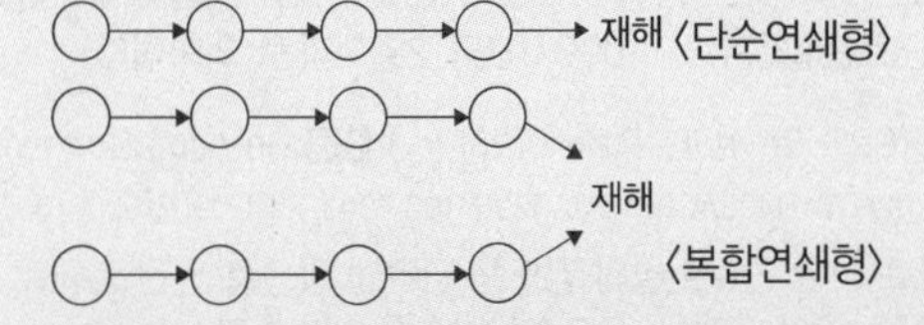

〈복합연쇄형〉

- 복합형 : 집중형과 연쇄형이 결합된 재해 발생형태를 말한다.

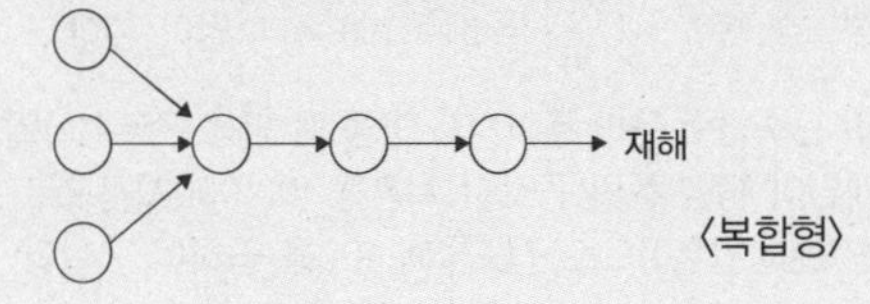

〈복합형〉

정답 | 01 ② 02 ③

0903 / 1401 / 2103

03

Repetitive Learning (1회 2회 3회)

산업안전보건법령상 근로자에 대한 일반건강진단의 실시 시기 기준으로 옳은 것은?

① 사무직에 종사하는 근로자 : 1년에 1회 이상
② 사무직에 종사하는 근로자 : 2년에 1회 이상
③ 사무직 외의 업무에 종사하는 근로자 : 6월에 1회 이상
④ 사무직 외의 업무에 종사하는 근로자 : 2년에 1회 이상

해설

- 사무직은 2년에 1회 이상, 그 외는 1년에 1회 이상 실시해야 한다.

건강진단의 실시 기준

대상	일반건강진단 기준
사무직에 종사하는 근로자	2년에 1회 이상
사무직 외의 근로자	1년에 1회 이상

1201 / 1902

04

Repetitive Learning (1회 2회 3회)

재해통계에 있어 강도율이 2.0인 경우에 대한 설명으로 옳은 것은?

① 한 건의 재해로 인해 전체 작업비용의 2.0%에 해당하는 손실이 발생하였다.
② 근로자 1,000명당 2.0건의 재해가 발생하였다.
③ 근로시간 1,000시간당 2.0건의 재해가 발생하였다.
④ 근로시간 1,000시간당 2.0일의 근로손실이 발생하였다.

해설

- 강도율은 근로시간 1,000시간당의 근로손실일수를 의미하므로 2.0은 근로손실일수가 1,000시간당 2일이라는 의미이다.

강도율(SR : Severity Rate of injury) 실필 2401/2101/2004/1902/1901/1702/1701/1403/1303/1203/1201/1102/1003/1001/0903/0902/0802

- 재해로 인한 근로손실의 강도를 나타낸 값으로 연간 총근로시간에서 1,000시간당 근로손실일수를 의미한다.
- 근로손실일수 $=73\times\left(\frac{270}{365}\right)=54+120=174$일이 된다.
- 근로자의 근속연수 등이 주어지지 않을 때 평생 근로손실일수는 한 개인이 평생 동안 근로한 시간을 100,000시간으로 볼 때의 근로손실일수이므로 강도율에 100을 곱하여 구한다.

05

Repetitive Learning (1회 2회 3회)

산업안전보건법령상 교육대상별 교육내용 중 관리감독자의 정기안전·보건교육 내용이 아닌 것은?(단, 산업안전보건법 및 일반관리에 관한 사항은 제외한다)

① 산업재해보상보험 제도에 관한 사항
② 산업보건 및 직업병 예방에 관한 사항
③ 유해·위험 작업환경 관리에 관한 사항
④ 표준 안전작업방법 및 지도 요령에 관한 사항

해설

- 산업재해보상보험 제도에 관한 사항은 근로자 정기안전·보건교육 내용에 해당한다.

관리감독자 정기안전·보건교육 내용 실필 1801/1603/1001/0902

- 작업공정의 유해·위험과 재해 예방대책에 관한 사항
- 표준 안전작업방법 및 지도 요령에 관한 사항
- 관리감독자의 역할과 임무에 관한 사항
- 산업보건 및 직업병 예방에 관한 사항
- 유해·위험 작업환경 관리에 관한 사항
- 산업안전보건법 및 일반관리에 관한 사항
- 직무스트레스 예방 및 관리에 관한 사항
- 산재보상보험제도에 관한 사항
- 안전보건교육 능력 배양에 관한 사항

1302

06

Repetitive Learning (1회 2회 3회)

Off J.T(Off the Job Training)의 특징으로 옳은 것은?

① 훈련에만 전념할 수 있다.
② 상호신뢰 및 이해도가 높아진다.
③ 개개인에게 적절한 지도훈련이 가능하다.
④ 직장의 실정에 맞게 실제적 훈련이 가능하다.

해설

- 상호신뢰 및 이해도를 향상시키고 개개인에게 적절한 지도훈련을 할 수 있으며, 직장의 실정에 맞는 실제적 훈련이 가능한 것은 O.J.T의 장점에 해당한다.

Off J.T(Off the Job Training) 교육

㉠ 개요
- 전문가를 위촉하고 다수의 교육생을 특정 장소에 소집하여 일괄적, 조직적, 집중적으로 교육하는 방법을 말한다.
- 새로운 시스템에 대해서 체계적으로 교육하기에 적합하다.

㉡ 장점
- 교육생 간 혹은 타 직장의 근로자와 지식이나 경험을 교류할 수 있다.
- 업무와 훈련이 별개인 만큼 훈련에만 전념할 수 있다.

㉢ 단점
- 개인의 안전지도 방법에는 부적당하다.
- 교육으로 인해 업무가 중단되는 손실이 발생한다.

03 ② 04 ④ 05 ① 06 ① 정답

1202

07

Repetitive Learning 1회 2회 3회

산업안전보건법령상 안전·보건표지의 종류 중 다음 안전·보건표지의 명칭은?

① 화물적재금지
② 차량통행금지
③ 물체이동금지
④ 화물출입금지

해설

- 그림의 표지는 정리·정돈상태의 물체나 움직여서는 안되는 물체를 보존하기 위해 필요한 장소에 부착하는 물체이동금지 표지이다.

금지표지 실필 2401/2202/1802/1402

- 정지, 소화설비, 유해행위 금지를 표시할 때 사용된다.
- 흰색(N9.5) 바탕에 빨간색(7.5R 4/14) 기본모형을 사용한다.
- 금연, 출입금지, 보행금지, 차량통행금지, 물체이동금지, 화기금지, 사용금지, 탑승금지 등이 있다.

금연	출입금지	보행금지	차량통행금지
물체이동금지	**화기금지**	**사용금지**	**탑승금지**

1101

08

Repetitive Learning 1회 2회 3회

AE형 안전모에 있어 내전압성이란 최대 몇 V 이하의 전압에 견디는 것을 말하는가?

① 750
② 1,000
③ 3,000
④ 7,000

해설

- AE형과 ABE형 안전모에서 내전압성이란 7,000V 이하의 전압에 견디는 것을 말한다.

안전인증대상 안전모 실작 1302

종류(기호)	사용구분	비고
AB	물체의 낙하 또는 비래 및 추락에 의한 위험을 방지 또는 경감시키기 위한 것	
AE	물체의 낙하 또는 비래에 의한 위험을 방지 또는 경감하고, 머리부위 감전에 의한 위험을 방지하기 위한 것	• 내전압성(7,000V 이하의 전압에 견디는 것) • 내수성(질량증가율 1% 미만)
ABE	물체의 낙하 또는 비래 및 추락에 의한 위험을 방지 또는 경감하고, 머리부위 감전에 의한 위험을 방지하기 위한 것	

1903

09

Repetitive Learning 1회 2회 3회

안전점검의 종류 중 태풍, 폭우 등에 의한 침수, 지진 등의 천재지변이 발생한 경우나 이상사태 발생 시 관리자나 감독자가 기계·기구, 설비 등의 기능상 이상 유무에 대하여 점검하는 것은?

① 일상점검 ② 정기점검
③ 특별점검 ④ 수시점검

해설

- 특별(임시)점검은 부정기적인 점검으로 특별한 사유가 발생했을 때 실시하는 점검이다.

안전점검 및 안전진단

㉠ 목적

- 기기 및 설비의 결함이나 불안전한 상태의 제거를 통해 사전에 안전성을 확보하기 위함이다.
- 기기 및 설비의 안전상태 유지 및 본래의 성능을 유지하기 위함이다.
- 재해방지를 위하여 그 재해요인의 대책과 실시를 계획적으로 하기 위함이다.
- 인적 측면에서 근로자의 안전한 행동을 유지하기 위함이다.
- 합리적인 생산관리를 위함이다.

㉡ 종류

종류	내용
정기점검	1개월 또는 1년 등의 일정한 기간을 정해서 실시하는 안전점검
수시(일상)점검	작업장에서 매일 작업자가 작업 전, 중, 후에 시설과 작업동작 등에 대하여 실시하는 안전점검
임시점검	정기점검 실시 후 다음 점검 기일 전에 실시하는 점검
특별점검	기계·기구 또는 설비의 신설, 변경 또는 고장 수리 등 부정기적인 점검으로 기술적 책임자가 시행하는 점검

정답 | 07 ③ 08 ④ 09 ③

ⓒ 개요
- 안전점검표는 가능한 한 일정한 양식으로 작성한다.
- 안전진단은 사업장의 안전성적이 동종의 업종보다 불량할 때 주로 실시한다.
- 안전진단 시 근로자대표가 요구할 때에는 근로자대표를 입회시켜야 한다.

10

Repetitive Learning (1회 2회 3회)

재해발생의 직접원인 중 불안전한 상태가 아닌 것은?

① 불안전한 인양
② 부적절한 보호구
③ 결함 있는 기계설비
④ 불안전한 방호장치

해설

- 불안전한 인양 및 운반은 불안전한 행동에 포함된다.

∷ 불안전한 상태

㉠ 개요
- 재해의 발생과 관련된 인간 외적인 조건을 말한다.

㉡ 종류
- 물 자체의 결함
- 부적절한 보호구
- 결함 있는 기계설비의 운전 중 고장
- 불안전한 방호장치 및 방호장치 미설치
- 작업장소의 공간 부족, 부적당한 조명 및 온・습도 등

0901 / 1701

11

Repetitive Learning (1회 2회 3회)

매슬로우(Maslow)의 욕구단계 이론 중 제2단계 욕구에 해당하는 것은?

① 자아실현의 욕구
② 안전에 대한 욕구
③ 사회적 욕구
④ 생리적 욕구

해설

- 2단계는 기본적인 생존욕구를 충족한 후 외부의 위험으로부터 자신을 보존하려는 욕구에 해당한다.

∷ 매슬로우(Maslow)의 욕구 5단계 이론 실필 1602

단계	내용
1단계 생리적 욕구	기본적인 인간의 욕구(먹고, 자고, 숨쉬는 것)
2단계 안전에 대한 욕구	각종 위험으로부터 자기보존에 관한 안전욕구
3단계 사회적 욕구	친구와 가족 간의 관계로 대표되는 것으로 애정과 소속에 대한 욕구
4단계 존경의 욕구	자신있고 강하고 무엇인가 진취적이며 유능한 쓸모있는 사람으로 인식되기를 바라는 욕구
5단계 자아실현의 욕구	편견 없이 받아들이는 성향, 타인과의 거리를 유지하며 사생활을 즐기거나 창의적 성격으로 봉사, 특별히 좋아하는 사람과 긴밀한 관계를 유지하려는 인간의 욕구

12

Repetitive Learning (1회 2회 3회)

대뇌의 Human error로 인한 착오요인이 아닌 것은?

① 인지과정 착오
② 조치과정 착오
③ 판단과정 착오
④ 행동과정 착오

해설

- 착오의 원인별 분류에는 크게 인지과정 착오, 판단과정 착오, 조작과정 착오가 있다.

∷ 착오의 원인별 분류

구분	내용
인지과정의 착오	• 생리적・심리적 능력의 부족 • 감각 차단 현상 • 정서불안정
판단과정의 착오	• 능력부족 • 정보부족 • 자기합리화
조작과정의 착오	• 기술부족 • 잘못된 정보

0801 / 1003 / 1901

13

Repetitive Learning (1회 2회 3회)

주의의 수준이 Phase 0인 상태에서의 의식상태로 옳은 것은?

① 무의식상태
② 의식의 이완상태
③ 명료한상태
④ 과긴장상태

10 ① 11 ② 12 ④ 13 ① | 정답

해설

- 의식의 이완상태는 Phase Ⅱ에 해당한다.
- 명료한상태는 PhaseⅢ에 해당한다.
- 과긴장상태는 PhaseⅣ에 해당한다.

인간의 의식레벨

단계	의식수준	설명
Phase 0	무의식, 실신상태	외계의 능력에 대응하는 능력이 어느 정도는 있는 무의식 동작의 상태
Phase Ⅰ	이상, 피로 및 단조로움	심신이 피로하거나 단조로운 작업을 반복할 경우 의식수준의 저하현상이 발생
Phase Ⅱ	정상, 이완상태	생리적 상태가 안정을 취하거나 휴식할 때에 해당
Phase Ⅲ	정상, 명쾌	• 중요하거나 위험한 작업을 안전하게 수행하기에 적합 • 신뢰성이 가장 높은 상태의 의식수준
Phase Ⅳ	과긴장	돌발사태의 발생으로 인하여 주의의 일점집중현상이 일어나는 경우의 의식수준

0401

14 Repetitive Learning 1회 2회 3회

생체리듬의 변화에 대한 설명으로 틀린 것은?

① 야간에는 체중이 감소한다.
② 야간에는 말초운동 기능이 저하된다.
③ 체온, 혈압, 맥박 수는 주간에 상승하고 야간에 감소한다.
④ 혈액의 수분과 염분량은 주간에 증가하고 야간에 감소한다.

해설

- 혈액의 수분과 염분량은 주간에 감소하고 야간에 증가한다.

생체리듬(Biorhythm)

㉠ 개요
- 사람의 체온, 혈압, 맥박 수, 혈액, 수분, 염분량 등이 시간에 따라 또는 주야에 따라 일정한 형식으로 변화하는 것을 말한다.
- 생체리듬의 종류에는 육체적 리듬, 지성적 리듬, 감성적 리듬이 있다.

㉡ 특징
- 생체리듬에서 중요한 점은 낮에는 신체활동이 유리하며, 밤에는 휴식이 더욱 효율적이라는 것이다.
- 체온 · 혈압 · 맥박 수는 주간에는 상승, 야간에는 저하된다.
- 혈액의 수분과 염분량은 주간에는 감소, 야간에는 증가한다.
- 체중은 주간작업보다 야간작업일 때 더 많이 감소하고, 피로의 자각증상은 주간보다 야간에 더 많이 증가한다.
- 몸이 흥분한 상태일 때는 교감신경이 우세하고 수면을 취하거나 휴식을 할 때는 부교감신경이 우세하다.

㉢ 분류
- 육체적 리듬(P)의 주기는 23일이며, 식욕, 활동력, 지구력과 관련된다.
- 감성적 리듬(S)의 주기는 28일이며, 주의력, 예감과 관련된다.
- 지성적 리듬(I)의 주기는 33일이며, 지성적 사고능력(상상력, 판단력, 추리능력)과 관련된다.
- 안정기(+)와 불안정기(-)의 교차점을 위험일이라 한다.

15 Repetitive Learning 1회 2회 3회

어떤 사업장의 상시근로자 1,000명이 작업 중 2명 사망자와 의사진단에 의한 휴업일수 90일 손실을 가져온 경우의 강도율은?(단, 1일 8시간, 연 300일 근무)

① 7.32　　② 6.28
③ 8.12　　④ 5.92

해설

- 연간 총 근로시간은 1,000×8×300=2,400,000시간이다.
- 휴업(요양)일수를 근로손실일수로 변환하기 위해서는 휴업(요양)일수에 $\left(\frac{\text{연간근로일수}}{365}\right)$를 곱하여 구한다.
- 사망자 1인의 근로손실일수는 7,500일이므로 2인인 경우 15,000일이고, 휴업일수 90일은 $90\times\left(\frac{300}{365}\right)=73.972\cdots$일이다. 따라서 총 근로손실일수는 15,073.97일이 된다.
- 강도율은 $\frac{15,073.97}{2,400,000}\times 1,000 \simeq 6.28$이 된다.

강도율(SR : Severity Rate of injury) 실필 2401/2101/2004/1902/1901/1702/1701/1403/1303/1203/1201/1102/1003/1001/0903/0902/0802
문제 4번의 유형별 핵심이론 참조

장해등급별 근로손실일수

구분	사망	신체장해등급										
		1~3	4	5	6	7	8	9	10	11	12	13	14
근로손실일수	7,500	7,500	5,500	4,000	3,000	2,200	1,500	1,000	600	400	200	100	50

1201

16 Repetitive Learning 1회 2회 3회

교육심리학의 기본이론 중 학습지도의 원리가 아닌 것은?

① 직관의 원리　　② 개별화의 원리
③ 계속성의 원리　　④ 사회화의 원리

정답 | 14 ④　15 ②　16 ③

해설

- 계속성의 원리는 파블로프(Pavlov)의 조건반사설의 학습이론 원리 중 하나이다.

학습지도의 원리

직관의 원리	실재하는 사물을 제시하거나 경험시켜 효과를 일으키는 원리
자기활동의 원리	스스로 학습동기를 갖고 학습하게 해야 한다는 원리
개별화의 원리	학습자가 지니고 있는 각자의 요구와 능력 등에 알맞은 학습활동의 기회를 마련해 주어야 한다는 원리
사회화의 원리	공동학습을 통해 사회화를 지향해야 한다는 원리

2001

17 Repetitive Learning (1회 2회 3회)

안전보건교육계획에 포함되어야 할 사항이 아닌 것은?

① 교육의 종류 및 대상 ② 교육의 과목 및 내용
③ 교육장소 및 방법 ④ 교육지도안

해설

- 안전보건교육계획에는 ①, ②, ③ 외에 교육의 목표, 기간 및 시간, 담당자 및 강사, 소요예산계획 등이 있다.

안전교육계획 수립

㉠ 순서
- 교육 요구사항 파악 → 교육내용의 결정 → 실행을 위한 순서, 방법, 자료의 검토 → 실행교육계획서의 작성 순이다.

㉡ 계획 수립 시 포함되어야 할 사항
- 교육의 목표
- 교육의 종류 및 대상
- 교육의 과목 및 내용
- 교육장소 및 방법
- 교육기간 및 시간
- 교육담당자 및 강사
- 소요예산계획

2102

18 Repetitive Learning (1회 2회 3회)

인간관계의 메커니즘 중 다른 사람의 행동양식이나 태도를 투입시키거나 다른 사람 가운데서 자기와 비슷한 것을 발견하는 것은?

① 동일화 ② 일체화
③ 투사 ④ 공감

해설

- 일체화와 공감은 일반적으로 적응기제의 종류에 포함되지 않는다.
- 투사는 자기의 실패나 결함을 다른 대상에게 책임 전가시키는 것이다.

동일시(Identification) 실필 2201/1803
- 방어적 기제(Defence mechanism)의 대표적인 종류이다.
- 다른 사람의 행동 양식이나 태도를 자기에게 투입하거나 그와 반대로 다른 사람 가운데서 자기의 행동 양식이나 태도와 비슷한 것을 발견하는 것을 말한다.
- 사례 : "아버지의 성공을 자랑하며 자신의 목에 힘이 들어가 있다."

1803 / 1902

19 Repetitive Learning (1회 2회 3회)

유기화합물용 방독마스크의 시험가스가 아닌 것은?

① 증기(Cl_2) ② 디메틸에테르(CH_3OCH_3)
③ 시클로헥산(C_6H_{12}) ④ 이소부탄(C_4H_{10})

해설

- 증기(Cl_2)는 할로겐가스용 방독마스크의 시험가스이다.

방독마스크의 종류와 특징 실필 1703 실작 1601/1503/1502/1103/0801

표기	종류	색상	정화통흡수제	시험가스
C	유기화합물용	갈색	활성탄	시클로헥산, 디메틸에테르, 이소부탄
A	할로겐가스용	회색	소다라임, 활성탄	염소가스, 증기
K	황화수소용	회색	금속염류, 알칼리	황화수소
J	시안화수소용	회색	산화금속, 알칼리	시안화수소
I	아황산가스용	노란색	산화금속, 알칼리	아황산가스
H	암모니아용	녹색	큐프라마이트	암모니아
E	일산화탄소용	적색	호프카라이트, 방습제	일산화탄소

20 Repetitive Learning (1회 2회 3회)

Line-staff형 안전보건관리조직에 관한 특징이 아닌 것은?

① 조직원 전원을 자율적으로 안전활동에 참여시킬 수 있다.
② 스태프의 월권행위의 경우가 있으며 라인이 스태프에 의존 또는 활용치 않는 경우가 있다.
③ 생산부분은 안전에 대한 책임과 권한이 없다.
④ 명령계통과 조언·권고적 참여가 혼동되기 쉽다.

17 ④ 18 ① 19 ① 20 ③ 정답

해설

- 생산부분의 라인관리자에게도 안전에 대한 책임과 권한이 부여된다.

직계-참모(Line-staff)형 조직

㉠ 개요
- 가장 이상적인 조직형태로 1,000명 이상의 대규모 사업장에서 주로 사용된다.
- 라인의 관리 · 감독자에게도 안전에 관한 책임과 권한이 부여된다.
- 안전계획, 평가 및 조사는 스태프에서, 생산기술의 안전대책은 라인에서 실시한다.

㉡ 장점
- 안전 전문가에 의해 입안된 것을 경영자의 지침으로 명령 실시하므로 정확하고 신속하다.
- 조직원 전원을 자율적으로 안전활동에 참여시킬 수 있다.
- 라인의 관리, 감독자에게도 안전에 관한 책임과 권한이 부여된다.
- 안전활동과 생산업무가 유리될 우려가 없기 때문에 균형을 유지할 수 있어 이상적인 조직형태이다.

㉢ 단점
- 명령계통과 조언 · 권고적 참여가 혼동되기 쉽다.
- 스태프의 월권행위가 발생하는 경우가 있다.
- 라인이 스태프에 의존하거나 스태프를 활용하지 않는 경우가 있다.

2과목 인간공학 및 위험성 평가 · 관리

21 Repetitive Learning (1회 2회 3회)

사업장에서 인간공학의 적용분야로 가장 거리가 먼 것은?

① 제품설계
② 설비의 고장률
③ 재해 · 질병 예방
④ 장비 · 공구 · 설비의 배치

해설

- 설비의 고장률은 설비의 유지보수와 관련하여 개선해야 할 사항이지 인간공학이 적용되는 분야로 보기는 힘들다.

인간공학(Ergonomics)

㉠ 개요
- "Ergon(작업)+nomos(법칙)+ics(학문)"이 조합된 단어로 Human factors, Human engineering이라고도 한다.
- 인간의 특성과 한계 능력을 공학적으로 분석, 평가하여 이를 복잡한 체계의 설계에 응용함으로써 효율을 최대로 활용할 수 있도록 하는 학문분야이다.
- 인간이 사용하는 물건, 설비, 환경의 설계에 인간의 생리적, 심리적인 면에서의 특성이나 한계점을 고려함으로써 인간-기계 시스템의 안전성과 편리성, 효율성을 높이는 학문분야이다.

㉡ 적용분야
- 제품설계
- 재해 · 질병 예방
- 장비 · 공구 · 설비의 배치
- 작업장 내 조사 및 연구

22 Repetitive Learning (1회 2회 3회)

결함수분석법(FTA)의 특징으로 볼 수 없는 것은?

① Top down 형식
② 특정 사상에 대한 해석
③ 정성적 해석의 불가능
④ 논리기호를 사용한 해석

해설

- 결함수분석법(FTA)은 정성적 및 정량적 분석을 모두 실시한다.

결함수분석법(FTA)

㉠ 개요
- 연역적 방법으로 원인을 규명하며, 재해의 정량적 예측이 가능한 분석방법이다.
- 하향식(Top-down) 방법을 사용한다.
- 특정 사상에 대해 짧은 시간에 해석이 가능하다.
- 복잡하고 대형화된 시스템을 논리기호를 사용하여 해석한다.
- 간단한 FT도의 작성으로 정성적 해석이 가능하여 비전문가도 잠재위험을 효율적으로 분석할 수 있다.
- 정성적 평가 후 정량적 평가를 실시하며, 정량적으로 재해발생 확률을 구한다.
- FTA를 수행함에 있어 기본사상들의 발생이 서로 독립인가 아닌가의 여부를 파악하기 위해서는 공분산을 이용한다.

㉡ 기대효과
- 사고원인 규명의 간편화
- 노력 시간의 절감
- 사고원인 분석의 정량화
- 시스템의 결함진단

정답 | 21 ② 22 ③

23

Repetitive Learning (1회 2회 3회)

음향기기 부품 생산공장에서 안전업무를 담당하는 ○○○ 대리는 공장 내부에 경보등을 설치하는 과정에서 도움이 될 만한 몇 가지 지식을 적용하고자 한다. 적용 지식 중 맞는 것은?

① 신호 대 배경의 휘도대비가 작을 때는 백색신호가 효과적이다.
② 광원의 노출시간이 1초보다 작으면 광속발산도는 작아야 한다.
③ 표적의 크기가 커짐에 따라 광도의 역치가 안정되는 노출시간은 증가한다.
④ 배경광 중 점멸 잡음광의 비율이 10% 이상이면 점멸등은 사용하지 않는 것이 좋다.

해설

- 휘도대비가 작을 때는 주변 배경과 휘도의 차가 큰 색깔의 신호를 사용하는 것이 효과적이다.
- 광원의 노출시간이 작으면 광속발산도가 커야 주의를 끌 수 있다.
- 표적의 크기가 크면 광도의 역치가 안정되는 노출시간은 짧아진다.

경보등 설계 및 설치 과정

- 붉은색은 초당 3~10회의 점멸속도로 0.05초 이상 지속되도록 설계한다.
- 배경보다 2배 이상의 밝기를 사용하며, 일반적으로 경고등은 하나를 사용하고 사용자의 정상시선 안에 설치한다.
- 휘도대비(Contrast)는 대상물과 주변의 휘도를 대비시키는 것이고, 경보등은 작업자의 주의를 끌어야 하므로 휘도대비가 커야 한다. 휘도대비가 작을 때는 주변 배경과 휘도의 차가 큰 색깔의 신호를 사용하는 것이 효과적이다.
- 광속발산도(Luminous emittance)는 빛을 발산하는 면에서의 광속의 밀도로, 광원의 노출시간이 작으면 광속발산도가 커야 주의를 끌 수 있다.
- 광도의 역치(Threshold)는 시각기관에 흥분을 일으키는 최소한의 자극의 크기로 표적의 크기가 크면 광도의 역치가 안정되는 노출시간은 짧아진다.
- 배경광 중 점멸 잡음광의 비율이 10% 이상이면 점멸등은 사용하지 않는 것이 좋다.

0902

24

Repetitive Learning (1회 2회 3회)

인간이 기계와 비교하여 정보처리 및 결정의 측면에서 상대적으로 우수한 것은?(단, 인공지능은 제외한다)

① 연역적 추리　② 정량적 정보처리
③ 관찰을 통한 일반화　④ 정보의 신속한 보관

해설

- 인간은 기계와 달리 관찰을 통해서 일반화하여 귀납적 추리를 하는 것이 가능하다.

인간이 기계를 능가하는 조건

- 관찰을 통해서 일반화하여 귀납적 추리를 한다.
- 완전히 새로운 해결책을 도출할 수 있다.
- 원칙을 적용하여 다양한 문제를 해결할 수 있다.
- 상황에 따라 변하는 복잡한 자극 형태를 식별할 수 있다.
- 다양한 경험을 토대로 하여 의사 결정을 한다.
- 주위의 예기치 못한 사건들을 감지하고 처리하는 임기응변 능력이 있다.

25

Repetitive Learning (1회 2회 3회)

제한된 실내 공간에서 소음문제의 음원에 관한 대책이 아닌 것은?

① 저소음 기계로 대체한다.
② 소음 발생원을 밀폐한다.
③ 방음 보호구를 착용한다.
④ 소음 발생원을 제거한다.

해설

- 귀마개 및 귀덮개 등의 방음 보호구의 착용은 음원에 대한 대책이 아니다. 일시적인 소음에 대한 소극적 대책이다.

소음발생 시 음원 대책

- 소음원의 통제
- 소음설비의 격리
- 설비의 적절한 재배치
- 저소음 설비의 사용

26

Repetitive Learning (1회 2회 3회)

인간실수확률에 대한 추정기법으로 가장 적절하지 않은 것은?

① CIT(Critical Incident Technique) : 위급사건기법
② FMEA(Failure Mode and Effect Analysis) : 고장형태영향분석
③ TCRAM(Task Criticality Rating Analysis) : 직무위급도 분석법
④ THERP(Technique for Human Error Rate Prediction) : 인간실수율 예측기법

23 ④ 24 ③ 25 ③ 26 ② | 정답

해설

• FMEA는 시스템이나 서브시스템 위험분석을 위하여 일반적으로 사용되는 전형적인 정성적, 귀납적 분석기법으로 시스템에 영향을 미치는 모든 요소의 고장을 형태별로 분석하여 그 영향을 검토하는 분석기법이다.

:: 인간실수확률에 대한 추정기법의 종류 실필 1203

Critical Incident Technique(CIT)	위급사건기법 – 면접법
Task Criticality Rating Analysis Method(TCRAM)	직무위급도 분석법
Technique for Human Error Rate Prediction(THERP)	인간실수율 예측기법
Human Error Rate Bank(HERB)	인간실수 자료은행
Human Error Simulator(HES)	인간실수 모의실험
Operator Action Tree(OAT)	조작자 행동나무
Fault Tree Analysis(FTA)	간헐적 사건의 결함나무 분석

1401

27 Repetitive Learning (1회 2회 3회)

음성통신에 있어 소음환경과 관련하여 성격이 다른 지수는?

① AI(Articulation Index) : 명료도 지수

② MAA(Minimum Audible Angle) : 최소 가청 각도

③ PSIL(Preferred-octave Speech Interference Level) : 음성간섭수준

④ PNC(Preferred Noise Criteria Curves) : 선호 소음판단 기준곡선

해설

• 최소가청운동각도(MAMA : Minimum Audible Movement Angle)는 청각신호의 위치를 식별할 때 사용하는 척도이다.

:: 소음환경과 관련된 지수

AI (Articulation Index)	신호 대 잡음비를 기반으로 명료도지수이다.
PNC (Preferred Noise Criteria Curves)	실내소음 평가지수이다.
PSIL (Preferred-octave Speech Interference Level)	우선회화 방해레벨의 개념으로 소음에 대한 상호대화를 방해하는 기준이다.

28 Repetitive Learning (1회 2회 3회)

A회사에서는 새로운 기계를 설계하면서 레버를 위로 올리면 압력이 올라가도록 하고, 오른쪽 스위치를 눌렀을 때 오른쪽 전등이 켜지도록 하였다면, 이것은 각각 어떤 유형의 양립성을 고려한 것인가?

① 레버 – 공간양립성, 스위치 – 개념양립성

② 레버 – 운동양립성, 스위치 – 개념양립성

③ 레버 – 개념양립성, 스위치 – 운동양립성

④ 레버 – 운동양립성, 스위치 – 공간양립성

해설

• 레버를 위로 올리면 압력이 올라가는 것은 운동 방향에 대한 개념이므로 운동양립성, 오른쪽 스위치를 누를 때 동작하게 하는 것은 스위치의 위치개념이므로 공간양립성이다.

:: 양립성(Compatibility) 실필 1901/1402/1202

㉠ 개요

• 인간의 기대하는 바와 자극 또는 반응들이 일치하는 관계를 말하는데 양립성이 적을수록 정보처리에서 재코드화 과정은 많아진다.
• 양립성의 효과가 크면 클수록, 코딩의 시간이나 반응의 시간은 짧아진다.
• 양립성의 종류에는 운동 양립성, 공간 양립성, 개념 양립성, 양식 양립성 등이 있다.

㉡ 양립성의 종류와 개념

공간(Spatial) 양립성	• 표시장치와 이에 대응하는 조종장치의 위치가 인간의 기대에 모순되지 않는 것 • 왼쪽 표시장치와 관련된 조종장치는 왼쪽에, 오른쪽 표시장치와 관련된 조종장치는 오른쪽에 위치하는 것
운동(Movement) 양립성	조종장치의 조작방향에 따라서 기계장치나 자동차 등이 움직이는 것
개념(Conceptual) 양립성	• 인간이 가지는 개념과 일치하게 하는 것 • 적색 수도꼭지는 온수, 청색 수도꼭지는 냉수를 의미하는 것이나 위험신호는 빨간색, 주의신호는 노란색, 안전신호는 파란색으로 표시하는 것
양식(Modality) 양립성	문화적 관습에 의해 생기는 양립성 혹은 직무에 관련된 자극과 이에 대한 응답 등으로 청각적 자극 제시와 이에 대한 음성응답 과업에서 갖는 양립성

정답 | 27 ② 28 ④

29 ——— Repetitive Learning (1회 2회 3회)

입력 B_1과 B_2의 어느 한쪽이 일어나면 출력 A가 생기는 경우를 논리합의 관계라 한다. 이때 입력과 출력 사이에는 무슨 게이트로 연결되는가?

① OR 게이트　② 억제 게이트
③ AND 게이트　④ 부정 게이트

해설

- 억제 게이트는 조건부 사건이 발생된 상황에서 입력이 발생할 때 출력이 발생되는 게이트이다.
- AND 게이트는 논리곱 관계를 의미한다.
- 부정 게이트는 논리부정 관계를 의미한다.

∷ OR 게이트

- 입력의 사상 중 어느 하나라도 입력이 있으면 출력이 발생하는 게이트로 논리합의 관계를 표시한다.
- 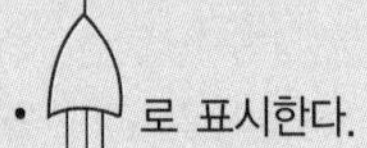 로 표시한다.

30 ——— Repetitive Learning (1회 2회 3회)

다음의 FT도에서 사상 A의 발생확률값은?

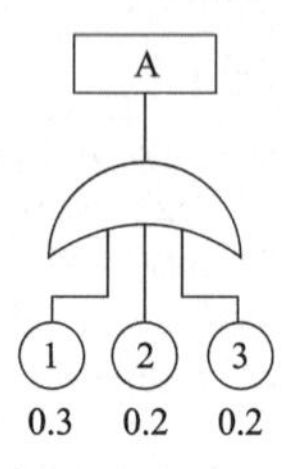

① 게이트 기호가 OR이므로 0.012
② 게이트 기호가 AND이므로 0.012
③ 게이트 기호가 OR이므로 0.552
④ 게이트 기호가 AND이므로 0.552

해설

- A는 ①, ②, ③의 OR연결이므로 A=1-(1-0.3)(1-0.2)(1-0.2)이고 A=1-(0.7×0.8×0.8)=1-0.448=0.552이다.

∷ FT도에서 정상(고장)사상 발생확률 실필 1203/0901

㉠ AND(직렬)연결 시
- 사상 A의 발생확률을 P_A, 사상 B, 사상 C 발생확률을 P_B, P_C라 할 때 $P_A = P_B \times P_C$로 구할 수 있다.

㉡ OR(병렬)연결 시
- 사상 A의 발생확률을 P_A, 사상 B, 사상 C 발생확률을 P_B, P_C라 할 때 $P_A = 1-(1-P_B)\times(1-P_C)$로 구할 수 있다.

31 ——— Repetitive Learning (1회 2회 3회)

작업공간의 포락면(包絡面)에 대한 설명으로 맞는 것은?

① 개인이 그 안에서 일하는 일차원 공간이다.
② 작업복 등은 포락면에 영향을 미치지 않는다.
③ 가장 작은 포락면은 몸통을 움직이는 공간이다.
④ 작업의 성질에 따라 포락면의 경계가 달라진다.

해설

- 작업공간의 포락면이란 앉아서 작업하는 데 사용하는 공간으로 작업의 성질에 따라 포락면의 경계는 달라진다.

∷ 작업공간의 포락면(包絡面)(Work space envelope)

- 한 장소에 앉아서 작업하는 데 사용하는 공간을 말한다.
- 작업의 성질에 따라 포락면의 경계가 달라질 수 있다.

1303

32 ——— Repetitive Learning (1회 2회 3회)

안전교육을 받지 못한 신입직원이 작업 중 전극을 반대로 끼우려고 시도했으나, 플러그의 모양이 반대로는 끼울 수 없도록 설계되어 있어서 사고를 예방할 수 있었다. 작업자가 범한 오류와 이와 같은 사고 예방을 위해 적용된 안전설계 원칙으로 가장 적합한 것은?

① 누락(Omission) 오류, Fail safe 설계원칙
② 누락(Omission) 오류, Fool proof 설계원칙
③ 작위(Commission) 오류, Fail safe 설계원칙
④ 작위(Commission) 오류, Fool proof 설계원칙

해설

- 작업을 정확하게 수행하지 못한 오류에 해당하므로 실행오류(Commission error)이고, 작업자가 실수를 하여도 기계가 정상적으로 작동하게 설계하는 것은 Fool proof이다.

∷ 행위적 관점에서의 휴먼에러 분류(Swain)

실필 1801/1702/1601/1401/1201/0901/0803/0802

분류	내용
실행오류 (Commission error)	작업 수행 중 작업을 정확하게 수행하지 못해 발생한 에러
생략오류 (Omission error)	필요한 작업 또는 절차를 수행하지 않는 데 기인한 에러
불필요한 수행오류 (Extraneous error)	불필요한 작업 또는 절차를 수행함으로써 발생한 에러
순서오류 (Sequential error)	필요한 작업 또는 절차의 순서 착오로 인한 에러
시간오류 (Timing error)	필요한 작업 또는 절차의 수행을 지연한 데 기인한 에러

29 ①　30 ③　31 ④　32 ④ | 정답

안전설계(Fail safe design) 방법

Fool proof	작업자가 기계를 잘못 취급하는 행동이나 실수를 하여도 기계설비의 안전기능이 적용되어 재해를 방지할 수 있는 기능의 설계방식
Fail safe	기계나 부품에 파손·고장이나 기능 불량이 발생하여도 항상 안전하게 작동할 수 있는 구조와 기능
Temper proof	안전장치를 제거하는 경우 설비가 작동되지 않도록 하는 안전설계방식

33 Repetitive Learning (1회 2회 3회)

FMEA에서 고장 평점을 결정하는 5가지 평가요소에 해당하지 않는 것은?

① 생산능력의 범위
② 고장발생의 빈도
③ 고장방지의 가능성
④ 영향을 미치는 시스템의 범위

해설

- FMEA에서 고장 평점을 결정하는 5가지 평가요소에는 ②, ③, ④ 외에도 기능적 고장의 중요도와 신규설계 여부가 있다.

FMEA의 고장 평점 결정 5가지 평가요소

- 기능적 고장의 중요도
- 영향을 미치는 시스템의 범위
- 고장의 발생빈도
- 고장방지의 가능성
- 신규설계 여부

34 Repetitive Learning (1회 2회 3회)

어떤 소리가 1,000Hz, 60dB인 음과 같은 높이임에도 4배 더 크게 들린다면, 이 소리의 음압수준은 얼마인가?

① 70dB
② 80dB
③ 90dB
④ 100dB

해설

- 기준음을 60dB로 했을 때의 4배(sone값)이므로 phon값을 구하면 $4=2^{\frac{\text{phon}-60}{10}}$ 이고 $\frac{\text{phon}-60}{10}=2$가 되어야 하므로 phon값은 80이 되어야 한다.

sone값

- 인간이 청각으로 느끼는 소리의 크기를 측정하는 척도 중 하나이다.
- 기준 음에 비해서 몇 배의 크기를 갖느냐는 음의 sone값이 결정한다.
- 1 sone은 40dB의 1,000Hz 순음의 크기로 40phon의 값을 의미한다.
- phon의 값이 주어질 때 $sone=2^{\frac{phon-40}{10}}$ 으로 구한다.

1101

35 Repetitive Learning (1회 2회 3회)

작업장 배치 시 유의사항으로 적절하지 않은 것은?

① 작업의 흐름에 따라 기계를 배치한다.
② 생산효율 증대를 위해 기계설비 주위에 재료나 반제품을 충분히 놓아둔다.
③ 공장 내외는 안전한 통로를 두어야 하며, 통로는 선을 그어 작업장과 명확히 구별하도록 한다.
④ 비상시에 쉽게 대피할 수 있는 통로를 마련하고 사고 진압을 위한 활동통로가 반드시 마련되어야 한다.

해설

- 기계설비의 주위에는 작업안전을 위해 제품이나 반제품을 쌓아두어서는 안 된다.

작업장 배치의 원칙

㉠ 개요 실필 1801
- 사용빈도, 중요도, 기능별, 사용순서의 원칙에 의해 배치한다.
- 작업의 흐름에 따라 기계를 배치한다.
- 배치의 3단계는 지역배치 → 건물배치 → 기계배치 순으로 이루어진다.
- 공장 내외에는 안전한 통로를 두어야 하며, 통로는 선을 그어 작업장과 명확히 구별하도록 한다.
- 비상시에 쉽게 대피할 수 있는 통로를 마련하고 사고 진압을 위한 활동통로가 반드시 마련되어야 한다.

㉡ 원칙 실필 1001/0902
- 중요성의 원칙, 사용빈도의 원칙 : 우선적인 원칙
- 기능별 배치의 원칙, 사용순서의 원칙 : 부품의 일반적인 위치 내에서의 구체적인 배치기준

정답 | 33 ① 34 ② 35 ②

1203 / 2101

36 Repetitive Learning (1회 2회 3회)

시스템의 수명 및 신뢰성에 관한 설명으로 틀린 것은?

① 병렬설계 및 디레이팅 기술로 시스템의 신뢰성을 증가시킬 수 있다.
② 직렬 시스템에서는 부품들 중 최소수명을 갖는 부품에 의해 시스템 수명이 정해진다.
③ 수리가 가능한 시스템의 평균수명(MTBF)은 평균고장률(λ)과 정비례 관계가 성립한다.
④ 수리가 불가능한 구성요소로 병렬구조를 갖는 설비는 중복도가 늘어날수록 시스템 수명이 길어진다.

해설

- MTBF는 무고장시간의 평균값으로 고장률과 반비례 관계에 있다.

시스템의 수명 및 신뢰성

- 병렬설계 및 디레이팅 기술로 시스템의 신뢰성을 증가시킬 수 있다.
- 직렬 시스템에서는 부품들 중 최소 수명을 갖는 부품에 의해 시스템 수명이 정해진다.
- 병렬 시스템에서는 부품들 중 최대 수명을 갖는 부품에 의해 시스템 수명이 정해진다.
- 수리가 가능한 시스템의 평균 수명(MTBF)은 평균 고장률(λ)과 역비례 관계가 성립한다.
- 수리가 불가능한 구성요소로 병렬구조를 갖는 설비는 중복도가 늘어날수록 시스템 수명이 길어진다.

37 Repetitive Learning

스트레스에 반응하는 신체의 변화로 맞는 것은?

① 혈소판이나 혈액응고 인자가 증가한다.
② 더 많은 산소를 얻기 위해 호흡이 느려진다.
③ 중요한 장기인 뇌·심장·근육으로 가는 혈류가 감소한다.
④ 상황 판단과 빠른 행동 대응을 위해 감각기관은 매우 둔감해진다.

해설

- 스트레스를 받으면 호흡이 빨라지고, 중요 장기로의 혈류가 증가하며, 감각기관은 예민해진다.

스트레스에 따른 신체반응

- 혈소판이나 혈액응고 인자가 증가한다.
- 더 많은 산소를 얻기 위하여 호흡은 빨라진다.
- 근육이나 뇌, 심장에 더 많은 피를 보내기 위하여 맥박과 혈압은 증가한다.
- 행동을 할 준비를 위해 근육이 긴장한다.
- 상황 판단과 빠른 행동을 위해 정신이 명료해지고 감각기관이 예민해진다.
- 중요한 장기인 뇌, 심장, 근육으로 가는 혈류는 증가한다.

1402

38 Repetitive Learning (1회 2회 3회)

산업안전보건법령에 따라 제조업 등 유해·위험방지계획서를 작성하고자 할 때 관련 규정에 따라 1명 이상 포함시켜야 하는 사람의 자격으로 적합하지 않은 것은?

① 한국산업안전보건공단이 실시하는 관련 교육을 8시간 이수한 사람
② 기계, 재료, 화학, 전기, 전자, 안전관리 또는 환경분야 기술사 자격을 취득한 사람
③ 관련 분야 기사 자격을 취득한 사람으로서 해당 분야에서 3년 이상 근무한 경력이 있는 사람
④ 기계안전, 전기안전, 화공안전분야의 산업안전지도사 또는 산업보건지도사 자격을 취득한 사람

해설

- 한국산업안전보건공단이 실시하는 관련 교육은 8시간이 아니라 20시간 이상 이수한 사람이 되어야 한다.

유해·위험방지계획서의 제출 시 포함대상 자격사항

- 사업주는 계획서를 작성할 때에 다음의 자격을 갖춘 사람 또는 공단이 실시하는 관련 교육을 20시간 이상 이수한 사람 중 1명 이상을 포함시켜야 한다.
  - 기계, 재료, 화학, 전기·전자, 안전관리 또는 환경분야 기술사 자격을 취득한 사람
  - 기계안전·전기안전·화공안전분야의 산업안전지도사 또는 산업보건지도사 자격을 취득한 사람
  - 관련 분야 기사 자격을 취득한 사람으로서 해당 분야에서 3년 이상 근무한 경력이 있는 사람
  - 관련 분야 산업기사 자격을 취득한 사람으로서 해당 분야에서 5년 이상 근무한 경력이 있는 사람
  - 산업대학(이공계 학과)을 졸업한 후 해당 분야에서 5년 이상 근무한 경력이 있는 사람 또는 전문대학(이공계 학과)을 졸업한 후 해당 분야에서 7년 이상 근무한 경력이 있는 사람
  - 전문계 고등학교 또는 이와 같은 수준 이상의 학교를 졸업하고 해당 분야에서 9년 이상 근무한 경력이 있는 사람

36 ③ 37 ① 38 ① | 정답

0701

39
Repetitive Learning 

다음 그림과 같은 직·병렬 시스템의 신뢰도는?(단, 병렬 각 구성요소의 신뢰도는 R이고, 직렬 구성요소의 신뢰도는 M이다)

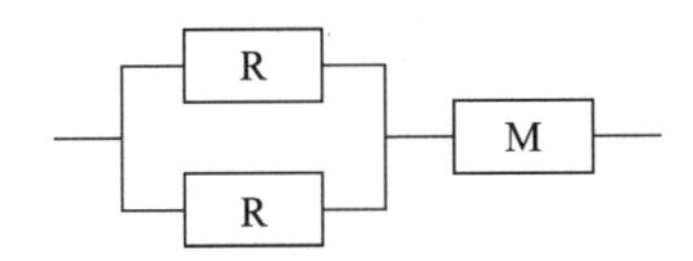

① MR^3
② $R^2(1-MR)$
③ $M(R^2+R)-1$
④ $M(2R-R^2)$

해설

- 먼저 병렬로 연결된 시스템의 신뢰도를 구하면 $1-(1-R)\times(1-R)=1-(1-2R+R^2)=2R-R^2$이 된다.
- 구해진 결과와 M의 직렬연결은 $(2R-R^2)\times M=M(2R-R^2)$이다.

시스템의 신뢰도 실필 0901

㉠ AND(직렬)연결 시
- 부품 a, 부품 b 신뢰도를 각각 R_a, R_b라 할 때 시스템의 신뢰도(R_s)는 $R_s=R_a\times R_b$로 구할 수 있다.

㉡ OR(병렬)연결 시
- 부품 a, 부품 b 신뢰도를 각각 R_a, R_b라 할 때 시스템의 신뢰도(R_s)는 $R_s=1-(1-R_a)\times(1-R_b)$로 구할 수 있다.

1302

40
Repetitive Learning 

현재 시험문제와 같이 4지택일형 문제의 정보량은 얼마인가?

① 2bit ② 4bit
③ 2byte ④ 4byte

해설

- 대안이 4개인 경우이므로 $\log_2 4=\log_2 2^2=2\log_2 2=2$가 된다.

정보량 실필 0903
- 대안이 n개인 경우의 정보량은 $\log_2 n$으로 구한다.
- 특정 안이 발생할 확률이 $p(x)$라면 정보량은 $\log_2 \frac{1}{p(x)}$이다.
- 여러 안이 발생할 경우
  총 정보량은 [개별 확률×개별 정보량의 합]과 같다.

3과목 기계·기구 및 설비 안전관리

0801 / 1003 / 1403

41
Repetitive Learning 

연삭숫돌의 상부를 사용하는 것을 목적으로 하는 탁상용 연삭기에서 안전덮개의 노출 부위 각도는 몇 ° 이내이어야 하는가?

① 90° 이내 ② 75° 이내
③ 60° 이내 ④ 105° 이내

해설

- 연삭숫돌의 상부를 사용하는 것을 목적으로 하는 탁상용 연삭기 덮개의 최대노출각도는 60° 이내이다.

연삭기 덮개의 성능기준 실필 1503/1301 실작 2402/2303/2202
- 직경 5cm 이상의 연삭숫돌은 반드시 덮개를 설치하고 작업해야 한다.
- 각종 연삭기 덮개의 최대노출각도

종류	덮개의 최대노출각도
연삭숫돌의 상부를 사용하는 것을 목적으로 하는 탁상용 연삭기	60° 이내
일반연삭작업 등에 사용하는 것을 목적으로 하는 탁상용 연삭기	125° 이내
평면 연삭기, 절단 연삭기	150° 이내
원통 연삭기, 공구 연삭기, 휴대용 연삭기, 스윙연삭기, 스라브 연삭기	180° 이내

1202 / 1502

42
Repetitive Learning 1회 2회 3회

다음 중 산업안전보건법령상 아세틸렌 가스용접장치에 관한 기준으로 틀린 것은?

① 전용의 발생기실은 건물의 최상층에 위치하여야 하며, 화기를 사용하는 설비로부터 1m를 초과하는 장소에 설치하여야 한다.
② 전용의 발생기실을 옥외에 설치한 경우에는 그 개구부를 다른 건축물로부터 1.5m 이상 떨어지도록 하여야 한다.
③ 아세틸렌용접장치를 사용하여 금속의 용접·용단 또는 가열작업을 하는 경우에는 게이지 압력이 127kPa을 초과하는 압력의 아세틸렌을 발생시켜 사용해서는 아니 된다.
④ 전용의 발생기실을 설치하는 경우 벽은 불연성 재료로 하고 철근 콘크리트 또는 그 밖에 이와 동등하거나 그 이상의 강도를 가진 구조로 하여야 한다.

정답 | 39 ④ 40 ① 41 ③ 42 ①

해설

- 발생기실은 건물의 최상층에 위치하여야 하며, 화기를 사용하는 설비로부터 3m를 초과하는 장소에 설치하여야 한다.

∷ 발생기실의 설치장소 등

- 사업주는 아세틸렌용접장치의 아세틸렌 발생기를 설치하는 경우에는 전용의 발생기실에 설치하여야 한다.
- 발생기실은 건물의 최상층에 위치하여야 하며, 화기를 사용하는 설비로부터 3m를 초과하는 장소에 설치하여야 한다.
- 발생기실을 옥외에 설치한 경우에는 그 개구부가 다른 건축물로부터 1.5m 이상 떨어지도록 하여야 한다.

43

Repetitive Learning (1회 2회 3회)

다음 중 포터블 벨트 컨베이어(Portable belt conveyor)의 안전사항과 관련한 설명으로 옳지 않은 것은?

① 포터블 벨트 컨베이어의 차륜 간의 거리는 전도위험이 최소가 되도록 하여야 한다.

② 기복장치는 포터블 벨트 컨베이어의 옆면에서만 조작하도록 한다.

③ 포터블 벨트 컨베이어를 사용하는 경우는 차륜을 고정하여야 한다.

④ 전동식 포터블 벨트 컨베이어를 이동하는 경우는 먼저 전원을 내린 후 컨베이어를 이동시킨 다음 컨베이어를 최저의 위치로 내린다.

해설

- 포터블 벨트 컨베이어를 이동하는 경우는 먼저 컨베이어를 최저의 위치로 내리고 전동식의 경우 전원을 차단한 후에 이동한다.

∷ 포터블 벨트 컨베이어(Potable belt conveyor) 운전 시 준수사항

㉠ 구조 및 방호장치

- 차륜을 고정하여야 한다.
- 차륜 간의 거리는 전도위험이 최소가 되도록 하여야 한다.
- 기복장치에는 붐이 불시에 기복하는 것을 방지하기 위한 장치 및 크랭크의 반동을 방지하기 위한 장치를 설치하여야 한다.
- 포터블 벨트 컨베이어의 충전부에는 절연덮개를 설치하여야 한다.
- 포터블 벨트 컨베이어를 이동하는 경우는 먼저 컨베이어를 최저의 위치로 내리고 전동식의 경우 전원을 차단한 후에 이동한다.

㉡ 작업 시작 전 점검 및 준수사항

- 공회전하여 기계의 운전상태를 파악한다.
- 운전시작 전 주변 근로자에게 경고하여야 한다.

㉢ 작업 중 준수사항

- 정해진 조작 스위치를 사용하여야 한다.
- 화물 적치 후에 시동, 정지를 반복해서는 안 된다.
- 기복장치는 포터블 벨트 컨베이어의 옆면에서만 조작하도록 한다.

44

Repetitive Learning (1회 2회 3회)

사람이 작업하는 기계장치에서 작업자가 실수를 하거나 오조작을 하여도 안전하게 유지되게 하는 안전설계방법은?

① Fail safe　　② 다중계화

③ Fool proof　　④ Back up

해설

- 풀 프루프(Fool proof)는 인간이 실수를 하더라도 안전하게 기계가 유지되는 안전설계 방법을 말한다.

∷ 풀 프루프(Fool proof) 실필 1401/1101/0901/0802

㉠ 개요

- 풀 프루프(Fool proof)는 기계 조작에 익숙하지 않은 사람이나 기계의 위험성 등을 이해하지 못한 사람이라도 기계 조작 시 조작 실수를 하지 않도록 하는 기능으로, 작업자가 기계 설비를 잘못 취급하더라도 사고가 일어나지 않도록 하는 기능을 말한다.
- 계기나 표시를 보기 쉽게 하거나 이른바 인체공학적 설계도 넓은 의미의 풀 프루프에 해당된다.
- 각종 기구의 인터록 장치, 크레인의 권과방지장치, 카메라의 이중 촬영방지장치, 기계의 회전부분에 울이나 커버 장치, 승강기 중량제한 시 운행정지 장치, 선풍기 가드에 손이 들어갈 경우 회전정지장치 등이 이에 해당한다.

㉡ 조건

- 인간이 에러를 일으키기 어려운 구조나 기능을 가지도록 한다.
- 조작순서가 잘못되어도 올바르게 작동하도록 한다.

1102 / 1402

45

Repetitive Learning 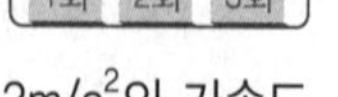

질량 100kg의 화물이 와이어로프에 매달려 $2m/s^2$의 가속도로 권상되고 있다. 이때 와이어로프에 작용하는 장력의 크기는 몇 N인가?(단, 여기서 중력가속도는 $10m/s^2$로 한다)

① 200N　　② 300N

③ 1,200N　　④ 2,000N

43 ④ 44 ③ 45 ③ 정답

해설

- 로프에 100kg의 화물을 걸어 올리고 있으므로 정하중이 100kg 이고, 동하중은 $\frac{100}{10}\times 2=20$[kgf]가 된다.
- 총 하중은 $100+20=120$[kgf]이다. 구하고자 하는 단위는 N이므로 $120\times 10=1,200$[N]이 된다.

∷ 화물을 일정한 가속도로 감아올릴 때 총 하중

- 화물을 일정한 가속도로 감아올릴 때 총 하중은 화물의 중량에 해당하는 정하중과 감아올림으로 인해 발생하는 동하중(중력가속도를 거스르는 하중)의 합으로 구한다.
- 총 하중[kgf] = 정하중 + 동하중으로 구한다.
- 동하중 = $\frac{\text{정하중}}{\text{중력가속도}}$ × 인양가속도로 구할 수 있다.

46

Repetitive Learning 1회 2회 3회

광전자식 방호장치의 광선에 신체의 일부가 감지된 후로부터 급정지기구가 작동개시하기까지의 시간이 40ms이고, 광축의 최소 설치거리(안전거리)가 200mm일 때 급정지기구가 작동개시한 때로부터 프레스기의 슬라이드가 정지될 때까지의 시간은 약 몇 ms인가?

① 60ms ② 85ms
③ 105ms ④ 130ms

해설

- 안전거리와 응답시간(신체의 일부가 감지된 후부터 급정지기구가 작동개시까지의 시간)이 40[ms]로 주어졌다. 브레이크의 정지시간을 구해야 하므로 식을 역으로 대입한다.
- 안전거리 200[mm] = 1.6×(40[ms] + 브레이크 정지시간)이 되어야 하므로 브레이크 정지시간은 85[ms]이다.

∷ 광전자식 방호장치의 안전거리 실필 1601/0902

- 안전거리 D[mm] = 1.6 ×(응답시간[ms] + 브레이크 정지시간[ms])으로 구한다. 이때, 1.6[m/s]는 인간 손의 기준속도이다.
- 위험 한계까지의 거리가 짧은 200mm 이하의 프레스에는 연속 차광 폭이 작은 30mm 이하의 방호장치를 선택한다.

1103

47

Repetitive Learning 1회 2회 3회

방사선투과검사에서 투과사진의 성질을 점검할 때 확인해야 할 항목으로 거리가 먼 것은?

① 투과도계의 식별도 ② 시험부의 사진농도 범위
③ 계조계의 값 ④ 주파수의 크기

해설

- 주파수의 크기는 음향검사나 초음파탐상 시에 체크하는 항목으로 방사선투과검사와는 관련이 없다.

∷ 방사선투과검사

- 비파괴검사방법 중 하나로 검사대상에 방사선(X선, γ선)을 투과시켜 결함을 검출하는 방법이다.
- 주로 재료 및 용접부의 내부결함 검사에 사용되는데 미세한 균열이나 라미네이션(Lamination) 등은 검출이 힘들다.
- 검사 후 확인해야 할 항목은 투과도계의 식별도, 시험부의 사진농도 범위, 계조계의 값, 흠이나 얼룩 등이다.
- 투과사진의 명암에 영향을 미치는 인자에는 방사선의 선질, 산란선량의 다소, 선원의 치수, 필름의 종류, 현상액의 강도 등이 있다.

2102

48

Repetitive Learning 1회 2회 3회

양중기의 과부하방지장치에서 요구하는 일반적인 성능기준으로 틀린 것은?

① 과부하방지장치 작동 시 경보음과 경보램프가 작동되어야 하며 양중기는 작동이 되지 않아야 한다.
② 외함의 전선 접촉부분은 고무 등으로 밀폐되어 물과 먼지 등이 들어가지 않도록 한다.
③ 과부하방지장치와 타 방호장치는 기능에 서로 장애를 주지 않도록 부착할 수 있는 구조이어야 한다.
④ 방호장치의 기능을 제거하더라도 양중기는 원활하게 작동시킬 수 있는 구조이어야 한다.

해설

- 방호장치의 기능을 제거 또는 정지할 때 양중기의 기능도 동시에 정지할 수 있는 구조이어야 한다.

∷ 양중기의 과부하방지장치 일반적인 성능기준

- 과부하방지장치 작동 시 경보음과 경보램프가 작동되어야 하며 양중기는 작동이 되지 않아야 한다. 다만, 크레인은 과부하 상태 해지를 위하여 권상된 만큼 권하시킬 수 있다.
- 외함은 납봉인 또는 시건할 수 있는 구조이어야 한다.
- 외함의 전선 접촉부분은 고무 등으로 밀폐되어 물과 먼지 등이 들어가지 않도록 한다.
- 과부하방지장치와 타 방호장치는 기능에 서로 장애를 주지 않도록 부착할 수 있는 구조이어야 한다.
- 방호장치의 기능을 제거 또는 정지할 때 양중기의 기능도 동시에 정지할 수 있는 구조이어야 한다.
- 과부하방지장치는 시험 후 정격하중의 1.1배 권상 시 경보와 함께 권상동작이 정지되고 횡행과 주행 동작이 불가능한 구조이어야 한다. 다만, 타워크레인은 정격하중의 1.05배 이내로 한다.

정답 | 46 ② 47 ④ 48 ④

- 과부하방지장치에는 정상동작상태의 녹색 램프와 과부하 시 경고 표시를 할 수 있는 붉은색 램프와 경보음을 발하는 장치 등을 갖추어야 하며, 양중기 운전자가 확인할 수 있는 위치에 설치해야 한다.

2102

49 ——— Repetitive Learning (1회 2회 3회)

프레스 작업에서 제품 및 스크랩을 자동적으로 위험한계 밖으로 배출하기 위한 장치로 볼 수 없는 것은?

① 피더　② 키커
③ 이젝터　④ 공기분사장치

해설

- 피더(Feeder)는 원재료의 공급장치 중 하나이다.

프레스 송급장치와 배출장치

㉠ 송급장치
- 프레스에 원재료 등을 공급할 때 사용되는 장치를 말한다.
- 언코일러(Uncoiler), 레벨러(Leveller), 피더(Feeder) 등이 있다.

㉡ 자동배출장치
- 프레스 작업 시 제품 및 스크랩을 자동적으로 꺼내기 위한 장치이다.
- 압축공기를 이용한 공기분사장치, 이젝터(Ejector), 키커 등이 있다.

50 ——— Repetitive Learning (1회 2회 3회)

용접장치에서 안전기의 설치기준에 관한 설명으로 옳지 않은 것은?

① 아세틸렌용접장치에 대하여는 일반적으로 각 취관마다 안전기를 설치하여야 한다.
② 아세틸렌용접장치의 안전기는 가스용기와 발생기가 분리되어 있는 경우 발생기와 가스용기 사이에 설치한다.
③ 가스집합 용접장치에서는 주관 및 분기관에 안전기를 설치하며, 이 경우 하나의 취관에 2개 이상의 안전기를 설치한다.
④ 가스집합 용접장치의 안전기 설치는 화기 사용설비로부터 3m 이상 떨어진 곳에 설치한다.

해설

- 가스집합장치는 화기를 사용하는 설비로부터 5m 이상 떨어진 장소에 설치하여야 한다.

안전기의 설치 실필 1702

- 아세틸렌용접장치의 취관마다 안전기를 설치하여야 한다.
- 가스용기가 발생기와 분리되어 있는 아세틸렌용접장치에 대하여 발생기와 가스용기 사이에 안전기를 설치하여야 한다.
- 아세틸렌 용접 시 역화를 방지하기 위하여 설치한다.
- 가스집합 용접장치에서는 주관 및 분기관에 안전기를 설치하며, 이 경우 하나의 취관에 2개 이상의 안전기를 설치하여야 한다.
- 가스집합장치에 대해서는 화기를 사용하는 설비로부터 5m 이상 떨어진 장소에 설치하여야 한다.

2102 / 2202

51 ——— Repetitive Learning (1회 2회 3회)

산업안전보건법상 보일러의 안전한 가동을 위하여 보일러 규격에 맞는 압력방출장치가 2개 이상 설치된 경우에 최고사용압력 이하에서 1개가 작동되고, 다른 압력방출장치는 최고사용압력의 몇 배 이하에서 작동되도록 부착하여야 하는가?

① 1.03배　② 1.05배
③ 1.2배　④ 1.5배

해설

- 압력방출장치가 2개 이상 설치된 경우에는 최고사용압력 이하에서 1개가 작동되고, 다른 압력방출장치는 최고사용압력 1.05배 이하에서 작동되도록 부착하여야 한다.

압력방출장치 실필 1101/0803

㉠ 개요
- 사업주는 보일러의 안전한 가동을 위하여 보일러 규격에 맞는 압력방출장치를 1개 또는 2개 이상 설치하고 최고사용압력 이하에서 작동되도록 하여야 한다.
- 압력방출장치의 종류에는 중추식, 스프링식, 지렛대식 안전밸브가 있다.
- 스프링식 압력밸브를 사용하는 압력방출장치를 가장 많이 사용한다.

㉡ 설치
- 압력방출장치는 가능한 보일러 동체에 직접 설치한다.
- 압력방출장치가 2개 이상 설치된 경우에는 최고사용압력 이하에서 1개가 작동되고, 다른 압력방출장치는 최고사용압력 1.05배 이하에서 작동되도록 부착하여야 한다.

49 ① 50 ④ 51 ② 정답

0501 / 0701

52

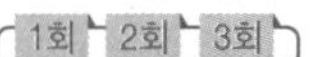

밀링작업에서 주의해야 할 사항으로 옳지 않은 것은?

① 보안경을 쓴다.
② 일감 절삭 중 치수를 측정한다.
③ 커터에 옷이 감기지 않게 한다.
④ 커터는 될 수 있는 한 컬럼에 가깝게 설치한다.

해설

- 일감의 측정은 기계를 정지한 후에 한다.

∷ 밀링머신(Milling machine) 안전수칙

㉠ 작업자 보호구 착용
- 작업 중 면장갑은 끼지 않는다.
- 작업자의 옷소매 등이 커터에 말릴 수 있으므로 주의하고, 묶을 때 끈을 사용하지 않는다.
- 칩의 비산이 많으므로 보안경을 착용한다.

㉡ 커터 관련 안전수칙
- 커터는 될 수 있는 한 컬럼에 가깝게 설치한다.
- 커터를 끼울 때는 아버를 깨끗이 닦는다.
- 커터의 교환 시는 테이블 위에 목재를 받쳐 놓는다.
- 밀링커터는 걸레 등으로 감싸 쥐고 다루도록 한다.
- 절삭 공구에 절삭유를 주유 시에는 커터 위부터 공급한다.

㉢ 기타 안전수칙
- 테이블 위에 공구 등을 올려놓지 않는다.
- 강력절삭 시에는 일감을 바이스에 깊게 물린다.
- 일감의 측정은 기계를 정지한 후에 한다.
- 주축속도의 변속은 반드시 주축의 정지 후에 한다.
- 상하, 좌우 이송 손잡이는 사용 후 반드시 빼 둔다.
- 급속이송은 백래시 제거장치가 동작하지 않고 있음을 확인한 다음 행한다.
- 칩의 제거는 절삭작업이 끝난 후 브러시나 청소용 솔을 사용하여 한다.

1102

53

작업자의 신체부위가 위험한계 내로 접근하였을 때 기계적인 작용에 의하여 접근을 못하도록 하는 방호장치는?

① 위치제한형 방호장치
② 접근거부형 방호장치
③ 접근반응형 방호장치
④ 감지형 방호장치

해설

- 작업자의 신체부위가 위험한계 내로 접근하였을 때 기계적인 작용에 의하여 접근을 못하도록 하는 방호장치는 접근거부형 방호장치이다.

∷ 방호장치의 분류별 종류

㉠ 작업점에 대한 방호장치

형태	설명
격리형	작업자가 위험점에 접근하지 못하도록 차단벽이나 망(울타리), 덮개 등을 설치하는 방호장치
위치 제한형	• 대표적인 종류는 양수조작식 • 위험기계에 조작자의 신체부위가 의도적으로 위험점 밖에 있도록 하는 방호장치
접근 거부형	• 대표적인 종류는 손쳐내기식(방호판) • 위험기계 및 위험기구 방호조치 기준상 작업자의 신체부위가 위험한계 내로 접근하였을 때 기계적인 작용에 의하여 근접을 저지하는 방호장치
접근 반응형	• 대표적인 종류는 광전자식 방호장치 • 작업자가 위험점에 접근할 경우 센서에 의해 기계의 작동이 정지되는 방호장치

㉡ 위험원에 대한 방호장치

형태	설명
감지형	이상온도, 이상기압, 과부하 등 기계의 부하가 안전 한계치를 초과하는 경우에 이를 감지하고 자동으로 안전상태가 되도록 조정하거나 기계의 작동을 중지시키는 방호장치
포집형	• 대표적인 종류는 연삭숫돌의 포집장치 • 위험장소가 아닌 위험원에 대한 방호장치

0902

54

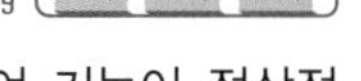

사업주가 보일러의 폭발사고예방을 위하여 기능이 정상적으로 작동될 수 있도록 유지, 관리할 대상이 아닌 것은?

① 과부하방지장치
② 압력방출장치
③ 압력제한스위치
④ 고저수위조절장치

해설

- 과부하방지장치는 양중기에 있어서 정격하중 이상의 하중이 부하되었을 경우 자동적으로 동작을 정지시켜 주는 방호장치를 말한다.

정답 | 52 ② 53 ② 54 ①

:: 보일러의 안전장치 실필 1902/1901

• 보일러의 안전장치에는 전기적 인터록 장치, 압력방출장치, 압력제한스위치, 고저수위조절장치, 화염 검출기 등이 있다.

압력제한 스위치	보일러의 과열을 방지하기 위하여 보일러의 버너 연소를 차단하는 장치
압력방출장치	보일러의 최고사용압력 이하에서 작동하여 보일러 압력을 방출하는 장치
고저수위 조절장치	보일러의 방호장치 중 하나로 보일러 쉘 내의 관수의 수위가 최고한계 또는 최저한계에 도달했을 때 자동적으로 경보를 울리는 동시에 관수의 공급을 차단시켜 주는 장치

0502 / 0803 / 1102

55 ———— Repetitive Learning 1회 2회 3회

산업안전보건법령에 따라 프레스 등을 사용하여 작업을 하는 경우 작업 시작 전 점검사항과 거리가 먼 것은?

① 전단기의 칼날 및 테이블의 상태
② 프레스의 금형 및 고정볼트 상태
③ 슬라이드 또는 칼날에 의한 위험방지 기구의 기능
④ 전자밸브, 압력조정밸브 기타 공압 계통의 이상 유무

해설

• 프레스 등을 사용하여 작업할 때 작업 시작 전 점검사항에 전자밸브, 압력조정밸브 기타 공압 계통의 이상 유무 확인은 포함되지 않는다.

:: 프레스 등을 사용하여 작업할 때 작업 시작 전 점검사항 실작 2402/2301/2102/2002

• 클러치 및 브레이크의 기능
• 프레스의 금형 및 고정볼트 상태
• 1행정 1정지기구·급정지장치 및 비상정지 장치의 기능
• 크랭크축·플라이휠·슬라이드·연결봉 및 연결 나사의 풀림여부
• 슬라이드 또는 칼날에 의한 위험방지 기구의 기능
• 방호장치의 기능
• 전단기의 칼날 및 테이블의 상태

1103 / 1501 / 2201

56 ———— Repetitive Learning 1회 2회 3회

숫돌 바깥지름이 150mm일 경우 평형플랜지의 지름은 최소 몇 mm 이상이어야 하는가?

① 25mm
② 50mm
③ 75mm
④ 100mm

해설

• 평형플랜지의 지름은 숫돌 직경의 1/3 이상이어야 하므로 숫돌의 바깥지름이 150mm일 경우 평형플랜지의 지름은 50mm 이상이어야 한다.

:: 산업안전보건법상의 연삭숫돌 사용 시 안전조치 실필 1303/0802

• 사업주는 회전 중인 연삭숫돌(지름이 5cm 이상인 것)이 근로자에게 위험을 미칠 우려가 있는 경우에 그 부위에 덮개를 설치하여야 한다.
• 사업주는 연삭숫돌을 사용하는 작업의 경우 작업을 시작하기 전에는 1분 이상, 연삭숫돌을 교체한 후에는 3분 이상 시험운전을 하고 해당 기계에 이상이 있는지를 확인하여야 한다.
• 시험운전에 사용하는 연삭숫돌은 작업 시작 전에 결함이 있는지를 확인한 후 사용하여야 한다.
• 사업주는 연삭숫돌의 최고사용회전속도를 초과하여 사용하도록 해서는 아니 된다.
• 사업주는 측면을 사용하는 것을 목적으로 하지 않는 연삭숫돌을 사용하는 경우 측면을 사용하도록 해서는 아니 된다.
• 숫돌 고정장치인 평형플랜지의 직경은 설치하는 숫돌 직경의 1/3 이상, 여윳값은 1.5mm 이상이어야 한다.
• 연삭 작업 시 안전을 위해 작업자는 연삭기의 측면에 위치한다.
• 연삭숫돌을 결합할 때는 열로 인한 팽창을 고려하여 축과 0.1~0.15mm 정도의 틈새를 둔다.

1403

57 ———— Repetitive Learning 1회 2회 3회

다음 중 아세틸렌용접장치에서 역화의 원인으로 가장 거리가 먼 것은?

① 아세틸렌의 공급 과다
② 토치 성능의 부실
③ 압력조정기의 고장
④ 토치 팁에 이물질이 묻은 경우

해설

• 역화는 토치가 과열되거나 토치의 성능이 좋지 않을 때, 팁에 이물질이 부착되거나 과열되었을 때, 팁과 모재의 접촉 거리가 불량할 때, 압력조정기 고장으로 작동이 불량할 때 주로 발생한다.

:: 역화(Back fire)

㉠ 개요
  • 가스용접 시 산소아세틸렌 불꽃이 순간적으로 "빵빵" 하는 터지는 소리를 토치의 팁 끝에서 내면서, 꺼지는가 하면 또 커지고 또는 완전히 꺼지는 현상을 말한다.

㉡ 발생원인과 대책
  • 토치가 과열되거나 토치의 성능이 좋지 않을 때, 팁에 이물질이 부착되거나 과열되었을 때, 팁과 모재의 접촉 거리가 불량할 때, 압력조정기 고장으로 작동이 불량할 때 주로 발생한다.
  • 역화가 일어났을 때는 먼저 가스의 공급을 중지시켜야 하므로 산소밸브를 먼저 닫고 아세틸렌밸브를 닫는다.

55 ④ 56 ② 57 ① 정답

1402

58 Repetitive Learning 1회 2회 3회

설비의 고장형태를 크게 초기고장, 우발고장, 마모고장으로 구분할 때 다음 중 마모고장과 가장 거리가 먼 것은?

① 부품, 부재의 마모
② 열화에 생기는 고장
③ 부품, 부재의 반복피로
④ 순간적 외력에 의한 파손

해설

- 순간적 외력에 의한 파손은 우발고장에 해당한다.

마모고장

- 시스템의 수명곡선(욕조곡선)에서 증가형에 해당한다.
- 특정 부품의 마모, 열화에 의한 고장, 반복피로 등의 이유로 발생하는 고장이다.
- 예방을 위해서는 안전진단 및 적당한 수리보존(BM) 및 예방보전(PM)이 필요하다.

0302 / 0702 / 1503

59 Repetitive Learning 1회 2회 3회

와이어로프의 표기에서 "6×19" 중 숫자 "6"이 의미하는 것은?

① 소선의 지름(mm)
② 소선의 수량(Wire수)
③ 꼬임의 수량(Strand수)
④ 로프의 인장강도(kg/cm^2)

해설

- 6×19는 스트랜드의 수가 6이며, 스트랜드는 19개의 소선으로 구성되어 있음을 의미한다.

와이어로프 표시기호

- [스트랜드의 수]×[스트랜드 구성형태 문자표시] ([스트랜드를 구성하는 소선의 수])+[심감의 종류]로 표시한다.
- 스트랜드 구성형태를 표시하는 문자에는 S(스트랜드형), W(워링톤형), Fi(필러형), Ws(워링톤시일형)이 있으며, Fi(숫자)로 표기되는 경우 이는 스트랜드가 필러형이며, 숫자만큼의 소선의 수가 스트랜드를 구성함을 의미한다.
- 심감의 종류에는 섬유심(FC), 와이어로프를 심으로 꼰 형태(IWRC) 등이 있다.

60 Repetitive Learning 1회 2회 3회

목재가공용 둥근톱에서 안전을 위해 요구되는 구조로 옳지 않은 것은?

① 톱날은 어떤 경우에도 외부에 노출되지 않고 덮개가 덮여 있어야 한다.
② 작업 중 근로자의 부주의에도 신체의 일부가 날에 접촉할 염려가 없도록 설계되어야 한다.
③ 덮개 및 지지부는 경량이면서 충분한 강도를 가져야 하며, 외부에서 힘을 가했을 때 쉽게 회전될 수 있는 구조로 설계되어야 한다.
④ 덮개의 가동부는 원활하게 상하로 움직일 수 있고 좌우로 움직일 수 없는 구조로 설계되어야 한다.

해설

- 덮개 및 지지부는 경량이면서 충분한 강도를 가져야 하며, 외부에서 힘을 가했을 때 지지부는 회전되지 않는 구조로 설계되어야 한다.

목재가공용 둥근톱에서 안전을 위해 요구되는 구조

- 톱날은 어떤 경우에도 외부에 노출되지 않고 덮개가 덮여 있어야 한다.
- 작업 중 근로자의 부주의에도 신체의 일부가 날에 접촉할 염려가 없도록 설계되어야 한다.
- 덮개 및 지지부는 경량이면서 충분한 강도를 가져야 하며, 외부에서 힘을 가했을 때 지지부는 회전되지 않는 구조로 설계되어야 한다.
- 덮개의 가동부는 원활하게 상하로 움직일 수 있고 좌우로 움직일 수 없는 구조로 설계되어야 한다.

정답 | 58 ④ 59 ③ 60 ③

61

Repetitive Learning 1회 2회 3회

전기기기의 충격 전압시험 시 사용하는 표준 충격파형(T_f, T_t)은?

① 1.2×50μs ② 1.2×100μs
③ 2.4×50μs ④ 2.4×100μs

해설

- 충격전압시험 시의 표준충격파형을 1.2×50[μs]로 나타내는데 이는 파두시간이 1.2[μs], 파미시간이 50[μs] 소요된다는 의미이다.

뇌충격전압파형

㉠ 개요
- 충격파의 표시방법은 파두시간×파미부분에서 파고치의 50[%]로 감소할 때까지의 시간이다.
- 파두장은 전압이 정점(파고점)까지 걸리는 시간을 말한다.
- 파미장은 파고점에서 파고점의 1/2전압까지 내려오는 데 걸리는 시간을 말한다.
- 충격전압시험 시의 표준충격파형을 1.2×50[μs]로 나타내는데 이는 파두시간이 1.2[μs], 파미시간이 50[μs]가 소요된다는 의미이다.

㉡ 과도전류에 대한 감지한계와 파두장과의 관계
- 과도전류에 대한 감지한계는 파두장이 길면 감지전류는 감소한다.

파두장[μs]	전류파고치[mA]
7×100	40 이하
5×65	60 이하
2×30	90 이하

1103

62

Repetitive Learning 1회 2회 3회

심실세동전류란?

① 최소 감지전류
② 치사적 전류
③ 고통 한계전류
④ 마비 한계전류

해설

- 심장의 맥동에 영향을 주어 혈액 순환을 곤란하게 하고 끝내는 사망에 이르게 하는 치사적 전류를 심실세동전류라 한다.

심실세동 한계전류와 전기에너지 실필 2303/2101/1403/1401/1202

- 심장의 맥동에 영향을 주어 혈액 순환을 곤란하게 하고, 끝내는 심장 기능을 잃게 하는 치사적 전류를 심실세동전류라 한다.
- 감전자 1천명 중 5명 이상이 심실세동을 일으킬 수 있는 감전시간과 위험전류와의 관계에서 심실세동 한계전류 I는 $\frac{165}{\sqrt{T}}$[mA]이고, T는 통전시간이다.
- 인체의 접촉저항을 500Ω으로 할 때 심실세동을 일으키는 전류에서의 전기에너지는 $W = I^2Rt = \left(\frac{165 \times 10^{-3}}{\sqrt{T}}\right)^2 \times R \times T = (165 \times 10^{-3})^2 \times 500 = 13.612$[J]가 된다.

1501 / 2101 / 2103 / 2201

63

Repetitive Learning 1회 2회 3회

인체의 전기저항을 0.5kΩ이라고 하면 심실세동을 일으키는 위험한계에너지는 몇 J인가?(단, 심실세동전류값 $I = \frac{165}{\sqrt{T}}$ mA의 Dalziel의 식을 이용하며, 통전시간은 1초로 한다)

① 13.6 ② 12.6
③ 11.6 ④ 10.6

해설

- 통전시간이 1초, 인체의 전기저항값이 500Ω이라고 할 때 심실세동을 일으키는 전류에서의 전기에너지는 13.612[J]이다.

심실세동 한계전류와 전기에너지 실필 2303/2101/1403/1401/1202

문제 62번의 유형별 핵심이론 참조

0901

64

Repetitive Learning 1회 2회 3회

지구를 고립된 지구도체라 생각하고 1[C]의 전하가 대전되었다면 지구 표면의 전위는 대략 몇 [V]인가?(단, 지구의 반경은 6,367km이다)

① 1,414V ② 2,828V
③ 9×10^4 ④ 9×10^9

해설

- 반지름이 6367×10^3[m]이고, 전하량이 1[C]이므로 대입하면 도체구의 전위는 $9 \times 10^9 \times \frac{1}{6,367 \times 10^3} = 1,413.54$[V]가 된다.

61 ① 62 ② 63 ① 64 ① 정답

:: 쿨롱의 법칙
- 두 전하 사이에 작용하는 전기력은 전하의 크기에 비례하고, 두 전하 사이 거리의 제곱에 반비례한다.
- $F = k_e \frac{Q_1 \cdot Q_2}{r^2} = \frac{1}{4\pi\epsilon_0} \times \frac{Q_1 \cdot Q_2}{r^2}$ [N]이다. 이때 k_e는 쿨롱상수, ϵ_0은 진공 유전율로 약 $8.854 \times 10^{-12}[C^2/N \cdot m^2]$이다.
- 쿨롱상수 $k_e = \frac{1}{4\pi\epsilon_0}$로 약 $9 \times 10^9 [N \cdot m^2 \cdot C^{-2}]$이다.
- 도체구의 전위 $E = \frac{Q}{4\pi\epsilon_0 \times r} = \frac{1}{4\pi\epsilon_0} \times \frac{Q}{r} = 9 \times 10^9 \times \frac{Q}{r}$이다.

0502 / 2103

65 — Repetitive Learning (1회 2회 3회)

감전사고로 인한 전격사의 메커니즘으로 가장 거리가 먼 것은?

① 흉부수축에 의한 질식
② 심실세동에 의한 혈액순환기능의 상실
③ 내장파열에 의한 소화기계통의 기능상실
④ 호흡중추신경 마비에 따른 호흡기능 상실

해설

- 1차적으로 심장부 통전으로 심실세동에 의한 호흡기능 및 혈액순환기능의 정지, 뇌통전에 따른 호흡기능의 정지 및 호흡중추신경의 손상, 흉부통전에 의한 호흡기능의 정지 등이 발생할 수 있다.

:: 전격재해(Electric shock)
- 감전사고(전류가 인체를 통과하여 흐를 때)로 인한 재해를 말한다.
- 1차적으로 심장부 통전으로 심실세동에 의한 호흡기능 및 혈액순환기능의 정지, 뇌통전에 따른 호흡기능의 정지 및 호흡중추신경의 손상, 흉부통전에 의한 호흡기능의 정지 등이 발생할 수 있다.
- 2차적인 재해는 더욱 큰 위험요소로 추락, 전도, 전류통전 및 아크로 인한 화상, 시력손상 등이 있다.

66 — Repetitive Learning (1회 2회 3회)

조명기구를 사용함에 따라 작업면의 조도가 점차적으로 감소되어가는 원인으로 가장 거리가 먼 것은?

① 점등 광원의 노화로 인한 광속의 감소
② 조명기구에 붙은 먼지, 오물, 반사면의 변질에 의한 광속 흡수율 감소
③ 실내 반사면에 붙은 먼지, 오물, 반사면의 화학적 변질에 의한 광속 반사율 감소
④ 공급전압과 광원의 정격전압의 차이에서 오는 광속의 감소

해설

- 광속 흡수율이란 공속중 반사면에 흡수되어 소실되는 광속을 말하는데 조명기구에 붙은 먼지, 오물, 반사면의 변질에 의해 광속흡수율이 감소한다는 것은 조도가 증가된다는 것을 의미한다.

:: 조명기구 사용에 따른 조도 감소 원인
- 점등 광원의 노화로 인한 광속의 감소
- 실내 반사면에 붙은 먼지, 오물, 반사면의 화학적 변질에 의한 광속 반사율 감소
- 공급전압과 광원의 정격전압의 차이에서 오는 광속의 감소

1202

67 — Repetitive Learning

정전작업 시 정전시킨 전로에 잔류전하를 방전할 필요가 있다. 전원차단 이후에도 잔류전하가 남아 있을 가능성이 가장 낮은 것은?

① 방전 코일
② 전력 케이블
③ 전력용 콘덴서
④ 용량이 큰 부하기기

해설

- 방전 코일은 잔류전하를 방전시키는 코일로 잔류전하가 남아 있을 가능성이 가장 낮다.

:: 잔류전하의 방전
㉠ 근거
- 개로된 전로에서 유도전압 또는 전기에너지가 축적되어 근로자에게 전기위험을 끼칠 수 있는 전기기기 등은 접촉하기 전에 잔류전하를 완전히 방전시켜야 한다.

㉡ 개요
- 정전시킨 전로에 전력케이블, 콘덴서, 용량이 큰 부하기기 등이 접속되어 있는 경우에는 전원차단 후에도 여전히 전하가 잔류된다.
- 잔류전하에 의한 감전을 방지하기 위해서 방전코일이나 방전기구 등에 의해서 안전하게 잔류전하를 제거하는 것이 필요하다.
- 방전대상에는 전력케이블, 용량이 큰 부하기기, 역률개선용 전력콘덴서 등이 있다.

정답 | 65 ③ 66 ② 67 ①

68

Repetitive Learning 1회 2회 3회

이동식 전기기기의 감전사고를 방지하기 위한 가장 적정한 시설은?

① 접지설비　　② 폭발방지설비
③ 시건장치　　④ 피뢰기설비

해설

- 이동식 전기기기의 감전사고를 방지하기 위한 가장 적절한 대책은 접지설비이다.

감전사고 방지대책

㉠ 설비 측면
- 계통에 비접지식 전로의 채용
- 전로의 보호절연 및 충전부의 격리
- 전기설비에 대한 보호접지(중성선 및 변압기 1, 2차 접지)
- 전기설비에 대한 누전차단기 설치
- 고장전로(사고회로)의 신속한 차단
- 안전전압 혹은 안전전압 이하의 전기기기 사용

㉡ 안전장비 측면
- 충전부가 노출된 부분은 절연방호구 사용
- 전기작업 시 안전보호구의 착용 및 안전장비의 사용

㉢ 관리적인 측면
- 전기설비의 점검을 철저히 할 것
- 안전지식의 습득과 안전거리의 유지 등

1001

69

Repetitive Learning 1회 2회 3회

인체의 피부 전기저항은 여러 가지의 제반조건에 의해서 변화를 일으키는데 제반조건으로서 가장 가까운 것은?

① 피부의 청결
② 피부의 노화
③ 인가전압의 크기
④ 통전경로

해설

- 피부 전기저항에 영향을 주는 요소에는 접촉부 습기상태, 접촉시간, 인가전압의 크기와 주파수, 접촉면적 등이 있다.

인체의 저항

㉠ 피부의 전기저항
- 피부의 전기저항은 연령, 성별, 인체의 각 부분별, 수분 함유량에 따라 큰 차이를 보이며 일반적으로 약 2,500[Ω] 정도를 기준으로 한다.
- 피부 전기저항에 영향을 주는 요소에는 접촉부 습기상태, 접촉시간, 인가전압의 크기와 주파수, 접촉면적 등이 있다.
- 피부에 땀이 나 있을 경우 기존 저항의 1/20~1/12로 저항이 저하된다.
- 피부가 물에 젖어 있을 경우 기존 저항의 1/25로 저항이 저하된다.

㉡ 내부저항
- 인체의 두 수족 간 내부저항값은 500[Ω]을 기준으로 한다.

0303

70

Repetitive Learning 1회 2회 3회

자동차가 통행하는 도로에서 고압의 지중전선로를 직접 매설식으로 시설할 때 사용되는 전선으로 가장 적합한 것은?

① 비닐 외장 케이블
② 폴리에틸렌 외장 케이블
③ 클로로프렌 외장 케이블
④ 콤바인 덕트 케이블(Combine duct cable)

해설

- 콤바인 덕트 케이블은 하중에 견디는 힘이 강해 자동차 통행도로의 지중전선로에 매설식으로 주로 사용된다.

콤바인 덕트 케이블(Combine duct cable)
- 자동차가 통행하는 도로에서 고압의 지중전선로를 직접 매설식으로 시설할 때 사용되는 전선이다.
- 큰 하중에도 견디는 힘이 강하고 가격이 저렴하나 가연성 제품이므로 화재에 주의해야 한다.
- 직접 콘크리트에 매입하여 시설하거나 전용의 불연성 및 난연성 관 또는 덕트에 넣어서 시설한다.

71

Repetitive Learning 1회 2회 3회

산업안전보건법에는 보호구를 사용 시 안전인증을 받은 제품을 사용토록 하고 있다. 다음 중 안전인증대상이 아닌 것은?

① 안전화
② 고무장화
③ 안전장갑
④ 감전위험방지용 안전모

68 ① 69 ③ 70 ④ 71 ② 정답

해설

- 고무장화는 안전인증대상에 포함되지 않는다.

안전인증대상 기계・기구 실필 1603/1403/1003/1001

- 프레스, 전단기, 절곡기, 크레인, 리프트, 압력용기, 롤러기, 사출성형기, 고소작업대, 곤돌라, 프레스 및 전단기 방호장치, 양중기용 과부하 방지장치, 보일러 압력방출용 안전밸브, 압력용기 압력방출용 안전밸브, 압력용기 압력방출용 파열판, 절연용 방호구 및 활선작업용 기구, 방폭구조 전기기계・기구 및 부품, 추락・낙하 및 붕괴 등의 위험방호에 필요한 가설기자재, 충돌・협착 등의 위험 방지에 필요한 산업용 로봇 방호장치, 추락 및 감전위험방지용 안전모, 안전화, 안전장갑, 방진마스크, 방독마스크, 송기마스크, 전동식 호흡보호구, 보호복, 안전대, 차광 및 비산물 위험방지용 보안경, 용접용 보안면, 방음용 귀마개 또는 귀덮개

1402

72

Repetitive Learning (1회 2회 3회)

감전사고로 인한 호흡 정지 시 구강대 구강법에 의한 인공호흡의 매분 횟수와 시간은 어느 정도 하는 것이 가장 바람직한가?

① 매분 5~10회, 30분 이하
② 매분 12~15회, 30분 이상
③ 매분 20~30회, 30분 이하
④ 매분 30회 이상, 20~30분 정도

해설

- 인공호흡은 매분 12~15회, 30분 이상 실시한다.

인공호흡

㉠ 소생률

- 감전에 의해 호흡이 정지한 후에 인공호흡을 즉시 실시할 경우 소생할 수 있는 확률을 말한다.

1분 이내	95[%]
3분 이내	75[%]
4분 이내	50[%]
6분 이내	25[%]

㉡ 심장마사지

- 인공호흡은 매분 12~15회, 30분 이상 실시한다.
- 심장마사지 15회, 인공호흡 2회를 교대로 실시하는데 2인이 동시에 실시할 경우 심장마사지와 인공호흡을 약 5 : 1의 비율로 실시한다.

1102

73

Repetitive Learning (1회 2회 3회)

누전차단기의 구성요소가 아닌 것은?

① 누전검출부
② 영상변류기
③ 차단장치
④ 전력퓨즈

해설

- 누전차단기는 누전검출부, 영상변류기, 차단기구 등으로 구성된다.

누전차단기(RCD : Residual Current Device)
실필 2401/1502/1402/0903

㉠ 개요

- 이동형 또는 휴대형의 전기기계・기구의 금속제 외함, 금속제 외피 등에서 누전, 절연파괴 등으로 인하여 지락전류가 발생하면 주어진 시간 이내에 전기기기의 전로를 차단하는 장치를 말한다.
- 누전검출부, 영상변류기, 차단기구 등으로 구성된 장치이다.
- 정격부하전류가 30[A]인 이동형 전기기계・기구에 접속되어 있는 경우 일반적으로 정격감도전류는 30[mA] 이하인 것을 사용한다.
- 정격부하전류가 50[A] 미만의 전기기계・기구에 접속되는 누전차단기의 경우 정격감도전류가 30[mA] 이하이고 작동시간은 0.03초 이내이어야 한다.
- 누전에 의한 감전위험을 방지하기 위하여 분기회로마다 누전차단기를 설치한다.

㉡ 종류와 동작시간

- 인체감전보호용은 정격감도전류(30[mA])에서 0.03[초] 이내이다.
- 인체가 물에 젖어 있거나 물을 사용하는 장소(욕실 등)에는 정격감도전류(15[mA])에서 0.03초 이내의 누전차단기를 사용한다.
- 고속형은 정격감도전류(30[mA])에서 동작시간이 0.1[초] 이내이다.
- 시연형은 정격감도전류(30[mA])에서 동작시간이 0.1[초]를 초과하고 0.2[초] 이내이다.
- 반한시형은 정격감도전류 100%에서 0.2~1[초] 이내, 정격감도전류 140%에서 0.1~0.5[초] 이내, 정격감도전류 440%에서 0.05[초] 이내이다.

정답 | 72 ② 73 ④

0702 / 0903 / 1101

74

Repetitive Learning 1회 2회 3회

1[C]을 갖는 2개의 전하가 공기 중에서 1[m]의 거리에 있을 때 이들 사이에 작용하는 정전력은?

① 8.854×10^{-12}[N]
② 1.0[N]
③ 3×10^{3}[N]
④ 9×10^{9}[N]

해설

• 공기 중에서의 유전율은 1에 가까우며, 전하량이 각각 1이고, 1m의 거리이므로 전기력 $F=9\times10^{9}\times\frac{1}{1}=9\times10^{9}$[N]이다.

쿨롱의 법칙

문제 64번의 유형별 핵심이론 참조

1403 / 2103

75

Repetitive Learning 1회 2회 3회

고장전류와 같은 대전류를 차단할 수 있는 것은?

① 차단기(CB)
② 유입 개폐기(OS)
③ 단로기(DS)
④ 선로 개폐기(LS)

해설

• 고장전류와 같은 대전류의 차단은 차단기(CB)가 담당한다.

단로기와 차단기

㉠ 단로기(DS : Disconnecting Switch)
- 기기의 보수점검 시 또는 회로전환 변경 시 무부하상태의 선로를 개폐하는 역할을 수행한다.
- 부하전류의 개폐와는 관련 없다.

㉡ 차단기(CB : Circuit Breaker)
- 전로 개폐 및 사고전류 차단을 목적으로 한다.
- 고장전류와 같은 대전류를 차단하는 데 이용된다.

㉢ 단로기와 차단기의 개폐조작 순서
- 전원 차단 : 차단기(VCB) 개방 – 단로기(DS) 개방
- 전원 투입 : 단로기(DS) 투입 – 차단기(VCB) 투입

76

Repetitive Learning 1회 2회 3회

금속제 외함을 가지는 기계·기구에 전기를 공급하는 전로에 지락이 발생했을 때에 자동적으로 전로를 차단하는 누전차단기 등을 설치하여야 한다. 누전차단기를 설치해야 되는 경우로 옳은 것은?

① 기계·기구가 고무, 합성수지 기타 절연물로 피복된 것일 경우
② 기계·기구가 유도전동기의 2차측 전로에 접속된 저항기일 경우
③ 대지전압이 150V를 초과하는 전동 기계·기구를 시설하는 경우
④ 전기용품안전관리법의 적용을 받는 2중절연구조의 기계·기구를 시설하는 경우

해설

• 대지전압 150[V] 이하의 기계·기구를 물기가 없는 장소에 시설하는 경우에는 누전차단기를 설치하지 않아도 되나 150[V]를 초과하는 경우에는 누전차단기를 설치하여야 한다.

누전차단기를 설치하지 않는 경우

- 기계·기구를 발전소, 변전소 또는 개폐소나 이에 준하는 곳에 시설하는 경우로서 전기 취급자 이외의 자가 임의로 출입할 수 없는 경우
- 기계·기구를 건조한 장소에 시설하는 경우
- 기계·기구를 건조한 장소에 시설하고 습한 장소에서 조작하는 경우로 제어용 전압이 교류 30[V], 직류 40[V] 이하인 경우
- 대지전압 150[V] 이하의 기계·기구를 물기가 없는 장소에 시설하는 경우
- 전기용품안전관리법의 적용을 받는 2중절연구조의 기계·기구(정원등, 전동공구 등)를 시설하는 경우
- 그 전로의 전원측에 절연변압기를 시설하고 또한 그 절연변압기의 부하측 전로를 접지하지 않은 경우
- 기계·기구가 고무, 합성수지 기타 절연물로 피복된 것일 경우
- 기계·기구가 유도전동기의 2차측 전로에 접속되는 것일 경우
- 기계·기구 내에 전기용품안전관리법의 적용을 받는 누전차단기를 설치하고 또한 전원연결선에 손상을 받을 우려가 없도록 시설하는 경우

1301

77

Repetitive Learning 1회 2회 3회

전기화재의 경로별 원인으로 거리가 먼 것은?

① 단락 ② 누전
③ 저전압 ④ 접촉부의 과열

74 ④ 75 ① 76 ③ 77 ③ 정답

해설

- 전기화재의 경로별 원인, 즉, 출화의 경과에 따른 분류에는 합선(단락), 과전류, 스파크, 누전, 정전기, 접촉부 과열, 절연열화에 의한 발열, 절연불량 등이 있다.

전기화재 발생

㉠ 전기화재 발생원인

- 전기화재 발생원인의 3요소는 발화원, 착화물, 출화의 경과로 구성된다.

발화원	화재의 발생원인으로 단열압축, 광선 및 방사선, 낙뢰, 스파크, 정전기, 충격이나 마찰, 기계적 운동에너지 등
착화물	발화원에 의해 최초로 착화된 가연물
출화의 경과	발생요인으로 단락, 누전, 과전류, 스파크 등

㉡ 출화의 경과에 따른 전기화재 비중

- 전기화재의 경로별 원인, 즉, 출화의 경과에 따른 분류에는 합선(단락), 과전류, 스파크, 누전, 정전기, 접촉부 과열, 절연열화에 의한 발열, 절연불량 등이 있다.
- 출화의 경과에 따른 발화현상의 분류에서 가장 빈도가 높은 것은 스파크 화재 – 단락(합선)에 의한 화재이다.

스파크	누전	접촉부과열	절연열화에 의한 발열	과전류
24%	15%	12%	11%	8%

78

Repetitive Learning (1회 2회 3회)

내압방폭구조는 다음 중 어느 경우에 가장 가까운가?

① 점화 능력의 본질적 억제
② 점화원의 방폭적 격리
③ 전기설비의 안전도 증강
④ 전기설비의 밀폐화

해설

- 내압방폭구조는 폭발화염이 외부로 유출되지 않도록 점화원에 대한 격리를 통해 폭발을 막는 구조를 말한다.

내압방폭구조(EX d)

㉠ 개요

- 전폐형의 구조를 하고 있다.
- 방폭전기설비의 용기 내부에서 폭발성 가스 또는 증기가 폭발하였을 때 용기가 그 압력에 견디고 접합면이나 개구부를 통해서 외부의 폭발성 가스나 증기에 인화되지 않도록 한 방폭구조를 말한다.
- 외부의 폭발성 가스가 내부로 침입해서 폭발하였을 때 고열가스나 화염을 간극(Safe gap)을 통하여 서서히 방출시킴으로써 폭발화염이 외부로 전파되지 않으면서 냉각되는 방폭구조를 말한다.

㉡ 필요충분조건

- 폭발화염이 외부로 유출되지 않을 것
- 내부에서 폭발한 경우 그 압력에 견딜 것
- 외함의 표면온도가 외부의 폭발성 가스를 점화하지 않을 것

1201

79

Repetitive Learning (1회 2회 3회)

인입개폐기를 개방하지 않고 전등용 변압기 1차측 COS만 개방 후 전등용 변압기 접속용 볼트작업 중 동력용 COS에 접촉, 사망한 사고에 대한 원인으로 가장 거리가 먼 것은?

① 안전장구 미사용
② 동력용 변압기 COS 미개방
③ 전등용 변압기 2차측 COS 미개방
④ 인입구 개폐기 미개방한 상태에서 작업

해설

- 전등용 변압기 1차측 COS가 개방되면 2차측 COS의 개방 여부는 중요하지 않다.
- 배전반 감전사고 방지를 위해서는 활선경보기 및 절연 안전도구(안전모, 절연장갑, 절연장화) 등을 착용한 상태로 작업하고 접근한계거리 이내로 접근을 금지해야 하며, 활성상태에서 점검을 할 경우에는 반드시 전력공급회사에 연락하여 전단의 컷아웃스위치를 개방한 상태에서 정전작업 절차에 따라 수행해야 한다.

Cut-Out Switch(C.O.S)

- 주상변압기의 고장이 배전선로에 파급되는 것을 방지하고 변압기의 과부하 소손을 예방하기 위해 사용된다.
- 각 P.Tr 용량에 맞는 Fuse link를 삽입하여 사용한다.
- 정상 시에는 주상변압기의 작업을 위한 1차측 개폐기로서 사용되며, 농어촌에서는 단상 배전선로의 선로용 개폐기와 보호용 차단기로 활용되고 있다.

0903 / 1001 / 1701 / 1703

80

Repetitive Learning (1회 2회 3회)

인체통전으로 인한 전격(Electric shock)의 정도를 정함에 있어 그 인자로서 가장 거리가 먼 것은?

① 전압의 크기 ② 통전시간
③ 전류의 크기 ④ 통전경로

정답 | 78 ② 79 ③ 80 ①

해설

- 감전위험에 영향을 주는 1차적인 요소에는 통전전류의 크기, 통전경로, 통전시간, 통전전원의 종류와 질이 있다.

감전위험에 영향을 주는 요인과 위험도

- 감전위험에 영향을 주는 1차적인 요소에는 통전전류의 크기, 통전경로, 통전시간, 통전전원의 종류와 질이 있다.
- 감전위험에 영향을 주는 2차적인 요소에는 인체의 조건, 주변 환경 등이 있다.
- 위험도는 통전전류의 크기 > 통전경로 > 통전시간 > 전원의 종류(교류 > 직류) > 주파수 및 파형 순으로 위험하다.

5과목 화학설비 안전관리

1203 / 2103

81 Repetitive Learning (1회 2회 3회)

다음 중 가연성 물질과 산화성 고체가 혼합하고 있을 때 연소에 미치는 현상으로 옳은 것은?

① 착화온도(발화점)가 높아진다.
② 최소점화에너지가 감소하며, 폭발의 위험성이 증가한다.
③ 가스나 가연성 증기의 경우 공기혼합보다 연소범위가 축소된다.
④ 공기 중에서보다 산화작용이 약하게 발생하여 화염온도가 감소하며 연소속도가 늦어진다.

해설

- 가연성 물질과 산화성 고체가 혼합될 경우 산화성 물질이 가연성 물질의 산소공급원 역할을 하여 최소점화에너지가 감소하고, 폭발의 위험성이 증가하므로 주의해야 한다.

위험물의 혼합사용

- 소방법에서는 유별을 달리하는 위험물은 동일 장소에서 저장, 취급해서는 안 된다고 규정하고 있다.

구분	1류	2류	3류	4류	5류	6류
1류		×	×	×	×	○
2류	×		×	○	○	×
3류	×	×		○	×	×
4류	×	○	○		○	×
5류	×	○	×	○		×
6류	○	×	×	×	×	

- 제1류(산화성 고체)와 제6류(산화성 액체), 제2류(환원성 고체)와 제4류(가연성 액체) 및 제5류(자기반응성 물질), 제3류(자연발화 및 금수성 물질)와 제4류(가연성 액체)의 혼합은 비교적 위험도가 낮아 혼재사용이 가능하다.
- 산화성 물질과 가연물을 혼합하면 산화·환원반응이 더욱 잘 일어나는 혼합위험성 물질이 된다.
- 가연성 물질과 조연성 물질을 혼합할 때 폭발위험이 증가한다.

2201

82 Repetitive Learning

다음 중 전기화재의 종류에 해당하는 것은?

① A급　　② B급
③ C급　　④ D급

해설

- 금속화재는 D급, 일반화재는 A급, 유류화재는 B급이다.

화재의 분류 실필 2202/1601/0903

분류	원인	소화 방법 및 소화기	특징	표시 색상
A급	종이, 나무 등 일반 가연성 물질	냉각소화/ 물 및 산, 알칼리 소화기	재가 남는다.	백색
B급	석유, 페인트 등 유류화재	질식소화/ 모래나 소화기	재가 남지 않는다.	황색
C급	전기 스파크 등 전기화재	질식소화, 냉각소화/ 이산화탄소 소화기	물로 소화할 경우 감전의 위험이 있다.	청색
D급	금속나트륨, 금속칼륨 등 금속화재	질식소화/ 마른 모래	물로 소화할 경우 폭발의 위험이 있다.	무색

2201

83 Repetitive Learning (1회 2회 3회)

사업주는 산업안전보건법령에서 정한 설비에 대해서는 과압에 따른 폭발을 방지하기 위하여 안전밸브 등을 설치하여야 한다. 다음 중 이에 해당하는 설비가 아닌 것은?

① 원심펌프
② 정변위 압축기
③ 정변위 펌프(토출측에 차단밸브가 설치된 것만 해당한다)
④ 배관(2개 이상의 밸브에 의하여 차단되어 대기온도에서 액체의 열팽창에 의하여 파열될 우려가 있는 것으로 한정한다)

81 ② 82 ③ 83 ① | 정답

해설

- 안전밸브 또는 파열판 설치대상에는 압력용기, 정변위 압축기, 정변위 펌프, 배관 그리고 그 밖의 화학설비 및 부속설비 중 최고 사용압력을 초과할 우려가 있는 것 등이다.

과압에 따른 폭발방지를 위한 안전밸브 또는 파열판 설치대상

실필 1002

- 압력용기(안지름이 150mm 이하인 압력용기는 제외)
- 정변위 압축기
- 정변위 펌프(토출측에 차단밸브가 설치된 것)
- 배관(2개 이상의 밸브에 의하여 차단되어 대기온도에서 액체의 열팽창에 의하여 파열될 우려가 있는 것)
- 그 밖의 화학설비 및 그 부속설비로서 해당 설비의 최고사용 압력을 초과할 우려가 있는 것

1102

84

Repetitive Learning 

니트로셀룰로오스의 취급 및 저장방법에 관한 설명으로 틀린 것은?

① 저장 중 충격과 마찰 등을 방지하여야 한다.

② 물과 격렬히 반응하여 폭발하므로 습기를 제거하고, 건조상태를 유지한다.

③ 자연발화 방지를 위하여 안전용제를 사용한다.

④ 화재 시 질식소화는 적응성이 없으므로 냉각소화를 한다.

해설

- 니트로셀룰로오스는 건조상태에서 자연발열을 일으켜 분해 폭발 위험이 높아 물, 에틸알코올 또는 이소프로필알코올 25%에 적셔 습면의 상태로 보관한다.

니트로셀룰로오스(Nitrocellulose)

㉠ 개요

- 셀룰로오스를 질산 에스테르화하여 얻게 되는 백색 섬유상 물질로 질화면이라고도 한다.
- 건조상태에서는 자연발열을 일으켜 분해 폭발위험이 높아 물, 에틸알코올 또는 이소프로필알코올 25%에 적셔 습면의 상태로 보관한다.

㉡ 취급 시 준수사항

- 저장 중 충격과 마찰 등을 방지하여야 한다.
- 자연발화 방지를 위하여 안전용제를 사용한다.
- 화재 시 질식소화는 적응성이 없으므로 냉각소화를 한다.

2101

85

Repetitive Learning 1회 2회 3회

위험물을 산업안전보건법령에서 정한 기준량 이상으로 제조하거나 취급하는 설비로서 특수화학설비에 해당되는 것은?

① 가열시켜 주는 물질의 온도가 가열되는 위험물질의 분해온도보다 높은 상태에서 운전되는 설비

② 상온에서 게이지 압력으로 200kPa의 압력으로 운전되는 설비

③ 대기압하에서 섭씨 300℃로 운전되는 설비

④ 흡열반응이 행하여지는 반응설비

해설

- 상온에서 게이지 압력이 980[kPa] 이상인 상태에서 운전되는 설비가 특수화학설비인데, 200[kPa]로 운전되는 설비는 특수화학설비로 볼 수 없다.
- 대기압하에서 온도가 섭씨 350° 이상인 설비가 특수 화학설비인데, 섭씨 300°로 운전되는 설비는 특수화학설비로 볼 수 없다.
- 흡열반응이 아니라 발열반응이 일어나는 반응장치가 특수화학설비이다.

계측장치를 설치해야 하는 특수화학설비

㉠ 계측장치 설치 특수화학설비의 종류

- 발열반응이 일어나는 반응장치
- 증류・정류・증발・추출 등 분리를 하는 장치
- 가열시켜 주는 물질의 온도가 가열되는 위험물질의 분해온도 또는 발화점보다 높은 상태에서 운전되는 설비
- 반응폭주 등 이상화학반응에 의하여 위험물질이 발생할 우려가 있는 설비
- 온도가 섭씨 350[℃] 이상이거나 게이지 압력이 980[kPa] 이상인 상태에서 운전되는 설비
- 가열로 또는 가열기 등이 있다.

㉡ 대표적인 위험물질별 기준량

- 인화성 가스(수소, 아세틸렌, 에틸렌, 메탄, 에탄, 프로판, 부탄 등) : $50m^3$
- 인화성 액체(에틸에테르・가솔린・아세트알데히드・산화프로필렌 등) : 200L
- 급성독성물질(시안화수소・플루오르아세트산・소디움염・디옥신 등) : 5kg
- 급성독성물질(산화제2수은・시안화나트륨・시안화칼륨・폴리비닐알코올・2-클로로아세트알데히드・염화제2수은 등) : 20kg

정답 84 ② 85 ①

1103 / 1502

86 Repetitive Learning (1회 2회 3회)

폭발에 관한 용어 중 "BLEVE"가 의미하는 것은?

① 고농도의 분진폭발　② 저농도의 분해폭발
③ 개방계 증기운 폭발　④ 비등액 팽창증기 폭발

해설

- BLEVE는 Boiling Liquid Expanding Vapor Explosion의 약자로 비등액 팽창증기 폭발을 의미한다.

비등액 팽창증기 폭발(BLEVE)

㉠ 개요 실필 1602/0802
- BLEVE는 Boiling Liquid Expanding Vapor Explosion의 약자로 비등액 팽창증기 폭발을 의미한다.
- 비점이나 인화점이 낮은 액체가 들어 있는 용기 주위가 화재 등으로 인하여 가열되면, 내부의 비등현상으로 인한 압력 상승으로 용기의 벽면이 파열되고 그 내용물이 폭발적으로 증발, 팽창하면서 폭발을 일으키는 현상을 말한다.

㉡ 영향을 미치는 요인 실필 1801
- 비등액 팽창증기 폭발에 영향을 미치는 요인에는 저장용기의 재질, 온도, 압력, 저장된 물질의 종류와 형태 등이 있다.

1402 / 1703

87 Repetitive Learning (1회 2회 3회)

다음 중 인화점이 가장 낮은 물질은?

① CS_2　② C_2H_5OH
③ CH_3COCH_3　④ $CH_3COOC_2H_5$

해설

- 보기의 물질을 인화점이 낮은 것부터 높은 순으로 배열하면 이황화탄소(CS_2) < 아세톤(CH_3COCH_3) < 아세트산에틸($CH_3COOC_2H_5$) < 에탄올(C_2H_5OH) 순이다.

주요 인화성 가스의 인화점

인화성 가스	인화점[℃]	인화성 가스	인화점[℃]
이황화탄소(CS_2)	-30	아세톤 (CH_3COCH_3)	-18
벤젠(C_6H_6)	-11	아세트산에틸 ($CH_3COOC_2H_5$)	-4
수소(H_2)	4~75	메탄올(CH_3OH)	11
에탄올(C_2H_5OH)	13	가솔린	0℃ 이하
등유	40~70	아세트산 (CH_3COOH)	41.7
중유	60~150	경유	62 ~

88 Repetitive Learning (1회 2회 3회)

아세틸렌 압축 시 사용되는 희석제로 적당하지 않은 것은?

① 메탄　② 질소
③ 산소　④ 에틸렌

해설

- 아세틸렌 압축 시 희석제로는 질소, 메탄, 일산화탄소, 에틸렌 등이 사용된다.

아세틸렌 제조 시 기술상 기준

- 아세틸렌가스를 온도에 불구하고 $25kg/cm^2$의 압력으로 압축할 때는 질소, 메탄, 일산화탄소 또는 에틸렌 등의 희석제를 첨가하여야 한다.
- 아세틸렌은 다공물질을 고루 채운 용기에 아세톤 또는 디메틸포름아미드를 고루 침윤시킨 후 충전하여야 한다.

2101

89 Repetitive Learning (1회 2회 3회)

수분을 함유하는 에탄올에서 순수한 에탄올을 얻기 위해 벤젠과 같은 물질을 첨가하여 수분을 제거하는 증류 방법은?

① 공비증류　② 추출증류
③ 가압증류　④ 감압증류

해설

- 추출증류는 황산을 첨가하여 질산의 탈수증류하는 것과 같이 한 성분과 친화력이 크고 비교적 비휘발성 첨가제를 가하여 물질을 분리하는 방법이다.
- 가압증류는 액화가스와 같은 경우에 사용되는 고압하에서의 증류방법이다.
- 감압증류는 고비점 원료를 감압하에서 증류하는 방법이다.

공비증류

- 공비혼합물 또는 끓는점이 비슷하여 분리하기 힘든 액체혼합물의 성분을 분리하는 데 사용하는 증류법이다.
- 수분을 함유하는 에탄올에서 순수한 에탄올을 얻기 위해 벤젠과 같은 물질을 첨가하여 수분을 제거하는 데 사용한다.

1302

90 Repetitive Learning (1회 2회 3회)

다음 중 벤젠(C_6H_6)의 공기 중 폭발하한계값(vol%)에 가장 가까운 것은?

① 1.0　② 1.5
③ 2.0　④ 2.5

86 ④　87 ①　88 ③　89 ①　90 ② | 정답

해설

- 벤젠의 완전연소 조성농도는 탄소(a)가 6, 수소(b)가 6이므로 Cst = $\frac{100}{1+4.773\times7.5}$ = 2.72이다.
- Jones식에 의해 폭발하한계 = 2.72×0.55 = 1.5이다.

⁑ 완전연소 조성농도(Cst, 화학양론농도)와 최소산소농도(MOC) 실필 1803/1002

㉠ 완전연소 조성농도(Cst, 화학양론농도)

- 가연성 가스의 조성은 완전연소 조성농도에서 폭발의 위험성이 가장 높아진다.
- 완전연소 조성농도 = $\frac{100}{1+공기몰수\times\left(a+\frac{b-c-2d}{4}\right)}$이다.

공기의 몰수는 주로 4.773을 사용하므로

완전연소 조성농도 = $\frac{100}{1+4.773\left(a+\frac{b-c-2d}{4}\right)}$ [vol%]이다.

단, a : 탄소, b : 수소, c : 할로겐의 원자수, d : 산소의 원자수이다.

- Jones식에 따라 폭발한계를 추산하면

폭발하한계 = Cst × 0.55, 폭발상한계 = Cst × 3.50이다.

㉡ 최소산소농도(MOC)

- 연소 시 필요한 산소(O_2)농도 즉,

산소양론계수 = $a+\frac{b-c-2d}{4}$로 구한다.

- 최소산소농도(MOC) = 산소양론계수 × 연소하한값이다.

2202

91

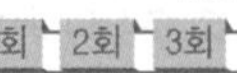

Repetitive Learning (1회 2회 3회)

다음 중 퍼지의 종류에 해당하지 않는 것은?

① 압력퍼지
② 진공퍼지
③ 스위프퍼지
④ 가열퍼지

해설

- 퍼지방법에는 진공, 압력, 사이펀, 스위프퍼지가 있다.

⁑ 퍼지(Purge)

㉠ 개요

- 인화성 혼합가스의 폭발을 방지하기 위해 불활성 가스를 용기에 주입하여 산소의 농도를 MOC 이하로 낮추는 방법으로, 불활성화(Inerting)라고도 한다.
- 퍼지방법에는 진공, 압력, 사이펀, 스위프퍼지가 있다.

㉡ 퍼지방법과 특징 실작 1503

퍼지방법	특징
진공퍼지	큰 용기에 사용할 수 없으며, 불활성 가스의 소모가 적다.
압력퍼지	퍼지시간이 가장 짧은 퍼지방법이다.
사이펀퍼지	큰 용기에 주로 사용한다.
스위프퍼지	용기 등에 압력을 가하거나 진공으로 할 수 없을 때 사용하는 방법이다. 용기의 한 개구부로 불활성 가스를 주입하고 다른 개구부로부터 대기 또는 스크러버로 혼합가스를 용기에서 배출시키는 방법이다.

0603 / 1403

92

Repetitive Learning (1회 2회 3회)

공업용 용기의 몸체 도색으로 가스명과 도색명의 연결이 옳은 것은?

① 산소 – 청색
② 질소 – 백색
③ 수소 – 주황색
④ 아세틸렌 – 회색

해설

- 산소는 녹색, 질소는 회색, 아세틸렌은 황색 용기에 들어있다.

⁑ 가스용기(도관)의 색 실필 1503/1201

가스	용기(도관)의 색	가스	용기(도관)의 색
산소	녹색(흑색)	아르곤, 질소 액화석유가스	회색
아세틸렌	황색(적색)		
수소	주황색	액화염소	갈색
이산화질소 액화탄산가스	청색	액화암모니아	백색

1201

93

Repetitive Learning (1회 2회 3회)

다음 중 분말소화약제로 가장 적절한 것은?

① 사염화탄소
② 브롬화메탄
③ 수산화암모늄
④ 제1인산암모늄

해설

- 우리나라에 가장 많이 보급된 소화약제는 인산암모늄($NH_4H_2PO_4$)이다.

분말소화약제

㉠ 개요

- 분말을 도포하여 연소에 필요한 공기의 공급을 차단시키거나 냉각시키는 질식, 냉각작용을 이용한 소화약제이다.
- 우리나라에 가장 많이 보급된 소화기로 주성분은 A, B, C급 소화에 유효한 제3종 분말소화약제인 인산암모늄($NH_4H_2PO_4$)이다.
- 적응 화재에 따라 크게 BC분말과 ABC분말로 나누어진다.
- 주된 소화방법은 화재를 덮어 질식소화시키는 방법이며, 방사원으로 질소가스를 이용한다.
- 탄산마그네슘과 인산칼슘을 추가하여 분말의 유동성을 향상시킨다.

㉡ 종류

- 소화약제는 제1종 ~ 제4종까지 있다.

종별	주성분	적응화재
1종	탄산수소나트륨($NaHCO_3$)	B, C급 화재
2종	탄산수소칼륨($KHCO_3$)	B, C급 화재
3종	제1인산암모늄($NH_4H_2PO_4$)	A, B, C급 화재
4종	탄산수소칼륨과 요소와의 반응물($KC_2N_2H_3O_3$)	B, C급 화재

1502

94

비중이 1.5이고, 직경이 74μm인 분체가 종말속도 0.2m/s로 직경 6m의 사일로(Silo)에서 질량유속 400kg/h로 흐를 때 평균농도는 약 얼마인가?

① 10.8mg/L
② 14.8mg/L
③ 19.8mg/L
④ 25.8mg/L

해설

- 직경이 6m인 사일로이므로 부피는 $\pi \times 3^2 = 9\pi = 28.26[m^3]$이다.
- 0.2m/sec의 속도로 지나는 유체의 부피는 $28.26 \times 0.2 = 5.625$ $[m^3/sec]$이다.
- 질량유속이 400[kg/h]이므로 이를 [g/sec]로 변환하면 111.11[g/sec]이다. 식에 대입하면 19.8$[g/m^3]$=19.8[mg/L]이 된다.

사일로에서의 평균농도

- 사일로에서의 평균농도는 $\frac{\text{질량유속}}{\text{유체의 부피}}$ $= \frac{\text{질량유속}}{(\text{사일로의 부피} \times \text{종말속도})}$으로 구한다.
- 종말속도는 유체 속에 잠겨 있는 물체에 작용하는 중력과 항력, 부력이 평형을 이룰 때의 속도이다.
- 질량유속은 유체의 속도를 질량단위로 표현한 것을 말한다.

1301

95

Repetitive Learning (1회 2회 3회)

다음 중 분진폭발이 발생하기 쉬운 조건으로 적절하지 않은 것은?

① 발열량이 클 때
② 입자의 표면적이 작을 때
③ 입자의 형상이 복잡할 때
④ 분진의 초기 온도가 높을 때

해설

- 입자의 표면적이 크고 복잡할수록 폭발위험은 커진다.

분진의 폭발위험성

㉠ 개요

- 분진폭발의 위험은 금속분(알루미늄분, 마그네슘, 스텔라이트 등), 유황, 적린, 곡물(소맥분) 등에 주로 존재한다.
- 분진의 폭발성에 영향을 주는 요인에는 분진의 화학적 성질과 조성, 분진입도와 입도분포, 분진입자의 형상과 표면의 상태, 수분, 분진의 부유성, 폭발범위, 발화도, 산소농도, 가연성 기체의 농도 등이 있다.
- 분진의 폭발요인 중 화학적 인자에는 연소열, 분진의 화학적 성질과 조성 등이 있다.

㉡ 폭발위험 증대 조건

• 발열량(연소열)이 클수록 • 입자의 표면적이 클수록 • 분위기 중 산소농도가 클수록 • 입자의 형상이 복잡할수록 • 분진의 초기 온도가 높을수록	• 분진의 입경이 작을수록 • 분진 내 수분농도가 작을수록
폭발의 위험은 더욱 커진다.	

94 ③ 95 ② 정답

0902

96

Repetitive Learning 1회 2회 3회

다음 중 폭발 또는 화재가 발생할 우려가 있는 건조설비의 구조로 적절하지 않은 것은?

① 건조설비의 바깥 면은 불연성 재료로 만들 것
② 위험물 건조설비의 열원으로서 직화를 사용하지 아니할 것
③ 위험물 건조설비의 측벽이나 바닥은 견고한 구조로 할 것
④ 위험물 건조설비는 상부를 무거운 재료로 만들고 폭발구를 설치할 것

해설

- 폭발 또는 화재가 발생할 우려가 있는 건조설비는 그 상부를 가벼운 재료로 만들고 주위상황을 고려하여 폭발구를 설치해야 한다.

폭발 또는 화재가 발생할 우려가 있는 건조설비의 구조

- 건조설비의 바깥 면은 불연성 재료로 만들 것
- 건조설비의 내면과 내부의 선반이나 틀은 불연성 재료로 만들 것
- 위험물 건조설비의 측벽이나 바닥은 견고한 구조로 할 것
- 위험물 건조설비는 그 상부를 가벼운 재료로 만들고 주위상황을 고려하여 폭발구를 설치할 것
- 위험물 건조설비는 건조하는 경우에 발생하는 가스·증기 또는 분진을 안전한 장소로 배출시킬 수 있는 구조로 할 것
- 액체연료 또는 인화성 가스를 열원의 연료로 사용하는 건조설비는 점화하는 경우에는 폭발이나 화재를 예방하기 위하여 연소실이나 그 밖에 점화하는 부분을 환기시킬 수 있는 구조로 할 것
- 건조설비의 내부는 청소하기 쉬운 구조로 할 것
- 건조설비의 감시창·출입구 및 배기구 등과 같은 개구부는 발화 시에 불이 다른 곳으로 번지지 아니하는 위치에 설치하고 필요한 경우에는 즉시 밀폐할 수 있는 구조로 할 것
- 건조설비는 내부의 온도가 국부적으로 상승하지 아니하는 구조로 설치할 것
- 위험물 건조설비의 열원으로서 직화를 사용하지 아니할 것
- 위험물 건조설비가 아닌 건조설비의 열원으로서 직화를 사용하는 경우에는 불꽃 등에 의한 화재를 예방하기 위하여 덮개를 설치하거나 격벽을 설치할 것

97

Repetitive Learning 1회 2회 3회

위험물 안전관리법령에 의한 위험물의 분류 중 제1류 위험물에 속하는 것은?

① 염소산염류
② 황린
③ 금속칼륨
④ 질산에스테르

해설

- 황린과 금속칼륨은 제3류(자연발화성 물질 및 금수성 물질), 질산에스테르는 제5류(자기반응성 물질)에 해당한다.

산화성 액체 및 산화성 고체

㉠ 산화성 고체
- 1류 위험물로 화재발생 시 물에 의해 냉각소화 한다.
- 종류에는 염소산 염류, 아염소산 염류, 과염소산 염류, 브롬산 염류, 요오드산 염류, 과망간산 염류, 질산염류, 질산나트륨 염류, 중크롬산 염류, 삼산화크롬 등이 있다.

㉡ 산화성 액체
- 6류 위험물로 화재발생 시 마른모래 등을 이용해 질식소화 한다.
- 종류에는 질산, 과염소산, 과산화수소 등이 있다.

2201

98

Repetitive Learning 1회 2회 3회

산업안전보건법령상 위험물질의 종류에서 "폭발성 물질 및 유기과산화물"에 해당하는 것은?

① 리튬
② 아조화합물
③ 아세틸렌
④ 셀룰로이드류

해설

- 리튬과 셀룰로이드류는 물반응성 물질 및 인화성 고체에 포함된다.
- 아세틸렌은 인화성 가스에 포함된다.

산업안전보건법상 폭발성 물질

- 질산에스테르류
  (니트로글리콜·니트로글리세린·니트로셀룰로오스 등)
- 니트로화합물(트리니트로벤젠·트리니트로톨루엔·피크린산 등)
- 유기과산화물(과초산, 메틸에틸케톤 과산화물, 과산화벤조일 등)
- 그 외에도 니트로소화합물, 아조화합물, 디아조화합물, 하이드라진 유도체 등이 있다.

정답 | 96 ④ 97 ① 98 ②

0602 / 0801

99 — Repetitive Learning (1회 2회 3회)

다음 중 축류식 압축기에 대한 설명으로 옳은 것은?

① Casing 내에 1개 또는 수 개의 회전체를 설치하여 이것을 회전시킬 때 Casing과 피스톤 사이의 체적이 감소해서 기체를 압축하는 방식이다.

② 실린더 내에서 피스톤을 왕복시켜 이것에 따라 개폐하는 흡입밸브 및 배기밸브의 작용에 의해 기체를 압축하는 방식이다.

③ Casing 내에 넣어진 날개바퀴를 회전시켜 기체에 작용하는 원심력에 의해서 기체를 압송하는 방식이다.

④ 프로펠러의 회전에 의한 추진력에 의해 기체를 압송하는 방식이다.

해설

- ①은 용적형 압축기 중 회전식 압축기에 대한 설명이다.
- ②는 용적형 압축기 중 왕복식 압축기에 대한 설명이다.
- ③은 원심식 압축기에 대한 설명이다.

축류식 압축기

㉠ 개요
- 프로펠러의 회전에 의한 추진력에 의해 기체를 압송하는 방식이다.

㉡ 특징
- 고속회전으로 높은 압력이나 큰 유량의 가스체를 취급하는 데 적합하다.
- 대량의 공기를 처리할 수 있고 효율이 높다.
- 제작이 어렵고 비싸면 중량이 무거운 단점을 갖는다.

100 — Repetitive Learning 

메탄 50vol%, 에탄 30vol%, 프로판 20vol% 혼합가스의 공기 중 폭발하한계는?(단, 메탄, 에탄, 프로판의 폭발하한계는 각각 5.0vol%, 3.0vol%, 2.1vol%이다)

① 1.6vol% ② 2.1vol%

③ 3.4vol% ④ 4.8vol%

해설

- 몰분율은 50, 30, 20이므로 혼합가스의 폭발한계의 분모에 해당하는 값은 $\frac{50}{5}+\frac{30}{3}+\frac{20}{2.1}=10+10+9.53=29.53$이다.
- 혼합가스의 폭발하한계

$$LEL=\frac{100}{\frac{50}{5}+\frac{30}{3}+\frac{20}{2.1}}=\frac{100}{29.53}=3.386\cdots\text{[vol\%]}$$이다.

혼합가스의 폭발한계와 폭발범위 실필 1603

㉠ 폭발한계
- 혼합가스의 폭발한계는 혼합가스를 구성하는 각 가스의 폭발한계당 mol분율 합의 역수로 구한다.
- 혼합가스의 폭발한계는 $\frac{1}{\sum_{i=1}^{n}\frac{\text{mol분율}}{\text{폭발한계}}}$로 구한다.
- [vol%]를 구할 때는 $\frac{100}{\sum_{i=1}^{n}\frac{\text{mol분율}}{\text{폭발한계}}}$[vol%] 식을 이용한다.

㉡ 폭발범위
- 폭발상한계와 폭발하한계를 각각 구해서 범위를 구한다.

6과목 건설공사 안전관리

101 — Repetitive Learning (1회 2회 3회)

차량계 건설기계를 사용하여 작업할 때에 그 기계가 넘어지거나 굴러떨어짐으로써 근로자가 위험해질 우려가 있는 경우에 조치하여야 할 사항과 거리가 먼 것은?

① 갓길의 붕괴 방지

② 작업반경 유지

③ 지반의 부동침하 방지

④ 도로 폭의 유지

해설

- 차량계 건설기계가 넘어지거나 굴러떨어져서 근로자가 위험해질 우려가 있는 경우 유도자를 배치하고, 지반의 부동침하 방지, 갓길의 붕괴 방지 및 도로 폭의 유지 등의 조치를 취한다.

차량계 건설기계의 전도 방지조치

- 사업주는 차량계 건설기계를 사용하여 작업할 때에 그 기계가 넘어지거나 굴러떨어짐으로써 근로자가 위험해질 우려가 있는 경우에는 유도하는 사람을 배치하고 지반의 부동침하 방지, 갓길의 붕괴 방지 및 도로 폭의 유지 등 필요한 조치를 하여야 한다.

99 ④ 100 ③ 101 ② 정답

1203 / 1703 / 2103

102

유해·위험방지계획서 제출대상 공사로 볼 수 없는 것은?

① 지상높이가 31m 이상인 건축물의 건설공사
② 터널 건설공사
③ 깊이 10m 이상인 굴착공사
④ 교량의 전체길이가 40m 이상인 교량공사

해설

- 유해·위험방지계획서 제출대상 공사의 규모기준에서 교량 건설 등의 공사의 경우 최대지간길이가 50m 이상이어야 한다.

유해·위험방지계획서 제출대상 공사 실필 1701

- 지상높이가 31m 이상인 건축물 또는 인공구조물, 연면적 3만m^2 이상인 건축물 또는 연면적 5천m^2 이상의 문화 및 집회시설(전시장 및 동물원·식물원은 제외), 판매시설, 운수시설(고속철도의 역사 및 집배송시설은 제외), 종교시설, 의료시설 중 종합병원, 숙박시설 중 관광숙박시설, 지하도상가 또는 냉동·냉장창고시설의 건설·개조 또는 해체공사
- 연면적 5천m^2 이상인 냉동·냉장창고시설의 설비공사 및 단열공사
- 최대지간길이가 50m 이상인 교량 건설 등의 공사
- 터널 건설 등의 공사
- 다목적 댐, 발전용 댐 및 저수용량 2천만톤 이상의 용수 전용 댐, 지방상수도 전용 댐 건설 등의 공사
- 깊이 10m 이상인 굴착공사

2201

103

Repetitive Learning 1회 2회 3회

건설업 산업안전보건관리비 계상 및 사용기준에 따른 안전관리비의 개인보호구 및 안전장구 구입비 항목에서 안전관리비로 사용이 가능한 경우는?

① 안전·보건관리자가 선임되지 않은 현장에서 안전·보건업무를 담당하는 현장관계자용 무전기, 카메라, 컴퓨터, 프린터 등 업무용 기기
② 혹한·혹서에 장기간 노출로 인해 건강장해를 일으킬 우려가 있는 경우 특정 근로자에게 지급되는 기능성 보호장구
③ 근로자에게 일률적으로 지급하는 보냉·보온장구
④ 감리원이나 외부에서 방문하는 인사에게 지급하는 보호구

해설

- 혹한·혹서에 장기간 노출로 인해 건강장해를 일으킬 우려가 있는 경우 특정 근로자에게 지급하는 기능성 보호장구는 안전관리비로 사용이 가능하다.

개인보호구 및 안전장구 구입비 항목에서 안전관리비로 사용이 불가능한 내역

- 안전·보건관리자가 선임되지 않은 현장에서 안전·보건업무를 담당하는 현장관계자용 무전기, 카메라, 컴퓨터, 프린터 등 업무용 기기
- 근로자 보호 목적으로 보기 어려운 피복, 장구, 용품 등
  - 작업복, 방한복, 면장갑, 코팅장갑 등
  - 근로자에게 일률적으로 지급하는 보냉·보온장구 (핫팩, 장갑, 아이스조끼, 아이스팩 등을 말한다)
  - 다만, 혹한·혹서에 장기간 노출로 인해 건강장해를 일으킬 우려가 있는 경우 특정 근로자에게 지급하는 기능성 보호장구는 사용 가능함
- 감리원이나 외부에서 방문하는 인사에게 지급하는 보호구

0602

104

지반에서 나타나는 보일링(Boiling) 현상의 직접적인 원인으로 볼 수 있는 것은?

① 굴착부와 배면부의 지하수위의 수두차
② 굴착부와 배면부의 흙의 중량차
③ 굴착부와 배면부의 흙의 함수비차
④ 굴착부와 배면부의 흙의 토압차

해설

- 보일링 현상은 굴착부와 배면의 지하수위의 차이로 인해 주로 발생한다.

보일링(Boiling)

㉠ 개요

- 사질지반에서 흙막이벽 배면부의 지하수가 굴삭 바닥면으로 모래와 함께 솟아오르는 지반 융기현상이다.
- 지하수위가 높은 연약 사질토 지반을 굴착할 때 주로 발생한다.
- 굴착부와 배면의 지하수위의 차이로 인해 주로 발생한다.
- 흙막이벽의 근입장 깊이가 부족할 경우 발생한다.
- 굴착저면에서 액상화 현상에 기인하여 발생한다.
- 시트파일(Sheet pile) 등의 저면에 분사 현상이 발생한다.
- 보일링으로 인해 흙막이벽의 지지력이 상실된다.

정답 | 102 ④ 103 ② 104 ①

ⓛ 대책 실필 1401/1302/1003

- 굴착배면의 지하수위를 낮춘다.
- 토류벽의 근입 깊이를 깊게 한다.
- 토류벽 선단에 코어 및 필터층을 설치한다.
- 투수거리를 길게 하기 위한 지수벽을 설치한다.

1001 / 1103 / 1202 / 1401 / 1501

105 ——— Repetitive Learning 

강풍이 불어올 때 타워크레인의 운전작업을 중지하여야 하는 순간풍속의 기준으로 옳은 것은?

① 순간풍속이 초당 10m 초과
② 순간풍속이 초당 15m 초과
③ 순간풍속이 초당 25m 초과
④ 순간풍속이 초당 30m 초과

해설

- 순간풍속이 초당 10m 초과 시에는 타워크레인의 설치·수리·점검 또는 해체작업을 중지해야 하고 15m 초과 시에는 타워크레인의 운전을 중지해야 한다.

타워크레인 강풍 조치사항 실필 1702/1102

- 순간풍속이 초당 10m 초과 시 : 타워크레인의 설치·수리·점검 또는 해체작업을 중지해야 한다.
- 순간풍속이 초당 15m 초과 시 : 타워크레인의 운전을 중지해야한다.

106 ——— Repetitive Learning 1회 2회 3회

말비계를 조립하여 사용하는 경우에 지주부재와 수평면의 기울기는 최대 몇 도 이하로 하여야 하는가?

① 30° ② 45°
③ 60° ④ 75°

해설

- 말비계 조립 시 지주부재와 수평면의 기울기를 75° 이하로 한다.

말비계 조립 시 준수사항 실필 2203/1701 실작 2402/2303

- 지주부재(支柱部材)의 하단에는 미끄럼 방지장치를 하고, 근로자가 양측 끝부분에 올라서서 작업하지 않도록 할 것
- 지주부재와 수평면의 기울기를 75° 이하로 하고, 지주부재와 지주부재 사이를 고정시키는 보조부재를 설치할 것
- 말비계의 높이가 2m를 초과하는 경우에는 작업발판의 폭을 40cm 이상으로 할 것

0801

107 ——— Repetitive Learning 1회 2회 3회

추락의 위험이 있는 개구부에 대한 방호조치와 거리가 먼 것은?

① 안전난간, 울타리, 수직형 추락방호망 등으로 방호조치를 한다.
② 충분한 강도를 가진 구조의 덮개를 뒤집히거나 떨어지지 않도록 설치한다.
③ 어두운 장소에서도 식별이 가능한 개구부 주의 표지를 부착한다.
④ 폭 30cm 이상의 발판을 설치한다.

해설

- 발판은 개구부의 방호조치와 상관이 없다.

개구부 등에 대한 방호조치

- 사업주는 작업발판 및 통로의 끝이나 개구부로서 근로자가 추락할 위험이 있는 장소에는 안전난간, 울타리, 수직형 추락방호망 또는 덮개 등의 방호조치를 충분한 강도를 가진 구조로 튼튼하게 설치하여야 하며, 덮개를 설치하는 경우에는 뒤집히거나 떨어지지 않도록 설치하여야 한다. 이 경우 어두운 장소에서도 알아볼 수 있도록 개구부임을 표시하여야 한다.
- 사업주는 난간 등을 설치하는 것이 매우 곤란하거나 작업의 필요상 임시로 난간 등을 해체하여야 하는 경우 추락방호망을 설치하여야 한다. 다만, 추락방호망을 설치하기 곤란한 경우에는 근로자에게 안전대를 착용하도록 하는 등 추락할 위험을 방지하기 위하여 필요한 조치를 하여야 한다.

0503

108 ——— Repetitive Learning 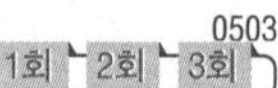

로프 길이 2m의 안전대를 착용한 근로자가 추락으로 인한 부상을 당하지 않기 위한 지면으로부터 안전대 고정점까지의 높이(H)의 기준으로 옳은 것은?(단, 로프의 신장률 30%, 근로자의 신장 180cm)

① H > 1.5m ② H > 2.5m
③ H > 3.5m ④ H > 4.5m

해설

- 로프의 길이 2m, 로프의 신장률이 30%이므로 신장길이는 2m×0.3 = 0.6m이고, 근로자의 신장이 1.8m이므로 대입하면 h = 2 + (2×0.3) + 1.8/2 = 2 + 0.6 + 0.9 = 3.5m이다.

추락 시 로프의 지지점에서 최하단까지의 거리

- 추락 시에 로프를 지지한 위치에서 신체의 최하사점까지의 거리를 h라 하면, h = 로프의 길이+로프의 신장길이+작업자 키의 1/2이 된다.
- 추락 시 로프의 지지점에서 최하단까지의 거리는 로프를 지지한 위치에서 바닥면까지의 거리보다 작아야 한다.

105 ② 106 ④ 107 ④ 108 ③ 정답

0901 / 1301

109

Repetitive Learning 1회 2회 3회

가설통로의 설치기준으로 옳지 않은 것은?

① 추락할 위험이 있는 장소에는 안전난간을 설치할 것
② 경사가 10°를 초과하는 경우에는 미끄러지지 아니하는 구조로 할 것
③ 경사는 30° 이하로 할 것
④ 건설공사에 사용하는 높이 8m 이상인 비계다리에는 7m 이내마다 계단참을 설치할 것

해설

- 가설통로 설치 시 경사가 15°를 초과하는 경우에는 미끄러지지 아니하는 구조로 하여야 한다.

가설통로 설치 시 준수기준 실필 2301/1801/1703/1603
- 높이 8m 이상인 비계다리에서는 7m 이내마다 계단참을 설치할 것
- 수직갱에 가설된 통로의 길이가 15m 이상인 경우에는 10m 이내마다 계단참을 설치할 것
- 경사가 15°를 초과하는 경우에는 미끄러지지 아니하는 구조로 할 것
- 추락할 위험이 있는 장소에는 안전난간을 설치할 것
- 경사로의 폭은 최소 90cm 이상으로 할 것
- 발판 폭 40cm 이상, 틈 3cm 이하로 할 것
- 경사는 30° 이하로 할 것

1201 / 1401 / 2101

110

Repetitive Learning 

터널 지보공을 조립하거나 변경하는 경우에 조치하여야 하는 사항으로 옳지 않은 것은?

① 목재의 터널 지보공은 그 터널 지보공의 각 부재에 작용하는 긴압 정도를 체크하여 그 정도가 최대한 차이나도록 한다.
② 강(鋼)아치 지보공의 조립은 연결볼트 및 띠장 등을 사용하여 주재 상호 간을 튼튼하게 연결할 것
③ 기둥에는 침하를 방지하기 위하여 받침목을 사용하는 등의 조치를 할 것
④ 주재(主材)를 구성하는 1세트의 부재는 동일 평면 내에 배치할 것

해설

- 목재의 터널 지보공은 그 터널 지보공의 각 부재의 긴압 정도가 균등하게 되도록 하여야 한다.

터널 지보공의 조립 또는 변경 시의 조치사항 실필 2302
- 주재(主材)를 구성하는 1세트의 부재는 동일 평면 내에 배치할 것
- 목재의 터널 지보공은 그 터널 지보공의 각 부재의 긴압 정도가 균등하게 되도록 할 것
- 기둥에는 침하를 방지하기 위하여 받침목을 사용하는 등의 조치를 할 것
- 강아치 지보공 및 목재지주식 지보공 외의 터널 지보공에 대해서는 터널 등의 출입구 부분에 받침대를 설치할 것

구분	내용
강(鋼)아치 지보공 조립 시 준수사항	• 조립간격은 조립도에 따를 것 • 주재가 아치작용을 충분히 할 수 있도록 쐐기를 박는 등 필요한 조치를 할 것 • 연결볼트 및 띠장 등을 사용하여 주재 상호 간을 튼튼하게 연결할 것 • 터널 등의 출입구 부분에는 받침대를 설치할 것 • 낙하물이 근로자에게 위험을 미칠 우려가 있는 경우에는 널판 등을 설치할 것
목재지주식 지보공 조립 시 준수사항	• 주기둥은 변위를 방지하기 위하여 쐐기 등을 사용하여 지반에 고정시킬 것 • 양 끝에는 받침대를 설치할 것 • 터널 등의 목재지주식 지보공에 세로 방향의 하중이 걸림으로써 넘어지거나 비틀어질 우려가 있는 경우에는 양 끝 외의 부분에도 받침대를 설치할 것 • 부재의 접속부는 꺾쇠 등으로 고정시킬 것

1302

111

Repetitive Learning 1회 2회 3회

콘크리트 타설작업 시 안전에 대한 유의사항으로 옳지 않은 것은?

① 콘크리트를 치는 도중에는 지보공·거푸집 등의 이상 유무를 확인한다.
② 높은 곳으로부터 콘크리트를 타설할 때는 호퍼로 받아 거푸집 내에 꽂아 넣는 슈트를 통해서 부어 넣어야 한다.
③ 진동기를 가능한 한 많이 사용할수록 거푸집에 작용하는 측압상 안전하다.
④ 콘크리트를 한곳에만 치우쳐서 타설하지 않도록 주의한다.

해설

- 진동기 사용 시 지나친 진동은 거푸집 붕괴의 원인이 될 수 있으므로 적절히 사용해야 한다.

정답 | 109 ② 110 ① 111 ③

∷ 콘크리트의 타설작업 실필 1802/1502

- 당일의 작업을 시작하기 전에 해당 작업에 관한 거푸집 동바리 등의 변형·변위 및 지반의 침하 유무 등을 점검하고 이상이 있으면 보수할 것
- 작업 중에는 거푸집 동바리 등의 변형·변위 및 침하 유무 등을 감시할 수 있는 감시자를 배치하여 이상이 있으면 작업을 중지하고 근로자를 대피시킬 것
- 콘크리트 타설작업 시 거푸집 붕괴의 위험이 발생할 우려가 있으면 충분한 보강조치를 할 것
- 설계도서상의 콘크리트 양생기간을 준수하여 거푸집 동바리 등을 해체할 것
- 콘크리트를 타설하는 경우에는 편심이 발생하지 않도록 골고루 분산하여 타설할 것

112 Repetitive Learning 1회 2회 3회

개착식 흙막이벽의 계측 내용에 해당되지 않는 것은?

① 경사 측정　② 지하수위 측정
③ 변형률 측정　④ 내공변위 측정

해설

- 내공변위 측정은 터널 내부의 붕괴를 예측하기 위한 방법이다.

∷ 굴착공사용 계측기기 실필 0902

㉠ 개요

- 개착식 굴착공사에서 설치하는 계측기기에는 기울기(Tilt meter), 지하수위계, 간극수압계, 경사계, 응력계, 변형률계, 하중계 등이 있다.
- 지반붕괴 방지를 위한 계측장치에는 지하수위계, 경사계, 변형률계, 응력계, 하중계 등이 있다.

㉡ 종류

구분	내용
지표침하계 (Surface settlement system)	지표면의 침하량을 측정하는 기구
지하수위계 (Water level meter)	지반 내 지하수위의 변화를 계측하는 기구
하중계 (Load cell)	버팀보 어스앵커(Earth anchor) 등의 실제 축 하중 변화를 측정하는 계측기
지중경사계 (Inclinometer)	지중의 수평 변위량을 통해 주변 지반의 변형을 측정하는 기계
건물경사계 (Tiltmeter)	인접한 구조물에 설치하여 구조물의 경사 및 변형상태를 측정하는 기구
수직지향각도계 (Inclino meter, 경사계)	주변 지반, 지층, 기계, 시설 등의 경사도와 변형을 측정하는 기구
변형률계 (Strain gauge)	흙막이 가시설의 버팀대(Strut)의 변형을 측정하는 계측기

113 Repetitive Learning 1회 2회 3회

다음은 산업안전보건법령에 따른 달비계를 설치하는 경우에 준수해야 할 사항이다. (　)에 들어갈 내용으로 옳은 것은?

작업발판은 폭을 (　) 이상으로 하고 틈새가 없도록 할 것

① 15cm　② 20cm
③ 40cm　④ 60cm

해설

- 작업발판의 폭은 40cm 이상으로 하고, 발판재료 간의 틈은 3cm 이하로 한다.

∷ 작업발판의 구조 실필 0801 실작 1601

- 발판재료는 작업할 때의 하중을 견딜 수 있도록 견고한 것으로 할 것
- 작업발판의 폭은 40cm 이상으로 하고, 발판재료 간의 틈은 3cm 이하로 할 것
- 선박 및 보트 건조작업의 경우 선박블록 또는 엔진실 등의 좁은 작업공간에 작업발판을 설치하기 위하여 필요하면 작업발판의 폭을 30cm 이상으로 할 수 있고, 걸침비계의 경우 강관기둥 때문에 발판재료 간의 틈을 3cm 이하로 유지하기 곤란하면 5cm 이하로 할 수 있다. 이 경우 그 틈 사이로 물체 등이 떨어질 우려가 있는 곳에는 출입금지 등의 조치를 하여야 한다.
- 추락의 위험이 있는 장소에는 안전난간을 설치할 것
- 작업발판의 지지물은 하중에 의하여 파괴될 우려가 없는 것을 사용할 것
- 작업발판 재료는 뒤집히거나 떨어지지 않도록 둘 이상의 지지물에 연결하거나 고정시킬 것
- 작업발판을 작업에 따라 이동시킬 경우에는 위험방지에 필요한 조치를 할 것

0401

114 Repetitive Learning 1회 2회 3회

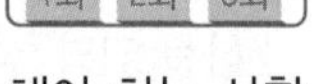

강관틀비계를 조립하여 사용하는 경우 준수해야 하는 사항으로 옳지 않은 것은?

① 길이가 띠장 방향으로 4m 이하이고 높이가 10m를 초과하는 경우에는 10m 이내마다 띠장 방향으로 버팀기둥을 설치할 것
② 높이가 20m를 초과하거나 중량물의 적재를 수반하는 작업을 할 경우에는 주틀 간의 간격을 1.8m 이하로 할 것
③ 주틀 간에 교차가새를 설치하고 최상층 및 10층 이내마다 수평재를 설치할 것
④ 수직방향으로 6m, 수평방향으로 8m 이내마다 벽이음을 할 것

112 ④ 113 ③ 114 ③ 정답

해설

- 강관틀비계 조립 시 주틀 간에 교차가새를 설치하고 최상층 및 5층 이내마다 수평재를 설치한다.

강관틀비계 조립 시 준수사항

- 비계기둥의 밑둥에는 밑받침 철물을 사용하여야 하며 밑받침에 고저차(高低差)가 있는 경우에는 조절형 밑받침 철물을 사용하여 각각의 강관틀비계가 항상 수평 및 수직을 유지하도록 할 것
- 높이가 20m를 초과하거나 중량물의 적재를 수반하는 작업을 할 경우에는 주틀 간의 간격을 1.8m 이하로 할 것
- 주틀 간에 교차가새를 설치하고 최상층 및 5층 이내마다 수평재를 설치할 것
- 수직방향으로 6m, 수평방향으로 8m 이내마다 벽이음을 할 것
- 길이가 띠장 방향으로 4m 이하이고 높이가 10m를 초과하는 경우에는 10m 이내마다 띠장 방향으로 버팀기둥을 설치할 것

0302

115

Repetitive Learning 1회 2회 3회

철골기둥, 빔 및 트러스 등의 철골구조물을 일체화 또는 지상에서 조립하는 이유로 가장 타당한 것은?

① 고소작업의 감소 ② 화기사용의 감소
③ 구조체 강성 증가 ④ 운반물량의 감소

해설

- 철골기둥과 빔을 일체 구조화하거나 지상에서 조립하는 것은 고소작업의 감소를 통해 추락재해를 사전에 예방하기 위한 근본적인 대책이다.

추락재해 예방대책

- 안전모 등 개인보호구 착용 철저
- 안전난간 및 작업발판 설치
- 안전대 부착설비 설치
- 고소작업의 감소를 위해 철골구조물의 일체화 및 지상 조립
- 추락방호망의 설치

0401 / 0903 / 1402

116

압쇄기를 사용하여 건물 해체 시 그 순서로 가장 타당한 것은?

[보기] A : 보, B : 기둥, C : 슬래브, D : 벽체

① A → B → C → D ② A → C → B → D
③ C → A → D → B ④ D → C → B → A

해설

- 압쇄기를 사용한 건물해체 시, 슬래브 – 보 – 벽체 – 기둥 순으로 한다.

압쇄기를 사용한 건물 해체

- 유압식 파워셔블에 부착하여 콘크리트 등에 강력한 압축력을 가해 파쇄하는 방법이다.
- 사전에 압쇄기가 설치되는 지반 또는 구조물 슬래브에 대한 안전성을 확인하고 위험이 예상되는 경우 침하로 인한 중기의 전도방지 또는 붕괴 위험요인을 사전에 제거토록 조치하여야 한다.
- 상층에서 하층으로 작업해야 한다.
- 건물해체 시에는 슬래브 – 보 – 벽체 – 기둥 순으로 한다.

117

Repetitive Learning 1회 2회 3회

흙의 간극비를 나타낸 식으로 옳은 것은?

① $\dfrac{\text{공기} + \text{물의 체적}}{\text{흙} + \text{물의 체적}}$

② $\dfrac{\text{공기} + \text{물의 체적}}{\text{흙의 체적}}$

③ $\dfrac{\text{물의 체적}}{\text{물} + \text{흙의 체적}}$

④ $\dfrac{\text{공기} + \text{물의 체적}}{\text{공기} + \text{물} + \text{흙의 체적}}$

해설

- 흙의 간극비(공극비)는 토양에서 간극(공극)의 부피비율이다.

흙의 간극비(공극비)

- 토양에서 간극(공극)의 부피비율을 말한다.
- $\dfrac{\text{공기} + \text{물의 체적}}{\text{흙의 체적}}$으로 구한다.
- 간극비(공극비)의 크기가 클수록 투수계수는 증가한다.

0802 / 1301 / 1401 / 1901 / 1903 / 2102

118

Repetitive Learning 1회 2회 3회

부두·안벽 등 하역작업을 하는 장소에서 부두 또는 안벽의 선을 따라 통로를 설치하는 경우에는 그 폭을 최소 얼마 이상으로 하여야 하는가?

① 80cm ② 90cm
③ 100cm ④ 120cm

정답 | 115 ① 116 ③ 117 ② 118 ②

해설

- 부두 또는 안벽의 선을 따라 통로를 설치하는 경우에는 폭을 90cm 이상으로 하여야 한다.

하역작업장의 조치기준 실필 2202/1803/1501

- 작업장 및 통로의 위험한 부분에는 안전하게 작업할 수 있는 조명을 유지할 것
- 부두 또는 안벽의 선을 따라 통로를 설치하는 경우에는 폭을 90cm 이상으로 할 것
- 육상에서의 통로 및 작업장소로서 다리 또는 선거(船渠)의 갑문(閘門)을 넘는 보도(步道) 등의 위험한 부분에는 안전난간 또는 울타리 등을 설치할 것

1003 / 1101 / 1302 / 1703 / 2201

119

Repetitive Learning (1회 2회 3회)

취급·운반의 원칙으로 옳지 않은 것은?

① 곡선 운반을 할 것
② 운반 작업을 집중하여 시킬 것
③ 생산을 최고로 하는 운반을 생각할 것
④ 연속 운반을 할 것

해설

- 이동 운반 시 목적지까지 직선으로 운반하는 것을 원칙으로 한다.

운반의 원칙과 조건

㉠ 운반의 5원칙
- 이동되는 운반은 직선으로 할 것
- 연속으로 운반을 행할 것
- 효율(생산성)을 최고로 높일 것
- 자재 운반을 집중화할 것
- 가능한 수작업을 없앨 것

㉡ 운반의 3조건
- 운반거리는 극소화할 것
- 손이 가지 않는 작업 방법으로 할 것
- 운반은 기계화 작업으로 할 것

1502 / 2101

120

사면보호 공법 중 구조물에 의한 보호 공법에 해당되지 않는 것은?

① 식생구멍공
② 블록공
③ 돌쌓기공
④ 현장타설 콘크리트 격자공

해설

- 구조물에 의한 보호 공법에는 비탈면 녹화, 낙석방지울타리, 격자블록 붙이기, 숏크리트, 낙석방지망, 블록공, 돌쌓기 공법 등이 있다.

식생공

- 건설재해대책의 사면보호 공법 중 하나이다.
- 식물을 생육시켜 그 뿌리로 사면의 표층토를 고정하여 빗물에 의한 침식, 동상, 이완 등을 방지하고, 녹화에 의한 경관조성을 목적으로 시공한다.

119 ① 120 ① | 정답

MEMO

구분	1과목	2과목	3과목	4과목	5과목	6과목	합계
New 유형	2	1	2	1	0	3	9
New 문제	6	11	8	8	4	8	46
또나온문제	4	9	4	8	6	4	35
자꾸나온문제	10	0	8	4	10	8	40
합계	20	20	20	20	20	20	120

- New유형은 New문제 중 기존 기출문제와 완전히 다른 유형의 문제를 말합니다.
- New문제는 기존에 출제되지 않은 문제로 이번에 처음 출제되는 문제입니다.
- 또나온문제는 기존에 출제된 적이 1번 있는 문제를 말합니다.
- 자꾸나온문제는 기존에 출제된 적이 2번 이상 있는 문제를 말합니다. 그만큼 중요한 문제입니다.

몇 년분의 기출문제를 공부해야 합격할 수 있을까요?

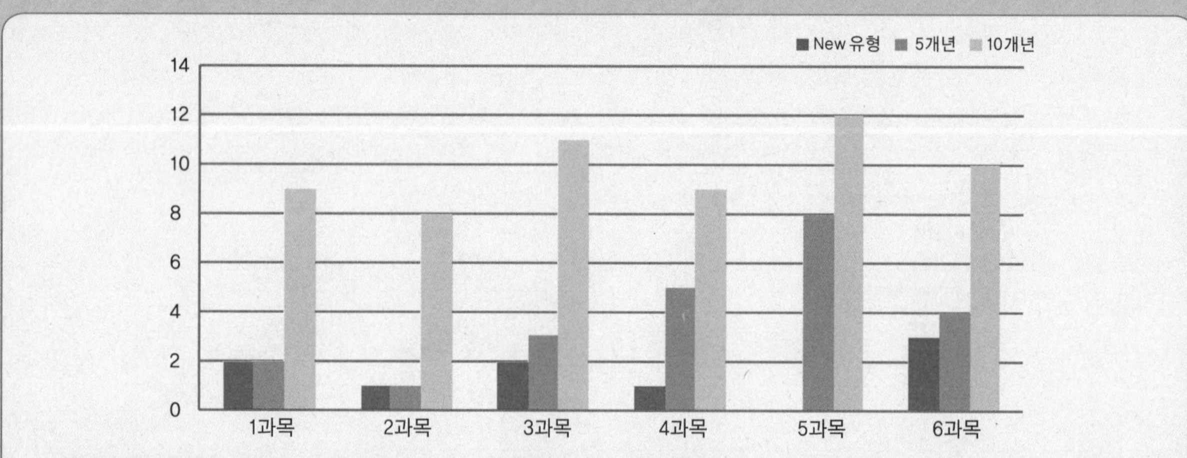

- 완전 새로운 유형의 문제는 9문제이고 111문제가 이미 출제된 문제 혹은 변형문제입니다.
- 5년분(2016~2020) 기출에서 동일문제가 23문항이 출제되었고, 10년분(2011~2020)기출에서 동일문제가 59문항이 출제되었습니다.

실기에 나왔어요!! 외우세요!!!

실기시험은 필답형과 작업형으로 구분되어 있으며 모두 직접 주관식으로 내용을 적어야 합니다. 필기공부하면서 실기 출제된 내역들은 좀 더 신경써서 암기하실 필요가 있어요. 필기 합격자 발표 난 후 실기시험까지는 5주밖에 여유가 없답니다. 어차피 공부할 것 필기 때 확실하게 해준다면 실기도 단방에 합격할 수 있습니다.

- 총 34개의 해설이 실기 필답형 시험과 연동되어 있습니다.
- 총 8개의 해설이 실기 작업형 시험과 연동되어 있습니다.

분석의견

최근 10년분의 기출문제와 답을 반복암기해서는 합격점수인 72점에서 9점이 부족합니다. 새로운 유형 및 문제, 각 과목별 기출분포는 평균보다 난이도가 낮은 분포를 보인 시험입니다. 5년분 기출과 10년분 기출 모두 평균보다 높은 출제빈도를 보였습니다. 아울러 10년분 기출문제를 학습할 경우 모든 과목에서 과락점수 이상의 기출문제가 중복된 만큼 다소 쉬운 난이도를 보였습니다. 이 정도의 난이도라면 기출 10년분 학습 후 찍기만 잘 해도 합격가능하다고 판단되지만 이런 난이도가 계속 나온다는 보장이 없으므로 합격에 필요한 점수를 획득하기 위해서는 최근 5년분 문제와 핵심이론의 3회독 혹은 최근 10년분 문제와 핵심이론의 2회독 이상의 학습이 필요합니다.

2018년 제3회

2018년 8월 19일 필기

18년 3회차 필기시험
합격률 51.0%

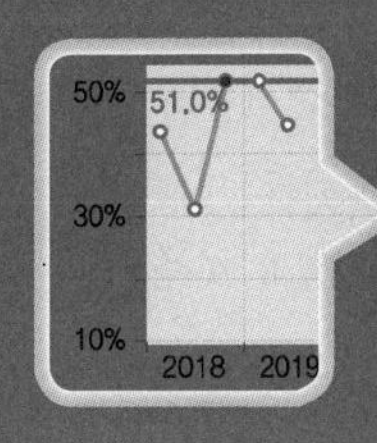

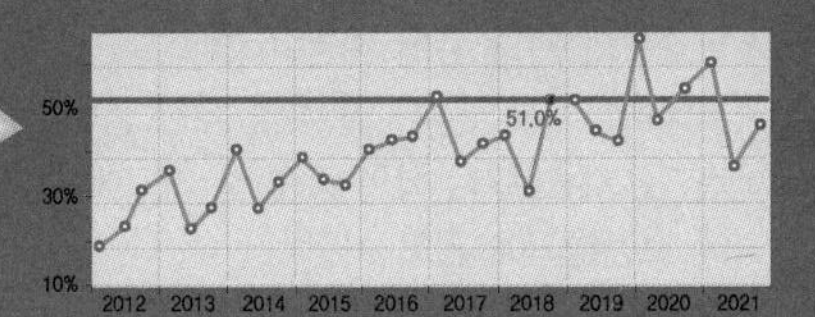

1과목 산업재해 예방 및 안전보건교육

1201 / 2101

01

집단에서의 인간관계 메커니즘(Mechanism)과 가장 거리가 먼 것은?

① 모방, 암시
② 분열, 강박
③ 동일화, 일체화
④ 커뮤니케이션, 공감

해설

- 집단에서의 인간관계 메커니즘의 종류에는 모방, 암시, 커뮤니케이션, 동일화, 일체화, 공감, 역할학습 등이 있다.

집단에서의 인간관계 메커니즘(Mechanism)

- 집단에 있어서 인간관계는 집단 내 인간과 인간 사이의 협동관계에 해당한다.
- 인간관계가 복잡하고 어려운 이유는 다른 사람과의 상호작용을 통해 형성되기 때문이다.
- 인간관계 메커니즘의 종류에는 모방, 암시, 커뮤니케이션, 동일화, 일체화, 공감, 역할학습 등이 있다.

02

Repetitive Learning 1회 2회 3회

산업안전보건법령에 따른 안전보건관리규정에 포함되어야 할 세부내용이 아닌 것은?

① 위험성 감소대책 수립 및 시행에 관한 사항
② 하도급 사업장에 대한 안전·보건관리에 관한 사항
③ 질병자의 근로금지 및 취업 제한 등에 관한 사항
④ 물질안전보건자료에 관한 사항

해설

- 물질안전보건자료에 관한 사항은, 화학물질 및 화학물질을 함유한 제제 중 고용노동부령으로 정하는 분류기준에 해당하는 화학물질 및 화학물질을 함유한 제제를 양도하거나 제공하는 자는 이를 양도받거나 제공받는 자에게 물질안전보건자료를 고용노동부령으로 정하는 방법에 따라 작성하여 제공하여야 한다.

안전보건관리규정의 세부내용

㉠ 총칙
- 안전보건관리규정 작성의 목적 및 적용 범위에 관한 사항
- 사업주 및 근로자의 재해 예방 책임 및 의무 등에 관한 사항
- 하도급 사업장에 대한 안전·보건관리에 관한 사항

㉡ 안전·보건 관리조직과 그 직무
- 안전·보건 관리조직의 구성방법, 소속, 업무 분장 등에 관한 사항
- 안전보건관리책임자(안전보건총괄책임자), 안전관리자, 보건관리자, 관리감독자의 직무 및 선임에 관한 사항
- 산업안전보건위원회의 설치·운영에 관한 사항
- 명예산업안전감독관의 직무 및 활동에 관한 사항
- 작업지휘자 배치 등에 관한 사항

㉢ 안전·보건교육
- 근로자 및 관리감독자의 안전·보건교육에 관한 사항
- 교육계획의 수립 및 기록 등에 관한 사항

㉣ 작업장 안전관리
- 안전·보건관리에 관한 계획의 수립 및 시행에 관한 사항
- 기계·기구 및 설비의 방호조치에 관한 사항
- 유해·위험기계 등에 대한 자율검사프로그램에 의한 검사 또는 안전검사에 관한 사항
- 근로자의 안전수칙 준수에 관한 사항
- 위험물질의 보관 및 출입 제한에 관한 사항
- 중대재해 및 중대산업사고 발생, 급박한 산업재해 발생의 위험이 있는 경우 작업중지에 관한 사항
- 안전표지·안전수칙의 종류 및 게시에 관한 사항과 그 밖에 안전관리에 관한 사항

정답 | 01 ② 02 ④

ⓜ 작업장 보건관리
- 근로자 건강진단, 작업환경측정의 실시 및 조치절차 등에 관한 사항
- 유해물질의 취급에 관한 사항
- 보호구의 지급 등에 관한 사항
- 질병자의 근로 금지 및 취업 제한 등에 관한 사항
- 보건표지·보건수칙의 종류 및 게시에 관한 사항과 그 밖에 보건관리에 관한 사항

ⓑ 사고 조사 및 대책 수립
- 산업재해 및 중대산업사고의 발생 시 처리 절차 및 긴급조치에 관한 사항
- 산업재해 및 중대산업사고의 발생원인에 대한 조사 및 분석, 대책 수립에 관한 사항
- 산업재해 및 중대산업사고 발생의 기록·관리 등에 관한 사항

ⓢ 위험성 평가에 관한 사항
- 위험성 평가의 실시 시기 및 방법, 절차에 관한 사항
- 위험성 감소대책 수립 및 시행에 관한 사항

ⓞ 보칙
- 무재해운동 참여, 안전·보건 관련 제안 및 포상·징계 등 산업재해 예방을 위하여 필요하다고 판단하는 사항
- 안전·보건 관련 문서의 보존에 관한 사항
- 그 밖의 사항 – 사업장의 규모·업종 등에 적합하게 작성하며, 필요한 사항을 추가하거나 그 사업장에 관련되지 않는 사항은 제외할 수 있다.

1201 / 1402

03 Repetitive Learning (1회 2회 3회)

안전교육 중 프로그램 학습법의 장점이 아닌 것은?

① 학습자의 학습과정을 쉽게 알 수 있다.
② 여러 가지 수업 매체를 동시에 다양하게 활용할 수 있다.
③ 지능, 학습속도 등 개인차를 충분히 고려할 수 있다.
④ 매 반응마다 피드백이 주어지기 때문에 학습자가 흥미를 가질 수 있다.

해설

- 프로그램 학습법은 이미 만들어져 있는 프로그램을 이용하는 방법으로 사용하는 매체 역시 주어진 매체에서 가능하다.

:: 프로그램 학습법(Programmed self instruction method)

㉠ 개요
- 학생이 자기 학습속도에 따른 학습이 허용되어 있는 상태에서 학습자가 프로그램 자료를 가지고 단독으로 학습하도록 하는 교육방법을 말한다.

㉡ 특징
- 학습자의 학습과정을 쉽게 알 수 있다.
- 수업의 모든 단계에서 적용이 가능하며, 지능, 학습속도 등 개인차를 충분히 고려할 수 있다.
- 수강자들이 학습이 가능한 시간대의 폭이 넓으며, 매 반응마다 피드백이 주어져 학습자의 흥미를 유발한다.
- 단점으로는 한번 개발된 프로그램 자료는 개조하기 어려우며 내용이 고정화되어 있고, 개발비용이 많이 들며 집단 사고의 기회가 없다.

1101 / 1401

04 Repetitive Learning (1회 2회 3회)

산업안전보건법령에 따른 근로자 안전·보건교육 중 근로자 정기 안전·보건교육의 교육내용에 해당하지 않는 것은?(단, 산업안전보건법 및 일반관리에 관한 사항은 제외한다)

① 건강증진 및 질병 예방에 관한 사항
② 산업보건 및 직업병 예방에 관한 사항
③ 유해·위험 작업환경 관리에 관한 사항
④ 작업공정의 유해·위험과 재해 예방대책에 관한 사항

해설

- 작업공정의 유해·위험과 재해 예방대책에 관한 사항은 관리감독자 정기안전·보건교육 내용에 해당한다.

:: 근로자 정기안전·보건교육 교육내용 실필 2203/1903
- 산업안전 및 사고 예방에 관한 사항
- 산업보건 및 직업병 예방에 관한 사항
- 건강증진 및 질병 예방에 관한 사항
- 유해·위험 작업환경 관리에 관한 사항
- 산업안전보건법령 및 일반관리에 관한 사항
- 직무스트레스 예방 및 관리에 관한 사항
- 산업재해보상보험 제도에 관한 사항

0403

05 Repetitive Learning (1회 2회 3회)

최대사용전압이 교류(실횻값) 500V 또는 직류 750V인 내전압용 절연장갑의 등급은?

① 00
② 0
③ 1
④ 2

03 ② 04 ④ 05 ① 정답

해설

- 최대사용전압의 교류값이 500V, 교류값의 1.5배에 해당하는 직류값이 750V인 내전압용 절연장갑의 등급은 00등급이다.

절연장갑 실필 1503/0903/0801

- 등급에 따른 색상과 두께, 최대사용전압

등급	장갑의 색상	고무의 두께	최대사용전압	
			교류(실횻값)	직류
00등급	갈색	0.50mm 이하	500V	750V
0등급	빨강색	1.00mm 이하	1,000V	1,500V
1등급	흰색	1.50mm 이하	7,500V	11,250V
2등급	노랑색	2.30mm 이하	17,000V	25,500V
3등급	녹색	2.90mm 이하	26,500V	39,750V
4등급	등색	3.60mm 이하	36,000V	54,000V

- 인장강도는 1,400N/cm^2 이상, 신장률은 100분의 600 이상의 평균값을 가져야 한다.

06 Repetitive Learning 1회 2회 3회

산업재해 기록·분류에 관한 지침에 따른 분류기준 중 다음의 ( ) 안에 알맞은 것은?

> 재해자가 넘어짐으로 인하여 기계의 동력 전달부위 등에 끼이는 사고가 발생하여 신체부위가 절단되는 경우는 ( )으로 분류한다.

① 넘어짐
② 끼임
③ 깔림
④ 절단

해설

- 근로자가 전도(넘어짐)되어 동력전달부위에 협착(끼임)되어 절단되는 사고를 당했으므로 사고유형은 협착에 해당하고, 기인물은 전도(넘어짐)되어 일어난 사고이므로 바닥 등으로 유추되며, 가해물은 기계이다.

사고의 분석 실작 1703/1701/1601/1503

구분	내용
기인물	• 재해를 유발하거나 영향을 끼친 에너지원을 가진 기계·장치, 구조물, 물질, 사람 또는 환경 • 주로 불안전한 상태와 관련
가해물	사람에게 직접적으로 상해를 입힌 기계, 장치, 구조물, 물체, 물질, 사람 또는 환경
사고유형	재해의 발생형태별 분류 기준에 의한 유형

1103

07 Repetitive Learning 1회 2회 3회

산업안전보건법령에 따라 사업주가 사업장에서 중대재해가 발생한 사실을 알게 된 경우 관할 지방고용노동관서의 장에게 보고하여야 하는 시기로 옳은 것은?(단, 천재지변 등 부득이한 사유가 발생한 경우는 제외한다)

① 지체 없이
② 12시간 이내
③ 24시간 이내
④ 48시간 이내

해설

- 사업주는 산업재해가 발생하였을 때에는 그 발생 사실을 은폐하여서는 아니 되며, 고용노동부령으로 정하는 바에 따라 재해발생 원인 등을 기록·보존·보고하여야 한다.

산업재해 발생보고 실필 1601

- 사업주는 중대재해가 발생한 사실을 알게 된 경우에는 지체 없이 관할 지방고용노동관서의 장에게 전화·팩스, 또는 그 밖에 적절한 방법으로 보고하여야 한다.
- 보고내용은 발생개요 및 피해상황, 조치 및 전망, 그 밖의 중요사항 등이다.

1802 / 1902

08 Repetitive Learning 1회 2회 3회

유기화합물용 방독마스크의 시험가스가 아닌 것은?

① 증기(Cl_2)
② 디메틸에테르(CH_3OCH_3)
③ 시클로헥산(C_6H_{12})
④ 이소부탄(C_4H_{10})

해설

- 증기(Cl_2)는 할로겐가스용 방독마스크의 시험가스이다.

방독마스크의 종류와 특징 실필 1703 실작 1601/1503/1502/1103/0801

표기	종류	색상	정화통흡수제	시험가스
C	유기화합물용	갈색	활성탄	시클로헥산, 디메틸에테르, 이소부탄
A	할로겐가스용	회색	소다라임, 활성탄	염소가스, 증기
K	황화수소용	회색	금속염류, 알칼리	황화수소
J	시안화수소용	회색	산화금속, 알칼리	시안화수소
I	아황산가스용	노란색	산화금속, 알칼리	아황산가스
H	암모니아용	녹색	큐프라마이트	암모니아
E	일산화탄소용	적색	호프카라이트, 방습제	일산화탄소

정답 06 ② 07 ① 08 ①

0703 / 0901 / 0902

09

Repetitive Learning 1회 2회 3회

안전교육의 학습경험선정 원리에 해당되지 않는 것은?

① 계속성의 원리　　② 가능성의 원리
③ 동기유발의 원리　　④ 다목적 달성의 원리

해설

- 학습경험선정의 원리에는 ②, ③, ④ 외에도 기회의 원리, 다활동의 원리, 전이의 원리 등이 있다.

안전교육의 학습경험선정

㉠ 개요

- 학습경험이란 학습자와 그를 둘러싸고 있는 환경 속의 여러 외적 조건들 사이에서 벌어지는 상호작용을 말한다.
- 학습경험선정의 원리에는 기회의 원리, 동기유발(만족)의 원리, 가능성의 원리, 다활동의 원리, 다목적 달성의 원리, 전이(파급효과)의 원리 등이 있다.

㉡ 학습경험선정의 원리

원리	내용
기회의 원리	교육대상자에게 목표달성을 위한 기회를 제공할 수 있는 경험을 선정하여야 한다.
동기유발(만족)의 원리	학습자 흥미와 관심에 기초하여 선정해야 한다.
가능성의 원리	학습자의 능력 및 발달수준에 맞는 경험을 선정해야 한다.
다활동의 원리	하나의 목표달성을 위해 다양한 경험이 제공되는 경험을 선정해야 한다.
다목적 달성의 원리	하나의 경험으로 여러 목표의 동시 달성에 도움이 되는 경험을 선정해야 한다.
전이(파급효과)의 원리	파급효과가 최대화될 수 있는 경험을 선정해야 한다.

0501 / 1001 / 1801

10

Repetitive Learning 

재해사례연구의 진행순서로 옳은 것은?

① 재해 상황 파악 → 사실의 확인 → 문제점 발견 → 근본적 문제점 결정 → 대책수립
② 사실의 확인 → 재해 상황 파악 → 문제점 발견 → 근본적 문제점 결정 → 대책수립
③ 재해 상황 파악 → 사실의 확인 → 근본적 문제점 결정 → 문제점 발견 → 대책수립
④ 사실의 확인 → 재해 상황 파악 → 근본적 문제점 결정 → 문제점 발견 → 대책수립

해설

- 재해사례연구 시 가장 먼저 재해 상황에 대해 파악한 후 사실 확인에 들어가야 한다.

재해조사와 재해사례연구

㉠ 개요

- 재해조사는 재해조사 → 원인분석 → 대책수립 → 실시계획 → 실시 → 평가의 순을 따른다.
- 재해사례의 연구는 재해 상황 파악 → 사실 확인 → 직접원인과 문제점 확인 → 근본 문제점 결정 → 대책수립의 단계를 따른다.

㉡ 재해조사 시 유의사항

- 피해자에 대한 구급조치를 최우선으로 한다.
- 가급적 재해 현장이 변형되지 않은 상태에서 실시한다.
- 사실 이외의 추측되는 말은 참고용으로만 활용한다.
- 사람, 기계설비 양면의 재해요인을 모두 도출한다.
- 과거 사고 발생 경향 등을 참고하여 조사한다.
- 객관적 입장에서 재해방지에 우선을 두고 조사하며, 조사는 2인 이상이 한다.

2102

11

Repetitive Learning 1회 2회 3회

산업안전보건법령에 따른 특정 행위의 지시 및 사실의 고지에 사용되는 안전·보건표지의 색도기준으로 옳은 것은?

① 2.5G 4/10　　② 2.5PB 4/10
③ 5Y 8.5/12　　④ 7.5R 4/14

해설

- 특정 행위의 지시 및 사실의 고지는 지시문서로 파란색 바탕에 흰색으로 표시한다.

산업안전보건표지 실필 1602/1003

- 금지표지, 경고표지, 지시표지, 안내표지, 관계자 외 출입금지로 구분된다.
- 안전표지는 기본모형(모양), 색깔(바탕 및 기본모형), 내용(의미)으로 구성된다.
- 안전·보건표지의 색채, 색도기준 및 용도

바탕	기본모형 색채	색도	용도	사용례
흰색	빨간색	7.5R 4/14	금지	정지, 소화설비, 유해행위 금지
무색	빨간색	7.5R 4/14	경고	화학물질 취급장소에서의 유해 및 위험경고
노란색	검은색	5Y 8.5/12	경고	화학물질 취급장소에서의 유해·위험경고 이외의 위험경고, 주의표지 또는 기계방호물
파란색	흰색	2.5PB 4/10	지시	특정 행위의 지시 및 사실의 고지
흰색	녹색	2.5G 4/10	안내	비상구 및 피난소, 사람 또는 차량의 통행표지

- 흰색(N9.5)은 파랑 또는 녹색의 보조색이다.
- 검정색(N0.5)은 문자 및 빨간색, 노란색의 보조색이다.

09 ① 10 ① 11 ② | 정답

12
Repetitive Learning 1회 2회 3회

부주의에 대한 사고방지대책 중 기능 및 작업측면의 대책이 아닌 것은?

① 작업표준의 습관화
② 적성배치
③ 안전의식의 제고
④ 작업조건의 개선

해설

- 안전의식의 제고는 부주의에 대한 사고방지대책 중 정신적 측면의 대책에 해당한다.

부주의에 의한 사고방지대책
- ㉠ 기능 및 작업측면의 대책
  - 작업표준의 습관화
  - 적성배치
  - 작업조건의 개선과 적응력 향상
  - 안전작업방법의 습득
- ㉡ 정신적 측면의 대책
  - 주의력 집중훈련
  - 스트레스 해소대책
  - 작업의욕의 고취와 안전의식의 제고
- ㉢ 설비 및 환경적 측면의 대책
  - 표준작업제도의 도입
  - 긴급 시 안전작업대책 수립

0302 / 0802

13
Repetitive Learning 

버드(Bird)의 신연쇄성 이론 중 재해발생의 근원적 원인에 해당하는 것은?

① 상해 발생
② 징후 발생
③ 접촉 발생
④ 관리의 부족

해설

- 버드는 재해발생의 근원적 원인은 관리의 부족에 있다고 주장했다.

버드(Bird)의 신연쇄성 이론
- ㉠ 개요
  - 신도미노 이론이라고도 한다.
  - 재해발생의 근원적 원인은 관리의 부족에 있다고 정의한다.
  - 재해발생의 기본원인은 개인적 요인 및 작업상의 요인에 있다고 주장한다.
  - 재해의 직접원인을 징후라 하고 불안전한 행동 및 상태에서 비롯된다고 한다.
- ㉡ 단계 실필 1202

1단계	관리의 부족
2단계	개인적 요인, 작업상의 요인
3단계	불안전한 행동 및 상태
4단계	사고
5단계	재해

0901 / 1203

14
Repetitive Learning 

브레인스토밍(Brain-storming) 기법의 4원칙에 관한 설명으로 옳은 것은?

① 주제와 관련이 없는 내용은 발표할 수 없다.
② 동료의 의견에 대하여 좋고 나쁨을 평가한다.
③ 발표 순서를 정하고, 동일한 발표기회를 부여한다.
④ 타인의 의견에 대하여는 수정하여 발표할 수 있다.

해설

- 브레인스토밍은 주제와 관련이 없는 내용은 발표할 수 있다.
- 브레인스토밍은 동료의 의견에 대하여 좋고 나쁨을 평가하지 않는다.
- 브레인스토밍은 발표 순서 없이 구성원 누구든 의견을 제시할 수 있다.

브레인스토밍(Brain-storming) 기법 실필 1503/0903
- ㉠ 개요
  - 6~12명의 구성원으로 타인의 비판 없이 자유로운 토론을 통하여 다량의 독창적인 아이디어를 이끌어내고, 대안적 해결안을 찾기 위한 집단적 사고기법이다.
- ㉡ 4원칙
  - 가능한 많은 아이디어와 의견을 제시하도록 한다.
  - 주제를 벗어난 아이디어도 허용한다.
  - 타인의 의견을 수정하여 발언하는 것을 허용한다.
  - 절대 타인의 의견을 비판 및 비평하지 않는다.

0702 / 0803 / 0903

15

주의의 특성에 해당되지 않는 것은?

① 선택성
② 변동성
③ 가능성
④ 방향성

정답 | 12 ③ 13 ④ 14 ④ 15 ③

해설

- 주의의 3가지 특성에는 선택성, 방향성, 변동성이 있다.

주의(Attention)의 특성 실필 1002

선택성	여러 자극을 지각할 때 소수의 현란한 자극에 선택적 주의를 기울이는 경향으로 한 번에 많은 종류의 자극을 수용하기 어려움을 말한다.
방향성	한 지점에 주의를 집중하면 다른 곳의 주의가 약해지는 성질을 말한다.
변동성	장시간 주의를 집중하려 해도 주기적으로 부주의의 리듬이 존재한다는 것을 말한다.

16

Repetitive Learning (1회 2회 3회)

OJT(On the Job Training)의 특징에 대한 설명으로 옳은 것은?

① 특별한 교재·교구·설비 등을 이용하는 것이 가능하다.
② 외부의 전문가를 위촉하여 전문교육을 실시할 수 있다.
③ 직장의 실정에 맞는 구체적이고 실제적인 지도 교육이 가능하다.
④ 다수의 근로자들에게 조직적 훈련이 가능하다.

해설

- ①, ②, ④는 모두 Off J.T의 장점에 해당한다.

O.J.T(On the Job Training) 교육

㉠ 개요
- 주로 사업장 내에서 관리감독자가 강사가 되어 실시하는 개별교육을 말한다.
- 일상 업무를 통해 지식과 기능, 문제해결능력을 향상시키는 데 주목적을 갖는다.
- (1단계) 작업의 필요성(Needs)을 느끼게 하고, (2단계) 목표를 설정하며, (3단계) 교육을 실시하고, (4단계) 평가하는 과정을 거친다.

㉡ 장점
- 개개인에 대한 효율적인 지도훈련이 가능하다.
- 직장의 실정에 맞는 실제적 훈련이 가능하다.
- 즉시 업무에 연결될 수 있고, 효과가 즉각적으로 나타나며, 훈련의 좋고 나쁨에 따라 개선이 용이하다.
- 교육을 담당하는 관리감독자(상사)와 부하 간의 의사소통과 신뢰감이 깊어진다.

㉢ 단점
- 전문적인 강사가 아니어서 교육이 원만하지 않을 수 있다.
- 다수의 대상을 한번에 통일적인 내용 및 수준으로 교육시킬 수 없다.
- 업무와 교육이 병행되는 관계로 훈련에만 전념할 수 없다.

1002

17

Repetitive Learning (1회 2회 3회)

연간 근로자수가 1,000명인 공장의 도수율이 10인 경우 이 공장에서 연간 발생한 재해건수는 몇 건인가?

① 20건 ② 22건
③ 24건 ④ 26건

해설

- 근로시간이 언급되지 않을 때 1인당 평균 연간 근로시간은 2,400시간이고, 근로자가 1,000명이면 연간 총근로시간은 $2,400 \times 1,000 = 2,400,000$시간이다.
- 연간 재해건수는 $\frac{\text{도수율} \times \text{연간 총근로시간}}{10^6}$이므로 $\frac{10 \times 2,400,000}{10^6} = 24$이다.

도수율(FR : Frequency Rate of injury)
실필 1902/1701/1601/1303/1203/1201/1102/1003/0903/0902

- 빈도율이라고도 하며, 100만 시간당 재해발생건수를 나타낸다.
- 도수율 $= \frac{\text{연간 재해건수}}{\text{연간 총근로시간}} \times 10^6$으로 구한다.

18

Repetitive Learning (1회 2회 3회)

산업안전보건법령상 안전검사대상 유해·위험기계 등에 해당하는 것은?

① 정격하중이 2톤 미만인 크레인
② 이동식 국소배기장치
③ 밀폐형 구조 롤러기
④ 산업용 원심기

해설

- 크레인의 경우 정격하중이 2톤 미만인 크레인을 제외한 크레인에 대해서 안전검사를 실시한다.

안전검사대상 유해·위험기계의 종류
- 프레스
- 전단기
- 크레인(정격 하중이 2톤 미만인 것은 제외)
- 리프트
- 압력용기
- 곤돌라
- 국소배기장치(이동식은 제외)
- 원심기(산업용만 해당)

16 ③ 17 ③ 18 ④ 정답

- 롤러기(밀폐형 구조는 제외)
- 사출성형기(형 체결력 294킬로뉴턴 미만은 제외)
- 고소작업대
  (화물자동차 또는 특수자동차에 탑재한 고소작업대로 한정)
- 컨베이어
- 산업용 로봇
- 혼합기
- 파쇄기 또는 분쇄기

0501 / 0602

19

Repetitive Learning (1회 2회 3회)

안전교육 방법의 4단계의 순서로 옳은 것은?

① 도입 → 확인 → 적용 → 제시
② 도입 → 제시 → 적용 → 확인
③ 제시 → 도입 → 적용 → 확인
④ 제시 → 확인 → 도입 → 적용

해설

- 안전교육은 도입, 제시, 적용, 확인 순으로 진행한다.

안전교육의 4단계

- 도입(준비) – 제시(설명) – 적용(응용) – 확인(총괄, 평가)단계를 거친다.

1단계	도입	구체적인 목표를 제시, 동기유발을 통해 관심과 흥미를 가지게 하고 심신의 여유를 준다.
2단계	제시(실연)	새로운 지식이나 기능을 설명하고 이해, 납득시킨다.
3단계	적용(실습)	피교육자가 공감을 느끼게 하고, 과제를 통해 문제해결하게 하거나 기능을 습득시킨다.
4단계	확인(평가)	피교육자가 교육내용을 충분히 이해했는지를 확인하고 평가한다.

0903 / 1402

20

Repetitive Learning (1회 2회 3회)

관리 그리드 이론에서 인간관계 유지에는 낮은 관심을 보이지만 과업에 대해서는 높은 관심을 가지는 리더십의 유형은?

① 1.1형
② 1.9형
③ 9.1형
④ 9.9형

해설

- 앞의 숫자는 업무에 대한 관심을, 뒤의 숫자는 인간관계에 대한 관심을 표현하고 온점()으로 구분한다.

관리 그리드(Managerial grid) 이론

- Blake & Muton에 의해 정리된 리더십 이론이다.
- 리더의 2가지 관심(인간, 생산에 대한 관심)을 축으로 리더십을 분류하였다.
- 이상(Team)형 리더십이 가장 높은 성과를 보여준다고 주장하였다.
- ( ) 안의 앞은 업무에 대한 관심을, 뒤는 인간관계에 대한 관심을 표현하고 온점()으로 구분한다.

높음(9) ⇑ 인간에 관심 ⇓	인기형(1.9) (Country club) • 인간에 관심大 • 생산에 무관심		이상형(9.9) (Team) • 인간에 관심大 • 생산에 관심大
		중도형(5.5) (Middle of road)	
	무관심형(1.1) (Impoverished) • 인간에 무관심 • 생산에 무관심		과업형(9.1) (Task) • 인간에 무관심 • 생산에 관심大
(1)	⇐ 생산에 관심 ⇒		높음(9)

2과목 인간공학 및 위험성 평가 · 관리

21

Repetitive Learning (1회 2회 3회)

고용노동부 고시의 근골격계 부담작업의 범위에서 근골격계 부담작업에 대한 설명으로 틀린 것은?

① 하루에 10회 이상 25kg 이상의 물체를 드는 작업
② 하루에 총 2시간 이상 쪼그리고 앉거나 무릎을 굽힌 자세에서 이루어지는 작업
③ 하루에 총 2시간 이상 집중적으로 자료입력 등을 위해 키보드 또는 마우스를 조작하는 작업
④ 하루에 총 2시간 이상 지지되지 않은 상태에서 4.5kg 이상의 물건을 한 손으로 들거나 동일한 힘으로 쥐는 작업

정답 | 19 ② 20 ③ 21 ③

해설

- 집중적으로 자료입력 등을 위해 키보드 또는 마우스를 조작하는 작업은 하루에 4시간 이상이어야 근골격계 부담작업에 해당한다.

:: 근골격계 부담작업

- 하루에 4시간 이상 집중적으로 자료입력 등을 위해 키보드 또는 마우스를 조작하는 작업
- 하루에 총 2시간 이상 목, 어깨, 팔꿈치, 손목 또는 손을 사용하여 같은 동작을 반복하는 작업
- 하루에 총 2시간 이상 머리 위에 손이 있거나, 팔꿈치가 어깨 위에 있거나, 팔꿈치를 몸통으로부터 들거나, 팔꿈치를 몸통 뒤쪽에 위치하도록 하는 상태에서 이루어지는 작업
- 지지되지 않은 상태이거나 임의로 자세를 바꿀 수 없는 조건에서, 하루에 총 2시간 이상 목이나 허리를 구부리거나 트는 상태에서 이루어지는 작업
- 하루에 총 2시간 이상 쪼그리고 앉거나 무릎을 굽힌 자세에서 이루어지는 작업
- 하루에 총 2시간 이상 지지되지 않은 상태에서 1kg 이상의 물건을 한 손의 손가락으로 집어 옮기거나, 2kg 이상에 상응하는 힘을 가하여 한 손의 손가락으로 물건을 쥐는 작업
- 하루에 총 2시간 이상 지지되지 않은 상태에서 4.5kg 이상의 물건을 한 손으로 들거나 동일한 힘으로 쥐는 작업
- 하루에 10회 이상 25kg 이상의 물체를 드는 작업
- 하루에 25회 이상 10kg 이상의 물체를 무릎 아래에서 들거나, 어깨 위에서 들거나, 팔을 뻗은 상태에서 드는 작업
- 하루에 총 2시간 이상, 분당 2회 이상 4.5kg 이상의 물체를 드는 작업
- 하루에 총 2시간 이상 시간당 10회 이상 손 또는 무릎을 사용하여 반복적으로 충격을 가하는 작업

22

Repetitive Learning (1회 2회 3회)

양립성(Compatibility)에 대한 설명 중 틀린 것은?

① 개념 양립성, 운동 양립성, 공간 양립성 등이 있다.
② 인간의 기대에 맞는 자극과 반응의 관계를 의미한다.
③ 양립성의 효과가 크면 클수록, 코딩의 시간이나 반응의 시간은 길어진다.
④ 양립성이 인간의 예상과 어느 정도 일치하는 것을 의미한다.

해설

- 양립성의 효과가 크면 클수록, 코딩의 시간이나 반응의 시간은 짧아진다.

:: 양립성(Compatibility) 실필 1901/1402/1202

㉠ 개요

- 인간의 기대하는 바와 자극 또는 반응들이 일치하는 관계를 말하는데 양립성이 적을수록 정보처리에서 재코드화 과정은 많아진다.
- 양립성의 효과가 크면 클수록, 코딩의 시간이나 반응의 시간은 짧아진다.
- 양립성의 종류에는 운동 양립성, 공간 양립성, 개념 양립성, 양식 양립성 등이 있다.

㉡ 양립성의 종류와 개념

구분	개념
공간 (Spatial) 양립성	• 표시장치와 이에 대응하는 조종장치의 위치가 인간의 기대에 모순되지 않는 것 • 왼쪽 표시장치와 관련된 조종장치는 왼쪽에, 오른쪽 표시장치와 관련된 조종장치는 오른쪽에 위치하는 것
운동 (Movement) 양립성	조종장치의 조작방향에 따라서 기계장치나 자동차 등이 움직이는 것
개념 (Conceptual) 양립성	• 인간이 가지는 개념과 일치하게 하는 것 • 적색 수도꼭지는 온수, 청색 수도꼭지는 냉수를 의미하는 것이나 위험신호는 빨간색, 주의신호는 노란색, 안전신호는 파란색으로 표시하는 것
양식 (Modality) 양립성	문화적 관습에 의해 생기는 양립성 혹은 직무에 관련된 자극과 이에 대한 응답 등으로 청각적 자극 제시와 이에 대한 음성응답 과업에서 갖는 양립성

23

Repetitive Learning (1회 2회 3회)

정보처리과정에서 부적절한 분석이나 의사결정의 오류에 의하여 발생하는 행동은?

① 규칙에 기초한 행동(Rule-based behavior)
② 기능에 기초한 행동(Skill-based behavior)
③ 지식에 기초한 행동(Knowledge-based behavior)
④ 무의식에 기초한 행동(Unconsciousness-based behavior)

해설

- 규칙에 기초한 행동은 잘못된 규칙이나 상황에 맞지 않은 규칙의 적용으로 발생하며, 기능에 기초한 행동은 실수와 망각으로 발생한다.

22 ③ 23 ③ 정답

Rasmussen의 휴먼에러와 관련된 인간행동 분류

기능/기술 기반 행동 (Skill-based behavior)	실수(Slip)와 망각(Lapse)으로 구분되는 오류
지식 기반 행동 (Knowledge-based behavior)	인지 및 인식의 오류를 예방하기 위해 목표와 관련하여 작동을 계획해야 하는데 특수하고 친숙하지 않은 상황에서 발생하며, 부적절한 분석이나 의사결정을 잘못하여 발생하는 오류
규칙 기반 행동 (Rule-based behavior)	잘못된 규칙을 기억하거나 정확한 규칙이라도 상황에 맞지 않게 적용한 경우 발생하는 오류

24 — Repetitive Learning (1회 2회 3회)

욕조곡선의 설명으로 맞는 것은?

① 마모고장 기간의 고장형태는 감소형이다.
② 디버깅(Debugging) 기간은 마모고장에 나타난다.
③ 부식 또는 산화로 인하여 초기고장이 일어난다.
④ 우발고장 기간은 고장률이 비교적 낮고 일정한 현상이 나타난다.

해설

- 마모고장은 증가형이고, 디버깅은 초기고장에서, 부식 또는 산화로 인해 마모고장이 발생한다.

수명곡선과 고장형태

- 시스템 수명곡선의 형태는 초기고장은 감소형, 우발고장은 일정형, 마모고장은 증가형을 보인다.
- 디버깅 기간은 초기고장에서 나타난다.

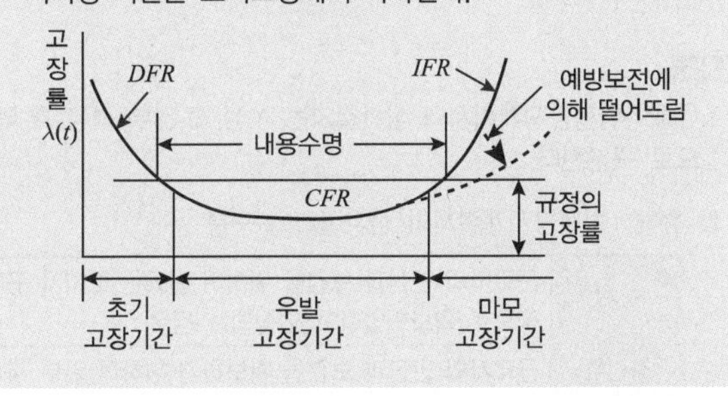

25 — Repetitive Learning (1회 2회 3회)

시력에 대한 설명으로 맞는 것은?

① 배열시력(Vernier acuity) – 배경과 구별하여 탐지할 수 있는 최소의 점
② 동적시력(Dynamic visual acuity) – 비슷한 두 물체가 다른 거리에 있다고 느껴지는 시차각의 최소차로 측정되는 시력
③ 입체시력(Stereoscopic acuity) – 거리가 있는 한 물체에 대한 약간 다른 상이 두 눈의 망막에 맺힐 때 이것을 구별하는 능력
④ 최소지각시력(Minimum perceptible acuity) – 하나의 수직선이 중간에서 끊겨 아래 부분이 옆으로 옮겨진 경우에 탐지할 수 있는 최소 측변방위

해설

- 배열시력은 미세한 치우침을 분간하는 능력을 말한다.
- 동적시력은 움직이는 물체를 식별하는 능력을 말한다.
- 최소지각시력은 배경으로부터 한 점을 분간하는 능력을 말한다.

시력의 종류

최소가분시력 (Minimum separable acuity)	• 가장 보편적으로 사용되는 시력의 척도 • 란돌트 고리에 있어 5m 거리에서 1.5mm의 틈을 구분할 수 있는 능력을 1.0의 시력이라고 한다.
배열시력 (Vernier acuity)	한 선과 다른 선의 측방향 변위, 즉 미세한 치우침을 분간하는 능력
동적시력 (Dynamic visual acuity)	움직이는 물체를 식별하는 능력으로 빠르게 움직이는 물체를 정확하게 추적하는 능력
입체시력 (Stereoscopic acuity)	거리가 있는 한 물체에 대한 약간 다른 상이 두 눈의 망막에 맺힐 때 이것을 구별하는 능력
최소지각시력(Minimum perceptible acuity)	배경으로부터 한 점을 분간하는 능력

정답 | 24 ④ 25 ③

1201

26 Repetitive Learning (1회 2회 3회)

인간의 귀의 구조에 대한 설명으로 틀린 것은?

① 외이는 귓바퀴와 외이도로 구성된다.
② 고막은 중이와 내이의 경계부위에 위치해 있으며 음파를 진동으로 바꾼다.
③ 중이에는 인두와 교통하여 고실 내압을 조절하는 유스타키오관이 존재한다.
④ 내이는 신체의 평형감각수용기인 반규관과 청각을 담당하는 전정기관 및 와우로 구성되어 있다.

해설

- 고막은 외이와 중이의 경계부위에 위치해 있다.

귀의 구조

- 외이(Outer ear)는 음파를 모으는 역할을 하는 곳으로 귓바퀴와 외이도로 구성된다.
- 중이(Middle ear)는 고막에 가해지는 미세한 압력의 변화를 증폭하는 곳으로 인두와 교통하여 고실 내압을 조절하는 유스타키오관이 존재한다.
- 내이(Inner ear)는 달팽이관(Cochlea), 청각을 담당하는 전정기관(Vestibule), 신체의 평형감각수용기인 반규관(Semicircular canal)으로 구성된다.
- 고막은 외이와 중이의 경계부위에 위치해 있으며 음파를 진동으로 바꾼다.

27 Repetitive Learning (1회 2회 3회)

FTA를 수행함에 있어 기본사상들의 발생이 서로 독립인가 아닌가의 여부를 파악하기 위해서는 어느 값을 계산해 보는 것이 가장 적합한가?

① 공분산
② 분산
③ 고장률
④ 발생확률

해설

- 공분산(Covariance)은 2개의 확률변수의 상관정도를 나타내는 값으로 FTA 수행 시 기본사상들의 독립성 여부를 파악하는 데 유효하다.

결함수분석법(FTA)

㉠ 개요
- 연역적 방법으로 원인을 규명하며, 재해의 정량적 예측이 가능한 분석방법이다.
- 하향식(Top-down) 방법을 사용한다.
- 특정사상에 대해 짧은 시간에 해석이 가능하다.
- 복잡하고 대형화된 시스템을 논리기호를 사용하여 해석한다.
- 간단한 FT도의 작성으로 정성적 해석이 가능하여 비전문가도 잠재위험을 효율적으로 분석할 수 있다.
- 정성적 평가 후 정량적 평가를 실시하며, 정량적으로 재해 발생 확률을 구한다.
- FTA를 수행함에 있어 기본사상들의 발생이 서로 독립인가 아닌가의 여부를 파악하기 위해서는 공분산을 이용한다.

㉡ 기대효과
- 사고원인 규명의 간편화
- 노력 시간의 절감
- 사고원인 분석의 정량화
- 시스템의 결함진단

1503

28 Repetitive Learning (1회 2회 3회)

산업안전보건법령에 따라 제출된 유해·위험방지계획서의 심사결과에 따른 구분·판정결과에 해당하지 않는 것은?

① 적정
② 일부 적정
③ 부적정
④ 조건부 적정

해설

- 유해·위험방지계획서의 심사결과는 적정, 조건부 적정, 부적정으로 구분된다.

유해·위험방지계획서의 심사결과의 구분

구분	내용
적정	근로자의 안전과 보건을 위하여 필요한 조치가 구체적으로 확보되었다고 인정되는 경우
조건부 적정	근로자의 안전과 보건을 확보하기 위하여 일부 개선이 필요하다고 인정되는 경우
부적정	기계·설비 또는 건설물이 심사기준에 위반되어 공사착공 시 중대한 위험발생의 우려가 있거나 계획에 근본적 결함이 있다고 인정되는 경우

26 ② 27 ① 28 ② 정답

1201

29 Repetitive Learning 1회 2회 3회

일반적으로 기계가 인간보다 우월한 기능에 해당되는 것은?(단, 인공지능은 제외한다)

① 귀납적으로 추리한다.
② 원칙을 적용하여 다양한 문제를 해결한다.
③ 다양한 경험을 토대로 하여 의사결정을 한다.
④ 명시된 절차에 따라 신속하고, 정량적인 정보처리를 한다.

해설

- 명시된 절차에 따라 신속하고, 정량적인 정보처리를 하는 것은 기계가 인간보다 뛰어난 점이다.

인간이 기계를 능가하는 조건

- 관찰을 통해서 일반화하여 귀납적 추리를 한다.
- 완전히 새로운 해결책을 도출할 수 있다.
- 원칙을 적용하여 다양한 문제를 해결할 수 있다.
- 상황에 따라 변하는 복잡한 자극형태를 식별할 수 있다.
- 다양한 경험을 토대로 하여 의사결정을 한다.
- 주위의 예기치 못한 사건들을 감지하고 처리하는 임기응변 능력이 있다.

30 Repetitive Learning 1회 2회 3회

섬유유연제 생산공정이 복잡하게 연결되어 있어 작업자의 불안전한 행동을 유발하는 상황이 발생하고 있다. 이것을 해결하기 위한 위험처리 기술에 해당하지 않는 것은?

① Transfer(위험전가)
② Retention(위험보류)
③ Reduction(위험감축)
④ Rearrange(작업순서의 변경 및 재배열)

해설

- 위험조정 방법에는 크게 회피, 보류, 전가, 감축이 있다.

리스크 통제를 위한 4가지 방법

위험회피 (Avoidance)	가장 일반적인 위험조정 기술
위험보류 (Retention)	위험에 따른 장래의 손실을 스스로 부담하는 방법으로 충당금이 가장 대표적인 위험보류 방법
위험전가 (Transfer)	잠재적인 손실을 보험회사 등에 전가하는 것으로 보험이 가장 대표적인 위험전가 방법
위험감축 (Reduction)	손실발생 횟수 및 규모를 축소하는 방법

31 Repetitive Learning 1회 2회 3회

다음 그림의 결함수에서 최소 패스 셋(Minmal path sets)과 그 신뢰도 R(t)는?(단, 각각의 부품 신뢰도는 0.9이다)

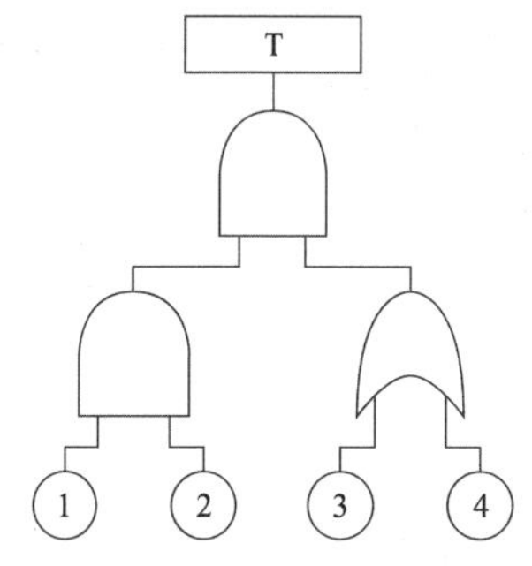

① 최소 패스 셋 : {1}, {2}, {3,4} R(t)=0.9081
② 최소 패스 셋 : {1}, {2}, {3,4} R(t)=0.9981
③ 최소 패스 셋 : {1,2,3}, {1,2,4} R(t)=0.9081
④ 최소 패스 셋 : {1,2,3}, {1,2,4} R(t)=0.9981

해설

- 최소 패스 셋은 FT도의 결합 게이트들을 반대로(AND ↔ OR) 변환한 후 최소 컷 셋을 구하면 된다.
- ①과 ②는 AND 게이트이므로 OR로 변환하면 ①+②, ③과 ④는 OR 게이트이므로 AND로 변환하면 ③·④이다.
- T는 이 둘의 AND 연산이므로 OR로 변환하면 ①+②+(③·④)로 표시되며, 이는 더 이상 간단히 되지 않으므로 최소 컷 셋은 ①, ②, (③·④)이고, 이는 기존 함수의 최소 패스 셋이 된다.
- 또한 ①②의 OR결합은 1−(1−0.9)(1−0.9)=0.99이고, ③④는 AND 결합은 0.9×0.9=0.81이므로 신뢰도 R(t)는 T는 1−(1−0.81)(1−0.99)=1−0.19×0.01=0.9981이다.

최소 패스 셋(Minimal path sets) 실필 2303/1302

㉠ 개요
- FTA에서 시스템의 신뢰도를 표시하는 것이다.
- FTA에서 시스템의 기능을 살리는 데 필요한 최소한의 요인의 집합을 말한다.

㉡ FT도에서 최소 패스 셋 구하는 법
- 최소 패스 셋은 FT도의 결합 게이트들을 반대로(AND ↔ OR) 변환한 후 최소 컷 셋을 구하면 된다.

1401

32

Repetitive Learning (1회 2회 3회)

3개 공정의 소음수준 측정 결과 1공정은 100dB에서 1시간, 2공정은 95dB에서 1시간, 3공정은 90dB에서 1시간이 소요될 때 총 소음량(TND)과 소음설계의 적합성을 맞게 나열한 것은?(단, 90dB에 8시간 노출될 때를 허용기준으로 하며, 5dB 증가할 때 허용시간은 1/2로 감소되는 법칙을 적용한다)

① TND=0.785, 적합 ② TND=0.875, 적합
③ TND=0.985, 적합 ④ TND=1.085, 부적합

해설

- 1공정 – 100dB, 1시간 : 1/2
- 2공정 – 95dB, 1시간 : 1/4
- 3공정 – 90dB, 1시간 : 1/8이므로
- 총 소음량=1/2+1/4+1/8=7/8=0.875이고, 이 값은 1보다 작으므로 소음설계에 적합하다.

소음허용기준 실필 1602

- 90dB일 때 8시간을 기준으로 한다.
- 소음이 5dB 커질 때마다 허용기준 시간은 절반으로 줄어든다.

85dB	90dB	95dB	100dB	105dB	110dB
16시간	8시간	4시간	2시간	1시간	0.5시간

1102

33

인간공학에 있어 기본적인 가정에 관한 설명으로 틀린 것은?

① 인간 기능의 효율은 인간 – 기계 시스템의 효율과 연계된다.
② 인간에게 적절한 동기부여가 된다면 좀 더 나은 성과를 얻게 된다.
③ 개인이 시스템에서 효과적으로 기능을 하지 못하여도 시스템의 수행도는 변함없다.
④ 장비, 물건, 환경 특성이 인간의 수행도와 인간 – 기계 시스템의 성과에 영향을 준다.

해설

- 인간공학에 있어 개인이 시스템에서 효과적으로 기능을 하지 못할 경우 시스템은 개인에게 맞춰서 설계 등을 변경시켜야 한다.

인간공학에 있어 기본적인 가정

- 인간에게 적절한 동기부여가 된다면 좀 더 나은 성과를 얻게 된다.
- 인간 기능의 효율은 인간–기계 시스템의 효율과 연계된다.
- 개인이 시스템에서 효과적으로 기능을 하지 못할 경우 시스템은 개인에게 맞춰서 설계 등을 변경시켜야 한다.
- 장비, 물건, 환경 특성이 인간의 수행도와 인간–기계 시스템의 성과에 영향을 준다.

34

Repetitive Learning (1회 2회 3회)

안전성 평가의 기본원칙 6단계에 해당되지 않는 것은?

① 안전대책 ② 정성적 평가
③ 작업환경 평가 ④ 관계 자료의 정비검토

해설

- 안전대책은 4단계, 정성적 평가는 2단계, 관계 자료의 정비검토는 1단계에 해당한다.

안전성 평가 6단계 실필 1703/1303

단계	내용
1단계	관계 자료의 작성 준비
2단계	• 정성적 평가 • 설계(공장의 입지조건, 공장 내 배치)와 운전관계에 대한 평가
3단계	• 정량적 평가 • 취급물질, 용량, 온도, 압력 및 조작을 통한 위험도 평가
4단계	• 안전대책 수립 • 설비대책과 관리적 대책
5단계	재해정보에 의한 재평가
6단계	FTA에 의한 재평가

35

Repetitive Learning (1회 2회 3회)

다음 내용의 ( ) 안에 들어갈 내용을 순서대로 정리한 것은?

> 근섬유의 수축단위는 (A)(이)라 하는데, 이것은 두 가지 기본형의 단백질 필라멘트로 구성되어 있으며, (B)이(가) (C) 사이로 미끄러져 들어가는 현상으로 근육의 수축을 설명하기도 한다.

① A : 근막 B : 마이오신 C : 액틴
② A : 근막 B : 액틴 C : 마이오신
③ A : 근원섬유 B : 근막 C : 근섬유
④ A : 근원섬유 B : 액틴 C : 마이오신

해설

- 근섬유의 수축은 근육의 근원섬유를 이루는 액틴이 마이오신을 따라 근절의 중심 쪽으로 미끄러져 들어가는 현상을 말한다.

근섬유

- 근섬유의 수축은 근육의 근원섬유를 이루는 액틴이 마이오신을 따라 근절의 중심 쪽으로 미끄러져 들어가는 현상을 말한다.
- 골격근 체계는 근육기관 – 근섬유(세포) – 근원섬유 – 세포골격요소 – 마이오신과 액틴(단백질)로 이루어진다.
- 근원섬유는 근육을 구성하는 단일 골격근세포로 근섬유의 수축단위이다.

32 ② 33 ③ 34 ③ 35 ④ 정답

1402

36

Repetitive Learning 1회 2회 3회

소음발생에 있어 음원에 대한 대책으로 볼 수 없는 것은?

① 설비의 격리
② 적절한 재배치
③ 저소음 설비 사용
④ 귀마개 및 귀덮개 사용

해설

- 귀마개 및 귀덮개는 음원에 대한 대책이 아니다. 일시적인 소음에 대한 소극적 대책이다.

∷ 소음발생 시 음원 대책

- 소음원의 통제
- 소음설비의 격리
- 설비의 적절한 재배치
- 저소음 설비의 사용

1401

37

Repetitive Learning 1회 2회 3회

인간공학적 의자 설계의 원리로 가장 적합하지 않은 것은?

① 자세고정을 줄인다.
② 요부측만을 촉진한다.
③ 디스크 압력을 줄인다.
④ 등근육의 정적부하를 줄인다.

해설

- 요부측만은 척추불균형을 말한다. 인체공학적 의자는 요부전만을 유지해야 한다.

∷ 인간공학적 의자 설계

㉠ 개요
- 조절식 설계원칙을 적용하도록 한다.
- 자세와 동작에 따라 고려해야 할 인체측정 치수가 달라진다.
- 요부전만(腰部前灣)을 유지한다.
- 추간판(디스크)의 압력과 등근육의 정적부하를 줄인다.
- 자세고정을 줄인다.
- 여러 사람이 사용하는 의자의 경우 좌면 높이는 오금보다 약간 낮게(5% 오금높이) 유지한다.

㉡ 고려할 사항
- 체중 분포
- 상반신의 안정
- 좌판의 높이(조절식을 기준으로 한다)
- 좌판의 깊이와 폭
(폭은 최대치, 깊이는 최소치를 기준으로 한다)

0803 / 2201

38

Repetitive Learning 1회 2회 3회

FTA에서 사용되는 논리 게이트 중 입력과 반대되는 현상으로 출력되는 것은?

① 부정 게이트
② 억제 게이트
③ 배타적 OR 게이트
④ 우선적 AND 게이트

해설

- 억제 게이트는 조건부 사건이 발생하는 상황하에서 입력현상이 발생할 때 출력현상이 발생하는 게이트이다.
- 배타적 OR 게이트는 2개 또는 2 이상의 입력이 동시에 존재하는 경우에는 출력이 생기지 않는 게이트이다.
- 우선적 AND 게이트는 여러 개의 입력 사항이 정해진 순서에 따라 순차적으로 발생해야만 결과가 출력되는 게이트이다.

∷ 부정 게이트

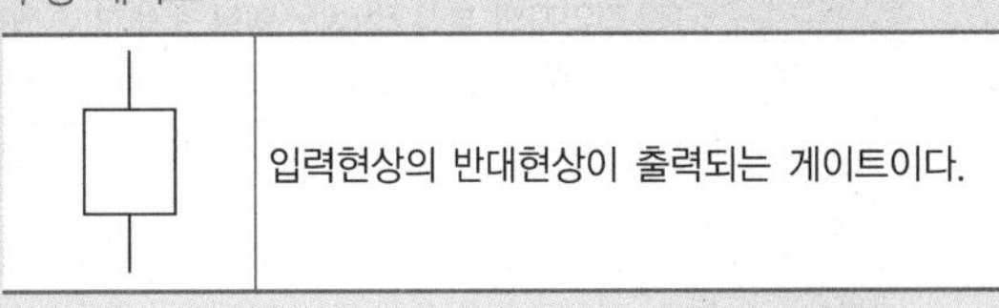

1001

39

Repetitive Learning 1회 2회 3회

다음 그림에서 시스템 위험분석 기법 중 PHA(예비위험분석)가 실행되는 사이클의 영역으로 맞는 것은?

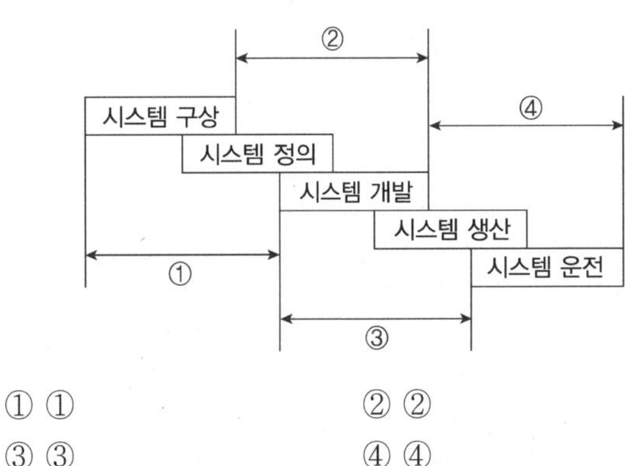

① ①　　② ②
③ ③　　④ ④

해설

- 예비위험분석(PHA)은 개념형성 단계에서 최초로 시도하는 위험도 분석방법으로 시스템의 위험요소가 어떤 위험 상태에 있는가를 정성적으로 평가하는 분석 방법이다.

정답 | 36 ④　37 ②　38 ①　39 ①

예비위험분석(PHA)

㉠ 개요

- 모든 시스템 안전 프로그램에서의 최초단계 해석으로 시스템의 위험요소가 어떤 위험 상태에 있는가를 정성적으로 평가하는 분석 방법이다.
- 시스템을 설계함에 있어 개념형성 단계에서 최초로 시도하는 위험도 분석방법이다.
- 복잡한 시스템을 설계, 가동하기 전의 구상단계에서 시스템의 근본적인 위험성을 평가하는 가장 기초적인 위험도 분석기법이다.
- 위험의 정도를 분류하는 4가지 범주는 파국(Catastrophic), 중대(Critical), 위기-한계(Marginal), 무시가능(Negligible)으로 구분된다.

㉡ 예비위험분석(PHA)의 4가지 범주(MIL-STD-882E)
실필 2103/1802/1302/1103

범주	내용
파국 (Catastrophic)	작업자의 부상 및 서브 시스템의 고장 등으로 시스템 성능이 저하되어 시스템에 심각한 손실을 초래한 상태
중대 (Critical)	작업자의 부상 및 시스템의 중대한 손해를 초래하거나 작업자의 생존 및 시스템의 유지를 위하여 즉시 수정 조치를 필요로 하는 상태
위기-한계 (Marginal)	작업자의 부상 및 시스템의 중대한 손해를 초래하지 않고 대처 또는 제어할 수 있는 상태
무시가능 (Negligible)	시스템의 성능이나 기능, 인원 손실이 전혀 없는 상태

40

Repetitive Learning (1회 2회 3회)

인간과 기계의 신뢰도가 인간 0.40, 기계 0.95인 경우, 병렬작업 시 전체 신뢰도는?

① 0.89 ② 0.92
③ 0.95 ④ 0.97

해설

- 병렬연결이므로 시스템의 신뢰도 $R_s = 1-(1-0.4)\times(1-0.95) = 1-0.03 = 0.97$이 된다.

시스템의 신뢰도 실필 0901

㉠ AND(직렬)연결 시

- 시스템의 신뢰도(R_s)는 부품 a, 부품 b 신뢰도를 각각 R_a, R_b라 할 때 $R_s = R_a \times R_b$로 구할 수 있다.

㉡ OR(병렬)연결 시

- 시스템의 신뢰도(R_s)는 부품 a, 부품 b 신뢰도를 각각 R_a, R_b라 할 때 $R_s = 1-(1-R_a)\times(1-R_b)$로 구할 수 있다.

3과목 기계 · 기구 및 설비 안전관리

41

Repetitive Learning (1회 2회 3회)

어떤 양중기에서 3,000kg의 질량을 가진 물체를 한쪽이 45° 인 각도로 그림과 같이 2개의 와이어로프로 직접 들어 올릴 때, 안전율이 고려된 가장 적절한 와이어로프 지름을 표에서 구하면?(단, 안전율은 산업안전보건법령을 따르고, 두 와이어로프의 지름은 동일하며, 기준을 만족하는 가장 작은 지름을 선정한다)

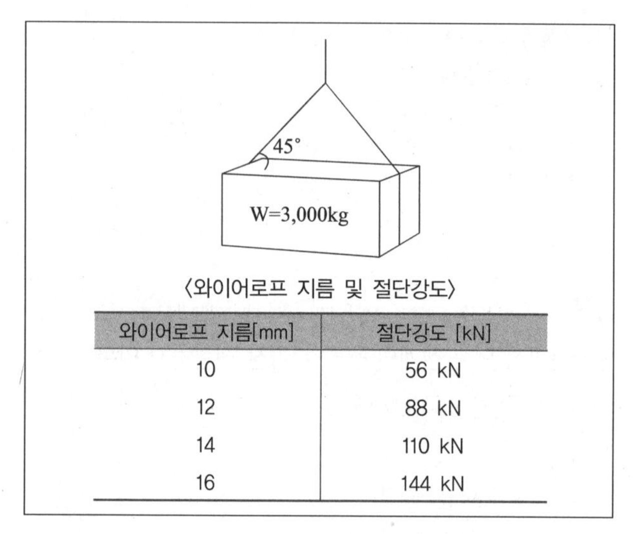

〈와이어로프 지름 및 절단강도〉

와이어로프 지름[mm]	절단강도 [kN]
10	56 kN
12	88 kN
14	110 kN
16	144 kN

① 10mm
② 12mm
③ 14mm
④ 16mm

해설

- 주어진 각이 45도이므로 상부의 각은 90도가 된다.
- 화물의 무게가 3,000kgf이고, 상부의 각(θ)이 90°이므로 이를 식에 대입하면 와이어로프에 걸리는 하중은 $\dfrac{\frac{3,000}{2}}{\cos\left(\frac{90}{2}\right)} = \dfrac{1,500}{0.707} = 2,121.64$[kgf]이다.
- 화물의 하중을 직접 지지하는 달기 와이어로프의 안전계수는 5이므로 파단하중은 5×2121.64 = 10,608.20[kgf]가 된다. 1kgf = 9.8N이므로 10,608.20[kgf]는 103,960.36N이다.
- 절단강도가 약 104KN에 해당하므로 와이어로프 지름은 최소 14[mm] 이상이 되어야 한다.

40 ④ 41 ③ 정답

:: 중량물을 달아 올릴 때 걸리는 하중 실필 1603

- 훅에서 화물로 수직선을 내려 만든 2개의 직각삼각형 각각에 화물의 무게/2의 하중이 걸린다.
- 각각의 와이어로프의 $\cos\left(\frac{\theta}{2}\right)$에 해당하는 값에 화물무게/2에 해당하는 하중이 걸리므로 이를 식으로 표현하면 와이어로프에 걸리는 장력$=\dfrac{\frac{\text{화물무게}}{2}}{\cos\left(\frac{\theta}{2}\right)}$로 구한다.
- θ가 0°보다는 크고 180°보다 작은 경우, θ의 각이 클수록 분모에 해당하는 $\cos\left(\frac{\theta}{2}\right)$의 값은 작아지므로 전체적인 장력은 커지게 된다.

1102 / 1401 / 2201

42 Repetitive Learning (1회 2회 3회)

다음 중 금형 설치·해체작업의 일반적인 안전사항으로 틀린 것은?

① 금형을 설치하는 프레스의 T홈 안길이는 설치 볼트 직경 이하로 한다.
② 금형의 설치 용구는 프레스의 구조에 적합한 형태로 한다.
③ 고정볼트는 고정 후 가능하면 나사산을 3~4개 정도 짧게 남겨 슬라이드 면과의 사이에 협착이 발생하지 않도록 해야 한다.
④ 금형 고정용 브래킷(물림판)을 고정시킬 때 고정용 브래킷은 수평이 되게 하고, 고정볼트는 수직이 되게 고정하여야 한다.

해설

- 금형을 설치하는 프레스의 T홈 안길이는 설치 볼트 직경의 2배 이상으로 해야 한다.

:: 금형의 설치·해체작업 시 일반적인 안전사항

- 금형의 설치용구는 프레스의 구조에 적합한 형태로 한다.
- 금형을 설치하는 프레스의 T홈 안길이는 설치 볼트 직경의 2배 이상으로 한다.
- 고정볼트는 고정 후 가능하면 나사산을 3~4개 정도 짧게 남겨 슬라이드 면과의 사이에 협착이 발생하지 않도록 해야 한다.
- 금형 고정용 브래킷(물림판)을 고정시킬 때 고정용 브래킷은 수평이 되게 하고 고정볼트는 수직이 되게 고정하여야 한다.
- 부적합한 프레스에 금형을 설치하는 것을 방지하기 위하여 금형에 부품번호, 상형중량, 총중량, 다이하이트, 제품소재(재질) 등을 기록하여야 한다.

43 Repetitive Learning (1회 2회 3회)

휴대용 동력 드릴의 사용 시 주의해야 할 사항에 대한 설명으로 옳지 않은 것은?

① 드릴작업 시 과도한 진동을 일으키면 즉시 작업을 중단한다.
② 드릴이나 리머를 고정하거나 제거할 때는 금속성 망치 등을 사용한다.
③ 절삭하기 위하여 구멍에 드릴 날을 넣거나 뺄 때는 팔을 드릴과 직선이 되도록 한다.
④ 작업 중에는 드릴을 구멍에 맞추거나 하기 위해서 드릴 날을 손으로 잡아서는 안 된다.

해설

- 드릴이나 리머를 고정시키거나 제거하고자 할 때 금속망치로 두드리면 변형 및 파손될 우려가 있으므로 고무망치를 사용하거나 나무블록 등을 사이에 두고 두드린다.

:: 휴대용 동력 드릴 사용 시 주의사항

- 드릴 손잡이를 견고하게 잡고 작업하여 드릴 손잡이 부위가 회전하지 않고 확실하게 제어 가능하도록 한다.
- 드릴작업 시 과도한 진동을 일으키면 즉시 작업을 중단한다.
- 절삭하기 위하여 구멍에 드릴 날을 넣거나 뺄 때 반발에 의하여 손잡이 부분이 튀거나 회전하여 위험을 초래하지 않도록 팔을 드릴과 직선으로 유지한다.
- 드릴이나 리머를 고정하거나 제거할 때는 고무망치를 사용하거나 나무블록 등을 사이에 두고 두드린다.
- 절삭하기 위하여 구멍에 드릴 날을 넣거나 뺄 때는 팔을 드릴과 직선이 되도록 한다.
- 작업 중에는 드릴을 구멍에 맞추거나 하기 위해서 드릴 날을 손으로 잡아서는 안 된다.

44 Repetitive Learning (1회 2회 3회)

방호장치를 분류할 때는 크게 위험장소에 대한 방호장치와 위험원에 대한 방호장치로 구분할 수 있는데, 다음 중 위험장소에 대한 방호장치가 아닌 것은?

① 격리형 방호장치
② 접근거부형 방호장치
③ 접근반응형 방호장치
④ 포집형 방호장치

정답 | 42 ① 43 ② 44 ④

해설

- 포집형 방호장치는 작업자로부터 위험원을 차단하는 방호장치에 해당한다.

:: 방호장치의 분류

- 위험원에 대한 방호장치 : 포집형 방호장치가 대표적이며, 그 종류로는 목재가공기계의 반발예방장치, 연삭숫돌의 포집장치, 덮개 등이 있다.
- 위험장소에 대한 방호장치 : 위험장소 혹은 위험작업점에 대한 방호장치이며, 감지형, 격리형, 접근거부형, 접근반응형, 위치제한형 등이 이에 해당한다.

1103

45 Repetitive Learning (1회 2회 3회)

다음 ( ) 안에 A와 B의 내용을 옳게 나타낸 것은?

> 아세틸렌용접장치의 관리상 발생기에서 (A)m 이내 또는 발생기실에서 (B)m 이내의 장소에서는 흡연, 화기의 사용 또는 불꽃이 발생할 위험한 행위를 금지해야 한다.

① A : 7, B : 5

② A : 3, B : 1

③ A : 5, B : 5

④ A : 5, B : 3

해설

- 발생기에서 5m 이내 또는 발생기실에서 3m 이내의 장소에서는 흡연, 화기의 사용 또는 불꽃이 발생할 위험한 행위를 금지시켜야 한다.

:: 아세틸렌용접장치의 관리

- 발생기의 종류, 형식, 제작업체명, 매 시 평균 가스발생량 및 1회 카바이드 공급량을 발생기실 내의 보기 쉬운 장소에 게시할 것
- 발생기실에는 관계 근로자가 아닌 사람이 출입하는 것을 금지할 것
- 발생기에서 5m 이내 또는 발생기실에서 3m 이내의 장소에서는 흡연, 화기의 사용 또는 불꽃이 발생할 위험한 행위를 금지시킬 것
- 도관에는 산소용과 아세틸렌용의 혼동을 방지하기 위한 조치를 할 것
- 아세틸렌용접장치의 설치장소에는 소화기 한 대 이상을 갖출 것
- 이동식 아세틸렌용접장치의 발생기는 고온의 장소, 통풍이나 환기가 불충분한 장소 또는 진동이 많은 장소 등에 설치하지 않도록 할 것

0603 / 1003

46 Repetitive Learning (1회 2회 3회)

크레인의 로프에 질량 100kg인 물체를 $5m/s^2$의 가속도로 감아올릴 때, 로프에 걸리는 하중은 약 몇 N인가?

① 500N ② 1,480N

③ 2,540N ④ 4,900N

해설

- 로프에 100kg의 중량을 걸어 올리고 있으므로 정하중이 100kg이고, 동하중은 $\frac{100}{9.8} \times 5 = 51.02$[kgf]가 된다.
- 총 하중은 $100 + 51.02 = 151.02$[kgf]이다. 구하고자 하는 단위는 N이므로 $151.02 \times 9.8 = 1,479.996$[N]이 된다.

:: 화물을 일정한 가속도로 감아올릴 때 총 하중

- 화물을 일정한 가속도로 감아올릴 때 총 하중은 화물의 중량에 해당하는 정하중과 감아올림으로 인해 발생하는 동하중(중력가속도를 거스르는 하중)의 합으로 구한다.
- 총 하중[kgf] = 정하중 + 동하중으로 구한다.
- 동하중 = $\frac{\text{정하중}}{\text{중력가속도}}$ × 인양가속도로 구할 수 있다.

0503 / 1103

47 Repetitive Learning (1회 2회 3회)

침투탐상검사에서 일반적인 작업 순서로 옳은 것은?

① 전처리 → 침투처리 → 세척처리 → 현상처리 → 관찰 → 후처리

② 전처리 → 세척처리 → 침투처리 → 현상처리 → 관찰 → 후처리

③ 전처리 → 현상처리 → 침투처리 → 세척처리 → 관찰 → 후처리

④ 전처리 → 침투처리 → 현상처리 → 세척처리 → 관찰 → 후처리

해설

- 침투탐상검사는 전처리 → 침투처리 → 세척처리 → 현상처리 → 관찰 → 후처리 순으로 진행한다.

:: 침투탐상검사

- 비파괴검사방법 중 하나로 주로 비자성 금속재료의 검사에 이용된다.
- 검사물 표면의 균열이나 피트 등의 결함을 비교적 간단하고 신속하게 검출할 수 있다.
- 검사는 전처리 → 침투처리 → 세척처리 → 현상처리 → 관찰 → 후처리 순으로 진행한다.

45 ④ 46 ② 47 ① 정답

48

Repetitive Learning 1회 2회 3회

연삭기 덮개의 개구부 각도가 그림과 같이 150° 이하여야 하는 연삭기의 종류로 옳은 것은?

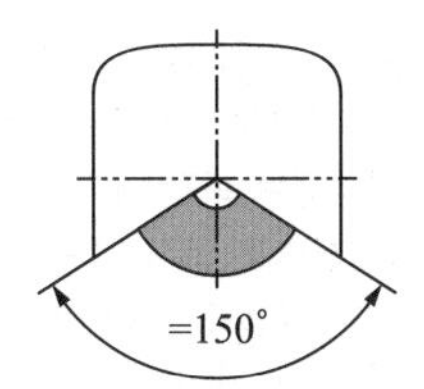

① 센터리스 연삭기
② 탁상용 연삭기
③ 내면 연삭기
④ 평면 연삭기

해설

• 개구부 각도가 150° 이하인 연삭기는 평면 연삭기, 절단 연삭기이다.

:: 연삭기 덮개의 성능기준 실필 1503/1301 실작 2402/2303/2202

• 직경 5cm 이상의 연삭숫돌은 반드시 덮개를 설치하고 작업해야 한다.
• 각종 연삭기 덮개의 최대노출각도

종류	덮개의 최대노출각도
연삭숫돌의 상부를 사용하는 것을 목적으로 하는 탁상용 연삭기	60° 이내
일반연삭작업 등에 사용하는 것을 목적으로 하는 탁상용 연삭기	125° 이내
평면 연삭기, 절단 연삭기	150° 이내
원통 연삭기, 공구 연삭기, 휴대용 연삭기, 스윙연삭기, 스라브 연삭기	180° 이내

0702

49

Repetitive Learning 1회 2회 3회

다음 중 선반에서 사용하는 바이트와 관련된 방호장치는?

① 심압대
② 터릿
③ 칩 브레이커
④ 주축대

해설

• 심압대는 선반에서 주축의 센터와 함께 공작물의 오른쪽 끝을 지지하는 역할을 한다.
• 터릿은 선반의 회전공구대를 말한다.
• 주축대는 전동기의 동력을 받아 회전하는 주축과 가공물을 고정하는 척으로 구성된다.

:: 칩 브레이커(Chip breaker)

㉠ 개요
• 선반의 바이트에 설치되어 절삭작업 시 연속적으로 발생되는 칩을 끊어주는 장치이다.
• 종류에는 연삭형, 클램프형, 자동조정식 등이 있다.

㉡ 특징
• 가공 표면의 흠집발생을 방지한다.
• 공구 날 끝의 치평을 방지한다.
• 칩의 비산으로 인한 위험요인을 방지한다.
• 절삭유제의 유동성을 향상시킨다.

1301 / 1702 / 2202

50

Repetitive Learning 

프레스기를 사용하여 작업을 할 때 작업 시작 전 점검사항으로 틀린 것은?

① 클러치 및 브레이크의 기능
② 압력방출장치의 기능
③ 크랭크축 · 플라이휠 · 슬라이드 · 연결봉 및 연결나사의 풀림 유무
④ 금형 및 고정볼트의 상태

해설

• 압력방출장치의 기능은 공기압축기를 가동할 때 작업 시작 전 점검사항이다.

:: 프레스 등을 사용하여 작업할 때 작업 시작 전 점검사항 실작 2402/2301/2102/2002

• 클러치 및 브레이크의 기능
• 프레스의 금형 및 고정볼트 상태
• 1행정 1정지기구 · 급정지장치 및 비상정지 장치의 기능
• 크랭크축 · 플라이휠 · 슬라이드 · 연결봉 및 연결 나사의 풀림여부
• 슬라이드 또는 칼날에 의한 위험방지 기구의 기능
• 방호장치의 기능
• 전단기의 칼날 및 테이블의 상태

1201 / 1501

51

Repetitive Learning 

다음 중 기계설비에서 재료 내부의 균열 결함을 확인할 수 있는 가장 적절한 검사방법은?

① 육안검사　② 초음파탐상검사
③ 피로검사　④ 액체침투탐상검사

해설

- 육안검사는 재료의 표면 등을 사람의 눈으로 검사하는 방법이다.
- 피로검사는 재료의 강도를 측정하는 파괴검사 방법이다.
- 액체침투탐상검사는 대상의 표면에 형광색(적색) 침투액을 도포한 후 백색분말의 현상액을 발라 자외선 등을 비추어 검사하는 방식이다.

초음파탐상검사(Ultrasonic flaw detecting test)

- 검사대상에 초음파를 보내 초음파의 음향적 성질(반사)을 이용하여 검사대상 내부의 결함을 검사하는 방식이다.
- 미세균열, 용입부족, 융합불량의 검출에 가장 적합한 비파괴검사법이다.
- 설비의 내부에 균열 결함을 확인할 수 있는 가장 적절한 검사방법이다.
- 반사식, 투과식, 공진식 방법이 있으며 그중 반사식이 가장 많이 사용된다.

52

Repetitive Learning (1회 2회 3회)

다음은 프레스 제작 및 안전기준에 따라 높이 2m 이상인 작업용 발판의 설치기준을 설명한 것이다. (   ) 안에 알맞은 말은?

> [안전난간 설치기준]
> - 상부 난간대는 바닥면으로부터 (㉠) 이상 120cm 이하에 설치하고, 중간 난간대는 상부 난간대와 바닥면 등의 중간에 설치할 것
> - 발끝막이판은 바닥면 등으로부터 (㉡) 이상의 높이를 유지할 것

① ㉠ 90cm ㉡ 10cm

② ㉠ 60cm ㉡ 10cm

③ ㉠ 90cm ㉡ 20cm

④ ㉠ 60cm ㉡ 20cm

해설

- 안전난간의 상부 난간대는 바닥면으로부터 90cm 이상 지점에 설치하고, 상부 난간대를 120cm 이하에 설치하는 경우에는 중간 난간대는 상부 난간대와 바닥면 등의 중간에 설치하여야 한다.
- 안전난간의 발끝막이판은 바닥면 등으로부터 10cm 이상의 높이를 유지한다.

안전난간의 구조 및 설치요건 실필 2103/1703/1301 실작 2402/2303

- 상부 난간대, 중간 난간대, 발끝막이판 및 난간기둥으로 구성할 것. 다만, 중간 난간대, 발끝막이판 및 난간기둥은 이와 비슷한 구조와 성능을 가진 것으로 대체할 수 있다.
- 상부 난간대는 바닥면·발판 또는 경사로의 표면("바닥면 등")으로부터 90cm 이상 지점에 설치하고, 상부 난간대를 120cm 이하에 설치하는 경우에는 중간 난간대는 상부 난간대와 바닥면 등의 중간에 설치하여야 하며, 120cm 이상 지점에 설치하는 경우에는 중간 난간대를 2단 이상으로 균등하게 설치하고 난간의 상하 간격은 60cm 이하가 되도록 할 것. 다만, 난간기둥 간의 간격이 25cm 이하인 경우에는 중간 난간대를 설치하지 않을 수 있다.
- 발끝막이판은 바닥면 등으로부터 10cm 이상의 높이를 유지할 것. 다만, 물체가 떨어지거나 날아올 위험이 없거나 그 위험을 방지할 수 있는 망을 설치하는 등 필요한 예방조치를 한 장소는 제외한다.
- 난간기둥은 상부 난간대와 중간 난간대를 견고하게 떠받칠 수 있도록 적정한 간격을 유지할 것
- 상부 난간대와 중간 난간대는 난간 길이 전체에 걸쳐 바닥면 등과 평행을 유지할 것
- 난간대는 지름 2.7cm 이상의 금속제 파이프나 그 이상의 강도가 있는 재료일 것
- 안전난간은 구조적으로 가장 취약한 지점에서 가장 취약한 방향으로 작용하는 100kg 이상의 하중에 견딜 수 있는 튼튼한 구조일 것

1403

53

Repetitive Learning (1회 2회 3회)

다음 중 산업안전보건법령상 보일러 및 압력용기에 관한 사항으로 틀린 것은?

① 공정안전보고서 제출 대상으로서 이행상태 평가결과가 우수한 사업장의 경우 보일러의 압력방출장치에 대하여 8년에 1회 이상으로 설정압력에서 압력방출장치가 적정하게 작동하는지를 검사할 수 있다.

② 보일러의 안전한 가동을 위하여 보일러 규격에 맞는 압력방출장치를 1개 이상 설치하고 최고사용압력 이하에서 작동되도록 하여야 한다.

③ 보일러의 과열을 방지하기 위하여 최고사용압력과 상용압력 사이에서 보일러의 버너 연소를 차단할 수 있도록 압력제한스위치를 부착하여 사용하여야 한다.

④ 압력용기에서는 이를 식별할 수 있도록 하기 위하여 그 압력용기의 최고사용압력, 제조연월일, 제조회사명이 지워지지 않도록 각인(刻印) 표시된 것을 사용하여야 한다.

52 ① 53 ① 정답

해설

- 압력방출장치의 정상작동 여부는 매년 1회 이상 토출압력을 시행하여야 한다. 단, 공정안전보고서 이행수준 평가결과가 우수한 사업장에 대해서는 4년에 1회 검사를 시행한다.

보일러 등

- 보일러의 안전한 가동을 위하여 압력방출장치를 1개 또는 2개 이상 설치하고 최고사용압력(설계압력 또는 최고허용압력) 이하에서 작동되도록 하여야 한다. 다만, 압력방출장치가 2개 이상 설치된 경우에는 최고사용압력 이하에서 1개가 작동되고, 다른 압력방출장치는 최고사용압력 1.05배 이하에서 작동되도록 부착하여야 한다. 실필 1101
- 압력방출장치는 매년 1회 이상 압력방출장치가 적정하게 작동하는지를 검사한 후 납으로 봉인하여 사용하여야 한다. 다만, 공정안전보고서 제출 대상으로서 고용노동부장관이 실시하는 공정안전보고서 이행상태 평가결과가 우수한 사업장은 압력방출장치에 대하여 4년마다 1회 이상 설정압력에서 압력방출장치가 적정하게 작동하는지를 검사할 수 있다.
- 보일러의 과열을 방지하기 위하여 최고사용압력과 상용압력 사이에서 보일러의 버너 연소를 차단할 수 있도록 압력제한스위치를 부착하여 사용하여야 한다.
- 압력용기 등을 식별할 수 있도록 하기 위하여 그 압력용기 등의 최고사용압력, 제조연월일, 제조회사명 등이 지워지지 않도록 각인(刻印) 표시된 것을 사용하여야 한다. 실필 1201

54

Repetitive Learning (1회 2회 3회)

목재가공용 둥근톱 기계에서 가동식 접촉예방장치에 대한 요건으로 옳지 않은 것은?

① 덮개의 하단이 송급되는 가공재의 상면에 항상 접하는 방식의 것이고 절단작업을 하고 있지 않을 때에는 톱날에 접촉되는 것을 방지할 수 있어야 한다.

② 절단작업 중 가공재의 절단에 필요한 날 이외의 부분을 항상 자동적으로 덮을 수 있는 구조여야 한다.

③ 지지부는 덮개의 위치를 조정할 수 있고 체결볼트에는 이완방지조치를 해야 한다.

④ 톱날이 보이지 않게 완전히 가려진 구조이어야 한다.

해설

- 가동식 접촉예방장치는 작업에 현저한 지장을 초래하지 않도록 톱날을 볼 수 있는 구조이어야 한다.

가동식 접촉예방장치의 구조

- 가동식 접촉예방장치의 구조는 덮개의 하단이 송급되는 가공재의 상면에 항상 접하는 방식의 것이고 가공재의 절단을 하고 있지 않을 때는 어떠한 경우라도 근로자의 손이 톱날에 접촉하는 것을 방지하도록 한 장치이어야 한다.
- 가동식 접촉예방장치는 가공재의 절단에 필요한 날부분 이외의 날을 항상 자동적으로 덮을 수 있는 구조이어야 한다.
- 가동식 접촉예방장치는 작업에 현저한 지장을 초래하지 않도록 톱날을 볼 수 있는 구조이어야 한다.
- 지지부는 덮개의 위치를 조정할 수 있는 구조이어야 하며, 또한 덮개를 지지하기 위한 충분한 강도를 보유해야 한다.
- 덮개의 위치를 조정하기 위한 볼트는 이완방지장치가 되어 있어야 한다.

1201 / 1503

55

Repetitive Learning (1회 2회 3회)

다음 중 기계설비에서 반대로 회전하는 두 개의 회전체가 맞닿는 사이에 발생하는 위험점을 무엇이라 하는가?

① 물림점(Nip point)

② 협착점(Squeeze point)

③ 접선 물림점(Tangential point)

④ 회전 말림점(Trapping point)

해설

- 협착점은 왕복운동을 하는 기계의 운동부와 움직임 없는 고정부 사이에서 형성되는 위험점이다.
- 접선 물림점은 회전하는 부분의 접선방향으로 물려들어가는 위험점이다.
- 회전 말림점은 회전하는 드릴기계의 운동부 자체에 작업복 등이 말려들 위험이 존재하는 점이다.

물림점(Nip point) 실필 1503 실작 1703/1601/1303

- 롤러기의 두 롤러 사이와 같이 반대로 회전하는 두 개의 회전체가 맞닿는 사이에 발생하는 위험점을 말한다.
- 2개의 회전체가 서로 반대방향으로 회전해야 물림점이 발생한다.
- 방호장치로 덮개 또는 울을 사용한다.

물림점	
물림 위치	기어 물림점

0802 / 1101

56

Repetitive Learning 1회 2회 3회

롤러의 가드 설치방법 중 안전한 작업공간에서 사고를 일으키는 공간함정(Trap)을 막기 위해 확보해야 할 신체 부위별 최소 틈새가 바르게 짝지어진 것은?

① 다리 : 240mm　　② 발 : 180mm
③ 손목 : 150mm　　④ 손가락 : 25mm

해설

- 다리는 180, 발은 120, 손목은 100mm이다.

보호가드에 필요한 최소 틈새

- 안전한 작업공간에서 사고를 일으키는 공간함정(Trap)을 막기 위한 최소한의 확보 틈새를 말한다.

신체부위	몸	다리	발	팔	손목	손가락
최소틈새	500mm	180mm	120mm		100mm	25mm

57

Repetitive Learning 1회 2회 3회

지게차가 부하상태에서 수평거리가 12m이고, 수직높이가 1.5m인 오르막길을 주행할 때 이 지게차의 전후 안정도와 지게차 안정도 기준의 만족여부로 옳은 것은?

① 지게차 전후 안정도는 12.5%이고 안정도 기준을 만족하지 못한다.
② 지게차 전후 안정도는 12.5%이고 안정도 기준을 만족한다.
③ 지게차 전후 안정도는 25%이고 안정도 기준을 만족하지 못한다.
④ 지게차 전후 안정도는 25%이고 안정도 기준을 만족한다.

해설

- 지게차의 전후 안정도는 $\frac{1.5}{12}=0.125$이므로 12.5%이다. 기준 부하상태에서 주행 시 전후 안정도는 18% 이내이므로 만족한다.

지게차의 안정도

㉠ 개요
- 지게차의 하역 시, 운반 시 전도에 대한 안전성을 표시하는 값이다.
- 좌우 안정도와 전후 안정도가 있다.
- 작업 또는 주행 시 안정도 이하로 유지해야 한다.
- 지게차의 안정도 $=\frac{높이}{수평거리}$로 구한다.

㉡ 지게차의 작업상태별 안정도 실작 1601
- 기준 부하상태에서 하역작업 시의 전후 안정도는 4%이다(5톤 이상일 경우 3.5%).
- 기준 부하상태에서 하역작업 시의 좌우 안정도는 6%이다.
- 기준 부하상태에서 주행 시의 전후 안정도는 18%이다.
- 기준 무부하상태에서 주행 시의 좌우 안정도는 (15+1.1V)%이다(이때, V는 주행속도를 의미한다).

58

Repetitive Learning 1회 2회 3회

사출성형기에서 동력작동 시 금형 고정장치의 안전사항에 대한 설명으로 옳지 않은 것은?

① 금형 또는 부품의 낙하를 방지하기 위해 기계적 억제장치를 추가하거나 자체 고정장치(Self retain clamping unit) 등을 설치해야 한다.
② 자석식 금형 고정장치는 상·하(좌·우) 금형의 정확한 위치가 자동적으로 모니터(Monitor)되어야 한다.
③ 상·하(좌·우)의 두 금형 중 어느 하나가 위치를 이탈하는 경우 플레이트를 작동시켜야 한다.
④ 전자석 금형 고정장치를 사용하는 경우에는 전자기파에 의한 영향을 받지 않도록 전자파 내성대책을 고려해야 한다.

해설

- 자석식 금형 고정장치는 상·하(좌·우)금형의 정확한 위치가 자동적으로 모니터(Monitor)되어야 하며, 두 금형 중 어느 하나가 위치를 이탈하는 경우 플레이트를 더 이상 움직이지 않아야 한다.

사출성형기에서 동력작동 시 금형 고정장치의 안전사항

- 금형 또는 부품의 낙하를 방지하기 위해 기계적 억제장치를 추가하거나 자체 고정장치(Self retain clamping unit) 등을 설치해야 한다.
- 자석식 금형 고정장치는 상·하(좌·우)금형의 정확한 위치가 자동적으로 모니터(Monitor)되어야 하며, 두 금형 중 어느 하나가 위치를 이탈하는 경우 플레이트를 더 이상 움직이지 않아야 한다.
- 전자석 금형 고정장치를 사용하는 경우에는 전자기파에 의한 영향을 받지 않도록 전자파 내성대책을 고려해야 한다.

0303 / 1401 / 2202

59

Repetitive Learning 1회 2회 3회

인장강도가 250N/mm^{2}인 강판의 안전율이 4라면 이 강판의 허용응력(N/mm^2)은 얼마인가?

① 42.5　　② 62.5
③ 82.5　　④ 102.5

56 ④ 57 ② 58 ③ 59 ② 정답

해설

- 안전율 = $\frac{\text{인장강도}}{\text{허용응력}}$ 이므로 허용응력 = $\frac{\text{인장강도}}{\text{안전율}}$ 이다.
- 주어진 값을 대입하면 $\frac{250}{4} = 62.5[\text{N/mm}^2]$이 된다.

∷ 안전율/안전계수(Safety factor)

- 소재의 파괴강도와 허용되는 응력의 비를 표시한 것이다.
- 안전율은 $\frac{\text{기준강도}}{\text{허용응력}}$ 또는 $\frac{\text{항복강도}}{\text{설계하중}}$, $\frac{\text{파괴하중}}{\text{최대사용하중}}$, $\frac{\text{최대응력}}{\text{허용응력}}$ 등으로 구한다.
- 응력은 단위면적당 부재에 작용하는 힘을 말하며, 허용응력은 단위면적당 재료가 파괴되지 않고 영구적인 변형이 남지 않는 비례한도 범위 내의 응력을 말한다.
- 기준강도는 재료에 손상을 입힌다고 인정되는 강도를 말한다.
- 강도(기준강도)를 통해 재료의 안전율, 구조 등이 결정된다.
- 연성재료에서는 항복점을 기준강도, 인장강도, 기초강도라고도 한다.

1401 / 2103

60 Repetitive Learning (1회 2회 3회)

다음 설명 중 (   ) 안에 알맞은 내용은?

> 롤러기의 급정지장치는 롤러를 무부하로 회전시킨 상태에서 앞면 롤러의 표면속도가 30m/min 미만일 때에는 급정지거리가 앞면 롤러 원주의 (   ) 이내에서 롤러를 정지시킬 수 있는 성능을 보유하여야 한다.

① $\frac{1}{2}$　② $\frac{1}{4}$

③ $\frac{1}{3}$　④ $\frac{1}{2.5}$

해설

- 급정지거리는 원주속도가 30(m/min) 이상일 경우 앞면 롤러 원주의 1/2.5로 하고, 원주속도가 30(m/min) 미만일 경우 앞면 롤러 원주의 1/3 이내로 한다.

∷ 롤러기 급정지장치의 개구부 간격과 급정지거리

실필 1703/1202/1102

- 가드 설치 시 개구부 간격(단위 : mm)

개구부와 위험점 간격 : 160mm 이상	30
개구부와 위험점 간격 : 160mm 미만	6+(0.15×개구부 ~위험점 최단거리)
위험점이 전동체일 경우	6+(0.1×개구부 ~위험점 최단거리)

- 급정지거리

원주속도 : 30m/min 이상	앞면 롤러 원주의 1/2.5
원주속도 : 30m/min 미만	앞면 롤러 원주의 1/3 이내

4과목 전기설비 안전관리

1502

61 Repetitive Learning (1회 2회 3회)

심장의 맥동주기 중 어느 때에 전격이 인가되면 심실세동을 일으킬 확률이 크고, 위험한가?

① 심방의 수축이 있을 때

② 심실의 수축이 있을 때

③ 심실의 수축 종료 후 심실의 휴식이 있을 때

④ 심실의 수축이 있고 심방의 휴식이 있을 때

해설

- 심장의 심실 수축이 종료되고 심실의 휴식이 있는 T파 부분에서 전격(쇼크)이 가해지면 심실세동이 일어날 확률이 가장 크고 위험하다.

∷ 심장의 맥동주기와 심실세동

㉠ 맥동주기

- 맥동주기는 심장이 한 번의 심박에서 다음 심박까지 한 일을 말한다.
- 의학적인 심장의 맥동주기는 P-Q-R-S-T파형으로 나타낸다.

㉡ 맥동주기 해석

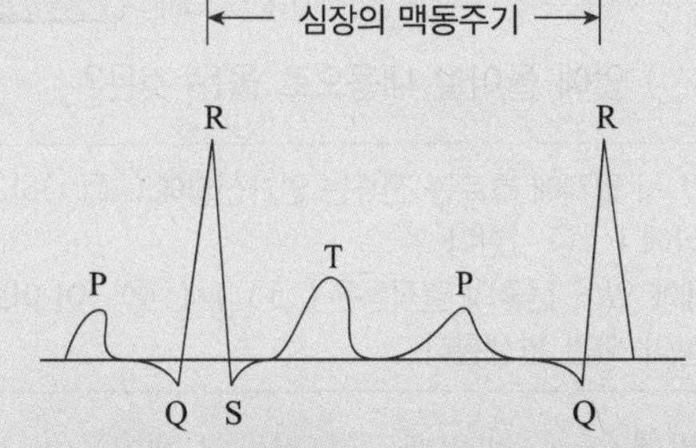

- 심방 수축에 따른 파형을 P파, 심실 수축에 따른 파형을 Q-R-S파, 심실 수축 종료 시 나타나는 파형으로 심실의 휴식을 의미하는 파형을 T파라 한다.
- 심장의 심실 수축이 종료되는 T파 부분에서 전격(쇼크)이 가해지면 심실세동이 일어날 확률이 가장 크고 위험하다.

62

Repetitive Learning (1회 2회 3회)

교류 아크용접기의 전격방지장치에서 시동감도를 바르게 정의한 것은?

① 용접봉을 모재에 접촉시켜 아크를 발생시킬 때 전격방지장치가 동작할 수 있는 용접기의 2차측 최대저항을 말한다.

② 안전전압(24V 이하)이 2차측 전압(85~95V)으로 얼마나 빨리 전환되는가 하는 것을 말한다.

③ 용접봉을 모재로부터 분리시킨 후 주접점이 개로되어 용접기의 2차측 전압이 무부하전압(25V 이하)으로 될 때까지의 시간을 말한다.

④ 용접봉에서 아크를 발생시키고 있을 때 누설전류가 발생하면 전격방지장치를 작동시켜야 할지 운전을 계속해야 할지를 결정해야 하는 민감도를 말한다.

해설

- 전격방지장치의 시동감도란 용접봉을 모재에 접촉시켜 아크를 발생시킬 때 전격방지장치가 동작할 수 있는 용접기의 2차측 최대저항으로, 최대 500[Ω] 이하로 제한된다.

∷ 전격방지장치의 시동감도

- 용접봉을 모재에 접촉시켜 아크를 발생시킬 때 전격방지장치가 동작할 수 있는 용접기의 2차측 최대저항을 말한다.
- 표준시동감도란 정격전원전압(전원을 용접기의 출력측에서 취하는 경우는 무부하전압의 하한값을 포함한다)에 있어서 전격방지기를 시동시킬 수 있는 출력회로의 시동감도로서 명판에 표시된 것을 말한다.
- 시동감도가 너무 민감하면 감전의 위험이 올라가므로 최대 500[Ω] 이하로 제한된다.

0301 / 0503 / 1303

63

Repetitive Learning (1회 2회 3회)

다음 ( ) 안에 들어갈 내용으로 옳은 것은?

> A. 감전 시 인체에 흐르는 전류는 인가전압에 (㉠)하고 인체저항에 (㉡)한다.
> B. 인체에 있어 전류의 열작용은 (㉢)×(㉣)이 어느 정도 이상이 되면 발생한다.

① ㉠ 비례 ㉡ 반비례 ㉢ 전류의 세기 ㉣ 시간
② ㉠ 반비례 ㉡ 비례 ㉢ 전류의 세기 ㉣ 시간
③ ㉠ 비례 ㉡ 반비례 ㉢ 전압 ㉣ 시간
④ ㉠ 반비례 ㉡ 비례 ㉢ 전압 ㉣ 시간

해설

- 인체에 흐르는 전류는 전압에 비례하고 저항에는 반비례하며, 열작용은 흐르는 전류와 통전시간에 의해 결정된다.

∷ 감전 시 인체의 전류

- 옴의 법칙에서 알 수 있듯이 인체에 흐르는 전류는 전압에는 비례하고, 저항에는 반비례한다.
- 전류의 열작용은 통전된 전기량과 관련된 것으로 전류(I)×통전시간(t)이 어느 정도 이상일 경우 발생한다.

64

Repetitive Learning (1회 2회 3회)

폭발 위험장소 분류 시 분진폭발 위험장소의 종류에 해당하지 않는 것은?

① 20종 장소 ② 21종 장소
③ 22종 장소 ④ 23종 장소

해설

- 가연성 분진의 존재에 따른 위험장소는 20종, 21종, 22종으로 구분된다.

∷ 가연성 분진의 존재에 따른 위험장소의 구분

20종	공기 중에 가연성 분진운의 형태가 연속적, 장기간 또는 단기간 자주 폭발분위기로 존재하는 장소
21종	공기 중에 가연성 분진운의 형태가 정상작동 중 빈번하게 폭발분위기를 형성할 수 있는 장소
22종	공기 중에 가연성 분진운의 형태가 정상작동 중 폭발분위기를 거의 형성하지 않고, 만약 발생한다 하더라도 단기간만 지속될 수 있는 장소

1602

65

Repetitive Learning (1회 2회 3회)

분진폭발 방지대책으로 가장 거리가 먼 것은?

① 작업장 등은 분진이 퇴적하지 않는 형상으로 한다.
② 분진 취급 장치에는 유효한 집진 장치를 설치한다.
③ 분체 프로세스 장치는 밀폐화하고 누설이 없도록 한다.
④ 분진폭발의 우려가 있는 작업장에는 감독자를 상주시킨다.

해설

- 분진폭발은 작업자의 불안전한 행동으로 인한 재해가 아니므로 감독자의 상주와는 크게 관련이 없다.

62 ① 63 ① 64 ④ 65 ④ 정답

분진폭발의 위험성 저하 및 방지대책

- 주변의 점화원을 제거한다.
- 분진이 날리지 않도록 하고, 작업장은 분진이 퇴적하지 않도록 한다.
- 분진과 그 주변의 온도를 낮춘다.
- 분진 입자의 표면적을 작게 한다.
- 분진 취급 장치에는 유효한 집진 장치를 설치한다.
- 분체 프로세스 장치는 밀폐화하고 누설이 없도록 한다.

1501

66

Repetitive Learning (1회 2회 3회)

정전유도를 받고 있는 접지되어 있지 않는 도전성 물체에 접촉한 경우 전격을 당하게 되는데 이때 물체에 유도된 전압 V[V]를 옳게 나타낸 것은?(단, E는 송전선의 대지전압, C_1은 송전선과 물체 사이의 정전용량, C_2는 물체와 대지 사이의 정전용량이며, 물체와 대지 사이의 저항은 무시한다)

① $V = \dfrac{C_1}{C_1 + C_2} \cdot E$

② $V = \dfrac{C_1 + C_2}{C_1} \cdot E$

③ $V = \dfrac{C_1}{C_1 \times C_2} \cdot E$

④ $V = \dfrac{C_1 \times C_2}{C_1} \cdot E$

해설

- 직렬로 연결된 C_1과 C_2에서 송전선 전압이 E일 때 정전용량 C_1에 걸리는 전압은 $\dfrac{C_2}{C_1 + C_2} \times E$가 되고, C_2에 걸리는 전압은 $\dfrac{C_1}{C_1 + C_2} \times E$가 되는데 물체에 유도된 전압은 C_2에 걸리는 전압이므로 $\dfrac{C_1}{C_1 + C_2} \times E$이다.

콘덴서의 연결방법과 정전용량

㉠ 콘덴서의 직렬연결

- 2개의 콘덴서가 직렬로 연결된 경우 저항의 병렬연결과 같은 계산법을 적용한다.
- 각 콘덴서에 축적되는 전하량은 동일하다.
- 합성 정전용량 = $\dfrac{1}{\dfrac{1}{C_1} + \dfrac{1}{C_2}} = \dfrac{C_1 \times C_2}{C_1 + C_2}$이다.
- 콘덴서에 축적되는 전하량은 각각 $Q_1 = \dfrac{C_1 C_2}{C_1 + C_2} V$, $Q_2 = \dfrac{C_1 C_2}{C_1 + C_2} V$가 된다.

㉡ 콘덴서의 병렬연결

- 2개의 콘덴서가 병렬로 연결된 경우 저항의 직렬연결과 같은 계산법을 적용한다.
- 각 콘덴서에 걸리는 전압은 동일하다.
- 합성 정전용량 = $C_1 + C_2$이다.
- 콘덴서에 축적되는 전하량은 각각 $Q_1 = C_1 V$, $Q_2 = C_2 V$가 된다.

67

Repetitive Learning (1회 2회 3회)

화염일주한계에 대해 가장 잘 설명한 것은?

① 화염이 발화온도로 전파될 가능성의 한계값이다.

② 화염이 전파되는 것을 저지할 수 있는 틈새의 최대 간격치이다.

③ 폭발성 가스와 공기가 혼합되어 폭발한계 내에 있는 상태를 유지하는 한계값이다.

④ 폭발성 분위기가 전기불꽃에 의하여 화염을 일으킬 수 있는 최소의 전류값이다.

해설

- 화염일주한계란 화염이 전파되는 것을 저지할 수 있는 틈새의 최대 간격치로 최대안전틈새라고도 한다.

화염일주한계

- 화염이 전파되는 것을 저지할 수 있는 틈새의 최대 간격치로 최대안전틈새라고도 한다.
- 폭발성 분위기에 있는 용기의 접합면 틈새를 통해 화염이 내부에서 외부로 전파되는 것을 저지할 수 있는 틈새의 최대 간격치를 말한다.

68

Repetitive Learning (1회 2회 3회)

정전기 발생의 일반적인 종류가 아닌 것은?

① 마찰

② 중화

③ 박리

④ 유동

해설

- 정전기 발생현상을 원인에 따라 분류하면 마찰대전, 박리대전, 유동대전, 충돌대전, 분출대전 등으로 구분한다.

정답 | 66 ① 67 ② 68 ②

정전기 발생현상 실필 0801

㉠ 개요

- 정전기 발생현상을 원인에 따라 분류하면 마찰대전, 박리대전, 유동대전, 충돌대전, 분출대전 등으로 구분한다.

㉡ 분류별 특징

마찰대전	두 물체가 서로 접촉 시 위치의 이동으로 전하의 분리 및 재배열이 일어나는 대전현상
박리대전	상호 밀착되어 있는 물질이 떨어질 때 전하분리에 의해 발생하는 대전현상
유동대전	• 저항이 높은 액체류가 파이프 등으로 수송될 때 접촉을 통해 서로 대전되는 현상 • 액체의 흐름이 정전기 발생에 영향을 준다.
충돌대전	스프레이 도장작업 등과 같은 입자와 입자끼리, 혹은 입자와 고체끼리의 충돌로 발생하는 대전현상
분출대전	스프레이 도장작업을 할 경우와 같이 액체나 기체 등이 작은 구멍을 통해 분출될 때 발생하는 대전현상

69

Repetitive Learning (1회 2회 3회)

전기기계·기구의 조작 시 안전조치로서 사업주는 근로자가 안전하게 작업할 수 있도록 전기기계·기구로부터 폭 얼마 이상의 작업공간을 확보하여야 하는가?

① 30cm

② 50cm

③ 70cm

④ 100cm

해설

- 전기기계·기구의 조작부분을 점검하거나 보수하는 경우에는 근로자가 안전하게 작업할 수 있도록 전기기계·기구로부터 폭 70cm 이상의 작업공간을 확보하여야 한다.

전기기계·기구의 조작 시 등의 안전조치

- 전기기계·기구의 조작부분을 점검하거나 보수하는 경우에는 근로자가 안전하게 작업할 수 있도록 전기기계·기구로부터 폭 70cm 이상의 작업공간을 확보하여야 한다. 다만, 작업공간을 확보하는 것이 곤란하여 근로자에게 절연용 보호구를 착용하도록 한 경우에는 그러하지 아니하다.
- 전기적 불꽃 또는 아크에 의한 화상의 우려가 있는 고압 이상의 충전전로 작업에 근로자를 종사시키는 경우에는 방염처리된 작업복 또는 난연성능을 가진 작업복을 착용시켜야 한다.

0501 / 0801 / 1203

70

Repetitive Learning (1회 2회 3회)

가수전류(Let-go current)에 대한 설명으로 옳은 것은?

① 마이크 사용 중 전격으로 사망에 이른 전류

② 전격을 일으킨 전류가 교류인지 직류인지 구별할 수 없는 전류

③ 충전부로부터 인체가 자력으로 이탈할 수 있는 전류

④ 몸이 물에 젖어 전압이 낮은데도 전격을 일으킨 전류

해설

- 가수전류는 이탈전류라고도 하며, 손발을 움직여 충전부로부터 스스로 이탈할 수 있는 최대한도의 전류를 말한다.

통전전류에 의한 영향

㉠ 최소감지전류
- 인간이 통전을 감지하는 최소전류로 60Hz의 교류에서는 1[mA] 정도이다.

㉡ 고통한계전류
- 인간이 통전으로부터 발생하는 고통을 참을 수 있는 한계 전류를 말한다.
- 보통 60Hz의 교류에서는 7~8[mA] 정도이다.

㉢ 이탈전류(가수전류)
- 가수전류라고도 하며, 손발을 움직여 충전부로부터 스스로 이탈할 수 있는 최대한도의 전류를 말한다.
- 60Hz의 교류에서는 이탈전류가 최대 10~15[mA]이다.

㉣ 교착전류(불수전류)
- 교착전류란 통전전류로 인하여 통전경로상의 근육경련이 심해지면서 신경이 마비되어 운동이 자유롭지 않게 되는 한계전류로 불수전류라고도 한다.

㉤ 심실세동전류
- 심장맥동에 영향을 주어 신경의 기능을 상실시키는 전류로, 방치하면 수분 이내에 사망에 이르게 되는 전류이다.

71

Repetitive Learning (1회 2회 3회)

정전작업 시 작업 전 안전조치사항으로 가장 거리가 먼 것은?

① 단락접지

② 잔류전하 방전

③ 절연 보호구 수리

④ 검전기에 의한 정전 확인

해설

- 절연 보호구 수리는 평상시의 안전조치이다.

69 ③ 70 ③ 71 ③ 정답

정전전로에서의 전기작업 전 조치사항

- 사업주는 근로자가 노출된 충전부 또는 그 부근에서 작업함으로써 감전될 우려가 있는 경우에는 작업에 들어가기 전에 해당 전로를 차단할 것
- 전기기기 등에 공급되는 모든 전원을 관련 도면, 배선도 등으로 확인할 것
- 전원을 차단한 후 각 단로기 등을 개방하고 확인할 것
- 차단장치나 단로기 등에 잠금장치 및 꼬리표를 부착할 것
- 개로된 전로에서 유도전압 또는 전기에너지가 축적되어 근로자에게 전기위험을 끼칠 수 있는 전기기기 등은 접촉하기 전에 잔류전하를 완전히 방전시킬 것
- 검전기를 이용하여 작업 대상 기기가 충전되었는지를 확인할 것
- 전기기기 등이 다른 노출 충전부와의 접촉, 유도 또는 예비동력원의 역송전 등으로 전압이 발생할 우려가 있는 경우에는 충분한 용량을 가진 단락접지기구를 이용하여 접지할 것

72

Repetitive Learning (1회 2회 3회)

감전사고의 방지대책으로 가장 거리가 먼 것은?

① 전기 위험부의 위험 표시
② 충전부가 노출된 부분에 절연방호구 사용
③ 충전부에 접근하여 작업하는 작업자 보호구 착용
④ 사고발생 시 처리프로세스 작성 및 조치

해설

- 사고발생 시 처리프로세스는 피해를 최소화하는 대책이지 감전사고를 방지하는 대책으로 볼 수 없다.

감전사고 방지대책

㉠ 설비 측면
- 계통에 비접지식 전로의 채용
- 전로의 보호절연 및 충전부의 격리
- 전기설비에 대한 보호접지(중성선 및 변압기 1, 2차 접지)
- 전기설비에 대한 누전차단기 설치
- 고장전로(사고회로)의 신속한 차단
- 안전전압 혹은 안전전압 이하의 전기기기 사용

㉡ 안전장비 측면
- 충전부가 노출된 부분은 절연방호구 사용
- 전기작업 시 안전보호구의 착용 및 안전장비의 사용

㉢ 관리적인 측면
- 전기설비의 점검을 철저히 할 것
- 안전지식의 습득과 안전거리의 유지 등

0801 / 2202

73

Repetitive Learning (1회 2회 3회)

위험방지를 위한 전기기계·기구의 설치 시 고려할 사항으로 거리가 먼 것은?

① 전기기계·기구의 충분한 전기적 용량 및 기계적 강도
② 전기기계·기구의 안전효율을 높이기 위한 시간 가동률
③ 습기·분진 등 사용 장소의 주위 환경
④ 전기적·기계적 방호수단의 적정성

해설

- 전기기계·기구의 적정설치 시에는 기계·기구의 충분한 전기적 용량 및 기계적 강도, 방호수단의 적정성 및 습기·분진 등 사용 장소의 주위 환경 등을 고려하여야 한다.

전기기계·기구의 적정설치 시 고려사항
- 전기기계·기구의 충분한 전기적 용량 및 기계적 강도
- 습기·분진 등 사용 장소의 주위 환경
- 전기적·기계적 방호수단의 적정성

1202 / 1602

74

Repetitive Learning (1회 2회 3회)

200A의 전류가 흐르는 단상전로의 한 선에서 누전되는 최소전류(mA)의 기준은?

① 100
② 200
③ 10
④ 20

해설

- 전류가 200[A]이므로 누설전류는 $200 \times \frac{1}{2,000} = 0.1$[A] 이내여야 한다. 0.1[A]는 100[mA]이다.

누설전류와 누전화재

㉠ 누설전류
- 누설전류는 전류가 정상적으로 흐르지 않고 다른 곳으로 새어버리는 것을 말하며, 누전전류라고도 한다.
- 전선의 노후로 인하여 절연이 나빠져 발생(절연열화)하는데 이를 방지하기 위해 누전차단기를 설치한다.
- 누설전류로 인해 감전 및 화재 등이 발생하고, 전력의 손실이 증가하고, 전자기기의 고장이 발생한다.
- 저압의 전선로 중 절연부분의 전선과 대지 간 및 전선의 심선 상호 간의 절연저항은 사용전압에 대한 누설전류가 최대공급전류의 2,000분의 1을 넘지 아니하도록 유지하여야 한다.

정답 | 72 ④ 73 ② 74 ①

ⓒ 누전화재

- 누전으로 인하여 화재가 발생되기 전에 인체 감전, 전등 밝기의 변화, 빈번한 퓨즈의 용단, 전기사용 기계장치의 오동작 증가 등이 발생한다.
- 누전사고가 발생될 수 있는 취약 개소에는 비닐전선을 고정하는 지지용 스테이플, 정원 연못 조명등의 전원공급용 지하매설 전선류, 분기회로 접속점이 나선으로 발열이 쉽도록 유지되는 곳 등이 있다.

1302

75 ——— Repetitive Learning (1회 2회 3회)

정전기 방전에 의한 폭발로 추정되는 사고를 조사함에 있어서 필요한 조치로서 가장 거리가 먼 것은?

① 가연성 분위기 규명
② 사고현장의 방전흔적 조사
③ 방전에 따른 점화 가능성 평가
④ 전하발생 부위 및 축적 기구 규명

해설

- 정전기 방전으로 인한 폭발사고 현장에 방전 흔적이 남아 있을 가능성은 거의 없으므로 이를 조사할 필요는 없으며, 방전으로 인한 폭발 가능성에 해당하는 현장의 가연성 분위기나 방전으로 인한 점화 가능성에 초점을 두고 조사할 필요가 있다.

∷ 정전기 방전에 의한 폭발사고 조사항목

- 사고의 개요 및 특성 규명
- 가연성 분위기 규명
- 전하발생 부위 및 축적 기구 규명
- 방전에 따른 점화 가능성 평가
- 사고 재발 방지를 위한 대책 강구

0301

76 ——— Repetitive Learning (1회 2회 3회)

감전쇼크에 의해 호흡이 정지되었을 경우 일반적으로 약 몇 분 이내에 응급처치를 개시하면 95% 정도를 소생시킬 수 있는가?

① 1분 이내
② 3분 이내
③ 5분 이내
④ 7분 이내

해설

- 인공호흡을 호흡정지 후 얼마나 빨리 실시하느냐에 따라 소생률의 차이가 크다. 1분 이내일 경우 95%, 3분 이내일 경우 75%, 4분 이내일 경우 50%의 소생률을 보인다.

∷ 인공호흡

㉠ 소생률

- 감전에 의해 호흡이 정지한 후에 인공호흡을 즉시 실시할 경우 소생할 수 있는 확률을 말한다.

1분 이내	95[%]
3분 이내	75[%]
4분 이내	50[%]
6분 이내	25[%]

㉡ 심장마사지

- 인공호흡은 매분 12~15회, 30분 이상 실시한다.
- 심장마사지 15회, 인공호흡 2회를 교대로 실시하는데, 2인이 동시에 실시할 경우 심장마사지와 인공호흡을 약 5 : 1의 비율로 실시한다.

0602 / 2202

77 ——— Repetitive Learning (1회 2회 3회)

다음 중 방폭구조의 종류가 아닌 것은?

① 본질안전방폭구조
② 고압방폭구조
③ 압력방폭구조
④ 내압방폭구조

해설

- 전기설비의 방폭구조에는 본질안전(ia, ib), 내압(d), 압력(p), 충전(q), 유입(o), 안전증(e), 몰드(m), 비점화(n)방폭구조 등이 있다.

∷ 장소별 방폭구조 실필 2302/0803

0종 장소	지속적 위험분위기	• 본질안전방폭구조(EX ia)
1종 장소	통상상태에서의 간헐적 위험분위기	• 내압방폭구조(EX d) • 압력방폭구조(EX p) • 충전방폭구조(EX q) • 유입방폭구조(EX o) • 안전증방폭구조(EX e) • 본질안전방폭구조(EX ib) • 몰드방폭구조(EX m)
2종 장소	이상상태에서의 위험분위기	• 비점화방폭구조(EX n)

75 ② 76 ① 77 ② 정답

78 Repetitive Learning (1회 2회 3회)

전선의 절연피복이 손상되어 동선이 서로 직접 접촉한 경우를 무엇이라 하는가?

① 절연 ② 누전
③ 접지 ④ 단락

해설

- 절연은 전기가 도체나 회로 외부로 나가지 못하게 보호하는 것이다.
- 누전은 전선의 절연피복이 손상되어 전류가 새는 현상이다.
- 접지는 전기용량이 상대적으로 큰 물체에 도체를 연결시켜 놓는 것이다.

전기 관련 용어

절연	전기가 도체나 회로 외부로 나가지 못하게 하거나 도체나 회로를 보호하기 위해 전기가 흐르지 못하는 물질로 보호하는 것
누전	전선의 절연피복이 손상되어 일정량 이하의 전류가 새는 현상
접지	전기용량이 상대적으로 큰 물체에 도체를 연결시켜 놓는 것
단락	전선의 절연피복이 손상되어 동선이 서로 직접 접촉한 경우

1003

79 Repetitive Learning

이상적인 피뢰기가 가져야 할 성능으로 틀린 것은?

① 제한전압이 낮을 것
② 방전개시전압이 낮을 것
③ 뇌전류 방전능력이 적을 것
④ 속류차단을 확실하게 할 수 있을 것

해설

- 피뢰기는 뇌전류의 방전능력이 크고 속류의 차단이 확실하여야 한다.

피뢰기

㉠ 구성요소
- 특성요소 : 뇌전류 방전 시 피뢰기 자신의 전위 상승을 억제하여 절연파괴를 방지한다.
- 직렬 갭 : 뇌전류를 대지로 방전시키고 속류를 차단한다.

㉡ 이상적인 피뢰기의 특성
- 제한전압이 낮아야 한다.
- 반복동작이 가능하여야 한다.
- 충격방전 개시전압이 낮아야 한다.
- 뇌전류의 방전능력이 크고 속류의 차단이 확실하여야 한다.

0801 / 1502

80 Repetitive Learning (1회 2회 3회)

인체의 전기저항이 5,000Ω이고, 세동전류와 통전시간과의 관계를 $I = \frac{165}{\sqrt{T}}$[mA]라 할 경우, 심실세동을 일으키는 위험 에너지는 약 몇 J인가?(단, 통전시간은 1초로 한다)

① 5 ② 30
③ 136 ④ 825

해설

- 인체의 접촉저항이 5,000Ω일 때 심실세동을 일으키는 전류에서의 전기에너지는 $W = I^2Rt = \left(\frac{165 \times 10^{-3}}{\sqrt{T}}\right)^2 \times R \times T = (165 \times 10^{-3})^2 \times 5{,}000 = 136.12$[J]이 된다.

심실세동 한계전류와 전기에너지 실필 2303/2101/1403/1401/1202

- 심장의 맥동에 영향을 주어 혈액 순환을 곤란하게 하고, 끝내는 심장 기능을 잃게 하는 치사적 전류를 심실세동전류라 한다.
- 감전자 1천명 중 5명 이상이 심실세동을 일으킬 수 있는 감전시간과 위험전류와의 관계에서 심실세동 한계전류 I는 $\frac{165}{\sqrt{T}}$[mA]이고, T는 통전시간이다.
- 인체의 접촉저항을 500Ω으로 할 때 심실세동을 일으키는 전류에서의 전기에너지는 $W = I^2Rt = \left(\frac{165 \times 10^{-3}}{\sqrt{T}}\right)^2 \times R \times T = (165 \times 10^{-3})^2 \times 500 = 13.612$[J]가 된다.

5과목 화학설비 안전관리

0902 / 2202

81 Repetitive Learning (1회 2회 3회)

사업주는 인화성 액체 및 인화성 가스를 저장·취급하는 화학설비에서 증기나 가스를 대기로 방출하는 경우에는 외부로부터의 화염을 방지하기 위하여 화염방지기를 설치하여야 한다. 다음 중 화염방지기의 설치위치로 옳은 것은?

① 설비의 상단
② 설비의 하단
③ 설비의 측면
④ 설비의 조작부

정답 | 78 ④ 79 ③ 80 ③ 81 ①

해설

- 외부로부터의 화염을 방지하기 위하여 화염방지기를 그 설비 상단에 설치하여야 한다.

화염방지기의 설치

- 사업주는 인화성 액체 및 인화성 가스를 저장·취급하는 화학설비에서 증기나 가스를 대기로 방출하는 경우에는 외부로부터의 화염을 방지하기 위하여 화염방지기를 그 설비 상단에 설치하여야 한다.
- 화염방지 성능이 있는 통기밸브인 경우를 제외하고 화염방지기를 설치하여야 한다.
- 본체는 금속제로 내식성이 있어야 하며, 폭발 및 화재로 인한 압력과 온도에 견딜 수 있어야 한다.
- 소염소자는 내식, 내열성이 있는 재질이어야 하고, 이물질 등의 제거를 위한 정비작업이 용이하여야 한다.

0703 / 2201

82 Repetitive Learning (1회 2회 3회)

다음 중 자연발화가 쉽게 일어나는 조건으로 틀린 것은?

① 주위 온도가 높을수록
② 열 축적이 클수록
③ 적당량의 수분이 존재할 때
④ 표면적이 작을수록

해설

- 표면적이 클수록 자연발화가 일어나기 쉽다.

자연발화

㉠ 개요
- 물질이 고유의 성질로 인해 스스로 발열반응을 통해 발생한 열을 장기간 축적하여 발화하는 현상이다.
- 자연발화를 일으키는 원인에는 산화열, 분해열, 중합열, 흡착열 등이 있다.

㉡ 발화하기 쉬운 조건
- 분해열에 의해 자연발화가 발생할 수 있다.
- 입자의 표면적이 넓을수록 자연발화가 발생하기 쉽다.
- 고온다습한 환경에서 자연발화가 발생하기 쉽다.
- 열의 축적은 자연발화를 일으킬 수 있는 인자이다.

0902 / 1302

83 Repetitive Learning (1회 2회 3회)

8% NaOH 수용액과 5% NaOH 수용액을 반응기에 혼합하여 6% 100kg의 NaOH 수용액을 만들려면 각각 약 몇 kg의 NaOH 수용액이 필요한가?

① 5% NaOH 수용액 : 33.3kg, 8% NaOH 수용액 : 66.7kg
② 5% NaOH 수용액 : 56.8kg, 8% NaOH 수용액 : 43.2kg
③ 5% NaOH 수용액 : 66.7kg, 8% NaOH 수용액 : 33.3kg
④ 5% NaOH 수용액 : 43.2kg, 8% NaOH 수용액 : 56.8kg

해설

- 5[%] 수용액 a[kg]과 8[%] 수용액 b[kg]을 합하여 6[%] 100[kg]의 수용액을 만들어야 하는 경우이다.
- $0.05 \times a + 0.08 \times b = 0.06 \times 100$이며, 이때 $a + b = 100$이 된다. 미지수를 하나로 정리하면 $0.05a + 0.08(100 - a) = 0.06 \times 100$이다.
- $-0.03a = -2$이 되므로 $0.03a = 2$이다.
- 따라서 $a = 66.67$, $b = 100 - 66.67 = 33.33$이 된다.

수용액의 농도

- 용액의 묽고 진한 정도를 나타내는 농도는 용액 속에 용질이 얼마나 녹아 있는지를 나타내는 값이다.
- %[%] 농도는 용액 100g에 녹아있는 용질의 g수를 백분율로 나타낸 값으로 $\frac{\text{용질의 질량}[g]}{\text{용액의 질량}[g]} \times 100$ $= \frac{\text{용질의 질량}[g]}{\text{용매의 질량}[g] + \text{용액의 질량}[g]} \times 100$으로 구한다.

84 Repetitive Learning (1회 2회 3회)

사업주는 산업안전보건기준에 관한 규칙에서 정한 위험물을 기준량 이상으로 제조하거나 취급하는 특수화학설비를 설치하는 경우에는 내부의 이상상태를 조기에 파악하기 위하여 필요한 온도계·유량계·압력계 등의 계측장치를 설치하여야 한다. 이때 위험물질별 기준량으로 옳은 것은?

① 부탄 – $25m^3$
② 부탄 – $150m^3$
③ 시안화수소 – 5kg
④ 시안화수소 – 200kg

해설

- 부탄의 기준량은 $50m^3$이고, 급성독성물질 중 시안화수소의 기준량은 5kg이다.

계측장치를 설치해야 하는 특수화학설비

㉠ 계측장치 설치 특수화학설비의 종류
- 발열반응이 일어나는 반응장치
- 증류·정류·증발·추출 등 분리를 하는 장치
- 가열시켜 주는 물질의 온도가 가열되는 위험물질의 분해온도 또는 발화점보다 높은 상태에서 운전되는 설비
- 반응폭주 등 이상 화학반응에 의하여 위험물질이 발생할 우려가 있는 설비
- 온도가 섭씨 350[℃] 이상이거나 게이지 압력이 980[kPa] 이상인 상태에서 운전되는 설비
- 가열로 또는 가열기 등이 있다.

82 ④ 83 ③ 84 ③ 정답

㉡ 대표적인 위험물질별 기준량

- 인화성 가스(수소, 아세틸렌, 에틸렌, 메탄, 에탄, 프로판, 부탄 등) : $50m^3$
- 인화성 액체(에틸에테르 · 가솔린 · 아세트알데히드 · 산화프로필렌 등) : 200L
- 급성독성물질(시안화수소 · 플루오르아세트산 · 소디움염 · 디옥신 등) : 5kg
- 급성독성물질(산화제2수은 · 시안화나트륨 · 시안화칼륨 · 폴리비닐알코올 · 2-클로로아세트알데히드 · 염화제2수은 등) : 20kg

85

Repetitive Learning (1회 2회 3회)

폭발의 위험성을 고려하기 위해 정전에너지 값을 구하고자 한다. 다음 중 정전에너지를 구하는 식은?(단, E는 정전에너지, C는 정전용량, V는 전압을 의미한다)

① $E = \frac{1}{2}CV^2$　　② $E = \frac{1}{2}VC^2$

③ $E = VC^2$　　④ $E = \frac{1}{4}VC$

해설

- 정전에너지는 $W = \frac{1}{2}CV^2$[J]로 구한다.

전하량과 정전에너지

㉠ 전하량
- 평행한 축전기의 두 극판 사이의 거리가 일정할 때 양 극단에 걸린 전압 V가 클수록 더 많은 전하량 Q가 대전되게 된다.
- 전기 용량(C)은 단위 전압(V)당 물체가 저장하거나 물체에서 분리하는 전하의 양(Q)으로 $C = \frac{Q}{V}$로 구한다.

㉡ 정전에너지
- 물체에 정전기가 대전하면 축적되는 에너지 혹은 콘덴서에 전압을 가할 경우 축적되는 에너지를 말한다.
- $W = \frac{1}{2}CV^2 = \frac{1}{2}QV = \frac{Q^2}{2C}$[J]로 구할 수 있다. 이때 C는 정전용량[F], V는 전압[V], Q는 전하[C]이다.

0602 / 0803 / 1002

86

Repetitive Learning (1회 2회 3회)

다음 중 유류화재에 해당하는 화재의 급수는?

① A급　　② B급

③ C급　　④ D급

해설

- A급은 가연성 화재, C급은 전기화재, D급은 금속화재이다.

화재의 분류 실필 2202/1601/0903

분류	원인	소화 방법 및 소화기	특징	표시 색상
A급	종이, 나무 등 일반 가연성 물질	냉각소화/ 물 및 산, 알칼리 소화기	재가 남는다.	백색
B급	석유, 페인트 등 유류화재	질식소화/ 모래나 소화기	재가 남지 않는다.	황색
C급	전기 스파크 등 전기화재	질식소화, 냉각소화/ 이산화탄소 소화기	물로 소화할 경우 감전의 위험이 있다.	청색
D급	금속나트륨, 금속칼륨 등 금속화재	질식소화/ 마른 모래	물로 소화할 경우 폭발의 위험이 있다.	무색

0602 / 0802 / 0902 / 1602

87

Repetitive Learning (1회 2회 3회)

할론 소화약제 중 Halon2402의 화학식으로 옳은 것은?

① $C_2F_4Br_2$　　② $C_2H_4Br_2$

③ $C_2Br_4H_2$　　④ $C_2Br_4F_2$

해설

- 하론 번호표기의 첫 번째 숫자는 탄소(C), 두 번째 숫자는 불소(F), 세 번째 숫자는 염소(Cl), 네 번째 숫자는 브롬(Br)을 의미한다.

하론 소화약제 실필 1302/1102

㉠ 개요
- 종류는 하론104(CCl_4), 하론1011(CH_2ClBr), 하론2402($C_2F_4Br_2$), 하론1301(CF_3Br), 하론1211(CF_2ClBr) 등이 있다.
- 화재안전기준에서 정한 소화약제는 하론1301, 하론1211, 하론2402이다.

㉡ 구성과 표기
- 구성원소로는 탄소(C), 불소(F), 염소(Cl), 브롬(Br) 등이 있다.
- 하론 번호표기의 첫 번째 숫자는 탄소(C), 두 번째 숫자는 불소(F), 세 번째 숫자는 염소(Cl), 네 번째 숫자는 브롬(Br)을 의미한다.
- 세 번째 숫자에 해당하는 염소(Cl)는 화재 진압 시 일산화탄소와 반응하여 인체에 유해한 포스겐가스를 생성하므로 유의해야 한다.
- 네 번째 숫자에 해당하는 브롬(Br)은 연소의 억제효과가 큰 반면에 오존층을 파괴하고 염증을 야기하는 등 안정성이 낮아 취급에 주의해야 한다.

정답 | 85 ① 86 ② 87 ①

88

Repetitive Learning 1회 2회 3회

위험물의 저장방법으로 적절하지 않은 것은?

① 탄화칼슘은 물속에 저장한다.
② 벤젠은 산화성 물질과 격리시킨다.
③ 금속나트륨은 석유 속에 저장한다.
④ 질산은 갈색병에 넣어 냉암소에 보관한다.

해설

- 탄화칼슘(CaC_2)은 물(H_2O)과 반응하여 아세틸렌(C_2H_2)을 발생시키므로 불연성 가스로 봉입하여 밀폐용기에 보관한다.

위험물의 대표적인 저장방법

탄화칼슘	불연성 가스로 봉입하여 밀폐용기에 저장
벤젠	산화성 물질과 격리 보관
금속나트륨, 칼륨	벤젠이나 석유 속에 밀봉하여 저장
질산	갈색병에 넣어 냉암소에 보관
니트로글리세린	갈색 유리병에 넣어 햇빛을 차단하여 보관
황린	자연발화하기 쉬우므로 pH9 물속에 보관
적린	냉암소에 격리 보관

1203 / 1602

89

Repetitive Learning 1회 2회 3회

다음 중 산업안전보건법령상 공정안전보고서의 안전운전계획에 포함되지 않는 항목은?

① 안전작업허가
② 안전운전지침서
③ 가동 전 점검지침
④ 비상조치계획에 따른 교육계획

해설

- 비상조치계획에 따른 교육계획은 비상조치계획의 세부내용으로 안전운전계획과는 구분된다.

공정안전보고서의 안전운전계획의 내용

- 안전운전지침서
- 설비점검·검사 및 보수계획, 유지계획 및 지침서
- 안전작업허가
- 도급업체 안전관리계획
- 근로자 등 교육계획
- 가동 전 점검지침
- 변경요소 관리계획
- 자체 감사계획
- 공정사고 조사계획

1002 / 1502

90

Repetitive Learning 1회 2회 3회

마그네슘의 저장 및 취급에 관한 설명으로 틀린 것은?

① 화기를 엄금하고, 가열, 충격, 마찰을 피한다.
② 분말이 비산하지 않도록 밀봉하여 저장한다.
③ 제6류 위험물과 같은 산화제와 혼합되지 않도록 격리, 저장한다.
④ 일단 연소하면 소화가 곤란하지만 초기 소화 또는 소규모 화재 시 물, CO_2소화설비를 이용하여 소화한다.

해설

- 마그네슘은 분진폭발성 물질이고 고온의 물이나 과열 수증기와 접촉하면 격렬히 반응하므로 소화 시 건조사나 분말소화약제를 사용해야 한다.

마그네슘의 저장 및 취급

- 상온의 물에서는 안정하지만, 고온의 물이나 과열 수증기와 접촉하면 격렬히 반응하므로 소화 시 건조사나 분말소화약제를 사용해야 한다.
- 화기를 엄금하고, 가열, 충격, 마찰을 피한다.
- 분진폭발성이 있으므로 분말이 비상하지 않도록 완전 밀봉하여 저장한다.
- 1류 또는 6류와 같은 산화제, 할로겐 원소와 혼합하지 않도록 격리, 저장한다.

1003 / 1602 / 2101

91

Repetitive Learning 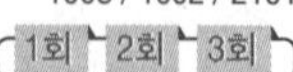

다음 중 분진이 발화 폭발하기 위한 조건으로 거리가 먼 것은?

① 불연성질
② 미분상태
③ 점화원의 존재
④ 지연성 가스 중에서의 교반과 운동

해설

- 분진이 발화 폭발하기 위한 조건은 가연성, 미분상태, 공기 중에서의 교반과 유동 및 점화원의 존재이다.

분진의 발화 폭발

㉠ 조건

- 분진이 발화 폭발하기 위한 조건은 가연성, 미분상태, 공기 중에서의 교반과 유동 및 점화원의 존재이다.

88 ① 89 ④ 90 ④ 91 ① 정답

㉡ 특징

- 화염의 파급속도보다 압력의 파급속도가 더 크다.
- 폭발한계 내에서 분진의 휘발성분이 많을수록 폭발하기 쉽다.
- 가스폭발에 비해 연소속도나 폭발압력은 작으나 연소시간이 길고 발생에너지가 크기 때문에 파괴력과 연소정도가 크다.
- 가스에 비하여 불완전 연소를 일으키기 쉬우므로 연소 후 가스에 의한 중독 위험이 존재한다.
- 폭발 시 입자가 비산하므로 이것에 부딪히는 가연물은 국부적으로 심한 탄화를 일으킨다.

0802

92 Repetitive Learning 1회 2회 3회

다음 중 산업안전보건법령상 산화성 액체 또는 산화성 고체에 해당하지 않는 것은?

① 질산
② 중크롬산
③ 과산화수소
④ 질산에스테르

해설

- 질산에스테르는 제5류(자기반응성 물질)에 해당한다.

산화성 액체 및 산화성 고체

㉠ 산화성 고체
- 1류 위험물로 화재발생 시 물에 의해 냉각소화 한다.
- 종류에는 염소산 염류, 아염소산 염류, 과염소산 염류, 브롬산 염류, 요오드산 염류, 과망간산 염류, 질산염류, 질산나트륨 염류, 중크롬산 염류, 삼산화크롬 등이 있다.

㉡ 산화성 액체
- 6류 위험물로 화재발생 시 마른 모래 등을 이용해 질식소화 한다.
- 종류에는 질산, 과염소산, 과산화수소 등이 있다.

1601 / 2201

93 Repetitive Learning 

열교환기의 열교환 능률을 향상시키기 위한 방법이 아닌 것은?

① 유체의 유속을 적절하게 조절한다.
② 유체의 흐르는 방향을 병류로 한다.
③ 열 교환하는 유체의 온도차를 크게 한다.
④ 열전도율이 높은 재료를 사용한다.

해설

- 열교환기의 열 교환 능률을 향상시키기 위해서 유체의 흐르는 방향을 고온유체와 저온유체의 입구가 서로 반대쪽으로 하는 것이 좋다.

열교환기의 열 교환 능률 향상 대책

- 유체의 유속을 적절하게 조절한다.
- 유체의 흐르는 방향을 대향류형으로 하는 것이 좋다.
- 열교환기 입구와 출구의 온도차를 크게 한다.
- 열전도율이 높은 재료를 사용한다.

1303

94 Repetitive Learning 1회 2회 3회

다음 중 고체의 연소방식에 관한 설명으로 옳은 것은?

① 분해연소란 고체가 표면의 고온을 유지하며 타는 것을 말한다.
② 표면연소란 고체가 가열되어 열분해가 일어나고 가연성 가스가 공기 중의 산소와 타는 것을 말한다.
③ 자기연소란 공기 중 산소를 필요로 하지 않고 자신이 분해되며 타는 것을 말한다.
④ 분무연소란 고체가 가열되어 가연성 가스를 발생시키며 타는 것을 말한다.

해설

- 분해연소란 고체가 가열되어 열분해가 일어나고 가연성 가스가 공기 중의 산소와 타는 것을 말한다.
- 표면연소란 고체가 표면의 고온을 유지하며 타는 것을 말한다.
- 분무연소란 액체연료를 미세한 유적(油滴)으로 미립화하여, 공기와 혼합시켜 연소시키는 것을 말한다.

자기연소

- 고체의 연소방식이다.
- 공기 중 산소를 필요로 하지 않고 자신이 분해되며 타는 것을 말한다.
- 니트로셀룰로오스, TNT, 셀룰로이드, 니트로글리세린과 같이 연소에 필요한 산소를 포함하고 있는 물질이 연소하는 것을 말한다.

정답 | 92 ④ 93 ② 94 ③

95

Repetitive Learning (1회 2회 3회)

사업주는 안전밸브 등의 전단·후단에 차단밸브를 설치해서는 아니 된다. 다만, 별도로 정한 경우에 해당할 때는 자물쇠형 또는 이에 준하는 형식의 차단밸브를 설치할 수 있다. 이에 해당하는 경우가 아닌 것은?

① 화학설비 및 그 부속설비에 안전밸브 등이 복수방식으로 설치되어 있는 경우
② 예비용 설비를 설치하고 각각의 설비에 안전밸브 등이 설치되어 있는 경우
③ 파열판과 안전밸브를 직렬로 설치한 경우
④ 열팽창에 의하여 상승된 압력을 낮추기 위한 목적으로 안전밸브가 설치된 경우

해설

- 안전밸브 등의 배출용량의 2분의 1 이상에 해당하는 용량의 자동압력조절밸브와 안전밸브 등이 병렬로 연결된 경우에 차단밸브를 설치할 수 있다.

차단밸브의 설치 금지

㉠ 개요
- 사업주는 안전밸브 등의 전단·후단에 차단밸브를 설치해서는 아니 된다.

㉡ 자물쇠형 또는 이에 준하는 형식의 차단밸브를 설치할 수 있는 경우
- 인접한 화학설비 및 그 부속설비에 안전밸브 등이 각각 설치되어 있고, 해당 화학설비 및 그 부속설비의 연결배관에 차단밸브가 없는 경우
- 안전밸브 등의 배출용량의 2분의 1 이상에 해당하는 용량의 자동압력조절밸브(구동용 동력원의 공급을 차단하는 경우 열리는 구조인 것으로 한정한다)와 안전밸브 등이 병렬로 연결된 경우
- 화학설비 및 그 부속설비에 안전밸브 등이 복수방식으로 설치되어 있는 경우
- 예비용 설비를 설치하고 각각의 설비에 안전밸브 등이 설치되어 있는 경우
- 열팽창에 의하여 상승된 압력을 낮추기 위한 목적으로 안전밸브가 설치된 경우
- 하나의 플레어스택(Flare stack)에 둘 이상 단위공정의 플레어헤더(Flare header)를 연결하여 사용하는 경우로서 각각 단위공정의 플레어헤더에 설치된 차단밸브의 열림·닫힘상태를 중앙제어실에서 알 수 있도록 조치한 경우

1003 / 1601

96

Repetitive Learning (1회 2회 3회)

위험물안전관리법령에서 정한 제3류 위험물에 해당하지 않는 것은?

① 나트륨 ② 알킬알루미늄
③ 황린 ④ 니트로글리세린

해설

- 니트로글리세린은 폭발성 물질 및 유기과산화물의 분류에 포함된다.

위험물안전관리법령의 제3류 위험물

㉠ 개요
- 자연발화성 및 금수성 물질이다.
- 리튬, 칼륨·나트륨, 황, 황린, 황화린·적린, 셀룰로이드류, 알킬알루미늄·알킬리튬, 마그네슘 분말, 금속 분말, 알칼리금속, 유기금속화합물, 금속의 수소화물, 금속의 인화물, 칼슘 탄화물, 알루미늄 탄화물 등이 있다.

㉡ 특징
- 자연발화성 물질은 공기와 접촉할 경우 연소하거나 가연성 가스(H_2)를 발생하며 폭발적으로 연소한다.
- 금수성 물질은 물과 접촉하면 가연성 가스(H_2)를 발생하며 폭발적으로 연소한다.

0403 / 0902 / 1601 / 2102

97

Repetitive Learning (1회 2회 3회)

다음 [표]를 참조하여 메탄 70vol%, 프로판 21vol%, 부탄 9vol%인 혼합가스의 폭발범위를 구하면 약 몇 vol%인가?

가스	폭발하한계[vol%]	폭발상한계[vol%]
C_4H_{10}	1.8	8.4
C_3H_8	2.1	9.5
C_2H_6	3.0	12.4
CH_4	5.0	15.0

① 3.45 ~ 9.11 ② 3.45 ~ 12.58
③ 3.85 ~ 9.11 ④ 3.85 ~ 12.58

해설

- C_2H_6은 에탄이므로 제외한다.
- 메탄(CH_4), 프로판(C_3H_8), 부탄(C_4H_{10})의 종류별 몰분율은 70, 21, 9이다.
- 혼합가스의 폭발하한계는 $\frac{100}{\frac{70}{5}+\frac{21}{2.1}+\frac{9}{1.8}}=\frac{100}{14+10+5}$ $=3.45$[vol%]이다.

95 ③ 96 ④ 97 ② 정답

- 혼합가스의 폭발상한계는 $\frac{100}{\frac{70}{15}+\frac{21}{9.5}+\frac{9}{8.4}}=\frac{100}{4.67+2.2+1.07}$ =12.58[vol%]이다.
- 폭발범위는 3.45~12.58[vol%]이다.

혼합가스의 폭발한계와 폭발범위 실필 1603

㉠ 폭발한계
- 혼합가스의 폭발한계는 혼합가스를 구성하는 각 가스의 폭발한계당 mol 분율 합의 역수로 구한다.
- 혼합가스의 폭발한계는 $\frac{1}{\sum_{i=1}^{n}\frac{\text{mol분율}}{\text{폭발한계}}}$로 구한다.
- [vol%]를 구할 때는 $\frac{100}{\sum_{i=1}^{n}\frac{\text{mol분율}}{\text{폭발한계}}}$[vol%] 식을 이용한다.

㉡ 폭발범위
- 폭발상한계와 폭발하한계를 각각 구해서 범위를 구한다.

98

Repetitive Learning (1회 2회 3회)

ABC급 분말소화약제의 주성분에 해당하는 것은?

① $NH_4H_2PO_4$

② Na_2CO_3

③ Na_2SO_3

④ K_2CO_3

해설

- 우리나라에 가장 많이 보급된 소화약제는 인산암모늄($NH_4H_2PO_4$)이다.

분말소화약제

㉠ 개요
- 분말을 도포하여 연소에 필요한 공기의 공급을 차단시키거나 냉각시키는 질식, 냉각작용을 이용한 소화약제이다.
- 우리나라에 가장 많이 보급된 소화기로 주성분은 A, B, C급 소화에 유효한 제3종 분말소화약제인 인산암모늄($NH_4H_2PO_4$)이다.
- 적응 화재에 따라 크게 BC분말과 ABC분말로 나누어진다.
- 주된 소화방법은 화재를 덮어 질식소화시키는 방법이며, 방사원으로 질소가스를 이용한다.
- 탄산마그네슘과 인산칼슘을 추가하여 분말의 유동성을 향상시킨다.

㉡ 종류
- 소화약제는 제1종 ~ 제4종까지 있다.

종별	주성분	적응화재
1종	탄산수소나트륨($NaHCO_3$)	B, C급 화재
2종	탄산수소칼륨($KHCO_3$)	B, C급 화재
3종	제1인산암모늄($NH_4H_2PO_4$)	A, B, C급 화재
4종	탄산수소칼륨과 요소와의 반응물($KC_2N_2H_3O_3$)	B, C급 화재

1003 / 1503 / 2101

99

Repetitive Learning (1회 2회 3회)

공기 중 아세톤의 농도가 200ppm(TLV 500ppm), 메틸에틸케톤(MEK)의 농도가 100ppm(TLV 200ppm)일 때 혼합물질의 허용농도는 약 몇 ppm인가?(단, 두 물질은 서로 상가작용을 하는 것으로 가정한다)

① 150

② 200

③ 270

④ 333

해설

- 분자(측정치)의 합은 200+100=300이다.
- 분모(노출지수)는 $\frac{200}{500}+\frac{100}{200}=\frac{400+500}{1,000}=0.9$이다. 이는 1보다 작아서 위험물질 규정량 범위 내에 있다.
- 허용농도는 $\frac{300}{0.9}$이므로 333[ppm]까지는 허용된다.

혼합물질의 허용농도와 노출지수

- 유해·위험물질별로 가장 큰 값$\left(\frac{C}{T}\right)$을 각각 구하여 합산한 값(R) 대비 개별 물질의 농도 합으로 구한다(C는 화학물질 각각의 측정치, T는 화학물질 각각의 노출기준이다).
- 허용농도 = $\frac{\sum_{i=1}^{n}C_n}{\sum_{i=1}^{n}\frac{C_n}{T_n}}$로 구한다. 이때 $\sum_{i=1}^{n}\frac{C_n}{T_n}$를 노출지수라 하고 노출지수는 1을 초과하지 아니하는 것으로 한다.

정답 | 98 ① 99 ④

1102

100 ——— Repetitive Learning 1회 2회 3회

다음의 설명에 해당하는 안전장치는?

> 대형의 반응기, 탑, 탱크 등에서 이상상태가 발생할 때 밸브를 정지시켜 원료공급을 차단하기 위한 안전장치로 공기압식, 유압식, 전기식 등이 있다.

① 파열판
② 안전밸브
③ 스팀트랩
④ 긴급차단장치

해설

- 파열판은 과압이 발생했을 때 그 압력을 배출하기 위한 장치로 재사용이 불가능한 장치이다.
- 안전밸브는 공기 및 증기 발생장치의 과압으로부터 시스템을 보호하기 위해 사용되는 밸브로서 유체의 압력이 기준값을 초과하였을 경우 순간적으로 압력을 배출시켜 주는 장치이다.
- 스팀트랩이란 스팀의 누출을 방지하며, 응축수 및 불응축 가스를 배출하는 장치를 말한다.

긴급차단장치

- 대형의 반응기, 탑, 탱크 등에 있어서 이상상태가 발생할 때 밸브를 정지시켜 원료공급을 차단하기 위한 안전장치이다.
- 차단방식에는 공기압식, 유압식, 전기식 등이 있다.

6과목 건설공사 안전관리

2103

101 ——— Repetitive Learning 1회 2회 3회

단관비계의 붕괴 또는 전도를 방지하기 위하여 사용하는 벽이음의 간격 기준으로 옳은 것은?

① 수직방향 5m 이하, 수평방향 5m 이하
② 수직방향 6m 이하, 수평방향 6m 이하
③ 수직방향 7m 이하, 수평방향 7m 이하
④ 수직방향 8m 이하, 수평방향 8m 이하

해설

- 단관비계의 조립 시 벽이음 간격은 수직방향으로 5m, 수평방향으로 5m 이내로 한다.

강관비계 조립 시의 준수사항

- 강관비계의 조립(벽이음) 간격

강관비계의 종류	조립 간격(단위 : m)	
	수직방향	수평방향
단관비계	5	5
틀비계(높이 5m 미만 제외)	6	8

- 강관·통나무 등의 재료를 사용하여 견고한 것으로 할 것
- 인장재(引張材)와 압축재로 구성된 경우에는 인장재와 압축재의 간격을 1m 이내로 할 것

1501

102 ——— Repetitive Learning 1회 2회 3회

건설업 산업안전보건관리비 내역 중 계상비용에 해당되지 않는 것은?

① 근로자 건강관리비
② 건설재해예방 기술지도비
③ 개인보호구 및 안전장구 구입비
④ 외부비계, 작업발판 등의 가설구조물 설치 소요비

해설

- 각종 비계, 작업발판, 가설계단·통로, 사다리 등은 안전시설비로 사용이 불가능하다.

건설업 산업안전보건관리비 사용항목

- 안전관리자 등의 인건비 및 각종 업무수당 등
- 안전시설비 등
- 개인보호구 및 안전장구 구입비 등
- 사업장의 안전진단비
- 안전보건교육비 및 행사비 등
- 근로자의 건강관리비 등
- 기술지도비
- 본사(안전전담부서) 사용비

100 ④ 101 ① 102 ④ 정답

103 Repetitive Learning 1회 2회 3회

다음은 산업안전보건법령에 따른 동바리로 사용하는 파이프 서포트에 관한 사항이다. ( ) 안에 들어갈 내용을 순서대로 옳게 나타낸 것은?

> 가. 파이프 서포트를 (A) 이상 이어서 사용하지 않도록 할 것
> 나. 파이프 서포트를 이어서 사용하는 경우에는 (B) 이상의 볼트 또는 전용철물을 사용하여 이을 것

① A : 2개, B : 2개
② A : 3개, B : 4개
③ A : 4개, B : 3개
④ A : 4개, B : 4개

해설

- 동바리로 사용하는 파이프 서포트를 3개 이상 이어서 사용하지 않도록 하여야 한다.
- 동바리로 사용하는 파이프 서포트를 이어서 사용하는 경우에는 4개 이상의 볼트 또는 전용철물을 사용하여 이어야 한다.

:: 거푸집 동바리 등의 안전조치

㉠ 공통사항
- 받침목의 사용, 콘크리트 타설, 말뚝박기 등 동바리의 침하를 방지하기 위한 조치를 할 것
- 동바리의 상하 고정 및 미끄러짐 방지 조치를 할 것
- 상부·하부의 동바리가 동일 수직선상에 위치하도록 하여 깔판·받침목에 고정시킬 것
- 개구부 상부에 동바리를 설치하는 경우에는 상부하중을 견딜 수 있는 견고한 받침대를 설치할 것
- U헤드 등의 단판이 없는 동바리의 상단에 멍에 등을 올릴 경우에는 해당 상단에 U헤드 등의 단판을 설치하고, 멍에 등이 전도되거나 이탈되지 않도록 고정시킬 것
- 동바리의 이음은 같은 품질의 재료를 사용할 것
- 강재의 접속부 및 교차부는 볼트·클램프 등 전용철물을 사용하여 단단히 연결할 것
- 거푸집의 형상에 따른 부득이한 경우를 제외하고는 깔판이나 받침목은 2단 이상 끼우지 않도록 할 것
- 깔판이나 받침목을 이어서 사용하는 경우에는 그 깔판·받침목을 단단히 연결할 것

㉡ 동바리로 사용하는 파이프 서포트
- 파이프 서포트를 3개 이상 이어서 사용하지 않도록 할 것
- 파이프 서포트를 이어서 사용하는 경우에는 4개 이상의 볼트 또는 전용철물을 사용하여 이을 것
- 높이가 3.5m를 초과하는 경우 2m 이내마다 수평연결재를 2개 방향으로 설치할 것

104 Repetitive Learning 1회 2회 3회

화물취급작업 시 준수사항으로 옳지 않은 것은?

① 꼬임이 끊어지거나 심하게 부식된 섬유로프는 화물운반용으로 사용해서는 아니 된다.
② 섬유로프 등을 사용하여 화물취급작업을 하는 경우에 해당 섬유로프 등을 점검하고 이상을 발견한 섬유로프 등을 즉시 교체하여야 한다.
③ 차량 등에서 화물을 내리는 작업을 하는 경우에 해당 작업에 종사하는 근로자에게 쌓여 있는 화물의 중간에서 필요한 화물을 빼낼 수 있도록 허용한다.
④ 하역작업을 하는 장소에서 작업장 및 통로의 위험한 부분에는 안전하게 작업할 수 있는 조명을 유지한다.

해설

- 화물 중간에서 화물 빼내기는 금지해야 한다.

:: 화물취급작업 시 준수사항

㉠ 꼬임이 끊어진 섬유로프 등의 사용금지 – 사업주는 꼬임이 끊어지거나 심하게 손상되거나 부식된 섬유로프 등을 화물운반용 또는 고정용으로 사용해서는 아니 된다. 실필 1001

㉡ 사용 전 점검 등 – 사업주는 섬유로프 등을 사용하여 화물취급작업을 하는 경우에 해당 섬유로프 등을 점검하고 이상을 발견한 섬유로프 등을 즉시 교체하여야 한다.

㉢ 화물 중간에서 화물 빼내기 금지 – 사업주는 차량 등에서 화물을 내리는 작업을 하는 경우에 해당 작업에 종사하는 근로자에게 쌓여 있는 화물 중간에서 화물을 빼내도록 해서는 아니 된다.

㉣ 하역작업장의 조치기준 실필 2202/1803/1501
- 작업장 및 통로의 위험한 부분에는 안전하게 작업할 수 있는 조명을 유지할 것
- 부두 또는 안벽의 선을 따라 통로를 설치하는 경우에는 폭을 90cm 이상으로 할 것
- 육상에서의 통로 및 작업장소로서 다리 또는 선거(船渠) 갑문(閘門)을 넘는 보도(步道) 등의 위험한 부분에는 안전난간 또는 울타리 등을 설치할 것

정답 | 103 ② 104 ③

105 Repetitive Learning 1회 2회 3회

시스템 비계를 사용하여 비계를 구성하는 경우의 준수사항으로 옳지 않은 것은?

① 수직재・수평재・가새재를 견고하게 연결하는 구조가 되도록 할 것
② 수평재는 수직재와 직각으로 설치하여야 하며, 체결 후 흔들림이 없도록 견고하게 설치할 것
③ 비계 밑단의 수직재와 받침철물은 밀착되도록 설치하고, 수직재와 받침철물의 연결부의 겹침길이는 받침철물 전체 길이의 3분의 1 이상이 되도록 할 것
④ 벽 연결재의 설치간격은 시공자가 안전을 고려하여 임의대로 결정한 후 설치할 것

해설

- 벽 연결재의 설치간격은 제조사가 정한 기준에 따라 설치해야 한다.

시스템 비계의 구조

- 수직재・수평재・가새재를 견고하게 연결하는 구조가 되도록 할 것
- 비계 밑단의 수직재와 받침철물은 밀착되도록 설치하고, 수직재와 받침철물의 연결부의 겹침길이는 받침철물 전체길이의 3분의 1 이상이 되도록 할 것
- 수평재는 수직재와 직각으로 설치하여야 하며, 체결 후 흔들림이 없도록 견고하게 설치할 것
- 수직재와 수직재의 연결철물은 이탈되지 않도록 견고한 구조로 할 것
- 벽 연결재의 설치간격은 제조사가 정한 기준에 따라 설치할 것

106 Repetitive Learning 1회 2회 3회

건설공사 위험성 평가에 관한 내용으로 옳지 않은 것은?

① 건설물, 기계・기구, 설비 등에 의한 유해・위험요인을 찾아내어 위험성을 결정하고 그 결과에 따른 조치를 하는 것을 말한다.
② 사업주는 위험성 평가의 실시내용 및 결과를 기록・보존하여야 한다.
③ 위험성 평가 기록물의 보존기간은 2년이다.
④ 위험성 평가 기록물에는 평가대상의 유해・위험요인, 위험성 결정의 내용 등이 포함된다.

해설

- 위험성 평가 기록물은 문서화하여 기록으로 남겨두고 3년을 보존하여야 한다.

건설공사 위험성 평가

- 건설물, 기계・기구, 설비 등에 의한 유해・위험요인을 찾아내어 위험성을 결정하고 그 결과에 따른 조치를 하는 것을 말한다.
- 사업주는 위험성 평가의 실시내용 및 결과를 기록・보존하여야 한다.
- 위험성 평가 기록물은 문서화하여 기록으로 남겨두고 3년을 보존하여야 한다.
- 위험성 평가 기록물에는 평가대상의 유해・위험요인, 위험성 결정의 내용 등이 포함된다.

1102 / 1402

107

Repetitive Learning 1회 2회 3회

철골작업에서의 승강로 설치기준 중 (   ) 안에 알맞은 것은?

사업주는 근로자가 수직방향으로 이동하는 철골부재에는 답단 간격이 (   ) 이내인 고정된 승강로를 설치하여야 한다.

① 20cm ② 30cm
③ 40cm ④ 50cm

해설

- 사업주는 근로자가 수직방향으로 이동하는 철골부재(鐵骨部材)에는 답단(踏段) 간격이 30cm 이내인 고정된 승강로를 설치하여야 한다.

승강로의 설치

- 사업주는 근로자가 수직방향으로 이동하는 철골부재(鐵骨部材)에는 답단(踏段) 간격이 30cm 이내인 고정된 승강로를 설치하여야 하며, 수평방향 철골과 수직방향 철골이 연결되는 부분에는 연결작업을 위하여 작업발판 등을 설치하여야 한다.

0702

108 Repetitive Learning 1회 2회 3회

사다리식 통로 등을 설치하는 경우 폭은 최소 얼마 이상으로 하여야 하는가?

① 30cm
② 40cm
③ 50cm
④ 60cm

105 ④ 106 ③ 107 ② 108 ① 정답

해설

- 사다리식 통로의 폭은 30cm 이상으로 하여야 한다.

사다리식 통로의 구조 실필 2202/1101/0901

- 견고한 구조로 할 것
- 심한 손상·부식 등이 없는 재료를 사용할 것
- 발판의 간격은 일정하게 할 것
- 발판과 벽과의 사이는 15cm 이상의 간격을 유지할 것
- 폭은 30m 이상으로 할 것
- 사다리가 넘어지거나 미끄러지는 것을 방지하기 위한 조치를 할 것
- 사다리의 상단은 걸쳐놓은 지점으로부터 60cm 이상 올라가도록 할 것
- 사다리식 통로의 길이가 10m 이상인 경우에는 5m 이내마다 계단참을 설치할 것
- 사다리식 통로의 기울기는 75° 이하로 할 것. 다만, 고정식 사다리식 통로의 기울기는 90° 이하로 하고, 그 높이가 7m 이상인 경우에는 바닥으로부터 높이가 2.5m 되는 지점부터 등받이울을 설치할 것
- 접이식 사다리 기둥은 사용 시 접혀지거나 펼쳐지지 않도록 철물 등을 사용하여 견고하게 조치할 것

0803 / 1202

109

추락재해에 대한 예방차원에서 고소작업의 감소를 위한 근본적인 대책으로 옳은 것은?

① 방망 설치
② 지붕트러스의 일체화 또는 지상에서 조립
③ 안전대 사용
④ 비계 등에 의한 작업대 설치

해설

- 철골기둥과 빔을 일체 구조화하거나 지상에서 조립하는 것은 고소작업의 감소를 통해 추락재해를 사전에 예방하기 위한 근본적인 대책이다.

추락재해 예방대책

- 안전모 등 개인보호구 착용 철저
- 안전난간 및 작업발판 설치
- 안전대 부착설비 설치
- 고소작업의 감소를 위해 철골구조물의 일체화 및 지상 조립
- 추락방호망의 설치

1103

110

Repetitive Learning 1회 2회 3회

다음 중 건설공사 유해·위험방지계획서 제출대상 공사가 아닌 것은?

① 지상높이가 50m인 건축물 또는 인공구조물 건설공사
② 연면적이 3천m^2인 냉동·냉장창고시설의 설비공사
③ 최대지간길이가 60m인 교량 건설공사
④ 터널 건설공사

해설

- 냉동·냉장창고시설의 설비공사는 5천m^2 이상인 경우 유해·위험방지계획서 제출대상이 된다.

유해·위험방지계획서 제출대상 공사 실필 1701

- 지상높이가 31m 이상인 건축물 또는 인공구조물, 연면적 3만m^2 이상인 건축물 또는 연면적 5천m^2 이상의 문화 및 집회시설(전시장 및 동물원·식물원은 제외), 판매시설, 운수시설(고속철도의 역사 및 집배송시설은 제외), 종교시설, 의료시설 중 종합병원, 숙박시설 중 관광숙박시설, 지하도상가 또는 냉동·냉장창고시설의 건설·개조 또는 해체공사
- 연면적 5천m^2 이상인 냉동·냉장창고시설의 설비공사 및 단열공사
- 최대지간길이가 50m 이상인 교량 건설 등의 공사
- 터널 건설 등의 공사
- 다목적 댐, 발전용 댐 및 저수용량 2천만톤 이상의 용수 전용 댐, 지방상수도 전용 댐 건설 등의 공사
- 깊이 10m 이상인 굴착공사

1303

111

Repetitive Learning

겨울철 공사 중인 건축물의 벽체 콘크리트 타설 시 거푸집이 터져서 콘크리트가 쏟아지는 사고가 발생하였다. 이 사고의 발생 원인으로 추정 가능한 사안 중 가장 타당한 것은?

① 콘크리트의 타설속도가 빨랐다.
② 진동기를 사용하지 않았다.
③ 철근 사용량이 많았다.
④ 콘크리트의 슬럼프가 작았다.

해설

- 겨울철에는 날씨가 추워 콘크리트의 경화시간이 여름철에 비해 오래 걸리고, 온도가 낮기 때문에 측압이 커져 안전사고의 위험이 더욱 커진다. 문제의 사고는 경화되지 않은 콘크리트로 인해 발생한 사고로, 콘크리트의 타설 속도를 천천히 할 경우 예방할 수 있다.

정답 | 109 ② 110 ② 111 ①

콘크리트 타설작업 실필 1802/1502

- 당일의 작업을 시작하기 전에 해당 작업에 관한 거푸집 동바리 등의 변형·변위 및 지반의 침하 유무 등을 점검하고 이상이 있으면 보수할 것
- 작업 중에는 거푸집 동바리 등의 변형·변위 및 침하 유무 등을 감시할 수 있는 감시자를 배치하여 이상이 있으면 작업을 중지하고 근로자를 대피시킬 것
- 콘크리트 타설작업 시 거푸집 붕괴의 위험이 발생할 우려가 있으면 충분한 보강조치를 할 것
- 설계도서상의 콘크리트 양생기간을 준수하여 거푸집 동바리 등을 해체할 것
- 콘크리트를 타설하는 경우에는 편심이 발생하지 않도록 골고루 분산하여 타설할 것

0801 / 0903

112

Repetitive Learning 1회 2회 3회

다음 중 운반 작업 시 주의사항으로 옳지 않은 것은?

① 운반 시의 시선은 진행방향을 향하고 뒷걸음 운반을 하여서는 안 된다.

② 무거운 물건을 운반할 때 무게 중심이 높은 화물은 인력으로 운반하지 않는다.

③ 어깨높이보다 높은 위치에서 화물을 들고 운반하여서는 안 된다.

④ 단독으로 긴 물건을 어깨에 메고 운반할 때에는 뒤쪽을 위로 올린 상태로 운반한다.

해설

- 단독으로 긴 물건을 어깨에 메고 운반할 때에는 화물 앞부분 끝을 어깨에 메고 뒤쪽 끝을 끌면서 운반한다.

운반 작업 시 주의사항

- 운반 시의 시선은 진행방향을 향하고 뒷걸음 운반을 하여서는 안 된다.
- 무거운 물건을 운반할 때 무게 중심이 높은 화물은 인력으로 운반하지 않는다.
- 어깨높이보다 높은 위치에서 화물을 들고 운반하여서는 안 된다.
- 1인당 무게는 25kg 정도가 적당하며, 무리한 운반을 피한다.
- 단독으로 긴 물건을 어깨에 메고 운반할 때에는 화물 앞부분 끝을 어깨에 메고 뒤쪽 끝을 끌면서 운반한다.
- 내려놓을 때는 천천히 내려놓도록 한다.
- 물건을 들어 올릴 때는 팔과 무릎을 이용하며 척추는 곧게 한다.
- 무거운 물건은 공동 작업으로 실시하고, 공동 작업을 할 때는 신호에 따라 작업한다.

113

Repetitive Learning 1회 2회 3회

다음 중 직접기초의 터파기 공법이 아닌 것은?

① 개착 공법　② 시트 파일 공법

③ 트렌치 컷 공법　④ 아일랜드 컷 공법

해설

- 시트 파일(Sheet pile) 공법은 흙막이벽을 설치하는 공법이다.

터파기 공법의 종류

- 터파기 공법의 종류에는 개착 공법(Open cut), 아일랜드 컷 공법, 트렌치 컷 공법, 탑다운 공법 등이 있다.

공법	설명
개착 공법	경사면을 만들면서 파내려가는 방법
아일랜드 컷 공법	터파기 중앙부분을 먼저 개착하고 구조물을 설치한 후 그 주변부분을 추가 굴착하는 공법
트렌치 컷 공법	아일랜드 컷 공법의 반대로 먼저 둘레부분에서 구조물을 시공한 후 중앙부분을 파내어 시공하는 공법
탑다운 공법	지하 터파기와 지상의 구조체 공사를 병행하여 시공하는 공법

114

Repetitive Learning 1회 2회 3회

건설재해대책의 사면보호 공법 중 식물을 생육시켜 그 뿌리로 사면의 표층토를 고정하여 빗물에 의한 침식, 동상, 이완 등을 방지하고, 녹화에 의한 경관조성을 목적으로 시공하는 것은?

① 식생공

② 쉴드공

③ 뿜어붙이기공

④ 블록공

해설

- 쉴드공(Shield method)은 연약지반이나 대수지방에 터널을 뚫을 때 사용되는 굴착 공법이다.
- 뿜어붙이기공이나 블록공은 구조물에 의한 사면보호 공법에 해당한다.

식생공

- 건설재해대책의 사면보호 공법 중 하나이다.
- 식물을 생육시켜 그 뿌리로 사면의 표층토를 고정하여 빗물에 의한 침식, 동상, 이완 등을 방지하고, 녹화에 의한 경관조성을 목적으로 시공한다.

112 ④ 113 ② 114 ① 정답

0603 / 0703 / 1502

115

Repetitive Learning 1회 2회 3회

훅걸이용 와이어로프 등이 훅으로부터 벗겨지는 것을 방지하기 위한 장치는?

① 해지장치 ② 권과방지장치

③ 과부하방지장치 ④ 턴버클

해설

- 권과방지장치는 과도하게 한계를 벗어나 계속적으로 감아올리는 일이 없도록 제한하는 장치이다.
- 과부하방지장치는 기계설비에 허용 이상의 하중이 가해졌을 때에 그 하중의 권상을 정지시키는 장치를 말한다.
- 턴버클은 두 지점 사이를 연결하는 죔 기구이다.

훅 해지장치

- 훅 해지장치는 훅걸이용 와이어로프 등이 훅으로부터 벗겨지는 것을 방지하기 위한 장치이다.
- 사업주는 훅걸이용 와이어로프 등이 훅으로부터 벗겨지는 것을 방지하기 위한 장치를 구비한 크레인을 사용하여야 하며, 그 크레인을 사용하여 짐을 운반하는 경우에는 해지장치를 사용하여야 한다.

0401 / 1501 / 2102

116

장비가 위치한 지면보다 낮은 장소를 굴착하는 데 적합한 장비는?

① 백호우 ② 파워셔블

③ 트럭 크레인 ④ 진폴

해설

- 파워셔블은 기계가 서 있는 지면보다 높은 곳을 파는 작업에 가장 적합한 굴착기계이다.
- 트럭 크레인은 운반작업에 편리하고 평면적인 넓은 장소에서 기동력 있게 작업할 수 있는 철골용 기계장비이다.
- 진폴은 철제나 나무를 기둥으로 세운 후 윈치나 사람의 힘을 이용해 화물을 인양하는 설비로 소규모 또는 가이 데릭으로 할 수 없는 펜트하우스 등의 돌출부에 쓰이고 중량재료를 달아 올리기에 편리한 철골세우기용 기계설비이다.

백호우(Back hoe)

- 기계가 위치한 지면보다 낮은 장소를 굴착하는 데 적합한 장비이다.
- 지반보다 6m 정도 깊은 경질 지반의 기초파기에 적합한 굴착기계이다.
- 비교적 굳은 지반 토질의 구멍파기나 도랑파기 작업에 이용된다.

0603 / 0701 / 1501 / 1903 / 2103

117

Repetitive Learning 1회 2회 3회

크기가 5cm인 매듭방망 신품의 인장강도는 최소 몇 kg 이상이어야 하는가?

① 60 ② 110

③ 150 ④ 200

해설

- 매듭방망의 인장강도는 신품의 경우 그물코의 크기가 5cm이면 110kg, 10cm이면 200kg 이상이다.

신품 방망 인장강도

그물코 한변 길이	무매듭방망	매듭방망
10cm	240kg 이상(150kg)	200kg 이상(135kg)
5cm		110kg 이상(60kg)

단, ( )은 폐기기준이다.

1001 / 1203

118

Repetitive Learning 

잠함 또는 우물통의 내부에서 굴착작업을 할 때 준수사항으로 옳지 않은 것은?

① 굴착 깊이가 10m를 초과하는 때에는 해당 작업장소와 외부와의 연락을 위한 통신설비 등을 설치한다.

② 산소결핍의 우려가 있는 때에는 산소의 농도를 측정하는 자를 지명하여 측정하도록 한다.

③ 근로자가 안전하게 승강하기 위한 설비를 설치한다,

④ 측정 결과 산소의 결핍이 인정될 때에는 송기를 위한 설비를 설치하여 필요한 양의 공기를 송급하여야 한다.

해설

- 통신설비의 설치는 굴착 깊이가 20m를 초과하는 경우의 준수사항이다.

잠함 또는 우물통의 내부에서 굴착작업 시 준수사항 실필 1701

- 산소결핍 우려가 있는 경우에는 산소의 농도를 측정하는 사람을 지명하여 측정하도록 하고, 측정 결과 산소결핍이 인정되거나 굴착 깊이가 20m를 초과하는 경우에는 송기(送氣)를 위한 설비를 설치하여 필요한 양의 공기를 공급해야 한다.
- 근로자가 안전하게 오르내리기 위한 설비를 설치해야 한다.
- 굴착 깊이가 20m를 초과하는 경우에는 해당 작업장소와 외부와의 연락을 위한 통신설비 등을 설치해야 한다.

정답 | 115 ① 116 ① 117 ② 118 ①

119 Repetitive Learning (1회 2회 3회)

이동식 비계를 조립하여 작업을 하는 경우의 준수사항으로 옳지 않은 것은?

① 비계의 최상부에서 작업을 하는 경우에는 안전난간을 설치할 것
② 작업발판은 항상 수평을 유지하고 작업발판 위에서 안전난간을 딛고 작업을 하거나 받침대 또는 사다리를 사용하여 작업하지 않도록 할 것
③ 작업발판의 최대적재하중은 150kg을 초과하지 않도록 할 것
④ 이동식 비계의 바퀴에는 뜻밖의 갑작스러운 이동 또는 전도를 방지하기 위하여 브레이크 · 쐐기 등으로 바퀴를 고정시킨 다음 비계의 일부를 견고한 시설물에 고정하거나 아웃트리거(Outrigger)를 설치하는 등 필요한 조치를 할 것

해설

- 이동식 비계의 작업발판 최대적재하중은 250kg을 초과하지 않도록 한다.

:: 이동식 비계 조립 및 사용 시 준수사항

- 이동식 비계의 바퀴에는 뜻밖의 갑작스러운 이동 또는 전도를 방지하기 위하여 브레이크 · 쐐기 등으로 바퀴를 고정시킨 다음 비계의 일부를 견고한 시설물에 고정하거나 아웃트리거(Outrigger)를 설치하는 등 필요한 조치를 할 것
- 승강용 사다리는 견고하게 설치할 것
- 비계의 최상부에서 작업을 하는 경우에는 안전난간을 설치할 것
- 작업발판은 항상 수평을 유지하고 작업발판 위에서 안전난간을 딛고 작업을 하거나 받침대 또는 사다리를 사용하여 작업하지 않도록 할 것
- 작업발판의 최대적재하중은 250kg을 초과하지 않도록 할 것

0801 / 1201 / 1403

120 Repetitive Learning (1회 2회 3회)

항타기 또는 항발기의 권상장치 드럼축과 권상장치로부터 첫 번째 도르래의 축 간의 거리는 권상장치 드럼 폭의 몇 배 이상으로 하여야 하는가?

① 5배 ② 8배
③ 10배 ④ 15배

해설

- 항타기 또는 항발기의 권상장치의 드럼축과 권상장치로부터 첫 번째 도르래의 축 간의 거리를 권상장치 드럼 폭의 15배 이상으로 하여야 한다.

:: 도르래의 부착 등 실작 1703/1503

- 사업주는 항타기나 항발기에 도르래나 도르래 뭉치를 부착하는 경우에는 부착부가 받는 하중에 의하여 파괴될 우려가 없는 브라켓 · 샤클 및 와이어로프 등으로 견고하게 부착하여야 한다.
- 사업주는 항타기 또는 항발기의 권상장치의 드럼축과 권상장치로부터 첫 번째 도르래의 축 간의 거리를 권상장치 드럼 폭의 15배 이상으로 하여야 한다.
- 도르래는 권상장치의 드럼 중심을 지나야 하며 축과 수직면상에 있어야 한다.

119 ③ 120 ④ | 정답

출제문제 분석 2019년 1회

구분	1과목	2과목	3과목	4과목	5과목	6과목	합계
New유형	4	1	2	2	1	3	13
New문제	6	7	7	9	4	7	40
또나온문제	7	10	9	6	5	4	41
자꾸나온문제	7	3	4	5	11	9	39
합계	20	20	20	20	20	20	120

- New유형은 New문제 중 기존 기출문제와 완전히 다른 유형의 문제를 말합니다.
- New문제는 기존에 출제되지 않은 문제로 이번에 처음 출제되는 문제이거나 기존 출제된 문제의 변형된 형태입니다.
- 또나온문제는 기존에 출제된 적이 1번 있는 문제를 말합니다.
- 자꾸나온문제는 기존에 출제된 적이 2번 이상 있는 문제를 말합니다. 그만큼 중요한 문제입니다.

몇 년분의 기출문제를 공부해야 합격할 수 있을까요?

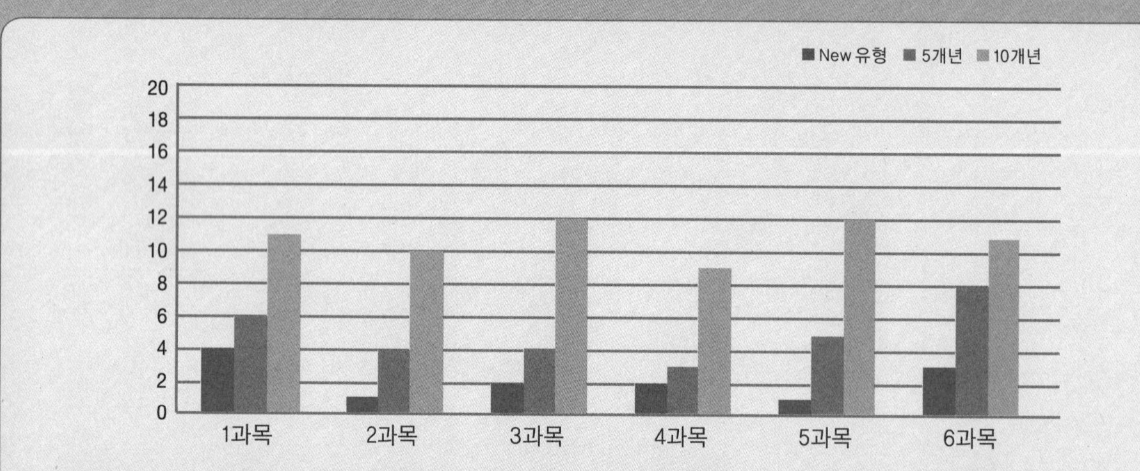

- 완전 새로운 유형의 문제는 13문제이고 107문제가 이미 출제된 문제 혹은 변형문제입니다.
- 5년분(2016~2020) 기출에서 동일문제가 30문항이 출제되었고, 10년분(2011~2020) 기출에서 동일문제가 65문항이 출제되었습니다.

실기에 나왔어요!! 외우세요!!!

실기시험은 필답형과 작업형으로 구분되어 있으며 모두 직접 주관식으로 내용을 적어야 합니다. 필기공부하면서 실기 출제된 내역들은 좀 더 신경써서 암기하실 필요가 있어요. 필기 합격자 발표 난 후 실기시험까지는 5주밖에 여유가 없답니다. 어차피 공부할 것 필기 때 확실하게 해준다면 실기도 단방에 합격할 수 있습니다.

- 총 36개의 해설이 실기 필답형 시험과 연동되어 있습니다.
- 총 6개의 해설이 실기 작업형 시험과 연동되어 있습니다.

분석의견

최근 10년분의 기출문제와 답이라도 정확하게 암기하고 계신 분이라면 합격하는 데 어려움이 없을 만큼 쉽게 출제된 시험이었습니다. 다만 5년분만 공부하신 분에게는 동일문제가 39문항밖에 출제되지 않아 다소 어렵다고 느끼실 수도 있는 난이도의 시험이었습니다. 다소 특이한 점은 1과목에 새로운 유형의 문제가 4문항이나 출제되어 평소 1과목에서 고득점을 획득하여 오셨던 분들이 시험 시작 후 다소 당황스러웠을 수도 있었으리라 판단됩니다. 합격에 필요한 점수를 획득하기 위해서는 최근 5년분 문제와 핵심이론의 3회독 혹은 최근 10년분 문제와 핵심이론의 2회독 이상의 학습이 필요합니다.

2019년 제1회

2019년 3월 3일 필기

19년 1회차 필기시험
합격률 51.1%

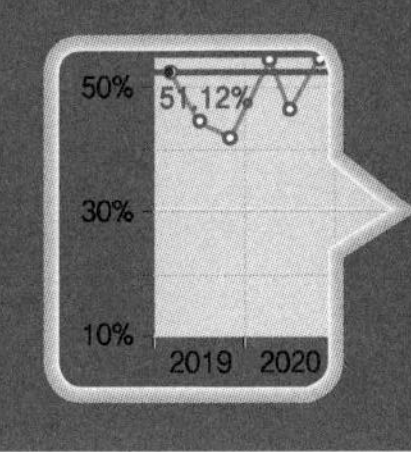

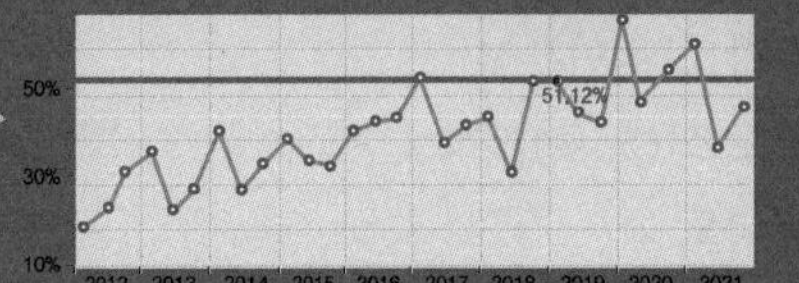

1과목 산업재해 예방 및 안전보건교육

0301 / 0902

01 Repetitive Learning (1회 2회 3회)

안전교육방법 중 학습자가 이미 설명을 듣거나 시범을 보고 알게 된 지식이나 기능을 강사의 감독 아래 직접적으로 연습하여 적용할 수 있도록 하는 교육방법은?

① 모의법
② 토의법
③ 실연법
④ 프로그램 학습법

해설

- 모의법은 실제의 장면이나 상태와 극히 유사한 상태를 인위적으로 만들어 그 속에서 학습하도록 하는 교육방법을 말한다.
- 토의법은 교수자와 학습자 간 혹은 학습자 간의 의사소통과 상호작용을 통해 정보와 의견을 교환하고 결론을 이끌어내는 교수학습법이다.
- 프로그램 학습법은 학생이 자기 학습속도에 따라 프로그램 자료를 가지고 단독으로 학습하도록 하는 교육방법이다.

실연법

㉠ 개요
- 학습자가 이미 설명을 듣거나 시범을 보고 알게 된 지식이나 기능을 강사의 감독 아래 직접적으로 연습하여 적용할 수 있도록 하는 교육방법이다.
- 안전교육방법 중 피교육자의 동작과 직접적으로 관련 있는 교육방법이다.

㉡ 특징
- 수업의 중간이나 마지막 단계에 행하는 것으로서 언어학습이나 문제해결 학습에 효과적인 학습법이다.
- 직접 실습하는 만큼 학생들의 참여가 높고, 다른 방법에 비해서 교사 대 학습자 수의 비율이 높다.

1303

02 Repetitive Learning (1회 2회 3회)

제일선의 감독자를 교육대상으로 하고, 작업을 지도하는 방법, 작업개선방법 등의 주요 내용을 다루는 기업 내 교육방법은?

① TWI
② MTP
③ ATT
④ CCS

해설

- MTP는 TWI보다 상위의 관리자 양성을 위한 정형훈련으로, 관리자의 업무관리능력 및 동기부여능력을 육성하고자 실시한다.
- ATT는 대상계층이 한정되지 않은 정형교육으로, 하루 8시간씩 2주간 실시하는 토의식 교육이다.
- CCS는 ATP라고도 하며, 최고경영자를 위한 교육으로 매주 4일, 하루 4시간씩 8주간 진행하는 교육이다.

TWI(Training Within Industry for supervisor)

㉠ 개요
- 일선 관리 감독자를 대상으로 인간관계를 개선하고 생산성을 향상시키기 위하여 고안된 훈련방법을 말한다.
- 교육내용에는 작업지도기법(JI : Job Instruction), 작업개선기법(JM : Job Methods), 인간관계기법(JR : Job Relations), 안전작업방법(JS : Job Safety) 등이 있다.

㉡ 주요 교육내용
- JRT(Job Relation Training)는 인간관계 관리기법으로 부하통솔기법과 관련된다.
- JIT(Job Instruction Training)는 작업지도기법으로 직장 내 부하 직원에 대하여 가르치는 기술과 관련된다.

정답 | 01 ③ 02 ①

03 Repetitive Learning 1회 2회 3회

사고의 원인 분석방법에 해당하지 않는 것은?

① 통계적 원인분석
② 종합적 원인분석
③ 클로즈(Close)분석
④ 관리도

해설

• 재해원인 분석방법은 크게 통계적 원인분석과 비통계적 원인분석방법으로 나뉘며, 클로즈분석, 관리도는 대표적인 통계적 원인분석방법에 해당한다.

통계에 의한 재해원인 분석방법

• 파레토도, 특성요인도, 클로즈분석, 관리도 등이 있다.

구분	내용
파레토도 (Pareto diagram)	작업현장에서 발생하는 작업환경 불량이나 고장, 재해 등의 내용을 분류하고 그 건수와 금액을 크기 순으로 나열하여 작성한 그래프
특성요인도 (Characteristics diagram)	재해의 원인과 결과를 연계하여 상호관계를 파악하기 위하여 어골상으로 도표화하는 분석방법
클로즈분석	두 가지 이상의 문제에 대한 관계분석 시에 주로 사용하는 분석방법
관리도 (Control chart)	산업재해의 분석 및 평가를 위하여 재해발생 건수 등의 추이에 한계선을 설정하여 목표관리를 수행하는 재해통계 분석기법

0701

04 

국제노동기구(ILO)의 산업재해 정도구분에서 부상 결과 근로자가 신체장해등급 제12급 판정을 받았다고 하면 이는 어느 정도의 부상을 의미하는가?

① 영구 전노동불능
② 영구 일부노동불능
③ 일시 전노동불능
④ 일시 일부노동불능

해설

• 12등급은 신체장해등급 4~14등급에 포함되며, 부상의 결과로 인해 신체 부분의 일부가 노동기능을 상실한 부상을 당한 경우에 해당한다.

국제노동기구(ILO)의 상해정도별 분류 실필 2203/1602

• 사망 : 안전사고로 사망하거나 혹은 부상의 결과로 사망한 것으로 노동손실일수는 7,500일이다.
• 영구 전노동불능 상해(신체장해등급 1~3급)는 부상의 결과로 인해 노동기능을 완전히 상실한 부상을 말한다. 노동손실일수는 7,500일이다.
• 영구 일부노동불능 상해(신체장해등급 4~14급)는 부상의 결과로 인해 신체 부분 일부가 노동기능을 상실한 부상을 말한다. 노동손실일수는 신체장해등급에 따른 손실일수를 적용한다.

구분	사망	신체장해등급											
		1~3	4	5	6	7	8	9	10	11	12	13	14
근로손실일수	7,500	7,500	5,500	4,000	3,000	2,200	1,500	1,000	600	400	200	100	50

• 일시 전노동불능 상해는 의사의 진단으로 일정기간 정규 노동에 종사할 수 없는 상해로 신체장애가 남지 않는 일반적인 휴업재해를 말한다.
• 일시 일부노동불능 상해는 의사의 진단으로 일정기간 정규 노동에 종사할 수 없으나 휴무상태가 아닌 일시 가벼운 노동에 종사 가능한 상해를 말한다.
• 응급조치 상해는 응급조치 또는 자가 치료(1일 미만) 후 정상작업에 임할 수 있는 상해를 말한다.

0603 / 1501

05 Repetitive Learning 1회 2회 3회

다음의 재해사례에서 기인물에 해당하는 것은?

> 기계작업에 배치된 작업자가 반장의 지시를 받기 전에 정지된 선반을 운전시키면서 변속치차의 덮개를 벗겨내고 치차를 저속으로 운전하면서 급유하려고 할 때 오른손이 변속치차에 맞물려 손가락이 절단되었다.

① 덮개
② 급유
③ 선반
④ 변속치차

해설

• 사고유형은 협착, 기인물은 선반, 가해물은 변속치차에 해당하는 재해이다.

사고의 분석 실작 1703/1701/1601/1503

구분	내용
기인물	• 재해를 유발하거나 영향을 끼친 에너지원을 가진 기계·장치, 구조물, 물질, 사람 또는 환경 • 주로 불안전한 상태와 관련
가해물	사람에게 직접적으로 상해를 입힌 기계, 장치, 구조물, 물체, 물질, 사람 또는 환경
사고유형	재해의 발생형태별 분류 기준에 의한 유형

03 ② 04 ② 05 ③ 정답

0603

06

하인리히의 재해코스트 평가방식에서 재해손실금액 중 직접손비가 아닌 것은?

① 산재보상비용
② 치료비용
③ 간호비용
④ 생산손실비용

해설

- 생산손실비용은 재해로 인한 직접적인 손실비용이 아니라 재해로 인한 기계의 멈춤으로 인해 일어나는 간접적인 손실비용에 해당한다.

하인리히의 재해손실비용 평가

- 직접비 : 간접비의 비율은 1 : 4로 계산해 산업재해로 인한 총 손실비용은 직접비(산업재해보상비)의 5배로 한다.
- 직접손실비용에는 치료비, 휴업급여, 장해급여, 유족급여, 요양급여, 간병급여, 직업재활급여, 장례비 등이 있다.
- 간접손실비용에는 부상자를 비롯한 직원의 시간손실, 이익의 감소, 생산손실비, 기계, 공구 재료 등의 재산손실 등이 있다.

1401

07

Repetitive Learning 1회 2회 3회

한 사람 한 사람의 위험에 대한 감수성 향상을 도모하기 위한 삼각 및 원포인트 위험예지훈련을 통합한 활용기법은?

① 1인 위험예지훈련
② TBM 위험예지훈련
③ 자문자답 위험예지훈련
④ 시나리오 역할연기훈련

해설

- TBM 위험예지훈련은 현장에서 그때 그 장소의 상황에서 즉응하여 실시하는 위험예지활동으로 즉시즉응법이라고도 한다.
- 시나리오 역할연기훈련이란 작업 전 5분간 미팅의 시나리오를 작성하여 멤버가 시나리오에 의하여 역할연기(Role-playing)를 함으로써 체험 학습하는 기법을 말한다.
- 자문자답 위험예지훈련이란 각자가 자문자답카드 항목을 소리내어 자문자답하면서 위험요인을 발견하는 1인 위험예지훈련의 한 종류이다.

1인 위험예지훈련

- 각자의 위험에 대한 감수성 향상을 도모하기 위하여 실시하는 삼각 및 원포인트 위험예지훈련을 말한다.
- 한 사람 한 사람의 위험에 대한 감수성 향상을 도모하기 위한 삼각 및 원포인트 위험예지훈련을 통합한 활용기법이다.

08

Repetitive Learning 1회 2회 3회

보호구 안전인증 고시에 따른 분리식 방진마스크의 성능기준에서 포집효율이 특급인 경우, 염화나트륨(NaCl) 및 파라핀 오일(Paraffin oil) 시험에서의 포집효율은?

① 99.95% 이상
② 99.9% 이상
③ 99.5% 이상
④ 99.0% 이상

해설

- 특급의 방진마스크는 석면을 취급하는 곳이나 독성이 강한 분진이 발생되는 곳에서 사용하며, 분리식의 경우 시험 포집효율이 99.95% 이상, 안면부 여과식의 경우 99.0% 이상이어야 한다.

방진마스크 여과재 분진 등 포집효율

형태 및 등급		염화나트륨(NaCl) 및 파라핀 오일(Paraffin oil) 시험(%)
분리식	특급	99.95 이상
	1급	94.0 이상
	2급	80.0 이상
안면부 여과식	특급	99.0 이상
	1급	94.0 이상
	2급	80.0 이상

09

Repetitive Learning 1회 2회 3회

안전검사기관 및 자율검사프로그램 인정기관은 고용노동부장관에게 그 실적을 보고하도록 관련법에 명시되어 있는데 그 주기로 옳은 것은?

① 매월
② 격월
③ 분기
④ 반기

해설

- 안전검사기관은 분기마다 고용노동부장관에게 실적을 제출하여야 한다.

안전검사 실적보고

- 안전검사기관 및 공단은 안전검사 및 심사 실시결과를 전산으로 입력하는 등 검사 대상품에 대한 통계관리를 하여야 한다.
- 안전검사기관은 분기마다 다음 달 10일까지 분기별 실적과, 매년 1월 20일까지 전년도 실적을 고용노동부장관에게 제출하여야 하며, 공단은 분기마다 다음 달 10일까지 분기별 실적과, 매년 1월 20일까지 전년도 실적을 고용노동부장관에게 제출하여야 한다.

정답 06 ④ 07 ① 08 ① 09 ③

10 Repetitive Learning 1회 2회 3회

사고예방대책의 기본원리 5단계 중 틀린 것은?

① 1단계 : 안전관리계획
② 2단계 : 현상파악
③ 3단계 : 분석평가
④ 4단계 : 대책의 선정

해설

- 1단계는 안전관리조직과 규정에 대해 정의하는 단계이다.

하인리히의 사고예방의 기본원리 5단계 실필 1501

단계	단계별 과정	필요 조치
1단계	안전관리조직과 규정	• 책임과 권한의 부여
2단계	사실의 발견으로 현상파악	• 자료수집 • 작업분석과 위험확인 • 안전점검 · 검사 및 조사 실시
3단계	분석을 통한 원인규명	• 인적 · 물적 · 환경조건의 분석 • 교육훈련 및 배치 사항 파악 • 사고기록 및 관계자료 대조확인
4단계	시정방법의 선정	• 기술적인 개선 • 작업배치의 조정 • 교육훈련의 개선
5단계	시정책의 적용	• 기술(Engineering)적 대책 • 교육(Education)적 대책 • 관리(Enforcement)적 대책

1201

11 Repetitive Learning 1회 2회 3회

산업안전보건법상 안전 · 보건표지의 종류 중 관계자 외 출입금지표지에 해당하는 것은?

① 안전모착용
② 폭발성물질경고
③ 방사성물질경고
④ 석면취급 및 해체 · 제거

해설

- 관계자 외 출입금지표지의 대상은 허가대상 유해물질 취급 작업장, 석면취급 및 해체 제거 작업장, 금지유해 물질 취급 장소이다.

관계자 외 출입금지표지 대상 실필 1603/1103

- 허가대상 유해물질 취급 작업장
- 석면취급 및 해체 · 제거 작업장
- 금지 유해물질 취급 장소

1003 / 1503

12 Repetitive Learning 1회 2회 3회

다음 중 재해예방의 4원칙에 관한 설명으로 틀린 것은?

① 재해의 발생에는 반드시 원인이 존재한다.
② 재해의 발생과 손실의 발생은 우연적이다.
③ 재해예방을 위한 가능한 안전대책은 반드시 존재한다.
④ 재해는 원인 제거가 불가능하므로 예방만이 최우선이다.

해설

- 예방가능의 원칙에 따르면 모든 사고는 예방이 가능하다.

하인리히의 재해예방 4원칙 실필 1402/1001/0803

원칙	내용
대책선정의 원칙	사고의 원인을 발견하면 반드시 대책을 세워야 하며, 모든 사고는 대책선정이 가능하다는 원칙
손실우연의 원칙	사고로 인한 손실은 우연적이라는 원칙
예방가능의 원칙	모든 사고는 예방이 가능하다는 원칙
원인연계의 원칙 (원인계기의 원칙)	사고는 반드시 원인이 있으며 이는 필연적인 인과관계로 작용한다는 원칙

0401 / 0702 / 0801 / 1001 / 1402 / 1801

13 Repetitive Learning 1회 2회 3회

적응기제(適應機制, Adjustment mechanism)의 종류 중 도피적 기제(행동)에 속하지 않는 것은?

① 고립
② 퇴행
③ 억압
④ 합리화

해설

- 합리화는 대표적인 방어기제의 한 종류이다.

도피기제(Escape mechanism)

- 도피기제는 긴장이나 불안감을 해소하기 위하여 비합리적인 행동으로 당면한 상황을 벗어나려는 기제를 말한다.
- 도피적 기제에는 억압(Repression), 공격(Aggression), 고립(Isolation), 퇴행(Regression), 백일몽(Day-dream) 등이 있다.

10 ① 11 ④ 12 ④ 13 ④ 정답

0401 / 1501

14 Repetitive Learning (1회 2회 3회)

다음 중 안전관리조직의 참모식(Staff형) 장점이 아닌 것은?

① 경영자의 조언과 자문역할을 한다.

② 안전정보 수집이 용이하고 빠르다.

③ 안전에 관한 명령과 지시는 생산라인을 통해 신속하게 전달한다.

④ 안전전문가가 안전계획을 세워 문제해결 방안을 모색하고 조치한다.

해설

- 안전에 관한 명령과 지시가 생산라인을 통해 신속하게 전달되는 것은 직계형 조직의 장점이다.

참모(Staff)형 조직

㉠ 개요

- 100~1,000명의 근로자가 근무하는 중규모 사업장에 주로 적용한다.
- 안전업무를 관장하는 전문부분인 스태프(Staff)가 안전관리 계획안을 작성하고, 실시계획을 추진하며, 이를 위한 정보의 수집과 주지, 활용하는 역할을 수행하는 조직이다.

㉡ 특징

- 안전지식 및 기술의 축적이 용이하다.
- 경영자에 대한 조언과 자문역할을 한다.
- 안전정보의 수집이 용이하고 빠르다.
- 안전에 관한 명령과 지시와 관련하여 권한 다툼이 일어나기 쉽고, 통제가 복잡하다.

0801 / 1003 / 1802

15 Repetitive Learning (1회 2회 3회)

다음 중 주의의 수준이 Phase 0인 상태에서의 의식 상태로 옳은 것은?

① 무의식상태

② 의식의 이완상태

③ 명료한 상태

④ 과긴장상태

해설

- 의식의 이완상태는 Phase Ⅱ에 해당한다.
- 명료한 상태는 Phase Ⅲ에 해당한다.
- 과긴장상태는 Phase Ⅳ에 해당한다.

인간의 의식레벨

단계	의식수준	설명
Phase 0	무의식, 실신상태	외계의 능력에 대응하는 능력이 어느 정도는 있는 무의식 동작의 상태
Phase Ⅰ	이상, 피로 및 단조로움	심신이 피로하거나 단조로운 작업을 반복할 경우 의식수준의 저하현상이 발생
Phase Ⅱ	정상, 이완상태	생리적 상태가 안정을 취하거나 휴식할 때에 해당
Phase Ⅲ	정상, 명쾌	• 중요하거나 위험한 작업을 안전하게 수행하기에 적합 • 신뢰성이 가장 높은 상태의 의식수준
Phase Ⅳ	과긴장	돌발사태의 발생으로 인하여 주의의 일점집중현상이 일어나는 경우의 의식수준

1302

16 Repetitive Learning (1회 2회 3회)

인간오류에 관한 분류 중 독립행동에 의한 분류가 아닌 것은?

① 생략오류

② 실행오류

③ 명령오류

④ 시간오류

해설

- 명령오류(Command error)는 휴먼에러 중 원인에 의한 분류의 항목이다.

행위적 관점에서의 휴먼에러 분류(Swain)

실필 1801/1702/1601/1401/1201/0901/0803/0802

실행오류 (Commission error)	작업 수행 중 작업을 정확하게 수행하지 못해 발생한 에러
생략오류 (Omission error)	필요한 작업 또는 절차를 수행하지 않는데 기인한 에러
불필요한 수행오류 (Extraneous error)	불필요한 작업 또는 절차를 수행함으로써 발생한 에러
순서오류 (Sequential error)	필요한 작업 또는 절차의 순서 착오로 인한 에러
시간오류 (Timing error)	필요한 작업 또는 절차의 수행을 지연한데 기인한 에러

정답 | 14 ③ 15 ① 16 ③

17 ─ Repetitive Learning (1회 2회 3회)

산업안전보건법상 특별안전보건교육에서 방사선 업무에 관계되는 작업을 할 때 교육내용으로 거리가 먼 것은?

① 방사선의 유해·위험 및 인체에 미치는 영향
② 방사선의 측정기기 기능의 점검에 관한 사항
③ 비상시 응급처치 및 보호구 착용에 관한 사항
④ 산소농도측정 및 작업환경에 관한 사항

해설

- 산소농도측정 및 작업환경에 관한 사항은 맨홀이나 탱크 내부에서 작업할 경우 실시하는 특별안전보건교육의 교육내용에 해당한다.

방사선 업무에 관계되는 작업 시 특별안전보건교육 내용

- 방사선의 유해·위험 및 인체에 미치는 영향
- 방사선의 측정기기 기능의 점검에 관한 사항
- 방호거리·방호벽 및 방사선물질의 취급 요령에 관한 사항
- 응급처치 및 보호구 착용에 관한 사항
- 그 밖에 안전·보건관리에 필요한 사항

18 ─ Repetitive Learning (1회 2회 3회)

특정 과업에서 에너지 소비수준에 영향을 미치는 인자가 아닌 것은?

① 작업방법 ② 작업속도
③ 작업관리 ④ 도구

해설

- 에너지 소비량에 영향을 미치는 인자에는 작업자세, 작업방법, 작업속도, 도구설계 등이 있다.

에너지소비와 작업등급

- 에너지 소비량에 영향을 미치는 인자에는 작업자세, 작업방법, 작업속도, 도구설계 등이 있다.
- 에너지 소비량이 7.5kcal/분 이상인 작업은 자주 휴식을 취해야 한다.
- 하루 8시간 동안 작업할 경우 남자는 5kcal/분, 여자는 3.5kcal/분을 넘지 않도록 한다.

1403

19 ─ Repetitive Learning (1회 2회 3회)

다음 중 산업안전보건법령상 안전인증대상 기계·기구 및 설비에 해당하지 않는 것은?

① 연삭기 ② 롤러기
③ 압력용기 ④ 고소(高所)작업대

해설

- 연삭기는 자율안전확인대상 기계·기구에 속한다.

안전인증대상 기계·기구 실필 1603/1403/1003/1001

- 프레스, 전단기, 절곡기, 크레인, 리프트, 압력용기, 롤러기, 사출성형기, 고소작업대, 곤돌라, 프레스 및 전단기 방호장치, 양중기용 과부하 방지장치, 보일러 압력방출용 안전밸브, 압력용기 압력방출용 안전밸브, 압력용기 압력방출용 파열판, 절연용 방호구 및 활선작업용 기구, 방폭구조 전기기계·기구 및 부품, 추락·낙하 및 붕괴 등의 위험방호에 필요한 가설기자재, 충돌·협착 등의 위험 방지에 필요한 산업용 로봇 방호장치, 추락 및 감전위험방지용 안전모, 안전화, 안전장갑, 방진마스크, 방독마스크, 송기마스크, 전동식 호흡보호구, 보호복, 안전대, 차광 및 비산물 위험방지용 보안경, 용접용 보안면, 방음용 귀마개 또는 귀덮개

0602 / 1502

20 ─ Repetitive Learning (1회 2회 3회)

다음 중 안전·보건교육계획의 수립 시 고려할 사항으로 가장 거리가 먼 것은?

① 현장의 의견을 충분히 반영한다.
② 대상자의 필요한 정보를 수집한다.
③ 안전교육시행체계와의 연관성을 고려한다.
④ 정부규정에 의한 교육에 한정하여 실시한다.

해설

- 안전교육 계획 수립에 있어서 정부규정에 의한 교육만 한정해서 실시해서는 안 된다.

안전·보건교육계획의 수립 시 고려사항

- 현장의 의견을 충분히 반영한다.
- 대상자의 필요한 정보를 수집한다.
- 안전교육시행체계와의 연관성을 고려한다.
- 법 규정 혹은 정부규정을 고려한다.

2과목 인간공학 및 위험성 평가·관리

0902 / 2102

21 ─ Repetitive Learning (1회 2회 3회)

의도는 올바른 것이었지만, 행동이 의도한 것과는 다르게 나타나는 오류를 무엇이라 하는가?

① Slip ② Mistake
③ Lapse ④ Violation

17 ④ 18 ③ 19 ① 20 ④ 21 ① 정답

해설

- Mistake는 착오로서 상황해석을 잘못하거나 목표를 잘못 이해하고 착각하여 행하는 인간의 실수를 말한다.
- Lapse는 건망증으로 일련의 과정에서 일부를 빠뜨리거나 기억의 실패에 의해 발생하는 오류이다.
- Violation은 위반을 말하는데 규칙을 알고 있음에도 의도적으로 따르지 않거나 무시한 경우에 발생하는 오류이다.

인간의 다양한 오류모형

착각(Illusion)	감각적으로 물리현상을 왜곡하는 지각오류
착오(Mistake)	상황해석을 잘못하거나 목표를 잘못 이해하고 착각하여 행하는 인간의 실수로 위치, 순서, 패턴, 형상, 기억오류 등 외부적 요인에 의해 나타나는 오류
실수(Slip)	의도는 올바른 것이었지만, 행동이 의도한 것과는 다르게 나타나는 오류
건망증(Lapse)	일련의 과정에서 일부를 빠뜨리거나 기억의 실패에 의해 발생하는 오류
위반(Violation)	정해진 규칙을 알고 있음에도 의도적으로 따르지 않거나 무시한 경우에 발생하는 오류

22

Repetitive Learning 

음압수준이 70dB인 경우, 1,000Hz에서 순음의 phon 치는?

① 50phon
② 70phon
③ 90phon
④ 100phon

해설

- 음압수준이 70dB이라는 것은 1,000Hz에서 phon값이 70이라는 의미이다.

Phon

- phon값은 1,000Hz에서의 순음의 음압수준(dB)에 해당한다.
- 즉, 음압수준이 120dB일 경우 1,000Hz에서의 phon값은 120이 된다.

1403

23

쾌적환경에서 추운 환경으로 변화 시 신체의 조절작용이 아닌 것은?

① 피부의 온도가 내려간다.
② 직장온도가 약간 내려간다.
③ 몸이 떨리고 소름이 돋는다.
④ 피부를 경유하는 혈액 순환량이 감소한다.

해설

- 적정온도에서 추운 환경으로 변화하면 직장의 온도는 올라간다.

적정온도에서 추운 환경으로 변화

- 직장의 온도가 올라간다.
- 피부의 온도가 내려간다.
- 몸이 떨리고 소름이 돋는다.
- 피부를 경유하는 혈액 순환량이 감소하고 많은 양의 혈액은 주로 몸의 중심부를 순환한다.

0803

24

Repetitive Learning 

다음의 각 단계를 결함수분석법(FTA)에 의한 재해사례의 연구 순서대로 나열한 것은?

> ㉠ 정상사상의 선정
> ㉡ FT도 작성 및 분석
> ㉢ 개선 계획의 작성
> ㉣ 각 사상의 재해원인 규명

① ㉠ → ㉡ → ㉢ → ㉣
② ㉠ → ㉣ → ㉢ → ㉡
③ ㉠ → ㉢ → ㉡ → ㉣
④ ㉠ → ㉣ → ㉡ → ㉢

해설

- 결함수분석에서도 FT도를 작성한 후에 개선계획을 작성하고 실시계획을 잡는다.

결함수분석(FTA)에 의한 재해사례의 연구 순서 실필 1102/1003

1단계	정상(Top)사상의 선정
2단계	사상마다 재해원인 및 요인 규명
3단계	FT(Fault Tree)도 작성
4단계	개선계획의 작성
5단계	개선안 실시계획

25

Repetitive Learning 1회 2회 3회

점광원으로부터 0.3m 떨어진 구면에 비추는 광량이 5Lumen일 때, 조도는 약 몇 Lux인가?

① 0.06
② 16.7
③ 55.6
④ 83.4

정답 | 22 ② 23 ② 24 ④ 25 ③

해설

- 광도가 5이고, 거리가 0.3이므로 조도는
$\frac{5}{0.3^2} = \frac{5}{0.09} = 55.56$[lux]가 된다.

:: 조도(照度) 실필 2201/1901

㉠ 개요

- 조도는 특정 지점에 도달하는 광의 밀도를 말한다.
- 반사체의 반사율과는 상관없이 일정한 값을 갖는다.
- 거리의 제곱에 반비례하고, 광도에 비례하므로
$\frac{광도}{(거리)^2}$로 구한다.

㉡ 단위

- 단위는 럭스(Lux)를 주로 사용한다. 1Lux는 1cd의 점광원으로부터 1m 떨어진 구면에 비추는 광의 밀도이며, 촛불 1개의 조도이다.
- Candela는 단위시간당 한 발광점으로부터 투광되는 빛의 에너지양이다.

26

Repetitive Learning (1회 2회 3회)

생명유지에 필요한 단위시간당 에너지량을 무엇이라 하는가?

① 기초 대사량 ② 산소 소비율
③ 작업 대사량 ④ 에너지 소비율

해설

- 작업 대사량은 작업에 소요되는 에너지 소비량으로 작업 시 소비되는 에너지에서 안정 시 소비되는 에너지를 빼면 구할 수 있다.

:: 기초 대사량(BMR : Basal Metabolic Rate)

- 사람이 아무것도 하지 않음에도 소모되는 에너지로 생명활동을 유지하기 위한 최소의 에너지를 말한다.
- 뇌의 활동, 심장의 박동, 위의 소화활동 등 내장기간이 움직이는 데 필요한 에너지를 말한다.
- 성인의 기초 대사량은 1일 1,500~1,800kcal 정도이다.

1201 / 1502

27

Repetitive Learning (1회 2회 3회)

FT도에 사용되는 다음 게이트의 명칭은?

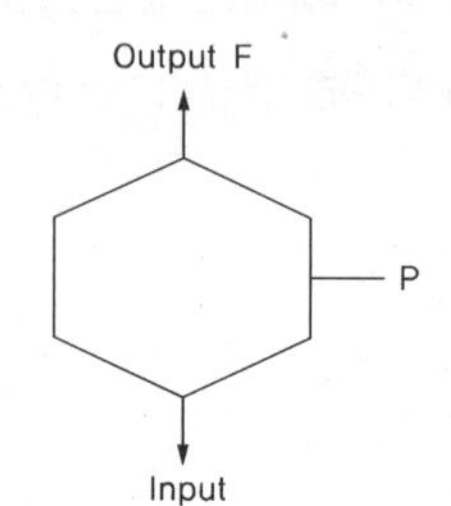

① 부정 게이트
② 억제 게이트
③ 배타적 OR 게이트
④ 우선적 AND 게이트

해설

- 부정 게이트는 FT도에서 입력현상의 반대현상이 출력되는 게이트이다.

배타적 OR 게이트	우선적 AND 게이트
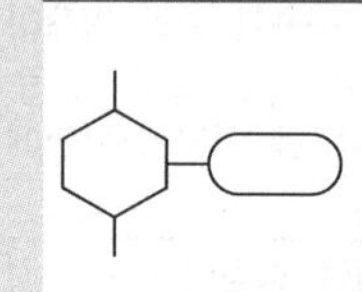	

:: 억제 게이트(Inhibit gate)

	• 한 개의 입력사상에 의해 출력사상이 발생하며, 출력사상이 발생되기 전에 입력사상이 특정조건을 만족하여야 한다. • 조건부 사건이 발생하는 상황하에서 입력현상이 발생할 때 출력현상이 발생한다.

1403

28

Repetitive Learning (1회 2회 3회)

인간-기계 시스템의 설계를 6단계로 구분할 때 다음 중 첫 번째 단계에서 시행하는 것은?

① 기본 설계
② 시스템의 정의
③ 인터페이스 설계
④ 시스템의 목표와 성능 명세 결정

해설

- 기본설계는 3단계, 시스템의 정의는 2단계, 인터페이스 설계는 4단계이다.

:: 인간-기계 시스템의 설계 과정

1단계	시스템의 목표와 성능 명세 결정	목적 및 존재 이유에 대한 개괄적 표현
2단계	시스템의 정의	목표 달성을 위한 필요한 기능의 결정
3단계	기본 설계	기능의 할당, 인간성능 요건 명세, 직무분석, 작업설계
4단계	인터페이스 설계	작업공간, 화면설계, 표시 및 조종장치
5단계	보조물 설계 혹은 편의수단 설계	성능보조자료, 훈련도구 등 보조물 계획
6단계	평가	

26 ① 27 ② 28 ④ 정답

0502

29 Repetitive Learning (1회 2회 3회)

음량수준을 측정할 수 있는 세 가지 척도에 해당되지 않는 것은?

① sone　② Lux
③ phon　④ 인식소음수준

해설

- 음량수준을 측정하는 척도에는 phon 및 sone에 의한 음량수준과 인식소음수준 등을 들 수 있다.

음량수준

- 음의 크기를 나타내는 단위에는 dB(PNdB, PLdB), phon, sone 등이 있다.
- 음량수준을 측정하는 척도에는 phon 및 sone에 의한 음량수준과 인식소음수준 등을 들 수 있다.
- 음의 세기는 진폭의 크기에 비례한다.
- 음의 높이는 주파수에 비례한다(주파수는 주기와 반비례한다).
- 인식소음수준은 소음의 측정에 이용되는 척도로 PNdB와 PLdB로 구분된다.

30 Repetitive Learning (1회 2회 3회)

수리가 가능한 어떤 기계의 가용도(Availability)는 0.9이고, 평균 수리시간(MTTR)이 2시간일 때, 이 기계의 평균수명(MTBF)은?

① 15시간　② 16시간
③ 17시간　④ 18시간

해설

- 평균수명(MTBF)은 가용도를 통해서 구할 수 있다.
- 총 운용시간은 [평균 수리시간+평균수명(MTBF)]이므로 가용도 측면에서 볼 때 총 운용시간은 1이고, 평균 수리시간은 (1-가용도)이므로 0.1에 해당한다. 평균 수리시간이 2시간이라고 했으므로 총 운용시간은 20시간이고, 평균수명은 18시간이 된다.

설비의 가동성(Availability)

- 가동률, 가용도라고도 하며, 특정 설비가 정상적으로 작동하여 그 설치목적을 수행하는 비율을 말한다.
- $\frac{MTBF}{MTBF+MTTR} = \frac{\text{평균고장간격}}{\text{평균고장간격}+\text{평균수리시간}}$
 $= \frac{\text{평균수리율}}{\text{평균고장률}+\text{평균수리율}}$
 $= \frac{\text{실질가동시간}}{\text{총 운용시간}}$으로 구한다.

1402

31 Repetitive Learning (1회 2회 3회)

동작경제의 원칙으로 볼 수 없는 것은?

① 신체 사용에 관한 원칙
② 작업장의 배치에 관한 원칙
③ 사용자 요구 조건에 관한 원칙
④ 공구 및 설비 디자인에 관한 원칙

해설

- 동작경제의 원칙은 크게 신체 사용의 원칙, 작업장 배치의 원칙, 공구 및 설비 디자인의 원칙으로 분류할 수 있다.

동작경제의 원칙

㉠ 개요
- 작업자가 경제적인 동작을 통해 피로도를 감소시키면서도 능률을 향상시키게 하기 위한 원칙이다.
- 신체 사용의 원칙, 작업장 배치의 원칙, 공구 및 설비 디자인의 원칙으로 분류된다.
- 동작을 가급적 조합하여 하나의 동작으로 한다.
- 동작의 수는 줄이고, 동작의 속도는 적당히 한다.

㉡ 신체 사용의 원칙
- 두 손의 동작은 동시에 시작해서 동시에 끝나야 한다.
- 휴식시간을 제외하고는 양손을 같이 쉬게 해서는 안 된다.
- 손의 동작은 유연하고 연속적인 동작이어야 한다.
- 동작이 급작스럽게 크게 바뀌는 직선 동작은 피해야 한다.
- 두 팔의 동작은 동시에 서로 반대방향으로 대칭적으로 움직이도록 한다.

㉢ 작업장 배치의 원칙
- 공구나 재료는 작업동작이 원활하게 수행하도록 그 위치를 정해준다.
- 공구, 재료 및 제어장치는 사용하기 가까운 곳에 배치해야 한다.

㉣ 공구 및 설비 디자인의 원칙
- 치구나 족답장치를 이용하여 양손이 다른 일을 할 수 있도록 한다.
- 공구의 기능을 결합하여 사용하도록 한다.

0303 / 0403 / 1203

32 Repetitive Learning (1회 2회 3회)

인간-기계 시스템의 연구 목적으로 가장 적절한 것은?

① 정보 저장의 극대화
② 운전 시 피로의 평준화
③ 시스템 신뢰성의 최소화
④ 안전의 극대화 및 생산능률의 향상

정답 | 29 ② 30 ④ 31 ③ 32 ④

해설

- 인간-기계 체계의 주 목적은 안전의 최대화와 능률의 극대화에 있다.

:: 인간-기계 체계

㉠ 개요
- 인간-기계 체계의 주 목적은 안전의 최대화와 능률의 극대화에 있다.
- 인간-기계 체계의 기본기능에는 감지기능, 정보처리 및 의사결정기능, 행동기능, 정보보관기능(4대 기능), 출력기능 등이 있다.

㉡ 인간-기계 시스템의 5대 기능 실필 1502/1403

감지기능	인체의 눈이나 기계의 표시장치 같은 감지기능
정보처리 및 의사결정기능	회상, 인식, 정리 등을 통한 정보처리 및 의사결정기능
행동기능	정보처리의 결과로 발생하는 조작행위(음성 등)
정보보관기능	정보의 저장 및 보관기능으로 위 3가지 기능 모두와 상호작용
출력기능	시스템에서 의사결정 된 사항을 실행에 옮기는 과정

1501

33 Repetitive Learning (1회 2회 3회)

산업안전보건법령에 따라 제조업 중 유해·위험방지계획서 제출대상 사업의 사업주가 유해·위험방지계획서를 제출하고자 할 때 첨부하여야 하는 서류에 해당하지 않는 것은? (단, 기타 고용노동부장관이 정하는 도면 및 서류 등은 제외한다)

① 공사개요서
② 기계·설비의 배치도면
③ 기계·설비의 개요를 나타내는 서류
④ 원재료 및 제품의 취급, 제조 등의 작업방법의 개요

해설

- 공사개요서는 건설업 유해·위험방지계획서 제출 시 첨부서류에 해당한다.

:: 제조업 유해·위험방지계획서 제출 시 첨부서류 실필 2402/1303/0903
- 건축물 각 층의 평면도
- 기계·설비의 개요를 나타내는 서류
- 기계·설비의 배치도면
- 원재료 및 제품의 취급, 제조 등의 작업방법의 개요
- 그 밖에 고용노동부장관이 정하는 도면 및 서류

1301

34 Repetitive Learning (1회 2회 3회)

인체계측자료의 응용원칙에 있어 조절 범위에서 수용하는 통상의 범위는 얼마인가?

① 5 ~ 95%tile
② 20 ~ 80%tile
③ 30 ~ 70%tile
④ 40 ~ 60%tile

해설

- 조절범위에서 수용하는 통상의 범위는 5 ~ 95%tile이다.

:: 인체계측에서의 %tile

㉠ 개요
- %tile = 평균값 ± (표준편차 × %tile 계수)로 구한다.
- 조절범위에서 수용하는 통상의 범위는 5 ~ 95%tile이다.

㉡ %tile 구하는 방법
- 5%tile = 평균 - 1.645 × 표준편차로 구한다.
- 95%tile = 평균 + 1.645 × 표준편차로 구한다.

0402 / 0802 / 1102

35 Repetitive Learning (1회 2회 3회)

FTA에서 시스템의 기능을 살리는 데 필요한 최소한의 요인의 집합을 무엇이라 하는가?

① Boolean indicated cut set
② Minimal gate
③ Minimal path
④ Critical set

해설

- FTA에서 시스템의 신뢰도를 표시하는 것으로 시스템의 기능을 살리는 데 필요한 최소한의 요인의 집합을 최소 패스 셋이라 한다.

:: 최소 패스 셋(Minimal path sets) 실필 2303/1302

㉠ 개요
- FTA에서 시스템의 신뢰도를 표시하는 것이다.
- FTA에서 시스템의 기능을 살리는 데 필요한 최소한의 요인의 집합을 말한다.

㉡ FT도에서 최소 패스 셋 구하는 법
- 최소 패스 셋은 FT도의 결합 게이트들을 반대로(AND ↔ OR) 변환한 후 최소 컷 셋을 구하면 된다.

33 ① 34 ① 35 ③ 정답

36

Repetitive Learning 1회 2회 3회

시스템 수명주기의 단계 중 마지막 단계인 것은?

① 구상단계
② 개발단계
③ 운전단계
④ 생산단계

해설

- 보기에서 주어진 단계를 순서대로 나열하면 구상 – (정의) – 개발 – 생산 – 운전 – (폐기) 순이다.

시스템 수명주기 6단계

단계	내용
1단계 구상(Concept)	예비위험분석(PHA)이 적용되는 단계
2단계 정의(Definition)	시스템 안전성 위험분석(SSHA) 및 생산물의 적합성을 검토하고 예비설계와 생산기술을 확인하는 단계
3단계 개발(Development)	FMEA, HAZOP 등이 실시되는 단계로 설계의 수용가능성을 위해 완벽한 검토가 이뤄지는 단계
4단계 생산(Production)	안전관리자에 의해 안전교육 등 전체 교육이 실시되는 단계
5단계 운전(Deployment)	사고조사 참여, 기술변경의 개발, 고객에 의한 최종 성능검사, 시스템 안전 프로그램에 대하여 안전점검 기준에 따라 평가하는 단계
6단계 폐기	

1502

37

Repetitive Learning 

염산을 취급하는 A업체에서는 신설 설비에 관한 안전성 평가를 실시해야 한다. 정성적 평가단계의 주요 진단항목에 해당하는 것은?

① 공장 내의 배치
② 제조공정의 개요
③ 재평가 방법 및 계획
④ 안전 · 보건교육 훈련계획

해설

- 공장의 입지조건이나 배치는 2단계 정성적 평가에서 설계관계에 대한 평가에 해당한다.

안전성 평가 6단계 실필 1703/1303

단계	내용
1단계	관계 자료의 작성 준비
2단계	• 정성적 평가 • 설계(공장의 입지조건, 공장 내 배치)와 운전관계에 대한 평가
3단계	• 정량적 평가 • 취급물질, 용량, 온도, 압력 및 조작을 통한 위험도 평가
4단계	• 안전대책 수립 • 설비대책과 관리적 대책
5단계	재해정보에 의한 재평가
6단계	FTA에 의한 재평가

1502

38

Repetitive Learning 

실린더 블록에 사용하는 가스켓의 수명은 평균 10,000시간이며, 표준편차는 200시간으로 정규분포를 따른다. 사용시간이 9,600시간일 경우 이 가스켓의 신뢰도는 약 얼마인가?(단, 표준 정규분포표에서 $u_{0.8413} = 1$, $u_{0.9772} = 2$이다)

① 84.13% ② 88.73%
③ 92.72% ④ 97.72%

해설

- 확률변수 X는 정규분포 $N(10,000, 200^2)$을 따른다.
- 9,600시간은 $\frac{9,600-10,000}{200} = -2$가 나오므로 표준정규분포상 $-Z_2$보다 큰 값을 신뢰도로 한다는 의미이다. 이는 전체에서 $-Z_2$보다 작은 값을 빼면 된다.

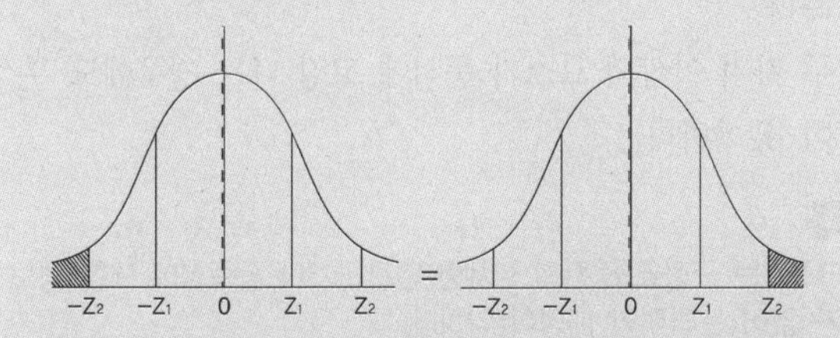

- 정규분포의 특성상 이는 Z_2보다 큰 값과 동일한 값이다. Z_2의 값이 0.9772이므로 1−0.9772 = 0.0228이 된다.
- 신뢰도는 위에서 구한 0.0228을 제외한 부분에 해당하므로 1−0.228 = 0.9772이다.

정규분포

- 확률변수 X는 정규분포 N(평균, 표준편차²)을 따른다.
- 구하고자 하는 값을 정규분포상의 값으로 변환하려면 $\frac{\text{대상값} - \text{평균}}{\text{표준편차}}$을 이용한다.

정답 | 36 ③ 37 ① 38 ④

2201

39 Repetitive Learning 1회 2회 3회

정신적 작업 부하에 관한 생리적 척도에 해당하지 않는 것은?

① 부정맥지수　　② 근전도
③ 점멸융합주파수　　④ 뇌파도

해설

• 근전도(EMG)는 인간의 생리적 부담 척도 중 국소적 근육 활동의 척도로 가장 적합한 변수이다.

생리적 척도

• 인간-기계 시스템을 평가하는 데 사용하는 인간기준척도 중 하나이다.
• 중추신경계 활동에 관여하므로 그 활동 및 징후를 측정할 수 있다.
• 정신적 작업부하 척도 가운데 직무수행 중에 계속해서 자료를 수집할 수 있고, 부수적인 활동이 필요 없는 장점을 가진 척도이다.
• 정신작업의 생리적 척도는 EEG(수면뇌파), 심박수, 부정맥, 점멸융합주파수, J.N.D(Just-Noticeable Difference) 등을 통해 확인할 수 있다.
• 육체작업의 생리적 척도는 EMG(근전도), 맥박수, 산소 소비량, 폐활량, 작업량 등을 통해 확인할 수 있다.

40 Repetitive Learning 1회 2회 3회

FMEA의 장점이라 할 수 있는 것은?

① 분석방법에 대한 논리적 배경이 강하다.
② 물적, 인적 요소 모두가 분석대상이 된다.
③ 서식이 간단하고 비교적 적은 노력으로 분석이 가능하다.
④ 두 가지 이상의 요소가 동시에 고장 나는 경우에도 분석이 용이하다.

해설

• FMEA는 구성요소 간의 상세한 연관관계나 종속성에 대한 정보가 없어 논리적인 배경이 약하다.
• FMEA는 해석영역이 물체에 한정되기 때문에 인적 원인(Human error) 해석이 곤란하다.
• FMEA는 동시에 2가지 이상의 요소가 고장 나는 경우 해석이 힘들다.

고장형태와 영향분석(FMEA)

㉠ 개요
• 시스템 안전분석에 이용되는 전형적인 정성적, 귀납적 분석방법으로서, 서식이 간단하고 비교적 적은 노력으로 특별한 훈련 없이 분석이 가능하다는 장점을 가지고 있는 기법이다.
• 제품설계와 개발단계에서 고장 발생을 최소로 하고자 하는 경우에 유효한 분석기법이다.

㉡ 장점
• 양식이 간단하여 특별한 훈련 없이 비전문가도 해석이 가능하다.
• 전체요소의 고장을 유형별로 분석할 수 있다.

㉢ 단점
• 해석영역이 물체에 한정되기 때문에 인적 원인(Human error) 해석이 곤란하다.
• 동시에 2가지 이상의 요소가 고장 나는 경우 해석이 힘들다.

3과목 기계 · 기구 및 설비 안전관리

0303 / 0702 / 1503

41 Repetitive Learning

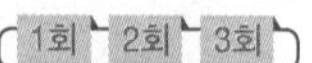

다음 중 용접 결함의 종류에 해당하지 않는 것은?

① 비드(Bead)
② 기공(Blow hole)
③ 언더컷(Under cut)
④ 용입불량(Incomplete penetration)

해설

• 비드(Bead)는 용접봉에서 녹아내려 모재에 붙은 용접물로, 용접 결함에 해당하지 않는다.

아크용접 결함

㉠ 개요
• 용접 불량은 재료가 가지는 결함이 아니라 작업수행 시에 발생되는 결함이다.
• 용접 불량의 종류에는 기공, 스패터, 언더컷, 크레이터, 피트, 오버랩, 용입불량 등이 있다.

㉡ 결함의 종류

결함	설명
기공 (Blow hole)	용접 금속 안에 기체가 갇힌 상태로 굳어버린 것
스패터 (Spatter)	용융된 금속의 작은 입자가 튀어나와 모재에 묻어 있는 것
언더컷 (Under cut)	전류가 과대하고 용접속도가 너무 빠르며, 아크를 짧게 유지하기 어려운 경우 모재 및 용접부의 일부가 녹아서 홈 또는 오목하게 생긴 부분
크레이터 (Crater)	용접 길이의 끝부분에 오목하게 파인 부분
피트 (Pit)	용착금속 속에 남아있는 가스로 인하여 생긴 구멍

39 ② 40 ③ 41 ① 정답

오버랩 (Over lap)	용접봉의 운행이 불량하거나 용접봉의 용융 온도가 모재보다 낮을 때 과잉 용착금속이 남아있는 부분
용입불량 (Incomplete penetration)	용접부에 있어서 모재의 표면과 모재가 녹은 부분의 최저부 사이의 거리를 용입이라고 하는데, 용접부에서 용입이 되어 있지 않거나 불충분한 것

1302

42 Repetitive Learning 1회 2회 3회

와이어로프의 꼬임은 일반적으로 특수로프를 제외하고는 보통꼬임(Ordinary lay)과 랭꼬임(Lang's lay)으로 분류할 수 있다. 다음 중 랭꼬임과 비교하여 보통꼬임의 특징에 관한 설명으로 틀린 것은?

① 킹크가 잘 생기지 않는다.
② 내마모성, 유연성, 저항성이 우수하다.
③ 로프의 변형이나 하중을 걸었을 때 저항성이 크다.
④ 스트랜드의 꼬임 방향과 로프의 꼬임 방향이 반대이다.

해설

- 보통꼬임은 접촉면적이 작아 마모에 의한 손상이 크다는 단점을 갖는다.

:: 와이어로프의 꼬임 종류 실필 1502/1102

㉠ 개요
- 스트랜드의 꼬임 모양에 따라 S꼬임과 Z꼬임이 있다.
- 스트랜드의 꼬임 방향에 따라 랭꼬임과 보통꼬임으로 구분한다.

㉡ 랭꼬임
- 랭꼬임은 로프와 스트랜드의 꼬임 방향이 같은 방향인 꼬임을 말한다.
- 접촉면적이 커 마모에 의한 손상이 적고 내구성이 우수하나 풀리기 쉽다.

㉢ 보통꼬임
- 보통꼬임은 로프와 스트랜드의 꼬임 방향이 서로 반대방향인 꼬임을 말한다.
- 접촉면적이 작아 마모에 의한 손상은 크지만 변형이나 하중에 대한 저항성이 크고, 잘 풀리지 않아 킹크의 발생이 적다.

1302

43 Repetitive Learning 1회 2회 3회

다음 중 산업안전보건법령상 연삭숫돌을 사용하는 작업의 안전수칙으로 틀린 것은?

① 연삭숫돌을 사용하는 경우 작업시작 전과 연삭숫돌을 교체한 후에는 1분 이상 시운전을 통해 이상 유무를 확인한다.
② 회전 중인 연삭숫돌이 근로자에게 위험을 미칠 우려가 있는 경우에 그 부위에 덮개를 설치하여야 한다.
③ 연삭숫돌의 최고사용회전속도를 초과하여 사용하여서는 안 된다.
④ 측면을 사용하는 목적으로 하는 연삭숫돌 이외는 측면을 사용해서는 안 된다.

해설

- 시운전은 작업시작 전에 1분, 연삭숫돌 교체 후 3분간 실시한다.

:: 산업안전보건법상의 연삭숫돌 사용 시 안전조치 실필 1303/0802

- 사업주는 회전 중인 연삭숫돌(지름이 5cm 이상인 것)이 근로자에게 위험을 미칠 우려가 있는 경우에 그 부위에 덮개를 설치하여야 한다.
- 사업주는 연삭숫돌을 사용하는 작업의 경우 작업을 시작하기 전에는 1분 이상, 연삭숫돌을 교체한 후에는 3분 이상 시험운전을 하고 해당 기계에 이상이 있는지를 확인하여야 한다.
- 시험운전에 사용하는 연삭숫돌은 작업 시작 전에 결함이 있는지를 확인한 후 사용하여야 한다.
- 사업주는 연삭숫돌의 최고사용회전속도를 초과하여 사용하도록 해서는 아니 된다.
- 사업주는 측면을 사용하는 것을 목적으로 하지 않는 연삭숫돌을 사용하는 경우 측면을 사용하도록 해서는 아니 된다.
- 숫돌 고정장치인 평형플랜지의 직경은 설치하는 숫돌 직경의 1/3 이상, 여윳값은 1.5mm 이상이어야 한다.
- 연삭 작업시 안전을 위해 작업자는 연삭기의 측면에 위치한다.
- 연삭숫돌을 결합할 때는 열로 인한 팽창을 고려하여 축과 0.1~0.15mm 정도의 틈새를 둔다.

1202

44 Repetitive Learning

기능의 안전화 방안을 소극적 대책과 적극적 대책으로 구분할 때 다음 중 적극적 대책에 해당하는 것은?

① 기계의 이상을 확인하고 급정지시켰다.
② 원활한 작동을 위해 급유를 하였다.
③ 회로를 개선하여 오동작을 방지하도록 하였다.
④ 기계의 볼트 및 너트가 이완되지 않도록 다시 조립하였다.

해설

- 기계의 이상을 확인하고 급정지시키는 것은 기능적 안전화의 1차(소극적) 대책이고, 회로 개선을 통한 오동작 방지는 기능적 안전화의 2차(적극적) 대책에 해당한다.

기능적 안전화 실필 1403/0503

㉠ 개요

- 기계설비의 이상 시에 기계를 급정지시키거나 안전장치가 작동되도록 하는 소극적인 대책과 전기회로를 개선하여 오동작을 방지하거나 별도의 안전한 회로에 의해 정상기능을 찾을 수 있도록 하는 안전화를 말한다.

㉡ 특징

- 기능적 안전화를 위해서는 안전설계와 밀접한 관련을 가지므로 설계단계에서부터 안전대책을 수립하여야 한다.
- 전압 강하 시 기계의 자동정지와 같은 Fail safe 기능이 대표적인 1차적인 기능적 안전화 대책이다.
- 2차적인 적극적인 기능적 안전화 대책은 회로 개선을 통한 오동작 방비 대책이다.

1503

45 — Repetitive Learning 

다음 중 공장 소음에 대한 방지계획에 있어 소음원에 대한 대책에 해당하지 않는 것은?

① 해당 설비의 밀폐
② 설비실의 차음벽 시공
③ 작업자의 보호구 착용
④ 소음기 및 흡음장치 설치

해설

- 귀마개 및 귀덮개 등의 방음 보호구의 착용은 음원에 대한 대책이 아니다. 일시적, 개인적인 소음에 대한 소극적인 수음자 대책이다.

소음발생 시 음원 대책

- 소음원의 통제
- 소음설비의 격리
- 설비의 적절한 재배치
- 저소음 설비의 사용

1201

46 — Repetitive Learning 1회 2회 3회

재료의 강도시험 중 항복점을 알 수 있는 시험의 종류는?

① 비파괴시험　　② 충격시험
③ 인장시험　　④ 피로시험

해설

- 인장시험을 통해 재료의 항복점 · 내력 · 인장강도 · 연신율 · 탄성한도 등을 측정할 수 있다.

인장시험(Tension test)

- 시험기를 이용해 시험대상 재료에 힘을 늘려가면서 잡아당겨 끊어질 때까지의 변화와 하중을 측정하는 시험이다.
- 재료의 항복점(Yielding point) · 내력(耐力) · 인장강도 · 연신율(Elongation strength) · 탄성한도(Elastic limit) 등 기계적인 여러 성질을 측정할 수 있다.

47 — Repetitive Learning 1회 2회 3회

프레스 및 전단기에 사용되는 손쳐내기식 방호장치의 성능기준에 대한 설명 중 옳지 않은 것은?

① 진동각도 · 진폭시험 : 행정길이가 최소일 때 진동각도는 60~90°이다.
② 진동각도 · 진폭시험 : 행정길이가 최대일 때 진동각도는 30~60°이다.
③ 완충시험 : 손쳐내기봉에 의한 과도한 충격이 없어야 한다.
④ 무부하 동작시험 : 1회의 오동작도 없어야 한다.

해설

- 행정길이가 최대일 때의 진동각도는 45~90°이다.

손쳐내기식 방호장치의 성능기준

진동각도 · 진폭시험	행정길이가 최소일 때 진동각도 : 60 ~ 90° 행정길이가 최대일 때 진동각도 : 45 ~ 90°
완충시험	손쳐내기봉에 의한 과도한 충격이 없어야 한다.
무부하 동작시험	1회의 오동작도 없어야 한다.

2103

48 — Repetitive Learning 1회 2회 3회

다음 중 프레스를 제외한 사출성형기(射出成形機) · 주형조형기(鑄型造形機) 및 형단조기 등에 관한 안전조치사항으로 틀린 것은?

① 근로자의 신체 일부가 말려들어갈 우려가 있는 경우에는 양수조작식 방호장치를 설치하여 사용한다.
② 게이트가드식 방호장치를 설치할 경우에는 연동구조를 적용하여 문을 닫지 않아도 동작할 수 있도록 한다.
③ 사출성형기의 전면에 작업용 발판을 설치할 경우 근로자가 쉽게 미끄러지지 않는 구조여야 한다.
④ 기계의 히터 등의 가열부위, 감전우려가 있는 부위에는 방호덮개를 설치하여 사용한다.

45 ③ 46 ③ 47 ② 48 ② | 정답

해설

- 게이트가드식 방호장치는 닫지 아니하면 기계가 작동되지 아니하는 연동구조(連動構造)여야 한다.

사출성형기 등의 방호장치

- 사업주는 사출성형기(射出成形機)·주형조형기(鑄型造形機) 및 형단조기(프레스 등은 제외한다) 등에 근로자의 신체 일부가 말려들어갈 우려가 있는 경우 게이트가드(Gate guard) 또는 양수조작식 등에 의한 방호장치, 그 밖에 필요한 방호 조치를 하여야 한다.
- 게이트가드는 닫지 아니하면 기계가 작동되지 아니하는 연동구조(連動構造)여야 한다.
- 사업주는 기계의 히터 등의 가열 부위 또는 감전 우려가 있는 부위에는 방호덮개를 설치하는 등 필요한 안전조치를 하여야 한다.

1302 / 1603 / 2201

49 Repetitive Learning 1회 2회 3회

보일러 등에 사용하는 압력방출장치의 봉인은 무엇으로 실시해야 하는가?

① 구리 테이프
② 납
③ 봉인용 철사
④ 알루미늄 실(Seal)

해설

- 압력방출장치는 매년 1회 이상 적정하게 작동하는지를 검사한 후 납으로 봉인하여 사용하여야 한다.

압력방출장치 실필 1101/0803

㉠ 개요
- 사업주는 보일러의 안전한 가동을 위하여 보일러 규격에 맞는 압력방출장치를 1개 또는 2개 이상 설치하고 최고사용압력 이하에서 작동되도록 하여야 한다.
- 압력방출장치의 종류에는 중추식, 스프링식, 지렛대식 안전밸브가 있다.
- 스프링식 압력밸브를 사용하는 압력방출장치를 가장 많이 사용한다.
- 압력방출장치는 매년 1회 이상 산업통상자원부장관의 지정을 받은 국가교정업무 전담기관에서 교정을 받은 압력계를 이용하여 설정 압력에서 압력방출장치가 적정하게 작동하는지를 검사한 후 납으로 봉인하여 사용하여야 한다.

㉡ 설치
- 압력방출장치는 가능한 보일러 동체에 직접 설치한다.
- 압력방출장치가 2개 이상 설치된 경우에는 최고사용압력 이하에서 1개가 작동되고, 다른 압력방출장치는 최고사용압력 1.05배 이하에서 작동되도록 부착하여야 한다.

0901

50 Repetitive Learning 1회 2회 3회

유해·위험기계·기구 중에서 진동과 소음을 동시에 수반하는 기계설비로 가장 거리가 먼 것은?

① 컨베이어
② 사출성형기
③ 가스용접기
④ 공기압축기

해설

- 아세틸렌 및 가스용접장치는 진동과 소음을 수반하지 않는다.

진동과 소음

- 기어를 가진 기계의 경우 기어의 각종 설계요인, 제조요인, 조립요인 등에 의해 진동과 소음이 발생하게 된다. 컨베이어, 건설기계 중 이동장비 등이 이에 해당한다.
- 회전 기계의 경우 불평형, 정렬 불량 및 균열의 발생, 베어링의 결함 등으로 인해 진동이 발생함과 동시에 소음이 발생하는데 사출성형기, 공기압축기를 비롯한 모터나 원동기, 터빈을 갖춘 동력기계들이 이에 해당한다.

51 Repetitive Learning 1회 2회 3회

압력용기 등에 설치하는 안전밸브에 관련한 설명으로 옳지 않은 것은?

① 안지름이 150mm를 초과하는 압력용기에 대해서는 과압에 따른 폭발을 방지하기 위하여 규격에 맞는 안전밸브를 설치해야 한다.
② 급성독성물질이 지속적으로 외부에 유출될 수 있는 화학설비 및 그 부속설비에는 파열판과 안전밸브를 병렬로 설치한다.
③ 안전밸브는 보호하려는 설비의 최고사용압력 이하에서 작동되도록 하여야 한다.
④ 안전밸브의 배출용량은 그 작동원인에 따라 각각의 소요분출량을 계산하여 가장 큰 수치를 해당 안전밸브의 배출용량으로 하여야 한다.

해설

- 급성독성물질이 지속적으로 외부에 유출될 수 있는 화학설비 및 그 부속설비에 파열판과 안전밸브를 직렬로 설치하여야 한다.

정답 | 49 ② 50 ③ 51 ②

:: 안전밸브(Safety valve)

- 안전밸브는 밸브 입구쪽의 압력이 설정 압력에 도달하면 자동적으로 스프링이 작동하면서 유체가 분출되고 일정압력 이하가 되면 정상 상태로 복원되는 밸브를 말한다.
- 안전밸브의 사용에 있어 배기능력의 결정은 매우 중요한 사항이다.
- 안전밸브는 물리적 상태 변화에 대응하기 위한 안전장치이다.
- 안전밸브의 원리는 스프링과 같이 기계적 하중을 일정 비율로 조절할 수 있는 장치를 이용하는 것이다.
- 파열판(Rupture disc)은 안전밸브에 대체할 수 있는 방호장치로서, 판 입구측의 압력이 설정 압력에 도달하면 판이 파열하면서 유체가 분출하도록 용기 등에 설치된 얇은 판을 말한다.

0302 / 1202

52 Repetitive Learning 

다음 중 소성가공을 열간가공과 냉간가공으로 분류하는 가공온도의 기준은?

① 융해점 온도 ② 공석점 온도
③ 공정점 온도 ④ 재결정 온도

해설

- 가공온도가 재결정 온도에 비해 높으면 열간가공, 낮으면 냉간가공으로 분류한다.

:: 소성가공(Plastic working)

- 소성가공이란 재료가 갖는 소성(Plastic)을 이용하여 재료의 형태를 다양하게 만드는 방법을 말한다.
- 가공온도가 재결정 온도에 비해 높으면 열간가공, 낮으면 냉간가공으로 분류한다.
- 소성가공의 종류에는 단조, 압연, 압출, 신선, 하이드로포밍, 전조가공 등이 있다.

1203 / 2201

53 Repetitive Learning 

컨베이어(Conveyor) 역전방지장치의 형식을 기계식과 전기식으로 구분할 때 기계식에 해당하지 않는 것은?

① 라쳇식 ② 밴드식
③ 슬러스트식 ④ 롤러식

해설

- 슬러스트 브레이크를 이용하는 슬러스트식은 전기식 역전방지장치이다.

:: 컨베이어 역전방지장치

㉠ 개요

- 컨베이어, 이송용 롤러 등을 사용하는 경우에는 정전·전압강하 등에 따른 화물 또는 운반구의 이탈 및 역주행을 방지하는 장치를 갖추어야 한다.

㉡ 분류

- 기계식 역전방지장치 : 라쳇식, 롤러식, 전자식, 밴드식 등이 있다.
- 전기식 역전방지장치 : 전기브레이크, 슬러스트 브레이크 등이 있다.

54 Repetitive Learning 1회 2회 3회

프레스 작업 시작 전 점검해야 할 사항으로 거리가 먼 것은?

① 매니퓰레이터 작동의 이상 유무
② 클러치 및 브레이크 기능
③ 슬라이드, 연결봉 및 연결 나사의 풀림 여부
④ 프레스 금형 및 고정볼트 상태

해설

- 매니퓰레이터 작동의 이상 유무는 산업용 로봇의 작업을 시작하기 전에 점검할 사항이다.

:: 프레스 등을 사용하여 작업할 때 작업 시작 전 점검사항
실작 2402/2301/2102/2002

- 클러치 및 브레이크의 기능
- 프레스의 금형 및 고정볼트 상태
- 1행정 1정지기구·급정지장치 및 비상정지 장치의 기능
- 크랭크축·플라이휠·슬라이드·연결봉 및 연결 나사의 풀림여부
- 슬라이드 또는 칼날에 의한 위험방지 기구의 기능
- 방호장치의 기능
- 전단기의 칼날 및 테이블의 상태

1303 / 2202

55 Repetitive Learning 1회 2회 3회

다음 중 산업용 로봇에 의한 작업 시 안전조치 사항으로 적절하지 않은 것은?

① 근로자가 로봇에 부딪힐 위험이 있을 때에는 1.8m 이상의 울타리를 설치하여야 한다.
② 작업을 하고 있는 동안 로봇의 기동스위치 등은 작업에 종사하고 있는 근로자가 아닌 사람이 그 스위치 등을 조작할 수 없도록 필요한 조치를 한다.
③ 로봇의 조작방법 및 순서, 작업 중의 매니퓰레이터의 속도 등에 관한 지침에 따라 작업을 하여야 한다.
④ 작업에 종사하는 근로자가 이상을 발견하면, 관리 감독자에게 우선 보고하고, 지시에 따라 로봇의 운전을 정지시킨다.

52 ④ 53 ③ 54 ① 55 ④ 정답

해설

- 작업에 종사하고 있는 근로자 또는 그 근로자를 감시하는 사람은 이상을 발견하면 즉시 로봇의 운전을 정지시키기 위한 조치를 해야 한다.

산업용 로봇에 의한 작업 시 안전조치 실필 1901/1201

- 로봇의 조작방법 및 순서, 작업 중의 매니퓰레이터의 속도 등에 관한 지침에 따라 작업을 하여야 한다.
- 작업에 종사하고 있는 근로자 또는 그 근로자를 감시하는 사람은 이상을 발견하면 즉시 로봇의 운전을 정지시키기 위한 조치를 해야 한다.
- 작업을 하고 있는 동안 로봇의 기동스위치 등에 작업 중이라는 표시를 하는 등 작업에 종사하고 있는 근로자가 아닌 사람이 그 스위치 등을 조작할 수 없도록 필요한 조치를 해야 한다.
- 근로자가 로봇에 부딪힐 위험이 있을 때에는 안전매트 및 1.8m 이상의 울타리를 설치하여야 한다.

56 Repetitive Learning (1회 2회 3회)

프레스기의 비상정지스위치 작동 후 슬라이드가 하사점까지 도달시간이 0.15초 걸렸다면 양수기동식 방호장치의 안전거리는 최소 몇 cm 이상이어야 하는가?

① 24 ② 240
③ 15 ④ 150

해설

- 주어진 시간이 0.15초이다. 이를 [ms] 단위로 바꾸려면 10^3을 곱해야 한다.
- 주어진 값을 대입하면 방호장치의 안전거리 $=1.6\times(0.15\times10^3)=240$[mm]$=24$[cm]이다.

양수조작식 방호장치 안전거리 실필 2401/1701/1103/0903

- 인간 손의 기준속도(1.6[m/s])를 고려하여 양수조작식 방호장치의 안전거리는 1.6×반응시간으로 구할 수 있다.
- 클러치 프레스에 부착된 양수조작식 방호장치의 반응시간(T_m)은 버튼에서 손이 떨어지고 슬라이드가 정지할 때까지의 시간으로 해당 시간이 주어지지 않을 때는 $T_m=\left(\frac{1}{클러치}+\frac{1}{2}\right)\times\frac{60,000}{분당\ 행정수}$[ms]로 구할 수 있다.
- 시간이 주어질 때는 $D=1.6(T_L+T_S)$로 구한다.
  D : 안전거리(mm)
  T_L : 버튼에서 손이 떨어질 때부터 급정지기구가 작동할 때까지 시간(ms)
  T_S : 급정지기구 작동 시부터 슬라이드가 정지할 때까지 시간(ms)

57 Repetitive Learning (1회 2회 3회)

컨베이어 설치 시 주의사항에 관한 설명으로 옳지 않은 것은?

① 컨베이어에 설치된 보도 및 운전실 상면은 가능한 수평이어야 한다.
② 근로자가 컨베이어를 횡단하는 곳에는 바닥면 등으로부터 90cm 이상 120cm 이하에 상부난간대를 설치하고, 바닥면과의 중간에 중간난간대가 설치된 건널다리를 설치한다.
③ 폭발의 위험이 있는 가연성 분진 등을 운반하는 컨베이어 또는 폭발의 위험이 있는 장소에 사용되는 컨베이어의 전기기계 및 기구는 방폭구조이어야 한다.
④ 보도, 난간, 계단, 사다리의 설치 시 컨베이어를 가동시킨 후에 설치하면서 설치상황을 확인한다.

해설

- 보도, 난간, 계단, 사다리 등은 컨베이어의 가동 개시 전에 설치하여야 한다.

컨베이어 설치 시 주의사항

- 컨베이어에 설치한 보도 및 운전실 상면은 수평이어야 한다.
- 보도 폭은 60cm 이상으로 하고 난간대는 바닥면으로부터 90cm 이상으로 하며 중간대를 설치하여야 한다.
- 근로자가 컨베이어를 횡단하는 곳에서 90cm 높이의 난간대 및 중간대가 있는 건널다리를 설치하여야 한다.
- 컨베이어 피트, 바닥 등에 개구부가 있는 경우는 피트, 바닥 등의 개구부에 덮개 또는 난간을 설치하여야 한다.
- 폭발의 위험이 있는 가연성의 분진 등을 운반하는 컨베이어 또는 폭발의 위험이 있는 장소에 사용되는 컨베이어의 전기기계·기구는 방폭구조이어야 한다.
- 보도, 난간, 계단, 사다리 등은 컨베이어의 가동 개시 전에 설치하여야 한다.

0802 / 1603

58 Repetitive Learning (1회 2회 3회)

휴대용 연삭기 덮개의 개방부 각도는 몇 도(°) 이내로 하여야 하는가?

① 60°
② 90°
③ 125°
④ 180°

정답 | 56 ① 57 ④ 58 ④

해설

- 원통 연삭기, 공구 연삭기, 휴대용 연삭기, 스윙 연삭기, 스라브 연삭기 덮개의 최대노출각도는 180° 이내이다.

연삭기 덮개의 성능기준 실필 1503/1301 실작 2402/2303/2202

- 직경 5cm 이상의 연삭숫돌은 반드시 덮개를 설치하고 작업해야 한다.
- 각종 연삭기 덮개의 최대노출각도

종류	덮개의 최대노출각도
연삭숫돌의 상부를 사용하는 것을 목적으로 하는 탁상용 연삭기	60° 이내
일반연삭작업 등에 사용하는 것을 목적으로 하는 탁상용 연삭기	125° 이내
평면 연삭기, 절단 연삭기	150° 이내
원통 연삭기, 공구 연삭기, 휴대용 연삭기, 스윙 연삭기, 스라브 연삭기	180° 이내

1302

59 Repetitive Learning (1회 2회 3회)

롤러기 급정지장치 조작부에 사용하는 로프의 성능의 기준으로 적합한 것은?(단, 로프의 재질은 관련 규정에 적합한 것으로 본다)

① 지름 1mm 이상의 와이어로프
② 지름 2mm 이상의 합성섬유로프
③ 지름 3mm 이상의 합성섬유로프
④ 지름 4mm 이상의 와이어로프

해설

- 조작부에 로프를 사용할 경우는 직경 4mm 이상의 와이어로프 또는 직경 6mm 이상이고 절단하중이 2.94kN 이상의 합성섬유로프를 사용하여야 한다.

롤러기 급정지장치 조작부 일반사항

- 조작부는 긴급 시에 근로자가 조작부를 쉽게 알아볼 수 있게 하기 위해 안전에 관한 색상으로 표시하여야 한다.
- 조작부는 그 조작에 지장이나 변형이 생기지 않고 강성이 유지되도록 설치하여야 한다.
- 조작부에 로프를 사용할 경우는 KS D 3514(와이어로프)에 정한 규격에 적합한 직경 4mm 이상의 와이어로프 또는 직경 6mm 이상, 절단하중 2.94kN 이상의 합성섬유의 로프를 사용하여야 한다.
- 조작부의 설치위치는 수평안전거리가 반드시 확보되어야 한다.
- 조작스위치 및 기동스위치는 분진 및 그 밖의 불순물이 침투하지 못하도록 밀폐형으로 제조되어야 한다.

60 Repetitive Learning (1회 2회 3회)

자분탐상검사에서 사용하는 자화방법이 아닌 것은?

① 축통전법 ② 전류관통법
③ 극간법 ④ 임피던스법

해설

- 자분탐상검사에서 사용하는 자화방법은 코일법, 극간법, 축통전법, 프로드법, 직각통전법, 전류관통법 등이 있다.

자분탐상검사(Magnetic particle inspection)

- 비파괴검사방법 중 하나로 자성체 표면 균열을 검출할 때 사용된다.
- 강자성체의 결함을 찾을 때 사용하는 비파괴시험으로 표면 또는 표층(표면에서 수 mm 이내)에 결함이 있을 경우 누설자속을 이용하여 육안으로 결함을 검출하는 시험방법이다.
- 자분탐상검사는 투자율에 따라 자성체의 자기적인 이력(履歷)이나 자기장의 세기가 변화하는 성질을 이용한다.
- 자화방법에 따라 코일법, 극간법, 축통전법, 프로드법, 직각통전법, 전류관통법 등이 있다.

4과목 전기설비 안전관리

1203

61 Repetitive Learning (1회 2회 3회)

대전물체의 표면전위를 검출전극에 의한 용량 분할하여 측정할 수 있다. 대전물체와 검출전극 간의 정전용량을 C_1, 검출전극과 대지 간의 정전용량을 C_2, 검출전극의 전위를 V_e라 할 때 대전물체의 표면전위 V_s를 나타내는 것은?

① $V_s = \frac{C_1+C_2}{C_2}V_e$ ② $V_s = \frac{C_1+C_2}{C_1}V_e$
③ $V_s = \frac{C_1}{C_1+C_2}V_e$ ④ $V_s = \frac{C_2}{C_1+C_2}V_e$

해설

- 직렬로 연결된 C_1과 C_2에서 송전선 전압이 E일 때 정전용량 C_1에 걸리는 전압은 $\frac{C_2}{C_1+C_2}\times E$가 되고, C_2에 걸리는 전압은 $\frac{C_1}{C_1+C_2}\times E$가 된다.
- 여기서 대전물체의 표면전위(V_s)가 E와 같고, C_2에 걸리는 전압이 검출전극의 전위(V_e)이므로 대입하면 $V_e = \frac{C_1}{C_1+C_2}\times V_s$이다.

• 구하고자 하는 값 $V_s = \frac{C_1 + C_2}{C_1} \times V_e$가 된다.

:: 콘덴서의 연결방법과 정전용량

㉠ 콘덴서의 직렬연결

- 2개의 콘덴서가 직렬로 연결된 경우 저항의 병렬연결과 같은 계산법을 적용한다.
- 각 콘덴서에 축적되는 전하량은 동일하다.
- 합성 정전용량 = $\frac{1}{\frac{1}{C_1} + \frac{1}{C_2}} = \frac{C_1 \times C_2}{C_1 + C_2}$이다.
- 콘덴서에 축적되는 전하량은 각각 $Q_1 = \frac{C_1 C_2}{C_1 + C_2} V$, $Q_2 = \frac{C_1 C_2}{C_1 + C_2} V$가 된다.

62

Repetitive Learning (1회 2회 3회)

방폭기기 · 일반요구사항(KS C IEC 60079-0) 규정에서 제시하고 있는 방폭기기 설치 시 표준환경조건이 아닌 것은?

① 압력 : 80 ~ 110kpa
② 상대습도 : 40 ~ 80%
③ 주위온도 : -20 ~ 40℃
④ 산소 함유율 21%v/v의 공기

해설

- KS C IEC 60079-0에서 규정한 환경조건에 습도에 대한 조건은 없다.

:: 방폭기기 · 일반요구사항(KS C IEC 60079-0) 규정에서 제시하고 있는 방폭기기 설치 시 표준환경조건

- 압력 : 80 ~ 110kPa(0.8 ~ 1.1bar)
- 온도 : -20 ~ 60℃
  (최고표면온도는 작동 대기온도 -20 ~ 40℃를 기준으로 함)
- 산소 함유율 21%v/v의 공기

0802 / 2201

63

Repetitive Learning (1회 2회 3회)

다음 중 피뢰기의 구성요소로 알맞은 것은?

① 직렬 갭, 특성 요소
② 병렬 갭, 특성 요소
③ 직렬 갭, 충격 요소
④ 병렬 갭, 충격 요소

해설

- 피뢰기는 특성요소와 직렬 갭으로 구성된다.

:: 피뢰기

㉠ 구성요소

- 특성 요소 : 뇌전류 방전 시 피뢰기 자신의 전위 상승을 억제하여 절연 파괴를 방지한다.
- 직렬 갭 : 뇌전류를 대지로 방전시키고 속류를 차단한다.

㉡ 이상적인 피뢰기의 특성

- 제한전압이 낮아야 한다.
- 반복동작이 가능하여야 한다.
- 충격방전 개시전압이 낮아야 한다.
- 뇌전류의 방전능력이 크고 속류의 차단이 확실하여야 한다.

64

Repetitive Learning (1회 2회 3회)

전기기기 방폭의 기본개념이 아닌 것은?

① 점화원의 방폭적 격리
② 전기기기 안전도의 증강
③ 점화능력의 본질적 억제
④ 전기설비 주위 공기의 절연능력 향상

해설

- 전기기기 방폭의 기본개념에는 ①, ②, ③ 외에도 폭발성 위험분위기의 해소 등이 있다.

:: 전기기기 방폭의 기본개념과 방폭구조

기본개념	방폭구조
점화원의 방폭적 격리	내압방폭구조, 유입방폭구조
폭발성 위험분위기의 해소	충전방폭구조
전기기기 안전도의 증강	안전증방폭구조
점화능력의 본질적 억제	본질안전방폭구조

1503 / 1601 / 1902 / 2201

65

Repetitive Learning (1회 2회 3회)

전기에 의한 감전사고를 방지하기 위한 대책이 아닌 것은?

① 전기기기 및 설비의 위험부에 위험표지
② 전기설비에 대한 누전차단기 설치
③ 전기기기에 대한 정격 표시
④ 부자격자는 전기기계 및 기구에 전기적인 접촉 금지

해설

- 전기기기에 대한 정격을 표시하는 이유는 기기의 사용조건과 그 성능의 범위를 확인하여 안전하고 효율적인 전기기기 사용을 위해서이지 감전사고를 방지하는 것과는 거리가 멀다.

감전사고 방지대책

㉠ 설비 측면
- 계통에 비접지식 전로의 채용
- 전로의 보호절연 및 충전부의 격리
- 전기설비에 대한 보호 접지(중성선 및 변압기 1, 2차 접지)
- 전기설비에 대한 누전차단기 설치
- 고장전로(사고회로)의 신속한 차단
- 안전전압 혹은 안전전압 이하의 전기기기 사용

㉡ 안전장비 측면
- 충전부가 노출된 부분은 절연방호구 사용
- 전기작업 시 안전보호구의 착용 및 안전장비의 사용

㉢ 관리적인 측면
- 전기설비의 점검을 철저히 할 것
- 안전지식의 습득과 안전거리의 유지 등

1203

66 Repetitive Learning (1회 2회 3회)

440[V]의 회로에 ELB(누전차단기)를 설치할 때 어느 규격의 ELB를 설치하는 것이 안전한가?(단, 인체저항은 500[Ω]이다)

① 30[mA] 0.1[초] ② 30[mA] 0.03[초]
③ 30[mA] 0.3[초] ④ 30[mA] 1[초]

해설

- 가장 빠른 시간 내에 반응하는 ELB가 가장 안전하다.

누전차단기(RCD : Residual Current Device)

실필 2401/1502/1402/0903

㉠ 개요
- 이동형 또는 휴대형의 전기기계·기구의 금속제 외함, 금속제 외피 등에서 누전, 절연파괴 등으로 인하여 지락전류가 발생하면 주어진 시간 이내에 전기기기의 전로를 차단하는 장치를 말한다.
- 누전검출부, 영상변류기, 차단기구 등으로 구성된 장치이다.
- 정격부하전류가 30[A]인 이동형 전기기계·기구에 접속되어 있는 경우 일반적으로 정격감도전류는 30[mA] 이하인 것을 사용한다.
- 정격부하전류가 50[A] 미만의 전기기계·기구에 접속되는 누전차단기의 경우 정격감도전류가 30[mA] 이하이고 작동시간은 0.03초 이내이어야 한다.
- 누전에 의한 감전위험을 방지하기 위하여 분기회로마다 누전차단기를 설치한다.

㉡ 종류와 동작시간
- 인체 감전보호용은 정격감도전류(30[mA])에서 0.03[초] 이내이다.
- 인체가 물에 젖어있거나 물을 사용하는 장소(욕실 등)에는 정격감도전류(15[mA])에서 0.03초 이내의 누전차단기를 사용한다.
- 고속형은 정격감도전류(30[mA])에서 동작시간이 0.1[초] 이내이다.
- 시연형은 정격감도전류(30[mA])에서 동작시간이 0.1[초]를 초과하고 0.2[초] 이내이다.
- 반한시형은 정격감도전류 100%에서 0.2~1[초] 이내, 정격감도전류 140%에서 0.1~0.5[초] 이내, 정격감도전류 440%에서 0.05[초] 이내이다.

1103

67 Repetitive Learning (1회 2회 3회)

접지의 종류와 목적이 바르게 짝지어지지 않는 것은?

① 계통접지 – 고압전로와 저압전로가 혼촉되었을 때의 감전이나 화재 방지를 위하여
② 지락검출용 접지 – 누전차단기의 동작을 확실하게 하기 위하여
③ 기능용 접지 – 피뢰기 등의 기능손상을 방지하기 위하여
④ 등전위접지 – 병원에 있어서 의료기기 사용시 안전을 위하여

해설

- 낙뢰로부터 전기기기 및 피뢰기 등의 기능손상을 방지하기 위하여 수행하는 접지방법은 피뢰접지이다.

접지의 종류와 특징

종류	특징
계통접지	고압전로와 저압전로가 혼촉되었을 때의 감전이나 화재 방지를 위하여 수행하는 접지방법이다.
기기접지	전동기, 세탁기 등의 전기사용 기계·기구의 비충전 금속부분을 접지하는 것으로, 누전되고 있는 기기에 접촉 시의 감전을 방지하는 접지방법이다.
피뢰접지	낙뢰로부터 전기기기 및 피뢰기 등의 기능 손상을 방지하기 위하여 수행하는 접지방법이다.
등전위접지	병원에 있어서 의료기기 사용 시 안전을 위하여 수행하는 접지방법이다.
지락검출용 접지	누전차단기의 동작을 확실하게 하기 위하여 수행하는 접지방법이다.

66 ② 67 ③ 정답

68

Repetitive Learning (1회 2회 3회)

방폭지역 구분 중 폭발성 가스 분위기가 정상상태에서 조성되지 않거나 조성된다 하더라도 짧은 기간에만 존재할 수 있는 장소는?

① 0종 장소 ② 1종 장소
③ 2종 장소 ④ 미방폭지역

해설

- 방폭지역은 0종, 1종, 2종 장소로 구분된다.
- 0종 장소는 폭발위험분위기가 지속적으로 또는 장기간 존재하는 장소를 말한다.
- 1종 장소는 정상상태에서 폭발위험분위기가 존재하기 쉬운 장소를 말한다.

2종 장소

- 정상상태에서는 폭발위험분위기가 존재할 우려가 없거나 존재하더라도 그 빈도가 아주 적고 단기간만 존재할 수 있는 장소이다.
- 인화성 가스 또는 인화성 액체가 존재하지만 해당 가스 및 액체가 용기 또는 닫힌 시스템 안에 갇혀있기 때문에 부식, 열화 등으로 용기나 시스템이 파손되는 경우 가스 또는 액체가 누출될 염려가 있는 지역을 말한다.
- 0종 또는 1종 장소의 주변영역, 용기나 장치의 연결부 주변영역, 펌프의 봉인부(Sealing) 주변영역 등은 2종 장소로 구분할 수 있다.

0402 / 1501

69

Repetitive Learning (1회 2회 3회)

다음 그림과 같이 완전 누전되고 있는 전기기기의 외함에 사람이 접촉하였을 경우 인체에 흐르는 전류(I_m)는?(단, E(V)는 전원의 대지전압, $R_2(\Omega)$는 변압기 1선 접지, 제2종 접지저항, $R_3(\Omega)$는 전기기기 외함 접지, 제3종 접지저항, $R_m(\Omega)$은 인체저항이다)

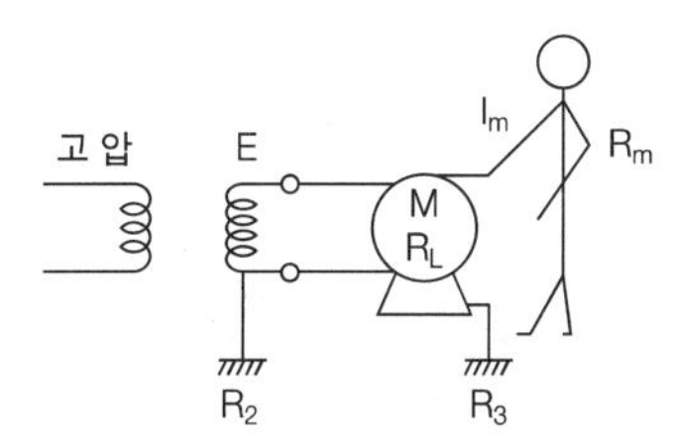

① $\dfrac{E}{R_2+\left(\dfrac{R_3\times R_m}{R_3+R_m}\right)}\times\dfrac{R_3}{R_3+R_m}$

② $\dfrac{E}{R_2+\left(\dfrac{R_3+R_m}{R_3\times R_m}\right)}\times\dfrac{R_3}{R_3+R_m}$

③ $\dfrac{E}{R_2+\left(\dfrac{R_3\times R_m}{R_3+R_m}\right)}\times\dfrac{R_m}{R_3+R_m}$

④ $\dfrac{E}{R_3+\left(\dfrac{R_2\times R_m}{R_2+R_m}\right)}\times\dfrac{R_3}{R_3+R_m}$

해설

- 저항 R_2와 R_3은 직렬로 연결되었고, 인체는 저항 R_3에 연결되어 병렬로 구성되어 있으므로 합성저항은 $R_2+\left(\dfrac{1}{R_3}+\dfrac{1}{R_m}\right)$이다.
- 지락전류 $I=\dfrac{E}{R_2+\left(\dfrac{1}{R_3}+\dfrac{1}{R_m}\right)}=\dfrac{E}{R_2+\left(\dfrac{R_3\cdot R_m}{R_3+R_m}\right)}$가 된다.
- 여기서 구해진 지락전류가 저항 R_3와 인체의 저항에 반비례하게 나눠서 걸리게 되므로 인체에 걸리는 전류는 지락전류 $I=\dfrac{E}{R_2+\left(\dfrac{R_3\cdot R_m}{R_3+R_m}\right)}$에 $\dfrac{R_3}{R_3+R_m}$을 곱해줘야 한다.
- 정리하면 인체에 걸리는 전류는 $\dfrac{E}{R_2+\left(\dfrac{R_3\times R_m}{R_3+R_m}\right)}\times\dfrac{R_3}{R_3+R_m}$이다.

옴(Ohm)의 법칙

- 전기회로에 흐르는 전류는 그 회로에 가하여진 전압에 정비례하고, 저항에 반비례한다는 법칙이다.
- $I[A]=\dfrac{V[V]}{R[\Omega]}$, $V=IR$, $R=\dfrac{V}{I}$로 계산한다.

1301 / 1503 / 2001 / 2201

70

Repetitive Learning (1회 2회 3회)

내압방폭구조의 필요충분조건에 대한 사항으로 틀린 것은?

① 폭발화염이 외부로 유출되지 않을 것
② 습기침투에 대한 보호를 충분히 할 것
③ 내부에서 폭발한 경우 그 압력에 견딜 것
④ 외함의 표면온도가 외부의 폭발성 가스를 점화하지 않을 것

해설

- 내압방폭구조는 습기침투와는 관련성이 없는 전폐형의 구조를 하고 있다.

정답 | 68 ③ 69 ① 70 ②

내압방폭구조(EX d)

㉠ 개요
- 전폐형의 구조를 하고 있다.
- 방폭전기설비의 용기 내부에서 폭발성 가스 또는 증기가 폭발하였을 때 용기가 그 압력에 견디고 접합면이나 개구부를 통해서 외부의 폭발성 가스나 증기에 인화되지 않도록 한 방폭구조를 말한다.
- 외부의 폭발성 가스가 내부로 침입해서 폭발하였을 때 고열가스나 화염을 간극(Safe gap)을 통하여 서서히 방출시킴으로써 폭발화염이 외부로 전파되지 않으면서 냉각되는 방폭구조를 말한다.

㉡ 필요충분조건
- 폭발화염이 외부로 유출되지 않을 것
- 내부에서 폭발한 경우 그 압력에 견딜 것
- 외함의 표면온도가 외부의 폭발성 가스를 점화하지 않을 것

1203

71

Repetitive Learning (1회 2회 3회)

역률개선용 콘덴서에 접속되어 있는 전로에서 정전 작업을 실시할 경우 다른 정전작업과는 달리 특별히 주의 깊게 취해야 할 조치사항은 다음 중 어떤 것인가?

① 안전표지의 부착
② 개폐기 전원투입금지
③ 전력콘덴서의 잔류전하 방전
④ 활선 근접작업에 대한 방호

해설

- 전로에 전력케이블을 사용하는 회로나 역률개선용 전력콘덴서 등이 접속된 경우 전원차단 후에도 잔류전하에 의한 감전위험이 높으므로 잔류전하 방전조치가 반드시 필요하다.

잔류전하의 방전

㉠ 근거
- 개로된 전로에서 유도전압 또는 전기에너지가 축적되어 근로자에게 전기위험을 끼칠 수 있는 전기기기 등은 접촉하기 전에 잔류전하를 완전히 방전시켜야 한다.

㉡ 개요
- 정전시킨 전로에 전력케이블, 콘덴서, 용량이 큰 부하기기 등이 접속되어 있는 경우에는 전원차단 후에도 여전히 전하가 잔류된다.
- 잔류전하에 의한 감전을 방지하기 위해서 방전코일이나 방전기구 등에 의해서 안전하게 잔류전하를 제거하는 것이 필요하다.
- 방전대상에는 전력 케이블, 용량이 큰 부하기기, 역률개선용 전력콘덴서 등이 있다.

72

Repetitive Learning (1회 2회 3회)

전기화재가 발생되는 비중이 가장 큰 발화원은?

① 주방기기
② 이동식 전열기
③ 회전체 전기기계 및 기구
④ 전기배선 및 배선기구

해설

- 발화 현상을 그 발생원인별 빈도 순으로 보면 스파크 24[%], 누전 15[%], 접촉부의 과열 12[%], 절연열화에 의한 발열 11[%], 과전류 8[%]인데, 스파크 화재의 경우 노후화 된 전기배선의 단락(합선)에 의한 화재이다.

전기화재 발생

㉠ 전기화재 발생원인
- 전기화재 발생원인의 3요소는 발화원, 착화물, 출화의 경과로 구성된다.

발화원	화재의 발생원인으로 단열압축, 광선 및 방사선, 낙뢰, 스파크, 정전기, 충격이나 마찰, 기계적 운동에너지 등
착화물	발화원에 의해 최초로 착화된 가연물
출화의 경과	발생요인으로 단락, 누전, 과전류, 스파크 등

㉡ 출화의 경과에 따른 전기화재 비중
- 전기화재의 경로별 원인 즉, 출화의 경과에 따른 분류에는 합선(단락), 과전류, 스파크, 누전, 정전기, 접촉부 과열, 절연열화에 의한 발열, 절연불량 등이 있다.
- 출화의 경과에 따른 발화현상의 분류에서 가장 빈도가 높은 것은 스파크 화재 – 단락(합선)에 의한 화재이다.

스파크	누전	접촉부과열	절연열화에 의한 발열	과전류
24%	15%	12%	11%	8%

0501 / 1303

73

Repetitive Learning (1회 2회 3회)

다음 중 불꽃(Spark)방전의 발생 시 공기 중에 생성되는 물질은?

① O_2
② O_3
③ H_2
④ C

해설

- 불꽃방전 발생 시 공기 중에 오존(O_3)이 생성된다.

불꽃방전

㉠ 개요
- 도체가 도전되었을 때 접지된 도체와의 사이에서 발생하는 강한 발광과 파괴음을 수반하는 방전현상이다.

㉡ 특징
- 불꽃방전량은 대기 중에서 평형판의 전극을 사용했을 경우 전극간격 1[cm]에 대해서 30[kV] 정도이며, 침대침 전극은 평형판에 비해 낮아진다.
- 불꽃방전 발생 시 공기 중에 오존(O_3)이 생성된다.

71 ③ 72 ④ 73 ② 정답

74

Repetitive Learning 1회 2회 3회

전기설비기술기준에서 정의하는 전압의 구분으로 틀린 것은?

① 교류 저압 : 1,000V 이하
② 직류 저압 : 1,500V 이하
③ 직류 고압 : 1,500V 초과 7,000V 이하
④ 특고압 : 7,000V 이상

해설

• 특고압은 7,000V를 초과하는 것을 말한다.

:: 전압의 구분

저압	직류는 1,500V 이하, 교류는 1,000V 이하인 것
고압	직류는 1,500V를, 교류는 1,000V를 넘고, 7,000V 이하인 것
특별고압	7,000V를 넘는 것

75

Repetitive Learning 1회 2회 3회

자동전격방지장치에 대한 설명으로 틀린 것은?

① 무부하 시 전력손실을 줄인다.
② 무부하전압을 안전전압 이하로 저하시킨다.
③ 용접을 할 때에만 용접기의 주회로를 개로(OFF)시킨다.
④ 교류 아크용접기의 안전장치로서 용접기의 1차 또는 2차측에 부착한다.

해설

• 용접봉을 모재에 접촉할 때 용접기의 주회로를 폐로(ON)시킨다.

:: 자동전격방지장치의 기능

• 아크 발생이 중단된 후 약 1초 이내에 출력측 무부하전압을 자동적으로 25[V] 이하로 강화시킨다.
• 용접 시에 용접기 2차측의 출력전압을 무부하전압으로 변경시킨다.
• 용접봉을 모재에 접촉할 때 용접기 2차측은 폐회로가 되며, 이때 흐르는 전류를 감지한다.
• SCR 등의 개폐용 반도체 소자를 이용한 무접점방식이 많이 사용되고 있다.

76

Repetitive Learning 1회 2회 3회

샤워시설이 있는 욕실에 콘센트를 시설하고자 한다. 이때 설치되는 인체감전보호용 누전차단기의 정격감도전류는 몇 mA 이하인가?

① 5 ② 15
③ 30 ④ 60

해설

• 인체가 물에 젖어있거나 물을 사용하는 장소(욕실 등)에는 정격감도전류(15[mA])에서 0.03초 이내의 누전차단기를 사용한다.

:: 누전차단기(RCD : Residual Current Device)

실필 2401/1502/1402/0903

문제 66번의 유형별 핵심이론 :: 참조

77

Repetitive Learning 1회 2회 3회

정격감도전류에서 동작시간이 가장 짧은 누전차단기는?

① 시연형 누전차단기 ② 반한시형 누전차단기
③ 고속형 누전차단기 ④ 감전보호용 누전차단기

해설

• 인체의 감전방지용 누전차단기는 정격감도전류에서 0.03초 이내이고, 고속형은 0.1초 이내, 시연형은 0.1초 초과 0.2초 이내이고, 반한시형은 0.2~1초 이내이다.

:: 누전차단기(RCD : Residual Current Device)

실필 2401/1502/1402/0903

문제 66번의 유형별 핵심이론 :: 참조

0303 / 0603

78

Repetitive Learning 1회 2회 3회

인체의 전기저항 R을 1,000[Ω]이라고 할 때 위험한계에너지의 최저는 약 몇 [J]인가?(단, 통전시간은 1[초]이고, 심실세동전류 $I=\frac{165}{\sqrt{T}}$[mA]이다)

① 17.23 ② 27.23
③ 37.23 ④ 47.23

해설

• $\frac{165}{\sqrt{T}}$에서 시간이 1초이므로 심실세동전류는 165[mA]이다.
• 위험한계에너지 = $(165\times10^{-3})^2\times1,000\times1=27.225$[J]이다.

정답 | 74 ④ 75 ③ 76 ② 77 ④ 78 ②

심실세동 한계전류와 전기에너지 실필 2303/2101/1403/1401/1202

- 심장의 맥동에 영향을 주어 혈액 순환을 곤란하게 하고, 끝내는 심장 기능을 잃게 하는 치사적 전류를 심실세동전류라 한다.
- 감전자 1천명 중 5명 이상이 심실세동을 일으킬 수 있는 감전시간과 위험전류와의 관계에서

  심실세동 한계전류 I는 $\frac{165}{\sqrt{T}}$[mA]이고, T는 통전시간이다.
- 인체의 접촉저항을 500Ω으로 할 때 심실세동을 일으키는 전류에서의 전기에너지는 $W=I^2Rt=\left(\frac{165\times10^{-3}}{\sqrt{T}}\right)^2\times R\times T=(165\times10^{-3})^2\times500=13.612$[J]가 된다.

1402

79 Repetitive Learning (1회 2회 3회)

감전사고가 발생했을 때 피해자를 구출하는 방법으로 옳지 않은 것은?

① 피해자가 계속하여 전기설비에 접촉되어 있다면 우선 그 설비의 전원을 신속히 차단한다.

② 순간적으로 감전 상황을 판단하고 피해자의 몸과 충전부가 접촉되어 있는지를 확인한다.

③ 충전부에 감전되어 있으면 몸이나 손을 잡고 피해자를 곧바로 이탈시켜야 한다.

④ 절연 고무장갑, 고무장화 등을 착용한 후에 구원해 준다.

해설

- 감전사고 응급조치의 최우선 조치는 전원을 내리고, 감전자에 대해서 인공호흡을 실시하는 것이다. 이때 구출자는 보호구를 착용하여 2차적인 피해를 방지해야 한다.

인공호흡

㉠ 소생률

- 감전에 의해 호흡이 정지한 후에 인공호흡을 즉시 실시할 경우 소생할 수 있는 확률을 말한다.

1분 이내	95[%]
3분 이내	75[%]
4분 이내	50[%]
6분 이내	25[%]

㉡ 심장마사지

- 인공호흡은 매분 12~15회, 30분 이상 실시한다.
- 심장마사지 15회, 인공호흡 2회를 교대로 실시하는데, 2인이 동시에 실시할 경우 심장마사지와 인공호흡을 약 5 : 1의 비율로 실시한다.

80 Repetitive Learning (1회 2회 3회)

정전작업 시 작업 중의 조치사항으로 옳은 것은?

① 검전기에 의한 정전 확인

② 개폐기의 관리

③ 잔류전하의 방전

④ 단락접지 실시

해설

- 검전기에 의한 정전 확인, 잔류전하의 방전, 단락접지의 실시는 모두 작업 전 조치사항이다.

정전 전로에서의 전기작업 전 조치사항

- 사업주는 근로자가 노출된 충전부 또는 그 부근에서 작업함으로써 감전될 우려가 있는 경우에는 작업에 들어가기 전에 해당 전로를 차단할 것
- 전기기기 등에 공급되는 모든 전원을 관련 도면, 배선도 등으로 확인할 것
- 전원을 차단한 후 각 단로기 등을 개방하고 확인할 것
- 차단장치나 단로기 등에 잠금장치 및 꼬리표를 부착할 것
- 개로된 전로에서 유도전압 또는 전기에너지가 축적되어 근로자에게 전기위험을 끼칠 수 있는 전기기기 등은 접촉하기 전에 잔류전하를 완전히 방전시킬 것
- 검전기를 이용하여 작업 대상 기기가 충전되었는지를 확인할 것
- 전기기기 등이 다른 노출 충전부와의 접촉, 유도 또는 예비동력원의 역송전 등으로 전압이 발생할 우려가 있는 경우에는 충분한 용량을 가진 단락 접지기구를 이용하여 접지할 것

5과목 화학설비 안전관리

0901

81 Repetitive Learning (1회 2회 3회)

메탄(CH_4)이 공기 중에서 연소될 때의 이론혼합비(화학양론조성)는 약 몇 [vol%]인가?

① 2.21 ② 4.03

③ 5.76 ④ 9.50

해설

- 메탄(CH_4)은 탄소(a)가 1, 수소(b)가 4이므로

$$Cst=\frac{100}{1+4.773\times\left(1+\frac{4}{4}\right)}=9.50[vol\%]$$이다.

79 ③ 80 ② 81 ④ 정답

완전연소 조성농도(Cst, 화학양론농도)와 최소산소농도(MOC) 실필 1803/1002

㉠ 완전연소 조성농도(Cst, 화학양론농도)

- 가연성 가스의 조성은 완전연소 조성농도에서 폭발의 위험성이 가장 높아진다.
- 완전연소 조성농도 = $\frac{100}{1+\text{공기몰수}\times\left(a+\frac{b-c-2d}{4}\right)}$이다.

  공기의 몰수는 주로 4.773을 사용하므로

  완전연소 조성농도 = $\frac{100}{1+4.773\left(a+\frac{b-c-2d}{4}\right)}$[vol%]

  로 구한다. 단, a : 탄소, b : 수소, c : 할로겐의 원자수, d : 산소의 원자수이다.
- Jones식에 따라 폭발한계를 추산하면
  폭발하한계 = Cst × 0.55, 폭발상한계 = Cst × 3.50이다.

㉡ 최소산소농도(MOC)

- 연소 시 필요한 산소(O_2)농도 즉,

  산소양론계수 = $a+\frac{b-c-2d}{4}$로 구한다.
- 최소산소농도(MOC) = 산소양론계수 × 연소하한값이다.

0302 / 0503

82 Repetitive Learning (1회 2회 3회)

분진폭발을 방지하기 위하여 첨가하는 불활성 분진폭발 첨가물이 아닌 것은?

① 탄산칼슘
② 모래
③ 석분
④ 마그네슘

해설
- 마그네슘은 분진폭발 가능성이 아주 높은 가연성 고체에 해당한다.

불활성 분진폭발 첨가물
- 분진폭발을 방지하기 위해 첨가하는 불활성 첨가물을 말한다.
- 탄산칼슘, 모래, 석분 등이 있다.

83 Repetitive Learning (1회 2회 3회)

산업안전보건기준에 관한 규칙 중 급성독성물질에 관한 기준 중 일부이다. (A)와 (B)에 알맞은 수치를 옳게 나타낸 것은?

> - 쥐에 대한 경구투입실험에 의하여 실험동물의 50%를 사망시킬 수 있는 물질의 양, 즉 LD_{50}(경구, 쥐)이 kg당 (A)mg-(체중) 이하인 화학물질
> - 쥐 또는 토끼에 대한 경피흡수실험에 의하여 실험동물의 50%를 사망시킬 수 있는 물질의 양, 즉 LD_{50}(경피, 토끼 또는 쥐)이 kg당 (B)mg-(체중) 이하인 화학물질

① A : 1,000, B : 300　② A : 1,000, B : 1,000
③ A : 300, B : 300　④ A : 300, B : 1,000

해설
- LD_{50}은 경구인 경우 300mg, 경피인 경우 1,000mg 이하의 화학물질을 급성독성물질로 한다.

급성독성물질 실필 1902/1701/1103
- 쥐에 대한 경구투입실험에 의하여 실험동물의 50%를 사망시킬 수 있는 물질의 양, 즉 LD_{50}(경구, 쥐)이 kg당 300mg-(체중) 이하인 화학물질
- 쥐 또는 토끼에 대한 경피흡수실험에 의하여 실험동물의 50%를 사망시킬 수 있는 물질의 양, 즉 LD_{50}(경피, 토끼 또는 쥐)이 kg당 1,000mg-(체중) 이하인 화학물질
- 쥐에 대한 4시간 동안의 흡입실험에 의하여 실험동물의 50%를 사망시킬 수 있는 물질의 농도, 즉 가스 LC_{50}(쥐, 4시간 흡입)이 2,500ppm 이하인 화학물질, 증기 LC_{50}(쥐, 4시간 흡입)이 10mg/L 이하인 화학물질, 분진 또는 미스트 1mg/L 이하인 화학물질

0902

84 Repetitive Learning (1회 2회 3회)

인화성 가스가 발생할 우려가 있는 지하작업장에서 작업을 할 경우 폭발이나 화재를 방지하기 위한 조치사항 중 가스의 농도를 측정하는 기준으로 적절하지 않은 것은?

① 매일 작업을 시작하기 전에 측정한다.
② 가스의 누출이 의심되는 경우 측정한다.
③ 장시간 작업할 때에는 매 8시간마다 측정한다.
④ 가스가 발생하거나 정체할 위험이 있는 장소에 대하여 측정한다.

해설
- 장시간 작업을 계속하는 경우 4시간마다 가스농도를 측정하도록 한다.

정답 | 82 ④ 83 ④ 84 ③

:: 폭발 또는 화재 예방을 위한 가스농도의 측정

- 가스의 농도를 측정하는 사람을 지명하여 해당 가스의 농도를 측정하도록 한다.
- 매일 작업을 시작하기 전에 측정한다.
- 가스의 누출이 의심되는 경우 측정한다.
- 가스가 발생하거나 정체할 위험이 있는 장소가 있는 경우에 측정한다.
- 장시간 작업을 계속하는 경우 4시간마다 가스농도를 측정하도록 한다.

0703 / 1002 / 2103

85

Repetitive Learning 1회 2회 3회

공기 중에서 A가스의 폭발하한계는 2.2[vol%]이다. 이 폭발하한계 값을 기준으로 하여 표준상태에서 A가스와 공기의 혼합기체 $1m^3$에 함유되어 있는 A가스의 양은 약 몇 g인가?(단, A가스의 분자량은 26이다)

① 19.02
② 25.54
③ 29.02
④ 35.54

해설

- 표준상태(0℃, 1기압)에서 기체의 부피는 22.4[L]이고, 이는 $\frac{22.4}{1,000}$=0.0224[m^3]이다.
- 분자량은 26, 폭발하한계로 농도를 구하면 0.022가 되므로 기체의 단위부피당 질량은 $\frac{26 \times 0.022}{0.0224} = 25.54[g]$이 된다.

:: 샤를의 법칙

- 압력이 일정할 때 기체의 부피는 온도의 증가에 비례한다.
- $\frac{T_2}{T_1} = \left(\frac{V_2}{V_1}\right)$ 또는 $V_1T_2 = V_2T_1$으로 표시된다.
- 표준상태(0℃, 1기압)에서 기체의 부피는 22.4[L]이다.
- 기체의 단위부피당 질량(g/m^3)은 $\frac{농도 \times 분자량}{V_1}$으로 구한다.

0803 / 1301

86

Repetitive Learning 1회 2회 3회

다음 중 물과 반응하여 수소가스를 발생할 위험이 가장 낮은 물질은?

① Mg ② Zn
③ Cu ④ Na

해설

- 구리(Cu)는 상온에서 고체 상태로 존재하며 녹는점이 낮아 물과 접촉해도 반응하지 않는다.

:: 물과의 반응

- 구리(Cu), 철(Fe), 금(Au), 은(Ag), 탄소(C) 등은 상온에서 고체 상태로 존재하며 녹는점이 낮아 물과 접촉해도 반응하지 않는다.
- 칼륨(K), 나트륨(Na), 마그네슘(Mg), 아연(Zn), 리튬(Li) 등은 물과 격렬히 반응해 수소를 발생시킨다.
- 탄화칼슘(CaC_2)은 물(H_2O)과 반응하여 아세틸렌(C_2H_2)을 발생시키므로 불연성 가스로 봉입하여 밀폐용기에 저장해야 한다.

0303 / 1203

87

Repetitive Learning 1회 2회 3회

고압(高壓)의 공기 중에서 장시간 작업하는 경우에 발생하는 잠함병(潛函病) 또는 잠수병(潛水病)은 다음 중 어떤 물질에 의하여 중독현상이 일어나는가?

① 질소
② 황화수소
③ 일산화탄소
④ 이산화탄소

해설

- 잠수병·잠함병은 체내에 축적된 질소를 배출하지 못하여 중독현상을 일으킨다.

:: 잠수병(潛水病)

- 고압의 물이나 공기 속에서 체내에 축적된 질소가 완전 배출되지 않고 혈관이나 몸속에 기포를 만들어 생기는 병을 말한다.
- 잠함병이라고도 한다.

0902 / 2202

88

Repetitive Learning 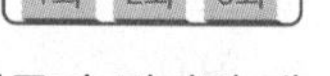

다음 중 열교환기의 보수에 있어 일상점검항목과 정기적 개방점검항목으로 구분할 때 일상점검항목으로 가장 거리가 먼 것은?

① 도장의 노후 상황
② 부착물에 의한 오염의 상황
③ 보온재, 보냉재의 파손 여부
④ 기초볼트의 체결 정도

85 ② 86 ③ 87 ① 88 ② 정답

해설

- 부착물에 의한 오염의 상황은 열교환기 정기적 점검항목에 해당한다.

:: 열교환기 일상점검항목
- 보온재 및 보냉재의 파손상황
- 도장의 노후 상황
- Flange부 등의 외부 누출 여부
- 밸브 및 파이프 시스템 누수 여부
- 기초볼트의 체결정도

1302

89 Repetitive Learning (1회 2회 3회)

다음 중 가연성 가스이며 독성 가스에 해당하는 것은?

① 수소 ② 프로판
③ 산소 ④ 일산화탄소

해설

- 보기의 가스들은 모두 가연성 가스이나 동시에 독성 가스인 것은 일산화탄소가 유일하다.

:: 일산화탄소(CO)

㉠ 개요
- 무색·무취의 가연성 가스이며 독성 가스(TWA 30)에 해당한다.
- 허용농도는 50[ppm]이다.

㉡ 특징
- 염소와는 촉매 존재하에 반응하여 포스겐이 된다.
- 인체 내의 헤모글로빈과 결합하여 산소운반 기능을 저하시킨다.

1503

90 Repetitive Learning (1회 2회 3회)

위험물 또는 가스에 의한 화재를 경보하는 기구에 필요한 설비가 아닌 것은?

① 간이완강기
② 자동화재감지기
③ 축전지설비
④ 자동화재수신기

해설

- 간이완강기는 고층 건물에서 불이 났을 때 몸에 밧줄을 메고 높은 층에서 지상으로 천천히 내려올 수 있게 만든 비상용 기구로 화재 경보기구에 포함되지 않는다.

:: 위험물 또는 가스에 의한 화재를 경보하는 기구
- 자동화재탐지설비의 기기 중 발신기·수신기·중계기·감지기 및 음향장치
- 가스누설경보기 및 누전경보기
- 축전지설비
- 비상벨설비·비상방송설비

0902 / 1501

91 Repetitive Learning (1회 2회 3회)

다음 중 가연성 물질이 연소하기 쉬운 조건으로 옳지 않은 것은?

① 연소 발열량이 클 것
② 점화 에너지가 작을 것
③ 산소와 친화력이 클 것
④ 입자의 표면적이 작을 것

해설

- 입자의 표면적이 커야 연소가 쉬워진다.

:: 가연물의 구비조건
- 산소와의 친화력이 클 것
- 연소 발열량이 클 것
- 표면적이 클 것
- 열전도도가 적을 것
- 활성화 에너지(점화 에너지)가 적을 것

92 Repetitive Learning (1회 2회 3회)

이산화탄소 소화약제의 특징으로 가장 거리가 먼 것은?

① 전기절연성이 우수하다.
② 액체로 저장할 경우 자체 압력으로 방사할 수 있다.
③ 기화상태에서 부식성이 매우 강하다.
④ 저장에 의한 변질이 없어 장기간 저장이 용이한 편이다.

해설

- 이산화탄소 소화약제는 전기절연성이 우수하여 전기로 인한 화재에 많이 사용되지만, 부식성은 거의 없다.

정답 | 89 ④ 90 ① 91 ④ 92 ③

이산화탄소(CO_2) 소화기

㉠ 개요

- 질식 소화기로 산소농도 15% 이하가 되도록 살포하는 유류, 가스(B급)화재에 적당한 소화기이다.
- 비전도성으로 전기화재(C급)에도 좋다.
- 주로 통신실, 컴퓨터실, 전기실 등에서 이용된다.

㉡ 특징

- 무색무취하여 화재 진화 후 깨끗하다.
- 액화하여 용기에 보관할 수 있다.
- 피연소물에 피해가 적고 가스 자체의 압력으로 동력이 불필요하다.
- 단점은 사람이 질식할 우려가 있고 사용 중 동상의 위험이 있으며 소음이 크다.

0802 / 1503

93 — Repetitive Learning (1회 2회 3회)

헥산 1[vol%], 메탄 2[vol%], 에틸렌 2[vol%], 공기 95[vol%]로 된 혼합가스의 폭발하한계값([vol%])은 약 얼마인가?(단, 헥산, 메탄, 에틸렌의 폭발하한계값은 각각 1.1, 5.0, 2.7[vol%]이다)

① 2.44　　② 12.89

③ 21.78　　④ 48.78

해설

- 개별가스의 mol분율을 먼저 구한다.
- 가연성 물질의 부피의 합 0.01+0.02+0.02 = 0.05를 100으로 했을 때의 가스의 mol분율은 헥산은 20(0.01/0.05), 메탄은 40(0.02/0.05), 에틸렌은 40(0.02/0.05)이 된다.
- 혼합가스의 폭발하한계

$$LEL = \frac{100}{\frac{20}{1.1}+\frac{40}{5.0}+\frac{40}{2.7}} = \frac{100}{18+8+15} = \frac{100}{41} = 2.44[vol\%]$$가 된다.

혼합가스의 폭발한계와 폭발범위 실필 1603

㉠ 폭발한계

- 혼합가스의 폭발한계는 혼합가스를 구성하는 각 가스의 폭발한계당 mol분율 합의 역수로 구한다.
- 혼합가스의 폭발한계는 $\frac{1}{\sum_{i=1}^{n}\frac{\text{mol분율}}{\text{폭발한계}}}$로 구한다.
- [vol%]를 구할 때는 $\frac{100}{\sum_{i=1}^{n}\frac{\text{mol분율}}{\text{폭발한계}}}$[vol%] 식을 이용한다.

㉡ 폭발범위

- 폭발상한계와 폭발하한계를 각각 구해서 범위를 구한다.

94 — Repetitive Learning (1회 2회 3회)

다음 중 위험물질을 저장하는 방법으로 틀린 것은?

① 황린은 물속에 저장

② 나트륨은 석유 속에 저장

③ 칼륨은 석유 속에 저장

④ 리튬은 물속에 저장

해설

- 리튬은 물반응성 물질로 물과 접촉 시 수산화물과 수소기체를 생성하므로 등유 속에 넣어 보관한다.

위험물의 대표적인 저장방법

물질	저장방법
탄화칼슘	불연성 가스로 봉입하여 밀폐용기에 저장
벤젠	산화성 물질과 격리 보관
금속나트륨, 칼륨	벤젠이나 석유 속에 밀봉하여 저장
질산	갈색병에 넣어 냉암소에 보관
니트로글리세린	갈색 유리병에 넣어 햇빛을 차단하여 보관
황린	자연발화하기 쉬우므로 pH9 물속에 보관
적린	냉암소에 격리 보관

0701 / 1101 / 2103

95 — Repetitive Learning (1회 2회 3회)

다음 중 반응기를 조작방식에 따라 분류할 때 이에 해당하지 않는 것은?

① 회분식 반응기

② 반회분식 반응기

③ 연속식 반응기

④ 관형식 반응기

해설

- 관형식 반응기는 구조형식에 따른 분류에 해당한다.

반응기

㉠ 개요

- 반응기란 2종 이상의 물질이 촉매나 유사 매개물질에 의해 일정한 온도, 압력에서 반응하여 조성, 구조 등이 다른 물질을 생성하는 장치를 말한다.
- 반응기의 설계 시 고려할 사항은 부식성, 상(phase)의 형태, 온도 범위, 운전압력 외에도 온도조절, 생산비율, 열전달 등이 있다.

93 ①　94 ④　95 ④ 정답

ⓛ 분류

조작방식	• 회분식 – 한 번 원료를 넣으면, 목적을 달성할 때까지 반응을 계속하는 반응기 방식이다. • 반회분식 – 처음에 원료를 넣고 반응이 진행됨에 따라 다른 원료를 첨가하는 반응기 방식이다. • 연속식 – 반응기의 한쪽에서는 원료를 계속적으로 유입하는 동시에 다른 쪽에서는 반응생성 물질을 유출시키는 반응기 방식으로 유통식이라고도 한다.
구조형식	• 관형 – 가늘고 길며 곧은 관 형태의 반응기 • 탑형 – 직립 원통상의 반응기로 위쪽에서 아래쪽으로 유체를 보내는 반응기 • 교반조형 – 교반기를 부착한 조형의 반응기 • 유동층형 – 유동층 형성부를 갖는 반응기

0503 / 1103 / 1402

96

Repetitive Learning (1회 2회 3회)

다음 중 자연발화의 방지법으로 가장 거리가 먼 것은?

① 직접 인화할 수 있는 불꽃과 같은 점화원만 제거하면 된다.
② 저장소 등의 주위 온도를 낮게 한다.
③ 습기가 많은 곳에는 저장하지 않는다.
④ 통풍이나 저장법을 고려하여 열의 축적을 방지한다.

해설

• 자연발화는 점화원 없이 발생하는 화재로 점화원 제거와는 관련이 없다.

자연발화의 방지대책

• 주위의 온도와 습도를 낮춘다.
• 열이 축적되지 않도록 통풍을 잘 시킨다.
• 공기가 접촉되지 않도록 불활성 액체 중에 저장한다.
• 황린의 경우 산소와의 접촉을 피한다.

0903 / 1501

97

Repetitive Learning (1회 2회 3회)

산업안전보건기준에 관한 규칙에 지정한 '화학설비 및 그 부속설비의 종류' 중 화학설비의 부속설비에 해당하는 것은?

① 응축기 · 냉각기 · 가열기 등의 열교환기류
② 반응기 · 혼합조 등의 화학물질 반응 또는 혼합장치
③ 펌프류 · 압축기 등의 화학물질 이송 또는 압축설비
④ 온도 · 압력 · 유량 등을 지시 · 기록하는 자동제어 관련 설비

해설

• ①, ②, ③은 모두 화학설비에 해당한다.

화학설비의 부속설비 종류

• 배관 · 밸브 · 관 · 부속류 등 화학물질 이송 관련 설비
• 온도 · 압력 · 유량 등을 지시 · 기록하는 자동제어 관련 설비
• 안전밸브 · 안전판 · 긴급차단 또는 방출밸브 등 비상조치 관련 설비
• 가스누출감지 및 경보 관련 설비
• 세정기, 응축기, 벤트스택(Vent stack), 플레어스택(Flare stack) 등 폐가스처리설비
• 사이클론, 백필터(Bag filter), 전기집진기 등 분진처리설비
• 위의 부속설비를 운전하기 위하여 부속된 전기 관련 설비
• 정전기 제거장치, 긴급 샤워설비 등 안전 관련 설비

2103

98

Repetitive Learning (1회 2회 3회)

다음 중 인화성 가스가 아닌 것은?

① 부탄
② 메탄
③ 수소
④ 산소

해설

• 산소는 인화성 가스가 아니라 조연성 가스에 해당한다.

인화성 가스

• 인화성 가스란 인화한계 농도의 최저한도가 13% 이하 또는 최고한도와 최저한도의 차가 12% 이상인 것으로서 표준압력(101.3 kPa)하의 20℃에서 가스상태인 물질을 말한다.
• 종류에는 수소, 아세틸렌, 에틸렌, 메탄, 에탄, 프로판, 부탄 등이 있다.

0302 / 1401

99

Repetitive Learning (1회 2회 3회)

다음 중 가연성 가스가 밀폐된 용기 안에서 폭발할 때 최대 폭발압력에 영향을 주는 인자로 가장 거리가 먼 것은?

① 가연성 가스의 농도(몰수)
② 가연성 가스의 초기 온도
③ 가연성 가스의 유속
④ 가연성 가스의 초기 압력

정답 | 96 ① 97 ④ 98 ④ 99 ③

해설

- 최대폭발압력은 용기의 형태 및 부피, 가스의 유속과는 큰 관련이 없다.

최대폭발압력(P_m)

㉠ 개요
- 가연성 가스가 밀폐된 용기 안에서 폭발할 때 최대폭발압력에 영향을 주는 인자에는 가스의 농도, 초기 온도, 초기 압력 등이 있다.
- 최대폭발압력은 용기의 형태 및 부피, 가스의 유속과는 큰 관련이 없다.

㉡ 최대폭발압력에 영향을 주는 인자
- 최대폭발압력은 화학양론비에 최대가 된다.
- 최대폭발압력은 다른 조건이 일정할 때 초기 온도가 높을수록 감소한다.
- 최대폭발압력은 다른 조건이 일정할 때 초기 압력이 상승할수록 증가한다.

0403 / 0802 / 1201 / 1503

100 Repetitive Learning (1회 2회 3회)

물이 관 속을 흐를 때 유동하는 물속의 어느 부분의 정압이 그때의 물의 증기압보다 낮을 경우 물이 증발하여 부분적으로 증기가 발생되어 배관의 부식을 초래하는 경우가 있다. 이러한 현상을 무엇이라 하는가?

① 서어징(Surging)
② 공동현상(Cavitation)
③ 비말동반(Entrainment)
④ 수격작용(Water hammering)

해설

- 서어징(Surging)은 압축기와 송풍기의 관로에 심한 공기의 맥동과 진동을 발생하면서 불안정한 운전이 되는 현상을 말한다.
- 비말동반(Entrainment)이란 용액의 비등 시 생성되는 증기 중에 작은 액체 방울이 섞여 증기와 더불어 증발관 밖으로 함께 배출되는 현상이다.
- 수격작용(Water hammering)이란 관로에서 물의 운동 상태가 변화하여 발생하는 물의 급격한 압력변화 현상이다.

공동현상(Cavitation)

㉠ 개요
- 물이 관 속을 빠르게 흐를 때 유동하는 물속의 어느 부분의 정압이 그 때의 물의 증기압보다 낮을 경우 물이 증발하여 부분적으로 증기가 발생되어 배관의 부식을 초래하는 현상을 말한다.

㉡ 방지대책
- 흡입비 속도(펌프의 회전속도)를 작게 한다.
- 펌프의 설치위치를 낮게 한다.
- 펌프의 흡입관의 두(Head) 손실을 줄인다.
- 펌프의 설치높이를 낮추어 흡입양정을 짧게 한다.

6과목 건설공사 안전관리

0903

101 Repetitive Learning 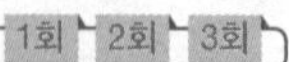

다음 중 강관비계 조립 시의 준수사항과 관련이 없는 것은?

① 비계기둥에는 미끄러지거나 침하하는 것을 방지하기 위하여 밑받침 철물을 사용한다.
② 지상높이 4층 이하 또는 12m 이하인 건축물의 해체 및 조립 등의 작업에서만 사용한다.
③ 교차가새로 보강한다.
④ 쌍줄비계 또는 돌출비계에 대하여는 벽이음 및 버팀을 설치한다.

해설

- 지상높이 4층 이하 또는 12m 이하인 건축물의 해체 및 조립 등의 작업에서만 사용하는 것은 통나무 비계에 대한 설명이다.

강관비계 조립 시 준수사항
- 비계기둥에는 미끄러지거나 침하하는 것을 방지하기 위하여 밑받침 철물을 사용하거나 깔판·받침목 등을 사용하여 밑둥잡이를 설치하는 등의 조치를 할 것
- 강관의 접속부 또는 교차부(交叉部)는 적합한 부속철물을 사용하여 접속하거나 단단히 묶을 것
- 교차가새로 보강할 것
- 외줄비계·쌍줄비계 또는 돌출비계에 대해서는 벽이음 및 버팀을 설치할 것

0402 / 1002

102 Repetitive Learning (1회 2회 3회)

승강기 강선의 과다감기를 방지하는 장치는?

① 비상정지장치
② 권과방지장치
③ 해지장치
④ 과부하방지장치

해설

- 비상정지장치는 위험한계 내에 신체의 일부가 들어가거나 이상사태가 발견된 경우에 기계의 작동을 정지시키는 장치를 말한다.
- 해지장치 혹은 훅 해지장치는 훅걸이용 와이어로프 등이 훅으로부터 벗겨지는 것을 방지하기 위한 장치이다.
- 과부하방지장치는 양중기에 있어서 정격하중 이상의 하중이 부하되었을 경우 자동적으로 동작을 정지시켜 주는 방호장치를 말한다.

100 ② 101 ② 102 ② 정답

:: 권과방지장치 실필 1101

- 크레인이나 승강기의 와이어로프가 일정 이상 부하를 권상시키면 더 이상 권상되지 않게 하여 부하가 장치에 충돌하지 않도록 하는 장치이다.
- 권과방지장치의 간격은 25cm 이상 유지하도록 조정한다.
- 직동식 권과방지장치의 간격은 0.05m 이상이다.

1501

103 Repetitive Learning (1회 2회 3회)

다음 중 방망에 표시해야 할 사항이 아닌 것은?

① 방망의 신축성　② 제조자명
③ 제조연월　④ 재봉치수

해설

- 추락방호망에 표시해야 하는 사항은 ②, ③, ④ 외에 그물코, 신품인 때의 방망의 강도 등이 있다.

:: 추락방호망 표시사항

- 제조자명
- 제조연월
- 재봉치수
- 그물코
- 신품인 때의 방망의 강도

0802 / 1301 / 1401 / 1802 / 1903 / 2102

104 Repetitive Learning 

부두・안벽 등 하역작업을 하는 장소에서 부두 또는 안벽의 선을 따라 통로를 설치하는 경우에는 그 폭을 최소 얼마 이상으로 하여야 하는가?

① 70cm　② 80cm
③ 90cm　④ 100cm

해설

- 부두 또는 안벽의 선을 따라 통로를 설치하는 경우에는 폭을 90cm 이상으로 하여야 한다.

:: 하역작업장의 조치기준 실필 2202/1803/1501

- 작업장 및 통로의 위험한 부분에는 안전하게 작업할 수 있는 조명을 유지할 것
- 부두 또는 안벽의 선을 따라 통로를 설치하는 경우에는 폭을 90cm 이상으로 할 것
- 육상에서의 통로 및 작업 장소로서 다리 또는 선거(船渠)의 갑문(閘門)을 넘는 보도(步道) 등의 위험한 부분에는 안전난간 또는 울타리 등을 설치할 것

1203 / 1603

105 Repetitive Learning (1회 2회 3회)

중량물을 운반할 때의 바른 자세로 옳은 것은?

① 허리를 구부리고 양손으로 들어올린다.
② 중량은 보통 체중의 60%가 적당하다.
③ 물건은 최대한 몸에서 멀리 떼어서 들어올린다.
④ 길이가 긴 물건은 앞쪽을 높게 하여 운반한다.

해설

- 단독으로 긴 물건을 어깨에 메고 운반할 때에는 화물 앞부분 끝을 어깨에 메고 뒤쪽 끝을 끌면서 운반한다.

:: 운반 작업 시 주의사항

- 운반 시의 시선은 진행방향을 향하고 뒷걸음 운반을 하여서는 안 된다.
- 무거운 물건을 운반할 때 무게 중심이 높은 화물은 인력으로 운반하지 않는다.
- 어깨높이보다 높은 위치에서 화물을 들고 운반하여서는 안 된다.
- 1인당 무게는 25kg 정도가 적당하며, 무리한 운반을 피한다.
- 단독으로 긴 물건을 어깨에 메고 운반할 때에는 화물 앞부분 끝을 어깨에 메고 뒤쪽 끝을 끌면서 운반한다.
- 내려놓을 때는 천천히 내려놓도록 한다.
- 물건을 들어 올릴 때는 팔과 무릎을 이용하며 척추는 곧게 한다.
- 무거운 물건은 공동 작업으로 실시하고, 공동 작업을 할 때는 신호에 따라 작업한다.

2201

106 Repetitive Learning (1회 2회 3회)

건설작업장에서 근로자가 상시 작업하는 장소의 작업면 조도 기준으로 옳지 않은 것은?(단, 갱내 작업장과 감광재료를 취급하는 작업장의 경우는 제외)

① 초정밀작업 : 600럭스(lux) 이상
② 정밀작업 : 300럭스(lux) 이상
③ 보통작업 : 150럭스(lux) 이상
④ 초정밀, 정밀, 보통작업을 제외한 기타 작업 : 75럭스(lux) 이상

정답 | 103 ① 104 ③ 105 ④ 106 ①

해설

- 초정밀작업은 750Lux, 정밀작업은 300Lux, 보통작업은 150Lux, 그 밖의 작업은 75Lux 이상이 되어야 한다.

:: 근로자가 상시 작업하는 장소의 작업면 조도 실필 2301/2101/1603

작업 구분	조도 기준
초정밀작업	750lux 이상
정밀작업	300lux 이상
보통작업	150lux 이상
그 밖의 작업	75lux 이상

1402

107 Repetitive Learning (1회 2회 3회)

산업안전보건법령에 따른 거푸집 동바리를 조립하는 경우 준수사항으로 옳지 않은 것은?

① 개구부 상부에 동바리를 설치하는 경우에는 상부하중을 견딜 수 있는 견고한 받침대를 설치할 것
② 동바리의 이음은 맞댄이음이나 장부이음으로 하고 같은 품질의 재료를 사용할 것
③ 강재의 접속부 및 교차부는 철선을 사용하여 단단히 연결할 것
④ 거푸집이 곡면인 경우에는 버팀대의 부착 등 그 거푸집의 부상(浮上)을 방지하기 위한 조치를 할 것

해설

- 강재의 접속부 및 교차부는 볼트·클램프 등 전용철물을 사용하여 단단히 연결하여야 한다.

:: 거푸집 동바리 등의 안전조치

㉠ 공통사항
- 받침목의 사용, 콘크리트 타설, 말뚝박기 등 동바리의 침하를 방지하기 위한 조치를 할 것
- 동바리의 상하 고정 및 미끄러짐 방지 조치를 할 것
- 상부·하부의 동바리가 동일 수직선상에 위치하도록 하여 깔판·받침목에 고정시킬 것
- 개구부 상부에 동바리를 설치하는 경우에는 상부하중을 견딜 수 있는 견고한 받침대를 설치할 것
- U헤드 등의 단판이 없는 동바리의 상단에 멍에 등을 올릴 경우에는 해당 상단에 U헤드 등의 단판을 설치하고, 멍에 등이 전도되거나 이탈되지 않도록 고정시킬 것
- 동바리의 이음은 같은 품질의 재료를 사용할 것
- 강재의 접속부 및 교차부는 볼트·클램프 등 전용철물을 사용하여 단단히 연결할 것
- 거푸집의 형상에 따른 부득이한 경우를 제외하고는 깔판이나 받침목은 2단 이상 끼우지 않도록 할 것
- 깔판이나 받침목을 이어서 사용하는 경우에는 그 깔판·받침목을 단단히 연결할 것

㉡ 동바리로 사용하는 파이프 서포트
- 파이프 서포트를 3개 이상 이어서 사용하지 않도록 할 것
- 파이프 서포트를 이어서 사용하는 경우에는 4개 이상의 볼트 또는 전용철물을 사용하여 이을 것
- 높이가 3.5m를 초과하는 경우 2m 이내마다 수평연결재를 2개 방향으로 설치할 것

0303 / 0601 / 0802 / 1201 / 1302 / 1401 / 1602 / 1603

108 Repetitive Learning (1회 2회 3회)

추락방지용 방망의 그물코의 크기가 10cm인 신품 매듭방망사의 인장강도는 몇 kg 이상이어야 하는가?

① 80
② 110
③ 150
④ 200

해설

- 매듭방망의 인장강도는 신품의 경우 그물코의 크기가 5cm이면 110kg, 10cm이면 200kg 이상이다.

:: 신품 방망 인장강도

그물코 한변 길이	무매듭방망	매듭방망
10cm	240kg 이상(150kg)	200kg 이상(135kg)
5cm		110kg 이상(60kg)

단, ( )은 폐기기준이다.

109 Repetitive Learning (1회 2회 3회)

구축물이 풍압·지진 등에 의하여 붕괴 또는 전도하는 위험을 예방하기 위한 조치와 가장 거리가 먼 것은?

① 설계도서에 따라 시공했는지 확인
② 건설공사 시방서에 따라 시공했는지 확인
③ 「건축물의 구조기준 등에 관한 규칙」에 따른 구조기준을 준수했는지 확인
④ 보호구 및 방호장치의 성능검정 합격품을 사용했는지 확인

107 ③ 108 ④ 109 ④ 정답

해설

- 구축물 또는 이와 유사한 시설물 등의 안전유지 조치에서는 설계도서, 시방서, 법규에 따른 구조기준을 준수했는지의 여부를 확인한다.

∷ 구축물 또는 이와 유사한 시설물 등의 안전유지 조치
- 설계도서에 따라 시공했는지 확인
- 건설공사 시방서(示方書)에 따라 시공했는지 확인
- 「건축물의 구조기준 등에 관한 규칙」에 따른 구조기준을 준수했는지 확인

110 ── Repetitive Learning (1회 2회 3회)

흙막이 지보공을 설치하였을 때 정기적으로 점검해야 하는 사항과 거리가 먼 것은?

① 경보장치의 작동상태
② 부재의 손상·변형·부식·변위 및 탈락의 유무와 상태
③ 버팀대의 긴압(緊壓)의 정도
④ 부재의 접속부·부착부 및 교차부의 상태

해설

- 경보장치의 작동상태 점검은 터널공사 등의 건설작업을 할 때에 당일 작업 시작 전 점검해야 하는 사항이다.

∷ 흙막이 지보공을 설치하였을 때에 정기적으로 점검하고 이상을 발견하면 즉시 보수하여야 할 사항 실작 2402/2301/2201/2003
- 부재의 손상·변형·부식·변위 및 탈락의 유무와 상태
- 버팀대의 긴압(緊壓)의 정도
- 부재의 접속부·부착부 및 교차부의 상태
- 침하의 정도

2103

111 ── Repetitive Learning (1회 2회 3회)

사다리식 통로 등을 설치하는 경우 고정식 사다리식 통로의 기울기는 최대 몇 도 이하로 하여야 하는가?

① 60도　② 75도
③ 80도　④ 90도

해설

- 일반적인 사다리식 통로의 기울기는 75도 이하, 고정식 사다리식 통로의 기울기는 90도 이하로 하여야 한다.

∷ 사다리식 통로의 구조 실필 2202/1101/0901
- 견고한 구조로 할 것
- 심한 손상·부식 등이 없는 재료를 사용할 것
- 발판의 간격은 일정하게 할 것
- 발판과 벽과의 사이는 15cm 이상의 간격을 유지할 것
- 폭은 30m 이상으로 할 것
- 사다리가 넘어지거나 미끄러지는 것을 방지하기 위한 조치를 할 것
- 사다리의 상단은 걸쳐놓은 지점으로부터 60cm 이상 올라가도록 할 것
- 사다리식 통로의 길이가 10m 이상인 경우에는 5m 이내마다 계단참을 설치할 것
- 사다리식 통로의 기울기는 75° 이하로 할 것. 다만, 고정식 사다리식 통로의 기울기는 90° 이하로 하고, 그 높이가 7m 이상인 경우에는 바닥으로부터 높이가 2.5m 되는 지점부터 등받이울을 설치할 것
- 접이식 사다리 기둥은 사용 시 접혀지거나 펼쳐지지 않도록 철물 등을 사용하여 견고하게 조치할 것

0602 / 1203 / 1701

112 ── Repetitive Learning (1회 2회 3회)

달비계의 구조에서 달비계 작업발판의 폭은 최소 얼마 이상이어야 하는가?

① 30cm
② 40cm
③ 50cm
④ 60cm

해설

- 작업발판의 폭은 40cm 이상으로 하고, 발판재료 간의 틈은 3cm 이하로 한다.

∷ 작업발판의 구조 실필 0801 실작 1601
- 발판재료는 작업할 때의 하중을 견딜 수 있도록 견고한 것으로 할 것
- 작업발판의 폭은 40cm 이상으로 하고, 발판재료 간의 틈은 3cm 이하로 할 것
- 선박 및 보트 건조작업의 경우 선박블록 또는 엔진실 등의 좁은 작업공간에 작업발판을 설치하기 위하여 필요하면 작업발판의 폭을 30cm 이상으로 할 수 있고, 걸침비계의 경우 강관기둥 때문에 발판재료 간의 틈을 3cm 이하로 유지하기 곤란하면 5cm 이하로 할 수 있다. 이 경우 그 틈 사이로 물체 등이 떨어질 우려가 있는 곳에는 출입금지 등의 조치를 하여야 한다.
- 추락의 위험이 있는 장소에는 안전난간을 설치할 것
- 작업발판의 지지물은 하중에 의하여 파괴될 우려가 없는 것을 사용할 것
- 작업발판재료는 뒤집히거나 떨어지지 않도록 둘 이상의 지지물에 연결하거나 고정시킬 것
- 작업발판을 작업에 따라 이동시킬 경우에는 위험 방지에 필요한 조치를 할 것

정답 | 110 ① 111 ④ 112 ②

조문삭제/대체문제

113 Repetitive Learning 1회 2회 3회

달비계에서 근로자의 추락 위험을 방지하기 위한 조치로 옳지 않은 것은?

① 구명줄을 설치한다.
② 근로자의 안전줄을 달비계의 구명줄에 체결한다.
③ 안전난간을 설치할 수 있으면 안전난간을 설치한다.
④ 추락방호망과 달비계의 구명줄을 연결한다.

해설

- 달비계의 구명줄은 건물에 견고하게 부착된 고정앵커 등 2개소 이상의 지지물에 결속해야 한다.

달비계에서 근로자 추락 방지 조치

- 달비계에 구명줄을 설치할 것
- 근로자에게 안전대를 착용하도록 하고 근로자가 착용한 안전줄을 달비계의 구명줄에 체결하도록 할 것
- 달비계에 안전난간을 설치할 수 있는 구조의 경우에는 달비계에 안전난간을 설치할 것

114 Repetitive Learning 1회 2회 3회

사질지반 굴착 시, 굴착부와 지하수위차가 있을 때 수두차에 의하여 삼투압이 생겨 흙막이벽 근입부분을 침식하는 동시에 모래가 액상화되어 솟아오르는 현상은?

① 동상현상
② 연화현상
③ 보일링현상
④ 히빙현상

해설

- 동상이란 온도가 하강함에 따라 토중수가 얼어 부피가 약 9% 정도 증대하게 됨으로써 지표면이 부풀어 오르는 현상이다.
- 연화현상이란 동결된 지반이 기온 상승으로 녹기 시작하여 녹은 물이 적절하게 배수되지 않을 때, 녹은 흙의 함수비가 얼기 전보다 훨씬 증가하여 지반이 연약해지고 강도가 떨어지는 현상을 말한다.
- 히빙현상은 흙막이벽체 내·외의 토사의 중량 차에 의해 점토지반의 토공사에서 흙막이 밖에 있는 흙이 안으로 밀려 들어와 내측 흙이 부풀어 오르는 현상을 말한다.

보일링(Boiling)

㉠ 개요
- 사질지반에서 흙막이벽 배면부의 지하수가 굴삭 바닥면으로 모래와 함께 솟아오르는 지반 융기현상이다.
- 지하수위가 높은 연약 사질토지반을 굴착할 때 주로 발생한다.
- 굴착부와 배면의 지하수위의 차이로 인해 주로 발생한다.
- 흙막이벽의 근입장 깊이가 부족할 경우 발생한다.
- 굴착저면에서 액상화 현상에 기인하여 발생한다.
- 시트파일(Sheet pile) 등의 저면에 분사 현상이 발생한다.
- 보일링으로 인해 흙막이벽의 지지력이 상실된다.

㉡ 대책 실필 1901/1401/1302/1003
- 굴착배면의 지하수위를 낮춘다.
- 토류벽의 근입 깊이를 깊게 한다.
- 토류벽 선단에 코어 및 필터층을 설치한다.
- 투수거리를 길게 하기 위한 지수벽을 설치한다.

1001 / 1302 / 1603 / 1703

115 Repetitive Learning 

일반건설공사(갑)로서 대상액이 5억원 이상 50억원 미만인 경우에 산업안전보건관리비의 비율(가) 및 기초액(나)으로 옳은 것은?

① (가) 1.86%, (나) 5,349,000원
② (가) 1.99%, (나) 5,499,000원
③ (가) 2.35%, (나) 5,400,000원
④ (가) 1.57%, (나) 4,411,000원

해설

- 공사종류가 일반건설공사(갑)이고 대상액이 5억원 이상 50억원 미만일 경우 비율은 1.86%이고, 기초액은 5,349,000원이다.

안전관리비 계상기준 실필 1402

- 공사종류 및 규모별 안전관리비 계상기준표

	5억원 미만	5억원 이상 50억원 미만		50억원 이상
		비율(X)	기초액(C)	
일반건설공사(갑)	2.93%	1.86%	5,349,000원	1.97%
일반건설공사(을)	3.09%	1.99%	5,499,000원	2.10%
중 건 설 공 사	3.43%	2.35%	5,400,000원	2.44%
철도·궤도신설공사	2.45%	1.57%	4,411,000원	1.66%
특수 및 기타건설공사	1.85%	1.20%	3,250,000원	1.27%

- 대상액이 5억원 미만 또는 50억원 이상일 경우에는 대상액에 표에서 정한 비율을 곱한 금액
- 대상액이 5억원 이상 50억원 미만일 때에는 대상액에 별표에서 정한 비율을 곱한 금액에 기초액을 합한 금액
- 대상액이 구분되어 있지 않은 공사는 도급계약 또는 자체사업계획상의 총 공사금액의 70%를 대상액으로 하여 안전관리비를 계상하여야 한다.

113 ④ 114 ③ 115 ① | 정답

- 발주자가 재료를 제공하거나 물품이 완제품의 형태로 제작 또는 납품되어 설치되는 경우에 해당 재료비 또는 완제품의 가액을 대상액에 포함시킬 경우의 안전관리비는, 해당 재료비 또는 완제품의 가액을 포함시키지 않은 대상액을 기준으로 계상한 안전관리비의 1.2배를 초과할 수 없다.

0502 / 1303 / 2102

116 — Repetitive Learning 1회 2회 3회

건설업 중 교량 건설공사의 경우 유해·위험방지계획서를 제출하여야 하는 기준으로 옳은 것은?

① 최대지간길이가 40m 이상인 교량 건설공사
② 최대지간길이가 50m 이상인 교량 건설공사
③ 최대지간길이가 60m 이상인 교량 건설공사
④ 최대지간길이가 70m 이상인 교량 건설공사

해설

- 유해·위험방지계획서 제출대상 공사의 규모 기준에서 교량 건설 등의 공사의 경우 최대지간길이가 50m 이상이어야 한다.

유해·위험방지계획서 제출대상 공사 실필 1701

- 지상높이가 31m 이상인 건축물 또는 인공구조물, 연면적 3만m^2 이상인 건축물 또는 연면적 5천m^2 이상의 문화 및 집회시설(전시장 및 동물원·식물원은 제외), 판매시설, 운수시설(고속철도의 역사 및 집배송시설은 제외), 종교시설, 의료시설 중 종합병원, 숙박시설 중 관광숙박시설, 지하도상가 또는 냉동·냉장창고시설의 건설·개조 또는 해체공사
- 연면적 5천m^2 이상인 냉동·냉장창고시설의 설비공사 및 단열공사
- 최대지간길이가 50m 이상인 교량 건설 등의 공사
- 터널 건설 등의 공사
- 다목적 댐, 발전용 댐 및 저수용량 2천만톤 이상의 용수 전용 댐, 지방상수도 전용 댐 건설 등의 공사
- 깊이 10m 이상인 굴착공사

1203 / 1501 / 2202

117 — Repetitive Learning 1회 2회 3회

철골건립준비를 할 때 준수하여야 할 사항과 가장 거리가 먼 것은?

① 지상 작업장에서 건립준비 및 기계·기구를 배치할 경우에는 낙하물의 위험이 없는 평탄한 장소를 선정하여 정비하고 경사지에서 작업대나 임시발판 등을 설치하는 등 안전조치를 한 후 작업하여야 한다.
② 건립작업에 다소 지장이 있다 하더라도 수목은 제거하여서는 안 된다.
③ 사용 전에 기계·기구에 대한 정비 및 보수를 철저히 실시하여야 한다.
④ 기계에 부착된 앵커 등 고정장치와 기초구조 등을 확인하여야 한다.

해설

- 건립작업에 지장이 되는 수목은 제거하거나 이설하여야 한다.

철골 세우기 준비작업 시 준수사항

- 지상 작업장에서 건립준비 및 기계·기구를 배치할 경우에는 낙하물의 위험이 없는 평탄한 장소를 선정하여 정비하고, 경사지에서는 작업대나 임시발판 등을 설치하는 등 안전하게 한 후 작업하여야 한다.
- 건립작업에 지장이 되는 수목은 제거하거나 이설하여야 한다.
- 인근에 건축물 또는 고압선 등이 있는 경우에는 이에 대한 방호조치 및 안전조치를 하여야 한다.
- 사용 전에 기계·기구에 대한 정비 및 보수를 철저히 실시하여야 한다.
- 기계가 계획대로 배치되어 있는지, 윈치는 작업구역을 확인할 수 있는 곳에 위치하는지, 기계에 부착된 앵커 등 고정장치와 기초구조 등을 확인하여야 한다.

118 — Repetitive Learning 1회 2회 3회

건설현장에서 근로자의 추락재해를 예방하기 위한 안전난간을 설치하는 경우 그 구성요소와 거리가 먼 것은?

① 상부 난간대　② 중간 난간대
③ 사다리　④ 발끝막이판

해설

- 안전난간은 상부 난간대, 중간 난간대, 발끝막이판 및 난간기둥으로 구성한다.

안전난간의 구조 및 설치요건 실필 2103/1703/1301 실작 2402/2303

- 상부 난간대, 중간 난간대, 발끝막이판 및 난간기둥으로 구성할 것. 다만, 중간 난간대, 발끝막이판 및 난간기둥은 이와 비슷한 구조와 성능을 가진 것으로 대체할 수 있다.
- 상부 난간대는 바닥면·발판 또는 경사로의 표면("바닥면 등")으로부터 90cm 이상 지점에 설치하고, 상부 난간대를 120cm 이하에 설치하는 경우에는 중간 난간대는 상부 난간대와 바닥면 등의 중간에 설치하여야 하며, 120cm 이상 지점에 설치하는 경우에는 중간 난간대를 2단 이상으로 균등하게 설치하고 난간의 상하 간격은 60cm 이하가 되도록 할 것. 다만, 난간기둥 간의 간격이 25cm 이하인 경우에는 중간 난간대를 설치하지 않을 수 있다.
- 발끝막이판은 바닥면 등으로부터 10cm 이상의 높이를 유지할 것. 다만, 물체가 떨어지거나 날아올 위험이 없거나 그 위험을 방지할 수 있는 망을 설치하는 등 필요한 예방 조치를 한 장소는 제외한다.

정답 | 116 ② 117 ② 118 ③

- 난간기둥은 상부 난간대와 중간 난간대를 견고하게 떠받칠 수 있도록 적정한 간격을 유지할 것
- 상부 난간대와 중간 난간대는 난간 길이 전체에 걸쳐 바닥면 등과 평행을 유지할 것
- 난간대는 지름 2.7cm 이상의 금속제 파이프나 그 이상의 강도가 있는 재료일 것
- 안전난간은 구조적으로 가장 취약한 지점에서 가장 취약한 방향으로 작용하는 100kg 이상의 하중에 견딜 수 있는 튼튼한 구조일 것

0302

119 Repetitive Learning (1회 2회 3회)

타워크레인(Tower crane)을 선정하기 위한 사전 검토사항으로서 가장 거리가 먼 것은?

① 붐의 모양
② 인양능력
③ 작업반경
④ 붐의 높이

해설

- 타워크레인 선정조건에는 인양능력, 작업반경, 붐의 높이 등이 있다.

타워크레인

- 타워크레인은 고층 작업이 가능하고 360° 작업이 가능한 양중장치이다.
- 타워크레인 선정조건은 인양능력, 작업반경, 붐의 높이 등이다.

120 Repetitive Learning (1회 2회 3회)

건설현장에서 높이 5m 이상인 콘크리트 교량의 설치작업을 하는 경우 재해예방을 위해 준수해야 할 사항으로 옳지 않은 것은?

① 작업을 하는 구역에는 관계 근로자가 아닌 사람의 출입을 금지할 것
② 재료, 기구 또는 공구 등을 올리거나 내릴 경우에는 근로자로 하여금 크레인을 이용하도록 하고 달줄, 달포대의 사용을 금하도록 할 것
③ 중량물 부재를 크레인 등으로 인양하는 경우에는 부재에 인양용 고리를 견고하게 설치하고, 인양용 로프는 부재에 두 군데 이상 결속하여 인양하여야 하며, 중량물이 안전하게 거치되기 전까지는 걸이로프를 해제시키지 아니할 것
④ 자재나 부재의 낙하·전도 또는 붕괴 등에 의하여 근로자에게 위험을 미칠 우려가 있을 경우에는 출입금지구역의 설정, 자재 또는 가설시설의 좌굴(挫屈) 또는 변형 방지를 위한 보강재 부착 등의 조치를 할 것

해설

- 재료, 기구 또는 공구 등을 올리거나 내릴 경우에는 근로자로 하여금 달줄, 달포대 등을 사용하도록 해야 한다.

교량 작업 시 준수사항

- 작업을 하는 구역에는 관계 근로자가 아닌 사람의 출입을 금지할 것
- 재료, 기구 또는 공구 등을 올리거나 내릴 경우에는 근로자로 하여금 달줄, 달포대 등을 사용하도록 할 것
- 중량물 부재를 크레인 등으로 인양하는 경우에는 부재에 인양용 고리를 견고하게 설치하고, 인양용 로프는 부재에 두 군데 이상 결속하여 인양하여야 하며, 중량물이 안전하게 거치되기 전까지는 걸이로프를 해제시키지 아니할 것
- 자재나 부재의 낙하·전도 또는 붕괴 등에 의하여 근로자에게 위험을 미칠 우려가 있을 경우에는 출입금지구역의 설정, 자재 또는 가설시설의 좌굴(挫屈) 또는 변형 방지를 위한 보강재 부착 등의 조치를 할 것

119 ① 120 ② 정답

MEMO

출제문제 분석 2019년 2회

구분	1과목	2과목	3과목	4과목	5과목	6과목	합계
New유형	1	1	3	1	5	4	15
New문제	5	5	10	5	6	6	37
또나온문제	7	7	6	4	3	8	35
자꾸나온문제	8	8	4	11	11	6	48
합계	20	20	20	20	20	20	120

- New유형은 New문제 중 기존 기출문제와 완전히 다른 유형의 문제를 말합니다.
- New문제는 기존에 출제되지 않은 문제로 이번에 처음 출제되는 문제이거나 기존 출제된 문제의 변형된 형태입니다.
- 또나온문제는 기존에 출제된 적이 1번 있는 문제를 말합니다.
- 자꾸나온문제는 기존에 출제된 적이 2번 이상 있는 문제를 말합니다. 그만큼 중요한 문제입니다.

몇 년분의 기출문제를 공부해야 합격할 수 있을까요?

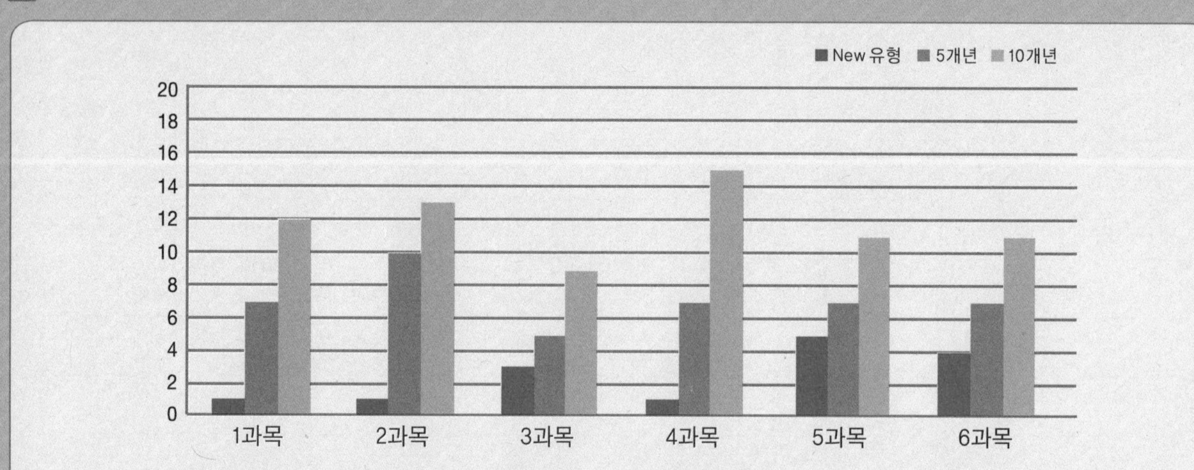

- 완전 새로운 유형의 문제는 15문제이고 105문제가 이미 출제된 문제 혹은 변형문제입니다.
- 5년분(2016~2020) 기출에서 동일문제가 43문항이 출제되었고, 10년분(2011~2020) 기출에서 동일문제가 71문항이 출제되었습니다.

실기에 나왔어요!! 외우세요!!!

실기시험은 필답형과 작업형으로 구분되어 있으며 모두 직접 주관식으로 내용을 적어야 합니다. 필기공부하면서 실기 출제된 내역들은 좀 더 신경써서 암기하실 필요가 있어요. 필기 합격자 발표 난 후 실기시험까지는 5주밖에 여유가 없답니다. 어차피 공부할 것 필기 때 확실하게 해준다면 실기도 단방에 합격할 수 있습니다.

- 총 35개의 해설이 실기 필답형 시험과 연동되어 있습니다.
- 총 4개의 해설이 실기 작업형 시험과 연동되어 있습니다.

분석의견

최근 10년분의 기출문제와 답이라도 정확하게 암기하고 계신 분이라면 합격하는 데 어려움이 없을 만큼 쉽게 출제된 시험이었습니다. 5년분만 공부하신 분이라도 동일문제가 49문항이나 출제되어 충분히 합격점수에 가깝게 획득 가능한 난이도의 시험이었습니다. 과목별 난이도 역시 5년분만 학습해도 과락을 면하는 데 충분하여 큰 어려움이 없었던, 최근 들어 가장 쉬웠던 시험이라고 판단됩니다. 합격에 필요한 점수를 획득하기 위해서는 최근 5년분 문제와 핵심이론의 3회독 혹은 최근 10년분 문제와 핵심이론의 2회독 이상의 학습이 필요합니다.

2019년 제2회

19년 2회차 필기시험
합격률 44.0%

2019년 4월 27일 필기

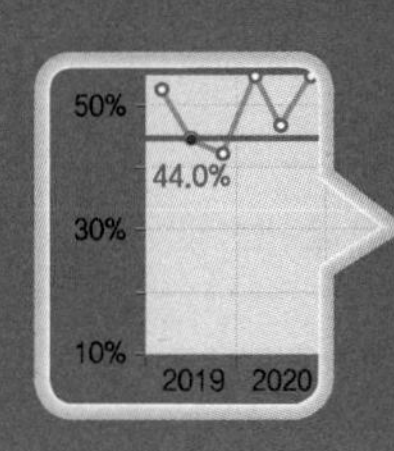

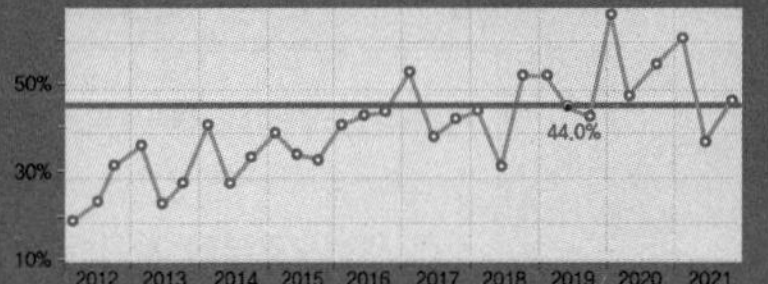

1과목 산업재해 예방 및 안전보건교육

0902

01 Repetitive Learning (1회 2회 3회)

다음 중 허츠버그(Herzberg)의 일을 통한 동기부여 원칙으로 잘못된 것은?

① 새롭고 어려운 업무의 부여
② 교육을 통한 간접적 정보제공
③ 자기과업을 위한 작업자의 책임감 증대
④ 작업자에게 불필요한 통제를 배제

해설

- 교육을 통한 간접적 정보제공은 성취감, 인정, 책임, 직무를 통한 자기 개발과 발전 등과 같은 일을 통한 동기부여 원칙과 관련이 멀다.

허츠버그(F. Herzberg)의 위생·동기요인

㉠ 개요
- 인간에게는 욕구에 대한 불만족에 영향을 주는 요인(위생요인)과 만족에 영향을 주는 요인(동기요인)이 별도로 존재한다고 주장하였다.
- 위생요인을 충족시켜 주는 것은 직무불만족을 줄이는 것에 불과하므로 직무만족을 위해서는 동기요인을 강화해야 한다는 논리이다.

㉡ 위생요인(Hygiene factor)과 동기요인(Motivator factor)
- 위생요인 – 감독, 임금, 보수, 작업환경과 조건 등을 말한다.(매슬로우의 욕구 5단계 중 1~3단계, McGregor의 X이론, 후진국적, 동물적 욕구와 관련)
- 동기요인 – 성취감, 책임감, 타인의 인정, 도전감 등을 말한다.(매슬로우의 욕구 5단계 중 4~5단계, McGregor의 Y이론, 선진국형, 인간의 이상과 관련)

1201 / 1802

02 Repetitive Learning (1회 2회 3회)

재해통계에 있어 강도율이 2.0인 경우에 대한 설명으로 옳은 것은?

① 재해로 인해 전체 작업비용의 2.0%에 해당하는 손실이 발생하였다.
② 근로자 1,000명당 2.0건의 재해가 발생하였다.
③ 근로시간 1,000시간당 2.0건의 재해가 발생하였다.
④ 근로시간 1,000시간당 2.0일의 근로손실이 발생하였다.

해설

- 강도율은 근로시간 1,000시간당의 근로손실일수를 의미한다. 2.0은 근로손실일수가 1,000시간당 2일이라는 의미이다.

강도율(SR : Severity Rate of injury) 실필 2401/2101/2004/1902/1901/1702/1701/1403/1303/1203/1201/1102/1003/1001/0903/0902/0802

- 재해로 인한 근로손실의 강도를 나타낸 값으로 연간 총근로시간에서 1,000시간당 근로손실일수를 의미한다.
- 강도율 = $\frac{\text{근로손실일수}}{\text{연간 총근로시간}}$로 구한다.
- 근로자의 근속연수 등이 주어지지 않을 때 평생 근로손실일수는 한 개인이 평생 동안 근로한 시간을 100,000시간으로 볼 때의 근로손실일수이므로 강도율에 100을 곱하여 구한다.

03 Repetitive Learning (1회 2회 3회)

매슬로우(Maslow)의 욕구단계 이론 중 자기의 잠재력을 최대한 살리고 자기가 하고 싶었던 일을 실현하려는 인간의 욕구에 해당하는 것은?

① 생리적 욕구 ② 사회적 욕구
③ 자아실현의 욕구 ④ 안전의 욕구

정답 | 01 ② 02 ④ 03 ③

해설

- 자신의 잠재력을 살리고 자신이 하고 싶었던 일을 실현하려는 욕구는 매슬로우 욕구 5단계 중 가장 최종적인 단계에 해당한다.

⁙ 매슬로우(Maslow)의 욕구 5단계 이론 실필 1602

1단계 생리적 욕구	기본적인 인간의 욕구(먹고, 자고, 숨쉬는 것)
2단계 안전에 대한 욕구	각종 위험으로부터 자기보존에 관한 안전욕구
3단계 사회적 욕구	친구와 가족 간의 관계로 대표되는 것으로 애정과 소속에 대한 요구
4단계 존경의 욕구	자신있고 강하고 무엇인가 진취적이며 유능한 쓸모있는 사람으로 인식되기를 바라는 욕구
5단계 자아실현의 욕구	편견 없이 받아들이는 성향, 타인과의 거리를 유지하며 사생활을 즐기거나 창의적 성격으로 봉사, 특별히 좋아하는 사람과 긴밀한 관계를 유지하려는 인간의 욕구

1001 / 1601

04 Repetitive Learning (1회 2회 3회)

산업안전보건법상 안전인증대상 기계·기구 등의 안전인증 표시에 해당하는 것은?

① KCs

② 

③ 

④ 

해설

- ②는 KS마크로 산업표준화법에 따른 한국표준규격에 해당한다.
- ③은 한국산업안전보건공단에서 산업재해예방을 위한 임의인증 마크이다.
- ④는 KPS마크로 정부기관의 안전인증을 받거나 기업 스스로 안전기준에 맞춰 제작했음을 나타내는 안전마크이다.

⁙ 자율안전확인 표시

- 제조업자 또는 수입업자가 지정된 시험·검사기관으로부터 안전성에 대한 시험·검사를 받아 공산품의 안전기준에 적합한 것임을 스스로 확인한 후 안전인증기관에 신고한 공산품에 나타내는 표시이다.
- 안전인증대상 기계·기구 등의 안전인증 및 자율안전확인의 표시 및 표시방법은 KCs로 한다.
- 인체에 상해를 입힐 우려가 있는 재질이나 표면이 거친 재질을 사용해서는 안 된다.

1802 / 1803

05 Repetitive Learning (1회 2회 3회)

유기화합물용 방독마스크의 시험가스가 아닌 것은?

① 이소부탄
② 시클로헥산
③ 디메틸에테르
④ 염소가스 또는 증기

해설

- 염소가스 또는 증기(Cl_2)는 할로겐가스용 방독마스크의 시험가스이다.

⁙ 방독마스크의 종류와 특징 실필 1703 실작 1601/1503/1502/1103/0801

표기	종류	색상	정화통흡수제	시험가스
C	유기화합물용	갈색	활성탄	시클로헥산, 디메틸에테르, 이소부탄
A	할로겐가스용	회색	소다라임, 활성탄	염소가스, 증기
K	황화수소용	회색	금속염류, 알칼리	황화수소
J	시안화수소용	회색	산화금속, 알칼리	시안화수소
I	아황산가스용	노란색	산화금속, 알칼리	아황산가스
H	암모니아용	녹색	큐프라마이트	암모니아
E	일산화탄소용	적색	호프카라이트, 방습제	일산화탄소

1103

06 Repetitive Learning (1회 2회 3회)

다음 중 산업안전보건법에 따라 환기가 극히 불량한 좁은 밀폐된 장소에서 용접작업을 하는 근로자를 대상으로 한 특별 안전·보건교육 내용에 해당하지 않는 것은?(단, 일반적인 안전·보건에 필요한 사항은 제외한다)

① 환기설비에 관한 사항
② 작업환경 점검에 관한 사항
③ 질식 시 응급조치에 관한 사항
④ 화재예방 및 초기대응에 관한 사항

해설

- 화재예방 및 초기대응에 관한 사항은, 아세틸렌용접장치 또는 가스집합 용접장치를 사용하는 금속의 용접·용단 또는 가열작업을 수행하는 근로자의 특별 안전·보건교육 내용에 해당한다.

04 ① 05 ④ 06 ④ 정답

밀폐된 장소에서 하는 용접작업 또는 습한 장소에서 전기 용접작업을 하는 근로자를 대상으로 하는 특별 안전·보건교육 내용 실필 1203

- 작업순서, 안전작업방법 및 수칙에 관한 사항
- 환기설비에 관한 사항
- 전격방지 및 보호구 착용에 관한 사항
- 질식 시 응급조치에 관한 사항
- 작업환경 점검에 관한 사항
- 그 밖에 안전·보건관리에 필요한 사항

1402

07 Repetitive Learning (1회 2회 3회)

다음 중 안전인증대상 안전모의 성능기준 항목이 아닌 것은?

① 내열성
② 턱끈풀림
③ 내관통성
④ 충격흡수성

해설

- 안전모의 성능기준 항목은 내관통성, 충격흡수성, 내전압성, 내수성, 난연성, 턱끈풀림으로 구성된다.

안전모의 시험성능기준 실필 2401/1901/1701/0701 실작 1302

항목	시험성능기준
내관통성	AE, ABE종 안전모는 관통거리가 9.5mm 이하이고, AB종 안전모는 관통거리가 11.1mm 이하이어야 한다.
충격흡수성	최고전달충격력이 4,450N을 초과해서는 안 되며, 모체와 착장체의 기능이 상실되지 않아야 한다.
내전압성	AE, ABE종 안전모는 교류 20kV에서 1분간 절연파괴 없이 견뎌야 하고, 이때 누설되는 충전전류는 10mA 이하이어야 한다.
내수성	AE, ABE종 안전모는 질량증가율이 1% 미만이어야 한다.
난연성	모체가 불꽃을 내며 5초 이상 연소되지 않아야 한다.
턱끈풀림	150N 이상 250N 이하에서 턱끈이 풀려야 한다.

08 Repetitive Learning (1회 2회 3회)

안전조직 중에서 라인-스태프(Line-staff) 조직의 특징으로 옳지 않은 것은?

① 라인형과 스태프형의 장점을 취한 절충식 조직형태이다.
② 중규모 사업장(100명 이상 500명 미만)에 적합하다.
③ 라인의 관리, 감독자에게도 안전에 관한 책임과 권한이 부여된다.
④ 안전활동과 생산업무가 분리될 가능성이 낮기 때문에 균형을 유지할 수 있다.

해설

- 중규모(100~1,000명) 사업장에서는 참모(Staff)형 조직이 적합하다.

직계-참모(Line-staff)형 조직

㉠ 개요
- 가장 이상적인 조직형태로 1,000명 이상의 대규모 사업장에서 주로 사용된다.
- 라인의 관리·감독자에게도 안전에 관한 책임과 권한이 부여된다.
- 안전계획, 평가 및 조사는 스태프에서, 생산기술의 안전대책은 라인에서 실시한다.

㉡ 장점
- 안전 전문가에 의해 입안된 것을 경영자의 지침으로 명령 실시하므로 정확하고 신속하다.
- 조직원 전원을 자율적으로 안전활동에 참여시킬 수 있다.
- 라인의 관리, 감독자에게도 안전에 관한 책임과 권한이 부여된다.
- 안전활동과 생산업무가 유리될 우려가 없기 때문에 균형을 유지할 수 있어 이상적인 조직형태이다.

㉢ 단점
- 명령계통과 조언·권고적 참여가 혼동되기 쉽다.
- 스태프의 월권행위가 발생하는 경우가 있다.
- 라인이 스태프에 의존하거나 스태프를 활용하지 않는 경우가 있다.

1603

09 Repetitive Learning (1회 2회 3회)

산업안전보건법령상 근로자 안전보건교육 중 작업내용 변경 시의 교육을 할 때 일용근로자 및 근로계약기간이 1주일 이하인 기간제근로자를 제외한 근로자의 교육시간으로 옳은 것은?

① 1시간 이상 ② 2시간 이상
③ 4시간 이상 ④ 6시간 이상

정답 | 07 ① 08 ② 09 ②

해설

- 작업내용 변경 시 일용근로자 및 근로계약기간이 1주일 이하인 기간제근로자는 1시간 이상, 그 밖의 근로자는 2시간 이상 교육한다.

안전·보건 교육시간 기준 실필 1601/1301/1201/1101/1003/0901

<table>
<tr><th>교육과정</th><th colspan="2">교육대상</th><th>교육시간</th></tr>
<tr><td rowspan="4">정기교육</td><td colspan="2">사무직 종사 근로자</td><td>매반기 6시간 이상</td></tr>
<tr><td rowspan="2">사무직 외의 근로자</td><td>판매업무에 직접 종사하는 근로자</td><td>매반기 6시간 이상</td></tr>
<tr><td>판매업무에 직접 종사하는 근로자 외의 근로자</td><td>매반기 12시간 이상</td></tr>
<tr><td colspan="2">관리감독자</td><td>연간 16시간 이상</td></tr>
<tr><td rowspan="3">채용 시의 교육</td><td colspan="2">일용근로자 및 근로계약기간이 1주일 이하인 기간제근로자</td><td>1시간 이상</td></tr>
<tr><td colspan="2">근로계약기간이 1주일 초과 1개월 이하인 기간제근로자</td><td>4시간 이상</td></tr>
<tr><td colspan="2">그 밖의 근로자</td><td>8시간 이상</td></tr>
<tr><td rowspan="2">작업내용 변경 시의 교육</td><td colspan="2">일용근로자 및 근로계약기간이 1주일 이하인 기간제근로자</td><td>1시간 이상</td></tr>
<tr><td colspan="2">그 밖의 근로자</td><td>2시간 이상</td></tr>
<tr><td rowspan="3">특별교육</td><td rowspan="2">일용 및 근로계약기간이 1주일 이하인 기간제근로자</td><td>타워크레인 신호업무 제외</td><td>2시간 이상</td></tr>
<tr><td>타워크레인 신호업무</td><td>8시간 이상</td></tr>
<tr><td colspan="2">일용 및 근로계약기간이 1주일 이하인 기간제근로자 제외 근로자</td><td>• 16시간 이상(작업전 4시간, 나머지는 3개월 이내 분할 가능)
• 단기간 또는 간헐적 작업인 경우에는 2시간 이상</td></tr>
<tr><td>건설업 기초안전·보건교육</td><td colspan="2">건설 일용근로자</td><td>4시간 이상</td></tr>
</table>

0702 / 1501

10

Repetitive Learning 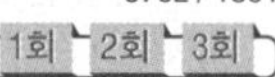

다음 중 교육훈련 방법에 있어 OJT(On the Job Training)의 특징이 아닌 것은?

① 동시에 다수의 근로자들에게 조직적 훈련이 가능하다.
② 개개인에게 적절한 지도 훈련이 가능하다.
③ 훈련 효과에 의해 상호 신뢰 및 이해도가 높아진다.
④ 직장의 실정에 맞게 실제적 훈련이 가능하다.

해설

- 동시에 다수의 근로자에게 조직적 훈련이 가능한 것은 Off J.T의 장점에 해당한다.

O.J.T(On the Job Training) 교육

㉠ 개요
- 주로 사업장 내에서 관리 감독자가 강사가 되어 실시하는 개별교육을 말한다.
- 일상 업무를 통해 지식과 기능, 문제해결능력을 향상시키는 데 주목적을 갖는다.
- (1단계) 작업의 필요성(Needs)을 느끼게 하고, (2단계) 목표를 설정하며, (3단계) 교육을 실시하고, (4단계) 평가하는 과정을 거친다.

㉡ 장점
- 개개인에 대한 효율적인 지도훈련이 가능하다.
- 직장의 실정에 맞는 실제적 훈련이 가능하다.
- 즉시 업무에 연결될 수 있고, 효과가 즉각적으로 나타나며, 훈련의 좋고 나쁨에 따라 개선이 용이하다.
- 교육을 담당하는 관리 감독자(상사)와 부하 간의 의사소통과 신뢰감이 깊어진다.

㉢ 단점
- 전문적인 강사가 아니어서 교육이 원만하지 않을 수 있다.
- 다수의 대상을 한번에 통일적인 내용 및 수준으로 교육시킬 수 없다.
- 업무와 교육이 병행되는 관계로 훈련에만 전념할 수 없다.

11

Repetitive Learning 1회 2회 3회

다음 중 브레인스토밍(Brain-storming)의 4원칙을 올바르게 나열한 것은?

① 자유분방, 비판금지, 대량발언, 수정발언
② 비판자유, 소량발언, 자유분방, 수정발언
③ 대량발언, 비판자유, 자유분방, 수정발언
④ 소량발언, 자유분방, 비판금지, 수정발언

해설

- 브레인스토밍은 타인의 의견을 비판해서는 안 되며, 가능한 많은 아이디어를 형식 없이 자유롭게 발표한다.

브레인스토밍(Brain-storming) 기법 실필 1503/0903

㉠ 개요
- 6~12명의 구성원으로 타인의 비판 없이 자유로운 토론을 통하여 다량의 독창적인 아이디어를 이끌어내고, 대안적 해결안을 찾기 위한 집단적 사고기법이다.

㉡ 4원칙
- 가능한 많은 아이디어와 의견을 제시하도록 한다.
- 주제를 벗어난 아이디어도 허용한다.
- 타인의 의견을 수정하여 발언하는 것을 허용한다.
- 절대 타인의 의견을 비판 및 비평하지 않는다.

10 ① 11 ① 정답

0402 / 0801

12

다음 중 산업안전심리의 5대 요소에 포함되지 않는 것은?

① 습관 ② 동기
③ 감정 ④ 지능

해설

• 산업안전심리의 5대 요소에는 습관, 동기, 감정, 기질, 습성이 있다.

산업안전심리의 5대 요소

구분	내용
습관	성장과정에서 형성된 개인의 반복적인 행동을 말한다.
동기	사람의 마음을 움직이는 원동력 및 행동을 일으키는 내적인 요인을 말한다.
감정	희로애락 등 특정상황에서 인간 내면에서 발생하는 느낌이나 기분을 말한다.
기질	타고난 개인의 성격, 능력 등 개인적인 특성으로, 생활환경이나 주위환경에 따라 개인마다 달라지기도 한다.
습성	공통된 생활양식이나 행동양식에 의해 습관이 되어버린 인간의 성질을 말한다.

1002

13

다음 중 안전·보건교육의 단계별 교육과정 순서로 옳은 것은?

① 안전 태도교육 → 안전 지식교육 → 안전 기능교육
② 안전 지식교육 → 안전 기능교육 → 안전 태도교육
③ 안전 기능교육 → 안전 지식교육 → 안전 태도교육
④ 안전 자세교육 → 안전 지식교육 → 안전 기능교육

해설

• 안전보건교육은 지식교육 – 기능교육 – 태도교육 순으로 진행된다.

안전보건교육의 단계별 순서

• 지식교육 – 기능교육 – 태도교육 순으로 진행된다.

단계	내용
1단계 지식교육	화학, 전기, 방사능의 설비를 갖춘 기업에서 특히 필요성이 큰 교육으로 근로자가 지켜야 할 규정의 숙지를 위한 인지적인 교육으로 일방적·획일적으로 행해지는 경우가 많다.
2단계 기능교육	같은 것을 반복하여 개인의 시행착오에 의해서만 점차 그 사람에게 형성되는 교육으로 일방적·획일적으로 행해지는 경우가 많다. 아울러 안전행동의 기초이므로 경영관리·감독자측 모두가 일체가 되어 추진되어야 한다.
3단계 태도교육	올바른 행동의 습관화 및 가치관을 형성하도록 하는 심리적인 교육으로 교육의 기회나 수단이 다양하고 광범위하다.

0902 / 1402 / 1502 / 2001

14 Repetitive Learning (1회 2회 3회)

산업안전보건법상 산업안전보건위원회의 사용자위원 구성원이 아닌 것은?(단, 각 사업장은 해당하는 사람을 선임하여 하는 대상 사업장으로 한다)

① 안전관리자 ② 보건관리자
③ 산업보건의 ④ 명예산업안전감독관

해설

• 명예산업안전감독관은 근로자위원에 포함된다.

산업안전보건위원회 실필 2303/2302/1903/1301/1102/1003/0901/0803

• 근로자위원은 근로자대표, 명예감독관, 근로자대표가 지명하는 9명 이내의 해당 사업장의 근로자로 구성한다.
• 사용자위원은 대표자, 안전관리자, 보건관리자, 산업보건의, 대표자가 지명하는 9명 이내의 해당 사업장 부서의 장으로 구성하나 상시근로자 50명 이상 100명 이하일 경우 대표자가 지명하는 9명 이내의 해당 사업장 부서의 장은 제외한다.
• 산업안전보건위원회의 위원장은 위원 중에서 호선(互選)한다. 이 경우 근로자위원과 사용자위원 중 각 1명을 공동위원장으로 선출할 수 있다.
• 산업안전보건위원회의 회의는 정기회의와 임시회의로 구분하되, 정기회의는 분기마다 위원장이 소집하며, 임시회의는 위원장이 필요하다고 인정할 때에 소집한다.

0802 / 1001 / 1502 / 2103

15 Repetitive Learning (1회 2회 3회)

다음 중 무재해 운동의 이념에서 "선취의 원칙"을 가장 적절하게 설명한 것은?

① 사고의 잠재요인을 사후에 파악하는 것
② 근로자 전원의 일체감을 조성하여 참여하는 것
③ 위험요소를 사전에 발견, 파악하여 재해를 예방하거나 방지하는 것
④ 관리 감독자 또는 경영층에서의 자발적 참여로 안전 활동을 촉진하는 것

해설

• 안전제일(선취)의 원칙은 행동하기 전에 재해를 예방하거나 방지하는 것을 말한다.

무재해 운동 3원칙

원칙	내용
무(無, Zero)의 원칙	모든 잠재위험요인을 사전에 발견·파악·해결함으로써 근원적으로 산업재해를 없앤다.
안전제일(선취)의 원칙	직장의 위험요인을 행동하기 전에 발견·파악·해결하여 재해를 예방한다.
참가의 원칙	작업에 따르는 잠재적인 위험요인을 발견·해결하기 위하여 전원이 협력하여 문제해결 운동을 실천한다.

0401 / 0601

16

Repetitive Learning (1회 2회 3회)

연천인율 45인 사업장의 도수율은 얼마인가?

① 10.8　　② 18.75

③ 108　　④ 187.5

해설

- 도수율 = 연천인율/2.4 = 45/2.4 = 18.75이다.

연천인율 실필 1801/1403/1201/0903/0901

- 1년간 평균근로자 1,000명당 재해자의 수를 나타낸다.
- 연천인율 = $\frac{\text{연간 재해자수}}{\text{연평균 근로자수}} \times 1,000$으로 구한다.
- 근로자 1명이 연평균 2,400시간을 일한다는 것을 가정할 때 연천인율은 도수율×2.4로도 구할 수 있다.

1403

17

Repetitive Learning 

기술교육의 형태 중 존 듀이(J. Dewey)의 사고과정 5단계에 해당하지 않은 것은?

① 추론한다.　　② 시사를 받는다.

③ 가설을 설정한다.　　④ 가슴으로 생각한다.

해설

- 지식화(Intellectualization)단계를 다른 말로 머리로 생각하는 단계라 한다.

존 듀이(Jone Dewey)의 5단계 사고과정

- 시사(Suggestion) → 지식화(Intellectualization) → 가설(Hypothesis)을 설정 → 추론(Reasoning) → 행동에 의하여 가설 검토 순으로 진행된다.
- 이 과정을 정리하여 교육지도의 5단계는 원리의 제시 → 관련된 개념의 분석 → 가설의 설정 → 자료의 평가 → 결론 순으로 진행된다.

18

Repetitive Learning (1회 2회 3회)

불안전 상태와 불안전 행동을 제거하는 안전관리의 시책에는 적극적인 대책과 소극적인 대책이 있다. 다음 중 소극적인 대책에 해당하는 것은?

① 보호구의 사용

② 위험공정의 배제

③ 위험물질의 격리 및 대체

④ 위험성 평가를 통한 작업환경 개선

해설

- 보호구의 사용은 해당 공정 및 해당 상태의 불안전한 상태를 무시하고 당장의 위험만 극복하려는 자세로 소극적 대책이다. 원인을 제거하는 적극적인 대책이 마련되어야 한다.

안전관리의 적극적 대책

- 위험공정의 배제
- 위험물질의 격리 및 대체
- 위험성 평가를 통한 작업환경 개선

1202 / 2101 / 2103

19

Repetitive Learning 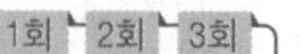

다음 중 상황성 누발자의 재해유발 원인으로 옳지 않은 것은?

① 작업의 난이성　　② 기계설비의 결함

③ 도덕성의 결여　　④ 심신의 근심

해설

- 도덕성의 결여와 재해는 큰 관련이 없다.

상황성 누발자

㉠ 개요

- 상황성 누발자란 작업이 어렵거나 설비의 결함, 심신의 근심 때문에 재해를 여러 번 겪은 사람을 말한다.

㉡ 재해유발 원인

- 작업이 어렵기 때문
- 기계설비에 결함이 있기 때문
- 심신에 근심이 있기 때문
- 환경상 주의력의 집중이 곤란하기 때문

20

Repetitive Learning (1회 2회 3회)

수업매체별 장·단점 중 "컴퓨터 수업(Computer assisted instruction)"의 장점으로 옳지 않은 것은?

① 개인차를 최대한 고려할 수 있다.

② 학습자가 능동적으로 참여하고, 실패율이 낮다.

③ 교사와 학습자가 시간을 효과적으로 이용할 수 없다.

④ 학생의 학습과 과정의 평가를 과학적으로 할 수 있다.

해설

- 컴퓨터 수업은 프로그램 학습법에서 이용매체를 컴퓨터로 한 것을 의미한다. 이미 작성된 프로그램으로 진행하는 방법으로 수강자들이나 교사가 언제든지 활용가능하므로 시간을 효과적으로 이용하는 교육방법이다.

16 ② 17 ④ 18 ① 19 ③ 20 ③ 정답

프로그램 학습법(Programmed self instruction method)

㉠ 개요

- 학생이 자기 학습속도에 따른 학습이 허용되어 있는 상태에서 학습자가 프로그램 자료를 가지고 단독으로 학습하도록 하는 교육방법을 말한다.

㉡ 특징

- 학습자의 학습과정을 쉽게 알 수 있다.
- 수업의 모든 단계에서 적용이 가능하며, 지능, 학습속도 등 개인차를 충분히 고려할 수 있다.
- 수강자들이 학습이 가능한 시간대의 폭이 넓으며, 매 반응마다 피드백이 주어져 학습자의 흥미를 유발한다.
- 단점으로는 한 번 개발된 프로그램 자료는 개조하기 어려우며 내용이 고정화되어 있고, 개발비용이 많이 들며 집단 사고의 기회가 없다.

2과목 인간공학 및 위험성 평가 · 관리

1503 / 2102

21 Repetitive Learning (1회 2회 3회)

다음 중 음량수준을 평가하는 척도와 관계없는 것은?

① HSI
② phon
③ dB
④ sone

해설

- HSI는 열 압박 지수(Heat Stress Index)로 열평형을 유지하기 위해 증발해야 하는 땀의 양이며, 음량수준과는 거리가 멀다.

음량수준

- 음의 크기를 나타내는 단위에는 dB(PNdB, PLdB), phon, sone 등이 있다.
- 음량수준을 측정하는 척도에는 phon 및 sone에 의한 음량수준과 인식소음수준 등을 들 수 있다.
- 음의 세기는 진폭의 크기에 비례한다.
- 음의 높이는 주파수에 비례한다(주파수는 주기와 반비례한다).
- 인식소음수준은 소음의 측정에 이용되는 척도로 PNdB와 PLdB로 구분된다.

0901 / 1503

22 Repetitive Learning (1회 2회 3회)

고장형태 및 영향분석(FMEA)에서 평가요소로 틀린 것은?

① 고장발생의 빈도
② 고장의 영향 크기
③ 고장방지의 가능성
④ 기능적 고장 영향의 중요도

해설

- FMEA에서 고장 등급의 평가요소에는 고장의 영향 크기보다는 고장방지의 가능성, 신규설계 여부 등이 포함되어야 한다.

FMEA의 고장 평점 결정 5가지 평가요소

- 기능적 고장의 중요도
- 영향을 미치는 시스템의 범위
- 고장의 발생 빈도
- 고장방지의 가능성
- 신규설계 여부

1203 / 1602

23 Repetitive Learning (1회 2회 3회)

산업안전보건법에 따라 유해 · 위험방지계획서의 제출대상 사업은 해당 사업으로서 전기 계약용량이 얼마 이상인 사업을 말하는가?

① 150kW
② 200kW
③ 300kW
④ 500kW

해설

- 유해 · 위험방지계획서 제출대상 사업장의 규모는 전기 계약용량이 300kW 이상인 사업장이다.

유해 · 위험방지계획서의 제출 실필 2302/1303/0903

- 제출대상 사업장의 규모는 전기 계약용량이 300kW 이상인 사업장이다.
- 건설물 · 기계 · 기구 및 설비 등 일체를 설치 · 이전하거나 그 주요 구조부분을 변경할 때에는 고용노동부장관(한국산업안전보건공단)에게 유해 · 위험방지계획서를 2부 제출하여야 한다.
- 제조업의 경우는 해당 작업 시작 15일 전에 제출한다.
- 건설업의 경우는 공사의 착공 전날까지 제출한다.

정답 | 21 ① 22 ② 23 ③

24 Repetitive Learning (1회 2회 3회)

아령을 사용하여 30분간 훈련한 후, 이두근의 근육 수축작용에 대한 전기적인 신호데이터를 모았다. 이 데이터들을 이용하여 분석할 수 있는 것은 무엇인가?

① 근육의 질량과 밀도
② 근육의 활성도와 밀도
③ 근육의 피로도와 크기
④ 근육의 피로도와 활성도

해설

- 근육운동 전후의 근육상태를 근전도 검사를 통해 점검한 후 운동처방을 하는 것은 EMG를 통해 근육의 근력, 경직상태, 피로상태, 밸런스, 활성도를 체크할 수 있기 때문이다.

EMG(Electromyography) : 근전도 검사

- 특정 근육에 걸리는 부하를 근육에 발생한 전기적 활성으로 인한 전류값으로 측정하는 방법을 말한다.
- 인간의 생리적 부담 척도 중 육체작업 즉, 국소적 근육활동의 척도로 가장 적합한 변수이다.
- 간헐적으로 페달을 조작할 때 다리에 걸리는 부하를 평가하기에 적당한 측정변수이다.

25 Repetitive Learning (1회 2회 3회)

화학설비에 대한 안전성 평가(Safety assessment)에서 정량적 평가항목이 아닌 것은?

① 습도
② 온도
③ 압력
④ 용량

해설

- 정량적 평가 5항목에는 취급물질, 용량, 온도, 압력, 조작이 있다.

정성적 평가와 정량적 평가항목

정성적 평가	설계관계항목	입지조건, 공장 내 배치, 건조물, 소방설비 등
	운전관계항목	원재료, 중간제품, 공정 및 공정기기, 수송, 저장 등
정량적 평가	• 수치값으로 표현 가능한 항목들을 대상으로 한다. • 온도, 취급물질, 화학설비용량, 압력, 조작 등을 위험도에 맞게 평가한다.	

1502

26 Repetitive Learning (1회 2회 3회)

다음 중 결함수분석의 기대효과와 가장 관계가 먼 것은?

① 시스템의 결함 진단
② 시간에 따른 원인 분석
③ 사고원인 규명의 간편화
④ 사고원인 분석의 정량화

해설

- 그 외에도 결함수분석으로 노력에 투여할 시간을 절감할 수 있다.

결함수분석법(FTA)

㉠ 개요

- 연역적 방법으로 원인을 규명하며, 재해의 정량적 예측이 가능한 분석방법이다.
- 하향식(Top-down) 방법을 사용한다.
- 특정사상에 대해 짧은 시간에 해석이 가능하다.
- 복잡하고 대형화된 시스템을 논리기호를 사용하여 해석한다.
- 간단한 FT도의 작성으로 정성적 해석이 가능하여 비전문가도 잠재위험을 효율적으로 분석할 수 있다.
- 정성적 평가 후 정량적 평가를 실시하며, 정량적으로 재해발생 확률을 구한다.
- FTA를 수행함에 있어 기본사상들의 발생이 서로 독립인가 아닌가의 여부를 파악하기 위해서는 공분산을 이용한다.

㉡ 기대효과

- 사고원인 규명의 간편화
- 노력 시간의 절감
- 사고원인 분석의 정량화
- 시스템의 결함진단

0403

27 Repetitive Learning (1회 2회 3회)

착석식 작업대의 높이 설계를 할 경우에 고려해야 할 사항과 관계가 먼 것은?

① 의자의 높이　② 작업대의 두께
③ 대퇴 여유　④ 작업대의 형태

해설

- 착석식 작업대의 높이 설계를 할 경우 고려해야 할 사항에는 ①, ②, ③ 외에도 작업의 성질이 있다.

착석식 작업대의 높이 설계를 할 경우 고려해야 할 사항

- 대퇴 여유
- 의자의 높이
- 작업대의 두께
- 작업의 성질

24 ④ 25 ① 26 ② 27 ④ 정답

0601 / 1001 / 2202

28

Repetitive Learning (1회 2회 3회)

n개의 요소를 가진 병렬 시스템에 있어 요소의 수명(MTTF)이 지수분포를 따를 경우, 시스템의 수명은?

① MTTF×n

② MTTF×1/n

③ MTTF×(1+1/2+…+1/n)

④ MTTF×(1×1/2×…×1/n)

해설

- 지수분포를 따르는 부품의 평균수명이 MTTF이고 병렬로 연결되었으므로 기대수명은 $\left(1+\frac{1}{2}+\cdots+\frac{1}{n}\right)\times \text{MTTF}$가 된다.

:: 지수분포를 따르는 n개의 요소를 가진 부품의 기대수명

- 평균수명이 t인 부품 n개를 직렬로 구성하였을 때 기대수명은 $\frac{t}{n}$이다.
- 평균수명이 t인 부품 n개를 병렬로 구성하였을 때 기대수명은 $\left(1+\frac{1}{2}+\cdots+\frac{1}{n}\right)\times t$이다.

1501

29

Repetitive Learning (1회 2회 3회)

다음 중 정성적 표시장치를 설명한 것으로 적절하지 않은 것은?

① 정성적 표시장치의 근본 자료 자체는 정량적인 것이다.

② 전력계에서와 같이 기계적 혹은 전자적으로 숫자가 표시된다.

③ 색채 부호가 부적합한 경우에는 계기판 표시 구간을 형상 부호화하여 나타낸다.

④ 연속적으로 변하는 변수의 대략적인 값이나 변화추세 변화율 등을 알고자 할 때 사용된다.

해설

- 전자적으로 숫자를 표시하는 표시장치는 정량적 표시장치 중 계수형을 말한다.

:: 정성적 표시장치

- 온도, 압력, 속도와 같이 연속적으로 변화하는 값의 추세, 변화율 등을 그래프나 곡선의 형태로 표현하는 장치이다.
- 정성적 표시장치의 근본 자료 자체는 정량적인 것이다.
- 색채 부호가 부적합한 경우에는 계기판 표시 구간을 형상 부호화하여 나타낸다.
- 비행기 고도의 변화율이나 자동차 시속을 표시할 때 사용된다.
- 색이나 형상을 암호화하여 설계할 때 사용된다.

0702 / 1602

30

Repetitive Learning (1회 2회 3회)

그림과 같이 7개의 부품으로 구성된 시스템의 신뢰도는 약 얼마인가?(단, 네모 안의 숫자는 각 부품의 신뢰도이다)

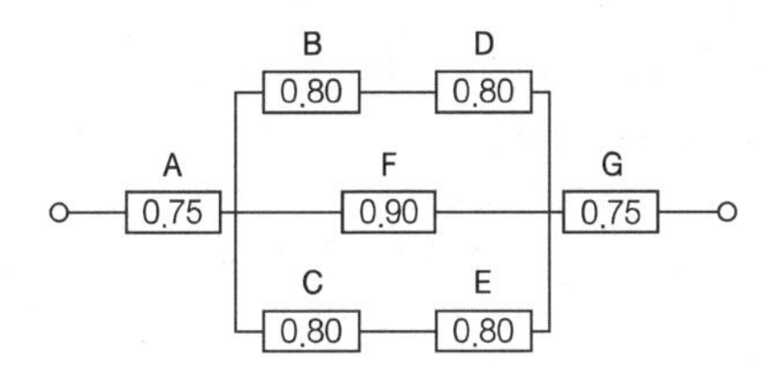

① 0.5552

② 0.5427

③ 0.6234

④ 0.9740

해설

- Ⓑ–Ⓓ는 직렬로 연결되어 있으므로 0.8×0.8=0.64이고
- Ⓒ–Ⓔ는 직렬로 연결되어 있으므로 0.8×0.8=0.64이다.
- Ⓑ–Ⓓ와 Ⓒ–Ⓔ 그리고 Ⓕ는 병렬로 연결되어 있으므로 1–(1–0.64)(1–0.64)(1–0.9)=1–(0.36×0.36×0.1)=1–0.01296 =0.98704이다.
- 이제 Ⓐ, 위의 결과, Ⓖ가 직렬 연결되어 있는 것을 계산하면 0.75×0.98704×0.75=0.5552이다.

:: 시스템의 신뢰도 실필 0901

㉠ AND(직렬)연결 시

- 부품 a, 부품 b 신뢰도를 각각 R_a, R_b라 할 때 시스템의 신뢰도(R_s)는 $R_s = R_a \times R_b$이다.

㉡ OR(병렬)연결 시

- 부품 a, 부품 b 신뢰도를 각각 R_a, R_b라 할 때 시스템의 신뢰도(R_s)는 $R_s = 1-(1-R_a)\times(1-R_b)$이다.

1503 / 2202

31

Repetitive Learning (1회 2회 3회)

다음 중 인간공학에 대한 설명으로 틀린 것은?

① 인간이 사용하는 물건, 설비, 환경의 설계에 작용된다.

② 인간을 작업과 기계에 맞추는 실제 철학이 바탕이 된다.

③ 인간–기계 시스템의 안전성과 편리성, 효율성을 높인다.

④ 인간의 생리적, 심리적인 면에서의 특성이나 한계점을 고려한다.

정답 | 28 ③ 29 ② 30 ① 31 ②

해설

- 인간공학은 업무 시스템을 인간에 맞추는 것이지 인간을 시스템에 맞추는 것이 아니다.

인간공학(Ergonomics)

㉠ 개요
- "Ergon(작업) + nomos(법칙) + ics(학문)"이 조합된 단어로 Human factors, Human engineering이라고도 한다.
- 인간의 특성과 한계 능력을 공학적으로 분석, 평가하여 이를 복잡한 체계의 설계에 응용함으로써 효율을 최대로 활용할 수 있도록 하는 학문분야이다.
- 인간이 사용하는 물건, 설비, 환경의 설계에 인간의 생리적, 심리적인 면에서의 특성이나 한계점을 고려함으로써 인간-기계 시스템의 안전성과 편리성, 효율성을 높이는 학문분야이다.

㉡ 적용분야
- 제품설계
- 재해 · 질병 예방
- 장비 · 공구 · 설비의 배치
- 작업장 내 조사 및 연구

32

Repetitive Learning (1회 2회 3회)

소음 방지대책에 있어 가장 효과적인 방법은?

① 음원에 대한 대책
② 수음자에 대한 대책
③ 전파경로에 대한 대책
④ 거리감쇠와 지향성에 대한 대책

해설

- 소음방지에 있어 가장 적극적인 대책은 소음원에 대한 대책이다.

소음발생 시 음원 대책
- 소음원의 통제
- 소음설비의 격리
- 설비의 적절한 재배치
- 저소음 설비의 사용

33

Repetitive Learning (1회 2회 3회)

공정안전관리(Process Safety Management : PSM)의 적용대상 사업장이 아닌 것은?

① 복합비료 제조업
② 농약 원제 제조업
③ 차량 등의 운송설비업
④ 합성수지 및 기타 플라스틱물질 제조업

해설

- 차량 등의 운송설비업은 공정안전보고서 제출대상과 관련 없다.

PSM 제출대상

㉠ 개요
- 유해 · 위험설비를 보유하고 있는 사업장은 모든 유해 · 위험설비에 대해서 PSM을 작성하여야 하고, 관련 사업장 이외의 업종에서는 규정량 이상 유해 · 위험물질을 제조 · 취급 · 사용 · 저장하고 있는 사업장에서만 PSM을 작성하면 된다.

㉡ 유해 · 위험설비를 보유하고 있는 사업장
- 원유 정제 처리업
- 기타 석유정제물 재처리업
- 석유화학계 기초화학물 제조업 또는 합성수지 및 기타 플라스틱물질 제조업
- 질소, 인산 및 칼리질 비료 제조업(인산 및 칼리질 비료 제조업에 해당하는 경우는 제외)
- 복합비료 제조업(단순혼합 또는 배합에 의한 경우는 제외)
- 농약 제조업(원제 제조에만 해당)
- 화약 및 불꽃제품 제조업

㉢ 규정량 이상 유해 · 위험물질을 제조 · 취급 · 사용 · 저장하고 있는 사업장
- $R = \sum_{i=1}^{n} \frac{취급량_i}{규정량_i}$로 구한 R의 값이 1 이상일 경우 유해 · 위험설비로 보고 공정안전보고서 제출대상에 포함시킨다.

1103 / 1301 / 1602 / 1903

34

Repetitive Learning (1회 2회 3회)

FT도에 사용하는 기호에서 3개의 입력현상 중 임의의 시간에 2개가 발생하면 출력이 생기는 기호의 명칭은?

① 억제 게이트
② 조합 AND 게이트
③ 배타적 OR 게이트
④ 우선적 AND 게이트

해설

- 억제 게이트(Inhibit gate)는 한 개의 입력사상에 의해 출력사상이 발생하며, 출력사상이 발생되기 전에 입력사상이 특정조건을 만족하여야 한다.
- 배타적 OR 게이트(Exclusive OR gate)는 OR 게이트의 특별한 경우로 2개 또는 그 이상의 입력이 동시에 존재하는 경우에는 출력이 생기지 않는 게이트이다.
- 우선적 AND 게이트는 AND 게이트의 특별한 경우로 여러 개의 입력사상이 정해진 순서에 따라 순차적으로 발생해야만 결과가 출력된다.

32 ① 33 ③ 34 ② | 정답

조합 AND 게이트

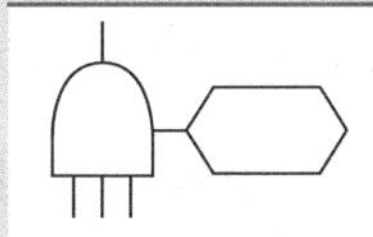	3개의 입력사상 중 임의의 시간에 2개의 입력사상이 발생할 경우 출력이 생긴다.

- ⬡ 기호 안에 출력이 2개임이 명시된다.

35

Repetitive Learning (1회 2회 3회)

인간의 오류모형에서 "알고 있음에도 의도적으로 따르지 않거나 무시한 경우"를 무엇이라 하는가?

① 실수(Slip) ② 착오(Mistake)
③ 건망증(Lapse) ④ 위반(Violation)

해설

- Mistake는 착오로서 상황해석을 잘못하거나 목표를 잘못 이해하고 착각하여 행하는 인간의 실수를 말한다.
- Lapse는 건망증으로 일련의 과정에서 일부를 빠뜨리거나 기억의 실패에 의해 발생하는 오류이다.
- Violation은 위반을 의미하는 것으로 규칙을 알고 있음에도 의도적으로 따르지 않거나 무시한 경우에 발생하는 오류이다.

인간의 다양한 오류모형

착각(Illusion)	감각적으로 물리현상을 왜곡하는 지각 오류
착오(Mistake)	상황해석을 잘못하거나 목표를 잘못 이해하고 착각하여 행하는 인간의 실수로 위치, 순서, 패턴, 형상, 기억오류 등 외부적 요인에 의해 나타나는 오류
실수(Slip)	의도는 올바른 것이었지만, 행동이 의도한 것과는 다르게 나타나는 오류
건망증(Lapse)	일련의 과정에서 일부를 빠뜨리거나 기억의 실패에 의해 발생하는 오류
위반(Violation)	정해진 규칙을 알고 있음에도 의도적으로 따르지 않거나 무시한 경우에 발생하는 오류

0302 / 0602 / 1001

36

다음 중 인간 전달 함수(Human transfer function)의 결점이 아닌 것은?

① 입력의 협소성
② 시점적 제약성
③ 정신운동의 묘사성
④ 불충분한 직무 묘사

해설

- 정신운동은 함수의 변수 등으로 묘사할 수 없으며, 인간 전달 함수에서 취급하지 않는다.

인간 전달 함수(Human transfer function)

- 입력과 출력의 관계를 하나 또는 그 이상의 등식으로 표현한 것을 말한다.
- 추적작업에 있어서 오퍼레이터의 제어동작을 그 입력의 함수로 기록하여 복잡한 입력에 대한 응답을 쉽게 획득가능하다.
- 결점은 입력의 협소성, 불충분한 직무 묘사, 시점의 제약성 등에 있다.

0301 / 0401 / 0703 / 1002 / 1801

37

Repetitive Learning (1회 2회 3회)

다음과 같은 실내 표면에서 일반적으로 추천 반사율의 크기를 올바르게 나열한 것은?

㉠ 바닥 ㉡ 천장 ㉢ 가구 ㉣ 벽

① ㉠ < ㉣ < ㉢ < ㉡
② ㉣ < ㉠ < ㉡ < ㉢
③ ㉠ < ㉢ < ㉣ < ㉡
④ ㉣ < ㉡ < ㉠ < ㉢

해설

- 옥내 조명에서 최적 반사율의 크기는 바닥 < 가구 < 벽 < 천장 순으로 커진다.

실내 면 반사율

㉠ 개요

- 빛을 포함한 여러 종류의 복사파가 물체의 표면에서 어느 정도 반사되는지를 나타낸다.
- 반사율 = $\frac{광도}{조도} \times 100$으로 구한다.
- 옥내 조명에서 최적 반사율의 크기는 바닥 < 가구 < 벽 < 천장 순으로 커진다.
- 반사율이 각각 L_a, L_b인 두 물체의 대비는 $\frac{L_a - L_b}{L_a} \times 100$으로 구한다.

㉡ 실내 면의 추천 반사율

천장	80 ~ 90%
벽	40 ~ 60%
가구 및 사무용 기기	25 ~ 45%
바닥	20 ~ 40%

정답 | 35 ④ 36 ③ 37 ③

0303 / 1202 / 1601 / 2201

38

Repetitive Learning (1회 2회 3회)

어떤 결함수를 분석하여 Minimal cut set을 구한 결과 다음과 같았다. 각 기본사상의 발생확률을 qi, i=1, 2, 3이라 할 때 정상사상의 발생확률함수로 옳은 것은?

$$K_1 = \{1,2\},\ K_2 = \{1,3\},\ K_3 = \{2,3\}$$

① $q_1q_2 + q_1q_2 - q_2q_3$

② $q_1q_2 + q_1q_3 - q_2q_3$

③ $q_1q_2 + q_1q_3 + q_2q_3 - q_1q_2q_3$

④ $q_1q_2 + q_1q_3 + q_2q_3 - 2q_1q_2q_3$

해설

- 최소 컷 셋을 FT로 표시하면 다음과 같다.

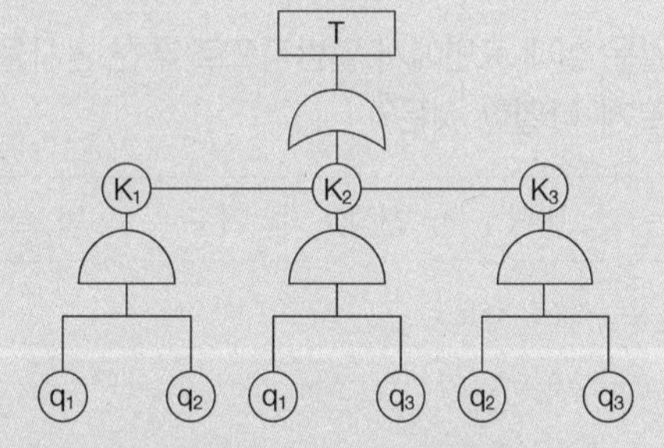

- $K_1 = q_1 \cdot q_2$, $K_2 = q_1 \cdot q_3$, $K_3 = q_2 \cdot q_3$이다.
- T는 이들을 OR로 연결하였으므로 발생확률은 $T = 1-(1-P(K_1))(1-P(K_2))(1-P(K_3))$이 된다.
- $T = 1-(1-q_1q_2)(1-q_1q_3)(1-q_2q_3)$으로 표시된다.
- $(1-q_1q_2)(1-q_1q_3) = 1-q_1q_3-q_1q_2+q_1q_2q_3$이고, $(1-q_1q_3-q_1q_2+q_1q_2q_3)(1-q_2q_3)$ $= 1-q_2q_3-q_1q_3+q_1q_2q_3-q_1q_2+q_1q_2q_3+q_1q_2q_3-q_1q_2q_3$ $= 1-q_2q_3-q_1q_3-q_1q_2+2(q_1q_2q_3)$이 되므로 이를 대입하면 $T = 1-1+q_2q_3+q_1q_3+q_1q_2-2(q_1q_2q_3)$가 된다. 이는 $T = q_2q_3+q_1q_3+q_1q_2-2(q_1q_2q_3)$로 정리된다.

FT도에서 정상(고장)사상 발생확률 실필 1203/0901

㉠ AND(직렬)연결 시

- 사상 A의 발생확률을 P_A, 사상 B, 사상 C 발생확률을 P_B, P_C라 할 때 $P_A = P_B \times P_C$로 구할 수 있다.

㉡ OR(병렬)연결 시

- 사상 A의 발생확률을 P_A 사상 B, 사상 C 발생확률을 P_B, P_C라 할 때 $P_A = 1-(1-P_B)\times(1-P_C)$로 구할 수 있다.

0803

39

Repetitive Learning (1회 2회 3회)

다음 중 신체부위의 운동에 대한 설명으로 틀린 것은?

① 굴곡(Flexion)은 부위 간의 각도가 증가하는 신체의 움직임을 말한다.

② 내전(Adduction)은 신체의 외부에서 중심선으로 이동하는 신체의 움직임을 말한다.

③ 외전(Abduction)은 신체 중심선으로부터 이동하는 신체의 움직임을 말한다.

④ 외선(Lateral rotation)은 신체의 중심선으로부터 회전하는 신체의 움직임을 말한다.

해설

- 신체부위 간의 각도가 증가하는 관절동작은 신전(Extension)이다.

인체의 동작 유형

내전(Adduction)	신체의 외부에서 중심선으로 이동하는 신체의 움직임
외전(Abduction)	신체 중심선으로부터 밖으로 이동하는 신체의 움직임
굴곡(Flexion)	신체부위 간의 각도가 감소하는 관절동작
신전(Extension)	신체부위 간의 각도가 증가하는 관절동작
내선 (Medial rotation)	신체의 바깥쪽에서 중심선 쪽으로 회전하는 신체의 움직임
외선 (Lateral rotation)	신체의 중심선으로부터 밖으로 회전하는 신체의 움직임

1103

40

Repetitive Learning (1회 2회 3회)

빨강, 노랑, 파랑의 3가지 색으로 구성된 교통 신호등이 있다. 신호등은 항상 3가지 색 중 하나가 켜지도록 되어 있다. 1시간 동안 조사한 결과, 파란등은 총 30분 동안, 빨간등과 노란등은 각각 총 15분 동안 켜진 것으로 나타났다. 이 신호등의 총 정보량은 몇 bit인가?

① 0.5　② 0.75

③ 1.0　④ 1.5

해설

- 파란등의 확률은 0.5이고, 빨간등과 노란등은 각각 0.25인 경우이다.
- 개별적인 정보량을 구하면 파란등은 1, 빨간등과 노란등은 각각 2이다.
- 신호등의 총 정보량은 0.5×1 + 0.25×2+ 0.25×2=1.5이다.

38 ④ 39 ① 40 ④ 정답

정보량 실필 0903

- 대안이 n개인 경우의 정보량은 $\log_2 n$으로 구한다.
- 특정 안이 발생할 확률이 $p(x)$라면 정보량은 $\log_2 \frac{1}{p(x)}$ 이다.
- 여러 안이 발생할 경우 총 정보량은 [개별 확률 × 개별 정보량의 합]과 같다.

3과목 기계 · 기구 및 설비 안전관리

41 ——— Repetitive Learning (1회 2회 3회)

지게차의 방호장치인 헤드가드에 대한 설명으로 맞는 것은?

① 상부틀의 각 개구의 폭 또는 길이는 16cm 미만일 것
② 운전자가 앉아서 조작하는 방식의 지게차의 경우에는 운전자의 좌석 윗면에서 헤드가드의 상부틀 아랫면까지의 높이는 1.5m 이상일 것
③ 지게차에는 최대하중의 2배(5톤을 넘는 값에 대해서는 5톤으로 한다)에 해당하는 등분포정하중에 견딜 수 있는 강도의 헤드가드를 설치할 것
④ 운전자가 서서 조작하는 방식의 지게차의 경우에는 운전석의 바닥면에서 헤드가드의 상부틀 하면까지의 높이는 1.8m 이상일 것

해설

- 운전자가 앉아서 조작하거나 서서 조작하는 지게차의 헤드가드는 한국산업표준에서 정하는 높이 기준 이상이어야 한다.(앉는 방식 : 0.903m, 서는 방식 : 1.88m)
- 4톤 이하의 지게차에서 헤드가드의 강도는 지게차 최대하중의 2배 값(4톤을 초과할 경우 4톤)의 등분포정하중에 견딜 수 있어야 한다.

지게차의 헤드가드 실필 2103/2102/1802/1601/1302/0801

- 헤드가드는 지게차를 이용한 작업 중에 위쪽으로부터 떨어지는 물건에 의한 위험을 방지하기 위하여 운전자의 머리 위쪽에 설치하는 덮개를 말한다.
- 상부 틀의 각 개구의 폭 또는 길이가 16cm 미만일 것
- 4톤 이하의 지게차에서 헤드가드의 강도는 지게차 최대하중의 2배값(4톤을 초과할 경우 4톤)의 등분포정하중에 견딜 수 있을 것
- 운전자가 앉아서 조작하거나 서서 조작하는 지게차의 헤드가드는 한국산업표준에서 정하는 높이 기준 이상일 것(앉는 방식 : 0.903m, 서는 방식 : 1.88m)

0703 / 1401

42 ——— Repetitive Learning (1회 2회 3회)

회전수가 300rpm, 연삭숫돌의 지름이 200mm일 때 숫돌의 원주속도는 몇 m/min인가?

① 60.0
② 94.2
③ 150.0
④ 188.5

해설

- 회전수가 300, 지름이 200mm일 때 원주속도는 (3.14 × 200 × 300)/1,000 = 188.5[m/min]이다.

회전체의 원주속도

- 회전체의 원주속도 $= \frac{\pi \times 외경 \times 회전수}{1,000}$[m/min]이다.
  이때 외경의 단위는 [mm]이고, 회전수의 단위는 [rpm]이다.
- 회전수 $= \frac{원주속도 \times 1,000}{\pi \times 외경}$으로 구할 수 있다.

0301 / 0503 / 0901 / 1203

43 ——— Repetitive Learning

일반적으로 장갑을 착용하고 작업해야 하는 것은?

① 드릴작업
② 밀링작업
③ 선반작업
④ 전기용접작업

해설

- 드릴, 연삭, 해머, 밀링, 선반 등의 회전 정밀기계 작업 시에는 장갑을 착용하지 않아야 한다.

용접작업 보호구

- 보호안경, 차광렌즈 : 스파크, 스패터나 불티 등으로부터 눈을 보호하기 위해 착용한다.
- 용접보안면 : 아크 및 가스 용접, 절단 작업 시 발생하는 유해광선으로부터 눈을 보호하고 용접 시 발생하는 열에 의한 얼굴 및 목 부분의 열상이나 가열된 용재 등의 파편에 의한 화상을 방지하기 위해 사용한다.
- 보호장갑 및 앞치마, 발덮개 : 뜨거운 열과 비산하는 스패터로부터 작업자를 보호하기 위하여 착용한다.

정답 | 41 ① 42 ④ 43 ④

1301

44 ─── Repetitive Learning 1회 2회 3회

다음 중 프레스기에 설치하는 방호장치에 관한 사항으로 틀린 것은?

① 수인식 방호장치의 수인끈 재료는 합성섬유로 직경이 4mm 이상이어야 한다.

② 양수조작식 방호장치는 1행정마다 누름버튼에서 양손을 떼지 않으면 다음 작업의 동작을 할 수 없는 구조이어야 한다.

③ 광전자식 방호장치는 정상동작 표시램프는 적색, 위험 표시램프는 녹색으로 하며, 쉽게 근로자가 볼 수 있는 곳에 설치해야 한다.

④ 손쳐내기식 방호장치는 슬라이드 하행정거리의 3/4 위치에서 손을 완전히 밀어내야 한다.

해설

- 광전자식 방호장치에서 정상동작 표시램프는 녹색, 위험 표시램프는 적색으로 하며, 근로자가 쉽게 볼 수 있는 곳에 설치해야 한다.

광전자식 방호장치 실필 1802/1603/1601/1401/1301/1003

㉠ 개요
- 슬라이드 하강 중에 작업자의 손이나 신체 일부가 광센서에 감지되면 자동적으로 슬라이드를 정지시키는 접근반응형 방호장치를 말한다.
- 프레스 또는 전단기에서 일반적으로 많이 활용하고 있는 형태이다. 투광부, 수광부, 컨트롤 부분으로 구성된 것으로서 신체의 일부가 광선을 차단하면 기계를 급정지시키는 방호장치로 A-1 분류에 해당한다.
- 투광부와 수광부로 이뤄진 광센서를 이용하여 작업자의 신체 일부가 위험점에 접근하는지를 검출한다.
- 광전자식 방호장치에서 정상동작 표시램프는 녹색, 위험 표시램프는 적색으로 하며, 근로자가 쉽게 볼 수 있는 곳에 설치해야 한다.
- 주로 마찰 프레스(Friction press)의 방호장치로 사용된다.
- 방호장치는 릴레이, 리미트스위치 등의 전기부품의 고장, 전원전압의 변동 및 정전에 의해 슬라이드가 불시에 동작하지 않아야 하며, 사용전원전압의 ±20%의 변동에 대하여 정상으로 작동되어야 한다.

㉡ 특징
- 연속 운전작업에 사용할 수 있다.
- 기계적 고장에 의한 2차 낙하에는 효과가 없다.
- 시계를 차단하지 않기 때문에 작업에 지장을 주지 않는다.

45 ─── Repetitive Learning 1회 2회 3회

가스용접에 이용되는 아세틸렌 가스용기의 색상으로 옳은 것은?

① 녹색　② 회색
③ 황색　④ 청색

해설

- 아세틸렌 가스는 황색 용기, 적색 도관을 사용한다.

가스용기(도관)의 색 실필 1503/1201

가스	용기(도관)의 색	가스	용기(도관)의 색
산소	녹색(흑색)	아르곤, 질소 액화석유가스	회색
아세틸렌	황색(적색)		
수소	주황색	액화염소	갈색
이산화질소 액화탄산가스	청색	액화암모니아	백색

1403

46 ─── Repetitive Learning 1회 2회 3회

다음 중 와이어로프의 꼬임에 관한 설명으로 틀린 것은?

① 보통꼬임에는 S꼬임이나 Z꼬임이 있다.

② 보통꼬임은 스트랜드의 꼬임 방향과 로프의 꼬임 방향이 반대로 된 것을 말한다.

③ 랭꼬임은 로프의 끝이 자유로이 회전하는 경우나 킹크가 생기기 쉬운 곳에 적당하다.

④ 랭꼬임은 보통꼬임에 비하여 마모에 대한 저항성이 우수하다.

해설

- 킹크는 와이어로프가 꼬여진 상태로 인장될 때 생기는 영구적 손상을 말하는데 랭꼬임은 풀리기 쉬워 킹크의 발생이 쉬운 곳에 적당하지 않다.

와이어로프의 꼬임 종류 실필 1502/1102

㉠ 개요
- 스트랜드의 꼬임 모양에 따라 S꼬임과 Z꼬임이 있다.
- 스트랜드의 꼬임 방향에 따라 랭꼬임과 보통꼬임으로 구분한다.

㉡ 랭꼬임
- 랭꼬임은 로프와 스트랜드의 꼬임 방향이 같은 방향인 꼬임을 말한다.
- 접촉면적이 커 마모에 의한 손상이 적고 내구성이 우수하나 풀리기 쉽다.

44 ③ 45 ③ 46 ③ 정답

ⓒ 보통꼬임

- 보통꼬임은 로프와 스트랜드의 꼬임 방향이 서로 반대방향인 꼬임을 말한다.
- 접촉면적이 작아 마모에 의한 손상은 크지만 변형이나 하중에 대한 저항성이 크고, 잘 풀리지 않아 킹크의 발생이 적다.

1603

47

Repetitive Learning 1회 2회 3회

비파괴시험의 종류가 아닌 것은?

① 자분탐상시험 ② 침투탐상시험
③ 와류탐상시험 ④ 샤르피충격시험

해설

- 샤르피충격시험은 금속 재료의 충격시험을 하는 것으로 파괴검사 방법이다.

비파괴검사

㉠ 개요

- 제품 내부의 결함, 용접부의 내부 결함 등을 제품의 파괴 없이 외부에서 검사하는 방법을 말한다.
- 종류에는 누수시험, 누설시험, 음향탐상, 초음파탐상, 자분탐상, 와류탐상, 침투탐상, 방사선투과시험 등이 있다.

㉡ 대표적인 비파괴검사

구분	내용
음향탐상검사	손 또는 망치로 타격 진동시켜 발생하는 음을 검사
방사선투과시험	X선의 강도나 노출시간을 조절하여 검사
초음파탐상검사	초음파의 반사(타진)의 원리를 이용하여 검사
자분탐상시험	결함부위의 자극에 자분이 부착되는 것을 이용
와류탐상시험	결함부위 전류흐름의 난조를 이용하여 검사
침투탐상시험	비자성 금속재료의 표면균열검사에 사용

ⓒ 특징

- 생산 제품에 손상이 없이 직접 시험이 가능하다.
- 현장시험이 가능하다.
- 시험방법에 따라 설비비가 많이 든다.

0502 / 0903

48

Repetitive Learning 1회 2회 3회

다음 중 기계설비의 정비·청소·급유·검사·수리 등의 작업 시 근로자가 위험해질 우려가 있는 경우 필요한 조치와 거리가 먼 것은?

① 근로자에게 위험을 미칠 우려가 있는 때에는 근로자의 위험방지를 위하여 해당 기계를 정지시켜야 한다.
② 작업지휘자를 배치하여 갑자기 기계가동을 시키지 않도록 한다.
③ 기계 내부에 압축된 기체나 액체가 불시에 방출될 수 있는 경우에는 사전에 방출조치를 실시한다.
④ 해당 기계의 운전을 정지한 때에는 기동장치에 잠금 장치를 하고 그 열쇠는 다른 작업자가 임의로 사용할 수 있도록 눈에 띄기 쉬운 곳에 보관한다.

해설

- 기계의 운전을 정지한 경우에 다른 사람이 그 기계를 운전하는 것을 방지하기 위하여 기계의 기동장치에 잠금장치를 하고 그 열쇠를 별도 관리하거나 표지판을 설치하는 등 필요한 방호 조치를 하여야 한다.

정비 등의 작업 시의 운전정지 등

- 사업주는 공작기계·수송기계·건설기계 등의 정비·청소·급유·검사·수리·교체 또는 조정 작업을 할 때에 근로자가 위험해질 우려가 있으면 해당 기계의 운전을 정지하여야 한다.
- 기계의 운전을 정지한 경우에 다른 사람이 그 기계를 운전하는 것을 방지하기 위하여 기계의 기동장치에 잠금장치를 하고 그 열쇠를 별도 관리하거나 표지판을 설치하는 등 필요한 방호 조치를 하여야 한다.
- 사업주는 작업하는 과정에서 적절하지 아니한 작업방법으로 인하여 기계가 갑자기 가동될 우려가 있는 경우 작업지휘자를 배치하는 등 필요한 조치를 하여야 한다.
- 사업주는 기계·기구 및 설비 등의 내부에 압축된 기체 또는 액체 등이 방출되어 근로자가 위험해질 우려가 있는 경우에 압축된 기체 또는 액체 등을 미리 방출시키는 등 위험 방지를 위하여 필요한 조치를 하여야 한다.

49

Repetitive Learning 1회 2회 3회

다음 중 선반작업 시 지켜야 할 안전수칙으로 거리가 먼 것은?

① 작업 중 절삭 칩이 눈에 들어가지 않도록 보안경을 착용한다.
② 공작물 세팅에 필요한 공구는 세팅이 끝난 후 바로 제거한다.
③ 상의의 옷자락은 안으로 넣고, 끈을 이용하여 소맷자락을 묶어 작업을 준비한다.
④ 공작물은 전원스위치를 끄고 바이트를 충분히 멀리 위치시킨 후 고정한다.

정답 47 ④ 48 ④ 49 ③

해설

- 끈을 이용하여 작업자의 소맷자락을 묶을 경우 작업 중 끈이 풀려 사고발생 가능성이 있으므로 끈은 사용하지 않도록 한다.

선반작업 시 안전수칙

㉠ 작업자 보호장구
- 작업 중 장갑 착용을 금한다.
- 절삭 칩의 제거는 반드시 브러시를 사용하도록 한다.
- 칩(Chip)이 비산할 때는 보안경을 쓰고 방호판을 설치하여 사용한다.

㉡ 작업 시작 전 점검 및 준수사항
- 칩이 짧게 끊어지도록 칩 브레이커를 설치한다.
- 일감의 길이가 긴(가공물 길이가 지름의 12~20배 이상) 공작물은 방진구를 설치하여 진동을 방지한다.
- 베드 위에 공구를 올려놓지 않아야 한다.
- 공작물의 설치가 끝나면, 척에서 렌치류는 곧바로 제거한다.
- 시동 전에 척 핸들을 빼두어야 한다.

㉢ 작업 중 준수사항
- 기계 운전 중에는 백기어(Back gear)의 사용을 금한다.
- 회전 중에 가공품을 직접 만지지 않는다.
- 센터작업 시 심압 센터에 자주 절삭유를 준다.
- 선반작업 시 주축의 변속은 기계 정지 후에 해야 한다.
- 바이트 교환, 일감의 치수 측정, 주유 및 청소 시에는 기계를 정지시켜야 한다.

50 — Repetitive Learning (1회 2회 3회)

프레스의 금형 부착, 수리작업 등의 경우 슬라이드의 낙하를 방지하기 위하여 설치하는 것은?

① 슈트　② 키이록
③ 안전블록　④ 스트리퍼

해설

- 슬라이드가 갑자기 작동함으로써 근로자에게 발생할 우려가 있는 위험을 방지하기 위하여 안전블록을 사용하는 등 필요한 조치를 하여야 한다.

금형 조정작업의 위험방지

㉠ 개요
- 사업주는 프레스 등의 금형을 부착·해체 또는 조정하는 작업을 할 때에 해당 작업에 종사하는 근로자의 신체가 위험한계 내에 있는 경우 슬라이드가 갑자기 작동함으로써 근로자에게 발생할 우려가 있는 위험을 방지하기 위하여 안전블록을 사용하는 등 필요한 조치를 하여야 한다.

㉡ 금형의 조정작업 시 안전수칙
- 금형을 부착하기 전에 하사점을 확인한다.
- 금형의 체결은 올바른 치공구를 사용하여 균등하게 한다.
- 금형의 체결 시에는 안전블록을 설치하고 실시한다.
- 금형의 설치 및 조정은 전원을 끄고 실시한다.
- 금형은 하형부터 잡고 무거운 금형의 받침은 인력으로 하지 않는다.

51 — Repetitive Learning (1회 2회 3회)

다음 용접 중 불꽃 온도가 가장 높은 것은?

① 산소-메탄 용접　② 산소-수소 용접
③ 산소-프로판 용접　④ 산소-아세틸렌 용접

해설

- 불꽃의 온도는 산소-아세틸렌 용접은 3,500℃, 산소-수소 용접 2,900℃, 산소-프로판 용접 2,820℃, 산소-메탄 용접 2,700℃ 정도이다.

산소-아세틸렌 용접
- 가격이 저렴하고 사용법이 간단하다.
- 다양한 용접방법 및 장비, 사용 적용이 가능하다.
- 불꽃의 온도가 3,500℃ 정도로 용접부위의 산화를 방지한다.
- 아크용접이 곤란한 두께 1mm 이하의 얇은 강판의 용접에 적당하다.

1602

52 — Repetitive Learning (1회 2회 3회)

회전 중인 연삭숫돌이 근로자에게 위험을 미칠 우려가 있을 시 덮개를 설치하여야 할 연삭숫돌의 최소 지름은?

① 지름이 5cm 이상인 것　② 지름이 10cm 이상인 것
③ 지름이 15cm 이상인 것　④ 지름이 20cm 이상인 것

해설

- 사업주는 지름이 5cm 이상의 회전 중인 연삭숫돌이 근로자에게 위험을 미칠 우려가 있는 경우에 그 부위에 덮개를 설치하여야 한다.

산업안전보건법상의 연삭숫돌 사용 시 안전조치 실필 1303/0802
- 사업주는 회전 중인 연삭숫돌(지름이 5cm 이상인 것)이 근로자에게 위험을 미칠 우려가 있는 경우에 그 부위에 덮개를 설치하여야 한다.
- 사업주는 연삭숫돌을 사용하는 작업의 경우 작업을 시작하기 전에는 1분 이상, 연삭숫돌을 교체한 후에는 3분 이상 시험운전을 하고 해당 기계에 이상이 있는지를 확인하여야 한다.
- 시험운전에 사용하는 연삭숫돌은 작업 시작 전에 결함이 있는지를 확인한 후 사용하여야 한다.
- 사업주는 연삭숫돌의 최고사용회전속도를 초과하여 사용하도록 해서는 아니 된다.
- 사업주는 측면을 사용하는 것을 목적으로 하지 않는 연삭숫돌을 사용하는 경우 측면을 사용하도록 해서는 아니 된다.
- 숫돌 고정장치인 평형플랜지의 직경은 설치하는 숫돌 직경의 1/3 이상, 여윳값은 1.5mm 이상이어야 한다.
- 연삭작업 시 안전을 위해 작업자는 연삭기의 측면에 위치한다.
- 연삭숫돌을 결합할 때는 열로 인한 팽창을 고려하여 축과 0.1~0.15mm 정도의 틈새를 둔다.

50 ③　51 ④　52 ① 정답

1501

53 Repetitive Learning 1회 2회 3회

다음 중 아세틸렌 용접 시 역류를 방지하기 위하여 설치하여야 하는 것은?

① 안전기 ② 청정기
③ 발생기 ④ 유량기

해설

• 아세틸렌 용접 시 역류 및 역화를 방지하기 위하여 안전기를 설치한다.

안전기 실필 2201/2003/1802/1702/1002

㉠ 개요
- 아세틸렌 용접 시 역류 및 역화를 방지하기 위하여 설치한다.
- 안전기의 종류에는 수봉식과 건식이 있다.

㉡ 설치
- 사업주는 아세틸렌용접장치의 취관마다 안전기를 설치하여야 한다. 다만, 주관 및 취관에 가장 가까운 분기관(分岐管)마다 안전기를 부착한 경우에는 그러하지 아니하다.
- 사업주는 가스용기가 발생기와 분리되어 있는 아세틸렌용접장치에 대하여 발생기와 가스용기 사이에 안전기를 설치하여야 한다.

1502

54 Repetitive Learning 1회 2회 3회

구내운반차의 제동장치 준수사항에 대한 설명으로 틀린 것은?

① 조명이 없는 장소에서 작업 시 전조등과 후미등을 갖출 것
② 운전석이 차 실내에 있는 것은 좌우에 한 개씩 방향지시기를 갖출 것
③ 확성장치를 갖출 것
④ 주행을 제동하거나 정지상태를 유지하기 위하여 유효한 제동장치를 갖출 것

해설

• ①, ②, ④ 외에 경음기를 갖추어야 한다.

구내운반차의 제동장치 등

- 주행을 제동하거나 정지상태를 유지하기 위하여 유효한 제동장치를 갖출 것
- 경음기를 갖출 것
- 운전석이 차 실내에 있는 것은 좌우에 한 개씩 방향지시기를 갖출 것
- 전조등과 후미등을 갖출 것
- 후진 중에 주변의 근로자나 기계등과 충돌할 위험이 있는 경우는 후진경보기와 경광등을 설치할 것

1103 / 1602

55 Repetitive Learning 1회 2회 3회

산업용 로봇에 사용되는 안전매트의 종류 및 일반구조에 관한 설명으로 틀린 것은?

① 단선경보장치가 부착되어 있어야 한다.
② 감응시간을 조절하는 장치가 부착되어 있어야 한다.
③ 감응도 조절장치가 있는 경우 봉인되어 있어야 한다.
④ 안전매트의 종류는 연결사용 가능 여부에 따라 단일 감지기와 복합 감지기가 있다.

해설

• 안전매트에 감응시간을 조절하는 장치는 필요 없다.

안전매트 실필 1001

㉠ 개요
- 산업용 로봇의 방호장치이다.
- 유효 감지영역 내의 임의의 위치에 일정한 정도 이상의 압력이 주어졌을 때 이를 감지하여 신호를 발생시키는 장치를 말하며 감지기, 제어부 및 출력부로 구성된다.
- 연결사용 가능 여부에 따라 단일 감지기와 복합 감지기가 있다.

㉡ 일반구조
- 단선경보장치가 부착되어 있어야 한다.
- 감응도 조절장치가 있는 경우 봉인되어 있어야 한다.

56 Repetitive Learning 1회 2회 3회

소음에 관한 사항으로 틀린 것은?

① 소음에는 익숙해지기 쉽다.
② 소음계는 소음에 한하여 계측할 수 있다.
③ 소음의 피해는 정신적, 심리적인 것이 주가 된다.
④ 소음이란 귀에 불쾌한 음이나 생활을 방해하는 음을 통틀어 말한다.

해설

• 소음계는 특정 소음에 한정해서 계측하는 것은 불가능하다.

소음과 소음계

㉠ 소음
- 소음이란 귀에 들리는 불쾌한 음이나 생활을 방해하는 음을 통틀어 말한다.
- 소음에는 익숙해지기 쉬우며, 소음의 피해는 정신적, 심리적인 것이 주가 된다.

㉡ 소음계
- 소리를 인간의 청감에 맞게 보정하여 인간이 느끼는 감각적인 크기의 레벨에 근사하게 측정하는 측정계기이다.

정답 | 53 ① 54 ③ 55 ② 56 ②

57

Repetitive Learning (1회 2회 3회)

컨베이어 방호장치에 대한 설명으로 맞는 것은?

① 역전방지장치에는 롤러식, 라쳇식, 권과방지식, 전기브레이크식 등이 있다.

② 작업자가 임의로 작업을 중단할 수 없도록 비상정지장치를 부착하지 않는다.

③ 구동부 측면에 롤러 안내가이드 등의 이탈방지장치를 설치한다.

④ 롤러컨베이어의 롤 사이에 방호판을 설치할 때 롤과의 최대간격은 8mm이다.

해설

- 경사컨베이어에 설치하는 역전방지장치에는 기계식(라쳇식, 롤러식, 전자식, 밴드식), 전기식(전기브레이크, 슬러스트 브레이크) 등이 있다.
- 컨베이어에는 연속한 비상정지 스위치를 설치하거나 적절한 장소에 비상정지 스위치를 설치하여야 한다.

:: 컨베이어의 방호장치

- 컨베이어, 이송용 롤러 등을 사용하는 경우에는 정전·전압강하 등에 따른 화물 또는 운반구의 이탈 및 역주행을 방지하는 장치를 갖추어야 한다.
- 컨베이어 등에 해당 근로자의 신체의 일부가 말려드는 등 근로자가 위험해질 우려가 있는 경우 및 비상시에는 즉시 컨베이어 등의 운전을 정지시킬 수 있는 장치를 설치하여야 한다.
- 컨베이어 등으로부터 화물이 떨어져 근로자가 위험해질 우려가 있는 경우에는 해당 컨베이어 등에 덮개 또는 울을 설치하는 등 낙하 방지를 위한 조치를 하여야 한다.
- 운전 중인 컨베이어 등의 위로 근로자를 넘어가도록 하는 경우에는 위험을 방지하기 위하여 건널다리를 설치하는 등 필요한 조치를 하여야 한다.
- 동일선상에 구간별 설치된 컨베이어에 중량물을 운반하는 경우에는 중량물 충돌에 대비한 스토퍼를 설치하거나 작업자 출입을 금지하여야 한다.

58

Repetitive Learning (1회 2회 3회)

기계설비 구조의 안전화 중 가공결함 방지를 위해 고려할 사항이 아닌 것은?

① 안전율

② 열처리

③ 가공경화

④ 응력집중

해설

- 안전율은 사용 중 안전을 고려할 때 필요한 개념이다.

:: 구조의 안전화

㉠ 개요

- 급정지장치 등의 방호장치나 오동작 방지 등 소극적인 대책이 아니라 기계 설계 시 적절한 재료, 충분한 강도로 신뢰성 있게 제작하는 것을 말한다.

㉡ 특징

- 기계재료의 선정 시 재료 자체에 결함이 없는지 철저히 확인한다.
- 사용 중 재료의 강도가 열화될 것을 감안하여 설계 시 안전율을 고려한다.
- 가공경화와 같은 가공결함이 생길 우려가 있는 경우는 열처리 등으로 결함을 방지한다.

59

Repetitive Learning (1회 2회 3회)

롤러기 맞물림점의 전방에 개구부의 간격을 30mm로 하여 가드를 설치하고자 한다. 가드의 설치 위치는 맞물림점에서 적어도 얼마의 간격을 유지하여야 하는가?

① 154mm

② 160mm

③ 166mm

④ 172mm

해설

- 개구부 간격이 30mm이므로 식에 대입하면 $30 = 6 + 0.15x$이고 $x = \frac{24}{0.15} = 160$[mm]이다.

:: 롤러기 급정지장치의 개구부 간격과 급정지거리

실필 1703/1202/1102

- 가드 설치 시 개구부 간격(단위 : mm)

개구부와 위험점 간격 : 160mm 이상	30
개구부와 위험점 간격 : 160mm 미만	6+(0.15×개구부~위험점 최단거리)
위험점이 전동체일 경우	6+(0.1×개구부~위험점 최단거리)

- 급정지거리

원주속도 : 30m/min 이상	앞면 롤러 원주의 1/2.5
원주속도 : 30m/min 미만	앞면 롤러 원주의 1/3 이내

57 ③ 58 ① 59 ② 정답

1503

60

프레스의 방호장치 중 광전자식 방호장치에 관한 설명으로 틀린 것은?

① 연속 운전작업에 사용할 수 있다.
② 핀클러치 구조의 프레스에 사용할 수 있다.
③ 기계적 고장에 의한 2차 낙하에는 효과가 없다.
④ 시계를 차단하지 않기 때문에 작업에 지장을 주지 않는다.

해설

- 광전자식 방호장치는 마찰 프레스에 주로 사용된다.
- 핀클러치에서는 신뢰성에 문제가 있어 수인식이나 손쳐내기식 방호장치를 주로 사용한다.

:: 광전자식 방호장치 실필 1802/1603/1601/1401/1301/1003

문제 44번의 유형별 핵심이론:: 참조

4과목 전기설비 안전관리

0701 / 1502

61

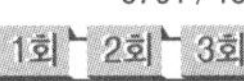

정전기 발생현상의 분류에 해당되지 않는 것은?

① 유체대전
② 마찰대전
③ 박리대전
④ 교반대전

해설

- 정전기 발생현상을 원인에 따라 분류하면 마찰대전, 박리대전, 유동대전, 충돌대전, 분출대전, 진동대전(교반대전) 등으로 구분한다.

:: 정전기 발생현상 실필 0801

㉠ 개요

- 정전기 발생현상을 원인에 따라 분류하면 마찰대전, 박리대전, 유동대전, 충돌대전, 분출대전 등으로 구분한다.

㉡ 분류별 특징

분류	특징
마찰대전	두 물체가 서로 접촉 시 위치의 이동으로 전하의 분리 및 재배열이 일어나는 대전현상
박리대전	상호 밀착되어 있는 물질이 떨어질 때 전하분리에 의해 발생하는 대전현상
유동대전	• 저항이 높은 액체류가 파이프 등으로 수송될 때 접촉을 통해 서로 대전되는 현상 • 액체의 흐름이 정전기 발생에 영향을 준다.
충돌대전	스프레이 도장작업 등과 같은 입자와 입자끼리, 혹은 입자와 고체끼리의 충돌로 발생하는 대전현상
분출대전	스프레이 도장작업을 할 경우와 같이 액체나 기체 등이 작은 구멍을 통해 분출될 때 발생하는 대전현상

0901 / 1103 / 1603 / 2201

62

Repetitive Learning (1회 2회 3회)

교류 아크용접기의 허용사용률[%]은?(단, 정격사용률은 10[%], 2차 정격전류는 500[A], 교류 아크용접기의 사용전류는 250[A]이다)

① 30　　② 40
③ 50　　④ 60

해설

- 주어진 값을 대입하면

허용사용률 = $\left(\frac{500}{250}\right)^2 \times 0.1 \times 100 = 40[\%]$이다.

:: 아크용접기의 허용사용률

- 사용률이란 용접기 사용시간 대비 아크가 발생되는 시간 비율이다.
- 실제 용접작업에서는 정격 2차전류보다 낮은 전류로 용접하는 경우가 많은데 이 경우 정격사용률 이상으로 작업할 수 있다.
- 허용사용률 $= \left(\frac{\text{정격2차 전류}}{\text{실제 용접 전류}}\right)^2 \times$ 정격사용률 $\times 100[\%]$이다.

1503

63

Repetitive Learning (1회 2회 3회)

정전작업 시 작업 전 조치하여야 할 실무사항으로 틀린 것은?

① 잔류전하의 방전
② 단락 접지기구의 철거
③ 검전기에 의한 정전 확인
④ 개로개폐기의 잠금 또는 표시

정답 | 60 ② 61 ① 62 ② 63 ②

해설

- 단락 접지기구의 철거는 정전작업이 끝난 후의 조치사항이다. 작업 전에는 충분한 용량을 가진 단락 접지기구를 이용하여 접지를 해야 한다.

정전전로에서의 전기작업 전 조치사항

- 사업주는 근로자가 노출된 충전부 또는 그 부근에서 작업함으로써 감전될 우려가 있는 경우에는 작업에 들어가기 전에 해당 전로를 차단할 것
- 전기기기 등에 공급되는 모든 전원을 관련 도면, 배선도 등으로 확인할 것
- 전원을 차단한 후 각 단로기 등을 개방하고 확인할 것
- 차단장치나 단로기 등에 잠금장치 및 꼬리표를 부착할 것
- 개로된 전로에서 유도전압 또는 전기에너지가 축적되어 근로자에게 전기위험을 끼칠 수 있는 전기기기 등은 접촉하기 전에 잔류전하를 완전히 방전시킬 것
- 검전기를 이용하여 작업 대상 기기가 충전되었는지를 확인할 것
- 전기기기 등이 다른 노출 충전부와의 접촉, 유도 또는 예비동력원의 역송전 등으로 전압이 발생할 우려가 있는 경우에는 충분한 용량을 가진 단락 접지기구를 이용하여 접지할 것

64

Repetitive Learning 1회 2회 3회

전력용 피뢰기에서 직렬 갭의 주된 사용 목적은?

① 방전내량을 크게 하고 장시간 사용 시 열화를 적게 하기 위하여
② 충격방전 개시전압을 높게 하기 위하여
③ 이상전압 발생 시 신속히 대지로 방류함과 동시에 속류를 즉시 차단하기 위하여
④ 충격파 침입 시에 대지로 흐르는 방전전류를 크게 하여 제한전압을 낮게 하기 위하여

해설

- 피뢰기는 특성요소와 직렬 갭으로 구성되며, 직렬 갭은 뇌전류를 대지로 방전시키고 속류를 차단한다.

피뢰기

㉠ 구성요소
- 특성 요소 : 뇌전류 방전 시 피뢰기 자신의 전위 상승을 억제하여 절연 파괴를 방지한다.
- 직렬 갭 : 뇌전류를 대지로 방전시키고 속류를 차단한다.

㉡ 이상적인 피뢰기의 특성
- 제한전압이 낮아야 한다.
- 반복동작이 가능하여야 한다.
- 충격방전 개시전압이 낮아야 한다.
- 뇌전류의 방전능력이 크고 속류의 차단이 확실하여야 한다.

1101 / 2202

65

Repetitive Learning 1회 2회 3회

전기기기, 설비 및 전선로 등의 충전 유무를 확인하기 위한 장비는 어느 것인가?

① 위상 검출기 ② 디스콘 스위치
③ COS ④ 저압 및 고압용 검전기

해설

- 전기기기 및 설비, 전선로 등의 충전 유무를 확인하는 장비는 검전기이다.

검전기

- 정전기 유도 현상을 이용하여 물체가 대전되었는지, 또 대전되었다면 어떤 전하로 대전되었는지를 확인하는 장치를 말한다.
- 금속판, 금속막대, 금속박과 유리병으로 구성되어 있으며 금속박이 벌어지는 것으로 물체가 대전되었는지의 여부를 확인한다.

1303

66

Repetitive Learning 1회 2회 3회

누전된 전동기에 인체가 접촉하여 500[mA]의 누전 전류가 흘렀고 정격감도전류 500[mA]인 누전차단기가 동작하였다. 이때 인체전류를 약 10[mA]로 제한하기 위해서는 전동기 외함에 설치할 접지저항의 크기는 몇 [Ω] 정도로 하면 되는가?(단, 인체저항은 500[Ω]이며, 다른 저항은 무시한다)

① 5 ② 10
③ 50 ④ 100

해설

- 누전된 전동기에 인체가 접촉할 때 접지저항과 인체는 서로 병렬 연결되며, 회로에 흐르는 전류는 연결된 저항에 반비례하게 나눠서 흐르게 된다.
- 500[mA]의 전류 중 인체전류를 10[mA]로 제한하기 위해서는 접지저항 쪽으로는 최소 490[mA] 이상이 흘러야 한다.
- 전동기 접지저항의 최댓값을 x라 하면 전동기에 흐르는 전류는 $500 \times \frac{500}{500+x} \geq 490$을 만족해야 한다.
- 정리하면 $490x \leq 5000$으로 x는 10.204[Ω]보다 작거나 같아야 하므로 10[Ω]이 적당하다.

옴(Ohm)의 법칙

- 전기 회로에 흐르는 전류는 그 회로에 가하여진 전압에 정비례하고, 저항에 반비례한다는 법칙이다.
- $I[A] = \frac{V[V]}{R[\Omega]}$, $V = IR$, $R = \frac{V}{I}$로 계산한다.

64 ③ 65 ④ 66 ② 정답

1102

67 Repetitive Learning (1회 2회 3회)

방전전극에 약 7,000V의 전압을 인가하면 공기가 전리되어 코로나방전을 일으킴으로써 발생한 이온으로 대전체의 전하를 중화시키는 방법을 이용한 제전기는?

① 전압인가식 제전기
② 자기방전식 제전기
③ 이온스프레이식 제전기
④ 이온식 제전기

해설

- 제전기의 종류에는 전압인가식, 자기방전식, 방사선식(이온식)이 있다.
- 자기방전식은 코로나방전을 일으켜 공기를 이온화하는 것을 이용하는 방식이다.
- 방사선식(이온식)은 방사선의 전리작용으로 공기를 이온화시키는 방식이다.

제전기

㉠ 개요
- 정전기 재해를 예방하기 위해 설치하는 제전기의 제전효율은 설치 시 90[%] 이상이 되어야 한다.
- 정전기의 발생원으로부터 5~20cm 정도 떨어진 장소에 설치하는 것이 적절하다.
- 종류에는 전압인가식, 자기방전식, 방사선식(이온식)이 있다.

㉡ 제전기의 종류
- 전압인가식은 방전침에 7,000[V]를 걸어 코로나방전을 일으켜 발생한 이온으로 대전체의 전하를 중화하는 방식으로 가장 제전능력이 뛰어나다.
- 자기방전식은 아세테이트 필름의 권취공정, 셀로판제조, 섬유공장 등에 유효한 방식으로 코로나방전을 일으켜 공기를 이온화하는 것을 이용하는 방식으로 2[kV] 내외의 대전이 남는 결점이 있다.
- 방사선식(이온식)은 방사선의 전리작용으로 공기를 이온화시키는 방식으로 제전효율이 낮고 이동물체에 부적합하나 안전해 폭발 위험지역에 사용하기 적당하다.

구분	전압인가식	자기방전식	방사선식
제전능력	크다	보통	작다
구조	복잡	간단	간단
취급	복잡	간단	간단
적용범위	넓다	넓다	좁다

1503 / 1601 / 1901 / 2201

68 Repetitive Learning (1회 2회 3회)

전기에 의한 감전사고를 방지하기 위한 대책이 아닌 것은?

① 전기설비에 대한 보호 접지
② 전기기기에 대한 정격 표시
③ 전기설비에 대한 누전차단기 설치
④ 충전부가 노출된 부분에는 절연 방호구 사용

해설

- 전기기기에 대한 정격을 표시하는 이유는 기기의 사용조건과 그 성능의 범위를 확인하여 안전하고 효율적인 전기기기 사용을 위해서이지 감전사고를 방지하는 것과는 거리가 멀다.

감전사고 방지대책

㉠ 설비 측면
- 계통에 비접지식 전로의 채용
- 전로의 보호절연 및 충전부의 격리
- 전기설비에 대한 보호 접지(중성선 및 변압기 1, 2차 접지)
- 전기설비에 대한 누전차단기 설치
- 고장전로(사고회로)의 신속한 차단
- 안전전압 혹은 안전전압 이하의 전기기기 사용

㉡ 안전장비 측면
- 충전부가 노출된 부분은 절연 방호구 사용
- 전기작업 시 안전보호구의 착용 및 안전장비의 사용

㉢ 관리적인 측면
- 전기설비의 점검을 철저히 할 것
- 안전지식의 습득과 안전거리의 유지 등

69 Repetitive Learning (1회 2회 3회)

피뢰기의 여유도가 33%이고, 충격절연강도가 1,000kV라고 할 때, 피뢰기의 제한전압은 약 몇 kV인가?

① 852
② 752
③ 652
④ 552

해설

- 보호여유도를 구하는 식을 이용해 주어진 값을 대입하면 $33 = \frac{1,000-x}{x} \times 100$이 된다.
- $1.33x = 1,000$이고 $x = 751.88$이므로 제한전압은 752kV이다.

피뢰기의 보호여유도

- 보호여유도란 보호기와 피보호기의 절연강도의 폭을 말한다.
- 부하차단 등에 의한 발전기의 전압상승을 고려한 값이다.
- 보호여유도 $= \frac{\text{충격절연강도} - \text{제한전압}}{\text{제한전압}} \times 100$[%]로 구한다.

정답 | 67 ① 68 ② 69 ②

0701 / 1003 / 2201

70

Repetitive Learning 1회 2회 3회

다음 중 전동기를 운전하고자 할 때 개폐기의 조작순서가 맞는 것은?

① 메인 스위치 → 분전반 스위치 → 전동기용 개폐기
② 분전반 스위치 → 메인 스위치 → 전동기용 개폐기
③ 전동기용 개폐기 → 분전반 스위치 → 메인 스위치
④ 분전반 스위치 → 전동기용 스위치 → 메인 스위치

해설

- 전동기 운전을 위한 개폐기의 조작순서는 메인 스위치 → 분전반 스위치 → 전동기용 개폐기 순이다.

전동기 운전을 위한 개폐기

- 개폐기(Switch)는 전류의 흐름을 막거나 흐르게 하는 스위치를 말한다.
- 전동기 운전 시에는 메인 스위치, 분전반 스위치, 전동기용 기계 스위치 순으로 조작한다.

0901 / 1301 / 1801 / 2103

71

Repetitive Learning 1회 2회 3회

전류가 흐르는 상태에서 단로기를 끊었을 때 여러 가지 파괴작용을 일으킨다. 다음 그림에서 유입차단기의 차단순서와 투입순서가 안전수칙에 적합한 것은?

인입 — ㉮ DS — ㉯ VCB — ㉰ DS — 부하

① 차단 ㉮ → ㉯ → ㉰, 투입 ㉮ → ㉯ → ㉰
② 차단 ㉯ → ㉰ → ㉮, 투입 ㉯ → ㉰ → ㉮
③ 차단 ㉰ → ㉯ → ㉮, 투입 ㉰ → ㉯ → ㉮
④ 차단 ㉯ → ㉰ → ㉮, 투입 ㉰ → ㉮ → ㉯

해설

- 전원을 차단할 때는 차단기(VCB) 개방 후 단로기(DS)를 개방하며, 전원을 투입할 때는 단로기(DS)를 투입한 후 차단기(VCB)를 투입한다. 단로기는 부하 측을 항상 먼저 투입하거나 개방한다.

단로기와 차단기

㉠ 단로기(DS : Disconnecting switch)
- 기기의 보수점검 시 또는 회로전환 변경 시 무부하상태의 선로를 개폐하는 역할을 수행한다.
- 부하전류의 개폐와는 관련 없다.

㉡ 차단기(CB : Circuit Breaker)
- 전로 개폐 및 사고전류 차단을 목적으로 한다.
- 고장전류와 같은 대전류를 차단하는 데 이용된다.

㉢ 단로기와 차단기의 개폐 조작순서
- 전원 차단 : 차단기(VCB) 개방 - 단로기(DS) 개방
- 전원 투입 : 단로기(DS) 투입 - 차단기(VCB) 투입

0402 / 0503 / 0802 / 0903 / 1403

72

Repetitive Learning 1회 2회 3회

내압방폭구조에서 안전간극(Safe gap)을 적게 하는 이유로 가장 알맞은 것은?

① 최소점화에너지를 높게 하기 위해
② 폭발화염이 외부로 전파되지 않도록 하기 위해
③ 폭발압력에 견디고 파손되지 않도록 하기 위해
④ 설치류가 전선 등을 훼손하지 않도록 하기 위해

해설

- 내압방폭구조에서 최대안전틈새의 범위를 적게 하는 이유는 고열가스나 화염을 간극(Safe gap)을 통하여 서서히 방출시킴으로써 폭발화염이 외부로 전파되지 않도록 하기 위함이다.

내압방폭구조(EX d)

㉠ 개요
- 전폐형의 구조를 하고 있다.
- 방폭전기설비의 용기 내부에서 폭발성 가스 또는 증기가 폭발하였을 때 용기가 그 압력에 견디고 접합면이나 개구부를 통해서 외부의 폭발성 가스나 증기에 인화되지 않도록 한 방폭구조를 말한다.
- 외부의 폭발성 가스가 내부로 침입해서 폭발하였을 때 고열가스나 화염을 간극(Safe gap)을 통하여 서서히 방출시킴으로써 폭발화염이 외부로 전파되지 않으면서 냉각되는 방폭구조를 말한다.

㉡ 필요충분조건
- 폭발화염이 외부로 유출되지 않을 것
- 내부에서 폭발한 경우 그 압력에 견딜 것
- 외함의 표면온도가 외부의 폭발성 가스를 점화하지 않을 것

73

Repetitive Learning 1회 2회 3회

방폭전기기기의 온도등급 기호는?

① E　② S
③ T　④ N

70 ① 71 ④ 72 ② 73 ③ 정답

해설

- 발화도는 G, 온도등급은 T로 표시한다.

방폭전기기기의 온도등급

등급표시	발화도	최고표면온도의 허용치/발화온도
–	G1	450℃ 초과
T1	G2	300 ~ 450℃
T2	G3	200 ~ 300℃
T3	G4	135 ~ 200℃
T4	G5	100 ~ 135℃
T5	G6	85 ~ 100℃
T6		85℃ 이하

0303 / 1301

74

Repetitive Learning 

인체 피부의 전기저항에 영향을 주는 주요 인자와 거리가 먼 것은?

① 접촉면적 ② 인가전압의 크기

③ 통전경로 ④ 인가시간

해설

- 피부 전기저항에 영향을 주는 요소에는 접촉부 습기상태, 접촉시간, 인가전압의 크기와 주파수, 접촉면적 등이 있다.

인체의 저항

㉠ 피부의 전기저항

- 피부의 전기저항은 연령, 성별, 인체의 각 부분별, 수분 함유량에 따라 큰 차이를 보이며 일반적으로 약 2,500[Ω] 정도를 기준으로 한다.
- 피부 전기저항에 영향을 주는 요소에는 접촉부 습기상태, 접촉시간, 인가전압의 크기와 주파수, 접촉면적 등이 있다.
- 피부에 땀이 나 있을 경우 기존 저항의 1/20~1/12로 저항이 저하된다.
- 피부가 물에 젖어 있을 경우 기존 저항의 1/25로 저항이 저하된다.

㉡ 내부저항

- 인체의 두 수족 간 내부저항 값은 500[Ω]를 기준으로 한다.

75

Repetitive Learning 1회 2회 3회

산업안전보건기준에 관한 규칙에서 일반작업장에 전기위험 방지조치를 취하지 않아도 되는 전압은 몇 V 이하인가?

① 24 ② 30

③ 50 ④ 100

해설

- 대지전압이 30V 이하인 전기기계·기구·배선 또는 이동전선에 대해서는 전기위험 방지조치를 하지 않아도 무방하다.

전기작업의 위험방지 조치의 적용 제외

- 대지전압이 30V 이하인 전기기계·기구·배선 또는 이동전선에 대해서는 적용하지 아니한다.

0701 / 1502

76

Repetitive Learning 

폭발위험장소에서의 본질안전방폭구조에 대한 설명으로 틀린 것은?

① 본질안전방폭구조의 기본적 개념은 점화능력의 본질적 억제이다.

② 본질안전방폭구조의 Ex ib는 fault에 대한 2중 안전 보장으로 0종~2종 장소에 사용할 수 있다.

③ 본질안전방폭구조의 적용은 에너지가 1.3W, 30V 및 250[mA] 이하의 개소에 가능하다.

④ 온도, 압력, 액면유량 등의 검출용 측정기는 대표적인 본질안전방폭구조의 예이다.

해설

- 본질안전방폭구조 중 Ex ib는 1종 장소, Ex ia는 0종 장소에서 사용 가능하다.

본질안전방폭구조(Ex ia, ib)

㉠ 개요

- 정상 시 및 사고 시(단선, 단락, 지락 등)에 발생하는 전기불꽃, 아크 또는 고온에 의하여 폭발성 가스 또는 증기에 점화되지 않는 것이 점화시험, 기타에 의하여 확인된 구조를 말한다.
- 점화능력의 본질적 억제에 중점을 둔 방폭구조이다.

㉡ 특징

- 지속적인 위험 분위기가 조성되어 있는 0종 장소의 전기기계·기구에 주로 사용된다.(EX ia)
- 온도, 압력, 액면유량 등의 검출용 측정기는 대표적인 본질안전방폭구조의 예이다.
- 설치비용이 저렴하며, 설치장소의 제약을 받지 않아 복잡한 공간을 넓게 사용할 수 있다.
- 본질안전방폭구조는 에너지가 1.3W, 30V 및 250[mA] 이하의 개소에 적용이 가능하다.

정답 | 74 ③ 75 ② 76 ②

0901 / 1502

77

Repetitive Learning 1회 2회 3회

다음 ( ) 안에 들어갈 내용으로 알맞은 것은?

> 과전류 차단장치는 반드시 접지선이 아닌 전로에 ( )로 연결하여 과전류 발생 시 전로를 자동으로 차단하도록 설치할 것

① 직렬 ② 병렬
③ 임시 ④ 직병렬

해설

- 과전류 차단장치는 반드시 접지선이 아닌 전로에 직렬로 연결하여 과전류 발생 시 전로를 자동으로 차단하도록 설치하여야 한다.

과전류 차단장치

㉠ 개요
- 과전류는 정격전류를 초과하는 전류로서 단락(短絡)사고전류, 지락사고전류를 포함하는 것을 말한다.
- 고압 또는 특(별)고압의 전로에 단락이 생기는 경우 설치한다.
- 과전류 차단장치로는 차단기·퓨즈 또는 보호계전기 등이 있다.

㉡ 설치방법
- 과전류 차단장치는 반드시 접지선이 아닌 전로에 직렬로 연결하여 과전류 발생 시 전로를 자동으로 차단하도록 설치할 것
- 차단기·퓨즈는 계통에서 발생하는 최대과전류에 대하여 충분하게 차단할 수 있는 성능을 가질 것
- 과전류 차단장치가 전기계통상에서 상호협조·보완되어 과전류를 효과적으로 차단하도록 할 것

78

Repetitive Learning 1회 2회 3회

일반 허용접촉전압과 그 종별을 짝지은 것으로 틀린 것은?

① 제1종 : 0.5[V] 이하 ② 제2종 : 25[V] 이하
③ 제3종 : 50[V] 이하 ④ 제4종 : 제한없음

해설

- 1종은 인체의 대부분이 수중에 있는 상태에 해당하며, 이때의 허용접촉전압은 2.5[V] 이하이다.

접촉상태별 허용접촉전압

종별	접촉상태	허용 접촉전압
1종	인체의 대부분이 수중에 있는 상태	2.5[V] 이하
2종	• 인체가 현저하게 젖어있는 상태 • 금속성의 전기기계장치나 구조물에 인체의 일부가 상시 접속되어 있는 상태	25[V] 이하
3종	통상의 인체상태에 있어서 접촉전압이 가해지더라도 위험성이 낮은 상태	50[V] 이하
4종	접촉전압이 가해질 우려가 없는 경우	제한없음

0301 / 0401 / 0702 / 0902 / 1403

79

Repetitive Learning 1회 2회 3회

인체감전보호용 누전차단기의 정격감도전류(mA)와 작동시간(초)의 최댓값은?

① 10[mA], 0.03[초] ② 20[mA], 0.01[초]
③ 30[mA], 0.03[초] ④ 50[mA], 0.1[초]

해설

- 인체감전보호용은 정격감도전류(30[mA])에서 0.03[초] 이내이다.

누전차단기(RCD : Residual Current Device)

실필 2401/1502/1402/0903

㉠ 개요
- 이동형 또는 휴대형의 전기기계·기구의 금속제 외함, 금속제 외피 등에서 누전, 절연파괴 등으로 인하여 지락전류가 발생하면 주어진 시간 이내에 전기기기의 전로를 차단하는 장치를 말한다.
- 누전검출부, 영상변류기, 차단기구 등으로 구성된 장치이다.
- 정격부하전류가 30[A]인 이동형 전기기계·기구에 접속되어 있는 경우 일반적으로 정격감도전류는 30[mA] 이하인 것을 사용한다.
- 정격부하전류가 50[A] 미만의 전기기계·기구에 접속되는 누전차단기의 경우 정격감도전류가 30[mA] 이하이고 작동시간은 0.03초 이내이어야 한다.
- 누전에 의한 감전위험을 방지하기 위하여 분기회로마다 누전차단기를 설치한다.

㉡ 종류와 동작시간
- 인체감전보호용은 정격감도전류(30[mA])에서 0.03[초] 이내이다.
- 인체가 물에 젖어있거나 물을 사용하는 장소(욕실 등)에는 정격감도전류(15[mA])에서 0.03초 이내의 누전차단기를 사용한다.
- 고속형은 정격감도전류(30[mA])에서 동작시간이 0.1[초] 이내이다.
- 시연형은 정격감도전류(30[mA])에서 동작시간이 0.1[초]를 초과하고 0.2[초] 이내이다.
- 반한시형은 정격감도전류 100%에서 0.2~1[초] 이내, 정격감도전류 140%에서 0.1~0.5[초] 이내, 정격감도전류 440%에서 0.05초 이내이다.

1002 / 1202

80

Repetitive Learning 1회 2회 3회

내부에서 폭발하더라도 틈의 냉각효과로 인하여 외부의 폭발성 가스에 착화될 우려가 없는 방폭구조는?

① 내압방폭구조
② 유입방폭구조
③ 안전증방폭구조
④ 본질안전방폭구조

77 ① 78 ① 79 ③ 80 ① 정답

해설

- 유입방폭구조는 전기불꽃, 아크 또는 고온이 발생하는 부분을 기름 속에 넣고, 기름면 위에 존재하는 폭발성 가스 또는 증기에 인화되지 않도록 한 구조를 말한다.
- 안전증방폭구조는 정상적인 운전 중에 불꽃, 아크, 또는 과열이 생겨서는 안 될 부분에 대하여 이를 방지하거나 또는 온도상승을 제한하기 위하여 전기안전도를 증가시킨 방폭구조이다.
- 본질안전방폭구조는 폭발분위기에 노출되어 있는 기계·기구 내의 전기에너지, 권선 상호접속에 의한 전기불꽃 또는 열 영향을 점화 에너지 이하의 수준까지 제한하는 것을 기반으로 하는 방폭구조를 말한다.

:: 내압방폭구조(EX d)

문제 72번의 유형별 핵심이론:: 참조

5과목 화학설비 안전관리

81 Repetitive Learning (1회 2회 3회)

다음 물질이 물과 접촉하였을 때 위험성이 가장 낮은 것은?

① 과산화칼륨
② 나트륨
③ 메틸리튬
④ 이황화탄소

해설

- 이황화탄소는 가연성 증기의 발생을 억제하기 위해 물속에 저장하는 만큼 물과 접촉 시 위험성은 극히 낮다.

:: 이황화탄소(CS_2)

- 인화성 액체에 해당하는 제4류 위험물 중 특수인화물로 지정수량은 50L이고, 위험등급은 Ⅰ이다.
- 비중이 1.26으로 물보다 무거우며 비수용성이므로 가연성 증기의 발생을 억제하여 화재를 예방하기 위해 물탱크에 저장한다.
- 착화온도가 100℃로 제4류 위험물 중 가장 낮으며 화재발생 시 자극성 유독가스를 발생시킨다.

1203 / 1701

82 Repetitive Learning (1회 2회 3회)

건조설비를 사용하여 작업을 하는 경우에 폭발이나 화재를 예방하기 위하여 준수하여야 하는 사항으로 틀린 것은?

① 위험물 건조설비를 사용하는 경우에는 미리 내부를 청소하거나 환기할 것
② 위험물 건조설비를 사용하여 가열·건조하는 건조물은 쉽게 이탈되도록 할 것
③ 고온으로 가열·건조한 인화성 액체는 발화의 위험이 없는 온도로 냉각한 후에 격납시킬 것
④ 바깥 면이 현저히 고온이 되는 건조설비에 가까운 장소에는 인화성 액체를 두지 않도록 할 것

해설

- 위험물 건조설비를 사용하여 가열·건조하는 건조물은 쉽게 이탈되지 않도록 해야 한다.

:: 건조설비의 사용 시 주의사항

- 위험물 건조설비를 사용하는 경우에는 미리 내부를 청소하거나 환기할 것
- 위험물 건조설비를 사용하는 경우에는 건조로 인하여 발생하는 가스·증기 또는 분진에 의하여 폭발·화재의 위험이 있는 물질을 안전한 장소로 배출시킬 것
- 위험물 건조설비를 사용하여 가열·건조하는 건조물은 쉽게 이탈되지 않도록 할 것
- 고온으로 가열·건조한 인화성 액체는 발화의 위험이 없는 온도로 냉각한 후에 격납시킬 것
- 바깥 면이 현저히 고온이 되는 건조설비의 가까운 장소에는 인화성 액체를 두지 않도록 할 것

0502 / 0803

83 Repetitive Learning (1회 2회 3회)

부탄(C4H10)의 연소에 필요한 최소산소농도(MOC)를 추정하여 계산하면 약 몇 vol%인가?(단, 부탄의 폭발하한계는 공기 중에서 1.6vol%이다)

① 5.6 ② 7.8
③ 10.4 ④ 14.1

해설

- 연소하한계가 주어져 있으므로 산소양론계수만 구하면 된다.
- 부탄은 탄소(a)가 4, 수소(b)가 10이므로

  산소양론계수는 $4+\frac{10}{4}=6.5$이다.
- 따라서 최소산소농도 = 6.5 × 1.6 = 10.4[vol%]가 된다.

:: 완전연소 조성농도(Cst, 화학양론농도)와 최소산소농도(MOC) 실필 1803/1002

㉠ 완전연소 조성농도(Cst, 화학양론농도)

- 가연성 가스의 조성은 완전연소 조성농도에서 폭발의 위험성이 가장 높아진다.
- 완전연소 조성농도 = $\frac{100}{1+\text{공기몰수}\times\left(a+\frac{b-c-2d}{4}\right)}$이다.

  공기의 몰수는 주로 4.773을 사용하므로

  완전연소 조성농도 = $\frac{100}{1+4.773\left(a+\frac{b-c-2d}{4}\right)}$[vol%]

  로 구한다. 단, a : 탄소, b : 수소, c : 할로겐의 원자수, d : 산소의 원자수이다.
- Jones식에 따라 폭발한계를 추산하면

  폭발하한계 = Cst × 0.55, 폭발상한계 = Cst × 3.50이다.

㉡ 최소산소농도(MOC)

- 연소 시 필요한 산소(O_2)농도 즉,

  산소양론계수 = $a+\frac{b-c-2d}{4}$로 구한다.
- 최소산소농도(MOC) = 산소양론계수 × 연소하한값이다.

0903 / 1102

84 Repetitive Learning (1회 2회 3회)

산업안전보건법상 사업주가 인화성 액체 위험물을 액체상태로 저장하는 저장탱크를 설치하는 경우에는 위험물질이 누출되어 확산되는 것을 방지하기 위하여 무엇을 설치하여야 하는가?

① Flame arrester ② Ventstack

③ 긴급방출장치 ④ 방유제

해설

- 탱크 내의 내용물이 흘러나와 재해를 확대시키는 것을 방지하기 위해 철근콘크리트, 철골 철근콘크리트 등으로 방유제를 설치한다.

:: 방유제의 설치

- 사업주는 인화성 액체, 인화성 가스, 부식성 물질, 급성독성물질을 액체상태로 저장하는 저장탱크를 설치하는 경우에는 위험물질이 누출되어 확산되는 것을 방지하기 위하여 방유제(防油堤)를 설치하여야 한다.
- 탱크 내의 내용물이 흘러나와 재해를 확대시키는 것을 방지하기 위해 철근콘크리트, 철골 철근콘크리트 등으로 방유제를 설치한다.

0901 / 1103

85 Repetitive Learning (1회 2회 3회)

인화성 가스 혼합물을 구성하는 각 성분의 조성과 연소범위가 다음 [표]와 같을 때 혼합가스의 연소하한값은 약 몇 [vol%]인가?

성분	조성[vol%]	연소하한값[vol%]	연소상한값[vol%]
헥산	1	1.1	7.4
메탄	2.5	5.0	15.0
에틸렌	0.5	2.7	36.0
공기	96		

① 2.51 ② 7.51

③ 12.07 ④ 15.01

해설

- 개별 가스의 mol분율을 먼저 구한다.
- 가연성 물질의 부피의 합인 1+2.5+0.5 = 4를 100으로 했을 때 가스의 mol분율은 헥산(C_6H_{14})은 25(1/4), 메탄(CH_4)은 62.5(2.5/4), 에틸렌(C_2H_4)은 12.5(0.5/4)가 된다.
- 혼합가스의 폭발하한계 LEL

  $=\frac{100}{\frac{25}{1.1}+\frac{62.5}{5.0}+\frac{12.5}{2.7}}=\frac{100}{22.72+12.5+4.63}=2.51$[vol%]이다.

:: 혼합가스의 폭발한계와 폭발범위 실필 1603

㉠ 폭발한계

- 혼합가스의 폭발한계는 혼합가스를 구성하는 각 가스의 폭발한계당 mol분율 합의 역수로 구한다.
- 혼합가스의 폭발한계는 $\frac{1}{\sum_{i=1}^{n}\frac{\text{mol분율}}{\text{폭발한계}}}$로 구한다.
- [vol%]를 구할 때는 $\frac{100}{\sum_{i=1}^{n}\frac{\text{mol분율}}{\text{폭발한계}}}$[vol%] 식을 이용한다.

㉡ 폭발범위

- 폭발상한계와 폭발하한계를 각각 구해서 범위를 구한다.

1103 / 1701

86 Repetitive Learning (1회 2회 3회)

가스 또는 분진폭발 위험장소에 설치되는 건축물의 내화구조를 설명한 것으로 틀린 것은?

① 건축물 기둥 및 보는 지상 1층까지 내화구조로 한다.

② 위험물 저장·취급용기의 지지대는 지상으로부터 지지대의 끝부분까지 내화구조로 한다.

84 ④ 85 ① 86 ③ 정답

③ 건축물 주변에 자동소화설비를 설치한 경우 건축물 화재 시 1시간 이상 그 안전성을 유지한 경우는 내화구조로 하지 않을 수 있다.
④ 배관 · 전선관 등의 지지대는 지상으로부터 1단까지 내화구조로 본다.

해설

- 건축물 등의 주변에 화재에 대비하여 물 분무시설 또는 폼 헤드(Foam head)설비 등의 자동소화설비를 설치하여 건축물 등이 화재 시에 2시간 이상 그 안전성을 유지할 수 있도록 한 경우에는 내화구조로 하지 않을 수 있다.

내화기준 실필 1703

건축물의 기둥 및 보	지상 1층(높이 6m)까지 내화구조로 한다.
위험물 저장 · 취급용기의 지지대	지상으로부터 지지대의 끝부분까지 내화구조로 한다.
배관 · 전선관 등의 지지대	지상으로부터 1단(높이 6m)까지 내화구조로 한다.

- 건축물 등의 주변에 화재에 대비하여 물 분무시설 또는 폼 헤드(Foam head)설비 등의 자동소화설비를 설치하여 건축물 등이 화재 시에 2시간 이상 그 안전성을 유지할 수 있도록 한 경우에는 내화구조로 하지 않을 수 있다.

0801 / 1001

87 Repetitive Learning (1회 2회 3회)

산업안전보건법에 따라 사업주가 특수화학설비를 설치하는 때에 그 내부의 이상상태를 조기에 파악하기 위하여 설치하여야 하는 장치는?

① 자동경보장치
② 긴급차단장치
③ 자동문개폐장치
④ 스크러버개방장치

해설

- 특수화학설비를 설치하는 경우에는 그 내부의 이상상태를 조기에 파악하기 위하여 필요한 자동경보장치를 설치하여야 한다.

자동경보장치의 설치

- 사업주는 특수 화학설비를 설치하는 경우에는 그 내부의 이상상태를 조기에 파악하기 위하여 필요한 자동경보장치를 설치하여야 한다.
- 자동경보장치를 설치하는 것이 곤란한 경우에는 감시인을 두고 그 특수 화학설비의 운전 중 설비를 감시하도록 하는 등의 조치를 하여야 한다.

0901 / 1601

88 Repetitive Learning (1회 2회 3회)

20[℃], 1기압의 공기를 5기압으로 단열압축하면 공기의 온도는 약 몇 [℃]가 되겠는가?(단, 공기의 비열비는 1.4이다)

① 32
② 191
③ 305
④ 464

해설

- 주어진 값을 정리해 보면 기존 온도 $T_1 = 273+20 = 293$이다.
- 압력비 $\left(\frac{P_2}{P_1}\right) = 5$이고, 비열 $r = 1.4$이다.
- 주어진 값을 대입하면 $T_2 = 293 \times 5^{\frac{0.4}{1.4}}$ = 464.06이 된다.
- 이를 다시 섭씨온도로 바꾸면 191.06[℃]가 된다.

단열압축

- 가연성 기체를 급속히 압축하면 열손실이 적기 때문에 단열압축으로 보고, 단열압축일 때는 열의 출입이 없으므로 온도 및 압력이 상승한다.
- 열역학적 관계는 $\frac{T_2}{T_1} = \left(\frac{P_2}{P_1}\right)^{\frac{r-1}{r}}$ 또는 $\frac{P_2}{P_1} = \left(\frac{T_2}{T_1}\right)^{\frac{r}{r-1}}$이다.

  이때, T_1, T_2는 절대온도, P_1, P_2는 압력, r는 비열비이다.

2202

89 Repetitive Learning (1회 2회 3회)

알루미늄분이 고온의 물과 반응하였을 때 생성되는 가스는?

① 산소
② 수소
③ 메탄
④ 에탄

해설

- 알루미늄분은 물과의 반응으로 수소를 생성한다.

물과의 반응으로 기체발생

수소	금속칼륨(K), 알루미늄분(Al), 칼슘(Ca), 수소화칼슘(CaH_2)
아세틸렌	탄화칼슘(CaC_2)
포스핀	인화칼슘(Ca_3P_2)

정답 | 87 ① 88 ② 89 ②

1401

90 Repetitive Learning 1회 2회 3회

다음 중 공정안전보고서에 포함하여야 할 공정안전자료의 세부내용이 아닌 것은?

① 유해 · 위험설비의 목록 및 사양
② 폭발위험장소 구분도 및 전기단선도
③ 유해 · 위험물질에 대한 물질안전보건자료
④ 설비점검 · 검사 및 보수계획, 유지계획 및 지침서

해설

• 설비점검 · 검사 및 보수계획, 유지계획 및 지침서는 안전운전계획의 세부내용으로 공정안전자료와는 구분된다.

공정안전보고서의 공정안전자료의 세부내용

• 취급 · 저장하고 있거나 취급 · 저장하려는 유해 · 위험물질의 종류 및 수량
• 유해 · 위험물질에 대한 물질안전보건자료
• 유해 · 위험설비의 목록 및 사양
• 유해 · 위험설비의 운전방법을 알 수 있는 공정도면
• 각종 건물 · 설비의 배치도
• 폭발위험장소 구분도 및 전기단선도
• 위험설비의 안전설계 · 제작 및 설치 관련 지침서

1102 / 1603

91 Repetitive Learning 

산업안전보건법령상 화학설비와 화학설비의 부속설비를 구분할 때 화학설비에 해당하는 것은?

① 응축기 · 냉각기 · 가열기 · 증발기 등 열교환기류
② 사이클론 · 백필터 · 전기집진기 등 분진처리설비
③ 온도 · 압력 · 유량 등을 지시 · 기록하는 자동제어 관련 설비
④ 안전밸브 · 안전판 · 긴급차단 또는 방출밸브 등 비상조치 관련설비

해설

• ②, ③, ④는 모두 화학설비의 부속설비에 해당한다.

산업안전보건법령상 화학설비의 종류

• 반응기 · 혼합조 등 화학물질 반응 또는 혼합장치
• 증류탑 · 흡수탑 · 추출탑 · 감압탑 등 화학물질 분리장치
• 저장탱크 · 계량탱크 · 호퍼 · 사일로 등 화학물질 저장설비 또는 계량설비
• 응축기 · 냉각기 · 가열기 · 증발기 등 열교환기류
• 고로 등 점화기를 직접 사용하는 열교환기류
• 캘린더(Calender) · 혼합기 · 발포기 · 인쇄기 · 압출기 등 화학제품 가공설비
• 분쇄기 · 분체분리기 · 용융기 등 분체화학물질 취급장치
• 결정조 · 유동탑 · 탈습기 · 건조기 등 분체화학물질 분리장치
• 펌프류 · 압축기 · 이젝터(Ejector) 등의 화학물질 이송 또는 압축설비

92 Repetitive Learning 

위험물안전관리법령상 제4류 위험물 중 제2석유류로 분류되는 물질은?

① 실린더유 ② 휘발유
③ 등유 ④ 중유

해설

• 실린더유는 제4석유류에 속한다.
• 가솔린(휘발유)은 제1석유류에 속한다.
• 중유는 제3석유류에 속한다.

제2석유류(위험등급 III)

물질		지정수량
비수용성	등유, 경유, 오르소크실렌, 메타크실렌, 파라크실렌, 스티렌, 테레핀유, 장뇌유, 송근유, 클로로벤젠	1,000[ℓ]
수용성	포름산(의산), 아세트산(초산), 메틸셀로솔브, 에틸셀로솔브, 프로필셀로솔브, 부틸셀로솔브, 히드라진	2,000[ℓ]

0502 / 2103

93 Repetitive Learning 1회 2회 3회

가연성 물질을 취급하는 장치를 퍼지하고자 할 때 잘못된 것은?

① 대상 가스의 물성을 파악한다.
② 사용하는 불활성 가스의 물성을 파악한다.
③ 퍼지용 가스를 가능한 한 빠른 속도로 단시간에 다량 송입한다.
④ 장치 내부를 물로 먼저 세정한 후 퍼지용 가스를 송입한다.

해설

• 퍼지용 가스는 장시간에 걸쳐 천천히 주의있게 주입하도록 한다.

퍼지 시의 주의사항

• 대상 가스의 물성을 파악한다.
• 사용하는 불활성 가스의 물성을 파악한다.
• 장치 내부를 물로 먼저 세정한 후 퍼지용 가스를 송입한다.
• 퍼지용 가스를 장시간에 걸쳐 천천히 주의있게 주입하도록 한다.

90 ④ 91 ① 92 ③ 93 ③ 정답

94

Repetitive Learning (1회 2회 3회)

가솔린(휘발유)의 일반적인 연소범위에 가장 가까운 값은?

① 2.7~27.8vol% ② 3.4~11.8vol%
③ 1.4~7.6vol% ④ 5.1~18.2vol%

해설

• 가솔린의 연소범위는 1.4~6.2 정도이다.

대표적인 연료의 폭발한계

	폭발하한값	폭발상한값
프로판(C_3H_8),	2.4	9.5
부탄(C_4H_{10})	1.8	8.4
벤젠(C_6H_6)	1.4	6.7
가솔린	1.4	6.2

1001 / 1603

95

Repetitive Learning (1회 2회 3회)

폭발 원인물질의 물리적 상태에 따라 구분할 때 기상폭발(Gas explosion)에 해당되지 않는 것은?

① 분진폭발 ② 응상폭발
③ 분무폭발 ④ 가스폭발

해설

• 폭발은 폭발물 원인물질의 물리적 상태에 따라 기상폭발과 응상폭발로 구분된다.

폭발(Explosion)

㉠ 개요
- 물리적 또는 화학적 에너지가 열과 압력파인 기계적 에너지로 빠르게 변화하는 현상을 말한다.
- 폭발물 원인물질의 물리적 상태에 따라 기상폭발과 응상폭발로 구분된다.

㉡ 기상폭발(Gas explosion)
- 폭발이 일어나기 전의 물질상태가 기체일 경우의 폭발을 말한다.
- 종류에는 분진폭발, 분무폭발, 분해폭발, (혼합)가스폭발 등이 있다.
- 압력상승에 의한 기상폭발의 경우 가연성 혼합기의 형성 상황, 압력상승 시의 취약부 파괴, 개구부가 있는 공간 내의 화염전파와 압력상승에 주의해야 한다.

㉢ 응상폭발
- 폭발이 일어나기 전의 물질상태가 고체 및 액상일 경우의 폭발을 말한다.
- 응상폭발의 종류에는 수증기폭발, 전선폭발, 고상 간의 전이에 의한 폭발 등이 있다.
- 응상폭발을 하는 위험성 물질에는 TNT, 연화약, 다이너마이트 등이 있다.

0902

96

Repetitive Learning (1회 2회 3회)

다음 중 위험물과 그 소화방법이 잘못 연결된 것은?

① 염소산칼륨 – 다량의 물로 냉각소화
② 마그네슘 – 건조사 등에 의한 질식소화
③ 칼륨 – 이산화탄소에 의한 질식소화
④ 아세트알데히드 – 분무상의 물에 의한 희석소화

해설

• 칼륨은 자연발화 및 금수성 물질(제3류)로 이산화탄소와 접촉하면 폭발적인 반응이 일어나므로 건조사나 D급(금속화재) 소화기를 이용해야 한다.

금수성 물질의 소화
- 금속나트륨을 비롯한 금속 분말은 물과 반응하면 급속히 연소되므로 주수소화를 금해야 한다.
- 금수성 물질로 인한 화재는 주로 팽창질석이나 건조사를 화재 면에 덮는 질식방법으로 소화해야 한다.
- 금수성 물질에 대한 적응성이 있는 소화기는 분말 소화기 중 탄산수소염류 소화기이다.

0603 / 1003 / 1503

97

Repetitive Learning (1회 2회 3회)

다음 중 자연발화의 방지법으로 적절하지 않은 것은?

① 통풍을 잘 시킬 것
② 습도가 높은 곳에 저장할 것
③ 저장실의 온도 상승을 피할 것
④ 공기가 접촉되지 않도록 불활성 액체 중에 저장할 것

해설

• 자연발화의 방지를 위해 주위의 온도와 습도를 낮추어야 한다.

자연발화의 방지대책
- 주위의 온도와 습도를 낮춘다.
- 열이 축적되지 않도록 통풍을 잘 시킨다.
- 공기가 접촉되지 않도록 불활성 액체 중에 저장한다.
- 황린의 경우 산소와의 접촉을 피한다.

1403 / 1701 / 2103

98

Repetitive Learning (1회 2회 3회)

다음 가스 중 가장 독성이 큰 것은?

① CO ② $COCl_2$
③ NH_3 ④ H_2

정답 | 94 ③ 95 ② 96 ③ 97 ② 98 ②

해설

- $COCl_2$는 포스겐이라고 불리는 맹독성 가스로 불소와 함께 가장 강한(TWA 0.1) 독성 물질이다.

TWA(Time Weighted Average) 실필 1301

- 시간가중 평균노출기준이라고 한다.
- 1일 8시간 작업을 기준으로 유해요인의 측정치에 발생시간을 곱하여 8로 나눈 값이다.
- 독성이 강할수록 TWA값은 작아진다.

유독물질	포스겐/불소	염소	니트로벤젠 염화수소	사염화탄소	나프탈렌	일산화탄소	아세톤	이산화탄소
TWA (ppm)	0.1	0.5	1	5	10	30	500	5,000
독성	← 강하다						약하다 →	

99

다음 중 산화성 물질이 아닌 것은?

① KNO_3　　② NH_4ClO_3

③ HNO_3　　④ P_4S_3

해설

- 삼황화린(P_4S_3)은 가연성 고체에 해당한다.

위험물질의 분류와 그 종류 실필 1403/1101/1001/0803/0802

산화성 액체 및 산화성 고체	차아염소산, 아염소산, 염소산, 과염소산, 브롬산, 요오드산, 과산화수소 및 무기 과산화물, 질산 및 질산칼륨, 질산나트륨, 질산암모늄, 그 밖의 질산염류, 과망간산, 중크롬산 및 그 염류
가연성 고체	황화린, 적린, 유황, 철분, 금속분, 마그네슘, 인화성 고체
물반응성 물질 및 인화성 고체	리튬, 칼륨·나트륨, 황, 황린, 황화린·적린, 셀룰로이드류, 알킬알루미늄·알킬리튬, 마그네슘 분말, 금속 분말, 알칼리금속, 유기금속화합물, 금속의 수소화물, 금속의 인화물, 칼슘 탄화물, 알루미늄 탄화물
인화성 액체	에틸에테르, 가솔린, 아세트알데히드, 산화프로필렌, 노말헥산, 아세톤, 메틸에틸케톤, 메틸알코올, 에틸알코올, 이황화탄소, 크실렌, 아세트산아밀, 등유, 경유, 테레핀유, 이소아밀알코올, 아세트산, 하이드라진
인화성 가스	수소, 아세틸렌, 에틸렌, 메탄, 에탄, 프로판, 부탄
폭발성 물질 및 유기과산화물	질산에스테르류, 니트로화합물, 니트로소화합물, 아조화합물, 디아조화합물, 하이드라진 유도체, 유기과산화물
부식성 물질	농도 20% 이상인 염산·황산·질산, 농도 60% 이상인 인산·아세트산·불산, 농도 40% 이상인 수산화나트륨·수산화칼륨

2103

100

Repetitive Learning 1회 2회 3회

화염방지기의 설치에 관한 사항으로 (　　)에 알맞은 것은?

> 사업주는 인화성 액체 및 인화성 가스를 저장·취급하는 화학설비에서 증기나 가스를 대기로 방출하는 경우에는 외부로부터의 화염을 방지하기 위하여 화염방지기를 그 설비 (　　)에 설치하여야 한다.

① 상단

② 하단

③ 중앙

④ 무게중심

해설

- 외부로부터의 화염을 방지하기 위하여 화염방지기를 그 설비 상단에 설치하여야 한다.

화염방지기의 설치

- 사업주는 인화성 액체 및 인화성 가스를 저장·취급하는 화학설비에서 증기나 가스를 대기로 방출하는 경우에는 외부로부터의 화염을 방지하기 위하여 화염방지기를 그 설비 상단에 설치하여야 한다.
- 화염방지 성능이 있는 통기밸브인 경우를 제외하고 화염방지기를 설치하여야 한다.
- 본체는 금속제로 내식성이 있어야 하며, 폭발 및 화재로 인한 압력과 온도에 견딜 수 있어야 한다.
- 소염소자는 내식, 내열성이 있는 재질이어야 하고, 이물질 등의 제거를 위한 정비작업이 용이하여야 한다.

6과목 건설공사 안전관리

0403 / 0602 / 0901 / 1102 / 1402 / 2001

101

Repetitive Learning 1회 2회 3회

건설현장의 가설계단 및 계단참을 설치하는 경우 얼마 이상의 하중에 견딜 수 있는 강도를 가진 구조로 설치하여야 하는가?

① $200kg/m^2$

② $300kg/m^2$

③ $400kg/m^2$

④ $500kg/m^2$

99 ④ 100 ① 101 ④ 정답

해설

- 사업주는 계단 및 계단참을 설치하는 경우 매 m^2당 500kg 이상의 하중에 견딜 수 있는 강도를 가진 구조로 설치하여야 한다.

계단의 강도 실필 1603/1302

- 사업주는 계단 및 계단참을 설치하는 경우 매 m^2당 500kg 이상의 하중에 견딜 수 있는 강도를 가진 구조로 설치하여야 하며, 안전율은 4 이상으로 하여야 한다.
- 사업주는 계단 및 승강구 바닥을 구멍이 있는 재료로 만드는 경우 렌치나 그 밖의 공구 등이 낙하할 위험이 없는 구조로 하여야 한다.

1702

102 ——— Repetitive Learning 1회 2회 3회

차량계 하역운반기계 등에 화물을 적재하는 경우에 준수해야 할 사항으로 옳지 않은 것은?

① 하중이 한쪽으로 치우쳐서 효율적으로 적재되도록 할 것
② 구내운반차 또는 화물자동차의 경우 화물의 붕괴 또는 낙하에 의한 위험을 방지하기 위하여 화물에 로프를 거는 등 필요한 조치를 할 것
③ 운전자의 시야를 가리지 않도록 화물을 적재할 것
④ 최대적재량을 초과하지 않도록 할 것

해설

- 화물적재 시 하중이 한쪽으로 치우치지 않도록 적재하여야 한다.

화물적재 시의 준수사항

- 하중이 한쪽으로 치우치지 않도록 적재할 것
- 구내운반차 또는 화물자동차의 경우 화물의 붕괴 또는 낙하에 의한 위험을 방지하기 위하여 화물에 로프를 거는 등 필요한 조치를 할 것
- 운전자의 시야를 가리지 않도록 화물을 적재할 것
- 화물을 적재하는 경우에는 최대적재량을 초과하지 않도록 할 것

0901

103 ——— Repetitive Learning 1회 2회 3회

안전대의 종류는 사용구분에 따라 벨트식과 안전그네식으로 구분되는데 이 중 안전그네식에만 적용하는 것으로 나열한 것은?

① 추락방지대, 안전블록
② 1개걸이용, U자걸이용
③ 1개걸이용, 추락방지대
④ U자걸이용, 안전블록

해설

- 추락방지대와 안전블록은 안전그네식에만 사용된다.

안전그네식 적용 부품 실작 1703/1501

- 추락방지대와 안전블록은 안전그네식에만 사용된다.
- 추락방지대란 신체의 추락을 방지하기 위해 자동잠김장치를 갖추고 죔줄과 수직구명줄에 연결된 금속장치를 말한다.
- 안전블록이란 안전그네와 연결하여 추락발생 시 추락을 억제할 수 있는 자동잠김장치가 갖추어져 있고 죔줄이 자동적으로 수축되는 장치를 말한다.

0903 / 1202

104 ——— Repetitive Learning 1회 2회 3회

다음 중 그물코의 크기가 5cm인 매듭방망의 폐기기준 인장강도는?

① 200kg
② 100kg
③ 60kg
④ 30kg

해설

- 매듭방망의 폐기기준은 그물코의 크기가 5cm이면 60kg, 10cm이면 135kg이다.

신품 방망 인장강도

그물코 한변 길이	무매듭방망	매듭방망
10cm	240kg 이상(150kg)	200kg 이상(135kg)
5cm		110kg 이상(60kg)

단, ( )는 폐기기준이다.

0703

105 ——— Repetitive Learning 1회 2회 3회

강관비계의 설치 기준으로 옳은 것은?

① 비계기둥의 간격은 띠장 방향에서는 1.5m 내지 1.8m 이하로 하고, 장선 방향에서는 2.0m 이하로 한다.
② 띠장 간격은 1.8m 이하로 설치하되, 첫 번째 띠장은 2m 이하의 위치에 설치한다.
③ 비계기둥 간의 적재하중은 400kg을 초과하지 않도록 한다.
④ 비계기둥의 최고로부터 21m 되는 지점 밑부분의 비계기둥은 2본의 강관으로 묶어세운다.

정답 | 102 ① 103 ① 104 ③ 105 ③

해설

- 비계기둥의 간격은 띠장 방향에서는 1.85m 이하, 장선(長線) 방향에서는 1.5m 이하로 해야 한다.
- 띠장 간격은 2m 이하로 설치해야 한다.
- 비계기둥의 제일 윗부분으로부터 31m 되는 지점 밑부분의 비계기둥은 2개의 강관으로 묶어세운다.

강관비계의 구조

- 비계기둥의 간격은 띠장 방향에서는 1.85m 이하, 장선(長線) 방향에서는 1.5m 이하로 할 것
- 띠장 간격은 2m 이하로 설치할 것
- 비계기둥의 제일 윗부분으로부터 31m 되는 지점 밑부분의 비계기둥은 2개의 강관으로 묶어세울 것
- 비계기둥 간의 적재하중은 400kg을 초과하지 않도록 할 것

0901 / 1603

106 Repetitive Learning (1회 2회 3회)

크레인 또는 데릭에서 붐 각도 및 작업반경별로 작용시킬 수 있는 최대하중에서 후크(Hook), 와이어로프 등 달기구의 중량을 공제한 하중은?

① 작업하중　② 정격하중
③ 이동하중　④ 적재하중

해설

- 작업하중은 주로 콘크리트 타설에서 사용하는 개념으로 작업원, 장비하중, 기타 콘크리트 타설에 필요한 자재 및 공구 등의 시공하중, 충격하중을 모두 합한 하중을 말한다.
- 이동하중은 크레인에서 하물을 인양하는 중 하물의 이동으로 인해 작용점이 이동하는 하중을 말한다.
- 적재하중은 주로 건축물의 각 실별・바닥별 용도에 따라 그 속에 수용되는 사람과 적재되는 물품 등의 중량으로 인한 수직하중을 말한다.

하중

- 정격하중이란 크레인의 권상하중에서 훅, 그래브 또는 버킷 등 달기기구의 하중을 뺀 하중을 말한다. 즉, 중량물 운반 시 크레인에 매달아 올릴 수 있는 최대하중으로부터 달아 올리기 기구의 중량에 상당하는 하중을 제외한 하중을 말한다.
- 권상하중이란 크레인이 지브의 길이 및 경사각에 따라 들어 올릴 수 있는 최대의 하중을 말한다.

1401 / 1602

107 Repetitive Learning (1회 2회 3회)

흙막이 가시설 공사 시 사용되는 각 계측기 설치 목적으로 옳지 않은 것은?

① 지표침하계 - 지표면 침하량 측정
② 수위계 - 지반 내 지하수위의 변화 측정
③ 하중계 - 상부 적재하중 변화 측정
④ 지중경사계 - 지중의 수평 변위량 측정

해설

- 하중계(Load cell)는 지보공 버팀대에 작용하는 축력을 측정하는 계측기이다.

굴착공사용 계측기기 실필 0902

㉠ 개요

- 개착식 굴착공사에서 설치하는 계측기기에는 기울기(Tilt meter), 지하수위계, 간극수압계, 경사계, 응력계, 변형률계, 하중계 등이 있다.
- 지반붕괴 방지를 위한 계측장치에는 지하수위계, 경사계, 변형률계, 응력계, 하중계 등이 있다.

㉡ 종류

구분	내용
지표침하계 (Surface settlement system)	지표면의 침하량을 측정하는 기구
지하수위계 (Water level meter)	지반 내 지하수위의 변화를 계측하는 기구
하중계 (Load cell)	버팀보 어스앵커(Earth anchor) 등의 실제 축 하중 변화 측정하는 계측기
지중경사계 (Inclinometer)	지중의 수평 변위량을 통해 주변 지반의 변형을 측정하는 기계
건물경사계 (Tiltmeter)	인접한 구조물에 설치하여 구조물의 경사 및 변형상태를 측정하는 기구
수직지향각도계 (Inclino meter, 경사계)	주변 지반, 지층, 기계, 시설 등의 경사도와 변형을 측정하는 기구
변형률계 (Strain gauge)	흙막이 가시설의 버팀대(Strut)의 변형을 측정하는 계측기

108 Repetitive Learning (1회 2회 3회)

근로자에게 작업 중 또는 통행 시 전락(轉落)으로 인하여 근로자가 화상・질식 등의 위험에 처할 우려가 있는 케틀(kettle), 호퍼(hopper), 피트(pit) 등이 있는 경우에 그 위험을 방지하기 위하여 최소 높이 얼마 이상의 울타리를 설치하여야 하는가?

① 80cm 이상　② 85cm 이상
③ 90cm 이상　④ 95cm 이상

해설

- 전락으로 인한 위험우려가 있을 경우 위험을 방지하기 위해서 설치하는 울타리는 90cm 이상 되어야 한다.

추락에 의한 위험 방지를 위한 울타리의 설치

- 사업주는 근로자에게 작업 중 또는 통행 시 전락(轉落)으로 인하여 근로자가 화상・질식 등의 위험에 처할 우려가 있는 케틀(kettle), 호퍼(hopper), 피트(pit) 등이 있는 경우에 그 위험을 방지하기 위하여 필요한 장소에 높이 90cm 이상의 울타리를 설치하여야 한다.

106 ② 107 ③ 108 ③ 정답

0701

109 Repetitive Learning 1회 2회 3회

보통흙의 건조된 지반을 흙막이 지보공 없이 굴착하려 할 때 적합한 굴착면의 기울기 기준으로 옳은 것은?

① 1 : 1 ~ 1 : 1.5 ② 1 : 1.2
③ 1 : 1.8 ④ 1 : 2

해설

- 보통흙 건지는 그 밖의 흙에 해당하므로 1 : 1.2의 구배를 갖도록 한다.

굴착면 기울기 기준

지반의 종류	기울기
모래	1 : 1.8
연암 및 풍화암	1 : 1.0
경암	1 : 0.5
그 밖의 흙	1 : 1.2

1602

110 Repetitive Learning 1회 2회 3회

건립 중 강풍에 의한 풍압 등 외압에 대한 내력이 설계에 고려되었는지 확인하여야 하는 철골구조물의 기준으로 옳지 않은 것은?

① 높이 20m 이상의 구조물
② 구조물의 폭과 높이의 비가 1 : 4 이상인 구조물
③ 이음부가 공장 제작인 구조물
④ 연면적당 철골량이 50kg/m^2 이하인 구조물

해설

- 이음부가 공장 제작인 구조물은 외압에 대한 내력이 설계 시 고려되었는지 확인할 필요가 없으며, 이음부가 현장용접인 구조물에 대해서는 확인이 필요하다.

설계 시 외압에 대한 내력이 고려되었는지 확인 필요한 구조물

- 높이 20m 이상의 구조물
- 구조물의 폭과 높이의 비가 1 : 4 이상인 구조물
- 단면구조에 현저한 변화가 있는 구조물
- 연면적당 철골량이 50kg/m^2 이하인 구조물
- 기둥이 타이플레이트(Tie plate)형인 구조물
- 이음부가 현장용접인 구조물

2201

111 Repetitive Learning 1회 2회 3회

거푸집 해체작업 시 유의사항으로 옳지 않은 것은?

① 일반적으로 수평부재의 거푸집은 연직부재의 거푸집보다 빨리 떼어낸다.
② 해체된 거푸집이나 각목 등에 박혀있는 못 또는 날카로운 돌출물은 즉시 제거하여야 한다.
③ 상하 동시 작업은 원칙적으로 금지하며 부득이한 경우에는 긴밀히 연락을 하며 작업을 하여야 한다.
④ 거푸집 해체작업장 주위에는 관계자를 제외하고는 출입을 금지시켜야 한다.

해설

- 일반적으로 연직부재의 거푸집은 수평부재의 거푸집보다 하중을 받지 않으므로 빨리 떼어낸다.

거푸집 해체

㉠ 일반원칙

- 일반적으로 연직부재의 거푸집은 수평부재의 거푸집보다 빨리 떼어낸다.
- 응력을 거의 받지 않는 거푸집은 24시간이 경과하면 떼어내도 좋다.
- 라멘, 아치 등의 구조물은 콘크리트의 크리프로 인한 균열을 적게 하기 위하여 가능한 한 거푸집을 오래두어야 한다.
- 거푸집을 떼어내는 시기는 시멘트의 성질, 콘크리트의 배합, 구조물 종류와 중요성, 부재가 받는 하중, 기온 등을 고려하여 신중하게 정해야 한다.

㉡ 검사

- 수직, 수평부재의 존치기간 준수 여부
- 소요의 강도 확보 이전에 지주의 교환 여부
- 거푸집 해체용 압축강도 확인시험 실시 여부

1201 / 1403 / 1502

112 Repetitive Learning 1회 2회 3회

다음은 달비계 또는 높이 5m 이상의 비계를 조립·해체하거나 변경하는 작업을 하는 경우의 준수사항이다. 빈칸에 알맞은 숫자는?

> 비계재료의 연결·해체 작업을 하는 경우에는 폭 ( )cm 이상의 발판을 설치하고 근로자로 하여금 안전대를 사용하도록 하는 등 추락을 방지하기 위한 조치를 할 것

① 15 ② 20
③ 25 ④ 30

정답 | 109 ② 110 ③ 111 ① 112 ②

해설

- 비계재료의 연결·해체작업을 하는 경우에는 폭 20cm 이상의 발판을 설치하고 근로자로 하여금 안전대를 사용하도록 하는 등 추락을 방지하기 위한 조치를 하여야 한다.

:: 달비계 또는 높이 5m 이상의 비계 등의 조립·해체 및 변경

- 근로자가 관리감독자의 지휘에 따라 작업하도록 할 것
- 조립·해체 또는 변경의 시기·범위 및 절차를 그 작업에 종사하는 근로자에게 주지시킬 것
- 조립·해체 또는 변경 작업구역에는 해당 작업에 종사하는 근로자가 아닌 사람의 출입을 금지하고 그 내용을 보기 쉬운 장소에 게시할 것
- 비, 눈, 그 밖의 기상상태의 불안정으로 날씨가 몹시 나쁜 경우에는 그 작업을 중지시킬 것
- 비계재료의 연결·해체작업을 하는 경우에는 폭 20cm 이상의 발판을 설치하고 근로자로 하여금 안전대를 사용하도록 하는 등 추락을 방지하기 위한 조치를 할 것
- 재료·기구 또는 공구 등을 올리거나 내리는 경우에는 근로자가 달줄 또는 달포대 등을 사용하게 할 것
- 강관비계 또는 통나무비계를 조립하는 경우 쌍줄로 하여야 한다.

1603

113 Repetitive Learning (1회 2회 3회)

다음은 가설통로를 설치하는 경우의 준수사항이다. 빈칸에 알맞은 수치를 고르면?

건설공사에 사용하는 높이 8m 이상인 비계다리에는 ( )m 이내마다 계단참을 설치할 것

① 7 ② 6
③ 5 ④ 4

해설

- 높이 8m 이상인 비계다리에서는 7m 이내마다 계단참을 설치한다.

:: 가설통로 설치 시 준수기준 실필 2301/1801/1703/1603

- 높이 8m 이상인 비계다리에서는 7m 이내마다 계단참을 설치할 것
- 수직갱에 가설된 통로의 길이가 15m 이상인 경우에는 10m 이내마다 계단참을 설치할 것
- 경사가 15°를 초과하는 경우에는 미끄러지지 아니하는 구조로 할 것
- 추락할 위험이 있는 장소에는 안전난간을 설치할 것
- 경사로의 폭은 최소 90cm 이상으로 할 것
- 발판 폭 40cm 이상, 틈 3cm 이하로 할 것
- 경사는 30° 이하로 할 것

1703

114 Repetitive Learning (1회 2회 3회)

비계(달비계, 달대비계 및 말비계는 제외)의 높이가 2m 이상인 작업장소에 설치하여야 하는 작업발판의 기준으로 옳지 않은 것은?

① 작업발판의 폭은 40cm 이상으로 하고, 발판재료 간의 틈은 3cm 이하로 할 것
② 추락의 위험이 있는 장소에는 안전난간을 설치할 것
③ 작업발판의 지지물은 하중에 의하여 파괴될 우려가 없는 것을 사용할 것
④ 작업발판 재료는 뒤집히거나 떨어지지 않도록 1개 이상의 지지물에 연결하거나 고정시킬 것

해설

- 작업발판 재료는 뒤집히거나 떨어지지 않도록 둘 이상의 지지물에 연결하거나 고정시켜야 한다.

:: 작업발판의 구조 실필 0801 실작 1601

- 발판재료는 작업할 때의 하중을 견딜 수 있도록 견고한 것으로 할 것
- 작업발판의 폭은 40cm 이상으로 하고, 발판재료 간의 틈은 3cm 이하로 할 것
- 선박 및 보트 건조작업의 경우 선박블록 또는 엔진실 등의 좁은 작업공간에 작업발판을 설치하기 위하여 필요하면 작업발판의 폭을 30cm 이상으로 할 수 있고, 걸침비계의 경우 강관기둥 때문에 발판재료 간의 틈을 3cm 이하로 유지하기 곤란하면 5cm 이하로 할 수 있다. 이 경우 그 틈 사이로 물체 등이 떨어질 우려가 있는 곳에는 출입금지 등의 조치를 하여야 한다.
- 추락의 위험이 있는 장소에는 안전난간을 설치할 것
- 작업발판의 지지물은 하중에 의하여 파괴될 우려가 없는 것을 사용할 것
- 작업발판 재료는 뒤집히거나 떨어지지 않도록 둘 이상의 지지물에 연결하거나 고정시킬 것
- 작업발판을 작업에 따라 이동시킬 경우에는 위험 방지에 필요한 조치를 할 것

0701 / 1101

115 Repetitive Learning (1회 2회 3회)

다음은 사다리식 통로 등을 설치하는 경우의 준수사항이다. ( )에 들어갈 숫자로 옳은 것은?

사다리의 상단은 걸쳐놓은 지점으로부터 ( )cm 이상 올라가도록 할 것

① 30 ② 40
③ 50 ④ 60

113 ① 114 ④ 115 ④ | 정답

해설

- 사다리의 상단은 걸쳐놓은 지점으로부터 60cm 이상 올라가도록 하여야 한다.

사다리식 통로의 구조 실필 2202/1101/0901

- 견고한 구조로 할 것
- 심한 손상·부식 등이 없는 재료를 사용할 것
- 발판의 간격은 일정하게 할 것
- 발판과 벽과의 사이는 15cm 이상의 간격을 유지할 것
- 폭은 30m 이상으로 할 것
- 사다리가 넘어지거나 미끄러지는 것을 방지하기 위한 조치를 할 것
- 사다리의 상단은 걸쳐놓은 지점으로부터 60cm 이상 올라가도록 할 것
- 사다리식 통로의 길이가 10m 이상인 경우에는 5m 이내마다 계단참을 설치할 것
- 사다리식 통로의 기울기는 75° 이하로 할 것. 다만, 고정식 사다리식 통로의 기울기는 90° 이하로 하고, 그 높이가 7m 이상인 경우에는 바닥으로부터 높이가 2.5m 되는 지점부터 등받이울을 설치할 것
- 접이식 사다리 기둥은 사용 시 접혀지거나 펼쳐지지 않도록 철물 등을 사용하여 견고하게 조치할 것

116

Repetitive Learning (1회 2회 3회)

차량계 하역운반기계를 사용하는 작업을 할 때 그 기계가 넘어지거나 굴러떨어짐으로써 근로자에게 위험을 미칠 우려가 있는 경우에 우선적으로 조치하여야 할 사항과 거리가 먼 것은?

① 해당 기계에 대한 유도자 배치
② 지반의 부동침하 방지 조치
③ 갓길의 붕괴 방지 조치
④ 경보 장치 설치

해설

- 차량계 건설기계가 넘어지거나 굴러떨어져서 근로자가 위험해질 우려가 있는 경우 유도자를 배치하고, 지반의 부동침하 방지, 갓길의 붕괴 방지 및 도로 폭의 유지 등의 조치를 취한다.

차량계 건설기계의 전도방지 조치

- 사업주는 차량계 건설기계를 사용하여 작업할 때에 그 기계가 넘어지거나 굴러떨어짐으로써 근로자가 위험해질 우려가 있는 경우에는 유도자를 배치하고 지반의 부동침하 방지, 갓길의 붕괴 방지 및 도로 폭의 유지 등 필요한 조치를 하여야 한다.

117

Repetitive Learning (1회 2회 3회)

건설업 산업안전 보건관리비의 사용내역에 대하여 수급인 또는 자기공사자는 공사 시작 후 몇 개월마다 1회 이상 발주자 또는 감리원의 확인을 받아야 하는가?

① 3개월
② 4개월
③ 5개월
④ 6개월

해설

- 수급인 또는 자기공사자는 안전관리비 사용내역에 대하여 공사 시작 후 6개월마다 1회 이상 발주자 또는 감리원의 확인을 받아야 한다.

건설업 산업안전 보건관리비의 사용내역에 대한 확인

- 수급인 또는 자기공사자는 안전관리비 사용내역에 대하여 공사 시작 후 6개월마다 1회 이상 발주자 또는 감리원의 확인을 받아야 한다. 다만, 6개월 이내에 공사가 종료되는 경우에는 종료 시 확인을 받아야 한다.

1302

118

Repetitive Learning (1회 2회 3회)

터널 지보공을 설치한 경우에 수시로 점검하여 이상을 발견 시 즉시 보강하거나 보수해야 할 사항이 아닌 것은?

① 부재의 손상·변형·부식·변위·탈락의 유무 및 상태
② 부재의 긴압의 정도
③ 부재의 접속부 및 교차부의 상태
④ 계측기 설치상태

해설

- 지보공 설치 시 붕괴 등의 방지를 위한 수시점검사항에는 ①, ②, ③ 외에 기둥침하의 유무 및 상태 등이 있다.

지보공 설치 시 붕괴 등의 방지를 위한 수시점검사항

- 부재의 손상·변형·부식·변위 탈락의 유무 및 상태
- 부재의 긴압 정도
- 부재의 접속부 및 교차부의 상태
- 기둥침하의 유무 및 상태

정답 | 116 ④ 117 ④ 118 ④

119 Repetitive Learning (1회 2회 3회)

유해·위험방지계획서를 제출하여야 할 대상 공사의 조건으로 옳지 않은 것은?

① 지상높이가 31m인 건축물의 건설·개조 또는 해체
② 최대지간길이가 50m 이상인 교량 건설 등 공사
③ 깊이가 9m인 굴착공사
④ 터널 건설 등의 공사

해설

- 유해·위험방지계획서 제출대상 공사의 규모에서 굴착공사의 경우 10m 이상이 되어야 한다.

유해·위험방지계획서 제출대상 공사 실필 1701

- 지상높이가 31m 이상인 건축물 또는 인공구조물, 연면적 3만m^2 이상인 건축물 또는 연면적 5천m^2 이상의 문화 및 집회시설(전시장 및 동물원·식물원은 제외), 판매시설, 운수시설(고속철도의 역사 및 집배송시설은 제외), 종교시설, 의료시설 중 종합병원, 숙박시설 중 관광숙박시설, 지하도상가 또는 냉동·냉장창고시설의 건설·개조 또는 해체공사
- 연면적 5천m^2 이상인 냉동·냉장창고시설의 설비공사 및 단열공사
- 최대지간길이가 50m 이상인 교량 건설 등의 공사
- 터널 건설 등의 공사
- 다목적 댐, 발전용 댐 및 저수용량 2천만톤 이상의 용수 전용 댐, 지방상수도 전용 댐 건설 등의 공사
- 깊이 10m 이상인 굴착공사

120 Repetitive Learning (1회 2회 3회)

터널굴착작업을 하는 때 미리 작성하여야 하는 작업계획서에 포함되어야 할 사항이 아닌 것은?

① 굴착의 방법
② 암석의 분할방법
③ 환기 또는 조명시설을 설치할 때에는 그 방법
④ 터널지보공 및 복공의 시공방법과 용수의 처리방법

해설

- 암석의 분할방법은 채석작업을 하는 경우의 작업계획서 내용이다.

터널굴착작업을 하는 때 사전조사 및 작업계획서 내용

㉠ 사전조사 내용
낙반·출수(出水) 및 가스폭발 등으로 인한 근로자의 위험을 방지하기 위하여 보링(Boring) 등 적절한 방법으로 미리 지형·지질 및 지층상태를 조사

㉡ 작업계획서 내용
- 굴착의 방법
- 터널지보공 및 복공(覆工)의 시공방법과 용수(湧水)의 처리방법
- 환기 또는 조명시설을 설치할 때에는 그 방법

119 ③ 120 ② 정답

MEMO

출제문제 분석 2019년 3회

구분	1과목	2과목	3과목	4과목	5과목	6과목	합계
New유형	1	2	2	2	1	3	11
New문제	7	10	9	4	4	8	42
또나온문제	6	6	5	10	6	5	38
자꾸나온문제	7	4	6	6	10	7	40
합계	20	20	20	20	20	20	120

- New유형은 New문제 중 기존 기출문제와 완전히 다른 유형의 문제를 말합니다.
- New문제는 기존에 출제되지 않은 문제로 이번에 처음 출제되는 문제이거나 기존 출제된 문제의 변형된 형태입니다.
- 또나온문제는 기존에 출제된 적이 1번 있는 문제를 말합니다.
- 자꾸나온문제는 기존에 출제된 적이 2번 이상 있는 문제를 말합니다. 그만큼 중요한 문제입니다.

몇 년분의 기출문제를 공부해야 합격할 수 있을까요?

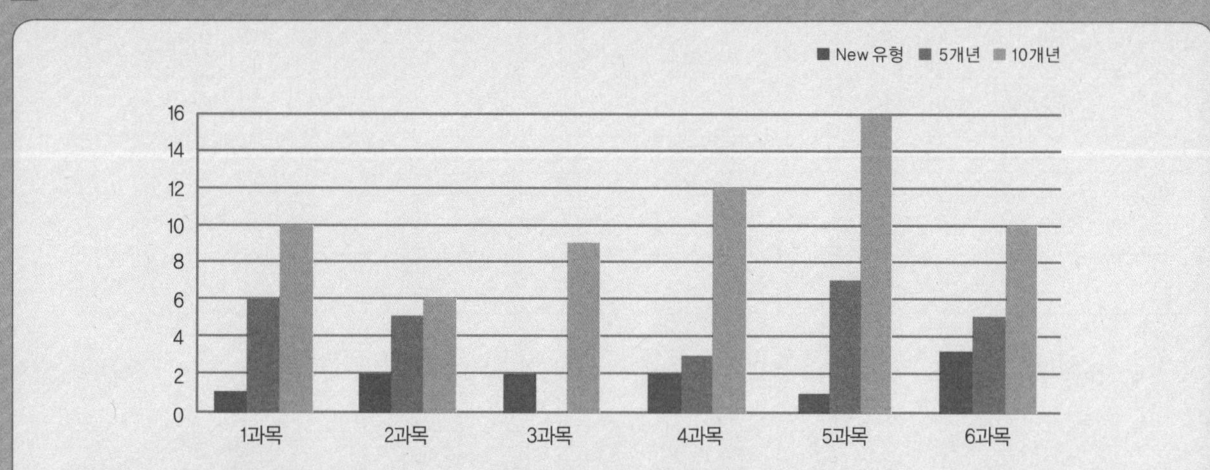

- 완전 새로운 유형의 문제는 11문제이고 109문제가 이미 출제된 문제 혹은 변형문제입니다.
- 5년분(2016~2020) 기출에서 동일문제가 28문항이 출제되었고, 10년분(2011~2020) 기출에서 동일문제가 63문항이 출제되었습니다.

실기에 나왔어요!! 외우세요!!!

실기시험은 필답형과 작업형으로 구분되어 있으며 모두 직접 주관식으로 내용을 적어야 합니다. 필기공부하면서 실기 출제된 내역들은 좀 더 신경써서 암기하실 필요가 있어요. 필기 합격자 발표 난 후 실기시험까지는 5주밖에 여유가 없답니다. 어차피 공부할 것 필기 때 확실하게 해준다면 실기도 단방에 합격할 수 있습니다.

- 총 32개의 해설이 실기 필답형 시험과 연동되어 있습니다.
- 총 2개의 해설이 실기 작업형 시험과 연동되어 있습니다.

분석의견

2019년 1, 2회차에 비해 최근 5년분 및 10년분의 기출문제 비중이 적어 다소 어렵다고 느낄 수도 있으나, 실제로는 큰 차이가 나지 않았습니다. 그러나 5년분 기출문제에서의 비중이 많이 감소(2회차 43문항, 3회차 28문항)하여 5년분만 학습하신 수험생에게는 아주 어렵게 느껴졌을 만한 난이도입니다. 과목별로는 1과목, 3과목의 5년치 비중이 큰 폭으로 하락하였으며, 10년치를 기준으로 볼 때 2과목의 기출문제 비중이 많이 감소되었습니다. 2019년의 다른 회차에 비해 어려웠지만 예년과는 큰 차이가 없는 난이도이므로 합격에 필요한 점수를 획득하기 위해서는 최근 5년분 문제와 핵심이론의 3회독 혹은 최근 10년분 문제와 핵심이론의 2회독 이상의 학습이 필요합니다.

2019년 제3회

2019년 8월 4일 필기

19년 3회차 필기시험
합격률 41.7%

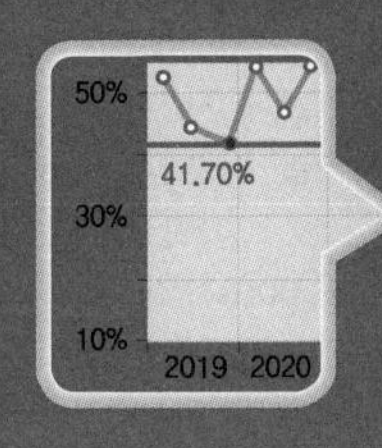

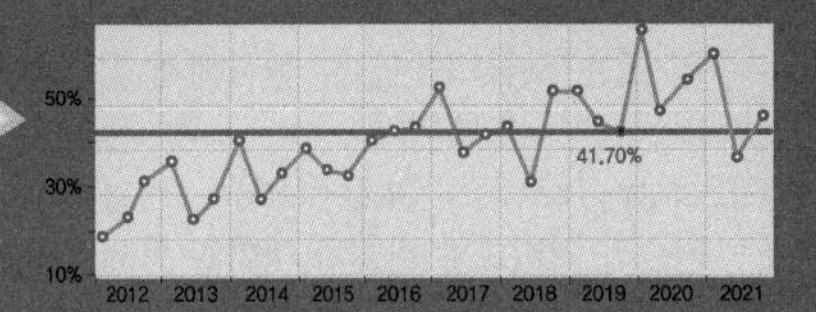

1과목 산업재해 예방 및 안전보건교육

1102

01 Repetitive Learning (1회 2회 3회)

다음 중 적성요인에 있어 직업적성을 검사하는 항목이 아닌 것은?

① 지능
② 촉각 적응력
③ 형태식별능력
④ 운동속도

해설
- 직업적성을 검사하는 항목에는 지능, 형태지각(식별)능력, 운동반응(운동속도) 등이 포함된다.

일반 적성검사(GATB : General Aptitude Test Battery)
㉠ 개요
- 직업분야에서 탁월한 역할 수행을 하는 데 필요한 개인의 잠재적 직업능력을 측정하는 검사이다.
- 15개의 하위검사로 구성되며, 9개의 적성항목을 측정한다.

㉡ 측정되는 적성항목
- 지능, 언어능력, 수리능력, 사무지각, 공간적성, 형태지각, 운동반응, 손가락 재치, 손의 재치 등이다.

02 Repetitive Learning (1회 2회 3회)

라인(Line)형 안전관리 조직의 특징으로 옳은 것은?

① 명령계통과 조언이나 권고적 참여가 혼동되기 쉽다.
② 생산부서와의 마찰이 일어나기 쉽다.
③ 명령계통이 간단명료하다.
④ 생산부분에는 안전에 대한 책임과 권한이 없다.

해설
- 라인형은 안전관리의 계획부터 실시·평가까지 모든 것이 생산라인을 통하여 이뤄지므로 혼동 가능성이 없다.
- 라인형은 생산라인에서 안전관리까지 수행하므로 마찰이 일어날 가능성이 없다.
- 라인형은 모든 관리가 생산라인을 통해서 이뤄지므로 생산부분에서 책임과 권한을 가진다.

직계(Line)형 조직
㉠ 개요
- 경영자의 지휘와 명령이 위에서 아래로 하나의 계통이 되어 신속히 전달되며 100명 이하의 소규모 기업에 적합한 유형이다.
- 안전관리의 계획부터 실시·평가까지 모든 것이 생산라인을 통하여 이뤄진다.

㉡ 특징
- 안전에 관한 지시나 조치가 신속하고 철저하다.
- 참모형 조직보다 경제적인 조직이다.
- 안전보건에 관한 전문 지식이나 기술의 결여라는 단점이 있다.

03 Repetitive Learning (1회 2회 3회)

서로 손을 얹고 팀의 행동구호를 외치는 무재해 운동 추진기법의 하나로, 스킨십(Skinship)에 바탕을 두고 팀 전원의 일체감, 연대감을 느끼게 하며, 대뇌 피질에 안전태도 형성에 좋은 이미지를 심어주는 기법은?

① Touch and call
② Brain Storming
③ Error Cause Removal
④ Safety Training Observation Program

정답 | 01 ② 02 ③ 03 ①

해설

- Brain Storming은 6~12명의 구성원으로 타인의 비판 없이 자유로운 토론을 통하여 다량의 독창적인 아이디어를 이끌어내고, 대안적 해결안을 찾기 위한 집단적 사고기법이다.
- ECR(Error Cause Removal) 제안 제도는 작업자 스스로가 자기의 부주의 또는 오류의 원인을 생각해서 작업의 개선을 제안할 수 있도록 하는 시스템이다.
- STOP(Safety Training Observation Program)은 Dupont사의 사내 안전관리 기법으로 관찰과 대화를 통해 안전한 행동을 칭찬하고, 불안전한 행동은 스스로 개선하도록 돕는 시스템이다.

Touch and call

- 작업현장에서 팀 전원이 각자의 왼손을 맞잡아 원을 만들어 팀 행동목표를 지적확인하는 것을 말한다.
- 팀의 일체감과 연대감을 조성하면서 팀 행동목표를 확인하고, 안전작업을 실천하도록 결의하는 것을 말한다.

1802

04 Repetitive Learning (1회 2회 3회)

안전점검의 종류 중 태풍, 폭우 등에 의한 침수, 지진 등의 천재지변이 발생한 경우나 이상사태 발생 시 관리자나 감독자가 기계·기구, 설비 등의 기능상 이상 유무에 대하여 점검하는 것은?

① 일상점검
② 정기점검
③ 특별점검
④ 수시점검

해설

- 특별(임시)점검은 부정기적인 점검으로 특별한 사유가 발생했을 때 실시하는 점검이다.

안전점검 및 안전진단

㉠ 목적

- 기기 및 설비의 결함이나 불안전한 상태의 제거로 사전에 안전성을 확보하기 위함이다.
- 기기 및 설비의 안전상태 유지 및 본래의 성능을 유지하기 위함이다.
- 재해 방지를 위하여 그 재해 요인의 대책과 실시를 계획적으로 하기 위함이다.
- 인적측면에서 근로자의 안전한 행동을 유지하기 위함이다.
- 합리적인 생산관리를 위함이다.

㉡ 종류

정기점검	1개월 또는 1년 등의 일정한 기간을 정해서 실시하는 안전점검
수시(일상)점검	작업장에서 매일 작업자가 작업 전, 중, 후에 시설과 작업동작 등에 대하여 실시하는 안전점검
임시점검	정기점검 실시 후 다음 점검 기일 전에 실시하는 점검
특별점검	기계·기구 또는 설비의 신설, 변경 또는 고장 수리 등 부정기적인 점검으로 기술적 책임자가 시행하는 점검

05 Repetitive Learning (1회 2회 3회)

하인리히 안전론에서 ( ) 안에 들어갈 단어로 적합한 것은?

- 안전은 사고예방
- 사고예방은 ( )와(과) 인간 및 기계의 관계를 통제하는 과학이자 기술이다.

① 물리적 환경 ② 화학적 요소
③ 위험요인 ④ 사고 및 재해

해설

- 하인리히는 사고예방은 물리적 환경과 인간 및 기계의 관계를 통제하는 과학인 동시에 기술이라고 하였다.

안전이론

하인리히	• 안전은 사고예방이며 과학과 기술의 체계를 안전에 도입할 것을 주장하였다. • 사고예방은 물리적 환경과 인간 및 기계의 관계를 통제하는 과학인 동시에 기술이다.
버크호프	사고의 시간성 및 에너지의 사고관련성을 규명하였다.

0401 / 0603

06 Repetitive Learning (1회 2회 3회)

1년간 80건의 재해가 발생한 A사업장은 1,000명의 근로자가 1주일당 48시간, 1년간 52주를 근무하고 있다. A사업장의 도수율은?(단, 근로자들은 재해와 관련 없는 사유로 연간 노동시간의 3%를 결근하였다)

① 31.06 ② 32.05
③ 33.04 ④ 34.03

04 ③ 05 ① 06 ③ 정답

해설

- 결근율이 3%이므로 출근율은 97%이다. 이를 반영하면 총 근로시간은 1,000 × 48 × 52 × 0.97 = 2,421,120시간이다.
- 재해건수는 80건이므로 도수율은 $\frac{80}{2,421,120} \times 10^6 = 33.0425\cdots$ 이다.

도수율(FR : Frequency Rate of injury)

실필 1902/1701/1601/1303/1203/1201/1102/1003/0903/0902

- 빈도율이라고도 하며, 100만 시간당 재해발생건수를 나타낸다.
- 도수율 = $\frac{\text{연간 재해건수}}{\text{연간 총근로시간}} \times 10^6$으로 구한다.

0802 / 1402

07 Repetitive Learning (1회 2회 3회)

안전보건교육의 단계에 해당하지 않는 것은?

① 지식교육
② 기초교육
③ 태도교육
④ 기능교육

해설

- 안전보건교육은 지식교육 – 기능교육 – 태도교육 순으로 진행된다.

안전보건교육의 단계별 순서

- 지식교육 – 기능교육 – 태도교육 순으로 진행된다.

단계	내용
1단계 지식교육	화학, 전기, 방사능의 설비를 갖춘 기업에서 특히 필요성이 큰 교육으로, 근로자가 지켜야 할 규정의 숙지를 위한 인지적인 교육이다. 일방적·획일적으로 행해지는 경우가 많다.
2단계 기능교육	같은 것을 반복하여 개인의 시행착오에 의해서만 점차 그 사람에게 형성되는 교육으로 일방적·획일적으로 행해지는 경우가 많다. 아울러 안전행동의 기초이므로 경영관리·감독자측 모두가 일체가 되어 추진해야 한다.
3단계 태도교육	올바른 행동의 습관화 및 가치관을 형성하도록 하는 심리적인 교육으로 교육의 기회나 수단이 다양하고 광범위하다.

0903 / 1102 / 1602 / 1703 / 2201

08 Repetitive Learning (1회 2회 3회)

위험예지훈련의 문제해결 4라운드에 속하지 않는 것은?

① 현상파악
② 본질추구
③ 원인결정
④ 대책수립

해설

- 위험예지훈련 기초 4라운드는 1R(현상파악) – 2R(본질추구) – 3R(대책수립) – 4R(목표설정)으로 이뤄진다.

위험예지훈련 기초 4Round 기법 실필 1902/1503

라운드	단계	내용
1Round	현상파악 (사실의 파악단계)	전원이 토의를 통하여 위험요인을 발견하는 단계
2Round	본질추구 (원인탐색단계)	위험의 포인트를 결정하여 전원이 지적 확인을 하는 단계
3Round	대책수립 (대책수립단계)	발견된 위험요인을 극복하기 위한 방법을 제시하는 단계
4Round	목표설정 (행동계획 결정단계)	나온 대책들을 공감하고 팀의 행동목표를 설정하고 지적 확인하는 단계

1102 / 1401

09 Repetitive Learning 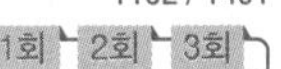

다음 중 산소결핍이 예상되는 맨홀 내에서 작업을 실시할 때 사고방지대책으로 적절하지 않은 것은?

① 작업시작 전 및 작업 중 충분한 환기 실시
② 작업 장소의 입장 및 퇴장 시 인원점검
③ 방진마스크의 보급과 착용 철저
④ 작업장과 외부와의 상시 연락을 위한 설비 설치

해설

- 지하실이나 맨홀 등 산소결핍이 예상되는 곳에서 작업을 실시할 때는 적정 공기상태가 유지되도록 환기를 하거나 근로자에게 호흡용 보호구(공기호흡기 또는 송기마스크)를 지급하여 착용하도록 하여야 한다.

산소결핍이 예상되는 맨홀·탱크 내에서 작업 시 사고방지대책

- 작업개시 전, 작업재개 전, 교대작업시작 전 유해공기 농도 측정
- 작업 전 유해공기의 농도가 기준농도를 넘어가지 않도록 충분한 환기를 실시하고, 작업 장소에서 메탄가스, 황화수소 등의 가스가 발생할 가능성이 있을 시는 계속 환기 실시
- 호흡용 보호구(공기호흡기, 송기마스크)의 착용
- 밀폐공간작업 상황을 상시 감시할 수 있는 감시인을 지정하여 밀폐공간 외부에 배치하여야 하고, 작업 시 감시인과 상시 연락할 수 있는 장비 및 설비를 갖춰야 함
- 밀폐공간작업 장소에 관계자 외 출입금지, 산소결핍에 의한 위험장소 등의 출입금지표지판 설치

정답 | 07 ② 08 ③ 09 ③

10

Repetitive Learning 1회 2회 3회

안전교육방법 중 강의법에 대한 설명으로 옳지 않은 것은?

① 단기간의 교육 시간 내에 비교적 많은 내용을 전달할 수 있다.
② 다수의 수강자를 대상으로 동시에 교육할 수 있다.
③ 다른 교육방법에 비해 수강자의 참여가 제약된다.
④ 수강자 개개인의 학습진도를 조절할 수 있다.

해설

- 강의식은 다수의 교육생을 일정에 맞게 교육하는 방법으로 개개인의 학습진도를 조절하기 어렵다.

강의식(Lecture method)

㉠ 개요
- 안전교육방법 중 수업의 도입이나 초기단계에 적용하며, 단시간에 많은 내용을 교육하는 경우에 가장 적절한 방법이다.
- 짧은 교육기간에 많은 인원의 대상에게 비교적 많은 내용을 전달하기 위한 교육방법이다.
- 도입, 제시, 적용, 확인단계 중 제시단계에서 가장 많은 시간이 소요된다.

㉡ 장점
- 적은 시간에 많은 내용을 많은 대상에게 교육시킬 수 있어 다른 방법에 비해 경제적이다.
- 전체적인 교육내용을 제시하거나, 새로운 과업 및 작업단위의 도입단계에 유효하다.
- 교육 시간에 대한 조정(계획과 통제)이 용이하다.
- 난해한 문제에 대하여 평이하게 설명이 가능하다.

㉢ 단점
- 상대적으로 피드백이 부족하다. 즉, 피교육생의 참여가 제약된다.
- 교육 대상 집단 내 수준차로 인해 교육의 효과가 감소할 가능성이 있다.
- 참가자의 동기유발이 어렵고 수동적으로 참가하기 쉽다.
- 일방적 교육으로 학습결과의 개별화나 사회화가 어렵다.

0802 / 1202 / 1701

11

Repetitive Learning 1회 2회 3회

적응기제(適應機制)의 형태 중 방어적 기제에 해당하지 않는 것은?

① 고립
② 보상
③ 승화
④ 합리화

해설

- 고립(Isolation)은 대표적인 도피기제의 한 종류이다.

방어기제(Defence mechanism)

- 자기의 욕구 불만이나 긴장 등의 약점을 위장하여 자기의 불리한 입장을 보호 또는 방어하려는 기제를 말한다.
- 방어기제에는 합리화(Rationalization), 동일시(Identification), 보상(Compensation), 투사(Projection), 승화(Sublimation) 등이 있다.

12

Repetitive Learning 1회 2회 3회

부주의의 발생 원인에 포함되지 않는 것은?

① 의식의 단절
② 의식의 우회
③ 의식수준의 저하
④ 의식의 지배

해설

- 부주의의 발생현상에는 의식수준의 저하, 의식의 과잉, 의식의 우회, 의식의 단절 등이 있다.

부주의의 발생현상

의식수준의 저하	혼미한 정신상태에서 심신의 피로나 단조로운 반복작업 시 일어나는 현상
의식의 우회	걱정거리, 고민거리, 욕구불만 등에 의해 작업이 아닌 다른 곳에 정신을 빼앗기는 부주의 현상
의식의 과잉	긴급 이상상태 또는 돌발 사태가 되면 순간적으로 긴장하게 되어 판단능력의 둔화 또는 정지상태가 되는 것으로 주의의 일점집중현상과 관련이 깊다.
의식의 단절	질병의 경우에 주로 나타난다.

1602

13

Repetitive Learning 1회 2회 3회

안전교육 훈련에 있어 동기부여 방법에 대한 설명으로 가장 거리가 먼 것은?

① 안전 목표를 명확히 설정한다.
② 안전활동의 결과를 평가, 검토하도록 한다.
③ 경쟁과 협동을 유발시킨다.
④ 동기유발 수준을 과도하게 높인다.

10 ④ 11 ① 12 ④ 13 ④ 정답

해설

- 안전동기를 부여하기 위해서는 동기유발의 최적수준을 유지토록 해야 한다.

동기부여(Motivation)

㉠ 개요
- 인간을 포함한 동물에게 목표를 지정하고 그 목표를 지향하여 생각하고 행동하도록 하는 것을 말한다.

㉡ 안전동기를 부여하는 방법
- 경쟁과 협동심을 유발시킨다.
- 안전목표를 명확히 설정한다.
- 상벌제도를 합리적으로 시행한다.
- 동기유발의 최적수준을 유지토록 한다.

14 — Repetitive Learning (1회 2회 3회)

산업안전보건법령상 유해·위험방지계획서 제출 대상 공사에 해당하는 것은?

① 깊이가 5m 이상인 굴착공사
② 최대지간거리 30m 이상인 교량건설 공사
③ 지상높이 21m 이상인 건축물 공사
④ 터널 건설 공사

해설

- 굴착공사는 깊이가 10m 이상이어야 유해·위험방지계획서 제출대상이 된다.
- 교량건설 공사는 최대지간길이가 50m 이상이어야 유해·위험방지계획서 제출대상이 된다.
- 건축물 공사는 지상높이가 31m 이상이어야 유해·위험방지계획서 제출대상이 된다.

유해·위험방지계획서 제출대상 공사 실필 1701

- 지상높이가 31m 이상인 건축물 또는 인공구조물, 연면적 3만m^2 이상인 건축물 또는 연면적 5천m^2 이상의 문화 및 집회시설(전시장 및 동물원·식물원은 제외), 판매시설, 운수시설(고속철도의 역사 및 집배송시설은 제외), 종교시설, 의료시설 중 종합병원, 숙박시설 중 관광숙박시설, 지하도상가 또는 냉동·냉장창고시설의 건설·개조 또는 해체공사
- 연면적 5천m^2 이상인 냉동·냉장창고시설의 설비공사 및 단열공사
- 최대지간길이가 50m 이상인 교량 건설 등의 공사
- 터널 건설 등의 공사
- 다목적 댐, 발전용 댐 및 저수용량 2천만톤 이상의 용수 전용 댐, 지방상수도 전용 댐 건설 등의 공사
- 깊이 10m 이상인 굴착공사

1603

15 — Repetitive Learning (1회 2회 3회)

스트레스의 요인 중 외부적 자극요인에 해당하지 않는 것은?

① 자존심의 손상
② 대인관계 갈등
③ 가족의 죽음, 질병
④ 경제적 어려움

해설

- 자존심의 손상은 내부에서 발생되는 스트레스 요인이다.

스트레스의 요인

㉠ 내적 요인
- 자존심의 손상
- 도전의 좌절과 자만심의 상충
- 현실에서의 부적응
- 지나친 경쟁심과 출세욕

㉡ 외적 요인
- 직장에서의 대인관계 갈등과 대립
- 죽음, 질병
- 경제적 어려움

16 — Repetitive Learning (1회 2회 3회)

하인리히 방식의 재해코스트 산정에서 직접비에 해당되지 않는 것은?

① 휴업보상비
② 병상위문금
③ 장해특별보상비
④ 상병보상연금

해설

- 병상위문금은 직접비(산업재해보상비)에 포함되지 않는다.

하인리히의 재해손실비용 평가

- 직접비 : 간접비의 비율은 1:4로 계산해 산업재해로 인한 총 손실비용은 직접비(산업재해보상비)의 5배로 한다.
- 직접손실비용에는 치료비, 휴업급여, 장해급여, 유족급여, 요양급여, 간병급여, 직업재활급여, 장례비 등이 있다.
- 간접손실비용에는 부상자를 비롯한 직원의 시간손실, 이익의 감소, 생산손실비, 기계, 공구 재료 등의 재산손실 등이 있다.

정답 | 14 ④ 15 ① 16 ②

1502

17 —— Repetitive Learning 1회 2회 3회

다음 중 산업안전보건법령상 사업 내 안전·보건교육에 있어 관리감독자 대상 정기안전보건 교육내용으로 옳은 것은?

① 작업개시 전 점검에 관한 사항
② 정리정돈 및 청소에 관한 사항
③ 작업공정의 유해·위험과 재해예방대책에 관한 사항
④ 기계·기구의 위험성과 작업의 순서 및 동선에 관한 사항

해설

- 작업개시 전 점검, 정리정돈 및 청소, 기계·기구의 위험성과 작업의 순서 및 동선에 관한 사항은 모두 채용 시의 교육 및 작업내용 변경 시의 교육내용에 해당한다.

관리감독자 정기안전·보건교육 내용 실필 1801/1603/1001/0902

- 작업공정의 유해·위험과 재해 예방대책에 관한 사항
- 표준 안전작업방법 및 지도 요령에 관한 사항
- 관리감독자의 역할과 임무에 관한 사항
- 산업보건 및 직업병 예방에 관한 사항
- 유해·위험 작업환경 관리에 관한 사항
- 산업안전보건법 및 일반관리에 관한 사항
- 직무스트레스 예방 및 관리에 관한 사항
- 산재보상보험제도에 관한 사항
- 안전보건교육 능력 배양에 관한 사항

0803 / 1003

18 —— 

산업안전보건법령상 ( )에 알맞은 기준은?

> 안전·보건표지의 제작에 있어 안전·보건표지 속의 그림 또는 부호의 크기는 안전·보건 표지의 크기와 비례하여야 하며, 안전·보건표지 전체 규격의 ( ) 이상이 되어야 한다.

① 20%　　② 30%
③ 40%　　④ 50%

해설

- 안전·보건표지 속의 그림 또는 부호의 크기는 전체 규격의 30% 이상이 되어야 한다.

안전·보건표지의 제작

- 안전·보건표지는 그 표시내용을 근로자가 빠르고 쉽게 알아볼 수 있는 크기로 제작하여야 한다.
- 안전·보건표지 속의 그림 또는 부호의 크기는 안전·보건표지의 크기와 비례하여야 하며, 안전·보건표지 전체 규격의 30% 이상이 되어야 한다.
- 야간에 필요한 안전·보건표지는 야광물질을 사용하는 등 쉽게 알아볼 수 있도록 제작하여야 한다.

0802

19 —— Repetitive Learning 1회 2회 3회

산업안전보건법령상 주로 고음을 차음하고, 저음은 차음하지 않는 방음보호구의 기호로 옳은 것은?

① NRR
② EM
③ EP-1
④ EP-2

해설

- NRR은 Noise Reduction Ratings로 차음률을 의미한다.
- EM은 귀덮개의 기호이다.
- EP-1은 저음부터 고음까지 모두 차음하는 1종 귀마개의 기호이다.

방음용 귀마개 또는 귀덮개의 종류·등급

종류	등급	기호	성능	비고
귀마개	1종	EP-1	저음부터 고음까지 차음하는 것	귀마개의 경우 재사용 여부를 제조특성으로 표기
	2종	EP-2	주로 고음을 차음하고 저음(회화음영역)은 차음하지 않는 것	
귀덮개	–	EM		

0303 / 0901

20 —— Repetitive Learning 1회 2회 3회

산업재해의 기본원인 중 "작업정보, 작업방법 및 작업환경" 등이 분류되는 항목은?

① Man
② Machine
③ Media
④ Management

해설

- 작업정보 및 작업방법과 같은 작업적 요인은 Media에 해당한다.

재해발생 기본원인 – 4M 실필 1403

㉠ 개요

- 재해의 연쇄관계를 분석하는 기본 검토요인으로 인간과오(Human-Error)와 관련된다.
- Man, Machine, Media, Management를 말한다.

17 ③　18 ②　19 ④　20 ③ | 정답

㉡ 4M의 내용

Man	• 인간적 요인을 말한다. • 심리적(망각, 무의식, 착오 등), 생리적(피로, 질병, 수면부족 등) 원인 등이 있다.
Machine	• 기계적 요인을 말한다. • 기계, 설비의 설계상의 결함, 점검이나 정비의 결함, 위험방호의 불량 등이 있다.
Media	• 인간과 기계를 연결하는 매개체로 작업적 요인을 말한다. • 작업의 정보, 작업방법, 환경 등이 있다.
Management	• 관리적 요인을 말한다. • 안전관리조직, 관리규정, 안전교육의 미흡 등이 있다.

2과목 인간공학 및 위험성 평가 · 관리

0601

21 Repetitive Learning (1회 2회 3회)

작업의 강도는 에너지 대사율(RMR)에 따라 분류된다. 분류기준 중, 중(中)작업(보통작업)의 에너지 대사율은?

① 0~1RMR ② 2~4RMR
③ 4~7RMR ④ 7~9RMR

해설

• 경작업은 0~2RMR, 중(重)작업은 4~7RMR이다.

∷ 에너지 대사율(RMR : Relative Metabolic Rate) 실필 1901

㉠ 개요

• RMR은 특정 작업을 수행하는 데 있어 작업자의 생리적 부하를 계측하는 지표이다.
• 주로 동적 근력작업이나 정적 근력작업의 강도를 측정하여 연속작업이 가능한 시간을 예측하기 위해 사용한다.

• $\text{RMR} = \dfrac{\text{운동대사량}}{\text{기초대사량}}$

$= \dfrac{\text{운동시 산소소모량} - \text{안정시 산소소모량}}{\text{기초대사량(산소소비량)}}$ 으로 구한다.

• RMR이 커지는 데 따라 작업 지속시간이 짧아진다.

㉡ 작업강도 구분

작업구분	RMR	작업 종류 등
중(重)작업	4~7	일반적인 전신노동, 힘이나 동작속도가 큰 작업
중(中)작업	2~4	손 · 상지 작업, 힘 · 동작속도가 작은 작업
경(輕)작업	0~2	손가락이나 팔로 하는 가벼운 작업

22 Repetitive Learning (1회 2회 3회)

산업안전보건법령상 유해 · 위험방지계획서의 제출 시 첨부하여야 하는 서류에 포함되지 않는 것은?

① 설비 점검 및 유지계획
② 기계 · 설비의 배치도면
③ 건축물 각 층의 평면도
④ 원재료 및 제품의 취급, 제조 등의 작업방법의 개요

해설

• 유해 · 위험방지계획서 제출 시 첨부서류에는 ②, ③, ④ 외에 기계 · 설비의 개요를 나타내는 서류 등이 있다.

∷ 제조업 유해 · 위험방지계획서 제출 시 첨부서류
실필 2402/1303/0903

• 건축물 각 층의 평면도
• 기계 · 설비의 개요를 나타내는 서류
• 기계 · 설비의 배치도면
• 원재료 및 제품의 취급, 제조 등의 작업방법의 개요
• 그 밖에 고용노동부장관이 정하는 도면 및 서류

0603

23 Repetitive Learning (1회 2회 3회)

인간의 실수 중 수행해야 할 작업 및 단계를 생략하여 발생하는 오류는?

① Omission error
② Commission error
③ Sequence error
④ Timing error

해설

• 특정 작업을 생략한 데서 비롯된 오류는 생략오류(Omission error)이다.

∷ 행위적 관점에서의 휴먼에러 분류(Swain)
실필 1801/1702/1601/1401/1201/0901/0803/0802

실행오류 (Commission error)	작업수행 중 작업을 정확하게 수행하지 못해 발생한 에러
생략오류 (Omission error)	필요한 작업 또는 절차를 수행하지 않는 데 기인한 에러
불필요한 수행오류 (Extraneous error)	불필요한 작업 또는 절차를 수행함으로써 발생한 에러
순서오류 (Sequential error)	필요한 작업 또는 절차의 순서착오로 인한 에러
시간오류 (Timing error)	필요한 작업 또는 절차의 수행을 지연한 데 기인한 에러

정답 | 21 ② 22 ① 23 ①

0701

24 Repetitive Learning (1회 2회 3회)

다음 중 초기고장과 마모고장의 고장형태와 그 예방 대책에 관한 연결로 틀린 것은?

① 초기고장 - 감소형 - 번인(Burn in)
② 초기고장 - 감소형 - 디버깅(Debugging)
③ 마모고장 - 증가형 - 예방보전(PM)
④ 마모고장 - 증가형 - 스크리닝(Screening)

해설

- 마모고장은 증가형이고, 안전진단 및 적당한 수리보존(BM) 및 예방보전(PM)에 의하여 방지할 수 있는 고장이다.

마모고장

- 시스템의 수명곡선(욕조곡선)에서 증가형에 해당한다.
- 특정 부품의 마모, 열화에 의한 고장, 반복피로 등의 이유로 발생하는 고장이다.
- 예방을 위해서는 안전진단 및 적당한 수리보존(BM) 및 예방보전(PM)이 필요하다.

25 Repetitive Learning (1회 2회 3회)

작업개선을 위하여 도입되는 원리인 ECRS에 포함되지 않는 것은?

① Combine
② Standard
③ Eliminate
④ Rearrange

해설

- Standard가 아니라 Simplify가 되어야 한다.

작업방법 개선의 ECRS

E	제거(Eliminate)	불필요한 작업요소 제거
C	결합(Combine)	작업요소의 결합
R	재배치(Rearrange)	작업순서의 재배치
S	단순화(Simplify)	작업요소의 단순화

1503

26 Repetitive Learning (1회 2회 3회)

다음 설명에 해당하는 온열조건의 용어는?

> 온도와 습도 및 공기 유동이 인체에 미치는 열효과를 하나의 수치로 통합한 경험적 감각지수로 상대습도 100%일 때의 건구온도에서 느끼는 것과 동일한 온감

① Oxford 지수　② 발한율
③ 실효온도　④ 열압박지수

해설

- Oxford 지수는 습구온도와 건구온도의 가중 평균치이다.
- 발한율이란 운동 시 온도·습도 변화에 따른 피부온도와 발한량의 변화를 표시한 값이다.
- 열압박지수(Heat stress index)는 열 평형을 유지하기 위해서 증발되어야 하는 발한(發汗)량을 나타낸다.

실효온도(ET : Effective Temperature) 실필 1201

- 공조되고 있는 실내 환경을 평가하는 척도로 감각온도, 유효온도라고도 한다.
- 상대습도 100%, 풍속 0m/sec일 때에 느껴지는 온도감각을 말한다.
- 온도, 습도, 기류 등이 인체에 미치는 열효과를 하나의 수치로 통합한 경험적 감각지수이다.
- 실효온도의 종류에는 Oxford 지수, Botsball 지수, 습구 글로브 온도 등이 있다.

27 Repetitive Learning (1회 2회 3회)

화학설비의 안전성 평가 5단계 중 4단계에 해당하는 것은?

① 안전대책　② 정성적 평가
③ 정량적 평가　④ 재평가

해설

- 정성적 평가는 2단계, 정량적 평가는 3단계, 재평가는 5단계에 해당한다.

안전성 평가 6단계 실필 1703/1303

1단계	관계 자료의 작성 준비
2단계	• 정성적 평가 • 설계(공장의 입지조건, 공장 내 배치)와 운전관계에 대한 평가
3단계	• 정량적 평가 • 취급물질, 용량, 온도, 압력 및 조작을 통한 위험도 평가
4단계	• 안전대책수립 • 보전, 설비대책과 관리적 대책
5단계	재해정보에 의한 재평가
6단계	FTA에 의한 재평가

24 ④ 25 ② 26 ③ 27 ① 정답

0303 / 0802

28

양립성의 종류에 포함되지 않는 것은?

① 공간 양립성 ② 형태 양립성
③ 개념 양립성 ④ 운동 양립성

해설

- 양립성(Compatibility)의 종류에는 운동 양립성, 공간 양립성, 개념 양립성, 양식 양립성 등이 있다.

:: 양립성(Compatibility) 실필 1901/1402/1202

㉠ 개요

- 인간의 기대하는 바와 자극 또는 반응들이 일치하는 관계를 말하는데 양립성이 적을수록 정보처리에서 재코드화 과정은 많아진다.
- 양립성의 효과가 크면 클수록, 코딩의 시간이나 반응의 시간은 짧아진다.
- 양립성의 종류에는 운동 양립성, 공간 양립성, 개념 양립성, 양식 양립성 등이 있다.

㉡ 양립성의 종류와 개념

종류	개념
공간 (Spatial) 양립성	• 표시장치와 이에 대응하는 조종장치의 위치가 인간의 기대에 모순되지 않는 것 • 왼쪽 표시장치와 관련된 조종장치는 왼쪽에, 오른쪽 표시장치와 관련된 조종장치는 오른쪽에 위치하는 것
운동 (Movement) 양립성	조종장치의 조작방향에 따라서 기계장치나 자동차 등이 움직이는 것
개념 (Conceptual) 양립성	• 인간이 가지는 개념과 일치하게 하는 것 • 적색 수도꼭지는 온수, 청색 수도꼭지는 냉수를 의미하는 것이나 위험신호는 빨간색, 주의신호는 노란색, 안전신호는 파란색으로 표시하는 것
양식 (Modality) 양립성	문화적 관습에 의해 생기는 양립성 혹은 직무에 관련된 자극과 이에 대한 응답 등으로 청각적 자극 제시와 이에 대한 음성응답 과업에서 갖는 양립성

1201 / 1702

29

다음 설명에 해당하는 설비보전방식의 유형은?

> 설비보전 정보와 신기술을 기초로 신뢰성, 조작성, 보전성, 안전성, 경제성 등이 우수한 설비의 선정, 조달 또는 설계를 통하여 궁극적으로 설비의 설계, 제작 단계에서 보전활동이 불필요한 체제를 목표로 한 설비보전 방법을 말한다.

① 개량 보전 ② 보전 예방
③ 사후 보전 ④ 일상 보전

해설

- 개량보전이란 설비의 신뢰성, 보전성, 경제성, 조작성, 안전성의 향상을 목적으로 설비의 재질 등을 개량하는 보전방법을 뜻한다.
- 사후보전이란 예방보전이 아니라 설비의 고장이나 성능저하가 발생한 뒤 이를 수리하는 보전방법을 뜻한다.
- 일상보전이란 설비의 열화를 방지하고 그 진행을 지연시켜 수명을 연장하기 위한 설비의 점검, 청소, 주유 및 교체 등의 활동을 뜻한다.

:: 보전예방(Maintenance prevention)

- 설계단계에서부터 보전이 불필요한 설비를 설계하는 것을 말한다.
- 궁극적으로는 설비의 설계, 제작 단계에서 보전 활동이 불필요한 체계를 목표로 하는 보전방식을 말한다.

1003

30

원자력 산업과 같이 상당한 안전이 확보되어 있는 장소에서 추가적인 고도의 안전 달성을 목적으로 하고 있으며, 관리, 설계, 생산, 보전 등 광범위한 안전을 도모하기 위하여 개발된 분석기법은?

① DT
② FTA
③ THERP
④ MORT

해설

- 디시전트리(DT)는 어떤 항목에 대한 관측값과 목표값을 연결시켜주는 분석 기법으로 가장 대표적인 분류(Classification)기술이며 사건수분석(ETA)에서 주로 활용한다.
- 결함수분석법(FTA)은 연역적 방법으로 재해의 원인을 규명하며, 재해의 정량적 예측이 가능한 분석방법이다.
- 인간오류율 예측기법(THERP)은 대표적인 인간실수확률에 대한 추정기법이다.

:: MORT(Management Oversight and Risk Tree)

- 70년대에 산업안전을 목적으로 개발된 시스템 안전 프로그램으로 ERDA(미에너지연구개발청)에서 개발된 것으로 관리, 설계, 생산, 보전 등의 넓은 범위의 안전성을 검토하기 위한 기법이다.
- 원자력 산업과 같이 이미 상당한 안전이 확보되어 있는 장소에서 고도의 광범위한 안전 달성을 목적으로 하는 연역적 분석기법이다.
- FTA와 동일한 논리기법을 이용하여 관리, 설계, 생산, 보전 등 광범위한 안전을 도모하기 위하여 개발된 분석기법이다.

정답 | 28 ② 29 ② 30 ④

1103 / 1501

31

Repetitive Learning (1회 2회 3회)

다음 중 결함수분석(FTA)에 관한 설명으로 틀린 것은?

① 연역적 방법이다.
② 버텀-업(Bottom-Up) 방식이다.
③ 기능적 결함의 원인을 분석하는 데 용이하다.
④ 정량적 분석이 가능하다.

해설

- 결함수분석법(FTA)은 하향식(Top-down) 방법을 사용한다.

결함수분석법(FTA)

㉠ 개요
- 연역적 방법으로 원인을 규명하며, 재해의 정량적 예측이 가능한 분석방법이다.
- 하향식(Top-down) 방법을 사용한다.
- 특정사상에 대해 짧은 시간에 해석이 가능하다.
- 복잡하고 대형화된 시스템을 논리기호를 사용하여 해석한다.
- 간단한 FT도의 작성으로 정성적 해석이 가능하여 비전문가도 잠재위험을 효율적으로 분석할 수 있다.
- 정성적 평가 후 정량적 평가를 실시하며, 정량적으로 재해 발생확률을 구한다.
- FTA를 수행함에 있어 기본사상들의 발생이 서로 독립인가 아닌가의 여부를 파악하기 위해서는 공분산을 이용한다.

㉡ 기대효과
- 사고원인 규명의 간편화
- 노력 시간의 절감
- 사고원인 분석의 정량화
- 시스템의 결함진단

통제표시비 : C/D(C/R)비

㉠ 개요
- 통제장치의 변위량과 표시장치의 변위량과의 관계를 나타낸 비율로 C/D비, 조종과 반응의 비라고 하여 C/R비라고도 한다.
- 최적의 C/D비는 1.08 ~ 2.20 정도이다.
- $\text{C/D비} = \dfrac{\text{통제기기의 변위량}}{\text{표시계기의 변위량}}$으로 구한다.
- 회전 조종구의 C/D비

$$= \frac{2\times\pi(3.14)\times r(\text{반지름})\times\left(\dfrac{\text{각도}}{360}\right)}{\text{표시계기의 변위량}}$$으로 구한다.

㉡ 특징
- 설계 시 고려사항에는 계기의 크기, 공차, 방향성, 조작시간, 목시거리 등이 있다.
- 통제표시비가 작다는 것은 민감한 장치로 미세한 조종이 어렵지만 수행시간은 짧다는 것이다.
- 통제표시비가 크다는 것은 미세한 조종은 쉽지만 수행시간이 상대적으로 길다는 것이다.
- 통제기기 시스템에서 발생하는 조작시간의 지연에는 직접적으로 통제표시비가 가장 크게 작용하고 있다.
- 목시거리가 길면 길수록 조절의 정확도는 떨어진다.

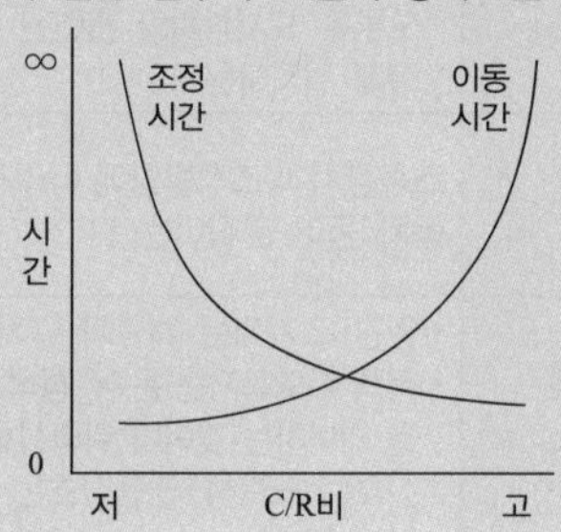

32

Repetitive Learning (1회 2회 3회)

조종-반응비(Control-Response Ratio, C/R비)에 대한 설명 중 틀린 것은?

① 조종장치와 표시장치의 이동 거리 비율을 의미한다.
② C/R비가 클수록 조종장치는 민감하다.
③ 최적 C/R비는 조정시간과 이동시간의 교점이다.
④ 이동시간과 조정시간을 감안하여 최적 C/R비를 구할 수 있다.

해설

- 통제표시비가 클수록 미세한 조종은 쉽지만 수행시간은 상대적으로 길어 덜 민감하다.

1603

33

Repetitive Learning (1회 2회 3회)

다음 FT도에서 최소 컷 셋(Minimal cut set)으로만 올바르게 나열한 것은?

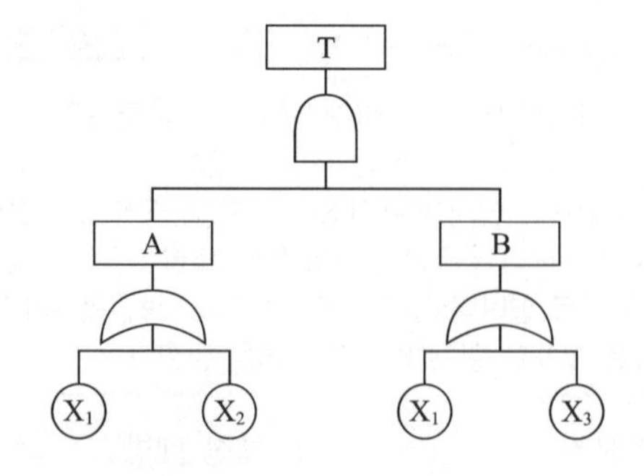

31 ② 32 ② 33 ① 정답

① $[X_1]$　② $[X_1]$, $[X_2]$

③ $[X_1, X_2, X_3]$　④ $[X_1, X_2]$, $[X_1, X_3]$

해설

- A는 X_1과 X_2의 OR 게이트이므로 (X_1+X_2)
  B는 X_1과 X_3의 OR 게이트이므로 (X_1+X_3)이다.
- T는 A와 B의 AND 연산이므로 $(X_1+X_2)(X_1+X_3)$로 표시된다.
- $(X_1+X_2)(X_1+X_3) = X_1X_1+X_1X_3+X_1X_2+X_2X_3$
  $= X_1(1+X_2+X_3)+(X_2X_3)$
  $= X_1+(X_2X_3)$이고,
- 최소 컷 셋은 $\{X_1\}$, $\{X_2, X_3\}$이 된다.

최소 컷 셋(Minimal cut sets) 실필 2303/1701/0802

- 컷 셋 중에 타 컷 셋을 포함하고 있는 것을 배제하고 남은 컷 셋들을 의미한다.
- 사고에 대한 시스템의 약점을 표현한다.
- 정상사상(Top 사상)을 일으키는 최소한의 집합이다.
- 일반적으로 Fussell Algorithm을 이용한다.
- 시스템에서 최소 컷 셋의 개수가 늘어나면 위험수준이 높아진다.

34 Repetitive Learning (1회 2회 3회)

인간의 정보처리과정 3단계에 포함되지 않는 것은?

① 인지 및 정보처리단계　② 반응단계

③ 행동단계　④ 인식 및 감지단계

해설

- 인식과 자극의 정보처리 3단계는 인지심리학의 정보처리과정으로 인지단계, 인식단계, 행동단계로 구분된다.

인지심리학의 정보처리과정

- 정보처리는 인지단계 → 인식단계 → 행동단계로 진행된다.
- 인지단계는 자극의 분석 과정이다
- 인식단계는 뇌에서 내부적으로 일어나는 모든 과정을 말한다.
- 행동단계는 자극에 대한 적절한 반응을 표현하는 과정이다.

35 Repetitive Learning (1회 2회 3회)

시각 표시장치보다 청각 표시장치의 사용이 바람직한 경우는?

① 전언이 복잡한 경우

② 전언이 재참조되는 경우

③ 전언이 즉각적인 행동을 요구하는 경우

④ 직무상 수신자가 한 곳에 머무르는 경우

해설

- 메시지가 즉각적인 행동을 요구하지 않을 경우는 시각적 표시장치로 전송하는 것이 효과적이나 즉각적인 행동이 필요할 때는 청각적 표시장치가 효율적이다.

시각적 표시장치와 청각적 표시장치의 비교

구분	내용
시각적 표시장치	• 수신 장소의 소음이 심한 경우 • 정보가 공간적인 위치를 다룬 경우 • 정보의 내용이 복잡하고 긴 경우 • 직무상 수신자가 한 곳에 머무르는 경우 • 메시지를 추후 참고할 필요가 있는 경우 • 정보의 내용이 즉각적인 행동을 요구하지 않는 경우
청각적 표시장치	• 수신 장소가 너무 밝거나 암순응이 요구될 때 • 정보의 내용이 시간적인 사건을 다루는 경우 • 정보의 내용이 간단한 경우 • 직무상 수신자가 자주 움직이는 경우 • 정보의 내용이 후에 재참조되지 않는 경우 • 메시지가 즉각적인 행동을 요구하는 경우

1103 / 1301 / 1602

36 Repetitive Learning (1회 2회 3회)

FT도에 사용하는 수정 게이트의 종류 중 3개의 입력현상 중 임의의 시간에 2개가 발생한 경우에 출력이 생기는 기호의 명칭은?

① 위험지속기호

② 조합 AND 게이트

③ 배타적 OR 게이트

④ 억제 게이트

해설

- 위험지속기호는 입력현상이 발생하여 어떤 일정 시간이 지속된 후 출력이 발생하는 것을 나타내는 게이트나 기호이다.
- 배타적 OR 게이트(Exclusive OR gate)는 OR 게이트의 특별한 경우로 2개 또는 그 이상의 입력이 동시에 존재하는 경우에는 출력이 생기지 않는 게이트이다.
- 억제 게이트(Inhibit gate)는 한 개의 입력사상에 의해 출력사상이 발생하며, 출력사상이 발생되기 전에 입력사상이 특정조건을 만족하여야 한다.

조합 AND 게이트

기호	설명
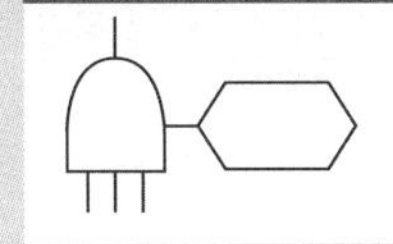	3개의 입력사상 중 임의의 시간에 2개의 입력사상이 발생할 경우 출력이 생긴다.

- ⬭ 기호 안에 출력이 2개임이 명시된다.

37 Repetitive Learning 1회 2회 3회

인간의 신뢰도가 0.6, 기계의 신뢰도가 0.9이다. 인간과 기계가 직렬체제로 작업할 때의 신뢰도는?

① 0.32 ② 0.54
③ 0.75 ④ 0.96

해설

- 인간과 기계체계는 직렬이고, 인간의 신뢰도가 0.6×기계의 신뢰도가 0.9이므로 전체 시스템의 신뢰도는 0.6×0.9 = 0.54가 된다.

:: 시스템의 신뢰도 실필 0901

㉠ AND(직렬)연결 시
- 시스템의 신뢰도(R_s)는 부품 a, 부품 b 신뢰도를 각각 R_a, R_b라 할 때 $R_s = R_a \times R_b$로 구할 수 있다.

㉡ OR(병렬)연결 시
- 시스템의 신뢰도(R_s)는 부품 a, 부품 b 신뢰도를 각각 R_a, R_b라 할 때 $R_s = 1-(1-R_a)\times(1-R_b)$로 구할 수 있다.

38 Repetitive Learning 1회 2회 3회

8시간 근무를 기준으로 남성 작업자 A의 대사량을 측정한 결과, 산소 소비량이 1.3L/min으로 측정되었다. Murrell 방법으로 계산 시 8시간의 총 근로시간에 포함되어야 할 휴식시간은?

① 124분 ② 134분
③ 144분 ④ 154분

해설

- Murrell의 방법을 적용한다면 1L/분일 때 에너지 소비량이 5kcal/분이다. 주어진 문제의 산소 소비량이 1.3L/분이라고 하였으므로 에너지 소비량은 1.3 × 5 kcal = 6.5kcal/분이 된다.
- 8시간 동안이므로 단위를 분으로 정리하면 8×60 = 480분이 된다.
- 구해진 값을 식에 대입하면 휴식시간
  $R = 480\times\frac{6.5-5}{6.5-1.5} = 480\times\frac{1.5}{5} = 144$분이 된다.

:: Murrell의 작업시간에 포함될 휴식시간

- 산소소비량 1L/분일 때 평균 권장에너지 소비량 상한값을 5kcal/분으로 계산하고, 이때의 기초대사량은 1.5kcal/분이다.
- 휴식시간 $R = 작업시간 \times \frac{E-평균에너지\ 소비량\ 상한값}{E-기초대사량}$ 으로 구한다.

39 Repetitive Learning 1회 2회 3회

국소진동에 지속적으로 노출된 근로자에게 발생할 수 있으며, 말초혈관 장해로 손가락이 창백해지고 동통을 느끼는 질환의 명칭은?

① 레이노병(Raynaud's phenomenon)
② 파킨슨병(Parkinson's disease)
③ 규폐증
④ C5-dip 현상

해설

- 파킨슨병은 신경퇴행성 질환으로 50세 이상의 노약자들에게서 느린 운동, 질질 끌면서 걷기, 굽은 자세로 발현되는 운동장해질환이다.
- 규폐증은 규산질 돌가루가 인체의 폐에 쌓여 생기는 작업질환이다.
- C5-dip 현상은 소음성 난청 중 4,000Hz에서 갑자기 청력이 뚝 떨어지는 감각신경성 난청현상을 말한다.

:: 진동에 의한 건강장해 예방

㉠ 개요
- 진동이란 어떤 물체가 외부의 힘에 의해 평형상태에서 전후, 좌우 또는 상하로 흔들리는 것을 말한다.
- 전신진동과 국소진동으로 구분되는 진동은 산업현장에서 인체에 미치는 영향이 크고 직업병을 유발할 수 있다.
- 전신진동에 노출된 경우는 지게차, 대형 운송차량의 운전자 등이다.
- 국소진동에 노출된 경우는 연마기, 착암기, 목재용 치퍼 등의 업무에 종사하는 작업자로 Raynaud씨 현상과 관련된다.

㉡ 레이노병(Raynaud's phenomenon)
- 국소진동에 지속적으로 노출된 근로자에게 발생하는 작업질환이다.
- 말초혈관 장해로 손가락이 창백해지고 동통을 느끼게 된다.

40 Repetitive Learning 1회 2회 3회

암호체계의 사용상에 있어서, 일반적인 지침에 포함되지 않는 것은?

① 암호의 검출성
② 부호의 양립성
③ 암호의 표준화
④ 암호의 단일차원화

37 ② 38 ③ 39 ① 40 ④ 정답

해설

- 암호화 지침에는 검출성, 표준성, 변별성, 양립성, 부호의 의미, 다차원의 암호 사용 가능 등이 있다.

암호화(Coding)

㉠ 개요

- 원래의 신호 정보를 새로운 형태로 변화시켜 표시하는 것을 말한다.
- 형상, 크기, 색채 등을 이용하여 작업자가 기계 및 기구를 쉽게 식별할 수 있도록 암호화한다.

㉡ 암호화 지침

검출성	감지가 쉬워야 한다.
표준화	표준화 되어야 한다.
변별성	다른 암호 표시와 구별될 수 있어야 한다.
양립성	인간의 기대와 모순되지 않아야 한다.
부호의 의미	사용자가 그 뜻을 분명히 알 수 있어야 한다.
다차원의 암호 사용 가능	두 가지 이상의 암호 차원을 조합해서 사용하면 정보전달이 촉진된다.

3과목 기계 · 기구 및 설비 안전관리

0802 / 1202

41

Repetitive Learning 1회 2회 3회

연삭기에서 숫돌의 바깥지름이 180mm일 경우 숫돌 고정용 평형플랜지의 지름으로 적합한 것은?

① 30mm 이상 ② 40mm 이상
③ 50mm 이상 ④ 60mm 이상

해설

- 평형플랜지의 지름은 숫돌 직경의 1/3 이상이어야 하므로 숫돌의 바깥지름이 180mm일 경우 평형플랜지의 지름은 60mm 이상이어야 한다.

산업안전보건법상의 연삭숫돌 사용 시 안전조치 실필 1303/0802

- 사업주는 회전 중인 연삭숫돌(지름이 5cm 이상인 것)이 근로자에게 위험을 미칠 우려가 있는 경우에 그 부위에 덮개를 설치하여야 한다.
- 사업주는 연삭숫돌을 사용하는 작업의 경우 작업을 시작하기 전에는 1분 이상, 연삭숫돌을 교체한 후에는 3분 이상 시험운전을 하고 해당 기계에 이상이 있는지를 확인하여야 한다.
- 시험운전에 사용하는 연삭숫돌은 작업 시작 전에 결함이 있는지를 확인한 후 사용하여야 한다.
- 사업주는 연삭숫돌의 최고사용회전속도를 초과하여 사용하도록 해서는 아니 된다.
- 사업주는 측면을 사용하는 것을 목적으로 하지 않는 연삭숫돌을 사용하는 경우 측면을 사용하도록 해서는 아니 된다.
- 숫돌 고정장치인 평형플랜지의 직경은 설치하는 숫돌 직경의 1/3 이상, 여윳값은 1.5mm 이상이어야 한다.
- 연삭작업 시 안전을 위해 작업자는 연삭기의 측면에 위치한다.
- 연삭숫돌을 결합할 때는 열로 인한 팽창을 고려하여 축과 0.1~0.15mm 정도의 틈새를 둔다.

0402 / 0701 / 0902

42

Repetitive Learning 1회 2회 3회

산업안전보건법령에 따라 산업용 로봇의 작동범위 내에서 교시 등의 작업을 하는 경우에 로봇에 의한 위험을 방지하기 위한 조치사항으로 틀린 것은?

① 2명 이상의 근로자에게 작업을 시킬 경우의 신호방법을 정한다.
② 작업 중의 매니퓰레이터 속도에 관한 지침을 정하고 그 지침에 따라 작업한다.
③ 작업을 하는 동안 다른 작업자가 작동시킬 수 없도록 기동스위치에 작업 중 표시를 한다.
④ 작업에 종사하고 있는 근로자가 이상을 발견하면 즉시 안전담당자에게 보고하고 계속해서 로봇을 운전한다.

해설

- 작업에 종사하는 근로자가 이상을 발견하면, 관리 감독자에게 우선 보고하고, 지시에 따라 로봇의 운전을 정지시켜야 한다.

산업용 로봇에 의한 작업 시 안전조치 실필 1901/1201

- 로봇의 조작방법 및 순서, 작업 중의 매니퓰레이터의 속도 등에 관한 지침에 따라 작업을 하여야 한다.
- 작업에 종사하고 있는 근로자 또는 그 근로자를 감시하는 사람은 이상을 발견하면 즉시 로봇의 운전을 정지시키기 위한 조치를 해야 한다.
- 작업을 하고 있는 동안 로봇의 기동스위치 등에 작업 중이라는 표시를 하는 등 작업에 종사하고 있는 근로자가 아닌 사람이 그 스위치 등을 조작할 수 없도록 필요한 조치를 할 것
- 근로자가 로봇에 부딪힐 위험이 있을 때에는 안전매트 및 1.8m 이상의 울타리를 설치하여야 한다.

정답 | 41 ④ 42 ④

0902 / 1002

43 Repetitive Learning (1회 2회 3회)

기준 무부하상태에서 지게차 주행 시의 좌우 안정도 기준은?(단, V는 구내최고속도[km/h]이다)

① (15+1.1×V)% 이내
② (15+1.5×V)% 이내
③ (20+1.1×V)% 이내
④ (20+1.5×V)% 이내

해설

- 기준 무부하상태에서 주행 시의 좌우 안정도는 (15 + 1.1V)%이다.

지게차의 안정도

㉠ 개요
- 지게차의 하역 시, 운반 시 전도에 대한 안전성을 표시하는 값이다.
- 좌우 안정도와 전후 안정도가 있다.
- 작업 또는 주행 시 안정도 이하로 유지해야 한다.
- 지게차의 안정도 $= \frac{\text{높이}}{\text{수평거리}}$로 구한다.

㉡ 지게차의 작업상태별 안정도 실작 1601
- 기준 부하상태에서 하역작업 시의 전후 안정도는 4%이다(5톤 이상일 경우 3.5%).
- 기준 부하상태에서 하역작업 시의 좌우 안정도는 6%이다.
- 기준 부하상태에서 주행 시의 전후 안정도는 18%이다.
- 기준 무부하상태에서 주행 시의 좌우 안정도는 (15 + 1.1V)%이다(이때, V는 주행속도를 의미한다).

1303

44 Repetitive Learning (1회 2회 3회)

산업안전보건법령에 따라 사다리식 통로를 설치하는 경우 준수하여야 하는 사항으로 틀린 것은?

① 사다리식 통로의 기울기는 60° 이하로 할 것
② 발판과 벽과의 사이는 15cm 이상의 간격을 유지할 것
③ 사다리의 상단은 걸쳐놓은 지점으로부터 60cm 이상 올라가도록 할 것
④ 사다리식 통로의 길이가 10m 이상인 경우에는 5m 이내마다 계단참을 설치할 것

해설

- 사다리식 통로의 기울기는 75° 이하로 하여야 한다.

사다리식 통로의 구조 실필 2202/1101/0901
- 견고한 구조로 할 것
- 심한 손상·부식 등이 없는 재료를 사용할 것
- 발판의 간격은 일정하게 할 것
- 발판과 벽과의 사이는 15cm 이상의 간격을 유지할 것
- 폭은 30m 이상으로 할 것
- 사다리가 넘어지거나 미끄러지는 것을 방지하기 위한 조치를 할 것
- 사다리의 상단은 걸쳐놓은 지점으로부터 60cm 이상 올라가도록 할 것
- 사다리식 통로의 길이가 10m 이상인 경우에는 5m 이내마다 계단참을 설치할 것
- 사다리식 통로의 기울기는 75° 이하로 할 것. 다만, 고정식 사다리식 통로의 기울기는 90° 이하로 하고, 그 높이가 7m 이상인 경우에는 바닥으로부터 높이가 2.5m 되는 지점부터 등받이울을 설치할 것
- 접이식 사다리 기둥은 사용 시 접혀지거나 펼쳐지지 않도록 철물 등을 사용하여 견고하게 조치할 것

0603 / 1202 / 1401 / 2001

45 Repetitive Learning (1회 2회 3회)

산업안전보건법령상 승강기의 종류에 해당하지 않는 것은?

① 리프트 ② 승객용 승강기
③ 에스컬레이터 ④ 화물용 승강기

해설

- 리프트는 양중기에는 포함되나 승강기의 종류는 아니다.

승강기

㉠ 개요
- 승강기란 건축물이나 고정된 시설물에 설치되어 일정한 경로에 따라 사람이나 화물을 승강장으로 옮기는 데에 사용되는 설비를 말한다.
- 승강기의 종류에는 승객용, 승객화물용, 화물용, 소형화물용 엘리베이터와 에스컬레이터 등이 있다.

㉡ 승강기의 종류와 특성
- 승객용 엘리베이터는 사람의 운송에 적합하게 제조·설치된 엘리베이터이다.
- 승객화물용 엘리베이터는 사람의 운송과 화물 운반을 겸용하는 데 적합하게 제조·설치된 엘리베이터이다.
- 화물용 엘리베이터는 화물 운반에 적합하게 제조·설치된 엘리베이터로 조작자 또는 화물취급자 1명이 탑승 가능한 것이다.

43 ① 44 ① 45 ① 정답

- 소형화물용 엘리베이터는 음식물이나 서적 등 소형 화물의 운반에 적합하게 제조·설치된 엘리베이터이다.
- 에스컬레이터는 일정한 경사로 또는 수평로를 따라 위·아래 또는 옆으로 움직이는 디딤판을 통해 사람이나 화물을 승강장으로 운송시키는 설비를 말한다.

46 ─ Repetitive Learning (1회 2회 3회)

재료가 변형 시에 외부응력이나 내부의 변형과정에서 방출되는 낮은 응력파(Stress wave)를 감지하여 측정하는 비파괴시험은?

① 와류탐상시험　　② 침투탐상시험
③ 음향탐상시험　　④ 방사선투과시험

해설

- 와류탐상시험은 결함부위 전류흐름의 난조를 이용하여 검사한다.
- 침투탐상시험은 비자성 금속재료의 표면균열 검사에 사용한다.
- 방사선투과시험은 X선의 강도나 노출시간을 조절하여 검사한다.

:: 음향방출(탐사)시험

㉠ 개요
- 손 또는 망치로 타격 진동시켜 발생하는 낮은 응력파(Stress wave)를 검사하는 비파괴검사방법이다.

㉡ 특징
- 검사방법이 간단해서 가동 중 검사가 가능하며, 결함이 어떤 중대한 손상을 초래하기 전에 검출될 수 있다는 장점을 갖는다.
- 재료의 종류나 물성 등의 특성과 온도, 분위기 같은 외적 요인에 영향을 받는 단점을 갖는다.

0902 / 2103

47 ─ Repetitive Learning (1회 2회 3회)

산업안전보건법령에 따라 다음 괄호 안에 들어갈 내용으로 옳은 것은?

> 사업주는 바닥으로부터 짐 윗면까지의 높이가 (　)m 이상인 화물자동차에 짐을 싣는 작업 또는 내리는 작업을 하는 경우에는 근로자의 추가 위험을 방지하기 위하여 해당 작업에 종사하는 근로자가 바닥과 적재함의 짐 윗면 간을 안전하게 오르내리기 위한 설비를 설치하여야 한다.

① 1.5　　② 2
③ 2.5　　④ 3

해설

- 바닥으로부터 짐 윗면까지의 높이가 2m 이상인 화물자동차에 짐을 싣는 작업 또는 내리는 작업을 하는 경우에 승강설비를 설치하여야 한다.

:: 승강설비
- 사업주는 바닥으로부터 짐 윗면까지의 높이가 2m 이상인 화물자동차에 짐을 싣는 작업 또는 내리는 작업을 하는 경우에는 근로자의 추가 위험을 방지하기 위하여 해당 작업에 종사하는 근로자가 바닥과 적재함의 짐 윗면 간을 안전하게 오르내리기 위한 설비를 설치하여야 한다.

1302

48 ─ Repetitive Learning 

진동에 의한 1차 설비진단법 중 정상, 비정상, 악화의 정도를 판단하기 위한 방법에 해당하지 않는 것은?

① 상호 판단
② 비교 판단
③ 절대 판단
④ 평균 판단

해설

- 진동유무와 정도에 따른 설비진단법에는 상호판정법, 비교(상대)판정법, 절대판정법이 있다.

:: 진동에 의한 설비진단법

구분	내용
상호판정법	여러 대의 설비의 측정값을 상호 비교를 통해 판단하는 방법
비교판정법	정기적인 측정결과를 비교하여 정상인지 여부를 판단하는 방법으로 상대 판단이라고도 한다.
절대판정법	판정기준과 측정결과를 비교하여 정상인지 여부를 판단하는 방법

1001 / 1102

49 

둥근톱 기계의 방호장치에서 분할 날과 톱날 원주면과의 거리는 몇 mm 이내로 조정, 유지할 수 있어야 하는가?

① 12mm 이내
② 14mm 이내
③ 16mm 이내
④ 18mm 이내

정답 | 46 ③　47 ②　48 ④　49 ①

해설

- 둥근톱 기계의 분할 날과 톱날 원주면과의 거리는 12mm 이내이어야 한다.

분할 날 설치조건 실필 1501

- 견고히 고정할 수 있어야 하며 분할 날과 톱날 원주면과의 거리는 12mm 이내이어야 한다.
- 표준 테이블면상의 톱 뒷날의 2/3 이상을 덮도록 하여야 한다.
- 분할 날 두께는 둥근톱 두께의 1.1배 이상이어야 하고, 치진폭보다는 작아야 한다.
- 덮개 하단과 가공재 상면과의 간격은 8mm 이내로 조정되어야 한다.

50

Repetitive Learning (1회 2회 3회)

산업안전보건법령에 따라 사업주가 보일러의 폭발사고를 예방하기 위하여 유지, 관리하여야 할 안전장치가 아닌 것은?

① 압력방호판
② 화염 검출기
③ 압력방출장치
④ 고저수위조절장치

해설

- 보일러의 안전장치에는 전기적 인터록 장치, 압력방출장치, 압력제한스위치, 고저수위조절장치, 화염 검출기 등이 있다.

보일러의 안전장치 실필 1902/1901

- 보일러의 안전장치에는 전기적 인터록 장치, 압력방출장치, 압력제한스위치, 고저수위조절장치, 화염 검출기 등이 있다.

구분	내용
압력 제한스위치	보일러의 과열을 방지하기 위하여 보일러의 버너 연소를 차단하는 장치
압력방출장치	보일러의 최고사용압력 이하에서 작동하여 보일러 압력을 방출하는 장치
고저수위 조절장치	보일러의 방호장치 중 하나로 보일러 쉘 내의 관수의 수위가 최고한계 또는 최저한계에 도달했을 때 자동적으로 경보를 울리는 동시에 관수의 공급을 차단시켜 주는 장치

51

Repetitive Learning (1회 2회 3회)

질량이 100kg인 물체를 그림과 같이 길이가 같은 2개의 와이어로프로 매달아 옮기고자 할 때 와이어로프 Ta에 걸리는 장력은 약 몇 N인가?

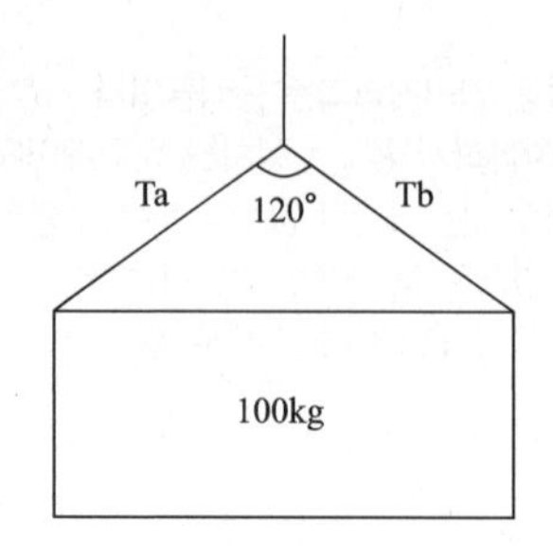

① 200
② 400
③ 490
④ 980

해설

- 화물의 무게가 100kgf이고, 상부의 각(θ)가 120°이므로

  이를 식에 대입하면 $\dfrac{\frac{100}{2}}{\cos\left(\frac{120}{2}\right)} = \dfrac{50}{0.5} = 100[\text{kgf}]$가 된다.
- 묻고 있는 단위가 N이므로 단위를 환산하면 100×9.8=980N이 된다(1kgf = 9.80665N).

중량물 달아 올릴 때 걸리는 하중 실필 1603

- 훅에서 화물로 수직선을 내려 만든 2개의 직각삼각형 각각에 화물의 무게/2의 하중이 걸린다.
- 각각의 와이어로프의 $\cos\left(\frac{\theta}{2}\right)$에 해당하는 값에 화물무게/2에 해당하는 하중이 걸리므로 이를 식으로 표현하면

  와이어로프에 걸리는 장력 = $\dfrac{\frac{\text{화물무게}}{2}}{\cos\left(\frac{\theta}{2}\right)}$ 로 구한다.
- θ는 0°보다는 크고, 180°보다 작은 경우 θ의 각이 클수록 분모에 해당하는 $\cos\left(\frac{\theta}{2}\right)$의 값은 작아지므로 전체적인 장력은 커지게 된다.

0403 / 0701 / 1402

52

Repetitive Learning 

다음 중 드릴작업의 안전수칙으로 가장 적합한 것은?

① 손을 보호하기 위하여 장갑을 착용한다.
② 작은 일감은 양손으로 견고히 잡고 작업한다.
③ 정확한 작업을 위하여 구멍에 손을 넣어 확인한다.
④ 작업시작 전 척 렌치(Chuck wrench)를 반드시 제거하고 작업한다.

50 ① 51 ④ 52 ④ | 정답

해설

- 회전설비를 사용할 때는 장갑의 착용을 금해야 한다.
- 작업 중 공작물의 유동을 방지하기 위해서는 바이스나 지그 등을 사용해야 한다.
- 구멍을 뚫을 때 관통된 것을 확인하기 위해 손으로 만져서는 안 된다.

∷ 드릴작업 시 작업안전수칙

㉠ 작업자 안전수칙
- 장갑의 착용을 금한다.
- 작업자는 보호안경을 쓰거나 안전덮개(Shield)를 설치한다.
- 작업모를 착용하고 옷소매가 긴 작업복은 입지 않는다.

㉡ 작업 시작 전 점검사항
- 작업시작 전 척 렌치(Chuck wrench)를 반드시 뺀다.
- 다축 드릴링에 대해 플라스틱제의 평판을 드릴 커버로 사용한다.
- 마이크로스위치를 이용하여 드릴링 핸들을 내리게 하여 자동급유장치를 구성한다.

㉢ 작업 중 안전지침
- 바이스, 지그 등을 사용하여 작업 중 공작물의 유동을 방지한다.
- 작은 구멍을 뚫고 큰 구멍을 뚫도록 한다.
- 얇은 철판이나 동판에 구멍을 뚫을 때는 각목을 밑에 깔고 기구로 고정한다.
- 구멍을 뚫을 때 관통된 것을 확인하기 위해 손으로 만져서는 안 된다.
- 칩은 와이어 브러시로 작업이 끝난 후에 제거한다.
- 구멍 끝 작업에서는 절삭압력을 주어서는 안 된다.

1403 / 2201

53 Repetitive Learning (1회 2회 3회)

산업안전보건법령에 따라 레버풀러(Lever puller) 또는 체인블록(Chain block)을 사용하는 경우 훅의 입구(Hook mouth) 간격이 제조사가 제공하는 제품사양서 기준으로 몇 % 이상 벌어진 것은 폐기하여야 하는가?

① 3%

② 5%

③ 7%

④ 10%

해설

- 레버풀러 또는 체인블록을 사용하는 경우 훅의 입구(Hook mouth) 간격이 제조사가 제공하는 제품사양서 기준으로 10% 이상 벌어진 것은 폐기하여야 한다.

∷ 레버풀러(Lever puller) 또는 체인블록(Chain block)을 사용 시 주의사항
- 정격하중을 초과하여 사용하지 말 것
- 레버풀러 작업 중 훅이 빠져 튕길 우려가 있을 경우에는 훅을 대상물에 직접 걸지 말고 피벗클램프(Pivot clamp)나 러그(Lug)를 연결하여 사용할 것
- 레버풀러의 레버에 파이프 등을 끼워서 사용하지 말 것
- 체인블록의 상부 훅(Top hook)은 인양하중에 충분히 견디는 강도를 갖고, 정확히 지탱될 수 있는 곳에 걸어서 사용할 것
- 훅의 입구(Hook mouth) 간격이 제조자가 제공하는 제품사양서 기준으로 10% 이상 벌어진 것은 폐기할 것
- 체인블록은 체인의 꼬임과 헝클어지지 않도록 할 것
- 체인과 훅은 변형, 파손, 부식, 마모(磨耗)되거나 균열된 것을 사용하지 않도록 조치할 것

54 Repetitive Learning (1회 2회 3회)

금형의 설치, 해체, 운반 시 안전사항에 관한 설명으로 틀린 것은?

① 운반을 위하여 관통 아이볼트가 사용될 때는 구멍 틈새가 최소화되도록 한다.

② 금형을 설치하는 프레스의 T홈 안길이는 설치 볼트 지름의 1/2배 이하로 한다.

③ 고정볼트는 고정 후 가능하면 나사산을 3~4개 정도 짧게 남겨 설치 또는 해체 시 슬라이드 면과의 사이에 협착이 발생하지 않도록 해야 한다.

④ 운반 시 상부금형과 하부금형이 닿을 위험이 있을 때는 고정 패드를 이용한 스트랩, 금속재질이나 우레탄 고무의 블록 등을 사용한다.

해설

- 금형을 설치하는 프레스의 T홈 안길이는 설치 볼트 직경의 2배 이상으로 하여야 한다.

∷ 금형의 운반 및 설치·해체에 의한 위험방지

㉠ 금형의 운반 안전
- 상부금형과 하부금형이 닿을 위험이 있을 때는 고정 패드를 이용한 스트랩, 금속재질이나 우레탄 고무의 블록 등을 사용한다.
- 금형을 안전하게 취급하기 위해 아이볼트를 사용할 때는 반드시 숄더형으로서 완전하게 고정되어 있어야 한다.
- 관통 아이볼트가 사용될 때는 구멍 틈새가 최소화되도록 한다.
- 운반하기 위해 꼭 들어 올려야 할 때는 다이를 최소한의 간격을 유지하기 위해 필요한 높이 이상으로 들어 올려서는 안 된다.

㉡ 금형의 설치·해제 안전
- 금형의 설치용구는 프레스의 구조에 적합한 형태로 한다.
- 금형을 설치하는 프레스의 T홈 안길이는 설치 볼트 직경의 2배 이상으로 한다.
- 고정볼트는 고정 후 가능하면 나사산을 3~4개 정도 짧게 남겨 슬라이드 면과의 사이에 협착이 발생하지 않도록 해야 한다.
- 금형 고정용 브래킷(물림판)을 고정시킬 때 고정용 브래킷은 수평이 되게 하고 고정볼트는 수직이 되게 고정하여야 한다.
- 부적합한 프레스에 금형을 설치하는 것을 방지하기 위하여 금형에 부품번호, 상형중량, 총중량, 다이하이트, 제품소재(재질) 등을 기록하여야 한다.

55 ——— Repetitive Learning 1회 2회 3회

밀링작업의 안전조치에 대한 설명으로 적절하지 않은 것은?

① 절삭 중의 칩 제거는 칩 브레이커로 한다.
② 공작물을 고정할 때에는 기계를 정지시킨 후 작업한다.
③ 강력절삭을 할 경우에는 공작물을 바이스에 깊게 물려 작업한다.
④ 가공 중 공작물의 치수를 측정할 때에는 기계를 정지시킨 후 측정한다.

해설
- 칩의 제거는 절삭작업이 끝난 후 브러시나 청소용 솔을 사용하여 한다.

:: 밀링머신(Milling machine) 안전수칙

㉠ 작업자 보호구 착용
- 작업 중 면장갑은 끼지 않는다.
- 작업자의 옷소매 등이 커터에 말릴 수 있으므로 주의하고, 묶을 때 끈을 사용하지 않는다.
- 칩의 비산이 많으므로 보안경을 착용한다.

㉡ 커터 관련 안전수칙
- 커터는 될 수 있는 한 컬럼에 가깝게 설치한다.
- 커터를 끼울 때는 아버를 깨끗이 닦는다.
- 커터의 교환 시는 테이블 위에 목재를 받쳐 놓는다.
- 밀링커터는 걸레 등으로 감싸 쥐고 다루도록 한다.
- 절삭 공구에 절삭유를 주유 시에는 커터 위부터 공급한다.

㉢ 기타 안전수칙
- 테이블 위에 공구 등을 올려놓지 않는다.
- 강력절삭 시에는 일감을 바이스에 깊게 물린다.
- 일감의 측정은 기계를 정지한 후에 한다.
- 주축속도의 변속은 반드시 주축의 정지 후에 변환한다.
- 상하, 좌우 이송 손잡이는 사용 후 반드시 빼둔다.
- 급속이송은 백래시 제거장치가 동작하지 않고 있음을 확인한 다음 행한다.
- 칩의 제거는 절삭작업이 끝난 후 브러시나 청소용 솔을 사용하여 한다.

56 ——— Repetitive Learning 1회 2회 3회

산업안전보건법령에 따라 아세틸렌용접장치의 아세틸렌 발생기를 설치하는 경우, 발생기실의 설치장소에 대한 설명 중 A, B에 들어갈 내용으로 옳은 것은?

> - 발생기실은 건물의 최상층에 위치하여야 하며, 화기를 사용하는 설비로부터 (A)를 초과하는 장소에 설치하여야 한다.
> - 발생기실을 옥외에 설치한 경우에는 그 개구부를 다른 건축물로부터 (B) 이상 떨어지도록 하여야 한다.

① A : 1.5m, B : 3m　　② A : 2m, B : 4m
③ A : 3m, B : 1.5m　　④ A : 4m, B : 2m

해설
- 발생기실은 화기를 사용하는 설비로부터 3m, 옥외에 설치한 경우에는 그 개구부를 다른 건축물로부터 1.5m 이상 떨어지도록 하여야 한다.

:: 발생기실의 설치장소 등
- 사업주는 아세틸렌용접장치의 아세틸렌 발생기를 설치하는 경우에는 전용의 발생기실에 설치하여야 한다.
- 발생기실은 건물의 최상층에 위치하여야 하며, 화기를 사용하는 설비로부터 3m를 초과하는 장소에 설치하여야 한다.
- 발생기실을 옥외에 설치한 경우에는 그 개구부를 다른 건축물로부터 1.5m 이상 떨어지도록 하여야 한다.

1302

57 ——— Repetitive Learning

프레스기의 방호장치 중 위치제한형 방호장치에 해당되는 것은?

① 수인식 방호장치　　② 광전자식 방호장치
③ 손쳐내기식 방호장치　　④ 양수조작식 방호장치

해설
- 양수조작식 방호장치는 가장 대표적인 기동스위치를 활용한 위치제한형 방호장치다.

:: 양수조작식 방호장치 실필 1301/0903

㉠ 개요
- 가장 대표적인 기동스위치를 활용한 위치제한형 방호장치다.
- 두 개의 스위치 버튼을 손으로 동시에 눌러야 기계가 작동하는 구조로 작동 중 어느 하나의 누름 버튼에서 손을 떼면 그 즉시 슬라이드 동작이 정지하는 장치이다.

㉡ 구조 및 일반사항
- 120[SPM] 이상의 소형 확동식 클러치 프레스에 가장 적합한 방호장치이다.
- 슬라이드 작동 중 정지가 가능하고 1행정 1정지기구를 갖는 방호장치로 급정지기구가 있어야만 유효한 기능을 수행할 수 있다.
- 누름버튼 상호 간 최소 내측거리는 300mm 이상이어야 한다.

55 ① 56 ③ 57 ④ | 정답

58

프레스 방호장치 중 수인식 방호장치의 일반구조에 대한 사항으로 틀린 것은?

① 수인끈의 재료는 합성섬유로 지름이 4mm 이상이어야 한다.
② 수인끈의 길이는 작업자에 따라 임의로 조정할 수 없도록 해야 한다.
③ 수인끈의 안내통은 끈의 마모와 손상을 방지할 수 있는 조치를 해야 한다.
④ 손목밴드(Wrist band)의 재료는 유연한 내유성 피혁 또는 이와 동등한 재료를 사용해야 한다.

해설

- 수인끈은 작업자와 작업공정에 따라 그 길이를 조정할 수 있어야 한다.

:: 수인식 방호장치의 일반구조

- 손목밴드(Wrist band)의 재료는 유연한 내유성 피혁 또는 이와 동등한 재료를 사용해야 한다.
- 손목밴드는 착용감이 좋으며 쉽게 착용할 수 있는 구조이어야 한다.
- 수인끈의 재료는 합성섬유로 직경이 4mm 이상이어야 한다.
- 수인끈은 작업자와 작업공정에 따라 그 길이를 조정할 수 있어야 한다.
- 수인끈의 안내통은 끈의 마모와 손상을 방지할 수 있는 조치를 해야 한다.
- 각종 레버는 경량이면서 충분한 강도를 가져야 한다.
- 수인량의 시험은 수인량이 링크에 의해서 조정될 수 있도록 되어야 하며 금형으로부터 위험한계 밖으로 당길 수 있는 구조이어야 한다.

59

산업안전보건법령에 따라 원동기·회전축 등의 위험 방지를 위한 설명 중 괄호 안에 들어갈 내용은?

> 사업주는 회전축·기어·풀리 및 플라이휠 등에 부속되는 키·핀 등의 기계요소는 (　　)으로 하거나 해당 부위에 덮개를 설치하여야 한다.

① 개방형
② 돌출형
③ 묻힘형
④ 고정형

해설

- 사업주는 회전축·기어·풀리 및 플라이휠 등에 부속되는 키·핀 등의 기계요소는 묻힘형으로 하거나 해당 부위에 덮개를 설치하여야 한다.

:: 원동기·회전축 등의 위험 방지 실필 1801/1002

- 사업주는 기계의 원동기·회전축·기어·풀리·플라이휠·벨트 및 체인 등 근로자가 위험에 처할 우려가 있는 부위에 덮개·울·슬리브 및 건널다리 등을 설치하여야 한다.
- 사업주는 회전축·기어·풀리 및 플라이휠 등에 부속되는 키·핀 등의 기계요소는 묻힘형으로 하거나 해당 부위에 덮개를 설치하여야 한다.
- 사업주는 벨트의 이음 부분에 돌출된 고정구를 사용해서는 아니 된다.
- 사업주는 건널다리에는 안전난간 및 미끄러지지 아니하는 구조의 발판을 설치하여야 한다.
- 사업주는 연삭기(硏削機) 또는 평삭기(平削機)의 테이블, 형삭기(形削機) 램 등의 행정 끝이 근로자에게 위험을 미칠 우려가 있는 경우에 해당 부위에 덮개 또는 울 등을 설치하여야 한다.
- 사업주는 선반 등으로부터 돌출하여 회전하고 있는 가공물이 근로자에게 위험을 미칠 우려가 있는 경우에 덮개 또는 울 등을 설치하여야 한다.
- 사업주는 원심기에는 덮개를 설치하여야 한다.
- 사업주는 분쇄기·파쇄기·마쇄기·미분기·혼합기 및 혼화기 등을 가동하거나 원료가 흩날리거나 하여 근로자가 위험해질 우려가 있는 경우 해당 부위에 덮개를 설치하는 등 필요한 조치를 하여야 한다.
- 사업주는 근로자가 분쇄기 등의 개구부로부터 가동 부분에 접촉함으로써 위해(危害)를 입을 우려가 있는 경우 덮개 또는 울 등을 설치하여야 한다.
- 사업주는 종이·천·비닐 및 와이어로프 등의 감김통 등에 의하여 근로자가 위험해질 우려가 있는 부위에 덮개 또는 울 등을 설치하여야 한다.
- 사업주는 압력용기 및 공기압축기 등에 부속하는 원동기·축이음·벨트·풀리의 회전 부위 등 근로자가 위험에 처할 우려가 있는 부위에 덮개 또는 울 등을 설치하여야 한다.

60

공기압축기의 방호장치가 아닌 것은?

① 언로드밸브
② 압력방출장치
③ 수봉식 안전기
④ 회전부의 덮개

해설

- 언로드밸브는 공기압축기에서 무부하 운전상태로 만드는 밸브이다.
- 수봉식 안전기는 아세틸렌 용접 시 역류 및 역화를 방지하기 위하여 설치한다.

정답 | 58 ② 59 ③ 60 ③

압력용기 방호장치 기준

㉠ 방호조치

- 압력용기에는 최고사용압력 이하에서 작동하는 압력방출장치(안전밸브 및 파열판을 포함)를 설치하여야 한다.
- 공기압축기에는 압력방출장치 및 언로드밸브(압력제한스위치를 포함)를 설치하여야 한다.
- 압력방출장치는 안전인증을 받은 제품이어야 한다.

㉡ 설치방법

- 압력방출장치는 검사가 용이한 위치의 용기 본체 또는 그 본체에 부설되는 관에 압력방출장치의 밸브축이 수직이 되도록 설치하여야 한다.
- 공기압축기의 언로드밸브는 공기탱크 등의 적합한 위치에 수직이 되도록 설치하여야 한다.

4과목 전기설비 안전관리

0301 / 0502 / 1001 / 1602

61 Repetitive Learning 1회 2회 3회

아래 그림과 같이 인체가 전기설비의 외함에 접촉하였을 때 누전사고가 발생하였다. 인체통과 전류는 약 몇 [mA]인가?

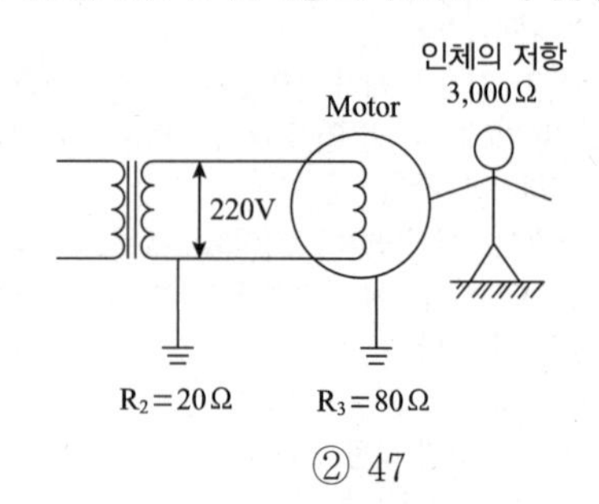

① 35　② 47
③ 58　④ 66

해설

- 저항 R_2와 R_3은 직렬연결이므로 합성저항은 총 100[Ω]이다.
- 인체가 접촉함으로써 인체저항은 저항 R_3와 병렬로 연결되게 된다.

  따라서 회로의 전체저항은 $20+\dfrac{1}{\dfrac{1}{3000}+\dfrac{1}{80}}=97.92[\Omega]$이 된다.

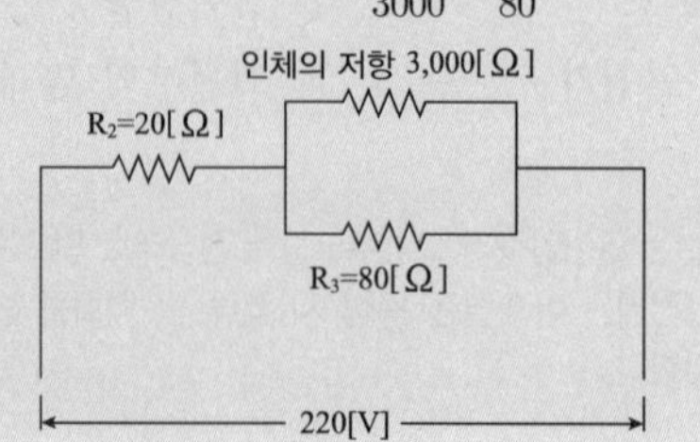

- 옴의 법칙에서 전류 $I=\dfrac{220}{97.92}$ = 2.2467[A]이다.
- 병렬로 연결된 저항에서는 전류가 저항의 값에 반비례하게 나눠지므로 인체에 흐르는 전류는 $2.2467\times\dfrac{80}{3080}=58.36$[mA]가 된다.

옴(Ohm)의 법칙

- 전기회로에 흐르는 전류는 그 회로에 가하여진 전압에 정비례하고, 저항에 반비례한다는 법칙이다.
- $I[A]=\dfrac{V[V]}{R[\Omega]}$, $V=IR$, $R=\dfrac{V}{I}$로 계산한다.

1101

62 Repetitive Learning 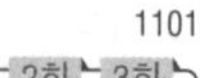

전기화재 발생원인으로 틀린 것은?

① 발화원
② 내화물
③ 착화물
④ 출화의 경과

해설

- 내화물은 높은 온도에서 견디는 물질로 화재 방지대책으로 주로 사용되는 재료이며, 내화벽돌 등이 대표적인 종류이다.

전기화재 발생

㉠ 전기화재 발생원인

- 전기화재 발생원인의 3요소는 발화원, 착화물, 출화의 경과로 구성된다.

발화원	화재의 발생원인으로 단열압축, 광선 및 방사선, 낙뢰, 스파크, 정전기, 충격이나 마찰, 기계적 운동에너지 등
착화물	발화원에 의해 최초로 착화된 가연물
출화의 경과	발생요인으로 단락, 누전, 과전류, 스파크 등

㉡ 출화의 경과에 따른 전기화재 비중

- 전기화재의 경로별 원인, 즉, 출화의 경과에 따른 분류에는 합선(단락), 과전류, 스파크, 누전, 정전기, 접촉부 과열, 절연열화에 의한 발열, 절연불량 등이 있다.
- 출화의 경과에 따른 발화현상의 분류에서 가장 빈도가 높은 것은 스파크 화재 – 단락(합선)에 의한 화재이다.

스파크	누전	접촉부과열	절연열화에 의한 발열	과전류
24%	15%	12%	11%	8%

61 ③　62 ② 정답

1003

63

Repetitive Learning 1회 2회 3회

사용전압이 380[V]인 전동기 전로의 절연저항은 몇 [MΩ] 이상이어야 하는가?

① 0.1　　② 0.5
③ 1.0　　④ 2.0

해설

- 사용전압이 380V인 경우 절연저항은 1.0[MΩ] 이상이어야 한다.

옥내 사용전압에 따른 절연저항값

전로의 사용전압	DC 시험전압	절연저항치
SELV 및 PELV	250[V]	0.5[MΩ]
FELV, 500[V] 이하	500[V]	1.0[MΩ]
500[V] 초과	1,000[V]	1.0[MΩ]

- 특별저압(2차 전압이 AC 50V, DC 120V 이하)으로 SELV(비접지회로 구성) 및 PELV(접지회로 구성)은 1차와 2차가 전기적으로 절연된 회로, FELV는 1차와 2차가 전기적으로 절연되지 않은 회로이다.

64

Repetitive Learning 

정전에너지를 나타내는 식으로 알맞은 것은?(단, Q는 대전전하량, C는 정전용량이다)

① $\frac{Q}{2C}$　　② $\frac{Q}{2C^2}$
③ $\frac{Q^2}{2C}$　　④ $\frac{Q^2}{2C^2}$

해설

- 발화에너지는 $W=\frac{1}{2}CV^2$로 구한다. 여기서 정전에너지를 구하기 위해 발화에너지의 전압 V를 정전용량으로 대체해야 하므로 Q=CV를 적용하면 정전에너지는 $\frac{1}{2}\times\frac{Q^2}{C}$이다.

최소발화에너지(MIE : Minimum Ignition Energy)

㉠ 개요
- 공기 중에 가연성 가스나 증기 또는 폭발성분이 존재할 때 이를 발화시키는 데 필요한 최저의 에너지를 말한다.
- 발화에너지의 양은 $W=\frac{1}{2}CV^2$[J]로 구한다.
- 단위는 밀리줄[mJ] / 줄[J]을 사용한다.

㉡ 특징
- 압력, 온도, 산소농도, 연소속도에 반비례한다.
- 유체의 유속이 높아지면 최소발화에너지는 커진다.
- 불활성 기체의 첨가는 발화에너지를 크게 하고, 혼합기체의 전압이 낮아도 발화에너지는 커진다.
- 일반적으로 화학양론농도보다도 조금 높은 농도일 때에 최솟값이 된다.

65

Repetitive Learning 1회 2회 3회

누전차단기의 설치가 필요한 곳은?

① 이중절연구조의 전기기계·기구
② 비접지식 전로의 전기기계·기구
③ 절연대 위에서 사용하는 전기기계·기구
④ 도전성이 높은 장소의 전기기계·기구

해설

- 선박의 이중 선체 내부, 밸러스트(Ballast) 탱크, 보일러 내부 등 도전체에 둘러싸인 장소, 추락할 위험이 있는 높이 2m 이상의 장소로 철골 등 도전성이 높은 물체에 근로자가 접촉할 우려가 있는 장소, 물·땀 등으로 인하여 도전성이 높은 습윤 상태에서 근로자가 작업하는 장소 등에서는 누전차단기 혹은 자동전격방지장치의 설치가 필요하다.

누전차단기를 설치하지 않는 경우

- 기계·기구를 발전소, 변전소 또는 개폐소나 이에 준하는 곳에 시설하는 경우로서 전기 취급자 이외의 자가 임의로 출입할 수 없는 경우
- 기계·기구를 건조한 장소에 시설하는 경우
- 기계·기구를 건조한 장소에 시설하고 습한 장소에서 조작하는 경우로 제어용 전압이 교류 30[V], 직류 40[V] 이하인 경우
- 대지전압 150[V] 이하의 기계·기구를 물기가 없는 장소에 시설하는 경우
- 전기용품안전관리법의 적용을 받는 2중절연구조의 기계·기구(정원등, 전동공구 등)를 시설하는 경우
- 그 전로의 전원측에 절연변압기를 시설하고 또한 그 절연변압기의 부하측 전로를 접지하지 않은 경우
- 기계·기구가 고무, 합성수지 기타 절연물로 피복된 것일 경우
- 기계·기구가 유도전동기의 2차측 전로에 접속되는 것일 경우
- 기계·기구 내에 전기용품안전관리법의 적용을 받는 누전차단기를 설치하고 또한 전원연결선에 손상을 받을 우려가 없도록 시설하는 경우

0801 / 0803 / 1303

66

동작 시 아크를 발생하는 고압용 개폐기·차단기·피뢰기 등은 목재의 벽 또는 천장 기타의 가연성 물체로부터 몇 m 이상 떼어놓아야 하는가?

① 0.3m　　② 0.5m
③ 1.0m　　④ 1.5m

해설

- 개폐기·차단기·피뢰기 기타 이와 유사한 기구로서 동작 시에 아크가 생기는 것은 목재의 벽 또는 천장 기타의 가연성 물체로부터 고압용은 1m 이상, 특별고압용의 것은 2m 이상 떼어놓아야 한다.

정답 | 63 ③　64 ③　65 ④　66 ③

:: 아크를 발생하는 기구의 시설

- 고압용 또는 특별고압용의 개폐기 · 차단기 · 피뢰기 기타 이와 유사한 기구로서 동작 시에 아크가 생기는 것은 목재의 벽 또는 천장 기타의 가연성 물체로부터 고압용의 것은 1m 이상, 특별고압용의 것은 2m 이상(사용전압이 35,000V 이하의 특별고압용의 기구 등으로서 동작 시에 생기는 아크의 방향과 길이를 화재가 발생할 우려가 없도록 제한하는 경우에는 1m 이상) 떼어놓아야 한다.

0601 / 1302

67 Repetitive Learning 1회 2회 3회

6,600/100[V], 15[kVA]의 변압기에서 공급하는 저압 전선로의 허용 누설전류는 몇 [A]를 넘지 않아야 하는가?

① 0.025　② 0.045
③ 0.075　④ 0.085

해설

- 전력이 15kW이고, 전압이 100V이므로
  전류는 $\frac{15,000}{100}=150$[A]가 흐른다.
- 누설전류는 전류의 2,000분의 1을 넘지 않아야 하므로
  $150\times\frac{1}{2,000}=0.075$[A] 이내여야 한다.

:: 누설전류와 누전화재

㉠ 누설전류
- 누설전류는 전류가 정상적으로 흐르지 않고 다른 곳으로 새어버리는 것을 말하며, 누전전류라고도 한다.
- 전선의 노후로 인하여 절연이 나빠져 발생(절연열화)하는데 이를 방지하기 위해 누전차단기를 설치한다.
- 누설전류로 인해 감전 및 화재 등이 발생하고, 전력의 손실이 증가하고, 전자기기의 고장이 발생한다.
- 저압의 전선로 중 절연부분의 전선과 대지 간의 절연저항은 사용전압에 대한 누설전류가 최대공급전류의 2,000분의 1을 넘지 아니하도록 유지하여야 한다.

㉡ 누전화재
- 누전으로 인하여 화재가 발생되기 전에 인체 감전, 전등 밝기의 변화, 빈번한 퓨즈의 용단, 전기사용 기계장치의 오동작 증가 등이 발생한다.
- 누전사고가 발생될 수 있는 취약 개소에는 비닐전선을 고정하는 지지용 스테이플, 정원 연못 조명등이 전원공급용 지하매설 전선류, 분기회로 접속점이 나선으로 발열이 쉽도록 유지되는 곳 등이 있다.

1302

68 Repetitive Learning 1회 2회 3회

이동하여 사용하는 전기기계 · 기구의 금속제 외함 등의 접지시스템에서 저압 전기설비용 접지도체의 종류와 단면적의 기준으로 옳은 것은?

① 3종 클로로프렌 캡타이어케이블, 10[mm^2] 이상
② 다심 캡타이어케이블, 2.5[mm^2] 이상
③ 3종 클로로프렌 캡타이어케이블, 4[mm^2] 이상
④ 다심 코드, 0.75[mm^2] 이상

해설

- 이동하여 사용하는 전기기계 · 기구의 금속제 외함 접지시스템에서 저압 전기설비용 접지도체는 다심코드 또는 다심 캡타이어케이블의 1개 도체의 단면적이 0.75mm^2 이상인 것을 사용한다.

:: 이동하여 사용하는 전기기계 · 기구의 금속제 외함 등의 접지시스템의 접지도체

전기설비	접지도체의 종류	접지도체의 단면적
특고압·고압 전기설비용 및 중성점 접지용	클로로프렌캡타이어케이블(3종 및 4종) 또는 클로로설포네이트폴리에틸렌캡타이어케이블(3종 및 4종)의 1개 도체 또는 다심 캡타이어케이블의 차폐 또는 기타의 금속체	10mm^2
저압 전기설비용	다심 코드 또는 다심 캡타이어 케이블의 일심	0.75mm^2
	다심 코드 및 다심 캡타이어 케이블의 일심 이외의 유연성이 있는 연동연선	1.5mm^2

0603

69 Repetitive Learning 1회 2회 3회

정전기 발생에 대한 방지대책의 설명으로 틀린 것은?

① 가스용기, 탱크 등의 도체부는 전부 접지한다.
② 배관 내 액체의 유속을 제한한다.
③ 화학섬유의 작업복을 착용한다.
④ 대전 방지제 또는 제전기를 사용한다.

67 ③ 68 ④ 69 ③ | 정답

해설

- 작업자는 정전기 발생으로 인한 재해를 방지하기 위해 화학섬유 작업복이 아닌 제전복을 착용해야 한다.

정전기 재해방지대책 실필 1901/1702/1201/1103

- 부도체에 제전기를 설치·운영하거나 도전성을 향상시켜야 한다.
- 정전기 재해방지를 위해서 반도체 취급 공정작업자가 착용하는 손목 띠의 저항은 1[mΩ]으로 한다.
- 도체의 경우 접지를 하며 이때 접지값은 $10^6\Omega$ 이하이면 충분하고, 안전을 고려하여 $10^3\Omega$ 이하로 유지한다.
- 생산공정에 별다른 문제가 없다면, 습도를 70% 정도 유지하여 전하가 제거되기 쉽게 한다.
- 유동대전이 심하고 폭발 위험성이 높은 것(가솔린, 이황화탄소, 벤젠 등)은 배관 내 유속을 1m/s 이하로 해야 한다.
- 포장 과정에서 용기를 도전성 재료에 접지한다.
- 인쇄 과정에서 도포량을 적게 하고 접지한다.
- 대전 방지제를 사용하고, 대전 물체에 정전기 축적을 최소화하여야 한다.
- 배관 내 액체의 유속을 제한한다.
- 공기를 이온화한다.
- 작업장 바닥에 도전성(정전기 방지용) 매트를 사용한다.
- 작업자는 제전복, 정전화(대전 방지용 안전화)를 착용한다.

1202

70

정전기의 유동대전에 가장 크게 영향을 미치는 요인은?

① 액체의 밀도
② 액체의 유동속도
③ 액체의 접촉면적
④ 액체의 분출온도

해설

- 유동대전에 가장 큰 영향을 미치는 요인은 유체의 속도이기 때문에 위험물의 배관유속을 엄격히 제한하고 있다.

유동대전

㉠ 개요
- 액체류를 파이프 등으로 수송할 때 액체와 파이프 등의 고체류와 접촉하면서 서로 대전되는 현상이다.
- 파이프 속에 저항이 높은 액체가 흐를 때 발생한다.

㉡ 특징
- 액체의 흐름이 정전기 발생에 영향을 준다.
- 유동대전에 가장 큰 영향을 미치는 요인은 유체의 속도이기 때문에 위험물의 배관유속을 엄격히 제한하고 있다.

1503

71

Repetitive Learning 1회 2회 3회

과전류에 의해 전선의 허용전류보다 큰 전류가 흐르는 경우 절연물이 화구가 없더라도 자연히 발화하고 심선이 용단되는 발화단계의 전선 전류밀도[A/mm^2]로 옳은 것은?

① 20 ~ 43 ② 43 ~ 60
③ 60 ~ 120 ④ 120 ~ 180

해설

- 발화단계의 전선 전류밀도는 60 ~ 70 [A/mm^2]여야 한다.

과전류에 의한 전선의 용단 전류밀도

구분		전류밀도
인화 단계		40 ~ 43[A/mm^2]
착화 단계		43 ~ 60[A/mm^2]
발화 단계	발화 후 용단	60 ~ 70[A/mm^2]
	용단과 동시 발화	75~120[A/mm^2]
용단 단계		120[A/mm^2] 이상

1402

72

방폭구조에 관계있는 위험특성이 아닌 것은?

① 발화온도 ② 증기밀도
③ 화염일주한계 ④ 최소점화전류

해설

- 방폭구조와 관련되는 위험특성은 최대안전틈새(화염일주한계), 최소점화전류비, 발화온도 등이 있다.

방폭구조 위험특성

- 내압방폭구조의 최대안전틈새 범위에 따른 분류 실필 1601

최대안전틈새	0.9mm 이상	0.5mm ~ 0.9mm	0.5mm 이하
가스 또는 증기 분류 (IEC)	ⅡA	ⅡB	ⅡC
최대안전틈새	0.6mm 초과	0.4mm ~ 0.6mm	0.4mm 미만
가스 또는 증기 분류 (KEC)	1	2	3

- 본질안전방폭구조를 대상으로 하는 최소점화전류비에 의한 분류

최소점화전류비	0.8 초과	0.45 이상 0.8 이하	0.45 미만
가스 또는 증기 분류	ⅡA	ⅡB	ⅡC

• 최고 표면온도와 온도등급 분류

최고 표면온도	450[℃]	300[℃]	200[℃]	135[℃]	100[℃]	85[℃]
온도 등급	T_1	T_2	T_3	T_4	T_5	T_6

1003 / 1203

73 Repetitive Learning (1회 2회 3회)

금속관의 방폭형 부속품에 관한 설명 중 틀린 것은?

① 재료는 아연도금을 하거나 녹이 스는 것을 방지하도록 한 강 또는 가단주철일 것
② 안쪽 면 및 끝부분은 전선의 피복을 손상하지 않도록 매끈한 것일 것
③ 전선관과의 접속부분의 나사는 5턱 이상 완전히 나사 결합이 될 수 있는 길이일 것
④ 완성품은 유입방폭구조의 폭발압력 시험에 적합할 것

해설

• 완성품은 내압방폭구조(d)의 폭발압력(기준압력)측정 및 압력시험에 적합한 것일 것

금속관의 방폭형 부속품

• 재료는 아연도금을 한 위에 투명한 도료를 칠하거나 녹스는 것을 방지한 강 또는 가단주철일 것
• 안쪽 면 및 끝부분은 전선의 피복을 손상하지 않도록 매끈한 것일 것
• 전선관의 접속부분의 나사는 5턱 이상 완전히 나사 결합이 될 수 있는 길이일 것
• 접합면은 내압방폭구조(d)의 일반 요구사항에 적합한 것일 것
• 접합면 중 나사의 접합은 내압방폭구조의 나사 접합에 적합할 것
• 완성품은 내압방폭구조(d)의 폭발압력(기준압력)측정 및 압력시험에 적합한 것일 것

0503 / 0901

74 Repetitive Learning (1회 2회 3회)

다음 중 접지의 목적과 효과로 볼 수 없는 것은?

① 낙뢰에 의한 피해방지
② 송배전선, 고전압 모선 등에서 지락사고의 발생 시 보호계전기를 신속하게 작동시킴
③ 설비의 절연물이 손상되었을 때 흐르는 누설전류에 의한 감전방지
④ 송배전선로의 지락사고 시 대지전위의 상승을 억제하고 절연강도를 상승시킴

해설

• 접지는 송배전선로의 지락사고 시 대지전위의 상승을 억제하고 절연강도를 경감시킨다.

접지

㉠ 개요
• 전기 회로 또는 전기기기를 대지 또는 비교적 큰 넓이를 가져 대지를 대신할 수 있는 도체에 전기적으로 접속하는 것을 말한다.

㉡ 목적
• 낙뢰에 의한 피해를 방지한다.
• 정전기의 흡수로 정전기로 인한 장애를 방지한다.
• 송배전선, 고전압 모선 등에서 지락사고의 발생 시 보호 계전기를 신속하게 작동시킨다.
• 설비의 절연물이 손상되었을 때 흐르는 누설전류에 의한 감전을 방지한다.
• 송배전선로의 지락사고 시 대지전위의 상승을 억제하고 절연강도를 경감시킨다.

1401

75 Repetitive Learning (1회 2회 3회)

방폭전기설비의 용기 내부에 보호가스를 압입하여 내부 압력을 외부 대기 이상의 압력으로 유지함으로써 용기 내부에 폭발성 가스 분위기가 형성되는 것을 방지하는 방폭구조는?

① 내압방폭구조 ② 압력방폭구조
③ 안전증방폭구조 ④ 유입방폭구조

해설

• 내압방폭구조는 방폭전기설비의 용기 내부에서 폭발성 가스 또는 증기가 폭발하였을 때 용기가 그 압력에 견디고 접합면이나 개구부를 통해서 외부의 폭발성 가스나 증기에 인화되지 않도록 한 방폭구조를 말한다.
• 안전증방폭구조는 정상적인 운전 중에 불꽃, 아크, 또는 과열이 생겨서는 안 될 부분에 대하여 이를 방지하거나 또는 온도상승을 제한하기 위하여 전기안전도를 증가시킨 방폭구조이다.
• 유입방폭구조는 전기불꽃, 아크 또는 고온이 발생하는 부분을 기름 속에 넣고, 기름면 위에 존재하는 폭발성 가스 또는 증기에 인화되지 않도록 한 구조를 말한다.

압력방폭구조(Ex p)

• 용기 내부에 보호가스를 압입하여 내부압력을 유지함으로써 폭발성 가스 또는 증기가 내부로 유입되지 않도록 한 방폭구조이다.
• 1종 및 2종(비점화)에서 주로 사용되는 방폭구조이다.
• 내부에 봉입하는 압력가스에 공기, 질소, 이산화탄소 등이 있다.
• 용기 내로 위험물질이 침입하지 못하도록 점화원을 격리하는 것으로 정상운전에 필요한 운전실과 같이 큰 용기와 기기에 사용된다.
• 압력방폭구조의 종류에는 통풍식, 봉입식, 밀봉식이 있다.

73 ④ 74 ④ 75 ② 정답

1702

76

Repetitive Learning (1회 2회 3회)

1종 위험장소로 분류되지 않는 것은?

① 탱크류의 벤트(Vent) 개구부 부근
② 인화성 액체의 용기 내부의 액면 상부의 공간부
③ 점검수리작업에서 가연성 가스 또는 증기를 방출하는 경우의 밸브 부근
④ 탱크롤리, 드럼관 등이 인화성 액체를 충전하고 있는 경우의 개구부 부근

해설

- 인화성 액체의 용기 내부는 0종 장소에 해당한다.

:: 1종 장소

- 통상상태에서의 간헐적 위험분위기가 조성되는 지역을 말한다.
- 가스, 증기 또는 미스트의 가연성 물질의 공기혼합물로 구성되는 폭발분위기가 정상작동 중에 생성될 수 있는 장소를 말한다.
- 0종 장소의 근접주변, 송급통구의 근접주변, 운전상 열게 되는 연결부의 근접주변, 배기관의 유출구 근접주변 등 맨홀, 벤트, 피트 등의 주변 장소가 이에 해당한다.

77

Repetitive Learning (1회 2회 3회)

기중 차단기의 기호로 옳은 것은?

① VCB
② MCCB
③ OCB
④ ACB

해설

- VCB는 Vacuum Circuit Breaker의 약자로 진공차단기를 의미한다.
- MCCB는 과전류 차단기로 NFB라고도 하는데, 저압 간선의 분전반이나 저압 모터 등의 스위치 역할과 과전류 차단을 위해 설치한다.
- OCB는 Oil Circuit Breaker의 약자로 유입차단기를 의미한다. 절연유를 매질로 하여 동작한다.

:: ACB(Air Circuit Breaker)

- 기중 차단기를 말하며 절연물질로 공기를 사용한다.
- 차단용량이 크거나 과전류(정격전류가 200A 이상)가 흐르는 곳에 저압인 경우 ACB, 고압 이상인 경우 VCB를 사용한다.
- 차단 용량이 클 경우 개폐기를 자주 동작하면 순간 충격전류로 인해 내구성이 약해지므로 차단기 개폐에 신뢰성을 향상시키기 위해서 사용한다.

78

Repetitive Learning (1회 2회 3회)

누전사고가 발생될 수 있는 취약개소가 아닌 것은?

① 나선으로 접속된 분기회로의 접속점
② 전선의 열화가 발생한 곳
③ 부도체를 사용하여 이중절연이 되어 있는 곳
④ 리드선과 단자와의 접속이 불량한 곳

해설

- 전원 보호 재료로 PVC 등의 부도체를 사용하는 일반 환경에서는 누전발생 가능성이 거의 없다.

:: 누설전류와 누전화재

문제 67번의 유형별 핵심이론 :: 참조

0502

79

Repetitive Learning (1회 2회 3회)

지락전류가 거의 0에 가까워서 안정도가 양호하고 무정전의 송전이 가능한 접지방식은?

① 직접접지방식
② 리액터접지방식
③ 저항접지방식
④ 소호리액터접지방식

해설

- 직접접지방식은 중성점접지방식 중 송전선로에 접속시키는 변압기의 중성점을 직접 도전선으로 접지시키는 방식으로 이상전압 발생의 우려가 가장 적다.
- 리액터접지방식은 중성점에 리액터를 설치하여 선로의 충전전류를 보상하는 방식이다.
- 저항접지방식은 중성점에 적당한 크기의 저항을 설치하여 선로의 충전전류를 보상하는 방식으로 적당한 지락전류를 흘리면서 이상전압도 정도껏 제한하는 방식이다.

:: 소호리액터접지방식(Ground-fault neutralizer grounding)

- 중성점접지방식 중 한 종류이다.
- 계통의 중성점과 대지 사이에 접속되는 리액터를 통해서 접지하는 방식이다.
- 병렬공진에 의해 지락전류가 거의 0에 가까워서 안정도가 양호하다.
- 지락전류가 없으므로 유도장해가 없어 무정전의 송전이 가능하다.

정답 | 76 ② 77 ④ 78 ③ 79 ④

0801 / 0902

80

Repetitive Learning 1회 2회 3회

피뢰기가 갖추어야 할 특성으로 알맞은 것은?

① 충격방전 개시전압이 높을 것
② 제한전압이 높을 것
③ 뇌전류의 방전능력이 클 것
④ 속류를 차단하지 않을 것

해설

- 피뢰기는 충격방전 개시전압과 제한전압은 낮아야 하고, 속류의 차단이 확실하여야 한다.

피뢰기

㉠ 구성요소
- 특성요소 : 뇌전류 방전 시 피뢰기 자신의 전위 상승을 억제하여 절연파괴를 방지한다.
- 직렬 갭 : 뇌전류를 대지로 방전시키고 속류를 차단한다.

㉡ 이상적인 피뢰기의 특성
- 제한전압이 낮아야 한다.
- 반복동작이 가능하여야 한다.
- 충격방전 개시전압이 낮아야 한다.
- 뇌전류의 방전능력이 크고 속류의 차단이 확실하여야 한다.

5과목 화학설비 안전관리

0802 / 1203

81

Repetitive Learning 1회 2회 3회

고체의 연소형태 중 증발연소에 속하는 것은?

① 나프탈렌 ② 목재
③ TNT ④ 목탄

해설

- 주로 연료로 사용되는 휘발유, 등유, 경유와 같은 액체와 양초, 나프탈렌, 왁스, 아세톤 등 제4류 위험물이 주로 증발연소의 형태를 보인다.

증발연소(Evaporative combustion)
- 액체와 고체의 연소방식에 속한다.
- 열분해를 일으키지 않고 증발한 증기가 공기와 혼합해서 연소되는 방식이다.
- 주로 연료로 사용되는 휘발유, 등유, 경유와 같은 액체와 양초, 나프탈렌, 왁스, 아세톤 등 제4류 위험물이 주로 증발연소의 형태를 보인다.

82

Repetitive Learning 1회 2회 3회

산업안전보건법령상 "부식성 산류"에 해당하지 않는 것은?

① 농도 20%인 염산
② 농도 40%인 인산
③ 농도 50%인 질산
④ 농도 60%인 아세트산

해설

- 인산은 농도가 60% 이상인 경우에 부식성 산류에 포함된다.

부식성 물질

㉠ 부식성 산류
- 농도가 20% 이상인 염산 · 황산 · 질산, 그 밖에 이와 동등 이상의 부식성을 가지는 물질
- 농도가 60% 이상인 인산 · 아세트산 · 불산, 그 밖에 이와 동등 이상의 부식성을 가지는 물질

㉡ 부식성 염기류
- 농도가 40% 이상인 수산화나트륨 · 수산화칼륨, 그 밖에 이와 동등 이상의 부식성을 가지는 염기류

0502 / 1303

83

Repetitive Learning 1회 2회 3회

뜨거운 금속에 물이 닿으면 튀는 현상과 같이 핵비등(Nucleate boiling) 상태에서 막비등(Film boiling)으로 이행하는 온도를 무엇이라 하는가?

① Burn-out point
② Leidenfrost point
③ Entrainment point
④ Sub-cooling boiling point

해설

- 액체가 끓는점보다 더 뜨거운 부분과 접촉할 때 증기로 이루어진 단열층이 만들어지는 현상과 지점을 Leidenfrost point라고 한다.

Leidenfrost point
- 액체가 그 액체의 끓는점보다 더 뜨거운 부분과 접촉할 경우 액체가 빠르게 끓으면서 증기로 이루어진 단열층이 만들어지는 현상과 지점을 말한다.
- 뜨거운 금속에 물이 닿으면 튀는 현상과 같이 핵비등(Nucleate boiling) 상태에서 막비등(Film boiling)으로 이행하는 온도를 Leidenfrost point(LF점)이라고 한다.

80 ③ 81 ① 82 ② 83 ② 정답

0903 / 1601

84 Repetitive Learning 1회 2회 3회

위험물의 취급에 관한 설명으로 틀린 것은?

① 모든 폭발성 물질은 석유류에 침지시켜 보관해야 한다.
② 산화성 물질의 경우 가연물과의 접촉을 피해야 한다.
③ 가스 누설의 우려가 있는 장소에서는 점화원의 철저한 관리가 필요하다.
④ 도전성이 나쁜 액체는 정전기 발생을 방지하기 위한 조치를 취한다.

해설

- 니트로셀룰로오스는 건조상태에서 자연발열을 일으켜 분해 폭발 위험이 높아 물, 에틸알코올 또는 이소프로필알코올 25%에 적셔 습면의 상태로 보관한다.

니트로셀룰로오스(Nitrocellulose)

㉠ 개요
- 셀룰로오스를 질산 에스테르화하여 얻게 되는 백색 섬유상 물질로 질화면이라고도 한다.
- 건조상태에서는 자연발열을 일으켜 분해 폭발위험이 높아 물, 에틸알코올 또는 이소프로필알코올 25%에 적셔 습면의 상태로 보관한다.

㉡ 취급 시 준수사항
- 저장 중 충격과 마찰 등을 방지하여야 한다.
- 자연발화 방지를 위하여 안전용제를 사용한다.
- 화재 시 질식소화는 적응성이 없으므로 냉각소화를 한다.

0903 / 1501

85 Repetitive Learning 1회 2회 3회

이상반응 또는 폭발로 인하여 발생되는 압력의 방출장치가 아닌 것은?

① 파열판 ② 폭압방산공
③ 화염방지기 ④ 가용합금안전밸브

해설

- 화염방지기는 인화성 액체 및 인화성 가스를 저장·취급하는 화학설비에서 증기나 가스를 대기로 방출하는 경우에 외부로부터의 화염을 방지하기 위하여 설치하는 장치이다.

폭발압력 방출장치
- 폭발로 인해 발생한 최대압력을 실이나 용기 구조에 피해를 주지 않는 수준으로 제한하는 장치로, 방출구를 통해 연소생성물을 외부로 방출하는 장치를 말한다.
- 폭발압력을 배출하기 위한 방출구 및 장치로는 폭발문, 안전밸브, 파열판, 폭압방산공, 가용합금안전밸브 등이 있다.

1101 / 1502 / 2202

86 Repetitive Learning 1회 2회 3회

분진폭발의 특징으로 옳은 것은?

① 연소속도가 가스폭발보다 크다.
② 안전연소로 가스중독의 위험이 작다.
③ 화염의 파급속도보다 압력의 파급속도가 크다.
④ 가스폭발보다 연소시간이 짧고 발생에너지가 작다.

해설

- 분진폭발은 가스폭발에 비해 연소속도가 느리다.
- 가스에 비하여 불완전연소를 일으키기 쉬우므로 연소 후 가스에 의한 중독위험이 존재한다.
- 분진폭발은 가스폭발보다 연소시간이 길고 발생에너지가 크다.

분진의 발화폭발

㉠ 조건
- 분진이 발화폭발하기 위한 조건은 가연성, 미분상태, 공기 중에서의 교반과 유동 및 점화원의 존재이다.

㉡ 특징
- 화염의 파급속도보다 압력의 파급속도가 더 크다.
- 폭발한계 내에서 분진의 휘발성분이 많을수록 폭발하기 쉽다.
- 가스폭발에 비해 연소속도나 폭발압력은 작으나 연소시간이 길고 발생에너지가 크기 때문에 파괴력과 연소정도가 크다.
- 가스에 비하여 불완전연소를 일으키기 쉬우므로 연소 후 가스에 의한 중독 위험이 존재한다.
- 폭발 시 입자가 비산하므로 이것에 부딪치는 가연물은 국부적으로 심한 탄화를 일으킨다.

87 Repetitive Learning 1회 2회 3회

독성 가스에 속하지 않은 것은?

① 암모니아 ② 황화수소
③ 포스겐 ④ 질소

해설

- 질소는 독성 가스의 범주에 포함되지 않는다.

TWA(Time Weighted Average) 실필 1301
- 시간가중 평균노출기준이라고 한다.
- 1일 8시간 작업을 기준으로 유해요인의 측정치에 발생시간을 곱하여 8로 나눈 값이다.
- 독성이 강할수록 TWA값은 작아진다.

유독물질	포스겐/불소	염소	니트로벤젠 염화수소	사염화탄소	나프탈렌	일산화탄소	아세톤	이산화탄소
TWA (ppm)	0.1	0.5	1	5	10	30	500	5,000
독성	⟵ 강하다						약하다 ⟶	

1603

88 Repetitive Learning (1회 2회 3회)

Burgess-Wheeler의 법칙에 따르면 서로 유사한 탄화수소계의 가스에서 폭발하한계의 농도[vol%]와 연소열[kcal/mol]의 곱의 값은 약 얼마 정도인가?

① 1,100 ② 2,800
③ 3,200 ④ 3,800

해설

- Burgess-Wheeler는 폭발하한계의 농도와 연소열의 곱이 1,100 [vol%·kcal/mol]로 일정하다고 제시하였다.

Burgess-Wheeler의 법칙

- 서로 유사한 탄화수소계의 가스에서 폭발하한계의 농도([vol%])와 연소열(kcal/mol)의 곱의 값은 대체로 일정한 값(1,100vol%·kcal/mol)을 갖는다고 제시하였다.
- 폭발범위는 온도상승에 의해 넓어지는데 비교적 폭발한계의 온도 의존도는 규칙적임을 증명하였다.

1401

89 Repetitive Learning (1회 2회 3회)

위험물안전관리법령상 제3류 위험물 중 금수성 물질에 대하여 적응성이 있는 소화기는?

① 무상강화액소화기 ② 이산화탄소소화기
③ 할로겐화합물소화기 ④ 탄산수소염류분말소화기

해설

- 칼륨, 철분 및 마그네슘 금속분 등 금수성 물질에 대한 적응성이 있는 소화기는 분말소화기 중 탄산수소염류소화기이다.

금수성 물질의 소화

- 금속나트륨을 비롯한 금속분말은 물과 반응하면 급속히 연소되므로 주수소화를 금해야 한다.
- 금수성 물질로 인한 화재는 주로 팽창질석이나 건조사를 화재면에 덮는 질식방법으로 소화해야 한다.
- 금수성 물질에 대한 적응성이 있는 소화기는 분말소화기 중 탄산수소염류소화기이다.

0501 / 1203

90 Repetitive Learning (1회 2회 3회)

공기 중에서 이황화탄소(CS_2)의 폭발한계는 하한값이 1.25[vol%], 상한값이 44[vol%]이다. 이를 20[℃] 대기압하에서 [mg/L]의 단위로 환산하면 하한값과 상한값은 각각 약 얼마인가?(단, 이황화탄소의 분자량은 76.1이다)

① 하한값 : 61, 상한값 : 640
② 하한값 : 39.6, 상한값 : 1395.2
③ 하한값 : 146, 상한값 : 860
④ 하한값 : 55.4, 상한값 : 1641.8

해설

- 표준상태(0℃, 1기압)에서 기체의 부피는 22.4[L]이고, 이때 온도를 20[℃]로 올리면 부피를 구해보자. 절대온도 273도에서 22.4[L]이므로 293도에서의 부피는 $\frac{293}{273} \times 22.4 = 24$[L]가 된다.
- [mg/L]의 단위로 환산하면 하한값의 경우 농도는 1.25[%]이므로 0.0125이고, 분자량은 76.1이므로 하한값의 단위부피당 질량은 $\frac{0.0125 \times 76.1}{24} = 39.635 \times 10^{-3} = 39.635[mg/L]$가 된다.
- 상한값의 경우 농도는 44[%]이므로 0.44이고, 분자량은 76.1이므로 단위부피당 질량은 $\frac{0.44 \times 76.1}{24} = 1,395.2 \times 10^{-3} = 1395.2[mg/L]$가 된다.

샤를의 법칙

- 압력이 일정할 때 기체의 부피는 온도의 증가에 비례한다.
- $\frac{T_2}{T_1} = \left(\frac{V_2}{V_1}\right)$ 또는 $V_1T_2 = V_2T_1$으로 표시된다.
- 표준상태(0℃, 1기압)에서 기체의 부피는 22.4[L]이다.
- 기체의 단위부피당 질량(g/m^3)은 $\frac{\text{농도} \times \text{분자량}}{V_1}$으로 구한다.

1602

91 Repetitive Learning (1회 2회 3회)

일산화탄소에 대한 설명으로 틀린 것은?

① 무색·무취의 기체이다.
② 염소와는 촉매 존재하에 반응하여 포스겐이 된다.
③ 인체 내의 헤모글로빈과 결합하여 산소운반기능을 저하시킨다.
④ 불연성 가스로서, 허용농도가 10[ppm]이다.

해설

- 일산화탄소는 가연성 가스이고, 허용농도는 50[ppm]이다.

일산화탄소(CO)

㉠ 개요
- 무색·무취의 가연성 가스이며 독성 가스(TWA 30)에 해당한다.
- 허용농도는 50[ppm]이다.

㉡ 특징
- 염소와는 촉매 존재하에 반응하여 포스겐이 된다.
- 인체 내의 헤모글로빈과 결합하여 산소운반기능을 저하시킨다.

88 ① 89 ④ 90 ② 91 ④ 정답

92

Repetitive Learning (1회 2회 3회)

금속의 용접·용단 또는 가열에 사용되는 가스 등의 용기를 취급할 때의 준수사항으로 틀린 것은?

① 전도의 위험이 없도록 한다.
② 밸브를 서서히 개폐한다.
③ 용해아세틸렌의 용기는 세워서 보관한다.
④ 용기의 온도를 섭씨 65도 이하로 유지한다.

해설

- 용기의 온도를 40[℃] 이하로 유지하도록 해야 한다.

가스 등의 용기 관리

㉠ 개요
- 가스 용기는 통풍이나 환기가 불충분한 장소, 화기를 사용하는 장소 및 그 부근, 위험물 또는 인화성 액체를 취급하는 장소 및 그 부근에 사용하거나 보관해서는 안 된다.

㉡ 준수사항
- 용기의 온도를 40[℃] 이하로 유지하도록 한다.
- 전도의 위험이 없도록 한다.
- 충격을 가하지 않도록 한다.
- 운반하는 경우에는 캡을 씌우고 단단하게 묶도록 한다.
- 밸브의 개폐는 서서히 하도록 한다.
- 사용 전 또는 사용 중인 용기와 그 밖의 용기를 명확히 구별하여 보관하도록 한다.
- 용기의 부식·마모 또는 변형상태를 점검한 후 사용하도록 한다.
- 용해아세틸렌의 용기는 세워서 보관하도록 한다.

0703 / 1001

93

Repetitive Learning (1회 2회 3회)

산업안전기준에 관한 규칙상 건조설비를 사용하여 작업을 하는 경우 폭발 또는 화재를 예방하기 위하여 준수하여야 하는 사항으로 적절하지 않은 것은?

① 위험물 건조설비를 사용하는 때에는 미리 내부를 청소하거나 환기할 것
② 위험물 건조설비를 사용하는 때에는 건조로 인하여 발생하는 가스·증기 또는 분진에 의하여 폭발·화재의 위험이 있는 물질을 안전한 장소로 배출시킬 것
③ 위험물 건조설비를 사용하여 가열·건조하는 건조물은 쉽게 이탈되도록 할 것
④ 고온으로 가열·건조한 인화성 물질은 발화의 위험이 없는 온도로 냉각한 후에 격납시킬 것

해설

- 위험물 건조설비를 사용하여 가열·건조하는 건조물은 쉽게 이탈되지 않도록 해야 한다.

건조설비의 사용 시 주의사항

- 위험물 건조설비를 사용하는 경우에는 미리 내부를 청소하거나 환기할 것
- 위험물 건조설비를 사용하는 경우에는 건조로 인하여 발생하는 가스·증기 또는 분진에 의하여 폭발·화재의 위험이 있는 물질을 안전한 장소로 배출시킬 것
- 위험물 건조설비를 사용하여 가열·건조하는 건조물은 쉽게 이탈되지 않도록 할 것
- 고온으로 가열·건조한 인화성 액체는 발화의 위험이 없는 온도로 냉각한 후에 격납시킬 것
- 바깥 면이 현저히 고온이 되는 건조설비의 가까운 장소에는 인화성 액체를 두지 않도록 할 것

0803 / 1502

94

Repetitive Learning (1회 2회 3회)

유류저장탱크에서 화염의 차단을 목적으로 외부에 증기를 방출하기도 하고 탱크 내에 외기를 흡입하기도 하는 부분에 설치하는 안전장치는?

① Vent stack
② Safety valve
③ Gate valve
④ Flame arrester

해설

- Vent stack은 정상운전 또는 비상운전 시 방출된 가스 또는 증기를 소각하지 않고 대기 중으로 안전하게 방출시키기 위하여 설치한 설비를 말한다.
- Safety valve는 공기 및 증기 발생장치의 과압으로부터 시스템을 보호하기 위해 사용되는 밸브로서 유체의 압력이 기준값을 초과하였을 경우 순간적으로 압력을 배출시켜 주는 밸브이다.
- Gate valve는 증기기관 등에서 사용하는 대표적인 개폐용(ON−OFF제어) 밸브를 말한다.

플레임 어레스터(Flame arrester)

- 화염의 역화를 방지하기 위한 안전장치로, 인화방지망 혹은 역화방지장치라고도 한다.
- 유류저장탱크에서 화염의 차단을 목적으로 화재나 기폭의 전파를 저지하는 안전장치이다.
- 비교적 저압 또는 상압에서 가연성의 증기를 발생하는 유류를 저장하는 탱크에서 외부에 그 증기를 방출하기도 하고, 탱크 내에 외기를 흡입하기도 하는 부분에 설치하는 안전장치이다.
- 40메시 이상의 가는 눈의 철망을 여러 겹으로 해서 구성한다.

정답 | 92 ④ 93 ③ 94 ④

1102

95

Repetitive Learning 1회 2회 3회

다음 중 공기와 혼합 시 최소착화에너지가 가장 작은 것은?

① CH_4(메탄) ② C_3H_8(프로판)
③ C_6H_6(벤젠) ④ H_2(수소)

해설

- 보기의 가스들을 최소발화에너지가 작은 것부터 큰 순으로 배열하면 수소 < 벤젠 < 프로판 < 메탄 순이다.

주요 인화성 가스의 최소발화에너지

인화성 가스	최소발화에너지[mJ]
이황화탄소(CS_2)	0.009
수소(H_2), 아세틸렌(C_2H_2)	0.019
에틸렌(C_2H_4)	0.096
벤젠(C_6H_6)	0.20
프로판(C_3H_8)	0.26
프로필렌(C_3H_6), 메탄(CH_4)	0.28
에탄(C_2H_6)	0.67

0402 / 1303 / 1602

96

다음 중 펌프의 사용 시 공동현상(Cavitation)을 방지하고자 할 때의 조치사항으로 틀린 것은?

① 펌프의 회전수를 높인다.
② 흡입비 속도를 작게 한다.
③ 펌프의 흡입관의 두(Head) 손실을 줄인다.
④ 펌프의 설치높이를 낮추어 흡입양정을 짧게 한다.

해설

- 공동현상을 방지하려면 흡입비 속도 즉, 펌프의 회전속도를 낮춰야 한다.

공동현상(Cavitation)

㉠ 개요
- 물이 관 속을 빠르게 흐를 때 유동하는 물속의 어느 부분의 정압이 그 때의 물의 증기압보다 낮을 경우 물이 증발하여 부분적으로 증기가 발생되어 배관의 부식을 초래하는 현상을 말한다.

㉡ 방지대책
- 흡입비 속도(펌프의 회전속도)를 작게 한다.
- 펌프의 설치위치를 낮게 한다.
- 펌프의 흡입관의 두(Head) 손실을 줄인다.
- 펌프의 설치높이를 낮추어 흡입양정을 짧게 한다.

97

Repetitive Learning 1회 2회 3회

다음 중 연소속도에 영향을 주는 요인으로 가장 거리가 먼 것은?

① 가연물의 색상
② 촉매
③ 산소와의 혼합비
④ 반응계의 온도

해설

- 가연물의 종류와 성격에 따라서 연소속도는 영향을 받지만 가연물의 색상과는 관련이 없다.

연소속도

㉠ 개요
- 연소가 되면서 반응하여 연소생성물을 생성할 때의 반응속도를 말한다.
- 자연연소에서의 연소속도는 반응생성물 중에서 불연성 물질(질소, 물, 이산화탄소 등)의 농도가 높아져 가연물질에 산소공급을 방해하면서 저하된다.

㉡ 연소속도에 영향을 미치는 요인

가연물의 종류	산화되기 쉬운지, 열전도율이 적은지, 발열량이 높은지에 따라서 연소속도가 달라진다.
촉매	정촉매(연소속도 향상) 혹은 부촉매(연소속도 저하)의 관여에 따라 달라진다.
산소와의 혼합비 및 농도	기체인 경우 산소와의 혼합에 따라, 가연성 물질의 농도에 따라 연소속도가 달라진다.
반응계의 온도	반응계의 온도와 비례하여 연소속도가 달라진다.
압력	기체인 경우 기체의 농도에 비례하여 연소속도가 달라진다.

1401

98

다음 중 기체의 자연발화온도 측정법에 해당하는 것은?

① 중량법 ② 접촉법
③ 예열법 ④ 발열법

해설

- 예열법은 기체나 액체의 자연발화온도 측정법에 해당한다.

발화점 측정 방법

고체 시료의 발화점 측정방법	승온시험관법, Group법
액체 시료의 발화점 측정방법	도가니법, 예열법, ASTM법
기체 시료의 발화점 측정방법	충격파법, 예열법

95 ④ 96 ① 97 ① 98 ③ 정답

1003 / 1502

99 Repetitive Learning (1회 2회 3회)

디에틸에테르와 에틸알코올이 3 : 1로 혼합된 증기의 몰비가 각각 0.75, 0.25이고, 디에틸에테르와 에틸알코올의 폭발하한값이 각각 1.9[vol%], 4.3[vol%]일 때 혼합가스의 폭발하한값은 약 몇 [vol%]인가?

① 2.2　② 3.5
③ 22.0　④ 34.7

해설

- 디에틸에테르와 에틸알코올의 주어진 몰수는 75, 25이다.
- 혼합가스의 폭발하한계는
$\frac{100}{\frac{75}{1.9}+\frac{25}{4.3}}=\frac{100}{39.5+5.8}=\frac{100}{45.3}=2.21$[vol%]이다.

혼합가스의 폭발한계와 폭발범위 실필 1603

㉠ 폭발한계
- 혼합가스의 폭발한계는 혼합가스를 구성하는 각 가스의 폭발한계당 mol분율 합의 역수로 구한다.
- 혼합가스의 폭발한계는 $\frac{1}{\sum_{i=1}^{n}\frac{\text{mol분율}}{\text{폭발한계}}}$로 구한다.
- [vol%]를 구할 때는 $\frac{100}{\sum_{i=1}^{n}\frac{\text{mol분율}}{\text{폭발한계}}}$[vol%] 식을 이용한다.

㉡ 폭발범위
- 폭발상한계와 폭발하한계를 각각 구해서 범위를 구한다.

완전연소 조성농도(Cst, 화학양론농도)와 최소산소농도(MOC) 실필 1803/1002

㉠ 완전연소 조성농도(Cst, 화학양론농도)
- 가연성 가스의 조성은 완전연소 조성농도에서 폭발의 위험성이 가장 높아진다.
- 완전연소 조성농도 = $\frac{100}{1+\text{공기몰수}\times\left(a+\frac{b-c-2d}{4}\right)}$이다.

공기의 몰수는 주로 4.773을 사용하므로
완전연소 조성농도 = $\frac{100}{1+4.773\left(a+\frac{b-c-2d}{4}\right)}$[vol%]
로 구한다. 단, a : 탄소, b : 수소, c : 할로겐의 원자수, d : 산소의 원자수이다.
- Jones식에 따라 폭발한계를 추산하면
폭발하한계 = Cst × 0.55, 폭발상한계 = Cst × 3.50이다.

㉡ 최소산소농도(MOC)
- 연소 시 필요한 산소(O_2)농도 즉,
산소양론계수 = $a+\frac{b-c-2d}{4}$로 구한다.
- 최소산소농도(MOC) = 산소양론계수 × 연소하한값이다.

1603

100 Repetitive Learning (1회 2회 3회)

프로판가스 1[m³]를 완전연소시키는 데 필요한 이론 공기량은 몇 [m³]인가?(단, 공기 중의 산소농도는 20[vol%]이다)

① 20　② 25
③ 30　④ 35

해설

- 프로판은 탄소(a)가 3, 수소(b)가 8이므로
산소양론계수는 $3+\frac{8}{4}=5$이다.
- 즉 프로판가스를 완전연소시키는 데 필요한 산소가 5[m³]가 필요하다는 의미이다. 공기 중에 산소는 20[vol%]이므로 필요한 공기는 5 × 산소의 5배 = 25[m³]가 필요하다.

6과목 건설공사 안전관리

101 Repetitive Learning (1회 2회 3회)

다음은 동바리로 사용하는 파이프 서포트의 설치기준이다. (　) 안에 들어갈 내용으로 옳은 것은?

파이프 서포트를 (　) 이상 이어서 사용하지 않도록 할 것

① 2개　② 3개
③ 4개　④ 5개

해설

- 동바리로 사용하는 파이프 서포트를 3개 이상 이어서 사용하지 않도록 하여야 한다.

정답 99 ① 100 ② 101 ②

거푸집 동바리 등의 안전조치

㉠ 공통사항

- 받침목의 사용, 콘크리트 타설, 말뚝박기 등 동바리의 침하를 방지하기 위한 조치를 할 것
- 동바리의 상하 고정 및 미끄러짐 방지 조치를 할 것
- 상부·하부의 동바리가 동일 수직선상에 위치하도록 하여 깔판·받침목에 고정시킬 것
- 개구부 상부에 동바리를 설치하는 경우에는 상부하중을 견딜 수 있는 견고한 받침대를 설치할 것
- U헤드 등의 단판이 없는 동바리의 상단에 멍에 등을 올릴 경우에는 해당 상단에 U헤드 등의 단판을 설치하고, 멍에 등이 전도되거나 이탈되지 않도록 고정시킬 것
- 동바리의 이음은 같은 품질의 재료를 사용할 것
- 강재의 접속부 및 교차부는 볼트·클램프 등 전용철물을 사용하여 단단히 연결할 것
- 거푸집의 형상에 따른 부득이한 경우를 제외하고는 깔판이나 받침목은 2단 이상 끼우지 않도록 할 것
- 깔판이나 받침목을 이어서 사용하는 경우에는 그 깔판·받침목을 단단히 연결할 것

㉡ 동바리로 사용하는 파이프 서포트

- 파이프 서포트를 3개 이상 이어서 사용하지 않도록 할 것
- 파이프 서포트를 이어서 사용하는 경우에는 4개 이상의 볼트 또는 전용철물을 사용하여 이을 것
- 높이가 3.5m를 초과하는 경우 2m 이내마다 수평연결재를 2개 방향으로 설치할 것

0501 / 1502

102 — Repetitive Learning (1회 2회 3회)

콘크리트 타설 시 거푸집 측압에 대한 설명 중 틀린 것은?

① 타설 속도가 빠를수록 측압이 커진다.
② 거푸집의 투수성이 낮을수록 측압은 커진다.
③ 타설 높이가 높을수록 측압이 커진다.
④ 콘크리트의 온도가 높을수록 측압이 커진다.

해설

- 온도가 낮을수록 콘크리트 측압은 커진다.

콘크리트 측압

- 콘크리트의 타설 속도가 빠를수록 측압이 크다.
- 콘크리트 비중이 클수록 측압이 크다.
- 진동기를 사용하면 다짐이 충분해지므로 측압은 커진다.
- 슬럼프(Slump)가 크고, 배합이 좋을수록 크다.
- 거푸집의 수평단면이 클수록 측압은 크다.
- 거푸집의 강성이 클수록 측압은 크다.
- 벽 두께가 두꺼울수록 측압은 커진다.
- 습도가 높을수록 측압은 커지고, 온도가 낮을수록 측압은 커진다.
- 철근량이 적을수록 측압은 커진다.
- 부배합이 빈배합보다 측압이 크다.
- 조강시멘트 등을 활용하면 측압은 작아진다.

1403

103 — Repetitive Learning (1회 2회 3회)

권상용 와이어로프의 절단하중이 200ton일 때 와이어로프에 걸리는 최대하중의 값을 구하면?(단, 안전계수는 5임)

① 1,000ton　② 400ton
③ 100ton　④ 40ton

해설

- 와이어로프의 안전율(안전계수) = $\frac{\text{절단하중} \times \text{줄의수}}{\text{정격하중[톤]}}$이므로
 안전계수가 5라는 의미는 절단하중이 200ton일 때
 정격하중은 $\frac{200}{5} = 40$[ton]이 된다.

양중기의 달기구 안전계수 실필 2303/1902/1901/1501

구분	안전계수
근로자가 탑승하는 운반구를 지지하는 달기 와이어로프 또는 달기 체인의 경우	10 이상
화물의 하중을 직접 지지하는 달기 와이어로프 또는 달기 체인의 경우	5 이상
훅, 샤클, 클램프, 리프팅 빔의 경우	3 이상
그 밖의 경우	4 이상

104 — Repetitive Learning (1회 2회 3회)

터널지보공을 설치한 경우에 수시로 점검하고, 이상을 발견한 경우에는 즉시 보강하거나 보수해야 할 사항이 아닌 것은?

① 부재의 긴압 정도
② 기둥침하의 유무 및 상태
③ 부재의 접속부 및 교차부 상태
④ 부재를 구성하는 재질의 종류 확인

해설

- 지보공 설치 시 붕괴 등의 방지를 위한 수시점검사항에는 ①, ②, ③ 외에 부재의 손상·변형·부식·변위 탈락의 유무 및 상태 등이 있다.

지보공 설치 시 붕괴 등의 방지를 위한 수시점검사항

- 부재의 손상·변형·부식·변위 탈락의 유무 및 상태
- 부재의 긴압 정도
- 부재의 접속부 및 교차부의 상태
- 기둥침하의 유무 및 상태

102 ④ 103 ④ 104 ④ 정답

0303 / 0601 / 0702 / 0902 / 1202

105 Repetitive Learning (1회 2회 3회)

선창의 내부에서 화물취급 작업을 하는 근로자가 안전하게 통행할 수 있는 설비를 설치하여야 하는 기준은 갑판의 윗면에서 선창 밑바닥까지의 깊이가 최소 얼마를 초과할 때인가?

① 1.3m　　② 1.5m
③ 1.8m　　④ 2.0m

해설

- 근로자가 안전하게 통행할 수 있는 설비는 선창(船倉) 밑바닥까지의 깊이가 1.5m를 초과하는 선창에 설치한다.

통행설비의 설치

- 사업주는 갑판의 윗면에서 선창(船倉) 밑바닥까지의 깊이가 1.5m를 초과하는 선창의 내부에서 화물취급작업을 하는 경우에 그 작업에 종사하는 근로자가 안전하게 통행할 수 있는 설비를 설치하여야 한다.

1202 / 1601

106 Repetitive Learning

굴착기계의 운행 시 안전대책으로 옳지 않은 것은?

① 버킷에 사람의 탑승을 허용해서는 안 된다.
② 운전반경 내에 사람이 있을 때 회전은 10rpm 이하의 느린 속도로 하여야 한다.
③ 장비의 주차 시 경사지나 굴착작업장으로부터 충분히 이격시켜 주차한다.
④ 전선이나 구조물 등에 인접하여 붐을 선회해야 될 작업에는 사전에 회전반경, 높이제한 등 방호조치를 강구한다.

해설

- 굴착기계의 작업반경 내에 사람이 있을 때 회전 및 작업진행을 금지하도록 한다.

굴착기계 운행 시 안전대책

- 버킷에 사람의 탑승을 허용해서는 안 된다.
- 굴착기계의 작업장소에 근로자가 아닌 사람의 출입을 금지해야 하며, 만약 작업반경 내에 사람이 있을 때 회전 및 작업진행을 금지하도록 한다.
- 장비의 주차 시 경사지나 굴착작업장으로부터 충분히 이격시켜 주차한다.
- 전선이나 구조물 등에 인접하여 붐을 선회해야 될 작업에는 사전에 회전반경, 높이제한 등 방호조치를 강구한다.

0301 / 0603

107 Repetitive Learning (1회 2회 3회)

폭우 시 옹벽 배면의 배수시설이 취약하면 옹벽 저면을 통하여 침투수(Seepage)의 수위가 올라간다. 이 침투수가 옹벽의 안정에 미치는 영향으로 옳지 않은 것은?

① 옹벽 배면토의 단위수량 감소로 인한 수직 저항력 증가
② 옹벽 바닥면에서 양압력 증가
③ 수평 저항력(수동토압)의 감소
④ 포화 또는 부분 포화에 따른 뒷채움용 흙 무게의 증가

해설

- 침투수로 인해 옹벽 배면토의 단위수량은 증가한다.

침투수가 옹벽의 안정에 미치는 영향

- 수평저항력(수동토압)의 감소
- 옹벽 바닥면 및 활동면에서 양압력의 증가
- 옹벽 내부 간극수압 증가 및 안정성 악화
- 뒷채움용 흙 무게의 증가
- 지반의 전단강도 감소

0603 / 0701 / 1501 / 1803 / 2103

108 Repetitive Learning

그물코의 크기가 5cm인 매듭방망 방망사의 인장강도는 최소 몇 kg 이상이어야 하는가?(단, 방망사는 신품인 경우이다)

① 50　　② 100
③ 110　　④ 150

해설

- 매듭방망의 인장강도는 신품의 경우 그물코의 크기가 5cm이면 110kg, 10cm이면 200kg 이상이다.

신품 방망 인장강도

그물코 한변 길이	무매듭방망	매듭방망
10cm	240kg 이상(150kg)	200kg 이상(135kg)
5cm		110kg 이상(60kg)

단, ( )은 폐기기준이다.

0802 / 1301 / 1401 / 1802 / 1901 / 2102

109 Repetitive Learning (1회 2회 3회)

부두·안벽 등 하역작업을 하는 장소에서 부두 또는 안벽의 선을 따라 통로를 설치하는 경우에는 그 폭을 최소 얼마 이상으로 하여야 하는가?

① 90cm 이상　　② 75cm 이상
③ 60cm 이상　　④ 45cm 이상

정답 | 105 ② 106 ② 107 ① 108 ③ 109 ①

해설

- 부두 또는 안벽의 선을 따라 통로를 설치하는 경우에는 폭을 90cm 이상으로 하여야 한다.

하역작업장의 조치기준 실필 2202/1803/1501

- 작업장 및 통로의 위험한 부분에는 안전하게 작업할 수 있는 조명을 유지할 것
- 부두 또는 안벽의 선을 따라 통로를 설치하는 경우에는 폭을 90cm 이상으로 할 것
- 육상에서의 통로 및 작업장소로서 다리 또는 선거(船渠)의 갑문(閘門)을 넘는 보도(步道) 등의 위험한 부분에는 안전난간 또는 울타리 등을 설치할 것

2202

110 — Repetitive Learning (1회 2회 3회)

건설업 산업안전보건관리비 계상 및 사용기준(고용노동부 고시)은 산업재해보상보험법의 적용을 받는 공사 중 총 공사금액이 얼마 이상인 공사에 적용하는가?

① 4천만원　② 3천만원
③ 2천만원　④ 1천만원

해설

- 건설업 산업안전보건관리비 계상 및 사용기준은 산업재해보상보험법의 적용을 받는 공사 중 총 공사금액 2천만원 이상인 공사에 적용한다.

건설업 산업안전보건관리비 계상 및 사용기준의 적용범위

- 건설업 산업안전보건관리비 계상 및 사용기준은 산업재해보상보험법의 적용을 받는 공사 중 총 공사금액 2천만원 이상인 공사에 적용한다.

1903

111 — Repetitive Learning (1회 2회 3회)

가설통로를 설치하는 경우 준수하여야 할 기준으로 옳지 않은 것은?

① 경사는 30° 이하로 할 것
② 경사가 15° 를 초과하는 경우에는 미끄러지지 아니하는 구조로 할 것
③ 수직갱에 가설된 통로의 길이가 15m 이상인 때에는 15m 이내마다 계단참을 설치할 것
④ 건설공사에 사용하는 높이 8m 이상의 비계다리에는 7m 이내마다 계단참을 설치할 것

해설

- 수직갱에 가설된 통로의 길이가 15m 이상인 경우에는 10m 이내마다 계단참을 설치해야 한다.

가설통로 설치 시 준수기준 실필 2301/1801/1703/1603

- 높이 8m 이상인 비계다리에서는 7m 이내마다 계단참을 설치할 것
- 수직갱에 가설된 통로의 길이가 15m 이상인 경우에는 10m 이내마다 계단참을 설치할 것
- 경사가 15°를 초과하는 경우에는 미끄러지지 아니하는 구조로 할 것
- 추락할 위험이 있는 장소에는 안전난간을 설치할 것
- 경사로의 폭은 최소 90cm 이상으로 할 것
- 발판 폭 40cm 이상, 틈 3cm 이하로 할 것
- 경사는 30° 이하로 할 것

1503

112 — Repetitive Learning (1회 2회 3회)

온도가 하강함에 따라 토중수가 얼어 부피가 약 9% 정도 증대하게 됨으로써 지표면이 부풀어 오르는 현상은?

① 동상현상
② 역화현상
③ 리칭현상
④ 액상화현상

해설

- 역화현상이란 보일러의 버너에서 화염이 역행하는 현상을 말한다.
- 리칭현상이란 해수에 퇴적된 점토의 염분이 담수에 의해 천천히 빠져나가 점토의 강도가 저하되는 현상을 말한다.
- 액상화현상은 보일링의 원인으로 사질지반이 강한 충격을 받으면 흙의 입자가 수축되면서 모래가 액체처럼 이동하게 되는 현상을 말한다.

동상(Frost heave)

㉠ 개요
- 온도가 하강하거나 물이 결빙되는 위치로 유입됨에 따라 토중수가 얼어 부피가 약 9% 정도 증대하게 됨으로써 지표면이 부풀어 오르는 현상을 말한다.
- 흙의 동상현상에 영향을 미치는 인자에는 동결 지속시간, 모관 상승고의 크기, 흙의 투수성 등이 있다.

㉡ 흙의 동상 방지대책
- 동결되지 않는 흙으로 치환하거나 흙속에 단열재를 매입한다.
- 지하수위를 낮춘다.
- 지표의 흙을 화학약품 처리하여 동결온도를 낮춘다.
- 모관수의 상승을 차단하기 위하여 지하수위 상층에 조립토층을 설치한다.

110 ③ 111 ③ 112 ① 정답

2201

113 Repetitive Learning (1회 2회 3회)

강관틀비계를 조립하여 사용하는 경우 준수해야 하는 사항으로 옳지 않은 것은?

① 높이가 20m를 초과하거나 중량물의 적재를 수반하는 작업을 할 경우에는 주틀 간의 간격을 2.4m 이하로 할 것
② 수직방향으로 6m, 수평방향으로 8m 이내마다 벽이음을 할 것
③ 길이가 띠장 방향으로 4m 이하이고 높이가 10m를 초과하는 경우에는 10m 이내마다 띠장 방향으로 버팀기둥을 설치할 것
④ 주틀 간에 교차가새를 설치하고 최상층 및 5층 이내마다 수평재를 설치할 것

해설

- 높이가 20m를 초과하거나 중량물의 적재를 수반하는 작업을 할 경우에는 주틀 간의 간격을 1.8m 이하로 한다.

강관틀비계 조립 시 준수사항

- 비계기둥의 밑둥에는 밑받침 철물을 사용하여야 하며 밑받침에 고저차(高低差)가 있는 경우에는 조절형 밑받침 철물을 사용하여 각각의 강관틀비계가 항상 수평 및 수직을 유지하도록 할 것
- 높이가 20m를 초과하거나 중량물의 적재를 수반하는 작업을 할 경우에는 주틀 간의 간격을 1.8m 이하로 할 것
- 주틀 간에 교차가새를 설치하고 최상층 및 5층 이내마다 수평재를 설치할 것
- 수직방향으로 6m, 수평방향으로 8m 이내마다 벽이음을 할 것
- 길이가 띠장 방향으로 4m 이하이고 높이가 10m를 초과하는 경우에는 10m 이내마다 띠장 방향으로 버팀기둥을 설치할 것

1003 / 1201

114 Repetitive Learning (1회 2회 3회)

근로자의 추락 등의 위험을 방지하기 위한 안전난간의 구조 및 설치요건에 대한 기준으로 옳지 않은 것은?

① 상부 난간대는 바닥면·발판 또는 경사로의 표면으로부터 90cm 이상 지점에 설치할 것
② 발끝막이판은 바닥면 등으로부터 10cm 이상의 높이를 유지할 것
③ 난간대는 지름 1.5cm 이상의 금속제 파이프나 그 이상의 강도를 가진 재료일 것
④ 안전난간은 구조적으로 가장 취약한 지점에서 가장 취약한 방향으로 작용하는 100kg 이상의 하중에 견딜 수 있는 튼튼한 구조일 것

해설

- 안전난간의 난간대는 지름 2.7cm 이상의 금속제 파이프나 그 이상의 강도가 있는 재료로 한다.

안전난간의 구조 및 설치요건 실필 2103/1703/1301 실작 2402/2303

- 상부 난간대, 중간 난간대, 발끝막이판 및 난간기둥으로 구성할 것. 다만, 중간 난간대, 발끝막이판 및 난간기둥은 이와 비슷한 구조와 성능을 가진 것으로 대체할 수 있다.
- 상부 난간대는 바닥면·발판 또는 경사로의 표면으로부터 90cm 이상 지점에 설치하고, 상부 난간대를 120cm 이하에 설치하는 경우에는 중간 난간대는 상부 난간대와 바닥면 등의 중간에 설치하여야 하며, 120cm 이상 지점에 설치하는 경우에는 중간 난간대를 2단 이상으로 균등하게 설치하고 난간의 상하 간격은 60cm 이하가 되도록 할 것. 다만, 난간기둥 간의 간격이 25cm 이하인 경우에는 중간 난간대를 설치하지 않을 수 있다.
- 발끝막이판은 바닥면 등으로부터 10cm 이상의 높이를 유지할 것. 다만, 물체가 떨어지거나 날아올 위험이 없거나 그 위험을 방지할 수 있는 망을 설치하는 등 필요한 예방 조치를 한 장소는 제외한다.
- 난간기둥은 상부 난간대와 중간 난간대를 견고하게 떠받칠 수 있도록 적정한 간격을 유지할 것
- 상부 난간대와 중간 난간대는 난간 길이 전체에 걸쳐 바닥면 등과 평행을 유지할 것
- 난간대는 지름 2.7cm 이상의 금속제 파이프나 그 이상의 강도가 있는 재료일 것
- 안전난간은 구조적으로 가장 취약한 지점에서 가장 취약한 방향으로 작용하는 100kg 이상의 하중에 견딜 수 있는 튼튼한 구조일 것

115 Repetitive Learning (1회 2회 3회)

건설공사 유해·위험방지계획서를 제출해야 할 대상 공사에 해당하지 않는 것은?

① 깊이가 10m인 굴착공사
② 다목적 댐 건설공사
③ 최대지간길이가 40m인 교량 건설 등의 공사
④ 연면적 5천m^2인 냉동·냉장 창고시설의 설비공사

해설

- 교량 건설공사의 경우 유해·위험방지계획서 제출대상 공사는 최대지간길이가 50m 이상인 공사이다.

정답 | 113 ① 114 ③ 115 ③

∷ 유해・위험방지계획서 제출대상 공사 실필 1701

- 지상높이가 31m 이상인 건축물 또는 인공구조물, 연면적 3만m^2 이상인 건축물 또는 연면적 5천m^2 이상의 문화 및 집회시설(전시장 및 동물원・식물원은 제외), 판매시설, 운수시설(고속철도의 역사 및 집배송시설은 제외), 종교시설, 의료시설 중 종합병원, 숙박시설 중 관광숙박시설, 지하도상가 또는 냉동・냉장창고시설의 건설・개조 또는 해체공사
- 연면적 5천m^2 이상인 냉동・냉장창고시설의 설비공사 및 단열공사
- 최대지간길이가 50m 이상인 교량 건설 등의 공사
- 터널 건설 등의 공사
- 다목적 댐, 발전용 댐 및 저수용량 2천만톤 이상의 용수 전용 댐, 지방상수도 전용 댐 건설 등의 공사
- 깊이 10m 이상인 굴착공사

116 ── Repetitive Learning (1회 2회 3회)

건설현장에 달비계를 설치하여 작업 시 달비계에 사용 가능한 와이어로프로 볼 수 있는 것은?

① 이음매가 있는 것
② 와이어로프의 한 꼬임에서 끊어진 소선의 수가 5%인 것
③ 지름의 감소가 공칭지름의 10%인 것
④ 열과 전기충격에 의해 손상된 것

해설

- 와이어로프의 한 꼬임에서 끊어진 소선(素線)의 수가 10% 이상인 것은 폐기대상이지만 소선의 수가 5%만 끊어진 것은 사용가 능하다.

∷ 달기구 및 크레인 등의 양중기, 항타기, 항발기에서 사용하는 와이어로프의 사용금지 규정 실필 1601/1503

- 이음매가 있는 것
- 와이어로프의 한 꼬임[(스트랜드(Strand)]에서 끊어진 소선(素線)의 수가 10% 이상인 것
- 지름의 감소가 공칭지름의 7%를 초과하는 것
- 꼬인 것
- 심하게 변형되거나 부식된 것
- 열과 전기충격에 의해 손상된 것

1002

117 ── Repetitive Learning (1회 2회 3회)

토질시험(Soil test)방법 중 전단시험에 해당하지 않는 것은?

① 일면전단시험
② 베인테스트
③ 일축압축시험
④ 투수시험

해설

- 투수시험은 투수성 지반의 설계와 지하수 문제를 확인하기 위해 실내에서 흙의 물리적 성질을 측정하는 시험으로, 전단시험과는 거리가 멀다.

∷ 전단시험

- 흙의 전단강도를 확인하기 위해 실시하는 시험을 말한다.
- 흙의 전단강도는 점착력 + 유효응력 × tan(내부마찰각)으로 구하는데 전단시험은 점착력과 내부마찰각을 구하는 시험이다.
- 실내에서 시행하는 시험에는 직접전단시험, 일축압축시험, 삼축압축시험, 실내베인시험, 단순(일면)전단시험 등이 있다.
- 현장에서 시행하는 시험에는 표준관입시험, 현장베인시험, 콘관입시험 등이 있다.

118 ── Repetitive Learning (1회 2회 3회)

철골 건립기계 선정 시 사전 검토사항과 가장 거리가 먼 것은?

① 건립기계의 소음 영향
② 건립기계로 인한 일조권 침해
③ 건물형태
④ 작업반경

해설

- 철골 건립기계 선정 시 검토사항 중 입지조건에서 소음이나 출입로 및 설치장소의 넓이 등은 검토사항에 포함되나 일조권 침해 여부는 크게 문제될 부분이 아니어서 검토사항에 포함되지 않는다.

∷ 철골 건립기계 선정 시 검토사항

- 입지조건 – 세우기 기계의 출입로, 설치장소, 기계조립에 필요한 면적과 주행통로, 지반지내력, 소음관련 주변상황
- 건물형태 – 건물의 길이 또는 높이 등 건물의 형태
- 작업반경 및 하중범위 등 – 고정식 건립기계의 경우 기계의 작업반경, 하중범위, 수평거리, 수직높이 등

116 ② 117 ④ 118 ② | 정답

0902

119

다음 중 감전재해의 직접적인 요인으로 가장 거리가 먼 것은?

① 통전전압의 크기
② 통전전류의 크기
③ 통전시간의 크기
④ 통전경로

해설

- 감전위험에 영향을 주는 1차적인 요소에는 통전전류의 크기, 통전경로, 통전시간, 통전전원의 종류와 질이 있다.

감전 위험요인과 위험도

- 감전위험에 영향을 주는 1차적인 요소에는 통전전류의 크기, 통전경로, 통전시간, 통전전원의 종류와 질이 있다.
- 감전위험에 영향을 주는 2차적인 요소에는 인체의 조건, 주변 환경 등이 있다.
- 위험도는 통전전류의 크기 > 통전경로 > 통전시간 > 전원의 종류(교류 > 직류) > 주파수 및 파형 순으로 위험하다.

1401

120

크램쉘(Clam shell)의 용도로 옳지 않은 것은?

① 잠함 안의 굴착에 사용된다.
② 수면 아래의 자갈, 모래를 굴착하고 준설선에 많이 사용된다.
③ 건축구조물의 기초 등 정해진 범위의 깊은 굴착에 적합하다.
④ 단단한 지반의 작업도 가능하며 작업속도가 빠르고 특히 암반굴착에 적합하다.

해설

- 단단한 지반의 작업도 가능하며 작업속도가 빠르고 특히 암반굴착에 적합한 건설기계는 백호우(Back hoe)이다.

크램쉘(Clam shell)

- 수중굴착 및 구조물의 기초바닥 등과 같은 협소하고 상당히 깊은 범위의 굴착과 호퍼작업에 사용하는 굴착기계이다.
- 잠함 안이나 수면 아래의 자갈, 모래를 굴착하고 준설선에 많이 사용된다.

정답 | 119 ① 120 ④

출제문제 분석 2020년 1/2회

구분	1과목	2과목	3과목	4과목	5과목	6과목	합계
New유형	0	1	3	2	3	3	12
New문제	6	9	11	4	4	7	41
또나온문제	9	6	2	5	6	9	37
자꾸나온문제	5	5	7	11	10	4	42
합계	20	20	20	20	20	20	120

- New유형은 New문제 중 기존 기출문제와 완전히 다른 유형의 문제를 말합니다.
- New문제는 기존에 출제되지 않은 문제로 이번에 처음 출제되는 문제이거나 기존 출제된 문제의 변형된 형태입니다.
- 또나온문제는 기존에 출제된 적이 1번 있는 문제를 말합니다.
- 자꾸나온문제는 기존에 출제된 적이 2번 이상 있는 문제를 말합니다. 그만큼 중요한 문제입니다.

몇 년분의 기출문제를 공부해야 합격할 수 있을까요?

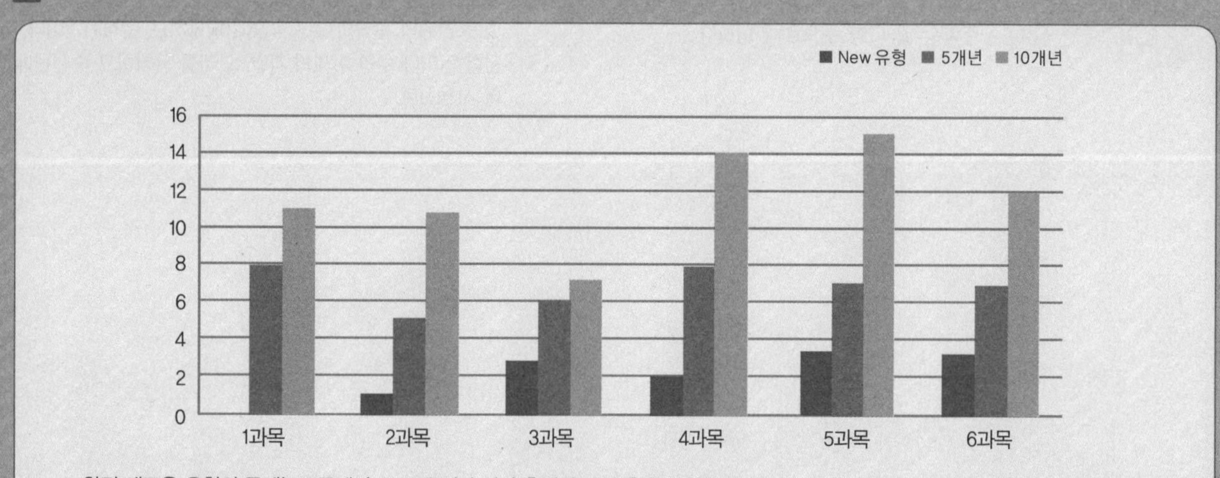

- 완전 새로운 유형의 문제는 12문제이고 108문제가 이미 출제된 문제 혹은 변형문제입니다.
- 5년분(2016~2020) 기출에서 동일문제가 41문항이 출제되었고, 10년분(2011~2020) 기출에서 동일문제가 70문항이 출제되었습니다.

실기에 나왔어요!! 외우세요!!!

실기시험은 필답형과 작업형으로 구분되어 있으며 모두 직접 주관식으로 내용을 적어야 합니다. 필기공부하면서 실기 출제된 내역들은 좀 더 신경써서 암기하실 필요가 있어요. 필기 합격자 발표 난 후 실기시험까지는 5주밖에 여유가 없답니다. 어차피 공부할 것 필기 때 확실하게 해준다면 실기도 단방에 합격할 수 있습니다.

- 총 35개의 해설이 실기 필답형 시험과 연동되어 있습니다.
- 총4개의 해설이 실기 작업형 시험과 연동되어 있습니다.

분석의견

코로나로 인해 늦춰진 시험이었던 만큼 수험생도 오랫동안 대비를 하였던 시험입니다. 적시된 바와 같이 기출의 비중이 대단히 높습니다. 10년분을 학습하신 수험생은 합격점수인 72점에서 불과 2개 적은 70개의 문제를 해결할 수 있을 정도로 아주 쉽게 출제된 회차입니다. 이에 합격률 역시 67.66%로 역대급 기록을 작성하였습니다. 과목별로는 3과목이 다소 어렵게 출제되었지만 이 역시 과락점수인 8점에 가깝게 기출문제에서 출제된 만큼 합격에 영향을 주기는 힘들었다고 생각됩니다. 예년의 다른 회차에 비해 쉬웠으나 합격에 필요한 점수를 획득하기 위해서는 최근 5년분 문제와 핵심이론의 3회독 혹은 최근 10년분 문제와 핵심이론의 2회독 이상의 학습이 필요합니다.

2020년 제1/2회

2020년 6월 7일 필기

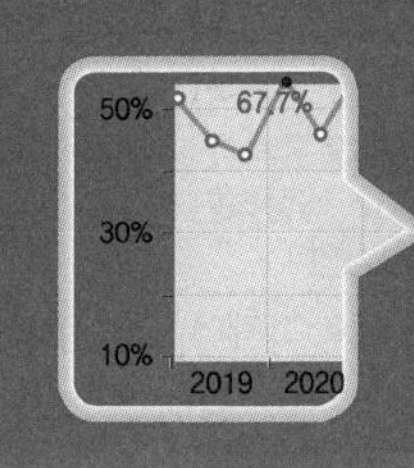

20년 1/2회통합 필기
합격률 67.7%

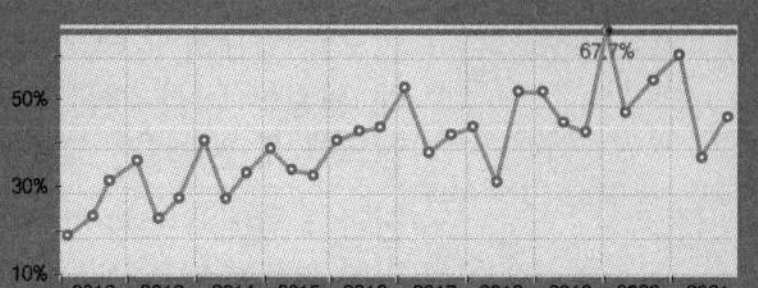

1과목 산업재해 예방 및 안전보건교육

1601

01 Repetitive Learning (1회 2회 3회)

산업안전보건법령상 안전 · 보건표지의 종류 중 경고표지에 해당하지 않는 것은?

① 레이저광선경고
② 급성독성물질경고
③ 매달린물체경고
④ 차량통행경고

해설

• 차량통행을 금지하는 표지판은 있지만 차량통행을 경고하는 표지판은 없다.

경고표지 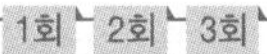 실필 2401/2202/2102/1802/1702/1502/1303/1101/1002/1001

- 유해 · 위험경고, 주의표지 또는 기계방호물을 표시할 때 사용된다.
- 경고표지는 화학물질 취급장소에서의 유해 및 위험경고와 화학물질 취급장소에서의 유해 · 위험경고 이외의 위험경고, 주의표지 또는 기계방호물로 구분된다.
- 화학물질 취급장소에서의 유해 및 위험경고표지는 무색 바탕에 빨간색(7.5R 4/14) 혹은 검은색(N0.5) 기본모형으로 표시하며, 인화성물질경고, 부식성물질경고, 급성독성물질경고, 산화성물질경고, 폭발성물질경고 등이 있다.

인화성 물질경고	부식성 물질경고	급성독성 물질경고	산화성 물질경고	폭발성 물질경고

- 화학물질 취급장소에서의 유해 · 위험경고 이외의 위험경고, 주의표지 또는 기계방호물의 경고표지는 노란색(5Y 8.5/12) 바탕에 검은색(N0.5) 기본모형으로 표시하며, 방사성물질경고, 고압전기경고, 매달린물체경고, 낙하물경고, 고온/저온경고, 위험장소경고, 몸균형상실경고, 레이저광선경고 등이 있다.

방사성물질 경고	고압전기 경고	매달린물체 경고	낙하물경고
고온/저온 경고	**위험장소 경고**	**몸균형상실 경고**	**레이저광선 경고**

0502 / 0703 / 0801 / 0901 / 1001 / 1102 / 1303 / 1502 / 1503 / 1801 / 2201

02 Repetitive Learning (1회 2회 3회)

다음 중 몇 사람의 전문가가 과제에 관한 견해를 발표한 뒤에 참가자로 하여금 의견이나 질문을 하게 하여 토의하는 방법은?

① 심포지엄(Symposium)
② 버즈세션(Buzz session)
③ 케이스 스터디(Case study)
④ 패널 디스커션(Panel discussion)

해설

- 심포지엄은 몇 사람의 전문가에 의하여 과제에 관한 견해를 발표한 뒤에 참가자로 하여금 의견이나 질문을 하게 하여 토의하는 방법이다.
- 버즈세션은 6명씩 소집단으로 구분하고, 집단별로 6분씩 자유토의를 행하여 의견을 종합하는 방식으로 6-6 회의라고도 한다.
- 패널 디스커션은 소수의 전문가들이 과제에 관한 견해를 발표하고 토론한 뒤 참가자 전원이 사회자의 진행에 따라 토의하는 방법이다.

정답 | 01 ④ 02 ①

토의법의 종류

포럼 (Forum)	새로운 자료나 교재를 제시하고 피교육자로 하여금 문제점을 제기하게 하거나 그것에 관한 피교육자의 의견을 여러 가지 방법으로 발표하게 하고, 청중과 토론자 간에 활발한 의견 개진과 충돌로 바람직한 합의를 도출해내는 교육 실시방법
패널 디스커션 (Panel discussion)	참가자 앞에서 소수의 전문가들이 과제에 관한 견해를 발표하고 토론한 뒤 참가자 전원이 사회자의 진행에 따라 토의하는 방법
심포지엄 (Symposium)	몇 사람의 전문가에 의하여 과제에 관한 견해를 발표한 뒤에 참가자로 하여금 의견이나 질문을 하게 하여 토의하는 방법
롤 플레잉 (Role playing)	집단 심리요법의 하나로서 자기 해방과 타인 체험을 목적으로 하는 체험활동을 통해 대인관계에 있어서의 태도변용이나 통찰력, 자기이해를 목표로 개발된 교육방법
버즈세션 (Buzz session)	6-6 회의라고도 하며, 6명씩 소집단으로 구분하고, 집단별로 각각의 사회자를 선발하여 6분간씩 자유토의를 행하여 의견을 종합하는 방법

1302

03

작업을 하고 있을 때 긴급 이상상태 또는 돌발사태가 되면 순간적으로 긴장하게 되어 판단능력의 둔화 또는 정지상태가 되는 것은?

① 의식의 우회
② 의식의 과잉
③ 의식의 단절
④ 의식의 수준저하

해설

- 외부의 급작스러운 상황에 의해 긴장하면서 판단능력이 떨어지는 것은 의식의 과잉현상이다.

부주의의 발생현상

의식수준의 저하	혼미한 정신상태에서 심신의 피로나 단조로운 반복작업 시 일어나는 현상
의식의 우회	걱정거리, 고민거리, 욕구불만 등에 의해 작업이 아닌 다른 곳에 정신을 빼앗기는 부주의 현상으로 상담에 의해 해결할 수 있다.
의식의 과잉	긴급 이상상태 또는 돌발사태가 되면 순간적으로 긴장하게 되어 판단능력의 둔화 또는 정지상태가 되는 것으로 주의의 일점집중현상과 관련이 깊다.
의식의 단절	질병의 경우에 주로 나타난다.

0701

04

Repetitive Learning 1회 2회 3회

A 사업장의 2019년 도수율이 10이라 할 때 연천인율은 얼마인가?

① 2.4 ② 5
③ 12 ④ 24

해설

- 도수율이 10일 때 연천인율은 10 × 2.4 = 24이다.

연천인율 실필 1801/1403/1201/0903/0901

- 1년간 평균근로자 1,000명당 재해자의 수를 나타낸다.
- 연천인율 $= \frac{\text{연간 재해자수}}{\text{연평균 근로자수}} \times 1{,}000$으로 구한다.
- 근로자 1명이 연평균 2,400시간을 일한다는 것을 가정할 때 연천인율은 도수율×2.4로도 구할 수 있다.

0902 / 1402 / 1502 / 1902

05

Repetitive Learning 1회 2회 3회

산업안전보건법상 산업안전보건위원회의 사용자위원 구성원이 아닌 것은?(단, 각 사업장은 해당하는 사람을 선임하여 하는 대상 사업장으로 한다)

① 안전관리자
② 산업보건의
③ 명예산업안전감독관
④ 해당 사업장 부서의 장

해설

- 명예산업안전감독관은 근로자위원에 포함된다.

산업안전보건위원회 실필 2303/2302/1903/1301/1102/1003/0901/0803

- 근로자위원은 근로자대표, 명예감독관, 근로자대표가 지명하는 9명 이내의 해당 사업장의 근로자로 구성한다.
- 사용자위원은 대표자, 안전관리자, 보건관리자, 산업보건의, 대표자가 지명하는 9명 이내의 해당 사업장 부서의 장으로 구성하나 상시근로자 50명 이상 100명 이하일 경우 대표자가 지명하는 9명 이내의 해당 사업장 부서의 장은 제외한다.
- 산업안전보건위원회의 위원장은 위원 중에서 호선(互選)한다. 이 경우 근로자위원과 사용자위원 중 각 1명을 공동위원장으로 선출할 수 있다.
- 산업안전보건위원회의 회의는 정기회의와 임시회의로 구분하되, 정기회의는 분기마다 위원장이 소집하며, 임시회의는 위원장이 필요하다고 인정할 때에 소집한다.

03 ② 04 ④ 05 ③ 정답

0803

06 Repetitive Learning (1회 2회 3회)

산업안전보건법상 안전관리자의 업무에 해당하는 것은?

① 직업성 질환 발생의 원인조사 및 대책수립
② 해당 사업장 안전교육계획의 수립 및 안전교육 실시에 관한 보좌 및 조언·지도
③ 근로자의 건강장해의 원인조사와 재발방지를 위한 의학적 조치
④ 해당 작업에서 발생한 산업재해에 관한 보고 및 이에 대한 응급조치

해설

- 안전관리자의 가장 중요한 업무는 사업장 안전교육계획의 수립 및 안전교육 실시에 관한 보좌 및 조언·지도이다.

안전관리자의 직무
- 산업안전보건위원회 또는 안전·보건에 관한 노사협의체에서 심의·의결한 업무와 사업장의 안전보건관리규정 및 취업규칙에서 정한 업무
- 안전인증대상 기계·기구 등과 자율안전확인대상 기계·기구 등 구입 시 적격품의 선정에 관한 보좌 및 조언·지도
- 위험성 평가에 관한 보좌 및 조언·지도
- 사업장 안전교육계획의 수립 및 안전교육 실시에 관한 보좌 및 조언·지도
- 사업장 순회점검·지도 및 조치의 건의
- 산업재해 발생의 원인 조사·분석 및 재발 방지를 위한 기술적 보좌 및 조언·지도
- 산업재해에 관한 통계의 유지·관리·분석을 위한 보좌 및 조언·지도
- 안전에 관한 사항의 이행에 관한 보좌 및 조언·지도
- 업무수행 내용의 기록·유지
- 안전에 관한 사항으로서 고용노동부장관이 정하는 사항

07 Repetitive Learning (1회 2회 3회)

어느 사업장에서 물적 손실이 수반된 무상해사고가 180건 발생하였다면 중상은 몇 건이나 발생할 수 있는가?(단, 버드의 재해구성 비율법칙에 따른다)

① 6건　② 18건
③ 20건　④ 29건

해설

- 1 : 10 : 30 : 600에서 30에 해당하는 무상해사고가 180이므로 1에 해당하는 중상자는 6명이 된다.

버드(Bird)의 재해발생비율
- 중상 : 경상 : 무상해사고 : 무상해무사고가 각각 1 : 10 : 30 : 600인 재해구성비율을 말한다.
- 총 사고 발생건수 641건을 대상으로 분석했을 때 중상 1, 경상 10, 무상해사고 30, 무상해무사고 600건이 발생했음을 의미한다.
- 무상해사고는 물적 손실만 발생한 사고를 말한다.
- 무상해무사고란 Near accident 즉, 위험순간을 말한다.

1802

08 Repetitive Learning (1회 2회 3회)

안전보건교육 계획에 포함되어야 할 사항이 아닌 것은?

① 교육지도안
② 교육장소 및 교육방법
③ 교육의 종류 및 대상
④ 교육의 과목 및 교육내용

해설

- 안전보건교육계획에는 ②, ③, ④ 외에 교육의 목표, 기간 및 시간, 담당자 및 강사, 소요예산계획 등이 있다.

안전교육계획 수립
㉠ 순서
- 교육 요구사항 파악 → 교육내용의 결정 → 실행을 위한 순서, 방법, 자료의 검토 → 실행교육계획서의 작성 순이다.

㉡ 계획 수립 시 포함되어야 할 사항
- 교육의 목표
- 교육의 종류 및 대상
- 교육의 과목 및 내용
- 교육장소 및 방법
- 교육기간 및 시간
- 교육담당자 및 강사
- 소요예산계획

1302

09 Repetitive Learning (1회 2회 3회)

다음 중 Y·G 성격검사에서 "안전, 적응, 적극형"에 해당하는 형의 종류는?

① A형　② B형
③ C형　④ D형

해설

- A형은 조화 및 적응적 성격에 해당한다.
- B형은 활동적 및 외향적 성격에 해당한다.
- C형은 온순, 소극적, 내향적 성격에 해당한다.

정답 | 06 ② 07 ① 08 ① 09 ④

Y・G(矢田部・Guilford) 성격검사

㉠ 개요

- 평정법, 질문지법이라고 불리는 "예, 아니오"로 대답할 수 있는 질문으로 성격을 진단하는 검사방법이다.
- 억압성이나 변덕의 정도, 협동성, 공격성 등의 특징을 점수로 환산하여 숫자들의 패턴으로 성격을 판단한다.

㉡ 검사 후 성격 패턴

A형(평균형)	조화적, 적응적 성격
B형(우편형)	활동적, 외향적 성격(정서불안정, 부적응)
C형(좌편형)	온순, 소극적, 내향적 성격(안전 소극형, 안정)
D형(우하형)	안전, 적응, 적극형 성격
E형(좌하형)	불안정, 부적응, 수동형 성격

10 Repetitive Learning (1회 2회 3회)

안전교육에 대한 설명으로 옳은 것은?

① 사례중심과 실연을 통하여 기능적 이해를 돕는다.
② 사무직과 기능직은 그 업무가 판이하게 다르므로 분리하여 교육한다.
③ 현장 작업자는 이해력이 낮으므로 단순반복 및 암기를 시킨다.
④ 안전교육에 건성으로 참여하는 것을 방지하기 위하여 인사고과에 필히 반영한다.

해설

- 사무직과 기능직은 그 업무가 다르지만 특별교육 대상이 아닌 정기안전보건교육일 경우 통합하여 교육할 수 있다.
- 현장 작업자라고 이해력이 낮다고 단정하는 것은 잘못된 사고방식이다.
- 안전교육 참여만으로 인사고과에 반영하는 것은 민원의 소지가 발생할 수 있다.

안전교육의 4단계

- 도입(준비) – 제시(설명) – 적용(응용) – 확인(총괄, 평가)단계를 거친다.

1단계	도입	구체적인 목표를 제시, 동기유발을 통해 관심과 흥미를 가지게 하고 심신의 여유를 준다.
2단계	제시(실연)	새로운 지식이나 기능을 설명하고 이해, 납득시킨다.
3단계	적용(실습)	피교육자가 공감을 느끼게 하고, 과제를 통해 문제해결하게 하거나 기능을 습득시킨다.
4단계	확인(평가)	피교육자가 교육내용을 충분히 이해했는지를 확인하고 평가한다.

11 Repetitive Learning (1회 2회 3회)

다음 중 산업안전보건법에 따라 환기가 극히 불량한 좁은 밀폐된 장소에서 용접작업을 하는 근로자를 대상으로 한 특별 안전・보건교육내용에 해당하지 않는 것은?(단, 일반적인 안전・보건에 필요한 사항은 제외한다)

① 환기설비에 관한 사항
② 질식 시 응급조치에 관한 사항
③ 작업순서, 안전작업방법 및 수칙에 관한 사항
④ 폭발한계점, 발화점 및 인화점 등에 관한 사항

해설

- 폭발한계점, 발화점 및 인화점 등에 관한 사항은 폭발성・물반응성・자기반응성・자기발열성 물질, 자연발화성 액체・고체 및 인화성 액체의 제조 또는 취급작업의 특별 안전・보건교육내용에 해당한다.

밀폐된 장소에서 하는 용접작업 또는 습한 장소에서 전기 용접작업을 하는 근로자를 대상으로 하는 특별 안전・보건교육 내용 실필 1203

- 작업순서, 안전작업방법 및 수칙에 관한 사항
- 환기설비에 관한 사항
- 전격방지 및 보호구 착용에 관한 사항
- 질식 시 응급조치에 관한 사항
- 작업환경 점검에 관한 사항
- 그 밖에 안전・보건관리에 필요한 사항

1603

12 Repetitive Learning (1회 2회 3회)

크레인, 리프트 및 곤돌라는 사업장에 설치가 끝난 날부터 몇 년 이내에 최초의 안전검사를 실시해야 하는가?(단, 이동식 크레인, 이삿짐운반용 리프트는 제외한다)

① 1년
② 2년
③ 3년
④ 4년

해설

- 크레인, 리프트 및 곤돌라는 사업장에 설치가 끝난 날부터 3년 이내에 최초 안전검사를 실시한다.

10 ① 11 ④ 12 ③ 정답

안전검사의 주기

크레인, 리프트 및 곤돌라	• 설치가 끝난 날부터 3년 이내에 최초 안전검사를 실시 • 이후부터 2년마다(건설현장에서 사용하는 것은 최초로 설치한 날부터 6개월마다) 실시
이동식크레인, 이삿짐운반용 리프트 및 고소작업대	• 신규등록 이후 3년 이내에 최초 안전검사를 실시 • 이후부터 2년마다 실시
프레스, 전단기, 압력용기, 국소배기장치, 원심기, 롤러기, 사출성형기, 컨베이어, 산업용 로봇, 혼합기, 파쇄기 또는 분쇄기	• 설치가 끝난 날부터 3년 이내에 최초 안전검사를 실시 • 이후부터 2년마다(공정안전보고서를 제출하여 확인을 받은 압력용기는 4년마다) 실시

0802 / 1202 / 1501

13 ── Repetitive Learning

재해 코스트 산정에 있어 시몬즈(R. H. Simonds) 방식에 의한 재해코스트 산정법을 올바르게 나타낸 것은?

① 직접비 + 간접비
② 간접비 + 비보험코스트
③ 보험코스트 + 비보험코스트
④ 보험코스트 + 사업부보상금 지급액

해설

• 시몬즈는 총 재해비용을 보험비용과 비보험비용으로 구분하였다.

시몬즈(Simonds)의 재해코스트 실필 1301

㉠ 개요
- 총 재해비용을 보험비용과 비보험비용으로 구분한다.
- 총 재해코스트 = 보험비용 + 비보험비용 = [보험코스트 + (A × 휴업상해건수) + (B × 통원상해건수) + (C × 응급조치건수) + (D × 무상해사고건수)], 이때 A, B, C, D는 재해의 비보험코스트 평균치이다.
- 사망과 영구 전노동불능 상해의 경우는 비보험코스트에 포함시키지 않고 별도 산정한다.

㉡ 비보험코스트 내역
- 소송관계 비용
- 신규 작업자에 대한 교육훈련비
- 부상자의 직장복귀 후 생산감소로 인한 임금비용
- 재해로 인한 작업중지 임금손실
- 재해로 인한 시간 외 근무 가산임금손실 등

14 ── Repetitive Learning 1회 2회 3회

다음 중 맥그리거(McGregor)의 Y이론과 가장 거리가 먼 것은?

① 성선설
② 상호신뢰
③ 선진국형
④ 권위주의적 리더십

해설

• Y이론은 인간의 본성을 긍정적으로 보는 만큼 인간을 대함에 있어서도 민주적, 자율적으로 대하는 것이 효율적이므로 권위주의적 리더십과는 거리가 멀다.

맥그리거(McGregor)의 X · Y이론

㉠ 개요
- 인간과 직무의 관계에 대한 기본적인 가정을 X이론과 Y이론이라는 가설로 나눈 것이다.
- X이론은 인간의 본성이 일을 싫어하고, 무관심하며, 책임을 회피하므로 당근과 채찍을 동원하여 강제할 필요가 있다는 이론이다.
- Y이론은 인간의 본성이 일을 좋아하고, 책임감이 강하며, 선하므로 그들을 자율적, 민주적으로 대해야 창조적인 성과를 얻을 수 있다는 이론이다.

㉡ X이론과 Y이론의 관리처방 비교

X이론(후진국형, 성악설)	Y이론(선진국형, 성선설)
• 경제적 보상체제의 강화 • 권위주의적 리더십의 확립 • 면밀한 감독과 엄격한 통제 • 상부 책임제도의 강화	• 분권화와 권한의 위임 • 목표에 의한 관리 • 직무확장 • 인간관계 관리방식 • 책임감과 창조력

15 ── Repetitive Learning 1회 2회 3회

생체리듬(Bio Rhythm) 중 일반적으로 28일을 주기로 반복되며, 주의력, 창조력, 예감 및 통찰력 등을 좌우하는 리듬은?

① 육체적 리듬
② 지성적 리듬
③ 감성적 리듬
④ 정신적 리듬

해설

• 육체리듬의 주기는 23일, 지성적 리듬의 주기는 33일이다.

정답 | 13 ③ 14 ④ 15 ③

생체리듬(Biorhythm)

㉠ 개요
- 사람의 체온, 혈압, 맥박 수, 혈액, 수분, 염분량 등이 시간에 따라 또는 주야에 따라 일정한 형식으로 변화하는 것을 말한다.
- 생체리듬의 종류에는 육체적 리듬, 지성적 리듬, 감성적 리듬이 있다.

㉡ 특징
- 생체리듬에서 중요한 점은 낮에는 신체활동이 유리하며, 밤에는 휴식이 더욱 효율적이라는 것이다.
- 체온・혈압・맥박 수는 주간에는 상승, 야간에는 저하된다.
- 혈액의 수분과 염분량은 주간에는 감소, 야간에는 증가한다.
- 체중은 주간작업보다 야간작업일 때 더 많이 감소하고, 피로의 자각증상은 주간보다 야간에 더 많이 증가한다.
- 몸이 흥분한 상태일 때는 교감신경이 우세하고 수면을 취하거나 휴식을 할 때는 부교감신경이 우세하다.

㉢ 분류
- 육체적 리듬(P)의 주기는 23일이며, 식욕, 활동력, 지구력과 관련된다.
- 감성적 리듬(S)의 주기는 28일이며, 주의력, 예감과 관련된다.
- 지성적 리듬(I)의 주기는 33일이며, 지성적 사고능력(상상력, 판단력, 추리능력)과 관련된다.
- 안정기(+)와 불안정기(-)의 교차점을 위험일이라 한다.

16 Repetitive Learning (1회 2회 3회)

재해예방의 4원칙에 해당하지 않는 것은?

① 예방가능의 원칙
② 손실가능의 원칙
③ 원인연계의 원칙
④ 대책선정의 원칙

해설

- 손실가능이 아니라 손실우연의 원칙이다.

하인리히의 재해예방 4원칙 실필 1402/1001/0803

대책선정의 원칙	사고의 원인을 발견하면 반드시 대책을 세워야 하며, 모든 사고는 대책선정이 가능하다는 원칙
손실우연의 원칙	사고로 인한 손실은 우연적이라는 원칙
예방가능의 원칙	모든 사고는 예방이 가능하다는 원칙
원인연계의 원칙 (원인계기의 원칙)	사고는 반드시 원인이 있으며 이는 필연적인 인과관계로 작용한다는 원칙

0902 / 1301

17 Repetitive Learning (1회 2회 3회)

다음 중 관리감독자를 대상으로 교육하는 TWI의 교육내용이 아닌 것은?

① 문제해결훈련 ② 작업지도훈련
③ 인간관계훈련 ④ 작업방법훈련

해설

- TWI의 교육내용에는 작업지도, 작업개선, 인간관계, 작업방법 등이 있다.

TWI(Training Within Industry for supervisor)

㉠ 개요
- 일선 관리감독자를 대상으로 인간관계를 개선하고 생산성을 향상시키기 위하여 고안된 훈련방법을 말한다.
- 교육내용에는 작업지도기법(JI : Job Instruction), 작업개선기법(JM : Job Methods), 인간관계기법(JR : Job Relations), 안전작업방법(JS : Job Safety) 등이 있다.

㉡ 주요 교육내용
- JRT(Job Relation Training)는 인간관계 관리기법으로 부하통솔기법과 관련된다.
- JIT(Job Instruction Training)는 작업지도기법으로 직장 내 부하 직원에 대하여 가르치는 기술과 관련된다.

0803 / 1601

18 Repetitive Learning (1회 2회 3회)

위험예지훈련 4R(라운드) 기법의 진행방법에서 3R에 해당하는 것은?

① 목표설정 ② 대책수립
③ 본질추구 ④ 현상파악

해설

- 위험예지훈련 기초 4Round 중 3단계는 발견된 위험요인을 극복하기 위한 방법을 제시하는 대책수립 단계이다.

위험예지훈련 기초 4Round 기법 실필 1902/1503

1Round	현상파악 (사실의 파악단계)	전원이 토의를 통하여 위험요인을 발견하는 단계
2Round	본질추구 (원인탐색단계)	위험의 포인트를 결정하여 전원이 지적 확인을 하는 단계
3Round	대책수립 (대책수립단계)	발견된 위험요인을 극복하기 위한 방법을 제시하는 단계
4Round	목표설정 (행동계획 결정단계)	나온 대책들을 공감하고 팀의 행동목표를 설정하고 지적 확인하는 단계

16 ② 17 ① 18 ② 정답

1702

19 Repetitive Learning 1회 2회 3회

무재해 운동의 기본이념 3원칙 중 다음에서 설명하는 것은?

> 직장 내의 모든 잠재위험요인을 적극적으로 사전에 발견, 파악, 해결함으로써 뿌리에서부터 산업재해를 제거하는 것

① 무의 원칙 ② 선취의 원칙
③ 참가의 원칙 ④ 확인의 원칙

해설

- 모든 잠재위험요인을 ~ 근원(뿌리) ~ 제거하는 것은 무의 원칙이다.

무재해 운동 3원칙

무(無, Zero)의 원칙	모든 잠재적인 위험요인을 사전에 발견·파악·해결함으로써 근원적으로 산업재해를 없앤다.
안전제일(선취)의 원칙	직장의 위험요인을 행동하기 전에 발견·파악·해결하여 재해를 예방한다.
참가의 원칙	작업에 따르는 잠재적인 위험요인을 발견·해결하기 위하여 전원이 협력하여 문제해결 운동을 실천한다.

0903

20 Repetitive Learning 1회 2회 3회

방진마스크의 사용 조건 중 산소농도의 최소기준으로 옳은 것은?

① 16% ② 18%
③ 21% ④ 23.5%

해설

- 방진마스크 및 방독마스크는 산소농도 18% 이상인 장소에서 사용하여야 한다.

방진마스크

㉠ 개요
- 공기 중에 부유하는 분진을 들이마시지 않도록 하기 위해 사용하는 마스크이다.
- 산소농도 18% 이상인 장소에서 사용하여야 한다.

㉡ 선정기준
- 분진포집(여과) 효율이 좋아야 한다.
- 흡·배기저항이 낮아야 한다.
- 가볍고, 시야가 넓어야 한다.
- 안면에 밀착성이 좋아야 한다.
- 사용 용적(유효 공간)이 적어야 한다.
- 머리끈은 적당한 길이 및 탄력성을 갖고 길이를 쉽게 조절할 수 있어야 한다.
- 사방시야는 넓을수록 좋다(하방시야는 최소 60° 이상).

2과목 인간공학 및 위험성 평가·관리

21 Repetitive Learning 1회 2회 3회

인체 계측 자료의 응용원칙이 아닌 것은?

① 기존 동일 제품을 기준으로 한 설계
② 최대치수와 최소치수를 기준으로 한 설계
③ 조절범위를 기준으로 한 설계
④ 평균치를 기준으로 한 설계

해설

- 인체측정자료의 응용원칙에는 극단치(최소 및 최대치수), 평균치를 이용한 설계와 조절식 설계가 있다.

인체측정자료의 응용원칙

최소치수를 이용한 설계	선반의 높이, 조종 장치까지의 거리, 비상벨의 위치 등
최대치수를 이용한 설계	출입문의 높이, 좌석 간의 거리, 통로의 폭, 와이어로프의 사용중량, 위험구역 울타리 등
조절식 설계	의자의 위치 및 높이, 자동차 운전석 의자의 위치와 높이 등
평균치를 이용한 설계	전동차의 손잡이 높이, 안내데스크, 은행의 접수대 높이, 공원의 벤치 높이 등

1002

22 Repetitive Learning 1회 2회 3회

다음 중 인체에서 뼈의 주요기능으로 볼 수 없는 것은?

① 인체의 지주
② 장기의 보호
③ 골수의 조혈
④ 근육의 대사

해설

- 뼈는 인체의 지주, 장기의 보호, 골수의 조혈, 신체활동을 수행하는 역할을 한다.

인체에서 뼈의 주요기능

- 신체를 지지하고 형상을 유지하는 인체의 지주 역할
- 주요한 부분(장기 등)을 보호하는 역할
- 신체활동을 수행하는 역할
- 피를 만드는(조혈) 역할

정답 | 19 ① 20 ② 21 ① 22 ④

1002

23 Repetitive Learning (1회 2회 3회)

각 부품의 신뢰도가 다음과 같을 때 시스템의 전체 신뢰도는 약 얼마인가?

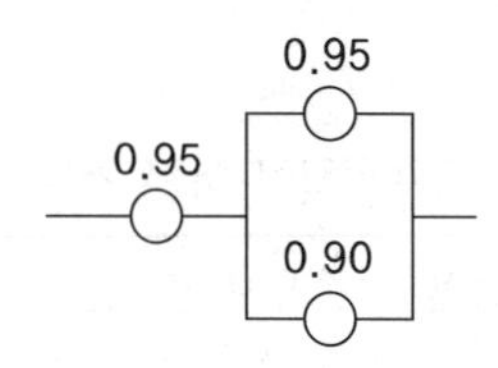

① 0.8123
② 0.9453
③ 0.9553
④ 0.9953

해설

- 병렬로 연결된 부품의 합성 신뢰도부터 구하면 1−(1−0.95)(1−0.9) = 1−0.005 = 0.995이다.
- 구해진 합성 신뢰도와 나머지 부품이 직렬로 연결된 신뢰도는 0.95 × 0.995 = 0.94525이다.

시스템의 신뢰도 실필 0901

㉠ AND(직렬)연결 시
- 시스템의 신뢰도(R_s)는 부품 a, 부품 b 신뢰도를 각각 R_a, R_b라 할 때 $R_s = R_a \times R_b$로 구할 수 있다.

㉡ OR(병렬)연결 시
- 시스템의 신뢰도(R_s)는 부품 a, 부품 b 신뢰도를 각각 R_a, R_b라 할 때 $R_s = 1-(1-R_a)\times(1-R_b)$로 구할 수 있다.

0702 / 1701

24 Repetitive Learning (1회 2회 3회)

손이나 특정 신체부위에 발생하는 누적손상장애(CTDs)의 발생인자와 가장 거리가 먼 것은?

① 무리한 힘
② 다습한 환경
③ 장시간의 진동
④ 반복도가 높은 작업

해설

- 누적손상장애는 다습한 환경에 의해 발생되는 것이 아니라 장시간의 진동공구 사용, 과도한 힘의 사용, 부적절한 자세에서의 작업, 반복도가 높은 작업에 장시간 근무할 때 발생한다.

누적손상장애(CTDs) 실필 0801

㉠ 개요
- 반복적이고 누적되는 특정 작업을 반복하거나 이 동작과 연계되어 신체의 일부가 무리하여 발생되는 질환으로 산업현장에서는 근골격계 질환이라고 한다.

㉡ 원인과 대책
- 장시간의 진동공구 사용, 과도한 힘의 사용, 부적절한 자세에서의 작업 등 장시간의 정적인 작업을 계속할 때 발생한다.
- 작업의 순환 배치를 통해 특정 부위에 집중된 누적손상을 해소할 필요가 있다.

0801 / 1003 / 1302 / 1703

25 Repetitive Learning (1회 2회 3회)

인간공학 연구조사에 사용하는 기준의 구비조건과 가장 거리가 먼 것은?

① 다양성
② 적절성
③ 무오염성
④ 기준척도의 신뢰성

해설

- 인간공학 기준척도의 일반적 요건에는 적절성, 무오염성, 신뢰성, 민감도 등이 있다.

인간공학의 기준척도

구분	내용
적절성	측정변수가 평가하고자 하는 바를 잘 반영해야 함
무오염성	측정변수가 다른 외적 변수에 영향을 받지 않아야 함
신뢰성	비슷한 조건에서 일정 결과를 반복적으로 얻을 수 있어야 함
민감도	기대되는 정밀도로 측정 가능해야 함

0603 / 1503

26 Repetitive Learning (1회 2회 3회)

의자 설계 시 고려하여야 할 일반적인 원리와 가장 거리가 먼 것은?

① 자세 고정을 줄인다.
② 조정이 용이해야 한다.
③ 디스크가 받는 압력을 줄인다.
④ 요추 부위의 후만곡선을 유지한다.

해설

- 의자를 설계할 때는 후만곡선을 방지해야 한다.

23 ② 24 ② 25 ① 26 ④ 정답

인간공학적 의자 설계

㉠ 개요

- 조절식 설계원칙을 적용하도록 한다.
- 자세와 동작에 따라 고려해야 할 인체측정 치수가 달라진다.
- 요부전만(腰部前彎)을 유지한다.
- 추간판(디스크)의 압력과 등근육의 정적부하를 줄인다.
- 자세 고정을 줄인다.
- 여러 사람이 사용하는 의자의 경우 좌면 높이는 오금보다 약간 낮게(5% 오금높이) 유지한다.

㉡ 고려할 사항

- 체중 분포
- 상반신의 안정
- 좌판의 높이(조절식을 기준으로 한다)
- 좌판의 깊이와 폭
  (폭은 최대치, 깊이는 최소치를 기준으로 한다)

1001

27

다음 FT도에서 시스템에 고장이 발생할 확률은 약 얼마인가?(단, X_1과 X_2의 발생확률은 각각 0.05, 0.03이다)

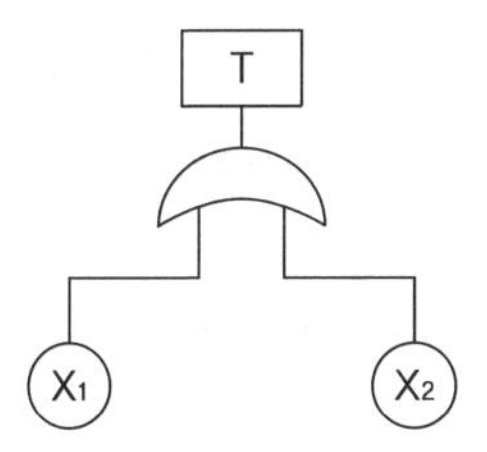

① 0.0015

② 0.0785

③ 0.9215

④ 0.9985

해설

- T는 X_1과 X_2의 OR연결이므로
  $T = X_1 + X_2$이고, $P(T) = 1-(1-P(X_1))(1-P(X_2))$가 된다.
  따라서 $P(T) = 1-(0.95)(0.97) = 1-0.9215 = 0.0785$이다.

FT도에서 정상(고장)사상 발생확률 실필 1203/0901

㉠ AND(직렬)연결 시

- 사상 A의 발생확률을 P_A, 사상 B, 사상 C 발생확률을 P_B, P_C라 할 때 $P_A = P_B \times P_C$로 구할 수 있다.

㉡ OR(병렬)연결 시

- 사상 A의 발생확률을 P_A, 사상 B, 사상 C 발생확률을 P_B, P_C라 할 때 $P_A = 1-(1-P_B)\times(1-P_C)$로 구할 수 있다.

0802 / 1702

28

Repetitive Learning 1회 2회 3회

반사율이 85[%], 글자의 밝기가 400[cd/m^2]인 VDT 화면에 350[lx]의 조명이 있다면 대비는 약 얼마인가?

① −6.0　② −5.0

③ −4.2　④ −2.8

해설

- 글자의 밝기가 400cd/m^2라는 것은 단위면적당 광도의 양으로 휘도의 개념이다.
- 반사율이 85%, 350lx의 조명이 있을 때 휘도는
  $\frac{0.85\times 350}{\pi\times 1^2}$ = 94.745cd/m^2이다.
- 전체 공간의 휘도 = 94.7 + 400 = 494.7[cd/m^2]이다.
- 휘도대비 = $\frac{94.7-494.7}{94.7} = -4.223$이다.

휘도(Luminance)

- 휘도는 광원에서 1m 떨어진 곳 범위 내에서의 반사된 빛을 포함한 빛의 밝기 혹은 단위면적당 표면을 떠나는 빛의 양을 의미한다.
- 휘도의 단위는 cd/m^2 혹은 실용단위인 니트(nit)를 사용한다. 그 외에도 스틸브(sb, stilb, 10,000nit), 람베르트(L, Lambert, 3,183 nit), 푸트람베르트(fL, foot-Lambert, 3.426nit), 아포스틸브(asb, apostilb, 0.3183nit) 등이 사용되기도 한다.
- 휘도 = $\frac{\text{반사율}\times\text{조도}}{\text{면적}}$[cd/$m^2$]로 구한다.
- 면적이 주어지지 않을 때 휘도 = 반사율 × 소요조명으로도 구한다.
- 휘도가 각각 L_a, L_b인 두 조명의 휘도 대비는 $\frac{L_a - L_b}{L_a}\times 100$으로 구한다.

0702 / 0801 / 1601

29

다음 중 화학설비에 대한 안전성 평가에 있어 정량적 평가 항목에 해당되지 않는 것은?

① 공정

② 취급물질

③ 압력

④ 화학설비용량

해설

- 공정은 정성적 평가항목 중 운전관계항목에 해당한다.

정답 | 27 ② 28 ③ 29 ①

정성적 평가와 정량적 평가항목

정성적 평가	설계관계항목	입지조건, 공장 내 배치, 건조물, 소방설비 등
	운전관계항목	원재료, 중간제품, 공정 및 공정기기, 수송, 저장 등
정량적 평가	• 수치값으로 표현 가능한 항목들을 대상으로 한다. • 온도, 취급물질, 화학설비용량, 압력, 조작 등을 위험도에 맞게 평가한다.	

30 Repetitive Learning (1회 2회 3회)

시각장치와 비교하여 청각장치의 사용이 유리한 경우는?

① 메시지가 길 때

② 메시지가 복잡할 때

③ 정보 전달 장소가 너무 소란할 때

④ 메시지에 대한 즉각적인 반응이 필요할 때

해설

• 메시지가 즉각적인 행동을 요구하지 않을 경우는 시각적 표시장치로 전송하는 것이 효과적이나 즉각적인 행동이 필요할 때는 청각적 표시장치가 효율적이다.

시각적 표시장치와 청각적 표시장치의 비교

시각적 표시 장치	• 수신 장소의 소음이 심한 경우 • 정보가 공간적인 위치를 다룬 경우 • 정보의 내용이 복잡하고 긴 경우 • 직무상 수신자가 한 곳에 머무르는 경우 • 메시지를 추후 참고할 필요가 있는 경우 • 정보의 내용이 즉각적인 행동을 요구하지 않는 경우
청각적 표시 장치	• 수신 장소가 너무 밝거나 암순응이 요구될 때 • 정보의 내용이 시간적인 사건을 다루는 경우 • 정보의 내용이 간단한 경우 • 직무상 수신자가 자주 움직이는 경우 • 정보의 내용이 후에 재참조되지 않는 경우 • 메시지가 즉각적인 행동을 요구하는 경우

1202 / 1403

31

산업안전보건법령상 사업주가 유해·위험방지계획서를 제출할 때에는 사업장별로 관련 서류를 첨부하여 해당 작업 시작 며칠 전까지 해당 기관에 제출하여야 하는가?

① 7일 ② 15일

③ 30일 ④ 60일

해설

• 유해·위험방지계획서는 제조업의 경우는 해당 작업 시작 15일 전, 건설업의 경우는 공사의 착공 전날까지 제출한다.

유해·위험방지계획서의 제출 실필 2302/1303/0903

• 제출대상 사업장의 규모는 전기 계약용량이 300kW 이상인 사업장이다.
• 건설물·기계·기구 및 설비 등 일체를 설치·이전하거나 그 주요 구조부분을 변경할 때에는 고용노동부장관(한국산업안전보건공단)에게 유해·위험방지계획서를 2부 제출하여야 한다.
• 제조업의 경우는 해당 작업 시작 15일 전에 제출한다.
• 건설업의 경우는 공사의 착공 전날까지 제출한다.

1103

32 Repetitive Learning (1회 2회 3회)

인간–기계 시스템을 설계할 때에는 특정 기능을 기계에 할당하거나 인간에게 할당하게 된다. 이러한 기능할당과 관련된 사항으로 바람직하지 않은 것은?(단, 인공지능과 관련된 사항은 제외한다)

① 인간은 원칙을 적용하여 다양한 문제를 해결하는 능력이 기계에 비해 우월하다.

② 일반적으로 기계는 장시간 일관성이 있는 작업을 수행하는 능력이 인간에 비해 우월하다.

③ 인간은 소음, 이상온도 등의 환경에서 작업을 수행하는 능력이 기계에 비해 우월하다.

④ 일반적으로 인간은 주위가 이상하거나 예기치 못한 사건을 감지하여 대처하는 능력이 기계에 비해 우월하다.

해설

• 소음, 이상온도 등의 환경에서는 인간이 아니라 기계가 수행하고, 주관적인 추산과 평가작업은 인간이 수행해야 한다.

인간–기계 시스템의 기능할당

• 일반적으로 인간은 주위가 이상하거나 예기치 못한 사건을 감지하여 대처하는 업무를 수행한다.
• 일반적으로 기계는 장시간 일관성이 있는 작업을 수행한다.
• 기계는 소음, 이상온도 등의 환경에서 수행하고 인간은 주관적인 추산과 평가작업을 수행한다.
• 인간은 원칙을 적용하여 다양한 문제를 해결하는 능력이 기계에 비해 우월하다.

30 ④ 31 ② 32 ③ 정답

33 Repetitive Learning 1회 2회 3회

모든 시스템 안전분석에서 제일 첫번째 단계의 분석으로, 실행되고 있는 시스템을 포함한 모든 것의 상태를 인식하고 시스템의 개발단계에서 시스템 고유의 위험상태를 식별하여 예상되고 있는 재해의 위험수준을 결정하는 것을 목적으로 하는 위험분석 기법은?

① 결함위험분석(FHA; Fault Hazard Analysis)
② 시스템위험분석(SHA; System Hazard Analysis)
③ 예비위험분석(PHA; Preliminary Hazard Analysis)
④ 운용위험분석(OHA; Operating Hazard Analysis)

해설

- 결함위험분석(FHA)은 복잡한 전체 시스템을 여러 개의 서브 시스템으로 나누어 제작하는 경우 서브 시스템이 다른 서브 시스템이나 전체 시스템에 미치는 영향을 분석하는 방법이다.
- 시스템 위험성 분석(SHA)은 시스템 정의단계나 시스템 개발의 초기 설계단계에서 제품 전체와 관련된 위험성에 대한 상세 분석 기법이다.
- 운용위험분석(OHA)은 시스템이 저장되어 이동되고 실행됨에 따라 발생하는 작동시스템의 기능이나 과업, 활동으로부터 발생되는 위험에 초점을 맞춘 위험분석 방법이다.

∷ 예비위험분석(PHA)

㉠ 개요
- 모든 시스템 안전 프로그램에서의 최초단계 해석으로 시스템의 위험요소가 어떤 위험 상태에 있는가를 정성적으로 평가하는 분석방법이다.
- 시스템을 설계함에 있어 개념형성단계에서 최초로 시도하는 위험도 분석방법이다.
- 복잡한 시스템을 설계, 가동하기 전의 구상단계에서 시스템의 근본적인 위험성을 평가하는 가장 기초적인 위험도 분석기법이다.
- 위험의 정도를 분류하는 4가지 범주는 파국(Catastrophic), 중대(Critical), 위기-한계(Marginal), 무시가능(Negligible)으로 구분된다.

㉡ 예비위험분석(PHA)의 4가지 범주(MIL-STD-882E)
실필 2103/1802/1302/1103

구분	내용
파국 (Catastrophic)	작업자의 부상 및 서브 시스템의 고장 등으로 시스템 성능이 저하되어 시스템에 심각한 손실을 초래한 상태
중대 (Critical)	작업자의 부상 및 시스템의 중대한 손해를 초래하거나 작업자의 생존 및 시스템의 유지를 위하여 즉시 수정 조치를 필요로 하는 상태
위기-한계 (Marginal)	작업자의 부상 및 시스템의 중대한 손해를 초래하지 않고 대처 또는 제어할 수 있는 상태
무시가능 (Negligible)	시스템의 성능이나 기능, 인원 손실이 전혀 없는 상태

34 Repetitive Learning 1회 2회 3회

다음 중 컷 셋(Cut set)과 패스 셋(Pass set)에 관한 설명으로 옳은 것은?

① 동일한 시스템에서 패스 셋의 개수와 컷 셋의 개수는 같다.
② 패스 셋은 동시에 발생했을 때 정상사상을 유발하는 사상들의 집합이다.
③ 일반적으로 시스템에서 최소 컷 셋의 개수가 늘어나면 위험수준이 높아진다.
④ 일반적으로 시스템에서 최소 컷 셋 내의 사상 개수가 적어지면 위험수준이 낮아진다.

해설

- 동일한 시스템이라도 패스 셋과 컷 셋의 개수는 다를 수 있다.
- 결함이 발생했을 때 정상사상을 일으키는 기본사상의 집합은 컷 셋에 대한 설명이다.

∷ 최소 컷 셋(Minimal cut sets) 실필 2303/1701/0802
- 컷 셋 중에 타 컷 셋을 포함하고 있는 것을 배제하고 남은 컷 셋들을 의미한다.
- 사고에 대한 시스템의 약점을 표현한다.
- 정상사상(Top 사상)을 일으키는 최소한의 집합이다.
- 일반적으로 Fussell algorithm을 이용한다.
- 시스템에서 최소 컷 셋의 개수가 늘어나면 위험수준이 높아진다.

35 Repetitive Learning 1회 2회 3회

조종장치를 촉각적으로 식별하기 위하여 사용되는 촉각적 코드화의 방법으로 옳지 않은 것은?

① 색감을 활용한 코드화
② 크기를 이용한 코드화
③ 조종장치의 형상 코드화
④ 표면 촉감을 이용한 코드화

해설

- 촉각적 암호화의 방법에는 표면 촉감, 형상, 크기를 상이하게 하여 암호화하는 방법이 있다.

∷ 촉각적 암호화
- 표면 촉감을 이용한 암호화 방법 – 점자, 진동, 온도 등
- 형상을 이용한 암호화 방법 – 모양
- 크기를 이용한 암호화 방법 – 크기

정답 | 33 ③ 34 ③ 35 ①

36 ──── Repetitive Learning (1회 2회 3회)

FT도에서 사용하는 기호 중 다음 그림과 같이 OR 게이트이지만 2개 또는 그 이상의 입력이 동시에 존재할 때 출력이 생기지 않는 경우 사용하는 것은?

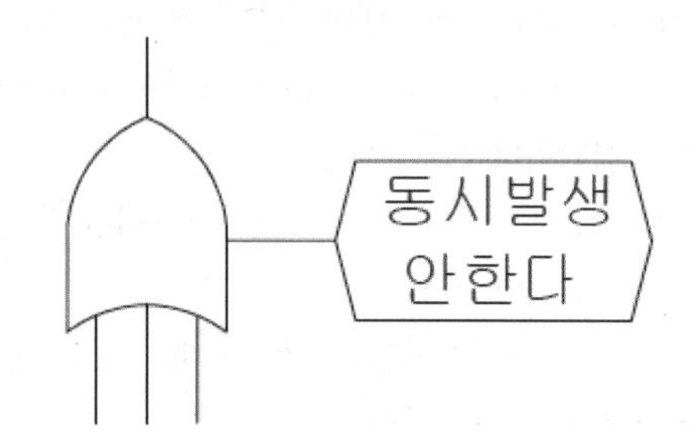

① 부정 OR 게이트
② 배타적 OR 게이트
③ 억제 게이트
④ 조합 OR 게이트

해설

- 2개 또는 그 이상의 입력이 동시에 존재하는 경우에 출력이 생기지 않는 게이트는 배타적 OR 게이트이다.

:: 배타적 OR 게이트(Exclusive OR gate)

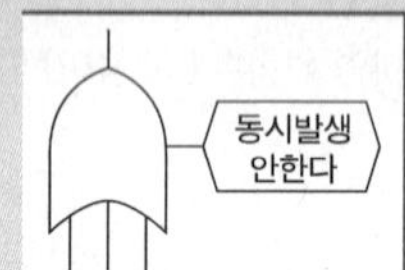	OR 게이트의 특별한 경우로 2개 또는 그 이상의 입력이 동시에 존재하는 경우에는 출력이 생기지 않는 게이트이다.

1201

37 ──── Repetitive Learning (1회 2회 3회)

휴먼에러(Human Error)의 요인을 심리적 요인과 물리적 요인으로 구분할 때, 심리적 요인에 해당하는 것은?

① 일이 너무 복잡한 경우
② 일의 생산성이 너무 강조될 경우
③ 동일 형상의 것이 나란히 있을 경우
④ 서두르거나 절박한 상황에 놓여있을 경우

해설

- ①, ②, ③은 휴먼에러의 물리적 요인에 해당한다.

:: 휴먼에러 발생 요인

㉠ 물리적 요인
- 일이 너무 복잡한 경우
- 일의 생산성이 너무 강조될 경우
- 동일 형상의 것이 나란히 있을 경우

㉡ 심리적 요인
- 서두르거나 절박한 상황에 놓여있을 경우
- 일에 대한 지식이 부족하거나 의욕이 결여되어 있을 경우

1702

38 ──── Repetitive Learning (1회 2회 3회)

적절한 온도의 작업환경에서 추운 환경으로 변할 때, 우리의 신체가 수행하는 조절작용이 아닌 것은?

① 발한(發汗)이 시작된다.
② 피부의 온도가 내려간다.
③ 직장온도가 약간 올라간다.
④ 혈액의 많은 양이 몸의 중심부를 위주로 순환한다.

해설

- 발한(發汗)이 시작되는 것은 추운 곳에 있다가 더운 환경으로 변했을 때 나타나는 조절작용이다.

:: 적정온도에서 추운 환경으로 변화
- 직장의 온도가 올라간다.
- 피부의 온도가 내려간다.
- 몸이 떨리고 소름이 돋는다.
- 피부를 경유하는 혈액 순환량이 감소하고 많은 양의 혈액은 주로 몸의 중심부를 순환한다.

39 ──── Repetitive Learning (1회 2회 3회)

시스템 안전 MIL-STD-882E 분류기준의 위험성 평가 매트릭스에서 발생빈도에 속하지 않는 것은?

① 거의 발생하지 않은(Remote)
② 전혀 발생하지 않은(Impossible)
③ 보통 발생하는(Reasonably Probable)
④ 극히 발생하지 않을 것 같은(Extremely improbable)

해설

- MIL-STD-882E의 위험성 평가 매트릭스는 자주 발생, 보통 발생, 가끔 발생, 거의 발생하지 않음, 극히 발생하지 않음으로 구성된다.
- 전혀 발생하지 않은(Impossible)은 차패니스(Chapanis, A)의 위험분석에 포함되는 요소이다.

36 ② 37 ④ 38 ① 39 ② | 정답

MIL-STD-882E의 위험성 평가 매트릭스

분류	발생빈도
자주 발생(Frequent)	10^{-1} 이상
보통 발생(Probable)	10^{-2} ~ 10^{-1}
가끔 발생(Occasional)	10^{-3} ~ 10^{-2}
거의 발생하지 않음(Remote)	10^{-6} ~ 10^{-3}
극히 발생하지 않음(Improbable)	10^{-6} 미만

40

Repetitive Learning (1회 2회 3회)

FTA에 의한 재해사례 연구 순서 중 2단계에 해당하는 것은?

① FT도의 작성
② 톱 사상의 선정
③ 개선 계획의 작성
④ 사상의 재해 원인의 규명

해설

- 결함수분석에서 가장 먼저 실시하는 것은 정상(Top)사상의 선정이며, 2단계에는 재해원인 및 요인을 규명하는 것이다.

결함수분석(FTA)에 의한 재해사례의 연구 순서 실필 1102/1003

1단계	정상(Top)사상의 선정
2단계	사상마다 재해원인 및 요인 규명
3단계	FT(Fault Tree)도 작성
4단계	개선계획의 작성
5단계	개선안 실시계획

3과목 기계 · 기구 및 설비 안전관리

41

Repetitive Learning (1회 2회 3회)

산업안전보건법령상 로봇에 설치되는 제어장치의 조건에 적합하지 않은 것은?

① 누름버튼은 오작동 방지를 위한 가드를 설치하는 등 불시기동을 방지할 수 있는 구조로 제작 · 설치되어야 한다.
② 로봇에는 외부 보호 장치와 연결하기 위해 하나 이상의 보호정지회로를 구비해야 한다.
③ 전원공급램프, 자동운전, 결함검출 등 작동제어의 상태를 확인할 수 있는 표시장치를 설치해야 한다.
④ 조작버튼 및 선택스위치 등 제어장치에는 해당 기능을 명확하게 구분할 수 있도록 표시해야 한다.

해설

- 외부 보호 장치와 연결하기 위해 하나 이상의 보호정지회로를 구비하는 것은 로봇 시스템 정지 기능과 관련된다.

로봇에 설치되는 제어장치 설계 및 제작기준

- 누름버튼은 오작동 방지를 위한 가드를 설치하는 등 불시기동을 방지할 수 있는 구조로 제작 · 설치되어야 한다.
- 전원공급램프, 자동운전, 결함검출 등 작동제어의 상태를 확인할 수 있는 표시장치를 설치해야 한다.
- 조작버튼 및 선택스위치 등 제어장치에는 해당 기능을 명확하게 구분할 수 있도록 표시해야 한다.

0402 / 0701 / 0902

42

컨베이어의 제작 및 안전기준상 작업구역 및 통행구역에 덮개, 울 등을 설치해야 하는 부위에 해당하지 않는 것은?

① 컨베이어의 동력전달 부분
② 컨베이어의 제동장치 부분
③ 호퍼, 슈트의 개구부 및 장력 유지장치
④ 컨베이어 벨트, 풀리, 롤러, 체인, 스프라켓, 스크류 등

해설

- 컨베이어 시스템에서 작업구역 및 통행구역에 덮개, 울 등을 설치해야 하는 부위에는 ①, ③, ④ 외에 가동부분과 정지부분 또는 다른 물건 사이 틈 등 작업자에게 위험을 미칠 우려가 있는 부분, 운반되는 재료 또는 컨베이어가 화상 등을 일으킬 수 있는 구간 등이 있다.

정답 | 40 ④ 41 ② 42 ②

:: 컨베이어의 작업구역 및 통행구역에서 덮개, 울, 물림보호물(nip guard), 감응형 방호장치(광전자식, 안전매트 등) 등을 설치해야 할 곳

- 컨베이어의 동력전달 부분
- 컨베이어 벨트, 풀리, 롤러, 체인, 스프라켓, 스크류 등
- 호퍼, 슈트의 개구부 및 장력 유지장치
- 기타 가동부분과 정지부분 또는 다른 물건 사이 틈 등 작업자에게 위험을 미칠 우려가 있는 부분. 다만, 그 틈이 5mm 이내인 경우에는 예외로 할 수 있다.
- 운반되는 재료 또는 컨베이어가 화상 등을 일으킬 수 있는 구간. 다만, 이 경우 덮개나 울을 설치해야 한다.

43 Repetitive Learning (1회 2회 3회)

산업안전보건법상 탁상용 연삭기의 덮개에는 작업 받침대와 연삭숫돌과의 간격을 몇 mm 이하로 조정할 수 있어야 하는가?

① 3　② 4
③ 5　④ 10

해설

- 탁상용 연삭기의 덮개에는 워크레스트 및 조정편을 구비하여야 하며, 워크레스트는 연삭숫돌과 간격을 3mm 이하로 조정할 수 있는 구조이어야 한다.

:: 연삭기의 방호대책

- 사업주는 연삭숫돌을 사용하는 작업의 경우 작업을 시작하기 전에는 1분 이상, 연삭숫돌을 교체한 후에는 3분 이상 시험운전을 하고 해당 기계에 이상이 있는지를 확인하여야 한다.
- 사업주는 회전 중인 연삭숫돌(지름이 5cm 이상인 것)이 근로자에게 위험을 미칠 우려가 있는 경우에 그 부위에 덮개를 설치하여야 한다.
- 탁상용 연삭기의 덮개에는 워크레스트 및 조정편을 구비하여야 하며, 워크레스트는 연삭숫돌과 간격을 3mm 이하로 조정할 수 있는 구조이어야 한다.
- 연삭숫돌의 회전속도 검사는 숫돌을 안전사용속도의 1.5배 속도로 3~5분 회전시켜 검사한다.
- 연삭기 또는 평삭기의 테이블, 형삭기 램 등의 행정 끝이 근로자에게 위험을 미칠 우려가 있는 경우에 해당 부위에 덮개 또는 울 등을 설치하여야 한다.

1202 / 1501

44 Repetitive Learning (1회 2회 3회)

다음 중 회전축, 커플링 등 회전하는 물체에 작업복 등이 말려드는 위험을 초래하는 위험점은?

① 협착점　② 접선물림점
③ 절단점　④ 회전말림점

해설

- 협착점은 프레스 금형의 조립부위 등에서 주로 발생한다.
- 접선물림점은 벨트와 풀리, 체인과 체인기어 등에서 주로 발생한다.
- 절단점은 밀링커터, 둥근톱의 톱날, 목공용 띠톱부분 등에서 발생한다.

:: 회전말림점 실필 1503 실작 1503/1501

㉠ 개요
- 회전하는 드릴기계의 운동부 자체에 작업복 등이 말려들 위험이 존재하는 점을 말한다.
- 방호장치로 덮개를 사용한다.
- 회전축, 나사나 드릴, 커플링 등에서 발생한다.

㉡ 대표적인 회전말림점

회전말림점		
회전축	커플링	드릴

0502

45 Repetitive Learning (1회 2회 3회)

가공기계에 쓰이는 주된 풀 프루프(Fool proof)의 가드(Guard)의 형식으로 틀린 것은?

① 인터록 가드(Interlock Guard)
② 안내 가드(Guide Guard)
③ 조절 가드(Adjustable Guard)
④ 고정 가드(Fixed Guard)

해설

- 풀 프루프(Fool proof)의 가드(Guard)에는 ①, ③, ④ 외에 자동 가드(Automatic Guard)가 있다.

:: 풀 프루프(Fool proof)의 가드(Guard)

구분	내용
인터록 가드 (Interlock Guard)	가드가 닫혀야만 기계가 작동하는 가드
자동 가드 (Automatic Guard)	이동식 둥근 톱기계와 같이 정지 중에는 톱날이 가드에 의해 드러나지 않는 형태의 가드
조절 가드 (Adjustable Guard)	방호하고자 하는 위험점의 모양에 맞춰 조절이 가능한 가드
고정 가드 (Fixed Guard)	위험점에 영구적으로 고정되어 있는 가드로 제거나 개방이 불가능한 가드

43 ① 44 ④ 45 ② 정답

46

Repetitive Learning 1회 2회 3회

밀링작업 시 안전수칙으로 틀린 것은?

① 보안경을 쓴다.
② 칩은 기계를 정지시킨 다음에 브러시로 제거한다.
③ 가공 중에는 손으로 가공면을 점검하지 않는다.
④ 면장갑을 착용하여 작업한다.

해설

- 밀링작업 중 면장갑은 끼지 않는다.

밀링머신(Milling machine) 안전수칙

㉠ 작업자 보호구 착용
- 작업 중 면장갑은 끼지 않는다.
- 작업자의 옷소매 등이 커터에 말릴 수 있으므로 주의하고, 묶을 때 끈을 사용하지 않는다.
- 칩의 비산이 많으므로 보안경을 착용한다.

㉡ 커터 관련 안전수칙
- 커터는 될 수 있는 한 컬럼에 가깝게 설치한다.
- 커터를 끼울 때는 아버를 깨끗이 닦는다.
- 커터의 교환 시는 테이블 위에 목재를 받쳐 놓는다.
- 밀링커터는 걸레 등으로 감싸 쥐고 다루도록 한다.
- 절삭 공구에 절삭유를 주유 시에는 커터 위부터 공급한다.

㉢ 기타 안전수칙
- 테이블 위에 공구 등을 올려놓지 않는다.
- 강력절삭 시에는 일감을 바이스에 깊게 물린다.
- 일감의 측정은 기계를 정지한 후에 한다.
- 주축속도의 변속은 반드시 주축의 정지 후에 한다.
- 상하, 좌우 이송 손잡이는 사용 후 반드시 빼 둔다.
- 급속이송은 백래시 제거장치가 동작하지 않고 있음을 확인한 다음 행한다.
- 칩의 제거는 절삭작업이 끝난 후 브러시나 청소용 솔을 사용하여 한다.

0701 / 1602 / 2202

47

Repetitive Learning 

크레인의 방호장치에 해당되지 않는 것은?

① 권과방지장치
② 과부하방지장치
③ 비상정지장치
④ 자동보수장치

해설

- 자동보수장치는 자동으로 수리를 진행하는 장치의 의미인 것으로 판단되나 현재 크레인과 관련하여 해당 장치는 존재하지 않는다.

크레인의 방호장치 실필 1902/1101

- 크레인 방호장치에는 과부하방지장치, 권과방지장치, 충돌방지장치, 비상정지장치, 해지장치, 스토퍼 등이 있다.
- 권과방지장치는 일정 이상 부하를 권상시키면 더 이상 권상되지 않게 하여 부하가 크레인에 충돌하지 않도록 하는 장치이다. 이때 간격은 25cm 이상 유지하도록 조정한다(단, 직동식 권과방지장치의 간격은 0.05m 이상이다).
- 과부하방지장치는 하중이 정격을 초과하였을 때 자동적으로 상승이 정지되는 장치이다.
- 충돌방지장치는 병렬로 설치된 크레인의 경우 크레인의 충돌을 방지하기 위해 광 또는 초음파를 이용해 크레인의 접촉을 감지하여 충돌을 방지하는 장치이다.
- 비상정지장치는 위험한계 내에 신체의 일부가 들어가거나 이상사태가 발견된 경우에 기계의 작동을 정지시키는 장치를 말한다.
- 해지장치는 크레인 작업 시 와이어로프 등이 훅으로부터 벗겨지는 것을 방지하기 위한 장치이다.
- 스토퍼는 같은 주행로에 병렬로 설치되어 있는 주행 크레인에서 크레인끼리의 충돌이나, 근로자에 접촉하는 것을 방지하는 장치이다.

0602 / 1101 / 1502

48

무부하상태에서 지게차로 20km/h의 속도로 주행할 때, 좌우 안정도는 몇 % 이내이어야 하는가?

① 37%　　② 39%
③ 41%　　④ 43%

해설

- 주행속도가 20km/h 이므로 대입하면 지게차의 좌우 안정도는 15 + 1.1 × 20 = 15+22 = 37%이다.

지게차의 안정도

㉠ 개요
- 지게차의 하역 시, 운반 시 전도에 대한 안전성을 표시하는 값이다.
- 좌우 안정도와 전후 안정도가 있다.
- 작업 또는 주행 시 안정도 이하로 유지해야 한다.
- 지게차의 안정도 $= \frac{높이}{수평거리}$로 구한다.

㉡ 지게차의 작업상태별 안정도 실작 1601
- 기준 부하상태에서 하역작업 시의 전후 안정도는 4%이다(5톤 이상일 경우 3.5%).
- 기준 부하상태에서 하역작업 시의 좌우 안정도는 6%이다.
- 기준 부하상태에서 주행 시의 전후 안정도는 18%이다.
- 기준 무부하상태에서 주행 시의 좌우 안정도는 (15+1.1V)%이다(이때, V는 주행속도를 의미한다).

정답 | 46 ④ 47 ④ 48 ①

49

Repetitive Learning 1회 2회 3회

선반가공 시 연속적으로 발생되는 칩으로 인해 작업자가 다치는 것을 방지하기 위하여 칩을 짧게 절단시켜 주는 안전장치는?

① 커버
② 브레이크
③ 보안경
④ 칩브레이커

해설

- 칩브레이커는 선반의 바이트에 설치되어 절삭작업 시 연속적으로 발생되는 칩을 끊어주는 방호장치이다.

칩브레이커(Chip breaker)

㉠ 개요
- 선반의 바이트에 설치되어 절삭작업 시 연속적으로 발생되는 칩을 끊어주는 장치이다.
- 종류에는 연삭형, 클램프형, 자동조정식 등이 있다.

㉡ 특징
- 가공 표면의 흠집발생을 방지한다.
- 공구 날 끝의 치평을 방지한다.
- 칩의 비산으로 인한 위험요인을 방지한다.
- 절삭유제의 유동성을 향상시킨다.

50

Repetitive Learning 1회 2회 3회

아세틸렌용접장치에 관한 설명 중 틀린 것은?

① 아세틸렌 발생기로부터 5m 이내, 발생기실로부터 3m 이내에는 흡연 및 화기사용을 금지한다.
② 발생기실에는 관계 근로자가 아닌 사람이 출입하는 것을 금지한다.
③ 아세틸렌 용기는 뉘어서 사용한다.
④ 건식안전기의 형식으로 소결금속식과 우회로식이 있다.

해설

- 용해 아세틸렌 용기는 세워서 사용하고 보관해야 한다.

가스 등의 용기 관리

㉠ 개요
- 가스 용기는 통풍이나 환기가 불충분한 장소, 화기를 사용하는 장소 및 그 부근, 위험물 또는 인화성 액체를 취급하는 장소 및 그 부근에 사용하거나 보관해서는 안 된다.

㉡ 준수사항
- 용기의 온도를 40[℃] 이하로 유지하도록 한다.
- 전도의 위험이 없도록 한다.
- 충격을 가하지 않도록 한다.
- 운반하는 경우에는 캡을 씌우고 단단하게 묶도록 한다.
- 밸브의 개폐는 서서히 하도록 한다.
- 사용 전 또는 사용 중인 용기와 그 밖의 용기를 명확히 구별하여 보관하도록 한다.
- 용기의 부식·마모 또는 변형상태를 점검한 후 사용하도록 한다.
- 용해 아세틸렌의 용기는 세워서 보관하도록 한다.

51

Repetitive Learning 1회 2회 3회

산업안전보건법상 프레스의 작업 시작 전 점검사항이 아닌 것은?

① 금형 및 고정볼트의 상태
② 방호장치의 기능
③ 전단기의 칼날 및 테이블의 상태
④ 트롤리(Trolley)가 횡행하는 레일의 상태

해설

- 트롤리(Trolley)가 횡행하는 레일의 상태는 크레인 작업 시작 전 점검사항이다.

프레스 등을 사용하여 작업할 때 작업 시작 전 점검사항
실작 2402/2301/2102/2002
- 클러치 및 브레이크의 기능
- 프레스의 금형 및 고정볼트 상태
- 1행정 1정지기구·급정지장치 및 비상정지 장치의 기능
- 크랭크축·플라이휠·슬라이드·연결봉 및 연결 나사의 풀림여부
- 슬라이드 또는 칼날에 의한 위험방지 기구의 기능
- 방호장치의 기능
- 전단기의 칼날 및 테이블의 상태

52

Repetitive Learning 1회 2회 3회

프레스 양수조작식 방호장치 누름버튼의 상호간 내측거리는 몇 mm 이상인가?

① 50　② 100
③ 200　④ 300

해설

- 양수조작식 방호장치의 누름버튼 상호 간 최소 내측거리는 300mm 이상이어야 한다.

49 ④　50 ③　51 ④　52 ④ 정답

양수조작식 방호장치 실필 1301/0903

㉠ 개요

- 가장 대표적인 기동스위치를 활용한 위치제한형 방호장치다.
- 두 개의 스위치 버튼을 손으로 동시에 눌러야 기계가 작동하는 구조로 작동 중 어느 하나의 누름 버튼에서 손을 떼면 그 즉시 슬라이드 동작이 정지하는 장치이다.

㉡ 구조 및 일반사항

- 120[SPM] 이상의 소형 확동식 클러치 프레스에 가장 적합한 방호장치이다.
- 슬라이드 작동 중 정지가 가능하고 1행정 1정지기구를 갖는 방호장치로 급정지기구가 있어야만 유효한 기능을 수행할 수 있다.
- 누름버튼 상호 간 최소 내측거리는 300mm 이상이어야 한다.

0603 / 1202 / 1401 / 1903

53

Repetitive Learning 1회 2회 3회

산업안전보건법령상 승강기의 종류에 해당하지 않는 것은?

① 리프트
② 에스컬레이터
③ 화물용 엘리베이터
④ 승객용 엘리베이터

해설

- 리프트는 양중기에는 포함되나 승강기의 종류는 아니다.

승강기

㉠ 개요

- 승강기란 건축물이나 고정된 시설물에 설치되어 일정한 경로에 따라 사람이나 화물을 승강장으로 옮기는 데에 사용되는 설비를 말한다.
- 승강기의 종류에는 승객용, 승객화물용, 화물용, 소형화물용 엘리베이터와 에스컬레이터 등이 있다.

㉡ 승강기의 종류와 특성

종류	특성
승객용 엘리베이터	사람의 운송에 적합하게 제조·설치된 엘리베이터이다.
승객화물용 엘리베이터	사람의 운송과 화물 운반을 겸용하는데 적합하게 제조·설치된 엘리베이터이다.
화물용 엘리베이터	화물 운반에 적합하게 제조·설치된 엘리베이터로 조작자 또는 화물취급자 1명은 탑승가능한 것이다.
소형화물용 엘리베이터	음식물이나 서적 등 소형 화물의 운반에 적합하게 제조·설치된 엘리베이터이다.
에스컬레이터	일정한 경사로 또는 수평로를 따라 위·아래 또는 옆으로 움직이는 디딤판을 통해 사람이나 화물을 승강장으로 운송시키는 설비이다.

1202 / 1701

54

Repetitive Learning 1회 2회 3회

롤러기의 앞면 롤의 지름이 300mm, 분당회전수가 30회일 경우 허용되는 급정지장치의 급정지거리는 약 몇 mm 이내이어야 하는가?

① 37.7
② 31.4
③ 377
④ 314

해설

- 원주속도가 주어지지 않았으므로 원주속도를 먼저 구해야 한다.
- 원주는 $2\pi r$이므로 300×3.14 = 942mm이고, 원주속도는 (3.14×외경×회전수)/1000이므로 3.14×300×30/1000 = 28.26이므로 30(m/min)보다 작으므로 급정지장치의 급정지거리는 앞면 롤러 원주의 1/3 이내가 되어야 한다.
- 급정지장치의 급정지거리는 942/3 = 314[mm] 이내이다.

롤러기 급정지장치의 개구부 간격과 급정지거리

실필 1703/1202/1102

- 가드 설치 시 개구부 간격(단위 : mm)

구분	간격
개구부와 위험점 간격 : 160mm 이상	30
개구부와 위험점 간격 : 160mm 미만	6+(0.15×개구부~위험점 최단거리)
위험점이 전동체일 경우	6+(0.1×개구부~위험점 최단거리)

- 급정지거리

원주속도	급정지거리
원주속도 30m/min 이상	앞면 롤러 원주의 1/2.5
원주속도 30m/min 미만	앞면 롤러 원주의 1/3 이내

0301 / 0601

55

Repetitive Learning 1회 2회 3회

어떤 로프의 최대하중이 700N이고, 정격하중은 100N이다. 이때 안전계수는 얼마인가?

① 5　② 6
③ 7　④ 8

해설

- 로프의 최대하중은 1줄의 파단하중 × 줄의 수이므로 식에 대입하면 $\frac{700}{100} = 7$이 된다.

정답 | 53 ① 54 ④ 55 ③

:: 와이어로프의 안전율 실필 2402/1901

- 안전율이란 와이어로프의 공칭강도와 그 로프에 걸리는 총하중의 비로, 로프 사용 수명을 결정하는 중요한 항목이다.
- 안전율(안전계수) = $\frac{\text{절단하중} \times \text{줄의 수}}{\text{정격하중[톤]}}$ 로 구한다.
- 실제 현장에서는 안전율(안전계수) = $\frac{\text{절단하중}}{\text{사용하중}}$ 으로 구한다.
- 절단하중이란 와이어로프 규격에 따른 파단 시 하중을 말한다.

1202 / 1502

56

Repetitive Learning (1회 2회 3회)

다음 중 설비의 진단방법에 있어 비파괴시험이나 검사에 해당하지 않는 것은?

① 피로시험
② 음향탐상검사
③ 방사선투과시험
④ 초음파탐상검사

해설

- 피로시험은 재료의 강도를 측정하는 파괴검사 방법이다.

:: 비파괴검사

㉠ 개요
- 제품 내부의 결함, 용접부의 내부 결함 등을 제품 파괴없이 외부에서 검사하는 방법을 말한다.
- 종류에는 누수시험, 누설시험, 음향탐상, 초음파탐상, 자분탐상, 와류탐상, 침투탐상, 방사선투과시험 등이 있다.

㉡ 대표적인 비파괴검사

음향탐상검사	손 또는 망치로 타격 진동시켜 발생하는 음을 검사
방사선투과시험	X선의 강도나 노출시간을 조절하여 검사
초음파탐상검사	초음파의 반사(타진)의 원리를 이용하여 검사
자분탐상시험	결함부위의 자극에 자분이 부착되는 것을 이용
와류탐상시험	결함부위 전류흐름의 난조를 이용하여 검사
침투탐상시험	비자성 금속재료의 표면균열검사에 사용

㉢ 특징
- 생산 제품에 손상이 없이 직접 시험이 가능하다.
- 현장시험이 가능하다.
- 시험방법에 따라 설비비가 많이 든다.

0801 /1002 / 1702

57

Repetitive Learning (1회 2회 3회)

지름 5cm 이상을 갖는 회전 중인 연삭숫돌이 근로자에게 위험을 미칠 우려가 있는 경우에 필요한 방호장치는?

① 받침대
② 과부하방지장치
③ 덮개
④ 프레임

해설

- 사업주는 지름이 5cm 이상의 회전 중인 연삭숫돌이 근로자에게 위험을 미칠 우려가 있는 경우에 그 부위에 덮개를 설치하여야 한다.

:: 산업안전보건법상의 연삭숫돌 사용 시 안전조치 실필 1303/0802

- 사업주는 회전 중인 연삭숫돌(지름이 5cm 이상인 것)이 근로자에게 위험을 미칠 우려가 있는 경우에 그 부위에 덮개를 설치하여야 한다.
- 사업주는 연삭숫돌을 사용하는 작업의 경우 작업을 시작하기 전에는 1분 이상, 연삭숫돌을 교체한 후에는 3분 이상 시험운전을 하고 해당 기계에 이상이 있는지를 확인하여야 한다.
- 시험운전에 사용하는 연삭숫돌은 작업 시작 전에 결함이 있는지를 확인한 후 사용하여야 한다.
- 사업주는 연삭숫돌의 최고사용회전속도를 초과하여 사용하도록 해서는 아니 된다.
- 사업주는 측면을 사용하는 것을 목적으로 하지 않는 연삭숫돌을 사용하는 경우 측면을 사용하도록 해서는 아니 된다.
- 숫돌 고정장치인 평형플랜지의 직경은 설치하는 숫돌 직경의 1/3 이상, 여윳값은 1.5mm 이상이어야 한다.
- 연삭작업 시 안전을 위해 작업자는 연삭기의 측면에 위치한다.
- 연삭숫돌을 결합할 때는 열로 인한 팽창을 고려하여 축과 0.1~0.15mm 정도의 틈새를 둔다.

58

Repetitive Learning (1회 2회 3회)

프레스 금형의 파손에 의한 위험방지 방법이 아닌 것은?

① 금형에 사용하는 스프링은 반드시 인장형으로 할 것
② 작업 중 진동 및 충격에 의해 볼트 및 너트의 헐거워짐이 없도록 할 것
③ 금형의 하중 중심은 원칙적으로 프레스 기계의 하중 중심과 일치하도록 할 것
④ 캠, 기타 충격이 반복해서 가해지는 부분에는 완충장치를 설치할 것

56 ① 57 ③ 58 ① | 정답

해설

- 프레스 금형에 사용하는 스프링은 압축형으로 한다.

금형의 파손방지 및 이상 검출

- 맞춤 핀을 사용할 때에는 억지끼워맞춤으로 한다. 상형에 사용할 때에는 낙하방지의 대책을 세워둔다.
- 금형의 조립에 사용하는 볼트 및 너트는 헐거움 방지를 위해 분해, 조립을 고려하면서 스프링 와셔, 로크 너트, 키, 핀, 용접, 접착제 등을 적절히 사용한다.
- 금형의 하중 중심은 편하중 방지를 위해 원칙적으로 프레스의 하중 중심과 일치하도록 한다.
- 금형 내의 가동부분은 모두 운동하는 범위를 제한하여야 한다. 또한 누름, 노크 아웃, 스트리퍼, 패드, 슬라이드 등과 같은 가동부분은 움직였을 때는 원칙적으로 확실하게 원점으로 되돌아가야 한다.
- 상부 금형 내에서 작동하는 패드가 무거운 경우에는 운동제한과는 별도로 낙하방지를 한다.
- 프레스 금형에 사용하는 스프링은 압축형으로 한다.
- 스프링 등의 파손에 의해 부품이 비산될 우려가 있는 부분에는 덮개를 설치한다.

1302 / 1603

59

Repetitive Learning 

기계설비의 작업능률과 안전을 위한 배치(Layout)의 3단계를 올바른 순서대로 나열한 것은?

① 지역배치 → 건물배치 → 기계배치
② 건물배치 → 지역배치 → 기계배치
③ 기계배치 → 건물배치 → 지역배치
④ 지역배치 → 기계배치 → 건물배치

해설

- 배치의 3단계는 지역배치 → 건물배치 → 기계배치 순으로 이루어진다.

작업장 배치의 원칙

㉠ 개요 실필 1801

- 사용빈도, 중요도, 기능별, 사용순서의 원칙에 의해 배치한다.
- 작업의 흐름에 따라 기계를 배치한다.
- 배치의 3단계는 지역배치 → 건물배치 → 기계배치 순으로 이루어진다.
- 공장 내외에는 안전한 통로를 두어야 하며, 통로는 선을 그어 작업장과 명확히 구별하도록 한다.
- 비상시에 쉽게 대피할 수 있는 통로를 마련하고 사고 진압을 위한 활동통로가 반드시 마련되어야 한다.

㉡ 원칙 실필 1001/0902

- 중요성의 원칙, 사용빈도의 원칙 : 우선적인 원칙
- 기능별 배치의 원칙, 사용순서의 원칙 : 부품의 일반적인 위치 내에서의 구체적인 배치기준

1102

60

Repetitive Learning 1회 2회 3회

다음 중 연삭숫돌의 파괴 원인으로 거리가 먼 것은?

① 플랜지가 현저히 클 때
② 숫돌에 균열이 있을 때
③ 숫돌의 측면을 사용할 때
④ 숫돌의 치수 특히 내경의 크기가 적당하지 않을 때

해설

- 플랜지의 직경이 현저히 작거나 지름이 균일하지 않을 때 연삭숫돌은 파괴될 수 있다.

연삭숫돌의 파괴 원인 실필 2303/2101

- 숫돌의 회전중심이 잡히지 않았을 때
- 베어링의 마모에 의한 진동이 생길 때
- 숫돌에 큰 충격이 가해질 때
- 플랜지의 직경이 현저히 작거나 지름이 균일하지 않을 때
- 숫돌의 회전속도가 너무 빠를 때
- 숫돌 자체에 균열이 있을 때
- 숫돌작업 시 숫돌의 측면을 사용할 때

정답 | 59 ① 60 ①

4과목 전기설비 안전관리

0703 / 1303

61 ——— Repetitive Learning 1회 2회 3회

충격전압시험 시의 표준충격파형을 1.2×50[㎲]로 나타내는 경우 1.2와 50이 뜻하는 것은?

① 파두장 - 파미장
② 최초섬락시간 - 최종섬락시간
③ 라이징타임 - 스테이블타임
④ 라이징타임 - 충격전압인가시간

해설

- 충격전압시험 시의 표준충격파형을 1.2×50[㎲]로 나타내는데 이는 파두시간이 1.2[㎲], 파미시간이 50[㎲] 소요된다는 의미이다.

뇌충격전압파형

㉠ 개요
- 충격파의 표시방법은 파두시간×파미부분에서 파고치의 50[%]로 감소할 때까지의 시간이다.
- 파두장은 전압이 정점(파고점)까지 걸리는 시간을 말한다.
- 파미장은 파고점에서 파고점의 1/2전압까지 내려오는 데 걸리는 시간을 말한다.
- 충격전압시험 시의 표준충격파형을 1.2×50[㎲]로 나타내는데 이는 파두시간이 1.2[㎲], 파미시간이 50[㎲]가 소요된다는 의미이다.

㉡ 과도전류에 대한 감지한계와 파두장과의 관계
- 과도전류에 대한 감지한계는 파두장이 길면 감지전류는 감소한다.

파두장[㎲]	전류파고치[mA]
7×100	40 이하
5×65	60 이하
2×30	90 이하

0602 / 0901

62 ———

폭발위험장소의 분류 중 인화성 액체의 증기 또는 인화성 가스에 의한 폭발위험이 지속적으로 또는 장기간 존재하는 장소는 몇 종 장소로 분류되는가?

① 0종 장소
② 1종 장소
③ 2종 장소
④ 3종 장소

해설

- 폭발위험이 지속적으로 또는 장기간 존재하는 장소는 0종 장소이다.

0종 장소
- 위험분위기가 지속적으로 또는 장기간 존재하는 장소를 말한다.
- 설비의 내부, 인화성 또는 가연성 가스, 물질, 액체, 증기가 존재하는 Tank의 내부, Pipe line 혹은 장치의 내부 등의 장소이다.

0803 / 1201

63 ———

활선작업 시 사용할 수 없는 전기작업용 안전장구는?

① 전기안전모
② 절연장갑
③ 검전기
④ 승주용 가제

해설

- 활선작업 또는 활선근접작업에서 감전을 방지하기 위하여 작업자가 신체에 착용하는 절연 보호구에는 절연안전모, 절연 고무장갑, 절연화, 절연장화, 절연복 등이 있으며 정전상태를 확인하기 위하여 검전기를 사용한다.

절연 보호구
- 절연용 보호구는 활선작업 또는 활선근접작업에서 감전을 방지하기 위하여 작업자가 신체에 착용하는 절연안전모, 절연 고무장갑, 절연화, 절연장화, 절연복 등을 말한다.
- 절연안전모는 머리 보호, 절연 고무장갑은 손의 감전방지, 절연화와 절연장화는 다리 감전방지 및 상반신 감전 시 전격 완화, 절연복은 상반신 감전방지의 효과를 갖는다.

0403 / 0803 / 0903 / 1101 / 1203 / 1302 / 1801

64 ——— Repetitive Learning 1회 2회 3회

인체의 저항을 500Ω이라 한다면 심실세동을 일으키는 위험에너지(J)는?

① 13.61
② 23.21
③ 33.42
④ 44.63

해설

- 인체의 전기저항값이 500Ω이라고 할 때 심실세동을 일으키는 전류에서의 전기에너지는 13.612[J]이다.

61 ① 62 ① 63 ④ 64 ① | 정답

심실세동 한계전류와 전기에너지 실필 2303/2101/1403/1401/1202

- 심장의 맥동에 영향을 주어 혈액 순환을 곤란하게 하고, 끝내는 심장 기능을 잃게 하는 치사적 전류를 심실세동전류라 한다.
- 감전자 1천명 중 5명 이상이 심실세동을 일으킬 수 있는 감전시간과 위험전류와의 관계에서 심실세동 한계전류 I는 $\frac{165}{\sqrt{T}}$[mA]이고, T는 통전시간이다.
- 인체의 접촉저항을 500Ω으로 할 때 심실세동을 일으키는 전류에서의 전기에너지는 $W = I^2Rt = \left(\frac{165 \times 10^{-3}}{\sqrt{T}}\right)^2 \times R \times T = (165 \times 10^{-3})^2 \times 500 = 13.612$[J]이 된다.

감전사고의 유형

- 감전사고의 행위별 통계에서 가장 많은 원인은 전기공사나 전기설비의 보수작업에 있다.
- 행위별 감전사고의 빈도는 전기공사 보수작업 > 장난이나 놀이 > 가전조작 및 보수 > 기계설비 공사 및 보수 > 전기설비 운전 및 점검 > 건설굴착공사 등의 순이다.

1701

65

Repetitive Learning 

피뢰침의 제한전압이 800[kV], 충격절연강도가 1000[kV]라 할 때, 보호여유도는 몇 [%]인가?

① 25 ② 33

③ 47 ④ 63

해설

- 제한전압이 800[kV], 충격절연강도가 1,000[kV]이므로 대입하면 $\frac{1,000-800}{800} \times 100 = 25$[%]이다.

피뢰기의 보호여유도

- 보호여유도란 보호기와 피보호기의 절연강도의 폭을 말한다.
- 부하차단 등에 의한 발전기의 전압상승을 고려한 값이다.
- 보호여유도 = $\frac{\text{충격절연강도} - \text{제한전압}}{\text{제한전압}} \times 100$[%]로 구한다.

1503

66

Repetitive Learning 

감전사고를 일으키는 주된 형태가 아닌 것은?

① 충전전로에 인체가 접촉되는 경우

② 이중절연 구조로 된 전기기계·기구를 사용하는 경우

③ 고전압의 전선로에 인체가 근접하여 섬락이 발생된 경우

④ 충전 전기회로에 인체가 단락회로의 일부를 형성하는 경우

해설

- 이중절연 구조로 된 전기기계·기구를 사용하는 것은 감전사고 예방대책을 말한다.

0301 / 0603

67

Repetitive Learning 1회 2회 3회

화재가 발생하였을 때 조사해야 하는 내용으로 가장 관계가 먼 것은?

① 발화원

② 착화물

③ 출화의 경과

④ 응고물

해설

- 전기화재 발생원인 3요소는 발화원, 착화물, 출화의 경과로 구성된다.

전기화재 발생

㉠ 전기화재 발생원인

- 전기화재 발생원인의 3요소는 발화원, 착화물, 출화의 경과로 구성된다.

구분	내용
발화원	화재의 발생원인으로 단열압축, 광선 및 방사선, 낙뢰, 스파크, 정전기, 충격이나 마찰, 기계적 운동에너지 등
착화물	발화원에 의해 최초로 착화된 가연물
출화의 경과	발생요인으로 단락, 누전, 과전류, 스파크 등

㉡ 출화의 경과에 따른 전기화재 비중

- 전기화재의 경로별 원인, 즉, 출화의 경과에 따른 분류에는 합선(단락), 과전류, 스파크, 누전, 정전기, 접촉부 과열, 절연열화에 의한 발열, 절연불량 등이 있다.
- 출화의 경과에 따른 발화현상의 분류에서 가장 빈도가 높은 것은 스파크 화재-단락(합선)에 의한 화재이다.

스파크	누전	접촉부과열	절연열화에 의한 발열	과전류
24%	15%	12%	11%	8%

1303

68 ——— Repetitive Learning (1회 2회 3회)

정전기에 관한 설명으로 옳은 것은?

① 정전기는 발생에서부터 억제 – 축적방지 – 안전한 방전이 재해를 방지할 수 있다.
② 정전기 발생은 고체의 분쇄공정에서 가장 많이 발생한다.
③ 액체의 이송 시는 그 속도(유속)를 7(m/s) 이상 빠르게 하여 정전기의 발생을 억제한다.
④ 접지값은 10(Ω) 이하로 하되 플라스틱 같은 절연도가 높은 부도체를 사용한다.

해설

- 정전기의 발생은 두 물체의 마찰이나 마찰에 의한 접촉위치 이동으로 많이 발생한다.
- 폭발 위험성이 높은 액체는 배관 내 유속을 1m/s 이하로 해야 한다.
- 접지값은 $10^3\Omega$ 이하로 유지하며, 플라스틱은 정전기 발생량이 대단히 큰 물질로 정전기 대책으로 부적당하다.

∷ 정전기 재해방지대책 실필 1901/1702/1201/1103

- 부도체에 제전기를 설치·운영하거나 도전성을 향상시켜야 한다.
- 정전기 재해방지를 위해서 반도체 취급 공정작업자가 착용하는 손목 띠의 저항은 1[mΩ]으로 한다.
- 도체의 경우 접지를 하며 이때 접지값은 $10^6\Omega$ 이하이면 충분하고, 안전을 고려하여 $10^3\Omega$ 이하로 유지한다.
- 생산공정에 별다른 문제가 없다면, 습도를 70% 정도 유지하여 전하가 제거되기 쉽게 한다.
- 유동대전이 심하고 폭발 위험성이 높은 것(가솔린, 이황화탄소, 벤젠 등)은 배관 내 유속을 1m/s 이하로 해야 한다.
- 포장 과정에서 용기를 도전성 재료에 접지한다.
- 인쇄 과정에서 도포량을 적게 하고 접지한다.
- 대전 방지제를 사용하고, 대전 물체에 정전기 축적을 최소화 하여야 한다.
- 배관 내 액체의 유속을 제한한다.
- 공기를 이온화한다.
- 작업장 바닥에 도전성(정전기 방지용) 매트를 사용한다.
- 작업자는 제전복, 정전화(대전 방지용 안전화)를 착용한다.

1401

69 ——— Repetitive Learning (1회 2회 3회)

기기나 계통을 개별적 또는 공통으로 접지하기 위하여 필요한접지시스템을 구성하는 접지도체를 선정하는 기준에 대한 설명으로 틀린 것은?

① 접지도체의 최소 단면적은 구리는 $6mm^2$ 이상, 철제는 $50mm^2$ 이상이어야 한다.
② 접지도체에 피뢰시스템이 접속되는 경우 접지도체의 단면적은 구리 $16mm^2$ 또는 철 $100mm^2$ 이상으로 하여야 한다.
③ 특고압·고압 전기설비용 접지도체는 단면적 $6mm^2$ 이상의 연동선 또는 동등 이상의 단면적 및 강도를 가져야 한다.
④ 일반적인 중성점 접지용 접지도체는 공칭단면적 $16mm^2$ 이상의 연동선 또는 동등 이상의 단면적 및 세기를 가져야 한다.

해설

- 접지도체에 피뢰시스템이 접속되는 경우 접지도체의 단면적은 구리 $16mm^2$ 또는 철 $50mm^2$ 이상으로 하여야 한다.

∷ 접지도체의 선정

- 접지도체의 최소 단면적은 구리는 $6mm^2$ 이상, 철제는 $50mm^2$ 이상이어야 한다.
- 접지도체에 피뢰시스템이 접속되는 경우 접지도체의 단면적은 구리 $16mm^2$ 또는 철 $50mm^2$ 이상으로 하여야 한다.
- 특고압·고압 전기설비용 접지도체는 단면적 $6mm^2$ 이상의 연동선 또는 동등 이상의 단면적 및 강도를 가져야 한다.
- 중성점 접지용 접지도체는 공칭단면적 $16mm^2$ 이상의 연동선 또는 동등 이상의 단면적 및 세기를 가져야 한다. 다만, 7kV 이하의 전로, 사용전압이 25kV 이하인 중성선 다중접지식의 전로차단장치를 갖춘 특고압 가공전선로에는 공칭단면적 $6mm^2$ 이상의 연동선 또는 동등 이상의 단면적 및 강도를 가져야 한다.

1001 / 1701

70 ——— Repetitive Learning (1회 2회 3회)

교류 아크용접기에 전격방지기를 설치하는 요령 중 틀린 것은?

① 이완방지조치를 한다.
② 직각으로만 부착해야 한다.
③ 동작상태를 알기 쉬운 곳에 설치한다.
④ 테스트 스위치는 조작이 용이한 곳에 위치시킨다.

해설

- 사용전류에 차이가 발생하는 문제로 전격방지장치는 직각으로 부착해야 한다. 단, 직각으로 부착이 어려울 때는 직각에 대해 20도를 넘지 않게 부착할 수도 있다.

∷ 교류 아크용접기에 전격방지기 설치요령

- 이완방지조치를 한다.
- 가능한 직각으로 부착하되, 직각 부착이 어려울 경우 직각에 대해 20° 범위 내에 부착해야 한다.
- 동작상태를 알기 쉬운 곳에 설치한다.
- 테스트 스위치는 조작이 용이한 곳에 위치시킨다.

68 ① 69 ② 70 ② 정답

0302 / 1003

71 Repetitive Learning 1회 2회 3회

전기기기의 Y종 절연물의 최고 허용온도는?

① 80℃ ② 85℃

③ 90℃ ④ 105℃

해설

- Y종 절연이란 허용최고온도 90[℃]에 충분히 견디는 재료로 구성된 절연으로 종이나 목면을 그대로 사용한 절연방식이다.

절연의 종류별 최고사용온도

- Y종 절연의 최고사용온도가 90[℃]로 가장 낮고, C종 절연의 최고사용온도가 180[℃] 이상으로 가장 높다.

종별	최고사용온도	종별	최고사용온도
Y종	90[℃]	F종	155[℃]
A종	105[℃]	H종	180[℃]
E종	120[℃]	C종	180[℃] 이상
B종	130[℃]		

1301 / 1503 / 1901 / 2201

72 Repetitive Learning 1회 2회 3회

내압방폭구조의 기본적인 성능에 관한 사항으로 틀린 것은?

① 내부에서 폭발한 경우 그 압력에 견딜 것

② 폭발화염이 외부로 유출되지 않을 것

③ 습기침투에 대한 보호를 충분히 할 것

④ 외함의 표면온도가 외부의 폭발성 가스를 점화하지 않을 것

해설

- 내압방폭구조는 습기침투와는 관련성이 없는 전폐형의 구조를 하고 있다.

내압방폭구조(EX d)

㉠ 개요

- 전폐형의 구조를 하고 있다.
- 방폭전기설비의 용기 내부에서 폭발성 가스 또는 증기가 폭발하였을 때 용기가 그 압력에 견디고 접합면이나 개구부를 통해서 외부의 폭발성 가스나 증기에 인화되지 않도록 한 방폭구조를 말한다.
- 외부의 폭발성 가스가 내부로 침입해서 폭발하였을 때 고열가스나 화염을 간극(Safe gap)을 통하여 서서히 방출시킴으로써 폭발화염이 외부로 전파되지 않으면서 냉각되는 방폭구조를 말한다.

㉡ 필요충분조건

- 폭발화염이 외부로 유출되지 않을 것
- 내부에서 폭발한 경우 그 압력에 견딜 것
- 외함의 표면온도가 외부의 폭발성 가스를 점화하지 않을 것

1002 / 1502

73 Repetitive Learning 1회 2회 3회

온도조절용 바이메탈과 온도 퓨즈가 회로에 조합되어 있는 다리미를 사용한 가정에서 화재가 발생했다. 다리미에 부착되어 있던 바이메탈과 온도 퓨즈를 대상으로 화재사고를 분석하려는데 논리기호를 사용하여 표현하고자 한다. 어느 기호가 적당하겠는가?(단, 바이메탈의 작동과 온도 퓨즈가 끊어졌을 경우를 0, 그렇지 않을 경우를 1이라 한다)

①
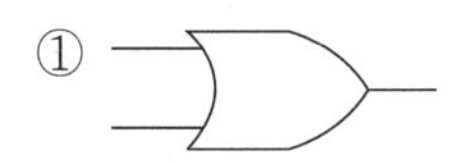

②
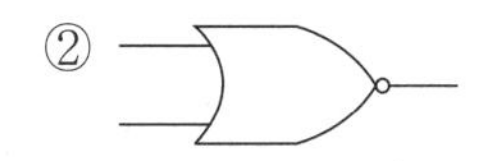

③
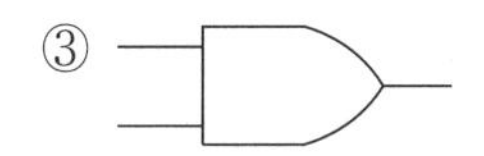

④
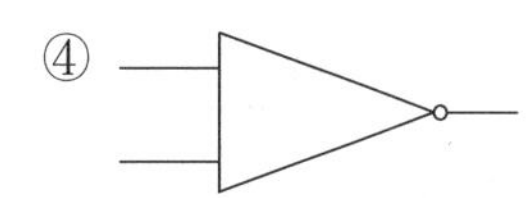

해설

- 온도조절용 바이메탈과 온도 퓨즈가 일정한 온도가 넘어가는데도 불구하고 끊어지지 않고 계속 연결될 경우 다리미의 온도는 계속 상승하여 화재가 발생하게 된다.
- 화재사고를 분석하기 위해, 바이메탈과 온도 퓨즈가 모두 "1"인 상태일 때 "1"이 출력되는 논리곱(AND) 회로를 묻고 있는 문제이다.

바이메탈과 온도 퓨즈의 작동 회로 : 논리곱(AND) 회로

- 두 개의 입력이 모두 "1"일 때 출력이 "1"이 되는 회로이다.

바이메탈	온도 퓨즈	화재발생
0	0	0
0	1	0
1	0	0
1	1	1

정답 | 71 ③ 72 ③ 73 ③

0801 / 1603

74

Repetitive Learning 1회 2회 3회

화염일주한계에 대한 설명으로 옳은 것은?

① 폭발성 가스와 공기의 혼합기에 온도를 높인 경우 화염이 발생할 때까지의 시간 한계치
② 폭발성 분위기에 있는 용기의 접합면 틈새를 통해 화염이 내부에서 외부로 전파되는 것을 저지할 수 있는 틈새의 최대 간격치
③ 폭발성 분위기 속에서 전기불꽃에 의하여 폭발을 일으킬 수 있는 화염을 발생시키기에 충분한 교류파형의 1주기치
④ 방폭설비에서 이상이 발생하여 불꽃이 생성된 경우에 그것이 점화원으로 작용하지 않도록 화염의 에너지를 억제하여 폭발하한계로 되도록 화염 크기를 조정하는 한계치

해설

- 화염일주한계란 화염이 전파되는 것을 저지할 수 있는 틈새의 최대 간격치로 최대안전틈새라고도 한다.

화염일주한계

- 화염이 전파되는 것을 저지할 수 있는 틈새의 최대 간격치로 최대안전틈새라고도 한다.
- 폭발성 분위기에 있는 용기의 접합면 틈새를 통해 화염이 내부에서 외부로 전파되는 것을 저지할 수 있는 틈새의 최대 간격치를 말한다.

75

Repetitive Learning 1회 2회 3회

폭발위험이 있는 장소의 설정 및 관리와 가장 관계가 먼 것은?

① 인화성 액체의 증기 사용
② 가연성 가스의 제조
③ 가연성 분진 제조
④ 종이 등 가연성 물질 취급

해설

- 산업안전보건기준에 관한 규칙에서 정의하는 폭발위험이 있는 장소는 인화성 액체의 증기, 가스, 고체를 제조 및 사용하는 곳으로 정하고 있다.
- 종이 등의 가연성 물질은 화재를 주의하여야 하는 물질이지 폭발을 주의해야 하는 물질로 보기 힘들다.

폭발위험이 있는 장소의 설정

- 인화성 액체의 증기나 인화성 가스 등을 제조·취급 또는 사용하는 장소
- 인화성 고체를 제조·사용하는 장소

1401

76

인체의 표면적이 0.5[m^2]이고 정전용량은 0.02[pF/cm^2]이다. 3,300[V]의 전압이 인가되어 있는 전선에 접근하여 작업을 할 때 인체에 축적되는 정전기에너지[J]는?

① 5.445×10^{-2}
② 5.445×10^{-4}
③ 2.723×10^{-2}
④ 2.723×10^{-4}

해설

- 정전에너지 $W = \frac{1}{2}CV^2$를 이용해서 구할 수 있다.
- 인체의 표면적과 단위면적당 정전용량의 단위가 서로 다르므로 이를 통일해야 한다. 구하는 정전에너지의 단위가 [J]이므로 면적은 [m^2]로 통일한다.
- 단위 정전용량 0.02[pF/cm^2]를 [m^2]로 변환하면 100이 아니라 100^2을 곱해줘야 하므로 $0.02 \times 10^{-12}/cm^2 = 0.02 \times 10^{-12} \times 10^4/m^2 = 200[pF/m^2]$이다.
- 인체의 표면적은 0.5[m^2]이므로 정전용량 $C = 0.5 \times 200[pF/m^2] = 100[pF/m^2]$이다.
- 정전에너지는 $\frac{1}{2} \times 100 \times 10^{-12} \times (3,300)^2 = 5.445 \times 10^{-4}$[J]이다.

전하량과 정전에너지

㉠ 전하량
- 평행한 축전기의 두 극판 사이의 거리가 일정할 때 양 극단에 걸린 전압 V가 클수록 더 많은 전하량 Q가 대전되게 된다.
- 전기 용량(C)은 단위 전압(V)당 물체가 저장하거나 물체에서 분리하는 전하의 양(Q)으로 $C = \frac{Q}{V}$로 구한다.

㉡ 정전에너지
- 물체에 정전기가 대전하면 축적되는 에너지 혹은 콘덴서에 전압을 가할 경우 축적되는 에너지를 말한다.
- $W = \frac{1}{2}CV^2 = \frac{1}{2}QV = \frac{Q^2}{2C}$[J]로 구할 수 있다.
이때 C는 정전용량[F], V는 전압[V], Q는 전하[C]이다.

74 ② 75 ④ 76 ② 정답

1502

77

Repetitive Learning 1회 2회 3회

접지시스템에 대한 설명으로 잘못된 것은?

① 접지시스템은 계통접지, 보호접지, 피뢰시스템 접지 등으로 구분한다.
② 접지시스템의 시설 종류에는 단독접지, 공통접지, 통합접지가 있다.
③ 접지극은 보호도체를 사용하여 주 접지단자에 연결하여야 한다.
④ 접지시스템은 접지극, 접지도체, 보호도체 및 기타 설비로 구성된다.

해설

- 접지극은 접지도체를 사용하여 주 접지단자에 연결하여야 한다.

접지시스템(Earthing System)

- 접지시스템이란 기기나 계통을 개별적 또는 공통으로 접지하기 위하여 필요한 접속 및 장치로 구성된 설비를 말한다.
- 접지시스템은 계통접지, 보호접지, 피뢰시스템 접지 등으로 구분한다.
- 접지시스템의 시설 종류에는 단독접지, 공통접지, 통합접지가 있다.
- 접지시스템은 접지극, 접지도체, 보호도체 및 기타 설비로 구성된다.
- 접지극은 접지도체를 사용하여 주 접지단자에 연결하여야 한다.

78

Repetitive Learning 

전자파 중에서 광량자 에너지가 가장 큰 것은?

① 극저주파
② 마이크로파
③ 가시광선
④ 적외선

해설

- 파장의 크기는 자외선 < 가시광선 < 적외선 < 마이크로파 < 극저주파의 순이므로 광량자 에너지는 그의 역순으로 커진다.

전자파의 파장과 광량자 에너지

- 파장의 크기는 γ선 < X선 < 자외선 < 가시광선 < 적외선 < 마이크로파 < TV파 < 라디오파 < 극저주파의 순으로 커진다.
- 전자파의 광량자 에너지는 파장이 길면 에너지가 작고, 파장이 짧을수록 에너지가 크다.

0902 / 1303

79

Repetitive Learning 1회 2회 3회

다음 중 폭발위험장소에 전기설비를 설치할 때 전기적인 방호조치로 적절하지 않은 것은?

① 다상 전기기기는 결상운전으로 인한 과열방지조치를 한다.
② 배선은 단락·지락사고 시의 영향과 과부하로부터 보호한다.
③ 자동차단이 점화의 위험보다 클 때는 경보장치를 사용한다.
④ 단락보호장치는 고장상태에서 자동복구되도록 한다.

해설

- 단락보호장치는 고장이 발생했을 때 자동복구할 경우 스파크로 인한 폭발 가능성이 있기 때문에 수동복구를 원칙으로 한다.

폭발위험장소에 전기설비 시 주의사항

- 다상 전기기기는 결상운전으로 인한 과열방지조치를 한다.
- 배선은 단락·지락사고 시의 영향과 과부하로부터 보호한다.
- 자동차단이 점화의 위험보다 클 때는 경보장치를 사용한다.
- 단락보호장치의 고장 시 수동복구를 원칙으로 한다.

0801 / 1201

80

Repetitive Learning 1회 2회 3회

감전사고 방지대책으로 옳지 않은 것은?

① 설비의 필요한 부분에 보호접지 실시
② 노출된 충전부에 통전망 설치
③ 안전전압 이하의 전기기기 사용
④ 전기기기 및 설비의 정비

해설

- 노출된 충전부에는 통전망이 아니라 절연방호구를 사용하여야 한다.

감전사고 방지대책

㉠ 설비 측면
- 계통에 비접지식 전로의 채용
- 전로의 보호절연 및 충전부의 격리
- 전기설비에 대한 보호접지(중성선 및 변압기 1, 2차 접지)
- 전기설비에 대한 누전차단기 설치
- 고장전로(사고회로)의 신속한 차단
- 안전전압 혹은 안전전압 이하의 전기기기 사용

㉡ 안전장비 측면
- 충전부가 노출된 부분은 절연방호구 사용
- 전기작업 시 안전보호구의 착용 및 안전장비의 사용

㉢ 관리적인 측면
- 전기설비의 점검을 철저히 할 것
- 안전지식의 습득과 안전거리의 유지 등

정답 | 77 ③ 78 ③ 79 ④ 80 ②

5과목 화학설비 안전관리

0801 / 1001 / 1503

81 Repetitive Learning

다음 중 관(Pipe) 부속품 중 관로의 방향을 변경하기 위하여 사용하는 부속품은?

① 니플(Nipple) ② 유니온(Union)
③ 플랜지(Flange) ④ 엘보우(Elbow)

해설

- 니플(Nipple), 유니온(Union), 플랜지(Flange)는 모두 2개의 관을 서로 연결할 때 사용하는 부속품이다.

관(Pipe) 부속품

유로 차단	플러그(Plug), 밸브(Valve), 캡(Cap)
누출방지 및 접합면 밀착	개스킷(Gasket)
관로의 방향 변경	엘보(Elbow)
관의 지름 변경	리듀셔(Reducer), 부싱(Bushing)
2개의 관을 연결	소켓(Socket), 니플(Nipple), 유니온(Union), 플랜지(Flange)

1203

82 Repetitive Learning 1회 2회 3회

산업안전보건기준에 관한 규칙상 국소배기장치의 후드(Hood) 설치 기준이 아닌 것은?

① 유해물질이 발생하는 곳마다 설치할 것
② 후드의 개구부 면적은 가능한 한 크게 할 것
③ 외부식 또는 리시버식 후드는 해당 분진 등의 발산원에 가장 가까운 위치에 설치할 것
④ 후드(Hood) 형식은 가능하면 포위식 또는 부스식 후드를 설치할 것

해설

- 후드의 개구부 면적은 가능한 작게 해야 한다.

인체에 해로운 분진, 흄(Fume), 미스트(Mist), 증기 또는 가스 상태의 물질을 배출하는 후드의 설치조건 실필 1303

- 유해물질이 발생하는 곳마다 설치할 것
- 유해인자의 발생형태와 비중, 작업방법 등을 고려하여 해당 분진 등의 발산원(發散源)을 제어할 수 있는 구조로 설치할 것
- 후드(Hood) 형식은 가능하면 포위식 또는 부스식 후드를 설치할 것
- 외부식 또는 리시버식 후드는 해당 분진 등의 발산원에 가장 가까운 위치에 설치할 것

83 Repetitive Learning 1회 2회 3회

산업안전보건기준에 관한 규칙에 따르면 쥐에 대한 경구투입실험에 의하여 실험동물의 50%를 사망시킬 수 있는 물질의 양, 즉, LD50(경구, 쥐)이 킬로그램당 몇 밀리그램-(체중) 이하인 화학물질이 급성독성물질에 해당하는가?

① 25 ② 100
③ 300 ④ 500

해설

- 쥐에 대한 경구투입실험에 의하여 실험동물의 50%를 사망시킬 수 있는 물질의 양, 즉 LD_{50}(경구, 쥐)이 kg당 300mg-(체중) 이하인 화학물질을 급성독성물질로 한다.

급성독성물질 실필 1902/1701/1103

- 쥐에 대한 경구투입실험에 의하여 실험동물의 50%를 사망시킬 수 있는 물질의 양, 즉 LD_{50}(경구, 쥐)이 kg당 300mg-(체중) 이하인 화학물질
- 쥐 또는 토끼에 대한 경피흡수실험에 의하여 실험동물의 50%를 사망시킬 수 있는 물질의 양, 즉 LD_{50}(경피, 토끼 또는 쥐)이 kg당 1,000mg-(체중) 이하인 화학물질
- 쥐에 대한 4시간 동안의 흡입실험에 의하여 실험동물의 50%를 사망시킬 수 있는 물질의 농도, 즉 가스 LC_{50}(쥐, 4시간 흡입)이 2,500ppm 이하인 화학물질, 증기 LC_{50}(쥐, 4시간 흡입)이 10mg/L 이하인 화학물질, 분진 또는 미스트 1mg/L 이하인 화학물질

1402 / 1703

84 Repetitive Learning 1회 2회 3회

반응성 화학물질의 위험성은 주로 실험에 의한 평가 대신 문헌조사 등을 통해 계산에 의해 평가하는 방법을 사용할 수 있다. 이에 관한 설명으로 옳지 않은 것은?

① 위험성이 너무 커서 물성을 측정할 수 없는 경우 계산에 의한 평가 방법을 사용할 수도 있다.
② 연소열, 분해열, 폭발열 등의 크기에 의해 그 물질의 폭발 또는 발화의 위험예측이 가능하다.
③ 계산에 의한 평가를 하기 위해서는 폭발 또는 분해에 따른 생성물의 예측이 이루어져야 한다.
④ 계산에 의한 위험성 예측은 모든 물질에 대해 정확성이 있으므로 더 이상의 실험을 필요로 하지 않는다.

해설

- 계산에 의한 위험성 예측은 주어진 상황과 물질의 변화에 따라 달라질 수 있으므로 실험을 통해서 정확한 결과를 구해야 한다.

81 ④ 82 ② 83 ③ 84 ④ 정답

:: 계산을 통한 반응성 화학물질의 위험성의 평가

- 위험성이 너무 커서 물성을 측정할 수 없는 경우 계산에 의한 평가방법을 사용할 수도 있다.
- 연소열, 분해열, 폭발열 등의 크기에 의해 그 물질의 폭발 또는 발화의 위험예측이 가능하다.
- 계산에 의한 평가를 하기 위해서는 폭발 또는 분해에 따른 생성물의 예측이 이루어져야 한다.
- 계산에 의한 위험성 예측은 주어진 상황과 물질의 변화에 따라 달라질 수 있으므로 실험을 통해서 정확한 결과를 구해야 한다.

1501 / 1703

85

Repetitive Learning 

압축기와 송풍기의 관로에 심한 공기의 맥동과 진동을 발생하면서 불안정한 운전이 되는 서어징(Surging) 현상의 방지법으로 옳지 않은 것은?

① 풍량을 감소시킨다.

② 배관의 경사를 완만하게 한다.

③ 교축밸브를 기계에서 멀리 설치한다.

④ 토출가스를 흡입 측에 바이패스시키거나 방출밸브에 의해 대기로 방출시킨다.

해설

- 서어징 현상을 방지하기 위해서는 유량조절밸브(교축밸브)를 펌프 토출 측 직후에 설치해야 한다.

:: 서어징(Surging)

㉠ 개요
- 맥동현상이라고도 하며, 압축기와 송풍기의 관로에 심한 공기의 맥동과 진동을 발생하면서 불안정한 운전이 되는 현상을 말한다.

㉡ 방지대책
- 풍량을 감소시킨다.
- 배관의 경사를 완만하게 한다.
- 토출가스를 흡입 측에 바이패스시키거나 방출밸브에 의해 대기로 방출시킨다.
- 유량조절밸브를 펌프 토출 측 직후에 설치한다.
- 관로상에 불필요한 잔류공기를 제거하고 관로의 단면적, 양액의 유속 등을 바꾼다.

0702 / 1201

86

Repetitive Learning 1회 2회 3회

다음 중 독성이 가장 강한 가스는?

① NH_3

② $COCl_2$

③ $C_6H_5CH_3$

④ H_2S

해설

- $COCl_2$는 포스겐이라고 불리는 맹독성 가스로 불소와 함께 가장 강한(TWA 0.1) 독성 물질이다.

:: TWA(Time Weighted Average) 실필 1301
- 시간가중 평균노출기준이라고 한다.
- 1일 8시간 작업을 기준으로 유해요인의 측정치에 발생시간을 곱하여 8로 나눈 값이다.
- 독성이 강할수록 TWA값은 작아진다.

유독물질	포스겐/불소	염소	니트로벤젠 염화수소	사염화탄소	나프탈렌	일산화탄소	아세톤	이산화탄소
TWA (ppm)	0.1	0.5	1	5	10	30	500	5,000
독성	← 강하다						약하다 →	

1203

87

Repetitive Learning 

다음 중 분해 폭발의 위험성이 있는 아세틸렌의 용제로 가장 적절한 것은?

① 에테르

② 에틸알코올

③ 아세톤

④ 아세트알데히드

해설

- 폭발위험 때문에 보관을 위해 아세틸렌을 용해시킬 때 사용하는 용제는 아세톤이다.

:: 아세틸렌(C_2H_2)

㉠ 개요
- 폭발하한값 2.5vol%, 폭발상한값 81.0vol%로 폭발범위가 아주 넓은(78.5) 가연성 가스이다.
- 구리, 은 등의 물질과 반응하여 폭발성 아세틸리드를 생성한다.
- 1.5기압 또는 110℃ 이상에서 탄소와 수소로 분리되면서 분해폭발을 일으킨다.

㉡ 취급상의 주의사항
- 아세톤에 용해시켜 다공성 물질과 함께 보관한다.
- 용단 또는 가열작업 시 1.3[kgf/cm^2] 이상의 압력을 초과하여서는 안 된다.

정답 | 85 ③ 86 ② 87 ③

0703 / 1002 / 1201 / 1403 / 1702

88 Repetitive Learning (1회 2회 3회)

분진폭발의 발생 순서로 옳은 것은?

① 비산 → 분산 → 퇴적분진 → 발화원 → 2차폭발 → 전면폭발
② 비산 → 퇴적분진 → 분산 → 발화원 → 2차폭발 → 전면폭발
③ 퇴적분진 → 발화원 → 분산 → 비산 → 전면폭발 → 2차폭발
④ 퇴적분진 → 비산 → 분산 → 발화원 → 전면폭발 → 2차폭발

해설

- 분진폭발은 퇴적분진 → 비산 → 분산 → 발화원 → 전면폭발 → 2차폭발 순으로 진행된다.

:: 분진폭발

㉠ 개요

- 폭발을 기상폭발과 응상폭발로 분류할 때 기상폭발에 해당한다.
- 퇴적분진의 비산을 통해서 공기 중에 분산된 후 발화원의 점화에 의해 폭발한다.

㉡ 위험과 폭발의 진행단계

- 분진폭발의 위험은 금속분(알루미늄분, 스텔라이트 등), 유황, 적린, 곡물(소맥분) 등에 주로 존재한다.
- 분진폭발은 퇴적분진 → 비산 → 분산 → 발화원 → 전면폭발 → 2차폭발 순으로 진행된다.

1002

89 Repetitive Learning (1회 2회 3회)

폭발방호대책 중 이상 또는 과잉압력에 대한 안전장치로 볼 수 없는 것은?

① 안전밸브(Safety valve)
② 릴리프밸브(Relief valve)
③ 파열판(Bursting disk)
④ 플레임어레스터(Flame arrester)

해설

- 플레임어레스터(Flame arrester)는 인화성 액체 및 인화성 가스를 저장 취급하는 화학설비에서 외부로부터의 화염을 방지하기 위하여 설치하는 안전장치로 화염방지기, 인화방지망이라고도 한다.

:: 이상압력이나 과잉압력에 대한 안전장치

- 이상압력이나 과잉압력에 대한 안전장치에는 안전밸브, 릴리프밸브, 파열판 등이 있다.
- 파열판은 압력용기, 배관, 덕트 및 봄베 등의 밀폐장치가 과잉압력 또는 진공에 의해 파손될 위험이 있을 경우 이를 방지하기 위한 안전장치이다.
- 릴리프밸브(Relief valve)는 회로의 압력이 설정압력에 도달하면 유체의 일부 또는 전량을 배출시켜 회로 내의 압력을 설정값 이하로 유지하는 압력제어밸브이다.
- 안전밸브는 보일러의 증기압력이 규정 이상이 될 때 자동적으로 열리게 하여 일정 압력을 유지하는 장치이다.

0501

90 Repetitive Learning (1회 2회 3회)

다음 인화성 가스 중 가장 가벼운 물질은?

① 아세틸렌　② 수소
③ 부탄　④ 에틸렌

해설

- 인화성 가스 중 수소는 분자량이 2로 가장 가볍다.

:: 인화성 가스

- 폭발한계 농도의 하한이 13% 이하 또는 상하한의 차가 12% 이상인 것으로서 1기압 20℃에서 가스상태인 물질을 말한다.
- 수소(H_2), 아세틸렌(C_2H_2), 에틸렌(C_2H_4), 메탄(CH_4), 에탄(C_2H_6), 프로판(C_3H_8), 부탄(C_4H_{10}), 암모니아(NH_3) 등이 있다.

1001 / 1501

91 Repetitive Learning (1회 2회 3회)

가연성 가스 및 증기의 위험도에 따른 방폭전기기기의 분류로 폭발등급을 사용하는데, 이러한 폭발등급을 결정하는 것은?

① 발화도　② 화염일주한계
③ 폭발한계　④ 최소발화에너지

해설

- 발화도란 폭발성 가스의 발화점을 기준으로 구분한 단위이며, KS기준에 의해 전기설비의 최고허용표면온도와도 관련된다.
- 폭발한계란 가연성 가스 또는 증기가 공기 또는 산소 중에서 연소를 일으킬 수 있는 한정된 범위의 농도한계를 말한다.
- 최소발화에너지란 공기 중에서 가연성 가스나 액체의 증기 또는 폭발성 분진을 발화시키는 데 필요한 최저의 에너지를 말한다.

88 ④ 89 ④ 90 ② 91 ② 정답

:: 화염일주한계

- 안전간격(Safe gap), 최대안전틈새(MESG)라고도 한다.
- 압력용기 내측의 가스점화 시 외측의 폭발성 혼합가스까지 화염이 전달되지 않는 한계의 틈을 말한다.
- 가연성 가스 및 증기의 위험도에 따른 방폭전기기기의 분류에 해당하는 폭발등급의 결정기준이 된다.

1302

92

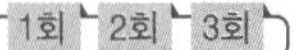

다음 중 메타인산(HPO_3)에 의한 소화효과를 가진 분말소화약제의 종류는?

① 제1종 분말소화약제 ② 제2종 분말소화약제
③ 제3종 분말소화약제 ④ 제4종 분말소화약제

해설

- 메타인산(HPO_3)에 의한 소화효과를 가진 분말 소화기는 제3종으로 A, B, C급 화재에 적합하다.

:: 분말 소화설비

㉠ 개요

- 기구가 간단하고 유지관리가 용이하다.
- 온도 변화에 대한 약제의 변질이나 성능의 저하가 없다.
- 다른 소화설비보다 소화능력이 우수하며 소화시간이 짧다.
- 안전하고, 저렴하고, 경제적이며, 어떤 화재에도 최대의 소화능력을 갖는다.
- 분말은 흡습력이 강하고, 금속의 부식을 일으키는 단점을 갖는다.

㉡ 분말 소화기의 구분

종별	주성분	적응화재
1종	탄산수소나트륨($NaHCO_3$)	B, C급 화재
2종	탄산수소칼륨($KHCO_3$)	B, C급 화재
3종	제1인산암모늄($NH_4H_2PO_4$)	A, B, C급 화재
4종	탄산수소칼륨과 요소와의 반응물($KC_2N_2H_3O_3$)	B, C급 화재

0603 / 1003 / 1603

93

다음 중 파열판에 관한 설명으로 틀린 것은?

① 압력 방출속도가 빠르다.
② 설정 파열압력 이하에서 파열될 수 있다.
③ 한 번 부착한 후에는 교환할 필요가 없다.
④ 높은 점성의 슬러리나 부식성 유체에 적용할 수 있다.

해설

- 파열판은 정밀한 장치이나 주기적으로 교체가 필요한 장치이다. 교체 시 설비 내부에 영향을 주지 않게 하기 위해 안전밸브를 직렬로 같이 설치한다.

:: 파열판의 특징

- 압력 방출속도가 빠르며, 분출량이 많다.
- 설정 파열압력 이하에서 파열될 수 있다.
- 높은 점성의 슬러리나 부식성 유체에 적용할 수 있다.

0902 / 1801

94

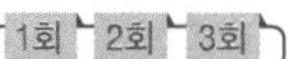

공기 중에서 폭발범위가 12.5~74[vol%]인 일산화탄소의 위험도는 얼마인가?

① 4.92 ② 5.26
③ 6.26 ④ 7.05

해설

- 주어진 값을 대입하면 $\frac{74-12.5}{12.5}=\frac{61.5}{12.5}=4.92$이다.

:: 가스의 위험도 실필 1603

- 폭발을 일으키는 가연성 가스의 위험성의 크기를 나타낸다.
- $H=\frac{(U-L)}{L}$

  H : 위험도
  U : 폭발상한계
  L : 폭발하한계

1102 / 1403

95

산업안전보건법령에 따라 유해하거나 위험한 설비의 설치·이전 또는 주요 구조부분의 변경 공사 시 공정안전보고서의 제출 시기는 착공일 며칠 전까지 관련기관에 제출하여야 하는가?

① 15일 ② 30일
③ 60일 ④ 90일

해설

- 사업주는 설비의 설치·이전 또는 공사의 착공일 30일 전까지 공정안전보고서를 제출하여야 한다.

:: 공정안전보고서의 제출 시기

- 사업주는 유해·위험설비의 설치·이전 또는 주요 구조부분의 변경 공사의 착공일 30일 전까지 공정안전보고서를 2부 작성하여 공단에 제출하여야 한다.

정답 | 92 ③ 93 ③ 94 ① 95 ②

96

Repetitive Learning 1회 2회 3회

소화약제 IG-100의 구성성분은?

① 질소 ② 산소
③ 이산화탄소 ④ 수소

해설

• IG-100은 질소소화약제로 지구환경에 해를 끼치지 않은 불연성·불활성기체혼합가스이다.

:: 불연성·불활성기체혼합가스

IG-01	Ar
IG-100	N_2
IG-541	N_2 : 52%, Ar : 40%, CO_2 : 8%
IG-55	N_2 : 52%, Ar : 5%

0402 / 1301

97

Repetitive Learning 1회 2회 3회

프로판(C_3H_8)의 연소에 필요한 최소산소농도의 값은?(단, 프로판의 폭발하한은 Jones식에 의해 추산한다)

① 8.1[%v/v] ② 11.1[%v/v]
③ 15.1[%v/v] ④ 20.1[%v/v]

해설

• 폭발하한계를 Jones식(Cst×0.55)에 의해 추산하여야 하므로 $Cst = \frac{100}{1+4.773\times 5} = \frac{100}{24.865} = 4.02$이고, 폭발하한계는 $4.02\times 0.55 = 2.22$[vol%]가 된다.

• 프로판은 탄소(a)가 3, 수소(b)가 8이므로 산소양론계수는 $3+\frac{8}{4}=5$이다. 최소산소농도$=5\times 2.22=11.06$[vol%]이 된다.

:: 완전연소 조성농도(Cst, 화학양론농도)와 최소산소농도(MOC)

실필 1803/1002

㉠ 완전연소 조성농도(Cst, 화학양론농도)

• 가연성 가스의 조성은 완전연소 조성농도에서 폭발의 위험성이 가장 높아진다.

• 완전연소 조성농도 $= \frac{100}{1+\text{공기몰수}\times\left(a+\frac{b-c-2d}{4}\right)}$이다.

공기의 몰수는 주로 4.773을 사용하므로

완전연소 조성농도 $= \frac{100}{1+4.773\left(a+\frac{b-c-2d}{4}\right)}$[vol%]

로 구한다. 단, a : 탄소, b : 수소, c : 할로겐의 원자수, d : 산소의 원자수이다.

• Jones식에 따라 폭발한계를 추산하면

폭발하한계 = Cst × 0.55, 폭발상한계 = Cst × 3.50이다.

㉡ 최소산소농도(MOC)

• 연소 시 필요한 산소(O_2)농도 즉,

산소양론계수 $= a+\frac{b-c-2d}{4}$로 구한다.

• 최소산소농도(MOC) = 산소양론계수 × 연소하한값이다.

0603

98

다음 중 물과 반응하여 아세틸렌을 발생시키는 물질은?

① Zn ② Mg
③ Al ④ CaC_2

• 탄화칼슘(CaC_2)은 물(H_2O)과 반응하여 아세틸렌(C_2H_2)을 발생시키므로 불연성 가스로 봉입하여 밀폐용기에 저장해야 한다.

:: 물과의 반응

• 구리(Cu), 철(Fe), 금(Au), 은(Ag), 탄소(C) 등은 상온에서 고체상태로 존재하며 녹는점이 낮아 물과 접촉해도 반응하지 않는다.

• 칼륨(K), 나트륨(Na), 마그네슘(Mg), 아연(Zn), 리튬(Li) 등은 물과 격렬히 반응해 수소를 발생시킨다.

• 탄화칼슘(CaC_2)은 물(H_2O)과 반응하여 아세틸렌(C_2H_2)을 발생시키므로 불연성 가스로 봉입하여 밀폐용기에 저장해야 한다.

1401

99

Repetitive Learning 1회 2회 3회

메탄 1[vol%], 헥산 2[vol%], 에틸렌 2[vol%], 공기 95[vol%]로 된 혼합가스의 폭발하한계값[vol%]은 약 얼마인가?(단, 메탄, 헥산, 에틸렌의 폭발하한계값은 각각 5.0, 1.1, 2.7[vol%]이다)

① 1.8 ② 3.5
③ 12.8 ④ 21.7

해설

• 개별가스의 mol분율을 먼저 구한다.

• 가연성 물질의 부피의 합인 0.01+0.02+0.02=0.05를 100으로 했을 때 가스의 mol분율은 메탄은 20(0.01/0.05), 헥산은 40(0.02/0.05), 에틸렌은 40(0.02/0.05)이 된다.

• 혼합가스의 폭발하한계 LEL

$=\frac{100}{\frac{20}{5.0}+\frac{40}{1.1}+\frac{40}{2.7}}=\frac{100}{4+36+15}=\frac{100}{55}=1.82$[vol%]이다.

96 ① 97 ② 98 ④ 99 ① 정답

:: 혼합가스의 폭발한계와 폭발범위 실필 1603

㉠ 폭발한계

- 혼합가스의 폭발한계는 혼합가스를 구성하는 각 가스의 폭발한계당 mol분율 합의 역수로 구한다.
- 혼합가스의 폭발한계는 $\dfrac{1}{\sum_{i=1}^{n}\dfrac{\text{mol분율}}{\text{폭발한계}}}$로 구한다.
- [vol%]를 구할 때는 $\dfrac{100}{\sum_{i=1}^{n}\dfrac{\text{mol분율}}{\text{폭발한계}}}$[vol%] 식을 이용한다.

㉡ 폭발범위

- 폭발상한계와 폭발하한계를 각각 구해서 범위를 구한다.

100 Repetitive Learning (1회 2회 3회)

가열·마찰·충격 또는 다른 화학물질과의 접촉 등으로 인하여 산소 또는 산화제의 공급 없이도 폭발 등 격렬한 반응을 일으킬 수 있는 물질은?

① 에틸알코올
② 인화성 고체
③ 니트로화합물
④ 테레핀유

해설

- 문제는 폭발성 물질을 묻고 있다. 니트로화합물은 대표적인 폭발성 물질에 해당한다.

:: 산업안전보건법상 폭발성 물질

- 질산에스테르류
  (니트로글리콜·니트로글리세린·니트로셀룰로오스 등)
- 니트로화합물(트리니트로벤젠·트리니트로톨루엔·피크린산 등)
- 유기과산화물(과초산, 메틸에틸케톤 과산화물, 과산화벤조일 등)
- 그 외에도 니트로소화합물, 아조화합물, 디아조화합물, 하이드라진 유도체 등이 있다.

6과목 건설공사 안전관리

1403

101 Repetitive Learning (1회 2회 3회)

사업주가 유해·위험방지계획서 제출 후 건설공사 중 6개월 이내마다 안전보건공단의 확인사항을 받아야 할 내용이 아닌 것은?

① 유해·위험방지계획서의 내용과 실제공사 내용이 부합하는지 여부
② 유해·위험방지계획서 변경내용의 적정성
③ 자율안전관리업체 유해·위험방지계획서 제출·심사 면제
④ 추가적인 유해·위험요인의 존재 여부

해설

- 유해·위험방지계획서 제출 후 확인받을 내용은 유해·위험방지계획서의 내용과 실제 공사내용이 부합하는지 여부, 유해·위험방지계획서 변경내용의 적정성, 추가적인 유해·위험요인의 존재 여부 등이다.

:: 유해·위험방지계획서의 확인

- 유해·위험방지계획서를 제출한 사업주는 해당 건설물·기계·기구 및 설비의 시운전단계에서 건설공사 중 6개월 이내마다 공단의 확인을 받아야 한다.
- 확인받을 내용은 유해·위험방지계획서의 내용과 실제 공사 내용이 부합하는지 여부, 유해·위험방지계획서 변경내용의 적정성, 추가적인 유해·위험요인의 존재 여부 등이다.

1201

102 Repetitive Learning (1회 2회 3회)

다음 중 철골공사 시의 안전작업방법 및 준수사항으로 옳지 않은 것은?

① 강풍, 폭우 등과 같은 악천후 시에는 작업을 중지하여야 하며 특히 강풍 시에는 높은 곳에 있는 부재나 공구류가 낙하비래하지 않도록 조치하여야 한다.
② 철골 부재 반입 시 시공순서가 빠른 부재는 상단부에 위치하도록 한다.
③ 구명줄 설치 시 마닐라 로프 직경 10mm를 기준하여 설치하고 작업방법을 충분히 검토하여야 한다.
④ 철골보의 두 곳을 매어 인양시킬 때 와이어로프의 내각은 60° 이하이어야 한다.

정답 | 100 ③ 101 ③ 102 ③

해설

- 철골공사 중 구명줄을 설치할 경우에는 한 가닥의 구명줄을 여러 명이 동시에 사용하지 않도록 하여야 하며, 구명줄은 마닐라 로프 직경 16 mm 이상을 기준하여 설치하고, 작업방법을 충분히 검토하여야 한다.

∷ 철골공사 시의 안전작업방법

- 10분간의 평균풍속이 초당 10m 이상인 경우는 작업을 중지한다.
- 철골 부재 반입 시 시공순서가 빠른 부재는 상단부에 위치하도록 한다.
- 고소작업에 따른 추락방지를 위하여 내·외부 개구부에는 추락방지용 방망을 설치하고, 작업자는 안전대를 사용하여야 하며, 안전대 사용을 위하여 미리 철골에 안전대 부착설비를 설치해 두어야 한다.
- 구명줄 설치 시 마닐라 로프 직경 16mm를 기준하여 설치하고 작업방법을 충분히 검토하여야 한다.
- 철골보의 두 곳을 매어 인양시킬 때 와이어로프의 내각은 60° 이하이어야 한다.

103 Repetitive Learning (1회 2회 3회)

지면보다 낮은 장소를 파는 데 적합하고 수중굴착도 가능한 굴착기계는?

① 백호우
② 파워셔블
③ 가이데릭
④ 파일드라이버

해설

- 파워셔블은 기계가 서 있는 지면보다 높은 곳을 파는 작업에 가장 적합한 굴착기계이다.
- 가이데릭은 양중기로, 고정 선회식의 기중기이다.
- 파일드라이버(Pile driver)는 미리 제작되어 있는 말뚝을 박는 기계이다.

∷ 백호우(Back hoe)

- 기계가 위치한 지면보다 낮은 장소를 굴착하는 데 적합한 장비이다.
- 지반보다 6m 정도 깊은 경질 지반의 기초파기에 적합한 굴착기계이다.
- 비교적 굳은 지반 토질의 구멍파기나 도랑파기 작업에 이용된다.

0703

104 Repetitive Learning (1회 2회 3회)

산업안전보건법령에 따른 지반의 종류별 굴착면의 기울기 기준으로 옳지 않은 것은?

① 보통흙 습지 : 1 : 1.2
② 보통흙 건지 : 1 : 0.3 ~ 1 : 1
③ 풍화암 : 1 : 1.0
④ 경암 : 1 : 0.5

해설

- 보통흙 습지와 건지는 그 밖의 흙에 해당하므로 1 : 1.2의 구배를 갖도록 한다.

∷ 굴착면 기울기 기준

지반의 종류	기울기
모래	1 : 1.8
연암 및 풍화암	1 : 1.0
경암	1 : 0.5
그 밖의 흙	1 : 1.2

1602

105 Repetitive Learning (1회 2회 3회)

콘크리트 타설 시 거푸집 측압에 대한 설명으로 옳지 않은 것은?

① 기온이 높을수록 측압은 크다.
② 타설 속도가 클수록 측압은 크다.
③ 슬럼프가 클수록 측압은 크다.
④ 다짐이 과할수록 측압은 크다.

해설

- 온도가 낮을수록 콘크리트 측압은 커진다.

∷ 콘크리트 측압

- 콘크리트의 타설 속도가 빠를수록 측압이 크다.
- 콘크리트 비중이 클수록 측압이 크다.
- 진동기를 사용하면 다짐이 충분해지므로 측압은 커진다.
- 슬럼프(Slump)가 크고, 배합이 좋을수록 크다.
- 거푸집의 수평단면이 클수록 측압은 크다.
- 거푸집의 강성이 클수록 측압은 크다.
- 벽 두께가 두꺼울수록 측압은 커진다.
- 습도가 높을수록 측압은 커지고, 온도가 낮을수록 측압은 커진다.
- 철근량이 적을수록 측압은 커진다.
- 부배합이 빈배합보다 측압이 크다.
- 조강시멘트 등을 활용하면 측압은 작아진다.

103 ① 104 ② 105 ① 정답

1201

106 Repetitive Learning 

강관비계의 수직방향 벽이음 조립 간격(m)으로 옳은 것은? (단, 틀비계이며 높이는 5m 이상일 경우)

① 2m ② 4m
③ 6m ④ 9m

해설

- 강관틀비계의 조립 시 벽이음 간격은 수직방향으로 6m, 수평방향으로 8m 이내로 한다.

강관비계 조립 시의 준수사항

- 강관비계의 조립(벽이음) 간격

강관비계의 종류	조립 간격(단위 : m)	
	수직방향	수평방향
단관비계	5	5
틀비계(높이 5m 미만 제외)	6	8

- 강관·통나무 등의 재료를 사용하여 견고한 것으로 할 것
- 인장재(引張材)와 압축재로 구성된 경우에는 인장재와 압축재의 간격을 1m 이내로 할 것

0601 / 0701 / 1103 / 1701 / 2102

107 Repetitive Learning 

굴착과 싣기를 동시에 할 수 있는 토공기계가 아닌 것은?

① Power shovel
② Tractor shovel
③ Back hoe
④ Motor grader

해설

- 백호우와 셔블계 건설기계(파워셔블, 트랙터셔블 등)는 굴착과 함께 싣기가 가능한 토공기계이다.

모터 그레이더(Motor grader)

- 자체 동력으로 움직이는 그레이더로 2개의 바퀴 축 사이에 회전날이 달려있어 땅을 평평하게 할 때 사용되는 기계이다.
- 정지작업, 자갈길의 유지 보수, 도로 건설 시 측구 굴착, 초기 제설 등에 적합한 기계이다.

1601

108 Repetitive Learning 1회 2회 3회

구축물에 안전진단 등 안전성 평가를 실시하여 근로자에게 미칠 위험성을 미리 제거하여야 하는 경우가 아닌 것은?

① 구축물 또는 이와 유사한 시설물의 인근에서 굴착·항타작업 등으로 침하·균열 등이 발생하여 붕괴의 위험이 예상될 경우
② 구조물, 건축물, 그 밖의 시설물이 그 자체의 무게·적설·풍압 또는 그 밖에 부가되는 하중 등으로 붕괴 등의 위험이 있을 경우
③ 화재 등으로 구축물 또는 이와 유사한 시설물의 내력(耐力)이 심하게 저하되었을 경우
④ 구축물의 구조체가 과도한 안전 측으로 설계가 되었을 경우

해설

- 구축물에 안전진단 등 안전성 평가를 실시하여 근로자에게 미칠 위험성을 미리 제거하여야 하는 경우는 ①, ②, ③ 외에 구축물 또는 이와 유사한 시설물에 지진, 동해(凍害), 부동침하(不同沈下) 등으로 균열·비틀림 등이 발생하였을 경우와 오랜 기간 사용하지 아니하던 구축물 또는 이와 유사한 시설물을 재사용하게 되어 안전성을 검토하여야 하는 경우 등이 있다.

구축물 또는 이와 유사한 시설물의 안전성 평가를 통해 위험성을 미리 제거해야 하는 경우

- 구축물 또는 이와 유사한 시설물의 인근에서 굴착·항타작업 등으로 침하·균열 등이 발생하여 붕괴의 위험이 예상될 경우
- 구축물 또는 이와 유사한 시설물에 지진, 동해(凍害), 부동침하(不同沈下) 등으로 균열·비틀림 등이 발생하였을 경우
- 구조물, 건축물, 그 밖의 시설물이 그 자체의 무게·적설·풍압 또는 그 밖에 부가되는 하중 등으로 붕괴 등의 위험이 있을 경우
- 화재 등으로 구축물 또는 이와 유사한 시설물의 내력(耐力)이 심하게 저하되었을 경우
- 오랜 기간 사용하지 아니하던 구축물 또는 이와 유사한 시설물을 재사용하게 되어 안전성을 검토하여야 하는 경우
- 그 밖의 잠재위험이 예상될 경우

1003

109 Repetitive Learning 1회 2회 3회

다음 중 방망사의 폐기 시 인장강도에 해당하는 것은?(단, 그물코의 크기는 10cm이며 매듭 없는 방망)

① 50kg ② 100kg
③ 150kg ④ 200kg

해설

- 매듭 없는 방망의 폐기기준은 그물코의 크기가 10cm이면 150kg이다.

정답 | 106 ③ 107 ④ 108 ④ 109 ③

:: 신품 방망 인장강도

그물코 한변 길이	무매듭방망	매듭방망
10cm	240kg 이상(150kg)	200kg 이상(135kg)
5cm		110kg 이상(60kg)

단, ( )은 폐기기준이다.

:: 굴착공사 시 비탈면 붕괴 방지대책

- 지표수의 침투를 막기 위해 표면배수공을 한다.
- 지하수위를 내리기 위해 수평배수공을 설치한다.
- 비탈면 하단을 성토(압성토공)한다.
- 비탈면 천단부(상부) 주변에는 굴착된 흙이나 재료 등을 적재해서는 안 된다.

0403 / 0602 / 0901 / 1102 / 1402 / 1902

110 Repetitive Learning (1회 2회 3회)

작업장에 계단 및 계단참을 설치하는 경우 매 제곱미터당 최소 몇 킬로그램 이상의 하중에 견딜 수 있는 강도를 가진 구조로 설치하여야 하는가?

① 300kg
② 400kg
③ 500kg
④ 600kg

해설

- 사업주는 계단 및 계단참을 설치하는 경우 매 m^2당 500kg 이상의 하중에 견딜 수 있는 강도를 가진 구조로 설치하여야 한다.

:: 계단의 강도 실필 1603/1302

- 사업주는 계단 및 계단참을 설치하는 경우 매 m^2당 500kg 이상의 하중에 견딜 수 있는 강도를 가진 구조로 설치하여야 하며, 안전율은 4 이상으로 하여야 한다.
- 사업주는 계단 및 승강구 바닥을 구멍이 있는 재료로 만드는 경우 렌치나 그 밖의 공구 등이 낙하할 위험이 없는 구조로 하여야 한다.

111 Repetitive Learning (1회 2회 3회)

굴착공사에서 비탈면 또는 비탈면 하단을 성토하여 붕괴를 방지하는 공법은?

① 배수공
② 배토공
③ 공작물에 의한 방지공
④ 압성토공

해설

- 압성토공은 비탈면 하단을 성토하여 부푸는 것을 방지하는 방법으로 시공이 간편하고 효과가 좋아 신뢰성이 높은 공법이다.

1303 / 1702

112 Repetitive Learning (1회 2회 3회)

공정률이 65[%]인 건설현장의 경우 공사 진척에 따른 산업안전보건관리비의 최소 사용기준으로 옳은 것은?(단, 공정률은 기성공정률을 기준으로 함)

① 40[%] 이상　② 50[%] 이상
③ 60[%] 이상　④ 70[%] 이상

해설

- 공사 진척에 따른 안전관리비 사용기준에서 공정률 65%는 50~70% 범위 내에 포함되므로 산업안전보건관리비 사용기준은 50% 이상이다.

:: 공사 진척에 따른 안전관리비 사용기준

공정률	50% 이상 70% 미만	70% 이상 90% 미만	90% 이상
사용기준	50% 이상	70% 이상	90% 이상

113 Repetitive Learning (1회 2회 3회)

해체공사 시 작업용 기계·기구의 취급 안전기준에 관한 설명으로 옳지 않은 것은?

① 철제해머와 와이어로프의 결속은 경험이 많은 사람으로서 선임된 자에 한하여 실시하도록 하여야 한다.
② 팽창제 천공간격은 콘크리트 강도에 의하여 결정되나 70~120cm 정도를 유지하도록 한다.
③ 쐐기타입으로 해체 시 천공구멍은 타입기 삽입부분의 직경과 거의 같아야 한다.
④ 화염방사기로 해체작업 시 용기 내 압력은 온도에 의해 상승하기 때문에 항상 40℃ 이하로 보존해야 한다.

해설

- 팽창압을 이용한 파쇄공법에서 천공간격은 콘크리트 강도에 의하여 결정되나 30 내지 70cm 정도를 유지하도록 한다.

110 ③ 111 ④ 112 ② 113 ② | 정답

광물의 수화반응에 의한 팽창압을 이용하여 파쇄하는 공법
- 팽창제와 물과의 시방 혼합비율을 확인하여야 한다.
- 천공직경이 너무 작거나 크면 팽창력이 작아 비효율적이므로, 천공 직경은 30 내지 50mm 정도를 유지하여야 한다.
- 천공간격은 콘크리트 강도에 의하여 결정되나 30 내지 70cm 정도를 유지하도록 한다.
- 팽창제를 저장하는 경우에는 건조한 장소에 보관하고 직접 바닥에 두지 말고 습기를 피하여야 한다.
- 개봉된 팽창제는 사용하지 말아야 하며 쓰다 남은 팽창제 처리에 유의하여야 한다.

114 — Repetitive Learning (1회 2회 3회)

가설통로의 설치기준으로 옳지 않은 것은?

① 경사는 30° 이하로 한다.
② 건설공사에 사용하는 높이 8m 이상인 비계다리에서는 7m 이내마다 계단참을 설치한다.
③ 작업상 부득이한 경우에는 필요한 부분에 한하여 안전난간을 임시로 해체할 수 있다.
④ 수직갱에 가설된 통로의 길이가 10m 이상인 경우에는 5m 이내마다 계단참을 설치한다.

해설
- 수직갱에 가설된 통로의 길이가 15m 이상인 경우에는 10m 이내마다 계단참을 설치한다.

가설통로 설치 시 준수기준 실필 2301/1801/1703/1603
- 높이 8m 이상인 비계다리에서는 7m 이내마다 계단참을 설치할 것
- 수직갱에 가설된 통로의 길이가 15m 이상인 경우에는 10m 이내마다 계단참을 설치할 것
- 경사가 15°를 초과하는 경우에는 미끄러지지 아니하는 구조로 할 것
- 추락할 위험이 있는 장소에는 안전난간을 설치할 것
- 경사로의 폭은 최소 90cm 이상으로 할 것
- 발판 폭 40cm 이상, 틈 3cm 이하로 할 것
- 경사는 30° 이하로 할 것

115 — Repetitive Learning (1회 2회 3회)

작업으로 인하여 물체가 떨어지거나 날아올 위험이 있는 경우 필요한 조치와 가장 거리가 먼 것은?

① 투하설비 설치
② 낙하물방지망 설치
③ 수직보호망 설치
④ 출입금지구역 설정

해설
- 작업으로 인하여 물체가 떨어지거나 날아올 위험이 있는 경우 낙하물방지망, 수직보호망 또는 방호선반의 설치, 출입금지구역의 설정, 보호구의 착용 등 위험을 방지하기 위하여 필요한 조치를 하여야 한다.

낙하물에 의한 위험방지대책 실필 1702
- 작업으로 인하여 물체가 떨어지거나 날아올 위험이 있는 경우 낙하물방지망, 수직보호망 또는 방호선반의 설치, 출입금지구역의 설정, 보호구의 착용 등 위험을 방지하기 위하여 필요한 조치를 하여야 한다.
- 낙하물방지망 또는 방호선반을 설치하는 경우 높이 10m 이내마다 설치하고, 내민 길이는 벽면으로부터 2m 이상으로 해야 하며, 수평면과의 각도는 20도 이상 30도 이하를 유지한다.

116 — Repetitive Learning (1회 2회 3회)

다음은 안전대와 관련된 설명이다. 아래 내용에 해당되는 용어로 옳은 것은?

> 로프 또는 레일 등과 같은 유연하거나 단단한 고정줄로서 추락발생 시 추락을 저지시키는 추락방지대를 지탱해 주는 줄 모양의 부품

① 안전블록 ② 수직구명줄
③ 죔줄 ④ 보조죔줄

해설
- 보호구 안전인증고시의 수직구명줄에 대한 정의이다.

안전대 관련 용어

용어	정의
죔줄	벨트 또는 안전그네를 구명줄 또는 구조물 등 그 밖의 걸이설비와 연결하기 위한 줄 모양의 부품
안전블록	안전그네와 연결하여 추락발생 시 추락을 억제할 수 있는 자동잠김장치가 갖추어져 있고 죔줄이 자동적으로 수축되는 장치
보조죔줄	안전대를 U자걸이로 사용할 때 U자걸이를 위해 훅 또는 카라비너를 지탱벨트의 D링에 걸거나 떼어낼 때 잘못하여 추락하는 것을 방지하기 위한 링과 걸이설비 연결에 사용하는 훅 또는 카라비너를 갖춘 줄 모양의 부품
수직구명줄	로프 또는 레일 등과 같은 유연하거나 단단한 고정줄로서 추락발생 시 추락을 저지시키는 추락방지대를 지탱해 주는 줄 모양의 부품

정답 | 114 ④ 115 ① 116 ②

1701

117 Repetitive Learning (1회 2회 3회)

크레인의 운전실 또는 운전대를 통하는 통로의 끝과 건설물 등의 벽체의 간격은 최대 얼마 이하로 하여야 하는가?

① 0.2m ② 0.3m
③ 0.4m ④ 0.5m

해설

- 크레인의 운전실 또는 운전대를 통하는 통로의 끝과 건설물 등의 벽체의 간격, 크레인 거더(Girder)의 통로 끝과 크레인 거더의 간격, 크레인 거더의 통로로 통하는 통로의 끝과 건설물 등의 벽체의 간격은 모두 0.3m 이하로 하여야 한다.

∷ 크레인 관련 건설물 등의 벽체와 통로의 간격 등

0.6m 이상	주행 크레인 또는 선회 크레인과 건설물 또는 설비와의 사이의 통로 폭
0.4m 이상	주행 크레인 또는 선회 크레인과 건설물 또는 설비와의 사이의 통로 중 건설물의 기둥에 접촉하는 부분
0.3m 이하	• 크레인의 운전실 또는 운전대를 통하는 통로의 끝과 건설물 등의 벽체의 간격 • 크레인 거더(Girder)의 통로 끝과 크레인 거더의 간격 • 크레인 거더의 통로로 통하는 통로의 끝과 건설물 등의 벽체의 간격

조문삭제/대체문제

118 Repetitive Learning (1회 2회 3회)

달비계에서 근로자의 추락 위험을 방지하기 위한 조치로 옳지 않은 것은?

① 구명줄을 설치한다.
② 근로자의 안전줄을 달비계의 구명줄에 체결한다.
③ 추락방호망과 달비계의 구명줄을 연결한다.
④ 안전난간을 설치할 수 있으면 안전난간을 설치한다.

해설

- 달비계의 구명줄은 건물에 견고하게 부착된 고정앵커 등 2개소 이상의 지지물에 결속해야 한다.

∷ 달비계에서 근로자 추락 방지 조치

- 달비계에 구명줄을 설치할 것
- 근로자에게 안전대를 착용하도록 하고 근로자가 착용한 안전줄을 달비계의 구명줄에 체결하도록 할 것
- 달비계에 안전난간을 설치할 수 있는 구조의 경우에는 달비계에 안전난간을 설치할 것

119 Repetitive Learning (1회 2회 3회)

달비계에 사용이 불가한 와이어로프의 기준으로 옳지 않은 것은?

① 이음매가 있는 것
② 와이어로프의 한 꼬임에서 끊어진 소선의 수가 7% 이상인 것
③ 지름의 감소가 공칭지름의 7%를 초과하는 것
④ 심하게 변형되거나 부식된 것

해설

- 와이어로프의 한 꼬임에서 끊어진 소선(素線)의 수가 10% 이상이어야 달비계 와이어로프 사용금지 대상에 포함된다.

∷ 달기구 및 크레인 등의 양중기, 항타기, 항발기에서 사용하는 와이어로프의 사용금지 규정

- 이음매가 있는 것
- 와이어로프의 한 꼬임{(스트랜드(Strand)}에서 끊어진 소선(素線)의 수가 10% 이상인 것
- 지름의 감소가 공칭지름의 7%를 초과하는 것
- 꼬인 것
- 심하게 변형되거나 부식된 것
- 열과 전기충격에 의해 손상된 것

0901 / 1701

120 Repetitive Learning (1회 2회 3회)

흙막이 지보공을 설치하였을 때 정기적으로 점검하여 이상 발견 시 즉시 보수하여야 할 사항이 아닌 것은?

① 굴착 깊이의 정도
② 버팀대의 긴압의 정도
③ 부재의 접속부 · 부착부 및 교차부의 상태
④ 부재의 손상 · 변형 · 부식 · 변위 및 탈락의 유무와 상태

해설

- 흙막이 지보공을 설치하였을 때에는 정기적으로 점검하고 이상을 발견하면 즉시 보수하여야 할 사항에는 ②, ③, ④ 외에 침하의 정도가 있다.

∷ 흙막이 지보공을 설치하였을 때에 정기적으로 점검하고 이상을 발견하면 즉시 보수하여야 할 사항 실작 2402/2301/2201/2003

- 부재의 손상 · 변형 · 부식 · 변위 및 탈락의 유무와 상태
- 버팀대의 긴압(緊壓)의 정도
- 부재의 접속부 · 부착부 및 교차부의 상태
- 침하의 정도

117 ② 118 ③ 119 ② 120 ① | 정답

MEMO

출제문제 분석 2020년 3회

구분	1과목	2과목	3과목	4과목	5과목	6과목	합계
New유형	0	1	1	0	1	1	4
New문제	1	9	9	9	4	6	38
또나온문제	7	7	6	6	6	7	39
자꾸나온문제	12	4	5	5	10	7	43
합계	20	20	20	20	20	20	120

- New유형은 New문제 중 기존 기출문제와 완전히 다른 유형의 문제를 말합니다.
- New문제는 기존에 출제되지 않은 문제로 이번에 처음 출제되는 문제이거나 기존 출제된 문제의 변형된 형태입니다.
- 또나온문제는 기존에 출제된 적이 1번 있는 문제를 말합니다.
- 자꾸나온문제는 기존에 출제된 적이 2번 이상 있는 문제를 말합니다. 그만큼 중요한 문제입니다.

몇 년분의 기출문제를 공부해야 합격할 수 있을까요?

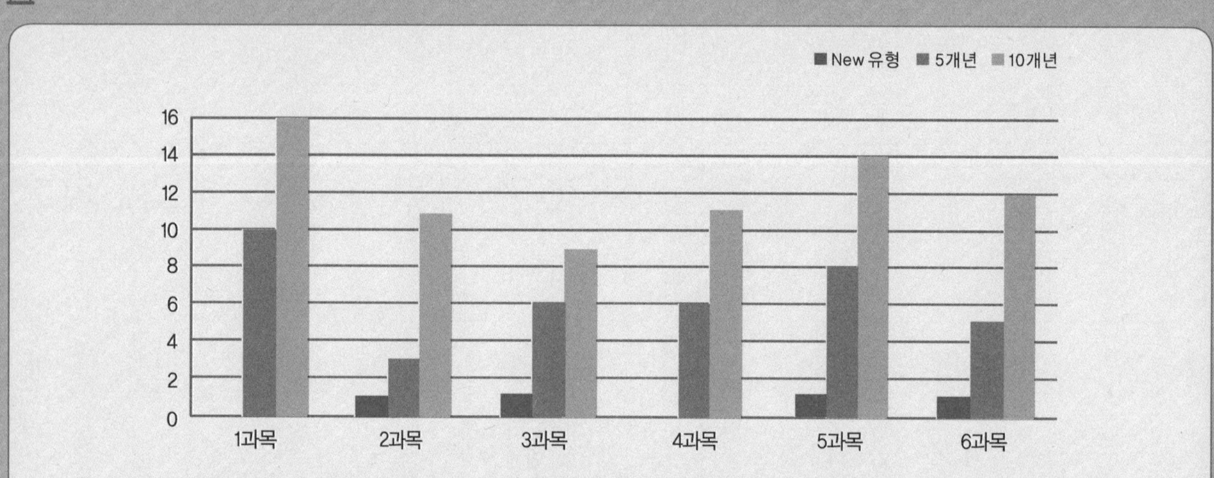

- 완전 새로운 유형의 문제는 4 문제이고 116문제가 이미 출제된 문제 혹은 변형문제입니다.
- 5년분(2016~2020) 기출에서 동일문제가 38문항이 출제되었고, 10년분(2011~2020) 기출에서 동일문제가 73 문항이 출제되었습니다.

실기에 나왔어요!! 외우세요!!!

실기시험은 필답형과 작업형으로 구분되어 있으며 모두 직접 주관식으로 내용을 적어야 합니다. 필기공부하면서 실기 출제된 내역들은 좀 더 신경써서 암기하실 필요가 있어요. 필기 합격자 발표 난 후 실기시험까지는 5주밖에 여유가 없답니다. 어차피 공부할 것 필기 때 확실하게 해준다면 실기도 단방에 합격할 수 있습니다.

- 총 41개의 해설이 실기 필답형 시험과 연동되어 있습니다.
- 총 5개의 해설이 실기 작업형 시험과 연동되어 있습니다.

분석의견

상기 자료에서 알 수 있듯이 기출문제의 비중이 거의 97%에 가까울 정도로 기존에 출제된 문제 혹은 그의 변형문제로만 구성된 시험이었습니다. 최근 10년분의 기출에서 합격점수인 72점을 상회하는 73문제가 출제되어 10년분 기출문제만 제대로 공부하였다면 충분히 합격가능한 난이도의 시험이었습니다. 그러나 코로나 팬더믹으로 인해 시험일정이 지연되었다가 갑자기 확정되다 보니 합격률은 기대만큼은 나오지 않은 46.64%였습니다. 새로 나온 유형의 문제는 4문제에 불과합니다. 유형별 핵심이론과 함께 학습한 수험생은 충분히 고득점이 가능한 난이도로, 합격을 위해서는 최근 10년분 문제 2회독 이상 + 유형별 핵심이론의 정독이 필요할 것으로 판단됩니다.

산 / 업 / 안 / 전 / 기 / 사 / 필 / 기

2020년 제3회

2020년 8월 22일 필기

20년 3회차 필기시험
합격률 46.6%

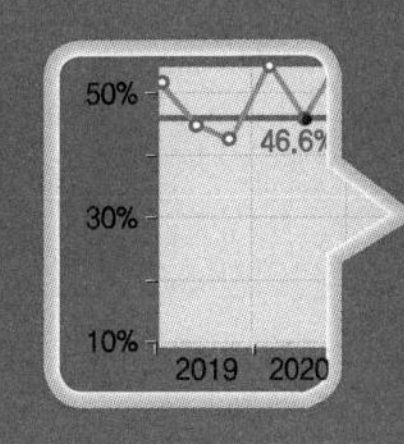

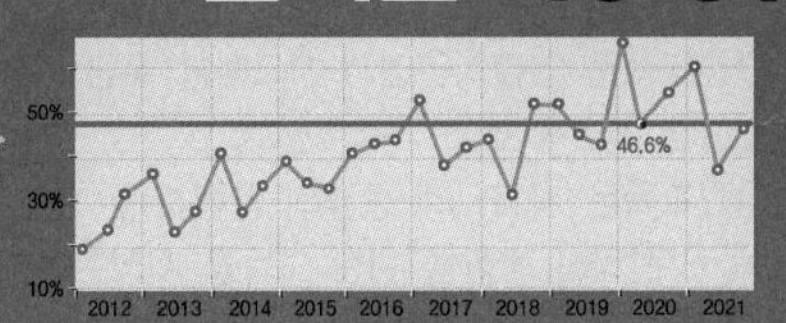

1과목 산업재해 예방 및 안전보건교육

0701 / 1103 / 1402 / 1702

01 Repetitive Learning 1회 2회 3회

레빈(Lewin)은 인간의 행동 특성을 다음과 같이 표현하였다. 변수 "E"가 의미하는 것으로 옳은 것은?

$$B = f(P \cdot E)$$

① 연령 ② 성격
③ 환경 ④ 지능

해설

- E는 Environment 즉, 심리적 환경(인간관계, 작업환경)을 의미한다.

레빈(Lewin, K)의 법칙

- 행동 $B=f(P \cdot E)$로 이루어진다. 즉, 인간의 행동(B)은 개인(P)과 환경(E)의 상호 함수관계에 있다고 할 수 있다.
- B는 인간의 행동(Behavior)을 말한다.
- f는 동기부여를 포함한 함수(Function)이다.
- P는 Person 즉, 개체(소질)로 연령, 지능, 경험 등을 의미한다.
- E는 Environment 즉, 심리적 환경(인간관계, 작업환경 – 조명, 소음, 온도 등)을 의미한다.

1402

02 Repetitive Learning 1회 2회 3회

다음 안전교육의 형태 중 OJT(On the Job Training) 교육에 대한 설명과 가장 거리가 먼 것은?

① 다수의 근로자에게 조직적 훈련이 가능하다.
② 직장의 실정에 맞게 실제적인 훈련이 가능하다.
③ 훈련에 필요한 업무의 지속성이 유지된다.
④ 직장의 직속상사에 의한 교육이 가능하다.

해설

- 다수의 근로자에게 조직적 훈련이 가능한 것은 Off J.T의 장점에 해당한다.

O.J.T(On the Job Training) 교육

㉠ 개요
- 주로 사업장 내에서 관리감독자가 강사가 되어 실시하는 개별교육을 말한다.
- 일상 업무를 통해 지식과 기능, 문제해결능력을 향상시키는 데 주목적을 갖는다.
- (1단계) 작업의 필요성(Needs)을 느끼게 하고, (2단계) 목표를 설정하며, (3단계) 교육을 실시하고, (4단계) 평가하는 과정을 거친다.

㉡ 장점
- 개개인에 대한 효율적인 지도훈련이 가능하다.
- 직장의 실정에 맞는 실제적 훈련이 가능하다.
- 즉시 업무에 연결될 수 있고, 효과가 즉각적으로 나타나며, 훈련의 좋고 나쁨에 따라 개선이 용이하다.
- 교육을 담당하는 관리감독자(상사)와 부하 간의 의사소통과 신뢰감이 깊어진다.

㉢ 단점
- 전문적인 강사가 아니어서 교육이 원만하지 않을 수 있다.
- 다수의 대상을 한 번에 통일적인 내용 및 수준으로 교육시킬 수 없다.
- 업무와 교육이 병행되는 관계로 훈련에만 전념할 수 없다.

1203

03 Repetitive Learning 1회 2회 3회

다음 중 안전교육의 기본방향과 가장 거리가 먼 것은?

① 생산성 향상을 위한 교육
② 사고사례 중심의 안전교육
③ 안전작업을 위한 교육
④ 안전의식 향상을 위한 교육

정답 01 ③ 02 ① 03 ①

해설

- 안전교육은 안전작업과 안전의식 향상을 위한, 사고사례 중심의 교육을 지향한다.

안전교육의 기본방향

- 안전교육은 인간측면에서 사고예방 수단의 하나이며 안전한 인간형성을 위한다.
- 안전교육은 사고사례 중심의 안전교육, 안전작업을 위한 교육, 안전의식 향상을 위한 교육을 지향한다.

1703

04 Repetitive Learning

다음 설명의 학습지도 형태는 어떤 토의법 유형인가?

> 6-6 회의라고도 하며, 6명씩 소집단으로 구분하고, 집단별로 각각의 사회자를 선발하여 6분간씩 자유토의를 행하여 의견을 종합하는 방법

① 포럼(Forum)
② 버즈세션(Buzz session)
③ 케이스 메소드(Case method)
④ 패널 디스커션(Panel discussion)

해설

- 포럼은 새로운 자료나 교재가 제시되어야 한다.
- 케이스 메소드는 몇몇 사례를 중심으로 논리적으로 분석하는 것을 통해 의미 있는 연구 결과를 이끌어내는 학습법을 말한다.
- 패널 디스커션은 소수의 전문가들이 과제에 관한 견해를 발표하고 토론한 뒤 참가자 전원이 사회자의 진행에 따라 토의하는 방법이다.

토의법의 종류

구분	내용
포럼 (Forum)	새로운 자료나 교재를 제시하고 문제점을 피교육자로 하여금 제기하게 하거나 그것에 관한 피교육자의 의견을 여러 가지 방법으로 발표하게 하고, 청중과 토론자 간에 활발한 의견 개진과 충돌로 바람직한 합의를 도출해내는 교육 실시방법
패널 디스커션 (Panel discussion)	참가자 앞에서 소수의 전문가들이 과제에 관한 견해를 발표하고 토론한 뒤 참가자 전원이 참가하여 사회자의 사회에 따라 토의하는 방법
심포지엄 (Symposium)	몇 사람의 전문가가 과제에 관한 견해를 발표한 뒤에 참가자로 하여금 의견이나 질문을 하게 하여 토의하는 방법
롤 플레잉 (Role playing)	집단 심리요법의 하나로서 자기 해방과 타인 체험을 목적으로 하는 체험활동을 통해 대인관계에 있어서의 태도변용이나 통찰력, 자기이해를 목표로 개발된 교육방법
버즈세션 (Buzz session)	6-6 회의라고도 하며, 6명씩 소집단으로 구분하고, 집단별로 각각의 사회자를 선발하여 6분간씩 자유토의를 행하여 의견을 종합하는 방법

1802 / 1903

05 Repetitive Learning 1회 2회 3회

안전점검의 종류 중 태풍, 폭우 등에 의한 침수, 지진 등의 천재지변이 발생한 경우나 이상사태 발생 시 관리자나 감독자가 기계·기구, 설비 등의 기능상 이상 유무에 대하여 점검하는 것은?

① 일상점검 ② 정기점검
③ 특별점검 ④ 수시점검

해설

- 특별점검은 부정기적인 점검으로 특별한 사유가 발생했을 때 관리감독자(기술적 책임자)가 실시하는 점검이다.

안전점검 및 안전진단

㉠ 목적

- 기기 및 설비의 결함이나 불안전한 상태의 제거를 통해 사전에 안전성을 확보하기 위함이다.
- 기기 및 설비의 안전상태 유지 및 본래의 성능을 유지하기 위함이다.
- 재해방지를 위하여 그 재해요인의 대책과 실시를 계획적으로 하기 위함이다.
- 인적 측면에서 근로자의 안전한 행동을 유지하기 위함이다.
- 합리적인 생산관리를 위함이다.

㉡ 종류

구분	내용
정기점검	1개월 또는 1년 등의 일정한 기간을 정해서 실시하는 안전점검
수시(일상)점검	작업장에서 매일 작업자가 작업 전, 중, 후에 시설과 작업동작 등에 대하여 실시하는 안전점검
임시점검	정기점검 실시 후 다음 점검 기일 전에 실시하는 점검
특별점검	기계·기구 또는 설비의 신설, 변경 또는 고장 수리 등 부정기적인 점검으로 기술적 책임자가 시행하는 점검

㉢ 개요

- 안전점검표는 가능한 한 일정한 양식으로 작성한다.
- 안전진단은 사업장의 안전성적이 동종의 업종보다 불량할 때 주로 실시한다.
- 안전진단 시 근로자대표가 요구할 때에는 근로자대표를 입회시켜야 한다.

04 ② 05 ③ 정답

1201 / 1402

06

Repetitive Learning 1회 2회 3회

다음 중 산업재해의 원인으로 간접적 원인에 해당되지 않는 것은?

① 기술적 원인
② 물적 원인
③ 관리적 원인
④ 교육적 원인

해설

- 인적 원인과 물적 원인은 산업재해의 직접적 원인에 해당한다.

산업재해의 간접적(기본적) 원인

㉠ 개요
- 재해의 직접적인 원인을 유발시키는 원인을 말한다.
- 기술적 원인, 교육적 원인, 신체적 원인, 정신적 원인, 관리적 원인 등이 있다.

㉡ 간접적 원인의 종류

기술적 원인	생산방법의 부적당, 구조물·기계장치 및 설비의 불량, 구조재료의 부적합, 점검·정비·보존의 불량 등
교육적 원인	안전지식의 부족, 안전수칙의 오해, 경험훈련의 미숙, 안전교육의 부족 등
신체적 원인	피로, 시력 및 청각기능 이상, 근육운동의 부적합, 육체적 한계 등
정신적 원인	안전의식의 부족, 주의력 부족, 판단력 부족 혹은 잘못된 판단, 방심 등
관리적 원인	안전관리조직의 결함, 안전수칙의 미제정, 작업준비의 불충분, 작업지시의 부적절, 인원배치의 부적당, 정리정돈의 미실시 등

1301 / 1702

07

산업안전보건법령상 안전보건관리책임자 등에 대한 교육시간 기준으로 틀린 것은?

① 보건관리자, 보건관리전문기관의 종사자 보수교육 : 24시간 이상
② 안전관리자, 안전관리전문기관의 종사자 신규교육 : 34시간 이상
③ 안전보건관리책임자의 보수교육 : 6시간 이상
④ 건설재해예방전문지도기관의 종사자 신규교육 : 24시간 이상

해설

- 재해예방전문지도기관 종사자의 신규교육은 34시간 이상이고, 보수교육은 24시간 이상이다.

안전보건관리책임자 등에 대한 교육

교육대상	교육시간	
	신규교육	보수교육
안전보건관리책임자	6시간 이상	6시간 이상
안전관리자, 안전관리전문기관의 종사자	34시간 이상	24시간 이상
보건관리자, 보건관리전문기관의 종사자	34시간 이상	24시간 이상
재해예방전문지도기관의 종사자	34시간 이상	24시간 이상
석면조사기관의 종사자	34시간 이상	24시간 이상
안전보건관리담당자	-	8시간 이상
안전검사기관, 자율안전검사기관의 종사자	34시간 이상	24시간 이상

0901 / 1701 / 1802

08

매슬로우(Maslow)의 욕구단계 이론 중 제2단계 욕구에 해당하는 것은?

① 자아실현의 욕구
② 안전에 대한 욕구
③ 사회적 욕구
④ 생리적 욕구

해설

- 2단계는 기본적인 생존욕구를 충족한 후 외부의 위험으로부터 자신을 보존하려는 욕구에 해당한다.

매슬로우(Maslow)의 욕구 5단계 이론 실필 1602

1단계 생리적 욕구	기본적인 인간의 욕구(먹고, 자고, 숨쉬는 것)
2단계 안전에 대한 욕구	각종 위험으로부터 자기보존에 관한 안전욕구
3단계 사회적 욕구	친구와 가족 간의 관계로 대표되는 것으로 애정과 소속에 대한 욕구
4단계 존경의 욕구	자신있고 강하고 무엇인가 진취적이며 유능한 쓸모있는 사람으로 인식되기를 바라는 욕구
5단계 자아실현의 욕구	편견 없이 받아들이는 성향, 타인과의 거리를 유지하며 사생활을 즐기거나 창의적 성격으로 봉사, 특별히 좋아하는 사람과 긴밀한 관계를 유지하려는 인간의 욕구

정답 | 06 ② 07 ④ 08 ②

0702

09

Repetitive Learning 1회 2회 3회

다음 중 재해예방의 4원칙과 관련이 가장 적은 것은?

① 모든 재해의 발생원인은 우연적인 것으로 발생한다.
② 재해손실은 사고가 발생할 때 사고 대상의 조건에 따라 달라진다.
③ 재해예방을 위한 가능한 안전대책은 반드시 존재한다.
④ 재해는 원칙적으로 원인만 제거되면 예방이 가능하다.

해설

- 원인연계의 원칙에 따르면 모든 재해의 발생원인은 필연적인 인과관계를 갖는다.

:: 하인리히의 재해예방 4원칙 실필 1402/1001/0803

대책선정의 원칙	사고의 원인을 발견하면 반드시 대책을 세워야 하며, 모든 사고는 대책선정이 가능하다는 원칙
손실우연의 원칙	사고로 인한 손실은 우연적이라는 원칙
예방가능의 원칙	모든 사고는 예방이 가능하다는 원칙
원인연계의 원칙 (원인계기의 원칙)	사고는 반드시 원인이 있으며 이는 필연적인 인과관계로 작용한다는 원칙

0401 / 0501 / 0503 / 1102

10

Repetitive Learning 1회 2회 3회

파블로프(Pavlov)의 조건반사설에 의한 학습이론의 원리가 아닌 것은?

① 일관성의 원리
② 계속성의 원리
③ 준비성의 원리
④ 강도의 원리

해설

- 파블로프(Pavlov)의 조건반사설 학습이론의 원리에는 일관성의 원리, 시간의 원리, 강도의 원리, 계속성의 원리가 있다.

:: 파블로프(Pavlov)의 조건반사설(Conditioned reflex theory) 실필 1401/1103/0903

- S-R 이론의 대표적인 종류로 행동주의 학습이론에 큰 영향을 미쳤다.
- 동물에게 계속 자극을 주면 반응함으로써 새로운 행동이 발달되는데 인간의 행동 역시 자극에 대한 반응을 통해 학습된다는 이론이다.
- 학습이론의 원리에는 일관성의 원리, 시간의 원리, 강도의 원리, 계속성의 원리가 있다.

1201 / 1602

11

Repetitive Learning 1회 2회 3회

인간의 동작특성 중 판단과정의 착오요인이 아닌 것은?

① 합리화
② 정서불안정
③ 작업조건불량
④ 정보부족

해설

- 정서불안정은 인지과정의 착오에 해당한다.

:: 착오의 원인별 분류

인지과정의 착오	• 생리적·심리적 능력의 부족 • 감각차단현상 • 정서불안정
판단과정의 착오	• 능력부족 • 정보부족 • 자기합리화
조작과정의 착오	• 기술부족 • 잘못된 정보

1303 / 1701

12

Repetitive Learning 1회 2회 3회

산업안전보건법령상 안전·보건표지의 색채와 사용사례의 연결이 틀린 것은?

① 노란색 – 정지신호, 소화설비 및 그 장소, 유해행위의 금지
② 파란색 – 특정 행위의 지시 및 사실의 고지
③ 빨간색 – 화학물질 취급장소에서의 유해·위험경고
④ 녹색 – 비상구 및 피난소, 사람 또는 차량의 통행표지

해설

- 정지신호, 소화설비 및 그 장소, 유해행위의 금지는 금지표지에 해당하며 이는 빨간색으로 표시한다.

:: 산업안전보건표지 실필 1602/1003

- 금지표지, 경고표지, 지시표지, 안내표지, 관계자 외 출입금지로 구분된다.
- 안전표지는 기본모형(모양), 색깔(바탕 및 기본모형), 내용(의미)으로 구성된다.

09 ① 10 ③ 11 ② 12 ① 정답

• 안전·보건표지의 색채, 색도기준 및 용도

바탕	기본모형 색채	색도	용도	사용례
흰색	빨간색	7.5R 4/14	금지	정지, 소화설비, 유해행위 금지
무색			경고	화학물질 취급장소에서의 유해 및 위험경고
노란색	검은색	5Y 8.5/12	경고	화학물질 취급장소에서의 유해·위험경고 이외의 위험경고, 주의표지 또는 기계방호물
파란색	흰색	2.5PB 4/10	지시	특정 행위의 지시 및 사실의 고지
흰색	녹색	2.5G 4/10	안내	비상구 및 피난소, 사람 또는 차량의 통행표지

• 흰색(N9.5)은 파랑 또는 녹색의 보조색이다.
• 검정색(N0.5)은 문자 및 빨간색, 노란색의 보조색이다.

인화성 물질경고	부식성 물질경고	급성독성 물질경고	산화성 물질경고	폭발성 물질경고

• 화학물질 취급장소에서의 유해·위험경고 이외의 위험경고, 주의표지 또는 기계방호물의 경고표지는 노란색(5Y 8.5/12) 바탕에 검은색(N0.5) 기본모형으로 표시하며, 방사성물질경고, 고압전기경고, 매달린물체경고, 낙하물경고, 고온/저온경고, 위험장소경고, 몸균형상실경고, 레이저광선경고 등이 있다.

방사성물질 경고	고압전기 경고	매달린물체 경고	낙하물경고
고온/저온 경고	**위험장소 경고**	**몸균형상실 경고**	**레이저광선 경고**

13 — Repetitive Learning (1회 2회 3회)

산업안전보건법령상 안전·보건표지의 종류 중 다음 표지의 명칭은?(단, 마름모 테두리는 빨간색이며, 안의 내용은 검은색이다)

① 폭발성물질경고　② 산화성물질경고
③ 부식성물질경고　④ 급성독성물질경고

해설

폭발성 물질경고	산화성 물질경고	부식성 물질경고

경고표지 실필 2401/2202/2102/1802/1702/1502/1303/1101/1002/1001

• 유해·위험경고, 주의표지 또는 기계방호물을 표시할 때 사용된다.
• 경고표지는 화학물질 취급장소에서의 유해 및 위험경고와 화학물질 취급장소에서의 유해·위험경고 이외의 위험경고, 주의표지 또는 기계방호물로 구분된다.
• 화학물질 취급장소에서의 유해 및 위험경고표지는 무색 바탕에 빨간색(7.5R 4/14) 혹은 검은색(N0.5) 기본모형으로 표시하며, 인화성물질경고, 부식성물질경고, 급성독성물질경고, 산화성물질경고, 폭발성물질경고 등이 있다.

1003 / 1703

14 — Repetitive Learning (1회 2회 3회)

하인리히의 재해발생 이론은 다음과 같이 표현될 때, α가 의미하는 것으로 옳은 것은?

재해의 발생 = 설비적 결함 + 관리적 결함 + α

① 노출된 위험의 상태
② 재해의 직접원인
③ 재해의 간접원인
④ 잠재된 위험의 상태

해설

• 재해의 발생은 물적 불안전상태(설비적 결함)와 인적 불안전행동(관리적 결함), 그리고 잠재된 위험의 상태에서 비롯된다.

하인리히의 재해발생 이론

• 재해의 발생은 물적 불안전상태(설비적 결함)와 인적 불안전행동(관리적 결함), 그리고 잠재된 위험의 상태에서 비롯된다.
• 재해의 발생
  = 물적 불안전상태 + 인적 불안전행동 + 잠재된 위험 상태
  = 설비적 결함 + 관리적 결함 + 잠재된 위험 상태

정답 | 13 ④　14 ④

0703

15 Repetitive Learning 1회 2회 3회

허츠버그(Herzberg)의 위생-동기이론에서 동기요인에 해당하는 것은?

① 감독
② 안전
③ 책임감
④ 작업조건

해설

- 동기요인에는 성취감, 책임감, 타인의 인정, 도전감 등이 있다.

허츠버그(F. Herzberg)의 위생 · 동기요인

㉠ 개요
- 인간에게는 욕구에 대한 불만족에 영향을 주는 요인(위생요인)과 만족에 영향을 주는 요인(동기요인)이 별도로 존재한다고 주장하였다.
- 위생요인을 충족시켜 주는 것은 직무불만족을 줄이는 것에 불과하므로 직무만족을 위해서는 동기요인을 강화해야 한다는 논리이다.

㉡ 위생요인(Hygiene factor)과 동기요인(Motivator factor)
- 위생요인 - 감독, 임금, 보수, 작업환경과 조건 등을 말한다.(매슬로우의 욕구 5단계 중 1~3단계, McGregor의 X이론, 후진국적, 동물적 욕구와 관련)
- 동기요인 - 성취감, 책임감, 타인의 인정, 도전감 등을 말한다.(매슬로우의 욕구 5단계 중 4~5단계, McGregor의 Y이론, 선진국형, 인간의 이상과 관련)

1002

16 Repetitive Learning 

재해분석도구 가운데 재해발생의 유형을 어골상(漁骨象)으로 분류하여 분석하는 것은?

① 파레토도
② 특성요인도
③ 관리도
④ 클로즈분석

해설

- 파레토도는 작업 환경 불량이나 고장, 재해 등의 내용을 분류하고 그 건수와 금액을 크기순으로 나열하여 작성한 그래프이다.
- 관리도는 산업재해의 분석 및 평가를 위하여 재해발생건수 등의 추이에 한계선을 설정하여 목표관리를 수행하는 재해통계 분석기법이다.
- 클로즈분석은 두 가지 이상의 문제에 대한 관계분석 시에 주로 사용하는 분석방법이다.

특성요인도(Characteristics diagram)

㉠ 개요
- 재해의 원인과 결과를 연계하여 상호관계를 파악하기 위하여 도표화하는 분석방법이다.
- 재해 통계적 원인분석 시 특성과 요인관계를 도표로 하여 어골상(漁骨象)으로 세분화 한 것이다.

㉡ 작성방법
- 특성의 결정은 무엇에 대한 특성요인도를 작성할 것인가를 결정하고 기입한다.
- 등뼈는 원칙적으로 좌측에서 우측으로 향하는 굵은 화살표를 기입하고 특성을 오른쪽에 작성한다.
- 큰 뼈에는 특성이 일어나는 요인이라고 생각되는 것을 크게 분류하여 기입한다.
- 중 뼈에는 특성이 일어나는 큰 뼈의 요인마다 다시 미세하게 원인을 결정하여 기입한다.

1401

17 

다음 중 안전모의 성능시험에 있어서 AE, ABE종에만 한하여 실시하는 시험은?

① 내관통성시험, 충격흡수성시험
② 난연성시험, 내수성시험
③ 난연성시험, 내전압성시험
④ 내전압성시험, 내수성시험

해설

- AE, ABE종에 한해서 실시되는 시험에는 내전압성과 내수성시험이 있다. 내전압성 시험에서는 교류 20㎸ 에서 1분간 절연파괴 없이 견뎌야 하며, 내수성 시험에서는 질량증가율이 1% 미만이어야 한다.

안전모의 시험성능기준 실필 2401/1901/1701/0701 실작 1302

항목	시험성능기준
내관통성	AE, ABE종 안전모는 관통거리가 9.5mm 이하이고, AB종 안전모는 관통거리가 11.1mm 이하이어야 한다.
충격흡수성	최고전달충격력이 4,450N을 초과해서는 안 되며, 모체와 착장체의 기능이 상실되지 않아야 한다.
내전압성	AE, ABE종 안전모는 교류 20kV에서 1분간 절연파괴 없이 견뎌야 하고, 이때 누설되는 충전전류는 10mA 이하이어야 한다.
내수성	AE, ABE종 안전모는 질량증가율이 1% 미만이어야 한다.
난연성	모체가 불꽃을 내며 5초 이상 연소되지 않아야 한다.
턱끈풀림	150N 이상 250N 이하에서 턱끈이 풀려야 한다.

15 ③ 16 ② 17 ④ 정답

0701 / 0902 / 1701

18

Repetitive Learning 1회 2회 3회

플리커 검사(Flicker test)의 목적으로 가장 적절한 것은?

① 혈중 알코올 농도 측정
② 체내 산소량 측정
③ 작업강도 측정
④ 피로의 정도 측정

해설

- 플리커 검사는 정신피로의 정도를 측정하는 도구이다.

플리커 현상과 CFF

㉠ 플리커(Flicker) 현상
- 텔레비전 화면이나 형광등에서 흔들림과 같은 광도의 주기적 변화가 인간의 시각으로 느껴지는 현상을 말한다.
- 정신피로의 정도를 측정하는 도구이다.

㉡ CFF(Critical Flicker Fusion)
- 임계융합주파수 혹은 점멸융합주파수(Flicker fusion frequency)라고 하는데 깜빡이는 광원이 계속 켜진 것처럼 보일 때의 주파수를 말한다.
- 피로의 검사방법에서 인지역치를 이용한 생리적인 검사방법이다.
- 정신피로의 기준으로 사용되며 피곤할 경우 주파수의 값이 낮아진다.

1501 / 1801

19

Repetitive Learning 

다음 중 강도율에 관한 설명으로 틀린 것은?

① 사망 및 영구 전노동불능(신체장해등급 1~3급)은 근로손실일수 7,500일로 환산한다.
② 신체장해등급 제14급은 근로손실일수 50일로 환산한다.
③ 영구 일부노동불능은 신체장해등급에 따른 근로손실일수에 300/365을 곱하여 환산한다.
④ 일시 전노동불능은 휴업일수에 300/365을 곱하여 근로손실일수를 환산한다.

해설

- 근로손실일수는 휴업(요양)일수에 $\left(\frac{\text{연간근로일수}}{365}\right)$를 곱하여 환산하는데 신체장해등급에 따른 손실일수는 근로손실일수이므로 따로 환산할 필요가 없다.

국제노동기구(ILO)의 상해정도별 분류 실필 2203/1602

- 사망 : 안전사고로 사망하거나 혹은 부상의 결과로 사망한 것으로 노동손실일수는 7,500일이다.
- 영구 전노동불능 상해(신체장해등급 1~3급)는 부상의 결과로 인해 노동기능을 완전히 상실한 부상을 말한다. 노동손실일수는 7,500일이다.
- 영구 일부노동불능 상해(신체장해등급 4~14급)는 부상의 결과로 인해 신체 부분 일부가 노동기능을 상실한 부상을 말한다. 노동손실일수는 신체장해등급에 따른 손실일수를 적용한다.

구분	사망	신체장해등급											
		1~3	4	5	6	7	8	9	10	11	12	13	14
근로손실일수	7,500	7,500	5,500	4,000	3,000	2,200	1,500	1,000	600	400	200	100	50

- 일시 전노동불능 상해는 의사의 진단으로 일정기간 정규 노동에 종사할 수 없는 상해로 신체장애가 남지 않는 일반적인 휴업재해를 말한다.
- 일시 일부노동불능 상해는 의사의 진단으로 일정기간 정규 노동에 종사할 수 없으나 휴무상태가 아닌 일시 가벼운 노동에 종사 가능한 상해를 말한다.
- 응급조치 상해는 응급조치 또는 자가 치료(1일 미만) 후 정상작업에 임할 수 있는 상해를 말한다.

0801

20

Repetitive Learning 1회 2회 3회

다음 중 브레인스토밍의 4원칙과 가장 거리가 먼 것은?

① 자유로운 비평
② 자유분방한 발언
③ 대량적인 발언
④ 타인 의견의 수정발언

해설

- 브레인스토밍 기법은 타인의 의견을 비판 및 비평하지 않는다.

브레인스토밍(Brain-storming) 기법 실필 0903

㉠ 개요
- 6~12명의 구성원으로 타인의 비판 없이 자유로운 토론을 통하여 다량의 독창적인 아이디어를 이끌어내고, 대안적 해결안을 찾기 위한 집단적 사고기법이다.

㉡ 4원칙
- 가능한 많은 아이디어와 의견을 제시하도록 한다.
- 주제를 벗어난 아이디어도 허용한다.
- 타인의 의견을 수정하여 발언하는 것을 허용한다.
- 절대 타인의 의견을 비판 및 비평하지 않는다.

정답 18 ④ 19 ③ 20 ①

1401

21 Repetitive Learning (1회 2회 3회)

다음 중 화학설비의 안정성 평가에서 정량적 평가의 항목에 해당되지 않는 것은?

① 훈련
② 조작
③ 취급물질
④ 화학설비용량

해설

- 훈련은 수치값으로 표현하기 어려운 항목이므로 정성적 평가항목에 해당한다.

정성적 평가와 정량적 평가항목

정성적 평가	설계관계항목	입지조건, 공장 내 배치, 건조물, 소방설비 등
	운전관계항목	원재료, 중간제품, 공정 및 공정기기, 수송, 저장 등
정량적 평가	• 수치값으로 표현 가능한 항목들을 대상으로 한다. • 온도, 취급물질, 화학설비용량, 압력, 조작 등을 위험도에 맞게 평가한다.	

0602 / 1501

22 Repetitive Learning (1회 2회 3회)

인간 에러(Human error)에 관한 설명으로 틀린 것은?

① Omission error : 필요한 작업 또는 절차를 수행하지 않는 데 기인한 에러
② Commission error : 필요한 작업 또는 절차의 수행 지연으로 인한 에러
③ Extraneous error : 불필요한 작업 또는 절차를 수행함으로써 기인한 에러
④ Sequential error : 필요한 작업 또는 절차의 순서 착오로 인한 에러

해설

- 실행오류(Commission error)는 작업 수행 중 작업을 정확하게 수행하지 못해 발생한 에러이다. 작업의 수행 지연으로 인한 에러는 시간오류(Timing error)이다.

행위적 관점에서의 휴먼에러 분류(Swain)
실필 1801/1702/1601/1401/1201/0901/0803/0802

실행오류 (Commission error)	작업 수행 중 작업을 정확하게 수행하지 못해 발생한 에러
생략오류 (Omission error)	필요한 작업 또는 절차를 수행하지 않는 데 기인한 에러
불필요한 수행오류 (Extraneous error)	불필요한 작업 또는 절차를 수행함으로써 발생한 에러
순서오류 (Sequential error)	필요한 작업 또는 절차의 순서 착오로 인한 에러
시간오류 (Timing error)	필요한 작업 또는 절차의 수행을 지연한 데 기인한 에러

1002

23 Repetitive Learning (1회 2회 3회)

다음은 유해 · 위험방지계획서의 제출에 관한 설명이다. ( ) 안에 들어갈 내용으로 옳은 것은?

> 산업안전보건법령상 "대통령령으로 정하는 사업의 종류 및 규모에 해당하는 사업으로서 해당 제품의 생산 공정과 직접적으로 관련된 건설물 · 기계 · 기구 및 설비 등 일체를 설치 · 이전하거나 그 주요 구조부분을 변경하려는 경우"에 해당하는 사업주는 유해 · 위험방지계획서에 관련 서류를 첨부하여 해당 작업 시작 (㉠)까지 공단에 (㉡)부를 제출하여야 한다.

① (㉠) : 7일 전, (㉡) : 2
② (㉠) : 7일 전, (㉡) : 4
③ (㉠) : 15일 전, (㉡) : 2
④ (㉠) : 15일 전, (㉡) : 4

해설

- 유해 · 위험방지계획서는 제조업의 경우는 해당 작업 시작 15일 전, 건설업의 경우는 공사의 착공 전날까지 2부 제출한다.

유해 · 위험방지계획서의 제출 실필 2302/1303/0903

- 제출대상 사업장의 규모는 전기 계약용량이 300kW 이상인 사업장이다.
- 건설물 · 기계 · 기구 및 설비 등 일체를 설치 · 이전하거나 그 주요 구조부분을 변경할 때에는 고용노동부장관(한국산업안전보건공단)에게 유해 · 위험방지계획서를 2부 제출하여야 한다.
- 제조업의 경우는 해당 작업 시작 15일 전에 제출한다.
- 건설업의 경우는 공사의 착공 전날까지 제출한다.

21 ① 22 ② 23 ③ 정답

0801 / 1003 / 1203 / 1602 / 1701

24

Repetitive Learning 1회 2회 3회

[그림]과 같이 FTA로 분석된 시스템에서 현재 모든 기본사상에 대한 부품이 고장난 상태이다. 부품 X_1부터 부품 X_5까지 순서대로 복구한다면 어느 부품을 수리 완료하는 순간부터 시스템은 정상가동이 되겠는가?

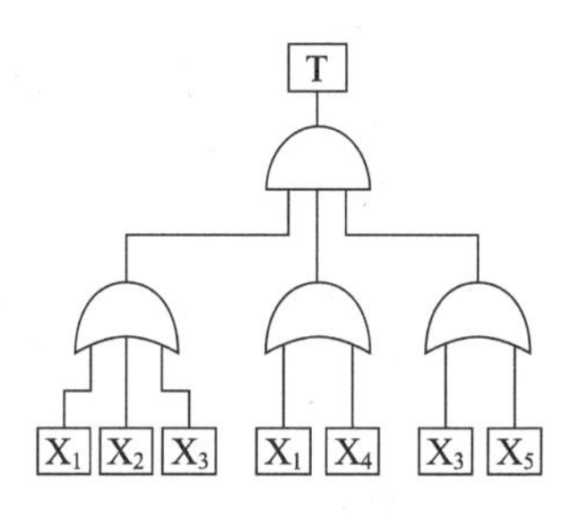

① 부품 X_2　　② 부품 X_3

③ 부품 X_4　　④ 부품 X_5

해설

- T가 정상가동하려면 AND 게이트이므로 입력 3개가 모두 정상가동해야 한다. 즉, 개별적인 OR 게이트에서의 출력이 정상적으로 발생해야 T는 정상가동한다. X_1과 X_2가 복구될 경우 첫 번째 OR 게이트와 두 번째 OR 게이트의 신호는 정상화가 되나 마지막 OR 게이트가 동작하지 않아 T가 정상가동되지 않는다.
- X_3이 정상화되면 마지막 OR 역시 정상 동작하게 되므로 T는 정상가동된다.

FT도에서 정상(고장)사상 발생확률 실필 1203/0901

㉠ AND(직렬)연결 시
- 사상 A의 발생확률을 P_A, 사상 B, 사상 C 발생확률을 P_B, P_C라 할 때 $P_A = P_B \times P_C$로 구할 수 있다.

㉡ OR(병렬)연결 시
- 사상 A의 발생확률을 P_A, 사상 B, 사상 C 발생확률을 P_B, P_C라 할 때 $P_A = 1-(1-P_B)\times(1-P_C)$로 구할 수 있다.

25

Repetitive Learning 1회 2회 3회

눈과 물체의 거리가 23cm, 시선과 직각으로 측정한 물체의 크기가 0.03cm일 때 시각(분)은 얼마인가?(단, 시각은 600 이하이며, Radian 단위를 분으로 환산하기 위한 상수값은 57.3과 60을 모두 적용하여 계산하도록 한다)

① 0.001　　② 0.007

③ 4.48　　④ 24.55

해설

- 틈의 크기 혹은 물체의 크기는 0.03cm이고, 거리가 23cm이므로 식에 대입하면 $57.3 \times 60 \times \frac{0.03}{23} = 4.48$이 된다.

시력과 시각 실필 1301

- 시각(Visual angle)은 일반적으로 분단위로 표시된다.
- 시각 = $\frac{\text{틈의 크기}}{\text{거리}}$[rad]으로 구해지며 이를 분단위로 표시하기 위해 $\frac{180}{\pi} = 57.3$과 60(시를 분으로)을 곱하면 된다.
- 시각 = $57.3 \times 60 \times \frac{\text{틈의 크기}}{\text{거리}}$[분]으로 구한다.
- 시력 = $\frac{1}{\text{시각}}$로 구한다.

26

Repetitive Learning 1회 2회 3회

Sanders와 McCormick의 의자 설계의 일반적인 원칙으로 옳지 않은 것은?

① 요부후만을 유지한다.

② 조정이 용이해야 한다.

③ 등근육의 정적부하를 줄인다.

④ 디스크가 받는 압력을 줄인다.

해설

- 의자를 설계할 때는 요부후만이 아니라 요부전만을 유지해야 한다.

인간공학적 의자 설계

㉠ 개요
- 조절식 설계원칙을 적용하도록 한다.
- 자세와 동작에 따라 고려해야 할 인체측정 치수가 달라진다.
- 요부전만(腰部前灣)을 유지한다.
- 추간판(디스크)의 압력과 등근육의 정적부하를 줄인다.
- 자세 고정을 줄인다.
- 여러 사람이 사용하는 의자의 경우 좌면 높이는 오금보다 약간 낮게(5% 오금높이) 유지한다.

㉡ 고려할 사항
- 체중 분포
- 상반신의 안정
- 좌판의 높이(조절식을 기준으로 한다)
- 좌판의 깊이와 폭
  (폭은 최대치, 깊이는 최소치를 기준으로 한다)

정답 | 24 ② 25 ③ 26 ①

27 Repetitive Learning 1회 2회 3회

후각적 표시장치(Olfactory display)와 관련된 내용으로 옳지 않은 것은?

① 냄새의 확산을 제어할 수 없다.
② 시각적 표시장치에 비해 널리 사용되지 않는다.
③ 냄새에 대한 민감도의 개별적 차이가 존재한다.
④ 경보장치로서 실용성이 없기 때문에 사용되지 않는다.

해설

- 후각적 표시장치는 가스누출탐지 및 갱도탈출신호 등의 경보장치에 많이 사용되고 있다.

후각적 표시장치(Olfactory display)

- 냄새의 확산을 제어할 수 없다.
- 시각적 표시장치에 비해 널리 사용되지 않는다.
- 냄새에 대한 민감도의 개별적 차이가 존재한다.
- 코가 막힐 경우 민감도가 떨어진다.
- 인간이 냄새에 빨리 익숙해지는 관계로 노출 후에는 냄새의 존재를 느끼지 못한다.
- 가스누출탐지 및 갱도탈출신호 등의 경보장치에 사용되고 있다.

1303

28 Repetitive Learning 1회 2회 3회

[그림]과 같은 FT도에서 F1 = 0.015, F2 = 0.02, F3 =0.05이면, 정상사상 T가 발생할 확률은 약 얼마인가?

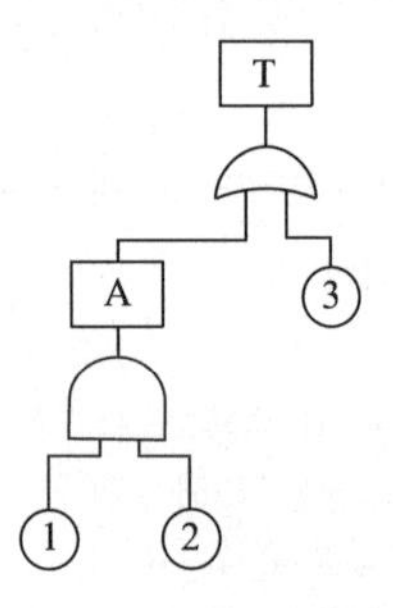

① 0.0002　　② 0.0283
③ 0.0503　　④ 0.9500

해설

- A는 ①과 ②의 AND 연결이므로 $0.015 \times 0.02 = 0.0003$이다.
- T는 A와 ③의 OR 연결이므로 $1-(1-0.0003)(1-0.05) = 1-(0.9997 \times 0.95) = 1-0.949715 = 0.050285$가 된다.

FT도에서 정상(고장)사상 발생확률 실필 1203/0901

문제 24번의 유형별 핵심이론 참조

1202

29 Repetitive Learning 1회 2회 3회

다음 중 NIOSH lifting guideline에서 권장무게한계(RWL) 산출에 사용되는 계수가 아닌 것은?

① 휴식계수
② 수평계수
③ 수직계수
④ 비대칭계수

해설

- 휴식시간은 NIOSH의 권장 평균 에너지소비량과 관련된 지수로 권장무게한계와는 관련이 멀다.

NIOSH 들기지수(LI)

- NIOSH의 중량물 취급지수를 말한다.
- 물체의 무게(kg) / RWL(kg)으로 구한다. 이때 RWL은 추천 중량한계로 들기 편한 정도의 값이다.
- RWL = 23kg × HM × VM × DM × AM × FM × CM으로 구한다. (HM은 수평계수, VM은 수직계수, DM은 거리계수, AM은 비대칭성계수, FM은 빈도계수, CM은 결합계수를 의미한다)

1601

30 Repetitive Learning 1회 2회 3회

인간공학을 기업에 적용할 때의 기대효과로 볼 수 없는 것은?

① 노사 간의 신뢰 저하
② 작업손실시간의 감소
③ 제품과 작업의 질 향상
④ 작업자의 건강 및 안전 향상

해설

- 기업에서 인간공학을 적용하여 근로자의 건강과 안전 향상을 위해 노력함으로써 노사 간의 신뢰는 향상된다.

인간공학 적용의 기대효과

- 제품과 작업의 질 향상
- 작업자의 건강 및 안전 향상
- 이직률 및 작업손실시간의 감소
- 노사 간의 신뢰 향상

정답: 27 ④ 28 ③ 29 ① 30 ①

31 Repetitive Learning 1회 2회 3회

THERP(Technique for Human Error Rate Prediction)의 특징에 대한 설명으로 옳은 것을 모두 고른 것은?

> ㉠ 인간-기계계(System)에서 여러가지 인간의 에러와 이에 의해 발생할 수 있는 위험성의 예측과 개선을 위한 기법
> ㉡ 인간의 과오를 정성적으로 평가하기 위하여 개발된 기법
> ㉢ 가지처럼 갈라지는 형태의 논리구조와 나무 형태의 그래프를 이용

① ㉠, ㉡
② ㉠, ㉢
③ ㉡, ㉢
④ ㉠, ㉡, ㉢

해설

- THERP는 인간의 과오를 정량적으로 평가하기 위한 기법이다.

THERP(Technique for Human Error Rate Prediction)

- 인간오류율예측기법이라고도 하는 대표적인 인간실수확률에 대한 추정기법이다.
- 사고원인 가운데 인간의 과오에 기인된 원인 분석, 확률을 계산함으로써 제품의 결함을 감소시키고, 인간공학적 대책을 수립하는 데 사용되는 분석기법이다.
- 인간의 과오를 정량적으로 평가하기 위한 기법으로서 인간의 과오율 추정법 등 5개의 스텝으로 되어 있다.

32 Repetitive Learning 1회 2회 3회

차폐효과에 대한 설명으로 옳지 않은 것은?

① 차폐음과 배음의 주파수가 가까울 때 차폐효과가 크다.
② 헤어드라이어 소음 때문에 전화 음을 듣지 못한 것과 관련이 있다.
③ 유의적 신호와 배경 소음의 차이를 신호/소음(S/N) 비로 나타낸다.
④ 차폐효과는 어느 한 음 때문에 다른 음에 대한 감도가 증가되는 현상이다.

해설

- 차폐효과는 마스킹이라고도 하며, 음의 한 성분이 다른 성분에 대한 귀의 감수성을 감소시키는 상황을 말한다.

마스킹(Masking)

- 은폐(차폐)효과라고도 하며, 음의 한 성분이 다른 성분에 대한 귀의 감수성을 감소시키는 상황을 말한다.
- 동시에 두 가지 음이 들릴 때 특정 음의 청취로 인해 다른 음의 청취는 방해받는 청각 현상을 말한다.
- 사무실에서 타자작업하는 경우 타자기 소리에 말소리가 묻히는 현상이 대표적인 예이다.
- 피은폐된 한 음의 가청역치가 다른 은폐된 음 때문에 높아지는 현상을 말한다.

33 Repetitive Learning 1회 2회 3회

산업안전보건기준에 관한 규칙상 "강렬한 소음작업"에 해당하는 기준은?

① 85데시벨 이상의 소음이 1일 4시간 이상 발생하는 작업
② 85데시벨 이상의 소음이 1일 8시간 이상 발생하는 작업
③ 90데시벨 이상의 소음이 1일 4시간 이상 발생하는 작업
④ 90데시벨 이상의 소음이 1일 8시간 이상 발생하는 작업

해설

- 강렬한 소음작업은 90dBA일 때 8시간, 100dBA일 때 2시간, 110dBA일 때 1/2시간(30분) 지속되는 작업을 말한다.

소음 노출 기준 실필 2301/1602

㉠ 소음의 허용기준(강렬한 소음작업의 기준)

1일 노출시간(hr)	허용 음압수준(dBA)
8	90
4	95
2	100
1	105
1/2	110
1/4	115

㉡ 충격소음의 허용기준

충격소음강도(dBA)	허용 노출 횟수(회)
140	100
130	1,000
120	10,000

정답 | 31 ② 32 ④ 33 ④

1103

34 Repetitive Learning (1회 2회 3회)

HAZOP 기법에서 사용하는 가이드 워드와 그 의미가 잘못 연결된 것은?

① No/Not : 설계 의도의 완전한 부정

② More/Less : 정량적인 증가 또는 감소

③ Part of : 성질상의 감소

④ Other than : 기타 환경적인 요인

해설

- Other than은 완전한 대체를 의미하는 가이드 워드이다.

가이드 워드(Guide words)

㉠ 개요

- 위험및운전성검토(HAZOP)에서 근로자들의 창조적 사고를 유도하여 조작방법이나 오동작을 개선하기 위해 사용하는 워드이다.
- 공정변수(Process parameter)와 함께 사용하여 비정상상태(Deviation)가 일어날 수 있는 원인을 찾고 결과를 예측함과 동시에 대책을 세우는 데 유용하다.

㉡ 종류 실필 2303/1902/1301/1202

No/Not	설계 의도의 완전한 부정
Part of	성질상의 감소
As well as	성질상의 증가
More/Less	양의 증가 혹은 감소로 양과 성질을 함께 표현한다.
Other than	완전한 대체

35 Repetitive Learning (1회 2회 3회)

[그림]과 같이 신뢰도 95%인 펌프 A가 각각 신뢰도 90%인 밸브 B와 밸브 C의 병렬밸브계와 직렬계를 이룬 시스템의 실패확률은 약 얼마인가?

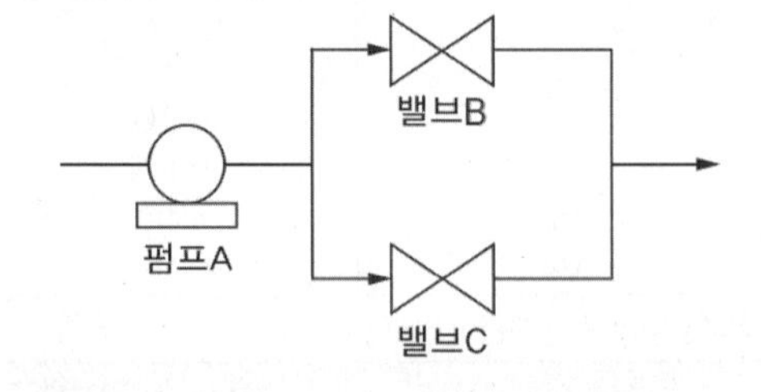

① 0.0091 ② 0.0595

③ 0.9405 ④ 0.9811

해설

- 시스템은 병렬로 연결된 B와 C가 A와 직렬로 연결된 시스템이다.
- 병렬로 연결된 시스템의 신뢰도를 먼저 구하면 신뢰도 BC = 1 − (1 − 0.9)(1 − 0.9) = 1 − 0.01 = 0.990이다.
- 위의 결과와 A를 직렬로 연결한 시스템의 신뢰도는 0.95 × 0.99 = 0.9405가 된다. 구하려고 하는 것은 실패확률이므로 1 − 0.9405 = 0.0595이다.

시스템의 신뢰도 실필 0901

㉠ AND(직렬)연결 시

- 시스템의 신뢰도(R_s)는 부품 a, 부품 b 신뢰도를 각각 R_a, R_b라 할 때 $R_s = R_a \times R_b$로 구할 수 있다.

㉡ OR(병렬)연결 시

- 시스템의 신뢰도(R_s)는 부품 a, 부품 b 신뢰도를 각각 R_a, R_b라 할 때 $R_s = 1-(1-R_a)\times(1-R_b)$로 구할 수 있다.

0403 / 0702 / 1003

36 Repetitive Learning (1회 2회 3회)

다음 중 인간이 기계보다 우수한 기능으로 거리가 가장 먼 것은?(단, 인공지능은 제외한다)

① 암호화된 정보를 신속하게 대량으로 보관할 수 있다.

② 관찰을 통해서 일반화하여 귀납적으로 추리한다.

③ 항공사진의 피사체나 말소리처럼 상황에 따라 변화하는 복잡한 자극의 형태를 식별할 수 있다.

④ 수신 상태가 나쁜 음극선관에 나타나는 영상과 같이 배경잡음이 심한 경우에도 신호를 인지할 수 있다.

해설

- 암호화된 정보를 신속, 대량으로 처리 및 보관할 수 있는 것은 기계가 인간보다 뛰어난 점이다.

인간이 기계를 능가하는 조건

- 관찰을 통해서 일반화하여 귀납적 추리를 한다.
- 완전히 새로운 해결책을 도출할 수 있다.
- 원칙을 적용하여 다양한 문제를 해결할 수 있다.
- 상황에 따라 변하는 복잡한 자극형태를 식별할 수 있다.
- 다양한 경험을 토대로 하여 의사결정을 한다.
- 주위의 예기치 못한 사건들을 감지하고 처리하는 임기응변 능력이 있다.

34 ④ 35 ② 36 ① 정답

0803 / 1002 / 1401

37

Repetitive Learning 1회 2회 3회

FTA에서 사용되는 최소 컷 셋에 관한 설명으로 옳지 않은 것은?

① 일반적으로 Fussell algorithm을 이용한다.
② 정상사상(Top event)을 일으키는 최소한의 집합이다.
③ 반복되는 사건이 많은 경우 Limnios와 Ziani Algorithm을 이용하는 것이 유리하다.
④ 시스템에 고장이 발생하지 않도록 하는 모든 사상의 집합이다.

해설

- 최소 컷 셋은 시스템에 고장이 발생되게 하는 사상들 중 중복을 배제하고 남은 최소한의 집합이다.

최소 컷 셋(Minimal cut sets) 실필 2303/1701/0802

- 컷 셋 중에 타 컷 셋을 포함하고 있는 것을 배제하고 남은 컷 셋들을 의미한다.
- 사고에 대한 시스템의 약점을 표현한다.
- 정상사상(Top 사상)을 일으키는 최소한의 집합이다.
- 일반적으로 Fussell algorithm을 이용한다.
- 시스템에서 최소 컷 셋의 개수가 늘어나면 위험수준이 높아진다.

1102

38

직무에 대하여 청각적 자극 제시에 대한 음성응답을 하도록 할 때 가장 관련 있는 양립성은?

① 공간적 양립성 ② 양식 양립성
③ 운동 양립성 ④ 개념적 양립성

해설

- 공간 양립성은 표시장치와 조종장치의 위치와 관련된다.
- 운동 양립성은 조종장치의 조작방향과 기계의 운동방향과 관련된다.
- 개념 양립성은 수도꼭지의 색깔과 온도, 신호장치의 색깔 등과 관련된다.

양립성(Compatibility)

㉠ 개요

- 인간의 기대하는 바와 자극 또는 반응들이 일치하는 관계를 말하는데 양립성이 적을수록 정보처리에서 재코드화 과정은 많아진다.
- 양립성의 효과가 크면 클수록, 코딩의 시간이나 반응의 시간은 짧아진다.
- 양립성의 종류에는 운동 양립성, 공간 양립성, 개념 양립성, 양식 양립성 등이 있다.

㉡ 양립성의 종류와 개념

공간 (Spatial) 양립성	• 표시장치와 이에 대응하는 조종장치의 위치가 인간의 기대에 모순되지 않는 것 • 왼쪽 표시장치와 관련된 조종장치는 왼쪽에, 오른쪽 표시장치와 관련된 조종장치는 오른쪽에 위치하는 것
운동 (Movement) 양립성	조종장치의 조작방향에 따라서 기계장치나 자동차 등이 움직이는 것
개념 (Conceptual) 양립성	• 인간이 가지는 개념과 일치하게 하는 것 • 적색 수도꼭지는 온수, 청색 수도꼭지는 냉수를 의미하는 것이나 위험신호는 빨간색, 주의신호는 노란색, 안전신호는 파란색으로 표시하는 것
양식 (Modality) 양립성	문화적 관습에 의해 생기는 양립성 혹은 직무에 관련된 자극과 이에 대한 응답 등으로 청각적 자극 제시와 이에 대한 음성응답 과업에서 갖는 양립성

39

Repetitive Learning 1회 2회 3회

컴퓨터 스크린상에 있는 버튼을 선택하기 위해 커서를 이동시키는 데 걸리는 시간을 예측하는데 가장 적합한 법칙은?

① Fitts의 법칙 ② Lewin의 법칙
③ Hick의 법칙 ④ Weber의 법칙

해설

- Lewin의 법칙은 인간의 행동이 개인(P)과 환경(E)의 상호 함수관계에 있다는 것을 정의한다.
- Hick-Hyman 법칙은 신호를 보고 어떤 장치를 조작해야 할지를 결정하기까지 걸리는 시간을 예측할 수 있다.
- 웨버(Weber) 법칙은 인간이 감지할 수 있는 외부의 물리적 자극 변화의 최소범위는 기준이 되는 자극의 크기에 비례하는 현상을 설명한 이론이다.

Fitts의 법칙

- 인간의 제어 및 조정능력을 나타내는 법칙으로 인간의 손이나 발을 이동시켜 조작장치를 조작하는 데 걸리는 시간을 표적까지의 거리와 표적 크기의 함수로 나타낸다.
- 표적이 작고 이동거리가 길수록 이동시간이 증가한다.
- 자동차 가속 페달과 브레이크 페달 간의 간격, 브레이크 폭 등을 결정하는 데 사용할 수 있는 가장 적합한 인간공학 이론이다.
- $MT = a + b(D \cdot W)$로 표시된다. 이때 MT는 운동시간, a와 b는 상수, D는 운동거리, W는 목표물과의 거리이다.

정답 | 37 ④ 38 ② 39 ①

1202

40

Repetitive Learning 1회 2회 3회

설비의 고장과 같이 발생확률이 낮은 사건의 특정 시간 또는 구간에서의 발생횟수를 측정하는 데 가장 적합한 확률분포는?

① 이항 분포(Binomial distribution)
② 푸아송 분포(Poisson distribution)
③ 와이블 분포(Weibull distribution)
④ 지수 분포(Exponential distribution)

해설

- 이항 분포는 연속된 n번의 독립적 시행에서 각 시행이 확률 p를 가질 때의 이산확률분포로 n이 1일 때의 이항분포를 베르누이분포라고도 한다.
- 와이블 분포는 산업현장에서 부품의 수명을 추정하는 데 사용되는 연속확률분포의 한 종류이다.
- 지수 분포는 설비의 시간당 고장률이 일정할 때 이 설비의 고장 간격을 측정하는 데 적합하다.

Poisson 분포

- 단위시간 안에 어떤 사건이 몇 번 발생할 것인지를 표현하는 이산확률분포를 말한다.
- 설비의 고장과 같이 특정 시간 또는 구간에 어떤 사건의 발생확률이 적은 경우 그 사건의 발생횟수를 측정하는 데 적합하다.
- 어떤 사건이 발생하는 사건(Arrival time)이 서로 독립적으로 분포하는 지수분포에서 확률변수의 발생과정을 Poisson 과정이라 한다.

3과목 기계 · 기구 및 설비 안전관리

1701

41

Repetitive Learning 1회 2회 3회

산업안전보건법령상 양중기를 사용하여 작업하는 운전자 또는 작업자가 보기 쉬운 곳에 해당 양중기에 대해 표시하여야 할 내용으로 가장 거리가 먼 것은?(단, 승강기는 제외한다)

① 정격하중
② 운전속도
③ 경고표시
④ 최대인양높이

해설

- 양중기에 표시해야 하는 사항에는 기계의 정격하중, 운전속도, 경고표시 등이 있다.

정격하중 등의 표시

- 사업주는 양중기(승강기는 제외한다) 및 달기구를 사용하여 작업하는 운전자 또는 작업자가 보기 쉬운 곳에 해당 기계의 정격하중, 운전속도, 경고표시 등을 부착하여야 한다.
- 달기구는 정격하중만 표시한다.

42

Repetitive Learning 1회 2회 3회

롤러기의 급정지장치에 관한 설명으로 가장 적절하지 않은 것은?

① 복부 조작식은 조작부 중심점을 기준으로 밑면으로부터 1.2~1.4m 이내의 높이로 설치한다.
② 손 조작식은 조작부 중심점을 기준으로 밑면으로부터 1.8m 이내의 높이로 설치한다.
③ 급정지장치의 조작부에 사용하는 줄은 사용 중에 늘어져서는 안 된다.
④ 급정지장치의 조작부에 사용하는 줄은 충분한 인장강도를 가져야 한다.

해설

- 복부 조작식 급정지장치는 밑면에서 0.8[m]~1.1[m]에 위치한다.

40 ② 41 ④ 42 ① 정답

:: 롤러기 급정지장치의 종류 실필 2101/0802 실작 2303/2101/1902

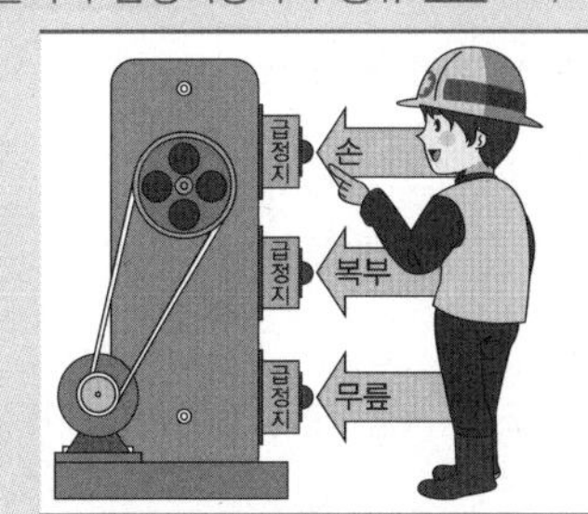

종류	위치
손 조작식	밑면에서 1.8[m] 이내
복부 조작식	밑면에서 0.8~1.1[m]
무릎 조작식	밑면에서 0.6[m] 이내

0302

43

Repetitive Learning 1회 2회 3회

연삭기의 안전작업수칙에 대한 설명 중 잘못된 것은?

① 숫돌의 정면에 서서 숫돌 원주면을 사용한다.
② 숫돌 교체 시에는 3분 이상 시운전을 한다.
③ 숫돌의 회전은 최고사용원주속도를 초과하여 사용하지 않는다.
④ 연삭숫돌에 충격을 가하지 않는다.

해설

- 연삭 작업은 안전을 위해 연삭기의 측면에서 실시하도록 한다.

:: 산업안전보건법상의 연삭숫돌 사용 시 안전조치 실필 1303/0802

- 사업주는 회전 중인 연삭숫돌(지름이 5cm 이상인 것)이 근로자에게 위험을 미칠 우려가 있는 경우에 그 부위에 덮개를 설치하여야 한다.
- 사업주는 연삭숫돌을 사용하는 작업의 경우 작업을 시작하기 전에는 1분 이상, 연삭숫돌을 교체한 후에는 3분 이상 시험운전을 하고 해당 기계에 이상이 있는지를 확인하여야 한다.
- 시험운전에 사용하는 연삭숫돌은 작업 시작 전에 결함이 있는지를 확인한 후 사용하여야 한다.
- 사업주는 연삭숫돌의 최고사용회전속도를 초과하여 사용하도록 해서는 아니 된다.
- 사업주는 측면을 사용하는 것을 목적으로 하지 않는 연삭숫돌을 사용하는 경우 측면을 사용하도록 해서는 아니 된다.
- 숫돌 고정장치인 평형플랜지의 직경은 설치하는 숫돌 직경의 1/3 이상, 여윳값은 1.5mm 이상이어야 한다.
- 연삭 작업 시 안전을 위해 작업자는 연삭기의 측면에 위치한다.
- 연삭숫돌을 결합할 때는 열로 인한 팽창을 고려하여 축과 0.1~0.15mm 정도의 틈새를 둔다.

44

Repetitive Learning 1회 2회 3회

롤러기의 가드와 위험점 간의 거리가 100mm일 경우 ILO 규정에 의한 가드 개구부의 안전간격은?

① 11mm ② 21mm
③ 26mm ④ 31mm

해설

- 개구부와 위험점 간의 간격이 160mm 미만이므로 개구부 간격 = 6 + (0.15 × 개구부에서 위험점까지 최단거리)[mm]로 구해야 한다.
- 개구부 간격은 $6+0.15\times100=6+15=21$[mm]이다.

:: 롤러기 급정지장치의 개구부 간격과 급정지거리 실필 1703/1202/1102

- 가드 설치 시 개구부 간격(단위 : mm)

구분	간격
개구부와 위험점 간격 : 160mm 이상	30
개구부와 위험점 간격 : 160mm 미만	6+(0.15×개구부 ~위험점 최단거리)
위험점이 전동체일 경우	6+(0.1×개구부 ~위험점 최단거리)

- 급정지거리

원주속도	급정지거리
원주속도 : 30m/min 이상	앞면 롤러 원주의 1/2.5
원주속도 : 30m/min 미만	앞면 롤러 원주의 1/3 이내

45

Repetitive Learning 1회 2회 3회

지게차의 포크에 적재된 화물이 마스트 후방으로 낙하함으로써 근로자에게 미치는 위험을 방지하기 위하여 설치하는 것은?

① 헤드가드
② 백레스트
③ 낙하방지장치
④ 과부하방지장치

해설

- 백레스트는 마스트를 뒤로 기울일 때 화물이 마스트 방향으로 떨어지는 것을 방지하기 위해 설치하는 짐받이 틀을 말한다.

:: 백레스트(Backrest)

- 백레스트는 마스트를 뒤로 기울일 때 화물이 마스트 방향으로 떨어지는 것을 방지하기 위해 설치하는 짐받이 틀을 말한다.
- 사업주는 백레스트(Backrest)를 갖추지 아니한 지게차를 사용해서는 아니 된다. 다만, 마스트의 후방에서 화물이 낙하함으로써 근로자가 위험해질 우려가 없는 경우에는 그러하지 아니하다.

정답 | 43 ① 44 ② 45 ②

0602 / 0703 / 1801

46 Repetitive Learning (1회 2회 3회)

산업안전보건법령상 프레스 및 전단기에서 안전블록을 사용해야 하는 작업으로 가장 거리가 먼 것은?

① 금형 가공작업 ② 금형 해체작업
③ 금형 부착작업 ④ 금형 조정작업

해설

- 안전블록을 사용하는 등 필요한 조치를 하는 작업은 프레스 등의 금형을 부착, 해체, 조정하는 작업을 할 때이다.

금형 조정작업의 위험방지

㉠ 개요
- 사업주는 프레스 등의 금형을 부착·해체 또는 조정하는 작업을 할 때에 해당 작업에 종사하는 근로자의 신체가 위험한계 내에 있는 경우 슬라이드가 갑자기 작동함으로써 근로자에게 발생할 우려가 있는 위험을 방지하기 위하여 안전블록을 사용하는 등 필요한 조치를 하여야 한다.

㉡ 금형의 조정작업 시 안전수칙
- 금형을 부착하기 전에 하사점을 확인한다.
- 금형의 체결은 올바른 치공구를 사용하여 균등하게 한다.
- 금형의 체결 시에는 안전블록을 설치하고 실시한다.
- 금형의 설치 및 조정은 전원을 끄고 실시한다.
- 금형은 하형부터 잡고 무거운 금형의 받침은 인력으로 하지 않는다.

47 Repetitive Learning (1회 2회 3회)

다음 중 기계·설비의 안전조건에서 안전화의 종류로 가장 거리가 먼 것은?

① 재질의 안전화 ② 작업의 안전화
③ 기능의 안전화 ④ 외형의 안전화

해설

- 기계설비의 일반적인 안전조건에는 외관의 안전화, 기능의 안전화, 구조의 안전화, 보전작업의 안전화가 있다.

기계설비의 일반적인 안전조건 실필 1403

구분	내용
외관의 안전화	기계 설계 시 위험부분을 내장시키거나 덮개 등으로 씌우고 별도로 표시하는 것
기능의 안전화	기계 기구 사용 시 기능의 저하 없이 안전한 작업이 가능하게 하는 것
구조의 안전화	급정지장치 등의 방호장치나 오동작 방지 등 소극적인 대책이 아니라 기계 설계 시 적절한 재료, 충분한 강도로 신뢰성 있게 제작하는 것
보전작업의 안전화	각종 기계 장치를 안전하게 배치하는 것

48 Repetitive Learning (1회 2회 3회)

다음 중 비파괴검사법으로 틀린 것은?

① 인장검사 ② 자기탐상검사
③ 초음파탐상검사 ④ 침투탐상검사

해설

- 인장시험은 재료의 인장강도, 항복점, 내력 등을 확인하기 위해 사용하는 파괴검사 방법이다.

비파괴검사

㉠ 개요
- 제품 내부의 결함, 용접부의 내부 결함 등을 제품의 파괴 없이 외부에서 검사하는 방법을 말한다.
- 종류에는 누수시험, 누설시험, 음향탐상, 초음파탐상, 자분탐상, 와류탐상, 침투탐상, 방사선투과시험 등이 있다.

㉡ 대표적인 비파괴검사

구분	내용
음향탐상검사	손 또는 망치로 타격 진동시켜 발생하는 음을 검사
방사선투과시험	X선의 강도나 노출시간을 조절하여 검사
초음파탐상검사	초음파의 반사(타진)의 원리를 이용하여 검사
자분탐상시험	결함부위의 자극에 자분이 부착되는 것을 이용
와류탐상시험	결함부위 전류흐름의 난조를 이용하여 검사
침투탐상시험	비자성 금속재료의 표면균열검사에 사용

㉢ 특징
- 생산 제품에 손상이 없이 직접 시험이 가능하다.
- 현장시험이 가능하다.
- 시험방법에 따라 설비비가 많이 든다.

0901 / 1501 / 1801

49 Repetitive Learning (1회 2회 3회)

산업안전보건법령상 아세틸렌용접장치를 사용하여 금속의 용접·용단 또는 가열작업을 하는 경우 게이지 압력은 얼마를 초과하는 압력의 아세틸렌을 발생시켜 사용하면 안 되는가?

① 98kPa ② 127kPa
③ 147kPa ④ 196kPa

해설

- 아세틸렌용접장치를 사용하여 금속의 용접·용단 또는 가열작업을 하는 경우 게이지 압력의 최대치는 127kPa이다.

아세틸렌용접장치에서 압력의 제한
- 사업주는 아세틸렌용접장치를 사용하여 금속의 용접·용단 또는 가열작업을 하는 경우에는 게이지 압력이 127kPa을 초과하는 압력의 아세틸렌을 발생시켜 사용해서는 아니 된다.

46 ① 47 ① 48 ① 49 ② 정답

1102 / 1301 / 1401 / 1702

50

Repetitive Learning 1회 2회 3회

산업안전보건법령상 산업용 로봇으로 인하여 근로자에게 발생할 수 있는 부상 등의 위험이 있는 경우 위험을 방지하기 위하여 울타리를 설치할 때 높이는 최소 몇 m 이상으로 해야 하는가?(단, 산업표준화법 및 국제적으로 통용되는 안전기준은 제외한다)

① 1.8 ② 2.1
③ 2.4 ④ 1.2

해설

- 로봇 운전 중 위험을 방지하기 위해 높이 1.8m 이상의 울타리 혹은 안전매트 또는 감응형 방호장치를 설치하여야 한다.

운전 중 위험방지

- 사업주는 로봇의 운전으로 인하여 근로자에게 발생할 수 있는 부상 등의 위험을 방지하기 위하여 높이 1.8m 이상의 울타리를 설치하여야 한다.
- 컨베이어 시스템의 설치 등으로 울타리를 설치할 수 없는 일부 구간에 대해서는 안전매트 또는 광전자식 방호장치 등 감응형(感應形) 방호장치를 설치하여야 한다.

0601

51

크레인의 사용 중 하중이 정격을 초과하였을 때 자동적으로 상승이 정지되는 장치는?

① 해지장치
② 이탈방지장치
③ 아웃트리거
④ 과부하방지장치

해설

- 과부하방지장치는 기계설비에 허용 이상의 하중이 가해졌을 때에 그 하중의 권상을 정지시키는 장치를 말한다.

크레인의 방호장치 실필 1902/1101

- 크레인 방호장치에는 과부하방지장치, 권과방지장치, 충돌방지장치, 비상정지장치, 해지장치, 스토퍼 등이 있다.
- 권과방지장치는 일정 이상 부하를 권상시키면 더 이상 권상되지 않게 하여 부하가 크레인에 충돌하지 않도록 하는 장치이다. 이때 간격은 25cm 이상 유지하도록 조정한다(단, 직동식 권과방지장치의 간격은 0.05m 이상이다).
- 과부하방지장치는 하중이 정격을 초과하였을 때 자동적으로 상승이 정지되는 장치이다.
- 충돌방지장치는 병렬로 설치된 크레인의 경우 크레인의 충돌을 방지하기 위해 광 또는 초음파를 이용해 크레인의 접촉을 감지하여 충돌을 방지하는 장치이다.
- 비상정지장치는 위험한계 내에 신체의 일부가 들어가거나 이상사태가 발견된 경우에 기계의 작동을 정지시키는 장치를 말한다.
- 해지장치는 크레인 작업 시 와이어로프 등이 훅으로부터 벗겨지는 것을 방지하기 위한 장치이다.
- 스토퍼는 같은 주행로에 병렬로 설치되어 있는 주행 크레인에서 크레인끼리의 충돌이나, 근로자에 접촉하는 것을 방지하는 장치이다.

52

Repetitive Learning 1회 2회 3회

인간이 기계 등의 취급을 잘못해도 그것이 바로 사고나 재해와 연결되는 일이 없는 기능을 의미하는 것은?

① Fail safe
② Fail active
③ Fail operational
④ Fool proof

해설

- 풀 프루프(Fool proof)는 인간이 실수를 하더라도 안전하게 기계가 유지되는 안전설계방법을 말한다.

풀 프루프(Fool proof) 실필 1401/1101/0901/0802

㉠ 개요

- 풀 프루프(Fool proof)는 기계조작에 익숙하지 않은 사람이나 기계의 위험성 등을 이해하지 못한 사람이라도 기계 조작 시 조작 실수를 하지 않도록 하는 기능으로 작업자가 기계 설비를 잘못 취급하더라도 사고가 일어나지 않도록 하는 기능을 말한다.
- 계기나 표시를 보기 쉽게 하거나 이른바 인체공학적 설계도 넓은 의미의 풀 프루프에 해당된다.
- 각종 기구의 인터록 장치, 크레인의 권과방지장치, 카메라의 이중 촬영방지장치, 기계의 회전부분에 울이나 커버 장치, 승강기 중량제한 시 운행정지장치, 선풍기 가드에 손이 들어갈 경우 회전정지장치 등이 이에 해당한다.

㉡ 조건

- 인간이 에러를 일으키기 어려운 구조나 기능을 가지도록 한다.
- 조작순서가 잘못되어도 올바르게 작동하도록 한다.

정답 | 50 ① 51 ④ 52 ④

53 Repetitive Learning 1회 2회 3회

산업안전보건법령상 컨베이어를 사용하여 작업을 할 때 작업 시작 전 점검사항으로 가장 거리가 먼 것은?

① 원동기 및 풀리(Pulley) 기능의 이상 유무
② 이탈 등의 방지장치기능의 이상 유무
③ 유압장치 기능의 이상 유무
④ 비상정지장치 기능의 이상 유무

해설

- ①, ②, ④ 외에 원동기·회전축·기어 및 풀리 등의 덮개 또는 울 등의 이상 유무를 점검하여야 한다.

컨베이어를 사용한 작업 시작 전 점검사항 실필 1402/1001 실작 2201/2103/2101/2004

- 원동기 및 풀리(Pulley) 기능의 이상 유무
- 이탈 등의 방지장치 기능의 이상 유무
- 비상정지장치 기능의 이상 유무
- 원동기·회전축·기어 및 풀리 등의 덮개 또는 울 등의 이상 유무

1201 / 1503 / 1803

54 Repetitive Learning 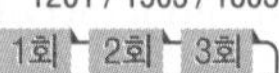

다음 중 기계설비에서 반대로 회전하는 두 개의 회전체가 맞닿는 사이에 발생하는 위험점으로 가장 적절한 것은?

① 물림점
② 협착점
③ 끼임점
④ 절단점

해설

- 협착점은 왕복운동을 하는 기계의 운동부와 움직임 없는 고정부 사이에서 형성되는 위험점이다.
- 끼임점은 고정부분과 회전하는 동작부분이 만드는 위험점이다.
- 절단점은 회전하는 운동부 자체의 위험에서 초래되는 위험점이다.

물림점(Nip point) 실필 1503 실작 1703/1601/1303

- 롤러기의 두 롤러 사이와 같이 반대로 회전하는 두 개의 회전체가 맞닿는 사이에 발생하는 위험점을 말한다.
- 2개의 회전체가 서로 반대방향으로 회전해야 물림점이 발생한다.
- 방호장치로 덮개 또는 울을 사용한다.

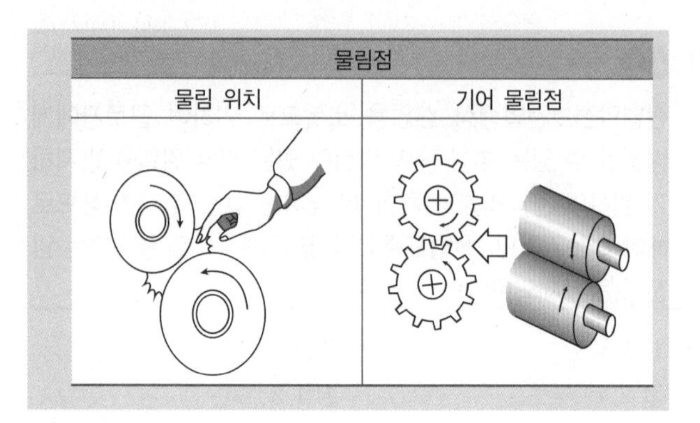

55 Repetitive Learning 1회 2회 3회

선반작업 시 안전수칙으로 가장 적절하지 않은 것은?

① 기계에 주유 및 청소 시 반드시 기계를 정지시키고 한다.
② 칩 제거 시 브러시를 사용한다.
③ 바이트에는 칩 브레이커를 설치한다.
④ 선반의 바이트는 끝을 길게 장치한다.

해설

- 바이트는 짧게 나오도록 설치하여야 한다.

선반작업 시 안전수칙

㉠ 작업자 보호장구
- 작업 중 장갑 착용을 금한다.
- 절삭 칩의 제거는 반드시 브러시를 사용하도록 한다.
- 칩(Chip)이 비산할 때는 보안경을 쓰고 방호판을 설치하여 사용한다.

㉡ 작업 시작 전 점검 및 준수사항
- 칩이 짧게 끊어지도록 칩 브레이커를 설치한다.
- 일감의 길이가 긴(가공물 길이가 지름의 12~20배 이상) 공작물은 방진구를 설치하여 진동을 방지한다.
- 베드 위에 공구를 올려놓지 않아야 한다.
- 공작물의 설치가 끝나면, 척에서 렌치류는 곧바로 제거한다.
- 시동 전에 척 핸들을 빼두어야 한다.

㉢ 작업 중 준수사항
- 기계 운전 중에는 백기어(Back gear)의 사용을 금한다.
- 회전 중에 가공품을 직접 만지지 않는다.
- 센터작업 시 심압 센터에 자주 절삭유를 준다.
- 선반작업 시 주축의 변속은 기계 정지 후에 해야 한다.
- 바이트 교환, 일감의 치수 측정, 주유 및 청소 시에는 기계를 정지시켜야 한다.

53 ③ 54 ① 55 ④ 정답

1001

56 Repetitive Learning 1회 2회 3회

산업안전보건법령상 산업용 로봇의 작업 시작 전 점검 사항으로 가장 거리가 먼 것은?

① 외부 전선의 피복 또는 외장의 손상 유무
② 압력방출장치의 이상 유무
③ 매니퓰레이터 작동 이상 유무
④ 제동장치 및 비상정지장치의 기능

해설

- 산업용 로봇의 작업 시작 전 점검사항에는 외부 전선의 피복 또는 외장의 손상 유무, 매니퓰레이터(Manipulator) 작동의 이상 유무, 제동장치 및 비상정지장치의 기능 등이 있다.

산업용 로봇의 작업 시작 전 점검사항 실필 2203

- 외부 전선의 피복 또는 외장의 손상 유무
- 매니퓰레이터(Manipulator) 작동의 이상 유무
- 제동장치 및 비상정지장치의 기능

0802 / 1201 / 1501 / 1503

57 Repetitive Learning 1회 2회 3회

산업안전보건법령상 보일러의 과열을 방지하기 위하여 최고사용압력과 상용압력 사이에서 보일러의 버너 연소를 차단하여 열원을 제거하여 정상압력으로 유도하는 보일러의 방호장치로 가장 적절한 것은?

① 압력방출장치
② 고저수위조절장치
③ 언로드밸브
④ 압력제한스위치

해설

- 압력방출장치(Safety valve)는 밸브 입구 쪽의 압력이 설정압력에 도달하면 자동적으로 빠르게 작동하여 유체가 분출되고 일정압력 이하가 되면 정상상태로 복원되는 방호장치로 안전밸브라고도 한다.
- 고저수위조절장치는 보일러의 방호장치 중 하나로 보일러 쉘 내의 관수의 수위가 최고한계 또는 최저한계에 도달했을 때 자동적으로 경보를 울리는 동시에 관수의 공급을 차단시켜 주는 장치이다.
- 언로드밸브는 보일러 내부의 압력을 일정범위 내에서 유지시키는 밸브이다.

압력제한스위치

㉠ 개요

- 상용운전압력 이상으로 압력이 상승할 경우, 보일러의 과열을 방지하기 위하여 최고사용압력과 상용압력 사이에서 보일러의 버너 연소를 차단해 열원을 제거하고 정상압력으로 유도하는 보일러의 방호장치이다.

㉡ 설치

- 압력제한스위치는 보일러의 압력계가 설치된 배관상에 설치해야 한다.

1003

58 Repetitive Learning 1회 2회 3회

프레스 작동 후 슬라이드가 하사점에 도달할 때까지의 소요최대 시간이 0.5초일 때 양수기동식 방호장치의 안전거리는 최소 얼마인가?

① 200mm ② 400mm
③ 600mm ④ 800mm

해설

- 시간이 0.5초로 주어졌다. [ms]로 바꾸기 위해서 1,000을 곱하면 500[ms]이다.
- 안전거리는 1.6 × 500 = 800[mm]가 된다.

양수조작식 방호장치 안전거리 실필 2401/1701/1103/0903

- 인간 손의 기준속도(1.6[m/s])를 고려하여 양수조작식 방호장치의 안전거리는 1.6 × 반응시간으로 구할 수 있다.
- 클러치 프레스에 부착된 양수조작식 방호장치의 반응시간(T_m)은 버튼에서 손이 떨어지고 슬라이드가 정지할 때까지의 시간으로 해당 시간이 주어지지 않을 때는 $T_m = \left(\frac{1}{\text{클러치}} + \frac{1}{2}\right) \times \frac{60,000}{\text{분당 행정수}}$[ms]로 구할 수 있다.
- 시간이 주어질 때는 $D = 1.6(T_L + T_s)$로 구한다.
  D : 안전거리(mm)
  T_L : 버튼에서 손이 떨어질 때부터 급정지기구가 작동할 때까지 시간(ms)
  T_s : 급정지기구 작동 시부터 슬라이드가 정지할 때까지 시간(ms)

1002

59 Repetitive Learning

둥근톱기계의 방호장치 중 반발예방장치의 종류로 틀린 것은?

① 분할 날 ② 반발방지기구(Finger)
③ 보조안내판 ④ 안전덮개

해설

- 반발예방장치에는 반발방지발톱(반발방지기구), 분할 날, 반발방지롤, 보조안내판 등이 있다.

목재가공용 기계의 방호장치 실필 0901/0803

- 목재가공용 둥근톱기계에 분할 날 등 반발예방장치와 톱날 접촉예방장치를 설치하여야 한다.
- 반발예방장치에는 반발방지발톱(반발방지기구), 분할 날, 반발방지롤, 보조안내판 등이 있다.
- 목재가공용 띠톱기계의 절단에 필요한 톱날 부위 외의 위험한 톱날 부위에 덮개 또는 울 등을 설치하고, 스파이크가 붙어 있는 이송롤러 또는 요철형 이송롤러에 날 접촉예방장치 또는 덮개를 설치하여야 한다.
- 작업대상물이 수동으로 공급되는 동력식 수동대패기계에 날 접촉예방장치를 설치하여야 한다.
- 모떼기기계에 날 접촉예방장치를 설치하여야 한다.

60

Repetitive Learning (1회 2회 3회)

산업안전보건법령상 형삭기(Slotter, Shaper)의 주요 구조부로 가장 거리가 먼 것은?(단, 수치제어식은 제외)

① 공구대
② 공작물 테이블
③ 램
④ 아버

해설

- 형삭기는 공작물 테이블, 공구대, 램, 공구공급장치(수치제어식으로 한정한다) 등으로 구성된다.

형삭기

- 공작물을 테이블 위에 고정시키고 램(Ram)에 의하여 절삭공구가 수평 또는 상·하 운동하면서 공작물을 절삭하는 공작기계를 말한다.
- 주요 구조부는 공작물 테이블, 공구대, 램, 공구공급장치(수치제어식으로 한정한다) 등으로 구성된다.

4과목 전기설비 안전관리

0303 / 0603 / 0702 / 0903 / 1102 / 1103 / 1403

61

Repetitive Learning (1회 2회 3회)

피뢰기가 구비하여야 할 조건으로 틀린 것은?

① 제한전압이 낮아야 한다.
② 상용주파방전 개시전압이 높아야 한다.
③ 충격방전 개시전압이 높아야 한다.
④ 뇌전류의 방전능력이 크고 속류의 차단이 확실하여야 한다.

해설

- 좋은 피뢰기는 충격방전 개시전압이 낮아야 한다.

피뢰기

㉠ 구성요소
- 특성요소 : 뇌전류 방전 시 피뢰기 자신의 전위 상승을 억제하여 절연파괴를 방지한다.
- 직렬 갭 : 뇌전류를 대지로 방전시키고 속류를 차단한다.

㉡ 이상적인 피뢰기의 특성
- 제한전압이 낮아야 한다.
- 반복동작이 가능하여야 한다.
- 충격방전 개시전압이 낮아야 한다.
- 뇌전류의 방전능력이 크고 속류의 차단이 확실하여야 한다.

62

Repetitive Learning (1회 2회 3회)

다음 중 정전기의 발생현상에 포함되지 않는 것은?

① 파괴에 의한 발생
② 분출에 의한 발생
③ 전도대전
④ 유동에 의한 대전

해설

- 정전기 발생현상을 원인에 따라 분류하면 마찰대전, 박리대전, 유동대전, 충돌대전, 분출대전, 진동대전(교반대전) 등으로 구분한다.

정전기 발생현상 실필 0801

㉠ 개요
- 정전기 발생현상을 원인에 따라 분류하면 마찰대전, 박리대전, 유동대전, 충돌대전, 분출대전 등으로 구분한다.

60 ④ 61 ③ 62 ③ | 정답

㉡ 분류별 특징

마찰대전	두 물체가 서로 접촉 시 위치의 이동으로 전하의 분리 및 재배열이 일어나는 대전현상
박리대전	상호 밀착되어 있는 물질이 떨어질 때 전하분리에 의해 발생하는 대전현상
유동대전	• 저항이 높은 액체류가 파이프 등으로 수송될 때 접촉을 통해 서로 대전되는 현상 • 액체의 흐름이 정전기 발생에 영향을 준다.
충돌대전	스프레이 도장작업 등과 같은 입자와 입자끼리, 혹은 입자와 고체끼리의 충돌로 발생하는 대전현상
분출대전	스프레이 도장작업을 할 경우와 같이 액체나 기체 등이 작은 구멍을 통해 분출될 때 발생하는 대전현상

63

Repetitive Learning (1회 2회 3회)

방폭기기에 별도의 주위 온도 표시가 없을 때 방폭기기의 주위 온도 범위는?(단, 기호 "X"의 표시가 없는 기기이다)

① 20℃~40℃
② -20℃~40℃
③ 10℃~50℃
④ -10℃~50℃

해설

• 전기기기의 표시가 주위 온도범위를 표시하고 있지 않다면 기기는 -20℃부터 +40℃ 범위 내에서 사용될 수가 있으며, 별도 주위온도 표시가 있는 전기기기는 그 표시 범위 내에서 사용한다.

∷ 가스, 증기, 분진의 발화 온도 또는 주위 온도에 따른 선정

• 최고 표면온도가 존재할 가능성이 있는 해당 가스, 증기의 발화온도에 도달하지 않도록 전기기기를 선정하여야 한다.
• 전기기기의 표시가 주위 온도범위를 표시하고 있지 않다면 기기는 -20℃부터 +40℃ 범위 내에서 사용될 수가 있으며, 별도 주위온도 표시가 있는 전기기기는 그 표시 범위 내에서 사용한다.
• 주위 온도가 그 범위를 벗어나거나 다른 요인(예: 온도, 태양광 방사 등)에 영향을 받는 온도가 있다면 기기에 미치는 영향을 고려하여야 하고 그 대책도 문서화하여야 한다.
• 케이블 글랜드는 보통 온도등급이나 주위 운전온도 범위표시가 없다. 보통 정격의 사용온도를 가지고 있고 표시가 없는 한 사용온도는 -20℃부터 +80℃ 범위가 일반적이다. 다른 사용온도가 필요하다면 케이블 글랜드와 관련 부분품이 그 장소에 적합한지 주의를 기울여 확인하여야 한다.

64

Repetitive Learning (1회 2회 3회)

정전기로 인한 화재 및 폭발을 방지하기 위한 조치가 필요한 설비가 아닌 것은?

① 드라이클리닝 설비
② 위험물 건조설비
③ 화약류 제조설비
④ 위험기구의 제전설비

해설

• 위험기구의 제전설비는 정전기로 인한 화재폭발 방지가 필요한 설비에 해당하지 않는다.

∷ 정전기로 인한 화재폭발 방지가 필요한 설비

• 위험물을 탱크로리·탱크차 및 드럼 등에 주입하는 설비
• 탱크로리·탱크차 및 드럼 등 위험물저장설비
• 인화성 액체를 함유하는 도료 및 접착제 등을 제조·저장·취급 또는 도포(塗布)하는 설비
• 위험물 건조설비 또는 그 부속설비
• 인화성 고체를 저장하거나 취급하는 설비
• 드라이클리닝설비, 염색가공설비 또는 모피류 등을 씻는 설비 등 인화성 유기용제를 사용하는 설비
• 유압, 압축공기 또는 고전위정전기 등을 이용하여 인화성 액체나 인화성 고체를 분무하거나 이송하는 설비
• 고압가스를 이송하거나 저장·취급하는 설비
• 화약류 제조설비
• 발파공에 장전된 화약류를 점화시키는 경우에 사용하는 발파기

0301 / 0703 / 1301 / 1702

65

Repetitive Learning (1회 2회 3회)

300[A]의 전류가 흐르는 저압 가공전선로의 1선에서 허용 가능한 누설전류[mA]는?

① 600
② 450
③ 300
④ 150

해설

• 전류가 300[A]이므로 누설전류는 $300 \times \frac{1}{2,000} = 0.15$[A] 이내여야 하므로 150mA이다.

정답 | 63 ② 64 ④ 65 ④

:: 누설전류와 누전화재

㉠ 누설전류

- 누설전류는 전류가 정상적으로 흐르지 않고 다른 곳으로 새어버리는 것을 말하며, 누전전류라고도 한다.
- 전선의 노후로 인하여 절연이 나빠져 발생(절연열화)하는데 이를 방지하기 위해 누전차단기를 설치한다.
- 누설전류로 인해 감전 및 화재 등이 발생하고, 전력의 손실이 증가하고, 전자기기의 고장이 발생한다.
- 저압의 전선로 중 절연부분의 전선과 대지 간 및 전선의 심선 상호 간의 절연저항은 사용전압에 대한 누설전류가 최대공급전류의 2,000분의 1을 넘지 아니하도록 유지하여야 한다.

㉡ 누전화재

- 누전으로 인하여 화재가 발생되기 전에 인체 감전, 전등 밝기의 변화, 빈번한 퓨즈의 용단, 전기사용 기계장치의 오동작 증가 등이 발생한다.
- 누전사고가 발생될 수 있는 취약 개소에는 비닐전선을 고정하는 지지용 스테이플, 정원 연못 조명등의 전원공급용 지하매설 전선류, 분기회로 접속점이 나선으로 발열이 쉽도록 유지되는 곳 등이 있다.

66

Repetitive Learning (1회 2회 3회)

산업안전보건기준에 관한 규칙 제319조에 따라 감전될 우려가 있는 장소에서 작업을 하기 위해서는 전로를 차단하여야 한다. 전로 차단을 위한 시행 절차 중 틀린 것은?

① 전기기기 등에 공급되는 모든 전원을 관련 도면, 배선도 등으로 확인
② 각 단로기를 개방한 후 전원 차단
③ 단로기 개방 후 차단장치나 단로기 등에 잠금장치 및 꼬리표를 부착
④ 잔류전하 방전 후 검전기를 이용하여 작업 대상 기기가 충전되어 있는지 확인

해설

- 감전될 우려가 있는 장소에서 작업을 할 때는 전원을 차단한 후 각 단로기 등을 개방하고 확인해야 한다.

:: 정전전로에서의 전기작업 전 조치사항

- 사업주는 근로자가 노출된 충전부 또는 그 부근에서 작업함으로써 감전될 우려가 있는 경우에는 작업에 들어가기 전에 해당 전로를 차단할 것
- 전기기기 등에 공급되는 모든 전원을 관련 도면, 배선도 등으로 확인할 것
- 전원을 차단한 후 각 단로기 등을 개방하고 확인할 것
- 차단장치나 단로기 등에 잠금장치 및 꼬리표를 부착할 것
- 개로된 전로에서 유도전압 또는 전기에너지가 축적되어 근로자에게 전기위험을 끼칠 수 있는 전기기기 등은 접촉하기 전에 잔류전하를 완전히 방전시킬 것
- 검전기를 이용하여 작업 대상 기기가 충전되었는지를 확인할 것
- 전기기기 등이 다른 노출 충전부와의 접촉, 유도 또는 예비동력원의 역송전 등으로 전압이 발생할 우려가 있는 경우에는 충분한 용량을 가진 단락접지기구를 이용하여 접지할 것

67

Repetitive Learning (1회 2회 3회)

유자격자가 아닌 근로자가 방호되지 않은 충전전로 인근의 높은 곳에서 작업할 때에 근로자의 몸은 충전전로에서 몇 cm 이내로 접근할 수 없도록 하여야 하는가?(단, 대지전압이 50kV이다)

① 50
② 100
③ 200
④ 300

해설

- 유자격자가 아닌 근로자가 충전전로 인근의 높은 곳에서 작업할 때에 근로자의 몸 또는 긴 도전성 물체가 방호되지 않은 충전전로에서 대지전압이 50킬로볼트 이하인 경우에는 300cm 이내 접근하지 않아야 한다.

:: 충전전로에서의 전기작업

- 충전전로를 취급하는 근로자에게 그 작업에 적합한 절연용 보호구를 착용시킬 것
- 충전전로에 근접한 장소에서 전기작업을 하는 경우에는 해당 전압에 적합한 절연용 방호구를 설치할 것.
- 고압 및 특별고압의 전로에서 전기작업을 하는 근로자에게 활선작업용 기구 및 장치를 사용하도록 할 것
- 유자격자가 아닌 근로자가 충전전로 인근의 높은 곳에서 작업할 때에 근로자의 몸 또는 긴 도전성 물체가 방호되지 않은 충전전로에서 대지전압이 50킬로볼트 이하인 경우에는 300cm 이내로, 대지전압이 50킬로볼트를 넘는 경우에는 10킬로볼트당 10센티미터씩 더한 거리 이내로 각각 접근할 수 없도록 할 것

66 ② 67 ④ 정답

68

Repetitive Learning 1회 2회 3회

다음 중 정전기 재해방지대책으로 틀린 것은?

① 설비의 도체 부분을 접지
② 작업자는 정전화를 착용
③ 작업장의 습도를 30% 이하로 유지
④ 배관 내 액체의 유속제한

해설

- 생산공정에 별다른 문제가 없다면, 습도를 70([%]) 정도 유지하도록 한다.

정전기 재해방지대책 실필 1901/1702/1201/1103

- 부도체에 제전기를 설치 · 운영하거나 도전성을 향상시켜야 한다.
- 정전기 재해방지를 위해서 반도체 취급 공정작업자가 착용하는 손목 띠의 저항은 1[mΩ]으로 한다.
- 도체의 경우 접지를 하며 이때 접지값은 $10^6\Omega$ 이하이면 충분하고, 안전을 고려하여 $10^3\Omega$ 이하로 유지한다.
- 생산공정에 별다른 문제가 없다면, 습도를 70% 정도 유지하여 전하가 제거되기 쉽게 한다.
- 유동대전이 심하고 폭발 위험성이 높은 것(가솔린, 이황화탄소, 벤젠 등)은 배관 내 유속을 1m/s 이하로 해야 한다.
- 포장 과정에서 용기를 도전성 재료에 접지한다.
- 인쇄 과정에서 도포량을 적게 하고 접지한다.
- 대전 방지제를 사용하고, 대전 물체에 정전기 축적을 최소화하여야 한다.
- 배관 내 액체의 유속을 제한한다.
- 공기를 이온화한다.
- 작업장 바닥에 도전성(정전기 방지용) 매트를 사용한다.
- 작업자는 제전복, 정전화(대전 방지용 안전화)를 착용한다.

69

가스(발화온도 120℃)가 존재하는 지역에 방폭기기를 설치하고자 한다. 설치가 가능한 기기의 온도등급은?

① T2 ② T3
③ T4 ④ T5

해설

- 발화온도가 120℃인 가스가 존재하는 지역이므로 발화온도가 120℃가 되지 않는 방폭장비를 사용하여야 한다. T4의 경우 발화온도가 135℃이므로 사용할 수 없으며, 발화온도의 최고치가 100℃인 T5 혹은 발화온도가 85℃ 이하인 T6 장비는 설치가 가능하다.

방폭전기기기의 온도등급

등급표시	발화도	최고표면온도의 허용치/발화온도
–	G1	450℃ 초과
T1	G2	300 ~ 450℃
T2	G3	200 ~ 300℃
T3	G4	135 ~ 200℃
T4	G5	100 ~ 135℃
T5	G6	85 ~ 100℃
T6		85℃ 이하

기준 변경 대치/2102

70

Repetitive Learning 1회 2회 3회

계통접지로 적합하지 않는 것은?

① TN계통
② TT계통
③ IN계통
④ IT계통

해설

- 저압전로의 보호도체 및 중성선의 접속 방식에 따라 접지계통은 TN, TT, IT로 구분된다.

계통접지

㉠ 개요

구분	관계	기호	내용
제1문자	전력계통과 대지와의 관계	T	대지에 직접 접지
		I	비접지 또는 임피던스 접지
제2문자	노출도전성부분과 대지와의 관계	T	노출 도전부(외함)를 직접 접지
		N	전력계통의 중성점에 접속
제3문자	중성선 및 보호도체의 조치	S	중성선과 보호도체를 분리
		C	중성선과 보호도체를 겸용

㉡ 구분

- 저압전로의 보호도체 및 중성선의 접속 방식에 따라 접지계통은 TN, TT, IT로 구분된다.

정답 | 68 ③ 69 ④ 70 ③

종류	특징
TN계통 (직접접지)	• 전원의 한쪽은 직접 접지(계통접지)하고 노출 도전성쪽은 전원측의 접지선에 접속하는 방식이다. • 중성선과 보호도체의 연결방식에 따라 TN-S, TN-C, TN-C-S로 구분된다.
TT계통 (직접다중접지)	• 전력계통의 중성점(N)은 직접 대지 접속(계통접지)하고 노출 도전부의 외함은 별도 독립 접지하는 방식이다. • 지락사고 시 프레임의 대지전위가 상승하는 문제가 있어 별도의 과전류차단기나 누전차단기를 설치하여야 한다.
IT계통 (비접지)	• 전원공급측은 비접지 혹은 임피던스 접지방식으로 하고 노출 도전부는 독립적인 접지 전극에 접지하는 방식이다. • 대규모 전력계통에 채택되기 어렵다.

1202

71

Repetitive Learning (1회 2회 3회)

제전기의 종류가 아닌 것은?

① 전압인가식 제전기
② 정전식 제전기
③ 방사선식 제전기
④ 자기방전식 제전기

해설

• 제전기의 종류에는 전압인가식, 자기방전식, 방사선식(이온식)이 있다.

:: 제전기

㉠ 개요
- 정전기 재해를 예방하기 위해 설치하는 제전기의 제전효율은 설치 시 90[%] 이상이 되어야 한다.
- 정전기의 발생원으로부터 5~20cm 정도 떨어진 장소에 설치하는 것이 적절하다.
- 종류에는 전압인가식, 자기방전식, 방사선식(이온식)이 있다.

㉡ 제전기의 종류
- 전압인가식은 방전침에 7,000[V]를 걸어 코로나방전을 일으켜 발생한 이온으로 대전체의 전하를 중화하는 방식으로 가장 제전능력이 뛰어나다.
- 자기방전식은 아세테이트 필름의 권취공정, 셀로판제조, 섬유공장 등에 유효한 방식으로 코로나방전을 일으켜 공기를 이온화하는 것을 이용하는 방식으로 2[kV] 내외의 대전이 남는 결점이 있다.
- 방사선식(이온식)은 방사선의 전리작용으로 공기를 이온화시키는 방식으로 제전효율이 낮고 이동물체에 부적합하나 안전해 폭발 위험지역에 사용하기 적당하다.

구분	전압인가식	자기방전식	방사선식
제전능력	크다	보통	작다
구조	복잡	간단	간단
취급	복잡	간단	간단
적용범위	넓다	넓다	좁다

1401

72

Repetitive Learning (1회 2회 3회)

정전기 방전현상에 해당되지 않는 것은?

① 연면방전 ② 코로나방전
③ 낙뢰방전 ④ 스팀방전

해설

• 정전기 방전현상의 종류에는 코로나방전, 스트리머방전, 불꽃방전, 연면방전 등이 있다.

:: 정전기 방전

㉠ 개요
- 정전기의 전기적 작용에 의해 일어나는 전리작용을 말한다.
- 방전으로 인해 대전체에 축적되어 있던 정전에너지가 방전에너지로 방출되어 빛, 열, 소리, 전자파 등으로 변환되어 소멸된다.
- 정전기 방전현상의 종류에는 코로나방전, 스트리머방전, 불꽃방전, 연면방전 등이 있다.

㉡ 정전기 방전현상의 종류와 특징
- 코로나방전 – 전극 간의 전계가 불평등하면 불꽃방전 발생 전에 전계가 큰 부분에 발광현상과 함께 나타나는 방전을 말한다.
- 스트리머방전 – 전압 경도(傾度)가 공기의 파괴 전압을 초과했을 때 나타나는 초기 저전류 방전을 말한다.
- 불꽃방전 – 기체 내에 큰 전압이 걸릴 때 기체의 절연상태가 깨지면서 큰 소리와 함께 불꽃을 내는 방전을 말한다.
- 연면방전 – 공기 중에 놓여진 절연체의 표면을 따라 수지상(나뭇가지 형태)의 발광을 수반하는 방전이다.

0803 / 1002

73

Repetitive Learning (1회 2회 3회)

전로에 지락이 생겼을 때에 자동적으로 전로를 차단하는 장치를 시설해야 하는 전기기계의 사용전압 기준은?(단, 금속제 외함을 가지는 저압의 기계·기구로서 사람이 쉽게 접촉할 우려가 있는 곳에 시설되어 있다)

① 30[V] 초과 ② 50[V] 초과
③ 90[V] 초과 ④ 150[V] 초과

71 ② 72 ④ 73 ② 정답

해설

- 금속제 외함을 가지는 사용전압이 50[V]를 초과하는 저압의 기계 기구로서 사람이 쉽게 접촉할 우려가 있는 곳에 시설하는 전로에는 전로에 지락이 생겼을 때에 자동적으로 전로를 차단하는 장치를 하여야 한다.

지락차단장치 등의 시설

- 금속제 외함을 가지는 사용전압이 50[V]를 초과하는 저압의 기계 기구로서 사람이 쉽게 접촉할 우려가 있는 곳에 시설하는 것에 전기를 공급하는 전로에는 전로에 지락이 생겼을 때에 자동적으로 전로를 차단하는 장치를 하여야 한다.
- 특고압전로 또는 고압전로에 변압기에 의하여 결합되는 사용전압 400[V] 이상의 저압전로 또는 발전기에서 공급하는 사용전압 400[V] 이상의 저압전로에는 전로에 지락이 생겼을 때에 자동적으로 전로를 차단하는 장치를 시설하여야 한다.

1002 / 1701

74 Repetitive Learning (1회 2회 3회)

정전용량 C=20[μF], 방전 시 전압 V=2[kV] 일 때 정전에너지[J]는?

① 40
② 80
③ 400
④ 800

해설

- 정전용량(20μF)과 전압(2kV)이 주어진 상태에서 정전에너지를 구하는 문제이다.
- 주어진 값을 식에 대입하면 $\frac{1}{2}\times 20\times 10^{-6}\times(2\times 10^{3})^{2}$ $=10^{-5}\times 4\times 10^{6}=40$[J]이 된다.

전하량과 정전에너지

㉠ 전하량

- 평행한 축전기의 두 극판 사이의 거리가 일정할 때 양 극단에 걸린 전압 V가 클수록 더 많은 전하량 Q가 대전되게 된다.
- 전기 용량(C)은 단위 전압(V)당 물체가 저장하거나 물체에서 분리하는 전하의 양(Q)으로 $C=\frac{Q}{V}$로 구한다.

㉡ 정전에너지

- 물체에 정전기가 대전하면 축적되는 에너지 혹은 콘덴서에 전압을 가할 경우 축적되는 에너지를 말한다.
- $W=\frac{1}{2}CV^{2}=\frac{1}{2}QV=\frac{Q^{2}}{2C}$[J]로 구할 수 있다. 이때 C는 정전용량[F], V는 전압[V], Q는 전하[C]이다.

75 Repetitive Learning (1회 2회 3회)

전로에 시설하는 기계·기구의 금속제 외함에 접지공사를 하지 않아도 되는 경우로 틀린 것은?

① 저압용의 기계·기구를 건조한 목재의 마루 위에서 취급하도록 시설하는 경우
② 외함 주위에 적당한 절연대를 설치하는 경우
③ 교류 대지전압이 3,000V 이하인 기계·기구를 건조한 곳에 시설하는 경우
④ 전기용품 및 생활용품 안전관리법의 적용을 받는 2중 절연구조로 되어있는 기계·기구를 시설하는 경우

해설

- 사용전압이 직류 300V 또는 교류 150V 이하인 기계·기구를 건조한 곳에 시설하는 경우라면 접지공사를 생략할 수 있다.

접지공사 생략 장소

- 사용전압이 직류 300V 또는 교류 대지전압이 150V 이하인 기계·기구를 건조한 곳에 시설하는 경우
- 저압용의 기계·기구를 건조한 목재의 마루 기타 이와 유사한 절연성 물건 위에서 취급하도록 시설하는 경우
- 저압용이나 고압용의 기계·기구, 특고압 전선로에 접속하는 배전용 변압기나 이에 접속하는 전선에 시설하는 기계·기구 또는 특고압 가공전선로의 전로에 시설하는 기계·기구를 사람이 쉽게 접촉할 우려가 없도록 목주 기타 이와 유사한 것의 위에 시설하는 경우
- 철대 또는 외함의 주위에 적당한 절연대를 설치하는 경우
- 외함이 없는 계기용 변성기가 고무·합성수지 기타의 절연물로 피복한 것일 경우
- 2중절연구조로 되어 있는 기계·기구를 시설하는 경우
- 저압용 기계·기구에 전기를 공급하는 전로의 전원측에 절연변압기를 시설하고 또한 그 절연변압기의 부하측 전로를 접지하지 않은 경우
- 물기 있는 장소 이외의 장소에 시설하는 저압용의 개별 기계·기구에 전기를 공급하는 전로에 인체감전보호용 누전차단기를 시설하는 경우
- 외함을 충전하여 사용하는 기계·기구에 사람이 접촉할 우려가 없도록 시설하거나 절연대를 시설하는 경우

1603

76 Repetitive Learning (1회 2회 3회)

Dalziel에 의하여 동물실험을 통해 얻어진 전류값을 인체에 적용했을 때 심실세동을 일으키는 전기에너지(J)는 약 얼마인가?(단, 인체 전기저항은 500Ω으로 보며, 흐르는 전류 $I=\frac{165}{\sqrt{T}}$[mA]로 한다)

① 9.8
② 13.6
③ 19.6
④ 27

정답 | 74 ① 75 ③ 76 ②

해설

- 인체의 전기저항값이 500Ω이라고 할 때 심실세동을 일으키는 전류에서의 전기에너지는 13.612[J]이다.

심실세동 한계전류와 전기에너지 실필 2303/2101/1403/1401/1202

- 심장의 맥동에 영향을 주어 혈액 순환을 곤란하게 하고, 끝내는 심장 기능을 잃게 하는 치사적 전류를 심실세동전류라 한다.
- 감전자 1천명 중 5명 이상이 심실세동을 일으킬 수 있는 감전시간과 위험전류와의 관계에서 심실세동 한계전류 I는 $\frac{165}{\sqrt{T}}$[mA]이고, T는 통전시간이다.
- 인체의 접촉저항을 500Ω으로 할 때 심실세동을 일으키는 전류에서의 전기에너지는 $W = I^2Rt = \left(\frac{165\times10^{-3}}{\sqrt{T}}\right)^2 \times R \times T = (165\times10^{-3})^2\times500 = 13.612$[J]가 된다.

1602

77

전기설비의 방폭구조 종류가 아닌 것은?

① 근본방폭구조 ② 압력방폭구조
③ 안전증방폭구조 ④ 본질안전방폭구조

해설

- 전기설비의 방폭구조에는 본질안전(ia, ib), 내압(d), 압력(p), 충전(q), 유입(o), 안전증(e), 몰드(m), 비점화(n)방폭구조 등이 있다.

장소별 방폭구조 실필 2302/0803

0종 장소	지속적 위험분위기	• 본질안전방폭구조(EX ia)
1종 장소	통상상태에서의 간헐적 위험분위기	• 내압방폭구조(EX d) • 압력방폭구조(EX p) • 충전방폭구조(EX q) • 유입방폭구조(EX o) • 안전증방폭구조(EX e) • 본질안전방폭구조(EX ib) • 몰드방폭구조(EX m)
2종 장소	이상상태에서의 위험분위기	• 비점화방폭구조(EX n)

1303

78

Repetitive Learning 1회 2회 3회

작업자가 교류전압 7,000[V] 이하의 전로에 활선 근접작업시 감전사고 방지를 위한 절연용 보호구는?

① 고무절연관 ② 절연시트
③ 절연커버 ④ 절연안전모

해설

- 고무절연관은 전로나 변압기 등 충전부분에 사용하는 방호구이다.
- 절연시트는 레귤레이터 IC등의 절연을 위해 방열판과 함께 사용하는 방호구이다.
- 절연커버는 고압송전선의 연결부위를 덮어 기밀을 유지토록 하는 방호구이다.

절연안전모

㉠ 개요

- 물체의 낙하·비래, 추락 등에 의한 위험을 방지하고, 작업자 머리 부분을 감전에 의한 위험으로부터 보호하기 위하여 전압 7,000V 이하에서 사용하는 보호구이다.
- 충전부에 근접하여 머리에 전기적 충격을 받을 우려가 있는 장소, 활선과 근접한 주상, 철구상, 사다리, 나무 벌채 등 고소작업의 경우, 건설현장 등 낙하물이 있는 장소, 기타 머리에 상해가 우려될 때 절연안전모를 착용하여야 한다.

㉡ 사용방법

- 절연모를 착용할 때에는 턱걸이 끈을 안전하게 죄어야 한다.
- 머리 윗부분과 안전모의 간격은 1[cm] 이상이 되도록 한다.
- 내장포(충격흡수라이너) 및 턱끈이 파손되면 즉시 대체하여야 하고 대용품을 사용하여서는 안 된다.
- 한 번이라도 큰 충격을 받았을 경우에는 재사용하여서는 안 된다.

0902 / 1303

79

Repetitive Learning 1회 2회 3회

방폭전기기기에 "EX ia ⅡC T4 Ga"라고 표시되어 있다. 해당 기기에 대한 설명으로 틀린 것은?

① 정상 작동, 예상된 오작동 또는 드문 오작동 중에 점화원이 될 수 없는 "매우 높은" 보호등급의 기기이다.
② 온도등급이 T4이므로 최고 표면온도가 150℃를 초과해서는 안 된다.
③ 본질안전방폭구조로 0종 장소에서 사용이 가능하다.
④ 수소 및 아세틸렌 등의 가스가 존재하는 곳에 사용이 가능하다.

해설

- 온도등급이 T4이므로 최고 표면온도는 135℃를 초과할 수 없다.

방폭구조 기호등급 표시 실필 1602/1501/1203/1102/0801

EX p Ⅱ A T5

- EX : 방폭용임을 표시
- p : 방폭구조의 표시(예시된 "p"는 압력방폭구조)

77 ① 78 ④ 79 ② 정답

p	압력방폭구조	ia, ib	본질안전방폭구조
e	안전증방폭구조	o	유입방폭구조
m	몰드방폭구조	q	충전방폭구조
n	비점화방폭구조	d	내압방폭구조

- II : 산업용(광산용 제외)임을 의미
- A : 가스 폭발등급을 표시함
- T5 : 최고 표면온도에 따른 발화온도 표시("T5"는 100[℃])

방폭전기기기의 온도등급

문제 69번의 유형별 핵심이론 참조

1603

80

Repetitive Learning (1회 2회 3회)

전기기계 · 기구의 기능 설명으로 옳은 것은?

① CB는 부하전류를 개폐시킬 수 있다.

② ACB는 진공 중에서 차단동작을 한다.

③ DS는 회로의 개폐 및 대용량 부하를 개폐시킨다.

④ 피뢰침은 뇌나 계통의 개폐에 의해 발생하는 이상 전압을 대지로 방전시킨다.

해설

- 단로기(DS)는 기기의 보수점검 시 또는 회로전환 변경 시 무부하 상태의 선로를 개폐하는 역할을 수행한다.
- 기중차단기(ACB)는 저압선로에서 회로의 개폐나 단락사고에 의한 단락전류 등에서 전로를 보존하기 위한 차단기이다.
- LA는 피뢰기로 피뢰침과 달리 전기시설물에 사용되며, 이상전압을 저감시켜 회로를 보호하는 장치이다.

단로기와 차단기

㉠ 단로기(DS : Disconnecting Switch)
- 기기의 보수점검 시 또는 회로전환 변경 시 무부하상태의 선로를 개폐하는 역할을 수행한다.
- 부하전류의 개폐와는 관련 없다.

㉡ 차단기(CB : Circuit Breaker)
- 전로 개폐 및 사고전류 차단을 목적으로 한다.
- 고장전류와 같은 대전류를 차단하는 데 이용된다.

㉢ 단로기와 차단기의 개폐 조작순서
- 전원 차단 : 차단기(VCB) 개방 – 단로기(DS) 개방
- 전원 투입 : 단로기(DS) 투입 – 차단기(VCB) 투입

5과목 화학설비 안전관리

1302 / 1702

81

다음 중 압축기 운전 시 토출압력이 갑자기 증가하는 이유로 가장 적절한 것은?

① 윤활유의 과다

② 피스톤 링의 가스 누설

③ 토출관 내에 저항 발생

④ 저장조 내 가스압의 감소

해설

- 압축기 운전 시 토출관 내 저항이 발생하면 토출압력이 증가한다. 토출압력을 낮추기 위해서는 토출관 내 저항 발생을 낮추어야 한다.

압축기 토출압력의 결정

- 공기의 압력은 압축공기 사용기기의 필요압력에 따라 결정한다.
- 높은 압력으로의 압축은 전동기의 더 큰 소요동력을 필요로 하므로 가능한 낮추어 사용하는 것이 좋다.
- 압축기 압력을 1kg/cm^2 정도 낮추면 6~8%의 동력감소 효과가 기대된다.
- 토출관 내 저항이 발생할 경우 토출압력이 증가되므로 주의하도록 한다.

82

Repetitive Learning (1회 2회 3회)

진한 질산이 공기 중에서 햇빛에 의해 분해되었을 때 발생하는 갈색증기는?

① N_2

② NO_2

③ NH_3

④ NH_2

해설

- 공기 중에 질산을 보관하면 햇빛에 의해 분해되어 갈색의 이산화질소(NO_2) 증기를 발생시킨다.

위험물의 대표적인 저장방법

탄화칼슘	불연성 가스로 봉입하여 밀폐용기에 저장
벤젠	산화성 물질과 격리 보관
금속나트륨, 칼륨	벤젠이나 석유 속에 밀봉하여 저장
질산	갈색병에 넣어 냉암소에 보관
니트로글리세린	갈색 유리병에 넣어 햇빛을 차단하여 보관
황린	자연발화하기 쉬우므로 pH9 물속에 보관
적린	냉암소에 격리 보관

정답 | 80 ① 81 ③ 82 ②

1603

83 — Repetitive Learning (1회 2회 3회)

고온에서 완전 열분해하였을 때 산소를 발생하는 물질은?

① 황화수소　② 과염소산칼륨
③ 메틸리튬　④ 적린

해설

- 황화수소(H_2S)는 황과 수소로 이뤄진 화합물로 유독성 폭발가스이다.
- 메틸리튬(CH_3Li)은 무색의 결정성 분말로 공기 중에서 즉시 연소한다.
- 적린은 조해성 물질로 자연발화성이 없으며 공기 중에서 안전한 분말이다.

과염소산칼륨($KClO_4$)

㉠ 개요
- 제1류 위험물로 산소를 많이 포함하고 있는 산화성 고체로 과열 및 마찰충격으로 산소를 배출한다.

㉡ 특징
- 400[℃] 이상으로 가열하면 산소($2O_2$)와 염화칼륨(KCl)으로 분해된다.
- 주로 산화제로서 로켓 연료, 폭약, 불꽃 등의 원료로 사용된다.

0903 / 1401

84 — Repetitive Learning (1회 2회 3회)

다음 중 분진폭발에 관한 설명으로 틀린 것은?

① 폭발한계 내에서 분진의 휘발성분이 많으면 폭발 위험성이 높다.
② 분진이 발화 폭발하기 위한 조건은 가연성, 미분상태, 공기 중에서의 교반과 유동 및 점화원의 존재이다.
③ 가스폭발과 비교하여 연소의 속도나 폭발의 압력이 크고, 연소시간이 짧으며, 발생에너지가 크다.
④ 폭발한계는 입자의 크기, 입도분포, 산소농도, 함유 수분, 가연성 가스의 혼입 등에 의해 같은 물질의 분진에서도 달라진다.

해설

- 분진폭발은 가스폭발보다 연소속도나 폭발압력은 작으나 연소시간이 길고 발생에너지가 크다.

분진의 발화폭발

㉠ 조건
- 분진이 발화폭발하기 위한 조건은 가연성, 미분상태, 공기 중에서의 교반과 유동 및 점화원의 존재이다.

㉡ 특징
- 화염의 파급속도보다 압력의 파급속도가 더 크다.
- 폭발한계 내에서 분진의 휘발성분이 많을수록 폭발하기 쉽다.
- 가스폭발에 비해 연소속도나 폭발압력은 작으나 연소시간이 길고 발생에너지가 크기 때문에 파괴력과 연소정도가 크다.
- 가스에 비하여 불완전연소를 일으키기 쉬우므로 연소 후 가스에 의한 중독 위험이 존재한다.
- 폭발 시 입자가 비산하므로 이것에 부딪치는 가연물은 국부적으로 심한 탄화를 일으킨다.

0602 / 0803 / 1002 / 1803

85 — Repetitive Learning (1회 2회 3회)

다음 중 유류화재의 화재급수에 해당하는 것은?

① A급　② B급
③ C급　④ D급

해설

- A급은 가연성화재, C급은 전기화재, D급은 금속화재이다.

화재의 분류 실필 2202/1601/0903

분류	원인	소화 방법 및 소화기	특징	표시 색상
A급	종이, 나무 등 일반 가연성 물질	냉각소화/ 물 및 산, 알칼리 소화기	재가 남는다.	백색
B급	석유, 페인트 등 유류화재	질식소화/ 모래나 소화기	재가 남지 않는다.	황색
C급	전기 스파크 등 전기화재	질식소화, 냉각소화/ 이산화탄소 소화기	물로 소화할 경우 감전의 위험이 있다.	청색
D급	금속나트륨, 금속칼륨 등 금속화재	질식소화/ 마른 모래	물로 소화할 경우 폭발의 위험이 있다.	무색

0802

86 — Repetitive Learning (1회 2회 3회)

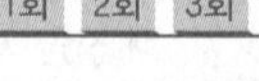

증기 배관 내에 생성하는 응축수를 제거할 때 증기가 배출되지 않도록 하면서 응축수를 자동적으로 배출하기 위한 장치를 무엇이라 하는가?

① Vent stack
② Steam trap
③ Blow down
④ Relief valve

83 ② 84 ③ 85 ② 86 ② | 정답

해설

- Vent stack은 탱크 내의 압력을 정상으로 유지하기 위한 가스 방출장치이다.
- Blow down은 응축성 증기, 열유, 열액 등 공정액체를 빼내어 처리하기 위한 설비이다.
- Relief valve는 액체계의 과도한 상승 압력의 방출에 이용되고, 설정압력이 되었을 때 압력상승에 비례하여 서서히 개방되는 밸브이다.

Steamdraft

- Steam trap이라고도 하며, 증기배관 내에 생기는 응축수를 자동적으로 배출하기 위한 장치이다.
- 증기가 배출되지 않도록 하면서 송기상 지장이 되는 응축수를 제거한다.

0602 / 1001

87

Repetitive Learning 1회 2회 3회

다음 물질 중 수분(H_2O)과 반응하여 유독성 가스인 포스핀이 발생되는 물질은?

① 금속나트륨　② 알루미늄 분말
③ 인화칼슘　④ 수소화리튬

해설

- 인화칼슘(Ca_3P_2)은 물이나 산과 반응하여 유독성 가스인 포스핀 가스를 발생시키는 물반응성 물질 및 인화성 고체에 해당한다.

물반응성 물질 및 인화성 고체

- 소방법상의 금수성 물질에 해당한다.
- 물과 접촉 시 급격하게 반응하여 발화, 폭발 등을 일으킬 수 있어 물과의 접촉을 금지하는 물질들이다.
- 물반응성 물질 및 인화성 고체의 종류에는 리튬, 칼륨·나트륨, 황, 황린, 황화린·적린, 셀룰로이드류, 알킬알루미늄·알킬리튬, 마그네슘 분말, 금속 분말, 알칼리금속, 유기금속화합물, 금속의 수소화물, 금속의 인화물, 칼슘 탄화물, 알루미늄 탄화물 등이 있다.

88

Repetitive Learning 1회 2회 3회

대기압에서 사용하나 증발에 의한 액체의 손실을 방지함과 동시에 액면 위의 공간에 폭발성 위험가스를 형성할 위험이 적은 구조의 저장 탱크는?

① 유동형 지붕 탱크　② 원추형 지붕 탱크
③ 원통형 저장 탱크　④ 구형 저장 탱크

해설

- 원추형 지붕 탱크는 지붕이 뾰족하고 고정되어있기 때문에 물의 혼입을 방지할 수 있어 휘발성이 적은 중질유나 등유, 경유 등의 저장탱크로 사용된다.
- 원통형 저장 탱크는 지붕의 모양에 따라 원추형, 유동형, 돔형 저장탱크로 분류된다.
- 구형 저장 탱크는 압력을 쉽게 분산시킬 수 있도록 구 모양으로 제작된 것으로 압력이 높은 프로판이나 부탄 등을 저장하는 데 사용된다.

유동형 지붕 탱크(FRT : Floating Roof Tank)

- 원통형 저장 탱크의 한 종류이다.
- 휘발성이 강한 제품들의 손실을 방지하기 위하여 천장이 고정되어 있지 않은 저장 탱크로 지붕이 상하로 움직이도록 되어 있다.
- 대기압에서 사용하나 증발에 의한 액체의 손실을 방지함과 동시에 액면 위의 공간에 폭발성 위험가스를 형성할 위험이 적은 구조이다.

0903 / 1201 / 1202 / 1301 / 1403 / 1603

89

Repetitive Learning 1회 2회 3회

자동화재탐지설비의 감지기 종류 중 열감지기가 아닌 것은?

① 차동식
② 정온식
③ 보상식
④ 광전식

해설

- 광전식은 연기감지식 감지기이다.

화재감지기

㉠ 개요

- 화재 시 발생되는 열이나 연기를 통해 화재를 감지하는 장치이다.
- 감지대상에 따라 열감지기, 연기감지기, 복합형감지기, 불꽃감지기로 구분된다.

㉡ 대표적인 감지기의 종류

구분	종류	내용
열감지식	차동식	• 공기의 팽창을 감지 • 공기관식, 열전대식, 열반도체식
	정온식	열의 축적을 감지
	보상식	공기팽창과 열축적을 동시에 감지
연기감지식	광전식	광전소자의 입사광량 변화를 감지
	이온화식	이온전류의 변화를 감지
	감광식	광전식의 한 종류

정답 | 87 ③ 88 ① 89 ④

1402

90

Repetitive Learning 1회 2회 3회

산업안전보건법령에서 규정하고 있는 위험물질의 종류 중 부식성 염기류로 분류되기 위하여 농도가 40[%] 이상이어야 하는 물질은?

① 염산 ② 아세트산
③ 불산 ④ 수산화칼륨

해설

- 부식성 염기류는 농도가 40퍼센트 이상인 수산화나트륨 · 수산화칼륨, 그 밖에 이와 동등 이상의 부식성을 가지는 염기류를 말한다.

부식성 물질

㉠ 부식성 산류
- 농도가 20% 이상인 염산 · 황산 · 질산, 그 밖에 이와 동등 이상의 부식성을 가지는 물질
- 농도가 60% 이상인 인산 · 아세트산 · 불산, 그 밖에 이와 동등 이상의 부식성을 가지는 물질

㉡ 부식성 염기류
- 농도가 40% 이상인 수산화나트륨 · 수산화칼륨, 그 밖에 이와 동등 이상의 부식성을 가지는 염기류

91

Repetitive Learning 1회 2회 3회

인화점이 각 온도 범위에 포함되지 않는 물질은?

① -30℃ 미만 : 디에틸에테르
② -30℃ 이상 0℃ 미만 : 아세톤
③ 0℃ 이상 30℃ 미만 : 벤젠
④ 30℃ 이상 65℃ 이하 : 아세트산

해설

- 벤젠은 제1석유류이다. 제1석유류는 1기압에서 인화점이 21℃ 미만인 물질이다.

벤젠(C_6H_6)

- 제5류위험물(인화성물질) 중 제1석유류(비수용성)의 한 종류이다.
- 인화점이 -11℃, 연소범위가 1.4~7.1%이다.
- 화학제품의 합성원료로 사용되며 특유한 냄새가 나는 무색 액체로 휘발성을 갖는다.
- 인간의 조혈기관 장해의 주된 요인이 되는 유해성 물질이다.
- 호흡기를 통해 약 50% 정도가 체내에 흡수되며, 호흡곤란을 초래하여 혼수상태에 빠지게 되며, 만성중독의 경우 혈액장애, 만성 피부염, 빈혈, 백혈병 등을 일으키는 주범이 된다.

1202 / 1702

92

Repetitive Learning 1회 2회 3회

다음 중 아세틸렌을 용해가스로 만들 때 사용되는 용제로 가장 적합한 것은?

① 아세톤 ② 메탄
③ 부탄 ④ 프로판

해설

- 폭발 위험 때문에 보관을 위해 아세틸렌을 용해시킬 때 사용하는 용제는 아세톤이다.

아세틸렌(C_2H_2)

㉠ 개요
- 폭발하한값 2.5vol%, 폭발상한값 81.0vol%로 폭발범위가 아주 넓은(78.5) 가연성 가스이다.
- 구리, 은 등의 물질과 반응하여 폭발성 아세틸리드를 생성한다.
- 1.5기압 또는 110℃ 이상에서 탄소와 수소로 분리되면서 분해폭발을 일으킨다.

㉡ 취급상의 주의사항
- 아세톤에 용해시켜 다공성 물질과 함께 보관한다.
- 용단 또는 가열작업 시 1.3[kgf/cm^2] 이상의 압력을 초과하여서는 안 된다.

0801 / 1701

93

Repetitive Learning 

다음 중 산업안전보건법령상 화학설비의 부속설비로만 이루어진 것은?

① 사이클론, 백필터, 전기집진기 등 분진처리설비
② 응축기, 냉각기, 가열기, 증발기 등 열교환기류
③ 고로 등 점화기를 직접 사용하는 열교환기류
④ 혼합기, 발포기, 압출기 등 화학제품 가공설비

해설

- ②, ③, ④는 모두 화학설비에 해당한다.

화학설비의 부속설비 종류

- 배관 · 밸브 · 관 · 부속류 등 화학물질 이송 관련 설비
- 온도 · 압력 · 유량 등을 지시 · 기록하는 자동제어 관련 설비
- 안전밸브 · 안전판 · 긴급차단 또는 방출밸브 등 비상조치 관련 설비
- 가스누출감지 및 경보 관련 설비
- 세정기, 응축기, 벤트스택(Vent stack), 플레어스택(Flare stack) 등 폐가스 처리설비
- 사이클론, 백필터(Bag filter), 전기집진기 등 분진처리 설비
- 위의 부속설비를 운전하기 위하여 부속된 전기 관련 설비
- 정전기 제거장치, 긴급 샤워설비 등 안전 관련 설비

90 ④ 91 ③ 92 ① 93 ① | 정답

1702

94

Repetitive Learning 1회 2회 3회

다음 중 밀폐공간 내 작업 시의 조치사항으로 가장 거리가 먼 것은?

① 산소결핍이 우려되거나 유해가스 등의 농도가 높아서 폭발할 우려가 있는 경우는 진행 중인 작업에 방해되지 않도록 주의하면서 환기를 강화하여야 한다.

② 해당 작업장을 적정한 공기상태로 유지되도록 환기하여야 한다.

③ 해당 장소에 근로자를 입장시킬 때와 퇴장시킬 때마다 인원을 점검하여야 한다.

④ 해당 작업장과 외부의 감시인 사이에 상시연락을 취할 수 있는 설비를 설치하여야 한다.

해설

- 산소결핍이 우려되거나 유해가스 등의 농도가 높아서 폭발할 우려가 있는 경우는 진행 중이던 작업을 중지하고 안전대책을 강구하여야 한다.

밀폐공간 내 작업 시 준수사항

㉠ 작업 전 확인 및 출입구 게시사항
- 작업 일시, 기간, 장소 및 내용 등 작업 정보
- 관리감독자, 근로자, 감시인 등 작업자 정보
- 산소 및 유해가스 농도의 측정결과 및 후속조치 사항
- 작업 중 불활성 가스 또는 유해가스의 누출·유입·발생 가능성 검토 및 후속조치 사항
- 작업 시 착용하여야 할 보호구의 종류
- 비상연락체계

㉡ 환기
- 사업주는 근로자가 밀폐공간에서 작업을 하는 경우에 작업을 시작하기 전과 작업 중에 해당 작업장을 적정 공기상태가 유지되도록 환기하여야 한다.
- 폭발이나 산화 등의 위험으로 인하여 환기할 수 없거나 작업의 성질상 환기하기가 매우 곤란한 경우에는 근로자에게 공기호흡기 또는 송기마스크를 지급하여 착용하도록 하고 환기하지 않을 수 있다.

㉢ 인원의 점검
- 사업주는 근로자가 밀폐공간에서 작업을 하는 경우에 그 장소에 근로자를 입장시킬 때와 퇴장시킬 때마다 인원을 점검하여야 한다.

㉣ 관계 근로자 외 출입금지
- 사업주는 사업장 내 밀폐공간을 사전에 파악하여 밀폐공간에는 관계 근로자가 아닌 사람의 출입을 금지하고, 출입금지 표지를 밀폐공간 근처의 보기 쉬운 장소에 게시하여야 한다.

㉤ 감시인의 배치
- 사업주는 근로자가 밀폐공간에서 작업을 하는 동안 작업 상황을 감시할 수 있는 감시인을 지정하여 밀폐 공간 외부에 배치하여야 한다.
- 감시인은 밀폐공간에 종사하는 근로자에게 이상이 있을 경우에 구조요청 등 필요한 조치를 한 후 이를 즉시 관리감독자에게 알려야 한다.
- 사업주는 근로자가 밀폐공간에서 작업을 하는 동안 그 작업장과 외부의 감시인 간에 항상 연락을 취할 수 있는 설비를 설치하여야 한다.

㉥ 안전보호구의 착용
- 사업주는 밀폐공간에서 작업하는 근로자가 산소결핍이나 유해가스로 인하여 추락할 우려가 있는 경우에는 해당 근로자에게 안전대나 구명밧줄, 공기호흡기 또는 송기마스크를 지급하여 착용하도록 하여야 한다.
- 사업주는 안전대나 구명밧줄을 착용하도록 하는 경우에 이를 안전하게 착용할 수 있는 설비 등을 설치하여야 한다.

㉦ 대피용 기구의 비치
- 사업주는 근로자가 밀폐공간에서 작업을 하는 경우에 공기호흡기 또는 송기마스크, 사다리 및 섬유로프 등 비상시에 근로자를 피난시키거나 구출하기 위하여 필요한 기구를 갖추어 두어야 한다.

0802 / 0903 / 1003 / 1303 / 1601 / 1603

95

Repetitive Learning 

산업안전보건법령상 폭발성 물질을 취급하는 화학설비를 설치하는 경우에 단위공정설비로부터 다른 단위공정설비의 사이의 안전거리는 설비의 바깥 면으로부터 몇 [m] 이상이어야 하는가?

① 10 ② 15

③ 20 ④ 30

해설

- 단위공정시설 및 설비로부터 다른 단위공정시설 및 설비의 사이의 안전거리는 설비의 바깥 면으로부터 10m 이상이다.

화학설비 및 부속설비 설치 시 안전거리

구분	안전거리
단위공정시설 및 설비로부터 다른 단위공정시설 및 설비의 사이	설비의 바깥 면으로부터 10m 이상
플레어스택으로부터 단위공정시설 및 설비, 위험물질 저장탱크 또는 위험물질 하역설비의 사이	플레어스택으로부터 반경 20m 이상

위험물질 저장탱크로부터 단위공정 시설 및 설비, 보일러 또는 가열로의 사이	저장탱크의 바깥 면으로부터 20m 이상
사무실·연구실·실험실·정비실 또는 식당으로부터 단위공정시설 및 설비, 위험물질 저장탱크, 위험물질 하역설비, 보일러 또는 가열로의 사이	사무실 등의 바깥 면으로부터 20m 이상

1102

96 Repetitive Learning (1회 2회 3회)

탄화수소 증기의 연소하한값 추정식은 연료의 양론농도(Cst)의 0.55배이다. 프로판의 연소반응식이 다음과 같을 때 연소하한값은 약 몇 [vol%]인가?

$$C_3H_8 + 5O_2 \rightarrow 3CO_2 + 4H_2O$$

① 2.22 ② 4.03

③ 4.44 ④ 8.06

해설

- 프로판(C_3H_8)은 탄소(a)가 3, 수소(b)가 8이므로 Cst = $\frac{100}{1+4.77\times5}=\frac{100}{24.85}=4.02$이다.
- 폭발하한계는 Cst의 0.55이므로 4.02×0.55=2.22[vol%]이다.

완전연소 조성농도(Cst, 화학양론농도)와 최소산소농도(MOC) 실필 1803/1002

㉠ 완전연소 조성농도(Cst, 화학양론농도)
- 가연성 가스의 조성은 완전연소 조성농도에서 폭발의 위험성이 가장 높아진다.
- 완전연소 조성농도 = $\frac{100}{1+\text{공기몰수}\times\left(a+\frac{b-c-2d}{4}\right)}$이다.

  공기의 몰수는 주로 4.773을 사용하므로

  완전연소 조성농도 = $\frac{100}{1+4.773\left(a+\frac{b-c-2d}{4}\right)}$[vol%]

  로 구한다. 단, a : 탄소, b : 수소, c : 할로겐의 원자수, d : 산소의 원자수이다.
- Jones식에 따라 폭발한계를 추산하면

  폭발하한계 = Cst × 0.55, 폭발상한계 = Cst × 3.50이다.

㉡ 최소산소농도(MOC)
- 연소 시 필요한 산소(O_2)농도 즉,

  산소양론계수 = $a+\frac{b-c-2d}{4}$ 로 구한다.
- 최소산소농도(MOC) = 산소양론계수 × 연소하한값이다.

0402 / 1301

97 Repetitive Learning (1회 2회 3회)

에틸알콜(C_2H_5OH) 1몰이 완전연소 할 때 생성되는 CO_2의 몰수로 옳은 것은?

① 1 ② 2

③ 3 ④ 4

해설

- 폭발하한계를 Jones식(Cst×0.55)에 의해 추산하여야 하므로 Cst = $\frac{100}{1+4.773\times5}=\frac{100}{24.865}=4.02$이고,

  폭발하한계는 $4.02\times0.55=2.22$[vol%]가 된다.
- 프로판은 탄소(a)가 3, 수소(b)가 8이므로 산소양론계수는 $3+\frac{8}{4}=5$이다. 최소산소농도 $=5\times2.22=11.06$[vol%]이 된다.

완전연소 조성농도(Cst, 화학양론농도)와 최소산소농도(MOC) 실필 1803/1002

문제 96번의 유형별 핵심이론 참조

0601 / 0803

98 Repetitive Learning (1회 2회 3회)

프로판과 메탄의 폭발하한계는 각각 2.5, 5.0[vol%] 이다. 프로판과 메탄이 3:1의 체적비로 혼합되어 있다면 이 혼합가스의 폭발하한계는 약 몇 [vol%] 인가? (단, 모든 상태는 상온, 상압 상태이다)

① 2.9 ② 3.3

③ 3.8 ④ 4.0

해설

- 개별가스의 mol분율을 먼저 구한다.
- 프로판은 75[vol%](3/4), 메탄은 25[vol%](1/4)가 된다.
- 혼합가스의 폭발하한계는 $\frac{100}{\frac{75}{2.5}+\frac{25}{5.0}}=\frac{100}{30+5}=\frac{100}{35}=2.86$ [vol%]가 된다.

혼합가스의 폭발한계 실필 1603

- 혼합가스의 폭발한계는 혼합가스를 구성하는 각 가스의 폭발한계당 mol분율 합의 역수로 구한다.
- 혼합가스의 폭발한계는 $\frac{1}{\sum_{i=1}^{n}\frac{\text{mol분율}}{\text{폭발한계}}}$로 구한다.
- [vol%]를 구할 때는 $\frac{100}{\sum_{i=1}^{n}\frac{\text{mol분율}}{\text{폭발한계}}}$[vol%] 식을 이용한다.

96 ① 97 ② 98 ① 정답

1002

99 Repetitive Learning 1회 2회 3회

다음 중 소화약제로 사용되는 이산화탄소에 관한 설명으로 틀린 것은?

① 사용 후에 오염의 영향이 거의 없다.
② 장시간 저장하여도 변화가 없다.
③ 주된 소화효과는 억제소화이다.
④ 자체 압력으로도 방사가 가능하다.

해설

- 이산화탄소소화기는 C급(전기화재)화재에 주로 사용되며, 질식과 냉각효과를 이용한다.

이산화탄소(CO_2)소화기

㉠ 개요
- 질식 소화기로 산소농도 15% 이하가 되도록 살포하는 유류, 가스(B급)화재에 적당한 소화기이다.
- 비전도성으로 전기화재(C급)에도 좋다.
- 주로 통신실, 컴퓨터실, 전기실 등에서 이용된다.

㉡ 특징
- 무색, 무취하여 화재 진화 후 깨끗하다.
- 액화하여 용기에 보관할 수 있다.
- 피연소물에 피해가 적고 가스자체의 압력으로 동력이 불필요하다.
- 단점은 사람이 질식할 우려가 있고 사용 중 동상의 위험이 있으며 소음이 크다.

0801 / 1002

100 Repetitive Learning 1회 2회 3회

다음 중 물질의 자연발화를 촉진시키는 요인으로 가장 거리가 먼 것은?

① 표면적이 넓고, 발열량이 클 것
② 열전도율이 클 것
③ 주위 온도가 높을 것
④ 적당한 수분을 보유할 것

해설

- 열전도율이 크면 열의 축적이 일어나지 않으므로 자연발화가 일어나기 어렵다.

자연발화

㉠ 개요
- 물질이 고유의 성질로 인해 스스로 발열반응을 통해 발생한 열을 장기간 축적하여 발화하는 현상이다.
- 자연발화를 일으키는 원인에는 산화열, 분해열, 중합열, 흡착열 등이 있다.

㉡ 발화하기 쉬운 조건
- 분해열에 의해 자연발화가 발생할 수 있다.
- 입자의 표면적이 넓을수록 자연발화가 발생하기 쉽다.
- 고온다습한 환경에서 자연발화가 발생하기 쉽다.
- 열의 축적은 자연발화를 일으킬 수 있는 인자이다.

6과목 건설공사 안전관리

1401 / 1703

101 Repetitive Learning 1회 2회 3회

콘크리트 타설을 위한 거푸집 동바리의 구조검토 시 가장 선행되어야 할 작업은?

① 각 부재에 생기는 응력에 대하여 안전한 단면을 산정한다.
② 가설물에 작용하는 하중 및 외력의 종류, 크기를 산정한다.
③ 하중 및 외력에 의하여 각 부재에 생기는 응력을 구한다.
④ 사용할 거푸집 동바리의 설치간격을 결정한다.

해설

- 콘크리트 타설을 위한 거푸집 동바리의 구조검토 첫 번째 단계에서 가설물에 작용하는 하중 및 외력의 종류, 크기를 산정한다.
- 보기를 순서대로 나열하면 ②-③-①-④의 순서를 거친다.

콘크리트 타설을 위한 거푸집 동바리의 구조검토 4단계

단계	내용
1단계	가설물에 작용하는 하중 및 외력의 종류, 크기를 산정한다.
2단계	하중·외력에 의하여 각 부재에 생기는 응력을 구한다.
3단계	각 부재에 생기는 응력에 대하여 안전한 단면을 산정한다.
4단계	사용할 거푸집 동바리의 설치간격을 결정한다.

정답 | 99 ③ 100 ② 101 ②

0502

102 Repetitive Learning 1회 2회 3회

다음 중 해체작업용 기계·기구로 거리가 가장 먼 것은?

① 압쇄기 ② 핸드 브레이커
③ 철해머 ④ 진동롤러

해설

• 진동롤러는 도로 건설 시 지반을 다질 때 사용하는 다짐기계이다.

:: 해체작업용 기계 및 기구

브레이커(Breaker)	• 압축공기, 유압부의 급속한 충격력으로 구조물을 파쇄할 때 사용하는 기구로 통상 셔블계 건설기계에 설치하여 사용하는 기계 • 핸드 브레이커는 사람이 직접 손으로 잡고 사용하는 브레이커로, 진동으로 인해 인체에 영향을 주므로 작업시간을 제한한다.
철제해머	쇠뭉치를 크레인 등에 부착하여 구조물에 충격을 주어 파쇄하는 것
화약류	가벼운 타격이나 가열로 짧은 시간에 화학변화를 일으킴으로써 급격히 많은 열과 가스를 발생케 하여 순간적으로 큰 파괴력을 얻을 수 있는 고체 또는 액체의 폭발성 물질로서 화약, 폭약류의 화공품
팽창제	광물의 수화반응에 의한 팽창압을 이용하여 구조체 등을 파괴할 때 사용하는 물질
절단톱	회전날 끝에 다이아몬드 입자를 혼합, 경화하여 제조한 것으로 기둥, 보, 바닥, 벽체를 적당한 크기로 절단하는 기구
재키	구조물의 국소부에 압력을 가해 해체할 때 사용하는 것으로 구조물의 부재 사이에 설치하는 기구
쐐기 타입기	직경 30~40mm 정도의 구멍 속에 쐐기를 박아 넣어 구멍을 확대하여 구조체를 해체할 때 사용하는 기구
고열 분사기	구조체를 고온으로 용융시키면서 해체할 때 사용하는 기구
절단줄톱	와이어에 다이아몬드 절삭 날을 부착하여 고속 회전시켜 구조체를 절단, 해체할 때 사용하는 기구

103 Repetitive Learning 1회 2회 3회

거푸집 동바리 등을 조립하는 경우에 준수하여야 할 안전조치기준으로 옳지 않은 것은?

① 동바리로 사용하는 강관은 높이 2m 이내마다 수평연결재를 2개 방향으로 만들고 수평연결재의 변위를 방지할 것
② 동바리로 사용하는 파이프 서포트는 3개 이상 이어서 사용하지 않도록 할 것
③ 동바리로 사용하는 파이프 서포트를 이어서 사용하는 경우에는 3개 이상의 볼트 또는 전용철물을 사용하여 이을 것
④ 동바리로 사용하는 강관틀과 강관틀 사이에는 교차가새를 설치할 것

해설

• 동바리로 사용하는 파이프 서포트는 3개 이상 이어서 사용하지 않도록 하여야 한다.

:: 거푸집 동바리 등의 안전조치

㉠ 공통사항
• 받침목의 사용, 콘크리트 타설, 말뚝박기 등 동바리의 침하를 방지하기 위한 조치를 할 것
• 동바리의 상하 고정 및 미끄러짐 방지 조치를 할 것
• 상부·하부의 동바리가 동일 수직선상에 위치하도록 하여 깔판·받침목에 고정시킬 것
• 개구부 상부에 동바리를 설치하는 경우에는 상부하중을 견딜 수 있는 견고한 받침대를 설치할 것
• U헤드 등의 단판이 없는 동바리의 상단에 멍에 등을 올릴 경우에는 해당 상단에 U헤드 등의 단판을 설치하고, 멍에 등이 전도되거나 이탈되지 않도록 고정시킬 것
• 동바리의 이음은 같은 품질의 재료를 사용할 것
• 강재의 접속부 및 교차부는 볼트·클램프 등 전용철물을 사용하여 단단히 연결할 것
• 거푸집의 형상에 따른 부득이한 경우를 제외하고는 깔판이나 받침목은 2단 이상 끼우지 않도록 할 것
• 깔판이나 받침목을 이어서 사용하는 경우에는 그 깔판·받침목을 단단히 연결할 것

㉡ 동바리로 사용하는 파이프 서포트
• 파이프 서포트를 3개 이상 이어서 사용하지 않도록 할 것
• 파이프 서포트를 이어서 사용하는 경우에는 4개 이상의 볼트 또는 전용철물을 사용하여 이을 것
• 높이가 3.5m를 초과하는 경우 2m 이내마다 수평연결재를 2개 방향으로 설치할 것

1201 / 1303

104 Repetitive Learning 1회 2회 3회

다음은 말비계를 조립하여 사용하는 경우에 관한 준수사항이다. ( ) 안에 들어갈 내용으로 옳은 것은?

> • 지주부재와 수평면의 기울기를 (ⓐ)° 이하로 하고 지주부재와 지주부재 사이를 고정시키는 보조부재를 설치할 것
> • 말비계의 높이가 2m를 초과하는 경우에는 작업발판의 폭을 (ⓑ)cm 이상으로 할 것

① ⓐ 75, ⓑ 30 ② ⓐ 75, ⓑ 40
③ ⓐ 85, ⓑ 30 ④ ⓐ 85, ⓑ 40

102 ④ 103 ③ 104 ② 정답

해설

- 말비계 조립 시 지주부재와 수평면의 기울기를 75° 이하로 하고, 말비계의 높이가 2m를 초과하는 경우에는 작업발판의 폭을 40cm 이상으로 한다.

∷ 말비계 조립 시 준수사항 실필 2203/1701 실작 2402/2303

- 지주부재(支柱部材)의 하단에는 미끄럼 방지장치를 하고, 근로자가 양측 끝부분에 올라서서 작업하지 않도록 할 것
- 지주부재와 수평면의 기울기를 75° 이하로 하고, 지주부재와 지주부재 사이를 고정시키는 보조부재를 설치할 것
- 말비계의 높이가 2m를 초과하는 경우에는 작업발판의 폭을 40cm 이상으로 할 것

1001 / 1302 / 1603 / 1703

105 Repetitive Learning (1회 2회 3회)

산업안전보건관리비계상기준에 따른 일반건설공사(갑), 대상액 5억원 이상 50억원 미만의 안전관리비의 비율(가) 및 기초액(나)으로 옳은 것은?

① (가) 1.86%, (나) 5,349,000원
② (가) 1.99%, (나) 5,499,000원
③ (가) 2.35%, (나) 5,400,000원
④ (가) 1.57%, (나) 4,411,000원

해설

- 공사종류가 일반건설공사(갑)이고 대상액이 5억원 이상 50억원 미만일 경우 비율은 1.86%이고, 기초액은 5,349,000원이다.

∷ 안전관리비 계상기준 실필 1402

- 공사종류 및 규모별 안전관리비 계상기준표

	5억원 미만	5억원 이상 50억원 미만		50억원 이상
		비율(X)	기초액(C)	
일반건설공사(갑)	2.93%	1.86%	5,349,000원	1.97%
일반건설공사(을)	3.09%	1.99%	5,499,000원	2.10%
중 건 설 공 사	3.43%	2.35%	5,400,000원	2.44%
철도・궤도신설공사	2.45%	1.57%	4,411,000원	1.66%
특수 및 기타건설공사	1.85%	1.20%	3,250,000원	1.27%

- 대상액이 5억원 미만 또는 50억원 이상일 경우에는 대상액에 표에서 정한 비율을 곱한 금액
- 대상액이 5억원 이상 50억원 미만일 때에는 대상액에 별표에서 정한 비율을 곱한 금액에 기초액을 합한 금액
- 대상액이 구분되어 있지 않은 공사는 도급계약 또는 자체사업계획상의 총 공사금액의 70%를 대상액으로 하여 안전관리비를 계상하여야 한다.
- 발주자가 재료를 제공하거나 물품이 완제품의 형태로 제작 또는 납품되어 설치되는 경우에 해당 재료비 또는 완제품의 가액을 대상액에 포함시킬 경우의 안전관리비는, 해당 재료비 또는 완제품의 가액을 포함시키지 않은 대상액을 기준으로 계상한 안전관리비의 1.2배를 초과할 수 없다.

1503

106 Repetitive Learning (1회 2회 3회)

터널작업 시 자동경보장치에 대하여 당일의 작업 시작 전 점검하여야 할 사항으로 틀린 것은?

① 검지부의 이상 유무
② 조명시설의 이상 유무
③ 경보장치의 작동상태
④ 계기의 이상 유무

해설

- 터널작업 시 자동경보장치 작업 시작 전 점검사항에는 계기의 이상 유무, 검지부의 이상 유무, 경보장치의 작동상태 등이 있다.

∷ 터널작업 시 자동경보장치 작업 시작 전 점검사항

- 계기의 이상 유무
- 검지부의 이상 유무
- 경보장치의 작동상태

1102

107 Repetitive Learning (1회 2회 3회)

다음은 강관틀비계를 조립하여 사용하는 경우 준수해야 하는 기준이다. ( ) 안에 알맞은 숫자를 나열한 것은?

> 길이가 띠장 방향으로 (ⓐ)미터 이하이고 높이가 (ⓑ)미터를 초과하는 경우에는 (ⓒ)미터 이내마다 띠장 방향으로 버팀기둥을 설치할 것

① ⓐ 4, ⓑ 10, ⓒ 5
② ⓐ 4, ⓑ 10, ⓒ 10
③ ⓐ 5, ⓑ 10, ⓒ 5
④ ⓐ 5, ⓑ 10, ⓒ 10

해설

- 강관틀비계 조립 시 길이가 띠장 방향으로 4미터 이하이고 높이가 10미터를 초과하는 경우에는 10미터 이내마다 띠장 방향으로 버팀기둥을 설치한다.

∷ 강관틀비계 조립 시 준수사항

- 비계기둥의 밑둥에는 밑받침 철물을 사용하여야 하며 밑받침에 고저차(高低差)가 있는 경우에는 조절형 밑받침 철물을 사용하여 각각의 강관틀비계가 항상 수평 및 수직을 유지하도록 할 것
- 높이가 20m를 초과하거나 중량물의 적재를 수반하는 작업을 할 경우에는 주틀 간의 간격을 1.8m 이하로 할 것
- 주틀 간에 교차가새를 설치하고 최상층 및 5층 이내마다 수평재를 설치할 것
- 수직방향으로 6m, 수평방향으로 8m 이내마다 벽이음을 할 것
- 길이가 띠장 방향으로 4m 이하이고 높이가 10m를 초과하는 경우에는 10m 이내마다 띠장 방향으로 버팀기둥을 설치할 것

정답 105 ① 106 ② 107 ②

108

Repetitive Learning 1회 2회 3회

지반의 종류가 다음과 같을 때 굴착면의 기울기 기준으로 옳은 것은?

보통흙의 습지

① 1 : 0.5 ~ 1 : 1
② 1 : 1.2
③ 1 : 0.8
④ 1 : 0.5

해설

• 보통흙 습지는 그 밖의 흙에 해당하므로 1 : 1.2의 구배를 갖도록 한다.

굴착면 기울기 기준

지반의 종류	기울기
모래	1 : 1.8
연암 및 풍화암	1 : 1.0
경암	1 : 0.5
그 밖의 흙	1 : 1.2

0601 / 1403

109

Repetitive Learning 1회 2회 3회

동력을 사용하는 항타기 또는 항발기에 대하여 무너짐을 방지하기 위하여 준수하여야 할 기준으로 옳지 않은 것은?

① 연약한 지반에 설치할 경우에는 아웃트리거·받침 등 지지구조물의 침하를 방지하기 위하여 깔판·받침목 등을 사용할 것
② 아웃트리거·받침 등 지지구조물이 미끄러질 우려가 있는 경우에는 말뚝 또는 쐐기 등을 사용하여 해당 지지구조물을 고정시킬 것
③ 상단 부분은 버팀대·버팀줄로 고정하여 안정시키고, 그 하단 부분은 견고한 버팀·말뚝 또는 철골 등으로 고정시킬 것
④ 시설 또는 가설물 등에 설치하는 경우에는 그 부력을 확인하고 부력이 부족하면 그 부력을 보강할 것

해설

• 시설 또는 가설물 등에 설치하는 경우에는 그 내력을 확인하고 내력이 부족하면 그 내력을 보강해야 한다.

무너짐의 방지

• 연약한 지반에 설치하는 경우에는 아웃트리거·받침 등 지지구조물의 침하를 방지하기 위하여 깔판·받침목 등을 사용할 것
• 시설 또는 가설물 등에 설치하는 경우에는 그 내력을 확인하고 내력이 부족하면 그 내력을 보강할 것
• 아웃트리거·받침 등 지지구조물이 미끄러질 우려가 있는 경우에는 말뚝 또는 쐐기 등을 사용하여 해당 지지구조물을 고정시킬 것
• 궤도 또는 차로 이동하는 항타기 또는 항발기에 대해서는 불시에 이동하는 것을 방지하기 위하여 레일 클램프(Rail clamp) 및 쐐기 등으로 고정시킬 것
• 상단 부분은 버팀대·버팀줄로 고정하여 안정시키고, 그 하단 부분은 견고한 버팀·말뚝 또는 철골 등으로 고정시킬 것

110

Repetitive Learning 1회 2회 3회

운반작업을 인력운반작업과 기계운반작업으로 분류할 때 기계운반작업으로 실시하기에 부적당한 대상은?

① 단순하고 반복적인 작업
② 표준화되어 있어 지속적이고 운반량이 많은 작업
③ 취급물의 형상, 성질, 크기 등이 다양한 작업
④ 취급물이 중량인 작업

해설

• 취급물의 형상, 성질, 크기 등이 다양하면 다양한 작업기계가 필요하는 등 기계로 작업하기에 복잡해진다. 이 경우는 인력으로 운반하는 것이 효율적이다.

기계운반작업이 효율적인 작업

• 단순하고 반복적인 작업
• 표준화되어 있어 지속적이고 운반량이 많은 작업
• 취급물이 중량인 작업

111

Repetitive Learning 1회 2회 3회

터널 등의 건설작업을 하는 경우에 낙반 등에 의하여 근로자가 위험해질 우려가 있는 경우에 필요한 직접적인 조치사항과 거리가 먼 것은?

① 터널 지보공 설치
② 부석의 제거
③ 울 설치

108 ② 109 ④ 110 ③ 111 ③ 정답

④ 록볼트 설치

해설

- 낙반 등에 의한 위험의 방지 조치에는 터널 지보공의 설치, 록볼트의 설치, 부석의 제거 등이 있다.

∷ 낙반 등에 의한 위험의 방지

- 터널 지보공 설치
- 록볼트의 설치
- 부석(浮石)의 제거

0302 / 0903 / 1402

112 Repetitive Learning 1회 2회 3회

장비 자체보다 높은 장소의 땅을 굴착하는 데 적합한 장비는?

① 파워셔블(Power shovel)

② 불도저(Bulldozer)

③ 드래그라인(Dragline)

④ 크램쉘(Clam shell)

해설

- 불도저(Bulldozer)는 무한궤도가 달려 있는 트랙터 앞머리에 블레이드(blade)를 부착하여 흙의 굴착 압토 및 운반 등의 작업을 하는 토목기계이다.
- 드래그라인(Drag line)은 상당히 넓고 얕은 범위의 점토질 지반 굴착에 적합하며, 수중의 모래 채취에 많이 이용되는 굴착기계이다.
- 크램쉘(Clam shell)은 수중굴착 및 구조물의 기초바닥 등과 같은 협소하고 상당히 깊은 범위의 굴착과 호퍼작업에 사용하는 굴착기계이다.

∷ 파워셔블(Power shovel)

- 셔블(Shovel)은 버킷의 굴삭방향이 백호우와 반대인 것으로 기계가 위치한 지면보다 높은 곳을 파는 작업에 가장 적합한 굴착기계이다.
- 지면을 굴삭하고 선회하여 굴삭한 토석을 트럭에 싣는 기계이다.

0702

113 Repetitive Learning

사다리식 통로 설치 시 길이가 10m 이상인 때에는 얼마 이내마다 계단참을 설치해야 하는가?

① 3m 이내마다

② 4m 이내마다

③ 5m 이내마다

④ 6m 이내마다

해설

- 사다리식 통로의 길이가 10미터 이상인 경우에는 5미터 이내마다 계단참을 설치한다.

∷ 사다리식 통로의 구조 실필 2202/1101/0901

- 견고한 구조로 할 것
- 심한 손상·부식 등이 없는 재료를 사용할 것
- 발판의 간격은 일정하게 할 것
- 발판과 벽과의 사이는 15cm 이상의 간격을 유지할 것
- 폭은 30m 이상으로 할 것
- 사다리가 넘어지거나 미끄러지는 것을 방지하기 위한 조치를 할 것
- 사다리의 상단은 걸쳐놓은 지점으로부터 60cm 이상 올라가도록 할 것
- 사다리식 통로의 길이가 10m 이상인 경우에는 5m 이내마다 계단참을 설치할 것
- 사다리식 통로의 기울기는 75° 이하로 할 것. 다만, 고정식 사다리식 통로의 기울기는 90° 이하로 하고, 그 높이가 7m 이상인 경우에는 바닥으로부터 높이가 2.5m 되는 지점부터 등받이울을 설치할 것
- 접이식 사다리 기둥은 사용 시 접혀지거나 펼쳐지지 않도록 철물 등을 사용하여 견고하게 조치할 것

0303 / 0601 / 0802 / 1201 / 1302 / 1401 / 1602 / 1603 / 1901

114 Repetitive Learning

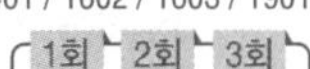

추락방지망 설치 시 그물코의 크기가 10cm인 매듭있는 방망의 신품에 대한 인장강도 기준으로 옳은 것은?

① 100kgf 이상

② 200kgf 이상

③ 300kgf 이상

④ 400kgf 이상

해설

- 매듭방망의 인장강도는 신품의 경우 그물코의 크기가 5cm이면 110kg, 10cm이면 200kg 이상이다.

∷ 신품 방망 인장강도

그물코 한변 길이	무매듭방망	매듭방망
10cm	240kg 이상(150kg)	200kg 이상(135kg)
5cm		110kg 이상(60kg)

단, ( )은 폐기기준이다.

정답 | 112 ① 113 ③ 114 ②

1702

115 Repetitive Learning (1회 2회 3회)

타워크레인을 자립고(自立高) 이상의 높이로 설치할 때 지지벽체가 없어 와이어로프로 지지하는 경우의 준수사항으로 옳지 않은 것은?

① 와이어로프를 고정하기 위한 전용 지지프레임을 사용할 것
② 와이어로프 설치각도는 수평면에서 60° 이내로 하되, 지지점은 4개소 이상으로 하고, 같은 각도로 설치할 것
③ 와이어로프와 그 고정부위는 충분한 강도와 장력을 갖도록 설치하되, 와이어로프를 클립·샤클(Shackle) 등의 기구를 사용하여 고정하지 않도록 유의할 것
④ 와이어로프가 가공전선(架空電線)에 근접하지 않도록 할 것

해설

- 와이어로프와 그 고정부위는 충분한 강도와 장력을 갖도록 설치하고, 와이어로프를 클립·샤클(Shackle) 등의 고정기구를 사용하여 견고하게 고정시켜 풀리지 아니하도록 하여야 한다.

타워크레인의 지지 시 주의사항

- 사업주는 타워크레인을 자립고(自立高) 이상의 높이로 설치하는 경우 건축물 등의 벽체에 지지하도록 하여야 한다.
- 와이어로프를 고정하기 위한 전용 지지프레임을 사용할 것
- 와이어로프 설치각도는 수평면에서 60도 이내로 하되, 지지점은 4개소 이상으로 하고, 같은 각도로 설치할 것
- 와이어로프와 그 고정부위는 충분한 강도와 장력을 갖도록 설치하고, 와이어로프를 클립·샤클(Shackle) 등의 고정기구를 사용하여 견고하게 고정시켜 풀리지 아니하도록 하며, 사용 중에는 충분한 강도와 장력을 유지하도록 할 것
- 와이어로프가 가공전선(架空電線)에 근접하지 않도록 할 것

0402 / 1201

116 Repetitive Learning (1회 2회 3회)

토질시험 중 연약한 점토지반의 점착력을 판별하기 위하여 실시하는 현장시험은?

① 베인테스트(Vane test)
② 표준관입시험(SPT)
③ 하중재하시험
④ 삼축압축시험

해설

- 10m 이내의 연약한 점토지반의 점착력 조사에는 베인테스트가 주로 사용된다.

베인테스트(Vane test)

- 로드 선단에 +자형 날개(Vane)를 부착한 후 이를 지중에 박아 회전시키면서 점토지반의 점착력을 판별하는 시험이다.
- 10m 이내의 연약한 점토지반의 점착력 조사에 주로 사용된다.
- 전단강도 $=\frac{\text{회전력}}{\text{베인상수}}$으로 구한다.

1203

117 Repetitive Learning (1회 2회 3회)

비계의 부재 중 기둥과 기둥을 연결시키는 부재가 아닌 것은?

① 띠장
② 장선
③ 가새
④ 작업발판

해설

- 작업발판은 높은 곳이나 발이 빠질 위험이 있는 장소에서 근로자가 안전하게 작업·이동할 수 있는 공간을 확보하기 위해 설치하는 발판을 말한다.

비계의 부재

㉠ 개요

- 비계에서 벽 고정을 하고 수평재나 가새재와 같은 부재로 연결하는 이유는 수직 및 수평하중에 의한 비계 본체의 변위가 발생하지 않도록 하여 붕괴와 좌굴을 예방하는 데 있다.
- 부재의 종류에는 수직재, 수평재, 가새재, 띠장, 장선 등이 있다.

㉡ 부재의 종류와 특징

종류	특징
수직재	비계의 상부하중을 하부로 전달하며, 비계를 조립할 때 수직으로 세우는 부재를 말한다.
수평재	수직재의 좌굴을 방지하기 위하여 수평으로 연결하는 부재를 말한다.
가새재	비계에 작용하는 비틀림하중이나 수평하중에 견딜 수 있도록 수평재 간, 수직재 간을 연결하고 고정시키는 부재를 말한다.
띠장	비계의 기둥에 수평으로 설치하는 부재를 말한다.
장선	쌍줄비계에서 띠장 사이에 수평으로 걸쳐 작업발판을 지지하는 가로재를 말한다.

115 ③ 116 ① 117 ④ 정답

1303

118 ― Repetitive Learning

항만하역작업에서의 선박승강설비 설치기준으로 옳지 않은 것은?

① 200톤급 이상의 선박에서 하역작업을 하는 때에는 근로자들이 안전하게 승강할 수 있는 (舷門) 사다리를 설치하여야 하며, 이 사다리 밑에 안전망을 설치하여야 한다.
② 현문 사다리는 견고한 재료로 제작된 것으로 너비는 55cm 이상이어야 한다.
③ 현문 사다리의 양측에는 82cm 이상의 높이로 울타리를 설치하여야 한다.
④ 현문 사다리는 근로자의 통행에만 사용하여야 하며 화물용 발판 또는 화물용 보판으로 사용하도록 하여서는 아니 된다.

해설

- 사업주는 300톤급 이상의 선박에서 하역작업을 하는 경우에 근로자들이 안전하게 오르내릴 수 있는 현문(舷門) 사다리를 설치하여야 하며, 이 사다리 밑에 안전망을 설치하여야 한다.

선박승강설비의 설치

- 사업주는 300톤급 이상의 선박에서 하역작업을 하는 경우에 근로자들이 안전하게 오르내릴 수 있는 현문(舷門) 사다리를 설치하여야 하며, 이 사다리 밑에 안전망을 설치하여야 한다.
- 현문 사다리는 견고한 재료로 제작된 것으로 너비는 55cm 이상이어야 하고, 양측에 82cm 이상의 높이로 울타리를 설치하여야 하며, 바닥은 미끄러지지 않도록 적합한 재질로 처리되어야 한다.
- 현문 사다리는 근로자의 통행에만 사용하여야 하며, 화물용 발판 또는 화물용 보판으로 사용하도록 해서는 아니 된다.

119 ― Repetitive Learning

다음 중 유해·위험방지계획서 제출대상 공사가 아닌 것은?

① 지상높이가 30m인 건축물 건설공사
② 최대지간길이가 50m인 교량건설공사
③ 터널건설공사
④ 깊이가 11m인 굴착공사

해설

- 지상높이가 31미터 이상인 건축물 또는 인공구조물의 경우 유해·위험방지계획서 제출대상이 된다.

유해·위험방지계획서 제출대상 공사 실필 1701

- 지상높이가 31m 이상인 건축물 또는 인공구조물, 연면적 3만m^2 이상인 건축물 또는 연면적 5천m^2 이상의 문화 및 집회시설(전시장 및 동물원·식물원은 제외), 판매시설, 운수시설(고속철도의 역사 및 집배송시설은 제외), 종교시설, 의료시설 중 종합병원, 숙박시설 중 관광숙박시설, 지하도상가 또는 냉동·냉장창고시설의 건설·개조 또는 해체공사
- 연면적 5천m^2 이상인 냉동·냉장창고시설의 설비공사 및 단열공사
- 최대지간길이가 50m 이상인 교량 건설 등의 공사
- 터널 건설 등의 공사
- 다목적 댐, 발전용 댐 및 저수용량 2천만톤 이상의 용수 전용 댐, 지방상수도 전용 댐 건설 등의 공사
- 깊이 10m 이상인 굴착공사

0702 / 0902 / 1003

120 ― Repetitive Learning

본 터널(Main tunnel)을 시공하기 전에 터널에서 약간 떨어진 곳에 지질조사, 환기, 배수, 운반 등의 상태를 알아보기 위하여 설치하는 터널은?

① 프리패브(Prefab)터널
② 사이드(Side)터널
③ 실드(Shield)터널
④ 파일럿(Pilot)터널

해설

- 프리패브(Prefab)는 건축방식의 하나로 공장에서 외벽과 내장제 시공까지 끝낸 박스형태의 구조물을 만들어 현장으로 옮긴 후 기초공사와 설비 등의 마감공사만으로 건물을 건축하는 공법을 말한다.
- 실드(Shield)터널 공법이란 터널 공법의 하나로 지반 내에 실드(shield)라 부르는 강제 원통 모양의 실드(Shield)를 이용해 터널을 구축하는 공법을 말한다.

파일럿(Pilot)터널

- 본 터널(Main tunnel)을 시공하기 전에 터널에서 약간 떨어진 곳에 지질조사, 환기, 배수, 운반 등의 상태를 알아보기 위하여 설치하는 터널을 말한다.
- 본 터널의 굴진 전에 사전에 굴착하는 본 터널 단면 내나 본 터널 주변의 단면 밖에 굴착하는 작은 직경의 터널을 말한다.

정답 | 118 ① 119 ① 120 ④

출제문제 분석 2020년 4회

구분	1과목	2과목	3과목	4과목	5과목	6과목	합계
New유형	1	1	0	4	0	1	7
New문제	8	4	9	9	8	9	47
또나온문제	9	10	3	2	9	8	41
자꾸나온문제	3	6	8	9	3	3	32
합계	20	20	20	20	20	20	120

- New유형은 New문제 중 기존 기출문제와 완전히 다른 유형의 문제를 말합니다.
- New문제는 기존에 출제되지 않은 문제로 이번에 처음 출제되는 문제이거나 기존 출제된 문제의 변형된 형태입니다.
- 또나온문제는 기존에 출제된 적이 1번 있는 문제를 말합니다.
- 자꾸나온문제는 기존에 출제된 적이 2번 이상 있는 문제를 말합니다. 그만큼 중요한 문제입니다.

몇 년분의 기출문제를 공부해야 합격할 수 있을까요?

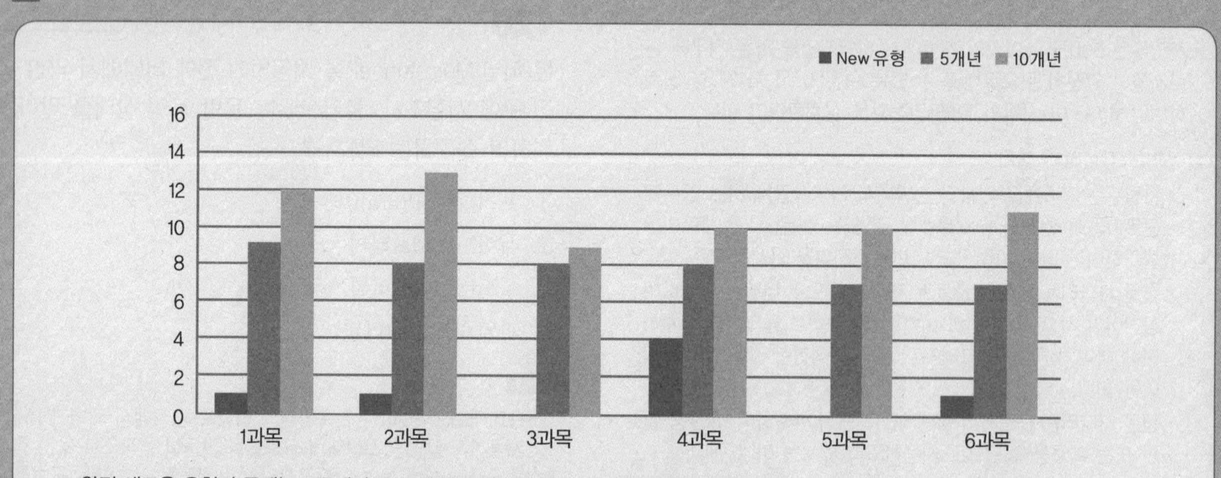

- 완전 새로운 유형의 문제는 7문제이고 113문제가 이미 출제된 문제 혹은 변형문제입니다.
- 5년분(2016~2020) 기출에서 동일문제가 47문항이 출제되었고, 10년분(2011~2020) 기출에서 동일문제가 65문항이 출제되었습니다.

실기에 나왔어요!! 외우세요!!!

실기시험은 필답형과 작업형으로 구분되어 있으며 모두 직접 주관식으로 내용을 적어야 합니다. 필기공부하면서 실기 출제된 내역들은 좀 더 신경써서 암기하실 필요가 있어요. 필기 합격자 발표 난 후 실기시험까지는 5주밖에 여유가 없답니다. 어차피 공부할 것 필기 때 확실하게 해준다면 실기도 단방에 합격할 수 있습니다.

- 총 39개의 해설이 실기 필답형 시험과 연동되어 있습니다.
- 총 5개의 해설이 실기 작업형 시험과 연동되어 있습니다.

분석의견

2020년에 시행된 3번의 시험은 아주 쉽게 출제되었습니다. 코로나 팬더믹으로 인해 실시되지 않던 4회차에 실시된 이번 시험 역시 새로운 유형의 문제 7문제에 10년간 기출에서 65문항의 중복문제가 출제되어 55.09%라는 높은 합격률을 보였습니다. 모든 과목에서 과락은 충분히 넘길 수 있을 정도로 기출문제가 넉넉하게 출제되어 제대로 공부한 수험생들에게는 쉬운 시험이었습니다. 예년의 다른 회차에 비해 쉬웠으나 합격에 필요한 점수를 획득하기 위해서는 최근 10년분 문제 2회독 이상 + 유형별 핵심이론의 정독이 필요할 것으로 판단됩니다.

2020년 제4회

2020년 9월 27일 필기

20년 4회차 필기시험
합격률 55.1%

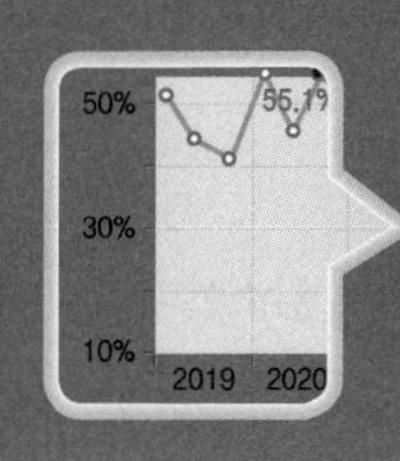

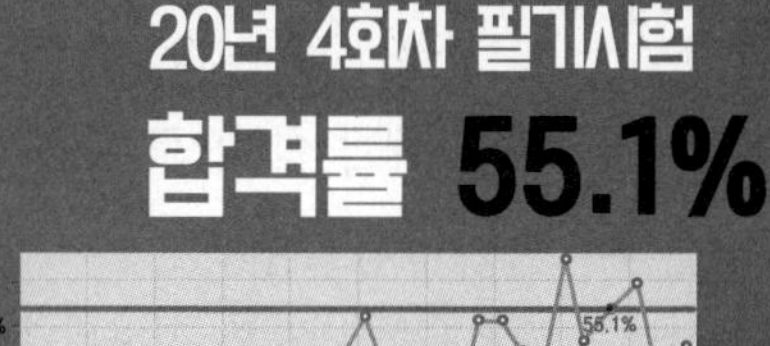

1과목 산업재해 예방 및 안전보건교육

1802

01 Repetitive Learning (1회 2회 3회)

재해의 발생형태 중 다음 그림이 나타내는 것은?

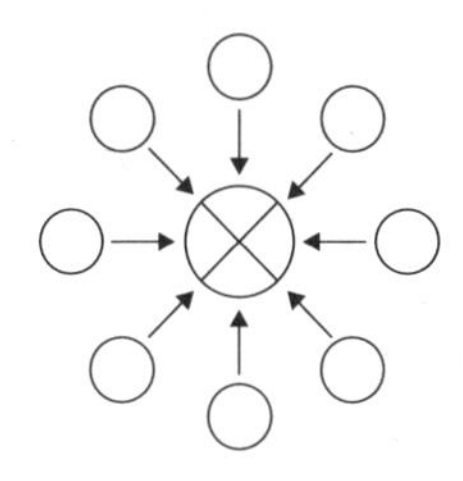

① 단순연쇄형 ② 복합연쇄형
③ 단순자극형 ④ 복합형

해설

- 그림의 형태로 볼 때 한 곳으로 집중되는 형태로 단순자극형이라고도 한다.

재해의 발생형태

- 집중형 : 단순자극형이라고도 하며, 일시적으로 재해요인이 집중하여 재해가 발생하는 형태를 말한다.

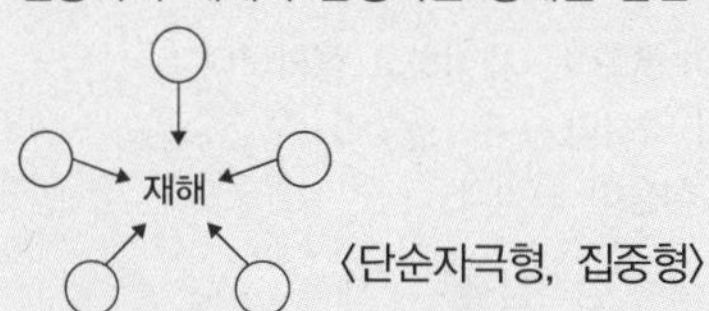

〈단순자극형, 집중형〉

- 연쇄형 : 하나의 사고요인이 또 다른 사고요인을 불러일으켜 재해가 발생하는 형태를 말한다. 단순연쇄형과 복합연쇄형으로 구분된다.

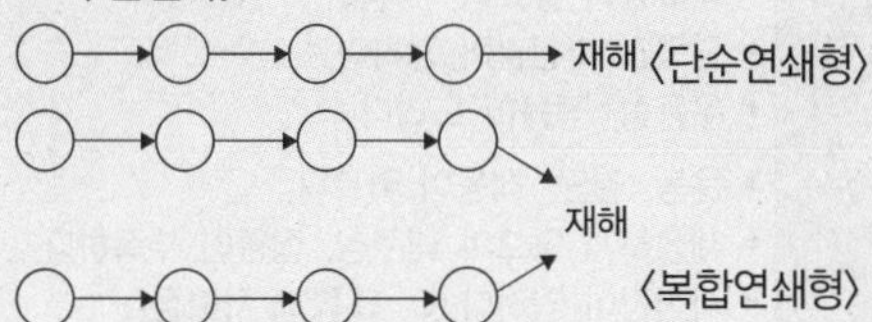

〈복합연쇄형〉

- 복합형 : 집중형과 연쇄형이 결합된 재해 발생형태를 말한다.

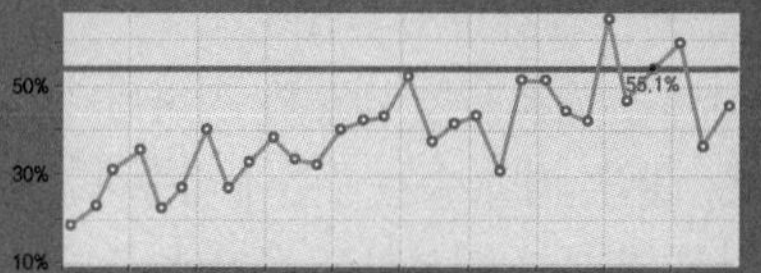

〈복합형〉

02 Repetitive Learning (1회 2회 3회)

다음 중 산업재해의 원인으로 간접적 원인에 해당되지 않는 것은?

① 기술적 원인 ② 교육적 원인
③ 관리적 원인 ④ 인적 원인

해설

- 인적 원인과 물적 원인은 산업재해의 직접적 원인에 해당한다.

산업재해의 간접적(기본적) 원인

㉠ 개요
- 재해의 직접적인 원인을 유발시키는 원인을 말한다.
- 기술적 원인, 교육적 원인, 신체적 원인, 정신적 원인, 관리적 원인 등이 있다.

㉡ 간접적 원인의 종류

구분	내용
기술적 원인	생산방법의 부적당, 구조물·기계장치 및 설비의 불량, 구조재료의 부적합, 점검·정비·보존의 불량 등
교육적 원인	안전지식의 부족, 안전수칙의 오해, 경험훈련의 미숙, 안전교육의 부족 등
신체적 원인	피로, 시력 및 청각기능 이상, 근육운동의 부적합, 육체적 한계 등
정신적 원인	안전의식의 부족, 주의력 부족, 판단력 부족 혹은 잘못된 판단, 방심 등
관리적 원인	안전관리조직의 결함, 안전수칙의 미제정, 작업준비의 불충분, 작업지시의 부적절, 인원배치의 부적당, 정리정돈의 미실시 등

정답 | 01 ③ 02 ④

0401 / 1802

03 Repetitive Learning 1회 2회 3회

생체리듬의 변화에 대한 설명으로 틀린 것은?

① 야간에는 체중이 감소한다.
② 야간에는 말초운동 기능이 저하된다.
③ 체온, 혈압, 맥박 수는 주간에 상승하고 야간에 감소한다.
④ 혈액의 수분과 염분량은 주간에 증가하고 야간에 감소한다.

해설

- 혈액의 수분과 염분량은 주간에 감소하고 야간에 증가한다.

생체리듬(Biorhythm)

㉠ 개요
- 사람의 체온, 혈압, 맥박 수, 혈액, 수분, 염분량 등이 시간에 따라 또는 주야에 따라 일정한 형식으로 변화하는 것을 말한다.
- 생체리듬의 종류에는 육체적 리듬, 지성적 리듬, 감성적 리듬이 있다.

㉡ 특징
- 생체리듬에서 중요한 점은 낮에는 신체활동이 유리하며, 밤에는 휴식이 더욱 효율적이라는 것이다.
- 체온·혈압·맥박 수는 주간에는 상승, 야간에는 저하된다.
- 혈액의 수분과 염분량은 주간에는 감소, 야간에는 증가한다.
- 체중은 주간작업보다 야간작업일 때 더 많이 감소하고, 피로의 자각증상은 주간보다 야간에 더 많이 증가한다.
- 몸이 흥분한 상태일 때는 교감신경이 우세하고 수면을 취하거나 휴식을 할 때는 부교감신경이 우세하다.

04 Repetitive Learning 1회 2회 3회

산업안전보건법령상 안전·보건표지의 색채와 사용사례의 연결이 틀린 것은?

① 노란색 - 화학물질 취급장소에서의 유해·위험경고 이외의 위험경고
② 파란색 - 특정 행위의 지시 및 사실의 고지
③ 빨간색 - 화학물질 취급장소에서의 유해·위험경고
④ 녹색 - 정지신호, 소화설비 및 그 장소, 유해행위의 금지

해설

- 정지신호, 소화설비 및 그 장소, 유해행위의 금지는 금지표지에 해당하며 이는 빨간색으로 표시한다.

산업안전보건표지 실필 1602/1003

- 금지표지, 경고표지, 지시표지, 안내표지, 관계자 외 출입금지로 구분된다.
- 안전표지는 기본모형(모양), 색깔(바탕 및 기본모형), 내용(의미)으로 구성된다.
- 안전·보건표지의 색채, 색도기준 및 용도

바탕	기본모형 색채	색도	용도	사용례
흰색	빨간색	7.5R 4/14	금지	정지, 소화설비, 유해행위 금지
무색			경고	화학물질 취급장소에서의 유해 및 위험경고
노란색	검은색	5Y 8.5/12	경고	화학물질 취급장소에서의 유해·위험경고 이외의 위험경고, 주의표지 또는 기계방호물
파란색	흰색	2.5PB 4/10	지시	특정 행위의 지시 및 사실의 고지
흰색	녹색	2.5G 4/10	안내	비상구 및 피난소, 사람 또는 차량의 통행표지

- 흰색(N9.5)은 파랑 또는 녹색의 보조색이다.
- 검정색(N0.5)은 문자 및 빨간색, 노란색의 보조색이다.

05 Repetitive Learning 1회 2회 3회

Y-K(Yutaka-Kohate) 성격검사에 관한 사항으로 옳은 것은?

① C, C'형은 적응이 빠르다.
② M, M'형은 내구성, 집념이 부족하다.
③ S, S'형은 담력, 자신감이 강하다.
④ P, P'형은 운동, 결단이 빠르다.

해설

- M, M'형은 지속성이 좋으며, 세심하고 정확하다.
- S, S'형은 자신감이 약하다.
- P, P'형은 운동성, 적응이 느리다.

Y-K(Yutaka-Kohate) 성격검사

유형	특징
C, C'형	• 운동, 결단, 적응이 빠르고 자신감이 강하다. • 세심하지 않으며 내구성, 집념이 부족하다.
M, M'형	• 지속성이 좋으며, 세심하고 정확하다. • 담력과 자신감이 강하다. • 운동성, 적응이 느리다.
S, S'형	• 운동, 결단, 적응이 빠르다. • 세심하지 않으며 내구성, 집념이 부족하다. • 자신감이 약하다.(C, C'형과 차이점)

03 ④ 04 ④ 05 ① 정답

P, P'형	• 지속성이 좋으며, 담력이 강하고 세심하며 정확하다. • 운동성, 적응이 느리다. • 자신감이 약하다.(M, M'형과 차이점)
Am형	• 극도로 나쁘고, 느리고, 결핍되어 있다. • 극도로 강하거나 약하다.

06 Repetitive Learning 1회 2회 3회

재해의 발생확률은 개인적 특성이 아니라 그 사람이 종사하는 작업의 위험성에 기초한다는 이론은?

① 암시설 ② 경향성
③ 미숙설 ④ 기회설

해설

• 재해 누발 원인에 대한 이론에는 기회설, 암시설, 경향설이 있다.
• 암시설은 한번 재해를 경험한 경우는 재해에 대해 민감함에 따라 재해에 대한 대응능력이 떨어져 재해가 많이 발생된다는 설이다.
• 경향설은 재해에 대한 대응능력이 떨어지는 소질적 결함을 갖고 있는 사람이 재해에 더 많이 노출된다는 설이다.

재해 누발의 원인에 대한 이론

기회설	재해가 많은 위험한 업종에 종사함에 따라 재해발생이 많아진다는 이론
암시설	한번 재해를 경험한 경우는 재해에 대해 심리적인 압박을 받게 됨에 따라 재해에 대한 대응능력이 떨어져 재해가 많이 발생된다는 이론
경향설	재해에 대한 대응능력이 떨어지는 소질적 결함을 갖고 있는 사람이 재해에 더 많이 노출되어 있다는 이론

1701

07 Repetitive Learning 1회 2회 3회

라인(Line)형 안전관리 조직의 특징으로 옳은 것은?

① 안전에 관한 기술의 축적이 용이하다.
② 안전에 관한 지시나 조치가 신속하다.
③ 조직원 전원을 자율적으로 안전활동에 참여시킬 수 있다.
④ 권한 다툼이나 조정 때문에 통제수속이 복잡해지며, 시간과 노력이 소모된다.

해설

• 라인형은 안전에 관한 기술의 축적이 쉽지 않다.
• 라인형은 생산라인에서 안전관리까지 수행함으로 인해 조직원 전원을 자율적으로 안전활동에 참여시키기 어렵다.
• 라인형은 모든 관리가 생산라인을 통해서 이뤄지므로 권한 다툼이나 조정이 필요 없다.

직계(Line)형 조직

㉠ 개요
• 경영자의 지휘와 명령이 위에서 아래로 하나의 계통이 되어 신속히 전달되며 100명 이하의 소규모 기업에 적합한 유형이다.
• 안전관리의 계획부터 실시·평가까지 모든 것이 생산라인을 통하여 이뤄진다.

㉡ 특징
• 안전에 관한 지시나 조치가 신속하고 철저하다.
• 참모형 조직보다 경제적인 조직이다.
• 안전보건에 관한 전문 지식이나 기술의 결여가 단점이다.

1703

08 Repetitive Learning 1회 2회 3회

재해원인 분석방법의 통계적 원인분석 중 사고의 유형, 기인물 등 분류항목을 큰 순서대로 도표화한 것은?

① 파레토도
② 특성요인도
③ 클로즈도
④ 관리도

해설

• 특성요인도는 재해의 원인과 결과를 연계하여 상호관계를 파악하기 위하여 어골상으로 도표화하는 분석방법이다.
• 클로즈분석은 두 가지 이상의 문제에 대한 관계분석 시에 주로 사용하는 분석방법이다.
• 관리도는 산업재해의 분석 및 평가를 위하여 재해발생건수 등의 추이에 한계선을 설정하여 목표관리를 수행하는 재해통계 분석기법이다.

통계에 의한 재해원인 분석방법

• 파레토도, 특성요인도, 클로즈분석, 관리도 등이 있다.

파레토도 (Pareto diagram)	작업현장에서 발생하는 작업환경 불량이나 고장, 재해 등의 내용을 분류하고 그 건수와 금액을 크기 순으로 나열하여 작성한 그래프
특성요인도 (Characteristics diagram)	재해의 원인과 결과를 연계하여 상호관계를 파악하기 위하여 어골상으로 도표화하는 분석방법
클로즈분석	두 가지 이상의 문제에 대한 관계분석 시에 주로 사용하는 분석방법
관리도 (Control chart)	산업재해의 분석 및 평가를 위하여 재해발생건수 등의 추이에 한계선을 설정하여 목표관리를 수행하는 재해통계 분석기법

정답 | 06 ④ 07 ② 08 ①

1802

09 — Repetitive Learning 1회 2회 3회

타인의 비판 없이 자유로운 토론을 통하여 다량의 독창적인 아이디어를 이끌어내고, 대안적 해결안을 찾기 위한 집단적 사고기법은?

① Role playing
② Brain storming
③ Action playing
④ Fish bowl playing

해설

- Role playing은 참가자에 일정한 역할을 주어 실제적으로 연기를 시켜봄으로써 자기의 역할을 보다 확실히 인식할 수 있도록 체험학습을 시키는 교육방법이다.
- Action playing과 Fish bowl playing은 교육이나 학습방법과는 거리가 멀다.

브레인스토밍(Brain-storming) 기법 실필 1503/0903

㉠ 개요
- 6~12명의 구성원으로 타인의 비판 없이 자유로운 토론을 통하여 다량의 독창적인 아이디어를 이끌어내고, 대안적 해결안을 찾기 위한 집단적 사고기법이다.

㉡ 4원칙
- 가능한 많은 아이디어와 의견을 제시하도록 한다.
- 주제를 벗어난 아이디어도 허용한다.
- 타인의 의견을 수정하여 발언하는 것을 허용한다.
- 절대 타인의 의견을 비판 및 비평하지 않는다.

10 — Repetitive Learning 1회 2회 3회

다음 중 헤드십(Head-ship)의 특성으로 가장 거리가 먼 것은?

① 권한의 근거는 공식적이다.
② 지휘의 형태는 민주주의적이다.
③ 상사와 부하와의 사회적 간격은 넓다.
④ 상사와 부하와의 관계는 지배적이다.

해설

- 헤드십은 임명된 지도자가 행하는 권한행사로 상사와 부하의 관계는 지배적이고 간격이 넓다.

헤드십(Head-ship)

㉠ 개요
- 리더와 같이 선출된 지도자가 아니라 조직에 의해 임명된 지도자가 행하는 권한행사를 말한다.

㉡ 특징
- 권한의 근거는 공식적인 법과 규정에 의한다.
- 상사와 부하의 관계는 지배적이고 사회적 간격이 넓다.
- 지휘의 형태는 권위적이다.
- 책임은 부하에 있지 않고 상사에게 있다.

1603

11 — Repetitive Learning

무재해 운동을 추진하기 위한 조직의 세 기둥으로 볼 수 없는 것은?

① 최고경영자의 경영자세
② 소집단 자주활동의 활성화
③ 전 종업원의 안전요원화
④ 라인관리자에 의한 안전보건의 추진

해설

- 무재해 운동 추진을 위한 3요소에는 경영자의 자세, 안전활동의 라인화, 자주활동의 활성화가 있다.

무재해 운동의 추진을 위한 3요소

이념	최고경영자의 안전경영자세
실천	안전활동의 라인(Line)화
기법	직장 자주안전활동의 활성화

0901 / 1703

12 — Repetitive Learning 1회 2회 3회

다음 중 안전교육의 단계에 있어 교육대상자가 스스로 행함으로써 습득하게 하는 교육은?

① 의지교육 ② 기능교육
③ 지식교육 ④ 태도교육

해설

- 긴 시간 동안 개인의 반복적 시행착오에 의해서 형성되는 것은 2단계 기능교육이다.

안전기능교육(안전교육의 제2단계)
- 작업능력 및 기술능력을 부여하는 교육으로 작업동작을 표준화시킨다.
- 교육대상자가 그것을 스스로 행함으로 얻어지는 것으로 시범식 교육이 가장 바람직한 교육방식이다.
- 긴 시간 동안 개인의 반복적 시행착오에 의해서 형성된다.
- 방호장치 관리 기능을 습득하게 한다.

09 ② 10 ② 11 ③ 12 ② | 정답

1702

13 Repetitive Learning 1회 2회 3회

산업안전보건법령상 사업 내 안전·보건교육 중 관리감독자 정기교육의 내용이 아닌 것은?

① 유해·위험 작업환경 관리에 관한 사항
② 표준 안전작업방법 및 지도 요령에 관한 사항
③ 작업공정의 유해·위험과 재해예방대책에 관한 사항
④ 기계·기구의 위험성과 작업의 순서 및 동선에 관한 사항

해설

- 기계·기구의 위험성과 작업의 순서 및 동선에 관한 사항은 채용 시의 교육 및 작업내용 변경 시의 교육내용에 해당한다.

관리감독자 정기안전·보건교육 내용 실필 1801/1603/1001/0902

- 작업공정의 유해·위험과 재해 예방대책에 관한 사항
- 표준 안전작업방법 및 지도 요령에 관한 사항
- 관리감독자의 역할과 임무에 관한 사항
- 산업보건 및 직업병 예방에 관한 사항
- 유해·위험 작업환경 관리에 관한 사항
- 산업안전보건법 및 일반관리에 관한 사항
- 직무스트레스 예방 및 관리에 관한 사항
- 산재보상보험제도에 관한 사항
- 안전보건교육 능력 배양에 관한 사항

14 Repetitive Learning 1회 2회 3회

산업안전보건법령상 유해·위험방지를 위한 방호조치가 필요한 기계·기구가 아닌 것은?

① 예초기
② 지게차
③ 금속절단기
④ 금속탐지기

해설

- 금속탐지기는 유해·위험방지를 위한 방호조치가 필요한 기계·기구에 포함되지 않는다.

유해·위험방지를 위한 방호조치를 하지 아니하고는 양도, 대여, 설치 또는 사용에 제공하거나, 양도·대여를 목적으로 진열해서는 아니 되는 기계·기구 실필 2401/2302/2201/2003/1801/1602

- 누구든지 유해하거나 위험한 작업을 필요로 하거나 동력(動力)으로 작동하는 기계·기구 중 예초기, 원심기, 공기압축기, 금속절단기, 지게차, 포장기계(진공포장기, 랩핑기) 등은 유해·위험방지를 위한 방호조치를 하지 아니하고는 양도, 대여, 설치 또는 사용에 제공하거나, 양도·대여의 목적으로 진열하여서는 아니 된다.

0703 / 1703

15 Repetitive Learning 1회 2회 3회

안전교육방법 중 구안법(Project method)의 4단계 순서로 옳은 것은?

① 계획수립 → 목표결정 → 활동 → 평가
② 평가 → 계획수립 → 목표결정 → 활동
③ 목표결정 → 계획수립 → 활동 → 평가
④ 활동 → 계획수립 → 목표결정 → 평가

해설

- 구안법은 목표설정, 계획수립, 활동, 평가의 4단계를 거친다.

Project method(구안법)

- 학습자 자신의 흥미에 따라 과제를 찾아 스스로 계획을 세워 수행하고 평가하는 학습활동을 말한다.
- 구안법은 목표설정, 계획수립, 활동, 평가의 4단계를 거친다.

1302

16 Repetitive Learning 1회 2회 3회

안전인증 절연장갑에 안전인증 표시 외에 추가로 표시하여야 하는 내용 중 등급별 색상의 연결이 옳은 것은?(단, 고용노동부 고시를 기준으로 한다)

① 00등급 : 갈색
② 0등급 : 흰색
③ 1등급 : 노랑색
④ 2등급 : 빨강색

해설

- 0등급은 빨간색, 1등급은 흰색, 2등급은 노란색을 사용한다.

절연장갑 실필 1503/0903/0801

- 등급에 따른 색상과 두께, 최대사용전압

등급	장갑의 색상	고무의 두께	최대사용전압	
			교류(실횻값)	직류
00등급	갈색	0.50mm 이하	500V	750V
0등급	빨간색	1.00mm 이하	1,000V	1,500V
1등급	흰색	1.50mm 이하	7,500V	11,250V
2등급	노란색	2.30mm 이하	17,000V	25,500V
3등급	녹색	2.90mm 이하	26,500V	39,750V
4등급	등색	3.60mm 이하	36,000V	54,000V

- 인장강도는 1,400N/cm^2 이상, 신장률은 100분의 600 이상의 평균값을 가져야 한다.

정답 | 13 ④ 14 ④ 15 ③ 16 ①

1403

17 Repetitive Learning 1회 2회 3회

레빈(Lewin)은 인간의 행동특성을 다음과 같이 표현하였다. 변수 'P'가 의미하는 것은?

$$B = f(P \cdot E)$$

① 행동 ② 소질
③ 환경 ④ 함수

해설

- 행동은 B, 환경은 E, 함수는 f이다.

레빈(Lewin.K)의 법칙

- 행동 $B = f(P \cdot E)$로 이루어진다. 즉, 인간의 행동(B)은 개인(P)과 환경(E)의 상호 함수관계에 있다고 할 수 있다.
- B는 인간의 행동(Behavior)을 말한다.
- f는 동기부여를 포함한 함수(Function)이다.
- P는 Person 즉, 개체(소질)로 연령, 지능, 경험 등을 의미한다.
- E는 Environment 즉, 심리적 환경(인간관계, 작업환경 – 조명, 소음, 온도 등)을 의미한다.

18 Repetitive Learning 1회 2회 3회

강도율 7인 사업장에서 한 작업자가 평생동안 작업을 한다면 산업재해로 인하여 근로손실일수는 며칠로 예상되는가?(단, 이 사업장의 연근로시간과 한 작업자의 평생근로시간은 100,000시간으로 가정한다)

① 500 ② 600
③ 700 ④ 800

해설

- 강도율이 7이므로 1,000시간당 7일의 근로손실이 발생한 사업장에서 100,000시간당 근로손실일수는 700일이 된다.

강도율(SR : Severity Rate of injury) 실필 2401/2101/2004/1902/1901/1702/1701/1403/1303/1203/1201/1102/1003/1001/0903/0902/0802

- 재해로 인한 근로손실의 강도를 나타낸 값으로 연간 총근로시간에서 1,000시간당 근로손실일수를 의미한다.
- 강도율 $= \dfrac{\text{근로손실일수}}{\text{연간 총근로시간}} \times 1{,}000$으로 구한다.
- 근로자의 근속연수 등이 주어지지 않을 때 평생 근로손실일수는 한 개인이 평생 동안 근로한 시간을 100,000시간으로 볼 때의 근로손실일수이므로 강도율에 100을 곱하여 구한다.

1302

19 Repetitive Learning 1회 2회 3회

다음 설명에 해당하는 학습지도의 원리는?

> 학습자가 지니고 있는 각자의 요구와 능력 등에 알맞은 학습활동의 기회를 마련해 주어야 한다는 원리

① 직관의 원리
② 자기활동의 원리
③ 개별화의 원리
④ 사회화의 원리

해설

- 직관의 원리는 실재의 사물을 제시하여 효과를 높이는 원리이며, 자기활동의 원리는 스스로 학습하게 하는 원리, 사회화의 원리는 공동학습에 대한 원리이다.

학습지도의 원리

원리	내용
직관의 원리	실재하는 사물을 제시하거나 경험시켜 효과를 일으키는 원리
자기활동의 원리	스스로 학습동기를 갖고 학습하게 해야 한다는 원리
개별화의 원리	학습자가 지니고 있는 각자의 요구와 능력 등에 알맞은 학습활동의 기회를 마련해 주어야 한다는 원리
사회화의 원리	공동학습을 통해 사회화를 지향해야 한다는 원리

20 Repetitive Learning 

재해예방의 4원칙이 아닌 것은?

① 손실우연의 원칙 ② 사전준비의 원칙
③ 원인계기의 원칙 ④ 대책선정의 원칙

해설

- 예방가능의 원칙이 빠졌다.

하인리히의 재해예방 4원칙 실필 1402/1001/0803

원칙	내용
대책선정의 원칙	사고의 원인을 발견하면 반드시 대책을 세워야 하며, 모든 사고는 대책선정이 가능하다는 원칙
손실우연의 원칙	사고로 인한 손실은 우연적이라는 원칙
예방가능의 원칙	모든 사고는 예방이 가능하다는 원칙
원인연계의 원칙 (원인계기의 원칙)	사고는 반드시 원인이 있으며 이는 필연적인 인과관계로 작용한다는 원칙

17 ② 18 ③ 19 ③ 20 ② 정답

1702

21 Repetitive Learning (1회 2회 3회)

결함수분석법에서 Path set에 관한 설명으로 맞는 것은?

① 시스템의 약점을 표현한 것이다.
② Top 사상을 발생시키는 조합이다.
③ 시스템이 고장나지 않도록 하는 사상의 조합이다.
④ 시스템 고장을 유발시키는 필요불가결한 기본사상들의 집합이다.

해설

- 시스템의 약점을 표현하고, Top 사상을 발생시키는 조합과 시스템 고장을 유발시키는 필요불가결한 기본사상들의 집합은 컷 셋(Cut set)에 대한 설명이다.

패스 셋(Path set)

- 일정 조합 안에 포함되어 있는 기본사상들이 모두 발생하지 않으면 틀림없이 정상사상(Top event)이 발생되지 않는 조합으로 정상사상(Top event)이 발생하지 않게 하는 기본사상들의 집합을 말한다.
- 시스템이 고장 나지 않도록 하는 사상, 시스템의 기능을 살리는 데 필요한 최소 요인의 집합이다.
- 기본사상이 일어나지 않았을 때에 처음으로 정상사상이 일어나지 않는 기본사상의 집합이다.
- 성공수(Success tree)의 정상사상을 발생시키는 기본사상들의 최소 집합을 시스템 신뢰도 측면에서 Path set이라 한다.

22 Repetitive Learning (1회 2회 3회)

인체측정에 대한 설명으로 옳은 것은?

① 인체측정은 동적 측정과 정적 측정이 있다.
② 인체측정학은 인체의 생화학적 특징을 다룬다.
③ 자세에 따른 인체치수의 변화는 없다고 가정한다.
④ 측정항목에 무게, 둘레, 길이는 포함되지 않는다.

해설

- 일반적으로 몸의 측정 치수는 구조적 치수(Structural dimension, 정적 측정)와 기능적 치수(Functional dimension, 동적 측정)로 나눌 수 있다.

인체의 측정

- 일반적으로 몸의 측정 치수는 구조적 치수(Structural dimension)와 기능적 치수(Functional dimension)로 나눌 수 있다.
- 기능적 인체치수는 공간이나 제품의 설계 시 움직이는 몸의 자세를 고려하기 위해 사용되는 인체치수로 동적 측정에 해당한다.
- 구조적 인체치수는 움직이지 않고 고정된 자세에서 마틴(Martin)식 인체측정기로 측정하는 정적 측정에 해당한다.

23 Repetitive Learning (1회 2회 3회)

신호검출이론(SDT)의 판정결과 중 신호가 없었는데도 있었다고 말하는 경우는?

① 긍정(Hit) ② 누락(Miss)
③ 허위(False alarm) ④ 부정(Correct rejection)

해설

- 긍정은 신호가 있고, 반응이 있을 때를 말한다.
- 누락은 신호가 있었는데 반응이 없는 경우를 말한다.
- 부정은 신호가 없었고, 반응도 없는 경우를 말한다.

신호검출이론(Signal detection theory)

㉠ 개요

- 불확실한 상황에서 선택하게 하는 방법으로 신호의 탐지는 관찰자의 반응편향과 민감도에 달려있다고 주장하는 이론이다.
- 일반적으로 신호검출 시 이를 간섭하는 소음이 있고, 신호와 소음을 쉽게 식별할 수 없는 상황에 신호검출이론이 적용된다.
- 긍정(Hit), 허위(False alarm), 누락(Miss), 부정(Correct rejection)의 네 가지 결과로 나눌 수 있다.
- 신호검출이론은 품질관리, 통신이론, 의학처방 및 심리학, 법정에서의 판정, 교통통제 등에 다양하게 활용되고 있다.

㉡ 반응편향 β

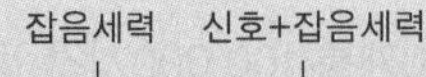

- 반응편향 $\beta = \frac{\text{신호의 길이}}{\text{소음의 길이}}$로 구한다.
- 신호검출이론에서 두 개의 정규분포 곡선이 교차하는 부분에 있는 기준점 β는 신호의 길이와 소음의 길이가 같으므로 1의 값을 가진다.

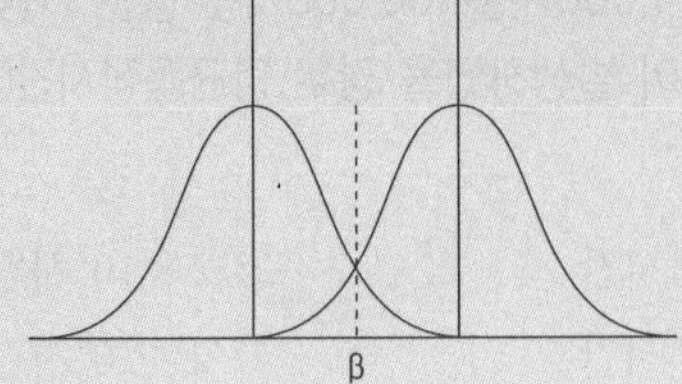

정답 | 21 ③ 22 ① 23 ③

1602

24 Repetitive Learning (1회 2회 3회)

시스템 안전분석 방법 중 예비위험분석(PHA) 단계에서 식별하는 4가지 범주에 속하지 않는 것은?

① 위기 상태 ② 무시가능 상태
③ 파국적 상태 ④ 예비조치 상태

해설

- PHA에서 위험의 정도를 분류하는 4가지 범주는 파국(Catastrophic), 중대(Critical), 위기-한계(Marginal), 무시가능(Negligible)으로 구분된다.

예비위험분석(PHA)

㉠ 개요
- 모든 시스템 안전 프로그램에서의 최초단계 해석으로 시스템의 위험요소가 어떤 위험 상태에 있는가를 정성적으로 평가하는 분석 방법이다.
- 시스템을 설계함에 있어 개념형성 단계에서 최초로 시도하는 위험도 분석방법이다.
- 복잡한 시스템을 설계, 가동하기 전의 구상단계에서 시스템의 근본적인 위험성을 평가하는 가장 기초적인 위험도 분석기법이다.
- 위험의 정도를 분류하는 4가지 범주는 파국(Catastrophic), 중대(Critical), 위기-한계(Marginal), 무시가능(Negligible)으로 구분된다.

㉡ 예비위험분석(PHA)의 4가지 범주(MIL-STD-882E)
실필 2103/1802/1302/1103

범주	내용
파국 (Catastrophic)	작업자의 부상 및 서브시스템의 고장 등으로 시스템 성능이 저하되어 시스템에 심각한 손실을 초래한 상태
중대 (Critical)	작업자의 부상 및 시스템의 중대한 손해를 초래하거나 작업자의 생존 및 시스템의 유지를 위하여 즉시 수정 조치를 필요로 하는 상태
위기-한계 (Marginal)	작업자의 부상 및 시스템의 중대한 손해를 초래하지 않고 대처 또는 제어할 수 있는 상태
무시가능 (Negligible)	시스템의 성능이나 기능, 인원 손실이 전혀 없는 상태

0802 / 1402

25 Repetitive Learning (1회 2회 3회)

어느 부품 1,000개를 100,000시간 동안 가동하였을 때 5개의 불량품이 발생하였을 경우 평균동작시간(MTTF)은 얼마인가?

① 1×10^6시간 ② 2×10^7시간
③ 1×10^8시간 ④ 2×10^9시간

해설

- MTTF = $\frac{1,000\times100,000}{5}=20,000,000=2\times10^7$ 시간이다.

MTTF(Mean Time To Failure)

- 설비보전에서 평균작동시간, 고장까지의 평균시간을 의미한다.
- 제품 고장 시 수명이 다해 교체해야 하는 제품을 대상으로 하므로 평균수명이라고 할 수 있다.
- MTTF = $\frac{\text{부품수}\times\text{가동시간}}{\text{불량품수(고장수)}}$으로 구한다.

0903

26 Repetitive Learning (1회 2회 3회)

암호체계의 사용 시 고려해야 할 사항과 거리가 먼 것은?

① 정보를 암호화한 자극은 검출이 가능하여야 한다.
② 다차원의 암호보다 단일 차원화 된 암호가 정보 전달이 촉진된다.
③ 암호를 사용할 때는 사용자가 그 뜻을 분명히 알 수 있어야 한다.
④ 모든 암호 표시는 감지장치에 의해 검출될 수 있고, 다른 암호 표시와 구별될 수 있어야 한다.

해설

- 다차원의 암호가 단일 차원의 암호보다 정보전달이 촉진된다.

암호화(Coding)

㉠ 개요
- 원래의 신호 정보를 새로운 형태로 변화시켜 표시하는 것을 말한다.
- 형상, 크기, 색채 등을 이용하여 작업자가 기계 및 기구를 쉽게 식별할 수 있도록 암호화한다.

㉡ 암호화 지침

지침	내용
검출성	감지가 쉬워야 한다.
표준화	표준화되어야 한다.
변별성	다른 암호 표시와 구별될 수 있어야 한다.
양립성	인간의 기대와 모순되지 않아야 한다.
부호의 의미	사용자가 그 뜻을 분명히 알 수 있어야 한다.
다차원의 암호 사용가능	두 가지 이상의 암호 차원을 조합해서 사용하면 정보전달이 촉진된다.

24 ④ 25 ② 26 ② | 정답

27 Repetitive Learning 1회 2회 3회

사무실 의자나 책상에 적용할 인체 측정자료의 설계원칙으로 가장 적합한 것은?

① 평균치 설계　② 조절식 설계
③ 최대치 설계　④ 최소치 설계

해설

• 의자나 책상 설계 시 우선적으로 조절식 설계원칙을 적용하도록 한다.

:: 인간공학적 의자 설계

㉠ 개요
- 조절식 설계원칙을 적용하도록 한다.
- 자세와 동작에 따라 고려해야 할 인체측정 치수가 달라진다.
- 요부전만(腰部前灣)을 유지한다.
- 추간판(디스크)의 압력과 등근육의 정적부하를 줄인다.
- 자세 고정을 줄인다.
- 여러 사람이 사용하는 의자의 경우 좌면 높이는 오금보다 약간 낮게(5% 오금높이) 유지한다.

㉡ 고려할 사항
- 체중 분포
- 상반신의 안정
- 좌판의 높이(조절식을 기준으로 한다)
- 좌판의 깊이와 폭
(폭은 최대치, 깊이는 최소치를 기준으로 한다)

1003

28 Repetitive Learning 1회 2회 3회

결함수분석의 기호 중 입력 사상이 어느 하나라도 발생할 경우 출력 사상이 발생하는 것은?

① NOR GATE　② AND GATE
③ OR GATE　④ NAND GATE

해설

- NOR 게이트는 OR 게이트의 결과를 부정한 게이트로 입력 사상이 어느 하나라도 발생하는 경우 출력 사상이 발생하지 않는다.
- AND 게이트는 입력 사상이 모두 발생해야 출력 사상이 발생한다.
- NAND 게이트는 AND 게이트의 결과를 부정한 게이트로 입력 사상이 모두 발생하는 경우 출력 사상이 발생하지 않는다.

:: OR 게이트

- 입력의 사상 중 어느 하나라도 입력이 있으면 출력이 발생하는 게이트로 논리합의 관계를 표시한다.
-  로 표시한다.

1203 / 1603

29 Repetitive Learning 1회 2회 3회

촉감의 일반적인 척도의 하나인 2점 문턱값(Two-point threshold)이 감소하는 순서대로 나열된 것은?

① 손가락 → 손바닥 → 손가락 끝
② 손바닥 → 손가락 → 손가락 끝
③ 손가락 끝 → 손가락 → 손바닥
④ 손가락 끝 → 손바닥 → 손가락

해설

• 문턱값이 가장 작은 손가락 끝이 가장 예민하다.

:: 2점 문턱값(Two-point threshold)

- 2점 역치라고도 한다.
- 피부의 예민성을 측정하기 위한 지표로 피부에서 특정 2개의 점이 2개의 점으로 느껴질 수 있는 최소간격을 의미한다.
- 문턱값이 가장 작은 것이 가장 예민하다.
- 문턱값은 손바닥 → 손가락 → 손가락 끝 순으로 감소한다.

1802

30 Repetitive Learning 1회 2회 3회

어떤 소리가 1,000Hz, 60dB인 음과 같은 높이임에도 4배 더 크게 들린다면, 이 소리의 음압수준은 얼마인가?

① 70dB
② 80dB
③ 90dB
④ 100dB

해설

• 기준음을 60dB로 했을 때의 4배(sone값)이므로 phon값을 구하면 $4 = 2^{\frac{phon-60}{10}}$ 이고 $\frac{phon-60}{10} = 2$가 되어야 하므로 phon값은 80이 되어야 한다.

:: sone값

- 인간이 청각으로 느끼는 소리의 크기를 측정하는 척도 중 하나이다.
- 기준 음에 비해서 몇 배의 크기를 갖느냐는 음의 sone값이 결정한다.
- 1 sone은 40dB의 1,000Hz 순음의 크기로 40phon의 값을 의미한다.
- phon의 값이 주어질 때 $sone = 2^{\frac{phon-40}{10}}$ 으로 구한다.

정답 | 27 ② 28 ③ 29 ② 30 ②

0502

31 Repetitive Learning (1회 2회 3회)

가스밸브를 잠그는 것을 잊어 사고가 났다면 작업자는 어떤 인적 오류를 범한 것인가?

① 생략오류(Omission error)
② 시간지연오류(Time error)
③ 순서오류(Sequential error)
④ 작위적오류(Commission error)

해설

- 필요한 작업을 수행하지 않아 발생한 에러는 생략오류에 해당한다.

행위적 관점에서의 휴먼에러 분류(Swain)

실필 1801/1702/1601/1401/1201/0901/0803/0802

실행오류 (Commission error)	작업 수행 중 작업을 정확하게 수행하지 못해 발생한 에러
생략오류 (Omission error)	필요한 작업 또는 절차를 수행하지 않는데 기인한 에러
불필요한 수행오류 (Extraneous error)	불필요한 작업 또는 절차를 수행함으로써 발생한 에러
순서오류 (Sequential error)	필요한 작업 또는 절차의 순서 착오로 인한 에러
시간오류 (Timing error)	필요한 작업 또는 절차의 수행을 지연한데 기인한 에러

0903 / 1601

32 Repetitive Learning (1회 2회 3회)

인간-기계 시스템에서 시스템의 설계를 다음과 같이 구분할 때 제3단계인 기본 설계에 해당되지 않는 것은?

> 1단계 : 시스템의 목표와 성능 명세 결정
> 2단계 : 시스템의 정의
> 3단계 : 기본 설계
> 4단계 : 인터페이스 설계
> 5단계 : 보조물 설계
> 6단계 : 시험 및 평가

① 화면설계
② 작업설계
③ 직무분석
④ 기능할당

해설

- 화면설계는 4단계인 인터페이스 설계에 해당한다.

인간-기계 시스템의 설계 과정

1단계	시스템의 목표와 성능 명세 결정	목적 및 존재 이유에 대한 개괄적 표현
2단계	시스템의 정의	목표 달성을 위한 필요한 기능의 결정
3단계	기본 설계	기능의 할당, 인간성능 요건 명세, 직무분석, 작업설계
4단계	인터페이스 설계	작업공간, 화면설계, 표시 및 조종장치
5단계	보조물 설계 혹은 편의수단 설계	성능보조자료, 훈련도구 등 보조물 계획
6단계	평가	

1502 / 1901

33 Repetitive Learning (1회 2회 3회)

실린더 블록에 사용하는 가스켓의 수명분포는 $X \sim N(10{,}000, 200^2)$인 정규분포를 따른다. t=9,600시간일 경우에 신뢰도(R(t))는? (단, P(Z≤1) = 0.8413, P(Z≤1.5) = 0.9332, P(Z≤2) = 0.9772이다)

① 84.13%
② 93.32%
③ 97.72%
④ 99.87%

해설

- 확률변수 X는 정규분포 $N(10{,}000, 200^2)$을 따른다.
- 9,600시간은 $\frac{9{,}600-10{,}000}{200} = -2$가 나오므로 표준정규분포상 $-Z_2$보다 큰 값을 신뢰도로 한다는 의미이다. 이는 전체에서 $-Z_2$보다 작은 값을 빼면 된다.

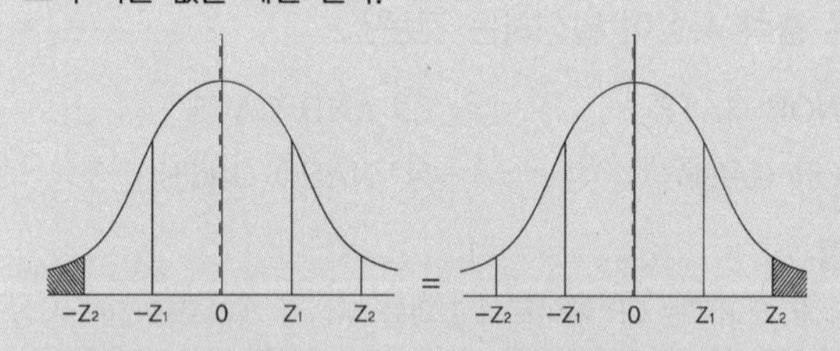

- 정규분포의 특성상 이는 Z_2보다 큰 값과 동일한 값이다. Z_2의 값이 0.9772이므로 1-0.9772 = 0.0228이 된다.
- 신뢰도는 위에서 구한 0.0228을 제외한 부분에 해당하므로 1-0.228 = 0.9772이다.

정규분포

- 확률변수 X는 정규분포 N(평균, 표준편차²)을 따른다.
- 구하고자 하는 값을 정규분포상의 값으로 변환하려면 $\frac{\text{대상값}-\text{평균}}{\text{표준편차}}$을 이용한다.

31 ① 32 ① 33 ③ 정답

1703

34

Repetitive Learning 1회 2회 3회

FTA 결과 다음과 같은 패스 셋을 구하였다. 최소 패스 셋(Minimal path sets)으로 옳은 것은?

$\{X_2, X_3, X_4\}$ $\{X_1, X_3, X_4\}$ $\{X_3, X_4\}$

① $\{X_3, X_4\}$

② $\{X_1, X_3, X_4\}$

③ $\{X_2, X_3, X_4\}$

④ $\{X_2, X_3, X_4\}$와 $\{X_3, X_4\}$

해설

- 중복을 최대한 배제해야 하므로 구해진 패스 셋을 묶으면 $\{X_3, X_4\}(1+X_2+X_1)$이 된다. 여기서 $(1+X_2+X_1)$은 불 대수에 의해 1이 되므로 최소 패스 셋은 $\{X_3, X_4\}$이 된다.

최소 패스 셋(Minimal path sets) 실필 2303/1302

㉠ 개요
- FTA에서 시스템의 신뢰도를 표시하는 것이다.
- FTA에서 시스템의 기능을 살리는 데 필요한 최소한의 요인의 집합을 말한다.

㉡ FT도에서 최소 패스 셋 구하는 법
- 최소 패스 셋은 FT도의 결합 게이트들을 반대로(AND ↔ OR) 변환한 후 최소 컷 셋을 구하면 된다.

0901 / 1401

35

Repetitive Learning 1회 2회 3회

연구 기준의 요건과 내용이 옳은 것은?

① 무오염성 : 실제로 의도하는 바와 부합해야 한다.

② 적절성 : 반복 실험 시 재현성이 있어야 한다.

③ 신뢰성 : 측정하고자 하는 변수 이외의 다른 변수의 영향을 받아서는 안 된다.

④ 민감도 : 피실험자 사이에서 볼 수 있는 예상 차이점에 비례하는 단위로 측정해야 한다.

해설

- 무오염성은 측정하고자 하는 변수 이외의 다른 변수의 영향을 받아서는 안 되는 것을 말한다.
- 적절성은 실제로 의도하는 바와 부합해야 하는 것을 말한다.
- 신뢰성은 반복 실험 시 재현성이 있어야 하는 것을 말한다.

인간공학 연구 기준척도

적절성	측정변수가 평가하고자 하는 바를 잘 반영해야 한다.
무오염성	기준 척도는 측정하고자 하는 변수 외의 다른 변수들의 영향을 받아서는 안 된다.
신뢰성	비슷한 조건에서 일정한 결과를 반복적으로 얻을 수 있어야 한다.
민감도	피실험자 사이에서 볼 수 있는 예상 차이점에 비례하는 단위로 측정해야 한다. 즉 기대되는 정밀도로 측정이 가능해야 한다는 것이다.

1401

36

Repetitive Learning 

다음 중 열중독증(Heat illness)의 강도를 올바르게 나열한 것은?

ⓐ 열소모(Heat exhaustion)	ⓑ 열발진(Heat rash)
ⓒ 열경련(Heat cramp)	ⓓ 열사병(Heat stroke)

① ⓒ < ⓑ < ⓐ < ⓓ

② ⓒ < ⓑ < ⓓ < ⓐ

③ ⓑ < ⓒ < ⓐ < ⓓ

④ ⓑ < ⓓ < ⓐ < ⓒ

해설

- 열중독증의 종류를 강도별로 나열하면 열발진, 열경련, 열소모, 열사병 순이다.

열중독증(Heat illness)

㉠ 강도
- 열발진 < 열경련 < 열소모 < 열사병 순으로 강도가 세다.

㉡ 종류
- 열발진 : 땀띠
- 열경련 : 고열환경에서 작업 후에 격렬한 근육수축이 일어나고, 탈수증이 발생
- 열소모 : 계속적인 발한으로 인한 수분과 염분 부족이 발생하며 두통, 현기증, 무기력증 등의 증상 발생
- 열사병 : 열소모가 지속되어 쇼크 발생

1102 / 1303 / 1701

37

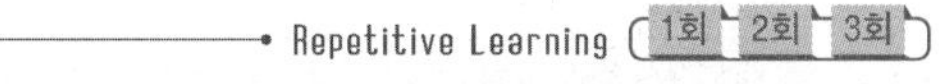

산업안전보건법령상 유해·위험방지계획서의 제출대상 제조업은 전기 계약용량이 얼마 이상인 경우에 해당하는가? (단, 기타 예외사항은 제외한다)

① 50kW　　② 100kW

③ 200kW　　④ 300kW

정답 | 34 ① 35 ④ 36 ③ 37 ④

해설

- 유해·위험방지계획서 제출대상 사업장의 규모는 전기 계약용량이 300kW 이상인 사업장이다.

유해·위험방지계획서의 제출 실필 2302/1303/0903

- 제출대상 사업장의 규모는 전기 계약용량이 300kW 이상인 사업장이다.
- 건설물·기계·기구 및 설비 등 일체를 설치·이전하거나 그 주요 구조부분을 변경할 때에는 고용노동부장관(한국산업안전보건공단)에게 유해·위험방지계획서를 2부 제출하여야 한다.
- 제조업의 경우는 해당 작업 시작 15일 전에 제출한다.
- 건설업의 경우는 공사의 착공 전날까지 제출한다.

0702

38

Repetitive Learning (1회 2회 3회)

시스템 안전해석 방법 중 HAZOP에서 "완전 대체"를 의미하는 것은?

① NOT
② REVERSE
③ PART OF
④ OTHER THAN

해설

- NOT은 설계 의도의 완전한 부정을 의미한다.
- REVERSE는 역류, 의도한 로직의 반대 경우가 발생하는 것을 의미한다.
- Part of는 성질상의 감소를 의미한다.

가이드 워드(Guide words)

㉠ 개요

- 위험및운전성검토(HAZOP)에서 근로자들의 창조적 사고를 유도하여 조작방법이나 오동작을 개선하기 위해 사용하는 워드이다.
- 공정변수(Process parameter)와 함께 사용하여 비정상상태(Deviation)가 일어날 수 있는 원인을 찾고 결과를 예측함과 동시에 대책을 세우는 데 유용하다.

㉡ 종류 실필 1902/1301/1202

종류	의미
No/Not	설계 의도의 완전한 부정
Part of	성질상의 감소
As well as	성질상의 증가
More/Less	양의 증가 혹은 감소로 양과 성질을 함께 표현
Other than	완전한 대체

39

Repetitive Learning (1회 2회 3회)

신체활동의 생리학적 측정법 중 전신의 육체적인 활동을 측정하는 데 가장 적합한 방법은?

① Flicker 측정
② 산소소비량 측정
③ 근전도(EMG) 측정
④ 피부전기반사(GSR) 측정

해설

- Flicker 측정은 정신피로의 척도를 나타내는 측정치이다.
- 근전도(EMG)는 인간의 생리적 부담 척도 중 국소적 근육 활동의 척도로 가장 적합한 변수이다.
- GSR은 외적인 자극이나 감정적인 변화를 전기적 피부저항값을 이용하여 측정하는 방법으로 거짓말 탐지기 등에서 이용된다.

생리적 척도

- 인간-기계 시스템을 평가하는 데 사용하는 인간기준척도 중 하나이다.
- 중추신경계 활동에 관여하므로 그 활동 및 징후를 측정할 수 있다.
- 정신적 작업부하 척도 가운데 직무수행 중에 계속해서 자료를 수집할 수 있고, 부수적인 활동이 필요 없는 장점을 가진 척도이다.
- 정신작업의 생리적 척도는 EEG(수면뇌파), 심박수, 부정맥, 점멸융합주파수, J.N.D(Just-Noticeable Difference) 등을 통해 확인할 수 있다.
- 육체작업의 생리적 척도는 EMG(근전도), 맥박수, 산소소비량, 폐활량, 작업량 등을 통해 확인할 수 있다.

1203

40

Repetitive Learning (1회 2회 3회)

다음 [표]는 불꽃놀이용 화학물질취급설비에 대한 정량적 평가이다. 해당 항목에 대한 위험등급이 올바르게 연결된 것은?

항목	A (10점)	B (5점)	C (2점)	D (0점)
취급물질	○	○	○	
조작		○		○
화학설비의 용량	○		○	
온도	○	○		
압력		○	○	○

① 취급물질-Ⅰ등급, 화학설비의 용량-Ⅰ등급
② 온도-Ⅰ등급, 화학설비의 용량-Ⅱ등급
③ 취급물질-Ⅰ등급, 조작-Ⅳ등급
④ 온도-Ⅱ등급, 압력-Ⅲ등급

38 ④ 39 ② 40 ④ 정답

해설

- 각각의 위험점수의 합계를 구해 등급표에 적용한다.
- 취급물질은 10+5+2=17점으로 Ⅰ등급
- 화학설비의 용량은 10+2=12점으로 Ⅱ등급
- 온도는 10+5=15점으로 Ⅱ등급
- 조작은 5+0=5점으로 Ⅲ등급
- 압력은 5+2+0=7점으로 Ⅲ등급이다.

정량적 평가

㉠ 개요
- 손실 및 위험의 크기를 숫자값으로 표현하는 방식이다.
- 연간 예상손실액(ALE)을 계산하기 위해 모든 값들을 정량화시켜 표현한다.

㉡ 위험등급
- A급은 10점, B급은 5점, C급은 2점, D급은 0점을 부여하여 합산 점수를 구해 위험등급을 부여한다.
- 위험등급 Ⅰ등급 : 합산점수 16점 ~ 17점
- 위험등급 Ⅱ등급 : 합산점수 11점 ~ 15점
- 위험등급 Ⅲ등급 : 합산점수 10점 이하

3과목 기계 · 기구 및 설비 안전관리

41 Repetitive Learning (1회 2회 3회)

선반작업의 안전수칙으로 가장 거리가 먼 것은?

① 기계에 주유 및 청소를 할 때는 저속회전에서 한다.
② 일반적으로 가공물의 길이가 지름의 12배 이상일 때는 방진구를 사용하여 선반작업을 한다.
③ 바이트는 가급적 짧게 설치한다.
④ 면장갑을 사용하지 않는다.

해설

- 바이트 교환, 일감의 치수 측정, 주유 및 청소 시에는 기계를 정지시켜야 한다.

선반작업 시 안전수칙

㉠ 작업자 보호장구
- 작업 중 장갑 착용을 금한다.
- 절삭 칩의 제거는 반드시 브러시를 사용하도록 한다.
- 칩(Chip)이 비산할 때는 보안경을 쓰고 방호판을 설치하여 사용한다.

㉡ 작업 시작 전 점검 및 준수사항
- 칩이 짧게 끊어지도록 칩 브레이커를 설치한다.
- 일감의 길이가 긴(가공물 길이가 지름의 12~20배 이상) 공작물은 방진구를 설치하여 진동을 방지한다.
- 베드 위에 공구를 올려놓지 않아야 한다.
- 공작물의 설치가 끝나면, 척에서 렌치류는 곧바로 제거한다.
- 시동 전에 척 핸들을 빼두어야 한다.

㉢ 작업 중 준수사항
- 기계 운전 중에는 백기어(Back gear)의 사용을 금한다.
- 회전 중에 가공품을 직접 만지지 않는다.
- 센터작업 시 심압 센터에 자주 절삭유를 준다.
- 선반작업 시 주축의 변속은 기계 정지 후에 해야 한다.
- 바이트 교환, 일감의 치수 측정, 주유 및 청소 시에는 기계를 정지시켜야 한다.

42 Repetitive Learning (1회 2회 3회)

크레인에 돌발상황이 발생한 경우 안전을 유지하기 위하여 모든 전원을 차단하여 크레인을 급정지시키는 방호장치는?

① 호이스트
② 이탈방지장치
③ 비상정지장치
④ 아웃트리거

정답 | 41 ① 42 ③

해설

- 호이스트는 훅이나 그 밖의 달기구 등을 사용하여 화물을 권상 및 횡행 또는 권상동작만을 하여 양중하는 장치를 말한다.
- 이탈방지장치는 바람 등에 의해 크레인이 이탈되는 것을 방지하기 위한 장치이다.
- 아웃트리거는 이동식크레인 등의 작업 중 움직이는 것을 방지하기 위해 설치하는 전도방지대를 말한다.

방호장치의 조정

대상	• 크레인 • 이동식크레인 • 리프트 • 곤돌라 • 승강기
방호장치	과부하방지장치, 권과방지장치(捲過防止裝置), 비상정지장치 및 제동장치, 그 밖의 방호장치{승강기의 파이널리미트스위치(Final limit switch), 속도조절기, 출입문 인터 록(Inter lock) 등}

43

Repetitive Learning 1회 2회 3회

극한하중이 600N인 체인에 안전계수가 4일 때 체인의 정격하중(N)은?

① 130
② 140
③ 150
④ 160

해설

- 정격하중은 극한하중/안전계수이므로 대입하면 600/4 = 150N이 된다.

안전율/안전계수(Safety factor)

- 소재의 파괴강도와 허용되는 응력의 비를 표시한 것이다.
- 안전율은 $\frac{\text{기준강도}}{\text{허용응력}}$ 또는 $\frac{\text{항복강도}}{\text{설계하중}}$, $\frac{\text{파괴하중}}{\text{최대사용하중}}$, $\frac{\text{최대응력}}{\text{허용응력}}$ 등으로 구한다.
- 응력은 단위면적당 부재에 작용하는 힘을 말하며, 허용응력은 단위면적당 재료가 파괴되지 않고 영구적인 변형이 남지 않는 비례한도 범위 내의 응력을 말한다.
- 기준강도는 재료에 손상을 입힌다고 인정되는 강도를 말한다.
- 강도(기준강도)를 통해 재료의 안전율, 구조 등이 결정된다.
- 연성재료에서는 항복점을 기준강도, 인장강도, 기초강도라고도 한다.

44

Repetitive Learning 1회 2회 3회

연삭작업에서 숫돌의 파괴 원인으로 가장 적절하지 않은 것은?

① 숫돌의 회전속도가 너무 빠를 때
② 연삭작업 시 숫돌의 정면을 사용할 때
③ 숫돌에 큰 충격을 줬을 때
④ 숫돌의 회전중심이 제대로 잡히지 않았을 때

해설

- 숫돌작업 시 숫돌의 측면을 사용할 때 연삭숫돌은 파괴될 수 있다. 그러나 정면을 사용할 때는 정상적인 사용에 해당한다.

연삭숫돌의 파괴 원인 실필 2303/2101

- 숫돌의 회전중심이 잡히지 않았을 때
- 베어링의 마모에 의한 진동이 생길 때
- 숫돌에 큰 충격이 가해질 때
- 플랜지의 직경이 현저히 작거나 지름이 균일하지 않을 때
- 숫돌의 회전속도가 너무 빠를 때
- 숫돌 자체에 균열이 있을 때
- 숫돌작업 시 숫돌의 측면을 사용할 때

1001 / 1501

45

Repetitive Learning 

산업안전보건법령상 크레인에서 권과방지장치의 달기구 윗면이 권상장치의 아랫면과 접촉할 우려가 있는 경우 최소 몇 m 이상 간격이 되도록 조정하여야 하는가?(단, 직동식 권과장치의 경우는 제외)

① 0.1　② 0.15
③ 0.25　④ 0.3

해설

- 권과방지장치는 일정 이상 부하를 권상시키면 더는 권상되지 않게 하여 부하가 크레인에 충돌하지 않도록 하는 장치이다. 이때 간격은 25cm(0.25m) 이상 유지하도록 조정한다.

크레인의 방호장치 실필 1902/1101

- 크레인 방호장치에는 과부하방지장치, 권과방지장치, 충돌방지장치, 비상정지장치, 해지장치, 스토퍼 등이 있다.
- 권과방지장치는 일정 이상 부하를 권상시키면 더 이상 권상되지 않게 하여 부하가 크레인에 충돌하지 않도록 하는 장치이다. 이때 간격은 25cm 이상 유지하도록 조정한다(단, 직동식 권과방지장치의 간격은 0.05m 이상이다).
- 과부하방지장치는 하중이 정격을 초과하였을 때 자동적으로 상승이 정지되는 장치이다.

43 ③　44 ②　45 ③ 정답

- 충돌방지장치는 병렬로 설치된 크레인의 경우 크레인의 충돌을 방지하기 위해 광 또는 초음파를 이용해 크레인의 접촉을 감지하여 충돌을 방지하는 장치이다.
- 비상정지장치는 위험한계 내에 신체의 일부가 들어가거나 이상사태가 발견된 경우에 기계의 작동을 정지시키는 장치를 말한다.
- 해지장치는 크레인 작업 시 와이어로프 등이 훅으로부터 벗겨지는 것을 방지하기 위한 장치이다.
- 스토퍼는 같은 주행로에 병렬로 설치되어 있는 주행 크레인에서 크레인끼리의 충돌이나, 근로자에 접촉하는 것을 방지하는 장치이다.

1603

46

Repetitive Learning (1회 2회 3회)

산업안전보건법령상 화물의 낙하에 의해 운전자가 위험을 미칠 경우 지게차의 헤드가드(Head guard)는 지게차 최대하중의 몇 배가 되는 등분포정하중에 견딜 수 있는 강도를 가져야 하는가?(단, 4톤을 넘는 값은 제외)

① 1배　　② 1.5배

③ 2배　　④ 3배

해설

- 4톤 이하의 지게차에서 헤드가드의 강도는 지게차 최대하중의 2배 값(4톤을 초과할 경우 4톤)의 등분포정하중에 견딜 수 있어야 한다.

:: 지게차의 헤드가드 실필 2103/2102/1802/1601/1302/0801

- 헤드가드는 지게차를 이용한 작업 중에 위쪽으로부터 떨어지는 물건에 의한 위험을 방지하기 위하여 운전자의 머리 위쪽에 설치하는 덮개를 말한다.
- 상부 틀의 각 개구의 폭 또는 길이가 16cm 미만일 것
- 4톤 이하의 지게차에서 헤드가드의 강도는 지게차 최대하중의 2배값(4톤을 초과할 경우 4톤)의 등분포정하중에 견딜 수 있을 것
- 운전자가 앉아서 조작하거나 서서 조작하는 지게차의 헤드가드는 한국산업표준에서 정하는 높이 기준 이상일 것(앉는 방식 : 0.903m, 서는 방식 : 1.88m)

47

Repetitive Learning (1회 2회 3회)

산업안전보건법령상 프레스 등을 사용하여 작업을 할 때 작업 시작 전 점검사항으로 가장 거리가 먼 것은?

① 압력방출장치의 기능

② 클러치 및 브레이크의 기능

③ 프레스의 금형 및 고정볼트 상태

④ 1행정 1정지기구 · 급정지장치 및 비상정지장치의 기능

해설

- 압력방출장치의 기능은 공기압축기를 가동할 때 작업 시작 전 점검사항이다.

:: 프레스 등을 사용하여 작업할 때 작업 시작 전 점검사항 실작 2402/2301/2102/2002

- 클러치 및 브레이크의 기능
- 프레스의 금형 및 고정볼트 상태
- 1행정 1정지기구 · 급정지장치 및 비상정지 장치의 기능
- 크랭크축 · 플라이휠 · 슬라이드 · 연결봉 및 연결 나사의 풀림여부
- 슬라이드 또는 칼날에 의한 위험방지 기구의 기능
- 방호장치의 기능
- 전단기의 칼날 및 테이블의 상태

0802 / 1102 / 1601

48

Repetitive Learning 

다음 중 프레스의 방호장치에서 게이트 가드(Gate guard)식 방호장치의 종류를 작동방식에 따라 분류할 때 해당되지 않는 것은?

① 경사식　　② 하강식

③ 도립식　　④ 횡슬라이드식

해설

- 게이트 가드식 방호장치는 작동방식에 따라 하강식, 상승식, 횡슬라이드식, 도립식 등으로 분류된다.

:: 게이트 가드(Gate guard)식 방호장치

㉠ 개요

- 게이트 가드식은 인터록(연동)장치를 사용하여 문을 닫지 않으면 동작되지 않는 구조이거나 가드가 열린 상태에서 슬라이드를 동작시킬 수 없고 또한 슬라이드 작동 중에는 게이트 가드를 열 수 없도록 만든 방호장치이다.

㉡ 일반사항

- 작동방식에 따라 하강식, 상승식, 횡슬라이드식, 도립식 등으로 분류된다.
- 게이트 가드식은 위험점에 손이 들어가지 못하도록 하는 방식으로 금형크기에 따라 가드를 따로 제작해야 하는 관계로 금형교환 빈도수가 많을 경우 비효율적이다.

49

Repetitive Learning (1회 2회 3회)

500rpm으로 회전하는 연삭숫돌의 지름이 300mm일 때 원주속도(m/min)는?

① 약 748　　② 약 650

③ 약 532　　④ 약 471

정답 | 46 ③ 47 ① 48 ① 49 ④

해설

- 회전체의 원주속도 $= \frac{\pi \times \text{외경} \times \text{회전수}}{1,000}$[m/min]에 주어진 값을 대입하면 원주속도는 $\frac{3.14 \times 300 \times 500}{1,000} = 471$[m/min]이다.

회전체의 원주속도

- 회전체의 원주속도는 $\frac{\pi \times \text{외경} \times \text{회전수}}{1,000}$[m/min]으로 구한다. 이때 외경의 단위는 [mm]이고, 회전수의 단위는 [rpm]이다.
- 회전수 $= \frac{\text{원주속도} \times 1,000}{\pi \times \text{외경}}$으로 구할 수 있다.

0601 / 0803 / 1101 / 1701

50

Repetitive Learning (1회 2회 3회)

산업안전보건법령상 용접장치의 안전에 관한 준수사항 설명으로 옳은 것은?

① 아세틸렌용접장치의 발생기실을 옥외에 설치한 때에는 그 개구부를 다른 건축물로부터 1m 이상 떨어지도록 하여야 한다.
② 가스집합장치로부터 3m 이내의 장소에서는 화기의 사용을 금지시킨다.
③ 아세틸렌 발생기에서 10m 이내 또는 발생기실에서 4m 이내의 장소에서는 흡연행위를 금지시킨다.
④ 아세틸렌용접장치를 사용하여 용접작업 할 경우 게이지 압력이 127kPa을 초과하는 아세틸렌을 발생시켜 사용해서는 아니 된다.

해설

- 발생기실을 옥외에 설치한 경우에는 그 개구부를 다른 건축물로부터 1.5m 이상 떨어지도록 하여야 한다.
- 가스집합장치에 대해서는 화기를 사용하는 설비로부터 5m 이상 떨어진 장소에 설치하여야 한다.
- 발생기에서 5m 이내 또는 발생기실에서 3m 이내의 장소에서는 흡연, 화기의 사용 또는 불꽃이 발생할 위험한 행위를 금지시켜야 한다.

아세틸렌용접장치

- 아세틸렌용접장치를 사용하여 금속의 용접·용단 또는 가열작업을 하는 경우에는 게이지 압력이 127kPa을 초과하는 압력의 아세틸렌을 발생시켜 사용해서는 아니 된다.
- 아세틸렌용접장치의 아세틸렌 발생기를 설치하는 경우에는 전용의 발생기실에 설치하여야 한다.
- 발생기실은 건물의 최상층에 위치하여야 하며, 화기를 사용하는 설비로부터 3m를 초과하는 장소에 설치하여야 한다.
- 발생기실을 옥외에 설치한 경우에는 그 개구부가 다른 건축물로부터 1.5m 이상 떨어지도록 하여야 한다.

1001 / 1102 / 1903

51

Repetitive Learning (1회 2회 3회)

산업안전보건법령상 목재가공용 둥근톱 작업에서 분할 날과 톱날 원주면과의 간격은 최대 얼마 이내가 되도록 조정하는가?

① 10mm ② 12mm
③ 14mm ④ 16mm

해설

- 둥근톱 기계의 분할 날과 톱날 원주면과의 거리는 12mm 이내이어야 한다.

분할 날 설치 조건 실필 1501

- 견고히 고정할 수 있어야 하며 분할 날과 톱날 원주면과의 거리는 12mm 이내이어야 한다.
- 표준 테이블면상의 톱 뒷날의 2/3 이상을 덮도록 하여야 한다.
- 덮개 하단과 가공재 상면과의 간격은 8mm 이내로 조정되어야 한다.

1301

52

Repetitive Learning (1회 2회 3회)

기계설비에서 기계 고장률의 기본 모형으로 옳지 않은 것은?

① 조립고장 ② 초기고장
③ 우발고장 ④ 마모고장

해설

- 수명곡선상의 고장의 종류에는 초기고장, 우발고장, 마모고장이 있다.

수명곡선과 고장형태

- 시스템 수명곡선의 형태는 초기고장은 감소형, 우발고장은 일정형, 마모고장은 증가형을 보인다.
- 디버깅 기간은 초기고장에서 나타난다.

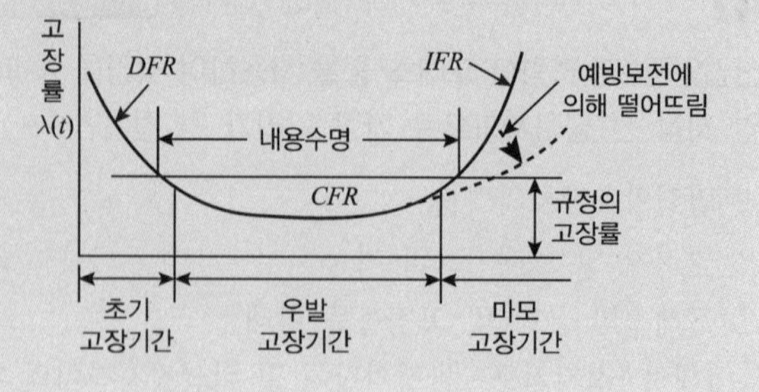

50 ④ 51 ② 52 ① 정답

0303 / 0603 / 1002 / 1402 / 1702

53

Repetitive Learning (1회 2회 3회)

다음 중 선반의 방호장치로 가장 거리가 먼 것은?

① 실드(Shield)
② 슬라이딩(Sliding)
③ 척 커버(Chuck cover)
④ 칩 브레이커(Chip breaker)

해설

• 선반작업 시 사용하는 방호장치의 종류에는 칩 브레이커, 척 커버, 실드(덮개), 급정지 브레이크, 울, 고정 브리지 등이 있다.

:: 선반작업 시 사용하는 방호장치

㉠ 개요

• 선반작업 시 사용하는 방호장치의 종류에는 칩 브레이커, 척 커버, 실드, 급정지 브레이크, 덮개, 울, 고정 브리지 등이 있다.

㉡ 방호장치의 종류와 특징

구분	특징
칩 브레이커 (Chip breaker)	선반작업 시 발생하는 칩을 잘게 끊어주는 장치
척 커버 (Chuck cover)	척에 물린 가공물의 돌출부 등에 작업복이 말려들어가는 것을 방지해주는 장치
실드 (Shield)	칩이나 절삭유의 비산을 방지하기 위해 선반의 전후좌우 및 위쪽에 설치하는 플라스틱 덮개로 칩 비산방지장치라고도 함
급정지 브레이크	작업 중 발생하는 돌발상황에서 선반 작동을 중지시키는 장치
덮개 또는 울, 고정 브리지	돌출하여 회전하고 있는 가공물이 근로자에게 위험을 미칠 우려가 있는 경우에 설치

54

Repetitive Learning (1회 2회 3회)

일반적으로 전류가 과대하고, 용접속도가 너무 빠르며, 아크를 짧게 유지하기 어려운 경우 모재 및 용접부의 일부가 녹아서 홈 또는 오목한 부분이 생기는 용접부 결함은?

① 잔류응력　② 융합불량
③ 기공　④ 언더컷

해설

• 잔류응력이란 재료에 외력이 가하지 않은 상태에서 재료 내에 존재하는 응력을 말한다.
• 융합불량은 용접봉과 모재 또는 용접부 사이를 제대로 용융시키지 않은 상태에서 용접금속이 흘러 들어가 메워진 상태를 말한다.
• 기공(Blow hole)은 용접 금속 안에 기체가 갇힌 상태로 굳어버린 것을 말한다.

:: 아크용접 결함

㉠ 개요

• 용접 불량은 재료가 가지는 결함이 아니라 작업수행 시에 발생되는 결함이다.
• 용접 불량의 종류에는 기공, 스패터, 언더컷, 크레이터, 피트, 오버랩, 용입불량 등이 있다.

㉡ 결함의 종류

구분	내용
기공 (Blow hole)	용접 금속 안에 기체가 갇힌 상태로 굳어버린 것
스패터 (Spatter)	용융된 금속의 작은 입자가 튀어나와 모재에 묻어 있는 것
언더컷 (Under cut)	전류가 과대하고 용접속도가 너무 빠르며, 아크를 짧게 유지하기 어려운 경우 모재 및 용접부의 일부가 녹아서 홈 또는 오목하게 생긴 부분
크레이터 (Crater)	용접 길이의 끝부분에 오목하게 파인 부분
피트 (Pit)	용착금속 속에 남아있는 가스로 인하여 생긴 구멍
오버랩 (Over lap)	용접봉의 운행이 불량하거나 용접봉의 용융온도가 모재보다 낮을 때 과잉 용착금속이 남아있는 부분

1102 / 1301 / 1401 / 1702

55

Repetitive Learning (1회 2회 3회)

산업안전보건법령상 로봇을 운전하는 경우 근로자가 로봇에 부딪힐 위험이 있을 때 높이 얼마 이상의 울타리를 설치하여야 하는가?(단, 로봇의 가동범위 등을 고려하여 높이로 인한 위험성이 없는 경우는 제외)

① 0.9m　② 1.2m
③ 1.5m　④ 1.8m

해설

• 로봇 운전 중 위험을 방지하기 위해 높이 1.8m 이상의 울타리 혹은 안전매트 또는 감응형 방호장치를 설치하여야 한다.

:: 운전 중 위험방지

• 사업주는 로봇의 운전으로 인하여 근로자에게 발생할 수 있는 부상 등의 위험을 방지하기 위하여 높이 1.8m 이상의 울타리를 설치하여야 한다.
• 컨베이어 시스템의 설치 등으로 울타리를 설치할 수 없는 일부 구간에 대해서는 안전매트 또는 광전자식 방호장치 등 감응형(感應形) 방호장치를 설치하여야 한다.

정답 | 53 ② 54 ④ 55 ④

0801

56 Repetitive Learning (1회 2회 3회)

다음 중 보일러 운전 시 안전수칙으로 잘못된 것은?

① 가동 중인 보일러에는 작업자가 항상 정위치를 떠나지 아니할 것
② 보일러의 각종 부속장치의 누설 상태를 점검할 것
③ 압력방출장치는 매 7년마다 정기적으로 작동 시험을 할 것
④ 노 내의 환기 및 통풍 장치를 점검할 것

해설

- 압력방출장치의 정상작동 여부는 매년 1회 이상 토출압력을 시행하여야 한다. 단, 공정안전보고서 이행수준 평가결과가 우수한 사업장에 대해서는 4년에 1회 검사를 시행한다.

보일러 등

- 보일러의 안전한 가동을 위하여 압력방출장치를 1개 또는 2개 이상 설치하고 최고사용압력(설계압력 또는 최고허용압력) 이하에서 작동되도록 하여야 한다. 다만, 압력방출장치가 2개 이상 설치된 경우에는 최고사용압력 이하에서 1개가 작동되고, 다른 압력방출장치는 최고사용압력 1.05배 이하에서 작동되도록 부착하여야 한다. 실필 1101
- 압력방출장치는 매년 1회 이상 압력방출장치가 적정하게 작동하는지를 검사한 후 납으로 봉인하여 사용하여야 한다. 다만, 공정안전보고서 제출 대상으로서 고용노동부장관이 실시하는 공정안전보고서 이행상태 평가결과가 우수한 사업장은 압력방출장치에 대하여 4년마다 1회 이상 설정압력에서 압력방출장치가 적정하게 작동하는지를 검사할 수 있다.
- 보일러의 과열을 방지하기 위하여 최고사용압력과 상용압력 사이에서 보일러의 버너 연소를 차단할 수 있도록 압력제한스위치를 부착하여 사용하여야 한다.
- 압력용기 등을 식별할 수 있도록 하기 위하여 그 압력용기 등의 최고사용압력, 제조연월일, 제조회사명 등이 지워지지 않도록 각인(刻印) 표시된 것을 사용하여야 한다. 실필 1201

0603 / 1202 / 1401 / 1903 / 2001

57 Repetitive Learning (1회 2회 3회)

산업안전보건법령상 승강기의 종류로 옳지 않은 것은?

① 승객용 엘리베이터
② 리프트
③ 화물용 엘리베이터
④ 승객화물용 엘리베이터

해설

- 리프트는 양중기에는 포함되나 승강기의 종류는 아니다.

승강기

㉠ 개요

- 승강기란 건축물이나 고정된 시설물에 설치되어 일정한 경로에 따라 사람이나 화물을 승강장으로 옮기는 데에 사용되는 설비를 말한다.
- 승강기의 종류에는 승객용, 승객화물용, 화물용, 소형화물용 엘리베이터와 에스컬레이터 등이 있다.

㉡ 승강기의 종류와 특성

구분	특성
승객용 엘리베이터	사람의 운송에 적합하게 제조·설치된 엘리베이터이다.
승객화물용 엘리베이터	사람의 운송과 화물 운반을 겸용하는데 적합하게 제조·설치된 엘리베이터이다.
화물용 엘리베이터	화물 운반에 적합하게 제조·설치된 엘리베이터로 조작자 또는 화물취급자 1명은 탑승가능한 것이다.
소형화물용 엘리베이터	음식물이나 서적 등 소형 화물의 운반에 적합하게 제조·설치된 엘리베이터이다.
에스컬레이터	일정한 경사로 또는 수평로를 따라 위·아래 또는 옆으로 움직이는 디딤판을 통해 사람이나 화물을 승강장으로 운송시키는 설비이다.

0803 / 0901

58 Repetitive Learning (1회 2회 3회)

산업안전보건법령상 롤러기의 방호장치 중 롤러의 앞면 표면속도가 30m/min 이상일 때 무부하 동작에서 급정지거리는?

① 앞면 롤러 원주의 1/2.5 이내
② 앞면 롤러 원주의 1/3 이내
③ 앞면 롤러 원주의 1/3.5 이내
④ 앞면 롤러 원주의 1/5.5 이내

해설

- 급정지거리는 원주속도가 30(m/min) 이상일 경우 앞면 롤러 원주의 1/2.5, 30(m/min) 미만일 경우 앞면 롤러 원주 1/3 이내로 한다.

롤러기 급정지장치의 개구부 간격과 급정지거리

실필 1703/1202/1102

- 가드 설치 시 개구부 간격(단위 : mm)

구분	간격
개구부와 위험점 간격 : 160mm 이상	30
개구부와 위험점 간격 : 160mm 미만	6+(0.15×개구부 ~위험점 최단거리)
위험점이 전동체일 경우	6+(0.1×개구부 ~위험점 최단거리)

56 ③ 57 ② 58 ① 정답

• 급정지거리

원주속도 30m/min 이상	앞면 롤러 원주의 1/2.5
원주속도 30m/min 미만	앞면 롤러 원주의 1/3 이내

0701 / 1002 / 1701

59

Repetitive Learning 1회 2회 3회

슬라이드가 내려옴에 따라 손을 쳐내는 막대가 좌우로 왕복하면서 위험한계에 있는 손을 보호하여 주는 프레스의 방호장치는?

① 수인식　② 게이트 가드식
③ 반발예방장치　④ 손쳐내기식

해설

• 수인식 방호장치는 슬라이드와 작업자의 손을 끈으로 연결하여, 슬라이드 하강 시 방호장치가 작업자의 손을 당기게 함으로써 위험영역에서 빼낼 수 있도록 한 장치를 말한다.
• 게이트 가드식은 인터록(연동)장치를 사용하여 문을 닫지 않으면 동작되지 않는 구조이거나 가드가 열린 상태에서 슬라이드를 동작시킬 수 없고 또한 슬라이드 작동 중에는 게이트 가드를 열 수 없도록 한 방호장치이다.
• 반발예방장치는 둥근톱 작업 시 가공재의 반발을 방지하기 위하여 설치하는 분할 날 등을 말한다.

∷ 손쳐내기식 방호장치(Push away, Sweep guard) 실필 2401/1301

㉠ 개요
슬라이드가 내려옴에 따라 손을 쳐내는 막대가 좌우로 왕복하면서 위험점으로부터 손을 보호하여 주는 장치로 접근거부형 방호장치의 대표적인 종류이다.

㉡ 구조 및 일반사항
• 슬라이드 행정이 40mm 이상인 프레스에 사용한다.
• 슬라이드 행정수가 100spm 이하인 프레스에 사용한다.
• 슬라이드 하행정거리의 3/4 위치에서 손을 완전히 밀어내야 한다.
• 방호판의 폭이 금형 폭의 1/2(최소폭 120mm) 이상이어야 한다.
• 슬라이드 조절 양이 많은 것에는 손쳐내기 봉의 길이 및 진폭의 조절 범위가 큰 것을 선정한다.

60

Repetitive Learning 1회 2회 3회

다음 중 컨베이어의 안전장치로 옳지 않은 것은?

① 비상정지장치
② 반발예방장치
③ 역회전방지장치
④ 이탈방지장치

해설

• 반발예방장치는 둥근톱 작업 시 가공재의 반발을 방지하기 위하여 설치하는 분할 날 등을 말한다.

∷ 컨베이어의 방호장치

• 컨베이어, 이송용 롤러 등을 사용하는 경우에는 정전·전압강하 등에 따른 화물 또는 운반구의 이탈 및 역주행을 방지하는 장치를 갖추어야 한다.
• 컨베이어 등에 해당 근로자의 신체의 일부가 말려드는 등 근로자가 위험해질 우려가 있는 경우 및 비상시에는 즉시 컨베이어 등의 운전을 정지시킬 수 있는 장치를 설치하여야 한다.
• 컨베이어 등으로부터 화물이 떨어져 근로자가 위험해질 우려가 있는 경우에는 해당 컨베이어 등에 덮개 또는 울을 설치하는 등 낙하방지를 위한 조치를 하여야 한다.
• 운전 중인 컨베이어 등의 위로 근로자를 넘어가도록 하는 경우에는 위험을 방지하기 위하여 건널다리를 설치하는 등 필요한 조치를 하여야 한다.
• 동일선상에 구간별 설치된 컨베이어에 중량물을 운반하는 경우에는 중량물 충돌에 대비한 스토퍼를 설치하거나 작업자 출입을 금지하여야 한다.

4과목 전기설비 안전관리

61

Repetitive Learning 1회 2회 3회

산업안전보건기준에 관한 규칙에 따라 누전에 의한 감전 위험을 방지하기 위하여 접지를 하여야 하는 대상의 기준으로 틀린 것은?(단, 예외조건은 고려하지 않는다)

① 전기기계·기구의 금속제 외함
② 고압 이상의 전기를 사용하는 전기기계·기구 주변의 금속제 칸막이
③ 고정배선에 접속된 전기기계·기구 중 사용전압이 대지전압 100V를 넘는 비충전 금속체
④ 코드와 플러그를 접속하여 사용하는 전기기계·기구 중 휴대형 전동기계·기구의 노출된 비충전 금속체

해설

• 고정 설치되거나 고정배선에 접속된 전기기계·기구의 노출된 비충전 금속체 중 충전될 우려가 있는 비충전 금속체로서 사용전압이 대지전압 150볼트를 넘는 것에 대해서 의무적으로 접지를 하여야 한다.

정답 | 59 ④　60 ②　61 ③

누전에 의한 감전 위험을 방지하기 위하여 접지를 해야하는 대상

전기 기계 · 기구의 금속제 외함, 금속제 외피 및 철대	
고정 설치되거나 고정배선에 접속된 전기기계 · 기구의 노출된 비충전 금속체 중 충전될 우려가 있는 비충전 금속체	• 지면이나 접지된 금속체로부터 수직거리 2.4미터, 수평거리 1.5미터 이내인 것 • 물기 또는 습기가 있는 장소에 설치되어 있는 것 • 금속으로 되어 있는 기기접지용 전선의 피복 · 외장 또는 배선관 등 • 사용전압이 대지전압 150볼트를 넘는 것
전기를 사용하지 아니하는 설비 중 금속체	• 전동식 양중기의 프레임과 궤도 • 전선이 붙어 있는 비전동식 양중기의 프레임 • 고압 이상의 전기를 사용하는 전기 기계 · 기구 주변의 금속제 칸막이 · 망 및 이와 유사한 장치
코드와 플러그를 접속하여 사용하는 전기 기계 · 기구 중 노출된 비충전 금속체	• 사용전압이 대지전압 150볼트를 넘는 것 • 냉장고 · 세탁기 · 컴퓨터 및 주변기기 등과 같은 고정형 전기기계 · 기구 • 고정형 · 이동형 또는 휴대형 전동기계 · 기구 • 물 또는 도전성(導電性)이 높은 곳에서 사용하는 전기기계 · 기구, 비접지형 콘센트 • 휴대형 손전등
수중펌프를 금속제 물탱크 등의 내부에 설치하여 사용하는 경우 그 탱크(이 경우 탱크를 수중펌프의 접지선과 접속하여야 한다)	

62

Repetitive Learning (1회 2회 3회)

접지계통 분류에서 TN접지방식이 아닌 것은?

① TN-S 방식
② TN-C 방식
③ TN-T 방식
④ TN-C-S 방식

해설

• TN접지방식에는 TN-S, TN-C, TN-C-S 방식이 있다.

TN접지방식

㉠ 개요

• 전력공급측을 계통접지하고 설비측은 보호도체(PE)로 연접시키는 시스템이다.
• 과전류차단기로 간접접촉보호가 가능하다.
• 누전차단기가 필요없다.
• 전위상승이 적은 저압간선에 사용한다.
• TN-S, TN-C, TN-C-S 방식이 있다.

㉡ 접지방식별 특징

TN-S	• 전원부는 접지되어있고, 간선의 중성선(N)과 보호도체(PE)를 분리해서 사용한다. • 보호도체를 접지도체로 사용한다.
TN-C	• 간선의 중성선(N)과 보호도체(PE)를 겸용하는 PEN도체를 사용하는 방식이다. • 기기의 노출 도전부분의 접지는 보호도체를 경유하여 전원부의 접지점에 접속한다.
TN-C-S	• 전원부는 TN-C 방식으로, 간선계통의 일부에서 중성선(N)과 보호도체(PE)를 분리하여 TN-S 방식으로 하는 방식이다.

1203 / 1801

63

Repetitive Learning (1회 2회 3회)

교류 아크 용접기의 자동전격장치는 전격의 위험을 방지하기 위하여 아크 발생이 중단된 후 약 1초 이내에 출력측 무부하전압을 자동적으로 몇 [V] 이하로 저하시켜야 하는가?

① 85　　② 70
③ 50　　④ 25

해설

• 자동전격방지장치는 아크 발생이 중단되면 출력측 무부하전압을 1초 이내에 25[V] 이하로 저하시키는 장치이다.

자동전격방지장치 실필 1002

㉠ 개요

• 용접작업을 정지하는 순간(1초 이내) 자동적으로 접촉하여도 감전재해가 발생하지 않는 정도로 용접봉 홀더의 출력측 2차 전압을 저하(25V)시키는 장치이다.
• 용접작업을 정지하는 순간에 작동하여 다음 아크 발생 시까지 기능한다.
• 주회로를 제어하는 장치와 보조변압기로 구성된다.

㉡ 설치

• 용접기 외함 및 피용접물은 제3종 접지공사를 실시한다.
• 자동전격방지장치 설치 장소는 선박의 이중 선체 내부, 밸러스트(Ballast) 탱크, 보일러 내부 등 도전체에 둘러싸인 장소, 추락할 위험이 있는 높이 2m 이상의 장소로 철골 등 도전성이 높은 물체에 근로자가 접촉할 우려가 있는 장소, 물 · 땀 등으로 인하여 도전성이 높은 습윤 상태에서 근로자가 작업하는 장소 등이다.

62 ③ 63 ④ 정답

0301 / 1403

64 Repetitive Learning 1회 2회 3회

가연성 가스가 있는 곳에 저압 옥내전기설비를 금속관 공사에 의해 시설하고자 한다. 관 상호 간 또는 관과 전기기계·기구와는 몇 턱 이상 나사조임으로 접속하여야 하는가?

① 2턱　② 3턱
③ 4턱　④ 5턱

해설

- 관 상호 간 및 관과 박스 기타의 부속품·풀박스 또는 전기기계·기구와는 5턱 이상 나사조임으로 접속하는 방법 기타 이와 동등 이상의 효력이 있는 방법에 의하여 견고하게 접속하고 또한 내부에 먼지가 침입하지 아니하도록 접속해야 한다.

먼지가 많은 가스증기위험장소에서의 저압의 시설 금속관 공사

- 금속관은 박강 전선관(薄鋼電線管) 또는 이와 동등 이상의 강도를 가지는 것일 것
- 박스 기타의 부속품 및 풀박스는 쉽게 마모·부식 기타의 손상을 일으킬 우려가 없는 패킹을 사용하여 먼지가 내부에 침입하지 아니하도록 시설할 것
- 관 상호 간 및 관과 박스 기타의 부속품·풀박스 또는 전기기계·기구와는 5턱 이상 나사조임으로 접속하는 방법 기타 이와 동등 이상의 효력이 있는 방법에 의하여 견고하게 접속하고 또한 내부에 먼지가 침입하지 아니하도록 접속할 것
- 전동기에 접속하는 부분에서 가요성을 필요로 하는 부분의 배선에는 방폭형의 부속품 중 분진 방폭형 플렉시블 피팅을 사용할 것

65

KS C IEC 60079-6에 따른 유입방폭구조 "o" 방폭장비의 최소 IP등급은?

① IP44　② IP54
③ IP55　④ IP66

해설

- 유입방폭구조의 방폭장비는 IP66으로 먼지로부터 완벽하게 보호되어야 하고, 모든 방향의 높은 압력의 분사되는 물로부터 보호되어야 하는 등급을 의미한다.

IP보호등급

- Identification code for Protection의 약자로 국제 보호등급을 의미한다.
- IPxx로 표시되며 앞의 x는 방진등급(0~6), 뒤의 x는 방수등급(0~8)을 의미한다.
- 유입방폭구조의 방폭장비는 IP66으로 먼지로부터 완벽하게 보호되어야 하고, 모든 방향의 높은 압력의 분사되는 물로부터 보호되어야 하는 등급을 의미한다.

1801

66 Repetitive Learning 1회 2회 3회

우리나라의 안전전압으로 볼 수 있는 것은 약 몇 V인가?

① 30V　② 50V
③ 60V　④ 70V

해설

- 우리나라에서는 산업안전보건법에서 30V를 안전전압으로 규정하고 있다.

안전전압(安全電壓 : Safety voltage)

- 회로의 정격 전압이 일정수준 이하의 낮은 전압으로 절연파괴 등의 사고 시에도 인체에 위험을 주지 않게 되는 전압을 안전전압이라고 한다.
- 우리나라에서는 교류 30V 이하, 직류 42V 이하를 안전전압으로 규정하고 있다.

1102 / 1802

67 Repetitive Learning 1회 2회 3회

누전차단기의 구성요소가 아닌 것은?

① 누전검출부　② 영상변류기
③ 차단장치　④ 전력퓨즈

해설

- 누전차단기는 누전검출부, 영상변류기, 차단기구 등으로 구성된다.

누전차단기(RCD : Residual Current Device)

실필 2401/1502/1402/0903

㉠ 개요

- 이동형 또는 휴대형의 전기기계·기구의 금속제 외함, 금속제 외피 등에서 누전, 절연파괴 등으로 인하여 지락전류가 발생하면 주어진 시간 이내에 전기기기의 전로를 차단하는 장치를 말한다.
- 누전검출부, 영상변류기, 차단기구 등으로 구성된 장치이다.
- 정격부하전류가 30[A]인 이동형 전기기계·기구에 접속되어 있는 경우 일반적으로 정격감도전류는 30[mA] 이하인 것을 사용한다.
- 정격부하전류가 50[A] 미만의 전기기계·기구에 접속되는 누전차단기의 경우 정격감도전류가 30[mA] 이하이고 작동시간은 0.03초 이내이어야 한다.
- 누전에 의한 감전위험을 방지하기 위하여 분기회로마다 누전차단기를 설치한다.

㉡ 종류와 동작시간

- 인체감전보호용은 정격감도전류(30[mA])에서 0.03[초] 이내이다.
- 인체가 물에 젖어 있거나 물을 사용하는 장소(욕실 등)에는 정격감도전류(15[mA])에서 0.03초 이내의 누전차단기를 사용한다.

정답 | 64 ④ 65 ④ 66 ① 67 ④

- 고속형은 정격감도전류(30[mA])에서 동작시간이 0.1[초] 이내이다.
- 시연형은 정격감도전류(30[mA])에서 동작시간이 0.1[초]를 초과하고 0.2[초] 이내이다.
- 반한시형은 정격감도전류 100%에서 0.2~1[초] 이내, 정격감도전류 140%에서 0.1~0.5[초] 이내, 정격감도전류 440%에서 0.05[초] 이내이다.

68 Repetitive Learning (1회 2회 3회)

다음에서 설명하고 있는 방폭구조는?

> 전기기기의 정상 사용 조건 및 특정 비정상 상태에서 과도한 온도 상승, 아크 또는 스파크의 발생위험을 방지하기 위해 추가적인 안전 조치를 취한 것으로 Ex e라고 표시한다.

① 유입방폭구조
② 압력방폭구조
③ 내압방폭구조
④ 안전증방폭구조

해설

- 유입방폭구조는 전기불꽃, 아크 또는 고온이 발생하는 부분을 기름 속에 넣고, 기름면 위에 존재하는 폭발성 가스 또는 증기에 인화되지 않도록 한 구조를 말한다.
- 압력방폭구조는 용기 내부에 보호가스를 압입하여 내부압력을 유지함으로써 폭발성 가스 또는 증기가 내부로 유입되지 않도록 한 방폭구조이다.
- 내압방폭구조는 방폭전기설비의 용기 내부에서 폭발성 가스 또는 증기가 폭발하였을 때 용기가 그 압력에 견디고 접합면이나 개구부를 통해서 외부의 폭발성 가스나 증기에 인화되지 않도록 한 방폭구조를 말한다.

안전증방폭구조(Ex e)

- 전기기구의 권선, 에어-캡, 접점부, 단자부 등과 같이 정상적인 운전 중에 불꽃, 아크, 또는 과열이 생겨서는 안 될 부분에 대하여 이를 방지하거나 또는 온도상승을 제한하기 위하여 전기안전도를 증가시킨 방폭구조이다.
- 불꽃이나 아크 등이 발생하지 않는 기기의 경우 기기의 표면온도를 낮게 유지하여 고온으로 인한 착화의 우려를 없애고 또 기계적, 전기적으로 안정성을 높게 한 방폭구조를 말한다.
- 전기기기의 방폭화에 있어서 점화원의 격리와는 관련 없이 개발되었다.

69 Repetitive Learning (1회 2회 3회)

다음은 어떤 방전에 대한 설명인가?

> 정전기가 대전되어 있는 부도체에 접지체가 접근한 경우 대전물체와 접지체 사이에 발생하는 방전과 거의 동시에 부도체의 표면을 따라서 발생하는 나뭇가지 형태의 발광을 수반하는 방전

① 불꽃방전
② 스트리머방전
③ 코로나방전
④ 연면방전

해설

- 불꽃방전은 기체 내에 큰 전압이 걸릴 때 기체의 절연상태가 깨지면서 큰 소리와 함께 불꽃을 내는 방전을 말한다.
- 스트리머방전은 전압 경도(傾度)가 공기의 파괴 전압을 초과했을 때 나타나는 초기 저전류 방전을 말한다.
- 코로나방전은 전극 간의 전계가 불평등하면 불꽃방전 발생 전에 전계가 큰 부분에 발광현상과 함께 나타나는 방전을 말한다.

연면방전

- 공기 중에 놓여진 절연체의 표면을 따라 수지상(나뭇가지 형태)의 발광을 수반하는 방전이다.
- 대전이 큰 엷은 층상의 부도체를 박리할 때 또는 엷은 층상의 대전된 부도체의 뒷면에 밀접한 접지체가 있을 때 표면에 연한 수지상의 발광을 수반하여 발생하는 방전을 말한다.

70 Repetitive Learning (1회 2회 3회)

KS C IEC 60079-0에 따른 방폭기기에 대한 설명이다. 다음 빈칸에 들어갈 알맞은 용어는?

> (ⓐ)은 EPL로 표현되며 점화원이 될 수 있는 가능성에 기초하여 기기에 부여된 보호 등급이다. EPL의 등급 중 (ⓑ)는 정상작동, 예상된 오작동, 드문 오작동 중에 점화원이 될 수 없는 "매우 높은" 보호 등급의 기기이다.

① ⓐ Explosion Protection Level, ⓑ EPL Ga
② ⓐ Explosion Protection Level, ⓑ EPL Gc
③ ⓐ Equipment Protection Level, ⓑ EPL Ga
④ ⓐ Equipment Protection Level, ⓑ EPL Gc

해설

- 방폭기기에서 EPL은 기기보호등급을 의미하며, 이는 Equipment Protection Level의 준말이다. 아울러 보호등급이 높은 기기의 경우(0종 장소)는 Ga가 된다.

68 ④ 69 ④ 70 ③ 정답

위험장소에 따른 기기보호등급(EPL) 구분 방법

- 기기보호등급(EPL)은 Equipment Protection Level로 장비가 설치될 위험지역의 등급을 표시한다.
- 2개의 글자로 구성하며 앞의 글자는 폭발분위기의 종류인 가스(G), 분진(D)을 의미한다.
- 두 번째 글자는 a, b, c로 위험등급을 표시하는데 a가 아주높음, b가 높음, c가 주의를 의미한다.

위험장소	기기보호등급
0종 장소	Ga
1종 장소	Ga 또는 Gb
2종 장소	Ga, Gb 또는 Gc

71

Repetitive Learning (1회 2회 3회)

피뢰레벨에 따른 회전구체 반경이 틀린 것은?

① 피뢰레벨 Ⅰ : 20m
② 피뢰레벨 Ⅱ : 30m
③ 피뢰레벨 Ⅲ : 50m
④ 피뢰레벨 Ⅳ : 60m

해설

- 수뢰부 시스템을 배치하는 방법에는 구조물의 모퉁이, 뾰족한 점, 모서리(특히 용마루)에 보호각법, 회전구체법, 메시법이 있으며, 그중 회전구체법에서 피뢰레벨 Ⅲ의 회전구체반경은 45m이다.

피뢰시스템의 레벨별 회전구체 반경, 메시치수

- 구조물의 모퉁이, 뾰족한 점, 모서리(특히 용마루)에 보호각법, 회전구체법, 메시법으로 수뢰부 시스템을 배치해야 한다.
- 보호각법은 간단한 형상의 건물에 적용한다.
- 메시법은 보호대상 구조물의 표면이 평평한 경우에 적합하다.
- 회전구체법은 모든 경우에 적용가능하다.

피뢰레벨	기기보호등급	
	회전구체반경(m)	메시치수(m)
Ⅰ	20	5×5
Ⅱ	30	10×10
Ⅲ	45	15×15
Ⅳ	60	20×20

1501 / 1803

72

Repetitive Learning (1회 2회 3회)

정전유도를 받고 있는 접지되어 있지 않는 도전성 물체에 접촉한 경우 전격을 당하게 되는데 이때 물체에 유도된 전압 V[V]를 옳게 나타낸 것은?(단, E는 송전선의 대지전압, C_1은 송전선과 물체 사이의 정전용량, C_2는 물체와 대지 사이의 정전용량이며, 물체와 대지 사이의 저항은 무시한다)

① $V = \frac{C_1}{C_1 + C_2} \cdot E$

② $V = \frac{C_1 + C_2}{C_1} \cdot E$

③ $V = \frac{C_1}{C_1 \times C_2} \cdot E$

④ $V = \frac{C_1 \times C_2}{C_1} \cdot E$

해설

- 직렬로 연결된 C_1과 C_2에서 송전선 전압이 E일 때 정전용량 C_1에 걸리는 전압은 $\frac{C_2}{C_1+C_2} \times E$가 되고, C_2에 걸리는 전압은 $\frac{C_1}{C_1+C_2} \times E$가 되는데 물체에 유도된 전압은 C_2에 걸리는 전압이므로 $\frac{C_1}{C_1+C_2} \times E$이다.

콘덴서의 연결방법과 정전용량

㉠ 콘덴서의 직렬연결
- 2개의 콘덴서가 직렬로 연결된 경우 저항의 병렬연결과 같은 계산법을 적용한다.
- 각 콘덴서에 축적되는 전하량은 동일하다.
- 합성 정전용량 $= \frac{1}{\frac{1}{C_1} + \frac{1}{C_2}} = \frac{C_1 \times C_2}{C_1 + C_2}$ 이다.
- 콘덴서에 축적되는 전하량은 각각 $Q_1 = \frac{C_1C_2}{C_1+C_2}V$, $Q_2 = \frac{C_1C_2}{C_1+C_2}V$가 된다.

㉡ 콘덴서의 병렬연결
- 2개의 콘덴서가 병렬로 연결된 경우 저항의 직렬연결과 같은 계산법을 적용한다.
- 각 콘덴서에 걸리는 전압은 동일하다.
- 합성 정전용량 $= C_1 + C_2$ 이다.
- 콘덴서에 축적되는 전하량은 각각 $Q_1 = C_1V$, $Q_2 = C_2V$가 된다.

기준 변경 대치/2103 변형

73

Repetitive Learning (1회 2회 3회)

주택용 배선차단기 C타입의 경우 순시동작범위는?(단, In는 차단기 정격전류이다)

① 3In 초과 ~ 5In 이하
② 5In 초과 ~ 10In 이하
③ 10In 초과 ~ 15In 이하
④ 10In 초과 ~ 20In 이하

정답 | 71 ③ 72 ① 73 ②

해설

- ①는 B타입의 순시동작범위이다.
- ④는 D타입의 순시동작범위이다.

주택용 배선차단기

적용범위	• 정격전압교류 380V 이하 • 정격전류 125A 이하 • 정격단락차단용량 25kA 이하
과전류 동작범위	• 정격전류의 1.13배에서 부동작 • 정격전류의 1.45배에서 동작
순시동작범위	• type B : 3In 초과 5In 이하 • type C : 5In 초과 10In 이하 • type D : 10In 초과 20In 이하

0903 / 1603

74 Repetitive Learning (1회 2회 3회)

최소착화에너지가 0.26mJ인 가스에 정전용량이 100[pF]인 대전 물체로부터 정전기 방전에 의하여 착화할 수 있는 전압은 약 몇 [V]인가?

① 2,240
② 2,260
③ 2,280
④ 2,300

해설

- 최소착화에너지(W)와 정전용량(C)이 주어져 있고 전압(V)을 구하는 문제이므로 식을 역으로 이용하면 $V=\sqrt{\frac{2W}{C}}$ 이다.
- $V=\sqrt{\frac{2\times0.26\times10^{-3}}{100\times10^{-12}}}=\sqrt{0.52\times10^{7}}=2,280.35$[V]가 된다.

최소발화에너지(MIE : Minimum Ignition Energy)

㉠ 개요
- 공기 중에 가연성 가스나 증기 또는 폭발성분이 존재할 때 이를 발화시키는 데 필요한 최저의 에너지를 말한다.
- 발화에너지의 양은 $W=\frac{1}{2}CV^{2}$[J]로 구한다.
- 단위는 밀리줄[mJ] / 줄[J]을 사용한다.

㉡ 특징
- 압력, 온도, 산소농도, 연소속도에 반비례한다.
- 유체의 유속이 높아지면 최소발화에너지는 커진다.
- 불활성 기체의 첨가는 발화에너지를 크게 하고, 혼합기체의 전압이 낮아도 발화에너지는 커진다.
- 일반적으로 화학양론농도보다도 조금 높은 농도일 때에 최솟값이 된다.

0301 / 0401 / 0702 / 0902 / 1403 / 1902

75 Repetitive Learning (1회 2회 3회)

전기기계·기구에 설치되어 있는 감전방지용 누전차단기의 정격감도전류와 작동시간으로 옳은 것은?

① 15mA 이하, 0.1초 이내
② 30mA 이하, 0.03초 이내
③ 50mA 이하, 0.5초 이내
④ 100mA 이하, 0.05초 이내

해설

- 인체감전보호용은 정격감도전류(30[mA])에서 0.03[초] 이내이다.

누전차단기(RCD : Residual Current Device)

실필 2401/1502/1402/0903

문제 67번의 유형별 핵심이론 참조

1102 / 1701

76 Repetitive Learning (1회 2회 3회)

정전기 발생에 영향을 주는 요인으로 가장 적절하지 않은 것은?

① 분리속도
② 물체의 질량
③ 접촉면적 및 압력
④ 물체의 표면상태

해설

- 정전기 발생에 영향을 주는 요인에는 물체의 표면상태, 물질의 분리속도와 특성, 대전이력, 접촉면적 및 압력 등이 있다.

정전기 발생에 영향을 주는 요인

㉠ 개요
- 정전기 발생에 영향을 주는 요인에는 물체의 표면상태, 물질의 분리속도와 특성, 대전이력, 접촉면적 및 압력 등이 있다.

㉡ 정전기 발생 요인

물질의 표면상태	물질 표면의 거칠기나 오염도가 높을수록 정전기 발생량이 많아진다.
물질의 분리속도	물질의 분리속도가 빠를수록 정전기 발생량이 많아진다.
물질의 접촉면적 및 압력	접촉면적이 넓을수록, 접촉압력이 클수록 정전기 발생량이 많아진다.
물질의 특성	대전서열이 멀어질수록 정전기 발생량이 많아진다.
물질의 대전이력	정전기 발생량은 처음 대전될 때가 가장 많고 발생횟수가 반복될수록 감소한다.

74 ③ 75 ② 76 ② 정답

77

Repetitive Learning 1회 2회 3회

기기나 계통을 개별적 또는 공통으로 접지하기 위하여 필요한접지시스템을 구성하는 접지도체를 선정하는 기준에 대한 설명으로 올바른 것은?

① 접지도체의 최소 단면적은 구리는 $6mm^2$ 이상, 철제는 $50mm^2$ 이상이어야 한다.
② 접지도체에 피뢰시스템이 접속되는 경우 접지도체의 단면적은 구리 $16mm^2$ 또는 철 $100mm^2$ 이상으로 하여야 한다.
③ 특고압·고압 전기설비용 접지도체는 단면적 $16mm^2$ 이상의 연동선 또는 동등 이상의 단면적 및 강도를 가져야 한다.
④ 일반적인 중성점 접지용 접지도체는 공칭단면적 $6mm^2$ 이상의 연동선 또는 동등 이상의 단면적 및 세기를 가져야 한다.

해설

- 접지도체에 피뢰시스템이 접속되는 경우 접지도체의 단면적은 구리 $16mm^2$ 또는 철 $50mm^2$ 이상으로 하여야 한다.
- 특고압·고압 전기설비용 접지도체는 단면적 $6mm^2$ 이상의 연동선 또는 동등 이상의 단면적 및 강도를 가져야 한다.
- 일반적인 중성점 접지용 접지도체는 공칭단면적 $16mm^2$ 이상의 연동선 또는 동등 이상의 단면적 및 세기를 가져야 한다.

접지도체의 선정

- 접지도체의 최소 단면적은 구리는 $6mm^2$ 이상, 철제는 $50mm^2$ 이상이어야 한다.
- 접지도체에 피뢰시스템이 접속되는 경우 접지도체의 단면적은 구리 $16mm^2$ 또는 철 $50mm^2$ 이상으로 하여야 한다.
- 특고압·고압 전기설비용 접지도체는 단면적 $6mm^2$ 이상의 연동선 또는 동등 이상의 단면적 및 강도를 가져야 한다.
- 중성점 접지용 접지도체는 공칭단면적 $16mm^2$ 이상의 연동선 또는 동등 이상의 단면적 및 세기를 가져야 한다. 다만, 7kV 이하의 전로, 사용전압이 25kV 이하인 중성선 다중접지식의 전로차단장치를 갖춘 특고압 가공전선로에는 공칭단면적 $6mm^2$ 이상의 연동선 또는 동등 이상의 단면적 및 강도를 가져야 한다.

0902

78

20[Ω]의 저항 중에 5[A]의 전류를 3분간 흘렸을 때의 발열량은 몇 [cal]인가?

① 4,320[cal] ② 90,000[cal]
③ 21,600[cal] ④ 376,560[cal]

해설

- 전력 $P=I^2R$이므로 $5^2 \times 20 = 500[W]$이다.
- 열량[cal]은 0.24×전력×시간으로 구하므로 0.24 × 500[W] × 180[초]= 21,600[cal]가 된다.

전력과 열량

㉠ 전력(P)
- 단위 시간 동안 전기가 하는 일의 양으로 1[초] 동안 1[J]의 일을 할 때 1[W]라고 한다.
- 전력 $P = VI = I^2R = \frac{V^2}{R}[W]$으로 구한다.

㉡ 전력량(W)
- 전력으로 한 일의 양으로 1[W]의 전력으로 1[초] 동안 일을 할 때 1[J]이라고 한다.
- 전력량 $W = Pt = VIt = I^2Rt = \frac{V^2}{R}t[J]$로 구한다.

㉢ 줄의 법칙
- 전류가 저항에 흐를 때 발생하는 열은 저항과 전류가 흐르는 시간 및 전류의 제곱에 비례하며, 이때의 열 작용을 줄의 법칙이라고 한다.
- 1[J]의 일은 0.24[Cal]의 열을 만들어 낸다.
- 열량 $H = 0.24W = 0.24Pt = 0.24VIt = 0.24I^2Rt = 0.24\frac{V^2}{R}t[Cal]$로 구한다.

0701 / 1401

79

심실세동을 일으키는 위험한계 에너지는 약 몇 J인가?(단 심실세동전류 $I=\frac{165}{\sqrt{T}}mA$, 통전시간 T = 1초, 인체의 전기저항 R = 800Ω이다)

① 12
② 22
③ 32
④ 42

해설

- 인체의 접촉저항이 800Ω일 때 심실세동을 일으키는 전류에서의 전기에너지는 $W=I^2Rt=\left(\frac{165\times10^{-3}}{\sqrt{T}}\right)^2\times R\times T$ $=(165\times10^{-3})^2\times800=21.78[J]$이 된다.

심실세동 한계전류와 전기에너지 실필 2303/2101/1403/1401/1202

- 심장의 맥동에 영향을 주어 혈액 순환을 곤란하게 하고, 끝내는 심장 기능을 잃게 하는 치사적 전류를 심실세동전류라 한다.
- 감전자 1천명 중 5명 이상이 심실세동을 일으킬 수 있는 감전시간과 위험전류와의 관계에서 심실세동 한계전류 I는 $\frac{165}{\sqrt{T}}$[mA]이고, T는 통전시간이다.
- 인체의 접촉저항을 500Ω으로 할 때 심실세동을 일으키는 전류에서의 전기에너지는 $W=I^2Rt=\left(\frac{165\times10^{-3}}{\sqrt{T}}\right)^2\times R\times T=(165\times10^{-3})^2\times500=13.612$[J]이 된다.

0402 / 0802 / 0903 / 1203 / 1302 / 1701 / 1702

80 Repetitive Learning (1회 2회 3회)

전기시설의 직접 접촉에 의한 감전방지 방법으로 적절하지 않은 것은?

① 충전부는 내구성이 있는 절연물로 완전히 덮어 감쌀 것
② 충전부가 노출되지 않도록 폐쇄형 외함이 있는 구조로 할 것
③ 충전부에 충분한 절연효과가 있는 방호망 또는 절연 덮개를 설치할 것
④ 충전부는 출입이 용이한 전개된 장소에 설치하고 위험표시 등의 방법으로 방호를 강화할 것

해설

- 발전소·변전소 및 개폐소 등 구획되어 있는 장소로서 관계 근로자가 아닌 사람의 출입이 금지되는 장소에 충전부를 설치하고, 위험표시 등의 방법으로 방호를 강화해야 한다.

전기기계·기구 등의 충전부에의 직접 접촉 방호대책 실필 1801

- 충전부가 노출되지 않도록 폐쇄형 외함(外函)이 있는 구조로 할 것
- 충전부에 충분한 절연효과가 있는 방호망이나 절연덮개를 설치할 것
- 충전부는 내구성이 있는 절연물로 완전히 덮어 감쌀 것
- 발전소·변전소 및 개폐소 등 구획되어 있는 장소로서 관계 근로자가 아닌 사람의 출입이 금지되는 장소에 충전부를 설치하고, 위험표시 등의 방법으로 방호를 강화할 것
- 전주 위 및 철탑 위 등 격리되어 있는 장소로서 관계 근로자가 아닌 사람이 접근할 우려가 없는 장소에 충전부를 설치할 것

5과목 화학설비 안전관리

1702

81 Repetitive Learning (1회 2회 3회)

다음 중 응상폭발이 아닌 것은?

① 분해폭발
② 수증기폭발
③ 전선폭발
④ 고상 간의 전이에 의한 폭발

해설

- 분해폭발은 기상폭발의 한 종류이다.

폭발(Explosion)

㉠ 개요
- 물리적 또는 화학적 에너지가 열과 압력파인 기계적 에너지로 빠르게 변화하는 현상을 말한다.
- 폭발물 원인물질의 물리적 상태에 따라 기상폭발과 응상폭발로 구분된다.

㉡ 기상폭발(Gas explosion)
- 폭발이 일어나기 전의 물질상태가 기체일 경우의 폭발을 말한다.
- 종류에는 분진폭발, 분무폭발, 분해폭발, (혼합)가스폭발 등이 있다.
- 압력상승에 의한 기상폭발의 경우 가연성 혼합기의 형성 상황, 압력상승 시의 취약부 파괴, 개구부가 있는 공간 내의 화염전파와 압력상승에 주의해야 한다.

㉢ 응상폭발
- 폭발이 일어나기 전의 물질상태가 고체 및 액상일 경우의 폭발을 말한다.
- 응상폭발의 종류에는 수증기폭발, 전선폭발, 고상 간의 전이에 의한 폭발 등이 있다.
- 응상폭발을 하는 위험성 물질에는 TNT, 연화약, 다이너마이트 등이 있다.

82 Repetitive Learning (1회 2회 3회)

가연성 물질의 저장 시 산소농도를 일정한 값 이하로 낮추어 연소를 방지할 수 있는데 이때 첨가하는 물질로 적절하지 않은 것은?

① 질소 ② 이산화탄소
③ 헬륨 ④ 일산화탄소

80 ④ 81 ① 82 ④ 정답

해설

- 질소, 이산화탄소, 헬륨은 불연성 가스로 산소농도를 일정 이하로 낮추어 연소위험을 억제할 수 있다.

연소억제제(Inhibitor)

- 연소반응을 저해, 억제하는 성질이 있는 물질을 연소억제제라 한다.
- 메탄–공기 중의 물질에 첨가하는 연소억제제는 사염화탄소(CCl_4), 브롬화메틸(CH_3Br) 등이 대표적이다.
- 헬륨, 이산화탄소, 질소는 불연성 가스로 산소농도를 일정 이하로 낮추어 연소위험을 억제할 수 있다.

0401 / 1401 / 1701

83 Repetitive Learning 1회 2회 3회

액화 프로판 310[kg]을 내용적 50[L] 용기에 충전할 때 필요한 소요 용기의 수는 몇 개인가?(단, 액화 프로판 가스정수는 2.35이다)

① 15　　② 17

③ 19　　④ 21

해설

- 1개의 가스용기에 수용 가능한 가스의 질량을 구해야 310kg의 가스를 보관하기 위해 필요한 용기의 수를 구할 수 있다.
- 1개의 가스용기에는 $\frac{50}{2.35}=21.28$[kg]을 저장할 수 있다.
- 전체 가스의 질량이 310kg이므로 필요한 용기 수는 $\frac{310}{21.28}=14.56$[개]이다.

액화 석유가스의 질량 계산

- 액화 석유가스의 질량을 G, 용기의 내용적을 V, 가스정수를 C라 할 때 $G=\frac{V}{C}$[kg]으로 구할 수 있다.
- 가스정수는 프로판의 경우 2.35, 부탄은 2.05이다.

1002

84 Repetitive Learning 

열교환기의 정기적 점검을 일상점검과 개방점검으로 구분할 때 개방점검항목에 해당하는 것은?

① 보냉재의 파손상황

② 플랜지부나 용접부에서의 누출 여부

③ 기초볼트의 체결 상태

④ 생성물, 부착물에 의한 오염 상황

해설

- 생성물, 부착물에 의한 오염 상황은 열교환기 정기적 개방점검항목에 해당한다.

열교환기 일상점검항목

- 보온재 및 보냉재의 파손상황
- 도장의 노후 상황
- Flange부 등의 외부 누출 여부
- 밸브 및 파이프 시스템 누수 여부
- 기초볼트의 체결정도

85 Repetitive Learning 1회 2회 3회

사업주는 가스폭발 위험장소 또는 분진폭발 위험장소에 설치되는 건축물 등에 대해서는 규정에서 정한 부분을 내화구조로 하여야 한다. 다음 중 내화구조로 하여야 하는 부분에 대한 기준이 틀린 것은?

① 건축물 기둥 : 지상 1층(지상 1층의 높이가 6미터를 초과하는 경우에는 6미터)까지

② 위험물 저장·취급 용기의 지지대(높이가 30센티미터 이하인 것은 제외) : 지상으로부터 지지대의 끝부분까지

③ 건축물의 보 : 지상 2층(지상 2층의 높이가 10미터를 초과하는 경우에는 10미터)까지

④ 배관·전선관 등의 지지대 : 지상으로부터 1단(1단의 높이가 6미터를 초과하는 경우에는 6미터)까지

해설

- 건축물의 기둥 및 보는 지상 1층(지상 1층의 높이가 6미터를 초과하는 경우에는 6미터)까지 내화구조로 한다.

내화기준 실필 1703

구분	기준
건축물의 기둥 및 보	지상 1층(높이 6m)까지 내화구조로 한다.
위험물 저장·취급용기의 지지대	지상으로부터 지지대의 끝부분까지 내화구조로 한다.
배관·전선관 등의 지지대	지상으로부터 1단(높이 6m)까지 내화구조로 한다.

- 건축물 등의 주변 화재에 대비한 물 분무시설 또는 폼 헤드(Foam head)설비 등의 자동소화설비를 설치하여 건축물 등이 화재 시에 2시간 이상 그 안전성을 유지할 수 있도록 한 경우에는 내화구조로 하지 않을 수 있다.

정답 83 ① 84 ④ 85 ③

1301

86

Repetitive Learning (1회 2회 3회)

다음 중 산업안전보건법령상 위험물질의 종류에 있어 인화성 가스에 해당하지 않는 것은?

① 수소
② 부탄
③ 에틸렌
④ 과산화수소

해설

- 수소, 아세틸렌, 에틸렌, 메탄, 에탄, 프로판, 부탄 등이 인화성 가스이다.

:: 인화성 가스

- 인화성 가스란 인화한계농도의 최저한도가 13[%] 이하 또는 최고한도와 최저한도의 차가 12[%] 이상인 것으로서 표준압력(101.3kpa)하의 20[℃]에서 가스상태인 물질을 말한다.
- 종류에는 수소, 아세틸렌, 에틸렌, 메탄, 에탄, 프로판, 부탄 등이 있다.

87

Repetitive Learning (1회 2회 3회)

산업안전보건법령상 위험물질의 종류에서 폭발성 물질에 해당하는 것은?

① 니트로화합물
② 리튬
③ 황
④ 질산

해설

- 리튬, 황은 물반응성 물질에 포함된다.
- 질산은 산화성 액체에 포함된다.

:: 산업안전보건법상 폭발성 물질

- 질산에스테르류
  (니트로글리콜 · 니트로글리세린 · 니트로셀룰로오스 등)
- 니트로화합물(트리니트로벤젠 · 트리니트로톨루엔 · 피크린산 등)
- 유기과산화물(과초산, 메틸에틸케톤 과산화물, 과산화벤조일 등)
- 그 외에도 니트로소화합물, 아조화합물, 디아조화합물, 하이드라진 유도체 등이 있다.

0702

88

Repetitive Learning (1회 2회 3회)

가연성 가스의 폭발범위에 관한 설명으로 틀린 것은?

① 압력 증가에 따라 폭발상한계와 하한계가 모두 현저히 증가한다.
② 불활성 가스를 주입하면 폭발범위는 좁아진다.
③ 온도의 상승과 함께 폭발범위는 넓어진다.
④ 산소 중에서의 폭발범위는 공기 중에서보다 넓어진다.

해설

- 압력이 증가하면 하한계는 변동없고, 상한계는 증가한다.

:: 가연성 가스의 폭발(연소)범위 실필 1603

㉠ 개요
- 가연성 가스의 종류에 따라 각각 다른 값을 가지며, 상한값과 하한값이 존재한다.
- 공기와 혼합된 가연성 가스의 체적 농도로 나타낸다.
- 불활성 가스를 주입하면 폭발범위는 좁아진다.

㉡ 특성
- 폭발한계의 범위는 온도와 압력에 비례한다.
- 온도가 증가하면 하한계는 감소하고, 상한계는 증가한다.
- 압력이 증가하면 하한계는 변동없고, 상한계는 증가한다.
- 산소 중에서는 공기 중에서보다 하한계는 일정하나 상한계가 증가하여 폭발범위가 넓어진다.

1402

89

Repetitive Learning (1회 2회 3회)

어떤 습한 고체재료 10kg을 완전 건조 후 무게를 측정하였더니 6.8kg이었다. 이 재료의 건량 기준 함수율은 몇 kg · H_2O/kg인가?

① 0.25 ② 0.36
③ 0.47 ④ 0.58

해설

- 건조 전 질량이 10kg, 건조 후 질량이 6.8kg이므로 $\frac{10-6.8}{6.8}=\frac{3.2}{6.8}=0.47$이 된다.

:: 함수율

- 어떤 재료 내에 포함된 수분의 양을 표시한다.
- 함수율은 $\frac{\text{건조 전 질량} - \text{건조 후 질량}}{\text{건조 후 질량}}$으로 구한다.

86 ④ 87 ① 88 ① 89 ③ 정답

1203 / 1601

90 Repetitive Learning (1회 2회 3회)

다음 중 분진의 폭발위험성을 증대시키는 조건에 해당하는 것은?

① 분진의 온도가 낮을수록
② 분위기 중 산소농도가 작을수록
③ 분진 내의 수분농도가 작을수록
④ 표면적이 입자체적에 비교하여 작을수록

해설

- 분진의 온도가 높을수록 폭발위험은 커진다.
- 분위기 중 산소농도가 클수록 폭발위험은 커진다.
- 입자의 표면적이 클수록 폭발위험은 커진다.

분진의 폭발위험성

㉠ 개요

- 분진폭발의 위험은 금속분(알루미늄분, 마그네슘, 스텔라이트 등), 유황, 적린, 곡물(소맥분) 등에 주로 존재한다.
- 분진의 폭발성에 영향을 주는 요인에는 분진의 화학적 성질과 조성, 분진입도와 입도분포, 분진입자의 형상과 표면의 상태, 수분, 분진의 부유성, 폭발범위, 발화도, 산소농도, 가연성 기체의 농도 등이 있다.
- 분진의 폭발요인 중 화학적 인자에는 연소열, 분진의 화학적 성질과 조성 등이 있다.

㉡ 폭발위험 증대 조건

• 발열량(연소열)이 클수록 • 입자의 표면적이 클수록 • 분위기 중 산소농도가 클수록 • 입자의 형상이 복잡할수록 • 분진의 초기 온도가 높을수록	• 분진의 입경이 작을수록 • 분진 내 수분농도가 작을수록
폭발의 위험은 더욱 커진다.	

91 Repetitive Learning (1회 2회 3회)

물의 소화력을 높이기 위하여 물에 탄산칼륨(K_2CO_3)과 같은 염류를 첨가한 소화약제를 일반적으로 무엇이라 하는가?

① 포 소화약제
② 분말소화약제
③ 강화액 소화약제
④ 산알칼리 소화약제

해설

- 물의 소화력을 극대화시킨 액체계 소화약제는 강화액 소화약제이다.

강화액 소화약제

- 탄산칼륨(K_2CO_3) 등의 수용액을 주성분으로 하며 강한 알칼리성(PH 12 이상)으로 물의 침투능력을 배가시켜 소화력을 극대화시킨 소화약제이다.
- 강화액 소화약제는 부동성이 높아 -30℃에서도 동결되지 않으므로 한랭지에서도 보온이 필요 없다.
- 탈수·탄화작용으로 목재·종이 등을 불연화하고 재연방지의 효과도 있어서 A급 화재 소화능력도 좋다.

92 Repetitive Learning (1회 2회 3회)

산업안전보건법령에서 인화성 액체를 정의할 때 기준이 되는 표준압력은 몇 kPa인가?

① 1　　② 100
③ 101.3　　④ 273.15

해설

- 인화성 액체란 표준압력(101.3kPa)하에서 화재·폭발위험이 있는 상태에서 취급되는 가연성 물질을 말한다.

위험물의 정의

- 인화성 가스란 인화한계 농도의 최저한도가 13% 이하 또는 최고한도와 최저한도의 차가 12% 이상인 것으로서 표준압력(101.3kPa)하의 20℃에서 가스상태인 물질을 말한다.
- 인화성 액체란 표준압력(101.3kPa)하에서 인화점이 60℃ 이하이거나 고온·고압의 공정운전조건으로 인하여 화재·폭발위험이 있는 상태에서 취급되는 가연성 물질을 말한다.

0703 / 0901 / 1401 / 1703

93 Repetitive Learning (1회 2회 3회)

다음 중 관의 지름을 변경하는데 사용되는 관의 부속품으로 가장 적절한 것은?

① 엘보우(Elbow)
② 커플링(Coupling)
③ 유니온(Union)
④ 리듀서(Reducer)

해설

- 엘보우(Elbow)는 관로의 방향을 변경할 때, 플러그(Plug), 밸브(Valve)는 유로를 차단할 때 사용하는 부속품이다.
- 커플링(Coupling)은 2개의 관을 연결할 때 사용하는 부속품이다.
- 유니온(Union)은 2개의 관을 연결할 때 사용하는 부속품이다.

정답 | 90 ③ 91 ③ 92 ③ 93 ④

관(Pipe) 부속품

유로 차단	플러그(Plug), 밸브(Valve), 캡(Cap)
누출방지 및 접합면 밀착	개스킷(Gasket)
관로의 방향 변경	엘보(Elbow)
관의 지름 변경	리듀셔(Reducer), 부싱(Bushing)
2개의 관을 연결	소켓(Socket), 니플(Nipple), 유니온(Union), 플랜지(Flange)

1602

94 Repetitive Learning 1회 2회 3회

다음 중 가연성 가스의 연소 형태에 해당하는 것은?

① 분해연소 ② 자기연소
③ 표면연소 ④ 확산연소

해설

- 분해연소와 자기연소, 표면연소는 모두 고체의 연소방식에 해당한다.

연소의 종류 실필 0902/0901

기체	확산연소, 폭발연소, 혼합연소, 그을음연소 등이 있다.
액체	증발연소, 분해연소, 분무연소, 그을음연소 등이 있다.
고체	분해연소, 표면연소, 자기연소, 증발연소 등이 있다.

1602

95 Repetitive Learning 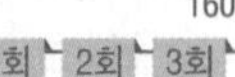

다음 중 C급 화재에 해당하는 것은?

① 금속화재 ② 전기화재
③ 일반화재 ④ 유류화재

해설

- 금속화재는 D급, 일반화재는 A급, 유류화재는 B급이다.

화재의 분류 실필 2202/1601/0903

분류	원인	소화 방법 및 소화기	특징	표시 색상
A급	종이, 나무 등 일반 가연성 물질	냉각소화/ 물 및 산, 알칼리 소화기	재가 남는다.	백색
B급	석유, 페인트 등 유류화재	질식소화/ 모래나 소화기	재가 남지 않는다.	황색
C급	전기 스파크 등 전기화재	질식소화, 냉각소화/ 이산화탄소 소화기	물로 소화할 경우 감전의 위험이 있다.	청색
D급	금속나트륨, 금속칼륨 등 금속화재	질식소화/ 마른 모래	물로 소화할 경우 폭발의 위험이 있다.	무색

96 Repetitive Learning 1회 2회 3회

다음 중 물과의 반응성이 가장 큰 물질은?

① 니트로글리세린 ② 이황화탄소
③ 금속나트륨 ④ 석유

해설

- 니트로글리세린은 비수용성으로 물과 반응하지 않는다.
- 이황화탄소는 물보다 무거우며 저장 시 탱크를 물속에 넣어 보관한다.
- 석유는 물에 녹지 않는다.

물과의 반응

- 구리(Cu), 철(Fe), 금(Au), 은(Ag), 탄소(C) 등은 상온에서 고체 상태로 존재하며 녹는점이 낮아 물과 접촉해도 반응하지 않는다.
- 칼륨(K), 나트륨(Na), 마그네슘(Mg), 아연(Zn), 리튬(Li) 등은 물과 격렬히 반응해 수소를 발생시킨다.
- 탄화칼슘(CaC_2)은 물(H_2O)과 반응하여 아세틸렌(C_2H_2)을 발생시키므로 불연성 가스로 봉입하여 밀폐용기에 저장해야 한다.

97 Repetitive Learning 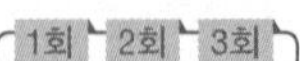

대기압하에서 인화점이 0℃ 이하인 물질이 아닌 것은?

① 메탄올 ② 이황화탄소
③ 산화프로필렌 ④ 디에틸에테르

해설

- 메탄올의 인화점은 11℃이다.
- 이황화탄소는 인화점이 -30℃, 산화프로필렌은 인화점이 -37℃, 디에틸에테르는 인화점이 -45℃이고, 이들은 모두 특수인화물에 해당한다.

주요 인화성 가스의 인화점

인화성 가스	인화점[℃]	인화성 가스	인화점[℃]
이황화탄소(CS_2)	-30	아세톤(CH_3COCH_3)	-18
벤젠(C_6H_6)	-11	아세트산에틸($CH_3COOC_2H_5$)	-4
수소(H_2)	4~75	메탄올(CH_3OH)	11
에탄올(C_2H_5OH)	13	가솔린	0℃ 이하
등유	40~70	아세트산(CH_3COOH)	41.7
중유	60~150	경유	62 ~

94 ④ 95 ② 96 ③ 97 ① 정답

0802

98 Repetitive Learning 1회 2회 3회

반응폭주 등 급격한 압력상승의 우려가 있는 경우에 설치하여야 하는 것은?

① 파열판　② 통기밸브
③ 체크밸브　④ Flame arrester

해설

- 통기밸브는 평상시에 닫힌 상태로 있다가 탱크의 압력이 미리 설정된 압력에 도달하면 밸브가 열려 탱크 내부의 가스·증기 등을 외부로 방출하고 탱크 내부로 외부 공기를 흡입하는 밸브를 말한다.
- 체크밸브는 유체나 공기를 한 쪽 방향으로는 흐르지만 역방향으로는 자동적으로 폐쇄되어 흐르지 않게 하는 밸브이다.
- Flame arrester는 인화방지망이라고도 하며 화염의 역화를 방지하기 위한 안전장치로 역화방지장치라고도 한다.

파열판

㉠ 개요
- 압력용기, 배관, 덕트 및 붐베 등의 밀폐장치가 과잉압력 또는 진공에 의해 파손될 위험이 있을 경우 이를 방지하기 위한 안전장치이다.
- 특히 화학변화에 의한 에너지 방출이나 반응폭주와 같이 짧은 시간 내의 급격한 압력변화에 적합한 안전장치이다.
- 후압이 존재하고 증기압 변화량을 제어할 목적인 경우에 적합한 안전장치이다.

㉡ 설치해야 하는 경우 실필 1703/1003
- 반응폭주 등 급격한 압력상승의 우려가 있는 경우
- 진공에 의해 파손될 우려가 있는 경우
- 방출량이 많고 순간적으로 많은 방출이 필요한 경우
- 내부 물질이 액체와 분말의 혼합 상태인 경우
- 급성독성물질의 누출로 인하여 주위의 작업환경을 오염시킬 우려가 있는 경우
- 운전 중 안전밸브에 이상 물질이 누적되어 안전밸브가 작동되지 아니할 우려가 있는 경우

1701

99 Repetitive Learning

다음 중 분진폭발을 일으킬 위험이 가장 높은 물질은?

① 염소　② 마그네슘
③ 산화칼슘　④ 에틸렌

해설

- 분진폭발의 위험은 금속분(알루미늄분, 마그네슘, 스텔라이트 등), 유황, 적린, 곡물(소맥분) 등에 주로 존재한다.

분진의 폭발위험성

문제 90번의 유형별 핵심이론 참조

100 Repetitive Learning 1회 2회 3회

다음 중 인화점이 가장 낮은 물질은?

① 이황화탄소　② 아세톤
③ 크실렌　④ 경유

해설

- 보기의 물질을 인화점이 낮은 것부터 높은 순으로 배열하면 이황화탄소(CS_2) < 아세톤(CH_3COCH_3) < 크실렌(C_8H_{10}) < 경유의 순이다.

주요 인화성 가스의 인화점

문제 97번의 유형별 핵심이론 참조

6과목 건설공사 안전관리

0402 / 1701

101 Repetitive Learning 1회 2회 3회

작업발판 및 통로의 끝이나 개구부로서 근로자가 추락할 위험이 있는 장소에서 난간 등의 설치가 매우 곤란하거나 작업의 필요상 임시로 난간 등을 해체하여야 하는 경우에 설치하여야 하는 것은?

① 구명구　② 수직보호망
③ 석면포　④ 추락방호망

해설

- 작업발판 및 통로의 끝이나 개구부로서 근로자가 추락할 위험이 있는 장소에서 난간 등의 설치가 매우 곤란하거나 작업의 필요상 임시로 난간 등을 해체하여야 하는 경우에 추락방호망을 설치해야 한다.

추락방호망

- 추락방호망이란 고소작업 중 작업자의 추락 및 물체의 낙하를 방지하기 위하여 수평으로 설치하는 보호망을 말한다.
- 작업발판 및 통로의 끝이나 개구부로서 근로자가 추락할 위험이 있는 장소에서 난간 등의 설치가 매우 곤란하거나 작업의 필요상 임시로 난간 등을 해체하여야 하는 경우에 설치해야 한다.

정답 | 98 ① 99 ② 100 ① 101 ④

1803

102 Repetitive Learning (1회 2회 3회)

건설재해대책의 사면보호 공법 중 식물을 생육시켜 그 뿌리로 사면의 표층토를 고정하여 빗물에 의한 침식, 동상, 이완 등을 방지하고, 녹화에 의한 경관조성을 목적으로 시공하는 것은?

① 식생공 ② 쉴드공
③ 뿜어붙이기공 ④ 블록공

해설

- 쉴드공(Shield method)은 연약지반이나 대수지방에 터널을 뚫을 때 사용되는 굴착 공법이다.
- 뿜어붙이기공이나 블록공은 구조물에 의한 사면보호 공법에 해당한다.

식생공

- 건설재해대책의 사면보호 공법 중 하나이다.
- 식물을 생육시켜 그 뿌리로 사면의 표층토를 고정하여 빗물에 의한 침식, 동상, 이완 등을 방지하고, 녹화에 의한 경관조성을 목적으로 시공한다.

1701

103 Repetitive Learning (1회 2회 3회)

유해·위험방지계획서를 제출하려고 할 때 그 첨부서류와 가장 거리가 먼 것은?

① 공사개요서
② 산업안전보건관리비 작성요령
③ 전체공정표
④ 재해발생 위험 시 연락 및 대피방법

해설

- 산업안전보건관리비 작성요령이 아니라 산업안전보건관리비 사용계획이 되어야 한다.

유해·위험방지계획서 제출 시 첨부서류 실필 2302/1303/0903

구분	첨부서류
공사개요 및 안전보건 관리계획	• 공사개요서 • 공사현장의 주변 현황 및 주변과의 관계를 나타내는 도면(매설물 현황 포함) • 건설물, 사용 기계설비 등의 배치를 나타내는 도면 • 전체공정표 • 산업안전보건관리비 사용계획 • 안전관리 조직표 • 재해발생 위험 시 연락 및 대피방법

1201 / 1303

104 Repetitive Learning (1회 2회 3회)

도심지 폭파해체 공법에 관한 설명으로 옳지 않은 것은?

① 장기간 발생하는 진동, 소음이 적다.
② 해체속도가 빠르다.
③ 주위의 구조물에 끼치는 영향이 적다.
④ 많은 분진 발생으로 민원을 발생시킬 우려가 있다.

해설

- 폭파해체 공법은 주위 구조물에 끼치는 영향이 다른 해체 공법에 비해 크다.

폭파해체 공법

- 공사기간이 짧고 해체속도가 빠르다.
- 장기적인 진동이나 소음이 적다.
- 발파 충격은 주위의 구조물에 영향을 끼치기 쉽다.
- 발파 후 대량의 분진이 발생되어 민원발생의 우려가 있다.

1303

105 Repetitive Learning (1회 2회 3회)

흙막이 지보공을 설치하였을 경우 정기적으로 점검해야 하는 사항과 가장 거리가 먼 것은?

① 부재의 접속부·부착부 및 교차부의 상태
② 버팀대의 긴압(緊壓)의 정도
③ 부재의 손상·변형·부식·변위 및 탈락의 유무와 상태
④ 지표수의 흐름 상태

해설

- 흙막이 지보공을 설치하였을 때에 정기적으로 점검하고 이상을 발견하면 즉시 보수하여야 할 사항에는 ①, ②, ③ 외에 침하의 정도가 있다.

흙막이 지보공을 설치하였을 때에 정기적으로 점검하고 이상을 발견하면 즉시 보수하여야 할 사항 실작 2402/2301/2201/2003

- 부재의 손상·변형·부식·변위 및 탈락의 유무와 상태
- 버팀대의 긴압(緊壓)의 정도
- 부재의 접속부·부착부 및 교차부의 상태
- 침하의 정도

102 ① 103 ② 104 ③ 105 ④ 정답

106 Repetitive Learning (1회 2회 3회)

산업안전보건법령에 따른 양중기의 종류에 해당하지 않는 것은?

① 곤돌라 ② 리프트
③ 크램쉘 ④ 크레인

해설

- 크램쉘(Clam shell)은 수중굴착 및 구조물의 기초바닥 등과 같은 협소하고 상당히 깊은 범위의 굴착과 호퍼작업에 사용하는 굴착 기계이다.

양중기의 종류 실필 1601

- 크레인(Crane){호이스트(Hoist) 포함}
- 이동식크레인
- 리프트(이삿짐운반용의 경우 적재하중 0.1톤 이상)
- 곤돌라
- 승강기

1802

107 Repetitive Learning 

말비계를 조립하여 사용하는 경우에 지주부재와 수평면의 기울기는 최대 몇 도 이하로 하여야 하는가?

① 65° ② 70°
③ 75° ④ 80°

해설

- 말비계 조립 시 지주부재와 수평면의 기울기를 75° 이하로 한다.

말비계 조립 시 준수사항 실필 2203/1701 실작 2402/2303

- 지주부재(支柱部材)의 하단에는 미끄럼 방지장치를 하고, 근로자가 양측 끝부분에 올라서서 작업하지 않도록 할 것
- 지주부재와 수평면의 기울기를 75° 이하로 하고, 지주부재와 지주부재 사이를 고정시키는 보조부재를 설치할 것
- 말비계의 높이가 2m를 초과하는 경우에는 작업발판의 폭을 40cm 이상으로 할 것

108 Repetitive Learning (1회 2회 3회)

NATM 공법 터널공사의 경우 록볼트 작업과 관련된 계측결과에 해당되지 않는 것은?

① 내공변위 측정결과
② 천단침하 측정결과
③ 인발시험 결과
④ 진동 측정결과

해설

- NATM 록볼트 시공 시에는 인발시험, 내공변위 측정, 천단침하 측정, 지중변위 측정 등의 결과를 검토하여 추가시공 여부를 결정한다.

NATM(New Austrian Tunneling Method) 공법

- 굴착단면을 록볼트, 숏크리트 등으로 보강한 지반의 강도를 이용하여 응력집중과 암반의 이완을 억지하면서 터널을 시공하는 방법으로 지하철 터널에 주로 이용된다.
- 록볼트 시공 시 시스템 볼팅을 실시하여야 하며, 인발시험, 내공변위 측정, 천단침하 측정, 지중변위 측정 등의 결과를 검토하여야 한다.

1103 / 1701

109 Repetitive Learning (1회 2회 3회)

흙막이 공법을 흙막이 지지방식에 의한 분류와 구조방식에 의한 분류로 나눌 때 다음 중 지지방식에 의한 분류에 해당하는 것은?

① 수평 버팀대식 흙막이 공법
② H-Pile 공법
③ 지하연속벽 공법
④ Top down method 공법

해설

- 흙막이 공법은 지지방식에 의해서 자립 공법, 버팀대식 공법, 어스앵커 공법 등으로 나뉜다.
- H-Pile 공법, 지하연속벽 공법, Top down method 공법은 구조방식에 의한 분류에 해당한다.

흙막이(Sheathing) 공법

㉠ 개요
- 흙막이란 지반을 굴착할 때 주위의 지반이 침하나 붕괴하는 것을 방지하기 위해 설치하는 가시설물 등을 말한다.
- 토압이나 수압 등에 저항하는 벽체와 그 지보공 일체를 말한다.
- 지지방식에 의해서 자립 공법, 버팀대식 공법, 어스앵커 공법 등으로 나뉜다.
- 구조방식에 의해서 H-pile 공법, 널말뚝 공법, 지하연속벽 공법, Top down method 공법 등으로 나뉜다.

㉡ 흙막이 공법 선정 시 고려사항
- 흙막이 해체를 고려하여야 한다.
- 안전하고 경제적인 공법을 선택해야 한다.
- 지하수에 의한 지반침하를 최소화하기 위해 차수성이 높은 공법을 선택해야 한다.
- 지반성상에 적합한 공법을 선택해야 한다.

정답 | 106 ③ 107 ③ 108 ④ 109 ①

1702

110 Repetitive Learning 1회 2회 3회

건설현장에 설치하는 사다리식 통로의 설치기준으로 옳지 않은 것은?

① 발판과 벽과의 사이는 15[cm] 이상의 간격을 유지할 것
② 발판의 간격은 일정하게 할 것
③ 사다리의 상단은 걸쳐놓은 지점으로부터 60[cm] 이상 올라가도록 할 것
④ 사다리식 통로의 길이가 10[m] 이상인 경우에는 3[m] 이내마다 계단참을 설치할 것

해설

- 사다리식 통로의 길이가 10m 이상인 경우에는 5m 이내마다 계단참을 설치하여야 한다.

사다리식 통로의 구조 실필 2202/1101/0901

- 견고한 구조로 할 것
- 심한 손상·부식 등이 없는 재료를 사용할 것
- 발판의 간격은 일정하게 할 것
- 발판과 벽과의 사이는 15cm 이상의 간격을 유지할 것
- 폭은 30m 이상으로 할 것
- 사다리가 넘어지거나 미끄러지는 것을 방지하기 위한 조치를 할 것
- 사다리의 상단은 걸쳐놓은 지점으로부터 60cm 이상 올라가도록 할 것
- 사다리식 통로의 길이가 10m 이상인 경우에는 5m 이내마다 계단참을 설치할 것
- 사다리식 통로의 기울기는 75° 이하로 할 것. 다만, 고정식 사다리식 통로의 기울기는 90° 이하로 하고, 그 높이가 7m 이상인 경우에는 바닥으로부터 높이가 2.5m 되는 지점부터 등받이울을 설치할 것
- 접이식 사다리 기둥은 사용 시 접혀지거나 펼쳐지지 않도록 철물 등을 사용하여 견고하게 조치할 것

1002 / 1401

111 Repetitive Learning

콘크리트 타설작업과 관련하여 준수하여야 할 사항으로 가장 거리가 먼 것은?

① 당일의 작업을 시작하기 전에 해당 작업에 관한 거푸집 동바리 등의 변형·변위 및 지반의 침하 유무 등을 점검하고 이상이 있는 경우 보수할 것
② 콘크리트를 타설하는 경우에는 편심이 발생하지 않도록 골고루 분산하여 타설할 것
③ 진동기의 사용은 많이 할수록 균일한 콘크리트를 얻을 수 있으므로 가급적 많이 사용할 것
④ 설계도서상의 콘크리트 양생기간을 준수하여 거푸집 동바리 등을 해체할 것

해설

- 진동기 사용 시 지나친 진동은 거푸집 붕괴의 원인이 될 수 있으므로 적절히 사용해야 한다.

콘크리트의 타설작업 실필 1802/1502

- 당일의 작업을 시작하기 전에 해당 작업에 관한 거푸집 동바리 등의 변형·변위 및 지반의 침하 유무 등을 점검하고 이상이 있으면 보수할 것
- 작업 중에는 거푸집 동바리 등의 변형·변위 및 침하 유무 등을 감시할 수 있는 감시자를 배치하여 이상이 있으면 작업을 중지하고 근로자를 대피시킬 것
- 콘크리트 타설작업 시 거푸집 붕괴의 위험이 발생할 우려가 있으면 충분한 보강조치를 할 것
- 설계도서상의 콘크리트 양생기간을 준수하여 거푸집 동바리 등을 해체할 것
- 콘크리트를 타설하는 경우에는 편심이 발생하지 않도록 골고루 분산하여 타설할 것

112 Repetitive Learning 1회 2회 3회

불도저를 이용한 작업 중 안전조치사항으로 옳지 않은 것은?

① 작업종료와 동시에 삽날을 지면에서 띄우고 주차 제동장치를 건다.
② 모든 조종간은 엔진 시동 전에 중립위치에 놓는다.
③ 장비의 승차 및 하차 시 뛰어내리거나 오르지 말고 안전하게 잡고 오르내린다.
④ 야간작업 시 자주 장비에서 내려와 장비 주위를 살피며 점검하여야 한다.

해설

- 작업종료 시 삽날은 지면에 내려두어야 한다.

불도저 작업안전

- 작업종료 시 삽날은 지면에 내려두고 주차 제동장치를 한다.
- 경사면에 정지시킨 경우는 반드시 굄목을 설치한다.
- 모든 조종간은 엔진 시동 전에 중립위치에 놓는다.
- 장비의 승차 및 하차 시 뛰어내리거나 오르지 말고 안전하게 잡고 오르내린다.
- 야간작업 시 자주 장비에서 내려와 장비 주위를 살피며 점검하여야 한다.
- 불도저의 붐, 암 하부에서 수리·점검작업 시에는 반드시 안전지주 또는 안전블록을 설치하여 붐 등의 불시 하강으로 인한 끼임사고를 방지한다.

110 ④ 111 ③ 112 ① 정답

1102

113 Repetitive Learning 1회 2회 3회

건설공사의 산업안전보건관리비 계상 시 대상액이 구분되어 있지 않은 공사는 도급계약 또는 자체사업계획상의 총 공사금액 중 얼마를 대상액으로 하는가?

① 50% ② 60%

③ 70% ④ 80%

해설

- 대상액이 구분되어 있지 않은 공사는 도급계약 또는 자체사업계획 상의 총 공사금액의 70%를 대상액으로 하여 안전관리비를 계상하여야 한다.

안전관리비 계상기준 실필 1402

- 공사종류 및 규모별 안전관리비 계상기준표

	5억원 미만	5억원 이상 50억원 미만		50억원 이상
		비율(X)	기초액(C)	
일반건설공사(갑)	2.93%	1.86%	5,349,000원	1.97%
일반건설공사(을)	3.09%	1.99%	5,499,000원	2.10%
중 건 설 공 사	3.43%	2.35%	5,400,000원	2.44%
철도 · 궤도신설공사	2.45%	1.57%	4,411,000원	1.66%
특수 및 기타건설공사	1.85%	1.20%	3,250,000원	1.27%

- 대상액이 5억원 미만 또는 50억원 이상일 경우에는 대상액에 표에서 정한 비율을 곱한 금액
- 대상액이 5억원 이상 50억원 미만일 때에는 대상액에 별표에서 정한 비율을 곱한 금액에 기초액을 합한 금액
- 대상액이 구분되어 있지 않은 공사는 도급계약 또는 자체사업계획상의 총 공사금액의 70%를 대상액으로 하여 안전관리비를 계상하여야 한다.
- 발주자가 재료를 제공하거나 물품이 완제품의 형태로 제작 또는 납품되어 설치되는 경우에 해당 재료비 또는 완제품의 가액을 대상액에 포함시킬 경우의 안전관리비는, 해당 재료비 또는 완제품의 가액을 포함시키지 않은 대상액을 기준으로 계상한 안전관리비의 1.2배를 초과할 수 없다.

1302

114 Repetitive Learning

비계의 높이가 2m 이상인 작업장소에 설치하는 작업발판의 설치기준으로 옳지 않은 것은?

① 작업발판의 폭은 40cm 이상으로 한다.

② 작업발판 재료는 뒤집히거나 떨어지지 않도록 하나 이상의 지지물에 연결하거나 고정시킨다.

③ 발판재료 간의 틈은 3cm 이하로 한다.

④ 작업발판의 지지물은 하중에 의하여 파괴될 우려가 없는 것을 사용한다.

해설

- 작업발판 재료는 뒤집히거나 떨어지지 않도록 둘 이상의 지지물에 연결하거나 고정시켜야 한다.

작업발판의 구조 실필 0801 실작 1601

- 발판재료는 작업할 때의 하중을 견딜 수 있도록 견고한 것으로 할 것
- 작업발판의 폭은 40cm 이상으로 하고, 발판재료 간의 틈은 3cm 이하로 할 것
- 선박 및 보트 건조작업의 경우 선박블록 또는 엔진실 등의 좁은 작업공간에 작업발판을 설치하기 위하여 필요하면 작업발판의 폭을 30cm 이상으로 할 수 있고, 걸침비계의 경우 강관기둥 때문에 발판재료 간의 틈을 3cm 이하로 유지하기 곤란하면 5cm 이하로 할 수 있다. 이 경우 그 틈 사이로 물체 등이 떨어질 우려가 있는 곳에는 출입금지 등의 조치를 하여야 한다.
- 추락의 위험이 있는 장소에는 안전난간을 설치할 것
- 작업발판의 지지물은 하중에 의하여 파괴될 우려가 없는 것을 사용할 것
- 작업발판 재료는 뒤집히거나 떨어지지 않도록 둘 이상의 지지물에 연결하거나 고정시킬 것
- 작업발판을 작업에 따라 이동시킬 경우에는 위험 방지에 필요한 조치를 할 것

115 Repetitive Learning 1회 2회 3회

표준관입시험에 대한 내용으로 옳지 않은 것은?

① N치(N-value)는 지반을 30cm 굴진하는데 필요한 타격횟수를 의미한다.

② N치가 4~10일 경우 모래의 상대밀도는 매우 단단한 편이다.

③ 63.5kg 무게의 추를 76cm 높이에서 자유 낙하하여 타격하는 시험이다.

④ 사질지반에 적용하며, 점토지반에서는 편차가 커서 신뢰성이 떨어진다.

해설

- N치가 4~10인 경우 모래의 상대밀도는 느슨한 편이다.

표준관입시험(SPT)

㉠ 개요

- 지반조사의 대표적인 현장시험방법이다.
- 보링 구멍 내에 무게 63.5kg의 해머를 높이 76cm에서 낙하시켜 샘플러를 30cm 관입시키는 데 필요한 타격횟수를 측정하는 시험이다.

정답 | 113 ③ 114 ② 115 ②

ⓛ 특징 및 N값
- 필요 타격횟수(N값)로 모래지반의 내부 마찰각을 구할 수 있다.
- 사질지반에 적용하며, 점토지반에서는 편차가 커서 신뢰성이 떨어진다.
- N값과 상대밀도

N값	0~4	4~10	10~30	30~50	50 이상
상대밀도	매우느슨	느슨	보통	조밀	매우조밀

1801

116 Repetitive Learning (1회 2회 3회)

거푸집 동바리 등을 조립하는 경우에 준수하여야 할 사항으로 옳지 않은 것은?

① 받침목의 사용, 콘크리트 타설, 말뚝박기 등 동바리의 침하를 방지하기 위한 조치를 할 것
② 개구부 상부에 동바리를 설치하는 경우에는 상부하중을 견딜 수 있는 견고한 받침대를 설치할 것
③ 거푸집이 곡면인 경우에는 버팀대의 부착 등 그 거푸집의 부상(浮上)을 방지하기 위한 조치를 할 것
④ 개구부 하부에 동바리를 설치하는 경우에는 상부하중을 견딜 수 있는 견고한 받침대를 설치할 것

해설

- 개구부 상부에 동바리를 설치하는 경우에는 상부하중을 견딜 수 있는 견고한 받침대를 설치해야 한다.

거푸집 동바리 등의 안전조치

㉠ 공통사항
- 받침목의 사용, 콘크리트 타설, 말뚝박기 등 동바리의 침하를 방지하기 위한 조치를 할 것
- 동바리의 상하 고정 및 미끄러짐 방지 조치를 할 것
- 상부·하부의 동바리가 동일 수직선상에 위치하도록 하여 깔판·받침목에 고정시킬 것
- 개구부 상부에 동바리를 설치하는 경우에는 상부하중을 견딜 수 있는 견고한 받침대를 설치할 것
- U헤드 등의 단판이 없는 동바리의 상단에 멍에 등을 올릴 경우에는 해당 상단에 U헤드 등의 단판을 설치하고, 멍에 등이 전도되거나 이탈되지 않도록 고정시킬 것
- 동바리의 이음은 같은 품질의 재료를 사용할 것
- 강재의 접속부 및 교차부는 볼트·클램프 등 전용철물을 사용하여 단단히 연결할 것
- 거푸집의 형상에 따른 부득이한 경우를 제외하고는 깔판이나 받침목은 2단 이상 끼우지 않도록 할 것
- 깔판이나 받침목을 이어서 사용하는 경우에는 그 깔판·받침목을 단단히 연결할 것

㉡ 동바리로 사용하는 파이프 서포트
- 파이프 서포트를 3개 이상 이어서 사용하지 않도록 할 것
- 파이프 서포트를 이어서 사용하는 경우에는 4개 이상의 볼트 또는 전용철물을 사용하여 이을 것
- 높이가 3.5m를 초과하는 경우 2m 이내마다 수평연결재를 2개 방향으로 설치할 것

㉢ 동바리로 사용하는 강관틀의 경우
- 강관틀과 강관틀 사이에 교차가새를 설치할 것
- 최상단 및 5단 이내마다 동바리의 측면과 틀면의 방향 및 교차가새의 방향에서 5개 이내마다 수평연결재를 설치하고 수평연결재의 변위를 방지할 것
- 최상단 및 5단 이내마다 동바리의 틀면의 방향에서 양단 및 5개틀 이내마다 교차가새의 방향으로 띠장틀을 설치할 것

117 Repetitive Learning (1회 2회 3회)

철골용접부의 결함을 검사하는 방법으로 가장 거리가 먼 것은?

① 알칼리반응시험　② 방사선투과시험
③ 자기분말탐상시험　④ 침투탐상시험

해설

- 알칼리반응시험은 콘크리트의 골재 중에 포함된 실리카와 시멘트 중의 알칼리 금속성분에 의해 콘크리트에 균열을 발생시키는 현상을 방지하기 위해 검사하는 시험이다.

비파괴검사

㉠ 개요
- 제품 내부의 결함, 용접부의 내부 결함 등을 제품의 파괴 없이 외부에서 검사하는 방법을 말한다.
- 종류에는 누수시험, 누설시험, 음향탐상, 초음파탐상, 자분탐상, 와류탐상, 침투탐상, 방사선투과시험 등이 있다.

㉡ 대표적인 비파괴검사

구분	내용
음향탐상검사	손 또는 망치로 타격 진동시켜 발생하는 음을 검사
방사선투과시험	X선의 강도나 노출시간을 조절하여 검사
초음파탐상검사	초음파의 반사(타진)의 원리를 이용하여 검사
자분탐상시험	결함부위의 자극에 자분이 부착되는 것을 이용
와류탐상시험	결함부위 전류흐름의 난조를 이용하여 검사
침투탐상시험	비자성 금속재료의 표면균열검사에 사용

㉢ 특징
- 생산 제품에 손상이 없이 직접 시험이 가능하다.
- 현장시험이 가능하다.
- 시험방법에 따라 설비비가 많이 든다.

116 ④ 117 ① 정답

118 Repetitive Learning (1회 2회 3회)

화물 취급 작업과 관련한 위험방지를 위해 조치하여야 할 사항으로 옳지 않은 것은?

① 하역작업을 하는 장소에서 작업장 및 통로의 위험한 부분에는 안전하게 작업할 수 있는 조명을 유지할 것
② 하역작업을 하는 장소에서 부두 또는 안벽의 선을 따라 통로를 설치하는 경우에는 폭을 50[cm] 이상으로 할 것
③ 차량 등에서 화물을 내리는 작업을 하는 경우에 해당 작업에 종사하는 근로자에게 쌓여있는 화물 중간에서 화물을 빼내도록 하지 말 것
④ 꼬임이 끊어진 섬유로프 등을 화물운반용 또는 고정용으로 사용하지 말 것

해설

- 부두 또는 안벽의 선을 따라 통로를 설치하는 경우에는 폭을 90cm 이상으로 하여야 한다.

하역작업장의 조치기준 실필 2202/1803/1501

- 작업장 및 통로의 위험한 부분에는 안전하게 작업할 수 있는 조명을 유지할 것
- 부두 또는 안벽의 선을 따라 통로를 설치하는 경우에는 폭을 90cm 이상으로 할 것
- 육상에서의 통로 및 작업장소로서 다리 또는 선거(船渠)의 갑문(閘門)을 넘는 보도(步道) 등의 위험한 부분에는 안전난간 또는 울타리 등을 설치할 것

119 Repetitive Learning (1회 2회 3회)

근로자의 추락 등의 위험을 방지하기 위한 안전난간의 설치요건에서 상부 난간대를 120cm 이상 지점에 설치하는 경우 중간 난간대를 최소 몇 단 이상 균등하게 설치하여야 하는가?

① 2단 ② 3단
③ 4단 ④ 5단

해설

- 상부 난간대를 120cm 이하에 설치하는 경우에는 중간 난간대는 상부 난간대와 바닥면 등의 중간에 설치하여야 하며, 120cm 이상 지점에 설치하는 경우에는 중간 난간대를 2단 이상으로 균등하게 설치하고 난간의 상하 간격은 60cm 이하가 되도록 한다.

안전난간의 구조 및 설치요건 실필 2103/1703/1301 실작 2402/2303

- 상부 난간대, 중간 난간대, 발끝막이판 및 난간기둥으로 구성할 것. 다만, 중간 난간대, 발끝막이판 및 난간기둥은 이와 비슷한 구조와 성능을 가진 것으로 대체할 수 있다.
- 상부 난간대는 바닥면·발판 또는 경사로의 표면("바닥면 등")으로부터 90cm 이상 지점에 설치하고, 상부 난간대를 120cm 이하에 설치하는 경우에는 중간 난간대는 상부 난간대와 바닥면 등의 중간에 설치하여야 하며, 120cm 이상 지점에 설치하는 경우에는 중간 난간대를 2단 이상으로 균등하게 설치하고 난간의 상하 간격은 60cm 이하가 되도록 할 것. 다만, 난간기둥 간의 간격이 25cm 이하인 경우에는 중간 난간대를 설치하지 않을 수 있다.
- 발끝막이판은 바닥면 등으로부터 10cm 이상의 높이를 유지할 것. 다만, 물체가 떨어지거나 날아올 위험이 없거나 그 위험을 방지할 수 있는 망을 설치하는 등 필요한 예방 조치를 한 장소는 제외한다.
- 난간기둥은 상부 난간대와 중간 난간대를 견고하게 떠받칠 수 있도록 적정한 간격을 유지할 것
- 상부 난간대와 중간 난간대는 난간 길이 전체에 걸쳐 바닥면 등과 평행을 유지할 것
- 난간대는 지름 2.7cm 이상의 금속제 파이프나 그 이상의 강도가 있는 재료일 것
- 안전난간은 구조적으로 가장 취약한 지점에서 가장 취약한 방향으로 작용하는 100kg 이상의 하중에 견딜 수 있는 튼튼한 구조일 것

120 Repetitive Learning (1회 2회 3회)

지반 등의 굴착 시 위험을 방지하기 위한 연암 지반 굴착면 기울기 기준으로 옳은 것은?

① 1 : 0.3
② 1 : 0.8
③ 1 : 1.0
④ 1 : 1.5

해설

- 연암은 1 : 1.0의 구배를 갖도록 한다.

굴착면 기울기 기준

지반의 종류	기울기
모래	1 : 1.8
연암 및 풍화암	1 : 1.0
경암	1 : 0.5
그 밖의 흙	1 : 1.2

정답 | 118 ② 119 ① 120 ③

출제문제 분석 2021년 1회

구분	1과목	2과목	3과목	4과목	5과목	6과목	합계
New유형	0	2	3	5	0	0	10
New문제	0	10	14	8	7	4	43
또나온문제	10	8	4	6	6	6	40
자꾸나온문제	10	2	2	6	7	10	37
합계	20	20	20	20	20	20	120

- New유형은 New문제 중 기존 기출문제와 완전히 다른 유형의 문제를 말합니다.
- New문제는 기존에 출제되지 않은 문제로 이번에 처음 출제되는 문제입니다.
- 또나온문제는 기존에 출제된 적이 1번 있는 문제를 말합니다.
- 자꾸나온문제는 기존에 출제된 적이 2번 이상 있는 문제를 말합니다. 그만큼 중요한 문제입니다.

몇 년분의 기출문제를 공부해야 합격할 수 있을까요?

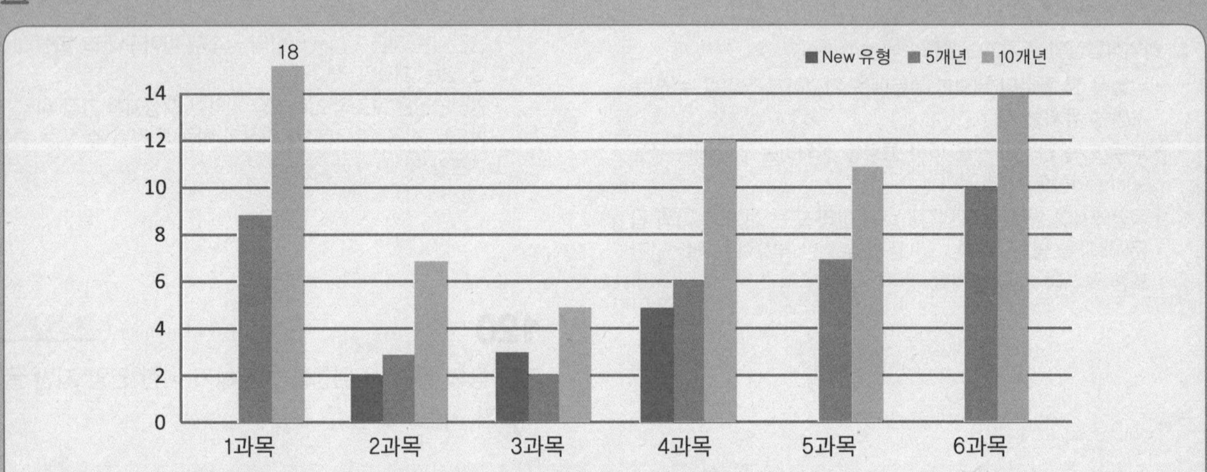

- 완전 새로운 유형의 문제는 10문제이고 110문제가 이미 출제된 문제 혹은 변형문제입니다.
- 5년분(2016～2020) 기출에서 동일문제가 37문항이 출제되었고, 10년분(2011～2020) 기출에서 동일문제가 67문항이 출제되었습니다.

실기에 나왔어요!! 외우세요!!!

실기시험은 필답형과 작업형으로 구분되어 있으며 모두 주관식으로 직접 내용을 적어야 합니다. 필기 공부하면서 실기 출제된 내역들은 좀 더 신경써서 암기하실 필요가 있어요. 필기 합격자 발표 난 후 실기시험까지는 5주밖에 여유가 없답니다. 어차피 공부할 것 필기 때 확실하게 해준다면 실기도 단방에 합격할 수 있습니다.

- 총 39개의 해설이 실기 필답형 시험과 연동되어 있습니다.
- 총 2개의 해설이 실기 작업형 시험과 연동되어 있습니다.

분석의견

작년 코로나로 인해 늦어진 시험에서 역대 최고의 합격률이 나온 후 다시한번 합격률 60%를 넘어선 역대 두번째 합격률이 만들어 졌습니다. 새로운 유형의 문제는 10문제이고, 10년분 기출을 학습한 경우 총 67문항이 동일한 문제가 나와 난이도에 있어서도 10년분을 공부하신 수험생에게는 쉽게 느껴지는 문제였습니다. 다만 2과목과 3과목의 기출비중이 낮아 과락된 경우가 있었습니다. 과목별 난이도가 다르게 나타나는 만큼 주의를 기울여야 할 필요가 있습니다. 합격에 필요한 점수를 획득하기 위해서는 최근 10년분 문제 2회독 이상 + 유형별 핵심이론의 정독이 필요할 것으로 판단됩니다.

2021년 제1회

2021년 3월 7일 필기

21년 1회차 필기시험
합격률 60.3%

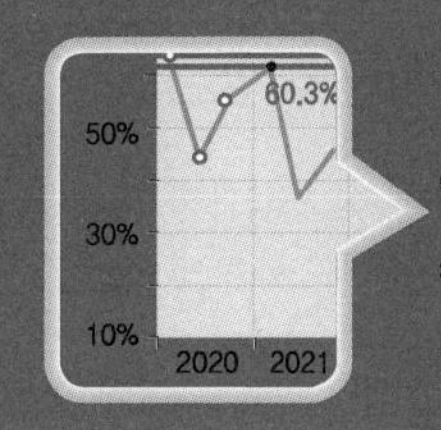

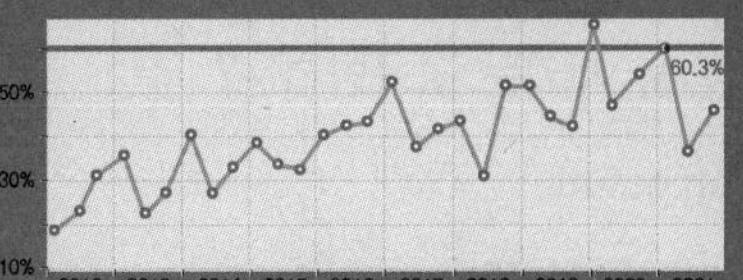

1과목 산업재해 예방 및 안전보건교육

0702 / 1401 / 1703

01 Repetitive Learning (1회 2회 3회)

일반적으로 시간의 변화에 따라 야간에 상승하는 생체리듬은?

① 혈압 ② 맥박수
③ 체중 ④ 혈액의 수분

해설

- 야간에 상승하는 것은 염분량, 혈액의 수분 등이다.

생체리듬(Biorhythm)

㉠ 개요
- 사람의 체온, 혈압, 맥박 수, 혈액, 수분, 염분량 등이 시간에 따라 또는 주야에 따라 일정한 형식으로 변화하는 것을 말한다.
- 생체리듬의 종류에는 육체적 리듬, 지성적 리듬, 감성적 리듬이 있다.

㉡ 특징
- 생체리듬에서 중요한 점은 낮에는 신체활동이 유리하며, 밤에는 휴식이 더욱 효율적이라는 것이다.
- 체온·혈압·맥박 수는 주간에는 상승, 야간에는 저하된다.
- 혈액의 수분과 염분량은 주간에는 감소, 야간에는 증가한다.
- 체중은 주간작업보다 야간작업일 때 더 많이 감소하고, 피로의 자각증상은 주간보다 야간에 더 많이 증가한다.
- 몸이 흥분한 상태일 때는 교감신경이 우세하고 수면을 취하거나 휴식을 할 때는 부교감신경이 우세하다.

㉢ 분류
- 육체적 리듬(P)의 주기는 23일이며, 식욕, 활동력, 지구력과 관련된다.
- 감성적 리듬(S)의 주기는 28일이며, 주의력, 예감과 관련된다.
- 지성적 리듬(I)의 주기는 33일이며, 지성적 사고능력(상상력, 판단력, 추리능력)과 관련된다.
- 안정기(+)와 불안정기(−)의 교차점을 위험일이라 한다.

1102

02 Repetitive Learning (1회 2회 3회)

안전보건관리조직의 형태 중 라인-스태프(Line-Staff) 조직에 관한 설명으로 틀린 것은?

① 조직원 전원을 자율적으로 안전활동에 참여시킬 수 있다.
② 라인의 관리, 감독자에게도 안전에 관한 책임과 권한이 부여된다.
③ 중규모 사업장(100명 이상~500명 미만)에 적합하다.
④ 안전활동과 생산업무가 유리될 우려가 없기 때문에 균형을 유지할 수 있어 이상적인 조직형태이다.

해설

- 중규모(100~1,000명) 사업장에서는 참모(Staff)형 조직이 적합하다.

직계-참모(Line-staff)형 조직

㉠ 개요
- 가장 이상적인 조직형태로 1,000명 이상의 대규모 사업장에서 주로 사용된다.
- 라인의 관리·감독자에게도 안전에 관한 책임과 권한이 부여된다.
- 안전계획, 평가 및 조사는 스태프에서, 생산기술의 안전대책은 라인에서 실시한다.

㉡ 장점
- 안전 전문가에 의해 입안된 것을 경영자의 지침으로 명령 실시하므로 정확하고 신속하다.
- 조직원 전원을 자율적으로 안전활동에 참여시킬 수 있다.
- 라인의 관리, 감독자에게도 안전에 관한 책임과 권한이 부여된다.
- 안전활동과 생산업무가 유리될 우려가 없기 때문에 균형을 유지할 수 있어 이상적인 조직형태이다.

㉢ 단점
- 명령계통과 조언·권고적 참여가 혼동되기 쉽다.
- 스태프의 월권행위가 발생하는 경우가 있다.
- 라인이 스태프에 의존하거나 스태프를 활용하지 않는 경우가 있다.

정답 | 01 ④ 02 ③

1203 / 1401 / 1701 / 2202

03

Repetitive Learning (1회 2회 3회)

다음 중 참가자에 일정한 역할을 주어 실제적으로 연기를 시켜봄으로써 자기의 역할을 보다 확실히 인식할 수 있도록 체험학습을 시키는 교육방법은?

① Symposium
② Brain storming
③ Role Playing
④ Fish bowl playing

해설

- Symposium은 몇 사람의 전문가가 과제에 관한 견해를 발표한 뒤에 참가자로 하여금 의견이나 질문을 하게 하여 토의하는 방법이다.
- Brain storming은 타인의 비판 없이 자유로운 토론을 통하여 다량의 독창적인 아이디어와 대안적 해결안을 찾기 위한 집단적 사고기법이다.
- Fish bowl playing은 교육이나 학습방법과는 거리가 멀다.

토의법의 종류

구분	내용
포럼(Forum)	새로운 자료나 교재를 제시하고 문제점을 피교육자로 하여금 제기하게 하거나 그것에 관한 피교육자의 의견을 여러 가지 방법으로 발표하게 하고, 청중과 토론자 간에 활발한 의견 개진과 충돌로 바람직한 합의를 도출해내는 교육 실시방법
패널 디스커션(Panel discussion)	참가자 앞에서 소수의 전문가들이 과제에 관한 견해를 발표하고 토론한 뒤 참가자 전원이 참가하여 사회자의 사회에 따라 토의하는 방법
심포지엄(Symposium)	몇 사람의 전문가에 의하여 과제에 관한 견해를 발표한 뒤에 참가자로 하여금 의견이나 질문을 하게 하여 토의하는 방법
롤 플레잉(Role playing)	집단 심리요법의 하나로서 자기 해방과 타인 체험을 목적으로 하는 체험활동을 통해 대인관계에 있어서의 태도변용이나 통찰력, 자기이해를 목표로 개발된 교육방법
버즈세션(Buzz session)	6-6 회의라고도 하며, 6명씩 소집단으로 구분하고, 집단별로 각각의 사회자를 선발하여 6분간씩 자유토의를 행하여 의견을 종합하는 방법

1202

04

Repetitive Learning (1회 2회 3회)

다음 중 하인리히의 재해구성 비율 "1 : 29 : 300"에서 "29"에 해당되는 사고발생 비율로 옳은 것은?

① 8.8%
② 9.8%
③ 10.8%
④ 11.8%

해설

- 하인리히 재해구성 비율은 총 사고 발생건수 330건을 대상으로 분석한 비율이므로 29의 비율은 29/330 = 0.0878 = 8.8%이다.

하인리히의 재해구성 비율

- 중상 : 경상 : 무상해사고가 각각 1 : 29 : 300인 재해구성 비율을 말한다.
- 총 사고 발생건수 330건을 대상으로 분석했을 때 중상 1, 경상 29, 무상해사고 300건이 발생했음을 의미한다.

1103 / 1402

05

Repetitive Learning (1회 2회 3회)

다음 중 브레인스토밍(Brain-storming) 기법에 관한 설명으로 옳은 것은?

① 타인의 의견을 수정하지 않는다.
② 지정된 표현방식을 벗어나 자유롭게 의견을 제시한다.
③ 참여자에게는 동일한 횟수의 의견제시 기회가 부여된다.
④ 주제와 내용이 다르거나 잘못된 의견은 지적하여 조정한다.

해설

- 브레인스토밍은 타인의 의견을 수정하여 발언하는 것을 허용한다.
- 브레인스토밍은 발표 순서 없이 구성원 누구든 의견을 제시할 수 있다.
- 브레인스토밍은 동료의 의견에 대하여 좋고 나쁨을 평가하지 않는다.

브레인스토밍(Brain-storming) 기법 실필 1503/0903

㉠ 개요

- 6~12명의 구성원으로 타인의 비판 없이 자유로운 토론을 통하여 다량의 독창적인 아이디어를 이끌어내고, 대안적 해결안을 찾기 위한 집단적 사고기법이다.

㉡ 4원칙

- 가능한 많은 아이디어와 의견을 제시하도록 한다.
- 주제를 벗어난 아이디어도 허용한다.
- 타인의 의견을 수정하여 발언하는 것을 허용한다.
- 절대 타인의 의견을 비판 및 비평하지 않는다.

03 ③ 04 ① 05 ② 정답

1602

06 Repetitive Learning 1회 2회 3회

무재해 운동의 3원칙에 해당되지 않는 것은?

① 무의 원칙 ② 참가의 원칙
③ 선취의 원칙 ④ 대책선정의 원칙

해설

• 무재해 운동의 3원칙에는 무의 원칙, 안전제일(선취)의 원칙, 참가의 원칙이 있다.

무재해 운동 3원칙

무(無, Zero)의 원칙	모든 잠재적인 위험요인을 사전에 발견・파악・해결함으로써 근원적으로 산업재해를 없앤다.
안전제일(선취)의 원칙	직장의 위험요인을 행동하기 전에 발견・파악・해결하여 재해를 예방한다.
참가의 원칙	작업에 따르는 잠재적인 위험요인을 발견・해결하기 위하여 전원이 협력하여 문제해결 운동을 실천한다.

1302

07 Repetitive Learning 1회 2회 3회

다음 중 산업안전보건법령상 안전인증대상 기계・기구 및 설비, 방호장치에 해당하지 않는 것은?

① 롤러기
② 크레인
③ 동력식 수동대패용 칼날 접촉 방지장치
④ 방폭구조(防爆構造) 전기기계・기구 및 부품

해설

• 동력식 수동대패용 칼날 접촉 방지장치는 자율안전확인대상 기계・기구에 속한다.

안전인증대상 기계・기구 실필 1603/1403/1003/1001

• 프레스, 전단기, 절곡기, 크레인, 리프트, 압력용기, 롤러기, 사출성형기, 고소작업대, 곤돌라, 프레스 및 전단기 방호장치, 양중기용 과부하 방지장치, 보일러 압력방출용 안전밸브, 압력용기 압력방출용 안전밸브, 압력용기 압력방출용 파열판, 절연용 방호구 및 활선작업용 기구, 방폭구조 전기기계・기구 및 부품, 추락・낙하 및 붕괴 등의 위험방호에 필요한 가설기자재, 충돌・협착 등의 위험 방지에 필요한 산업용 로봇 방호장치, 추락 및 감전위험방지용 안전모, 안전화, 안전장갑, 방진마스크, 방독마스크, 송기마스크, 전동식 호흡보호구, 보호복, 안전대, 차광 및 비산물 위험방지용 보안경, 용접용 보안면, 방음용 귀마개 또는 귀덮개

1003 / 1603

08 Repetitive Learning 1회 2회 3회

안전교육 중 같은 것을 반복하여 개인의 시행착오에 의해서만 점차 그 사람에게 형성되는 것은?

① 안전기술의 교육
② 안전지식의 교육
③ 안전기능의 교육
④ 안전태도의 교육

해설

• 긴 시간 동안 개인의 반복적 시행착오에 의해서 형성되는 것은 2단계 기능교육이다.

안전기능교육(안전교육의 제2단계)

• 작업능력 및 기술능력을 부여하는 교육으로 작업동작을 표준화시킨다.
• 교육대상자가 그것을 스스로 행함으로 얻어지는 것으로 시범식 교육이 가장 바람직한 교육방식이다.
• 긴 시간 동안 개인의 반복적 시행착오에 의해서 형성된다.
• 방호장치 관리 기능을 습득하게 한다.

1202 / 1902 / 2103

09 Repetitive Learning 1회 2회 3회

다음 중 상황성 누발자의 재해유발 원인으로 가장 거리가 먼 것은?

① 작업이 어렵기 때문이다.
② 심신에 근심이 있기 때문이다.
③ 기계설비의 결함이 있기 때문이다.
④ 도덕성이 결여되어 있기 때문이다.

해설

• 도덕성의 결여와 재해는 큰 관련이 없다.

상황성 누발자

㉠ 개요
• 상황성 누발자란 작업이 어렵거나 설비의 결함, 심신의 근심 때문에 재해를 여러 번 겪은 사람을 말한다.

㉡ 재해유발 원인
• 작업이 어렵기 때문
• 기계설비에 결함이 있기 때문
• 심신에 근심이 있기 때문
• 환경상 주의력의 집중이 곤란하기 때문

정답 | 06 ④ 07 ③ 08 ③ 09 ④

0601 / 1801

10 Repetitive Learning 1회 2회 3회

작업자 적성의 요인이 아닌 것은?

① 지능 ② 인간성
③ 흥미 ④ 연령

해설

- 작업자 적성요인에는 인간성(성격), 지능, 흥미, 직업적성 등이 있다.

적성(Aptitude)

㉠ 개요
- 적성은 무엇에 대한 개인의 준비상태를 말한다.
- 적성은 좀 더 구체적이고 특수한 영역에서 작업자가 얼마나 성공적으로 업무를 수행할 수 있는지를 예측하는 것을 말한다.

㉡ 작업자 적성 요인
- 작업자에 대한 자료를 과학적으로 수집하고 분석하기 위해 실시하는 표준화 검사의 조사항목이다.
- 적성 요인에는 인간성(성격), 지능, 흥미, 직업적성 등이 있다.

1102

11 Repetitive Learning 1회 2회 3회

산업안전보건법령상 중대재해의 범위에 해당하지 않는 것은?

① 1명의 사망자가 발생한 재해
② 1개월의 요양을 요하는 부상자가 동시에 5명 발생한 재해
③ 3개월의 요양을 요하는 부상자가 동시에 3명 발생한 재해
④ 10명의 직업성 질병자가 동시에 발생한 재해

해설

- 3개월 이상의 요양이 필요한 부상자가 동시에 2명 이상 발생한 재해 혹은 부상자 혹은 직업성 질병자가 동시에 10명 이상 발생해야 중대재해로 분류된다.

중대재해(Major accident) 실필 1902/1802

㉠ 개요
- 산업재해 중 사망 등 재해 정도가 심한 것으로서 고용노동부령으로 정하는 재해를 말한다.

㉡ 종류
- 사망자가 1명 이상 발생한 재해
- 3개월 이상의 요양이 필요한 부상자가 동시에 2명 이상 발생한 재해
- 부상자 또는 직업성 질병자가 동시에 10명 이상 발생한 재해

1401

12 Repetitive Learning 1회 2회 3회

재해로 인한 직접비용으로 8,000만원이 산재보상비로 지급되었다면 하인리히 방식에 따를 때 총 손실비용은 얼마인가?

① 16,000만원 ② 24,000만원
③ 32,000만원 ④ 40,000만원

해설

- 직접비용이 8,000만원이면 간접비용은 직접비용의 4배인 32,000만원이고, 총 재해비용은 5배인 40,000만원이 된다.

하인리히의 재해손실비용 평가
- 직접비 : 간접비의 비율은 1 : 4로 계산해 산업재해로 인한 총 손실비용은 직접비(산업재해보상비)의 5배로 한다.
- 직접손실비용에는 치료비, 휴업급여, 장해급여, 유족급여, 요양급여, 간병급여, 직업재활급여, 장례비 등이 있다.
- 간접손실비용에는 부상자를 비롯한 직원의 시간손실, 이익의 감소, 생산손실비, 기계, 공구 재료 등의 재산손실 등이 있다.

0803

13 Repetitive Learning 1회 2회 3회

교육훈련기법 중 Off.J.T(Off the Job Training)의 장점이 아닌 것은?

① 업무의 계속성이 유지된다.
② 외부의 전문가를 강사로 활용할 수 있다.
③ 특별교재, 시설을 유효하게 사용할 수 있다.
④ 다수의 대상자에게 조직적 훈련이 가능하다.

해설

- 업무의 계속성이 끊어지지 않는 것은 O.J.T의 장점이다.

Off J.T(Off the Job Training) 교육

㉠ 개요
- 전문가를 위촉하고 다수의 교육생을 특정 장소에 소집하여 일괄적, 조직적, 집중적으로 교육하는 방법을 말한다.
- 새로운 시스템에 대해서 체계적으로 교육하기에 적합하다.

㉡ 장점
- 교육생 간 혹은 타 직장의 근로자와 지식이나 경험을 교류할 수 있다.
- 업무와 훈련이 별개인 만큼 훈련에만 전념할 수 있다.

㉢ 단점
- 개인의 안전지도 방법에는 부적당하다.
- 교육으로 인해 업무가 중단되는 손실이 발생한다.

10 ④ 11 ② 12 ④ 13 ① 정답

0703 / 1702

14

Repetitive Learning (1회 2회 3회)

재해조사의 목적과 가장 거리가 먼 것은?

① 재해예방 자료수집
② 재해 관련 책임자 문책
③ 동종 및 유사재해 재발방지
④ 재해발생 원인 및 결함 규명

해설

• 재해의 조사는 사고 등에 대한 효과적인 대책을 세우고 사고를 미연에 방지하기 위한 것이지 질책 및 인책 자료로 활용하기 위함이 아니다.

:: 재해조사와 재해사례연구

㉠ 개요
- 재해조사는 재해조사 → 원인분석 → 대책수립 → 실시계획 → 실시 → 평가의 순을 따른다.
- 재해사례의 연구는 재해 상황 파악 → 사실 확인 → 직접원인과 문제점 확인 → 근본 문제점 결정 → 대책수립의 단계를 따른다.

㉡ 재해조사 시 유의사항
- 피해자에 대한 구급조치를 최우선으로 한다.
- 가급적 재해 현장이 변형되지 않은 상태에서 실시한다.
- 사실 이외의 추측되는 말은 참고용으로만 활용한다.
- 사람, 기계설비 양면의 재해요인을 모두 도출한다.
- 과거 사고 발생 경향 등을 참고하여 조사한다.
- 객관적 입장에서 재해방지에 우선을 두고 조사하며, 조사는 2인 이상이 한다.

0403 / 0801

15

Repetitive Learning (1회 2회 3회)

Thorndike의 시행착오설에 의한 학습의 원칙이 아닌 것은?

① 연습의 원칙
② 효과의 원칙
③ 동일성의 원칙
④ 준비성의 원칙

해설

• 시행착오설의 학습법칙에는 연습의 법칙, 효과의 법칙, 준비성의 법칙 등이 있다.

:: 손다이크(Thorndike)의 시행착오설에 의한 학습법칙
- S-R 이론의 대표적인 종류중 하나로 학습을 자극(Stimulus)에 의한 반응(Response)으로 파악한다.
- 맹목적 시행을 반복하는 가운데 자극과 반응이 결합하여 행동하는 것을 말한다.
- 학습법칙에는 연습의 법칙, 효과의 법칙, 준비성의 법칙 등이 있다.

1702

16

Repetitive Learning (1회 2회 3회)

산업안전보건법령상 보안경 착용을 포함하는 안전보건표지의 종류는?

① 지시표지
② 안내표지
③ 금지표지
④ 경고표지

해설

• 특정 행위를 지시하는 데 사용하는 표지는 지시표지이다.

:: 지시표지 실필 1502
- 특정 행위의 지시 및 사실의 고지에 사용된다.
- 파란색(2.5PB 4/10) 바탕에 흰색(N9.5)의 기본모형을 사용한다.
- 종류에는 보안경착용, 안전복착용, 보안면착용, 안전화착용, 귀마개착용, 안전모착용, 안전장갑착용, 방독마스크착용, 방진마스크착용 등이 있다.

보안경착용	안전복착용	보안면착용	안전화착용	귀마개착용
안전모 착용	안전장갑 착용	방독마스크 착용	방진마스크 착용	

1301

17

Repetitive Learning (1회 2회 3회)

다음 중 보호구에 관한 설명으로 옳은 것은?

① 유해물질이 발생하는 산소결핍 지역에서는 필히 방독마스크를 착용하여야 한다.
② 차광용 보안경의 사용구분에 따른 종류에는 자외선용, 적외선용, 복합용, 용접용이 있다.
③ 선반작업과 같이 손에 재해가 많이 발생하는 작업장에서는 장갑 착용을 의무화한다.
④ 귀마개는 처음에는 저음만을 차단하는 제품부터 사용하며, 일정 기간이 지난 후 고음까지를 모두 차단할 수 있는 제품을 사용한다.

정답 | 14 ② 15 ③ 16 ① 17 ②

해설

- 산소결핍지역에서는 송기마스크를 착용하여야 한다.
- 선반작업에서 장갑을 착용할 경우 말려들 가능성이 크므로 장갑을 착용해서는 안 된다.
- 귀마개는 소음의 정도에 따라 고음만을 차단(EP-2)하거나 저음부터 고음까지 모두 차단(EP-1)하는 것이 있다.

:: 사용구분에 따른 차광보안경의 종류 실필 2301/1201/1003

종류	사용구분
자외선용	자외선이 발생하는 장소
적외선용	적외선이 발생하는 장소
복합용	자외선 및 적외선이 발생하는 장소
용접용	산소용접작업 등과 같이 자외선, 적외선 및 강렬한 가시광선이 발생하는 장소

1402

18 Repetitive Learning (1회 2회 3회)

산업안전보건법령상 사업 내 안전·보건교육의 교육시간에 관한 설명으로 옳은 것은?

① 일용근로자의 작업내용 변경 시의 교육은 2시간 이상이다.

② 사무직에 종사하는 근로자의 정기교육은 매반기 6시간 이상이다.

③ 일용근로자 및 근로계약기간이 1주일 이하인 기간제근로자의 채용 시의 교육은 4시간 이상이다.

④ 관리감독자의 지위에 있는 사람의 정기교육은 연간 8시간 이상이다.

해설

- 일용근로자의 작업내용 변경 시의 교육은 1시간 이상이다.
- 일용근로자 및 근로계약기간이 1주일 이하인 기간제근로자의 채용 시의 교육은 1시간 이상이다.
- 관리감독자의 지위에 있는 사람의 정기교육은 연간 16시간 이상이다.

:: 안전·보건 교육시간 기준 실필 1601/1301/1201/1101/1003/0901

교육과정	교육대상		교육시간
정기교육	사무직 종사 근로자		매반기 6시간 이상
	사무직 외의 근로자	판매업무에 직접 종사하는 근로자	매반기 6시간 이상
		판매업무에 직접 종사하는 근로자 외의 근로자	매반기 12시간 이상
	관리감독자		연간 16시간 이상
채용 시의 교육	일용근로자 및 근로계약기간이 1주일 이하인 기간제근로자		1시간 이상
	근로계약기간이 1주일 초과 1개월 이하인 기간제근로자		4시간 이상
	그 밖의 근로자		8시간 이상
작업내용 변경 시의 교육	일용근로자 및 근로계약기간이 1주일 이하인 기간제근로자		1시간 이상
	그 밖의 근로자		2시간 이상
특별교육	일용 및 근로계약기간이 1주일 이하인 기간제근로자	타워크레인 신호업무 제외	2시간 이상
		타워크레인 신호업무	8시간 이상
	일용 및 근로계약기간이 1주일 이하인 기간제근로자 제외 근로자		• 16시간 이상(작업전 4시간, 나머지는 3개월 이내 분할 가능) • 단기간 또는 간헐적 작업인 경우에는 2시간 이상
건설업 기초안전·보건 교육	건설 일용근로자		4시간 이상

0502 / 1401

19 Repetitive Learning (1회 2회 3회)

재해의 빈도와 상해의 강약도를 혼합하여 집계하는 지표를 무엇이라 하는가?

① 강도율

② 종합재해지수

③ 안전활동률

④ Safe-T-score

해설

- 재해의 빈도는 도수율, 상해의 강약도는 강도율이다. 이 둘을 혼합하여 집계하는 지표로는 강도율과 도수율의 기하평균에 해당하는 종합재해지수가 있다.

:: 종합재해지수 실필 2301/2003/1701/1303/1201/1102/0903/0902

- 기업 간 재해지수의 종합적인 비교 및 안전성적의 비교를 위해 사용하는 수단이다.
- 재해의 빈도와 상해의 강약도를 혼합하여 집계하는 지표이다.
- 강도율과 도수율(빈도율)의 기하평균이므로 종합재해지수는 $\sqrt{빈도율 \times 강도율}$로 구한다.
- 상해발생률과 상해강도율이 주어질 경우

  종합재해지수 = $\sqrt{\frac{빈도율 \times 강도율}{1,000}}$ 로 구한다.

18 ② 19 ② 정답

1201 / 1803

20

Repetitive Learning (1회 2회 3회)

집단에서의 인간관계 메커니즘(Mechanism)과 가장 거리가 먼 것은?

① 분열, 강박
② 모방, 암시
③ 동일화, 일체화
④ 커뮤니케이션, 공감

해설

- 집단에서의 인간관계 메커니즘의 종류에는 모방, 암시, 커뮤니케이션, 동일화, 일체화, 공감, 역할학습 등이 있다.

∷ 집단에서의 인간관계 메커니즘(Mechanism)

- 집단에 있어서 인간관계는 집단 내 인간과 인간 사이의 협동 관계에 해당한다.
- 인간관계가 복잡하고 어려운 이유는 다른 사람과의 상호작용을 통해 형성되기 때문이다.
- 인간관계 매커니즘의 종류에는 모방, 암시, 커뮤니케이션, 동일화, 일체화, 공감, 역할학습 등이 있다.

2과목 인간공학 및 위험성 평가 · 관리

21

Repetitive Learning (1회 2회 3회)

인체측정 자료를 장비, 설비 등의 설계에 적용하기 위한 응용원칙에 해당하지 않는 것은?

① 조절식 설계
② 극단치를 이용한 설계
③ 구조적 치수 기준의 설계
④ 평균치를 기준으로 한 설계

해설

- 인체측정자료의 응용원칙에는 조절식, 극단치, 평균치 방법이 있다.

∷ 인체측정자료의 응용 및 설계 종류 실필 2303/1902/1802/0902

구분	내용
조절식 설계	• 최초에 고려하는 원칙으로 어떤 자료의 인체이든 그에 맞게 조절 가능식으로 설계하는 것 • 자동차 좌석, 의자의 높이 조절 등에 사용된다.
극단치 설계	• 모든 인체를 대상으로 수용 가능할 수 있도록 제일 작은, 혹은 제일 큰 사람을 기준으로 설계하는 원칙 • 5백분위수 등이 대표적이다.
평균치 설계	• 다른 기준의 적용이 어려울 경우 최종적으로 적용하는 기준으로 평균적인 자료를 활용해 범용성을 갖는 설계원칙 • 은행창구, 슈퍼마켓 계산대 등에 사용된다.

22

Repetitive Learning (1회 2회 3회)

컷 셋(Cut sets)과 최소 패스 셋(Minimal path sets)의 정의로 옳은 것은?

① 컷 셋은 시스템 고장을 유발시키는 필요 최소한의 고장들의 집합이며, 최소 패스 셋은 시스템의 신뢰성을 표시한다.
② 컷 셋은 시스템 고장을 유발시키는 기본고장들의 집합이며, 최소 패스 셋은 시스템의 불신뢰도를 표시한다.
③ 컷 셋은 그 속에 포함되어 있는 모든 기본 사상이 일어났을 때 정상사상을 일으키는 기본사상의 집합이며, 최소 패스 셋은 시스템의 신뢰성을 표시한다.
④ 컷 셋은 그 속에 포함되어 있는 모든 기본 사상이 일어났을 때 정상사상을 일으키는 기본사상의 집합이며, 최소 패스 셋은 시스템의 성공을 유발하는 기본사상의 집합이다.

정답 | 20 ① 21 ③ 22 ③

해설

- 패스 셋(Path set)은 정상사상(Top event)이 발생하지 않게 하는 기본사상들의 집합을 말한다.

컷 셋(Cut set) 실필 1601/1303/1001

- 시스템의 약점을 표현한 것이다.
- 특정 조합의 기본사상들이 동시에 결합을 발생하였을 때 정상사상을 일으키는 기본사상의 집합을 말한다.

최소 패스 셋(Minimal path sets) 실필 2303/1302

㉠ 개요

- FTA에서 시스템의 신뢰도를 표시하는 것이다.
- FTA에서 시스템의 기능을 살리는 데 필요한 최소한의 요인의 집합을 말한다.

㉡ FT도에서 최소 패스 셋 구하는 법

- 최소 패스 셋은 FT도의 결합 게이트들을 반대로(AND ↔ OR) 변환한 후 최소 컷 셋을 구하면 된다.

1103

23 Repetitive Learning (1회 2회 3회)

다음 중 작업공간의 배치에 있어 구성요소 배치의 원칙에 해당하지 않는 것은?

① 기능성의 원칙
② 사용빈도의 원칙
③ 사용순서의 원칙
④ 사용방법의 원칙

해설

- 작업장 배치는 사용빈도, 중요도, 기능별, 사용순서의 원칙에 의해 배치한다.

작업장 배치의 원칙

㉠ 개요 실필 1801

- 사용빈도, 중요도, 기능별, 사용순서의 원칙에 의해 배치한다.
- 작업의 흐름에 따라 기계를 배치한다.
- 배치의 3단계는 지역배치 → 건물배치 → 기계배치 순으로 이루어진다.
- 공장 내외에는 안전한 통로를 두어야 하며, 통로는 선을 그어 작업장과 명확히 구별하도록 한다.
- 비상시에 쉽게 대피할 수 있는 통로를 마련하고 사고 진압을 위한 활동통로가 반드시 마련되어야 한다.

㉡ 원칙 실필 1001/0902

- 중요성의 원칙, 사용빈도의 원칙 : 우선적인 원칙
- 기능별 배치의 원칙, 사용순서의 원칙 : 부품의 일반적인 위치 내에서의 구체적인 배치기준

1203 / 1802

24 Repetitive Learning (1회 2회 3회)

시스템의 수명 및 신뢰성에 관한 설명으로 틀린 것은?

① 병렬설계 및 디레이팅 기술로 시스템의 신뢰성을 증가시킬 수 있다.
② 직렬 시스템에서는 부품들 중 최소수명을 갖는 부품에 의해 시스템 수명이 정해진다.
③ 수리가 가능한 시스템의 평균수명(MTBF)은 평균고장률(λ)과 정비례 관계가 성립한다.
④ 수리가 불가능한 구성요소로 병렬구조를 갖는 설비는 중복도가 늘어날수록 시스템 수명이 길어진다.

해설

- MTBF는 무고장시간의 평균값으로 고장률과 반비례 관계에 있다.

시스템의 수명 및 신뢰성

- 병렬설계 및 디레이팅 기술로 시스템의 신뢰성을 증가시킬 수 있다.
- 직렬 시스템에서는 부품들 중 최소 수명을 갖는 부품에 의해 시스템 수명이 정해진다.
- 병렬 시스템에서는 부품들 중 최대 수명을 갖는 부품에 의해 시스템 수명이 정해진다.
- 수리가 가능한 시스템의 평균 수명(MTBF)은 평균 고장률(λ)과 역비례 관계가 성립한다.
- 수리가 불가능한 구성요소로 병렬구조를 갖는 설비는 중복도가 늘어날수록 시스템 수명이 길어진다.

1703

25 Repetitive Learning (1회 2회 3회)

화학설비에 대한 안전성 평가에서 정성적 평가방법의 주요 진단 항목으로 볼 수 없는 것은?

① 건조물 ② 취급물질
③ 입지조건 ④ 공장 내의 배치

해설

- 취급물질은 3단계 정량적 평가항목에 해당한다.

정성적 평가와 정량적 평가항목

구분	항목	내용
정성적 평가	설계관계항목	입지조건, 공장 내 배치, 건조물, 소방설비 등
	운전관계항목	원재료, 중간제품, 공정 및 공정기기, 수송, 저장 등
정량적 평가		• 수치값으로 표현 가능한 항목들을 대상으로 한다. • 온도, 취급물질, 화학설비용량, 압력, 조작 등을 위험도에 맞게 평가한다.

23 ④ 24 ③ 25 ② 정답

26

Repetitive Learning (1회 2회 3회)

자동차를 생산하는 공장의 어떤 근로자가 95dB(A)의 소음 수준에서 하루 8시간 작업하며 매 시간 조용한 휴게실에서 20분씩 휴식을 취한다고 가정하였을 때, 8시간 시간가중평균(TWA)은?(단, 소음은 누적소음노출량측정기로 측정하였으며, OSHA에서 정한 95dB(A)의 허용시간은 4시간이라 가정한다)

① 약 91dB(A) ② 약 92dB(A)
③ 약 93dB(A) ④ 약 94dB(A)

해설

- 95dB(A)의 허용시간은 4시간인데, 실제 노출된 시간은 8×(4/6시간) = 5.33시간이다.
- Noise Dose = $\frac{5.33}{4}$ 이므로 133.33.%가 된다.
- TWA(dB) = 90+ 16.61× log(1.3333) = 92.075[dB(A)]이다.

:: 8시간 시간가중평균(TWA)

- 작업장 근로자에게 폭로되는 8시간 가중 평균소음레벨을 말한다.
- TWA(dB) = 90 + 16.61log($\frac{D}{100}$)

이때 D는 Noise Dose(%) 즉, 작업장 근로자에게 폭로되는 소음노출량(%)을 말한다.

1801

27

Repetitive Learning (1회 2회 3회)

동작경제의 원칙에 해당하지 않는 것은?

① 공구의 기능을 각각 분리하여 사용하도록 한다.
② 두 팔의 동작은 동시에 서로 반대방향으로 대칭적으로 움직이도록 한다.
③ 공구나 재료는 작업동작이 원활하게 수행되도록 그 위치를 정해준다.
④ 가능하다면 쉽고도 자연스러운 리듬이 작업동작에 생기도록 작업을 배치한다.

해설

- 공구의 기능은 결합하여 사용하도록 하는 것이 원칙이다.

:: 동작경제의 원칙

㉠ 개요

- 작업자가 경제적인 동작을 통해 피로도를 감소시키면서도 능률을 향상시키게 하기 위한 원칙이다.
- 신체 사용의 원칙, 작업장 배치의 원칙, 공구 및 설비 디자인의 원칙으로 분류된다.
- 동작의 수는 줄이고, 동작의 속도는 적당히 한다.

㉡ 원칙의 분류

신체 사용의 원칙	• 두 손의 동작은 동시에 시작해서 동시에 끝나야 한다. • 휴식시간을 제외하고는 양손을 같이 쉬게 해서는 안 된다. • 손의 동작은 유연하고 연속적인 동작이어야 한다. • 동작이 급작스럽게 크게 바뀌는 직선 동작은 피해야 한다. • 두 팔의 동작은 동시에 서로 반대방향으로 대칭적으로 움직이도록 한다.
작업장 배치의 원칙	• 공구나 재료는 작업동작이 원활하게 수행하도록 그 위치를 정해준다. • 공구, 재료 및 제어장치는 사용하기 가까운 곳에 배치해야 한다.
공구 및 설비 디자인의 원칙	• 치구나 족답장치를 이용하여 양손이 다른 일을 할 수 있도록 한다. • 공구의 기능을 결합하여 사용하도록 한다.

1503

28

Repetitive Learning (1회 2회 3회)

작업면상의 필요한 장소만 높은 조도를 취하는 조명은?

① 완화조명 ② 전반조명
③ 투명조명 ④ 국소조명

해설

- 완화조명은 눈의 암순응을 고려하여 휘도를 서서히 낮추면서 조명하는 것을 말한다.
- 전반조명은 특정 공간 전체를 전반적으로 조명하는 것을 말한다.
- 투명조명은 투광기에 의한 조명을 말한다.

:: 국소조명(Local lighting)

- 작업면상의 필요한 장소만 높은 조도를 취하는 조명방법이다.
- 실내 전체를 전체적으로 조명하는 전반조명이 아니라 특정한 부위만 집중적으로 밝게 해 주는 조명을 말한다.

0903

29

Repetitive Learning (1회 2회 3회)

인간이 기계보다 우수한 기능이라 할 수 있는 것은?(단, 인공지능은 제외한다)

① 일반화 및 귀납적 추리
② 신뢰성 있는 반복 작업
③ 신속하고 일관성 있는 반응
④ 대량의 암호화된 정보의 신속한 보관

정답 | 26 ② 27 ① 28 ④ 29 ①

해설

- 인간은 기계와 달리 관찰을 통해서 일반화하여 귀납적 추리가 가능하다.

인간이 기계를 능가하는 조건

- 관찰을 통해서 일반화하여 귀납적 추리를 한다.
- 완전히 새로운 해결책을 도출할 수 있다.
- 원칙을 적용하여 다양한 문제를 해결할 수 있다.
- 상황에 따라 변하는 복잡한 자극형태를 식별할 수 있다.
- 다양한 경험을 토대로 하여 의사결정을 한다.
- 주위의 예기치 못한 사건들을 감지하고 처리하는 임기응변 능력이 있다.

1403

30 Repetitive Learning (1회 2회 3회)

다음 현상을 설명한 이론은?

> 인간이 감지할 수 있는 외부의 물리적 자극 변화의 최소범위는 표준 자극의 크기에 비례한다.

① 피츠(Fitts) 법칙
② 웨버(Weber) 법칙
③ 신호검출이론(SDT)
④ 힉-하이만(Hick-Hyman) 법칙

해설

- 피츠(Fitts)의 법칙은 인간의 손이나 발을 이동시켜 조작장치를 조작하는 데 걸리는 시간을 표적까지의 거리와 표적 크기의 함수로 나타낸 것이다.
- 신호검출이론(SDT)은 신호의 탐지가 신호에 대한 관찰자의 민감도와 관찰자의 반응기준에 달려 있다는 이론이다.
- 힉-하이만(Hick-hyman) 법칙은 신호를 보고 어떤 장치를 조작해야 할지를 결정하기까지 걸리는 시간을 예측하는 이론이다.

웨버(Weber) 법칙

- 인간이 감지할 수 있는 외부의 물리적 자극 변화의 최소범위는 기준이 되는 자극의 크기에 비례하는 현상을 설명한 이론을 말한다.
- Weber비는 기존 자극의 변화를 감지할 수 있는 최소량으로 분별의 질을 나타낸다.
- 웨버(Weber)의 비 $= \frac{\Delta I}{I}$로 구한다.
  (이때, ΔI는 변화감지역을, I는 표준자극을 의미한다)
- Weber비가 작을수록 분별력이 좋다.
- 변화감지역(JND)은 사람이 50%보다 더 높은 확률로 검출할 수 있는 자극차원의 최소변화값으로 값이 작을수록 그 자극차원의 변화를 쉽게 검출할 수 있다.

0501 / 0603

31 Repetitive Learning (1회 2회 3회)

다음 시스템의 신뢰도 값은?

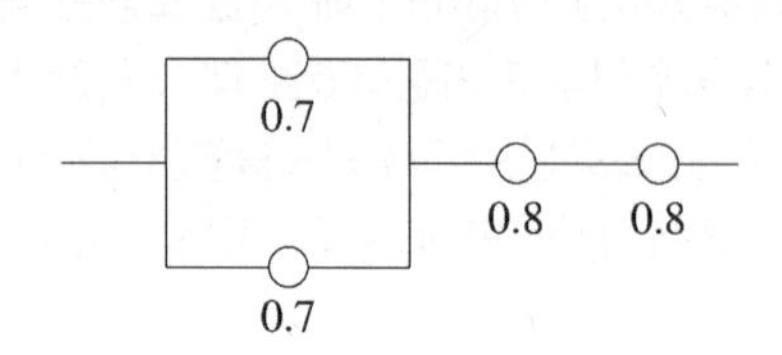

① 0.5824　② 0.6682
③ 0.7855　④ 0.8642

해설

- 먼저 병렬로 연결된 시스템의 신뢰도를 구하면 1−(1−0.7)(1−0.7) = 1−0.09= 0.91이 된다.
- 구해진 결과와 나머지 2개의 직렬로 연결된 신뢰도는 0.8 × 0.8 × 0.91 = 0.5824이다.

시스템의 신뢰도 실필 0901

㉠ AND(직렬)연결 시
- 시스템의 신뢰도(R_s)는 부품 a, 부품 b 신뢰도를 각각 R_a, R_b라 할 때 $R_s = R_a \times R_b$로 구할 수 있다.

㉡ OR(병렬)연결 시
- 시스템의 신뢰도(R_s)는 부품 a, 부품 b 신뢰도를 각각 R_a, R_b라 할 때 $R_s = 1-(1-R_a)\times(1-R_b)$로 구할 수 있다.

1502

32 Repetitive Learning (1회 2회 3회)

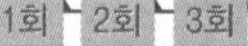

인간의 위치 동작에 있어 눈으로 보지 않고 손을 수평 면상에서 움직이는 경우 짧은 거리는 지나치고, 긴 거리는 못 미치는 경향이 있는데 이를 무엇이라고 하는가?

① 사정효과(Range effect)
② 간격효과(Distance effect)
③ 손동작효과(Hand action effect)
④ 반응효과(Reaction effect)

해설

- 간격효과(Distance effect)는 기억력을 극대화하는 방법으로 같은 내용을 장기적으로 일정한 주기를 두고 반복 학습하는 것을 말한다.

사정효과(Range effect)

- 작은 오차에는 과잉반응, 큰 오차에는 과소반응하는 인간의 경향성을 말하는 용어이다.
- 인간의 위치 동작에 있어 눈으로 보지 않고 손을 수평 면상에서 움직이는 경우 짧은 거리는 지나치고, 긴 거리는 못 미치는 경향을 말한다.

30 ② 31 ① 32 ① 정답

33

Repetitive Learning 1회 2회 3회

그림과 같은 FT도에서 정상사상 T의 발생 확률은?(단, X_1, X_2, X_3의 발생 확률은 각각 0.1, 0.15, 0.1이다)

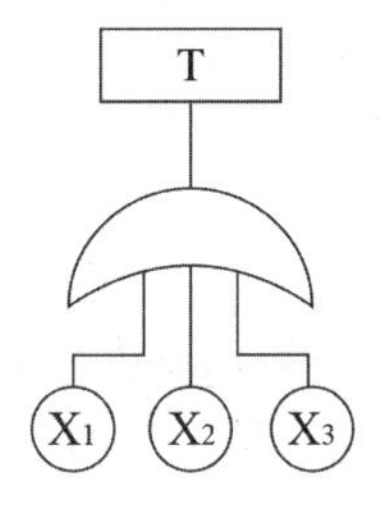

① 0.3115　　② 0.35
③ 0.496　　④ 0.9985

해설

- T = $X_1+X_2+X_3$이므로 1−(1−0.1)(1−0.15)(1−0.1)이다. 이는 1−(0.9×0.85×0.9) = 1−0.6885 = 0.3115가 된다.

∷ FT도에서 정상(고장)사상 발생확률 실필 1203/0901

㉠ AND(직렬)연결 시
- 사상 A의 발생확률을 P_A, 사상 B, 사상 C 발생확률을 P_B, P_C라 할 때 $P_A = P_B \times P_C$로 구할 수 있다.

㉡ OR(병렬)연결 시
- 사상 A의 발생확률을 P_A, 사상 B, 사상 C 발생확률을 P_B, P_C라 할 때 $P_A = 1-(1-P_B)\times(1-P_C)$로 구할 수 있다.

34

산업안전보건법령상 해당 사업주가 유해·위험방지계획서를 작성하여 제출해야하는 대상은?

① 시·도지사
② 관할 구청장
③ 고용노동부장관
④ 행정안전부장관

해설

- 사업주는 산업안전보건법 및 관련 명령에서 정하는 유해·위험방지에 관한 사항을 적은 계획서를 작성하여 고용노동부령으로 정하는 바에 따라 고용노동부장관에게 제출하고 심사를 받아야 한다.

∷ 유해·위험방지계획서의 작성·제출

- 사업주는 산업안전보건법 및 관련 명령에서 정하는 유해·위험 방지에 관한 사항을 적은 계획서를 작성하여 고용노동부령으로 정하는 바에 따라 고용노동부장관에게 제출하고 심사를 받아야 한다.
- 건설공사를 착공하려는 사업주는 유해위험방지계획서를 작성할 때 건설안전 분야의 자격 등 고용노동부령으로 정하는 자격을 갖춘 자의 의견을 들어야 한다.
- 고용노동부장관은 제출된 유해위험방지계획서를 고용노동부령으로 정하는 바에 따라 심사하여 그 결과를 사업주에게 서면으로 알려 주어야 한다.

35

Repetitive Learning 1회 2회 3회

시각적 표시장치보다 청각적 표시장치를 사용하는 것이 더 유리한 경우는?

① 정보의 내용이 복잡하고 긴 경우
② 정보가 공간적인 위치를 다룬 경우
③ 직무상 수신자가 한 곳에 머무르는 경우
④ 수신 장소가 너무 밝거나 암순응이 요구될 경우

해설

- 수신 장소가 너무 밝거나 암순응이 요구되는 등 시각적으로 정보확인이 곤란하다면 청각적 표시장치를 사용하는 것이 더 유리하다.

∷ 시각적 표시장치와 청각적 표시장치의 비교

구분	내용
시각적 표시장치	• 수신 장소의 소음이 심한 경우 • 정보가 공간적인 위치를 다룬 경우 • 정보의 내용이 복잡하고 긴 경우 • 직무상 수신자가 한 곳에 머무르는 경우 • 메시지를 추후 참고할 필요가 있는 경우 • 정보의 내용이 즉각적인 행동을 요구하지 않는 경우
청각적 표시장치	• 수신 장소가 너무 밝거나 암순응이 요구될 때 • 정보의 내용이 시간적인 사건을 다루는 경우 • 정보의 내용이 간단한 경우 • 직무상 수신자가 자주 움직이는 경우 • 정보의 내용이 후에 재참조되지 않는 경우 • 메시지가 즉각적인 행동을 요구하는 경우

36

Repetitive Learning 1회 2회 3회

정신작업 부하를 측정하는 척도를 크게 4가지로 분류할 때 심박수의 변동, 뇌 전위, 동공 반응 등 정보처리에 중추신경계 활동이 관여하고 그 활동이나 징후를 측정하는 것은?

① 주관적(subjective) 척도
② 생리적(physiological) 척도
③ 주 임무(primary task) 척도
④ 부 임무(secondary task) 척도

정답 | 33 ① 34 ③ 35 ④ 36 ②

해설

- 인간공학의 연구를 위한 자료에는 인체공학, 생체역학, 인지공학, HCI(Human Computer Interface), 감성공학, UX(User Experience) 관련 자료가 있으며 그중 심박수, 뇌 전위, 동공확장은 생체역학과 관련된 자료라 볼 수 있다.

생리지표(Physiological index)

- 자료의 종류에는 동공반응, 심박수, 뇌전위, 호흡속도 등이 있다.
- 중추신경계 활동에 관여하며 그 활동상황을 측정할 수 있다.
- 직무수행 중에도 계속해서 자료의 수집이 용이하다.

0303

37 Repetitive Learning (1회 2회 3회)

서브시스템, 구성요소, 기능 등의 잠재적 고장 형태에 따른 시스템의 위험을 파악하는 위험 분석 기법으로 옳은 것은?

① ETA(Event Tree Analysis)
② HEA(Human Error Analysis)
③ PHA(Preliminary Hazard Analysis)
④ FMEA(Failure Mode and Effect Analysis)

해설

- ETA(Event Tree Analysis)는 설비의 설계 단계에서부터 사용단계까지의 각 단계에서 위험을 분석하는 귀납적, 정량적 분석방법이다.
- HEA(Human Error Analysis)는 작업자 실수 분석으로 공정위험성 평가서 및 잠재위험에 대한 사고예방·피해 최소화 대책에 해당한다.
- PHA(Preliminary Hazard Analysis)는 초기의 단계에서 시스템 내의 위험요소가 어떠한 위험상태에 있는가를 정성적 평가하는 것이다.

고장형태와 영향분석(FMEA)

㉠ 개요
- 시스템 안전분석에 이용되는 전형적인 정성적, 귀납적 분석방법으로서, 서식이 간단하고 비교적 적은 노력으로 특별한 훈련 없이 분석이 가능하다는 장점을 가지고 있는 기법이다.
- 제품설계와 개발단계에서 고장 발생을 최소로 하고자 하는 경우에 유효한 분석기법이다.

㉡ 장점
- 양식이 간단하여 특별한 훈련 없이 비전문가도 해석이 가능하다.
- 전체 요소의 고장을 유형별로 분석할 수 있다.

㉢ 단점
- 해석영역이 물체에 한정되기 때문에 인적 원인(Human error) 해석이 곤란하다.
- 동시에 2가지 이상의 요소가 고장 나는 경우 해석이 힘들다.

38 Repetitive Learning (1회 2회 3회)

불필요한 작업을 수행함으로써 발생하는 오류로 옳은 것은?

① Command error
② Extraneous error
③ Secondary error
④ Commission error

해설

- Command error는 인간에러 원인의 레벨에 따른 분류에 해당하는 지시 오류로 작업자가 움직이려해도 움직일 수 없어서 발생하는 오류이다.
- Secondary error는 인간에러 원인의 레벨에 따른 분류에 해당하는 2차 오류로 작업의 조건이나 작업의 형태 중에서 다른 문제가 생겨 그 때문에 필요한 사항을 실행할 수 없는 오류이다.
- Commission error는 실행오류로 작업 수행 중 작업을 정확하게 수행하지 못해 발생한 에러이다.

행위적 관점에서의 휴먼에러 분류(Swain)

실필 1801/1702/1601/1401/1201/0901/0803/0802

구분	내용
실행오류 (Commission error)	작업 수행 중 작업을 정확하게 수행하지 못해 발생한 에러
생략오류 (Omission error)	필요한 작업 또는 절차를 수행하지 않는데 기인한 에러
불필요한 수행오류 (Extraneous error)	불필요한 작업 또는 절차를 수행함으로써 발생한 에러
순서오류 (Sequential error)	필요한 작업 또는 절차의 순서 착오로 인한 에러
시간오류 (Timing error)	필요한 작업 또는 절차의 수행을 지연한데 기인한 에러

39 Repetitive Learning (1회 2회 3회)

불(Bool) 대수의 정리를 나타낸 관계식으로 틀린 것은?

① $A \cdot A = A$　② $A + \overline{A} = 0$
③ $A + AB = A$　④ $A + A = A$

해설

- $A + \overline{A} = 1$이다.

불(Bool) 대수의 정리

- $A \cdot A = A$
- $A + A = A$
- $A \cdot 0 = 0$
- $A + 1 = 1$
- $A \cdot \overline{A} = 0$
- $A + \overline{A} = 1$
- $\overline{A \cdot B} = \overline{A} + \overline{B}$
- $\overline{A + B} = \overline{A} \cdot \overline{B}$
- $A + \overline{A} \cdot B = A + B$
- $A(A + B) = A + AB = A$

37 ④ 38 ② 39 ② 정답

40 Repetitive Learning (1회 2회 3회)

Chapanis가 정의한 위험의 확률수준과 그에 따른 위험발생률로 옳은 것은?

① 전혀 발생하지 않는(impossible) 발생빈도 : 10^{-8}/day
② 극히 발생할 것 같지 않는(extremely unlikely) 발생빈도 : 10^{-7}/day
③ 거의 발생하지 않은(remote) 발생빈도 : 10^{-6}/day
④ 가끔 발생하는(occasional) 발생빈도 : 10^{-5}/day

해설

- 극히 발생할 것 같지 않은(Extremely unlikely)의 발생빈도는 〉10^{-6}/day이고, 거의 발생하지 않는(Remote)은 〉 10^{-5}/day이고, 가끔 발생하는(Occasional)은 〉 10^{-4}/day 이다.

차패니스(Chapanis, A.)의 위험분석

분류	발생빈도(1일 기준)
상당하게 발생하는 (Reasonably probable)	〉 10^{-3}
가끔 발생하는(Occasional)	〉 10^{-4}
거의 발생하지 않는(Remote)	〉 10^{-5}
극히 발생할 것 같지 않은 (Extremely unlikely)	〉 10^{-6}
전혀 발생하지 않는 (Impossible)	〉 10^{-8}

3과목 기계 · 기구 및 설비 안전관리

41 Repetitive Learning (1회 2회 3회)

휴대형 연삭기 사용 시 안전사항에 대한 설명으로 가장 적절하지 않은 것은?

① 잘 안 맞는 장갑이나 옷은 착용하지 말 것
② 긴 머리는 묶고 모자를 착용하고 작업할 것
③ 연삭숫돌을 설치하거나 교체하기 전에 전선과 압축공기 호스를 설치할 것
④ 연삭작업 시 클램핑 장치를 사용하여 공작물을 확실히 고정할 것

해설

- 휴대형 연삭기는 전동공구로 압축공기 호스와는 큰 관련이 없다.

휴대형 연삭기 안전대책

구분	내용
사용 전	• 숫돌의 외관 검사 • 방호덮개의 부착상태 확인 • 케이블 피복의 손상유무 확인 • 테일커버와 케이블 연결부 상태 확인
작업방법 준수	• 보안경 착용 • 작업시작 전 공회전 실시 • 숫돌에 무리한 힘을 가하지 말 것 • 회전 연삭숫돌에 말릴 염려가 없는 장갑 착용 • 작업복장은 헐렁한 옷이나 긴 소매를 피할 것 • 긴 머리는 묶고 모자를 착용할 것 • 클램프 등을 이용하여 공작물을 확실히 고정할 것

1002 / 1502

42 Repetitive Learning (1회 2회 3회)

롤러기의 방호장치 설치 시 유의해야 할 사항으로 거리가 먼 것은?

① 손으로 조작하는 급정지장치의 조작부는 롤러기의 전면 및 후면에 각각 1개씩 수평으로 설치하여야 한다.
② 앞면 롤러의 표면속도가 30m/min 미만인 경우 급정지거리는 앞면 롤러 원주의 1/2.5 이하로 한다.
③ 작업자의 복부로 조작하는 급정지장치는 높이가 밑면으로부터 0.8m 이상 1.1m 이내에 설치되어야 한다.
④ 급정지장치의 조작부에 사용하는 줄은 사용 중 늘어져서는 안 되며 충분한 인장강도를 가져야 한다.

정답 | 40 ① 41 ③ 42 ②

해설

- 급정지거리는 원주속도가 30(m/min) 이상일 경우 앞면 롤러 원주의 1/2.5로 하고, 원주속도가 30(m/min) 미만일 경우 앞면 롤러 원주의 1/3 이내로 한다.

롤러기 급정지장치

㉠ 종류 실필 2101/0802 실작 2303/2101/1902

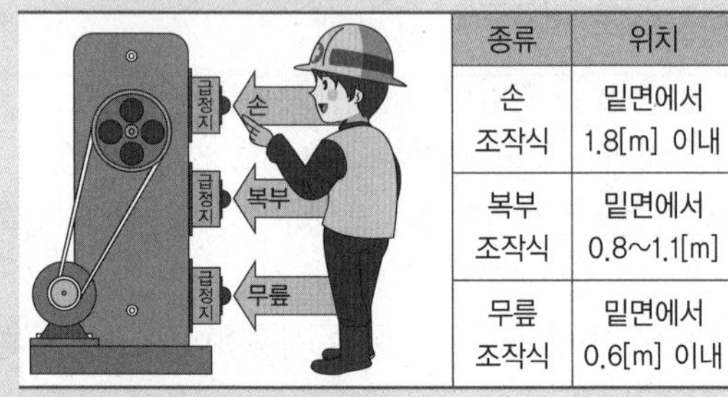

종류	위치
손 조작식	밑면에서 1.8[m] 이내
복부 조작식	밑면에서 0.8~1.1[m]
무릎 조작식	밑면에서 0.6[m] 이내

㉡ 개구부 간격과 급정지거리 실필 1703/1202/1102

- 가드 설치 시 개구부 간격(단위 : mm)

개구부와 위험점 간격 : 160mm 이상	30
개구부와 위험점 간격 : 160mm 미만	6+(0.15×개구부~위험점 최단거리)
위험점이 전동체일 경우	6+(0.1×개구부~위험점 최단거리)

- 급정지거리

원주속도 : 30m/min 이상	앞면 롤러 원주의 1/2.5
원주속도 : 30m/min 미만	앞면 롤러 원주의 1/3 이내

43

Repetitive Learning 1회 2회 3회

선반 작업에 대한 안전수칙으로 가장 적절하지 않은 것은?

① 선반의 바이트는 끝을 짧게 장치한다.
② 작업 중에는 면장갑을 착용하지 않도록 한다.
③ 작업이 끝난 후 절삭 칩의 제거는 반드시 브러시 등의 도구를 사용한다.
④ 작업 중 일감의 치수 측정 시 기계 운전 상태를 저속으로 하고 측정한다.

해설

- 바이트를 교환할 때, 일감의 치수 측정, 주유 및 청소 시에는 기계를 정지시켜야 한다.

선반작업 시 안전수칙

㉠ 작업자 보호장구
- 작업 중 장갑 착용을 금한다.
- 절삭 칩의 제거는 반드시 브러시를 사용하도록 한다.
- 칩(Chip)이 비산할 때는 보안경을 쓰고 방호판을 설치하여 사용한다.

㉡ 작업 시작 전 점검 및 준수사항
- 칩이 짧게 끊어지도록 칩 브레이커를 설치한다.
- 일감의 길이가 긴(가공물 길이가 지름의 12~20배 이상) 공작물은 방진구를 설치하여 진동을 방지한다.
- 베드 위에 공구를 올려놓지 않아야 한다.
- 공작물의 설치가 끝나면, 척에서 렌치류는 곧바로 제거한다.
- 시동 전에 척 핸들을 빼두어야 한다.

㉢ 작업 중 준수사항
- 기계 운전 중에는 백기어(Back gear)의 사용을 금한다.
- 회전 중에 가공품을 직접 만지지 않는다.
- 센터작업 시 심압 센터에 자주 절삭유를 준다.
- 선반작업 시 주축의 변속은 기계 정지 후에 해야 한다.
- 바이트 교환, 일감의 치수 측정, 주유 및 청소 시에는 기계를 정지시켜야 한다.

44

Repetitive Learning 1회 2회 3회

다음 중 금형을 설치 및 조정할 때 안전수칙으로 가장 적절하지 않은 것은?

① 금형을 체결할 때에는 적합한 공구를 사용한다.
② 금형의 설치 및 조정은 전원을 끄고 실시한다.
③ 금형을 부착하기 전에 하사점을 확인하고 설치한다.
④ 금형을 체결할 때에는 안전블록을 잠시 제거하고 실시한다.

해설

- 금형의 체결 시에는 안전블록을 설치하고 실시해야 한다.

금형조정 작업의 위험 방지

㉠ 개요
- 사업주는 프레스 등의 금형을 부착·해체 또는 조정하는 작업을 할 때에 해당 작업에 종사하는 근로자의 신체가 위험한계 내에 있는 경우 슬라이드가 갑자기 작동함으로써 근로자에게 발생할 우려가 있는 위험을 방지하기 위하여 안전블록을 사용하는 등 필요한 조치를 하여야 한다.

㉡ 금형의 조정 작업 시 안전수칙
- 금형을 부착하기 전에 하사점을 확인한다.
- 금형의 체결은 올바른 치공구를 사용하여 균등하게 한다.
- 금형의 체결 시에는 안전블록을 설치하고 실시한다.
- 금형의 설치 및 조정은 전원을 끄고 실시한다.
- 금형은 하형부터 잡고 무거운 금형의 받침은 인력으로 하지 않는다.

43 ④ 44 ④ 정답

45 — Repetitive Learning (1회 2회 3회)

다음 중 절삭가공으로 틀린 것은?

① 선반　　② 밀링
③ 프레스　　④ 보링

해설

- 프레스는 물리력을 이용해 재료에 구멍을 뚫거나 무늬를 만드는 기계로 절삭가공과 같은 회전운동을 하지 않는다.

절삭가공

- 절삭가공은 금속 등의 재료와 공구를 상대적으로 움직이면서 가공하거나 구멍을 뚫는 등 재료를 원하는 형태로 만드는 작업을 말한다.
- 고정공구에 의한 절삭에는 선반 등을 이용한 선삭, 평삭, 형삭, 브로칭 등이 있다.
- 회전공구에 의한 절삭에는 밀링, 드릴링, 보링 등이 있다.

46 — Repetitive Learning (1회 2회 3회)

보일러 부하의 급변, 수위의 과상승 등에 의해 수분이 증기와 분리되지 않아 보일러 수면이 심하게 솟아올라 올바른 수위를 판단하지 못하는 현상은?

① 프라이밍　　② 모세관
③ 워터해머　　④ 역화

해설

- 모세관 현상이란 모세관을 액체 속에 넣었을 때 관속의 액면이 관 밖의 액면보다 높아지거나 낮아지는 현상을 말한다.
- 워터해머(Water hammer)란 배관 등에서 갑작스럽게 물의 방향이나 속도가 바뀔 때 물 배관시스템에서 압력이 순간적으로 상승하여 배관에 충격을 주는 현상을 말한다.
- 역화(Back fire)란 버너에서 화염이 역행하는 현상으로 발생증기의 이상현상과는 거리가 멀다.

보일러 발생증기 이상현상의 종류 실필 1501/1302

구분	내용
캐리오버 (Carry over)	보일러 수중에 용해고형분이나 수분이 발생, 증기 중에 다량 함유되어 증기의 순도를 저하시킴으로써 응축수가 생겨 워터해머의 원인이 되고 증기과열기나 터빈 등의 고장의 원인이 되는 현상
프라이밍 (Priming)	보일러 부하의 급속한 변화로 수위가 급상승하면서 수면의 높이를 판단하기 어려운 현상으로 증기와 함께 보일러 수가 외부로 빠져나가는 현상
포밍 (Foaming)	보일러 수 속에 유지(油脂)류, 용해 고형물, 부유물 등의 농도가 높아지면 드럼 수면에 안정한 거품이 발생하고, 또한 거품이 증가하여 드럼의 기실(氣室) 전체로 확대되어 수위를 판단하지 못하는 현상

47 — Repetitive Learning (1회 2회 3회)

자동화 설비를 사용하고자 할 때 기능의 안전화를 위하여 검토할 사항으로 거리가 가장 먼 것은?

① 재료 및 가공 결함에 의한 오동작
② 사용압력 변동 시의 오동작
③ 전압강하 및 정전에 따른 오동작
④ 단락 또는 스위치 고장 시의 오동작

해설

- 재료의 문제일 경우 설계 시 안전율을 재 검토해야하고, 가공 결함일 경우 열처리 등의 대책을 강구하는 구조적 안전화의 검토사항에 해당한다.

기능적 안전화 실필 1403/0503

㉠ 개요

- 기계설비의 이상 시에 기계를 급정지시키거나 안전장치가 작동되도록 하는 소극적인 대책과 전기회로를 개선하여 오동작을 방지하거나 별도의 안전한 회로에 의해 정상기능을 찾을 수 있도록 하는 안전화를 말한다.

㉡ 특징

- 기능적 안전화를 위해서는 안전설계와 밀접한 관련을 가지므로 설계단계에서부터 안전대책을 수립하여야 한다.
- 전압 강하 시 기계의 자동정지와 같은 Fail safe 기능이 대표적인 1차적인 기능적 안전화 대책이다.
- 2차적인 적극적인 기능적 안전화 대책은 회로 개선을 통한 오동작 방비 대책이다.

48 — Repetitive Learning (1회 2회 3회)

500rpm으로 회전하는 연삭숫돌의 지름이 300mm일 때 회전속도(m/min)는?

① 471　　② 551
③ 751　　④ 1,025

해설

- 주어진 값을 대입하면 $(3.14 \times 300 \times 500)/1000 = 471.2$[m/min]이다.

회전체의 원주속도

- 회전체의 원주속도 $\fallingdotseq \frac{\pi \times \text{외경} \times \text{회전수}}{1,000}$[m/min]으로 구한다.

  이때 외경의 단위는 [mm]이고, 회전수의 단위는 [rpm]이다.
- 회전수 $= \frac{\text{원주속도} \times 1,000}{\pi \times \text{외경}}$으로 구할 수 있다.

정답 | 45 ③ 46 ① 47 ① 48 ①

49

Repetitive Learning 1회 2회 3회

산업안전보건법령상 보일러에 설치해야 하는 안전장치로 거리가 가장 먼 것은?

① 해지장치 ② 압력방출장치
③ 압력제한스위치 ④ 고·저수위조절장치

해설

• 해지장치는 크레인 작업 시 와이어로프 등이 훅으로부터 벗겨지는 것을 방지하기 위한 크레인의 방호장치이다.

:: 보일러의 안전장치 실필 1902/1901

• 보일러의 안전장치에는 전기적 인터록장치, 압력방출장치, 압력제한스위치, 고저수위 조절장치, 화염검출기 등이 있다.

구분	내용
압력제한 스위치	보일러의 과열을 방지하기 위하여 보일러의 버너 연소를 차단하는 장치
압력방출장치	보일러의 최고사용압력 이하에서 작동하여 보일러 압력을 방출하는 장치
고저수위 조절장치	보일러의 방호장치 중 하나로 보일러 쉘 내의 관수의 수위가 최고한계 또는 최저한계에 도달했을 때 자동적으로 경보를 울리는 동시에 관수의 공급을 차단시켜 주는 장치

50

Repetitive Learning 1회 2회 3회

지게차의 방호장치에 해당하는 것은?

① 버킷 ② 포크
③ 마스트 ④ 헤드가드

해설

• 버킷은 굴삭기의 끝에서 흙이나 모래를 퍼 올리는 통 모양의 작업장치이다.
• 포크는 화물을 들어올리기 위해 지게차의 앞부분에 설치된 작업장치이다.
• 마스트는 타워크레인을 지지해 주는 기둥역할의 구조물이다.

:: 지게차의 헤드가드 실필 2103/2102/1802/1601/1302/0801

• 헤드가드는 지게차를 이용한 작업 중에 위쪽으로부터 떨어지는 물건에 의한 위험을 방지하기 위하여 운전자의 머리 위쪽에 설치하는 덮개를 말한다.
• 상부 틀의 각 개구의 폭 또는 길이가 16cm 미만일 것
• 4톤 이하의 지게차에서 헤드가드의 강도는 지게차 최대하중의 2배값(4톤을 초과할 경우 4톤)의 등분포정하중에 견딜 수 있을 것
• 운전자가 앉아서 조작하거나 서서 조작하는 지게차의 헤드가드는 한국산업표준에서 정하는 높이 기준 이상일 것(앉는 방식 : 0.903m, 서는 방식 : 1.88m)

51

Repetitive Learning 1회 2회 3회

산업안전보건법령상 금속의 용접, 용단에 사용하는 가스 용기를 취급할 때 유의사항으로 틀린 것은?

① 밸브의 개폐는 서서히 할 것
② 운반하는 경우에는 캡을 벗길 것
③ 용기의 온도는 40℃ 이하로 유지할 것
④ 통풍이나 환기가 불충분한 장소에는 설치하지 말 것

해설

• 평상시에 캡을 벗겨둔 경우라도 운반할 때는 캡을 씌워 운반하도록 한다.

:: 가스 등의 용기 관리

㉠ 개요

• 가스용기는 통풍이나 환기가 불충분한 장소, 화기를 사용하는 장소 및 그 부근, 위험물 또는 인화성 액체를 취급하는 장소 및 그 부근에 사용하거나 보관해서는 안 된다.

㉡ 준수사항

• 용기의 온도를 40[℃] 이하로 유지하도록 한다.
• 전도의 위험이 없도록 한다.
• 충격을 가하지 않도록 한다.
• 운반하는 경우에는 캡을 씌우고 단단하게 묶도록 한다.
• 밸브의 개폐는 서서히 하도록 한다.
• 사용 전 또는 사용 중인 용기와 그 밖의 용기를 명확히 구별하여 보관하도록 한다.
• 용기의 부식·마모 또는 변형상태를 점검한 후 사용한다.
• 용해아세틸렌의 용기는 세워서 보관하도록 한다.

52

Repetitive Learning 1회 2회 3회

산업안전보건법령상 정상적으로 작동될 수 있도록 미리 조정해 두어야할 이동식 크레인의 방호장치로 가장 적절하지 않은 것은?

① 제동장치 ② 권과방지장치
③ 과부하방지장치 ④ 파이널 리미트 스위치

해설

• 파이널 리미트 스위치는 승강기의 방호장치이다.

:: 양중기의 방호장치 실필 1203/11102 실작 1103

• 사업주는 양중기[크레인(이동식 포함), 리프트, 곤돌라, 승강기]에 과부하방지장치, 권과방지장치(捲過防止裝置), 비상정지장치 및 제동장치, 그 밖의 방호장치[(승강기의 파이널 리미트 스위치(Final limit switch), 속도조절기, 출입문 인터록(Inter lock) 등을 말한다]가 정상적으로 작동될 수 있도록 미리 조정해 두어야 한다.

정답 49 ① 50 ④ 51 ② 52 ④

1203 / 1603

53

Repetitive Learning 1회 2회 3회

크레인 로프에 질량 2,000kg의 물건을 10m/s^{2}의 가속도로 감아올릴 때, 로프에 걸리는 총 하중은 약 몇 kN인가?(단, 중력가속도는 9.8m/s^2)

① 9.6
② 19.6
③ 29.6
④ 39.6

해설

- 로프에 2,000kg의 중량을 걸어 올리고 있으므로 정하중이 2,000 kg이고, 주어진 값을 대입하면 동하중은 $\frac{2,000}{9.8} \times 10 = 2040.81$[kgf]가 된다.
- 총 하중은 $2,000 + 2,040.81 = 4,040.81$[kgf]이다. 구하고자 하는 단위는 KN이고, 1kgf = 9.8N이므로 $\frac{4,040.81 \times 9.8}{1,000} = 39.599$[kN]이 된다.

화물을 일정한 가속도로 감아올릴 때 총 하중

- 화물을 일정한 가속도로 감아올릴 때 총 하중은 화물의 중량에 해당하는 정하중과 감아올림으로 인해 발생하는 동하중(중력가속도를 거스르는 하중)의 합으로 구한다.
- 총 하중[kgf] = 정하중 + 동하중으로 구한다.
- 동하중 = $\frac{\text{정하중}}{\text{중력가속도}}$ × 인양가속도로 구할 수 있다.

54

프레스 작동 후 작업점까지의 도달시간이 0.3초인 경우 위험한계로부터 양수조작식 방호장치의 최단 설치거리는?

① 48cm 이상
② 58cm 이상
③ 68cm 이상
④ 78cm 이상

해설

- 시간이 0.3초로 주어졌다. [ms]로 바꾸기 위해서 1,000을 곱하면 300[ms]이다.
- 프레스 작동 후 작업점까지의 도달시간이 0.3초라면 양수조작식 방호장치의 설치거리는 1.6×300 = 480[mm] 이상이어야 한다.

양수조작식 방호장치 안전거리 실필 2401/1701/1103/0903

- 인간 손의 기준속도(1.6[m/s])를 고려하여 양수조작식 방호장치의 안전거리는 1.6 × 반응시간으로 구할 수 있다.
- 클러치 프레스에 부착된 양수조작식 방호장치의 반응시간(T_m)은 버튼에서 손이 떨어지고 슬라이드가 정지할 때까지의 시간으로 해당 시간이 주어지지 않을 때는 $T_m = \left(\frac{1}{\text{클러치}} + \frac{1}{2}\right) \times \frac{60,000}{\text{분당 행정수}}$[ms]로 구할 수 있다.
- 시간이 주어질 때는 D = 1.6(T_L + T_s)로 구한다.
  - D : 안전거리(mm)
  - T_L : 버튼에서 손이 떨어질 때부터 급정지기구가 작동할 때까지 시간(ms)
  - T_s : 급정지기구 작동 시부터 슬라이드가 정지할 때까지 시간(ms)

1402

55

Repetitive Learning 1회 2회 3회

산업안전보건법령상 고속회전체의 회전시험을 하는 경우 미리 회전축의 재질 및 형상 등에 상응하는 종류의 비파괴검사를 해서 결함 유무를 확인해야 한다. 이때 검사 대상이 되는 고속회전체의 기준은?

① 회전축의 중량이 100킬로그램을 초과하고 원주속도가 초당 120m 이상인 고속회전체
② 회전축의 중량이 500킬로그램을 초과하고 원주속도가 초당 100m 이상인 고속회전체
③ 회전축의 중량이 1톤을 초과하고 원주속도가 초당 120 m 이상인 고속회전체
④ 회전축의 중량이 3톤을 초과하고 원주속도가 초당 100m 이상인 고속회전체

해설

- 회전축의 중량이 1톤을 초과하고 원주속도가 120m/s 이상인 고속회전체를 대상으로 비파괴검사를 실시한다.

비파괴검사의 실시 실필 1801

- 고속회전체(회전축의 중량이 1톤을 초과하고 원주속도가 120m/s 이상인 것으로 한정한다)의 회전시험을 하는 경우 미리 회전축의 재질 및 형상 등에 상응하는 종류의 비파괴검사를 해서 결함 유무(有無)를 확인하여야 한다.

56

Repetitive Learning 1회 2회 3회

프레스의 손쳐내기식 방호장치 설치기준으로 틀린 것은?

① 방호판의 폭이 금형 폭의 1/2 이상이어야 한다.
② 슬라이드 행정수가 300SPM 이상의 것에 사용한다.
③ 손쳐내기봉의 행정(Stroke) 길이를 금형의 높이에 따라 조정할 수 있고 진동폭은 금형폭 이상이어야 한다.
④ 슬라이드 하행정거리의 3/4 위치에서 손을 완전히 밀어내야 한다.

정답 | 53 ④ 54 ① 55 ③ 56 ②

해설

- 손쳐내기식 방호장치는 슬라이드 행정수가 100spm 이하인 프레스에 사용한다.

손쳐내기식 방호장치(Push away, Sweep guard) 실필 2401/1301

㉠ 개요

- 슬라이드가 내려옴에 따라 손을 쳐내는 막대가 좌우로 왕복하면서 위험점으로부터 손을 보호하여 주는 장치로 접근 거부형 방호장치의 대표적인 종류이다.

㉡ 구조 및 일반사항

- 슬라이드 행정이 40mm 이상인 프레스에 사용한다.
- 슬라이드 행정수가 100spm 이하인 프레스에 사용한다.
- 슬라이드 하행정거리의 3/4 위치에서 손을 완전히 밀어내야 한다.
- 방호판의 폭이 금형 폭의 1/2(최소폭 120mm) 이상이어야 한다.
- 슬라이드 조절 양이 많은 것에는 손쳐내기 봉의 길이 및 진폭의 조절 범위가 큰 것을 선정한다.

57 Repetitive Learning (1회 2회 3회)

산업안전보건법령상 컨베이어에 설치하는 방호장치로 거리가 가장 먼 것은?

① 건널다리 ② 반발예방장치
③ 비상정지장치 ④ 역주행방지장치

해설

- 반발예방장치는 목재 가공용 둥근 톱기계의 방호장치이다.
- 컨베이어의 방호장치에는 이탈 및 역주행방지장치, 비상정지장치, 덮개 또는 울, 건널다리, 스토퍼 등이 있다.

컨베이어의 방호장치

- 컨베이어, 이송용 롤러 등을 사용하는 경우에는 정전·전압강하 등에 따른 화물 또는 운반구의 이탈 및 역주행을 방지하는 장치를 갖추어야 한다.
- 컨베이어 등에 해당 근로자의 신체의 일부가 말려드는 등 근로자가 위험해질 우려가 있는 경우 및 비상시에는 즉시 컨베이어 등의 운전을 정지시킬 수 있는 장치를 설치하여야 한다.
- 컨베이어 등으로부터 화물이 떨어져 근로자가 위험해질 우려가 있는 경우에는 해당 컨베이어 등에 덮개 또는 울을 설치하는 등 낙하방지를 위한 조치를 하여야 한다.
- 운전 중인 컨베이어 등의 위로 근로자를 넘어가도록 하는 경우에는 위험을 방지하기 위하여 건널다리를 설치하는 등 필요한 조치를 하여야 한다.
- 동일선상에 구간별 설치된 컨베이어에 중량물을 운반하는 경우에는 중량물 충돌에 대비한 스토퍼를 설치하거나 작업자 출입을 금지하여야 한다.

58 Repetitive Learning (1회 2회 3회)

산업안전보건법령상 숫돌 지름이 60cm인 경우 숫돌 고정장치인 평형플랜지의 지름은 최소 몇 cm 이상인가?

① 10 ② 20
③ 30 ④ 60

해설

- 평형플랜지의 지름은 숫돌 직경의 1/3 이상이어야 하므로 숫돌의 바깥지름이 60cm일 경우 평형플랜지는 20cm 이상이어야 한다.

산업안전보건법상의 연삭숫돌 사용 시 안전조치 실필 1303/0802

- 사업주는 회전 중인 연삭숫돌(지름이 5cm 이상인 것)이 근로자에게 위험을 미칠 우려가 있는 경우에 그 부위에 덮개를 설치하여야 한다.
- 사업주는 연삭숫돌을 사용하는 작업의 경우 작업을 시작하기 전에는 1분 이상, 연삭숫돌을 교체한 후에는 3분 이상 시험운전을 하고 해당 기계에 이상이 있는지를 확인하여야 한다.
- 시험운전에 사용하는 연삭숫돌은 작업 시작 전에 결함이 있는지를 확인한 후 사용하여야 한다.
- 사업주는 연삭숫돌의 최고사용회전속도를 초과하여 사용하도록 해서는 아니 된다.
- 사업주는 측면을 사용하는 것을 목적으로 하지 않는 연삭숫돌을 사용하는 경우 측면을 사용하도록 해서는 아니 된다.
- 숫돌 고정장치인 평형플랜지의 직경은 설치하는 숫돌 직경의 1/3 이상, 여윳값은 1.5mm 이상이어야 한다.
- 연삭작업 시 안전을 위해 작업자는 연삭기의 측면에 위치한다.
- 연삭숫돌을 결합할 때는 열로 인한 팽창을 고려하여 축과 0.1 ~ 0.15mm 정도의 틈새를 둔다.

2102

59 Repetitive Learning (1회 2회 3회)

기계설비의 위험점 중 연삭숫돌과 작업받침대, 교반기의 날개와 하우스 등 고정부분과 회전하는 동작 부분 사이에서 형성되는 위험점은?

① 끼임점 ② 물림점
③ 협착점 ④ 절단점

해설

- 물림점은 기어 물림점이나 롤러회전에 의해 물리는 곳에서 발생한다.
- 협착점은 프레스 금형의 조립부위 등에서 주로 발생한다.
- 절단점은 밀링커터, 둥근 톱의 톱날, 목공용 띠톱부분 등에서 발생한다.

57 ② 58 ② 59 ① 정답

:: 끼임점(Shear-point) 실필 1802/1503/1203/0702

㉠ 개요

- 고정부분과 회전하는 동작부분이 만드는 위험점을 말한다.
- 연삭숫돌과 작업받침대, 교반기의 날개와 하우스, 반복 동작되는 링크기구, 회전풀리와 베드 사이 등에서 발생한다.

㉡ 대표적인 끼임점

끼임점			
연삭숫돌과 작업받침대	교반기의 날개와 하우스	반복 동작되는 링크기구	회전풀리와 베드 사이

1001

60 ──── Repetitive Learning (1회 2회 3회)

비파괴검사 방법으로 틀린 것은?

① 인장시험 ② 음향탐상시험
③ 와류탐상시험 ④ 초음파탐상시험

해설

- 인장시험은 재료의 인장강도, 항복점, 내력 등을 확인하기 위해 사용하는 파괴 검사방법이다.

:: 비파괴검사

㉠ 개요

- 제품 내부의 결함, 용접부의 내부 결함 등을 제품의 파괴 없이 외부에서 검사하는 방법을 말한다.
- 종류에는 누수시험, 누설시험, 음향탐상, 초음파탐상, 자분탐상, 와류탐상, 침투탐상, 방사선투과시험 등이 있다.

㉡ 대표적인 비파괴검사

음향탐상검사	손 또는 망치로 타격 진동시켜 발생하는 음을 검사
방사선투과시험	X선의 강도나 노출시간을 조절하여 검사
초음파탐상검사	초음파의 반사(타진)의 원리를 이용하여 검사
자분탐상시험	결함부위의 자극에 자분이 부착되는 것을 이용
와류탐상시험	결함부위 전류흐름의 난조를 이용하여 검사
침투탐상시험	비자성 금속재료의 표면균열검사에 사용

㉢ 특징

- 생산 제품에 손상이 없이 직접 시험이 가능하다.
- 현장시험이 가능하다.
- 시험방법에 따라 설비비가 많이 든다.

4과목 전기설비 안전관리

61 ──── Repetitive Learning (1회 2회 3회)

전로에 시설하는 기계·기구의 철대 및 금속제 외함에 접지공사를 생략할 수 없는 경우는?

① 30V 이하의 기계·기구를 건조한 곳에 시설하는 경우
② 물기 없는 장소에 설치하는 저압용 기계·기구를 위한 전로에 정격감도전류 40mA 이하, 동작시간 2초 이하의 전류동작형 누전차단기를 시설하는 경우
③ 철대 또는 외함의 주위에 적당한 절연대를 설치하는 경우
④ 「전기용품 및 생활용품 안전관리법」 의 적용을 받는 이중절연구조로 되어 있는 기계기구를 시설하는 경우

해설

- 물기 있는 장소 이외의 장소에 시설하는 저압용의 개별 기계·기구에 전기를 공급하는 전로에 인체감전보호용 누전차단기를 시설하는 경우에는 접지공사의 생략이 가능하나 설치된 누전차단기가 인체감전용이 아니므로 해당 장소에는 접지공사를 생략해서는 안 된다.

:: 접지공사 생략 장소

- 사용전압이 직류 300V 또는 교류 대지전압이 150V 이하인 기계·기구를 건조한 곳에 시설하는 경우
- 저압용의 기계·기구를 건조한 목재의 마루 기타 이와 유사한 절연성 물건 위에서 취급하도록 시설하는 경우
- 저압용이나 고압용의 기계·기구, 특고압 전선로에 접속하는 배전용 변압기나 이에 접속하는 전선에 시설하는 기계·기구 또는 특고압 가공전선로의 전로에 시설하는 기계·기구를 사람이 쉽게 접촉할 우려가 없도록 목주 기타 이와 유사한 것의 위에 시설하는 경우
- 철대 또는 외함의 주위에 적당한 절연대를 설치하는 경우
- 외함이 없는 계기용 변성기가 고무·합성수지 기타의 절연물로 피복한 것일 경우
- 2중절연구조로 되어 있는 기계·기구를 시설하는 경우
- 저압용 기계·기구에 전기를 공급하는 전로의 전원측에 절연변압기를 시설하고 또한 그 절연변압기의 부하측 전로를 접지하지 않은 경우
- 물기 있는 장소 이외의 장소에 시설하는 저압용의 개별 기계·기구에 전기를 공급하는 전로에 인체감전보호용 누전차단기를 시설하는 경우
- 외함을 충전하여 사용하는 기계·기구에 사람이 접촉할 우려가 없도록 시설하거나 절연대를 시설하는 경우

정답 | 60 ① 61 ②

1501 / 1802 / 2103 / 2201

62

Repetitive Learning 1회 2회 3회

인체의 전기저항을 500Ω이라고 하면 심실세동을 일으키는 위험한계에너지는 몇 J인가?(단, 심실세동전류값 $I = \frac{165}{\sqrt{T}}$ mA의 Dalziel의 식을 이용하며, 통전시간은 1초로 한다)

① 13.6

② 12.6

③ 11.6

④ 10.6

해설

- 통전시간이 1초, 인체의 전기저항값이 500Ω이라고 할 때 심실세동을 일으키는 전류에서의 전기에너지는 13.612[J]이다.

심실세동 한계전류와 전기에너지 실필 2303/2101/1403/1401/1202

- 심장의 맥동에 영향을 주어 혈액 순환을 곤란하게 하고, 끝내는 심장 기능을 잃게 하는 치사적 전류를 심실세동전류라 한다.
- 감전자 1천명 중 5명 이상이 심실세동을 일으킬 수 있는 감전시간과 위험전류와의 관계에서
  심실세동 한계전류 I는 $\frac{165}{\sqrt{T}}$[mA]이고, T는 통전시간이다.
- 인체의 접촉저항을 500Ω으로 할 때 심실세동을 일으키는 전류에서의 전기에너지는 $W = I^2Rt = \left(\frac{165 \times 10^{-3}}{\sqrt{T}}\right)^2 \times R \times T = (165 \times 10^{-3})^2 \times 500 = 13.612$[J]가 된다.

1401

63

Repetitive Learning 1회 2회 3회

전기설비에 접지를 하는 목적에 대하여 틀린 것은?

① 누설전류에 의한 감전방지

② 낙뢰에 의한 피해방지

③ 지락사고 시 대지전위 상승유도 및 절연강도 증가

④ 지락사고 시 보호계전기 신속동작

해설

- 접지는 송배전선로의 지락사고 시 대지전위의 상승을 억제하고 절연강도를 경감시킨다.

접지

㉠ 개요

- 전기 회로 또는 전기기기를 대지 또는 비교적 큰 넓이를 가져 대지를 대신할 수 있는 도체에 전기적으로 접속하는 것을 말한다.

㉡ 목적

- 낙뢰에 의한 피해를 방지한다.
- 정전기의 흡수로 정전기로 인한 장애를 방지한다.
- 송배전선, 고전압 모선 등에서 지락사고의 발생 시 보호계전기를 신속하게 작동시킨다.
- 설비의 절연물이 손상되었을 때 흐르는 누설전류에 의한 감전을 방지한다.
- 송배전선로의 지락사고 시 대지전위의 상승을 억제하고 절연강도를 경감시킨다.

0401 / 0503 / 0903 / 1102

64

Repetitive Learning 1회 2회 3회

정전기가 대전된 물체를 제전시키려고 한다. 다음 중 대전된 물체의 절연저항이 증가되어 제전의 효과를 감소시키는 것은?

① 접지한다.

② 건조시킨다.

③ 도전성 재료를 첨가한다.

④ 주위를 가습한다.

해설

- 공기가 건조할 경우 정전기 발생이 더욱 심해지므로 가습을 통해 정전기로 인한 발화의 예방뿐 아니라 제전의 효과도 강화시킨다.

정전기 재해방지대책 실필 1901/1702/1201/1103

- 부도체에 제전기를 설치·운영하거나 도전성을 향상시켜야 한다.
- 정전기 재해방지를 위해서 반도체 취급 공정작업자가 착용하는 손목 띠의 저항은 1[mΩ]으로 한다.
- 도체의 경우 접지를 하며 이때 접지값은 $10^6 \Omega$ 이하이면 충분하고, 안전을 고려하여 $10^3 \Omega$ 이하로 유지한다.
- 생산공정에 별다른 문제가 없다면, 습도를 70% 정도 유지하여 전하가 제거되기 쉽게 한다.
- 유동대전이 심하고 폭발 위험성이 높은 것(가솔린, 이황화탄소, 벤젠 등)은 배관 내 유속을 1m/s 이하로 해야 한다.
- 포장 과정에서 용기를 도전성 재료에 접지한다.
- 인쇄 과정에서 도포량을 적게 하고 접지한다.
- 대전 방지제를 사용하고, 대전 물체에 정전기 축적을 최소화하여야 한다.
- 배관 내 액체의 유속을 제한한다.
- 공기를 이온화한다.
- 작업장 바닥에 도전성(정전기 방지용) 매트를 사용한다.
- 작업자는 제전복, 정전화(대전 방지용 안전화)를 착용한다.

62 ① 63 ③ 64 ② 정답

65

Repetitive Learning 1회 2회 3회

한국전기설비규정에 따라 과전류차단기로 저압전로에 사용하는 범용 퓨즈(gG)의 용단전류는 정격전류의 몇 배인가?(단, 정격전류가 4A 이하인 경우이다)

① 1.5배　② 1.6배
③ 1.9배　④ 2.1배

해설

- 과전류차단기로 저압전로에 사용하는 범용 퓨즈는 4A 이하의 전류에서 불용단전류는 1.5배, 용단전류는 2.1배이어야 한다.

과전류차단기로 저압전로에 사용하는 퓨즈의 용단특성

정격전류 구분	시간	정격전류의 배수	
		불용단전류	용단전류
4A 이하	60분	1.5배	2.1배
4A 초과 16A 미만	60분	1.5배	1.9배
16A 이상 63A 이하	60분	1.25배	1.6배
63A 초과 160A 이하	120분	1.25배	1.6배
160A 초과 400A 이하	180분	1.25배	1.6배
400A 초과	240분	1.25배	1.6배

0902 / 1603

66

속류를 차단할 수 있는 최고의 교류전압을 피뢰기의 정격전압이라고 하는데 이 값은 통상적으로 어떤 값으로 나타내고 있는가?

① 최댓값　② 평균값
③ 실횻값　④ 파고값

해설

- 피뢰기에서 속류를 차단할 수 있는 최고의 교류전압을 정격전압이라고 하는데, 이는 통상적으로 실횻값으로 표현한다.

실횻값(Effective value)

- 교류의 경우 전류의 방향과 크기가 주기적으로 변동되므로 이를 특정한 값으로 표현하기 위해 교류의 크기를 교류와 동일한 일을 하는 직류의 크기로 표현한 값을 말한다.
- 임의의 주기를 갖는 교류의 실횻값 = 교류의 최댓값 $\times \frac{1}{\sqrt{2}}$ 이 된다.

1401

67

Repetitive Learning 1회 2회 3회

감전 등의 재해를 예방하기 위하여 특고압용 기계·기구 주위에 관계자 외 출입을 금하도록 울타리를 설치할 때, 울타리의 높이와 울타리로부터 충전부분까지의 거리의 합이 최소 몇 m 이상이 되어야 하는가?(단, 사용전압이 35kV 이하인 특고압용 기계·기구이다)

① 5m　② 6m
③ 7m　④ 9m

해설

- 울타리로부터 충전부분까지의 거리의 합계는 사용전압에 따라 다르나 최소거리는 5[m] 이상이어야 한다.

울타리 이격거리(Boundary clearance)

- 외부울타리와 충전부 또는 위험한 전압이 가해질 수 있는 충전부 부품들 사이의 허용 최소이격거리를 말한다.
- 전기기기는 자물쇠 등 기타 승인된 방법에 의해 통제되는 구획된 장소에 설치하고, 유자격자만이 출입하도록 한다.
- 구획된 장소의 울타리 높이는 2.1m 이상 또는 1.8m의 울타리 위에 3단 이상의 철조망을 30cm 이상의 높이로 얹는다.
- 충전부에서 울타리까지 최소거리

전압[V]	최소이격거리[m]
600 초과 ~ 13,800 이하	3.0
13,800 초과 ~ 230,000 이하	4.6
230,000 초과	5.5

- 사용전압에 따른 울타리의 높이

사용전압의 구분	울타리의 높이와 울타리로부터 충전부분까지의 거리의 합계 또는 지표상의 높이
35,000V 이하	5m
35,000V 초과 160,000V 이하	6m
160,000V 초과	6m에 160,000V를 넘는 10,000V 또는 그 단수마다 12cm를 더한 값

68

Repetitive Learning 1회 2회 3회

개폐기, 차단기, 유도 전압조정기의 최대 사용 전압이 7kV 이하인 전로의 경우 절연내력시험은 최대 사용 전압의 1.5배의 전압을 몇 분간 가하는가?

① 10　② 15
③ 20　④ 25

정답 | 65 ④　66 ③　67 ①　68 ①

해설

- 절연내력시험은 시험전압의 2배의 직류전압을 충전부분과 대지 사이(다심케이블에서는 심선 상호 간 및 심선과 대지 사이)에 연속하여 10분간 가하여 절연내력을 시험한다.

기구(개폐기 · 차단기 · 전력용 커패시터 · 유도전압조정기 · 계기용변성기) 등의 절연내력시험

- 시험전압의 2배의 직류전압을 충전부분과 대지 사이(다심케이블에서는 심선 상호 간 및 심선과 대지 사이)에 연속하여 10분간 가하여 절연내력을 시험한다.

종류	시험전압
최대 사용전압이 7 kV 이하인 기구 등의 전로	최대 사용전압이 1.5배의 전압(직류의 충전 부분에 대하여는 최대 사용전압의 1.5배의 직류전압 또는 1배의 교류전압)(500 V 미만으로 되는 경우에는 500 V)
최대 사용전압이 7 kV를 초과하고 25 kV 이하인 기구 등의 전로로서 중성점 접지식 전로(중성선을 가지는 것으로서 그 중성선에 다중접지하는 것에 한한다)에 접속하는 것	최대 사용전압의 0.92배의 전압
최대 사용전압이 7 kV를 초과하고 60 kV 이하인 기구 등의 전로	최대 사용전압의 1.25배의 전압(10.5 kV 미만으로 되는 경우에는 10.5 kV)

1203 / 1501

69

개폐기로 인한 발화는 개폐 시의 스파크에 의한 가연물의 착화화재가 많이 발생한다. 이를 방지하기 위한 대책으로 틀린 것은?

① 가연성 증기, 분진 등이 있는 곳은 방폭형을 사용한다.
② 개폐기를 불연성 상자 안에 수납한다.
③ 비포장 퓨즈를 사용한다.
④ 접속부분의 나사풀림이 없도록 한다.

해설

- 스파크 화재를 방지하기 위해서는 과전류 차단용 퓨즈는 포장 퓨즈를 사용해야 한다.

스파크 화재의 방지책

- 과전류 차단용 퓨즈는 포장 퓨즈를 사용할 것
- 개폐기를 불연성 외함 내에 내장시키거나 통형 퓨즈를 사용할 것
- 접지부분의 산화, 변형, 퓨즈의 나사풀림 등으로 인한 접촉 저항이 증가되는 것을 방지할 것
- 가연성 증기, 분진 등 위험한 물질이 있는 곳에는 방폭형 개폐기를 사용할 것
- 목재 벽이나 천장으로부터 고압은 1m 이상, 특별고압은 2m 이상 이격할 것
- 유입 개폐기는 절연유의 열화 정도와 유량에 주의하고, 주위에는 내화벽을 설치할 것
- 단락보호장치 고장발생 시에는 스파크로 인한 폭발위험이 있으므로 수동복구를 원칙으로 할 것

70

Repetitive Learning (1회 2회 3회)

극간 정전용량이 1,000pF이고, 착화에너지가 0.019mJ인 가스에서 폭발한계 전압(V)은 약 얼마인가?(단, 소수점 이하는 반올림한다)

① 3,900
② 1,950
③ 390
④ 195

해설

- 최소착화에너지(W)와 정전용량(C)이 주어져 있는 상태에서 전압(전위)을 묻는 문제이므로 식을 역으로 이용하면 $V = \sqrt{\frac{2W}{C}}$ 이다.
- 0.019[mJ]은 0.019×10^{-3}[J]이고, 1,000[pF]은 $1,000 \times 10^{-12}$[F]에 해당한다.
- $\sqrt{\frac{2 \times 0.019 \times 10^{-3}}{1,000 \times 10^{-12}}} = \sqrt{2 \times 0.019 \times 10^{6}} = \sqrt{0.038 \times 10^{6}}$ = 194.9[V]가 된다.

최소발화에너지(MIE : Minimum Ignition Energy)

㉠ 개요

- 공기 중에 가연성 가스나 증기 또는 폭발성분이 존재할 때 이를 발화시키는 데 필요한 최저의 에너지를 말한다.
- 발화에너지의 양은 $W = \frac{1}{2}CV^2$[J]로 구한다.
- 단위는 밀리줄[mJ] / 줄[J]을 사용한다.

㉡ 특징

- 압력, 온도, 산소농도, 연소속도에 반비례한다.
- 유체의 유속이 높아지면 최소발화에너지는 커진다.
- 불활성 기체의 첨가는 발화에너지를 크게 하고, 혼합기체의 전압이 낮아도 발화에너지는 커진다.
- 일반적으로 화학양론농도보다도 조금 높은 농도일 때에 최솟값이 된다.

69 ③ 70 ④ 정답

2103

71 Repetitive Learning (1회 2회 3회)

한국전기설비규정에 따라 욕조나 샤워시설이 있는 욕실 등 인체가 물에 젖어있는 상태에서 전기를 사용하는 장소에 인체감전보호용 누전차단기가 부착된 콘센트를 시설하는 경우 누전차단기의 정격감도전류 및 동작시간은?

① 15mA 이하, 0.01초 이하
② 15mA 이하, 0.03초 이하
③ 30mA 이하, 0.01초 이하
④ 30mA 이하, 0.03초 이하

해설

- 인체가 물에 젖어있거나 물을 사용하는 장소(욕실 등)에는 정격감도전류 (15[mA])에서 0.03초 이내의 누전차단기를 사용한다.

누전차단기(RCD : Residual Current Device)

실필 2401/1502/1402/0903

㉠ 개요
- 이동형 또는 휴대형의 전기기계·기구의 금속제 외함, 금속제 외피 등에서 누전, 절연파괴 등으로 인하여 지락전류가 발생하면 주어진 시간 이내에 전기기기의 전로를 차단하는 장치를 말한다.
- 누전검출부, 영상변류기, 차단기구 등으로 구성된 장치이다.
- 정격부하전류가 30[A]인 이동형 전기기계·기구에 접속되어 있는 경우 일반적으로 정격감도전류는 30[mA] 이하인 것을 사용한다.
- 정격부하전류가 50[A] 미만의 전기기계·기구에 접속되는 누전차단기의 경우 정격감도전류가 30[mA] 이하이고 작동시간은 0.03초 이내이어야 한다.
- 누전에 의한 감전위험을 방지하기 위하여 분기회로마다 누전차단기를 설치한다.

㉡ 종류와 동작시간
- 인체감전보호용은 정격감도전류(30[mA])에서 0.03[초] 이내이다.
- 인체가 물에 젖어 있거나 물을 사용하는 장소(욕실 등)에는 정격감도전류(15[mA])에서 0.03초 이내의 누전차단기를 사용한다.
- 고속형은 정격감도전류(30[mA])에서 동작시간이 0.1[초] 이내이다.
- 시연형은 정격감도전류(30[mA])에서 동작시간이 0.1[초]를 초과하고 0.2[초] 이내이다.
- 반한시형은 정격감도전류 100%에서 0.2~1[초] 이내, 정격감도전류 140%에서 0.1~0.5[초] 이내, 정격감도전류 440%에서 0.05[초] 이내이다.

1102

72 Repetitive Learning (1회 2회 3회)

절연물의 절연계급을 최고허용온도가 낮은 온도에서 높은 온도 순으로 배치한 것은?

① Y종 → A종 → E종 → B종
② A종 → B종 → E종 → Y종
③ Y종 → E종 → B종 → A종
④ B종 → Y종 → A종 → E종

해설

- 낮은 온도에서 높은 온도 순으로 배열하면 Y-A-E-B-F-H-C종 순이다.

절연의 종류별 최고사용온도

- Y종 절연의 최고사용온도가 가장 낮은 90[℃]이고, C종 절연의 최고사용온도가 180[℃] 이상으로 가장 높다.

종별	최고사용온도	종별	최고사용온도
Y종	90[℃]	F종	155[℃]
A종	105[℃]	H종	180[℃]
E종	120[℃]	C종	180[℃] 이상
B종	130[℃]		

1602

73 Repetitive Learning (1회 2회 3회)

고압 및 특고압 전로에 시설하는 피뢰기의 설치장소로 잘못된 곳은?

① 가공전선로와 지중전선로가 접속되는 곳
② 발전소, 변전소의 가공전선 인입구 및 인출구
③ 가공전선로에 접속하는 배전용 변압기의 저압측
④ 특고압 가공전선로로부터 공급받는 수용장소의 인입구

해설

- 피뢰기는 가공전선로에 접속하는 배전용 변압기의 고압측 및 특고압측에 설치하여야 한다.

고압 및 특고압의 전로 중 피뢰기의 설치 대상

- 발전소·변전소 또는 이에 준하는 장소의 가공전선 인입구 및 인출구
- 가공전선로에 접속하는 배전용 변압기의 고압측 및 특고압측
- 고압 및 특고압 가공전선로로부터 공급을 받는 수용장소의 인입구
- 가공전선로와 지중전선로가 접속되는 곳

정답 | 71 ② 72 ① 73 ③

1603

74 Repetitive Learning (1회 2회 3회)

정전기 재해방지를 위하여 불활성화할 수 없는 탱크, 탱크롤리 등에 위험물을 주입하는 배관 내 액체의 유속제한에 대한 설명으로 틀린 것은?

① 물이나 기체를 혼합하는 비수용성 위험물의 배관 내 유속은 1m/s 이하로 할 것
② 저항률이 $10^{10}\Omega \cdot cm$ 미만의 도전성 위험물의 배관유속은 매초 7m/s 이하로 할 것
③ 저항률이 $10^{10}\Omega \cdot cm$ 이상인 위험물의 배관유속은 관 내경이 0.05m이면 매초 3.5m 이하로 할 것
④ 이황화탄소 등과 같이 유동대전이 심하고 폭발 위험성이 높은 것은 배관 내 유속을 5m/s 이하로 할 것

해설

- 에텔, 이황화탄소 등과 같이 유동대전이 심하고 폭발 위험성이 높은 것은 배관 내 유속을 1m/s 이하로 하여야 한다.

불활성화할 수 없는 탱크, 탱커, 탱크롤리, 탱크차, 드럼통 등에 위험물을 주입하는 배관의 유속제한

위험물의 종류	배관 내 유속
물이나 기체를 혼합하는 비수용성 위험물	1m/s 이하
에텔, 이황화탄소 등과 같이 유동대전이 심하고 폭발 위험성이 높은 위험물	1m/s 이하
저항률이 $10^{10}\Omega \cdot cm$ 미만인 도전성 위험물	7m/s 이하

- 저항률이 $10^{10}\Omega \cdot cm$ 이상인 위험물의 배관유속은 다음과 같다. 단, 주입구가 액면 밑에 충분히 침하할 때까지의 유속은 1m/s 이하로 한다.

관 내경		유속	관 내경		유속
인치	mm	(m/s)	인치	mm	(m/s)
0.5	10	8	8	200	1.8
1	25	4.9	16	400	1.3
2	50	3.5	24	600	1.0
4	100	2.5			

0702 / 1401

75 Repetitive Learning (1회 2회 3회)

다른 두 물체가 접촉할 때 접촉 전위차가 발생하는 원인으로 옳은 것은?

① 두 물체의 온도의 차
② 두 물체의 습도의 차
③ 두 물체의 밀도의 차
④ 두 물체의 일함수의 차

해설

- 두 물체가 접촉할 때 두 물체의 접촉 전위차는 두 물체의 일함수의 차이로 인해 발생한다.

일함수(Work function)

- 원자 내에 있는 전자를 밖으로 끌어내는 자유전자로 만드는 데 필요한 일 또는 에너지를 말한다.
- 두 물체가 접촉할 때 두 물체의 접촉 전위차는 두 물체의 일함수의 차이로 구한다.

76 Repetitive Learning (1회 2회 3회)

변압기의 최소 IP 등급은?(단, 유입 방폭구조의 변압기이다)

① IP55　　② IP56
③ IP65　　④ IP66

해설

- 유입방폭구조의 변압기에 있어서 보호등급은 최소 IP 66에 적합해야 한다.

유입방폭구조 전기기기의 성능기준

- 밀봉기기의 보호등급은 KS C IEC 60529에 따라 최소 IP 66에 적합해야 하며, 압력완화장치 배출구의 보호등급은 최소 IP 23에 적합할 것
- 비밀봉기기의 통기장치 배출구의 보호등급은 KS C IEC 60529에 따라 최소 IP 23에 적합할 것

77 Repetitive Learning (1회 2회 3회)

방폭인증서에서 방폭부품을 나타내는 데 사용되는 인증번호의 접미사는?

① "G"　　② "X"
③ "D"　　④ "U"

해설

- 방폭인증번호에서 X는 설치 조건 등의 부가조건이 부여된 경우이며, U는 방폭용 장비의 구성부품을 의미한다.

방폭인증번호의 구성

- ATEX 방폭인증번호와 IEC Ex 방폭 인증번호가 있다.
- 일반적으로 인증기관-인증년도-인증번호-접미사로 구성된다.
- 접미사 부분에는 접미사가 없거나, X 혹은 U가 붙는다.
- 접미사가 없는 경우는 제품 그 자체가 인증되었다는 의미이다.
- 접미사가 X라는 것은 장비의 설치 조건 등에 부가조건이 부여된 경우이다.
- 접미사 U는 방폭용 장비가 아니라 장비의 구성품(부품)으로 부여된 경우이다.

74 ④ 75 ④ 76 ④ 77 ④ 정답

78

Repetitive Learning 1회 2회 3회

산업안전보건기준에 관한 규칙 제319조에 의한 정전전로에서의 정전작업을 마친 후 전원을 공급하는 경우에 사업주가 작업에 종사하는 근로자 및 전기기기와 접촉할 우려가 있는 근로자에게 감전의 위험이 없도록 준수해야 할 사항이 아닌 것은?

① 단락 접지 기구 및 작업기구를 제거하고 전기기기 등이 안전하게 통전될 수 있는지 확인한다.
② 모든 작업자가 작업이 완료된 전기기기에서 떨어져 있는지 확인한다.
③ 잠금장치와 꼬리표를 근로자가 직접 설치한다.
④ 모든 이상 유무를 확인한 후 전기기기 등의 전원을 투입한다.

해설

- 정전작업을 마친 후에는 잠금장치와 꼬리표를 제거한다.

정전작업 종료 시 조치사항

- 단락 접지 기구를 철거하고 안전통전 여부를 확인한다.
- 작업자와 작업 완료된 전기기구의 이격을 확인한다.
- 개폐기의 시건장치 및 꼬리표를 설치한 근로자가 직접 제거한다.
- 송전을 재개한다.

2201

79

Repetitive Learning 1회 2회 3회

가스그룹이 ⅡB인 지역에 내압방폭구조 "d"의 방폭기기가 설치되어 있다. 기기의 플랜지 개구부에서 장애물까지의 최소 거리(mm)는?

① 10 ② 20
③ 30 ④ 40

해설

- 플랜지 개구부에서 장애물까지의 최소 거리는 ⅡA의 경우 10mm, ⅡC는 40mm이다.

내압방폭구조 플랜지 접합부와 장애물 간 최소 이격거리

가스그룹	최소 이격거리(mm)
ⅡA	10
ⅡB	30
ⅡC	40

0603 / 1501 / 1701

80

Repetitive Learning 1회 2회 3회

방폭전기설비의 용기 내부에서 폭발성 가스 또는 증기가 폭발하였을 때 용기가 그 압력에 견디고 접합면이나 개구부를 통해서 외부의 폭발성 가스나 증기에 인화되지 않도록 한 방폭구조는?

① 내압방폭구조
② 압력방폭구조
③ 유입방폭구조
④ 본질안전방폭구조

해설

- 압력방폭구조는 용기 내부에 보호가스를 압입하여 내부압력을 유지함으로써 폭발성 가스 또는 증기가 내부로 유입되지 않도록 한 방폭구조이다.
- 유입방폭구조는 전기불꽃, 아크 또는 고온이 발생하는 부분을 기름 속에 넣고, 기름면 위에 존재하는 폭발성 가스 또는 증기에 인화되지 않도록 한 구조를 말한다.
- 본질안전방폭구조는 폭발분위기에 노출되어 있는 기계·기구 내의 전기에너지, 권선 상호접속에 의한 전기불꽃 또는 열 영향을 점화 에너지 이하의 수준까지 제한하는 것을 기반으로 하는 방폭구조를 말한다.

내압방폭구조(EX d)

㉠ 개요
- 전폐형의 구조를 하고 있다.
- 방폭전기설비의 용기 내부에서 폭발성 가스 또는 증기가 폭발하였을 때 용기가 그 압력에 견디고 접합면이나 개구부를 통해서 외부의 폭발성 가스나 증기에 인화되지 않도록 한 방폭구조를 말한다.
- 외부의 폭발성 가스가 내부로 침입해서 폭발하였을 때 고열가스나 화염을 간극(Safe gap)을 통하여 서서히 방출시킴으로써 폭발화염이 외부로 전파되지 않으면서 냉각되는 방폭구조를 말한다.

㉡ 필요충분조건
- 폭발화염이 외부로 유출되지 않을 것
- 내부에서 폭발한 경우 그 압력에 견딜 것
- 외함의 표면온도가 외부의 폭발성 가스를 점화하지 않을 것

정답 78 ③ 79 ③ 80 ①

0303 / 0601

81

Repetitive Learning 1회 2회 3회

포스겐가스 누설검지의 시험지로 사용되는 것은?

① 연당지
② 염화파라듐지
③ 하리슨시험지
④ 초산구리벤젠지

해설

- 연당지(초산납)는 황화수소(H_2S)의 누설시험에 사용된다.
- 염화파라듐지는 일산화탄소(CO)의 누설시험에 사용된다.
- 초산구리벤젠지는 시안화수소(HCN)의 누설시험에 사용된다.

∷ 각종 시험지

시험지의 종류	검출가스	결과반응
해리슨시험지	포스겐	유자색
적색리트머스	암모니아	청색
KI-전분지	염소	청색
연당지(초산납)	황화수소	회색
염화파라듐지	일산화탄소	흑색
초산벤자민지	시안화수소	청색
염화제1구리착염지	아세틸렌	적갈색

0803 / 1103

82

Repetitive Learning 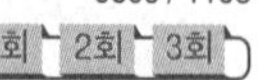

압축하면 폭발할 위험성이 높아 아세톤 등에 용해시켜 다공성 물질과 함께 저장하는 물질은?

① 염소
② 아세틸렌
③ 에탄
④ 수소

해설

- 폭발 위험 때문에 보관을 위해 아세틸렌을 용해시킬 때 사용하는 용제는 아세톤이다.

∷ 아세틸렌(C_2H_2)

㉠ 개요
- 폭발하한값 2.5vol%, 폭발상한값 81.0vol%로 폭발범위가 아주 넓은(78.5) 가연성 가스이다.
- 구리, 은 등의 물질과 반응하여 폭발성 아세틸리드를 생성한다.
- 1.5기압 또는 110℃ 이상에서 탄소와 수소로 분리되면서 분해폭발을 일으킨다.

㉡ 취급상의 주의사항
- 아세톤에 용해시켜 다공성 물질과 함께 보관한다.
- 용단 또는 가열작업 시 1.3[kgf/cm^2] 이상의 압력을 초과하여서는 안 된다.

83

Repetitive Learning 1회 2회 3회

안전밸브 전단·후단에 자물쇠형 또는 이에 준하는 형식의 차단밸브 설치를 할 수 있는 경우에 해당하지 않는 것은?

① 자동압력조절밸브와 안전밸브 등이 직렬로 연결된 경우
② 화학설비 및 그 부속설비에 안전밸브 등이 복수방식으로 설치되어 있는 경우
③ 열팽창에 의하여 상승된 압력을 낮추기 위한 목적으로 안전밸브가 설치된 경우
④ 인접한 화학설비 및 그 부속설비에 안전밸브 등이 각각 설치되어 있고, 해당 화학설비 및 그 부속설비의 연결배관에 차단밸브가 없는 경우

해설

- 안전밸브 등의 배출용량의 2분의 1 이상에 해당하는 용량의 자동압력조절밸브와 안전밸브 등이 병렬로 연결된 경우에 차단밸브를 설치할 수 있으나 자동압력조절밸브와 안전밸브 등이 직렬로 연결된 경우는 설치가능한 경우에 해당하지 않는다.

∷ 차단밸브 설치가능한 경우

- 인접한 화학설비 및 그 부속설비에 안전밸브 등이 각각 설치되어 있고, 해당 화학설비 및 그 부속설비의 연결배관에 차단밸브가 없는 경우
- 안전밸브 등의 배출용량의 2분의 1 이상에 해당하는 용량의 자동압력조절밸브와 안전밸브 등이 병렬로 연결된 경우
- 화학설비 및 그 부속설비에 안전밸브 등이 복수방식으로 설치되어 있는 경우
- 예비용 설비를 설치하고 각각의 설비에 안전밸브 등이 설치되어 있는 경우
- 열팽창에 의하여 상승된 압력을 낮추기 위한 목적으로 안전밸브가 설치된 경우
- 하나의 플레어 스택(Flare stack)에 둘 이상의 단위공정의 플레어 헤더(Flare header)를 연결하여 사용하는 경우로서 각각의 단위공정의 플레어 헤더에 설치된 차단밸브의 열림·닫힘 상태를 중앙제어실에서 알 수 있도록 조치한 경우

81 ③ 82 ② 83 ① 정답

84

Repetitive Learning (1회 2회 3회)

산업안전보건법령상 대상 설비에 설치된 안전밸브에 대해서는 경우에 따라 구분된 검사주기마다 안전밸브가 적정하게 작동하는지 검사하여야 한다. 화학공정 유체와 안전밸브의 디스크 또는 시트가 직접 접촉될 수 있도록 설치된 경우의 검사주기로 옳은 것은?

① 매년 1회 이상
② 2년마다 1회 이상
③ 3년마다 1회 이상
④ 4년마다 1회 이상

해설

- 안전밸브 및 파열판은 화학공정 유체와 안전밸브의 디스크 또는 시트가 직접 접촉될 수 있도록 설치된 경우 매년 1회 이상, 안전밸브 전단에 파열판이 설치된 경우에는 2년마다 1회 이상 검사하도록 한다.

안전밸브 또는 파열판의 검사주기

- 화학공정 유체와 안전밸브의 디스크 또는 시트가 직접 접촉될 수 있도록 설치된 경우: 매년 1회 이상
- 안전밸브 전단에 파열판이 설치된 경우: 2년마다 1회 이상
- 공정안전보고서 제출 대상으로서 고용노동부장관이 실시하는 공정안전보고서 이행상태 평가결과가 우수한 사업장의 안전밸브의 경우: 4년마다 1회 이상

1802

85

Repetitive Learning (1회 2회 3회)

위험물을 산업안전보건법령에서 정한 기준량 이상으로 제조하거나 취급하는 설비로서 특수 화학설비에 해당되는 것은?

① 가열시켜 주는 물질의 온도가 가열되는 위험물질의 분해온도보다 높은 상태에서 운전되는 설비
② 상온에서 게이지 압력으로 200kPa의 압력으로 운전되는 설비
③ 대기압 하에서 섭씨 300°C로 운전되는 설비
④ 흡열반응이 행하여지는 반응설비

해설

- 상온에서 게이지 압력이 980[kPa] 이상인 상태에서 운전되는 설비가 특수화학설비인데, 200[kPa]로 운전되는 설비는 특수화학설비로 볼 수 없다.
- 대기압하에서 온도가 섭씨 350° 이상인 설비가 특수 화학설비인데, 섭씨 300°로 운전되는 설비는 특수화학설비로 볼 수 없다.
- 흡열반응이 아니라 발열반응이 일어나는 반응장치가 특수화학설비이다.

계측장치를 설치해야 하는 특수화학설비

㉠ 계측장치 설치 특수화학설비의 종류
- 발열반응이 일어나는 반응장치
- 증류・정류・증발・추출 등 분리를 하는 장치
- 가열시켜 주는 물질의 온도가 가열되는 위험물질의 분해온도 또는 발화점보다 높은 상태에서 운전되는 설비
- 반응폭주 등 이상화학반응에 의하여 위험물질이 발생할 우려가 있는 설비
- 온도가 섭씨 350[°C] 이상이거나 게이지 압력이 980[kPa] 이상인 상태에서 운전되는 설비
- 가열로 또는 가열기 등이 있다.

㉡ 대표적인 위험물질별 기준량
- 인화성 가스(수소, 아세틸렌, 에틸렌, 메탄, 에탄, 프로판, 부탄 등) : $50m^3$
- 인화성 액체(에틸에테르・가솔린・아세트알데히드・산화프로필렌 등) : 200L
- 급성독성물질(시안화수소・플루오르아세트산・소디움염・디옥신 등) : 5kg
- 급성독성물질(산화제2수은・시안화나트륨・시안화칼륨・폴리비닐알코올・2-클로로아세트알데히드・염화제2수은 등) : 20kg

1103

86

Repetitive Learning 

산업안전보건법상 다음 내용에 해당하는 폭발위험 요소는?

20종 장소외의 장소로서, 분진운 형태의 인화성 분진이 폭발농도를 형성할 정도의 충분한 양이 정상작동 중에 존재할 수 있는 장소

① 21종 장소 ② 22종 장소
③ 0종 장소 ④ 1종 장소

해설

- 22종은 공기 중에 가연성 분진운의 형태가 정상작동 중 폭발분위기를 거의 형성하지 않는 장소를 말한다.
- 0종과 1종은 분진폭발과 관련 없는 가스폭발과 관련한 장소구분이다.

가연성 분진의 존재에 따른 위험장소의 구분

구분	내용
20종	공기 중에 가연성 분진운의 형태가 연속적, 장기간 또는 단기간 자주 폭발분위기로 존재하는 장소
21종	공기 중에 가연성 분진운의 형태가 정상작동 중 빈번하게 폭발분위기를 형성할 수 있는 장소
22종	공기 중에 가연성 분진운의 형태가 정상작동 중 폭발분위기를 거의 형성하지 않고, 만약 발생한다 하더라도 단기간만 지속될 수 있는 장소

정답 | 84 ① 85 ① 86 ①

87

Repetitive Learning 1회 2회 3회

Li과 Na에 관한 설명으로 틀린 것은?

① 두 금속 모두 실온에서 자연발화의 위험성이 있으므로 알코올 속에 저장해야 한다.
② 두 금속은 물과 반응하여 수소기체를 발생한다.
③ Li은 비중 값이 물보다 작다.
④ Na는 은백색의 무른 금속이다.

해설

- 리튬과 나트륨은 물반응성 물질로 물과 접촉 시 수산화물과 수소기체를 생성한다. 벤젠이나 석유 속에 밀봉하여 저장한다.

위험물의 대표적인 저장방법

- 탄화칼슘은 불연성 가스로 봉입하여 밀폐용기에 저장한다.
- 벤젠은 산화성 물질과 격리시킨다.
- 금속나트륨, 칼륨, 마그네슘, 리튬은 벤젠이나 석유 속에 밀봉하여 저장한다.
- 질산은 갈색 병에 넣어 냉암소에 보관한다.
- 니트로글리세린은 갈색 유리병에 넣어 햇빛을 차단하여 보관한다.
- 황린은 물속에 저장한다.
- 적린은 냉암소에 격리 저장한다.

0702 / 1302 / 1701

88

Repetitive Learning 1회 2회 3회

다음 중 누설 발화형 폭발재해의 예방 대책으로 가장 거리가 먼 것은?

① 발화원 관리
② 밸브의 오동작 방지
③ 가연성 가스의 연소
④ 누설물질의 검지 정보

해설

- 가연성 가스의 연소는 자연스러운 반응으로 폭발재해의 예방 대책이 될 수 없다.

누설 발화형 폭발

㉠ 개요

단순 착화형 재해의 한 종류로 용기에서 위험물질이 밖으로 누설된 후 이것이 착화하여 폭발이나 재해를 일으키는 형태를 말한다.

㉡ 예방 대책

- 발화원 관리
- 밸브의 오동작 방지
- 위험물질의 누설 방지
- 누설물질의 검지 정보

1802

89

Repetitive Learning 1회 2회 3회

수분을 함유하는 에탄올에서 순수한 에탄올을 얻기 위해 벤젠과 같은 물질을 첨가하여 수분을 제거하는 증류 방법은?

① 공비증류
② 추출증류
③ 가압증류
④ 감압증류

해설

- 추출증류는 황산을 첨가하여 질산의 탈수증류하는 것과 같이 한 성분과 친화력이 크고 비교적 비휘발성 첨가제를 가하여 물질을 분리하는 방법이다.
- 가압증류는 액화가스와 같은 경우에 사용되는 고압하에서의 증류방법이다.
- 감압증류는 고비점 원료를 감압하에서 증류하는 방법이다.

공비증류

- 공비혼합물 또는 끓는점이 비슷하여 분리하기 힘든 액체혼합물의 성분을 분리하는 데 사용하는 증류법이다.
- 수분을 함유하는 에탄올에서 순수한 에탄올을 얻기 위해 벤젠과 같은 물질을 첨가하여 수분을 제거하는 데 사용한다.

90

Repetitive Learning 1회 2회 3회

위험물안전관리법령상 제1류 위험물에 해당하는 것은?

① 과염소산나트륨
② 과염소산
③ 과산화수소
④ 과산화벤조일

해설

- 과염소산과 과산화수소는 제6류 위험물, 과산화벤조일은 유기과산화물로 제5류 위험물에 해당한다.

산화성 액체 및 산화성 고체

㉠ 산화성 고체

- 1류 위험물로 화재발생 시 물에 의해 냉각소화한다.
- 종류에는 염소산 염류, 아염소산 염류, 과염소산 염류, 브롬산 염류, 요오드산 염류, 과망간산 염류, 질산염류, 질산나트륨 염류, 중크롬산 염류, 삼산화크롬 등이 있다.

㉡ 산화성 액체

- 6류 위험물로 화재발생 시 마른모래 등을 이용해 질식소화한다.
- 종류에는 질산, 과염소산, 과산화수소 등이 있다.

87 ① 88 ③ 89 ① 90 ① 정답

91 Repetitive Learning (1회 2회 3회)

분진폭발의 특징에 관한 설명으로 옳은 것은?

① 가스폭발보다 발생에너지가 작다.
② 폭발압력과 연소속도는 가스폭발보다 크다.
③ 입자의 크기, 부유성 등이 분진폭발에 영향을 준다.
④ 불완전연소로 인한 가스중독의 위험성은 작다.

해설

- 분진폭발은 가스폭발보다 연소속도나 폭발압력은 작으나 연소시간이 길고 발생에너지가 크다.
- 분진폭발은 가스에 비하여 불완전연소를 일으키기 쉬우므로 연소 후 가스에 의한 중독 위험이 존재한다.

분진의 발화 폭발

㉠ 조건
- 분진이 발화 폭발하기 위한 조건은 가연성, 미분상태, 공기 중에서의 교반과 유동 및 점화원의 존재이다.

㉡ 특징
- 화염의 파급속도보다 압력의 파급속도가 더 크다.
- 폭발한계 내에서 분진의 휘발성분이 많을수록 폭발하기 쉽다.
- 가스폭발에 비해 연소속도나 폭발압력은 작으나 연소시간이 길고 발생에너지가 크기 때문에 파괴력과 연소정도가 크다.
- 가스에 비하여 불완전 연소를 일으키기 쉬우므로 연소 후 가스에 의한 중독 위험이 존재한다.
- 폭발 시 입자가 비산하므로 이것에 부딪히는 가연물은 국부적으로 심한 탄화를 일으킨다.

1401

92 Repetitive Learning (1회 2회 3회)

다음 중 질식소화에 해당하는 것은?

① 가연성 기체의 분출화재 시 주 밸브를 닫는다.
② 가연성 기체의 연쇄반응을 차단하여 소화한다.
③ 연료 탱크를 냉각하여 가연성 가스의 발생속도를 작게 한다.
④ 연소하고 있는 가연물이 존재하는 장소를 기계적으로 폐쇄하여 공기의 공급을 차단한다.

해설

- ①은 제거소화법에 대한 설명이다.
- ②는 억제소화법에 대한 설명이다.
- ③은 희석소화법에 대한 설명이다.

질식소화법

- 연소하고 있는 가연물이 들어있는 용기를 기계적으로 밀폐하여 공기의 공급을 차단하거나 타고 있는 액체나 고체의 표면을 거품 또는 불활성 액체로 피복하여 연소에 필요한 공기의 공급을 차단시키는 소화법이다.
- 가연성 가스와 지연성 가스가 섞여있는 혼합기체의 농도를 조절하여 혼합기체의 농도를 연소범위 밖으로 벗어나게 하여 연소를 중지시키는 방법이다.
- CO_2 소화기, 에어 폼(공기포), 포말 또는 분말 소화기 등이 대표적인 질식소화방법을 이용한다.

93 Repetitive Learning (1회 2회 3회)

산업안전보건기준에 관한 규칙에서 정한 위험물질의 종류에서 "물반응성 물질 및 인화성 고체"에 해당하는 것은?

① 질산에스테르류
② 니트로화합물
③ 칼륨 · 나트륨
④ 니트로소화합물

해설

- ①, ②, ④는 "폭발성 물질 및 유기과산화물"에 해당한다.

위험물질의 분류와 그 종류 실필 1403/1101/1001/0803/0802

분류	종류
산화성 액체 및 산화성 고체	차아염소산, 아염소산, 염소산, 과염소산, 브롬산, 요오드산, 과산화수소 및 무기 과산화물, 질산 및 질산칼륨, 질산나트륨, 질산암모늄, 그 밖의 질산염류, 과망간산, 중크롬산 및 그 염류
가연성 고체	황화린, 적린, 유황, 철분, 금속분, 마그네슘, 인화성 고체
물반응성 물질 및 인화성 고체	리튬, 칼륨 · 나트륨, 황, 황린, 황화린 · 적린, 셀룰로이드류, 알킬알루미늄 · 알킬리튬, 마그네슘 분말, 금속 분말, 알칼리금속, 유기금속화합물, 금속의 수소화물, 금속의 인화물, 칼슘 탄화물, 알루미늄 탄화물
인화성 액체	에틸에테르, 가솔린, 아세트알데히드, 산화프로필렌, 노말헥산, 아세톤, 메틸에틸케톤, 메틸알코올, 에틸알코올, 이황화탄소, 크실렌, 아세트산아밀, 등유, 경유, 테레핀유, 이소아밀알코올, 아세트산, 하이드라진
인화성 가스	수소, 아세틸렌, 에틸렌, 메탄, 에탄, 프로판, 부탄
폭발성 물질 및 유기과산화물	질산에스테르류, 니트로 화합물, 니트로소 화합물, 아조 화합물, 디아조 화합물, 하이드라진 유도체, 유기과산화물
부식성 물질	농도 20% 이상인 염산 · 황산 · 질산, 농도 60% 이상인 인산 · 아세트산 · 불산, 농도 40% 이상인 수산화나트륨 · 수산화칼륨

정답 | 91 ③ 92 ④ 93 ③

1102

94

Repetitive Learning 1회 2회 3회

다음 중 인화점에 관한 설명으로 옳은 것은?

① 액체의 표면에서 발생한 증기농도가 공기 중에서 연소하한농도가 될 수 있는 가장 높은 액체온도
② 액체의 표면에서 발생한 증기농도가 공기 중에서 연소상한농도가 될 수 있는 가장 낮은 액체온도
③ 액체의 표면에서 발생한 증기농도가 공기 중에서 연소하한농도가 될 수 있는 가장 낮은 액체온도
④ 액체의 표면에서 발생한 증기농도가 공기 중에서 연소상한농도가 될 수 있는 가장 높은 액체온도

해설

- 가연성 액체를 발화점 이상으로 공기 중에서 가열하면 별도의 점화원이 없어도 발화할 수 있다.

연소이론

㉠ 개요
- 연소란 화학반응의 한 종류로, 가연물이 산소 중에서 산화반응을 하여 열과 빛을 발산하는 현상을 말한다.
- 연소를 위해서는 가연물, 산소공급원, 점화원 3조건이 마련되어야 한다.
- 연소범위가 넓을수록 연소위험이 크다.
- 착화온도가 낮을수록 연소위험이 크다.
- 가연성 액체를 발화점 이상으로 공기 중에서 가열하면 별도의 점화원이 없어도 발화할 수 있다.

㉡ 인화점 실필 0803
- 인화성 액체 위험물의 위험성지표를 기준으로 액체 표면에서 발생한 증기농도가 공기 중에서 연소하한농도가 될 수 있는 가장 낮은 액체온도를 말한다.
- 인화점이 낮을수록 일반적으로 연소위험이 크다.
- 인화점이 상온보다 낮은 가연성 액체는 상온에서 인화의 위험이 있다.
- 용기 온도가 상승하여 내부의 혼합가스가 폭발상한계를 초과한 경우에는 누설되는 혼합가스는 인화되어 연소하나 연소파가 용기 내로 들어가 가스폭발을 일으키지 않는다.

1003 / 1301 / 1701

95

Repetitive Learning 1회 2회 3회

다음 중 최소발화에너지(E[J])를 구하는 식으로 옳은 것은?(단, I는 전류[A], R은 저항[Ω], V는 전압[V], C는 콘덴서용량[F], T는 시간[초]이라 한다)

① $E = I^2RT$ ② $E = 0.24I^2RT$
③ $E = \frac{1}{2}CV^2$ ④ $E = \frac{1}{2}\sqrt{CV}$

해설

- 발화에너지의 양은 $W = \frac{1}{2}CV^2$[J]로 구한다.

최소발화에너지(MIE : Minimum Ignition Energy)
문제 70번의 유형별 핵심이론 참조

1003 / 1602 / 1803

96

다음 중 분진이 발화 폭발하기 위한 조건으로 거리가 먼 것은?

① 불연성질 ② 미분상태
③ 점화원의 존재 ④ 산소 공급

해설

- 분진이 발화 폭발하기 위한 조건은 가연성, 미분상태, 공기 중에서의 교반과 유동 및 점화원의 존재, 산소공급 등이다.

분진의 발화 폭발
문제 91번의 유형별 핵심이론 참조

1003

97

Repetitive Learning 1회 2회 3회

공기 중에서 A 물질의 폭발하한계가 4.0[vol%], 상한계가 75.0[vol%]라면 이 물질의 위험도는 얼마인가?

① 16.75 ② 17.75
③ 18.75 ④ 19.75

해설

- 주어진 값을 대입하면 $\frac{75-4}{4} = \frac{71}{4} = 17.75$이다.

가스의 위험도 실필 1603
- 폭발을 일으키는 가연성 가스의 위험성의 크기를 나타낸다.
- $H = \frac{(U-L)}{L}$
  H : 위험도
  U : 폭발상한계
  L : 폭발하한계

94 ③ 95 ③ 96 ① 97 ② 정답

1003 / 1503 / 1803

98

Repetitive Learning 1회 2회 3회

공기 중 아세톤의 농도가 200ppm(TLV 500ppm), 메틸에틸케톤(MEK)의 농도가 100ppm(TLV 200ppm)일 때 혼합물질의 허용농도는 약 몇 ppm인가?(단, 두 물질은 서로 상가작용을 하는 것으로 가정한다)

① 150　　② 200
③ 270　　④ 333

해설

- 분자(측정치)의 합은 $200+100=300$이다.
- 분모(노출지수)는 $\frac{200}{500}+\frac{100}{200}=\frac{400+500}{1,000}=0.9$이다.
  이는 1보다 작아서 위험물질 규정량 범위 내에 있다.
- 허용농도는 $\frac{300}{0.9}$이므로 333[ppm]까지는 허용된다.

혼합물질의 허용농도와 노출지수

- 유해·위험물질별로 가장 큰 값$\left(\frac{C}{T}\right)$을 각각 구하여 합산한 값(R) 대비 개별 물질의 농도 합으로 구한다(C는 화학물질 각각의 측정치, T는 화학물질 각각의 노출기준이다).
- 허용농도 $=\frac{\sum_{i=1}^{n} C_n}{\sum_{i=1}^{n} \frac{C_n}{T_n}}$로 구한다. 이때 $\sum_{i=1}^{n} \frac{C_n}{T_n}$를 노출지수라 하고 노출지수는 1을 초과하지 아니하는 것으로 한다.

0703 / 0901 / 1401 / 1703

99

Repetitive Learning 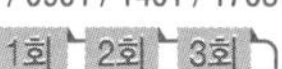

다음 중 관의 지름을 변경하고자 할 때 필요한 관 부속품은?

① Elbow　　② Reducer
③ Plug　　④ Valve

해설

- 엘보우(Elbow)는 관로의 방향을 변경할 때, 플러그(Plug), 밸브(Valve)는 유로를 차단할 때 사용하는 부속품이다.

관(Pipe) 부속품

유로 차단	플러그(Plug), 밸브(Valve), 캡(Cap)
누출방지 및 접합면 밀착	개스킷(Gasket)
관로의 방향 변경	엘보(Elbow)
관의 지름 변경	리듀셔(Reducer), 부싱(Bushing)
2개의 관을 연결	소켓(Socket), 니플(Nipple), 유니온(Union), 플랜지(Flange)

100

Repetitive Learning 1회 2회 3회

다음 중 폭발한계(vol%)의 범위가 가장 넓은 것은?

① 메탄　　② 부탄
③ 톨루엔　　④ 아세틸렌

해설

- 보기에 주어진 가스를 폭발범위가 좁은 값부터 넓은 값 순으로 나열하면 톨루엔 〈 부탄 〈 메탄 〈 아세틸렌 순이다.

주요 가스의 폭발상한계, 하한계, 폭발범위, 위험도 실필 1603

가스	폭발 하한계	폭발 상한계	폭발범위	위험도
아세틸렌 (C_2H_2)	2.5	81	78.5	$\frac{81-2.5}{2.5}=31.4$
수소 (H_2)	4.0	75	71	$\frac{75-4.0}{4.0}=17.75$
일산화탄소 (CO)	12.5	74	61.5	$\frac{74-12.5}{12.5}=4.92$
암모니아 (NH_3)	15	28	13	$\frac{28-15}{15}=0.87$
메탄 (CH_4)	5.0	15	10	$\frac{15-5}{5}=2$
이황화탄소 (CS_2)	1.3	41.0	39.7	$\frac{41-1.3}{1.3}=30.54$
프로판 (C_3H_8),	2.1	9.5	7.4	$\frac{9.5-2.1}{2.1}=3.52$
부탄 (C_4H_{10})	1.8	8.4	6.6	$\frac{8.4-1.8}{1.8}=3.67$
톨루엔 ($C_6H_5CH_3$)	1.1	7.1	6	$\frac{7.1-1.1}{1.1}=5.45$

정답 | 98 ④　99 ②　100 ④

6과목 건설공사 안전관리

101 Repetitive Learning (1회 2회 3회)

다음 중에서 지하수위 측정에 사용되는 계측기는?

① 로드 쉘(Load Cell)
② 인크리노미터(Inclinometer)
③ 익스텐소미터(Extensometer)
④ 지하수위계(Water level meter)

해설

- 로드 쉘(Load Cell)은 하중계로 버팀보 어스앵커(Earth anchor) 등의 실제 축 하중 변화를 측정하는 계측기이다.
- 인크리노미터(Inclinometer)는 지중경사계로 지중의 수평 변위량을 통해 주변 지반의 변형을 측정하는 기계이다.
- 익스텐소미터(Extensometer)는 신장계로 구조물의 인장변형량을 측정하는 계측기이다.

굴착공사용 계측기기 실필 0902

㉠ 개요
- 개착식 굴착공사에서 설치하는 계측기기에는 기울기(Tilt meter), 지하수위계, 간극수압계, 경사계, 응력계, 변형률계, 하중계 등이 있다.
- 지반붕괴 방지를 위한 계측장치에는 지하수위계, 경사계, 변형률계, 응력계, 하중계 등이 있다.

㉡ 종류

계측기	설명
지표침하계(Surface settlement system)	지표면의 침하량을 측정하는 기구
지하수위계(Water level meter)	지반 내 지하수위의 변화를 계측하는 기구
하중계(Load cell)	버팀보 어스앵커(Earth anchor) 등의 실제 축 하중 변화를 측정하는 계측기
지중경사계(Inclinometer)	지중의 수평 변위량을 통해 주변 지반의 변형을 측정하는 기계
건물경사계(Tiltmeter)	인접한 구조물에 설치하여 구조물의 경사 및 변형상태를 측정하는 기구
수직지향각도계(Inclino meter, 경사계)	주변 지반, 지층, 기계, 시설 등의 경사도와 변형을 측정하는 기구
변형률계(Strain gauge)	흙막이 가시설의 버팀대(Strut)의 변형을 측정하는 계측기

102 Repetitive Learning (1회 2회 3회)

가설통로를 설치하는 경우 준수하여야 할 기준으로 옳지 않은 것은?

① 경사는 30° 이하로 할 것
② 경사가 15°를 초과하는 경우에는 미끄러지지 아니하는 구조로 할 것
③ 추락할 위험이 있는 장소에는 안전난간을 설치할 것
④ 수직갱에 가설된 통로의 길이가 15m 이상인 경우에는 7m 이내마다 계단참을 설치할 것

해설

- 수직갱에 가설된 통로의 길이가 15m 이상인 경우에는 10m 이내마다 계단참을 설치해야 한다.

가설통로 설치 시 준수기준 실필 2301/1801/1703/1603
- 높이 8m 이상인 비계다리에서는 7m 이내마다 계단참을 설치할 것
- 수직갱에 가설된 통로의 길이가 15m 이상인 경우에는 10m 이내마다 계단참을 설치할 것
- 경사가 15°를 초과하는 경우에는 미끄러지지 아니하는 구조로 할 것
- 추락할 위험이 있는 장소에는 안전난간을 설치할 것
- 경사로의 폭은 최소 90cm 이상으로 할 것
- 발판 폭 40cm 이상, 틈 3cm 이하로 할 것
- 경사는 30° 이하로 할 것

1201 / 1502

103 Repetitive Learning (1회 2회 3회)

안전계수가 4이고 2,000MPa의 인장강도를 갖는 강선의 최대허용응력은?

① 500MPa ② 1,000MPa
③ 1,500MPa ④ 2,000MPa

해설

- 최대허용응력 $=\frac{\text{인장강도}}{\text{안전계수}}$이므로 $\frac{2,000}{4}=500$MPa이다.

안전율/안전계수(Safety factor)
- 소재의 파괴강도와 허용되는 응력의 비를 표시한 것이다.
- 안전율은 $\frac{\text{기준강도}}{\text{허용응력}}$ 또는 $\frac{\text{항복강도}}{\text{설계하중}}$, $\frac{\text{파괴하중}}{\text{최대사용하중}}$, $\frac{\text{최대응력}}{\text{허용응력}}$ 등으로 구한다.
- 응력은 단위면적당 부재에 작용하는 힘을 말하며, 허용응력은 단위면적당 재료가 파괴되지 않고 영구적인 변형이 남지 않는 비례한도 범위 내의 응력을 말한다.
- 기준강도는 재료에 손상을 입힌다고 인정되는 강도를 말한다.
- 강도(기준강도)를 통해 재료의 안전율, 구조 등이 결정된다.
- 연성재료에서는 항복점을 기준강도, 인장강도, 기초강도라고도 한다.

101 ④ 102 ④ 103 ① 정답

1302

104 Repetitive Learning 1회 2회 3회

거푸집 동바리 등을 조립하는 경우에 준수하여야 하는 기준으로 옳지 않은 것은?

① 동바리로 사용하는 파이프 서포트를 이어서 사용하는 경우에는 3개 이상의 볼트 또는 전용철물을 사용하여 이을 것
② 강재의 접속부 및 교차부는 볼트·클램프 등 전용철물을 사용하여 단단히 연결할 것
③ 받침목의 사용, 콘크리트 타설, 말뚝박기 등 동바리의 침하를 방지하기 위한 조치를 할 것
④ 동바리로 사용하는 파이프 서포트를 3개 이상 이어서 사용하지 말 것

해설

- 동바리로 사용하는 파이프 서포트를 이어서 사용하는 경우 4개 이상의 볼트 또는 전용철물을 사용하여 이어야 한다.

거푸집 동바리 등의 안전조치

㉠ 공통사항
- 받침목의 사용, 콘크리트 타설, 말뚝박기 등 동바리의 침하를 방지하기 위한 조치를 할 것
- 동바리의 상하 고정 및 미끄러짐 방지 조치를 할 것
- 상부·하부의 동바리가 동일 수직선상에 위치하도록 하여 깔판·받침목에 고정시킬 것
- 개구부 상부에 동바리를 설치하는 경우에는 상부하중을 견딜 수 있는 견고한 받침대를 설치할 것
- U헤드 등의 단판이 없는 동바리의 상단에 멍에 등을 올릴 경우에는 해당 상단에 U헤드 등의 단판을 설치하고, 멍에 등이 전도되거나 이탈되지 않도록 고정시킬 것
- 동바리의 이음은 같은 품질의 재료를 사용할 것
- 강재의 접속부 및 교차부는 볼트·클램프 등 전용철물을 사용하여 단단히 연결할 것
- 거푸집의 형상에 따른 부득이한 경우를 제외하고는 깔판이나 받침목은 2단 이상 끼우지 않도록 할 것
- 깔판이나 받침목을 이어서 사용하는 경우에는 그 깔판·받침목을 단단히 연결할 것

㉡ 동바리로 사용하는 파이프 서포트
- 파이프 서포트를 3개 이상 이어서 사용하지 않도록 할 것
- 파이프 서포트를 이어서 사용하는 경우에는 4개 이상의 볼트 또는 전용철물을 사용하여 이을 것
- 높이가 3.5m를 초과하는 경우 2m 이내마다 수평연결재를 2개 방향으로 설치할 것

㉢ 동바리로 사용하는 강관틀의 경우
- 강관틀과 강관틀 사이에 교차가새를 설치할 것
- 최상단 및 5단 이내마다 동바리의 측면과 틀면의 방향 및 교차가새의 방향에서 5개 이내마다 수평연결재를 설치하고 수평연결재의 변위를 방지할 것
- 최상단 및 5단 이내마다 동바리의 틀면의 방향에서 양단 및 5개틀 이내마다 교차가새의 방향으로 띠장틀을 설치할 것

1402 / 1703 / 2202

105 Repetitive Learning 1회 2회 3회

이동식 비계를 조립하여 작업을 하는 경우에 준수하여야 할 기준으로 옳지 않은 것은?

① 승강용 사다리는 견고하게 설치할 것
② 비계의 최상부에서 작업을 하는 경우에는 안전난간을 설치할 것
③ 작업발판의 최대적재하중은 400kg을 초과하지 않도록 할 것
④ 작업발판은 항상 수평을 유지하고 작업발판 위에서 안전난간을 딛고 작업을 하거나 받침대 또는 사다리를 사용하여 작업하지 않도록 할 것

해설

- 이동식 비계의 작업발판 최대적재하중은 250kg을 초과하지 않도록 한다.

이동식 비계 조립 및 사용 시 준수사항
- 이동식 비계의 바퀴에는 뜻밖의 갑작스러운 이동 또는 전도를 방지하기 위하여 브레이크·쐐기 등으로 바퀴를 고정시킨 다음 비계의 일부를 견고한 시설물에 고정하거나 아웃트리거(Outrigger)를 설치하는 등 필요한 조치를 할 것
- 승강용 사다리는 견고하게 설치할 것
- 비계의 최상부에서 작업을 하는 경우에는 안전난간을 설치할 것
- 작업발판은 항상 수평을 유지하고 작업발판 위에서 안전난간을 딛고 작업을 하거나 받침대 또는 사다리를 사용하여 작업하지 않도록 할 것
- 작업발판의 최대적재하중은 250kg을 초과하지 않도록 할 것

1201 / 1401 / 1802

106 Repetitive Learning 1회 2회 3회

터널 지보공을 조립하거나 변경하는 경우에 조치하여야 하는 사항으로 옳지 않은 것은?

① 목재의 터널 지보공은 그 터널 지보공의 각 부재에 작용하는 긴압 정도를 체크하여 그 정도가 최대한 차이나도록 한다.
② 강(鋼)아치 지보공의 조립은 연결볼트 및 띠장 등을 사용하여 주재 상호 간을 튼튼하게 연결할 것
③ 기둥에는 침하를 방지하기 위하여 받침목을 사용하는 등의 조치를 할 것
④ 주재(主材)를 구성하는 1세트의 부재는 동일 평면 내에 배치할 것

정답 | 104 ① 105 ③ 106 ①

해설

- 목재의 터널 지보공은 그 터널 지보공의 각 부재의 긴압 정도가 균등하게 되도록 하여야 한다.

터널 지보공의 조립 또는 변경 시의 조치사항 실필 2302

- 주재(主材)를 구성하는 1세트의 부재는 동일 평면 내에 배치할 것
- 목재의 터널 지보공은 그 터널 지보공의 각 부재의 긴압 정도가 균등하게 되도록 할 것
- 기둥에는 침하를 방지하기 위하여 받침목을 사용하는 등의 조치를 할 것
- 강아치 지보공 및 목재지주식 지보공 외의 터널 지보공에 대해서는 터널 등의 출입구 부분에 받침대를 설치할 것

구분	준수사항
강(鋼)아치 지보공의 조립 시 준수사항	• 조립간격은 조립도에 따를 것 • 주재가 아치작용을 충분히 할 수 있도록 쐐기를 박는 등 필요한 조치를 할 것 • 연결볼트 및 띠장 등을 사용하여 주재 상호 간을 튼튼하게 연결할 것 • 터널 등의 출입구 부분에는 받침대를 설치할 것 • 낙하물이 근로자에게 위험을 미칠 우려가 있는 경우에는 널판 등을 설치할 것
목재지주식 지보공의 조립 시 준수사항	• 주기둥은 변위를 방지하기 위하여 쐐기 등을 사용하여 지반에 고정시킬 것 • 양끝에는 받침대를 설치할 것 • 터널 등의 목재지주식 지보공에 세로방향의 하중이 걸림으로써 넘어지거나 비틀어질 우려가 있는 경우에는 양끝 외의 부분에도 받침대를 설치할 것 • 부재의 접속부는 꺾쇠 등으로 고정시킬 것

1502 / 1802

107

Repetitive Learning 

사면보호공법 중 구조물에 의한 보호공법에 해당되지 않는 것은?

① 블록공
② 식생구멍공
③ 돌쌓기공
④ 현장타설 콘크리트 격자공

해설

- 구조물에 의한 보호 공법에는 비탈면 녹화, 낙석방지울타리, 격자블록 붙이기, 숏크리트, 낙석방지망, 블록공, 돌쌓기 공법 등이 있다.

식생공

- 건설재해대책의 사면보호 공법 중 하나이다.
- 식물을 생육시켜 그 뿌리로 사면의 표층토를 고정하여 빗물에 의한 침식, 동상, 이완 등을 방지하고, 녹화에 의한 경관조성을 목적으로 시공한다.

108

Repetitive Learning 1회 2회 3회

화물을 적재하는 경우의 준수사항으로 옳지 않은 것은?

① 침하 우려가 없는 튼튼한 기반 위에 적재할 것
② 건물의 칸막이나 벽 등이 화물의 압력에 견딜 만큼의 강도를 지니지 아니한 경우에는 칸막이나 벽에 기대어 적재하지 않도록 할 것
③ 불안정한 정도로 높이 쌓아 올리지 말 것
④ 하중을 한쪽으로 치우치더라도 화물을 최대한 효율적으로 적재할 것

해설

- 화물적재 시 하중이 한쪽으로 치우치지 않도록 적재하여야 한다.

화물적재 시의 준수사항

- 하중이 한쪽으로 치우치지 않도록 적재할 것
- 구내운반차 또는 화물자동차의 경우 화물의 붕괴 또는 낙하에 의한 위험을 방지하기 위하여 화물에 로프를 거는 등 필요한 조치를 할 것
- 운전자의 시야를 가리지 않도록 화물을 적재할 것
- 화물을 적재하는 경우에는 최대적재량을 초과하지 않도록 할 것

0903 / 1103 / 1403

109

Repetitive Learning 1회 2회 3회

발파구간 인접구조물에 대한 피해 및 손상을 예방하기 위한 건물기초에서의 허용진동치(cm/sec) 기준으로 옳지 않은 것은?(단, 기존 구조물에 금이 가 있거나 노후구조물 대상일 경우 등은 고려하지 않는다)

① 문화재 : 0.2cm/sec
② 주택, 아파트 : 0.5cm/sec
③ 상가 : 1.0cm/sec
④ 철골콘크리트 빌딩 : 0.8 ~ 1.0cm/sec

해설

- 철골콘크리트 빌딩의 발파 허용 진동치는 1.0~4.0cm/sec이다.

발파 허용 진동치 규제기준

구분	진동속도 규제기준	
	건물	허용 진동치
건물기초에서의 허용진동치	문화재	0.2[cm/sec]
	주택/아파트	0.5[cm/sec]
	상가(금이 없는 상태)	1.0[cm/sec]
	철근 콘크리트 빌딩 및 상가	1.0~4.0[cm/sec]

107 ② 108 ④ 109 ④ | 정답

1702

110 Repetitive Learning (1회 2회 3회)

터널공사의 전기발파작업에 관한 설명으로 옳지 않은 것은?

① 전선은 점화하기 전에 화약류를 충진한 장소로부터 30[m] 이상 떨어진 안전한 장소에서 도통시험 및 저항시험을 하여야 한다.
② 점화는 충분한 허용량을 갖는 발파기를 사용하고 규정된 스위치를 반드시 사용하여야 한다.
③ 발파 후 발파기와 발파모선의 연결을 유지한 채 그 단부를 절연시킨다.
④ 점화는 선임된 발파책임자가 행하고 발파기의 핸들을 점화할 때 이외는 시건장치를 하거나 모선을 분리하여야 하며 발파책임자의 엄중한 관리하에 두어야 한다.

해설

- 발파 후 즉시 발파모선을 발파기로부터 분리하고 그 단부를 절연시킨 후 재점화가 되지 않도록 하여야 한다.

전기발파 시 준수사항

- 미지전류의 유무에 대하여 확인하고 미지전류가 0.01A 이상일 때에는 전기발파를 하지 않아야 한다.
- 전기발파기는 충분한 기동이 있는지의 여부를 사전에 점검하여야 한다.
- 도통시험기는 소정의 저항치가 나타나는지를 사전에 점검하여야 한다.
- 약포에 뇌관을 장치할 때에는 반드시 전기뇌관의 저항을 측정하여 소정의 저항치에 대하여 오차가 ±0.1Ω 이내에 있는가를 확인하여야 한다.
- 발파모선의 배선에 있어서는 점화장소를 발파현장에서 충분히 떨어져 있는 장소로 하고 물기나 철관, 궤도 등이 없는 장소를 택하여야 한다.
- 점화장소는 발파현장이 잘 보이는 곳이어야 하며 충분히 떨어져 있는 안전한 장소로 택하여야 한다.
- 전선은 점화하기 전에 화약류를 장전한 장소로부터 30m 이상 떨어진 안전한 장소에서 도통시험 및 저항시험을 하여야 한다.
- 점화는 충분한 허용량을 갖는 발파기를 사용하고 규정된 스위치를 반드시 사용하여야 한다.
- 점화는 선임된 발파책임자가 행하고 발파기의 핸들을 점화할 때 이외는 시건장치를 하거나 모선을 분리하여야 하며 발파책임자의 엄중한 관리하에 두어야 한다.
- 발파 후 즉시 발파모선을 발파기로부터 분리하고 그 단부를 절연시킨 후 재점화가 되지 않도록 하여야 한다.
- 발파 후 30분 이상 경과한 후가 아니면 발파장소에 접근하지 않아야 한다.

0803 / 1701

111 Repetitive Learning (1회 2회 3회)

크레인 등 건설장비의 가공전선로 접근 시 안전대책으로 거리가 먼 것은?

① 안전이격거리를 유지하고 작업한다.
② 장비를 가공전선로 밑에 보관한다.
③ 장비의 조립, 준비 시부터 가공전선로에 대한 감전 방지 수단을 강구한다.
④ 장비 사용 현장의 장애물, 위험물 등을 점검 후 작업계획을 수립한다.

해설

- 가공전선로 아래는 대단히 위험하므로 장비 등을 보관해서는 안 된다.

차량 및 기계장비의 가공전선로 접근 시 안전대책

- 접근제한거리를 유지하고 작동시켜야 한다.
- 작업자는 정격전압에 적합한 보호장구를 착용하여야 한다.
- 지상의 작업자는 충전전로에 근접되어 있는 차량이나 기계장치 또는 그 어떠한 부착물과도 접촉하여서는 안 된다.
- 접지된 차량이나 기계장비가 충전된 가공선로에 접근할 위험이 있는 경우, 지상에서 작업하는 작업자는 접지점 부근에 있어서는 안 된다.
- 장비의 조립, 준비 시부터 가공전선로에 대한 감전 방지 수단을 강구한다.
- 장비 사용 현장의 장애물, 위험물 등을 점검 후 작업계획을 수립한다.

0602

112 Repetitive Learning (1회 2회 3회)

산업안전보건법령에서 규정하는 철골작업을 중지하여야 하는 기후조건에 해당하지 않는 것은?

① 풍속이 초당 10m 이상인 경우
② 강우량이 시간당 1mm 이상인 경우
③ 강설량이 시간당 1cm 이상인 경우
④ 기온이 영하 5℃ 이하인 경우

해설

- 철골작업을 중지해야 하는 악천후 기준에는 풍속 초당 10m, 강우량 시간당 1mm, 강설량 시간당 1cm 이상인 경우이다.

철골작업 중지 악천후 기준 실필 2401/1803/1801/1201/0802

- 풍속이 초당 10m 이상인 경우
- 강우량이 시간당 1mm 이상인 경우
- 강설량이 시간당 1cm 이상인 경우

정답 | 110 ③ 111 ② 112 ④

1702

113 Repetitive Learning (1회 2회 3회)

거푸집 동바리 등을 조립 또는 해체하는 작업을 하는 경우의 준수사항으로 옳지 않은 것은?

① 재료, 기구 또는 공구 등을 올리거나 내리는 경우에는 근로자로 하여금 달줄·달포대 등의 사용을 금하도록 할 것
② 낙하·충격에 의한 돌발적 재해를 방지하기 위하여 버팀목을 설치하고 거푸집 동바리 등을 인양장비에 매단 후에 작업을 하도록 하는 등 필요한 조치를 할 것
③ 비, 눈, 그 밖의 기상상태의 불안정으로 날씨가 몹시 나쁜 경우에는 그 작업을 중지할 것
④ 해당 작업을 하는 구역에는 관계 근로자가 아닌 사람의 출입을 금지할 것

해설

- 재료, 기구 또는 공구 등을 올리거나 내리는 경우에는 근로자로 하여금 달줄·달포대 등을 사용하도록 하여야 한다.

거푸집 동바리의 조립·해체 등 작업 시의 준수사항

- 해당 작업을 하는 구역에는 관계 근로자가 아닌 사람의 출입을 금지할 것
- 비, 눈, 그 밖의 기상상태의 불안정으로 날씨가 몹시 나쁜 경우에는 그 작업을 중지할 것
- 재료, 기구 또는 공구 등을 올리거나 내리는 경우에는 근로자로 하여금 달줄·달포대 등을 사용하도록 할 것
- 낙하·충격에 의한 돌발적 재해를 방지하기 위하여 버팀목을 설치하고 거푸집 동바리 등을 인양장비에 매단 후에 작업을 하도록 하는 등 필요한 조치를 할 것
- 양중기로 철근을 운반할 경우에는 두 군데 이상 묶어서 수평으로 운반할 것
- 작업위치의 높이가 2m 이상일 경우에는 작업발판을 설치하거나 안전대를 착용하게 하는 등 위험방지를 위하여 필요한 조치를 할 것

1801 / 2102

114 Repetitive Learning (1회 2회 3회)

강관을 사용하여 비계를 구성하는 경우 준수해야 할 사항으로 옳지 않은 것은?

① 비계기둥의 간격은 띠장 방향에서는 1.85m 이하, 장선(長線) 방향에서는 1.5m 이하로 할 것
② 띠장 간격은 2m 이하로 설치할 것
③ 비계기둥의 제일 윗부분으로부터 31m 되는 지점 밑부분의 비계기둥은 3개의 강관으로 묶어세울 것
④ 비계기둥 간의 적재하중은 400kg을 초과하지 않도록 할 것

해설

- 비계기둥의 제일 윗부분으로부터 31m 되는 지점 밑부분의 비계기둥은 2개의 강관으로 묶어세운다.

강관비계의 구조

- 비계기둥의 간격은 띠장 방향에서는 1.85m 이하, 장선(長線) 방향에서는 1.5m 이하로 할 것
- 띠장 간격은 2m 이하로 설치할 것
- 비계기둥의 제일 윗부분으로부터 31m 되는 지점 밑부분의 비계기둥은 2개의 강관으로 묶어세울 것
- 비계기둥 간의 적재하중은 400kg을 초과하지 않도록 할 것

115 Repetitive Learning (1회 2회 3회)

지하수위 상승으로 포화된 사질토 지반의 액상화 현상을 방지하기 위한 가장 직접적이고 효과적인 대책은?

① well point 공법 적용
② 동다짐 공법 적용
③ 입도가 불량한 재료를 입도가 양호한 재료로 치환
④ 밀도를 증가시켜 한계간극비 이하로 상대밀도를 유지하는 방법 강구

해설

- 액상화 현상은 지반이 지하수로 포화되었을 때 일어나는 현상으로 가장 효과적인 대책은 지하수위를 저하시키는 방법이다. 보기 중에서 지하수위를 직접적으로 저하시키는 방법은 Well point 공법을 사용하는 것이다.

액(상)화 현상

㉠ 개요

- 입경이 가늘고 비교적 균일하면서 느슨하게 쌓여 있는 모래 지반이 물로 포화되어 있을 때 지진이나 충격을 받으면 일시적으로 전단강도를 잃어버리는 현상이다.
- 액상화 현상의 요인에는 지진의 강도나 그 지속시간, 모래의 밀도(상대밀도나 간극비 등), 모래의 입도분포, 기반암의 지질구조, 지하수면의 깊이 등이 있다.

㉡ 대책

- 입도가 불량한 재료를 입도가 양호한 재료로 치환한다.
- 지하수위를 저하시키고 포화도를 낮추기 위해 Deep well을 사용한다.
- 밀도를 증가하여 한계간극비 이하로 상대밀도를 유지하는 방법을 강구한다.

113 ① 114 ③ 115 ① 정답

1402 / 1701

116 — Repetitive Learning (1회 2회 3회)

흙의 투수계수에 영향을 주는 인자에 관한 설명으로 옳지 않은 것은?

① 포화도 : 포화도가 클수록 투수계수는 크다.
② 공극비 : 공극비가 클수록 투수계수는 작다.
③ 유체의 점성계수 : 점성계수가 클수록 투수계수는 작다.
④ 유체의 밀도 : 유체의 밀도가 클수록 투수계수는 크다.

해설

- 투수계수는 흙 입자 크기의 제곱, 공극비의 세제곱에 비례한다.

흙의 투수계수

㉠ 개요
- 흙속에 스며드는 물의 통과 용이성을 보여주는 수치값이다.
- 투수계수는 현장시험을 통하여 구할 수 있다.
- 투수계수가 크면 투수량이 많다.
- 투수계수 $k = D_s^2 \times \frac{\gamma_w}{\mu} \times \frac{e^3}{1+e} \times C$로 구한다.
  (D_s : 흙 입자의 크기, γ_w : 물의 단위중량, μ : 물의 점성계수, e : 공극비, C : 흙 입자의 형상)

㉡ 특징
- 투수계수는 흙 입자 크기의 제곱, 공극비의 세제곱에 비례한다.
- 공극비의 크기가 클수록, 포화도가 클수록 투수계수는 증가한다.
- 유체의 밀도 및 농도, 물의 온도가 높을수록 투수계수는 크다.
- 유체의 점성계수는 투수계수와 반비례하여 점성계수가 클수록 투수계수는 작아진다.

1202 / 1603

117 — Repetitive Learning (1회 2회 3회)

차량계 건설기계를 사용하는 작업 시 작업계획서 내용에 포함되는 사항이 아닌 것은?

① 사용하는 차량계 건설기계의 종류 및 성능
② 차량계 건설기계의 운행경로
③ 차량계 건설기계에 의한 작업방법
④ 차량계 건설기계의 유도자 배치 위치

해설

- 차량계 건설기계를 사용하여 작업하고자 할 때 작업계획서에는 사용하는 차량계 건설기계의 종류 및 성능, 차량계 건설기계의 운행경로, 차량계 건설기계에 의한 작업방법 등이 포함되어야 한다.

차량계 건설기계를 사용하여 작업 시 작업계획서
- 사용하는 차량계 건설기계의 종류 및 성능
- 차량계 건설기계의 운행경로
- 차량계 건설기계에 의한 작업방법

118 — Repetitive Learning (1회 2회 3회)

공사진척에 따른 공정률이 다음과 같을 때 안전관리비 사용기준으로 옳은 것은?(단, 공정률은 기성공정률을 기준으로 함)

공정률 : 70% 이상 90% 미만

① 50퍼센트 이상
② 60퍼센트 이상
③ 70퍼센트 이상
④ 80퍼센트 이상

해설

- 공사 진척에 따른 안전관리비 사용기준에서 공정률 70~90%일 때의 산업안전보건관리비 사용기준은 70% 이상이다.

공사 진척에 따른 안전관리비 사용기준

공정률	50% 이상 70% 미만	70% 이상 90% 미만	90% 이상
사용기준	50% 이상	70% 이상	90% 이상

0903 / 1403 / 1703 / 1801

119 — Repetitive Learning (1회 2회 3회)

미리 작업장소의 지형 및 지반상태 등에 적합한 제한속도를 정하지 않아도 되는 차량계 건설기계의 속도기준은?

① 최대제한속도가 10km/h 이하
② 최대제한속도가 20km/h 이하
③ 최대제한속도가 30km/h 이하
④ 최대제한속도가 40km/h 이하

해설

- 최대제한속도가 10km/h 이하인 경우를 제외하고는 차량계 건설기계를 사용하여 작업을 하는 경우 미리 작업장소의 지형 및 지반상태 등에 적합한 제한속도를 정하고, 운전자로 하여금 준수하도록 하여야 한다.

정답 | 116 ② 117 ④ 118 ③ 119 ①

:: 제한속도의 지정

- 사업주는 차량계 하역운반기계, 차량계 건설기계(최대제한속도가 10km/h 이하인 것은 제외)를 사용하여 작업을 하는 경우 미리 작업장소의 지형 및 지반상태 등에 적합한 제한속도를 정하고, 운전자로 하여금 준수하도록 하여야 한다.
- 사업주는 궤도작업차량을 사용하는 작업, 입환기로 입환작업을 하는 경우에 작업에 적합한 제한속도를 정하고, 운전자로 하여금 준수하도록 하여야 한다.

0501

120 Repetitive Learning (1회 2회 3회)

유해위험방지계획서를 고용노동부장관에게 제출하고 심사를 받아야 하는 대상 건설공사 기준으로 옳지 않은 것은?

① 최대 지간길이가 50m 이상인 다리의 건설등 공사

② 지상높이 25m 이상인 건축물 또는 인공구조물의 건설등 공사

③ 깊이 10m 이상인 굴착공사

④ 다목적댐, 발전용댐, 저수용량 2천만톤 이상의 용수 전용 댐 및 지방상수도 전용 댐의 건설등 공사

해설

- 지상높이가 31m 이상인 건축물 또는 인공구조물의 건설 등의 공사일 경우 유해·위험방지계획서를 제출한다.

:: 유해·위험방지계획서 제출대상 공사 실필 1701

- 지상높이가 31m 이상인 건축물 또는 인공구조물, 연면적 3만m^2 이상인 건축물 또는 연면적 5천m^2 이상의 문화 및 집회시설(전시장 및 동물원·식물원은 제외), 판매시설, 운수시설(고속철도의 역사 및 집배송시설은 제외), 종교시설, 의료시설 중 종합병원, 숙박시설 중 관광숙박시설, 지하도상가 또는 냉동·냉장창고시설의 건설·개조 또는 해체공사
- 연면적 5천m^2 이상인 냉동·냉장창고시설의 설비공사 및 단열공사
- 최대지간길이가 50m 이상인 교량 건설 등의 공사
- 터널 건설 등의 공사
- 다목적 댐, 발전용 댐 및 저수용량 2천만톤 이상의 용수 전용 댐, 지방상수도 전용 댐 건설 등의 공사
- 깊이 10m 이상인 굴착공사

120 ② | 정답

MEMO

출제문제 분석 2021년 2회

구분	1과목	2과목	3과목	4과목	5과목	6과목	합계
New유형	0	2	1	4	2	3	12
New문제	3	8	9	11	7	6	44
또나온문제	12	6	9	4	4	3	38
자꾸나온문제	5	6	2	5	9	11	38
합계	20	20	20	20	20	20	120

- New유형은 New문제 중 기존 기출문제와 완전히 다른 유형의 문제를 말합니다.
- New문제는 기존에 출제되지 않은 문제로 이번에 처음 출제되는 문제입니다.
- 또나온문제는 기존에 출제된 적이 1번 있는 문제를 말합니다.
- 자꾸나온문제는 기존에 출제된 적이 2번 이상 있는 문제를 말합니다. 그만큼 중요한 문제입니다.

몇 년분의 기출문제를 공부해야 합격할 수 있을까요?

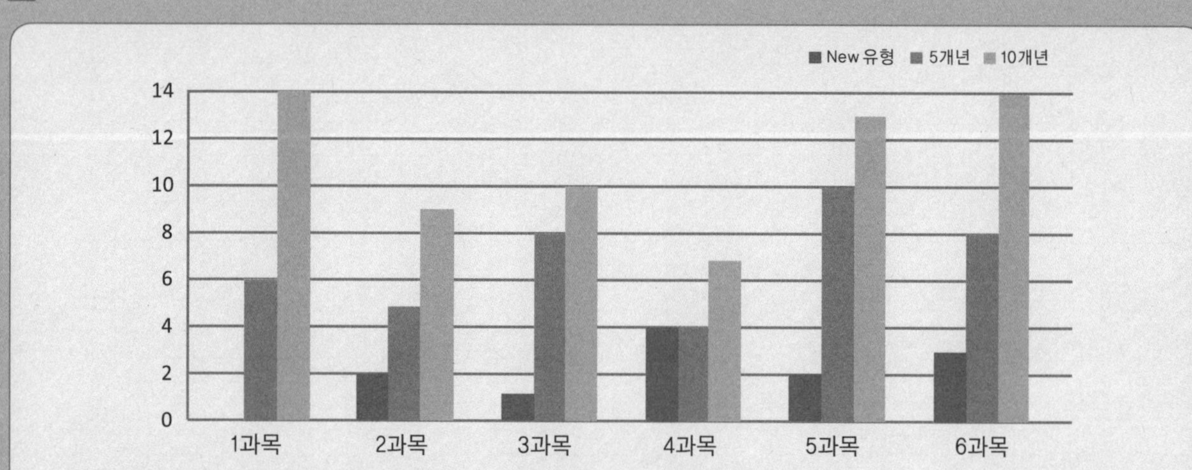

- 완전 새로운 유형의 문제는 12문제이고 108문제가 이미 출제된 문제 혹은 변형문제입니다.
- 5년분(2016~2020) 기출에서 동일문제가 41문항이 출제되었고, 10년분(2011~2020) 기출에서 동일문제가 67문항이 출제되었습니다.

실기에 나왔어요!! 외우세요!!!

실기시험은 필답형과 작업형으로 구분되어 있으며 모두 주관식으로 직접 내용을 적어야 합니다. 필기 공부하면서 실기 출제된 내역들은 좀 더 신경써서 암기하실 필요가 있어요. 필기 합격자 발표 난 후 실기시험까지는 5주밖에 여유가 없답니다. 어차피 공부할 것 필기 때 확실하게 해준다면 실기도 단방에 합격할 수 있습니다.

- 총 39개의 해설이 실기 필답형 시험과 연동되어 있습니다.
- 총 4개의 해설이 실기 작업형 시험과 연동되어 있습니다.

분석의견

2018년 2회차 이후로 가장 낮은 합격률인 37.2%를 기록한 시험이었습니다. 2021년 1월부터 새롭게 적용된 한국전기설비규정으로 인해 4과목의 난이도가 급격히 증가하여 과목 과락이 많았던 것이 가장 큰 원인으로 분석되고 있습니다. 신규문제 역시 4과목에서 4문제가 출제되었습니다. 10년분 기출을 학습하신 경우 동일한 문제가 7문제 출제된 만큼 과락을 면하는데 충분함에도 2회차 특성상 학습에 소홀하신 분이 많아서인지 아주 낮은 합격률을 보였습니다. 합격에 필요한 점수를 획득하기 위해서는 최근 10년분 문제 3회독 이상 + 유형별 핵심이론의 정독이 필요할 것으로 판단됩니다.

2021년 제2회

2021년 5월 15일 필기

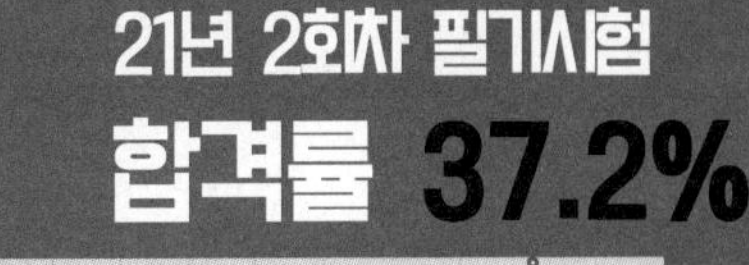

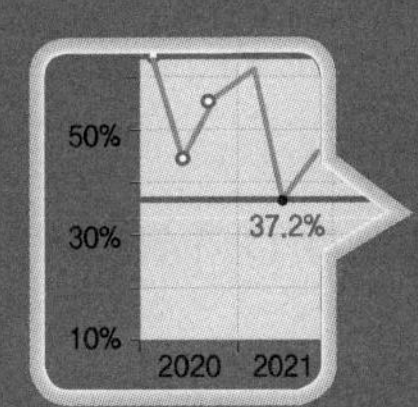

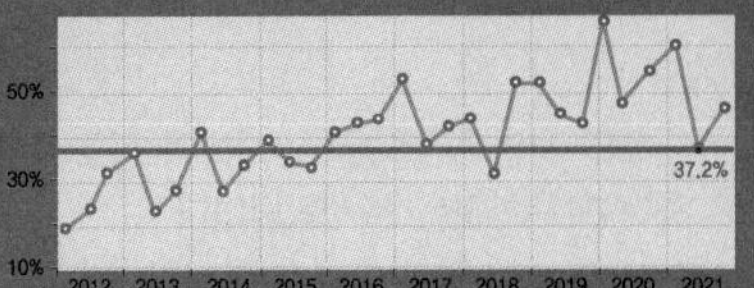

1과목 산업재해 예방 및 안전보건교육

0302 / 0701 / 1103 / 1301

01 Repetitive Learning (1회 2회 3회)

다음 중 학생이 자기 학습속도에 따른 학습이 허용되어 있는 상태에서 학습자가 프로그램 자료를 가지고 단독으로 학습하도록 하는 교육방법은?

① 토의법
② 모의법
③ 실연법
④ 프로그램 학습법

해설

- 토의법은 교수자와 학습자 간 혹은 학습자간의 의사소통과 상호작용을 통해 정보와 의견을 교환하고 결론을 이끌어내는 교수학습법이다.
- 모의법은 실제의 장면이나 상태와 극히 유사한 상태를 인위적으로 만들어 그 속에서 학습하도록 하는 교육방법을 말한다.
- 실연법은 학습자가 이미 설명을 듣거나 시범을 보고 알게 된 지식이나 기능을 강사의 감독 아래 직접적으로 연습하여 적용할 수 있도록 하는 교육방법이다.

프로그램 학습법(Programmed self instruction method)

㉠ 개요
- 학생이 자기 학습속도에 따른 학습이 허용되어 있는 상태에서 학습자가 프로그램 자료를 가지고 단독으로 학습하도록 하는 교육방법을 말한다.

㉡ 특징
- 학습자의 학습과정을 쉽게 알 수 있다.
- 수업의 모든 단계에서 적용이 가능하며, 지능, 학습속도 등 개인차를 충분히 고려할 수 있다.
- 수강자들이 학습이 가능한 시간대의 폭이 넓으며, 매 반응마다 피드백이 주어져 학습자의 흥미를 유발한다.
- 단점으로는 한번 개발된 프로그램 자료는 개조하기 어려우며 내용이 고정화 되어 있고, 개발비용이 많이 들며 집단 사고의 기회가 없다.

1802

02 Repetitive Learning (1회 2회 3회)

인간관계의 메커니즘 중 다른 사람의 행동양식이나 태도를 투입시키거나 다른 사람 가운데서 자기와 비슷한 것을 발견하는 것은?

① 동일화　② 일체화
③ 투사　④ 공감

해설

- 일체화와 공감은 일반적으로 적응기제의 종류에 포함되지 않는다.
- 투사는 자기의 실패나 결함을 다른 대상에게 책임 전가시키는 것이다.

동일시(Identification) 실필 2201/1803

- 방어적 기제(Defence mechanism)의 대표적인 종류이다.
- 다른 사람의 행동 양식이나 태도를 자기에게 투입하거나 그와 반대로 다른 사람 가운데서 자기의 행동 양식이나 태도와 비슷한 것을 발견하는 것을 말한다.
- 사례 : "아버지의 성공을 자랑하며 자신의 목에 힘이 들어가 있다."

1103

03 Repetitive Learning (1회 2회 3회)

다음 중 재해원인 분석기법의 하나인 특성요인도의 작성방법으로 틀린 것은?

① 특성의 결정은 무엇에 대한 특성요인도를 작성할 것인가를 결정하고 기입한다.
② 등뼈는 원칙적으로 우측에서 좌측으로 향하여 가는 화살표를 기입한다.
③ 큰 뼈는 특성이 일어나는 요인이라고 생각되는 것을 크게 분류하여 기입한다.
④ 중 뼈는 특성이 일어나는 큰 뼈의 요인마다 다시 미세하게 원인을 결정하여 기입한다.

정답 | 01 ④ 02 ① 03 ②

해설

- 특성요인도에서 등뼈는 좌측에서 우측으로 향하는 굵은 화살표로 기입한다.

특성요인도(Characteristics diagram)

㉠ 개요
- 재해의 원인과 결과를 연계하여 상호 관계를 파악하기 위하여 도표화하는 분석방법이다.
- 재해 통계적 원인분석 시 특성과 요인관계를 도표로 하여 어골상(漁骨象)으로 세분화한 것이다.

㉡ 작성방법
- 특성의 결정은 무엇에 대한 특성요인도를 작성할 것인가를 결정하고 기입한다.
- 등뼈는 원칙적으로 좌측에서 우측으로 향하여 굵은 화살표를 기입하고 특성을 오른쪽에 작성한다.
- 큰 뼈는 특성이 일어나는 요인이라고 생각되는 것을 크게 분류하여 기입한다.
- 중 뼈는 특성이 일어나는 큰 뼈의 요인마다 다시 미세하게 원인을 결정하여 기입한다.

1103

04 ── Repetitive Learning (1회 2회 3회)

다음 중 학습을 자극(Stimulus)에 의한 반응(Response)으로 보는 이론에 해당하는 것은?

① 장설(Field Theory)
② 통찰설(Insight Theory)
③ 기호형태설(Sign-gestalt Theory)
④ 시행착오설(Trial and Error Theory)

해설

- 손다이크(Thorndike)의 시행착오설은 S-R 이론의 대표적인 종류 중 하나로 맹목적 시행을 반복하는 가운데 자극과 반응이 결합하여 행동하는 것을 말한다.

자극반응(S-R) 이론
- 학습을 자극(Stimulus)에 의한 반응(Response)으로 보는 이론이다.
- 종류에는 Pavlov의 조건반사설, Thorndike의 시행착오설, Skinner의 조작적 조건화설, Bandura의 관찰학습설, Guthrie의 접근적 조건화설 등이 있다.

0803

05 ── Repetitive Learning (1회 2회 3회)

다음 중 헤링(Hering)의 착시현상에 해당하는 것은?

① 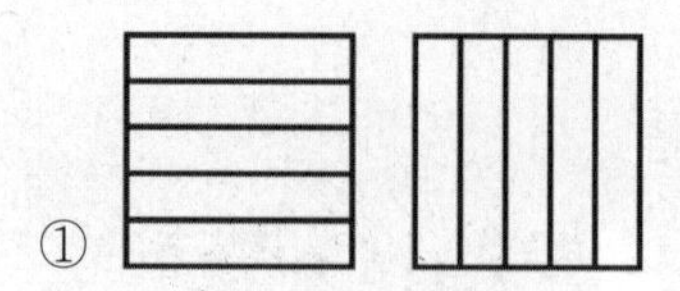

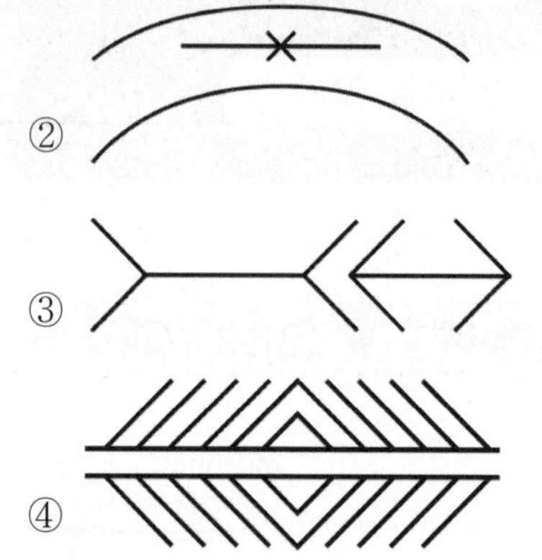

② ③ ④

해설

- ①은 헬호츠(Helmhotz)의 착시현상, ②는 퀠러(K hler)의 착시현상, ③은 뮬러-라이어의 착시현상이다.

헤링(Hering)의 착시현상
- 두 직선은 실제로는 평행이지만 주변에 있는 사선의 영향 때문에 바깥쪽으로 휘어져 있는 것처럼 보이는 착시를 말한다.

06 ── Repetitive Learning (1회 2회 3회)

데이비스(K.Davis)의 동기부여 이론에 관한 등식에서 그 관계가 틀린 것은?

① 지식 × 기능 = 능력
② 상황 × 능력 = 동기유발
③ 능력 × 동기유발 = 인간의 성과
④ 인간의 성과 × 물질의 성과 = 경영의 성과

해설

- 동기유발은 상황×태도이어야 한다.

데이비스(K. Davis)의 동기부여이론 실필 1302
- 인간의 성과(Human performance) = 능력(Ability) × 동기유발(Motivation)
- 능력(Ability) = 지식(Knowledge) × 기능(Skill)
- 동기유발(Motivation) = 상황(Situation) × 태도(Attitude)
- 경영의 성과 = 인간의 성과 × 물질의 성과

04 ④ 05 ④ 06 ② 정답

1803

07

산업안전보건법령에 따른 특정 행위의 지시 및 사실의 고지에 사용되는 안전·보건표지의 색도기준으로 옳은 것은?

① 2.5G 4/10
② 2.5PB 4/10
③ 5Y 8.5/12
④ 7.5R 4/14

해설

- 특정 행위의 지시 및 사실의 고지는 지시문서로 파란색 바탕에 흰색으로 표시한다.

산업안전보건표지 실필 1602/1003

- 금지표지, 경고표지, 지시표지, 안내표지, 관계자 외 출입금지로 구분된다.
- 안전표지는 기본모형(모양), 색깔(바탕 및 기본모형), 내용(의미)으로 구성된다.
- 안전·보건표지의 색채, 색도기준 및 용도

바탕	기본모형 색채	색도	용도	사용례
흰색	빨간색	7.5R 4/14	금지	정지, 소화설비, 유해행위 금지
무색			경고	화학물질 취급장소에서의 유해 및 위험경고
노란색	검은색	5Y 8.5/12	경고	화학물질 취급장소에서의 유해·위험경고 이외의 위험경고, 주의표지 또는 기계방호물
파란색	흰색	2.5PB 4/10	지시	특정 행위의 지시 및 사실의 고지
흰색	녹색	2.5G 4/10	안내	비상구 및 피난소, 사람 또는 차량의 통행표지

- 흰색(N9.5)은 파랑 또는 녹색의 보조색이다.
- 검정색(N0.5)은 문자 및 빨간색, 노란색의 보조색이다.

1303

08

도수율이 24.5이고, 강도율이 1.15인 사업장이 있다. 이 사업장에서 한 근로자가 입사하여 퇴직할 때까지 며칠간의 근로손실일수가 발생하겠는가?

① 2.45일
② 115일
③ 215일
④ 245일

해설

- 근로자의 근속연수 등이 주어지지 않으므로 평생 근로손실일수는 강도율×100과 같다. 1.15×100=115일이 된다.

강도율(SR : Severity Rate of injury) 실필 2401/2101/2004/1902/1901/1702/1701/1403/1303/1203/1201/1102/1003/1001/0903/0902/0802

- 재해로 인한 근로손실의 강도를 나타낸 값으로 연간 총근로시간에서 1,000시간당 근로손실일수를 의미한다.
- 강도율 $= \dfrac{\text{근로손실일수}}{\text{연간 총근로시간}} \times 1{,}000$으로 구한다.
- 근로자의 근속연수 등이 주어지지 않을 때 평생 근로손실일수는 한 개인이 평생 동안 근로한 시간을 100,000시간으로 볼 때의 근로손실일수이므로 강도율에 100을 곱하여 구한다.

0702 / 1302

09

다음의 교육내용과 관련 있는 교육은?

- 작업동작 및 표준작업방법의 습관화
- 공구·보호구 등의 관리 및 취급태도의 확립
- 작업 전후의 점검, 검사요령의 정확화 및 습관화

① 지식교육
② 기능교육
③ 태도교육
④ 문제해결교육

해설

- 안전보건교육은 지식교육 - 기능교육 - 태도교육 순으로 진행된다.
- 지식교육은 근로자가 지켜야 할 규정의 숙지를 위한 교육이다.
- 기능교육은 작업능력 및 기술능력을 부여하는 교육으로 작업동작을 표준화시킨다.

안전태도교육(안전교육의 제3단계)

㉠ 개요

- 생활지도, 작업동작지도 등을 통한 안전의 습관화를 위한 교육이다.
- 안전한 작업방법을 알고는 있으나 시행하지 않는 사람에게 직장규율, 안전규율 등을 몸에 익히게 하는 교육이다.
- 안전작업에 대한 몸가짐에 관하여 교육하며 면접이 태도교육에 가장 적합한 교육방법이다.
- 보호구 취급과 관리자세의 확립, 안전에 대한 가치관을 형성하는 교육이다.

㉡ 태도교육 4단계

- 청취한다(Hearing).
- 이해 및 납득시킨다(Understand).
- 모범을 보인다(Example).
- 평가하고 권장한다(Evaluation).

정답 | 07 ② 08 ② 09 ③

1102

10

Repetitive Learning 1회 2회 3회

안전인증 대상 보호구인 방독마스크에서 유기화합물용 정화통 외부 측면의 표시 색으로 옳은 것은?

① 갈색 ② 녹색
③ 회색 ④ 노란색

해설

- 녹색은 암모니아용, 회색은 할로겐가스, 시안화수소 및 황화수소용, 노란색은 아황산가스용이다.

방독마스크의 종류와 특징 실필 1703 실작 1601/1503/1502/1103/0801

표기	종류	색상	정화통흡수제	시험가스
C	유기화합물용	갈색	활성탄	시클로헥산, 디메틸에테르, 이소부탄
A	할로겐가스용	회색	소다라임, 활성탄	염소가스, 증기
K	황화수소용	회색	금속염류, 알칼리	황화수소
J	시안화수소용	회색	산화금속, 알칼리	시안화수소
I	아황산가스용	노란색	산화금속, 알칼리	아황산가스
H	암모니아용	녹색	큐프라마이트	암모니아
E	일산화탄소용	적색	호프카라이트, 방습제	일산화탄소

0503

11

Repetitive Learning 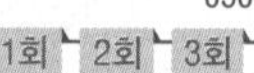

TWI(Training Within Industry)의 교육내용 중 인간관계 관리방법 즉, 부하 통솔 기법을 주로 다루는 것은?

① JIT(Job Instruction Training)
② JMT(Job Method Training)
③ JRT(Job Relation Training)
④ JST(Job Safety Training)

해설

- JIT는 작업지도기법으로 부하직원을 가르치는 기술과 관련된다.
- JMT는 작업개선기법으로 작업개선방법과 관련된다.
- JST는 안전작업방법으로 안전한 작업을 위한 훈련과 관련된다.

TWI(Training Within Industry for supervisor)

㉠ 개요
- 일선 관리감독자를 대상으로 인간관계를 개선하고 생산성을 향상시키기 위하여 고안된 훈련방법을 말한다.
- 교육내용에는 작업지도기법(JI : Job Instruction), 작업개선기법(JM : Job Methods), 인간관계기법(JR : Job Relations), 안전작업방법(JS : Job Safety) 등이 있다.

㉡ 주요 교육내용
- JRT(Job Relation Training)는 인간관계 관리기법으로 부하통솔기법과 관련된다.
- JIT(Job Instruction Training)는 작업지도기법으로 직장 내 부하 직원에 대하여 가르치는 기술과 관련된다.

12

Repetitive Learning 1회 2회 3회

산업안전보건법령상 협의체 구성 및 운영에 관한 사항으로 ( )에 알맞은 내용은?

> 도급인은 관계수급인 근로자가 도급인의 사업장에서 작업을 하는 경우 도급인과 수급인을 구성원으로 하는 안전 및 보건에 관한 협의체를 구성 및 운영하여야 한다. 이 협의체는 (   ) 정기적으로 회의를 개최하고 그 결과를 기록·보존해야 한다.

① 매월 1회 이상 ② 2개월마다 1회
③ 3개월마다 1회 ④ 6개월마다 1회

해설

- 도급사업 시의 협의체는 매월 1회 이상 정기적으로 회의를 개최하여야 한다.

도급사업 시의 협의체 구성 및 운영
- 협의체는 도급인인 사업주 및 그의 수급인인 사업주 전원으로 구성하여야 한다.
- 협의내용은 작업의 시작 시간, 작업 또는 작업장 간의 연락 방법, 재해발생 위험 시의 대피 방법, 작업장에서의 위험성 평가의 실시에 관한 사항, 사업주와 수급인 또는 수급인 상호 간의 연락 방법 및 작업공정의 조정 등이다.
- 협의체는 매월 1회 이상 정기적으로 회의를 개최하고 그 결과를 기록·보존하여야 한다.

1302

13

Repetitive Learning 1회 2회 3회

다음 중 안전보건관리규정에 반드시 포함되어야 할 사항으로 볼 수 없는 것은?

① 작업장 안전 및 보건관리
② 재해코스트 분석방법
③ 사고조사 및 대책수립
④ 안전·보건관리조직과 그 직무

10 ① 11 ③ 12 ① 13 ② 정답

해설

- 재해코스트 분석방법은 안전보건관리규정에 포함될 사항이 아니다.

안전보건관리규정

㉠ 개요

- 사업주는 사업장의 안전·보건을 유지하기 위하여 안전보건관리규정을 작성하여 각 사업장에 게시하거나 갖춰 두고, 이를 근로자에게 알려야 한다.

㉡ 내용 실필 2402/2401/2302/2203/2202/2001/1702/1002

- 안전·보건관리조직과 그 직무에 관한 사항
- 안전·보건교육에 관한 사항
- 작업장 안전관리에 관한 사항
- 작업장 보건관리에 관한 사항
- 사고조사 및 대책수립에 관한 사항
- 그 밖에 안전·보건에 관한 사항

14 Repetitive Learning 1회 2회 3회

재해조사에 관한 설명으로 틀린 것은?

① 조사목적에 무관한 조사는 피한다.
② 조사는 현장을 정리한 후에 실시한다.
③ 목격자나 현장 책임자의 진술을 듣는다.
④ 조사자는 객관적이고 공정한 입장을 취해야 한다.

해설

- 재해조사는 가급적 재해 현장이 변형되지 않은 상태에서 실시한다.

재해조사와 재해사례연구 실필 1903

㉠ 개요

- 재해조사는 재해조사 → 원인분석 → 대책수립 → 실시계획 → 실시 → 평가의 순을 따른다.
- 재해사례의 연구는 재해 상황 파악 → 사실 확인 → 직접원인과 문제점 확인 → 근본 문제점 결정 → 대책수립의 단계를 따른다.

㉡ 재해조사 시 유의사항

- 피해자에 대한 구급조치를 최우선으로 한다.
- 가급적 재해 현장이 변형되지 않은 상태에서 실시한다.
- 사실 이외의 추측되는 말은 참고용으로만 활용한다.
- 사람, 기계설비 양면의 재해요인을 모두 도출한다.
- 과거 사고 발생 경향 등을 참고하여 조사한다.
- 객관적 입장에서 재해방지에 우선을 두고 조사하며, 조사는 2인 이상이 한다.

1002 / 1402 / 1801

15 Repetitive Learning 1회 2회 3회

산업안전보건법령상 안전·보건표지에 있어 경고표지의 종류 중 기본모형이 다른 것은?

① 매달린물체경고
② 폭발성물질경고
③ 고압전기경고
④ 방사성물질경고

해설

- 폭발성물질경고는 화학물질 취급장소에서의 유해 및 위험경고표지이고, 나머지는 화학물질 취급장소에서의 유해·위험경고 이외의 위험경고, 주의표지 또는 기계방호물의 경고표지이다.

경고표지 실필 2401/2202/2102/1802/1702/1502/1303/1101/1002/1001

- 유해·위험경고, 주의표지 또는 기계방호물을 표시할 때 사용된다.
- 경고표지는 화학물질 취급장소에서의 유해 및 위험경고와 화학물질 취급장소에서의 유해·위험경고 이외의 위험경고, 주의표지 또는 기계방호물로 구분된다.
- 화학물질 취급장소에서의 유해 및 위험경고표지는 무색 바탕에 빨간색(7.5R 4/14) 혹은 검은색(N0.5) 기본모형으로 표시하며, 인화성물질경고, 부식성물질경고, 급성독성물질경고, 산화성물질경고, 폭발성물질경고 등이 있다.

인화성 물질경고	부식성 물질경고	급성독성 물질경고	산화성 물질경고	폭발성 물질경고

- 화학물질 취급장소에서의 유해·위험경고 이외의 위험경고, 주의표지 또는 기계방호물의 경고표지는 노란색(5Y 8.5/12) 바탕에 검은색(N0.5) 기본모형으로 표시하며, 방사성물질경고, 고압전기경고, 매달린물체경고, 낙하물경고, 고온/저온경고, 위험장소경고, 몸균형상실경고, 레이저광선경고 등이 있다.

방사성물질 경고	고압전기 경고	매달린물체 경고	낙하물경고
고온/저온 경고	위험장소 경고	몸균형상실 경고	레이저광선 경고

정답 | 14 ② 15 ②

1101 / 1302 / 1601

16

다음 중 무재해 운동 추진의 3요소에 관한 설명과 가장 거리가 먼 것은?

① 모든 재해는 잠재요인을 사전에 발견·파악·해결함으로써 근원적으로 산업재해를 없애야 한다.

② 안전보건은 최고경영자의 무재해 및 무질병에 대한 확고한 경영자세로 시작된다.

③ 안전보건을 추진하는 데에는 관리감독자들의 생산 활동 속에 안전보건을 실천하는 것이 중요하다.

④ 안전보건은 각자 자신의 문제이며, 동시에 동료의 문제로서 직장의 팀 멤버와 협동 노력하여 자주적으로 추진하는 것이 필요하다.

해설

- 무재해 운동 추진을 위한 3요소에는 경영자의 자세, 안전활동의 라인화, 자주활동의 활성화가 있다.

무재해 운동의 추진을 위한 3요소

이념	최고경영자의 안전경영자세
실천	안전활동의 라인(Line)화
기법	직장 자주안전활동의 활성화

1301

17 Repetitive Learning (1회 2회 3회)

다음 중 산업안전보건법상 사업 내 안전보건·교육에 있어 관리감독자의 정기안전·보건교육 내용에 해당하지 않는 것은?(단, 산업안전보건법 및 일반관리에 관한 사항은 제외한다)

① 정리정돈 및 청소에 관한 사항

② 산업보건 및 직업병 예방에 관한 사항

③ 유해·위험 작업환경 관리에 관한 사항

④ 표준 안전작업방법 및 지도 요령에 관한 사항

해설

- 정리정돈 및 청소에 관한 사항은 채용 시의 교육 및 작업내용 변경 시의 근로자 교육 내용에 해당한다.

관리감독자 정기안전·보건교육 내용 실필 1801/1603/1001/0902

- 작업공정의 유해·위험과 재해 예방대책에 관한 사항
- 표준 안전작업방법 및 지도 요령에 관한 사항
- 관리감독자의 역할과 임무에 관한 사항
- 산업보건 및 직업병 예방에 관한 사항
- 유해·위험 작업환경 관리에 관한 사항
- 산업안전보건법 및 일반관리에 관한 사항
- 직무스트레스 예방 및 관리에 관한 사항
- 산재보상보험제도에 관한 사항
- 안전보건교육 능력 배양에 관한 사항

0701

18 Repetitive Learning (1회 2회 3회)

하인리히의 사고방지 기본원리 5단계 중 시정 방법의 선정 단계에 있어서 필요한 조치가 아닌 것은?

① 기술교육 및 훈련의 개선

② 안전행정의 개선

③ 안전점검 및 사고조사

④ 인사조정 및 감독체제의 강화

해설

- 안전점검 및 사고조사는 2단계 사실의 발견단계에서 이뤄지는 조치이다.

하인리히의 사고예방 기본원리 5단계 실필 1501

단계	단계별 과정	필요 조치
1단계	안전관리조직과 규정	• 책임과 권한의 부여
2단계	사실의 발견으로 현상파악	• 자료수집 • 작업분석과 위험확인 • 안전점검·검사 및 조사 실시
3단계	분석을 통한 원인규명	• 인적·물적·환경조건의 분석 • 교육 훈련 및 배치 사항 파악 • 사고기록 및 관계자료 대조확인
4단계	시정방법의 선정	• 기술적인 개선 • 작업배치의 조정 • 교육훈련의 개선
5단계	시정책의 적용	• 기술(Engineering)적 대책 • 교육(Education)적 대책 • 관리(Enforcement)적 대책

16 ① 17 ① 18 ③ 정답

1701

19 — Repetitive Learning (1회 2회 3회)

산업안전보건법령상 프레스를 사용하여 작업을 할 때 작업 시작 전 점검사항으로 틀린 것은?

① 클러치 및 브레이크의 기능
② 금형 및 고정볼트 상태
③ 방호장치의 기능
④ 언로드밸브의 기능

해설

- 언로드밸브의 기능 체크는 공기압축기를 가동할 때 작업 시작 전 점검사항이다.

프레스 등을 사용하여 작업할 때 작업 시작 전 점검사항
실작 2402/2301/2102/2002

- 클러치 및 브레이크의 기능
- 프레스의 금형 및 고정볼트 상태
- 1행정 1정지기구 · 급정지장치 및 비상정지 장치의 기능
- 크랭크축 · 플라이휠 · 슬라이드 · 연결봉 및 연결 나사의 풀림여부
- 슬라이드 또는 칼날에 의한 위험방지 기구의 기능
- 방호장치의 기능
- 전단기의 칼날 및 테이블의 상태

1302 / 1603

20 — Repetitive Learning (1회 2회 3회)

헤드십의 특성이 아닌 것은?

① 지휘형태는 권위주의적이다.
② 권한행사는 임명된 헤드이다.
③ 구성원과의 사회적 간격은 넓다.
④ 상관과 부하와의 관계는 개인적인 영향이다.

해설

- 헤드십은 임명된 지도자가 행하는 권한행사로 상사와 부하의 관계는 지배적이고 간격이 넓다.

헤드십(Head-ship)

㉠ 개요
- 리더와 같이 선출된 지도자가 아니라 조직에 의해 임명된 지도자가 행하는 권한행사를 말한다.

㉡ 특징
- 권한의 근거는 공식적인 법과 규정에 의한다.
- 상사와 부하의 관계는 지배적이고 사회적 간격이 넓다.
- 지휘의 형태는 권위적이다.
- 책임은 부하에 있지 않고 상사에게 있다.

2과목 인간공학 및 위험성 평가 · 관리

0703 / 1601

21 — Repetitive Learning (1회 2회 3회)

다음 중 욕조곡선에서의 고장형태에서 일정한 형태의 고장률이 나타나는 구간은?

① 초기고장 구간　② 마모고장 구간
③ 피로고장 구간　④ 우발고장 구간

해설

- 수명곡선에서 감소형은 초기고장, 증가형은 마모고장, 유지형은 우발고장에 해당한다.

우발고장

- 시스템의 수명곡선(욕조곡선)에서 일정형(Constant failure rate)에 해당한다.
- 사용조건상의 고장을 말하며 고장률이 가장 낮으며 설계강도 이상의 급격한 스트레스가 축적됨으로써 발생되는 예측하지 못한 고장을 말한다.
- 우발적으로 일어나므로 시운전이나 점검작업을 통해 방지가 불가능하다.

0903

22 — Repetitive Learning (1회 2회 3회)

작업장 내의 설비 3대에서는 각각 80dB과 86dB 및 78dB의 소음을 발생시키고 있다. 이 작업장의 전체 소음은 약 몇 dB인가?

① 81.3　② 85.5
③ 87.5　④ 90.3

해설

- $80dB = 10\log 10^8$, $86dB = 10\log 10^{8.6}$, $78dB = 10\log 10^{7.8}$에 해당하는 소음이다.
- 합성소음은 $10\log 10^8 \times 10\log 10^{8.6} \times 10\log 10^{7.8}$ $= 10\log[10^8 + 10^{8.6} + 10^{7.8}]$이므로 87.49dB이다.

합성소음

- 동일한 공간 내에서 2개 이상의 소음원에 대한 소음이 발생되고 있을 때 전체 소음의 크기를 말한다.
- 합성소음[dB(A)] = $10\log(10^{\frac{SPL_1}{10}+\cdots+\frac{SPL_i}{10}})$ 으로 구한다.
- $SPL_1, \cdots, SPL_i$는 개별 소음도를 의미한다.

정답 | 19 ④　20 ④　21 ④　22 ③

23

Repetitive Learning 1회 2회 3회

일반적으로 은행의 접수대 높이나 공원의 벤치를 설계할 때 가장 적합한 인체 측정 자료의 응용원칙은?

① 조절식 설계
② 평균치를 이용한 설계
③ 최대치수를 이용한 설계
④ 최소치수를 이용한 설계

해설

• 다양한 사람들이 이용하는 시설의 경우 평균치를 이용한 설계를 하는 것이 가장 적합하다.

인체측정자료의 응용원칙

구분	예
최소치수를 이용한 설계	선반의 높이, 조종 장치까지의 거리, 비상벨의 위치 등
최대치수를 이용한 설계	출입문의 높이, 좌석 간의 거리, 통로의 폭, 와이어로프의 사용중량, 위험구역 울타리 등
조절식 설계	의자의 위치 및 높이, 자동차 운전석 의자의 위치와 높이 등
평균치를 이용한 설계	전동차의 손잡이 높이, 안내데스크, 은행의 접수대 높이, 공원의 벤치 높이

24

Repetitive Learning 1회 2회 3회

위험분석기법 중 고장이 시스템의 손실과 인명의 사상에 연결되는 높은 위험도를 가진 요소나 고장의 형태에 따른 분석법은?

① CA
② ETA
③ FHA
④ FTA

해설

• 사건수분석(ETA)은 설비의 설계 단계에서부터 사용 단계까지의 각 단계에서 위험을 분석하는 귀납적, 정량적 분석 방법이다.
• 결함위험분석(FHA)은 시스템 정의에서부터 시스템 개발단계를 지나 시스템 생산단계 진입 전까지 적용되는 것으로 전체 시스템을 여러 개의 서브시스템으로 나누어 특정 서브시스템이 다른 서브시스템이나 전체 시스템에 미치는 영향을 분석하는 방법이다.
• 결함수분석법(FTA)은 연역적 방법으로 재해의 원인을 규명하며, 재해의 정량적 예측이 가능한 분석방법이다.

위험도분석(CA, Criticality Analysis)

㉠ 개요
• 항공기의 안정성 평가에 널리 사용되는 기법이다.
• 각 중요 부품의 고장률, 운용형태, 보정계수, 사용시간비율 등을 고려하여 정량적, 귀납적으로 부품의 위험도를 평가하는 분석기법이다.
• 위험분석기법 중 높은 고장 등급을 갖고 고장모드가 기기 전체의 고장에 어느 정도 영향을 주는가를 정량적으로 평가하는 해석 기법이다.

㉡ 치명도 분류
• Category 1 : 생명 또는 가옥의 상실
• Category 2 : 사명 수행의 실패
• Category 3 : 활동의 지연
• Category 4 : 영향 없음

1501

25

Repetitive Learning 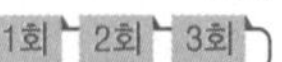

다음 중 일반적인 화학설비에 대한 안전성 평가(Safety assessment) 절차에 있어 안전대책 단계에 해당되지 않는 것은?

① 보전
② 설비대책
③ 위험도 평가
④ 관리적 대책

해설

• 위험도 평가는 3단계 정량적 평가에서 이뤄진다.

안전성 평가 6단계 실필 1703/1303

단계	내용
1단계	관계 자료의 작성 준비
2단계	• 정성적 평가 • 설계(공장의 입지조건, 공장 내 배치)와 운전관계에 대한 평가
3단계	• 정량적 평가 • 취급물질, 용량, 온도, 압력 및 조작을 통한 위험도 평가
4단계	• 안전대책 수립 • 설비대책과 관리적 대책
5단계	재해정보에 의한 재평가
6단계	FTA에 의한 재평가

23 ② 24 ① 25 ③ 정답

1503 / 1902

26

Repetitive Learning 1회 2회 3회

다음 중 음량수준을 평가하는 척도와 관계없는 것은?

① HSI
② phon
③ dB
④ sone

해설

• HSI는 열 압박 지수(Heat Stress Index)로 열평형을 유지하기 위해 증발해야 하는 땀의 양이며, 음량수준과는 거리가 멀다.

음량수준

• 음의 크기를 나타내는 단위에는 dB(PNdB, PLdB), phon, sone 등이 있다.
• 음량수준을 측정하는 척도에는 phon 및 sone에 의한 음량수준과 인식소음수준 등을 들 수 있다.
• 음의 세기는 진폭의 크기에 비례한다.
• 음의 높이는 주파수에 비례한다(주파수는 주기와 반비례한다).
• 인식소음수준은 소음의 측정에 이용되는 척도로 PNdB와 PLdB로 구분된다.

27

Repetitive Learning 1회 2회 3회

실효온도(effective temperature)에 영향을 주는 요인이 아닌 것은?

① 온도
② 습도
③ 복사열
④ 공기 유동

해설

• 실효온도는 온도, 습도, 기류 등이 인체에 미치는 열효과를 하나의 수치로 통합한 경험적 감각지수이다.

실효온도(ET : Effective Temperature) 실필 1201

• 공조되고 있는 실내 환경을 평가하는 척도로 감각온도, 유효온도라고도 한다.
• 상대습도 100%, 풍속 0m/sec일 때에 느껴지는 온도감각을 말한다.
• 온도, 습도, 기류 등이 인체에 미치는 열효과를 하나의 수치로 통합한 경험적 감각지수이다.
• 실효온도의 종류에는 Oxford 지수, Botsball 지수, 습구 글로브 온도 등이 있다.

28

Repetitive Learning 1회 2회 3회

FT도에서 시스템의 신뢰도는 얼마인가?(단, 모든 부품의 고장발생확률은 0.1이다.)

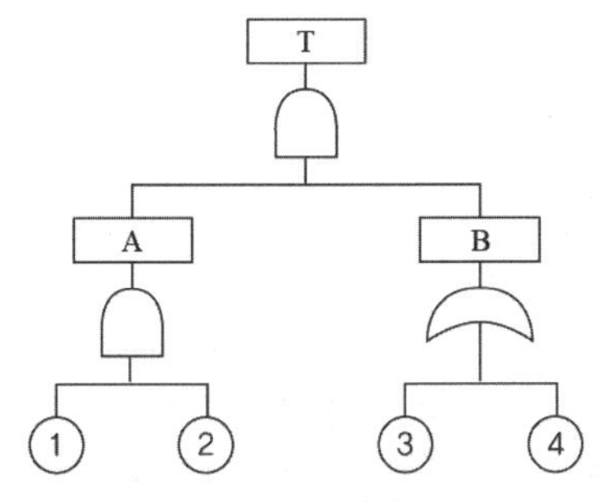

① 0.0033
② 0.0062
③ 0.9981
④ 0.9936

해설

• 고장발생확률이 주어지고 신뢰도를 묻는 문제이므로 AND는 OR로, OR는 AND로 바꿔서 풀어주어야 한다.
• ①②의 OR결합으로 1−(1−0.9)(1−0.9) = 0.99이고, ③④는 AND 결합으로 0.9×0.9 = 0.81이다.
• T는 1−(1−0.81)(1−0.99) = 1−0.19×0.01 = 0.9981이다.

시스템의 신뢰도 실필 0901

㉠ AND(직렬)연결 시
• 부품 a, 부품 b 신뢰도를 각각 R_a, R_b라 할 때 시스템의 신뢰도(R_s)는 $R_s = R_a \times R_b$로 구할 수 있다.

㉡ OR(병렬)연결 시
• 부품 a, 부품 b 신뢰도를 각각 R_a, R_b라 할 때 시스템의 신뢰도(R_s)는 $R_s = 1-(1-R_a)\times(1-R_b)$로 구할 수 있다.

29

Repetitive Learning 1회 2회 3회

인간공학 연구방법 중 실제의 제품이나 시스템이 추구하는 특성 및 수준이 달성되는지를 비교하고 분석하는 연구는?

① 조사연구
② 실험연구
③ 분석연구
④ 평가연구

해설

• 인간공학의 연구방법에는 조사연구, 실험연구, 평가연구가 있으며, 그중 제품이나 시스템에 대해서 연구하는 것은 평가연구이다.

인간공학 연구방법

조사연구	집단의 속성에 관한 특성을 연구
실험연구	어떤 변수가 행동에 미치는 영향을 연구
평가연구	시스템이나 제품의 영향평가를 연구

정답 | 26 ① 27 ③ 28 ③ 29 ④

0303 / 0801 / 1303 / 1401

30 Repetitive Learning 1회 2회 3회

어떤 설비의 시간당 고장률이 일정하다고 하면 이 설비의 고장간격은 다음 중 어떠한 확률분포를 따르는가?

① t분포
② 와이블분포
③ 지수분포
④ 아이링(Eyring)분포

해설

- t분포는 정규분포의 평균을 측정할 때 사용하는 분포이다.
- 와이블분포는 산업현장에서 부품의 수명을 추정하는 데 사용되는 연속확률분포의 한 종류이다.
- 아이링(Eyring)분포는 가속수명시험에서 수명과 스트레스의 관계를 구할 때 사용하는 모형을 말한다.

:: 지수 분포

- 사건이 서로 독립적일 때, 일정 시간 동안 발생하는 사건의 횟수가 푸아송분포를 따를 때 사용하는 연속확률분포의 한 종류이다.
- 어떤 설비의 시간당 고장률이 일정할 때 이 설비의 고장간격을 측정하는 데 적합하다.

1403 / 1702

31 Repetitive Learning 1회 2회 3회

FTA에서 사용하는 다음 사상기호에 대한 설명으로 옳은 것은?

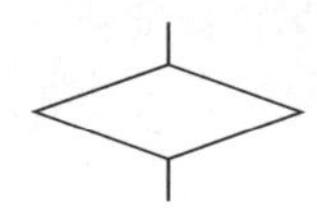

① 시스템 분석에서 좀 더 발전시켜야 하는 사상
② 시스템의 정상적인 가동상태에서 일어날 것이 기대되는 사상
③ 불충분한 자료로 결론을 내릴 수 없어 더 이상 전개할 수 없는 사상
④ 주어진 시스템의 기본사상으로 고장원인이 분석되었기 때문에 더 이상 분석할 필요가 없는 사상

해설

- ②는 정상사상, ④는 기본사상에 대한 설명이다.

:: 생략사상(Undeveloped event)

- 불충분한 자료로 결론을 내릴 수 없어 더 이상 전개할 수 없는 사상을 말한다.
- 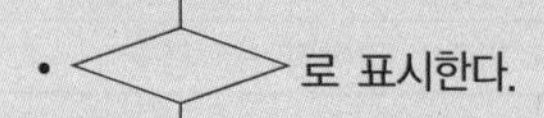로 표시한다.

0801 / 1002

32 Repetitive Learning 1회 2회 3회

다음 중 동작경제의 원칙과 가장 거리가 먼 것은?

① 두 팔의 동작은 동시에 같은 방향으로 움직일 것
② 두 손의 동작은 같이 시작하고 같이 끝나도록 할 것
③ 급작스런 방향의 전환은 피하도록 할 것
④ 가능한 한 관성을 이용하여 작업하도록 할 것

해설

- 두 팔의 동작은 동시에 서로 반대 방향으로 대칭적으로 움직이도록 한다.

:: 동작경제의 원칙

㉠ 개요
- 작업자가 경제적인 동작을 통해 피로도를 감소시키면서도 능률을 향상시키게 하기 위한 원칙이다.
- 신체 사용의 원칙, 작업장 배치의 원칙, 공구 및 설비 디자인의 원칙으로 분류된다.
- 동작을 가급적 조합하여 하나의 동작으로 한다.
- 동작의 수는 줄이고, 동작의 속도는 적당히 한다.

㉡ 신체 사용의 원칙
- 두 손의 동작은 동시에 시작해서 동시에 끝나야 한다.
- 휴식시간을 제외하고는 양손을 같이 쉬게 해서는 안 된다.
- 손의 동작은 유연하고 연속적인 동작이어야 한다.
- 동작이 급작스럽게 크게 바뀌는 직선 동작은 피해야 한다.
- 두 팔의 동작은 동시에 서로 반대방향으로 대칭적으로 움직이도록 한다.

㉢ 작업장 배치의 원칙
- 공구나 재료는 작업동작이 원활하게 수행하도록 그 위치를 정해준다.
- 공구, 재료 및 제어장치는 사용하기 가까운 곳에 배치해야 한다.

㉣ 공구 및 설비 디자인의 원칙
- 치구나 족답장치를 이용하여 양손이 다른 일을 할 수 있도록 한다.
- 공구의 기능을 결합하여 사용하도록 한다.

33 Repetitive Learning 1회 2회 3회

시스템 수명주기에 있어서 예비위험분석(PHA)이 이루어지는 단계에 해당하는 것은?

① 구상단계 ② 점검단계
③ 운전단계 ④ 생산단계

30 ③ 31 ③ 32 ① 33 ① 정답

해설

- 시스템의 수명주기는 구상 → 정의 → 개발 → 생산 → 운전 → 폐기단계를 거친다.
- PHA가 적용되는 것은 가장 첫 번째 단계인 구상단계이다.

시스템 수명주기 6단계

단계	내용
1단계 구상(Concept)	예비위험분석(PHA)이 적용되는 단계
2단계 정의(Definition)	시스템 안전성 위험분석(SSHA) 및 생산물의 적합성을 검토하고 예비설계와 생산기술을 확인하는 단계
3단계 개발(Development)	FMEA, HAZOP 등이 실시되는 단계로 설계의 수용가능성을 위해 완벽한 검토가 이뤄지는 단계
4단계 생산(Production)	안전관리자에 의해 안전교육 등 전체 교육이 실시되는 단계
5단계 운전(Deployment)	사고조사 참여, 기술변경의 개발, 고객에 의한 최종 성능검사, 시스템 안전 프로그램에 대하여 안전점검 기준에 따라 평가하는 단계
6단계 폐기	

1402

34 Repetitive Learning (1회 2회 3회)

다음 중 정보를 전송하기 위해 청각적 표시장치보다 시각적 표시장치를 사용하는 것이 더 효과적인 경우는?

① 정보의 내용이 간단한 경우
② 정보가 후에 재참조되는 경우
③ 정보가 즉각적인 행동을 요구하는 경우
④ 정보의 내용이 시간적인 사건을 다루는 경우

해설

- 정보가 후에 재참조되는 경우는 기록으로 남겨져 있는 경우가 좋으므로 시각적 표시장치가 효과적이다.

시각적 표시장치와 청각적 표시장치의 비교

구분	내용
시각적 표시장치	• 수신 장소의 소음이 심한 경우 • 정보가 공간적인 위치를 다룬 경우 • 정보의 내용이 복잡하고 긴 경우 • 직무상 수신자가 한 곳에 머무르는 경우 • 메시지를 추후 참고할 필요가 있는 경우 • 정보의 내용이 즉각적인 행동을 요구하지 않는 경우
청각적 표시장치	• 수신 장소가 너무 밝거나 암순응이 요구될 때 • 정보의 내용이 시간적인 사건을 다루는 경우 • 정보의 내용이 간단한 경우 • 직무상 수신자가 자주 움직이는 경우 • 정보의 내용이 후에 재참조되지 않는 경우 • 메시지가 즉각적인 행동을 요구하는 경우

1603

35 Repetitive Learning (1회 2회 3회)

두 가지 상태 중 하나가 고장 또는 결함으로 나타나는 비정상적인 사건은?

① 톱사상
② 정상적인 사상
③ 결함사상
④ 기본적인 사상

해설

- 통상사상(External event)은 일반적으로 발생이 예상되는, 시스템의 정상적인 가동상태에서 일어날 것이 기대되는 사상을 말한다.
- 기본사상(Basic event)은 FT에서는 더 이상 원인을 전개할 수 없는 재해를 일으키는 개별적이고 기본적인 원인들로 기계적 고장, 작업자의 실수 등을 말한다.

결함사상(Intermediate event)

기호	설명
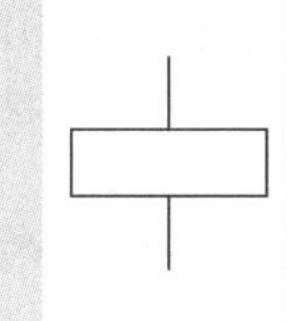	• 중간사상(Intermediate event)이라고도 하며, 두 가지 상태 중 하나가 고장 또는 결함으로 나타나는 비정상적인 사건을 나타낸다. • 한 개 이상의 입력사상에 의해 발생된 고장사상으로 고장에 대한 설명을 기술한다. • FT도를 작성할 때 최하단에 사용되지 않는다.

1003

36 Repetitive Learning (1회 2회 3회)

다음 중 설비의 열화를 방지하고 그 진행을 지연시켜 수명을 연장하기 위한 설비의 점검, 청소, 주유 및 교체 등의 활동을 뜻하는 보전은?

① 예방보전 ② 일상보전
③ 개량보전 ④ 사후보전

해설

- 예방보전이란 설비가 고장나거나 그 성능저하가 발생되는 것을 방지하기 위해 미리 설비를 유지보수 관리하는 것을 뜻한다.
- 개량보전이란 설비의 신뢰성, 보전성, 경제성, 조작성, 안전성의 향상을 목적으로 설비의 재질 등을 개량하는 보전방법을 뜻한다.
- 사후 보전이란 예방보전이 아니라 설비의 고장이나 성능저하가 발생한 뒤 이를 수리하는 보전방법을 뜻한다.

일상보전

- 일상보전이란 설비의 열화를 방지하고 그 진행을 지연시켜 수명을 연장하기 위한 설비의 점검, 청소, 주유 및 교체 등의 활동을 뜻한다.
- 청소, 주유, 조임을 비롯한 각 설비의 사용조건을 준수하기 위한 일상적인 점검행위를 말한다.

정답 | 34 ② 35 ③ 36 ②

1301

37 Repetitive Learning (1회 2회 3회)

중량물 들기작업을 수행하는데, 5분간의 산소소비량을 측정한 결과, 90L의 배기량 중에 산소가 16%, 이산화탄소가 4%로 분석되었다. 해당 작업에 대한 분당 산소소비량은 얼마인가?(단, 공기 중 질소는 79vol%, 산소는 21vol%이다)

① 0.948 ② 1.948
③ 4.74 ④ 5.74

해설

- 먼저 분당 배기량을 구하면 $\frac{90}{5}=18$L이다.
- 분당 흡기량 = $\frac{18\times(100-16-4)}{79}=\frac{1440}{79}=18.228$[L/분]이고,
- 분당 산소소비량 = 18.228 × 21% − 18 × 16% = 3.828 − 2.88 = 0.948 [L/분]이 된다.

산소소비량의 계산

- 흡기량과 배기량이 주어질 경우 공기 중 산소가 21%, 배기가스의 산소가 16%라면 산소소비량 = 분당 흡기량 × 21% − 분당 배기량 × 16%이다.
- 흡기량이 주어지지 않을 경우 분당 흡기량은 질소의 양으로 구한다. 흡기량 = $\frac{\text{배기량}\times(100-CO_2\%-O_2\%)}{79}$가 된다.
- 에너지 값은 분당 산소소비량 × 5kcal로 구한다.

38 Repetitive Learning (1회 2회 3회)

감각저장으로부터 정보를 작업기억으로 전달하기 위한 코드화 분류에 해당되지 않는 것은?

① 시각코드
② 촉각코드
③ 음성코드
④ 의미코드

해설

- 작업기억의 정보는 시각, 음성, 의미코드로 저장된다.

인간의 기억 시스템

㉠ 개요
- 감각저장, 작업기억, 장기기억으로 구분된다.

㉡ 감각저장
- 인간의 기억체계 가운데 정보가 잠깐 지속되었다가 정보의 코드화 없이 원래상태로 되돌아가는 것을 말한다.
- 시각정보는 약 1초, 청각정보는 약 4초간 저장된다.

㉢ 작업기억
- 작업기억의 정보는 시각, 음성, 의미코드로 저장된다.
- 시각코드와 음성코드는 자극의 시각적 또는 청각적 표현이다.
- 의미코드는 자극 의미의 추상적 표현으로 장기기억을 위해 특히 중요하다.

㉣ 장기기억
- 장기간 기억을 유지하기 위해서는 의미적으로 코드화하여야 한다.

39 Repetitive Learning (1회 2회 3회)

인간-기계시스템 설계과정 중 직무분석을 하는 단계는?

① 제1단계 : 시스템의 목표와 성능명세 결정
② 제2단계 : 시스템의 정의
③ 제3단계 : 기본 설계
④ 제4단계 : 인터페이스 설계

해설

- 1단계는 시스템의 목적 및 존재 이유에 대한 개괄적 표현을 하는 단계이다.
- 2단계는 목표 달성을 위해 필요한 기능을 결정하는 단계이다.
- 4단계는 작업공간, 화면설계, 표시 및 조종 장치 등의 설계단계이다.

인간-기계 시스템의 설계 과정

단계	내용	설명
1단계	시스템의 목표와 성능 명세 결정	목적 및 존재 이유에 대한 개괄적 표현
2단계	시스템의 정의	목표 달성을 위한 필요한 기능의 결정
3단계	기본 설계	기능의 할당, 인간성능 요건 명세, 직무분석, 작업설계
4단계	인터페이스 설계	작업공간, 화면설계, 표시 및 조종 장치
5단계	보조물 설계 혹은 편의수단 설계	성능보조자료, 훈련도구 등 보조물 계획
6단계	평가	

0902 / 1901

40 Repetitive Learning (1회 2회 3회)

의도는 올바른 것이었지만, 행동이 의도한 것과는 다르게 나타나는 오류를 무엇이라 하는가?

① Slip ② Mistake
③ Lapse ④ Violation

37 ① 38 ② 39 ③ 40 ① 정답

해설

- Mistake는 착오로서 상황해석을 잘못하거나 목표를 잘못 이해하고 착각하여 행하는 인간의 실수를 말한다.
- Lapse는 건망증으로 일련의 과정에서 일부를 빠뜨리거나 기억의 실패에 의해 발생하는 오류이다.
- Violation은 위반을 말하는데 규칙을 알고 있음에도 의도적으로 따르지 않거나 무시한 경우에 발생하는 오류이다.

인간의 다양한 오류모형

착각(Illusion)	감각적으로 물리현상을 왜곡하는 지각오류
착오(Mistake)	상황해석을 잘못하거나 목표를 잘못 이해하고 착각하여 행하는 인간의 실수로 위치, 순서, 패턴, 형상, 기억오류 등 외부적 요인에 의해 나타나는 오류
실수(Slip)	의도는 올바른 것이었지만, 행동이 의도한 것과는 다르게 나타나는 오류
건망증(Lapse)	일련의 과정에서 일부를 빠뜨리거나 기억의 실패에 의해 발생하는 오류
위반(Violation)	정해진 규칙을 알고 있음에도 의도적으로 따르지 않거나 무시한 경우에 발생하는 오류

3과목 기계 · 기구 및 설비 안전관리

41 Repetitive Learning (1회 2회 3회)

산업안전보건법령상 보일러 수위가 이상현상으로 인해 위험수위로 변하면 작업자가 쉽게 감지할 수 있도록 경보등, 경보음을 발하고 자동적으로 급수 또는 단수되어 수위를 조절하는 방호장치는?

① 압력방출장치
② 고저수위 조절장치
③ 압력제한 스위치
④ 과부하방지장치

해설

- 압력방출장치(safety valve)는 밸브 입구 쪽의 압력이 설정 압력에 도달하면 자동적으로 빠르게 작동하여 유체가 분출되고 일정 압력 이하가 되면 정상 상태로 복원되는 방호장치로 안전밸브라고도 한다.
- 압력제한 스위치는 상용 운전 압력 이상으로 압력이 상승할 경우, 보일러의 과열을 방지하기 위하여 최고 사용 압력과 상용 압력 사이에서 보일러의 버너 연소를 차단하여 열원을 제거하여 정상압력으로 유도하는 보일러의 방호장치이다.
- 과부하방지장치는 양중기에 있어서 정격하중 이상의 하중이 부하되었을 경우 자동적으로 동작을 정지시켜 주는 방호장치를 말한다.

보일러의 안전장치 실필 1902/1901

- 보일러의 안전장치에는 전기적 인터록장치, 압력방출장치, 압력제한스위치, 고저수위조절장치, 화염검출기 등이 있다.

압력제한 스위치	보일러의 과열을 방지하기 위하여 보일러의 버너 연소를 차단하는 장치
압력방출장치	보일러의 최고사용압력 이하에서 작동하여 보일러 압력을 방출하는 장치
고저수위 조절장치	보일러의 방호장치 중 하나로 보일러 쉘 내의 관수의 수위가 최고한계 또는 최저한계에 도달했을 때 자동적으로 경보를 울리는 동시에 관수의 공급을 차단시켜 주는 장치

1802

42 Repetitive Learning (1회 2회 3회)

프레스 작업에서 제품 및 스크랩을 자동적으로 위험한계 밖으로 배출하기 위한 장치로 볼 수 없는 것은?

① 피더　② 키커
③ 이젝터　④ 공기분사장치

정답 | 41 ② 42 ①

해설

- 피더(Feeder)는 원재료의 공급장치 중 하나이다.

프레스 송급장치와 배출장치

㉠ 송급장치
- 프레스에 원재료 등을 공급할 때 사용되는 장치를 말한다.
- 언코일러(Uncoiler), 레벨러(Leveller), 피더(Feeder) 등이 있다.

㉡ 자동배출장치
- 프레스 작업 시 제품 및 스크랩을 자동적으로 꺼내기 위한 장치이다.
- 압축공기를 이용한 공기분사장치, 이젝터(Ejector), 키커 등이 있다.

0901 / 1801

43

로봇의 작동범위 내에서 그 로봇에 관하여 교시 등(로봇의 동력원을 차단하고 행하는 것을 제외한다)의 작업을 행하는 때 작업 시작 전 점검사항으로 옳은 것은?

① 과부하방지장치의 이상 유무
② 압력제한스위치 등의 기능의 이상 유무
③ 외부 전선의 피복 또는 외장의 손상 유무
④ 권과방지장치의 이상 유무

해설

- 산업용 로봇의 작업 시작 전 점검사항에는 외부 전선의 피복 또는 외장의 손상 유무, 매니퓰레이터(Manipulator) 작동의 이상 유무, 제동장치 및 비상정지장치의 기능 등이 있다.

산업용 로봇의 작업 시작 전 점검사항 실필 2203
- 외부 전선의 피복 또는 외장의 손상 유무
- 매니퓰레이터(Manipulator) 작동의 이상 유무
- 제동장치 및 비상정지장치의 기능

44

산업안전보건법령상 지게차 작업시작 전 점검사항으로 거리가 가장 먼 것은?

① 제동장치 및 조종장치 기능의 이상 유무
② 압력방출장치의 작동 이상 유무
③ 바퀴의 이상 유무
④ 전조등 · 후미등 · 방향지시기 및 경보장치 기능의 이상 유무

해설

- 압력방출장치는 보일러 등 압력을 다루는 장치의 방호장치로 지게차와 거리가 멀다.

지게차를 사용하여 작업을 할 때 작업 시작 전 점검사항
실필 1703/1702 실작 2402/2302/2202/2103/2001/1902/1803
- 제동장치 및 조종장치 기능의 이상 유무
- 하역장치 및 유압장치 기능의 이상 유무
- 바퀴의 이상 유무
- 전조등 · 후미등 · 방향지시기 및 경보장치 기능의 이상 유무

45

다음 중 가공재료의 칩이나 절삭유 등이 비산되어 나오는 위험으로부터 보호하기 위한 선반의 방호장치는?

① 바이트　　② 권과방지장치
③ 압력제한스위치　　④ 실드(shield)

해설

- 선반작업 시 사용하는 방호장치의 종류에는 칩 브레이커, 척 커버, 실드(덮개), 급정지 브레이크, 울, 고정 브리지 등이 있다.

선반작업 시 사용하는 방호장치

㉠ 개요
선반작업 시 사용하는 방호장치의 종류에는 칩 브레이커, 척 커버, 실드, 급정지 브레이크, 덮개, 울, 고정 브리지 등이 있다.

㉡ 방호장치의 종류와 특징

방호장치	특징
칩 브레이커 (Chip breaker)	선반작업 시 발생하는 칩을 잘게 끊어주는 장치
척 커버 (Chuck cover)	척에 물린 가공물의 돌출부 등에 작업복이 말려들어가는 것을 방지해주는 장치
실드 (Shield)	칩이나 절삭유의 비산을 방지하기 위해 선반의 전후좌우 및 위쪽에 설치하는 플라스틱 덮개로 칩 비산방지장치라고도 함
급정지 브레이크	작업 중 발생하는 돌발상황에서 선반 작동을 중지시키는 장치
덮개 또는 울, 고정 브리지	돌출하여 회전하고 있는 가공물이 근로자에게 위험을 미칠 우려가 있는 경우에 설치

0301

46

Repetitive Learning 1회 2회 3회

용접부 결함에서 전류가 과대하고, 용접속도가 너무 빨라 용접부의 일부가 홈 또는 오목하게 생기는 결함은?

① 언더컷　　② 기공
③ 균열　　④ 용입불량

43 ③　44 ②　45 ④　46 ① 정답

해설

- 기공은 용접 금속 안에 기체가 갇힌 상태로 굳어버린 것이다.
- 균열은 용접 부위가 갈라지는 것이다.
- 용입불량은 용접부에 있어서 모재의 표면과 모재가 녹은 부분의 최저부 사이의 거리를 용입이라고 하는데, 용접부에서 용입이 되어 있지 않거나 불충분한 것이다.

아크용접 결함

㉠ 개요

- 용접 불량은 재료가 가지는 결함이 아니라 작업수행 시에 발생되는 결함이다.
- 용접 불량의 종류에는 기공, 스패터, 언더컷, 크레이터, 피트, 오버랩, 용입불량 등이 있다.

㉡ 결함의 종류

결함	설명
기공 (Blow hole)	용접 금속 안에 기체가 갇힌 상태로 굳어버린 것
스패터 (Spatter)	용융된 금속의 작은 입자가 튀어나와 모재에 묻어 있는 것
언더컷 (Under cut)	전류가 과대하고 용접속도가 너무 빠르며, 아크를 짧게 유지하기 어려운 경우 모재 및 용접부의 일부가 녹아서 홈 또는 오목하게 생긴 부분
크레이터 (Crater)	용접 길이의 끝부분에 오목하게 파인 부분
피트 (Pit)	용착금속 속에 남아있는 가스로 인하여 생긴 구멍
오버랩 (Over lap)	용접봉의 운행이 불량하거나 용접봉의 용융온도가 모재보다 낮을 때 과잉 용착금속이 남아있는 부분
용입불량 (Incomplete penetration)	용접부에 있어서 모재의 표면과 모재가 녹은 부분의 최저부 사이의 거리를 용입이라고 하는데, 용접부에서 용입이 되어 있지 않거나 불충분한 것

1802 / 2202

47

산업안전보건법상 보일러의 안전한 가동을 위하여 보일러 규격에 맞는 압력방출장치가 2개 이상 설치된 경우에 최고사용압력 이하에서 1개가 작동되고, 다른 압력방출장치는 최고사용압력의 몇 배 이하에서 작동되도록 부착하여야 하는가?

① 1.03배 ② 1.05배
③ 1.2배 ④ 1.5배

해설

- 압력방출장치가 2개 이상 설치된 경우에는 최고사용압력 이하에서 1개가 작동되고, 다른 압력방출장치는 최고사용압력 1.05배 이하에서 작동되도록 부착하여야 한다.

압력방출장치 실필 1101/0803

㉠ 개요

- 사업주는 보일러의 안전한 가동을 위하여 보일러 규격에 맞는 압력방출장치를 1개 또는 2개 이상 설치하고 최고사용압력 이하에서 작동되도록 하여야 한다.
- 압력방출장치의 종류에는 중추식, 스프링식, 지렛대식 안전밸브가 있다.
- 스프링식 압력밸브를 사용하는 압력방출장치를 가장 많이 사용한다.

㉡ 설치

- 압력방출장치는 가능한 보일러 동체에 직접 설치한다.
- 압력방출장치가 2개 이상 설치된 경우에는 최고사용압력 이하에서 1개가 작동되고, 다른 압력방출장치는 최고사용압력 1.05배 이하에서 작동되도록 부착하여야 한다.

0802 / 1201 / 1501 / 1503

48

Repetitive Learning (1회 2회 3회)

상용운전압력 이상으로 압력이 상승할 경우, 보일러의 과열을 방지하기 위하여 최고사용압력과 상용압력 사이에서 보일러의 버너 연소를 차단하여 열원을 제거하여 정상압력으로 유도하는 보일러의 방호장치는?

① 압력방출장치
② 고저수위조절장치
③ 언로드밸브
④ 압력제한스위치

해설

- 압력방출장치(Safety valve)는 밸브 입구 쪽의 압력이 설정압력에 도달하면 자동적으로 빠르게 작동하여 유체가 분출되고 일정압력 이하가 되면 정상상태로 복원되는 방호장치로 안전밸브라고도 한다.
- 고저수위조절장치는 보일러의 방호장치 중 하나로 보일러 쉘 내의 관수의 수위가 최고한계 또는 최저한계에 도달했을 때 자동적으로 경보를 울리는 동시에 관수의 공급을 차단시켜 주는 장치이다.
- 언로드밸브는 보일러 내부의 압력을 일정범위 내에서 유지시키는 밸브이다.

정답 | 47 ② 48 ④

:: 압력제한스위치

㉠ 개요

- 상용운전압력 이상으로 압력이 상승할 경우, 보일러의 과열을 방지하기 위하여 최고사용압력과 상용압력 사이에서 보일러의 버너 연소를 차단해 열원을 제거하고 정상압력으로 유도하는 보일러의 방호장치이다.

㉡ 설치

- 압력제한스위치는 보일러의 압력계가 설치된 배관상에 설치해야 한다.

49 Repetitive Learning 1회 2회 3회

물체의 표면에 침투력이 강한 적색 또는 형광성의 침투액을 표면 개구 결함에 침투시켜 직접 또는 자외선 등으로 관찰하여 결함장소와 크기를 판별하는 비파괴시험은?

① 피로시험　② 음향탐상시험

③ 와류탐상시험　④ 침투탐상시험

해설

- 피로시험은 재료의 강도를 측정하는 파괴 검사방법이다.
- 음향탐상시험은 손 또는 망치로 타격 진동시켜 발생하는 낮은 응력파를 검사하는 방법이다.
- 와류탐상시험은 도체에 전류를 흘려 코일에 유기되는 전압이나 전류가 변하는 것을 이용한 검사방법이다.

:: 침투탐상검사

- 비파괴검사방법 중 하나로 주로 비자성 금속재료의 검사에 이용된다.
- 검사물 표면의 균열이나 피트 등의 결함을 비교적 간단하고 신속하게 검출할 수 있다.
- 물체의 표면에 침투력이 강한 적색 또는 형광성의 침투액을 표면 개구 결함에 침투시켜 직접 또는 자외선 등으로 관찰하여 결함장소와 크기를 판별한다.
- 검사는 전처리 → 침투처리 → 세척처리 → 현상처리 → 관찰 → 후처리 순으로 진행한다.

2103

50 Repetitive Learning 1회 2회 3회

다음 연삭숫돌의 파괴 원인 중 가장 적절하지 않은 것은?

① 숫돌의 회전속도가 너무 빠른 경우

② 플랜지의 직경이 숫돌 직경의 1/3 이상으로 고정된 경우

③ 숫돌 자체에 균열 및 파손이 있는 경우

④ 숫돌에 과대한 충격을 준 경우

해설

- ②는 숫돌 고정장치인 평형플랜지의 직경은 설치하는 숫돌 직경의 1/3 이상이어야 하므로 정상적인 경우에 해당한다.

:: 연삭숫돌의 파괴 원인 실필 2303/2101

- 숫돌의 회전중심이 잡히지 않았을 때
- 베어링의 마모에 의한 진동이 생길 때
- 숫돌에 큰 충격이 가해질 때
- 플랜지의 직경이 현저히 작거나 지름이 균일하지 않을 때
- 숫돌의 회전속도가 너무 빠를 때
- 숫돌 자체에 균열이 있을 때
- 숫돌작업 시 숫돌의 측면을 사용할 때

51 Repetitive Learning 1회 2회 3회

산업안전보건법령상 프레스 등 금형을 부착·해체 또는 조정하는 작업을 할 때, 슬라이드가 갑자기 작동함으로써 근로자에게 발생할 우려가 있는 위험을 방지하기 위해 사용해야 하는 것은?(단, 해당 작업에 종사하는 근로자의 신체가 위험한계 내에 있는 경우)

① 방진구

② 안전블록

③ 시건장치

④ 날접촉예방장치

해설

- 금형의 체결 시에는 안전블록을 설치하고 실시해야 한다.

:: 금형 조정작업의 위험방지

㉠ 개요

- 사업주는 프레스 등의 금형을 부착·해체 또는 조정하는 작업을 할 때에 해당 작업에 종사하는 근로자의 신체가 위험한계 내에 있는 경우 슬라이드가 갑자기 작동함으로써 근로자에게 발생할 우려가 있는 위험을 방지하기 위하여 안전블록을 사용하는 등 필요한 조치를 하여야 한다.

㉡ 금형의 조정작업 시 안전수칙

- 금형을 부착하기 전에 하사점을 확인한다.
- 금형의 체결은 올바른 치공구를 사용하여 균등하게 한다.
- 금형의 체결 시에는 안전블록을 설치하고 실시한다.
- 금형의 설치 및 조정은 전원을 끄고 실시한다.
- 금형은 하형부터 잡고 무거운 금형의 받침은 인력으로 하지 않는다.

49 ④ 50 ② 51 ② 정답

52 Repetitive Learning (1회 2회 3회)

페일 세이프(fail safe)의 기능적인 면에서 분류할 때 거리가 가장 먼 것은?

① Fool proof

② Fail passive

③ Fail active

④ Fail operational

해설

- 풀 프루프(Fool proof)는 인간이 실수를 하더라도 안전하게 기계가 유지되는 안전설계방법으로 페일 세이프와 거리가 멀다.
- 페일 세이프의 기능적 분류에는 Fail passive, Fail active, Fail operational이 있다.

페일 세이프(Fail safe) 실필 1401/1101/0901/0802

㉠ 개요

- 조작상의 과오로 기계나 그 부품에 고장이나 기능 불량이 생겨도 항상 안전하게 작동하는 구조와 기능, 설계방법을 말한다.
- 인간 또는 기계가 동작상의 실패가 있어도 사고를 발생시키지 않도록 통제하는 설계방법을 말한다.
- 기계에 고장이 발생하더라도 일정 기간 동안 기계의 기능이 계속되어 재해로 발전되는 것을 방지하는 것을 말한다.

㉡ 기능 3단계 실필 1502

구분	내용
Fail passive	부품이 고장 나면 에너지를 최저화하여 기계가 정지하는 방향으로 전환되는 것
Fail active	부품이 고장 나면 경보를 울리면서 잠시 동안 운전 가능한 것
Fail operational	부품이 고장 나더라도 보수가 이뤄질 때까지 안전한 기능을 유지하는 것

1602

53 Repetitive Learning (1회 2회 3회)

산업안전보건법령상 크레인에서 정격하중에 대한 정의는? (단, 지브가 있는 크레인은 제외)

① 부하할 수 있는 최대하중

② 부하할 수 있는 최대하중에서 달기기구의 중량에 상당하는 하중을 뺀 하중

③ 짐을 싣고 상승할 수 있는 최대하중

④ 가장 위험한 상태에서 부하할 수 있는 최대하중

해설

- 지브가 없는 크레인에서의 정격하중은 권상하중에서 달기구의 중량에 상당하는 하중을 뺀 하중으로 구한다.

지브가 없는 크레인

- 지브(Jib)란 크레인에서 물건을 매달기 위해 설치된 암(Arm)을 말한다.
- 지브가 없는 크레인에서의 정격하중은 권상하중에서 훅, 그랩 또는 버킷 등 달기구의 중량에 상당하는 하중을 뺀 하중으로 구한다.

54 Repetitive Learning (1회 2회 3회)

기계설비의 안전조건인 구조의 안전화와 거리가 가장 먼 것은?

① 전압강하에 따른 오동작 방지

② 재료의 결함 방지

③ 설계상의 결함 방지

④ 가공 결함 방지

해설

- ①은 기능의 안전화에 대한 내용이다.

구조의 안전화

㉠ 개요

- 급정지장치 등의 방호장치나 오동작 방지 등 소극적인 대책이 아니라 기계 설계 시 적절한 재료, 충분한 강도로 신뢰성 있게 제작하는 것을 말한다.

㉡ 특징

- 기계재료의 선정 시 재료 자체에 결함이 없는지 철저히 확인한다.
- 사용 중 재료의 강도가 열화될 것을 감안하여 설계 시 안전율을 고려한다.
- 가공경화와 같은 가공결함이 생길 우려가 있는 경우는 열처리 등으로 결함을 방지한다.

55 Repetitive Learning (1회 2회 3회)

공기압축기의 작업 안전수칙으로 가장 적절하지 않은 것은?

① 공기압축기의 점검 및 청소는 반드시 전원을 차단한 후에 실시한다.

② 운전 중에 어떠한 부품도 건드려서는 안 된다.

③ 공기압축기 분해 시 내부의 압축공기를 이용하여 분해한다.

④ 최대공기압력을 초과한 공기압력으로는 절대로 운전하여서는 안 된다.

정답 | 52 ① 53 ② 54 ① 55 ③

해설

- 공기압축기 분해 시에는 공기압축기, 공기탱크 및 관로안의 압축공기를 완전히 배출한 뒤에 실시한다.

공기압축기 작업 안전수칙

- 공기압축기의 점검 및 청소는 반드시 전원을 차단한 후에 실시한다.
- 운전 중에 어떠한 부품도 건드려서는 안 된다.
- 최대공기압력을 초과한 공기압력으로는 절대로 운전하여서는 안 된다.
- 정기적으로 드레인 밸브를 조작하여 공기 탱크 내 물을 배출한다.
- 회전부(풀리, 벨트 등)에 안전덮개를 설치한다.
- 공기압축기 분해 시에는 공기압축기, 공기탱크 및 관로안의 압축공기를 완전히 배출한 뒤에 실시한다.

1702

56 Repetitive Learning (1회 2회 3회)

산업안전보건법령상 컨베이어, 이송용 롤러 등을 사용하는 때에 정전, 전압강하 등에 의한 위험을 방지하기 위하여 설치하는 안전장치는?

① 권과방지장치
② 동력전달장치
③ 과부하방지장치
④ 화물의 이탈 및 역주행방지장치

해설

- 컨베이어, 이송용 롤러 등을 사용하는 경우에는 정전·전압강하 등에 따른 화물 또는 운반구의 이탈 및 역주행을 방지하는 장치를 갖추어야 한다.

컨베이어의 방호장치

- 컨베이어, 이송용 롤러 등을 사용하는 경우에는 정전·전압강하 등에 따른 화물 또는 운반구의 이탈 및 역주행을 방지하는 장치를 갖추어야 한다.
- 컨베이어 등에 해당 근로자의 신체의 일부가 말려드는 등 근로자가 위험해질 우려가 있는 경우 및 비상시에는 즉시 컨베이어 등의 운전을 정지시킬 수 있는 장치를 설치하여야 한다.
- 컨베이어 등으로부터 화물이 떨어져 근로자가 위험해질 우려가 있는 경우에는 해당 컨베이어 등에 덮개 또는 울을 설치하는 등 낙하방지를 위한 조치를 하여야 한다.
- 운전 중인 컨베이어 등의 위로 근로자를 넘어가도록 하는 경우에는 위험을 방지하기 위하여 건널다리를 설치하는 등 필요한 조치를 하여야 한다.
- 동일선상에 구간별 설치된 컨베이어에 중량물을 운반하는 경우에는 중량물 충돌에 대비한 스토퍼를 설치하거나 작업자 출입을 금지하여야 한다.

2101

57 Repetitive Learning (1회 2회 3회)

기계설비의 위험점 중 연삭숫돌과 작업받침대, 교반기의 날개와 하우스 등 고정부분과 회전하는 동작 부분 사이에서 형성되는 위험점은?

① 끼임점
② 물림점
③ 협착점
④ 절단점

해설

- 물림점은 기어 물림점이나 롤러회전에 의해 물리는 곳에서 발생한다.
- 협착점은 프레스 금형의 조립부위 등에서 주로 발생한다.
- 절단점은 밀링커터, 둥근 톱의 톱날, 목공용 띠톱부분 등에서 발생한다.

끼임점(Shear-point) 실필 1802/1503/1203/0702

㉠ 개요

- 고정부분과 회전하는 동작부분이 만드는 위험점을 말한다.
- 연삭숫돌과 작업받침대, 교반기의 날개와 하우스, 반복 동작되는 링크기구, 회전풀리와 베드 사이 등에서 발생한다.

㉡ 대표적인 끼임점

끼임점			
연삭숫돌과 작업받침대	교반기의 날개와 하우스	반복 동작되는 링크기구	회전풀리와 베드 사이

1802

58 Repetitive Learning (1회 2회 3회)

양중기의 과부하방지장치에서 요구하는 일반적인 성능기준으로 틀린 것은?

① 과부하방지장치 작동 시 경보음과 경보램프가 작동되어야 하며 양중기는 작동이 되지 않아야 한다.
② 외함의 전선 접촉부분은 고무 등으로 밀폐되어 물과 먼지 등이 들어가지 않도록 한다.
③ 과부하방지장치와 타 방호장치는 기능에 서로 장애를 주지 않도록 부착할 수 있는 구조이어야 한다.
④ 방호장치의 기능을 제거하더라도 양중기는 원활하게 작동시킬 수 있는 구조이어야 한다.

56 ④ 57 ① 58 ④ 정답

해설

- 방호장치의 기능을 제거 또는 정지할 때 양중기의 기능도 동시에 정지할 수 있는 구조이어야 한다.

∷ 양중기의 과부하방지장치 일반적인 성능기준

- 과부하방지장치 작동 시 경보음과 경보램프가 작동되어야 하며 양중기는 작동이 되지 않아야 한다. 다만, 크레인은 과부하 상태 해지를 위하여 권상된 만큼 권하시킬 수 있다.
- 외함은 납봉인 또는 시건할 수 있는 구조이어야 한다.
- 외함의 전선 접촉부분은 고무 등으로 밀폐되어 물과 먼지 등이 들어가지 않도록 한다.
- 과부하방지장치와 타 방호장치는 기능에 서로 장애를 주지 않도록 부착할 수 있는 구조이어야 한다.
- 방호장치의 기능을 제거 또는 정지할 때 양중기의 기능도 동시에 정지할 수 있는 구조이어야 한다.
- 과부하방지장치는 시험 후 정격하중의 1.1배 권상 시 경보와 함께 권상동작이 정지되고 횡행과 주행 동작이 불가능한 구조이어야 한다. 다만, 타워크레인은 정격하중의 1.05배 이내로 한다.
- 과부하방지장치에는 정상동작상태의 녹색 램프와 과부하 시 경고 표시를 할 수 있는 붉은색 램프와 경보음을 발하는 장치 등을 갖추어야 하며, 양중기 운전자가 확인할 수 있는 위치에 설치해야 한다.

59 ———— Repetitive Learning 

다음 중 드릴 작업의 안전사항으로 틀린 것은?

① 옷소매가 길거나 찢어진 옷은 입지 않는다.

② 작고, 길이가 긴 물건은 손으로 잡고 뚫는다.

③ 회전하는 드릴에 걸레 등을 가까이 하지 않는다.

④ 스핀들에서 드릴을 뽑아낼 때는 드릴 아래에 손을 내밀지 않는다.

해설

- 작고, 길이가 긴 물건은 플라이어로 잡고 뚫는다.

∷ 드릴작업 시 작업안전수칙

㉠ 작업자 안전수칙
- 장갑의 착용을 금한다.
- 작업자는 보호안경을 쓰거나 안전덮개(Shield)를 설치한다.
- 작업모를 착용하고 옷소매가 긴 작업복은 입지 않는다.

㉡ 작업 시작 전 점검사항
- 작업시작 전 척 렌치(Chuck wrench)를 반드시 뺀다.
- 다축 드릴링에 대해 플라스틱제의 평판을 드릴 커버로 사용한다.
- 마이크로스위치를 이용하여 드릴링 핸들을 내리게 하여 자동급유장치를 구성한다.

㉢ 작업 중 안전지침
- 바이스, 지그 등을 사용하여 작업 중 공작물의 유동을 방지한다.
- 작은 구멍을 뚫고 큰 구멍을 뚫도록 한다.
- 얇은 철판이나 동판에 구멍을 뚫을 때는 각목을 밑에 깔고 기구로 고정한다.
- 구멍을 뚫을 때 관통된 것을 확인하기 위해 손으로 만져서는 안 된다.
- 칩은 와이어 브러시로 작업이 끝난 후에 제거한다.
- 구멍 끝 작업에서는 절삭압력을 주어서는 안 된다.

1302

60 ———— Repetitive Learning 

프레스기의 SPM(Stroke Per Minute)이 200이고, 클러치의 맞물림 개소수가 6인 경우 양수기동식 방호장치의 설치거리는 얼마인가?

① 120mm ② 200mm

③ 320mm ④ 400mm

해설

- 시간이 주어지지 않았으므로 주어진 값을 대입하여 방호장치의 안전거리를 구하면 반응시간은 $\left(\frac{1}{6}+\frac{1}{2}\right)\times\frac{60,000}{200}=\frac{4}{6}\times300=200$[ms]이다.
- 안전거리는 $1.6\times200=320$[mm]가 된다.

∷ 양수조작식 방호장치 안전거리 실필 2401/1701/1103/0903

- 인간 손의 기준속도(1.6[m/s])를 고려하여 양수조작식 방호장치의 안전거리는 1.6 × 반응시간으로 구할 수 있다.
- 클러치 프레스에 부착된 양수조작식 방호장치의 반응시간(T_m)은 버튼에서 손이 떨어지고 슬라이드가 정지할 때까지의 시간으로 해당 시간이 주어지지 않을 때는
  $T_m=\left(\frac{1}{\text{클러치}}+\frac{1}{2}\right)\times\frac{60,000}{\text{분당 행정수}}$[ms]로 구할 수 있다.
- 시간이 주어질 때는 $D=1.6(T_L+T_s)$로 구한다.
  D : 안전거리(mm)
  T_L : 버튼에서 손이 떨어질 때부터 급정지기구가 작동할 때까지 시간(ms)
  T_s : 급정지기구 작동 시부터 슬라이드가 정지할 때까지 시간(ms)

4과목 전기설비 안전관리

0401 / 0802 / 1003

61
Repetitive Learning (1회 2회 3회)

폭발한계에 도달한 메탄가스가 공기에 혼합되었을 경우 착화한계전압은 약 몇 [V]인가?(단, 메탄의 착화최소에너지는 0.2[mJ], 극간 용량은 10[pF] 으로 한다)

① 6,325V
② 5,225V
③ 4,135V
④ 3,035V

해설

- 최소착화에너지(W)와 정전용량(C)이 주어져있는 상태에서 전압(전위)을 묻는 문제이므로 식을 역으로 대입하여 $V = \sqrt{\frac{2W}{C}}$로 구할 수 있다.
- 0.2[mJ]은 0.2× 10^{-3}[J]이고, 10[pF]은 10 × 10^{-12}[F]에 해당한다.
- $V = \sqrt{\frac{2 \times 0.2 \times 10^{-3}}{10 \times 10^{-12}}} = \sqrt{4 \times 10^7} = 6324.56$[V]가 된다.

최소발화에너지(MIE : Minimum Ignition Energy)

㉠ 개요
- 공기 중에 가연성 가스나 증기 또는 폭발성분이 존재할 때 이를 발화시키는 데 필요한 최저의 에너지를 말한다.
- 발화에너지의 양은 $W = \frac{1}{2}CV^2$[J]로 구한다.
- 단위는 밀리줄[mJ] / 줄[J]을 사용한다.

㉡ 특징
- 압력, 온도, 산소농도, 연소속도에 반비례한다.
- 유체의 유속이 높아지면 최소발화에너지는 커진다.
- 불활성 기체의 첨가는 발화에너지를 크게 하고, 혼합기체의 전압이 낮아도 발화에너지는 커진다.
- 일반적으로 화학양론농도보다도 조금 높은 농도일 때에 최솟값이 된다.

1301 / 1602

62

$Q = 2 \times 10^{-7}$[C]으로 대전하고 있는 반경 25[cm] 도체구의 전위는 약 몇 [kV]인가?

① 7.2 ② 12.5
③ 14.4 ④ 25

해설

- 반지름이 25[cm]이므로 [m]로 바꾸면 0.25[m]가 된다.
- 주어진 값을 대입하면
  도체구의 전위 $E = 9 \times 10^9 \times \frac{2 \times 10^{-7}}{0.25} = 7,200$[V]가 된다.

쿨롱의 법칙

- 두 전하 사이에 작용하는 전기력은 전하의 크기에 비례하고, 두 전하 사이에 거리의 제곱에 반비례한다.
- $F = k_e \frac{Q_1 \cdot Q_2}{r^2} = \frac{1}{4\pi\epsilon_0} \times \frac{Q_1 \cdot Q_2}{r^2}$ [N]이다. 이때 k_e는 쿨롱상수, ϵ_0은 진공 유전율로 약 $8.854 \times 10^{-12}[C^2/N \cdot m^2]$이다.
- 쿨롱상수 $k_e = \frac{1}{4\pi\epsilon_0}$로 약 $9 \times 10^9 [N \cdot m^2 \cdot C^{-2}]$이다.
- 도체구의 전위 $E = \frac{Q}{4\pi\epsilon_0 \times r} = \frac{1}{4\pi\epsilon_0} \times \frac{Q}{r} = 9 \times 10^9 \times \frac{Q}{r}$로 구한다.

1801

63
Repetitive Learning (1회 2회 3회)

누전차단기의 시설방법 중 옳지 않은 것은?

① 시설장소는 배전반 또는 분전반 내에 설치한다.
② 정격전류용량은 해당 전로의 부하전류값 이상이어야 한다.
③ 정격감도전류는 정상의 사용상태에서 불필요하게 동작하지 않도록 한다.
④ 인체 감전보호형은 0.05초 이내에 동작하는 고감도고속형이어야 한다.

해설

- 인체 감전보호용은 정격감도전류(30[mA])에서 0.03[초] 이내에 동작해야 한다.

누전차단기 설치장소

- 주위 온도 −10~40[℃]의 범위 내에서 설치할 것
- 상대습도 45~80[%] 사이의 장소에 설치할 것
- 전원전압은 정격전압의 85~110[%] 사이에서 사용할 것
- 먼지가 적고, 표고 1,000m 이하의 장소에 설치할 것
- 이상한 진동 및 충격을 받지 않는 상태로 설치할 것
- 배전반 또는 분전반 내에 설치할 것
- 정격전류용량은 해당 전로의 부하전류값 이상이어야 할 것
- 정상의 사용상태에서 불필요하게 동작하지 않도록 할 것

61 ① 62 ① 63 ④ 정답

64 ——— Repetitive Learning (1회 2회 3회)

고압전로에 설치된 전동기용 고압전류제한퓨즈의 불용단전류의 조건은?

① 정격전류 1.3배의 전류로 1시간 이내에 용단되지 않을 것
② 정격전류 1.3배의 전류로 2시간 이내에 용단되지 않을 것
③ 정격전류 2배의 전류로 1시간 이내에 용단되지 않을 것
④ 정격전류 2배의 전류로 2시간 이내에 용단되지 않을 것

해설

- 고압전류제한퓨즈에서 전동기용은 일반용, 변압기용과 같이 정격전류의 1.3배 전류로 2시간 이내에 용단되지 않아야 한다.

고압전류제한퓨즈의 불용단전류

퓨즈의 종류	불용단전류
G(일반용)	정격전류의 1.3배 전류로 2시간 이내에 용단되지 않을 것
T(변압기용)	
M(전동기용)	
C(콘덴서용)	정격전류의 2배 전류로 2시간 이내에 용단되지 않을 것

65 ——— Repetitive Learning (1회 2회 3회)

다음 중 누전차단기를 시설하지 않아도 되는 전로가 아닌 것은?(단, 전로는 금속제 외함을 가지는 사용전압이 50V를 초과하는 저압의 기계·기구에 전기를 공급하는 전로이며, 기계·기구에는 사람이 쉽게 접촉할 우려가 있다)

① 기계·기구를 건조한 장소에 시설하는 경우
② 기계·기구가 고무, 합성수지, 기타 절연물로 피복된 경우
③ 대지전압 200V 이하인 기계·기구를 물기가 있는 곳 이외의 곳에 시설하는 경우
④ 「전기용품 및 생활용품 안전관리법」의 적용을 받는 이중절연구조의 기계·기구를 시설하는 경우

해설

- 대지전압 200V 이하가 아니라 150V 이하의 기계·기구를 물기가 없는 장소에 시설하는 경우 누전차단기를 설치하지 않아도 된다.

누전차단기를 설치하지 않는 경우

- 기계·기구를 발전소, 변전소 또는 개폐소나 이에 준하는 곳에 시설하는 경우로서 전기 취급자 이외의 자가 임의로 출입할 수 없는 경우
- 기계·기구를 건조한 장소에 시설하는 경우
- 기계·기구를 건조한 장소에 시설하고 습한 장소에서 조작하는 경우로 제어용 전압이 교류 30[V], 직류 40[V] 이하인 경우
- 대지전압 150[V] 이하의 기계·기구를 물기가 없는 장소에 시설하는 경우
- 전기용품안전관리법의 적용을 받는 2중절연구조의 기계·기구(정원등, 전동공구 등)를 시설하는 경우
- 그 전로의 전원측에 절연변압기를 시설하고 또한 그 절연변압기의 부하측 전로를 접지하지 않은 경우
- 기계·기구가 고무, 합성수지 기타 절연물로 피복된 것일 경우
- 기계·기구가 유도전동기의 2차측 전로에 접속되는 것일 경우
- 기계·기구 내에 전기용품안전관리법의 적용을 받는 누전차단기를 설치하고 또한 전원연결선에 손상을 받을 우려가 없도록 시설하는 경우

1202

66 ——— Repetitive Learning (1회 2회 3회)

정전기 방지대책 중 틀린 것은?

① 대전서열이 가급적 먼 것으로 구성한다.
② 카본 블랙을 도포하여 도전성을 부여한다.
③ 유속을 저감시킨다.
④ 도전성 재료를 도포하여 대전을 감소시킨다.

해설

- 대전서열이 멀어질수록 정전기 발생량이 많아진다.

정전기 발생에 영향을 주는 요인

㉠ 개요

- 정전기 발생에 영향을 주는 요인에는 물체의 표면상태, 물질의 분리속도와 특성, 대전이력, 접촉면적 및 압력 등이 있다.

㉡ 정전기 발생 요인

물질의 표면상태	물질 표면의 거칠기나 오염도가 높을수록 정전기 발생량이 많아진다.
물질의 분리속도	물질의 분리속도가 빠를수록 정전기 발생량이 많아진다.
물질의 접촉면적 및 압력	접촉면적이 넓을수록, 접촉압력이 클수록 정전기 발생량이 많아진다.
물질의 특성	대전서열이 멀어질수록 정전기 발생량이 많아진다.
물질의 대전이력	정전기 발생량은 처음 대전될 때가 가장 많고 발생횟수가 반복할수록 감소한다.

정답 | 64 ② 65 ③ 66 ①

0801

67 Repetitive Learning (1회 2회 3회)

다음 중 방폭전기기기의 구조별 표시방법으로 옳지 않은 것은?

① 내압방폭구조 : p
② 본질안전방폭구조 : ia, ib
③ 유입방폭구조 : o
④ 안전증방폭구조 : e

해설

• 전기설비의 방폭구조에는 본질안전(ia, ib), 내압(d), 압력(p), 충전(q), 유입(o), 안전증(e), 몰드(m), 비점화(n) 방폭구조 등이 있다.

장소별 방폭구조 실필 2302/0803

0종 장소	지속적 위험분위기	• 본질안전방폭구조(EX ia)
1종 장소	통상상태에서의 간헐적 위험분위기	• 내압방폭구조(EX d) • 압력방폭구조(EX p) • 충전방폭구조(EX q) • 유입방폭구조(EX o) • 안전증방폭구조(EX e) • 본질안전방폭구조(EX ib) • 몰드방폭구조(EX m)
2종 장소	이상상태에서의 위험분위기	• 비점화방폭구조(EX n)

68 Repetitive Learning (1회 2회 3회)

저압전로의 절연성능에 관한 설명으로 적합하지 않는 것은?

① 전로의 사용전압이 SELV 및 PELV일 때 절연저항은 0.5MΩ 이상이어야 한다.
② 전로의 사용전압이 FELV일 때 절연저항은 1MΩ 이상이어야 한다.
③ 전로의 사용전압이 FELV일 때 DC 시험 전압은 500V이다.
④ 전로의 사용전압이 600V일 때 절연저항은 1.5MΩ 이상이어야 한다.

해설

• 전로의 사용전압이 500V를 초과할 때 절연저항은 1.0MΩ 이상이어야 한다.

옥내 사용전압에 따른 절연저항값

전로의 사용전압	DC 시험전압	절연저항치
SELV 및 PELV	250[V]	0.5[MΩ]
FELV, 500[V] 이하	500[V]	1.0[MΩ]
500[V] 초과	1,000[V]	1.0[MΩ]

• 특별저압(2차 전압이 AC 50V, DC 120V 이하)으로 SELV(비접지회로 구성) 및 PELV(접지회로 구성)은 1차와 2차가 전기적으로 절연된 회로, FELV는 1차와 2차가 전기적으로 절연되지 않은 회로이다.

69 Repetitive Learning (1회 2회 3회)

내전압용 절연장갑의 등급에 따른 최대사용전압이 틀린 것은?(단, 교류 전압은 실효값이다)

① 등급 00 : 교류 500V
② 등급 1 : 교류 7,500V
③ 등급 2 : 직류 17,000V
④ 등급 3 : 직류 39,750V

해설

• 2등급 절연장갑의 최대사용전압은 교류 17,000V, 직류 25,500V이다.

절연장갑 실필 1503/0903/0801

• 등급에 따른 색상과 두께, 최대사용전압

등급	장갑의 색상	고무의 두께	최대사용전압	
			교류(실효값)	직류
00등급	갈색	0.50mm 이하	500V	750V
0등급	빨강색	1.00mm 이하	1,000V	1,500V
1등급	흰색	1.50mm 이하	7,500V	11,250V
2등급	노랑색	2.30mm 이하	17,000V	25,500V
3등급	녹색	2.90mm 이하	26,500V	39,750V
4등급	등색	3.60mm 이하	36,000V	54,000V

• 인장강도는 1,400N/cm^2 이상, 신장률은 100분의 600 이상의 평균값을 가져야 한다.

70 Repetitive Learning (1회 2회 3회)

다음 중 0종 장소에 사용될 수 있는 방폭구조의 기호는?

① Ex ia ② Ex ib
③ Ex d ④ Ex e

67 ① 68 ④ 69 ③ 70 ① 정답

해설

- Ex ib는 본질안전방폭구조 중 1종장소에서의 방폭구조이다.
- Ex d는 내압방폭구조로 1종장소에서의 방폭구조이다.
- Ex e는 안전증방폭구조로 1종장소에서의 방폭구조이다.

본질안전방폭구조(Ex ia, ib)

㉠ 개요
- 정상 시 및 사고 시(단선, 단락, 지락 등)에 발생하는 전기불꽃, 아크 또는 고온에 의하여 폭발성 가스 또는 증기에 점화되지 않는 것이 점화시험, 기타에 의하여 확인된 구조를 말한다.
- 점화능력의 본질적 억제에 중점을 둔 방폭구조이다.

㉡ 특징
- 지속적인 위험 분위기가 조성되어 있는 0종 장소의 전기기계·기구에 주로 사용된다.(EX ia)
- 온도, 압력, 액면유량 등의 검출용 측정기는 대표적인 본질안전방폭구조의 예이다.
- 설치비용이 저렴하며, 설치장소의 제약을 받지 않아 복잡한 공간을 넓게 사용할 수 있다.
- 본질안전방폭구조는 에너지가 1.3W, 30V 및 250[mA] 이하의 개소에 적용이 가능하다.

0702 / 1603

71 Repetitive Learning (1회 2회 3회)

배전선로에 정전작업 중 단락접지기구를 사용하는 목적으로 적합한 것은?

① 통신선 유도 장해 방지
② 배전용 기계 기구의 보호
③ 배전선 통전 시 전위경도 저감
④ 혼촉 또는 오동작에 의한 감전방지

해설

- 단락접지기구는 작업자의 감전재해를 방지하기 위해 고압 또는 특별고압의 전로 정전작업에 꼭 필요하다.

단락접지기구
- 고장전류에 대해 적합한 용량을 가진 케이블에 부착된 대용량의 클램프로 구성된다.
- 작업자를 혼촉 또는 잘못된 송전으로 인한 감전위험으로부터 보호하기 위해 사용한다.
- 도체에 대한 단락접지를 하는 이유는 많은 주의에도 불구하고 기기가 재충전되는 경우 작업자를 보호하기 위한 것이다.

72 Repetitive Learning (1회 2회 3회)

다음 중 전기화재의 주요 원인이라고 할 수 없는 것은?

① 절연전선의 열화
② 정전기 발생
③ 과전류 발생
④ 절연저항값의 증가

해설

- 절연저항값이 증가한다는 의미는 전류가 외부로 흐르지 않는다는 의미이므로 화재발생 가능성도 그만큼 줄어들게 된다.

전기화재 발생

㉠ 전기화재 발생원인
- 전기화재 발생원인의 3요소는 발화원, 착화물, 출화의 경과로 구성된다.

발화원	화재의 발생원인으로 단열압축, 광선 및 방사선, 낙뢰, 스파크, 정전기, 충격이나 마찰, 기계적 운동에너지 등
착화물	발화원에 의해 최초로 착화된 가연물
출화의 경과	발생요인으로 단락, 누전, 과전류, 스파크 등

㉡ 출화의 경과에 따른 전기화재 비중
- 전기화재의 경로별 원인, 즉, 출화의 경과에 따른 분류에는 합선(단락), 과전류, 스파크, 누전, 정전기, 접촉부 과열, 절연열화에 의한 발열, 절연불량 등이 있다.
- 출화의 경과에 따른 발화현상의 분류에서 가장 빈도가 높은 것은 스파크 화재 – 단락(합선)에 의한 화재이다.

스파크	누전	접촉부과열	절연열화에 의한 발열	과전류
24%	15%	12%	11%	8%

1303 / 1703

73 Repetitive Learning (1회 2회 3회)

어느 변전소에서 고장전류가 유입되었을 때 도전성 구조물과 그 부근 지표상의 점과의 사이(약 1m)의 허용접촉전압은?(단, 심실세동전류 : $I_k = \left(\frac{0.165}{\sqrt{T}}\right)[A]$, 인체의 저항 : 1,000[Ω], 지표의 : 저항률 150[Ω·m], 통전시간 : 1[초]로 한다)

① 202[V] ② 186[V]
③ 228[V] ④ 164[V]

해설

- 주어진 값이 심실세동전류 $\frac{0.165}{\sqrt{T}}$ 이고, 통전시간은 1초, 인체의 저항 1,000[Ω], 지표면의 저항률 150[Ω·m]이므로 대입하면 $E = 0.165 \times (1,000 + \frac{3}{2} \times 150) = 0.165 \times 1,225 = 202.125$[V]이다.

허용접촉전압

- 접지한 도전성 구조물과 접촉 시 사람이 서 있는 곳의 전위와 그 근방 지표상의 지점 간의 전위차를 말한다.
- E = 심실세동전류 × (인체의 저항 + $\frac{1}{2}$ × 한쪽 발과 대지의 접촉저항)[V]으로 구한다.
- 한쪽 발과 대지의 접촉저항 = 3 × 지표면의 저항률[Ω·m]이다.

74

Repetitive Learning (1회 2회 3회)

방폭기기 그룹에 관한 설명으로 틀린 것은?

① 그룹 Ⅰ, 그룹 Ⅱ, 그룹 Ⅲ가 있다.
② 그룹 Ⅰ의 기기는 폭발성 갱내 가스에 취약한 광산에서의 사용을 목적으로 한다.
③ 그룹 Ⅱ의 세부 분류로 ⅡA, ⅡB, ⅡC가 있다.
④ ⅡA로 표시된 기기는 그룹 ⅡB 기기를 필요로 하는 지역에 사용할 수 있다.

해설

- ⅡB 기기를 필요로 하는 지역에는 Ⅱ, ⅡB 또는 ⅡC를 사용할 수 있다.

가스 및 증기 하위등급과 전기기기 그룹과의 관계

등급	허용 기기 그룹
ⅡA	Ⅱ, ⅡA, ⅡB 또는 ⅡC
ⅡB	Ⅱ, ⅡB 또는 ⅡC
ⅡC	Ⅱ 또는 ⅡC

75

Repetitive Learning (1회 2회 3회)

한국전기설비규정에 따라 피뢰설비에서 외부피뢰시스템의 수뢰부시스템으로 적합하지 않는 것은?

① 돌침 ② 수평도체
③ 메시도체 ④ 환상도체

해설

- 수뢰부시스템이란 돌침, 수평도체, 메시도체 등과 같은 금속물체를 이용한 외부피뢰시스템의 일부를 말한다.

피뢰설비 수뢰부시스템(Air-termination System)

- 낙뢰를 포착할 목적으로 구성된 시스템이다.
- 돌침, 수평도체, 메시도체 등과 같은 금속물체를 이용한 외부피뢰시스템의 일부를 말한다.

76

Repetitive Learning (1회 2회 3회)

계통접지로 적합하지 않는 것은?

① TN계통 ② TT계통
③ IN계통 ④ IT계통

해설

- 저압전로의 보호도체 및 중성선의 접속 방식에 따라 접지계통은 TN, TT, IT로 구분된다.

계통접지

㉠ 개요

구분	관계	기호	내용
제1문자	전력계통과 대지와의 관계	T	대지에 직접 접지
		I	비접지 또는 임피던스 접지
제2문자	노출도전성부분과 대지와의 관계	T	노출 도전부(외함)를 직접 접지
		N	전력계통의 중성점에 접속
제3문자	중성선 및 보호도체의 조치	S	중성선과 보호도체를 분리
		C	중성선과 보호도체를 겸용

㉡ 구분

- 저압전로의 보호도체 및 중성선의 접속 방식에 따라 접지계통은 TN, TT, IT로 구분된다.

종류	특징
TN계통 (직접접지)	• 전원의 한쪽은 직접 접지(계통접지)하고 노출 도전성쪽은 전원측의 접지선에 접속하는 방식이다. • 중성선과 보호도체의 연결방식에 따라 TN-S, TN-C, TN-C-S로 구분된다.
TT계통 (직접다중접지)	• 전력계통의 중성점(N)은 직접 대지 접속(계통접지)하고 노출 도전부의 외함은 별도 독립 접지하는 방식이다. • 지락사고 시 프레임의 대지전위가 상승하는 문제가 있어 별도의 과전류차단기나 누전차단기를 설치하여야 한다.
IT계통 (비접지)	• 전원공급측은 비접지 혹은 임피던스 접지방식으로 하고 노출 도전부는 독립적인 접지 전극에 접지하는 방식이다. • 대규모 전력계통에 채택되기 어렵다.

74 ④ 75 ④ 76 ③ 정답

1302

77

Repetitive Learning 1회 2회 3회

정전기 재해의 방지를 위하여 배관 내 액체의 유속의 제한이 필요하다. 배관의 내경과 유속제한 값으로 적절하지 않은 것은?

① 관 내경(mm) : 25, 제한유속(m/s) : 6.5
② 관 내경(mm) : 50, 제한유속(m/s) : 3.5
③ 관 내경(mm) : 100, 제한유속(m/s) : 2.5
④ 관 내경(mm) : 200, 제한유속(m/s) : 1.8

해설

- 관 내경이 25mm일 때의 제한유속은 4.9m/s 이하이다.

∷ 불활성화할 수 없는 탱크, 탱커, 탱크로리, 탱크차, 드럼통 등에 위험물을 주입하는 배관의 유속제한

위험물의 종류	배관 내 유속
물이나 기체를 혼합하는 비수용성 위험물	1m/s 이하
에텔, 이황화탄소 등과 같이 유동대전이 심하고 폭발 위험성이 높은 위험물	1m/s 이하
저항률이 $10^{10}\Omega \cdot cm$ 미만인 도전성 위험물	7m/s 이하

- 저항률이 $10^{10}\Omega \cdot cm$ 이상인 위험물의 배관유속은 다음과 같다. 단, 주입구가 액면 밑에 충분히 침하할 때까지의 유속은 1m/s 이하로 한다.

관 내경		유속 (m/s)	관 내경		유속 (m/s)
인치	mm		인치	mm	
0.5	10	8	8	200	1.8
1	25	4.9	16	400	1.3
2	50	3.5	24	600	1.0
4	100	2.5			

0703 / 1501

78

Repetitive Learning 1회 2회 3회

지락이 생긴 경우 접촉상태에 따라 접촉전압을 제한할 필요가 있다. 인체의 접촉상태에 따른 허용접촉전압을 나타낸 것으로 다음 중 옳지 않은 것은?

① 제1종 2.5[V] 이하
② 제2종 25[V] 이하
③ 제3종 35[V] 이하
④ 제4종 제한 없음

해설

- 지락이 생긴 경우 접촉상태에 따라 접촉전압을 제한할 필요가 있는 경우는 3종에 해당하고, 3종의 허용접촉전압은 50[V] 이하이다.

∷ 접촉상태별 허용접촉전압

종별	접촉상태	허용 접촉전압
1종	인체의 대부분이 수중에 있는 상태	2.5[V] 이하
2종	• 인체가 현저하게 젖어 있는 상태 • 금속성의 전기기계 장치나 구조물에 인체의 일부가 상시 접속되어 있는 상태	25[V] 이하
3종	통상의 인체상태에 있어서 접촉전압이 가해지더라도 위험성이 낮은 상태	50[V] 이하
4종	접촉전압이 가해질 우려가 없는 경우	제한없음

79

Repetitive Learning 1회 2회 3회

정전기 발생에 영향을 주는 요인이 아닌 것은?

① 물체의 분리속도
② 물체의 특성
③ 물체의 접촉시간
④ 물체의 표면상태

해설

- 정전기 발생에 영향을 주는 요인에는 물체의 표면상태, 물질의 분리속도와 특성, 대전이력, 접촉면적 및 압력 등이 있다.

∷ 정전기 발생에 영향을 주는 요인

문제 66번의 유형별 핵심이론∷ 참조

80

Repetitive Learning 1회 2회 3회

정전기 재해의 방지대책에 대한 설명으로 적합하지 않는 것은?

① 접지의 접속은 납땜, 용접 또는 멈춤나사로 실시한다.
② 회전부품의 유막저항이 높으면 도전성의 윤활제를 사용한다.
③ 이동식의 용기는 절연성 고무제 바퀴를 달아서 폭발위험을 제거한다.
④ 폭발의 위험이 있는 구역은 도전성 고무류로 바닥 처리를 한다.

정답 | 77 ① 78 ③ 79 ③ 80 ③

해설

- 절연성 고무바퀴는 정전기를 발생시키므로 도전성 재질로 사용하여야 정전기를 방지할 수 있다.

정전기 재해방지대책 실필 1901/1702/1201/1103

- 부도체에 제전기를 설치·운영하거나 도전성을 향상시켜야 한다.
- 정전기 재해방지를 위해서 반도체 취급 공정작업자가 착용하는 손목 띠의 저항은 1[MΩ]으로 한다.
- 도체의 경우 접지를 하며 이때 접지값은 $10^6\Omega$ 이하이면 충분하고, 안전을 고려하여 $10^3\Omega$ 이하로 유지한다.
- 생산공정에 별다른 문제가 없다면, 습도를 70([%]) 정도 유지하여 전하가 제거되기 쉽게 한다.
- 유동대전이 심하고 폭발 위험성이 높은 것(가솔린, 이황화탄소, 벤젠 등)은 배관 내 유속을 1m/s 이하로 해야 한다.
- 포장 과정에서 용기를 도전성 재료에 접지한다.
- 인쇄 과정에서 도포량을 적게 하고 접지한다.
- 대전 방지제를 사용하고, 대전 물체에 정전기 축적을 최소화하여야 한다.
- 배관 내 액체의 유속을 제한한다.
- 공기를 이온화한다.
- 작업장 바닥에 도전성(정전기 방지용) 매트를 사용한다.
- 작업자는 제전복, 정전화(대전방지용 안전화)를 착용한다.

5과목 화학설비 안전관리

1702

81 Repetitive Learning (1회 2회 3회)

아세톤에 대한 설명으로 틀린 것은?

① 증기는 유독하므로 흡입하지 않도록 주의해야 한다.
② 무색이고 휘발성이 강한 액체이다.
③ 비중이 0.79이므로 물보다 가볍다.
④ 인화점이 20[℃]이므로 여름철에 더 인화 위험이 높다.

해설

- 아세톤의 인화점은 −20℃로 대단히 낮다.

아세톤(CH_3COCH_3)

㉠ 개요
- 인화성 액체(인화점 −20℃)로 독성물질에 속한다.
- 무색이고 휘발성이 강하며 장기적인 피부 접촉은 심한 염증을 일으킨다.

㉡ 특징
- 아세틸렌의 용제로 많이 사용된다.
- 증기는 유독하므로 흡입하지 않도록 주의해야 한다.
- 비중이 0.79이므로 물보다 가벼우며 물에 잘 용해된다.

82 Repetitive Learning (1회 2회 3회)

불연성이지만 다른 물질의 연소를 돕는 산화성 액체 물질에 해당하는 것은?

① 히드라진 ② 과염소산
③ 벤젠 ④ 암모니아

해설

- 히드라진, 벤젠, 암모니아는 인화성 물질이다.

산화성 액체 및 산화성 고체

㉠ 산화성 고체
- 1류 위험물로 화재발생 시 물에 의해 냉각소화한다.
- 종류에는 염소산 염류, 아염소산 염류, 과염소산 염류, 브롬산 염류, 요오드산 염류, 과망간산 염류, 질산염류, 질산나트륨 염류, 중크롬산 염류, 삼산화크롬 등이 있다.

㉡ 산화성 액체
- 6류 위험물로 화재발생 시 마른모래 등을 이용해 질식소화한다.
- 종류에는 질산, 과염소산, 과산화수소 등이 있다.

81 ④ 82 ② 정답

1103 / 1403 / 1801

83

Repetitive Learning (1회 2회 3회)

산업안전보건법령상 특수 화학설비를 설치할 때 내부의 이상상태를 조기에 파악하기 위하여 필요한 계측장치로 가장 거리가 먼 것은?

① 압력계
② 유량계
③ 온도계
④ 습도계

해설

- 위험물을 기준량 이상으로 제조하거나 취급하는 화학설비를 설치하는 경우에 필요한 계측장치는 온도계·유량계·압력계 등이다.

:: 계측장치 등의 설치 실작 1503

- 사업주는 위험물을 기준량 이상으로 제조하거나 취급하는 화학설비를 설치하는 경우에는 내부의 이상 상태를 조기에 파악하기 위하여 필요한 온도계·유량계·압력계 등의 계측장치를 설치하여야 한다.
- 계측장치의 설치가 요구되는 특수화학설비에는 발열반응이 일어나는 반응장치, 증류·정류·증발·추출 등 분리를 하는 장치, 가열시켜 주는 물질의 온도가 가열되는 위험물질의 분해온도 또는 발화점보다 높은 상태에서 운전되는 설비, 반응폭주 등 이상 화학반응에 의하여 위험물질이 발생할 우려가 있는 설비, 온도가 섭씨 350도 이상이거나 게이지 압력이 980킬로파스칼 이상인 상태에서 운전되는 설비, 가열로 또는 가열기 등이 있다.

84

Repetitive Learning (1회 2회 3회)

화학물질 및 물리적 인자의 노출기준에서 정한 유해인자에 대한 노출기준의 표시단위가 잘못 연결된 것은?

① 에어로졸 : ppm
② 증기 : ppm
③ 가스 : ppm
④ 고온 : 습구흑구온도지수(WBGT)

해설

- 에어로졸의 표시단위는 mg/m^3이다.

:: 유해물질 대상에 대한 노출기준의 표시단위

- 증기, 가스 : [ppm]
- 분진, 미스트, 에어로졸 : [mg/m^3]
- 고온 : [습구흑구온도지수]

0403 / 0902 / 1601 / 1803

85

Repetitive Learning (1회 2회 3회)

다음 [표]를 참조하여 메탄 70vol%, 프로판 21vol%, 부탄 9vol%인 혼합가스의 폭발범위를 구하면 약 몇 vol%인가?

가스	폭발하한계[vol%]	폭발상한계[vol%]
C_4H_{10}	1.8	8.4
C_3H_8	2.1	9.5
C_2H_6	3.0	12.4
CH_4	5.0	15.0

① 3.45 ~ 9.11
② 3.45 ~ 12.58
③ 3.85 ~ 9.11
④ 3.85 ~ 12.58

해설

- C_2H_6은 에탄이므로 제외한다.
- 메탄(CH_4), 프로판(C_3H_8), 부탄(C_4H_{10})의 종류별 몰분율은 70, 21, 9이다.
- 혼합가스의 폭발하한계는 $\dfrac{100}{\dfrac{70}{5}+\dfrac{21}{2.1}+\dfrac{9}{1.8}}=\dfrac{100}{14+10+5}$ $=3.45$[vol%]이다.
- 혼합가스의 폭발상한계는 $\dfrac{100}{\dfrac{70}{15}+\dfrac{21}{9.5}+\dfrac{9}{8.4}}=\dfrac{100}{4.67+2.2+1.07}$ =12.58[vol%]이다.
- 폭발범위는 3.45~12.58[vol%]이다.

:: 혼합가스의 폭발한계와 폭발범위 실필 1603

㉠ 폭발한계

- 혼합가스의 폭발한계는 혼합가스를 구성하는 각 가스의 폭발한계당 mol 분율 합의 역수로 구한다.
- 혼합가스의 폭발한계는 $\dfrac{1}{\sum_{i=1}^{n}\dfrac{\text{mol분율}}{\text{폭발한계}}}$로 구한다.
- [vol%]를 구할 때는 $\dfrac{100}{\sum_{i=1}^{n}\dfrac{\text{mol분율}}{\text{폭발한계}}}$[vol%] 식을 이용한다.

㉡ 폭발범위

- 폭발상한계와 폭발하한계를 각각 구해서 범위를 구한다.

0801 / 1601

86

Repetitive Learning (1회 2회 3회)

가연성 가스 A의 연소범위를 2.2~9.5[vol%]라고 할 때 가스 A의 위험도는 약 얼마인가?

① 2.52
② 3.32
③ 4.91
④ 5.64

정답 | 83 ④ 84 ① 85 ② 86 ②

해설

- 주어진 값을 대입하면 $\frac{9.5-2.2}{2.2}=\frac{7.3}{2.2}=3.32$이다.

:: 가스의 위험도 실필 1603

- 폭발을 일으키는 가연성 가스의 위험성의 크기를 나타낸다.
- $H=\frac{(U-L)}{L}$

H : 위험도
U : 폭발상한계
L : 폭발하한계

87

Repetitive Learning (1회 2회 3회)

다음 중 증기배관 내에 생성된 증기의 누설을 막고 응축수를 자동적으로 배출하기 위한 안전장치는?

① Steam trap
② Vent stack
③ Blow down
④ Flame arrester

해설

- Vent stack은 정상운전 또는 비상 운전 시 방출된 가스 또는 증기를 소각하지 않고 대기 중으로 안전하게 방출시키기 위하여 설치한 설비를 말한다.
- Blow down이란 불순물의 누적을 피하기 위해 보일러에서 의도적으로 물을 배출하는 행위를 말한다.
- Flame arrester는 인화방지망이라고도 하며 화염의 역화를 방지하기 위한 안전장치로 역화방지장치라고도 한다.

:: Steam trap

- 스팀의 누출을 방지하며, 응축수 및 불응축 가스를 배출하는 장치를 말한다.
- 증기배관 내에 생성된 증기의 누설을 막고 응축수를 자동적으로 배출하기 위한 안전장치이다.

88

Repetitive Learning (1회 2회 3회)

탄화칼슘이 물과 반응하였을 때 생성물을 옳게 나타낸 것은?

① 수산화칼슘 + 아세틸렌
② 수산화칼슘 + 수소
③ 염화칼슘 + 아세틸렌
④ 염화칼슘 + 수소

해설

- 물과 카바이드(탄화칼슘)가 결합하면 수산화칼슘과 아세틸렌(C_2H_2) 가스가 생성된다.

:: 물과 카바이드(탄화칼슘, CaC_2)의 결합

- $CaC_2+2H_2O \rightarrow Ca(OH)_2 + C_2H_2$로 반응하며 이때 74.2[J]의 열을 발생시킨다.
- 물과 카바이드의 결합으로 아세틸렌(C_2H_2)가스가 생성된다.

1703

89

Repetitive Learning (1회 2회 3회)

산업안전보건법령상 위험물질의 종류를 구분할 때 다음 물질들이 해당하는 것은?

리튬, 칼륨・나트륨, 황, 황린, 황화린・적린

① 폭발성 물질 및 유기과산화물
② 산화성 액체 및 산화성 고체
③ 물반응성 물질 및 인화성 고체
④ 급성독성물질

해설

- 보기의 물질은 모두 물반응성 물질 및 인화성 고체에 해당한다.

:: 위험물질의 분류와 그 종류 실필 1403/1101/1001/0803/0802

분류	종류
산화성 액체 및 산화성 고체	차아염소산, 아염소산, 염소산, 과염소산, 브롬산, 요오드산, 과산화수소 및 무기 과산화물, 질산 및 질산칼륨, 질산나트륨, 질산암모늄, 그 밖의 질산염류, 과망간산, 중크롬산 및 그 염류
가연성 고체	황화린, 적린, 유황, 철분, 금속분, 마그네슘, 인화성 고체
물반응성 물질 및 인화성 고체	리튬, 칼륨・나트륨, 황, 황린, 황화린・적린, 셀룰로이드류, 알킬알루미늄・알킬리튬, 마그네슘 분말, 금속 분말, 알칼리금속, 유기금속화합물, 금속의 수소화물, 금속의 인화물, 칼슘 탄화물, 알루미늄 탄화물
인화성 액체	에틸에테르, 가솔린, 아세트알데히드, 산화프로필렌, 노말헥산, 아세톤, 메틸에틸케톤, 메틸알코올, 에틸알코올, 이황화탄소, 크실렌, 아세트산아밀, 등유, 경유, 테레핀유, 이소아밀알코올, 아세트산, 하이드라진
인화성 가스	수소, 아세틸렌, 에틸렌, 메탄, 에탄, 프로판, 부탄
폭발성 물질 및 유기과산화물	질산에스테르류, 니트로 화합물, 니트로소 화합물, 아조 화합물, 디아조 화합물, 하이드라진 유도체, 유기과산화물
부식성 물질	농도 20% 이상인 염산・황산・질산, 농도 60% 이상인 인산・아세트산・불산, 농도 40% 이상인 수산화나트륨・수산화칼륨

87 ① 88 ① 89 ③ 정답

0803 / 1701

90 Repetitive Learning (1회 2회 3회)

다음 중 분진폭발의 특징으로 옳은 것은?

① 가스폭발보다 연소시간이 짧고, 발생에너지가 작다.
② 압력의 파급속도보다 화염의 파급속도가 빠르다.
③ 가스폭발에 비하여 불완전연소가 적게 발생한다.
④ 주위의 분진에 의해 2차, 3차의 폭발로 파급될 수 있다.

해설

- 분진폭발은 가스폭발보다 연소시간이 길고 발생에너지가 크다.
- 화염의 파급속도보다 압력의 파급속도가 더 크다.
- 가스에 비하여 불완전연소를 일으키기 쉽다.

분진의 발화폭발

㉠ 조건
- 분진이 발화폭발하기 위한 조건은 가연성, 미분상태, 공기 중에서의 교반과 유동 및 점화원의 존재이다.

㉡ 특징
- 화염의 파급속도보다 압력의 파급속도가 더 크다.
- 폭발한계 내에서 분진의 휘발성분이 많을수록 폭발하기 쉽다.
- 가스폭발에 비해 연소속도나 폭발압력은 작으나 연소시간이 길고 발생에너지가 크기 때문에 파괴력과 연소정도가 크다.

91 Repetitive Learning (1회 2회 3회)

제1종 분말소화약제의 주성분에 해당하는 것은?

① 사염화탄소
② 브롬화메탄
③ 수산화암모늄
④ 탄산수소나트륨

해설

- 제1종 분말소화약제의 주성분은 탄산수소나트륨으로 B, C급 화재에 적합하다.

분말 소화설비

㉠ 개요
- 기구가 간단하고 유지관리가 용이하다.
- 온도 변화에 대한 약제의 변질이나 성능의 저하가 없다.
- 다른 소화설비보다 소화능력이 우수하며 소화시간이 짧다.
- 안전하고, 저렴하고, 경제적이며, 어떤 화재에도 최대의 소화능력을 갖는다.
- 분말은 흡습력이 강하고, 금속의 부식을 일으키는 단점을 갖는다.

㉡ 분말 소화기의 구분

종별	주성분	적응화재
1종	탄산수소나트륨($NaHCO_3$)	B, C급 화재
2종	탄산수소칼륨($KHCO_3$)	B, C급 화재
3종	제1인산암모늄($NH_4H_2PO_4$)	A, B, C급 화재
4종	탄산수소칼륨과 요소와의 반응물($KC_2N_2H_3O_3$)	B, C급 화재

0702 / 1501

92 Repetitive Learning (1회 2회 3회)

다음 중 CF_3Br 소화약제를 가장 적절하게 표현한 것은?

① 하론 1031
② 하론 1211
③ 하론 1301
④ 하론 2402

해설

- 하론 번호표기의 첫 번째 숫자는 탄소(C), 두 번째 숫자는 불소(F), 세 번째 숫자는 염소(Cl), 네 번째 숫자는 브롬(Br)을 의미한다.

하론 소화약제 실필 1302/1102

㉠ 개요
- 종류는 하론104(CCl_4), 하론1011(CH_2ClBr), 하론2402($C_2F_4Br_2$), 하론1301(CF_3Br), 하론1211(CF_2ClBr) 등이 있다.
- 화재안전기준에서 정한 소화약제는 하론1301, 하론1211, 하론2402이다.

㉡ 구성과 표기
- 구성원소로는 탄소(C), 불소(F), 염소(Cl), 브롬(Br) 등이 있다.
- 하론 번호표기의 첫 번째 숫자는 탄소(C), 두 번째 숫자는 불소(F), 세 번째 숫자는 염소(Cl), 네 번째 숫자는 브롬(Br)을 의미한다.
- 세 번째 숫자에 해당하는 염소(Cl)는 화재 진압 시 일산화탄소와 반응하여 인체에 유해한 포스겐가스를 생성하므로 유의해야 한다.
- 네 번째 숫자에 해당하는 브롬(Br)은 연소의 억제효과가 큰 반면에 오존층을 파괴하고 염증을 야기하는 등 안정성이 낮아 취급에 주의해야 한다.

정답 | 90 ④ 91 ④ 92 ③

0502 / 0803 / 1101 / 1402

93
Repetitive Learning (1회 2회 3회)

산업안전보건법에 의한 공정안전보고서에 포함되어야 하는 내용 중 공정안전자료의 세부내용에 해당하지 않는 것은?

① 안전운전지침서
② 각종 건물 · 설비의 배치도
③ 유해 · 위험설비의 목록 및 사양
④ 위험설비의 안전설계 · 제작 및 설치관련 지침서

해설

- 안전운전지침서는 안전운전계획의 세부내용으로 공정안전자료와는 구분된다.

:: 공정안전보고서의 공정안전자료의 세부내용

- 취급 · 저장하고 있거나 취급 · 저장하려는 유해 · 위험물질의 종류 및 수량
- 유해 · 위험물질에 대한 물질안전보건자료
- 유해 · 위험설비의 목록 및 사양
- 유해 · 위험설비의 운전방법을 알 수 있는 공정도면
- 각종 건물 · 설비의 배치도
- 폭발위험장소 구분도 및 전기단선도
- 위험설비의 안전설계 · 제작 및 설치 관련 지침서

94
Repetitive Learning (1회 2회 3회)

자연발화 성질을 갖는 물질이 아닌 것은?

① 질화면
② 목탄분말
③ 아마인유
④ 과염소산

해설

- 질화면은 분해열로 자연발화한다.
- 목탄분말은 흡착열로 자연발화한다.
- 아마인유는 건성유로 산화열에 의해 자연발화한다.
- 과염소산($HClO_4$)은 산화성 액체로 자연발화 성질을 갖지 않는다.

:: 자연발화 원인별 분류와 물질

분해열	셀룰로이드, 니트로화합물, 과산화수소, 염소산칼륨 등
산화열	건성유, 원면, 액체산소 등
중합열	시안화수소, 염화비닐, 부타디엔 등
흡착열	활성탄, 목탄분말 등
미생물	퇴비, 먼지

0802 / 0903 / 1003 / 1303 / 1601 / 1603 / 2201

95
Repetitive Learning (1회 2회 3회)

위험물을 저장 · 취급하는 화학설비 및 그 부속설비를 설치할 때 '단위공정시설 및 설비로부터 다른 단위공정시설 및 설비의 사이'의 안전거리는 설비의 바깥 면으로부터 몇 [m] 이상이 되어야 하는가?

① 5 ② 10
③ 15 ④ 20

해설

- 단위공정시설 및 설비로부터 다른 단위공정시설 및 설비의 사이의 안전거리는 설비의 바깥 면으로부터 10m 이상이다.

:: 화학설비 및 부속설비 설치 시 안전거리 실필 2201

구분	안전거리
단위공정시설 및 설비로부터 다른 단위공정시설 및 설비의 사이	설비의 바깥 면으로부터 10m 이상
플레어스택으로부터 단위공정시설 및 설비, 위험물질 저장탱크 또는 위험물질 하역설비의 사이	플레어스택으로부터 반경 20m 이상
위험물질 저장탱크로부터 단위공정 시설 및 설비, 보일러 또는 가열로의 사이	저장탱크의 바깥 면으로부터 20m 이상
사무실 · 연구실 · 실험실 · 정비실 또는 식당으로부터 단위공정시설 및 설비, 위험물질 저장탱크, 위험물질 하역설비, 보일러 또는 가열로의 사이	사무실 등의 바깥 면으로부터 20m 이상

1702

96
Repetitive Learning (1회 2회 3회)

다음 중 왕복 펌프에 속하지 않는 것은?

① 피스톤 펌프 ② 플런저 펌프
③ 기어 펌프 ④ 격막 펌프

해설

- 기어 펌프는 회전 펌프의 한 종류이다.

:: 펌프의 분류

- 펌프는 물을 끌어올리는 원리에 따라 왕복 펌프, 원심 펌프, 축류 펌프, 회전 펌프, 특수 펌프로 구분된다.

왕복 펌프	피스톤 펌프, 플런저 펌프, 격막 펌프, 버킷 펌프 등
원심 펌프	터빈 펌프, 보어홀 펌프 등
축류 펌프	프로펠러 펌프
회전 펌프	기어 펌프, 베인 펌프
특수 펌프	제트 펌프

93 ① 94 ④ 95 ② 96 ③ 정답

97 Repetitive Learning 1회 2회 3회

두 물질을 혼합하면 위험성이 커지는 경우가 아닌 것은?

① 이황화탄소+물 ② 나트륨+물
③ 과산화나트륨+염산 ④ 염소산칼륨+적린

해설

- 이황화탄소는 가연성 증기의 발생을 억제하기 위해 물속에 저장하는 만큼 물과 접촉 시 위험성은 극히 낮다.

이황화탄소(CS_2)

- 인화성 액체에 해당하는 제4류 위험물 중 특수인화물로 지정수량은 50L이고, 위험등급은 Ⅰ이다.
- 비중이 1.26으로 물보다 무거우며 비수용성이므로 가연성 증기의 발생을 억제하여 화재를 예방하기 위해 물탱크에 저장한다.
- 착화온도가 100℃로 제4류 위험물 중 가장 낮으며 화재발생 시 자극성 유독가스를 발생시킨다.

1202 / 1702

98 Repetitive Learning 1회 2회 3회

5[%] NaOH 수용액과 10[%] NaOH 수용액을 반응기에 혼합하여 6[%] 100[kg]의 NaOH 수용액을 만들려면 각각 몇 [kg]의 NaOH 수용액이 필요한가?

① 5[%] NaOH 수용액 : 33.3, 10[%] NaOH 수용액 : 66.7
② 5[%] NaOH 수용액 : 50, 10[%] NaOH 수용액 : 50
③ 5[%] NaOH 수용액 : 66.7, 10[%] NaOH 수용액 : 33.3
④ 5[%] NaOH 수용액 : 80, 10[%] NaOH 수용액 : 20

해설

- 5[%] 수용액 a[kg]과 10[%] 수용액 b[kg]을 합하여 6[%] 100[kg]의 수용액을 만들어야 하는 경우이다.
- $0.05 \times a + 0.1 \times b = 0.06 \times 100$이며, 이때 $a+b=100$이 된다. 미지수를 하나로 정리하면 $0.05a + 0.1(100-a) = 0.06 \times 100$이다.
- $0.05a - 0.1a = -4$가 되므로 $0.05a = 4$이다.
- 따라서 $a=80$, $b=100-80=20$이 된다.

수용액의 농도

- 용액의 묽고 진한 정도를 나타내는 농도는 용액 속에 용질이 얼마나 녹아 있는지를 나타내는 값이다.
- 퍼센트[%] 농도는 용액 100g에 녹아있는 용질의 g수를 백분율로 나타낸 값으로 $\frac{\text{용질의 질량[g]}}{\text{용액의 질량[g]}} \times 100$ $= \frac{\text{용질의 질량[g]}}{\text{용매의 질량[g]+용질의 질량[g]}} \times 100$으로 구한다.

1102 / 1801

99 Repetitive Learning 1회 2회 3회

다음 중 허용노출기준(TWA)이 가장 낮은 물질은?

① 염소
② 암모니아
③ 에탄올
④ 메탄올

해설

- 허용노출기준이 낮은 것은 독성이 강하다는 의미이다.
- 제시된 보기의 TWA값은 염소가 0.5, 암모니아는 25, 에탄올 1,000, 메탄올 200으로 염소가 가장 낮은 값이며 가장 독성이 강하다.

TWA(Time Weighted Average) 실필 1301

- 시간가중 평균노출기준이라고 한다.
- 1일 8시간 작업을 기준으로 유해요인의 측정치에 발생시간을 곱하여 8로 나눈 값이다.
- 독성이 강할수록 TWA값은 작아진다.

유독물질	포스겐/불소	염소	니트로벤젠 염화수소	사염화탄소	나프탈렌	일산화탄소	아세톤	이산화탄소
TWA (ppm)	0.1	0.5	1	5	10	30	500	5,000
독성	← 강하다						약하다 →	

1201

100 Repetitive Learning 1회 2회 3회

산업안전보건법에 따라 위험물 건조설비 중 건조실을 설치하는 건축물의 구조를 독립된 단층건물로 하여야 하는 건조설비가 아닌 것은?

① 위험물 또는 위험물이 발생하는 물질을 가열・건조하는 경우 내용적이 1[m^3] 이상인 건조설비
② 위험물이 아닌 물질을 가열・건조하는 경우 액체연료의 최대사용량이 5[kg/h] 이상인 건조설비
③ 위험물이 아닌 물질을 가열・건조하는 경우 기체연료의 최대사용량이 1[m^3/h] 이상인 건조설비
④ 위험물이 아닌 물질을 가열・건조하는 경우 전기사용 정격용량이 10[kW] 이상인 건조설비

정답 | 97 ① 98 ④ 99 ① 100 ②

해설

- 위험물이 아닌 물질을 가열·건조하는 경우 고체 또는 액체연료의 최대사용량이 시간당 10kg 이상인 경우에는 건조실 구조를 독립된 단층건물로 해야 한다.

∷ 위험물 건조설비를 설치하는 건축물의 구조

- 독립된 단층건물이나 건축물의 최상층에 설치하여야 하고, 건축물은 내화구조이어야 한다.
- 위험물 또는 위험물이 발생하는 물질을 가열·건조하는 경우 내용적이 $1m^3$ 이상인 건조설비이어야 한다.
- 위험물이 아닌 물질을 가열·건조하는 경우
  - 고체 또는 액체연료의 최대사용량이 시간당 10kg 이상
  - 기체연료의 최대사용량이 시간당 $1m^3$ 이상
  - 전기사용 정격용량이 10kW 이상

6과목 건설공사 안전관리

0802 / 1301 / 1401 / 1802 / 1901 / 1903

101 Repetitive Learning (1회 2회 3회)

부두·안벽 등 하역작업을 하는 장소에서 부두 또는 안벽의 선을 따라 통로를 설치하는 경우에는 그 폭을 최소 얼마 이상으로 하여야 하는가?

① 70cm ② 80cm
③ 90cm ④ 100cm

해설

- 부두 또는 안벽의 선을 따라 통로를 설치하는 경우에는 폭을 90cm 이상으로 하여야 한다.

∷ 하역작업장의 조치기준 실필 2202/1803/1501

- 작업장 및 통로의 위험한 부분에는 안전하게 작업할 수 있는 조명을 유지할 것
- 부두 또는 안벽의 선을 따라 통로를 설치하는 경우에는 폭을 90cm 이상으로 할 것
- 육상에서의 통로 및 작업장소로서 다리 또는 선거(船渠)의 갑문(閘門)을 넘는 보도(步道) 등의 위험한 부분에는 안전난간 또는 울타리 등을 설치할 것

102 Repetitive Learning (1회 2회 3회)

다음은 산업안전보건법령에 따른 산업안전보건관리비의 사용에 관한 규정이다. ( )안에 들어갈 내용을 순서대로 옳게 작성한 것은?

건설공사 도급인은 고용노동부장관이 정하는 바에 따라 해당 건설공사를 위하여 계상된 산업안전보건관리비를 그가 사용하는 근로자와 그의 관계수급인이 사용하는 근로자의 산업재해 및 건강장해 예방에 사용하고 그 사용명세서를 ( ) 작성하고 건설공사 종료 후 ( )간 보존하여야 한다.

① 매월, 6개월
② 매월, 1년
③ 2개월 마다, 6개월
④ 2개월 마다, 1년

해설

- 건설공사도급인은 산업안전보건관리비를 사용하는 해당 건설공사의 금액이 4천만원 이상인 때에는 고용노동부장관이 정하는 바에 따라 매월(건설공사가 1개월 이내에 종료되는 사업의 경우에는 해당 건설공사가 끝나는 날이 속하는 달을 말한다) 사용명세서를 작성하고, 건설공사 종료 후 1년 동안 보존해야 한다.

∷ 산업안전보건관리비의 사용

- 건설공사도급인은 도급금액 또는 사업비에 계상(計上)된 산업안전보건관리비의 범위에서 그의 관계수급인에게 해당 사업의 위험도를 고려하여 적정하게 산업안전보건관리비를 지급하여 사용하게 할 수 있다.
- 건설공사도급인은 산업안전보건관리비를 사용하는 해당 건설공사의 금액이 4천만원 이상인 때에는 고용노동부장관이 정하는 바에 따라 매월(건설공사가 1개월 이내에 종료되는 사업의 경우에는 해당 건설공사가 끝나는 날이 속하는 달을 말한다) 사용명세서를 작성하고, 건설공사 종료 후 1년 동안 보존해야 한다.

103 Repetitive Learning (1회 2회 3회)

지반의 굴착 작업에 있어서 비가 올 경우를 대비한 직접적인 대책으로 옳은 것은?

① 측구 설치
② 낙하물 방지망 설치
③ 추락 방호망 설치
④ 매설물 등의 유무 또는 상태 확인

101 ③ 102 ② 103 ① 정답

해설

- 사업주는 비가 올 경우를 대비하여 측구(側溝)를 설치하거나 굴착경사면에 비닐을 덮는 등 빗물 등의 침투에 의한 붕괴재해를 예방하기 위하여 필요한 조치를 하여야 한다.

측구의 설치

- 노면 및 깍기 비탈면의 배수 및 도로보호를 목적으로 지반의 굴착 작업 시 비가 올 경우를 대비해서 설치한다.
- 산업안전보건기준의 규칙에서 사업주는 비가 올 경우를 대비하여 측구(側溝)를 설치하거나 굴착경사면에 비닐을 덮는 등 빗물 등의 침투에 의한 붕괴재해를 예방하기 위하여 필요한 조치를 하여야 한다고 규정하였다.

0901 / 1301 / 1503

104

Repetitive Learning (1회 2회 3회)

굴착공사에 있어서 비탈면붕괴를 방지하기 위하여 행하는 대책이 아닌 것은?

① 지표수의 침투를 막기 위해 표면배수공을 한다.
② 지하수위를 내리기 위해 수평배수공을 설치한다.
③ 비탈면 하단을 성토한다.
④ 비탈면 상부에 토사를 적재한다.

해설

- 비탈면 천단부(상부) 주변에는 굴착된 흙이나 재료 등을 적재해서는 안 된다.

굴착공사 시 비탈면 붕괴 방지대책

- 지표수의 침투를 막기 위해 표면배수공을 한다.
- 지하수위를 내리기 위해 수평배수공을 설치한다.
- 비탈면 하단을 성토한다.
- 비탈면 천단부(상부) 주변에는 굴착된 흙이나 재료 등을 적재해서는 안 된다.

1801 / 2101

105

Repetitive Learning (1회 2회 3회)

강관을 사용하여 비계를 구성하는 경우 준수해야 할 사항으로 옳지 않은 것은?

① 비계기둥의 간격은 띠장 방향에서는 1.85m 이하, 장선(長線) 방향에서는 1.5m 이하로 할 것
② 띠장 간격은 2m 이하로 설치할 것
③ 비계기둥의 제일 윗부분으로부터 31m 되는 지점 밑부분의 비계기둥은 3개의 강관으로 묶어세울 것
④ 비계기둥 간의 적재하중은 400kg을 초과하지 않도록 할 것

해설

- 비계기둥의 제일 윗부분으로부터 31m 되는 지점 밑부분의 비계기둥은 2개의 강관으로 묶어세운다.

강관비계의 구조

- 비계기둥의 간격은 띠장 방향에서는 1.85m 이하, 장선(長線) 방향에서는 1.5m 이하로 할 것
- 띠장 간격은 2m 이하로 설치할 것
- 비계기둥의 제일 윗부분으로부터 31m 되는 지점 밑부분의 비계기둥은 2개의 강관으로 묶어세울 것
- 비계기둥 간의 적재하중은 400kg을 초과하지 않도록 할 것

1302

106

Repetitive Learning (1회 2회 3회)

다음은 시스템 비계구성에 관한 내용이다. ( ) 안에 들어갈 말로 옳은 것은?

> 비계 밑단의 수직재와 받침철물은 밀착되도록 설치하고, 수직재와 받침철물의 연결부의 겹침 길이는 받침철물 ( )이상이 되도록 할 것

① 전체 길이의 4분의 1
② 전체 길이의 3분의 1
③ 전체 길이의 3분의 2
④ 전체 길이의 2분의 1

해설

- 시스템 비계의 수직재와 받침철물의 연결부의 겹침길이는 받침철물 전체 길이의 3분의 1 이상이 되도록 한다.

시스템 비계의 구조

- 수직재 · 수평재 · 가새재를 견고하게 연결하는 구조가 되도록 할 것
- 비계 밑단의 수직재와 받침철물은 밀착되도록 설치하고, 수직재와 받침철물의 연결부의 겹침길이는 받침철물 전체 길이의 3분의 1 이상이 되도록 할 것
- 수평재는 수직재와 직각으로 설치하여야 하며, 체결 후 흔들림이 없도록 견고하게 설치할 것
- 수직재와 수직재의 연결철물은 이탈되지 않도록 견고한 구조로 할 것
- 벽 연결재의 설치간격은 제조사가 정한 기준에 따라 설치할 것

정답 | 104 ④ 105 ③ 106 ②

0402 / 0501 / 0601 / 1502

107 Repetitive Learning 1회 2회 3회

강관틀비계(높이 5m 이상)의 넘어짐을 방지하기 위하여 사용하는 벽이음 및 버팀의 설치간격 기준으로 옳은 것은?

① 수직방향 5m, 수평방향 5m 이내
② 수직방향 6m, 수평방향 6m 이내
③ 수직방향 6m, 수평방향 8m 이내
④ 수직방향 8m, 수평방향 6m 이내

해설

- 강관틀비계의 조립 시 벽이음 간격은 수직 방향으로 6m, 수평 방향으로 8m 이내로 한다.

:: 강관비계 조립 시의 준수사항

- 강관비계의 조립(벽이음) 간격

강관비계의 종류	조립 간격(단위 : m)	
	수직방향	수평방향
단관비계	5	5
틀비계(높이 5m 미만 제외)	6	8

- 강관·통나무 등의 재료를 사용하여 견고한 것으로 할 것
- 인장재(引張材)와 압축재로 구성된 경우에는 인장재와 압축재의 간격을 1m 이내로 할 것

1103

108 Repetitive Learning 

건설현장에서 작업으로 인하여 물체가 떨어지거나 날아올 위험이 있는 경우에 대한 안전조치에 해당하지 않는 것은?

① 수직보호망 설치
② 방호선반 설치
③ 울타리설치
④ 낙하물 방지망 설치

해설

- 작업으로 인하여 물체가 떨어지거나 날아올 위험이 있는 경우 낙하물방지망, 수직보호망 또는 방호선반의 설치, 출입금지구역의 설정, 보호구의 착용 등 위험을 방지하기 위하여 필요한 조치를 하여야 한다.

:: 낙하물에 의한 위험방지대책 실필 1702

- 작업으로 인하여 물체가 떨어지거나 날아올 위험이 있는 경우 낙하물방지망, 수직보호망 또는 방호선반의 설치, 출입금지구역의 설정, 보호구의 착용 등 위험을 방지하기 위하여 필요한 조치를 하여야 한다.
- 낙하물방지망 또는 방호선반을 설치하는 경우 높이 10m 이내마다 설치하고, 내민 길이는 벽면으로부터 2m 이상으로 해야 하며, 수평면과의 각도는 20도 이상 30도 이하를 유지한다.

1303

109 Repetitive Learning 1회 2회 3회

흙막이 가시설 공사 중 발생할 수 있는 보일링(Boiling) 현상에 관한 설명으로 옳지 않은 것은?

① 이 현상이 발생하면 흙막이벽의 지지력이 상실된다.
② 지하수위가 높은 지반을 굴착할 때 주로 발한다.
③ 흙막이벽의 근입장 깊이가 부족할 경우 발생한다.
④ 연약한 점토지반에서 굴착면의 융기로 발생한다.

해설

- 보일링(Boiling)은 사질지반에서 나타나는 지반 융기현상이다.

:: 보일링(Boiling)

㉠ 개요
- 사질지반에서 흙막이벽 배면부의 지하수가 굴삭 바닥면으로 모래와 함께 솟아오르는 지반 융기현상이다.
- 지하수위가 높은 연약 사질토 지반을 굴착할 때 주로 발생한다.
- 굴착부와 배면의 지하수위의 차이로 인해 주로 발생한다.
- 흙막이벽의 근입장 깊이가 부족할 경우 발생한다.
- 굴착저면에서 액상화 현상에 기인하여 발생한다.
- 시트파일(Sheet pile) 등의 저면에 분사현상이 발생한다.
- 보일링으로 인해 흙막이벽의 지지력이 상실된다.

㉡ 대책 실필 1901/1401/1302/1003
- 굴착배면의 지하수위를 낮춘다.
- 토류벽의 근입 깊이를 깊게 한다.
- 토류벽 선단에 코어 및 필터층을 설치한다.
- 투수거리를 길게 하기 위한 지수벽을 설치한다.

0703 / 1503

110 Repetitive Learning 1회 2회 3회

거푸집 동바리 등을 조립하는 경우에 준수해야 할 기준으로 옳지 않은 것은?

① 동바리의 상하 고정 및 미끄러짐 방지 조치를 하고, 하중의 지지상태를 유지할 것
② 강재와 강재와의 접속부 및 교차부는 볼트·클램프 등 전용철물을 사용하여 단단히 연결할 것
③ 상부·하부의 동바리가 동일 수직선상에 위치하도록 하여 깔판·받침목에 고정시킬 것
④ 동바리로 사용하는 파이프 서포트는 4본 이상 이어서 사용하지 않도록 할 것

해설

- 동바리로 사용하는 파이프 서포트를 3개 이상 이어서 사용하지 않도록 하여야 한다.

107 ③ 108 ③ 109 ④ 110 ④ 정답

거푸집 동바리 등의 안전조치

㉠ 공통사항
- 받침목의 사용, 콘크리트 타설, 말뚝박기 등 동바리의 침하를 방지하기 위한 조치를 할 것
- 동바리의 상하 고정 및 미끄러짐 방지 조치를 할 것
- 상부·하부의 동바리가 동일 수직선상에 위치하도록 하여 깔판·받침목에 고정시킬 것
- 개구부 상부에 동바리를 설치하는 경우에는 상부하중을 견딜 수 있는 견고한 받침대를 설치할 것
- U헤드 등의 단판이 없는 동바리의 상단에 멍에 등을 올릴 경우에는 해당 상단에 U헤드 등의 단판을 설치하고, 멍에 등이 전도되거나 이탈되지 않도록 고정시킬 것
- 동바리의 이음은 같은 품질의 재료를 사용할 것
- 강재의 접속부 및 교차부는 볼트·클램프 등 전용철물을 사용하여 단단히 연결할 것
- 거푸집의 형상에 따른 부득이한 경우를 제외하고는 깔판이나 받침목은 2단 이상 끼우지 않도록 할 것
- 깔판이나 받침목을 이어서 사용하는 경우에는 그 깔판·받침목을 단단히 연결할 것

㉡ 동바리로 사용하는 파이프 서포트
- 파이프 서포트를 3개 이상 이어서 사용하지 않도록 할 것
- 파이프 서포트를 이어서 사용하는 경우에는 4개 이상의 볼트 또는 전용철물을 사용하여 이을 것
- 높이가 3.5m를 초과하는 경우 2m 이내마다 수평연결재를 2개 방향으로 설치할 것

㉢ 동바리로 사용하는 강관틀의 경우
- 강관틀과 강관틀 사이에 교차가새를 설치할 것
- 최상단 및 5단 이내마다 동바리의 측면과 틀면의 방향 및 교차가새의 방향에서 5개 이내마다 수평연결재를 설치하고 수평연결재의 변위를 방지할 것
- 최상단 및 5단 이내마다 동바리의 틀면의 방향에서 양단 및 5개틀 이내마다 교차가새의 방향으로 띠장틀을 설치할 것

0401 / 1501 / 1803

111

장비가 위치한 지면보다 낮은 장소를 굴착하는 데 적합한 장비는?

① 백호우 ② 파워셔블
③ 트럭 크레인 ④ 진폴

해설
- 파워셔블은 기계가 서 있는 지면보다 높은 곳을 파는 작업에 가장 적합한 굴착기계이다.
- 트럭 크레인은 운반작업에 편리하고 평면적인 넓은 장소에서 기동력 있게 작업할 수 있는 철골용 기계장비이다.
- 진폴은 철제나 나무를 기둥으로 세운 후 윈치나 사람의 힘을 이용해 화물을 인양하는 설비이다.

백호우(Back hoe)
- 기계가 위치한 지면보다 낮은 장소를 굴착하는 데 적합한 장비이다.
- 지반보다 6m 정도 깊은 경질 지반의 기초파기에 적합한 굴착기계이다.
- 비교적 굳은 지반 토질의 구멍파기나 도랑파기 작업에 이용된다.

1303 / 1703

112

터널 지보공을 조립하는 경우에는 미리 그 구조를 검토한 후 조립도를 작성하고, 그 조립도에 따라 조립하도록 하여야 하는데 이 조립도에 명시해야 할 사항과 가장 거리가 먼 것은?

① 이음방법
② 단면규격
③ 재료의 재질
④ 재료의 구입처

해설
- 터널 지보공의 경우 조립도에 이음방법 및 설치간격, 단면의 규격, 재료의 재질 등을 명시하여야 한다.

조립도 명시사항
- 터널 지보공의 경우 이음방법 및 설치간격, 단면의 규격, 재료의 재질 등을 명시하여야 한다.
- 거푸집 동바리의 경우 동바리·멍에 등 부재의 재질, 단면규격, 설치간격 및 이음방법 등을 명시하여야 한다.

113

Repetitive Learning 1회 2회 3회

건설공사도급인은 건설공사 중에 가설구조물의 붕괴 등 산업재해가 발생할 위험이 있다고 판단되면 건축·토목 분야의 전문가의 의견을 들어 건설공사 발주자에게 해당 건설공사의 설계변경을 요청할 수 있는데, 이러한 가설구조물의 기준으로 옳지 않은 것은?

① 높이 20m 이상인 비계
② 작업발판 일체형 거푸집 또는 높이 6m 이상인 거푸집 동바리
③ 터널의 지보공 또는 높이 2m 이상인 흙막이 지보공
④ 동력을 이용하여 움직이는 가설구조물

정답 | 111 ① 112 ④ 113 ①

해설

- 높이 20미터 이상인 비계가 아니라 31미터 이상인 비계에 대해서 설계변경을 요청할 수 있다.

:: 가설구조물 설계변경 요청 대상 및 전문가의 범위

㉠ 설계변경 요청 대상
- 높이 31미터 이상인 비계
- 작업발판 일체형 거푸집 또는 높이 6미터 이상인 거푸집 동바리
- 터널의 지보공 또는 높이 2미터 이상인 흙막이 지보공
- 동력을 이용하여 움직이는 가설구조물

㉡ 전문가의 범위
- 건축구조기술사
- 토목구조기술사
- 토질및기초기술사
- 건설기계기술사

1003 / 1603

114 Repetitive Learning (1회 2회 3회)

콘크리트 타설 시 안전수칙으로 옳지 않은 것은?

① 타설 순서는 계획에 의하여 실시하여야 한다.
② 진동기는 최대한 많이 사용하여야 한다.
③ 콘크리트를 치는 도중에는 거푸집, 지보공 등의 이상 유무를 확인하여야 한다.
④ 손수레로 콘크리트를 운반할 때에는 손수레를 타설하는 위치까지 천천히 운반하여 거푸집에 충격을 주지 아니하도록 타설하여야 한다.

해설

- 진동기 사용 시 지나친 진동은 거푸집 붕괴의 원인이 될 수 있으므로 적절히 사용해야 한다.

:: 콘크리트의 타설작업 실필 1802/1502

- 당일의 작업을 시작하기 전에 해당 작업에 관한 거푸집 동바리 등의 변형·변위 및 지반의 침하 유무 등을 점검하고 이상이 있으면 보수할 것
- 작업 중에는 거푸집 동바리 등의 변형·변위 및 침하 유무 등을 감시할 수 있는 감시자를 배치하여 이상이 있으면 작업을 중지하고 근로자를 대피시킬 것
- 콘크리트 타설작업 시 거푸집 붕괴의 위험이 발생할 우려가 있으면 충분한 보강조치를 할 것
- 설계도서상의 콘크리트 양생기간을 준수하여 거푸집 동바리 등을 해체할 것
- 콘크리트를 타설하는 경우에는 편심이 발생하지 않도록 골고루 분산하여 타설할 것

1402 / 2103

115 Repetitive Learning (1회 2회 3회)

건설현장에서 사용되는 작업발판 일체형 거푸집의 종류에 해당되지 않는 것은?

① 갱폼(gang form)
② 슬립폼(slip form)
③ 클라이밍 폼(climbing form)
④ 유로폼(euro form)

해설

- 작업발판 일체형 거푸집의 종류에는 갱 폼(Gang form), 슬립 폼(Slip form), 클라이밍 폼(Climbing form), 터널라이닝 폼(Tunnel lining form) 등이 있다.

:: 작업발판 일체형 거푸집 실필 1301

- 작업발판 일체형 거푸집은 거푸집의 설치·해체, 철근 조립, 콘크리트 타설, 콘크리트면처리 작업 등을 위하여 작업발판과 일체로 제작하여 사용하는 거푸집을 말한다.
- 종류에는 갱 폼(Gang form), 슬립 폼(Slip form), 클라이밍 폼(Climbing form), 터널라이닝 폼(Tunnel lining form), 그 밖에 거푸집과 작업발판이 일체로 제작된 거푸집 등이 있다.

116 Repetitive Learning (1회 2회 3회)

가설통로 설치에 있어 경사가 최소 얼마를 초과하는 경우에는 미끄러지지 아니하는 구조로 하여야 하는가?

① 15도 ② 20도
③ 30도 ④ 40도

해설

- 가설통로 설치 시 경사가 15°를 초과하는 경우에는 미끄러지지 아니하는 구조로 하여야 한다.

:: 가설통로 설치 시 준수기준 실필 2301/1801/1703/1603

- 높이 8m 이상인 비계다리에서는 7m 이내마다 계단참을 설치할 것
- 수직갱에 가설된 통로의 길이가 15m 이상인 경우에는 10m 이내마다 계단참을 설치할 것
- 경사가 15°를 초과하는 경우에는 미끄러지지 아니하는 구조로 할 것
- 추락할 위험이 있는 장소에는 안전난간을 설치할 것
- 경사로의 폭은 최소 90cm 이상으로 할 것
- 발판 폭 40cm 이상, 틈 3cm 이하로 할 것
- 경사는 30° 이하로 할 것

114 ② 115 ④ 116 ① | 정답

0502 / 1303 / 1901

117

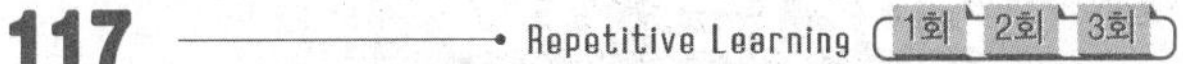

건설업 중 교량 건설공사의 경우 유해·위험방지계획서를 제출하여야 하는 기준으로 옳은 것은?

① 최대지간길이가 40m 이상인 교량 건설공사
② 최대지간길이가 50m 이상인 교량 건설공사
③ 최대지간길이가 70m 이상인 교량 건설공사
④ 최대지간길이가 90m 이상인 교량 건설공사

해설

- 유해·위험방지계획서 제출대상 공사의 규모 기준에서 교량 건설 등의 공사의 경우 최대지간길이가 50m 이상이어야 한다.

유해·위험방지계획서 제출대상 공사 실필 1701

- 지상높이가 31m 이상인 건축물 또는 인공구조물, 연면적 3만m^2 이상인 건축물 또는 연면적 5천m^2 이상의 문화 및 집회시설(전시장 및 동물원·식물원은 제외), 판매시설, 운수시설(고속철도의 역사 및 집배송시설은 제외), 종교시설, 의료시설 중 종합병원, 숙박시설 중 관광숙박시설, 지하도상가 또는 냉동·냉장창고시설의 건설·개조 또는 해체공사
- 연면적 5천m^2 이상인 냉동·냉장창고시설의 설비공사 및 단열공사
- 최대지간길이가 50m 이상인 교량 건설 등의 공사
- 터널 건설 등의 공사
- 다목적 댐, 발전용 댐 및 저수용량 2천만톤 이상의 용수 전용 댐, 지방상수도 전용 댐 건설 등의 공사
- 깊이 10m 이상인 굴착공사

0601 / 0701 / 1103 / 1701

118

Repetitive Learning

굴착과 싣기를 동시에 할 수 있는 토공기계가 아닌 것은?

① Power shovel
② Tractor shovel
③ Back hoe
④ Motor grader

해설

- 백호우와 셔블계 건설기계(파워셔블, 트랙터셔블 등)는 굴착과 함께 싣기가 가능한 토공기계이다.

모터그레이더(Motor grader)

- 자체 동력으로 움직이는 그레이더로 2개의 바퀴 축 사이에 회전날이 달려있어 땅을 평평하게 할 때 사용되는 기계이다.
- 정지작업, 자갈길의 유지 보수, 도로 건설 시 측구 굴착, 초기 제설 등에 적합한 기계이다.

119

Repetitive Learning 1회 2회 3회

강관틀비계를 조립하여 사용하는 경우 준수하여야 할 사항으로 옳지 않은 것은?

① 비계기둥의 밑둥에는 밑받침 철물을 사용할 것
② 높이가 20m를 초과하거나 중량물의 적재를 수반하는 작업을 할 경우에는 주틀 간의 간격을 1.8m 이하로 할 것
③ 주틀 간에 교차가새를 설치하고 최하층 및 3층 이내마다 수평재를 설치할 것
④ 길이가 띠장 방향으로 4m 이하이고 높이가 10m를 초과하는 경우에는 10m 이내마다 띠장 방향으로 버팀기둥을 설치할 것

해설

- 강관틀비계 조립 시 주틀 간에 교차가새를 설치하고 최상층 및 5층 이내마다 수평재를 설치한다.

강관틀비계 조립 시 준수사항

- 비계기둥의 밑둥에는 밑받침 철물을 사용하여야 하며 밑받침에 고저차(高低差)가 있는 경우에는 조절형 밑받침 철물을 사용하여 각각의 강관틀비계가 항상 수평 및 수직을 유지하도록 할 것
- 높이가 20m를 초과하거나 중량물의 적재를 수반하는 작업을 할 경우에는 주틀 간의 간격을 1.8m 이하로 할 것
- 주틀 간에 교차가새를 설치하고 최상층 및 5층 이내마다 수평재를 설치할 것
- 수직방향으로 6m, 수평방향으로 8m 이내마다 벽이음을 할 것
- 길이가 띠장 방향으로 4m 이하이고 높이가 10m를 초과하는 경우에는 10m 이내마다 띠장 방향으로 버팀기둥을 설치할 것

120

Repetitive Learning 1회 2회 3회

산업안전보건법령에 따른 양중기의 종류에 해당하지 않는 것은?

① 고소작업차　② 이동식 크레인
③ 승강기　④ 리프트(Lift)

해설

- 고소작업차는 차량계 하역운반기계 등에 속한다.

양중기의 종류 실필 1601

- 크레인[Crane)(호이스트(Hoist) 포함}
- 이동식크레인
- 리프트(이삿짐운반용의 경우 적재하중 0.1톤 이상)
- 곤돌라
- 승강기

정답 117 ② 118 ④ 119 ③ 120 ①

출제문제 분석 2021년 3회

구분	1과목	2과목	3과목	4과목	5과목	6과목	합계
New유형	**4**	**2**	**1**	**3**	**1**	**5**	**16**
New문제	10	9	10	7	2	9	47
또나온문제	4	6	4	6	9	4	33
자꾸나온문제	6	5	6	7	9	7	40
합계	20	20	20	20	20	20	120

- New유형은 New문제 중 기존 기출문제와 완전히 다른 유형의 문제를 말합니다.
- New문제는 기존에 출제되지 않은 문제로 이번에 처음 출제되는 문제입니다.
- 또나온문제는 기존에 출제된 적이 1번 있는 문제를 말합니다.
- 자꾸나온문제는 기존에 출제된 적이 2번 이상 있는 문제를 말합니다. 그만큼 중요한 문제입니다.

몇 년분의 기출문제를 공부해야 합격할 수 있을까요?

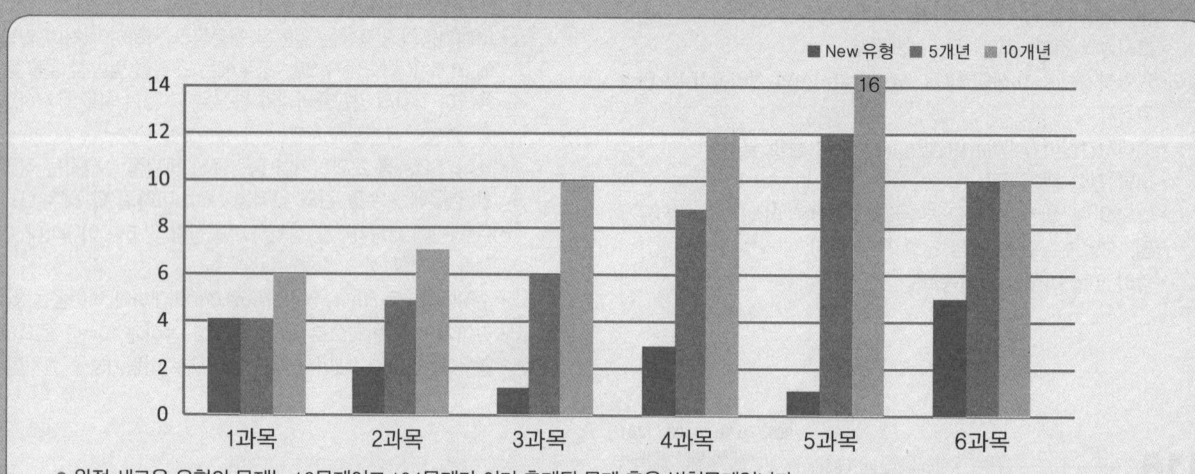

- 완전 새로운 유형의 문제는 16문제이고 104문제가 이미 출제된 문제 혹은 변형문제입니다.
- 5년분(2016～2020) 기출에서 동일문제가 46문항이 출제되었고, 10년분(2011～2020) 기출에서 동일문제가 61문항이 출제되었습니다.

실기에 나왔어요!! 외우세요!!!

실기시험은 필답형과 작업형으로 구분되어 있으며 모두 주관식으로 직접 내용을 적어야 합니다. 필기 공부하면서 실기 출제된 내역들은 좀 더 신경써서 암기하실 필요가 있어요. 필기 합격자 발표 난 후 실기시험까지는 5주밖에 여유가 없답니다. 어차피 공부할 것 필기 때 확실하게 해준다면 실기도 단방에 합격할 수 있습니다.

- 총 35개의 해설이 실기 필답형 시험과 연동되어 있습니다.
- 총 2개의 해설이 실기 작업형 시험과 연동되어 있습니다.

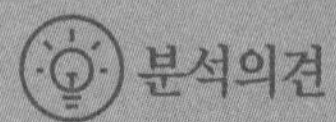

분석의견

수험생들이 가장 자신있어하는 과목중의 하나인 1과목에서 신규문제가 4문제 출제되어 시험지를 받아본 후 다소 당황하셨을 것으로 판단됩니다. 6과목도 신규문제가 5문제나 출제되었지만 최근 5년분의 기출에서 10문제나 출제됨에 따라 1과목과는 느껴지는 난이도에서 차이가 컸습니다. 그외 과목은 평이한 난이도를 보였습니다. 이에 합격률은 46.5%로 평균수준이었습니다. 합격에 필요한 점수를 획득하기 위해서는 최근 10년분 문제 2회독 이상 + 유형별 핵심이론의 정독이 필요할 것으로 판단됩니다.

2021년 제3회

21년 3회차 필기시험
합격률 46.5%

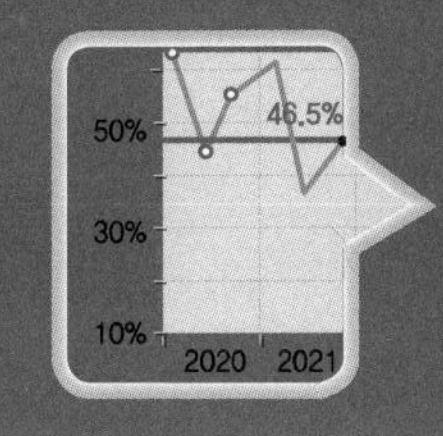

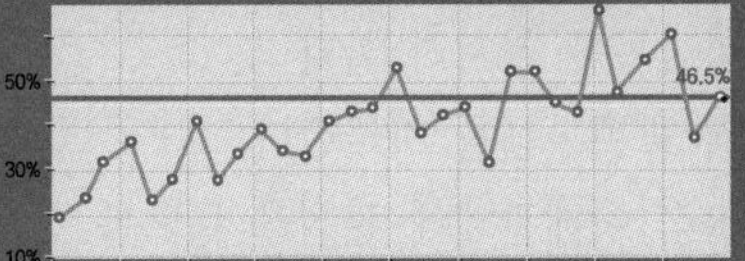

2021년 8월 14일 필기

1과목 산업재해 예방 및 안전보건교육

01 Repetitive Learning (1회 2회 3회)

재해사례연구 순서로 옳은 것은?

> 재해상황의 파악 → (㉠) → (㉡) → 근본적 문제점의 결정 → (㉢)

① ㉠ 문제점의 발견, ㉡ 대책수립, ㉢ 사실의 확인
② ㉠ 문제점의 발견, ㉡ 사실의 확인, ㉢ 대책수립
③ ㉠ 사실의 확인, ㉡ 대책수립, ㉢ 문제점의 발견
④ ㉠ 사실의 확인, ㉡ 문제점의 발견, ㉢ 대책수립

해설

- 재해사례연구 시 가장 먼저 재해 상황에 대해 파악한 후 사실 확인에 들어가야 하며, 이를 통해 문제점을 발견·결정하고 대책을 수립하는 과정을 거친다.

재해조사와 재해사례연구

㉠ 개요
- 재해조사는 재해조사 → 원인분석 → 대책수립 → 실시계획 → 실시 → 평가의 순을 따른다.
- 재해사례의 연구는 재해 상황 파악 → 사실 확인 → 직접원인과 문제점 확인 → 근본 문제점 결정 → 대책수립의 단계를 따른다.

㉡ 재해조사 시 유의사항
- 피해자에 대한 구급조치를 최우선으로 한다.
- 가급적 재해 현장이 변형되지 않은 상태에서 실시한다.
- 사실 이외의 추측되는 말은 참고용으로만 활용한다.
- 사람, 기계설비 양면의 재해요인을 모두 도출한다.
- 과거 사고 발생 경향 등을 참고하여 조사한다.
- 객관적 입장에서 재해방지에 우선을 두고 조사하며, 조사는 2인 이상이 한다.

02 Repetitive Learning (1회 2회 3회)

안전점검표(체크리스트) 항목 작성 시 유의사항으로 틀린 것은?

① 정기적으로 검토하여 설비나 작업방법이 타당성 있게 개조된 내용일 것
② 사업장에 적합한 독자적 내용을 가지고 작성할 것
③ 위험성이 낮은 순서 또는 긴급을 요하는 순서대로 작성할 것
④ 점검항목을 이해하기 쉽게 구체적으로 표현할 것

해설

- 위험도가 높거나 긴급을 요하는 것(중점도가 높은 것)부터 작성한다.

안전점검 체크리스트(Check list)

㉠ 개요
- 일상점검이나 일일점검과 같이 지속적으로 관리해야 할 현장에서 점검내용 등을 체크한 후 기록하는 자료이다.
- 체크리스트는 점검 대상(항목), 점검 부분(내용), 점검 방법 및 적합 여부 등을 포함해야 한다.

㉡ 판정기준과 방법
- 대안과 비교하여 양부를 판정한다.
- 한 개의 절대 척도나 상대 척도에 의할 때는 수치로 나타낸다.
- 복수의 절대 척도나 상대 척도로 조합된 문항은 기준점 이하로 나타낸다.

㉢ 항목 작성 시 유의사항
- 가능한 한 일정한 양식으로 작성한다.
- 위험도가 높거나 긴급을 요하는 것(중점도가 높은 것)부터 작성한다.
- 정기적으로 검토하여 설비나 작업방법이 타당성 있게 개조된 내용으로 한다.
- 사업장에 적합한 독자적 내용을 가지고 작성한다.
- 점검항목을 이해하기 쉽게 구체적으로 표현한다.

정답 | 01 ④ 02 ③

03 Repetitive Learning 1회 2회 3회

안전교육에 있어서 동기부여 방법으로 가장 거리가 먼 것은?

① 책임감을 느끼게 한다.
② 관리감독을 철저히 한다.
③ 자기 보존본능을 자극한다.
④ 물질적 이해관계에 관심을 두도록 한다.

해설

- 안전동기를 부여하기 위해서는 통제와 관리보다는 스스로 책임감을 갖도록 하여야 한다.

동기부여(Motivation)

㉠ 개요
- 인간을 포함한 동물에게 목표를 지정하고 그 목표를 지향하여 생각하고 행동하도록 하는 것을 말한다.

㉡ 안전동기를 부여하는 방법
- 경쟁과 협동심을 유발시킨다.
- 안전목표를 명확히 설정한다.
- 상벌제도를 합리적으로 시행한다.
- 동기유발의 최적수준을 유지토록 한다.

04 Repetitive Learning 1회 2회 3회

교육과정 중 학습경험 조직의 원리에 해당하지 않는 것은?

① 기회의 원리　② 계속성의 원리
③ 계열성의 원리　④ 통합성의 원리

해설

- 학습경험 조직의 원리에는 스코프, 통합성, 계열성, 수직적 연계성, 계속성의 원리가 있다.

학습경험 조직의 원리
- 학습경험 즉, 교육내용을 구성하는 지식, 기능, 가치 등을 가장 잘 전달될 수 있도록 조직화하는 원리를 말한다.
- 수평적 조직원리와 수직적 조직원리로 구분할 수 있다.

수평적	스코프(Scope)	특정 시저에서 학생들이 배우는 내용의 폭과 깊이를 말한다.
	통합성	교육내용을 관련된 것 들끼리 연계하는 것을 말한다.
수직적	계열성	교육의 순서를 결정하는 것을 말한다.
	수직적 연계성	이전에 배운 내용과 앞으로 배울 내용이 잘 연결되도록 교육내용을 조직화하는 것을 말한다.
	계속성	학습경험의 요소들을 반복 경험하도록 조직화하는 것을 말한다.

05 Repetitive Learning 1회 2회 3회

근로자 1,000명 이상의 대규모 사업장에 적합한 안전관리 조직의 유형은?

① 직계식 조직　② 참모식 조직
③ 병렬식 조직　④ 직계참모식 조직

해설

- 직계식은 소규모(100명 이하) 사업장에 적합한 안전관리 조직이다.
- 참모식은 중규모(100~1,000명) 사업장에 적합한 안전관리 조직이다.

직계-참모(Line-staff)형 조직

㉠ 개요
- 가장 이상적인 조직형태로 1,000명 이상의 대규모 사업장에서 주로 사용된다.
- 라인의 관리·감독자에게도 안전에 관한 책임과 권한이 부여된다.
- 안전계획, 평가 및 조사는 스태프에서, 생산기술의 안전대책은 라인에서 실시한다.

㉡ 장점
- 안전 전문가에 의해 입안된 것을 경영자의 지침으로 명령 실시하므로 정확하고 신속하다.
- 조직원 전원을 자율적으로 안전활동에 참여시킬 수 있다.
- 라인의 관리, 감독자에게도 안전에 관한 책임과 권한이 부여된다.
- 안전활동과 생산업무가 유리될 우려가 없기 때문에 균형을 유지할 수 있어 이상적인 조직형태이다.

㉢ 단점
- 명령계통과 조언·권고적 참여가 혼동되기 쉽다.
- 스태프의 월권행위가 발생하는 경우가 있다.
- 라인이 스태프에 의존하거나 스태프를 활용하지 않는 경우가 있다.

06 Repetitive Learning 1회 2회 3회

산업안전보건법령상 명시된 타워크레인을 사용하는 작업에서 신호업무를 하는 작업 시 특별교육 대상 작업별 교육 내용이 아닌 것은?(단, 그 밖에 안전·보건관리에 필요한 사항은 제외한다.)

① 신호방법 및 요령에 관한 사항
② 걸고리·와이어로프 점검에 관한 사항
③ 화물의 취급 및 안전작업방법에 관한 사항
④ 인양물이 적재될 지반의 조건, 인양하중, 풍압 등이 인양물과 타워크레인에 미치는 영향

03 ② 04 ① 05 ④ 06 ② 정답

해설

- 타워크레인을 사용하는 작업 시 신호업무를 하는 작업의 특별교육내용에는 ①, ③, ④ 외에 타워크레인의 기계적 특성 및 방호장치 등에 관한 사항, 인양 물건의 위험성 및 낙하·비래·충돌재해 예방에 관한 사항 등이 있다.

타워크레인을 사용하는 작업 시 신호업무를 하는 작업의 특별교육내용

- 타워크레인의 기계적 특성 및 방호장치 등에 관한 사항
- 화물의 취급 및 안전작업방법에 관한 사항
- 신호방법 및 요령에 관한 사항
- 인양 물건의 위험성 및 낙하·비래·충돌재해 예방에 관한 사항
- 인양물이 적재될 지반의 조건, 인양하중, 풍압 등이 인양물과 타워크레인에 미치는 영향
- 그 밖에 안전·보건관리에 필요한 사항

07

Repetitive Learning 1회 2회 3회

산업안전보건법령상 안전보건표지의 종류와 형태 중 관계자 외 출입금지에 해당하지 않는 것은?

① 관리대상물질 작업장
② 허가대상물질 작업장
③ 석면취급·해체 작업장
④ 금지대상물질의 취급 실험실

해설

- 관계자 외 출입금지 표지의 대상은 허가대상 유해물질 취급 작업장, 석면취급 및 해체 제거 작업장, 금지유해물질 취급장소이다.

관계자 외 출입금지표지 대상 실필 1603/1103

- 허가대상 유해물질 취급 작업장
- 석면취급 및 해체·제거 작업장
- 금지유해물질 취급장소

0602

08

하인리히 재해 구성 비율 중 무상해사고가 600건이라면 사망 또는 중상 발생 건수는?

① 1
② 2
③ 29
④ 58

해설

- 1 : 29 : 300에서 무상해사고가 600건이라면 2 : 58 : 600의 비를 의미한다. 사고 발생건수는 총 660건이며, 중상이 2, 경상이 58건이다

하인리히의 재해구성 비율

- 중상 : 경상 : 무상해사고가 각각 1 : 29 : 300인 재해구성 비율을 말한다.
- 총 사고 발생건수 330건을 대상으로 분석했을 때 중상 1, 경상 29, 무상해사고 300건이 발생했음을 의미한다.

09

Repetitive Learning 1회 2회 3회

보호구 안전인증 고시상 추락방지대가 부착된 안전대 일반구조에 관한 내용 중 틀린 것은?

① 죔줄은 합성섬유 로프를 사용해서는 안 된다.
② 고정된 추락방지대의 수직구명줄은 와이어로프 등으로 하며 최소지름이 8mm 이상이어야 한다.
③ 수직구명줄에서 걸이설비와의 연결부위는 훅 또는 카라비너 등이 장착되어 걸이설비와 확실히 연결되어야 한다.
④ 추락방지대를 부착하여 사용하는 안전대는 신체지지의 방법으로 안전그네만을 사용하여야 하며 수직구명줄이 포함되어야 한다.

해설

- 죔줄은 합성섬유 로프, 웨빙, 와이어로프 등을 사용한다.

추락방지대가 부착된 안전대의 구조

- 추락방지대를 부착하여 사용하는 안전대는 신체지지의 방법으로 안전그네만을 사용하여야 하며 수직구명줄이 포함될 것
- 수직구명줄에서 걸이설비와의 연결부위는 훅 또는 카라비너 등이 장착되어 걸이설비와 확실히 연결될 것
- 유연한 수직구명줄은 합성섬유로프 또는 와이어로프 등이어야 하며 구명줄이 고정되지 않아 흔들림에 의한 추락방지대의 오작동을 막기 위하여 적절한 긴장수단을 이용, 팽팽히 당겨질 것
- 죔줄은 합성섬유로프, 웨빙, 와이어로프 등일 것
- 고정된 추락방지대의 수직구명줄은 와이어로프 등으로 하며 최소지름이 8mm 이상일 것
- 고정 와이어로프에는 하단부에 무게추가 부착되어 있을 것

0602 / 0802 / 1603

10

Repetitive Learning 1회 2회 3회

강의식 교육지도에서 가장 많은 시간을 소비하는 단계는?

① 도입
② 제시
③ 적용
④ 확인

정답 | 07 ① 08 ② 09 ① 10 ②

해설

- 강의식 교육에서는 도입, 제시, 적용, 확인단계 중 제시단계에서 가장 많은 시간이 소요된다.

강의식(Lecture method)

㉠ 개요
- 안전교육방법 중 수업의 도입이나 초기단계에 적용하며, 단시간에 많은 내용을 교육하는 경우에 가장 적절한 방법이다.
- 짧은 교육기간에 많은 인원의 대상에게 비교적 많은 내용을 전달하기 위한 교육방법이다.
- 도입, 제시, 적용, 확인단계 중 제시단계에서 가장 많은 시간이 소요된다.

㉡ 장점
- 적은 시간에 많은 내용을 많은 대상에게 교육시킬 수 있어 다른 방법에 비해 경제적이다.
- 전체적인 교육내용을 제시하거나, 새로운 과업 및 작업단위의 도입단계에 유효하다.
- 교육시간에 대한 조정(계획과 통제)이 용이하다.
- 난해한 문제에 대하여 평이하게 설명이 가능하다.

㉢ 단점
- 상대적으로 피드백이 부족하다. 즉, 피교육생의 참여가 제약된다.
- 교육 대상 집단 내 수준차로 인해 교육의 효과가 감소할 가능성이 있다.
- 참가자의 동기유발이 어렵고 수동적으로 참가하기 쉽다.
- 일방적 교육으로 학습결과의 개별화나 사회화가 어렵다.

0601 / 1002 / 1502

11

Repetitive Learning (1회 2회 3회)

다음 중 레빈(Lewin. K)에 의하여 제시된 인간의 행동에 관한 식을 올바르게 표현한 것은?(단, B는 인간의 행동, P는 개체, E는 환경, f는 함수관계를 의미한다)

① $B=f(P \cdot E)$ ② $B=f(P+1)^B$
③ $P=E \cdot f(B)$ ④ $E=f(B+1)^P$

해설

- 레빈의 법칙은 행동 $B=f(P \cdot E)$로 표현한다. 인간의 행동(B)은 개인(P)과 환경(E)의 상호 함수관계에 있다고 주장하였다.

레빈(Lewin. K)의 법칙
- 행동 $B=f(P \cdot E)$로 이루어진다. 즉, 인간의 행동(B)은 개인(P)과 환경(E)의 상호 함수관계에 있다고 할 수 있다.
- B는 인간의 행동(Behavior)을 말한다.
- f는 동기부여를 포함한 함수(Function)이다.
- P는 Person 즉, 개체(소질)로 연령, 지능, 경험 등을 의미한다.
- E는 Environment 즉, 심리적 환경(인간관계, 작업환경 - 조명, 소음, 온도 등)을 의미한다.

0901 / 1501

12

Repetitive Learning (1회 2회 3회)

위험예지훈련 4단계의 진행순서를 바르게 나열한 것은?

① 목표설정 → 현상파악 → 대책수립 → 본질추구
② 목표설정 → 현상파악 → 본질추구 → 대책수립
③ 현상파악 → 본질추구 → 대책수립 → 목표설정
④ 현상파악 → 본질추구 → 목표설정 → 대책수립

해설

- 위험예지훈련 기초 4라운드는 1R(현상파악) - 2R(본질추구) - 3R(대책수립) - 4R(목표설정)으로 이뤄진다.

위험예지훈련 기초 4Round 기법 실필 1902/1503

1Round	현상파악 (사실의 파악단계)	전원이 토의를 통하여 위험요인을 발견하는 단계
2Round	본질추구 (원인탐색단계)	위험의 포인트를 결정하여 전원이 지적 확인을 하는 단계
3Round	대책수립 (대책수립단계)	발견된 위험요인을 극복하기 위한 방법을 제시하는 단계
4Round	목표설정 (행동계획 결정단계)	나온 대책들을 공감하고 팀의 행동목표를 설정하고 지적 확인하는 단계

0603

13

Repetitive Learning (1회 2회 3회)

매슬로우(Maslow)의 욕구 5단계 이론 중 안전욕구의 단계는?

① 제1단계 ② 제2단계
③ 제3단계 ④ 제4단계

해설

- 1단계는 생리적 욕구, 3단계는 사회적 욕구, 4단계는 존경의 욕구이다.

매슬로우(Maslow)의 욕구 5단계 이론 실필 1602

1단계 생리적 욕구	기본적인 인간의 욕구(먹고, 자고, 숨쉬는 것)
2단계 안전에 대한 욕구	각종 위험으로부터 자기보존에 관한 안전욕구
3단계 사회적 욕구	친구와 가족 간의 관계로 대표되는 것으로 애정과 소속에 대한 욕구
4단계 존경의 욕구	자신있고 강하고 무엇인가 진취적이며 유능한 쓸모있는 사람으로 인식되기를 바라는 욕구
5단계 자아실현의 욕구	편견 없이 받아들이는 성향, 타인과의 거리를 유지하며 사생활을 즐기거나 창의적 성격으로 봉사, 특별히 좋아하는 사람과 긴밀한 관계를 유지하려는 인간의 욕구

11 ① 12 ③ 13 ② 정답

0903 / 1401 / 1802

14 Repetitive Learning 1회 2회 3회

산업안전보건법령상 근로자에 대한 일반건강진단의 실시 시기 기준으로 옳은 것은?

① 사무직에 종사하는 근로자 : 1년에 1회 이상
② 사무직에 종사하는 근로자 : 2년에 1회 이상
③ 사무직 외의 업무에 종사하는 근로자 : 6월에 1회 이상
④ 사무직 외의 업무에 종사하는 근로자 : 2년에 1회 이상

해설

• 사무직은 2년에 1회 이상, 그 외는 1년에 1회 이상 실시해야 한다.

건강진단의 실시 기준

대상	일반건강진단 기준
사무직에 종사하는 근로자	2년에 1회 이상
사무직 외의 근로자	1년에 1회 이상

0902

15 Repetitive Learning 

교육계획 수립 시 가장 먼저 실시하여야 하는 것은?

① 교육내용의 결정
② 실행교육계획서 작성
③ 교육의 요구사항 파악
④ 교육실행을 위한 순서, 방법, 자료의 검토

해설

• 안전교육 계획 수립의 순서는 교육 요구사항 파악 → 교육내용의 결정 → 실행을 위한 순서, 방법, 자료의 검토 → 실행교육계획서의 작성 순이다.

안전교육 계획 수립

㉠ 순서
- 교육 요구사항 파악 → 교육내용의 결정 → 실행을 위한 순서, 방법, 자료의 검토 → 실행교육계획서의 작성 순이다.

㉡ 계획 수립 시 포함되어야 할 사항
- 교육의 목표
- 교육의 종류 및 대상
- 교육의 과목 및 내용
- 교육장소 및 방법
- 교육기간 및 시간
- 교육담당자 및 강사
- 소요예산계획

1202 / 1902 / 2101

16 Repetitive Learning 1회 2회 3회

다음 중 상황성 누발자의 재해 유발원인과 가장 거리가 먼 것은?

① 작업이 어렵기 때문에
② 기계설비의 결함이 있기 때문에
③ 심신에 근심이 있기 때문에
④ 도덕성이 결여되어 있기 때문에

해설

• 도덕성의 결여와 재해는 큰 관련이 없다.

상황성 누발자

㉠ 개요
- 상황성 누발자란 작업이 어렵거나 설비의 결함, 심신의 근심 때문에 재해를 여러 번 겪은 사람을 말한다.

㉡ 재해 유발원인
- 작업이 어렵기 때문
- 기계설비에 결함이 있기 때문
- 심신에 근심이 있기 때문
- 환경상 주의력의 집중이 곤란하기 때문

17 Repetitive Learning 1회 2회 3회

산업안전보건법령상 사업장에서 산업재해 발생 시 사업주가 기록·보존하여야 하는 사항을 모두 고른 것은?(단, 산업재해조사표와 요양신청서의 사본은 보존하지 않았다.)

ㄱ. 사업장의 개요 및 근로자의 인적사항
ㄴ. 재해 발생의 일시 및 장소
ㄷ. 재해 발생의 원인 및 과정
ㄹ. 재해 재발방지 계획

① ㄱ, ㄹ
② ㄴ, ㄷ, ㄹ
③ ㄱ, ㄴ, ㄷ
④ ㄱ, ㄴ, ㄷ, ㄹ

해설

• 사업주는 산업재해조사표의 사본을 보존하거나 요양신청서의 사본에 재해 재발방지 계획을 첨부하여 보존한 경우를 제외하면 ㄱ, ㄴ, ㄷ, ㄹ의 서류를 보존하여야 한다.

산업재해 기록의 보존
- 사업장의 개요 및 근로자의 인적사항
- 재해 발생의 일시 및 장소
- 재해 발생의 원인 및 과정
- 재해 재발방지 계획

정답 | 14 ② 15 ③ 16 ④ 17 ④

18 ——— Repetitive Learning (1회 2회 3회)

인간의 의식수준을 5단계로 구분할 때 의식이 몽롱한 상태의 단계는?

① Phase Ⅰ　　② Phase Ⅱ
③ Phase Ⅲ　　④ Phase Ⅳ

해설

- Phase Ⅱ는 생리적 상태가 안정을 취하거나 휴식할 때에 해당한다.
- Phase Ⅲ은 신뢰성이 가장 높은 상태의 의식수준에 해당한다.
- Phase Ⅳ는 돌발사태의 발생으로 인하여 주의의 일점 집중 현상이 발생한 단계이다.

인간의 의식레벨

단계	의식수준	설명
Phase 0	무의식, 실신상태	외계의 능력에 대응하는 능력이 어느 정도는 있는 무의식 동작의 상태
Phase Ⅰ	이상, 피로 및 단조로움	심신이 피로하거나 단조로운 작업을 반복할 경우 의식수준의 저하현상이 발생
Phase Ⅱ	정상, 이완상태	생리적 상태가 안정을 취하거나 휴식할 때에 해당
Phase Ⅲ	정상, 명쾌	• 중요하거나 위험한 작업을 안전하게 수행하기에 적합 • 신뢰성이 가장 높은 상태의 의식수준
Phase Ⅳ	과긴장	돌발사태의 발생으로 인하여 주의의 일점집중현상이 일어나는 경우의 의식수준

1001

19 ——— Repetitive Learning 

A 사업장의 조건이 다음과 같을 때 A 사업장에서 연간 재해발생으로 인한 근로손실일수는?

- 강도율 : 0.4
- 근로자 수 : 1,000명
- 연근로시간수 : 2,400시간

① 480　　② 720
③ 960　　④ 1,440

해설

- 근로시간수가 언급되지 않을 때 1인당 평균 연 근로시간 수는 2,400시간이고, 종업원 수가 1,000명이면 연간 총 근로시간 수는 2,400,000이다. 이때 강도율이 0.4이므로 근로손실일수는 $\frac{2,400,000 \times 0.4}{1,000} = 960$일이다.

강도율(SR : Severity Rate of injury) 실필 2401/2101/2004/1902/1901/1702/1701/1403/1303/1203/1201/1102/1003/1001/0903/0902/0802

- 재해로 인한 근로손실의 강도를 나타낸 값으로 연간 총근로시간에서 1,000시간당 근로손실일수를 의미한다.
- 강도율 $= \frac{\text{근로손실일수}}{\text{연간 총근로시간}} \times 1,000$으로 구한다.
- 근로자의 근속연수 등이 주어지지 않을 때 평생 근로손실일수는 한 개인이 평생 동안 근로한 시간을 100,000시간으로 볼 때의 근로손실일수이므로 강도율에 100을 곱하여 구한다.

0802 / 1001 / 1502 / 1902

20 ——— Repetitive Learning (1회 2회 3회)

다음 중 무재해 운동의 이념에서 "선취의 원칙"을 가장 적절하게 설명한 것은?

① 사고의 잠재요인을 사후에 파악하는 것
② 근로자 전원의 일체감을 조성하여 참여하는 것
③ 위험요소를 사전에 발견, 파악하여 재해를 예방하거나 방지하는 것
④ 관리 감독자 또는 경영층에서의 자발적 참여로 안전 활동을 촉진하는 것

해설

- 안전제일(선취)의 원칙은 행동하기 전에 재해를 예방하거나 방지하는 것을 말한다.

무재해 운동 3원칙

원칙	설명
무(無, Zero)의 원칙	모든 잠재위험요인을 사전에 발견·파악·해결함으로써 근원적으로 산업재해를 없앤다.
안전제일(선취)의 원칙	직장의 위험요인을 행동하기 전에 발견·파악·해결하여 재해를 예방한다.
참가의 원칙	작업에 따르는 잠재적인 위험요인을 발견·해결하기 위하여 전원이 협력하여 문제해결 운동을 실천한다.

18 ① 19 ③ 20 ③ 정답

2과목 인간공학 및 위험성 평가 · 관리

21 Repetitive Learning 1회 2회 3회

다음 상황은 인간실수의 분류 중 어느 것에 해당하는가?

> 전자기기 수리공이 어떤 제품의 분해 · 조립과정을 거쳐서 수리를 마친 후 부품 하나가 남았다.

① time error
② omission error
③ command error
④ extraneous error

해설

- 필요한 작업 또는 절차를 수행하지 않는데 기인한 에러는 생략오류(Omission error)에 해당한다.

행위적 관점에서의 휴먼에러 분류(Swain)

실필 1801/1702/1601/1401/1201/0901/0803/0802

오류 유형	설명
실행오류 (Commission error)	작업 수행 중 작업을 정확하게 수행하지 못해 발생한 에러
생략오류 (Omission error)	필요한 작업 또는 절차를 수행하지 않는데 기인한 에러
불필요한 수행오류 (Extraneous error)	불필요한 작업 또는 절차를 수행함으로써 발생한 에러
순서오류 (Sequential error)	필요한 작업 또는 절차의 순서 착오로 인한 에러
시간오류 (Timing error)	필요한 작업 또는 절차의 수행을 지연한데 기인한 에러

1003

22

스트레스의 영향으로 발생된 신체 반응의 결과인 스트레인(strain)을 측정하는 척도가 잘못 연결된 것은?

① 인지적 활동 – EEG
② 육체적 동적 활동 – GSR
③ 정신 운동적 활동 – EOG
④ 국부적 근육 활동 – EMG

해설

- GSR은 외적인 자극이나 감정적인 변화를 전기적 피부저항 값을 이용하여 측정하는 방법으로 거짓말 탐지기 등에서 이용된다.

생리적 척도

- 인간–기계 시스템을 평가하는 데 사용하는 인간기준척도 중 하나이다.
- 중추신경계 활동에 관여하므로 그 활동 및 징후를 측정할 수 있다.
- 정신적 작업부하 척도 가운데 직무수행 중에 계속해서 자료를 수집할 수 있고, 부수적인 활동이 필요 없는 장점을 가진 척도이다.
- 정신작업의 생리적 척도는 EEG(수면뇌파), 심박수, 부정맥, 점멸융합주파수, J.N.D(Just-Noticeable Difference) 등을 통해 확인할 수 있다.
- 육체작업의 생리적 척도는 EMG(근전도), 맥박수, 산소소비량, 폐활량, 작업량 등을 통해 확인할 수 있다.

0301 / 1003

23

청각적 표시장치의 설계 시 적용하는 일반 원리의 설명으로 틀린 것은?

① 양립성이란 긴급용 신호일 때는 낮은 주파수를 사용하는 것을 의미한다.
② 근사성이란 복잡한 정보를 나타내고자 할 때 2단계의 신호를 고려하는 것을 말한다.
③ 분리성이란 두 가지 이상의 채널을 듣고 있다면 각 채널의 주파수가 분리되어 있어야 한다는 의미이다.
④ 검약성이란 조작자에 대한 입력신호는 꼭 필요한 정보만을 제공하는 것이다.

해설

- 양립성이란 인간의 기대와 일치하는 신호와 코드를 말한다.

청각적 표시장치 설계 시 일반원리

- 청각적 표시장치 설계의 원리에는 양립성, 근사성, 분리성, 검약성, 불변성 등이 있다.

원리	설명
양립성	사용자의 기대를 저버리지 않는 신호와 코드
근사성	복잡한 정보를 나타내고자 할 때 2단계의 신호를 고려하는 것
분리성	두 가지 이상의 채널을 듣고 있다면 각 채널의 주파수가 분리되어 있어야 함
검약성	조작자에 대한 입력신호는 꼭 필요한 정보만을 제공하는 것
불변성	신호가 저장하는 정보는 변화하지 않고 항상 동일한 것

정답 | 21 ② 22 ② 23 ①

24

Repetitive Learning (1회 2회 3회)

FTA에 대한 설명으로 가장 거리가 먼 것은?

① 정성적 분석만 가능
② 하향식(top-down) 방법
③ 복잡하고 대형화된 시스템에 활용
④ 논리게이트를 이용하여 도해적으로 표현하여 분석하는 방법

해설

- 결함수분석법(FTA)은 정성적 및 정량적 분석을 모두 실시한다.

결함수분석법(FTA)

㉠ 개요
- 연역적 방법으로 원인을 규명하며, 재해의 정량적 예측이 가능한 분석방법이다.
- 하향식(Top-down) 방법을 사용한다.
- 특정 사상에 대해 짧은 시간에 해석이 가능하다.
- 복잡하고 대형화된 시스템을 논리기호를 사용하여 해석한다.
- 간단한 FT도의 작성으로 정성적 해석이 가능하여 비전문가도 잠재위험을 효율적으로 분석할 수 있다.
- 정성적 평가 후 정량적 평가를 실시하며, 정량적으로 재해 발생 확률을 구한다.
- FTA를 수행함에 있어 기본사상들의 발생이 서로 독립인가 아닌가의 여부를 파악하기 위해서는 공분산을 이용한다.

㉡ 기대효과
- 사고원인 규명의 간편화
- 노력 시간의 절감
- 사고원인 분석의 정량화
- 시스템의 결함진단

25

Repetitive Learning (1회 2회 3회)

일반적인 시스템의 수명곡선(욕조곡선)에서 고장형태 중 증가형 고장률을 나타내는 기간으로 옳은 것은?

① 우발고장기간
② 마모고장기간
③ 초기고장기간
④ Burn-in 고장기간

해설

- 수명곡선에서 감소형은 초기고장, 증가형은 마모고장, 유지형은 우발고장에 해당한다.

마모고장
- 시스템의 수명곡선(욕조곡선)에서 증가형에 해당한다.
- 특정 부품의 마모, 열화에 의한 고장, 반복피로 등의 이유로 발생하는 고장이다.
- 예방을 위해서는 안전진단 및 적당한 수리보존(BM) 및 예방보전(PM)이 필요하다.

0503 / 0803

26

Repetitive Learning (1회 2회 3회)

발생 확률이 동일한 64가지의 대안이 있을 때 얻을 수 있는 총 정보량은 몇 bit 인가?

① 6　　② 16
③ 32　　④ 64

해설

- 대안이 64개인 경우이므로 $\log_2 64 = \log_2 2^6 = 6\log_2 2 = 6$ 이 된다.

정보량 실필 0903
- 대안이 n개인 경우의 정보량은 $\log_2 n$으로 구한다.
- 특정 안이 발생할 확률이 $p(x)$라면 정보량은 $\log_2 \frac{1}{p(x)}$이다.
- 여러 안이 발생할 경우 총 정보량은 [개별 확률×개별 정보량의 합]과 같다.

27

Repetitive Learning (1회 2회 3회)

인간-기계 시스템의 설계 과정을 [보기]와 같이 분류할 때 다음 중 인간, 기계의 기능을 할당하는 단계는?

1단계 : 시스템의 목표와 성능명세 결정
2단계 : 시스템의 정의
3단계 : 기본 설계
4단계 : 인터페이스 설계
5단계 : 보조물 설계 혹은 편의수단 설계
6단계 : 평가

① 기본 설계
② 인터페이스 설계
③ 시스템의 목표와 성능명세 결정
④ 보조물 설계 혹은 편의수단 설계

24 ① 25 ② 26 ① 27 ① 정답

해설

- 인터페이스 설계 단계는 4단계로 작업공간, 화면설계, 표시 및 조종 장치 등의 설계단계이다.
- 시스템의 목표와 성능명세 결정 단계는 1단계로 시스템의 목적 및 존재 이유에 대한 개괄적 표현을 하는 단계이다.
- 보조물 설계 혹은 편의수단 설계 단계는 5단계로 성능보조자료, 훈련도구 등 보조물 계획 단계이다.

인간-기계 시스템의 설계 과정

단계	내용	설명
1단계	시스템의 목표와 성능 명세 결정	목적 및 존재 이유에 대한 개괄적 표현
2단계	시스템의 정의	목표 달성을 위한 필요한 기능의 결정
3단계	기본 설계	기능의 할당, 인간성능 요건 명세, 직무분석, 작업설계
4단계	인터페이스 설계	작업공간, 화면설계, 표시 및 조종 장치
5단계	보조물 설계 혹은 편의수단 설계	성능보조자료, 훈련도구 등 보조물 계획
6단계	평가	

28

Repetitive Learning (1회 2회 3회)

일반적으로 인체측정치의 최대집단치를 기준으로 설계하는 것은?

① 선반의 높이
② 공구의 크기
③ 출입문의 크기
④ 안내데스크의 높이

해설

- 선반의 높이는 최소 집단치를 기준으로 설계한다.
- 공구의 무게는 가능한 가벼운 것으로 한다.
- 안내데스크의 높이는 평균치를 이용해 설계한다.

인체측정자료의 응용원칙

구분	적용 예
최소치수를 이용한 설계	선반의 높이, 조종 장치까지의 거리, 비상벨의 위치 등
최대치수를 이용한 설계	출입문의 높이, 좌석 간의 거리, 통로의 폭, 와이어로프의 사용중량, 위험구역 울타리 등
조절식 설계	의자의 위치 및 높이, 자동차 운전석 의자의 위치와 높이 등
평균치를 이용한 설계	전동차의 손잡이 높이, 안내데스크, 은행의 접수대 높이, 공원의 벤치 높이

0303 / 1701

29

Repetitive Learning (1회 2회 3회)

다음 FT도에서 최소 컷 셋을 올바르게 구한 것은?

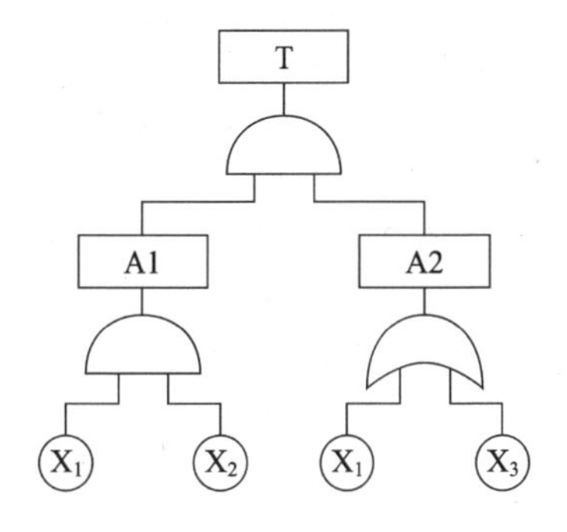

① $\{X_1, X_2\}$　② $\{X_1, X_3\}$
③ $\{X_2, X_3\}$　④ $\{X_1, X_2, X_3\}$

해설

- A1은 X_1과 X_2의 AND 게이트이므로 $(X_1 X_2)$, A2는 X_1과 X_3의 OR 게이트이므로 (X_1+X_3)이다.
- T는 A1과 A2의 AND 연산이므로 $(X_1 X_2)(X_1+X_3)$로 표시된다.
- $(X_1 X_2)(X_1+X_3) = X_1 X_1 X_2 + X_1 X_2 X_3$
  $= X_1 X_2 (1+X_3)$
  $= X_1 X_2$
- 최소 컷 셋은 $\{X_1, X_2\}$이다.

최소 컷 셋(Minimal cut sets) 실필 2303/1701/0802

- 컷 셋 중에 타 컷 셋을 포함하고 있는 것을 배제하고 남은 컷 셋들을 의미한다.
- 사고에 대한 시스템의 약점을 표현한다.
- 정상사상(Top 사상)을 일으키는 최소한의 집합이다.
- 일반적으로 Fussell algorithm을 이용한다.
- 시스템에서 최소 컷 셋의 개수가 늘어나면 위험수준이 높아진다.

30

Repetitive Learning (1회 2회 3회)

'화재 발생'이라는 시작(초기)사상에 대하여, 화재감지기, 화재 경보, 스프링클러 등의 성공 또는 실패 작동 여부와 그 확률에 따른 피해 결과를 분석하는데 가장 적합한 위험분석 기법은?

① FTA
② ETA
③ FHA
④ THERP

정답 | 28 ③ 29 ① 30 ②

해설

- FTA는 사고의 발생과 요인들 간의 논리적인 관계를 간단한 FT도를 작성하여 해석하는 분석방법이다.
- FHA는 시스템 정의에서부터 시스템 개발단계를 지나 시스템 생산단계 진입 전까지 적용되는 것으로 전체 시스템을 여러 개의 서브시스템으로 나누어 특정 서브시스템이 다른 서브시스템이나 전체 시스템에 미치는 영향을 분석하는 방법이다.
- THERP는 대표적인 인간실수확률에 대한 추정기법이다.

사건수분석(ETA : Event Tree Analysis) 실필 2202/1403/0801

- 디시전 트리(Decision Tree)를 재해사고의 분석에 이용한 경우의 분석법이다.
- 설비의 설계 단계에서부터 사용단계까지 각 단계에서 위험을 분석하는 귀납적, 정량적 분석 방법이다.
- 사고 시나리오에서 연속된 사건들의 발생경로를 파악하고 평가하기 위한 시스템안전 프로그램이다.
- 대응시점에서 성공확률과 실패확률의 합은 항상 1이 되어야 한다.

1602

31 Repetitive Learning (1회 2회 3회)

인간공학의 궁극적인 목적과 가장 관계가 깊은 것은?

① 경제성 향상
② 인간능력의 극대화
③ 설비의 가동률 향상
④ 안전성 및 효율성 향상

해설

- 인간공학은 인간이 사용하는 물건, 설비, 환경의 설계에 인간의 생리적, 심리적인 면에서의 특성이나 한계점을 고려함으로써 인간-기계 시스템의 안전성과 편리성, 효율성을 높이는 학문분야이다.

인간공학(Ergonomics)

㉠ 개요
- "Ergon(작업) + nomos(법칙) + ics(학문)"이 조합된 단어로 Human factors, Human engineering이라고도 한다.
- 인간의 특성과 한계 능력을 공학적으로 분석, 평가하여 이를 복잡한 체계의 설계에 응용함으로써 효율을 최대로 활용할 수 있도록 하는 학문분야이다.
- 인간이 사용하는 물건, 설비, 환경의 설계에 인간의 생리적, 심리적인 면에서의 특성이나 한계점을 고려함으로써 인간-기계 시스템의 안전성과 편리성, 효율성을 높이는 학문분야이다.

㉡ 적용분야
- 제품설계
- 재해 · 질병 예방
- 장비 · 공구 · 설비의 배치
- 작업장 내 조사 및 연구

0601 / 1602

32 Repetitive Learning

여러 사람이 사용하는 의자의 좌면 높이는 어떤 기준으로 설계하는 것이 가장 적절한가?

① 5% 오금높이
② 50% 오금높이
③ 75% 오금높이
④ 95% 오금높이

해설

- 여러 사람이 사용하는 의자의 경우 좌면의 높이는 오금보다 약간 낮게(5% 오금높이) 유지해야 한다.

인간공학적 의자 설계

㉠ 개요
- 조절식 설계원칙을 적용하도록 한다.
- 자세와 동작에 따라 고려해야 할 인체측정 치수가 달라진다.
- 요부전만(腰部前灣)을 유지한다.
- 추간판(디스크)의 압력과 등근육의 정적부하를 줄인다.
- 자세 고정을 줄인다.
- 여러 사람이 사용하는 의자의 경우 좌면 높이는 오금보다 약간 낮게(5% 오금높이) 유지한다.

㉡ 고려할 사항
- 체중 분포
- 상반신의 안정
- 좌판의 높이(조절식을 기준으로 한다)
- 좌판의 깊이와 폭
  (폭은 최대치, 깊이는 최소치를 기준으로 한다)

0703

33

FTA에서 사용되는 사상기호 중 결함사상을 나타낸 기호로 옳은 것은?

① 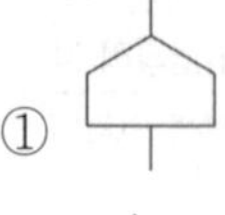
② 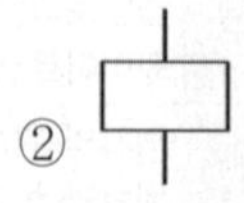
③ 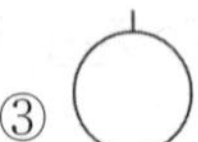
④

31 ④ 32 ① 33 ② 정답

해설

- ①은 일반적으로 발생이 예상되는, 시스템의 정상적인 가동상태에서 일어날 것이 기대되는 통상사상을 말한다.
- ③은 더 이상의 세부적인 분류가 필요 없는 사상으로 주어진 시스템의 기본사상을 나타낸다.
- ④는 불충분한 자료로 결론을 내릴 수 없어 더는 전개할 수 없는 생략사상을 말한다.

결함사상(Intermediate event)

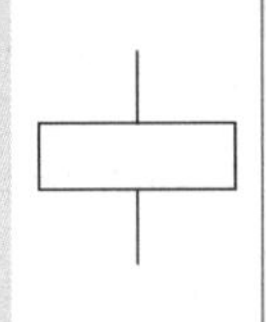	• 중간사상(Intermediate event)이라고도 하며, 두 가지 상태 중 하나가 고장 또는 결함으로 나타나는 비정상적인 사건을 나타낸다. • 한 개 이상의 입력사상에 의해 발생된 고장사상으로 고장에 대한 설명을 기술한다. • FT도를 작성할 때 최하단에 사용되지 않는다.

34 —— Repetitive Learning (1회 2회 3회)

기술개발과정에서 효율성과 위험성을 종합적으로 분석·판단할 수 있는 평가방법으로 가장 적절한 것은?

① Risk Assessment
② Risk Management
③ Safety Assessment
④ Technology Assessment

해설

- ①은 위험성 평가로 유해·위험요인을 파악하고 해당 유해·위험요인에 의한 부상 또는 질병의 발생 가능성(빈도)과 중대성(강도)을 추정·결정하고 감소대책을 수립하여 실행하는 일련의 과정을 말한다.
- ②는 위험관리로 위험의 파악, 위험의 처리, 사고의 발생확률 예측 등을 수행하는 과정을 말한다.
- ③은 유해화학물질 취급시설의 안전성에 관한 평가를 말한다.

Technology Assessment

- 기술개발과정에서 효율성과 위험성을 종합적으로 분석·판단할 수 있는 평가방법이다.
- 기술변화와 응용의 최종 영향을 조기에 식별하고 평가한다.
- 기업에 의해 수행되거나 의료, 사회 또는 환경영향 평가로 수행되기도 한다.

0703 / 1102

35 —— Repetitive Learning 

자동차는 타이어가 4개인 하나의 시스템으로 볼 수 있다. 타이어 1개가 파열될 확률이 0.01이라면, 이 자동차의 신뢰도는 약 얼마인가?

① 0.91
② 0.93
③ 0.96
④ 0.99

해설

- 자동차 타이어 시스템은 직렬계이고, 직렬계는 AND연결에 해당하므로 계를 구성하는 요소들의 신뢰도 곱으로 구한다.
- 타이어가 파열될 확률은 0.01이므로 신뢰도는 0.99이다. 4륜차이므로 신뢰도는 $0.99 \times 0.99 \times 0.99 \times 0.99 = 0.960596$이므로 0.96이 된다.

직렬계(直列系)

- 계(系)의 수명은 요소 중 수명이 가장 짧은 것으로 정해진다.
- 정비나 보수로 인해 시스템의 신뢰도 함수가 가장 크게 영향을 받는 구조이다.

1502

36 —— Repetitive Learning 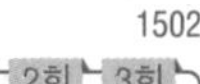

말소리의 질에 대한 객관적 측정 방법으로 명료도 지수를 사용하고 있다. 그림에서와 같은 경우 명료도 지수는 약 얼마인가?

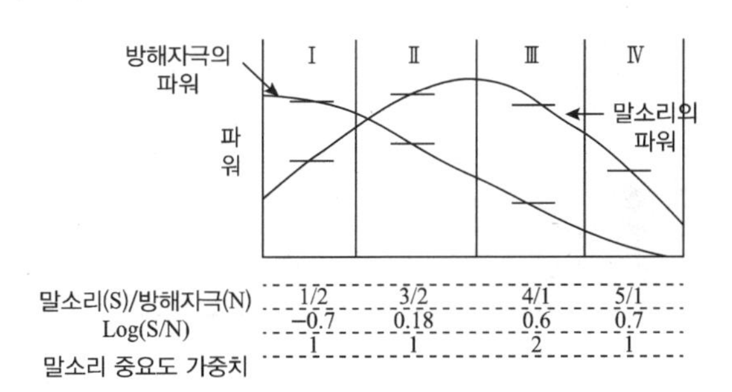

① 0.38　② 0.68
③ 1.38　④ 5.68

해설

- 음성과 잡음의 데시벨(dB)값에 가중치를 곱하여 더하면 $(-0.7 \times 1 + 0.18 \times 1 + 0.6 \times 2 + 0.7 \times 1)$ $= -0.7 + 0.18 + 1.2 + 0.7 = 1.38$이다.
- 문제자체에 오류가 있음. $\log(1/2) = -0.7$이 아니라 -0.3이어야 함. 이 경우 $(-0.3 \times 1 + 0.18 \times 1 + 0.6 \times 2 + 0.7 \times 1)$ $= -0.3 + 0.18 + 1.2 + 0.7 = 1.78$이 됨(주의 요망)

명료도 지수(Articulation index)

- 말소리의 질에 대한 객관적 측정 방법으로 통화이해도를 측정하는 지표이다.
- 각 옥타브(Octave)대의 음성과 잡음의 데시벨(dB)값에 가중치를 곱하여 합계를 구한 것이다.

정답 | 34 ④　35 ③　36 ③

37

Repetitive Learning (1회 2회 3회)

정보수용을 위한 작업자의 시각 영역에 대한 설명으로 옳은 것은?

① 판별시야 - 안구운동만으로 정보를 주시하고 순간적으로 특정정보를 수용할 수 있는 범위
② 유효시야 - 시력, 색판별 등의 시각 기능이 뛰어나며 정밀도가 높은 정보를 수용할 수 있는 범위
③ 보조시야 - 머리부분의 운동이 안구운동을 돕는 형태로 발생하며 무리 없이 주시가 가능한 범위
④ 유도시야 - 제시된 정보의 존재를 판별할 수 있는 정도의 식별능력 밖에 없지만 인간의 공간좌표 감각에 영향을 미치는 범위

해설

- ①은 유효시야에 대한 설명이다.
- ②는 판별시야에 대한 설명이다.
- 보조시야는 인간의 시각적 감각을 측정하는 데 쓰이는 장비가 관측할 수 있는 범위 주변의 시야를 말한다.

작업자의 시각 영역

판별시야	시력, 색판별 등의 시각 기능이 뛰어나며 정밀도가 높은 정보를 수용할 수 있는 범위
유효시야	안구운동만으로 정보를 주시하고 순간적으로 특정정보를 수용할 수 있는 범위
유도시야	제시된 정보의 존재를 판별할 수 있는 정도의 식별능력 밖에 없지만 인간의 공간좌표 감각에 영향을 미치는 범위
보조시야	인간의 시각적 감각을 측정하는 데 쓰이는 장비가 관측할 수 있는 범위 주변의 시야

1701

38

Repetitive Learning (1회 2회 3회)

건구온도 30℃, 습구온도 35℃일 때의 옥스퍼드(Oxford) 지수는 얼마인가?

① 20.75℃ ② 24.58℃
③ 32.78℃ ④ 34.25℃

해설

- 0.85×35+0.15×30 = 29.75+4.5 = 34.25이다.

Oxford 지수

- 습구온도와 건구온도의 가중 평균치로 습건지수라고도 한다.
- Oxford 지수는 0.85×습구온도+0.15×건구온도로 구한다.

39

Repetitive Learning (1회 2회 3회)

FMEA 분석 시 고장평점법의 5가지 평가요소에 해당하지 않는 것은?

① 고장발생의 빈도
② 신규설계의 가능성
③ 기능적 고장 영향의 중요도
④ 영향을 미치는 시스템의 범위

해설

- ②에서 신규설계의 가능성이 아니라 신규설계 여부여야 한다.

FMEA의 고장 평점 결정 5가지 평가요소

- 기능적 고장의 중요도
- 영향을 미치는 시스템의 범위
- 고장의 발생 빈도
- 고장방지의 가능성
- 신규설계 여부

1701

40

Repetitive Learning (1회 2회 3회)

설비보전에서 평균수리시간의 의미로 맞는 것은?

① MTTR
② MTBF
③ MTTF
④ MTBP

해설

- MTTF(Mean Time To Failure)는 고장까지의 평균시간을 의미한다.
- MTBF(Mean Time Between Failure)는 평균무고장시간의 의미로 사용한다.

MTTR(Mean Time To Repair)

- 설비보전에서 평균수리시간의 의미로 사용한다.
- 고장이 발생한 후부터 정상작동시간까지 걸리는 시간의 평균시간을 말한다.
- $\frac{\text{전체 고장시간}}{\text{고장건수}}$ [시간/회]로 구한다.

37 ④ 38 ④ 39 ② 40 ① 정답

3과목 기계·기구 및 설비 안전관리

41 Repetitive Learning (1회 2회 3회)

산업안전보건법령상 사업장 내 근로자 작업환경 중 '강렬한 소음작업'에 해당하지 않는 것은?

① 85데시벨 이상의 소음이 1일 10시간 이상 발생하는 작업
② 90데시벨 이상의 소음이 1일 8시간 이상 발생하는 작업
③ 95데이벨 이상의 소음이 1일 4시간 이상 발생하는 작업
④ 100데시벨 이상의 소음이 1일 2시간 이상 발생하는 작업

해설

- 강렬한 소음작업은 90dBA일 때 8시간, 100dBA일 때 2시간, 110dBA일 때 1/2시간(30분) 지속되는 작업을 말한다.

소음 노출 기준 실필 2301/1602

㉠ 소음의 허용기준(강렬한 소음작업의 기준)

1일 노출시간(hr)	허용 음압수준(dBA)
8	90
4	95
2	100
1	105
1/2	110
1/4	115

㉡ 충격소음의 허용기준

충격소음강도(dBA)	허용 노출횟수(회)
140	100
130	1,000
120	10,000

42 Repetitive Learning (1회 2회 3회)

산업안전보건법령상 프레스의 작업 시작 전 점검사항이 아닌 것은?

① 슬라이드 또는 칼날에 의한 위험방지 기구의 기능
② 프레스의 금형 및 고정볼트 상태
③ 전단기의 칼날 및 테이블의 상태
④ 권과방지장치 및 그 밖의 경보장치 기능

해설

- ④는 이동식 크레인을 사용하여 작업할 때 점검할 사항이다.

프레스 등을 사용하여 작업할 때 작업 시작 전 점검사항
실작 2402/2301/2102/2002

- 클러치 및 브레이크의 기능
- 프레스의 금형 및 고정볼트 상태
- 1행정 1정지기구·급정지장치 및 비상정지 장치의 기능
- 크랭크축·플라이휠·슬라이드·연결봉 및 연결 나사의 풀림여부
- 슬라이드 또는 칼날에 의한 위험방지 기구의 기능
- 방호장치의 기능
- 전단기의 칼날 및 테이블의 상태

43 Repetitive Learning (1회 2회 3회)

동력전달부분의 전방 35cm 위치에 일반 평형보호망을 설치하고자 한다. 보호망의 최대 구멍의 크기는 몇 mm인가?

① 41
② 45
③ 51
④ 55

해설

- 가드 설치 시 위험점이 전동체(보호망)일 경우 개구부 간격 = 6 + (0.1 × 개구부에서 위험점까지 최단거리)[mm]로 구한다.
- 동력전달부분에서 보호망까지의 거리가 350mm이므로 대입하면 개구부 간격은 6+(0.1×350) = 41mm가 된다.

롤러기 급정지장치의 개구부 간격과 급정지거리
실필 1703/1202/1102

- 가드 설치 시 개구부 간격(단위 : mm)

구분	간격
개구부와 위험점 간격 : 160mm 이상	30
개구부와 위험점 간격 : 160mm 미만	6+(0.15×개구부 ~위험점 최단거리)
위험점이 전동체일 경우	6+(0.1×개구부 ~위험점 최단거리)

- 급정지거리

구분	급정지거리
원주속도 : 30m/min 이상	앞면 롤러 원주의 1/2.5
원주속도 : 30m/min 미만	앞면 롤러 원주의 1/3 이내

정답 41 ① 42 ④ 43 ①

2102

44 Repetitive Learning (1회 2회 3회)

다음 연삭숫돌의 파괴원인 중 가장 적절하지 않은 것은?

① 숫돌의 회전속도가 너무 빠른 경우
② 플랜지의 직경이 숫돌 직경의 1/3 이상으로 고정된 경우
③ 숫돌 자체에 균열 및 파손이 있는 경우
④ 숫돌에 과대한 충격을 준 경우

해설

- ②는 숫돌 고정장치인 평형플랜지의 직경은 설치하는 숫돌 직경의 1/3 이상이어야 하므로 정상적인 경우에 해당한다.

연삭숫돌의 파괴 원인 실필 2303/2101

- 숫돌의 회전중심이 잡히지 않았을 때
- 베어링의 마모에 의한 진동이 생길 때
- 숫돌에 큰 충격이 가해질 때
- 플랜지의 직경이 현저히 작거나 지름이 균일하지 않을 때
- 숫돌의 회전속도가 너무 빠를 때
- 숫돌 자체에 균열이 있을 때
- 숫돌작업 시 숫돌의 측면을 사용할 때

1701

45 Repetitive Learning (1회 2회 3회)

산업안전보건법령에서 정하는 압력용기에서 안전인증된 파열판에 안전인증 표시 외에 추가로 나타내어야 하는 사항이 아닌 것은?

① 분출차(%)
② 호칭지름
③ 용도(요구성능)
④ 유체의 흐름방향 지시

해설

- 파열판 안전인증 표시 외 추가 표시사항에는 ②, ③, ④ 외에 설정파열압력(Mpa) 및 설정온도(℃), 분출용량(kg/h) 또는 공칭분출계수 등이 있다.

파열판 안전인증 표시 외 추가 표시사항

- 호칭지름
- 용도(요구성능)
- 설정파열압력(MPa) 및 설정온도(℃)
- 분출용량(kg/h) 또는 공칭분출계수
- 파열판의 재질
- 유체의 흐름방향 지시

0402 / 0903 / 1301 / 1801

46 Repetitive Learning (1회 2회 3회)

화물중량이 200kgf, 지게차 중량이 400kgf, 앞바퀴에서 화물의 무게중심까지의 최단거리가 1m이면 지게차가 안정되기 위한 앞바퀴에서 지게차의 무게중심까지의 최단거리는 최소 몇 m를 초과해야 하는가?

① 0.2m　　② 0.5m
③ 1.0m　　④ 3.0m

해설

- 지게차 중량, 화물의 중량, 앞바퀴에서 화물의 무게중심까지의 거리가 주어졌으므로 200×1≦400×최단거리를 만족해야 한다.
- 최단거리는 0.5m를 초과해야 한다.

지게차의 안정 실필 1103

- 지게차가 안정을 유지하기 위해서는 "화물중량[kgf]×앞바퀴에서 화물의 무게중심까지의 최단거리[cm]" ≦ "지게차 중량[kgf]×앞바퀴에서 지게차의 무게중심까지의 최단거리[cm]" 여야 한다.

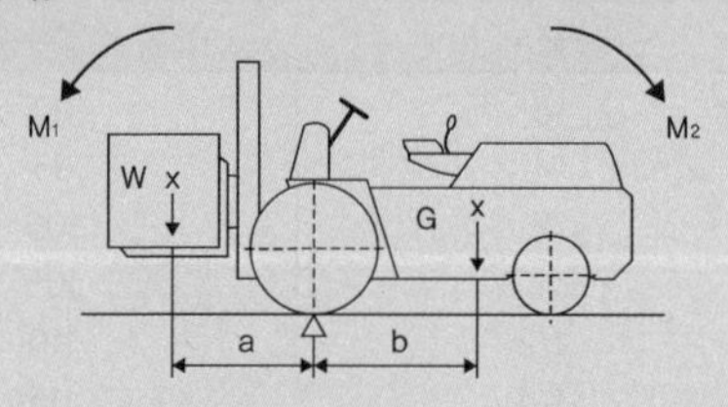

M1 : 화물의 모멘트
M2 : 차의 모멘트

- 모든 값이 고정된 상태에서 화물의 중량만이 가변적이므로 화물을 최대하중 이하로 적재해야 지게차가 안정될 수 있다.

1901

47 Repetitive Learning (1회 2회 3회)

다음 중 프레스를 제외한 사출성형기(射出成形機)·주형조형기(鑄型造形機) 및 형단조기 등에 관한 안전조치 사항으로 틀린 것은?

① 근로자의 신체 일부가 말려들어갈 우려가 있는 경우에는 양수조작식 방호장치를 설치하여 사용한다.
② 게이트가드식 방호장치를 설치할 경우에는 연동구조를 적용하여 문을 닫지 않아도 동작할 수 있도록 한다.
③ 사출성형기의 전면에 작업용 발판을 설치할 경우 근로자가 쉽게 미끄러지지 않는 구조여야 한다.
④ 기계의 히터 등의 가열부위, 감전우려가 있는 부위에는 방호덮개를 설치하여 사용한다.

44 ② 45 ① 46 ② 47 ② 정답

해설

- 게이트 가드는 닫지 아니하면 기계가 작동되지 아니하는 연동구조(連動構造)여야 한다.

사출성형기 등의 방호장치

- 사업주는 사출성형기(射出成形機)·주형조형기(鑄型造形機) 및 형단조기(프레스 등은 제외한다) 등에 근로자의 신체 일부가 말려 들어갈 우려가 있는 경우 게이트 가드(Gate guard) 또는 양수조작식 등에 의한 방호장치, 그 밖에 필요한 방호조치를 하여야 한다.
- 게이트 가드는 닫지 아니하면 기계가 작동되지 아니하는 연동구조(連動構造)여야 한다.
- 사업주는 기계의 히터 등의 가열 부위 또는 감전 우려가 있는 부위에는 방호덮개를 설치하는 등 필요한 안전조치를 하여야 한다.

48 ——— Repetitive Learning (1회 2회 3회)

선반에서 일감의 길이가 지름에 비하여 상당히 길 때 사용하는 부속품으로 절삭 시 절삭저항에 의한 일감의 진동을 방지하는 장치는?

① 칩 브레이커 ② 척 커버
③ 방진구 ④ 실드

해설

- 일감의 길이가 긴(가공물 길이가 지름의 12~20배 이상) 공작물은 방진구를 설치하여 진동을 방지한다.

선반작업 시 안전수칙

㉠ 작업자 보호장구
- 작업 중 장갑 착용을 금한다.
- 절삭 칩의 제거는 반드시 브러시를 사용하도록 한다.
- 칩(Chip)이 비산할 때는 보안경을 쓰고 방호판을 설치하여 사용한다.

㉡ 작업 시작 전 점검 및 준수사항
- 칩이 짧게 끊어지도록 칩 브레이커를 설치한다.
- 일감의 길이가 긴(가공물 길이가 지름의 12~20배 이상) 공작물은 방진구를 설치하여 진동을 방지한다.
- 베드 위에 공구를 올려놓지 않아야 한다.
- 공작물의 설치가 끝나면, 척에서 렌치류는 곧바로 제거한다.
- 시동 전에 척 핸들을 빼두어야 한다.

㉢ 작업 중 준수사항
- 기계 운전 중에는 백기어(Back gear)의 사용을 금한다.
- 회전 중에 가공품을 직접 만지지 않는다.
- 센터작업 시 심압 센터에 자주 절삭유를 준다.
- 선반작업 시 주축의 변속은 기계 정지 후에 해야 한다.
- 바이트 교환, 일감의 치수 측정, 주유 및 청소 시에는 기계를 정지시켜야 한다.

49 ——— Repetitive Learning (1회 2회 3회)

연강의 인장강도가 420MPa이고, 허용응력이 140MPa이라면 안전율은?

① 1 ② 2
③ 3 ④ 4

해설

- 인장강도가 420MPa, 허용응력이 140MPa로 주어져 있으므로 대입하면 안전계수는 = $\frac{420}{140}$ = 3이 된다.

안전율/안전계수(Safety factor)

- 소재의 파괴강도와 허용되는 응력의 비를 표시한 것이다.
- 안전율은 $\frac{\text{기준강도}}{\text{허용응력}}$ 또는 $\frac{\text{항복강도}}{\text{설계하중}}$, $\frac{\text{파괴하중}}{\text{최대사용하중}}$, $\frac{\text{최대응력}}{\text{허용응력}}$ 등으로 구한다.
- 응력은 단위면적당 부재에 작용하는 힘을 말하며, 허용응력은 단위면적당 재료가 파괴되지 않고 영구적인 변형이 남지 않는 비례한도 범위 내의 응력을 말한다.
- 기준강도는 재료에 손상을 입힌다고 인정되는 강도를 말한다.
- 강도(기준강도)를 통해 재료의 안전율, 구조 등이 결정된다.
- 연성재료에서는 항복점을 기준강도, 인장강도, 기초강도라고도 한다.

50 ——— Repetitive Learning (1회 2회 3회)

산업안전보건법령상 양중기에 해당하지 않는 것은?

① 곤돌라
② 이동식 크레인
③ 적재하중 0.05톤의 이삿짐운반용 리프트 화물용 엘리베이터
④ 화물용 엘리베이터

해설

- 이삿짐운반용 리프트의 경우 적재하중이 0.1톤 이상인 경우에만 양중기에 포함된다.

양중기의 종류 실필 1601

- 크레인{Crane)(호이스트(Hoist) 포함}
- 이동식크레인
- 리프트(이삿짐운반용의 경우 적재하중 0.1톤 이상)
- 곤돌라
- 승강기

정답 | 48 ③ 49 ③ 50 ③

51

Repetitive Learning 1회 2회 3회

밀링작업 시 안전 수칙에 관한 설명으로 틀린 것은?

① 칩은 기계를 정지시킨 다음에 브러시 등으로 제거한다.
② 일감 또는 부속장치 등을 설치하거나 제거할 때는 반드시 기계를 정지시키고 작업한다.
③ 면장갑을 반드시 끼고 작업한다.
④ 강력 절삭을 할 때는 일감을 바이스에 깊게 물린다.

해설

- 밀링은 회전기계로 회전기계 작업 중 면장갑은 끼지 않는다.

밀링머신(Milling machine) 안전수칙

㉠ 작업자 보호구 착용
- 작업 중 면장갑은 끼지 않는다.
- 작업자의 옷소매 등이 커터에 말릴 수 있으므로 주의하고, 묶을 때 끈을 사용하지 않는다.
- 칩의 비산이 많으므로 보안경을 착용한다.

㉡ 커터 관련 안전수칙
- 커터는 될 수 있는 한 컬럼에 가깝게 설치한다.
- 커터를 끼울 때는 아버를 깨끗이 닦는다.
- 커터의 교환 시는 테이블 위에 목재를 받쳐 놓는다.
- 밀링커터는 걸레 등으로 감싸 쥐고 다루도록 한다.
- 절삭 공구에 절삭유를 주유 시에는 커터 위부터 공급한다.

㉢ 기타 안전수칙
- 테이블 위에 공구 등을 올려놓지 않는다.
- 강력절삭 시에는 일감을 바이스에 깊게 물린다.
- 일감의 측정은 기계를 정지한 후에 한다.
- 주축속도의 변속은 반드시 주축의 정지 후에 변환한다.
- 상하, 좌우 이송 손잡이는 사용 후 반드시 빼둔다.
- 급속이송은 백래시 제거장치가 동작하지 않고 있음을 확인한 다음 행한다.
- 칩의 제거는 절삭작업이 끝난 후 브러시나 청소용 솔을 사용하여 한다.

0903 / 1403 / 1702

52

Repetitive Learning 1회 2회 3회

다음 중 프레스기에 사용되는 방호장치에 있어 원칙적으로 급정지기구가 부착되어야만 사용할 수 있는 방식은?

① 양수조작식
② 손쳐내기식
③ 가드식
④ 수인식

해설

- 양수조작식 방호장치는 1행정 1정지기구를 가지며, 급정지기구가 있어야만 유효한 기능을 수행할 수 있다.

양수조작식 방호장치 실필 1301/0903

㉠ 개요
- 가장 대표적인 기동스위치를 활용한 위치제한형 방호장치다.
- 두 개의 스위치 버튼을 손으로 동시에 눌러야 기계가 작동하는 구조로 작동 중 어느 하나의 누름 버튼에서 손을 떼면 그 즉시 슬라이드 동작이 정지하는 장치이다.

㉡ 구조 및 일반사항
- 120[SPM] 이상의 소형 확동식 클러치 프레스에 가장 적합한 방호장치이다.
- 슬라이드 작동 중 정지가 가능하고 1행정 1정지기구를 갖는 방호장치로 급정지기구가 있어야만 유효한 기능을 수행할 수 있다.
- 누름버튼 상호 간 최소내측거리는 300mm 이상이어야 한다.

0903 / 1503

53

Repetitive Learning 1회 2회 3회

다음은 산업안전보건기준에 관한 규칙상 아세틸렌용접장치에 관한 설명이다. (   ) 안에 공통으로 들어갈 내용으로 옳은 것은?

> - 사업주는 아세틸렌용접장치의 취관마다 (   )를 설치하여야 한다.
> - 사업주는 가스용기가 발생기와 분리되어 있을 아세틸렌용접장치에 대하여 발생기와 가스용기 사이에 (   )를 설치하여야 한다.

① 분기장치
② 자동발생 확인장치
③ 안전기
④ 유수 분리장치

해설

- 아세틸렌 용접 시 역류 및 역화를 방지하기 위하여 취관마다 안전기를 설치하여야 한다.

안전기 실필 2201/2003/1802/1702/1002

㉠ 개요
- 아세틸렌 용접 시 역류 및 역화를 방지하기 위하여 설치한다.
- 안전기의 종류에는 수봉식과 건식이 있다.

㉡ 설치
- 사업주는 아세틸렌용접장치의 취관마다 안전기를 설치하여야 한다. 다만, 주관 및 취관에 가장 가까운 분기관(分岐管)마다 안전기를 부착한 경우에는 그러하지 아니하다.
- 사업주는 가스용기가 발생기와 분리되어 있는 아세틸렌용접장치에 대하여 발생기와 가스용기 사이에 안전기를 설치하여야 한다.

51 ③ 52 ① 53 ③ 정답

0403 / 1403

54 Repetitive Learning 1회 2회 3회

산업안전보건법령상 지게차의 최대하중의 2배값이 6톤일 경우 헤드가드의 강도는 몇 톤의 등분포정하중에 견딜 수 있어야 하는가?

① 4 ② 6
③ 8 ④ 12

해설

- 4톤 이하의 지게차에서 헤드가드의 강도는 지게차 최대하중의 2배값(4톤을 초과할 경우 4톤)의 등분포정하중에 견딜 수 있어야 한다.

지게차의 헤드가드 실필 2103/2102/1802/1601/1302/0801

- 헤드가드는 지게차를 이용한 작업 중에 위쪽으로부터 떨어지는 물건에 의한 위험을 방지하기 위하여 운전자의 머리 위쪽에 설치하는 덮개를 말한다.
- 4톤 이하의 지게차에서 헤드가드의 강도는 지게차 최대하중의 2배값(4톤을 초과할 경우 4톤)의 등분포정하중에 견딜 수 있을 것
- 운전자가 앉아서 조작하는 방식의 지게차의 경우에는 운전자의 좌석 윗면에서 헤드가드의 상부틀 하면까지의 높이가 1m 이상일 것
- 운전자가 서서 조작하는 방식의 지게차의 경우에는 운전석의 바닥면에서 헤드가드의 상부틀 하면까지의 높이가 2m 이상일 것
- 상부틀의 각 개구의 폭 또는 길이가 16cm 미만일 것

55 Repetitive Learning 1회 2회 3회

강자성체를 자화하여 표면의 누설자속을 검출하는 비파괴검사방법은?

① 방사선투과시험
② 인장시험
③ 초음파탐상시험
④ 자분탐상시험

해설

- 방사선투과검사는 X선의 강도나 노출시간을 조절하여 검사한다.
- 인장시험은 재료의 인장강도, 항복점, 내력 등을 확인하기 위해 사용하는 파괴 검사방법이다.
- 초음파탐상시험은 초음파의 반사를 이용하여 검사대상 내부의 결함을 검사하는 방식이다.

자분탐상검사(Magnetic particle inspection)

- 비파괴검사방법 중 하나로 자성체 표면 균열을 검출할 때 사용된다.
- 강자성체의 결함을 찾을 때 사용하는 비파괴시험으로 표면 또는 표층(표면에서 수 mm 이내)에 결함이 있을 경우 누설자속을 이용하여 육안으로 결함을 검출하는 시험방법이다.
- 자분탐상검사는 투자율에 따라 자성체의 자기적인 이력(履歷)이나 자기장의 세기가 변화하는 성질을 이용한다.
- 자화방법에 따라 코일법, 극간법, 축통전법, 프로드법, 직각통전법, 전류관통법 등이 있다.

56 Repetitive Learning 1회 2회 3회

산업안전보건법령상 보일러 방호장치로 거리가 가장 먼 것은?

① 고저수위 조절장치
② 아웃트리거
③ 압력방출장치
④ 압력제한스위치

해설

- 아웃트리거는 이동식비계나 트럭크레인 등에서 갑작스러운 이동 또는 전도를 방지하기 위해 설치하는 장치이다.

보일러의 안전장치 실필 1902/1901

- 보일러의 안전장치에는 전기적 인터록장치, 압력방출장치, 압력제한스위치, 고저수위 조절장치, 화염검출기 등이 있다.

구분	설명
압력제한 스위치	보일러의 과열을 방지하기 위하여 보일러의 버너 연소를 차단하는 장치
압력방출장치	보일러의 최고사용압력 이하에서 작동하여 보일러 압력을 방출하는 장치
고저수위 조절장치	보일러의 방호장치 중 하나로 보일러 쉘 내의 관수의 수위가 최고한계 또는 최저한계에 도달했을 때 자동적으로 경보를 울리는 동시에 관수의 공급을 차단시켜 주는 장치

1001 / 1401

57 Repetitive Learning 1회 2회 3회

프레스의 안전대책 중 손을 금형 사이에 집어넣을 수 없도록 하는 본질적 안전화를 위한 방식(No-hand in die)에 해당하는 것은?

① 수인식 ② 광전자식
③ 방호울식 ④ 손쳐내기식

정답 | 54 ① 55 ④ 56 ② 57 ③

해설

- 수인식, 광전자식, 손쳐내기식은 본질적 안전화 방식이 아니라 접근거부형, 접근반응형 방호장치이다.

No hand in die 방식

- 프레스에서 손을 금형 사이에 집어넣을 수 없도록 하는 본질적 안전화를 위한 방식을 말한다.
- 안전금형, 안전 울(방호 울)을 사용하거나 전용프레스를 도입하여 금형 안에 손이 들어가지 못하게 한다.
- 자동 송급 및 배출장치를 가진 자동프레스는 손을 집어넣을 필요가 없는 방식이다.
- 자동 송급 및 배출장치에는 롤 피더(Roll feeder), 푸셔 피더(Pusher feeder), 다이얼 피더(Dial feeder), 트랜스퍼 피더(Transfer feeder), 에젝터(Ejecter) 등이 있다.

58

Repetitive Learning (1회 2회 3회)

회전하는 부분의 접선방향으로 몰려 들어갈 위험이 존재하는 점으로 주로 체인, 풀리, 벨트, 기어와 랙 등에서 형성되는 위험점은?

① 끼임점 ② 협착점
③ 절단점 ④ 접선물림점

해설

- 끼임점은 고정부분과 회전하는 동작부분이 함께 만드는 위험점으로 연삭숫돌과 작업받침대, 교반기의 날개와 하우스, 반복 동작되는 링크기구, 회전풀리와 베드 사이 등에서 발생한다.
- 협착점은 왕복운동을 하는 기계의 운동부와 움직임 없는 고정부 사이에서 형성되는 위험점으로 프레스 금형 조립부위, 프레스 브레이크 금형 조립부위 등에서 발생한다.
- 절단점은 왕복운동이나 회전운동을 하는 기계 부분 자체에서 형성되는 위험점으로 밀링커터, 둥근 톱의 톱날, 목공용 띠톱부분 등에서 발생한다.

접선물림점(Tangential Nip Point)

- 회전하는 부분의 접선방향으로 몰려 들어갈 위험이 존재하는 위험점이다.
- 주로 체인, 풀리, 벨트, 기어와 랙 등에서 형성된다.

1401 / 1803

59

Repetitive Learning (1회 2회 3회)

다음 설명 중 (   ) 안에 알맞은 내용은?

> 롤러기의 급정지장치는 롤러를 무부하로 회전시킨 상태에서 앞면 롤러의 표면속도가 30m/min 미만일 때에는 급정지거리가 앞면 롤러 원주의 (   ) 이내에서 롤러를 정지시킬 수 있는 성능을 보유하여야 한다.

① $\frac{1}{2}$ ② $\frac{1}{4}$
③ $\frac{1}{3}$ ④ $\frac{1}{2.5}$

해설

- 급정지거리는 원주속도가 30(m/min) 이상일 경우 앞면 롤러 원주의 1/2.5로 하고, 원주속도가 30(m/min) 미만일 경우 앞면 롤러 원주의 1/3 이내로 한다.

롤러기 급정지장치의 개구부 간격과 급정지거리

실필 1703/1202/1102

- 가드 설치 시 개구부 간격(단위 : mm)

구분	간격
개구부와 위험점 간격 : 160mm 이상	30
개구부와 위험점 간격 : 160mm 미만	6+(0.15×개구부 ~위험점 최단거리)
위험점이 전동체일 경우	6+(0.1×개구부 ~위험점 최단거리)

- 급정지거리

원주속도	급정지거리
원주속도 : 30m/min 이상	앞면 롤러 원주의 1/2.5
원주속도 : 30m/min 미만	앞면 롤러 원주의 1/3 이내

1101

60

Repetitive Learning (1회 2회 3회)

지게차에서 통상적으로 갖추고 있어야 하나, 마스트의 후방에서 화물이 낙하함으로써 근로자에게 위험을 미칠 우려가 없는 때에는 반드시 갖추지 않아도 되는 것은?

① 전조등
② 헤드가드
③ 백레스트
④ 포크

해설

- 사업주는 백레스트(Backrest)를 갖추지 아니한 지게차를 사용해서는 아니되지만, 마스트의 후방에서 화물이 낙하함으로써 근로자가 위험해질 우려가 없는 경우에는 백레스트를 갖추지 않아도 사용가능하다.

백레스트(Backrest)

- 백레스트는 마스트를 뒤로 기울일 때 화물이 마스트 방향으로 떨어지는 것을 방지하기 위해 설치하는 짐받이 틀을 말한다.
- 사업주는 백레스트(Backrest)를 갖추지 아니한 지게차를 사용해서는 아니 된다. 다만, 마스트의 후방에서 화물이 낙하함으로써 근로자가 위험해질 우려가 없는 경우에는 그러하지 아니하다.

58 ④ 59 ③ 60 ③ 정답

61

Repetitive Learning 1회 2회 3회

피뢰시스템의 등급에 따른 회전구체의 반지름으로 틀린 것은?

① Ⅰ등급: 20m
② Ⅱ등급: 30m
③ Ⅲ등급: 40m
④ Ⅳ등급: 60m

해설

- Ⅲ등급의 회전구체 반지름은 45m이다.

∷ 피뢰시스템 보호등급별 회전구체 반지름 등

- 보호등급이란 피뢰설비가 낙뢰로부터 구조물을 보호할 수 있는 확률과 관련된 피뢰설비의 등급을 말한다

보호등급	회전구체 반지름(m)	메시치수(m)
Ⅰ	20	5×5
Ⅱ	30	10×10
Ⅲ	45	15×15
Ⅳ	60	20×20

0901 / 1301 / 1801 / 1902

62

Repetitive Learning 1회 2회 3회

전류가 흐르는 상태에서 단로기를 끊었을 때 여러 가지 파괴작용을 일으킨다. 다음 그림에서 유입차단기의 차단순서와 투입순서가 안전수칙에 적합한 것은?

인입 — ㉮ DS — ㉯ VCB — ㉰ DS — 부하

① 차단 ㉮ → ㉯ → ㉰, 투입 ㉮ → ㉯ → ㉰
② 차단 ㉯ → ㉰ → ㉮, 투입 ㉯ → ㉰ → ㉮
③ 차단 ㉰ → ㉯ → ㉮, 투입 ㉰ → ㉯ → ㉮
④ 차단 ㉯ → ㉰ → ㉮, 투입 ㉰ → ㉮ → ㉯

해설

- 전원을 차단할 때는 차단기(VCB) 개방 후 단로기(DS)를 개방하며, 전원을 투입할 때는 단로기(DS)를 투입한 후 차단기(VCB)를 투입한다. 단로기는 부하 측을 항상 먼저 투입하거나 개방한다.

∷ 단로기와 차단기

㉠ 단로기(DS : Disconnecting switch)
- 기기의 보수점검 시 또는 회로전환 변경 시 무부하상태의 선로를 개폐하는 역할을 수행한다.
- 부하전류의 개폐와는 관련 없다.

㉡ 차단기(CB : Circuit Breaker)
- 전로 개폐 및 사고전류 차단을 목적으로 한다.
- 고장전류와 같은 대전류를 차단하는 데 이용된다.

㉢ 단로기와 차단기의 개폐 조작순서
- 전원 차단 : 차단기(VCB) 개방 – 단로기(DS) 개방
- 전원 투입 : 단로기(DS) 투입 – 차단기(VCB) 투입

1201

63

Repetitive Learning 1회 2회 3회

정전기 재해를 예방하기 위해 설치하는 제전기의 제전효율은 설치 시에 얼마 이상이 되어야 하는가?

① 50[%] 이상
② 70[%] 이상
③ 90[%] 이상
④ 100[%]

해설

- 정전기 재해를 예방하기 위해 설치하는 제전기의 제전효율은 설치 시 90[%] 이상이 되어야 한다.

∷ 제전기

㉠ 개요
- 정전기 재해를 예방하기 위해 설치하는 제전기의 제전효율은 설치 시 90[%] 이상이 되어야 한다.
- 정전기의 발생원으로부터 5~20cm 정도 떨어진 장소에 설치하는 것이 적절하다.
- 종류에는 전압인가식, 자기방전식, 방사선식(이온식)이 있다.

㉡ 제전기의 종류
- 전압인가식은 방전침에 7,000[V]를 걸어 코로나방전을 일으켜 발생한 이온으로 대전체의 전하를 중화하는 방식으로 가장 제전능력이 뛰어나다.
- 자기방전식은 아세테이트 필름의 권취공정, 셀로판제조, 섬유공장 등에 유효한 방식으로 코로나방전을 일으켜 공기를 이온화하는 것을 이용하는 방식으로 2[kV] 내외의 대전이 남는 결점이 있다.
- 방사선식(이온식)은 방사선의 전리작용으로 공기를 이온화시키는 방식으로 제전효율이 낮고 이동물체에 부적합하나 안전해 폭발 위험지역에 사용하기 적당하다.

구분	전압인가식	자기방전식	방사선식
제전능력	크다	보통	작다
구조	복잡	간단	간단
취급	복잡	간단	간단
적용범위	넓다	넓다	좁다

정답 | 61 ③ 62 ④ 63 ③

1801

64 Repetitive Learning 1회 2회 3회

다음은 무슨 현상을 설명한 것인가?

> 전위차가 있는 2개의 대전체가 특정거리에 접근하게 되면 등전위가 되기 위하여 전하가 절연공간을 깨고 순간적으로 빛과 열을 발생하며 이동하는 현상

① 대전 ② 충전
③ 방전 ④ 열전

해설

- 전위차를 갖는 대전체가 접근할 때 등전위가 되기 위해 전기를 소모하는 현상을 방전이라고 한다.

전기현상의 종류

구분	내용
방전	전위차가 있는 2개의 대전체가 특정거리에 접근하게 되면 등전위가 되기 위하여 전하가 절연공간을 깨고 순간적으로 빛과 열을 발생하며 이동하는 현상
충전	외부로부터 축전지나 콘덴서에 전류를 공급하여 전기에너지를 축적하는 현상으로 방전의 반대되는 개념
대전	충격이나 마찰에 의해 전자들이 이동하여 양전하와 음전하의 균형이 깨지면 다수의 전하가 겉으로 드러나게 되는 현상
열전	2개의 서로 다른 종류의 금속선을 접속하고 그 양단을 서로 다른 온도로 유지하면 회로에 전류가 흐르는 현상으로 제베크 효과, 펠티에 효과, 톰슨 효과를 갖는다.

0401 / 0902 / 1201 / 1703

65 Repetitive Learning

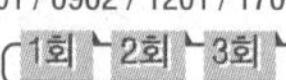

정격사용률 30[%], 정격2차전류 300[A]인 교류 아크용접기를 200A로 사용하는 경우의 허용사용률은?

① 67.5[%] ② 91.6[%]
③ 110.3[%] ④ 130.5[%]

해설

- 주어진 값을 대입하면

허용사용률 $= \left(\frac{300}{200}\right)^2 \times 0.3 \times 100 = 67.5[\%]$ 이다.

아크용접기의 허용사용률

- 사용률이란 용접기 사용시간 대비 아크가 발생되는 시간 비율이다.
- 실제 용접작업에서는 2차 정격전류보다 낮은 전류로 용접하는 경우가 많은데 이 경우 정격사용률 이상으로 작업할 수 있다.
- 허용사용률 $= \left(\frac{\text{2차 정격전류}}{\text{실제 용접 전류}}\right)^2 \times$ 정격사용률 $\times 100[\%]$로 구한다.

66 Repetitive Learning 1회 2회 3회

정전기 화재폭발 원인으로 인체대전에 대한 예방대책으로 옳지 않은 것은?

① Wrist Strap을 사용하여 접지선과 연결한다.
② 대전방지제를 넣은 제전복을 착용한다.
③ 대전방지 성능이 있는 안전화를 착용한다.
④ 바닥 재료는 고유저항이 큰 물질로 사용한다.

해설

- 작업장 바닥에 도전성(정전기 방지용) 매트를 사용하거나 정전화와 같이 10Ω 이하의 저항을 갖는 바닥재를 사용한다.

정전기 재해방지대책 실필 1901/1702/1201/1103

- 부도체에 제전기를 설치·운영하거나 도전성을 향상시켜야 한다.
- 정전기 재해방지를 위해서 반도체 취급 공정작업자가 착용하는 손목 띠의 저항은 1[mΩ]으로 한다.
- 도체의 경우 접지를 하며 이때 접지값은 $10^6\Omega$ 이하이면 충분하고, 안전을 고려하여 $10^3\Omega$ 이하로 유지한다.
- 생산공정에 별다른 문제가 없다면, 습도를 70% 정도 유지하여 전하가 제거되기 쉽게 한다.
- 유동대전이 심하고 폭발 위험성이 높은 것(가솔린, 이황화탄소, 벤젠 등)은 배관 내 유속을 1m/s 이하로 해야 한다.
- 포장 과정에서 용기를 도전성 재료에 접지한다.
- 인쇄 과정에서 도포량을 적게 하고 접지한다.
- 대전 방지제를 사용하고, 대전 물체에 정전기 축적을 최소화하여야 한다.
- 배관 내 액체의 유속을 제한한다.
- 공기를 이온화한다.
- 작업장 바닥에 도전성(정전기 방지용) 매트를 사용한다.
- 작업자는 제전복, 정전화(대전 방지용 안전화)를 착용한다.

0301 / 0802 / 0902 / 1301

67 Repetitive Learning 1회 2회 3회

동작 시 아크가 발생하는 고압 및 특고압용 개폐기·차단기의 이격거리(목재의 벽 또는 천장, 기타 가연성 물체로부터의 거리)의 기준으로 옳은 것은?(단, 사용전압이 35kV 이하의 특고압용의 기구 등으로서 동작할 때에 생기는 아크의 방향과 길이를 화재가 발생할 우려가 없도록 제한하는 경우가 아니다)

① 고압용: 0.8m 이상, 특고압용: 1.0m 이상
② 고압용: 1.0m 이상, 특고압용: 2.0m 이상
③ 고압용: 2.0m 이상, 특고압용: 3.0m 이상
④ 고압용: 3.5m 이상, 특고압용: 4.0m 이상

64 ③ 65 ① 66 ④ 67 ② 정답

해설

- 개폐기·차단기·피뢰기 기타 이와 유사한 기구로서 동작 시에 아크가 생기는 것은 목재의 벽 또는 천장 기타의 가연성 물체로부터 고압용은 1m 이상, 특별고압용의 것은 2m 이상 떼어놓아야 한다.

아크를 발생하는 기구의 시설

- 고압용 또는 특별고압용의 개폐기·차단기·피뢰기 기타 이와 유사한 기구로서 동작 시에 아크가 생기는 것은 목재의 벽 또는 천장 기타의 가연성 물체로부터 고압용의 것은 1m 이상, 특별고압용의 것은 2m 이상(사용전압이 35,000V 이하의 특별고압용의 기구 등으로서 동작 시에 생기는 아크의 방향과 길이를 화재가 발생할 우려가 없도록 제한하는 경우에는 1m 이상) 떼어놓아야 한다.

0901 / 1002

68 Repetitive Learning (1회 2회 3회)

피뢰기의 제한전압이 752[kV]이고 변압기의 기준 충격절연강도가 1,050[kV]이라면, 보호여유도는 약 몇 [%]인가?

① 18[%] ② 30[%]
③ 40[%] ④ 43[%]

해설

- 제한전압이 752[kV], 충격절연강도가 1,050[kV]이므로 대입하면 $\frac{1,050-752}{752}\times 100 = 39.62$로 약 40[%]이다.

피뢰기의 보호여유도

- 보호여유도란 보호기와 피보호기의 절연강도의 폭을 말한다.
- 부하차단 등에 의한 발전기의 전압상승을 고려한 값이다.
- 보호여유도 $= \frac{\text{충격절연강도} - \text{제한전압}}{\text{제한전압}} \times 100[\%]$로 구한다.

69 Repetitive Learning (1회 2회 3회)

주택용 배선차단기 B타입의 경우 순시동작범위는?(단, In는 차단기 정격전류이다)

① 3In 초과 ~ 5In 이하
② 5In 초과 ~ 10In 이하
③ 10In 초과 ~ 15In 이하
④ 10In 초과 ~ 20In 이하

해설

- ②는 C타입의 순시동작범위이다.
- ④는 D타입의 순시동작범위이다.

주택용 배선차단기

구분	내용
적용범위	• 정격전압교류 380V 이하 • 정격전류 125A 이하 • 정격단락차단용량 25kA 이하
과전류 동작범위	• 정격전류의 1.13배에서 부동작 • 정격전류의 1.45배에서 동작
순시동작범위	• type B : 3In 초과 5In 이하 • type C : 5In 초과 10In 이하 • type D : 10In 초과 20In 이하

70 Repetitive Learning (1회 2회 3회)

절연물의 절연불량 주요원인으로 거리가 먼 것은?

① 진동, 충격 등에 의한 기계적 요인
② 산화 등에 의한 화학적 용인
③ 온도상승에 의한 열적 요인
④ 정격전압에 의한 전기적 요인

해설

- 전기적 요인은 서지나 높은 이상전압에 의해 발생한다.

절연불량의 주요 원인

- 진동, 충격 등에 의한 기계적 요인
- 산화, 약품 등에 의한 화학적 요인
- 온도상승 등에 의한 열적 요인
- 서지, 높은 이상전압 등에 의한 전기적 요인
- 생물학적 요인

2101

71 Repetitive Learning (1회 2회 3회)

한국전기설비규정에 따라 욕조나 샤워시설이 있는 욕실 등 인체가 물에 젖어있는 상태에서 전기를 사용하는 장소에 인체감전보호용 누전차단기가 부착된 콘센트를 시설하는 경우 누전차단기의 정격감도전류 및 동작시간은?

① 15mA 이하, 0.01초 이하
② 15mA 이하, 0.03초 이하
③ 30mA 이하, 0.01초 이하
④ 30mA 이하, 0.03초 이하

정답 | 68 ③ 69 ① 70 ④ 71 ②

해설

- 인체가 물에 젖어있거나 물을 사용하는 장소(욕실 등)에는 정격감도전류 (15[mA])에서 0.03초 이내의 누전차단기를 사용한다.

:: 누전차단기(RCD : Residual Current Device)

실필 2401/1502/1402/0903

㉠ 개요

- 이동형 또는 휴대형의 전기기계 · 기구의 금속제 외함, 금속제 외피 등에서 누전, 절연파괴 등으로 인하여 지락전류가 발생하면 주어진 시간 이내에 전기기기의 전로를 차단하는 장치를 말한다.
- 누전검출부, 영상변류기, 차단기구 등으로 구성된 장치이다.
- 정격부하전류가 30[A]인 이동형 전기기계 · 기구에 접속되어 있는 경우 일반적으로 정격감도전류는 30[mA] 이하인 것을 사용한다.
- 정격부하전류가 50[A] 미만의 전기기계 · 기구에 접속되는 누전차단기의 경우 정격감도전류가 30[mA] 이하이고 작동시간은 0.03초 이내이어야 한다.
- 누전에 의한 감전위험을 방지하기 위하여 분기회로마다 누전차단기를 설치한다.

㉡ 종류와 동작시간

- 인체감전보호용은 정격감도전류(30[mA])에서 0.03[초] 이내이다.
- 인체가 물에 젖어 있거나 물을 사용하는 장소(욕실 등)에는 정격감도전류(15[mA])에서 0.03초 이내의 누전차단기를 사용한다.
- 고속형은 정격감도전류(30[mA])에서 동작시간이 0.1[초] 이내이다.
- 시연형은 정격감도전류(30[mA])에서 동작시간이 0.1[초]를 초과하고 0.2[초] 이내이다.
- 반한시형은 정격감도전류 100%에서 0.2~1[초] 이내, 정격감도전류 140%에서 0.1~0.5[초] 이내, 정격감도전류 440%에서 0.05[초] 이내이다.

1502

72

Repetitive Learning (1회 2회 3회)

3,300/220V, 20[kVA]인 3상 변압기에서 공급받고 있는 저압전선로의 절연부분 전선과 대지 간의 절연저항 최솟값은 약 몇 Ω 인가?(단, 변압기 저압측 1단자는 접지공사를 시행함)

① 1,240 ② 2,794

③ 4,840 ④ 8,383

해설

- 3상 3선식 변압기 용량 $S = \sqrt{3}V \cdot I_m$로 구한다.
- 교류 3상 전압이므로 $P = \sqrt{3}VI$에서 $I = \frac{P}{\sqrt{3}V}$이므로

전류는 $\frac{20,000}{\sqrt{3} \times 220} = \frac{20,000}{381.05} = 52.49$[A]가 흐른다.

- 전류가 52.49[A] 흐를 때 누설전류는 0.0262[A] 이내여야 한다.
- 옴의 법칙에서 전압이 220[V], 전류가 0.0262[A]라면 저항의 최솟값은 8384.146[Ω]가 된다.

:: 변압기 용량

단상 2선식 변압기 용량	$S = V \cdot I_m$
단상 3선식 변압기 용량	$S = \sqrt{3}V \cdot I_m$
3상 3선식 변압기 용량	$S = \sqrt{3}V \cdot I_m$

1403 / 1802

73

Repetitive Learning (1회 2회 3회)

고장전류와 같은 대전류를 차단할 수 있는 것은?

① 차단기(CB)

② 유입 개폐기(OS)

③ 단로기(DS)

④ 선로 개폐기(LS)

해설

- 고장전류와 같은 대전류의 차단은 차단기(CB)가 담당한다.

:: 단로기와 차단기

㉠ 단로기(DS : Disconnecting Switch)

- 기기의 보수점검 시 또는 회로전환 변경 시 무부하상태의 선로를 개폐하는 역할을 수행한다.
- 부하전류의 개폐와는 관련 없다.

㉡ 차단기(CB : Circuit Breaker)

- 전로 개폐 및 사고전류 차단을 목적으로 한다.
- 고장전류와 같은 대전류를 차단하는 데 이용된다.

㉢ 단로기와 차단기의 개폐조작 순서

- 전원 차단 : 차단기(VCB) 개방 – 단로기(DS) 개방
- 전원 투입 : 단로기(DS) 투입 – 차단기(VCB) 투입

1603

74

Repetitive Learning (1회 2회 3회)

접지 목적에 따른 분류에서 병원설비의 의료용 전기전자(M · E)기기와 모든 금속부분 또는 도전 바닥에도 접지하여 전위를 동일하게 하기 위한 접지를 무엇이라 하는가?

① 계통 접지

② 등전위 접지

③ 노이즈방지용 접지

④ 정전기 장해방지 이용 접지

72 ④ 73 ① 74 ② | 정답

해설

- 병원에 있어서 의료기기 사용 시 안전을 위하여 수행하는 접지방법은 등전위 접지이다.

∷ 접지의 종류와 특징

종류	특징
계통접지	고압전로와 저압전로가 혼촉되었을 때의 감전이나 화재 방지를 위하여 수행하는 접지방법이다.
기기접지	전동기, 세탁기 등의 전기사용 기계·기구의 비충전 금속부분을 접지하는 것으로, 누전되고 있는 기기에 접촉 시의 감전을 방지하는 접지방법이다.
피뢰접지	낙뢰로부터 전기기기 및 피뢰기 등의 기능 손상을 방지하기 위하여 수행하는 접지방법이다.
등전위접지	병원에 있어서 의료기기 사용 시 안전을 위하여 수행하는 접지방법이다.
지락검출용 접지	누전차단기의 동작을 확실하게 하기 위하여 수행하는 접지방법이다.

75 Repetitive Learning (1회 2회 3회)

내압방폭용기 "d"에 대한 설명으로 틀린 것은?

① 원통형 나사 접합부의 체결 나사산 수는 5산 이상이어야 한다.
② 가스/증기 그룹이 ⅡB일 때 내압 접합면과 장애물과의 최소 이격거리는 20mm이다.
③ 용기 내부의 폭발이 용기 주위의 폭발성 가스 분위기로 화염이 전파되지 않도록 방지하는 부분은 내압방폭 접합부이다.
④ 가스/증기 그룹이 ⅡC일 때 내압 접합면과 장애물과의 최소 이격거리는 40mm이다.

해설

- 플랜지 개구부에서 장애물까지의 최소 거리는 ⅡA의 경우 10mm, ⅡB는 30mm, ⅡC는 40mm이다.

∷ 내압방폭구조 플랜지 접합부와 장애물 간 최소 이격거리

가스그룹	최소 이격거리(mm)
ⅡA	10
ⅡB	30
ⅡC	40

76 Repetitive Learning (1회 2회 3회)

다음 중 방폭구조의 종류가 아닌 것은?

① 유압방폭구조(k)
② 내압방폭구조(d)
③ 본질안전방폭구조(i)
④ 압력방폭구조(p)

해설

- 전기설비의 방폭구조에는 본질안전(ia, ib), 내압(d), 압력(p), 충전(q), 유입(o), 안전증(e), 몰드(m), 비점화(n) 방폭구조 등이 있다.

∷ 장소별 방폭구조 실필 2302/0803

0종 장소	지속적 위험분위기	• 본질안전방폭구조(EX ia)
1종 장소	통상상태에서의 간헐적 위험분위기	• 내압방폭구조(EX d) • 압력방폭구조(EX p) • 충전방폭구조(EX q) • 유입방폭구조(EX o) • 안전증방폭구조(EX e) • 본질안전방폭구조(EX ib) • 몰드방폭구조(EX m)
2종 장소	이상상태에서의 위험분위기	• 비점화방폭구조(EX n)

0502 / 1802

77 Repetitive Learning (1회 2회 3회)

감전사고로 인한 전격사의 메커니즘으로 가장 거리가 먼 것은?

① 흉부수축에 의한 질식
② 심실세동에 의한 혈액순환기능의 상실
③ 내장파열에 의한 소화기계통의 기능상실
④ 호흡중추신경 마비에 따른 호흡기능 상실

해설

- 1차적으로 심장부 통전으로 심실세동에 의한 호흡기능 및 혈액순환기능의 정지, 뇌통전에 따른 호흡기능의 정지 및 호흡중추신경의 손상, 흉부통전에 의한 호흡기능의 정지 등이 발생할 수 있다.

∷ 전격재해(Electric shock)

- 감전사고(전류가 인체를 통과하여 흐를 때)로 인한 재해를 말한다.
- 1차적으로 심장부 통전으로 심실세동에 의한 호흡기능 및 혈액순환기능의 정지, 뇌통전에 따른 호흡기능의 정지 및 호흡중추신경의 손상, 흉부통전에 의한 호흡기능의 정지 등이 발생할 수 있다.
- 2차적인 재해는 더욱 큰 위험요소로 추락, 전도, 전류통전 및 아크로 인한 화상, 시력손상 등이 있다.

정답 | 75 ② 76 ① 77 ③

1602

78

Repetitive Learning (1회 2회 3회)

50kW, 60Hz 3상 유도전동기가 380V 전원에 접속된 경우 흐르는 전류는 약 몇 A인가?(단, 역률은 80[%]이다)

① 82.24 ② 94.96
③ 116.30 ④ 164.47

해설

- 유도전동기 출력을 구하는 식을 역으로 전개하면 전류 = $\frac{\text{전동기의 출력}}{\sqrt{3}\times\text{전압}\times\text{역률}}$ 이 된다.
- 주어진 값을 대입하면 전류 I = $\frac{50,000}{1.732\times380\times0.8}=\frac{50,000}{526.528}$ =94.96[A]가 된다.

3상 유도전동기

- 대표적인 교류전동기이다.
- 3상 코일을 한 고정자 안쪽에 회전자를 둔 다음 전기를 보내주면 고정자의 전자유도작용에 의해 에너지를 전달하여 회전자는 고정자의 회전 자기장 속도로 시계 방향으로 회전시키는 장치이다.
- 3상 유도전동기의 출력[W] = $\sqrt{3}\times$ 전압 × 전류 × 역률이다.

1501 / 1802 / 2101 / 2201

79

Repetitive Learning (1회 2회 3회)

인체의 전기저항을 500Ω이라고 하면 심실세동을 일으키는 위험한계에너지는 몇 J인가?(단, 심실세동전류값 $I=\frac{165}{\sqrt{T}}$ mA의 Dalziel의 식을 이용하며, 통전시간은 1초로 한다)

① 13.6 ② 12.6
③ 11.6 ④ 10.6

해설

- 통전시간이 1초, 인체의 전기저항값이 500Ω이라고 할 때 심실세동을 일으키는 전류에서의 전기에너지는 13.612[J]이다.

심실세동 한계전류와 전기에너지 실필 2303/2101/1403/1401/1202

- 심장의 맥동에 영향을 주어 혈액 순환을 곤란하게 하고, 끝내는 심장 기능을 잃게 하는 치사적 전류를 심실세동전류라 한다.
- 감전자 1천명 중 5명 이상이 심실세동을 일으킬 수 있는 감전시간과 위험전류와의 관계에서 심실세동 한계전류 I는 $\frac{165}{\sqrt{T}}$[mA]이고, T는 통전시간이다.
- 인체의 접촉저항을 500Ω으로 할 때 심실세동을 일으키는 전류에서의 전기에너지는 $W=I^2Rt=\left(\frac{165\times10^{-3}}{\sqrt{T}}\right)^2\times R\times T=(165\times10^{-3})^2\times500=13.612$[J]가 된다.

80

Repetitive Learning (1회 2회 3회)

KS C IEC 60079-0의 정의에 따라 '두 도전부 사이의 고체 절연물 표면을 따른 최단거리'를 나타내는 명칭은?

① 전기적 간격
② 절연공간거리
③ 연면거리
④ 충전물 통과거리

해설

- ①은 다른 전위를 갖고 있는 도전부 사이의 이격거리를 말한다.
- ②는 두 도전부 사이의 공간을 통한 최단거리를 말한다.
- ④는 두 도전부 사이의 충전물을 통과한 최단거리를 말한다.

KS C IEC 60079-0의 정의(전기적 간격)

명칭	정의
전기적 간격 (spacings, electrical)	다른 전위를 갖고 있는 도전부 사이의 이격거리
절연공간거리 (Clearance)	두 도전부 사이의 공간을 통한 최단거리
연면거리 (creepage distance)	두 도전부 사이의 고체 절연물 표면을 따른 최단거리
충전물 통과거리 (distance through casting compound)	두 도전부 사이의 충전물을 통과한 최단거리
고체 절연재 통과거리 (distance through solid insulation)	두 도전부 사이의 고체 절연재를 통과한 최단거리
코팅 시의 연면거리 (distance under coating)	절연 코팅으로 덮인 절연매체의 표면을 따른 도전부 사이의 최단거리

78 ② 79 ① 80 ③ 정답

5과목 화학설비 안전관리

1503

81 Repetitive Learning (1회 2회 3회)

다음 중 고체연소의 종류에 해당하지 않는 것은?

① 표면연소
② 증발연소
③ 분해연소
④ 혼합연소

해설

- 혼합연소는 가연물 종류에 따른 연소현상 분류에서 기체연소에 해당하는 것으로 가연성 기체와 산소가 미리 혼합된 상태에서의 연소를 말한다.

연소의 종류 실필 0902/0901

기체	확산연소, 폭발연소, 혼합연소, 그을음연소 등이 있다.
액체	증발연소, 분해연소, 분무연소, 그을음연소 등이 있다.
고체	분해연소, 표면연소, 자기연소, 증발연소 등이 있다.

0703 / 1002 / 1901

82 Repetitive Learning (1회 2회 3회)

공기 중에서 A가스의 폭발하한계는 2.2[vol%]이다. 이 폭발하한계 값을 기준으로 하여 표준상태에서 A가스와 공기의 혼합기체 $1m^3$에 함유되어 있는 A가스의 양은 약 몇 g인가?(단, A가스의 분자량은 26이다)

① 19.02　　② 25.54
③ 29.02　　④ 35.54

해설

- 표준상태(0℃, 1기압)에서 기체의 부피는 22.4[L]이고, 이는 $\frac{22.4}{1,000}$=0.0224[m^3]이다.
- 분자량은 26, 폭발하한계로 농도를 구하면 0.022가 되므로 기체의 단위부피당 질량은 $\frac{26\times0.022}{0.0224}=25.54$[g]이 된다.

샤를의 법칙

- 압력이 일정할 때 기체의 부피는 온도의 증가에 비례한다.
- $\frac{T_2}{T_1}=\left(\frac{V_2}{V_1}\right)$ 또는 $V_1T_2=V_2T_1$으로 표시된다.
- 표준상태(0℃, 1기압)에서 기체의 부피는 22.4[L]이다.
- 기체의 단위부피당 질량(g/m^3)은 $\frac{\text{농도}\times\text{분자량}}{V_1}$으로 구한다.

83 Repetitive Learning (1회 2회 3회)

위험물질에 대한 설명 중 틀린 것은?

① 과산화나트륨에 물이 접촉하는 것은 위험하다.
② 황린은 물속에 저장한다.
③ 염소산나트륨은 물과 반응하여 폭발성의 수소기체를 발생한다.
④ 아세트알데히드는 0℃ 이하의 온도에서도 인화할 수 있다.

해설

- 염소산나트륨은 물에 잘 녹으며, 조해성이 크다.

염소산나트륨($NaClO_3$)

- 산화성 고체에 해당하는 제1류 위험물 중 염소산염류이다.
- 지정수량이 50kg, 위험등급은 Ⅰ이다.
- 철제용기를 부식시키는 위험물로 분자량이 106.5, 비중이 2.5, 분해온도가 300℃이다.
- 물에 잘 녹으며, 조해성이 크다.
- 열분해 반응식은 $NaClO_3 \rightarrow NaCl+1.5O_2$이다.

0901 / 1801

84 Repetitive Learning (1회 2회 3회)

공정안전보고서 중 공정안전자료에 포함하여야 할 세부내용에 해당하는 것은?

① 비상조치계획에 따른 교육계획
② 안전운전지침서
③ 각종 건물·설비의 배치도
④ 도급업체 안전관리계획

해설

- 비상조치계획에 따른 교육계획은 비상조치계획의 세부내용이다.
- 안전운전지침서와 도급업체 안전관리계획은 안전운전계획의 세부내용이다.

공정안전보고서의 공정안전자료의 세부내용

- 취급·저장하고 있거나 취급·저장하려는 유해·위험물질의 종류 및 수량
- 유해·위험물질에 대한 물질안전보건자료
- 유해·위험설비의 목록 및 사양
- 유해·위험설비의 운전방법을 알 수 있는 공정도면
- 각종 건물·설비의 배치도
- 폭발위험장소 구분도 및 전기단선도
- 위험설비의 안전설계·제작 및 설치 관련 지침서

정답 | 81 ④ 82 ② 83 ③ 84 ③

0401 / 1801

85

Repetitive Learning

다음 화학물질 중 물에 잘 용해되는 것은?

① 아세톤 ② 벤젠
③ 톨루엔 ④ 휘발유

해설

- 벤젠(C_6H_6)은 물에 녹지 않는 무색의 가연성 물질이다.
- 톨루엔(C_7H_8)은 시너냄새가 나는 물에 녹지 않는 액체이다.
- 휘발유는 물에 녹지 않는 휘발성 투명한 액체이다.

아세톤(CH_3COCH_3)

㉠ 개요
- 인화성 액체(인화점 -20℃)로 독성물질에 속한다.
- 무색이고 휘발성이 강하며 장기적인 피부 접촉은 심한 염증을 일으킨다.

㉡ 특징
- 아세틸렌의 용제로 많이 사용된다.
- 증기는 유독하므로 흡입하지 않도록 주의해야 한다.
- 비중이 0.79이므로 물보다 가벼우며 물에 잘 용해된다.

1902

86

Repetitive Learning

가연성 물질을 취급하는 장치를 퍼지하고자 할 때 잘못된 것은?

① 대상 가스의 물성을 파악한다.
② 사용하는 불활성 가스의 물성을 파악한다.
③ 퍼지용 가스를 가능한 한 빠른 속도로 단시간에 다량 송입한다.
④ 장치 내부를 물로 먼저 세정한 후 퍼지용 가스를 송입한다.

해설

- 퍼지용 가스는 장시간에 걸쳐 천천히 주의있게 주입하도록 한다.

퍼지 시의 주의사항
- 대상 가스의 물성을 파악한다.
- 사용하는 불활성 가스의 물성을 파악한다.
- 장치 내부를 물로 먼저 세정한 후 퍼지용 가스를 송입한다.
- 퍼지용 가스를 장시간에 걸쳐 천천히 주의있게 주입하도록 한다.

0903 / 1402

87

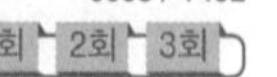

Repetitive Learning

가스누출감지경보기의 선정기준, 구조 및 설치방법에 관한 설명으로 옳지 않은 것은?

① 암모니아를 제외한 가연성 가스 누출감지경보기는 방폭성능을 갖는 것이어야 한다.
② 독성가스 누출감지경보기는 해당 독성가스 허용농도의 25[%] 이하에서 경보가 울리도록 설정하여야 한다.
③ 하나의 감지대상가스가 가연성이면서 독성인 경우에는 독성가스를 기준하여 가스누출감지경보기를 선정하여야 한다.
④ 건축물 내에 설치되는 경우, 감지대상가스의 비중이 공기보다 무거운 경우에는 건축물 내의 하부에 설치하여야 한다.

해설

- 가연성 가스 누출감지경보기는 경보 설정치 대비 ±25[%] 이하이나 독성가스 누출감지경보기는 경보 설정치 대비 ±30[%] 이하이다.

가스누출감지경보기의 선정기준, 구조 및 설치방법
- 암모니아를 제외한 가연성 가스 누출감지경보기는 방폭 성능을 갖는 것이어야 한다.
- 가연성 가스 누출감지경보기는 경보 설정치 대비 ±25[%] 이하이나 독성가스 누출감지경보기는 경보 설정치 대비 ±30[%] 이하이다.
- 하나의 감지대상가스가 가연성이면서 독성인 경우에는 독성가스를 기준하여 가스누출감지경보기를 선정하여야 한다.
- 건축물 내에 설치되는 경우, 감지대상가스의 비중이 공기보다 무거운 경우에는 건축물 내의 하부에 설치하여야 한다.

1403 / 1701 / 1902

88

Repetitive Learning 1회 2회 3회

다음 가스 중 가장 독성이 큰 것은?

① CO ② $COCl_2$
③ NH_3 ④ H_2

해설

- $COCl_2$는 포스겐이라고 불리는 맹독성 가스로 불소와 함께 가장 강한(TWA 0.1) 독성 물질이다.

TWA(Time Weighted Average) 실필 1301
- 시간가중 평균노출기준이라고 한다.
- 1일 8시간 작업을 기준으로 유해요인의 측정치에 발생시간을 곱하여 8로 나눈 값이다.
- 독성이 강할수록 TWA값은 작아진다.

유독물질	포스겐/불소	염소	니트로벤젠 염화수소	사염화탄소	나프탈렌	일산화탄소	아세톤	이산화탄소
TWA (ppm)	0.1	0.5	1	5	10	30	500	5,000
독성	← 강하다							약하다 →

85 ① 86 ③ 87 ② 88 ② 정답

1303 / 1703

89

폭발을 기상폭발과 응상폭발로 분류할 때 다음 중 기상폭발에 해당되지 않는 것은?

① 분진폭발　　② 혼합가스폭발
③ 분무폭발　　④ 수증기폭발

해설

- 수증기폭발은 대표적인 응상폭발에 해당한다.

폭발(Explosion)

㉠ 개요
- 물리적 또는 화학적 에너지가 열과 압력파인 기계적 에너지로 빠르게 변화하는 현상을 말한다.
- 폭발물 원인물질의 물리적 상태에 따라 기상폭발과 응상폭발로 구분된다.

㉡ 기상폭발(Gas explosion)
- 폭발이 일어나기 전의 물질상태가 기체일 경우의 폭발을 말한다.
- 종류에는 분진폭발, 분무폭발, 분해폭발, (혼합)가스폭발 등이 있다.
- 압력상승에 의한 기상폭발의 경우 가연성 혼합기의 형성 상황, 압력상승 시의 취약부 파괴, 개구부가 있는 공간 내의 화염전파와 압력상승에 주의해야 한다.

㉢ 응상폭발
- 폭발이 일어나기 전의 물질상태가 고체 및 액상일 경우의 폭발을 말한다.
- 응상폭발의 종류에는 수증기폭발, 전선폭발, 고상 간의 전이에 의한 폭발 등이 있다.
- 응상폭발을 하는 위험성 물질에는 TNT, 연화약, 다이너마이트 등이 있다.

1001

90

Repetitive Learning 

처음 온도가 20[℃]인 공기를 절대압력 1기압에서 3기압으로 단열압축하면 최종온도는 약 몇 도인가?(단, 공기의 비열비 1.4이다)

① 68[℃]　　② 75[℃]
③ 128[℃]　　④ 164[℃]

해설

- 주어진 값을 정리해보면 기존 온도 $T_1 = 273 + 20 = 293$ 이다.
- 압력비가 $\left(\frac{P_2}{P_1}\right) = 3$이고, 비열 $r = 1.4$이다.
- 주어진 값을 대입하면 $T_2 = 293 \times 3^{\frac{0.4}{1.4}}$ =401.04가 된다.
- 다시 이를 섭씨온도로 바꾸면 128.04[℃]가 된다.

단열압축

- 가연성 기체를 급속히 압축하면 열손실이 적기 때문에 단열압축으로 보고, 단열압축일 때는 열의 출입이 없으므로 온도 및 압력이 상승한다.
- 열역학적 관계는 $\frac{T_2}{T_1} = \left(\frac{P_2}{P_1}\right)^{\frac{r-1}{r}}$ 또는 $\frac{P_2}{P_1} = \left(\frac{T_2}{T_1}\right)^{\frac{r}{r-1}}$ 이다.

  이때, T_1, T_2는 절대온도, P_1, P_2는 압력, r는 비열비이다.

1801

91

Repetitive Learning (1회 2회 3회)

디에틸에테르의 연소범위에 가장 가까운 값은?

① 2~10.4%　　② 1.9~48%
③ 2.5~15%　　④ 1.5~7.8%

해설

- 디에틸에테르의 연소범위는 1.9 ~ 48%이다.

디에틸에테르($C_2H_5OC_2H_5$)

㉠ 개요
- 이황화탄소와 함께 제4류 특수인화물에 속하는 인화성 액체이다.

㉡ 특성
- 과산화물을 생성하므로 갈색병에 보관해야 한다.
- 연소범위는 1.9 ~ 48%이다.
- 인화점은 −45℃이다.

92

Repetitive Learning (1회 2회 3회)

산업안전보건법령상 위험물질의 종류에서 "폭발성 물질 및 유기과산화물"에 해당하는 것은?

① 디아조화합물　　② 황린
③ 알킬알루미늄　　④ 마그네슘 분말

해설

- 황린은 물반응성 물질 및 인화성 고체에 포함된다.
- 알킬알루미늄과 마그네슘 분말은 자연발화성 및 금수성 물질이다.

산업안전보건법상 폭발성 물질

- 질산에스테르류
  (니트로글리콜, 니트로글리세린, 니트로셀룰로오스 등)
- 니트로화합물(트리니트로벤젠, 트리니트로톨루엔, 피크린산 등)
- 유기과산화물(과초산, 메틸에틸케톤 과산화물, 과산화벤조일 등)
- 그 외에도 니트로소화합물, 아조화합물, 디아조화합물, 하이드라진 유도체 등이 있다.

정답 | 89 ④　90 ③　91 ②　92 ①

1101

93

Repetitive Learning 1회 2회 3회

건조설비의 구조를 구조부분, 가열장치, 부속설비로 구분할 때 다음 중 "부속설비"에 속하는 것은?

① 보온판 ② 열원장치
③ 소화장치 ④ 철골부

해설

- 보온판과 철골부는 구조부분에 해당한다.
- 열원장치는 가열장치에 해당한다.

건조설비의 구조

- 구조부분, 가열장치, 부속설비로 구성된다.
- 구조부분은 본체를 구성하는 부분으로 몸체(철골부, 보온판, Shell)와 내부구조, 구동장치로 구성된다.
- 가열장치는 열원장치, 송풍기로 구성되어 열을 발생시키거나 이동시키는 역할을 한다.
- 부속설비는 본체에 부속되어 있는 설비로 환기장치, 온도조절장치, 안전장치, 소화장치, 집진장치, 전기설비 등이 이에 해당한다.

1003

94

Repetitive Learning 

다음 중 물질의 누출방지용으로서 접합면을 상호 밀착시키기 위하여 사용하는 것은?

① 개스킷 ② 체크밸브
③ 플러그 ④ 콕크

해설

- 체크밸브는 유체가 일정한 방향으로만 흐르게 하는 밸브이다.
- 플러그는 유로를 차단할 때 사용하는 부속품이다.
- 콕크는 유로를 흐르는 유체의 양을 조절하는 기구이다.

관(Pipe) 부속품

유로 차단	플러그(Plug), 밸브(Valve), 캡(Cap)
누출방지 및 접합면 밀착	개스킷(Gasket)
관로의 방향 변경	엘보(Elbow)
관의 지름 변경	리듀셔(Reducer), 부싱(Bushing)
2개의 관을 연결	소켓(Socket), 니플(Nipple), 유니온(Union), 플랜지(Flange)

1203

95

Repetitive Learning 1회 2회 3회

에틸렌(C_2H_4)이 완전연소하는 경우 다음의 Jones식을 이용하여 계산할 경우 연소하한계는 약 몇 [vol%]인가?

Jones식 : LFL = 0.55 × Cst

① 0.55 ② 3.6
③ 6.3 ④ 8.5

해설

- 에틸렌(C_2H_4)에서 탄소(a)는 2, 수소(b)는 4이므로 완전연소조성농도는 $\frac{100}{1+4.773\times3}=6.53$이다.
- 연소하한계는 Jones식에 의해 6.53×0.55 = 3.59이다.

완전연소 조성농도(Cst, 화학양론농도)와 최소산소농도(MOC)

실필 1803/1002

㉠ 완전연소 조성농도(Cst, 화학양론농도)

- 가연성 가스의 조성은 완전연소 조성농도에서 폭발의 위험성이 가장 높아진다.
- 완전연소 조성농도 = $\frac{100}{1+\text{공기몰수}\times\left(a+\frac{b-c-2d}{4}\right)}$이다.

  공기의 몰수는 주로 4.773을 사용하므로

  완전연소 조성농도 = $\frac{100}{1+4.773\left(a+\frac{b-c-2d}{4}\right)}$[vol%]

  로 구한다. 단, a : 탄소, b : 수소, c : 할로겐의 원자수, d : 산소의 원자수이다.
- Jones식에 따라 폭발한계를 추산하면 폭발하한계 = Cst × 0.55, 폭발상한계 = Cst × 3.50이다.

㉡ 최소산소농도(MOC)

- 연소 시 필요한 산소(O_2)농도 즉, 산소양론계수 = $a+\frac{b-c-2d}{4}$로 구한다.
- 최소산소농도(MOC) = 산소양론계수 × 연소하한값이다.

1901

96

Repetitive Learning 1회 2회 3회

다음 중 인화성 가스가 아닌 것은?

① 부탄 ② 메탄
③ 수소 ④ 산소

해설

- 산소는 인화성 가스가 아니라 조연성 가스에 해당한다.

인화성 가스

- 인화성 가스란 인화한계 농도의 최저한도가 13% 이하 또는 최고한도와 최저한도의 차가 12% 이상인 것으로서 표준압력(101.3 kPa)하의 20℃에서 가스상태인 물질을 말한다.
- 종류에는 수소, 아세틸렌, 에틸렌, 메탄, 에탄, 프로판, 부탄 등이 있다.

93 ③ 94 ① 95 ② 96 ④ 정답

1402 / 1703

97

[보기]의 물질을 폭발범위가 넓은 것부터 좁은 순서로 바르게 배열한 것은?

H_2 C_3H_8 CO CH_4

① $CO > H_2 > C_3H_8 > CH_4$
② $H_2 > CO > CH_4 > C_3H_8$
③ $C_3H_8 > CO > CH_4 > H_2$
④ $CH_4 > H_2 > CO > C_3H_8$

해설

- 보기에 주어진 가스를 폭발범위가 좁은 값부터 넓은 값 순으로 나열하면 프로판(C_3H_8) < 메탄(CH_4) < 일산화탄소(CO) < 수소(H_2) 순이다.

주요 가스의 폭발상한계, 하한계, 폭발범위, 위험도 실필 1603

가스	폭발 하한계	폭발 상한계	폭발범위	위험도
아세틸렌(C_2H_2)	2.5	81	78.5	$\frac{81-2.5}{2.5}=31.4$
수소(H_2)	4.0	75	71	$\frac{75-4.0}{4.0}=17.75$
일산화탄소(CO)	12.5	74	61.5	$\frac{74-12.5}{12.5}=4.92$
암모니아(NH_3)	15	28	13	$\frac{28-15}{15}=0.87$
메탄(CH_4)	5.0	15	10	$\frac{15-5}{5}=2$
이황화탄소(CS_2)	1.3	41.0	39.7	$\frac{41-1.3}{1.3}=30.54$
프로판(C_3H_8)	2.1	9.5	7.4	$\frac{9.5-2.1}{2.1}=3.52$
부탄(C_4H_{10})	1.8	8.4	6.6	$\frac{8.4-1.8}{1.8}=3.67$

1902

98

화염방지기의 설치에 관한 사항으로 ( )에 알맞은 것은?

사업주는 인화성 액체 및 인화성 가스를 저장·취급하는 화학설비에서 증기나 가스를 대기로 방출하는 경우에는 외부로부터의 화염을 방지하기 위하여 화염방지기를 그 설비 ( )에 설치하여야 한다.

① 상단　　② 하단
③ 중앙　　④ 무게중심

해설

- 외부로부터의 화염을 방지하기 위하여 화염방지기를 그 설비 상단에 설치하여야 한다.

화염방지기의 설치

- 사업주는 인화성 액체 및 인화성 가스를 저장·취급하는 화학설비에서 증기나 가스를 대기로 방출하는 경우에는 외부로부터의 화염을 방지하기 위하여 화염방지기를 그 설비 상단에 설치하여야 한다.
- 화염방지 성능이 있는 통기밸브인 경우를 제외하고 화염방지기를 설치하여야 한다.
- 본체는 금속제로 내식성이 있어야 하며, 폭발 및 화재로 인한 압력과 온도에 견딜 수 있어야 한다.
- 소염소자는 내식, 내열성이 있는 재질이어야 하고, 이물질 등의 제거를 위한 정비작업이 용이하여야 한다.

0701 / 1101 / 1901

99

Repetitive Learning 1회 2회 3회

다음 중 반응기를 조작방식에 따라 분류할 때 이에 해당하지 않는 것은?

① 회분식 반응기　　② 반회분식 반응기
③ 연속식 반응기　　④ 관형식 반응기

해설

- 관형식 반응기는 구조형식에 따른 분류에 해당한다.

반응기

㉠ 개요
- 반응기란 2종 이상의 물질이 촉매나 유사 매개물질에 의해 일정한 온도, 압력에서 반응하여 조성, 구조 등이 다른 물질을 생성하는 장치를 말한다.
- 반응기의 설계 시 고려할 사항은 부식성, 상(phase)의 형태, 온도 범위, 운전압력 외에도 온도조절, 생산비율, 열전달 등이 있다.

㉡ 분류

구분	내용
조작방식	• 회분식 – 한 번 원료를 넣으면, 목적을 달성할 때까지 반응을 계속하는 반응기 방식이다. • 반회분식 – 처음에 원료를 넣고 반응이 진행됨에 따라 다른 원료를 첨가하는 반응기 방식이다. • 연속식 – 반응기의 한쪽에서는 원료를 계속적으로 유입하는 동시에 다른 쪽에서는 반응생성 물질을 유출시키는 반응기 방식으로 유통식이라고도 한다.
구조형식	• 관형 – 가늘고 길며 곧은 관 형태의 반응기 • 탑형 – 직립 원통상의 반응기로 위쪽에서 아래쪽으로 유체를 보내는 반응기 • 교반조형 – 교반기를 부착한 조형의 반응기 • 유동층형 – 유동층 형성부를 갖는 반응기

정답 | 97 ② 98 ① 99 ④

1203 / 1802

100 ──── Repetitive Learning 

다음 중 가연성 물질과 산화성 고체가 혼합하고 있을 때 연소에 미치는 현상으로 옳은 것은?

① 착화온도(발화점)가 높아진다.
② 최소점화에너지가 감소하며, 폭발의 위험성이 증가한다.
③ 가스나 가연성 증기의 경우 공기혼합보다 연소범위가 축소된다.
④ 공기 중에서보다 산화작용이 약하게 발생하여 화염온도가 감소하며 연소속도가 늦어진다.

해설

- 가연성 물질과 산화성 고체가 혼합될 경우 산화성 물질이 가연성 물질의 산소공급원 역할을 하여 최소점화에너지가 감소하고, 폭발의 위험성이 증가하므로 주의해야 한다.

위험물의 혼합사용

- 소방법에서는 유별을 달리하는 위험물은 동일 장소에서 저장, 취급해서는 안 된다고 규정하고 있다.

구분	1류	2류	3류	4류	5류	6류
1류		×	×	×	×	○
2류	×		×	○	○	×
3류	×	×		○	×	×
4류	×	○	○		○	×
5류	×	○	×	○		×
6류	○	×	×	×	×	

- 제1류(산화성 고체)와 제6류(산화성 액체), 제2류(환원성 고체)와 제4류(가연성 액체) 및 제5류(자기반응성 물질), 제3류(자연발화 및 금수성 물질)와 제4류(가연성 액체)의 혼합은 비교적 위험도가 낮아 혼재사용이 가능하다.
- 산화성 물질과 가연물을 혼합하면 산화·환원반응이 더욱 잘 일어나는 혼합위험성 물질이 된다.
- 가연성 물질과 조연성 물질을 혼합할 때 폭발위험이 증가한다.

6과목 건설공사 안전관리

1402 / 2102

101 ──── Repetitive Learning 1회 2회 3회

작업발판 일체형 거푸집에 해당되지 않는 것은?

① 갱 폼(Gang form)
② 슬립 폼(Slip form)
③ 클라이밍 폼(Climbing form)
④ 유로 폼(Euro form)

해설

- 작업발판 일체형 거푸집의 종류에는 갱 폼(Gang form), 슬립 폼(Slip form), 클라이밍 폼(Climbing form), 터널라이닝 폼(Tunnel lining form) 등이 있다.

작업발판 일체형 거푸집 실필 1301

- 작업발판 일체형 거푸집은 거푸집의 설치·해체, 철근 조립, 콘크리트 타설, 콘크리트면처리 작업 등을 위하여 작업발판과 일체로 제작하여 사용하는 거푸집을 말한다.
- 종류에는 갱 폼(Gang form), 슬립 폼(Slip form), 클라이밍 폼(Climbing form), 터널라이닝 폼(Tunnel lining form), 그 밖에 거푸집과 작업발판이 일체로 제작된 거푸집 등이 있다.

1602

102 ──── Repetitive Learning 1회 2회 3회

콘크리트 타설작업을 하는 경우에 준수해야 할 사항으로 옳지 않은 것은?

① 당일의 작업을 시작하기 전에 해당 작업에 관한 거푸집 동바리 등의 변형·변위 및 지반의 침하 유무 등을 점검하고 이상이 있으면 보수할 것
② 콘크리트를 타설하는 경우에는 편심이 발생하지 않도록 골고루 분산하여 타설할 것
③ 설계도서상의 콘크리트 양생기간을 준수하여 거푸집 동바리 등을 해체할 것
④ 작업 중에는 거푸집동바리 등의 변형·변위 및 침하 유무 등을 감시할 수 있는 감시자를 배치하여 이상이 있으면 작업을 중지하지 아니하고, 즉시 충분한 보강조치를 실시할 것

100 ② 101 ④ 102 ④ 정답

해설

• 작업 중에는 거푸집 동바리 등의 변형·변위 및 침하 유무 등을 감시할 수 있는 감시자를 배치하여 이상이 있으면 작업을 중지하고 근로자를 우선 대피시켜야 한다.

콘크리트의 타설작업 실필 1802/1502

• 당일의 작업을 시작하기 전에 해당 작업에 관한 거푸집 동바리 등의 변형·변위 및 지반의 침하 유무 등을 점검하고 이상이 있으면 보수할 것
• 작업 중에는 거푸집 동바리 등의 변형·변위 및 침하 유무 등을 감시할 수 있는 감시자를 배치하여 이상이 있으면 작업을 중지하고 근로자를 대피시킬 것
• 콘크리트 타설작업 시 거푸집 붕괴의 위험이 발생할 우려가 있으면 충분한 보강조치를 할 것
• 설계도서상의 콘크리트 양생기간을 준수하여 거푸집 동바리 등을 해체할 것
• 콘크리트를 타설하는 경우에는 편심이 발생하지 않도록 골고루 분산하여 타설할 것

0603 / 0701 / 1501 / 1803 / 1903

103 Repetitive Learning (1회 2회 3회)

추락방지용 방망 중 그물코의 크기가 5cm인 매듭방망 신품의 인장강도는 최소 몇 kg 이상이어야 하는가?

① 60 ② 110
③ 150 ④ 200

해설

• 매듭방망의 인장강도는 신품의 경우 그물코의 크기가 5cm이면 110kg, 10cm이면 200kg 이상이다.

신품 방망 인장강도

그물코 한변 길이	무매듭방망	매듭방망
10cm	240kg 이상(150kg)	200kg 이상(135kg)
5cm		110kg 이상(60kg)

단, ( )은 폐기기준이다.

104 Repetitive Learning (1회 2회 3회)

버팀보, 앵커 등의 축하중 변화상태를 측정하여 이들 부재의 지지효과 및 그 변화 추이를 파악하는데 사용되는 계측기기는?

① water level meter ② load cell
③ piezo meter ④ strain gauge

해설

• ①은 지하수위계로 지반 내 지하수위의 변화를 계측하는 기구이다.
• ③은 간극수압계로 굴착공사에 따른 간극수압의 변화를 측정하는 기구이다.
• ④는 변형률계로 흙막이 가시설의 버팀대(Strut)의 변형을 측정하는 계측기이다.

굴착공사용 계측기기 실필 0902

㉠ 개요

• 개착식 굴착공사에서 설치하는 계측기기에는 기울기(Tilt meter), 지하수위계, 간극수압계, 경사계, 응력계, 변형률계, 하중계 등이 있다.
• 지반붕괴 방지를 위한 계측장치에는 지하수위계, 경사계, 변형률계, 응력계, 하중계 등이 있다.

㉡ 종류

지표침하계 (Surface settlement system)	지표면의 침하량을 측정하는 기구
지하수위계 (Water level meter)	지반 내 지하수위의 변화를 계측하는 기구
하중계(Load cell)	버팀보 어스앵커(Earth anchor) 등의 실제 축 하중 변화를 측정하는 계측기
지중경사계 (Inclinometer)	지중의 수평 변위량을 통해 주변 지반의 변형을 측정하는 기계
건물경사계(Tiltmeter)	인접한 구조물에 설치하여 구조물의 경사 및 변형상태를 측정하는 기구
수직지향각도계 (Inclino meter, 경사계)	주변 지반, 지층, 기계, 시설 등의 경사도와 변형을 측정하는 기구
변형률계(Strain gauge)	흙막이 가시설의 버팀대(Strut)의 변형을 측정하는 계측기

105 Repetitive Learning (1회 2회 3회)

산업안전보건관리비 항목 중 안전시설비로 사용가능한 것은?

① 원활한 공사수행을 위한 가설시설 중 비계설치 비용
② 소음관련 민원예방을 위한 건설현장 소음방지용 방음시설 설치 비용
③ 근로자의 재해예방을 위한 목적으로만 사용하는 CCTV에 사용되는 비용
④ 기계·기구 등과 일체형 안전장치의 구입비용

정답 | 103 ② 104 ② 105 ③

해설

- 근로자의 재해예방을 위한 목적으로만 사용하는 CCTV에 사용되는 비용은 안전시설비로 사용가능하다.

:: 안전시설비 사용불가내역

- 원활한 공사수행을 위해 공사현장에 설치하는 시설물, 장치, 자재, 안내·주의·경고 표지 등과 공사 수행 도구·시설이 안전장치와 일체형인 경우 등에 해당하는 경우 그에 소요되는 구입·수리 및 설치·해체 비용 등

구분	내용
원활한 공사수행을 위한 가설시설, 장치, 도구, 자재 등	1) 외부인 출입금지, 공사장 경계표시를 위한 가설울타리 2) 각종 비계, 작업발판, 가설계단·통로, 사다리 등 ※ 안전발판, 안전통로, 안전계단 등과 같이 명칭에 관계없이 공사 수행에 필요한 가시설들은 사용 불가 - 다만, 비계·통로·계단에 추가 설치하는 추락방지용 안전난간, 사다리 전도방지장치, 틀비계에 별도로 설치하는 안전난간·사다리, 통로의 낙하물방호선반 등은 사용 가능함 3) 절토부 및 성토부 등의 토사유실 방지를 위한 설비 4) 작업장 간 상호 연락, 작업 상황 파악 등 통신수단으로 활용되는 통신시설·설비 5) 공사 목적물의 품질 확보 또는 건설장비 자체의 운행 감시, 공사 진척상황 확인, 방범 등의 목적을 가진 CCTV 등 감시용 장비 ※ 다만 근로자의 재해예방을 위한 목적으로만 사용하는 CCTV에 소요되는 비용은 사용 가능함
소음·환경관련 민원예방, 교통통제 등을 위한 각종 시설물, 표지	1) 건설현장 소음방지를 위한 방음시설, 분진망 등 먼지·분진 비산 방지시설 등 2) 도로 확·포장공사, 관로공사, 도심지 공사 등에서 공사차량 외의 차량유도, 안내·주의·경고 등을 목적으로 하는 교통안전시설물 ※ 공사안내·경고 표지판, 차량유도등·점멸등, 라바콘, 현장경계휀스, PE드럼 등
기계·기구 등과 일체형 안전장치의 구입비용	※ 기성제품에 부착된 안전장치 고장 시 수리 및 교체비용은 사용 가능 1) 기성제품에 부착된 안전장치 ※ 톱날과 일체식으로 제작된 목재가공용 둥근톱의 톱날접촉예방장치, 플러그와 접지 시설이 일체식으로 제작된 접지형플러그 등 2) 공사수행용 시설과 일체형인 안전시설
※ 동일 시공업체 소속의 타 현장에서 사용한 안전시설물을 전용하여 사용할 때의 자재비(운반비는 안전관리비로 사용할 수 있다)	

0801 / 0903 / 1602

106 ─── Repetitive Learning (1회 2회 3회)

차량계 건설기계를 사용하여 작업하고자 할 때 작업계획서에 포함되어야 할 사항에 해당되지 않는 것은?

① 사용하는 차량계 건설기계의 종류 및 성능
② 차량계 건설기계의 운행경로
③ 차량계 건설기계에 의한 작업방법
④ 차량계 건설기계의 유지보수방법

해설

- 차량계 건설기계를 사용하여 작업하고자 할 때 작업계획서에는 사용하는 차량계 건설기계의 종류 및 성능, 차량계 건설기계의 운행경로, 차량계 건설기계에 의한 작업방법 등이 포함되어야 한다.

:: 차량계 건설기계를 사용하여 작업 시 작업계획서

- 사용하는 차량계 건설기계의 종류 및 성능
- 차량계 건설기계의 운행경로
- 차량계 건설기계에 의한 작업방법
- 상부 난간대와 중간 난간대는 난간 길이 전체에 걸쳐 바닥면 등과 평행을 유지할 것
- 난간대는 지름 2.7cm 이상의 금속제 파이프나 그 이상의 강도가 있는 재료일 것
- 안전난간은 구조적으로 가장 취약한 지점에서 가장 취약한 방향으로 작용하는 100kg 이상의 하중에 견딜 수 있는 튼튼한 구조일 것

107 ─── Repetitive Learning (1회 2회 3회)

흙 속의 전단응력을 증대시키는 원인에 해당하지 않는 것은?

① 자연 또는 인공에 의한 지하공동의 형성
② 함수비의 감소에 따른 흙의 단위체적 중량의 감소
③ 지진, 폭파에 의한 진동 발생
④ 균열 내에 작용하는 수압증가

해설

- 함수비의 증가에 따른 흙의 단위체적 중량의 증가가 전단응력을 증가시키는 원인이다.

:: 전단응력 증가요인

- 자연 또는 인공에 의한 지하공동의 형성
- 지진, 폭파에 의한 진동 발생
- 균열 내에 작용하는 수압증가
- 인위적인 굴착으로 인한 토피하중의 제거
- 강우, 눈, 건물, 성토 등의 이유로 외적 하중의 증가
- 함수비의 증가에 따른 흙의 단위체적 중량의 증가

106 ④ 107 ② 정답

1203 / 1703 / 1802

108

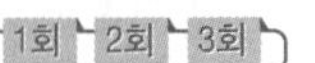

Repetitive Learning (1회 2회 3회)

유해・위험방지계획서 제출대상 공사로 볼 수 없는 것은?

① 지상높이가 31m 이상인 건축물의 건설공사
② 터널 건설공사
③ 깊이 10m 이상인 굴착공사
④ 교량의 전체 길이가 40m 이상인 교량공사

해설

- 유해・위험방지계획서 제출대상 공사의 규모기준에서 교량 건설 등의 공사의 경우 최대지간길이가 50m 이상이어야 한다.

유해・위험방지계획서 제출대상 공사 실필 1701

- 지상높이가 31m 이상인 건축물 또는 인공구조물, 연면적 3만m^2 이상인 건축물 또는 연면적 5천m^2 이상의 문화 및 집회시설(전시장 및 동물원・식물원은 제외), 판매시설, 운수시설(고속철도의 역사 및 집배송시설은 제외), 종교시설, 의료시설 중 종합병원, 숙박시설 중 관광숙박시설, 지하도상가 또는 냉동・냉장창고시설의 건설・개조 또는 해체공사
- 연면적 5천m^2 이상인 냉동・냉장창고시설의 설비공사 및 단열공사
- 최대지간길이가 50m 이상인 교량 건설 등의 공사
- 터널 건설 등의 공사
- 다목적 댐, 발전용 댐 및 저수용량 2천만톤 이상의 용수 전용 댐, 지방상수도 전용 댐 건설 등의 공사
- 깊이 10m 이상인 굴착공사

109

Repetitive Learning (1회 2회 3회)

다음은 산업안전보건법령에 따른 항타기 또는 항발기에 권상용 와이어로프를 사용하는 경우에 준수하여야 할 사항이다. ( )안에 알맞은 내용으로 옳은 것은?

> 권상용 와이어로프는 추 또는 해머가 최저의 위치에 있을 때 또는 널말뚝을 빼내기 시작할 때를 기준으로 권상장치의 드럼에 적어도 ( ) 감기고 남을 수 있는 충분한 길이일 것

① 1회　　② 2회
③ 4회　　④ 6회

해설

- 권상용 와이어로프는 권상장치의 드럼에 적어도 2회 감기고 남을 수 있는 충분한 길이여야 한다.

권상용 와이어로프

㉠ 안전계수
- 항타기 및 항발기에서 사용하는 권상용 와이어로프의 안전계수가 5 이상이 아니면 이를 사용해서는 안 된다.

㉡ 길이 등
- 권상용 와이어로프는 추 또는 해머가 최저의 위치에 있을 때 또는 널말뚝을 빼내기 시작할 때를 기준으로 권상장치의 드럼에 적어도 2회 감기고 남을 수 있는 충분한 길이일 것
- 권상용 와이어로프는 권상장치의 드럼에 클램프・클립 등을 사용하여 견고하게 고정할 것
- 항타기의 권상용 와이어로프에서 추・해머 등과의 연결은 클램프・클립 등을 사용하여 견고하게 할 것

1901

110

Repetitive Learning (1회 2회 3회)

사다리식 통로 등을 설치하는 경우 고정식 사다리식 통로의 기울기는 최대 몇 도 이하로 하여야 하는가?

① 60도
② 75도
③ 80도
④ 90도

해설

- 일반적인 사다리식 통로의 기울기는 75도 이하, 고정식 사다리식 통로의 기울기는 90도 이하로 하여야 한다.

사다리식 통로의 구조 실필 2202/1101/0901

- 견고한 구조로 할 것
- 심한 손상・부식 등이 없는 재료를 사용할 것
- 발판의 간격은 일정하게 할 것
- 발판과 벽과의 사이는 15cm 이상의 간격을 유지할 것
- 폭은 30m 이상으로 할 것
- 사다리가 넘어지거나 미끄러지는 것을 방지하기 위한 조치를 할 것
- 사다리의 상단은 걸쳐놓은 지점으로부터 60cm 이상 올라가도록 할 것
- 사다리식 통로의 길이가 10m 이상인 경우에는 5m 이내마다 계단참을 설치할 것
- 사다리식 통로의 기울기는 75° 이하로 할 것. 다만, 고정식 사다리식 통로의 기울기는 90° 이하로 하고, 그 높이가 7m 이상인 경우에는 바닥으로부터 높이가 2.5m 되는 지점부터 등받이울을 설치할 것
- 접이식 사다리 기둥은 사용 시 접혀지거나 펼쳐지지 않도록 철물 등을 사용하여 견고하게 조치할 것

정답 | 108 ④　109 ②　110 ④

1101 / 1601

111

Repetitive Learning 1회 2회 3회

근로자의 추락 등의 위험을 방지하기 위한 안전난간의 설치 기준으로 옳지 않은 것은?

① 상부 난간대와 중간 난간대는 난간 길이 전체에 걸쳐 바닥면 등과 평행을 유지할 것
② 발끝막이판은 바닥면 등으로부터 20cm 이하의 높이를 유지할 것
③ 난간대는 지름 2.7cm 이상의 금속제 파이프나 그 이상의 강도가 있는 재료일 것
④ 안전난간은 구조적으로 가장 취약한 지점에서 가장 취약한 방향으로 작용하는 100kg 이상의 하중에 견딜 수 있는 튼튼한 구조일 것

해설

- 안전난간의 발끝막이판은 바닥면 등으로부터 10cm 이상의 높이를 유지한다.

안전난간의 구조 및 설치요건 실필 2103/1703/1301 실작 2402/2303

- 상부 난간대, 중간 난간대, 발끝막이판 및 난간기둥으로 구성할 것. 다만, 중간 난간대, 발끝막이판 및 난간기둥은 이와 비슷한 구조와 성능을 가진 것으로 대체할 수 있다.
- 상부 난간대는 바닥면·발판 또는 경사로의 표면("바닥면 등")으로부터 90cm 이상 지점에 설치하고, 상부 난간대를 120cm 이하에 설치하는 경우에는 중간 난간대는 상부 난간대와 바닥면 등의 중간에 설치하여야 하며, 120cm 이상 지점에 설치하는 경우에는 중간 난간대를 2단 이상으로 균등하게 설치하고 난간의 상하 간격은 60cm 이하가 되도록 할 것. 다만, 난간기둥 간의 간격이 25cm 이하인 경우에는 중간 난간대를 설치하지 않을 수 있다.
- 발끝막이판은 바닥면 등으로부터 10cm 이상의 높이를 유지할 것. 다만, 물체가 떨어지거나 날아올 위험이 없거나 그 위험을 방지할 수 있는 망을 설치하는 등 필요한 예방 조치를 한 장소는 제외한다.
- 난간기둥은 상부 난간대와 중간 난간대를 견고하게 떠받칠 수 있도록 적정한 간격을 유지할 것

1803

112

Repetitive Learning 1회 2회 3회

단관비계의 붕괴 또는 전도를 방지하기 위하여 사용하는 벽이음의 간격 기준으로 옳은 것은?

① 수직방향 5m 이하, 수평방향 5m 이하
② 수직방향 6m 이하, 수평방향 6m 이하
③ 수직방향 7m 이하, 수평방향 7m 이하
④ 수직방향 8m 이하, 수평방향 8m 이하

해설

- 단관비계의 조립 시 벽이음 간격은 수직방향으로 5m, 수평방향으로 5m 이내로 한다.

강관비계 조립 시의 준수사항

- 강관비계의 조립(벽이음) 간격

강관비계의 종류	조립 간격(단위 : m)	
	수직방향	수평방향
단관비계	5	5
틀비계(높이 5m 미만 제외)	6	8

- 강관·통나무 등의 재료를 사용하여 견고한 것으로 할 것
- 인장재(引張材)와 압축재로 구성된 경우에는 인장재와 압축재의 간격을 1m 이내로 할 것

113

Repetitive Learning 1회 2회 3회

거푸집동바리 구조에서 높이가 l=3.5m인 파이프서포트의 좌굴하중은?(단, 상부받이판과 하부받이판은 힌지로 가정하고, 단면2차모멘트 I=8.31cm^4, 탄성계수 E=2.1×10^5 MPa)

① 14,060N ② 15,060N
③ 16,060N ④ 17,060N

해설

- 단면2차모멘트가 8.31cm^4으로 주어졌으므로 이는 mm^4으로 변환하면 83,100이 된다.
- 높이 $l=3.5$이므로 대입하면 좌굴하중 $\frac{\pi^2\times2.1\times10^5\times83,100}{3500^2}=14059.93\cdots$[N]이 된다.

좌굴(Buckling)

- 부재에 압축하중이나 전단하중이 가해졌을 경우 수축하다가 어느 한계점에 달하면 항복점 이전에서 평형상태를 잃고 부재가 옆으로 휘는 현상을 말한다.
- 주로 횡단면(두께, 직경)에 비해 길이가 긴 기둥 등에서 발생한다.
- 기둥단부의 구속조건은 좌굴길이 1ㄴ인 양단힌지가 좋다.
- 좌굴하중은 $P_{cr}=\frac{\pi^2EI}{\ell^2}$[N]로 구한다.(ㄴ은 부재의 길이[mm], E는 탄성계수[Mpa], I는 단면2차모멘트[mm^4]이다)

111 ② 112 ① 113 ① 정답

114 Repetitive Learning 1회 2회 3회

하역작업 등에 의한 위험을 방지하기 위하여 준수하여야 할 사항으로 옳지 않은 것은?

① 꼬임이 끊어진 섬유로프를 화물운반용으로 사용해서는 안 된다.
② 심하게 부식된 섬유로프를 고정용으로 사용해서는 안 된다.
③ 차량 등에서 화물을 내리는 작업 시 해당 작업에 종사하는 근로자에게 쌓여 있는 화물 중간에서 화물을 빼내도록 할 경우에는 사전 교육을 철저히 한다.
④ 부두 또는 안벽의 선을 따라 통로를 설치하는 경우에는 폭을 90cm 이상으로 한다.

해설

- 화물 중간에서 화물 빼내기는 금지해야 한다.

∷ 화물 취급작업 시 준수사항 실필 2402/1001

㉠ 꼬임이 끊어진 섬유로프 등의 사용 금지 – 사업주는 꼬임이 끊어지거나 심하게 손상되거나 부식된 섬유로프 등을 화물운반용 또는 고정용으로 사용해서는 아니 된다.
㉡ 사용 전 점검 등 – 사업주는 섬유로프 등을 사용하여 화물취급작업을 하는 경우에 해당 섬유로프 등을 점검하고 이상을 발견한 섬유로프 등을 즉시 교체하여야 한다.
㉢ 화물 중간에서 화물 빼내기 금지 – 사업주는 차량 등에서 화물을 내리는 작업을 하는 경우에 해당 작업에 종사하는 근로자에게 쌓여 있는 화물 중간에서 화물을 빼내도록 해서는 아니 된다.
㉣ 하역작업장의 조치기준 실필 2202/1803/1501
- 작업장 및 통로의 위험한 부분에는 안전하게 작업할 수 있는 조명을 유지할 것
- 부두 또는 안벽의 선을 따라 통로를 설치하는 경우에는 폭을 90cm 이상으로 할 것
- 육상에서의 통로 및 작업장소로서 다리 또는 선거(船渠) 갑문(閘門)을 넘는 보도(步道) 등의 위험한 부분에는 안전난간 또는 울타리 등을 설치할 것

115 Repetitive Learning 1회 2회 3회

인력으로 하물을 인양할 때의 몸의 자세와 관련하여 준수하여야 할 사항으로 옳지 않은 것은?

① 한쪽 발은 들어올리는 물체를 향하여 안전하게 고정시키고 다른 발은 그 뒤에 안전하게 고정시킬 것
② 등은 항상 직립한 상태와 90도 각도를 유지하여 가능한 한 지면과 수평이 되도록 할 것
③ 팔은 몸에 밀착시키고 끌어당기는 자세를 취하며 가능한 한 수평거리를 짧게 할 것
④ 손가락으로만 인양물을 잡아서는 아니 되며 손바닥으로 인양물 전체를 잡을 것

해설

- 등은 항상 직립한 상태를 유지하여 가능한 한 지면과 수직이 되도록 하여야 한다.

∷ 인력 하물 인양 시 몸의 자세

- 한쪽 발은 들어올리는 물체를 향하여 안전하게 고정시키고 다른 발은 그 뒤에 안전하게 고정시킬 것
- 등은 항상 직립한 상태를 유지하여 가능한 한 지면과 수직이 되도록 할 것
- 팔은 몸에 밀착시키고 끌어당기는 자세를 취하며 가능한 한 수평거리를 짧게 할 것
- 손가락으로만 인양물을 잡아서는 아니 되며 손바닥으로 인양물 전체를 잡을 것
- 대퇴부에 부하를 주는 상태에서 무릎을 굽히고, 필요한 경우 무릎을 펴서 인양할 것

0601

116 Repetitive Learning 1회 2회 3회

발파작업 시 암질변화 구간 및 이상암질의 출현 시 반드시 암질판별을 실시하여야 하는데, 이와 관련된 암질판별기준과 가장 거리가 먼 것은?

① R.Q.D(%) ② 탄성파속도(m/sec)
③ 전단강도(kg/cm^2) ④ R.M.R

해설

- 암질변화구간 및 이상암질 출현 시 판별방법은 R.Q.D, R.M.R, 탄성파 속도, 일축압축강도 등이 있다.

∷ 암질변화구간 및 이상암질 출현 시 판별방법

구분	내용
R.Q.D(Rock Quality Designation)(%)	시추코어 중 100mm 이상 되는 코어편 길이의 합을 시추 길이로 나누어 백분율로 표시한 값으로 암질의 상태를 표시한다.
R.M.R(Rock Mass Rating)(%)	암석강도, RQD, 불연속면 간격, 불연속면 상태, 지하수 상태, 불연속면의 상대적 방향에 점수를 주어 암반을 정량적으로 분류하는 방법이다.
탄성파 속도(cm/sec = kine)	탄성파가 전달되는 속도를 의미하는데 단단한 암석일수록 속도가 빠르다.
일축압축강도(Uniaxial Compressive Strength)(kg/㎠)	암석시료에 축 방향으로 하중을 가하였을 때 파괴가 이루어질 때의 응력을 말하는데 단축압축강도라고도 한다.

정답 | 114 ③ 115 ② 116 ③

117

Repetitive Learning 1회 2회 3회

유한사면에서 원형활동면에 의해 발생하는 일반적인 사면파괴의 종류에 해당하지 않는 것은?

① 사면내파괴(Slope failure)
② 사면선단파괴(Toe failure)
③ 사면인장파괴(Tension failure)
④ 사면저부파괴(Base failure)

해설

- 사면의 수위가 급격히 하강할 때 각종 붕괴재해가 발생한다.

사면붕괴

㉠ 개요

- 빗물이 경사면 내부로 침투하여 경사면이 쉽게 움직일 수 있게 되고, 전단강도의 크기가 작아져 경사면이 무너지는 것을 말한다.
- 사면의 수위가 급격히 하강할 때 흙의 지지력이 약화되어 각종 붕괴재해가 발생한다.
- 사면붕괴의 형태는 사면선단파괴, 사면 내 파괴, 사면의 바닥면(저부)파괴 등으로 나타난다.

구분	내용
사면 내 파괴	하부지반이 비교적 단단한 경우, 사면경사가 53° 보다 급할 경우 주로 발생
사면선단파괴	토질의 점착력이 일정 정도 있는 경우 주로 발생
사면저부파괴	토질이 연약하고 사면 기울기가 비교적 원만한 점성토에서 주로 발생

㉡ 사면붕괴의 관련 인자

- 사면의 기울기
- 사면의 높이
- 흙의 내부마찰각
- 흙의 접착력
- 흙의 단위중량

㉢ 사면붕괴 대책공법

구분	내용
사면보호공법	표층 안정, 식생, 블록, 배수공, 뿜기 공법 등
사면보강공법	말뚝, 앵커, 절토, 압성토, 옹벽 및 돌쌓기, 네일 공법 등

0903 / 1501 / 1801

118

Repetitive Learning 1회 2회 3회

달비계의 최대 적재하중을 정함에 있어서 활용하는 안전계수의 기준으로 옳은 것은?(단, 곤돌라의 달비계를 제외한다)

① 달기 와이어로프 : 5 이상
② 달기 강선 : 5 이상
③ 달기 체인 : 3 이상
④ 달기 훅 : 5 이상

해설

- 달비계에서의 안전계수는 달기 와이어로프 및 달기 강선은 10 이상, 달기 체인 및 달기 훅은 5 이상, 달기 강대와 달비계의 하부 및 상부 지점은 강재인 경우 2.5 이상, 목재인 경우 5 이상으로 한다.

달비계 안전계수 실필 1501

- 달기 와이어로프 및 달기 강선의 안전계수 : 10 이상
- 달기 체인 및 달기 훅의 안전계수 : 5 이상
- 달기 강대와 달비계의 하부 및 상부 지점의 안전계수 : 강재(鋼材)의 경우 2.5 이상, 목재의 경우 5 이상

119

Repetitive Learning 1회 2회 3회

강관비계를 사용하여 비계를 구성하는 경우 준수해야할 기준으로 옳지 않은 것은?

① 비계기둥의 간격은 띠장 방향에서는 1.85m이하, 장선(長線) 방향에서는 1.5m 이하로 할 것
② 띠장 간격은 2.0m 이하로 할 것
③ 비계기둥의 제일 윗부분으로부터 31m 되는 지점 밑부분의 비계기둥은 2개의 강관으로 묶어 세울 것
④ 비계기둥 간의 적재하중은 600kg을 초과하지 않도록 할 것

해설

- 강관비계의 비계기둥 간 적재하중은 400kg을 초과하지 않도록 한다.

강관비계의 구조

- 비계기둥의 간격은 띠장 방향에서는 1.85m 이하, 장선(長線) 방향에서는 1.5m 이하로 할 것
- 띠장 간격은 2m 이하로 설치할 것
- 비계기둥의 제일 윗부분으로부터 31m 되는 지점 밑 부분의 비계기둥은 2개의 강관으로 묶어세울 것
- 비계기둥 간의 적재하중은 400kg을 초과하지 않도록 할 것

117 ③ 118 ④ 119 ④ | 정답

0902 / 1903

120 ─── Repetitive Learning 1회 2회 3회

산업안전보건법령에 따라 다음 괄호 안에 들어갈 내용으로 옳은 것은?

> 사업주는 바닥으로부터 짐 윗면까지의 높이가 ( )m 이상인 화물자동차에 짐을 싣는 작업 또는 내리는 작업을 하는 경우에는 근로자의 추가 위험을 방지하기 위하여 해당 작업에 종사하는 근로자가 바닥과 적재함의 짐 윗면 간을 안전하게 오르내리기 위한 설비를 설치하여야 한다.

① 2m ② 4m

③ 6m ④ 8m

해설

- 바닥으로부터 짐 윗면까지의 높이가 2m 이상인 화물자동차에 짐을 싣는 작업 또는 내리는 작업을 하는 경우에 승강설비를 설치하여야 한다.

승강설비

- 사업주는 바닥으로부터 짐 윗면까지의 높이가 2m 이상인 화물자동차에 짐을 싣는 작업 또는 내리는 작업을 하는 경우에는 근로자의 추가 위험을 방지하기 위하여 해당 작업에 종사하는 근로자가 바닥과 적재함의 짐 윗면 간을 안전하게 오르내리기 위한 설비를 설치하여야 한다.

정답 | 120 ①

출제문제 분석 2022년 1회

구분	1과목	2과목	3과목	4과목	5과목	6과목	합계
New유형	4	2	2	4	1	1	14
New문제	11	12	3	8	1	7	42
또나온문제	3	5	5	4	10	10	37
자꾸나온문제	6	3	12	8	9	3	41
합계	20	20	20	20	20	20	120

- New유형은 New문제 중 기존 기출문제와 완전히 다른 유형의 문제를 말합니다.
- New문제는 기존에 출제되지 않은 문제로 이번에 처음 출제되는 문제입니다.
- 또나온문제는 기존에 출제된 적이 1번 있는 문제를 말합니다.
- 자꾸나온문제는 기존에 출제된 적이 2번 이상 있는 문제를 말합니다. 그만큼 중요한 문제입니다.

몇 년분의 기출문제를 공부해야 합격할 수 있을까요?

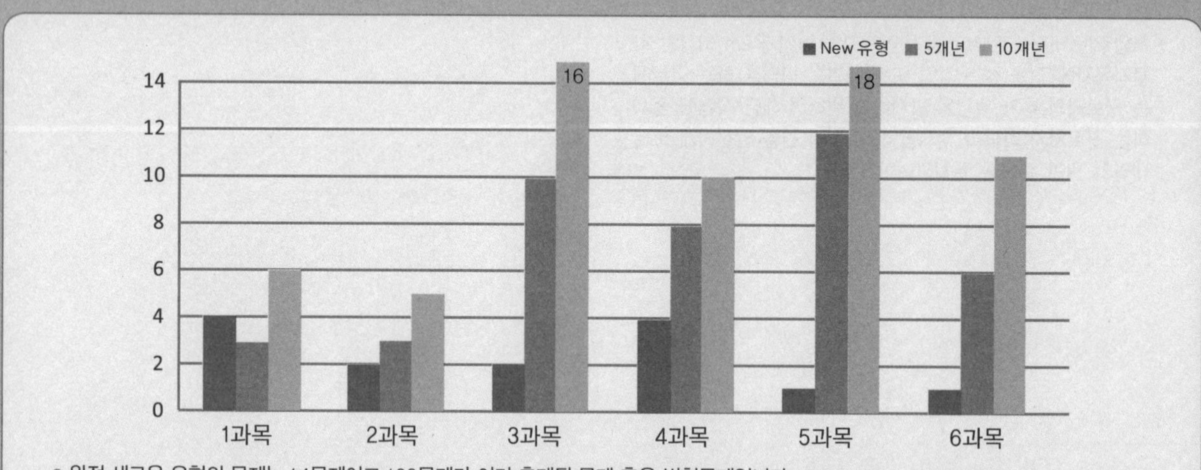

- 완전 새로운 유형의 문제는 14문제이고 106문제가 이미 출제된 문제 혹은 변형문제입니다.
- 5년분(2016~2020) 기출에서 동일문제가 42문항이 출제되었고, 10년분(2011~2020) 기출에서 동일문제가 66문항이 출제되었습니다.

실기에 나왔어요!! 외우세요!!!

실기시험은 필답형과 작업형으로 구분되어 있으며 모두 주관식으로 직접 내용을 적어야 합니다. 필기 공부하면서 실기 출제된 내역들은 좀 더 신경써서 암기하실 필요가 있어요. 필기 합격자 발표 난 후 실기시험까지는 5주밖에 여유가 없답니다. 어차피 공부할 것 필기 때 확실하게 해준다면 실기도 단방에 합격할 수 있습니다.

- 총 44개의 해설이 실기 필답형 시험과 연동되어 있습니다.
- 총 5개의 해설이 실기 작업형 시험과 연동되어 있습니다.

분석의견

1과목과 4과목에서 신규문제가 4문제나 출제되었습니다. 3과목, 5과목, 6과목은 기출문제가 많이 출제되었고 신규문제도 적어 어렵지 않았을 것이나 4과목 전기위험방지기술에서 새로운 유형의 문제가 많아 다소 어려워 했을 것 같으나 기출문제 역시 과락 점수 이상으로 많이 출제되어 과락의 위험은 많이 없었던 문제였습니다. 1, 2과목과 같은 이론에서 어려움을 느끼시는 수험생께서는 힘들었을 시험이었습니다. 합격률은 46.47%로 평균수준을 보였습니다. 합격에 필요한 점수를 획득하기 위해서는 최근 10년분 문제 2회독 이상 + 유형별 핵심이론의 정독이 필요할 것으로 판단됩니다.

2022년 제1회

2022년 3월 5일 필기

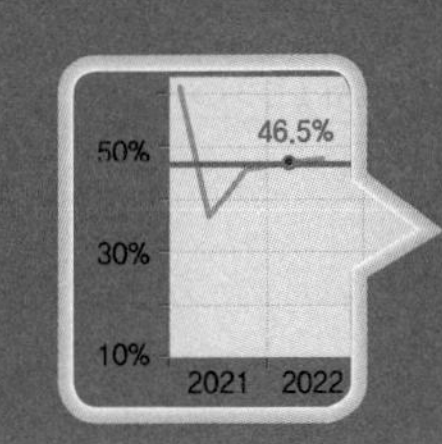

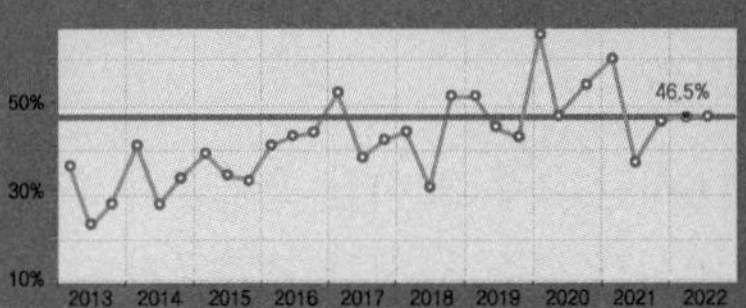

1과목 산업재해 예방 및 안전보건교육

01 Repetitive Learning (1회 2회 3회)

타일러(Taylor)의 교육과정 중 학습경험 선정의 원리에 해당하는 것은?

① 기회의 원리 ② 계속성의 원리
③ 계열성의 원리 ④ 통합성의 원리

해설

- ②, ③, ④는 타일러의 학습경험 조직의 원리에 해당한다.

타일러의 교육과정

㉠ 학습경험 선정의 원리

기회의 원리	목표기 시사하는 내용을 학습자가 직접 스스로 해 볼 기회를 제공한다.
만족의 원리	학습자가 직접 해 보는 과정에서 만족감을 제공한다.
가능성의 원리	학습자가 더 노력하면 목표를 달성할 수 있어야 한다.
다경험의 원리	학습자가 다양한 경험을 할 수 있도록 하여야 한다.
다성과의 원리	하나의 학습경험이 다양한 목표를 달성할 수 있도록 하여야 한다.
협동의 원리	학습자들이 함께 활동하면서 서로 도울 수 있는 기회를 제공해야 한다.

㉡ 학습경험 조직의 원리

계속성의 원리	경험 요소가 계속적으로 반복되도록 조직화해야 한다.
계열성의 원리	경험의 수준을 갈수록 높여 깊이있고 폭넓은 경험이 되도록 하여야 한다.
통합성의 원리	학습경험을 횡적으로 연결지어 조화롭게 통합해야 한다.

0502 / 0703 / 0801 / 0901 / 1001 / 1102 / 1303 / 1502 / 1503 / 1801 / 2001

02 Repetitive Learning (1회 2회 3회)

다음 중 몇 사람의 전문가에 의하여 과제에 관한 견해를 발표한 뒤에 참가자로 하여금 의견이나 질문을 하게 하여 토의하는 방법은?

① 포럼(Forum)
② 심포지엄(Symposium)
③ 버즈세션(Buzz session)
④ 자유토의법(Free discussion method)

해설

- 포럼은 새로운 자료나 교재가 제시되어야 한다.
- 버즈세션은 6명씩 소집단으로 구분한다.
- 자유토의법은 자유로운 분위기에서 특별한 제한 없이 해결책을 마련하는 토의방법이다.

토의법의 종류

포럼 (Forum)	새로운 자료나 교재를 제시하고 피교육자로 하여금 문제점을 제기하게 하거나 그것에 관한 피교육자의 의견을 여러 가지 방법으로 발표하게 하고, 청중과 토론자 간에 활발한 의견 개진과 충돌로 바람직한 합의를 도출해내는 교육 실시방법
패널 디스커션 (Panel discussion)	참가자 앞에서 소수의 전문가들이 과제에 관한 견해를 발표하고 토론한 뒤 참가자 전원이 사회자의 진행에 따라 토의하는 방법
심포지엄 (Symposium)	몇 사람의 전문가에 의하여 과제에 관한 견해를 발표한 뒤에 참가자로 하여금 의견이나 질문을 하게 하여 토의하는 방법
롤 플레잉 (Role playing)	집단 심리요법의 하나로서 자기 해방과 타인 체험을 목적으로 하는 체험활동을 통해 대인관계에 있어서의 태도변용이나 통찰력, 자기이해를 목표로 개발된 교육방법
버즈세션 (Buzz session)	6-6 회의라고도 하며, 6명씩 소집단으로 구분하고, 집단별로 각각의 사회자를 선발하여 6분간씩 자유토의를 행하여 의견을 종합하는 방법

정답 | 01 ① 02 ②

1302

03

Repetitive Learning 1회 2회 3회

산업안전보건법령상 잠함(潛函) 또는 잠수작업 등 높은 기압에서 하는 작업에 종사하는 근로자의 근로제한시간으로 옳은 것은?

① 1일 6시간, 1주 32시간 초과금지
② 1일 6시간, 1주 34시간 초과금지
③ 1일 8시간, 1주 32시간 초과금지
④ 1일 8시간, 1주 34시간 초과금지

해설

- 잠함(潛函) 또는 잠수작업 등 높은 기압에서 하는 작업은 유해하거나 위험한 작업에 포함되며 이 작업에 종사하는 근로자는 1일 6시간, 1주 34시간을 초과하여 근로하게 하여서는 아니 된다.

근로시간 연장의 제한

- 사업주는 유해하거나 위험한 작업으로서 대통령령으로 정하는 작업에 종사하는 근로자에게는 1일 6시간, 1주 34시간을 초과하여 근로하게 하여서는 아니 된다.

04

버드(Bird)의 신 도미노이론 5단계에 해당하지 않는 것은?

① 제어부족(관리)
② 직접원인(징후)
③ 간접원인(평가)
④ 기본원인(기원)

해설

- 버드의 신 도미노이론은 관리부족(근원), 개인적 요인 및 작업상의 요인(기원), 불안전한 행동 및 상태(징후, 직접원인), 사고, 재해로 구성된다.

버드(Bird)의 신연쇄성 이론

㉠ 개요

- 신도미노 이론이라고도 한다.
- 재해발생의 근원적 원인은 관리의 부족에 있다고 정의한다.
- 재해발생의 기본원인은 개인적 요인 및 작업상의 요인에 있다고 주장한다.
- 재해의 직접원인을 징후라 하고 불안전한 행동 및 상태에서 비롯된다고 한다.

㉡ 단계 실필 1202

1단계	관리의 부족
2단계	개인적 요인, 작업상의 요인
3단계	불안전한 행동 및 상태
4단계	사고
5단계	재해

05

Repetitive Learning 1회 2회 3회

산업안전보건법령상 산업안전보건위원회의 구성·운영에 관한 설명 중 틀린 것은?

① 정기회의는 분기마다 소집한다.
② 위원장은 위원 중에서 호선(互選)한다.
③ 근로자대표가 지명하는 명예산업안전감독관은 근로자 위원에 속한다.
④ 공사금액 100억원 이상의 건설업의 경우 산업안전보건위원회를 구성·운영해야 한다.

해설

- 공사금액이 120억원 이상의 건설업의 경우에 산업안전보건위원회를 구성·운영한다.

산업안전보건위원회를 설치·운영해야 할 사업의 종류 및 규모

사업의 종류	규모
1. 토사석 광업 2. 목재 및 나무제품 제조업 ; 가구 제외 3. 화학물질 및 화학제품 제조업 ; 의약품 제외(세제, 화장품 및 광택제 제조업과 화학섬유 제조업은 제외) 4. 비금속 광물제품 제조업 5. 1차 금속 제조업 6. 금속가공제품 제조업 ; 기계 및 가구 제외 7. 자동차 및 트레일러 제조업 8. 기타 기계 및 장비 제조업(사무용 기계 및 장비 제조업은 제외) 9. 기타 운송장비 제조업(전투용 차량 제조업은 제외)	상시근로자 50명 이상
10. 농업 11. 어업 12. 소프트웨어 개발 및 공급업 13. 컴퓨터 프로그래밍, 시스템 통합 및 관리업 14. 정보서비스업 15. 금융 및 보험업 16. 임대업 ; 부동산 제외 17. 전문, 과학 및 기술 서비스업(연구개발업은 제외) 18. 사업지원 서비스업 19. 사회복지 서비스업	상시근로자 300명 이상
20. 건설업	공사금액 120억원 이상(토목공사업은 150억원 이상)
21. 제1호부터 제20호까지의 사업을 제외한 사업	상시근로자 100명 이상

03 ② 04 ③ 05 ④ 정답

1101 / 1601

06

Repetitive Learning 1회 2회 3회

주로 관리감독자를 교육대상자로 하며 직무에 관한 지식, 작업을 가르치는 능력, 작업방법을 개선하는 기능 등을 교육내용으로 하는 기업 내 정형교육은?

① TWI(Training Within Industry)
② MTP(Management Training Program)
③ ATT(American Telephon Telegram)
④ ATP(Administration Training Program)

해설

- MTP는 TWI보다 상위의 관리자 양성을 위한 정형훈련으로 관리자의 업무관리능력 및 동기부여능력을 육성하고자 실시한다.
- ATT는 대상 계층이 한정되지 않은 정형교육으로 하루 8시간씩 2주간 실시하는 토의식 교육이다.
- ATP는 최고경영자를 위한 교육으로 실시된 것으로 매주 4일, 하루 4시간씩 8주간 진행하는 교육이다.

:: TWI(Training Within Industry for supervisor)

㉠ 개요
- 일선 관리감독자를 대상으로 인간관계를 개선하고 생산성을 향상시키기 위하여 고안된 훈련방법을 말한다.
- 교육내용에는 작업지도기법(JI : Job Instruction), 작업개선기법(JM : Job Methods), 인간관계기법(JR : Job Relations), 안전작업방법(JS : Job Safety) 등이 있다.

㉡ 주요 교육내용
- JRT(Job Relation Training)는 인간관계 관리기법으로 부하통솔기법과 관련된다.
- JIT(Job Instruction Training)는 작업지도기법으로 직장 내 부하 직원에 대하여 가르치는 기술과 관련된다.

0302 / 1303

07

다음 중 사회행동의 기본 형태에 해당되지 않는 것은?

① 모방　　② 대립
③ 도피　　④ 협력

해설

- 모방은 개인행동으로 사회행동의 형태로 보기 힘들다.

:: 사회행동의 기본 형태
- 대립 : 경쟁 및 공격
- 도피 : 정신병, 고립 및 자살 등
- 협력 : 조력과 분업
- 융합 : 통합, 타협, 강제 등

08

Repetitive Learning 1회 2회 3회

산업안전보건법상 근로자 안전보건교육대상에 따른 교육시간 기준 중 틀린 것은?(단, 상시작업이며, 일용근로자 및 근로계약기간이 1개월 이하인 기간제근로자는 제외한다)

① 특별교육 : 16시간 이상
② 채용 시 교육 : 8시간 이상
③ 작업내용 변경 시 교육 : 2시간 이상
④ 사무직 종사 근로자의 정기교육 : 매분기 1시간 이상

해설

- 사무직 종사 근로자의 정기교육은 매반기 6시간 이상이다.

:: 안전·보건 교육시간 기준 실필 1601/1301/1201/1101/1003/0901

교육과정	교육대상		교육시간
정기교육	사무직 종사 근로자		매반기 6시간 이상
	사무직 외의 근로자	판매업무에 직접 종사하는 근로자	매반기 6시간 이상
		판매업무에 직접 종사하는 근로자 외의 근로자	매반기 12시간 이상
	관리감독자		연간 16시간 이상
채용 시의 교육	일용근로자 및 근로계약기간이 1주일 이하인 기간제근로자		1시간 이상
	근로계약기간이 1주일 초과 1개월 이하인 기간제근로자		4시간 이상
	그 밖의 근로자		8시간 이상
작업내용 변경 시의 교육	일용근로자 및 근로계약기간이 1주일 이하인 기간제근로자		1시간 이상
	그 밖의 근로자		2시간 이상
특별교육	일용 및 근로계약기간이 1주일 이하인 기간제근로자	타워크레인 신호업무 제외	2시간 이상
		타워크레인 신호업무	8시간 이상
	일용 및 근로계약기간이 1주일 이하인 기간제근로자 제외 근로자		• 16시간 이상(작업전 4시간, 나머지는 3개월 이내 분할 가능) • 단기간 또는 간헐적 작업인 경우에는 2시간 이상
건설업 기초안전·보건 교육	건설 일용근로자		4시간 이상

09

Repetitive Learning 1회 2회 3회

산업재해보험적용근로자 1,000명인 플라스틱 제조 사업장에서 작업 중 재해 5건이 발생하였고, 1명이 사망하였을 때 이 사업장의 사망만인율은?

① 2　　② 5
③ 10　　④ 20

정답 | 06 ① 07 ① 08 ④ 09 ③

해설

- 사망만인율은 연간 상시근로자 1만 명당 발생하는 사망재해자 수이다.
- 1천명 중 1명이 사망하였다면 1만명에는 10명이 사망하므로 사망만인율은 10이 된다.

사망만인율 실필 2201/2303

- 연간 상시근로자 1만 명당 발생하는 사망재해자 수로 환산한 것을 말한다.
- $\frac{\text{사망재해자수}}{\text{전체근로자수}} \times 10,000$로 구한다.

0701

10 Repetitive Learning (1회 2회 3회)

산업안전보건법령상 그림과 같은 기본 모형이 나타내는 안전·보건표지의 표시사항으로 옳은 것은?(단, L은 안전·보건표지를 인식할 수 있거나 인식하여야 할 안전거리를 말한다)

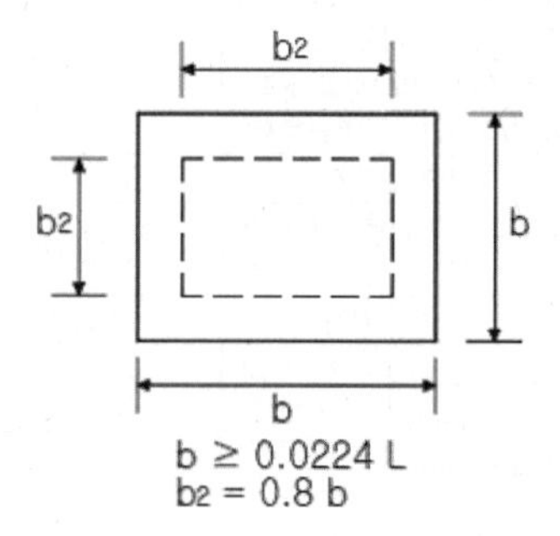

① 금지 ② 경고
③ 지시 ④ 안내

해설

- 금지와 지시는 원형이다.
- 경고는 삼각형 혹은 마름모형이다.

안전·보건표지의 기본모형

- 점선 안쪽에는 표시사항과 관련된 부호 또는 그림을 그린다.

금지	경고	지시	안내

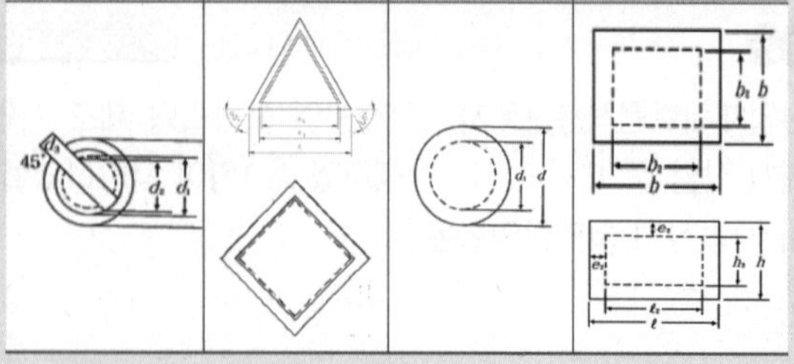

1203 / 1701

11 Repetitive Learning (1회 2회 3회)

산업현장에서 재해발생 시 조치순서로 옳은 것은?

① 긴급처리 → 재해조사 → 원인분석 → 대책수립
② 긴급처리 → 원인분석 → 대책수립 → 재해조사
③ 재해조사 → 원인분석 → 대책수립 → 긴급처리
④ 재해조사 → 대책수립 → 원인분석 → 긴급처리

해설

- 재해발생 시 모든 사항에 우선하여 재해자에 대한 응급조치를 취한 후 재해조사를 시작한다.

재해발생 시 조치사항 실필 1602/1002

- 재해발생 시 모든 사항에 우선하여 재해자에 대한 응급조치를 취해야 한다.
- 긴급조치 → 재해조사 → 원인분석 → 대책수립의 순을 따른다.
- 긴급조치 과정은 재해발생 기계의 정지 → 재해자의 구조 및 응급조치 → 상급 부서의 보고 → 2차 재해의 방지 → 현장 보존 순으로 진행한다.

12 Repetitive Learning (1회 2회 3회)

보호구 안전인증 고시상 안전인증 방독마스크의 정화통 종류와 외부 측면의 표시 색이 잘못 연결된 것은?

① 할로겐용 – 회색
② 황화수소용 – 회색
③ 암모니아용 – 회색
④ 시안화수소용 – 회색

해설

- 암모니아용 방독마스크의 외부 측면의 색은 녹색이다.

방독마스크의 종류와 특징 실필 1703 실작 1601/1503/1502/1103/0801

표기	종류	색상	정화통흡수제	시험가스
C	유기화합물용	갈색	활성탄	시클로헥산, 디메틸에테르, 이소부탄
A	할로겐가스용	회색	소다라임, 활성탄	염소가스, 증기
K	황화수소용	회색	금속염류, 알칼리	황화수소
J	시안화수소용	회색	산화금속, 알칼리	시안화수소
I	아황산가스용	노란색	산화금속, 알칼리	아황산가스
H	암모니아용	녹색	큐프라마이트	암모니아
E	일산화탄소용	적색	호프카라이트, 방습제	일산화탄소

10 ④ 11 ① 12 ③ 정답

13

Repetitive Learning 1회 2회 3회

주의(Attention)의 특성에 관한 설명으로 틀린 것은?

① 고도의 주의는 장시간 지속하기 어렵다.
② 한 지점에 주의를 집중하면 다른 곳의 주의는 약해진다.
③ 의식이 과잉상태인 경우 최고의 주의집중이 가능해진다.
④ 여러 자극을 지각할 때 소수의 현란한 자극에 선택적 주의를 기울이는 경향이 있다.

해설

- 주의는 크게 3가지 특성을 가지는데 선택성, 방향성, 변동성이 있다. ①은 변동성, ②는 방향성, ④는 선택성에 대한 설명이다.

주의(Attention)의 특성 실필 1002

구분	내용
선택성	여러 자극을 지각할 때 소수의 현란한 자극에 선택적 주의를 기울이는 경향으로 한 번에 많은 종류의 자극을 수용하기 어려움을 말한다.
방향성	한 지점에 주의를 집중하면 다른 곳의 주의가 약해지는 성질을 말한다.
변동성	장시간 주의를 집중하려 해도 주기적으로 부주의의 리듬이 존재한다는 것을 말한다.

14

Repetitive Learning 1회 2회 3회

재해예방의 4원칙에 해당하지 않는 것은?

① 예방가능의 원칙
② 손실우연의 원칙
③ 원인연계의 원칙
④ 재해 연쇄성의 원칙

해설

- 재해예방의 4원칙에는 ①, ②, ③ 외에 대책선정의 원칙이 있다.

하인리히의 재해예방 4원칙 실필 1402/1001/0803

원칙	내용
대책선정의 원칙	사고의 원인을 발견하면 반드시 대책을 세워야 하며, 모든 사고는 대책 선정이 가능하다는 원칙
손실우연의 원칙	사고로 인한 손실은 상황에 따라 다른 우연적이라는 원칙
예방가능의 원칙	모든 사고는 예방이 가능하다는 원칙
원인연계의 원칙	• 사고는 반드시 원인이 있으며 이는 복합적으로 필연적인 인과관계로 작용한다는 원칙 • 원인계기의 원칙이라고도 한다.

15

Repetitive Learning 1회 2회 3회

안전점검을 점검시기에 따라 구분할 때 다음에서 설명하는 안전점검은?

> 작업담당자 또는 해당 관리감독자가 맡고 있는 공정의 설비, 기계, 공구 등에 대해 매일 작업 전 또는 작업 중에 일상적으로 실시하는 안전점검

① 정기점검
② 수시점검
③ 특별점검
④ 임시점검

해설

- 정기점검은 1개월 또는 1년 등의 일정한 기간을 정해서 실시하는 안전점검이다.
- 특별점검은 기계·기구 또는 설비의 신설, 변경 또는 고장 수리 등 부정기적인 점검으로 기술적 책임자가 시행하는 점검이다.
- 임시점검은 정기점검 실시 후 다음 점검 기일 전에 실시하는 점검이다.

안전점검 및 안전진단

㉠ 목적

- 기기 및 설비의 결함이나 불안전한 상태의 제거를 통해 사전에 안전성을 확보하기 위함이다.
- 기기 및 설비의 안전상태 유지 및 본래의 성능을 유지하기 위함이다.
- 재해방지를 위하여 그 재해요인의 대책과 실시를 계획적으로 하기 위함이다.
- 인적 측면에서 근로자의 안전한 행동을 유지하기 위함이다.
- 합리적인 생산관리를 위함이다.

㉡ 종류

종류	내용
정기점검	1개월 또는 1년 등의 일정한 기간을 정해서 실시하는 안전점검
수시(일상)점검	작업장에서 매일 작업자가 작업 전, 중, 후에 시설과 작업동작 등에 대하여 실시하는 안전점검
임시점검	정기점검 실시 후 다음 점검 기일 전에 실시하는 점검
특별점검	기계·기구 또는 설비의 신설, 변경 또는 고장 수리 등 부정기적인 점검으로 기술적 책임자가 시행하는 점검

16

Repetitive Learning 1회 2회 3회

산업재해보상보험법령상 보험급여의 종류가 아닌 것은?

① 장례비
② 간병급여
③ 직업재활급여
④ 생산손실비용

정답 | 13 ③ 14 ④ 15 ② 16 ④

해설

- 산업재해보상보험법령상 보험급여의 종류에는 ①, ②, ③ 외에 요양급여, 휴업급여, 장해급여, 유족급여, 상병보상연금이 있다.

보험급여의 종류

- 요양급여
- 휴업급여
- 장해급여
- 간병급여
- 유족급여
- 상병(傷病)보상연금
- 장례비
- 직업재활급여

17

Repetitive Learning 1회 2회 3회

안전·보건 교육계획의 수립 시 고려사항 중 틀린 것은?

① 필요한 정보를 수집한다.
② 현장의 의견은 고려하지 않는다.
③ 지도안은 교육대상을 고려하여 작성한다.
④ 법령에 의한 교육에만 그치지 않아야 한다.

해설

- 현장의 의견을 충분히 반영해야 한다.

안전·보건교육계획의 수립 시 고려사항

- 현장의 의견을 충분히 반영한다.
- 대상자의 필요한 정보를 수집한다.
- 안전교육시행체계와의 연관성을 고려한다.
- 법 규정 혹은 정부규정을 고려한다.

0903 / 1102 / 1602 / 1703 / 1903

18

Repetitive Learning 1회 2회 3회

위험예지훈련의 문제해결 4라운드에 속하지 않는 것은?

① 현상파악
② 본질추구
③ 대책수립
④ 원인결정

해설

- 위험예지훈련 기초 4라운드는 1R(현상파악) – 2R(본질추구) – 3R(대책수립) – 4R(목표설정)으로 이뤄진다.

위험예지훈련 기초 4Round 기법 실필 1902/1503

1Round	현상파악 (사실의 파악단계)	전원이 토의를 통하여 위험요인을 발견하는 단계
2Round	본질추구 (원인탐색단계)	위험의 포인트를 결정하여 전원이 지적 확인을 하는 단계
3Round	대책수립 (대책수립단계)	발견된 위험요인을 극복하기 위한 방법을 제시하는 단계
4Round	목표설정 (행동계획 결정단계)	나온 대책들을 공감하고 팀의 행동목표를 설정하고 지적 확인하는 단계

0903 / 1503

19

Repetitive Learning 1회 2회 3회

운동의 시지각(착각현상) 중 자동운동이 발생하기 쉬운 조건에 해당되지 않는 것은?

① 광점이 작은 것
② 대상이 단순한 것
③ 광의 강도가 큰 것
④ 시야의 다른 부분이 어두운 것

해설

- 자동운동이 생기기 쉬우려면 광의 강도가 적은 것이 좋다.

자동운동

- 자동운동은 암실 내의 정지된 소광점을 응시하고 있으면 그 광점이 움직이는 것처럼 보이는 현상으로 어두울 때 생기는 착각현상이다.
- 자동운동이 생기기 쉬운 조건은 광점이 작은 것, 대상이 단순한 것, 광의 강도가 적은 것, 시야의 다른 부분이 어두운 것 등이다.

1101

20

Repetitive Learning 1회 2회 3회

다음 중 바이오리듬(생체리듬)에 관한 설명으로 틀린 것은?

① 안정기(+)와 불안정기(−)의 교차점을 위험일이라 한다.
② 감성적 리듬은 33일을 주기로 반복하며, 주의력, 예감 등과 관련되어 있다.
③ 지성적 리듬은 "I"로 표시하며 사고력과 관련이 있다.
④ 육체적 리듬은 신체적 컨디션의 율동적 발현, 즉 식욕, 활동력 등과 밀접한 관계를 갖는다.

17 ② 18 ④ 19 ③ 20 ② 정답

해설

- 감성적 리듬의 주기는 28일이다.

생체리듬(Biorhythm)

㉠ 개요
- 사람의 체온, 혈압, 맥박 수, 혈액, 수분, 염분량 등이 시간에 따라 또는 주야에 따라 일정한 형식으로 변화하는 것을 말한다.
- 생체리듬의 종류에는 육체적 리듬, 지성적 리듬, 감성적 리듬이 있다.

㉡ 특징
- 생체리듬에서 중요한 점은 낮에는 신체활동이 유리하며, 밤에는 휴식이 더욱 효율적이라는 것이다.
- 체온・혈압・맥박 수는 주간에는 상승, 야간에는 저하된다.
- 혈액의 수분과 염분량은 주간에는 감소, 야간에는 증가한다.
- 체중은 주간작업보다 야간작업일 때 더 많이 감소하고, 피로의 자각증상은 주간보다 야간에 더 많이 증가한다.
- 몸이 흥분한 상태일 때는 교감신경이 우세하고 수면을 취하거나 휴식을 할 때는 부교감신경이 우세하다.

㉢ 분류
- 육체 리듬(P)의 주기는 23일이며, 식욕, 활동력, 지구력과 관련된다.
- 감성적 리듬(S)의 주기는 28일이며, 주의력, 예감과 관련된다.
- 지성적 리듬(I)의 주기는 33일이며, 지성적 사고능력(상상력, 판단력, 추리능력)과 관련된다.
- 안정기(+)와 불안정기(−)의 교차점을 위험일이라 한다.

2과목 인간공학 및 위험성 평가・관리

0902

21 Repetitive Learning 1회 2회 3회

인간공학적 연구조사에 사용되는 기준 척도의 요건 중 다음 설명에 해당하는 것은?

> 기준척도는 측정하고자 하는 변수 외의 다른 변수들의 영향을 받아서는 안 된다.

① 신뢰성　② 적절성
③ 검출성　④ 무오염성

해설

- 신뢰성은 비슷한 조건에서 일정한 결과를 반복적으로 얻어야 한다.
- 적절성은 측정변수가 평가하고자 하는 바를 잘 반영해야 한다.
- 검출성은 인간공학 연구 기준척도에 포함되지 않는다.

인간공학 연구 기준척도

적절성	측정변수가 평가하고자 하는 바를 잘 반영해야 한다.
무오염성	기준 척도는 측정하고자 하는 변수 외의 다른 변수들의 영향을 받아서는 안 된다.
신뢰성	비슷한 조건에서 일정한 결과를 반복적으로 얻을 수 있어야 한다.
민감도	피실험자 사이에서 볼 수 있는 예상 차이점에 비례하는 단위로 측정해야 한다. 즉 기대되는 정밀도로 측정이 가능해야 한다는 것이다.

1203

22 Repetitive Learning 1회 2회 3회

다음 중 불(Bool) 대수의 관계식으로 틀린 것은?

① $A+\overline{A}=1$

② $A+AB=A$

③ $A(A+B)=A+B$

④ $A+\overline{A}B=A+B$

해설

- $A(A+B)=A$이다.

불(Bool) 대수의 정리

- $A \cdot A=A$
- $A+A=A$
- $A \cdot 0=0$
- $A+1=1$
- $A \cdot \overline{A}=0$
- $A+\overline{A}=1$
- $\overline{A \cdot B}=\overline{A}+\overline{B}$
- $\overline{A+B}=\overline{A} \cdot \overline{B}$
- $A+\overline{A} \cdot B=A+B$
- $A(A+B)=A+AB=A$

정답 | 21 ④ 22 ③

0801

23 Repetitive Learning (1회 2회 3회)

그림과 같은 시스템에서 부품 A, B, C, D의 신뢰도가 모두 r로 동일할 때 이 시스템의 신뢰도는?

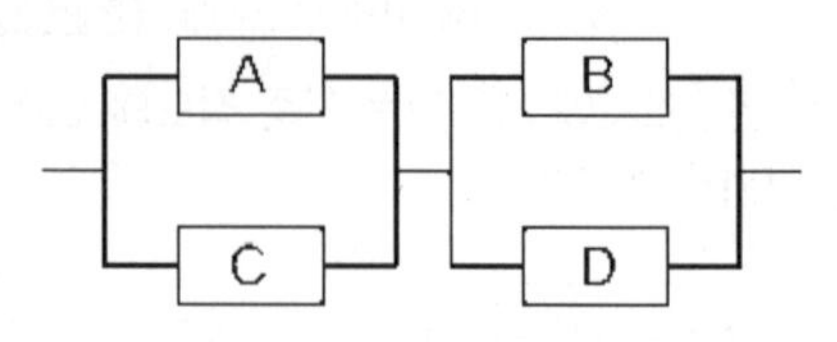

① $r(2-r^2)$ ② $r^2(2-r)^2$

③ $r^2(2-r^2)$ ④ $r^2(2-r)$

해설

- 시스템은 병렬로 연결된 A–C와 B–D가 직렬로 연결된 시스템이다.
- 병렬로 연결된 각각의 시스템의 신뢰도를 먼저 구하면 신뢰도 AC = $1-(1-r)(1-r) = 1-(1-2r+r^2) = 2r-r^2 = r(2-r)$이다. 신뢰도 BD도 $r(2-r)$이다.
- 두 개의 부품연결을 직렬로 연결하면 $r(2-r)\times r(2-r) = r^2(2-r)^2$이 된다.

:: 시스템의 신뢰도 실필 0901

㉠ AND(직렬)연결 시

- 시스템의 신뢰도(R_s)는 부품 a, 부품 b 신뢰도를 각각 R_a, R_b라 할 때 $R_s = R_a \times R_b$로 구할 수 있다.

㉡ OR(병렬)연결 시

- 시스템의 신뢰도(R_s)는 부품 a, 부품 b 신뢰도를 각각 R_a, R_b라 할 때 $R_s = 1-(1-R_a)\times(1-R_b)$로 구할 수 있다.

24 Repetitive Learning (1회 2회 3회)

서브시스템 분석에 사용되는 분석방법으로 시스템 수명주기에서 ㉠에 들어갈 위험분석기법은?

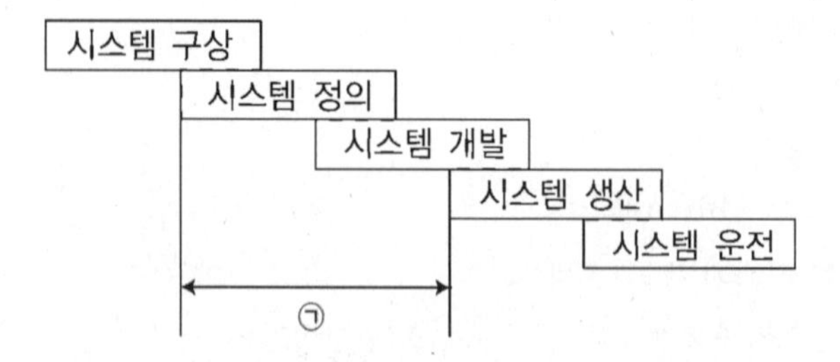

① PHA ② FHA

③ FTA ④ ETA

해설

- 시스템 정의에서부터 시스템 개발단계를 지나 시스템 생산단계 진입 전까지 적용되는 것은 결함위험분석(FHA)이다.

:: 결함위험분석(FHA)

- 복잡한 전체 시스템을 여러 개의 서브시스템으로 나누어 제작하는 경우 서브시스템이 다른 서브시스템이나 전체 시스템에 미치는 영향을 분석하는 방법이다.
- 수리적 해석방법으로 정성적 방식을 사용한다.
- 시스템 정의에서부터 시스템 개발단계를 지나 시스템 생산단계 진입 전까지 적용된다.

1901

25 Repetitive Learning (1회 2회 3회)

정신적 작업 부하에 관한 생리적 척도에 해당하지 않는 것은?

① 근전도 ② 뇌파도

③ 부정맥 지수 ④ 점멸융합주파수

해설

- 근전도(EMG)는 인간의 생리적 부담 척도 중 국소적 근육 활동의 척도로 가장 적합한 변수이다.

:: 생리적 척도

- 인간–기계 시스템을 평가하는 데 사용하는 인간기준척도 중 하나이다.
- 중추신경계 활동에 관여하므로 그 활동 및 징후를 측정할 수 있다.
- 정신적 작업부하 척도 가운데 직무수행 중에 계속해서 자료를 수집할 수 있고, 부수적인 활동이 필요 없는 장점을 가진 척도이다.
- 정신작업의 생리적 척도는 EEG(수면뇌파), 심박수, 부정맥, 점멸융합주파수, J.N.D(Just–Noticeable Difference) 등을 통해 확인할 수 있다.
- 육체작업의 생리적 척도는 EMG(근전도), 맥박수, 산소 소비량, 폐활량, 작업량 등을 통해 확인할 수 있다.

26 Repetitive Learning (1회 2회 3회)

A사의 안전관리자는 자사 화학 설비의 안전성 평가를 실시하고 있다. 그 중 제2단계인 정성적 평가를 진행하기 위하여 평가항목을 설계관계 대상과 운전관계 대상으로 분류하였을 때 설계관계항목이 아닌 것은?

① 건조물 ② 공장 내 배치

③ 입지조건 ④ 원재료, 중간제품

23 ② 24 ② 25 ① 26 ④ 정답

해설

- 공장의 입지조건이나 배치 및 건조물은 2단계 정성적 평가에서 설계관계에 대한 평가요소인 데 반해 원재료와 중간제품은 운전관계에 대한 평가요소에 해당한다.

정성적 평가와 정량적 평가항목

정성적 평가	설계관계항목	입지조건, 공장 내 배치, 건조물, 소방설비 등
	운전관계항목	원재료, 중간제품, 공정 및 공정기기, 수송, 저장 등
정량적 평가	• 수치값으로 표현 가능한 항목들을 대상으로 한다. • 온도, 취급물질, 화학설비용량, 압력, 조작 등을 위험도에 맞게 평가한다.	

27 Repetitive Learning (1회 2회 3회)

반사경 없이 모든 방향으로 빛을 발하는 점광원에서 3m 떨어진 곳의 조도가 300lux라면 2m 떨어진 곳의 조도(lux)는?

① 375
② 675
③ 875
④ 975

해설

- 거리에 따른 광도가 조도에 해당하므로 빛으로부터의 거리가 다른 곳의 조도를 구하기 위해서는 광도를 먼저 구해야 한다.
- 3m 떨어진 곳의 조도가 300Lux이므로 광도 = $120 \times (3)^2 = 300 \times 9 = 2,700$[cd]이다.
- 2m 떨어진 곳의 조도는 $2,700 = x \times (2)^2 = x = \frac{2,700}{4} = 675$이다.

조도(照度) 실필 2201/1901

㉠ 개요
- 조도는 특정 지점에 도달하는 광의 밀도를 말한다.
- 반사체의 반사율과는 상관없이 일정한 값을 갖는다.
- 거리의 제곱에 반비례하고, 광도에 비례하므로 $\frac{광도}{(거리)^2}$으로 구한다.

㉡ 단위
- 단위는 럭스(Lux)를 주로 사용한다. 1Lux는 1cd의 점광원으로부터 1m 떨어진 구면에 비추는 광의 밀도이며, 촛불 1개의 조도이다.
- Candela는 단위시간당 한 발광점으로부터 투광되는 빛의 에너지양이다.

0303 / 1202 / 1601 / 1902

28 Repetitive Learning (1회 2회 3회)

어떤 결함수를 분석하여 Minimal cut set을 구한 결과 다음과 같았다. 각 기본사상의 발생확률을 qi, i = 1, 2, 3이라 할 때 정상사상의 발생확률함수로 옳은 것은?

$$K_1 = \{1,2\},\ K_2 = \{1,3\},\ K_3 = \{2,3\}$$

① $q_1q_2 + q_1q_2 - q_2q_3$
② $q_1q_2 + q_1q_3 - q_2q_3$
③ $q_1q_2 + q_1q_3 + q_2q_3 - q_1q_2q_3$
④ $q_1q_2 + q_1q_3 + q_2q_3 - 2q_1q_2q_3$

해설

- 최소 컷 셋을 FT로 표시하면 다음과 같다.

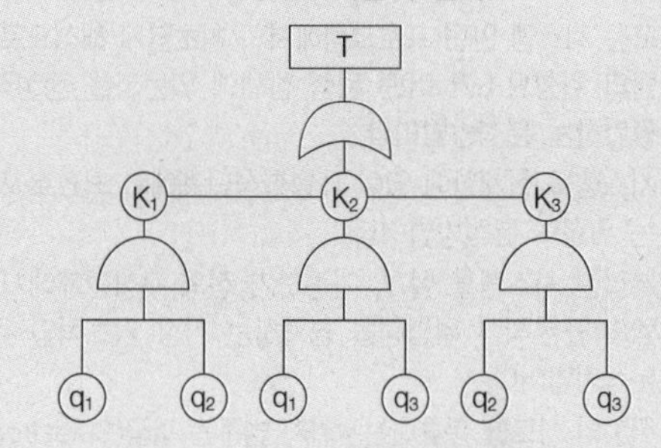

- $K_1 = q_1 \cdot q_2$, $K_2 = q_1 \cdot q_3$, $K_3 = q_2 \cdot q_3$이다.
- T는 이들을 OR로 연결하였으므로 발생확률은 $T = 1-(1-P(K_1))(1-P(K_2))(1-P(K_3))$이 된다.
- $T = 1-(1-q_1q_2)(1-q_1q_3)(1-q_2q_3)$으로 표시된다.
- $(1-q_1q_2)(1-q_1q_3) = 1-q_1q_3-q_1q_2+q_1q_2q_3$이고, $(1-q_1q_3-q_1q_2+q_1q_2q_3)(1-q_2q_3)$
$= 1-q_2q_3-q_1q_3+q_1q_2q_3-q_1q_2+q_1q_2q_3+q_1q_2q_3-q_1q_2q_3$
$= 1-q_2q_3-q_1q_3-q_1q_2+2(q_1q_2q_3)$이 되므로 이를 대입하면 $T = 1-1+q_2q_3+q_1q_3+q_1q_2-2(q_1q_2q_3)$가 된다.
이는 $T = q_2q_3+q_1q_3+q_1q_2-2(q_1q_2q_3)$로 정리된다.

FT도에서 정상(고장)사상 발생확률 실필 1203/0901

㉠ AND(직렬)연결 시
- 사상 A의 발생확률을 P_A, 사상 B, 사상 C 발생확률을 P_B, P_C라 할 때 $P_A = P_B \times P_C$로 구할 수 있다.

㉡ OR(병렬)연결 시
- 사상 A의 발생확률을 P_A 사상 B, 사상 C 발생확률을 P_B, P_C라 할 때 $P_A = 1-(1-P_B)\times(1-P_C)$로 구할 수 있다.

정답 | 27 ② 28 ④

29

Repetitive Learning (1회 2회 3회)

예비위험분석(PHA) 단계에서 식별된 사고의 범주가 아닌 것은?

① 중대(Critical)
② 한계적(Marginal)
③ 파국적(Catastrophic)
④ 수용가능(Acceptable)

해설

- PHA에서 위험의 정도를 분류하는 4가지 범주에는 파국(Catastrophic), 중대(Critical), 위기-한계(Marginal), 무시 가능(Negligible)로 구분된다.

예비위험분석(PHA)

㉠ 개요

- 모든 시스템 안전 프로그램에서의 최초단계 해석으로 시스템의 위험요소가 어떤 위험 상태에 있는가를 정성적으로 평가하는 분석방법이다.
- 시스템을 설계함에 있어 개념형성단계에서 최초로 시도하는 위험도 분석방법이다.
- 복잡한 시스템을 설계, 가동하기 전의 구상단계에서 시스템의 근본적인 위험성을 평가하는 가장 기초적인 위험도 분석기법이다.
- 위험의 정도를 분류하는 4가지 범주는 파국(Catastrophic), 중대(Critical), 위기-한계(Marginal), 무시가능(Negligible)으로 구분된다.

㉡ 예비위험분석(PHA)의 4가지 범주(MIL-STD-882E)

실필 2103/1802/1302/1103

구분	내용
파국 (Catastrophic)	작업자의 부상 및 서브 시스템의 고장 등으로 시스템 성능이 저하되어 시스템에 심각한 손실을 초래한 상태
중대 (Critical)	작업자의 부상 및 시스템의 중대한 손해를 초래하거나 작업자의 생존 및 시스템의 유지를 위하여 즉시 수정 조치를 필요로 하는 상태
위기-한계 (Marginal)	작업자의 부상 및 시스템의 중대한 손해를 초래하지 않고 대처 또는 제어할 수 있는 상태
무시가능 (Negligible)	시스템의 성능이나 기능, 인원 손실이 전혀 없는 상태

30

Repetitive Learning (1회 2회 3회)

통화 이해도 척도로서 통화 이해도에 영향을 주는 잡음의 영향을 추정하는 지수는?

① 명료도 지수
② 통화 간섭 수준
③ 이해도 점수
④ 통화 공진 수준

해설

- 명료도 지수는 말소리의 질에 대한 객관적 측정방법으로 통화이해도를 측정하는 지표이다.

명료도 지수(Articulation Index)와 통화 간섭 수준

㉠ 명료도 지수

- 말소리의 질에 대한 객관적 측정방법으로 통화이해도를 측정하는 지표이다.
- 각 옥타브(Octave)대의 음성과 잡음의 데시벨(dB) 값에 가중치를 곱하여 합계를 구한 것이다.

㉡ 통화 간섭 수준

- 통화 이해도에 영향을 주는 잡음의 영향을 추정하는 지수이다.

31

Repetitive Learning (1회 2회 3회)

부품 배치의 원칙 중 기능적으로 관련된 부품들을 모아서 배치한다는 원칙은?

① 중요성의 원칙
② 사용빈도의 원칙
③ 사용순서의 원칙
④ 기능별 배치의 원칙

해설

- 부품은 사용빈도, 중요도, 기능별, 사용순서의 원칙에 의해 배치하도록 한다.

작업장 배치의 원칙

㉠ 개요 실필 1801

- 사용빈도, 중요도, 기능별, 사용순서의 원칙에 의해 배치한다.
- 작업의 흐름에 따라 기계를 배치한다.
- 배치의 3단계는 지역배치 → 건물배치 → 기계배치 순으로 이루어진다.
- 공장 내외에는 안전한 통로를 두어야 하며, 통로는 선을 그어 작업장과 명확히 구별하도록 한다.
- 비상시에 쉽게 대피할 수 있는 통로를 마련하고 사고 진압을 위한 활동통로가 반드시 마련되어야 한다.

㉡ 원칙 실필 1001/0902

- 중요성의 원칙, 사용빈도의 원칙 : 우선적인 원칙
- 기능별 배치의 원칙, 사용순서의 원칙 : 부품의 일반적인 위치 내에서의 구체적인 배치기준

29 ④ 30 ② 31 ④ 정답

32

Repetitive Learning 1회 2회 3회

인간공학의 목표와 가장 거리가 먼 것은?

① 사고 감소
② 생산성 증대
③ 안전성 향상
④ 근골격계질환 증가

해설

- 근골격계질환의 증가를 막는 것이 인간공학의 목표가 되어야 한다.

인간공학(Ergonomics)

㉠ 개요

- "Ergon(작업) + nomos(법칙) + ics(학문)"이 조합된 단어로 Human factors, Human engineering이라고도 한다.
- 인간의 특성과 한계 능력을 공학적으로 분석, 평가하여 이를 복잡한 체계의 설계에 응용함으로써 효율을 최대로 활용할 수 있도록 하는 학문분야이다.
- 인간이 사용하는 물건, 설비, 환경의 설계에 인간의 생리적, 심리적인 면에서의 특성이나 한계점을 고려함으로써 인간-기계 시스템의 안전성과 편리성, 효율성을 높이는 학문분야이다.

㉡ 적용분야

- 제품설계
- 재해 · 질병 예방
- 장비 · 공구 · 설비의 배치
- 작업장 내 조사 및 연구

1301

33

Repetitive Learning 1회 2회 3회

다음 중 근골격계 부담작업에 속하지 않는 것은?

① 하루에 10회 이상 25kg 이상의 물체를 드는 작업
② 하루에 총 2시간 이상 쪼그리고 앉거나 무릎을 굽힌 자세에서 이루어지는 작업
③ 하루에 총 2시간 이상 시간당 5회 이상 손 또는 무릎을 사용하여 반복적으로 충격을 가하는 작업
④ 하루에 4시간 이상 집중적으로 자료입력 등을 위해 키보드 또는 마우스를 조작하는 작업

해설

- 하루에 총 2시간 이상, 시간당 5회 이상이 아니라 10회 이상 손 또는 무릎을 사용하여 반복적으로 충격을 가하는 작업이 근골격계 부담작업에 해당한다.

근골격계 부담작업

- 하루에 4시간 이상 집중적으로 자료입력 등을 위해 키보드 또는 마우스를 조작하는 작업
- 하루에 총 2시간 이상 목, 어깨, 팔꿈치, 손목 또는 손을 사용하여 같은 동작을 반복하는 작업
- 하루에 총 2시간 이상 머리 위에 손이 있거나, 팔꿈치가 어깨 위에 있거나, 팔꿈치를 몸통으로부터 들거나, 팔꿈치를 몸통 뒤쪽에 위치하도록 하는 상태에서 이루어지는 작업
- 지지되지 않은 상태이거나 임의로 자세를 바꿀 수 없는 조건에서, 하루에 총 2시간 이상 목이나 허리를 구부리거나 트는 상태에서 이루어지는 작업
- 하루에 총 2시간 이상 쪼그리고 앉거나 무릎을 굽힌 자세에서 이루어지는 작업
- 하루에 총 2시간 이상 지지되지 않은 상태에서 1kg 이상의 물건을 한손의 손가락으로 집어 옮기거나, 2kg 이상에 상응하는 힘을 가하여 한손의 손가락으로 물건을 쥐는 작업
- 하루에 총 2시간 이상 지지되지 않은 상태에서 4.5kg 이상의 물건을 한 손으로 들거나 동일한 힘으로 쥐는 작업
- 하루에 10회 이상 25kg 이상의 물체를 드는 작업

34

Repetitive Learning 1회 2회 3회

시각적 식별에 영향을 주는 각 요소에 대한 설명 중 틀린 것은?

① 조도는 광원의 세기를 말한다.
② 휘도는 단위 면적당 표면에 반사 또는 방출되는 광량을 말한다.
③ 반사율은 물체의 표면에 도달하는 조도와 광도의 비를 말한다.
④ 광도 대비란 표적의 광도와 배경의 광도의 차이를 배경 광도로 나눈 값을 말한다.

해설

- 조도는 특정 지점에 도달하는 광의 밀도를 말한다. 광원의 세기는 광도를 의미한다.

조도(照度) 실필 2201/1901

문제 27번의 유형별 핵심이론 참조

정답 | 32 ④ 33 ③ 34 ①

35 Repetitive Learning 1회 2회 3회

HAZOP 분석기법의 장점이 아닌 것은?

① 학습 및 적용이 쉽다.
② 기법 적용에 큰 전문성을 요구하지 않는다.
③ 짧은 시간에 저렴한 비용으로 분석이 가능하다.
④ 다양한 관점을 가진 팀 단위 수행이 가능하다.

해설

- 위험과 운전성 분석(HAZOP)기법은 소요비용과 많은 인력이 필요하다는 단점을 갖는다.

위험과 운전성 분석(HAZOP)

- 개발단계에서 수행하는 것이 가장 좋다.
- 처음에는 과거의 경험이 부족한 새로운 기술을 적용한 공정설비에 대하여 실시할 목적으로 개발되었다.
- 화학공정 공장(석유화학사업장)에서 가동문제를 파악하는데 널리 사용되며, 위험요소를 예측하고 새로운 공정에 대한 가동문제를 예측하는 데 사용
- 설비전체보다 단위별 또는 부문별로 나누어 검토하고 위험요소가 예상되는 부문에 상세하게 실시한다.
- 장치 자체는 설계 및 제작사양에 맞게 제작된 것으로 간주하는 것이 전제 조건이다.
- 가이드 단어(Guide words), 편차, 원인과 결과, 요구되는 조치 등을 필요로 한다.
- 소요비용과 많은 인력이 필요하다는 단점을 갖는다.

0803 / 1803

36 Repetitive Learning 1회 2회 3회

FTA에서 사용되는 논리 게이트 중 입력과 반대되는 현상으로 출력되는 것은?

① 부정 게이트 ② 억제 게이트
③ 배타적 OR 게이트 ④ 우선적 AND 게이트

해설

- 억제 게이트는 조건부 사건이 발생하는 상황하에서 입력현상이 발생할 때 출력현상이 발생하는 게이트이다.
- 배타적 OR 게이트는 2개 또는 2 이상의 입력이 동시에 존재하는 경우에는 출력이 생기지 않는 게이트이다.
- 우선적 AND 게이트는 여러 개의 입력 사항이 정해진 순서에 따라 순차적으로 발생해야만 결과가 출력되는 게이트이다.

부정 게이트

(기호)	입력현상의 반대현상이 출력되는 게이트이다.

37 Repetitive Learning 1회 2회 3회

태양광이 내리쬐지 않는 옥내의 습구흑구온도(WBGT : Wet Bulb Globe Temperature) 지수 산출 식은?

① 0.6 × 자연습구온도 + 0.3 × 흑구온도
② 0.7 × 자연습구온도 + 0.3 × 흑구온도
③ 0.6 × 자연습구온도 + 0.4 × 흑구온도
④ 0.7 × 자연습구온도 + 0.4 × 흑구온도

해설

- 옥내에서 WBGT = 0.7NWB + 0.3GT로 구한다. 이때 NWB는 자연습구, GT는 흑구온도이다.

습구흑구온도(WBGT : Wet Bulb Globe Temperature) 지수

- 건구온도, 습구온도 및 흑구온도에 의해 산출되며, 열중증 예방을 위한 지표로 더위지수라고도 한다.
- 일사가 영향을 미치는 옥외와 일사의 영향이 없는 옥내의 계산식이 다르다.
- 옥내에서는 WBGT = 0.7NWB + 0.3GT이다. 이때 NWB는 자연습구, GT는 흑구온도이다.
- 옥외에서는 WBGT = 0.7NWB + 0.2GT + 0.1DB이며 이때 NWB는 자연습구, GT는 흑구온도, DB는 건구온도이다.

38 Repetitive Learning 1회 2회 3회

James Reason의 원인적 휴먼에러 종류 중 다음 설명의 휴먼에러 종류는?

> 자동차가 우측 운행하는 한국의 도로에 익숙해진 운전자가 좌측 운행을 해야 하는 일본에서 우측 운행을 하다가 교통사고를 냈다.

① 고의 사고(Violation)
② 숙련 기반 에러(Skill based error)
③ 규칙 기반 착오(Rule-based mistake)
④ 지식 기반 착오(Knowledge-based mistake)

해설

- 휴먼에러와 관련된 인간행동 분류에는 기능/기술(숙련) 기반 행동, 지식 기반 행동, 규칙 기반 행동이 있다.
- 숙련 기반 행동(Skill-based behavior)은 실수(Slip)와 망각(Lapse)으로 구분되는 오류이다.
- 지식 기반 행동(Knowledge-based behavior)은 부적절한 분석이나 의사결정을 잘못하여 발생하는 오류이다.

35 ③ 36 ① 37 ② 38 ③ 정답

Rasmussen의 휴먼에러와 관련된 인간행동 분류

기능/기술 기반 행동 (Skill-based behavior)	실수(Slip)와 망각(Lapse)으로 구분되는 오류
지식 기반 행동 (Knowledge-based behavior)	인지 및 인식의 오류를 예방하기 위해 목표와 관련하여 작동을 계획해야 하는데 특수하고 친숙하지 않은 상황에서 발생하며, 부적절한 분석이나 의사결정을 잘못하여 발생하는 오류
규칙 기반 행동 (Rule-based behavior)	잘못된 규칙을 기억하거나 정확한 규칙이라도 상황에 맞지 않게 적용한 경우 발생하는 오류

0303 / 0802

39 Repetitive Learning (1회 2회 3회)

부품의 고장이 발생하여도 기계가 추후 보수 될때까지 안전한 기능을 유지하도록 하는 것을 무엇이라고 하는가?

① Fool-Soft
② Fail-Active
③ Fail-Operational
④ Fail-Passive

해설

- 조작상의 과오로 기계나 그 부품에 고장이나 기능 불량이 생겨도 항상 안전하게 작동하는 페일 세이프에는 Fail Passive, Fail Active, Fail Operational이 있다.
- Fail Active는 부품이 고장이 나면 경보를 울리면서 잠깐의 운전이 가능한 기능이다.
- Fail Passive는 부품이 고장이 나면 에너지를 최저화 즉, 기계가 정지하는 방향으로 전환되는 기능이다.

페일 세이프(Fail safe) 실필 1401/1101/0901/0802

㉠ 개요
- 조작상의 과오로 기계나 그 부품에 고장이나 기능 불량이 생겨도 항상 안전하게 작동하는 구조와 기능, 설계방법을 말한다.
- 인간 또는 기계가 동작상의 실패가 있어도 사고를 발생시키지 않도록 통제하는 설계방법을 말한다.
- 기계에 고장이 발생하더라도 일정 기간 동안 기계의 기능이 계속되어 재해로 발전되는 것을 방지하는 것을 말한다.

㉡ 기능 3단계 실필 1502

Fail passive	부품이 고장 나면 에너지를 최저화하여 기계가 정지하는 방향으로 전환되는 것
Fail active	부품이 고장 나면 경보를 울리면서 잠시 동안 운전 가능한 것
Fail operational	부품이 고장 나더라도 보수가 이뤄질 때까지 안전한 기능을 유지하는 것

40 Repetitive Learning (1회 2회 3회)

양립성의 종류가 아닌 것은?

① 개념의 양립성
② 감성의 양립성
③ 운동의 양립성
④ 공간의 양립성

해설

- 양립성(Compatibility)의 종류에는 운동양립성, 공간양립성, 개념양립성, 양식 양립성 등이 있다.

양립성(Compatibility) 실필 1901/1402/1202

㉠ 개요
- 인간의 기대하는 바와 자극 또는 반응들이 일치하는 관계를 말하는데 양립성이 적을수록 정보처리에서 재코드화 과정은 많아진다.
- 양립성의 효과가 크면 클수록, 코딩의 시간이나 반응의 시간은 짧아진다.
- 양립성의 종류에는 운동 양립성, 공간 양립성, 개념 양립성, 양식 양립성 등이 있다.

㉡ 양립성의 종류와 개념

공간 (Spatial) 양립성	• 표시장치와 이에 대응하는 조종장치의 위치가 인간의 기대에 모순되지 않는 것 • 왼쪽 표시장치와 관련된 조종장치는 왼쪽에, 오른쪽 표시장치와 관련된 조종장치는 오른쪽에 위치하는 것
운동 (Movement) 양립성	조종장치의 조작방향에 따라서 기계장치나 자동차 등이 움직이는 것
개념 (Conceptual) 양립성	• 인간이 가지는 개념과 일치하게 하는 것 • 적색 수도꼭지는 온수, 청색 수도꼭지는 냉수를 의미하는 것이나 위험신호는 빨간색, 주의신호는 노란색, 안전신호는 파란색으로 표시하는 것
양식 (Modality) 양립성	문화적 관습에 의해 생기는 양립성 혹은 직무에 관련된 자극과 이에 대한 응답 등으로 청각적 자극 제시와 이에 대한 음성응답 과업에서 갖는 양립성

정답 | 39 ③ 40 ②

3과목 기계·기구 및 설비 안전관리

41 Repetitive Learning (1회 2회 3회)

산업안전보건법령상 사업주가 진동작업을 하는 근로자에게 충분히 알려야 할 사항과 거리가 먼 것은?

① 인체에 미치는 영향과 증상
② 진동 기계·기구 관리방법
③ 보호구의 선정과 착용방법
④ 진동재해 시 비상연락체계

해설

- 진동작업에 종사하는 근로자에게 사업주가 주지시켜야 할 내용에는 ①, ②, ③ 외에 진동 장해 예방방법이 있다.

:: 유해성 등의 주지

- 인체에 미치는 영향과 증상
- 보호구의 선정과 착용방법
- 진동 기계·기구 관리방법
- 진동 장해 예방방법

1201 / 1601

42 Repetitive Learning (1회 2회 3회)

산업안전보건법령상 크레인에 전용탑승설비를 설치하고 근로자를 달아 올린 상태에서 작업에 종사시킬 경우 근로자의 추락 위험을 방지하기 위하여 실시해야 할 조치사항으로 적합하지 않은 것은?

① 승차석 외의 탑승 제한
② 안전대나 구명줄의 설치
③ 탑승설비의 하강 시 동력하강방법을 사용
④ 탑승설비가 뒤집히거나 떨어지지 않도록 필요한 조치

해설

- 전용탑승설비를 설치한 경우는 승차석 외에도 탑승을 하고 작업하기 위한 용도이다.

:: 전용탑승설비 설치 작업 시 주의사항

- 탑승설비가 뒤집히거나 떨어지지 않도록 필요한 조치를 할 것
- 안전대나 구명줄을 설치하고, 안전난간을 설치할 수 있는 구조인 경우에는 안전난간을 설치할 것
- 탑승설비를 하강시킬 때에는 동력하강방법으로 할 것

1203 / 1801

43 Repetitive Learning (1회 2회 3회)

산업안전보건법령상 프레스 작업 시작 전 점검해야 할 사항에 해당하는 것은?

① 와이어로프가 통하고 있는 곳 및 작업장소의 지반상태
② 하역장치 및 유압장치 기능
③ 권과방지장치 및 그 밖의 경보장치의 기능
④ 1행정 1정지기구·급정지장치 및 비상정지장치의 기능

해설

- 와이어로프가 통하고 있는 곳 및 작업장소의 지반상태는 이동식 크레인을 가동할 때, 하역장치 및 유압장치의 기능은 지게차를 이용해 작업할 때, 권과방지장치 및 그 밖의 경보장치의 기능은 이동식 크레인을 사용하여 작업할 때 점검할 사항이다.

:: 프레스 등을 사용하여 작업할 때 작업 시작 전 점검사항

실작 2402/2301/2102/2002

- 클러치 및 브레이크의 기능
- 프레스의 금형 및 고정볼트 상태
- 1행정 1정지기구·급정지장치 및 비상정지 장치의 기능
- 크랭크축·플라이휠·슬라이드·연결봉 및 연결 나사의 풀림여부
- 슬라이드 또는 칼날에 의한 위험방지 기구의 기능
- 방호장치의 기능
- 전단기의 칼날 및 테이블의 상태

1002

44 Repetitive Learning (1회 2회 3회)

방호장치를 분류할 때 크게 위험장소에 대한 방호장치와 위험원에 대한 방호장치로 구분할 수 있는데, 다음 중 위험장소에 대한 방호장치가 아닌 것은?

① 격리형 방호장치
② 접근거부형 방호장치
③ 접근반응형 방호장치
④ 포집형 방호장치

해설

- 포집형 방호장치는 위험원에 대한 방호장치에 해당한다.

:: 방호장치의 분류

- 위험원에 대한 방호장치 : 포집형 방호장치가 대표적이며, 그 종류로는 목재가공기계의 반발예방장치, 연삭숫돌의 포집장치, 덮개 등이 있다.
- 위험장소에 대한 방호장치 : 위험장소 혹은 위험작업점에 대한 방호장치이며, 감지형, 격리형, 접근거부형, 접근반응형, 위치제한형 등이 이에 해당한다.

41 ④ 42 ① 43 ④ 44 ④ | 정답

45 Repetitive Learning 1회 2회 3회

양중기 과부하방지장치의 일반적인 공통사항에 대한 설명 중 부적합한 것은?

① 과부하방지장치와 타 방호장치는 기능에 서로 장애를 주지 않도록 부착할 수 있는 구조이어야 한다.
② 방호장치의 기능을 변형 또는 보수할 때 양중기의 기능도 동시에 정지할 수 있는 구조이어야 한다.
③ 과부하방지장치에는 정상동작상태의 녹색램프와 과부하 시 경고 표시를 할 수 있는 붉은색램프와 경보음을 발하는 장치 등을 갖추어야 하며, 양중기 운전자가 확인할 수 있는 위치에 설치해야 한다.
④ 과부하방지장치 작동 시 경보음과 경보램프가 작동되어야 하며 양중기는 작동이 되지 않아야 한다. 다만, 크레인은 과부하 상태 해지를 위하여 권상된 만큼 권하시킬 수 있다.

해설

- 방호장치의 기능을 변형 또는 보수할 때가 아니라 제거 또는 정지할 때 양중기의 기능도 동시에 정지할 수 있는 구조이어야 한다.

양중기 과부하방지장치의 일반적인 공통사항

- 과부하방지장치 작동 시 경보음과 경보램프가 작동되어야 하며 양중기는 작동이 되지 않아야 한다. 다만, 크레인은 과부하 상태 해지를 위하여 권상된 만큼 권하시킬 수 있다.
- 외함은 납봉인 또는 시건할 수 있는 구조이어야 한다.
- 외함의 전선 접촉부분은 고무 등으로 밀폐되어 물과 먼지 등이 들어가지 않도록 한다.
- 과부하방지장치와 타 방호장치는 기능에 서로 장애를 주지 않도록 부착할 수 있는 구조이어야 한다.
- 방호장치의 기능을 제거 또는 정지할 때 양중기의 기능도 동시에 정지할 수 있는 구조이어야 한다.
- 과부하방지장치는 시험 후 정격하중의 1.1배 권상 시 경보와 함께 권상동작이 정지되고 횡행과 주행동작이 불가능한 구조이어야 한다. 다만, 타워크레인은 정격하중의 1.05배 이내로 한다.
- 과부하방지장치에는 정상동작상태의 녹색램프와 과부하 시 경고 표시를 할 수 있는 붉은색램프와 경보음을 발하는 장치 등을 갖추어야 하며, 양중기 운전자가 확인할 수 있는 위치에 설치해야 한다.

1103 / 1501 /1802

46 Repetitive Learning 1회 2회 3회

숫돌 바깥지름이 150mm일 경우 평형플랜지의 지름은 최소 몇 mm 이상이어야 하는가?

① 25mm ② 50mm
③ 75mm ④ 100mm

해설

- 평형플랜지의 지름은 숫돌 직경의 1/3 이상이어야 하므로 숫돌의 바깥지름이 150mm일 경우 평형플랜지의 지름은 50mm 이상이어야 한다.

산업안전보건법상의 연삭숫돌 사용 시 안전조치 실필 1303/0802

- 사업주는 회전 중인 연삭숫돌(지름이 5cm 이상인 것)이 근로자에게 위험을 미칠 우려가 있는 경우에 그 부위에 덮개를 설치하여야 한다.
- 사업주는 연삭숫돌을 사용하는 작업의 경우 작업을 시작하기 전에는 1분 이상, 연삭숫돌을 교체한 후에는 3분 이상 시험운전을 하고 해당 기계에 이상이 있는지를 확인하여야 한다.
- 시험운전에 사용하는 연삭숫돌은 작업 시작 전에 결함이 있는지를 확인한 후 사용하여야 한다.
- 사업주는 연삭숫돌의 최고사용회전속도를 초과하여 사용하도록 해서는 아니 된다.
- 사업주는 측면을 사용하는 것을 목적으로 하지 않는 연삭숫돌을 사용하는 경우 측면을 사용하도록 해서는 아니 된다.
- 숫돌 고정장치인 평형플랜지의 직경은 설치하는 숫돌 직경의 1/3 이상, 여윳값은 1.5mm 이상이어야 한다.
- 연삭 작업 시 안전을 위해 작업자는 연삭기의 측면에 위치한다.
- 연삭숫돌을 결합할 때는 열로 인한 팽창을 고려하여 축과 0.1~0.15mm 정도의 틈새를 둔다.

47 Repetitive Learning 1회 2회 3회

산업안전보건법령에서 정한 양중기의 종류에 해당하지 않는 것은?

① 크레인[호이스트(Hoist)를 포함한다]
② 도르래
③ 곤돌라
④ 승강기

해설

- 도르래는 양중기의 종류에 속하지 않는다.

양중기의 종류 실필 1601

- 크레인{Crane)(호이스트(Hoist) 포함}
- 이동식크레인
- 리프트(이삿짐운반용의 경우 적재하중 0.1톤 이상)
- 곤돌라
- 승강기

정답 | 45 ② 46 ② 47 ②

0902 / 1303 / 1603

48 Repetitive Learning 1회 2회 3회

플레이너의 작업 시의 안전대책이 아닌 것은?

① 베드 위에 다른 물건을 올려놓지 않는다.
② 바이트는 되도록 짧게 나오도록 설치한다.
③ 프레임 내의 피트(Pit)에는 뚜껑을 설치한다.
④ 칩 브레이커를 사용하여 칩이 길게 되도록 한다.

해설

- 칩 브레이커는 절삭 작업 시 칩을 잘게 끊어주는 장치이다.

플레이너(Planer)작업 시의 안전대책

- 플레이너의 프레임 중앙부에 있는 피트(Pit)에 뚜껑을 설치한다.
- 베드 위에 다른 물건을 올려놓지 않는다.
- 바이트는 되도록 짧게 나오도록 설치한다.
- 테이블의 이동범위를 나타내는 안전방호울을 세우도록 한다.
- 에이프런을 돌리기 위하여 해머로 치지 않는다.
- 절삭행정 중 일감에 손을 대지 말아야 한다.

1302 / 1603 / 1901

49 Repetitive Learning

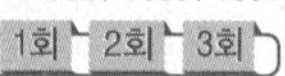

산업안전보건법상 보일러에 설치하는 압력방출장치에 대하여 검사 후 봉인에 사용되는 재료로 가장 적합한 것은?

① 납 ② 주석
③ 구리 ④ 알루미늄

해설

- 압력방출장치는 매년 1회 이상 적정하게 작동하는지를 검사한 후 납으로 봉인하여 사용하여야 한다.

압력방출장치 실필 1101/0803

㉠ 개요

- 사업주는 보일러의 안전한 가동을 위하여 보일러 규격에 맞는 압력방출장치를 1개 또는 2개 이상 설치하고 최고사용압력 이하에서 작동되도록 하여야 한다.
- 압력방출장치의 종류에는 중추식, 스프링식, 지렛대식 안전밸브가 있다.
- 스프링식 압력밸브를 사용하는 압력방출장치를 가장 많이 사용한다.

㉡ 설치

- 압력방출장치는 가능한 보일러 동체에 직접 설치한다.
- 압력방출장치가 2개 이상 설치된 경우에는 최고사용압력 이하에서 1개가 작동되고, 다른 압력방출장치는 최고사용압력 1.05배 이하에서 작동되도록 부착하여야 한다.

1801

50 Repetitive Learning 1회 2회 3회

다음 목재가공용 기계에 사용되는 방호장치의 연결이 옳지 않은 것은?

① 둥근 톱기계 : 톱날 접촉예방장치
② 띠톱기계 : 날 접촉예방장치
③ 모떼기기계 : 날 접촉예방장치
④ 동력식 수동대패기계 : 반발예방장치

해설

- 반발예방장치는 목재가공용 둥근톱기계의 방호장치이다.

동력식 수동대패기계의 방호장치 실작 1703/0901

㉠ 개요

- 접촉 절단 재해가 발생할 수 있으므로 날 접촉예방장치를 설치하여야 한다.
- 날 접촉예방장치에는 가동식과 고정식이 있다.
- 고정식은 동일한 폭의 가공재를 대량 생산하는 데 적합한 방식이다.

㉡ 일반사항

- 덮개와 송급측 테이블면 간격은 8mm 이내로 한다.
- 송급측 테이블의 절삭 깊이부분의 틈새는 작업자의 손등이 끼지 않도록 8mm 이하로 조정되어야 한다.

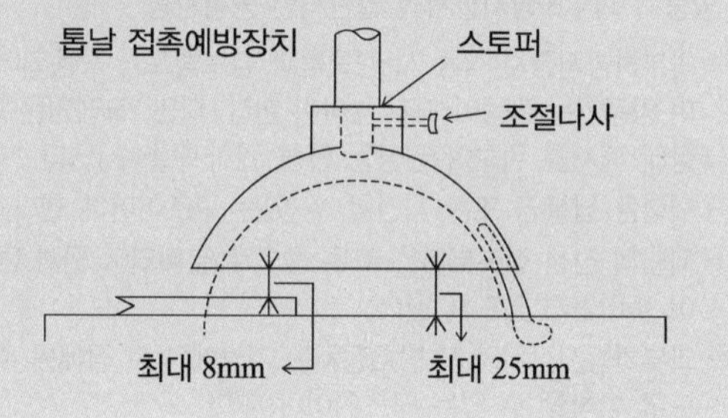

1401 / 1701

51 Repetitive Learning

다음 중 금속 등의 도체에 교류를 통한 코일을 접근시켰을 때, 결함이 존재하면 코일에 유기되는 전압이나 전류가 변하는 것을 이용한 검사방법은?

① 자분탐상검사
② 초음파탐상검사
③ 와류탐상검사
④ 침투형광탐상검사

48 ④ 49 ① 50 ④ 51 ③ 정답

해설

- 자분탐상검사는 결함부위의 자극에 자분이 부착되는 것을 이용한다.
- 초음파탐상검사는 초음파의 반사(타진)의 원리를 이용하여 검사한다.
- 침투탐상검사는 비자성 금속재료의 표면균열 검사에 사용한다.

와전류비파괴검사법

㉠ 개요
- 비파괴검사방법 중 하나로 금속 등의 도체에 교류를 통한 코일을 접근시켰을 때, 결함이 존재하면 코일에 유기되는 전압이나 전류가 변하는 것을 이용한 검사방법이다.
- 발전설비나 석유화학단지 내 열교환기 튜브, 항공산업에서의 각종 결함 검사에 사용되는 방법이다.

㉡ 특징
- 자동화 및 고속화가 가능하다.
- 잡음에 의해 검사의 방해를 받기 쉽다.
- 관, 환봉, 가는 선, 얇은 판의 경우도 검사가 가능하다.
- 재료의 표면층에 존재하는 결함을 검출하는 방법으로 표면 아래 깊은 위치에 있는 결함은 검출이 곤란하다.

0702 / 0703 / 1002 / 1401 / 1702

52

Repetitive Learning (1회 2회 3회)

다음 중 보일러의 방호장치와 가장 거리가 먼 것은?

① 언로드밸브
② 압력방출장치
③ 압력제한스위치
④ 고저수위 조절장치

해설

- 언로드밸브는 보일러 내부의 압력을 일정 범위 내에서 유지시키는 밸브로 방호장치와는 거리가 멀다.

보일러의 안전장치 실필 1902/1901

- 보일러의 안전장치에는 전기적 인터록장치, 압력방출장치, 압력제한스위치, 고저수위 조절장치, 화염검출기 등이 있다.

구분	내용
압력제한 스위치	보일러의 과열을 방지하기 위하여 보일러의 버너 연소를 차단하는 장치
압력방출장치	보일러의 최고사용압력 이하에서 작동하여 보일러 압력을 방출하는 장치
고저수위 조절장치	보일러의 방호장치 중 하나로 보일러 쉘 내의 관수의 수위가 최고한계 또는 최저한계에 도달했을 때 자동적으로 경보를 울리는 동시에 관수의 공급을 차단시켜 주는 장치

1003 / 1302

53

Repetitive Learning (1회 2회 3회)

롤러의 급정지를 위한 방호장치를 설치하고자 한다. 앞면 롤러 직경이 36cm이고, 분당 회전속도가 50rpm이라면 급정지거리는 약 얼마 이내이어야 하는가?(단, 무부하동작에 해당한다)

① 45cm ② 50cm
③ 55cm ④ 60cm

해설

- 원주속도가 주어지지 않았으므로 원주속도를 먼저 구해야 한다.
- 원주는 $2\pi r$이므로 360×3.14=1,130.4mm이고, 원주 속도는 (3.14×외경×회전수)/1,000이므로 3.14×360×50/1,000=56.52이다. 원주속도가 30(m/min)보다 크므로 급정지장치의 급정지거리는 앞면 롤러 원주의 1/2.5 이내가 되어야 한다.
- 급정지장치의 급정지거리는 1130.4/2.5=452.16[mm] 이내이다.

롤러기 급정지장치의 개구부 간격과 급정지거리

실필 1703/1202/1102

- 가드 설치 시 개구부 간격(단위 : mm)

구분	간격
개구부와 위험점 간격 : 160mm 이상	30
개구부와 위험점 간격 : 160mm 미만	6+(0.15×개구부~위험점 최단거리)
위험점이 전동체일 경우	6+(0.1×개구부~위험점 최단거리)

- 급정지거리

원주속도	급정지거리
원주속도 : 30m/min 이상	앞면 롤러 원주의 1/2.5
원주속도 : 30m/min 미만	앞면 롤러 원주의 1/3 이내

1202

54

Repetitive Learning (1회 2회 3회)

산업안전보건법에 따라 사업주는 근로자가 안전하게 통행할 수 있도록 통로에 얼마 이상의 채광 또는 조명시설을 하여야 하는가?

① 50럭스 ② 75럭스
③ 90럭스 ④ 100럭스

해설

- 산업안전보건법에 의해 통로의 조명은 75럭스 이상이 되어야 한다.

통로의 조명

- 사업주는 근로자가 안전하게 통행할 수 있도록 통로에 75럭스 이상의 채광 또는 조명시설을 하여야 한다.

정답 | 52 ① 53 ① 54 ②

1102 / 1401 / 1803

55

Repetitive Learning 1회 2회 3회

다음 중 금형 설치·해체작업의 일반적인 안전사항으로 틀린 것은?

① 고정볼트는 고정 후 가능하면 나사산을 3~4개 정도 짧게 남겨 슬라이드 면과의 사이에 협착이 발생하지 않도록 해야 한다.
② 금형 고정용 브래킷(물림판)을 고정시킬 때 고정용 브래킷은 수평이 되게 하고, 고정볼트는 수직이 되게 고정하여야 한다.
③ 금형을 설치하는 프레스의 T홈 안길이는 설치 볼트 직경 이하로 한다.
④ 금형의 설치용구는 프레스의 구조에 적합한 형태로 한다.

해설

- 금형을 설치하는 프레스의 T홈 안길이는 설치 볼트 직경의 2배 이상으로 해야 한다.

금형의 설치·해체작업 시 일반적인 안전사항
- 금형의 설치용구는 프레스의 구조에 적합한 형태로 한다.
- 금형을 설치하는 프레스의 T홈 안길이는 설치 볼트 직경의 2배 이상으로 한다.
- 고정볼트는 고정 후 가능하면 나사산을 3~4개 정도 짧게 남겨 슬라이드 면과의 사이에 협착이 발생하지 않도록 해야 한다.
- 금형 고정용 브래킷(물림판)을 고정시킬 때 고정용 브래킷은 수평이 되게 하고 고정볼트는 수직이 되게 고정하여야 한다.
- 부적합한 프레스에 금형을 설치하는 것을 방지하기 위하여 금형에 부품번호, 상형중량, 총중량, 다이하이트, 제품소재(재질) 등을 기록하여야 한다.

1602

56

Repetitive Learning 1회 2회 3회

연삭용 숫돌의 3요소가 아닌 것은?

① 결합제
② 입자
③ 저항
④ 기공

해설

- 연삭숫돌은 입자, 결합제, 기공으로 구성된다.

연삭숫돌의 3요소
- 연삭숫돌은 입자, 결합제, 기공으로 구성된다.

입자(Abrasive)	공작물을 깎아내는 경도가 높은 광물질 결정체
결합제(Bond)	입자를 고정하는 역할을 담당
기공(Pore)	절삭칩이 빠져나가는 길로 연삭열을 억제

1602

57

Repetitive Learning  1회 2회 3회

롤러기 급정지장치의 종류가 아닌 것은?

① 어깨 조작식
② 손 조작식
③ 복부 조작식
④ 무릎 조작식

해설

- 롤러기의 급정지장치는 장치의 설치위치에 따라 손 조작식, 복부 조작식, 무릎 조작식으로 구분된다.

롤러기 급정지장치의 종류 실필 2101/0802 실작 2303/2101/1902

종류	위치
손 조작식	밑면에서 1.8[m] 이내
복부 조작식	밑면에서 0.8~1.1[m]
무릎 조작식	밑면에서 0.6[m] 이내

1203 / 1901

58

Repetitive Learning  1회 2회 3회

컨베이어(Conveyor) 역전방지장치의 형식을 기계식과 전기식으로 구분할 때 기계식에 해당하지 않는 것은?

① 라쳇식
② 밴드식
③ 슬러스트식
④ 롤러식

해설

- 슬러스트 브레이크를 이용하는 슬러스트식은 전기식 역전방지장치이다.

컨베이어 역전방지장치
㉠ 개요
- 컨베이어, 이송용 롤러 등을 사용하는 경우에는 정전·전압 강하 등에 따른 화물 또는 운반구의 이탈 및 역주행을 방지하는 장치를 갖추어야 한다.

㉡ 분류
- 기계식 역전방지장치 : 라쳇식, 롤러식, 전자식, 밴드식 등이 있다.
- 전기식 역전방지장치 : 전기브레이크, 슬러스트 브레이크 등이 있다.

55 ③ 56 ③ 57 ① 58 ③ 정답

1403 / 1903

59 Repetitive Learning 1회 2회 3회

산업안전보건법령에 따라 레버풀러(Lever puller) 또는 체인블록(Chain block)을 사용하는 경우 훅의 입구(Hook mouth) 간격이 제조사가 제공하는 제품사양서 기준으로 몇 % 이상 벌어진 것은 폐기하여야 하는가?

① 3%
② 5%
③ 7%
④ 10%

해설

- 레버풀러 또는 체인블록을 사용하는 경우 훅의 입구(Hook mouth) 간격이 제조자가 제공하는 제품사양서 기준으로 10% 이상 벌어진 것은 폐기하여야 한다.

레버풀러(Lever puller) 또는 체인블록(Chain block)을 사용 시 주의사항

- 정격하중을 초과하여 사용하지 말 것
- 레버풀러 작업 중 훅이 빠져 튕길 우려가 있을 경우에는 훅을 대상물에 직접 걸지 말고 피벗클램프(Pivot clamp)나 러그(Lug)를 연결하여 사용할 것
- 레버풀러의 레버에 파이프 등을 끼워서 사용하지 말 것
- 체인블록의 상부 훅(Top hook)은 인양하중에 충분히 견디는 강도를 갖고, 정확히 지탱될 수 있는 곳에 걸어서 사용할 것
- 훅의 입구(Hook mouth) 간격이 제조자가 제공하는 제품사양서 기준으로 10% 이상 벌어진 것은 폐기할 것
- 체인블록은 체인의 꼬임과 헝클어지지 않도록 할 것
- 체인과 훅은 변형, 파손, 부식, 마모(磨耗)되거나 균열된 것을 사용하지 않도록 조치할 것

0701 / 1002 / 1701

60 Repetitive Learning 1회 2회 3회

슬라이드가 내려옴에 따라 손을 쳐내는 막대가 좌우로 왕복하면서 위험점으로부터 손을 보호하여 주는 프레스의 안전장치는?

① 수인식 방호장치
② 양손 조작식 방호장치
③ 손쳐내기식 방호장치
④ 게이트 가드식 방호장치

해설

- 수인식 방호장치는 슬라이드와 작업자의 손을 끈으로 연결하여, 슬라이드 하강 시 방호장치가 작업자의 손을 당기게 함으로써 위험영역에서 빼낼 수 있도록 한 장치를 말한다.
- 양손조작식 방호장치는 두 개의 스위치 버튼을 손으로 동시에 눌러야 기계가 작동하는 구조로 작동 중 어느 하나의 누름 버튼에서 손을 떼면 그 즉시 슬라이드 동작이 정지하는 장치이다.
- 게이트 가드식은 인터록(연동)장치를 사용하여 문을 닫지 않으면 동작되지 않는 구조이거나 가드가 열린 상태에서 슬라이드를 동작시킬 수 없고 또한 슬라이드 작동 중에는 게이트 가드를 열 수 없도록 한 방호장치이다.

손쳐내기식 방호장치(Push away, Sweep guard) 실필 2401/1301

㉠ 개요

슬라이드가 내려옴에 따라 손을 쳐내는 막대가 좌우로 왕복하면서 위험점으로부터 손을 보호하여 주는 장치로 접근거부형 방호장치의 대표적인 종류이다.

㉡ 구조 및 일반사항

- 슬라이드 행정이 40mm 이상인 프레스에 사용한다.
- 슬라이드 행정수가 100spm 이하인 프레스에 사용한다.
- 슬라이드 하행정거리의 3/4 위치에서 손을 완전히 밀어내야 한다.
- 방호판의 폭이 금형 폭의 1/2(최소폭 120mm) 이상이어야 한다.
- 슬라이드 조절 양이 많은 것에는 손쳐내기 봉의 길이 및 진폭의 조절 범위가 큰 것을 선정한다.

정답 59 ④ 60 ③

0302 / 1601

61 Repetitive Learning (1회 2회 3회)

다음 ( ) 안의 알맞은 내용을 나타낸 것은?

> 폭발성 가스의 폭발등급 측정에 사용되는 표준용기는 내용적이 (㉮)[cm^3], 반구상의 플랜지 접합면의 안길이 (㉯)[mm]의 구상용기의 틈새를 통과시켜 화염일주한계를 측정하는 장치이다.

① ㉮ 6,000 ㉯ 0.4
② ㉮ 1,800 ㉯ 0.6
③ ㉮ 4,500 ㉯ 8
④ ㉮ 8,000 ㉯ 25

해설

- 폭발등급 측정에 사용되는 표준용기는 내용적이 8,000cm^3, 최대안전틈새는 접합면의 안길이 L이 25[mm]인 용기이다.

폭발등급 측정에 사용되는 표준용기

- 내용적이 8[L]로 8,000cm^3를 가진다.
- 최대실험안전틈새는 접합면의 안길이 L이 25[mm]인 용기로서 틈이 폭 W[mm]를 변환시켜서 화염일주한계를 측정하도록 하는 것이다.

62 Repetitive Learning (1회 2회 3회)

다음 차단기는 개폐기구가 절연물의 용기 내에 일체로 조립한 것으로 과부하 및 단락사고 시에 자동적으로 전로를 차단하는 장치는?

① OS
② VCB
③ MCCB
④ ACB

해설

- OS는 개폐기로 전로의 개폐를 절연유 속에서 하는 스위치를 말한다.
- VCB는 Vacuum Circuit Breaker의 약자로 진공차단기를 의미한다.
- ACB는 기중 차단기를 말하며 절연물질로 공기를 사용한다.

MCCB(Molded Case Circuit Breaker)

- 과전류 차단기로 NFB라고도 한다.
- 개폐기구가 절연물의 용기 내에 일체로 조립된 것이다.
- 저압 간선의 분전반이나 저압 모터 등의 스위치 역할과 과전류차단을 위해 설치한다.
- 과부하 및 단락사고 시에 자동적으로 전로를 차단한다.(누전에 의한 전류차단은 하지 않는다)

0701 / 1003 / 1902

63 Repetitive Learning (1회 2회 3회)

다음 중 전동기를 운전하고자 할 때 개폐기의 조작순서가 맞는 것은?

① 메인 스위치 → 분전반 스위치 → 전동기용 개폐기
② 분전반 스위치 → 메인 스위치 → 전동기용 개폐기
③ 전동기용 개폐기 → 분전반 스위치 → 메인 스위치
④ 분전반 스위치 → 전동기용 스위치 → 메인 스위치

해설

- 전동기 운전을 위한 개폐기의 조작순서는 메인 스위치 → 분전반 스위치 → 전동기용 개폐기 순이다.

전동기 운전을 위한 개폐기

- 개폐기(Switch)는 전류의 흐름을 막거나 흐르게 하는 스위치를 말한다.
- 전동기 운전 시에는 메인 스위치, 분전반 스위치, 전동기용 기계 스위치 순으로 조작한다.

1202

64 Repetitive Learning (1회 2회 3회)

어떤 부도체에서 정전용량이 10[pF]이고, 전압이 5[kV]일 때 전하량은?

① 9×10^{-12}[C]
② 6×10^{-10}[C]
③ 5×10^{-8}[C]
④ 2×10^{-6}[C]

해설

- 정전용량(10pF)과 전압(5kV)이 주어진 상태에서 전하량을 구하는 문제이다.
- $Q=CV$이므로 대입하면 $10\times10^{-12}\times5\times10^{3}=5\times10^{-8}$[C]이다.

전하량과 정전에너지

㉠ 전하량

- 평행한 축전기의 두 극판 사이의 거리가 일정할 때 양 극단에 걸린 전압 V가 클수록 더 많은 전하량 Q가 대전되게 된다.
- 전기용량(C)은 단위전압(V)당 물체가 저장하거나 물체에서 분리하는 전하의 양(Q)으로 $C=\frac{Q}{V}$로 구한다.

㉡ 정전에너지

- 물체에 정전기가 대전하면 축적되는 에너지 혹은 콘덴서에 전압을 가할 경우 축적되는 에너지를 말한다.
- $W=\frac{1}{2}CV^2=\frac{1}{2}QV=\frac{Q^2}{2C}$[J]로 구할 수 있다.
  이때 C는 정전용량[F], V는 전압[V], Q는 전하[C]이다.

61 ④ 62 ③ 63 ① 64 ③ 정답

1302 / 1801

65

Repetitive Learning 1회 2회 3회

저압전로의 절연성능시험에서 전로의 사용전압이 380V인 경우 전로의 전선 상호 간 및 전로와 대지 사이의 절연저항은 최소 몇 MΩ 이상이어야 하는가?

① 0.1 ② 0.3
③ 0.5 ④ 1.0

해설

- 옥내 사용전압이 380V인 경우 절연저항은 1.0[MΩ] 이상이어야 한다.

∷ 옥내 사용전압에 따른 절연저항값

전로의 사용전압	DC 시험전압	절연저항치
SELV 및 PELV	250[V]	0.5[MΩ]
FELV, 500[V] 이하	500[V]	1.0[MΩ]
500[V] 초과	1,000[V]	1.0[MΩ]

- 특별저압(2차 전압이 AC 50V, DC 120V 이하)으로 SELV(비접지회로 구성) 및 PELV(접지회로 구성)은 1차와 2차가 전기적으로 절연된 회로, FELV는 1차와 2차가 전기적으로 절연되지 않은 회로이다.

0901 / 1103 / 1603 / 1902

66

Repetitive Learning 

교류 아크용접기의 허용사용률[%]은?(단, 정격사용률은 10[%], 2차 정격전류는 500[A], 교류 아크용접기의 사용전류는 250[A]이다)

① 30 ② 40
③ 50 ④ 60

해설

- 주어진 값을 대입하면
  허용사용률 $= \left(\frac{500}{250}\right)^2 \times 0.1 \times 100 = 40[\%]$ 이다.

∷ 아크용접기의 허용사용률

- 사용률이란 용접기 사용시간 대비 아크가 발생되는 시간 비율이다.
- 실제 용접작업에서는 2차 정격전류보다 낮은 전류로 용접하는 경우가 많은데 이 경우 정격사용률 이상으로 작업할 수 있다.
- 허용사용률 $= \left(\frac{\text{2차 정격전류}}{\text{실제 용접 전류}}\right)^2 \times$ 정격사용률 $\times 100[\%]$로 구한다.

1301 / 1503 / 1901 / 2001

67

Repetitive Learning 1회 2회 3회

내압방폭구조의 필요충분조건에 대한 사항으로 틀린 것은?

① 폭발화염이 외부로 유출되지 않을 것
② 습기침투에 대한 보호를 충분히 할 것
③ 내부에서 폭발한 경우 그 압력에 견딜 것
④ 외함의 표면온도가 외부의 폭발성 가스를 점화하지 않을 것

해설

- 내압방폭구조는 습기침투와는 관련성이 없는 전폐형의 구조를 하고 있다.

∷ 내압방폭구조(EX d)

㉠ 개요
- 전폐형의 구조를 하고 있다.
- 방폭전기설비의 용기 내부에서 폭발성 가스 또는 증기가 폭발하였을 때 용기가 그 압력에 견디고 접합면이나 개구부를 통해서 외부의 폭발성 가스나 증기에 인화되지 않도록 한 방폭구조를 말한다.
- 외부의 폭발성 가스가 내부로 침입해서 폭발하였을 때 고열가스나 화염을 간극(Safe gap)을 통하여 서서히 방출시킴으로써 폭발화염이 외부로 전파되지 않으면서 냉각되는 방폭구조를 말한다.

㉡ 필요충분조건
- 폭발화염이 외부로 유출되지 않을 것
- 내부에서 폭발한 경우 그 압력에 견딜 것
- 외함의 표면온도가 외부의 폭발성 가스를 점화하지 않을 것

68

전격의 위험을 결정하는 주된 인자로 가장 거리가 먼 것은?

① 통전전류 ② 통전시간
③ 통전경로 ④ 접촉전압

해설

- 감전위험에 영향을 주는 1차적인 요소에는 통전전류의 크기, 통전경로, 통전시간, 통전전원의 종류와 질이 있다.

∷ 감전 위험요인과 위험도

- 감전위험에 영향을 주는 1차적인 요소에는 통전전류의 크기, 통전경로, 통전시간, 통전전원의 종류와 질이 있다.
- 감전위험에 영향을 주는 2차적인 요소에는 인체의 조건, 주변환경 등이 있다.
- 위험도는 통전전류의 크기 > 통전경로 > 통전시간 > 전원의 종류(교류 > 직류) > 주파수 및 파형 순으로 위험하다.

정답 | 65 ④ 66 ② 67 ② 68 ④

69

Repetitive Learning (1회 2회 3회)

한국전기설비규정에 따라 보호등전위본딩도체로서 주접지단자에 접속하기 위한 등전위본딩 도체(구리도체)의 단면적은 몇 mm^2 이상이어야 하는가?(단, 등전위본딩 도체는 설비 내에 있는 가장 큰 보호접지 도체 단면적의 $\frac{1}{2}$ 이상의 단면적을 가지고 있다)

① 2.5　② 6
③ 16　④ 50

해설

- 등전위본딩 도체의 단면적은 구리도체는 $6mm^2$, 알루미늄 도체는 $16mm^2$, 강철 도체는 $50mm^2$ 이상이어야 한다.

보호등전위본딩(Protective Equipotential Bonding)

㉠ 개요
- 감전에 대한 보호 등과 같이 안전을 목적으로 하는 등전위본딩을 말한다.
- 보호본딩도체란 보호등전위본딩을 제공하는 보호도체를 말한다.

㉡ 등전위본딩 도체의 단면적
- 주접지단자에 접속하기 위한 등전위본딩 도체는 설비 내에 있는 가장 큰 보호접지도체 단면적의 1/2 이상의 단면적을 가져야 하고 다음의 단면적 이상이어야 한다.

구리도체	$6mm^2$
알루미늄 도체	$16mm^2$
강철 도체	$50mm^2$

0902

70

Repetitive Learning (1회 2회 3회)

다음 빈 칸에 들어갈 내용으로 알맞은 것은?

> 특별고압 가공전선로는 지표상 1[m]에서 전계강도가 (ⓐ), 자계강도가 (ⓑ)가 되도록 시설하는 등 상시 정전유도 및 전자유도 작용에 의하여 사람에게 위험을 줄 우려가 없도록 시설하여야 한다.

① ⓐ 0.35[kV]/m 이하 ⓑ 0.833μT 이하
② ⓐ 3.5[kV]/m 이하 ⓑ 8.33μT 이하
③ ⓐ 3.5[kV]/m 이하 ⓑ 83.3μT 이하
④ ⓐ 35[kV]/m 이하 ⓑ 833μT 이하

해설

- 사용전압이 400 kV 이상의 특고압 가공전선은 전계(3.5[kV/m]) 및 자계(83.3[μT])를 초과해서는 안 된다.

사용전압이 400 kV 이상의 특고압 가공전선이 건조물과 제2차 접근상태로 있는 경우 시설 기준
- 전선높이가 최저상태일 때 가공전선과 건조물 상부와의 수직거리가 28[m] 이상일 것
- 독립된 주거생활을 할 수 있는 단독주택, 공동주택이 아닐 것
- 건조물 지붕은 콘크리트, 철판 등 불에 잘 타지 않는 불연성 재료일 것
- 폭연성 분진, 가연성 가스, 인화성물질, 석유류, 화약류 등 위험물질을 다루는 건조물에 해당되지 아니할 것
- 건조물 최상부에서 전계(3.5[kV/m]) 및 자계(83.3[μT])를 초과하지 아니할 것
- 특고압 가공전선은 풍압하중, 지지물 기초의 안전율, 가공전선의 안전율, 애자장치의 안전율, 철탑의 강도 등의 안전율 및 강도이상으로 시설하여 전선의 단선 및 지지물 붕괴의 우려가 없도록 시설할 것

1503 / 1601 / 1901 / 1902

71

Repetitive Learning (1회 2회 3회)

전기에 의한 감전사고를 방지하기 위한 대책이 아닌 것은?

① 전기기기 및 설비의 위험부에 위험표지
② 전기설비에 대한 누전차단기 설치
③ 전기기기에 대한 정격 표시
④ 무자격자는 전기기계 및 기구에 전기적인 접촉 금지

해설

- 전기기기에 대한 정격을 표시하는 이유는 기기의 사용조건과 그 성능의 범위를 확인하여 안전하고 효율적인 전기기기 사용을 위해서이지 감전사고를 방지하는 것과는 거리가 멀다.

감전사고 방지대책

㉠ 설비 측면
- 계통에 비접지식 전로의 채용
- 전로의 보호절연 및 충전부의 격리
- 전기설비에 대한 보호 접지(중성선 및 변압기 1, 2차 접지)
- 전기설비에 대한 누전차단기 설치
- 고장전로(사고회로)의 신속한 차단
- 안전전압 혹은 안전전압 이하의 전기기기 사용

㉡ 안전장비 측면
- 충전부가 노출된 부분은 절연 방호구 사용
- 전기작업 시 안전보호구의 착용 및 안전장비의 사용

㉢ 관리적인 측면
- 전기설비의 점검을 철저히 할 것
- 안전지식의 습득과 안전거리의 유지 등

69 ② 70 ③ 71 ③ 정답

72 Repetitive Learning (1회 2회 3회)

외부피뢰시스템에서 접지극은 지표면에서 몇 m 이상 깊이로 매설하여야 하는가?(단, 동결심도는 고려하지 않는 경우이다)

① 0.5　　② 0.75

③ 1　　④ 1.25

해설

- 접지극은 동결심도를 고려하지 않는 경우 지표면에서 0.75 m 이상 깊이로 매설 하여야 한다.

접지극의 시설

- 지표면에서 0.75 m 이상 깊이로 매설 하여야 한다. 다만, 필요시는 해당 지역의 동결심도를 고려한 깊이로 할 수 있다.
- 대지가 암반지역으로 대지저항이 높거나 건축물·구조물이 전자통신시스템을 많이 사용하는 시설의 경우에는 환상도체접지극 또는 기초접지극으로 한다.
- 접지극 재료는 대지에 환경오염 및 부식의 문제가 없어야 한다.
- 철근콘크리트 기초 내부의 상호 접속된 철근 또는 금속제 지하구조물 등 자연적 구성부재는 접지극으로 사용할 수 있다.

0801 / 1901

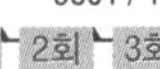

73 Repetitive Learning (1회 2회 3회)

밸브 저항형 피뢰기의 구성요소로 옳은 것은?

① 직렬 갭, 특성 요소

② 병렬 갭, 특성 요소

③ 직렬 갭, 충격 요소

④ 병렬 갭, 충격 요소

해설

- 피뢰기는 특성요소와 직렬 갭으로 구성된다.

피뢰기

㉠ 구성요소

- 특성 요소 : 뇌전류 방전 시 피뢰기 자신의 전위 상승을 억제하여 절연 파괴를 방지한다.
- 직렬 갭 : 뇌전류를 대지로 방전시키고 속류를 차단한다.

㉡ 이상적인 피뢰기의 특성

- 제한전압이 낮아야 한다.
- 반복동작이 가능하여야 한다.
- 충격방전 개시전압이 낮아야 한다.
- 뇌전류의 방전능력이 크고 속류의 차단이 확실하여야 한다.

74 Repetitive Learning (1회 2회 3회)

다음 중 전기설비기술기준에 따른 전압의 구분으로 틀린 것은?

① 저압 : 직류 1kV 이하

② 고압 : 교류 1kV를 초과, 7kV 이하

③ 특고압 : 직류 7kV 초과

④ 특고압 : 교류 7kV 초과

해설

- 저압은 직류는 1,500V 이하, 교류는 1,000V 이하인 것이다.

전압의 구분

저압	직류는 1,500V 이하, 교류는 1,000V 이하인 것
고압	직류는 1,500V를, 교류는 1,000V를 넘고, 7,000V 이하인 것
특별고압	7,000V를 넘는 것

75 Repetitive Learning (1회 2회 3회)

KS C IEC 60079-0에 따른 방폭에 대한 설명으로 틀린 것은?

① 기호 "X"는 방폭기기 특정 사용조건을 나타내는데 사용되는 인증번호의 접미사이다.

② 인화하한(LFL)과 인화상한(UFL) 사이의 범위가 클수록 폭발성 가스 분위기 형성 가능성이 크다.

③ 기기그룹에 따라 폭발성 가스를 분류할 때 ⅡA의 대표 가스로 에틸렌이 있다.

④ 연면거리는 두 도전부 사이의 고체 절연물 표면을 따른 최단거리를 말한다.

해설

- 사용하고자 하는 장소의 폭발성 가스 분위기의 특성에 따른 분류에서 ⅡA의 대표 가스는 프로판이고, 에틸렌은 ⅡB의 대표 가스에 해당한다.

그룹 Ⅱ

- 폭발성 갱내 가스에 취약한 광산 이외의 폭발성 가스 분위기가 존재하는 장소에서 사용하기 위한 것을 말한다.
- 사용하고자 하는 장소의 폭발성 가스 분위기의 특성에 따른 분류

ⅡA	대표가스는 프로판
ⅡB	대표가스는 에틸렌
ⅡC	대표가스는 수소 및 아세틸렌

정답 | 72 ② 73 ① 74 ① 75 ③

0601

76

Repetitive Learning 1회 2회 3회

정전기의 재해방지 대책이 아닌 것은?

① 부도체에는 도전성을 향상 또는 제전기를 설치 운영한다.
② 접촉 및 분리를 일으키는 기계적 작용으로 인한 정전기 발생을 적게 하기 위해서는 가능한 접촉 면적을 크게 하여야 한다.
③ 저항률이 $10^{10}\Omega \cdot cm$ 미만의 도전성 위험물의 배관유속은 7m/s 이하로 한다.
④ 생산공정에 별다른 문제가 없다면, 습도를 70[%] 정도 유지하는 것도 무방하다.

해설

- 정전기 재해방지를 위해서 접촉 및 분리를 일으키는 기계적 작용에서 가능한 접촉 면적을 작게 하여야 한다.

정전기 재해방지대책 실필 1901/1702/1201/1103

- 부도체에 제전기를 설치·운영하거나 도전성을 향상시킨다.
- 정전기 재해방지를 위해서 반도체 취급 공정작업자가 착용하는 손목 띠의 저항은 1[MΩ]으로 한다.
- 도체의 경우 접지를 하며 이때 접지값은 $10^{6}\Omega$ 이하이면 충분하고, 안전을 고려하여 $10^{3}\Omega$ 이하로 유지한다.
- 생산공정에 별다른 문제가 없다면, 습도를 70([%]) 정도 유지하여 전하가 제거되기 쉽게 한다.
- 유동대전이 심하고 폭발 위험성이 높은 것(가솔린, 이황화탄소, 벤젠 등)은 배관 내 유속을 1m/s 이하로 해야 한다.
- 저항률이 $10^{10}\Omega \cdot cm$ 미만의 도전성 위험물의 배관유속은 7m/s 이하로 한다.
- 대전 방지제를 사용하고, 대전 물체에 정전기 축적을 최소화하여야 한다.
- 배관 내 액체의 유속을 제한한다.
- 공기를 이온화한다.
- 작업장 바닥에 도전성(정전기 방지용) 매트를 사용한다.
- 작업자는 제전복, 정전화(대전방지용 안전화)를 착용한다.

77

정전기 제거 방법으로 가장 거리가 먼 것은?

① 작업장 바닥을 도전처리한다.
② 설비의 도체 부분은 접지시킨다.
③ 작업자는 대전방지화를 신는다.
④ 작업장을 항온으로 유지한다.

해설

- 작업장의 온도를 유지하는 것과 정전기 제거는 큰 관련이 없다.

정전기 재해방지대책 실필 1901/1702/1201/1103

문제 76번의 유형별 핵심이론 참조

1501 / 1802 / 2101 / 2103

78

Repetitive Learning 1회 2회 3회

인체의 전기저항을 0.5kΩ이라고 하면 지는 몇 J인가? (단, 심실세동전류값 $I = \frac{165}{\sqrt{T}}$ mA의 Dalziel의 식을 이용하며, 통전시간은 1초로 한다)

① 13.6　② 12.6
③ 11.6　④ 10.6

해설

- 통전시간이 1초, 인체의 전기저항 값이 500Ω이라고 할 때 심실세동을 일으키는 전류에서의 전기에너지는 13.612[J]이다.

심실세동 한계전류와 전기에너지 실필 2303/2101/1403/1401/1202

- 심장의 맥동에 영향을 주어 혈액 순환을 곤란하게 하고, 끝내는 심장 기능을 잃게 하는 치사적 전류를 심실세동전류라 한다.
- 감전자 1천명 중 5명 이상이 심실세동을 일으킬 수 있는 감전시간과 위험전류와의 관계에서 심실세동 한계전류 I는 $\frac{165}{\sqrt{T}}$[mA]이고, T는 통전시간이다.
- 인체의 접촉저항을 500Ω으로 할 때 심실세동을 일으키는 전류에서의 전기에너지는 $W = I^2Rt = \left(\frac{165\times10^{-3}}{\sqrt{T}}\right)^2 \times R \times T = (165\times10^{-3})^2 \times 500 = 13.612$[J]가 된다.

2101

79

Repetitive Learning 1회 2회 3회

가스그룹이 ⅡB인 지역에 내압방폭구조 "d"의 방폭기기가 설치되어 있다. 기기의 플랜지 개구부에서 장애물까지의 최소 거리(mm)는?

① 10　② 20
③ 30　④ 40

해설

- 플랜지 개구부에서 장애물까지의 최소 거리는 ⅡA의 경우 10mm, ⅡC는 40mm이다.

내압방폭구조 플랜지 접합부와 장애물 간 최소 이격거리

가스그룹	최소 이격거리(mm)
ⅡA	10
ⅡB	30
ⅡC	40

76 ② 77 ④ 78 ① 79 ③ 정답

80

Repetitive Learning 1회 2회 3회

다음 중 활선근접 작업 시의 안전조치로 적절하지 않은 것은?

① 근로자가 절연용 방호구의 설치 · 해체작업을 하는 경우에는 절연용 보호구를 착용하거나 활선작업용 기구 및 장치를 사용하도록 하여야 한다.

② 저압인 경우에는 해당 전기작업자가 절연용 보호구를 착용하되, 충전전로에 접촉할 우려가 없는 경우에는 절연용 방호구를 설치하지 않을 수 있다.

③ 유자격자가 아닌 근로자가 근로자의 몸 또는 긴 도전성 물체가 방호되지 않은 충전전로에서 대지전압이 50kV 이하인 경우에는 400cm 이내로 접근할 수 없도록 하여야 한다.

④ 고압 및 특별고압의 전로에서 전기작업을 하는 근로자에게 활선작업용 기구 및 장치를 사용하여야 한다.

해설

- 유자격자가 아닌 근로자가 충전전로 인근의 높은 곳에서 작업할 때에 근로자의 몸 또는 긴 도전성 물체가 방호되지 않은 충전전로에서 대지전압이 50킬로볼트 이하인 경우에는 300센티미터 이내로, 대지전압이 50킬로볼트를 넘는 경우에는 10킬로볼트당 10센티미터씩 더한 거리 이내로 각각 접근할 수 없도록 한다.

충전전로에서의 전기작업

- 충전전로를 방호, 차폐하거나 절연 등의 조치를 하는 경우에는 근로자의 신체가 전로와 직접 접촉하거나 도전재료, 공구 또는 기기를 통하여 간접 접촉되지 않도록 할 것
- 충전전로를 취급하는 근로자에게 그 작업에 적합한 절연용 보호구를 착용시킬 것
- 충전전로에 근접한 장소에서 전기작업을 하는 경우에는 해당 전압에 적합한 절연용 방호구를 설치할 것. 다만, 저압인 경우에는 해당 전기작업자가 절연용 보호구를 착용하되, 충전전로에 접촉할 우려가 없는 경우에는 절연용 방호구를 설치하지 않을 수 있다.
- 고압 및 특별고압의 전로에서 전기작업을 하는 근로자에게 활선작업용 기구 및 장치를 사용하도록 할 것
- 근로자가 절연용 방호구의 설치·해체작업을 하는 경우에는 절연용 보호구를 착용하거나 활선작업용 기구 및 장치를 사용하도록 할 것
- 유자격자가 아닌 근로자가 충전전로 인근의 높은 곳에서 작업할 때에 근로자의 몸 또는 긴 도전성 물체가 방호되지 않은 충전전로에서 대지전압이 50킬로볼트 이하인 경우에는 300센티미터 이내로, 대지전압이 50킬로볼트를 넘는 경우에는 10킬로볼트당 10센티미터씩 더한 거리 이내로 각각 접근할 수 없도록 할 것

5과목 화학설비 안전관리

1002 / 1403 / 1702

81

Repetitive Learning 

다음 설명이 의미하는 것은?

> 온도, 압력 등 제어상태가 규정의 조건을 벗어나는 것에 의해 반응속도가 지수함수적으로 증대되고, 반응용기 내의 온도, 압력이 급격히 이상 상승되어 규정조건을 벗어나고, 반응이 과격화되는 현상

① 비등 ② 과열 · 과압

③ 폭발 ④ 반응폭주

해설

- 비등은 액체가 기체로 상변화하는 과정으로 끓음이라고도 한다.

반응폭주와 반응폭발

㉠ 반응폭주

- 반응속도가 지수함수적으로 증대되어 반응용기 내부의 온도 및 압력이 비정상적으로 상승하는 등 반응이 과격하게 진행되는 현상을 말한다.
- 온도, 압력 등 제어상태가 규정의 조건을 벗어나는 것에 의해 반응속도가 지수함수적으로 증대되고, 반응용기 내의 온도, 압력이 급격히 이상 상승되어 규정조건을 벗어나고, 반응이 과격화되는 현상이다.
- 반응폭주에 의한 위급상태의 발생을 방지하기 위해서는 불활성 가스의 공급장치가 필요하다.

㉡ 반응폭발

- 두 개 이상의 물질이 물리적·화학적으로 외부적인 힘에 의해 혼합상태로 만들어질 때 폭발하는 현상을 말한다.
- 반응폭발에 영향을 미치는 요인에는 교반상태, 냉각시스템, 반응온도와 압력 등이 있다.

0902 / 1501

82

Repetitive Learning 1회 2회 3회

다음 중 폭발범위에 관한 설명으로 틀린 것은?

① 상한값과 하한값이 존재한다.

② 온도에 비례하지만 압력과는 무관하다.

③ 가연성 가스의 종류에 따라 각각 다른 값을 갖는다.

④ 공기와 혼합된 가연성 가스의 체적 농도로 나타낸다.

해설

- 폭발한계의 범위는 온도와 압력에 비례한다.

정답 80 ③ 81 ④ 82 ②

:: 가연성 가스의 폭발(연소)범위 실필 1603

㉠ 개요

- 가연성 가스의 종류에 따라 각각 다른 값을 가지며, 상한값과 하한값이 존재한다.
- 공기와 혼합된 가연성 가스의 체적 농도로 나타낸다.
- 불활성 가스를 주입하면 폭발범위는 좁아진다.

㉡ 특성

- 폭발한계의 범위는 온도와 압력에 비례한다.
- 온도가 증가하면 하한계는 감소하고, 상한계는 증가한다.
- 압력이 증가하면 하한계는 변동없고, 상한계는 증가한다.
- 산소 중에서는 공기 중에서보다 하한계는 일정하나 상한계가 증가하여 폭발범위가 넓어진다.

0802 / 0903 / 1003 / 1303 / 1601 / 1603 / 2102

83

Repetitive Learning (1회 2회 3회)

위험물을 저장・취급하는 화학설비 및 그 부속설비를 설치할 때 단위공정시설 및 설비로부터 다른 단위공정시설 및 설비의 사이의 안전거리는 설비의 바깥 면으로부터 몇 [m] 이상이 되어야 하는가?

① 5 ② 10

③ 15 ④ 20

해설

- 단위공정시설 및 설비로부터 다른 단위공정시설 및 설비의 사이의 안전거리는 설비의 바깥 면으로부터 10m 이상이다.

:: 화학설비 및 부속설비 설치 시 안전거리 실필 2201

구분	안전거리
단위공정시설 및 설비로부터 다른 단위공정시설 및 설비의 사이	설비의 바깥 면으로부터 10m 이상
플레어스택으로부터 단위공정시설 및 설비, 위험물질 저장탱크 또는 위험물질 하역설비의 사이	플레어스택으로부터 반경 20m 이상
위험물질 저장탱크로부터 단위공정 시설 및 설비, 보일러 또는 가열로의 사이	저장탱크의 바깥 면으로부터 20m 이상
사무실・연구실・실험실・정비실 또는 식당으로부터 단위공정시설 및 설비, 위험물질 저장탱크, 위험물질 하역설비, 보일러 또는 가열로의 사이	사무실 등의 바깥 면으로부터 20m 이상

1603

84

Repetitive Learning (1회 2회 3회)

다음 중 인화성 물질이 아닌 것은?

① 디에틸에테르

② 아세톤

③ 에틸알코올

④ 과염소산칼륨

해설

- 과염소산칼륨은 산화성 물질이다.

:: 인화성 액체

- 인화성 액체란 표준압력(101.3)하에서 인화점이 60℃ 이하이거나 고온・고압의 공정운전조건으로 인하여 화재・폭발위험이 있는 상태에서 취급되는 가연성 물질을 말한다.

범위	종류
인화점 23℃ 미만 초기 끓는점 35℃ 이하	에틸에테르, 아세트알데히드, 가솔린, 산화프로필렌 등
인화점 23℃ 미만 초기 끓는점 35℃ 초과	노르말헥산, 이황화탄소, 메틸에틸케톤, 아세톤, 메틸알코올, 에틸알코올 등
인화점 23℃ 이상 60℃ 이하	크실렌, 아세트산아밀, 이소아밀알코올테레빈유, 등유, 경유, 아세트산 등

1802

85

Repetitive Learning (1회 2회 3회)

산업안전보건법령상 위험물질의 종류에서 “폭발성 물질 및 유기과산화물”에 해당하는 것은?

① 리튬

② 아조화합물

③ 아세틸렌

④ 셀룰로이드류

해설

- 리튬과 셀룰로이드류는 물반응성 물질 및 인화성 고체에 포함된다.
- 아세틸렌은 인화성 가스에 포함된다.

:: 산업안전보건법상 폭발성 물질

- 질산에스테르류 (니트로글리콜・니트로글리세린・니트로셀룰로오스 등)
- 니트로화합물(트리니트로벤젠・트리니트로톨루엔・피크린산 등)
- 유기과산화물(과초산, 메틸에틸케톤 과산화물, 과산화벤조일 등)
- 그 외에도 니트로소화합물, 아조화합물, 디아조화합물, 하이드라진 유도체 등이 있다.

83 ② 84 ④ 85 ② | 정답

0903

86

Repetitive Learning 1회 2회 3회

다음 표와 같은 혼합가스의 폭발범위[vol%]로 옳은 것은?

종류	용적비율 [vol%]	폭발하한계 [vol%]	폭발상한계 [vol%]
CH_4	70	5	15
C_2H_6	15	3	12.5
C_3H_8	5	2.1	9.5
C_4H_{10}	10	1.9	8.5

① 3.75 ~ 13.21

② 4.27 ~ 14.14

③ 4.33 ~ 15.22

④ 3.75 ~ 15.22

해설

- 메탄(CH_4), 에탄(C_2H_6), 프로판(C_3H_8), 부탄(C_4H_{10})의 몰분율, 폭발하한계 및 폭발상한계 값이 주어져있다.
- 각 가스의 종류별 몰수를 계산하면 70, 15, 5, 10이다.
- 혼합가스의 폭발하한계는

$$\frac{100}{\frac{70}{5}+\frac{15}{3}+\frac{5}{2.1}+\frac{10}{1.9}}=\frac{100}{14+5+2.4+5.3}=3.75\text{[vol\%]이다.}$$

- 혼합가스의 폭발상한계는

$$\frac{100}{\frac{70}{15}+\frac{15}{12.5}+\frac{5}{9.5}+\frac{10}{8.5}}=\frac{100}{4.67+1.2+0.53+1.18}=13.2$$

[vol%]이다.

- 폭발범위는 3.75~13.2[vol%]이다.

:: 혼합가스의 폭발한계와 폭발범위 실필 1603

㉠ 폭발한계

- 혼합가스의 폭발한계는 혼합가스를 구성하는 각 가스의 폭발한계당 mol분율 합의 역수로 구한다.
- 혼합가스의 폭발한계는 $\dfrac{1}{\sum_{i=1}^{n}\dfrac{\text{mol분율}}{\text{폭발한계}}}$로 구한다.
- [vol%]를 구할 때는 $\dfrac{100}{\sum_{i=1}^{n}\dfrac{\text{mol분율}}{\text{폭발한계}}}$[vol%] 식을 이용한다.

㉡ 폭발범위

- 폭발상한계와 폭발하한계를 각각 구해서 범위를 구한다.

0303 / 1502

87

Repetitive Learning 1회 2회 3회

반응기를 설계할 때 고려해야 할 요인으로 가장 거리가 먼 것은?

① 부식성 ② 상의 형태

③ 온도 범위 ④ 중간생성물의 유무

해설

- 반응기의 설계 시 고려할 사항은 부식성, 상(Phase)의 형태, 온도 범위, 운전압력 외에도 온도조절, 생산비율, 열전달 등이 있다.

:: 반응기

㉠ 개요

- 반응기란 2종 이상의 물질이 촉매나 유사 매개물질에 의해 일정한 온도, 압력에서 반응하여 조성, 구조 등이 다른 물질을 생성하는 장치를 말한다.
- 반응기의 설계 시 고려할 사항은 부식성, 상(Phase)의 형태, 온도 범위, 운전압력 외에도 온도조절, 생산비율, 열전달 등이 있다.

㉡ 분류

조작방식	• 회분식 – 한 번 원료를 넣으면, 목적을 달성할 때까지 반응을 계속하는 반응기 방식이다. • 반회분식 – 처음에 원료를 넣고 반응이 진행됨에 따라 다른 원료를 첨가하는 반응기 방식이다. • 연속식 – 반응기의 한쪽에서는 원료를 계속적으로 유입하는 동시에 다른 쪽에서는 반응생성 물질을 유출시키는 반응기 방식으로 유통식이라고도 한다.
구조형식	• 관형 – 가늘고 길며 곧은 관 형태의 반응기 • 탑형 – 직립 원통상의 반응기로 위쪽에서 아래쪽으로 유체를 보내는 반응기 • 교반조형 – 교반기를 부착한 조형의 반응기 • 유동층형 – 유동층 형성부를 갖는 반응기

1601 / 1803

88

열교환기의 열교환 능률을 향상시키기 위한 방법이 아닌 것은?

① 유체의 유속을 적절하게 조절한다.

② 유체의 흐르는 방향을 병류로 한다.

③ 열 교환하는 유체의 온도차를 크게 한다.

④ 열전도율이 높은 재료를 사용한다.

해설

- 열교환기의 열교환 능률을 향상시키기 위해서 유체의 흐르는 방향을 고온유체와 저온유체의 입구가 서로 반대쪽으로 하는 것이 좋다.

:: 열교환기의 열교환 능률향상 대책

- 유체의 유속을 적절하게 조절한다.
- 유체의 흐르는 방향을 대향류형으로 하는 것이 좋다.
- 열교환기 입구와 출구의 온도차를 크게 한다.
- 열전도율이 높은 재료를 사용한다.

정답 | 86 ① 87 ④ 88 ②

0302 / 1702

89

Repetitive Learning (1회 2회 3회)

건축물 공사에 사용되고 있으나, 불에 타는 성질이 있어서 화재 시 유독한 시안화수소 가스가 발생되는 물질은?

① 염화비닐
② 염화에틸렌
③ 메타크릴산메틸
④ 우레탄

해설

- 우레탄의 주원료인 이소시아네이트(-NCO)는 연소 시 CN(시안)이 함유된 유독성 가스를 발생시킨다.

우레탄(Urethane)

- 우레탄의 주원료인 이소시아네이트(-NCO)는 연소 시 CN(시안)이 함유된 유독성 가스를 발생시킨다.
- 가격이 저렴하고 작업성이 우수하고 단열효과가 높기 때문에 건축에서 단열내장재로 우레탄을 많이 사용하였다.
- 발암물질로 밝혀짐으로 인해 최근 사용이 줄어들고 있다.

0703 / 1803

90

Repetitive Learning (1회 2회 3회)

다음 중 자연발화가 쉽게 일어나는 조건으로 틀린 것은?

① 주위온도가 높을수록
② 열 축적이 클수록
③ 적당량의 수분이 존재할 때
④ 표면적이 작을수록

해설

- 표면적이 클수록 자연발화가 일어나기 쉽다.

자연발화

㉠ 개요

- 물질이 고유의 성질로 인해 스스로 발열반응을 통해 발생한 열을 장기간 축적하여 발화하는 현상이다.
- 자연발화를 일으키는 원인에는 산화열, 분해열, 중합열, 흡착열 등이 있다.

㉡ 발화하기 쉬운 조건

- 분해열에 의해 자연발화가 발생할 수 있다.
- 입자의 표면적이 넓을수록 자연발화가 발생하기 쉽다.
- 고온다습한 환경에서 자연발화가 발생하기 쉽다.
- 열의 축적은 자연발화를 일으킬 수 있는 인자이다.

91

Repetitive Learning (1회 2회 3회)

메탄올에 관한 설명으로 틀린 것은?

① 무색투명한 액체이다.
② 비중은 1보다 크고, 증기는 공기보다 가볍다.
③ 금속나트륨과 반응하여 수소를 발생한다.
④ 물에 잘 녹는다.

해설

- 메탄올의 비중은 0.79로 물보다 가볍고, 증기비중은 1.1로 공기보다 무겁다.

메탄올(CH_3OH)

- 인화성 액체로 알코올류에 속한다.
- 무색 투명한 휘발성 액체로 독성이 있다.
- 비중은 0.79로 물보다 가볍고, 증기비중은 1.1로 공기보다 무겁다.
- 금속나트륨과 반응하여 수소를 발생한다.
- 물에 잘 녹는다.

1802

92

Repetitive Learning (1회 2회 3회)

다음 중 전기화재의 종류에 해당하는 것은?

① A급 ② B급
③ C급 ④ D급

해설

- 일반화재는 A급, 유류화재는 B급, 금속화재는 D급이다.

화재의 분류 실필 2202/1601/0903

분류	원인	소화 방법 및 소화기	특징	표시 색상
A급	종이, 나무 등 일반 가연성 물질	냉각소화/ 물 및 산, 알칼리 소화기	재가 남는다.	백색
B급	석유, 페인트 등 유류화재	질식소화/ 모래나 소화기	재가 남지 않는다.	황색
C급	전기 스파크 등 전기화재	질식소화, 냉각소화/ 이산화탄소 소화기	물로 소화할 경우 감전의 위험이 있다.	청색
D급	금속나트륨, 금속칼륨 등 금속화재	질식소화/ 마른 모래	물로 소화할 경우 폭발의 위험이 있다.	무색

89 ④ 90 ④ 91 ② 92 ③ 정답

1002 / 1202 / 1303

93 Repetitive Learning (1회 2회 3회)

에틸알코올(C_2H_5OH)이 완전연소 시 생성되는 CO_2와 H_2O의 몰수로 옳은 것은?

① CO_2 : 1, H_2O : 4　② CO_2 : 2, H_2O : 3
③ CO_2 : 3, H_2O : 2　④ CO_2 : 4, H_2O : 1

해설

- 에틸알코올이 연소 시 필요한 산소농도$\left(a+\frac{b-c-2d}{4}\right)$는 탄소(a)가 2, 수소(b)가 6, 산소(d)가 1이므로 $2+\frac{6-2}{4}=3$이다.
- 에틸알코올(C_2H_5OH)과 산소($3O_2$)의 결합이고 이로 인해 생성되는 이산화탄소와 물의 양을 구할 수 있다.
- $C_2H_5OH+3O_2=\square CO_2+\square H_2O$에서 탄소는 애초에 2개가 공급되었으므로 2, 수소는 총 6개이고, 물을 만들기 위해서 2개씩 공급되어야 하므로 물은 3이 된다.

:: 완전연소 조성농도(Cst, 화학양론농도)와 최소산소농도(MOC) 실필 1803/1002

㉠ 완전연소 조성농도(Cst, 화학양론농도)
- 가연성 가스의 조성은 완전연소 조성농도에서 폭발의 위험성이 가장 높아진다.
- 완전연소 조성농도 = $\dfrac{100}{1+\text{공기몰수}\times\left(a+\frac{b-c-2d}{4}\right)}$이다.

  공기의 몰수는 주로 4.773을 사용하므로

  완전연소 조성농도 = $\dfrac{100}{1+4.773\left(a+\frac{b-c-2d}{4}\right)}$[vol%]

  로 구한다. 단, a : 탄소, b : 수소, c : 할로겐의 원자수, d : 산소의 원자수이다.
- Jones식에 따라 폭발한계를 추산하면
  폭발하한계 = Cst × 0.55, 폭발상한계 = Cst × 3.50이다.

㉡ 최소산소농도(MOC)
- 연소 시 필요한 산소(O_2)농도 즉,
  산소양론계수 = $a+\frac{b-c-2d}{4}$로 구한다.
- 최소산소농도(MOC) = 산소양론계수 × 연소하한값이다.

1703

94 Repetitive Learning (1회 2회 3회)

다음 중 산업안전보건법령상 위험물질의 종류와 해당 물질이 올바르게 연결된 것은?

① 아세트산(농도 90%) – 부식성 산류
② 아세톤(농도 90%) – 부식성 염기류
③ 이황화탄소 – 인화성 가스
④ 수산화칼륨 – 인화성 가스

해설

- 아세톤과 이황화탄소는 인화성 액체에 포함된다.
- 농도 40% 이상인 수산화칼륨은 부식성 물질(염기류)에 포함된다.

:: 위험물질의 분류와 그 종류 실필 1403/1101/1001/0803/0802

분류	종류
산화성 액체 및 산화성 고체	차아염소산, 아염소산, 염소산, 과염소산, 브롬산, 요오드산, 과산화수소 및 무기 과산화물, 질산 및 질산칼륨, 질산나트륨, 질산암모늄, 그 밖의 질산염류, 과망간산, 중크롬산 및 그 염류
가연성 고체	황화린, 적린, 유황, 철분, 금속분, 마그네슘, 인화성 고체
물반응성 물질 및 인화성 고체	리튬, 칼륨·나트륨, 황, 황린, 황화린·적린, 셀룰로이드류, 알킬알루미늄·알킬리튬, 마그네슘 분말, 금속 분말, 알칼리금속, 유기금속화합물, 금속의 수소화물, 금속의 인화물, 칼슘 탄화물, 알루미늄 탄화물
인화성 액체	에틸에테르, 가솔린, 아세트알데히드, 산화프로필렌, 노말헥산, 아세톤, 메틸에틸케톤, 메틸알코올, 에틸알코올, 이황화탄소, 크실렌, 아세트산아밀, 등유, 경유, 테레핀유, 이소아밀알코올, 아세트산, 하이드라진
인화성 가스	수소, 아세틸렌, 에틸렌, 메탄, 에탄, 프로판, 부탄
폭발성 물질 및 유기과산화물	질산에스테르류, 니트로 화합물, 니트로소 화합물, 아조 화합물, 디아조 화합물, 하이드라진 유도체, 유기과산화물
부식성 물질	농도 20% 이상인 염산·황산·질산, 농도 60% 이상인 인산·아세트산·불산, 농도 40% 이상인 수산화나트륨·수산화칼륨

1601

95 Repetitive Learning (1회 2회 3회)

물과의 반응으로 유독한 포스핀 가스를 발생하는 것은?

① HCl　② NaCl
③ Ca_3P_2　④ $Al(OH)_3$

해설

- 인화칼슘(Ca_3P_2)은 물이나 산과 반응하여 유독성 가스인 포스핀 가스를 발생시키는 물반응성 물질 및 인화성 고체에 해당한다.

:: 물반응성 물질 및 인화성 고체
- 소방법상의 금수성 물질에 해당한다.
- 물과 접촉 시 급격하게 반응하여 발화, 폭발 등을 일으킬 수 있어 물과의 접촉을 금지하는 물질들이다.
- 물반응성 물질 및 인화성 고체의 종류에는 리튬, 칼륨·나트륨, 황, 황린, 황화린·적린, 셀룰로이드류, 알킬알루미늄·알킬리튬, 마그네슘 분말, 금속 분말, 알칼리금속, 유기금속화합물, 금속의 수소화물, 금속의 인화물, 칼슘 탄화물, 알루미늄 탄화물 등이 있다.

정답 | 93 ② 94 ① 95 ③

1503

96 Repetitive Learning (1회 2회 3회)

분진폭발의 요인을 물리적 인자와 화학적 인자로 분류할 때 화학적 인자에 해당하는 것은?

① 연소열　　② 입도분포
③ 열전도율　　④ 입자의 형상

해설

- 분진의 폭발요인 중 화학적 인자에는 연소열, 분진의 화학적 성질과 조성 등이 있다.

분진의 폭발위험성

㉠ 개요

- 분진폭발의 위험은 금속분(알루미늄분, 마그네슘, 스텔라이트 등), 유황, 적린, 곡물(소맥분) 등에 주로 존재한다.
- 분진의 폭발성에 영향을 주는 요인에는 분진의 화학적 성질과 조성, 분진입도와 입도분포, 분진입자의 형상과 표면의 상태, 수분, 분진의 부유성, 폭발범위, 발화도, 산소농도, 가연성 기체의 농도 등이 있다.
- 분진의 폭발요인 중 화학적 인자에는 연소열, 분진의 화학적 성질과 조성 등이 있다.

㉡ 폭발위험 증대 조건

• 발열량(연소열)이 클수록 • 입자의 표면적이 클수록 • 분위기 중 산소농도가 클수록 • 입자의 형상이 복잡할수록 • 분진의 초기 온도가 높을수록	• 분진의 입경이 작을수록 • 분진 내의 수분농도가 작을수록
폭발의 위험은 더욱 커진다.	

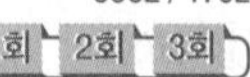

0902 / 1702

97 Repetitive Learning (1회 2회 3회)

비점이 낮은 액체 저장탱크 주위에 화재가 발생했을 때 저장탱크 내부의 비등 현상으로 인한 압력상승으로 탱크가 파열되어 그 내용물이 증발, 팽창하면서 발생되는 폭발현상은?

① Back Draft　　② BLEVE
③ Flash Over　　④ UVCE

해설

- Back draft란 화재가 발생한 공간에서 연소에 필요한 산소가 부족한 상태가 지속되다 문을 열거나 창문을 부수면 갑자기 대량의 산소가 유입되면서 폭발적으로 재연소를 하는 현상을 말한다.
- Flash over란 화재가 서서히 진행되다가 어느 시점을 지나면서 실내의 모든 가연물이 동시에 폭발적으로 발화하는 현상을 말한다.
- UVCE는 증기운 폭발로 가연성 가스 혹은 가연성 액체가 유출되면서 발생한 증기가 공기와 혼합되어 가연성 혼합기체가 만들어지고 이것이 점화원에 의해 폭발하는 것을 말한다.

비등액 팽창증기 폭발(BLEVE)

㉠ 개요 실필 1602/0802

- BLEVE는 Boiling Liquid Expanding Vapor Explosion의 약자로 비등액 팽창증기 폭발을 의미한다.
- 비점이나 인화점이 낮은 액체가 들어 있는 용기 주위가 화재 등으로 인하여 가열되면, 내부의 비등현상으로 인한 압력 상승으로 용기의 벽면이 파열되고 그 내용물이 폭발적으로 증발, 팽창하면서 폭발을 일으키는 현상을 말한다.

㉡ 영향을 미치는 요인 실필 1801

- 비등액 팽창증기 폭발에 영향을 미치는 요인에는 저장용기의 재질, 온도, 압력, 저장된 물질의 종류와 형태 등이 있다.

1702

98 Repetitive Learning (1회 2회 3회)

다음 중 인화점이 가장 낮은 것은?

① 벤젠
② 메탄올
③ 이황화탄소
④ 경유

해설

- 보기의 물질을 인화점이 낮은 것부터 높은 순으로 배열하면 이황화탄소 < 벤젠 < 메탄올 < 경유 순이다.

주요 인화성가스의 인화점

인화성가스	인화점[℃]	인화성가스	인화점[℃]
이황화탄소(CS_2)	−30	아세톤(CH_3COCH_3)	−18
벤젠(C_6H_6)	−11	아세트산에틸($CH_3COOC_2H_5$)	−4
수소(H_2)	4~75	메탄올(CH_3OH)	11
에탄올(C_2H_5OH)	13	가솔린	0℃ 이하
등유	40~70	아세트산(CH_3COOH)	41.7
중유	60~150	경유	62~

96 ① 97 ② 98 ③ 정답

1701

99 Repetitive Learning 1회 2회 3회

자연발화성을 가진 물질이 자연발열을 일으키는 원인으로 거리가 먼 것은?

① 분해열
② 증발열
③ 산화열
④ 중합열

해설

- 자연발화를 일으키는 원인에는 산화열, 분해열, 중합열, 흡착열 등이 있다.

자연발화

㉠ 개요
- 물질이 고유의 성질로 인해 스스로 발열반응을 통해 발생한 열을 장기간 축적하여 발화하는 현상이다.
- 자연발화를 일으키는 원인에는 산화열, 분해열, 중합열, 흡착열 등이 있다.

㉡ 발화하기 쉬운 조건
- 분해열에 의해 자연발화가 발생할 수 있다.
- 입자의 표면적이 넓을수록 자연발화가 발생하기 쉽다.
- 고온다습한 환경에서 자연발화가 발생하기 쉽다.
- 열의 축적은 자연발화를 일으킬 수 있는 인자이다.

1802

100 Repetitive Learning 1회 2회 3회

사업주는 산업안전보건법령에서 정한 설비에 대해서는 과압에 따른 폭발을 방지하기 위하여 안전밸브 등을 설치하여야 한다. 다음 중 이에 해당하는 설비가 아닌 것은?

① 원심펌프
② 정변위 압축기
③ 정변위 펌프(토출측에 차단밸브가 설치된 것만 해당한다)
④ 배관(2개 이상의 밸브에 의하여 차단되어 대기온도에서 액체의 열팽창에 의하여 파열될 우려가 있는 것으로 한정한다)

해설

- 안전밸브 또는 파열판 설치대상에는 압력용기, 정변위 압축기, 정변위 펌프, 배관 그리고 그 밖의 화학설비 및 부속설비 중 최고사용압력을 초과할 우려가 있는 것 등이다.

과압에 따른 폭발방지를 위한 안전밸브 또는 파열판 설치대상

실필 1002

- 압력용기(안지름이 150mm 이하인 압력용기는 제외)
- 정변위 압축기
- 정변위 펌프(토출측에 차단밸브가 설치된 것)
- 배관(2개 이상의 밸브에 의하여 차단되어 대기온도에서 액체의 열팽창에 의하여 파열될 우려가 있는 것)
- 그 밖의 화학설비 및 그 부속설비로서 해당 설비의 최고사용압력을 초과할 우려가 있는 것

정답 | 99 ② 100 ①

101 — Repetitive Learning 1회 2회 3회

유해·위험방지계획서 제출 시 첨부서류로 옳지 않은 것은?

① 공사현장의 주변 현황 및 주변과의 관계를 나타내는 도면
② 공사개요서
③ 전체공정표
④ 작업인부의 배치를 나타내는 도면 및 서류

해설

- 유해·위험방지계획서의 첨부서류에는 ①, ②, ③ 외에 공사개요서, 건설물 및 사용 기계설비 등의 배치를 나타내는 도면, 산업안전보건관리비 사용계획, 재해 발생 위험 시 연락 및 대피방법 등이 있다.

유해·위험방지계획서 제출 시 첨부서류 실필 2302/1303/0903

구분	첨부서류
공사개요 및 안전보건 관리계획	• 공사개요서 • 공사현장의 주변 현황 및 주변과의 관계를 나타내는 도면(매설물 현황 포함) • 건설물, 사용 기계설비 등의 배치를 나타내는 도면 • 전체공정표 • 산업안전보건관리비 사용계획 • 안전관리 조직표 • 재해발생 위험 시 연락 및 대피방법

1102 / 1402

102 — Repetitive Learning 1회 2회 3회

작업장 출입구 설치 시 준수해야 할 사항으로 옳지 않은 것은?

① 출입구의 위치·수 및 크기가 작업장의 용도와 특성에 맞도록 한다.
② 출입구에 문을 설치하는 경우에는 근로자가 쉽게 열고 닫을 수 있도록 한다.
③ 주된 목적이 하역운반계용인 출입구에는 보행자용 출입구를 따로 설치하지 않는다.
④ 계단이 출입구와 바로 연결된 경우에는 작업자의 안전한 통행을 위하여 그 사이에 1.2m 이상 거리를 두거나 안내표지 또는 비상벨 등을 설치한다.

해설

- 주된 목적이 하역운반기계용인 출입구에는 인접하여 보행자용 출입구를 따로 설치해야 한다.

작업장의 출입구

- 출입구의 위치, 수 및 크기가 작업장의 용도와 특성에 맞도록 할 것
- 출입구에 문을 설치하는 경우에는 근로자가 쉽게 열고 닫을 수 있도록 할 것
- 주된 목적이 하역운반기계용인 출입구에는 인접하여 보행자용 출입구를 따로 설치할 것
- 하역운반기계의 통로와 인접하여 있는 출입구에서 접촉에 의하여 근로자에게 위험을 미칠 우려가 있는 경우에는 비상등·비상벨 등 경보장치를 할 것
- 계단이 출입구와 바로 연결된 경우에는 작업자의 안전한 통행을 위하여 그 사이에 1.2m 이상 거리를 두거나 안내표지 또는 비상벨 등을 설치할 것

103 — Repetitive Learning 1회 2회 3회

추락 재해방지 설비 중 근로자의 추락재해를 방지할 수 있는 설비로 작업발판 설치가 곤란한 경우에 필요한 설비는?

① 경사로
② 추락방호망
③ 고정사다리
④ 달비계

해설

- 작업발판을 설치하기 곤란한 경우 추락방호망을 설치하여야 한다.

산업안전보건기준에 따른 추락위험의 방지대책

- 근로자가 추락하거나 넘어질 위험이 있는 장소 또는 기계·설비·선박블록 등에서 작업을 할 때에 근로자가 위험해질 우려가 있는 경우 비계(飛階)를 조립하는 등의 방법으로 작업발판을 설치하여야 한다.
- 작업발판을 설치하기 곤란한 경우 추락방호망을 설치하여야 한다.
- 추락방호망을 설치하기 곤란한 경우에는 근로자에게 안전대를 착용하도록 하는 등 추락위험을 방지하기 위하여 필요한 조치를 하여야 한다.
- 근로자의 추락위험을 방지하기 위하여 안전대나 구명줄을 설치하여야 하고, 안전난간을 설치할 수 있는 구조인 경우에는 안전난간을 설치하여야 한다.
- 추락방호망이란 고소작업 중 작업자의 추락 및 물체의 낙하를 방지하기 위하여 수평으로 설치하는 보호망을 말한다.

101 ④ 102 ③ 103 ② 정답

1902

104 Repetitive Learning (1회 2회 3회)

거푸집 해체작업 시 유의사항으로 옳지 않은 것은?

① 일반적으로 수평부재의 거푸집은 연직부재의 거푸집보다 빨리 떼어낸다.
② 해체된 거푸집이나 각목 등에 박혀있는 못 또는 날카로운 돌출물은 즉시 제거하여야 한다.
③ 상하 동시 작업은 원칙적으로 금지하며 부득이한 경우에는 긴밀히 연락을 하며 작업을 하여야 한다.
④ 거푸집 해체작업장 주위에는 관계자를 제외하고는 출입을 금지시켜야 한다.

해설

- 일반적으로 연직부재의 거푸집은 수평부재의 거푸집보다 하중을 받지 않으므로 빨리 떼어낸다.

거푸집 해체

㉠ 일반원칙
- 일반적으로 연직부재의 거푸집은 수평부재의 거푸집보다 빨리 떼어낸다.
- 응력을 거의 받지 않는 거푸집은 24시간이 경과하면 떼어내도 좋다.
- 라멘, 아치 등의 구조물은 콘크리트의 크리프로 인한 균열을 적게 하기 위하여 가능한 한 거푸집을 오래두어야 한다.
- 거푸집을 떼어내는 시기는 시멘트의 성질, 콘크리트의 배합, 구조물 종류와 중요성, 부재가 받는 하중, 기온 등을 고려하여 신중하게 정해야 한다.

㉡ 검사
- 수직, 수평부재의 존치기간 준수 여부
- 소요의 강도 확보 이전에 지주의 교환 여부
- 거푸집 해체용 압축강도 확인시험 실시 여부

105 Repetitive Learning (1회 2회 3회)

사다리식 통로 등을 설치하는 경우 통로 구조로서 옳지 않은 것은?

① 발판의 간격을 일정하게 한다.
② 발판과 벽과의 사이는 15cm 이상의 간격을 유지한다
③ 사다리의 상단은 걸쳐놓은 지점으로부터 60cm 이상 올라가도록 한다.
④ 폭은 40cm 이상으로 한다.

해설

- 사다리식 통로의 폭은 30cm 이상으로 해야 한다.

사다리식 통로의 구조 실필 2202/1101/0901

- 견고한 구조로 할 것
- 심한 손상·부식 등이 없는 재료를 사용할 것
- 발판의 간격은 일정하게 할 것
- 발판과 벽과의 사이는 15cm 이상의 간격을 유지할 것
- 폭은 30m 이상으로 할 것
- 사다리가 넘어지거나 미끄러지는 것을 방지하기 위한 조치를 할 것
- 사다리의 상단은 걸쳐놓은 지점으로부터 60cm 이상 올라가도록 할 것
- 사다리식 통로의 길이가 10m 이상인 경우에는 5m 이내마다 계단참을 설치할 것
- 사다리식 통로의 기울기는 75° 이하로 할 것. 다만, 고정식 사다리식 통로의 기울기는 90° 이하로 하고, 그 높이가 7m 이상인 경우에는 바닥으로부터 높이가 2.5m 되는 지점부터 등받이울을 설치할 것
- 접이식 사다리 기둥은 사용 시 접혀지거나 펼쳐지지 않도록 철물 등을 사용하여 견고하게 조치할 것

1901

106 Repetitive Learning (1회 2회 3회)

건설작업장에서 근로자가 상시 작업하는 장소의 작업면 조도 기준으로 옳지 않은 것은?(단, 갱내 작업장과 감광재료를 취급하는 작업장의 경우는 제외)

① 초정밀작업 : 600럭스(lux) 이상
② 정밀작업 : 300럭스(lux) 이상
③ 보통작업 : 150럭스(lux) 이상
④ 초정밀, 정밀, 보통작업을 제외한 기타 작업 : 75럭스(lux) 이상

해설

- 초정밀작업은 750Lux, 정밀작업은 300Lux, 보통작업은 150Lux, 그 밖의 작업은 75Lux 이상이 되어야 한다.

근로자가 상시 작업하는 장소의 작업면 조도 실필 2301/2101/1603

작업 구분	조도 기준
초정밀작업	750lux 이상
정밀작업	300lux 이상
보통작업	150lux 이상
그 밖의 작업	75lux 이상

정답 | 104 ① 105 ④ 106 ①

107

Repetitive Learning (1회 2회 3회)

콘크리트 타설작업을 하는 경우에 준수해야 할 사항으로 옳지 않은 것은?

① 당일의 작업을 시작하기 전에 해당 작업에 관한 거푸집 동바리 등의 변형·변위 및 지반의 침하유무 등을 점검하고 이상이 있으면 보수할 것
② 작업 중에는 거푸집 동바리 등의 변형·변위 및 침하 유무 등을 감시할 수 있는 감시자를 배치하여 이상이 있으면 작업을 빠른 시간 내 우선 완료하고 근로자를 대피시킨다.
③ 콘크리트 타설작업 시 거푸집 붕괴의 위험이 발생할 우려가 있으면 충분한 보강조치를 한다.
④ 콘크리트를 타설하는 경우에는 편심이 발생하지 않도록 골고루 분산하여 타설한다.

해설

- 작업 중에는 거푸집 동바리 등의 변형·변위 및 침하 유무 등을 감시할 수 있는 감시자를 배치하여 이상이 있으면 작업을 중지하고 근로자를 대피시켜야 한다.

:: 콘크리트의 타설작업 실필 1802/1502

- 당일의 작업을 시작하기 전에 해당 작업에 관한 거푸집 동바리 등의 변형·변위 및 지반의 침하 유무 등을 점검하고 이상이 있으면 보수할 것
- 작업 중에는 거푸집 동바리 등의 변형·변위 및 침하 유무 등을 감시할 수 있는 감시자를 배치하여 이상이 있으면 작업을 중지하고 근로자를 대피시킬 것
- 콘크리트 타설작업 시 거푸집 붕괴의 위험이 발생할 우려가 있으면 충분한 보강조치를 할 것
- 설계도서상의 콘크리트 양생기간을 준수하여 거푸집 동바리 등을 해체할 것
- 콘크리트를 타설하는 경우에는 편심이 발생하지 않도록 골고루 분산하여 타설할 것

1602

108

Repetitive Learning (1회 2회 3회)

철골작업 시 철골부재에서 근로자가 수직 방향으로 이동하는 경우에 설치하여야 하는 고정된 승강로의 최소 답단 간격은 얼마 이내인가?

① 20cm ② 25cm
③ 30cm ④ 40cm

해설

- 사업주는 근로자가 수직방향으로 이동하는 철골부재(鐵骨部材)에는 답단(踏段) 간격이 30cm 이내인 고정된 승강로를 설치하여야 한다.

:: 승강로의 설치

- 사업주는 근로자가 수직방향으로 이동하는 철골부재(鐵骨部材)에는 답단(踏段) 간격이 30cm 이내인 고정된 승강로를 설치하여야 하며, 수평방향 철골과 수직방향 철골이 연결되는 부분에는 연결작업을 위하여 작업발판 등을 설치하여야 한다.

1802

109

Repetitive Learning (1회 2회 3회)

건설업 산업안전보건관리비 계상 및 사용기준에 따른 안전관리비의 개인보호구 및 안전장구 구입비 항목에서 안전관리비로 사용이 가능한 경우는?

① 안전·보건관리자가 선임되지 않은 현장에서 안전·보건업무를 담당하는 현장관계자용 무전기, 카메라, 컴퓨터, 프린터 등 업무용 기기
② 혹한·혹서에 장기간 노출로 인해 건강장해를 일으킬 우려가 있는 경우 특정 근로자에게 지급되는 기능성 보호 장구
③ 근로자에게 일률적으로 지급하는 보냉·보온장구
④ 감리원이나 외부에서 방문하는 인사에게 지급하는 보호구

해설

- 혹한·혹서에 장기간 노출로 인해 건강장해를 일으킬 우려가 있는 경우 특정 근로자에게 지급하는 기능성 보호장구는 안전관리비로 사용이 가능하다.

:: 개인보호구 및 안전장구 구입비 항목에서 안전관리비로 사용이 불가능한 내역

- 안전·보건관리자가 선임되지 않은 현장에서 안전·보건업무를 담당하는 현장관계자용 무전기, 카메라, 컴퓨터, 프린터 등 업무용 기기
- 근로자 보호 목적으로 보기 어려운 피복, 장구, 용품 등
  - 작업복, 방한복, 면장갑, 코팅장갑 등
  - 근로자에게 일률적으로 지급하는 보냉·보온장구 (핫팩, 장갑, 아이스조끼, 아이스팩 등을 말한다)
  - 다만, 혹한·혹서에 장기간 노출로 인해 건강장해를 일으킬 우려가 있는 경우 특정 근로자에게 지급하는 기능성 보호장구는 사용 가능함
- 감리원이나 외부에서 방문하는 인사에게 지급하는 보호구

107 ② 108 ③ 109 ② 정답

0403 / 0502 / 0602 / 0902 / 1001 / 1401 / 1403 / 1703

110

Repetitive Learning 1회 2회 3회

옥외에 설치되어 있는 주행크레인에 이탈을 방지하기 위한 조치를 취해야 하는 순간풍속에 대한 기준으로 옳은 것은?

① 순간풍속이 초당 10m를 초과하는 바람이 불어올 우려가 있는 경우
② 순간풍속이 초당 20m를 초과하는 바람이 불어올 우려가 있는 경우
③ 순간풍속이 초당 30m를 초과하는 바람이 불어올 우려가 있는 경우
④ 순간풍속이 초당 40m를 초과하는 바람이 불어올 우려가 있는 경우

해설

- 순간풍속이 초당 30m를 초과하는 바람이 불어올 우려가 있는 경우 옥외에 설치되어 있는 주행 크레인에 대하여 이탈방지장치를 작동시키는 등 이탈 방지를 위한 조치를 하여야 한다.

폭풍에 대비한 이탈방지조치 실필 1203

- 사업주는 순간풍속이 초당 30m를 초과하는 바람이 불어올 우려가 있는 경우 옥외에 설치되어 있는 주행 크레인에 대하여 이탈방지장치를 작동시키는 등 이탈 방지를 위한 조치를 하여야 한다.

111

Repetitive Learning 1회 2회 3회

지반 등의 굴착작업 시 연암의 굴착면 기울기로 옳은 것은?

① 1 : 0.3
② 1 : 0.5
③ 1 : 0.8
④ 1 : 1.0

해설

- 연암과 풍화암의 굴착면 기울기는 1:1.0이다.

굴착면 기울기 기준

지반의 종류	기울기
모래	1 : 1.8
연암 및 풍화암	1 : 1.0
경암	1 : 0.5
그 밖의 흙	1 : 1.2

1601

112

Repetitive Learning 1회 2회 3회

흙막이 벽의 근입 깊이를 깊게 하고, 전면의 굴착부분을 남겨두어 흙의 중량으로 대항하게 하거나, 굴착예정부분의 일부를 미리 굴착하여 기초콘크리트를 타설하는 등의 대책과 가장 관계 깊은 것은?

① 파이핑현상이 있을 때
② 히빙현상이 있을 때
③ 지하수위가 높을 때
④ 굴착깊이가 깊을 때

해설

- 흙막이벽의 근입 깊이를 깊게 하고, 굴착저면에 토사를 남겨 중력을 가중시키거나, 굴착 예정부의 전단강도를 높이는 것은 히빙의 대책에 해당한다.

히빙(Heaving)

㉠ 개요

- 흙막이벽체 내·외의 토사의 중량 차에 의해 점토지반의 토공사에서 흙막이 밖에 있는 흙이 안으로 밀려 들어와 내측 흙이 부풀어 오르는 현상을 말한다.
- 연약한 점토지반에서 굴착면의 융기 혹은 흙막이벽의 근입장 깊이가 부족할 경우 발생한다.
- 히빙으로 인해 배면의 토사 붕괴, 지보공의 파괴, 굴착저면이 솟아오르는 등의 현상이 발생한다.

㉡ 히빙(Heaving) 예방대책

- 어스앵커를 설치하거나 소단을 두면서 굴착한다.
- 굴착주변을 웰포인트(Well point) 공법과 병행한다.
- 흙막이벽의 근입심도를 확보한다.
- 지반개량으로 흙의 전단강도를 높인다.
- 굴착주변의 상재하중을 제거하여 토압을 최대한 낮춘다.
- 토류벽의 배면토압을 경감시킨다.
- 굴착저면에 토사 등 인공중력을 가중시킨다.

1602

113

Repetitive Learning 1회 2회 3회

재해사고를 방지하기 위하여 크레인에 설치된 방호장치와 거리가 먼 것은?

① 공기정화장치
② 비상정지장치
③ 제동장치
④ 권과방지장치

해설

- 공기정화장치는 실내의 작업장 내의 공기를 정화하는 장치로 크레인의 방호장치와는 거리가 멀다.

방호장치의 조정

구분	내용
대상	• 크레인 • 이동식크레인 • 리프트 • 곤돌라 • 승강기
방호장치	과부하방지장치, 권과방지장치(捲過防止裝置), 비상정지장치 및 제동장치, 그 밖의 방호장치{승강기의 파이널리미트스위치(Final limit switch), 속도조절기, 출입문 인터 록(Inter lock) 등}

1903

114 — Repetitive Learning 1회 2회 3회

강관틀 비계를 조립하여 사용하는 경우 준수해야 하는 사항으로 옳지 않은 것은?

① 수직 방향으로 6m, 수평 방향으로 8m 이내마다 벽이음을 할 것
② 높이가 20m를 초과하거나 중량물의 적재를 수반하는 작업 할 경우에는 주틀 간의 간격을 2.4m 이하로 할 것
③ 길이가 띠장 방향으로 4m 이하이고 높이가 10m를 초과하는 경우에는 10m 이내마다 띠장 방향으로 버팀기둥을 설치할 것
④ 주틀 간에 교차가새를 설치하고 최상층 및 5층 이내마다 수평재를 설치할 것

해설

- 높이가 20m를 초과하거나 중량물의 적재를 수반하는 작업을 할 경우에는 주틀 간의 간격을 1.8m 이하로 한다.

강관틀비계 조립 시 준수사항

- 비계기둥의 밑둥에는 밑받침 철물을 사용하여야 하며 밑받침에 고저차(高低差)가 있는 경우에는 조절형 밑받침 철물을 사용하여 각각의 강관틀비계가 항상 수평 및 수직을 유지하도록 할 것
- 높이가 20m를 초과하거나 중량물의 적재를 수반하는 작업을 할 경우에는 주틀 간의 간격을 1.8m 이하로 할 것
- 주틀 간에 교차가새를 설치하고 최상층 및 5층 이내마다 수평재를 설치할 것
- 수직방향으로 6m, 수평방향으로 8m 이내마다 벽이음을 할 것
- 길이가 띠장 방향으로 4m 이하이고 높이가 10m를 초과하는 경우에는 10m 이내마다 띠장 방향으로 버팀기둥을 설치할 것

115 — Repetitive Learning 1회 2회 3회

가설구조물의 문제점으로 옳지 않은 것은?

① 붕괴재해의 가능성이 크다.
② 추락재해의 가능성이 크다.
③ 부재의 결합이 간단하나 연결부가 견고하다.
④ 구조물이라는 통상의 개념이 확고하지 않으며 조립의 정밀도가 낮다.

해설

- 가설구조물은 부재의 결합이 간략하여 연결부가 불완전하다.

가설구조물의 문제점

- 연결 부재가 부족하다.
- 부재의 결합이 간략하여 연결부가 불완전하다.
- 조립도의 정밀도가 낮다.
- 가설구조물의 부재의 단면적은 대체로 적고 불안정하다.
- 붕괴재해 및 추락재해의 가능성이 크다.

0503

116 — Repetitive Learning

법면 붕괴에 의한 재해예방조치로서 옳은 것은?

① 지표수와 지하수의 침투를 방지한다.
② 법면의 경사 및 구배를 증가시킨다.
③ 절토 및 성토 높이를 증가시킨다.
④ 토질의 상태에 관계없이 구배 조건을 일정하게 한다.

해설

- 법면이란 철도선로나 도로 등을 만들 때 지반을 잘라내거나 또는 성토하여 기존 지반부터 철도나 도로 부분까지 연장한 사면(斜面)으로 지표수와 지하수의 침투를 방지해 붕괴를 사전 예방해야 한다.

법면 붕괴

- 법면이란 철도선로나 도로 등을 만들 때 지반을 잘라내거나 또는 성토하여 기존 지반부터 철도나 도로 부분까지 연장한 사면(斜面)을 말한다.
- 지표수와 지하수의 침투를 방지해 붕괴를 사전 예방해야 한다.
- 붕괴를 막기 위해 경사면으로 만들며, 법면의 각도가 크면 비로 인해 무너지기 쉬우므로 가능한 사면의 구배를 감소시켜야 한다.

114 ② 115 ③ 116 ① 정답

1202

117 Repetitive Learning 1회 2회 3회

비계의 높이가 2m 이상인 작업장소에 작업발판을 설치할 경우 준수하여야 할 기준으로 옳지 않은 것은?

① 발판의 폭은 30cm 이상으로 할 것
② 발판재료 간의 틈은 3cm 이하로 할 것
③ 추락의 위험이 있는 장소에는 안전난간을 설치할 것
④ 발판재료는 뒤집히거나 떨어지지 아니하도록 2 이상의 지지물에 연결하거나 고정시킬 것

해설

- 작업발판의 폭은 40cm 이상으로 하고, 발판재료 간의 틈은 3cm 이하로 한다.

작업발판의 구조 실필 0801 실작 1601

- 발판재료는 작업할 때의 하중을 견딜 수 있도록 견고한 것으로 할 것
- 작업발판의 폭은 40cm 이상으로 하고, 발판재료 간의 틈은 3cm 이하로 할 것
- 선박 및 보트 건조작업의 경우 선박블록 또는 엔진실 등의 좁은 작업공간에 작업발판을 설치하기 위하여 필요하면 작업발판의 폭을 30cm 이상으로 할 수 있고, 걸침비계의 경우 강관기둥 때문에 발판재료 간의 틈을 3cm 이하로 유지하기 곤란하면 5cm 이하로 할 수 있다. 이 경우 그 틈 사이로 물체 등이 떨어질 우려가 있는 곳에는 출입금지 등의 조치를 하여야 한다.
- 추락의 위험이 있는 장소에는 안전난간을 설치할 것
- 작업발판의 지지물은 하중에 의하여 파괴될 우려가 없는 것을 사용할 것
- 작업발판 재료는 뒤집히거나 떨어지지 않도록 둘 이상의 지지물에 연결하거나 고정시킬 것
- 작업발판을 작업에 따라 이동시킬 경우에는 위험 방지에 필요한 조치를 할 것

1002

118 Repetitive Learning

다음 중 사면지반 개량공법에 속하지 않는 것은?

① 전기화학적공법
② 석회안정처리공법
③ 이온교환공법
④ 옹벽공법

해설

- 옹벽공법은 보강토공법, 앵커공법 등과 같은 사면보강공법의 한 종류이다.

사면지반 개량공법

- 사면지반 개량공법에는 주입공법, 전기화학적공법, 석회안정처리공법, 이온교환공법, 소결공법, 시멘트안정처리공법 등이 있다.
- 주입공법은 시멘트나 약액을 주입하여 지반을 강화하는 공법이다.
- 전기화학적 공법은 외부에서 직류전기를 공급하여 흙을 전기화학적으로 개량하는 공법이다.
- 석회안정처리공법은 점성토에 석회를 가하여 이온교환작용과 화학적 결합작용 등을 통해 흙을 개량하는 공법이다.
- 이온교환공법은 흙의 흡착 양이온의 질과 양을 변경시켜 흙의 공학적 성질을 개량하는 공법이다.

119 Repetitive Learning 1회 2회 3회

가설통로를 설치하는 경우의 준수해야 할 기준으로 틀린 것은?

① 경사가 15°를 초과하는 경우에는 미끄러지지 아니하는 구조로 한다.
② 건설공사에 사용하는 높이 8m 이상인 비계다리에는 7m 이내마다 계단참을 설치한다.
③ 수직갱에 가설된 통로의 길이가 15m 이상인 경우에는 15m 이내마다 계단참을 설치한다.
④ 추락할 위험이 있는 장소에는 안전난간을 설치한다.

해설

- 수직갱에 가설된 통로의 길이가 15m 이상인 경우에는 10m 이내마다 계단참을 설치한다.

가설통로 설치 시 준수기준 실필 2301/1801/1703/1603

- 높이 8m 이상인 비계다리에서는 7m 이내마다 계단참을 설치할 것
- 수직갱에 가설된 통로의 길이가 15m 이상인 경우에는 10m 이내마다 계단참을 설치할 것
- 경사가 15°를 초과하는 경우에는 미끄러지지 아니하는 구조로 할 것
- 추락할 위험이 있는 장소에는 안전난간을 설치할 것
- 경사로의 폭은 최소 90cm 이상으로 할 것
- 발판 폭 40cm 이상, 틈 3cm 이하로 할 것
- 경사는 30° 이하로 할 것

정답 | 117 ① 118 ④ 119 ③

1003 / 1101 / 1302 / 1703 / 1802

120 —— Repetitive Learning (1회 2회 3회)

취급 · 운반의 원칙으로 옳지 않은 것은?

① 운반 작업을 집중하여 시킬 것

② 생산을 최고로 하는 운반을 생각할 것

③ 곡선 운반을 할 것

④ 연속 운반을 할 것

해설

- 이동 운반 시 목적지까지 직선으로 운반하는 것을 원칙으로 한다.

운반의 원칙과 조건

㉠ 운반의 5원칙

- 이동되는 운반은 직선으로 할 것
- 연속으로 운반을 행할 것
- 효율(생산성)을 최고로 높일 것
- 자재 운반을 집중화할 것
- 가능한 수작업을 없앨 것

㉡ 운반의 3조건

- 운반거리는 극소화할 것
- 손이 가지 않는 작업 방법으로 할 것
- 운반은 기계화 작업으로 할 것

120 ③ 정답

MEMO

출제문제 분석 2022년 2회

구분	1과목	2과목	3과목	4과목	5과목	6과목	합계
New유형	2	1	1	4	0	4	12
New문제	9	10	8	8	8	11	54
또나온문제	4	4	4	4	6	4	26
자꾸나온문제	7	6	8	8	6	5	40
합계	20	20	20	20	20	20	120

- New유형은 New문제 중 기존 기출문제와 완전히 다른 유형의 문제를 말합니다.
- New문제는 기존에 출제되지 않은 문제로 이번에 처음 출제되는 문제입니다.
- 또나온문제는 기존에 출제된 적이 1번 있는 문제를 말합니다.
- 자꾸나온문제는 기존에 출제된 적이 2번 이상 있는 문제를 말합니다. 그만큼 중요한 문제입니다.

몇 년분의 기출문제를 공부해야 합격할 수 있을까요?

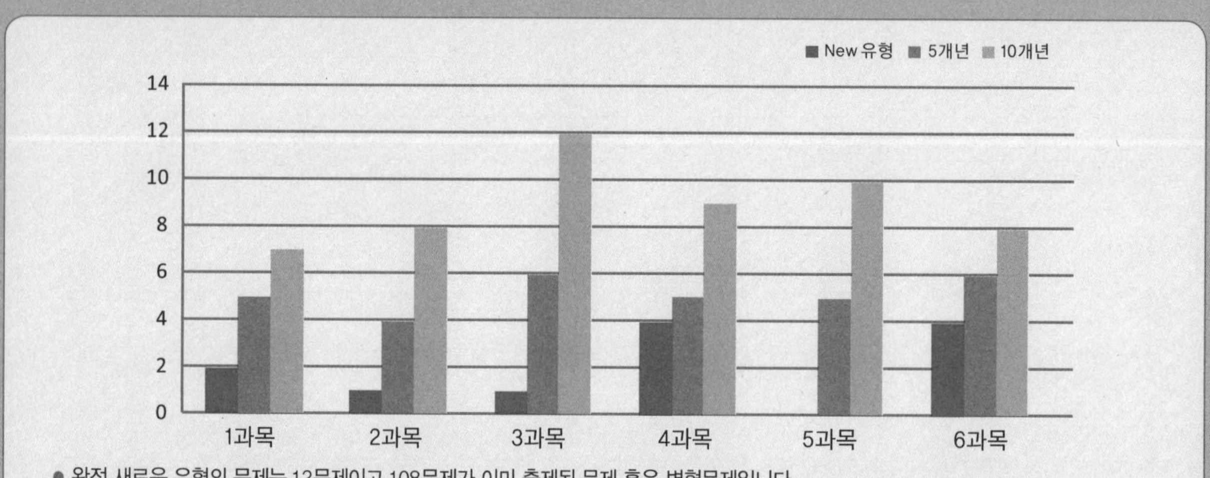

- 완전 새로운 유형의 문제는 12문제이고 108문제가 이미 출제된 문제 혹은 변형문제입니다.
- 5년분(2017~2021) 기출에서 동일문제가 31문항이 출제되었고, 10년분(2012~2021) 기출에서 동일문제가 54문항이 출제되었습니다.

실기에 나왔어요!! 외우세요!!!

실기시험은 필답형과 작업형으로 구분되어 있으며 모두 주관식으로 직접 내용을 적어야 합니다. 필기 공부하면서 실기 출제된 내역들은 좀 더 신경써서 암기하실 필요가 있어요. 필기 합격자 발표 난 후 실기시험까지는 5주밖에 여유가 없답니다. 어차피 공부할 것 필기 때 확실하게 해준다면 실기도 단방에 합격할 수 있습니다.

- 총 34개의 해설이 실기 필답형 시험과 연동되어 있습니다.
- 총 3개의 해설이 실기 작업형 시험과 연동되어 있습니다.

분석의견

4과목과 6과목에서 신규문제가 4문제나 출제되었습니다. 3과목, 5과목은 기출문제가 많이 출제되었고 신규문제도 적어 어렵지 않았을 것이나 4과목 전기위험방지기술에서 새로운 유형의 문제가 많아 다소 어려워 했을 것 같으나 기출문제 역시 과락 점수 이상으로 많이 출제되어 과락의 위험은 많이 없었던 회차였습니다. 합격률은 47.48%로 평이한 수준이었습니다. 합격에 필요한 점수를 획득하기 위해서는 최근 10년분 문제 2회독 이상 + 유형별 핵심이론의 정독이 필요할 것으로 판단됩니다.

2022년 제2회

2022년 4월 24일 필기

22년 2회차 필기시험

합격률 47.5%

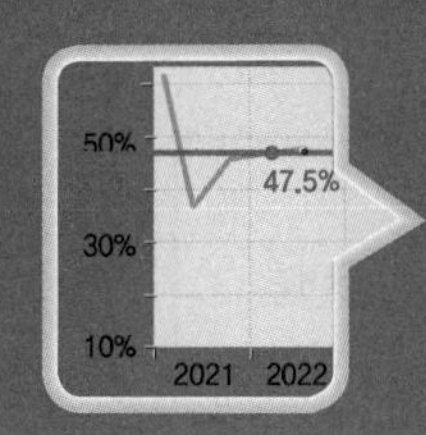

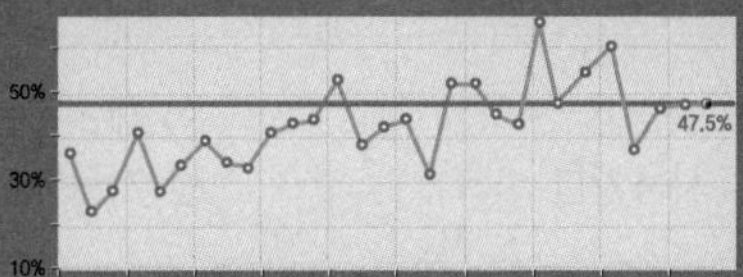

1과목 산업재해 예방 및 안전보건교육

01 Repetitive Learning (1회 2회 3회)

산업안전보건법령상 안전보건관리규정 작성 시 포함되어야 하는 사항을 모두 고른 것은?(단, 그 밖에 안전 및 보건에 관한 사항은 제외한다)

> ㉠ 안전보건교육에 관한 사항
> ㉡ 재해사례 연구·토의 결과에 관한 사항
> ㉢ 사고 조사 및 대책 수립에 관한 사항
> ㉣ 작업장의 안전 및 보건 관리에 관한 사항
> ㉤ 안전 및 보건에 관한 관리조직과 그 직무에 관한 사항

① ㉠, ㉡, ㉢, ㉣
② ㉠, ㉡, ㉣, ㉤
③ ㉠, ㉢, ㉣, ㉤
④ ㉡, ㉢, ㉣, ㉤

해설

- 재해사례 연구·토의 결과에 관한 사항은 안전보건관리규정의 내용과는 거리가 멀다.

안전보건관리규정

㉠ 개요

- 사업주는 사업장의 안전·보건을 유지하기 위하여 안전보건관리규정을 작성하여 각 사업장에 게시하거나 갖춰 두고, 이를 근로자에게 알려야 한다.

㉡ 내용 실필 2402/2401/2302/2203/2202/2001/1702/1002

- 안전·보건관리조직과 그 직무에 관한 사항
- 안전·보건교육에 관한 사항
- 작업장 안전관리에 관한 사항
- 작업장 보건관리에 관한 사항
- 사고조사 및 대책수립에 관한 사항
- 그 밖에 안전·보건에 관한 사항

0602

02 Repetitive Learning (1회 2회 3회)

근로자수가 500명인 사업장에서 신체 장해등급 2급이 3명, 신체 장해등급 10급이 5명, 의사진단에 의한 휴업 일수가 1,500일 발생하였다면 이때의 강도율은?(단, 연 근로시간 수는 2,400시간으로 한다)

① 0.22
② 2.22
③ 22.28
④ 222.8

해설

- 연간 총 근로시간은 500 × 2400 = 1,200,000시간이다.
- 신체장애등급 2급은 근로손실일수가 7500일이고, 10급은 600일이므로 7500 × 3 + 600 × 5 = 25,500일이다. 여기에 의사진단에 의한 휴업일수가 1500일이 발생했으므로 근로손실일수는 $1,500 \times \left(\frac{300}{365}\right) = 1,232.88$일이다. 따라서 총 근로손실일수는 26,732.88일이 된다.
- 강도율은 $\frac{26,732.88}{1,200,000} \times 1,000 = 22.2774$가 된다.

강도율(SR : Severity Rate of injury) 실필 2401/2101/2004/1902/1901/1702/1701/1403/1303/1203/1201/1102/1003/1001/0903/0902/0802

- 재해로 인한 근로손실의 강도를 나타낸 값으로 연간 총근로시간에서 1,000시간당 근로손실일수를 의미한다.
- $\text{강도율} = \frac{\text{근로손실일수}}{\text{연간 총근로시간}} \times 1,000$으로 구한다.
- 근로자의 근속연수 등이 주어지지 않을 때 평생 근로손실일수는 한 개인이 평생 동안 근로한 시간을 100,000시간으로 볼 때의 근로손실일수이므로 강도율에 100을 곱하여 구한다.

장해등급별 근로손실일수

구분	사망	신체장해등급											
		1~3	4	5	6	7	8	9	10	11	12	13	14
근로손실일수	7,500	7,500	5,500	4,000	3,000	2,200	1,500	1,000	600	400	200	100	50

정답 | 01 ③ 02 ③

03 — Repetitive Learning (1회 2회 3회)

보호구 자율안전확인 고시상 자율안전확인 보호구에 표시하여야 하는 사항을 모두 고른 것은?

㉠ 모델명	㉡ 제조번호
㉢ 사용기한	㉣ 자율안전확인번호

① ㉠, ㉡, ㉢　② ㉠, ㉡, ㉣
③ ㉠, ㉢, ㉣　④ ㉡, ㉢, ㉣

해설

- 자율안전확인 제품에 표시하는 내역에 사용기한은 포함되지 않는다.

자율안전확인 제품 표시 실필 0902

- 형식 또는 모델명
- 규격 또는 등급 등
- 제조자명
- 제조번호 및 제조년월
- 자율안전확인 번호

0801 / 1302 / 1701

04 — Repetitive Learning (1회 2회 3회)

산업재해의 분석 및 평가를 위하여 재해발생건수 등의 추이에 한계선을 설정하여 목표관리를 수행하는 재해통계 분석기법은?

① 폴리건(Polygon)
② 관리도(Control chart)
③ 파레토도(Pareto diagram)
④ 특성요인도(Cause & Effect diagram)

해설

- 폴리건이란 3D 모델링을 할 때 굴곡진 표면을 표현하는 삼각형 또는 다각형을 말하는데 통계와 관련하여서는 통계 대상 지역을 의미하기도 한다.
- 파레토도는 작업환경 불량이나 고장, 재해 등의 내용을 분류하고 그 건수와 금액을 크기순으로 나열하여 작성한 그래프이다.
- 특성요인도는 재해의 원인과 결과를 연계하여 상호관계를 파악하기 위하여 어골상으로 도표화하는 분석방법이다.

관리도(Control chart)

- 산업재해의 분석 및 평가를 위하여 재해발생건수 등의 추이에 한계선을 설정하여 목표관리를 수행하는 재해통계 분석기법을 말한다.
- 우연원인과 이상원인이라는 두 개의 변인에 의해 공정의 품질을 관리하는 도구이다.

1203 / 1401 / 1701 / 2101

05 — Repetitive Learning (1회 2회 3회)

다음 중 참가자에 일정한 역할을 주어 실제적으로 연기를 시켜봄으로써 자기의 역할을 보다 확실히 인식할 수 있도록 체험학습을 시키는 교육방법은?

① Symposium
② Brain Storming
③ Role Playing
④ Fish Bowl Playing

해설

- Symposium은 몇 사람의 전문가가 과제에 관한 견해를 발표한 뒤에 참가자로 하여금 의견이나 질문을 하게 하여 토의하는 방법이다.
- Brain storming은 타인의 비판 없이 자유로운 토론을 통하여 다량의 독창적인 아이디어와 대안적 해결안을 찾기 위한 집단적 사고기법이다.
- Fish bowl playing은 교육이나 학습방법과는 거리가 멀다.

토의법의 종류

구분	내용
포럼(Forum)	새로운 자료나 교재를 제시하고 문제점을 피교육자로 하여금 제기하게 하거나 그것에 관한 피교육자의 의견을 여러 가지 방법으로 발표하게 하고, 청중과 토론자 간에 활발한 의견 개진과 충돌로 바람직한 합의를 도출해내는 교육 실시방법
패널 디스커션 (Panel discussion)	참가자 앞에서 소수의 전문가들이 과제에 관한 견해를 발표하고 토론한 뒤 참가자 전원이 참가하여 사회자의 사회에 따라 토의하는 방법
심포지엄 (Symposium)	몇 사람의 전문가에 의하여 과제에 관한 견해를 발표한 뒤에 참가자로 하여금 의견이나 질문을 하게 하여 토의하는 방법
롤 플레잉 (Role playing)	집단 심리요법의 하나로서 자기 해방과 타인 체험을 목적으로 하는 체험활동을 통해 대인관계에 있어서의 태도변용이나 통찰력, 자기이해를 목표로 개발된 교육방법
버즈세션 (Buzz session)	6-6 회의라고도 하며, 6명씩 소집단으로 구분하고, 집단별로 각각의 사회자를 선발하여 6분간씩 자유토의를 행하여 의견을 종합하는 방법

06 — Repetitive Learning (1회 2회 3회)

보호구 안전인증 고시상 전로 또는 평로 등의 작업 시 사용하는 방열두건의 차광도 번호는?

① #2 ~ #3　② #3 ~ #5
③ #6 ~ #8　④ #9 ~ #11

정답: 03 ② 04 ② 05 ③ 06 ②

해설

- ①은 고로강판가열로, 조괴(造塊) 등의 작업에서 사용하고, ③은 전기로의 작업에 사용하는 방열두건이다.

방열두건의 사용구분

차광도 번호	사용구분
#2 ~ #3	고로강판가열로, 조괴(造塊) 등의 작업
#3 ~ #5	전로 또는 평로 등의 작업
#6 ~ #8	전기로의 작업

0303 / 0703

07

Repetitive Learning 1회 2회 3회

매슬로우(Maslow)의 인간의 욕구단계 중 5번째 단계에 속하는 것은?

① 존경의 욕구
② 사회적 욕구
③ 안전 욕구
④ 자아실현의 욕구

해설

- 매슬로우의 욕구 5단계를 순서대로 나열하면, 생리적 욕구, 안전에 대한 욕구, 사회적 욕구, 존경의 욕구, 자아실현의 욕구이다.

매슬로우(Maslow)의 욕구 5단계 이론 실필 1602

1단계 생리적 욕구	기본적인 인간의 욕구(먹고, 자고, 숨쉬는 것)
2단계 안전에 대한 욕구	각종 위험으로부터 자기보존에 관한 안전욕구
3단계 사회적 욕구	친구와 가족 간의 관계로 대표되는 것으로 애정과 소속에 대한 욕구
4단계 존경의 욕구	자신있고 강하고 무엇인가 진취적이며 유능한 쓸모있는 사람으로 인식되기를 바라는 욕구
5단계 자아실현의 욕구	편견 없이 받아들이는 성향, 타인과의 거리를 유지하며 사생활을 즐기거나 창의적 성격으로 봉사, 특별히 좋아하는 사람과 긴밀한 관계를 유지하려는 인간의 욕구

0801

08

Repetitive Learning 

다음 중 억측판단이 발생하는 배경으로 볼 수 없는 것은?

① 정보가 불확실할 때
② 희망적인 관측이 있을 때
③ 타인의 의견에 동조할 때
④ 과거의 성공한 경험이 있을 때

해설

- 억측판단의 배경에는 ①, ②, ④ 외에 귀찮음과 초조함이 교차하는 조건일 때 등이 있다.

억측판단

㉠ 정의
- 작업공정 중에 규정된 대로 수행하지 않고 "괜찮다"라고 생각하여 자기 주관대로 추측을 하여 행동하는 것을 말한다.

㉡ 억측판단의 배경
- 정보가 불확실할 때
- 희망적인 관측이 있을 때
- 과거에 경험한 선입관이 있을 때
- 귀찮음과 초조함이 교차하는 조건일 때

09

Repetitive Learning 1회 2회 3회

하인리히의 사고예방원리 5단계 중 교육 및 훈련의 개선, 인사조정, 안전관리규정 및 수칙의 개선 등을 행하는 단계는?

① 사실의 발견
② 분석 평가
③ 시정방법의 선정
④ 시정책의 적용

해설

- 교육 및 훈련의 개선, 기술적인 개선, 작업배치의 조정(인사조정) 등은 시정방법의 선정에서 행하는 내용이다.

하인리히의 사고예방의 기본원리 5단계 실필 1501/0601

단계	단계별 과정	필요 조치
1단계	안전관리조직과 규정	• 책임과 권한의 부여
2단계	사실의 발견으로 현상파악	• 자료수집 • 작업분석과 위험확인 • 안전점검·검사 및 조사 실시
3단계	분석을 통한 원인규명	• 인적·물적·환경조건의 분석 • 교육훈련 및 배치 사항 파악 • 사고기록 및 관계자료 대조확인
4단계	시정방법의 선정	• 기술적인 개선 • 작업배치의 조정 • 교육훈련의 개선
5단계	시정책의 적용	• 기술(Engineering)적 대책 • 교육(Education)적 대책 • 관리(Enforcement)적 대책

정답 | 07 ④ 08 ③ 09 ③

0701

10

Repetitive Learning 1회 2회 3회

다음 중 재해예방의 4원칙에 대한 설명으로 잘못된 것은?

① 사고의 발생과 그 원인과의 관계는 필연적이다.
② 손실과 사고와의 관계는 필연적이다.
③ 재해를 예방하기 위한 대책은 반드시 존재한다.
④ 모든 인재는 예방이 가능하다.

해설

- 손실우연의 원칙에 따르면 사고로 인한 손실은 상황에 따라 달라진다.

하인리히의 재해예방 4원칙 실필 1803/1402/1001/0803

대책선정의 원칙	사고의 원인을 발견하면 반드시 대책을 세워야 하며, 모든 사고는 대책선정이 가능하다는 원칙
손실우연의 원칙	사고로 인한 손실은 우연적이라는 원칙
예방가능의 원칙	모든 사고는 예방이 가능하다는 원칙
원인연계의 원칙 (원인계기의 원칙)	사고는 반드시 원인이 있으며 이는 필연적인 인과관계로 작용한다는 원칙

1001 / 1601

11

Repetitive Learning 1회 2회 3회

헤드십(Head-ship)의 특성에 관한 설명으로 틀린 것은?

① 상사와 부하의 사회적 간격은 넓다.
② 지휘형태는 권위주의적이다.
③ 상사와 부하의 관계는 지배적이다.
④ 상사의 권한 근거는 비공식적이다.

해설

- 헤드십은 임명된 지도자가 행하는 권한행사로 권한의 근거는 공식적이다.

헤드십(Head-ship)

㉠ 개요
- 리더와 같이 선출된 지도자가 아니라 조직에 의해 임명된 지도자가 행하는 권한행사를 말한다.

㉡ 특징
- 권한의 근거는 공식적인 법과 규정에 의한다.
- 상사와 부하의 관계는 지배적이고 사회적 간격이 넓다.
- 지휘의 형태는 권위적이다.
- 책임은 부하에 있지 않고 상사에게 있다.

12

Repetitive Learning 1회 2회 3회

산업안전보건법령상 안전보건진단을 받아 안전보건개선계획의 수립 및 명령을 할 수 있는 대상이 아닌 것은?

① 유해인자의 노출기준을 초과한 사업장
② 산업재해율이 같은 업종 평균 산업재해율의 2배 이상인 사업장
③ 사업주가 필요한 안전조치 또는 보건조치를 이행하지 아니하여 중대재해가 발생한 사업장
④ 상시근로자 1천명 이상인 사업장에서 직업성 질병자가 연간 2명 이상 발생한 사업장

해설

- 일반적인 사업장의 경우 직업병에 걸린 사람이 연간 2명 이상 발생한 사업장은 안전보건진단을 받아 안전보건개선계획을 수립·제출하여야 하나 상시 근로자 1천명 이상 사업장의 경우 3명 이상 발생한 사업장이다.

안전보건진단을 받아 안전보건개선계획을 수립·제출하도록 명할 수 있는 사업장
- 사업주가 안전·보건조치의무를 이행하지 아니하여 발생한 중대재해 발생 사업장
- 산업재해율이 같은 업종 평균 산업재해율의 2배 이상인 사업장
- 직업병에 걸린 사람이 연간 2명 이상(상시 근로자 1천명 이상 사업장의 경우 3명 이상) 발생한 사업장
- 작업환경 불량, 화재·폭발 또는 누출사고 등으로 사회적 물의를 일으킨 사업장

1101 / 1602

13

Repetitive Learning 

다음 중 학습정도(Level of learning)의 4단계를 순서대로 옳게 나열한 것은?

① 이해 → 적용 → 인지 → 지각
② 인지 → 지각 → 이해 → 적용
③ 지각 → 인지 → 적용 → 이해
④ 적용 → 인지 → 지각 → 이해

해설

- 학습정도는 인지 – 지각 – 이해 – 적용 순으로 나타난다.

학습정도(Level of learning)의 4단계
- 학습정도는 주제를 학습시킬 범위와 내용의 정도를 의미한다.
- 학습정도는 인지(~을 인지) – 지각(~을 알아야) – 이해(~을 이해해야) – 적용(~을 ~에 적용할 줄 알아야) 순으로 나타난다.

10 ② 11 ④ 12 ④ 13 ② 정답

14

Repetitive Learning 1회 2회 3회

산업안전보건법령상 거푸집 동바리의 조립 또는 해체작업 시 특별교육 내용이 아닌 것은?(단, 그 밖에 안전·보건관리에 필요한 사항은 제외한다)

① 비계의 조립순서 및 방법에 관한 사항
② 조립 해체 시의 사고 예방에 관한 사항
③ 동바리의 조립방법 및 작업 절차에 관한 사항
④ 조립재료의 취급방법 및 설치기준에 관한 사항

해설

- ①은 비계의 조립·해체 또는 변경작업시의 특별교육내용이다.

거푸집 동바리의 조립 또는 해체작업 시 특별교육내용

- 동바리의 조립방법 및 작업 절차에 관한 사항
- 조립재료의 취급방법 및 설치기준에 관한 사항
- 조립 해체 시의 사고 예방에 관한 사항
- 보호구 착용 및 점검에 관한 사항
- 그 밖에 안전·보건관리에 필요한 사항

15

Repetitive Learning 1회 2회 3회

재해원인을 직접원인과 간접원인으로 분류할 때 직접원인에 해당하는 것은?

① 물적 원인
② 교육적 원인
③ 정신적 원인
④ 관리적 원인

해설

- 재해발생의 직접원인에는 인적 원인과 물적 원인이 있다.

재해발생의 직접원인

구분	내용
인적 원인 (불안전한 행동)	• 위험장소 접근 • 안전장치기능 제거 • 불안전한 속도 조작 • 위험물 취급 부주의 • 보호구 미착용 • 작업자와의 연락 불충분
물적 원인 (불안전한 상태)	• 물(物) 자체의 결함 • 주변 환경의 미정리 • 생산 공정의 결함 • 물(物)의 배치 및 작업장소의 불량 • 방호장치의 결함

16

Repetitive Learning 1회 2회 3회

산업안전보건법령상 다음의 안전보건표지 중 기본모형이 다른 것은?

① 위험장소 경고
② 레이저 광선 경고
③ 방사성 물질 경고
④ 부식성 물질 경고

해설

- 부식성 물질경고는 화학물질 취급장소에서의 유해 및 위험경고 표지이고, 나머지는 화학물질 취급장소에서의 유해·위험경고 이외의 위험경고, 주의표지 또는 기계방호물의 경고표지이다.

경고표지 실필 2401/2202/2102/1802/1702/1502/1303/1101/1002/1001

- 유해·위험경고, 주의표지 또는 기계방호물을 표시할 때 사용된다.
- 경고표지는 화학물질 취급장소에서의 유해 및 위험경고와 화학물질 취급장소에서의 유해·위험경고 이외의 위험경고, 주의표지 또는 기계방호물로 구분된다.
- 화학물질 취급장소에서의 유해 및 위험경고표지는 무색 바탕에 빨간색(7.5R 4/14) 혹은 검은색(N0.5) 기본모형으로 표시하며, 인화성물질경고, 부식성물질경고, 급성독성물질경고, 산화성물질경고, 폭발성물질경고 등이 있다.

인화성 물질경고	부식성 물질경고	급성독성 물질경고	산화성 물질경고	폭발성 물질경고

- 화학물질 취급장소에서의 유해·위험경고 이외의 위험경고, 주의표지 또는 기계방호물의 경고표지는 노란색(5Y 8.5/12) 바탕에 검은색(N0.5) 기본모형으로 표시하며, 방사성물질경고, 고압전기경고, 매달린물체경고, 낙하물경고, 고온/저온경고, 위험장소경고, 몸균형상실경고, 레이저광선경고 등이 있다.

방사성물질 경고	고압전기 경고	매달린물체 경고	낙하물경고
고온/저온 경고	위험장소 경고	몸균형상실 경고	레이저광선 경고

1702

17

Repetitive Learning 1회 2회 3회

버드(Bird)의 재해분포에 따르면 20건의 경상(물적, 인적상해)사고가 발생했을 때 무상해, 무사고(위험순간) 고장은 몇 건이 발생하겠는가?

① 600 ② 800
③ 1,200 ④ 1,600

해설

- 1 : 10 : 30 : 600에서 10에 해당하는 경상이 20일 경우 600에 해당하는 무상해무사고는 1,200건이 된다.

버드(Bird)의 재해발생비율

- 중상 : 경상 : 무상해사고 : 무상해무사고가 각각 1 : 10 : 30 : 600인 재해구성 비율을 말한다.
- 총 사고 발생건수 641건을 대상으로 분석했을 때 중상 1, 경상 10, 무상해사고 30, 무상해무사고 600건이 발생했음을 의미한다.
- 무상해사고는 물적 손실만 발생한 사고를 말한다.
- 무상해무사고란 Near accident 즉, 위험순간을 말한다.

1203 / 1503 / 1801

18

Repetitive Learning 1회 2회 3회

기업 내 정형교육 중 TWI(Train Within Industry)의 교육내용과 가장 거리가 먼 것은?

① Job Method Training
② Job Relation Training
③ Job Instruction Training
④ Job Standardization Training

해설

- TWI의 교육내용에는 작업지도(Job Instruction), 작업개선(Job Methods), 인간관계(Job Relations), 안전작업방법(Job Safety) 등이 있다.

TWI(Training Within Industry for supervisor)

㉠ 개요

- 일선 관리감독자를 대상으로 인간관계를 개선하고 생산성을 향상시키기 위하여 고안된 훈련방법을 말한다.
- 교육내용에는 작업지도기법(JI : Job Instruction), 작업개선기법(JM : Job Methods), 인간관계기법(JR : Job Relations), 안전작업방법(JS : Job Safety) 등이 있다.

㉡ 주요 교육내용

- JRT(Job Relation Training)는 인간관계 관리기법으로 부하통솔기법과 관련된다.
- JIT(Job Instruction Training)는 작업지도기법으로 직장 내 부하 직원에 대하여 가르치는 기술과 관련된다.

19

Repetitive Learning 1회 2회 3회

산업안전보건법령상 안전관리자의 업무가 아닌 것은?(단, 그 밖에 고용노동부장관이 정하는 사항은 제외한다)

① 업무 수행 내용의 기록
② 산업재해에 관한 통계의 유지·관리·분석을 위한 보좌 및 지도·조언
③ 안전교육계획의 수립 및 안전교육 실시에 관한 보좌 및 지도·조언
④ 작업장 내에서 사용되는 전체 환기장치 및 국소 배기장치 등에 관한 설비의 점검

해설

- 작업장 내에서 사용되는 전체 환기장치 및 국소배기장치 등에 관한 설비의 점검은 보건관리자의 업무내용이다.

안전관리자의 직무

- 산업안전보건위원회 또는 안전・보건에 관한 노사협의체에서 심의・의결한 업무와 사업장의 안전보건관리규정 및 취업규칙에서 정한 업무
- 안전인증대상 기계・기구 등과 자율안전확인대상 기계・기구 등 구입 시 적격품의 선정에 관한 보좌 및 조언・지도
- 위험성 평가에 관한 보좌 및 조언・지도
- 사업장 안전교육계획의 수립 및 안전교육 실시에 관한 보좌 및 조언・지도
- 사업장 순회점검・지도 및 조치의 건의
- 산업재해 발생의 원인 조사・분석 및 재발 방지를 위한 기술적 보좌 및 조언・지도
- 산업재해에 관한 통계의 유지・관리・분석을 위한 보좌 및 조언・지도
- 안전에 관한 사항의 이행에 관한 보좌 및 조언・지도
- 업무수행 내용의 기록・유지
- 안전에 관한 사항으로서 고용노동부장관이 정하는 사항

1102 / 1801

20

다음 중 레빈의 법칙 "$B=f(P \cdot E)$"에서 "B"에 해당 되는 것은?

① 인간관계
② 행동
③ 환경
④ 함수

해설

- 인간관계와 환경은 E, 함수는 f이다.

17 ③ 18 ④ 19 ④ 20 ② 정답

레빈(Lewin.K)의 법칙

- 행동 $B=f(P\cdot E)$로 이루어진다. 즉, 인간의 행동(B)은 개인(P)과 환경(E)의 상호 함수관계에 있다고 할 수 있다.
- B는 인간의 행동(Behavior)을 말한다.
- f는 동기부여를 포함한 함수(Function)이다.
- P는 Person 즉, 개체(소질)로 연령, 지능, 경험 등을 의미한다.
- E는 Environment 즉, 심리적 환경(인간관계, 작업환경 – 조명, 소음, 온도 등)을 의미한다.

2과목 인간공학 및 위험성 평가 · 관리

1002

21

상황해석을 잘못하거나 목표를 잘못 설정하여 발생하는 인간의 오류 유형은?

① 실수(Slip)
② 착오(Mistake)
③ 위반(Violation)
④ 건망증(Lapse)

해설

- 실수(Slip)는 의도는 올바른 것이었지만, 행동이 의도한 것과는 다르게 나타나는 오류이다.
- 위반(Violation)은 규칙을 알고 있음에도 의도적으로 따르지 않거나 무시한 경우에 발생하는 오류이다.
- 건망증(Lapse)은 일련의 과정에서 일부를 빠뜨리거나 기억의 실패에 의해 발생하는 오류이다.

인간의 다양한 오류모형

구분	내용
착각(Illusion)	감각적으로 물리현상을 왜곡하는 지각오류
착오(Mistake)	상황해석을 잘못하거나 목표를 잘못 이해하고 착각하여 행하는 인간의 실수로 위치, 순서, 패턴, 형상, 기억오류 등 외부적 요인에 의해 나타나는 오류
실수(Slip)	의도는 올바른 것이었지만, 행동이 의도한 것과는 다르게 나타나는 오류
건망증(Lapse)	일련의 과정에서 일부를 빠뜨리거나 기억의 실패에 의해 발생하는 오류
위반(Violation)	정해진 규칙을 알고 있음에도 의도적으로 따르지 않거나 무시한 경우에 발생하는 오류

22

Repetitive Learning (1회 2회 3회)

위험분석 기법 중 시스템 수명주기 관점에서 적용 시점이 가장 빠른 것은?

① PHA
② FHA
③ OHA
④ SHA

해설

- 예비위험분석(PHA)은 개념형성 단계에서 최초로 시도하는 위험도 분석방법으로 시스템의 위험요소가 어떤 위험 상태에 있는가를 정성적으로 평가하는 분석 방법이다.

예비위험분석(PHA)

㉠ 개요
- 모든 시스템 안전 프로그램에서의 최초단계 해석으로 시스템의 위험요소가 어떤 위험 상태에 있는가를 정성적으로 평가하는 분석방법이다.
- 시스템을 설계함에 있어 개념형성단계에서 최초로 시도하는 위험도 분석방법이다.
- 복잡한 시스템을 설계, 가동하기 전의 구상단계에서 시스템의 근본적인 위험성을 평가하는 가장 기초적인 위험도 분석기법이다.
- 위험의 정도를 분류하는 4가지 범주는 파국(Catastrophic), 중대(Critical), 위기-한계(Marginal), 무시가능(Negligible)으로 구분된다.

㉡ 예비위험분석(PHA)의 4가지 범주(MIL-STD-882E)

실필 2103/1802/1302/1103

범주	내용
파국(Catastrophic)	작업자의 부상 및 서브 시스템의 고장 등으로 시스템 성능이 저하되어 시스템에 심각한 손실을 초래한 상태
중대(Critical)	작업자의 부상 및 시스템의 중대한 손해를 초래하거나 작업자의 생존 및 시스템의 유지를 위하여 즉시 수정 조치를 필요로 하는 상태
위기-한계(Marginal)	작업자의 부상 및 시스템의 중대한 손해를 초래하지 않고 대처 또는 제어할 수 있는 상태
무시가능(Negligible)	시스템의 성능이나 기능, 인원 손실이 전혀 없는 상태

1502

23

Repetitive Learning (1회 2회 3회)

휴식 중 에너지 소비량은 1.5kcal/min이고, 어떤 작업의 평균 에너지 소비량이 6kcal/min이라고 할 때 60분간 총 작업시간 내에 포함되어야 하는 휴식시간은 약 몇 분인가? (단, 기초대사를 포함한 작업에 대한 평균 에너지 소비량의 상한은 5kcal/min이다)

① 10.3
② 11.3
③ 12.3
④ 13.3

정답 | 21 ② 22 ① 23 ④

해설

- 작업에 대한 평균 에너지소비량을 5라고 주었기 때문에 $60\times\frac{6-5}{6-1.5}=60\times\frac{1}{4.5}=13.33$이 된다.

:: 휴식시간 산출 실필 1703/1402

- 사람이 내는 하루 동안 에너지는 4,300kcal이고, 기초대사와 휴식에 소요되는 2,300kcal를 뺀 2,000kcal를 8시간(480분)으로 나누면 작업 평균 에너지 소비량은 분당 약 4kcal가 된다.
- 여기서 작업 평균 에너지 소비량을 넘어서는 작업을 한 경우에는 일정한 시간마다 휴식이 필요하다.
- 이에 휴식시간 R

  $=$ 작업시간 $\times\frac{E-4}{E-1.5}$로 계산한다.

  이때 E는 순 에너지 소비량[kcal/분]이고, 4는 작업평균 에너지 소비량, 1.5는 휴식 중 에너지 소비량이다.

0802

24 Repetitive Learning (1회 2회 3회)

시스템의 수명곡선(욕조곡선)에 있어서 디버깅(Debugging)에 관한 설명으로 옳은 것은?

① 초기 고장의 결함을 찾아 고장률을 안정시키는 과정이다.
② 우발 고장의 결함을 찾아 고장률을 안정시키는 과정이다.
③ 마모 고장의 결함을 찾아 고장률을 안정시키는 과정이다.
④ 기계 결함을 발견하기 위해 동작시험을 하는 기간이다.

해설

- 기계의 초기결함을 찾아내 고장률을 안정화시키는 기간을 디버깅(debugging) 기간이라 한다.

:: 수명곡선과 고장형태

- 시스템 수명곡선의 형태는 초기고장은 감소형, 우발고장은 일정형, 마모고장은 증가형을 보인다.
- 디버깅 기간은 초기고장에서 나타난다.

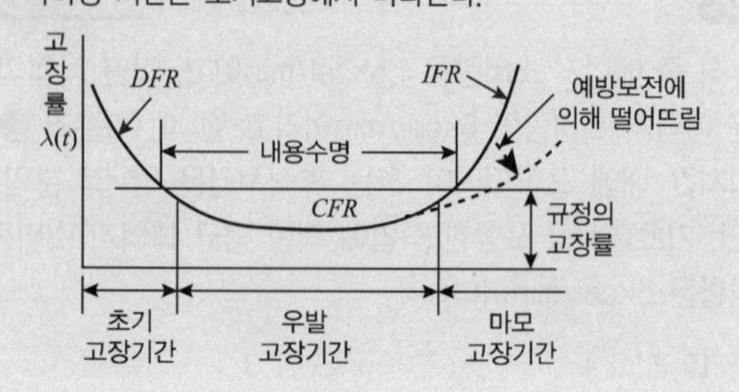

0402 / 0601 / 1301 / 1503

25 Repetitive Learning (1회 2회 3회)

밝은 곳에서 어두운 곳으로 갈 때 망막에 시홍이 형성되는 생리적 과정인 암조응이 발생하는데 완전 암조응(Dark adaptation)이 발생하는데 소요되는 시간은?

① 3~5분　② 10~15분
③ 30~40분　④ 60~90분

해설

- 완전암조응이란 밝은 장소에 있다가 극장 등과 같은 어두운 곳으로 들어갈 때 눈이 적응하는 것을 말하는데 암조응은 명조응에 비해 시간이 오래 걸린다.

:: 적응

- 적응(순응)은 밝은 곳에 있다가 어두운 곳에 들어설 경우 아무것도 보이지 않다가 차츰 어둠에 적응하여 보이기 시작하는 특성을 말한다.
- 암조응에 걸리는 시간은 30~40분, 명조응에 걸리는 시간은 1~3분 정도이다.

1503 / 1902

26 Repetitive Learning (1회 2회 3회)

다음 중 인간공학에 대한 설명으로 틀린 것은?

① 인간이 사용하는 물건, 설비, 환경의 설계에 작용된다.
② 인간을 작업과 기계에 맞추는 실제 철학이 바탕이 된다.
③ 인간의 생리적, 심리적인 면에서의 특성이나 한계점을 고려한다.
④ 인간 기계 시스템의 안전성과 편리성, 효율성을 높인다.

해설

- 인간공학은 업무 시스템을 인간에 맞추는 것이지 인간을 시스템에 맞추는 것이 아니다.

:: 인간공학(Ergonomics)

㉠ 개요

- "Ergon(작업) + nomos(법칙) + ics(학문)"이 조합된 단어로 Human factors, Human engineering이라고도 한다.
- 인간의 특성과 한계 능력을 공학적으로 분석, 평가하여 이를 복잡한 체계의 설계에 응용함으로써 효율을 최대로 활용할 수 있도록 하는 학문분야이다.
- 인간이 사용하는 물건, 설비, 환경의 설계에 인간의 생리적, 심리적인 면에서의 특성이나 한계점을 고려함으로써 인간-기계 시스템의 안전성과 편리성, 효율성을 높이는 학문분야이다.

24 ① 25 ③ 26 ② 정답

㉡ 적용분야
- 제품설계
- 재해 · 질병 예방
- 장비 · 공구 · 설비의 배치
- 작업장 내 조사 및 연구

1501 / 1801

27 Repetitive Learning (1회 2회 3회)

다음 중 HAZOP 기법에서 사용되는 가이드 워드와 그 의미가 잘못 연결된 것은?

① As well as : 성질상의 증가
② More/Less : 정량적인 증가 또는 감소
③ Part of : 성질상의 감소
④ Other than : 기타 환경적인 요인

해설

- Other than은 완전한 대체를 의미하는 가이드 워드이다.

가이드 워드(Guide words)

㉠ 개요
- 위험및운전성검토(HAZOP)에서 근로자들의 창조적 사고를 유도하여 조작방법이나 오동작을 개선하기 위해 사용하는 워드이다.
- 공정변수(Process parameter)와 함께 사용하여 비정상상태(Deviation)가 일어날 수 있는 원인을 찾고 결과를 예측함과 동시에 대책을 세우는 데 유용하다.

㉡ 종류 실필 2303/1902/1301/1202

No/Not	설계 의도의 완전한 부정
Part of	성질상의 감소
As well as	성질상의 증가
More/Less	양의 증가 혹은 감소로 양과 성질을 함께 표현
Other than	완전한 대체

1103 / 1403

28 Repetitive Learning (1회 2회 3회)

[그림]과 같은 FT도에 대한 미니멀 컷 셋(Minimal cut sets)으로 옳은 것은?(단, Fussell의 알고리즘을 따른다)

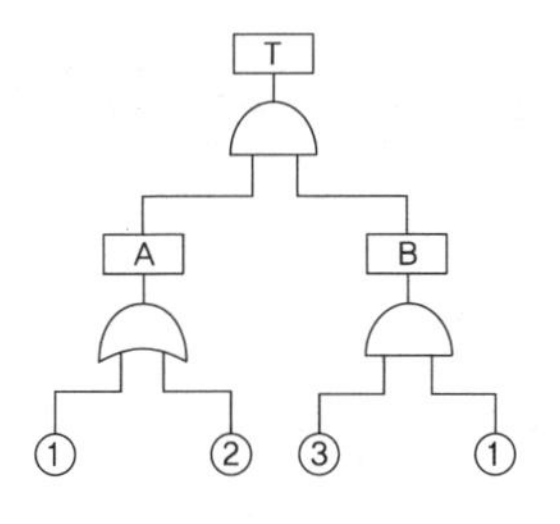

① {1, 2}
② {1, 3}
③ {2, 3}
④ {1, 2, 3}

해설

- A는 ①과 ②의 OR 게이트이므로 (①+②), B는 ①과 ③의 AND 게이트이므로 (①③)이다.
- T는 A와 B의 AND 연산이므로 (①+②)(①③)로 표시된다.
- FT도를 간략화시키면 (① + ②)①③ = ①③ + ①②③ = ①③(1+②) = ①③이 된다.

최소 컷 셋(Minimal cut sets) 실필 2303/1701/0802
- 컷 셋 중에 타 컷 셋을 포함하고 있는 것을 배제하고 남은 컷 셋들을 의미한다.
- 사고에 대한 시스템의 약점을 표현한다.
- 정상사상(Top 사상)을 일으키는 최소한의 집합이다.
- 일반적으로 Fussell algorithm을 이용한다.
- 시스템에서 최소 컷 셋의 개수가 늘어나면 위험수준이 높아진다.

0702 / 1801

29 Repetitive Learning (1회 2회 3회)

다음 중 경계 및 경보신호의 설계지침으로 잘못된 것은?

① 귀는 중음역에 민감하므로 500~3,000Hz의 진동수를 사용한다.
② 300m 이상의 장거리용으로는 1,000Hz를 초과하는 진동수를 사용한다.
③ 배경소음의 진동수가 다른 진동수의 신호를 사용한다.
④ 주의를 환기시키기 위하여 변조된 신호를 사용한다.

해설

- 300m 이상 멀리 보내는 신호는 1,000Hz 이하의 낮은 주파수를 사용한다.

청각적 표시장치의 설계 기준
- 신호는 최소한 0.5 ~ 1초 동안 지속한다.
- 신호는 배경소음의 주파수와 다른 주파수를 이용한다.
- 소음은 양쪽 귀에, 신호는 한쪽 귀에 들리게 한다.
- 경보효과를 높이기 위해서 개시시간이 짧은 고감도 신호를 사용하여 위급상황에 대한 정보를 제공한다.
- 귀는 중음역에 가장 민감하므로 500 ~ 3,000Hz의 진동수를 사용한다.
- 칸막이를 통과하는 신호는 500Hz 이하의 진동수를 사용한다.
- 300m 이상 멀리 보내는 신호는 1,000Hz 이하의 낮은 주파수를 사용한다.

정답 | 27 ④ 28 ② 29 ②

30 Repetitive Learning (1회 2회 3회)

FTA(Fault Tree Analysis)에서 사용되는 사상 기호 중 통상의 작업이나 기계의 상태에서 재해의 발생 원인이 되는 요소가 있는 것은?

① (직사각형 기호) ② (원 기호)
③ (마름모 기호) ④ (집 모양 기호)

해설

- ①은 결함사상, ②는 기본사상, ③는 생략사상이다.

통상사상(External event)

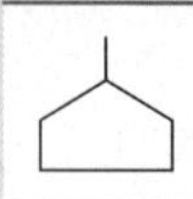	• 일반적으로 발생이 예상되는, 시스템의 정상적인 가동상태에서 일어날 것이 기대되는 사상을 말한다.

1402

31 Repetitive Learning (1회 2회 3회)

다음 중 불(Bool) 대수의 정리를 나타낸 관계식으로 틀린 것은?

① $A \cdot 0 = 0$ ② $A + 1 = 1$
③ $A \cdot \overline{A} = 1$ ④ $A(A+B) = A$

해설

- $A \cdot \overline{A} = 0$이다.

불(Bool) 대수의 정리

- $A \cdot A = A$
- $A \cdot 0 = 0$
- $A \cdot \overline{A} = 0$
- $\overline{A \cdot B} = \overline{A} + \overline{B}$
- $A + \overline{A} \cdot B = A + B$
- $A + A = A$
- $A + 1 = 1$
- $A + \overline{A} = 1$
- $\overline{A + B} = \overline{A} \cdot \overline{B}$
- $A(A+B) = A + AB = A$

32 Repetitive Learning (1회 2회 3회)

근골격계질환 작업분석 및 평가 방법인 OWAS의 평가요소를 모두 고른 것은?

㉠ 상지	㉡ 무게(하중)
㉢ 하지	㉣ 허리

① ㉠, ㉡ ② ㉠, ㉢, ㉣
③ ㉡, ㉢, ㉣ ④ ㉠, ㉡, ㉢, ㉣

해설

- OWAS(Ovako Working Posture Analysing System)는 전신작업에 대한 인간공학적 평가기법으로 목, 다리, 허리/몸통 등을 대상으로 한다.

신체적 작업부하에 대한 인간공학적 평가도구

㉠ 개요
- 작업현장의 근골격계 질환을 발생시키는 작업에 대해 인간공학적으로 평가하는 각종 평가기법을 말한다.
- 가장 대표적인 평가기법에는 OWAS, NLE, RULA 등이 있다.

㉡ 대표적인 평가기법
- OWAS(Ovako Working posture Analysing System)는 전신작업에 대한 인간공학적 평가기법으로 목, 다리, 허리/몸통 등을 대상으로 한다.
- NLE(NIOSH Lifting Equation)는 들기작업에 대한 인간공학적 평가기법이다.
- RULA(Rapid, Upper, Limb, Assessment)는 상지중심의 작업에 대한 인간공학적 평가기법이다.

33 Repetitive Learning (1회 2회 3회)

인간-기계 시스템에 관한 설명으로 틀린 것은?

① 자동 시스템에서는 인간요소를 고려하여야 한다.
② 자동차 운전이나 전기 드릴 작업은 반자동 시스템의 예시이다.
③ 자동 시스템에서 인간은 감시, 정비유지, 프로그램 등의 작업을 담당한다.
④ 수동 시스템에서 기계는 동력원을 제공하고 인간의 통제 하에서 제품을 생산한다.

해설

- 수동 시스템에서는 인간의 힘을 동력원으로 활용하여 수공구를 사용하는 시스템 형태로 다양성이 있고 융통성이 우수한 특징을 갖는다.

인간-기계 통합체계의 유형 실필 1903

- 인간-기계 통합체계의 유형은 자동화 체계, 기계화 체계, 수동 체계로 구분된다.

자동화 체계	인간은 작업계획의 수립, 모니터를 통한 작업 상황 감시, 프로그래밍, 설비보전의 역할을 수행하고 체계(System)가 감지, 정보보관, 정보처리 및 의식결정, 행동을 포함한 모든 임무를 수행하는 체계
기계화 체계	반자동 체계로 운전자의 조종에 의해 기계를 통제하는 융통성이 없는 시스템 형태
수동 체계	• 인간의 힘을 동력원으로 활용하여 수공구를 사용하는 시스템 형태 • 다양성이 있고 융통성이 우수한 특징을 갖는다.

30 ④ 31 ③ 32 ④ 33 ④ 정답

34 Repetitive Learning (1회 2회 3회)

다음 중 좌식작업이 가장 적합한 작업은?

① 정밀 조립 작업
② 4.5kg 이상의 중량물을 다루는 작업
③ 작업장이 서로 떨어져 있으며 작업장 간 이동이 작은 작업
④ 작업자의 정면에서 매우 높거나 낮은 곳으로 손을 자주 뻗어야 하는 작업

해설

- 정밀한 작업이나 장기간 수행하여야 하는 작업은 좌식 작업대가 바람직하다.

서서 하는 작업대 높이

- 서서 하는 작업대의 높이는 높낮이 조절이 가능하여야 하며, 작업대의 높이는 팔꿈치를 기준으로 한다.
- 정밀작업의 경우 팔꿈치 높이보다 약간(5~20cm) 높게 한다.
- 경작업의 경우 팔꿈치 높이보다 5~10cm 낮게 한다.
- 중작업의 경우 팔꿈치 높이보다 15~20cm 낮게 한다.
- 정밀한 작업이나 장기간 수행하여야 하는 작업은 좌식 작업대가 바람직하다.

0601 / 1001 / 1902

35 Repetitive Learning

n개의 요소를 가진 병렬 시스템에 있어 요소의 수명(MTTF)이 지수분포를 따를 경우, 시스템의 수명은?

① MTTF×n
② MTTF×1/n
③ MTTF×(1+1/2+...+1/n)
④ MTTF×(1×1/2×...×1/n)

해설

- 지수분포를 따르는 부품의 평균수명이 MTTF이고 병렬로 연결되었으므로 기대수명은 $\left(1+\frac{1}{2}+\cdots+\frac{1}{n}\right)\times MTTF$가 된다.

지수분포를 따르는 n개의 요소를 가진 부품의 기대수명

- 평균수명이 t인 부품 n개를 직렬로 구성하였을 때 기대수명은 $\frac{t}{n}$이다.
- 평균수명이 t인 부품 n개를 병렬로 구성하였을 때 기대수명은 $\left(1+\frac{1}{2}+\cdots+\frac{1}{n}\right)\times t$이다.

36 Repetitive Learning (1회 2회 3회)

양식 양립성의 예시로 가장 적절한 것은?

① 자동차 설계 시 고도계 높낮이 표시
② 방사능 사업장에 방사능 폐기물 표시
③ 청각적 자극 제시와 이에 대한 음성 응답
④ 자동차 설계 시 제어장치와 표시장치의 배열

해설

- ①과 ④는 공간양립성으로 표시장치와 이에 대응하는 조종 장치의 위치가 인간의 기대에 모순되지 않는 것을 말한다.
- ②는 개념 양립성으로 인간이 가지는 개념과 일치하게 하는 것과 관련된다.

양립성(Compatibility) 실필 2002/1901/1402/1202

㉠ 개요

- 인간의 기대하는 바와 자극 또는 반응들이 일치하는 관계를 말하는데 양립성이 적을수록 정보처리에서 재코드화 과정은 많아진다.
- 양립성의 효과가 크면 클수록, 코딩의 시간이나 반응의 시간은 짧아진다.
- 양립성의 종류에는 운동 양립성, 공간 양립성, 개념 양립성, 양식 양립성 등이 있다.

㉡ 양립성의 종류와 개념

종류	개념
공간(Spatial) 양립성	• 표시장치와 이에 대응하는 조종장치의 위치가 인간의 기대에 모순되지 않는 것 • 왼쪽 표시장치와 관련된 조종장치는 왼쪽에, 오른쪽 표시장치와 관련된 조종장치는 오른쪽에 위치하는 것
운동(Movement) 양립성	조종장치의 조작방향에 따라서 기계장치나 자동차 등이 움직이는 것
개념(Conceptual) 양립성	• 인간이 가지는 개념과 일치하게 하는 것 • 적색 수도꼭지는 온수, 청색 수도꼭지는 냉수를 의미하는 것이나 위험신호는 빨간색, 주의신호는 노란색, 안전신호는 파란색으로 표시하는 것
양식(Modality) 양립성	문화적 관습에 의해 생기는 양립성 혹은 직무에 관련된 자극과 이에 대한 응답 등으로 청각적 자극 제시와 이에 대한 음성응답 과업에서 갖는 양립성

37 Repetitive Learning (1회 2회 3회)

다음에서 설명하는 용어는?

> 유해·위험요인을 파악하고 해당 유해·위험요인에 의한 부상 또는 질병의 발생 가능성(빈도)과 중대성(강도)를 추정·결정하고 감소대책을 수립하여 실행하는 일련의 과정을 말한다.

정답 | 34 ① 35 ③ 36 ③ 37 ②

① 위험성 결정
② 위험성 평가
③ 위험빈도 추정
④ 유해·위험요인 파악

해설

- 위험성 결정이란 유해·위험요인별로 추정한 위험성의 크기가 허용 가능한 범위인지 여부를 판단하는 것을 말한다.
- 유해·위험요인 파악이란 유해요인과 위험요인을 찾아내는 과정을 말한다.

위험관리

- 위험성 예측 평가단계는 위험성 도출(파악과 분석) – 위험성 평가 – 위험성 관리(위험통제와 위험재무) 순으로 이뤄진다.
- 위험관리의 내용에는 위험의 파악, 위험의 처리, 사고의 발생 확률 예측 등이 있다.
- Risk Assessment(위험성 평가)는 유해·위험요인을 파악하고 해당 유해·위험요인에 의한 부상 또는 질병의 발생 가능성(빈도)과 중대성(강도)을 추정·결정하고 감소대책을 수립하여 실행하는 일련의 과정을 말한다.

38 Repetitive Learning (1회 2회 3회)

태양광선이 내리쬐는 옥외장소의 자연습구온도 20℃, 흑구온도 18℃, 건구온도 30℃ 일 때 습구흑구온도지수(WBGT)는?

① 20.6℃
② 22.5℃
③ 25.0℃
④ 28.5℃

해설

- 옥외에서는 WBGT = 0.7NWB + 0.2GT + 0.1DB이며 이때 NWB는 자연습구, GT는 흑구온도, DB는 건구온도이다.
- 대입하면 WBGT = 0.7×20 + 0.2×18 + 0.1×30 = 14+3.6+3 = 20.6℃이다.

습구흑구온도(WBGT : Wet Bulb Globe Temperature) 지수

- 건구온도, 습구온도 및 흑구온도에 의해 산출되며, 열중증 예방을 위한 지표로 더위지수라고도 한다.
- 일사가 영향을 미치는 옥외와 일사의 영향이 없는 옥내의 계산식이 다르다.
- 옥내에서는 WBGT=0.7NWB + 0.3GT이다. 이때 NWB는 자연습구, GT는 흑구온도이다.
- 옥외에서는 WBGT=0.7NWB + 0.2GT + 0.1DB이며 이때 NWB는 자연습구, GT는 흑구온도, DB는 건구온도이다.

39 Repetitive Learning (1회 2회 3회)

sone에 관한 설명으로 ( ) 에 알맞은 수치는?

1sone : (㉠)Hz, (㉡)dB의 음압수준을 가진 순음의 크기

① ㉠ : 1,000, ㉡ : 1
② ㉠ : 4,000, ㉡ : 1
③ ㉠ : 1,000, ㉡ : 40
④ ㉠ : 4,000, ㉡ : 40

해설

- 1 sone은 40dB의 1,000Hz 순음의 크기로 40phon의 값을 의미한다.

sone값

- 인간이 청각으로 느끼는 소리의 크기를 측정하는 척도 중 하나이다.
- 기준 음에 비해서 몇 배의 크기를 갖느냐는 음의 sone값이 결정한다.
- 1 sone은 40dB의 1,000Hz 순음의 크기로 40phon의 값을 의미한다.
- phon의 값이 주어질 때 $sone = 2^{\frac{phon-40}{10}}$ 으로 구한다.

40 Repetitive Learning (1회 2회 3회)

FTA(Fault Tree Analysis)에 관한 설명으로 옳은 것은?

① 정성적 분석만 가능하다.
② 복잡하고 대형화된 시스템의 신뢰성 분석 및 안정성 분석에 이용되는 기법이다.
③ FT에 동일한 사건이 중복되어 나타나는 경우 상향식(Bottom-up)으로 정상 사건 T의 발생 확률을 계산할 수 있다.
④ 기초사건과 생략사건의 확률 값이 주어지게 되더라도 정상사건의 최종적인 발생확률을 계산할 수 없다.

해설

- 결함수분석법(FTA)은 정성적 평가 후 정량적 평가를 실시하며, 정량적으로 재해 발생 확률을 구한다.
- 결함수분석법(FTA)은 하향식(Top-down) 방법을 사용한다.
- 결함수분석법(FTA)은 기초사건과 생략사건의 확률 값이 주어지면 정상사건의 최종적인 발생확률을 계산할 수 있다.

38 ① 39 ③ 40 ② | 정답

:: 결함수분석법(FTA)

㉠ 개요

- 연역적 방법으로 원인을 규명하며, 재해의 정량적 예측이 가능한 분석방법이다.
- 하향식(Top-down) 방법을 사용한다.
- 특정 사상에 대해 짧은 시간에 해석이 가능하다.
- 복잡하고 대형화된 시스템을 논리기호를 사용하여 해석한다.
- 간단한 FT도의 작성으로 정성적 해석이 가능하여 비전문가도 잠재위험을 효율적으로 분석할 수 있다.
- 정성적 평가 후 정량적 평가를 실시하며, 정량적으로 재해 발생 확률을 구한다.
- FTA를 수행함에 있어 기본사상들의 발생이 서로 독립인가 아닌가의 여부를 파악하기 위해서는 공분산을 이용한다.

㉡ 기대효과

- 사고원인 규명의 간편화
- 노력 시간의 절감
- 사고원인 분석의 정량화
- 시스템의 결함진단

3과목 기계 · 기구 및 설비 안전관리

1602

41 Repetitive Learning (1회 2회 3회)

와이어로프의 구성요소가 아닌 것은?

① 소선 ② 클립

③ 스트랜드 ④ 심강

해설

- 클립은 와이어로프를 결속하기 위해 사용하는 소재를 말한다.

:: 와이어로프

㉠ 개요

- 와이어로프는 심강(Core), 가닥(Strand), 소선으로 구성된다.
- 가닥(Strand)은 복수의 소선 등을 꼬아 놓은 것을 말한다.
- 와이어로프는 3개 이상의 가닥으로 구성되며, 소선의 굵기가 가늘고 많을수록 좋다.
- 결속하기 위해서 소켓, 팀블, 웨지, 아이스플라이스, 클립 등을 이용한다.

㉡ 와이어로프 소켓을 이용한 고정

- 와이어로프의 단말 고정방법으로 사용하는 것 중 가장 효율이 좋은 방법이다.
- 하중이 크게 걸리는 현수교 등에서 사용된다.
- 밀폐법의 종류에는 개방형과 밀폐형, 브릿지형이 있다.

개방형	밀폐형	브릿지형

1303 / 1901

42 Repetitive Learning (1회 2회 3회)

다음 중 산업용 로봇에 의한 작업 시 안전조치 사항으로 적절하지 않은 것은?

① 근로자가 로봇에 부딪힐 위험이 있을 때에는 1.8m 이상의 울타리를 설치하여야 한다.

② 작업을 하고 있는 동안 로봇의 기동스위치 등은 작업에 종사하고 있는 근로자가 아닌 사람이 그 스위치 등을 조작할 수 없도록 필요한 조치를 한다.

③ 로봇의 조작방법 및 순서, 작업 중의 매니퓰레이터의 속도 등에 관한 지침에 따라 작업을 하여야 한다.

④ 작업에 종사하는 근로자가 이상을 발견하면, 관리 감독자에게 우선 보고하고, 지시에 따라 로봇의 운전을 정지시킨다.

정답 | 41 ② 42 ④

해설

- 작업에 종사하고 있는 근로자 또는 그 근로자를 감시하는 사람은 이상을 발견하면 즉시 로봇의 운전을 정지시키기 위한 조치를 해야 한다.

산업용 로봇에 의한 작업 시 안전조치 실필 1901/1201

- 로봇의 조작방법 및 순서, 작업 중의 매니퓰레이터의 속도 등에 관한 지침에 따라 작업을 하여야 한다.
- 작업에 종사하고 있는 근로자 또는 그 근로자를 감시하는 사람은 이상을 발견하면 즉시 로봇의 운전을 정지시키기 위한 조치를 해야 한다.
- 작업을 하고 있는 동안 로봇의 기동스위치 등에 작업 중이라는 표시를 하는 등 작업에 종사하고 있는 근로자가 아닌 사람이 그 스위치 등을 조작할 수 없도록 필요한 조치를 해야 한다.
- 근로자가 로봇에 부딪힐 위험이 있을 때에는 안전매트 및 1.8m 이상의 울타리를 설치하여야 한다.

1003 / 1501

43 Repetitive Learning (1회 2회 3회)

다음 중 밀링작업 시 안전수칙으로 옳지 않은 것은?

① 테이블 위에 공구나 기타 물건들을 올려놓지 않는다.
② 제품 치수를 측정할 때는 절삭 공구의 회전을 정지한다.
③ 강력절삭을 할 때는 일감을 바이스에 얇게 물린다.
④ 상하 좌우 이송장치의 핸들은 사용 후 풀어 둔다.

해설

- 강력절삭 시에는 일감을 바이스에 깊게 물린다.

밀링머신(Milling machine) 안전수칙

㉠ 작업자 보호구 착용
- 작업 중 면장갑은 끼지 않는다.
- 작업자의 옷소매 등이 커터에 말릴 수 있으므로 주의하고, 묶을 때 끈을 사용하지 않는다.
- 칩의 비산이 많으므로 보안경을 착용한다.

㉡ 커터 관련 안전수칙
- 커터는 될 수 있는 한 컬럼에 가깝게 설치한다.
- 커터를 끼울 때는 아버를 깨끗이 닦는다.
- 커터의 교환 시는 테이블 위에 목재를 받쳐 놓는다.
- 밀링커터는 걸레 등으로 감싸 쥐고 다루도록 한다.
- 절삭 공구에 절삭유를 주유 시에는 커터 위부터 공급한다.

㉢ 기타 안전수칙
- 테이블 위에 공구 등을 올려놓지 않는다.
- 강력절삭 시에는 일감을 바이스에 깊게 물린다.
- 일감의 측정은 기계를 정지한 후에 한다.
- 주축속도의 변속은 반드시 주축의 정지 후에 한다.
- 상하, 좌우 이송 손잡이는 사용 후 반드시 빼 둔다.
- 칩의 제거는 절삭작업이 끝난 후 브러시나 청소용 솔을 사용하여 한다.

1503

44 Repetitive Learning (1회 2회 3회)

다음 중 지게차의 작업상태별 안정도에 관한 설명으로 틀린 것은?(단, V는 최고속도(km/h)이다)

① 기준 부하상태에서 하역작업 시의 좌우 안정도는 6%이다.
② 기준 부하상태에서 하역작업 시의 전후 안정도는 20%이다.
③ 기준 무부하상태에서 주행 시의 전후 안정도는 18%이다.
④ 기준 무부하상태에서 주행 시의 좌우 안정도는 (15+1.1V)%이다.

해설

- 기준 부하상태에서 하역작업 시의 전후 안정도는 4%이다.

지게차의 안정도

㉠ 개요
- 지게차의 하역 시, 운반 시 전도에 대한 안전성을 표시하는 값이다.
- 좌우 안정도와 전후 안정도가 있다.
- 작업 또는 주행 시 안정도 이하로 유지해야 한다.
- 지게차의 안정도 $= \frac{\text{높이}}{\text{수평거리}}$로 구한다.

㉡ 지게차의 작업상태별 안정도 실작 1601
- 기준 부하상태에서 하역작업 시의 전후 안정도는 4%이다(5톤 이상일 경우 3.5%).
- 기준 부하상태에서 하역작업 시의 좌우 안정도는 6%이다.
- 기준 부하상태에서 주행 시의 전후 안정도는 18%이다.
- 기준 무부하상태에서 주행 시의 좌우 안정도는 (15+1.1V)%이다(이때, V는 주행속도를 의미한다).

1802 / 2102

45 Repetitive Learning (1회 2회 3회)

산업안전보건법상 보일러의 안전한 가동을 위하여 보일러 규격에 맞는 압력방출장치가 2개 이상 설치된 경우에 최고사용압력 이하에서 1개가 작동되고, 다른 압력방출장치는 최고사용압력의 몇 배 이하에서 작동되도록 부착하여야 하는가?

① 1.03배　② 1.05배
③ 1.2배　④ 1.5배

해설

- 압력방출장치가 2개 이상 설치된 경우에는 최고사용압력 이하에서 1개가 작동되고, 다른 압력방출장치는 최고사용압력 1.05배 이하에서 작동되도록 부착하여야 한다.

43 ③ 44 ② 45 ② 정답

:: 압력방출장치 실필 1101/0803

㉠ 개요

- 사업주는 보일러의 안전한 가동을 위하여 보일러 규격에 맞는 압력방출장치를 1개 또는 2개 이상 설치하고 최고사용압력 이하에서 작동되도록 하여야 한다.
- 압력방출장치의 종류에는 중추식, 스프링식, 지렛대식 안전밸브가 있다.
- 스프링식 압력밸브를 사용하는 압력방출장치를 가장 많이 사용한다.

㉡ 설치

- 압력방출장치는 가능한 보일러 동체에 직접 설치한다.
- 압력방출장치가 2개 이상 설치된 경우에는 최고사용압력 이하에서 1개가 작동되고, 다른 압력방출장치는 최고사용압력 1.05배 이하에서 작동되도록 부착하여야 한다.

46

Repetitive Learning (1회 2회 3회)

금형의 설치, 해체, 운반 시 안전사항에 관한 설명으로 틀린 것은?

① 운반을 통하여 관통 아이볼트가 사용될 때는 구멍 틈새가 최소화되도록 한다.

② 금형을 설치하는 프레스의 T홈 안길이는 설치 볼트 지름의 1/2 이하로 한다.

③ 고정볼트는 고정 후 가능하면 나사산을 3~4개 정도 짧게 남겨 설치 또는 해체 시 슬라이드 면과의 사이에 협착이 발생하지 않도록 해야 한다.

④ 운반 시 상부금형과 하부금형이 닿을 위험이 있을 때는 고정 패드를 이용한 스트랩, 금속재질이나 우레탄 고무의 블록 등을 사용한다.

해설

- 금형을 설치하는 프레스의 T홈 안길이는 설치 볼트 직경의 2배 이상으로 해야 한다.

:: 금형 설치·해체작업의 일반적인 안전사항

- 금형의 설치용구는 프레스의 구조에 적합한 형태로 한다.
- 금형을 설치하는 프레스의 T홈 안길이는 설치 볼트 직경의 2배 이상으로 한다.
- 고정볼트는 고정 후 가능하면 나사산을 3~4개 정도 짧게 남겨 슬라이드 면과의 사이에 협착이 발생하지 않도록 해야 한다.
- 금형 고정용 브래킷(물림판)을 고정시킬 때 고정용 브래킷은 수평이 되게하고 고정볼트는 수직이 되게 고정하여야 한다.
- 부적합한 프레스에 금형을 설치하는 것을 방지하기 위하여 금형에 부품번호, 상형중량, 총중량, 다이하이트, 제품소재(재질) 등을 기록하여야 한다.

47

Repetitive Learning (1회 2회 3회)

선반에서 절삭 가공 시 발생하는 칩을 짧게 끊어지도록 공구에 설치되어 있는 방호장치의 일종인 칩 제거 기구를 무엇이라 하는가?

① 칩 브레이커

② 칩 받침

③ 칩 쉴드

④ 칩 커터

해설

- 선반작업 시 발생하는 칩을 잘게 끊어주는 장치는 칩 브레이커이다.

:: 선반작업 시 사용하는 방호장치

㉠ 개요

선반작업 시 사용하는 방호장치의 종류에는 칩 브레이커, 척 커버, 실드, 급정지 브레이크, 덮개, 울, 고정 브리지 등이 있다.

㉡ 방호장치의 종류와 특징

방호장치	특징
칩 브레이커 (Chip breaker)	선반작업 시 발생하는 칩을 잘게 끊어주는 장치
척 커버 (Chuck cover)	척에 물린 가공물의 돌출부 등에 작업복이 말려들어가는 것을 방지해주는 장치
실드 (Shield)	칩이나 절삭유의 비산을 방지하기 위해 선반의 전후좌우 및 위쪽에 설치하는 플라스틱 덮개로 칩 비산방지장치라고도 함
급정지 브레이크	작업 중 발생하는 돌발상황에서 선반 작동을 중지시키는 장치
덮개 또는 울, 고정 브리지	돌출하여 회전하고 있는 가공물이 근로자에게 위험을 미칠 우려가 있는 경우에 설치

48

Repetitive Learning (1회 2회 3회)

산업안전보건법령상 강렬한 소음작업에서 데시벨에 따른 노출시간으로 적합하지 않은 것은?

① 100데시벨 이상의 소음이 1일 2시간 이상 발생하는 직업

② 110데시벨 이상의 소음이 1일 30분 이상 발생하는 직업

③ 115데시벨 이상의 소음이 1일 15분 이상 발생하는 직업

④ 120데시벨 이상의 소음이 1일 7분 이상 발생하는 직업

해설

- 강렬한 소음작업은 90dBA일 때 8시간, 100dBA일 때 2시간, 110dBA일 때 1/2시간(30분) 지속되는 작업을 말한다.
- 120dB 이상의 소음은 충격소음으로 분류한다.

소음 노출 기준 실필 2301/1602

㉠ 소음의 허용기준(강렬한 소음작업의 기준)

1일 노출시간(hr)	허용 음압수준(dBA)
8	90
4	95
2	100
1	105
1/2	110
1/4	115

㉡ 충격소음의 허용기준

충격소음강도(dBA)	허용 노출 횟수(회)
140	100
130	1,000
120	10,000

0503 / 1801

49

Repetitive Learning (1회 2회 3회)

다음 보기와 같은 기계요소에 존재하는 위험점은?

밀링커터, 둥근 톱날

① 협착점
② 끼임점
③ 절단점
④ 물림점

해설

- 협착점은 프레스 금형의 조립부위 등에서 주로 발생한다.
- 끼임점은 연삭숫돌과 작업받침대, 교반기의 날개와 하우스, 반복 동작되는 링크기구, 회전풀리와 베드 사이 등에서 발생한다.
- 물림점은 기어 물림점이나 롤러회전에 의해 물리는 곳에서 발생한다.

절단점(Cutting-point)

㉠ 개요
- 회전하는 운동부 자체의 위험이나 운동하는 기계부분 자체의 위험에서 초래되는 위험점을 말한다.
- 밀링 커터, 둥근톱의 톱날, 목공용 띠톱부분 등에서 발생한다.

㉡ 대표적인 절단점

절단점	
목공용 띠톱부분	밀링 커터부분

50

Repetitive Learning (1회 2회 3회)

다음 중 산업안전보건법령상 안전인증대상 방호장치에 해당하지 않는 것은?

① 연삭기 덮개
② 압력용기 압력방출용 파열판
③ 압력용기 압력방출용 안전밸브
④ 방폭구조(防爆構造) 전기기계·기구 및 부품

해설

- 연삭기 덮개는 자율안전확인대상 방호장치에 해당한다.

자율안전확인대상 기계·설비와 방호장치 실필 0901

기계·설비	연삭기 또는 연마기(휴대형은 제외), 산업용 로봇, 혼합기, 파쇄기 또는 분쇄기, 식품가공용 기계(파쇄·절단·혼합·제면기만 해당), 컨베이어, 자동차정비용 리프트, 공작기계(선반, 드릴기, 평삭·형삭기, 밀링만 해당), 고정형 목재가공용 기계(둥근톱, 대패, 루타기, 띠톱, 모떼기 기계만 해당), 인쇄기
방호장치	아세틸렌 용접장치용 또는 가스집합 용접장치용 안전기, 교류 아크용접기용 자동전격방지기, 롤러기 급정지장치, 연삭기 덮개, 목재 가공용 둥근톱 반발 예방장치와 날 접촉 예방장치, 동력식 수동대패용 칼날 접촉 방지장치, 추락·낙하 및 붕괴 등의 위험 방지 및 보호에 필요한 가설기자재로서 고용노동부장관이 정하여 고시하는 것

51

Repetitive Learning (1회 2회 3회)

산업안전보건법령상 연삭기 작업 시 작업자가 안심하고 작업을 할 수 있는 상태는?

① 탁상용 연삭기에서 숫돌과 작업 받침대의 간격이 5mm 이다.
② 덮개 재료의 인장강도는 224MPa 이다.
③ 숫돌 교체 후 2분 정도 시험운전을 실시하여 해당 기계의 이상 여부를 확인하였다.
④ 작업 시작 전 1분 정도 시험운전을 실시하여 해당 기계의 이상여부를 확인하였다.

49 ③ 50 ① 51 ④ 정답

해설

- 숫돌과 작업 받침대의 간격은 3mm 이내를 유지해야 한다.
- 덮개 재료의 인장강도는 274.58MPa 이상이어야 한다.
- 연삭숫돌을 교체한 후에는 3분 이상 시험운전을 하고 해당 기계에 이상이 있는지를 확인하여야 한다.

산업안전보건법상의 연삭숫돌 사용 시 안전조치 실필 1303/0802

- 사업주는 회전 중인 연삭숫돌(지름이 5cm 이상인 것)이 근로자에게 위험을 미칠 우려가 있는 경우에 그 부위에 덮개를 설치하여야 한다.
- 사업주는 연삭숫돌을 사용하는 작업의 경우 작업을 시작하기 전에는 1분 이상, 연삭숫돌을 교체한 후에는 3분 이상 시험운전을 하고 해당 기계에 이상이 있는지를 확인하여야 한다.
- 시험운전에 사용하는 연삭숫돌은 작업 시작 전에 결함이 있는지를 확인한 후 사용하여야 한다.
- 사업주는 측면을 사용하는 것을 목적으로 하지 않는 연삭숫돌을 사용하는 경우 측면을 사용하도록 해서는 아니 된다.
- 숫돌 고정장치인 평형플랜지의 직경은 설치하는 숫돌 직경의 1/3 이상, 여윳값은 1.5mm 이상이어야 한다.
- 연삭작업 시 안전을 위해 작업자는 연삭기의 측면에 위치한다.
- 연삭숫돌을 결합할 때는 열로 인한 팽창을 고려하여 축과 0.1~0.15mm 정도의 틈새를 둔다.

1301 / 1702 / 1803

52 Repetitive Learning (1회 2회 3회)

프레스기를 사용하여 작업을 할 때 작업 시작 전 점검사항으로 틀린 것은?

① 클러치 및 브레이크의 기능
② 압력방출장치의 기능
③ 크랭크축 · 플라이휠 · 슬라이드 · 연결봉 및 연결나사의 풀림 유무
④ 금형 및 고정 볼트의 상태

해설

- 압력방출장치의 기능은 공기압축기를 가동할 때 작업 시작 전 점검사항이다.

프레스 등을 사용하여 작업할 때 작업 시작 전 점검사항 실작 2402/2301/2102/2002

- 클러치 및 브레이크의 기능
- 프레스의 금형 및 고정볼트 상태
- 1행정 1정지기구 · 급정지장치 및 비상정지 장치의 기능
- 크랭크축 · 플라이휠 · 슬라이드 · 연결봉 및 연결 나사의 풀림여부
- 슬라이드 또는 칼날에 의한 위험방지 기구의 기능
- 방호장치의 기능
- 전단기의 칼날 및 테이블의 상태

0303 / 1401 / 1803

53 Repetitive Learning (1회 2회 3회)

인장강도가 250N/mm^{2}인 강판의 안전율이 4라면 이 강판의 허용응력(N/mm^2)은 얼마인가?

① 42.5　② 62.5
③ 82.5　④ 102.5

해설

- 안전율 = $\frac{\text{인장강도}}{\text{허용응력}}$이므로 허용응력 = $\frac{\text{인장강도}}{\text{안전율}}$이다.
- 주어진 값을 대입하면 $\frac{250}{4} = 62.5$[N/mm^2]이 된다.

안전율/안전계수(Safety factor)

- 소재의 파괴강도와 허용되는 응력의 비를 표시한 것이다.
- 안전율은 $\frac{\text{기준강도}}{\text{허용응력}}$ 또는 $\frac{\text{항복강도}}{\text{설계하중}}$, $\frac{\text{파괴하중}}{\text{최대사용하중}}$, $\frac{\text{최대응력}}{\text{허용응력}}$ 등으로 구한다.
- 응력은 단위면적당 부재에 작용하는 힘을 말하며, 허용응력은 단위면적당 재료가 파괴되지 않고 영구적인 변형이 남지 않는 비례한도 범위 내의 응력을 말한다.
- 기준강도는 재료에 손상을 입힌다고 인정되는 강도를 말한다.
- 강도(기준강도)를 통해 재료의 안전율, 구조 등이 결정된다.
- 연성재료에서는 항복점을 기준강도, 인장강도, 기초강도라고도 한다.

54 Repetitive Learning (1회 2회 3회)

방호장치 안전인증 고시에 따라 프레스 및 전단기에 사용되는 광전자식 방호장치의 일반구조에 대한 설명으로 가장 적절하지 않은 것은?

① 정상동작표시램프는 녹색, 위험표시램프는 붉은색으로 하며, 근로자가 쉽게 볼 수 있는 곳에 설치해야 한다.
② 슬라이드 하강 중 정전 또는 방호장치의 이상 시에 정지할 수 있는 구조이어야 한다.
③ 방호장치는 릴레이, 리미트 스위치 등의 전기부품의 고장, 전원전압의 변동 및 정전에 의해 슬라이드가 불시에 동작하지 않아야 하며, 사용전원전압의 ±(100분의 10)의 변동에 대하여 정상으로 작동되어야 한다.
④ 방호장치의 감지기능은 규정한 검출영역 전체에 걸쳐 유효하여야 한다.(다만, 블랭킹 기능이 있는 경우 그렇지 않다.)

정답 52 ② 53 ② 54 ③

해설

- 방호장치는 릴레이, 리미트 스위치 등의 전기부품의 고장, 전원전압의 변동 및 정전에 의해 슬라이드가 불시에 동작하지 않아야 하며, 사용전원전압의 ±(100분의 20)의 변동에 대하여 정상으로 작동되어야 한다.

광전자식 방호장치의 일반구조

- 정상동작표시램프는 녹색, 위험표시램프는 붉은색으로 하며, 쉽게 근로자가 볼 수 있는 곳에 설치해야 한다.
- 슬라이드 하강 중 정전 또는 방호장치의 이상 시에 정지할 수 있는 구조이어야 한다.
- 방호장치는 릴레이, 리미트 스위치 등의 전기부품의 고장, 전원전압의 변동 및 정전에 의해 슬라이드가 불시에 동작하지 않아야 하며, 사용전원전압의 ±(100분의 20)의 변동에 대하여 정상으로 작동되어야 한다.
- 방호장치의 정상작동 중에 감지가 이루어지거나 공급전원이 중단되는 경우 적어도 두개 이상의 독립된 출력신호 개폐장치가 꺼진 상태로 돼야 한다.
- 방호장치의 감지기능은 규정한 검출영역 전체에 걸쳐 유효하여야 한다.(다만, 블랭킹 기능이 있는 경우 그렇지 않다)
- 방호장치에 제어기(Controller)가 포함되는 경우에는 이를 연결한 상태에서 모든 시험을 한다.
- 방호장치를 무효화하는 기능이 있어서는 안 된다.

55 ——— Repetitive Learning (1회 2회 3회)

다음 중 롤러의 급정지 성능으로 적합하지 않은 것은?

① 앞면 롤러 표면 원주속도가 25m/min, 앞면 롤러의 원주가 5m 일 때 급정지거리 1.6m 이내
② 앞면 롤러 표면 원주속도가 35m/min, 앞면 롤러의 원주가 7m 일 때 급정지거리 2.8m 이내
③ 앞면 롤러 표면 원주속도가 30m/min, 앞면 롤러의 원주가 6m 일 때 급정지거리 2.6m 이내
④ 앞면 롤러 표면 원주속도가 20m/min, 앞면 롤러의 원주가 8m 일 때 급정지거리 2.6m 이내

해설

- 급정지거리는 원주속도가 30(m/min) 이상일 경우 앞면 롤러 원주의 1/2.5, 30(m/min) 미만일 경우 앞면 롤러 원주 1/3 이내이다. 원주는 $2\pi r$이고, 원주속도는 (3.14×외경×회전수)/1,000이다.
- ③의 경우 원주속도가 30(m/min)이므로 원주가 6m이면 급정지거리는 2.4m 이내가 되어야 한다.

롤러기 급정지장치의 개구부 간격과 급정지거리 실필 1703/1202/1102

- 가드 설치 시 개구부 간격(단위 : mm)

구분	간격
개구부와 위험점 간격 : 160mm 이상	30
개구부와 위험점 간격 : 160mm 미만	6+(0.15×개구부 ~위험점 최단거리)
위험점이 전동체일 경우	6+(0.1×개구부 ~위험점 최단거리)

- 급정지거리

원주속도	급정지거리
원주속도 : 30m/min 이상	앞면 롤러 원주의 1/2.5
원주속도 : 30m/min 미만	앞면 롤러 원주의 1/3 이내

0701 / 1602 / 2001

56 ——— Repetitive Learning (1회 2회 3회)

크레인의 방호장치에 해당되지 않는 것은?

① 권과방지장치　② 과부하방지장치
③ 자동보수장치　④ 비상정지장치

해설

- 자동보수장치는 자동으로 수리를 진행하는 장치의 의미인 것으로 판단되나 현재 크레인과 관련하여 해당 장치는 존재하지 않는다.

크레인의 방호장치 실필 1902/1101

- 크레인 방호장치에는 과부하방지장치, 권과방지장치, 충돌방지장치, 비상정지장치, 해지장치, 스토퍼 등이 있다.
- 권과방지장치는 일정 이상 부하를 권상시키면 더 이상 권상되지 않게 하여 부하가 크레인에 충돌하지 않도록 하는 장치이다. 이때 간격은 25cm 이상 유지하도록 조정한다(단, 직동식 권과방지장치의 간격은 0.05m 이상이다).
- 과부하방지장치는 하중이 정격을 초과하였을 때 자동적으로 상승이 정지되는 장치이다.
- 충돌방지장치는 병렬로 설치된 크레인의 경우 크레인의 충돌을 방지하기 위해 광 또는 초음파를 이용해 크레인의 접촉을 감지하여 충돌을 방지하는 장치이다.
- 비상정지장치는 위험한계 내에 신체의 일부가 들어가거나 이상사태가 발견된 경우에 기계의 작동을 정지시키는 장치를 말한다.
- 해지장치는 크레인 작업 시 와이어로프 등이 훅으로부터 벗겨지는 것을 방지하기 위한 장치이다.
- 스토퍼는 같은 주행로에 병렬로 설치되어 있는 주행 크레인에서 크레인끼리의 충돌이나, 근로자에 접촉하는 것을 방지하는 장치이다.

55 ③ 56 ③ | 정답

57 Repetitive Learning (1회 2회 3회)

설비보전은 예방보전과 사후보전으로 대별된다. 다음 중 예방보전의 종류가 아닌 것은?

① 시간계획보전 ② 개량보전
③ 상태기준보전 ④ 적응보전

해설

- 개량보전(CM)은 설비의 고장 시에 수리뿐만 아니라 개선된 부품의 교체 등을 통하여 설비의 열화, 마모의 방지와 수명의 연장을 동시에 추구하는 설비보전활동으로 예방보전의 종류에 해당하지 않는다.

보전(Maintenance)

㉠ 개요
- 기계나 설비를 운전가능한 상태로 유지하고, 고장이나 결함이 발생했을 경우 이를 회복하기 위한 절차 및 활동 전반을 일컫는 말이다.
- 보전은 예방보전(PM)과 사후보전(BM), 개량보전(CM)으로 크게 분류된다.

㉡ 예방보전
- 예방보전은 시간기준 보전(TBM)과 상태기준 보전(CBM), 적응보전으로 구분된다.
- 시간기준 보전(TBM)은 가동시간을 기준으로 일정한 기간마다 기계나 설비의 설비보전 활동을 하는 것을 말한다.
- 상태기준 보전(CBM)은 설비의 상태를 온라인으로 측정, 해석하고 미리 정해진 기준에 따라 설비보전 활동을 하는 것을 말한다.

㉢ 사후보전과 개량보전
- 사후보전(BM)은 설비의 기능과 성능에 결함이 확실하게 확인되었을 때 설비보전 활동을 하는 것을 말한다.
- 개량보전(CM)은 설비의 고장 시에 수리뿐만 아니라 개선된 부품의 교체 등을 통하여 설비의 열화, 마모의 방지와 수명의 연장을 동시에 추구하는 설비보전활동을 말한다.

1301

58 Repetitive Learning 

천장 크레인에 중량 3kN의 화물을 2줄로 매달았을 때 매달기용 와이어(Sling wire)에 걸리는 장력은 얼마인가?(단, 슬링와이어 2줄 사이의 각도는 55°이다)

① 1.3kN ② 1.7kN
③ 2.0kN ④ 2.3kN

해설

- 화물의 무게가 3kN이고, 상부의 각(θ)이 55°이므로

이를 식에 대입하면 $\dfrac{\frac{3}{2}}{\cos\left(\frac{55}{2}\right)} = \dfrac{1.5}{0.887} = 1.69109$[kN]이다.

중량물을 달아 올릴 때 걸리는 하중 실필 1603

- 훅에서 화물로 수직선을 내려 만든 2개의 직각삼각형 각각에 화물의 무게/2의 하중이 걸린다.
- 각각의 와이어로프의 $\cos\left(\frac{\theta}{2}\right)$에 해당하는 값에 화물무게/2에 해당하는 하중이 걸리므로 이를 식으로 표현하면

와이어로프에 걸리는 장력 $= \dfrac{\frac{화물무게}{2}}{\cos\left(\frac{\theta}{2}\right)}$로 구한다.

- θ가 0°보다는 크고 180°보다 작은 경우, θ의 각이 클수록 분모에 해당하는 $\cos\left(\frac{\theta}{2}\right)$의 값은 작아지므로 전체적인 장력은 커지게 된다.

1301

59 Repetitive Learning (1회 2회 3회)

산업안전보건법령에 따라 아세틸렌용접장치의 아세틸렌 발생기실을 설치하는 경우 준수하여야 하는 사항으로 옳은 것은?

① 벽은 가연성 재료로 하고 철근콘크리트 또는 그밖에 이와 동등하거나 그 이상의 강도를 가진 구조로 할 것
② 바닥면적의 1/16 이상의 단면적을 가진 배기통을 옥상으로 돌출시키고 그 개구부를 창이나 출입구로부터 1.5m 이상 떨어지도록 할 것
③ 출입구의 문은 불연성 재료로 하고 두께 1.0mm 이하의 철판이나 그 밖에 그 이상의 강도를 가진 구조로 할 것
④ 발생기실을 옥외에 설치한 경우에는 그 개구부를 다른 건축물로부터 1.0m 이내 떨어지도록 하여야 한다.

해설

- 발생기실을 옥외에 설치한 경우에는 그 개구부가 다른 건축물로부터 1.5m 이상 떨어지도록 하여야 한다.

발생기실의 설치장소 등

- 사업주는 아세틸렌용접장치의 아세틸렌 발생기를 설치하는 경우에는 전용의 발생기실에 설치하여야 한다.
- 발생기실은 건물의 최상층에 위치하여야 하며, 화기를 사용하는 설비로부터 3m를 초과하는 장소에 설치하여야 한다.
- 발생기실을 옥외에 설치한 경우에는 그 개구부가 다른 건축물로부터 1.5m 이상 떨어지도록 하여야 한다.

정답 | 57 ② 58 ② 59 ②

0401 / 1303

60

Repetitive Learning (1회 2회 3회)

조작자의 신체부위가 위험한계 밖에 위치하도록 기계의 조작장치를 위험구역에서 일정거리 이상 떨어지게 하는 방호장치를 무엇이라 하는가?

① 덮개형 방호장치
② 차단형 방호장치
③ 위치제한형 방호장치
④ 접근반응형 방호장치

해설

- 조작자의 신체부위가 위험한계 밖에 위치하도록 하는 방호장치는 위치제한형 방호장치이다.

방호장치의 종류

㉠ 작업점에 대한 방호장치

형태	설명
격리형	작업자가 위험점에 접근하지 못하도록 차단벽이나 망(울타리), 덮개 등을 설치하는 방호장치
위치 제한형	• 대표적인 종류는 양수조작식 • 위험기계에 조작자의 신체부위가 의도적으로 위험점 밖에 있도록 하는 방호장치
접근 거부형	• 대표적인 종류는 손쳐내기식(방호판) • 위험기계 및 위험기구 방호조치 기준상 작업자의 신체부위가 위험한계 내로 접근하였을 때 기계적인 작용에 의하여 근접을 저지하는 방호장치
접근 반응형	• 대표적인 종류는 광전자식 방호장치 • 작업자가 위험점에 접근할 경우 센서에 의해 기계의 작동이 정지되는 방호장치

㉡ 위험원에 대한 방호장치

형태	설명
감지형	이상온도, 이상기압, 과부하 등 기계의 부하가 안전 한계치를 초과하는 경우에 이를 감지하고 자동으로 안전상태가 되도록 조정하거나 기계의 작동을 중지시키는 방호장치
포집형	• 대표적인 종류는 연삭숫돌의 포집장치 • 위험장소가 아닌 위험원에 대한 방호장치

4과목 전기설비 안전관리

1403

61

Repetitive Learning (1회 2회 3회)

대지에서 용접작업을 하고 있는 작업자가 용접봉에 접촉한 경우 통전전류는?

- 용접기의 출력측 무부하전압 : 90[V]
- 접촉저항(손, 용접봉 등 포함) : 10[kΩ]
- 인체의 내부저항 : 1[kΩ]
- 발과 대지의 접촉저항 : 20[kΩ]

① 약 0.19[mA]
② 약 0.29[mA]
③ 약 1.96[mA]
④ 약 2.90[mA]

해설

- 전압이 주어져 있고 여러 개의 저항이 연결된 개념이므로 합성저항을 먼저 구해야 한다. 용접작업 시 접촉저항, 인체의 내부저항, 발과 대지의 접촉저항은 모두 직렬로 연결되므로 합성저항은 10+1+20=31[kΩ]이다.
- 전압이 90[V]이므로 통전전류는 $\frac{90}{31\times10^3}=0.0029$[A]이다.
- 구하고자 하는 단위가 mA이므로 1000을 곱한 2.9[mA]이다.

옴(Ohm)의 법칙

- 전기회로에 흐르는 전류는 그 회로에 가하여진 전압에 정비례하고, 저항에 반비례한다는 법칙이다.
- $I[A]=\frac{V[V]}{R[\Omega]}$, $V=IR$, $R=\frac{V}{I}$로 계산한다.

62

Repetitive Learning (1회 2회 3회)

KS C IEC 60079-10-2에 따라 공기 중에 분진운의 형태로 폭발성 분진 분위기가 지속적으로 또는 장기간 또는 빈번히 존재하는 장소는?

① 0종 장소
② 1종 장소
③ 20종 장소
④ 21종 장소

해설

- 가연성 분진의 존재에 따른 위험장소는 20종, 21종, 22종으로 구분된다.
- 21종 장소는 공기 중에 가연성 분진운의 형태가 정상 작동 중 빈번하게 폭발분위기를 형성할 수 있는 장소이다.

60 ③ 61 ④ 62 ③ 정답

:: 가연성 분진의 존재에 따른 위험장소의 구분

20종	공기 중에 가연성 분진운의 형태가 연속적, 장기간 또는 단기간 자주 폭발분위기로 존재하는 장소
21종	공기 중에 가연성 분진운의 형태가 정상작동 중 빈번하게 폭발분위기를 형성할 수 있는 장소
22종	공기 중에 가연성 분진운의 형태가 정상작동 중 폭발분위기를 거의 형성하지 않고, 만약 발생한다 하더라도 단기간만 지속될 수 있는 장소

0701 / 0803

63

설비의 이상현상에 나타나는 아크(Arc)의 내용이 아닌 것은?

① 단락에 의한 아크
② 지락에 의한 아크
③ 차단기에서의 아크
④ 전선저항에 의한 아크

해설

- 설비의 이상으로 일어나는 아크에는 단락, 섬락, 지락, 차단기에 의한 아크 등이 있다.

:: 아크(Arc)

- 방전의 한 종류로 2개의 탄소봉을 접촉시킨 상태에서 강한 전류를 흐르게 한 후 천천히 그 간격을 멀리하면 양극이 가열되면서 강한 백색 빛을 발하게 되는 현상을 말한다.
- 2개의 전극 간에 비교적 낮은 전압의 큰 전류를 흘렸을 경우에 일어난다.
- 아크 방전이 일어날 때 생기는 고온의 흰색 불꽃을 이용하여 금속 등을 용접하는데 사용한다.
- 설비의 이상으로 일어나는 아크에는 단락, 섬락, 지락, 차단기에 의한 아크 등이 있다.
- 전압 · 전류 특성은 부특성을 갖는다. 즉, 전류가 상승하면 전압이 급격히 떨어지는 포물선 특성을 갖는다.

1303

64

Repetitive Learning 1회 2회 3회

정전기 재해방지에 관한 설명 중 잘못된 것은?

① 이황화탄소의 수송 과정에서 배관 내의 유속을 2.5m/s 이상으로 한다.
② 포장 과정에서 용기를 도전성 재료에 접지한다.
③ 인쇄 과정에서 도포량을 적게 하고 접지한다.
④ 작업장의 습도를 높여 전하가 제거되기 쉽게 한다.

해설

- 유동대전이 심하고 폭발 위험성이 높은 것(가솔린, 이황화탄소, 벤젠 등)은 배관 내 유속을 1m/s 이하로 해야 한다.

:: 정전기 재해방지대책 실필 1901/1702/1201/1103

- 부도체에 제전기를 설치・운영하거나 도전성을 향상시켜야 한다.
- 정전기 재해방지를 위해서 반도체 취급 공정작업자가 착용하는 손목 띠의 저항은 1[mΩ]으로 한다.
- 도체의 경우 접지를 하며 이때 접지값은 $10^6\Omega$ 이하이면 충분하고, 안전을 고려하여 $10^3\Omega$ 이하로 유지한다.
- 생산공정에 별다른 문제가 없다면, 습도를 70% 정도 유지하여 전하가 제거되기 쉽게 한다.
- 유동대전이 심하고 폭발 위험성이 높은 것(가솔린, 이황화탄소, 벤젠 등)은 배관 내 유속을 1m/s 이하로 해야 한다.
- 포장 과정에서 용기를 도전성 재료에 접지한다.
- 인쇄 과정에서 도포량을 적게 하고 접지한다.
- 대전 방지제를 사용하고, 대전 물체에 정전기 축적을 최소화하여야 한다.
- 배관 내 액체의 유속을 제한한다.
- 공기를 이온화한다.
- 작업장 바닥에 도전성(정전기 방지용) 매트를 사용한다.
- 작업자는 제전복, 정전화(대전 방지용 안전화)를 착용한다.

65

Repetitive Learning 1회 2회 3회

한국전기설비규정에 따라 사람이 쉽게 접촉할 우려가 있는 곳에 금속제 외함을 가지는 저압의 기계기구가 시설되어 있다. 이 기계기구의 사용전압이 몇 V를 초과할 때 전기를 공급하는 전로에 누전차단기를 시설해야 하는가?(단, 누전차단기를 시설하지 않아도 되는 조건은 제외한다)

① 30V ② 40V
③ 50V ④ 60V

해설

- 금속제 외함을 가지는 사용전압이 50V를 초과하는 저압의 기계기구로서 사람이 쉽게 접촉할 우려가 있는 곳에 시설하는 것에 전기를 공급하는 전로에는 누전차단기를 시설해야 한다.

:: 누전차단기를 시설해야할 대상

- 금속제 외함을 가지는 사용전압이 50V를 초과하는 저압의 기계기구로서 사람이 쉽게 접촉할 우려가 있는 곳에 시설하는 것에 전기를 공급하는 전로
- 주택의 인입구 등 이 규정에서 누전차단기 설치를 요구하는 전로
- 특고압전로, 고압전로 또는 저압전로와 변압기에 의하여 결합되는 사용전압 400 V 초과의 저압전로 또는 발전기에서 공급하는 사용전압 400 V 초과의 저압전로

정답 | 63 ④ 64 ① 65 ③

66

Repetitive Learning (1회 2회 3회)

다음 중 방폭설비의 보호등급(IP)에 대한 설명으로 옳은 것은?

① 제1 특성 숫자가 "1"인 경우 지름 50mm 이상의 외부 분진에 대한 보호
② 제1 특성 숫자가 "2"인 경우 지름 10mm 이상의 외부 분진에 대한 보호
③ 제2 특성 숫자가 "1"인 경우 지름 50mm 이상의 외부 분진에 대한 보호
④ 제2 특성 숫자가 "2"인 경우 지름 10mm 이상의 외부 분진에 대한 보호

해설

- 첫 번째 숫자가 1인 경우 지름 50mm 고체 분진에 대한 보호, 2인 경우 지름 12.5mm 고체 분진에 대한 보호가 가능하다는 것을 의미한다.
- 두 번째 숫자가 1인 경우 수직으로 떨어지는 물방울, 2인 경우 수직 최대 15°의 물방울에 대한 보호가 가능하다는 것을 의미한다.

방폭설비의 보호등급(IP)

- IP XX (X는 숫자) 로 표시한다.
- XX에서 첫 번째 X는 고체나 분진에 대한 보호등급을 나타낸다.
- XX에서 두 번째 X는 액체에 대한 보호등급을 나타낸다.

숫자	첫 번째(분진)	두 번째(액체)
1	지름 50mm 고체	수직으로 떨어지는 물방울
2	지름 12.5mm 고체	수직 최대 15°
3	지름 2.5mm 고체	수직 최대 60°
4	지름 1mm 고체	튀기는 물
5	동작에 이상없는 방호	물 분출
6	분진침투 없음	강력한 물 분출
7		잠시동안 침수
8		연속적인 잠수

1702

67

Repetitive Learning (1회 2회 3회)

정전기 발생에 영향을 주는 요인에 대한 설명으로 틀린 것은?

① 물체의 분리속도가 빠를수록 발생량은 적어진다.
② 접촉면적이 크고 접촉압력이 높을수록 발생량이 많아진다.
③ 물체 표면이 수분이나 기름으로 오염되면 산화 및 부식에 의해 발생량이 많아진다.
④ 정전기의 발생은 처음 접촉, 분리할 때가 최대로 되고 접촉, 분리가 반복됨에 따라 발생량은 감소한다.

해설

- 물질의 분리속도가 빠를수록 정전기 발생량이 많아진다.

정전기 발생에 영향을 주는 요인

㉠ 개요

- 정전기 발생에 영향을 주는 요인에는 물체의 표면상태, 물질의 분리속도와 특성, 대전이력, 접촉면적 및 압력 등이 있다.

㉡ 정전기 발생 요인

요인	내용
물질의 표면상태	물질 표면의 거칠기나 오염도가 높을수록 정전기 발생량이 많아진다.
물질의 분리속도	물질의 분리속도가 빠를수록 정전기 발생량이 많아진다.
물질의 접촉면적 및 압력	접촉면적이 넓을수록, 접촉압력이 클수록 정전기 발생량이 많아진다.
물질의 특성	대전서열이 멀어질수록 정전기 발생량이 많아진다.
물질의 대전이력	정전기 발생량은 처음 대전될 때가 가장 많고 발생횟수가 반복할수록 감소한다.

68

Repetitive Learning (1회 2회 3회)

다음 설명이 나타내는 현상은?

> 전압이 인가된 이극 도체간의 고체 절연물 표면에 이물질이 부착되면 미소방전이 일어난다. 이 미소방전이 반복되면서 절연물 표면에 도전성 통로가 형성되는 현상이다.

① 흑연화 현상
② 트래킹 현상
③ 반단선 현상
④ 절연이동 현상

해설

- 흑연화 현상이란 유기절연물에 전기불꽃에 장시간 노출되면 절연체 표면에 작은 탄화도전로가 생성되며 이로인해 열이 발생되어 흑연화 되는 것이다.
- 반단선 현상이란 전선이 절연피복 내에서 단선되어 단선과 이어짐을 되풀이하는 현상을 말한다.

트래킹(tracking) 현상

- 전자제품 등에 묻은 이물질 등이 부착된 표면을 전류가 흘러 절연물질을 탄화시키는 현상을 말한다.
- 전압이 인가된 이극 도체간의 고체 절연물 표면에 이물질이 부착되면 미소방전이 일어난다. 이 미소방전이 반복되면서 절연물 표면에 도전성 통로가 형성되는 현상이다.

66 ① 67 ① 68 ② 정답

1101 / 1902

69

Repetitive Learning (1회 2회 3회)

전기기기, 설비 및 전선로 등의 충전 유무를 확인하기 위한 장비는 어느 것인가?

① 위상 검출기
② 디스콘 스위치
③ COS
④ 저압 및 고압용 검전기

해설

- 전기기기 및 설비, 전선로 등의 충전 유무를 확인하는 장비는 검전기이다.

검전기

- 정전기 유도 현상을 이용하여 물체가 대전되었는지, 또 대전되었다면 어떤 전하로 대전되었는지를 확인하는 장치를 말한다.
- 금속판, 금속막대, 금속박과 유리병으로 구성되어 있으며 금속박이 벌어지는 것으로 물체가 대전되었는지의 여부를 확인한다.

70

Repetitive Learning (1회 2회 3회)

피뢰기로서 갖추어야 할 성능 중 틀린 것은?

① 충격 방전 개시전압이 낮을 것
② 뇌전류 방전 능력이 클 것
③ 제한전압이 높을 것
④ 속류 차단을 확실하게 할 수 있을 것

해설

- 피뢰기는 충격방전 개시전압과 제한전압은 낮아야 하고, 속류의 차단은 확실해야 한다.

피뢰기

㉠ 구성요소
- 특성요소 : 뇌전류 방전 시 피뢰기 자신의 전위 상승을 억제하여 절연파괴를 방지한다.
- 직렬 갭 : 뇌전류를 대지로 방전시키고 속류를 차단한다.

㉡ 이상적인 피뢰기의 특성
- 제한전압이 낮아야 한다.
- 반복동작이 가능하여야 한다.
- 충격방전 개시전압이 낮아야 한다.
- 뇌전류의 방전능력이 크고 속류의 차단이 확실하여야 한다.

1603

71

Repetitive Learning (1회 2회 3회)

접지저항 저감방법으로 틀린 것은?

① 접지극의 병렬접지를 실시한다.
② 접지극의 매설 깊이를 증가시킨다.
③ 접지극의 크기를 최대한 작게 한다.
④ 접지극 주변의 토양을 개량하여 대지저항률을 떨어뜨린다.

해설

- 접지극의 크기를 크게 해야 접지저항을 낮출 수 있다.

접지저항 저감대책

㉠ 물리적인 저감대책
- 접지극의 병렬접속 및 연결 개수 및 면적을 확대한다(병렬법).
- 접지봉 매설 깊이를 깊게 한다(심타법).
- 매설지선 및 평판 접지극 공법을 사용한다.
- 접지극 매설 깊이를 증가시킨다.
- Mesh 공법으로 시공한다.

㉡ 화학적인 저감대책
- 접지극 주변의 토양을 개량한다.
- 접지저항 저감제(약품법)를 사용해 매설 토지의 대지저항률을 낮춘다.

0602 / 1203 / 1601

72

Repetitive Learning (1회 2회 3회)

교류 아크용접기의 사용에서 무부하전압이 80[V], 아크전압 25[V], 아크전류 300[A]일 경우 효율은 약 몇 [%]인가? (단, 내부손실은 4[kW]이다)

① 65.2 ② 70.5
③ 75.3 ④ 80.6

해설

- 아크전압과 아크전류가 주어졌으므로 아크용접기의 출력을 구할 수 있다. 아크용접기의 출력 = 전압×전류 = 25 × 300 = 7,500[W]이다.
- 출력과 내부손실이 주어졌으므로

효율 = $\frac{7,500}{7,500+4,000}$ = 65.21[%]가 된다.

기기의 효율

- 기기의 효율은 입력대비 출력의 비율로 표시한다.
- 기기의 효율은 기기의 내부손실에 반비례한다.
- 입력은 출력 + 내부손실과 같다.
- 효율 = $\frac{\text{출력}}{\text{입력}} \times 100 = \frac{\text{출력}}{\text{출력} + \text{내부손실}} \times 100$[%]이다.

정답 | 69 ④ 70 ③ 71 ③ 72 ①

73 Repetitive Learning 1회 2회 3회

다음 중 기기보호등급(EPL)에 해당하지 않는 것은?

① EPL Ga
② EPL Ma
③ EPL Dc
④ EPL Mc

해설

- 광산에 해당하는 그룹 Ⅰ은 EPL Ma(매우 높음), EPL Mb(높음)로 구성된다.

기기보호수준(Equipment protection level : EPL)

- 점화원으로 될 가능성과 가스 및 분진폭발위험분위기의 위험 정도를 구분하기 위하여 기기에 적용되는 보호수준을 말한다.
- 광산(그룹 Ⅰ) : EPL Ma(매우 높음), EPL Mb(높음)
- 가스(그룹 Ⅱ) : EPL Ga(매우 높음), EPL Gb(높음), EPL Gc (개선)
- 분진(그룹 Ⅲ) : EPL Da(매우 높음), EPL Db(높음), EPL Dc (개선)

0602 / 1803

74 Repetitive Learning 1회 2회 3회

다음 중 방폭구조의 종류가 아닌 것은?

① 본질안전방폭구조
② 고압방폭구조
③ 압력방폭구조
④ 내압방폭구조

해설

- 전기설비의 방폭구조에는 본질안전(ia, ib), 내압(d), 압력(p), 충전(q), 유입(o), 안전증(e), 몰드(m), 비점화(n)방폭구조 등이 있다.

장소별 방폭구조 실필 2302/0803

0종 장소	지속적 위험분위기	• 본질안전방폭구조(EX ia)
1종 장소	통상상태에서의 간헐적 위험분위기	• 내압방폭구조(EX d) • 압력방폭구조(EX p) • 충전방폭구조(EX q) • 유입방폭구조(EX o) • 안전증방폭구조(EX e) • 본질안전방폭구조(EX ib) • 몰드방폭구조(EX m)
2종 장소	이상상태에서의 위험분위기	• 비점화방폭구조(EX n)

75 Repetitive Learning 1회 2회 3회

다음 중 산업안전보건기준에 관한 규칙에 따라 누전차단기를 설치하지 않아도 되는 곳은?

① 철판·철골 위 등 도전성이 높은 장소에서 사용하는 이동형 전기기계·기구
② 대지전압이 220V인 휴대형 전기기계·기구
③ 임시배선이 전로가 설치되는 장소에서 사용하는 이동형 전기기계·기구
④ 절연대 위에서 사용하는 전기기계·기구

해설

- 선박의 이중 선체 내부, 밸러스트(Ballast) 탱크, 보일러 내부 등 도전체에 둘러싸인 장소, 추락할 위험이 있는 높이 2m 이상의 장소로 철골 등 도전성이 높은 물체에 근로자가 접촉할 우려가 있는 장소, 근로자가 물·땀 등으로 인하여 도전성이 높은 습윤 상태에서 작업하는 장소 등에서는 누전차단기 혹은 자동전격방지장치의 설치가 필요하다.

누전차단기를 설치하지 않는 경우

- 기계·기구를 발전소, 변전소 또는 개폐소나 이에 준하는 곳에 시설하는 경우로서 전기 취급자 이외의 자가 임의로 출입할 수 없는 경우
- 기계·기구를 건조한 장소에 시설하는 경우
- 기계·기구를 건조한 장소에 시설하고 습한 장소에서 조작하는 경우로 제어용 전압이 교류 30[V], 직류 40[V] 이하인 경우
- 대지전압 150[V] 이하의 기계·기구를 물기가 없는 장소에 시설하는 경우
- 전기용품안전관리법의 적용을 받는 2중 절연구조의 기계·기구(정원등, 전동공구 등)를 시설하는 경우
- 그 전로의 전원측에 절연변압기를 시설하고 또한 그 절연변압기의 부하측 전로를 접지하지 않은 경우
- 기계·기구가 고무, 합성수지 기타 절연물로 피복된 것일 경우
- 기계·기구가 유도전동기의 2차측 전로에 접속되는 것일 경우
- 기계·기구 내에 전기용품안전관리법의 적용을 받는 누전차단기를 설치하고 또한 전원연결선에 손상을 받을 우려가 없도록 시설하는 경우

76 Repetitive Learning 1회 2회 3회

정전기로 인한 화재 폭발의 위험이 가장 높은 것은?

① 드라이클리닝설비
② 농작물 건조기
③ 가습기
④ 전동기

73 ④ 74 ② 75 ④ 76 ① 정답

해설

- 드라이클리닝설비, 염색가공설비 또는 모피류 등을 씻는 설비 등 인화성유기용제를 사용하는 설비는 정전기로 인한 화재 폭발의 위험성이 높다.

:: 정전기로 인한 화재폭발 방지가 필요한 설비
- 위험물을 탱크로리·탱크차 및 드럼 등에 주입하는 설비
- 탱크로리·탱크차 및 드럼 등 위험물저장설비
- 인화성 액체를 함유하는 도료 및 접착제 등을 제조·저장·취급 또는 도포(塗布)하는 설비
- 위험물 건조설비 또는 그 부속설비
- 인화성 고체를 저장하거나 취급하는 설비
- 드라이클리닝설비, 염색가공설비 또는 모피류 등을 씻는 설비 등 인화성유기용제를 사용하는 설비
- 유압, 압축공기 또는 고전위정전기 등을 이용하여 인화성 액체나 인화성 고체를 분무하거나 이송하는 설비
- 고압가스를 이송하거나 저장·취급하는 설비
- 화약류 제조설비
- 발파공에 장전된 화약류를 점화시키는 경우에 사용하는 발파기

0302 / 0601 / 0901 / 1702

77 Repetitive Learning (1회 2회 3회)

정전작업 시 조치사항으로 부적합한 것은?

① 작업 전 전기설비의 잔류전하를 확실히 방전한다.
② 개로된 전로의 충전 여부를 검전기구에 의하여 확인한다.
③ 개폐기에 시건장치를 하고 통전금지에 관한 표지판은 제거한다.
④ 예비 동력원의 역송전에 의한 감전의 위험을 방지하기 위해 단락접지기구를 사용하여 단락접지를 한다.

해설

- 정전작업 시 개폐기에 시건장치를 하고 통전금지에 관한 표지판을 제거하는 것이 아니라 설치해야 한다.

:: 정전작업 시 근로자 준수사항
- 개로된 개폐기에 잠금장치를 설치하거나 통전금지 사항을 표시한다.
- 잔류전하가 있는 전로의 경우, 접지기구 등으로 잔류전하를 방전시키는 조치를 한다.
- 정전전로는 검전기로 정전을 확인한다.
- 오송전, 또는 다른 전로와의 혼촉이나 유도를 방지하기 위하여 단락접지기구로 확실하게 단락접지를 한다.
- 특별고압 송전선과 병가된 가공선로를 정전하여 작업하는 경우에는 반드시 해당 가공선로를 단락접지시키고 작업을 한다.

0503 / 0702 / 1002

78 Repetitive Learning (1회 2회 3회)

심실세동전류를 $I = \frac{165}{\sqrt{T}}$[mA]라면 감전되었을 경우 심실세동 시에 인체에 직접 받는 전기에너지는 약 몇[cal]인가? (단, T는 통전시간으로 1초, 인체의 저항은 500Ω이다)

① 0.52 ② 1.35
③ 2.14 ④ 3.26

해설

- 통전시간이 1초, 인체의 전기저항 값이 500Ω이라고 할 때 심실세동을 일으키는 전류에서의 전기에너지는 13.612[J]이다.
- 구하는 단위가 [cal]이므로 1[J]=0.24[cal]이므로 13.6×0.24=3.264[cal]가 된다.

:: 심실세동 한계전류와 전기에너지 실필 2303/2101/1403/1401/1202
- 심장의 맥동에 영향을 주어 혈액 순환이 곤란하게 되고 끝내는 심장 기능을 잃게 되는 치사적 전류를 심실세동전류라 한다.
- 감전자 1천명 중 5명 이상 심실세동을 일으키는 감전시간과 위험전류와의 관계에서 심실세동 한계전류 I는 $\frac{165}{\sqrt{T}}$[mA]이고, T는 통전시간이다.
- 인체의 접촉저항을 500Ω으로 할 때 심실세동을 일으키는 전류에서의 전기에너지는 $W = I^2Rt = \left(\frac{165 \times 10^{-3}}{\sqrt{T}}\right)^2 \times R \times T = (165 \times 10^{-3})^2 \times 500 = 13.612$[J]가 된다.

0801 / 1803

79 Repetitive Learning (1회 2회 3회)

위험방지를 위한 전기기계·기구의 설치 시 고려할 사항으로 거리가 먼 것은?

① 전기기계·기구의 충분한 전기적 용량 및 기계적 강도
② 전기기계·기구의 안전효율을 높이기 위한 시간 가동률
③ 습기·분진 등 사용 장소의 주위 환경
④ 전기적·기계적 방호수단의 적정성

해설

- 전기기계·기구의 적정설치 시에는 기계·기구의 충분한 전기적 용량 및 기계적 강도, 방호수단의 적정성 및 습기·분진 등 사용 장소의 주위 환경 등을 고려하여야 한다.

:: 전기기계·기구의 적정설치 시 고려사항
- 전기기계·기구의 충분한 전기적 용량 및 기계적 강도
- 습기·분진 등 사용 장소의 주위 환경
- 전기적·기계적 방호수단의 적정성

정답 | 77 ③ 78 ④ 79 ②

0802 / 0903

80 Repetitive Learning (1회 2회 3회)

다음 중 아크 방전의 전압전류 특성으로 가장 알맞은 것은?

① 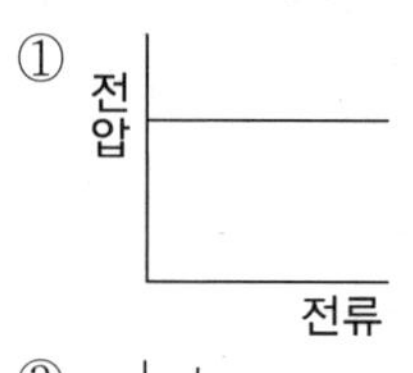

② 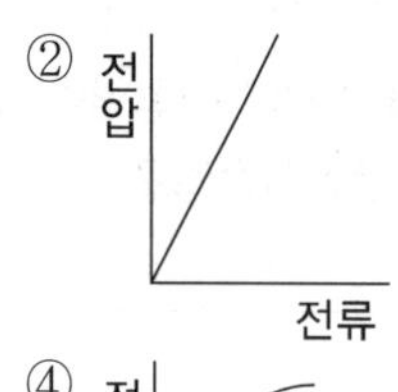

③ 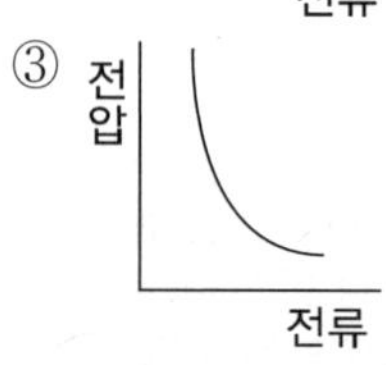

④ 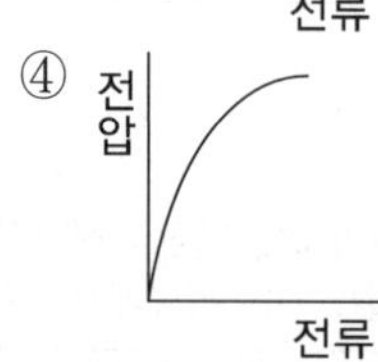

해설

- 아크 방전은 전압·전류 특성은 부특성을 갖는다.

아크(Arc) 방전

- 방전의 한 종류로 2개의 탄소봉을 접촉시킨 상태에서 강한 전류를 흐르게 한 후 천천히 그 간격을 멀리하면 양극이 가열되면서 강한 백색 빛을 발하게 되는 현상을 말한다.
- 2개의 전극 간에 비교적 낮은 전압의 큰 전류를 흘렸을 경우에 일어난다.
- 아크 방전이 일어날 때 생기는 고온의 흰색 불꽃을 이용하여 금속 등을 용접하는데 사용한다.
- 설비의 이상으로 일어나는 아크에는 단락, 섬락, 지락, 차단기에 의한 아크 등이 있다.

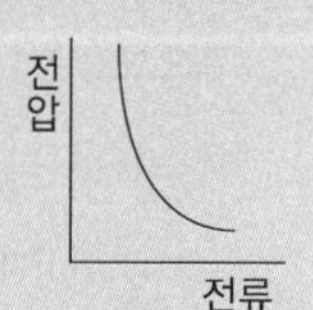

- 전압·전류 특성은 부특성을 갖는다. 즉, 전류가 상승하면 전압이 급격히 떨어지는 포물선 특성을 갖는다.

5과목 화학설비 안전관리

81 Repetitive Learning (1회 2회 3회)

산업안전보건법에서 정한 위험물질을 기준량 이상 제조하거나 취급하는 화학설비로서 내부의 이상상태를 조기에 파악하기 위하여 필요한 온도계·유량계·압력계 등의 계측장치를 설치하여야 하는 대상이 아닌 것은?

① 가열로 또는 가열기
② 증류·정류·증발·추출 등 분리를 하는 장치
③ 반응폭주 등 이상 화학반응에 의하여 위험물질이 발생할 우려가 있는 설비
④ 흡열반응이 일어나는 반응장치

해설

- 흡열반응이 아니라 발열반응이 일어나는 반응장치에 계측장치를 설치해야 한다.

계측장치를 설치해야 하는 특수화학설비

㉠ 계측장치 설치 특수화학설비의 종류
- 발열반응이 일어나는 반응장치
- 증류·정류·증발·추출 등 분리를 하는 장치
- 가열시켜 주는 물질의 온도가 가열되는 위험물질의 분해온도 또는 발화점보다 높은 상태에서 운전되는 설비
- 반응폭주 등 이상화학반응에 의하여 위험물질이 발생할 우려가 있는 설비
- 온도가 섭씨 350[℃] 이상이거나 게이지 압력이 980[kPa] 이상인 상태에서 운전되는 설비
- 가열로 또는 가열기 등이 있다.

㉡ 대표적인 위험물질별 기준량
- 인화성 가스(수소, 아세틸렌, 에틸렌, 메탄, 에탄, 프로판, 부탄 등) : $50m^3$
- 인화성 액체(에틸에테르·가솔린·아세트알데히드·산화프로필렌 등) : 200L
- 급성독성물질(시안화수소·플루오르아세트산·소디움염·디옥신 등) : 5kg
- 급성독성물질(산화제2수은·시안화나트륨·시안화칼륨·폴리비닐알코올·2-클로로아세트알데히드·염화제2수은 등) : 20kg

1802

82 Repetitive Learning (1회 2회 3회)

다음 중 퍼지의 종류에 해당하지 않는 것은?

① 압력퍼지 ② 진공퍼지
③ 스위프퍼지 ④ 가열퍼지

정답: 80 ③ 81 ④ 82 ④

해설

- 퍼지방법에는 진공, 압력, 사이펀, 스위프퍼지가 있다.

:: 퍼지(Purge)

㉠ 개요
- 인화성 혼합가스의 폭발을 방지하기 위해 불활성 가스를 용기에 주입하여 산소의 농도를 MOC 이하로 낮추는 방법으로, 불활성화(Inerting)라고도 한다.
- 퍼지방법에는 진공, 압력, 사이펀, 스위프퍼지가 있다.

㉡ 퍼지방법과 특징 실작 1503

퍼지방법	특징
진공퍼지	큰 용기에 사용할 수 없으며, 불활성 가스의 소모가 적다.
압력퍼지	퍼지시간이 가장 짧은 퍼지방법이다.
사이펀퍼지	큰 용기에 주로 사용한다.
스위프퍼지	용기 등에 압력을 가하거나 진공으로 할 수 없을 때 사용하는 방법이다. 용기의 한 개구부로 불활성 가스를 주입하고 다른 개구부로부터 대기 또는 스크러버로 혼합가스를 용기에서 배출시키는 방법이다.

0701 / 1402

83

Repetitive Learning 

가스를 분류할 때 독성가스에 해당하지 않는 것은?

① 황화수소(H_2S)
② 시안화수소(HCN)
③ 이산화탄소(CO_2)
④ 산화에틸렌(C_2H_4O)

해설

- 이산화탄소(CO_2)는 독성이 아주 약한(TWA 5,000) 물질로 독성가스의 범주에 포함되지 않는다.

:: TWA(Time Weighted Average) 실필 1301
- 시간가중 평균노출기준이라고 한다.
- 1일 8시간 작업을 기준으로 유해요인의 측정치에 발생시간을 곱하여 8로 나눈 값이다.
- 독성이 강할수록 TWA값은 작아진다.

유독물질	포스겐/불소	염소	니트로벤젠 염화수소	사염화탄소	나프탈렌	일산화탄소	아세톤	이산화탄소
TWA (ppm)	0.1	0.5	1	5	10	30	500	5,000
독성	← 강하다						약하다 →	

1202

84

Repetitive Learning 1회 2회 3회

폭발한계와 완전연소 조성관계인 Jones식을 이용한 부탄(C_4H_{10})의 폭발하한계는 약 얼마인가?(단, 공기 중 산소의 농도는 21[%]로 가정한다)

① 1.4[%v/v]　② 1.7[%v/v]
③ 2.0[%v/v]　④ 2.3[%v/v]

해설

- 부탄(C_4H_{10})은 탄소(a)가 4, 수소(b)가 10이므로 완전연소 조성농도 = $\frac{100}{1+4.773\times6.5}=3.122$[%]가 된다.
- 폭발하한계는 Cst × 0.55 = 3.122 × 0.55 = 1.72[vol%]이다.

:: 완전연소 조성농도(Cst, 화학양론농도)와 최소산소농도(MOC) 실필 1803/1002

㉠ 완전연소 조성농도(Cst, 화학양론농도)
- 가연성 가스의 조성은 완전연소 조성농도에서 폭발의 위험성이 가장 높아진다.
- 완전연소 조성농도 = $\frac{100}{1+\text{공기몰수}\times\left(a+\frac{b-c-2d}{4}\right)}$이다.

  공기의 몰수는 주로 4.773을 사용하므로

  완전연소 조성농도 = $\frac{100}{1+4.773\left(a+\frac{b-c-2d}{4}\right)}$[vol%]

  로 구한다. 단, a : 탄소, b : 수소, c : 할로겐의 원자수, d : 산소의 원자수이다.
- Jones식에 따라 폭발한계를 추산하면

  폭발하한계 = Cst × 0.55, 폭발상한계 = Cst × 3.50이다.

㉡ 최소산소농도(MOC)
- 연소 시 필요한 산소(O_2)농도 즉,

  산소양론계수 = $a+\frac{b-c-2d}{4}$로 구한다.
- 최소산소농도(MOC) = 산소양론계수 × 연소하한값이다.

0601 / 1303

85

다음 중 폭발방호(Explosion protection) 대책과 가장 거리가 먼 것은?

① 불활성화(Inerting)　② 억제(Suppression)
③ 방산(Venting)　④ 봉쇄(Containment)

해설

- 폭발방호 대책에는 억제, 방산, 봉쇄 외에도 불꽃방지, 차단, 안전거리 확보 등이 있다.

정답 | 83 ③ 84 ② 85 ①

:: 이너팅(Inerting)

- 입거작업, 화물 작업, 탱크 클리닝 작업을 하기 전에 탱크 내부의 폭발성 기체들을 불활성 기체(Inert gas)로 치환하는 작업을 말한다.
- 불활성 가스(Inert gas)는 주기율표 18족에 해당하는 가스상의 물질로 다른 원소와 반응을 하지 않는 물질이다.

86

Repetitive Learning (1회 2회 3회)

크롬에 대한 설명으로 옳은 것은?

① 은백색 광택이 있는 금속이다.
② 중독 시 미나마타병이 발병한다.
③ 비중이 물보다 작은 값을 나타낸다.
④ 3가 크롬이 인체에 가장 유해하다.

해설

- 미나마타병은 수은중독으로 인해 발생한다.
- 비중이 7.1로 물보다 크다.
- 3가(Cr^{3+})는 땅콩 등에서 얻을 수 있고 당뇨병 등에 좋다.

:: 크롬(Cr)

- 은백색의 광택이 나는 금속으로 녹이 슬지 않고 약품에 잘 견뎌 도금이나 합금재료로 많이 사용된다.
- 3가(Cr^{3+})는 땅콩 등에서 얻을 수 있고 당뇨병 등에 좋다.
- 6가(Cr^{6+})는 독성이 강한 발암물질이다.
- 장기간 흡입할 경우 중독되고 염증이나 궤양이 발생하며 코에 구멍이 나는 비중격 천공을 발생시키는 중금속이다.

0302 / 1301

87

Repetitive Learning (1회 2회 3회)

질화면(Nitrocellulose)은 저장·취급 중에는 에틸알코올 또는 이소프로필알코올로 습면의 상태로 되어 있다. 그 이유를 바르게 설명한 것은?

① 질화면은 건조 상태에서는 자연발열을 일으켜 분해 폭발의 위험이 존재하기 때문이다.
② 질화면은 알코올과 반응하여 안정한 물질을 만들기 때문이다.
③ 질화면은 건조상태에서 공기 중의 산소와 환원반응을 하기 때문이다.
④ 질화면은 건조상태에서 용이하게 중합물을 형성하기 때문이다.

해설

- 니트로셀룰로오스는 건조상태에서 자연발열을 일으켜 분해 폭발위험이 높아 물, 에틸 알코올 또는 이소프로필 알코올 25%에 적셔 습면의 상태로 보관한다.

:: 니트로셀룰로오스(Nitrocellulose)

㉠ 개요
- 셀룰로오스를 질산 에스테르화하여 얻게 되는 백색 섬유상 물질로 질화면이라고도 한다.
- 건조상태에서는 자연발열을 일으켜 분해 폭발위험이 높아 물, 에틸 알코올 또는 이소프로필알코올 25%에 적셔 습면의 상태로 보관한다.

㉡ 취급 시 준수사항
- 저장 중 충격과 마찰 등을 방지하여야 한다.
- 자연발화 방지를 위하여 안전용제를 사용한다.
- 화재 시 질식소화는 적응성이 없으므로 냉각소화를 한다.

1101 / 1502 / 2202

88

Repetitive Learning (1회 2회 3회)

분진폭발의 특징으로 옳은 것은?

① 연소속도가 가스폭발보다 크다.
② 안전연소로 가스중독의 위험이 작다.
③ 화염의 파급속도보다 압력의 파급속도가 크다.
④ 가스폭발보다 연소시간이 짧고 발생에너지가 작다.

해설

- 분진폭발은 가스폭발에 비해 연소속도가 느리다.
- 가스에 비하여 불완전연소를 일으키기 쉬우므로 연소 후 가스에 의한 중독위험이 존재한다.
- 분진폭발은 가스폭발보다 연소시간이 길고 발생에너지가 크다.

:: 분진의 발화폭발

㉠ 조건
- 분진이 발화폭발하기 위한 조건은 가연성, 미분상태, 공기 중에서의 교반과 유동 및 점화원의 존재이다.

㉡ 특징
- 화염의 파급속도보다 압력의 파급속도가 더 크다.
- 폭발한계 내에서 분진의 휘발성분이 많을수록 폭발하기 쉽다.
- 가스폭발에 비해 연소속도나 폭발압력은 작으나 연소시간이 길고 발생에너지가 크기 때문에 파괴력과 연소정도가 크다.
- 가스에 비하여 불완전연소를 일으키기 쉬우므로 연소 후 가스에 의한 중독 위험이 존재한다.
- 폭발 시 입자가 비산하므로 이것에 부딪치는 가연물은 국부적으로 심한 탄화를 일으킨다.

86 ① 87 ① 88 ③ 정답

0902 / 1803

89 Repetitive Learning (1회 2회 3회)

사업주는 인화성 액체 및 인화성 가스를 저장·취급하는 화학설비에서 증기나 가스를 대기로 방출하는 경우에는 외부로부터의 화염을 방지하기 위하여 화염방지기를 설치하여야 한다. 다음 중 화염방지기의 설치위치로 옳은 것은?

① 설비의 상단
② 설비의 하단
③ 설비의 측면
④ 설비의 조작부

해설

- 외부로부터의 화염을 방지하기 위하여 화염방지기를 그 설비 상단에 설치하여야 한다.

화염방지기의 설치

- 사업주는 인화성 액체 및 인화성 가스를 저장·취급하는 화학설비에서 증기나 가스를 대기로 방출하는 경우에는 외부로부터의 화염을 방지하기 위하여 화염방지기를 그 설비 상단에 설치하여야 한다.
- 화염방지 성능이 있는 통기밸브인 경우를 제외하고 화염방지기를 설치하여야 한다.
- 본체는 금속제로 내식성이 있어야 하며, 폭발 및 화재로 인한 압력과 온도에 견딜 수 있어야 한다.
- 소염소자는 내식, 내열성이 있는 재질이어야 하고, 이물질 등의 제거를 위한 정비작업이 용이하여야 한다.

0503

90 Repetitive Learning (1회 2회 3회)

열교환 탱크 외부를 두께 0.2[m]의 석면(k=0.037[kcal/m·hr·℃])으로 보온하였더니 석면의 내면은 40[℃], 외면은 20[℃]이었다. 면적 $1m^2$ 당 1시간에 손실되는 열량[kcal]은?

① 0.0037
② 0.037
③ 1.37
④ 3.7

해설

- 주어진 값을 식에 대입하면 $Q=\frac{0.037\times 20}{0.2}=3.7$[kcal]가 된다.

열손실률

- $Q=\frac{\text{단면적}\times\text{열전도도}\times\text{온도차이}\times\text{시간}}{\text{두께}}$[J/sec]로 구한다.

91 Repetitive Learning (1회 2회 3회)

산업안전보건법령상 다음 인화성 가스의 정의에서 ( ) 안에 알맞은 값은?

> 인화성 가스란 인화한계 농도의 최저한도가 (㉠)[%] 이하 또는 최고한도와 최저한도의 차가 (㉡)[%] 이상인 것으로서 표준압력(101.3 kPa)하의 20[℃]에서 가스상태인 물질을 말한다.

① ㉠ 13, ㉡ 12　　② ㉠ 13, ㉡ 15
③ ㉠ 12, ㉡ 13　　④ ㉠ 12, ㉡ 15

해설

- 인화성 가스란 인화한계 농도의 최저한도가 13[%] 이하 또는 최고한도와 최저한도의 차가 12[%] 이상인 것으로서 표준압력(101.3 kPa)하의 20[℃]에서 가스상태인 물질을 말한다.

인화성 가스

- 인화성 가스란 인화한계 농도의 최저한도가 13[%] 이하 또는 최고한도와 최저한도의 차가 12[%] 이상인 것으로서 표준압력(101.3 kPa)하의 20[℃]에서 가스상태인 물질을 말한다.
- 수소, 아세틸렌, 에틸렌, 메탄, 에탄, 프로판, 부탄 등이 인화성 가스이다.

1201

92 Repetitive Learning (1회 2회 3회)

다음 중 위험물질에 대한 저장방법으로 적절하지 않은 것은?

① 탄화칼슘은 물속에 저장한다.
② 벤젠은 산화성 물질과 격리시킨다.
③ 금속나트륨은 석유 속에 저장한다.
④ 질산은 통풍이 잘 되는 곳에 보관하고 물기와의 접촉을 금지한다.

해설

- 탄화칼슘은 물반응성 물질로 물과 접촉 시 아세틸렌가스를 발생시키므로 밀폐용기에 저장하고 불연성 가스로 봉입한 후 보관해야 한다.

위험물의 대표적인 저장방법

탄화칼슘	불연성 가스로 봉입하여 밀폐용기에 저장
벤젠	산화성 물질과 격리 보관
금속나트륨, 칼륨	벤젠이나 석유 속에 밀봉하여 저장
질산	갈색병에 넣어 냉암소에 보관
니트로글리세린	갈색 유리병에 넣어 햇빛을 차단하여 보관
황린	자연발화하기 쉬우므로 pH9 물속에 보관
적린	냉암소에 격리 보관

정답 | 89 ① 90 ④ 91 ① 92 ①

0903

93 Repetitive Learning 1회 2회 3회

다음 중 액체 표면에서 발생한 증기농도가 공기 중에서 연소하한농도가 될 수 있는 가장 낮은 액체온도를 무엇이라 하는가?

① 인화점 ② 비등점

③ 연소점 ④ 발화온도

해설

- 비등점은 액체 물질의 증기압이 외부 압력과 같아져 끓기 시작하는 온도를 말한다.
- 연소점이란 점화원을 제거한 후에도 지속적인 연소를 일으킬 수 있는 최저온도로서 일반적으로 그 물질의 인화점보다 약 10℃ 정도 높은 온도를 말한다.
- 발화온도란 점화원의 접촉 없이 가연물을 가열할 때 스스로 불이 붙는 최저온도로서 착화점, 착화온도라고도 한다.

연소이론

㉠ 개요

- 연소란 화학반응의 한 종류로, 가연물이 산소 중에서 산화반응을 하여 열과 빛을 발산하는 현상을 말한다.
- 연소를 위해서는 가연물, 산소공급원, 점화원 3조건이 마련되어야 한다.
- 연소범위가 넓을수록 연소위험이 크다.
- 착화온도가 낮을수록 연소위험이 크다.
- 가연성 액체를 발화점 이상으로 공기 중에서 가열하면 별도의 점화원이 없어도 발화할 수 있다.

㉡ 인화점 실필 0803

- 인화성 액체 위험물의 위험성지표를 기준으로 액체 표면에서 발생한 증기농도가 공기 중에서 연소하한농도가 될 수 있는 가장 낮은 액체온도를 말한다.
- 인화점이 낮을수록 일반적으로 연소위험이 크다.
- 인화점이 상온보다 낮은 가연성 액체는 상온에서 인화의 위험이 있다.
- 용기 온도가 상승하여 내부의 혼합가스가 폭발상한계를 초과한 경우에는 누설되는 혼합가스는 인화되어 연소하나 연소파가 용기 내로 들어가 가스폭발을 일으키지 않는다.

0902 / 1901

94 Repetitive Learning 1회 2회 3회

다음 중 열교환기의 보수에 있어 일상점검항목과 정기적 개방점검항목으로 구분할 때 일상점검항목으로 가장 거리가 먼 것은?

① 도장의 노후 상황

② 부착물에 의한 오염의 상황

③ 보온재, 보냉재의 파손 여부

④ 기초볼트의 체결 정도

해설

- 부착물에 의한 오염의 상황은 열교환기 정기적 점검항목에 해당한다.

열교환기 일상점검항목

- 보온재 및 보냉재의 파손상황
- 도장의 노후 상황
- Flange부 등의 외부 누출 여부
- 밸브 및 파이프 시스템 누수 여부
- 기초볼트의 체결정도

95 Repetitive Learning 1회 2회 3회

다음 중 반응기의 구조방식에 의한 분류에 해당하는 것은?

① 탑형 반응기

② 연속식 반응기

③ 반회분식 반응기

④ 회분식 균일상반응기

해설

- 연속식, 회분식, 반회분식은 모두 조작방식에 의한 분류에 해당한다.

반응기

㉠ 개요

- 반응기란 2종 이상의 물질이 촉매나 유사 매개물질에 의해 일정한 온도, 압력에서 반응하여 조성, 구조 등이 다른 물질을 생성하는 장치를 말한다.
- 반응기의 설계 시 고려할 사항은 부식성, 상(phase)의 형태, 온도 범위, 운전압력 외에도 온도조절, 생산비율, 열전달 등이 있다.

㉡ 분류

조작방식	• 회분식 – 한 번 원료를 넣으면, 목적을 달성할 때까지 반응을 계속하는 반응기 방식이다. • 반회분식 – 처음에 원료를 넣고 반응이 진행됨에 따라 다른 원료를 첨가하는 반응기 방식이다. • 연속식 – 반응기의 한쪽에서는 원료를 계속적으로 유입하는 동시에 다른 쪽에서는 반응생성 물질을 유출시키는 반응기 방식으로 유통식이라고도 한다.
구조형식	• 관형 – 가늘고 길며 곧은 관 형태의 반응기 • 탑형 – 직립 원통상의 반응기로 위쪽에서 아래쪽으로 유체를 보내는 반응기 • 교반조형 – 교반기를 부착한 조형의 반응기 • 유동층형 – 유동층 형성부를 갖는 반응기

93 ① 94 ② 95 ① 정답

96 Repetitive Learning (1회 2회 3회)

다음 중 공기 중 최소 발화에너지 값이 가장 작은 물질은?

① 에틸렌
② 아세트알데히드
③ 메탄
④ 에탄

해설

- 보기의 가스들을 최소발화에너지가 작은 것부터 큰 순으로 배열하면 에틸렌 〈 메탄 〈 아세트알데히드 〈 에탄 순이다.

주요 인화성 가스의 최소발화에너지

인화성 가스	최소발화에너지[mJ]
이황화탄소(CS_2)	0.009
수소(H_2), 아세틸렌(C_2H_2)	0.019
에틸렌(C_2H_4)	0.096
벤젠(C_6H_6)	0.20
프로판(C_3H_8)	0.26
프로필렌(C_3H_6), 메탄(CH_4)	0.28
에탄(C_2H_6)	0.67
아세트알데히드(CH_3CHO)	0.36

0301 / 0501 / 0703 / 1201

97 Repetitive Learning

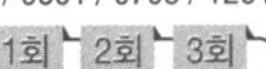

고압가스 용기 파열사고의 주요 원인 중 하나는 용기의 내압력(耐壓力) 부족이다. 다음 중 내압력 부족의 원인으로 틀린 것은?

① 용기 내벽의 부식
② 강재의 피로
③ 과잉 충전
④ 용접 불량

해설

- 과잉 충전은 용기 내 압력의 이상상승의 원인에 해당한다.

가스용기 파열사고의 주요 원인

- 주요 원인에는 용기의 내압력 부족, 용기 내 발화, 용기 내압의 이상상승 등이 있다.

용기의 내압력 부족	용기 내벽의 부식, 강재의 피로, 용접 불량 등으로 인해 발생한다.
용기 내 발화	용기 내 폭발성 혼합가스의 발화로 인해 발생한다.
용기 내압의 이상상승	과잉 충전으로 인해 발생한다.

0902 / 1702

98 Repetitive Learning (1회 2회 3회)

다음 표의 가스(A~D)를 위험도가 큰 것부터 작은 순으로 나열한 것은?

구분	A	B	C	D
폭발상한계	75.0	80.0	44.0	81.0
폭발하한계	4.0	3.0	1.25	2.5

① D - B - C - A　　② D - B - A - C
③ C - D - A - B　　④ C - D - B - A

해설

- 가스의 위험도를 구하면 다음과 같다.

	폭발하한값	폭발상한값	위험도
A	4.0	75.0	$\frac{71}{4.0}=17.75$
B	3.0	80.0	$\frac{77}{3.0}=25.67$
C	1.25	44.0	$\frac{42.75}{1.25}=34.2$
D	2.5	81.0	$\frac{78.5}{2.5}=31.4$

가스의 위험도 실필 1603

- 폭발을 일으키는 가연성 가스의 위험성의 크기를 나타낸다.
- $H=\frac{(U-L)}{L}$

H : 위험도
U : 폭발상한계
L : 폭발하한계

1902

99 Repetitive Learning

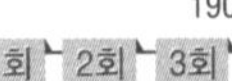

알루미늄분이 고온의 물과 반응하였을 때 생성되는 가스는?

① 산소　　② 수소
③ 메탄　　④ 에탄

해설

- 알루미늄분은 물과의 반응으로 수소를 생성한다.

물과의 반응으로 기체발생

수소	금속칼륨(K), 알루미늄분(Al), 칼슘(Ca), 수소화칼슘(CaH_2)
아세틸렌	탄화칼슘(CaC_2)
포스핀	인화칼슘(Ca_3P_2)

정답 | 96 ① 97 ③ 98 ④ 99 ②

100 Repetitive Learning (1회 2회 3회)

메탄, 에탄, 프로판의 폭발하한계가 각각 5vol%, 2vol%, 2.1vol%일 때 다음 중 폭발하한계가 가장 낮은 것은?(단, Le Chatelier의 법칙을 이용한다)

① 메탄 20vol%, 에탄 30vol%, 프로판 50vol%의 혼합가스
② 메탄 30vol%, 에탄 30vol%, 프로판 40vol%의 혼합가스
③ 메탄 40vol%, 에탄 30vol%, 프로판 30vol%의 혼합가스
④ 메탄 50vol%, 에탄 30vol%, 프로판 20vol%의 혼합가스

해설

- 폭발하한계가 가장 낮기 위해서는 식의 분모가 가장 커야 한다.
- ①의 경우 몰분율은 20, 30, 50이므로 혼합가스의 폭발한계의 분모에 해당하는 값은 $\frac{20}{5}+\frac{30}{3}+\frac{50}{2.1}=4+10+23.81=37.81$ 이다. 혼합가스의 폭발하한계는 $\frac{100}{37.81}=2.644\cdots$vol%]이다.
- ②의 경우 몰분율은 30, 30, 40이므로 혼합가스의 폭발한계의 분모에 해당하는 값은 $\frac{30}{5}+\frac{30}{3}+\frac{40}{2.1}=6+10+19.05=35.05$ 이므로 ①보다 작다.
- ③의 경우 몰분율은 40, 30, 30이므로 혼합가스의 폭발한계의 분모에 해당하는 값은 $\frac{40}{5}+\frac{30}{3}+\frac{30}{2.1}=8+10+14.29=32.29$ 이므로 ①보다 작다.
- ④의 경우 몰분율은 50, 30, 20이므로 혼합가스의 폭발한계의 분모에 해당하는 값은 $\frac{50}{5}+\frac{30}{3}+\frac{20}{2.1}=10+10+9.52=29.52$ 이므로 ①보다 작다.

혼합가스의 폭발한계와 폭발범위 실필 1603

㉠ 폭발한계
- 혼합가스의 폭발한계는 혼합가스를 구성하는 각 가스의 폭발한계당 mol분율 합의 역수로 구한다.
- 혼합가스의 폭발한계는 $\frac{1}{\sum_{i=1}^{n}\frac{\text{mol분율}}{\text{폭발한계}}}$로 구한다.
- [vol%]를 구할 때는 $\frac{100}{\sum_{i=1}^{n}\frac{\text{mol분율}}{\text{폭발한계}}}$[vol%] 식을 이용한다.

㉡ 폭발범위
- 폭발상한계와 폭발하한계를 각각 구해서 범위를 구한다.

6과목 건설공사 안전관리

101 Repetitive Learning (1회 2회 3회)

건설현장에 거푸집동바리 설치 시 준수사항으로 옳지 않은 것은?

① 파이프 서포트 높이가 4.5m를 초과하는 경우에는 높이 2m 이내마다 2개 방향으로 수평 연결재를 설치한다.
② 동바리의 침하 방지를 위해 받침목의 사용, 콘크리트 타설, 말뚝박기 등을 실시한다.
③ 강재와 강재의 접속부는 볼트 또는 클램프 등 전용철물을 사용한다.
④ 강관틀 동바리는 강관틀과 강관틀 사이에 교차가새를 설치한다.

해설

- 파이프 서포트 높이가 3.5m를 초과하는 경우에는 2m 이내마다 수평연결재를 2개 방향으로 설치하여야 한다.

거푸집 동바리 등의 안전조치

㉠ 공통사항
- 받침목의 사용, 콘크리트 타설, 말뚝박기 등 동바리의 침하를 방지하기 위한 조치를 할 것
- 동바리의 상하 고정 및 미끄러짐 방지 조치를 할 것
- 상부·하부의 동바리가 동일 수직선상에 위치하도록 하여 깔판·받침목에 고정시킬 것
- 개구부 상부에 동바리를 설치하는 경우에는 상부하중을 견딜 수 있는 견고한 받침대를 설치할 것
- U헤드 등의 단판이 없는 동바리의 상단에 멍에 등을 올릴 경우에는 해당 상단에 U헤드 등의 단판을 설치하고, 멍에 등이 전도되거나 이탈되지 않도록 고정시킬 것
- 동바리의 이음은 같은 품질의 재료를 사용할 것
- 강재의 접속부 및 교차부는 볼트·클램프 등 전용철물을 사용하여 단단히 연결할 것
- 거푸집의 형상에 따른 부득이한 경우를 제외하고는 깔판이나 받침목은 2단 이상 끼우지 않도록 할 것
- 깔판이나 받침목을 이어서 사용하는 경우에는 그 깔판·받침목을 단단히 연결할 것

㉡ 동바리로 사용하는 파이프 서포트
- 파이프 서포트를 3개 이상 이어서 사용하지 않도록 할 것
- 파이프 서포트를 이어서 사용하는 경우에는 4개 이상의 볼트 또는 전용철물을 사용하여 이을 것
- 높이가 3.5m를 초과하는 경우 2m 이내마다 수평연결재를 2개 방향으로 설치할 것

100 ① 101 ① 정답

102 ──── Repetitive Learning (1회 2회 3회)

고소작업대를 설치 및 이동하는 경우에 준수하여야 할 사항으로 옳지 않은 것은?

① 와이어로프 또는 체인의 안전율은 3 이상일 것
② 붐의 최대 지면경사각을 초과 운전하여 전도되지 않도록 할 것
③ 고소작업대를 이동하는 경우 작업대를 가장 낮게 내릴 것
④ 작업대에 끼임·충돌 등 재해를 예방하기 위한 가드 또는 과상승방지장치를 설치할 것

해설

- 작업대를 와이어로프 또는 체인으로 올리거나 내릴 경우에는 와이어로프 또는 체인이 끊어져 작업대가 떨어지지 아니하는 구조여야 하며, 와이어로프 또는 체인의 안전율은 5 이상이어야 한다.

고소작업대 설치 등의 조치

㉠ 고소작업대를 설치
- 작업대를 와이어로프 또는 체인으로 올리거나 내릴 경우에는 와이어로프 또는 체인이 끊어져 작업대가 떨어지지 아니하는 구조여야 하며, 와이어로프 또는 체인의 안전율은 5 이상일 것
- 작업대를 유압에 의해 올리거나 내릴 경우에는 작업대를 일정한 위치에 유지할 수 있는 장치를 갖추고 압력의 이상저하를 방지할 수 있는 구조일 것
- 권과방지장치를 갖추거나 압력의 이상상승을 방지할 수 있는 구조일 것
- 붐의 최대 지면경사각을 초과 운전하여 전도되지 않도록 할 것
- 작업대에 정격하중(안전율 5 이상)을 표시할 것
- 작업대에 끼임·충돌 등 재해를 예방하기 위한 가드 또는 과상승방지장치를 설치할 것
- 조작반의 스위치는 눈으로 확인할 수 있도록 명칭 및 방향표시를 유지할 것
- 바닥과 고소작업대는 가능하면 수평을 유지하도록 할 것
- 갑작스러운 이동을 방지하기 위하여 아웃트리거 또는 브레이크 등을 확실히 사용할 것

㉡ 고소작업대를 이동
- 작업대를 가장 낮게 내릴 것
- 작업자를 태우고 이동하지 말 것. 다만, 이동 중 전도 등의 위험예방을 위하여 유도하는 사람을 배치하고 짧은 구간을 이동하는 경우에는 작업대를 가장 낮게 내린 상태에서 작업자를 태우고 이동할 수 있다.
- 이동통로의 요철상태 또는 장애물의 유무 등을 확인할 것

㉢ 고소작업대를 사용
- 작업자가 안전모·안전대 등의 보호구를 착용하도록 할 것
- 관계자가 아닌 사람이 작업구역에 들어오는 것을 방지하기 위하여 필요한 조치를 할 것
- 안전한 작업을 위하여 적정수준의 조도를 유지할 것
- 전로(電路)에 근접하여 작업을 하는 경우에는 작업감시자를 배치하는 등 감전사고를 방지하기 위하여 필요한 조치를 할 것
- 작업대를 정기적으로 점검하고 붐·작업대 등 각 부위의 이상 유무를 확인할 것
- 전환스위치는 다른 물체를 이용하여 고정하지 말 것
- 작업대는 정격하중을 초과하여 물건을 싣거나 탑승하지 말 것
- 작업대의 붐대를 상승시킨 상태에서 탑승자는 작업대를 벗어나지 말 것. 다만, 작업대에 안전대 부착설비를 설치하고 안전대를 연결하였을 때에는 그러하지 아니하다.

1203 / 1501 / 1901

103 ──── Repetitive Learning (1회 2회 3회)

철골건립준비를 할 때 준수하여야 할 사항과 가장 거리가 먼 것은?

① 지상 작업장에서 건립준비 및 기계·기구를 배치할 경우에는 낙하물의 위험이 없는 평탄한 장소를 선정하여 정비하고 경사지에서 작업대나 임시발판 등을 설치하는 등 안전조치를 한 후 작업하여야 한다.
② 건립작업에 다소 지장이 있다 하더라도 수목은 제거하여서는 안 된다.
③ 사용 전에 기계·기구에 대한 정비 및 보수를 철저히 실시하여야 한다.
④ 기계에 부착된 앵커 등 고정장치와 기초구조 등을 확인하여야 한다.

해설

- 건립작업에 지장이 되는 수목은 제거하거나 이설하여야 한다.

철골 세우기 준비작업 시 준수사항

- 지상 작업장에서 건립준비 및 기계·기구를 배치할 경우에는 낙하물의 위험이 없는 평탄한 장소를 선정하여 정비하고 경사지에서는 작업대나 임시발판 등을 설치하는 등 안전하게 한 후 작업하여야 한다.
- 건립작업에 지장이 되는 수목은 제거하거나 이설하여야 한다.
- 인근에 건축물 또는 고압선 등이 있는 경우에는 이에 대한 방호조치 및 안전조치를 하여야 한다.
- 사용 전에 기계·기구에 대한 정비 및 보수를 철저히 실시하여야 한다.
- 기계가 계획대로 배치되어 있는가, 윈치는 작업구역을 확인할 수 있는 곳에 위치하는지, 기계에 부착된 앵커 등 고정장치와 기초구조 등을 확인하여야 한다.

정답 | 102 ① 103 ②

0501

104

Repetitive Learning 1회 2회 3회

다음 중 건설공사의 유해·위험방지계획서 제출기준일이 맞는 것은?

① 해당공사 착공 1개월 전까지
② 해당공사 착공 15일 전까지
③ 해당공사 착공 전일까지
④ 해당공사 착공 15일 후

해설

- 건설공사를 착공하려는 사업주는 유해·위험방지계획서를 작성하여 해당 공사의 착공 전날까지 고용노동부장관에게 제출하여야 한다.

유해·위험방지계획서 제출시기 실필 2302/1303/0903

- 건설업을 제외한 사업장에서 유해·위험방지계획서를 제출하려면 해당 건설물·기계·기구 및 설비를 활용한 작업 시작 15일 전까지 작성 후 고용노동부장관에게 제출하여야 한다.
- 건설업 중 고용노동부령으로 정하는 공사를 착공하려는 사업주는 고용노동부령으로 정하는 자격을 갖춘 자의 의견을 들은 후 유해·위험방지계획서를 작성하여 해당 공사의 착공 전날까지 고용노동부장관에게 제출하여야 한다.

105

Repetitive Learning 1회 2회 3회

항타기 또는 항발기의 사용 시 준수사항으로 옳지 않은 것은?

① 공기를 차단하는 장치를 작업관리자가 쉽게 조작할 수 있는 위치에 설치한다.
② 해머의 운동에 의하여 공기호스와 해머의 접속부가 파손되거나 벗겨지는 것을 방지하기 위하여 그 접속부가 아닌 부위를 선정하여 공기호스를 해머에 고정시킨다.
③ 항타기나 항발기의 권상장치의 드럼에 권상용 와이어로프가 꼬인 경우에는 와이어로프에 하중을 걸어서는 안 된다.
④ 항타기나 항발기의 권상장치에 하중을 건 상태로 정지하여 두는 경우에는 쐐기장치 또는 역회전방지용 브레이크를 사용하여 제동하는 등 확실하게 정지시켜 두어야 한다.

해설

- 압축공기를 동력원으로 하는 항타기나 항발기에서 공기를 차단하는 장치를 작업관리자가가 아닌 해머의 운전자가 쉽게 조작할 수 있는 위치에 설치하여야 한다.

항타기·항발기 사용 시의 조치 등

- 압축공기를 동력원으로 하는 항타기나 항발기에서 해머의 운동에 의하여 공기호스와 해머의 접속부가 파손되거나 벗겨지는 것을 방지하기 위하여 그 접속부가 아닌 부위를 선정하여 공기호스를 해머에 고정시킬 것
- 압축공기를 동력원으로 하는 항타기나 항발기에서 공기를 차단하는 장치를 해머의 운전자가 쉽게 조작할 수 있는 위치에 설치할 것
- 사업주는 항타기나 항발기의 권상장치의 드럼에 권상용 와이어로프가 꼬인 경우에는 와이어로프에 하중을 걸어서는 아니 된다.
- 사업주는 항타기나 항발기의 권상장치에 하중을 건 상태로 정지하여 두는 경우에는 쐐기장치 또는 역회전방지용 브레이크를 사용하여 제동하는 등 확실하게 정지시켜 두어야 한다.

106

Repetitive Learning 1회 2회 3회

가설공사 표준안전 작업지침에 따른 통로발판을 설치하여 사용함에 있어 준수사항으로 옳지 않은 것은?

① 추락의 위험이 있는 곳에는 안전난간이나 철책을 설치하여야 한다.
② 작업발판의 최대폭은 1.6m 이내이어야 한다.
③ 비계발판의 구조에 따라 최대 적재하중을 정하고 이를 초과하지 않도록 하여야 한다.
④ 발판을 겹쳐 이음하는 경우 장선 위에서 이음을 하고 겹침길이는 10cm 이상으로 하여야 한다.

해설

- 발판을 겹쳐 이음하는 경우 장선 위에서 이음을 하고 겹침길이는 20센티미터 이상으로 하여야 한다.

통로발판 사용시 준수사항

- 근로자가 작업 및 이동하기에 충분한 넓이가 확보되어야 한다.
- 추락의 위험이 있는 곳에는 안전난간이나 철책을 설치하여야 한다.
- 발판을 겹쳐 이음하는 경우 장선 위에서 이음을 하고 겹침길이는 20센티미터 이상으로 하여야 한다.
- 발판 1개에 대한 지지물은 2개 이상이어야 한다.
- 작업발판의 최대폭은 1.6미터 이내이어야 한다.
- 작업발판 위에는 돌출된 못, 옹이, 철선 등이 없어야 한다.
- 비계발판의 구조에 따라 최대 적재하중을 정하고 이를 초과하지 않도록 하여야 한다.

104 ③ 105 ① 106 ④ 정답

107 ——— Repetitive Learning (1회 2회 3회)

건설업 중 유해위험방지계획서 제출 대상 사업장으로 옳지 않은 것은?

① 지상높이가 31m 이상인 건축물 또는 인공구조물, 연면적 30,000m^2 이상인 건축물 또는 연면적 5,000m^2 이상의 문화 및 집회시설의 건설공사
② 연면적 3,000m^2 이상의 냉동·냉장 창고시설의 설비공사 및 단열공사
③ 깊이 10m 이상인 굴착공사
④ 최대 지간길이가 50m 이상인 다리의 건설공사

해설

- 냉동·냉장창고시설의 설비공사는 5천제곱미터 이상인 경우 유해·위험방지계획서 제출대상이 된다.

유해·위험방지계획서 제출대상 공사 실필 1701

- 지상높이가 31m 이상인 건축물 또는 인공구조물, 연면적 3만m^2 이상인 건축물 또는 연면적 5천m^2 이상의 문화 및 집회시설(전시장 및 동물원·식물원은 제외), 판매시설, 운수시설(고속철도의 역사 및 집배송시설은 제외), 종교시설, 의료시설 중 종합병원, 숙박시설 중 관광숙박시설, 지하도상가 또는 냉동·냉장창고시설의 건설·개조 또는 해체공사
- 연면적 5천m^2 이상인 냉동·냉장창고시설의 설비공사 및 단열공사
- 최대지간길이가 50m 이상인 교량 건설 등의 공사
- 터널 건설 등의 공사
- 다목적 댐, 발전용 댐 및 저수용량 2천만톤 이상의 용수 전용 댐, 지방상수도 전용 댐 건설 등의 공사
- 깊이 10m 이상인 굴착공사

1402 / 1703 / 2101

108 ——— Repetitive Learning (1회 2회 3회)

이동식 비계를 조립하여 작업을 하는 경우의 준수기준으로 옳지 않은 것은?

① 비계의 최상부에서 작업을 할 때에는 안전난간을 설치하여야 한다.
② 승강용 사다리는 견고하게 설치하여야 한다.
③ 작업발판의 최대적재하중은 400kg을 초과하지 않도록 한다.
④ 작업발판은 항상 수평을 유지하고 작업발판 위에서 안전난간을 딛고 작업을 하거나 받침대 또는 사다리를 사용하여 작업하지 않도록 한다.

해설

- 이동식 비계의 작업발판 최대적재하중은 250kg을 초과하지 않도록 한다.

이동식 비계 조립 및 사용 시 준수사항

- 이동식 비계의 바퀴에는 뜻밖의 갑작스러운 이동 또는 전도를 방지하기 위하여 브레이크·쐐기 등으로 바퀴를 고정시킨 다음 비계의 일부를 견고한 시설물에 고정하거나 아웃트리거(Outrigger)를 설치하는 등 필요한 조치를 할 것
- 승강용 사다리는 견고하게 설치할 것
- 비계의 최상부에서 작업을 하는 경우에는 안전난간을 설치할 것
- 작업발판은 항상 수평을 유지하고 작업발판 위에서 안전난간을 딛고 작업을 하거나 받침대 또는 사다리를 사용하여 작업하지 않도록 할 것
- 작업발판의 최대적재하중은 250kg을 초과하지 않도록 할 것

1102 / 1303

109 ——— Repetitive Learning (1회 2회 3회)

건설작업용 타워크레인의 안전장치가 아닌 것은?

① 권과방지장치 ② 과부하방지장치
③ 브레이크장치 ④ 호이스트스위치

해설

- 호이스트는 훅이나 그 밖의 달기구 등을 사용하여 화물을 권상 및 횡행 또는 권상동작만을 하여 양중하는 장치를 말한다.

방호장치의 조정

대상	• 크레인 • 이동식크레인 • 리프트 • 곤돌라 • 승강기
방호장치	과부하방지장치, 권과방지장치(捲過防止裝置), 비상정지장치 및 제동장치, 그 밖의 방호장치{승강기의 파이널리미트스위치(Final limit switch), 속도조절기, 출입문 인터 록(Inter lock) 등}

110 ——— Repetitive Learning (1회 2회 3회)

토사 붕괴 원인으로 옳지 않은 것은?

① 경사 및 기울기 증가
② 성토높이의 증가
③ 건설기계 등 하중작용
④ 토사중량의 감소

정답 | 107 ② 108 ③ 109 ④ 110 ④

해설

- 토사의 중량이 감소하면 토사가 붕괴될 가능성이 줄어든다. 지표수·지하수의 침투에 의한 토사 중량이 증가하면 토사가 붕괴된다.

토사(석)붕괴 원인

내적 요인	• 토석의 강도 저하 • 절토사면의 토질, 암질 및 절리 상태 • 성토사면의 다짐 불량 • 점착력의 감소
외적 요인	• 작업진동 및 반복하중의 증가 • 사면, 법면의 경사 및 기울기의 증가 • 절토 및 성토 높이와 지하수위의 증가 • 지표수·지하수의 침투에 의한 토사중량의 증가 • 지진, 차량, 구조물의 중량과 토사 및 암석의 혼합층 두께의 증가

1101 / 1501 / 1703

111 Repetitive Learning (1회 2회 3회)

토사붕괴에 따른 재해를 방지하기 위한 흙막이 지보공 설비가 아닌 것은?

① 흙막이판
② 말뚝
③ 턴버클
④ 띠장

해설

- 턴버클은 두 지점 사이를 연결하는 죔 기구로 흙막이 지보공 설비가 아니다.

흙막이 지보공의 조립도

- 흙막이 지보공을 조립하는 경우 미리 조립도를 작성하여 그 조립도에 따라 조립하도록 하여야 한다.
- 조립도는 흙막이판·말뚝·버팀대 및 띠장 등 부재의 배치·치수·재질 및 설치방법과 순서가 명시되어야 한다.

112 Repetitive Learning (1회 2회 3회)

건설용 리프트의 붕괴 등을 방지하기 위해 받침의 수를 증가시키는 등 안전조치를 하여야 하는 순간풍속 기준은?

① 초당 15미터 초과
② 초당 25미터 초과
③ 초당 35미터 초과
④ 초당 45미터 초과

해설

- 사업주는 순간풍속이 초당 35미터를 초과하는 바람이 불어올 우려가 있는 경우 건설용 리프트(지하에 설치되어 있는 것은 제외)에 대하여 받침의 수를 증가시키는 등 그 붕괴 등을 방지하기 위한 조치를 하여야 한다.

건설용 리프트 붕괴 등의 방지

- 사업주는 지반침하, 불량한 자재사용 또는 헐거운 결선(結線) 등으로 리프트가 붕괴되거나 넘어지지 않도록 필요한 조치를 하여야 한다.
- 사업주는 순간풍속이 초당 35미터를 초과하는 바람이 불어올 우려가 있는 경우 건설용 리프트(지하에 설치되어 있는 것은 제외)에 대하여 받침의 수를 증가시키는 등 그 붕괴 등을 방지하기 위한 조치를 하여야 한다.

113 Repetitive Learning (1회 2회 3회)

사다리식 통로 등의 구조에 대한 설치기준으로 옳지 않은 것은?

① 발판의 간격은 일정하게 할 것
② 발판과 벽과의 사이는 15cm 이상의 간격을 유지할 것
③ 사다리식 통로의 길이가 10m 이상인 때에는 7m 이내마다 계단참을 설치할 껏
④ 사다리의 상단은 걸쳐놓은 지점으로부터 60m 이상 올라가도록 할 것

해설

- 사다리식 통로의 길이가 10m 이상인 경우에는 5m 이내마다 계단참을 설치하여야 한다.

사다리식 통로의 구조 실필 2202/1101/0901

- 견고한 구조로 할 것
- 심한 손상·부식 등이 없는 재료를 사용할 것
- 발판의 간격은 일정하게 할 것
- 발판과 벽과의 사이는 15cm 이상의 간격을 유지할 것
- 폭은 30m 이상으로 할 것
- 사다리가 넘어지거나 미끄러지는 것을 방지하기 위한 조치를 할 것
- 사다리의 상단은 걸쳐놓은 지점으로부터 60cm 이상 올라가도록 할 것
- 사다리식 통로의 길이가 10m 이상인 경우에는 5m 이내마다 계단참을 설치할 것
- 사다리식 통로의 기울기는 75° 이하로 할 것. 다만, 고정식 사다리식 통로의 기울기는 90° 이하로 하고, 그 높이가 7m 이상인 경우에는 바닥으로부터 높이가 2.5m 되는 지점부터 등받이울을 설치할 것

111 ③ 112 ③ 113 ③ 정답

114 Repetitive Learning (1회 2회 3회)

가설구조물의 특징으로 옳지 않은 것은?

① 연결재가 적은 구조로 되기 쉽다.
② 부재 결합이 간략하여 불안전 결합이다.
③ 구조물이라는 개념이 확고하여 조립의 정밀도가 높다.
④ 사용부재는 과소단면이거나 결함재가 되기 쉽다.

해설

- 가설구조물은 구조물이라는 통상의 개념이 확고하지 않으며 조립의 정밀도가 낮다.

가설구조물의 문제점

- 연결 부재가 부족하다.
- 부재의 결합이 간략하여 연결부가 불완전하다.
- 조립도의 정밀도가 낮다.
- 가설구조물의 부재의 단면적은 대체로 적고 불안정하다.
- 붕괴재해 및 추락재해의 가능성이 크다.
- 구조물이라는 통상의 개념이 확고하지 않으며 조립의 정밀도가 낮다.

1201 / 1502 / 1801

115 Repetitive Learning (1회 2회 3회)

터널공사에서 발파작업 시 안전대책으로 틀린 것은?

① 발파 전 도화선 연결상태, 저항치 조사 등의 목적으로 도통시험 실시 및 발파기의 작동상태를 사전에 점검
② 동력선은 발원점으로부터 최소 15m 이상 후방으로 옮길 것
③ 지질, 암의 절리 등에 따라 화약량 검토 및 시방기준과 대비하여 안전조치 실시
④ 발파용 점화회선은 타 동력선 및 조명회선과 한곳으로 통합하여 관리

해설

- 발파용 점화회선은 타 동력선 및 조명회선으로부터 분리되어야 한다.

발파작업 시 안전대책

- 지질, 암의 절리 등에 따라 화약량 검토 및 시방기준과 대비하여 안전조치를 실시한다.
- 화약류를 장진하기 전에 모든 동력선 및 활선은 장진기기로부터 분리시키고 조명회선을 포함한 모든 동력선은 발원점으로부터 최소한 15m 이상 후방으로 옮겨 놓도록 하여야 한다.
- 발파 시 안전한 거리 및 위치에서의 대피가 어려울 때에는 전면과 상부를 견고하게 방호한 임시대피장소를 설치하여야 한다.
- 발파용 점화회선은 타 동력선 및 조명회선으로부터 분리되어야 한다.

116 Repetitive Learning (1회 2회 3회)

가설통로를 설치하는 경우 준수해야할 기준으로 옳지 않은 것은?

① 경사는 30° 이하로 할 것
② 경사가 25° 를 초과하는 경우에는 미끄러지지 아니하는 구조로 할 것
③ 건설공사에 사용하는 높이 8m 이상인 비계다리에는 7m 이내마다 계단참을 설치할 것
④ 수직갱에 가설된 통로의 길이가 15m 이상인 때에는 10m 이내마다 계단참을 설치할 것

해설

- 가설통로 설치 시 경사가 15°를 초과하는 경우에는 미끄러지지 아니하는 구조로 하여야 한다.

가설통로 설치 시 준수기준 실필 2301/1801/1703/1603

- 높이 8m 이상인 비계다리에서는 7m 이내마다 계단참을 설치할 것
- 수직갱에 가설된 통로의 길이가 15m 이상인 경우에는 10m 이내마다 계단참을 설치할 것
- 경사가 15°를 초과하는 경우에는 미끄러지지 아니하는 구조로 할 것
- 추락할 위험이 있는 장소에는 안전난간을 설치할 것
- 경사로의 폭은 최소 90cm 이상으로 할 것
- 발판 폭 40cm 이상, 틈 3cm 이하로 할 것
- 경사는 30° 이하로 할 것

1903

117 Repetitive Learning (1회 2회 3회)

건설업 산업안전보건관리비 계상 및 사용기준(고용노동부 고시)은 산업재해보상보험법의 적용을 받는 공사 중 총 공사금액이 얼마 이상인 공사에 적용하는가?

① 4천만원 ② 3천만원
③ 2천만원 ④ 1천만원

해설

- 건설업 산업안전보건관리비 계상 및 사용기준은 산업재해보상보험법의 적용을 받는 공사 중 총 공사금액 2천만원 이상인 공사에 적용한다.

건설업 산업안전보건관리비 계상 및 사용기준의 적용범위

- 건설업 산업안전보건관리비 계상 및 사용기준은 산업재해보상보험법의 적용을 받는 공사 중 총 공사금액 2천만원 이상인 공사에 적용한다.

정답 | 114 ③ 115 ④ 116 ② 117 ③

1801

118 Repetitive Learning (1회 2회 3회)

사업의 종류가 건설업이고, 공사금액이 850억원일 경우 산업안전보건법령에 따른 안전관리자를 최소 몇 명 이상 두어야 하는가?(단, 상시 근로자는 600명으로 가정)

① 1명 이상
② 2명 이상
③ 3명 이상
④ 4명 이상

해설

• 건설업의 경우 상시근로자의 수와 관련없이 공사금액이 850억원이라면 800억원 이상 1,500억원 미만에 해당하므로 안전관리자는 2명 이상을 두어야 한다.

:: 건설업 안전관리자의 최소 인원 실필 2303/1902/1203

규모	최소 인원
공사금액 50억원 이상(관계수급인은 100억원 이상) 120억원 미만(토목공사업의 경우는 150억원 미만)	1명
공사금액 120억원 이상 (토목공사업의 경우는 150억원 이상) 800억원 미만	
공사금액 800억원 이상 1,500억원 미만	2명
공사금액 1,500억원 이상 2,200억원 미만	3명
공사금액 2,200억원 이상 3,000억원 미만	4명
공사금액 3,000억원 이상 3,900억원 미만	5명
공사금액 3,900억원 이상 4,900억원 미만	6명
공사금액 4,900억원 이상 6,000억원 미만	7명
공사금액 6,000억원 이상 7,200억원 미만	8명
공사금액 7,200억원 이상 8,500억원 미만	9명
공사금액 8,500억원 이상 1조원 미만	10명
공사금액 1조원 이상	11명

119 Repetitive Learning (1회 2회 3회)

거푸집 동바리의 침하를 방지하기 위한 직접적인 조치로 옳지 않은 것은?

① 수평연결재 사용
② 받침목의 사용
③ 콘크리트의 타설
④ 말뚝박기

해설

• 동바리의 침하를 방지하기 위한 조치에는 받침목의 사용, 콘크리트 타설, 말뚝박기 등이 있다.

:: 거푸집 동바리 등의 안전조치

문제 101번의 유형별 핵심이론:: 참조

1501

120 Repetitive Learning (1회 2회 3회)

달비계에 사용하는 와이어로프의 사용금지 기준으로 틀린 것은?

① 이음매가 있는 것
② 열과 전기충격에 의해 손상된 것
③ 지름의 감소가 공칭지름의 7%를 초과하는 것
④ 와이어로프의 한 꼬임에서 끊어진 소선의 수가 7% 이상인 것

해설

• 달기구 및 크레인 등의 양중기, 항타기, 항발기에서 사용하는 와이어로프의 사용금지 규정에 끊어진 소선의 수는 7% 이상이 아니라 10% 이상으로 하고 있다.

:: 달기구 및 크레인 등의 양중기, 항타기, 항발기에서 사용하는 와이어로프의 사용금지 규정

• 이음매가 있는 것
• 와이어로프의 한 꼬임[(스트랜드(strand)]에서 끊어진 소선(素線)의 수가 10% 이상인 것
• 지름의 감소가 공칭지름의 7%를 초과하는 것
• 꼬인 것
• 심하게 변형되거나 부식된 것
• 열과 전기충격에 의해 손상된 것

118 ② 119 ① 120 ④ 정답

MEMO

MEMO